Bergmann · Schaefer
Lehrbuch der Experimentalphysik
Band 3 Optik

Bergmann · Schaefer
Lehrbuch der Experimentalphysik

Band 3

Walter de Gruyter
Berlin · New York 2004

Optik
Wellen- und Teilchenoptik

Herausgeber Heinz Niedrig

Autoren

Hans-Joachim Eichler, Matthias Freyberger, Harald Fuchs
Florian Haug, Heinrich Kaase, Jürgen Kross, Heinwig Lang
Hannes Lichte, Heinz Niedrig, Tilman Pfau, Helmut Rauch
Wolfgang P. Schleich, Günter Schmahl, Erwin Sedlmayr
Felix Serick, Karl Vogel, Horst Weber, Kurt Weber

10. Auflage

Walter de Gruyter
Berlin · New York 2004

Herausgeber

Dr.-Ing. Heinz Niedrig
Professor für Physik
Optisches Institut
Technische Universität Berlin
Hardenbergstr. 36A
10623 Berlin
Heinz.Niedrig@t-online.de

1. Auflage 1955
2. Auflage 1959
3. Auflage 1962
4. Auflage 1966 bearbeitet von Frank Matossi
5. Auflage 1972
6. Auflage 1974 Herausgeber Heinrich Gobrecht
7. Auflage 1978
  1. Nachdruck 1985
  2. Nachdruck 1986
8. Auflage 1987
  1. Nachdruck 1991
9. Auflage 1993 Herausgeber Heinz Niedrig
10. Auflage 2004

Das Buch enthält 900 Abbildungen, 74 Tabellen und 4 Farbtafeln am Ende des Buches.

ISBN 3-11-017081-7

Bibliografische Information Der Deutschen Bibliothek

Die Deutsche Bibliothek verzeichnet diese Publikation in der Deutschen Nationalbibliografie; detaillierte bibliografische Daten sind im Internet über ⟨http://dnb.ddb.de⟩ abrufbar.

☉ Gedruckt auf säurefreiem Papier, das die US-ANSI-Norm über Haltbarkeit erfüllt.

© Copyright 2004 by Walter de Gruyter & Co., 10785 Berlin. – Dieses Werk einschließlich aller seiner Teile ist urheberrechtlich geschützt. Jede Verwertung außerhalb der engen Grenzen des Urheberrechtsgesetzes ist ohne Zustimmung des Verlages unzulässig und strafbar. Das gilt insbesondere für Vervielfältigungen, Übersetzungen, Mikroverfilmungen und die Einspeicherung und Verarbeitung in elektronischen Systemen. Printed in Germany.
Satz und Druck: Tutte Druckerei GmbH, Salzweg-Passau. Bindung: Lüderitz & Bauer GmbH, Berlin. Einbandgestaltung: +malsy, Kommunikation und Gestaltung, Bremen.

Vorwort zur 10. Auflage

Elf Jahre nach Erscheinen der 9. Auflage des „Optik"-Bandes des nunmehr achtbändigen „Lehrbuchs der Experimentalphysik", ursprünglich herausgegeben von Ludwig Bergmann und Clemens Schaefer, und fünf Jahre nach Erscheinen der ersten englischsprachigen Ausgabe „Optics of Waves and Particles" als überarbeitete Version der 9. Auflage der „Optik", erscheint nun die 10. Auflage der deutschsprachigen Version. Ich zitiere aus J. Christopher Daintys Vorwort zur englischen Ausgabe: „As we move into the 21st century, optics and optical technology is still expanding and growing in importance, with an increasing number of applications in many of the crucial issues that will affect mankind: the environment, healthcare and security." Die bei den hier genannten und vielen anderen Gebieten weiter zunehmende Bedeutung der Optik und optischen Technologie in dem vor uns liegenden, vielfach bereits so genannten „Jahrhundert des Photons" schlägt sich auch in den Änderungen und Erweiterungen nieder, die die vorliegende 10. Auflage gegenüber den vorangehenden Auflagen erfahren hat:

Neben der generellen Aktualisierung und teilweise weitgehenden Überarbeitung aller Kapitel sind die Kapitel „Optische Strahlung und ihre Messung", „Quantenoptik", „Materiewellen, Elektronenoptik" und „Strahlungsprozesse in der Relativitätstheorie" völlig neu geschrieben worden. Die Darstellung der Speziellen Relativitätstheorie wurde aus dem letzten Kapitel großenteils herausgenommen, da sie nun im Band 1 ausführlich behandelt wird. Ganz neu hinzugekommen sind die Kapitel „Rastersondenmikroskopie" und „Atomoptik".

Einige praktische Hinweise: Vektorielle Größen werden im Text und in den Abbildungen einheitlich durch kursiven halbfetten Druck gekennzeichnet. Komplexe Größen werden in Übereinstimmung mit den Gepflogenheiten in international bekannten Optik-Werken in kursiver Schreibzierschrift gedruckt. In den wenigen Fällen, wo das nicht möglich ist (bei griechischen Buchstaben), wurde auf die DIN-Empfehlungen zurückgriffen und die komplexe Eigenschaft, wenn nötig, durch Unterstreichen gekennzeichnet. Die Lichtgeschwindigkeit im Vakuum wird normalerweise mit c_0 bezeichnet. Da in einigen Kapiteln jedoch keine Verwechslung mit der Lichtgeschwindigkeit in Medien zu erwarten ist, wurde dort aus Vereinfachungsgründen auf den Index 0 verzichtet. Farbige Abbildungen zu den Kapiteln 2, 3, 4 und 6 wurden aus drucktechnischen Gründen in vier Farbtafeln am Ende des Bandes zusammengefasst. Die Literaturzitate am Ende jedes Kapitels wurden zusätzlich mit Vermerken versehen, zu welchen Abschnitten die Literaturhinweise gehören, um ein leichteres Auffinden im Text zu ermöglichen.

Verweise auf andere Bände des Bergmann-Schaefer beziehen sich in dieser 10. Auflage des Bandes 3 (Optik) auf die folgenden Auflagen der anderen Bände:

Band 1 (Mechanik, Relativität, Wärme):   11. Auflage 1998

Band 2 (Elektromagnetismus): 8. Auflage 1999
Band 4 (Bestandteile der Materie): 2. Auflage 2003
Band 5 (Vielteilchensysteme): Neuauflage 1992
Band 6 (Festkörper): Neuauflage 1992
Band 7 (Erde und Planeten): 2. Auflage 2001
Band 8 (Sterne und Weltraum): 2. Auflage 2002

Allen Autoren, die zu diesem Band beigetragen haben, und dem Verlag de Gruyter danke ich herzlich für die außerordentlich angenehme und kooperative Zusammenarbeit.

Berlin, August 2004 *Heinz Niedrig*

Aus dem Vorwort zur 9. Auflage

Seit der ersten Auflage der „Optik", des dritten Bandes des Lehrbuches der Experimentalphysik von Ludwig Bergmann und Clemens Schaefer, im Jahre 1955 ist die Optik vor allem durch die Entwicklung der Laser in den letzten Jahrzehnten zu einem Gebiet mit stark steigender Bedeutung in Wissenschaft und Technik geworden. Die Röntgenoptik ist durch die Röntgensatellitenmissionen (z. B. ROSAT), aber auch durch Entwicklung von Röntgenmikroskopen mit Fresnel-Zonenplatten bedeutsam geworden. Die Prinzipien, die zunächst für die Ausbreitung des sichtbaren Lichtes, dann für elektromagnetische Strahlung allgemein entwickelt wurden, gelten aber nicht nur für elektromagnetische Wellen, sondern auch für Materiewellen: Die Teilchenoptik hat eine große Bedeutung gewonnen z. B. in der Elektronen-Mikroskopie und -Lithographie; die Optik von Neutronenstrahlen und Atomstrahlen ist zum Gegenstand zahlreicher Untersuchungen geworden. Um den neuen Entwicklungen stärker Rechnung zu tragen, wurden gegenüber der 8. Auflage die Kapitel „Röntgenoptik" und „Neutronenoptik" zusätzlich aufgenommen. Aus dem Kapitel „Quantenoptik" wurde die „Nichtlineare Optik" herausgenommen und zu einem eigenen Kapitel erweitert. Das frühere Kapitel „Strahlenoptik" wurde vollständig neu bearbeitet und erscheint nun als „Optische Abbildung", die auch als Informationsübertragungsproblem behandelt wird. Das bisherige Kapitel „Wellencharakter der Materie" wurde stärker auf die „Elektronenoptik" konzentriert. Die Kontrastübertragung in der hochauflösenden Elektronenmikroskopie wird ausführlich behandelt. Die bisher in anderen Bänden des „Bergmann-Schaefer" nicht enthaltene Darstellung der Relativitätstheorie wurde beibehalten, aber z. B. im Hinblick auf ihre Bedeutung bei der Lichtausbreitung in Gravitationsfeldern (Gravitationslinsen) sowie bei Gravitationswellen und bei der Synchrotronstrahlung erweitert. Erstmals wurde ein Einführungskapitel E aufgenommen, in dem die theoretischen Grundlagen der elektromagnetischen Wellen ausgehend von den Maxwell'schen Gleichungen in knapper Form dargestellt werden. Hierauf wird in den nachfolgenden Kapiteln zurückgegriffen. Beim erstmaligen Lesen kann diese Einführung zunächst überschlagen werden, sollte dann aber bei Bedarf studiert werden.

Berlin, Dezember 1992 *Heinz Niedrig*

Autoren

Prof. Dr. Hans-Joachim Eichler
Optisches Institut, Sekr. P 1-1
Technische Universität Berlin
Hardenbergstr. 36A
10623 Berlin
eichler@physik.tu-berlin.de

Prof. Dr. Harald Fuchs
Physikalisches Institut
Westfälische Wilhelms-Universität
Wilhelm-Klemm-Str. 10
48149 Münster
fuchsh@nwz.uni-muenster.de

Prof. Dr. Heinrich Kaase
Dr. Felix Serick
Institut für Elektrotechnik und
Lichttechnik, Sekr. E 6
Technische Universität Berlin
Straße des 17. Juni 135
10623 Berlin
elli@ee.tu-berlin.de

Prof. Dr. Jürgen Kross
Optisches Institut, Sekr. P 1-1
Technische Universität Berlin
Hardenbergstr. 36A
10623 Berlin
profkross@tonet1.physik.tu-berlin.de

Dr. Heinwig Lang
Gersprenzweg 16
64297 Darmstadt-Eberstadt
heinlang@hrzl.hrz.tu-darmstadt.de

Prof. Dr. Hannes Lichte
Institut für Angewandte Physik und
Didaktik der Physik
Technische Universität Dresden
01062 Dresden
lichte@physik.tu-dresden.de

Prof. Dr. Heinz Niedrig
Optisches Institut, Sekr. P 1-1
Technische Universität Berlin
Hardenbergstr. 36A
10623 Berlin
heinz.niedrig@t-online.de

Prof. Dr. Tilman Pfau
5. Physikalisches Institut
Universität Stuttgart
Pfaffenwaldring 57
70550 Stuttgart
t.pfau@physik.uni-stuttgart.de

Prof. Dr. Helmut Rauch
Atominstitut der österr. Universitäten
Schüttelstr. 115
A-1020 Wien
Österreich
rauch@ati.ac.at

Prof. Dr. Wolfgang Schleich
Dr. Matthias Freyberger
Dr. Florian Haug
Dr. Karl Vogel
Abteilung für Quantenphysik
Universität Ulm
89060 Ulm
schleich@physik.uni-ulm.de

Prof. Dr. Günter Schmahl
Institut für Röntgenphysik
Georg-August-Universität Göttingen
Geiststr. 11
37073 Göttingen
gschmah@gwdg.de

Prof. Dr. Erwin Sedlmayr
Zentrum für Astronomie und Astrophysik, Sekr. PN 8-1
Technische Universität Berlin
Hardenbergstr. 36
10623 Berlin
sedlmayr@physik.tu-berlin.de

Prof. Dr. Horst Weber
Optisches Institut, Sekr. P 1-1
Technische Universität Berlin
Hardenbergstr. 36A
10623 Berlin
weber@physik.tu-berlin.de

Prof. Dr. Kurt Weber
Institut für Mineralogie und Kristallographie, Sekr. BH 1
Technische Universität Berlin
Ernst-Reuter-Platz 1
10623 Berlin

Inhalt

Energieeinheiten und Äquivalentwerte XIX
    Strahlungsphysikalische Größen und Einheiten XIX
    Lichttechnische Größen und Einheiten XX

Tabelle der Fundamentalkonstanten XXI

E Einführung: Von den Maxwell'schen Gleichungen zur Geometrischen Optik
Horst Weber

E.1	Die Maxwell'schen Gleichungen	3
E.1.1	Die Feldgleichungen	3
E.1.2	Die Materialgleichungen	4
E.2	Monochromatische Schwingungen und die komplexe Schreibweise	5
E.2.1	Zeitliche Fourier-Transformation und Spektrum	5
E.2.2	Lineare Medien und die Materialgleichungen	6
E.2.3	Das Lorentz-Modell der Wechselwirkung, ein Beispiel für ein lineares dielektrisches Medium	8
E.3	Energetische Betrachtungen	10
E.3.1	Energiedichte	10
E.3.2	Poynting-Vektor, Intensität und Energieerhaltung	10
E.3.3	Verlustfreie Medien	11
E.4	Die Wellengleichung und einfache Lösungen	12
E.4.1	Homogenes, isotropes, nichtleitendes, ladungsfreies, lineares Medium ($\underline{\sigma} = 0, \varrho = 0$)	13
E.4.2	Die ebene Welle im verlustfreien Medium	13
E.4.3	Die ebene Welle im verlustbehafteten Medium	17
E.4.4	Dipolstrahlung und Kugelwelle	18
E.4.5	Die Polarisation der Lichtwelle	19
E.4.6	Anisotrope, lineare, nichtabsorbierende dielektrische Medien	20
E.4.7	Nichtlineare dielektrische Medien	22
E.5	Grenzbedingungen	23
E.6	Beugungsprobleme	24
E.6.1	Die reduzierte Wellengleichung	25
E.6.2	Das Fresnel'sche Beugungsintegral	26
E.6.3	Der Gauß'sche Strahl	27
E.6.4	Das Fraunhofer'sche Beugungsintegral	30
E.7	Geometrische Optik	30
E.7.1	Die Eikonalgleichung	30

X   Inhalt

E.7.2   Das Fermat'sche Prinzip 32
E.7.3   Die Strahlengleichung 34

1 Optische Abbildung
Jürgen Kross

1.1	Einführung	37
1.2	Geradlinige Strahlenausbreitung	40
1.3	Reflexion, ebene Spiegel	43
1.4	Brechung, Totalreflexion, Abbildung an ebenen Flächen ...	50
1.4.1	Brechung	50
1.4.2	Totalreflexion	55
1.4.3	Abbildung durch Planflächen	60
1.4.4	Planplatten	62
1.4.5	Prismen	65
1.5	Gauß-Optik	76
1.5.1	Grundgrößen und Grundpunkte	78
1.5.2	Abbildung durch einzelne Flächen	84
1.5.3	Abbildung durch Flächenfolgen, Gauß-Matrizen	89
1.5.4	Linsen, zusammengesetzte Systeme	97
1.6	Strahlenbegrenzung, Blenden	105
1.7.	Abbildungsfehler	114
1.7.1	Auswirkungen der Dispersion optischer Medien	114
1.7.2	Abbildung bei endlichen Aperturen und Feldern	122
1.8	Das Auge	139
1.9	Optische Instrumente	149
1.9.1	Strahlungs- und Informations-Übertragung	149
1.9.2	Ausgewählte optische Instrumente	157

2 Dispersion und Absorption des Lichtes
Hans-Joachim Eichler

2.1	Messung der Lichtgeschwindigkeit	189
2.1.1	Verfahren von Römer	190
2.1.2	Verfahren von Bradley	191
2.1.3	Verfahren von Fizeau	192
2.1.4	Verfahren von Foucault	193
2.1.5	Neuere Verfahren	195
2.2	Phasengeschwindigkeit, Gruppengeschwindigkeit	197
2.3	Die Dispersion des Lichtes: Normale Dispersion	203
2.4	Achromatische und geradsichtige Prismen; chromatische Bildfehler	213
2.5	Infrarote und ultraviolette Strahlung	220
2.5.1	Infrarote Strahlung	221

2.5.2	Strahlungsempfänger für Infrarot	225
2.5.3	Infrarotdurchlässige und -undurchlässige Materialien	229
2.5.4	Fourier-Spektroskopie	234
2.5.5	Ultraviolettes Licht (UV)	237
2.6	Absorption der Strahlung	242
2.7	Die Dispersion des Lichtes: Anomale Dispersion	248
2.8	Dispersion und Absorption schwach absorbierender Substanzen; Anwendungen	255
2.8.1	Oszillatormodell zur Berechnung der Dispersion	256
2.8.2	Absorption und Dispersion bei einer und mehreren Eigenfrequenzen	259
2.8.3	Allgemeine Folgerungen und Anwendungen	264
2.9	Dispersion und Absorption der Metalle	271
2.10	Spektralanalyse, Emissions- und Absorptionsspektren, Dopplereffekt, Spektroskopie	280
2.10.1	Spektralapparate	281
2.10.2	Spektroskopie	284
2.10.3	Filter, Detektoren, Spektroskopie-Verfahren	293

3 Interferenz, Beugung und Wellenleitung
Hans-Joachim Eichler

3.1	Allgemeines über Interferenz von Lichtwellen	301
3.1.1	Mathematische Formulierung der Zweistrahlinterferenz	302
3.1.2	Kohärenz	305
3.1.3	Interferenzexperimente mit ausgedehnten Lichtquellen, örtliche Kohärenz	309
3.2	Fresnel'scher Spiegelversuch und Varianten	311
3.3	Interferenzerscheinungen an dünnen Schichten	317
3.3.1	Planparallele Platten	317
3.3.2	Keilförmige Platten	323
3.3.3	Vergütung, Entspiegelung	328
3.3.4	Dielektrische Vielschichtenspiegel	330
3.4	Zweistrahlinterferometer	331
3.4.1	Michelson-Interferometer	331
3.4.2	Interferenzmikroskop	333
3.4.3	Jamin'sches Interferometer	334
3.5	Vielstrahlinterferenz; Interferenzspektroskopie	335
3.5.1	Interferenzfilter	340
3.5.2	Interferenzspektroskopie	342
3.5.3	Fabry-Pérot-Interferometer	344
3.6	Stehende Lichtwellen; Farbenfotografie nach Lippmann	350
3.7	Lichtschwebungen	353
3.8	Grunderscheinungen der Beugung, Spalt, Lochblende	357
3.8.1	Beugung an einem Spalt	360
3.8.2	Beugung an einer kreisförmigen Lochblende	365
3.8.3	Fraunhofer'sche Beugung und Fourier-Transformation	366

XII   Inhalt

3.9	Beugungsbegrenzung des Auflösungsvermögens optischer Instrumente	369
3.9.1	Fernrohr	369
3.9.2	Mikroskop	371
3.9.3	Prismenspektralapparat	373
3.9.4	Kontrastübertragungsfunktion	374
3.10	Beugung am Doppelspalt und Gitter	376
3.10.1	Beugung am Doppelspalt	378
3.10.2	Mehrfachspalte, Gitter	381
3.10.3	Volumengitter	388
3.10.4	Lichtbeugung an Ultraschallwellen	390
3.11	Beugung an zwei- und dreidimensionalen Gittern; Röntgenstrahlbeugung .	393
3.11.1	Röntgenstrahlbeugung an Kristallgittern	398
3.11.2	Elastogramme	404
3.11.3	Photonische Kristalle	407
3.12	Bildentstehung im Mikroskop	408
3.12.1	Auflösungsvermögen des Mikroskops nach Abbe	408
3.12.2	Phasenkontrastverfahren nach Zernike	417
3.12.3	Schatten- und Schlierenmethode	421
3.13	Beugung an Teilchen, Lichtstreuung	423
3.13.1	Laser-Doppler-Geschwindigkeitsmessungen	424
3.13.2	Beugung an unregelmäßig angeordneten Objekten	426
3.13.3	Statistische Interferenzen, Speckle-Interferometrie	429
3.13.4	Theorie des Himmelblaus nach Rayleigh	429
3.14	Holographie	432
3.14.1	Das allgemeine Verfahren der Holographie	432
3.14.2	Transmissionshologramme mit ebenen Referenzwellen	435
3.14.3	Transmissionshologramme eines Bildpunktes bei kugelförmiger Referenzwelle	439
3.14.4	Aufnahmetechnik für Transmissions- und Reflexionshologramme	444
3.14.5	Holographische Interferometrie	450
3.14.6	Phasenkonjugation	451
3.15	Wellenleiter und Glasfasern	454
3.15.1	Grundlagen der Lichtleitung	455
3.15.2	Faserarten	460
3.15.3	Nachrichtenübertragung	464
3.15.4	Faser-Nichtlinearitäten	470
3.15.5	Materialien für Glas-Fasern	473
3.15.6	Anwendungen, integrierte Optik und Photonik	473
3.16	Nahfeld- und Nanooptik	475

4 Polarisation und Doppelbrechung des Lichtes
Kurt Weber

4.1	Polarisation des Lichtes durch Reflexion und gewöhnliche Brechung	481
4.2	Theorie der Reflexion, Brechung und Polarisation; Fresnel'sche Formeln ..	492
4.3	Totalreflexion, Erzeugung von elliptisch und zirkular polarisiertem Licht ..	500
4.4	Polarisation des reflektierten Lichtes bei absorbierenden Medien; Metallreflexion	513

4.5	Doppelbrechung und Polarisation an optisch einachsigen Kristallen	522
4.6	Optisch zweiachsige Kristalle	550
4.7	Polarisatoren	554
4.8	Drehung der Schwingungsebene polarisierten Lichtes (optische Aktivität)	561
4.9	Optisches Verhalten und Symmetrie der Kristalle	574
4.10	Interferenzen an Kristallplatten im parallelen, polarisierten Strahlengang	582
4.11	Interferenzen im konvergenten Licht	595
4.12	Flüssigkristalle	601
4.13	Induzierte Doppelbrechung in isotropen Stoffen	615
4.14	Zeeman- und Stark-Effekt	622

5 Optische Strahlung und ihre Messung
Heinrich Kaase, Felix Serick

5.1	Größen, Bezeichnungen, Einheiten	633
5.1.1	Physikalische Grundlagen	633
5.1.2	Licht- und Strahlungsgrößen	636
5.1.3	Photonengrößen	638
5.2	Lichterzeugung und Lampen	639
5.2.1	Strahlungsgesetze	639
5.2.2	Praktische Lichterzeugung	641
5.2.3	Elektrische Lichtquellen	642
5.2.4	Vorschaltgeräte und Netzrückwirkungen	650
5.3	Solarstrahlung	652
5.4	Messtechnik	657
5.4.1	Empfängeraufbau und -funktion	658
5.4.2	Notwendige Anpassungen	660
5.4.3	Messgeräte für die Lichttechnik	661
5.4.4	Strahlungsnormale	665

6 Farbmetrik
Heinwig Lang

6.1	Farbmetrik und Physik	669
6.2	Spektrale Eigenschaften von Lichtquellen	673
6.3	Optische Filter	678
6.4	Spektrale Eigenschaften von Körperoberflächen	683
6.5	Lichtelektrische Empfänger in Photometrie und Farbmetrik	690
6.6	Additive Farbmischung und Graßmann'sche Gesetze	692
6.7	Farbgleichheit und Farbvalenz	703
6.8	Die Spektralwertkurven	707
6.9	Das Normvalenzsystem	715
6.10	Farbmessung	724
6.11	Physiologie des Farbensehens	729
6.12	Empfindungsgemäße Farbsysteme und Farbabstände	736
6.13	Körperfarben und Farbordnungen	743
6.14	Verfahren der Farbreproduktion	749

7 Quantenoptik
Matthias Freyberger, Florian Haug, Wolfgang P. Schleich, Karl Vogel

7.1	Einleitung	759
7.1.1	Eine kurze Geschichte der Quantenoptik	759
7.1.2	Überblick	760
7.2	Feldquantisierung in Coulomb-Eichung	762
7.2.1	Entwicklung nach Moden	762
7.2.2	Quantisierung des elektromagnetischen Feldes	765
7.2.3	Reduktion auf eine Mode	767
7.3	Feldzustände	767
7.3.1	Reine und gemischte Zustände	768
7.3.2	Zustände mit wohldefinierter Photonenzahl	769
7.3.3	Kohärente Zustände	769
7.3.4	Schrödinger-Katzen-Zustände	771
7.3.5	Gequetschte Zustände	772
7.3.6	Thermische Zustände	775
7.3.7	Maße für das nichtklassische Verhalten von Zuständen	776
7.4	Atom-Feld-Wechselwirkung	777
7.4.1	Wechselwirkung zwischen elektrischem Dipol und Feld	778
7.4.2	Ein elementares Modell	779
7.4.3	Präparation von Quantenzuständen	784
7.5	Reservoir-Theorie	789
7.5.1	Mastergleichung	789
7.5.2	Dämpfung und Verstärkung	792
7.5.3	Dekohärenz	793
7.6	Ein-Atom-Maser	795
7.6.1	Mastergleichung	796
7.6.2	Photonenstatistik im Gleichgewicht	798
7.7	Atom-Reservoir-Wechselwirkung	800
7.7.1	Mastergleichung	801
7.7.2	Lamb-Verschiebung	802
7.7.3	Weisskopf-Wigner-Zerfall	802
7.8	Resonanzfluoreszenz	803
7.8.1	Modell	803
7.8.2	Spektrum und Anti-Bunching	804
7.9	Fundamentale Fragen der Quantenmechanik	806
7.9.1	Quantensprünge	806
7.9.2	Welle-Teilchen-Dualismus	808
7.9.3	Verschränkung	812
7.9.4	Bell'sche Ungleichung	812
7.10	Quanteninformationsverarbeitung	814
7.10.1	Quantenteleportation	814
7.10.2	Quantenkryptographie	816

8 Erzeugung von kohärentem Licht – LASER
Horst Weber

8.1	Das Rückkopplungsprinzip und Verstärkung von Licht	824
8.2	Herstellung eines Inversionszustandes	827
8.3	Ausgangsleistung eines Laser-Oszillators	833
8.4	Beispiele für Laseroszillatoren	836
8.4.1	Festkörperlaser	837
8.4.2	Abstimmbare Festkörperlaser	837
8.4.3	Gaslaser	838
8.4.4	Farbstoff-Laser	842
8.4.5	Halbleiter-Laser	842
8.4.6	Plasma-Laser (Röntgen-Laser)	845
8.4.7	Freie Elektronenlaser	848
8.5	Spektrale Eigenschaften der Laseremission	851
8.5.1	Die stehenden, longitudinalen Wellen	851
8.5.2	Linienbreite	854
8.6	Die transversalen Wellenformen	859
8.6.1	Der optische Resonator mit Beugung	859
8.6.2	Der sphärische, stabile Resonator	861
8.6.3	Instabile Resonatoren	871
8.6.4	Mikroresonatoren	872
8.7	Erzeugung kurzer und ultrakurzer Lichtimpulse	875
8.7.1	Spiking-Betrieb	875
8.7.2	Gütemodulation (Q-switch)	877
8.7.3	Kopplung von Wellenformen (Mode-Locking)	881
8.7.4	Bestimmung der Pulsbreite	889

9 Nichtlineare Optik
Horst Weber

9.1	Die allgemeine Beziehung zwischen der Polarisation des Mediums und der elektrischen Feldstärke	901
9.1.1	Ausbreitung von Licht in einem linearen Medium	901
9.1.2	Die Kennlinie des Elektrons	902
9.1.3	Beispiele für einige nichtlineare Effekte	906
9.2	Die Suszeptibilität für Effekte 2. und 3. Ordnung	907
9.3	Quantitative Beschreibung der Oberwellenerzeugung	914
9.3.1	Wellengleichung der nichtlinearen Optik und Lösungen	914
9.3.2	Realisierung der Phasenanpassung	918
9.4	Parametrische Systeme	928
9.5	Weitere quadratische Effekte	932
9.5.1	Der Pockels-Effekt (linearer, elektrooptischer Effekt)	932
9.5.2	Optische Gleichrichtung	938

9.6	Kubische Effekte	940
9.6.1	Elektrooptische Effekte	940
9.6.2	Entartete Vierwellen-Mischung	949
9.6.3	Kerr-Effekt, thermische Effekte und Photorefraktion	952
9.6.4	Vakuum-Doppelbrechung	953
9.6.5	Nichtlineare Absorption	953
9.7	Induzierte Streuung	956
9.7.1	Allgemeine Betrachtungen	956
9.7.2	Raman-Streuung	958
9.8	Nichtlineare Anregungsprozesse	980
9.8.1	Zweiphotonen-Anregung	980
9.8.2	Multiphotonen-Ionisierung	981
9.9	Erzeugung von ultraviolettem Licht durch Frequenzvervielfachung	986
9.9.1	Frequenzvervielfachung in mehreren Stufen	986
9.9.2	Frequenzvervielfachung in Metalldämpfen und Gasen	988
9.9.3	Frequenzvervielfachung in Plasmen	990
9.10	Optische Instabilitäten	991

10 Röntgenoptik
Günter Schmahl

10.1	Röntgenquellen	1000
10.1.1	Synchrotronstrahlungsquellen	1001
10.1.2	Plasmaquellen	1003
10.2	Elemente der Röntgenoptik	1005
10.2.1	Wechselwirkung weicher Röntgenstrahlen mit Materie	1005
10.2.2	Spiegel für Reflexion in streifendem Einfall	1007
10.2.3	Spiegel für Reflexion in senkrechtem Einfall – Spiegel aus Mehrfachschichten	1011
10.2.4	Zonenplatten	1012
10.2.5	Brechungslinsen für harte Röntgenstrahlen	1018
10.3	Röntgendetektoren	1019
10.4	Röntgenmikroskopie	1021
10.4.1	Röntgenmikroskope	1022
10.4.2	Rasterröntgenmikroskope	1026
10.5	Röntgen- und EUV-Lithographie	1027

11 Materiewellen, Elektronenoptik
Hannes Lichte, Heinz Niedrig

11.1	Materiewellen	1031
11.2	Elektronenbeugung	1036
11.3	Elektronen-Interferometrie	1042
11.4	Elemente der Elektronenoptik	1054
11.4.1	Elektronenoptische Brechzahl	1054

11.4.2	Elektronenlinsen, Brennweite	1056
11.4.3	Bildfehler von Elektronenlinsen	1071
11.5	Elektronenmikroskopie	1079
11.5.1	Transmissions-Elektronenmikroskopie (TEM)	1081
11.5.2	Elektronenholographie	1099
11.5.3	Rasterelektronenmikroskopie	1105
11.5.4	Puls-Elektronenmikroskopie	1110
11.6	Elektronenenergieverlust-Spektroskopie, energiefilternde Abbildung, Mikroanalyse	1113
11.7	Elektronenstrahl-Lithographie	1119
11.8	Teilchen und Welle	1125

12 Rastersondenmikroskopie
Harald Fuchs

12.1	Prinzip der oberflächensensitiven Rastersondenverfahren	1133
12.2	Rastertunnelmikroskopie	1135
12.2.1	Instrumentierung	1137
12.2.2	Tunnelspektroskopie	1138
12.2.3	Anwendungen der Rastertunnelmikroskopie	1139
12.3	Rasterkraftmikroskopie	1142
12.3.1	Kontakt-Kraftmikroskopie	1143
12.3.2	Statische Kraftspektroskopie	1147
12.3.3	Dynamische Kraftmikroskopie	1148
12.4	Optische Rasternahfeldmikroskopie (SNOM)	1152
12.5	Weitere Rastersondenverfahren und verwandte Methoden	1157

13 Neutronenoptik
Helmut Rauch

13.1	Einleitung und Grundgleichungen	1161
13.2	Neutronenquellen und Detektoren	1168
13.3	Brechung und Reflexion	1171
13.4	Beugung an makroskopischen Objekten	1176
13.5	Beugung in der Zeit	1189
13.6	Beugung an perfekten Kristallen (Dynamische Beugung)	1191
13.7	Interferometrie	1197
13.8	Holographie	1217
13.9	Optik mit ultrakalten Neutronen	1218

14 Optik mit Materiewellen: Atomoptik
Tilman Pfau

14.1	Einleitung	1229
14.2	Atom-Licht-Wechselwirkung	1232

XVIII   Inhalt

14.3   Spontane Emission und Lichtkräfte 1241
14.4   Zusammenfassung Lichtkräfte 1244
14.5   Vom Ofen zum Atomlaser: Quellen für Atomoptik 1245
14.5.1 Thermische Quellen 1245
14.5.2 Laserkühlverfahren 1246
14.5.3 Verdampfungskühlung 1260
14.5.4 Bose-Einstein-Kondensation 1261
14.6   Anwendungen der Atomoptik 1263
14.6.1 Atomlithographie 1263
14.6.2 Atominterferometrie 1272
14.6.3 Gedankenexperimente im Labor 1289
14.7   Ausblick 1292

15 Strahlungsprozesse und Optik in der Relativitätstheorie
Erwin Sedlmayr

15.1   Spezielle Relativitätstheorie 1298
15.1.1 Die Viererschreibweise der relativistischen Mechanik und Elektrodynamik . 1298
15.1.2 Der Energie-Impuls-Tensor 1306
15.1.3 Lorentz-invariante Formulierung der Elektrodynamik 1309
15.1.4 Teilchen in Magnetfeldern 1316
15.1.5 Die Strahlung eines beschleunigten geladenen Punktteilchens 1326
15.2   Allgemeine Relativitätstheorie 1346
15.2.1 Gravitation und Krümmung der Raumzeit 1346
15.2.2 Die Einstein'schen Feldgleichungen 1349
15.2.3 Der Newton'sche Grenzfall 1351
15.2.4 Die Bewegung eines Massenpunktes in einem gegebenen Gravitationsfeld . 1354
15.2.5 Die Raumzeit-Metrik kugelförmiger Massenverteilungen 1355
15.3   Experimentelle Bestätigungen der Allgemeinen Relativitätstheorie .. 1358
15.3.1 Frequenzänderung von Spektrallinien 1359
15.3.2 Lichtablenkung im Gravitationsfeld 1364
15.3.3 Gravitationslinsen 1366
15.3.4 Laufzeitverzögerung von Radiowellen 1368
15.3.5 Periheldrehung der Planetenbahnen 1370
15.3.6 Perigäumsdrehung und Thirring-Lense-Effekt 1372
15.4   Gravitationswellen 1372
15.4.1 Emission von Gravitationswellen durch ein Doppelsternsystem 1378
15.4.2 Experimenteller Nachweis von Gravitationswellen auf der Erde 1382

Anhang 15A: Kovariante und kontravariante Vektoren 1386
Anhang 15B: Lorentz-Transformationen 1389

Register 1397
Farbtafeln 1431

Energieeinheiten und Äquivalentwerte

1 Joule (J)	= 1 Wattsekunde (Ws)
	= 1 Newtonmeter (Nm)
	= 0,239 cal
	= 6,2415 × 10^{18} eV
1 Kalorie (cal)	= 4,1868 J
1 Elektronenvolt (eV)	= 1,6022 × 10^{-19} J
1 Reziprokes Zentimeter (cm^{-1})*	≙ 1,9864 × 10^{-23} J
1 Kelvin (K)	≙ 1,3807 × 10^{-23} J

Einer Quantenenergie von $h\nu = 1$ eV entspricht eine elektromagnetische Strahlung mit der Frequenz $\nu = 2{,}418 \times 10^{14}$ Hz, der Wellenlänge $\lambda = 1{,}240$ µm und der Wellenzahl von 8066 cm^{-1}.

Strahlungsphysikalische Größen und Einheiten
Energiebezogen, Buchstabensymbole oft mit Index e versehen

Größe	Einheit
Strahlstärke I (I_e)	W sr^{-1}
Strahlungsleistung Φ (Φ_e)	W
Strahlungsenergie Q (Q_e)	W s = J
Strahldichte L (L_e)	W sr^{-1} m^{-2}
Bestrahlungsstärke E (E_e)	W m^{-2}
Spezifische Ausstrahlung M_e	W m^{-2}
Bestrahlung H	W m^{-2} s = J m^{-2}
Strahlungsausbeute η_e	%

---

* Bisher übliche Einheit der Wellenzahl: 1 cm^{-1} wurde früher als 1 Kayser bezeichnet.

XX Energieeinheiten und Äquivalentwerte

Lichttechnische Größen und Einheiten
Auf das Auge, d.h. auf den Lichtsinn bezogen; Buchstabensymbole oft mit Index v (= visuell) versehen

Größe	Einheit
Lichtstärke I (I_v)	Candela (cd)
Lichtstrom Φ (Φ_v)	Lumen (lm) = cd s r
Lichtmenge Q (Q_v)	lm s
Leuchtdichte L (L_v)	cd m^{-2}
Beleuchtungsstärke E (E_v)	Lux (lx) = lm m^{-2}
Spezifische Lichtausstrahlung M (M_v)	lm m^{-2}
Belichtung H	lm m^{-2} s = lx s
Lichtausbeute η	lm W^{-1}

Tabelle der Fundamentalkonstanten

Wegen der im Deutschen und Englischen unterschiedlichen **Schreibung von Dezimalzahlen** und der dadurch bedingten Fehlermöglichkeiten, wird im Bergmann-Schaefer der englische Dezimal*punkt* anstelle des deutschen *Kommas* verwendet.

Größe	Formelzeichen	Zahlenwert	dezimale Vielfache und Einheit	relative Unsicherheit
Lichtgeschwindigkeit im Vakuum	c_0, c	299 792 458	ms^{-1}	Null
magnetische Konstante	μ_0	$4\pi \times 10^{-7}$	NA^{-2}	Null
		$= 12.566\,370\,614\ldots$	$10^{-7}\,NA^{-2}$	
elektrische Konstante, $1/\mu_0 c_0^2$	ε_0	8.854 187 817...	$10^{-12}\,F\,m^{-1}$	Null
Gravitationskonstante	G	6.673(10)	$10^{-11}\,m^3\,kg^{-1}\,s^{-2}$	1.5×10^{-3}
Planck'sches Wirkungsquantum, Planck-Konstante	h	6.626 068 76(52)	$10^{-34}\,J\,s$	7.8×10^{-8}
		4.135 667 27(16)	$10^{-15}\,eV\,s$	3.9×10^{-8}
$h/2\pi$	$\hbar$	1.054 571 596(82)	$10^{-34}\,J\,s$	7.8×10^{-8}
		6.582 118 89(26)	$10^{-16}\,eV\,s$	3.9×10^{-8}
Elementarladung	e	1.602 176 462(63)	$10^{-19}\,C$	3.9×10^{-8}
	e/h	2.417 989 491(95)	$10^{14}\,A\,J^{-1}$	3.9×10^{-8}
Flußquant, $h/2e$	Φ_0	2.067 833 636(81)	$10^{-15}\,Wb$	3.9×10^{-8}
Josephson-Konstante	$2e/h$	4.835 978 98(19)	$10^{14}\,Hz\,V^{-1}$	3.9×10^{-8}
von-Klitzing-Konstante, $h/e^2 = \frac{1}{2}\mu_0 c_0^2/\alpha$	R_K	25 812.807 572(95)	Ω	3.7×10^{-9}
Leitwert-Quantum	$2e^2/h$	7.748 091 696(28)	$10^{-6}\,\Omega^{-1}$	3.7×10^{-9}
Bohr-Magneton, $eh/2m_e$	μ_B	9.274 008 99(37)	$10^{-24}\,J\,T^{-1}$	4.0×10^{-8}
		5.788 381 749(43)	$10^{-5}\,eV\,T^{-1}$	7.3×10^{-9}
Kernmagneton, $eh/2m_p$	μ_N	5.050 783 17(20)	$10^{-27}\,J\,T^{-1}$	4.0×10^{-8}
		3.152 451 238(24)	$10^{-8}\,eV\,T^{-1}$	7.6×10^{-9}
Sommerfeld-Feinstrukturkonstante, $\frac{1}{2}\mu_0 c_0 e^2/h$	α	7.297 352 533(27)	10^{-3}	3.7×10^{-9}
	α^{-1}	137.035 999 76(50)		3.7×10^{-9}
Rydberg-Konstante, $\frac{1}{2}m_e c_0 \alpha^2/h$	R_∞	10 973 731.568 549(83)	m^{-1}	7.6×10^{-12}
	$R_\infty c_0$	3.289 841 960 368(25)	$10^{15}\,Hz$	7.6×10^{-12}
Bohr-Radius, $\alpha/4\pi R_\infty$	a_0	0.529 177 208 3(19)	$10^{-10}\,m$	3.7×10^{-9}
Zirkulationsquant	$h/2m_e$	3.636 947 516(27)	$10^{-4}\,m^2\,s^{-1}$	3.7×10^{-9}

Tabelle der Fundamentalkonstanten

Größe	Formelzeichen	Zahlenwert	dezimale Vielfache und Einheit	relative Unsicherheit
Masse des Elektrons	m_e	9.109 381 88(72)	10^{-31} kg	7.9×10^{-8}
		5.485 799 110(12)	10^{-4} u	2.1×10^{-9}
	$m_e c_0^2$	0.510 998 920(21)	MeV	4.8×10^{-8}
spezifische Elektronenladung	$-e/m_e$	−1.758 820 174(71)	10^{11} C kg^{-1}	4.0×10^{-8}
Compton-Wellenlänge des Elektrons, $h/m_e c_0$	λ_C	2.426 310 215(18)	10^{-12} m	7.3×10^{-9}
	$\lambda_C/2\pi$	3.861 592 642(28)	10^{-13} m	7.3×10^{-9}
klassischer Elektronenradius $\alpha^2 a_0$	r_e	2.817 940 285(31)	10^{-15} m	1.1×10^{-8}
magnetisches Moment des Elektrons	μ_e	−928.476 362(37)	10^{-26} JT^{-1}	4.0×10^{-8}
	μ_e/μ_B	−1.001 159 652 186 9(41)		4.1×10^{-12}
g-Faktor des Elektrons[1], $2\mu_e/\mu_B$	g_e	−2.002 319 304 373 7(82)		4.1×10^{-12}
gyromagnetisches Verhältnis des Elektrons, $2|\mu_e|/\hbar$	γ_e	1.760 859 794(71)	10^{11} s^{-1} T^{-1}	4.0×10^{-8}
	$\gamma_e/2\pi$	28 024.954 0(11)	MHz T^{-1}	4.8×10^{-8}
Masse des Myons	m_μ	1.883 531 09(16)	10^{-28} kg	8.4×10^{-8}
		0.113 428 916 8(34)	u	3.8×10^{-8}
	$m_\mu c^2$	105.658 356 8(52)	MeV	4.9×10^{-8}
Verhältnis Masse des Myons zu der des Elektrons	m_μ/m_e	206.768 265 7(63)		3.0×10^{-8}
magnetisches Moment des Myons	μ_μ	−4.490 448 13(22)	10^{-26} JT^{-1}	4.9×10^{-8}
g-Faktor des Myons[1], $(2\mu_\mu/\mu_B)(m_\mu/m_e)$	g_μ	−2.002 331 832 0(13)		6.4×10^{-10}
Masse des Tauons	m_τ	3.167 88(52)	10^{-27} kg	1.6×10^{-4}
	$m_\tau c^2$	3 477.60(57)	MeV	1.6×10^{-4}
Verhältnis Masse des Tauons zu der des Elektrons	m_τ/m_e	3 477.60(57)		
Masse des Protons	m_p	1.672 621 58(13)	10^{-27} kg	7.9×10^{-8}
		1.007 276 466 88(13)	u	1.3×10^{-10}
	$m_p c_0^2$	938.271 998(38)	MeV	4.0×10^{-8}
Verhältnis Masse des Protons zu der des Elektrons	m_p/m_e	1 836.152 667 5(39)		2.1×10^{-9}
spezifische Protonenladung	e/m_p	9.578 834 08(38)	10^7 C kg^{-1}	4.0×10^{-8}
Compton-Wellenlänge des Protons, $h/m_p c_0$	$\lambda_{C,p}$	1.321 409 847(10)	10^{-15} m	7.6×10^{-9}
	$\lambda_{C,p}/2\pi$	2.103 089 089(16)	10^{-16} m	7.6×10^{-9}
magnetisches Moment des Protons	μ_p	1.410 606 633(58)	10^{-26} JT^{-1}	4.1×10^{-8}
	μ_p/μ_B	1.521 032 203(15)	10^{-3}	1.0×10^{-8}
	μ_p/μ_N	2.792 847 337(29)		1.0×10^{-8}
g-Faktor des Protons, $2\mu_p/\mu_N$	g_p	5.585 694 675(57)		1.0×10^{-8}

gyromagnetisches Verhältnis des Protons, $2\mu_p/\hbar$	γ_p	26 752.221 2(11)	$10^4 \text{ s}^{-1} \text{ T}^{-1}$	4.1×10^{-8}
	$\gamma_p/2\pi$	42.577 482 5(18)	MHz T^{-1}	4.1×10^{-8}
Masse des Neutrons	m_n	1.674 927 16(13)	10^{-27} kg	7.9×10^{-8}
		1.008 664 915 78(55)	u	5.4×10^{-10}
	$m_n c_0^2$	939.565 330(38)	MeV	4.0×10^{-8}
Verhältnis Masse des Neutrons zu der des Elektrons	m_n/m_e	1838.683 655 0(49)		2.2×10^{-9}
Verhältnis Masse des Neutrons zu der des Protons	m_n/m_p	1.001 378 418 87(58)		5.8×10^{-10}
Compton-Wellenlänge des Neutrons, $h/m_n c_0$	$\lambda_{C,n}$	1.319 590 898(10)	10^{-15} m	7.6×10^{-9}
	$\lambda_{C,n}/2\pi$	2.100 194 142(16)	10^{-16} m	7.6×10^{-9}
magnetisches Moment des Neutrons	μ_n	$-0.966\ 236\ 40(23)$	10^{-26} JT^{-1}	2.4×10^{-7}
	μ_n/μ_B	$-1.041\ 875\ 63(25)$	10^{-3}	2.4×10^{-7}
	μ_n/μ_N	$-1.913\ 042\ 72(45)$		2.4×10^{-7}
Masse des Deuterons	m_d	3.343 583 09(26)	10^{-27} kg	7.9×10^{-8}
		2.013 553 212 71(35)	u	1.7×10^{-10}
	$m_d c_0^2$	1875.612 762(75)	MeV	4.0×10^{-8}
Verhältnis Masse des Deuterons zu der des Protons	m_d/m_p	1.999 007 500 83(41)		2.0×10^{-10}
magnetisches Moment des Deuterons	μ_d	0.433 073 457(18)	10^{-26} JT^{-1}	4.2×10^{-8}
	μ_d/μ_B	0.466 975 456(50)	10^{-3}	1.1×10^{-7}
	μ_d/μ_N	0.857 438 228 4(94)		1.1×10^{-8}
Avogadro-Konstante	N_A, L	6.022 141 99(47)	10^{23} mol^{-1}	7.9×10^{-8}
Atommassenkonstante, $m_u = \frac{1}{12} m(^{12}\text{C}) = 1$ u	m_u	1.660 538 73(13)	10^{-27} kg	7.9×10^{-8}
	$m_u c_0^2$	931.494 013(37)	MeV	4.0×10^{-8}
Faraday-Konstante, eN_A	F	96 485.341 5(39)	C mol^{-1}	4.0×10^{-8}
universelle Gaskonstante	R	8.314 472(15)	$\text{J mol}^{-1} \text{ K}^{-1}$	1.7×10^{-6}
Boltzmann-Konstante, R/N_A	k	1.380 650 3(24)	10^{-23} JK^{-1}	1.7×10^{-6}
		8.617 342(15)	$10^{-5} \text{ eV K}^{-1}$	1.7×10^{-6}
	k/h	2.083 6644(36)	$10^{10} \text{ Hz K}^{-1}$	1.7×10^{-6}
	k/hc_0	69.503 56(12)	$\text{m}^{-1} \text{ K}^{-1}$	1.7×10^{-6}
Stefan-Boltzmann-Konstante, $(\pi^2/60) k^4/\hbar^3 c_0^2$	σ	5.670 400(40)	$10^{-8} \text{ W m}^{-2} \text{ K}^{-4}$	7.0×10^{-6}

[1] Häufig wird der g-Faktor als positive Größe, bezogen auf den Betrag des magnetischen Momentes, verwendet; so ist auch der Begriff „(g − 2)-Experiment" zu verstehen.

Mohr, P.J., Taylor, B.N., J. Phys. Chem. Ref. Data **28**, 1713 (1999); Rev. Mod. Phys. **72**, 351 (2000); Physics Today, August 2002, Buyer's Guide Supplement, BG6-BG13

E Einführung: Von den Maxwell'schen Gleichungen zur Geometrischen Optik

Horst Weber

Die Optik gehört neben der Mechanik zu den ältesten Naturwissenschaften. Auch in den nicht technisierten Kulturen konnte man im täglichen Leben viele optische Erscheinungen beobachten, wie die Reflexion von Licht an glatten Oberflächen (Wasser oder polierte Metalle), die weitgehend geradlinige Ausbreitung von Licht – gut zu erkennen, wenn Sonnenstrahlen durch aufgerissene Wolkendecken dringen – Schattenbildung, Brechung des Lichts beim Übergang in andere Medien, Regenbogen und vieles mehr.

Es ist deshalb nicht überraschend, dass in den ältesten Kulturen, von denen schriftliche Überlieferungen existieren, die Optik als wissenschaftliche Disziplin betrieben wurde. Sowohl in Griechenland [1] als auch in China [2] waren bereits vor 2000

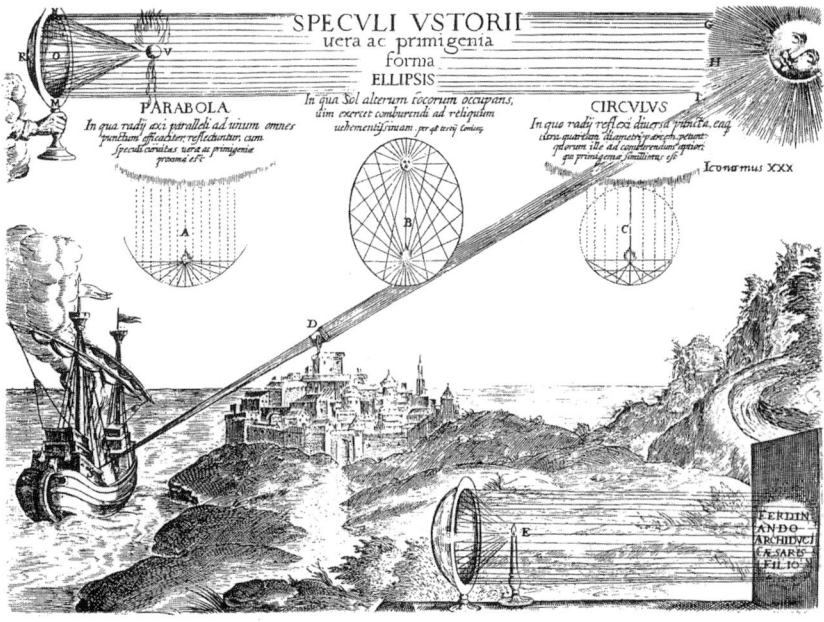

Abb. E.1 Fokussierung von Lichtstrahlen durch elliptische, sphärische oder parabolische Spiegel. Es wird berichtet, dass bereits Archimedes (285–212 v. Chr.) sich mit diesem Problem befasst hatte (Quelle: Athanasius Kircher, Ars Magna Lucis Et Umbrae, Rome 1646).

bis 2500 Jahren Gesetze der geometrischen Optik bekannt und führten zu technischen Geräten wie abbildende Linsen, Brenngläser (aus Eiskugeln) oder metallische Hohlspiegel, wie Abb. E.1 zeigt.

Natürlich gab es auch Spekulationen über die Natur des Lichts, wobei in allen Fällen die geradlinige Ausbreitung als gesicherte Erkenntnis betrachtet wurde. Es war ein langer Weg von diesen Erkenntnissen bis zur Wellenvorstellung von Ch. Huygens, veröffentlicht 1678. Einen gewissen Abschluss bildete die elektromagnetische Theorie, die von J.C. Maxwell in den Jahren 1855–1862 entwickelt wurde. Bereits 1865 postulierte er die Möglichkeit elektromagnetischer Wellen, die sich mit Lichtgeschwindigkeit ausbreiten, und führte als Beispiel das Licht an. Der experimentelle Nachweis gelang H. Hertz 1887. Damit war die Optik eingeordnet in die Elektrodynamik, die nahezu vollständig durch die Maxwell'schen Gleichungen beschrieben wird. Nicht enthalten in dieser Theorie ist das Photon, also die Tatsache, dass in manchen Experimenten das Strahlungsfeld sich wie ein Partikelstrom verhält.

Die Materialeigenschaften werden in den Maxwell'schen Gleichungen phänomenologisch als Brechzahl bzw. Permittivitätszahl und Leitfähigkeit eingeführt, ohne diese Größen und deren Frequenz- oder Temperaturabhängigkeiten berechnen zu können. Beides wird erst durch die quantenmechanische Theorie bzw. Quantenelektrodynamik befriedigend geklärt, die in den Jahren 1925–1927 von W. Heisenberg, E. Schrödinger, P.A.M. Dirac entwickelt wurde und ihren Abschluss in den vierziger Jahren des 20. Jahrhunderts durch R.P. Feynman, J. Schwinger und andere fand [1].

Die historische Entwicklung der Optik führte von den Lichtstrahlen über die Welleneigenschaften zu den Maxwell'schen Gleichungen. Dieser Weg von den einfacheren, anschaulichen Phänomenen zu den abstrakten Differentialgleichungen ist stets der verständlichere und wird auch in diesem Buch verfolgt. Er ist logisch unbefriedigend, weil manches ohne korrekte Begründung hingenommen werden muss. Zum anderen benötigen die moderne Optik und insbesondere die Quantenoptik ein theoretisches Fundament, das weit über den Rahmen dieses Buches hinaus geht. Im Folgenden wird deshalb relativ knapp gezeigt, wie aus den Grundgleichungen der Elektrodynamik die wichtigsten Beziehungen der Optik folgen. Es sind das die Beziehungen, auf die in den folgenden Kapiteln zurückgegriffen werden wird. Ausführliche Darstellungen der theoretischen Optik findet man in den entsprechenden Lehrbüchern [3, 4, 5].

In der Optik werden häufig die Begriffe der monochromatischen, unendlich ausgedehnten ebenen Welle, der Kugelwelle, des nicht divergierenden Lichtbündels (Lichtstrahl) oder der punktförmigen Lichtquelle verwendet. Diese Begriffe sind nützlich für die Anschauung, aber man darf nicht vergessen, dass es sich um singuläre Lösungen der Maxwell'schen Gleichungen handelt, die experimentell nicht realisierbar sind. In der realen Optik gibt es nur Strahlungsfelder mit einer endlichen spektralen Breite, mit einem endlichen Öffnungswinkel, und alle Lichtquellen besitzen eine endliche Ausdehnung. Andernfalls divergieren die Amplituden der Felder oder der Energiefluss ist null.

Im Folgenden soll u.a. gezeigt werden, durch welche Grenzübergänge diese idealisierten Darstellungen aus den Maxwell'schen Gleichungen folgen, und unter welchen Voraussetzungen eine experimentelle Annäherung möglich ist.

E.1 Die Maxwell'schen Gleichungen

E.1.1 Die Feldgleichungen

Die Maxwell'schen Gleichungen sind in der klassischen Physik nicht herleitbar, sondern werden als die Grundgleichungen der Elektrodynamik postuliert. Maxwell hat diese Gleichungen in genialer Weise aus den experimentellen Ergebnissen und theoretischen Überlegungen seiner Vorgänger abstrahiert. Die erste Gleichung besagt, dass eine zeitlich veränderliche magnetische Induktion $\boldsymbol{B}$ ein elektrisches Wirbelfeld $\boldsymbol{E}$ erzeugt (Induktionsgesetz, links in Abb. E.2):

$$\operatorname{rot} \boldsymbol{E} = -\frac{\partial \boldsymbol{B}}{\partial t}. \tag{E.1}$$

Analog entsteht ein magnetisches Wirbelfeld $\boldsymbol{H}$ durch eine zeitlich veränderliche elektrische Verschiebung $\boldsymbol{D}$ oder durch eine Stromdichte $\boldsymbol{j}$ (rechts in Abb. E.2):

$$\operatorname{rot} \boldsymbol{H} = \frac{\partial \boldsymbol{D}}{\partial t} + \boldsymbol{j}. \tag{E.2}$$

Es bedeuten:

$\boldsymbol{E}$ = elektrische Feldstärke (SI-Einheit: V m^{-1})
$\boldsymbol{H}$ = magnetische Feldstärke (SI-Einheit: A m^{-1})
$\boldsymbol{D}$ = elektrische Verschiebung(sdichte) (SI-Einheit: As m^{-2})
$\boldsymbol{B}$ = magnetische Induktion (SI-Einheit: Vs m^{-2})
$\boldsymbol{j}$ = Stromdichte (SI-Einheit: A m^{-2})

Gemessen werden diese Felder prinzipiell durch die Kräfte $\boldsymbol{F}$, die sie auf eine elektrische Ladung e der Geschwindigkeit $\boldsymbol{v}$ ausüben, d. h. durch die Coulomb- und die Lorentz-Kraft:

$$\boldsymbol{F} = e\,\boldsymbol{E} + e\,[\boldsymbol{v} \times \boldsymbol{B}]. \tag{E.3}$$

Auf experimentelle Einzelheiten wird hier nicht eingegangen, diese sind ausführlich in Bd. 2 beschrieben.

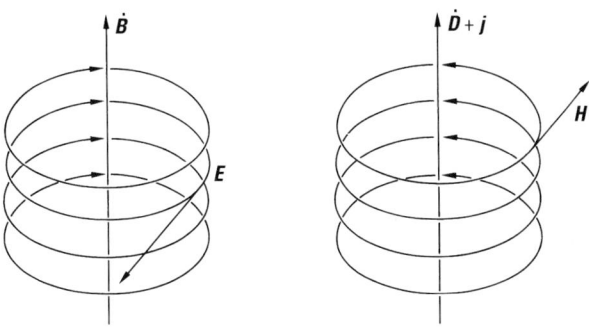

Abb. E.2 Eine zeitlich veränderliche magnetische Induktion $\boldsymbol{B}$ erzeugt ein elektrisches Wirbelfeld $\boldsymbol{E}$ (links). Eine zeitlich veränderliche elektrische Verschiebung $\boldsymbol{D}$ oder eine Stromdichte $\boldsymbol{j}$ erzeugt ein magnetisches Wirbelfeld $\boldsymbol{H}$ (rechts).

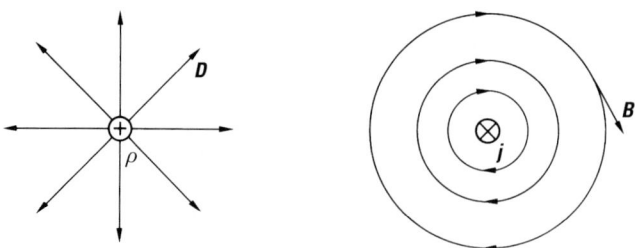

Abb. E.3 Eine elektrische Ladungsdichte ϱ erzeugt eine Verschiebung $\boldsymbol{D}$, eine Stromdichte $\boldsymbol{j}$ hat eine quellenfreie magnetische Induktion $\boldsymbol{B}$ zur Folge.

Zu den beiden Feldgleichungen (E.1) und (E.2) kommen zwei Nebenbedingungen. Die erste folgt aus der Tatsache, dass freie elektrische Ladungen existieren und Quelle eines elektrischen Feldes sind (links in Abb. E.3):

$$\text{div } \boldsymbol{D} = \varrho. \tag{E.4}$$

ϱ: elektrische Ladungsdichte (SI-Einheit: As m^{-3}).

Die zweite Nebenbedingung besagt, dass bis jetzt noch keine magnetischen Ladungen (Monopole) nachgewiesen wurden, dass also die magnetische Induktion stets quellenfrei ist (rechts in Abb. E.3):

$$\text{div } \boldsymbol{B} = 0. \tag{E.5}$$

E.1.2 Die Materialgleichungen

Unter dem Einfluss eines äußeren elektrischen/magnetischen Feldes werden in der Materie atomare oder molekulare elektrische/magnetische Dipole erzeugt. Das volumenbezogene Dipolmoment wird elektrische Polarisation $\boldsymbol{P(E)}$ bzw. magnetische Polarisation $\boldsymbol{J(H)}$ genannt und führt zu den Materialgleichungen:

$$\boldsymbol{D} = \varepsilon_0 \boldsymbol{E} + \boldsymbol{P(E)}, \tag{E.6}$$

$$\boldsymbol{B} = \mu_0 \boldsymbol{H} + \boldsymbol{J(H)}. \tag{E.7}$$

Es bedeuten:

$\boldsymbol{P}$: elektrische Polarisation (SI-Einheit: As m^{-2})
$\boldsymbol{J}$: magnetische Polarisation (SI-Einheit: Vs m^{-2})
$\varepsilon_0 = 8.8542 \times 10^{-12}$ As V^{-1}m^{-1}: elektrische Feldkonstante
$\mu_0 = 4\pi \times 10^{-7}$ Vs A^{-1}m^{-1}: magnetische Feldkonstante.

Elektrische und magnetische Polarisation sind vom erzeugenden Feld abhängig. In vielen Fällen ist dieser Zusammenhang ein linearer, manchmal aber auch eine sehr komplizierte, nichtlineare Relation, wie sich z. B. beim Ferromagnetismus (Bd. 2, Abschn. 14.2) zeigt. Die Polarisationen sind nur bei isotropen Medien, also z. B. bei Gläsern und Gasen, kollinear zu den erzeugenden Feldern.

Tab. E.1 Gegenüberstellung der differentiellen und integralen Form der Maxwell'schen Gleichungen. C bedeutet eine geschlossene Kurve, die die Fläche A umrandet. A' ist eine geschlossene Fläche, die ein Volumen umschließt, welches im Fall der Gl. (E.4a) die gesamte Ladung Q enthält. I ist der Strom, der durch die Fläche A fließt, Φ der magnetische Fluss durch die Fläche A'.

differentielle Form	integrale Form	Gln.
$\operatorname{rot} \boldsymbol{E} = -\dfrac{\partial}{\partial t}\boldsymbol{B}$	$\oint_C \boldsymbol{E}\cdot\mathrm{d}\boldsymbol{s} = -\dfrac{\partial}{\partial t}\Phi$	(E.1), (E.1a)
$\operatorname{rot} \boldsymbol{H} = \dfrac{\partial}{\partial t}\boldsymbol{D} + \boldsymbol{j}$	$\oint_C \boldsymbol{H}\cdot\mathrm{d}\boldsymbol{s} = \dfrac{\partial}{\partial t}\int_A \boldsymbol{D}\cdot\mathrm{d}\boldsymbol{A} + I$	(E.2), (E.2a)
$\operatorname{div} \boldsymbol{D} = \varrho$	$\oint_{A'} \boldsymbol{D}\,\mathrm{d}\boldsymbol{A}' = Q$	(E.4), (E.4a)
$\operatorname{div} \boldsymbol{B} = 0$	$\oint_{A'} \boldsymbol{B}\,\mathrm{d}\boldsymbol{A}' = 0$	(E.5), (E.5a)

Der in einem Medium fließende Strom wird durch das elektrische Feld hervorgerufen, und es gilt das Ohm'sche Gesetz:

$$\boldsymbol{j} = \underline{\sigma}\,\boldsymbol{E}, \tag{E.8}$$

wobei $\underline{\sigma}$ der Tensor der elektrischen Leitfähigkeit (SI-Einheit: $\mathrm{A\,m^{-1}\,V^{-1}}$) ist, welcher vom elektrischen Feld abhängen kann.

Die hier aufgeführten Gleichungen beschreiben alle Phänomene der Elektrodynamik und Optik, mit Ausnahme des Photons. Es ist jedoch außerdem zu beachten, dass in den materialabhängigen Größen $\boldsymbol{P}$ und $\boldsymbol{J}$ die Eigenschaften der Materie enthalten sind, die nur von einer quantenmechanischen Theorie geliefert werden können. Das trifft insbesondere auch auf Absorption und Emission von Licht zu.

Die Maxwell'schen Gleichungen wurden hier in der differentiellen Form dargestellt. Durch Anwendung der Integralsätze von Gauß und Stokes ergibt sich eine äquivalente integrale Form. Beide Formulierungen sind in Tab. E.1 gegenübergestellt.

E.2 Monochromatische Schwingungen und die komplexe Schreibweise

E.2.1 Zeitliche Fourier-Transformation und Spektrum

Die Feldgrößen $\boldsymbol{E}$ und $\boldsymbol{H}$ können beliebig zeitabhängig sein. Entsprechend reagieren darauf die Materialgrößen $\boldsymbol{P}$, $\boldsymbol{J}$ und $\boldsymbol{j}$. Jedoch kann der Zeitverlauf der Materialgrößen bei nichtstationären Vorgängen oder in nichtlinearen Systemen ein völlig anderer sein als der der Feldgrößen. Dann wird das Zeitverhalten sehr unübersichtlich. Es ist deshalb zweckmäßiger, die Reaktion optischer Systeme auf monochromatische Felder, d. h. zeitlich unendlich ausgedehnte sinusförmig oszillierende Felder, zu untersuchen. Bei linearen Systemen kann dann jeder beliebige Zeitverlauf als Überlagerung monochromatischer Felder dargestellt werden. In der Optik treten ausschließlich zeitlich begrenzte Schwingungen der Form:

$$\boldsymbol{E}(t) = \boldsymbol{E}_0(t) \cdot \cos(\omega_0 t + \varphi) \tag{E.9a}$$

auf. Diese können in der komplexen Schreibweise

$$\boldsymbol{\mathscr{E}}(t) = \boldsymbol{\mathscr{E}}_0(t) \exp(i\omega_0 t) \tag{E.9b}$$

mit

$$\boldsymbol{\mathscr{E}}_0(t) = \boldsymbol{E}_0(t) \exp(i\varphi)$$

dargestellt werden. Die reelle physikalische Größe ergibt sich dann aus:

$$\boldsymbol{E}(t) = \frac{1}{2}\{\boldsymbol{\mathscr{E}}(t) + \boldsymbol{\mathscr{E}}^*(t)\},$$

wobei * konjugiert komplex bedeutet. Diese zeitabhängigen Größen können mittels der Fourier-Transformation in monochromatische (monofrequente) Felder zerlegt werden. Es gilt:

$$\boldsymbol{\mathscr{E}}(\omega) = \frac{1}{\sqrt{2\pi}} \int_{-\infty}^{+\infty} \boldsymbol{\mathscr{E}}(t) \exp(-i\omega t)\, dt. \tag{E.10a}$$

Diese Zerlegung ist für alle zeitabhängigen Felder möglich. Man bezeichnet $\boldsymbol{\mathscr{E}}(\omega)$ als das komplexe Amplitudenspektrum der Welle. Aus dem Spektrum kann mittels der inversen Fourier-Transformation wieder die Zeitfunktion ermittelt werden.

$$\boldsymbol{\mathscr{E}}(t) = \frac{1}{\sqrt{2\pi}} \int_{-\infty}^{+\infty} \boldsymbol{\mathscr{E}}(\omega) \exp(i\omega t)\, d\omega. \tag{E.10b}$$

Es ist zu beachten, dass $\boldsymbol{\mathscr{E}}(t)$ und $\boldsymbol{\mathscr{E}}(\omega)$ unterschiedliche Dimensionen besitzen. Ist $\boldsymbol{\mathscr{E}}(t)$ eine elektrische Feldstärke mit der SI-Einheit $V\,m^{-1}$, so ist $\boldsymbol{\mathscr{E}}(\omega)$ eine Feldstärke pro Frequenzintervall mit der SI-Einheit $V\,m^{-1}s$. Ist die Amplitude $\boldsymbol{\mathscr{E}}(t)$ zeitlich konstant, so handelt es sich um eine unendlich ausgedehnte, monochromatische Welle, deren Spektrum zu einer Delta-Funktion entartet. Es hat sich in der Optik als sehr zweckmäßig erwiesen, mit diesen monochromatischen, komplexen Wellen $\boldsymbol{\mathscr{E}}(\omega)$ zu rechnen. Physikalische Bedeutung hat jedoch nur das reelle Feld. Die gleichen Überlegungen gelten für das magnetische Feld $\boldsymbol{\mathscr{H}}(t)$.

E.2.2 Lineare Medien und die Materialgleichungen

Die Zerlegung eines zeitabhängigen Feldes in seine monochromatischen Anteile bzw. die Überlagerung monochromatischer Felder zu einer Zeitfunktion setzt Linearität voraus. Die Felder dürfen sich nicht gegenseitig beeinflussen; die Ausbreitung eines Feldes muss unabhängig davon sein, ob sich an dem Ort bereits ein anderes Feld befindet oder nicht. Im Vakuum ist das für heute realisierbare Felder der Fall, in einem Medium dagegen nicht generell. Ein Beispiel hierfür sind der Ferromagnetismus (Bd. 2, Abschn. 14.2) oder die nichtlineare Optik (Kap. 9)

E.2 Monochromatische Schwingungen und die komplexe Schreibweise

Im Falle linearer Medien beeinflussen sich die Felder gegenseitig nicht und deshalb ist es sinnvoll, auch die materialabhängigen Feldgrößen $\boldsymbol{D}, \boldsymbol{P}, \boldsymbol{B}, \boldsymbol{J}$ nach monochromatischen Anteilen zu zerlegen. Linearität bedeutet dann, dass die jeweilige monochromatische Materialgröße proportional der induzierten Feldgröße gleicher Frequenz ist.

Es werden im Folgenden in den Maxwell-Gleichungen alle Feldgrößen durch die entsprechenden monochromatischen, komplexen Amplituden ersetzt, d. h.

$$\boldsymbol{G} \to \boldsymbol{\mathscr{G}}(\omega) = \boldsymbol{\mathscr{G}} \exp(\mathrm{i}\omega t). \tag{E.11a}$$

Die komplexen Größen werden durch Buchstaben in Schreibschrift bzw. unterstrichene griechische Buchstaben gekennzeichnet. Die reellen physikalischen Größen ergeben sich dann aus:

$$\boldsymbol{G} = \frac{1}{2}\{\boldsymbol{\mathscr{G}} + \boldsymbol{\mathscr{G}}^*\}. \tag{E.11b}$$

Im Folgenden werden nur ladungsfreie Medien betrachtet, d. h. es gilt $\varrho = 0$. Damit sind z. B. Plasmen ausgeschlossen. Die Maxwell-Gleichungen vereinfachen sich dann zu:

$$\operatorname{rot} \boldsymbol{\mathscr{E}} = -\mathrm{i}\omega \boldsymbol{\mathscr{B}}, \tag{E.12}$$

$$\operatorname{rot} \boldsymbol{\mathscr{H}} = \mathrm{i}\omega \boldsymbol{\mathscr{D}} + \boldsymbol{j}, \tag{E.13}$$

$$\operatorname{div} \boldsymbol{\mathscr{D}} = 0, \tag{E.14}$$

$$\operatorname{div} \boldsymbol{\mathscr{B}} = 0. \tag{E.15}$$

Die Materialgleichungen für lineare Medien lauten in der komplexen Schreibweise:

$$\boldsymbol{\mathscr{P}}(\omega) = \varepsilon_0 \underline{\chi}_{\mathrm{e}}(\omega) \boldsymbol{\mathscr{E}}(\omega), \tag{E.16}$$

$$\boldsymbol{\mathscr{J}}(\omega) = \mu_0 \underline{\chi}_{\mathrm{m}}(\omega) \boldsymbol{\mathscr{H}}(\omega), \tag{E.17}$$

wobei die hier auftretenden Materialkonstanten, die elektrischen und magnetischen Suszeptibilitäten, ebenfalls komplex sein können, was eine Phasenverschiebung zwischen $\boldsymbol{\mathscr{P}}$ und $\boldsymbol{\mathscr{E}}$, bzw. $\boldsymbol{\mathscr{J}}$ und $\boldsymbol{\mathscr{H}}$ bedeutet. Die Materialgleichungen (E.6) und (E.7) lassen sich dann umschreiben zu:

$$\boldsymbol{\mathscr{D}} = \varepsilon_0 \underline{\varepsilon}_{\mathrm{r}} \boldsymbol{\mathscr{E}}, \quad \text{mit} \quad \underline{\varepsilon}_{\mathrm{r}} = 1 + \underline{\chi}_{\mathrm{e}}, \tag{E.18}$$

$$\boldsymbol{\mathscr{B}} = \mu_0 \underline{\mu}_{\mathrm{r}} \boldsymbol{\mathscr{H}}, \quad \text{mit} \quad \underline{\mu}_{\mathrm{r}} = 1 + \underline{\chi}_{\mathrm{m}}, \tag{E.19}$$

und

$$\boldsymbol{j} = \underline{\sigma} \boldsymbol{\mathscr{E}}. \tag{E.20}$$

$\underline{\varepsilon}_{\mathrm{r}}$ und $\underline{\mu}_{\mathrm{r}}$ sind komplexe dimensionslose Materialkonstanten, die Permittivitätszahl und die Permeabilitätszahl, die Eins symbolisiert hier die Einheitsmatrix. Alle drei Größen $\underline{\varepsilon}_{\mathrm{r}}, \underline{\mu}_{\mathrm{r}}, \underline{\sigma}$ sind im Allgemeinen Tensoren, nur bei optisch isotropen Medien Skalare. Man beachte, dass sie noch von der Frequenz ω der Felder abhängig sind. Die Materialgleichungen lauten in der Komponentenschreibweise:

$$\mathscr{D}_m = \varepsilon_0 \sum_n \underline{\varepsilon}_{mn} \mathscr{E}_n \quad (m, n = x, y, z).$$

und entsprechend für $\mathscr{B}$ und $\boldsymbol{j}$. Die komplexen Komponenten des $\underline{\varepsilon}_r$-Tensors lassen sich nach Real- und Imaginärteil aufspalten

$$\underline{\varepsilon}_{mn} = \varepsilon_{mn,1} + i\varepsilon_{mn,2}$$

oder als Tensor

$$\underline{\varepsilon}_r = \varepsilon_1 + i\varepsilon_2 .$$

Geht man wieder zur reellen Schreibweise über, so lautet die Beziehung zwischen $\boldsymbol{D}$ und $\boldsymbol{E}$, wie sich durch Einsetzen in Gl. (E.11b) zeigen lässt,

$$\boldsymbol{D} = \varepsilon_0 \{\varepsilon_1 \boldsymbol{E}_0 \cos(\omega t) - \varepsilon_2 \boldsymbol{E}_0 \sin(\omega t)\} . \tag{E.21}$$

Ein elektrisches Feld, welches kosinusförmig oszilliert, erzeugt eine elektrische Verschiebung, die sowohl cos- als auch sin-Anteile enthält. Der mit dem Feld in Phase schwingende Anteil ist proportional dem Realteil der komplexen Permittivitätszahl, und der gegen das Feld um 90° phasenverschobene Anteil ist proportional dem Imaginärteil von $\underline{\varepsilon}$.

Gl. E.18 verknüpft das monochromatische Feld $\mathscr{E}(\omega)$ mit der monochromatischen Verschiebung $\mathscr{D}(\omega)$, der Reaktion des Mediums. Mit der Fourier-Transformation nach den Gln. (E.10a), (E.10b) ergibt sich die zeitabhängige Verschiebung $\mathscr{D}(t)$ zu:

$$\mathscr{D}(t) = \frac{1}{2\pi} \int_{-\infty}^{+\infty} \int_{-\infty}^{+\infty} \varepsilon_0 \underline{\varepsilon}_r(\omega) \mathscr{E}(t') \exp[i\omega(t-t')] dt' d\omega .$$

Diese Beziehung zeigt deutlich das unterschiedliche Zeitverhalten von elektrischem Feld und Verschiebung. Es kann sich bemerkbar machen, wenn die Dauer ultrakurzer Lichtpulse in die Größenordnung der atomaren oder molekularen Einschwingzeiten kommt (10^{-15}–10^{-9} s). Die gleichen Überlegungen gelten für magnetisierbare Medien bezüglich der Permeabilitätszahl $\underline{\mu}_r$.

E.2.3 Das Lorentz-Modell der Wechselwirkung, ein Beispiel für ein lineares dielektrisches Medium

Die Materialkonstanten $\underline{\varepsilon}_r, \underline{\mu}_r, \underline{\sigma}$ folgen korrekt nur aus einer quantenmechanischen Beschreibung der Wechselwirkung Licht-Materie. Zum qualitativen Verständnis reicht jedoch ein klassisches Modell aus. Diesem liegt die Vorstellung zugrunde, dass die Wechselwirkung überwiegend durch die Wirkung des elektrischen Feldes der Lichtwelle auf die elastisch gebundenen Elektronen erfolgt (H. A. Lorentz 1896), eine Vorstellung, die auch die Quantenmechanik in der nichtrelativistischen Dipolnäherung benutzt. Durch das elektrische Feld werden die Elektronen gegen den Atomkern verschoben. Positiver und negativer Ladungsschwerpunkt fallen nicht mehr zusammen, es ist ein elektrisches Dipolmoment entstanden. Als Beispiel soll die Wirkung eines monochromatischen Feldes konstanter Amplitude $\mathscr{E}_0$ und der Frequenz ω betrachtet werden.

$$\mathscr{E} = \mathscr{E}_0 \exp(i\omega t) .$$

Die auf das Elektron wirkende Kraft ist die Coulomb-Kraft nach Gl. (E.3), wobei im nichtrelativistischen Fall $|v| \ll c$ der magnetische Anteil vernachlässigt werden kann. In der komplexen Schreibweise gilt dann:

$$\underline{\mathscr{F}} = e\underline{\mathscr{E}}.$$

Durch diese Kraft wird ein elastisch gebundenes Elektron zu Schwingungen der gleichen Frequenz angeregt, während der sehr viel schwerere Kern nahezu in Ruhe bleibt. Für die Verschiebung x des Elektrons gegen den Kern kann die klassische Schwingungsgleichung angesetzt werden, wobei die komplexe Schreibweise benutzt wird.

$$\frac{d^2\underline{x}}{dt^2} + \frac{1}{\tau}\frac{d\underline{x}}{dt} + \omega_0^2 \underline{x} = \frac{e}{m}\underline{\mathscr{E}}_0 \exp(i\omega t).$$

Hierbei bedeuten ω_0 die Resonanzfrequenz des Elektrons und τ eine Dämpfungszeit. Die Lösung der Gleichung lässt sich sofort hinschreiben; sie entspricht der erzwungenen, gedämpften Schwingung:

$$\underline{x} = \frac{e}{m} \frac{1}{(\omega_0^2 - \omega^2) + i\frac{\omega}{\tau}} \underline{\mathscr{E}}_0 \exp(i\omega t).$$

Das entstehende Dipolmoment ist gleich der Elektronenladung e multipliziert mit der Auslenkung $\underline{x}$, und die Polarisation $\underline{\mathscr{P}}$ als volumenbezogenes Dipolmoment ergibt sich mit der Dipoldichte n_0 zu $\underline{\mathscr{P}} = n_0 e \underline{x}$. Mit Gl. (E.16) folgt:

$$\underline{\mathscr{P}} = \frac{n_0 e^2}{m} \frac{1}{(\omega_0^2 - \omega^2) + i\frac{\omega}{\tau}} \underline{\mathscr{E}}_0 \exp(i\omega t) = \varepsilon_0 \underline{\chi_e} \underline{\mathscr{E}}_0 \exp(i\omega t). \qquad \text{(E.22)}$$

Hierbei wurde vorausgesetzt, dass die induzierten Dipole hinreichend weit voneinander entfernt sind und sich nicht gegenseitig beeinflussen. Die Polarisation ist linear mit der Feldstärke verknüpft, und der Vergleich mit Gl. (E.16) liefert für den Proportionalitätsfaktor – die komplexe, dielektrische Suszeptibilität – den Ausdruck:

$$\underline{\chi_e} = \frac{n_0 e^2}{\varepsilon_0 m} \frac{1}{(\omega_0^2 - \omega^2) + i\frac{\omega}{\tau}} = \chi_{e1} - i\chi_{e2}. \qquad \text{(E.22)}$$

Real- und Imaginärteil der Suszeptibilität errechnen sich zu:

$$\chi_{e1} = \frac{n_0 e^2}{\varepsilon_0 m} \frac{(\omega_0^2 - \omega^2)}{(\omega_0^2 - \omega^2)^2 + \frac{\omega^2}{\tau^2}}, \qquad \text{(E.23a)}$$

$$\chi_{e2} = \frac{n_0 e^2}{\varepsilon_0 m} \frac{\frac{\omega}{\tau}}{(\omega_0^2 - \omega^2)^2 + \frac{\omega^2}{\tau^2}}. \qquad \text{(E.23b)}$$

Der typische spektrale Verlauf dieser Größen ist in Abb. E.5 dargestellt. Die Auswirkung auf das Strahlungsfeld wird in Abschn. E.4.3 diskutiert.

E.3 Energetische Betrachtungen

E.3.1 Energiedichte

Wirkt ein elektrisches Feld E oder ein magnetisches Feld H auf ein polarisierbares Medium, so leistet es Arbeit. Die volumenbezogene Arbeit oder Energiedichte ist gegeben durch (s. Bd. 2, Abschn. 5.3.4):

$$w_{em} = \int E \cdot dD + \int H \cdot dB. \tag{E.24}$$

Mit den Materialgleichungen (E.6) und (E.7) ergibt sich:

$$w_{em} = \frac{1}{2}\{\varepsilon_0 E \cdot E + \mu_0 H \cdot H\} + \int E \cdot dP + \int H \cdot dJ.$$

Die Energiedichte besteht aus einem reinen Feldanteil und dem Anteil des polarisierbaren Mediums. Für lineare Medien folgt aus Gl. (E.24) [3]:

$$w_{em} = \frac{1}{2} E \cdot D + \frac{1}{2} H \cdot B = w_e + w_m, \tag{E.25}$$

wobei w_e, w_m die elektrische bzw. magnetische Energiedichte ist.

E.3.2 Poynting-Vektor, Intensität und Energieerhaltung

Die Energiestromdichte ist durch den Poynting-Vektor S gegeben, der wie folgt definiert ist:

$$S = E \times H, \tag{E.26}$$

wobei × das Kreuzprodukt kennzeichnet. Der Poynting-Vektor hat die Bedeutung einer Leistungsdichte mit der Dimension Wm^{-2}. In der Optik wird häufig der nicht genormte Ausdruck *Intensität* J für den über die Periodendauer $T = 2\pi/\omega$ gemittelten Betrag des Poynting-Vektors verwendet. Wenn die Leistungsdichte von einer Lichtquelle emittiert wird, lautet der genormte Begriff *spezifische Ausstrahlung* M. Fällt dagegen die Leistungsdichte auf eine Fläche, ist der Begriff *Bestrahlungsstärke* E genormt (vgl. Abschn. 5.1.2).

$$J(t) = |S|_T. \tag{E.27}$$

Der Energiefluss durch eine Fläche A ist das Flächenintegral über den Poynting-Vektor und hat die Dimension einer Leistung P (SI-Einheit W):

$$P = \int_A S \cdot dA. \tag{E.28}$$

In einem abgeschlossenen Volumen V ist die darin enthaltene Feldenergie durch das Volumenintegral gegeben:

$$\int_V w_{em}\, dV.$$

Der aus dem Volumen austretende Energiefluss ist das Oberflächenintegral über den Poynting-Vektor, welches nach dem Gauß'schen Integralsatz in ein Volumenintegral umgeschrieben werden kann:

$$\int_A \boldsymbol{S} \cdot d\boldsymbol{A} = \int_V \mathrm{div}\, \boldsymbol{S}\, dV.$$

Falls die elektromagnetische Feldenergie erhalten bleibt, muss die zeitliche Änderung der Feldenergie im Innern gleich dem gesamten austretenden Energiefluss sein. Wenn Feldenergie in andere Energieformen umgewandelt wird, z. B. Wärme, muss eine Verlustleistung P_V im Innern auftreten, die gleich dem Volumenintegral über die Verlustleistungsdichte p_V ist. Aus

$$P_V = \int_V p_V\, dV = \int_V \mathrm{div}\, \boldsymbol{S}\, dV + \frac{d}{dt} \int_V w_{em}\, dV$$

ergibt sich die Verlustleistungsdichte zu:

$$p_V = \mathrm{div}\, \boldsymbol{S} + \frac{d}{dt} w_{em}.$$

Erhaltung der Feldenergie bedeutet somit $p_V = 0$. Werden der Poynting-Vektor nach Gl. (E.26) und die Energiedichte nach Gl. (E.25) eingesetzt, ergibt sich unter Benutzung der entsprechenden Vektorrelationen für die Verlustleistungsdichte:

$$p_V = \frac{1}{2}\{\boldsymbol{E} \cdot \dot{\boldsymbol{D}} - \dot{\boldsymbol{E}} \cdot \boldsymbol{D} + \boldsymbol{H} \cdot \dot{\boldsymbol{B}} - \dot{\boldsymbol{H}} \cdot \boldsymbol{B}\} - \boldsymbol{E} \cdot \sigma \boldsymbol{E}. \tag{E.29}$$

E.3.3 Verlustfreie Medien

Für nicht leitende Dielektrika ($\sigma = 0$, $\mu_r = 1$) folgt aus Gl. (E.29) für den Fall der Verlustfreiheit wegen $p_V = 0$:

$$\boldsymbol{E} \cdot \dot{\boldsymbol{D}} = \dot{\boldsymbol{E}} \cdot \boldsymbol{D}, \tag{E.30a}$$

und entsprechend aus dem magnetischen Term

$$\boldsymbol{H} \cdot \dot{\boldsymbol{B}} = \dot{\boldsymbol{H}} \cdot \boldsymbol{B}. \tag{E.30b}$$

Man kann in die Gl. (E.30a) die Größen $\boldsymbol{E}$ und $\boldsymbol{D}$ für monochromatische Felder einsetzen, wobei der allgemeine Fall zugelassen werden soll, dass die drei Komponenten E_m des Feldes unterschiedliche Frequenzen ω_m besitzen. In Komponenten geschrieben lauten die Gln. (E.9a) und (E.21)

$$E_m = E_{0m} \cos(\omega_m t + \varphi_m),$$

$$D_m = \varepsilon_0 \sum_n E_{0n} \{\varepsilon_{mn,1} \cos(\omega_n t + \varphi_n) - \varepsilon_{mn,2} \sin(\omega_n t + \varphi_n)\}.$$

Beides in die Gl. (E.30a) eingesetzt ergibt für die Komponenten des ε-Tensors, da diese Gleichung für alle Werte von ω_n und φ_n gelten muss:

$$\varepsilon_{mn,1} = \varepsilon_{nm,1} \quad \text{und} \quad \varepsilon_{mn,2} = \varepsilon_{nm,2} = 0.$$

Die Komponenten des $\underline{\varepsilon}$-Tensors für verlustfreie Medien sind reell und symmetrisch. Das führt zu einer starken Vereinfachung, denn für einen symmetrischen Tensor lässt sich stets ein Koordinatensystem finden, abhängig vom speziellen Medium und der Frequenz, bei dem die Außerdiagonalelemente verschwinden. Im Folgenden soll bei verlustfreien, linearen Medien nur noch diese Darstellung benutzt werden (Hauptachsendarstellung):

$$\underline{\varepsilon}_r = \begin{pmatrix} \varepsilon_x & 0 & 0 \\ 0 & \varepsilon_y & 0 \\ 0 & 0 & \varepsilon_z \end{pmatrix}.$$

Die gleichen Überlegungen gelten auch für magnetisierbare Medien. Die Materialgleichungen lassen sich in dieser Hauptachsendarstellung sehr einfach formulieren und lauten in Komponentenschreibweise:

$$D_m = \varepsilon_0 \varepsilon_m E_m, \quad B_m = \mu_0 \mu_m H_m \quad (m = x, y, z). \tag{E.31}$$

E.4 Die Wellengleichung und einfache Lösungen

Die Maxwell'schen Gleichungen sind Differentialgleichungen erster Ordnung in Zeit und Ort. Die magnetischen bzw. elektrischen Feldgrößen lassen sich eliminieren, was dann auf Differentialgleichungen zweiter Ordnung führt, die Wellengleichungen mit $\boldsymbol{E}$ bzw. $\boldsymbol{H}$ als Variable. Die Form der Wellengleichung hängt von den Eigenschaften des Mediums ab, eine Übersicht zeigt Tab. E.2.

Das Medium, z. B. ein Plasma, kann freie Ladungen enthalten. Dieser Fall wird im folgenden stets ausgeschlossen, d. h. es ist $\varrho = 0$. In einem homogenen Medium sind die Materialgrößen $\underline{\varepsilon}_r$, $\underline{\mu}_r$ unabhängig vom Ort, in einem isotropen Medium sind sie unabhängig von der Richtung der Feldstärken und können deshalb durch Skalare ersetzt werden.

Tab. E.2 Charakterisierung der optischen Eigenschaften von Medien.

Medium	$\underline{\mu}_r(\omega)$	$\underline{\varepsilon}_r(\omega)$	$\underline{\sigma}(\omega)$
homogen	alle Materialgrößen sind nicht ortsabhängig		
anisotrop	alle Materialgrößen sind Tensoren		
isotrop	alle Materialgrößen sind Skalare		
nicht leitend (Isolatoren)	$\neq 1$	$\neq 1$	0
dielektrisch	$= 1$	$\neq 1$	0
transparent (verlustfrei)	reell	reell	0
linear		nicht abhängig von den Feldstärken	
nichtlinear		abhängig von den Feldstärken	

Nicht leitend bedeutet $\underline{\sigma} = 0$, d. h. es treten keine Ohm'schen Verluste auf. Dielektrische Medien sind solche, bei denen keine Leitfähigkeit auftritt ($\underline{\sigma} \approx 0$), und die außerdem unmagnetisch sind ($\underline{\mu}_r = 1$). Dieser Fall tritt am häufigsten in der Optik auf, ausgenommen sind Magnetooptik und Metalloptik. Verlustfreie Medien gibt es nicht, wohl aber verlustarme Medien. In diesem Fall sind die Stoffkonstanten nahezu reell. Auch lineare Medien gibt es streng genommen nicht, jedoch ist die Abweichung vom linearen Verhalten der Materie in weiten Bereichen beliebig gering, solange die Feldstärke nicht zu groß wird. Dann sind die Materialgrößen unabhängig von den Feldern, wohl aber noch frequenzabhängig.

E.4.1 Homogenes, isotropes, nichtleitendes, ladungsfreies, lineares Medium ($\underline{\sigma} = 0$, $\varrho = 0$)

Die Größen $\underline{\varepsilon}_r$, $\underline{\mu}_r$ sind in diesem Fall komplexe, frequenzabhängige Skalare. Es werden für die Felder die monochromatischen Darstellungen nach Gl. (E.11a) verwendet und die Maxwell'schen Gleichungen in der Formulierung Gln. (E.12)–(E.15) benutzt. Durch Anwendung der Operation rot auf Gl. (E.12), Ersetzen von rot $\mathcal{H}$ durch Gl. (E.13) und Benutzung der Vektorrelation rot rot = grad div $-\Delta$ folgt mit der Nebenbedingung div $\mathcal{D} = \varepsilon_0 \underline{\varepsilon}_r \, \text{div} \, \mathcal{E} = 0$ und div $\mathcal{B} = 0$ die Wellengleichung:

$$\Delta \mathcal{E} + \omega^2 \underline{\mu}_r \underline{\varepsilon}_r \mu_0 \varepsilon_0 \mathcal{E} = 0. \tag{E.32}$$

Der Δ-Operator in kartesischen Koordinaten lautet:

$$\Delta \mathcal{E} = \left\{ \frac{\partial^2}{\partial x^2} + \frac{\partial^2}{\partial y^2} + \frac{\partial^2}{\partial z^2} \right\} \mathcal{E}, \tag{E.33a}$$

und in Kugelkoordinaten für skalare Felder, die nur vom Radius r abhängen:

$$\Delta \mathcal{E} = \frac{1}{r} \frac{\partial^2}{\partial r^2} (r \mathcal{E}). \tag{E.33b}$$

Die skalare Wellengleichung, auch Helmholtz-Gleichung genannt, wird immer dann benutzt, wenn die Polarisation ohne Bedeutung ist, z. B. bei der Ausbreitung in homogenen Medien. Es ist jedoch zu beachten, dass es sich um eine Näherung handelt (siehe hierzu Abschn. 4.4).

E.4.2 Die ebene Welle im verlustfreien Medium

Verlustfrei bedeutet, dass ε_r und μ_r reell sind. Eine einfache Lösung in kartesischen Koordinaten lautet:

$$\mathcal{E} = \mathcal{E}_0 \exp[\mathrm{i}(\omega t - \boldsymbol{k} \cdot \boldsymbol{r})],$$

wobei $\boldsymbol{r} = (x, y, z)$ der Ortsvektor ist und $\boldsymbol{k}$ ein beliebiger, konstanter Vektor. Dieser Ansatz befriedigt die Wellengleichung (E.32), falls

$$k^2 = \mu_r \varepsilon_r \mu_0 \varepsilon_0 \omega^2 \tag{E.34}$$

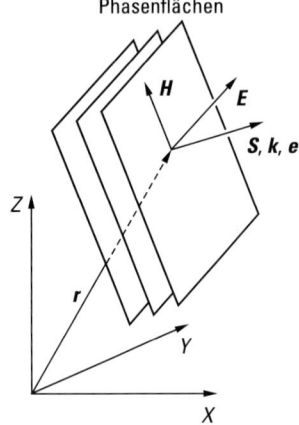

Abb. E.4 Die ebene Welle breitet sich in Richtung $\boldsymbol{k}$, $\boldsymbol{e}$ aus. Senkrecht dazu stehen $\boldsymbol{E}$ und $\boldsymbol{H}$. $\boldsymbol{r}$ ist der Ortsvektor, $\boldsymbol{k}$ der Wellenvektor.

gilt, was als Dispersionsrelation bezeichnet wird. Die Größe $\boldsymbol{k}$ wird verständlich, wenn man sich die vollständige, reelle Lösung nach Gl. (E.11b) verschafft:

$$\boldsymbol{E} = \boldsymbol{E}_0 \cos(\omega t - \boldsymbol{k} \cdot \boldsymbol{r} + \varphi). \tag{E.35}$$

Flächen konstanter Phase sind gegeben durch:

$$\boldsymbol{k} \cdot \boldsymbol{r} - \omega t = \text{const.} \tag{E.36}$$

Das ist die Gleichung der Ebene im Raum mit $\boldsymbol{k}$ als Normalenvektor. Die Welle breitet sich in Richtung von $\boldsymbol{k}$ aus (siehe Abb. E.4). Der Einheitsvektor der Ausbreitung der Phasenflächen wird im Folgenden mit $\boldsymbol{e}$ bezeichnet:

$$\boldsymbol{e} = \frac{\boldsymbol{k}}{k}. \tag{E.37}$$

Die Geschwindigkeit, mit der sich die Phase in Ausbreitungsrichtung $\boldsymbol{e}$ ändert, wird Phasengeschwindigkeit c_{ph} genannt,

$$c_{\text{ph}} = \boldsymbol{e}\frac{\mathrm{d}\boldsymbol{r}}{\mathrm{d}t},$$

und folgt aus den Gln. (E.36), (E.37) zu

$$c_{\text{ph}} = \frac{\omega}{k}. \tag{E.38}$$

Der Vergleich mit Gl. (E.34) liefert:

$$c_{\text{ph}} = \frac{1}{\sqrt{\mu_r \varepsilon_r \mu_0 \varepsilon_0}}. \tag{E.39}$$

Für das Vakuum mit $\mu_r = \varepsilon_r = 1$ ergibt sich die Vakuumlichtgeschwindigkeit:

$$c_0 = \frac{1}{\sqrt{\mu_0 \varepsilon_0}} = 2.99792458 \times 10^8 \,\mathrm{m\,s^{-1}}. \tag{E.40}$$

In einem transparenten Medium ist die Phasengeschwindigkeit um den Faktor

$$n = \sqrt{\mu_r \varepsilon_r} = \frac{c_0}{c_{\mathrm{ph}}} \tag{E.41}$$

verändert. Man bezeichnet n als Brechzahl und Gl. (E.41) als Maxwell'sche Relation. Aus der Forderung der Quellenfreiheit $\mathrm{div}\,\mathscr{D} = \varepsilon_r \varepsilon_0 \,\mathrm{div}\,\mathscr{E} = 0$ folgt für homogene, isotrope Medien:

$$\mathrm{div}\,\mathscr{E} = -\mathrm{i}\boldsymbol{k} \cdot \mathscr{E} \exp(-\mathrm{i}\boldsymbol{k} \cdot \boldsymbol{r}) = 0,$$

$$\boldsymbol{k} \cdot \mathscr{E} = 0 \tag{E.42}$$

die Transversalität der Welle. Die elektrische Feldstärke $\mathscr{E}$ steht senkrecht auf der Ausbreitungsrichtung $\boldsymbol{k}$. Man beachte, dass die Transversalität der Welle nur unter diesen speziellen Voraussetzungen gilt, aber nicht allgemein. Felder mit transversaler Struktur besitzen stets eine longitudinale Komponente des elektrischen Feldes, die vernachlässigt werden kann, wenn die transversale Struktur groß gegen die Wellenlänge ist.

Für den Betrag von $\boldsymbol{k}$ folgt aus Gl. (E.38):

$$k = \frac{\omega}{c_{\mathrm{ph}}} = \frac{2\pi}{\lambda}. \tag{E.43}$$

λ ist die Wellenlänge im Medium. k wird als Kreiswellenzahl bezeichnet, und $\boldsymbol{k}$ als Wellenvektor oder Ausbreitungsvektor. Das Verhältnis der Vakuumwellenlänge λ_0 zur Wellenlänge λ im Medium ist gleich der Brechzahl n und lautet mit den Gln. (E.41), (E.43):

$$\frac{\lambda_0}{\lambda} = \frac{k}{k_0} = n. \tag{E.44}$$

Die magnetischen Felder ergeben sich aus den Gln. (E.12), (E.13) zu:

$$\mathscr{H} = \mathscr{H}_0 \exp[\mathrm{i}(\omega t - \boldsymbol{k} \cdot \boldsymbol{r})],$$
$$\mathscr{B} = \mathscr{B}_0 \exp[\mathrm{i}(\omega t - \boldsymbol{k} \cdot \boldsymbol{r})], \tag{E.45}$$

mit

$$\mathscr{H}_0 = \frac{\boldsymbol{k} \times \mathscr{E}_0}{\omega \mu_r \mu_0} = \frac{\boldsymbol{e} \times \mathscr{E}_0}{Z}, \quad \mathscr{B}_0 = \frac{\boldsymbol{e} \times \mathscr{E}_0}{c_{\mathrm{ph}}} \tag{E.46}$$

$$Z = \sqrt{\frac{\mu_r \mu_0}{\varepsilon_r \varepsilon_0}}. \tag{E.47}$$

Das Verhältnis der Feldstärken entspricht dem Verhältnis von Spannung (elektrische Feldstärke) zu Strom (magnetische Feldstärke). Deshalb wird Z auch als Wellenwiderstand bezeichnet. Z ist eine charakteristische Größe des Mediums. Für das Vakuum mit $\varepsilon_r = \mu_r = 1$ folgt:

$$Z_0 = 376.7\,\Omega.$$

Die magnetische Feldstärke steht senkrecht auf der elektrischen Feldstärke und der Ausbreitungsrichtung e. Sie schwingt in Phase mit dem elektrischen Feld, solange ε_r und μ_r reelle Größen sind, also bei Verlustfreiheit. Die magnetische Feldstärke in der reellen Darstellung lautet:

$$\boldsymbol{H} = \frac{\boldsymbol{e} \times \boldsymbol{E}_0}{Z} \cos(\omega t - \boldsymbol{k} \cdot \boldsymbol{r} + \varphi). \tag{E.48}$$

Der Poynting-Vektor errechnet sich nach Gl. (E.26) mit den reellen Feldstärken nach Gl. (E.35), (E.48) zu

$$\boldsymbol{S} = \frac{\boldsymbol{e}}{Z} E_0^2 \cos^2(\omega t - \boldsymbol{k} \cdot \boldsymbol{r} + \varphi). \tag{E.49}$$

Der Energiefluss erfolgt in Richtung e der Ausbreitung der Phasenflächen, was jedoch nur bei isotropen Medien der Fall ist. Der über die Periodendauer $T = 2\pi/\omega$ gemittelte Energiefluss, also die Intensität, folgt zu:

$$J = |\boldsymbol{S}|_{\mathrm{T}} = \frac{E_0^2}{2Z} = \frac{1}{2Z} \boldsymbol{\mathscr{E}} \cdot \boldsymbol{\mathscr{E}}^*, \tag{E.50}$$

oder mit den Gln. (E.40), (E.41), (E.47) für ein dielektrisches Medium:

$$J = \frac{1}{2} n c_0 \varepsilon_0 \boldsymbol{\mathscr{E}} \cdot \boldsymbol{\mathscr{E}}^*.$$

Die elektromagnetische Energiedichte berechnet sich aus Gl. (E.25) zu

$$w_{\mathrm{em}} = \frac{1}{2} \left\{ \varepsilon_r \varepsilon_0 E_0^2 + \mu_r \mu_0 H_0^2 \right\} \cos^2(\omega t - \boldsymbol{k} \cdot \boldsymbol{r} + \varphi). \tag{E.51}$$

Da nach Gln. (E.46), (E.47) $H_0^2 = E_0^2 \dfrac{\varepsilon_r \varepsilon_0}{\mu_r \mu_0}$ ist, folgt die Gleichheit von elektrischer und magnetischer Energiedichte bei ebenen Wellen. Zwischen Energiedichte und Betrag des Poynting-Vektors gilt die Beziehung:

$$|\boldsymbol{S}| = w_{\mathrm{em}} c_{\mathrm{ph}}.$$

Die hier vorgestellte elektromagnetische Welle im verlustfreien unbegrenzten Medium ist das, was in der Optik als „Lichtwelle" bezeichnet wird. Licht ist eine transversale, elektromagnetische Welle, bestehend aus einem elektrischen und einem magnetischen Feldstärkevektor, die aufeinander und auf der Ausbreitungsrichtung senkrecht stehen.

E.4.3 Die ebene Welle im verlustbehafteten Medium

In verlustbehafteten Medien sind die optischen Konstanten komplex wie in Abschn. E.2.3 gezeigt wurde. Trotzdem gilt die Wellengleichung, und die ebene Welle ist wieder eine Lösung.

$$\mathscr{E} = \mathscr{E}_0 \exp[\mathrm{i}(\omega t - n\boldsymbol{k}_0 \cdot \boldsymbol{r})],$$

wobei die Brechzahl n jetzt komplex ist. Es wird im Folgenden wieder ein unmagnetisches Medium mit $\mu_\mathrm{r} = 1$ betrachtet. Aus den Gln. (E.41), (E.18), (E.22) folgt dann

$$n = \sqrt{1 + \chi_\mathrm{e1} - \mathrm{i}\chi_\mathrm{e2}}.\tag{E.52}$$

Zur Vereinfachung wird ein verlustarmes Medium angenommen, d. h. der Imaginärteil $|\chi_\mathrm{e2}| \ll |1 + \chi_\mathrm{e1}|$ sei klein gegen den Realteil. Dann gilt für die Brechzahl in Näherung:

$$n \approx \sqrt{1 + \chi_\mathrm{e1}} - \mathrm{i}\frac{\chi_\mathrm{e2}}{2\sqrt{1 + \chi_\mathrm{e1}}} \quad \text{für} \quad |\chi_\mathrm{e2}| \ll |1 + \chi_\mathrm{e1}|.$$

Man setzt

$$\sqrt{1 + \chi_\mathrm{e1}} = n_\mathrm{r}: \quad \text{reelle Brechzahl},$$

$$\frac{k_0 \chi_\mathrm{e2}}{\sqrt{1 + \chi_\mathrm{e1}}} = \alpha: \quad \text{Absorptionskoeffizient}.$$

Damit lautet die ebene Welle

$$\mathscr{E} = \mathscr{E}_0 \exp\left\{\mathrm{i}\omega t - \left[\mathrm{i}n_\mathrm{r} k_0 + \frac{\alpha}{2}\right]\boldsymbol{e} \cdot \boldsymbol{r}\right\}.$$

Die Amplitude der Welle ändert sich in Ausbreitungsrichtung exponentiell. Je nach Vorzeichen des Koeffizienten α wird der Betrag zu- oder abnehmen. In dem hier verwendeten klassischen Lorentz-Modell der Wechselwirkung sind der Imaginärteil der Suszeptibilität und damit α stets positiv, die Welle wird gedämpft. Der Fall $\alpha < 0$ ist ebenfalls möglich, wie in Kap. 8 (Laser) gezeigt wird. Falls die hier benutzte Voraussetzung $|\chi_\mathrm{e2}| \ll |1 + \chi_\mathrm{e1}|$ nicht erfüllt ist, muss Gl. (E.52) korrekt nach Real- und Imaginärteil aufgelöst werden, was von Bedeutung für die Metalloptik ist.

Alle Beziehungen, die in Abschn. E.4.1 für das verlustfreie Medium mit reellen Stoffkonstanten abgeleitet wurden, gelten in gleicher Weise für komplexe Stoffkonstanten. Nur ist jetzt zu beachten, dass der Wellenwiderstand $\mathscr{Z}$ komplex wird. Aus den Gln. (E.45), (E.46) folgt deshalb für die reelle magnetische Feldstärke

$$\boldsymbol{H} = \frac{1}{2}\left\{\frac{\boldsymbol{e} \times \mathscr{E}_0}{\mathscr{Z}}\exp[\mathrm{i}(\omega t - n\boldsymbol{k}_0 \cdot \boldsymbol{r})] + \frac{\boldsymbol{e} \times \mathscr{E}_0^*}{\mathscr{Z}^*}\exp[-\mathrm{i}(\omega t - n\boldsymbol{k}_0 \cdot \boldsymbol{r})]\right\}.$$

Elektrisches und magnetisches Feld schwingen nicht mehr in Phase, sondern es tritt eine Phasenverschiebung auf, die in der hier verwendeten Näherung lautet:

$$\tan\psi = -\frac{\alpha}{2 k_0 n_\mathrm{r}}.$$

18   E Einführung

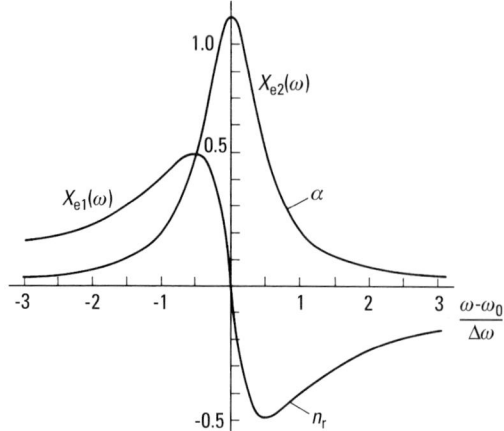

Abb. E.5 Realteil χ_{e1} und Imaginärteil χ_{e2} der elektrischen Suszeptibilität bzw. Brechzahl n_r und Absorptionskoeffizient α in der Umgebung einer Resonanzstelle nach dem Lorentz-Modell. Die Breite $\Delta\omega$ der Resonanz ergibt sich aus der Dämpfung gemäß $\Delta\omega = 1/\tau$.

Entsprechend ändern sich Poynting-Vektor und Energiedichte. Für die Intensität folgt mit Gl. (E.50) bei Ausbreitung in z-Richtung

$$J(z) = J(0) \exp[-\alpha z]. \tag{E.53}$$

Real- und Imaginärteil der elektrischen Suszeptibilität bzw. Brechzahl und Absorptionskoeffizient sind in Abb. E.5 in der Umgebung der Resonanzstelle dargestellt. Die dort eingetragene Halbwertsbreite der Resonanzkurve ist mit der Dämpfungszeit verknüpft, gemäß $\Delta\omega = 1/\tau$. Im Bereich der Resonanzstelle nehmen die reelle Brechzahl $n_r \sim \chi_{e1}$ und der Absorptionskoeffizient $\alpha \sim \chi_{e2}$ stark zu. Weit außerhalb der Resonanzstelle dagegen macht sich nur noch der frequenzabhängige Realteil bemerkbar (Dispersion), während die Absorption vernachlässigt werden kann. Das ist z. B. der Fall bei den Gläsern im sichtbaren Spektralbereich.

E.4.4 Dipolstrahlung und Kugelwelle

Die einfachste Lichtquelle ist der elektrische Dipol, d. h. das sinusförmig um den positiven Kern oszillierende Elektron. Es ist zweckmäßig, dazu die Wellengleichung in Kugelkoordinaten zu lösen, was sehr aufwendig ist. Für einen Dipol, dessen Schwingungsamplitude klein gegen die Wellenlänge ist, und für Abstände vom Dipol, die groß gegen die Wellenlänge sind, ergibt sich für das elektrische Feld in Kugelkoordinaten eine einfache Näherungslösung [4]:

$$\left. \begin{array}{l} \mathscr{E}_r = 0 \\ \mathscr{E}_\vartheta = \dfrac{\mathscr{A}}{k_0 r} \exp[i(\omega t - \boldsymbol{k}_0 \boldsymbol{r})] \cos\vartheta \\ \mathscr{E}_\varphi = 0 \end{array} \right\} \quad \text{für} \quad k_0 r \gg 1.$$

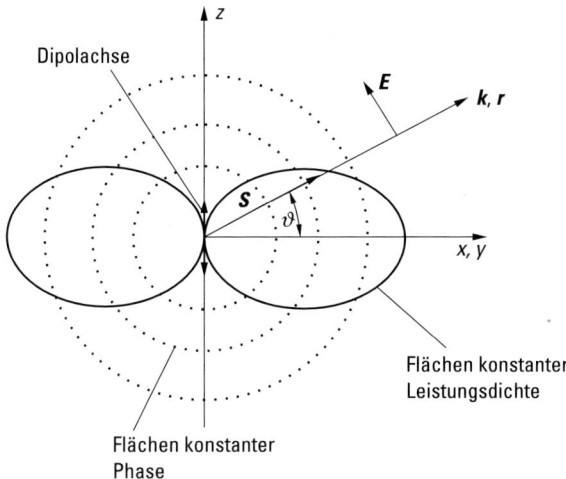

Abb. E.6 Die Abstrahlcharakteristik des oszillierenden Dipols. Die Abstrahlung ist rotationssymmetrisch bezüglich der z-Achse (Dipol-Achse). S ist der Poynting-Vektor, welcher proportional zu $\cos^2 \vartheta$ ist. Der Dipol strahlt nicht in Schwingungsrichtung.

$\mathscr{A}$ ist eine durch den Dipol bestimmte Amplitude. Der Feldvektor $\mathscr{E}$ steht senkrecht auf dem Wellenvektor $\boldsymbol{k}_0$. Werden nur kleine Winkel ϑ betrachtet, was der paraxialen Näherung entspricht, so folgt

$$\mathscr{E}_\vartheta \cong \frac{\mathscr{A}}{k_0 r} \exp[\mathrm{i}(\omega t - \boldsymbol{k}_0 \boldsymbol{r})] \,. \tag{E.54}$$

Diese „skalare" Lösung ist dann auch eine Lösung der skalaren Helmholtz-Gleichung (E.33b), gilt aber nur für kleine Winkel der Ausbreitungsrichtung gegen die x, y-Ebene.

E.4.5 Die Polarisation der Lichtwelle

Die Lage des Feldstärkevektors $\boldsymbol{E}$ oder $\mathscr{E}$ in einem beliebigen x, y-Koordinatensystem, falls die Welle sich in z-Richtung ausbreitet, ist durch die x, y-Komponenten des Vektors festgelegt. Die beiden Komponenten müssen nicht in Phase schwingen, sondern können eine Phasendifferenz γ besitzen. Dann lautet die allgemeine Darstellung der Feldstärke der ebenen Welle:

$$\mathscr{E} = \{\mathscr{E}_{0x}, \mathscr{E}_{0y} \exp(\mathrm{i}\gamma), 0\} \cdot \exp[\mathrm{i}(\omega t - kz)] \,.$$

Man nennt dieses Licht elliptisch polarisiert, denn in der x, y-Ebene bewegt sich die Spitze des $\mathscr{E}$-Vektors auf einer Ellipse. Sonderfälle sind linear und zirkular polarisiertes Licht.

lineare Polarisation: $\quad\gamma = 0$
linkszirkulare Polarisation: $\quad\gamma = +90°, \quad \mathscr{E}_{0x} = \mathscr{E}_{0y}$
rechtszirkulare Polarisation: $\quad\gamma = -90°, \quad \mathscr{E}_{0x} = \mathscr{E}_{0y}$

E.4.6 Anisotrope, lineare, nichtabsorbierende dielektrische Medien

Ein typisches Beispiel hierfür sind die doppelbrechenden Kristalle oder die Spannungsdoppelbrechung (Kap. 4). Da es sich um lineare Medien handelt, kann der monochromatische Ansatz für die Felder benutzt werden. Wegen $\mu_r = 1$ und $\sigma = 0$ lauten die Maxwell'schen Gln. (E.12)–(E.15):

$$\text{rot}\,\mathscr{E} = -i\omega\mu_0\mathscr{H}, \tag{E.55a}$$

$$\text{rot}\,\mathscr{H} = i\omega\mathscr{D}, \tag{E.55b}$$

$$\text{div}\,\mathscr{D} = 0, \quad \text{div}\,\mathscr{H} = 0 \tag{E.55c}$$

und die verbleibende Materialgleichung

$$\mathscr{D} = \varepsilon_r\varepsilon_0\mathscr{E}, \tag{E.56}$$

wobei ε_r jetzt ein reeller Tensor ist. Es folgt aus $\text{div}\,\mathscr{D} = 0$ deshalb nicht mehr i. A. $\text{div}\,\mathscr{E} = 0$. Die Gln. (E.55a, b) werden wieder durch den Ansatz der ebenen Welle gelöst, wobei die Gln. (E.37), (E.44) benutzt werden.

$$\mathscr{D}, \mathscr{E}, \mathscr{H} = \mathscr{D}_0, \mathscr{E}_0, \mathscr{H}_0 \exp\left[i\left(\omega t - \frac{n\mathbf{e}\cdot\mathbf{r}}{c_0}\right)\right]. \tag{E.57}$$

Die Relation zwischen der Ausbreitungsrichtung $\mathbf{e}$, der Richtung der Feldstärke $\mathscr{E}$ und der Brechzahl n hängen von der Struktur der doppelbrechenden Kristalle ab und ist zu bestimmen. Wird der Ansatz Gl. (E.57) in (E.55a, b) eingesetzt, folgt:

$$\mathscr{H} \times \mathbf{e} = \frac{c_0\mathscr{D}}{n},$$

$$\mathscr{E} \times \mathbf{e} = \frac{c_0\mu_0\mathscr{H}}{n}.$$

Einsetzen der beiden Gleichungen ineinander und Ausführung des doppelten Vektorprodukts ergibt mit Gln. (E.41), (E.56) die Wellengleichung der Kristalloptik

$$\mathscr{D} = \varepsilon_0 n^2\{\mathscr{E} - \mathbf{e}\cdot(\mathbf{e}\cdot\mathscr{E})\}. \tag{E.58}$$

In der Hauptachsendarstellung kann der Vektor $\mathscr{E}$ nach Gl. (E.31), eliminiert werden, und es ergibt sich für die Komponenten des $\mathscr{D}$-Vektors:

$$\mathscr{D}_m = \varepsilon_0 \frac{e_m(\mathbf{e}\cdot\mathscr{E})}{\dfrac{1}{n_m^2} - \dfrac{1}{n^2}} \quad (m = x, y, z).$$

Hierbei wurden gemäß der Maxwell'schen Relation Gl. (E.41) die Größen n_m eingeführt,

$$n_m = \sqrt{\varepsilon_m},$$

die Hauptbrechzahlen genannt werden. Da $\text{div}\,\mathcal{D} = 0$ gilt, folgt aus dem Ansatz Gl. (E.57) sofort die Transversalität der $\mathcal{D}$-Welle:

$$\mathcal{D} \cdot \boldsymbol{e} = \mathcal{D}_x e_x + \mathcal{D}_y e_y + \mathcal{D}_z e_z = 0.$$

Kombiniert man die beiden letzten Gleichungen, so ergibt sich die Fresnel'sche Gleichung, falls $\boldsymbol{e} \cdot \boldsymbol{\mathcal{E}} \neq 0$:

$$\frac{e_x^2}{\frac{1}{n_x^2} - \frac{1}{n^2}} + \frac{e_y^2}{\frac{1}{n_y^2} - \frac{1}{n^2}} + \frac{e_z^2}{\frac{1}{n_z^2} - \frac{1}{n^2}} = 0. \tag{E.59}$$

Bei vorgegebener Richtung des Einheitsvektors $\boldsymbol{e}$ ergeben sich aus Gl. (E.59) die gesuchten Werte der Brechzahl. Die Gleichung ist biquadratisch, d. h. zu jeder Richtung $\boldsymbol{e}$ gibt es zwei unterschiedliche Brechzahlen $\pm n_{e1}$ und $\pm n_{e2}$, die von den Hauptbrechzahlen n_m des Kristalls abhängen. Die Vorzeichen kennzeichnen die beiden möglichen gegenläufigen Wellen. Bei einachsig doppelbrechenden Kristallen mit $n_x = n_y \neq n_z$ werden $n_0 = n_x = n_y$ ordentliche und $n_e = n_z$ außerordentliche Brechzahl genannt. Einzelheiten werden in Kap. 4 besprochen.

Die elektrische Energiedichte berechnet sich aus der Gl. (E.25), wobei jetzt die reellen Werte der Felder benutzt werden müssen:

$$w_e = \frac{1}{2}\boldsymbol{E}\cdot\boldsymbol{D}.$$

$\boldsymbol{E}$ kann in der Hauptachsendarstellung wieder leicht eliminiert werden:

$$w_e = \frac{1}{2\varepsilon_0}\left\{\frac{D_x^2}{n_x^2} + \frac{D_y^2}{n_y^2} + \frac{D_z^2}{n_z^2}\right\}.$$

Es ist üblich, einen normierten Vektor $\boldsymbol{d}$ einzuführen mit

$$\boldsymbol{d} = \frac{\boldsymbol{D}}{\sqrt{2\varepsilon_0 w_e}},$$

womit die obige Gleichung umgeschrieben werden kann zu:

$$1 = \frac{d_x^2}{n_x^2} + \frac{d_y^2}{n_y^2} + \frac{d_z^2}{n_z^2}. \tag{E.60}$$

Diese Beziehung stellt im $\boldsymbol{d}$-Raum ein Ellipsoid dar, welches die anisotropen Eigenschaften des Mediums veranschaulicht. Man bezeichnet dieses Ellipsoid als *Index-Ellipsoid*.

E.4.7 Nichtlineare dielektrische Medien

Im Falle eines nichtlinearen Mediums ist der Ansatz einer einzigen monochromatischen nicht zulässig. Die nichtlineare Abhängigkeit der Polarisation $\boldsymbol{P}$ vom Feld $\boldsymbol{E}$ führt zu neuen Frequenzen. Es muss deshalb von den Maxwell'schen Gleichungen in der ursprünglichen Form (Gln. (E.1, E.2, E.6)) ausgegangen werden. Mit $\varrho = 0$, $\sigma = 0$, $\mu = 1$ vereinfachen sich diese zu:

$$\mathrm{rot}\,\boldsymbol{E} = -\mu_0 \frac{\partial \boldsymbol{H}}{\partial t},$$

$$\mathrm{rot}\,\boldsymbol{H} = \varepsilon_0 \frac{\partial \boldsymbol{E}}{\partial t} + \frac{\partial \boldsymbol{P}}{\partial t}.$$

Es kann $\boldsymbol{H}$ in gleicher Weise eliminiert werden, und man erhält mit $\mathrm{div}\,\boldsymbol{E} = 0$:

$$\Delta \boldsymbol{E} - \frac{1}{c_0^2} \frac{\partial^2 \boldsymbol{E}}{\partial t^2} = \mu_0 \frac{\partial^2 \boldsymbol{P}(\boldsymbol{E})}{\partial t^2}. \tag{E.61}$$

Die linke Seite der Gleichung beschreibt die Ausbreitung der Welle im Vakuum mit der Lichtgeschwindigkeit c_0. Die rechte Seite beschreibt den Einfluss des Mediums durch die Polarisation $\boldsymbol{P}$. Diese kann in einen linearen Anteil $\boldsymbol{P}_\mathrm{L}$ und einen nichtlinearen Anteil $\boldsymbol{P}_\mathrm{NL}$ zerlegt werden. $\boldsymbol{P}_\mathrm{L}$ ist proportional dem Feld $\boldsymbol{E}$ und bewirkt wie bisher die Änderung der Phasengeschwindigkeit, während $\boldsymbol{P}_\mathrm{NL}$ neue Frequenzen erzeugt. Die Wellengleichung lautet dann:

$$\Delta \boldsymbol{E} - \frac{1}{c_\mathrm{ph}^2} \frac{\partial^2 \boldsymbol{E}}{\partial t^2} = \mu_0 \frac{\partial^2 \boldsymbol{P}_\mathrm{NL}(\boldsymbol{E})}{\partial t^2}, \tag{E.62}$$

wobei c_ph die Phasengeschwindigkeit im Medium ist.

Die nichtlineare Polarisation ist die Quelle eines Feldes, d. h. die Amplitude von $\boldsymbol{E}$ wird sich bei Ausbreitung in einem nichtlinearen Medium ändern, auch wenn dieses absorptionsfrei ist. Es werde nun ein monochromatisches Feld $\boldsymbol{E}_m$ der Frequenz ω_m eingestrahlt. Von den vielen neuen Feldern, die auftreten, wird eines, z. B. das Feld der Frequenz ω_n mit der Wellenzahl k_n betrachtet:

$$\boldsymbol{E}_n = \boldsymbol{A}_n(z)\cos(\omega_n t - k_n z) = \frac{1}{2}\mathscr{A}_n(z)\{\exp\mathrm{i}(\omega_n t - k_n z) + \exp[-\mathrm{i}(\omega_n t - k_n z)]\},$$

wobei k_n die dazu gehörige Wellenzahl ist. Falls die Änderung der Amplitude bei Ausbreitung in z-Richtung gering ist,

$$\frac{\partial |\mathscr{A}_n|}{\partial z} \ll k_n |\mathscr{A}_n|,$$

kann die zweite Ableitung $\partial^2 |\mathscr{A}_n|/\partial z^2$ vernachlässigt werden. Es ergibt sich die Grundgleichung der nichtlinearen Optik in der komplexen Schreibweise:

$$\frac{\partial \mathscr{A}_n}{\partial z} = \mathrm{i}\frac{\mu_0}{2k} \frac{\partial^2 \mathscr{P}_\mathrm{NL}(\boldsymbol{E}_m, \boldsymbol{E}_n)}{\partial t^2} \exp[-\mathrm{i}(\omega_n t - k_n z)]. \tag{E.63}$$

Man beachte, dass die nichtlineare Polarisation noch eine Funktion der eingestrahlten Felder E_m, E_n und damit zeitabhängig ist. Auf der rechten Seite der obigen Gleichung steht ein oszillierender Term, der durch einen entsprechenden Term in $\mathscr{P}_{NL}$ kompensiert werden muss, andernfalls wird die Amplitude $\mathscr{A}_n$ bei Ausbreitung nicht merklich anwachsen. Einzelheiten werden in Kap. 9 diskutiert. Gl. (E.63) gilt außerdem nur für ebene Wellen, d. h. die Aufweitung des Strahls durch Beugung ist hier nicht berücksichtigt.

E.5 Grenzbedingungen

Zwei isotrope Medien mit den skalaren Materialkonstanten ε_1, μ_1 und ε_2, μ_2 grenzen aneinander mit einem sprungartigen Übergang der Materialkonstanten. Wie verhält sich die elektromagnetische Welle an diesem Grenzübergang? Zur Vereinfachung werden nur ladungsfreie, stromlose Grenzschichten, wie sie in der Optik auftreten, behandelt.

Um eine Aussage über die Normalkomponenten der Felder zu erhalten, werden die Nebenbedingungen Gl. (E.4), Gl. (E.5) bzw. deren integrale Form Gl. (E.4a), Gl. (E.5a) aus der Tabelle E.1 benutzt. Das Integral über eine geschlossene Oberfläche

$$\oint \boldsymbol{D} \cdot d\boldsymbol{A} = 0$$

soll bei Ladungsfreiheit null sein. Dieses Integral wird über einen Zylinder der Höhe Δ und der Grundfläche A erstreckt, wie in der Abb. E.7 skizziert ist. Wenn Δ hinreichend klein ist, wird die Normalkomponente von $\boldsymbol{D}$ immer parallel zu $d\boldsymbol{A}$ gerichtet sein, und das Integral über Δ liefert keinen Beitrag. Die Flächen A ergeben:

$$\oint \boldsymbol{D} \cdot d\boldsymbol{A} = A(D_{n,1} - D_{n,2}) = 0.$$

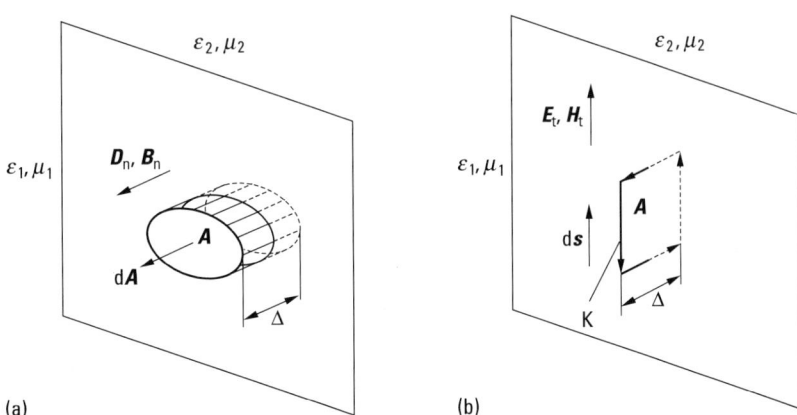

Abb. E.7 An der Grenze zweier Medien mit einem Sprung der Permeabilitätszahl oder der Permittivitätszahl gehen die Normalkomponenten von $\boldsymbol{D}$, $\boldsymbol{B}$ und die Tangentialkomponenten von $\boldsymbol{E}$, $\boldsymbol{H}$ stetig hindurch, falls die Grenzschicht strom- und ladungsfrei ist.

Das negative Vorzeichen entsteht durch die entgegengesetzten Richtungen der Flächennormalen dA. Analog liefert Gl. (E.5a) die Stetigkeit der Normalkomponenten von B.

Der Durchgang der Tangentialkomponenten von E, H kann aus Gl. (E.1a) ermittelt werden. Dazu wird über eine geschlossenen Kurve C integriert, die die Fläche A umschließt.

$$\oint_C E \cdot ds = -\int_A \frac{\partial B}{\partial t} \cdot dA.$$

Für Δ gegen null verschwindet die rechte Seite der obigen Gleichung und das linke Integral geht über in

$$\int (E_{t1} - E_{t2}) ds = 0,$$

woraus die Stetigkeit der Tangentialkomponenten von E folgt. In gleicher Weise ergibt sich aus Gl. (E.2a) die Stetigkeit der Tangentialkomponenten von H.

Es gilt somit an einem ladungs- und stromfreien Grenzübergang zweier Medien:

$$E_{t1} = E_{t2}, \tag{E.64}$$

$$H_{t1} = H_{t2}, \tag{E.65}$$

$$D_{n1} = D_{n2}, \tag{E.66}$$

$$B_{n1} = B_{n2}. \tag{E.67}$$

Die Materialgleichungen liefern einen entsprechenden Sprung der Normalkomponenten von E, H bzw. der Tangentialkomponenten von D, B. Aus diesen Stetigkeitsbedingungen folgen die Fresnel'schen Gleichungen, die die Transmission und Reflexion von Licht an den Grenzflächen beschreiben. Sie werden eingehend in Abschn. 4.2 diskutiert.

E.6 Beugungsprobleme

Die unendlich ausgedehnte ebene Welle oder die Kugelwelle, die aus einer punktförmigen Lichtquelle zu kommen scheint, sind zwar Lösungen der Wellengleichung, aber Fiktionen und experimentell nicht realisierbar. Das ist schon daran erkennbar, dass die Leistung einer ebenen Welle mit endlicher Amplitude divergiert (Gl. (E.28)), oder dass im Zentrum einer Kugelwelle die Amplitude divergiert. Trotzdem haben diese idealisierten Wellenfelder ihre Berechtigung, denn mit ihnen lässt sich in vielen Bereichen der Optik sehr erfolgreich operieren. Man muss stets beachten, dass Felder örtlich begrenzt sind, und dass parallele Lichtbündel nicht existieren, sondern infolge Beugung stets endliche Öffnungswinkel besitzen. Wenn diese Begrenzungen eine Rolle spielen, spricht man von Beugung.

E.6.1 Die reduzierte Wellengleichung

Trifft eine ebene Welle (zur Vereinfachung im Vakuum) auf eine Begrenzung (ein Spalt oder eine Blende), so wird die Welle verändert. Hinter der Begrenzung ist sie keine ebene Welle mehr, sondern in ihrer transversalen Struktur gestört. Um dieses Problem zu lösen, muss die Wellengleichung (E.32) mit den Randbedingungen entsprechend Abschn. E.5 gelöst werden; ein mathematisches Problem, welches nur für wenige, spezielle Fälle exakt lösbar ist [3]. Um zu einfachen Näherungslösungen zu kommen, müssen starke Vereinfachungen gemacht werden. Häufig wird die Polarisation des Feldes vernachlässigt, was immer zulässig ist, wenn die Abmessungen der Begrenzungen nicht in der Größenordnung der Wellenlänge liegen. Dann kann die skalare Wellengleichung benutzt werden. Näherungslösungen wurden von Kirchhoff, Sommerfeld, Rayleigh und anderen gegeben. Eine solche Näherung wird in Abschn. E.6.2 besprochen.

In vielen Fällen kann man annehmen, dass hinter einer Begrenzung die ebene Welle nur wenig gestört wird. Dann ist

$$\mathscr{E}(x,y,z) = \mathscr{A}(x,y,z)\exp(-\mathrm{i}k_0 z) \tag{E.68}$$

ein sinnvoller Ansatz. Die schnelle örtliche Oszillation ist im Exponentialansatz enthalten. Die Amplitude $\mathscr{A}$ möge sich nur wenig ändern, wenn sich die Welle um die Strecke λ_0 ausbreitet:

$$\frac{\partial \mathscr{A}}{\partial z} \ll k_0 \mathscr{A}. \tag{E.69}$$

Im Fall einer ungestörten Welle ist $\mathscr{A}$ konstant. Der Ansatz Gl. (E.68) wird in Gl. (E.32) eingesetzt, und die zweite Ableitung von $\mathscr{A}$ nach z vernachlässigt. Dann bleibt im Fall der Rechtecksymmetrie eine vereinfachte Gleichung der Form

$$\frac{\partial^2 \mathscr{A}}{\partial x^2} + \frac{\partial^2 \mathscr{A}}{\partial y^2} - 2\mathrm{i}k_0 \frac{\partial \mathscr{A}}{\partial z} = 0 \tag{E.70}$$

übrig oder bei Zylindersymmetrie

$$\frac{\partial^2 \mathscr{A}}{\partial r} + \frac{1}{r}\frac{\partial \mathscr{A}}{\partial r} + \frac{1}{r^2}\frac{\partial^2 \mathscr{A}}{\partial \varphi^2} - 2\mathrm{i}k_0 \frac{\partial \mathscr{A}}{\partial z} = 0. \tag{E.71}$$

Diese Gleichungen lassen sich in vielen Fällen lösen. Sie werden SVE-Näherung (*Slowly Varying Envelope*) genannt. Um diese Gleichung besser zu verstehen, betrachten wir Abb. E.8. Eine ebene Welle falle auf eine runde Öffnung mit dem Radius ϱ. Gesucht ist das Feld im Abstand L rechts von der Öffnung. Dann sind ϱ und L naheliegende Parameter, auf die die Koordinaten r und z normiert werden können. Gl. (E.71) lässt sich für den Fall, dass das Feld nicht von der Winkelkoordinate φ abhängt, umschreiben zu:

$$\frac{1}{F}\left(\frac{\partial^2 \mathscr{A}}{\partial (r/\varrho)^2} + \frac{1}{(r/\varrho)}\frac{\partial \mathscr{A}}{\partial (r/\varrho)}\right) - 4\pi\mathrm{i}\frac{\partial \mathscr{A}}{\partial (z/L)} = 0. \tag{E.72}$$

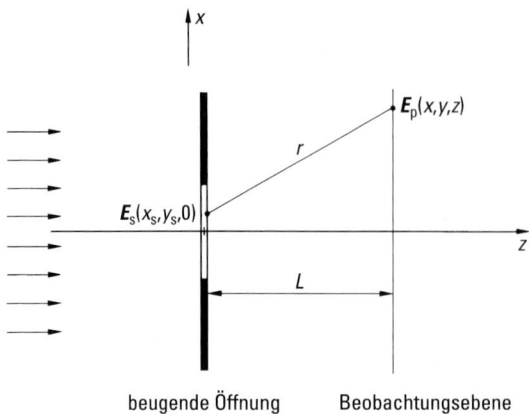

Abb. E.8 Die von links einfallende ebene Welle erzeugt in der Öffnung ein Feld $E_s(x_s, y_s, 0)$, welches auf dem Beobachtungsschirm durch Beugung zu einer Feldverteilung $E_p(x, y, z)$ führt.

Diese normierte Gleichung hängt nur noch von einem Parameter ab, der Fresnel-Zahl F genannt wird.

$$F = \frac{\varrho^2}{\lambda_0 L}. \tag{E.73}$$

Ist die Öffnung sehr groß, ($F \gg 1$), so macht sie sich kaum bemerkbar. Die Amplitude $\mathscr{A}$ verändert sich wenig mit zunehmendem z, die ebene Welle wird kaum gestört. Das gleiche gilt für kleine Wellenlängen oder geringen Abstand L. Ist dagegen die Öffnung klein, ($F \ll 1$), so wird das Feld stark beeinträchtigt und die Amplitude $\mathscr{A}$ hängt sowohl von z als auch von r ab. Mit zunehmendem z nimmt die Amplitude ab und das Feld breitet sich radial aus, es tritt Beugung auf. Die Fresnel-Zahl ist also eine für den speziellen Aufbau charakteristische Größe.

		Öffnung	Abstand	Wellenlänge
$F \ll 1$	Beugung	klein	groß	groß
$F \gg 1$	geometrische Optik	groß	klein	klein

E.6.2 Das Fresnel'sche Beugungsintegral

Um eine Lösung der Gl. (E.62) zu erhalten, greifen wir auf das Huygens'sche Prinzip zurück, in der von Kirchhoff präzisierten Form:

- Das Feld $\mathscr{E}_s$ in der Öffnung sei das gleiche, als ob der Schirm nicht vorhanden wäre, einschließlich der Polarisation.
- Das Feld überall sonst auf dem Schirm sei null.

- Von jedem Punkt der Öffnung geht eine Kugelwelle aus, und das Feld $\mathscr{E}_p$ auf dem Beobachtungsschirm ist die Überlagerung aller dieser Kugelwellen (Prinzip von Huygens).

Mit dieser Annahme lässt sich eine Lösung unter Benutzung von Gl. (E.54) erraten.

$$\mathscr{E}_p(x,y,z) = \frac{i}{\lambda_0} \iint_{\text{Öffnung}} \mathscr{E}_s(x_s, y_s, 0) \frac{\exp(-ik_0 r)}{r} \, dx_s \, dy_s. \tag{E.74}$$

Eine korrekte Ableitung findet man in den Lehrbüchern der theoretischen Optik [3]. Das Integral erfüllt annähernd die Helmholtz-Gleichung, wie zuerst von Kirchhoff gezeigt wurde. Jedoch ist diese Gleichung in der vorliegenden Form analytisch nicht lösbar. Es soll deshalb eine handlichere Form angegeben werden, die exakt die Gl. (E.70) erfüllt, das Fresnel-Integral, eine Näherung des Kirchhoff-Integrals:

$$\mathscr{A}_p(x,y,z) = \frac{i}{\lambda_0 z} \iint_{\text{Öffnung}} \mathscr{A}_s(x_s, y_s) \exp\left(\frac{-ik_0}{2z}[(x_s - x)^2 + (y_s - y)^2]\right) dx_s \, dy_s. \tag{E.75}$$

Hierbei ist $\mathscr{A}_s(x_s, y_s)$ die Feldamplitude in der begrenzenden Öffnung. Die Ähnlichkeit mit dem Ansatz von Kirchhoff/Fresnel ist sichtbar, aber Gl. (E.75) ist eine exakte Lösung der Gl. (E.70), wie sich durch Einsetzen zeigen lässt. Entsprechendes lässt sich für Rotationssymmetrie herleiten. Man beachte, dass Gln. (E.74), (E.75) nur Näherungslösungen der Wellengleichung sind, deren Zulässigkeit von Fall zu Fall geprüft werden muss. Die Gl. (E.75) ist anwendbar, wenn

- die Abmessungen der Öffnung groß gegen die Wellenlänge sind,
- der Abstand der Beobachtungsebene groß gegen die Abmessungen der Öffnung ist.

Die Konstante $i/\lambda_0 z$ vor dem Integral ist durch Einsetzen in Gl. (E.70) nicht festlegbar. Sie wird aus der Energieerhaltung bestimmt. Die gesamte Leistung, die durch die Öffnung fließt, muss auch auf den Beobachtungsschirm auftreffen.

E.6.3 Der Gauß'sche Strahl

Die Gl. (E.75) verknüpft die Feldverteilung $\mathscr{A}_s$ auf dem beugenden Schirm mit der Verteilung $\mathscr{A}_p$ auf dem Beobachtungsschirm. Man kann fragen, ob es Verteilungen gibt, deren Struktur sich bei der Ausbreitung bis auf einen Maßstabsfaktor nicht ändert. Solche Lösungen werden Eigenlösungen genannt. Eine derartige Eigenlösung der Gl. (E.75) ist der Gauß'sche Strahl. Eine vorgegebene Verteilung an der Stelle $z = 0$ der Form

$$\mathscr{A}_s(x_s, y_s, 0) = \mathscr{A}_0 \exp\left[-i \frac{k_0(x_s^2 + y_s^2)}{2q_s}\right], \tag{E.76}$$

wobei q_s eine beliebige komplexe Konstante ist, führt zu:

$$\mathscr{A}_p(x,y,z) = \frac{\mathscr{A}_0}{1 + \dfrac{z}{q_s}} \exp\left[-i \frac{k_0(x^2 + y^2)}{2q}\right] \tag{E.77}$$

mit $\quad q = q_s + z,$

wie sich durch Einsetzen in Gl. (E.75) zeigen lässt. Hierbei ist die Integration über die gesamte x_s, y_s-Ebene zu erstrecken. Gleichzeitig ist Gl. (E.77) auch eine Lösung der reduzierten Wellengleichung (E.70). Im einfachsten Fall hat die Ausgangsverteilung eine reelle Form, eine Gauß'sche Verteilung der Feldstärke:

$$\mathscr{A}_s = \mathscr{A}_0 \exp\left[-\frac{x_s^2 + y_s^2}{w_s^2}\right].$$

Hierbei charakterisiert w_s die Breite der Verteilung. In einem beliebigen Abstand z hinter dem Schirm folgt nach Gl. (E.77)

$$\mathscr{A}_p(z) = \frac{\mathscr{A}_0}{1 - i\frac{z}{z_r}} \exp\left[-\frac{x^2 + y^2}{w^2}\left(1 + i\frac{z}{z_r}\right)\right] = \frac{\mathscr{A}_0}{1 - i\frac{z}{z_r}} \exp\left[-r^2\left(\frac{1}{w^2} + i\frac{k_0}{2R}\right)\right],$$

(E.78)

$$w = w_s\sqrt{1 + \left(\frac{z}{z_r}\right)^2}, \quad \frac{1}{q} = \frac{1}{R} - i\frac{\lambda_0}{\pi w^2}, \quad R = z_r\left(\frac{z}{z_r} + \frac{z_r}{z}\right). \tag{E.79 a, b, c}$$

Es sind:

w_s: Taillenradius an der Stelle $z = 0$,
w: Strahlradius im Abstand z,
r: radiale Koordinate,
$z_r = \pi w_s^2/\lambda_0$:   Rayleigh-Länge,
R: Krümmungsradius der Phasenflächen an der Stelle z.

Die Fresnel-Zahl dieses Strahlungsfeldes ist

$$F = \frac{w_s^2}{\lambda_0 z} = \pi \frac{z_r}{z}.$$

In Abb. E.9 ist die Struktur dieses Feldes skizziert. Für $z \ll z_r$, $F \gg 1$ befindet man sich im Bereich der geometrischen Optik, das Wellenfeld breitet sich als nahezu ebene Welle aus. Im Bereich $z \approx z_r$, $F \approx 1$ beginnt das Strahlungsfeld auseinanderzulaufen und für $z \gg z_r$, $F \ll 1$ geht das Strahlungsfeld in eine Verteilung mit einem konstanten Öffnungswinkel θ über. Dieser ergibt sich als Grenzwert aus der vorangehenden Beziehung zu:

$$\theta = \lim_{z \to \infty} \frac{w(z)}{z} = \frac{\lambda_0}{\pi w_s} \tag{E.80}$$

und wird Beugungs- oder Öffnungswinkel des Gauß'schen Strahls genannt.

Dieser Gauß'sche Strahl hat sich als eine sehr brauchbare Beschreibung für ein Strahlungsfeld erwiesen, denn:

- Er ist leicht durch einen He/Ne-Laser zu realisieren. Die Ebene $z = 0$ ist dann z. B. der Endspiegel des Lasers.
- Der Gauß'sche Strahl ist zwar in der x, y-Ebene unbegrenzt, jedoch fällt die Amplitude hinreichend schnell ab, so dass im Experiment eine Fläche von zwei- bis dreimal πw_s^2 benötigt wird, um einen guten Gauß-Strahl zu erzeugen.

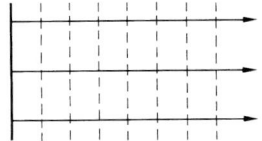

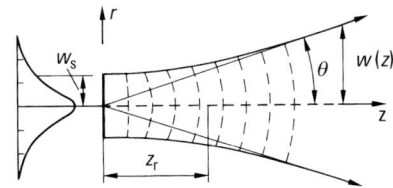

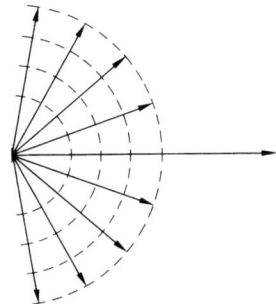

Abb. E.9 Der Gauß'sche Strahl (Mitte) und seine beiden Grenzfälle, die ebene Welle mit $z \ll z_r$ (oben) und die Kugelwelle mit $z \gg z_r$ (unten).

- Die Amplitude $\mathscr{A}_p$ ist überall endlich.
- Die gesamte Leistung P im Strahlungsfeld ergibt sich zu:

$$P = \frac{1}{2Z} \iint_\infty \mathscr{A}_p \mathscr{A}_p^* \, dA = \frac{1}{4Z} \pi w_s^2 |\mathscr{A}_0|^2$$

  mit dem Wellenwiderstand Z nach Gl. (E.47) und ist begrenzt.
- Der Öffnungswinkel θ ist endlich und, wie sich zeigen lässt [3], der kleinstmögliche bei einer Verteilung der Breite w_s.

In allen Fällen, wo ebene Welle und Kugelwelle keine brauchbaren Näherungen mehr sind, kann der Gauß-Strahl als die bessere Näherung des realen Feldes benutzt werden. Man beachte, dass der Gauß-Strahl nach Gl. (E.78) nur in der paraxialen Näherung gilt, also wenn der Taillenradius w_s groß gegen die Wellenlänge λ_0 ist. Weitergehende Näherungen werden in [6] diskutiert.

E.6.4 Das Fraunhofer'sche Beugungsintegral

Die transversale Ausdehnung des Strahlungsfeldes nimmt mit zunehmendem Abstand von der beugenden Öffnung zu. Ist der Abstand hinreichend groß ($F \ll 1$), ist also

$$x \gg x_s, \quad y \gg y_s,$$

so können die quadratischen Terme x_s^2, y_s^2 im Exponenten des Fresnel-Integrals vernachlässigt werden. Außerdem werden die Koordinaten x, y durch die entsprechenden Winkel

$$\alpha = x/z \quad \beta = y/z$$

ersetzt. Es vereinfacht sich das Fresnel-Integral (E.75) zum Fraunhofer-Integral:

$$\mathscr{A}_p(\alpha k_0, \beta k_0, z) = \frac{i}{\lambda_0 z} \exp\left\{-\frac{iz}{k_0}(\alpha^2 k_0^2 + \beta^2 k_0^2)\right\} \cdot$$
$$\cdot \iint_{\text{Öffnung}} \mathscr{A}_s(x_s, y_s) \exp\{ik_0(\alpha x_s + \beta y_s)\}\, dx_s\, dy_s \qquad \text{(E.81)}$$

Das Beugungsintegral hat sich auf eine sehr einfache Form reduziert, denn die obige Gleichung stellt bis auf einen Phasenfaktor die zweidimensionale Fourier-Transformation dar. Jeder Feldverteilung $\mathscr{A}_s(x_s, y_s)$ im Nahfeld (oder Ortsraum) wird eine Feldverteilung $\mathscr{A}_p(\alpha k_0, \beta k_0)$ im Fernfeld zugeordnet.

E.7 Geometrische Optik

In der geometrischen Optik gibt es keine Beugung. Die Wellenlänge sei sehr klein verglichen mit den Abmessungen der Begrenzungen. Dann kann das Strahlungsfeld durch Strahlen dargestellt werden. Der Übergang von der Wellenoptik zur geometrischen Optik wird im folgenden Abschnitt diskutiert [3,6].

E.7.1 Die Eikonalgleichung

Es soll nun der Fall eines isotropen, aber leicht inhomogenen dielektrischen Mediums betrachtet werden, d. h. die Brechzahl $n = \sqrt{\varepsilon}$ sei geringfügig ortsabhängig. Ein typisches Beispiel hierfür ist die Atmosphäre mit der orts- uns temperaturabhängigen Brechzahl oder eine GRIN-Linse (Gradientenindex-Linse). Zur Vereinfachung wird ein verlustfreies Medium betrachtet. Es gelten die Maxwell-Gleichungen in der Form (Gln. (E.12), (E.15)):

$$\text{rot}\,\mathscr{E} = -i\omega\mu_0 \mathscr{H},$$
$$\text{rot}\,\mathscr{H} = i\omega\varepsilon\varepsilon_0 \mathscr{E},$$
$$\text{div}\,\mathscr{D} = \text{div}(\varepsilon\varepsilon_0 \mathscr{E}) = 0.$$

In gewohnter Weise wird $\mathcal{H}$ aus den ersten beiden Gleichungen eliminiert und liefert mit $k_0^2 = \omega^2/c_0^2$:

$$\Delta \mathcal{E} + n^2 k_0^2 \mathcal{E} = \mathrm{grad}\,\mathrm{div}\,\mathcal{E}\,. \tag{E.82}$$

Weil n eine Funktion des Ortes r ist, kann aus $\mathrm{div}\,\mathcal{D} = 0$ **nicht** auf $\mathrm{div}\,\mathcal{E} = 0$ geschlossen werden. Zur Lösung der obigen Gleichung wird jetzt der Ansatz

$$\mathcal{E} = \mathcal{E}_0 \exp[\mathrm{i}(\omega t - k_0 L(r))] \tag{E.83}$$

versucht, wobei $L(r)$ eine Funktion des Ortes ist, die so bestimmt wird, dass Gl. (E.82) erfüllt ist. Man nennt L das *Eikonal*. Im Grenzfall des homogenen Mediums geht Gl. (E.83) in die Gleichung der ebenen Welle über. Mit diesem Ansatz ergibt sich aus Gl. (E.82) ein längerer Ausdruck, der im Grenzfall der geometrischen Optik, $k_0 \to \infty$, zu einer sehr einfachen Beziehung wird [3]:

$$(\mathrm{grad}\,L)^2 = n^2\,. \tag{E.84}$$

In gleicher Näherung folgt aus der Nebenbedingung $\mathrm{div}\,(n^2 \mathcal{E}) = 0$

$$\mathcal{E}_0 \cdot \mathrm{grad}\,L = 0\,. \tag{E.85}$$

Man nennt Gl. (E.84) die Eikonalgleichung der geometrischen Optik. Ist die ortsabhängige Brechzahl $n(r)$ bekannt, kann hieraus das Eikonal L bestimmt werden und damit ist die quasi-ebene Welle nach Gl. (E.83) festgelegt. Flächen konstanter Phase sind gegeben durch $L(r) = \mathrm{const}$ und legen somit die Wellenfronten fest (siehe Abb. E.10):

$$k_0 L - \omega t = \mathrm{const}\,. \tag{E.86}$$

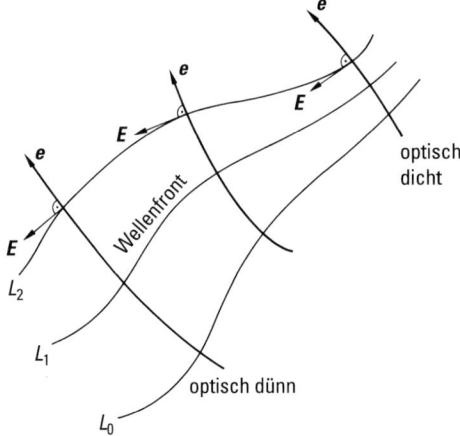

Abb. E.10 Flächen konstanter Phase in einem leicht inhomogenen Medium. Die Strahlen sind die zu den Flächen $L = \mathrm{const.}$ senkrechten Kurven. Die Strahlausbreitung erfolgt in Richtung von e, der Feldstärkevektor E steht senkrecht auf e.

Die Normale auf den Phasenflächen ist die Ausbreitungsrichtung e. Diese ergibt sich als Gradient der Phasenflächen:

$$e = \frac{\operatorname{grad} L}{|\operatorname{grad} L|},$$

oder mit Gl. (E.84)

$$n e = \operatorname{grad} L. \tag{E.87}$$

Die Ausbreitung erfolgt in Richtung von e, und der Feldvektor $\mathscr{E}$ steht senkrecht auf e. Die zu den Phasenflächen orthogonalen Kurven werden Strahlen genannt; e ist der Tangentialvektor der Strahlen. Die Differenz zweier benachbarter Eikonale dL, deren Abstand längs eines Strahles ds ist, beträgt

$$\mathrm{d}L = e \cdot \operatorname{grad} L \, \mathrm{d}s,$$

oder mit Gl. (E.87)

$$\mathrm{d}L = n \, \mathrm{d}s. \tag{E.88}$$

Man nennt dL den optischen Weg und das Integral die *optische Weglänge* zwischen P_1, P_2:

$$\text{optische Weglänge} = \int_{P_1}^{P_2} n \, \mathrm{d}s = L(P_2) - L(P_1). \tag{E.89}$$

Gl. (E.85) besagt, dass der Feldstärkevektor $\mathscr{E}_0$ senkrecht auf der Ausbreitungsrichtung e, d. h. senkrecht auf den Strahlen steht, und damit tangential zu den Phasenflächen oder Wellenfronten. Man nennt ein solches Strahlungsfeld orthotom (Satz von Malus). Streng genommen steht $\mathscr{E}_0$ nicht genau senkrecht auf der Ausbreitungsrichtung, wenn das Medium inhomogen ist, denn Gl. (E.85) gilt nur in Näherung bei der Vernachlässigung von Gliedern höherer Ordnung. Die Phasengeschwindigkeit

$$c_{\mathrm{ph}} = \frac{\mathrm{d}s}{\mathrm{d}t}$$

ergibt sich mit den Gln. (E.86) und (E.88) zu

$$c_{\mathrm{ph}} = \frac{\omega}{n k_0}.$$

E.7.2 Das Fermat'sche Prinzip

Das Fermat'sche Prinzip ist ein Extremalprinzip und besagt, dass der optische Weg zwischen zwei Punkten P_1, P_2 stets einen Extremwert annimmt. Zum Beweis dieses Prinzips wird das geschlossene Integral

$$\oint \operatorname{grad} L \cdot \mathrm{d}s = \int \operatorname{rot} \operatorname{grad} L \cdot \mathrm{d}A = 0$$

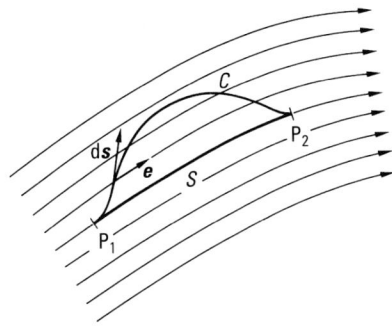

Abb. E.11 Zum Fermat'schen Prinzip. Der optische Weg zwischen zwei Punkten P_1, P_2 längs eines Strahles nimmt – verglichen mit allen anderen Wegen – stets einen Extremwert an.

über einen beliebigen Weg betrachtet. Nach dem Stokes'schen Integralsatz ist dieses Umlaufintegral stets gleich null. Andererseits folgt mit den Gln. (E.84), (E.87):

$$0 = \oint \operatorname{grad} L \cdot d\mathbf{s} = \oint n\mathbf{e} \cdot d\mathbf{s}.$$

Betrachtet werden zwei Punkte P_1, P_2 (Abb. E.11). Das Integral wird einmal längs eines Strahles S berechnet, zum anderen längs einer beliebigen Kurve C. Dann muss gelten:

$$\int_{P_1 \atop \text{Strahl } S}^{P_2} n\mathbf{e} \cdot d\mathbf{s} + \int_{P_2 \atop \text{Kurve } C}^{P_1} n\mathbf{e} \cdot d\mathbf{s} = 0.$$

Längs des Strahles ist $\mathbf{e}$ stets parallel zu $d\mathbf{s}$, d. h. $\mathbf{e} \cdot d\mathbf{s} = ds$. Auf jeder anderen Kurve dagegen ist $\mathbf{e} \cdot d\mathbf{s} = \cos\delta \, ds < ds$, denn $\mathbf{e}$ ist ein Einheitsvektor und δ ist der Winkel zwischen $\mathbf{e}$ und $d\mathbf{s}$. Also folgt:

$$\int_{P_1 \atop \text{Strahl } S}^{P_2} n \, ds \leq \int_{P_1 \atop \text{Kurve } C}^{P_2} n \, ds. \tag{E.90}$$

Die optische Weglänge, gemessen längs eines Strahles, ist stets kleiner als alle anderen Wege, oder kürzer formuliert: Zwischen zwei Punkten P_1, P_2 wählt das Licht den kürzesten Weg. Die Zeit, die das Licht benötigt, um die Strecke zu durchlaufen, beträgt:

$$dt = \frac{ds}{c_{\text{ph}}} = \frac{n\,ds}{c_0}.$$

Damit kann Gl. (E.90) umgeschrieben werden zu:

$$(t_2 - t_1)_{\text{Strahl } S} < (t_2 - t_1)_{\text{Kurve } C}.$$

Das Licht bewegt sich zwischen zwei Punkten derart, dass die dazu benötigte Zeit ein Minimum annimmt. Dabei wurde bisher vorausgesetzt, dass es keine Überschneidungen der Strahlen infolge Reflexion gibt. Ist dieses der Fall, muss das Fermat'sche Prinzip allgemeiner formuliert werden:

$$\int_{P_1}^{P_2} n \, \mathrm{d}s = \text{Extremum} . \tag{E.91}$$

Der optische Weg nimmt stets einen Extremwert an. Es gibt Fälle, wo der Lichtweg ein Maximum annimmt oder wo ein Sattelpunkt vorliegt. Aus der Gl. (E.91) kann bei einem vorgegebenen $n(x, y, z)$ der Verlauf der Lichtstrahlen in einem leicht inhomogenen Medium mittels der Variationsrechnung ermittelt werden.

E.7.3 Die Strahlengleichung

Eine andere Möglichkeit, den Verlauf eines Lichtstrahles zu berechnen, bietet die Eikonalgleichung. Die Formulierung Gl. (E.84) ist jedoch nicht zweckmäßig. Es lässt sich aus der Eikonalgleichung die häufig verwendete Strahlengleichung herleiten. Dazu geht man von dem Ortsvektor $r(s)$ aus, der den Strahlverlauf als Funktion der Bogenlänge, gemessen längs des Strahles, beschreibt. Aus der Abb. E.12 entnimmt man:

$$\boldsymbol{r}_2 - \boldsymbol{r}_1 = \mathrm{d}\boldsymbol{r} = \boldsymbol{e} \cdot \mathrm{d}s .$$

Damit wird Gl. (E.87)

$$n \frac{\mathrm{d}\boldsymbol{r}}{\mathrm{d}s} = \operatorname{grad} L . \tag{E.92}$$

Diese Gleichung wird nochmals bezüglich der Bogenlänge s differenziert. Die rechte Seite liefert am Beispiel der x-Komponente:

$$\frac{\mathrm{d}}{\mathrm{d}s} \frac{\partial L}{\partial x} = \frac{\partial}{\partial x} \frac{\mathrm{d}L}{\mathrm{d}s} = \frac{\partial}{\partial x} \operatorname{grad} L \cdot \frac{\mathrm{d}\boldsymbol{r}}{\mathrm{d}s} .$$

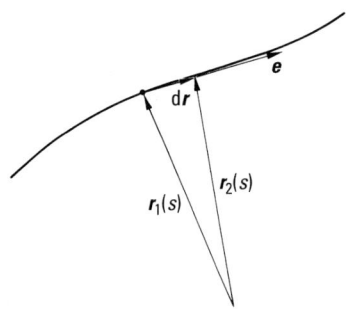

Abb. E.12 Ein Strahl in einem inhomogenen Medium wird durch den Ortsvektor $r(s)$ beschrieben. s ist die Bogenlänge gemessen längs des Strahles, e der Tangentialvektor der Bahnkurve.

Es gilt, wie oben gezeigt wurde, $d\mathbf{r}/ds = \mathbf{e}$. Damit folgt mit Gl. (E.87)

$$\frac{d}{ds}\frac{\partial L}{\partial x} = \frac{\partial}{\partial x}n.$$

Diese Rechnung kann in gleicher Weise für die y-, z-Komponenten durchgeführt werden und liefert:

$$\frac{d}{ds}\,\mathrm{grad}\,L = \mathrm{grad}\,n.$$

Somit ergibt Gl. (E.92) nach Differentiation die *Strahlengleichung*:

$$\frac{d}{ds}\left[n\frac{d\mathbf{r}}{ds}\right] = \mathrm{grad}\,n. \tag{E.93}$$

Diese Gleichung ermöglicht die direkte Bestimmung des Strahles $\mathbf{r}(s)$ bei vorgegebener Brechzahl $n(\mathbf{r})$. Wenn es sich um ein homogenes Medium handelt mit $\mathrm{grad}\,n = 0$, folgt aus Gl. (E.93)

$$\mathbf{r} = \mathbf{r}_0 + \mathbf{e}s,$$

die Geradengleichung im Raum, festgelegt durch einen Ausgangspunkt $P_0(\mathbf{r}_0)$ und die Richtung $\mathbf{e}$; s ist der Abstand von P_0, gemessen auf der Geraden. Gl. (E.87) liefert dann für das Eikonal $L(\mathbf{r}) = n\mathbf{e}\mathbf{r}$, die ebene Welle.

Literatur

[1] Simonyi, K., Kulturgeschichte der Physik, Verlag Harri Deutsch, Thun, Frankfurt (Main), 1990
[2] Ronan, C., The Shorter Science and Civilisation in China, Vol. 2, Cambridge University Press, 1981
[3] Born, M., Wolf, E., Principles of Optics, Cambridge University Press, 1999
[4] Jackson, J.D., Klassische Elektrodynamik, 3. Aufl., de Gruyter, Berlin, New York, 2002
[5] Scharf, G., From Electrostatics to Optics, Springer, Berlin, New York, Heidelberg, 1994
[6] Lax, M., Louisell, W.A., McKnight, W.B., From Maxwell to Paraxial Optics, Phys. Rev. **A11**, 1365, (1975).

1 Optische Abbildung

Jürgen Kross

1.1 Einführung

Die Ausführungen des Kap. E zeigten, dass die Lichtausbreitung in Form von Strahlen dann mit ausreichender Näherung zu beschreiben ist, wenn die Wellenlänge als genügend klein angenommen werden darf. In diesem Kapitel beschränken wir uns weitgehend auf den sogenannten sichtbaren Spektralbereich; d. h. die Wellenlängen besitzen Werte zwischen 0.4 und 0.8 µm. In diesem Fall ist es erfahrungsgemäß fast immer zulässig, mit dem Modell der Lichtausbreitung entlang „Lichtstrahlen" zu arbeiten; Ausnahmen davon werden in diesem Kapitel nur in dem Abschn. 1.9 zu behandeln sein; siehe dazu aber vor allem Kap. 3.

Betrachtet man – damit bewusst idealisierend – die Lichtausbreitung im Vakuum, so stellt man absolut geradlinige Strahlenverläufe fest, jedenfalls so lange wie Einflüsse von zusätzlichen elektromagnetischen Feldern vernachlässigt werden dürfen. Wenn aber die Lichtausbreitung in Materie untersucht wird, so sind mannigfache Wechselwirkungen zwischen der Strahlung und den Materie-Eigenschaften festzustellen. Die Absorption und Dispersion werden im Detail in Kap. 2 behandelt werden und es werden die Materie-Eigenschaften auch bei den Problemen der Radiometrie zu berücksichtigen sein, die das Thema des Kap. 5 bilden. Im Rahmen der geometrischen Optik sind Materie-Eigenschaften nur insofern von Bedeutung, als sie den Strahlenverlauf beeinflussen. Innerhalb eines Mediums ist der Strahlenverlauf nur dann geradlinig, wenn das Medium homogen ist. Als homogen wird ein Medium bezeichnet, wenn die Eigenschaften – hier speziell die optischen – unabhängig vom Ort sind. Hier wird die Homogenität vorausgesetzt. Zusätzlich ist zu berücksichtigen, dass trotz Homogenität mancherlei Materialien richtungsabhängige Strahlbeeinflussungen hervorrufen, die nur durch Anisotropie erklärbar sind; darauf kann an dieser Stelle nicht eingegangen werden; das geschieht in Kap. 4. In diesem Kapitel werden die Materialien als homogen und isotrop angenommen, sodass der Strahlenverlauf immer als geradlinig anzusehen ist.

Die Strahlenverläufe interessieren im Allgemeinen aber nicht nur innerhalb eines Mediums, sondern es sind von besonderer Wichtigkeit die an Grenzflächen zwischen unterschiedlichen Medien auftretenden Strahlbeeinflussungen. In Kap. E wurde gezeigt, dass an solchen Grenzflächen im Allgemeinen eine Aufteilung der einfallenden Strahlung in einen reflektierten und einen gebrochenen Anteil erfolgt. Die detaillierte Behandlung dieser Erscheinung wird in den nächsten Teilabschnitten vorgenommen. Hier sei festgehalten, dass die quantitative Aufteilung in reflektierte und gebrochene Anteile mit den Mitteln der geometrischen Optik nicht beschreibbar sind und wir deshalb auf die Aussagen im Kap. E verweisen müssen. Je nach Fragestellung werden wir den reflektierten oder den gebrochenen Anteil für sich untersuchen. Dabei zeigt sich, dass bei der Reflexion von Strahlen die Richtungsänderungen unabhängig von dem jeweiligen Medium sind, während dies bei der Brechung nicht gilt. Bei der Brechung von Strahlen an der Grenzfläche zwischen zwei Medien besteht eine Abhängigkeit von den Material-Eigenschaften, die in Form des sogenannten *Brechungsindex* zum Ausdruck gebracht wird. In Form des Brechungsindex wird die vom Material abhängige Lichtgeschwindigkeit erfasst. Während sich elektromagnetische Strahlung und damit auch „Licht" im Vakuum mit der Lichtgeschwindigkeit $c \approx 3 \times 10^8$ m/s (in der Literatur wird die Vakuumlichtgeschwindigkeit manchmal auch mit c_0 bezeichnet) ausbreitet, ist die Lichtgeschwindigkeit v bei Durchstrahlung von Materie von den speziellen Eigenschaften dieser Materie abhängig. Zur Charakterisierung dessen benutzt man das Verhältnis von Vakuum-Lichtgeschwindigkeit zu der in dem aktuellen Medium und nennt dieses Verhältnis Brechungsindex n.

$$n = \frac{c}{v}. \tag{1.1}$$

Später (d. h. ab Abschn. 1.4.1) wird statt des Brechungsindex die Brechzahl verwandt werden, wie hier erwähnt sei. Wie in Kap. 2 diskutiert wird, gibt es nicht eine feste Lichtgeschwindigkeit v pro Medium, sondern es besteht darüber hinaus auf Grund der immer vorhandenen Dispersion eine Abhängigkeit von der Wellenlänge λ und es ist zwischen Phasen- und Gruppengeschwindigkeit zu unterscheiden. In der geometrischen Optik werden immer die den Phasengeschwindigkeiten zuzuordnenden Brechungsindizes benutzt.

Die durch Gl. (1.1) definierten Brechungsindizes sind besonders wichtig zur Beschreibung des Brechungsgesetzes, es lautet:

$$n \sin \varepsilon = n' \sin \varepsilon' \tag{1.2}$$

Die Diskussion und Anwendung dessen erfolgt in späteren Abschnitten dieses Kapitels.

Insgesamt sind damit die wichtigsten Begriffe genannt, die für die geometrische Optik Bedeutung besitzen und aus ihr selbst nicht erklärbar sind, sondern auf den Gesetzmäßigkeiten beruhen, die in Kap. E erörtert wurden.

Es erscheint angebracht, einführende Worte noch aus einer ganz anderen Sicht anzugeben: Das Wort Optik geht auf das alt-griechische Wort οψις zurück, das wörtlich übersetzt „Sehen" bedeutet. Daraus ist zu entnehmen, dass die Grund-Erscheinungen der Optik wesentlich mit dem Sehvorgang des Menschen verknüpft sind. In diesem Zusammenhang sei daran erinnert, dass der Mensch deutlich mehr als die Hälfte aller Informationen über den Gesichtssinn aufnimmt. Es ist deshalb wichtig, die Vorgänge des Sehens zu verstehen, zumindest in dem Umfang, wie sie durch die Physik erklärbar sind; es wird weiter unten deutlich werden, dass zusätzlich Probleme der Physiologie von Bedeutung sind, die hier höchstens angeführt, aber nicht erklärt werden können.

Die wichtigsten Gesetzmäßigkeiten der geometrischen Optik und damit der optischen Abbildung werden bei dem zumeist unbewusst vorgenommenen Sehvorgang und seiner Interpretation intuitiv vorausgesetzt. Jedem gesehenen und damit erkannten Objekt ordnet der Mensch Entfernung und Größe zu, wobei die geradlinige

Strahlenausbreitung als selbstverständlich angenommen wird. Die Angaben von Lagen und Größen setzen mehrerlei voraus: Erstens geht von jedem gesehenen Objekt sichtbare Strahlung aus, die es von seiner Umgebung differenziert; dabei kann das Objekt selbst ein Strahler sein oder es beeinflusst die von einem anderen Objekt ausgehende Strahlung in Form von Reflexion, Brechung oder Streuung an dem eigentlichen Objekt in charakteristischer Weise. Die geradlinige Ausbreitung der Strahlung, des Lichts, ist in der uns umgebenden Atmosphäre im Allgemeinen in sehr guter Näherung gegeben, weil die Atmosphäre – zumindest in dem persönlichen Erfahrungsbereich – weitestgehend homogen ist, d. h. keine ortsabhängigen Variationen besitzt; in besonderen Fällen gibt es jedoch Abweichungen von der Homogenität (Stichwort: Gradientenoptik), auf die in Kap. E hingewiesen wurde. Unsere visuellen Eindrücke von der Umwelt unterstellen in jedem Fall die geradlinige Ausbreitung der Strahlung, auch wenn zwischen dem Objekt und dem Auge mancherlei andere Medien und zugehörige Grenzflächen existieren; insofern können optische Täuschungen auftreten, bei denen falsche Vorstellungen von Objektgrößen und -lagen auftreten. Besonders wichtig ist in diesem Zusammenhang die Entstehung der Eindrücke von Bildern. Von einem gegebenen Objekt erzeugt das menschliche Auge auf seiner Netzhaut (Retina) ein Bild. Dieses Bild ist der wesentliche Schlüssel zu den Seheindrücken von unserer Umwelt; wie solch ein Bild in Form einer Bestrahlungsstärkeverteilung von dem menschlichen Gesichtssinn verarbeitet wird, kann hier nicht behandelt werden; vielmehr sind dafür physiologische Gesichtspunkte maßgebend. Im vorliegenden Zusammenhang ist jedoch auf den Begriff der Abbildung einzugehen. Das Wahrnehmen und Erkennen von Objekten geschieht durch Abbildung des Objektes auf die Netzhaut. Es ist deshalb der Begriff der Abbildung im Sinne der geometrischen Optik zu erfassen. Die hier anzuwendende Vorstellung ist: Von dem Objekt gehen in beliebige Richtungen Strahlen aus; die Strahlen, die das Auge treffen und die Pupille passieren können, werden durch die optischen Elemente des Auges auf der Netzhaut konzentriert. Wir sprechen dann vom Zustandekommen einer Abbildung, wenn die von einem Objektpunkt ausgegangenen Strahlen sich im Bild, d. h. hier auf der Netzhaut wiederum treffen. Dementsprechend formulieren wir:

- Abbildung ist gleich Strahlenvereinigung

Diesen skizzierten Abbildungsvorgang nimmt unser Auge unbewusst und selbstverständlich vor, wenn wir „sehen". Daraus ergibt sich, wie wichtig es ist, die optische Abbildung zu studieren, wie es in den folgenden Abschnitten geschehen wird.

Eine weitere wichtige Qualität des Sehvorgangs ist die Differenzierung der Seheindrücke nach den Wellenlängen der jeweils vom Objekt ausgesandten Strahlung. Die spektrale Zusammensetzung der Strahlung bestimmt den vom Gesichtssinn wahrgenommenen Farbeindruck. Die Wahrnehmbarkeit unterschiedlicher Farben ist für die Funktionsweise des Gesichtssinns und damit für unsere Eindrücke von der Umwelt eine sehr wichtige Qualität; deshalb wird darauf im Einzelnen in dem Kap. 6 eingegangen. Hier muss der Hinweis genügen.

40   1 Optische Abbildung

1.2 Geradlinige Strahlenausbreitung

Die Aussagen des vorigen einleitenden Abschnitts lassen es zu, die geometrische Optik als Strahlenoptik aufzufassen und nunmehr das Strahlenkonzept konsequent anzuwenden. Weiterhin werden die Medien als homogen unterstellt, sodass die Strahlenausbreitung als geradlinig angenommen werden darf. Die experimentelle Überprüfung dieser Annahme wird unter Normalbedingungen bestätigt. Im einfachsten Fall gibt man eine beleuchtete Lochblende vor (siehe Abb. 1.1), und ordnet in geeigneten Abständen dahinter zwei weitere Lochblenden an; die Lochblenden repräsentieren hier transparente Flächenelemente, die von lichtundurchlässigen Bereichen umgeben sind. Hinter der dritten Lochblende ist nur dann Strahlung beobachtbar, wenn alle drei Lochblenden auf einer Geraden liegen.

Da man Lochblenden hinreichend kleiner Größe nur schwer realisieren kann, arbeitet man im Experiment lieber mit Lichtquellen endlicher Fläche und untersucht die Lichtverteilung auf einem Schirm, wenn zwischen Lichtquelle und Schirm ein Hindernis endlichen Durchmessers eingefügt wird; siehe Abb. 1.2. In diesem Fall ergibt sich der sogenannte Schattenwurf; auf dem Schirm ist in dem Bereich ein Kernschatten (Bestrahlungsstärke null) zu beobachten, der von der Lichtquelle überhaupt nicht bestrahlt wird; das ist nur bei geradliniger Strahlenausbreitung zu verstehen. Es gibt angrenzend an den Bereich des Kernschattens den des sogenannten Halbschattens, in dem die Bestrahlungsstärke vom Kernschatten ausgehend monoton anwächst, bis der Maximalwert der Bestrahlungsstärke dort erreicht ist, wo der geradlinige Strahlenverlauf durch das Hindernis für keinen Punkt der Quelle mehr beeinflusst wird. Im Bereich des Halbschattens werden nur Teile der Lichtquelle wirksam.

Der Schattenwurf durch ein Hindernis wie in Abb. 1.2 ist zu verstehen als Überlagerung der Strahlenkegel, die von den verschiedenen Flächenelementen der Lichtquelle ausgehen. Besonders deutlich wird das noch einmal in Abb. 1.3 gezeigt. Wichtige Beispiele für den Schattenwurf sind Sonnen- und Mondfinsternisse. Stellt in

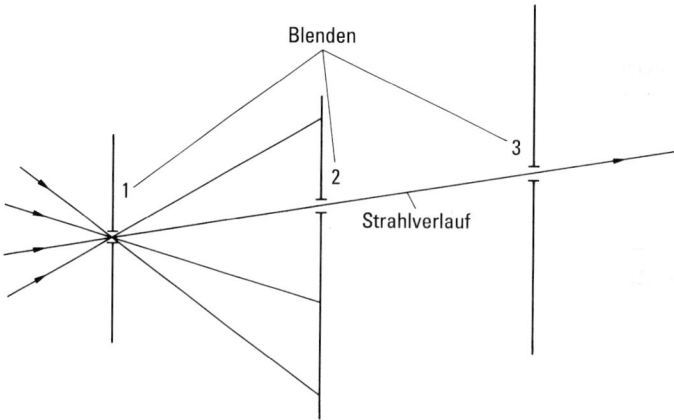

Abb. 1.1 Überprüfung des geradlinigen Strahlverlaufs mit Hilfe mehrerer Lochblenden in merklichen Abständen voneinander.

Abb. 1.4 F den Querschnitt der Sonne dar und K die Erdkugel, so entsteht eine Mondfinsternis, wenn der Mond in den Kernschatten hinter der Erde eintritt; die Finsternis ist total oder partiell, je nachdem, ob der Mond sich voll oder nur teilweise

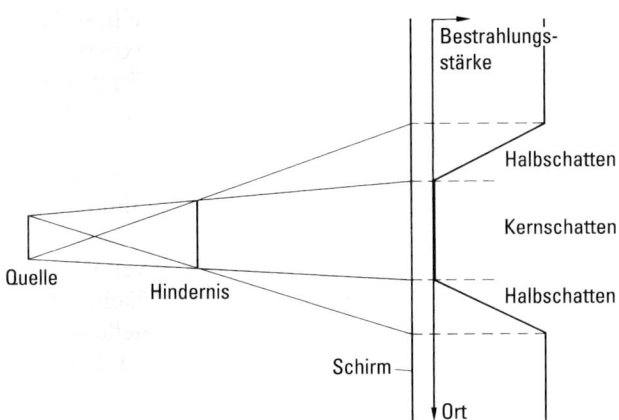

Abb. 1.2 Schattenwurf durch ein ausgedehntes Hindernis auf einem Schirm bei ausgedehnter strahlender Quelle; rechts der Bestrahlungsstärkeverlauf als Funktion des Ortes für den eindimensionalen Fall.

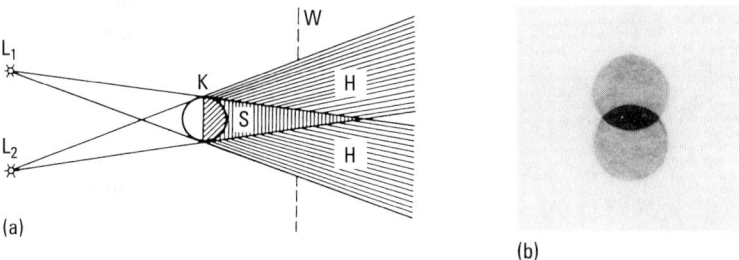

Abb. 1.3 Schattenwirkung hinter einer Kugel als Hindernis bei zwei punktförmigen Lichtquellen; (a) Strahlenverlauf; (b) Bild des Schattens.

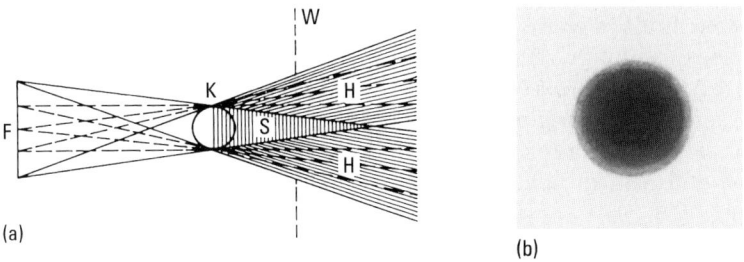

Abb. 1.4 Schattenwirkung hinter einer Kugel als Hindernis bei flächenhafter Lichtquelle; (a) Strahlverlauf; (b) Bild des Schattens.

in dem Kernschatten befindet. Wenn K in Abb. 1.4 jedoch den Mond darstellt, so bildet man den Fall der Sonnenfinsternis nach, wenn die Erde in den Schatten des Mondes gelangt. Da der Durchmesser der Erde (12740 km) fast viermal größer als der des Mondes (3480 km) ist, entsteht nur an denjenigen Orten der Erde eine totale Sonnenfinsternis, die in dem Kernschatten des Mondes liegen. Für all die Orte, die im Halbschatten liegen, tritt nur eine partielle Sonnenfinsternis auf, für diese Orte bleibt ein mehr oder minder großer, sichelförmiger Teil der Sonne sichtbar. Ein spezieller Fall ist dann gegeben, wenn der Mond zur Zeit der Sonnenfinsternis so weit von der Erde entfernt ist, dass der Kernschatten die Erde nicht mehr trifft, dann entsteht eine ringförmige Sonnenfinsternis.

Eine weitere wichtige Anwendung hat der Schattenwurf bei der Herstellung von Röntgenbildern gefunden. Dort ist die Projektion zu untersuchender Gegenstände durch Schattenwurf die wesentliche Möglichkeit zur Bild-Erzeugung; das gilt für Anwendungen in der Medizin wie in der Technik. Für neuere Entwicklungen zur Erzeugung von Röntgenbildern siehe Kap. 10. Der Wunsch nach Erzeugung „scharfer" Bilder zwingt dazu, möglichst punktförmige Lichtquellen zu verwenden, um die Entstehung von Halbschatten zu vermeiden. Da die Röntgenstrahlen durch Aufprall schneller Elektronen auf der Anode einer Vakuumröhre erzeugt werden, müssen die Elektronen in einem möglichst kleinen Brennpunkt (Fokus) gebündelt werden; das geschieht mit Hilfe elektrischer oder magnetischer Felder.

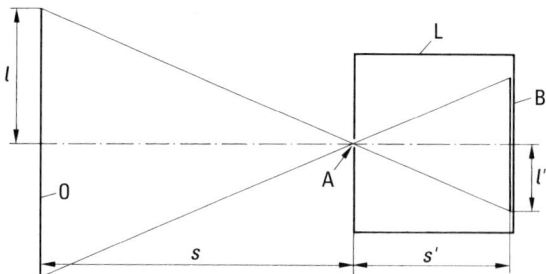

Abb. 1.5 Bildentstehung in der Lochkamera; Bezeichnungen im Vorgriff auf spätere Vereinbarungen gewählt.

Die Lochkamera (erwähnt schon 1321 von Levi Ben Gerson) ist im sichtbaren Spektralbereich als weitere Anwendung des Schattenwurfs aufzufassen; siehe Abb. 1.5. Die Strahlung von einem ausgedehnten Objekt (Gegenstand) O kann nur durch das Loch A in die Lochkamera eindringen. Die Rückwand B der Kamera dient als Projektionsschirm, auf dem ein Bild des Objekts aufgefangen werden kann. Die Größe des Bildes ist von den Abständen zwischen Objekt und Loch sowie zwischen Loch und Schirm abhängig; es gilt offensichtlich die Beziehung:

$$l' = l\frac{s'}{s}.$$

Die Schärfe des Bilds sollte um so besser sein, je kleiner die Öffnung bei A gewählt wird. Das trifft auch zu, wenn man die Öffnung nicht zu klein macht, sodass der

Einfluss der Beugung noch nicht wirksam wird. Der optimale Durchmesser d der Öffnung bei A ergibt sich (siehe Kap. 2) aus:

$$d = \sqrt{\frac{\lambda s'}{2}}.$$

Setzt man speziell $\lambda = 0.5\,\mu\text{m}$ und $s' = 50\,\text{mm}$, so ergibt sich d zu $0.112\,\text{mm}$. Die Lochkamera macht deutlich, dass sich die Strahlenbüschel von unterschiedlichen Punkten des ausgedehnten Objekts O in der Öffnung bei A durchsetzen, ohne sich dabei gegenseitig zu beeinflussen.

Zwar sind mit einer Lochkamera wie auch bei Röntgenaufnahmen Bilder zu gewinnen, doch handelt es sich dabei nicht um Abbildungen im Sinne dieses Kapitels; vielmehr werden hier Zentral-Projektionen der jeweiligen Objekte vorgenommen. Bei der Lochkamera ist die Öffnung bei A das Projektions-Zentrum, bei den Röntgen-Aufnahmen ist es die nahezu punktförmige Röntgen-Lichtquelle.

1.3 Reflexion, ebene Spiegel

Treffen Strahlen auf eine Grenzfläche zwischen zwei Medien, so werden sie reflektiert, zumindest teilweise. Erfahrungsgemäß sind der Reflexionsgrad (Anteil der reflektierten Strahlung) und die Richtungen, in die reflektiert wird, stark von der Struktur der Grenzfläche und von den angrenzenden Medien abhängig. Rauhe Flächen wie z. B. eine gekalkte Wand streuen die einfallende Strahlung stark. Solche Flächen sollen hier nicht betrachtet werden; die Untersuchung derer Eigenschaften stellt ein mehr technisches Problem dar, auf das hier nicht einzugehen ist. Unser Interesse gilt „glatten" Flächen und hier noch spezieller ebenen Flächen. Untersucht man die Reflexion an solchen glatten ebenen Flächen, so stellt man die Gültigkeit einer sehr einfachen Gesetzmäßigkeit fest, die als *Reflexionsgesetz* zu formulieren ist:

- Ein unter dem Winkel ε gegenüber der Flächen-Normalen einfallender Strahl wird unter dem Winkel $\bar{\varepsilon} = -\varepsilon$ reflektiert; außerdem liegen einfallender Strahl, reflektierter Strahl und Normale in einer Ebene.

An Stelle des Begriffs Reflexion wird häufig auch der der Spiegelung verwendet. Speziell spricht man zuweilen von spiegelnder Reflexion, wenn deutlich gemacht werden soll, dass Reflexionsanteile, die durch Rauigkeit der Flächen bedingt sind, von der Betrachtung ausgeschlossen werden sollen. Das ist hier der Fall.

Der experimentelle Nachweis des Reflexionsgesetzes kann z. B. mit Hilfe einer Anordnung vorgenommen werden, wie sie in Abb. 1.6 skizziert ist. Im Mittelpunkt einer größeren Kreisscheibe mit Winkelteilung wird ein kleiner ebener Spiegel S drehbar befestigt. In Richtung der Normalen des Spiegels wird ein Zeiger angebracht. Man lässt dann ein paralleles Strahlenbüschel so auf den Spiegel treffen, dass es gleichzeitig auch die Kreisscheibe streifend trifft. Damit wird der Strahlenverlauf auf der Kreisscheibe sichtbar. Bei festem Winkel ε der Lichteinstrahlung gegenüber der Normalen ist zu erkennen, dass das reflektierte Strahlenbüschel zu der Normalenrichtung ebenfalls den Winkel ε (bzw. $\bar{\varepsilon}$) besitzt. Bei Variation der Lichteinfallsrichtung um $\Delta\varepsilon$ durch Drehung des Spiegels ändert sich die Richtung des reflektierten

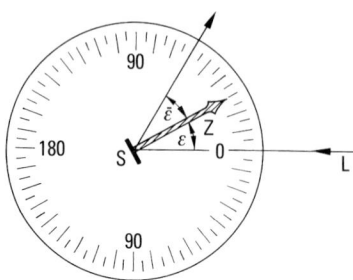

Abb. 1.6 Anordnung zur Überprüfung des Reflexionsgesetzes.

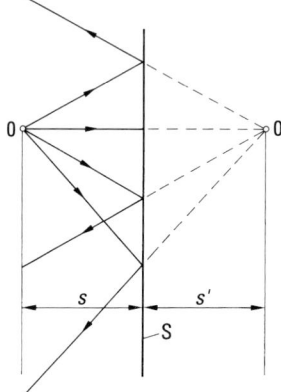

Abb. 1.7 Spiegelung einer punktförmigen Lichtquelle an einem ebenen Spiegel.

Strahlenbüschels um $2\Delta\varepsilon$. Von dieser Tatsache macht man gerne bei der Messung kleiner Drehwinkel Gebrauch.

Bild-Entstehung bei Reflexion an ebenen Spiegeln. Betrachtet wird ein punktförmiges Objekt O im Abstand s von einem ebenen Spiegel S (siehe Abb. 1.7). Von dem Objekt ausgehende Strahlen werden an dem Spiegel S entsprechend dem Reflexionsgesetz reflektiert; das gilt für beliebige Einfallswinkel der Strahlen an dem Spiegel. Verlängert man die Strahlen über die Spiegelfläche hinaus, so zeigt sich, dass sich die Strahlen alle in einem Punkt O' schneiden. Solch ein Punkt heißt Bildpunkt, weil die von einem Objektpunkt ausgegangenen Strahlen sich nach der Abbildung, hier durch den Spiegel S, wieder in einem Bildpunkt O' schneiden. Ein auf die Spiegelfläche blickender Beobachter sieht den Bildpunkt O', der von dem Spiegel den Abstand $s' = -s$ besitzt, diese Aussage wird durch vielfache alltägliche Erfahrung bzw. Anwendung bestätigt.

Die reflektierten Strahlen schneiden sich tatsächlich nicht in O', sondern nur deren Verlängerungen. Für den auf den Spiegel blickenden Beobachter erscheint am Ort von O' ein Bildpunkt. Solche Bilder nennt man daher scheinbar oder virtuell; das gilt insbesondere deshalb, weil solche Bilder nicht auffangbar und damit nicht reell sind. Im Gegensatz dazu werden auffangbare Bilder reell genannt. Die Begriffe reell und virtuell werden auch auf Objekte angewandt. Der in dem Beispiel der Abb. 1.7 benutzte Objektpunkt O ist ein reeller Objektpunkt.

Bei der Reflexion am ebenen Spiegel treffen sich alle vom Objektpunkt O ausgehenden Strahlen im virtuellen Bildpunkt O'; das gilt unabhängig von dem Strahl-Einfallswinkel ε am Spiegel. Damit wird eine perfekte, d. h. geometrisch-optisch punktförmige Abbildung durch den ebenen Spiegel realisiert. Wie weiter unten festzustellen sein wird, gilt das für andere Abbildungen nicht.

Auf Grund der vorstehenden Aussagen kann eine einfache Vorschrift für die Bestimmung von Bildpunkten zu vorgegebenen Objektpunkten formuliert werden, wie es bereits aus der Abb. 1.7 zu entnehmen ist. Zu einem gegebenen Objektpunkt O im Abstand s von dem Spiegel gehört ein Bildpunkt O' auf der anderen Seite des Spiegels, der den gleichen Abstand von dem Spiegel besitzt und auf der Normalen zum Spiegel liegt, die durch O geht. Die eben für Objektpunkte behandelte Abbil-

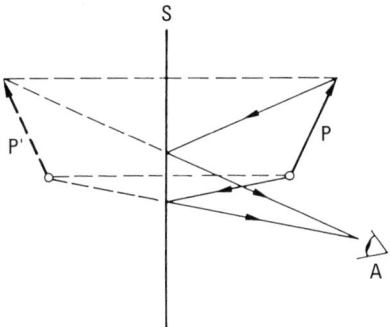

Abb. 1.8 Spiegelung eines linienförmigen Objekts an einem ebenen Spiegel.

Abb. 1.9 Spiegelung einer brennenden Kerze.

dung durch Spiegelung ist ohne weiteres auf linien- und flächenhafte wie auch auf dreidimensionale Objekte übertragbar; für jeden Punkt bzw. für jedes Element eines solchen Objekts gilt das Reflexionsgesetz, sodass sich unmittelbar Bild-Konstruktionen ergeben, wie sie beispielhaft in den Abb. 1.8 und 1.9 wiedergegeben sind. Charakteristisch für solche Abbildungen ist die Gleichheit von Objekt- und Bildgröße. Objekt und Bild sind einander jedoch nicht exakt gleich, sondern es ist – je nach Betrachtungsart – vorn und hinten bzw. rechts und links vertauscht. Man spricht hier von Spiegelsymmetrie.

Die Anwendung des Reflexionsgesetzes ist nicht auf einen Spiegel beschränkt. Das Bild O' der Lichtquelle O in Abb. 1.7 kann beispielsweise als Objekt für die Reflexion an einem zweiten Spiegel dienen. So sind in Abb. 1.10 zwei Spiegel dargestellt, die miteinander den Winkel δ bilden. Auf solch einen Winkelspiegel einfallende Strahlen weisen nach zweifacher Reflexion an den beiden Spiegeln S_1 und S_2 den Ablenkwinkel γ auf, der gerade doppelt so groß ist wie δ: $\gamma = 2\delta$; das gilt offensichtlich unabhängig von der Größe von δ und auch von der Einfallsrichtung des Strahls. Von speziellem Interesse ist der Fall $\delta = 90°$; es wird dann $\gamma = 180°$, was einer Umkehrung der Lichtrichtung entspricht. Das gilt hier für die zweidimensionale Betrachtungsweise; weiter unten wird auf den besonders wichtigen dreidimensionalen Fall zurückzukommen sein.

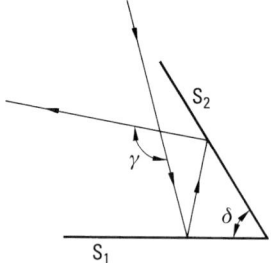

Abb. 1.10 Reflexion von Strahlen an zwei Spiegeln, die einen Winkel δ einschließen.

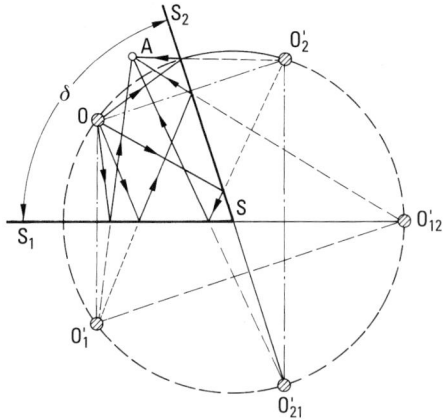

Abb. 1.11 Mehrfachspiegelung an einem Winkelspiegel von $\delta = 72°$.

Bringt man nun innerhalb eines solchen Winkelspiegels ein Objekt O an, so erhält man mehrere Spiegelbilder des Objekts. Deren Anzahl hängt entscheidend von der Größe von δ ab. In Abb. 1.11 ist zunächst dargestellt, welche Bilder von einem Objektpunkt O bei einem 72°-Winkelspiegel entstehen; es sind insgesamt vier Bilder. Die Bilder wie das Objekt liegen auf einem Kreis, dessen Mittelpunkt durch den Schnittpunkt der beiden Spiegel gegeben ist. Außerdem wird der Strahlenverlauf wiedergegeben, der für ein Beobachterauge am Ort A resultiert. In Abb. 1.12 sind die Spiegelbilder an einem 90°-Winkelspiegel konstruiert, die zu einem linienhaften Objekt gehören, hier entstehen drei Spiegelbilder. An dem durch Zweifach-Spiegelung entstandenen Bild des ausgedehnten Objekts (oben) ist zu erkennen, dass bei ihm rechts und links nicht mehr vertauscht sind. Das ist auf die Zweifach-Spiegelung zurückzuführen; allgemein wird die Vertauschung bei geradzahliger Anzahl von Reflexionen aufgehoben, bei ungeradzahliger Anzahl bleibt sie bestehen. Eine begrenzte Anzahl n von Spiegelbildern ergibt sich immer dann, wenn für den Winkel δ zwischen den beiden Spiegeln die folgende Relation gilt:

$$(n+1)\delta = 360°.$$

Offenbar ist diese Relation in den Beispielen der Abb. 1.11 und Abb. 1.12 erfüllt. Ein spezieller Fall ist durch $\delta = 0$ gegeben; siehe Abb. 1.13. Ein Objekt O zwischen den beiden Spiegeln wird im Prinzip unendlich oft gespiegelt. Diese Spiegelbilder

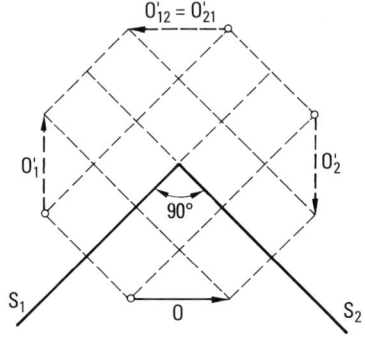

Abb. 1.12 Mehrfachspiegelung an einem Winkelspiegel von $\delta = 90°$.

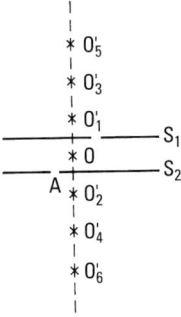

Abb. 1.13 Vielfachspiegelung an zwei parallelen, ebenen Spiegeln.

sind gut zu beobachten, wenn man bei A eine Öffnung in dem einen Spiegel anbringt und durch diese auf den anderen Spiegel blickt.

Die Verfolgung der Strahlenverläufe wird schwieriger, wenn nun von zwei auf drei Spiegel übergegangen und dabei noch eine räumlich beliebige Anordnung zugelassen wird. Hier wird nur der wichtige Fall des Zentralspiegels behandelt. Es ist das eine derartige Anordnung von drei Spiegeln, dass sie die Ecke eines Würfels darstellen; siehe Abb. 1.14. Hier wird jeder in die Spiegelecke einfallende Strahl nach dreimaliger Reflexion um insgesamt 180° abgelenkt, sodass der aus dem Zentralspiegel herauskommende Strahl stets parallel zum einfallenden Strahl verläuft. In der Abb. 1.14 wird der einfallende Strahl ein erstes Mal an der linken vertikalen Wand bei A reflektiert, läuft dann zur hinteren vertikalen Wand und wird ein zweites Mal bei B reflektiert. Der Lichtstrahl erhält nach der dritten Reflexion im Punkt C an der unteren horizontalen Wand wieder die ursprüngliche Richtung, die er vor Erreichen von A hatte. Es sind in der Abb. 1.14 die Ebenen schraffiert, in denen jeweils der einfallende und der reflektierte Lichtstrahl verlaufen; diese Ebenen stehen senkrecht zu den Wänden an denen die jeweilige Reflexion erfolgt.

Zentralspiegel finden vielfache Anwendungen. Besonders bekannt und wichtig sind Zentralspiegel als Rückstrahler bzw. Retroreflektoren im Verkehrswesen an Fahrzeugen und Warnschildern, wo eine Vielzahl von mosaikartig zusammengesetzten Zentralspiegeln benutzt wird. Eine Anwendung ganz anderer Art fanden Zentralspiegel aus Quarzglas, die Astronauten auf dem Mond hinterließen; die Zentralspiegel reflektierten von der Erde ausgesandte Laserstrahlen wieder zur Erde zurück (durch Laufzeitmessung konnte so beispielsweise der Abstand Erde-Mond sehr genau bestimmt werden).

Es sei zum Abschluss dieses Abschnitts noch auf einige Anwendungen von Winkelspiegeln hingewiesen. Zunächst ist auf den Winkelspiegel mit $\delta = 45°$ einzugehen, der in der optischen Messtechnik und in der Geodäsie dazu benutzt wird, um zwei zueinander senkrechte Richtungen zu erfassen. Man hält dazu den Winkelspiegel so, dass man über ihn hinwegsehend in die eine Richtung blickt; durch Hineinsehen

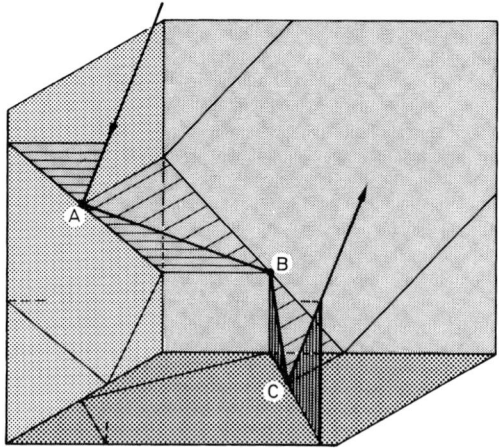

Abb. 1.14 Strahlenverlauf in einem Zentralspiegel.

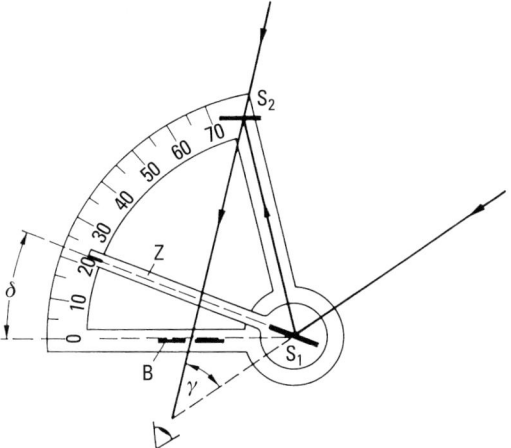

Abb. 1.15 Prinzip des Spiegelsextanten.

in den Winkelspiegel erkennt man dann gleichzeitig die dazu senkrechte Richtung. Eine weitere Anwendung ist in dem von I. Newton (1742) erdachten und von J. Hadley (1751) ausgeführten Spiegelsextanten gegeben, den die Abb. 1.15 in Aufsicht zeigt. Im Mittelpunkt eines Kreissektors ist ein kleiner Spiegel S_1, drehbar so angebracht, dass seine Ebene senkrecht auf der des Kreissektors steht. An dem Spiegel ist ein Zeiger Z befestigt, der die Verdrehung des Spiegels auf einer am Umfang des Kreissektors angebrachten Gradteilung abzulesen gestattet. Gegenüber S_1 ist ein zweiter Spiegel S_2, nur in seiner unteren Hälfte verspiegelt, fest angebracht, sodass seine Ebene dann parallel zu der von S_1 ist, wenn der Zeiger Z auf den Nullpunkt der Teilung weist. Blickt man durch die Öffnung einer Blende B (einen sogenannten Diopter) oder ein an dessen Stelle angebrachtes Fernrohr durch den unverspiegelten Teil von S_2 nach einem fernen Objekt, so kann man gleichzeitig über den spiegelnden Teil von S_2 und den Drehspiegel S_1, in einer zweiten Richtung visieren. Der Winkel γ zwischen diesen beiden Richtungen ist nach dem oben Gesagten gleich dem doppelten Wert des auf der Teilung abgelesenen Winkels δ. Der besondere Vorteil des Sextanten besteht darin, dass er keine feste Aufstellung benötigt, sondern frei in der Hand gehalten werden kann. Deshalb wird er in der Seefahrt dazu benutzt, um von Bord eines Schiffes aus Sonnen- und Sternhöhen zu messen, aus denen sich die geographische Breite des Schiffsorts berechnen lässt. Auf dem Prinzip des Winkelspiegels beruht auch das von D. Brewster (1817) erfundene Kaleidoskop. Es besteht aus zwei Spiegelstreifen, die unter einem Winkel $\delta = 60°$ in einem geschwärzten Rohr stecken. An einem Ende des Rohrs befindet sich eine kleine Öffnung für den Einblick, am anderen Ende zwischen einer Glasplatte und einer Mattscheibe eine Anzahl farbiger Glasstückchen, Perlen usw. Beim Sehen in das Rohr erkennt man die Objekte mit ihren Spiegelbildern zu einem sechseckigen Stern geordnet, dessen Muster sich durch Schütteln immer wieder verändern lässt. Auf diese Weise kann das Kaleidoskop als Hilfsmittel für variable Musterzeichnungen dienen.

1.4 Brechung, Totalreflexion, Abbildung an ebenen Flächen

1.4.1 Brechung

Fallen Lichtstrahlen auf die Grenzfläche zweier Medien, z. B. Luft und Glas oder Luft und Wasser, so wird ein Teil der Strahlung reflektiert und verbleibt damit in dem 1. Medium; die übrige Strahlung dringt in das 2. Medium ein. Wenn die Einfallsrichtung der Lichtstrahlen nicht mit der Normalenrichtung der Grenzfläche zusammenfällt, werden die Lichtstrahlen abgelenkt, d. h. sie erfahren beim Eindringen in das 2. Medium eine Richtungsänderung. Diesen Vorgang bezeichnet man als Brechung.

Ähnlich wie bei der Reflexion gibt es bei der Brechung auch eine diffuse Brechung, wenn die Grenzfläche rau ist. Bei der diffusen Brechung werden die Lichtstrahlen mehr oder weniger in alle Richtungen gebrochen; diese Art von Brechung interessiert hier nicht. Analog wie bei der Reflexion werden hier glatte, ebene Flächen als gegeben angenommen. Dann hängt die Brechung nur von der Richtung der einfallenden Strahlen und von den beiden Medien ab.

Die Tatsache der Brechung beim Eintritt von Lichtstrahlen aus Luft in Wasser kann man durch einfache Versuche erfassen. Man legt z. B. auf den Boden eines leeren Gefäßes mit undurchsichtigen Wänden eine Münze M und sieht in einer solchen Richtung schräg in das Gefäß, dass die Münze gerade durch eine Seitenwand verdeckt wird; die Münze wird sofort sichtbar, wenn man Wasser in das Gefäß gießt (siehe Abb. 1.16a), die von der Münze ausgehenden Lichtstrahlen werden beim Austritt aus dem Wasser gebrochen und gelangen dadurch in das Auge des Beobachters; das Auge sieht die Münze in der Lage M', d. h. in der Verlängerung der ins Auge gelangenden Strahlen, also angehoben. Aus dem gleichen Grund erscheint ein schräg ins Wasser getauchter Stab an der Eintrittsstelle geknickt (Abb. 1.16b); ebenso erscheint der Boden eines mit Wasser gefüllten Schwimmbeckens gehoben und gekrümmt (Abb. 1.16c).

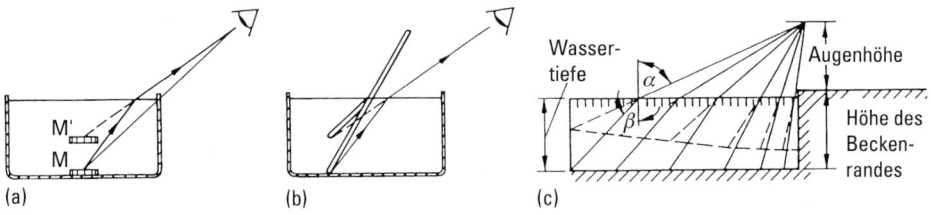

Abb. 1.16 Versuche zum Nachweis der Lichtbrechung.

Zur experimentellen Bestimmung der Brechung lässt man ein Parallel-Strahlenbüschel schräg auf eine Wasseroberfläche im Inneren eines schmalen Glastrogs fallen und verfolgt die Richtungen der Lichtstrahlen in Luft und Wasser dadurch, dass man vertikal in das Wasser eine Mattscheibe stellt, auf der die Lichtstrahlen ihren Weg als helle Linien erkennen lassen (Abb. 1.17). Statt dessen kann man auch nach J. Tyndall Luft und Wasser durch Zusatz von Rauch und Milch trüben und damit

(a) (b)

Abb. 1.17 Brechung eines Lichtstrahls beim Übergang.

den Lichtweg sichtbar machen. Der Lichtstrahl erfährt bei Eintritt in das Wasser einen Knick und wird zur Normalen hin gebrochen, wie die Beobachtung zeigt. Die Strahlen werden um so mehr von ihrer ursprünglichen Richtung abgelenkt, je größere Winkel sie beim Auftreffen auf die Grenzfläche mit der Normalen bilden. Der einfallende Strahl, die Normale und der gebrochene Strahl liegen immer in einer Ebene. Der Winkel zwischen Normale und einfallendem Strahl sei ε, der zwischen Normale und gebrochenem Strahl sei ε'. Damit kann das von W. Snellius (1620) gefundene *Brechungsgesetz* formuliert werden:

- Das Produkt aus Brechungsindex und Sinus des Strahlwinkels zur Normalen ist vor und nach der Brechung gleich.

$$n \sin \varepsilon = n' \sin \varepsilon' \,. \tag{1.2}$$

Dabei ist n der Brechungsindex des Mediums, aus dem die Strahlung kommt, n' ist der Brechungsindex des Mediums, in das hinein die Strahlen nach Durchsetzen der Grenzfläche laufen.

An dieser Stelle wird zweckmäßig der Begriff der *Brechzahl* eingeführt, der in der gesamten angewandten Optik ausschließlich benutzt wird. In Gl. (1.1) hatten wir den Brechungsindex als das Verhältnis von Vakuum-Lichtgeschwindigkeit zu der in dem aktuellen Medium definiert; damit dient das Vakuum als Bezug. Hier erweist es sich aus praktischen Gründen als sehr angebracht, als Bezug nunmehr die Luft (genauer: eine zu definierende „Normalluft") zu verwenden und dann das Verhältnis der Brechungsindizes von aktuellem Medium zu Luft als Brechzahl zu bezeichnen. Damit wird die Brechzahl von Luft zu eins, demgegenüber ist der Brechungsindex von Luft 1.000277 (bei trockener Luft, 15 °C und 1.01325×10^5 Pa, 546 nm Wellenlänge).

Die Abb. 1.18 zeigt die Brechung von Lichtstrahlen beim Übergang von Luft in Glas und zwar für die beiden Einfallswinkel 40° und 60°; als zugehörige Brechungswinkel entnimmt man den Aufnahmen die Werte von 24.5° bzw. 34°; nach dem Brechungsgesetz Gl. (1.2) ist damit die Brechzahl n' des Glases gleich 1.55 (mit $n = 1$). Damit der Lichtstrahl beim Austritt aus dem Glas keine weitere Ablenkung erfährt, besitzt das Glasstück halbkreisförmige Gestalt. Die Strahlen verlaufen alle in der gemeinsamen Einfallsebene.

52   1 Optische Abbildung

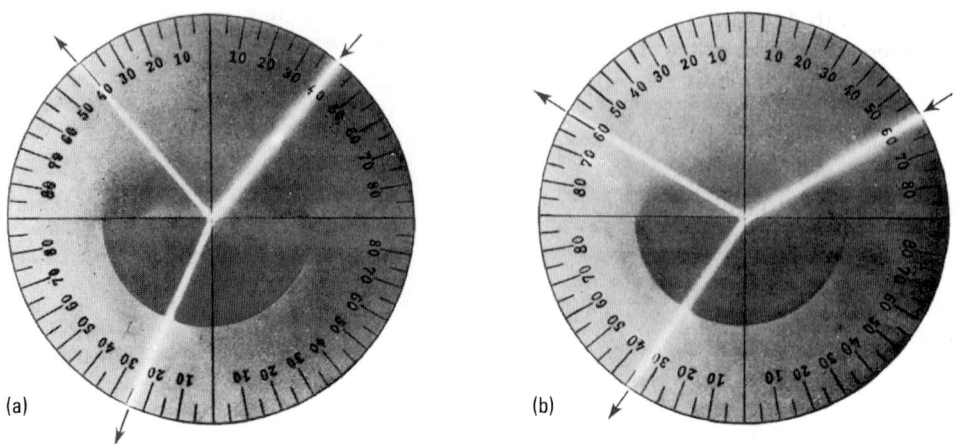

Abb. 1.18 Brechung und Reflexion eines Lichtstrahls.

Tab. 1.1 Absolute Brechzahlen einiger Stoffe für die Quecksilber e-Linie, $\lambda = 546.07$ nm bei 20 °C.

		n
feste Stoffe	Lithiumfluorid	1.3929
	Calciumfluorid	1.43496
	Kaliumchlorid	1.49300
	Natriumchlorid	1.54740
	Caesiumjodid	1.79495
optische Gläser	Borkron BK1	1.51201
	Schwerkron SK1	1.61282
	Flint F3	1.61685
	Schwerflint SF4	1.76167
	schwerstes Flint SF59	1.96349
	Quarzglas	1.4601
	Plexiglas	1.4931
	Diamant	2.4235
Flüssigkeiten	Wasser	1.344661
	Ethanol	1.3635
	Benzol	1.50545
	Zedernöl (23 °C)	1.5180
	Kohlenstoffdisulfid	1.63560
Gase (0 °C, 1.013 bar)	Sauerstoff	1.00027223
	Stickstoff	1.00029914
	Kohlendioxid	1.00045011
	Luft	1.00029317

In der Tab. 1.1 sind die Brechzahlen bzw. die Brechungsindizes einiger Stoffe zusammengestellt. Sie gelten für die Wellenlänge 546.07 nm (e-Linie des Quecksilbers). Der Bezug auf eine bestimmte Wellenlänge ist notwendig, weil die Medien alle Dispersion besitzen und damit die Brechzahlen Funktionen der Wellenlänge sind; im Einzelnen wird auf die Dispersion im Kap. 2 eingegangen.

Ein Medium wird optisch *dichter* (bzw. *dünner*) *als* ein anderes genannt, wenn seine Brechzahl größer (bzw. kleiner) ist als die des anderen. Die optische Dichte darf jedoch nicht mit der stofflichen Dichte verwechselt werden, weil beide Dichten zwar oft, aber keineswegs immer zueinander proportional sind. So hat Wasser trotz seiner größeren stofflichen Dichte eine kleinere Brechzahl als das spezifisch leichtere Benzol.

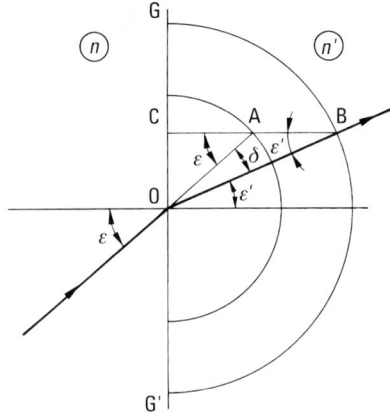

Abb. 1.19 Grafische Bestimmung der Richtung des gebrochenen Strahls.

An Hand der Abb. 1.19 sei gezeigt, wie man bei Kenntnis der Brechzahlen n und n' sowie des Einfallswinkels ε die Richtung des gebrochenen Strahls und damit ε' grafisch bestimmen kann. Der einfallende Strahl treffe die Grenzfläche GG′ in dem Punkt O. Man zeichnet zwei Kreise mit dem gemeinsamen Mittelpunkt O, deren Radien das Verhältnis n/n' besitzen. Der Schnittpunkt des einfallenden Strahls mit dem Kreis, dessen Radius proportional zu n ist, ist A. Die Parallele zur Normalen durch A trifft den zweiten Kreis in B. Die Gerade durch O und B gibt die Richtung des gebrochenen Strahls an. Die Richtigkeit dieser Aussage ergibt sich aus:

$$\overline{OC} = \overline{OA}\sin\varepsilon = x\sin\varepsilon = \overline{OB}\sin\varepsilon' = xn'\sin\varepsilon',$$

dabei ist x eine beliebige Konstante. Dieses Verfahren lässt sich immer anwenden, egal ob n größer n' oder umgekehrt. In Abb. 1.20 ist diese grafische Bestimmung von Strahlrichtungen nach der Brechung für den Fall schematisiert dargestellt, dass das Medium vor der Grenzfläche Luft ist.

Die Ablenkung δ, die ein Strahl durch die Brechung erfährt, ist gegeben durch:

$$\delta = \varepsilon - \varepsilon'. \tag{1.3}$$

54   1 Optische Abbildung

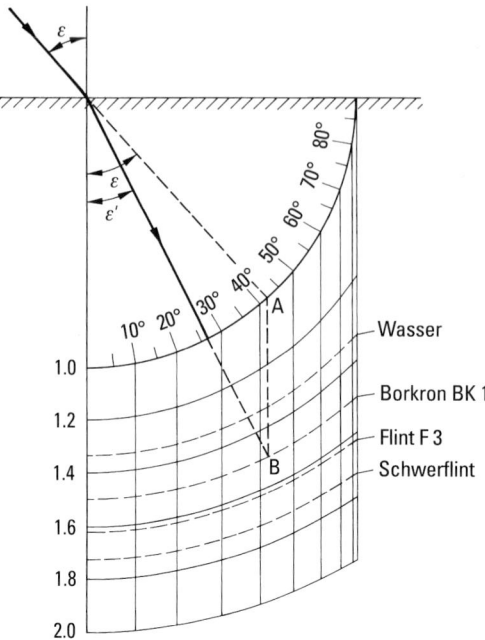

Abb. 1.20 Diagramm zur Bestimmung von Strahlrichtungen nach der Brechung beim Übergang von Luft nach Stoffen mit Brechzahlen zwischen 1 und 2.

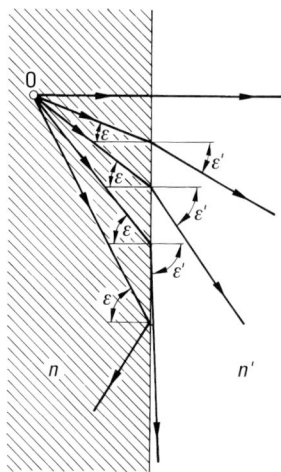

Abb. 1.21 Brechung und Totalreflexion beim Übergang von einem optisch dichteren in ein optisch dünneres Medium.

1.4 Brechung, Totalreflexion, Abbildung an ebenen Flächen 55

Einsetzen des Brechungsgesetzes nach Gl. (1.2) lässt den Ausdruck für δ umformen in

$$\sin\delta = (n'\cos\varepsilon' - n\cos\varepsilon)\frac{\sin\varepsilon}{n'}.$$

Daraus ist abzulesen, dass δ mit dem Einfallswinkel ε wächst.

1.4.2 Totalreflexion

Beim Übergang von einem optisch dünneren in ein optisch dichteres Medium werden Lichtstrahlen stets zur Normalen hin gebrochen, weil n' größer als n ist. Umgekehrt ist es, wenn Licht aus einem optisch dichteren Medium, z. B. Wasser oder Glas, in ein optisch dünneres Medium, z. B. Luft übertritt. Dann findet eine Brechung von der Normalen weg statt (siehe dazu die Abb. 1.21). Der Winkel nach der Brechung ist entsprechend Gl. (1.3):

$$\varepsilon' = \arcsin\frac{n\sin\varepsilon}{n'},$$

wobei nun $n' < n$ ist. Der größte Wert von ε' beträgt offensichtlich 90°; in diesem Fall tritt der in das dünnere Medium gebrochene Strahl streifend zur Grenzfläche ein. Der zugehörige Einfallswinkel ε_g im dichteren Medium ergibt sich dann zu:

$$\varepsilon_g = \arcsin\frac{n'}{n}. \tag{1.4}$$

Damit ist der Grenzwinkel ε_g definiert, jenseits dessen einem Einfallswinkel ε kein reeller Wert für den Winkel ε' nach der Brechung mehr zugeordnet werden kann. Ein Übergang der Strahlen in das optisch dünnere Medium kann bei solchen Winkeln nicht mehr stattfinden. Vielmehr erfolgt an der Grenzfläche eine vollständige Reflexion. Man bezeichnet diesen zuerst von J. Kepler (1611) beobachteten Vorgang als *Totalreflexion*. Es gilt daher die Aussage:

- Totalreflexion tritt immer dann auf, wenn Licht aus einem optisch dichteren Medium auf die Grenzfläche zu einem optisch dünneren Medium trifft und wenn dabei der Einfallswinkel größer ist als der durch die Gl. (1.4) bestimmte Grenzwinkel ε_g.

An dieser Stelle kann eine physikalisch genauere Behandlung des Phänomens der Totalreflexion nicht erfolgen; siehe dazu aber Abschn. 4.3.

Beim Übergang von Strahlung aus Wasser in Luft ist $\varepsilon_g = 3/4$, d. h. $\varepsilon_g = 48°35'$. Für diesen Fall ist in Abb. 1.22 der vorher in Abb. 1.21 schematisch dargestellte Strahlenverlauf experimentell realisiert worden. Einige Zentimeter unter der Wasseroberfläche befindet sich eine (in der Abbildung verdeckte) Lichtquelle, die durch mehrere Schlitzblenden einige scharf begrenzte Strahlenbündel schräg gegen die Wasseroberfläche strahlt. Von diesen werden nur die in den Luftraum gebrochen, deren Einfallswinkel kleiner als der Grenzwinkel ε_g ist, die übrigen Strahlenbündel werden in das Wasser zurück totalreflektiert. In der Abbildung ist auch gut zu erkennen, dass die Intensität der totalreflektierten Strahlenbündel deutlich größer ist als die

56 1 Optische Abbildung

Abb. 1.22 Versuch zum Nachweis von Brechung und Totalreflexion an der Grenzfläche Wasser – Luft. Die Lichtquelle befindet sich links unten im Wasser ein einer mit Schlitzen versehenen Dose.

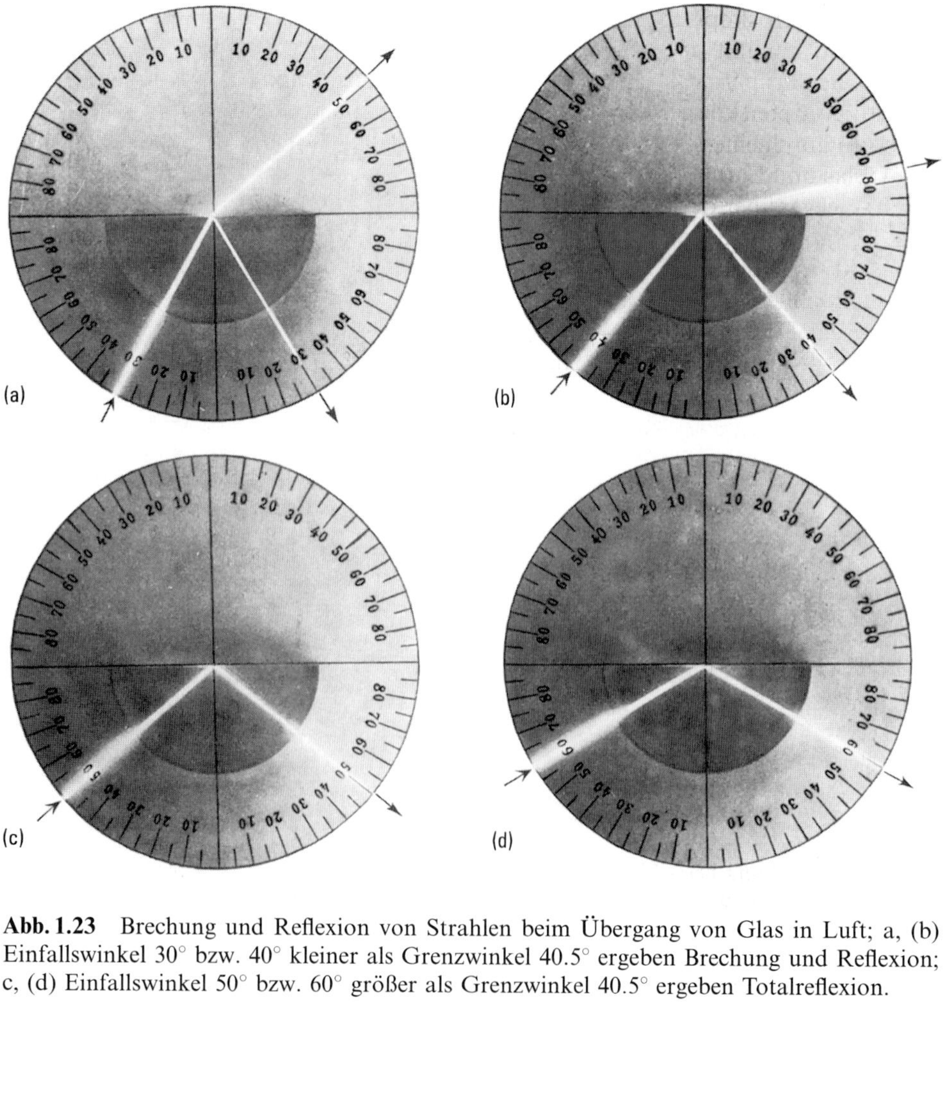

Abb. 1.23 Brechung und Reflexion von Strahlen beim Übergang von Glas in Luft; a, (b) Einfallswinkel 30° bzw. 40° kleiner als Grenzwinkel 40.5° ergeben Brechung und Reflexion; c, (d) Einfallswinkel 50° bzw. 60° größer als Grenzwinkel 40.5° ergeben Totalreflexion.

1.4 Brechung, Totalreflexion, Abbildung an ebenen Flächen   57

der teilweise gebrochenen. Abb. 1.23 zeigt den Übergang von Strahlen aus Glas in Luft. Bei den Einfallswinkeln 30° und 40° findet sowohl Brechung als auch Reflexion statt, bei den Einfallswinkeln 50° und 60° jedoch bereits Totalreflexion. Bei dem benutzten Glas mit $n = 1.55$ liegt der Grenzwinkel bei 40.5°. Blickt man schräg von unten auf eine Wasseroberfläche unter einem Einfallswinkel, der größer ist als der Grenzwinkel der Totalreflexion, so kann man durch die Wasseroberfläche nicht hindurchsehen, sie erscheint vollkommen spiegelnd. Aus dem Wasser heraus kann man nur innerhalb des durch den Grenzwinkel der Totalreflexion bestimmten räumlichen Winkels sehen. Abb. 1.24a zeigt, wie ein Auge unter Wasser den Luftraum darüber erblickt: Es sieht ihn – allerdings verzerrt – innerhalb eines Kegels, dessen halber Öffnungswinkel gleich dem Grenzwinkel ist; außerhalb des Kegels sieht es nur total reflektierte Strahlung, z. B. den Boden des Gefäßes, in dem das Wasser aufbewahrt wird. – Auf einen Punkt unmittelbar oberhalb der Wasserfläche einfallende Strahlen aus dem Luftraum treten in das Wasser nur innerhalb des Kegels, dessen halber Öffnungswinkel gleich dem Grenzwinkel ist; siehe Abb. 1.24b.

Bei der mikroskopischen Abbildung tritt regelmäßig der Strahlenverlauf wie in Abb. 1.24a, nur mit umgekehrter Lichtrichtung auf. Die von einem Punkt P des beleuchteten Präparats ausgehenden Strahlen verlaufen, bevor sie in das Mikroskop-Objektiv eintreten können, zunächst durch das Deckglas mit der Brechzahl $n = 1.515$ und dann durch eine Luftschicht. Wegen der Totalreflexion an der Grenzfläche zwischen Glas und Luft können aus dem Deckglas nur solche Strahlen austreten, deren Neigung gegenüber der Normalen den Winkel von 41.5° nicht überschreiten; siehe Abb. 1.25a. Wenn jedoch zwischen Deckglas und Frontlinse des Objektivs eine Wasserschicht eingefügt wird, so vergrößert sich der Grenzwinkel auf 61.5° (Abb. 1.25b). Setzt man schließlich zwischen Deckglas und Frontlinse Öl ein, das die gleiche Brechzahl wie das Deckglas bzw. die Frontlinse besitzt, so wird der Aperturwinkel sogar auf 90° vergrößert (Abb. 1.25c). Damit wird nicht nur die Helligkeit im Bild deutlich

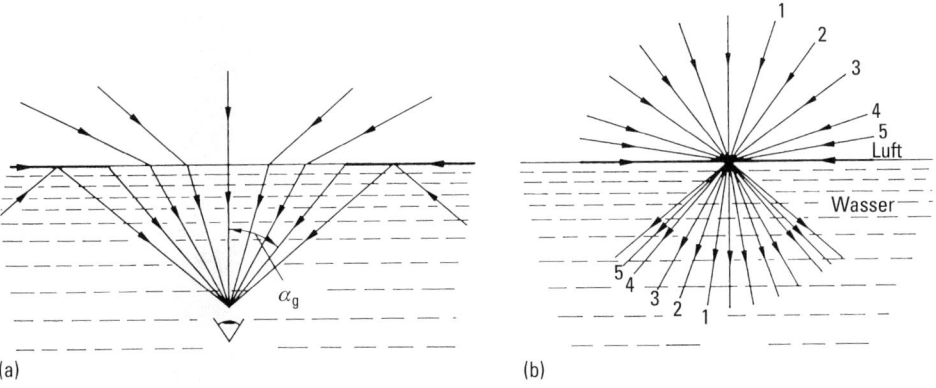

Abb. 1.24 Brechung beim Übergang von Strahlen aus Luft in Wasser; (a) Ein Auge unter Wasser sieht innerhalb des durch den Grenzwinkel der Totalreflexion gegebenen Winkels von 97° den Luftraum (verzerrt); (b) Strahlen in Luft, die auf einen unmittelbar oberhalb der Grenzfläche gelegenen Punkt konvergieren, treten in das Wasser nur innerhalb des Kegels ein, dessen halber Öffnungswinkel gleich dem Grenzwinkel der Totalreflexion (48.5°) ist.

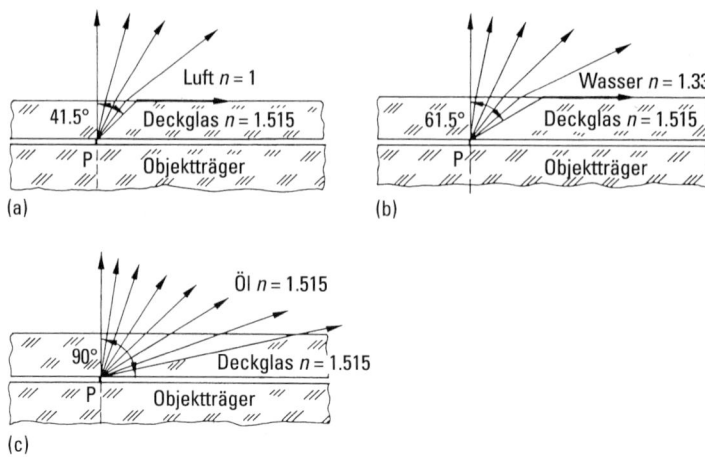

Abb. 1.25 Strahlenverlauf durch das Deckglas eines mikroskopischen Präparats: (a) Deckglas grenzt an Luft, numerische Apertur = 1; (b) Deckglas grenzt an Wasser, numerische Apertur = 1.33; (c) Deckglas grenzt an Öl gleicher Brechzahl, numerische Apertur = 1.515.

gesteigert, sondern auch die Bildqualität, was in Abschn. 1.9 erläutert wird. Man bezeichnet die Einführung einer Substanz mit höherer Brechzahl als Luft zwischen Deckglas und Frontlinse als *Immersion*.

Den quantitativen Unterschied zwischen totaler und partieller Reflexion zeigen die folgenden Versuche: In ein Becherglas gießt man etwas Wasser ($n = 1.33$) und schichtet darüber Benzol ($n = 1.496$); in ein zweites Becherglas bringt man Schwefelkohlenstoff ($n = 1.618$) und darüber Wasser (Abb. 1.26). Blickt man schräg von oben auf die Grenzflächen, so sieht man im ersten Falle wegen der Totalreflexion eine in lebhaftem Silberglanz erscheinende Fläche, während im zweiten Fall die Grenzfläche zwischen Schwefelkohlenstoff und Wasser nur einen matten Glanz zeigt, weil lediglich eine partielle Reflexion auftritt. Stellt man ein teilweise mit Quecksilber gefülltes Reagenzglas schräg in ein mit Wasser gefülltes Becherglas (Abb. 1.27) und blickt von oben darauf, so sieht man bei passender Neigung des Reagenzglases das von einer weißen Kartonfläche in das Becherglas fallende Licht an der Luft im Reagenzglas total reflektiert; diese Reflexion ist vollständiger als die an Quecksilber. Der mit Quecksilber gefüllte Teil des Reagenzglases erscheint grau im Vergleich zu dem oberen totalreflektierenden Teil. Gießt man zusätzlich noch Wasser in das Reagenzglas, so verschwindet der silbrige Glanz, soweit das Wasser steigt.

Besonders effektvoll lässt sich die Totalreflexion nach J. D. Colladon (1841) demonstrieren, indem man in die Achse eines ausfließenden Wasserstrahls ein intensives Lichtbündel einstrahlt, siehe Abb. 1.28. Das Licht kann aus dem Wasserstrahl nicht mehr austreten, wenn letzterer so stark gekrümmt ist, dass für die Lichtstrahlen der Grenzwinkel der Totalreflexion überschritten wird. Der Wasserstrahl erschiene vollkommen dunkel, wenn die Oberfläche nicht kleine Störungen aufwiese, durch die das Licht austreten kann und den Wasserstrahl leuchtend erscheinen lässt. Das ist in besonderem Maße der Fall, wenn der Wasserstrahl sich in Tropfen auflöst

1.4 Brechung, Totalreflexion, Abbildung an ebenen Flächen 59

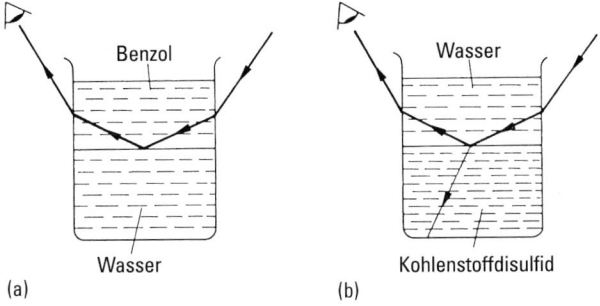

Abb. 1.26 Demonstration von (a) totaler und (b) partieller Reflexion.

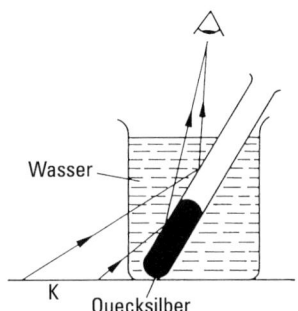

Abb. 1.27 Durch Totalreflexion an der Grenze Wasser–Luft gespiegelte weiße Fläche erscheint heller als bei Spiegelung an reinem Quecksilber.

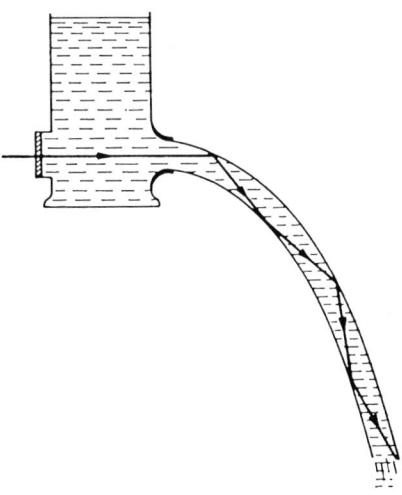

Abb. 1.28 Totalreflexion in einem Wasserstrahl.

(Fontaines *lumineuses*). Die Totalreflexion wird heutzutage in großem Umfang praktisch genutzt und zwar für die Übertragung optischer Informationen durch Glasfasern. Dabei handelt es sich um dünne Fasern, oft aus Quarzglas, von typisch ca. 50 µm Dicke, die von einem Mantel niedrigerer Brechzahl umgeben sind; die Länge solcher Glasfasern kann inzwischen oft viele Kilometer betragen, weil es durch intensive Entwicklungsarbeiten gelungen ist, die Dämpfung durch Absorption bzw. Streuung drastisch zu reduzieren. Die Lichtübertragung durch Glasfasern mit Hilfe der Totalreflexion ist viel effektiver als es je mittels Reflexion an irgendeinem stark reflektierenden Material sein kann. Als praktisches Beispiel sei eine Glasfaser mit der Brechzahl 1.46 angenommen, die einen Mantel mit der Brechzahl 1.44 besitze. Totalreflexion tritt in diesem Fall für Einfallswinkel größer als $\varepsilon_g = \arcsin(1.44/1.46) \simeq 80.505°$ auf, bei einem Faserdurchmesser von 50 µm findet Totalreflexion bei einer geraden Faser im Abstand von ca. 299 µm statt; bei einer angenommenen Länge der Faser von 1 km finden dann immerhin 3×10^6 Reflexionen statt (vgl. auch Abschn. 3.15).

1.4.3 Abbildung durch Planflächen

Im Abschn. 1.3 wurde u. a. die Abbildung durch ebene Spiegel untersucht. Es ergab sich eine perfekte Abbildung, d. h. jeder Objektpunkt wird in einen Bildpunkt transformiert. Allerdings sind durch Spiegelung von reellen Objekten nur virtuelle Bilder erzeugbar. Die analoge Aufgabe ist nun für den Fall der Brechung zu untersuchen. Wie in Abb. 1.29 dargestellt, werde die Abbildung eines Objektpunkts O durch Brechung an einer ebenen Grenzfläche betrachtet; die Brechzahlen n und n' rechts und links der Grenzfläche seien voneinander verschieden. Auf jeden Strahl, der von dem

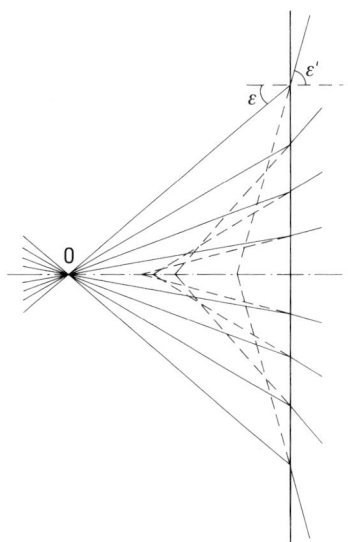

Abb. 1.29 Strahlenverlauf bei der Abbildung durch eine brechende Fläche.

leuchtenden Objektpunkt O ausgeht, ist das Brechungsgesetz Gl. (1.2) anwendbar (die Totalreflexion interessiert hier nicht). In der Abb. 1.29 ist der Strahlenverlauf grafisch wiedergegeben. Rechnerisch ergibt sich zusätzlich die Beziehung:

$$h = s \tan\sigma = s' \tan\sigma',$$

wobei σ und σ' die Winkel zwischen Strahl und Flächennormale durch den Objektpunkt O sind. Die Inzidenzwinkel ε, ε' an der brechenden Fläche und die Aperturwinkel σ, σ' sind bei der Planfläche verknüpft durch

$$\varepsilon = -\sigma; \quad \varepsilon' = -\sigma'.$$

Die hier eingesetzten negativen Vorzeichen werden im Abschn. 1.5 erklärt werden; hier sind sie an sich ohne Belang. Die Lage des Objekts sei durch seinen Abstand s von der brechenden Fläche gekennzeichnet; gesucht ist der Abstand des Bildpunkts s' von der brechenden Fläche. Die Auflösung der obigen Gleichung nach s' unter Berücksichtigung des Brechungsgesetzes führt auf

$$\frac{s'}{n'} = \frac{s \cos\sigma'}{n \cos\sigma} = \frac{s}{n \cos\sigma} \sqrt{1 - \left(\frac{n}{n'}\right)^2 \sin^2\sigma}. \tag{1.5}$$

Daraus ergeben sich mehrere Folgerungen: Es gibt keinen einheitlichen Bildpunkt O' zu dem gegebenen Objektpunkt O. Vielmehr ist für jeden Aperturwinkel σ eine andere Bildlage, gekennzeichnet durch die „Schnittweite" s', gültig. Darüber hinaus hängt die Schnittweite s' von der Objektlage s und von den Brechzahlen n und n' ab. Wie auch aus der Abb. 1.29 zu ersehen ist, nimmt die Variation der Schnittweite s' mit wachsendem Aperturwinkel σ stark zu. Lässt man andererseits den Aperturwinkel σ gegen null gehen, so ergibt sich als Grenzwert für die Bildlage der Wert

$$\frac{s'}{n'} = \frac{s}{n}. \tag{1.6}$$

Den Ausdruck Gl. (1.6) kann man auch gewinnen, indem man die Apertur- und Einfallswinkel als so klein annimmt, dass statt der trigonometrischen Funktionen Sinus und Tangens die Winkel selbst eingesetzt werden dürfen. Speziell ist dann statt des Brechungsgesetzes Gl. (1.2) vereinfacht zu schreiben:

$$n\varepsilon = n'\varepsilon'. \tag{1.7}$$

Es ist vielfach üblich, von der sogenannten *paraxialen* Abbildung zu sprechen, wenn die Winkel σ und ε und damit auch σ' und ε' nur kleine Werte annehmen dürfen. Als Achse wird dabei die Normale auf der Grenzfläche, die durch den Objektpunkt O geht, aufgefasst. Wie später im Einzelnen zu behandeln sein wird, dienen die Größen der paraxialen Abbildung ganz allgemein als *Bezugsgrößen*. Das gilt, auch wenn diese Größen als Grenzfälle nur rechnerisch zu gewinnen sind und experimentell lediglich näherungsweise bzw. durch Extrapolation realisiert werden können.

Aus Gl. (1.5) ergibt sich weiter – wie bei der Reflexion an ebenen Flächen – dass Objekt und Bild auf einer Seite der Grenzfläche liegen. Einem reellen Objektpunkt O ist somit immer ein virtueller Bildpunkt O' zugeordnet. Das gilt für kleine wie für große Aperturwinkel. Reelle Abbildungen sind demnach nicht möglich, solange man nur ebene Grenzflächen verwendet.

Die wichtigste Aussage, die aus Gl. (1.5) bzw. aus Abb. 1.29 folgt, ist: Grundsätzlich treten bei Abbildungen durch Brechung *Abbildungsfehler* bzw. *Aberrationen* auf, weil einem Objektpunkt kein einheitlicher Bildpunkt mehr zugeordnet werden kann. Frei von Abbildungsfehlern wird man scheinbar dann, wenn der Objektpunkt formal unendlich fern angenommen wird; dann liegt auch der Bildpunkt unendlich fern. Dabei wird aber notwendig der Aperturwinkel σ zu null. Immerhin ergibt sich damit eine Möglichkeit der Strahlführung durch optische Elemente, die mit Brechung von Strahlen arbeiten, ohne Abbildungsfehler befürchten zu müssen. Mit unendlich fernen Objektpunkten arbeitet man dann, wenn man Parallel-Strahlenbüschel verwendet; das wird im Folgenden vielfach geschehen.

1.4.4 Planplatten

Lässt man eine planparallele Glasplatte von einem parallelen Strahlenbüschel durchsetzen, so werden die Strahlen beim Ein- wie beim Austritt an den Grenzflächen gebrochen (Abb. 1.30). Beim Eintritt findet eine Umlenkung zur Normalen hin statt, beim Austritt eine Umlenkung von der Normalen weg. Wegen der vorgegebenen Geometrie verläuft das Strahlenbüschel nach Durchsetzen der Glasplatte in der gleichen Richtung wie vorher; es erfolgt keine Ablenkung, aber eine Parallel-Verschiebung p. Diese Parallel-Verschiebung ist um so größer, je größer die Plattendicke d, die Brechzahl n und der Einfallswinkel ε sind. Aus der Abb. 1.30b ergibt sich

$$\sin(\varepsilon - \varepsilon') = \frac{p}{AB}$$

und

$$\cos\varepsilon' = \frac{d}{AB}.$$

Nimmt man noch das Brechungsgesetz nach Gl. (1.2) hinzu, so resultiert für die Parallel-Verschiebung

$$p = d\sin\varepsilon \left(1 - \frac{\cos\varepsilon}{\sqrt{n^2 - \sin^2\varepsilon}}\right). \tag{1.8}$$

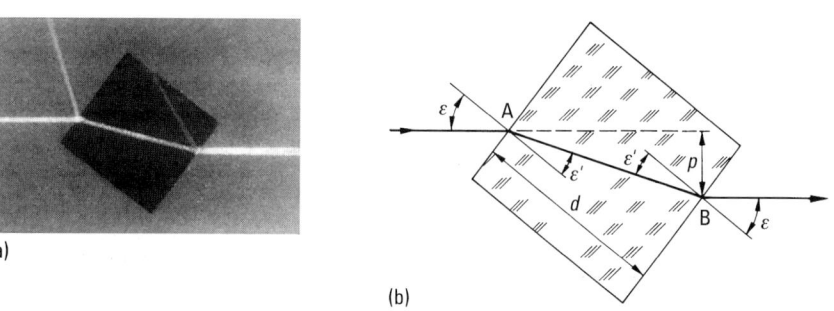

Abb. 1.30 Parallelversatz von Lichtstrahlen durch eine planparallele Platte; (a) Versuch; (b) Strahlen-Konstruktion.

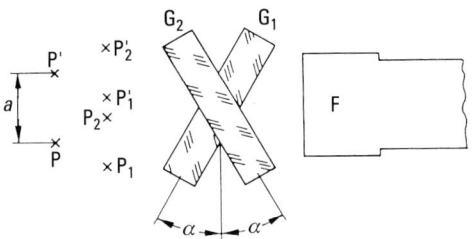

Abb. 1.31 Wirkungsweise des Ophthalmometers.

Die Parallel-Verschiebung von Strahlenbüscheln durch Planparallelplatten wird z. B. in dem von H. v. Helmholtz (1856) angegebenen *Ophthalmometer* zur optischen Messung des Abstands zweier Punkte an solchen Objekten benutzt, an die man mit gewöhnlichen Längenmessmethoden nicht herankommen kann. Hier gilt das speziell für den Durchmesser der Augenpupille. Das Ophthalmometer (siehe Abb. 1.31) besteht aus zwei dicht nebeneinander angebrachten, gleich dicken planparallelen Platten G_1 und G_2, die je eine Hälfte eines Fernrohrobjektivs F bedecken. Beide Platten werden um eine gemeinsame Achse um gleiche Winkel gegensinnig gedreht. Dadurch werden die beiden Objektmarken P und P' um gleiche Beträge nach oben bzw. unten verschoben, sodass vier Bildpunkte P_1 und P_1' sowie P_2 und P_2' durch das Fernrohr zu sehen sind. Verdreht man die beiden Platten so weit, dass die Punkte P_2 und P_1' zusammenfallen, so ergibt sich der gesuchte Abstand a gerade als doppelt so groß wie der nach Gl. (1.8) berechnete Wert von p. Offensichtlich ist die Entfernung der Objektmarken vom Fernrohr dabei ohne Bedeutung.

Planparallele Glasplatten können auch zur Messung der Brechzahl des Mediums, aus dem sie bestehen, verwendet werden. Beispielsweise stellt man nach Duc de Chaulnes (1767) mit Hilfe eines Mikroskops, dessen axiale Verschiebung messbar ist, zunächst auf eine Marke M scharf ein (Abb. 1.32a), dann bringt man zwischen der Marke M und dem Mikroskop die Planplatte ein. Das Bild M' der Marke M erscheint dann angehoben. Um wieder ein scharfes Bild zu erhalten, muss das Mikroskop um die Strecke $\overline{MM'} = a$ verschoben werden, die gleich der Strecke $\overline{BC}$ ist. Mit d als Dicke der Glasplatte erhält man:

$$\tan\varepsilon = \frac{\overline{AD}}{d-a} \quad \text{und} \quad \tan\varepsilon' = \frac{\overline{AD}}{d}.$$

Unter der Voraussetzung kleiner Winkel ε, ε' resultiert mit Gl. (1.7)

$$n = \frac{d}{d-a}.$$

Für Glasplatten der Dicke $d = 10$ mm ist n so bis auf eine Einheit der 3. Dezimale messbar.

Dieses Verfahren kann variiert werden: Auf der oberen und der unteren Seite der Glasplatte sei je eine Marke M_1 bzw. M_2 angebracht; das Mikroskop wird nacheinander auf beide Marken eingestellt, wozu eine Verschiebung b des Mikroskops

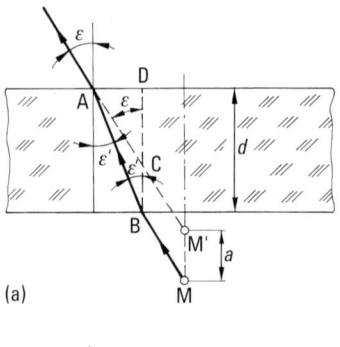

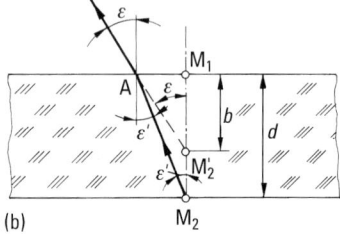

Abb. 1.32 Zur Messung der Brechzahl planparalleler Glasplatten (nach de Chaulnes).

erforderlich ist (die Marke M_2 erscheint durch die Brechung nach M_2' verschoben (Abb. 1.32b)). In diesem Fall ergibt sich für die Brechzahl der Glasplatte

$$n = \frac{d}{b}.$$

Ein weiteres Verfahren zur Brechzahlmessung (nach A. Pfund) benutzt die Totalreflexion; siehe Abb. 1.33. Durch die planparallele Platte wird ein auf ihrer Rückseite angebrachter weißer Fleck P (z. B. aus Papier oder weißer Farbe) möglichst intensiv und punktförmig bestrahlt. Das diffus reflektierte Licht kann nur bis zum Grenzwinkel der Totalreflexion wieder aus der Planplatte austreten, vom Grenzwinkel der Totalreflexion an wird das Licht zwischen der Vorder- und der Rückseite der Glasplatte hin und her reflektiert. Bestäubt man nun die Rückseite der Glasplatte mit einem feinen Pulver, z. B. Bärlappsamen, so zeichnen sich die dem Grenzwinkel der Totalreflexion entsprechenden Stellen in Form heller Ringe ab, wie es die fotografische Aufnahme der Abb. 1.33b zeigt, bei der der zentrale Fleck wegen möglicher Überblendung abgedeckt ist. Wie aus der Abb. 1.33a zu entnehmen ist, gilt die Beziehung

$$\tan\varepsilon_g = \frac{r_1}{2d},$$

wobei ε_g der Grenzwinkel der Totalreflexion ist. Nach Gl. (1.4) wird ε_g durch die Brechzahl der Glasplatte bestimmt:

$$\sin\varepsilon_g = \frac{1}{n}.$$

1.4 Brechung, Totalreflexion, Abbildung an ebenen Flächen 65

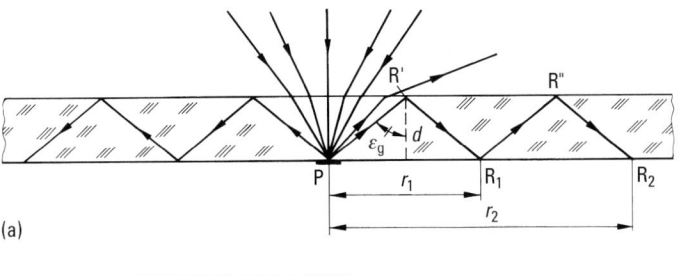

(a)

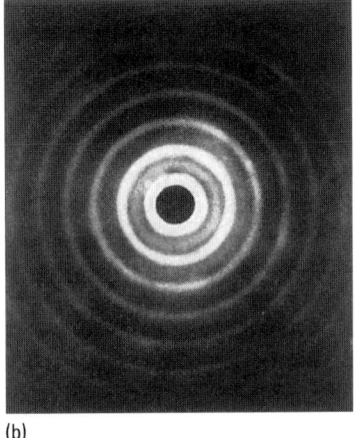

(b)

Abb. 1.33 Messung der Brechzahl einer planparallelen Glasplatte mittels Totalreflexion.

Die Auflösung nach n führt auf

$$n = \frac{\sqrt{r_1^2 + 4d^2}}{r_1}.$$

Allgemeiner besitzt der k-te Ring den Radius $k r_1$, sodass durch Ausmessen der Ringradien auf die Brechzahl der Glasplatte geschlossen werden kann.

1.4.5 Prismen

In der Optik versteht man unter einem Prisma einen von zwei ebenen, polierten, gegeneinander geneigten Flächen (ABED und CBEF in Abb. 1.34) begrenzten Körper aus Glas oder einem anderen transparenten Material. Als *brechende Kante* des Prismas wird die Gerade bezeichnet, in der sich die genannten Flächen schneiden (BE in der Abbildung); der an dieser Kante liegende Prismenwinkel heißt der *brechende Winkel*, die der brechenden Kante gegenüberliegende dritte Fläche (ACFD in der Abb. 1.34) die *Basis*; ein zur brechenden Kante senkrecht stehender Schnitt durch das Prisma wird *Hauptschnitt* genannt.

Betrachtet werde der Strahlengang in einem Hauptschnitt, der mit der Zeichenebene zusammenfallen möge (Abb. 1.35a). Es interessiert zunächst, wie bei beliebigen

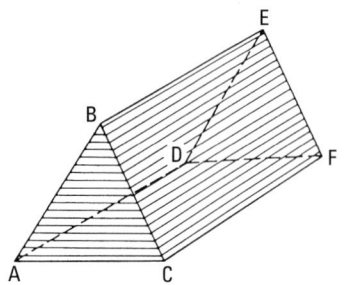

Abb. 1.34 Ansicht eines Prismas.

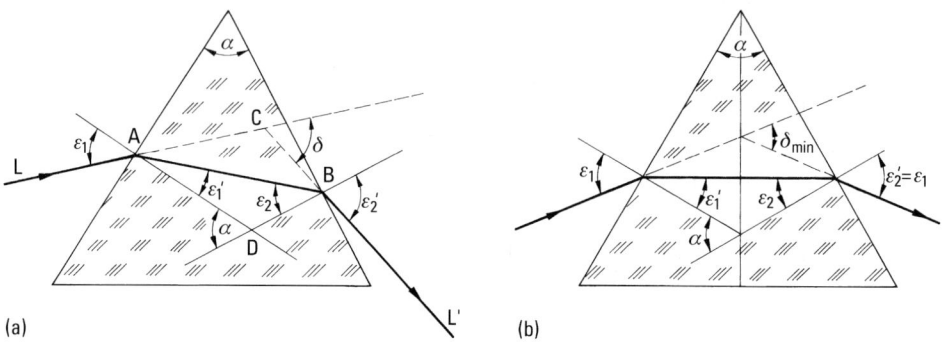

Abb. 1.35 Strahlenverlauf durch ein Prisma.

Einfallswinkeln ε_1 und beliebigen brechenden Winkeln α die Ablenkwinkel δ zu ermitteln sind; weiter unten werden dann Prismen mit einer anderen Funktion behandelt werden, wobei der Einfallswinkel ε_1 speziell den Wert null erhalten wird. Zu dem bei A auf das Prisma mit dem brechenden Winkel α unter dem Einfallswinkel ε_1 treffenden Strahl werde nach dem Brechungsgesetz Gl. (1.2) der im Prisma verlaufende Strahl konstruiert; er trifft die zweite Prismenfläche im Punkt B und wird dort von der Normalen weg in den Außenraum gebrochen. Um die Ablenkung δ zwischen dem einfallenden Strahl LA und dem austretenden Strahl BL′ zu finden, werden beide Strahlen bis zum gemeinsamen Schnittpunkt C verlängert. In dem Dreieck ABC gilt offenbar:

$$\delta = \varepsilon_1 - \varepsilon_1' + \varepsilon_2 - \varepsilon_2'.$$

Die Normalen durch A und B schneiden sich in dem Punkt D. In dem Dreieck ABD besteht die Beziehung:

$$\alpha = \varepsilon_1' + \varepsilon_2. \tag{1.9}$$

Zusammengefasst ergibt sich:

$$\delta = \varepsilon_1 + \varepsilon_2' - \alpha. \tag{1.10}$$

Die Anwendung des Brechungsgesetzes Gl. (1.2) auf die beiden optisch wirksamen Flächen des Prismas liefert

$$\sin\varepsilon_1 = n\sin\varepsilon_1' \quad \text{bzw.} \quad n\sin\varepsilon_2 = \sin\varepsilon_2'.$$

Damit und mit den Gln. (1.9) und (1.10) lässt sich die durch das Prisma bewirkte Ablenkung δ ausdrücken in der Form

$$\delta = \varepsilon_1 - \alpha + \arcsin(\sin\alpha\sqrt{n^2 - \sin^2\varepsilon_2} - \cos\alpha\sin\varepsilon_1). \tag{1.11}$$

Die Ablenkung δ variiert offenbar mit n, α und ε_1; speziell interessiert, ob δ in Abhängigkeit vom Einfallswinkel ε_1 ein Extremum besitzt. Die Ableitung von δ nach ε_1 wird zu null, wenn gilt

$$\frac{\cos\varepsilon_1'}{\cos\varepsilon_1} = \frac{\cos\varepsilon_2}{\cos\varepsilon_2'}.$$

Diese Gleichung ist mit Hilfe des Brechungsgesetzes umformbar zu

$$(n^2 - 1)(\sin^2\varepsilon_1 - \sin^2\varepsilon_2) = 0.$$

Wegen $n \neq 1$ ergibt sich endgültig $\varepsilon_1 = \varepsilon_2$, d. h. ein Extremum der Strahlablenkung δ durch ein Prisma resultiert bei symmetrischem Strahlverlauf; aus der 2. Ableitung ergibt sich, dass das Extremum ein Minimum ist. Die Ablenkung δ von Strahlen durch ein Prisma erreicht also dann ein Minimum, wenn der Eintritts- und der Austrittswinkel einander gleich sind; dabei verlaufen die Strahlen im Prisma senkrecht zur Winkelhalbierenden des brechenden Winkels α.

Bei dem symmetrischen Durchgang gelten zwischen den verschiedenen Winkeln offenbar die Beziehungen

$$\varepsilon_1 = \varepsilon_2' = \frac{\alpha + \delta_{min}}{2}; \quad \text{bzw.} \quad \varepsilon_1' = \varepsilon_2 = \frac{\alpha}{2}.$$

Zusammen mit dem Brechungsgesetz resultiert eine Bestimmungsgleichung für die Brechzahl n

$$n = \frac{\sin\dfrac{\alpha + \delta_{min}}{2}}{\sin\dfrac{\alpha}{2}}. \tag{1.12}$$

Dreht man ein Prisma so um eine zu seiner brechenden Kante parallele Achse (Abb. 1.36), dass der Einfallswinkel ε_1 monoton zunimmt, so wandert der abgelenkte Strahl entgegengesetzt zu der Drehrichtung des Prismas auf die Prismenkante zu, erreicht den Umkehrpunkt und wandert dann rückläufig.

Nach J. Fraunhofer (1817) kann man die Brechzahl des Prismenmaterials berechnen, wenn man den brechenden Winkel α und das *Minimum der Ablenkung* δ_{min} misst, das sehr genau bestimmbar ist; das geschieht mit Hilfe von Gl. (1.12). Diese häufig angewandte Messmethode ist nicht auf Festkörper wie Glas beschränkt, sondern auch auf Flüssigkeiten übertragbar, wobei Hohlprismen benutzt werden. Diese bestehen aus planparallelen Glasplatten, die selbst keine Ablenkung erzeugen und

68 1 Optische Abbildung

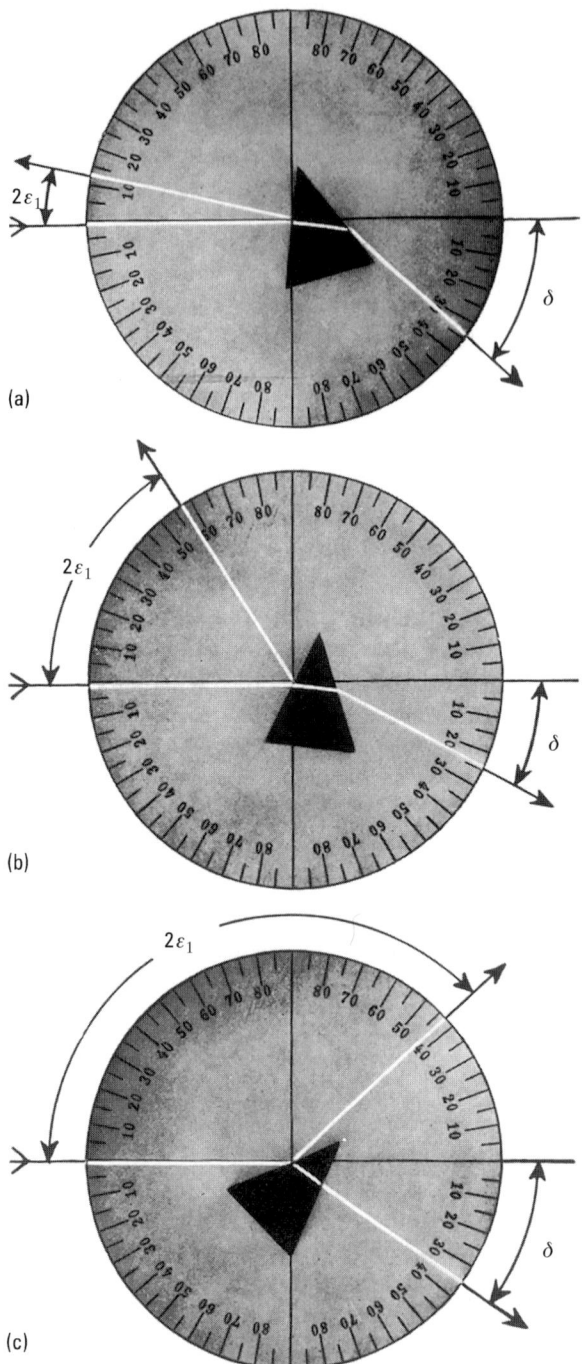

Abb. 1.36 Brechung durch ein Prisma ($n = 1.731$; $\alpha = 32°$) bei unterschiedlichen Einfallswinkeln ε.

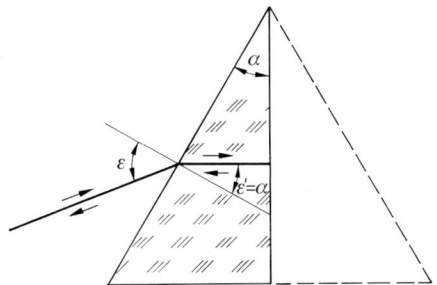

Abb. 1.37 Rechtwinkliges Prisma nach Abbe mit einem in sich selbst reflektierten Strahlenverlauf.

einem von diesen eingeschlossenen Hohlraum, in den die zu untersuchende Flüssigkeit gefüllt wird. Das Verfahren lässt sich prinzipiell auch auf Gase anwenden.

Das Verfahren nach Fraunhofer hat Ernst Abbe (1874) modifiziert: Durch Halbierung des Prismas nach Abb. 1.35a entsteht ein rechtwinkliges Prisma, wie in Abb. 1.37 dargestellt. Bei diesem Prisma wird das Minimum der Ablenkung dadurch realisiert, dass man die Schnittfläche spiegelnd ausführt. Die einfallenden Strahlen werden dann in sich selbst reflektiert. Die im Prisma verlaufenden Strahlen besitzen gegenüber der Normalen einen Winkel ε', der gleich dem brechenden Winkel α ist. Damit ist die Brechzahl n einfach berechenbar gemäß

$$n = \frac{\sin \varepsilon}{\sin \alpha}.$$

Das Verfahren besitzt den Vorteil, sehr einfach durchführbar zu sein; außerdem benötigt man im Vergleich zu dem Verfahren nach Fraunhofer nur ein Prisma mit dem halben Volumen.

Prismen mit kleinen brechenden Winkeln α werden oft als „Keile" bezeichnet, die in der optischen Messtechnik vielfach eingesetzt werden (z. B. in Entfernungsmessern). Bei solchen Keilen kann Gl. (1.11) für die Ablenkung δ vereinfacht werden zu

$$\delta = (n-1)\alpha. \tag{1.13}$$

Für Überschlagsrechnungen ist diese Gleichung oft recht brauchbar.

Die durch Prismen hervorgerufenen Ablenkungen werden in Form von Spektrometern und Refraktometern angewendet. Da die Brechzahlen der Prismen-Materialien grundsätzlich Funktionen der Wellenlänge λ sind (siehe Kap. 2), muss dabei mit (quasi-) monochromatischer Strahlung gearbeitet werden; das sei hier vorausgesetzt. Durch Bestimmung der Brechzahlen für unterschiedliche Wellenlängen ermittelt man mit Spektrometern und Refraktometern Dispersionskurven $n(\lambda)$, die charakteristisch für das jeweilige Material, insbesondere für optische Gläser sind.

Den prinzipiellen Aufbau eines *Spektrometers* zeigt die Abb. 1.38. Als Objekt dient ein schmaler Spalt Sp, der von einer Lichtquelle L (im Allgemeinen eine Spektrallampe) beleuchtet wird. Der Spalt Sp wird durch einen Kollimator (Einzelheiten dazu in Abschn. 1.9) nach unendlich abgebildet. Hinter dem Kollimator befindet

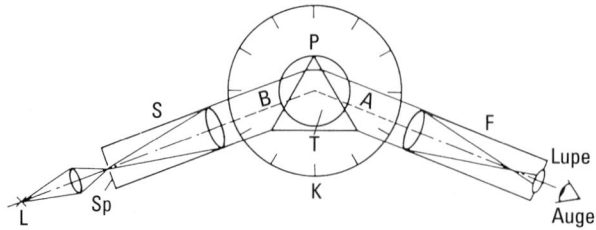

Abb. 1.38 Schematische Darstellung eines Spektrometers.

sich das zu untersuchende Prisma P, auf das ein paralleles Strahlenbüschel trifft. Nachdem das Strahlenbüschel das Prisma durchsetzt hat und dabei abgelenkt worden ist, tritt es in ein Fernrohr F ein, mit dessen Hilfe visuell ein Bild des Spaltes Sp beobachtet wird; ein Fadenkreuz in der vorderen Brennebene des Fernrohr-Okulars dient zur exakten Einstellung auf das Bild des Spaltes. Das Prisma wird auf einem Tisch T aufgestellt, der mit einem Teilkreis K fest verbunden ist. Die Stellung des Fernrohrs relativ zum Teilkreis ist sehr genau (z. B. bis auf wenige Winkelsekunden) ablesbar. Man arbeitet gewöhnlich mit der oben geschilderten Methode der minimalen Ablenkung und misst zweimal, indem man das Prisma einmal nach oben, das andere Mal nach unten (entsprechend Abb. 1.38) ablenken lässt; die halbe Differenz der beiden zugehörigen Winkelstellungen des Fernrohrs ist gerade gleich der Ablenkung δ. Um die Brechzahl des Prismas berechnen zu können, muss gemäß Gl. (1.12) zusätzlich, d. h. durch eine gesonderte Messung, der brechende Winkel α des Prismas P bekannt sein.

Zur Brechzahl-Messung dienen auch *Refraktometer*, die die Erscheinung der Totalreflexion ausnutzen. Das Refraktometer nach C. Pulfrich (1887) besteht aus einem Glaswürfel G hoher Brechzahl, auf den ein Glaszylinder Z aufgekittet ist, in den wiederum die zu untersuchende Flüssigkeit gefüllt wird (Abb. 1.39). Die Flüssigkeit

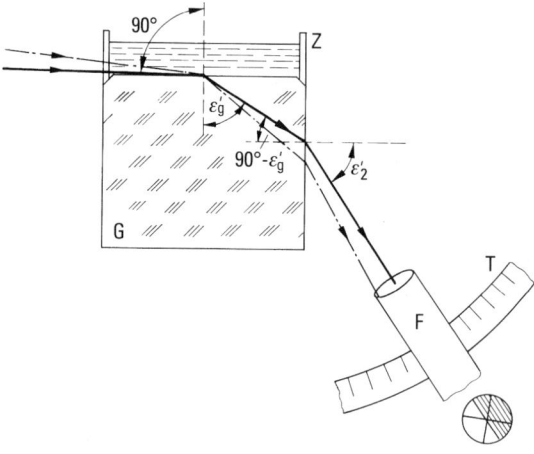

Abb. 1.39 Refraktometer nach Pulfrich.

muss eine niedrigere Brechzahl besitzen als der Glaswürfel G. Lässt man nun Strahlung streifend auf die Grenzfläche zwischen Glaswürfel und Flüssigkeit treffen, sodass ein Einfallswinkel von 90° resultiert, so wird die Strahlung in den Glaswürfel hinein unter dem Grenzwinkel ε'_g gebrochen. Nach nochmaliger Brechung treten die Strahlen unter dem Winkel δ aus dem Glaswürfel aus. Dieser Winkel δ wird mit Hilfe eines Fernrohrs F gemessen, das relativ zu einem Teilkreis T drehbar angeordnet ist. Da Strahlung nicht nur streifend einfällt, werden auch Strahlenverläufe auftreten, wie in Abb. 1.39 strichpunktiert gezeichnet; wegen der Totalreflexion an der Grenzfläche Flüssigkeit-Glaswürfel tritt keine Strahlung unter kleineren Ablenkwinkeln als δ in das Fernrohr ein, es ergibt sich damit eine scharfe Grenze zwischen Licht und Schatten, die im Fernrohr mit Hilfe eines Fadenkreuzes recht genau zu erfassen ist. Die Bestimmung der Brechzahl n_F der Flüssigkeit gelingt unter Berücksichtigung der gegebenen Geometrie und des Brechungsgesetzes, es resultiert:

$$n_F = \sqrt{n_G^2 - \sin^2 \delta}\,,$$

wobei n_G die Brechzahl des Glaswürfels ist. Die Kalibrierung dieses Refraktometers, d. h. hier die Bestimmung der Brechzahl n_G kann z. B. dadurch erfolgen, dass man eine Flüssigkeit bekannter Brechzahl (z. B. Wasser) vorgibt. Ebenfalls von C. Pulfrich wurde das *Kristallrefraktometer* vorgegeben, das durch Abbe (1890) modifiziert wurde. In diesem Fall wird statt des Glaswürfels eine Halbkugel aus Glas benutzt (Abb. 1.40), die um eine vertikale Achse A drehbar angeordnet ist. Die Planfläche der Halbkugel muss genau senkrecht zur Drehachse justiert werden. Der zu untersuchende Kristallschnitt P wird auf die Planfläche mit einer stärker brechenden Flüssigkeit aufgeklebt und der Winkel ε'_g wird mit Hilfe des Fernrohrs F und des Teilkreises T direkt gemessen. Bei Drehung der Halbkugel um die vertikale Achse A lassen sich Brechzahlen der Kristallplatte für die verschiedenen in der jeweiligen Schnittebene liegenden Richtungen bestimmen.

Ein weiteres Refraktometer ist von Abbe angegeben worden (Abb. 1.41), das sehr häufig zur Brechzahl-Bestimmung von Flüssigkeiten verwandt wird. Das von einer Strahlungsquelle kommende Licht verläuft über einen Spiegel S und trifft dann auf ein Doppelprisma, das aus zwei rechtwinkligen Prismen P_1 und P_2, aus Glas hoher, gleicher Brechzahl besteht. Zwischen die beiden Prismen wird die zu untersuchende Flüssigkeit, deren Brechzahl kleiner als die des Glases sein muss, in Form einer planparallelen Schicht gebracht. Die durch das dichtere Medium (Prisma P_1) ein-

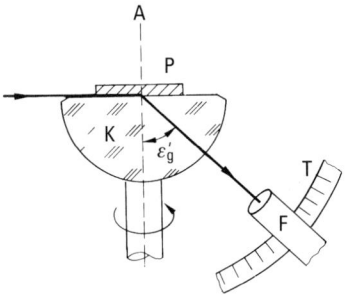

Abb. 1.40 Kristall-Refraktometer nach Pulfrich.

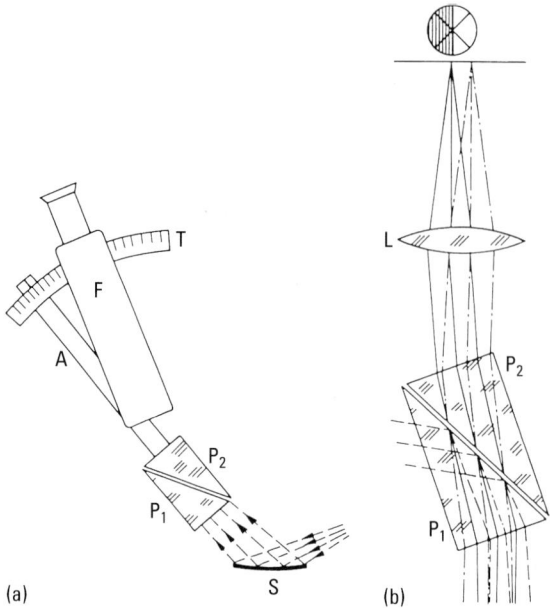

Abb. 1.41 Refraktometer nach Abbe.

fallende Strahlung kann die Flüssigkeit nur durchdringen, wenn der Einfallswinkel an der Grenzfläche zwischen P_1, und der Flüssigkeit kleiner ist als der der Totalreflexion. Durch Schwenken eines Fernrohrs F ist beobachtbar, wann der Grenzwinkel der Totalreflexion erreicht wird (in Abb. 1.41 b ausgezogen gezeichnet); unter größeren Winkeln einfallende Strahlen (in der Abbildung gestrichelt) werden an der Flüssigkeit total reflektiert. Das Gesichtsfeld des Fernrohrs F besteht daher aus einem hellen und einem dunklen Teil; die Trennlinie entspricht der Grenze der Totalreflexion. Durch Schwenken des Fernrohrs F gegenüber einem Teilkreis ist der Winkel der Totalreflexion einstellbar, dabei wird die Trennlinie mit einem Fadenkreuz in dem Fernrohr zur Koinzidenz gebracht. Bei kommerziellen Geräten sind auf dem Teilkreis T nicht die Winkel graviert, sondern unmittelbar die zugeordneten Brechzahlen der jeweiligen Flüssigkeit; das setzt natürlich feste Werte für die Geometrie und die Brechzahlen der Prismen P_1 und P_2, voraus. Außerdem ist die Brechzahl-Zuordnung nur für eine vorgegebene Wellenlänge λ möglich.

Es ist nun auf solche *Prismen* einzugehen, die bewusst andere Funktionen aufweisen, als das bisher der Fall war. Jetzt soll die Ablenkung von Strahlenbüscheln nicht durch Brechung bewirkt werden, sondern durch Reflexion, dabei kann die Totalreflexion genutzt werden oder es können einzelne Prismenflächen auch bewusst verspiegelt werden. Die Eintritts- und Austrittsflächen solcher Prismen werden relativ zu den Strahlenbüscheln möglichst so orientiert, dass die Flächen von den Strahlen senkrecht getroffen und damit Strahlablenkungen durch Brechung vermieden werden; das geschieht, um die Einflüsse der Dispersion nicht wirksam werden zu lassen. An Hand einiger Abbildungen sollen im Folgenden die Funktionen der

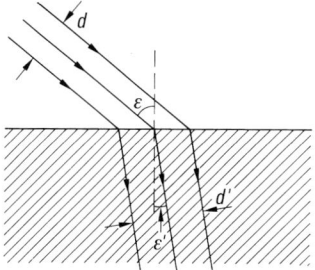

Abb. 1.42 Querschnittsänderung von Strahlenbüscheln durch Brechung an einer Fläche.

Abb. 1.43 Querschnittsänderung von Strahlenbüscheln beim Durchgang durch zwei Prismen.

wichtigsten Prismen-Ausführungen kurz erläutert werden. In vielen optischen Instrumenten werden solche Prismen eingesetzt, häufig ohne dass das bewusst wird. Es sei daher auf die wesentlichen Fakten hingewiesen, ehe die verschiedenen Ausführungen besprochen werden.

Bei der Brechung eines Strahlenbüschels an einer Grenzfläche (Abb. 1.42) ändert sich der Querschnitt innerhalb der Einfallsebene; senkrecht dazu bleibt er unverändert. Es gilt offenbar

$$\frac{d}{\cos\varepsilon} = \frac{d'}{\cos\varepsilon'},$$

wobei ε und ε' über das Brechungsgesetz Gl. (1.2) zusammenhängen. Im optisch dichteren Medium ist der Querschnitt jeweils größer als im optisch dünneren. In der Abb. 1.43 ist zusätzlich die mehrfache Querschnittsänderung beim Strahldurchgang durch zwei Prismen dargestellt. Die Beachtung der Querschnitte von Strahlenbüscheln spielt oft eine große Rolle für die Dimensionierung von Prismen.

Besonders häufig werden gleichschenklig rechtwinklige Prismen eingesetzt. Eine Art der Anwendung zeigt die Abb. 1.44; Eintritts- und Austrittsfläche werden jeweils ohne Ablenkung durchsetzt, an der Hypotenusenfläche findet Totalreflexion statt, die Ablenkung beträgt 90°. Das gleiche Prisma kann auch in anderer Weise benutzt werden (Abb. 1.45); der Strahlein- wie -austritt findet an der Hypotenusenfläche

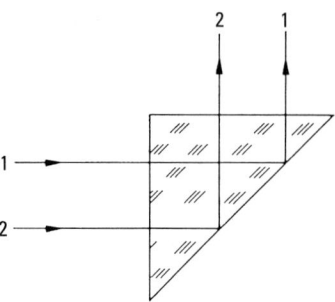

Abb. 1.44 Gleichschenklig rechtwinkliges Prisma mit 90° Ablenkung.

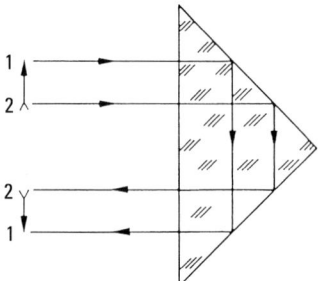

Abb. 1.45 Gleichschenklig rechtwinkliges Prisma mit 180° Ablenkung.

statt, während an den beiden Kathetenflächen zweimalige Totalreflexion auftritt. Der Strahlengang wird hier insgesamt um 180° geknickt. Durch die zweimalige Reflexion wird oben und unten vertauscht.

Fügt man in den Strahlengang ein zweites identisches Prisma ein, das um die Strahlrichtung um 90° gedreht wird, so ergibt sich das Umkehrprisma nach J. Porro (1848); siehe Abb. 1.46. Bei diesem Umkehrprisma werden durch die viermalige Totalreflexion sowohl oben und unten als auch rechts und links vertauscht. Da die ursprüngliche Strahlrichtung erhalten bleibt, nennt man solche Prismen geradsichtig; es findet jedoch ein seitlicher Versatz der Strahlenbüschel statt. Derartige Prismen-Kombinationen werden regelmäßig zur Bildumkehrung in sogenannten Prismenfeldstechern eingesetzt. Um die Vielzahl existenter Prismen und gleichzeitig deren Unterschiedlichkeit im Aufbau beispielhaft zu demonstrieren, werden in den Abb. 1.47 bis 1.50 weitere geradsichtige Umkehrprismen – mit den Namen ihrer Erfinder – einschließlich Strahlengängen wiedergegeben; hinzuzufügen ist noch, dass diese Prismen zur vollständigen Bildumkehrung mit sogenannten Dachkanten zu versehen sind, wie es in Abb. 1.50 b für den Fall des Umkehrprismas nach Abbe-König zeichnerisch skizziert ist.

Als Beispiel für ein Umkehrprisma mit 90°-Ablenkung sei das Pentaprisma genannt, das heutzutage im Suchersystem einer jeden Spiegelreflexkamera zu finden ist. Den Schnitt zeigt die Abb. 1.51, in der allerdings die Darstellung der notwendigen Dachkante fehlt.

1.4 Brechung, Totalreflexion, Abbildung an ebenen Flächen

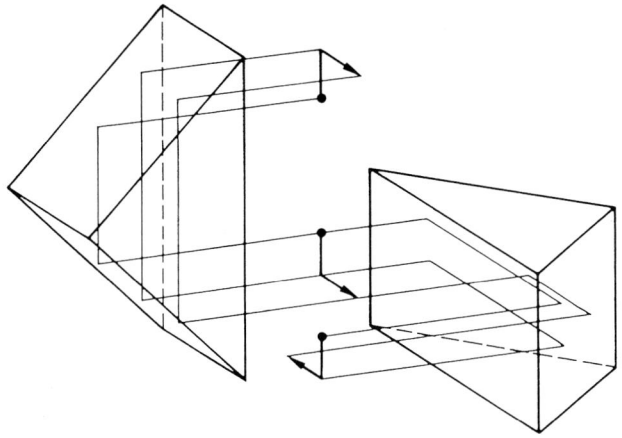

Abb. 1.46 Prismenanordnung nach Porro zur Bildumkehr.

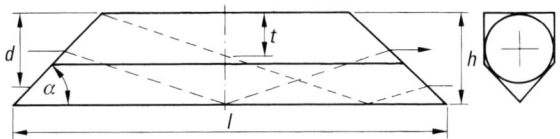

Abb. 1.47 Umkehrprisma nach Amici bzw. Dove.

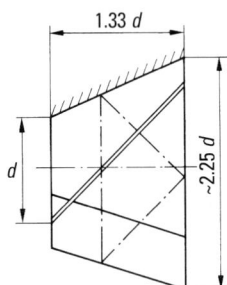

Abb. 1.48 Umkehrprisma nach Pechan.

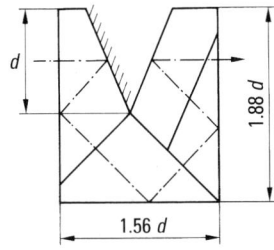

Abb. 1.49 Umkehrprisma nach Uppendahl.

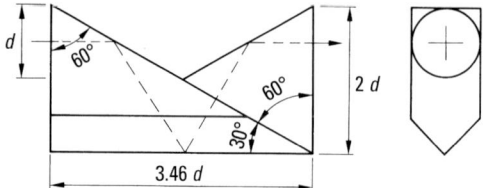

Abb. 1.50 Umkehrprisma nach Abbe-König.

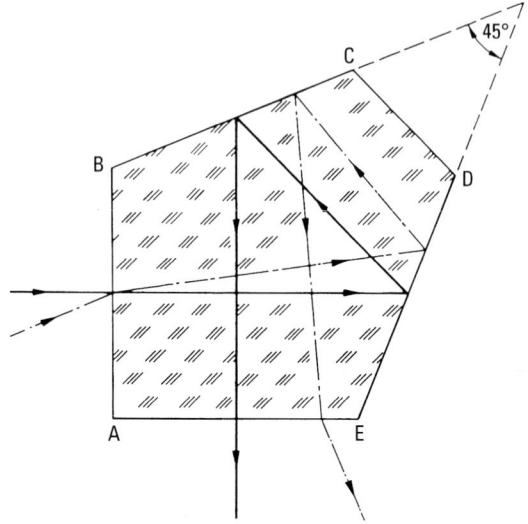

Abb. 1.51 Pentaprisma einschließlich Strahlenverlauf.

1.5 Gauß-Optik

In den vorigen Kapiteln wurden die Grundgesetze von Reflexion und Brechung an ebenen Flächen behandelt; einige ausgewählte Beispiele dienten dazu, verschiedene Anwendungen aufzuzeigen. Die Zielsetzung dieses Abschnitts ist es, intensiv die Gesetzmäßigkeiten der *optischen Abbildung* zu studieren und damit die Grundlage für die weiteren Abschnitte zu schaffen.

In den Abschn. 1.3 und 1.4 wurde gezeigt, dass ebene Grenzflächen von reellen Objekten nur virtuelle Bilder zu erzeugen vermögen; das gilt für reflektierende wie für brechende Flächen, weil divergente Strahlenbüschel durch ebene Grenzflächen nicht in konvergente Strahlenbüschel umgewandelt werden können. Bei brechenden ebenen Flächen ergab sich außerdem, dass sie Objektpunkte nicht in Bildpunkte zu transformieren vermögen, sondern dass Abbildungsfehler auftreten. Diese Feststellungen negativer Art sind gegenüberzustellen der bisher nicht explizit formulierten Aufgabenstellung der geometrischen Optik:

1.5 Gauß-Optik

- Optische Systeme sollen vor allem dazu dienen, von gegebenen reellen Objekten reelle Bilder zu erzeugen. Darüber hinaus wird im Allgemeinen gefordert, dass die Bilder den Objekten ähnlich sein sollen. Außerdem sollen die Bilder möglichst hohe Bestrahlungsstärken aufweisen.

Wie in dem Abschn. 1.4.3 beispielhaft deutlich wurde, sind *punktförmige reelle Abbildungen* nicht realisierbar, wenn brechende Flächen an der Abbildung beteiligt sind. Das gilt, weil in den Abbildungsgleichungen immer trigonometrische Funktionen der Aperturwinkel σ, σ' und der Inzidenzwinkel ε, ε' auftreten. Übersichtliche Verhältnisse resultieren nur dann, wenn man sich von vornherein auf kleine Winkel beschränkt, sodass die trigonometrischen Funktionen Sinus und Tangens der Winkel ε, ε' und σ, σ' durch die Winkel selbst ersetzt werden können. Wir sprechen dann von der „Gauß-Optik".

Gauß-Optik zu betreiben bedeutet, Abbildungsgesetze in Näherung zu behandeln und damit rechnerische Untersuchungen vorzunehmen, die experimentell nur bedingt nachvollziehbar sind. Bei brechenden Flächen wird statt des exakten Brechungsgesetzes nach Gl. (1.2) gesetzt:

$$n\varepsilon = n'\varepsilon', \tag{1.7}$$

wie es bereits in Abschn. 1.4.3 formuliert wurde. Hinreichende Übereinstimmung zwischen dieser Näherung und der Formulierung nach Gl. (1.2) resultiert nur dann, wenn ε und ε' kleine, genauer differentiell kleine, Werte annehmen. Darüber hinaus wird im Bereich der Gauß-Optik bei brechenden und reflektierenden Flächen angenommen, dass die Strahlneigungswinkel σ, σ' gegenüber der optischen Achse so kleine Werte besitzen, dass gesetzt werden darf:

$$\sigma \approx \sin\sigma \approx \tan\sigma. \tag{1.14}$$

Offensichtlich stimmen diese Vereinbarungen bezüglich der Winkel ε, ε' und σ, σ' in den meisten Fällen nicht mit der Realität überein. Wenn hier – und implizit auch in den folgenden Kapiteln – zumeist mit diesen Approximationen gearbeitet wird, so hat das mehrerlei Gründe, die zunächst ohne Beweis aufgelistet seien:

– Nur mit den durch Gl. (1.7) und Gl. (1.14) vorgenommenen Vereinfachungen lassen sich explizit Abbildungsgleichungen formulieren;
– speziell sind nur so lineare Relationen zwischen Objekt und Bild erhältlich;
– die vereinfachten und damit eindeutigen Zuordnungen zwischen Objekt und Bild sind sehr gut geeignet, als Bezugswerte für allgemeine Abbildungssituationen zu dienen.

Behandelt werden im Folgenden Abbildungen durch *rotationssymmetrische* Systeme; das geschieht aus zwei sehr unterschiedlichen Gründen. Der erste Grund ist sehr praktischer, ökonomischer Natur: Rotationssymmetrische, sphärische Flächen sind besonders einfach und kostengünstig herstellbar; deshalb werden Flächen bzw. optische Systeme, die aus solchen Flächen zusammengesetzt sind, bis heute zum weitaus überwiegenden Anteil so realisiert. Der andere Grund ist mehr prinzipieller Natur: Abbildungen im Sinne der geometrischen Optik dienen vor allem dazu, von den Objekten *ähnliche* Bilder herzustellen, um aus den zugehörigen Bildern Eigenschaften der Objekte entnehmen zu können. Das gilt insbesondere dann, wenn die Objekte

78   1 Optische Abbildung

der Vermessung, der Beurteilung nicht unmittelbar zugänglich bzw. zeitlich veränderlich sind (z. B. Sterne, Feuerwerk).

1.5.1 Grundgrößen und Grundpunkte

Betrachtet werden beliebig zusammengesetzte rotationssymmetrische optische Systeme. Als solche werden Linsen und/oder Spiegelsysteme verstanden, die aus einer oder auch beliebig vielen brechenden und/oder spiegelnden Flächen bestehen. Ein solches System gilt als rotationssymmetrisch, wenn das einmal für jede einzelne Fläche gilt und wenn außerdem die Krümmungsmittelpunkte aller Flächen auf einer Geraden liegen (siehe Abb. 1.52); solche Systeme bezeichnet man als zentriert; die Gerade durch die Krümmungsmittelpunkte der Flächen wird als *optische Achse* bezeichnet.

Eine Abbildung zu erzeugen, heißt im Sinne der hier benutzten Strahlenoptik, von einem gegebenen Objektpunkt ausgehende Strahlenbüschel in einem Bildpunkt wieder zu vereinigen (siehe dazu Abb. 1.53). Dafür sind optische Systeme erforderlich, wie sie eben charakterisiert wurden.

Für derartige Systeme werden nun Abbildungs-Situationen gesucht, die charakteristische Größen der Abbildung zu ermitteln gestatten; das soll experimentell (in Näherung) wie rechnerisch gelten. Dafür kommen zunächst axiale Abbildungen in Betracht, bei denen Objektpunkte auf der optischen Achse abgebildet werden. Die Zusammensetzung der Systeme soll beliebig sein, d. h. die gesuchten Abbildungssituationen sollen allgemein anwendbar sein.

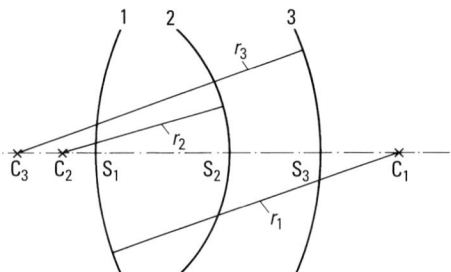

Abb. 1.52 Zentrierte Folge brechender Flächen. Die strichpunktierte Gerade durch die Krümmungsmittelpunkte C_i der Flächen wird optische Achse genannt.

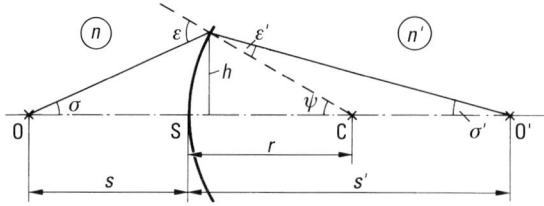

Abb. 1.53 Abbildung eines axialen Objektpunkts O durch eine brechende Fläche in den Bildpunkt O′.

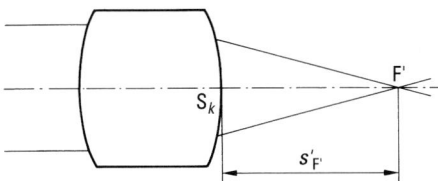

Abb. 1.54 Zur Definition des bildseitigen Brennpunktes F' und seiner Schnittweite $s'_{F'}$.

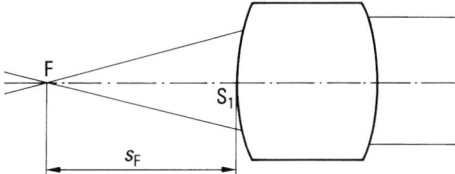

Abb. 1.55 Zur Definition des objektseitigen Brennpunktes F und seiner Schnittweite s_F.

Von den möglichen Objektpunkten ist der im Unendlichen insofern ausgezeichnet, als das von ihm ausgehende Strahlenbüschel parallel zur optischen Achse des abbildenden Systems verläuft; siehe dazu Abb. 1.54. Nach Durchsetzen des optischen Systems verläuft das Strahlenbüschel im Allgemeinen wie in der Abbildung dargestellt: Das Strahlenbüschel besitzt einen Schnittpunkt auf der optischen Achse, den man *bildseitigen Brennpunkt F'* nennt; der Abstand des Brennpunkts vom letzten Scheitel des optischen Systems ist die *Brennpunkt-Schnittweite* $s'_{F'}$. In Form des bildseitigen Brennpunkts F' ist ein erster *Grundpunkt* des abbildenden optischen Systems gefunden.

Die Bezeichnung „Brennpunkt" rührt offensichtlich von der Eigenschaft optischer Systeme her, Strahlenbüschel konzentrieren zu können, im Idealfall auf einen Punkt, und damit eine so hohe Bestrahlungsstärke im Bild zu erzeugen, dass eventuell auch ein im Bildpunkt angebrachtes Material zum Brennen gebracht werden kann. Man spricht speziell von einem Brennglas, wenn damit die nahezu aus dem Unendlichen kommende Sonnenstrahlung im bildseitigen Brennpunkt konzentriert wird; diese Linsenwirkung ist seit langem bekannt und hat zu der auch hier benutzten Bezeichnungsweise geführt.

So wie das objektseitig achsenparallele Strahlenbüschel auf einen bildseitigen Brennpunkt durch das optische System konzentriert wird, so ist es auch möglich, durch das optische System ein bildseitig achsenparalleles Strahlenbüschel zu erzeugen, das von einem axialen Objektpunkt ausgeht (siehe Abb. 1.55). Dieser Punkt heißt *objektseitiger Brennpunkt F*, sein Abstand von dem 1. Scheitel des optischen Systems ist die *objektseitige Brennpunkt-Schnittweite* s_F. Der objektseitige Brennpunkt F ist ein zweiter Grundpunkt optischer Systeme.

Da optische Systeme nicht nur zur Abbildung axialer Objekte dienen, wird jetzt ein paralleles Strahlenbüschel im Objektraum betrachtet, das gegenüber der optischen Achse den Feldwinkel ω_1 besitzt (Abb. 1.56); dieses Büschel konvergiert nach Durchsetzen des optischen Systems im Bildraum in einem Punkt, der von der op-

80   1 Optische Abbildung

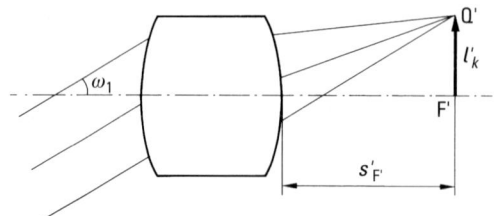

Abb. 1.56 Zur Definition der Brennweite f bei unendlich fernem Objekt.

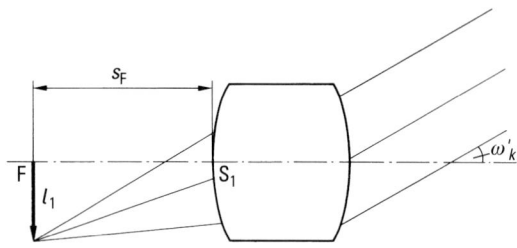

Abb. 1.57 Zur Definition der Brennweite f bei unendlich fernem Bild.

tischen Achse den Abstand l'_k besitzt, der axiale Abstand vom letzten Scheitel ist wieder $s'_{F'}$, was im Bereich der Gauß-Optik einfach aus der Kleinheit der Winkel folgt. Der Zusammenhang zwischen dem objektseitigen Feldwinkel ω_1 und der bildseitigen Bildgröße l'_k wird definiert durch die *Brennweite f*:

$$f = \frac{l'_k}{n_1 \omega_1}. \tag{1.15}$$

Gleichartig wie bei der axialen Abbildung muss es auch bei der außeraxialen Abbildung möglich sein, einen Objektpunkt zu finden, dem im Bildraum ein Parallel-Strahlenbüschel mit einem Neigungswinkel ω'_k gegenüber der optischen Achse zugeordnet ist (siehe dazu Abb. 1.57). Dieser Objektpunkt besitzt den Abstand l_1, von der optischen Achse und sein axialer Abstand vom 1. Scheitel beträgt s_F. Analog zu Gl. (1.15) wird die Brennweite f definiert durch:

$$f = -\frac{l_1}{n'_k \omega'_k}. \tag{1.16}$$

Die beiden Ausdrücke für die Brennweite f eines optischen Systems nach Gl. (1.15) bzw. Gl. (1.16) sind gleich, wie weiter unten gezeigt werden wird. Diese Aussage ist verschieden von der in mancherlei Schulbüchern; sie kommt dadurch zustande, dass hier einmal die Brechzahlen in Objekt- bzw. Bildraum berücksichtigt werden und dass zum anderen Mal zur Definition der Brennweite bewusst jeweils eine Relation zwischen Daten von Objekt- und Bildraum verwandt wird.

Die eigentliche Begründung für die hier vorgenommene Brennweiten-Definition besteht darin, eine einfache und eindeutige Vorschrift für die messtechnische Bestimmung der Brennweite zu gewinnen; das gilt für beliebig zusammengesetzte optische Systeme. Das wird besonders deutlich, wenn wir kurz den Bereich der Gauß-Optik verlassen und auf die allgemein gültige Definition der Brennweite eingehen; sie lautet (für den Fall unendlich ferner Objekte):

$$f = \lim \frac{l'_k}{n_1 \tan \omega_1}. \tag{1.17}$$

Bei Variation der Feldwinkel ω_1 (über den Bereich der Gauß-Optik hinaus) führt die Anwendung von Gl. (1.15) nicht zu einheitlichen Werten; nur die Definition nach Gl. (1.17) ergibt auch im messtechnisch relevanten Bereich von Feldwinkeln und Bildgrößen einen eindeutigen Wert der Brennweite, der durch Interpolation gewonnen wird. Es ist also nicht möglich, die Brennweite f nach Gl. (1.17) unmittelbar zu messen, sondern es wird aus Messwerten für den Feldwinkel ω_1 und für die zugehörigen Bildgrößen l'_k rechnerisch auf die Brennweite geschlossen.

Um eindeutige Zuordnungen von beliebigen Objektlagen und -größen zu den entsprechenden Werten im Bildraum vornehmen zu können, erweist es sich als notwendig, weitere Abbildungs-Situationen zu betrachten. Als besonders zweckmäßig erscheint es, solche Lagen von Objekt und Bild auszuwählen, bei denen Objekt- und Bildgröße nach Betrag und Vorzeichen gleich sind. Die axialen Punkte, für die diese Bedingung erfüllt ist, heißen die *Hauptpunkte* H und H' (siehe Abb. 1.58). Die Hauptpunkte H und H' stellen weitere Grundpunkte dar.

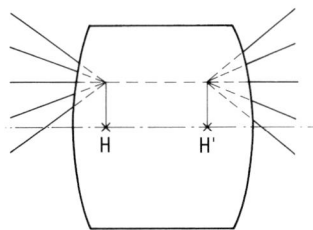

Abb. 1.58 Zur Definition der Hauptpunkte H und H'.

Sowohl die Lagen der Brennpunkte als auch die der Hauptpunkte sind zumindest prinzipiell messbar. Die dafür erforderliche Vorgehensweise wird weiter unten beschrieben. An dieser Stelle interessiert, wie aus der Kenntnis dieser Grundpunkte auf Bildlage und -größe geschlossen werden kann, wenn Objektlage und -größe beliebige Werte besitzen. Aus der obigen Definition der Abbildung als Strahlenvereinigung lassen sich nun Regeln für die Abbildung beliebig gelegener Objekte herleiten. Das soll erst einmal in zeichnerischer Form geschehen, wobei vereinfachend angenommen wird, dass die Brechzahlen in Objekt- und Bildraum gleich seien; das trifft zumindest für alle optischen Systeme zu, die in Luft benutzt werden. Diese Vorgehensweise wird als *Listing-Konstruktion* bezeichnet.

Die Abb. 1.59 enthält die Angaben zur Bestimmung des Bildes zu dem gegebenen Objekt OQ. Von dem Strahlenbüschel, das vom außeraxialen Objektpunkt Q ausgeht, werden zwei Strahlen ausgewählt. Der erste Strahl verläuft objektseitig achs-

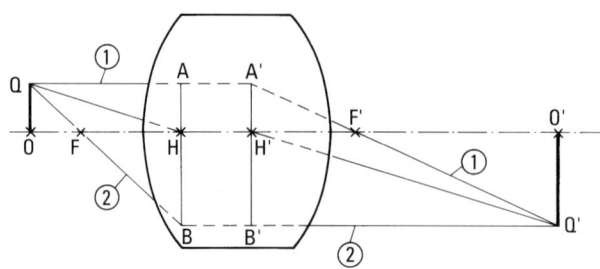

Abb. 1.59 Listing-Konstruktion zur grafischen Ermittlung von Bildlage und -größe bei gegebenem Objekt.

parallel; dann muss er im Bildraum durch den bildseitigen Brennpunkt F′ gehen, wie es bei der Brennpunkt-Definition weiter oben festgestellt wurde. Um zu finden, unter welchem Winkel der Strahl im Bildraum verläuft, ist die Eigenschaft der Hauptpunkte heranzuziehen: Der objektseitig durch die achsensenkrechte Ebene durch H bei A verlaufende Strahl muss bildseitig die achsensenkrechte Ebene in H′ in A′ durchsetzen, wobei A und A′ den gleichen Abstand von der optischen Achse besitzen. Durch F′ und A′ sind zwei Punkte des bildseitigen Strahlverlaufs bekannt. Der gesuchte Bildpunkt Q′ liegt also auf dem Strahl durch A′ und F′. Der zweite zu verfolgende Strahl verlaufe im Objektraum durch Q und F, den objektseitigen Brennpunkt; im Bildraum muss dieser Strahl nach der Brennpunkt-Definition achsparallel verlaufen. Da der Strahl objektseitig die achsensenkrechte Ebene durch H in B trifft, muss er die achsensenkrechte Ebene durch H′ in B′ durchsetzen. Da hier von dem bildseitigen Strahlverlauf die Richtung (achsparallel) und der Punkt B′ bekannt sind, gilt das für den gesamten Strahlverlauf. Die beiden betrachteten Strahlen besitzen im Bildraum einen gemeinsamen Schnittpunkt, das ist der gesuchte Bildpunkt Q′ nach Lage und Größe.

Die eben geschilderte einfache zeichnerische Konstruktion von Bildpunkten lässt sich auf beliebig gelegene Objektpunkte anwenden und führt immer zu eindeutigen Ergebnissen. In der Abb. 1.60 ist beispielhaft für Objekte konstanter Größe und variabler Lage angegeben, welche Bildlagen und -größen ihnen zugeordnet sind; der Übersichtlichkeit halber sind in der Abb. 1.60 von den Konstruktionslinien nur die allen Objekten bzw. Bildern gemeinsamen eingetragen. Dieser Fall gilt für abbildende Systeme positiver Brennweite, also sogenannte sammelnde Systeme. Die Abbildung durch Systeme negativer Brennweite, die auch als zerstreuende Systeme bezeichnet werden, erfolgt in völlig gleicher Weise; das ist in Abb. 1.61 dargestellt. Beim Vergleich der beiden Abbildungen fällt auf: Mit sammelnden Systemen (f positiv) sind reelle Abbildungen realisierbar, wenn das Objekt links vom objektseitigen Brennpunkt F liegt (dabei ist ein Strahlenverlauf von links nach rechts vorausgesetzt). Bei zerstreuenden Systemen (f negativ) sind nur virtuelle Abbildungen möglich.

Es ist nun zu diskutieren, wie die Grundpunkte optischer Systeme gemessen werden können. Möglicherweise vorhandene Abbildungsfehler müssen hier vernachlässigt werden; das geschieht, indem man durch Abblendung die Aperturwinkel σ genügend klein macht, indem man entsprechend nur kleine Feldwinkel ω verwendet

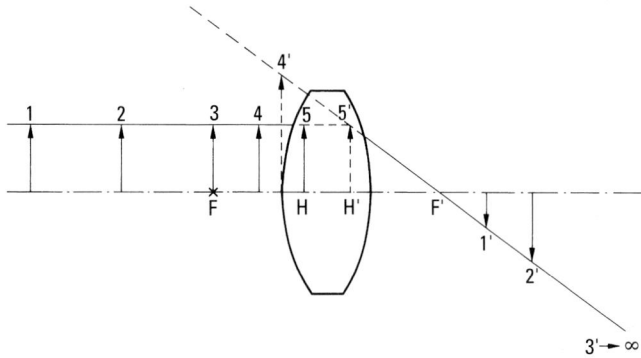

Abb. 1.60 Listing-Konstruktion für ein System positiver Brennweite bei verschiedenen Objektlagen.

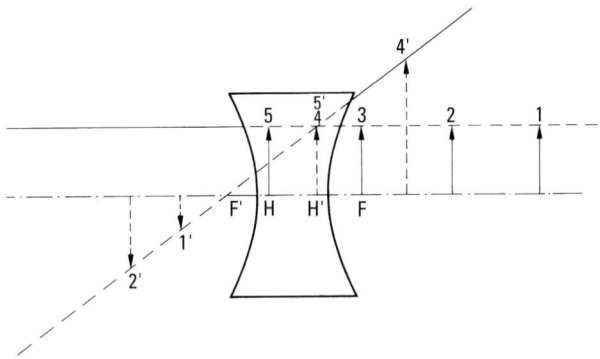

Abb. 1.61 Listing-Konstruktion für ein System negativer Brennweite bei verschiedenen Objektlagen.

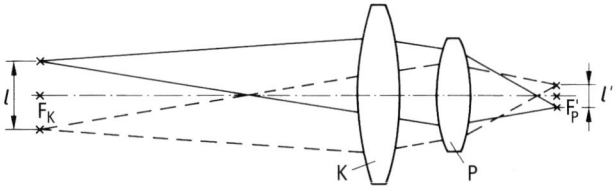

Abb. 1.62 Anordnung zur Messung der Brennweite und der Brennpunkt-Schnittweite eines Prüflings P mit Hilfe eines Kollimators K (schematisch).

und indem man notfalls – bei Auftreten von Farbfehlern – den wirksamen Spektralbereich einschränkt. Die experimentelle Vorgehensweise ist vollkommen analog zu der obigen prinzipiellen Darstellung: Parallele Strahlenbüschel unter definierten Winkeln relativ zur optischen Achse realisiert man mit Hilfe von Kollimatoren (Einzelheiten siehe Abschn. 1.9), die zwei Messmarken im Abstand l nach Unendlich abbilden; sie erscheinen unter dem Winkel $\omega' = l/f_k$, wobei f_k die Brennweite des

Kollimator-Objektivs ist. Die Anordnung eines zu vermessenden optischen Systems hinter dem Kollimator (siehe Abb. 1.62) führt dazu, dass Bilder der Messmarken in der hinteren Brennebene des Systems entworfen werden; diese werden mittels eines einfachen, axial und quer zur Achse verschiebbaren Messmikroskops nach Lage und Größe vermessen. Zusätzlich wird das Messmikroskop so lange axial verschoben, bis der letzte Scheitel durch das Mikroskop scharf abgebildet wird. Die axiale Verschiebung ist dann gleich der Brennpunkt-Schnittweite $s'_{F'}$. Der achsensenkrechte Abstand l' der Messmarkenbilder wird durch Querverschiebung des Messmikroskops bestimmt. Durch zweimalige Anwendung der Brennweiten-Definition nach Gl. (1.15) ergibt sich die gesuchte Brennweite des Prüflings zu

$$f_p = f_k \frac{l'}{l}. \tag{1.18}$$

Das geschilderte Verfahren zur Messung der Brennweite zeichnet sich durch hohe Genauigkeit aus. Es gibt darüber hinaus noch eine Reihe weiterer Verfahren zur Messung der Brennweite, die auf weiter unten abzuleitenden Beziehungen beruhen. Diese können hier nicht im Einzelnen besprochen werden.

1.5.2 Abbildung durch einzelne Flächen

Da die Gesetzmäßigkeiten der Gauß-Optik wegen der Kleinheit der Winkel experimentell nicht exakt erfassbar sind, ist es notwendig, auf rechnerischem Weg die wichtigsten Zusammenhänge zu ermitteln. Das geschieht zunächst für eine einzelne Fläche, später wird auf den allgemeinen Fall eingegangen. Hier werden brechende Flächen behandelt; die entsprechenden Ausdrücke für spiegelnde Flächen werden dann durch einfache Vereinbarungen aus denen für brechende Flächen erhältlich sein (siehe unten), sodass auf eine getrennte Herleitung verzichtet werden kann. An Hand der in Abb. 1.63 dargestellten Situationen wird nun die Abbildung eines axialen Objektpunktes O durch eine brechende Fläche untersucht. Die brechende Fläche ist die Grenzfläche zwischen den Medien der Brechzahlen n vor und n' nach der Grenzfläche. Die – als rotationssymmetrisch angenommene – Fläche besitzt den Radius r; der Krümmungsmittelpunkt ist C. Die Verbindungslinie OC trifft die brechende Fläche im Scheitel S; der Inzidenzwinkel bei S ist gleich null, sodass die Verbindungslinie $\overline{OC}$ als Strahl aufgefasst werden kann, der bei dem Durchsetzen der Fläche keine Ablenkung erfährt. Der Bildpunkt O' zu O liegt demnach auf der Geraden, die durch O und C festgelegt ist. Es braucht nur noch der Verlauf eines

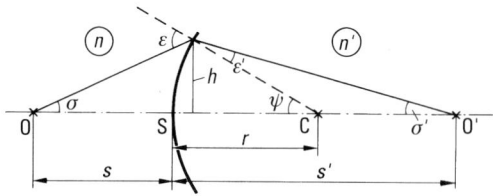

Abb. 1.63 Axiale Abbildung durch eine brechende Fläche.

Strahls, der gegenüber OC die Neigung σ besitzt, ermittelt zu werden. Unter Bezug auf Abb. 1.63 gelten – immer unter der Voraussetzung kleiner Winkel – die folgenden Zusammenhänge:

$$h = -\sigma s = -\sigma' s' = -\psi r. \tag{1.19}$$

Bei Berücksichtigung der hier vereinbarten Vorzeichenregeln (siehe auch das Normblatt DIN 1335) für die Winkel besteht ferner die Relation:

$$\psi = \sigma + \varepsilon = \sigma' + \varepsilon'. \tag{1.20}$$

Diese Beziehungen werden nun in das vereinfachte Brechungsgesetz nach Gl. (1.7) eingeführt, sodass sich nacheinander ergibt:

$$n\varepsilon = n'\varepsilon',$$

$$n(\psi - \sigma) = n'(\psi - \sigma'),$$

$$n\left(\frac{h}{r} - \frac{h}{s}\right) = n'\left(\frac{h}{r} - \frac{h}{s'}\right),$$

$$n\left(\frac{1}{r} - \frac{1}{s}\right) = n'\left(\frac{1}{r} - \frac{1}{s'}\right).$$

Nach Umstellung der letzten Gleichung erhält man die Abbildungsgleichung für eine brechende Fläche:

$$\frac{n'}{s'} = \frac{n}{s} + \frac{n'-n}{r}. \tag{1.21}$$

Zu einer vorgegebenen Objektlage s (Schnittweite, gezählt vom Flächenscheitel) ist nach Gl. (1.21) eindeutig die zugehörige Schnittweite s' im Bildraum zu berechnen. Charakteristisch an dieser Gleichung ist die Tatsache, dass eine halbwegs symmetrische Schreibweise nur dann zu erhalten ist, wenn man – wie hier geschehen – nicht nach den Schnittweiten selbst auflöst, sondern mit deren Reziprokwerten arbeitet. Darauf wird weiter unten zurückzukommen sein.

Auf zwei spezielle Fälle ist besonders einzugehen. Wenn für die Objektlage s der Wert

$$s = -\frac{nr}{n'-n} \tag{1.22}$$

gewählt wird, so wird die bildseitige Schnittweite unendlich groß; dabei ist s durch die Systemdaten bestimmt. Auf Grund der Aussagen des vorigen Abschnitts ist durch Gl. (1.22) die objektseitige Brennpunkt-Schnittweite s_F einer brechenden Fläche gegeben. Wenn andererseits das Objekt unendlich weit entfernt angenommen wird, so ergibt sich:

$$s' = -\frac{n'r}{n'-n}. \tag{1.23}$$

Wieder ist der Wert der Schnittweite durch die Systemdaten festgelegt; durch Gl. (1.23) ist die bildseitige Brennpunkt-Schnittweite $s'_{F'}$ einer brechenden Fläche gegeben.

86   1 Optische Abbildung

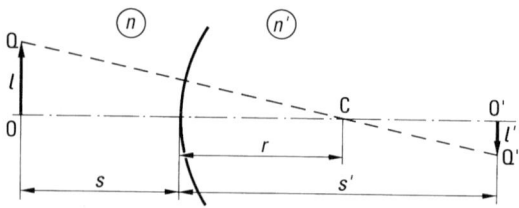

Abb. 1.64 Abbildung achsensenkrechter Objekte durch eine brechende Fläche.

Es interessieren hier nicht nur die Zuordnungen zwischen einzelnen Punkten des Objekt- und Bildraums, sondern es sollen – im Rahmen der Gauß-Optik – auch achsensenkrechte Objekte OQ abgebildet werden, von deren Bildern O'Q' neben den Lagen auch die Größen interessieren. Entsprechend Abb. 1.64 wird der Objektpunkt Q auf dem Kreisbogen durch O mit dem Zentrum in C angenommen; dann besitzt die Gerade QC die gleiche Funktion für die Abbildung von Q wie die Gerade OC für die von O. Dementsprechend liegt der Bildpunkt Q' einerseits auf dem Kreisbogen durch O' mit dem Mittelpunkt in C und andererseits auf der Geraden QC. Im Bereich der Gauß-Optik werden die Größen $\overline{OQ}$ bzw. $\overline{O'Q'}$ als so klein angenommen, dass die Kreisbögen durch Geradenstücke angenähert werden können, die senkrecht zu der Bezugsachse OCO' orientiert sind. Es werden dann $\overline{OQ}$ als Objektgröße l und $\overline{O'Q'}$ als Bildgröße l' aufgefasst. Zur Kennzeichnung des Größenverhältnisses wird der *Abbildungsmaßstab* β eingeführt, der per Definition lautet:

$$\beta = \frac{l'}{l}. \tag{1.24}$$

Zur genaueren Abgrenzung gegenüber anderen, weiter unten einzuführenden Größenverhältnissen wird β auch *lateraler Abbildungsmaßstab* genannt. Es erweist sich als zweckmäßig, den obigen Ausdruck für β umzuformen. Entsprechend Abb. 1.64 ist offenbar

$$\frac{l'}{l} = \frac{s' - r}{s - r}.$$

Mit Hilfe von Gl. (1.21) wird hier r eliminiert; die elementare Rechnung führt auf

$$\beta = \frac{l'}{l} = \frac{n s'}{n' s}. \tag{1.25}$$

Dieser Ausdruck für den Abbildungsmaßstab β ist bis heute sehr gebräuchlich; hier wird er als Zwischenergebnis angesehen. Wichtig an dem Ausdruck ist jedoch, dass damit die Abbildung von lateral (d. h. senkrecht zur Bezugsachse) ausgedehnten Objekten auf die axiale Abbildung zurückgeführt wird. Dies ist eine nur im Bereich der Gauß-Optik gültige, aber sehr oft ausgenutzte Eigenschaft.

Es ist angebracht, hier die erwähnten weiteren Größenverhältnisse einzuführen, die zur Beschreibung optischer Abbildungen oft gebraucht werden. Es handelt sich zunächst um die *Winkelvergrößerung* γ, deren Definition lautet:

$$\gamma = \frac{\sigma'}{\sigma}. \tag{1.26}$$

1.5 Gauß-Optik

Bei Abbildungen wie z. B. in Abb. 1.63 dargestellt, eignet sich die Winkelvergrößerung γ nicht zur Kennzeichnung, weil dabei γ mit σ variiert. Bei sogenannten teleskopischen Abbildungen ist γ jedoch sehr zweckmäßig; das wird allerdings erst unten sinnvoll zu diskutieren sein, wenn mehrflächige optische Systeme besprochen werden.

Eine weitere Art von Vergrößerung ist die Tiefenvergrößerung α; sie wird definiert durch

$$\alpha = \frac{ds'}{ds}. \tag{1.27}$$

Auch für die Tiefenvergrößerung gilt, dass ihr Sinn erst bei optischen Systemen erkennbar wird.

Neben den Brennpunkten einer Fläche können aus Gl. (1.21) und Gl. (1.25) auch die Lagen der Hauptpunkte einer brechenden Fläche ermittelt werden. Da die Hauptpunkte H, H' mit $\beta = +1$ ineinander abgebildet werden, resultiert:

$$s_H = s'_{H'} = 0. \tag{1.28}$$

Damit sind die wichtigen Grundpunkte einer einzelnen brechenden Fläche ermittelt. Deren Brennweite kann hier noch nicht nach der Definition gemäß Gl. (1.15) bzw. Gl. (1.16) bestimmt werden, doch sei ihr Wert angegeben, es ist

$$f = \frac{r}{n' - n}. \tag{1.29a}$$

Die zur Brennweite reziproke Größe heißt *Brechkraft* φ, ihr Wert ist

$$\varphi = \frac{n' - n}{r}. \tag{1.29b}$$

Die bis jetzt zur Beschreibung der Abbildung verwandten Schnittweiten s, s' sind in zweierlei Hinsicht ungeschickt. Einmal muss – siehe Gl. (1.21) – vielfach mit Reziprokwerten gearbeitet werden und zum anderen Mal muss mit dem Auftreten unendlich großer Werte gerechnet werden, was zumindest für numerische Betrachtungen zu Fall-Unterscheidungen führt. Diese Ungeschicklichkeiten lassen sich vermeiden durch den Übergang auf Höhen h und Winkel σ, σ'. In Gl. (1.19) sind die Zusammenhänge bereits angegeben worden. Einführen dieser in die Abbildungsgleichung Gl. (1.21) ergibt:

$$n'\sigma' = n\sigma - h(n' - n)\varrho. \tag{1.30}$$

Dabei ist zusätzlich gesetzt worden

$$\varrho = \frac{1}{r}.$$

ϱ nennt man die Krümmung der Fläche.

Auch den Ausdruck für den Abbildungsmaßstab β nach Gl. (1.25) formt man mit Hilfe von Gl. (1.19) zweckmäßig um zu

$$\beta = \frac{n\sigma}{n'\sigma'}. \tag{1.31}$$

88 1 Optische Abbildung

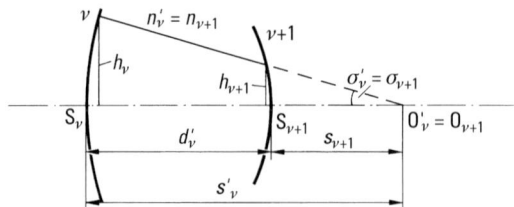

Abb. 1.65 Übergang von einer brechenden Fläche zur nächsten bei axialer Abbildung.

Wie vorteilhaft die Formulierung mit Höhen und Winkeln an Stelle von Schnittweiten ist, erkennt man in einer ersten Stufe bei Aufstellung der Formeln für den Übergang von einer brechenden Fläche zur nächsten, es ist ja allgemein kaum die Abbildung durch eine einzelne Fläche interessant (abgesehen von dem Sonderfall eines einzelnen Spiegels), sondern es folgen mehrere Flächen aufeinander, die jeweils einzeln, unabhängig voneinander abbilden. Das durch eine Fläche erzeugte Bild stellt aber für die nächste Fläche das abzubildende Objekt dar. Insofern ist es wichtig, die Übergänge zwischen den Flächen quantitativ angeben zu können. Gemäß Abb. 1.65 gilt bei Benutzung von Schnittweiten-Formeln

$$s_{\nu+1} = s'_\nu - d'_\nu \tag{1.32}$$

und bei der Schreibweise mit Höhen und Winkeln

$$h_{\nu+1} = h_\nu + n'_\nu \sigma'_\nu \frac{d'_\nu}{n'_\nu}, \tag{1.33}$$

wobei der Index ν die Nummer einer beliebigen Fläche kennzeichnet. Die Flächen eines optischen Systems werden von 1 bis k durchnummeriert; k ist die Anzahl der Flächen des Systems; hochgezählt wird in Lichtrichtung.

Speziell hingewiesen sei noch einmal auf die Tatsache, dass das von einer Fläche ν erzeugte Bild das Objekt für die Fläche ($\nu + 1$) darstellt. Es gelten die folgenden Identitäten:

$$n'_\nu = n_{\nu+1}; \quad \sigma'_\nu = \sigma_{\nu+1}; \quad l'_\nu = l_{\nu+1}. \tag{1.34}$$

Beim Übergang von einer Fläche zur nächsten stören bei den Schnittweiten-Formeln die Wechsel von reziproken (Gl. (1.21)) zu linearen (Gl. (1.32)) Zusammenhängen, demgegenüber sind die Gln. (1.28) und (1.33) linear bezüglich der Aperturen wie der Höhen. Diese Eigenschaft der Höhen-Winkel-Schreibweise wird sich weiter unten als sehr vorteilhaft erweisen.

Es ist nun zusätzlich auf *spiegelnde Flächen* einzugehen. Die eben vorgenommene rechnerische Behandlung einzelner brechender Flächen lässt sich auf spiegelnde Flächen in einfacher Weise übertragen, indem man formal setzt

$$n' = -n. \tag{1.35}$$

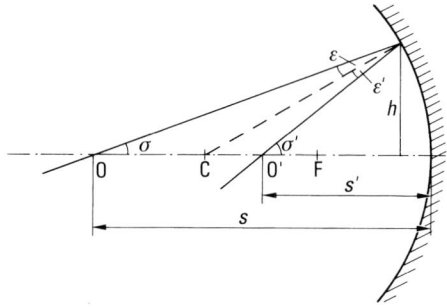

Abb. 1.66 Strahlengang bei der Abbildung durch eine spiegelnde Fläche.

Damit erhält man z. B. für die Brennweite eines Spiegels nach Gl. (1.29)

$$f_{\text{Spiegel}} = -\frac{r}{2n}. \tag{1.36}$$

Ein konkaver Spiegel – in Lichtrichtung gesehen – besitzt danach eine positive Brennweite, ein konvexer Spiegel dagegen besitzt eine negative Brennweite.

In der Abb. 1.66 ist der entsprechende Strahlengang wiedergegeben, bei dem natürlich Objekt- und Bildraum zusammenfallen. Die Abbildungsgleichungen Gl. (1.21) bzw. Gl. (1.30) gehen mit Gl. (1.35) und Gl. (1.36) über in

$$\frac{1}{s'} = -\frac{1}{s} - \frac{1}{f} \tag{1.37}$$

bzw.

$$\sigma' = -\sigma - \frac{h}{f}. \tag{1.38}$$

1.5.3 Abbildung durch Flächenfolgen, Gauß-Matrizen

Brechende optische Elemente besitzen mindestens zwei Flächen, wie das bei einer Linse der Fall ist; Spiegelsysteme bestehen in Einzelfällen nur aus einem einzelnen Spiegel. Im Normalfall sind optische Systeme jedoch aus einer Vielzahl optischer Grenzflächen zusammengesetzt, sodass hier diskutiert werden muss, ob beziehungsweise wie die Bestimmung von Brennweite, Grundpunkten und daraus abgeleitet von Bildlagen und Bildgrößen erfolgen kann. Grundsätzlich sind die im vorigen Teilabschnitt angegebenen Formulierungen anwendbar, um für eine Fläche nach der anderen Schnittweiten und Abbildungsmaßstäbe zu ermitteln. Das ist eine Vorgehensweise, wie sie lange benutzt wurde und die durch ihre Unanschaulichkeit und Komplexität viel dazu beigetragen hat, die Abbildungseigenschaften optischer Systeme als unübersichtlich bzw. schwer verständlich aufzufassen. Der Übergang auf die sogenannte Höhen-Winkel-Schreibweise macht es möglich, die Gesetzmäßigkeiten der Gauß-Optik zu linearisieren und damit sehr übersichtliche Verhältnisse zu schaffen. Diese werden durch die konsequente Benutzung der sogenannten *Gauß-Matrizen* geschaffen.

Die rechnerische Behandlung einer Flächenfolge erfolgt, indem die Abbildung durch eine Fläche nach der anderen in Lichtrichtung vorgenommen und dabei der Übergang zwischen aufeinander folgenden Flächen jeweils vollzogen wird. Wie bereits in Gl. (1.34) festgestellt, ist das durch eine Fläche erzeugte Bild das Objekt für die folgende Fläche. Diese Eigenschaft wird im Folgenden konsequent genutzt.

Statt Gl. (1.30) bzw. Gl. (1.33) wird nun eine Schreibweise mit Hilfe von Matrizen eingeführt:

bzw.

$$\begin{pmatrix} 1 & 0 \\ -\varphi & 1 \end{pmatrix} \begin{pmatrix} h \\ n\sigma \end{pmatrix} = B \begin{pmatrix} h \\ n\sigma \end{pmatrix} = \begin{pmatrix} h \\ n'\sigma' \end{pmatrix} \quad \text{mit} \quad \varphi = (n'-n)\varrho \qquad (1.39)$$

$$\begin{pmatrix} 1 & \dfrac{d'}{n'} \\ 0 & 1 \end{pmatrix} \begin{pmatrix} h \\ n'\sigma' \end{pmatrix} = U \begin{pmatrix} h \\ n'\sigma' \end{pmatrix} = \begin{pmatrix} h \\ n\sigma \end{pmatrix}_+ . \qquad (1.40)$$

Es sind hier die Abkürzungen B, für zweireihige „Brechungsmatrizen" und U, für zweireihige „Übergangsmatrizen" eingeführt worden; diese Matrizen enthalten nur Systemdaten, d. h. sie sind unabhängig von den aktuellen Strahldaten. Es sind:

$$\begin{pmatrix} 1 & 0 \\ -\varphi & 1 \end{pmatrix} = B \qquad (1.41)$$

und

$$\begin{pmatrix} 1 & \dfrac{d'}{n'} \\ 0 & 1 \end{pmatrix} = U . \qquad (1.42)$$

Bei Ausführung der Matrix-Multiplikationen in Gl. (1.39) und Gl. (1.40) ergeben sich im Einzelnen die folgenden Ausdrücke:

$$1h + 0n\sigma = h,$$
$$-\varphi h + 1n\sigma = n'\sigma',$$

bzw.

$$1h + \frac{d'}{n'} n'\sigma' = h_+ ,$$
$$0h + 1n'\sigma' = n_+ \sigma_+ .$$

Der erste dieser Ausdrücke ergibt hier eine Identität, der zweite ist gleich der Gl. (1.30); der dritte Ausdruck ist gleich der Gl. (1.33); der letzte Ausdruck beinhaltet die Gleichheit der numerischen Apertur nach einer Fläche mit der vor der nächsten (siehe dazu Gl. (1.34)). Die Gln. (1.39) und (1.40) in Matrix-Schreibweise sind demnach – in anscheinend komplizierterer Formulierung – gleichbedeutend mit den früheren Aussagen. Sinn gewinnt die Matrix-Schreibweise durch Anwendung auf *Flächenfolgen:* In Gl. (1.40) ist auf der linken Seite die rechte Seite von Gl. (1.39) einsetzbar; damit sind durch die Aperturen und Höhen vor einer Fläche die vor der nächsten Fläche ausgedrückt. Gleichartig ist in Gl. (1.39) auf der linken Seite die rechte Seite von Gl. (1.40) einsetzbar; damit sind durch die Aperturen und Höhen nach einer Fläche die nach der nächsten ausgedrückt. In der Matrizen-Schreibweise bedeutet das

$$U B \begin{pmatrix} h \\ n\sigma \end{pmatrix} = \begin{pmatrix} h \\ n\sigma \end{pmatrix}_+$$

bzw.

$$B_+ U \begin{pmatrix} h \\ n'\sigma' \end{pmatrix} = \begin{pmatrix} h \\ n'\sigma' \end{pmatrix}_+ .$$

Die in Form der Gln. (1.39) und (1.40) erfassten Zusammenhänge der Brechung bzw. des Übergangs für einzelne Flächen lassen sich also durch Matrizen-Multiplikation in kompakter Weise ausdrücken: Mehrfache Anwendung der eben vorgenommenen Matrizen-Multiplikationen ergeben ein einfaches Schema für die „Durchrechnung" optischer Systeme im Bereich der Gauß-Optik. Die Verallgemeinerung führt auf.

$$B_k U_{k-1} B_{k-1} \ldots B_2 U_1 B_1 \begin{pmatrix} h \\ n\sigma \end{pmatrix}_1 = \begin{pmatrix} h \\ n'\sigma' \end{pmatrix}_k \tag{1.43}$$

bzw.

$$G \begin{pmatrix} h \\ n\sigma \end{pmatrix}_1 = \begin{pmatrix} h \\ n'\sigma' \end{pmatrix}_k . \tag{1.44}$$

Nach Gl. (1.41) und Gl. (1.42) sind die Matrizen B und U vollständig durch die Systemdaten bestimmt. Das gilt dann auch für deren Produkte, sodass die Matrix G – Gauß-Matrix des gesamten Systems – nur durch die Systemdaten bestimmt, also unabhängig von den Strahldaten ist. Die Gauß-Matrix G ist zu verstehen als das Produkt von $(2k-1)$ zweireihigen Matrizen. Die Bestimmung der Elemente der Gauß-Matrix G durch die Systemdaten sowie die Ermittlung der Bedeutungen der einzelnen Elemente von G werden weiter unten behandelt.

Es werde zunächst angenommen, die Elemente g_{ik} der Gauß-Matrix G seien bekannt; es interessiert dann, wie die Daten des Objekt- und des Bildraums durch die g_{ik} miteinander verknüpft werden. Dazu wird Gl. (1.44) erst einmal in Komponenten geschrieben:

$$\begin{aligned} g_{11} h_1 + g_{12} n_1 \sigma_1 &= h_k, \\ g_{21} h_1 + g_{22} n_1 \sigma_1 &= n'_k \sigma'_k . \end{aligned} \tag{1.45}$$

Die Benutzung der Aperturwinkel σ_1, σ'_k und der Höhen h_1, h_k im Objekt- und Bildraum des optischen Systems ist ungewohnt und unanschaulich. Es ist deshalb angebracht, statt dessen mit den Schnittweiten s_1, s'_k und dem Abbildungsmaßstab

β zu arbeiten. Dafür ist zunächst der *Abbildungsmaßstab* nach Gl. (1.24) bzw. Gl. (1.31) in verallgemeinerter Form zu definieren:

$$\beta_{1...k} = \frac{l'_k}{l_1}. \tag{1.46}$$

Auf Grund von Gl. (1.34) ergibt sich Gl. (1.46) durch k-fache Anwendung. Mit den in Gl. (1.19) angegebenen Zusammenhängen zwischen Schnittweiten und Höhen lassen sich die Gleichungen nach Gl. (1.45) umformen zu:

$$\begin{aligned} g_{11}\frac{s_1}{n_1} - g_{12} &= \frac{s'_k}{n'_k}\frac{1}{\beta}, \\ g_{21}\frac{s_1}{n_1} - g_{22} &= \frac{1}{\beta}. \end{aligned} \tag{1.47}$$

Von den Größen s_1, s'_k und β lässt sich jede in Abhängigkeit von einer der beiden anderen und von den Elementen der Gauß-Matrix ausdrücken; die explizite Formulierung erscheint an dieser Stelle noch nicht angebracht, weil die Bedeutungen der g_{ik} bisher offen sind.

Zur Ermittlung der Bedeutungen der g_{ik} wird einerseits von den Gln. (1.45) und (1.47) ausgegangen, andererseits wird auf die Definitionen der Grundpunkte in Abschn. 1.5.1 zurückgegriffen:

Gemäß der Definition der Brennweite durch Gl. (1.16) – siehe dazu auch Abb. 1.57 – wird objektseitig ein Parallel-Strahlenbüschel mit der Neigung ω_1 gegenüber der optischen Achse gegeben; die Einfallshöhen h_1 der Strahlen an der 1. Fläche sind variabel. Bei gegebenen Werten der g_{ik} des optischen Systems variieren $n'_k \omega'_k$ und h_k nach Gl. (1.45) mit h_1. Gesucht ist hier der allen Strahlen gleicher Neigung ω_1, aber variabler Einfallshöhe h_1, gemeinsame Bildort, gekennzeichnet durch Schnittweite s'_k und Bildhöhe l'_k. Aus der Abb. 1.67 ist der Zusammenhang

$$h_k = l'_k - s'_k \omega'_k$$

zu entnehmen. Einsetzen dessen in Gl. (1.45) und anschließende Elimination von h_1 und h_k entsprechend Gl. (1.45) führt auf (statt des Feldwinkels ω' wird wieder σ' eingesetzt):

$$n'_k \sigma'_k \left(g_{11} + \frac{s'_k}{n'_k} g_{21} \right) - l'_k g_{21} = n_1 \sigma_1.$$

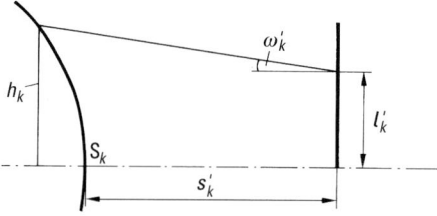

Abb. 1.67 Strahlverlauf im Bildraum bei Abbildung eines außeraxialen, unendlich entfernten Objekts.

Da die rechte Seite dieser Gleichung als konstant vorausgesetzt wird, andererseits $n'_k \sigma'_k$ variabel ist, müssen die folgenden Beziehungen bestehen:

und
$$\frac{s'_k}{n'_k} = -\frac{g_{11}}{g_{21}} \qquad (1.48)$$

$$-\frac{l'_k}{n_1 \sigma'} = \frac{1}{g_{21}}. \qquad (1.49)$$

Die vorgegebene Abbildungs-Situation ist mit der im Abschn. 1.5.1 zu vergleichen, wo die Grundpunkte eingeführt wurden. Daraus ergibt sich, dass in Gl. (1.48) auf der linken Seite die Schnittweite des bildseitigen Brennpunkts und in Gl. (1.49) auf der linken Seite der Ausdruck für die Brennweite nach Gl. (1.15) stehen. Daraus folgt für die Komponenten g_{11} und g_{21}:

und
$$g_{21} = -\frac{1}{f} \qquad (1.50)$$

$$g_{11} = \frac{s'_{F'}}{n'_k} \frac{1}{f}. \qquad (1.51)$$

Betrachtet man weiter die Abbildung eines außeraxialen Objektpunkts nach unendlich, so ergibt sich, dass wiederum Gl. (1.50) gilt und dass nun die Schnittweite des objektseitigen Brennpunkts s_F eingeht in der Form

$$g_{22} = -\frac{s_F}{n_1} \frac{1}{f}. \qquad (1.52)$$

Für die Komponente g_{12} der Gauß-Matrix lässt sich nicht unmittelbar eine Verknüpfung mit den Grundpunkten herstellen. Die Bedeutung von g_{12} erhält man aus der Determinante von G, die wie alle Teil-Matrizen B_ν, U_ν immer gleich plus eins ist; damit resultiert

$$g_{12} = \frac{g_{11} g_{22} - 1}{g_{21}} = f - \frac{1}{f} \frac{s_F}{n_1} \frac{s'_{F'}}{n'_k}. \qquad (1.53)$$

Damit sind die g_{ik} vollständig auf die Grundpunkte zurückgeführt. Setzt man nun in die beiden Gln. (1.47) statt der g_{ik} die Grundpunkte nach Gl. (1.50) bis Gl. (1.53) ein, so erhält man Abbildungsgleichungen:

$$\frac{s_1}{n_1} = \frac{s_F}{n_1} + f\frac{1}{\beta} \qquad (1.54)$$

bzw.
$$\frac{s'_k}{n'_k} = \frac{s'_{F'}}{n'_k} - f\beta. \qquad (1.55)$$

Setzt man hier speziell $\beta = +1$, so ergeben sich die Schnittweiten der Hauptpunkte H, H' (siehe Abb. 1.59):

$$s_H = s_F + n_1 f \qquad (1.56)$$

bzw.
$$s'_{H'} = s'_{F'} - n'_k f. \qquad (1.57)$$

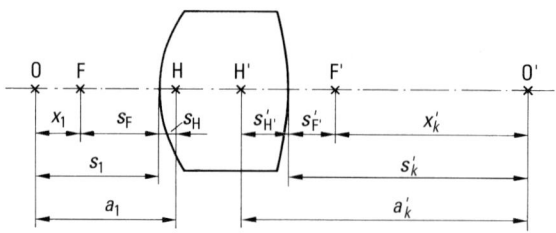

Abb. 1.68 Zur Formulierung von Abbildungsgleichungen mit unterschiedlichen Bezugspunkten.

Da die Schnittweitendifferenzen für Hauptpunkte bzw. Brennpunkte gerade gleich der Brennweite sind, werden die Gln. (1.56) und (1.57) oft zur Definition der Brennweite verwendet, hier handelt es sich um ein Resultat, das aus der Definition der Brennweite nach Gl. (1.15) selbstverständlich folgt.

Die Schreibweise der Abbildungsgleichungen Gl. (1.54) und Gl. (1.55) ist relativ ungewohnt, weil sie den 1. bzw. letzten Scheitel des optischen Systems als Bezug benutzt. Andere Formen für die Abbildungsgleichungen, aber inhaltlich gleichwertige Ausdrücke erhält man durch Übergänge auf andere Bezugspunkte; als solche werden einmal die Brennpunkte und das andere Mal die Hauptpunkte verwendet; siehe Abb. 1.68. Es gilt:

$$x_1 = s_1 - s_F; \quad x'_k = s'_k - s'_{F'} \tag{1.58}$$

und

$$a_1 = s_1 - s_H = s_1 - s_F - n_1 f; \quad a'_k = s'_k - s'_{H'} = s'_k - s'_{F'} + n'_k f. \tag{1.59}$$

Einführung von Gl. (1.58) in Gl. (1.54) und Gl. (1.55) führt auf die *Newton-Formeln*

$$\frac{x_1}{n_1} \frac{x'_k}{n'_k} = -f^2 \tag{1.60}$$

und

$$\frac{n_1}{x_1} f = -\frac{x'_k}{n'_k} \frac{1}{f} = \beta. \tag{1.61}$$

Der Übergang auf die Hauptpunkte als Bezug liefert mit Gl. (1.59):

$$\frac{n'_k}{a'_k} = \frac{n_1}{a_1} + \frac{1}{f} \tag{1.62}$$

und

$$\frac{n_1}{a_1} \frac{a'_k}{n'_k} = \beta. \tag{1.63}$$

Unabhängig davon, welche der – gleichwertigen – Abbildungsformeln benutzt wird, sind immer zu einer vorgegebenen Größe, z. B. der Objektlage, zwei weitere Größen, z. B. Bildlage und Abbildungsmaßstab, berechenbar. Zu einem gegebenen Objekt ist damit das Bild immer nach Lage und Größe bestimmbar. Das ist ein wichtiges Ergebnis. In den folgenden Kapiteln wird speziell Gl. (1.62) mehrfach benutzt werden, wobei allerdings vereinfacht gesetzt wird $n_1 = n'_k = 1$ (Systeme in Luft); außerdem werden andernorts, im Unterschied zu der hier verwandten Bezeichnungsweise, a_1 Gegenstandsweite und a'_k Bildweite genannt.

An dieser Stelle ist es angebracht, die im vorigen Abschnitt kurz in Form ihrer Definitionen eingeführten Vergrößerungen α und γ in allgemeiner Form anzugeben. Gleichartig wie für den lateralen Abbildungsmaßstab β – nach Gl. (1.46) – sind die Winkelvergrößerung γ und die Tiefenvergrößerung α für beliebig zusammengesetzte optische Systeme auf Grund ihrer Definitionen in Form der Produkte ihrer Werte für einzelne Flächen gegeben. Dementsprechend gilt für die *Winkelvergrößerung γ* eines beliebigen Systems

$$\gamma_{1\ldots k} = \frac{\sigma'_k}{\sigma_1} = \frac{n_1}{n'_k \beta}. \tag{1.64}$$

Wenn Objekt und/oder Bild in endlicher Entfernung von dem abbildenden System liegen, so variiert γ mit der Apertur, sodass die Angabe eines Wertes von γ jeweils nur für einen Strahl Bedeutung besitzt. Wenn jedoch eine Abbildung von Unendlich nach Unendlich erfolgt, wie das bei afokalen Systemen, speziell bei Fernrohren der Fall ist, so ist die Winkelvergrößerung γ gerade die die Abbildung charakterisierende Größe; in solch einem Fall ist nämlich der Abbildungsmaßstab β gar nicht definiert. Anwendungen werden im Abschn. 1.9 besprochen werden.

Die Verallgemeinerung der Tiefenvergrößerung nach Gl. (1.27) lautet

$$\alpha_{1\ldots k} = \frac{\mathrm{d}s'_k}{\mathrm{d}s_1} = \beta^2_{1\ldots k} \frac{n'_k}{n_1}. \tag{1.65}$$

Diese Größe ist sinnvoll nur bei endlichen Abbildungen anzuwenden. Ihrer Definition gemäß gibt sie dort an, wie sich axiale Ortsänderungen des Objekts auf die des Bildes auswirken; dabei ist zu bemerken, dass α immer positive Werte besitzt, d. h. die Ortsänderungen in Objekt und Bild erfolgen grundsätzlich in der gleichen Richtung. Beispielhaft sei die Auswirkung der Tiefenvergrößerung bei einem 40-fachen Mikroobjektiv betrachtet; für dieses ist $\beta = -40$ und damit $\alpha = 1600$. Nimmt man hier die Einstellsicherheit im Bild zu $\mathrm{d}s' = 1$ mm an, so ergibt sich die Fokussiergenauigkeit im Objekt zu $\mathrm{d}s = 0.6$ μm.

Bei der Konzeption optischer Aufbauten und bei der Dimensionierung optischer Instrumente ist es oft erforderlich, den Abstand zwischen Objekt O und Bild O', häufig einfach als $\overline{OO'}$ bezeichnet, zu kennen. Insbesondere interessiert dabei die Abhängigkeit dieser Größe vom Abbildungsmaßstab β. Mit Gl. (1.62) und Gl. (1.63) erhält man offensichtlich:

$$\overline{OO'} = -a_1 + \overline{HH'} + a'_k = \overline{HH'} + f\left(2 - \beta - \frac{1}{\beta}\right). \tag{1.66}$$

In dem letzten Ausdruck ist im Unterschied zu den bisherigen Formulierungen darauf verzichtet worden, beliebige Brechzahlen in Objekt- und Bildraum zuzulassen, vielmehr wird jetzt angenommen, dass das Medium des Objekt- wie des Bildraums Luft sei. Der Objekt-Bild-Abstand kann natürlich unendlich groß werden, zu fragen ist zusätzlich danach, ob er auch beliebig klein werden kann. Durch Differentiation von Gl. (1.66) nach β und Nullsetzen der Ableitung gewinnt man die Aussagen:

Der Objekt-Bild-Abstand $\overline{OO'}$ nimmt Extremwerte an für $\beta = \pm 1$; die Extremwerte sind

$$\overline{OO'}(\beta = +1) = \overline{HH'} \qquad (1.67)$$

und

$$\overline{OO'}(\beta = -1) = \overline{HH'} + 4f. \qquad (1.68)$$

Der durch Gl. (1.68) gegebene Fall reeller Abbildung durch optische Systeme positiver Brennweite ist zumeist von besonderem Interesse. Hier existiert ein Minimalwert von $\overline{OO'}$, der grundsätzlich nicht unterschritten werden kann. In der Abb. 1.69 ist der Objekt-Bild-Abstand $\overline{OO'}$ als Funktion des Abbildungsmaßstabs β in einer normierten Form wiedergegeben. Neben der Existenz von Extremwerten ist bemerkenswert, dass es zu jedem realisierbaren Wert von $\overline{OO'}$ zwei Werte des Abbildungsmaßstabs β gehören; diese beiden Werte von β sind immer reziprok zueinander und die Schnittweiten a_1 und a'_k werden miteinander vertauscht. Es zeigt sich also, dass die Dimensionierung optischer Systeme keinesfalls beliebig vorgenommen werden kann.

In diesem Abschnitt wurden bisher brechende Flächen behandelt; es ist nun zusätzlich auf spiegelnde Flächen einzugehen. Im vorangehenden Teil-Abschnitt wurde bereits angegeben, dass die Spiegelung an einer Fläche durch die Formeln für brechende Flächen beschrieben wird, wenn man nur setzt $n' = -n$. Bei zusammengesetzten optischen Systemen mit spiegelnden Flächen sind die oben angegebenen Abbildungsgleichungen ebenfalls gültig, bei der flächenweisen Rechnung mit den Gauß-Matrizen sind allerdings noch folgende Änderungen für spiegelnde Flächen gegenüber brechenden Flächen zu berücksichtigen: An den Flächen nach einer spiegelnden Fläche sind die Vorzeichen der Scheitelabstände d' sowie die der Brechzahlen n' im Vorzeichen umzukehren, um zutreffende Ergebnisse zu erhalten.

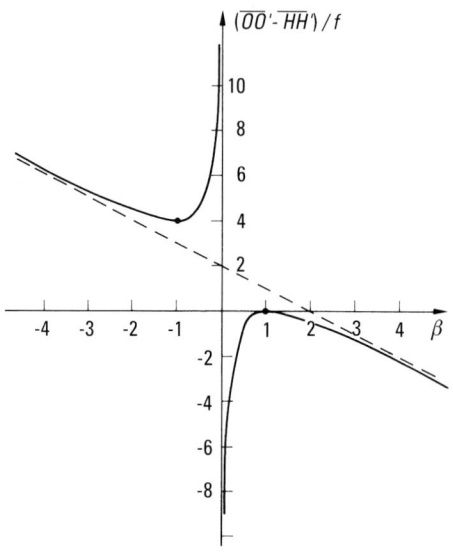

Abb. 1.69 Variation des Objekt-Bild-Abstandes $\overline{OO'}$ mit dem Abbildungsmaßstab β.

1.5.4 Linsen, zusammengesetzte Systeme

Es wurde eben – in formaler Weise – gezeigt, wie mit Hilfe der Gauß-Matrizen aus den Systemdaten die Grundpunkte berechnet werden können. Um mit dieser Vorgehensweise vertraut zu werden, müssen wenigstens einige Beispiele betrachtet werden. Andererseits interessiert auch, die wichtigsten Grundformen optischer Systeme kennenzulernen, um die Zusammenhänge zwischen Aufbau und Grundpunkten zu erkennen. Es ist üblich wie angebracht, die Lagen der Hauptpunkte relativ zu dem jeweiligen Linsenschnitt anzugeben; damit sind dann die Lagen von Objekt und Bild entsprechend Gl. (1.62) und der Abbildungsmaßstab entsprechend Gl. (1.63) bestimmbar. Ein weiterer Grund für die Angabe der Hauptpunktlagen statt der Brennpunktlagen ist – ganz praktisch – dadurch gegeben, dass die Hauptpunkte im Allgemeinen in der Nähe des optischen Systems gelegen sind, während das für die Brennpunkte nicht gilt.

Zuerst werden einzelne Linsen in Luft betrachtet; sie besitzen zwei brechende Flächen, deren Scheitel realiter endliche, positive Abstände d aufweisen. Die Linsen sollen aus einem Material bestehen, dessen Brechzahl n ist. Dann sind die Flächenbrechkräfte (siehe dazu Gl. (1.29b)) gegeben durch

$$\varphi_1 = (n-1)\varrho_1; \quad \varphi_2 = (1-n)\varrho_2.$$

Dabei beziehen sich die Indices auf die Flächennummern. Die Gauß-Matrix G solcher Linsen ist zu berechnen aus

$$\begin{pmatrix} 1 & 0 \\ -\varphi_2 & 1 \end{pmatrix} \begin{pmatrix} 1 & \dfrac{d'}{n'} \\ 0 & 1 \end{pmatrix} \begin{pmatrix} 1 & 0 \\ -\varphi_1 & 1 \end{pmatrix}. \tag{1.69}$$

Das Ergebnis, hier in Form der Komponenten von G lautet

$$g_{11} = 1 - \varphi_1 \frac{d}{n} = \frac{s'_{F'}}{f}, \tag{1.70a}$$

$$g_{12} = \frac{d}{n} = f - \frac{s_F s'_{F'}}{f}, \tag{1.70b}$$

$$g_{21} = -\left(\varphi_1 + \varphi_2 - \varphi_1 \varphi_2 \frac{d}{n}\right) = -\frac{1}{f}, \tag{1.70c}$$

$$g_{22} = 1 - \varphi_2 \frac{d}{n} = -\frac{s_F}{f}. \tag{1.70d}$$

An Hand dieser Ausdrücke können die Grundpunkte für unterschiedliche Linsenformen errechnet werden. Da die Ausdrücke zwar elementar sind, aber häufig benötigt werden, seien die wichtigen Fälle behandelt. Um die Diskussion übersichtlich zu gestalten, empfiehlt es sich, mit der sogenannten dünnen Linse zu beginnen. Sie ist gekennzeichnet durch $d = 0$; solch eine Linse ist natürlich nicht herstellbar, aber sie ist für mancherlei Überlegungen trotzdem als erster gedanklicher Ansatz häufig geeignet. Bei der dünnen Linse ist die Gesamtbrechkraft $-g_{21}$ gleich der Summe der Flächenbrechkräfte. Der Begriff der Brechkraft, eingeführt durch Gl. (1.29) wird gerne an Stelle der dazu reziproken Brennweite verwandt, weil sich dadurch viele Formeln linearisieren lassen. Die Brechkraft ist dann positiv (negativ), wenn die Summe der Flächenbrechkräfte positiv (negativ) ist. Die Brennpunkt-Schnittweiten dünner Linsen sind gleich bzw. entgegengesetzt gleich der Brennweite. Bei dünnen Linsen vereinfachen sich die Ausdrücke nach Gl. (1.70) offenbar zu:

$$g_{11} = 1 = \frac{s'_{F'}}{f},$$

$$g_{12} = 0,$$

$$g_{21} = -(\varphi_1 + \varphi_2) = -\frac{1}{f},$$

$$g_{22} = 1 = -\frac{s_F}{f}.$$

Bei gegebener Gesamtbrechkraft $-g_{21}$ können von den Linsendaten ϱ_1, ϱ_2 und n theoretisch noch zwei frei gewählt werden. Tatsächlich ist die Auswahl an Brechzahlen keinesfalls beliebig, weil optische Gläser, Kristalle oder auch Kunststoffe nur in beschränkter Auswahl zur Verfügung stehen. Dem heutigen Stand der Technik entsprechend sind optische Gläser verfügbar mit $1.45 \leq n \leq 2.0$. In aller Regel gibt man eine Brechzahl vor; es ist üblich zunächst anzunehmen, es sei $n = 1.5$. Es verbleibt dann, die Flächenbrechkräfte φ_1 und φ_2 unterschiedlich zu wählen und damit bestimmte Linsenformen zu erzeugen.

Man geht aus von der symmetrischen Form einer *bikonvexen* Linse positiver Brechkraft bzw. einer *bikonkaven* Linse negativer Brechkraft, bei denen gilt

$$\varphi_1 = \varphi_2 = -\frac{g_{21}}{2}; \quad \varrho_1 = -\varrho_2.$$

Eine andere Linsenform ist gegeben durch *plankonvexe* bzw. *plankonkave* Linsen; für diese ist

$$\varphi_1 = \varrho_1 = 0; \quad \varphi_2 = -g_{21}; \quad \varrho_2 = \frac{g_{21}}{n-1}.$$

Linsenflächen mit der Krümmung $\varrho = 0$, dem Radius $r = \infty$ nennt man plan bzw. eben. Eine weitere Linsenform ist die der *Menisken*; bei diesen Linsen handelt es sich um solche, deren Krümmungen bzw. Radien gleiche Vorzeichen besitzen, aber derart unterschiedliche Beträge aufweisen, dass gerade die geforderte Gesamtbrechkraft erhalten wird. Dünne Menisken mit gleichen Krümmungen besitzen die Brechkraft null, sie sind wirkungslos.

Beim Übergang zu Linsen mit endlicher, d. h. positiver Linsendicke d ändern sich die Verhältnisse insofern, als die Schnittweiten der Brennpunkte und der Hauptpunkte merklich von der Linsendicke beeinflusst werden können. Für die wichtigen Spezialfälle zeigen die Abb. 1.70 und 1.71 die Lagen der Hauptpunkte relativ zu den Linsen selbst bei unterschiedlichen Linsenformen.

Weiter sind Spezialfälle zu erwähnen: der *afokale Meniskus* ist eine Linse mit der Brechkraft null, abgesehen von dem trivialen Fall einer Planparallelplatte besitzt

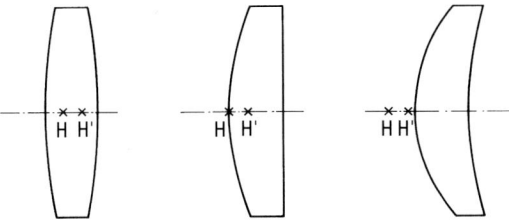

Abb. 1.70 Lagen der Hauptpunkte bei unterschiedlichen Linsenformen; Fall positiver Brennweite.

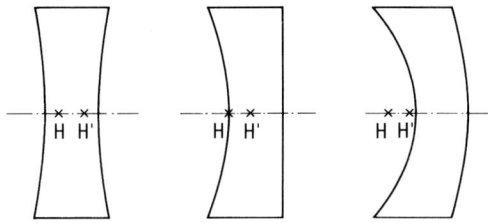

Abb. 1.71 Lagen der Hauptpunkte bei unterschiedlichen Linsenformen; Fall negativer Brennweite.

eine Linse dann keine Brechkraft (formal die Brennweite unendlich), wenn die Beziehung

$$d = (r_2 - r_1)\frac{n}{n-1}$$

erfüllt ist; in diesem Fall gibt es keine Brennpunkte und Hauptpunkte. Solch eine Linse nennt man auch teleskopisch. Charakteristisch für eine solche Linse ist die Winkelvergrößerung γ; diese ergibt sich nach Gl. (1.64). Eine andere Form von Meniskus ist der *konzentrische Meniskus*; er ist charakterisiert durch die Beziehung

$$r_1 - r_2 = d.$$

Die beiden Flächen des konzentrischen Meniskus besitzen also einen gemeinsamen Krümmungsmittelpunkt. Die Brennweite ist hier negativ. – Schließlich sei eine besondere Form von Linsen angeführt, nämlich die der *Stablinsen*. Bei ihnen handelt es sich um Linsen mit besonders großen Werten der Mittendicke d. Für den Fall gleicher positiver Flächenbrechkräfte sind in der Abb. 1.72 die Grundpunkte für unterschiedliche Linsendicken eingetragen. Offensichtlich sind nicht nur sehr unterschiedliche Lagen der Grundpunkte erreichbar, sondern es kann sogar die Brennweite negativ werden, wobei speziell auch der Wert unendlich erreicht wird. Derartige Linsen verwendet man dann, wenn langgebaute optische Systeme mit sehr kleinen Durchmessern realisiert werden müssen, das typische Einsatzgebiet von Stablinsen ist in der Endoskopie gegeben.

Der Aufbau eines optischen Systems aus mehreren, zumindest jedoch aus zwei Linsen erfolgt derart, dass diese Linsen auf einer gemeinsamen optischen Achse mit

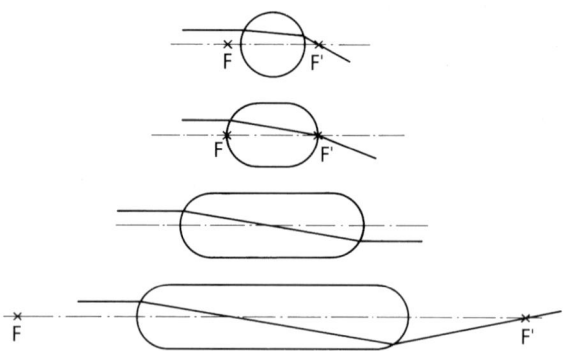

Abb. 1.72 Stablinsen unterschiedlicher Dicken und die zugehörigen Lagen der Grundpunkte.

meistens endlichen Abständen angeordnet werden. Es interessieren dann in erster Linie die Grundpunkte solcher zusammengesetzten Systeme. Die Messung geschieht natürlich in der gleichen Weise, wie das im Abschn. 1.5.2 bereits beschrieben wurde. Hier ist auf die Berechnung einzugehen, wobei vorausgesetzt wird, dass die Grundpunkte der einzelnen Linsen bereits bekannt sind. Ganz allgemein ist die Abbildung durch mehrere optische Elemente natürlich so zu verstehen, dass das Objekt für ein optisches Element durch das Bild gegeben ist, das das vorangehende Element erzeugte. Aus diesem Verständnis heraus ist leicht zu sagen, wie die Gauß-Matrix G eines zusammengesetzten Systems aus denen der Elemente aufzubauen ist. Es reicht dazu aus, zwei Elemente zu betrachten, die die Gauß-Matrizen G_1 und G_2 besitzen mögen. Es gilt

$$G = G_2 \, U \, G_1,$$

wobei die Übergangsmatrix U durch den Abstand d zwischen den Linsen bestimmt ist; siehe Gl. (1.42). Die Matrizen G_1 und G_2 sind jeweils nach dem allgemeinen Schema, wie in Gl. (1.43) angegeben, zu bestimmen. Die beiden Glieder können ja beliebig zusammengesetzt sein. Die Übergangsmatrix U ist entsprechend Gl. (1.42) aus dem Abstand d zwischen den beiden Gliedern zu ermitteln. Um unabhängig von den Lagen der Grundpunkte der Glieder zu werden, wird zweckmäßig statt d der folgende Ausdruck eingesetzt:

$$e = d - s'_{H'1} + s_{H2}.$$

Dabei ist e der Abstand zwischen den Hauptpunkten H'_1 und H_2. Damit ergeben sich gleiche Formulierungen wie bei dünnen Linsen. Die zu Gl. (1.70) analogen Ausdrücke lauten hier:

$$\frac{1}{f} = \varphi_1 + \varphi_2 - e\,\varphi_1\,\varphi_2, \qquad (1.71\text{a})$$

$$s_F = -f(1 - e\,\varphi_2), \qquad (1.72\text{a})$$

$$s'_{F'} = f(1 - e\,\varphi_1). \qquad (1.73\text{a})$$

Dabei sind φ_1, φ_2 die Brechkräfte der beiden Linsen, e deren gegenseitiger Abstand. Geläufiger als diese Gleichungen sind solche, bei denen die Brechkräfte durch die Brennweiten ersetzt werden. Das führt auf

$$f = \frac{f_1 f_2}{f_1 + f_2 - e}, \tag{1.71b}$$

$$s_F = -f\left(1 - \frac{e}{f_2}\right), \tag{1.72b}$$

$$s'_{F'} = f\left(1 - \frac{e}{f_1}\right). \tag{1.73b}$$

Die letzten Gleichungen gelten auch für dicke Linsen, wenn der Abstand e und die Schnittweiten s_F und $s'_{F'}$ von den Hauptpunkten der Linsen aus gerechnet werden.

Zur Veranschaulichung werden die wichtigsten Formen zweigliedriger optischer Systeme mit positiver Brennweite f betrachtet. Als erstes Beispiel dient das *symmetrische Objektiv* aus zwei Linsen gleicher Brennweite; allgemein wird ein Objektiv

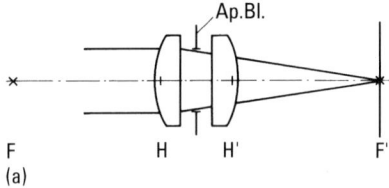
(a)

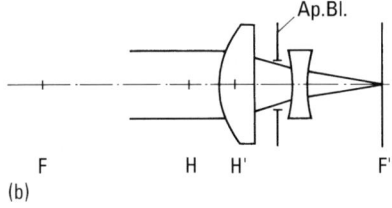
(b)

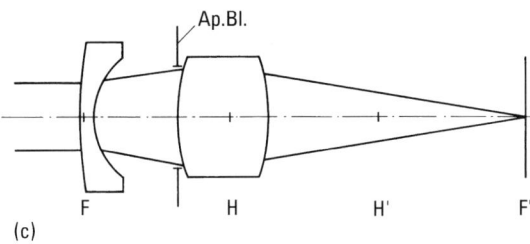
(c)

Abb. 1.73 Wichtige Formen zweigliedriger Objekte gleicher positiver Brennweite bei gleicher Lage des bildseitigen Brennpunkts; (a) symmetrisches Objektiv; (b) Tele-Objektiv; (c) Retrofokus-Objektiv.

Tab. 1.2 Zweigliedrige Objektive; Brennweiten und Grundpunkte bei Gesamtbrennweite $f = 100$, aber unterschiedlichen Vorzeichen der Brennweiten.

Beispiel	f_1	f_2	d	s_F	s_H	$s'_{H'}$	$s'_{F'}$
1	210	210	21	−90	10	−10	90
2	50	−50	25	−150	−50	−50	50
3	−100	100	100	0	100	100	200

als symmetrisch bezeichnet, wenn es aus zwei Hälften besteht, die sich bei Spiegelung an der Aperturblende (siehe dazu Abschn. 1.6) als identisch ergeben. In Abb. 1.73a ist ein solches symmetrisches System dargestellt; die wesentlichen Daten enthält die Tab. 1.2. Ein weiteres wichtiges Beispiel ist das *Tele-Objektiv*, das ein erstes Glied positiver und ein zweites Glied negativer Brennweite aufweist. Die Aufgabe eines Tele-Objektivs ist, bei vorgegebener – zumeist großer – Brennweite eine möglichst kurze Baulänge zu erreichen, wobei unter Baulänge hier der Abstand vom ersten Scheitel bis zum bildseitigen Brennpunkt zu verstehen ist. Das in Tab. 1.2 und in Abb. 1.73b wiedergegebene Beispiel enthält zwei bewusst eingeführte Annahmen; zuerst ist angenommen, dass die beiden Brechkräfte der Glieder entgegengesetzt gleich sind (das gilt auf Grund von Forderungen an die Bildfehler-Korrektion) und es gilt weiterhin die Forderung, eine möglichst kleine Baulänge zu realisieren. Das nächste Beispiel kann als Umkehrung des eben angesprochenen Tele-Objektivs angesehen werden; es handelt sich um das *Retrofokus-Objektiv*. Dieses besteht aus einem Frontglied negativer Brennweite und einem Hinterglied positiver Brennweite, die Absicht ist hier, bei gegebener Brennweite eine große Schnittweite des bildseitigen Brennpunkts zu erreichen. In dem Beispiel der Tab. 1.2 bzw. der Abb. 1.73c ist das Frontglied im vorderen Brennpunkt des Hinterglieds angeordnet; das hat zur Folge, dass die Brennweite des zusammengesetzten Systems gleich der des Hinterglieds ist.

Außerdem ist die Brennweite des Frontglieds so gewählt, dass die bildseitige Brennpunkt-Schnittweite gerade doppelt so groß ist wie die Brennweite. Schließlich sei hier noch auf die sogenannten *Vario-Objektive* (oder auch Zoom-Objektive) hingewiesen. Dabei handelt es sich um Objektive, bei denen der Objekt-Bild-Abstand konstant gehalten wird, aber der Abbildungsmaßstab variiert wird. Aus den oben angegebenen Abbildungsgleichungen ist ableitbar, dass die Variabilität des Abbildungsmaßstabs β bei gleichzeitiger Konstanz des Objekt-Bild-Abstands dadurch zu erzielen ist, dass der Abstand e veränderbar gestaltet wird; von speziellem Interesse ist in praxi vor allem der Fall, dass das Objekt unendlich weit entfernt ist; dann tritt an die Stelle des Abbildungsmaßstabs β die Brennweite f als variable Größe. Im Allgemeinen wird die Lage der Bildebene als konstant angenommen, da entsprechend Gl. (1.73) $s'_{F'}$ ebenfalls mit e variiert, sind bei einem zwei-gliedrigen Vario-System sowohl e wie $s'_{F'}$ variabel. Die beiden Glieder müssen axial relativ zueinander und relativ zur Bildebene verschoben werden, um die gewünschte Brennweiten-Variation zu erreichen. Die Abb. 1.74 zeigt ein Beispiel für die Positionen der Linsen als Funktion der Brennweite. Typisch ist, dass nicht-lineare Beziehungen auftreten und auch keine monotonen Verschiebungen der Linsen realisierbar sind, wenn kurze Baulängen gefordert werden.

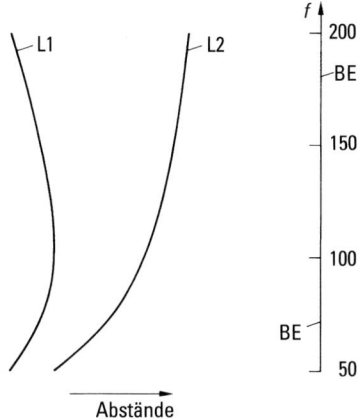

Abb. 1.74 Positionen der Glieder eines Vario-Objektivs in Abhängigkeit von der Brennweite bei unendlich fernem Objekt und ortsfester Lage der Bildebene BE.

Zum Ende dieses Abschnitts wird in möglichst allgemeiner Form angegeben, welche Strahlenverläufe überhaupt möglich sind, wenn die Grundpunkte und damit die Gauß-Matrix gegeben sind. Auszugehen ist von den Gln. (1.44) bzw. (1.45).

$$G \begin{pmatrix} h \\ n\sigma \end{pmatrix}_1 = \begin{pmatrix} h \\ n'\sigma' \end{pmatrix}_k, \tag{1.44}$$

$$g_{11} h_1 + g_{12} n_1 \sigma_1 = h_k,$$

$$g_{21} h_1 + g_{22} n_1 \sigma_1 = n'_k \sigma'_k. \tag{1.45}$$

Wesentlich ist vor allem die Komponente g_{21}, die gleich der negativen Brechkraft des optischen Systems ist. Zu unterscheiden sind die folgenden drei Fälle:

- $g_{21} < 0$, positive Brechkraft, sammelndes System; die Konvergenz von Strahlenbüscheln im Objektraum wird im Bildraum erhöht;
- $g_{21} = 0$, afokales optisches System; parallele Strahlenbüschel im Objektraum werden auch im Bildraum zu parallelen Strahlenbüscheln;
- $g_{21} > 0$, negative Brechkraft; zerstreuendes System; die Konvergenz von Strahlenbüscheln im Objektraum wird im Bildraum verringert.

Die Abb. 1.75 veranschaulicht die Verhältnisse.

Die wichtigen Abbildungsaufgaben werden für den besonders häufig interessierenden Fall optischer Systeme positiver Brechkraft bei unterschiedlichen Strahldaten veranschaulicht. Die Abb. 1.76 zeigt die möglichen Situationen.

- Wenn das Objekt im vorderen Brennpunkt angeordnet wird, so ergibt sich bildseitig ein paralleles Strahlenbüschel. Das optische System wird dann als *Kollimator* verwandt (siehe Fall a) in Abb. 1.76a).
- Wenn das Objekt in endlicher Entfernung vom optischen System, aber links vom objektseitigen Brennpunkt, angeordnet wird, so resultiert bildseitig ein Bildpunkt

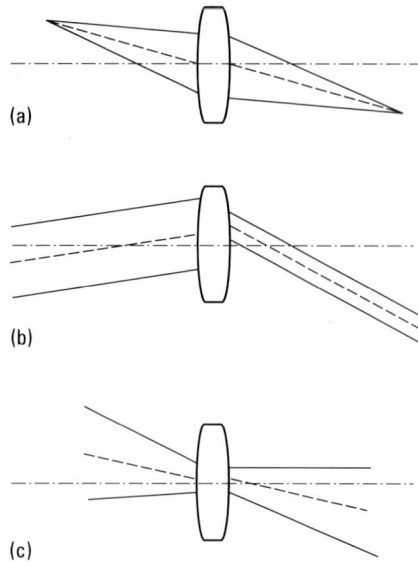

Abb. 1.75 Wirkung optischer Systeme unterschiedlicher Vorzeichen der Brechkraft auf die Strahlengänge; Fall (a) positive Brechkraft, Fall (b) Brechkraft null, Fall (c) negative Brechkraft

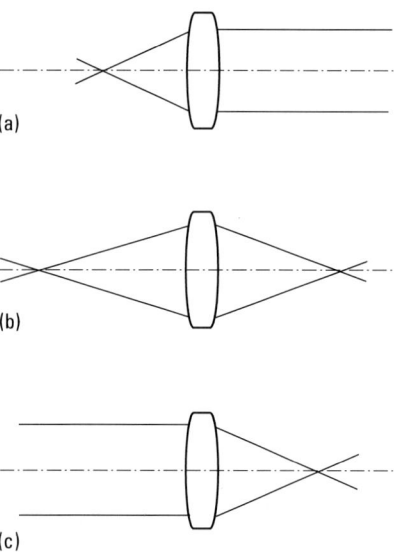

Abb. 1.76 Abbildungen mit optischen Systemen positiver Brechkaft bei unterschiedlichen Objektlagen; Fall (a) Objekt im objektseitigen Brennpunkt: Kollimator, Fall (b) allgemeine endliche Objektlage: endliche Abbildung, Fall (c) Objekt im Unendlichen: Kamera-Objektiv

ebenfalls in endlicher Entfernung vom optischen System. Man spricht dann von *endlicher Abbildung* (siehe Fall b) in Abb. 1.76 b).
- Wenn das Objekt unendlich weit entfernt vom optischen System ist, so wird das Bild in der hinteren Brennebene erzeugt. In diesem Fall wird das optische System als *Kamera-Objektiv* benutzt (siehe Fall c) in Abb. 1.76 c).

Die unterschiedlichen Fälle ergeben sich durch die Wahl der Strahldaten in den Gln. (1.44) bzw. (1.45). Die Elemente der Gauß-Matrix bleiben dabei konstant.

Die Formulierungen dieses Abschnitts basieren wesentlich darauf, welche Flächen man zu einem – zusammengesetzten – System zählt. Hier werden immer nur die eigentlichen Flächen des optischen Systems gezählt; Objekt und Bild oder auch die Pupillen werden nicht als Flächen des optischen Systems aufgefasst. In anderen Darstellungen, speziell in denen der Laser-Physik (siehe z. B. Abschn. 8.6.2) wird oft anders vorgegangen. Dadurch resultieren modifizierte Formel-Ausdrücke, doch bleiben die eigentlichen Aussagen davon unberührt.

1.6 Strahlenbegrenzung, Blenden

In den bisherigen Abschnitten wurden Strahlenverläufe einfach so behandelt, als ob von dem jeweiligen Objektpunkt ausgehende Strahlenbüschel das aktuelle optische System bei beliebigen Strahlneigungen gegenüber der Bezugsachse (im Allgemeinen der optischen Achse) passieren könnten. Bei realistischer Betrachtungsweise wird aber sehr schnell deutlich, dass jedes optische System nur endliche Durchmesser besitzen kann und somit nicht die gesamte, von einem Objektpunkt ausgehende Strahlung, die im Prinzip den vollen Raumwinkel von 4π erfüllt, erfassen kann. Zunächst erscheint es so, als ob die mehr oder weniger willkürlichen Durchmesser von Linsen oder Spiegeln eines zusammengesetzten optischen Systems den Raumwinkel bestimmten, innerhalb dessen eine Strahlungsübertragung vom Objekt in den Bildraum erfolgt. Tatsächlich besteht aber bei nahezu allen Abbildungsaufgaben ein deutliches Interesse daran, definierte und vorher bestimmbare Strahlungsleistungen durch optische Systeme zu übertragen. Um dies zu bewerkstelligen, werden *Blenden* eingeführt. Die Abb. 1.77 macht die Wirkung solch einer Blende deut-

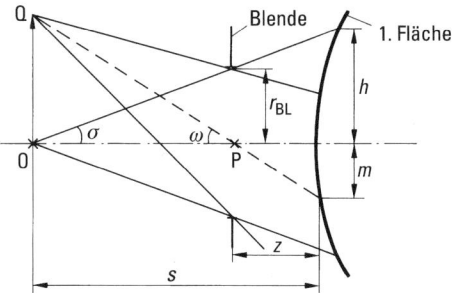

Abb. 1.77 Strahlenbegrenzung durch eine Aperturblende bei axialer wie außeraxialer Abbildung.

lich; absichtlich werden dabei Objekt und Blende zunächst im gleichen Medium, hier im Objektraum angenommen. Da vornehmlich rotationssymmetrische optische Systeme von Interesse sind, wird die Blende als kreisförmige Öffnung mit dem Radius r_{Bl} angenommen, deren Zentrum mit der optischen Achse eines nachgeordneten optischen Systems zusammenfällt. Vor der Blende befinde sich im Abstand $s-z$ die Objektebene. Für den axialen Objektpunkt O ergibt sich daraus, dass nur solche von ihm ausgehende Strahlen die Blende passieren können, deren Strahlneigungen σ betragsmäßig kleiner als σ_{max} sind, wobei gilt:

$$\sigma_{max} = \left| \frac{r_{Bl}}{s-z} \right|. \tag{1.74}$$

Der Winkel σ_{max} bestimmt den von O ausgehenden Strahlenkegel, der vom nachfolgenden optischen System erfasst werden kann. Die in Abb. 1.77 dargestellten Verhältnisse zeigen, dass die 1. Fläche des optischen Systems einen Durchmesser von mindestens $2|h_1|$ besitzen muss, um die von der Blende durchgelassenen Strahlen der außeraxialen Abbildung erfassen zu können. Die Blende besitzt aber nicht nur für den axialen Objektpunkt O, sondern auch für außeraxiale Objektpunkte wie Q, strahlenbegrenzende Wirkungen. Der von Q ausgehende Strahlenkegel weist am Ort der Blende natürlich den gleichen Querschnitt auf wie der von O ausgehende Strahlenkegel; in allen anderen Ebenen, vor oder hinter der Blende besitzen aber von unterschiedlichen Objektpunkten ausgehende Strahlenkegel auch unterschiedliche Querschnitte und Lagen. Damit ergibt sich die wichtige Feststellung:

- Am Ort dieser Blende, die allgemein als *Aperturblende* bezeichnet wird, ist der allen Strahlenbüscheln kleinste gemeinsame Querschnitt gegeben.

Würde die Aperturblende anders positioniert, weiter rechts oder weiter links, so müsste sie einmal einen größeren Durchmesser besitzen und ihre Wirkung auf die Strahlenbüschel unterschiedlicher Neigung ω wäre nicht einheitlich. Diese Wirkung der Aperturblende bestimmt nicht nur den möglichen Strahlenverlauf, sondern sie ist vor allem auch verantwortlich für die übertragbare Strahlungsleistung; übertragbar nämlich von der Strahlung aussendenden Objektebene in den Raum rechts von der Aperturblende.

Um die Verhältnisse quantitativ beschreiben zu können, werden zweckmäßig noch Verabredungen vorgenommen: So wird der vom Objektpunkt ausgehende unter dem Neigungswinkel σ_{max} zur optischen Achse verlaufende Strahl, der gerade den Rand der Aperturblende berührt, *Randstrahl* genannt. Der von dem außeraxialen Objektpunkt Q ausgehende Strahl, der die Aperturblende in ihrer Mitte P trifft, besitzt eine Strahlneigung ω gegenüber der optischen Achse, dieser Strahl wird *Hauptstrahl* genannt; der Winkel ω heißt *Feldwinkel*. In der Näherung der hier benutzten Gauß-Optik ist die maximale Apertur eines von Q ausgehenden Strahls gegenüber dem Hauptstrahl ebenfalls gleich σ_{max}.

Die Hauptstrahlneigungen ω sind ebenfalls nicht beliebig; zwar ist eine – nahezu – unendlich ausgedehnte Objektebene vorstellbar, doch muss das aktuelle optische System die Strahlen zu erfassen vermögen, um eine reale optische Abbildung zustande kommen zu lassen. Es wird daher eine Hauptstrahlneigung ω_{max} geben, die eine maximale Objekthöhe l_{max} festlegt; es muss ja gelten:

$$l_{max} = (s-z)\,\omega_{max}. \tag{1.75}$$

Damit ist ein kreisförmiges Objektfeld mit dem Radius l_{max} bestimmt. Die Begrenzung des Objektfeldes kann direkt durch eine dort angebrachte Blende gegeben sein; solch eine Blende besitzt die spezielle Bezeichnung *Gesichtsfeldblende*.

Die Strahlenbegrenzung ist nach Gl. (1.74) und Gl. (1.75) zu beschreiben durch

- die Neigung σ_{max} bzw. den Aperturblendenradius r, um die wirksame Apertur zu kennzeichnen;
- die Neigung ω_{max} bzw. die maximale Objekthöhe l_{max} um das wirksame Objektfeld zu kennzeichnen.

Es sollte jeweils ausreichen, eine der beiden genannten Größen zu verwenden; dass dies nicht immer zutrifft, wird durch den folgenden Gedankengang deutlich: Es liege die Aperturblende zunächst, wie in Abb. 1.77 dargestellt, in endlicher Entfernung vom optischen System; die Objektlage werde nun geändert, indem das Objekt in immer größeren Abständen angebracht werde.

Bei festem Blendendurchmesser $2r$ nimmt nach Gl. (1.74) der Aperturwinkel σ mit wachsender Objektentfernung ab; im Extremfall des unendlich entfernten Objekts (gegeben bei Fernrohren oder auch bei Foto-Objektiven) ist der Aperturwinkel σ gleich null, während der Blendenradius endlich bleibt. In diesem Fall ist die Apertur nur durch den Blendenradius quantitativ beschreibbar. Das Objektfeld und damit l_{max} ist mit der Objektentfernung unendlich groß geworden, sodass nur noch der Feldwinkel ω als kennzeichnende Größe für das erfassbare Objektfeld verwendbar ist. Es kann aber auch vorkommen, dass das Objekt in fester, endlicher Entfernung vom optischen System angeordnet wird, aber die Aperturblende sehr weit vom optischen System entfernt wird. Dann muss der Durchmesser der Aperturblende mit der Entfernung wachsen, damit noch eine endliche Apertur realisiert wird; der Winkel σ ist hier die kennzeichnende Größe für die wirksame Apertur. Wenn die Aperturblende sehr weit vom optischen System entfernt ist, ist der Feldwinkel ω sehr klein und im Extremfall gleich null, sodass der Objektfeld-Halbmesser l_{max} zur kennzeichnenden Größe wird. Typische Beispiele für diesen Fall sind das Mikro-Objektiv und Objektive, die im Bereich der optischen Messtechnik eingesetzt werden.

Es gelingt also nicht, immer gleichartige Größen zur Charakterisierung von Apertur und Feld zu verwenden. Das lässt sich bereits aus dem einfachen Beispiel entnehmen, das bis jetzt zur Beschreibung der Strahlenbegrenzung und deren quantitativer Erfassung dient. Es wird sich weiter unten zeigen, dass die hier getroffenen Feststellungen allgemeine Gültigkeit besitzen.

Der Hauptstrahl mit der Neigung ω_{max} treffe die 1. Fläche des optischen Systems in einem Abstand m_1 von der optischen Achse. Es ist dann ein Durchmesser D_1 der ersten Fläche erforderlich, um alle von der kreisförmigen Objektfläche mit dem Radius l_{max} ausgehenden Strahlen unter der gleichen Apertur $\pm\sigma_{max}$ zu erfassen; dieser Durchmesser ist gegeben durch:

$$D_1 = 2(|h_1| + |m_1|). \tag{1.76}$$

In Gl. (1.76) ist die folgende Aussage enthalten: Die Angaben von Apertur und Feld als kennzeichnende Größen haben Anforderungen an die Dimensionierung optischer Systeme zur Folge, wie hier beispielhaft für die 1. Fläche zu ersehen ist. Reale, kommerzielle optische Systeme genügen den hier genannten Bedingungen oft nur teilweise. Das hat zur Folge, dass speziell bei außeraxialen Abbildungen die theoretisch geforderten Aperturen nur partiell verfügbar sind. Man spricht dann von *Vignettierung*; sie macht sich im Bild vor allem durch eine Abnahme der Bestrahlungsstärke mit wachsendem Feld bemerkbar.

Die Strahlenbegrenzung erfolgte bis jetzt an Hand der einfachen Abb. 1.77 bewusst nur im Objektraum; damit ist zwar ein übersichtlicher, aber viel zu spezieller Fall ausgewählt. Bei realen optischen Abbildungen können die Strahlenbegrenzungen in wesentlich komplizierterer Weise erfolgen, wie nun zu behandeln ist:

Das Objekt liegt per definitionem immer vor dem abbildenden optischen System. Die Lage der Aperturblende dagegen ist prinzipiell beliebig. Im Objektraum kann die Aperturblende auch – abweichend von Abb. 1.77 – vor dem Objekt, in der Zeichnung links von ihm, angeordnet sein. Dabei ändert sich nichts an den obigen Aussagen. Die Aperturblende wird tatsächlich häufig innerhalb optischer Systeme angeordnet (typisches Beispiel: Foto-Objektive), sie kann aber auch im Bildraum liegen (typisches Beispiel: optische Messsysteme). Eine Strahlenbegrenzung findet also immer statt, doch ist es erheblich schwieriger festzustellen, wie Größe und Lage der Aperturblende an irgendeiner Stelle des Strahlengangs auf die nutzbaren Strahlenbüschel im Objektraum wirken. Die Auswahl der Strahlenbüschel im Objektraum ist nämlich in mehrerer Hinsicht von Bedeutung: Im Sinne der hier behandelten Gauß-Optik interessieren die zur Abbildung beitragenden Strahlenbüschel; sie legen – zumindest näherungsweise – die Dimensionierung des optischen Systems fest. Zur Bestimmung der radiometrischen Eigenschaften, d. h. vor allem für die vom Objekt in den Bildraum übertragbare Strahlungsleistung ist die Kenntnis der im Objektraum wirksamen numerischen Apertur wesentlich (siehe unten). Weiter werden die – im Abschn. 1.7 zu besprechenden – geometrisch-optischen Abbildungsfehler entscheidend durch die real wirksamen Strahlenbüschel beeinflusst. Schließlich ist für die physikalisch-optisch begründete Begrenzung der Abbildungsqualität (siehe Abschnitt 1.9) die Kenntnis der numerischen Apertur notwendig.

Es ist deshalb wichtig und für das Verständnis optischer Abbildungen in komplexen Systemen sogar entscheidend, neben der bisher allein betrachteten Abbildung von Objektpunkten zusätzlich die der Aperturblende zu berücksichtigen. Wie das eigentlich abzubildende Objekt ist auch die Aperturblende abbildbar; jedes optische System tut das, und zwar erfolgen beide Abbildungen gleichzeitig, ohne besonderes Zutun. Im Sinne der Strahlenoptik ist die Lichtrichtung auch umkehrbar; eine Aperturblende, die in oder hinter einem optischen System angeordnet ist, wird dementsprechend durch das vor ihr gelegene (Teil-)System in den Objektraum abgebildet

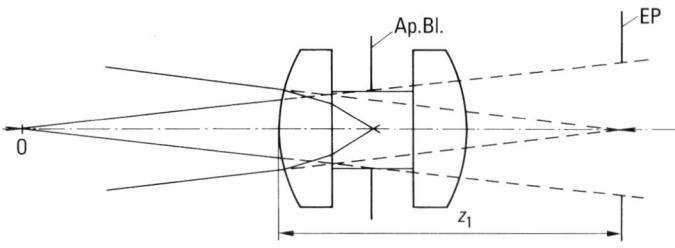

Abb. 1.78 Abbildung der Aperturblende in den Objektraum liefert die Eintrittspupille EP nach Lage und Größe.

(siehe dazu Abb. 1.78). Das Bild der Aperturblende im Objektraum wird *Eintrittspupille* (abgekürzt: EP) genannt. Tatsächlich begrenzt die Aperturblende die Strahlenbüschel, die in dem Objektraum bzw. in dem Bildraum wirksam werden. Die EP als Bild der Aperturblende besitzt im Objektraum die gleiche Funktion wie die Aperturblende an ihrem Ort. Lage und Größe der EP sind mit Hilfe der gleichen Formeln zu berechnen, wie dies im Abschn. 1.5 für Objekt-Abbildungen angegeben wurde. Schwierigkeiten ergeben sich – scheinbar – dadurch, dass die EP häufig ein virtuelles Bild der Aperturblende ist; es sei deshalb explizit formuliert: Die EP ist auf Grund ihrer Definition dem Objektraum zugehörig; das gilt auch dann, wenn sie messtechnisch nur mit Hilfssystemen (Messmikroskopen) erfassbar ist (siehe auch Abb. 1.78). Der Grund für die virtuelle Lage der EP ist zumeist der kompakte Aufbau optischer Systeme.

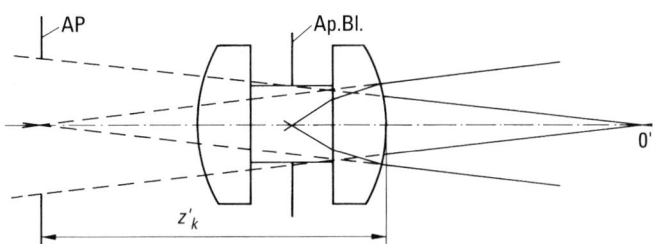

Abb. 1.79 Abbildung der Aperturblende in den Bildraum liefert die Austrittspupille AP nach Lage und Größe.

Die Aperturblende ist, wenn sie vor oder in einem optischen System angeordnet ist, auch in den Bildraum abbildbar; das Bild der Aperturblende im Bildraum heißt *Austrittspupille* (abgekürzt: AP). Die AP ist ebenfalls häufig virtuell, siehe dazu wiederum die Abb. 1.79. So wie die Objektabbildung durch Schnittweiten s, s' und Abbildungsmaßstab β beschrieben wird, ist auch die Abbildung von EP und AP ineinander vorzunehmen, die Lage der EP wird durch z, die der AP durch z' gekennzeichnet, wobei diese Größen vom ersten bzw. letzten Scheitel des optischen Systems gemessen werden. Der Abbildungsmaßstab β_p wird ebenfalls analog zur Objektabbildung formuliert:

$$\beta_p = \frac{n\,\omega}{n'\,\omega'} = \frac{r'_{AP}}{r_{EP}}. \tag{1.77}$$

Für ein beliebiges optisches System lassen sich nun die Strahlenverläufe in Objekt- und Bildraum in einfacher Weise beschreiben, siehe dazu Abb. 1.80, in der die Pupillenlagen bewusst außerhalb des optischen Systems angenommen wurden, was im Allgemeinen nicht der Realität entspricht, aber die Darstellung hier besser verständlich macht: Die axiale Abbildung von O nach O' wird durch den Randstrahl charakterisiert, der die Aperturwinkel σ bzw. σ' gegenüber der optischen Achse besitzt; der Randstrahl verläuft in Objekt- bzw. Bildraum gerade durch den Rand von EP bzw. AP, womit der Name für diesen Strahl seine Erklärung findet. Die außeraxiale Abbildung wird durch den Verlauf des *Hauptstrahls* beschrieben. Er geht von dem

110   1 Optische Abbildung

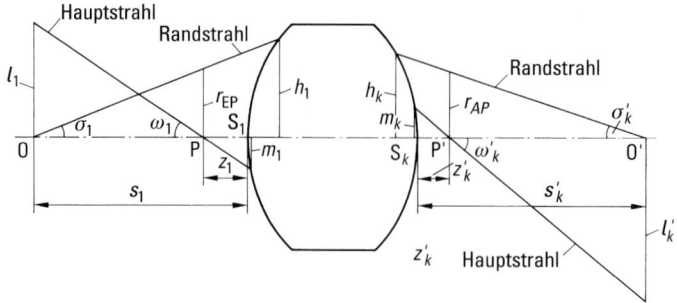

Abb. 1.80 Verlauf der Rand- und der Hauptstrahlen in Objekt- und Bildraum.

außeraxialen Objektpunkt Q aus, trifft die optische Achse im Objektraum im Punkt P, der Mitte der EP und besitzt eine Neigung ω gegenüber der optischen Achse; im Bildraum trifft der Hauptstrahl die optische Achse im Punkt P′, der Mitte der AP; er besitzt die Neigung ω' gegenüber der optischen Achse und er durchsetzt die achsensenkrechte Bildebene durch O′ im Punkte Q′, dem Bildpunkt zu Q. Es ist nicht nötig, den Verlauf weiterer Strahlen zu betrachten, speziell wenn der Hauptstrahl für den Objekt- bzw. Bildfeldrand betrachtet wird. Es lässt sich nämlich dann jeder andere Strahl als Linearkombination von Haupt- und Randstrahl darstellen. Einer Erklärung bedarf noch der Name Hauptstrahl: Vielfach ist die Aperturblende, realisiert z. B. durch eine mechanische Irisblende, im Durchmesser variabel; bei Verringerung des Blendendurchmessers werden dann die Aperturstrahlen mehr oder minder stark abgeblendet, d. h. sie können nicht mehr zur Abbildung beitragen. Solange die Blende und damit auch die Pupillen von null verschiedene Durchmesser besitzen, werden auf jeden Fall die Hauptstrahlen das optische System passieren; deshalb und weil der Verlauf der Aperturstrahlen symmetrisch relativ zu den Hauptstrahlen erfolgt, ist der spezielle Name gerechtfertigt.

Bei der Darstellung der Strahlenverläufe für die Objekt- und die Blendenabbildung in Objekt- und Bildraum wurden keine besonderen Voraussetzungen über das benutzte optische System gemacht. Das gilt, weil es sich hier um generell gültige Zusammenhänge handelt. Allerdings können O und/oder O′ oder P und/oder P′ auch sehr weit vom optischen System entfernt sein. Für die Vorgehensweise in praxi bedeutet das, dass Objekt und Bild sowie die Pupillen nur in Bezug auf die Grundpunkte eines aktuellen optischen Systems bekannt zu sein brauchen; der Aufbau, die Zusammensetzung des optischen Systems ist hier unwichtig.

Wie bereits oben angegeben, sind die Pupillen genau so ineinander abbildbar, wie das für Objekt und Bild gilt. Darüber hinaus ist aber zu beachten, dass Kopplungen zwischen Objekt und Bild einerseits und den Pupillen andererseits bestehen. Das ergibt sich besonders einfach aus der Definition des lateralen Abbildungsmaßstabs in Gl. (1.46), die hier anders geschrieben wird:

$$n_1 \sigma_1 l_1 = n'_k \sigma'_k l'_k = H. \tag{1.78}$$

Diese Beziehung ist für die gesamte abbildende Optik sehr wichtig; deshalb sei ihre Aussage in Worten wiederholt:

- Das Produkt aus Apertur und Objektgröße im Objektraum ist gleich dem Produkt von Apertur und Bildgröße im Bildraum. Es handelt sich hier um eine Invariante (unveränderliche Größe) der Abbildung; diese Invariante wird im Allgemeinen *Huygens-Helmholtz-Invariante* genannt. Wir nennen sie abkürzend einfach *H-Invariante*.

Analog zu Gl. (1.78) kann mit den Daten der Pupillen-Abbildung auch geschrieben werden:

$$-n_1 \omega_1 r_{\text{EP}} = n'_k \omega'_k r_{\text{AP}} = H. \tag{1.79}$$

Es resultiert hier der gleiche Wert für H auf Grund der Kopplung der Objekt- und der Pupillenabbildung. Um das besser zu erkennen, entnimmt man aus der Abb. 1.78 die Beziehungen:

$$\sigma_1 = -\frac{r_{\text{EP}}}{s_1 - z_1} = -\frac{h_1}{s_1}, \quad \omega = \frac{l_1}{s_1 - z_1} = -\frac{m_1}{z_1} \tag{1.80}$$

bzw.

$$\sigma'_k = -\frac{r_{\text{AP}}}{s'_k - z'_k} = -\frac{h_k}{s'_k}, \quad \omega'_k = \frac{l'_k}{s'_k - z'_k} = -\frac{m_k}{z'_k}. \tag{1.81}$$

Ersetzt man in Gl. (1.78) auf der linken Seite σ_1 und l_1 durch die in Gl. (1.80) gegebenen Ausdrücke, so erhält man gerade die linke Seite von Gl. (1.79); analog gehen die rechten Seiten von Gl. (1.78) und Gl. (1.79) ineinander über, wenn man Gl. (1.81) beachtet.

Weiter ist die Pupillenabbildung vom Objekt- in den Bildraum natürlich auch durch die Gauß-Matrix wie in Gl. (1.44) bzw. Gl. (1.47) beschreibbar. Es ist aber auch möglich, Objekt- und Pupillenabbildung in einer Gleichung zusammenzufassen:

$$G \begin{pmatrix} h_1 & m_1 \\ n_1 \sigma_1 & n_1 \omega_1 \end{pmatrix} = \begin{pmatrix} h_k & m_k \\ n'_k \sigma'_k & n'_k \omega'_k \end{pmatrix}. \tag{1.82}$$

Die Ausführung der Matrizen-Multiplikation führt gerade auf die bekannten Abbildungsgleichungen. Zusätzliche Information erhält man durch Bildung der Determinanten rechts und links, daraus ergibt sich wieder die Invarianz von H, denn die Determinante von G ist bekanntlich gleich eins.

Die Lagen von Aperturblende und damit auch der Pupillen sind bis jetzt nicht festgelegt worden. Häufig ergeben sich spezielle Werte durch technische Nebenbedingungen. Es gibt jedoch einen besonderen Fall, in dem man wegen geforderter Abbildungseigenschaften auch der Aperturblende definitiv eine bestimmte Lage gibt. Es handelt sich um den Fall des *telezentrischen Hauptstrahlengangs*, bei dem die Aperturblende in der bildseitigen Brennebene des optischen Systems angebracht wird; siehe dazu Abb. 1.81. Die Hauptstrahlen verlaufen dann im Objektraum achsparallel, der objektseitige Bildwinkel ω_1 ist gleich null; die EP liegt im Unendlichen. Dagegen befinden sich die abzubildenden Objekte in unterschiedlichen, endlichen Entfernungen vom optischen System; dementsprechend sind die Bildlagen ebenfalls unterschiedlich. Es besteht nun die Aufgabe, ein Objekt gegebener Größe, aber mit variablen Lagen abzubilden und aus der resultierenden Bildgröße auf die des Objekts zu schließen. Beispielsweise aus den Gln. (1.54) und (1.55) geht hervor, dass das in

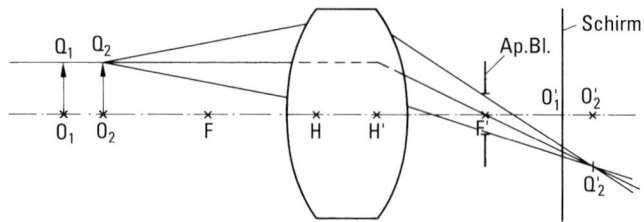

Abb. 1.81 Telezentrischer Hauptstrahlengang bei Anordnung der Aperturblende im bildseitigen Brennpunkt eines optischen Systems.

Strenge nicht möglich ist. Es ist deshalb nach einer Vorgehensweise zu suchen, die den optimalen Kompromiss liefert. Es wird dafür bei einer mittleren Bildlage ein Schirm bzw. eine Mattscheibe aufgestellt; das Objekt in der konjugierten Lage wird natürlich scharf auf den Schirm abgebildet. Bei axialer Verschiebung des Objekts ändert sich zwar die Lage des Bildes, aber der Hauptstrahl durchstößt den Schirm immer noch an der gleichen Stelle. Auf dem Schirm entsteht nun ein etwas unscharfes Bild, das aber wegen des konstanten Hauptstrahl-Verlaufs die gleiche Größe besitzt wie das ursprüngliche Bild. Den Grad der Unschärfe kann man dadurch regeln, dass man die Apertur der Abbildung nur so groß macht, dass der Unschärfekreis auf dem Schirm ausreichend klein bleibt. Nach diesem Prinzip des telezentrischen Hauptstrahlengangs arbeiten alle Mikro-Objektive und optische Systeme, die in der Messtechnik eingesetzt werden.

Abbildungen durch optische Systeme erfolgen grundsätzlich mit endlichen Werten von Apertur und Bildfeld. Die Festlegung dieser Werte geschieht durch die Angaben von Lagen und Größen der Aperturblende und der Gesichtsfeldblende. Die *quantitative Kennzeichnung* der jeweils gültigen Werte sollte in möglichst einheitlicher Weise vorgenommen werden. Dabei interessiert vor allem die Kennzeichnung im Objektraum, weil dadurch einerseits das abbildbare Objektfeld und andererseits die erfassbare Apertur festgelegt werden; es ist dann aber auch die Apertur im Bildraum von Interesse, weil bei weitergehenden Untersuchungen zur Bestimmung der Bildqualität gerade diese Größe wesentlich ist. Es zeigt sich aber, dass eine völlig einheitliche Kennzeichnung nicht realisierbar ist. Das sei für die wichtigen Fälle kurz behandelt:

Zunächst werden Objekt und EP sowie Bild und AP jeweils in endlicher Entfernung vom optischen System angenommen, wie in Abb. 1.82 dargestellt. Apertur-

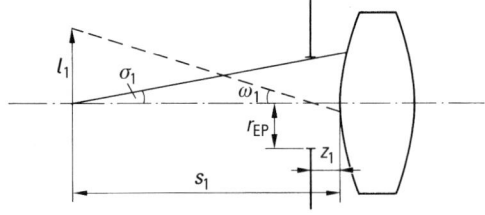

Abb. 1.82 Kennzeichnung von Apertur und Feld bei Objekt und EP in endlicher Entfernung.

winkel σ_1 und Bildwinkel ω_1 wie auch Pupillenradius r_{EP} und Objektgröße l_1 sind alle endlich, insofern ist jede dieser Größen zur Kennzeichnung geeignet. Typisch ist diese Konfiguration u.a. für reprografische Objektive. Aperturwinkel σ und Objektfeld $2|l_1|$ werden hier normalerweise als charakteristische Leistungsdaten verwandt.

Wenn das Objekt sehr weit entfernt ist, muss die EP in endlicher Entfernung vom optischen System liegen. Die Apertur kann hier durch den EP-Radius gekennzeichnet werden, was zuweilen auch geschieht; es ist jedoch weitaus gebräuchlicher, mit der *Blendenzahl k* zu arbeiten, die definiert ist durch

$$k = \frac{f}{\varnothing EP}. \qquad (1.83)$$

Neben der Blendenzahl k wird auch noch die veraltete Bezeichnung „Öffnungsverhältnis" bzw. „relative Öffnung" benutzt; dabei handelt es sich jeweils um den Reziprokwert von k. Das Objekt- bzw. Bildfeld wird durch den objektseitigen Feldwinkel ω_1 oder durch das Bildformat $2l'_k$ gekennzeichnet. So wird bei fotografischen Systemen verfahren; siehe dazu die Abb. 1.83.

Wenn jedoch die EP unendlich weit vom optischen System entfernt ist, und demnach das Objekt in endlicher Entfernung vom optischen System angeordnet ist, so ist die Apertur direkt in Form der maximalen Strahlneigung anzugeben, d.h. durch $n_1 \sin \sigma_1$ (hier werden durchaus endliche Werte für die Apertur entsprechend der realen Anwendung eingetragen). Das Objekt- bzw. Bildfeld wird in solchen Fällen zumeist in Form des Durchmessers $2l'_k$ des Bildfelds gekennzeichnet. So geht man z.B. bei Objektiven für die Mikroskopie und auch bei mancherlei optischen Systemen für die Messtechnik vor; siehe dazu die Abb. 1.84.

Die Funktionen der Aperturblende und der Gesichtsfeldblende sind, wie dargestellt, wohl definiert. Nur wenn optische Systeme mit zu kleinen Linsen- bzw. Spie-

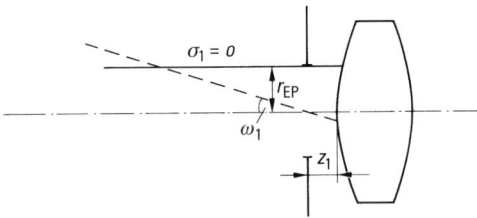

Abb. 1.83 Kennzeichnung von Apertur und Feld bei unendlich fernem Objekt.

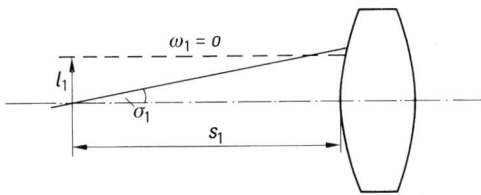

Abb. 1.84 Kennzeichnung von Apertur und Feld bei unendlich ferner EP.

geldurchmessern ausgeführt werden, kann es passieren, dass bei außeraxialen Abbildungen als Aperturblende teilweise auch Linsenfassungen wirksam werden. Das hat aber nichts mit der prinzipiellen Funktion zu tun, sondern nur mit der Dimensionierung und ökonomischen Erwägungen.

In Gl. (1.79) wurde bereits angegeben, dass die H-Invariante eine Kopplung zwischen Objekt- und Aperturblenden-Abbildung beinhaltet. Das ist insbesondere bei zusammengesetzten optischen Systemen zu beachten, wie sie speziell in optischen Instrumenten verwendet werden. Man bezeichnet diese Kopplung auch als *verketteten Strahlengang*. Besonders gut lässt sich dessen Wirkungsweise am Mikroskop und dabei in der Mikro-Projektion darstellen bzw. überprüfen. Bei der Projektion eines vergrößerten Bildes auf einen Schirm müssen die Funktionen von Apertur- und Gesichtsfeldblende voneinander getrennt wahrgenommen werden können. Die Änderung der Aperturblenden-Größe darf nur eine Änderung der Bildhelligkeit zur Folge haben, die der Gesichtsfeldblende darf nur eine Änderung der Bildfeldgröße zur Folge haben. Hier ist implizit bereits angesprochen, dass man bei dem Mikroskop und vielerlei anderen optischen Geräten die beleuchtende Lichtquelle zweckmäßig nicht auf das Objekt sondern auf die Aperturblende abbildet. Damit vermeidet man einmal eine zu starke Erwärmung des Objekts durch die Strahlung und man erreicht gleichzeitig eine gleichmäßige Ausleuchtung des Objekts.

1.7 Abbildungsfehler

1.7.1 Auswirkungen der Dispersion optischer Medien

In dem Abschn. 1.5 über Gauß-Optik wurde festgestellt, dass in dem Bereich differentiell kleiner Aperturen von punktförmigen Objekten durch Abbildung wiederum punktförmige Bilder zu erzeugen seien. Das muss jetzt insofern relativiert werden, als die Aussage nur dann gilt, wenn es sich um Abbildungen für eine feste Wellenlänge handelt (sogenannte monochromatische Abbildung). Tatsächlich sind aber die in den Abbildungsgleichungen des Abschn. 1.5 eingesetzten Brechzahlen n, n' von der Wellenlänge λ abhängig. Das gilt jedenfalls für alle die optischen Systeme, die brechende optische Elemente enthalten. Es ist hier einfach festzustellen, in Kap. 2 dieses Buches genauer zu diskutieren, dass alle in der Optik benutzten Medien *Dispersion* besitzen; das bedeutet, dass die Brechzahlen n Funktionen der Wellenlänge λ sind:

$$n = n(\lambda). \tag{1.84}$$

Optische Abbildungen erfolgen zumeist bei Benutzung von Strahlungen mit endlicher spektraler Bandbreite; der jeweils benutzte Strahler sendet bei unterschiedlichen Wellenlängen mit verschiedenen spektralen Strahldichten (Einzelheiten dazu siehe Kap. 5), auf Grund dessen im Bild Überlagerungen der monochromatischen Teilbilder zustande kommen; nur bei dem Einsatz von Lasern als Strahlungsquellen kann man Dispersions-Effekte im Allgemeinen vernachlässigen. Hier gilt aber das Interesse vornehmlich solchen Abbildungsaufgaben, bei denen der sichtbare Spektralbereich von etwa $0.4\,\mu\text{m} \leq \lambda \leq 0.8\,\mu\text{m}$ berücksichtigt wird. Verfügbare optische

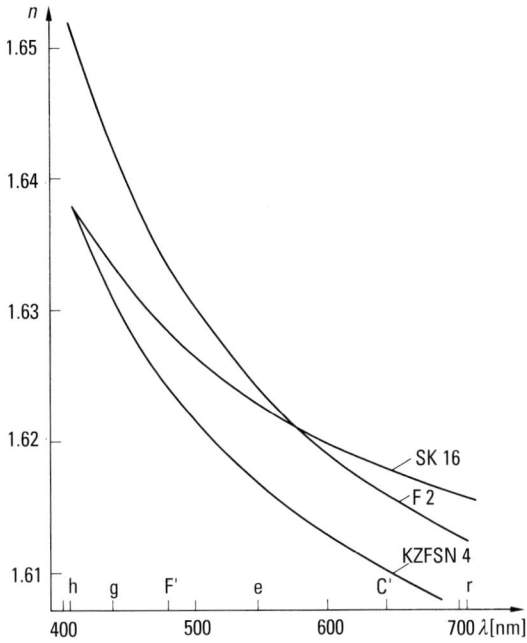

Abb. 1.85 Darstellung der Brechzahl als Funktion der Wellenlänge für drei ausgewählte optische Glasarten.

Gläser besitzen Variationen der Brechzahl mit der Wellenlänge, wie sie beispielhaft in Abb. 1.85 für drei ausgewählte Gläser dargestellt ist.

Im hier interessierenden sichtbaren Spektralbereich weisen optische Gläser und andere interessierende Materialien „normale Dispersion" auf, das bedeutet, es gilt

$$\frac{dn}{d\lambda} < 0.$$

Die Beschreibung des Dispersionverhaltens optischer Gläser erfolgt in der Praxis durch Gleichungen, die sich durch Einfachheit und Eignung auszeichnen, aber nicht notwendig theoretisch begründet sind. Eine besonders einfache Gleichung zur Beschreibung der Brechzahl-Variation mit der Wellenlänge ist die von Cornu (1870) angegebene:

$$n = n_0 + \frac{C}{\lambda - \lambda_0}. \tag{1.85}$$

Darin bedeuten n_0 die Brechzahl für $\lambda = \infty$ und λ_0 die Wellenlänge, für die $n = \infty$ wird, d. h. für maximale Absorption. Da durch die Gl. (1.85) Brechzahlen nur auf etwa 4 Stellen genau beschrieben werden können, benutzen die Hersteller optischer Gläser heute die folgende Beschreibung der Brechzahl als Funktion der Wellenlänge:

$$n^2(\lambda) = 1 + \sum_{i=1}^{3} \frac{B_i \lambda^2}{\lambda^2 - C_i}. \tag{1.86}$$

Mit dieser Gleichung wird im Bereich 400 nm ≤ λ ≤ 750 nm eine Darstellung der Brechzahl n als Funktion der Wellenlänge λ erreicht, die maximal Abweichungen von $\Delta n \leq 1 \times 10^{-5}$ besitzt.

Es ist üblich, vielfach nicht mit Dispersionsformeln wie den eben angeführten zu arbeiten, sondern statt dessen Brechzahlen für ausgewählte Wellenlängen zur Beschreibung des jeweils interessierenden Mediums zu verwenden. Im sichtbaren Spektralbereich wird die Fraunhofer-Linie e des Quecksilbers (λ = 546.07 nm) als Hauptwellenlänge gewählt. Die Brechzahl n_e wird als *Hauptbrechzahl* bezeichnet; daneben werden vor allem die Brechzahlen für die beiden Fraunhofer-Linien F' ($\lambda_{F'}$ = 479.99 nm) und C' ($\lambda_{C'}$ = 643.85 nm) benutzt. Die Brechzahl-Differenz $n_{F'} - n_{C'}$ wird als *Hauptdispersion* bezeichnet; neben dieser Größe wird die *Abbe-Zahl v* zur ersten Charakterisierung des Dispersionsverhaltens eines optischen Mediums verwandt. Es gilt die Definition:

$$v_e = \frac{n_e - 1}{n_{F'} - n_{C'}} . \tag{1.87}$$

Es hat sich eingebürgert, die optischen Gläser – und andere optische Medien – in dem sogenannten n-v-Diagramm darzustellen; für die optischen Gläser der Fa. Schott Glaswerke Mainz ist das entsprechende Diagramm in Abb. 1.86 wiedergegeben.

Wenn das Dispersionsverhalten optischer Gläser genauer beschrieben werden soll als durch n und v möglich, so bedient man sich der sogenannten *relativen Teildispersion* P_{xy}, wobei die Indices x und y für speziell ausgewählte Wellenlängen stehen. Es gilt die Definition:

$$P_{xy} = \frac{n_x - n_y}{n_{F'} - n_{C'}} . \tag{1.88}$$

Wie Abbe vor mehr als 100 Jahren gezeigt hat, gilt für die meisten optischen Gläser die sogenannte Abbe'sche Regel, nach der die P_{xy} lineare Funktionen der Abbe-Zahl v sind.

Die Abhängigkeit der Brechzahl n von der Wellenlänge bewirkt, dass bei brechenden Flächen deren Abbildungseigenschaften wellenlängenabhängig werden. Das ist sofort zu erkennen, wenn man mit Gleichungen wie Gl. (1.21) bzw. deren Verallgemeinerung wie Gl. (1.47) Schnittweiten und Abbildungsmaßstäbe für unterschiedliche Wellenlängen bestimmt. Es ist damit festzustellen, dass bereits im Bereich der Gauß-Optik *Abbildungsfehler* auftreten. Es ist üblich, hier von *Farbfehlern* bzw. *chromatischen Aberrationen* zu sprechen; da sich diese Ausdrucksweise eingebürgert hat, übernehmen wir diese Terminologie. Es ist jedoch darauf hinzuweisen, dass der Begriff *Farbe* und damit auch der von *Chroma* nur im Zusammenhang mit der Sinnesempfindung durch Auge und Gehirn sinnvoll ist, wie das in Kap. 6 im Einzelnen dargelegt wird. Hier handelt es sich um Abbildungsfehler, die richtiger als *dispersive Fehler* zu bezeichnen sind, weil sie nur durch die Dispersion optischer Medien verursacht werden. Da diese Ausdrucksweise aber leider bisher nicht durchzusetzen ist, benutzen wir hier wider besseres Wissen die üblichen Ausdrücke.

Zunächst wird die axiale Abbildung eines Objektpunkts im Bereich der Gauß-Optik untersucht. Gemäß Gl. (1.21) gilt für die Abbildung durch eine beliebige Flä-

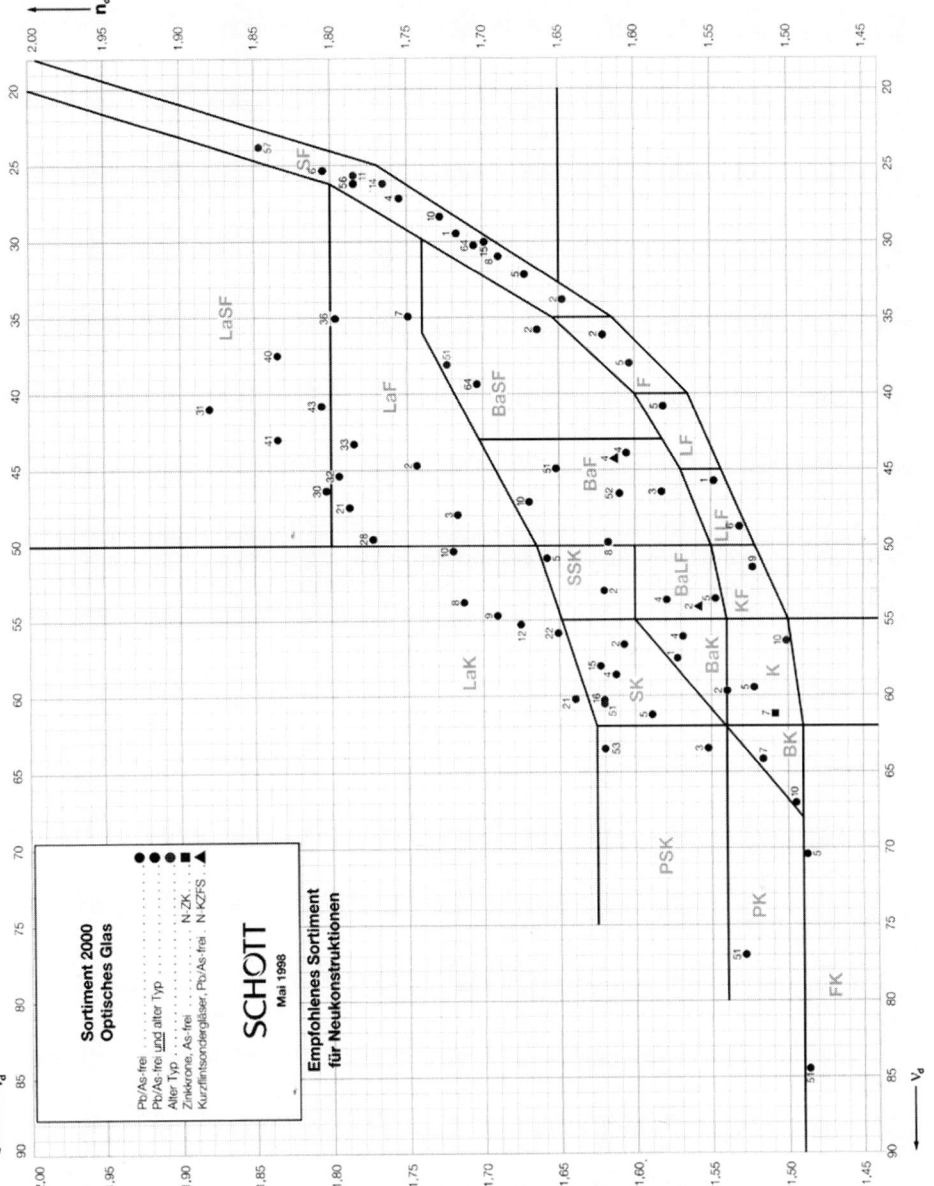

Abb. 1.86 Übersichtsplan für die optischen Glasarten der Fa. Schott Glaswerke, Mainz, $(n, \nu$-Diagramm).

che eines abbildenden optischen Systems

$$\frac{n'}{s'} = \frac{n}{s} + \frac{n'-n}{r}.$$

Hier sind die Brechzahlen n, n' als Funktionen der Wellenlänge λ aufzufassen, dementsprechend wird das auch für die Schnittweiten s, s' gelten. Durch Differentiation von Gl. (1.21) nach der Wellenlänge λ resultiert

$$\left(\frac{n'}{s'}\right)^2 \frac{\partial s'}{n'} = \left(\frac{n}{s}\right)^2 \frac{\partial s}{n} - n\left(\frac{1}{r} - \frac{1}{s}\right)\left(\frac{\partial n'}{n'} - \frac{\partial n}{n}\right). \qquad (1.89\,\text{a})$$

Für die weitere Diskussion ist es angebracht, gemäß Gl. (1.19) auf die Höhen-Winkel-Schreibweise überzugehen; das liefert

$$(n'\sigma')^2 \frac{\partial s'}{n'} = (n\sigma)^2 \frac{\partial s}{n} + h\,n\,\varepsilon\left(\frac{\partial n'}{n'} - \frac{\partial n}{n}\right). \qquad (1.89\,\text{b})$$

Das Zeichen ∂ steht für die differentielle Variation einer Größe mit der Wellenlänge λ. Aus Gl. (1.89) sind bereits die Charakteristika des vorliegenden Abbildungsfehlers zu entnehmen, die vielfach auch bei anderen, später zu besprechenden Fehlern auftreten; die Diskussion erfolgt weiter unten.

Um den Abbildungsfehler eines zusammengesetzten optischen Systems zu ermitteln, stellt man sich den Ausdruck Gl. (1.89b) für alle Flächen j (mit $1 \leq j \leq k$) aufgeschrieben. Summiert man dann auf beiden Seiten, so ergibt sich wegen

$$n_{j+1} = n'_j; \quad \sigma_{j+1} = \sigma'_j$$

als Ergebnis

$$(n'\sigma')_k^2 \frac{\partial s'_k}{n'_k} = (n\sigma)_1^2 \frac{\partial s_1}{n_1} + \sum_j h\,n\,\varepsilon\left(\frac{\partial n'}{n'} - \frac{\partial n}{n}\right). \qquad (1.90)$$

Die Aussagen von Gl. (1.90) sind: Bereits im Bereich der Gauß-Optik gibt es bei der axialen Abbildung Fehler, wenn endliche spektrale Bandbreiten zugelassen werden. Die Schnittweiten-Variation $\partial s'_k$ ist von zwei unterschiedlichen Einflussgrößen abhängig. Einmal wird die eventuell bereits im Objektraum vorhandene Schnittweiten-Variation ∂s_1 mit der Wellenlänge mit dem Faktor β^2 im Bildraum wirksam. Zum anderen Mal – und das ist hier wesentlich – werden in dem Summenausdruck von Gl. (1.90) die Konstruktionsdaten des aktuellen Systems und die speziellen Strahldaten wirksam. Im Allgemeinen wird angenommen, dass ein fehlerfreies Objekt vorliege, dann ist allein der Summenausdruck in Gl. (1.90) wirksam. Die dadurch bewirkte Schnittweiten-Variation im Bildraum wird *Farblängsfehler* oder auch *chromatische Längsaberration* genannt.

Der Summenausdruck in Gl. (1.90) sei etwas ausführlicher diskutiert, weil er eine typische Struktur besitzt, die in ähnlicher Form auch für andere, später zu besprechende Abbildungsfehler auftritt. Eine einzelne Fläche trägt nur dann nicht zum Farblängsfehler bei, wenn

– vor und nach der Fläche keine Dispersion besteht oder
– der Inzidenzwinkel ε gleich null ist oder
– die Einfallshöhe h gleich null ist.

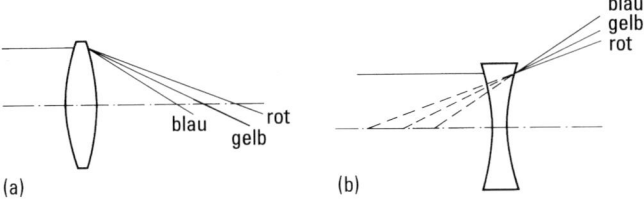

Abb. 1.87 Strahlenverlauf im Bildraum einer Linse bei Abbildung mit unterschiedlichen Wellenlängen; (a) für eine Positivlinse; (b) für eine Negativlinse.

Solche Sonderfälle kommen wohl vor, doch sind sie hier nicht wesentlich. Es sei nun danach gefragt, welchen Farblängsfehler eine dünne Linse der Brennweite f in Luft besitzt; damit wird ein erstes Maß dafür gewonnen, welche Bedeutung der Farblängsfehler besitzen kann. Die Abb. 1.87 zeigt den zugehörigen Strahlenverlauf in symbolischer Form für drei Wellenlängen. Aus Gl. (1.90) ergibt sich nach der entsprechenden Spezialisierung und bei gleichzeitiger Einführung endlicher anstatt differenzieller Wellenlängendifferenzen

$$\Delta s'_{F'\ldots C'} = -f \frac{(1-\beta)^2}{\nu}. \tag{1.91}$$

Hier sind auf der rechten Seite von Gl. (1.91) f, β und ν für die Fraunhofer-Linie e eingesetzt. Der Farblängsfehler einer Linse ist demnach proportional zur Brennweite, umgekehrt proportional zur Abbe-Zahl und vom Abbildungsmaßstab β in quadratischer Form abhängig. Speziell für $\beta = +1$, d. h. wenn Objekt, Bild und Linse zusammenfallen, wird der Farblängsfehler zu null. Beispielhaft wird ein Glas mit der Abbe-Zahl $\nu = 60$ angenommen, sodass bei $\beta = 0$ ein Farblängsfehler von $0.0167 f$ resultiert (siehe Abb. 1.88 a); bei $\beta = -10$ beträgt der Farblängsfehler bereits $0.0667 f$. Diese Fehler-Beträge sind für viele Anwendungen bereits ausgesprochen störend. Es ist deshalb zu untersuchen, ob es Möglichkeiten gibt, den Farblängsfehler zu korrigieren – d. h. zu null zu machen – oder wenigstens zu reduzieren. Da das Problem der Korrektion von Abbildungsfehlern hier erstmals auftritt, muss darauf etwas genauer eingegangen werden. Wie aus Gl. (1.90) zu ersehen ist, liefert im all-

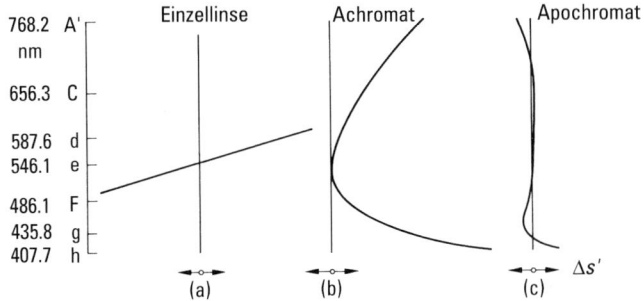

Abb. 1.88 Farblängsfehler (a) einer einzelnen Linse; (b) eines Achromaten; (c) eines Apochromaten.

gemeinen Fall jede Fläche einen Beitrag zum Farblängsfehler; Betrag und Vorzeichen können dabei durchaus variieren. Um übersichtliche Verhältnisse zu gewinnen, ist es angebracht, wieder das Konzept der dünnen Linsen in Luft zu verwenden; für diese resultiert aus Gl. (1.90) bei fehlerfreiem Objekt

$$\Delta s'_k = - \sum h_i^2 \frac{\varphi_i}{v_i}. \qquad (1.92)$$

Die Verhältnisse werden besonders einfach bei Betrachtung eines Systems aus zwei dünnen Linsen ohne gegenseitigen Abstand. Dann vereinfacht sich die Aufgabe der Annullierung des Farblängsfehlers zu

$$\frac{\varphi_1}{v_1} + \frac{\varphi_2}{v_2} = 0. \qquad (1.93)$$

Zusätzlich ist zu beachten, dass für die Brechkräfte der Einzellinsen noch die Nebenbedingung

$$\varphi_1 + \varphi_2 = \varphi$$

gilt, durch die der Gesamtbrechkraft φ ein bestimmter Wert zugewiesen wird. Nimmt man im Moment die Abbe-Zahlen als gegeben an, so erhält man für die Brechkräfte der Einzellinsen

$$\varphi_1 = \varphi \frac{v_1}{v_1 - v_2}; \quad \varphi_2 = \varphi \frac{v_2}{v_2 - v_1}.$$

Mit $v_1 = 60$ und $v_2 = 30$ – das sind technisch realisierbare Daten – ergibt sich $\varphi_1 = 2\varphi$ und $\varphi_2 = -\varphi$; ein gleichwertiges Ergebnis erhält man bei Vertauschung der Abbe-Zahlen und damit auch der Brechkräfte. Das Ergebnis dieser Betrachtung ist, dass es durchaus möglich ist, mit Hilfe mehrerer Linsen und Gläser unterschiedlicher Dispersionen *Achromate* zu erzeugen. Es sind das optische Systeme, die für zwei unterschiedliche Wellenlängen (hier F' und C') gleiche Schnittweiten besitzen. Untersucht man solch einen Achromaten bei anderen Wellenlängen, so stellt man fest, dass für diese durchaus Schnittweiten-Variationen auftreten, wie sie in Abb. 1.88b dargestellt sind. Bei Verwendung sogenannter Regelgläser ist die verbleibende Schnittweiten-Abweichung, auch *sekundäres Spektrum* genannt, für die Wellenlänge e gegenüber F' und C' noch etwa $f/2000$; nur wenn Sondergläser eingesetzt werden, gelingt eine weitergehende Korrektion des Farblängsfehlers. Es ergeben sich im günstigsten Fall sogenannte *Apochromate*, die gleiche Schnittweiten bei drei Wellenlängen besitzen, die Abb. 1.88c enthält ein Beispiel für den Schnittweiten-Verlauf als Funktion der Wellenlänge.

Die Korrektion von Fehlern, hier des Farblängsfehlers, erfordert mehr optische Elemente, als es aus den Überlegungen der Gauß-Optik heraus notwendig erscheint. Darüber hinaus sind aber die Beträge der Brechkräfte der einzelnen Elemente im Allgemeinen größer zu wählen, als es für das gesamte Element gilt. Im obigen Beispiel des Achromaten ist das bereits zu erkennen. Wenn man zusätzlich noch Gläser mit solchen Abbe-Zahlen verwendet, die sich weniger unterscheiden, als wir das in dem numerischen Beispiel oben angenommen haben, so steigen die Brechkraft-Beträge der einzelnen Elemente noch an. Diese Eigenschaft der *Korrektion durch Kompensation*,

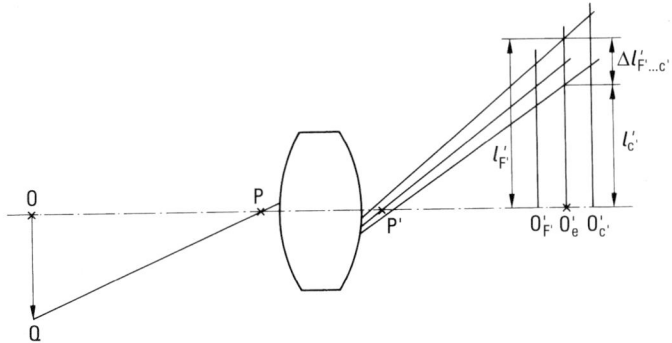

Abb. 1.89 Verlauf der Hauptstrahlen für unterschiedliche Wellenlängen im Bildraum bei Farbquerfehler.

die hier angewandt werden muss, ist ausgesprochen unangenehm, weil dadurch nicht nur kostspielige und schwierig herstellbare Komponenten erforderlich werden, sondern vor allem weil die einzelnen Komponenten damit hohe Fehlerbeiträge liefern.

Bereits im Bereich der Gauß-Optik ist zusätzlich zur axialen Abbildung der Verlauf der Hauptstrahlen zu berücksichtigen; für diese ist auch der Einfluss der Dispersion optischer Medien wirksam. In ganz analoger Weise wie oben für den Farblängsfehler sind hier Formulierungen herleitbar, die den Hauptstrahlverlauf als Funktion der Wellenlänge beschreiben. Die Abb. 1.89 zeigt in schematischer Weise ein Beispiel für die Hauptstrahlen unterschiedlicher Wellenlängen im Bildraum. Als Folge der Dispersion durchstoßen die Hauptstrahlen unterschiedlicher Wellenlängen die Bildebene der Bezugswellenlänge (hier e) in verschiedenen Bildhöhen. Den Bildhöhen-Unterschied $\Delta l'_{F'...C'}$, für zwei ausgewählte Wellenlängen (hier F' und C') bezeichnet man als *Farbquerfehler* oder auch als *chromatische Vergrößerungsdifferenz*. Der zu Gl. (1.92) analoge Formelausdruck für den Farbquerfehler eines Systems dünner Linsen lautet

$$\Delta l'_{F'...C'} = \sum_j \delta_i h_j \frac{\varphi_j}{\nu_j}. \tag{1.94}$$

Die hier neu eingeführte Größe δ steht im Wesentlichen für das Verhältnis der Durchstoßhöhen von Hauptstrahl zu Randstrahl an dem j-ten Element. Daraus ist ersichtlich, dass ein Element am Ort der Aperturblende oder an einem ihrer Bilder keinen Beitrag zum Farbquerfehler liefert. Im Gegensatz zum Farblängsfehler ist der Farbquerfehler also durch die Blendenlage beeinflussbar. Dieses Ergebnis ist typisch für den Unterschied zwischen axialer und außeraxialer Abbildung, wie es weiter unten ebenfalls festzustellen sein wird. Weiter ist aus Gl. (1.94) bzw. der Definition von δ zu entnehmen, dass der Farbquerfehler eines optischen Elements vor der Aperturblende ein anderes Vorzeichen besitzen wird als ein Element hinter der Aperturblende. Damit ist ein Korrektionsmittel für den Farbquerfehler gegeben; insbesondere bei symmetrischen optischen Systemen (das sind Systeme, bei denen vordere und hintere Hälfte durch Spiegelung an der Aperturblende ineinander übergehen) gelingt es, den Farbquerfehler zu beseitigen, wenn auch der Strahlengang symmetrisch ist.

122   1 Optische Abbildung

1.7.2 Abbildung bei endlichen Aperturen und Feldern

Wie in Abschn. 1.5 bereits formuliert, besteht die Aufgabe optischer Abbildungen darin, von punktförmigen Objekten punktförmige Bilder zu erzeugen. Das gelingt im Rahmen der Gauß-Optik bei fester Wellenlänge, weil dort mit differentiell kleinen Aperturen und Feldern gearbeitet wird. Dabei ist aber zu berücksichtigen, dass das nur in rechnerischer Näherung gilt. Reale Abbildungen erfolgen dagegen immer mit endlichen Werten von Apertur und Feld, sodass es notwendig wird, sich mit den tatsächlich auftretenden Strahlverläufen vertraut zu machen.

Bei der Beschreibung von Abbildungen im Sinn der Gauß-Optik in Abschn. 1.5 wurden zwei Näherungen eingeführt. Die erste Näherung betrifft die Darstellung des Strahlverlaufs relativ zur optischen Achse. Dabei wurden statt der trigonometrischen Funktionen deren Winkel selbst benutzt. Die zweite Näherung trifft nur für den Fall der Brechung, nicht für den der Reflexion zu: Es wurde nicht das exakt gültige Brechungsgesetz angewandt, sondern es wurde mit den Inzidenzwinkeln selbst statt mit den Sinus dieser Winkel gearbeitet. Diese Näherungen sind nun aufzugeben.

An Hand von einigen Beispielen wird versucht, einen ersten Einblick in Natur und Größe von Abbildungsfehlern zu erhalten. Zunächst wird deshalb die Abbildung von Objektpunkten durch eine ebene reflektierende Fläche betrachtet; siehe Abb. 1.90. Unter dem Winkel σ gegenüber der Normalen zur spiegelnden Fläche vom Objektpunkt O ausgehende Strahlen besitzen nach der Reflexion den Neigungswinkel $-\sigma$, und sie schneiden sich in dem gemeinsamen virtuellen Bildpunkt O'. In diesem einfachen Fall treten keine Abbildungsfehler auf. Objekt- und Bildentfernung von der spiegelnden Fläche sind gleich, der Abbildungsmaßstab β ist gleich $+1$.

Als nächstes Beispiel wird die Abbildung durch einen Kugelspiegel betrachtet; siehe Abb. 1.91. Das Objekt wird hier unendlich entfernt angenommen, sodass ein Parallel-Strahlenbüschel auf den Kugelspiegel trifft. Der Verlauf der Strahlen nach der Reflexion ist zeichnerisch wie rechnerisch verfolgbar. Wenn die Einfallshöhe h der Strahlen im Verhältnis zum Radius r nicht mehr vernachlässigbar klein ist, ergibt sich keinesfalls mehr ein Bildpunkt. Vielmehr ist jeder Einfallshöhe h eine andere Bildschnittweite s' zugeordnet. Damit wird erstmals das Auftreten von *Abbildungs-*

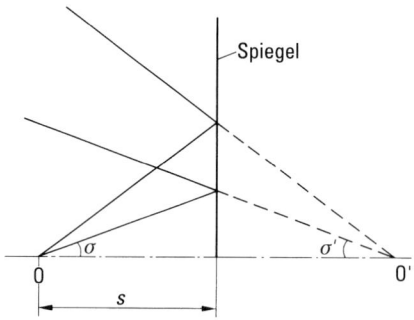

Abb. 1.90 Abbildung durch eine ebene reflektierende Fläche bei endlicher Apertur.

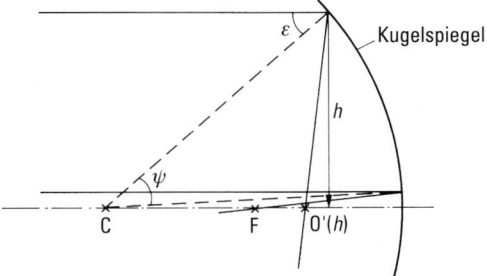

Abb. 1.91 Abbildung durch einen Kugelspiegel bei endlicher Apertur.

Abb. 1.92 Kaustik am Kugelspiegel in bildlicher Darstellung.

fehlern oder auch *Aberrationen* bei monochromatischer Abbildung deutlich. Wichtig ist dabei vor allem, dass das Bild nicht punktförmig oder linienförmig oder flächenhaft ist, sondern dass eine räumliche Strahlenverteilung resultiert. Während in Abb. 1.91 die Verhältnisse nur für einzelne Strahlen zeichnerisch dargestellt sind, ergeben sich im Experiment (siehe Abb. 1.92) kontinuierlich variable Verhältnisse; es entsteht dabei eine Strahlenverteilung, die als *Kaustik* bezeichnet wird. Als Kaustik (Brennfläche) bezeichnet man genauer die Tangentialfläche an alle Strahlen, wobei immer zu berücksichtigen ist, dass es sich um eine räumliche Erscheinung handelt, die hier rotationssymmetrisch zur optischen Achse ist.

Quantitativ erhält man für die Schnittweiten $s'(h)$ mit den Bezeichnungen von Abb. 1.91:

$$\sin \varepsilon = \sin \psi = \frac{h}{r},$$

$$\overline{CO'} = \frac{r \sin \varepsilon}{\sin(\pi - 2\varepsilon)} = \frac{r}{2 \cos \varepsilon},$$

$$s' = r \left(1 - \frac{1}{2 \cos \varepsilon}\right).$$

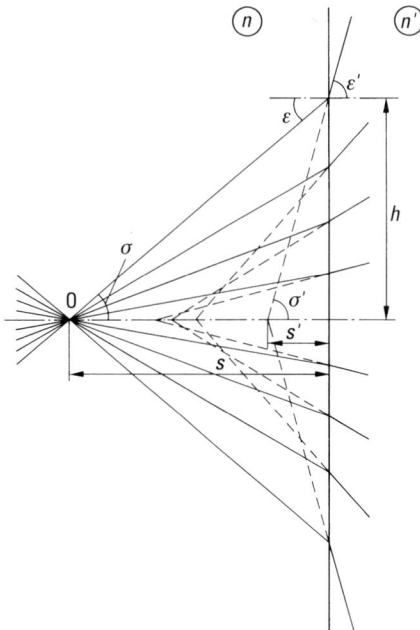

Abb. 1.93 Abbildung durch eine ebene brechende Fläche bei endlicher Apertur.

Speziell gilt:

$$h = 0 \qquad h = \frac{r}{\sqrt{2}}$$

$$\varepsilon = 0 \qquad \varepsilon = \frac{\pi}{4}$$

$$s' = \frac{r}{2} \qquad s' = r\left(1 - \frac{1}{\sqrt{2}}\right) \simeq 0.293\,r.$$

Die Schnittweiten s' variieren also beträchtlich mit der Einfallshöhe h.

Als weiteres Beispiel sei nun die ebene brechende Fläche behandelt (siehe Abb. 1.93), die Brechzahl vor der Fläche sei n, die hinter der Fläche sei n', wobei speziell in der Abb. $n' < n$ gelten soll. Wie aus der Abb. 1.93 zu entnehmen ist, gilt die Beziehung

$$h = -s \tan\sigma = -s' \tan\sigma'.$$

Außerdem sind $\varepsilon = -\sigma$ und $\varepsilon' = -\sigma'$. Unter Berücksichtigung des Brechungsgesetzes nach Gl. (1.2)

$$n \sin\varepsilon = n' \sin\varepsilon'$$

ergibt sich die Schnittweite nach der Brechung zu

$$s' = \frac{n's}{n\cos\sigma}\sqrt{1 - \left(\frac{n}{n'}\sin\sigma\right)^2}. \tag{1.95}$$

Offensichtlich ist die Bildschnittweite s' von dem Aperturwinkel σ abhängig. Bei der Brechung treten Abbildungsfehler bereits im Falle ebener Grenzflächen auf, die auch zur Entstehung einer Kaustik führen.

Diese eben behandelten einfachsten Fälle von Abbildungen zeigen bereits, dass im Allgemeinen Aberrationen zu erwarten sind, wenn Abbildungen vorgenommen werden. Bei Verwendung von optischen Systemen mit mehreren bzw. vielen Flächen ist immer damit zu rechnen, dass Abweichungen von der Gauß-Optik auftreten. Es wird in den nächsten Teilabschnitten zu untersuchen sein, wie Abbildungsfehler in allgemeinen Fällen zu beschreiben sind, wie ihr Zustandekommen erklärt werden kann und ob es Möglichkeiten gibt, Aberrationen zu reduzieren oder gar zu vermeiden.

1.7.2.1 Abbildungsfehler einer brechenden Fläche

Bei der Messung oder Berechnung von monochromatischen Abbildungsfehlern beliebig zusammengesetzter optischer Systeme stellt man fest, dass sehr viele Parameter von Einfluss sind und somit sehr schwer eine Übersicht zu gewinnen ist. Das wird weiter unten im Einzelnen noch gezeigt werden. Es erscheint deshalb sehr angebracht, zunächst möglichst einfache Abbildungsaufgaben zu untersuchen, von denen ausgehend später die notwendigen Verallgemeinerungen vorgenommen werden können. Dafür bietet es sich an, die Abbildung durch eine sphärische brechende Fläche zu behandeln. Spiegelflächen werden damit auch erfasst, was rechnerisch einfach durch entgegengesetzt gleiche Brechzahlen vor und nach der Grenzfläche erreicht wird.

Von der zu betrachtenden Grenzfläche seien der Radius r und die Brechzahlen n und n' bekannt. Weiter sei im Abstand s von der Grenzfläche ein abzubildender Objektpunkt O gegeben (siehe Abb. 1.94). Die Gerade durch den Objektpunkt O und den Krümmungsmittelpunkt C ist eine optische Achse, jede andere Gerade durch C ist ebenfalls als optische Achse vorstellbar, weil hier eine sphärische und damit rotationssymmetrische Fläche vorausgesetzt ist. Um einen Bezug herzustellen, wird nach den Formeln der Gauß-Optik (siehe Abschn. 1.5) der Bildpunkt O'_0 bestimmt. (Der Index $_0$ wird weiterhin benutzt, um Größen der Gauß-Optik von denen

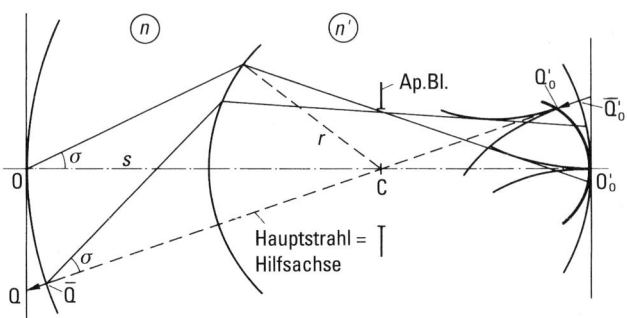

Abb. 1.94 Axiale und außeraxiale Abbildung durch eine brechende Fläche; Fall symmetrischer Blendenlage.

für endliche Aperturen bzw. Felder zu unterscheiden; Letztere werden ohne Index geschrieben.) Es werden nun von dem Objektpunkt O unter endlichem Winkel σ gegenüber der optischen Achse ausgehende Strahlen betrachtet. Bei bekannter Objektschnittweite s ist mit Hilfe des Brechungsgesetzes und einfachen Formeln der Geometrie der Strahlverlauf nach der Brechung berechenbar. Wie bereits oben bei der Abbildung durch eine Planfläche festgestellt, ergibt sich auch hier, dass die Bildschnittweite s' mit dem Aperturwinkel σ variiert, bei sammelnden Flächen – wie in Abb. 1.94 angenommen – nimmt s' mit wachsendem σ ab. Der im Bildraum resultierende Strahlverlauf ist wieder durch eine Kaustik beschreibbar. Die Kaustik ist die Einhüllende zu allen Strahlen, sie tangiert jeden Strahl; darüber hinaus ist die Kaustik hier natürlich rotationssymmetrisch. Bei der Abbildung durch eine Fläche ist die Schnittweiten-Differenz $\Delta s'$ relativ zu O' in ausreichender Näherung beschreibbar durch:

$$\Delta s' = C \sin^2 \sigma'$$

Die Größe C ist dabei von r, n, n' und s abhängig.

Der damit qualitativ beschriebene Fehler ist der *Öffnungsfehler*. Es ist auch der Name sphärische Aberration gebräuchlich, der hier jedoch vermieden wird, weil er fälschlicherweise suggeriert, dass dieser Fehler speziell durch sphärische Flächen hervorgerufen würde. Die wesentlichen Charakteristika des Öffnungsfehlers sind die Apertur-Abhängigkeit, die Rotationssymmetrie und die Unabhängigkeit von den Feld-Koordinaten; die letztere Eigenschaft bedeutet, dass der Öffnungsfehler über das gesamte Bildfeld hinweg auftritt. Wegen dieser Eigenschaften wird der Öffnungsfehler hier als der *primäre Abbildungsfehler* bezeichnet. Die Apertur wird wie bei jeder Abbildung durch eine Aperturblende begrenzt; in der Abb. 1.94 besitzt die Aperturblende eine spezielle Lage, sie ist nämlich am Ort des Krümmungsmittelpunkts der brechenden Fläche angebracht. Auf die Bedeutung der Blendenlage wird weiter unten noch einzugehen sein.

Es wird nun auf die Abbildung außeraxialer Objektpunkte übergegangen. Wie früher (Abschn. 1.5) bereits angegeben, besteht die Abbildungsaufgabe darin, von achsensenkrechten ebenen Objekten achsensenkrechte ebene Bilder zu erzeugen; dabei sind die mit Hilfe der Gauß-Optik bestimmten Lagen und Größen der Bilder als Sollwerte aufzufassen. Es wird beispielhaft die Abbildung eines Objektpunkts Q betrachtet. Da die Abbildung durch nur eine Fläche behandelt wird, ist die Gerade QC auch als Symmetrieachse für die Abbildung von Q auffassbar. Es wird jetzt die Zusatzforderung für die außeraxiale Abbildung gestellt, längs der Geraden QC eine gleichartige Abbildung zu erzeugen, wie sie für O in Bezug auf die Achse OC vorgenommen wurde. Diese Forderung lässt sich nur erfüllen, wenn man an Stelle von Q als Objektpunkt $\overline{Q}$ wählt; dabei ist $\overline{Q}$ dadurch definiert, dass er einerseits auf der Achse QC liegt und andererseits auf der Kugel mit dem Mittelpunkt C und dem Radius $r - s$. O und $\overline{Q}$ besitzen also den gleichen Abstand von der brechenden Fläche. Bei der Abbildung von $\overline{Q}$ entlang der (Hilfs-)Achse QC mit differenzieller Apertur (Gauß-Optik) liegt der Bildpunkt $\overline{Q}'_0$ auf der Kugel mit dem Mittelpunkt C und dem Radius $s' - r$.

Es wird nun zur Abbildung von $\overline{Q}$ unter endlichen Aperturwinkeln σ übergegangen, sie erfolgt unter identischen Bedingungen wie die von O; dementsprechend entsteht in der Umgebung von $\overline{Q}'_0$ die gleiche Kaustik wie bei O'_0. Es besteht aber nach wie vor die Aufgabe, die achsensenkrechte Objektebene durch O abzubilden; daher ist statt $\overline{Q}$ wieder Q als Objektpunkt aufzufassen. Da der Abstand $\overrightarrow{Q\overline{Q}}$ zumindest bei mäßigen Bildwinkeln ω als klein gegenüber der Objekthöhe $\overrightarrow{OQ}$ aufzufassen ist, kann der Objektverschiebung von $\overline{Q}$ nach Q längs der Hilfsachse QC im Bildraum eine korrespondierende Verschiebung gemäß der Tiefenvergrößerung nach Gl. (1.45) zugeordnet werden:

mit
$$ds' = \alpha\, ds$$

$$\alpha = \beta^2 \frac{n'}{n} > 0.$$

Der Verschiebung des Objekts um ds von $\overline{Q}$ nach Q entspricht also im Bildraum eine gleichgerichtete Verschiebung ds' von $\overline{Q}'_0$ nach Q'_0. Damit wird das ebene Objekt OQ bei endlichen Feldwinkeln ω und differentiellen Aperturen um die Hilfsachse QC herum in eine Bildschale $O'_0 Q'_0$ abgebildet, die parabolische Form besitzt. Diese Erscheinung bezeichnet man als – natürliche – *Bildfeldwölbung*; genauer formuliert wird der Abstand des Bildpunkts Q'_0 von der Soll-Bildebene durch O'_0 als Bildfeldwölbung aufgefasst, dabei wird der Abstand entweder in Richtung der optischen Achse OC oder auch in Richtung der aktuellen Hilfsachse QC gemessen. Die Bildfeldwölbung tritt immer dann auf, wenn endlich große Objektfelder abzubilden sind. Eine brechende oder spiegelnde Fläche liefert nur dann keinen Beitrag zur Bildfeldwölbung, wenn die Fläche plan ist.

Rechnerisch lässt sich die Bildfeldwölbung in dem Feldwinkelbereich geschlossen darstellen, in dem die Näherung

$$\cos\omega \simeq 1 - \frac{\omega^2}{2}$$

ausreichend ist. Dann gilt:

$$\frac{p'}{n'} = \beta^2 \frac{p}{n} + \frac{l'^2}{2R}. \tag{1.96}$$

Dabei sind p und p' die in axialer Richtung gemessenen Bildfeldwölbungen, objekt- bzw. bildseitig, und $1/R$ ist die Krümmung des Bildfelds, die durch die abbildende Fläche bewirkt wird. Für $1/R$ ist auch der Ausdruck *Petzval-Krümmung* üblich; damit wird an den österreichisch-ungarischen Mathematiker Petzval erinnert, der um 1840 erstmals explizit die obigen Zusammenhänge angab. Insbesondere ist $1/R$ direkt aus den Daten der abbildenden Fläche berechenbar gemäß:

$$\frac{1}{R} = \frac{\varphi}{n\,n'}. \tag{1.97}$$

φ ist die in Abschn. 1.5 eingeführte Flächenbrechkraft. Offensichtlich ist die Bildfeldwölbung bei brechenden Flächen der Brechkraft direkt proportional; bei spiegelnden Flächen ist formal zu setzen $n = -n'$ (wegen der Lichtumkehrung), sodass die Bildfeldwölbung bei spiegelnden Flächen umgekehrt proportional zur Brechkraft ist. Von Bedeutung ist die besondere Eigenschaft der Bildfeldwölbung, unabhängig von der Objektlage zu sein; das trifft nur für diesen Fehler zu und ist daher her-

128   1 Optische Abbildung

vorzuheben. Die Bildfeldwölbung bewirkt also eine feldwinkelabhängige Verschiebung der Bildpunkte in axialer Richtung bzw. genauer in Richtung des Hauptstrahls; damit ist – im Gegensatz zum Öffnungsfehler – keine Bildunschärfe verbunden, wenn auf der Bildschale beobachtet wird. Wenn jedoch das Bild in der achsensenkrechten Ebene durch O'_0 beobachtet wird, so entsteht dort ein Zerstreuungskreis, dessen Radius direkt proportional zur numerischen Apertur $n \sin \sigma$ und proportional zum Quadrat der Bildhöhe ist.

Die bisherigen Aussagen zur Bildfeldwölbung gelten für die Abbildung bei endlichen Feldwinkeln und differentieller Apertur – wie oben bereits ausgesagt wurde. Um den realen bzw. allgemeinen Fall zu erfassen, ist die Abbildung von Q mit der gleichen Apertur vorzunehmen wie die von O. Da O und Q nahezu gleich weit entfernt von C sind, wird der bei endlicher Apertur wirksame Öffnungsfehler – zumindest qualitativ – für die Abbildungen beider Objektpunkte nahezu gleich sein, dementsprechend ist in Abb. 1.94 für das außeraxiale Bild um Q'_0 die gleiche Kaustik eingetragen wie für das axiale Bild um O'_0. Öffnungsfehler und Bildfeldwölbung überlagern sich also additiv; in dem bis jetzt betrachteten Fall erzeugen beide Fehler rotationssymmetrische Bildfiguren.

Es ist nun notwendig, auf den allgemeinen Fall überzugehen. Die Besonderheit des bis jetzt benutzten außeraxialen Strahlengangs besteht darin, dass die Lage der Aperturblende und damit der Verlauf des Hauptstrahls so gewählt wurden, dass die Hilfsachse und der Hauptstrahl zusammenfielen; damit ergaben sich für die außeraxiale Abbildung die gleichen Symmetrie-Verhältnisse wie für die axiale Abbildung. Im Allgemeinen ist die Lage der Aperturblende jedoch beliebig. Es ist zu untersuchen, inwieweit die Blendenlage die Abbildungsfehler beeinflusst; siehe dazu Abb. 1.95. Die Abb. 1.94 und 1.95 stimmen bis auf die Lage und Größe der Aperturblende überein. Die axiale Abbildung ist in beiden Fällen identisch: die außeraxiale Abbildung ist jedoch unterschiedlich, was zunächst im Verlauf des Hauptstrahls zum Ausdruck kommt. Die zur Abbildung von Q beitragenden Strahlenbüschel sind in den beiden Fällen offensichtlich deutlich verschieden. Das wirkt sich im Bildraum so aus, dass die Strahlenbüschel und damit auch die Kaustik keinesfalls mehr symmetrisch zu der Hilfsachse verlaufen. Vielmehr nimmt die Aperturblende eine Selektion der Strahlenbüschel vor.

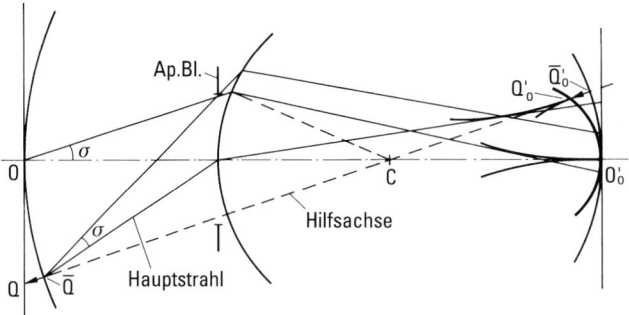

Abb. 1.95 Axiale und außeraxiale Abbildung durch eine brechende Fläche; Fall beliebiger Blendenlage.

1.7 Abbildungsfehler   129

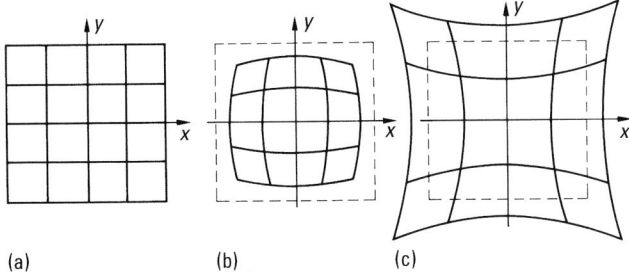

Abb. 1.96 (a) Bilder eines Quadrats bei (b) tonnenförmiger bzw. (c) kissenförmiger Verzeichnung.

Bei symmetrischer Blendenlage wie in Abb. 1.94 durchsetzt der Hauptstrahl die Soll-Bildebene in dem Abstand l'_0 von der optischen Achse; bei beliebiger Blendenlage, wie in Abb. 1.95 durchsetzt der Hauptstrahl die Soll-Bildebene in einer anderen Bildhöhe; das ergibt eine feldwinkelabhängige Bildhöhen-Änderung, die man *Verzeichnung* nennt. In Abb. 1.95 ist die Hauptstrahldurchstoßhöhe kleiner als der Sollwert, in diesem Fall wird die Verzeichnung als negativ gewertet und man spricht anschaulich von einer *tonnenförmigen Verzeichnung*. Umgekehrt wird die Verzeichnung positiv gewertet, wenn die Hauptstrahldurchstoßhöhe größer ist als der Sollwert, dann wird die Verzeichnung *kissenförmig* genannt. In Abb. 1.96 ist dargestellt, wie die Abbildung eines Quadrats durch Verzeichnung beeinflusst wird. Hier wird die Verzeichnung durch den Verlauf des Hauptstrahls bestimmt; es ist also keine Apertur-Abhängigkeit berücksichtigt. Diese Betrachtungsweise ist zwar nicht ganz exakt, doch es werden die wesentlichen Eigenschaften erfasst. Die Lage der Aperturblende ist für Betrag und Vorzeichen entscheidend; insbesondere gibt es – wie oben bereits festgestellt – eine Blendenlage, bei der Freiheit von Verzeichnung besteht. Festzuhalten ist weiter, dass das Auftreten von Verzeichnung bereits durch die Strahlablenkung bei der Brechung bzw. der Reflexion bestimmt wird.

Wenn man die Abbildung des Objektpunkts Q längs des Hauptstrahls bei zunächst differentiellen Aperturen zusätzlich betrachtet, so führt man eine Rechentechnik ein, die vollkommen analog zu der Gauß-Optik im Falle der Rotationssymmetrie ist. Hier sind jedoch die Symmetrie-Verhältnisse anders, es besteht nur noch eine Symmetrie zum Meridionalschnitt. Der *Meridionalschnitt* ist als die Ebene definiert, die durch den außeraxialen Objektpunkt und die optische Achse definiert ist; in den Abbildungen zu diesem Abschnitt ist der Meridionalschnitt identisch mit der Zeichenebene. Der Schnitt senkrecht zur Meridionalebene, der den Hauptstrahl enthält, ist der *Haupt-Sagittalschnitt*. Die Abbildung mit differentiellen Aperturen längs des Hauptstrahls muss in den beiden Schnitten getrennt betrachtet werden.

Es wird zuerst auf den Fall der meridionalen Abbildung eingegangen; siehe dazu die Abb. 1.97, in der die Winkel wesentlich größer dargestellt sind, als es der Realität entspricht. Dargestellt sind zwei dem Hauptstrahl benachbarte Strahlen, deren Schnittpunkte mit dem Hauptstrahl im Bildraum gesucht sind. Der Hauptstrahl und diese beiden Strahlen tangieren natürlich die Kaustik. Lässt man nun die beiden Strahlen immer näher an den Hauptstrahl heranrücken, so ergibt sich in dem Grenz-

130   1 Optische Abbildung

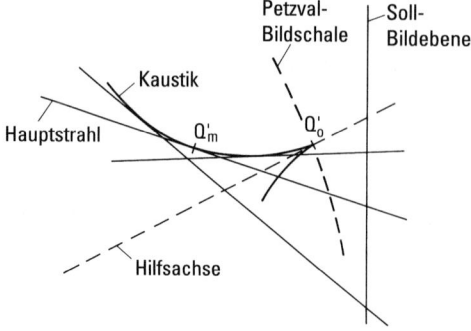

Abb. 1.97 Abbildung im Meridionalschnitt durch hauptstrahlnahe Strahlen.

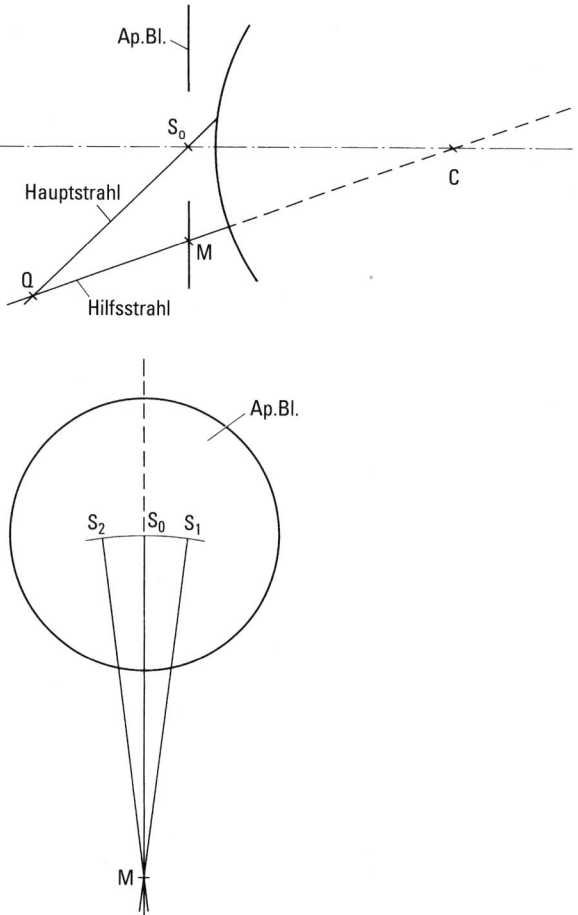

Abb. 1.98 Durchstoßpunkte der dem Hauptstrahl benachbarten Sagittalstrahlen in der Aperturblende.

fall als Bildpunkt Q'_m gerade der Punkt, in dem der Hauptstrahl die Kaustik tangiert. Der Name dieses Punktes ist *meridionaler Bildpunkt*, weil er durch die Abbildung mit Strahlen im Meridionalschnitt zustande kommt. Im Allgemeinen besitzt Q'_m einen endlichen Abstand von der Soll-Bildebene, sodass dadurch eine modifizierte Bildfeldwölbung zustande kommt.

Gleichartig wie eben im Meridionalschnitt werden nun zwei dem Hauptstrahl differenziell benachbarte Strahlen im Sagittalschnitt betrachtet; siehe dazu auch die Abb. 1.98. Die wiederum von dem Objektpunkt Q ausgehenden Strahlen durchsetzen die Aperturblende in Punkten, die auf dem Kreisbogen um M liegen, wobei M der Punkt in der Aperturblendenebene ist, in dem die Hilfsachse QC (siehe Abb. 1.95) erstere durchstößt. In den Schnitten MS_1 und MS_2 gelten aber die gleichen Abbildungseigenschaften wie in dem Schnitt MS_0, also dem Meridionalschnitt. Dementsprechend wird nach der Brechung bzw. Reflexion aus Symmetriegründen den drei Schnitten weiterhin die Hilfsachse durch QC gemeinsam sein. Daher muss der sagittale Bildpunkt einerseits auf dem Hauptstrahl, andererseits auf der Hilfsachse liegen, sodass sich der *sagittale Bildpunkt* Q'_s ergibt, wie in Abb. 1.99 eingetragen. Die beiden Bildpunkte Q'_m und Q'_s liegen also beide auf dem Hauptstrahl, allerdings im Allgemeinen an unterschiedlichen Orten. Der Abstand zwischen den beiden Bildpunkten heißt *astigmatische Differenz*, der damit beschriebene Fehler wird *Astigmatismus* genannt. Abbildungen in anderen Schnitten als den beiden eben behandelten Hauptschnitten liefern Bildpunkte, die zwischen Q'_m und Q'_s liegen. Das Auftreten des Astigmatismus ist wie das der Verzeichnung wesentlich eine Folge der Aperturblendenlage, im Falle der sogenannten symmetrischen Blendenlage (siehe Abb. 1.94) ist der Astigmatismus null bzw. nicht vorhanden. Die relativen Lagen von Q'_m und Q'_s zueinander hängen offensichtlich wesentlich von der Lage und Größe der Kaustik ab. Es sei aber betont, dass der Astigmatismus sowohl positive wie negative Werte annimmt; das hängt vor allem von der jeweiligen Brechkraft der Fläche ab. Wenn Astigmatismus vorhanden ist, so durchsetzen die Strahlen die Sollbildebene im Allgemeinen in elliptischen Zerstreuungsfiguren; wenn jedoch der sagittale oder der meridionale Bildpunkt mit der Sollbildebene zusammenfällt, so entarten die Zerstreuungsfiguren zu Geradenstücken. In der Abb. 1.100 ist dargestellt, wie im Bildraum der Strahlenverlauf vorzustellen ist.

Bis jetzt haben wir die Bildfehler bei beliebiger Blendenlage nur für differentiell kleine Aperturen betrachtet. Es ist zusätzlich zu untersuchen, wie der Strahlverlauf

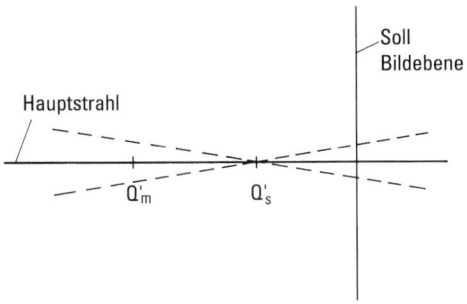

Abb. 1.99 Abbildung im Sagittalschnitt durch hauptstrahlnahe Strahlen.

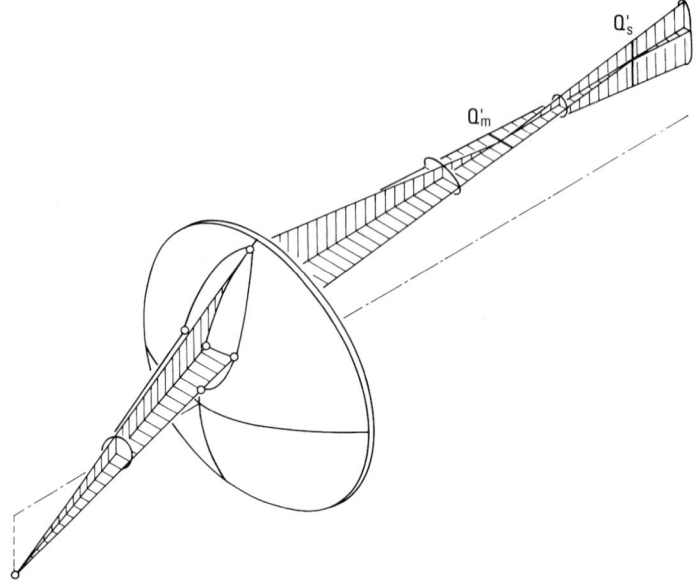

Abb. 1.100 Außeraxiale Abbildung in der Umgebung des Hauptstrahls bei endlichem Astigmatismus; perspektivische Darstellung des Strahlenverlaufs.

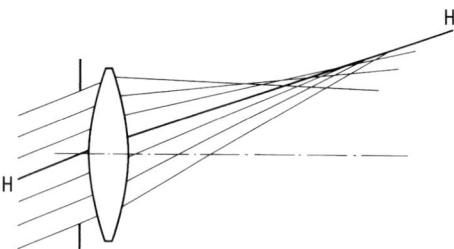

Abb. 1.101 Verlauf von Meridionalstrahlen endlicher Apertur gegenüber dem Hauptstrahl; Auftreten von Koma.

bei endlichen Aperturen gegenüber dem Hauptstrahl ist. Dazu wird wieder ein Paar von Strahlen betrachtet, das vom Objektpunkt Q ausgehend symmetrisch zum Hauptstrahl verläuft; siehe dazu Abb. 1.101. Offensichtlich sind die Inzidenzwinkel an der brechenden Fläche für beide Strahlen im allgemeinen Fall durchaus verschieden voneinander. Das hat zur Folge, dass die Ablenkungen der beiden Meridionalstrahlen relativ zum Hauptstrahl, verursacht durch Brechung oder Reflexion nicht entgegengesetzt gleich sind und deren bildseitige Schnittpunkte mit dem Hauptstrahl verschieden sind. Im Meridionalschnitt existiert damit keine Symmetrie zum Hauptstrahl mehr. Man nennt diesen Fehler deshalb auch *Asymmetriefehler* bzw. *Koma*; der letztere Name wird erst dann verständlich, wenn man die Abbildung nicht nur im Meridionalschnitt, sondern in beliebigen Schnitten untersucht. Es ent-

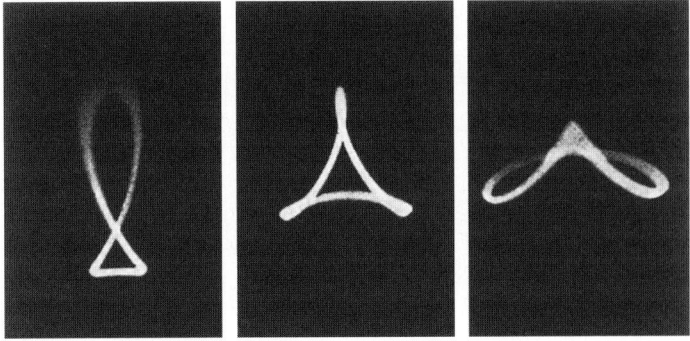

Abb. 1.102 Beispiele für Zerstreuungsfiguren bei Abbildung durch unterschiedliche Ringzonen einer Linse, die Koma besitzt.

stehen dann nämlich Aberrationsfiguren in achsensenkrechten Ebenen, die in ihren komplizierten Figuren an „Kometenschweife" erinnern; daher rührt die Namensgebung. Siehe dazu auch die Abb. 1.101 und 1.102.

Es sind damit die Grundtypen von Bildfehlern angegeben, wie sie bei der Abbildung durch eine einzelne Fläche auftreten. Die Berücksichtigung nur einer Fläche erfolgte, um die Ursachen für die Entstehung der verschiedenen Bildfehler besonders deutlich zu machen. Wegen der prinzipiellen Bedeutung dieser Zusammenhänge erschien es angebracht, diesen einfachen Fall ausführlicher zu diskutieren. – Experimentell ist die Richtigkeit der obigen Aussagen an einem Kugelspiegel in einfacher und überzeugender Weise nachvollziehbar.

Die vorstehenden Ausführungen können den Eindruck erzeugen, als ob jede Abbildung notwendig mit Abbildungsfehlern behaftet ist. Wenn Apertur und Feld endlich groß sind, trifft das zu. Punktuelle Abbildungen durch einzelne Flächen können in Sonderfällen jedoch fehlerfrei sein. Darauf sei hier zusätzlich eingegangen, weil diese Sonderfälle recht wichtig sein können: Wenn der Objektpunkt mit dem Scheitel der abbildenden Fläche zusammenfällt, so fällt auch der zugehörige Bildpunkt mit dem Scheitel der abbildenden Fläche zusammen, das gilt für beliebige Aperturen. Diese Abbildung eines Punktes auf sich selbst erfolgt fehlerfrei, der Abbildungsmaßstab β ergibt sich nach Gl. (1.30) zu plus eins. Wenn andererseits der Objektpunkt mit dem Krümmungsmittelpunkt einer Fläche zusammenfällt, so wird der Objektpunkt wiederum auf sich selbst abgebildet, der Abbildungsmaßstab β ist hier gleich $n/n' > 0$. Es gibt darüber hinaus noch einen dritten Fall, in dem für beliebige Größe der Apertur ein Objektpunkt fehlerfrei in einen Bildpunkt abgebildet wird. Es handelt sich dabei um die *aplanatischen Punkte*, die gegeben sind durch

$$s = r\frac{n+n'}{n}, \quad s' = r\frac{n+n'}{n'}. \tag{1.98}$$

Der Abbildungsmaßstab β solcher Flächen ergibt sich nach Gl. (1.25) zu

$$\beta = \left(\frac{n}{n'}\right)^2. \tag{1.99}$$

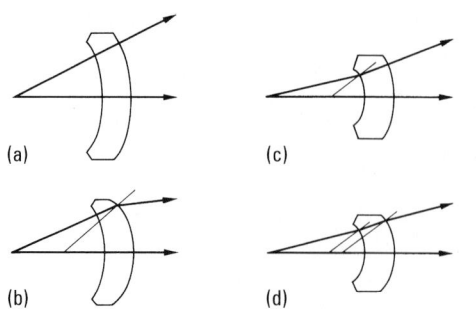

Abb. 1.103 Wiedergabe der vier Formen aplanatischer Linsen; (a) beide Flächen konzentrisch zum (d) Objektpunkt; (b) erste Fläche konzentrisch zum Objektpunkt, 2. Fläche aplanatisch; (c) erste Fläche aplanatisch, 2. Fläche konzentrisch zum Bildpunkt; beide Flächen aplanatisch (aus Berek, S. 99).

Ebenso wie die Schnittweite s' nach Gl. (1.98) unabhängig von der Apertur $n \sin \sigma$ des einfallenden Strahls ist, so ist das auch für den Abbildungsmaßstab β der Fall. Als aplanatisch wird eine Abbildung dann bezeichnet, wenn sowohl der Öffnungsfehler als auch die Koma korrigiert sind. In allen drei eben genannten Fällen ist der Abbildungsmaßstab positiv, sodass keine reelle aplanatische Abbildung realisierbar ist. Trotzdem ist die aplanatische Abbildung für mancherlei praktische Anwendung von Bedeutung. Unter anderem ist zu bedenken, dass nicht nur die Objekt-Abbildung möglichst fehlerfrei zu gestalten ist, sondern dass das auch für die Pupillen-Abbildung zutrifft. Wenn hier auch nur die Abbildung durch einzelne Flächen diskutiert wird, seien doch in der Abb. 1.103 die vier Formen aplanatischer Linsen gezeigt.

1.7.2.2 Abbildungsfehler zusammengesetzter Systeme

Die eben vorgenommene Betrachtung der Abbildung durch eine Fläche muss natürlich auf mehrere Flächen und damit auf ganze Systeme erweitert werden. Da nach der Abbildung durch eine Fläche durch die nächste Fläche bereits kein Objektpunkt mehr abzubilden ist, sondern die von der vorhergehenden erzeugte Kaustik, wird erkennbar, dass die obige Betrachtungsweise nicht verallgemeinert werden kann. Das Zusammenwirken mehrerer abbildender brechender und/oder spiegelnder Flächen ist grundsätzlich nicht in so einfacher und übersichtlicher Weise beschreibbar, wie das eben für eine Fläche geschah. Der Grund dafür liegt in dem Auftreten trigonometrischer Funktionen der Strahlneigungswinkel σ, σ' und der Inzidenzwinkel ε, ε' in den Abbildungsgleichungen (siehe Abb. 1.2 und z. B. Abb. 1.97). Im Weiteren verzichten wir deshalb darauf, eine Beschreibung der Abbildungseigenschaften im Detail zu versuchen. Festzuhalten sind jedoch zwei Fakten: Die im vorigen Abschnitt festgestellten Abbildungsfehler treten auch bei zusammengesetzten optischen Systemen auf; allerdings sind die Verhältnisse insofern komplizierter, als – speziell bei korrigierten Systemen – noch sogenannte Fehler höherer Ordnungen in merklichem Umfang auftreten und damit die im Bildraum resultierenden Strahlabweichungen komplexere Verteilungen besitzen können. An dieser Stelle ist zu erklären, was unter Fehler-Ordnungen zu verstehen ist: Da die Winkel σ, σ' und ε, ε' in den Abbildungsgleichungen nur als Argumente trigonometrischer Funktionen auftreten, entwickelt man diese Funktionen in Taylor-Reihen und bezeichnet dann die Reihenglieder einer bestimmten Potenz der Winkel als Fehler-Ordnung eben dieser Potenz. In diesem Sinn sind die Abbildungsgleichungen der Gauß-Optik der ersten Ordnung zugehörig; die Fehler 3. Ordnung ergeben sich bei Berücksichtigung des zweiten Glieds der Reihenentwicklung. Reale Systeme enthalten natürlich Fehler beliebiger Ordnungen; als wesentlich werden im Allgemeinen neben den Fehlern 3. noch die der 5. und 7. Ordnung angesehen. Die im vorigen Abschnitt angegebenen Fehler-Typen entsprechen den Fehlern 3. Ordnung, die vielfach auch Seidel'sche Fehler genannt werden; die Fehler weiterer Ordnungen sind erheblich vielfältiger und komplizierter in ihren Abhängigkeiten von den Variablen Apertur und Feld als es oben geschildert wurde. Doch ist das hier nicht im Einzelnen zu behandeln.

Für den Fall der Fehler 3. Ordnung sollen jedoch die Abhängigkeiten der verschiedenen Fehler von den Variablen Apertur und Feld explizit angegeben werden, weil diese „primären" Fehler – im Sinne erster Abweichungen vom Soll – zu allererst unter Kontrolle zu bringen sind, wenn die Eignung eines optischen Systems für eine gegebene Abbildungsaufgabe zu beurteilen ist. Um solch eine Darstellung der charakteristischen Eigenschaften der Fehler 3. Ordnung möglich zu machen, ist erst einmal eine einheitliche Beschreibungsform der Aberrationen anzugeben. Es werden deshalb die Queraberrationen in der Gauß-Bildebene der jeweiligen Bezugswellenlänge für die Abbildungsfehler 3. Ordnung angegeben. Die Bezeichnungsweisen der Bildfehler variieren in der Literatur beträchtlich; deshalb ziehen wir es vor, Namen zu vergeben, die mnemonisch sinnvoll sind. Außerdem ist es angebracht, statt der absoluten Werte von Apertur und Feld relative zu benutzen, wobei die Maximalwerte als Bezugsgrößen dienen. Es soll also gelten:

$$\text{relative Apertur} \quad ra = \frac{\sin \sigma_1}{\sin \sigma_{1,\max}},$$

$$\text{relatives Feld} \quad rf = \frac{\tan \omega_1}{\tan \omega_{1,\max}}. \tag{1.100}$$

Damit erhält man für die Komponenten des Queraberrationvektors in der Gauß-Bildebene:

$$n' \sigma'_{\max} \Delta l'_{\text{sag}} = -\frac{1}{2} \begin{bmatrix} ra^3 \sin \alpha \, OEFF + ra^2 \sin 2\alpha \, rf \, KOMA + \\ ra \sin \alpha \, rf^2 (ASTI + PETZ) \end{bmatrix}$$

$$n' \sigma'_{\max} \Delta l'_{\text{mer}} = -\frac{1}{2} \begin{bmatrix} ra^3 \cos \alpha \, OEFF + ra^2 (2 + \cos 2\alpha) \, rf \, KOMA + \\ ra \cos \alpha \, rf^2 (3 ASTI + PETZ) + rf^3 \, VERZ \end{bmatrix} \tag{1.101}$$

Die hier verwandten vierbuchstabigen Abkürzungen sind die Abkürzungen für die Fehler 3. Ordnung; $OEFF$ steht für Öffnungsfehler, $KOMA$ für Koma, $ASTI$ für Astigmatismus, $PETZ$ für Petzvalsumme bzw. Bildfeldwölbung und schließlich $VERZ$ für Verzeichnung. Der Winkel α gibt das Azimut in der EP an, das von der y-Achse (Richtung des Meridionalschnitts) an gezählt wird. Den Einfluss eines ein-

136   1 Optische Abbildung

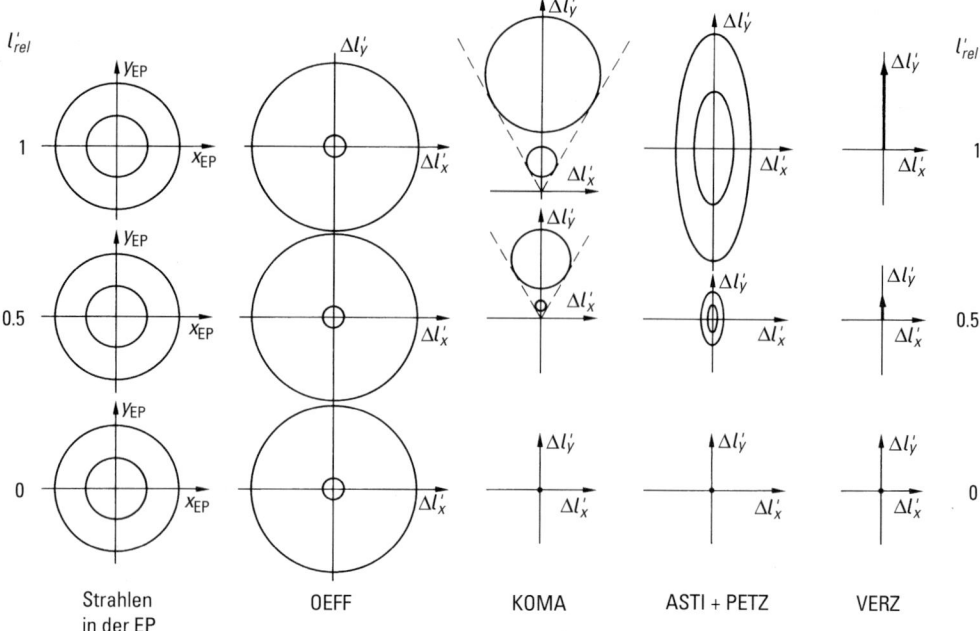

Abb. 1.104 Darstellung der Queraberrationen 3. Ordnung für die unterschiedlichen Typen von Abbildungsfehlern, wenn jeweils nur ein Fehler von Null verschieden ist; Parameter: Apertur und Feld.

zelnen dieser Fehler erkennt man am besten, wenn man jeweils nur diesen als von null verschieden annimmt und danach fragt, welche Aberrationsfiguren in der Bildebene für Strahlen fester Werte von ra und rf, aber variabler Werte von α resultieren. Anders formuliert werden Strahlenkegel betrachtet, deren Spitzen im Objektpunkt liegen und die EP in Kreisen durchsetzen. Die Abb. 1.104 zeigt die zugehörigen Aberrationsfiguren für drei Werte von rf (0; 0.5 und 1) sowie zwei Werte von ra (0.5 und 1). Die Abbildung sollte sich weitgehend selbst erklären; es sind jedoch noch die folgenden Ergänzungen erforderlich: Bei Variation von α in der EP um 360° resultiert bei der Koma eine Azimut-Variation von 720°, d. h. die Aberrationsfiguren der Koma werden doppelt durchlaufen, was in der Abbildung nicht darstellbar ist. Astigmatismus und Bildfeldwölbung sind zwar gleichartig von Apertur und Feld abhängig, doch unterscheiden sie sich in ihren meridionalen und sagittalen Komponenten. Die im Allgemeinen resultierenden Ellipsen als Zerstreuungsfiguren können auch zu Geraden-Stücken entarten; wenn $ASTI = -PETZ$, so ergeben sich Geraden-Stücke im Meridionalschnitt als Zerstreuungsfiguren, wenn 3 $ASTI = -PETZ$, so ergeben sich Geraden-Stücke im Sagittalschnitt als Zerstreuungsfiguren. Bei Auftreten von Verzeichnung wird nur eine Bildpunkt-Verschiebung wirksam, es entsteht keine Zerstreuungsfigur.

Bei realen Abbildungen dürfen keinesfalls nur die Abbildungsfehler 3. Ordnung berücksichtigt werden, sondern es müssen die Strahlaberrationen exakt erfasst werden. Das geschieht in Form von Strahldurchrechnungen, die hier nicht im Einzelnen besprochen werden können; deren Ergebnisse werden in der Regel in numerischer Form geliefert. Anschaulich besser interpretierbar sind grafische Darstellungen. Es werden dazu sowohl Längs- als auch Queraberrationen als Funktionen von Apertur oder Feld verwendet; üblich ist es dabei, Strahlen im Meridional- und im Sagittalschnitt zu betrachten. Beispiele dazu siehe Abb. 1.146.

Weitergehende Einsichten in die Struktur von Bildpunkten gewinnt man mit Hilfe sogenannter *Spot-Diagramme,* die aus Durchrechnungen vieler, in der EP äquidistant gestufter Strahlen erhalten werden. Es ergeben sich damit in geometrisch-optischer Näherung die Lichtverteilungen in Punktbildern. Solche Spot-Diagramme fertigt man für unterschiedliche Feldwerte und für unterschiedliche Fokussierungen, d. h. Lagen der Auffangebene an, um eine Übersicht über die Abbildungseigenschaften des betrachteten optischen Systems zu erhalten. Beispiele dafür enthält die Abb. 1.147.

Weitergehende Aussagen sind aus Strahldurchrechnungen nur noch dadurch zu erhalten, dass man zusätzlich weitergehende rechnerische Auswertungen vornimmt, die nach bestimmten Kriterien erfolgen. Dabei handelt es sich aber um Spezialitäten, die hier nicht zu behandeln sind.

Die geometrisch-optischen Aberrationen sind auch messbar; das gilt zumindest in Näherung. Exakt kann es nicht gelten, weil das Konzept der Strahlenoptik ja nicht der physikalischen Realität entspricht. Zunächst sei ein Messverfahren beschrieben, das zur Bestimmung der Aberrationen bei axialer Abbildung, also des Öffnungsfehlers, sehr gut geeignet ist; gemeint ist die *Schneidenprüfung* nach Foucault. Als axiales Objekt wird eine Lochblende als künstlicher Stern verwendet, von dem quasi-monochromatische Strahlung ausgehen soll (realisiert durch ein Interferenzfilter im Beleuchtungsstrahlengang). In endlichem Abstand von der Lochblende wird der Prüfling angeordnet, von dem hier die EP als reell und damit zugänglich angenommen wird. Im Bildraum des Prüflings wird dann eine Kaustik entstehen, wie sie im Abschn. 1.7.1 beschrieben wurde, siehe dazu auch Abb. 1.105. Führt man

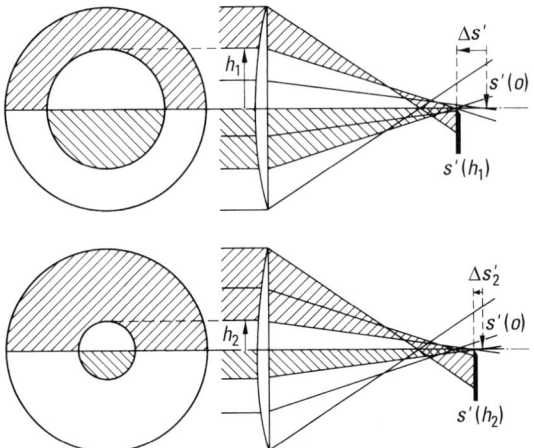

Abb. 1.105 Strahlenverlauf und beobachtbare Bildfigur bei der Schneidenprüfung.

nun in die Kaustik von der Seite eine Schneide (z. B. eine Rasierklinge) soweit ein, dass sie die optische Achse gerade berührt, so sieht das unmittelbar hinter der Schneide angeordnete Auge die AP des Prüflings. Je nach axialer Position der Schneide wird letztere halbkreis- bzw. ringförmige Bereiche der AP dunkel erscheinen lassen, weil die aus diesen Teilen der AP kommende Strahlung durch die Schneide abgefangen wird. Die Abb. 1.105 zeigt in schematisierter Form die Zusammenhänge zwischen Strahlverlauf und Bild der AP. Wenn man nun in der EP bzw. AP des Prüflings eine Messung der Kreisringradien h vornimmt, so ergibt sich daraus eine Zuordnung von Schneiden-Positionen zu Kreisringradien h. Im einfachsten Fall können die Kreisringradien mit Hilfe einer transparenten Skala gemessen werden. In praxi ist eine Abwandlung des Verfahrens zweckmäßig, bei der statt einer Schneide ein Faden verwendet wird; der Faden wird wiederum axial verschiebbar und senkrecht zur optischen Achse angeordnet, der Faden durchsetzt die optische Achse. Beobachtet wird dann vom Auge ein symmetrisierter Schattenwurf. Der Faden selbst wird als gerade dunkle Linie sichtbar und es ist darüber hinaus ein dunkler Kreisring zu sehen, der der Zone entspricht, die gerade am Ort des Fadens ihren Bildpunkt besitzt. Dieses Messverfahren ist einfach und zugleich genau; es ist auch bei sehr geringen Aberrationen einsetzbar, wobei dann eine genauere, wellenoptisch begründete Diskussion erforderlich ist.

Eine andere Methode zur Messung geometrisch-optischer Bildfehler ist durch das *Hartmann-Verfahren* gegeben, das als Standard-Verfahren zur Prüfung von astronomischen optischen Systemen anzusehen ist. Vor das zu prüfende Objektiv wird eine „Hartmann-Blende" gestellt, die auf einer Anzahl von Durchmessern symmetrisch angeordnete Lochpaare zur Realisierung unterschiedlicher Aperturen aufweist. Bei Beleuchtung mit einem natürlichen oder künstlichen Stern entstehen Teilbündel, die man als Strahlen im Sinne der geometrischen Optik auffasst. Der Verlauf dieser „Strahlen" im Bildraum wird erfasst, indem man nacheinander in zwei unterschiedlichen Einstellebenen senkrecht zur optischen Achse die Durchstoßpunkte bestimmt. Das kann visuell mit Hilfe eines Messmikroskops oder auf fotografischem Wege geschehen; wichtig ist, die Zuordnung der Strahldurchstoßpunkte in den beiden Einstellebenen genau zu erfassen. Aus diesen Durchstoßpunkten ist dann rechnerisch leicht auf den Strahlverlauf in einer beliebig vorgegebenen Einstellebene zu schließen. Das Hartmann-Verfahren ist nicht nur auf axiale, sondern auch auf außeraxiale Abbildungen anwendbar. Das Prinzip der Anordnung ist in Abb. 1.106 dargestellt.

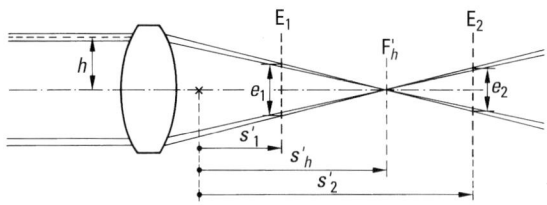

Abb. 1.106 Schema der Anordnung des Hartmann-Verfahrens zur Objektiv-Prüfung.

1.8 Das Auge

Das Auge ist ein optisches Instrument, aber ein ganz besonderes. Das gilt vor allem deshalb, weil der Mensch über das Auge und das nachgeschaltete Gehirn einen Gesichtssinn besitzt, mit Hilfe dessen er ca. 70% aller Informationen aus seiner Umwelt aufnimmt. Insofern ist das Auge so wichtig, dass ihm hier ein gesonderter Abschnitt eingeräumt wird. Trotzdem können nur die wichtigsten Fakten angeführt werden, eine vollständige Behandlung ist in diesem Rahmen nicht möglich. Bei der Diskussion des Auges wird sehr schnell erkennbar, dass mancherlei Eigenschaften des Sehvorgangs nicht durch physikalische Gesetzmäßigkeiten alleine erklärbar sind, sondern dass auch die Physiologie zu berücksichtigen ist. Das wird besonders deutlich bei der Behandlung des Farbensehens, dem das Kap. 6 gewidmet ist. Jedenfalls können hier viele Tatsachen nur erklärt, nicht deduziert werden.

Die Eigenschaften des Auges sind auch deshalb zu diskutieren, weil viele optische Instrumente, zumindest von ihrer ursprünglichen Konzeption her, visuelle Geräte sind, sodass das Zusammenwirken von Instrument und Auge beachtet werden muss. Dazu wiederum sind Kenntnisse der Eigenschaften des Auges erforderlich.

Aufbau des menschlichen Auges. Die Abb. 1.107 zeigt den Schnitt durch ein Auge, genauer den Augapfel. Dieser ist von nahezu kugelförmiger Gestalt, er stellt jedoch kein zentriertes System im Sinne der geometrischen Optik dar. Eine „optische Achse" ist deshalb nur gemäß einer Vereinbarung festzulegen; als solch eine Achse wird das Lot auf die Hornhautvorderfläche durch die Mitte der EP benutzt. Jeder Schnitt durch das Auge, der diese Achse enthält, wird als Meridionalschnitt bezeichnet. Die äußerste Schicht des Auges ist die *Lederhaut* LH, die an der Vorderseite in die etwas vorgewölbte durchsichtige *Hornhaut* (Cornea) übergeht. Die Mittendicke der Hornhaut beträgt etwa 0.5 mm. An die Lederhaut schließt unmittelbar die Aderhaut an, die im vorderen Augenteil in den *Ziliarkörper* (dieser dient zur Formänderung der Kristalllinse) und in die *Regenbogenhaut* (Iris, sie dient als Aperturblende variablen Durchmessers) übergeht. In Lichtrichtung gesehen befindet sich hinter der Hornhaut die *vordere Augenkammer*, die mit dem Kammerwasser gefüllt ist. Der

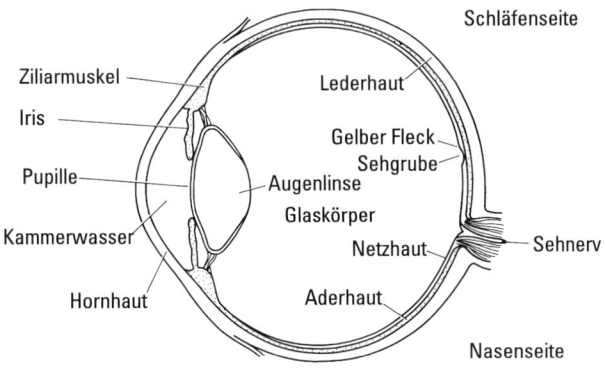

Abb. 1.107 Horizontaler Schnitt durch das rechte menschliche Auge.

gesamte Augapfel besitzt einen Durchmesser von etwa 24 mm. Das Augeninnere füllt der *Glaskörper*; dieser wird vorn von der Kristalllinse begrenzt und hinten von der vielschichtigen *Netzhaut* umschlossen. Die etwa 0.3 mm dicke Netzhaut enthält als lichtempfindliche Zellen die *Zapfen* und die *Stäbchen*. In der Mitte der *Netzhautgrube* (fovea) befindet sich das Gebiet schärfsten Sehens, mit einem Durchmesser von etwa 5°. Ungefähr 15° nasal von der Mitte der Netzhautgrube entfernt befindet sich der blinde Fleck P (Papille, Durchmesser ca. 6°); er entsteht durch den Austritt der Sehnerven. Die optische Achse durchsetzt die Netzhaut in dem hinteren Augenpol. Damit ist der optische Aufbau des Auges skizziert. Anmerkung: Die Winkelangaben in diesem Abschnitt gelten – wie im Bereich der Augenoptik üblich – für die objektseitig zugeordneten Feldwinkel.

Die Bilderzeugung ergibt sich qualitativ in der folgenden Weise: Die auf das Auge treffende Strahlung wird an der Hornhaut am stärksten gebrochen, durchsetzt dann die vordere Kammer, anschließend die Kristalllinse und den Glaskörper und trifft schließlich auf die lichtempfindliche Netzhaut. Die Netzhaut wirkt als gewölbte Bildfläche, die Öffnung der Regenbogenhaut vor der Linse als variable Aperturblende. In der Tab. 1.3 sind die wichtigsten optischen Konstanten des Auges zusammengestellt. Daraus geht vor allem hervor, dass die stärkste Strahlablenkung an der Hornhautvorderfläche stattfindet, die die größte Brechkraft aller optisch wirksamen Teile aufweist. Die Brechkraft der Augenlinse beträgt etwa 20 Dioptrien (Einheit der

Tab. 1.3 Optische Konstanten des Auges in seiner Ruhelage (nicht akkommodiert) nach Listing, Helmholtz und Gullstrand.

Abstände	Hornhautdicke	0.5 mm
	Hornhautvorderfläche-Linsenvorderpol	3.6 mm
	Linsendicke	3.6 mm
	Hornhautvorderfläche-Netzhautfovea	24.0 mm
Brechzahlen	Kammerwasser, Glaskörper	1.336
	Hornhautsubstanz	1.376
	Linse an den Polen	1.386
	am Äquator	1.375
	im Zentrum	1.406
	„Totalindex"	1.413
Krümmungsradien	Hornhautvorderfläche	7.8 mm
	Hornhauthinterfläche	6.7 mm
	Linsenvorderfläche	10.0 mm
	Linsenhinterfläche	-6.0 mm
Brechkräfte	Hornhautvorderfläche	48.2 dpt
	Hornhauthinterfläche	-6.0 dpt
	Hornhaut, gesamt	42.4 dpt
	Augenlinse, Vorderfläche	7.7 dpt
	Augenlinse, Hinterfläche	12.8 dpt
	Augenlinse, gesamt	20.2 dpt
	Auge, gesamt (entspricht Brennweite von 17 mm)	58.8 dpt

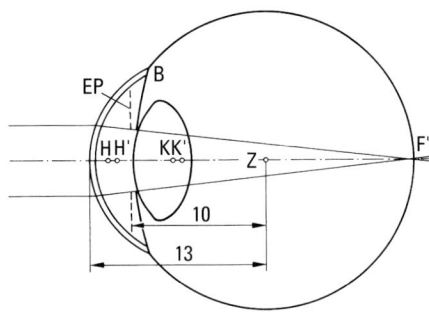

Abb. 1.108 Das Übersichtsauge (nach Gullstrand).

Dioptrie: 1 dpt = 1 m^{-1}), im akkommodationslosen Zustand. Hinzuweisen ist auf die Variation der Brechzahlen der Augenlinse über den Querschnitt hinweg; die Natur hat damit die „Gradienten-Optik" realisiert, lange bevor der Mensch sie entdeckte. – Die genannten Daten sind nicht absolut gültig; vielmehr haben sie sich als Durchschnittswerte aus vielen geometrischen und optischen Messungen ergeben. Aus diesen Daten hat Gullstrand um 1910 ein „Augenmodell", das sogenannte Übersichtsauge berechnet, das in der Abb. 1.108 wiedergegeben ist. Dort ist noch der Augendrehpunkt Z eingetragen, der in vereinfachter Weise als fester Punkt bei den vom Auge durchführbaren Drehbewegungen angenommen wird. Tatsächlich bleibt bei den Drehbewegungen des Auges kein Punkt in Ruhe. Der Augendrehpunkt Z ist ein wichtiger Bezugspunkt bei der Zentrierung von Brillengläsern. Das monokulare *Blickfeld* des Auges resultiert als Gesamtheit aller Objektpunkte, die bei ruhendem Kopf durch die möglichen Bewegungen des Auges fixiert werden können. Dementsprechend kann jeder Punkt des Blickfelds in die Mitte der Netzhautgrube abgebildet werden.

Akkommodation. Die in Tab. 1.3 genannten Daten beziehen sich auf das „entspannte", nicht akkommodierte Auge. In Form des Ziliarmuskels besitzt das Auge ein Mittel, die elastische Vorderfläche der Augenlinse in ihrer Krümmung und damit in ihrer Brechkraft zu variieren. Die Betätigung des Ziliarmuskels dient damit zur Anpassung des Auges an unterschiedliche Objektlagen; dieser Vorgang heißt Akkommodation. Quantitativ gilt:

$-s_1$ in cm	f_{Auge} in mm	D_{Auge} in dpt
∞	17	58.8
25	15.9	62.8
8	14	71.3

Das akkommodationslose Auge sieht den *Fernpunkt R* im Abstand a_R vom Auge scharf. Bei stärkster Akkommodation wird der *Nahpunkt P* im Abstand a_P vom

Auge gesehen. Das Akkommodationsvermögen oder auch die Akkommodationsbreite des Auges ist – beim Auge ohne Korrektionsmittel –

$$\Delta D = \frac{1}{a_P} - \frac{1}{a_R} = D_P - D_R.$$

Nahe reelle Objekte können aufgrund eines „Bewusstseins der Nähe" eine psychologisch bedingte Akkommodation (Instrumentenmyopie) auslösen. Das trifft besonders bei jungen bzw. unerfahrenen Beobachtern zu. Die Akkommodationsbreite des Auges ist unter anderem altersabhängig; das ist auf die Verringerung der Elastizität der Augenlinse mit zunehmendem Alter zurückzuführen. Die Abb. 1.109 zeigt die durchschnittliche Altersabhängigkeit der Akkommodationsbreite. Das Auge gilt als „alterssichtig", wenn $\Delta D < 4$ dpt. Die Abb. 1.110 macht zusätzlich deutlich, dass vor allem der Nahpunkt mit dem Alter veränderlich ist. Das Akkommodationsvermögen des Auges ist auch Funktion von Parametern der Umwelt, insbesondere von der Gesichtsfeldleuchtdichte (siehe dazu auch Kap. 5); mit abnehmender Gesichtsfeldleuchtdichte entfernt sich der Nahpunkt vom Auge und der Fernpunkt nähert sich ihm. Als Folge dessen machen sich bei beginnender Alterssichtigkeit Orientierungsschwierigkeiten z. B. im nächtlichen Straßenverkehr störend bemerkbar.

Das Auge wird *rechtsichtig* genannt, wenn sein Fernpunkt im Unendlichen liegt ($D_R = 0$). Gleichbedeutend damit ist, dass der bildseitige Brennpunkt des Auges auf der Netzhaut liegt. Der Nahpunkt eines rechtsichtigen Auges liegt in endlichem Abstand vor dem Auge, die Akkommodationsbreite ist positiv. Ein Auge heißt *fehlsichtig*, wenn sein Fernpunkt nicht im Unendlichen liegt. Dann wird ein unendlich ferner Objektpunkt auf der Netzhaut nicht scharf abgebildet. Besitzen dabei Horn-

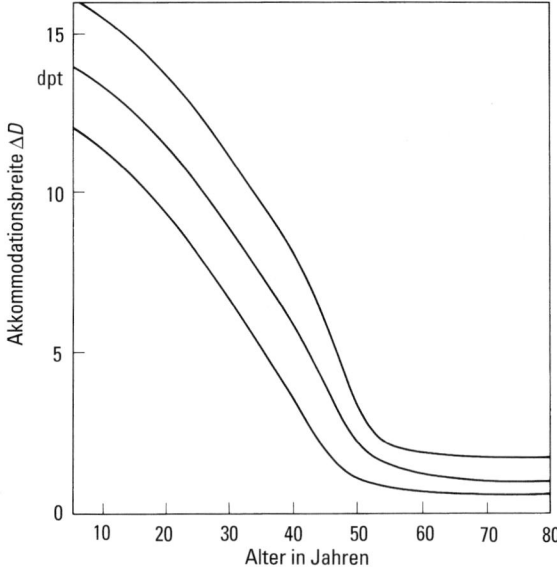

Abb. 1.109 Akkommadionsbreite des Auges als Funktion des Alters (mittlere Kurve); zusätzlich sind die noch zulässigen Grenzkurven eingetragen.

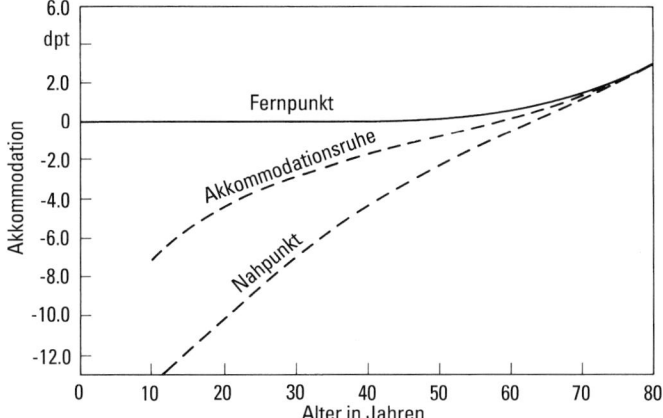

Abb. 1.110 Lagen von Fern- und Nahpunkt sowie der Akkommodationsruhelage als Funktion des Alters.

haut und Augenlinse trotzdem kugelförmige Begrenzungsflächen, so wird das Auge „sphärisch" fehlsichtig genannt. Werden jedoch in zwei zueinander senkrechten Hauptschnitten unterschiedliche Bildpunkte erzeugt, so ist das Auge „astigmatisch" fehlsichtig. Ein Auge gilt speziell als *kurzsichtig*, wenn sein Fernpunkt in endlichem Abstand reell vor dem Auge liegt ($a_R < 0$). Das kurzsichtige Auge besitzt meist eine zu große Baulänge, zuweilen auch eine zu hohe Brechkraft. Andererseits ist ein Auge *übersichtig*, wenn sein Fernpunkt virtuell hinter dem Auge liegt ($a_R > 0$). Das übersichtige Auge besitzt meist eine zu kurze Baulänge, zuweilen auch eine zu geringe Brechkraft. Ein *astigmatisches* Auge besitzt zwei verschiedene Fernpunktlagen für die beiden Hauptschnitte. Jeder Hauptschnitt für sich kann rechtsichtig, kurzsichtig oder übersichtig sein. Die azimutale Lage der Hauptschnitte ist an sich beliebig, doch ergeben sich in der Praxis gewisse Vorzugsrichtungen. Der Astigmatismus des Auges ist meist durch Deformationen der Hornhaut, zuweilen auch durch solche der Augenlinse bedingt.

Die *Korrektion* der Fehlsichtigkeit des Auges erfolgt durch Brillengläser bzw. Kontaktlinsen; als allgemeine Regel gilt: Das günstigste Brillenglas ist das stärkste Plusglas (für das übersichtige Auge) oder das schwächste Minusglas (für das kurzsichtige Auge), mit dem jeweils der höchste Visus (Sehschärfe) ereicht wird. Zur Refraktionsbestimmung des Auges existieren objektive wie subjektive Verfahren. Dem derzeitigen Stand der Technik entsprechend ist zwar immer noch eine Kombination beider Verfahren angebracht, doch setzen sich die objektiven Verfahren mehr und mehr durch.

Sehleistungen. Die Empfindlichkeit des Auges ist sowohl absolut wie auch relativ zu bewerten. Die *absolute Empfindlichkeitsschwelle* für Lichtreize, das sogenannte minimum visibile bzw. minimum perceptibile ist – ausgedrückt als Beleuchtungsstärke auf der Hornhaut – etwa 10^{-9} lx im direkten Sehen; sie ist für das Sehen bei Nacht bzw. bei der Sternbeobachtung von Bedeutung. Die relative Empfindlichkeitsschwelle, auch verstehbar als *Kontrastempfindlichkeit*, gibt den geringsten noch

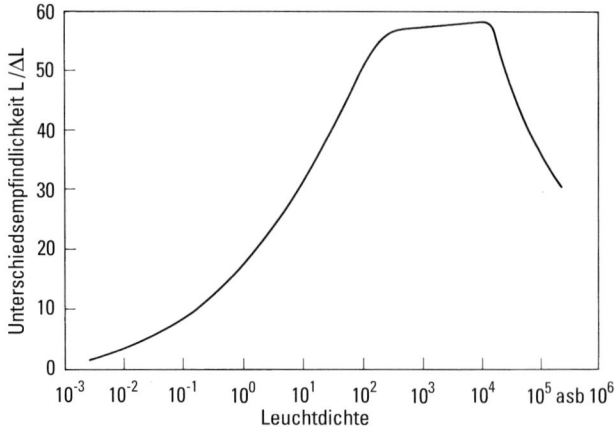

Abb. 1.111 Unterschiedsempfindlichkeit als Funktion der (Umfeld-) Leuchtdichte. Die Einheit Apostilb $\left(\text{as(b) entspricht } \frac{1}{\pi}\frac{\text{cd}}{\text{cm}^2}\right)$.

wahrnehmbaren Leuchtdichteunterschied zweier benachbarter Objekte an. Die Wahrnehmbarkeit ist vor allem von der Objektleuchtdichte und von dem Adaptationszustand des Auges abhängig. Zwei benachbarte Objekte unterscheiden sich zunächst durch ihren Leuchtdichteunterschied ΔL. Das Verhältnis von ΔL zur mittleren Leuchtdichte L wird als Unterschiedsempfindlichkeit, der Reziprokwert als Kontrastempfindlichkeit bezeichnet. In „klassischen" Untersuchungen haben König und Brodhun die Abhängigkeit der Unterschiedsempfindlichkeit von der Gesichtsfeldleuchtdichte L ermittelt; siehe dazu Abb. 1.111. In einem mittleren Leuchtdichtebereich ist die Unterschiedsempfindlichkeit nahezu konstant und beträgt dort 1 bis 2%, bei niedrigeren wie höheren Leuchtdichten nimmt die Unterschiedsempfindlichkeit deutlich ab. In dem genannten mittleren Leuchtdichtebereich gilt die sogenannte Weber-Fechnersche-Regel, derzufolge der Quotient Reiz/ΔReiz konstant sein soll; daraus leitet man ab, dass die Empfindung des Gesichtssinns (physiologische Größe) dem Logarithmus des Reizes (physikalische Größe) proportional sei. Wie Abb. 1.111 ausweist, ist das nur in einem begrenzten Leuchtdichtebereich zutreffend, dieser Bereich umfasst aber gerade den der alltäglichen Verhältnisse. Deswegen und wegen der Analogie zu anderen Sinnesempfindungen (z. B. Gehör) wird die Weber-Fechner'sche Regel auch heute noch oft wie eine Gesetzmäßigkeit gehandhabt.

Die Fähigkeit des Auges, sich in einem großen Leuchtdichtebereich den jeweiligen Gegebenheiten anpassen zu können, bezeichnet man als *Adaptation*. Je nach der herrschenden mittleren Leuchtdichte sind die *Stäbchen* und/oder die *Zapfen* der Netzhaut als lichtempfindliche Elemente an dem Sehvorgang beteiligt. Die sehr lichtempfindlichen Stäbchen reagieren bei Adaptationsleuchtdichten unterhalb etwa $10\,\text{cd}/\text{m}^2$, die weniger lichtempfindlichen Zapfen beginnen etwa oberhalb $5 \times 10^{-3}\,\text{cd}/\text{m}^2$ zu reagieren; das ist in Relation zu den Leuchtdichten unterschiedlicher Strahler zu setzen. Bei geringeren Leuchtdichten als $5 \times 10^{-3}\,\text{cd}/\text{m}^2$ arbeiten demnach nur die Stäbchen; man spricht dann von Nachtsehen oder skotopischem

Sehen. Bei Leuchtdichten zwischen 5×10^{-3} cd/m² und 10 cd/m² sind Stäbchen und Zapfen in Tätigkeit, diesen Bereich bezeichnet man als Dämmerungssehen oder mesopisches Sehen. Bei größeren Leuchtdichten als 10 cd/m² arbeiten nur die Zapfen, es liegt dann Tagessehen oder photopisches Sehen vor. Die Übergänge zwischen diesen Bereichen sind fließend. Die Anpassung der Zapfen an höhere Leuchtdichten verläuft relativ schnell: Helladaptation. Dagegen geht die Anpassung der Stäbchen an niedrige Leuchtdichten langsam vor sich: Dunkeladaptation. Der nach 3 bis 5 Minuten erreichte Zustand heißt Sofortadaptation, der nach mindestens 30 Minuten erreichte Daueradaptation. Die Adaptation über die gesamte Netzhaut heißt „Totaladaptation", die in Teilbereichen „Lokaladaptation". Da die Lokaladaptation erfahrungsgemäß in der Netzhautgrube (fovea) bedeutend geringer ist als am Rande der Netzhaut, ist Nachtsehen weitgehend ein indirektes Sehen, d. h. das gesehene Objekt wird nicht fixiert (z. B. sind Sterne am Nachthimmel vielfach nur ohne Fixierung erkennbar). In diesem Zusammenhang ist noch zu bemerken, dass Zapfen und Stäbchen sehr ungleichmäßig über die Netzhaut verteilt sind. Die Zapfendichte ist besonders groß in der Netzhautgrube und fällt stark ab, je weiter der Netzhautort von der fovea entfernt ist. Die Stäbchen dagegen sind in der fovea überhaupt nicht vorhanden, ihre größte Dichte besitzen sie etwa 8° von der fovea entfernt. Blendung tritt auf, wenn der momentane Adaptationszustand des Auges durch ein Objekt einer Leuchtdichte gestört wird, die merklich über der Adaptationsleuchtdichte liegt, siehe dazu Abb. 1.112. Die Adaptationsfähigkeit des Auges wird vor allem durch zwei Effekte ermöglicht. Einmal ist die Lichtempfindlichkeit der Zapfen und Stäbchen durch photochemische Änderungen in den Empfängerelementen an das jeweils gegebene Leuchtdichte-Niveau anpassbar; andererseits besitzt das Auge eine Aper-

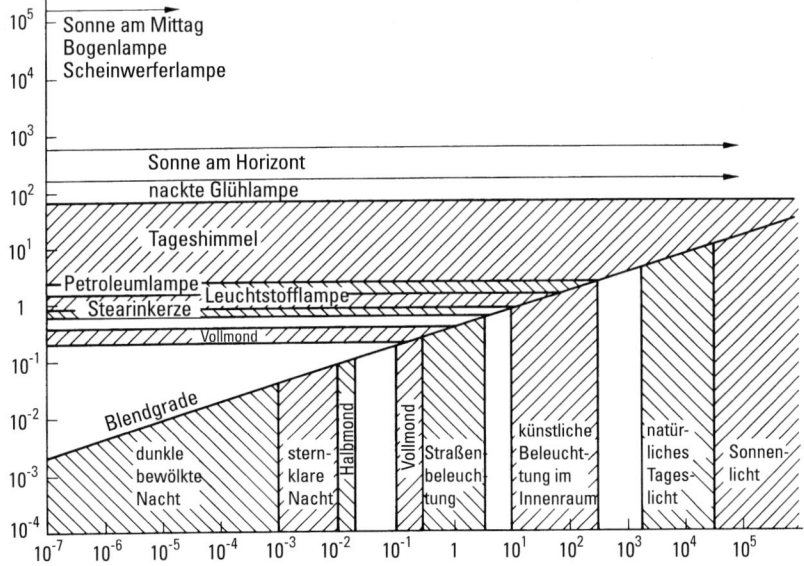

Abb. 1.112 Abhängigkeit der Blendungsleuchtdichte von der adaptierten Gesichtsfeldleuchtdichte; oberhalb der Blendgeraden tritt Blendung auf.

turblende variabler Größe, sodass der in das Auge dringende Lichtstrom in gewissen Grenzen regulierbar ist. Auf den ersten Effekt kann hier nicht weiter eingegangen werden, zum zweiten Effekt seien noch einige Daten angegeben: Die Aperturblende des Auges ist die Öffnung der Regenbogenhaut, sie heißt Augenpupille. Ihr Durchmesser ist in erster Linie von der Beleuchtungsstärke abhängig (aber auch vom Lebensalter). Der Pupillendurchmesser ist variabel von etwa 1 bis 10 mm. Vor der Pupille befinden sich Hornhaut und Kammerwasser, die als Lupe wirken und damit die Pupille etwa 1.1fach vergrößert erscheinen lassen. Neben der Leuchtdichte eines Objekts ist die Größe der Pupille für die Netzhautbeleuchtungsstärke und damit für den Helligkeitseindruck maßgeblich. Als Maß für die Netzhautbeleuchtung (beim Tagessehen) wird deshalb die „Pupillen-Lichtstärke" $I_P = L A_P$ eingeführt, wobei L die Leuchtdichte und A_P die Fläche der Pupille sind.

Eine weitere, wichtige Sehleistung des Auges ist das Auflösungsvermögen bzw. die *Sehschärfe* (minimum separabile). Damit wird die Fähigkeit des Auges beschrieben, Einzelheiten eines Objekts getrennt wahrzunehmen. Die Sehschärfe ist von zahlreichen Parametern abhängig; die wichtigsten dieser Parameter sind:

- die Objektstruktur: Das Ergebnis der Sehschärfe-Bestimmung ist in starkem Maß von dem jeweiligen Testobjekt abhängig, bei vielen Testobjekten wirkt die im Gedächtnis gespeicherte a priori Information bei der Erkennung mit.
- die Adaptationsleuchtdichte, aber auch die Lichtart beeinflussen natürlich die Sehschärfe. So ergibt sich bei Verwendung von gelbem Natriumlicht eine um etwa 13% höhere Sehschärfe als bei „weißem" Licht.
- die Qualität des Netzhautbildes, beeinflusst unter anderem durch die Abbildungsfehler des Auges.
- die anatomische Struktur der Netzhaut, gemeint ist hier die ortsabhängige Dichte der Stäbchen bzw. Zapfen in der Netzhaut; die Variation der Sehschärfe mit dem Ort auf der Netzhaut zeigt Abb. 1.113.
- das Lebensalter.

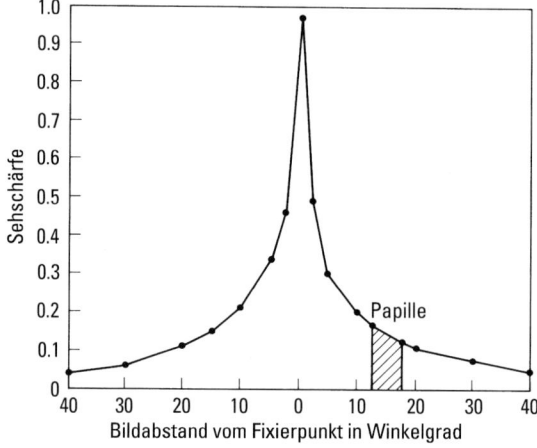

Abb. 1.113 Abhängigkeit der Sehschärfe von Netzhautort.

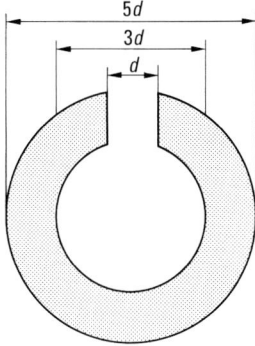

Abb. 1.114 Landolt-Ringe dienen als Testzeichen zur Sehschärfeprüfung.

Die Bestimmung der Sehschärfe erfolgt durch Messung des kleinsten Sehwinkels α, unter dem Objekte noch getrennt wahrgenommen werden. Dieser Winkel α wird auch „physiologischer Grenzwinkel" genannt; sein Wert beträgt etwa eine Bogenminute. Als Sehschärfe S wird der Reziprokwert des Winkels α bezeichnet; also:

$$S = \frac{1}{\alpha},$$

wobei α in Bogenminuten einzusetzen ist. Um möglichst gut reproduzierbare Werte der Sehschärfe zu erhalten, wird zu Prüfzwecken ein Normsehzeichen verwendet; das ist der *Landolt-Ring*, siehe dazu Abb. 1.114. Als Kriterium für die Erkennung des Sehzeichens dient die richtige Angabe der Lage der Öffnung in dem Kreisring. Sehschärfewerte zwischen 0.8 und 1.6 gelten als ausreichend bis sehr gut, Werte von 2.0 und höher sind überdurchschnittlich; Werte von 0.4 und darunter gelten für schwachsichtige Beobachter. Die Sehschärfe ist natürlich auch eine Funktion der Akkommodation; die maximale Sehschärfe ist über einen Akkommodationsbereich von ca. 3 Dioptrien zu halten.

Wellenlängenabhängige Eigenschaften. Der Transmissionsgrad der Augenmedien für Strahlungen unterschiedlicher Wellenlängen ist stark variabel. Da die Augenmedien zu einem sehr hohen Prozentsatz aus Wasser bestehen, liegt es nahe, sich mit dem spektralen Transmissionsgrad von Wasser zu beschäftigen. Dabei ergibt sich, dass gerade im sichtbaren Bereich die Schwächung elektromagnetischer Strahlung durch Wasser besonders gering ist; im Infraroten und im UV dagegen absorbiert Wasser stark. Der spektrale Transmissionsgrad der Augenmedien ist hoch im Bereich von 320 nm < λ < 1400 nm; siehe dazu Abb. 1.115. Davon klar zu unterscheiden ist die – relative – spektrale *Hellempfindlichkeit* $V(\lambda)$ des Auges, siehe Abb. 1.116. Erfahrungsgemäß reagiert das menschliche Auge auf einfallende Strahlungen aus dem sichtbaren Teil des elektromagnetischen Spektrums mit unterschiedlichen Lichtempfindungen. Die Funktion $V(\lambda)$ gibt für monochromatische Strahlungen gleicher physikalischer Leistung (äquienergetisches Spektrum) die relative Hellempfindlichkeit des menschlichen Auges bei Tagessehen (Helladaptation) an; es ist das die spektrale

148   1 Optische Abbildung

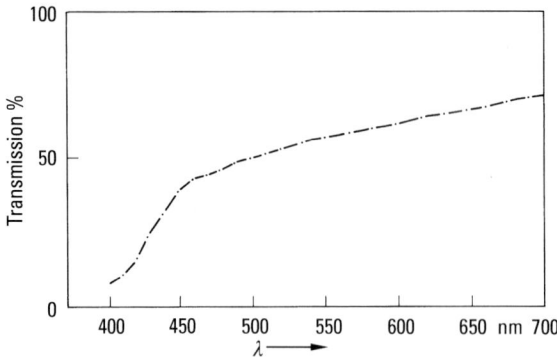

Abb. 1.115 Transmission von Strahlung in Abhängigkeit von der Wellenlänge durch die Augenmedien.

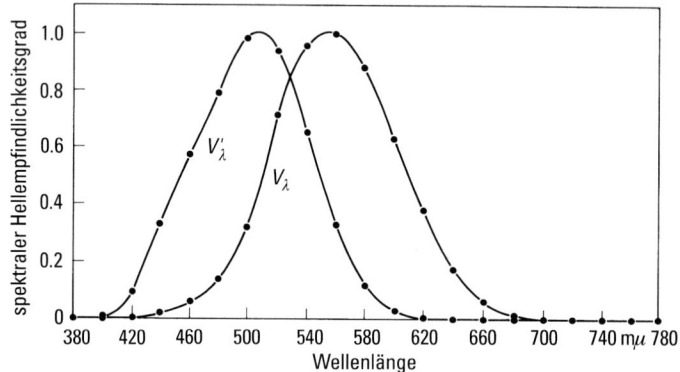

Abb. 1.116 Relative spektrale Hellempfindlichkeit des Auges für Tagessehen $V(\lambda)$ und für Nachtsehen $V'(\lambda)$.

Hellempfindlichkeit der Zapfen. $V(\lambda)$ ist merklich von null verschieden im Bereich 380 nm $< \lambda <$ 750 nm, das Maximum liegt bei 555 nm. Für das Nachtsehen der Stäbchen gilt eine Funktion $V'(\lambda)$, die um etwa 50 nm zum Kurzwelligen hin gegenüber $V(\lambda)$ verschoben ist; das Maximum tritt bei 507 nm auf. Da die spektrale Transmission der Augenmedien über einen größeren Wellenlängenbereich deutlich größer als null ist, als das für $V(\lambda)$ bzw. $V'(\lambda)$ gilt, ist Vorsicht beim Arbeiten insbesondere mit rotem und infrarotem Licht geboten. Da oberhalb von etwa 700 nm fast keine Empfindung mehr, aber durchaus merkliche Transmission vorliegt, erreicht solche Strahlung die Netzhaut, ohne gesehen zu werden. Daher besteht bei unvorsichtigem Umgang mit *Lasern* eine große Verletzungsgefahr (irreparabel!) für die Netzhaut. Anders ist die Situation am kurzwelligen Ende des Spektrums. Da für Wellenlängen unter 380 nm die Transmission bereits kleiner als 10 % ist, besteht kaum eine Verletzungsgefahr für die Netzhaut durch Strahlungen solcher Wellenlängen. Jedoch absorbiert die Hornhaut diese Strahlung stark (z. B. bei Aufenthalt im Hochgebirge) und sie wie auch die Bindehaut können dadurch entzündet werden. Derartige Entzündungen können schmerzhaft sein, doch sind sie meist ungefährlich. Eine ganz andere wellenlängenabhängige Eigenschaft des Auges ist die sogenannte *chromatische Aberration*; gemeint ist damit der Farblängsfehler, der durch die Dispersion der Augenmedien bedingt ist. Im sichtbaren Bereich beträgt der Farblängsfehler des Auges, umgerechnet auf den Objektraum etwa zwei Dioptrien; die Brechkraft des Auges steigt mit abnehmender Wellenlänge an (normale Dispersion). Das Auge bzw. der Gesichtssinn nutzt andererseits den Farblängsfehler, indem bei nahezu fester Akkommodation für Objekte in unterschiedlichen Entfernungen auch verschiedene „Einstellwellenlängen" verwandt werden. Die bisherigen Betrachtungen haben eine der wichtigsten Qualitäten des Gesichtssinns, nämlich das *Farbensehen* unberücksichtigt gelassen. Wegen der besonderen Bedeutung dieser speziellen Qualität des Gesichtssinns erfolgt die ausführliche Diskussion dieses Themas in Kap. 6.

1.9 Optische Instrumente

In diesem Abschnitt sollen die wichtigsten optischen Instrumente besprochen werden. Diese Instrumente besitzen recht unterschiedliche Aufgaben und Eigenschaften, von denen wenigstens die wichtigsten zu behandeln sind. Einmal ist der jeweilige Aufbau anzugeben, dann sind die Funktionsweisen im Sinne der geometrischen Optik zu beschreiben; weiter ist auf die energetischen Verhältnisse einzugehen, und es ist schließlich die erreichbare Bildqualität zu diskutieren.

Die Ausführungen der vorigen Teil-Abschnitte sind in zweierlei Hinsicht noch nicht ausreichend, um die Eigenschaften optischer Instrumente angemessen beschreiben zu können. Es ist einmal zu diskutieren, wie Strahlungsleistung vom Objektraum in das Bild gelangt. Die dafür anzuwendenden Begriffe werden in Kap. 6 behandelt; hier werden sie einfach benutzt. Zur Erfassung der Bildqualität genügt es nicht, nur die geometrisch-optischen Verhältnisse zu berücksichtigen; vielmehr müssen die Grundbegriffe der Beugung – die im Einzelnen in Kap. 3 erörtert werden – und die der sogenannten Systemtheorie kurz eingeführt werden. Anschließend werden dann ausgewählte optische Instrumente behandelt.

1.9.1 Strahlungs- und Informations-Übertragung

1.9.1.1 Strahlungsübertragung

Bisher wurde optische Abbildung als Strahlenoptik aufgefasst. Nun müssen auch die energetischen Verhältnisse berücksichtigt werden. Dazu ist die idealisierte Vorstellung von Objektpunkten aufzugeben; statt dessen wird nun mit Objekten gearbeitet, die aus strahlenden Flächenelementen bestehen. Jedes solche Flächenelement sendet eine charakteristische *Strahlungsleistung* Φ (SI-Einheit Watt) in den gesamten Raumwinkel von 4π; davon vermag das jeweilige optische System nur einen Bruchteil zu erfassen, weil die Eintrittspupille von dem Objektelement aus gesehen nur unter einem Teil-Raumwinkel erscheint. Es ist also angebracht, den Sender durch spezielle Größen zu kennzeichnen. Das geschieht einmal in Form der *Strahlstärke* *I*, die definiert ist durch

$$I = \frac{d\Phi}{d\Omega}.$$ (1.102)

Ω steht dabei für den Raumwinkel. Der Sender wird weiterhin gekennzeichnet durch seine *Strahldichte L*, die definiert ist gemäß

$$L = \frac{d^2\Phi}{d\Omega\,dA}.$$

Dabei steht A für die Senderfläche. Gleichwertig kann auch geschrieben werden

$$\Phi = \iint L\,d\Omega\,dA.$$ (1.103)

Im Allgemeinen ist die Strahldichte L als Funktion von Raumwinkel Ω und Senderfläche A zu verstehen. Nur wenn L unabhängig von Ω und A ist, lassen sich die Integrationen nach Gl. (1.103) explizit durchführen. In solch einem Fall nennt man den Strahler speziell einen *Lambert-Strahler*; wie weitestgehend üblich werden auch hier Lambert-Strahler angenommen. Statt Gl. (1.103) gilt für Lambert-Strahler offenbar die vereinfachte Beziehung

$$\Phi = L\Lambda.$$ (1.104)

Die Größe Λ heißt *Lichtleitwert*, oder auch geometrischer Fluss und ist bei Anwendung auf optische Systeme, hier speziell in der Näherung der Gauß-Optik, darstellbar als

$$\Lambda = \frac{n^2\,\pi l^2\,\pi r_{EP}^2}{(s-z)^2},$$ (1.105)

wobei die Bezeichnungen von Abschn. 1.5 benutzt sind. Mit Gl. (1.79) und Gl. (1.80) lässt sich auch schreiben

$$\Phi = (\pi H)^2.$$ (1.106)

Damit ist der Lichtleitwert Λ durch die in Abschn. 1.6 eingeführte H-Invariante ausgedrückt; der Lichtleitwert ist demnach auch eine Invariante der Abbildung. Diese wichtige Feststellung macht die Aussage von Gl. (1.104) klar: Die von einem optischen System aufgenommene Strahlungsleistung Φ wird einerseits durch die Strahldichte L des Senders (Objekts) und andererseits durch den Lichtleitwert Λ des abbildenden optischen Systems festgelegt. Nimmt man nun noch an, dass das optische System frei von Verlusten – durch Absorption, Streulicht und dgl. – sei, so wird die einmal aufgenommene Strahlungsleistung auch in den Bildraum übertragen. Unter dieser Annahme lässt sich weiter folgern, dass bei der Abbildung auch die Strahldichte L unverändert bleibt. Damit ist eine sehr einfache, häufig genutzte Beziehung gegeben. Im Bild wird die wirksame Strahlungsleistung durch die *Bestrahlungsstärke E* gemessen, die definiert ist durch

$$E = \frac{d\Phi}{dA'},$$ (1.107)

wobei A' die Empfängerfläche (Bildfläche) ist. Drückt man jetzt den Lichtleitwert Λ durch Größen des Bildraums aus, so erhält man durch Zusammenfassung von Gl. (1.104) und Gl. (1.107)

$$E = \pi L (n' \sigma')^2 . \tag{1.108}$$

Die Bestrahlungsstärke im Bild ist also durch die Strahldichte des Objekts multipliziert mit dem Quadrat der bildseitigen numerischen Apertur gegeben; die bildseitige numerische Apertur ist natürlich durch die Größe der Aperturblende bestimmt, sodass damit eine weitere Funktion der Aperturblende erkennbar wird.

Beim Übergang zu endlichen Aperturen ist zunächst zu klären, ob ein Lambert-Strahler als Objekt wiederum in einen Lambert-Strahler abgebildet wird. Für die axiale Abbildung gilt das nur dann, wenn sowohl der Öffnungsfehler als auch der Asymmetriefehler korrigiert sind. Der Asymmetriefehler wird hier in Form der *Sinusbedingung* wirksam; die Forderung der Sinusbedingung ist, dass der Abbildungsmaßstab β bzw. die Brennweite f unabhängig von der Apertur und gleich den Werten der Gauß-Optik sein sollen:

$$\beta_0 = \frac{n_1 \sin \sigma_1}{n'_k \sin \sigma'_k} \quad \text{bzw.} \quad f_0 = - \frac{h_1}{n'_k \sin \sigma'_k} . \tag{1.109}$$

Bei Gültigkeit von Gl. (1.109) ist die Sinusbedingung erfüllt, optische Systeme mit diesen Eigenschaften werden auch *aplanatisch* genannt. Die eben benutzten Ausdrücke für Abbildungsmaßstab bzw. Brennweite sind Verallgemeinerungen der in vorangegangenen Abschnitten behandelten Definitionen; hier ist speziell die Apertur-Abhängigkeit von Interesse. Um auch bei außeraxialen Abbildungen die Eigenschaften eines Lambert-Strahlers zu erhalten, müssen die Abbildungsfehler prinzipiell vollständig korrigiert sein. Das ist realiter nur in Näherung zu erreichen, sodass man das Bild eines Strahlers dem Strahler selbst nur bedingt als gleichwertig annehmen darf.

Die Konstanz von Strahlungsleistung und Strahldichte bei der optischen Abbildung – zumindest im Bereich der Gauß-Optik – könnte den falschen Eindruck hervorrufen, dass die strahlungsphysikalischen Größen überhaupt unabhängig von den Eigenschaften der optischen Abbildung seien. Das beste Gegenbeispiel ist die Strahlstärke I. Bei der Abbildung wird im Allgemeinen der Raumwinkel Ω geändert, der auch ausdrückbar ist in der Form

$$\Omega = \pi (n' \sigma')^2 ,$$

sodass die Strahlstärke I im Bild wird zu

$$I' = I \beta_0^2 . \tag{1.111}$$

Wenn β_0 betragsmäßig größer als eins ist, so nimmt die Strahlstärke zu; zu beachten ist dabei, dass damit eine Abnahme des Raumwinkels Ω' verbunden ist; die Strahlungsleistung bleibt dabei ungeändert. Von der Steigerung der Strahlstärke durch optische Abbildung wird insbesondere bei Scheinwerfern Gebrauch gemacht.

Mit den vorstehenden Beziehungen gelingt es, die Bestrahlungsverhältnisse im Bild zu bestimmen; das ist zumindest dann zutreffend, wenn man sich auf Flächenelemente beschränkt (weil hier Lambert-Strahler angenommen wurden).

1.9.1.2 Informationsübertragung

Abzubildende Objekte sind gekennzeichnet durch ortsabhängige Strahldichte-Variationen. Diese Objekt-Charakteristika sollen so exakt wie möglich in das Bild übertragen werden. Um das zu erreichen, genügt es nicht, nur die geometrisch-optischen Abbildungseigenschaften zu untersuchen, sondern es müssen zusätzlich die wichtigsten wellenoptischen Erscheinungen diskutiert werden. Das geschieht hier auf der Basis der sogenannten skalaren Wellenoptik. In Anlehnung an die Ausführungen des Kap. E beschreiben wir den Abbildungsvorgang in der folgenden Weise: Von dem jeweiligen Objektpunkt gehen Kugelwellen aus, die von dem optischen System insoweit aufgenommen und in den Bildraum übertragen werden, wie es der Raumwinkel zulässt, unter dem die EP des Systems von dem Objektpunkt aus erscheint. Nachdem solche Wellen das optische System durchsetzt haben, besitzen sie in der AP im Allgemeinen eine ortsabhängige Amplituden- und Phasenverteilung. Ziel einer jeden Abbildung ist es jedoch, Wellenflächen in der AP zu erzeugen, die konstante Amplituden und Phasen besitzen, solche Abbildungen sind frei von geometrisch-optischen Abbildungsfehlern. Die Wellenfläche in der AP besitzt in diesem Fall kugelförmige Gestalt; im Bildraum konvergiert diese Welle auf den Soll-Bildpunkt. Da die begrenzte Apertur aber nur einen Kugelwellenabschnitt zur Abbildung beitragen lässt, entsteht kein punktförmiges Bild, sondern eine Lichtverteilung, die zwar am Ort des Soll-Bildpunkts maximale Bestrahlungsstärke aufweist, aber auch in dessen Umgebung deutlich von null verschieden ist. Diese Punktlichtgebirge genannte Lichtverteilung wird weiter unten noch genauer zu besprechen sein. Wenn die Abbildung durch das aktuelle optische System jedoch nicht frei von Abbildungsfehlern ist, so ist die Wellenfläche in der AP nicht kugelförmig und es können auch örtlich variable Amplituden auftreten. In diesem Fall spricht man von *Wellenaberrationen*; dieser hier neu einzuführende Begriff lässt sich auf die aus Abschn. 1.7 bekannten Queraberrationen zurückführen durch

$$\frac{\partial W(x,y)}{\partial x} = -n' \sin \sigma'_{max} \Delta l'_x,$$

$$\frac{\partial W(x,y)}{\partial y} = -n' \sin \sigma'_{max} \Delta l'_y. \qquad (1.112)$$

Dabei gibt die Funktion $W(x,y)$ die Abweichungen der realen Wellenfläche von der kugelförmigen an, die Koordinaten x, y in der AP sind zusätzlich auf den AP-Radius normiert. Die Lichterregung in der AP kann somit unter Berücksichtigung von geometrisch-optischen Abbildungsfehlern dargestellt werden durch die Funktion $P(x,y)$:

$$P(x,y) = A(x,y) e^{ikW(x,y)}. \qquad (1.113)$$

$A(x,y)$ ist die Amplitude der Lichterregung in der AP. $P(x,y)$ heißt die *Pupillenfunktion*, weil sie die Lichterregung in der AP auch im Falle durchaus endlicher geometrisch-optischer Abbildungsfehler wiedergibt. Die Lichterregung im Bildraum gewinnt man unter der Annahme, dass die Näherung der *Fraunhofer-Beugung* (siehe Abschn. 3.8) den physikalischen Abbildungsvorgang ausreichend genau wiedergibt;

das ist zumeist in völlig ausreichendem Maße der Fall. Da die Fraunhofer-Beugung mathematisch durch die *Fourier-Transformation* (siehe Kap. E) beschrieben werden kann, ergibt sich eine – zumindest prinzipiell – einfache Formulierung für die Lichterregung $F(l_x, l_y)$ im Bild:

$$F(l_x, l_y) = c \iint P(x, y) e^{-ik(xl_x + yl_y)/r} \, dx \, dy. \tag{1.114}$$

r ist dabei der Abstand von der AP-Mitte bis zum Soll-Bildpunkt; die Koordinaten l_x, l_y im Bild sind hier vom jeweiligen Sollbildpunkt aus zu zählen. Die Integration ist in Gl. (1.114) über die AP-Fläche hinweg vorzunehmen. Die Lichterregung $F(l_x, l_y)$ selbst ist aber nicht messbar, sondern nur ihr Betragsquadrat $B(l_x, l_y)$, die Bestrahlungsstärkeverteilung:

$$B(l_x, l_y) = F(l_x, l_y) F^*(l_x, l_y). \tag{1.115}$$

Mit Gl. (1.115) ist es möglich, *Punktbilder* oder auch *Punktlichtgebirge* zu berechnen, entsprechende Messungen sind ebenfalls durchführbar, doch treten dabei merkliche experimentelle Schwierigkeiten auf, sodass derartige Messungen bisher nur selten realisiert wurden. Im allgemeinen Fall besitzen Punktbilder unter dem Einfluss von Aberrationen quantitativ wie qualitativ sehr unterschiedliche Lichtverteilungen, sodass Beurteilungen schwer fallen. Deshalb sei zunächst darauf eingegangen, welches Punktbild resultiert, wenn keine Aberrationen vorhanden sind. Man spricht dann von der *perfekten Abbildung*. Solch eine Abbildung ist nur perfekt, aber nicht ideal, weil es nicht gelingt, dem Objektpunkt einen Bildpunkt zuzuordnen. Wegen der begrenzten Apertur resultiert im Bildraum die durch Beugung an der AP erzeugte Lichtverteilung, deren radialen Verlauf Abb. 1.117 wiedergibt. Der Ort des Hauptmaximums fällt mit dem geometrisch-optischen Bildpunkt zusammen; der radiale Verlauf des rotationssymmetrischen Punktbilds ist gegeben durch

$$\left(\frac{J_1(z)}{z} \right)^2. \tag{1.116}$$

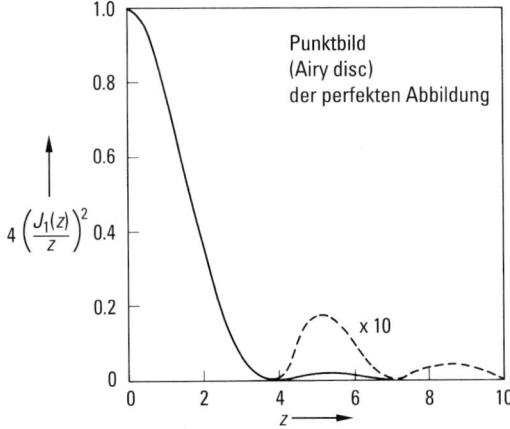

Abb. 1.117 Radiale Variation der Bestrahlungsstärkeverteilung im Punktbild bei perfekter Abbildung.

Dabei steht J_1 für die Bessel-Funktion 1. Ordnung; die Variable z ist eine Abkürzung. Es gilt

$$z = \frac{2\pi}{\lambda} n' l' \sin\sigma'_{max}. \qquad (1.117)$$

Das erste Minimum wird erreicht für $z = 3.832$, d. h. für

$$l' = \frac{0.61\,\lambda}{n' \sin\sigma'_{max}}. \qquad (1.118)$$

Dieser Ausdruck ist insofern sehr wichtig, weil er das Maß für das Auflösungsvermögen optischer Instrumente angibt: Man kann danach zwei Punktbilder dann noch unterscheiden, wenn sie den durch Gl. (1.118) gegebenen Abstand nicht unterschreiten. Neben der Wellenlänge λ ist demnach die bildseitige numerische Apertur entscheidend für das jeweils erreichbare Auflösungsvermögen eines optischen Instruments. Das gilt für Abbildungen, die frei von geometrisch-optischen Abbildungsfehlern sind. Wenn aber Abbildungsfehler vorliegen – das ist der Normalfall – so werden die Verhältnisse merklich komplizierter, wie es oben bereits festgestellt wurde.

Lange Jahre gelang es nicht, das Zusammenwirken von Abbildungsfehlern und Beugung in Bildstrukturen zu erfassen. Erst seit etwa 1950 ist mit Hilfe des Konzepts der *optischen Übertragungsfunktion eine* Beschreibungsform gefunden worden, die die Abbildungseigenschaften optischer Systeme physikalisch hinreichend genau erfasst und die außerdem experimentell wie rechnerisch nachvollziehbar ist. Die optische Übertragungsfunktion wird als Fourier-Transformierte des Punktbildes definiert, wobei letzteres auch durch die Aberrationen des abbildenden Systems beeinflusst sein kann. Diese Definition der optischen Übertragungsfunktion ist sehr zweckmäßig; andere Definitionen sind möglich und früher auch benutzt worden. Bevor die optische Übertragungsfunktion explizit angegeben wird, ist noch auf zwei Voraussetzungen zu verweisen, die erfüllt sein müssen, um das Konzept der optischen Übertragungsfunktion auf die Abbildung optischer Systeme anwenden zu dürfen. Es handelt sich um die *Linearität* und um die *Stationarität*. Als Linearität bezeichnet man die additive Überlagerung von Bestrahlungsstärkeverteilungen, die hier so lange als gegeben angenommen werden darf, wie inkohärente Abbildung vorliegt (zum Begriff der Kohärenz bzw. Inkohärenz siehe Kap. 3 und Abschn. 11.3); das darf weitgehend als zutreffend angesehen werden. Die Bedingung der Stationarität besagt, dass die Abbildungseigenschaften optischer Systeme ortsinvariant sein sollten. Diese Eigenschaft ist in Strenge nicht gegeben, nämlich einfach deshalb, weil in Abschn. 1.7 festgestellt werden musste, dass mit dem Bildfeld variable Abbildungsfehler existieren. Um die optische Übertragungsfunktion trotzdem anwenden zu können, hat man sich jeweils auf sogenannte Isoplan-Gebiete zu beschränken; es sind das Gebiete einer solchen Ausdehnung, dass innerhalb derer die Variation der Abbildungsfehler als vernachlässigbar klein betrachtet werden darf. Die Größe eines Isoplan-Gebietes ist damit durch die jeweiligen Genauigkeitsforderungen bestimmt. Die Begriffsbildung der optischen Übertragungsfunktion wird durch die Auswahl typischer Objekte und Bilder in Form von *Sinusgittern* bestimmt. Auf Grund der angenommenen Linearität kann jedes Objekt als Überlagerung von Sinusgittern beliebiger *Ortsfrequenzen* aufgefasst werden. Als Ortsfrequenz (üblicherweise angegeben in mm^{-1}) wird die reziproke Gitterkonstante bezeichnet; der Begriff ist analog zur Zeitfrequenz gebildet. Die oben bereits angesprochene Definition der optischen Übertragungsfunktion lautet:

$$D(RS) = \iint B(l_x, l_y) e^{-2\pi i(l_x R + l_y S)} \, dl_x \, dl_y. \tag{1.119}$$

Integrationsgebiet ist formal die gesamte Bildebene; in praxi ist über die von null hinreichend verschiedenen Werte des Punktbilds zu integrieren. R und S stehen für die Ortsfrequenzen in sagittaler bzw. meridionaler Richtung. Im Fall der perfekten Abbildung resultiert:

$$D(R) = \frac{2}{\pi}\left[\arccos\frac{\overline{R}}{2} - \frac{\overline{R}}{2}\sqrt{1-\left(\frac{\overline{R}}{2}\right)^2}\,\right]. \tag{1.120}$$

Dabei ist $\overline{R}$ eine Abkürzung und wird reduzierte Ortsfrequenz genannt, es ist

$$\overline{R} = R\frac{\lambda}{n'\sin\sigma'_{max}}. \tag{1.121}$$

$D(R)$ für die perfekte Abbildung ist nur in dem Bereich $0 \leq \overline{R} \leq 2$ definiert, dementsprechend gilt $0 \leq R \leq 2n'\sin\sigma'_{max}/\lambda$. Der Maximalwert von R heißt *Grenzfrequenz*. Die Grenzfrequenz ist eng mit der Auflösungsgrenze nach Gl. (1.118) verknüpft; der Reziprokwert von Gl. (1.118) ist nämlich bis auf einen Faktor 1.22 mit der Grenzfrequenz identisch. Die Abb. 1.118 zeigt den Verlauf von $D(\overline{R})$ als Funktion von $\overline{R}$.

Es erscheint angebracht, die optische Übertragungsfunktion noch in anderer Weise zu erklären, um damit das anschauliche Verständnis zu verbessern: Ein beliebiges flächenhaftes Objekt sei durch seine Strahldichteverteilung als Funktion des Ortes gekennzeichnet. Durch Fourier-Transformation dieser Strahldichteverteilung erhält man das *Ortsfrequenzspektrum* des Objekts, d. h. die Angabe, in welchem Maß die verschiedenen Ortsfrequenzen zwischen null und unendlich in dem Objekt enthalten sind. Entsprechend kann man von der Bestrahlungsstärkeverteilung im Bild die Fourier-Transformierte bilden und damit das Ortsfrequenzspektrum des Bildes bestimmen. Die optische Übertragungsfunktion ist dann als Quotient der Ortsfrequenzspektren von Bild zu Objekt gegeben; basierend auf diesem Zusammenhang werden

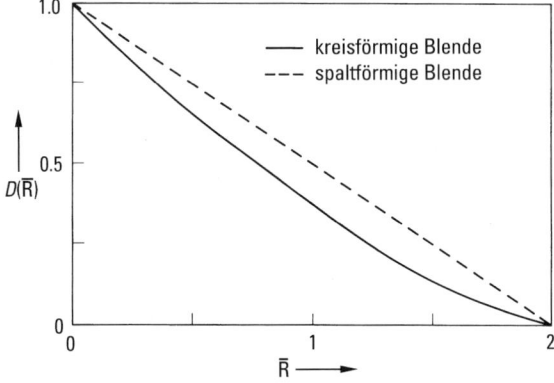

Abb. 1.118 Optische Übertragungsfunktion bei perfekter Abbildung.

beispielsweise Übertragungsfunktionen fotografischer Schichten ermittelt. Die eben angegebene Beziehung kann auch in einer anderen Weise gedeutet werden:

- Das Ortsfrequenzspektrum im Bild ergibt sich aus dem des Objekts, indem man letzteres mit der optischen Übertragungsfunktion des abbildenden optischen Systems multipliziert.

Diese Darstellung sei veranschaulicht durch die Betrachtung eines Objekts rein sinusförmiger Strahldichte-Variation, d. h. es sei

$$L(x) = a + b\cos(2\pi R x).$$

Die Extrema dieser Funkion sind

$$L_{max} = a + b; \quad L_{min} = a - b.$$

Als Modulation wird der Ausdruck

$$M(R) = \frac{L_{max} - L_{min}}{L_{max} + L_{min}} = \frac{b}{a} \tag{1.122}$$

bezeichnet. Bei der Abbildung eines solchen Objekts erhält man im Bild eine Bestrahlungsstärkeverteilung der Form

$$E(x) = a + b'\cos(2\pi R x + \varphi)$$

mit der Modulation M'

$$M'(R) = \frac{b'}{a}.$$

Die Modulation im Bild ist immer geringer als die im Objekt, die Ortsfrequenz bleibt erhalten; zusätzlich tritt unter Umständen eine „Phase" $\varphi(R)$ auf, die eine Verschiebung des Gitterbildes gegenüber der Sollage zur Folge hat. Das Verhältnis der Modulationen M' zu M wird nun gerade durch den Wert der optischen Übertragungsfunktion für die betrachtete Ortsfrequenz R gegeben. Damit findet auch die Bezeichnung Übertragungsfunktion ihre Erklärung. Der Zusatz optisch ist damit zu erklären, dass Übertragungsfunktionen in anderen Gebieten, vor allem in der Nachrichtenrechnik, bereits seit geraumer Zeit in Gebrauch sind und demgegenüber eine Unterscheidung zweckmäßig erscheint.

Beispiele für optische Übertragungsfunktionen realer Systeme sind am Ende dieses Abschnitts angegeben; siehe Abb. 1.148. Die Messung der optischen Übertragungsfunktion kann nach verschiedenen Methoden erfolgen. Hier sei auf die Methode hingewiesen, die sich besonders eng an die Definition nach Gl. (1.119) anlehnt. Um experimentell gut beherrschbare Verhältnisse zu schaffen, wird aber von dem zweidimensionalen auf den eindimensionalen Fall zurückgegangen. Als Objekt wird ein schmaler, beleuchteter Spalt benutzt; dieser wird durch das zu prüfende optische System abgebildet und die Bestrahlungsstärkeverteilung des Spaltbildes wird mit Hilfe eines zweiten Spaltes abgetastet. Als Messergebnis gewinnt man so ein Spaltbild, das rechnerisch zu korrigieren ist, um die Einflüsse der endlichen Spaltbreiten im Objekt und im Bild zu eliminieren. Das damit erhaltene Linienbild wird dann per Fourier-Transformation nach Gl. (1.119) in die optische Übertragungsfunktion umgerechnet. Da die Messung nur eindimensional erfolgt, müssen für einen Objektpunkt bereits mindestens zwei Messungen mit unterschiedlichen Spalt-Orientierungen (zumeist meridional und sagittal) vorgenommen werden. Überhaupt müssen zahlreiche Parameter bestimmt und angegeben werden, für die eine Messung jeweils vorgenommen wird; dazu gehören Abbildungsmaßstab, Apertur, Bildwinkel, Fokussierung, Spektralverteilung und einige andere mehr. Zur einigermaßen vollständigen Charakterisierung beispielsweise eines Foto-Objektivs sollen bereits ca. 100 Übertragungsfunktionen erforderlich sein. Aus so einer Aussage geht hervor, dass die quantitative Bestimmung von Abbildungseigenschaften wohl gelingt, deren Vollständigkeit aber kaum zu erreichen ist.

1.9.2 Ausgewählte optische Instrumente

1.9.2.1 Lupe

Die Lupe ist das einfachste optische Instrument, das dazu dient, die Sehleistung des menschlichen Auges zu erweitern. Wegen der begrenzten Sehschärfe und der begrenzten Akkommodation des Auges können kleine Objekte vom Auge nicht ohne optische Hilfsmittel erkannt werden. Ein Objekt der Größe l in der Entfernung s_0 vom Auge erscheint unter dem Winkel

$$\alpha = \frac{l}{s_0}.$$

Es ist üblich, für s_0 den Wert der sogenannten deutlichen Sehweite von 250 mm einzusetzen. Als Lupe wird nun eine Linse positiver Brennweite f verwendet, um damit das zu beobachtende Objekt dem Auge unter vergrößertem Winkel darzubieten. Es ist hier zunächst die vergrößernde Wirkung in angemessener Weise zu definieren. Das geschieht in Form der Lupen-Vergrößerung

$$\Gamma_l = \frac{\tan \omega'}{\tan \omega}, \tag{1.123}$$

wobei ω der Winkel ist, unter dem das Objekt ohne Lupe erscheint und ω' der mit Lupe. Um Γ_l durch die Brennweite der Lupe und die Daten der Beobachtungsbedingungen ausdrücken zu können, ist im allgemeinen Fall auch das beobachtende Auge zu berücksichtigen, insbesondere ob es rechtsichtig oder fehlsichtig ist. Derartige Betrachtungen gehen hier zu weit, sodass nur eine Standard-Beobachtung diskutiert wird. Das Objekt liege dazu in der vorderen Brennebene der Lupe, sodass es nach unendlich abgebildet wird. Das Auge werde mit seiner Pupille in der hinteren Brennebene der Lupe angeordnet, sodass dadurch für die Blendenabbildung objektseitig der telezentrische Hauptstrahlengang realisiert wird. Unter diesen Bedingungen wird die Lupenvergrößerung zu

$$\Gamma_l = \frac{250}{f}. \tag{1.124}$$

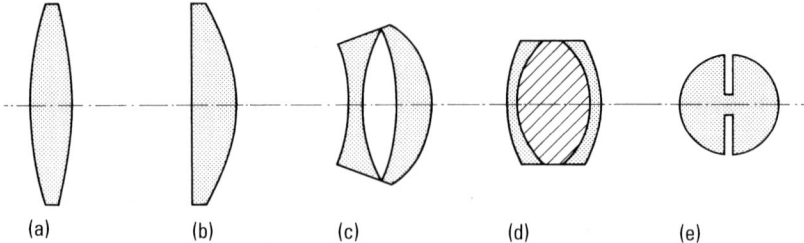

Abb. 1.119 Bauformen von Lupen (a) Symmetrische Bikonvexlinse, unkorrigiert, verwendbar bis maximal $\Gamma = 6$; (b) Plankonvexlinse, frei von Astigmatismus bei geeigneter Position des Auges; (c) Zweilinsige, sogenannte „Verantlupe", frei von Astigmatismus, Bildfeldwölbung, Verzeichnung und Farbquerfehler bei geeigneter Position des Auges, meist für $\Gamma = 4$ vorgesehen; (d) „Aplanatische" Lupe nach Steinheil, symmetrischer Aufbau, frei von Farbquerfehler, gebräuchlich mit $\Gamma = 6\ldots15$; (e) Kugellinse, abgeblendet und damit ohne Verzeichnung und Astigmatismus (nicht mehr gebräuchlich).

Dabei ist die sogenannte deutliche Sehweite des Auges von 250 mm als numerischer Wert eingesetzt. Die eben genannten Vereinbarungen legen den Strahlengang für die Objekt- und für die Blendenabbildung fest. Tatsächlich sind die Vereinbarungen im Allgemeinen nicht einzuhalten, weil die Lupe zumeist freihändig benutzt wird. Wenn sie jedoch zu Messzwecken eingesetzt wird, so ist es zumindest sehr empfehlenswert, die Bedingungen einzuhalten.

Die Grenze der Leistungsfähigkeit einer Lupe in Bezug auf das Auflösungsvermögen ist meist durch das Auge, nicht durch die Lupe gegeben. Bei Abbildung größerer Objektfelder durch eine Lupe können Verzeichnung, Astigmatismus, Bildfeldwölbung und Farbquerfehler stören. Öffnungsfehler, Koma und Farblängsfehler sind wegen der durch die Augenpupille begrenzten Apertur in der Regel unkritisch. Lupen werden mit Vergrößerungen zwischen 1fach und etwa 25fach hergestellt. Solche mit geringen Vergrößerungen dienen als Lesegläser; sie bestehen meist aus einer einzigen Linse. Lupen werden als Okulare bezeichnet, wenn sie als Teil eines zusammengesetzten optischen Geräts mit definierter Lage der Austrittspupille verwendet werden.

Die Steigerung der Vergrößerung von Lupen ist begrenzt, weniger der Korrigierbarkeit der Abbildungsfehler wegen, sondern vor allem deshalb, weil bei mehrlinsigen Ausführungen Schwierigkeiten auftreten, die Brennpunkte mechanisch zugänglich zu gestalten und damit Objekt bzw. Aperturblende relativ zum Linsensystem richtig zu positionieren. Die Abb. 1.119 zeigt Linsenschnitte der gebräuchlichsten Ausführungsformen von Lupen.

1.9.2.2 Mikroskop

Allgemeines. Das Mikroskop ist eines der wichtigsten optischen Instrumente überhaupt. Es hat dem Menschen ermöglicht, Objekte zu erkennen, zu interpretieren und zu manipulieren, die vorher nicht bekannt und damit auch nicht beeinflussbar waren. Die Mikroskopie hat daher einen entscheidenden Anteil an der Erweiterung unserer Kenntnisse über die Umwelt. Vielfältige Beweise liefern dafür die Anwendungen des Mikroskops in der Medizin, der Biologie, der Mineralogie, der Metallurgie und heute auch in der technischen Mikro-Manipulation. In diesen Bereichen ist das Mikroskop absolut notwendiges Hilfsmittel für die Forschung wie auch für Routine-Einsätze geworden.

Zum vollen Verständnis der Funktionsweise des Mikroskops sind sowohl strahlenoptische als auch wellenoptische Gesetzmäßigkeiten zu berücksichtigen. Deshalb wird hier relativ ausführlich auf deren Zusammenhänge eingegangen.

Das Mikroskop ist als visuelles Gerät konzipiert; es ist also das menschliche Auge als Bildempfänger vorgesehen. Inzwischen auch übliche Registrierungen mit Foto- oder Fernsehkameras sind zumeist noch mit Hilfe von Adaptationen an das visuelle Gerät vorgenommen.

Die historische Entwicklung des Mikroskops ist ein sehr interessantes Thema, doch kann hier nur in wenigen Stichworten darauf eingegangen werden: A. van Leeuwenhoek (1673) entwickelte das einfache Mikroskop zu einer erstaunlichen Leistung. Vorgänger waren u. a. Vater und Sohn Jansen im beginnenden 17. Jahrhundert. Chr. Huygens erfand 1684 das zweilinsige Okular. C. A. Spencer erfand um 1860 Mikroobjektive hoher numerischer Apertur und verbesserte deren Farbkorrektion durch Kombination von Glas und Fluorit; den Dunkelfeld-Kondensor führte 1853 F. Wenham ein; E. Abbe (1840–1905) erfand apochromatische Mikroobjektive, führte Kompensationsokulare ein und klärte vor allem die Zusammenhänge bei der Bildentstehung im Mikroskop; F. Zernike erfand 1935 den Phasenkontrast und erhielt dafür 1953 den Nobel-Preis.

Optischer und mechanischer Grundaufbau. Lupen stärkerer Vergrößerung werden auch als einfache Mikroskope bezeichnet. Steigerungen der Vergrößerung scheitern daran, dass vordere und hintere Brennebene mechanisch zugänglich sein sollen und dass gleichzeitig die erforderlichen optischen Elemente herstellbar sein müssen.

Die Schwierigkeiten lassen sich durch den Übergang auf das zweistufige abbildende System stark vermindern. Dieses zweistufige abbildende System des Mikroskops wird hier behandelt; es besteht aus *Objektiv* und *Okular*. Die Aufgabe des Objektivs ist es, von dem reellen Objekt der Größe l ein stark vergrößertes reelles Zwischenbild der Größe l' zu erzeugen. Das Okular dient dazu, das Zwischenbild noch weiter zu vergrößern und ein Bild im Unendlichen zu erzeugen, das Okular besitzt die Funktion einer Lupe, wobei allgemein eine Beobachtung durch das Auge

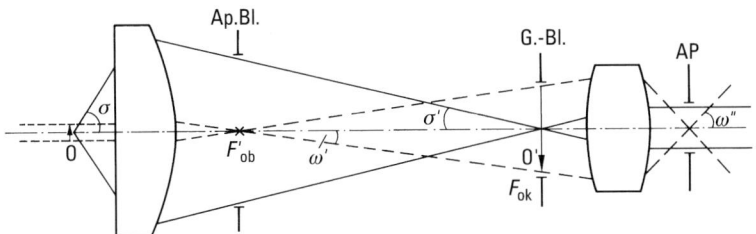

Abb. 1.120 Schematische Darstellung der Objekt- und der Pupillenabbildung beim Mikroskop.

mit Akkommodation auf Unendlich unterstellt wird. Daraus ergibt sich die Abb. 1.120 für den Strahlengang der Objektabbildung.

Gegeben seien die Brennweiten f_{Ob} und f_{Ok}, beide positiv. Der Abbildungsmaßstab des Objektivs ist angebbar durch

$$\beta_{Ob} = \frac{l'}{l} = \frac{n \sin \sigma}{n' \sin \sigma'} = -\frac{x'_{Ob}}{f_{Ob}}. \tag{1.125}$$

Die Okular-Vergrößerung ist – analog zur Lupen-Vergrößerung –

$$\Gamma_{Ok} = \frac{250}{f_{Ok}}. \tag{1.126}$$

Die Gesamt-Vergrößerung des Mikroskops ergibt sich durch Produktbildung zu

$$\Gamma_M = -\beta_{Ob} \Gamma_{Ok}. \tag{1.127}$$

Die Größe x'_{Ob} wird vielfach als optische Tubuslänge $t_0 = x'_{Ob} = F'_{Ob} F_{Ok}$ bezeichnet. Einsetzen der Ausdrücke für β_{Ob} und Γ_{Ok} in Gl. (1.127) liefert

$$\Gamma_M = 250 \frac{t_0}{f_{Ob} f_{Ok}} = -\frac{250}{f_M}. \tag{1.128}$$

Dabei ist f_M die Brennweite des abbildenden Systems des Mikroskops; offensichtlich ist f_M negativ.

Zur vollständigen Bestimmung des Strahlengangs sind noch die Lagen und Größen von Aperturblende und Gesichtsfeldblende festzulegen. Die *Aperturblende* wird in der hinteren Brennebene des Objektivs angeordnet; damit ist der objektseitige Hauptstrahlengang telezentrisch, die EP liegt im Unendlichen. Die Bildgröße ist unabhängig von gewissen Schwankungen der Objektlage. Die AP-Lage folgt aus der Abbildung der Aperturblende durch das Okular zu

$$x'_{AP} = \frac{f^2_{Ok}}{t_0} > 0. \tag{1.129}$$

Die reelle AP-Lage ist nötig, um dem Auge die Beobachtung des gesamten Gesichtsfelds ohne Vignettierung zu ermöglichen. Die Größen von Aperturblende und Pupillen werden hier durch die numerische Apertur im Objektraum $NA = n_1 \sin \sigma_1$ bestimmt. Speziell für den Durchmesser der AP ergibt sich aus den Vorgaben:

$$\varnothing AP = 500 \frac{NA}{\Gamma_M}. \tag{1.130}$$

Die Bedeutung dieses Ergebnisses wird weiter unten zu diskutieren sein.

Die *Gesichtsfeldblende* des Mikroskops (genauer der Objektabbildung des Mikroskops) liegt am Ort des Zwischenbilds. Das Objektiv bildet die Gesichtsfeldblende rückwärts verkleinert auf das Objekt ab; so wird der nutzbare Objektfeld-Durchmesser festgelegt. Die bildseitige Luke des Mikroskops liegt im Unendlichen, sie besitzt die Winkelausdehnung ω'', wobei

$$\tan \omega'' = -\frac{l'}{f_{Ok}}.$$

Das Zwischenbild wird in der Mikroskopie als *Sehfeld* bezeichnet; der Durchmesser des Zwischenbilds (üblicherweise angegeben in mm) wird *Sehfeldzahl* genannt. Die vorstehenden Angaben bestimmen den vollständigen Strahlengang im Mikroskop qualitativ. Quantitativ fehlen Werte bzw. Wertebereiche für die grundlegenden Größen

$$\beta_{Ob}, \quad \Gamma_{Ok}, \quad NA \quad \text{und} \quad t_0;$$

die weiteren Größen lassen sich dann aus den eben genannten berechnen.

Um das bisher skizzierte abbildende System des Mikroskops zu einem brauchbaren Instrument zu machen, müssen noch technische Einbaubedingungen verabredet werden; daraus ergeben sich dann mechanische Einbaumaße. Die Konzeption realer Mikroskope geht davon aus, Objektive und/oder Okulare während der Beobachtung wechseln zu können, ohne dabei neu fokussieren zu müssen. Das bedeutet gleichzeitig, bei Objektiv- oder Okularwechsel den Abstand vom Objekt bis zum Auge – nahezu – konstant halten zu sollen. Darüber hinaus wird gefordert, die Abmessungen des gesamten Mikroskops so klein zu halten, dass es als Tischgerät dem Benutzer bequeme Beobachtung und Bedienung gestattet.

Diese Forderung zusammen mit einer Tradition haben zu dem folgenden Grundaufbau geführt (siehe Abb. 1.121): Im Abstand a von der Objektebene wird ein mechanischer Tubus der festen Länge t_m, genannt *mechanische Tubuslänge*, als Träger für Objektiv und Okular angebracht. t_m wird unterteilt in b und c, wobei b als Bildweite des Objektivs und c als Zwischenbildweite des Okulars bezeichnet werden. Der Abstand a ist die Abgleichlänge (des Objektivs). Der Abstand vom Deckglas (auf dem Objekt liegend) bis zur Frontfläche des Objektivs heißt freier Arbeitsabstand f_{AA}; er muss größer als null sein. Die Größen a, b und c, damit auch t_m, sind für ein Mikroskop-System fest vorzugebende Daten. Der Zusammenhang mit den Lagen von Objekt und Bild ist aus Abb. 1.121 zu entnehmen. Der Objekt-Bild-Abstand für das Objektiv ist gleich $a + b$; bei zusätzlicher Vorgabe des Abbildungsmaßstabs β_{Ob} erhält man für die Brennweite des Mikroskopobjektivs

$$f_{Ob} = \frac{a + b - \overline{HH'_{Ob}}}{2 - \beta_{Ob} - \dfrac{1}{\beta_{Ob}}}.$$

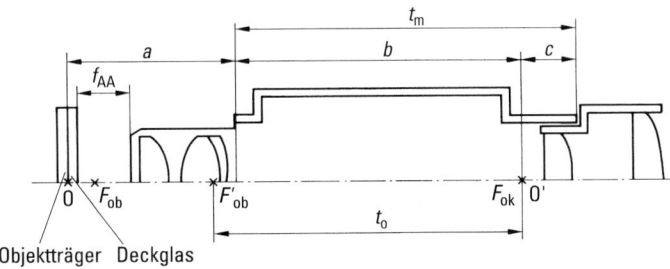

Abb. 1.121 Wiedergabe der Zusammenhänge zwischen mechanischen Einbaudaten und dem Objekt- und Bildlagen beim Mikroskop.

Daneben besteht für die optische Baulänge des Objektivs die Bedingung

$$S_1 S_k \leq a - f_{AA}.$$

Für das Okular besteht die bei der mechanischen Fassungskonstruktion zu beachtende Forderung, das Okular in den Tubus gerade so weit einschieben zu können, dass dessen vordere Brennebene mit dem vom Objektiv erzeugten Zwischenbild zusammenfällt. Für die Dimensionierung empfiehlt die Norm DIN 58 887 die folgenden Werte:

mechanische Tubuslänge	$t_m = 160$ mm,
Abgleichlänge	$a = 37$ bzw. 45 mm,
Bildweite des Objektivs	$b = 150$ mm,
Zwischenbildweite des Okulars	$c = 10$ mm.

Die Abgleichlänge a betrug früher grundsätzlich 37 mm; die Einführung des größeren Werts von 45 mm erwies sich für den Einsatz von hochwertigen „Planachromaten" als notwendig. Die Einhaltung einer festen Abgleichlänge a ist vom Objektiv-Hersteller serienmäßig zu garantieren; das erfordert spezielle Justiervorgänge bei der Montage. Der Objektivwechsel kann durch Einsatz von 3...5 Objektiven in einem schwenkbaren Revolver durch einen einzigen Griff vorgenommen werden.

Gegenüber dem eben beschriebenen und lange verwandten Konzept geht man neuerdings verstärkt auf die Benutzung von Objektiven mit der *Tubuslänge* ∞ über. Um den Zusammenhang mit den bisherigen Ausführungen herzustellen, denkt man sich das Objektiv in zwei Glieder mit endlichem Abstand aufgespalten, wobei das Objekt im vorderen Brennpunkt des ersten Glieds, das Bild im hinteren Brennpunkt des zweiten Glieds angeordnet werden. Dann verläuft das Mittenbüschel zwischen den beiden Gliedern achsparallel und es ist $\beta_{Ob} = -f_2/f_1$. Das zweite Glied nennt man *Tubuslinse*; diese wird fest in dem mechanischen Tubus untergebracht. Das erste Glied nennt man wieder Objektiv, es ist nach wie vor wechselbar. Diese Anordnung ist auch in anderer Weise interpretierbar, nämlich als *Fernrohrlupe*; dabei fasst man das Objektiv als Lupe auf und die Kombination von Tubuslinse und Okular als Fernrohr. Beide Interpretationen sind vollkommen gleichwertig; siehe auch Abb. 1.122.

Auflösungsvermögen, förderliche Vergrößerung. Da die Aufgabe des Mikroskops darin besteht, kleine und kleinste Objekte erkennbar zu machen, besteht die Forderung an Objektiv wie Okular, dass deren Abbildungsfehler vernachlässigbar klein sein

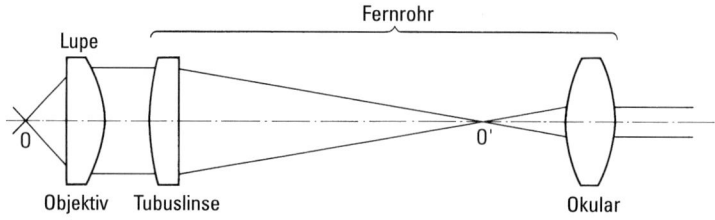

Abb. 1.122 Objektabbildung bei Aufspaltung des Mikro-Objektives in Lupe und Tubuslinse.

sollen. Das wird hier als gegeben vorausgesetzt; weiter unten wird zu diskutieren sein, ob bzw. wie das erreichbar ist. Für die mikroskopische Abbildung sollen also die Gesetzmäßigkeiten der perfekten Abbildung gelten, wie sie oben besprochen wurden. Dementsprechend ist das minimale noch auflösbare Bilddetail in der Zwischenbildebene

$$l'_{min} = \frac{\lambda}{2\,NA'},$$

wobei inkohärente Abbildung angenommen ist. Damit ist der Minimalwert der H-Invarianten angebbar; es ist

$$H_{min} = l'_{min}\,NA' = l_{min}\,NA = \frac{\lambda}{2}. \qquad (1.131)$$

So ist das minimal bei der mikroskopischen Abbildung noch auflösbare Detail bestimmt. Die Untersuchungen von E. Abbe (um 1870) galten gerade der Ermittlung dieser prinzipiellen Grenze der mit dem Mikroskop erzielbaren Auflösung. Dafür entwickelte Abbe die „Theorie der Bildentstehung im Mikroskop", die nach heutigem Verständnis als Beginn der Fourier-Optik aufzufassen ist.

Aus Gl. (1.133) wird die Bedeutung der objektseitig großen numerischen Apertur verständlich. Deren prinzipielle Grenze ist

$$NA \leq n_1,$$

dabei ist n_1 die Brechzahl im Objektraum. Die praktisch erreichbare Grenze liegt etwa bei $NA \leq 1.3$ (Einzelheiten dazu siehe weiter unten). Die zur Steigerung der Auflösung nützliche Verringerung der Wellenlänge ist wegen der vorgesehenen visuellen Anwendung auf etwa $\lambda = 450\,\text{nm}$ beschränkt. Der praktisch erreichbare Grenzwert für visuell erkennbare Strukturen beträgt demnach etwa

$$l_{min} \geq 0.2\,\mu\text{m}.$$

Der Zusammenhang zwischen l_{min} und NA ist in Abb. 1.123 dargestellt.

Nach den bisherigen Ausführungen ist keine prinzipielle Grenze für die Mikroskop-Vergrößerung erkennbar. Diese existiert aber durchaus, wie nun zu zeigen ist: Dem minimalen Objektdetail l_{min} entspricht in der Zwischenbildebene

$$l'_{min} = \beta_{Ob}\,l_{min} = \beta_{Ob}\frac{\lambda}{2\,NA}.$$

Damit diese Bildstruktur bei der Abbildung durch das Okular vom Auge noch aufgelöst werden kann, muss das Bild dem Auge unter einem Sehwinkel von etwa zwei Bogenminuten erscheinen. Es muss also gelten:

$$2' \cong 6 \times 10^{-4} = \frac{l'_{min}}{f_{Ok}}.$$

Die Verbindung dieser beiden Aussagen für l'_{min} führt mit Gl. (1.126) und Gl. (1.127) auf:

$$\Gamma_M = \beta_{Ob}\,\Gamma_{Ok} = 0.3\,\frac{NA}{\lambda}.$$

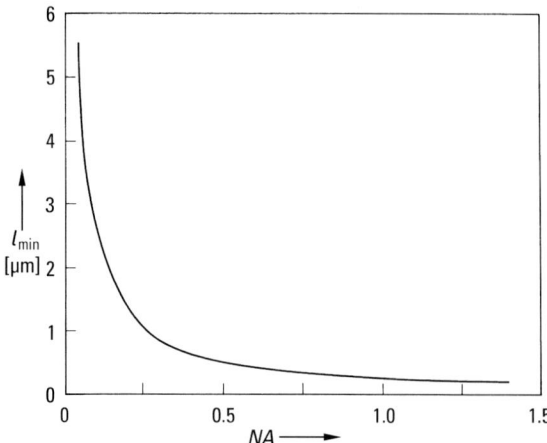

Abb. 1.123 Minimal auflösbares Objektdetail als Funktion der objektseitigen numerischen Apertur beim Mikroskop.

Speziell für die mittlere Wellenlänge $\lambda = 0.5\,\mu m$ ergibt sich

$$\Gamma_M = 600\,NA\,.$$

Dieses Ergebnis geht auf Abbe zurück, der als *förderliche Vergrößerung* des Mikroskops angab:

$$\Gamma_M = 500\ldots 1000\,NA\,. \tag{1.132}$$

Der damit empfohlene Bereich für Γ_M berücksichtigt, dass das theoretische Auflösungsvermögen des Auges nicht unbedingt ausgenutzt werden sollte, z. B. bei ungeübten oder bei älteren (abnehmende Sehschärfe) Beobachtern. Außerdem setzt die Sehschärfe von 1' hohe Objektkontraste voraus, die bei mikroskopischen Objekten oft nicht gegeben sind. Über die förderliche hinausgehende Vergrößerungen werden als *leere* bezeichnet, weil sie keine weiteren Einzelheiten erkennbar machen.

Oben wurde in Gl. (1.130) der AP-Durchmesser angegeben, jetzt resultiert zusammen mit Gl. (1.132) ein Wert von 0.5 bis 1 mm als *förderlicher AP-Durchmesser*, der sich auch in der Praxis als sinnvoll erwiesen hat. Größere Pupillendurchmesser verursachen Minderungen der Bildqualität, bedingt durch strahlenoptische Aberrationen des Auges; kleinere Pupillendurchmesser führen zu Störungen bei der Beobachtung durch Kratzer, Wischer, Blasen und Staub im Okular sowie auch durch Schlieren im Auge (sog. entoptische Erscheinungen).

Dimensionierung von Objektiven und Okularen. In Anlehnung an Gl. (1.132) gehen wir von der Mikroskop-Vergrößerung $\Gamma_M = 500\,NA$ aus; damit wird der AP-Durchmesser zu 1 mm. Da die Größe der numerischen Apertur NA das erreichbare Auflösungsvermögen des Mikroskops bestimmt, sind die praktischen Grenzwerte der NA zu diskutieren. Der Aperturwinkel σ kann theoretisch gleich 90° werden, in praxi wird ein Wert von 72° – entsprechend $\sin\sigma_{max} = 0.95$ – erreicht. Normalerweise ist $n = 1$; in solchen Fällen spricht man von *Trockensystemen*. Zur Steigerung der NA werden *Immersionen* benutzt; zwischen Objekt und Frontlinse des Objektivs

1.9 Optische Instrumente   165

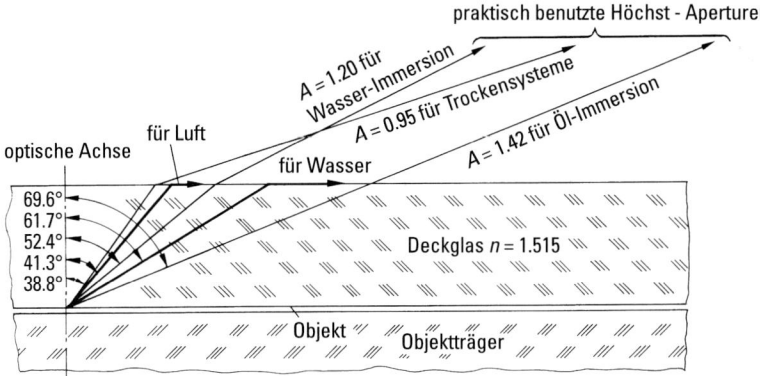

Abb. 1.124 Einfluss der Immersion auf die numerische Apertur bei der mikroskopischen Abbildung.

wird eine Flüssigkeit mit $n > 1$ eingebracht. Üblich sind Wasser mit $n = 1.333$, sodass $NA \leq 1.2$ wird, und Öl, genauer Zedernholzöl mit $n = 1.515$, sodass $NA \leq 1.4$ wird. Es ist dabei zu berücksichtigen, dass das mikroskopische Objekt im Allgemeinen auf eine *Objektträger* genannte Glasplatte aufgebracht wird und mit einer als *Deckglas* bezeichneten Glasplatte abgedeckt und damit geschützt wird. Das Deckglas ist im Sinne der optischen Abbildung ein Bestandteil des Objektivs und muss deswegen festgelegte Daten aufweisen; nach DIN 58884 gilt: $d = 0.17$ mm; $n_e = 1.515$; $v_e = 56.5$. Bei hohen Aperturen besitzt das Deckglas beträchtlichen Einfluss auf die Korrektion, speziell auf den Öffnungsfehler, siehe dazu Abb. 1.124. Eine Immersion wird speziell *homogen* genannt, wenn die Brechzahlen von Deckglas, Immersionsmittel und Frontlinse des Objektivs – nahezu – übereinstimmen. Die 1. Fläche der Frontlinse ist dann ohne optische Wirkung; wenn man dann den Radius der 2. Fläche so wählt, dass die Objektmitte im aplanatischen Punkt dieser Fläche liegt, so sind optimale Bedingungen für die aplanatische Korrektion geschaffen. Außerdem sind in diesem Fall Abweichungen der Deckglasdicke vom Sollwert von geringem Einfluss.

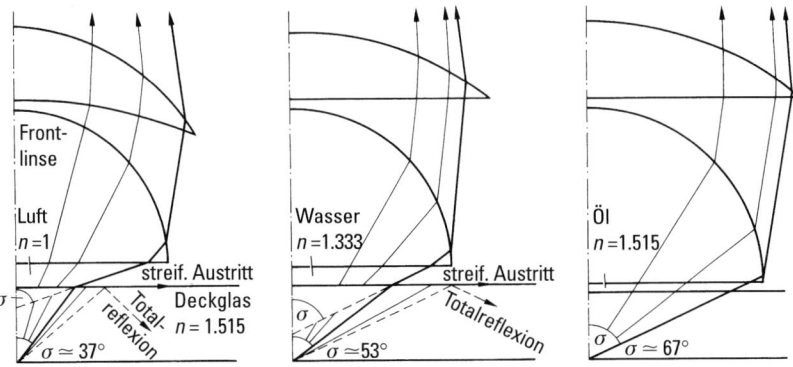

Abb. 1.125 Objektabbildung im Mikroskop ohne und mit Immersion.

166   1 Optische Abbildung

Tab. 1.4 Leitz-Achromate 170/0.17/37 (t_m/Deckglasdicke/a).

1	2	3	4	5	6	7	8	9	10
$-\beta_{ob}$	NA	$\sin\sigma'$	f_{ob} mm	f_{AA} mm	t_0 mm	$\varnothing$ AP-BL mm	Deck-glas	Γ_{ok}	$-\beta\Gamma_{ok}/$ 500 NA
3.5	0.10	0.029	32 (32.7)	22	112	6.4	D0	16	1.12
6	0.18	0.030	23 (23.1)	17	138	8.3	D0	16	1.066
10	0.25	0.025	16 (15.6)	5.3	160	8.0	D0	12.5	1.0
25	0.50	0.020	7.1 (7.0)	0.82	177.5	7.1	D	10	1.0
40	0.65	0.016	4.5 (4.5)	0.47	180	5.85	D	8	0.98
63	0.85	0.013	2.9 (2.9)	0.24	182.7	4.93	D!	6.3	0.93
100	1.30	0.013	1.9 (1.85)	0.10	190	4.94	D!	6.3	0.97

Spalten 1, 2, 4, 5, 8 entsprechend Leitz-Angaben; bei Spalte 4 in Klammern Brennweiten berechnet aus $f = (\overline{OO'})/(2 - \beta - 1/\beta)$ mit $\overline{OO'} = 170 + 37 - 18 = t_m + a - c = 189$
Spalte 3: $\sin\sigma' = -NA/\beta_0$; nicht konstant
Spalte 6: $t_0 = -\beta_0 \cdot f_{ob}$; nicht konstant
Spalte 7: $\varnothing\,AP\text{-}BL = 2\,NA \cdot f_{ob}$; nicht konstant
Spalte 8: D mit, D0 ohne Deckglas verwendbar, D! Deckglas unbedingt erforderlich, Dicke gleich 0.17 ± 0.01 mm
Spalte 9: Ausgewählte verfügbare Okular-Vergrößerungen, die $\Gamma_M = 500\,NA$ approximieren
Spalte 10: Verhältnis von Γ_M (aus Spalten 1 + 9) zur förderlichen Vergrößerung

Der Strahlenverlauf ohne und mit Immersion ist in der Abb. 1.125 dargestellt. Dabei ist der freie Arbeitsabstand f_{AA} aus mechanischen Gründen durchaus endlich zu wählen (das Objektiv darf beim Fokussieren nicht auf das Deckglas stoßen!). Die maximale Apertur wird tatsächlich nur bei extremen Anforderungen benötigt. Man benutzt – z. B. in Labor-Mikroskopen – numerische Aperturen zwischen 0.1 und 1.3; die Stufung ist der Tab. 1.4 zu entnehmen. Das Konzept der Wechselobjektive sollte zu gegebenen objektseitigen Aperturen im Zwischenbild eine konstante Apertur liefern, um bei Verwendung eines Okulars einen konstanten AP-Durchmesser zu nutzen; es sollte also gelten

$$\sin\sigma' = \frac{NA}{\beta_{Ob}} = \text{const.}$$

Nach Festlegung dieses Werts könnte dann für jede numerische Apertur NA der zugehörige Abbildungsmaßstab β_{Ob} sofort angegeben werden; da $\Gamma_M = 500\,NA$ sein soll, folgt unmittelbar $\Gamma_{Ok} = \Gamma_M/\beta_{Ob}$. Tatsächlich wird nicht so vorgegangen, sondern man wählt solche Kombinationen von NA und β_{Ob} für Mikroobjektive, wie sie sich bereits sehr lange eingebürgert haben; typische Werte enthält die Tab. 1.4. Die Vergrößerungen entsprechen weitgehend Auswahlwerten aus der Normreihe mit Stufungsfaktor 1.25; die Okular-Vergrößerungen werden so gewählt, dass die förderliche Mikroskop-Vergrößerung nach Gl. (1.132) in etwa erreicht wird. Bei den Objektiven der Tab. 1.4 ist die Sehfeldzahl gleich 18; üblich sind heute auch Werte von 24 und

28; dementsprechend betragen die bildseitigen Feldwinkel von Mikroobjektiven 2.8 bis 4.7°.

Der *Aufbau von Mikroobjektiven* wird zunächst durch die mechanischen Einbaumaße (siehe oben) bestimmt; die Vergrößerungen werden zumeist entsprechend der oben erwähnten Normreihe gewählt. Im Übrigen wird der Aufbau weitgehend durch den jeweils geforderten Korrektionszustand bestimmt. Da grundsätzlich die Apertur groß und das Objektfeld klein sind, ist allgemein eine aplanatische Korrektion für die Hauptwellenlänge erforderlich. Die einfachsten Mikroobjektive sind die *Achromate*, die gleiche Schnittweiten für zwei Wellenlängen („blau" und „rot") aufweisen; es verbleibt ein merkliches sekundäres Spektrum. Bildfeldwölbung, Astigmatismus und Verzeichnung sind nicht auskorrigiert. Bei den *Halbapochromaten* bzw. *Fluoritsystemen* wird das sekundäre Spektrum vermindert, aber nicht voll korrigiert, das gelingt speziell durch den Einsatz von Flussspat, wobei die Anzahl der Elemente gegenüber Achromaten nur geringfügig vergrößert wird. Eine weitere Steigerung der Abbildungsqualität in der Bildmitte wird in Bezug auf die Wellenlängenabhängigkeit durch *Apochromate* erzielt, die in mehreren Linsen Flussspat bzw. Sondergläser enthalten. Die bisher genannten Objektivtypen sind für die visuelle Beobachtung geeignet, bei der man vornehmlich die Bildmitte betrachtet bzw. durch Akkommodation des Auges die Bildfeldwölbung wenigstens teilweise überbrückt. Für mikrofotografische Aufnahmen, d. h. für die objektive Registrierung flächenhafter mikroskopischer Bilder sind Objektive erforderlich, die ein geebnetes Bildfeld aufweisen. Dazu werden vielinsige *Planachromate* verwendet, die als zusätzliches Korrektionsmittel vielfach dicke Menisken besitzen, Bildfeldebnung und Apochromasie sind jedoch nur sehr schwierig gleichzeitig erreichbar. Beispiele von Linsenschnitten derartiger Objektive enthält Abb. 1.126.

Einem Objektiv ist jeweils ein Okular zuzuordnen, sodass die Kombination gerade die förderliche Vergrößerung besitzt. Die Okular-Vergrößerungen werden auch nach der oben genannten Normreihe gestuft, wie auch aus Tab. 1.5 zu entnehmen ist. Im Unterschied zu den oben behandelten Lupen sind Okulare meist so aufgebaut, dass der vordere Brennpunkt im Okular liegt, nur Messokulare bilden eine Ausnahme davon. Die Anforderungen an die Bildfehler-Korrektion von Okularen sind sozusagen entgegengesetzt zu denen bei Objektiven; hier ist die Apertur klein, der Feld-

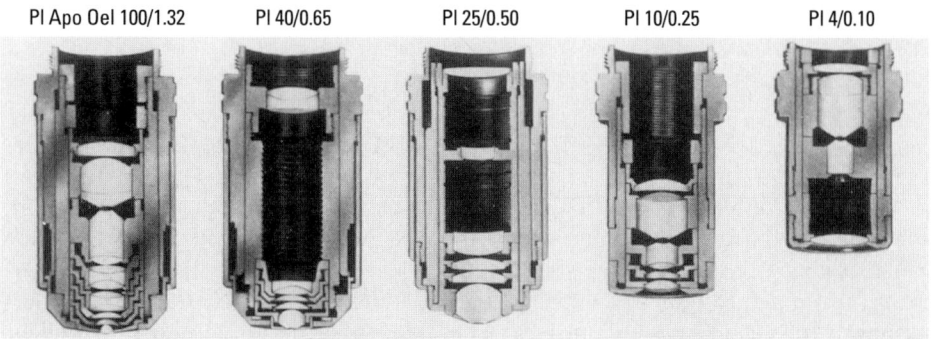

Abb. 1.126 Ausführungsformen von Mikroobjektiven.

Tab. 1.5 Charakteristische Daten einiger Periplan-Okulare (aus Leitz Firmenschrift).

Γ_{ok}	f mm	Sehfeldzahl mm	Bildwinkel $\pm \omega''$ °
6.3	40	18	12.7
8	31	16	14.5
10	25	18	19.8
12.5	20	18	24.2
16	16	15	25.1
25	10	10	26.6

winkel (augenseitig) groß. Die Tab. 1.5 gibt einige Daten von typischen Okularen wieder. Der Korrektion bedürfen vor allem Farbquerfehler, Astigmatismus und Verzeichnung; zumeist verbleibt eine merkliche Bildfeldwölbung. Ergänzend ist zum Farbquerfehler zu sagen, dass dafür fast immer eine Kompensations-Korrektion vorgenommen wird. Es zeigt sich nämlich, dass der Farbquerfehler von Mikroob-

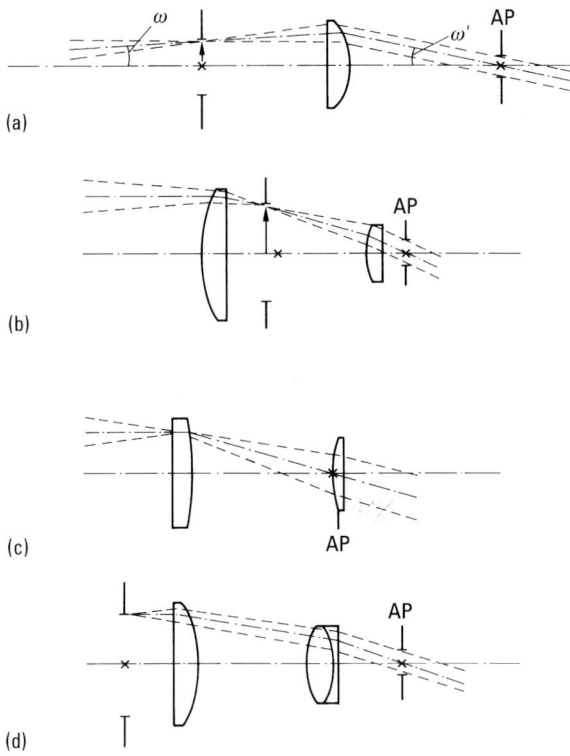

Abb. 1.127 Linsenschnitte der wichtigsten Okular-Bauformen mit Angabe der Zwischenbildlage und der der AP. (a) Plankonvexlinse, (b) monozentrisches Okular, (c) Huygens-Okular, (d) Ramsden-Okular.

jektiven nicht oder nur sehr schwer zu beseitigen ist, deshalb wird nach dem Vorschlag von Abbe in den Okularen ein zu den Mikroobjektiven entgegengesetzt gleicher Farbquerfehler eingeführt. Die Linsenschnitte einiger wichtiger Okular-Bauformen enthält die Abb. 1.127.

Wenn damit auch die funktionsentscheidenden Komponenten der mikroskopischen Abbildung kurz charakterisiert wurden, so blieben doch einige Komponenten unerwähnt, die in vielen realen Mikroskopen oft als selbstverständlich angesehen werden. Abweichend von Abb. 1.120 sind Objektiv und Okular nicht fluchtend angeordnet, sondern durch ein zwischengeschaltetes *Umlenkprisma* wird bei vertikaler Objektivachse die Okularachse geneigt, um dem Benutzer eine bequeme Beobachtung zu ermöglichen; eine der dafür verwendbaren Prismenformen ist in Abb. 1.128 dargestellt. Solche Prismen besitzen eine große optische Weglänge, sodass die oben angegebenen mechanischen und optischen Anschlussmaße nicht eingehalten werden. Deshalb muss zusätzlich eine *Tubuslinse* (mit anderer Funktion als oben) eingesetzt werden, die sowohl die Objekt- als auch die Pupillenabbildung beeinflusst; oft bilden solche Tubuslinsen mit $\beta_T = -1.25$ ab. Prismen werden weiter eingeführt, um eine *binokulare Beobachtung* zu ermöglichen; eine Ausführungsform zeigt Abb. 1.129. Auch dafür ist der Einsatz von Tubuslinsen erforderlich. Bei Auflichtbeleuchtung, wie sie z. B. bei metallografischen Untersuchungen anzuwenden ist, wird die Einspiegelung des Beleuchtungsstrahlengangs oft durch schräggestellte Planplatten vorgenommen. Damit bei der Schrägstellung asymmetrische Bildfehler nicht wirksam werden können, müssen hier Objektive mit der Tubuslänge unendlich eingesetzt werden.

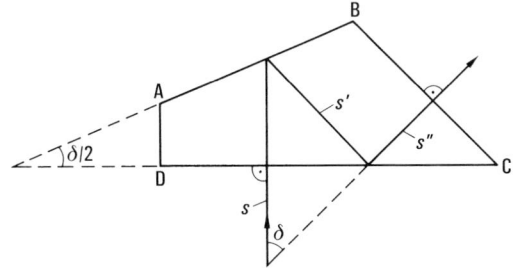

Abb. 1.128 Prisma zur Umlenkung des Strahlengangs im Mikroskop um den Winkel δ.

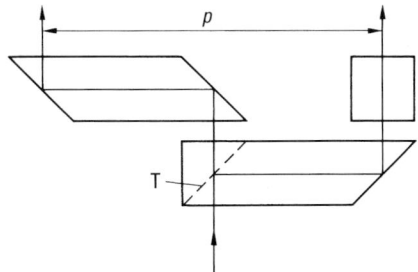

Abb. 1.129 Prismensystem für die binokulare Beobachtung.

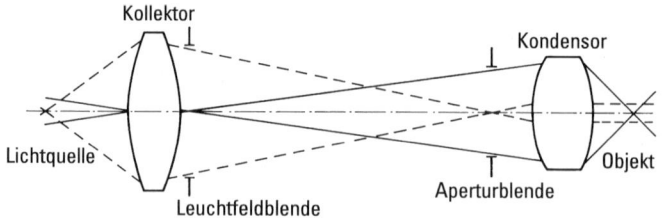

Abb. 1.130 Beleuchtungssystem des Mikroskops.

Beleuchtungssystem. Bisher wurde nur der Abbildungsstrahlengang des Mikroskops behandelt; die notwendig ebenfalls vorzunehmende Beleuchtung des Objekts wurde als gegeben vorausgesetzt. Hier wird nun explizit auf das Beleuchtungssystem eingegangen, das an das bisher behandelte Abbildungssystem anzupassen ist. Vorausgesetzt werden zunächst transparente Objekte, sodass eine Durchlicht-Beleuchtung angewendet werden kann. Grundsätzlich sind zwei verschiedene Beleuchtungsarten bekannt. Es handelt sich einmal um die Beleuchtung nach Abbe (im englischen Sprachgebrauch: „critical illumination"), bei der die Lichtquelle auf das Objekt abgebildet wird. Diese Art der Beleuchtung wird heute kaum noch verwendet, vor allem weil dabei die Lichtquellenstruktur dem Objekt überlagert wird. Die andere Art der Beleuchtung besteht in dem *Köhler'schen Beleuchtungssystem*, das in Abb. 1.130 wiedergegeben ist. Dabei wird die Lichtquelle (sehr häufig die Wendel einer Glühlampe) mit Hilfe einer *Kollektorlinse* auf die *Aperturblende* (des Beleuchtungssystems) abgebildet; die Aperturblende ist in der Regel im Durchmesser variabel (Irisblende). Diese Aperturblende wird in der vorderen Brennebene des *Kondensors* angeordnet, durch den die Aperturblende nach unendlich abgebildet wird. Auf den Kondensor folgt das mikroskopische Objekt (das Präparat), für das der telezentrische Hauptstrahlengang, realisiert durch die Aperturblende des Beleuchtungssystems, erzeugt wird. Die oben angegebene Aperturblende in der hinteren Brennebene des Mikroobjektivs fällt also mit dem Bild der Aperturblende des Beleuchtungssystems zusammen. Im Beleuchtungsstrahlengang wird dicht hinter der Kollektorlinse eine weitere Blende, die *Leuchtfeldblende* angebracht, die ebenfalls im Durchmesser variabel ausgebildet wird. Die Lage der Leuchtfeldblende und die Kondensor-Brennweite sind so aufeinander abgestimmt, dass erstere auf das Objekt abgebildet wird. Damit sind die beiden wichtigen Funktionen des Köhlerschen Beleuchtungssystems angebbar:

- Die Größe der Leuchtfeldblende bestimmt das ausgeleuchtete Objektfeld bei konstanter Bestrahlungsstärke im Objekt.
- Die Größe der Aperturblende bestimmt die Bestrahlungsstärke im Objekt bei konstantem Objektfeld.

Die Funktionen der beiden Blenden sind bei dieser Anordnung bewusst voneinander unabhängig. Das ist ein auch bei anderen optischen Instrumenten wichtiges Prinzip.

Es handelt sich um die Realisierung des in Abschn. 1.6 behandelten „verketteten Strahlengangs". Die Variation der beleuchteten Objektfläche durch die Leuchtfeldblende ist in der Mikroskopie häufig wichtig, um mit geringer Strahlungsbelastung die Erwärmung des Objekts gering zu halten.

Die Dimensionsierung des Beleuchtungssystems ist nicht so genau festgelegt wie die des abbildenden Systems. Da aber die beiden Strahlengänge miteinander zu verketten sind, müssen die einzelnen Komponenten aufeinander abgestimmt sein. Das wird insbesondere beim Kondensor deutlich, dessen numerische Apertur näherungsweise gleich der des Mikroobjektivs sein muss. Da der Kondensor bei vielen Mikroskopen nicht so leicht wechselbar ist wie die Mikroobjektive, muss er sowohl ein großes Objektfeld ausleuchten als auch mit hoher Apertur beleuchten; insofern sind die Anforderungen an Kondensoren recht hoch, selbst wenn es sich „nur" um Beleuchtungsoptik handelt. In Abb. 1.131 ist beispielhaft eine Ausführungsform von Kondensoren gezeigt. Schließlich sind in den Abb. 1.132 und 1.133 der Schnitt durch ein vollständiges Mikroskop bzw. die Außenansicht eines solchen wiedergegeben.

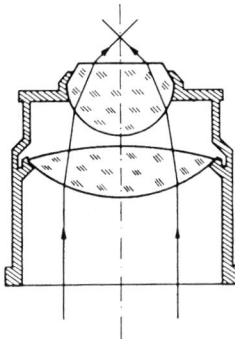

Abb. 1.131 Linsenschnitt eines zweilinsigen Mikroskop-Kondensors.

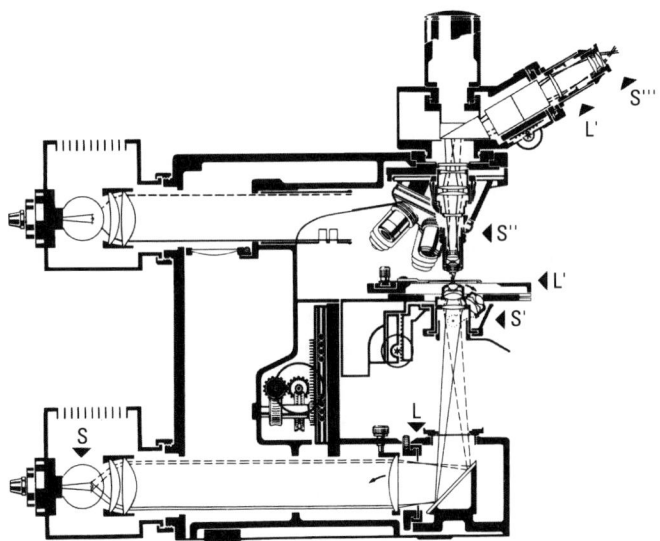

Abb. 1.132 Der vollständige Strahlengang des Durchlicht-Mikroskops.

172 1 Optische Abbildung

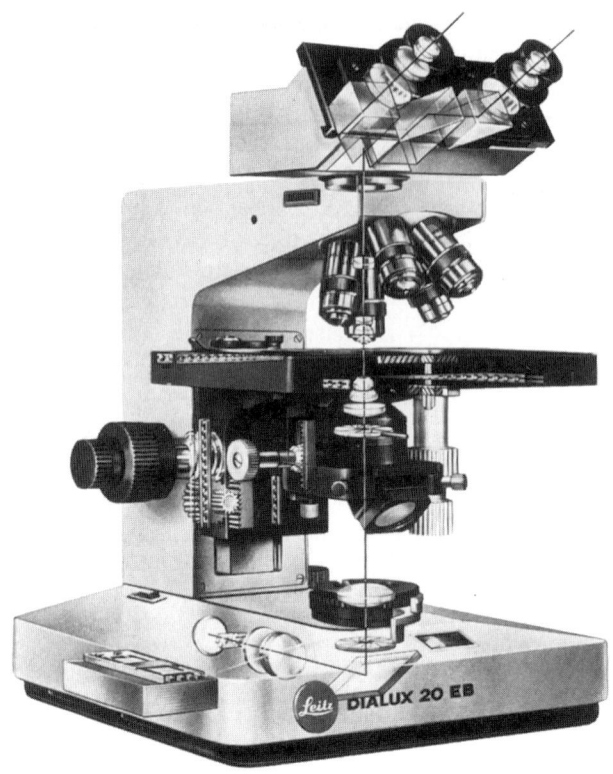

Abb. 1.133 Ansicht eines Durchlicht-Mikroskops mit Binokular-Tubus.

1.9.2.3 Fernrohr

Das Fernrohr ist – sehr ähnlich dem Mikroskop – eines der wichtigsten optischen Instrumente. Es dient zur Beobachtung von fernen und sehr fernen Objekten, die für das bloße Auge nicht erkennbar bzw. nicht auflösbar sind. Insbesondere als Hilfsmittel des Astronomen hat das Fernrohr sehr viel dazu beigetragen, unsere Kenntnisse vom Weltall zu erweitern. Die klassische Ausführung des Fernrohrs stellt ein visuelles Gerät dar; d. h. das Auge dient als Bildempfänger. Inzwischen gibt es viele Geräte-Konstruktionen, die mit fotografischen bzw. opto-elektronischen Kamera-Anpassungen arbeiten. Hier stehen aber die klassischen Konstruktionen im Vordergrund des Interesses.

Optischer Aufbau. Grundsätzlich ist das Fernrohr – wie das Mikroskop – zweigliedrig aufgebaut. Das *Objektiv* erzeugt von dem unendlich entfernten Objekt, das die Winkel-Ausdehnung ω besitzt, ein Zwischenbild der Größe l' in der hinteren Brennebene des Objektivs. Das Zwischenbild wird mit dem als Lupe benutzten *Okular* wiederum nach unendlich abgebildet, das Bild erscheint unter dem Winkel ω''. Das Fernrohr ist damit ein *afokales* System; formal ist dessen Brennweite unendlich groß. Die beabsichtigte Funktion gewinnt das Fernrohr durch die Vorschrift: $f_{Ob} \gg |f_{Ok}|$. Dies wird verständlich durch die Definition der Fernrohr-Vergrößerung

$$\Gamma_F = \frac{\tan \omega''}{\tan \omega}. \tag{1.133}$$

Es ist gerade die Aufgabe des Fernrohrs, die Winkelausdehnung ω des Objekts zu vergrößern. Aus der zweimaligen Anwendung der Brennweiten-Definition nach Gl. (1.15) bzw. Gl. (1.16) ergibt sich Γ_F zu:

$$\Gamma_F = -\frac{f_{Ob}}{f_{Ok}}. \tag{1.134}$$

Das Vorzeichen von Γ_F ist positiv, wenn $f_{Ok} < 0$; es besitzen dann ω und ω'' gleiche Vorzeichen. Wird dagegen $f_{Ok} > 0$ gewählt, so ist das Bild gegenüber dem Objekt um 180° gedreht. Der Betrag von Γ_F ist zunächst beliebig.

Die Aperturblende wird beim Fernrohr im Objektiv angeordnet; das ist einfach deshalb so, weil das Objektiv bei anderer Lage der Aperturblende einen noch größeren Durchmesser besitzen müsste, als es so schon der Fall ist. Nimmt man der Übersichtlichkeit wegen das Fernrohr-Objektiv zunächst als dünne Linse an, so ist $z_1 = 0$; der EP-Durchmesser ist gleich dem freien Durchmesser des Objektivs. Die AP-Lage resultiert aus der Abbildung der EP durch das Okular in den Bildraum, das führt auf

$$x'_{AP} = -\frac{f_{Ok}}{\Gamma_F}. \tag{1.135}$$

x'_{AP} ist zwar immer positiv, aber nur bei positiver Okular-Brennweite ist die AP-Lage zugänglich, sodass das Auge das Bild voll übersehen kann. Mit dem Pupillen-Abbildungsmaßstab β_p nach Gl. (1.77) lässt sich der Ausdruck für Γ_F umformen zu

$$|\Gamma_F| = \frac{\varnothing EP}{\varnothing AP}.$$

Das ist eine für messtechnische Zwecke häufig benutzte Formulierung.

Die Gesichtsfeldblende des Fernrohrs ist am Ort des Zwischenbilds anzubringen, weil Objekt wie Bild unendlich entfernt sind. Der Durchmesser der Gesichtsfeldblende bestimmt objekt- wie bildseitig die wirksamen Feldwinkel ω bzw. ω''. Im Fall $f_{Ok} < 0$ existiert kein reelles Zwischenbild, dementsprechend auch keine Ge-

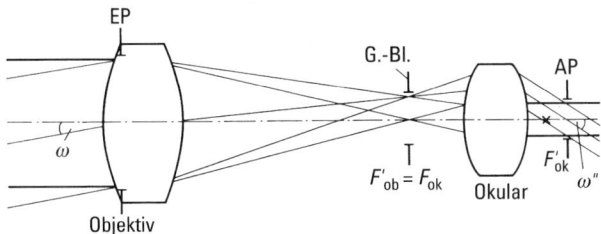

Abb. 1.134 Strahlengang eines afokalen Fernrohr-Systems.

174   1 Optische Abbildung

sichtsfeldblende; das jeweils überschaubare Gesichtsfeld wird dann durch die Position des Auges und die mechanische Vignettierung des Fernrohrs bestimmt. Der Strahlengang im Fernrohr mit $f_{Ok} > 0$ ist in Abb. 1.134 wiedergegeben.

Fernrohre mit $f_{Ok} > 0$ heißen *Kepler*- bzw. *astronomische Fernrohre*; solche mit $f_{Ok} < 0$ heißen *Galilei*- bzw. *holländische Fernrohre*. Letztere zeichnen sich durch eine geringe Baulänge aus. Wegen der reellen AP-Lage wird jedoch die Bauart des Kepler-Fernrohrs bevorzugt, dessen Nachteil darin besteht, um 180° gedrehte Bilder zu liefern. Zur Erzeugung aufrechter Bilder schaltet man deshalb zwischen Objektiv und Okular Prismen- oder Linsen-Umkehrsysteme. Linsen-Umkehrsysteme arbeiten mit dem Abbildungsmaßstab $\beta = -1$ und vergrößern die Baulänge um die vierfache Brennweite des Umkehrsystems; diese Baulänge ist oft störend. Bei Feldstechern bevorzugt man daher Prismen-Umkehrsysteme. Klassisch werden Porro-Prismen zur Bildumkehr verwendet, wie sie die Abb. 1.135 wiedergibt. Die optischen Achsen von Objektiv und Okular eines Feldstechers erhalten dabei notwendig einen gegenseitigen Versatz. Neuerdings werden auch andere Prismen-Anordnungen eingesetzt; dementsprechend sind in Abb. 1.136 eine ältere und eine neuere Konstruktion einander gegenübergestellt. Schließlich zeigt die Abb. 1.137, welchen komplexen mechanischen Aufbau ein neuer Feldstecher besitzt.

Auflösungsvermögen. Wie beim Mikroskop wird auch hier die perfekte Abbildung gefordert, um das maximal erreichbare Auflösungsvermögen sicherzustellen. Da das Fernrohr ausschließlich bei inkohärenter Abbildung genutzt wird, gilt für die Größe des minimalen Details im Zwischenbild wieder

$$l'_{min} = \frac{\lambda}{2 \sin \sigma'_{max}},$$

sodass mit $r_{EP} = f_{Ob} \sin \sigma'_{max}$ resultiert:

$$l'_{min} = \frac{\lambda f_{Ob}}{2 r_{EP}}. \qquad (1.136)$$

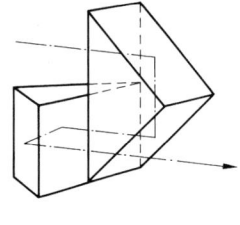

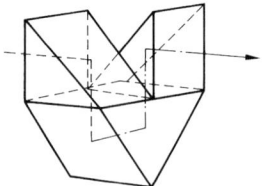

Abb. 1.135   Ausführungsformen von Porro-Prismen.

Diese Beziehung ist merkenswert, weil speziell mit $\lambda = 0.5\,\mu m$ und mit $\omega_{min} = 1'' \stackrel{\wedge}{=} 5 \times 10^{-6}$ der erforderliche EP-Durchmesser zu 100 mm folgt. Dies ist ein bei Amateur-Teleskopen häufig realisierter Wert.

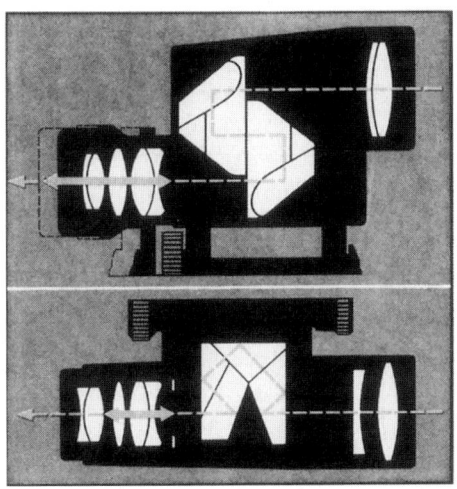

Abb. 1.136 Gegenüberstellung des optischen Aufbaus von Ferngläsern mit konventionellen Porro-Prismen bzw. neuem Prismen-Umkehrsystem.

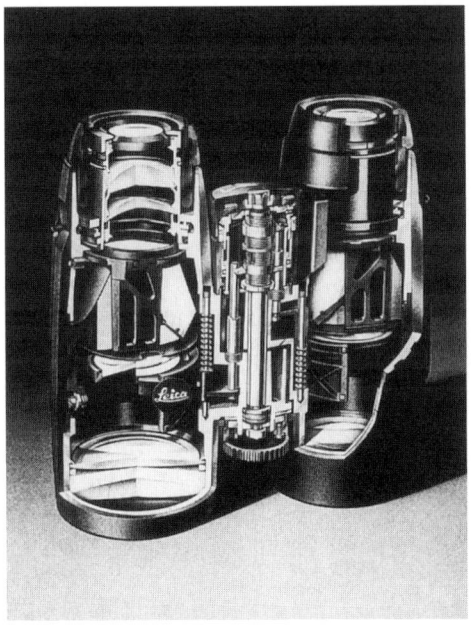

Abb. 1.137 Wiedergabe des Aufbaus eines realen, neuen Fernglases.

Das Zwischenbild der Größe l'_{min} wird mit dem Okular nach unendlich abgebildet und soll eine Winkelausdehnung ω''_{min} von etwa einer Bogenminute besitzen, damit das Auge das Objekt auch erkennen kann. Mit der Brennweiten-Definition nach Gl. (1.15) ergibt sich für l'_{min} eine zweite Bestimmungsgröße:

$$l'_{min} = 3 \times 10^{-4} f_{Ok}. \tag{1.137}$$

Elimination von l'_{min} und Benutzung des Ausdrucks Gl. (1.134) für die Fernrohr-Vergrößerung liefert explizit einen Wert für den AP-Durchmesser, nämlich:

$$\varnothing AP = 1.67\,\text{mm}.$$

Ebenso erhält man einen Zusammenhang zwischen der Fernrohr-Vergrößerung und dem EP-Durchmesser:

$$\Gamma_F = 0.6 \varnothing EP.$$

Man spricht von der *förderlichen Vergrößerung*, wenn gilt

$$\Gamma_F = \frac{\varnothing EP}{2\,\text{mm}} \tag{1.138}$$

und damit

$$\varnothing AP = 1\,\text{mm}. \tag{1.139}$$

Offensichtlich ist die förderliche Vergrößerung hier ganz analog gebildet, wie das oben bei dem Mikroskop der Fall war. Stärkere Vergrößerungen sind leer, d. h. sie ergeben keine gesteigerte Auflösung, höchstens eine bequemere Beobachtungsmöglichkeit.

Die Ausführungsform von Amateur-Teleskopen entspricht häufig den eben angegebenen Empfehlungen. Das Objektiv besitzt typisch die Brennweite 1000 mm, der EP-Durchmesser beträgt 100 mm; wählt man dann noch eine Okular-Vergrößerung von 12.5fach, so erreicht man gerade $\Gamma_{förd} = 50$. Anders sind die Verhältnisse aber bei Feldstechern; ein Feldstecher „8 × 30" ist nach anderen Kriterien konstruiert, denn die 8fache Vergrößerung und der AP-$\varnothing$ von fast 4 mm sind deutlich verschieden von den obigen Daten.

Bei astronomischen Beobachtungen sind vielfach nahezu punktförmige Objekte mit Fernrohren abzubilden. Das in der Zwischenbildebene bzw. das auf der Netzhaut des Beobachters entworfene Punktbild besitzt dann eine zentrale Bestrahlungsstärke, die der 4. Potenz des EP-Durchmessers proportional ist:

$$E(0) = (\varnothing EP)^4.$$

Diese Feststellung überrascht oft, doch ist sie leicht zu verstehen, wenn man den Ausdruck für die Lichterregung im Punktbild nach Gl. (1.118) genauer betrachtet, wie das im Abschn. 3.8 geschieht. Demnach ist die Bestrahlungsstärke als Quadrat der Lichterregung proportional zur vierten Potenz der bildseitigen Apertur. Anschaulich lässt sich das so interpretieren: Mit der Apertur wächst der aufgenommene Lichtstrom quadratisch und gleichzeitig nimmt die Ausdehnung des Punktbilds quadratisch mit der Apertur ab. Diese Feststellung macht verständlich, weshalb neue Konzeptionen astronomischer Teleskope immer größere Spiegel vorsehen.

Nicht die Auflösung ist dabei von primärer Bedeutung, sondern die Absicht auch sehr ferne lichtschwache Objekte noch beobachten zu können.

Fernrohr-Objektive. Dieser Teil-Abschnitt behandelt nur Fernrohr-Objektive, weil die Okulare weitgehend gleichartig wie bei Mikroskopen aufgebaut sind. Bei den Objektiven interessieren besonders die astronomischen Anwendungen, weil dafür bemerkenswerte Entwicklungen durchgeführt wurden. Daher wird die historische Entwicklung von Spiegelsystemen kurz beschrieben.

Die Bevorzugung von Spiegelsystemen geht auf Newton zurück, der Linsensysteme für Fernrohrobjektive ablehnte, weil sie immer Farbfehler besäßen. Das entsprach dem technischen Stand der Glas-Entwicklung zu Newtons Zeiten. Inzwischen sind sehr große Fortschritte bei der Entwicklung optischer Gläser erfolgt, sodass achromatische und apochromatische Fernrohrobjektive durchaus hergestellt werden. Trotzdem verbleiben auch heute Schwierigkeiten bei der Verwendung von Linsen mit großen Durchmessern, speziell wegen großer Gewichte und wegen Homogenitätsproblemen.

Zunächst wird man versuchen, mit sphärischen Spiegeln zu arbeiten. Vor allem ist der Öffnungsfehler zu korrigieren. Als obere Grenze für den zulässigen Restfehler gilt eine Wellenaberration von $\lambda/4$, die für einen Kugelspiegel von 1 m Brennweite bereits bei einer Blendenzahl $k = 43$ erreicht wird. Da möglichst hohe Aperturen realisiert werden sollen, ist der einzelne Kugelspiegel offensichtlich ungeeignet.

Newton schlug in Kenntnis der Eigenschaften des Kugelspiegels 1671 den Parabolspiegel vor, der keinen Öffnungsfehler bei der Abbildung unendlich ferner Objekte aufweist. Allerdings ist es beim Parabolspiegel nicht möglich, die Koma zu korrigieren, sodass nur ein Bildfeld von etwa zwei Bogenminuten nutzbar ist. Es liegt hier aber eine der ersten Nutzungen asphärischer Flächen vor, deren Herstellung allerdings nach wie vor schwierig und teuer ist. Parabolspiegel nach Newton werden noch heute hergestellt, wobei Blendenzahlen bis zu $k = 3$ realisiert werden; solche Spiegel sind zumeist als Bestandteile umfangreicherer Spiegelsysteme konzipiert. Der einzelne Parabolspiegel relativ kleiner Brennweite wird dann für Übersichtsaufnahmen eingesetzt. Bei Spiegelsystemen tritt grundsätzlich das Problem der geeigneten Anordnung der Empfängerebene auf, weil durch die Reflexion objekt- und bildseitiger Strahlengang einander überlagern. Newton löste das Problem, indem er kurz vor der Bildebene einen um 90° ablenkenden Planspiegel einsetzte und so das Okular seitlich von dem objektseitigen Strahlenbüschel anordnen konnte. Es wird dabei das grundsätzliche Problem von Spiegelsystemen deutlich, nämlich dass zentrale Abschattungen auftreten und damit ringförmige Pupillen entstehen; das wirkt sich auf die Auflösung und auf die Kontrastwiedergabe aus.

Kurz vor Newton gab Gregory ein erstes Zwei-Spiegel-System an, das frei von Öffnungsfehler ist. Gregory benutzte als Hauptspiegel wiederum ein Paraboloid, das ein reelles Zwischenbild erzeugt, und als Fangspiegel ein Ellipsoid, das ein zweites, aufrechtes Zwischenbild etwa am Ort des Hauptspiegels liefert. Im Hauptspiegel ist eine zentrale Bohrung vorzunehmen, um das Zwischenbild beobachten zu können. Beim Gregory-System tritt kein Öffnungsfehler auf, weil jeder Spiegel einzeln frei von Öffnungsfehler ist. Die übrigen Abbildungsfehler sind jedoch noch größer als beim einfachen Kugelspiegel. Deshalb ist das Gregory-System nur noch von historischem Interesse. Wenig später gab Cassegrain das nach ihm benannte Zwei-Spiegel-

System an, das als Hauptspiegel auch einen Parabol-Spiegel, als Fangspiegel jedoch ein Hyperboloid besitzt. Die negative Brennweite des Fangspiegels ergibt eine im Verhältnis zur Brennweite relativ kurze Baulänge (Prinzip des Tele-Objektivs), was noch heute in sogenannten Coudé-Systemen ausgenutzt wird. Da für das klassische Cassegrain-System nahezu das gleiche für die Bildfehler-Korrektion gilt wie für das Gregory-System, besitzt es auch nur ein Bildfeld von wenigen Bogenminuten.

Für astronomische Beobachtungen wird eine große Objektiv-Apertur gefordert, um sowohl ein hohes Auflösungsvermögen als auch hohe Bestrahlungsstärken im Bild zu erhalten. Für die visuelle Beobachtung sind kleine Objektfelder noch akzeptabel, wenn man das Fernrohr nachführen kann, um interessierende Objekte zu erfassen. Zur objektiven Registrierung, z. B. in Form fotografischer Aufnahmen, ist es notwendig, neben dem Öffnungsfehler zumindest auch die Koma zu korrigieren und damit *Aplanasie* zu erreichen. Das gelang erstmals Schwarzschild mit einem Zwei-Spiegel-System. Das Konstruktionsprinzip lässt sich kurz so skizzieren: Es werden wiederum zwei asphärische Spiegel in großem Abstand ($d = 1.25f$) verwendet, die endliche, entgegengesetzt gleiche Öffnungsfehler besitzen und so noch Freiheitsgrade zur Korrektion der Koma aufweisen. Die prinzipiell sehr wichtige Erfindung von Schwarzschild wird in ihrer praktischen Bedeutung durch die große Baulänge gemindert. Deshalb ergab die Erfindung von Chretien einen großen Fortschritt, mit der bei kurzer Baulänge ($d \approx 0.3f$) ebenfalls Aplanasie erzielt wird; beide Spiegel besitzen wiederum asphärische Flächen. Die genannten Spiegelsysteme sind in der Abb. 1.138 dargestellt.

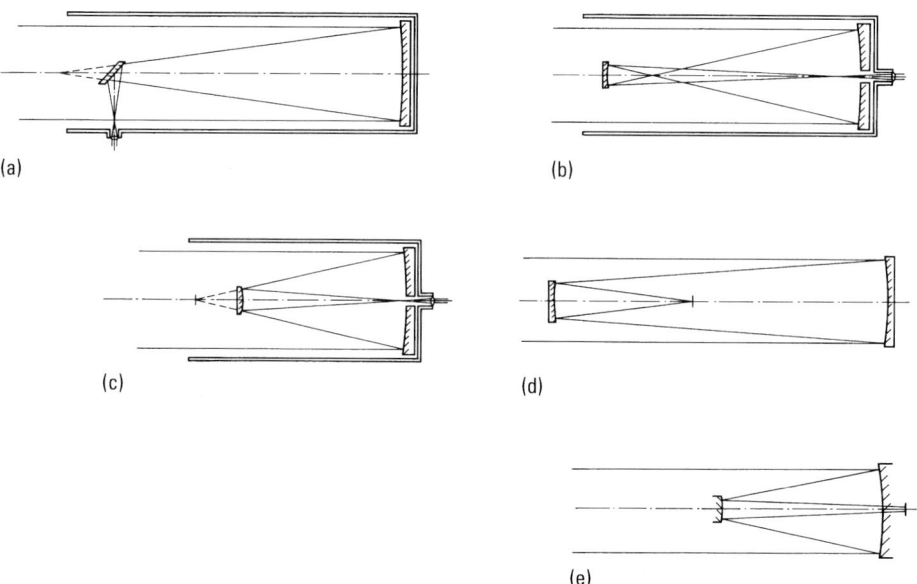

Abb. 1.138 Schnittzeichnungen der wichtigen klassischen Spiegelteleskope; (a) Newton-Teleskop (1671), (b) Gregory-Teleskop (1663), (c) Cassegrain-Teleskop (1672), (d) Schwarzschildsystem (1905), (e) Chretien-System (1922).

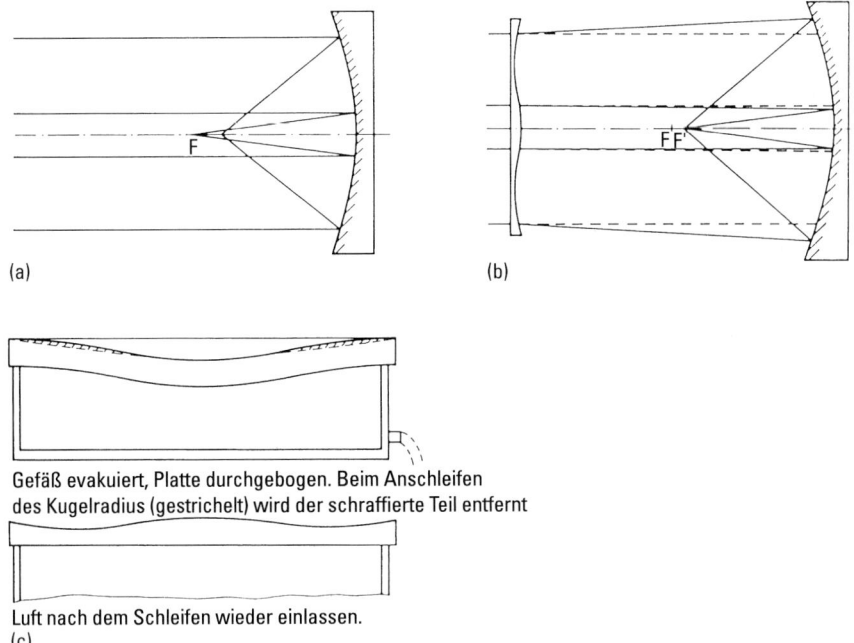

Abb. 1.139 Das Spiegelsystem nach B. Schmidt; (a) Der sphärische Hohlspiegel allein besitzt einen sehr großen Öffnungsfehler; (b) Die deformierte Platte im Krümmungszentrum des Kugelspiegels korrigiert den Öffnungsfehler; (c) Hinweise zur Herstellung der deformierten Platte.

Der wesentliche Fortschritt gelang 1932 dem Feinoptiker B. Schmidt, der einen sphärischen Hohlspiegel benutzte und zusätzlich in der achsensenkrechten Ebene durch den Krümmungsmittelpunkt eine deformierte Platte setzte, die er gerade so gestaltete, dass sie den Öffnungsfehler des Spiegels kompensierte (siehe Abb. 1.139).

Am Ort der deformierten Platte wird gleichzeitig die Aperturblende angebracht, sodass auch Koma und Astigmatismus korrigiert werden (symmetrische Blendenlage); unkorrigiert bleibt dabei die Bildfeldwölbung. Derartige Schmidt-Systeme, wie sie nach ihrem Erfinder benannt wurden, sind mit Blendenzahlen bis zu $k = 2$ und Bildwinkeln bis zu $\pm 10°$ realisiert worden und haben damit die Astrofotografie entscheidend gefördert. Besonders wichtig an der Erfindung von B. Schmidt ist, dass er selbst ein brauchbares Verfahren zur Herstellung der deformierten Platte angab und praktizierte: Die zu deformierende Platte wird auf einen Hohlzylinder aufgelegt (siehe Abb. 1.139c), der Hohlzylinder wird evakuiert, sodass sich die Platte durchbiegt. In diesem Zustand wird die Platte geschliffen und poliert. Bei richtiger Einstellung diverser Parameter besitzt die Platte nach Aufhebung des Unterdruckes gerade das gewünschte Profil. Ein großer Nachteil des Schmidt-Systems ist dessen große Baulänge von $2f$. Deshalb hat man sich sehr bemüht, die Baulänge zu verkürzen und auch auf die Asphären zu verzichten. So werden bei dem konzentrischen Meniskus-System (Abb. 1.140) nur sphärische Flächen verwendet; der dicke Me-

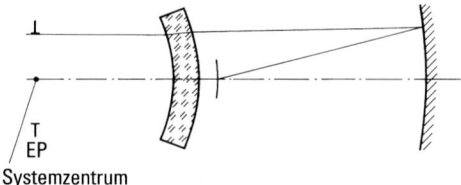

Abb. 1.140 Spiegelsystem mit konzentrischem Meniskus.

niskus negativer Brechkraft reduziert die Bildfeldwölbung und korrigiert gleichzeitig den Öffnungsfehler des Kugelspiegels; außerdem ist die Baulänge auf etwa $1.3f$ verkürzt. Derartige Systeme wurden um 1944 von verschiedenen Personen nahezu gleichzeitig entwickelt. Inzwischen ist die Entwicklung weiter fortgeschritten, was hier nicht mehr wiedergegeben werden kann. Abschließend sei mit dem Stichwort „adaptive Optik" darauf hingewiesen, dass neuerdings Regelungsmechanismen realisiert werden, die die Sollform von astronomischen Spiegeln automatisch aufrechtzuerhalten gestatten.

Die *Abbildungsqualität* von Fernrohr-Objektiven ist von der Konstruktion her beugungsbegrenzt. Die Herstellung zielt natürlich auch darauf ab; wegen des fast immer notwendigen Einsatzes asphärischer Flächen ist das bis heute nur mit iterativen Techniken erreichbar, bei denen Bearbeitung und – interferometrische – Prüfung einander abwechseln. Ergebnisse solcher Prüfungen sind der Spezial-Literatur vorbehalten.

1.9.2.4 Spektralapparate

Zu den wichtigsten optischen Instrumenten gehören auch die Spektralapparate, die im Einzelnen in Kap. 3 behandelt werden. Es sei aber darauf hingewiesen, dass wie bei dem Mikroskop und dem Fernrohr das maximal erreichbare Auflösungsvermögen realisiert werden soll. Bei den Spektralapparaten kann in gleicher Weise vorgegangen werden wie bei Mikroskop und Fernrohr, um aus dem örtlichen Auflösungsvermögen auf das spektrale Auflösungsvermögen zu schließen. Das örtliche Auflösungsvermögen wird hier in der hinteren Brennebene eines Kamera-Objektivs bestimmt, das dem dispergierenden Element (Prisma, Gitter oder Perot-Fabry) nachgeordnet ist.

1.9.2.5 Foto-Objektiv

Die Fotografie ist in vielen Bereichen sehr wichtig geworden, weil mit ihrer Hilfe in besonders einfacher Weise die Speicherung von Informationen gelingt. Im Gegensatz zu den bisher besprochenen optischen Instrumenten ist es für die Fotografie oft nicht wichtig, von jedem einzelnen optischen System die optimale Informationswiedergabe zu erhalten. Das mag zunächst überraschen; verständlich wird die Aussage dann, wenn man berücksichtigt, dass die Fotografie im Allgemeinen eine recht lange „Abbildungskette" beinhaltet. Für das Beispiel der Beobachtung von Dias seien die wichtigen Glieder dieser Kette genannt: Objekt, Aufnahme-Objektiv, Film, Entwicklung des Films zum Dia, Projektions-Objektiv, Leinwand, menschliches Auge (verstanden als abbildendes System), Netzhaut und schließlich der Gesichtssinn. Es kommt darauf an, über die gesamte Abbildungskette hinweg eine optimale Wiedergabe des Objekts zu erreichen, d. h. schließlich in dem durch das Auge verwertbaren Ortsfrequenzbereich hohe Modulationswiedergabe zu erzielen. Aufnahme-Objektive für die Kleinbild-Fotografie werden häufig mit Blendenzahlen kleiner als zwei ausgeführt, der zugehörigen numerischen Apertur von 0.25 und mehr entspricht eine theoretische Grenzfrequenz von über 500 mm^{-1}. Tatsächlich wird bei

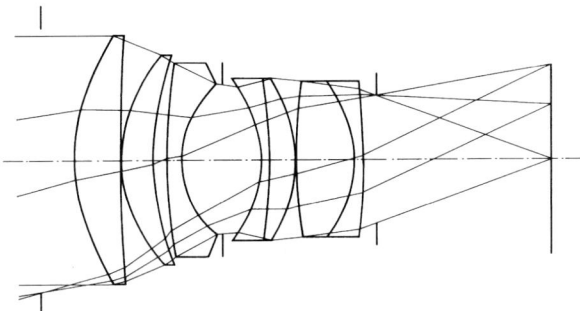

Abb. 1.141 Linsenschnitt eines Foto-Objektivs Summilux 1.4/80 der Fa. Leica-Camera.

Abb. 1.142 Optischer und mechanischer Aufbau des Objektivs nach Abb. 1.141.

182   1 Optische Abbildung

üblichen Abbildungsmaßstäben aber nur ein Ortsfrequenzbereich zwischen 0 und 40 mm^{-1} ausgenutzt. An dieser Stelle wird deutlich, dass eine Bewertung der Abbildungsleistung optischer Systeme für die Fotografie mit dem Begriff des Auflösungsvermögens – nach Gl. (1.118) – nicht vorgenommen werden kann. Deshalb ist für die Fotografie das Konzept der optischen Übertragungsfunktion so wichtig geworden, siehe Abschn. 1.9.1.2. Der Begriff der fotografischen Optik ist in diesem Zusammenhang sehr weit zu fassen, neben der Amateur-Fotografie gehören dazu Anwendungen in der Medizin, der Astronomie, der Fotogrammetrie etc.

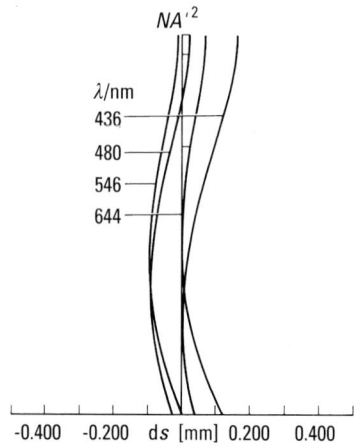

Abb. 1.143 Öffnungsfehler in Form der Längsaberration als Funktion der numerischen Apertur zum Quadrat (Parameter: Wellenlänge).

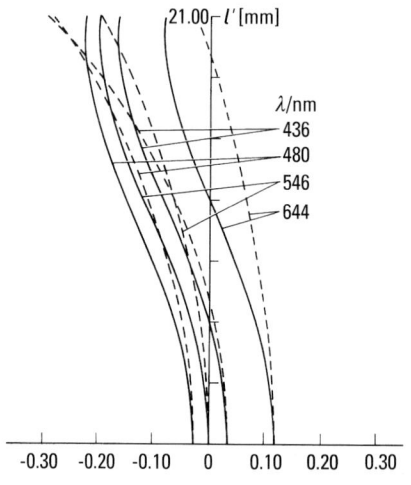

Abb. 1.144 Bildfeldwölbung in Form der Längsaberration als Funktion der Bildhöhe (Parameter: Wellenlänge; ausgezogen sagittale, gestrichelt meridionale Wölbungen).

1.9 Optische Instrumente 183

Der *Aufbau* von Foto-Objektiven ist vor allem durch Kompaktheit gekennzeichnet. Der jeweils verwandte Typ von Objektiv wird durch mechanische Anforderungen an Schnittweite, Baulänge, Blendenlage und Durchmesser bestimmt. Der Linsenschnitt im Einzelnen wird bei der Korrektion der Abbildungsfehler festgelegt

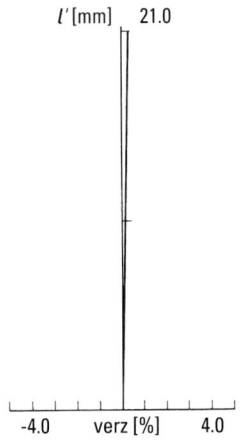

Abb. 1.145 Verzeichnung (in %) als Funktion der Bildhöhe.

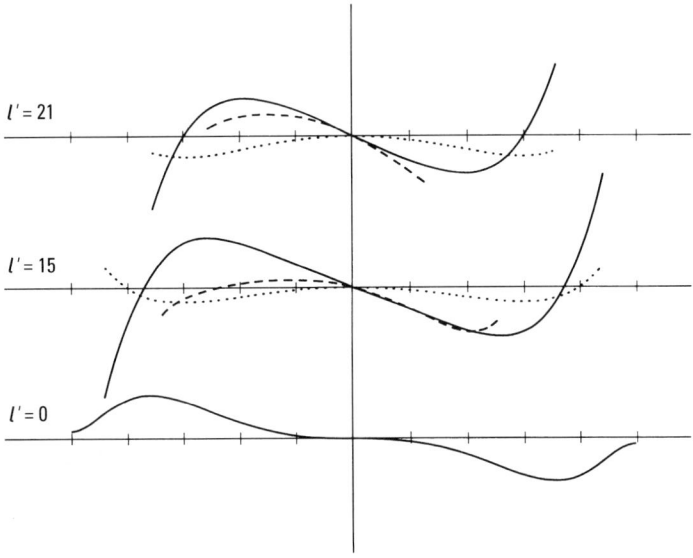

Abb. 1.146 Queraberrationen für mehrere Bildhöhen l' als Funktionen der Apertur; Parameter ist die Wellenlänge λ (hier: $\lambda = 546.07$ nm). Ausgezogen sind die Fehlerkurven für den Sagittalschnitt, gestrichelt für den Meridionalschnitt; die punktierten Kurven charakterisieren den „Rinnenfehler" im Sagittalschnitt, der ein Maß für den Koma-Anteil der Bildfehler ist. Die Wiedergabe der Queraberrations-Kurven für mehrere Bildhöhen l' gleichzeitig erfolgt, um neben der Apertur auch die von der Bildhöhe deutlich zu machen.

und kann sehr stark variieren; die Vielzahl existenter Objektiv-Ausführungen ist kaum noch überschaubar, sodass hier auf eine Diskussion im Einzelnen verzichtet werden muss. Speziell hingewiesen sei nur auf die *Vario-Objektive* („Zoom-Objektive"), die in den letzten Jahrzehnten eine starke Verbreitung gefunden haben. Dabei werden Abbildungsmaßstab bzw. Brennweite dadurch variiert, dass mehrere, mindestens zwei Linsenglieder axial verschiebbar angeordnet werden; zusätzlich ist die Bildlage konstant zu halten. In der Abb. 1.74 wurde bereits ein einfaches Beispiel für die – nichtlinearen – Verschiebungen wiedergegeben.

Die *Funktionen* von Foto-Objektiven sind sehr vielfältig. Durch Blendenzahl und Filmformat werden maximale Apertur und Bildwinkel festgelegt; die Apertur ist stark variabel, um sich damit unterschiedlichen Objektleuchtdichten und Filmemp-

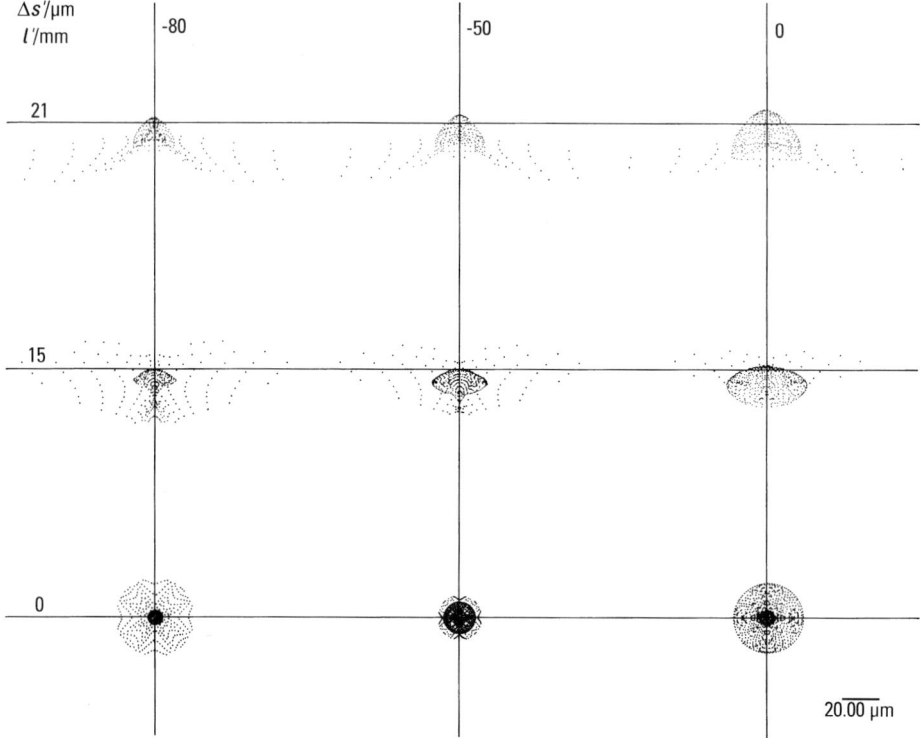

Abb. 1.147 Spot-Diagramme für drei Fokussierungen (von links nach rechts) und für drei Bildhöhen (von oben nach unten); die Darstellung gilt für die Wellenlänge $\lambda = 546.07$ nm. Ein Spot-Diagramm stellt die geometrisch optische Näherung für ein Punktbild dar. Ein Spot-Diagramm wird gewonnen, indem von dem jeweiligen Objektpunkt aus eine große Zahl von Strahlen gerechnet wird, die über die Eintrittspupille des Objektives gleichmäßig verteilt werden. In der Abbildung wiedergegeben sind die Strahldurchstoßpunkte in der jeweiligen Bildebene. Auf diese Weise wird eine anschauliche Übersicht vermittelt, wie die Energieverteilung im Punktbild auf Grund immer noch vorhandener Rest-Aberrationen ist.

Die Wiedergabe der Spot-Diagramme für mehrere Fokussierungen erfolgt, um die Variation der Energieverteilung mit der Wahl der Einstellebene abschätzen zu können. Siehe im Vergleich auch die Abb. 1.146, in der die gleichen Fokussierungen berücksichtigt sind.

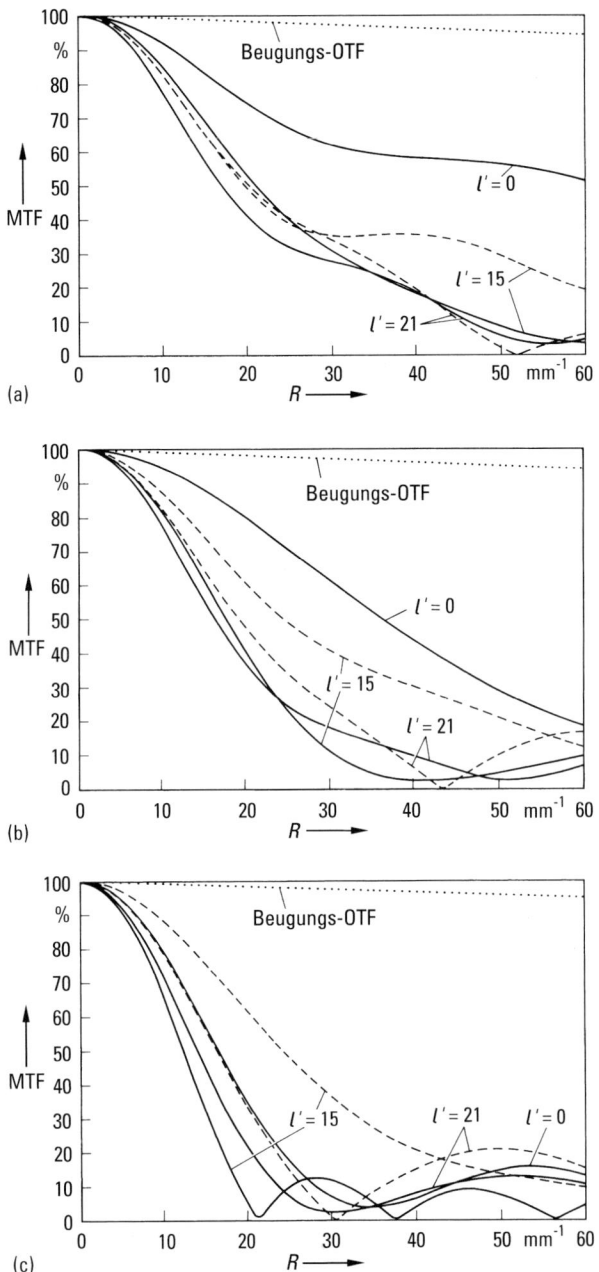

Abb. 1.148 Optische Übertragungsfunktion für mehrere Bildhöhen und Fokussierungen; (a) Defokussierung = −80 µm, (b) Defokussierung = −50 µm, (c) Defokussierung = 0; ausgezogen sagittale, gestrichelt meridionale Verläufe.

findlichkeiten anpassen zu können. Foto-Objektive sollen auch Objekte in sehr unterschiedlichen Entfernungen abbilden. Weiter werden sie nicht nur im sichtbaren, sondern auch im infraroten Spektralbereich eingesetzt. Die Vielzahl der Forderungen wird durch ökonomische Gesichtspunkte ergänzt. Es resultiert immer ein Kompromiss, der eine exakte Beurteilung sehr schwer macht.

Wie oben angeführt, braucht ein Foto-Objektiv in der Regel nicht perfekt abzubilden; andererseits muss es die eben genannten Funktionen erfüllen können. Die Abbildungsleistung von Foto-Objektiven ist nicht in allgemeiner Form angebbar, sondern sie ist von Fall zu Fall verschieden. Hier wird deshalb nur ein Beispiel behandelt, das als repräsentativ gelten mag. Es handelt sich um ein neueres Objektiv Summilux 1.4/80 der Fa. Leica-Camera, für das in den Abb. 1.141 bis 1.148 im Zusammenhang etliche charakteristische Daten dargestellt sind. Die Abb. 1.141 zeigt den Linsenschnitt, wie ihn die Optik-Konstruktion nach der Korrektur der Abbildungsfehler liefert. Die Abb. 1.142 enthält im Schnitt den optischen und mechanischen Aufbau des fertigen Objektivs. Die Abb. 1.143 gibt den Öffnungsfehler in Form der Längsaberration als Funktion der Apertur (zum Quadrat) wieder; entsprechend ist in Abb. 1.144 die Bildfeldwölbung (der Hauptstrahlen) als Funktion der Bildhöhe dargestellt. Die Abb. 1.145 beinhaltet die Verzeichnung als Funktion der Bildhöhe. Zusammenfassend sind die Queraberrationen für mehrere Bildhöhen als Funktionen der Apertur in Abb. 1.146 enthalten. Während die genannten Aberrationen seit Jahrzehnten zur Bildfehler-Beschreibung verwandt werden, ist in Abb. 1.147 die Wiedergabe von Spot-Diagrammen (siehe Abschn. 1.7) vorgenommen, die einen Eindruck von der Punktbildstruktur liefern. Schließlich sind in Abb. 1.148 einige Übertragungsfunktionen angegeben. Die damit gelieferten Informationen sind in ihrer Aussagekraft sehr unterschiedlich zu bewerten, vor allem ist es nicht einfach, den Zusammenhang der Informationen in den unterschiedlichen Abbildungen zu erkennen. Die Wiedergabe erfolgt hier einfach deshalb, um einen ersten Eindruck von den Methoden zu vermitteln, die heute zur Bestimmung der Abbildungsqualität optischer Systeme verwandt werden.

Literatur

Weiterführende Literatur

Berek, M., Grundlagen der praktischen Optik, de Gruyter, Berlin, New York, 1970
Born, M., Wolf, E., Principles of Optics, 2. Ed., Pergamon Press, Oxford, 1964
Crawford Jr., F.S., Berkeley Physics Course, Vol. 3, Waves, McGraw-Hill, New York, 1968
Dichtburn, R.W., Light, 3. ed., 2 vol., Academic Press, London, New York, San Francisco, 1976
Duffieux, P.M., The Fourier Transform and its Applications to Optics, 2. Ed., John Wiley & Sons, New York, 1983
Feynman, R.P., Lectures on Physics, Addison Wesley, Reading Mass., 1965
Francon, M., et al., Experiments in Physical Opties, Gordon and Breach Science Publishers, New York, 1970
Francon, M., Optical Image Formation and Processing, Academic Press, New York, 1979
Franke, G., Photographische Optik, Akademische Verlagsgesellschaft, Frankfurt/Main, 1964

Fry, G. A., Geometrical Optics, Chilton, Philadelphia, 1969
Gaskill, J. D., Linear Systems, Fourier Transforms, and Optics, John Wiley & Sons, New York, 1978
Goodman, J. W., Introduction to Fourier Optics, McGraw-Hill, New York, 1968
Hecht, A., Zajac, A., Optics, Addison Wesley, Reading/Mass., 1974
Jenkins, F., White, H., Fundamentals of Optics, McGraw-Hill, New York, 1976
Klein, M., Furtak, T., Optik, Springer, Berlin, Heidelberg, 1988
Kohlrausch, F., Praktische Physik, 23. Auflage, Bd. 1, B. G. Teubner, Stuttgart, 1985
Levi, L., Applied Optics, Vol. 1 and 2, John Wiley & Sons, New York 1968, 1980
Lipson, S. G., et al., Optik, Springer, Berlin, Heidelberg, 1997
Longhurst, R. S., Geometrical and Physical Optics, Longmans, Green & Co Ltd., 1967
Mahajan, V. N., Optical imaging and aberrations, SPIE, Bellingham, Wahsington, 1998
Martin, L. C., The Theory of the Microscope, Blackie & Sons, London, Glasgow, 1966
Meyer-Arendt, J. R., Introduction to Classical and Modern Optics, Prentice-Hall, Englewood, N. J., 1972
Mütze, K. (Hrsg.), ABC der Optik, Dausien, Hanau, 1972
Naumann, H., Schröder, G., Bauelemente der Optik, 6. Aufl., Hanser, München, 1992
Papoulis, A., Systems and Transforms with Applications to Optics, McGraw-Hill, New York, 1968
Pedrotti, F., et al., Optik – Eine Einführung, Prentice Hall, München, 1996
Pérez, J.-Ph., Optik, Spektrum, Akadem. Verlag, Heidelberg, 1996
Röhler, R., Informationstheorie in der Optik, Wiss. Verlagsgesellschaft, Stuttgart, 1967
Röhler, R., Optische Eigenschaften des menschlichen Auges, Physik in unserer Zeit **1**, 87 (1970)
Schober, H., Das Sehen, Bd. 1 und 11, VEB Fachbuchverlag, Leipzig, 1970
Slevogt, H., Technische Optik, de Gruyter, Berlin, New York, 1973
Welford, W. T., Aberrations of the Symmetrical Optical System, Academic Press, London, New York, 1974
Williams, T. L., The Optical Transfer Function of Imaging Systems, Inst. o. Publishing (IoP), Bristol, Philadelphia, 1999
Young, H. D., Fundamentals of Optics and Modern Physics, McGraw-Hill, New York, 1968
Young, M., Optik, Laser, Wellenreiter, Springer, Berlin, Heidelberg, 1997
Zimmer, H. G., Geometrical Optics, Springer, Berlin, Heidelberg, 1970

2 Dispersion und Absorption des Lichtes

Hans-Joachim Eichler

2.1 Messung der Lichtgeschwindigkeit

Die Kenntnis der Fortpflanzungsgeschwindigkeit des Lichtes ist für die Erforschung der Natur sehr wichtig, weil die Lichtgeschwindigkeit c im Vakuum (oft auch mit c_0 bezeichnet) als Naturkonstante eine universelle Bedeutung hat und zur Berechnung anderer Werte verwendet wird. Einige Beispiele: Die Umwandelbarkeit von Materie (der Masse m) in Energie E nach der *Relativitätstheorie Einsteins* ist gekennzeichnet durch die Formel $E = mc^2$. Zur Messung größerer Entfernungen werden kurze Impulse von Licht oder von elektromagnetischen cm-Wellen benutzt und die Zeit von der Aussendung bis zur Wiederkehr nach Reflexion an einem entfernten Spiegel gemessen. Dies geschieht z. B. bei der geodätischen Landesaufnahme, indem auf einem Berg ein Sender und ein Empfänger nebeneinander und auf einem anderen Berg ein Reflektor stehen. Bei Kenntnis der Lichtgeschwindigkeit lässt sich aus der Messung der Zeitdauer, den ein Impuls für Hin- und Rückweg gebraucht hat, die Entfernung zwischen Sender und Reflektor berechnen. Selbstverständlich ist hierbei zu berücksichtigen, dass der Strahl nicht im Vakuum, sondern in der Luft läuft, also eine etwas kleinere Geschwindigkeit hat. Deshalb ist auch die genaue Kenntnis der Brechzahl der Luft bei bestimmter Dichte und bei bestimmtem Wasserdampfgehalt wichtig. Ein auf dem Mond aufgestellter Reflektor wirft Laserstrahlimpulse zur Erde zurück. Durch Messung der Laufzeit der Lichtimpulse lässt sich aus der Lichtgeschwindigkeit der Abstand Erde–Mond genau bestimmen.

Die Lichtgeschwindigkeit im Vakuum ist von der Frequenz unabhängig und somit z. B. für sichtbares Licht, für Röntgenstrahlen (etwa 10^{-10} m Wellenlänge) und für lange Radiowellen (etwa 10^3 m Wellenlänge), also für alle elektromagnetischen Wellen, gleich. In Materie ist die Lichtgeschwindigkeit geringer als im Vakuum. Das Verhältnis der Vakuumlichtgeschwindigkeit zur Geschwindigkeit des Lichtes in einem Stoff ist durch die Brechzahl n des Stoffes gekennzeichnet. Die Brechzahl ist von Stoff zu Stoff verschieden (vgl. Abschn. 1.4) und ist außerdem von der Frequenz abhängig (Dispersion des Lichtes; vgl. Abschn. 2.3). In Gasen, z. B. in Luft, ist die Geschwindigkeit des sichtbaren Lichtes nur wenig geringer als im Vakuum, während in einigen festen und flüssigen Stoffen die Geschwindigkeit des sichtbaren Lichtes nur die Hälfte oder ein Drittel von derjenigen im Vakuum beträgt (Brechzahl n also 2 oder 3).

Die Messung der Lichtgeschwindigkeit besteht bei den meisten Verfahren in der Bestimmung einer großen Länge und der Zeit, innerhalb welcher das Licht die Strecke durcheilt. Bei einigen Methoden werden sehr kurze Strecken und Zeiten gemessen: Man bestimmt mit einem Interferometer die Wellenlänge einer Schwingung,

2 Dispersion und Absorption des Lichtes

vergleicht die Frequenz mit einer Standardfrequenz (misst also auch die Frequenz) und errechnet die Lichtgeschwindigkeit aus der Gleichung $c = \lambda \nu$.

Von grundsätzlich anderer Art ist die Bestimmung der Lichtgeschwindigkeit nach der Gleichung $c = 1/\sqrt{\varepsilon_0 \mu_0}$, also aus der elektrischen Feldkonstante ε_0 und der magnetischen Feldkonstante μ_0. Dies haben Weber und Kohlrausch im Jahre 1856 getan, wie unter Abschn. 2.1.5 c) dargestellt.

Bei der Messung der Lichtgeschwindigkeit interessiert nicht die Frage, ob die Ausbreitung des Lichtes durch Wellen oder durch bewegte korpuskulare Teilchen beschrieben werden kann. Von Interesse ist aber, ob sich die Lichtgeschwindigkeit im Laufe der Zeit etwas ändert. Dafür sind besonders genaue Messungen erforderlich. Dass die Lichtgeschwindigkeit sehr groß ist, weiß man aus der Erfahrung schon lange. Deshalb gelang es Galilei (1607) auch nicht, mit Hilfe zweier voneinander entfernter Beobachter, die ihre Laternen wechselseitig abblendeten, die Lichtgeschwindigkeit zu ermitteln. Im Folgenden werden die verschiedenen Methoden beschrieben, mit denen die Lichtgeschwindigkeit gemessen wurde.

2.1.1 Verfahren von Römer

Als erster hat 1676 der dänische Astronom Olaf Römer die Fortpflanzungsgeschwindigkeit des Lichtes aus der Beobachtung der Verfinsterung der Jupitermonde bestimmt. In Abb. 2.1 stellt der Kreis um die Sonne S die Bahn der Erde E dar, während der Kreis um den Jupiter J die Bahn eines seiner Monde andeutet. Römer beobachtete die Zeitpunkte, an denen einer der Monde des Jupiters in dessen Schatten verschwand. Die Zeit zwischen zwei aufeinander folgenden Verfinsterungen des dem Jupiter nächsten Mondes beträgt 42 h 28 min 36 s, wenn bei der Beobachtung die Erde sich in Stellung I (Konjunktion) oder III (Opposition zum Jupiter) befindet. Wie aus Abb. 2.1 hervorgeht, ändert sich in I und III die Entfernung der Erde vom Jupiter während der Periode von etwa 42 Stunden nicht merklich, weil sie in I ein Minimum, in III ein Maximum ist. Bei fortlaufender Beobachtung, während der die Erde sich im Laufe eines halben Jahres von I nach III bewegt, d. h. sich von Jupiter entfernt, fand nun Römer, dass die Verfinsterungen immer später eintraten,

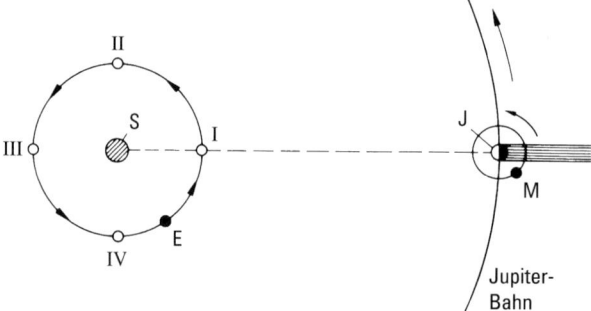

Abb. 2.1 Messung der Lichtgeschwindigkeit nach dem Verfahren von Römer durch Beobachtung der Verfinsterung der Jupitermonde.

als nach dem Intervall 42 h 28 min 36 s zu erwarten war. Wenn die Erde in III angekommen ist, beträgt diese Verspätung im Ganzen rund 1000 Sekunden. Während sich die Erde im nächsten Halbjahr wieder von III auf die Stellung I zu bewegt, d. h. dem Jupiter nähert, zeigt sich das umgekehrte Phänomen; die Verfinsterungen verfrühen sich, und zwar im Ganzen, bis die Erde in I angekommen ist, wieder um 1000 Sekunden, sodass der Zeitverlust während des ersten Halbjahres durch den Zeitgewinn während des zweiten gerade kompensiert wird. Als Grund hierfür erkannte Römer, dass das vom Jupiter kommende Licht einen größeren Weg zurücklegen muss, wenn die Erde sich während der gerade beobachteten Verfinsterung vom Jupiter entfernt, während es einen kürzeren Weg durcheilt, wenn die Erde sich auf den Jupiter hinbewegt. Da sich die einzelnen scheinbaren Verlängerungen der Umlaufzeiten des Jupitermondes bei der Bewegung der Erde von I nach III und ebenso die Verkürzungen der Umlaufszeiten bei der Bewegung von III nach I summieren, muss die oben angegebene Verspätung bzw. Verfrühung von 1000 Sekunden gerade die Zeit sein, die das Licht zum Durchlaufen des Erdbahndurchmessers benötigt. Diese Strecke ist aber 299 Millionen Kilometer lang, und so ergibt sich, dass das Licht in der Sekunde 299 000 Kilometer zurücklegt.

Römer selbst beobachtete eine Verspätung von 1450 Sekunden und nahm für den Erdbahndurchmesser 311×10^6 m an, woraus sich die Lichtgeschwindigkeit zu etwa 214 000 km/s ergab.

2.1.2 Verfahren von Bradley

Etwa 50 Jahre später (1728) bestimmte der Astronom J. Bradley die Lichtgeschwindigkeit aus der sog. *Aberration des Lichtes*. Darunter ist folgende Erscheinung zu verstehen: In Abb. 2.2 sei F ein Fernrohr, in das längs seiner Achse von einer fernen Lichtquelle Q, z. B. einem Fixstern, Licht einfällt, sodass an der Stelle B im Kreuzungspunkt der Fäden des Fadenkreuzes ein Bild der Lichtquelle entsteht. Bewegt sich das Fernrohr in der Pfeilrichtung parallel zu sich selbst und senkrecht zur Richtung des einfallenden Lichtes, so verschiebt sich das Bild von der Stelle B nach B′, wenn sich das Fernrohr während der Zeit, die das Licht braucht, um die Fernrohrlänge von O nach B zu durchlaufen, um die Strecke $\overline{BB'}$ verschiebt. Für einen durch das Fernrohr blickenden Beobachter scheint also das Licht aus der Richtung Q′B′ zu kommen; der Ort der Lichtquelle Q scheint infolge dieser sog. „Aberration des Lichtes" ein wenig in Richtung der Fernrohrbewegung verschoben. Der Beobachter muss also, um das Bild wieder in die Mitte des Gesichtsfeldes bei B zu bekommen, das Fernrohr um den Winkel BOB′ in die Richtung Q′B′ verdrehen. Nun bewegt

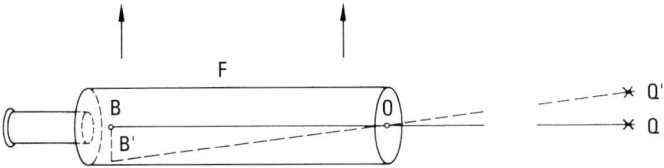

Abb. 2.2 Messung der Lichtgeschwindigkeit aus der Aberration des Lichtes.

sich jedes Fernrohr auf der Erde mit einer Geschwindigkeit von 29.77 km/s, da sich die Erde mit dieser Geschwindigkeit auf ihrer Bahn um die Sonne bewegt. Die Folge davon ist, dass jeder Fixstern, wenn die Visierlinie senkrecht zur Erdgeschwindigkeit gerichtet ist, bei der Beobachtung um einen bestimmten Winkel verschoben erscheint. Dieser *Aberrationswinkel* α beträgt nach astronomischen Messungen 20.6″. Zur Feststellung dieses Winkels muss der Fixstern über ein ganzes Jahr hindurch beobachtet werden, währenddessen die Geschwindigkeit der Erde sich umkehrt. Fixsterne, die nahe dem Pol der Ekliptik stehen, beschreiben im Laufe eines Jahres scheinbar einen Kreis, Sterne in der Ebene der Ekliptik führen scheinbar eine hin- und hergehende Bewegung am Himmel aus, während alle dazwischen liegenden Sterne kleine Ellipsen durchlaufen. Die Durchmesser der Kreise, die großen Achsen der Ellipsen und die Amplitude der geradlinigen Verschiebungen erscheinen bei allen Fixsternen unter dem gleichen Winkel, nämlich dem doppelten Aberrationswinkel $2\alpha = 41.2″$. Nun besteht nach Abb. 2.2 die Beziehung, dass der Tangens des Aberrationswinkels α gleich dem Verhältnis der Erdgeschwindigkeit v zur Lichtgeschwindigkeit c ist, woraus für Letztere die Beziehung folgt: $c = v/\tan\alpha$. Da $\tan 20.5″ = 0.0001$ und $v = 29.77$ km/s ist, ergibt sich für die Lichtgeschwindigkeit $c = 298\,000$ km/s.

Bei allen astronomischen Bestimmungen der Lichtgeschwindigkeit spielt der Erdbahndurchmesser, der aus der relativ ungenauen Sonnenparallaxe abgeleitet wird, eine entscheidende Rolle. Wesentlich genauer als diese astronomischen Messungen sind daher auf der Erde selbst angestellte Versuche; man kann auch mittels der terrestrisch gemessenen Lichtgeschwindigkeit sogar den Wert der Sonnenparallaxe kontrollieren bzw. verbessern.

2.1.3 Verfahren von Fizeau

Erst 1849 gelang H. Fizeau eine terrestrische Messung der Lichtgeschwindigkeit. Das Prinzip seiner Anordnung geht aus Abb. 2.3 hervor. F_1 und F_2 sind zwei auf unendlich eingestellte Fernrohre, die in einer großen Entfernung so montiert sind, dass man durch jedes Fernrohr das Objektiv des anderen deutlich sehen kann. Im Fernrohr F_1 befindet sich am Ort des Objektivbrennpunktes bei B der Zahnkranz eines Zahnrades Z, das in rasche Umdrehungen um eine zur Fernrohrachse parallele Achse D versetzt werden kann. Durch eine seitliche Öffnung im Fernrohr F_1 wird

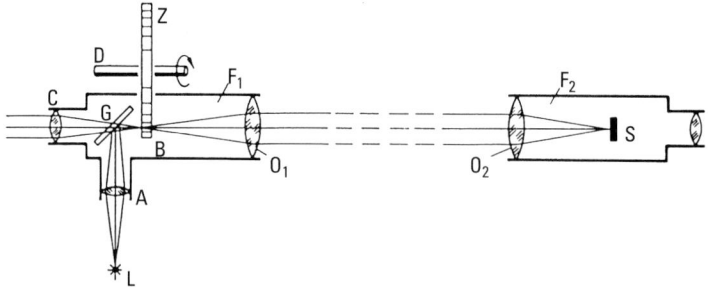

Abb. 2.3 Fizeau'sche Anordnung zur Messung der Lichtgeschwindigkeit.

eine punktförmige Lichtquelle L mittels einer Sammellinse A über eine unter 45° geneigte Spiegelglasplatte G an der Stelle B abgebildet. Befindet sich bei B gerade eine Zahnlücke des Rades Z, so gehen die Strahlen divergent weiter und verlassen das Fernrohrobjektiv O_1 als paralleles Strahlenbündel. Nach Durchlaufen der großen Luftstrecke treffen sie auf das Fernrohr F_2 und werden von dem Objektiv O_2 auf dem Planspiegel S in seinem Brennpunkt vereinigt. Nach Reflexion an diesem Spiegel laufen die Strahlen wieder denselben Weg zurück. Mit dem Okular C wird dann durch die Glasplatte G hindurch das reelle Bild der Lichtquelle wahrgenommen. Wird das Zahnrad Z in Rotation versetzt, so tritt bei einer bestimmten Umdrehungszahl eine Verdunkelung des Gesichtsfeldes ein, nämlich dann, wenn während der Zeit, die das Licht zum Durchlaufen des Weges von B nach S und zurück benötigt, an Stelle einer Lücke gerade ein Zahn des Rades getreten ist. Bei Verdoppelung der Rotationsgeschwindigkeit tritt wieder Helligkeit ein, da jetzt das Licht auf seinem Rückweg durch die nächste Zahnlücke hindurch kann, usw. Ist n die Zahnzahl des Rades, U die Anzahl seiner Umdrehungen je Sekunde, bis zum erstenmal Dunkelheit eintritt, so beträgt die Zeit, die vergeht, bis an Stelle einer Zahnlücke der folgende Zahn gerückt ist, $t = 1/(2nU)$. Während dieser Zeit muss das Licht den Abstand d der beiden Fernrohre zweimal durchlaufen, sodass sich für seine Geschwindigkeit die Beziehung ergibt:

$$c = \frac{2d}{t} = 4dnU.$$

Bei dem von H. Fizeau ausgeführten Versuch war $n = 720$, $U = 12.6\,\mathrm{s}^{-1}$, $d = 8.633\,\mathrm{km}$. Damit ergibt sich für die Lichtgeschwindigkeit der Wert $c = 313290\,\mathrm{km/s}$. Mit besseren Hilfsmitteln fand J.A. Perrotin (1901) nach der gleichen Methode unter Benutzung einer Messstrecke von 46 km den Wert $c = (299776 \pm 80)\,\mathrm{km/s}$.

2.1.4 Verfahren von Foucault

Nach einem bereits 1838 von D.F. Arago erdachten Plan verwirklichte 1869 L. Foucault das folgende Verfahren: In Abb. 2.4 ist S ein kleiner Planspiegel, der um die zur Papierebene senkrechte Achse A mittels einer kleinen Luftdruckturbine in schnelle Umdrehung versetzt werden kann. Dabei wird die Umdrehungszahl etwa durch den bei der Rotation entstehenden Ton auf akustischem Wege bestimmt. Über den Spiegel wird mittels eines Objektivs O eine hellbeleuchtete Teilung T (1/10-mm-Teilung) auf dem Hohlspiegel H abgebildet; der Abstand des Hohlspiegels von der Drehachse A des Spiegels S ist gleich dem Krümmungsradius r des Hohlspiegels. In diesem Falle reflektiert H alle von S kommenden Strahlen in sich selbst zurück, sodass das reelle Bild der Teilung T mit dieser selbst zusammenfällt. Nun ist zwischen A und T eine unter 45° gegen AT geneigte Glasplatte G eingeschaltet, die einen Teil des von S zurückgeworfenen Lichtes nach D_1 reflektiert, wo ebenfalls ein reelles Bild von T entsteht, dessen Lage mit einem Mikroskop M betrachtet werden kann, das ein Okularmikrometer enthält. Erteilt man dem Spiegel S eine kleine Drehung, so kommt nichtsdestoweniger das reelle Bild von T immer in D_1 zustande, *solange das auf H erzeugte Bild von T nicht über den Spiegelrand hinauswandert* – wenn es

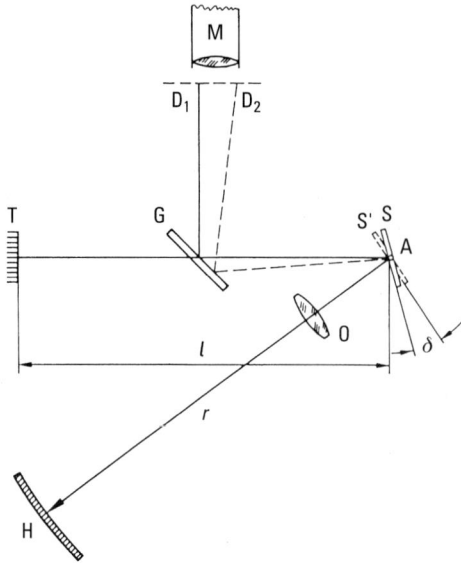

Abb. 2.4 Anordnung von Foucault zur Messung der Lichtgeschwindigkeit.

sich auch an eine andere Stelle von H verschiebt. Dies ist ein entscheidender Punkt für die ganze Methode. Bei langsamer Umdrehung des Spiegels S entsteht also periodisch in D_1 ein scharfes reelles Bild, nämlich immer dann und nur dann, wenn ein Bild von T auf H liegt.

Dieses periodische Erscheinen und Verschwinden von T an der Stelle D_1 ist aber bereits bei 10 Umdrehungen pro Sekunde des Spiegels S wegen der Trägheit des Auges nicht mehr erkennbar. Es möge nun aber die Drehgeschwindigkeit des Spiegels S so weit erhöht werden, dass er sich in der Zeit, die das Licht zum Durchlaufen der Strecke AH und zurück benötigt, um den Winkel δ in die neue Lage S' gedreht hat. Dann wird der von S' reflektierte Strahl bei der Rückkehr um den Winkel 2δ gegenüber dem einfallenden Strahl gedreht, da die Spiegelnormale sich um den Winkel δ gedreht hat, was durch die gestrichelte Gerade angedeutet wird. Das reelle Bild von T kommt nun nicht mehr in D_1, sondern in D_2 zustande, es erleidet also eine Verschiebung Δ; diese kann mit Hilfe des Okularmikrometers im Mikroskop gemessen werden. Andererseits ist $\Delta \approx l2\delta$, wenn l den Abstand $\overline{TS}$ (oder $\overline{D_1 GS}$) bedeutet. Da der Spiegel sich in einer Zeit $t = 2r/c$, die das Licht zum zweimaligen Durchlaufen von $\overline{AH}$ benötigt, um $4\pi v r/c = \delta$ gedreht hat, wenn v die Drehzahl pro Sekunde ist, so gilt:

$$\Delta = \frac{8\pi v r l}{c}; \quad \text{also} \quad c = \frac{8\pi v r l}{\Delta}.$$

Bei den ersten Versuchen Foucaults war $l = 1\,\text{m}$, $r = 4\,\text{m}$, $v = 8 \times 10^2\,\text{s}^{-1}$. Unter Zugrundelegung eines c-Wertes von $3 \times 10^8\,\text{m/s}$ war dann eine Verschiebung $\Delta = 0.268\,\text{mm}$ zu erwarten. Durch Verwendung mehrerer Spiegel gelang es Foucault, die Strecke r auf 20 m zu vergrößern, wonach Δ den Wert 1.34 mm ergeben sollte.

Die Beobachtung ergab in der Tat Verschiebungen in dieser Größenordnung, und Foucault fand bei seiner ersten Messung $c = 300\,900$ km/s. Der schwache Punkt der Methode liegt in der Kleinheit von $\varDelta$, dessen Messung mit einem Fehler von mindestens 0.5% behaftet war.

Da man bei dem Foucault'schen Verfahren mit Messstrecken von einigen Metern auskommt, eignet es sich auch zur Messung der Lichtgeschwindigkeit in anderen Medien als Luft. Man hat zu diesem Zweck in der Anordnung der Abb. 2.4 auf der Strecke $\overline{AH}$ eine Röhre mit der betreffenden Substanz unterzubringen, durch die das Licht hin- und zurückläuft.

2.1.5 Neuere Verfahren

In diesem Jahrhundert wurden zahlreiche Messungen nach verschiedenen Methoden durchgeführt. Die Zuverlässigkeit der Messungen konnte dabei so außerordentlich gesteigert werden, dass der Wert der Lichtgeschwindigkeit mit einer Unsicherheit von nur ± 1.2 m/s bestimmt werden konnte.

a) A. Karolus und O. Mittelstaedt haben (1928/29) das Zahnrad der Anordnung von Fizeau durch eine Kerr-Zelle ersetzt. Diese ermöglicht auf elektrischem Wege Lichtunterbrechungen (von der doppelten Frequenz der an die Kerrzelle gelegten elektrischen Wechselspannung). Es wurden Wechselspannungen der Frequenz 10^7 Hz benutzt, die sich auf ± 200 Hz konstant halten ließen. Die mangelhafte Konstanz der Lichtunterbrechungen war die wesentliche Schwierigkeit bei der Methode von Fizeau, weil die Umdrehung des Zahnrades nicht gleichmäßig genug war. Das Verfahren mit der Kerr-Zelle wurde von A. Hüttel (1940), W. C. Anderson (1937 u. 1941) und von E. Bergstrand (1949–1951) weiter verbessert. Die genannten Forscher haben Messungen von großer Genauigkeit ausgeführt. In den Jahren 1964/65 haben A. Karolus und Helmberger statt der Kerrzelle eine Ultraschallzelle und als Lichtquelle einen He-Ne-Gaslaser verwendet. Sie geben als Bestwert aus verschiedenen Messungen für die Lichtgeschwindigkeit $c = (299\,792.5 \pm 15)$ km/s an (1967).

b) Das Foucault'sche Verfahren wurde von A. Michelson wesentlich verbessert. Das von einem hell beleuchteten Spalt kommende Licht fällt – statt auf einen rotierenden Spiegel – auf eine Fläche eines achtflächigen Prismas aus Glas oder Nickelstahl, dessen verspiegelte Flächen mit höchster Genauigkeit so geschliffen waren, dass die Winkel bis auf 10^{-6} ihres Sollwertes einander gleich waren. Das Prisma konnte um seine Achse mittels einer Luftdruckturbine in rasche Rotation versetzt werden. Bei ruhendem Spiegelprisma wird der Lichtstrahl an einer Fläche des Prismas so reflektiert, dass an einer bestimmten Stelle ein scharfes Bild des Spaltes entsteht. Bei Rotation des Prismas befindet sich das Bild nur dann an der gleichen Stelle, wenn sich während der Laufzeit des Lichtes das Prisma um 1/8 einer ganzen Umdrehung weitergedreht hat. Dann ist nämlich gerade eine andere Spiegelfläche an die Stelle der ersten getreten. Die Laufzeit ergibt sich aus der Drehzahl des Prismas. Diese konnte auf 10^{-5} ihres Wertes konstant gehalten werden. Die ersten Messungen führte Michelson (1926) auf einer 35 km langen Strecke zwischen zwei Bergspitzen in Kalifornien aus, die bis auf 5 cm genau vermessen war. Bei späteren Messungen (1931) wurde ein 1600 m langes, evakuiertes Rohr benutzt, in dem der Lichtstrahl 8- bis 10-mal hin- und hergespiegelt wurde, bevor er wieder auf den Drehspiegel zurückgelangte. Bei dieser Anordnung wurde ein Drehspiegel mit 32 Flächen verwendet. Aus 1900 Einzelmessungen ergab sich $c = (299\,774 \pm 11)$ km/s.

c) Der große englische Physiker James Clerk Maxwell sagte voraus, dass sich die elektromagnetischen Wellen mit einer bestimmten Geschwindigkeit fortpflanzen müssten. Der Wert war zunächst unbekannt. R. Kohlrausch und W. Weber haben im Jahre 1856 den Wert der „kritischen Geschwindigkeit" zuerst bestimmt. Sie haben einen Kondensator periodisch aufgeladen und entladen. Die dem Kondensator zugeführte Ladung ist $Q = CU$, also Kapazität C mal Spannung U. Diese Ladungsmenge wurde bei der Entladung elektromagnetisch durch Ablenkung einer Magnetnadel in einer Spule (Tangentenbussole) gemessen. Die gleiche Ladungsmenge des Kondensators wurde also einmal bei der Aufladung im elektrostatischen Maßsystem und dann bei der Entladung im elektromagnetischen Maßsystem bestimmt. Das Verhältnis beider Messungen ergibt eine Größe von der Dimension einer Geschwindigkeit („kritische Geschwindigkeit"). Der Versuch ergab den Wert der Lichtgeschwindigkeit. Dieses Ergebnis brachte Maxwell auf den Gedanken, dass die elektromagnetischen Wellen und die Lichtwellen von gleicher Natur sind.

Nach Einführung der elektrischen Feldkonstante ε_0 (auch Influenzkonstante oder Dielektrizitätskonstante des Vakuums genannt) und der magnetischen Feldkonstante μ_0 (auch Induktionskonstante oder Permeabilität des Vakuums genannt) ergibt sich einfach $\varepsilon_0 \mu_0 c^2 = 1$. Die magnetische Feldkonstante ist festgesetzt worden und beträgt $\mu_0 = 1.256\,637 \times 10^{-6}$ Vs/Am. Man kann ε_0 messen ($\varepsilon_0 = 8.8542 \times 10^{-12}$ As/Vm) und damit die Lichtgeschwindigkeit berechnen.

d) Sehr genaue Messungen wurden auch an linearen Molekülen wie HCN, CO, HCl und HBr vorgenommen. Diese rotieren um eine durch den Schwerpunkt gehende Achse. Es sind nur bestimmte Rotationen möglich, bei denen der Drehimpuls ein ganzes Vielfaches von $h/2\pi$ ist (h = Planck-Konstante). Das Rotations-Schwingungs-Spektrum des betreffenden Moleküls besteht aus einer großen Zahl regelmäßig angeordneter, scharfer Linien, die im Infrarot liegen. Seitdem es gelingt, elektromagnetische Millimeter- und Submillimeterwellen in Wanderfeldröhren zu erzeugen, kann man die Molekülrotationen auch auf diese Weise anregen. Man misst die Anregungsfrequenz elektrisch und die Wellenlänge im Spektrum optisch. Das Produkt ergibt die Lichtgeschwindigkeit c. Ähnliche Messungen sind auch an Zeeman- oder Hyperfeinübergängen in Atomen durchgeführt worden.

e) Die weitaus genauesten Messungen von c erfolgten 1972 im National Bureau of Standards in Boulder/Colorado/USA. Hier erhielten zwei Forschergruppen auf verschiedenen Wegen Werte, die innerhalb der Fehlergrenzen übereinstimmen. Die eine Gruppe (Bay, Luther, White [1]) erhielt den Wert: $c = (299\,792\,462 \pm 18)$ m/s. Der Frequenz der roten 633-nm-Linie eines He-Ne-Lasers wurde elektrooptisch eine bekannte Mikrowellenfrequenz überlagert. Die Wellenlängendifferenz der beiden Seitenfrequenzen zur Zentrallinie wurde mit einem evakuierten Fabry-Perot-Interferometer gemessen. Aus Wellenlängendifferenz und Mikrowellenfrequenz wurde c berechnet.

Im gleichen Jahr erhielt hier eine andere Forschergruppe (Barger, Hall und andere [2]) den noch genaueren Wert von $c = (299\,792\,458 \pm 1.2)$ m/s. Sie bestimmten die Lichtgeschwindigkeit aus dem Produkt Frequenz mal Wellenlänge einer Lichtwelle, und zwar der Linie bei 3.39 µm (88 THz) eines Methan-stabilisierten He-Ne-Lasers. Der Laser enthielt eine Absorptionszelle, die Methan unter einem Druck von 1.3 Pa enthielt. Methan besitzt bei 3.39 µm eine Absorptionslinie. Bei Abstimmung der Laserlänge und damit -frequenz auf die Linienmitte ergibt sich ein Leistungsmaximum, das nur eine geringe Frequenzbreite im Vergleich zur Dopplerbreite des Laserüberganges aufweist. Die Laserfrequenz kann daher mit hoher Genauigkeit auf die Methanlinie stabilisiert werden. Die Wellenlänge wurde durch Vergleich mit der orangefarbenen ^{86}Kr-Linie bei $\lambda = 605.7$ nm bestimmt, deren Wellenlänge aufgrund internationaler Vereinbarung die SI-Einheit Meter bis zum Jahre 1983 bestimmte. Die Messung der Wellenlänge geschah in einem komplizierten Prozess mit Hilfe eines planparallelen Fabry-Perot-Interferometers, dessen Länge von 1 bis 250 mm variiert werden konnte. Die Genauigkeit der Wellenlängenbestimmung wurde durch die Reproduzierbarkeit der ^{86}Kr-Linie begrenzt.

Die Frequenz des gleichen auf die Methanlinie (bei 88 THz) geregelten Lasers wurde über eine Kette von stabilisierten Lasern geringerer Frequenz und Klystrons durch Vergleich mit der Standard-Frequenz (Caesium-133-Uhr) gemessen, also mit der international festgelegten SI-Einheit Sekunde verglichen. Diese Präzisionsmessungen von Wellenlänge und Zeit der Schwingung des Methanmoleküls stellen Höchstleistungen der Experimentiertechnik dar.

Das Produkt von Wellenlänge und Frequenz hat im Jahre 1972 den bis jetzt genauesten Wert der Lichtgeschwindigkeit ergeben: $c = (299\,792\,458 \pm 1.2)$ m/s. Die Messunsicherheit von ± 1.2 m/s war dabei durch die Reproduzierbarkeit der ^{86}Kr-Linie bei 605.7 nm gegeben, also durch die Unsicherheit des Längennormals. Frequenzmessungen sind mit wesentlich geringerer relativer Unsicherheit möglich. Aus diesem Grunde wurde 1983 die bisherige Definition des Längennormals aufgegeben und eine neue Definition beschlossen [3, 4]. Diese beruht auf der Festlegung des Wertes für die Lichtgeschwindigkeit auf exakt $c = 299\,792\,458$ m/s. Die neue Definition der Basiseinheit Meter leitet diese aus der Zeiteinheit Sekunde ab. Das Meter ist die Länge der Strecke, die Licht im Vakuum während des Intervalls von (1/299 792 458) s durchläuft.

Die Basiseinheit 1 Sekunde ist das 9 192 631 770fache der Periodendauer der Übergangsfrequenz zwischen den beiden Hyperfeinstrukturniveaus des Nuklids ^{133}Cs. Diese Einheit kann mit einer relativen Unsicherheit von $\pm 10^{-14}$ realisiert werden. Nach der neuen Definition des Meters besitzt dieses die gleiche Realisierungsunsicherheit. Erst wenn Längen mit größerer Genauigkeit gemessen werden können, sind neue Messungen der Lichtgeschwindigkeit c sinnvoll.

2.2 Phasengeschwindigkeit, Gruppengeschwindigkeit

Mit den im vorigen Abschnitt beschriebenen Methoden wurde nicht nur die Lichtgeschwindigkeit im Vakuum, sondern auch in verschiedenen Stoffen gemessen. Foucault hat mit der Anordnung in Abb. 2.4 z. B. festgestellt, dass die Fortpflanzungsgeschwindigkeit v des Lichtes im Wasser kleiner ist als im Vakuum, d. h. $v < c$. Weitere Messungen dieser Art hat A. Michelson mit Luft, Wasser und Kohlenstoffdisulfid ausgeführt.

Wie bereits im Band 1 in der allgemeinen Wellenlehre erläutert wurde, sollte das Verhältnis der Geschwindigkeiten c/v durch die (absolute) Brechzahl n gegeben sein, die aus dem Brechungsgesetz $\sin\alpha = n\sin\beta$ bestimmt wird (vgl. auch Kap. 1. Optische Abbildung). Für die angegebenen Flüssigkeiten ist $n > 1$. sodass $v < c$ wird, wie gemessen wurde.

Die Feststellung, dass die Fortpflanzungsgeschwindigkeit v sichtbaren Lichtes in Materie i. Allg. kleiner ist als im Vakuum, hatte große Bedeutung in der Entscheidung zwischen der Wellen- und Korpuskulartheorie des Lichtes. Zur Deutung des Brechungsgesetzes in der Korpuskulartheorie nahm Newton an, dass die Moleküle des Mediums Anziehungskräfte auf die Lichtkorpuskeln ausüben, die aus Symmetriegründen senkrecht zur Begrenzungsfläche des Mediums gerichtet sein sollten. Diese Kräfte müssten die Normalkomponente der Korpuskelgeschwindigkeit vergrößern, während die Tangentialkomponente unverändert bleibt, d. h. die Korpuskeln müssten sich im Medium mit der Geschwindigkeit $v > c$ bewegen, was der Wellentheorie widerspricht. Das war der Grund, der Foucault dazu veranlasste, die Lichtgeschwindigkeit im Wasser zu bestimmen. Wie oben erwähnt, fand er $v < c$, im Gegensatz zur Korpuskulartheorie. Der Versuch Foucaults wurde daher lange Zeit als eine einwandfreie und endgültige Widerlegung der Korpuskulartheorie und als Beweis für die Wellentheorie des Lichtes betrachtet.

Bei einer genaueren Analyse der Experimente von Foucault und Michelson wurde jedoch festgestellt, dass das Verhältnis der Geschwindigkeiten c/v nicht genau durch die Brechzahl bestimmt ist. Die Ursache besteht darin, dass bei den Experimenten von Foucault und Michelson mit amplitudenmoduliertem Licht bzw. einer Folge von Lichtimpulsen gearbeitet wurde, die Brechzahlbestimmungen dagegen mit kontinuierlicher Strahlung. In Folgendem wird gezeigt, dass Lichtimpulse eine andere Ausbreitungsgeschwindigkeit besitzen als unendlich ausgedehnte Wellen. Die Geschwindigkeit unendlich langer Wellen wird als Phasengeschwindigkeit v_p bezeichnet, die Geschwindigkeit von Lichtimpulsen als Gruppengeschwindigkeit v_g. Die Phasengeschwindigkeit ist durch die Brechzahl bestimmt:

$$v_p = c/n.$$

Eine ebene, streng monochromatische Welle, die in der x-Richtung fortschreitet, die Frequenz ν und die Phasengeschwindigkeit v_p besitzt, kann dargestellt werden durch den Ausdruck:

$$A\cos 2\pi \left(\frac{t}{T} - \frac{x}{\lambda}\right) = A\cos 2\pi\nu \left(t - \frac{x}{v_p}\right).$$

Eine solche streng monochromatische Welle haben wir aber nur dann vor uns, wenn der obige Ausdruck für alle Zeiten und für alle Stellen des Raumes gilt. Setzt die

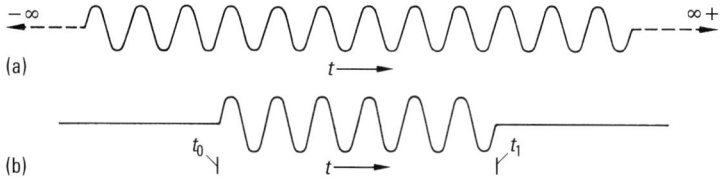

Abb. 2.5 (a) Wellenzug einer homogenen, streng monochromatischen Welle und (b) eines Impulses bzw. einer Wellengruppe.

2.2 Phasengeschwindigkeit, Gruppengeschwindigkeit

Welle z. B. erst zu einer Zeit $t = t_0$ ein und bricht sie zu einer Zeit $t = t_1$ ab, so ist sie nicht mehr streng monochromatisch, d. h. nur mit einer einzigen Frequenz behaftet, sondern es treten in einem schmalen Bereich auch alle Nachbarfrequenzen auf. Die Abb. 2.5 möge den Unterschied erläutern: die obere Kurve a, nach links und rechts ins Unendliche fortgesetzt, stellt eine streng monochromatische Welle dar; die untere b dagegen einen beiderseits abgebrochenen Wellenzug. Diese Verhältnisse gibt es nicht nur in der Optik, sondern auch in der Akustik. Dass man die untere Kurve b als einen Komplex von Wellen mit nahe benachbarten Frequenzen betrachten muss, folgt durch eine *Fourier-Zerlegung* (s. Bd. 1). Die untere Schwingung stellt also eine „Wellengruppe" benachbarter Frequenzen dar, die sich außerhalb des Intervalls $t_1 - t_0$ (durch Interferenz) vernichten.

Das Verhalten einer Wellengruppe soll nun genauer untersucht werden. Der Einfachheit halber möge die Gruppe nur durch zwei Wellen mit dicht benachbarten Wellenlängen λ_1 und λ_2 ($\lambda_2 > \lambda_1$) und gleicher Amplitude A repräsentiert werden. Diese vereinfachte Wellengruppe soll sich in einem Medium ausbreiten, von dem wir zunächst gar nicht wissen, ob die beiden Wellen überhaupt mit gleicher Geschwindigkeit fortschreiten. Wir nehmen deshalb *zwei* Geschwindigkeiten $v_1 = \lambda_1/T_1$ und $v_2 = \lambda_2/T_2$ an, die sich ebenfalls nur wenig unterscheiden sollen. Die beiden Wellen überlagern sich; der entsprechende Ausdruck lässt sich nach dem Additionstheorem der trigonometrischen Funktion umformen:

$$A \cos 2\pi \left(\frac{v_1 t}{\lambda_1} - \frac{x}{\lambda_1}\right) + A \cos 2\pi \left(\frac{v_2 t}{\lambda_2} - \frac{x}{\lambda_2}\right)$$

$$= 2A \cos \left[\pi t \left(\frac{v_1}{\lambda_1} + \frac{v_2}{\lambda_2}\right) - \pi x \left(\frac{1}{\lambda_1} + \frac{1}{\lambda_2}\right)\right]$$

$$\cdot \cos \left[\pi t \left(\frac{v_1}{\lambda_1} - \frac{v_2}{\lambda_2}\right) - \pi x \left(\frac{1}{\lambda_1} - \frac{1}{\lambda_2}\right)\right].$$

Dieser Ausdruck stellt eine Schwebungskurve (Abb. 2.6) dar, d. h. eine Welle mit periodisch sich ändernder Amplitude (vgl. Bd. 1). Der zweite Faktor besitzt wegen der auftretenden Differenzen die kleinere Frequenz, verglichen mit dem ersten Faktor. Er entspricht infolgedessen der relativ langsam veränderlichen Amplitude. Die Überlagerung zweier Wellen mit unterschiedlichen Frequenzen $\nu_1 = v_1/\lambda_1 = 1/T_1$ bzw. $\nu_2 = v_2/\lambda_2 = 1/T_2$ ergibt also eine Folge von sinusförmigen Impulsen. Wir fragen nun, mit welcher Geschwindigkeit sich ein Impuls bzw. das Maximum der Amplitude (Abb. 2.6) fortbewegt. Dieses Maximum liegt vor, wenn das Argument des Kosinus (zweiter Faktor) den Wert null hat. Das ist der Fall für $t = 0$ und $x = 0$. Das Argument verschwindet aber auch, wenn

$$t \left(\frac{v_1}{\lambda_1} - \frac{v_2}{\lambda_2}\right) = x \left(\frac{1}{\lambda_1} - \frac{1}{\lambda_2}\right) = x \left(\frac{\lambda_2 - \lambda_1}{\lambda_1 \lambda_2}\right). \tag{2.1}$$

Die Auflösung dieser Gleichung nach x/t gibt die Antwort auf die gestellte Frage, nämlich nach welcher Zeit t das Maximum der Amplitude an der Stelle x eintrifft:

$$\frac{x}{t} = \frac{\lambda_1 \lambda_2}{\lambda_2 - \lambda_1} \left(\frac{v_1}{\lambda_1} - \frac{v_2}{\lambda_2}\right) = \frac{\lambda_1 \lambda_2}{(\lambda_2 - \lambda_1)\lambda_1} \left(v_1 - v_2 \frac{\lambda_1}{\lambda_2}\right). \tag{2.2}$$

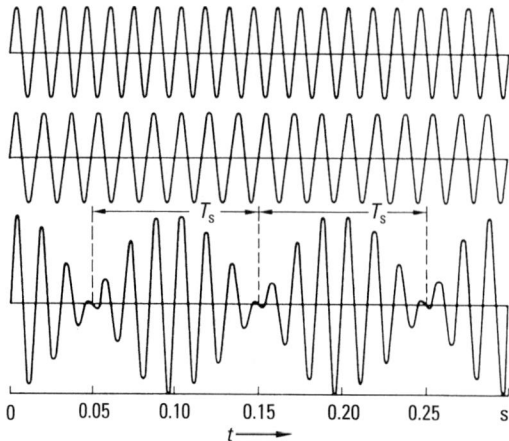

Abb. 2.6 Zusammensetzung zweier Sinusschwingungen mit wenig voneinander verschiedenen Frequenzen, z. B. $\nu_1 = 60$ Hz und $\nu_2 = 70$ Hz, führt zur Schwebung.

Mit $\lambda_2 - \lambda_1 = \Delta\lambda$ ergibt sich:

$$\frac{x}{t} = \frac{\lambda_2}{\Delta\lambda}\left(v_1 - v_2 \frac{\lambda_2 - \Delta\lambda}{\lambda_2}\right) = \frac{\lambda_2}{\Delta\lambda}\left(v_1 - v_2 + v_2 \frac{\Delta\lambda}{\lambda_2}\right)$$

oder mit $v_2 - v_1 = \Delta v$:

$$\frac{x}{t} = v_2 - \lambda_2 \frac{\Delta v}{\Delta\lambda}.$$

Aus dieser Gleichung erkennt man: Schreiten die beiden Teilwellen der Wellengruppe mit gleicher Geschwindigkeit fort ($v_1 = v_2 = v$; $\Delta v = 0$), so bewegt sich das Amplitudenmaximum der Schwebungskurve ebenso schnell wie die einzelne Welle. Ist dagegen $\Delta v \neq 0$, so liefert der Grenzübergang $v_2 \to v = v_p$; $\lambda_2 \to \lambda$:

$$\lim_{\Delta\lambda \to 0} \frac{\Delta v}{\Delta\lambda} = \frac{d v_p}{d\lambda}.$$

Wenn jetzt $x/t = v_g$ gesetzt wird, erhält man die fundamentale Beziehung (Lord Rayleigh 1881):

$$v_g = v_p - \lambda \frac{d v_p}{d\lambda}. \tag{2.3}$$

Eine einfachere Gleichung für v_g ergibt sich, wenn die Kreisfrequenz $\omega = 2\pi\nu$ und der Betrag des Ausbreitungsvektors $k = 2\pi/\lambda$ (k heißt auch Kreiswellenzahl) eingeführt werden. Dann ist $v_p = \omega/k$ und $v_g = d\omega/dk$.

Man hat also im Fall $\Delta v \neq 0$ zwischen zwei Geschwindigkeiten zu unterscheiden, die genauer als *Gruppengeschwindigkeit* v_g und *Phasengeschwindigkeit* v_p bezeichnet werden. In unserem Beispiel bewegt sich das Maximum der Schwebungskurve langsamer als die beiden Teilwellen, falls $d v_p/d\lambda > 0$. In allen Medien gibt es Spektralbereiche, in denen dies zutrifft.

Auch wenn die Wellengruppe aus einer größeren Zahl von Wellen mit verschiedenen, aber benachbarten Wellenlängen und unterschiedlichen Amplituden besteht, gibt es immer mindestens ein Amplitudenmaximum. Dieses bewegt sich mit der Gruppengeschwindigkeit v_g.

Die übliche Brechzahl n, die genauer als Phasenbrechzahl zu bezeichnen wäre, gibt das Verhältnis c/v_p von Vakuumlichtgeschwindigkeit c zur Phasengeschwindigkeit in dem betreffenden Material an. In Analogie dazu wird meist die Gruppenbrechzahl

$$n_g = v/v_g$$

an Stelle der Gruppengeschwindigkeit v_g verwendet. Aus Gl. (2.3) ergibt sich

$$n_g = n - \lambda \frac{dn}{d\lambda}. \tag{2.3a}$$

Die Gruppenbrechzahl n_g kann also aus der Brechzahl $n(\lambda)$, die als Funktion der Wellenlänge bekannt sein muss, berechnet werden.

In Abb. 2.7 ist die Wellenlängenabhängigkeit von n und n_g von Quarzglas dargestellt [5]. Die Phasenbrechzahl n wurde aus der Brechung von Lichtstrahlen an einem Prisma bestimmt, die Gruppenbrechzahl mit einem Michelson-Interferometer. Dieses wurde dazu mit einer breitbandigen Lichtquelle beleuchtet; in einem Interferometerarm befand sich die zu vermessende Quarzglasscheibe (vgl. Abschn. 3.4). Bei polychromatischer Beleuchtung ergeben sich Interferenzen am Ausgang des Interferometers (z. B. im Fernrohr F der Anordnung nach Abb. 3.23), wenn die beiden Interferometerarme gleiche optische Länge besitzen. Zur Messung von n_g wird das Interferometer zunächst ohne Quarzglasscheibe auf gleiche Länge abgeglichen. Nach Einfügen der Quarzglasscheibe der Dicke L in einem Interferometerarm muss der andere Interferometerarm durch Spiegelverschiebung um eine Strecke $\Delta = (n_g - 1) L$ verkürzt werden, um wieder Weißlichtinterferenzen zu beobachten. Aus Δ und L kann n_g bestimmt werden. Um zu verstehen, dass hier die Gruppenbrechzahl n_g und nicht die normale Brechzahl n wichtig ist, stelle man sich vor, dass die Lichtquelle

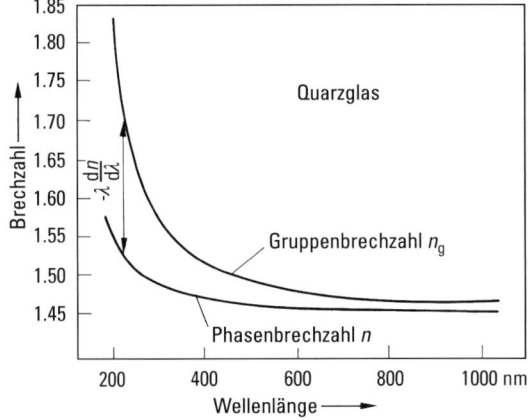

Abb. 2.7 Phasen- und Gruppenbrechzahl von Quarzglas [5].

kurze Wellenpakete emittiert, deren Dauer die Kohärenzlänge und spektrale Breite bestimmt (vgl. Abschn. 3.1). Die Laufzeit eines derartigen Wellenpaketes durch das Interferometer ist durch die Gruppengeschwindigkeit und damit die Gruppenbrechzahl gegeben. Interferenz tritt auf, wenn die Laufzeiten in beiden Interferometerarmen gleich sind.

Abbildung 2.7 zeigt, dass die Differenz zwischen den gemessenen Werten von n_g und n genau der theoretischen Erwartung nach Gl. (2.3a) entspricht.

Die Gruppengeschwindigkeit und -brechzahl haben in den letzten Jahren große Bedeutung für die Erzeugung und Anwendung ultrakurzer Lichtimpulse mit Dauern von nur einigen Femtosekunden (10^{-15} s) erhalten. Die Wellenlängenabhängigkeit oder Dispersion der Gruppenbrechzahl führt z. B. zur Verbreiterung von Lichtimpulsen nach Durchlaufen von optischen Bauteilen. In Lasern, mit denen ultrakurze Lichtimpulse erzeugt werden, muss deshalb die Dispersion der Gruppengeschwindigkeit intern kompensiert werden.

Die beiden Geschwindigkeiten, Gruppengeschwindigkeit und Phasengeschwindigkeit, sind nur dann verschieden, wenn eine *Dispersion* vorhanden ist. Diese liegt dann vor, wenn die Fortpflanzungsgeschwindigkeit einer Welle von der Wellenlänge abhängt. Im Vakuum bewegen sich Lichtwellen verschiedener Wellenlänge mit gleicher Geschwindigkeit, in Luft sind die Unterschiede relativ klein. Andernfalls müssten bei einem Lichtsignal aus großer Entfernung, z. B. beim Erscheinen der ersten Sonnenstrahlen nach einer totalen Sonnenfinsternis oder beim Hervortreten eines Jupiter-Mondes, hinter dem Planeten die Spektralfarben (Wellenlängen) nacheinander eintreffen. Ein solches Verhalten ist nie beobachtet worden. Daraus ist zu schließen, dass im Vakuum, $v_g = v_p = c$ ist.

Anders liegen die Verhältnisse bei den Messungen Foucaults und Michelsons in Wasser und Kohlenstoffdisulfid. Hier misst die Foucault'sche Methode (vgl. Abb. 2.4) die Gruppengeschwindigkeit v_g. Bei Wasser fanden zwar die genannten Forscher für die Wellenlänge $\lambda = 589$ nm der D-Linie für c/v_g den Wert 1.330, der innerhalb der Fehlergrenzen mit $c/v_p = 1.333$ zusammenfällt; das liegt aber nur daran, dass bei Wasser die Brechzahl sich nur wenig mit der Wellenlänge ändert, sodass in Gl. (2.3) $dv_p/d\lambda \approx 0$ gesetzt werden kann. Bei Kohlenstoffdisulfid trifft dies nicht mehr zu. Für die gleiche Wellenlänge (D-Linie) fand Michelson das Verhältnis $c/v_g = 1.76 \pm 0.02$, und das ist in der Tat nicht gleich der Brechzahl $n = c/v_p = 1.63$. Hier spielt das Glied $\lambda dv_p/d\lambda$ eine entscheidende Rolle, da die Dispersion des Kohlenstoffdisulfids ungefähr 6-mal größer ist als die des Wassers. Wenn man dies berücksichtigt, kann man v_g in v_p umrechnen, und dann kommt der richtige Wert der Brechzahl heraus.

Die Versuche von Foucault und Michelson haben die einfache Korpuskulartheorie von Newton, nach der die Ausbreitungsgeschwindigkeit von „Lichtteilchen" in Materie größer als im Vakuum sein sollte, falls die Brechzahl $n > 1$ ist, widerlegt. Aber auch heute wird Licht nicht nur als Welle, sondern auch als Teilchen, Lichtquant oder Photon angesehen. Umgekehrt sind Teilchen wie Elektronen, Neutronen usw. mit einem Wellenvorgang verbunden. Ein lokalisiertes Teilchen ist als begrenzter Wellenzug nach Abb. 2.5b vorstellbar (s. Kap. 11, Wellencharakter der Materie). Die mechanische Ausbreitungsgeschwindigkeit eines Teilchens entspricht der Gruppengeschwindigkeit. Daneben gibt es die Phasengeschwindigkeit der den Teilchen zugeordneten Wellen, die durch die Brechzahl bestimmt ist. Brechung von Licht ist nicht durch eine Änderung der Gruppengeschwindigkeit deutbar, was bei der Newton'schen Deutung der Brechung impliziert wird. Die Newton'sche Korpuskulartheorie ist also nicht völlig unrichtig, hat aber nicht korrekt zwischen Phasen- und Gruppengeschwindigkeit unterschieden. Außerdem ist die Newton'sche Deutung der Brechung von Licht durch Anziehung nicht zutreffend.

Die Behauptung der Relativitätstheorie, dass es in der Natur keine größere Signal-Geschwindigkeit gebe als c, bezieht sich auf die Gruppengeschwindigkeit. Denn es muss hier darauf aufmerksam gemacht werden, was wir in Abschn. 2.7 noch ausführlicher besprechen werden, dass praktisch in allen Medien für gewisse Wellenlängen die Brechzahl $n < 1$ wird, was bedeutet, dass die Phasengeschwindigkeit $v_p > c$ ist. Aber es besteht folgender grundsätzliche Unterschied zwischen v_p und der Gruppengeschwindigkeit v_g: Mit der Phasengeschwindigkeit kann man *keine* Signale übertragen, was mit der Gruppengeschwindigkeit offensichtlich möglich ist. Denn wenn ein Messapparat irgendwo aufgestellt ist, so reagiert er erst, wenn ein Lichtimpuls bzw. eine Wellengruppe, in der sich die Energie konzentriert und fortpflanzt, ankommt. Die Phasengeschwindigkeit dagegen setzt voraus, dass man einen für alle Zeiten existierenden Wellenzug hat, bei dem also kein Merkmal oder Charakteristikum vorhanden ist, mit dem man ein Signal übertragen könnte. Die *Signalgeschwindigkeit* ist danach mit der Gruppengeschwindigkeit identisch. Die Theorie [6, 7] zeigt, dass die Signalgeschwindigkeit in Materie stets kleiner als die Lichtgeschwindigkeit c im Vakuum ist.

2.3 Die Dispersion des Lichtes: Normale Dispersion

Jeder Stoff hat für die verschiedenen Wellenlängen des sichtbaren Gebietes eine andere Brechzahl n. Das bedeutet, dass je nach der Wellenlänge die Lichtgeschwindigkeit in dem betreffenden Medium einen anderen Wert hat.

Die genauere experimentelle Untersuchung dieser Erscheinung verdankt man I. Newtons berühmten Arbeiten (1666–1672) über Optik. Lässt man durch eine kleine runde Öffnung O in der Wand eines verdunkelten Zimmers Sonnenlicht eintreten

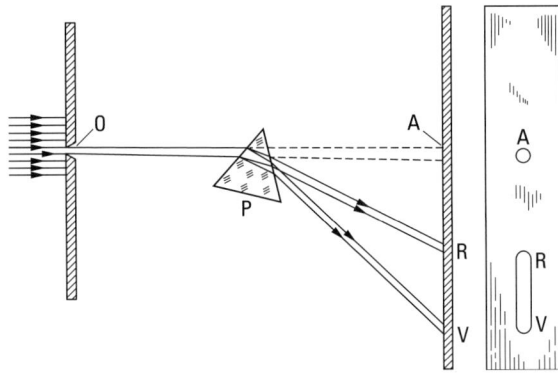

Abb. 2.8a Zerlegung des weißen Lichtes durch ein Prisma in ein Spektrum.

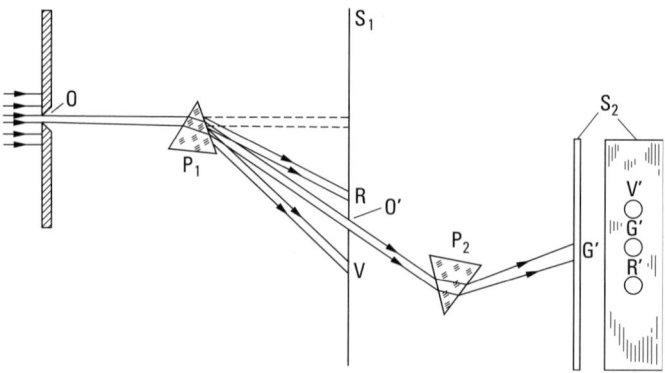

Abb. 2.8 b Unzerlegbarkeit der Farben eines Spektrums.

(Abb. 2.8 a), so entsteht auf der gegenüberliegenden Wand bei A ein weißer, runder Fleck. Bringt man in den Gang der Strahlen ein Glasprisma P mit horizontaler brechender Kante, so erscheint statt des weißen Fleckes A ein vertikaler Farbstreifen RV, der der Reihe nach die Farben Rot, Orange, Gelb, Grün, Blau, Indigo und Violett enthält und dessen Breite gleich dem Durchmesser des vorher bei A entstandenen Fleckes ist. Aus diesem Versuch schloss Newton, dass das weiße Sonnenlicht aus verschiedenfarbigen Lichtarten zusammengesetzt sei, die durch das Prisma verschieden stark gebrochen werden. Das rote Licht erfährt dabei die kleinste, das violette die größte Ablenkung. Statt des Sonnenlichtes kann man auch die Strahlung jedes glühenden festen oder flüssigen Körpers verwenden, z. B. das Licht einer Glühlampe, und statt des runden Lochs benutzt man besser einen Spalt (s. weiter unten). Man nennt diese Zerlegung des weißen Lichts Farbzerstreuung oder *Dispersion* des Lichtes, das dabei auftretende Farbenband *Spektrum*, die Farben *Spektralfarben*.

In einem weiteren Versuch (Abb. 2.8 b) wollte Newton zeigen, dass nach einer guten Zerlegung weißen Lichtes eine einzelne Farbe nicht merkbar weiter aufgeteilt werden kann. Er fing das Spektrum auf einem Schirm S_1 auf, der eine Öffnung O' enthielt, durch die z. B. gerade die gelben Strahlen hindurchtreten konnten. Hinter die Öffnung setzte Newton ein zweites Prisma P_2. dessen brechende Kante derjenigen des ersten Prismas P_1 parallel verlief. Dann wurden die durch P_2 gehenden Strahlen auf dem zweiten Schirm S_2 nicht wieder zu einem Farbband auseinandergezogen, sondern erzeugten dort lediglich einen runden gelben Fleck G'. Verdreht man das Prisma P_1, sodass nur rote Strahlen durch die Öffnung O' gehen, so entsteht auf S_2 an der Stelle R' ein roter Fleck; sind die durch O' gehenden Strahlen violett, so werden sie zu einem bei V' liegenden violetten Fleck abgelenkt.

Newton konnte seine Erkenntnisse noch durch folgenden *Versuch mit gekreuzten Prismen* erhärten (Abb. 2.9): Stellt man hinter das erste Prisma P_1 ein zweites P_2, dessen brechende Kante senkrecht zur Kante des ersten steht, so entsteht auf dem Schirm an Stelle des vom ersten Prisma allein entworfenen vertikalen Spektrums RV ein schräg gegen die Vertikale verlaufendes Spektrum R'V', das dadurch zustande kommt, dass das zweite Prisma die roten Strahlen nur wenig, die violetten

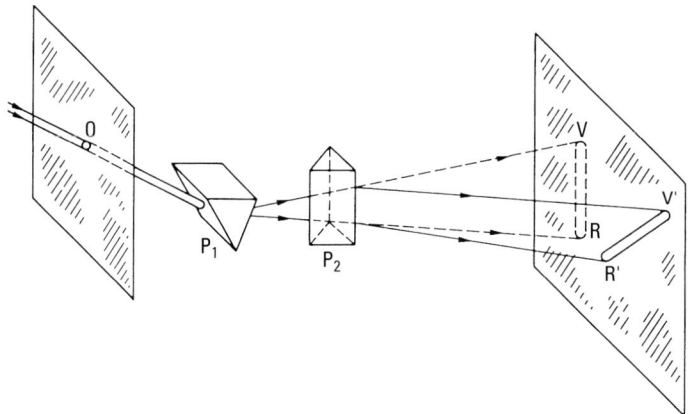

Abb. 2.9 Anordnung der gekreuzten Prismen nach Newton.

dagegen stark zur Seite ablenkt. Die in horizontaler Richtung gemessene Breite des schräg liegenden Spektrums ist die gleiche wie die des ursprünglich vertikal gerichteten. Die von dem ersten Prisma auseinandergezogenen Farben haben durch das zweite Prisma keine erkennbare Zerlegung erfahren.

Wir haben bisher nur von einigen (sieben) Farben des Spektrums gesprochen. Dies sind die Hauptfarben, die unser Auge beim ersten Anblick des Spektrums unterscheidet. In Wirklichkeit enthält dieses unendlich viele Farben, die sich in stetigem Übergang zu dem kontinuierlichen Farbenband aneinanderschließen. Der *Farbeindruck*, der im Auge entsteht, ist zwar ein schönes und einfaches, aber ein grobes Mittel, das Licht zu beschreiben. Ein sehr viel genaueres Kennzeichen ist die *Wellenlänge* bzw. die *Frequenz*. Die Zerlegung des Lichtes im Prisma erfolgt deshalb, weil das weiße Licht aus einem Gemisch von Wellen verschiedener Länge besteht. *Jede Teilwelle wird entsprechend ihrer Wellenlänge* verschieden stark gebrochen. Wellenzüge, die ungefähr die gleiche Wellenlänge haben, rufen im Auge auch den gleichen Farbeindruck hervor. Einfarbiges Licht, das eine bestimmte Wellenlänge hat, wird *monochromatisch* oder besser *monofrequent* genannt.

Mischt man sämtliche Spektralfarben zusammen, so ergeben sie wieder weißes Licht. Man kann diesen Versuch experimentell in verschiedener Weise ausführen. Bringt man an die Stelle des Spektrums nach Abb. 2.10 eine Sammellinse, sodass die divergierenden Strahlen auf einen Schirm S zu einem kleinen Fleck vereinigt werden, so erscheint dieser weiß. Blendet man aber auf irgendeine Weise aus dem Spektrum eine oder mehrere Farben heraus, so erscheint der Fleck auf dem Schirm

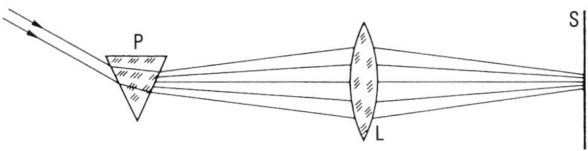

Abb. 2.10 Wiedervereinigung der Farben eines Spektrums zu weißem Licht.

206   2 Dispersion und Absorption des Lichtes

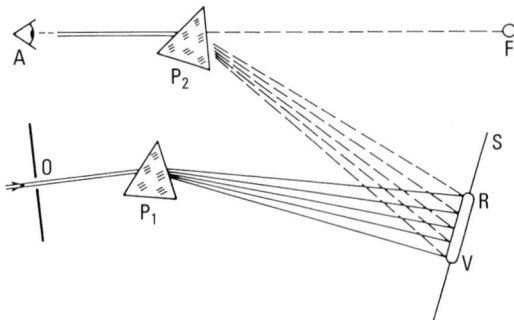

Abb. 2.11 Versuch von Newton zur Wiedervereinigung der Farben eines Spektrums.

wieder farbig, und zwar in einer Mischfarbe, die mit der aus dem Spektrum herausgeblendeten Farbe zusammen wieder Weiß ergibt. Zwei Farben, die sich in dieser Weise zu Weiß ergänzen, nennt man komplementäre Farben. Man findet z. B., dass bestimmte rote und grüne Farbtöne sich gegenseitig zu Weiß ergänzen.

Von Newton stammt auch folgender Versuch: In Abb. 2.11 werde durch das Prisma P_1 auf dem Schirm S das Spektrum RV entworfen. Ein zweites Prisma P_2 werde parallel zum ersten so aufgestellt, dass es an derselben Stelle auf dem Schirm ein gleich großes Spektrum entwerfen würde, wenn von A in der Richtung AF ein Lichtbündel auf das Prisma auffiele. Infolge der Umkehrbarkeit des Lichtweges müssen dann auch die vom Spektrum RV diffus nach dem Prisma P_2 remittierten Strahlen in der einheitlichen Richtung FA aus diesem austreten. Blickt man also von A aus durch P_2 nach dem Spektrum RV auf dem Schirm, so erblickt man bei F ein weißes Feld der Öffnung O.

Es ist nicht möglich, durch Mischung von verschiedenen Pigmentfarbstoffen (Wasser- oder Ölfarben) einen weißen Farbstoff zu erhalten. Man erhält allenfalls eine graue Mischfarbe. Diese Tatsache hatte u. a. Goethe in seiner Farbenlehre zur (falschen) Behauptung veranlasst, dass Newton nicht Recht haben könne, wenn er sagt, dass weißes Licht in die Spektralfarben zerlegt werden kann und dass eine Zusammenfügung der Spektralfarben wieder weißes Licht ergibt. Eine weiße Substanz, z. B. Kreide oder Gips, reflektiert alle Farben des sichtbaren Spektrums fast vollständig. Ein roter oder blauer Farbstoff reflektiert nur den roten bzw. blauen Teil des Spektrums und verschluckt (absorbiert) den übrigen Teil, das sind etwa 90 % des auffallenden Lichtes. Das gilt für alle Farbstoffe, also auch für die Mischung. So wird nur 10 % des auffallenden Lichtes reflektiert, und es entsteht ein grauer Farbeindruck. Mehr darüber in Kap. 6 (Farbmetrik).

Fluoreszenz-Farbstoffe haben die Eigenschaft, absorbiertes, kurzwelliges Licht in längerwelliges umzuwandeln. Ein roter Fluoreszenz-Farbstoff reflektiert einmal den roten Anteil von dem auffallenden, weißen Licht. Der violette, blaue und eventuell auch noch grüne Anteil des auffallenden, weißen Lichtes geht aber durch die Absorption nicht verloren, sondern wird in rotes Licht umgewandelt. Klebt man auf eine Scheibe einige Sektoren mit Stoffen, die bei Bestrahlung mit Ultraviolett in verschiedenen Spektralfarben fluoreszieren, dann sieht man die sich genügend schnell drehende Scheibe weiß leuchtend.

Der Leuchtschirm einer (Schwarzweiß-)Fernsehbildröhre besteht aus einer Mischung von orange und blau fluoreszierenden (ZnCdS)-Mikrokristallen, die von einem Elektronenstrahl zum Leuchten angeregt werden und zusammen weiß ergeben. Bei einer Farbfernsehbildröhre werden drei Farbkomponenten, Rot, Grün und Blau, eines Bildpunktes von drei Elektronenstrahlen zum Leuchten gebracht. Bei gleich starker Erregung der Komponenten ist der Bildschirm weiß.

Bei der in Abb. 2.8a angegebenen Anordnung treten die einzelnen Spektralfarben um so klarer hervor, je kleiner der Durchmesser der Öffnung O ist und je weiter der Schirm S vom Prisma entfernt ist. Dicht hinter dem Prisma erhält man überhaupt kein Spektrum, sondern nur einen Fleck, dessen Mitte weiß und dessen Ränder rot bzw. violett gefärbt sind. Der Grund dafür ist, dass an dieser Stelle die verschiedenfarbigen Strahlenbündel noch nicht hinreichend voneinander getrennt sind, sondern sich überlagern. Blickt man z. B. durch ein Prisma nach einem hell erleuchteten Fenster, so sieht man nur die zur brechenden Kante des Prismas parallelen Fensterränder mit einem roten bzw. violetten Saum überzogen.

Wie schon I. Newton und insbesondere W. Wollaston (1802) betonten, erhält man ein besonders reines Spektrum, wenn man einen schmalen Spalt Sp mittels einer Sammellinse auf einem Schirm in B abbildet und dicht hinter die Linse das Prisma mit seiner brechenden Kante parallel zur Spaltrichtung in den Strahlengang einsetzt (Abb. 2.12). Dann entspricht jeder im weißen Licht enthaltenen Farbe ein abgelenktes Bild des Spaltes. Sämtliche unzähligen schmalen Spaltbilder reihen sich nebeneinander (R und V) und ergeben ein um so reineres Spektrum, je schmaler der Spalt ist. Abbildung 13 auf der Farbtafel I zeigt ein in dieser Weise aufgenommenes Spektrum des Sonnenlichtes.

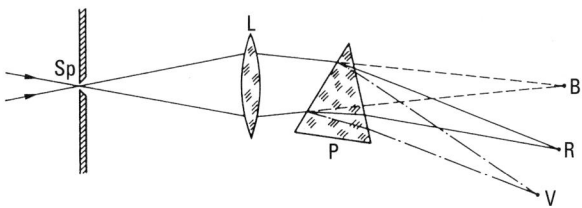

Abb. 2.12 Darstellung eines reinen Spektrums.

Dies Verfahren hat J. v. Fraunhofer (1814) noch dadurch verbessert, dass er das von dem beleuchteten Spalt Sp kommende, divergente Licht zunächst durch eine Sammellinse L_1 parallel macht (Abb. 2.13); der Spalt Sp muss zu diesem Zweck in der Brennebene von L_1 liegen. Unmittelbar hinter der Linse L_1 ist das Prisma P angeordnet. Die gebrochenen Strahlen gehen dann durch eine weitere Sammellinse L_2, die jedes System paralleler Strahlen in ihrer Brennebene zu einem Bild des Spaltes vereinigt. So entsteht in dieser Ebene ein reines Spektrum, das man entweder objektiv auf einem Schirm S oder einer photographischen Platte oder unter Weglassung des Schirmes durch eine Lupe subjektiv betrachten kann. Spalt und Linse L_1 bilden zusammengefasst ein Kollimatorrohr, Linse L_2 und Lupe ein auf unendlich einge-

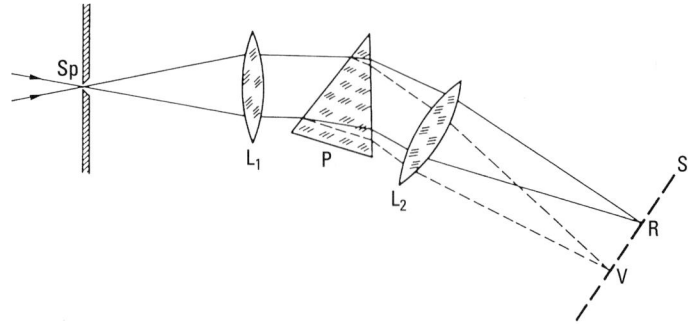

Abb. 2.13 Anordnung von Fraunhofer zur Erzeugung eines reinen Spektrums.

stelltes astronomisches Fernrohr: dies führt zum Prinzip des *Spektrometers* (Abschn. 2.10 u. 3.9). Ersetzt man den Schirm durch ein objektives Messinstrument, etwa ein photographische Platte, die durch ein lichtdichtes Gehäuse mit der Linse L_2 verbunden ist, so hat man einen *Spektrographen* vor sich. Der Vorteil dieser Anordnung besteht darin, dass alle gleichfarbigen Strahlen das Prisma unter den gleichen Bedingungen als paralleles Strahlenbündel durchsetzen, während bei der Anordnung von Wollaston (Abb. 2.12) die einzelnen Strahlen das Prisma konvergent durchsetzen. An Stelle der einfachen Linsen L_1 und L_2 (Abb. 2.13) werden heute Objektive verwendet, die aus mehreren Linsen zusammengesetzt sind, um die Abbildungsfehler zu verringern.

Das Maß der Dispersion; Fraunhofer'sche Linien. Erzeugt man mit Prismen aus unterschiedlichem Material (evtl. mit Hohlprismen, die mit verschiedenen Flüssigkeiten gefüllt sind), aber alle vom gleichen brechenden Winkel, (unter Benutzung des gleichen optischen Aufbaus) Spektren, etwa von Sonnenlicht, so beobachtet man, dass nicht nur die Brechung, die die Prismen infolge ihrer verschiedenen Brechzahlen hervorrufen, sondern auch die Länge der Spektren ganz verschieden ausfällt. Zum Beispiel verhalten sich die Längen der Spektren, die von Prismen aus Wasser, aus Kronglas, aus Flintglas und aus Kohlenstoffdisulfid unter gleichen Bedingungen erzeugt werden, wie $1 : 1.5 : 3 : 6.5$.

Um die Länge eines Spektrums genau festzulegen, ist es erforderlich, zwei bestimmte Farben herauszugreifen und ihren Abstand im Spektrum zu messen. Eine solche Messung ist aber nur ungenau durchführbar, da die Farben ja kontinuierlich ineinander übergehen. Hier hilft eine Entdeckung von J. von Fraunhofer (1814) weiter. Bei dem Bestreben, die Brechzahlen verschiedener Glassorten für ein und dieselbe Wellenlänge zu messen, entdeckte er im Sonnenspektrum eine große Zahl schwarzer Linien, die bei Benutzung eines hinreichend schmalen Spaltes sichtbar sind; d.h. es fehlen im Sonnenspektrum gewisse Lichtarten. (Fraunhofer konnte insgesamt 567 dunkle Linien zählen, heute sind über 20000 im Sonnenspektrum bekannt.) Man nennt diese Linien *Fraunhofer'sche Linien;* sie ermöglichen es, im Spektrum den Ort bestimmter Farben zu identifizieren. Von den vielen tausend im Sonnenspektrum vorhandenen Linien sind in dem Spektrum der Abb. 13 auf Farbtafel I die zehn

Tab. 2.1 Einige wichtige Spektrallinien.

Element	Wellenlänge in nm = 10^{-9} m	Farbeindruck im Auge	Bezeichnung als Fraunhofersche Linie	
K	769.8979	tief-dunkelrot	A'	
K	766.4907			
O	760.82	dunkelrot	A	
O	686.72	rot	B	
H	656.2725	rot	C	
Na	589.5923	gelb	D_1	Mittelwert: D
Na	588.9953	gelb	D_2	
He	587.5618	gelb	d	
Hg	579.0654	gelb	–	
Hg	576.9596	gelb	–	
Hg	546.0740	grün	e	
Fe	527.03602	grün	E	
H	486.1327	blaugrün	F	
Hg	435.8343	blau	g	
Fe	430.79048	blau	G	
Ca	396.8468	violett	H	
Ca	393.3666	violett	K	
Hg	365.0146	–	–	(ultraviolett)
Hg	253.6519			

stärksten eingezeichnet. Es ist seit Fraunhofer üblich, sie mit großen und kleinen Buchstaben zu bezeichnen. Die dunklen Spektrallinien vor hellem Hintergrund entstehen dadurch, dass das Licht dieser Wellenlänge von Gasen der Sonnenhülle absorbiert wird. Jedes Element im gasförmigen Zustand absorbiert (oder emittiert, z. B. bei Anregung in einer elektrischen Entladung) Licht seiner charakteristischen Wellenlängen (Spektrallinien), siehe Tab. 2.1.

Tabelle 2.2 bringt die Brechzahl einiger Stoffe gegen Luft für die wichtigsten Fraunhofer'schen Linien (auf die beiden letzten Spalten gehen wir weiter unten ein). Über den Begriff „ordentlicher Strahl" siehe unter Doppelbrechung in Kap. 4.

In Abb. 2.14 ist die Abhängigkeit der Brechzahlen von der Wellenlänge, die sogenannte *Dispersionskurve*, für einige in der Tabelle aufgeführten Stoffe graphisch wiedergegeben. In Abb. 2.15 sind die Längen der Spektren dargestellt, wie sie unter gleichen Bedingungen mit Prismen aus einigen der genannten Stoffe erhalten werden. Die verschiedenen Spektren sind aber nicht nur verschieden lang, sondern auch die aus der Lage der einzelnen Fraunhofer'schen Linien erkennbare Farbenverteilung im Spektrum ist ganz verschieden. Die Spektren sind in Abb. 2.15 so übereinander gezeichnet, dass die vom Punkt O aus gesehenen Linien C und H, die in der Abbildung die einzelnen Spektren begrenzen, auf einer Geraden liegen. Man sieht sofort, dass dies für die übrigen einander entsprechenden Linien nicht der Fall ist. Würde man also (z. B. bei Projektion) die einzelnen Spektren lediglich durch Verschieben des Schirmabstandes auf gleiche Länge bringen, so würden sie trotzdem ein verschiedenes Aussehen hinsichtlich der einzelnen Farben bzw. der Fraunhofer'schen Linien darbieten.

Tab. 2.2 Brechzahl verschiedener Stoffe gegen Luft für die Wellenlängen der wichtigsten Fraunhofer'schen Linien.

Stoff	n_A	n_B	n_C	n_D	n_E
Wasser	1.3289	1.3304	1.3312	1.3330	1.3352
Terpentinöl	1.4552	1.4684	1.4694	1.4723	1.4760
Benzol	1.4910	1.4945	1.4963	1.5013	1.5077
Kohlenstoffdisulfid (Schwefelkohlenstoff)	1.6088	1.6149	1.6182	1.6277	1.6405
Flussspat	1.4310	1.4320	1.4325	1.4338	1.4355
Borkronglas $BK1$	1.5049	1.5067	1.5076	1.5100	1.5130
Schwerkronglas $SK2$	1.6035	1.6058	1.6070	1.6120	1.6142
Flintglas $F3$	1.6029	1.6064	1.6081	1.6128	1.6190
Kalkspat (ordentlicher Strahl)	1.6500	1.6529	1.6544	1.6584	1.6634

Stoff	n_F	n_G	n_H	$n_F - n_C$	$v = \dfrac{n_D - 1}{n_F - n_C}$
Wasser	1.3371	1.3406	1.3435	0.0059	56.4
Terpentinöl	1.4794	1.4858	1.4915	0.0100	47.2
Benzol	1.5134	1.5243	1.5340	0.0171	29.3
Kohlenstoffdisulfid (Schwefelkohlenstoff)	1.6523	1.6765	1.6994	0.0341	18.4
Flussspat	1.4370	1.4398	1.4421	0.0045	96.4
Borkronglas $BK1$	1.5157	1.5205	1.5246	0.0080	63.4
Schwerkronglas $SK2$	1.6178	1.6244	1.6300	0.0108	56.5
Flintglas $F3$	1.6246	1.6355	1.6542	0.0165	37.0
Kalkspat	1.6679	1.6761	1.6832	0.0135	48.8

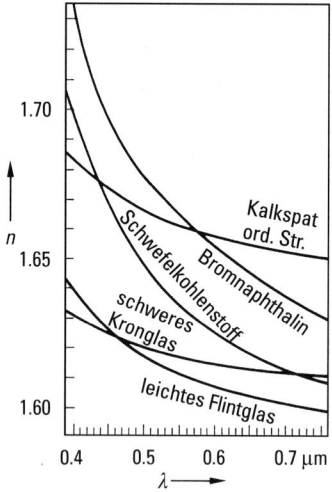

Abb. 2.14 Dispersionskurven verschiedener Stoffe.

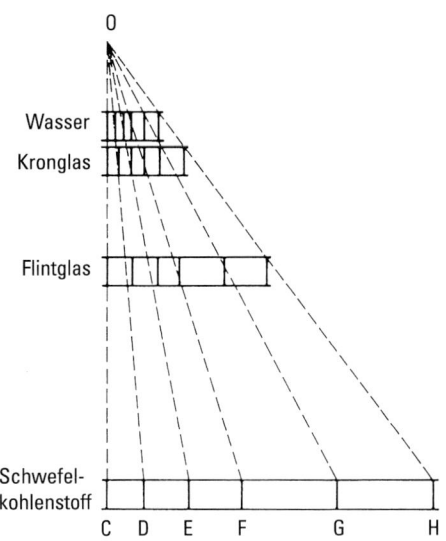

Abb. 2.15 Länge der unter gleichen Bedingungen mit Prismen aus verschiedenen Stoffen erzeugten Spektren.

Wir wollen dies Ergebnis noch zahlenmäßig festlegen. Nach Gl. (1.14b) ist die Ablenkung δ_C, die die der Fraunhofer'schen Linie C entsprechende Farbe durch ein Prisma mit dem kleinen brechenden Winkel ε erfährt:

$$\delta_C = (n_C - 1)\varepsilon, \tag{2.4a}$$

wenn n_C die Brechzahl des Prismas für diese Lichtart bedeutet. Entsprechend ist für das durch die Linie H definierte Licht:

$$\delta_H = (n_H - 1)\varepsilon. \tag{2.4b}$$

Die Differenz $\delta_H - \delta_C$ nennt man (willkürlich!) die *Gesamtdispersion* Θ des Prismas; für diese ergibt sich also:

$$\Theta = \delta_H - \delta_C = (n_H - n_C)\varepsilon. \tag{2.5}$$

Θ bestimmt die Länge des Spektrums zwischen den Linien C und H und ist bei einem gegebenen Prisma der Differenz der den beiden Linien C und H zukommenden Brechzahlen proportional. Die Größe $n_H - n_C$ heißt entsprechend die *spezifische Dispersion* $\vartheta_{spez.}$ des betreffenden Materials. Es gilt also:

$$\vartheta_{spez.} = n_H - n_C, \tag{2.6}$$

und somit:

$$\Theta = \vartheta_{spez.}\varepsilon. \tag{2.6a}$$

Die für andere Fraunhofer'sche Linien angegebene Differenz der Brechzahlen wird *partielle Dispersion* genannt; die für den lichtstärksten Teil des Spektrums zwischen den Linien C und F (d.h. den Wellenlängen 656.3 nm (rot) und 486.1 nm (blau)), bestimmte Dispersion $n_F - n_C$ heißt *mittlere Dispersion;* sie ist in Spalte 9 der Tab. 2.2 aufgeführt. Das Verhältnis der mittleren Dispersion $n_F - n_C$ zu der um 1 verminderten Brechzahl für die D-Linie wird die *relative Dispersion* $\vartheta_{\text{rel.}}$ des brechenden Stoffes genannt. Es ist also:

$$\vartheta_{\text{rel.}} = \frac{n_F - n_C}{n_D - 1}. \tag{2.7}$$

Um bequemere Zahlen zu erhalten, ist es nach E. Abbe üblich, ihren reziproken Wert, die sogenannte *Abbe'sche Zahl v* anzugeben; es ist also:

$$v = \frac{n_D - 1}{n_F - n_C}. \tag{2.8}$$

Dieser Wert ist in der letzten Spalte der Tab. 2.2 angegeben.

Die physikalische Bedeutung von v wird klar, wenn man bedenkt, dass analog zu Gl. (2.4) der Zähler $n_D - 1$ die mittlere Ablenkung des Lichtes durch das Prisma und der Nenner $(n_F - n_C)$ die mittlere Dispersion des Lichtes durch das Prisma bedeutet; die Abbe'sche Zahl v stellt also kurz gesagt, das Verhältnis von Brechung und Dispersion dar. Die Zahlenangaben in der Tabelle zeigen, dass die Abbe'sche Zahl für jeden Stoff individuell und keine universelle Konstante ist, wie Newton glaubte.

Zur groben *Charakterisierung der optischen Eigenschaften* eines Glases genügt die Kenntnis der mittleren Brechzahl n_D sowie der Abbe'schen Zahl v; Glassorten mit starker Farbzerstreuung haben eine große mittlere Dispersion $(n_F - n_C)$ und demzufolge eine kleine Abbe'sche Zahl, während Gläser mit geringer Dispersion eine kleine mittlere Dispersion und eine hohe Abbe'sche Zahl besitzen.

Um festzustellen, ob zwei gleiche Prismen aus verschiedenen Stoffen identische Spektren erzeugen, bildet man das Verhältnis der partiellen Dispersionen für verschiedene Linienpaare, z.B. $(n_C - n_B)/(n'_C - n'_B)$ oder $(n_G - n_F)/(n'_G - n'_F)$ usw. Sind diese Verhältnisse durch das ganze Spektrum konstant, so decken sich die Fraunhofer'schen Linien auf der ganzen Länge der beiden Spektren. In Tab. 2.3 sind diese Verhältnisse für Flintglas und Wasser sowie für Flintglas und Terpentinöl angegeben. Wie man aus diesen Zahlen sieht, ist das Verhältnis der partiellen Dispersion für Flintglas und Wasser in den verschiedenen Spektralbereichen recht verschieden, während es für Flintglas und Terpentinöl nahezu konstant ist. Der blaue Teil eines Flintglasspektrums ist relativ länger als der eines Wasserspektrums, während bei Flintglas und Terpentinöl die Spektren praktisch identisch sind:

Es war das Verdienst von G.A. Schott, in Zusammenarbeit mit E. Abbe zuerst optische Gläser geschaffen zu haben, die auf Grund der verschiedenen Zusammensetzung ihrer elementaren Bestandteile entweder bei gleicher relativer Dispersion

Tab. 2.3 Verhältnis der partiellen Dispersionen für verschiedene Linienpaare.

Stoffe	C – B	D – C	E – D	F – E	G – F	H – G
Flintglas/Wasser	2.125	2.611	2.818	2.947	3.114	3.348
Flintglas/Terpentinöl	1.700	1.620	1.675	1.647	1.703	1.701

beträchtliche Unterschiede in den Verhältnissen der partiellen Dispersion zeigen oder bei gleichem Gang der partiellen Dispersion merkliche Verschiedenheit der relativen Dispersion besitzen.

Die obige Charakterisierung eines Glases durch eine Brechzahl (n_D) und die Abbe'sche Zahl ist, wie schon bemerkt, eine lediglich für praktische Zwecke ausreichende rohe Bewertung. Wenn man das Verhalten eines optischen Glases genau kennen will, muss man die zugehörige Dispersionskurve (Abb. 2.14) heranziehen. Dann ist $dn/d\lambda$, die Neigung der Tangente an die Dispersionskurve im Punkt (n, λ), das exakte Maß der Dispersion in jedem Punkte der Kurve.

2.4 Achromatische und geradsichtige Prismen; chromatische Bildfehler

Das verschiedene Verhalten optischer Gläser bezüglich Brechung und Dispersion kann man zur Konstruktion von Prismen benutzen, die entweder eine Strahlenablenkung ohne Zerstreuung des Lichtes oder eine Farbzerstreuung ohne gleichzeitige Ablenkung des mittleren Strahles ergeben. Prismen der ersten Art nennt man *achromatisch*, solche der zweiten Art *geradsichtig*.

Wir betrachten zunächst das *achromatische Prisma*. Es besteht aus zwei Prismen aus verschiedenem Glas von solchen brechenden Winkeln, dass die Farbzerstreuung

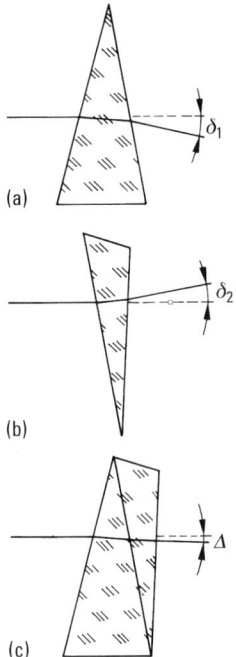

Abb. 2.16 Strahlenverlauf (a) durch ein Kronglasprisma und (b) durch ein Flintglasprisma sowie (c) durch ein daraus zusammengesetztes achromatisches Prisma.

beider Prismen gleich groß, dagegen die Ablenkung des mittleren Strahls verschieden ist. Indem man diese beiden Prismen in umgekehrter Lage hintereinander schaltet, kompensiert man die Dispersion des Lichtes im ersten Prisma durch die gleich große, aber entgegengesetzt zerstreuende Wirkung im zweiten; dabei wird aber die durch das erste Prisma erzeugte Strahlablenkung nur zum Teil aufgehoben, wie aus der Abb. 2.16 hervorgeht. Für zwei Prismen aus dem in Tab. 2.2 angeführten Kron- und Flintglas mit dem kleinen brechenden Winkel ε ergibt sich für die Ablenkungen δ_1 und δ_2 der Linie C und die Gesamtdispersion Θ_1 und Θ_2 auf Grund der Gl. (2.4) und (2.5):

Kronglasprisma: $\delta_1 = 0.5076\,\varepsilon_1$; $\Theta_1 = 0.0170\,\varepsilon_1$

Flintglasprisma: $\delta_2 = 0.6081\,\varepsilon_2$; $\Theta_2 = 0.0461\,\varepsilon_2$.

Beide Prismen erzeugen also bei gleichem brechendem Winkel annähernd die gleiche Ablenkung, während die Dispersion (die Länge des Spektrums) beim Flintglasprisma fast dreimal so groß ist wie beim Kronglasprisma. Um die Dispersion zu kompensieren, muss $\Theta_1 = \Theta_2$ sein und müssen sich die brechenden Winkel umgekehrt wie die spezifischen Dispersionen, d. h. wie $170:461$. also annähernd wie $\varepsilon_2 : \varepsilon_1 = 1:2.7$ verhalten. Fügt man zwei derartige Prismen in der in Abb. 2.17 dargestellten Weise zusammen, so entsteht ein nahezu achromatisches Prisma, das den einfallenden Strahl um den Winkel $\Delta = 0.28\,\varepsilon_1$ ohne Farbzerstreuung ablenkt.

Der Strahlengang in dieser Prismenkombination ist der folgende: Von dem parallelen auf das Kronglasprisma auffallenden Strahlenbündel weißen Lichts betrachten wir nur den Mittelstrahl, der durch die erste Brechung im Innern in ein Spektrum zerlegt wird; von dem ganzen Strahlenfächer zeichnen wir nur jeweils einen roten und blauen Strahl, der Winkel, den sie miteinander bilden, ist ein Maß für die Dispersion des Kronglasprismas. Beide Strahlen bleiben auch nach dem Austritt aus dem Kronglasprisma divergent und fallen so auf die erste Fläche des Flintglasprismas auf. In diesem Prisma wird – wegen der umgekehrten Wirkung – ihre Divergenz verringert, und schließlich verlassen sie die letzte brechende Fläche parallel (Abb. 2.17). Eine Sammellinse (nicht gezeichnet) vereinigt beide Strahlen in einem Punkt ihrer Brennebene, allerdings nicht das gesamte Spektrum. Eine vollkommene Achromasie, d. h. eine völlige Farbfreiheit, wird auf diese Weise im Allgemeinen nicht erreicht, sondern es bleibt ein farbiger Rest, das sog. *sekundäre Spektrum* übrig, weil ja die Kompensation der Dispersion wegen ihres verschiedenen Verlaufs in bei-

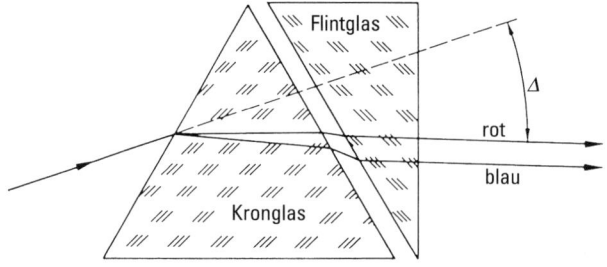

Abb. 2.17 Strahlenverlauf in einem achromatischen Prisma.

2.4 Achromatische und geradsichtige Prismen; chromatische Bildfehler

den Prismen gerade nur für zwei Wellenlängen exakt erreicht werden kann. Die Richtung der parallel austretenden Strahlen bildet mit der Richtung des einfallenden Parallelstrahlenbündels den Winkel Δ.

Rechnerisch lässt sich die Bedingung für eine achromatische Prismenkombination einfach behandeln, wenn man, wie oben, den Prismenwinkel hinreichend klein macht. Für die Gesamtdispersion eines ersten Prismas zwischen den Fraunhofer'schen Linien x und z gilt dann Gl. (2.5):

$$\Theta_{x,z} = (n_x - n_z)\varepsilon,$$

während die Ablenkung für die Wellenlänge der Fraunhofer-Linie y durch Gl. (2.4) gegeben ist:

$$\delta_y = (n_y - 1)\varepsilon.$$

Für ein zweites Prisma aus anderem Glas gelten die entsprechenden Gleichungen, bei denen wir die einzelnen Größen mit einem Strich versehen:

$$\Theta'_{x,z} = (n'_x - n'_z)\varepsilon' \quad \text{und} \quad \delta'_y = (n'_y - 1)\varepsilon'.$$

Stehen die Prismen, wie in Abb. 2.16 entgegengesetzt, so wird sowohl die Gesamtablenkung Δ_y gleich der Differenz $\delta_y - \delta'_y$ der Einzelablenkungen als auch die resultierende Dispersion $\bar{\Theta}_{x,z}$ gleich der Differenz der Einzeldispersionen $\Theta_{x,z} - \Theta'_{x,z}$, sodass wir die beiden Gleichungen erhalten:

$$\Delta_y = (n_y - 1)\varepsilon - (n'_y - 1)\varepsilon', \tag{2.9}$$

$$\bar{\Theta}_{x,z} = (n_x - n_z)\varepsilon - (n'_x - n'_z)\varepsilon'. \tag{2.10}$$

Als Bedingung für das Verschwinden der Farbenzerstreuung der Prismenkombination finden wir also

$$\bar{\Theta}_{x,z} = 0, \quad \text{d.h.} \quad \frac{\varepsilon}{\varepsilon'} = \frac{n'_x - n'_z}{n_x - n_z}. \tag{2.11}$$

Das heißt: Die brechenden Winkel der beiden Prismen der achromatischen Kombination müssen sich umgekehrt verhalten wie die partiellen Dispersionen der beiden Glassorten für die zugrunde gelegten Wellenlängen. Für die Ablenkung der Fraunhofer-Linie y ergibt sich aus Gl. (2.9) unter Benutzung von Gl. (2.11):

$$\Delta_y = (n_x - n_z)\varepsilon\left[\frac{n_y - 1}{n_x - n_z} - \frac{n'_y - 1}{n'_x - n'_z}\right]. \tag{2.12}$$

In praktischen Fällen wählt man als Farben x, y, z meistens die den Fraunhofer'schen Linien F, D, C entsprechenden, man vereinigt also die beiden Farben Rot und Blau. Dann gehen Gl. (2.11) und (2.12) hier in

$$\frac{\varepsilon}{\varepsilon'} = \frac{n'_F - n'_C}{n_F - n_C} \tag{2.11a}$$

und

$$\Delta_D = (n_F - n_C)\varepsilon(v - v') \tag{2.12a}$$

über, wobei v und v' die zugehörigen Abbe'schen Zahlen sind. Aus der letzten Gleichung ersieht man, dass der Aufbau eines achromatischen Prismas nur möglich ist, *wenn die Abbe'schen Zahlen der beiden Glassorten verschieden sind.*

Für die beiden in der Tabelle 2.2 angegebenen Kron- und Flintgläser BK1 und F3 erhalten wir aus den Gl. (2.11) und (2.12a) die Beziehungen:

$$\frac{\varepsilon}{\varepsilon'} = \frac{0.0165}{0.0081} \quad \text{und} \quad \Delta_D = 0.0081\,\varepsilon\,(62.9 - 37) = 0.21\,\varepsilon.$$

Wählen wir für das Kronglasprisma einen brechenden Winkel von $10°$, so ergibt sich für das Flintglasprisma ein Winkel von $4°\,50'\,24''$. Die resultierende mittlere Ablenkung des achromatischen Prismas ist dann $2°\,6'$.

Wie oben erwähnt, erzielt man so keine vollkommene Achromasie des gebrochenen weißen Lichtbüschels. Das ist jedoch möglich, wenn der Quotient der partiellen Dispersionen der benutzten Prismenmaterialien im ganzen Spektrum konstant ist (was nach der letzten Tabelle z.B. für Flintglas und Terpentinöl angenähert zutrifft), d.h., wenn die beiden Dispersionskurven den Bedingungen genügen: $n = f(\lambda)$ und $n' = kf(\lambda)$. Dann wird Gl. (2.12) für die Ablenkung einer mittleren Wellenlänge:

$$\Delta_y = (n_x - n_z)\,\varepsilon \left[\frac{n_y - 1}{n_x - n_z} - \frac{kn_y - 1}{k(n_x - n_z)}\right] = \varepsilon\left(\frac{1}{k} - 1\right),$$

d.h. die Ablenkung ist für alle Wellenlängen die gleiche, was zu beweisen war.

Gerade umgekehrt liegen die Verhältnisse bei dem von G. Amici (1860) angegebenen *Geradsichtprisma*. Bei diesem verlangt man Dispersion bei verschwindender Ablenkung eines mittleren Strahles. Man setzt gewöhnlich ein solches Prisma aus drei oder fünf Prismen nach Abb. 2.18 zusammen, die man mit Kanadabalsam aneinanderkittet.

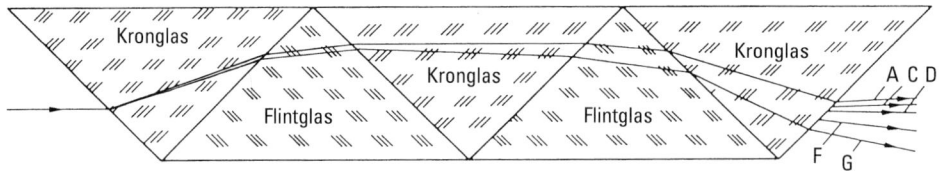

Abb. 2.18 Strahlenverlauf in einem aus fünf Prismen zusammengesetzten Geradsichtprisma.

Die mathematische Bedingung für ein zweiteiliges Geradsichtprisma mit kleinen brechenden Winkeln ist, dass in Gl. (2.9) $\Delta_y = 0$ wird; das liefert die Beziehung:

$$\frac{\varepsilon}{\varepsilon'} = \frac{n'_y - 1}{n_y - 1}. \tag{2.13}$$

Die brechenden Winkel von zwei zu einem Geradsichtprisma zusammentretenden Prismen müssen sich also umgekehrt verhalten wie die für nicht abgelenkte Farbe gültigen, um 1 verminderten Brechzahlen der beiden Glassorten.

Unter Benutzung dieser Beziehung folgt aus Gl. (2.10) weiter:

$$\bar{\Theta}_{x,y} = \varepsilon\,(n_y - 1)\left[\frac{n_x - n_z}{n_y - 1} - \frac{n'_x - n'_z}{n'_y - 1}\right]. \tag{2.14}$$

Wählt man wieder die den Fraunhofer'schen Linien F, D, C entsprechenden Farben für die Größen x, y, z, so lassen sich die letzten beiden Gleichungen in der Form schreiben:

$$\frac{\varepsilon}{\varepsilon'} = \frac{n'_D - 1}{n_D - 1}, \tag{2.13a}$$

$$\bar{\Theta}_{x,z} = (n_D - 1)\varepsilon \left[\frac{1}{v} - \frac{1}{v'}\right]. \tag{2.14a}$$

Es ist also auch ein Geradsichtprisma nur dann möglich, *wenn die Abbe'schen Zahlen für die beiden verwendeten Glassorten verschieden sind.*

Wenn die mathematischen Beziehungen hier zwar nur für den selten verwirklichten Fall kleiner brechender Winkel abgeleitet werden, so ändert sich das Grundsätzliche auch bei strenger Rechnung nicht.

Chromatische Aberration und achromatische Objektive. Die Abhängigkeit der Brechzahl von der Wellenlänge muss sich auch bei der Abbildung durch Linsen auswirken, falls nicht ein schmaler Wellenlängenbereich, also einfarbiges Licht, verwendet wird. Man erhält so außer den in Abschn. 1.10 behandelten *Abbildungsfehlern* auch sog. *Farbfehler*. Denn eine Linse hat für jede Wellenlänge eine andere Brennweite. Bei einer dünnen Linse ist die Brennweite für violettes Licht kleiner als die für rotes Licht, weil die Brechzahl für violettes Licht größer ist als die für rotes Licht. Die Abb. 2.19 und 2.20 zeigen den Strahlenverlauf eines parallel zur Achse bei einer Konkav- und einer Konvexlinse auffallenden Strahlenbündels von weißem Licht. An Stelle *eines* Brennpunktes ergibt sich für jede Farbe ein besonderer Brennpunkt. Diese liegen um so weiter auseinander, je größer die Dispersion des verwendeten

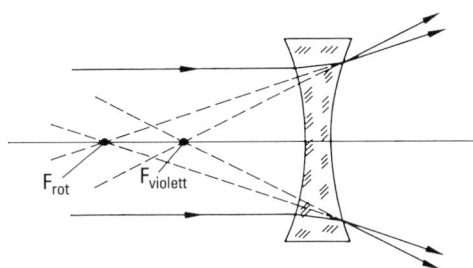

Abb. 2.19 Chromatische Aberration (Konkavlinse).

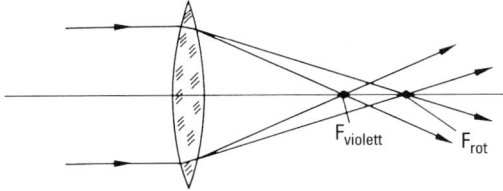

Abb. 2.20 Chromatische Aberration (Konvexlinse).

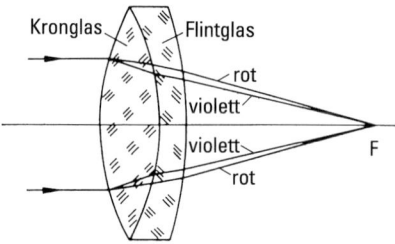

Abb. 2.21 Achromatische Linse.

Glases ist. Ein Beispiel: Eine Linse mit $f = 100$ mm aus einem Glas mit $v = 67$, d.h. sehr schwacher Dispersion, hat zwischen rotem und blauem Licht eine Brennweitendifferenz von 1.6 mm. Es ist üblich, den Nennwert der Brennweite für das gelbe Natriumlicht anzugeben, also für n_D. Die Abweichungen davon bezeichnet man als *Farbfehler, Farbabweichung* oder *chromatische Aberration*. Bei der Abbildung eines weißen Punktes sieht man auf dem Bildschirm in der Brennebene konzentrische Ringe verschiedener Farben.

Bei den Zerstreuungslinsen haben ebenfalls die Strahlen kürzerer Wellenlänge die kürzere Brennweite. Die virtuellen Bildpunkte liegen aber in umgekehrter Reihenfolge. Im Gegensatz zur Sammellinse, bei der eine Unterkorrektion vorliegt, ist bei der Zerstreuungslinse eine chromatische Überkorrektion vorhanden.

Wegen der verschiedenen Brennweiten entsteht für jede Farbe ein anderes Bild. Diese verschiedenfarbigen Bilder unterscheiden sich durch ihre Größe. Man nennt diesen Fehler die *chromatische Vergrößerungsdifferenz*. Die Bilder liegen aber auch an verschiedenen Stellen: Der Fehler heißt *chromatische Längsabweichung* oder *Farblängsfehler*.

Die farbigen Säume, die man immer bei der Abbildung mit einer einfachen Linse (z. B. Brillenglas) sieht, machen die chromatischen Abbildungsfehler zu den auffälligsten und bekanntesten. Es ist deshalb nicht verwunderlich, dass man schon früh nach einer Korrektur suchte. In Analogie zum achromatischen Prisma kann man durch Hintereinanderschaltung einer Sammellinse und einer Zerstreuungslinse aus geeigneten Gläsern eine *achromatische Linse* schaffen, bei der diese chromatische Aberration zum Mindesten für zwei Farben völlig behoben ist. Dies hat zuerst der englische Mechaniker J. Dollond (1757) gezeigt. Bedingung ist dabei, wie man aus Abb. 2.21 erkennt, dass die Dispersion der Sammellinse durch die der Zerstreuungslinse gerade aufgehoben wird, wobei aber eine Ablenkung der einfallenden Strahlen bestehen bleiben muss. Ein solches Linsensystem nennt man einen *Achromaten*.

Wie sind nun zu diesem Zweck die Brennweiten der beiden Linsen zu wählen? Wir beschränken unsere Überlegungen der Einfachheit halber auf dünne Linsen. Nach Abschn. 1.5.4 ist der Brechwert einer solchen:

$$D = \frac{1}{f} = (n-1)\left(\frac{1}{r_1} - \frac{1}{r_2}\right),$$

(r_1 und r_2 sind die beiden Krümmungsradien der Linse). Für eine benachbarte Spektralfarbe, für die die Brechzahl $n + \Delta n$ sein möge, findet man die Änderung des Brechwertes durch Differenzbildung:

2.4 Achromatische und geradsichtige Prismen; chromatische Bildfehler

$$\Delta D = \Delta \frac{1}{f} = \left(\frac{1}{r_1} - \frac{1}{r_2}\right)\Delta n = \frac{1}{f}\frac{\Delta n}{n-1}.$$

Diese Gleichung gilt mit guter Annäherung auch für weiter auseinander liegende Spektralfarben; dann wird $\Delta n = n_F - n_C$, also

$$\frac{\Delta n}{n-1} = \frac{n_F - n_C}{n_D - 1} = \frac{1}{v}$$

(v = Abbe'sche Zahl). Also gilt weiter:

$$\Delta D = \Delta\left(\frac{1}{f}\right) = \frac{1}{f}\frac{1}{v}.$$

Für zwei dicht hintereinander stehende Linsen mit den Einzelbrennweiten f_1 und f_2 gilt für die resultierende Brennweite f_r:

$$\frac{1}{f_r} = \frac{1}{f_1} + \frac{1}{f_2},$$

und demnach auch:

$$\Delta\left(\frac{1}{f_r}\right) = \Delta\left(\frac{1}{f_1}\right) + \Delta\left(\frac{1}{f_2}\right). \tag{2.15}$$

Hieraus folgt als Bedingung dafür, dass die Brennweiten des Systems für die in Betracht kommenden beiden Farben gleich sind:

$$\Delta\left(\frac{1}{f_r}\right) = 0.$$

Damit ergibt sich als Bedingung für die Achromasie der zusammengesetzten Linse:

$$\frac{1}{v_1 f_1} + \frac{1}{v_2 f_2} = 0. \tag{2.16}$$

Da v_1 und v_2 dasselbe Vorzeichen haben, müssen f_1 und f_2 entgegengesetzte Vorzeichen besitzen; es ist also die Vereinigung einer konvexen mit einer konkaven Linse erforderlich (Abb. 2.21). Wählt man z. B. zwei in der Tab. 2.2 aufgeführte Glassorten und gibt der aus Borkronglas angefertigten Sammellinse willkürlich eine Brennweite $f_1 = 10$ cm, so muss die konkave Flintglaslinse die Brennweite

$$f_2 = -f_1 \frac{v_1}{v_2} = -10\,\text{cm}\,\frac{62.9}{37.0} = -17\,\text{cm}$$

haben. Die resultierende Brennweite des Achromaten ist dann:

$$f_r = 24.29\,\text{cm}.$$

Man erkennt auch hier, dass ein Achromat nur dann möglich ist, wenn $v_1 \neq v_2$ ist. Wäre nämlich $v_1 = v_2$, so würde $f_1 = -f_2$ sein, und die resultierende Brennweite würde unendlich werden. Dies ist genau so wie beim achromatischen Prisma.

Eine historische Bemerkung mag interessieren: Von seiner falschen Vorstellung ausgehend, dass v für alle Stoffe den gleichen Wert habe, kam Newton zu der unrichtigen Behauptung, achromatische Linsen seien unmöglich; er ging also dazu über, Spiegelteleskope zu konstruieren bzw. zu verbessern. Der berühmte Mathematiker Leonhard Euler behauptete dagegen, Achromate müssten möglich sein, da das Auge farblose Ränder sieht. Auch diese letztere Behauptung ist unrichtig. Aber sie war es, die Dollong zu seinen schließlich mit Erfolg gekrönten Versuchen veranlasste, achromatische Objektive herzustellen.

Es ist klar, dass die chromatische Aberration, auch wenn sie für zwei Farben beseitigt ist (im vorliegenden Falle für C und F), doch noch für andere Farben bestehen bleibt. Man nennt auch hier diese noch vorhandene chromatische Abweichung das *sekundäre Spektrum*. Durch Benutzung der modernen optischen Gläser lassen sich heute Systeme aus nur zwei Linsen herstellen, bei denen mindestens drei auseinanderliegende Spektralfarben, z. B. Rot, Gelb und Blau eine vollständige Vereinigung erfahren, sodass eine Farberscheinung bei der optischen Abbildung praktisch beseitigt ist. Man spricht in einem solchen Fall von *apochromatischer Korrektion*. Mikroskopobjektive, bei denen, allerdings unter Benutzung von mehr als zwei Linsen, das sekundäre Spektrum vollständig beseitigt ist, werden daher nach E. Abbe als **Apochromate** bezeichnet.

2.5 Infrarote und ultraviolette Strahlung

Das Spektrum eines glühenden, festen Körpers (Sonne, Glühlampe) hat nur deshalb ein Ende im tiefen Dunkelrot und auf der kurzwelligen Seite im Violett, weil unser Auge nicht imstande ist, das Licht jenseits dieser Grenzen zu sehen. In Wirklichkeit ist das Spektrum an den Seiten nicht begrenzt. Die Grenzen des sichtbaren Lichtes liegen bei etwa $0.4\,\mu m$ und $0.8\,\mu m$. Kürzerwelliges Licht heißt *ultraviolett*, längerwelliges *infrarot* (früher auch *ultrarot*). Die Empfindlichkeit des Auges ist für grünes Licht am größten und nimmt nach beiden Enden des sichtbaren Spektrums stark ab. Deshalb ist es überraschend, wenn man zum erstenmal das Spektrum einer Glühlampe mit einem objektiven, nicht selektiven Strahlungsempfänger aufnimmt: Man stellt fest, dass die Glühlampe im roten Spektralgebiet noch viel stärker strahlt als im grünen und im infraroten Spektralgebiet noch viel stärker als im roten. Die kurzwellige Grenze des infraroten Lichtes liegt dort, wo die Sichtbarkeit aufhört, also bei etwa $0.8\,\mu m$. Eine langwellige scharfe Grenze des infraroten Lichtes gibt es ebensowenig wie eine kurzwellige Grenze des ultravioletten. Im gesamten elektromagnetischen Spektrum gibt es nur allmähliche Übergänge in der Wechselwirkung zwischen Strahlung und Materie und ebenso Überschneidungen in der Art der Strahlungserzeugung. So kann man infrarotes Licht zwischen 0.1 und 1 mm Wellenlänge sowohl mit einer Quecksilber-Hochdrucklampe als auch mit Elektronenröhren und Oszillatoren (Submillimeterwellen) erzeugen. An das kurzwellige Ultraviolett schließt sich die weiche Röntgenstrahlung bei etwa 10 nm an. Auch dieser Übergang ist kontinuierlich. Dieses Spektralgebiet ($\lambda = 1$ bis $100\,nm$) ist experimentell schwer zugänglich, ebenso wie das Gebiet von $\lambda = 0.1$ bis $1\,mm$. Das liegt einmal daran, dass es sehr schwer ist, eine intensive Strahlung in diesen Gebieten zu erzeugen, und ferner daran, dass die Strahlung sehr stark von der Materie, auch von Luft, absorbiert wird.

2.5 Infrarote und ultraviolette Strahlung

In diesem Abschnitt sollen Lichtquellen, Empfänger, durchlässige Fenster und die Möglichkeiten der Spektralzerlegung behandelt werden. Die Ausdehnung der Spektroskopie vom sichtbaren in das infrarote und ultraviolette Gebiet hat bedeutende Fortschritte in der Physik, Chemie und Technik zur Folge gehabt.

Die international vereinbarten Einheiten für Wellenlängen sind: $1\,\mu\text{m} = 10^{-6}\,\text{m}$; $1\,\text{nm} = 10^{-9}\,\text{m}$. (Die früher viel verwendeten Einheiten $1\,\text{Å}$ ($=$ Ångström) $= 10^{-10}\,\text{m}$, $1\,\mu$ ($=$ Mikron) $= 1\,\mu\text{m} = 10^{-6}\,\text{m}$ und $1\,\text{m}\mu$ ($=$ Millimikron) $= 10^{-9}\,\text{m}$ sollten vermieden werden.) Die Frequenzen werden in Hz $= \text{s}^{-1}$ angegeben. Häufig ist die Energieskala wichtiger als die Wellenlängenskala, weil sie die Energieverhältnisse übersichtlicher und vergleichbar angibt. Die Energie elektromagnetischer Strahlung kommt in Quanten der Größe $h\nu$ vor (Planck-Konstante $h = 6.626 \times 10^{-34}\,\text{Js}$; ν ist die Frequenz in s^{-1}). Im Allgemeinen wird aber die Wellenlänge λ gemessen. Da die Lichtgeschwindigkeit $c = \lambda\nu$ ist, kann man $h\nu = hc/\lambda$ schreiben. Man erhält somit eine der Energie proportionale Skala, wenn man λ^{-1} aufträgt. Man braucht also nur den reziproken Wert der gemessenen Wellenlänge zu bilden. Es ist üblich, λ^{-1} in der Einheit cm^{-1} anzugeben. Tut man dies auf einer vertikalen Skala, so liegt das ultraviolette Licht oben, das violette darunter, das rote am unteren Ende des sichtbaren Spektrums und darunter das infrarote Licht. Nun versteht man, dass der Ausdruck „infrarotes Licht" dann seine Berechtigung erhält, wenn man die Energie statt der Wellenlänge aufträgt.

Sehr oft wird die Energie des Lichtquants auch in Elektronenvolt (eV) angegeben. $1\,\text{eV} = 1.6022 \times 10^{-19}\,\text{J}$ entspricht $8066\,\text{cm}^{-1}$ bzw. $1.24\,\mu\text{m}$.

2.5.1 Infrarote Strahlung

Die infrarote Strahlung wurde im Jahre 1800 durch den Musiker und Astronomen F.W. Herschel entdeckt. Er untersuchte die Erwärmung einer geschwärzten Fläche durch die einzelnen Farben im Sonnenspektrum und fand dabei auch eine starke Temperaturerhöhung jenseits des roten Endes, eben im Ultrarot. Im Ultraviolett fand er die Temperaturerhöhung nicht, weil seine Nachweisempfindlichkeit zu gering war. Das infrarote Licht erregt die Atome und Moleküle von Festkörpern, auf die es trifft, zu (Resonanz-)Schwingungen. Das bedeutet Erwärmung. Die Frequenz des ultravioletten Lichtes ist im Allgemeinen zu hoch, um die Schwingungen der Atome anzuregen. Die Absorption ultravioletten Lichtes führt zu anderen Wirkungen (innerer und äußerer Photoeffekt, d.h. Abtrennung von Elektronen, photochemische Reaktionen, Fluoreszenz). Dabei gibt es auch eine Erwärmung als Sekundärprozess.

Die Absorption infraroten Lichtes führt fast ausschließlich zur Umwandlung der auffallenden elektromagnetischen Strahlungsenergie in Wärme. Deshalb werden die infraroten Strahlen auch *Wärmestrahlen* genannt. Dieser Ausdruck ist mit etwas Vorsicht zu gebrauchen, weil nicht nur die infraroten Strahlen eine Erwärmung bei Absorption verursachen. Er hat sich aber sehr eingebürgert, insbesondere deshalb, weil unsere irdischen Temperaturstrahler (Glühlampe, glühende Kohle, alle Arten von Öfen und Heizungskörper) überwiegend oder ausschließlich infrarote Strahlung aussenden. Die spektrale Verteilung der Emission eines *Temperaturstrahlers* oder *schwarzen Körpers* wird in Abschn. 5.2.1 behandelt. Im Übrigen wird auf Bd. 1,

Abschn. 38.8, Wärmeübertragung durch Strahlung, verwiesen. Zwei wichtige Beziehungen müssen aber an dieser Stelle erwähnt werden:

Die spezifische Ausstrahlung M eines schwarzen Körpers über den gesamten Wellenlängenbereich ist proportional der *vierten* (!) Potenz der thermodynamischen Temperatur. Dies ist das **Stefan-Boltzmann'sche Gesetz:**

$$M = \sigma T^4, \quad \text{mit}$$

M: spezifische Ausstrahlung $d\varphi/dA$ (SI-Einheit: Wm^{-2}),
σ: Stefan-Boltzmann-Konstante ($5.67 \times 10^{-8}\, Wm^{-2}\,K^{-4}$),
T: absolute Temperatur.

Das Maximum der Strahlung verschiebt sich mit steigender Temperatur zu kleineren Wellenlängen (vgl. Abschn. 5.2.1). Die Lage des Maximums kann aus der Temperatur nach dem **Wien'schen Verschiebungsgesetz** berechnet werden:

$$\lambda_{max} T = \text{const} = 2898\, \mu m\, K.$$

Beträgt z. B. die Temperatur eines Strahlers 2898 K (das ist etwa die Temperatur einer kurzlebigen Glühlampe für photographische Aufnahmen oder zur Projektion), dann liegt das Maximum der Strahlung bei 1 µm, also im Infrarot! Man müsste die Temperatur auf rund 6000 K steigern, um zu erreichen, dass das Maximum der Strahlung bei einer Wellenlänge von etwa 0.5 µm, also beim Maximum der Augenempfindlichkeit, liegt. Diese Temperatur hat die Oberfläche der Sonne, und infolge der Anpassung unserer Augen an die Strahlung der Sonne ist das Maximum unserer Augenempfindlichkeit bei dieser Wellenlänge, d. h. im grünen Teil des Spektrums (vgl. Kap. 6. Farbmetrik). Wenn man die Strahlungsgesetze anwendet, wie dies eben bei der Berechnung des Maximums der Wellenlänge mit dem Wien'schen Verschiebungsgesetz geschehen ist, dann darf man nicht vergessen, dass die Strahlungsgesetze nur für ideal schwarze Körper gültig sind. Der Wolframdraht einer Glühlampe z. B. ist kein schwarzer, sondern näherungsweise ein sog. *grauer Strahler*. Das Strahlungsvermögen ist geringer als das eines schwarzen Strahlers. Das Maximum der Strahlstärke liegt aber ungefähr bei der gleichen Wellenlänge (vgl. Abschn. 5.2.1).

Als **Strahlungsquellen für das Infrarot** kommen in erster Linie Temperaturstrahler in Frage. Da gewöhnliches Glas nur bis etwa $\lambda = 2.5\, \mu m$ durchlässig ist, müssen bei *Glühlampen* besondere Fenster aufgekittet sein, wenn man längerwelliges Licht braucht (vgl. Abb. 5.11). *Wolframbandlampen* (Abb. 5.23) sind auch in Quarzkolben lieferbar (durchlässig bis 3.5 µm, vgl. Abb. 2.27). Sehr intensive, fast kontinuierliche Infrarotstrahlung geben *Xenon-Hochdrucklampen*. Die Strahlung entspricht der eines schwarzen Körpers der Temperatur von 6000 K. Der Quarzkolben verhindert aber den Durchtritt der Strahlung, die längerwellig als 3.5 µm ist. Man kann daher auf die altbewährte in Luft brennende *Kohlebogenlampe* (positiver Krater etwa 4000 K) zurückgreifen, die aber den Nachteil hat, dass sie unruhig brennt. Der von W. Nernst im Jahre 1900 erfundene Nernst-Brenner hat diesen Nachteil nicht, strahlt aber schwächer. Er besteht aus 85% ZrO_2 und 15% Y_2O_3. Das Pulvergemisch wird zu einem Stab von einigen Zentimetern Länge und einigen Millimetern Durchmesser gepresst. An beiden Enden werden Elektroden angeschlossen. Der durch den Stift fließende Strom heizt ihn auf eine Temperatur von etwa 2200 K. Er brennt in Luft und benötigt den Sauerstoff zur Oxidation von Metallatomen, die an der Kathode

2.5 Infrarote und ultraviolette Strahlung

Tab. 2.4 Wellenlängen λ, typische Ausgangsleistungen P, Impulsenergien W und -dauern τ häufig benutzter und kommerzieller Laser.

Bezeichnung	aktives Material	λ in µm	P in W	W in J	τ
Gaslaser					
Fluorlaser	F_2	0.15	20		
Excimerlaser	ArF	0.19	50	0.4	20 ns
	KrF	0.25	100	1	20 ns
	XeF	0.35	100	1	20 ns
Stickstofflaser	N_2	0.34	–	0.01	1 ns
He-Cd-Laser	Cd	0.32...0.44	0.05	–	–
Edelgasionenlaser	Kr	0.33...1.09	10	–	–
	Ar	0.35...0.53	20	–	–
Kupferdampflaser	Cu	0.51; 0.58	–	0.002	20 ns
He-Ne-Laser	Ne	0.63; 1.15; 3.39	0.05	–	–
HF-Laser	HF	2.5...4	10000	1	1 µs
CO-Laser	CO	5...7	20	0.04	1 µs
CO_2-Laser	CO_2	9...11	15000	10000	10 ns
optisch	H_2O	28; 78; 118	0.01	10^{-5}	30 µs
gepumpte	CH_3OH	40...1200	0.1	0.001	100 µs
Moleküllaser	HCN	311; 337	1	0.001	30 µs
Festkörperlaser					
Rubinlaser	Cr: Al_2O_3	0.69		400	10 µs
Alexandritlaser	Cr: $BeAl_2O_4$	0.7...0.8		1	10 µs
Titan-Saphir-Laser	Ti: Al_2O_3	0.7...1.0	1		
Glaslaser	Nd: Glas	1.06		1000	1 ps
		0.53; 0.36; 0.27; 0.21	(mit Frequenzvervielfachung)		
YAG-Laser	Nd: YAG	1.06	1000	400	10 ps
Holmiumlaser	Ho: YLF	2.06	5	0.1	100 µs
Erbiumlaser	Er: YAG	2.94		1	100 µs
Farbstofflaser		0.4...0.8	1	25	6 fs
Halbleiterinjektionslaser					
	GaN	0.4	0.01		
	GaAlAs	0.7...0.9	10		1 ps
Galliumarsenidlaser	GaAs	0.904			
	InGaAsP	0.65...2			
Bleisalzlaser	z.B. PbSSe	3...30	0.001		
Quantenkaskadenlaser	GaAlAs	3...70	1		

abgeschieden werden. Die Strahlung eines „schwarzen Körpers" gibt ein einseitig geöffnetes Keramikrohr ab, das außen von einem Platinband geheizt wird, Infrarotstrahler für Heiz- und Trocknungszwecke bestehen aus *Chromnickelstahl-* und *Aluminiumstahl-Drähten*, hinter denen metallische Reflektoren angebracht sind. Der Widerstandsdraht kann in Luft bis auf 1000 °C (helle Rotglut) erhitzt werden, ohne

224 2 Dispersion und Absorption des Lichtes

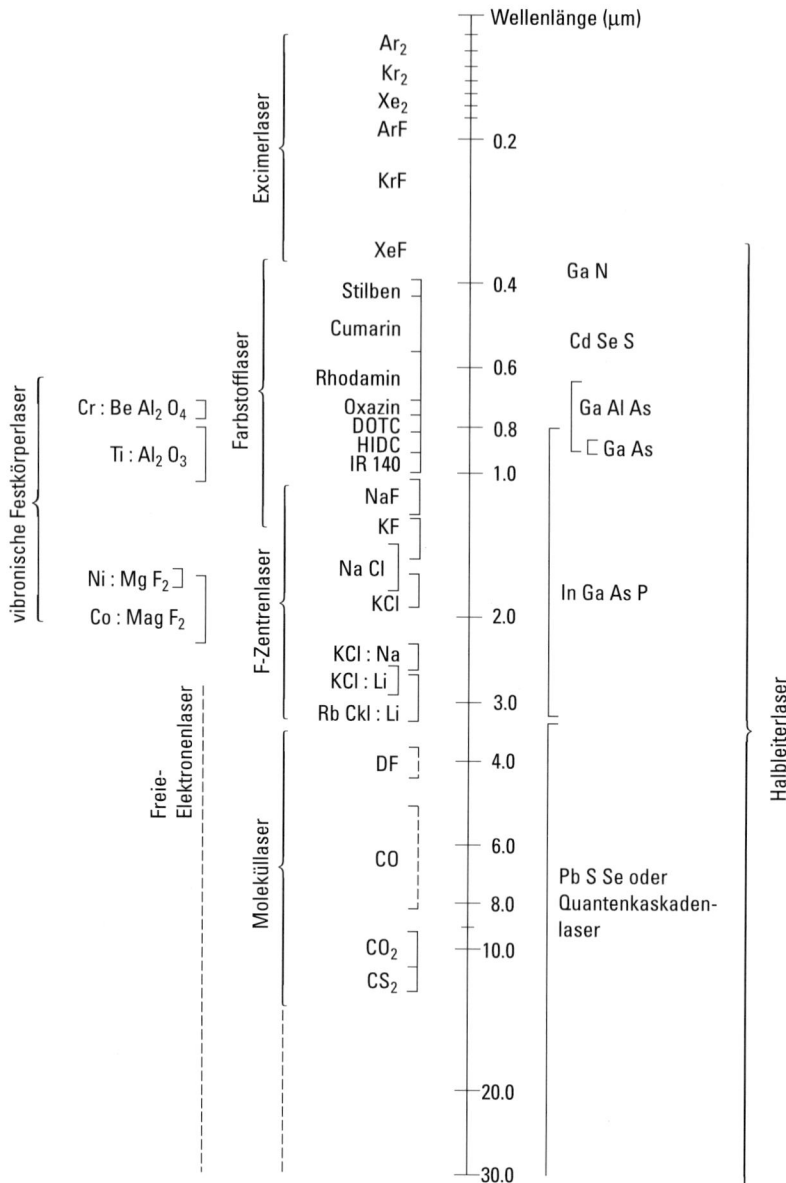

Abb. 2.22 Kontinuierlich abstimmbare Laser.

dass er ganz durchoxidiert. Die Oxidschicht an der Oberfläche hat ein relativ hohes Emissionsvermögen. Die Strahlungsstärke hat ein breites, flaches Maximum, das sich von etwa 1 bis über 10 μm erstreckt. Es handelt sich also weder um einen schwarzen noch um einen grauen Strahler, sondern um einen sog. *Selektivstrahler*. Als

Widerstandsmaterial kann statt Chromnickelstahl auch *Siliciumcarbid* verwendet werden, das zu Stäben gepresst wird. Der Vorteil ist, dass man es höher erhitzen kann (1600 °C); der Nachteil ist die Zerbrechlichkeit der Stäbe. Auch der *Auer-Strumpf*, bestehend aus Thoriumoxid mit 1% Zusatz von Ceroxid, ist ein Selektivstrahler. Er wird durch Gasflammen (Leuchtgas, Propan, Benzin) zum hellen Leuchten erregt und stellt für das langwellige Infrarot oberhalb von 10 µm eine gute Strahlungsquelle dar. In diesem Gebiet ist die spektrale Verteilung der Emission der des schwarzen Körpers ähnlich. Für Sonderzwecke gibt es *Gas-* und *Festkörper-Laser*, die kohärentes Licht bestimmter Wellenlänge als eng begrenzten Strahl aussenden (Beispiele s. Tab. 2.4); einige Lasersysteme sind kontinuierlich durchstimmbar, s. Abb. 2.22). Für spektralanalytische Zwecke wird im Allgemeinen bis etwa 20 µm der Nernst-Brenner, von 20 bis 1000 µm die Quecksilberhochdrucklampe im Quarzglaskolben (vgl. Abb. 2.27) verwendet, sofern ein Kontinuum von Wellenlängen erforderlich ist, wie z.B. für Absorptionsmessungen. Braucht man dagegen monochromatisches Licht bestimmter Wellenlänge, so nimmt man eine Gasentladungslampe, die ein solches Element enthält, das die gewünschte Wellenlänge emittiert.

2.5.2 Strahlungsempfänger für Infrarot

Die starke Absorption der infraroten Strahlung durch Materie führt, wie schon erwähnt, zur Erwärmung der bestrahlten Oberfläche. Man kann deshalb durch Messung der Temperaturerhöhung die durch Strahlung zugeführte Energie ermitteln (*Thermische Empfänger*). Sehr bekannt und viel verwendet ist das *Thermoelement*. Als Strahlungsempfänger enthält es eine kleine, sehr dünne Metall- (z.B. Gold-)Folie, die auf der einen Seite geschwärzt ist. An die Folie der Fläche von z.B. 3 mm × 1 mm sind die beiden Drähte aus verschiedenem Material geschweißt oder gelötet. Eine Oberfläche der Metallfolie wird mit Ruß oder Platinschwarz (günstig für kurzwelliges Infrarot) oder fein zermahlenem Glas (günstig für langwelliges Infrarot) bedeckt. Gold, das in einer Stickstoff- oder Wasserstoffatmosphäre aufgedampft ist, ergibt einen tiefschwarzen, samtartigen Niederschlag, der das Infrarot in einem weiten Spektralbereich stark absorbiert und deshalb auch sehr günstig ist (Metallschwarz). Die Empfängerfläche kann der Form einer Spektrallinie angepasst werden. Die Wärmekapazität des Thermoelementes soll möglichst klein sein. Die Strahlung wird periodisch (z.B. mit rotierendem Sektor und 12.5 Hz) unterbrochen. Die Thermospannung wird verstärkt. Es lassen sich Zeitkonstanten von 0.01 s erreichen. Die kleinste noch nachweisbare Strahlungsleistung liegt für Thermoelemente mit Zeitkonstanten von 0.01 bis 0.1 s bei 10^{-9} bis 10^{-10} Watt (gültig für Betrieb bei Raumtemperatur). Diese kleinste Strahlungsleistung wird durch das Rauschen bestimmt. Vereinbarungsgemäß gilt als kleinste, gerade noch nachweisbare Strahlungsleistung diejenige, die gleich der Rauschleistung ist (*Rauschäquivalentleistung*).

Bolometer, Thermistor. Die Temperaturerhöhung einer schwarzen Empfängerfolie durch Strahlungsabsorption wird beim Bolometer durch Messung der Änderung des elektrischen Widerstandes gemessen. Es werden *Metalle* (Platin, Nickel) und *Halbleiter* benutzt. Der temperaturabhängige Widerstand wird in einer Brückenschaltung gemessen. Bei Verwendung einer kleinen und extrem dünnen Folie, auf welche das geeignete Widerstandsmaterial mäanderförmig aufgedampft ist, lässt sich eine Zeitkonstante bis 0.01 s erreichen. Die Rauschäquivalentleistung liegt bei (Metall- und Halbleiter-)Bolometern in der gleichen Größenordnung wie bei Strahlungs-Thermoelementen. Wesentlich größere Empfindlichkeit hat das *Supraleitungs-Bolometer*. Bei diesem wird die außerordentlich große Änderung des elektrischen Widerstandes beim Übergang vom supraleitenden in den normalleitenden Zustand ausgenutzt. Die Zeitkonstanten lassen sich bis auf 1 ms herabdrücken. Die Rauschäquivalentleistung beträgt bei 0.01 s und 10 K etwa 4×10^{-11} W. Der experimentelle Aufwand ist groß, da bei der Temperatur des flüssigen Heliums gearbeitet werden muss.

Pneumatische Empfänger. Führt die Strahlungsabsorption einer schwarzen Folie zur Erwärmung eines Gases, das sich in einer Kammer befindet und infolge der Erwärmung ausdehnt, dann kann diese Ausdehnung in verschiedener Weise gemessen werden. Zum Beispiel kann sich eine leitfähige Membran verbiegen, die einer festen Metallplatte gegenübersteht. Beide Platten bilden einen Kondensator, dessen Kapazität sich mit der Erwärmung des Gases ändert. Bei dem *Golay-Detektor* biegt das sich ausdehnende Gas einen kleinen, flexiblen Spiegel durch (Abb. 2.23). Ein Strichgitter wird über diesen Spiegel auf sich selbst projiziert. Eine Photozelle erhält das Licht einer Glühlampe, wenn das Bild des Strichgitters genau auf das Strichgitter selbst fällt. Sie erhält aber kein Licht, wenn infolge der Durchbiegung des Spiegels das Bild des Strichgitters die Lücken des Gitters ausfüllt. Die absorbierende schwarze Fläche und der biegsame Spiegel sind sehr dünn und klein (etwa 2.6 mm Durchmesser); die Wärmekapazität ist so gering, dass der zu messende Lichtstrahl mit einer Frequenz von 10 Hz unterbrochen und der Wechselstrom der Photozelle verstärkt werden kann.

Ein Golay-Detektor ist empfindlicher als die besten Thermoelemente. Die Rauschäquivalentleistung beträgt bei einer Zeitkonstante von 0.01 s und bei Zimmertemperatur etwa 10^{-10} W.

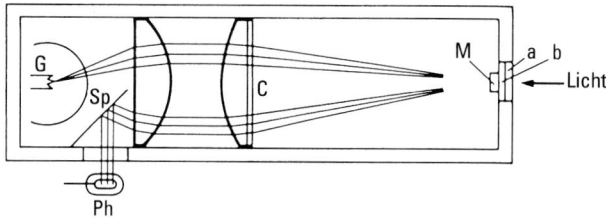

Abb. 2.23 Golay-Detektor. Das zu messende IR-Licht tritt durch das Fenster a und fällt auf die rechte, geschwärzte Wand einer kleinen, abgeschlossenen Kammer b. Die erwärmte Luft der Kammer verbiegt eine dünne, spiegelnde Membran M auf der linken Seite der Kammer. Ein von der Glühlampe G kommender Lichtstrahl projiziert die obere Hälfte eines Strichgitters C über die spiegelnde Membran auf die untere Hälfte des Strichgitters. Die Photozelle Ph erhält je nach der Durchbiegung der Membran und damit auch je nach Lage und Schärfe des Strichgitterbildes mehr oder weniger Licht der Glühlampe über den Spiegel Sp.

Pyroelektrische Detektoren sind ebenfalls thermische Empfänger, die aus ferroelektrischen Materialien z. B. BaTiO$_3$ bestehen. Diese besitzen eine spontane elektrische Polarisation, die sich mit der Temperatur ändert. Eine kurzzeitige Erwärmung durch Licht führt daher zu einem elektrischen Spannungspuls, der als Messsignal dient. Verwendet werden derartige Detektoren vor allem zur Energie- und Leistungsmessung von Laserimpulsen auch für den sichtbaren Spektralbereich. Für kontinuierliche Lichtmessungen sind pyroelektrische Detektoren nicht geeignet.

Halbleiter-Detektoren. Die vier behandelten thermischen Strahlungsempfänger haben den Vorteil gemeinsam, über einen sehr weiten Spektralbereich gleichmäßig empfindlich zu sein, sofern die Empfangsfläche für alle Spektralgebiete gleich stark absorbierend ist (was in Wirklichkeit nicht ganz der Fall ist). Man kann sie für ultraviolettes, sichtbares und infrarotes Licht bis über 1 mm Wellenlänge verwenden. Im Gegensatz zu diesen gibt es *selektive Empfänger*, die nur in einem bestimmten Spektralgebiet empfindlich sind. Wichtige selektive Empfänger sind *Halbleiter-Detektoren*, die als Photowiderstände oder Photodioden betrieben werden. Zwei typische Beispiele von Halbleiter-Photowiderständen zeigen die Abbn. 2.24 und 2.25. Der Vorteil der selektiven Empfänger ist die größere Empfindlichkeit. Die wichtigsten Halbleiter-Detektoren bestehen aus InGaAsP, PbS, PbSe, InSb, HgCdTe oder (dotiertem) Germanium bzw. Silicium [8]. Der Widerstand dieser Stoffe sinkt infolge der Bestrahlung. Man spricht deshalb von Photowiderständen. Um ein günstigeres Signal/Rausch-Verhältnis zu erhalten, wird zweckmäßig das Rauschen durch Kühlung herabgesetzt. Abbildung 2.26 zeigt einen Helium-Kryostaten für die Kühlung von Infrarot-Detektoren. Die Rauschäquivalentleistung bei einer Zeitkonstanten von 1 ms beträgt für Germanium, das mit Kupfer dotiert ist, etwa 10^{-11} W.

Sehr häufig werden inzwischen Photodioden, z. B. aus Silicium für Wellenlängen bis 1.1 µm oder aus InGaAsP für 1.3–1.6 µm verwendet. Diese werden mit einer Vorspannung in Sperrrichtung gepolt, sodass das Rauschen durch den Dunkelstrom klein wird. Erst bei Belichtung fließt ein Strom [9].

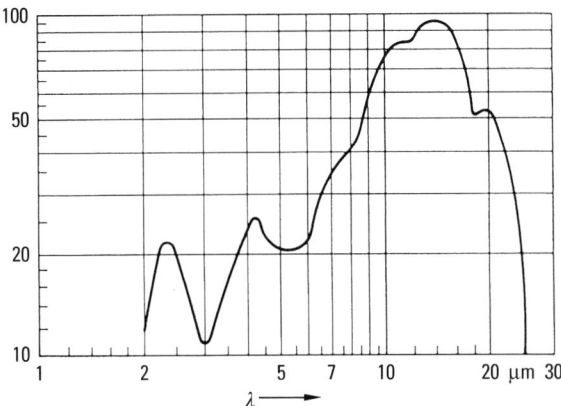

Abb. 2.24 Relative Empfindlichkeit eines mit Kupfer dotierten Germanium-Photowiderstandes bei 4.2 K.

228   2 Dispersion und Absorption des Lichtes

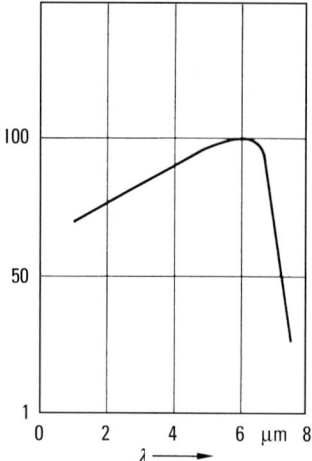

Abb. 2.25   Relative Empfindlichkeit eines InSb-Photowiderstandes bei 295 K.

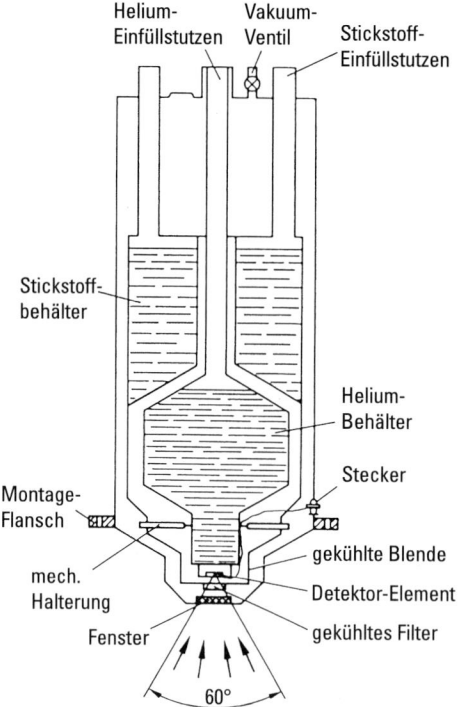

Abb. 2.26   Kryostat zur Kühlung eines Halbleiter-Infrarot-Detektors. Volumen des flüssigen Stickstoffs 1000 cm³, des flüssigen Heliums 700 cm³. Die Kühlmenge reicht etwa 7 Stunden.

Für die **Sichtbarmachung von infraroten Bildern** der Wellenlänge bis 1.2 µm sind die besonders sensibilisierte photographische Schicht und der äußere lichtelektrische Effekt, also die Auslösung freier Elektronen (z. B. aus einer Ag-O-Cs-Schicht), geeignet. Dies geschieht mit der Photokathode im *Infrarot-Bildwandler:* Die durch Strahlung in der Photokathode ausgelösten Elektronen werden im Hochvakuum durch ein elektrostatisches Feld beschleunigt und durch eine elektrostatische oder magnetische Linse auf einem Leuchtschirm abgebildet. So kann ein unsichtbares infrarotes Bild, das durch ein Objektiv auf die Photokathode geworfen wird, gleichzeitig vom Auge auf dem Leuchtschirm gesehen werden. Die erforderliche Anodenspannung beträgt z. B. 20 000 V. Die Röhre ist z. B. 15 bis 20 cm lang und hat einen Durchmesser von 6 bis 8 cm. Bei Aufnahmen mit photographischen Infrarotplatten und bei Verwendung eines Bildwandlers muss ein Filter vorgeschaltet werden, das nur infrarotes Licht hindurchlässt, weil beide Empfänger auch für sichtbares Licht empfindlich sind.

Die Fernsehtechnik ermöglicht auch die Umwandlung eines infraroten Bildes in ein sichtbares. Man nimmt als Aufnahmeröhre ein *Vidicon*, das eine infrarot-empfindliche Halbleiterschicht enthält. Auf diese fällt das Licht und ändert dadurch die elektrische Leitfähigkeit. Von der Rückseite wird die Schicht durch einen Elektronenstrahl abgetastet. Man kann infrarote Bilder bis zur Wellenlänge von etwa 1.7 µm ohne Kühlung der Schicht gut umwandeln. Die Bilder werden auf dem Bildschirm eines Fernsehapparates sichtbar. Zur Erhöhung des Auflösungsvermögens kann die Zeilenzahl (z. B. auf 2000) gesteigert werden.

Schließlich sei noch die **Ausleuchtung von Phosphoren** erwähnt, eine Methode, die schon früh erfolgreich angewendet wurde. Leuchtstoffe, die so präpariert sind, dass sie nach Erregung mit kurzwelligem Licht starkes *Nachleuchten*, sog. *Phosphoreszenz*, zeigen, geben das gespeicherte Licht bei Erwärmung sehr viel schneller ab. Bedeckt man z. B. eine Glasplatte mit einer solchen Leuchtstoffschicht (z. B. SrS oder CaS, beide dotiert mit Sm und Eu), und erregt man den Phosphor durch Bestrahlung mit dem kurzwelligen Licht einer Quecksilberdampflampe, dann kann man mit dieser Platte infrarote Bilder bis 1.5 µm aufnehmen. Die Stellen, die infrarotes Licht absorbiert haben, sind nach kurzem, hellem Aufleuchten dunkel. Nach dieser Belichtung legt man die Schicht auf eine photographische Platte. Die noch hellen Stellen der Leuchtstoffschicht belichten die photographische Platte und erzeugen so ein Positiv.

Zum Nachweis von infraroter Laserstrahlung, z. B. bei 1.06 µm wird von der Firma Kodak eine Leuchtstoffschicht angeboten, die durch intensive Infrarotbestrahlung zum sichtbaren Nachleuchten angeregt wird.

2.5.3 Infrarotdurchlässige und -undurchlässige Materialien

Die optische Durchlässigkeit der Materialien in Abhängigkeit von der Wellenlänge und Schichtdicke ist für die Wahl der Fenster bei Strahlungsquellen und -empfängern sowie für die Wahl von Prismen bei Spektralapparaten von Bedeutung. Die Abb. 2.27 bis 2.30 geben einen Überblick der für das Infrarot häufig verwendeten Substanzen, Abb. 2.29 und 2.30 zeigen auch den Einfluss der Schichtdicke. In Abschn. 2.6 und 2.8 wird die optische Absorption unter dem Einfluss der Schichtdicke ausführlich behandelt. Hier soll nur ein Überblick über die wichtigsten Stoffe gegeben werden.

230 2 Dispersion und Absorption des Lichtes

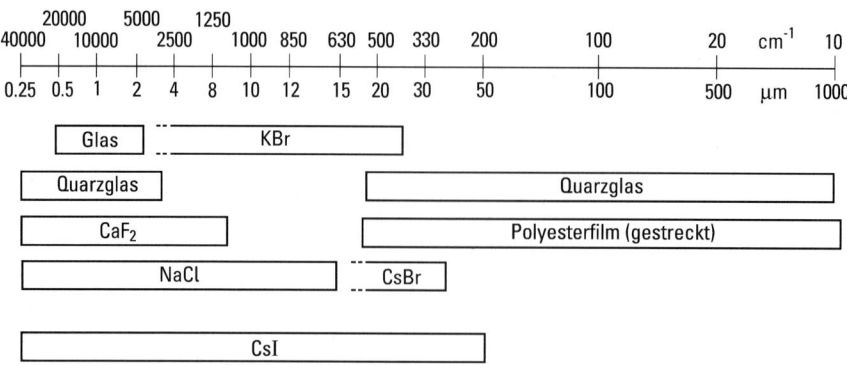

Abb. 2.27 Fenster für Infrarot mit ihren Durchlässigkeitsbereichen für kleine Schichtdicken (CsBr, CsI, KBr und NaCl sind hygroskopisch, vgl. Tab. 2.5).

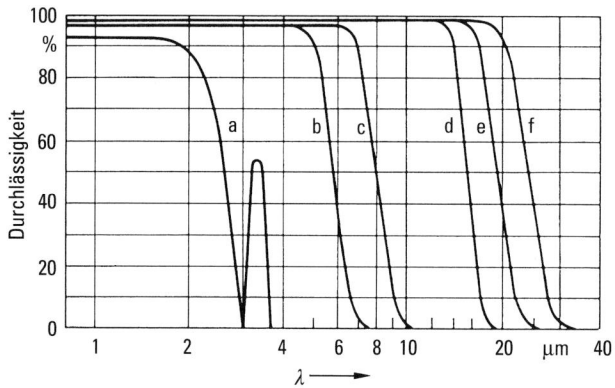

Abb. 2.28 Spektrale Durchlässigkeit von Quarz a, Lithiumfluorid b, Flussspat (CaF_2) c, Steinsalz (NaCl) d, Sylvin (KCl) e und Kaliumbromid (KBr) f; Schichtdicke 3 cm.

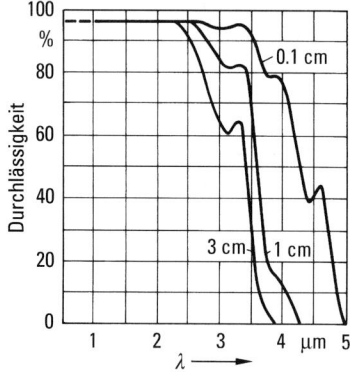

Abb. 2.29 Lichtdurchlässigkeit von extrem reinem, synthetischen Quarzglas (Hanauer Quarzglas Suprasil-W). Man vergleiche mit der Kurve a der Abb. 2.28.

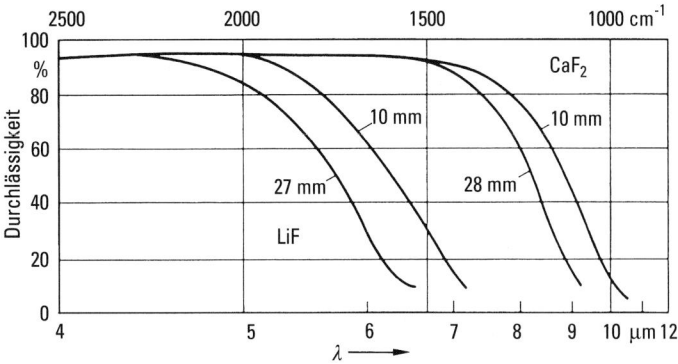

Abb. 2.30 Infrarotdurchlässigkeit von LiF und CaF$_2$ für verschiedene Schichtdicken.

Bei den Gasen sind die Schwingungen und Rotationen der Moleküle ungestört. Man findet scharfe Absorptionen, die heute fast alle bekannt und in Tabellen zu finden sind. Bei Experimenten stören besonders die Absorptionen durch den H$_2$O- und CO$_2$-Gehalt der Luft. Im Sonnenspektrum auf der Erde fehlen mehrere Spektralbereiche infolge dieser Absorptionen. Sie sind z. B. besonders stark bei folgenden Wellenlängen (in µm): 1.1 (H$_2$O); 1.38 (H$_2$O); 1.9 (H$_2$O); 2.7 (CO$_2$ und H$_2$O); 4.3 (CO$_2$); 6.0 (H$_2$O); 14.5 (CO$_2$). Die starke Absorption von Wasser bemerkt man beim Schwimmen an der Erwärmung der Wasseroberfläche im ruhigen Wasser, das von der Sonne beschienen wurde. Will man infrarotes Licht wegen störender Erwärmung zurückhalten, z. B. bei konzentrierter Bestrahlung eines Gegenstandes mit sichtbarem Licht, dann genügt eine mit Wasser gefüllte Küvette von 1 cm Schichtdicke. Bei Metallen und einigen Halbleitern wird durch freie Elektronen eine Absorption des infraroten Lichts verursacht. Die Elektronen übernehmen die Schwingungsenergie des Lichts und strahlen selbst wieder, d. h. das Licht wird reflektiert. Fensterglas von Bürohäusern und Personenwagen wird deshalb mit Metallen (z. B. Gold) oder Halbleitern bedampft, damit das infrarote Sonnenlicht nicht in die Räume dringt und sie zu sehr erwärmt. Andererseits will man auch verhindern, dass die Wärme beheizter Räume infolge Strahlung durch die Fenster nach außen gelangt. Erwünscht sind somit Gläser oder Schichten auf diesen, welche das sichtbare Licht vollständig hindurchlassen und das unsichtbare Infrarot vollständig reflektieren, d. h. eine möglichst steile Kante der Durchlässigkeit bzw. der Absorption bei etwa 0.7 µm haben. Die Reflexion ist dann besonders wichtig, wenn vermieden werden soll, dass sich das Glas erwärmt. Bei Grill- oder Backofenfenstern stört diese Erwärmung nicht; deshalb kann man hier Kunststofffolien auf das Glas kleben, die die Infrarotstrahlung absorbieren, d. h. in Wärme umwandeln. („Wärmeschutzfolien" aus Polypropylen, die oft auch für eine breite Verwendung mit einer dünnen Aluminiumschicht versehen sind).

Fast alle optischen Gläser lassen infrarotes Licht bis etwa 2.7 µm hindurch. Man nennt die Wellenlänge, bei welcher die Durchlässigkeit eines Materials von 5 mm Schichtdicke um 30 % gesunken ist, die *Grenzwellenlänge*. In Tab. 2.5 sind die Grenzwellenlängen für einige Stoffe (als Einkristalle mit Ausnahme der Gläser) angegeben.

Tab. 2.5 Grenzwellenlängen einiger Stoffe.

Stoff	Grenzwellenlänge in μm	Bemerkungen
Optische Gläser	2.7	
Quarzglas	3.8	sofern extrem rein
Al_2O_3	5.5	
MgO und MgF_2	7	
LiF	7	
CaF_2	10	
BaF_2	13.5	
NaCl	20	hygroskopisch
KBr	30	hygroskopisch
CsJ	55	hygroskopisch
Ge	21	maximale Durchlässigkeit bei 2 mm Schichtdicke nur 50%
KRS-5	40	maximale Durchlässigkeit bei 5 mm Schichtdicke nur 75%

Es gibt Stoffe, wie z. B. Germanium, die im sichtbaren Spektralbereich vollkommen lichtundurchlässig sind, jedoch das infrarote Licht in einem weiten Spektralbereich hindurchlassen, wenn auch verhältnismäßig schwach. Außer der Absorption stört bei Infrarot-Fenstern auch die Reflexion. Diese kann durch dielektrische Mehrfachschichten stark herabgesetzt werden (sog. Entspiegelung; vgl. Abschn. 3.3).

Bei der Konstruktion von **Spektrometern** [10] für den infraroten Spektralbereich werden Linsen weitgehend vermieden und durch *Metallspiegel* ersetzt. Diese haben im Infrarot ein sehr gutes Reflexionsvermögen. Für die spektrale Zerlegung des Lichtes werden bis etwa 30 μm Prismen oder Gitter, darüber hinaus nur Gitter verwendet. Prismen aus NaCl oder KBr haben Basislängen und Höhen von etwa 15 cm. Sie werden so hergestellt: In die Oberfläche der Salzschmelze (etwa 800 °C) taucht ein Platinrohr, durch das Kühlwasser fließt. Das sich abkühlende Salz haftet am Platinrohr. Dann wird das Platinrohr langsam in die Höhe gezogen (Geschwindigkeit etwa 1 cm pro Stunde). Schließlich hängt ein schwerer Block festen Salzes am Platinrohr, am oberen Ende mit unvollkommener Kristallisation, weiter unten aber oft in einen guten Einkristall übergehend. Dieser wird zu einem Prisma zersägt; die Seitenflächen werden geschliffen und poliert. Wegen der großen Löslichkeit einiger Salze in Wasser muss Wasserdampf von dem Prisma ferngehalten werden. Dies geschieht dadurch, dass man entweder das Prisma in einem abgeschlossenen Raum mit Trockenmittel hält oder unter dem Prisma ständig eine kleine Heizung in Betrieb hat, damit sich kein Wasserdampf auf den empfindlichen, polierten Prismaflächen niederschlagen kann.

Abb. 2.31 zeigt den grundsätzlichen Aufbau eines Infrarot-Spektrometers. Wie man sieht, sind die Absorption des Linsenmaterials und die nicht zu behebende chromatische Aberration von Linsen im Infrarot durch die Verwendung von Spiegeln umgangen. Sphärische Hohlspiegel zeigen allerdings starke sphärische Aberration, insbesondere bei dem hier notwendigen außeraxialen Strahlengang. Deren Einfluss

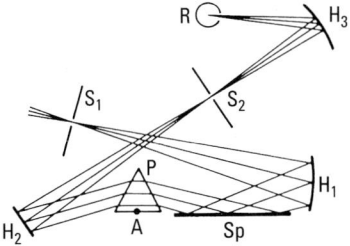

Abb. 2.31 Grundsätzlicher Aufbau eines Spiegelspektrometers.
S_i Spalte, H_i Hohlspiegel, P Prisma, A Drehachse für P und Planspiegel Sp, R Strahlungsempfänger.

wird nach Czerny und Turner durch den in Abb. 2.31 gezeichneten „gekreuzten" Strahlengang durch teilweise Kompensation der bei H_1 und H_2 entstehenden Aberrationen vermindert. Unumgehbar ist die Absorption im Prismenmaterial, wodurch der ausnutzbare Wellenlängenbereich begrenzt wird (Abb. 2.28 bis 2.30).

Die angegebene Konstruktion gehört zu der Klasse der *Spektrometer mit konstanter Ablenkung*. Das heißt der Kollimatorteil S_1H_1 und das Beobachtungsfernrohr S_2H_2 bleiben fest; die Wellenlänge, die auf S_2 fällt, wird durch Drehung der sog. *Wadsworth-Einrichtung* P-Sp um die gemeinsame Drehachse A eingestellt. Wie aus Abb. 2.32 zu erkennen ist, hat die Wadsworth-Einrichtung die Wirkung, den im Minimum der Ablenkung durchgehenden Strahl parallel mit sich selbst zu verschieben, und zwar unabhängig von dem jeweiligen Wert von α, durch den die Wellenlänge bestimmt wird, die durch S_2 ausgesondert wird. (Auch andere Winkel zwischen Prisma und Planspiegel sind möglich; auch dann ist konstante Ablenkung erreichbar.) Welche Wellenlänge durch S_2 hindurchgeht, berechnet sich aus der bekannten Dispersion $n(\lambda)$ des Prismenmaterials in Verbindung mit der für das Minimum der Ablenkung gültigen Beziehung

$$n = \frac{\sin\dfrac{\varepsilon+\delta}{2}}{\sin\dfrac{\varepsilon}{2}}$$

(ε: Prismenwinkel, $\delta = 2\alpha$: Gesamtablenkung im Prisma).

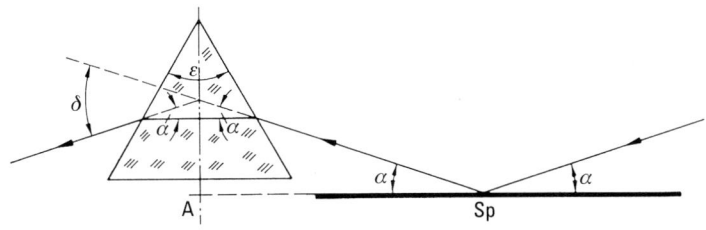

Abb. 2.32 Strahlengang durch die Wadsworth-Einrichtung.

234 2 Dispersion und Absorption des Lichtes

Moderne Infrarot-Spektrometer verwenden heute meist Reflexionsgitter (siehe Abschn. 3.10). Zur Vermeidung der Licht-Absorption durch H_2O und CO_2 in der Luft wird entweder der Spektrograph mit Stickstoff durchspült oder es werden zwei Strahlengänge miteinander verglichen, von denen einer durch die zu untersuchende Probe geht. Die beiden Strahlengänge werden durch Unterbrechung hergestellt. In der Pause des einen legt der andere die gleiche optische Weglänge zurück.

2.5.4 Fourier-Spektroskopie

Im mittleren und besonders im fernen Infrarot bis zu Wellenlängen von etwa 2 mm ist seit der Verfügbarkeit elektronischer Rechner die Fourier-Spektroskopie [11] außerordentlich erfolgreich. Es wird kein Prisma oder Gitter mehr für die Zerlegung des Lichts in schmale Wellenlängenbereiche benutzt. Vielmehr wird das zu untersuchende Licht in ein Michelson-Interferometer (s. Kap. 3) geschickt, wo es mittels eines halbdurchlässigen Spiegels in zwei Bündel geteilt wird; diese werden nach Reflexion an zwei Spiegeln überlagert und zur Interferenz gebracht. Ein Spiegel wird durch mechanischen Antrieb in Strahlrichtung bewegt. Falls eine streng monofrequente Lichtquelle vorhanden ist, registriert ein Empfänger während der Bewegung dieses Spiegels das An- und Abschwellen der Strahlungsleistung durch Interferenz. Ein Computer verarbeitet dann diese gemessene Strahlungsleistung in Abhängigkeit vom Vortrieb des Spiegels. Er zerlegt nach Fourier die gemessene Strahlungsleistung in Abhängigkeit vom Weg des einen Spiegels mathematisch in einzelne Sinusfunktionen. Diese schreibt er in der üblichen Art der Spektrendarstellung, d.h. Strahlstärke in Abhängigkeit von der Frequenz, auf. Eine monofrequente Strahlung erscheint dann als schmaler, vertikaler Strich bei bestimmter Frequenz. Der Vortrieb des einen Spiegels ist mechanisch mit der Genauigkeit eines Bruchteils einer Wellenlänge zu beherrschen. Das ist eine gewisse Schwierigkeit, weshalb diese Fourier-Spektroskopie vorwiegend bei längeren Wellen, also im Infrarot, angewendet wird.

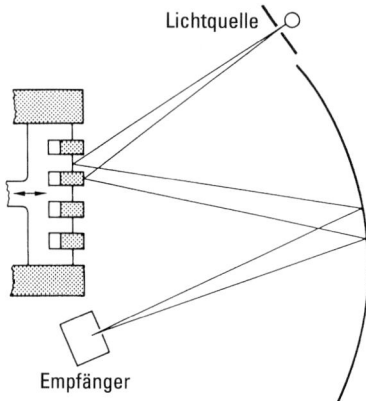

Abb. 2.33 Prinzip einer Zweistrahl-Interferenzanordnung für Fourier-Spektroskopie. Im fernen Infrarot sind halbdurchlässige Spiegel ungünstig, deshalb werden streifenförmige Spiegel (Lamellargitter) ineinander gesteckt, von denen einer bewegt wird.

Die Optik besteht aus Hohl- und Planspiegeln sowie aus dem Strahlteiler, einem halbdurchlässigen Spiegel in der Mitte des Interferometers. Dieser ist auswechselbar, damit er dem Wellenlängenbereich angepasst werden kann (6 µm eine Flussspatplatte, die mit Fe_2O_3 bedampft ist; von 3 bis 25 µm eine KBr-Platte, mit Germanium bedampft; ab 25 µm Folien verschiedener Dicke aus gestrecktem Polyester). Im langwelligen Infrarot (0.1 bis 2 mm) ist diese Strahlteilung mit halbdurchlässigem Spiegel weniger günstig. Man kann darauf verzichten, indem die beiden Spiegel als dicke Lamellen ausgebildet und ineinander gesteckt werden (*Lamellargitter*, Abb. 2.33). Einer der beiden streifenförmigen Spiegel ist in Richtung des Lichtstrahls beweglich. Die Breite der Lamellen beträgt einige Millimeter. Der ganze Spiegel hat einen Durchmesser von etwa 10 cm. Das an den beiden Streifensystemen reflektierte Licht hat verschieden lange Wege zurückzulegen, falls die Oberflächen nicht in einer Ebene liegen, und kommt damit zur Interferenz.

Das Auflösungsvermögen bei der Fourier-Spektroskopie ist außerordentlich groß. Um dieses zu verstehen, sei zunächst der oben beschriebene einfache, idealisierte Fall betrachtet, bei dem Licht mit nur einer einzigen Frequenz ν bzw. Wellenzahl $\tilde{\nu} = 1/\lambda$ ausgesendet wird. Die spektrale Strahldichte $L_e(\tilde{\nu})$ lässt sich dann mathematisch durch die Gleichung

$$L_e(\tilde{\nu}) = L_{0e}\,\delta(\tilde{\nu} - \tilde{\nu}_0)$$

beschreiben, wobei $\delta(\tilde{\nu} - \tilde{\nu}_0)$ die Dirac'sche Delta-Funktion ist, die nur an der Stelle $\tilde{\nu} = \tilde{\nu}_0$ einen Beitrag im Spektrum liefert. Nimmt man an, dass das Interferogramm mit einem Michelson-Interferometer aufgenommen wird, so können die elektrischen Feldstärken E_1 und E_2 der Wellen, die nach Durchlaufen der beiden Interferometerarme miteinander interferieren, für eine vorgegebene Wellenzahl dargestellt werden durch

$$E_1(\tilde{\nu}) = \sqrt{L_e}\exp(i\omega t + 2\pi i\tilde{\nu}s)$$

und

$$E_2(\tilde{\nu}) = \sqrt{L_e}\exp(i\omega t),$$

wobei $s/2$ die Verschiebung des Spiegels aus der Nullstellung bedeutet. Von dem Detektor wird die Bestrahlungsstärke E_e gemessen, die proportional dem zeitlichen Mittelwert des Quadrates der Gesamtfeldstärke ist:

$$E_e(s) \sim \int_0^\infty |E_1 + E_2|^2\,d\tilde{\nu} = \int_0^\infty \delta(\tilde{\nu} - \tilde{\nu}_0)(1 + \cos 2\pi\tilde{\nu}s)\,d\tilde{\nu} = 2\cos^2\pi\tilde{\nu}_0 s\,.$$

Bei unendlicher Verschiebung des Spiegels würde die Fourier-Transformierte von $E_e(s)$ wieder die Delta-Funktion liefern. Bei endlicher Verschiebung bis zu einem $s_{max}/2$ hingegen erhält man eine spektrale Strahldichte der Form

$$L_e(\tilde{\nu}) \sim s_{max}\frac{\sin 2\pi(\tilde{\nu} - \tilde{\nu}_0)s_{max}}{2\pi(\tilde{\nu} - \tilde{\nu}_0)s_{max}}\,.$$

Diese Funktion entspricht der Spaltfunktion der konventionellen Monochromatoren (Kap. 3). Die Halbwertsbreite $\Delta\tilde{\nu}_H$ beträgt

$$\Delta\tilde{\nu}_H = 1.21/(2s_{max}) \approx 1/(2s_{max})\,.$$

Wählt man eine Lichtquelle, die Licht mit zwei benachbarten Frequenzen v_0 und v_1 bzw. mit den Wellenzahlen $\tilde{v}_0$ und $\tilde{v}_1$ aussendet und deren spektrale Strahldichte $L_e(\tilde{v})$ ähnlich wie oben durch

$$L_e(\tilde{v}) = L_{0e}[\delta(\tilde{v} - \tilde{v}_0) + \delta(\tilde{v} - \tilde{v}_1)]$$

beschrieben werden möge, so erhält man für die Bestrahlungsstärke E_e

$$E_e(s) \sim 2 + \cos 2\pi \tilde{v}_0 s + \cos 2\pi \tilde{v}_1 s = 2\cos^2 \pi \tilde{v}_0 s + 2\cos^2 \pi \tilde{v}_1 s.$$

Bei sehr nahe gelegenen $\tilde{v}_1$ und $\tilde{v}_2$ erhält man eine $\cos^2$-Schwebung von $E_e(s)$. Auch hier kann man ohne großen Aufwand anhand des ursprünglichen Interferogramms den Abstand beider Linien bestimmen. Die Fourier-Transformierte von $E_e(s)$ liefert dann, wenn man eine maximale Spiegelverschiebung bis zu $s_{max}/2$ annimmt,

$$L_e(\tilde{v}) \sim s_{max}\left[\frac{\sin 2\pi(\tilde{v} - \tilde{v}_0)s_{max}}{2\pi(\tilde{v} - \tilde{v}_0)s_{max}} + \frac{\sin 2\pi(\tilde{v} - \tilde{v}_1)s_{max}}{2\pi(\tilde{v} - \tilde{v}_1)s_{max}}\right].$$

Linien mit wenig verschiedenen Wellenzahlen $\tilde{v}_1, \tilde{v}_2$ erscheinen noch getrennt, wenn der Abstand der Maxima größer ist als ihre Halbwertsbreite. Unter Berücksichtigung der obigen Beziehung für $\Delta \tilde{v}_H$ ergibt sich

$$\Delta \tilde{v} = -\frac{\Delta \lambda}{\lambda^2} \approx \frac{1}{2 s_{max}}$$

und damit das Auflösungsvermögen zu

$$\left|\frac{\lambda}{\Delta \lambda}\right| \approx \frac{2 s_{max}}{\lambda}.$$

Bei zahlreichen Fourier-Spektrometern werden Gangunterschiede bis zu 100 cm beherrscht. Bei einer Wellenlänge von $\lambda = 1\,\mu m$ beträgt demnach das Auflösungsvermögen

$$\left|\frac{\lambda}{\Delta \lambda}\right| \approx 10^6.$$

Wie ein Vergleich mit der in Abschn. 3.10 angegebenen Tab. 3.1 zeigt, entspricht das Auflösungsvermögen dem einer hochauflösenden Fabry-Perot-Platte.

Schon Rubens hat sehr früh (1911) die Vorzüge dieser Art der Spektroskopie erkannt und wohl das erste Interferogramm aufgenommen. Aber die Fourier-Transformation war damals (ohne Rechner!) zu schwierig. Nach 1950 griffen P. B. Fellgett in Cambridge und P. Jacquinot in Paris den Gedanken wieder auf. Heute gibt es komplette Fourier-Spektrometer auf dem Markt.

Kantenfilter. An dieser Stelle sollen auch andere Möglichkeiten erwähnt werden, mit denen ein bestimmtes, schmales Wellenlängengebiet aus dem Kontinuum ausgesondert werden kann, das entweder hindurchgelassen oder zurückgehalten wird. Feste und flüssige Stoffe haben, von Ausnahmen (Salze der Seltenen Erdmetalle) abgesehen, so breite Absorptionsgebiete, dass allenfalls nur eine Seite der Absorptionsbande für eine Filterkombination in Frage kommt. Das Gleiche gilt auch für Infrarotfilter aus verschiedenen Gläsern (Schott, Corning, Bausch u. Lomb), von denen einige das Licht bis $\lambda = 6\,\mu\text{m}$ hindurchlassen (Calcium-Aluminat- und Germanat-Gläser), bei Arsensulfid-Glas sogar bis $\lambda = 12\,\mu\text{m}$. Hier ein Beispiel für eine Filterkombination: Eine 1 mm dicke Scheibe eines Germanium-Einkristalls lässt das infrarote Licht ab etwa 1.7 μm hindurch; ein Glas-Filter begrenzt es auf der langwelligen Seite je nach Wahl und Dicke des Filters z. B. bei 2.9 μm (Schott RG). So kann man durch Kombination beider einen bestimmten infraroten Bereich erhalten, der den Vorteil hat, dass weniger Licht verlorengeht als bei einem Spektralapparat. Die Zahl der Möglichkeiten ist aber sehr begrenzt.

Viel günstiger sind die *Interferenzfilter*. Sie bestehen z. B. aus Mehrfachschichten von zwei Stoffen verschiedener Brechzahl auf einem Glassubstrat und können für einen bestimmten, engen Spektralbereich, der wählbar ist, hergestellt werden. Ausführlicher sind Interferenzfilter in Abschn. 3.3 dargestellt.

Ein anderer Weg zur Ausfilterung eines Wellenlängengebietes ist die Methode der *Reststrahlen*. Bestimmte Molekülanteile werden zu Resonanzschwingungen angeregt, wenn Strahlung auftrifft. Die Resonatoren bewirken eine selektive Reflexion. Nach einigen Wiederholungen (gegenübergestellte Kristallflächen) sind nur noch die Eigenfrequenzen im Spektrum vorhanden. Ausführlich darüber in Abschn. 2.8.

Eine grobe Trennung kann mit der *Quarzlinsenmethode* erfolgen. Sie beruht darauf, dass die Brechzahlen je nach Wellenlänge unterschiedlich sind und damit sich auch die Brennweiten unterscheiden. Es wird also der Farblängsfehler ausgenutzt. Eine feine Lochblende befindet sich an der Stelle, wo das Licht des gewünschten Wellenlängenbereichs punktförmig konzentriert ist. Ausführlich darüber in Abschn. 2.8.

Beim Arbeiten mit infraroter Strahlung stört im Allgemeinen das kürzerwellige Licht. Man kann dieses z. T. dadurch entfernen, dass man das Licht an einem Planspiegel mit entsprechender Oberflächenrauigkeit reflektieren lässt. Durch diffuse Reflexion wird das kürzerwellige Licht (etwa $\lambda < 9\,\mu\text{m}$) zum großen Teil aus dem Strahlengang entfernt.

2.5.5 Ultraviolettes Licht (UV)

Dass jenseits des violetten Endes vom sichtbaren Spektrum noch Strahlung vorhanden ist, wurde im Jahre 1801 von J. W. Ritter durch photochemische Wirkung entdeckt. Das ultraviolette Licht ist energiereicher als das infrarote. Deshalb ist der Nachweis einfach, obgleich die Strahlungsstärke der meisten Lichtquellen ziemlich schwach ist. Die Emission eines Temperaturstrahlers fällt auf der kurzwelligen Seite des Maximums der Strahlung viel steiler ab als auf der langwelligen Seite (vgl. Abschn. 5.5). Das ultraviolette Licht schwärzt jeden photographischen Film und löst aus allen Metallen Elektronen aus (lichtelektrischer Effekt). Die Energie ist also groß genug, um den Atomen Elektronen zu entreißen und damit chemische Reaktionen einzuleiten. Als Beispiele seien weiter erwähnt: Spaltung und Umwandlung von Molekülen, das Ausbleichen von Farbstoffen, die Bildung von Vitamin D aus Ergosterin im lebenden Körper und die Bakterien tötende Wirkung. Auch die Umwandlung von UV in sichtbares Licht durch *Fluoreszenz* ist bei vielen Substanzen möglich. Dabei wird immer energiereicheres, d. h. kürzerwelliges Licht in energieärmeres, d. h. längerwelliges Licht umgewandelt **(Stokes'sches Gesetz)**. Es gibt zwar seltene Ausnahmen von dieser Regel; sie verletzen aber *nicht* den Energiesatz. Denn jedes Mal wird die fehlende Energie hinzu geliefert, z. B. aus dem Wärmevorrat. Auch können zwei absorbierte Lichtquanten in eines umgewandelt werden, wobei die doppelte Frequenz erhalten wird.

UV-Lichtquellen. Der kurzwellige schwache Ausläufer der *Temperaturstrahler* hat den Vorteil, ein vollkommen kontinuierliches UV-Spektrum zu liefern. Zum Erhalt ausreichender UV-Strahlungsstärke muss die Temperatur der Lichtquelle möglichst hoch sein. Man verwendete früher den Kohlebogen und überhitzte Glühlampen mit UV-durchlässigem Fenster. Die überwiegend vorhandene Infrarot-(IR-)Strahlung konnte leicht durch eine mit Wasser oder $CuSO_4$-Lösung gefüllte Küvette (mit Fenstern aus Quarzglas!) zurückgehalten werden. Das sichtbare Licht wurde anschließend durch ein UV-Filter entfernt.

Da die Lebensdauer eines überhitzten Wolfram-Glühfadens sehr kurz ist, wählt man besser eine *Halogenlampe* mit Quarzkolben. Verdampfende Wolfram-Atome verbinden sich mit einem Halogen (z. B. Jod), mit dem der Kolben gefüllt ist. Nach einiger Zeit trifft das Wolframjodid-Molekül wieder auf den heißen Wolfram-Faden, wo es gespalten wird. Das W-Atom setzt sich auf dem Faden ab, und das Jod-Atom wird wieder frei. Auf diese Weise bleibt die Stärke des Wolfram-Fadens auch bei höherer Temperatur länger erhalten.

Der *positive Krater des Kohlebogens* erreicht eine höchste Temperatur von 4000 K. Das UV-Spektrum ist überlagert von Banden, die vom ionisierten Gas im Lichtbogen herrühren. Deshalb wird im UV unterhalb von 300 nm keine Kontinuum-Strahlung ausgesendet. Die Sonne hat eine Oberflächentemperatur von 6000 K. Der kurzwellige Ausläufer der Strahlung (unterhalb von 180 nm) wird in großen Höhen der Atmosphäre für die Bildung von Ozon verbraucht. Der mittlere Teil des UV um 254 nm wird von diesem Ozon stark absorbiert. So erhalten wir an der Erdoberfläche (glücklicherweise!) nur noch das Ultraviolett der Sonne, das längerwellig ist als 300 nm.

Die große Zahl dicht beieinander liegender Spektrallinien, die von angeregten Atomen und Ionen im gasförmigen Zustand ausgesandt werden, kann bei manchen Experimenten das Kontinuum ersetzen. Man verzichtet oft auf Temperaturstrahler und zieht Gasentladungen ausgewählter Atomarten im Quarzkolben vor. Allgemein bekannt ist die *Quecksilberdampflampe im Quarzkolben*, schon lange verwendet für Bestrahlungszwecke (Entkeimung und als sog. künstliche Höhensonne). Die Zahl der monochromatischen Linien im UV-Spektrum des Quecksilbers ist zwar gering, aber die Strahlungsstärke ist groß, besonders die der Resonanzlinie bei 253.7 nm. Bei hohem Druck (20 at ≈ 2 MPa) sind die Linien fast verschwunden; ein Kontinuum erstreckt sich von etwa 240 nm bis ins sichtbare Spektralgebiet, unterbrochen durch eine Lücke zwischen 250 und 270 nm (Umkehr der Resonanzlinie mit Verbreiterung). Das *Eisen-Spektrum* enthält eine große Zahl intensiver Linien. Man erhält die Strahlung leicht von einer Bogenlampe mit Eisenstäben als Elektroden. Die Spektren der Atomarten findet man in Tabellen. Wünscht man eine bestimmte monochromatische Strahlung eines Elementes, und hat man nur wenig Substanz oder hat man die Substanz als Pulver oder in gelöstem Zustand, dann bringt man sie in den Kohlebogen und erhält die charakteristischen Linien des Atoms im Entladungsbogen zwischen den Kohlen. So können auch mehrere Atomarten zusammen ein Spektrum mit sehr vielen Linien ergeben, mit dem man z. B. nicht zu schmale Absorptionsbanden von

2.5 Infrarote und ultraviolette Strahlung   239

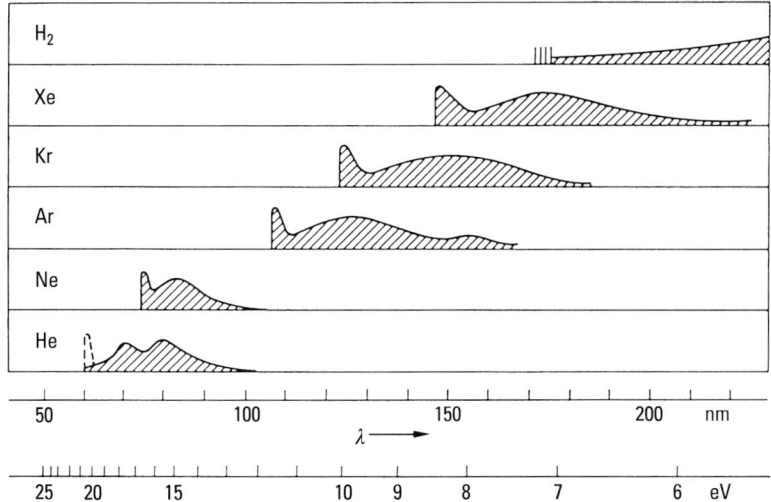

Abb. 2.34 Die kontinuierlichen Emissionsspektren von Wasserstoff und den Edelgasen im Ultraviolett (schematische Darstellung) (nach [12]).

festen oder flüssigen Substanzen messen kann. Für die Suche nach schmalen Absorptionsbanden und -linien aber ist eine Strahlungsquelle mit kontinuierlicher Verteilung über ein größeres Spektralgebiet erwünscht oder notwendig. Obgleich die Strahlungsstärke schwach ist, eignen sich sehr gut *Entladungslampen*, die *mit Wasserstoff oder Edelgasen* gefüllt sind. Die Spektren zeigen zwar noch überlagerte Linien. Diese kann man aber bei der Messung durch Differenzbildung eliminieren. Abb. 2.34 zeigt die spektrale Verteilung der Emission. Die Wasserstoffentladung wird schon seit 1930 verwendet. Das H_2-Molekül wird zur Strahlung angeregt, weshalb sich ein kontinuierliches Spektrum ergibt. Bei den Edelgasen ist offenbar auch eine Molekülbildung vorhanden [12]. Die Entladungsröhren sind aus Glas oder Quarz und haben ein Fenster, z. B. CaF_2, das bis 130 nm durchlässig ist.

Für das Wellenlängengebiet zwischen dem kurzwelligen Ultraviolett von etwa $\lambda = 180$ nm und den weichen Röntgenstrahlen von etwa $\lambda = 0.1$ nm ($= 1$ Å) gab es lange Zeit hindurch keine Strahlungsquelle, die ein zusammenhängendes Spektrum (Kontinuum) aussendet. Heute wird mit den für die Elementarteilchenphysik geschaffenen kreisförmigen Elektronenbeschleunigern ein derartiges Kontinuum erzeugt. Bekanntlich strahlt jedes elektrisch geladene Teilchen, das sich in einer beschleunigten Bewegung befindet, eine elektromagnetische Welle ab. Befinden sich die Teilchen auf einer Kreisbahn, so strahlen sie, weil die Bewegung eine beschleunigte ist (Richtungsänderung des Geschwindigkeitsvektors). Die Strahlungsenergie ist umgekehrt proportional der 4. Potenz der Ruhemasse; deshalb ist sie bei Protonen vernachlässigbar. Die Strahlung verlässt tangential die Kreisbahn der Ladungsträger. Die Polarisationsrichtung (elektr. Feldstärke) liegt in der Bahnebene (vgl. Abschn. 15.1.5).

Beim *Deutschen Elektronen-Synchrotron* (DESY) in Hamburg beträgt der Bahnradius 31.7 m; die Elektronen können bis auf 7.5 GeV beschleunigt werden und

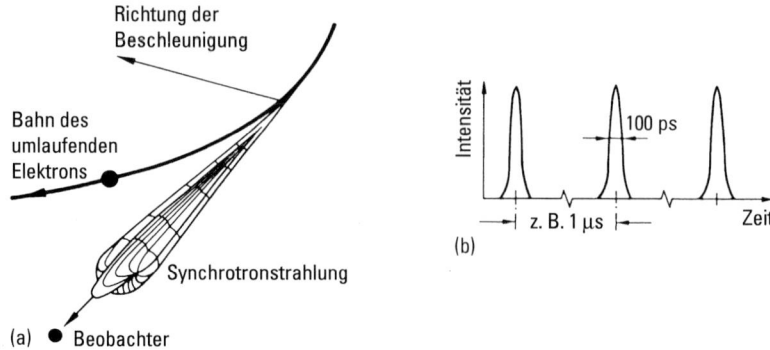

Abb. 2.35 Synchrotronstrahlung: (a) Strahlungscharakteristik eines relativistischen Elektrons auf einer Kreisbahn; (b) Zeitstruktur der Synchrotronstrahlung im single-bunch-Betrieb.

durchlaufen in 1.05 µs den Kreis. Die Elektronen emittieren Strahlung vorwiegend in Richtung der momentanen Geschwindigkeit. Da die Bewegung nahezu mit Lichtgeschwindigkeit erfolgt, entspricht die Richtcharakteristik nicht der üblichen Dipolstrahlung, sondern es tritt nur ein enges Strahlenbündel auf, das mit den Elektronen tangential um die Bahn rotiert (Abb. 2.35). Ein Beobachter außerhalb der Bahn sieht daher eine Folge kurzer Strahlungsimpulse im Abstand der Elektronenumlaufzeit von z. B. 1.05 µs. Jeder Impuls enthält ein breites Frequenzspektrum, das von der Bahnenergie der Elektronen abhängt, wie Abb. 5.24 zeigt. Bei 6 GeV ergibt sich ein Strahlungsverlust von 3.4 MeV pro Umlauf. Diese Leistung muss also zugeführt werden, wenn die Geschwindigkeit nicht abnehmen soll. Am Monochromator-Ausgang werden bei $\lambda = 10$ nm und einer Bandbreite von 0.1 nm etwa 10^8 Photonen/s bei einem Bahnstrom von etwa 100 mA gemessen. Bei $\lambda = 0.1$ nm ($= 1$ Å) sind es etwa 10^{11} Photonen/s! Zum Vergleich: Eine Krypton-Entladung ergibt bei $\lambda = 150$ nm (s. Abb. 2.34) etwa 10^7 Photonen/s. Zur Erzeugung von *Synchrotron-Strahlung* werden heute besondere Elektronenspeicherringe betrieben (z. B. BESSY = Berliner Elektronenspeicherring für Synchrotronstrahlung).

Zur Erzeugung von UV-Strahlung können auch kontinuierliche und gepulste **Laser** verwendet werden (s. Abb. 2.22). Im Vergleich zu anderen Strahlungsquellen können Laser sehr viel höhere Strahlungsleistungen liefern, sind aber nur über kleine Wellenlängenbereiche abstimmbar.

Empfänger für ultraviolette Strahlung. Die *photographische Platte* ist für Ultraviolett bis 185 nm sehr empfindlich. Unterhalb dieser Wellenlänge beginnt das sog. Schumann-UV, in welchem die Gelatine der photographischen Emulsion und der Sauerstoff der Luft die Strahlung absorbieren. Deshalb müssen hier Platten ohne Gelatine, sog. *Schumann-Platten*, verwendet werden, und die Strahlen müssen im Vakuum verlaufen (Vakuumspektrograph). Schumann-Platten sind unbequem zu behandeln; deshalb zieht man die *Photozelle mit Sekundärelektronenvervielfacher*, den sog. *Multiplier*, vor. Da man im Vakuum arbeitet, kann der offene Multiplier verwendet werden. Der Wirkungsgrad kann gesteigert werden, wenn vor den Multiplier eine fluoreszierende Substanz gebracht wird, z. B. eine dünne Schicht Natriumsalicylat. Die Wahl des fluoreszierenden Kristalls bzw. Schicht hängt von der UV-Wellenlänge ab. Da das Fluoreszenzlicht im sichtbaren Bereich liegt, bei Natriumsalicylat $\lambda = 400$ bis 470 nm, kann der Multiplier sich auch in einer abgeschlossenen Glasröhre, also mit Glasfenster befinden. Diese Art des Ultraviolett-Nachweises ist die bequemste und die heute wohl am meisten angewendete. Man hat nur auf die „Anpassung" zu achten, d.h. dass die UV-Strahlung den fluoreszierenden Stoff zum Leuchten anregt und dass die Fluoreszenzstrahlung im Empfindlichkeitsbereich der Photokathode liegt. Bei dem erwähnten Natriumsalicylat wird die Fluoreszenz im Gebiet von 60 bis 360 nm angeregt. Die Quantenausbeute ist außergewöhnlich hoch (99% bei $\lambda = 254$ nm). Das Natriumsalicylat bedeckt außen als dünne Schicht ($2\,\text{mg/cm}^2$) das Glas- oder Quarzfenster des Photomultipliers. Andere fluoreszierende Stoffe (Szintillatoren) zur Vorschaltung vor den Multiplier sind: NaI(Tl), NaI rein, ZnS(Ag). Zur Strahlungsmessung ohne Multiplier eignen sich auch Halbleiter-Photodioden, z. B. aus Si, wie oben in Abschn. 2.5.2 für infrarote Strahlung dargestellt.

Ultraviolettdurchlässige Materialien. Wegen der großen photochemischen Wirksamkeit der UV-Strahlung muss darauf geachtet werden, dass das Material nicht durch die Bestrahlung verändert wird, indem z. B. ein Fenster trübe wird. Dies gilt vor allem für das kurzwellige Ultraviolett unterhalb 100 nm.

Optische Gläser lassen im Ultraviolett bis etwa 350 nm hindurch, Spezialgläser bis 300 nm. Darunter wird am häufigsten Quarzglas verwendet, das bis 190 nm benutzt werden kann. Geringe Spuren von Verunreinigungen (Fe, Pb, Ce) vermindern die UV-Durchlässigkeit. CaF_2 ist bis 130 und LiF bis 110 nm durchlässig, Abb. 2.36. Eine 1 cm dicke Wasserschicht zeigt bis zu 190 nm kaum eine Absorption. Unterhalb von 185 nm absorbieren schon viele Gase merklich, vor allem Sauerstoff. Deshalb muss man zwischen 185 nm und 0.1 nm im Vakuum arbeiten (Vakuumspektrograph). Erst ab 0.1 nm ($= 1\,\text{Å}$), also im Röntgengebiet, kann wieder bei normalem Luftdruck gearbeitet werden.

Um einen schmalen UV-Bereich zu erhalten, kann man zwar einen Monochromator mit Prisma oder Gitter nehmen. Es geht aber viel Licht verloren, und so sucht man nach geeigneten *Filtern* oder *Filterkombinationen*. Sehr gute Filter werden

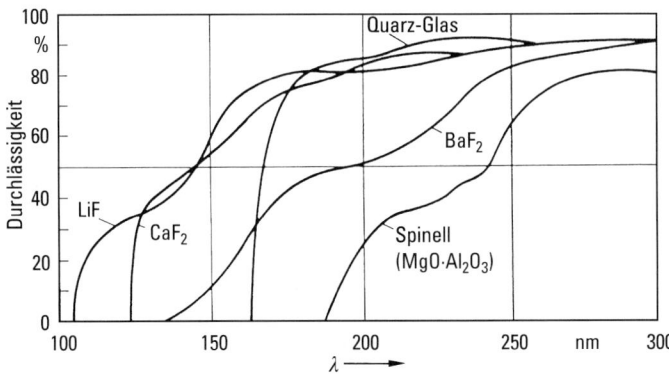

Abb. 2.36 Spektrale Durchlässigkeit einiger Stoffe im Ultraviolett (Schichtdicke 5 mm).

von Schott und Gen. in Mainz sowie von den Corning Glass Werken geliefert. Man kann sich für einige Bereiche aber auch leicht selbst Flüssigkeits-Filter herstellen, z. B. K_2CrO_4 in H_2O gelöst für $\lambda = 300$ bis $330\,nm$, $NiSO_4$ in H_2O gelöst für Wellenlängen unterhalb von $340\,nm$ und andere, auch organische Substanzen. An dieser Stelle muss auch auf die wichtigen *Interferenzfilter* hingewiesen werden, die im Kap. 3 behandelt werden.

Die Möglichkeiten der Zusammensetzung von Linsen, z. B. zu Achromaten, sind wegen der geringen Zahl UV-durchlässiger Stoffe begrenzt. *Quarz-Flussspat-Achromate* gehören zu den meist verwendeten Kombinationen. Obgleich Flussspat teuer ist, kann man nicht darauf verzichten.

Spektrometer, Spektrographen und Monochromatoren werden für den ultravioletten Spektralbereich mit Quarzglasprismen und den gerade erwähnten Achromaten ausgerüstet. Sie werden für die Emissionsspektralanalyse, für Absorptions- und Reflexionsmessungen viel gebraucht. Die Dispersion ist wegen des steileren Verlaufs der Brechzahl größer als im sichtbaren Bereich. Wird ein Prisma nicht aus Quarzglas, sondern aus kristallinem Quarz (Bergkristall) hergestellt, dann muss die entstehende Zirkularpolarisation des Lichts kompensiert werden. Dies geschieht dadurch, dass das Prisma aus zwei Hälften von rechtsdrehendem und linksdrehendem Bergkristall besteht *(Cornu-Prisma)*.

Im kurzwelligen UV (unterhalb von $190\,nm$), wo wegen der Absorption keine Prismen mehr verwendet werden können, nimmt man Strichgitter mit Spiegeloptik. Die Gitterstriche sind auf Metallspiegel geritzt, bzw. ein in Glas geritztes Strichgitter wird mit Metall bedampft. Der letzte Weg wird deshalb vorgezogen, weil als Metall Aluminium gern wegen seiner hohen Reflexion im UV gewählt wird; Aluminium ist aber stets mit einer dünnen Al_2O_3-Schicht bedeckt, die sehr hart ist und den Diamanten beim Ritzen schnell stumpf macht. Bei neueren Geräten wird auch im längerwelligen UV und im anschließenden sichtbaren Gebiet auf Prismen und Objektive verzichtet. Die Apparate bestehen nur aus der Spiegeloptik und dem Gitter.

2.6 Absorption der Strahlung

Bisher wurde die Absorption nur nebenher, gewissermaßen aus technischen Gründen erwähnt. Jetzt sollen ihre Gesetzmäßigkeiten behandelt werden. Dazu ist notwendig, mit monofrequentem Licht zu arbeiten, sei es im Ultraviolett, im Sichtbaren oder im Infrarot.

Wir wollen daher eine monofrequente Strahlung der Wellenlänge λ auf die Oberfläche eines Mediums fallen lassen. Ein bestimmter Bruchteil wird reflektiert. Der Rest, dessen Strahlungsleistung wir Φ_0 nennen wollen, dringt in das Medium ein. Bleibt diese Strahlungsleistung Φ_0 unverändert beim Durchgang, so heißt das Medium *durchlässig*, im Sichtbaren auch *durchsichtig*. Nimmt die Strahlungsleistung ab, so kann dies zwei Ursachen haben: 1. Das Licht wird teilweise absorbiert, d. h. es wird von der Materie in eine andere Energieform umgewandelt, z. B. in längerwelliges Licht (Fluoreszenz) oder in Wärme. 2. Das Licht wird teilweise gestreut, z. B. an Staubteilchen in der Luft, an Schwebestoffen im Wasser oder an Luftbläschen im Glas. Hierbei wird das Licht von der ursprünglichen Richtung abgelenkt. Beide

2.6 Absorption der Strahlung

Ursachen zusammen nennt man *Extinktion* (= Auslöschung). Diese ist also zusammengesetzt aus der *Absorption* und der *Streuung*. Bei den folgenden Betrachtungen soll die Streuung vernachlässigbar klein sein. Dann können wir die Extinktion gleich der Absorption setzen.

Wenn die Fortpflanzungsrichtung der Strahlung etwa die l-Richtung ist, so nimmt die Strahlungsleistung mit wachsendem l ab. Nennen wir den Wert der noch vorhandenen Strahlungsleistung an der Stelle l nunmehr Φ, so ist diese an der Stelle $l + dl$ offenbar $\Phi - \dfrac{d\Phi}{dl}dl$, d.h. die längenbezogene Abnahme der Strahlungsleistung ist $-\dfrac{d\Phi}{dl}$. Es liegt nahe, diesen Wert proportional dem gerade vorhandenen Wert der Strahlungsleistung Φ zu setzen:

$$\frac{d\Phi}{dl} = -a\Phi(l), \quad \text{oder} \quad \frac{d\Phi}{\Phi} = -a\,dl; \quad (a > 0).$$

Die Integration ergibt sofort:

$$\ln \Phi = \ln \Phi_0 - al,$$

oder:
$$\Phi = \Phi_0 e^{-al}. \tag{2.17}$$

Φ_0 ist also die Strahlungsleistung, die an der Stelle $l = 0$ in das Medium eindringt. Gl. (2.17) wird als das **Lambert'sche Gesetz** bezeichnet. Es besagt, dass in jeder Schicht dl des Materials der gleiche Bruchteil der eindringenden Strahlung verschluckt wird. Die Größe a wird *Absorptionskoeffizient* genannt. a ist abhängig von der Wellenlänge λ und der Natur des absorbierenden Mediums, aber nicht von l. Da al in Gl. (2.17) die Dimension 1 hat, hat a die Dimension einer reziproken Länge; a wird z.B. in cm^{-1} gemessen. Seine physikalische Bedeutung ist die des reziproken Weges, auf dem die Strahlungsleistung auf den e-ten Teil herabsinkt. Denn für $a = 1/l$ wird nach Gl. (2.17) $\Phi_1 = \Phi_0 e^{-1}$.

A. Beer (1852) hat den Absorptionskoeffizienten a genauer bestimmt, indem er von dem Gedanken ausging, dass die Absorption längs eines Weges l nur von der Gesamtzahl der im Strahlengang befindlichen absorbierenden Individuen (Atome, Moleküle) abhängen könne. Ist also die Konzentration der absorbierenden Zentren c (bzw. ihr Partialdruck p), so ist die Gesamtzahl der absorbierenden Zentren offenbar proportional dem Produkt cl (bzw. pl). Bedeutet daher a' (a'') einen anderen Koeffizienten, so kann das Lambert'sche Gesetz (2.17) geschrieben werden:

$$\Phi = \Phi_0 e^{-a'cl} \quad \text{bzw.} \quad \Phi = \Phi_0 e^{-a''pl}. \tag{2.17a}$$

In dieser Form wird es als Lambert-Beer'sches Absorptionsgesetz bezeichnet. Nach der zugrunde liegenden Auffassung sollte es also für die Absorption gleichgültig sein, ob man kleine Konzentrationen (oder Partialdrucke) und große Schichtdicken oder umgekehrt große Konzentrationen (und Partialdrucke) und kleine Schichtdicken verwendet, wenn nur das Produkt cl (oder pl) den gleichen Wert hat. Streng kann dies offenbar nur gelten, wenn die absorbierenden Zentren gegenseitig keine Wechselwirkung aufeinander ausüben, was man bei kleiner Konzentration (oder kleinem Partialdruck) wohl annehmen kann. Zweifelhaft ist dies aber bei hohen Konzentrationen (Partialdrucken). Tatsächlich findet man dann auch Abweichungen vom Lambert-Beer'schen Gesetz. Es kann auch vorkommen, dass bei gleichbleibendem Partialdruck (Konzentration) der absorbierenden Zentren auch nicht absorbierende Fremdstoffe eine störende Einwirkung ausüben; das würde bedeuten, dass die Absorption nicht nur vom Partialdruck (Konzentration), sondern auch vom Gesamtdruck (Gesamtkonzentration) abhängt; auch solche Fälle sind mehrfach festgestellt worden. Man kann also nur sagen, dass das Lambert-Beer'sche Gesetz den Charakter eines Grenzgesetzes für kleine Konzentrationen und Partialdrucke hat.

Der Absorptionskoeffizient a kann in Abhängigkeit von der Wellenlänge mit einem *Spektralphotometer* gemessen werden. Im Prinzip besteht ein Spektralphotometer aus zwei Spektrometern etwa in der Form, dass der Spalt eines Spektrometers derart unterteilt wird, dass die untere Hälfte frei bleibt, die obere Hälfte von der absorbierenden Substanz bedeckt wird und beide Hälften von der gleichen Strahlungsquelle beleuchtet werden. Dann entstehen zwei übereinanderliegende Spektren mit verschiedenen Helligkeiten für die verschiedenen Wellenlängen. Durch messbare Schwächung der Strahlung durch den Vergleichsspalt (Verkleinerung des Spalts, Vorschaltung eines Filters bekannter Absorption, rotierender Sektor) werden die beiden Spektren bei jeder Wellenlänge auf gleiche Helligkeit gebracht. Die dazu nötige Schwächung des Vergleichsspektrums gibt dann ein Maß für die Absorption des untersuchten Stoffs. In anderen Formen von Spektralphotometern, speziell in solchen für objektive Strahlungsempfänger, wird der Spalt nicht unterteilt; jedoch wird der Strahlengang vor dem Spalt in zwei Teile geteilt, und ein Spiegel, der periodisch ein- und ausgeschaltet wird, bringt abwechselnd den einen oder anderen Strahlengang zum Spektrometerspalt. Die vom Spiegel umgeschalteten und im Messinstrument angezeigten Intensitäten werden dann miteinander verglichen. Bei moderner technischer Ausführung solcher Spektralphotometer wird der Intensitätsvergleich durch geeignete Kompensationsschaltungen automatisch vorgenommen. Das ändert nichts am Prinzip. Das periodische Ein- und Ausschalten hat übrigens den weiteren Vorteil, Störung der Messung durch Umgebungseinflüsse, die langsam gegenüber der Wechselperiode erfolgen, dadurch auszuschalten, dass man die Empfänger in einen Wechselstromkreis einbaut, der auf die Wechselperiode abgestimmt ist, sodass sie auf Strahlung, die nicht mit dieser Periode „moduliert" ist, praktisch nicht ansprechen.

Bei diesem einfachen Messverfahren wird nicht ermittelt, ob die auffallende Strahlungsleistung Φ_0 auch wirklich in das Medium eindringt. Es kann ja ein Teil reflektiert werden, wie dies bei Metallen besonders stark geschieht. Das Lambert'sche Gesetz bezieht sich aber nur auf die eindringende Strahlung. Man umgeht diese Schwierigkeit bei der Messung, indem man beide Spalthälften mit Platten verschiedener Dicke bedeckt. Der Reflexionsverlust ist bei beiden Hälften der gleiche und fällt bei der Messung bzw. Rechnung heraus. Zu beachten ist ferner, dass das Licht senkrecht auf die Oberfläche der Platte trifft, damit die Plattendicke gleich dem Lichtweg ist.

In der Technischen Optik und Lichttechnik spielen die Reflexion, die Absorption, die Transmission und die Lichtstreuung eine große Rolle. Man denke nur an die Reflexion der vielen Linsenoberflächen bei Objektiven, an die Absorption und Durchlässigkeit (Transmission) von Filtergläsern und an die Lichtstreuung in Milchgläsern. Infolge verschiedenartiger Ansprüche und Messmethoden sind Begriffe entstanden und gebräuchlich, die kurz geschildert werden sollen.

2.6 Absorption der Strahlung

Die Strahlungsleistung Φ, die eine Lichtquelle in einem bestimmten Raumwinkel verlässt, kann sowohl energetisch (mit einem Thermoelement) als auch visuell (mit dem Auge) gemessen werden. Bei visueller Messung geht die Augenempfindlichkeit ein (wichtig z. B. bei Sonnenbrillen; s. Abb. 5.1). Die energetische Messung ist unabhängig hiervon und ebenso von der spektralen Empfindlichkeit anderer Empfänger. Visuell wird der Lichtstrom Φ in Lumen (lm) gemessen. (Eine international vereinbarte Normallichtquelle von der Lichtstärke 1 Candela sendet in den Raum einen Lichtstrom von 4π lm.) Energetisch wird die Strahlungsleistung Φ in Watt gemessen, d. h. die von einem schwarzen Empfänger zeitlich aufgenommene Strahlungsenergie (Wärme), vgl. Kap. 5, Tab. 5.2 u. 5.3.

Die energetisch, bei einer bestimmten Wellenlänge λ gemessene Strahlungsleistung sei $(\Phi_{e\lambda})_0$. Beim Auftreten auf einen optisch klaren Stoff geht ein Teil durch Reflexion verloren. Der Quotient aus reflektierter durch auffallende Strahlungsleistung wird *Reflexionsgrad* ϱ genannt. Der eindringende Anteil der Strahlungsleistung sei $(\Phi_{e\lambda})_{in}$, der aus dem Stoff austretende Teil sei $(\Phi_{e\lambda})_{ex}$. Die im Stoff absorbierte Strahlungsleistung ist somit gleich der Differenz. Der *spektrale Reinabsorptionsgrad* $\alpha_i(\lambda)$, also bezogen auf eine bestimmte Wellenlänge λ, ist somit

$$\alpha_i(\lambda) = \frac{(\Phi_{e\lambda})_{in} - (\Phi_{e\lambda})_{ex}}{(\Phi_{e\lambda})_{in}} = 1 - \frac{(\Phi_{e\lambda})_{ex}}{(\Phi_{e\lambda})_{in}} = 1 - \tau_i(\lambda).$$

Der *spektrale Reintransmissiongrad* $\tau_i(\lambda)$ ist:

$$\tau_i(\lambda) = \frac{(\Phi_{e\lambda})_{ex}}{(\Phi_{e\lambda})_{in}} = 1 - \alpha_i(\lambda).$$

Der Vorsatz „Rein" soll also darauf hinweisen, dass es sich um eine reine Absorption bzw. Transmission ohne teilweise Reflexion handelt. Sofern man sich dafür nicht interessiert, z. B. im Fall einer Sonnenbrille, spricht man einfach vom *spektralen Absorptionsgrad* $\alpha(\lambda)$, der einfach das Verhältnis der absorbierten spektralen Strahlungsleistung $(\Phi_{e\lambda})_\alpha$ zu der auffallenden Strahlungsleistung $\Phi_{e\lambda}$ ist:

$$\alpha(\lambda) = \frac{(\Phi_{e\lambda})_\alpha}{\Phi_{e\lambda}}.$$

Entsprechend gilt für den *spektralen Transmissionsgrad*

$$\tau(\lambda) = \frac{(\Phi_{e\lambda})_\tau}{\Phi_{e\lambda}}.$$

Der spektrale Absorptions- bzw. Transmissions*grad* enthält somit auch den Einfluss der Dicke des durchstrahlten Materials, während der spektrale Absorptions- bzw. Transmissions*koeffizient* unabhängig von der Dicke ist und nur vom Material und von der Wellenlänge abhängt.

An Stelle der (vom Deutschen Normenausschuss empfohlenen) Ausdrücke und Buchstabensymbole *Reflexionsgrad* ϱ, *Absorptionsgrad* α und *Transmissionsgrad* τ werden seit langem auch die Ausdrücke Reflexionsvermögen R, Absorptionsvermögen A und Durchlässigkeitsvermögen T benutzt. Ihre Anwendung sollte wegen der anzustrebenden Vereinheitlichung der Größennamen und -symbole vermieden werden.

Tab. 2.6 Spektrale Absorptionskoeffizienten a einiger Stoffe (Alkalihalogenide).

CaF λ in µm	CaF a in cm^{-1}	NaCl λ in µm	NaCl a in cm^{-1}	KCl λ in µm	KCl a in cm^{-1}
1–6	<0.001	1– 5	0	6– 8	<0.001
7	–	6– 8	<0.001	9–11	0.005
8	0.17	9–11	0.005	11–13	0.005
9	0.61	12	0.007	14	0.025
10	1.8	13	0.024	15	0.047
11	4.6	14	0.071	16	0.066
12	>7	15	0.167	17	0.081
		16	0.41	18	0.148
		17	0.66	19	0.277
		18	1.29	20.7	0.535
		19	2.34	24	1.86
		20.7	5.1		
		24	10.7		

Da die in Tab. 2.6 enthaltenen Absorptionskoeffizienten a alle der Ungleichung $1/a > \lambda$ genügen (λ in cm), gehören die genannten Stoffe zu den schwach absorbierenden. Als Gegenstück seien die Metalle genannt, für die a von der Größenordnung mehrerer Hunderttausend bis Millionen cm^{-1} ist (z.B. ist für Silber bei der Wellenlänge $0.630\,\mu\text{m} = 0.630 \times 10^{-4}\,\text{cm}$ der Absorptionskoeffizient $a = 5 \times 10^{+6}\,\text{cm}^{-1}$); hier ist $1/a < \lambda$, d.h. die Metalle sind stark absorbierende Stoffe.

Die Absorptionsverhältnisse sind bei den verschiedenen Stoffen äußerst mannigfaltig. Die Metalle haben für fast alle Wellenlängen vom UV bis IR starke Absorption; sie sind selbst in dünnen Schichten fast völlig undurchsichtig. Auch bei zahlreichen anderen Stoffen (z.B. gewissen Farbstoffen) finden sich breite Absorptionsgebiete. Bei Gasen finden wir dagegen vielfach die Absorption auf sehr schmale Wellenlängenbereiche beschränkt. Ein Beispiel dafür sind die Fraunhofer'schen Linien im Sonnenspektrum: Sie sind die infolge von Absorption durch die Dämpfe der Sonnenoberfläche im Sonnenspektrum fehlenden Wellenlängen.

Schließlich eine grundsätzliche Bemerkung: Wir werden im Folgenden sehen, dass es überhaupt keine Stoffe gibt, die nicht in irgendeinem Spektralgebiet Absorption zeigen. Insbesondere gilt das auch für die im Sichtbaren völlig durchlässigen Stoffe (farblose Gläser, Flussspat, Steinsalz, Sylvin); auch sie besitzen entweder im UV oder im IR oder in beiden Spektralgebieten ausgeprägte Absorption.

Beziehungen zwischen Reflexion, Brechung und Absorption. Die engen Beziehungen, in denen die Absorption zur Dispersion steht, zeigen sich auch in gewissen quantitativen Verhältnissen, die wir hier zusammenstellen wollen, um sie später zu benutzen. Die bisherigen Erörterungen über Reflexion sind insofern unvollständig, als wir noch keine Angaben darüber gemacht haben, welcher Bruchteil der einfallenden Strahlung reflektiert wird. Dieser ist von der relativen Brechzahl der beiden aneinander grenzenden Medien abhängig. Wir beschränken uns auf den Fall, dass das erste Medium Vakuum (oder Luft) ist; dann fällt die relative Brechzahl mit der absoluten zusammen. Die allgemeine Aufgabe ist für beliebige Einfallswinkel von

2.6 Absorption der Strahlung

A. Fresnel gelöst worden (*Fresnel'sche Formeln*, Kap. 4). Wir betrachten aber hier nur den einfachsten Fall senkrechter Inzidenz; auf den allgemeinen Fall schiefer Inzidenz kommen wir in Abschn. 4.2 zurück. Nennen wir die Amplitude der einfallenden Welle E_e, die der reflektierten E_r, so ergeben die Fresnel'schen Formeln für diesen Spezialfall:

$$\frac{E_r}{E_e} = \frac{1-n}{1+n}. \tag{2.18}$$

Unter dem *Reflexionsgrad* ϱ versteht man – für senkrechte Inzidenz – die Größe E_r^2/E_e^2, da die Energie proportional dem Quadrat der Amplitude ist. Daher ergibt sich für ϱ:

$$\varrho = \left(\frac{n-1}{n+1}\right)^2. \tag{2.19}$$

Diese Gleichung gilt aber nur für *durchsichtige Stoffe*, genauer gesagt, nur in solchen Spektralgebieten, in denen der Absorptionskoeffizient a vernachlässigbar klein ist. Für ein Glas der Brechzahl $n = 1.5$ folgt z.B. $\varrho = 1/25$, das sind 4% der auffallenden Strahlung; selbst für große Brechzahlen, z.B. $n = 2.4$ für Diamant, ist der reflektierte Betrag relativ klein, nämlich $\varrho = 17\%$.

Für *absorbierende Stoffe* erhält man anstelle von Gl. (2.19) den Reflexionsgrad, indem man die Brechzahl mit Hilfe des Absorptionsindex κ komplex ansetzt – (die komplexe Brechzahl wird mit $\mathscr{n}$ bezeichnet):

$$\mathscr{n} = n(1 - i\kappa) = n - ik \quad \text{mit} \quad k = \frac{a\lambda}{4\pi}. \tag{2.20}$$

Die Begründung dafür findet der Leser bis zu einem gewissen Grad im folgenden Abschn. 2.7. Der imaginäre Teil der komplexen Brechzahl, nämlich $k = n\kappa$, ist stets für die Absorption verantwortlich, während der reelle Teil n, wie bei durchsichtigen Medien, die Brechungsverhältnisse bestimmt. Ersetzt man in Gl. (2.18) n durch $\mathscr{n} = n(1 - i\kappa)$, so folgt zunächst:

$$\frac{\mathscr{E}_r}{\mathscr{E}_e} = \frac{\mathscr{n}-1}{\mathscr{n}+1} = \frac{n-1-in\kappa}{n+1-in\kappa}. \tag{2.18a}$$

Darin ist das Verhältnis der Feldstärken $\mathscr{E}_r/\mathscr{E}_e$ jetzt komplex, da die rechte Seite von Gl. (2.18a) komplex ist. Um ϱ als Quadrat des Absolutbetrages von $\mathscr{E}_r/\mathscr{E}_e$ zu finden, hat man Zähler und Nenner mit dem konjugiert komplexen Wert zu multiplizieren; das gibt:

$$\varrho = \left|\frac{\mathscr{E}_r}{\mathscr{E}_e}\right|^2 = \frac{(n-1-in\kappa)(n-1+in\kappa)}{(n+1-in\kappa)(n+1+in\kappa)},$$

und die Ausrechnung liefert die *Beer'sche Formel*:

$$\varrho = \frac{(n-1)^2 + n^2\kappa^2}{(n+1)^2 + n^2\kappa^2}. \tag{2.19a}$$

Diese Gleichung, die uns später noch beschäftigen wird, erklärt z.B. ohne weiteres den großen Reflexionsgrad der Metalle. Für die Wellenlänge des Na-Lichtes ist bei

Kupfer $n\kappa = 2.62$ und $n = 0.64$; das gibt einen Reflexionsgrad von 75%. Für Silber lauten die entsprechenden Zahlen: $n\kappa = 3.67$ und $n = 0.18$, was $\varrho = 95\%$ ergibt.

Ist das erste Medium nicht das Vakuum ($n = 1$), sondern ein beliebiges Medium ($n = n_1$) und hat das zweite die reelle Brechzahl n_2, so geht Gl. (2.19a) über in

$$\varrho(n_1, n_2, 0) = \left(\frac{n_2 - n_1}{n_2 + n_1}\right)^2 \tag{2.19b}$$

für zwei durchsichtige Medien; ist Medium 2 absorbierend, so geht Gl. (2.19a) über in

$$\varrho(n_1, n_2; \kappa) = \frac{(n_2 - n_1)^2 + n_2^2 \kappa^2}{(n_2 + n_1)^2 + n_2^2 \kappa^2}. \tag{2.19c}$$

2.7 Die Dispersion des Lichtes: Anomale Dispersion

In Abschn. 2.3 hatten wir die Farbenzerstreuung von Medien untersucht, die in dem in Betracht kommenden Wellenbereich durchlässig sind; die erhaltenen Dispersionskurven $n = n(\lambda)$ haben alle den gleichen Charakter, n nimmt mit wachsender Wellenlänge λ ab. Bereits A. Cauchy (1876) hat sich die Frage vorgelegt, woher die Dispersion komme und welchen Charakter die Funktion $n = n(\lambda)$ habe. Ohne auf seine inzwischen überholten theoretischen Anschauungen einzugehen, erwähnen wir nur ein Ergebnis seiner Untersuchung, die sog. *Cauchy'sche Dispersionsformel*:

$$n^2 = A + \frac{B}{\lambda^2} + \frac{C}{\lambda^4} + \ldots, \tag{2.21a}$$

in der $A, B, C \ldots$ geeignet zu bestimmende Konstanten sind. (Da n^2 positiv ist und mit abnehmender Wellenlänge zunimmt, müssen A und B positiv sein, während a priori über die übrigen Konstanten nichts ausgesagt werden kann.) Es gelingt im Großen und Ganzen, wenigstens für das sichtbare Gebiet, die Konstanten so zu wählen, dass die experimentell gefundenen n-Werte durch die Formel recht gut wiedergegeben werden. Dennoch ist Gl. (2.21a) nicht die endgültige Lösung des Problems; denn für $\lambda = \infty$ erhält man $n_\infty^2 = A$, was nach der elektromagnetischen Theorie des Lichtes gleich der Dielektrizitätszahl (Permittivität) ε_r sein sollte. Die Beziehung $A = \varepsilon_r$ ist aber keineswegs in allen Fällen zutreffend. Übrigens sah man sich auch zuweilen genötigt, noch ein Glied von anderer Gestalt hinzuzufügen:

$$n^2 = A + \frac{B}{\lambda^2} + \frac{C}{\lambda^4} + \ldots - A'\lambda^2, \tag{2.21b}$$

wobei hervorzuheben ist, dass dieses Glied *negatives* Vorzeichen besitzt. Während der Ausdruck $A + \frac{B}{\lambda^2} + \frac{C}{\lambda^4} \ldots$ immer abnimmt, wenn λ wächst, fällt das hinzugefügte Glied $A'\lambda^2$ unter der gleichen Bedingung immer mehr ins Gewicht. Es wird sich also z.B. bei den langen Wellen im infraroten Spektralgebiet bemerkbar machen, und zwar dadurch, dass die Dispersionskurve schließlich *konkav* gegen die Abszissenachse verläuft, wobei aber immer n mit wachsender Wellenlänge noch abnimmt.

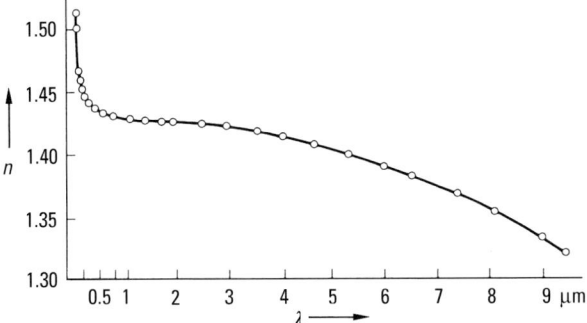

Abb. 2.37 Dispersionskurve von Flussspat.

Als Beispiel führen wird die Dispersionskurve für Flussspat im Gebiet von 0.2 bis 9 µm an (Abb. 2.37). Hier sieht man deutlich bei längeren Wellen die Änderung der Kurve.

Gemeinsam ist aber Gl. (2.21a) und (2.21b), dass n mit wachsender Wellenlänge abnimmt. Da diese Tatsache bei allen zuerst untersuchten Stoffen auftrat – weil man die für die praktische Optik wichtigen durchsichtigen Stoffe untersuchte – hat diese Art von Dispersion die Bezeichnung **normale Dispersion** erhalten. Heute weiß man, dass diese „normale" Farbenzerstreuung nur ein Spezialfall der allgemeinen Dispersion ist.

Als Beispiel eines Dispersionsverhaltens hat zuerst Ch. Christiansen (1870) eine alkoholische Fuchsinlösung untersucht. Sie besitzt im Grün einen Streifen selektiver Absorption. Christiansen konnte unter diesen Umständen, obwohl er ein Flüssigkeitsprisma von nur 1° brechendem Winkel und eine maximale Konzentration von etwa 18% benutzte, die Farbzerstreuung nur in den durchlässigen Partien Rot, Orange, Gelb einerseits und Blau, Indigo, Violett andererseits messen, während das Grün völlig ausgelöscht war. Seine Ergebnisse sind in Tab. 2.7 enthalten: Die Linien B, C, D folgen in der Reihenfolge aufeinander, wie man es von der normalen Dispersion gewöhnt ist: n fällt mit zunehmender Wellenlänge. Aber der Vergleich der bei diesen

Tab. 2.7 Dispersion einer Fuchsinlösung.

Fraunhofer'sche Linien	Wellenlänge in nm	Brechzahl
H (Violett)	396.0	1.312
G (Indigo)	430.8	1.285
F (Blau)	486.1	1.312
E (Grün)	527.0	starke Absorption
D (Gelb)	589.3	1.561
C (Orange)	656.3	1.502
B (Rot)	686.3	1.450

250 2 Dispersion und Absorption des Lichtes

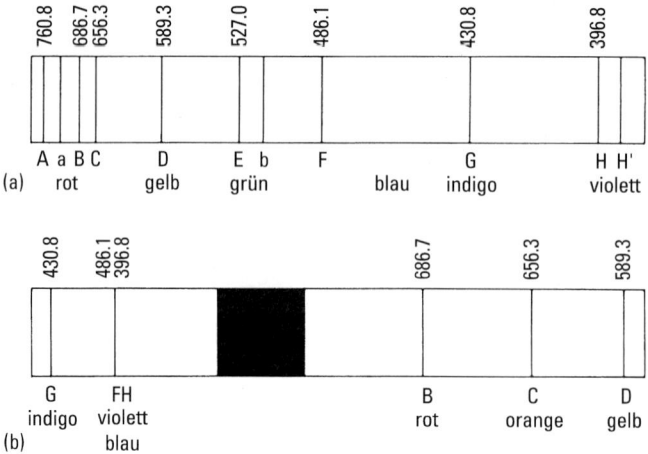

Abb. 2.38 (a) Spektrum normaler Dispersion; (b) Spektrum anomaler Dispersion, erzeugt durch ein Prisma aus Fuchsinlösung.

längeren Wellen auftretenden Brechzahlen mit denen der kurzen Wellen (F, G, H) zeigt, dass diese viel weniger gebrochen werden, als die längeren Wellen (B, C, D). Wir haben also im Spektrum zunächst eine umgekehrte Farbenfolge, wenn man (F, G, H) als Ganzes mit (B, C, D) vergleicht. Dies wird in der Abb. 2.38 schematisch zum Ausdruck gebracht, in der untereinander ein normal dispergiertes Spektrum (a) und ein durch das Prisma aus Fuchsinlösung (b) erzeugtes gezeichnet sind; im Letzteren fehlt der schwarz gezeichnete Bereich vollständig. Noch eine Besonderheit zeigt sich in den Zahlen von Christiansen: die Fuchsinlösung hat für die beiden Wellenlängen 486.1 nm (F) und 396.0 nm (H) *dieselbe Brechzahl*. Beide Wellenlängen werden also um den gleichen Betrag durch das Prisma abgelenkt; das heißt: Man erhält an dieser Stelle eine *Mischfarbe* im Spektrum aus Violett und Blau.

A. Kundt (1871) hat erkannt, dass die merkwürdigen Erscheinungen, die man unter der Bezeichnung **anomale Dispersion** zusammenfasst, mit dem Auftreten einer Absorptionsstelle im Spektrum zusammenhängen. Er hat das gleiche Phänomen bei zahlreichen, stark selektiv absorbierenden Stoffen (Cyanin, Magdalarot, Malachitgrün, usw.) nachgewiesen. A. Pflügler (1901) und später R. W. Wood (1901) ist es dann gelungen, nicht nur an gefärbten Lösungen, sondern auch an den festen Stoffen selbst die Messungen durchzuführen, indem sie Prismen von sehr kleinem brechenden Winkel (40″ bis 130″) herstellten. Pflügler hat dann als Erster die Brechzahlen auch in der Absorptionsbande gemessen. Abb. 2.39 zeigt seine Resultate für festes Fuchsin. Die quantitativen Angaben differieren von den oben mitgeteilten Christiansens, weil es sich bei Pflügler um den festen Stoff handelt.

Aus Abb. 2.39 kann man alle Besonderheiten erkennen, die mit der Erscheinung der anomalen Dispersion verknüpft sind. Wenn wir zunächst von dem Absorptionsbereich im Grünen (in Abb. 2.39 schraffiert) absehen, finden wir wieder, dass das kurzwellige Licht (von etwa 330 nm bis zur Linie G, 434 nm) eine kleinere Brechzahl aufweist als das langwellige (von 589 nm bis 671 nm). Dass dies immer der Fall ist,

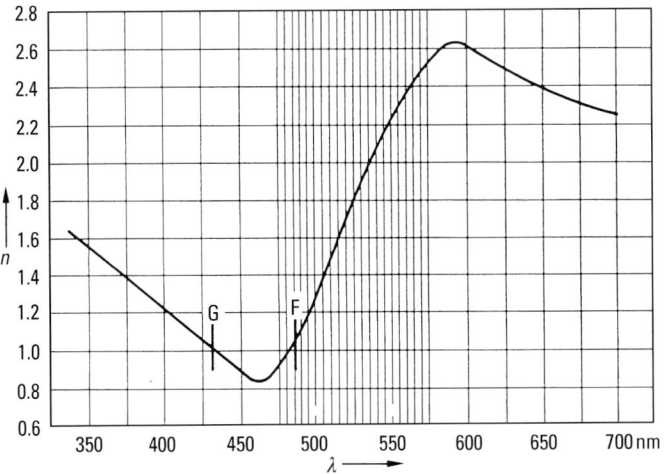

Abb. 2.39 Spektraler Verlauf der Brechzahl von festem Fuchsin.

wenn eine Absorptionsbande vorhanden ist, hat zuerst Kundt bei seinen erwähnten Versuchen bewiesen. Er formulierte diesen Sachverhalt folgendermaßen: *Eine Absorptionsbande erniedrigt die Brechzahl auf ihrer kurzwelligen Seite und erhöht sie auf der langwelligen Seite.* Das ist der Grund für die anomale Farbenfolge sowie dafür, dass die Dispersionskurve auf der kurzwelligen Seite der Absorptionsbande schließlich konkav gegen die Abszissenachse verläuft. Die Erniedrigung der Brechzahl auf der kurzwelligen Seite der Absorptionsbande kann so weit gehen, *dass n unter den Wert 1 sinkt;* das ist in Abb. 2.39 der Fall für die Umgebung der Wellenlänge 469 nm. Nach den Erörterungen in Abschn. 2.2 bedeutet das, dass die Phasengeschwindigkeit $v_\mathrm{p} > c$ ist, und das ist, wie dort auseinandergesetzt, kein Widerspruch gegen die Behauptung, dass ein Signal sich niemals mit größerer Geschwindigkeit als c fortpflanzen kann. Es braucht übrigens nicht immer der Fall zu sein, dass Werte von $n < 1$ auftreten. Wie weit die Erniedrigung von n auf der kurzwelligen Seite geht, hängt ganz von der Stärke der Absorption, d.h. vom Wert des Absorptionskoeffizienten a ab: je größer a ist, desto ausgesprochener ist die nach dem Kundt'schen Satz auftretende Erniedrigung von n. Weiter erkennt man aus Abb. 2.39, dass es Wellenlängenpaare geben muss, denen die *gleiche* Brechzahl zukommt, z. B. die Fraunhofer-Linien G und F. Schließlich zeigt Abb. 2.39 noch, *dass die Brechzahl im Absorptionsgebiet mit der Wellenlänge zunimmt.* Dieses Wachstum von n mit λ wird eigentlich als die Anomalie der Dispersion betrachtet; denn außerhalb der Absorptionsbande ist links und rechts die Dispersion normal.

Die Methode, mit der Kundt seine Versuche ausführte, war die Newton'sche Anordnung der gekreuzten Prismen, die wir in Abschn. 2.3 besprochen und an Abb. 2.9 erläutert hatten. Für die Untersuchung der anomalen Dispersion ist diese Anordnung besonders nützlich.

Durch ein Prisma mit vertikaler und ein zweites mit horizontaler (also „gekreuzter") brechender Kante wird ein paralleles Bündel weißen Lichtes geschickt; das

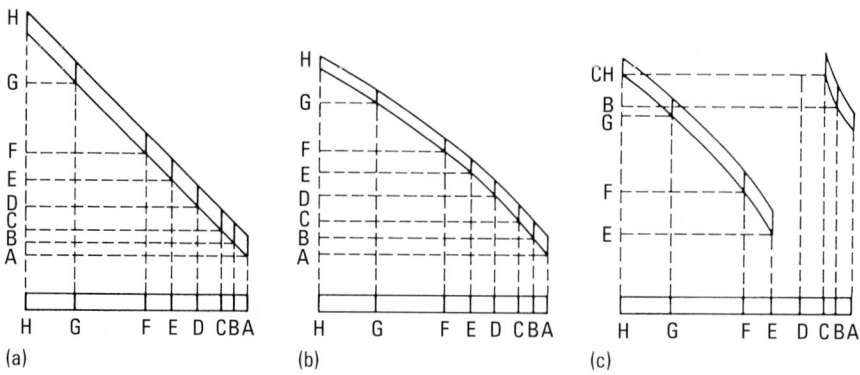

Abb. 2.40 Mit gekreuten Prismen aufgenommene Spektren (a) beide Prismen aus Flintglas; (b) erstes Prisma aus Flintglas, zweites Prisma aus Kronglas; (c) erstes Prisma aus Flintglas, zweites Prisma aus Cyaninlösung.

erste Prisma allein würde ein horizontales, das zweite allein ein vertikales Dispersionsspektrum erzeugen, das etwa durch die Verteilung der Fraunhofer'schen Linien A bis H charakterisiert sein möge; beide Prismen zusammen erzeugen ein schräges Spektrum, das als die „Resultante" der beiden Einzelspektren betrachtet werden kann. Sind die beiden Prismen identisch, so erzeugen sie für sich identische Spektren, eins horizontal, eins vertikal, beide zusammen ein unter 45° gegen die Vertikale geneigtes, geradliniges Spektrum, wie es Abb. 2.40a zeigt. Das erste Prisma (mit vertikaler Kante) wollen wir unverändert lassen, dagegen für das zweite ein anderes Material wählen (z. B. sei das erste ein Flintglasprisma, das zweite eins aus Kronglas). Beide Prismen, obwohl verschieden dispergierend, besitzen *normale Dispersion*. Das Resultat ist diesmal wieder ein schräges Spektrum, das aber gekrümmt ist (Abb. 2.40b), weil eben die Verteilung der Fraunhofer'schen Linien in beiden Prismen verschieden ist. Dieses gekrümmte Spektrum gibt die *Dispersion des Kronglasprismas*, bezogen auf die Dispersion des Flintglasprismas an (hätten wir statt der Flintglasdispersion eine solche, bei der die Ablenkung proportional der Wellenlänge wäre wie bei einem Gitter, so hätten wir direkt im schräg gekrümmten Spektrum die Dispersionskurve im bisherigen Sinne vor uns, bei der auf der Abszisse die Wellenlängen dargestellt sind).

Wir wollen für das zweite Prisma ein *anomal dispergierendes* nehmen, z. B. ein Flüssigkeitsprisma mit konzentrierter Cyanidlösung; dann erhalten wir das Bild der Abb. 2.40c, die im oben bezeichneten Sinn die (etwas verzerrte) Dispersionskurve des Cyanins ist. Cyanin hat im Gelb (Gegend der D-Linie) eine starke Absorption, das Gelb fehlt also in der Kurve. Man sieht links vom Absorptionsgebiet die normal verlaufende Dispersion der kürzeren Wellen (Linien H, G, F, E); dann kommt die Lücke bei D, und rechts davon, ebenfalls normal verlaufend, die Dispersion des langwelligen Teiles (Linien C, B, A). Der linke Teil der Kurve zeigt die erniedrigende, der rechte die erhöhende Wirkung des Absorptionsgebietes: Die längere Welle (Linie C) wird stärker gebrochen als die kürzere Welle (Linie E). Man sieht mit einem Blick die Eigentümlichkeiten der anomalen Dispersion, z. B. auch das Auftreten der

Mischfarben (C und H in der Abb.) usw. Wood ist es gelungen, mit sehr spitzwinkligen Prismen aus festem Cyanin auch den Anstieg der Brechzahlen in der Absorptionsbande auf diese Weise sichtbar zu machen.

Bisher haben wir nur Stoffe betrachtet, die im Spektrum *eine* (mehr oder minder eng begrenzte) Absorptionsbande haben. Wenn wir jetzt zur Besprechung des allgemeineren Falles mehrerer Absorptionsbanden übergehen, so ist der Dispersionsverlauf bei *jeder* Absorptionsbande durch die Kundt'sche Regel bestimmt: auf der kurzwelligen Seite *jeder* Absorptionsbande Erniedrigung, auf der langwelligen Erhöhung der Brechzahl. Ein gutes Beispiel dafür liefert (Abb. 2.41) die Dispersion von Quarz, der im UV eine Absorptionsstelle bei 0.103 μm, im IR deren zwei bei 8.84 μm und 20.75 μm besitzt. Die Abbildung zeigt zunächst zwischen 0.103 μm und 8 μm die bekannte normale Dispersion, die Erhöhung von n bei Annäherung an die Wellenlänge 0.103 μm ($n > 1.6$ bei 0.2 μm) und die starke Erniedrigung ($n < 1$) bei Annäherung an 8 μm, den Umschlag von Konvexität zu Konkavität gegen die Abzissenachse. Zwischen den beiden Absorptionsstellen von etwa 8 μm und 20 μm ist der normale Dispersionsverlauf zwar schematisch eingezeichnet, aber nicht gemessen. Dagegen ist bei noch größeren Wellenlängen als 20 μm der Dispersionsverlauf wieder normal. Und zwar sieht man hier besonders deutlich die Erhöhung von n, das die großen Werte von 2.6 bei 33 μm bis etwa 2.1 bei etwa 110 μm aufweist.

Da zwischen zwei Absorptionsbanden die Brechzahl von hohen Werten bis zu kleinen abfällt (vgl. z. B. Abb. 2.41), so folgt daraus, dass die Dispersion im Allgemeinen um so größer ist, je enger die Absorptionsbanden im Spektrum aneinander liegen: *die Verteilung der Absorptionsbanden bestimmt also den Verlauf der Dispersion*. Dafür liefern besonders schöne Beispiele die Erscheinungen der anomalen Dispersion bei Dämpfen (z. B. bei Natrium), die von A. Kundt (1880), R. W. Wood (1904) und P. V. Bevan (1911) untersucht worden sind.

Kundts ursprüngliche Anordnung war die folgende: Lässt man weißes Licht durch leuchtenden Na-Dampf, z. B. durch eine viel Na-Dampf enthaltende Bunsenflamme hindurchgehen und zerlegt das austretende Licht durch ein Prisma mit vertikaler Kante in ein horizontales Spektrum, so stellt man fest, dass der Na-Dampf das

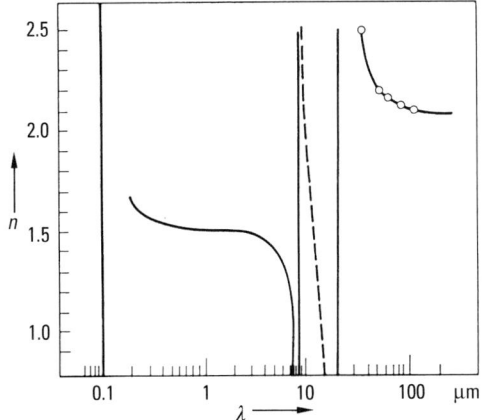

Abb. 2.41 Dispersionskurve von Quarz.

Gelb des Spektrums genau an der Stelle der D-Linie völlig absorbiert, für diese Wellenlänge tritt also im Spektrum des weißen Lichtes eine Absorptionsstelle auf. Bei genauer Betrachtung sieht man, dass das Spektrum zu beiden Seiten der Absorptionsstelle die in Abb. 2.42a dargestellten Verzerrungen zeigt: Infolge der ungleichen Temperaturverteilung wirkt die Na-Flamme wie ein Prisma mit horizontaler brechender Kante, sodass man im Ganzen die Anordnung der gekreuzten Prismen und damit die Dispersionskurve des Na-Dampfes vor sich hat. Man erkennt die Erniedrigung der Brechzahl (Ablenkung nach unten) auf der kurzwelligen und die Erhöhung auf der andern Seite der Absorptionslinie. Der Versuch gelingt besser, wenn man (nach Wood) an Stelle der einfachen Na-Flamme die in Abb. 2.43 skizzierte Anordnung benutzt. Ein an beiden Enden durch aufgekittete Glasplatten G_1 und G_2 verschlossenes Eisenrohr enthält auf seinem Boden einige Stücke metallisches Natrium, das durch einen untergesetzten Bunsenbrenner verdampft wird. Die Ober-

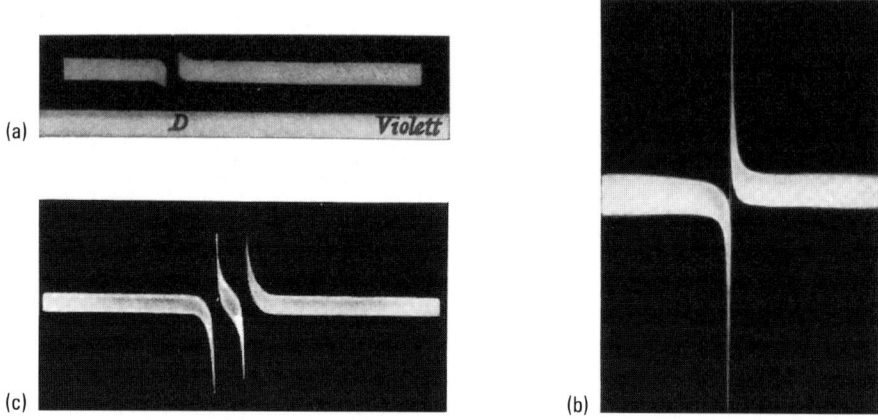

Abb. 2.42 Anomale Dispersion des Natriumdampfes bei kleiner (a, b) und großer (c) Dispersion.

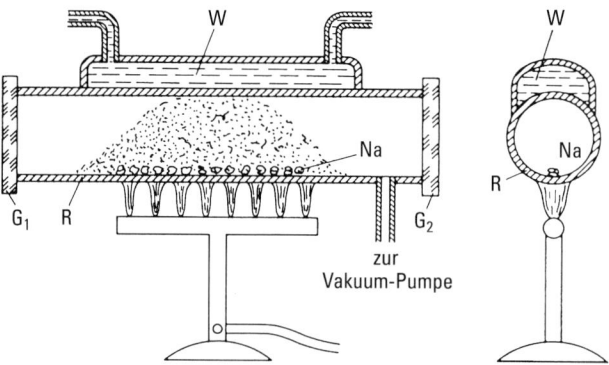

Abb. 2.43 Anordnung nach Wood zum Nachweis der anomalen Dispersion des Natriumdampfes.

seite des Rohres wird mit fließendem Wasser gekühlt. Der Temperaturabfall von unten nach oben bewirkt, dass der Na-Dampf unten dichter, oben dünner ist: das Rohr ist also einem Na-Prisma mit horizontaler Kante äquivalent. (Da Natrium beim Erhitzen reichlich Wasserstoff abgibt, muss das Rohr R dauernd mit einer Vakuumpumpe in Verbindung stehen, sodass ein Druck von einigen mbar dauernd aufrechterhalten wird; durch die Diffusion des Na-Dampfes in Wasserstoff wird die Dichteabnahme des Na von unten nach oben in gewisser Weise stabilisiert, sodass die Gestalt des „Na-Prismas" für lange Zeit ungeändert bleibt.) Man erhält dann die Abb. 2.42b, die die Erscheinung viel deutlicher als vorher zeigt (siehe auch Bild 13 auf Tafel II). Wenn der Na-Dampf nicht zu dicht ist und das Glasprisma eine hinreichend große Dispersion besitzt, so kann man noch eine feinere Erscheinung beobachten. Die D-Linie ist nämlich eine Doppellinie (D_1 und D_2), die man bei großer Dispersion getrennt sehen kann; man hat also zwei Absorptionslinien, die nach dem oben auseinandergesetzten Prinzip beide eine anomale Dispersion erzeugen, sodass sich das Bild der Abb. 2.42c ergibt. Bevan hat die Erscheinung an zahlreichen Absorptionslinien der Alkalien (Na, K und Rb), die alle Dubletts sind, messend verfolgt.

2.8 Dispersion und Absorption schwach absorbierender Substanzen; Anwendungen

Die Dispersionsformeln Gl. (2.21) sind empirische Näherungsformeln. Man hat das Bedürfnis, eine tiefer begründete Dispersionsformel aufzustellen, die außerdem den Zusammenhang zwischen Absorption und Dispersion zum Ausdruck bringt. Aus der Maxwell'schen Theorie elektromagnetischer Strahlung folgt zwar für die Lichtgeschwindigkeit $v = c/\sqrt{\varepsilon_r}$, wenn ε_r die Dielektrizitätszahl des Mediums ist, aber z. B. die Frequenzabhängigkeit (Dispersion) der Brechzahl $n = \sqrt{\varepsilon_r}$ wird durch diese Theorie nicht erklärt. Der beobachtete Zusammenhang zwischen Absorption und anomaler Dispersion lässt vermuten, dass bei der Einwirkung elektromagnetischer Strahlung auf elektrisch geladene Bestandteile der Materie Resonanzerscheinungen eine Rolle spielen. Dies führt zu der Vorstellung, dass durch das periodische elektrische Feld der Strahlung die Elektronen und Atomkerne zu erzwungenen Schwingungen angeregt werden. Die moderne Entwicklung der Physik hat zwar gezeigt, dass eine solche grob mechanistische Auffassung die Erscheinungen der Wechselwirkung von Strahlung und Materie nicht vollständig deuten kann. Wir werden uns aber trotzdem von diesem Bild leiten lassen. Es hat sich nämlich herausgestellt, dass auch die Quantentheorie die Form der Dispersionsgleichungen nicht ändert, wohl aber die physikalische Deutung der in ihnen vorkommenden Materialkonstanten. Jedenfalls muss man die Maxwell'sche Theorie durch Berücksichtigung der atomistischen Struktur der Materie ergänzen. Ohne von dieser Struktur mehr vorauszusetzen, als dass Moleküle und Atome aus elektrisch geladenen Teilchen bestehen, dass aber das ganze Molekül neutral ist, ergibt das anschauliche Bild erzwungener Schwingungen die experimentell beobachteten Frequenzabhängigkeiten von Absorptionskoeffizienten und Brechzahl, wie im Folgenden gezeigt werden wird.

2.8.1 Oszillatormodell zur Berechnung der Dispersion

Ist das Licht eine elektromagnetische Wellenerscheinung, so wird jede Lichtwelle Kräfte auf die elektrischen Ladungen der Atome und Moleküle ausüben, mit anderen Worten, eine Polarisation P erzeugen, indem Atome oder die Ladungen aus ihrer Ruhelage ein wenig verschoben werden, d. h. oszillieren. Die Quantenmechanik ergibt, dass ein Atom oder Molekül mehrere Eigenschwingungen mit Frequenzen v_h besitzt, die nach Bohr durch die Energiedifferenzen zwischen den Niveaus gegeben sind. Wir wollen die verschiedenen Oszillatorarten mit dem Index h kennzeichnen. Ist ihre Anzahldichte N_h, ihre Ladung q_h, ihre Verschiebung ξ_h, so ist die gesamte Polarisation (Dipolmoment durch Volumen)

$$P = \sum_h P_h = \sum_h N_h q_h \xi_h. \tag{2.22}$$

Da die Lichtwelle ein *periodischer* Vorgang ist, sind die Verschiebungen der Ladungen auch periodisch und ebenso deren Dipolmomente $q_h \xi_h$ (erzwungene Schwingungen). Wenn also ein positiv oder negativ geladenes Teilchen die Masse m_h hat, durch eine Direktionskraft $a_h^2 \xi_h$ an seine Ruhelage gebunden ist und außerdem einer der Geschwindigkeit ϑ proportionalen Reibungskraft $f_h \, \mathrm{d}\xi_h/\mathrm{d}t$ unterliegt, so führt es unter dem Einfluss der Lichtwelle, deren elektrischen Vektor wir mit E bezeichnen, eine erzwungene Schwingung nach der Gleichung aus:

$$m_h \frac{\mathrm{d}^2 \xi_h}{\mathrm{d}t^2} + f_h \frac{\mathrm{d}\xi_h}{\mathrm{d}t} + a_h^2 \xi_h = F_h = q_h E. \tag{2.23}$$

Dies ist nicht exakt richtig, da das lokale Feld in Materie vom äußeren Feld E abweichen kann; doch wollen wir uns hier mit der obigen Näherung begnügen, da alles Wesentliche sich schon daraus ergibt. Ferner ist auf der rechten Seite auch die Kraft, die das *magnetische* Feld H ausübt, wegen ihrer Kleinheit vernachlässigt. Nur wenn außer dem magnetischen Feld der Lichtwelle noch ein starkes statisches Magnetfeld vorhanden ist, müsste das magnetische Kraftglied berücksichtigt werden; das ist der Fall bei dem *Zeeman-Effekt* (s. weiter in Abschn. 4.14).

Die Gl. (2.23) ist der Ausdruck für das Gleichgewicht der Kräfte: Trägheitskraft, Reibungskraft, Direktionskraft, äußere Kraft.

Dividiert man durch m_h, so folgt als Differentialgleichung der erzwungenen Schwingungen:

$$\frac{\mathrm{d}^2 \xi_h}{\mathrm{d}t^2} + \frac{f_h}{m_h} \frac{\mathrm{d}\xi_h}{\mathrm{d}t} + \omega_h^2 \xi_h = \frac{q_h}{2m_h} E_0 \, \mathrm{e}^{\mathrm{i}\omega t} + \mathrm{c.c.}\,. \tag{2.24}$$

Dabei ist $a_h^2/m_h = \omega_h^2$ gesetzt, wobei $\omega_h = 2\pi v_h$ die Kreisfrequenz der Eigenschwingung ist. ω ist die Kreisfrequenz der einfallenden Welle. Ferner benutzen wir den Kunstgriff, statt mit den trigonometrischen Funktionen mit den komplexen Exponentialfunktionen zu rechnen; daher erhält die einfallende Welle den Zeitfaktor $\mathrm{e}^{\mathrm{i}\omega t}$. Die Abkürzung c.c. bedeutet das konjugierte Komplexe des vorangehenden Terms.

Erweitert man die letzte Gleichung mit $N_h q_h$, so erhält man, da $N_h q_h \xi_h = P_h$ ist:

$$\frac{\mathrm{d}^2 P_h}{\mathrm{d}t^2} + \frac{f_h}{m_h} \frac{\mathrm{d}P_h}{\mathrm{d}t} + \omega_h^2 P_h = \frac{q_h^2 N_h}{2m_h} E_0 \, \mathrm{e}^{\mathrm{i}\omega t} + \mathrm{c.c.}\,.$$

2.8 Dispersion und Absorption schwach absorbierender Substanzen

Zur Lösung wird $P_h = \frac{1}{2} \mathscr{P}_h e^{i\omega t} + $ c.c. angesetzt. Durch Differenzieren und Einsetzen folgt:

$$\mathscr{P}_h = \frac{N_h q_h^2 / m_h}{\omega_h^2 - \omega^2 + i \dfrac{f_h}{m_h} \omega} E_0,$$

mithin die gesamte komplexe Polarisationsamplitude:

$$\mathscr{P} = \sum_h \mathscr{P}_h = \sum_h \frac{N_h q_h^2 / m_h}{\omega_h^2 - \omega^2 + i \dfrac{f_h}{m_h} \omega} E_0. \tag{2.25}$$

Von hier gelangen wir sofort zur Dispersionsformel, wenn wir berücksichtigen, dass nach der Maxwell'schen Theorie

$$\mathscr{P} = (\underline{\varepsilon}_r - 1) \varepsilon_0 E_0$$

ist, wo $\underline{\varepsilon}_r$ die (hier komplexe) Permittivität (Dielektrizitätszahl) des durchstrahlten Mediums ist ($\underline{\varepsilon}_r$ muss komplex sein, da $\mathscr{P}$ es ist!). Es folgt also durch Kombination mit Gl. (2.25):

$$\underline{\varepsilon}_r = 1 + \sum_h \frac{N_h q_h^2 / m_h \varepsilon_0}{\omega_h^2 - \omega^2 + i \dfrac{f_h}{m_h} \omega}. \tag{2.26}$$

Da die reelle Dielektrizitätszahl $\varepsilon_r = n^2$ ist, werden wir das komplexe $\underline{\varepsilon}_r$ gleich $n^2 (1 - i\kappa)^2$ setzen; die physikalische Natur von n und κ müssen wir erst feststellen. Die Bezeichnungen n und κ sind bereits so gewählt, dass sie der weiter unten zu erörternden physikalischen Bedeutung entsprechen. Der Analogie wegen nennt man die komplexe Größe, deren Quadrat gleich $\underline{\varepsilon}$ sein soll, die *komplexe Brechzahl* $\underline{n}$, mit

$$\underline{n} = n(1 - i\kappa).$$

Damit wird aus Gl. (2.26):

$$\underline{\varepsilon}_r = \underline{n}^2 = n^2 (1 - i\kappa)^2 = 1 + \sum_h \frac{N_h q_h^2 / m_h \varepsilon_0}{\omega_h^2 - \omega^2 + i \dfrac{f_h}{m_h} \omega}$$

$$= 1 + \sum_h \frac{N_h q_h^2 / m_h \varepsilon_0 \left(\omega_h^2 - \omega^2 - i \dfrac{f_h}{m_h} \omega \right)}{(\omega_h^2 - \omega^2)^2 + \dfrac{f_h^2}{m_h^2} \omega^2}, \tag{2.27}$$

oder, nach Trennung des Reellen und Imaginären:

$$\operatorname{Re} \underline{\varepsilon}_r = n^2 (1 - \kappa^2) = 1 + \sum_h \frac{N_h (q_h^2 / m_h \varepsilon_0)(\omega_h^2 - \omega^2)}{(\omega_h^2 - \omega^2)^2 + f_h^2 \omega^2 / m_h^2},$$

$$\operatorname{Im} \underline{\varepsilon}_r = 2 n^2 \kappa = \sum_h \frac{N_h (q_h^2 / m_h \varepsilon_0) f_h \omega / m_h}{(\omega_h^2 - \omega^2)^2 + f_h^2 \omega^2 / m_h^2}.$$

2 Dispersion und Absorption des Lichtes

Mit den Abkürzungen

$$\frac{N_h q_h^2}{m_h \varepsilon_0} = \varrho_h, \quad \frac{f_h}{m_h} = \frac{1}{\tau_h}$$

schreiben sich diese Gleichungen in der Form

$$n^2(1-\kappa^2) = 1 + \sum_h \frac{\varrho_h(\omega_h^2 - \omega^2)}{(\omega_h^2 - \omega^2)^2 + \omega^2/\tau_h^2},$$

$$n^2 \kappa = \sum_h \frac{\varrho_h \omega/2\tau_h}{(\omega_h^2 - \omega^2)^2 + \omega^2/\tau_h^2}. \tag{2.28}$$

Bevor wir diese Gleichungen diskutieren, soll zunächst die physikalische Bedeutung der eben eingeführten Größen n und κ festgestellt werden. Die elektrische Feldstärke einer ebenen elektromagnetischen Welle, die in Richtung der x-Achse fortschreitet, kann in komplexer Schreibweise dargestellt werden als

$$\mathscr{E} = E_0 e^{i\omega\left(t - \frac{x}{v}\right)} = E_0 e^{i\omega\left(t - \frac{x\sqrt{\varepsilon_r}}{c}\right)}.$$

Real- oder Imaginärteil von $\mathscr{E}$ entsprechen dann reellen Kosinus- oder Sinuswellen mit der Fortpflanzungsgeschwindigkeit v (genauer der Phasengeschwindigkeit v_p), die nach der Maxwell'schen Theorie gleich $c/\sqrt{\varepsilon_r}$ sein soll – wenigstens für nicht absorbierende Medien. Hier aber haben wir ε_r durch $\underline{\varepsilon_r} = n^2(1-i\kappa)^2$ zu ersetzen und finden dann

$$\mathscr{E} = E_0 e^{i\omega\left[t - \frac{x}{c}(n - i n\kappa)\right]} = E_0 e^{i\omega\left(t - \frac{nx}{c}\right)} e^{-\frac{\omega n \kappa x}{c}}.$$

Der Faktor $e^{i\omega\left(t - \frac{nx}{c}\right)}$ bedeutet eine ebene Welle, die mit der Geschwindigkeit $v = c/n$ fortschreitet. n ist also die gewöhnliche Brechzahl. Andererseits zeigt der reelle Faktor $e^{-\frac{\omega n \kappa x}{c}}$, dass die Welle räumlich gedämpft wird, wenn sie längs der x-Achse fortschreitet, d.h. es tritt *Absorption* ein. Da $\omega/c = 2\pi \nu/c = 2\pi/\lambda$ ist, wenn λ die der Frequenz ν entsprechende Vakuumwellenlänge ist, kann man auch schreiben:

$$\mathscr{E} = E_0 e^{-\frac{2\pi n \kappa}{\lambda} x} e^{2\pi i \left(\frac{t}{T} - \frac{nx}{\lambda}\right)}.$$

Da die Strahlungsleistung (Energie/Zeit) Φ proportional dem Quadrat des Absolutwerts der Feldstärke E ist, finden wir für die Strahlungsleistung Φ eine Gleichung von der Gestalt:

$$\Phi = \Phi_0 e^{-\frac{4\pi n \kappa}{\lambda} x},$$

d.h. das Lambert'sche Absorptionsgesetz (2.17) oder (2.17b). κ ist der in Gl. (2.20) eingeführte *Absorptionsindex*, $\frac{4\pi n \kappa}{\lambda}$ also der *Absorptionskoeffizient* a. Leider hat sich für die Benennung von κ, k und ebenso für die Formelzeichen selbst noch keine

2.8 Dispersion und Absorption schwach absorbierender Substanzen

Einheitlichkeit durchgesetzt. In der angelsächsischen Literatur findet man κ als extinction coefficient, $n\kappa = k$ als absorption constant. Die Größe $1/4\pi n\kappa$ hat die Dimension einer Zahl und bedeutet anschaulich, wie viel Wellenlängen auf die Eindringtiefe $1/a$ kommen, bei welcher die Strahlungsleistung auf $1/e \approx 37\%$ abgesunken ist.

Die Gln. (2.28) liefern gleichzeitig Dispersion und selektive Absorption, zeigen also deutlich die enge Verknüpfung der beiden Erscheinungen. Außerdem bestätigt sich die am Schluss des vorhergehenden Abschnittes aufgestellte und benutzte Behauptung, dass die Optik absorbierender Medien aus der für durchlässige Stoffe formal hervorgeht, indem das reelle n durch das komplexe $\mathfrak{n} = n(1 - i\kappa)$ ersetzt wird.

Der Zusammenhang zwischen Absorptionskoeffizient und Brechzahl in Form der Gln. (2.28) lässt sich unabhängig von dem hier behandelten einfachen Oszillatormodell durch die Kramers-Kronig-Relation beschreiben.

2.8.2 Absorption und Dispersion bei einer und mehreren Eigenfrequenzen

Zunächst nehmen wir an, dass im Nenner der Gln. (2.28) der Summand ω^2/τ_h^2 sehr klein gegenüber dem anderen Summanden $(\omega_h^2 - \omega^2)^2$ sei, d.h. wir bleiben mit ω immer in einem gewissen Abstand von den Eigenschwingungen ω_h. Dann dürfen in erster Annäherung sowohl in der ersten, wie in der zweiten Gl. (2.28) im Zähler und Nenner die ω/τ_h enthaltenen Glieder vernachlässigt werden. Die zweite Gl. (2.28) geht dann über in

$$n^2 \kappa = 0 \quad \text{für} \quad |\omega_h - \omega| \gg \frac{1}{\tau_h},$$

d.h. das Medium ist außerhalb der Eigenschwingungen praktisch durchlässig. Dann folgt als vereinfachte erste Gl. (2.28):

$$n^2 = 1 + \sum_h \frac{\varrho_h}{\omega_h^2 - \omega^2}, \tag{2.28a}$$

oder mit Einführung der Vakuumwellenlängen λ_h und λ statt der Frequenzen $\omega_h = 2\pi c_0/\lambda_h$ und $\omega = 2\pi c_0/\lambda$

$$n^2 = 1 + \sum_h \frac{\varrho_h \lambda^2 \lambda_h^2}{(2\pi c_0)^2 (\lambda^2 - \lambda_h^2)}. \tag{2.28b}$$

Diese Gleichung stellt den experimentellen Verlauf der Dispersion außerhalb des Eigenschwingungsbereichs richtig dar.

Bevor wir dies nachweisen, wollen wir die zweite Gl. (2.28) noch in dem bisher ausgeschlossenen Fall betrachten, dass wir mit ω in die unmittelbare Nachbarschaft einer Eigenfrequenz (z.B. ω_1) kommen; alle übrigen Glieder der Summe verschwinden praktisch; denn für sie ist ja ω von ω_h ($h = 2, 3, \ldots$) merklich verschieden. Nur *ein* Glied bleibt also in diesem Fall übrig (in unserem Beispiel das erste); denn hier darf ω^2/τ_1^2 nicht neben dem gleichfalls sehr kleinen Glied $(\omega_1^2 - \omega^2)^2$ vernachlässigt werden. Wir haben also jetzt:

$$n^2 \kappa = \frac{\varrho_1 \omega/2\tau_1}{(\omega_1^2 - \omega^2)^2 + \omega^2/\tau_1^2} \quad \text{für} \quad \omega \approx \omega_1. \tag{2.28c}$$

Was hier am Beispiel der ersten Eigenfrequenz gezeigt wurde, gilt natürlich für die engste Umgebung *aller* Eigenschwingungen; d. h. das betrachtete Medium besitzt in unmittelbarer Nachbarschaft jeder Eigenschwingung ω_h (und λ_h) – und *nur* in dieser – eine von null verschiedene Absorption (sog. selektive Absorption), während es in einigem Abstand von den Eigenschwingungen, wie wir bereits wissen, durchlässig ist. Die Absorptionskurve $n^2\kappa(\lambda)$ hat in Abhängigkeit von λ in unmittelbarer Nähe der Eigenschwingungen die Gestalt einer „Glockenkurve", die ihre Maxima ungefähr bei $\lambda_1, \lambda_2, \lambda_3 \ldots$ besitzt und in einigem Abstand rasch zu null abfällt. Für die Maxima findet man aus Gl. (2.28c) annähernd, indem man $\omega = \omega_h$ setzt:

$$(n^2\kappa)_{\max} = \frac{\varrho_h \tau_h}{2\omega_h} = \frac{\varrho_h \tau_h \lambda_h}{4\pi c} \quad (h = 1, 2 \ldots). \tag{2.28d}$$

Die Absorptionsmaxima sind um so stärker, je größer τ_h, also je kleiner, anschaulich gesprochen, die Reibungskraft ist. Außerdem wachsen sie mit wachsendem ϱ_h an, also mit der Zahl N_h absorbierender Teilchen. Abbildung 2.44 zeigt den typischen Verlauf einer allgemeinen Absorptionskurve mit 3 Absorptionsbanden verschiedener Stärke bei $\lambda_1, \lambda_2, \lambda_3$. Ein z. B. im sichtbaren Spektralgebiet farblos durchsichtiges Material (etwa optisches Glas) hat also im ganzen Bereich von 400 bis 750 nm *keine* Eigenfrequenzen; sie müssen entweder im UV oder im IR oder in beiden liegen. Ein farbig durchsichtiger Körper (z. B. gefärbte Gläser oder Lösungen) weist dagegen im sichtbaren Spektralbezirk mindestens eine Eigenschwingung auf, und für ihre unmittelbare Nachbarschaft tritt Absorption ein, d. h. die austretende Strahlung erscheint in der Komplementärfarbe der absorbierten Farbe.

Wenn n innerhalb des Absorptionsbereichs konstant wäre, was aber tatsächlich nicht so ist, dann lägen die Maxima von $n^2\kappa$, die ungefähr bei ω_h auftreten, an derselben Stelle wie die Maxima von $n\kappa$ oder ungefähr die von Φ_0/Φ. Die Abweichungen von dieser Lage sind im Allgemeinen sehr klein, sodass Absorptionsmaxima im Wesentlichen die Frequenzen der zugrunde liegenden Eigenfrequenzen angeben. Aus den so gewonnenen Frequenzen ω_h lassen sich dann die *Kraftkonstanten* a_h^2 bestimmen, Größen, die für die Kräfte in Molekülen von wesentlicher Bedeutung sind. Für Moleküle ist ja die mechanische Interpretation der Dispersionstheorie noch erlaubt.

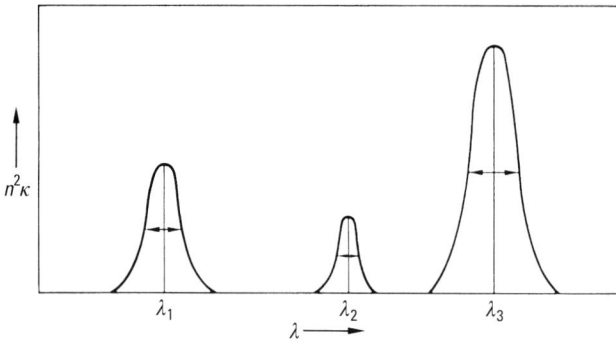

Abb. 2.44 Verlauf einer allgemeinen, willkürlich erdachten Absorptionskurve mit drei Banden.

2.8 Dispersion und Absorption schwach absorbierender Substanzen

Es ist ferner von Interesse, die Stelle im Frequenzbereich aufzusuchen, für die $n^2\kappa$ den halben Wert von $(n^2\kappa)_{max}$ annimmt. Sei diese Frequenz mit ω' bezeichnet und sei $\omega_h - \omega' \ll \omega_h$, sodass $\omega'\omega_h \approx \omega_h^2$ und $(\omega_h^2 - \omega'^2) \approx 2\omega_h(\omega_h - \omega')$ gesetzt werden kann, so folgt aus Gl. (2.28c), wenn dort für $n^2\kappa$ der Wert $\varrho_h\tau_h/4\omega_h$ eingesetzt wird, nach einer näherungsweisen Rechnung

$$\omega_h - \omega' = 1/2\tau_h.$$

Das Doppelte dieser Differenz ist die Breite der Absorptionslinie in halber Höhe (Abb. 2.44), sodass diese *Halbwertsbreite* ungefähr durch $1/\tau_h$ gegeben ist. (Nur ungefähr, da ja das Maximum von $n^2\kappa$ nicht genau mit ω_h zusammenfällt. Übrigens findet man leicht durch Differenzieren, dass das Maximum von $n^2\kappa/\omega$ bei $\omega_h'^2 = \omega_h^2 + 1/2\tau_h^2$ liegt.) Die Linie ist also um so schmaler, je größer τ, je kleiner die Reibungskraft ist. Größere Werte von τ vergrößern danach nicht nur die Maximalwerte von $n^2\kappa$, sondern lassen diese Maxima auch schärfer hervortreten.

Die Eigenfrequenz ω_h ist ferner dadurch gekennzeichnet, dass ihr Beitrag zu $n^2(1-\kappa^2)$ und damit, wenn $\kappa^2 \ll 1$ ist, auch zu n selbst verschwindet. Befindet man sich also bei ω_h weit entfernt von anderen Eigenfrequenzen, sodass deren Beitrag nach (2.28a) ebenfalls verschwindet, so muss für $\omega = \omega_h$ die Brechzahl den Wert $n \approx 1$ annehmen. Die Bedingung $\kappa^2 \ll 1$ ist nicht sehr einschneidend, da selbst für $a = 1/\lambda$ noch $\kappa = 1/4\pi n$ gilt, was nur für $n \ll 1$ die Bedingung verletzt.

Wir wollen nun einmal sehen, was die vereinfachte Dispersionsgleichung (2.28b) liefert, wenn wir sie auf eine im Sichtbaren vollkommen durchsichtige Substanz anwenden, die nur im UV eine Eigenwellenlänge λ_V habe. Nach (2.28b) ist dann:

$$n^2 = 1 + \frac{\varrho_1 \lambda^2 \lambda_V^2}{(2\pi c)(\lambda^2 - \lambda_V^2)} = 1 + \frac{\varrho_1 \lambda_V^2}{(2\pi c)^2} \frac{1}{1 - \lambda_V^2/\lambda^2}.$$

Da es sich um den Dispersionsverlauf im Sichtbaren handelt, ist $\dfrac{\lambda_V}{\lambda} < 1$.

Man kann daher den Ausdruck $\left(1 - \dfrac{\lambda_V^2}{\lambda^2}\right)^{-1}$ in die folgende Reihe entwickeln:

$$\left(1 - \frac{\lambda_V^2}{\lambda^2}\right)^{-1} = 1 + \frac{\lambda_V^2}{\lambda^2} + \frac{\lambda_V^4}{\lambda^4} + \dots,$$

was für n^2 liefert:

$$n^2 = A_0 + A_1 \lambda^{-2} + A_2 \lambda^{-4} + \dots,$$

wo $A_0, A_1, A_2 \dots$ Abkürzungen für positive Konstanten sind. Das ist aber die Cauchy'sche Dispersionsformel (2.21), die die normale Dispersion durchsichtiger Substanzen für nicht zu große Wellen darstellt; die Kurven sind sämtlich konvex gegen die Abszissenachse. In Abb. 2.37 hatten wir aber auch ein Beispiel dafür angeführt, dass unter Umständen der Charakter der normalen Dispersionskurve sich insofern ändert, als sie für längere Wellen schließlich konkav gegen die Abszissenachse verläuft; dasselbe zeigen die Abb. 2.41 (für Quarz) und 2.42 (für Na-Dampf). Man wird nach dem Vorhergehenden vermuten, dass dies darauf beruht, dass außer der kurzwelligen Eigenwellenlänge λ_V noch eine im IR liegende λ_R vorhanden ist. Dann hat die Gl. (2.28b) zwei Glieder:

$$n_1 = 1 + \frac{\varrho_1 \lambda_V^2 \lambda^2}{(2\pi c)^2 (\lambda^2 - \lambda_V^2)} + \frac{\varrho_2 \lambda_R^2 \lambda^2}{(2\pi c)^2 (\lambda^2 - \lambda_R^2)}.$$

Hier ist, wie vorhin, $\frac{\lambda_V}{\lambda} < 1$. während andererseits $\frac{\lambda_R}{\lambda} > 1$ ist; deshalb schreiben wir die Gleichung in folgender Weise:

$$n^2 = 1 + \varrho_1 \frac{\lambda_V^2}{(2\pi c)^2} \cdot \frac{1}{1 - \lambda_V^2/\lambda^2} - \frac{\varrho_2 \lambda^2}{(2\pi c)^2} \frac{1}{1 - \lambda^2/\lambda_R^2}.$$

Beide Ausdrücke $\frac{1}{1 - \lambda_V^2/\lambda^2}$ und $\frac{1}{1 - \lambda^2/\lambda_R^2}$ können wir wieder in eine Reihe entwickeln und erhalten dann außer den Gliedern der Cauchy'schen Dispersionsformel auch solche, die proportional Potenzen von λ^2 sind:

$$n^2 = A_0 + A_1 \lambda^{-2} + A_2 \lambda^{-4} + \ldots - A'_1 \lambda^2 - A'_2 \lambda^4 - \ldots \tag{2.28e}$$

wobei $A'_1, A'_2 \ldots$ wieder Abkürzungen für positive Konstanten sind, sodass die neuen Glieder sämtlich *negativ* ausfallen. Daher bewirken sie für längere Wellen schließlich die Konkavität der Dispersionskurven gegen die Abszissenachse. Gl. (2.28e) ist analog mit der empirischen, schon früher mitgeteilten Gl. (2.21b). Das hier Festgestellte wiederholt sich jedesmal im Intervall zwischen zwei Absorptionsstreifen, sodass wir sagen dürfen, dass die Theorie die Ergebnisse des Experiments vollkommen bestätigt.

Wenn die hier gemachten Voraussetzungen wirklich zutreffen, dann müssten die Konstanten A_i und A'_i direkt die Wellenlängen der Eigenfrequenzen liefern, sodass schon aus dem Verlauf der Dispersion im durchsichtigen Bereich die Eigenfrequenzen bestimmt werden könnten, wenn auch nicht sehr genau. Tatsächlich hat man, bevor Absorptionsmessungen im Ultrarot bei großen Wellenlängen möglich waren, aus Dispersionsmessungen auf die Existenz und ungefähre Lage der Eigenfrequenzen Schlüsse gezogen, die zwar qualitativ zutreffen, aber quantitativ unzureichend waren.

Einen Spezialfall wollen wir noch an Hand von Gl. (2.28b) erörtern. Wir wollen λ unendlich bzw. $\omega = 0$ werden lassen, d.h. in das Gebiet langer elektrischer Wellen (im engeren Sinn des Worts) übergehen. Dann folgt unmittelbar aus Gl. (2.28a):

$$n_\infty^2 = 1 + \sum_h \frac{\varrho_h}{\omega_h^2};$$

nach der Maxwell'schen Theorie ist aber n_∞^2 gleich der Permittivität ε_∞, für die somit die Darstellung folgt:

$$\varepsilon_\infty = 1 + \sum_h \frac{\varrho_h}{\omega_h^2} = 1 + \sum_h \frac{\varrho_h \lambda_h^2}{(2\pi c)^2}. \tag{2.29}$$

Diese Gleichung liefert offenbar eine *atomistische Deutung der Dielektrizitätskonstanten*. Gl. (2.29) kann man mit (2.28b) kombinieren, indem man sie von (2.28b) subtrahiert. Das liefert eine neue Form der Dispersionsgleichung, die in der Literatur vielfach als *Ketteler-Helmholtz'sche Gleichung* bezeichnet wird:

$$n^2 = \varepsilon_\infty + \sum_h \varrho_h \frac{\lambda_h^2}{(2\pi c)^2} \frac{\lambda_h^2}{\lambda^2 - \lambda_h^2} = \varepsilon + \sum_h \frac{M_h}{\lambda^2 - \lambda_h^2}. \qquad (2.30)$$

Dabei ist

$$\frac{\varrho_h \lambda_h^4}{(2\pi c)^2} = M_h \qquad (2.31)$$

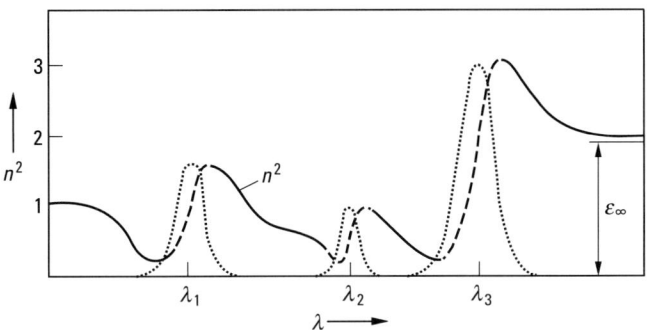

Abb. 2.45 Verlauf von n^2 bei einem Stoff mit drei Absorptionsstellen nach Abb. 2.44.

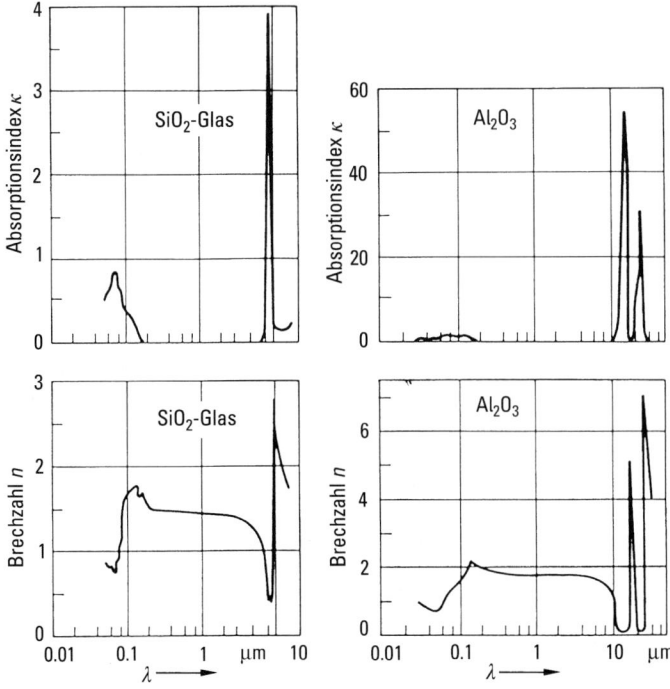

Abb. 2.46 Absorptionsindex κ und Brechzahl n von Quarzglas und Al_2O_3-Kristall.

gesetzt. Diese Form der Dispersionsgleichung wird oft bei der numerischen Berechnung von Dispersionskurven benutzt.

Damit wurde das Verhalten der Absorption und der Dispersion erklärt, allerdings nur *außerhalb* der Absorptionsbanden. Wir erhalten für das Beispiel der Abb. 2.44 mit drei Absorptionsstellen den in Abb. 2.45 angegebenen Verlauf der Dispersionskurve (ausgezogene Kurve). Wir können qualitativ auch den Verlauf der Dispersionskurve in den Absorptionsbanden angeben, indem wir die getrennten Teile der Dispersionskurve durch stetige Kurvenzüge verbinden, die in Abb. 2.45 gestrichelt eingetragen sind; man erkennt, dass der gezeichnete Verlauf z. B. mit dem direkt bei Fuchsin (Abb. 2.39) gemessenen qualitativ übereinstimmt: In der Absorptionsbande steigt die Brechzahl an was als *anomale Dispersion* bezeichnet wird.

Abb. 2.46 zeigt als Beispiel für Quarzglas und für kristallisiertes Al_2O_3 oben den Absorptionsindex κ und unten die Brechzahl n in Abhängigkeit von der Wellenlänge. Man sieht deutlich den beschriebenen Zusammenhang zwischen Absorption und Brechzahl.

2.8.3 Allgemeine Folgerungen und Anwendungen

Wir fügen noch einige allgemeine Bemerkungen hinzu, zunächst über die Absorption, wie die oben dargestellte Theorie sie auffasst. Gl. (2.28c) gibt den Verlauf der Absorptionskurve $n^2\kappa$ als Funktion der Frequenz ω wieder. Man muss sich klarmachen, dass man nach Gl. (2.28c) *keine feste Grenze für die Breite der Absorptionsbanden angeben kann*. Denn streng genommen ist $n^2\kappa$ für keine Wellenlänge $= 0$, auch wenn sie noch so sehr von den Eigenwellenlängen abweicht. Auch wenn nur eine einzige Absorptionsbande im Spektrum vorhanden ist, erstreckt sie sich streng genommen auf alle Wellen des Spektrums; daher die oben eingeführte Halbwertsbreite als Maß für die Breite einer Linie. Die Abb. 2.44 gibt den Verlauf von $n^2\kappa$ daher nur angenähert wieder. Aus der eben gemachten Bemerkung geht aber in Verbindung mit dem Lambert'schen Absorptionsgesetz (2.17a) hervor, *dass in sehr großen Schichtdicken schließlich jede Substanz für alle Wellenlängen undurchsichtig wird:* In hinreichender Tiefe unter dem Meeresspiegel herrscht tiefe Dunkelheit. Die Darstellung von $n^2\kappa$ in Abb. 2.44 stellt die Verhältnisse für mäßige Schichtdicken, wie sie normalerweise bei Prismen und Linsen vorliegen, in angemessener Weise dar. Daraus ergibt sich, dass die starken Absorptionsbanden, wie sie in der Nähe der Eigenschwingungen auftreten, schon durch die Untersuchung der Durchlässigkeit verhältnismäßig dünner Schichtdicken nachgewiesen werden können: Das ist die im Prinzip einfachste Methode, Lage und Anzahl der Eigenschwingungen festzustellen. Je größer man die Schichtdicke macht, desto schwächere Absorptionen werden erkennbar. Wir betonen dies, weil wir weiter unten sehen werden, dass die starken Eigenschwingungen (große Werte von $n^2\kappa$) auch in Reflexion nachgewiesen werden können, während die schwachen Absorptionsstellen dabei unterdrückt werden.

Es gibt Schwingungen von Atomen in Festkörpern oder Molekülen, bei denen infolge besonderer Symmetrieverhältnisse die Polarisation P_h sich *nicht* ändert. Derartige „inaktive" Schwingungen können also durch Absorption nicht angeregt werden, und sie beeinflussen auch die Dispersion nicht. In Abb. 2.47 z. B. sind die 3

2.8 Dispersion und Absorption schwach absorbierender Substanzen   265

„aktiven" Schwingungen der CO_3-Gruppe der Carbonate deutlich erkennbar, es fehlt aber eine „inaktive" Schwingung dieser Gruppe (bei ungefähr 9 µm); diese fehlt auch in Absorption.

Metalle absorbieren bekanntlich das Licht auch in dünner Schicht sehr stark. Das elektrische Lichtfeld regt die ungebundenen, also freien und leichten Ladungsträger (Elektronen) des Metalls zu Schwingungen an (s. Abschn. 2.9). In einer Lösung von NaCl in Wasser sind zwar auch freie Ladungsträger, nämlich Ionen, vorhanden, die auch eine elektrische Leitfähigkeit verursachen. Die Ionen sind aber wegen ihrer viel größeren Masse nicht in der Lage, den hochfrequenten Schwingungen des sichtbaren Lichts zu folgen. Deshalb ist eine Kochsalzlösung klar durchsichtig. Niederfrequentes, also infrarotes Licht kann aber Ionen zum Mitschwingen anregen und wird deshalb absorbiert. Dies geschieht auch in festen Stoffen, wie unten im Abschnitt „Eigenfrequenzen von Elektronen und Ionen" erläutert wird.

Gebundene Elektronen, z.B. in Glas, werden durch hochfrequentes, d.h. ultraviolettes Licht zum Mitschwingen angeregt. Es gibt aber auch Stoffe, die im festen und gelöstem Zustand auch im sichtbaren Gebiet Absorptionsbanden haben, z.B. Salze der Seltenen Erdmetalle oder von Chrom, Mangan, Eisen, Nickel u.a. Hier handelt es sich um die Änderung von Energiezuständen der Elektronen im Innern der Atome. Eine solche Änderung ist aber nur dann möglich, wenn nicht alle Zustände besetzt sind. Das ist der Fall bei den Elementen, bei denen eine innere Schale, die 3d-Schale (z.B. bei Cr, Mn, Fe, Ni) und die 4f-Schale (bei den Seltene Erdmetallen) aufgefüllt wird. Auch beim Kupfer ist eine solche Lücke der Elektronenhülle vorhanden; deshalb sind Kupfersalze und Lösungen gefärbt (z.B. blaues Kupfersulfat). Die unterschiedliche Breite der Absorptionsbanden bei gleicher Schichtdicke und Konzentration der verantwortlichen Ionen, z.B. von $NiSO_4$ und $Pr_2(SO_4)_3$ rührt daher, dass die 4f-Elektronen des Praseodym-Ions, deren Energiezustände sich ändern, durch mehr äußere Elektronen des gleichen Atoms vor den elektrischen Feldern der Umgebung geschützt sind als dies beim Nickel der Fall ist. Dass für die Änderung der Energiezustände oft nur wenig Energie erforderlich ist (viele Absorptionslinien der Seltene Erdmetalle liegen sogar im Infrarot!), liegt daran, dass alle Elektronen in ihrer Bahn (Schale und Unterschale) bleiben. Nur die vektorielle Zusammensetzung von Bahndrehimpuls und Spin der Elektronen in der gleichen Schale ändert sich.

Reflexionsgrad der absorbierenden Stoffe. Nach den früheren Darlegungen ist außerhalb der Absorptionsbanden ($\lambda \neq \lambda_h$) die Größe $n^2\kappa = 0$, d.h. die Substanz praktisch durchlässig. Der Reflexionsgrad ϱ an diesen Stellen berechnet sich daher nach Gl. (2.19): $\varrho = \left(\dfrac{n-1}{n+1}\right)^2$. Wie wir zeigten, gibt dies nur kleine Werte von ϱ (z.B. für $n = 1.5$ ist $\varrho = 0.04$). Dagegen ist für die Wellenlängen $\lambda = \lambda_h$ ($h = 1, 2 \ldots$) die Größe $n^2\kappa \neq 0$, und $n^2\kappa^2$ kann sehr groß gegen $(n-1)^2$ werden. In diesem Fall hat man für das Reflexionsvermögen die allgemeine Formel (2.19b) anzuwenden: $\varrho = \dfrac{(n-1)^2 + n^2\kappa^2}{(n+1)^2 + n^2\kappa^2}$. Das bedeutet, dass in der Nähe der Wellenlängen λ_h der Reflexionsgrad größer ist als in einiger Entfernung von ihnen: Der Reflexionsgrad muss also in der Nähe der Eigenwellenlängen deutlich Maxima aufweisen; als Beleg dafür

266 2 Dispersion und Absorption des Lichtes

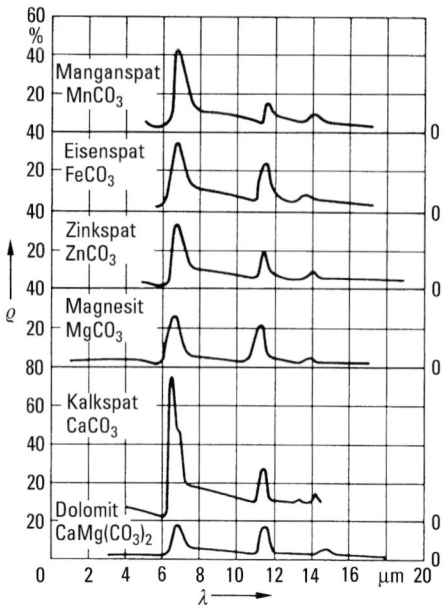

Abb. 2.47 Reflexionsgrad verschiedener Carbonate zwischen 1 und 20 μm.

mag Abb. 2.47 dienen, in der der Reflexionsgrad einiger Carbonate nach Messungen von Cl. Schaefer und Mitarbeitern dargestellt ist: die Carbonate zeigen in der Nähe der Wellenlängen 7 μm, 11 μm, 14 μm deutliche Maxima vor ϱ. Die Maxima rühren von den Eigenschwingungen der CO_3-Gruppe her, die allen Carbonaten gemeinsam ist. Am stärksten ist das Maximum bei der Wellenlänge 7 μm.

Ein sehr hoher Reflexionsgrad in der Umgebung der Eigenfrequenz findet sich bei vielen Substanzen, aber immer nur im IR-Spektrum, z. B. auch beim Quarz in der Gegend von 8 μm und 20 μm. Diese Tatsache führte H. Rubens (1897) zu seiner **Methode der Reststrahlen.** Wenn die Bestrahlungsstärke für die Wellenlänge λ, die auf eine Substanz auffällt, $E(\lambda)$ und der Reflexionsgrad $\varrho(\lambda)$ genannt werden, so ist der reflektierte Betrag $E(\lambda)\varrho(\lambda)$, und dieser ist im Allgemeinen klein. Nur in der Nähe der Eigenfrequenzen ist $E(\lambda_h)\varrho(\lambda_h)$ fast ebenso groß wie $E(\lambda_h)$ selbst, da $\varrho(\lambda_h)$ nicht wesentlich kleiner als 1 ist. Rubens lässt nun die unzerlegte Gesamtstrahlung $\Sigma E(\lambda)$ mehrere Male an der betrachteten Substanz reflektieren; der Betrag der reflektierten Strahlung der Wellenlänge λ ist dann nach n-maliger Reflexion $E(\lambda)\varrho(\lambda)^n$. Dann ist praktisch für alle Wellenlängen, die merklich von den Eigenwellen abweichen, $E(\lambda)\varrho(\lambda)^n = 0$, während für die Eigenfrequenzen $E(\lambda_h)\varrho(\lambda_h)^n$ noch einen erheblichen Wert hat. Die mehrmalige (etwa 4 bis 5-malige) Reflexion unterdrückt im Endergebnis alle Wellenlängen mit Ausnahme einer fast homogenen Strahlung von der (ungefähren) Wellenlänge λ_h. Als Beispiel betrachten wir Kalkspat; nach Abb. 2.47 besitzt er bei ungefähr 7 μm einen Reflexionsgrad von rd. 0.8; nach 4 Reflexionen ist von dieser Strahlung ein Anteil von 0.8^4, also 41% vorhanden. Außerhalb dieser Wellenlänge ist die Brechzahl rund 1.6, was $\varrho = 0.06$ liefert;

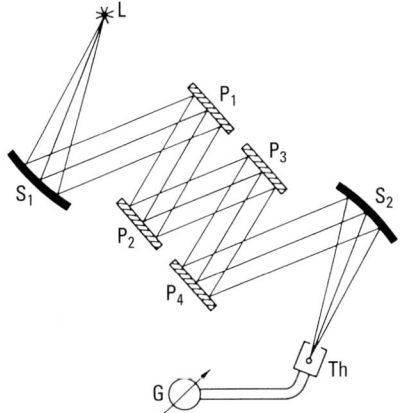

Abb. 2.48 Reststrahlenmethode nach Rubens.

$\varrho^4 = 0.00001$ oder $10^{-3}\%$. Bei der Wellenlänge, die der Halbwertsbreite entspricht, wird $\varrho^4 = 0.4^4 = 2.6\%$.

Die Reststrahlmethode wirkt also wie ein selektives Filter. Ihr großer Vorteil ist der, dass man ohne spektrale Zerlegung, die ja wegen der Reflexionsverluste in der optischen Apparatur eine starke Schwächung für alle Wellenlängen hervorruft, eine oder mehrere diskrete Wellenlängen λ_h isolieren kann. Das ermöglichte nach 1900 die Auffindung langer infraroter Wellen, die mit prismatischer Zerlegung nicht nachweisbar waren. Abbildung 2.48 zeigt das Prinzip der Rubens'schen Anordnung (L = Lichtquelle, S_1 und S_2 Hohlspiegel, P_1, P_2, P_3, P_4 Platten aus dem zu untersuchenden Material, z. B. Quarz, Flussspat, Steinsalz, Sylvin usw., Th Thermosäule, G Galvanometer). Dass der Galvanometerausschlag wirklich nur von der ausgesonderten Strahlung der Wellenlänge λ_h herrührt, kann man zeigen, indem man eine ganz dünne Platte aus dem Untersuchungsmaterial in den Strahlengang bringt; da diese Platte – wegen der starken Absorption gerade der Wellenlänge λ_h – diese Wellenlänge zurückhalten muss, während sie für andere Wellenlängen durchsichtig ist, so muss der Galvanometerausschlag verschwinden, wenn der Aufbau einwandfrei ist. Tabelle 2.8 gibt einige Reststrahlwellenlängen an, die von Rubens und Mitar-

Tab. 2.8 Reststrahlwellenlängen.

Material	Wellenlänge in µm	Material	Wellenlänge in µm
CaCO$_3$	6.56	KBr	82.6
SiC	12.0	TlCl	91.6
ZnS	30.9	KJ	94.7
NaCl	52.0	AgBr	112.7
KCl	63.0	TlBr	117.0
AgCl	81.5	TlJ	152.8

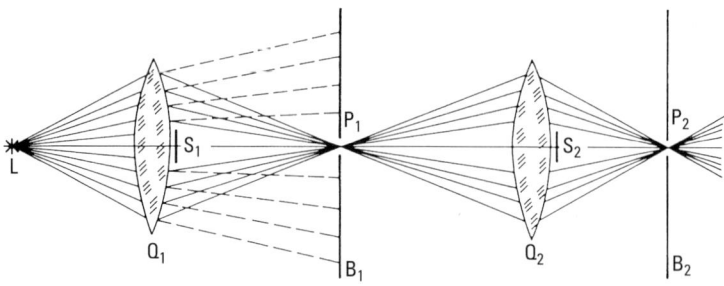

Abb. 2.49 Quarzlinsenmethode nach Rubens und Wood.

beitern gefunden und gemessen wurden. Es ergibt sich aus dem Vorhergehenden für die Bestimmung von Eigenfrequenzen bzw. Absorptionsmaxima folgender Sachverhalt: Durch Absorption kann man alle auch noch so schwachen Eigenfrequenzen nachweisen, wenn man hinreichend große Schichtdicken wählt. Die Methode der Reflexion (Abb. 2.47) liefert nur die stärkeren Eigenschwingungen, und von diesen sondert die Reststrahlmethode noch die allerstärksten aus (z. B. liefert sie von den Eigenfrequenzen des Kalkspates nur die bei etwa 7 µm, während sie diejenigen bei etwa 11 µm und 14 µm unterdrückt).

Zur Aussonderung noch größerer Wellenlängen haben H. Rubens und R. W. Wood (1910) die chromatische Aberration von Quarzlinsen im IR ausgenutzt (*Quarzlinsenmethode*), deren Prinzip in Abb. 2.49 dargestellt ist. Wie schon erwähnt und wie auch aus Abb. 2.41 hervorgeht, besitzt Quarz für lange Wellen, etwa jenseits 50 µm, Brechzahlen $n > 2$, während im sichtbaren und ultravioletten Spektralgebiet $n \approx 1.5$ ist. Nun ist nach der elementaren Linsenformel die Brennweite einer Linse $f = \dfrac{r_1 r_2}{(n-1)(r_2 - r_1)}$ (r_1 und r_2 die beiden Krümmungsradien). Das bedeutet, dass eine Quarzlinse, die für sichtbares Licht mittlerer Wellenlänge eine Brennweite $f = 27.3$ cm besitzt, für die langen ultraroten Wellen nur noch eine solche von 12 cm hat. Solche Werte mögen die beiden Quarzlinsen Q_1 und Q_2 in Abb. 2.49 haben. Der Abstand der Lichtquelle L wird größer als 12 cm, aber kleiner als 27.3 cm gewählt. Von L ausgesandte Strahlung ≪ 50 µm verlässt Q_1 also divergent (in Abb. 2.49 gestrichelt), während die langwellige Strahlung ≥ 50 µm in einem Bildpunkt P_1 vereinigt wird. Eine enge Lochblende lässt nur diese langwelligen Strahlen hindurchtreten, während die achsennahe kurzwellige Strahlung durch eine kleine runde Scheibe S_1 zurückgehalten wird. Um etwaige kurzwellige Beimischung mit Sicherheit auszuschließen, wird dasselbe Verfahren noch ein zweites Mal angewendet, indem die von P_1 divergierende Strahlung noch einmal eine Quarzlinse Q_2 durchsetzt usw. In dem Bildpunkt P_2 haben wir dann eine sehr langwellige Strahlung – abhängig von der Emission der Lichtquelle. Diese aus Lichtquellen stammenden Wellen von rund 1 mm Länge greifen schon in das Gebiet der auf direktem elektrischen Weg erzeugten Wellen hinüber.

Eigenfrequenzen von Elektronen und Ionen. P. Drude (1904) hat aus der Dispersionstheorie noch einen interessanten Schluss gezogen, der die Frage beantwortet, mit

2.8 Dispersion und Absorption schwach absorbierender Substanzen 269

welchen schwingenden Gebilden man es im UV und Sichtbaren einerseits, im IR andererseits zu tun hat. Dazu muss man die numerischen Daten der Dispersion verschiedener Stoffe kennen, etwa die Konstanten M_h und λ_h der Ketteler-Helmholtz'schen Dispersionsformel (2.30).

Für zwei Eigenfrequenzen bzw. Eigenwellenlängen λ_R und λ_V, etwa im UV und im IR, ist dann nach Gl. (2.31)

$$\frac{M_V/\lambda_V^4}{M_R/\lambda_R^4} = \frac{N_V q_V^2/m_V}{N_R q_R^2/m_R}.$$

Weil das ganze Molekül unelektrisch ist, gilt:

$$N_V q_V = -N_R q_R.$$

Setzt man dies in die vorletzte Gleichung ein, so folgt für den Quotienten:

$$\frac{M_V/\lambda_V^4}{M_R/\lambda_R^4} = \frac{(q/m)_V}{(-q/m)_R}. \tag{2.32}$$

Er ist also – abgesehen vom Vorzeichen – gleich dem Verhältnis der spezifischen Ladungen (Ladung durch Masse) der Gebilde, die im UV oder (Sichtbaren) und im IR die Schwingungen ausführen. Aus den Dispersionformeln kennt man M_h und λ_h empirisch. Daraus ergibt sich für das Verhältnis der spezifischen Ladungen im UV und IR:

$$\left|\left(\frac{q}{m}\right)_{UV}\right| \approx 10^4 \left|\left(\frac{q}{m}\right)_{IR}\right|.$$

10^4 ist aber das Verhältnis der spezifischen Ladung von Elektronen zu der von Ionen. Daraus folgt der Drude'sche Schluss, dass die Eigenschwingungen im UV und Sichtbaren den *Elektronen*, im IR dagegen den *Ionen* zukommen.

Relaxationsdispersion. Alle Dispersionserscheinungen, die bisher behandelt wurden, beruhen auf der Einwirkung der Strahlung auf Systeme (z. B. Moleküle), deren Teilchen an Gleichgewichtslagen gebunden sind und die daher Resonanzfrequenzen besitzen. Es gibt aber noch weitere Ursachen der Dispersion, die wir uns an einem Beispiel anschaulich klarmachen wollen.

Man denke sich elektrische Dipole, deren Richtungen unregelmäßig verteilt seien, sodass insgesamt keine elektrische Polarisation vorhanden ist. Sie seien ferner drehbar. Die Drehbarkeit sei aber mit einer Art Trägheit behaftet; sie finde quasi in einem mehr oder weniger zähen Medium statt. Die Dipolrichtungen besitzen also keine feste Gleichgewichtslage. Ein homogenes, periodisches, elektrisches Feld (das Strahlungsfeld) wirke auf diese Dipole ein. Dann werden bei sehr niedriger Frequenz dieses Feldes alle Dipole ohne Verzögerung folgen können. Wie gering diese Frequenz sein muss, damit dies der Fall ist, hängt natürlich von der „Zähigkeit" ab. Das Feld erzeugt also dann eine Polarisation, da die Dipole sich alle parallel zum Feld einstellen können, und diese wird proportional zum Feld sein. Dies entspricht einer endlichen Brechzahl größer als 1. Bei sehr hoher Frequenz dagegen werden die Dipole überhaupt nicht mehr folgen können, die Polarisation wird gleich der ohne Feld sein, d.h. in unserem Fall verschwinden. Das Medium wirkt wie ein Va-

270 2 Dispersion und Absorption des Lichtes

kuum; die Brechzahl wird den Wert 1 annehmen. Für mittlere Frequenzen wird die Brechzahl von $n = 1$ für $\omega = \infty$ bis $n = n_0$ für $\omega = 0$ monoton ansteigen, je nach der mehr oder weniger großen Verzögerung des Folgens. Bei den extremen Frequenzen wird keine Absorption stattfinden. Bei $\omega = \infty$ deswegen nicht, weil das Medium ja keine Energie aus dem Feld aufnimmt; bei $\omega = 0$ deswegen nicht, weil die aufgenommene Energie ohne Phasenverzögerung wieder an das Feld abgegeben wird. Im Zwischengebiet wird Absorption auftreten.

Die quantitative Behandlung dieser Art Dispersion (zuerst von P. Debye durchgeführt) führt auf Gleichungen der Form

$$n^2(1-\kappa^2) = 1 + \frac{a}{1+\omega^2\tau^2}, \quad n^2\kappa = \frac{b\omega\tau}{1+\omega^2\tau^2}, \tag{2.33}$$

wo a und b Konstanten sind und τ eine sogenannte *Relaxationszeit* ist, die angibt, wann die durch ein niederfrequentes Feld erzeugte Polarisation nach plötzlichem

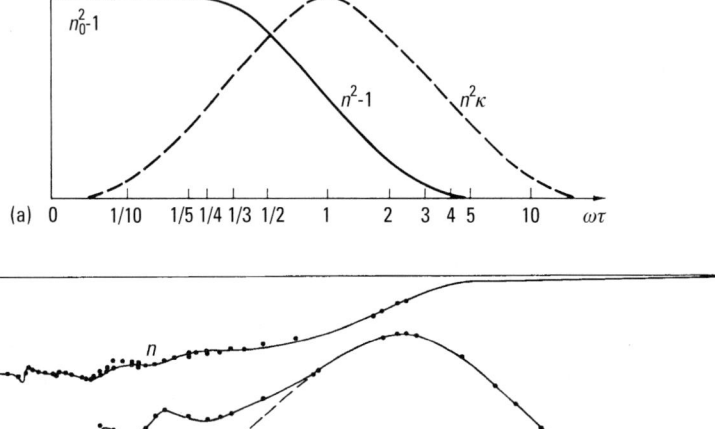

Abb. 2.50 (a) Schematischer Verlauf der Brechzahl n und des Absorptionsindex κ für Relaxationsdispersion. (b) Realteil n (reelle Brechzahl) und Imaginärteil $k = n\kappa$ der komplexen Brechzahl $\mathcal{n}$ von Wasser. Man erkennt in der Absorption einen Debye-Beitrag mit einem Maximum bei etwa 1 cm Wellenlänge. Die Brechzahl n fällt mit abnehmender Wellenlänge, d. h. zunehmender Frequenz auf Werte in der Größenordnung von 1 in Übereinstimmung mit dem im oberen Bildteil (a) dargestellten Verhalten.

Abschalten dieses Feldes auf den e-ten Teil abgesunken ist. Je größer diese Zeit ist, um so „träger" findet die Einstellung statt. Solche *Relaxationsdispersion* tritt überall auf, wo es sich um die Einstellung eines Gleichgewichts unter dem Einfluss periodischer Kräfte handelt. Die Relaxationsfrequenzen $1/\tau$ fallen sehr oft in das Gebiet der cm- und mm-Wellen. Sie hängen ab von der Dichte der sich einstellenden Dipole, von ihrer gegenseitigen Störung und von der Temperatur.

Abbildung 2.50 gibt den Verlauf dieser Dispersion und Absorption (genau genommen den von $n^2(1-\kappa^2)-1$ und $n^2\kappa$) an. Man kann aus Gl. (2.33) entnehmen, dass das Maximum von $n^2\kappa$ genau dort liegt, wo n^2 den Mittelwert $(n_0^2 + n_\infty^2)/2$ einnimmt, nämlich bei $\omega = 1/\tau$. Die Halbwertsbreite der im logarithmischen Maßstab symmetrischen Absorptionskurve hat den Wert $2\sqrt{3}/\tau$.

2.9 Dispersion und Absorption der Metalle

Zu den Substanzen mit sehr großem Absorptionskoeffizienten a gehören vor allem die Metalle. Vom Standpunkt der elektromagnetischen Theorie des Lichtes kann man leicht den Grund dafür angeben: Er liegt in ihrer großen Leitfähigkeit. Diese bewirkt einmal, dass beim Eindringen der elektromagnetischen Welle in das Metall das elektrische Feld zusammenbricht; ferner entstehen durch das wechselnde Magnetfeld Wirbelströme, die Joule'sche Wärme erzeugen. Die eindringende Strahlung muss also stark absorbiert werden. Demgemäß wurde versucht, mit der Maxwell'schen Theorie die optischen Eigenschaften der Metalle durch ihre Leitfähigkeit σ zu erklären, ebenso wie die optischen Eigenschaften der Nichtleiter durch die Dielektrizitätszahl ε_∞ erklärt werden sollten. Wir haben gesehen, dass letzteres nur bei sehr langwelliger Strahlung (elektrische Wellen von 10 cm an aufwärts) zutrifft, nicht aber bei kurzen Wellen (IR, Sichtbar, UV usw.). Für solche Strahlung zeigen die Nichtleiter Dispersion und Absorption, während sie im Bereich elektrischer Wellen tatsächlich dispersions- und absorptionsfrei sind. Ganz ähnlich ist es nun auch mit den Metallen: für elektrische Wellen trifft wirklich die Behauptung der Maxwell'schen Theorie zu, dass das Leitvermögen die optischen Erscheinungen bestimmt, auch noch, wie wir sehen werden, für infrarote Wellen bis zu 15 μm herab, aber in keiner Weise mehr für die kürzeren ultraroten, sichtbaren und ultravioletten Wellenlängen. Wir haben im vorhergehenden Abschnitt gesehen, wie man die Maxwell'sche Theorie für Nichtleiter zu verbessern hat, indem man dem molekularen Aufbau der Materie Rechnung trägt; so werden wir es auch bei den Metallen machen müssen.

Die erste Frage gilt dem *Reflexionsgesetz* und dem *Brechungsgesetz*. Das erstere gilt für Metalle genau so wie für Nichtleiter, wovon wir in den beiden ersten Kapiteln ohne weiteres Gebrauch gemacht haben. Was die Brechung angeht, so wissen wir aus den vorhergehenden Nummern, dass man bei absorbierender Substanz einfach so rechnen kann, als ob die Brechzahl komplex geworden sei. Demgemäß folgt für das Brechungsgesetz der Metalle (φ_1 Einfallswinkel, χ_2 Brechungswinkel, n relle Brechzahl, κ Absorptionsindex):

$$\frac{\sin\varphi_1}{\sin\chi_2} = \mathfrak{n} = n(1-i\kappa). \tag{2.34}$$

2 Dispersion und Absorption des Lichtes

Da φ_1, somit auch $\sin \varphi_1$, reell ist, folgt daraus zunächst, dass

$$\sin \underline{\chi}_2 = \frac{\sin \varphi_1}{n(1 - i\kappa)} \tag{2.34a}$$

komplex sein muss. Ebenso folgt, dass die „Geschwindigkeit" v_2 der Wellen im Metall komplex ist:

$$v_2 = \frac{c}{\underline{n}} = \frac{c}{n(1 - i\kappa)} = \frac{c(1 + i\kappa)}{n(1 + \kappa^2)}. \tag{2.34b}$$

Diese scheinbar kleine Änderung gegenüber nichtleitenden Substanzen hat sehr große Komplikationen zur Folge, die wir zunächst qualitativ und anschaulich besprechen wollen.

Der Leser muss sich darüber klar sein, dass die komplexe Schreibweise eine symbolische ist; wir haben es natürlich immer mit reellen Dingen zu tun. Das heißt, der tatsächliche Brechungswinkel ist reell, ebenso wie die tatsächliche Fortpflanzungsgeschwindigkeit v_2 und die Brechzahl n. Die komplexe Rechnung erlaubt aber, in einfacher Weise den ganzen Formalismus der Optik durchsichtiger Körper auf undurchsichtige zu übertragen, indem man n durch $\underline{n} = n(1 - i\kappa)$ ersetzt. Natürlich muss man nachher immer zu reellen Größen übergehen.

Wir lassen zunächst aus Luft (Vakuum) – das ist der im Allgemeinen interessierende Fall – Strahlung der Vakuumwellenlänge λ (Kreisfrequenz ω) senkrecht auf eine ebene Metalloberfläche auffallen, die mit der y,z-Ebene, d.h. $x = 0$. zusammenfalle. Oberhalb der Metalloberfläche ist $x < 0$; im Metall selbst $x > 0$. Setzen wir nun eine ebene Welle an, die sich in Richtung der positiven x-Achse im Metall fortpflanzt – das ist die eindringende Welle –, so haben wir diese zu schreiben:

$$\mathscr{E} \sim e^{i\omega\left(t - \frac{x}{v_2}\right)} = e^{i\omega\left(t - \frac{\underline{n}x}{c}\right)} = e^{i\omega\left[t - \frac{n(1 - i\kappa)x}{c}\right]},$$

und das liefert

$$\mathscr{E} \sim e^{\frac{-\omega n\kappa x}{c}} e^{i\omega\left(t - \frac{nx}{c}\right)} = e^{-\frac{2\pi n\kappa x}{\lambda}} e^{i\omega\left(t - \frac{x}{v_2}\right)},$$

wenn v_2 die reelle Fortpflanzungsgeschwindigkeit (Phasengeschwindigkeit) der Welle bedeutet. (Diese Darstellung haben wir ganz analog schon in Abschn. 2.8 bei der Untersuchung schwach absorbierender Substanzen benutzt.) Die Fläche gleicher Amplitude ist offenbar $x = $ const.; sie fällt – wie bisher stets – zusammen mit der Fläche gleicher Phase, die ebenfalls $x = $ const. ist. Das ist aber nicht mehr der Fall, wenn die Welle schief (unter dem Einfallswinkel φ_1) auf die Metalloberfläche auffällt (Abb. 2.51); sie werde dann unter dem noch zu bestimmenden reellen Winkel φ_2 ins Metall hereingebrochen. Außer den beiden Strahlen AO und OB zeichnen wir eine Ebene konstanter Phase, d.h. die Wellenebene CD im Metall (senkrecht zum Strahl OB) und eine Ebene konstanter Amplitude EF im Metall, für die wieder $x = $ const. gilt. Man erkennt, dass die beiden Ebenen nicht zusammenfallen, sondern gleichfalls den Winkel φ_2 miteinander bilden. Das heißt die Welle schreitet in Richtung OB fort, ihre Amplitude nimmt aber in Richtung OX ab. Eine solche Welle nennt man eine *inhomogene Welle*, auch *Oberflächenwelle*, weil sie mit merklicher Amplitude nur in der Nähe der Grenzfläche $x = 0$ auftreten kann.

2.9 Dispersion und Absorption der Metalle

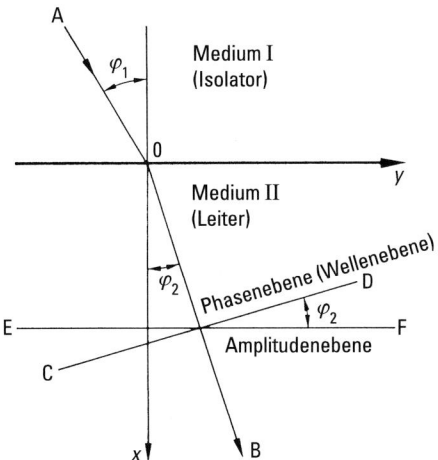

Abb. 2.51 Zur Definition einer inhomogenen Welle (Oberflächenwelle) an der Grenzfläche eines absorbierenden Stoffes.

Wir wollen zunächst die Gleichung einer ebenen Welle im Metall in komplexer Form anschreiben; sie hat die Gestalt:

$$\mathscr{E}_2 \sim e^{i\omega\left(t - \frac{y\sin\underline{\chi_2} + x\cos\underline{\chi_2}}{v_2}\right)}, \tag{2.35}$$

wobei $\underline{\chi_2}$ und v_2, wie gesagt, komplex sind; wir müssen daraus den reellen Brechungswinkel φ_2 (Abb. 2.51) berechnen; dies tun wir, indem wir einmal aus der obigen Gleichung die Phasenebene feststellen. Zu diesem Zwecke müssen wir in die obige symbolische Darstellung der Welle die Werte von $\sin\underline{\chi_2}$ und $\cos\underline{\chi_2}$ einführen. Aus Gl. (2.34a) folgt zunächst:

$$\sin\underline{\chi_2} = \frac{\sin\varphi_1}{n(1-i\kappa)} = \frac{\sin\varphi_1(1+i\kappa)}{n(1+\kappa^2)}, \tag{2.36a}$$

und daraus:

$$\cos\underline{\chi_2} = \sqrt{1 - \sin^2\underline{\chi_2}} = \sqrt{\frac{n^2(1+\kappa^2)^2 - (1-\kappa^2+2i\kappa)\sin^2\varphi_1}{n^2(1+\kappa^2)^2}}. \tag{2.36b}$$

Wenn wir vorläufig zur Abkürzung setzen

$$\cos\underline{\chi_2} = \varrho e^{-i\delta} = \varrho(\cos\delta - i\sin\delta), \tag{2.36c}$$

so folgt zur Bestimmung von ϱ und δ

$$\begin{aligned}\frac{n^2(1+\kappa^2)^2 - (1-\kappa^2)\sin^2\varphi_1}{n^2(1+\kappa^2)^2} &= \varrho^2\cos 2\delta, \\ \frac{2\kappa\sin^2\varphi_1}{n^2(1+\kappa^2)^2} &= \varrho^2\sin 2\delta.\end{aligned} \tag{2.37}$$

Trägt man Gln. (2.36a), (2.36c) und (2.34b) in (2.35) ein, so nimmt die gebrochene Welle folgende Gestalt an, aus der man deutlich sieht, dass hier Phasenebene und Amplitudenebene nicht mehr zusammenfallen:

$$\mathscr{E}_2 \sim e^{i\omega\left[t - \frac{y\sin\varphi_1}{c} - \frac{x\varrho n}{c}(\cos\delta - \kappa\sin\delta)\right]} e^{-\frac{2\pi\varrho xn}{\lambda}(\sin\delta + \kappa\cos\delta)}. \tag{2.38}$$

Der erste Exponentialfaktor stellt eine gebrochene Welle dar, die sich unter einem (noch in unentwickelter Form auftretenden) reellen Brechungswinkel, den wir vorher schon φ_2 genannt hatten, fortpflanzt; der zweite Faktor aber stellt eine mit wachsendem x wachsende Absorption dar – wie es sein muss. Die Phasen- (oder Wellen-) Ebene gehorcht der Gleichung:

$$y\sin\varphi_1 + x\varrho n(\cos\delta - \kappa\sin\delta) = \text{const.}, \tag{2.39}$$

während die Gleichung der Amplitudenebene offenbar $x = $ const. lautet. Und nun können wir die Phasenebenengleichung (2.39) auch durch den reellen Brechungswinkel φ_2 ausdrücken:

$$y\sin\varphi_2 + \kappa\cos\varphi_2 = \text{const.} \tag{2.40}$$

Durch Vergleich mit Gl. (2.39) folgt also, dass $\sin\varphi_2$ und $\cos\varphi_2$ folgenden Ausdrücken proportional sein müssen:

$$\begin{aligned}\sin\varphi_1 &= A\sin\varphi_2, \\ \varrho n(\cos\delta - \kappa\sin\delta) &= A\cos\varphi_2,\end{aligned} \tag{2.41}$$

womit wir die Mittel in der Hand haben, φ_2 zu bestimmen. Lassen wir vorläufig noch ϱ und δ unbestimmt stehen, so ergibt sich die Proportionalitätskonstante A zu

$$A = \sqrt{\sin^2\varphi_1 + \varrho^2 n^2(\cos\delta - \kappa\sin\delta)^2}. \tag{2.42}$$

Mit diesem Wert von A finden wir aus der ersten Gl. (2.41) das Brechungsgesetz in reeller Form (ϱ und δ sind noch auszurechnen!):

$$\frac{\sin\varphi_1}{\sin\varphi_2} = A = \sqrt{\sin^2\varphi_1 + \varrho^2 n^2(\cos\delta - \kappa\sin\delta)^2} = n_{\varphi_1}. \tag{2.43}$$

Man sieht schon in dieser Form, dass die Brechzahl nicht konstant ist, sondern vom Einfallswinkel φ_1 abhängt, weswegen wir in Zukunft n_φ dafür schreiben wollen. Drücken wir in Gl. (2.38) $\sin\varphi_1$, $\varrho\sin\delta$ und $\kappa\cos\delta$ nach Gln. (2.41), (2.42) und (2.43) durch $\sin\varphi_2$, $\cos\varphi_2$ und n_φ aus, so wird der erste Exponentialfaktor:

$$e^{i\omega\left[t - \frac{y\sin\varphi_2 + x\cos\varphi_2}{c/n_\varphi}\right]},$$

was bedeutet, dass die Welle sich mit der reellen Geschwindigkeit

$$v_\varphi = \frac{c}{n_\varphi} = \frac{c}{\sqrt{\sin^2\varphi_1 + \varrho^2 n^2(\cos\delta - \kappa\sin\delta)^2}} \tag{2.44}$$

fortpflanzt; auch sie hängt von dem Einfallswinkel ab. Schließlich gewinnen wir für den Dämpfungsfaktor, den wir κ_φ nennen wollen:

$$\kappa_\varphi = \varrho(\sin\delta + \kappa\cos\delta). \tag{2.45}$$

Wir müssen nun noch die bisher nicht ausgerechneten Größen ϱ und δ aus Gl. (2.37) bestimmen und die erhaltenen Werte in die Gln. (2.43), (2.44) und (2.45) einsetzen. Dann liefert eine elementare, aber mühsame Rechnung:

$$n_\varphi^2 = [n^2 - n^2\kappa^2 + \sin^2\varphi_1 + \sqrt{4n^4\kappa^2 + (n^2 - n^2\kappa^2 - \sin^2\varphi_1)^2}]/2,$$

$$\kappa_\varphi^2 = [-n^2 - n^2\kappa^2 + \sin^2\varphi_1 + \sqrt{4n^4\kappa^2 + (n^2 - n^2\kappa^2 - \sin^2\varphi_1)^2}]/2n^2,$$

$$v_\varphi = c/n_\varphi. \tag{2.46}$$

Man sieht an diesen Gleichungen die außerordentliche Komplikation der Verhältnisse; für $\varphi_1 = 0$ gehen n_φ in n und κ_φ in κ über. Deshalb bezeichnet man die „optischen Konstanten" n und κ auch wohl als *Hauptbrechzahl* und *Hauptabsorptionsindex*.

Die Frage, wie man die optischen Konstanten n und κ experimentell bestimmt, müssen wir zurückschieben; wir werden in Abschn. 4.4 darauf zurückkommen. Hier genüge die Tatsache, dass die Beobachtungen zahlreicher Forscher (z.B. D. Shea [1892] und R.B. Wilsey [1916]) den in Gl. (2.46) gegebenen Zusammenhang zwischen den Größen n_φ, κ_φ mit n und κ immer bestätigt haben; eine andere Frage ist aber die, wie n und κ mit der Leitfähigkeit σ der Metalle zusammenhängen, die nach der Maxwell'schen Theorie beide Größen bestimmen soll. Diese Frage wird uns weiter unten beschäftigen. Hier geben wir eine Übersicht über die Resultate von Shea, die sich auf die Wellenlänge 640 nm (rotes Licht) beziehen.

Bei den Resultaten der Metalloptik, wie sie z.B. in Tab. 2.9 wiedergegeben sind, erreicht man bei weitem nicht die Genauigkeit, die man bei durchsichtigen Substanzen erzielt. Während bei diesen die Brechzahl bis auf eine Einheit in der 5. Dezimale genau gemessen werden kann, ist hier bereits die zweite Dezimale nicht sicher. Das liegt, z.T. an der schwierigen Messung, z.T. daran, dass man Reflexionsbeobachtungen heranziehen muss, und diese leiden an dem Übelstand, dass es außerordentlich schwer ist, reine Metalloberflächen herzustellen; daher schwanken auch die Resultate verschiedener Beobachter für n und κ noch erheblich.

Man sieht, dass die Tabelle in zwei Teile zerfällt, deren erster sich auf Fe und Pt bezieht. Beide haben relativ große Brechzahlen ($n > 1$), und ihre Variation mit φ_1

Tab. 2.9 Optische Konstanten von Metallen als Funktion des Einfallswinkels nach Shea.

Metall	n	$n\kappa$	n_{10}	n_{20}	n_{30}	n_{40}	n_{50}	n_{60}	n_{70}	n_{80}	n_{90}
Fe	3.03	1.78	3.04	3.04	3.04	3.05	3.06	3.06	3.07	3.07	3.07
Pt	1.99	2.03	2.00	2.01	2.02	2.04	2.07	2.09	2.11	2.12	2.12
Cu	0.48	2.61	0.51	0.59	0.69	0.79	0.89	0.98	1.04	1.08	1.10
Au	0.35	1.79	0.39	0.49	0.61	0.72	0.83	0.92	0.99	1.03	1.05
Ag	0.26	2.16	0.31	0.43	0.56	0.69	0.80	0.90	0.97	1.01	1.03

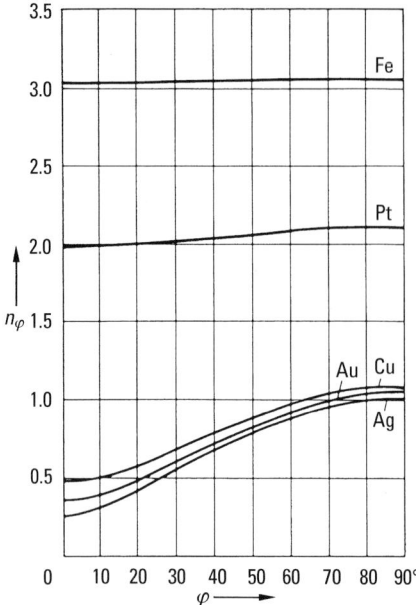

Abb. 2.52 Abhängigkeit der Brechzahlen verschiedener Metalle vom Einfallswinkel für $\lambda = 640$ nm.

ist nicht erheblich. Daher befolgt bei diesen Metallen die Brechung nahezu das gewöhnliche Brechungsgesetz. Die zweite Hälfte der Tabelle zeigt zunächst, dass für Cu, Ag und Au die Hauptbrechzahl $n < 1$ ist, sowie dass die Änderung von n_φ mit φ_1 sehr erheblich ist; hier ist also das Brechungsgesetz ein ganz anderes. Im besonderen zeigt die Tabelle, dass für Cu die Brechzahl n_φ zwischen 60° und 70° durch den Wert 1 hindurchgeht, und das Gleiche zeigt sich für etwas größere Winkel bei Ag und Au. Das bedeutet aber, dass für diese Metalle bei einem bestimmten Einfallswinkel (bei Cu 62.9°, bei Ag 71.9°, bei Au 76.2°) die einfallende Welle *ungebrochen* in das Metall eintritt; dies hat Shea auch direkt konstatiert. Abb. 2.52 gibt graphisch die Werte der Tabelle wieder.

Man könnte unsere obige Feststellung, dass n_φ, κ_φ, v_φ vom Einfallswinkel abhängen, auch so ausdrücken, dass sie vom reellen Brechungswinkel φ_2 abhängen, der ja mit φ_1 nach Gl. (2.43) zusammenhängt; φ_2 ist aber auch der Winkel zwischen der Ebene konstanter Phase und der Ebene konstanter Amplitude, der mit anderen Worten die inhomogene Welle charakterisiert. Deshalb hat E. Ketteler (1885), der große Verdienste um die Aufklärung der Verhältnisse der Metalloptik, insbesondere der Fortpflanzung inhomogener Wellen hat, diesen Sachverhalt durch die Formulierung charakterisiert, dass die Fortpflanzungsgeschwindigkeit und die Stärke der Absorption von dem Winkel abhängen, den die „Wellennormale" mit der „Absorptionsnormalen" bildet.

Eine grundsätzliche Bemerkung muss noch hinzugefügt werden. Obwohl die starken Abweichungen von der Optik durchsichtiger Körper besonders in der Optik

2.9 Dispersion und Absorption der Metalle

Tab. 2.10 Optische Konstanten von Metallen bei $\lambda = 589$ nm nach Drude.

Metall	n	$n\kappa$	Metall	n	$n\kappa$
Ag	0.18	3.67	Stahl	2.41	3.40
Au	0.37	1.82	Na	0.005 (!)	2.61
Pt	2.06	4.26	Hg	1.73	4.96
Cu	0.64	2.62			

der Metalle wegen ihres großen Absorptionskoeffizienten a auftreten, gelten die Ergebnisse dieses Abschnittes im Prinzip auch für die Substanzen mit kleinem Absorptionskoeffizienten a, wie wir sie in den vorhergehenden Abschnitten behandelt haben. Im Allgemeinen sind die Abweichungen von dem idealen Fall völlig durchsichtiger Körper unmerklich, zeigen sich jedoch z. B. bei genauen Messungen der Brechzahl bei gefärbten Lösungen.

Bevor wir an die Untersuchung herangehen, welche Werte die optischen Konstanten nach der Maxwell'schen Theorie haben sollen, teilen wir noch Werte von n und $n\kappa$ mit, nach Messungen von P. Drude für die Wellenlänge 589 nm (D-Linie) (Tab. 2.10). Interessant ist, dass bei allen untersuchten Metallen $n < n\kappa$ ist; besonders merkwürdig ist der Wert für Natrium, $n = 0.005$, der bedeutet, dass die Phasengeschwindigkeit 200-mal größer ist als c!

Metalloptik und Maxwell'sche Theorie. Die im vorhergehenden behandelten Tatsachen haben *nichts* mit der Maxwell'schen Theorie zu tun; sie folgen in gleicher Weise aus jeder Wellentheorie und sind älter als die elektromagnetische Auffassung des Lichtes. Dagegen behauptet die Letztere, dass die Leitfähigkeit σ der Metalle die Werte von n und $n\kappa$ bestimmt. Wir wollen jetzt prüfen, wie es sich damit verhält.

Betrachten wir die erste Maxwell'sche Gleichung (Abschn. E.1):

$$\operatorname{rot} \boldsymbol{H} = \varepsilon_r \varepsilon_0 \frac{\partial \boldsymbol{E}}{\partial t} + \sigma \boldsymbol{E}.$$

Falls $\boldsymbol{E}$ der elektrische Vektor einer Lichtwelle ist, so ist er periodisch: $\boldsymbol{E} \to \boldsymbol{\mathscr{E}} = \boldsymbol{E}_0 \mathrm{e}^{\mathrm{i}\omega t}$, also ist weiter

$$\frac{\partial \boldsymbol{\mathscr{E}}}{\partial t} = \omega \mathrm{i} \boldsymbol{\mathscr{E}}, \quad \boldsymbol{\mathscr{E}} = -\frac{\mathrm{i}}{\omega} \frac{\partial \boldsymbol{\mathscr{E}}}{\partial t}.$$

Setzt man den letzten Wert in die obige Maxwell'sche Gleichung ein, so nimmt sie die Gestalt an:

$$\operatorname{rot} \boldsymbol{\mathscr{H}} = \left[\varepsilon_r \varepsilon_0 - \frac{\sigma}{\omega} \mathrm{i}\right] \frac{\partial \boldsymbol{\mathscr{E}}}{\partial t}.$$

Damit hat die linke Seite der Gleichung die gleiche Form wie für einen Nichtleiter, nur dass an Stelle der reellen Dielektrizitätszahl die komplexe Größe

$$\underline{\varepsilon}_r = \varepsilon_r - \frac{\sigma}{\varepsilon_0 \omega} \mathrm{i} \qquad (2.47)$$

getreten ist. Setzen wir diese wie im vorhergehenden gleich $n^2(1-i\kappa)^2$, so ergeben sich durch Trennung des Reellen und Imaginären folgende Beziehungen zwischen der Leitfähigkeit σ einerseits und den optischen Konstanten andererseits:

$$\varepsilon_r = n^2 - n^2\kappa^2,$$

$$\frac{\sigma}{2\varepsilon_0\omega} = n^2\kappa. \tag{2.48a}$$

Quadriert man die erste dieser Gleichungen und addiert dazu das vierfache Quadrat der zweiten, so erhält man

$$n^2 + n^2\kappa^2 = \sqrt{\varepsilon_r^2 + \sigma^2/\varepsilon_0^2\omega^2}. \tag{2.48b}$$

Kombination mit der ersten Gl. (2.48a) ergibt für n und $n\kappa$:

$$n = \sqrt{\frac{1}{2}\sqrt{\varepsilon_r^2 + \sigma^2/\varepsilon_0^2\omega^2} + \frac{\varepsilon_r}{2}},$$

$$n\kappa = \sqrt{\frac{1}{2}\sqrt{\varepsilon_r^2 + \sigma^2/\varepsilon_0^2\omega^2} - \frac{\varepsilon_r}{2}}. \tag{2.49}$$

Man hat versucht, mit Gl. (2.48a) aus der Gleichstromleitfähigkeit σ den Absorptionsindex κ für sichtbares Licht zu berechnen. Dies führt nicht zu befriedigenden Ergebnissen. Wir merken noch an, dass nach der ersten Gl. (2.48a) $n > n\kappa$ sein muss, wenn ε_r positiv angenommen wird. Vergleichen wir damit die Tabelle, so ergibt sich sofort, dass für die dort angegebenen Metalle ausnahmslos das Gegenteil, nämlich $n < n\kappa$ zutrifft. Dies bedeutet, dass bei Metallen $\varepsilon_r < 0$ sein muss für optische Frequenzen.

Wir wollen nun untersuchen, wie sich die Metalle gegenüber elektrischen Wellen (mit kleineren Frequenzen) verhalten. Dafür können wir die Gl. (2.49) noch etwas vereinfachen. Die Dielektrizitätskonstante der Metalle bei tiefen Frequenzen beträgt etwa gleich 1. Für Cu ist $\sigma_{Cu} = 5.7 \times 10^7$ A/Vm, für Hg ist $\sigma_{Hg} = 1.1 \times 10^6$ A/Vm.

Da Hg eines der schlechtestleitenden Metalle ist, ergibt sich mit $\varepsilon_0 = 8.85 \times 10^{-12}$ As/Vm:

$$\sigma/\varepsilon_0\omega \geq 6.6 \times 10^4 \quad \text{für} \quad \lambda \geq 1\,\text{mm}, \quad \omega \geq 6\pi \times 10^{11}\,\text{s}^{-1}.$$

Daher kann in Gl. (2.49) ε_r vernachlässigt werden. Damit vereinfachen sich die Gl. (2.49) zu den sog. **Drude'schen Gleichungen:**

$$n = n\kappa = \sqrt{\sigma/2\varepsilon_0\omega}, \tag{2.50}$$

woraus übrigens auch $\kappa = 1$ folgt.

Infolge der Größe von $\sigma/2\varepsilon_0\omega$ entarten nun auch die Gl. (2.46) so stark, dass die Variation von n_φ und κ_φ mit φ gar nicht mehr zu erkennen ist, denn es wird

$$n_\varphi = n, \quad \kappa_\varphi = \kappa;$$

daher bleibt zur Prüfung von Gl. (2.50) bei elektrischen Wellen nichts anderes übrig, als den Reflexionsgrad der Metalle zu berechnen und mit dem Experiment zu vergleichen. Nach Gl. (2.19a) und (2.50) wird ϱ der Reihe nach ($n \gg 1$!):

$$\varrho = \frac{(n-1)^2 + n^2}{(n+1)^2 + n^2} = \frac{n^2 - 2n + 1 + n^2}{n^2 + 2n + 1 + n^2} \approx \frac{n^2 - n}{n^2 + n} = \frac{1 - 1/n}{1 + 1/n}$$

$$\approx 1 - \frac{2}{n} = 1 - \frac{2}{\sqrt{\sigma/2\varepsilon_0 \omega}}. \tag{2.51}$$

Rechnet man sich danach mit den obigen Werten für σ und ω bei Cu und Hg die Werte von ϱ aus, so folgt:

$$\varrho_{Cu} = 99.85\%; \quad \varrho_{Hg} = 98.9\%.$$

Hohe Werte von ϱ werden tatsächlich beobachtet, können aber kaum von 100% unterschieden werden. Auch dieser Prüfungsversuch der Gl. (2.50) ist also keineswegs hinreichend, da für $\varrho \approx 1$ die Leitfähigkeit aus der Gl. (2.51) praktisch herausfällt. Man muss versuchen, zu kürzeren Wellen, d. h. zum IR überzugehen, da dann $\sigma/2\varepsilon_0\omega$ kleiner wird, also $2/\sqrt{\sigma/2\varepsilon_0\omega}$ gegen 1 mehr in Betracht kommt. Eine derartige Untersuchung haben (1903) E. Hagen und H. Rubens durchgeführt, mit dem seinerzeit überraschenden Ergebnis, dass Gl. (2.51) sich bis zu Wellenlängen bis zu 10 μm hinab durchaus bewährt hat. In Tab. 2.11 ist der Wert $1 - \varrho = 2/\sqrt{\sigma/2\varepsilon_0\omega}$ (das ist der Absorptionsgrad α der Metalle) für eine Wellenlänge von 25.5 μm eingetragen und mit der Theorie verglichen; man erkennt die gute Übereinstimmung.

Die experimentellen Ergebnisse von Hagen und Rubens zeigen, dass in der Maxwell'schen Theorie der Ansatz für die Stromdichte $\boldsymbol{j} = \sigma \boldsymbol{E}$ mit $\sigma = $ const. bis zu Wechselströmen von 10^{13} Hertz noch gilt; d.h. das Ohmsche Gesetz in der Formulierung der Feldtheorie. Die Leitfähigkeit σ von Metallen kann bis zu diesen hohen Frequenzen als frequenzunabhängig angesehen werden.

Tab. 2.11 Hagen-Rubens'sche Beziehung.

Metall	$\alpha = 1 - \varrho$ in %, für $\lambda = 25.5$ μm		Metall	$\alpha = 1 - \varrho$ in %, für $\lambda = 25.5$ μm	
	beobachtet	berechnet		beobachtet	berechnet
Ag	1.13	1.15	Ni	3.20	3.16
Cu	1.17	1.27	Sn	3.27	3.23
Au	1.56	1.39	Stahl	3.66	3.99
Al	1.97	1.60	Hg	7.66	7.55
Zn	2.27	2.27	Rotguss	2.70	2.73
Cd	2.55	2.53	Manganin	4.63	4.69
Pt	2.82	2.96	Constantan	5.20	5.05

2.10 Spektralanalyse, Emissions- und Absorptionsspektren, Dopplereffekt, Spektroskopie

Die Dispersion des Lichtes bildet die Grundlage der von G. Kirchhoff und R. W. Bunsen (1859) begründeten **Spektralanalyse**. Die genannten Forscher fanden zuerst die grundlegende Tatsache, dass jedes Element unter geeigneten Bedingungen ein ganz bestimmtes und für dieses Element charakteristisches *Spektrum* aussendet. Man kann daher aus dem Spektrum einer Lichtquelle auf die chemischen Elemente der in ihr vorhandenen, leuchtenden Stoffe schließen.

Die Erfahrung hat ergeben: Das Spektrum eines glühenden festen oder flüssigen Körpers ist stets ein *kontinuierliches Spektrum*, das alle Wellenlängen enthält. Man erkennt dies z. B. am Spektrum des positiven Kraters der Bogenlampe, des Lichtes einer Glühlampe oder einer Kerze, in der glühende feste Rußteilchen die Emissionszentren sind; auch geschmolzene Metalle, z. B. Platin, besitzen ein kontinuierliches Spektrum. Kontinuierliche Spektren sind weniger charakteristisch für den strahlenden Körper.

Anders verhalten sich glühende Gase und Dämpfe: Sie liefern im Allgemeinen *diskontinuierliche Spektren*, die nur aus einzelnen, durch dunkle Zwischenräume getrennten, scharfen *Spektrallinien* bestehen. Zum Beispiel gibt leuchtender Natriumdampf geringer Dichte, den man durch Einbringen von Kochsalz in eine nicht leuchtende Bunsenflamme erzeugt, ein Spektrum, das im sichtbaren Gebiet aus zwei charakteristischen, eng beieinander liegenden, gelben Linien besteht, die bei schwacher spektraler Trennung als eine Linie (D-Linie) erscheinen. Leuchtender Lithiumdampf erzeugt zwei im Orange und Rot liegende Spektrallinien, atomarer Wasserstoff liefert ein Spektrum mit vier Linien (H_α ist rot, H_β grünblau, H_γ blauviolett, H_δ violett); leuchtender Quecksilberdampf besitzt im Sichtbaren sechs Linien. Auf der Farbtafel I ist eine Anzahl der wichtigsten Linienspektren mit ihren Hauptlinien wiedergegeben.

Die einzelnen Linien sind die (farbigen) Bilder des Beleuchtungsspaltes. Zur wirksamen Trennung dicht nebeneinander liegender Spektrallinien muss man daher den Spalt möglichst eng machen. Um scharfe und möglichst schmale Spektrallinien zu erhalten, darf die strahlende Schicht des Gases nicht zu dick und seine Dichte nicht zu groß sein; die günstigsten Bedingungen sind von Fall zu Fall empirisch festzustellen. Je dicker die leuchtende Gasschicht oder je dichter das Gas ist, um so mehr verbreitern sich die Linien. Bei hinreichend hohem Gasdruck kann das ursprüngliche Linienspektrum sogar in ein kontinuierliches übergehen. Nach dem Einschalten einer anfangs kalten Quecksilber-Hochdrucklampe sieht man deutlich die Drucksteigerung durch Verbreiterung der Spektrallinien bis zum Kontinuum.

Außer den Linienspektren gibt es noch eine andere Art von diskontinuierlichen Spektren von Gasen, bei denen gesetzmäßige Anhäufung sehr zahlreicher Linien an bestimmten Stellen auftritt, sodass bei kleiner Dispersion des benutzten Spektralapparates dieser Teil des Spektrums fast als kontinuierlich erscheint. Man nennt solche Linienanhäufung *Banden* und die betreffenden Spektren *Bandenspektren*. Sowohl Linien- als auch Bandenspektren erstrecken sich auch ins UV und IR. Die Linienspektren sind *Atomspektren*, während die Bandenspektren bei Gasen von *Molekülschwingungen* herrühren. Beide Arten von Spektren sind charakteristisch für den emittierenden Körper, können also zu einer Identifizierung dienen: Spektralanalyse.

Alle bisher erwähnten Spektren sind **Emissionsspektren**, die von bestimmten Lichtquellen, sei es infolge hoher Temperatur, sei es infolge direkter elektrischer oder chemischer Anregung ausgesandt werden. Den Gegensatz hierzu bilden die **Absorptionsspektren**. Diese erhält man, wenn man zunächst ein kontinuierliches Spektrum erzeugt und in den Strahlengang einen Stoff bringt, der gewisse Wellenlängen absorbiert, sodass in dem ursprünglich kontinuierlichen Spektrum Lücken auftreten. Auf der Farbtafel I ist unter Nr. 11 das Absorptionsspektrum von Neodym wiedergegeben. Auch die Absorptionsspektren sind charakteristisch, sodass man sie ebenfalls zum Nachweis und zur Identifizierung der absorbierenden Stoffe benutzen kann. Die bereits vielfach erwähnten Fraunhofer'schen Linien im Sonnenspektrum sind Absorptionslinien. Sie kommen dadurch zustande, dass das vom leuchtenden Sonnenkern ausgehende kontinuierliche weiße Licht beim Durchgang durch die Sonnenatmosphäre selektive Absorption erfährt.

2.10.1 Spektralapparate

Zur Untersuchung der Spektren dienen die sog. Spektralapparate. In Abb. 2.53 ist der Strahlengang des *Spektralapparates von Kirchhoff und Bunsen* wiedergegeben. Das Licht der zu untersuchenden Lichtquelle tritt durch den bei Sp befindlichen Spalt, dessen Breite sich mit einer Mikrometerschraube einstellen lässt, in das Spaltrohr (Kollimator) A ein und wird durch die Sammellinse L_1, die sich im Abstand der Brennweite vom Spalt befindet, parallel gemacht. Das Parallelstrahlbündel durchsetzt für eine mittlere Wellenlänge, z. B. die D-Linie, im Minimum der Ablenkung das Flintglasprisma P und gelangt in das Beobachtungsfernrohr F. In diesem wird durch das Objektiv O an der Stelle rv das Spektrum erzeugt, das mit dem

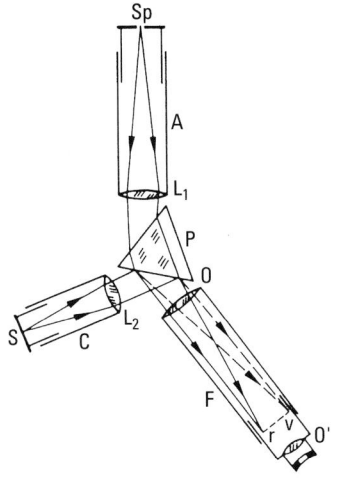

Abb. 2.53 Spektralapparat nach Kirchhoff und Bunsen.

Okular O′ betrachtet werden kann. Um das Spektrum mit einem Maßstab vergleichen und den Ort der Linien angeben zu können, trägt der Apparat noch ein drittes Rohr, das Skalenrohr C, das in der Brennebene der Linse L_2 eine kleine Skala S mit durchsichtigen Teilstrichen enthält; wird die Skala durch eine Lampe beleuchtet, so werden die von ihr ausgehenden Strahlen von der Vorderfläche des Prismas P in das Beobachtungsfernrohr F reflektiert; man erblickt dann gleichzeitig mit dem Spektrum ein scharfes Bild der Skala und kann diese mit Hilfe bekannter Spektrallinien in Wellenlängen eichen. Ist die Länge des Spektrums größer als das Gesichtsfeld des Fernrohrs, so muss dies an einem drehbaren Arm angebracht sein, um es auf den zu betrachtenden Spektralbereich einstellen zu können. Ein im Okular befindliches Fadenkreuz kann bei Drehung des Fernrohrs auf die einzelnen Spektrallinien eingestellt werden. Um auch auf diese Weise eine Messung der relativen Lage der einzelnen Linien vornehmen zu können, ist die Drehung des Fernrohrs entweder an einem Teilkreis oder einer Mikrometerschraube ablesbar. Will man das Spektrum photographisch fixieren, so wird das Fernrohr durch eine photographische Kamera ersetzt (*Spektrograph* im Gegensatz zum eben beschriebenen *Spektrometer*).

Da nach Gl. (2.5) die Gesamtlänge des durch ein Prisma erzeugten Spektrums mit dem brechenden Winkel ε wächst, liegt es nahe, zur Erzeugung ausgedehnter Spektren Prismen mit möglichst großem, brechendem Winkel zu benutzen. Erhöht man aber bei einem Flintglasprisma den Winkel bis auf etwa 100°, so tritt der Fall ein, dass der im Prisma verlaufende Strahl infolge Totalreflexion nicht mehr aus dem Prisma austreten kann. Dies kann man durch Aufkitten zweier Kronglasprismen mit einem brechenden Winkel von etwa 25° verhindern. Man erhält dann das in Abb. 2.54 gezeichnete *Rutherfurd-Prisma*[1], dessen Dispersion der von zwei hintereinander gesetzten Flintglasprismen von etwa 60° entspricht.

Im Gebrauch sind ferner noch *Spektralapparate mit konstanter Ablenkung*, bei denen Spalt und Beobachtungsfernrohr eine feste Lage zueinander haben und die Einstellung auf eine bestimmte Wellenlänge durch Verdrehen des Prismas erreicht wird. Damit dabei der Strahlengang im Minimum der Ablenkung verbleibt, kann das Prisma z. B. die in Abb. 2.55 dargestellte, von E. Abbe (1870) angegebene Form besitzen. Diese kann man sich entsprechend den eingezeichneten Hilfslinien aus zwei 30°-Prismen AEB und ACD und dem gleichschenkeligen 90°-Prisma BEC zusam-

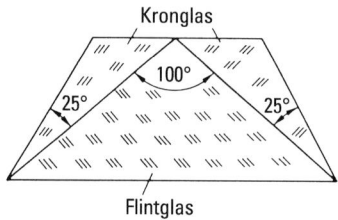

Abb. 2.54 Rutherfurd-Prisma.

---

[1] Oft fälschlich als Rutherford-Prisma bezeichnet; Erfinder ist der amerikanische Astronom L. M. Rutherfurd (1816–1892).

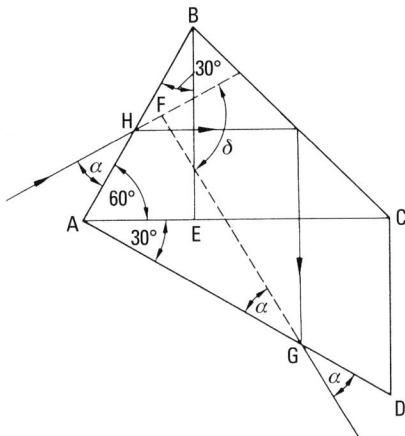

Abb. 2.55 Prisma mit konstanter, rechtwinkliger Ablenkung nach Abbe.

mengesetzt denken. Ein unter dem Winkel α auf die Prismenfläche AB auffallender Strahl wird so gebrochen, dass er im Prisma unter dem Minimum der Ablenkung, also parallel zu AC verläuft. Er wird dann an der Fläche BC totalreflektiert und tritt unter dem Winkel α aus der Fläche AD aus. Für jede Wellenlänge ist für einen solchen Strahlenverlauf ein anderer Einfallswinkel nötig, der durch Drehen des Prismas eingestellt werden muss. Stets steht aber der aus dem Prisma austretende Strahl auf dem eintretenden senkrecht. Es ist nämlich in dem Viereck AHFG die Winkelsumme

$$(180° - \delta) + (180° - \alpha) + (60° + 30°) + \alpha = 360°,$$

woraus $\delta = 90°$ folgt (vgl. auch Abb. 2.32).

Kombiniert man ein solches Prisma mit Spaltrohr und Fernrohr, die senkrecht aufeinander stehen, so hat man einen Spektralapparat mit der konstanten Ablenkung von 90°. Ersetzt man das Fernrohr durch einen in der Bildebene des Spektrums liegenden Austrittsspalt, so erhält man einen *Monochromator*, der zur Herstellung monochromatischen Lichtes dient. Die Wellenlängenänderung geschieht dabei durch Drehen des Prismas. Um besonders reines monochromatisches Licht zu erhalten, nimmt man häufig noch eine zweite spektrale Zerlegung und Ausblendung vor.

Ein für Messungen im Infrarot geeignetes Spektrometer (Spiegelspektrometer) wird bereits bei Abb. 2.31 beschrieben.

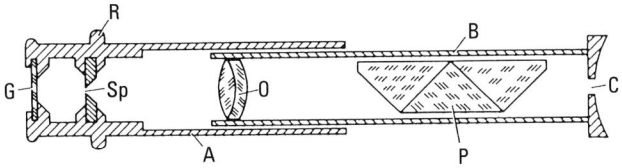

Abb. 2.56 Längsschnitt durch ein geradsichtiges Taschenspektroskop.

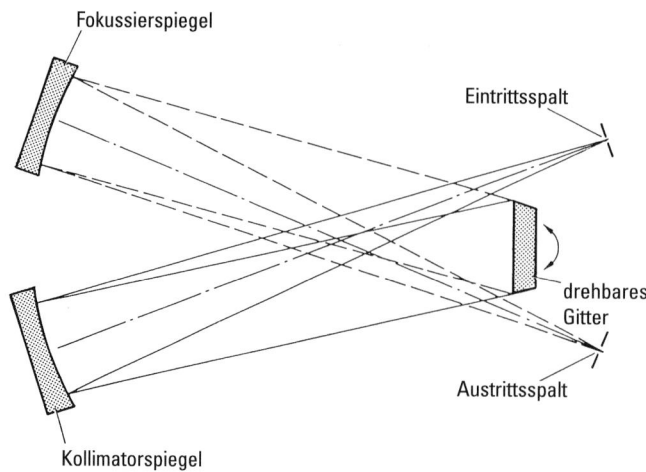

Abb. 2.57 Gitterspektrometer in gekreuzter Czerny-Turner-Aufstellung.

In Abb. 2.56 ist im Längsschnitt ein zu Orientierungszwecken viel benutztes *geradsichtiges Taschenspektroskop* wiedergegeben, das zuerst von Browning in dieser Form angegeben wurde. Es besteht aus zwei ineinander verschiebbaren Metallröhren A und B, von denen A den Spalt Sp enthält, dessen Breite sich durch den Ring R verstellen lässt. Die Eintrittsöffnung von A ist durch eine Glasscheibe G abgeschlossen, um eine Verschmutzung des Spaltes zu verhüten. In der Metallröhre B befindet sich ein Objektiv O, das als Lupe zur Betrachtung des Spaltes von der Öffnung C aus dient, und ein meist dreiteiliges Geradsichtprisma, wie es durch Abb. 2.18 beschrieben wird.

In modernen Spektralapparaten werden hauptsächlich Gitter an Stelle von Prismen verwendet (Abb. 2.57). **Gitterspektrometer** besitzen eine höhere Auflösung und sind einfacher zu kalibrieren. Die Funktion eines Gitters wird in Kap. 3 beschrieben.

2.10.2 Spektroskopie

Für die **Erzeugung der Emissionsspektren** eines Elementes gibt es verschiedene Möglichkeiten. Liegt das Material in Form eines Metallsalzes vor, so kann man mit ihm eine nichtleuchtende Bunsenflamme färben und diese als Lichtquelle benutzen. Man schmilzt zu diesem Zweck eine kleine Menge des Salzes in das zu einer Öse zusammengebogene Ende eines dünnen Platindrahtes, der zum Zweck einer bequemen Halterung in das Ende eines Glasröhrchens eingeschmolzen ist. Diese Salzperle bringt man in geeigneter Höhe in den Rand der Bunsenflamme. Auf diese Weise fanden Kirchhoff und Bunsen bei Untersuchung der in der Dürkheimer Mineralquelle enthaltenen Salze gleich im Beginn ihrer Arbeiten zwei bis dahin unbekannte Elemente, Rubidium und Caesium – ein glänzender Erfolg der neuen Methode. Auch der elektrische Lichtbogen lässt sich zur Erzeugung der Spektren von Metallen benutzen, indem man entweder den Bogen zwischen Elektroden aus dem betreffenden Metall brennen lässt oder das Metall bzw. ein Salz desselben im Bogen verdampft, wobei man es zweckmäßig in eine in der positiven Kohle angebrachte Bohrung bringt. Besonders der Eisenbogen wird wegen seiner leichten Anregbarkeit und seines Linienreichtums vielfach zur Erzeugung eines „Standardspektrums" für Eichzwecke benutzt. Schließlich kann auch der elektrische Funke zur Erzeugung der Spektren dienen, indem man ihn zwischen Elektroden aus dem betreffenden Material überspringen lässt. Zur Verstärkung des Funkens schaltet man einen Kondensator großer Kapazität parallel zur Funkenstrecke. Bezüglich der Deutung der Spektren ist zu beachten, dass die mittels Lichtbogen erzeugten Spektrallinien, die sog. *Bogenlinien* vorwiegend von neutralen, angeregten Atomen, die durch den Funken hervorgebrachten, die sog. *Funkenlinien*, dagegen vorwiegend von ionisierten, angeregten Atomen, denen also ein oder mehrere Elektronen fehlen, herrühren.

Zur Erzeugung der Gasspektren eignet sich am besten die elektrische Glimmentladung in dem betreffenden Gas, und zwar spielen dabei die positive Säule und das negative Glimmlicht für die Lichtemission die Hauptrolle (vgl. Bd. 2, Abschn. 10.3.5). Als Entladungsrohr wird vielfach ein Rohr benutzt, bei dem die positive Säule in einem mittleren kapillaren Teil des Rohres eng zusammengeschnürt wird, sodass eine große Leuchtdichte entsteht. Für die Erzeugung von Absorptionsspektren bringt man die zu untersuchenden Substanzen vor den Spalt des Spektralapparates, wobei man die Flüssigkeiten und Gase in Gefäße mit planparallelen Wänden füllt.

Um die große *Empfindlichkeit der Spektralanalyse* zu illustrieren, sei angeführt, dass bereits weniger als 0.006 Milligramm Natrium zur Sichtbarmachung der D-

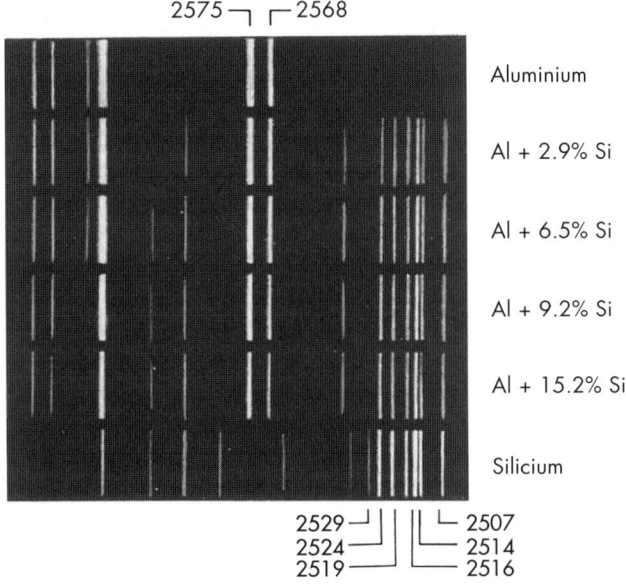

Abb. 2.58 Funkenspektren von Aluminium, Silicium und verschiedenen Aluminium-Silicium-Legierungen (Wellenlängen in 10^{-10} m).

Linie genügen. Es gelingt daher, spektroskopisch noch Spuren von Stoffen, z. B. Verunreinigungen von Metallen usw. nachzuweisen. Gerade in der Metallkunde hat die Spektralanalyse große Anwendung gefunden. Es gelingt nicht nur, eine Metallverbindung qualitativ zu analysieren, sondern aus der Intensität der Spektrallinien lässt sich auch die Zusammensetzung der Probe quantitativ angeben. Hierfür gibt Abb. 2.58 als Beispiel die Funkenspektren von Aluminium-Silicium-Legierungen wieder; man erkennt deutlich, wie mit zunehmendem Siliciumgehalt die diesem Element zukommenden Spektrallinien 250.7 bis 252.9 nm immer stärker hervortreten, während die dem Aluminium zugehörigen Linien, z. B. 256.8 nm und 257.5 nm, immer schwächer werden. Ein besonderer Vorteil dieses Verfahrens ist, dass nur sehr geringe Stoffmengen benötigt werden. Zum Beispiel hat man bei kostbaren alten Glasgefäßen durch Entnahme winziger Mengen Glasstaub feststellen können, wodurch die Färbung des Glases bedingt war.

Als Beispiel für Absorptionsspektren sind in Abb. 2.59a drei Absorptionsspektren des im Blut vorkommenden Farbstoffs Hämoglobin wiedergegeben. Die Spektren entsprechen einer 2%igen Hämoglobinlösung in 0.4% Ammoniaklösung in einer Schichtdicke von 1 cm. Spektrum 1 kommt dem Blutfarbstoff *Hämoglobin* zu: es besteht in der uns interessierenden Spektralgegend aus einer Bande im Grünen (556 nm). Die Funktion des Hämoglobins besteht darin, eine lockere Verbindung mit Sauerstoff in den Lungen einzugehen und auf diese Weise den Sauerstoff weiterzutransportieren. Das auf diese Weise gebildete *Oxyhämoglobin* im Spektrum 2 besitzt zwei Banden bei 576 und 541 nm, während die Hämoglobinbande des Spektrums 1 verschwunden ist. Man kann z. B. Oxyhämoglobin erhalten, indem man eine 2%ige Lösung von Hämoglobin mit Luft oder Sauerstoff schüttelt. Durch milde Reduktionsmittel lässt sich die lockere Bindung des Sauerstoffs an Hämoglobin wieder lösen, und man erhält dann wieder das Spektrum 1, d. h. die beiden Oxyhämoglobinbanden verschwinden wieder. Wenn man aber die Hämoglobinlösung

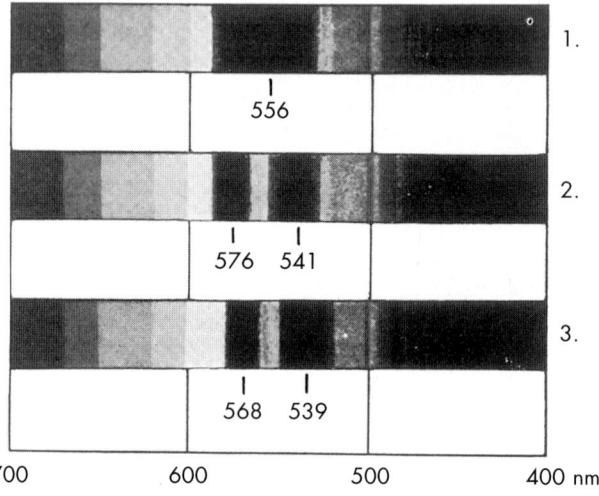

Abb. 2.59a Absorptionsspektrum von Hämoglobin 1., Oxyhämoglobin 2. und Kohlenstoffoxidhämoglobin 3.

mit CO vergiftet, indem man CO durchperlen lässt, so entsteht die Verbindung *Kohlenstoffoxidhämoglobin*, die das Spektrum 3 besitzt: zwei Banden bei 568 und 539 nm, also ähnlich dem Oxyhämoglobinspektrum. Aber diese Banden verschwinden nicht, wenn man dieselben Reduktionsmittel anwendet, die imstande sind, Oxyhämoglobin wieder in Hämoglobin überzuführen. Auf diesem Nichtverschwinden der Kohlenstoffoxidhämoglobinbanden beruht der forensische (gerichtliche) Nachweis der CO-Vergiftung, die darin besteht, dass die Anlagerung von CO an das Hämoglobin dieses unfähig macht, O_2 anzulagern und damit seine Funktion im Blutkreislauf auszuüben.

Ein typisches Absorptionsspektrum ist auch das *Sonnenspektrum* (Abb. 2.59 b, c) mit seiner großen Zahl (mehr als 2000) von Fraunhofer'schen Linien. Dass es Absorptionslinien sind, wurde zuerst von Kirchhoff bewiesen. Er stellte zunächst fest,

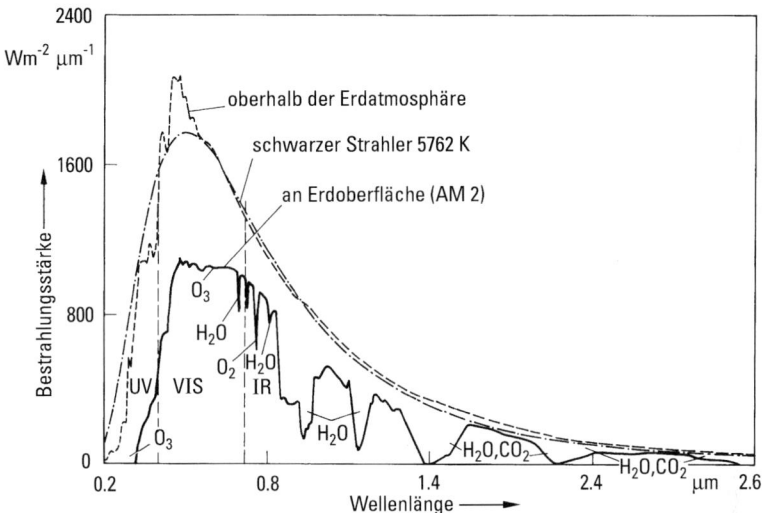

Abb. 2.59b Spektrum der Sonne, gemessen mit geringer Auflösung oberhalb der Atmosphäre und an der Erdoberfläche. Die genauen Werte der spektralen Verteilung der Bestrahlungsstärke hängen stark von den Beobachtungsbedingungen ab (nach [13]).

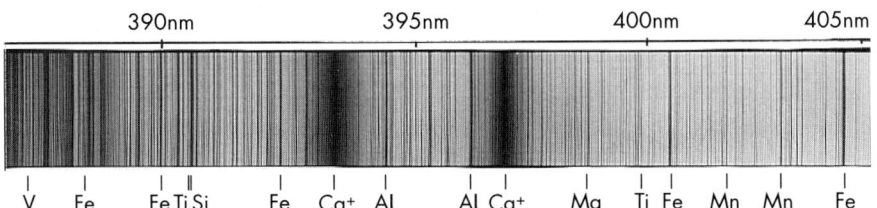

Abb. 2.59c Ausschnitt aus dem Sonnenspektrum (hohe spektrale Auflösung) mit Fraunhofer'schen Linien und zugehörigen chemischen Elementen. Die beiden Ca^+-Linien entsprechen der H- und K-Linie in Tab. 2.1. Aufnahme von B. Bombach und K. Krebs mit 3-Prismen-Spektrograph am Optischen Institut der Technischen Universität Berlin.

dass die helle, gelbe Emissionslinie des leuchtenden Na-Dampfes ($\lambda = 589$ nm) sich exakt mit der Fraunhofer-Linie D deckt (genauer: Die Doppellinie des Fraunhofer'schen Dubletts D_1 und D_2). Dieser Spezialfall führte ihn zu der Erkenntnis, *dass ein strahlender Körper, z.B. ein Gas, gerade die Wellenlängen, die es emittiert, auch zu absorbieren imstande ist.* Das ist nach den Ausführungen in Abschn. 2.8 über Dispersion und Absorption verständlich, da beide Erscheinungen bei Spektrallinien Resonanzphänomene sind: Die Frequenzen der Absorptionslinien fallen ja mit denen der Eigenschwingungen, d.h. denen der Emissionslinien, sehr nahe zusammen.

Dabei ist es gleichgültig, auf welche Weise die Emission zustande kommt. In vielen Fällen ist es die hohe Temperatur, die die Strahlung erzeugt (sog. *Temperatur-* oder *Wärmestrahlung*). Wir kennen aber auch andere Möglichkeiten, namentlich Gase zur Emission anzuregen, z.B. durch Stoß in elektrischen Feldern beschleunigter Elektronen oder Ionen (*Kathodolumineszenz*), oder auch durch chemische Prozesse (*Chemilumineszenz*). Es ist auch gleichgültig, ob es sich um echte Absorption, d.h. Umwandlung der Strahlung in Wärme, handelt oder um Streuung. In jedem Fall muss man erwarten, dass die Wellenlängen der Emissionslinien mit denen der Absorptionslinien übereinstimmen, da es sich in allen Fällen um Resonanzerscheinungen handelt. Der Fall der Temperaturstrahlung spielt insofern eine besondere Rolle, als G. Kirchhoff den Zusammenhang zwischen Emission und Absorption streng thermodynamisch formuliert hat; auf dieses Kirchhoff'sche Strahlungsgesetz werden wir in Kap. 5 eingehend zurückkommen.

Die im Sonnenspektrum auftretenden dunklen Linien kommen so zustande, dass die Gase der Sonnenhülle gewisse Wellenlängen aus dem kontinuierlichen Spektrum absorbieren, das aus inneren Bereichen der Sonne emittiert wird. Die Fraunhofer'schen Linien geben uns also Kenntnis von den in der Sonnenatmosphäre vorhandenen Elementen. Unter anderem wurde eine Linie im Gelb gefunden (1868), die man keinem bekannten irdischen Element zuordnen konnte, die man deshalb einem hypothetischen Gas „Helium" zuschrieb, das erst viele Jahre später (1895) von W. Ramsay und Lord Rayleigh chemisch nachgewiesen wurde.

Einige dunkle Linien des Sonnenspektrums (z.B. A und B) entstehen übrigens durch die Absorption der Sonnenstrahlen in der Erdatmosphäre, was man daran erkennen kann, dass diese Absorptionslinien dunkler und breiter werden, wenn die Sonne sich dem Horizont nähert, ihr Licht also einen längeren Weg durch die Erdatmosphäre zu durchlaufen hat; man nennt diese Linien daher „terrestrische Linien".

Wenn die Deutung der Fraunhofer'schen Linien zutrifft, muss man erwarten, dass die Gashülle um die Sonne am Sonnenrand, wo sie über den glühenden Kern herausragt, an Stelle der dunklen Linien helle Linien in Emission zeigt. Dies konnte bei totalen Sonnenfinsternissen unmittelbar vor dem Verschwinden des Sonnenrandes auch beobachtet werden. Ferner zeigt die spektroskopische Beobachtung der Sonnenprotuberanzen, dass diese ein Linienspektrum emittieren, in dem vorwiegend die Linien des atomaren Wasserstoffs auftreten. Daraus ist zu schließen, dass die Protuberanzen in der Hauptsache Eruptionen glühenden Wasserstoffes sind.

Bereits in Abb. 2.42 wurde gezeigt, dass aus dem kontinuierlichen Spektrum des weißen Lichtes die helle Na-Linie (D-Linie) verschwindet und eine dunkle Linie an ihrer Stelle erscheint, wenn das Licht durch glühenden Na-Dampf hindurchgegangen ist. Diese *Umkehr der Na-Linie* zeigt folgender eindrucksvoller Versuch: Mit dem

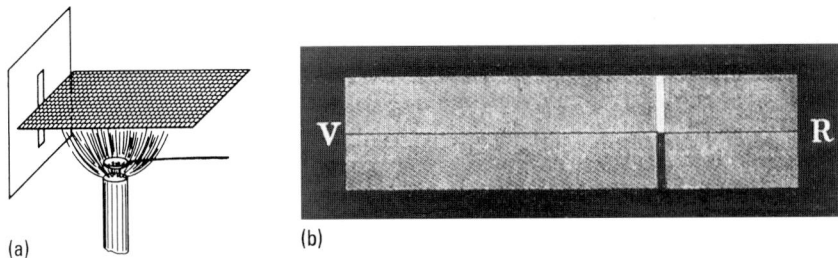

Abb. 2.60 Umkehr der gelben Natriumlinie: (a) Versuchsanordnung; (b) Emissionsspektrum (oben) und Absorptionsspektrum (unten).

Licht einer Bogenlampe, deren Kohlen mit einer Kochsalzlösung getränkt sind, entwerfen wir in der üblichen Weise ein Spektrum, das auf einem schwach kontinuierlichen Grund die helle Na-Linie zeigt. Bringt man in der Mitte vor dem Spalt der Spektralanordnung ein horizontales Blech an (Abb. 2.60), darunter eine Bunsenflamme, in die man etwas metallisches Natrium bringt, so wird in dem Teil des Spektrums, der von der unteren Seite des Spaltes herrührt, die Natriumlinie dunkel auf hellem Grunde erscheinen.

In der Astronomie hat die Spektroskopie noch eine weitere Bedeutung: sie liefert uns die Möglichkeit, die *Geschwindigkeit von Himmelskörpern* zu bestimmen. Nach dem *Doppler-Prinzip* (Bd. 1) muss sich bei einem Stern, der sich auf die Erde zu oder von ihr fort bewegt, eine Veränderung der Frequenz (und Wellenlänge) des von ihm ausgestrahlten Lichtes, d.h. eine Verschiebung der Spektrallinien im Spektrum ergeben. Führen wir in der Gleichung für den Doppler-Effekt (Bd. 1) an Stelle der Frequenzen die Wellenlänge ein, so erhalten wir

$$\lambda = \frac{\lambda_0}{1 + v/c},$$

(λ_0 Wellenlänge der ruhenden Lichtquelle, λ die der bewegten); für die Wellenlängenänderung $\lambda - \lambda_0 = \Delta\lambda$ folgt hieraus:

$$\Delta\lambda = \lambda_0 \left(\frac{1}{1 + v/c} - 1 \right).$$

Solange v klein gegenüber der Lichtgeschwindigkeit c ist, erhält man die in der Astronomie übliche und allgemein benutzte Beziehung:

$$\Delta\lambda = -\lambda_0 \frac{v}{c}. \tag{2.52}$$

Hierbei ist die Geschwindigkeit v positiv in Richtung auf den Beobachter zu gerechnet. Nähert sich also ein Stern der Erde, so tritt im Spektroskop eine Abnahme der Wellenlänge des ausgesandten Lichtes, d.h. eine Verschiebung der Spektrallinien nach dem violetten Ende hin auf. Umgekehrt bedeutet eine Verschiebung nach dem roten Ende des Spektrums eine Entfernung des Sternes von der Erde. 1868 stellte W. Huggins durch Vergleich der blaugrünen Wasserstofflinie (H_β) im Siriusspektrum mit der entsprechenden Linie im Spektrum einer mit Wasserstoff gefüllten Entladungsröhre fest, dass sich der Sirius mit einer Geschwindigkeit von 48 km/s von der Erde entfernt.

Der amerikanische Astronom E. Hubble fand (1935), dass die entfernten extragalaktischen Sternsysteme (also diejenigen, die sich außerhalb unseres Milchstraßensystems befinden) immer eine Rotverschiebung zeigen. Diese ist umso größer, je weiter sie entfernt sind. Bei einer Entfernung von einer Milliarde Lichtjahren folgt aus der Rotverschiebung eine Geschwindigkeit von 25 000 km/s, d.h. sie haben 8% der Lichtgeschwindigkeit. Es scheint also eine Proportionalität der von uns fortgerichteten Fluchtgeschwindigkeit mit der Entfernung zu bestehen: Das Weltall scheint sich auszudehnen.

Mittels des Doppler-Effektes lässt sich ferner die Existenz sehr ferner *Doppelsterne* – das sind Systeme aus zwei dicht benachbarten Fixsternen, die infolge ihrer Anziehung umeinander rotieren – an einer periodischen Hin- und Herverschiebung ihrer Spektrallinien nach Rot und Violett feststellen, obwohl sie mit dem Fernrohr nicht als Doppelsterne erkennbar sind; daher werden sie als *spektroskopische* Doppelsterne von den *teleskopischen* unterschieden.

Auch für die Physik der Moleküle ist das Doppler-Prinzip von Bedeutung geworden. Joh. Stark (1905) zeigte, dass die leuchtenden Kanalstrahlen, die aus positiv geladenen, schnell fliegenden Teilchen bestehen, den Doppler-Effekt zeigen, der zur Bestimmung ihrer Geschwindigkeit dienen kann. Auch die thermische Bewegung leuchtender Atome macht sich wegen des Doppler-Effektes durch eine Verbreiterung der Spektrallinien bemerkbar. In Bezug auf einen ruhenden Beobachter ist die Geschwindigkeit der Atome statistisch mit dem Mittelwert null verteilt. Es ergibt sich daher keine einheitliche Linienverschiebung, sondern eine Verbreiterung. Mit sinkender Temperatur nimmt die Wärmebewegung der Atome und Moleküle ab und damit auch die Breite der Spektrallinien. Will man daher sehr schmale Spektrallinien, mit anderen Worten möglichst monofrequentes Licht erhalten, so muss man die betreffende Lichtquelle (z.B. elektrische Entladungslampe), mit flüssiger Luft oder Wasserstoff kühlen.

Was bis jetzt als „monofrequente" Strahlung bezeichnet wurde, ist weit davon entfernt, im strengen Sinne des Wortes monochromatisch oder -frequent zu sein. Dies wäre nur dann der Fall, wenn der Spalt des Monochromators äußerst schmal wäre und das Prisma ein äußerst großes Trennungsvermögen für benachbarte Wellenlängen hätte. Da aber beide Voraussetzungen nie zutreffen, haben wir es in Wirklichkeit stets mit einem *Wellenlängenbereich*, d.h. mit einem schmalen Kontinuum von Schwingungszahlen zu tun, innerhalb dessen die Schwingungszahlen v noch sehr erheblich variieren. Eine streng monochromatische oder -frequente Strahlung würden wir übrigens auch gar nicht wahrnehmen können, da sie keine endliche Energie besäße, worauf schon öfter hingewiesen wurde. Denn all unsere Lichtquellen senden doch in endlicher Zeit einen endlichen Energiebeitrag aus, der sich auf das ganze Wellenlängenkontinuum stetig verteilt; ein endlicher Teilbetrag kann somit nur auf einen endlichen Spektralbereich, niemals aber auf eine unendlich scharfe, streng homogene Spektral-„Linie" entfallen. Auch die sog. Spektrallinien sind keineswegs homogen, sondern haben eine endliche Breite. Selbst die schmalsten Spektrallinien von Gasentladungen *mit Ausnahme der Laser* haben noch eine Halbwertsbreite in der Größenordnung von $\Delta\lambda = 10^{-8}\lambda$. Da $\left|\dfrac{\Delta\lambda}{\lambda}\right| = \left|\dfrac{\Delta v}{v}\right|$ gilt und da die

Schwingungszahl v von der Größenordnung $10^{15}\,\text{s}^{-1}$ ist, so folgt für Δv die Größenordnung

$$\Delta v = 10^7\,\text{s}^{-1},$$

d. h. in einer Spektrallinie steckt ein schmales Kontinuum voneinander verschiedener Frequenzen. Man sollte daher lieber die Strahlung von Spektrallinien und schmalen Spektralbereichen als *quasi-homogen* bezeichnen. Auch Laser zeigen eine Linienverbreiterung, die allerdings wesentlich geringer sein kann als bei Spektrallinien (s. Abschn. 8.5.2).

Als einen der Gründe für die endliche Breite der Spektrallinien haben wir oben den durch die thermische Bewegung der Moleküle bedingten Doppler-Effekt erwähnt. Eine weitere Ursache für die Verbreiterung liegt darin, dass die Atome Licht nur während einer kurzen Zeitdauer nach ihrer Anregung emittieren. Die Lichtfeldstärke aller klassischen Lichtquellen, nicht jedoch der Laser, besteht daher aus einer statistischen Folge von Einzelimpulsen, die sich nach Fourier in eine unendliche Summe (ein Integral) harmonischer Schwingungen zerlegen. Es ist aber die eine zeitlich begrenzte Lichterregung darstellende Funktion keineswegs harmonisch, sondern nur durch ein ganzes *Spektrum harmonischer Schwingungen* darstellbar. Das Wesen eines monochromatischen Wellenzuges wäre es, dass er von $t = -\infty$ bis $t = +\infty$ andauere; jeder *abgebrochene* Wellenzug dagegen ist ein ganzes Spektrum, in dem freilich eine Wellenlänge besonders stark hervorgehoben ist. Die sogenannte *natürliche Linienbreite* ist durch die Dauer τ eines Einzelimpulses bzw. die Lebensdauer eines Atoms gegeben: $\Delta v = 1/\tau$.

An dieser Stelle muss der Begriff **spektrales Auflösungsvermögen** erwähnt werden, obgleich er erst im Kap. 3 ausführlich behandelt werden kann. Man versteht darunter den Ausdruck $\lambda/\mathrm{d}\lambda$, in dem $\mathrm{d}\lambda$ der spektrale Abstand zweier, gerade noch eben trennbarer Wellenlängen ist. Für einen Prismenspektralapparat gilt:

$$\frac{\lambda}{\mathrm{d}\lambda} = -L\,\frac{\mathrm{d}n}{\mathrm{d}\lambda}.$$

L ist die Länge der Basis des Prismas. Die Brechzahl n ändert sich um den Betrag $\mathrm{d}n$, wenn man die Wellenlänge λ um den Betrag $\mathrm{d}\lambda$ ändert. Das Minuszeichen ist willkürlich eingesetzt, weil der Ausdruck $\mathrm{d}n/\mathrm{d}\lambda$ im Allgemeinen negativ ist. So entsteht ein positiver Wert für das Auflösungsvermögen.

Um das Auflösungsvermögen eines Prismas für einen bestimmten Wellenlängenbereich zu erhöhen, hat man praktisch nur die Möglichkeit, die Basislänge L zu vergrößern. Dies kann durch Hintereinanderschaltung von mehreren Prismen geschehen. Selbstverständlich hat dies nur dann einen Sinn, wenn die Prismen auch voll ausgeleuchtet werden.

Für die Beurteilung der Güte eines Spektrographen ist es außerdem wichtig zu wissen, wie weit zwei Spektrallinien im Spektrogramm voneinander entfernt liegen. Man nennt dies die **Lineardispersion;** sie wird angegeben z. B. in nm/mm. Die Lineardispersion hängt von $\mathrm{d}n/\mathrm{d}\lambda$, also vom Prismenmaterial, vom brechenden Winkel und von der Brennweite des Objektivs ab.

Die Abb. 2.61 zeigt vier Spektren der gleichen Lichtquelle, mit verschiedenen Spektralapparaten aufgenommen. Als Lichtquelle diente eine Gasentladung, die Quecksilberdampf und Cadmiumdampf enthielt. Eine Spektrallinie ist besonders

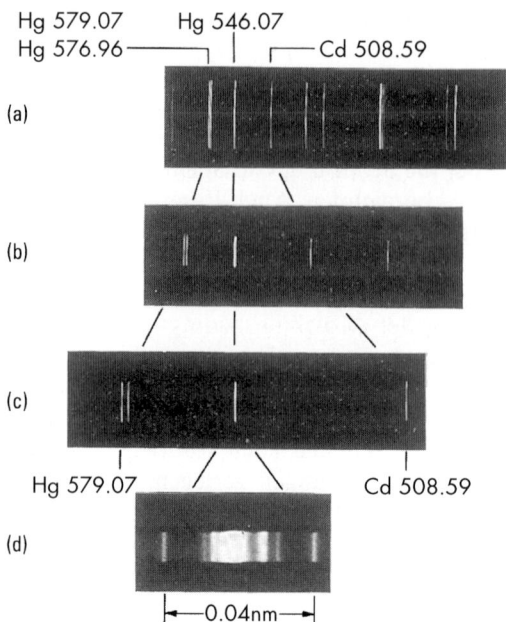

Abb. 2.61 Spektren einer Hg-Cd-Dampf-Lichtquelle, aufgenommen mit vier verschiedenen Spektralapparaten: (a) Rutherfurd-Prisma der Basislänge 17 cm; Kameraobjektiv $f = 60$ cm; (b) drei 60° Prismen der Gesamt-Basislänge 35 cm; Kameraobjektiv $f = 64$ cm; (c) Prismen von (b), jedoch Kameraobjektiv $f = 160$ cm; (d) Perot-Fabry-Interferometer; Etalon-Abstand 3.2 mm. Wellenlänge in mm.

hervorgehoben: Es ist die grüne Quecksilberlinie der Wellenlänge 546.07 nm (5460.7 Å). Die Spektrogramme sind so übereinander geordnet, dass sich diese Linie in den 4 Spektren an gleicher Stelle befindet. Die Aufnahme (a) wurde mit einem Rutherfurd-Prisma (Abb. 2.54) gemacht, dessen Basislänge 17 cm beträgt. Das Objektiv hatte eine Brennweite von 60 cm. Das Spektrum (b) wurde mit einem Spektralapparat aufgenommen, der 3 Prismen aus Flintglas mit einer gesamten Basislänge $L = 35$ cm enthielt. Die Brennweite des Objektivs betrug 64 cm. Man sieht, dass das Spektrum (b) gegenüber dem Spektrum (a) gespreizt ist. Da in beiden Fällen die Brennweite fast gleich war, ist die Vergrößerung der Lineardispersion auf den größeren brechenden Winkel ($3 \cdot 60°$) zurückzuführen. Dass sich auch hierbei das Auflösungsvermögen erhöht hat, kann man an diesen Bildern nicht ohne weiteres erkennen. Das Auflösungsvermögen des Rutherfurd-Prismas mit der Basislänge 17 cm beträgt 4160 nm/mm, während das Auflösungsvermögen der 3 Prismen 9010 nm/mm beträgt (Basislänge $L = 35$ cm; $dn/d\lambda = 2860$ cm^{-1} für grünes Licht und Flintglas). Bei der Aufnahme (c) beträgt die Brennweite 160 cm. Die 3 Prismen waren die gleichen wie bei (b). Man sieht eine Erhöhung der Lineardispersion infolge der großen Brennweite des Objektivs. Die Aufnahme (d) wurde mit einem *Pérot-Fabry-Interferometer* (s. Kap. 3) gemacht. Der Etalon-Abstand betrug 3.2 mm. Hieraus ergibt sich ein sehr hohes Auflösungsvermögen von etwa 10^5 bis 10^6 nm/mm.

Die grüne Quecksilberlinie nimmt nun einen breiten Raum ein und besitzt eine Struktur. Statt einer scharfen Linie gibt es verschiedene Wellenlängengebiete der Lichtemission. Die Auffindung solcher Strukturen gehört in das Gebiet der *Hyperfeinstrukturspektroskopie*. Prismen- oder einfache Gitterspektrographen haben dafür kein ausreichendes Auflösungsvermögen. Man braucht Interferenzapparate (s. Kap. 3). Aus der Hyperfeinstruktur der Spektrallinien kann man auf Eigenschaften der Elektronenhülle und des Atomkerns schließen.

Die hervorragendsten Ergebnisse der Spektroskopie wurden bei der Erforschung der Atome und Moleküle und in der Spektralanalyse erzielt. Die Atom- und Molekülspektren vermittelten neben den Röntgenspektren die Kenntnisse über den Aufbau der Elektronenhülle der Atome und über die Schwingungen der Moleküle. Diese Informationen über die Energiezustände der Atome und Moleküle ermöglichten die Entwicklung der Atom- und Molekularphysik mit ihren vielen Anwendungen, von denen nur der Laser als Beispiel genannt sei.

2.10.3 Filter, Detektoren, Spektroskopie-Verfahren

Die *Aussonderung eines schmalen Wellenlängenbereichs* kann durch einen *Monochromator* oder durch ein **Filter** erfolgen. Ein Gitter- oder Prismen-Monochromator hat den Vorteil der leichten und kontinuierlichen Einstellbarkeit eines Wellenlängenbereichs, aber den Nachteil eines stärkeren Lichtverlusts (relative Öffnung maximal etwa 1:4). Ein Filter lässt mehr Licht hindurch und erlaubt auch die Aufnahme eines Bildes mit dem Licht eines schmalen Wellenlängenbereichs.

Drei Filterarten ermöglichen die Aussiebung eines schmalen Wellenlängenbereichs. Das *Interferenzfilter* kann für jede gewünschte Mittenwellenlänge hergestellt werden. Eine dielektrische Schicht, z.B. aus SiO_2, lässt infolge entstehender Interferenz zwischen zwei halbdurchlässigen Spiegelschichten (s. Kap. 3) nur das Licht eines sehr schmalen Wellenlängenbereichs hindurch, der bei der Herstellung frei gewählt werden kann. Das Schichtpaket wird im Hochvakuum auf Glas (oder Quarz) aufgedampft. Die hindurchgelassene Wellenlänge hängt von der Brechzahl n des Dielektrikums, der Dicke d der Schicht und der Ordnung m ab: $\lambda = 2nd/m$. Falls zwei Wellenlängenbereiche hindurchkommen, muss einer durch gefärbtes Glas oder Gelatinefilter beseitigt werden (s. Abschn. 3.5). Die Halbwertsbreite guter Interferenzfilter liegt bei 0.1 bis 1 nm. Die Durchlässigkeit kann über 90% betragen.

Das *Lyot-Filter* wurde von B. Lyot (1933) erfunden. Es besteht aus mehreren Quarz-Platten mit Polarisatoren zwischen jedem Paar. Die Funktionsweise wird in Abschn. 4.10 beschrieben. Die Aufnahmen der Sonne und der Sonnenkorona im Licht einer Wasserstofflinie wurden mit dem Lyot-Filter gemacht: denn die Halbwertsbreite beträgt nur etwa 0.2 nm! Es ist möglich, durch Temperaturveränderung den hindurchgelassenen Wellenlängenbereich geringfügig zu verschieben, weil sich mit steigender Temperatur die Platten ausdehnen und die Brechzahl sinkt. Lyot-Filter sind in der Herstellung aufwendig und entsprechend teuer.

Das *Christiansen-Filter* wurde schon 1884 von Ch. Christiansen angegeben und hat den Vorteil, dass man es im Laboratorium leicht selbst herstellen kann. Es besteht aus Körnern eines farblosen Stoffes, z.B. eines Glases in einer Flüssigkeit von gleicher mittlerer Brechzahl. Eine solche Flüssigkeit lässt sich durch Mischen zweier Flüs-

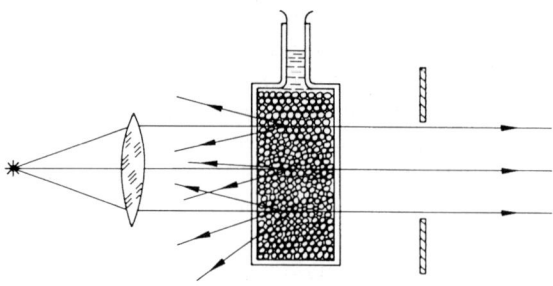

Abb. 2.62 Christiansen-Filter.

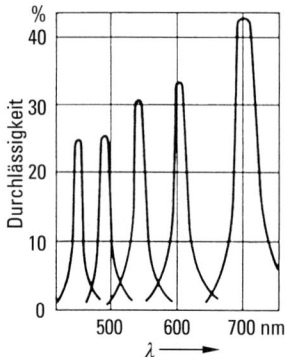

Abb. 2.63 Spektrale Durchlässigkeit eines Christiansen-Filters für verschiedene Mischungsverhältnisse von Kohlenstoffdisulfid und Benzol.

sigkeiten herstellen, deren eine eine höhere, deren andere eine niedrigere mittlere Brechzahl als das Glaspulver besitzt. Infolge der verschiedenen Dispersionen von Glas und Flüssigkeit schneiden sich ihre Dispersionskurven bei einer bestimmten Wellenlänge, differieren aber voneinander für längere und kürzere Wellenlängen. Glas und Flüssigkeit haben also nur für einen schmalen Spektralbereich die gleiche Brechzahl. Lediglich dieser Bereich wird von dem Filter durchgelassen, während alle anderen Wellenlängen durch Brechung oder diffuse Reflexion zur Seite abgelenkt werden (Abb. 2.62). Damit das Filter auch andere Wellenlängen hindurchlässt, kann man entweder die mittlere Brechzahl der Flüssigkeit durch Benutzung eines anderen Mischungsverhältnisses der Komponenten ändern oder bei der gleichen Flüssigkeitsmischung die Temperatur des Filters ändern. Das ist deshalb möglich, weil die Brechzahl von Glas und Flüssigkeit einen verschiedenen Temperaturkoeffizienten besitzen. Abb. 2.63 zeigt die Durchläsigkeit eines solchen Filters bei 20 °C, bei dem die Variation der spektralen Durchlässigkeit durch Änderung des Mischungsverhältnisses von Kohlenstoffdisulfid und Benzol erreicht wird.

Die Atom- und Molekularspektren wurden fast ausschließlich mit Spektrographen aufgenommen. Von $\lambda = 100$ bis 1100 nm verwendete man photographische Platten. Dadurch entstanden aber folgende Schwierigkeiten: 1. Wegen der gekrümmten Brennebene kann nur ein Teil des Spektrums auf der Plattenebene scharf fokussiert sein. 2. Die photographische Emulsion hat in verschiedenen Spektralgebieten nicht gleiche Empfindlichkeit. 3. Die Schwärzung der photographischen Schicht ist nicht proportional der Lichtstärke bzw. der Belichtungszeit. Um also Intensitätsvergleiche von Spektrallinien verschiedener Wellenlänge vorzunehmen, müssen (wegen des Einflusses der Entwicklung) von jeder Platte Schwärzungskurven in jedem Spektralgebiet aufgenommen werden. Für die Gewinnung einer qualitativen Übersicht sind solche photographischen Aufnahmen gut geeignet, während sie für quantitative Zwecke in den letzten Jahren durch Messungen mit dem **Multiplier** (Photozelle mit Sekundärelektronenvervielfachung) ersetzt wurden. Man verwendet dann ein Spektrometer oder einen Monochromator. Das durch den Austrittsspalt tretende Licht wird im Multiplier in einen elektrischen Strom umgesetzt, dessen Stärke bei einer bestimmten Wellenlänge der Strahlungsstärke des Lichts proportional ist.

Multiplier gibt es aber erst seit etwa 1950. Rund 100 Jahre lang wurde die photographische Platte für die Aufnahme der Spektren benutzt. Der Altmeister der Spektroskopie, H. Kayser, hielt aber eine quantitative Spektralanalyse für unerreichbar. Die große Nachweisempfindlichkeit der **Spektralanalyse** und ihre Schnelligkeit gegenüber der nassen, chemischen Analyse waren zwar überzeugend. Deshalb fehlte es nicht an Versuchen zur Verbesserung, um insbesondere aus der Intensität der Spektrallinie und damit der Schwärzung der Photoplatte auf die vorhandene Menge des Elementes schließen zu können. Man setzt z. B. vor den Spalt des Spektrographen ein Stufenfilter, das in genau bekannten Abstufungen das Licht in allen Spektralbereichen gleich schwächt. Aus jeder Spektrallinie kann somit die Schwärzungskurve photometrisch erhalten werden. Auch die Lichtquellen wurden wesentlich verbessert: Der *scheibenstabilisierte Bogen* erreicht eine Temperatur bis 10000 K (Maecker, E. Hoffmann), wichtig für schwer verdampfbare Atome. Im *elektrisch gesteuerten Funken* (Feussner) lassen sich genau wiederholbare Bedingungen einstellen. Außerdem kommen im Funken auch mehrfach ionisierte Atome vor, die andere Spektren ergeben. Die *Hohlkathode* (Paschen) ist auch für nicht flüchtige Stoffe verwendbar: Die Glimmentladung arbeitet bei vermindertem Druck; die Kathode ist ein Topf, in dem sich das negative Glimmlicht befindet. Durch Kathodenzerstäubung verdampft das zu untersuchende Material im Topf und gelangt so in das Glimmlichtplasma. Die Lichtquelle hat eine hohe spektrale Strahlungsdichte und dadurch ergibt sich eine größere Nachweisempfindlichkeit. Aber auch die alte Bunsenflamme wurde noch verbessert, z. B. durch die Art der Beimischung der zu untersuchenden Salze und durch Temperaturerhöhung. Die heißeste Flamme (etwa 3000 K) erreicht man mit dem Gasgemisch N_2O und C_2H_2.

Solche wichtigen Verbesserungen waren aber noch nicht in der Lage, die Spektralanalyse zu einem einwandfreien, quantitativen Verfahren zu entwickeln. Deshalb wählte Walter Gerlach (1924) einen anderen Weg: Er ging zum *Intensitätsvergleich zweier Spektrallinien* über, von denen eine Linie von einem Element bekannter Konzentration stammt. Dieser entscheidende Schritt ermöglichte nun auch Angaben über die vorhandene Menge einer Substanz. Es entstanden Kataloge mit den Emissionslinien der Elemente und den Intensitätsverhältnissen geeigneter Spektrallinien. Die Spektralanalyse wurde zu einem unentbehrlichen Hilfsmittel in Wissenschaft und Technik.

Atomabsorptions-Spektroskopie. Statt der *Linienemission* kann auch die *Linienabsorption* für Analysezwecke verwendet werden. Das Verfahren wird Atomabsorptions-Spektroskopie (AAS) genannt. Die Methode hat eine hohe Nachweisempfindlichkeit und Analysengenauigkeit insbesondere dann, wenn als „Hintergrundstrahlung" kein Kontinuum, sondern die gleiche Linie der gleichen Atomart verwendet wird. Bestimmung der Existenz und Konzentration von Elementen in der Gashülle der Sonne und anderer Sterne und einige chemische Analysen (z. B. die Bestimmung von Quecksilberdampf durch Absorption der Resonanzlinie 253.7 nm) deuteten schon früh auf die großen Vorteile dieser Methode hin. Größere Verbreitung erfolgte aber erst, als Lichtquellen, bestehend aus den verschiedenen, nachzuweisenden Elementen, im Handel zur Verfügung standen.

Der Nachweis und die Konzentrationsbestimmung eines Elements mittels AAS erfolgt durch Messung der Schwächung von Licht beim Durchstrahlen einer Absorptionszelle. In dieser wird das Element durch thermische Dissoziation in den atomaren Zustand überführt. Wie erwähnt, wählt man anstelle eines Kontinuums bei der Einstrahlung eine schmale, absorbierbare Linie (meist eine Resonanzlinie) der betreffenden Atomsorte, die man sucht oder deren Konzentration man bestimmen will. Aus der hervorgerufenen Schwächung des Lichts kann man auf die Zahl der absorbierenden Atome schließen, entsprechend dem Lambert-Beer'schen Gesetz (Gl. 2.17a). Da der Logarithmus der reziproken Durchlässigkeit proportional der Konzentration der absorbierenden Atome ist, lässt sich die AAS zur quantitativen Analyse verwenden. Der Proportionalitätsfaktor muss durch eine Eichung bestimmt werden.

Die wesentlichen Teile eines Atomabsorptions-Spektrophotometers sind also eine geeignete Lichtquelle, ein Monochromator bzw. ein monochromatisches Filter, ein Absorptionsraum mit dem zu bestimmenden Element und ein Detektor, der die Lichtschwächung messen kann. Als Lichtquelle nimmt man eine *Hohlkathodenlampe*, die das nachzuweisende Element in der Hohlkathode enthält. Mit dem Monochromator bzw. mit dem Filter wird aus dem Linienspektrum der betreffenden Atomart eine geeignete Spektrallinie ausgewählt. Das konventionelle Atomisierungsmittel ist die Flamme. Hierbei können dadurch Störungen auftreten, dass das nachzuweisende Element mit den Flammengasen reagiert und Verbindungen bzw. Radikale gebildet werden. Eine weitere Störung kann durch Ionisation der Atome hervorgerufen werden. Da die Absorptionsspektren der Verbindungen, Radikale bzw. Ionen von denen der Atome verschieden sind, wird der Bruchteil der Atome, der sich zum Zeitpunkt der Analyse nicht in dem atomaren Zustand befindet, bei dem Nachweis nicht erfasst. In diesen Fällen müssen dann geeignete Maßnahmen ergriffen werden. Das kann einmal durch Wahl anderer Flammengase geschehen. Zur Unterdrückung der Ionisation hat sich die Zugabe eines Elementes mit sehr geringer Ionisierungsenergie bewährt. Nach dem Massenwirkungsgesetz wird beim Vorhandensein von Elektronen, das Gleichgewicht zwischen Metallatomen Me, Ionen Me^+ und Elektronen e^- gemäß der Gleichung $Me \rightleftharpoons Me^+ + e^-$ nach links verschoben.

Mit der (von H. Maßmann 1968 erstmals beschriebenen) *flammenlosen Atomabsorptions-Spektroskopie* steht aber eine sehr viel empfindlichere Methode zur Verfügung. Hierbei wird die Verdampfung bzw. Atomisierung in einem glühenden Graphitrohr unter Schutzgas (Argon) vorgenommen. Das Rohr dient als elektrischer Widerstand und wird mittels Joule'scher Wärme aufgeheizt. Durch Wahl der Stromstärke lässt sich die optimale Temperatur für die Atomisierung des jeweiligen Elementes einstellen. In dieser Graphitrohrküvette ist die Aufenthaltszeit der Atome im Strahlengang größer als in der Flamme. Hierdurch ergibt sich die größere Empfindlichkeit. Als Detektor verwendet man eine Photozelle mit Sekundärelektronenvervielfachung (Photovervielfacher oder Photomultiplier) mit guter Empfindlichkeit im gewählten Spektralbereich.

Die Nachweisgrenzen liegen unter 10^{-3} ppm. Absolute Mengen lassen sich in günstigen Fällen bis herunter zu 10^{-14} g nachweisen.

Optischer Vielkanal-Analysator (abgekürzt **OMA** von *Optical Multichannel Analyser*). Die klassischen Methoden, ein optisches Spektrum (d.h. Verlauf der Strahlstärke in Abhängigkeit von der Wellenlänge bzw. Frequenz) zu erhalten, sind folgende: Mit einem Spektrographen wird gleichzeitig das ganze Spektrum von einer photographischen Schicht aufgenommen; geringe Lichtstärken können durch längere Belichtungszeit summiert werden. Aus der Schwärzung kann die Strahlstärke und aus der Lage auf der Platte bzw. auf dem Film die Wellenlänge bestimmt werden. Beim Monochromator fällt ein schmaler, ausgeblendeter Teil des Spektrums auf einen Detektor. Durch Verschieben dieses ausgeblendeten Teils (Bewegung der Blende mit dem Detektor oder durch Drehen des Prismas) kann die Strahlstärke Punkt für Punkt in Abhängigkeit von der Wellenlänge im Registriergerät aufgezeichnet werden. Beide Möglichkeiten, sowohl die Messung eines Spektrums mit einem Spektrographen als auch die Messung mit einem Monochromator, erfordern Zeit. Die *sofortige* Aufzeichnung des ganzen Spektrums in kurzer Zeit, z.B. von Lichtblitzen oder schnellen Abklingvorgängen, ist nicht möglich.

Der optische Vielkanal-Analysator benutzt die schnellen Aufzeichnungsmöglichkeiten der Fernsehtechnik und Digitalkameras. Häufig werden inzwischen CCD-Zeilen oder -Kameras eingesetzt [9]. Diese bestehen aus eng nebeneinander liegenden MOS-Dioden, die durch Einstrahlung von Licht entladen und nacheinander elektronisch ausgelesen werden. Es entsteht so aus der örtlichen Intensitätsverteilung im Spektrum eine zeitliche Folge von Spannungswerten, die z.B. in einem PC zur weiteren Auswertung und Darstellung des Spektrums übertragen werden.

Optoakustische Spektroskopie. Absorption von Licht führt oft zu einer Erwärmung des absorbierenden Stoffes, diese wiederum zu einer Ausdehnung. Bei periodischer, optischer Anregung (der Strahl wird dazu durch eine rotierende Blende, einen Chopper zerhackt), entsteht eine akustische Schwingung des Stoffes. Deren Nachweis kann sehr empfindlich mit einem Mikrophon erfolgen. Die Methode eignet sich daher zum Nachweis schwacher Absorptionslinien. Bei der Absorptionsmessung von Gasen kann die Messzelle (s. Golay-Zelle) gleichzeitig Detektor sein, bei dem die Schwingung einer Membran kapazitiv nachgewiesen wird. Die optoakustische Spektroskopie wird z.B. zum empfindlichen Nachweis von Spurengasen, wie den atmosphärischen Schadstoffen NO, NO_2, CH_3 eingesetzt, wobei noch Konzentrationen von 1 ppb = 10^{-9} gemessen werden können.

Weitere spektroskopische Methoden. Analog zur Spektralanalyse werden in der Physik, Chemie, Biologie und den Ingenieurwissenschaften zahlreiche spektroskopische Methoden zur Untersuchung des Aufbaus der Materie eingesetzt. Während mikroskopische Verfahren, einschließlich der Elektronenmikroskopie und Röntgenbeugung, Aussagen über die geometrische Struktur der Materie geben, kann mit der Spektroskopie die chemische Struktur bestimmt werden. Dafür werden viele weitere spektroskopische Methoden [14] angewandt, die hier nicht umfassend dargestellt werden. Bei der *optogalvanischen Spektroskopie* werden Stromänderungen gemessen, die bei Lichteinstrahlung in Gasentladungen auftreten und besonders groß sind, wenn ein elektronischer Übergang in den Gasatomen angeregt wird. Besonders geeignet ist diese Methode zur Untersuchung angeregter Zustände, die in Gasen und Dämpfen normalerweise nicht benutzt sind, aber in Gasentladungen z. B. durch Elektronenstoß angeregt werden. Bei der *Photoionisationsspektroskopie* werden Atome oder Moleküle durch Einstrahlung von Licht geeigneter Wellenlänge ionisiert und die dadurch erzeugten Elektronenströme nachgewiesen. Bei der *Raman-Spektroskopie* werden Frequenzverschiebungen von Licht gemessen, das an Molekülen gestreut wird. Es können damit Schwingungen und Rotationen von Molekülen nachgewiesen und so Moleküle identifiziert werden.

Der Einsatz von Lasern hat der Spektroskopie viele neue Möglichkeiten eröffnet. Mit Lasern hoher Leistung und geringer Strahldivergenz (Tab. 2.4) können z. B. Luftverunreinigungen in der Atmosphäre durch Rückstreuung über große Entfernungen von einigen km nachgewiesen werden. Da dieses Verfahren Ähnlichkeit zur konventionellen Radartechnik mit Mikrowellen besitzt, mit der Flugobjekte nachgewiesen werden, wird es als Lichtradar oder *Lidar* bezeichnet.

Mit abstimmbaren Lasern (Abb. 2.22) geringer Linienbreite wurde das Auflösungsvermögen herkömmlicher Spektralapparate weit übertroffen. Die Ausnutzung nichtlinearer optischer Methoden ermöglicht es, die Linienverbreiterung durch Dopplereffekt zu eliminieren und hochauflösende *Sub-Doppler-Spektroskopie* zu betreiben. Damit können die Energiezustände von Atomen genauestens gemessen werden und neue Erkenntnisse über deren Aufbau gewonnen werden.

Literatur

Abschnitt 2.1

[1] Bay, Z., Luther, G.G., White, J.A. Messungen der Lichtgeschwindigkeit, Phys. Rev. **29**, 189 (1972)
[2] Evenson, K.M., Wells, J.S., Petersen, F.R., Danielson, B.L., Day, G.W., Barber, R.L., Hall, J.L., Speed of Light from Direct Frequency and Wavelength Measurements of the Methane-Stabilized Lasers, Phys. Rev. Lett. **29**, 1346 (1972)
[3] Bayer-Helms, F., Neudefinition der Basiseinheit Meter im Jahre 1983, Phys. Bl. **39**, 307 (1983)
[4] Bates, H.E., Recent Measurements of the Speed of Light and the Redefinition of the Meter, Am. J. Phys. **56**, 682 (1988)

Abschnitt 2.2

[5] Bor, Z. et al., Group Refractive Index Measurement by Michelson Interferometer, Optics Communications **78**, 109 (1990)

[6] Landau, L.D., Lifschitz, E.M., Lehrbuch der Theoretischen Physik, Band VIII, Elektrodynamik der Kontinua, Akademie-Verlag, Berlin, 1974
[7] Tanaka, M., Description of a Wave Packet Propagating in Anomalous Dispersion Media, Plasma Physics and Controlled Fusion **31**, 1049 (1989)

Abschnitt 2.5

[8] Tebo, A., Review of Infrared Detector Technology, Laser Focus/Electro-Optics. April 1984, S. 46
[9] Eichler, J., Eichler H.J., Laser, 5. Aufl., Springer, Berlin 2003
[10] Volkmann, H., Handbuch der Infrarot-Spektroskopie, Verlag Chemie, Weinheim, 1972
[11] Bell, R.J., Introductory Fourier Transform Spectroscopy, Academic Press, New York, London, 1972
[12] Tanaka, Y., Jursa, A.S., Blanc, F.J., J. Opt. Soc. Am. **48**, 304. 1958.

Abschnitt 2.10

[13] Fahrenbruch, Bube, Fundamentals of Solar Cells, Academic Press, 1983.
[14] Demtröder, W.: Laserspektroskopie, Springer, Berlin, 1989

3 Interferenz, Beugung und Wellenleitung

Hans-Joachim Eichler

3.1 Allgemeines über Interferenz von Lichtwellen

Im vorliegenden Kapitel werden Interferenz- und Beugungserscheinungen von Licht besprochen. Aus der Beobachtung dieser Erscheinungen kann geschlossen werden, dass das Licht einen Wellenvorgang darstellt, denn Interferenz und Beugung treten bei jeder Art von Wellen auf. Außerdem ist bekannt, dass die Lichtgeschwindigkeit gleich der Ausbreitungsgeschwindigkeit elektromagnetischer Wellen ist. Die Übereinstimmung dieser Geschwindigkeiten legt die Behauptung nahe, dass auch das Licht eine elektromagnetische Welle ist. Weitere experimentelle Ergebnisse, wie z. B. die elektro- und magnetooptischen Effekte, die im vorliegenden Band besprochen werden, stützen diese Hypothese, sodass sie heute bis auf die Modifikationen durch die Quantentheorie als völlig gesichert angesehen werden kann. In diesem Kapitel soll daher gleich vorausgesetzt werden, dass Licht eine elektromagnetische Welle ist. Es reicht dabei meist, wie die Erfahrung gezeigt hat, lediglich die elektrische Feldstärke zu betrachten und die damit verknüpfte magnetische Feldstärke zu vernachlässigen.

Das Interesse an der Untersuchung der Interferenz- und Beugungserscheinungen zum Nachweis der Wellennatur des Lichtes ist heute nur noch historisch zu verstehen. In der modernen Optik besteht eine weitaus stärkere Veranlassung zum Studium dieser Erscheinungen darin, dass auf ihnen viele optische Geräte beruhen und dass zum genaueren Verständnis von geometrisch-optischen Betrachtungen die Berücksichtigung von Beugungserscheinungen notwendig ist.

Zunächst sei ganz kurz daran erinnert, was Interferenz ist und wie sie zustande kommt. Interferenzerscheinungen entstehen, wenn zwei (oder mehrere) Wellensysteme zusammentreffen. Der resultierende Vorgang kann näherungsweise durch **ungestörte Überlagerung** der beiden einzelnen Wellensysteme konstruiert werden, d. h. jedes Wellensystem breitet sich so aus, als ob das andere nicht vorhanden wäre. Das durch Überlagerung zweier Lichtwellenfelder resultierende Wellenfeld wird an jeder Stelle dadurch erhalten, dass man die primären Felder vektoriell addiert. In dem speziellen Falle, dass die primären Felder gleichgerichtet sind, entartet die vektorielle Addition in eine algebraische.

Die Addition der Feldstärke führt dazu, dass sich die Intensitäten, die durch die Quadrate der Feldstärken gegeben sind, i. a. nicht einfach additiv überlagern. Man bezeichnet daher speziell beim Licht, wo lediglich die Intensitäten beobachtet werden können, jede Abweichung von der Additivität der Intensität bei der Überlagerung als **Interferenz**.

3 Interferenz, Beugung und Wellenleitung

Das Prinzip der ungestörten Überlagerung gilt in der Elektrodynamik wie in der Elastizitätstheorie nur näherungsweise, in der Elektrodynamik nur für kleine elektrische Feldstärken. Bei großen Feldstärken, wie sie mit Lasern erzeugt werden können, treten sogenannte *nichtlineare optische Effekte* auf.

3.1.1 Mathematische Formulierung der Zweistrahlinterferenz

Als Beispiel soll zunächst die Interferenzerscheinung betrachtet werden, die bei der Überlagerung zweier Lichtwellen entsteht, die von zwei punktförmigen Quellen L_1 und L_2 ausgehen, wie in Abb. 3.1 dargestellt. Beide Wellen sollen gleiche Frequenz ν und Wellenlänge λ besitzen. Die elektrischen Feldstärken E_1, E_2 der Wellen sollen gleichgerichtet (gleich polarisiert) sein, z. B. in der zur Zeichenebene senkrechten Richtung. Für die Feldstärken im Punkt P gilt dann:

$$E_1 = A_1 \cos 2\pi \left(\frac{t}{T} - \frac{r_1}{\lambda} - \delta_1 \right),$$

$$E_2 = A_2 \cos 2\pi \left(\frac{t}{T} - \frac{r_2}{\lambda} - \delta_2 \right). \tag{3.1}$$

Dabei bedeuten A_1 und A_2 in bekannter Weise die beiden Amplituden, $T = 1/\nu$ die Schwingungsdauer, r_1 und r_2 die beiden Wege, die beide Wellen von ihrem Ausgangspunkte zurückgelegt haben. Durch die Phasenkonstanten δ_1 und δ_2 ist die momentane Feldstärke der beiden Wellen in ihren Quellenpunkten L_1 und L_2 zur Zeit $t = 0$ bestimmt. Die Argumente der cos-Funktion in den vorstehenden Gleichungen werden als Phasen der betreffenden Wellen bezeichnet. Die Amplituden A_1, A_2 sind bei den hier betrachteten Kugelwellen proportional den reziproken Ab-

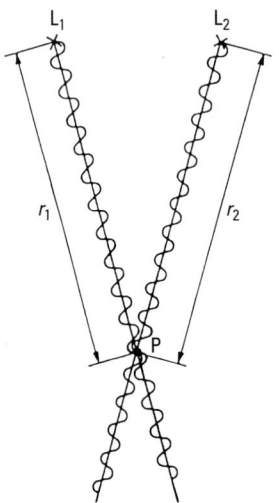

Abb. 3.1 Interferenz zweier Wellenzüge.

ständen r_1, r_2. In Raumbereichen mit hinreichend kleiner Ausdehnung können die Amplituden jedoch als konstant angesehen werden.

Wegen des Prinzips der ungestörten Überlagerung kann die Gesamtfeldstärke E durch Addition der Einzelfeldstärken gewonnen werden:

$$E = E_1 + E_2. \tag{3.2}$$

Was man beim Licht allein messen kann, sind wegen der hohen Frequenzen, denen weder das Auge noch Instrumente folgen können, die Intensitäten, d.h. die Zeitmittelwerte der auf eine Flächeneinheit treffenden Lichtleistungen. Diese sind, wie allgemein für elektromagnetische Wellen im 2. Band erläutert wird, gegeben durch den Poynting-Vektor und damit proportional dem Feldstärkequadrat. Der Proportionalitätsfaktor hat die Dimension eines Widerstandes und wird daher Wellenwiderstand Z genannt. Die SI-Einheit der elektrischen Feldstärke ist V/m. Der Wellenwiderstand hat im Vakuum den Wert $Z = 377\,\Omega$, sodass sich die Intensität in W/m^2 ergibt. Der Begriff Intensität, wie er hier verwendet wird, entspricht den Begriffen spezifische Ausstrahlung und Bestrahlungsstärke, die eine Strahlungsleistung/Fläche darstellt (vgl. Abschn. 5.1.2). Während sich diese Größen auf eine leuchtende oder beleuchtete Fläche beziehen, beschreibt die Intensität J das gesamte Lichtwellenfeld und wird auch als Strahlungsflussdichte φ bezeichnet.

Die Gesamtintensität J ergibt sich damit zu (Bildung des Zeitmittelwertes durch Überstreichen angedeutet):

$$J = \frac{1}{Z}\overline{(E_1 + E_2)^2}. \tag{3.3}$$

Einsetzen von Gl. (3.1) und Anwendung von Additionstheoremen für die cos-Funktionen ergibt:

$$\begin{aligned}J = \frac{1}{2Z}\bigg[&A_1^2 + \overline{A_1^2 \cos 4\pi\left(\frac{t}{T} - \frac{r_1}{\lambda} - \delta_1\right)} \\ &+ A_2^2 + \overline{A_2^2 \cos 4\pi\left(\frac{t}{T} - \frac{r_2}{\lambda} - \delta_2\right)} \\ &+ \overline{2A_1 A_2 \cos 2\pi\left(\frac{r_2 - r_1}{\lambda} + \delta_2 - \delta_1\right)} \\ &+ \overline{2A_1 A_2 \cos 2\pi\left(\frac{2t}{T} - \frac{r_2 + r_1}{\lambda} - \delta_2 - \delta_1\right)}\bigg].\end{aligned}$$

Die Zeitmittelwerte der cos-Funktionen, die als Argument die Zeit t enthalten, haben den Wert null, wenn über Zeiten gemittelt wird, die groß gegen die Schwingungsdauer T sind. Damit ist:

$$J = \frac{1}{2Z}\left[A_1^2 + A_2^2 + 2A_1 A_2 \cos 2\pi\left(\frac{r_2 - r_1}{\lambda} + \delta_2 - \delta_1\right)\right]. \tag{3.4}$$

Die Intensitäten J_1, J_2 der beiden einfallenden Wellen sind gegeben durch:

$$J_{1,2} = \frac{1}{2Z} A_{1,2}^2. \tag{3.5}$$

Damit wird aus Gl. (3.4):

$$J = J_1 + J_2 + 2\sqrt{J_1 J_2}\cos 2\pi\left(\frac{r_2 - r_1}{\lambda} + \delta_2 - \delta_1\right). \tag{3.6}$$

Die Gesamtintensität ist also im Allgemeinen nicht gleich der Summe der Einzelintensitäten, sondern dazu muss noch ein sogenanntes Interferenzglied addiert werden. Das Interferenzglied bewirkt, dass die Intensität an verschiedenen Orten um den Mittelwert $J_1 + J_2$ schwankt. Maximale Gesamtintensität tritt auf, wenn der Gangunterschied $r_2 - r_1$ zwischen den beiden Wellen im Punkt P so groß ist, dass die cos-Funktion den Wert 1 annimmt. Werden die Phasenkonstanten δ_1 und δ_2 als gleich angenommen, so ist der Gangunterschied in diesem Fall ein ganzzahliges Vielfaches der Wellenlänge. Dies ist verständlich, da sich dann die beiden Wellenzüge gleichsinnig überlagern. Gangunterschiede von einem ungeradzahligen Vielfachen der halben Wellenlänge ergeben entsprechend Minima der Intensität. Der genaue Intensitätsverlauf als Funktion des Gangunterschiedes $r_2 - r_1$ ist in Abb. 3.2 unter der vereinfachenden Annahme $\delta_1 = \delta_2$ dargestellt. Ist $\delta_1 \neq \delta_2$, so verschieben sich die Kurven um den Betrag $\lambda(\delta_2 - \delta_1)$. Die Differenz der Phasenkonstanten $\delta_2 - \delta_1$ wirkt also wie ein zusätzlicher Gangunterschied. Zusammengefasst ergibt sich, dass bei Phasendifferenzen $2\pi\left(\frac{r_2 - r_1}{\lambda} + \delta_2 - \delta_1\right)$, die null oder ein ganzzahliges Vielfaches von 2π betragen, ein Intensitätsmaximum entsteht. Dieser Fall wird auch als „gleichphasige" Überlagerung bezeichnet. Bei „gegenphasiger" Überlagerung, d.h. Phasendifferenzen von einem ungeradzahligen Vielfachen von π, entsteht ein Minimum.

Besonders deutlich werden diese Verhältnisse, wenn $A_2 = A_1$, d.h. $J_2 = J_1$ ist. Dann erhält man für die Maximalintensität den Wert $4J_1$, für die Minimalintensität den Wert null.

Natürlich kann die Intensität im Ganzen weder vermehrt noch vermindert werden; wenn an bestimmten Stellen des Raumes $J > J_1 + J_2$ ist, so bedeutet das nur, dass

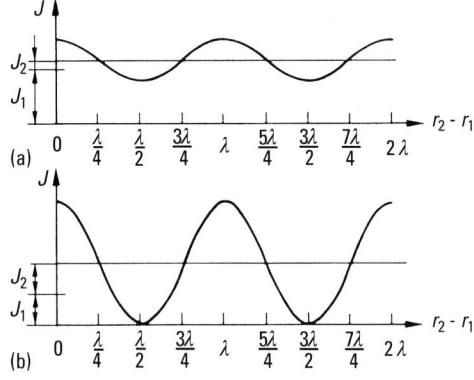

Abb. 3.2 Resultierende Intensität J zweier sich überlagernder elektromagnetischer Wellen mit den Intensitäten J_1 und J_2 in Abhängigkeit von der Wegdifferenz $r_2 - r_1$: (a) $J_1 \neq J_2$; (b) $J_1 = J_2$.

an anderen Stellen des Raumes $J < J_1 + J_2$ ausfällt, sodass im Ganzen die Energie erhalten bleibt: Sie wird beim Auftreten von Interferenz nur räumlich anders verteilt.

Es sei ausdrücklich darauf aufmerksam gemacht, dass unter Wegdifferenz oder Gangunterschied immer die Differenz der optischen Wege gemeint ist, d. h. das Produkt aus Brechzahl n und der geometrischen Wegdifferenz.

3.1.2 Kohärenz

Im Allgemeinen beobachtet man in der Optik, dass Intensitäten im Gegensatz zu Gl. (3.6) additiv sind, d. h. dass keine Interferenz zwischen zwei Lichtwellen, die von verschiedenen Quellen stammen, stattfindet. Dies wird darauf zurückgeführt, dass die Differenz der Phasenkonstanten $\delta_2 - \delta_1$ der Lichtwellen im Allgemeinen zeitlich nicht konstant ist, sondern während der Beobachtungsdauer beliebige positive und negative Werte annehmen kann. Deshalb ist in Gl. (3.6) noch über die Differenz der Phasenkonstanten zu mitteln, wodurch das Interferenzglied herausfällt und die Gesamtintensität gleich der Summe der Einzelintensitäten wird.

Zwei Wellen, für die $\delta_2 - \delta_1$ konstant ist, nennt man *kohärent*, um auszudrücken, dass zwischen beiden Wellen eine feste Phasenbeziehung besteht. Ändern sich aber die beiden Phasen δ_2 und δ_1 in zusammenhangloser Weise, so nennt man die Wellen *inkohärent*. Interferenz kann man also nur gut beobachten, wenn die sich überlagernden Wellenzüge kohärent sind. Kohärenz und Inkohärenz sind zwei Extremfälle für die Phasenbeziehung zweier Lichtwellen. Dazwischen ist auch *partielle Kohärenz* möglich. Diese ergibt geringen Kontrast in Interferenzexperimenten. Ein quantitatives Maß für die partielle Kohärenz ist z. B. die *Kohärenzzeit*, die im Folgenden erläutert werden wird. Oft wird die Bezeichnung partiell auch weggelassen. Dann werden zwei Wellen als vollständig kohärent bezeichnet, falls $\delta_2 - \delta_1$ konstant ist.

Bei zwei Wellenfeldern, die von zwei unabhängigen Lichtquellen erzeugt werden, hängt die Phasendifferenz im Allgemeinen vom Ort und von der Zeit ab, an denen die Wellenfelder beobachtet werden. Man spricht in diesem Fall von *gegenseitiger (partieller) Kohärenz* (engl. mutual coherence). Oft bezieht man den Kohärenzbegriff aber auch auf ein einzelnes Wellenfeld oder auf die erzeugende Lichtquelle. Bei Interferenzexperimenten werden nämlich die interferierenden Wellen meist von einer einzigen Lichtquelle erzeugt. Aus ihrem räumlich ausgedehnten Wellenfeld können an zwei verschiedenen Orten zwei Teilwellen abgeleitet werden. Interferenz tritt auf, falls diese kohärent sind. Das gesamte Wellenfeld wird als *örtlich kohärent* bezeichnet, falls die Schwingungen der elektrischen Feldstärke an beliebigen Punkten eine feste Phasenbeziehung besitzen. Entsprechend ist ein Wellenfeld bzw. eine Lichtquelle *zeitlich kohärent*, falls die Schwingungen an einem beliebigen Punkt zu verschiedenen Zeiten eine konstante Phase besitzen.

Bei den Wellen der Akustik und Hochfrequenztechnik haben die Begriffe Kohärenz und Inkohärenz wesentlich geringere Bedeutung als in der Optik; die dort auftretenden Wellen können fast immer als kohärent angesehen werden. Die Sonderstellung der Optik, die im täglichen Leben dauernd erfahren wird, hat lange Zeit verhindert, dass man eine Wellentheorie des Lichtes ernstlich in Betracht zog, und als Interferenzerscheinungen beobachtet wurden, hatten sie geradezu etwas Sensationelles an sich, weil sie den „normalen" Verhältnissen widersprachen.

Die konventionellen Lichtquellen der Optik, wie z. B. die Sonne, Glüh- und Gasentladungslampen besitzen geringe (partielle) Kohärenz und können als fast inkohärent bezeichnet werden. Erst seit der Erfindung des Lasers steht auch für das Gebiet der Optik eine Quelle zur Verfügung, die hohe (partielle) Kohärenz besitzt und näherungsweise als vollständig kohärent angesehen werden kann.

Die Inkohärenz der konventionellen Lichtquellen beruht auf dem Entstehungsmechanismus des von ihnen ausgestrahlten Lichtes. Darüber kann man sich folgende Vorstellung machen. Die eigentlichen lichtaussendenden Zentren sind die Atome oder Moleküle, deren Elektronen durch Energiezufuhr in angeregte Zustände gehoben werden. Bei Rückkehr in den Grundzustand wird Energie in Form einer gedämpften Welle abgestrahlt. Diese kann näherungsweise als ein Wellenzug mit begrenzter Länge aufgefasst werden. Die einzelnen Akte der Lichtemission verschiedener Atome erfolgen statistisch, sodass die einzelnen Wellenzüge wechselnde Phasenkonstanten besitzen. Deshalb sind die von verschiedenen Punkten einer Lichtquelle, d.h. von verschiedenen Atomen, abgestrahlten Lichtwellen zueinander inkohärent. Das Gleiche gilt für verschiedene Lichtquellen.

Trotz ihrer Inkohärenz ist es mit konventionellen Lichtquellen möglich, Interferenzerscheinungen zu beobachten. Man zerlegt dazu das von einem Punkt einer Quelle emittierte Licht in zwei Teilwellen. Ein Beispiel ist in Abb. 3.3a dargestellt. Von dem Punkt L wird eine Kugelwelle ausgestrahlt. Durch geeignete Blenden, die in der Abb. 3.3 nicht dargestellt sind, werden aus der Kugelwelle zwei Lichtbündel ausgeblendet, die auf die beiden Spiegel treffen. Da bei einer hinreichend kleinen Ausdehnung des Lichtquellenpunktes, der im Idealfall nur ein Atom enthalten darf, die ausgestrahlte Kugelwelle einem einzigen Emissionsakt entstammt, sind die beiden Teilbündel zueinander kohärent und zeigen nach Umlenkung durch die Spiegel im Punkt P Interferenzerscheinungen.

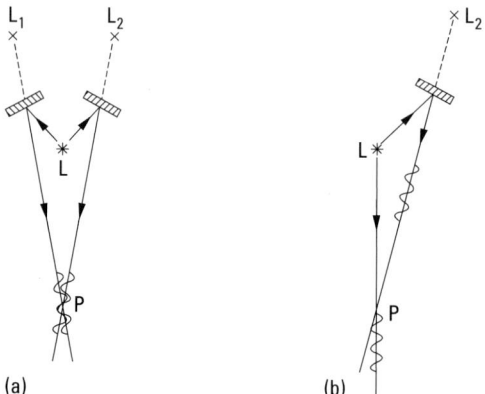

Abb. 3.3 Erzeugung zweier interferenzfähiger Lichtwellen aus einer punktförmigen Lichtquelle. Die interferierenden Lichtwellen können als von den virtuellen Spiegelbildern L_1, L_2 der Lichtquelle L ausgehend aufgefasst werden: (a) Die Wegdifferenz ist null, es tritt Interferenz auf; (b) Die Wegdifferenz ist größer als die Kohärenzlänge (Länge des Wellenzuges), es tritt keine Interferenz auf.

Zeitliche Kohärenz, Kohärenzzeit, Kohärenzlänge. Auch Lichtwellen, die von einem Emissionszentrum ausgehen, brauchen nicht unbedingt kohärent zu sein. Dies kommt dadurch zustande, dass auch die von einem Emissionszentrum zeitlich hintereinander ausgestrahlten Wellenzüge eine statistische Phasenlage zueinander haben. Kohärent sind also nur Teilwellenzüge, die von einem einzigen Emissionsakt stammen. Dies bedingt, dass die Wegdifferenz zwischen den beiden Wellen in Abb. 3.3 nicht größer sein darf als die Länge eines Wellenzuges. In dem in Abb. 3.3b gezeigten Fall kann z. B. keine Interferenz mehr auftreten. Die maximal zulässige Wegdifferenz, die etwa gleich der Länge eines Wellenzuges ist, wird als *Kohärenzlänge l* bezeichnet. Die zugehörige Zeit

$$\tau = \frac{l}{c}, \tag{3.7}$$

die das Licht braucht, um die Kohärenzlänge zurückzulegen, heißt entsprechend *Kohärenzzeit*.

Der Begriff der Kohärenzlänge, der bisher an Hand eines Modells einer Lichtquelle, die Wellenzüge endlicher Länge emittiert, erläutert wurde, kann auch unabhängig von diesem Modell eingeführt werden. Dazu sei daran erinnert, dass es Licht einer einzigen scharfen Frequenz v, wie sie in Gl. (3.1) und der folgenden Ableitung angenommen wurde, nicht gibt. Jede Lichtquelle, auch die beste Spektrallampe und auch ein Laser, strahlt Licht mit vielen, eng beieinander liegenden Frequenzen aus. Diese spektrale Verteilung ist schematisch in Abb. 3.4 dargestellt. Die Halbwertsbreite $\Delta\lambda = \lambda_2 - \lambda_1$ der Verteilung wird als Linienbreite bezeichnet. Wird die Spektralverteilung als Funktion der Frequenz v an Stelle der Wellenlänge dargestellt, so ergibt sich für die Linienbreite die Frequenz:

$$\Delta v \approx v_0 \frac{\Delta\lambda}{\lambda_0} = c \frac{\Delta\lambda}{\lambda_0^2}. \tag{3.8}$$

Für jede einzelne der Wellenlängen λ ist bei einem Interferenzexperiment die Intensität im Überlagerungsgebiet gegeben durch Gl. (3.6). Beispielsweise tritt für die mittlere Wellenlänge λ_0 ein Maximum der Intensität auf, wenn gilt (die Phasenkonstanten δ_1, δ_2 werden in der folgenden Betrachtung der Einfachheit halber als gleich angenommen; n ist eine ganze Zahl):

$$\frac{r_2 - r_1}{\lambda_0} = n.$$

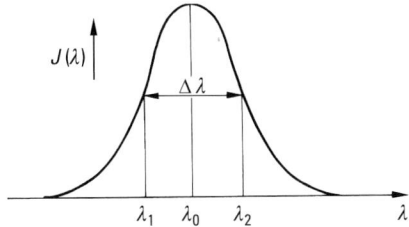

Abb. 3.4 Intensitätsverteilung $J(\lambda)$ einer Spektrallinie.

Für die Wellenlänge λ_1 ist am selben Punkt, d.h. bei derselben Wegdifferenz $r_2 - r_1$, im Allgemeinen nicht notwendigerweise ein Maximum der gebeugten Intensität, da die relative Wegdifferenz $(r_2 - r_1)/\lambda_1$ einen anderen beliebigen von n abweichenden Wert haben kann. Nur bei hinreichend kleinen Wegdifferenzen weichen bei vorgegebenen Wellenlängen λ_0 und $\lambda_1 = \lambda_0 - \Delta\lambda/2$ die relativen Wegdifferenzen $(r_2 - r_1)/\lambda_0$ und $(r_2 - r_1)/\lambda_1$ hinreichend wenig voneinander ab, sodass die Maxima der Interferenzfelder für diese beiden Wellenlängen und damit auch für alle anderen Wellenlängen zwischen λ_1 und λ_2 zusammenfallen. Wird dagegen die Wegdifferenz $r_2 - r_1$ vergrößert, so tritt schließlich der Fall ein, dass ein Maximum für λ_0 mit einem Minimum von λ_1 zusammenfällt. Dies ist der Fall, wenn λ_1 gerade so groß ist, dass gilt:

$$\frac{r_2 - r_1}{\lambda_1} = \frac{2n+1}{2}.$$

In diesem Fall werden die durch Interferenz entstandenen Intensitätsunterschiede wieder ausgeglichen. Dies tritt bei großen Gangunterschieden immer auf, da sich dann zu jeder Wellenlänge, die an einer bestimmten Stelle ein Interferenzmaximum erzeugt, eine zweite Wellenlänge finden lässt, die an dieser Stelle gerade ein Intensitätsminimum besitzt. Der Wert des Wegunterschiedes, bei dem dieses Zusammenfallen für die Wellenlänge λ_0 und λ_1 erstmalig auftritt, entspricht der vorhin definierten Kohärenzlänge l. Sie ergibt sich durch Subtraktion der beiden vorstehenden Gleichungen zu:

$$l = r_2 - r_1 = \frac{1}{2\left(\frac{1}{\lambda_1} - \frac{1}{\lambda_0}\right)} = \frac{\lambda_1 \lambda_0}{2(\lambda_0 - \lambda_1)} \approx \frac{\lambda_0^2}{\Delta\lambda}. \qquad (3.9)$$

Die Kohärenzzeit ergibt sich mit Gl. (3.7) und (3.8) zu:

$$\tau = \frac{1}{\Delta\nu}. \qquad (3.10)$$

Die Gl. (3.9) und (3.10) gelten nur näherungsweise und können noch einen konstanten Zahlenfaktor enthalten, der von der Linienform abhängig ist. Für eine Lichtquelle, die Wellenzüge mit begrenzter zeitlicher Dauer emittiert, ist die Kohärenzzeit gleich der Dauer des Wellenzuges. Vergleich mit Gl. (3.10) ergibt, dass eine solche Lichtquelle eine Linienbreite $\Delta\nu$ haben sollte, die reziprok der Wellenzugdauer ist. Dieses Ergebnis kann auch direkt mit Hilfe einer Fourierzerlegung gewonnen werden.

Je nach der Natur der Lichtquelle ergeben sich äußerst verschiedene Werte für die Kohärenzlänge. Unter besonders günstigen Verhältnissen (sehr scharfe Spektrallinien) hat man Längen von rund 1 m gefunden; daraus würde sich für die Dauer der emittierten Wellenzüge die Größenordnung von 10^{-8} s ergeben; man sieht, dass diese Zeit sehr klein gegen die Beobachtungsdauer ist. Ist das Licht sehr inhomogen, besteht es z. B. aus weißem Licht, das das ganze sichtbare Spektrum enthält, so ist die Kohärenzlänge entsprechend klein (10^{-4} cm).

3.1.3 Interferenzexperimente mit ausgedehnten Lichtquellen, örtliche Kohärenz

Im vorigen Abschnitt wurde erläutert, dass zur Erzeugung kohärenten Lichtes ein einziges Emissionszentrum verwendet werden muss. Das ist natürlich eine Idealisierung. Denn in Wirklichkeit hat man bei Interferenzexperimenten immer leuchtende Flächen von endlicher Ausdehnung vor sich. Man muss sich also klar darüber werden, inwiefern die Größe der benutzten Lichtquelle von Einfluss auf die Interferenzerscheinung ist. Es wird sich herausstellen, dass im Allgemeinen die Größe der leuchtenden Fläche einer bestimmten Bedingung zu genügen hat, damit man beobachtbare Interferenzen erhält. Um die Bedingung zu erhalten, denke man sich in Abb. 3.3 die punktförmige Lichtquelle L durch eine ausgedehnte Quelle $L_1 L_2$ ersetzt. Dann ergeben sich durch Spiegelung ausgedehnte virtuelle Lichtquellen $L'_1 L''_1$ und $L'_2 L''_2$, wie in Abb. 3.5 dargestellt. Im Übrigen ist Abb. 3.5 der Abb. 3.1 analog. Alle Punkte einer leuchtenden Fläche senden untereinander völlig inkohärente Wellen aus, eben wegen der unregelmäßigen Phasensprünge, die jeder strahlende Punkt unabhängig von allen anderen ausführt. Es genügt, wenn wir nur die jeweils beiden Endpunkte L'_1 und L'_2 sowie L''_1 und L''_2 ins Auge fassen, was der ungünstigste Fall ist. Für alle dazwischenliegenden Punkte gelten dieselben folgenden Überlegungen. Die von L'_1 und L'_2 ausgehenden Lichtwellen sind untereinander kohärent und interferieren deshalb, da sie denselben Punkten der ursprünglichen, leuchtenden Fläche $L_1 L_2$ entsprechen, aus der sie durch eine geeignete Abbildung erzeugt wurden. Dasselbe gilt für L''_1 und L''_2. Die von L'_1 und L'_2 im Punkt P erzeugte Intensität hat z.B. ein Maximum, da $r'_1 = r'_2$. Die Differenz der Phasenkonstanten wird dabei als null angenommen. Um die von L''_1 und L''_2 erzeugte Gesamtintensität in P bestimmen zu können, muss die Wegdifferenz $r''_2 - r''_1$ berechnet werden:

$$r''_2 - r''_1 = \sqrt{x_2^2 + l^2} - \sqrt{x_1^2 + l^2} = l\sqrt{1 + \frac{x_2^2}{l^2}} - l\sqrt{1 + \frac{x_1^2}{l^2}}.$$

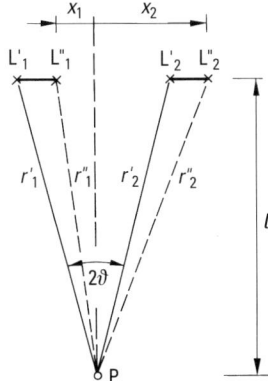

Abb. 3.5 Zur Interferenz bei ausgedehnter Lichtquelle.

Für $l \gg x_1, x_2$, d.h. für große Abstände des Beobachtungspunktes P von den Lichtquellen, gilt:

$$r_2'' - r_1'' \approx l\left(1 + \frac{x_2^2}{2l^2}\right) - l\left(1 + \frac{x_1^2}{2l^2}\right) = \frac{x_2^2 - x_1^2}{2l} = \frac{(x_2 - x_1)(x_2 + x_1)}{2l}$$

$$\approx 4a \sin \vartheta.$$

Dabei ist $a = (x_2 - x_1)/2$ die Ausdehnung der Lichtquelle und ϑ der Winkel, unter dem die (Randpunkte der) ausgedehnten Lichtquellen $L_1'L_1''$ und $L_2'L_2''$ von Punkt P aus gesehen werden. Damit die von L_1'' und L_2'' erzeugte Intensitätsverteilung ebenfalls im Punkt P ein Maximum hat, muss diese Weglängendifferenz klein gegen $\lambda/2$ sein; denn wäre sie gerade gleich $\lambda/2$, so hätte diese Intensitätsverteilung in P ein Minimum. Für die Ausdehnung a der Lichtquelle muss also gefordert werden:

$$a \ll \frac{\lambda}{4 \sin \vartheta} \approx \frac{\lambda}{4\vartheta}. \tag{3.11}$$

Falls nur ϑ genügend klein ist, können nach Gl. (3.11) Lichtquellen mit beliebig großen Durchmessern (z. B. Sterne) für Interferenzexperimente verwendet werden.

Häufig ist es zweckmäßig (vgl. Abb. 3.58), der Gl. (3.11) noch eine andere Deutung zu geben. Dazu wird ein Kegel mit dem Öffnungswinkel ϑ betrachtet, der einen Teil der von der Lichtquelle $L_1'L_1''$ oder $L_2'L_2''$ ausgehenden Lichtstrahlen enthält. Ein derartiger Kegel tritt bei einer ausgedehnten Lichtquelle in Abständen l auf, die groß gegen die Ausdehnung a der Lichtquelle sind. Nach den vorhergehenden Ausführungen dieses Abschnitts treten in beliebigen Abständen $x_1 + x_2$ der reellen und virtuellen Lichtquellen Interferenzen auf, sofern sich Lichtstrahlen der beiden Quellen überlagern, die in sich entsprechenden Strahlungskegeln mit dem Öffnungswinkel ϑ enthalten sind. Eine Lichtquelle, deren einzelne Punkte zueinander völlig inkohärent sind, erzeugt also in einem Kegel mit dem Winkel ϑ interferenzfähiges, d. h. örtlich kohärentes Licht.

Interferenz verschieden polarisierter Wellen. Bisher ist nur die Interferenz von parallel polarisierten Wellenzügen erörtert worden. Der Vollständigkeit halber soll auch der Fall betrachtet werden, dass die beiden primären Wellen senkrecht zueinander polarisiert sind. Es sei also beispielsweise in Abb. 3.1 die Schwingungsebene der einen Lichtquelle senkrecht zur Zeichenebene, die der anderen parallel. Die entsprechenden Feldstärken seien $E_{1\perp}$ und $E_{2\parallel}$. Die resultierende Feldstärke findet man durch vektorielle Addition. Der Betrag der resultierenden Feldstärke E ergibt sich nach dem Satz des Pythagoras zu:

$$E = \sqrt{E_{1\perp}^2 + E_{2\parallel}^2}. \tag{3.12}$$

Da die Intensität proportional dem Amplitudenquadrat ist, folgt aus Gl. (3.12):

$$J = J_1 + J_2. \tag{3.13}$$

Das heißt, bei Zusammensetzung senkrecht zueinander polarisierter Wellen addieren sich die Intensitäten, die Wellen interferieren also nicht miteinander.

Es bleiben noch mehrere grundsätzliche Probleme der Interferenz zu erörtern, z. B. die Interferenz einer großen Zahl von Wellen, die relativ zueinander eine konstante Phasendifferenz besitzen, was bei vielen Versuchsanordnungen vorliegt, oder die Frage nach der Interferenz von Wellen verschiedener Frequenz, die z.B. in der Akustik das Phänomen der Schwebungen erzeugt. Diese Fragen sollen aber erst dann weiter diskutiert werden, wenn die betreffenden Versuchsanordnungen besprochen werden.

3.2 Fresnel'scher Spiegelversuch und Varianten

Der erste Nachweis von Interferenzerscheinungen beim Licht ist von Thomas Young im Jahre 1802 durchgeführt worden. Da bei diesem Experiment jedoch auch Beugungserscheinungen auftreten, soll es im Zusammenhang mit diesen erörtert werden. Statt dessen soll zunächst der klassische Spiegelversuch von A. Fresnel (1821) besprochen werden.

Da zwei getrennte Lichtquellen infolge ihrer Inkohärenz keine Interferenzen ergeben, erzeugte Fresnel aus einer einzigen Lichtquelle L (Abb. 3.6) durch Spiegelung an zwei gegeneinander geneigten Spiegeln S_1 und S_2 zwei virtuelle Lichtquellen L'_1

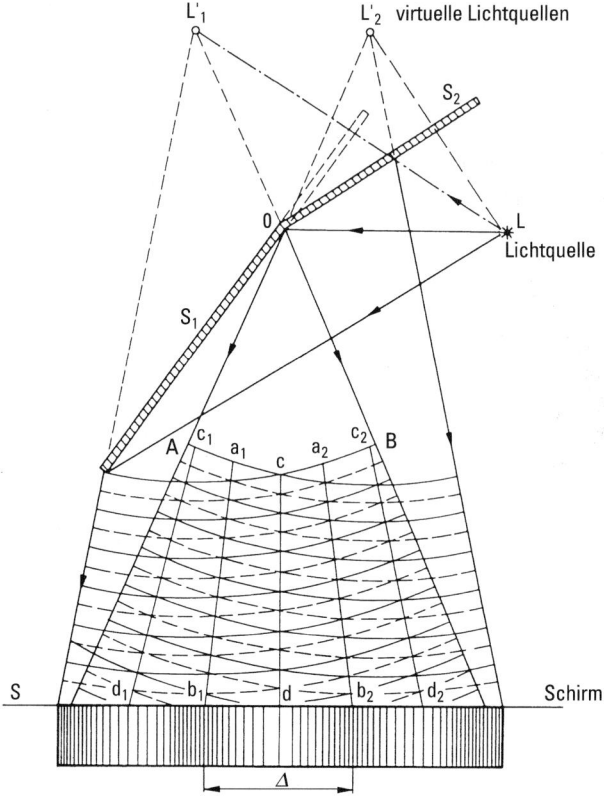

Abb. 3.6 Fresnel'scher Spiegelversuch.

und L_2', die ebenso weit hinter den Spiegeln liegen, wie L sich vor ihnen befindet; diese Lichtquellen sind kohärent. Dann entstehen in dem von L_1' und L_2' gemeinsam beleuchteten Raumgebiet (in Abb. 3.6 zwischen den Strahlen $L_2'A$ und $L_1'B$) die Interferenzen. Bringt man in einer größeren, im Übrigen aber beliebigen Entfernung von dem Winkelspiegel einen Schirm S an, so sieht man auf diesem ein System von hellen und dunklen Streifen, wenn als Lichtquelle L ein mit monochromatischem Licht (z. B. Na-Licht) beleuchteter Spalt dient, dessen Richtung parallel zur Schnittkante der beiden Spiegel verläuft. Im unteren Teil der Abb. 3.6 ist das Interferenzbild schematisch angedeutet. Deckt man einen der beiden Spiegel ab, so verschwindet die Interferenzerscheinung, und der Schirm ist gleichmäßig ausgeleuchtet.

In Abb. 3.6 sind um die beiden virtuellen Lichtquellen L_1' und L_2' Kreisbögen gezeichnet, deren Radien ganzen Vielfachen von λ (ausgezogen) und ungeraden Vielfachen von $\lambda/2$ (gestrichelt) entsprechen. Die Schnittpunkte der ausgezogenen sowie der gestrichelten Kreisbögen unter sich sind die Stellen, die von beiden Wellensystemen mit gleicher Phase getroffen werden. Dagegen sind alle Schnittpunkte der ausgezogenen Kreise mit den gestrichelten die Orte, die von den beiden Wellen mit genau entgegengesetzter Phase getroffen werden. Man erkennt, dass sich z. B. die zuletzt genannten Stellen auf Kurven anordnen, die von a_1 nach b_1 und von a_2 nach b_2 verlaufen, während die erstgenannten Stellen auf den Kurven c_1d_1, cd, c_2d_2 liegen. Der Gangunterschied beträgt hier $+\lambda$, 0, $-\lambda$ (Maxima +1., 0., −1. Ordnung). Die hellen und dunklen Kurven sind, wie bereits in Bd. 1 bei dem analogen Vorgang bei Wasserwellen auseinandergesetzt, in der Zeichenebene Stücke von Hyperbeln mit L_1' und L_2' als Brennpunkten. Nähert man daher den Beobachtungsschirm den Spiegeln, so rücken die hellen und dunklen Streifen enger zusammen.

Macht man die Frequenz der Lichtquelle veränderlich, indem man als solche z. B. den Austrittsspalt eines Monochromators nimmt, so beobachtet man, dass die Interferenzstreifen am weitesten im Rot auseinanderliegen und um so enger zusammenrücken, je mehr man sich dem Violett nähert. Ist die Lichtquelle nicht monochromatisch, so liegen die Orte, an denen Auslöschung der einzelnen im Licht enthaltenen Spektralfarben eintritt, nicht an den gleichen Stellen; man erhält daher bei weißem Licht nur an der Stelle des Schirmes, die der Gangdifferenz 0 für alle Wellenlängen entspricht, eine rein weiße Zone, an die sich zu beiden Seiten je ein schwarzer Interferenzstreifen anschließt; die dann folgenden nächsten schwarzen Streifen haben bereits farbige Ränder, und zwar nach der Mitte des Bildes rote, nach außen blaue. Diese Farben entstehen durch das Fehlen der an der betreffenden Stelle ausgelöschten Wellenlänge, es sind also *Mischfarben*. Da ferner bei größeren Gangunterschieden, d. h. in einiger Entfernung von der Mitte, an derselben Stelle des Schirmes immer zahlreichere Helligkeits-Maxima und -Minima verschiedener Wellenlänge sich überlagern, so sieht man bei weißem Licht zu beiden Seiten des zentralen Streifens nur ganz wenige, nach außen immer mehr zu Weiß verblassende Streifen. – Man kann sich aber auch in diesem Fall noch von der Existenz von Interferenzstreifen überzeugen, indem man die Interferenzerscheinung so auf den Spalt eines Spektralapparates fallen lässt, dass die zu erwartenden Streifen den Spalt rechtwinklig schneiden würden (Anordnung nach J. Müller). In dem weißen Licht, das auf verschiedene Stellen des Spalts fällt, werden jeweils andere Wellenlängen ausgelöscht. Man erhält dann ein Spektrum, das von dunklen Linien durchzogen ist (Abb. 12 auf Farbtafel I), die auch erkennen lassen, dass die Streifen im Rot weiter auseinander liegen als im Violett; diese Streifen werden als *Müller'sche* oder *Talbot'sche Streifen* bezeichnet.

Der Schirm S in Abb. 3.6, auf dem die Interferenzerscheinung aufgefangen wird, kann an einer beliebigen Stelle des Interferenzraumes stehen, d.h. *die Interferenzen sind nicht in einer bestimmten Fläche (Ebene) lokalisiert.* Zur Betrachtung derselben braucht man daher überhaupt keinen Schirm; man kann sie direkt mit dem Auge oder mit einer Lupe betrachten. Bequem zur Ausmessung des Abstandes Δ der Interferenzstreifen ist eine Lupe mit Fadenkreuz, die auf einem Stativ mikrometrisch parallel zur Beobachtungsebene S verstellbar ist (sog. *Fresnel'sche Lupe*).

Um aus dem gemessenen Abstand Δ zweier benachbarter heller oder dunkler Streifen die Wellenlänge der benutzten Strahlung zu bestimmen, betrachten wir noch einmal Abb. 3.6, deren wesentliche Teile der Deutlichkeit halber in Abb. 3.7 wiederholt sind; aus ihnen kann man Folgendes entnehmen: Sowohl die reale Lichtquelle L als auch die beiden virtuellen L_1' und L_2' liegen auf einem Kreis um den Knickpunkt O der beiden Spiegel. Der Radius R dieses Kreises ist gleich dem (direkt messbaren) Abstand der Lichtquelle von O. Man sieht sofort, dass die Geraden $L_1'O$ und OL_2' den Winkel 2α einschließen, wenn die beiden Spiegel um den Winkel α gegeneinander geknickt sind; denn $\angle L_1'OL_2'$ ist der Zentriwinkel, zu dem der Peripheriewinkel $L_1'LL_2'$ gehört, der offensichtlich gleich α ist, da LL_1' und LL_2' die Spiegelnormalen sind. Es folgt also zunächst, dass die Bogenlänge $L_1'CL_2' = R\,2\alpha$ ist. Wegen der Kleinheit von α (wenige Bogenminuten) kann man statt des Bogens die Sehne $\overline{L_1'ML_2'} = a$ nehmen, die den Abstand der beiden virtuellen Lichtpunkte $\overline{L_1'L_2'}$ darstellt, d.h. $a = 2R\alpha$; ebenso kann man $\overline{OM} \approx \overline{OC} = R$ setzen. Errichtet man auf der Verbindungslinie $L_1'L_2'$ die mittelsenkrechte Ebene, deren Spur in der Abb. 3.7 MO ist,

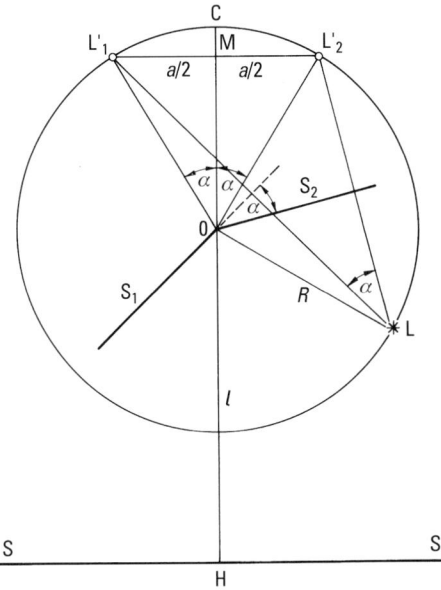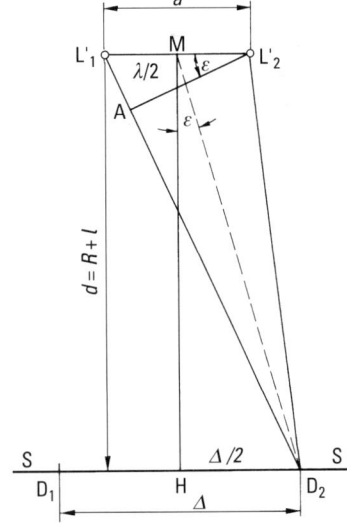

Abb. 3.7 Zum Fresnel'schen Spiegelversuch.

und verlängert sie bis zum Beobachtungsschirm SS, den sie in H trifft, so ist die senkrechte Entfernung des Schirmes von $L'_1L'_2$, d.h. die Strecke $\overline{MH}$, offenbar gleich $R+l$, wenn l die Länge der Verbindungslinie OH ist; wir setzen ein für allemal, auch für die verwandten Anordnungen, den gesamten Abstand zwischen den virtuellen Lichtquellen und dem Schirm $R+l=d$. Aus Abb. 3.7a sieht man, dass im Punkt D_2, der Stelle des Interferenzminimums erster Ordnung, dann Dunkelheit herrschen wird, wenn $\overline{L'_1D_2} - \overline{L'_2D_2} \approx \overline{L'_1A}$ gerade gleich $\lambda/2$ ist. Ferner sind die beiden rechtwinkeligen Dreiecke $L'_1AL'_2$ und MHD_2 einander nahezu ähnlich, da sie in allen Winkeln ungefähr übereinstimmen. Folglich gilt angenähert (weil $\lambda/2$ sehr klein und d sehr groß ist) die Proportion:

$$\frac{\Delta}{2} : d = \frac{\lambda}{2} : a, \tag{3.14}$$

also

$$\Delta = \frac{\lambda d}{a} = \frac{\lambda(R+l)}{2R\alpha},$$

$$\lambda = \frac{2R\Delta}{R+l}\alpha. \tag{3.15}$$

Diese Formeln gelten in allen analogen Fällen; mit ihnen kann man die Größe der Wellenlängen der benutzten Lichtquellen bestimmen, was Fresnel als einer der ersten getan hat. Die Wellenlängen betragen für sichtbares Licht bekanntlich zwischen 0.4 μm und 0.7 μm. Heute hat man bequemere und weit genauere Methoden zur Wellenlängenbestimmung, weswegen auf die Fresnel'sche Methode hier nicht näher eingegangen werden soll. Die Größe der Wellenlänge ist in Abb. 3.6 übertrieben dargestellt. Tatsächlich ist die Wellenlänge bedeutend kleiner und die Interferenzstreifen liegen dichter zusammen. Dies führt dazu, dass im Interferenzgebiet mehr als drei helle Streifen auftreten. Der Abstand der anderen Streifen ist jedoch näherungsweise ebenfalls durch Gl. (3.15) gegeben.

Hingewiesen sei noch auf Folgendes: Wie oben erwähnt, tritt bei weißem Licht nur eine begrenzte Zahl von Streifen auf. Dasselbe gilt auch, wenn eine auch nur geringe spektrale Inhomogenität der benutzten Lichtquelle vorliegt, wie sie z.B. bei schmalen Spektral-„Linien" auftritt. Es sei angenommen, die Spektral-„Linie" habe eine spektrale Verteilung, wie sie in Abb. 3.4 dargestellt ist; der Halbwertsbreite $\Delta\lambda$ sollen die extremen Wellenlängen λ_1 und λ_2 entsprechen. Dann überlagern sich die Interferenzbilder jeder einzelnen Wellenlänge dieses ganzen Komplexes, und es fragt sich nun, wie viele Interferenzstreifen jetzt beobachtet werden. Darauf gibt die folgende Überlegung Antwort: Wenn die Gangdifferenz $N\lambda_0$ der zentralen Wellenlänge λ_0 gerade gleich der Gangdifferenz $(N+1/2)\lambda_1$ der kürzeren Grenzwellenlänge ist, d.h. wenn das N-te Interferenzmaximum der Wellenlänge λ_0 auf ein Interferenzminimum der Wellenlänge λ_1 fällt, so verschwindet an dieser Stelle die Interferenzerscheinung, indem die Dunkelheit des Minimums von λ_1 von der Helligkeit des gleichliegenden Maximums λ_0 überlagert wird. Ganz dasselbe gilt für die größere Wellenlänge λ_2; wenn hier $N\lambda_0$ gleich $(N-1/2)\lambda_2$ ist, so überlagert sich auch hier das Maximum von λ_0 dem Minimum von λ_2. Wir haben also

$$N\lambda_0 = N\lambda_1 + \frac{\lambda_1}{2} = N\lambda_2 - \frac{\lambda_2}{2},$$

woraus weiter folgt:

$$\frac{\lambda_1 + \lambda_2}{2} = N(\lambda_2 - \lambda_1) = N\Delta\lambda$$

bzw., wenn man $\frac{\lambda_1 + \lambda_2}{2} = \lambda_0$ setzt

$$N = \frac{\lambda_0}{\Delta\lambda}. \tag{3.16}$$

Aus dieser Gleichung ergibt sich, dass einer spektralen Breite von der Größe $\Delta\lambda$ eine bestimmte Maximalzahl N von Interferenzstreifen entspricht; je kleiner $\Delta\lambda$ ist, desto größer ist die Zahl der beobachtbaren Streifen. Hat man durch Versuche mit einer bestimmten Spektrallinie die Maximalzahl N der beobachtbaren Streifen festgestellt, so ergibt sich nach Gl. (3.16) die in diesem Fall vorliegende spektrale Breite und die Kohärenzlänge $l = N\lambda_0$ nach Gl. (3.9). Wenden wir Gl. (3.16) auf die Versuche mit weißem Licht an, so haben wir $\Delta\lambda = 0.75\,\mu m - 0.4\,\mu m = 0.35\,\mu m$ und $\lambda_0 = 0.57\,\mu m$ zu nehmen; daraus folgt für weißes Licht $N = 0.57/0.35$, d.h. eine Zahl zwischen 1 und 2.

Den Grund dafür, dass man tatsächlich mehr als 2 Streifen beobachtet, ist, dass das Auge nicht nur Helligkeiten, sondern auch Farben wahrnimmt. Ersetzt man das Auge durch ein Energiemessinstrument (z.B. Thermosäule), so findet man in der Tat nur 2 Streifen.

Die Erzeugung kohärenter Lichtquellen aus einer primären lässt sich noch auf andere Weise verwirklichen. Bei dem ebenfalls von A. Fresnel (1826) angegebenen *Biprisma* (Abb. 3.8) werden von einem Lichtpunkt L (z.B. einem senkrecht zur Zeichenebene stehenden Spalt) durch Brechung in den beiden Prismenhälften zwei virtuelle Bilder L'_1 und L'_2 der Lichtquelle erzeugt, die um so näher beieinanderliegen, je kleiner der Prismenwinkel ist. Die von L'_1 und L'_2 ausgehenden divergenten Strahlenbündel überschneiden sich in dem schraffierten Gebiet und geben dort zu Interferenzen Anlass, die sich auf einem Schirm SS beobachten lassen.

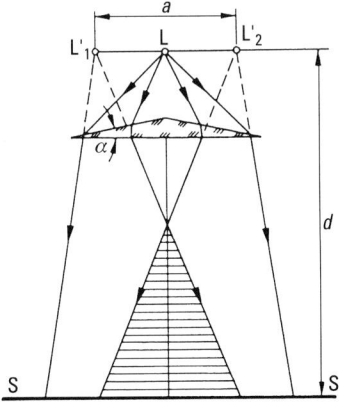

Abb. 3.8 Fresnel'sches Biprisma (Brechung stark übertrieben dargestellt).

Wenn das Biprisma die kleinen Basiswinkel α hat, so beträgt die Ablenkung der Strahlen, die durch die linke und rechte Hälfte gehen, $(n-1)\alpha$; insgesamt erhalten die Strahlen also gegeneinander eine Neigung von $2(n-1)\alpha$. Unter diesen Umständen darf der dritte Prismenwinkel $2(90° - \alpha)$ nur wenig von $180°$ verschieden sein, und da es technisch schwierig ist, die Kante sauber herzustellen, hat Abbe folgenden Kunstgriff angegeben: Er bringt ein Prisma mit erheblich größeren Basiswinkeln und entsprechend kleinerem Winkel an der Spitze in einen quaderförmigen Trog mit planparallelen Wänden, der mit einer Flüssigkeit von der Brechzahl n_1 gefüllt wird. Dann wird die Neigung der beiden interferierenden Strahlen gegeneinander $2(n-n_1)\alpha$; indem man also n_1 sehr nahe an n wählt, kann man die Neigung der Strahlen zueinander gleichfalls sehr klein machen; A. Winkelmann (1902) hat diesen Gedanken Abbes ausgeführt.

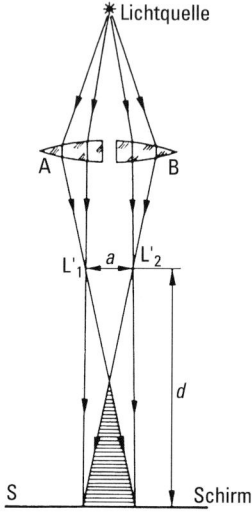

Abb. 3.9 Bilett'sche Halblinsen.

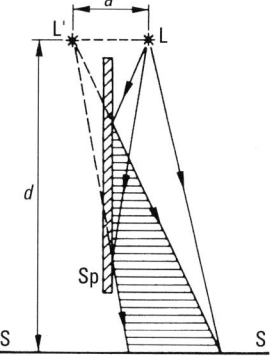

Abb. 3.10 Lloyd'scher Spiegelversuch.

Bei den von M. F. Billet (1867) angegebenen Halblinsen (Abb. 3.9) geschieht die Erzeugung der beiden, in diesem Falle reellen, dicht nebeneinander liegenden kohärenten Lichtquellen L_1' und L_2' mittels zweier Hälften A und B einer auseinandergeschnittenen Linse, deren Abstand man mit einer Mikrometerschraube variieren kann.

Schließlich lässt sich nach H. Lloyd (1839) mit einem einzelnen Spiegel Sp (Abb. 3.10) zu einer reellen Lichtquelle L eine zweite L' erzeugen, sodass man auf einem Schirm Interferenzen zwischen dem direkten und reflektierten Licht erhält.

In allen Fällen gilt die Gl. (3.15). Um scharfe Interferenzstreifen zu erhalten, muss die Kohärenzbedingung Gl. (3.11) eingehalten werden, wodurch Breite der Lichtquellen und Öffnungswinkel der verwendeten Lichtbündel Einschränkungen unterworfen werden.

3.3 Interferenzerscheinungen an dünnen Schichten

Betrachtet man eine Seifenblase oder eine in einem horizontalen rechteckigen Metallrahmen ausgespannte Seifenlamelle, so sieht man prachtvolle Farberscheinungen, die sich ändern, wenn man die Seifenblase weiter aufbläst oder die Lamelle vertikal stellt; in beiden Fällen ändert sich die Dicke der Schicht. Ähnliche Farberscheinungen beobachtet man an dünnen Ölschichten auf Wasser, an sehr dünnen Glaslamellen, an den dünnen Luftschichten in Glassprüngen und zwischen zwei aufeinandergelegten Glasplatten. Alle diese Farberscheinungen entstehen durch Lichtinterferenz von Wellen, die an der Vorderseite und der Hinterseite der Lamelle reflektiert worden sind.

3.3.1 Planparallele Platten

Es sei zunächst der theoretisch einfachste Fall einer planparallelen Platte betrachtet. Abbildung 3.11 stelle einen Schnitt durch eine solche Platte mit der Brechzahl n und der Dicke d dar; auf sie falle von einem Punkt einer Lichtquelle L unter dem Einfallswinkel α ein Strahl 1 auf; er wird zum Teil an der Oberfläche als Strahl a im Punkt A reflektiert, zum Teil unter dem Brechungswinkel β in die Platte hineingebrochen, an ihrer Rückseite im Punkt B erneut reflektiert, trifft die Oberfläche der Platte im Punkt C und tritt dann schließlich als Strahl b parallel zum ersten, in A reflektierten Strahl a wieder in Luft aus. Der andere Teil tritt unter dem Austrittswinkel α als Strahl a' aus der unteren Fläche wieder in Luft aus; die übrigbleibende Intensität wird in C wieder nach unten reflektiert und tritt teilweise in D wieder unter dem Austrittswinkel α als Strahl b' nach unten in Luft aus. Durch weitere Reflexionen splittert sich der einfallende Strahl 1 in eine unendliche Zahl unter sich paralleler reflektierter Strahlen a, b, c ... und paralleler gebrochener Strahlen a', b', c' ... auf. Zunächst sollen nur je zwei reflektierte und gebrochene Strahlen betrachtet werden. Da sämtliche reflektierten und gebrochenen Strahlen aus dem Strahl 1 herstammen, so sind sie unter sich kohärent, können also miteinander interferieren, wenn sie durch eine geeignete optische Vorrichtung in einem Punkt zum

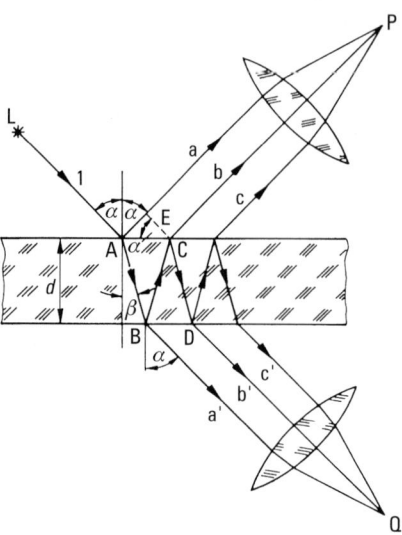

Abb. 3.11 Entstehung von Interferenzen in einer planparallelen Platte.

Schnitt gebracht werden. Da es sich hier um parallele Strahlen handelt, vereinigt man sie durch eine Konvexlinse in deren Brennebene in dem Punkt P (bzw. Q). Das Resultat der Überlagerung hängt von der Gangdifferenz zwischen a und b ab, wenn wir uns zunächst auf die reflektierten Strahlen beschränken. Die *geometrische Wegdifferenz* der Strahlen a und b ist offenbar gleich $\overline{AB} + \overline{BC} - \overline{AE}$; die *optische Wegdifferenz* ist aber $n(\overline{AB} + \overline{BC}) - \overline{AE}$, da die Strecken $\overline{AB}$ und $\overline{BC}$ im Innern der Platte mit der Brechzahl n verlaufen. Eine leichte Rechnung an Hand der Abb. 3.11 liefert nun:

$$n(\overline{AB} + \overline{BC}) = \frac{2dn}{\cos\beta}; \quad \overline{AE} = \overline{AC}\sin\alpha = 2d\tan\beta\sin\alpha.$$

Anwendung des Brechungsgesetzes $\sin\alpha/\sin\beta = n$ ergibt schließlich:

$$n(\overline{AB} + \overline{BC}) - \overline{AE} = \frac{2d}{\cos\beta}(n - \sin\beta\sin\alpha) = 2nd\cos\beta$$
$$= 2d\sqrt{n^2 - \sin^2\alpha}.$$

Dies ist aber noch nicht die ganze Gangdifferenz, die für die Überlagerung in Frage kommt; denn der Strahl a ist durch Reflexion am *dichteren* Medium (in A) entstanden, Strahl b dagegen durch Reflexion am *dünneren* Medium (in B). Bei Reflexion am dichteren Medium tritt nun ein zusätzlicher Phasensprung der reflektierten Welle von π auf, der einer halben Wellenlänge Gangdifferenz entspricht. Dem oben errechneten Ergebnis ist daher noch $\lambda/2$ zuzuzählen (oder abzuziehen). Also ist die Gangdifferenz:

$$\Delta = 2d\sqrt{n^2 - \sin^2\alpha} + \frac{\lambda}{2}. \tag{3.17}$$

Dass ein Phasensprung um π bei Reflexion am dichteren Medium stattfindet, hatten wir bereits in Bd. 1 bei der Reflexion von Seilwellen festgestellt, ebenso in Bd. 2, bei Reflexion elektrischer Wellen. – Man kann folgende Überlegung anstellen, um sich Existenz und Größe des Phasensprunges beim Licht plausibel zu machen. Man denke sich die Dicke d der Platte allmählich bis zu 0 abnehmend, dann verschwindet mit d auch die Gangdifferenz $2d\sqrt{n^2 - \sin^2\alpha}$ der beiden Strahlen a und b; ihre Interferenzwirkung würde also in P ein Helligkeitsmaximum hervorrufen. Da aber eine Platte von der Dicke $d = 0$ gar nicht existiert, so kann überhaupt keine reflektierte Strahlung entstehen. Für $d = 0$ muss also völlige Dunkelheit in P herrschen, d.h. Δ muss für $d = 0$ den Wert $\pm \lambda/2$ haben, was zu erläutern war.

Außer in den Phasen unterscheiden sich die beiden Strahlen a und b – das Analoge gilt für die anderen, hier außer Betracht gebliebenen reflektierten Strahlen c, d, ..., wie auch für die gebrochenen Strahlen a', b' ... – auch in ihren Amplituden. Denn wenn wir die Amplitude der einfallenden Welle mit 1 bezeichnen, so ist die von Strahl a gleich r zu setzen, wo $r^2 = \varrho$ der Reflexionskoeffizient (für den gewählten Einfallswinkel) ist; der durchgehende Strahl AB habe die Amplitude σ, aus der durch die Reflexion bei B die Amplitude σr und durch die Brechung bei C die Amplitude $\sigma^2 r$ für den Strahl b entsteht. Die beiden uns hier allein interessierenden Strahlen haben also die Amplituden r und $r\sigma^2$, sie stehen also, unabhängig von r, im Verhältnis $1:\sigma^2$. Gehen wir von den Amplituden zu den Intensitäten über, so würde der Strahl a eine Intensität $\sim r^2$, der Strahl b eine $\sim r^2\sigma^4$ haben; da keine Energie verlorengeht, ist die Intensität des durchgehenden Strahls vermehrt um die des reflektierten offenbar gleich 1, d.h. $\sigma^2 = 1 - r^2$. Dabei ist vorausgesetzt, dass innerhalb der Platte keine Absorption stattfindet. Für senkrechten Einfall ist $r^2 = \varrho = (n-1)^2/(n+1)^2$. Für Glas mit der Brechzahl $n = 1.5$ ergibt sich $\varrho = 0.04$. Wenn der Einfallswinkel nicht allzu groß ist, gilt also $1 - \varrho \approx 0.9$. Die Amplituden der beiden Wellen verhalten sich also wie 10 zu 9, sind also nicht allzu ungleich, d.h. man bekommt gut sichtbare Interferenzen.

Im Punkt P wird Helligkeit herrschen, wenn

$$\Delta = 2d\sqrt{n^2 - \sin^2\alpha} + \frac{\lambda}{2} = k\lambda \quad \text{(mit } k = 0, 1, 2, \ldots\text{)}$$

ist, Dunkelheit dagegen, wenn

$$\Delta = \frac{2k+1}{2}\lambda$$

ist.

Da die die Interferenz erzeugenden Strahlen (hier a und b) einander parallel sind, ist der Öffnungswinkel des Strahlenbündels $2\vartheta = 0$; daher kann die Lichtquelle beliebig groß sein, was der Helligkeit der Erscheinung zugute kommt. Man sieht dies auch unmittelbar ein: denn die Strahlen, sofern sie nur unter dem gleichen Einfallswinkel α von einem beliebigen Punkt der Lichtquelle ausgehen, erzeugen ihr Interferenzbild wieder in genau den gleichen Punkten P und Q, wie man sich z.B. durch Ergänzung der Abb. 3.11 überzeugen kann, wenn man die gleiche Konstruktion von einem anderen Punkte der Lichtquelle ausführt.

Aus Symmetriegründen sind die Interferenzkurven, die man in der Brennebene der Linse (oder auch mit auf Unendlich akkommodiertem Auge) wahrnimmt, wenn man in Richtung der Plattennormalen beobachtet, konzentrische Kreise um die Plattennormale als Achse; bei sehr schräger Beobachtung sieht man nur fast geradlinige Stücke der Kreise. Δ kann nur so variieren, dass der Einfallsinkel α verschiedene Werte annimmt; für jeden hellen oder dunklen Kreis hat α einen bestimmten Wert. Deshalb nennt man diese Interferenzkurven nach Lummer *Kurven gleicher Neigung*.

Etwas anders liegen die Verhältnisse im *durchgehenden* Licht, wenn wir wieder nur die beiden ersten Strahlen a' und b' berücksichtigen. Wie man leicht feststellt, ist die optische Gangdifferenz Δ auch hier $\Delta = 2d\sqrt{n^2 - \sin^2\alpha}$, ohne dass aber hier noch $\lambda/2$ hinzutritt; denn keiner der beiden Strahlen a' und b' erleidet eine Reflexion am dichteren Medium. Deshalb hat man in Durchsicht als Bedingung für das Auftreten eines hellen Kreises $\Delta = 2d\sqrt{n^2 - \sin^2\alpha} = k\lambda$, eines dunklen, wenn $\Delta = 2d\sqrt{n^2 - \sin^2\alpha} = (2k+1)2\lambda/2$ ist. Das bedeutet, dass die Interferenzerscheinung in durchgehendem Licht *komplementär* zu der im reflektierten Licht ist. Was die Sichtbarkeit der Interferenzringe angeht, so hat die Welle a' die Amplitude σ^2, die Welle b' dagegen $\sigma^2 r^2$; das Amplitudenverhältnis ist also, unabhängig von σ, $1 : r^2$, und das ist, unter Zugrundelegung der obigen Zahlen, gleich 10:1. Hier sind also die Amplituden sehr ungleich, und das bedeutet, dass die Sichtbarkeit der Interferenzen viel weniger gut ist als im reflektierten Licht.

Bevor wir die hier auftretenden Interferenzen nun weiter erörtern – namentlich ihre Unterschiede gegen die im Abschn. 3.2 besprechen – beschreiben wir zunächst einige Versuche zur Beobachtung der Kurven gleicher Neigung. Nach dem Vorhergehenden ist es einleuchtend, dass vor allem Anordnungen günstig sind, die das reflektierte Licht benutzen. Im Handel sind sehr gleichmäßige Spaltungsblättchen von Glimmer, wenige Zehntelmillimeter dick, erhältlich; sie haben Flächen bis zu 10 cm × 10 cm. Diese zeigen die Interferenzen sehr schön in folgender Weise: man beleuchtet mit monochromatischem Licht (Na-Dampflampe) eine weiße Zimmerwand oder eine Projektionsfläche, hält das Glimmerblättchen dicht ans Auge, und zwar derartig, dass man die beleuchtete Wand gespiegelt sieht. Das Spiegelbild, das mit auf unendlich akkomodiertem Auge betrachtet werden muss, ist dann von hellen und dunklen Streifen durchzogen (Stücken von sehr exzentrisch betrachteten Kreisen). Als Lichtquelle fungiert hier die beleuchtete Wand, die beliebig groß (mehrere

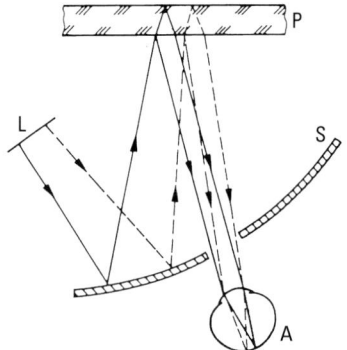

Abb. 3.12 Anordnung zur Beobachtung von Interferenzkurven gleicher Neigung.

Quadratmeter) sein kann, worauf die große Helligkeit des Interferenzphänomens zurückzuführen ist. Will man das ganze Ringsystem haben, muss man in Richtung der Plattennormalen beobachten; dazu ist die Anordnung der Abb. 3.12 sehr bequem: eine Lichtquelle L, etwa eine von hinten beleuchtete Mattscheibe, wirft ihr Licht auf einen in der Mitte durchbohrten Augenspiegel S, der es auf die Planparallelplatte P reflektiert. Durch das Loch des Spiegels dringen die reflektierten Strahlen ins Auge A, das wieder auf Unendlich akkommodiert sein muss. Statt eines Glimmerblättchens kann man auch besonders hergestellte Planparallelplatten aus Glas benutzen, die heute in großer Vollendung von optischen Firmen geliefert werden können. (Man kann natürlich auch ohne Spiegel, wenn man die Planplatte senkrecht vors Auge hält, direkt nach der beleuchteten Wand blicken, indem man die durchgelassene Strahlung benutzt; doch ist die Deutlichkeit der Interferenzen dann nicht sehr gut, wie oben dargelegt.) Eine besonders schöne Anordnung hat R. W. Pohl (1940) angegeben, die in Abb. 3.13 dargestellt ist. Eine Lichtquelle L, entweder eine Hg-Niederdrucklampe oder eine Na-Dampflampe, beleuchtet die Planparallelplatte PP; durch einen um die Lampe gestellten auf drei Seiten geschlossenen Kasten sorgt man dafür, dass die Strahlung nur in Richtung der Platte austreten kann, die Projektionswand aber gegen das direkte Licht abgeschirmt ist. Man betrachtet einen Strahl, der unter dem Einfallswinkel α auftrifft und durch Reflexion an Vorder- und Rückseite in zwei parallele Strahlen aufgespalten wird; diese erzeugen im Unendlichen das Interferenzphänomen. Wegen der Symmetrie um die Plattennormale sind

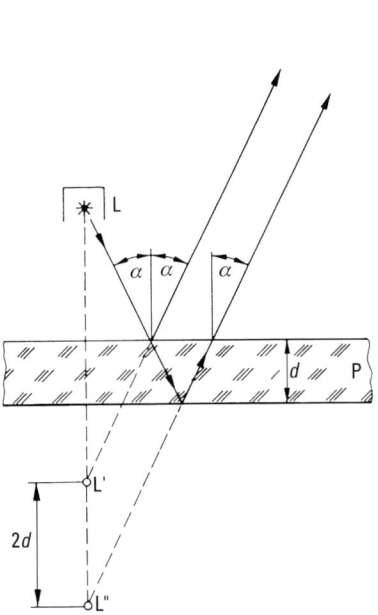

Abb. 3.13 Versuchsanordnung zur Projektion von Interferenzkurven gleicher Neigung nach R. W. Pohl.

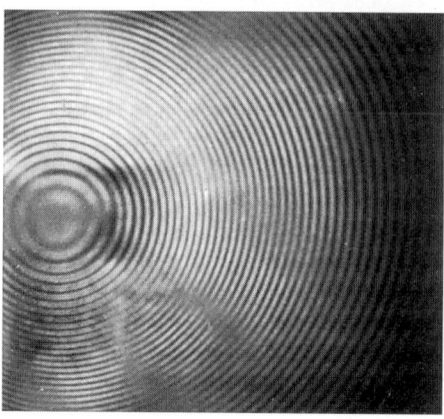

Abb. 3.14 Mit der Versuchsanordnung von Abb. 3.13 erhaltene Interferenzkurven gleicher Neigung.

es die schon erwähnten konzentrischen Kreise um dieselbe. Man fängt die Interferenzstreifen auf einer weit entfernten Wand auf. Diese liegt zwar nicht im Unendlichen, aber doch so weit von der Lichtquelle entfernt, dass die Öffnung der Strahlenbündel, zwar nicht streng, aber praktisch 0 ist. Abbildung 3.14 gibt ein Bild der Erscheinung; zur Verstärkung der Erscheinung kann die dünne Platte vorderseitig halbdurchlässig, rückseitig ganz verspiegelt sein.

Aus Abb. 3.13 kann man entnehmen, wie durch den Prozess der Spiegelung an Vorder- und Hinterfläche der Platte aus der reellen Lichtquelle L zwei virtuelle L' und L'' entstehen, die voneinander um die doppelte Plattendicke entfernt sind (in der Zeichnung ist der Einfachheit halber der Vorgang der Brechung nicht berücksichtigt): das ist im Prinzip genau so, wie beim Fresnel'schen Spiegelversuch und seinen Varianten. Dennoch besteht ein wesentlicher Unterschied zwischen den hier besprochenen Interferenzen und jenen. Beim Fresnel'schen Spiegelversuch kann man von der Gangdifferenz 0 ausgehen, die (bei nichtmonochromatischem Licht) den achromatischen Streifen liefert; daran schließen sich dann die Interferenzstreifen höherer, aber immer noch niedriger Ordnung an. Das ist hier anders. Denn die Gangdifferenz ist nach Gl. (3.17), auch wenn von dem Summanden $\lambda/2$ abgesehen wird, immer von hoher Ordnung, am größten für den Einfallswinkel $\alpha = 0$, d.h für das Ringzentrum. Dort ist die Gangdifferenz gleich $2dn$, und das bedeutet bei der Kleinheit der Lichtwellenlänge schon eine sehr große Ordnungszahl. Nehmen wir z. B. eine dünne Planparallelplatte, etwa $d = 0.1$ cm, von der Brechzahl $n = 1.5$. Das liefert für $2dn$ den Wert 0.3 cm $= 3 \times 10^3$ μm; wählt man die Wellenlänge etwa zu 0.5 μm, so ist die Ordnungszahl des Interferenzstreifens bereits $N = 6000$; für Planparallelplatten von 1 cm Dicke würde man schon bei 60000 angelangt sein. Darin liegt folgende Beschränkung: Da wir nie streng monochromatisches Licht, sondern immer einen Spektralbereich $\Delta\lambda$ haben – mit anderen Worten: eine endliche Zahl N von beobachtbaren Interferenzstreifen und eine endliche Kohärenzlänge l –, muss die doppelte optische Dicke der Planparallelplatte $2dn$ kleiner als die Kohärenzlänge $l = N\lambda$ sein. Da $N = \lambda/\Delta\lambda$ ist, gilt die Forderung: $2dn < \lambda^2/\Delta\lambda$ oder: $\Delta\lambda < \lambda^2/(2dn)$.

Bleiben wir bei dem obigen Beispiel ($d = 0.1\,\text{cm}$, $n = 1.5$, $\lambda = 0.5\,\mu\text{m}$), so hat die spektrale Breite $\Delta\lambda$ der benutzten Spektrallinie der Ungleichung zu genügen: $\Delta\lambda < 0.08\,\text{nm}$. Während man also beim Fresnel'schen Spiegelversuch selbst bei weißem Licht zwei Interferenzstreifen erhält, würde die oben benutzte Planparallelplatte dafür keinerlei beobachtbare Streifen zeigen. Man kann dies in der Anordnung der Abb. 3.12 leicht beobachten, wenn man eine Hg-Hochdrucklampe benutzt: Beim ersten Zünden sieht man schöne Interferenzringe; sobald sich aber nach einigen Minuten die Lampe „eingebrannt", d.h. ihren stationären Zustand mit hohem Dampfdruck erreicht hat, verschwinden die Interferenzstreifen vollständig, da bei dem hohen Druck eine starke Verbreiterung der Spektrallinie (z. B. der grünen Hg-Linie bei $0.546\,\mu\text{m}$) eintritt: dann ist die Kohärenzlänge kleiner als $2dn$.

3.3.2 Keilförmige Platten

Komplizierter liegen die Verhältnisse, wenn die Platten nicht planparallel sondern keilförmig sind. Es soll nur die einfachste Interferenzerscheinung an solchen Keilen betrachtet werden, indem folgende Voraussetzungen eingeführt werden. Der Keilwinkel soll sehr klein sein und die Keilkante senkrecht zur Zeichenebene stehen. Zu den Versuchen benutzt man meistens „Luftkeile", die man einfach dadurch herstellen kann, dass man zwei plane Glasplatten (z. B. Mikroskop-Objektträger) an dem einen Ende direkt aufeinanderlegt, an dem anderen Ende aber durch ein dünnes Staniolblättchen trennt; natürlich kann man auch spitzwinkelige Glaskeile benutzen. Man betrachte nun (Abb. 3.15) folgende zwei Strahlen, die von der Lichtquelle L ausgehen: erstens den Strahl 1, der die Vorderfläche des Keils in A trifft und dort reflektiert wird, zweitens den Strahl 2, der so gewählt ist, dass er nach Reflexion an der Hinterfläche in C gerade den Punkt A der Vorderfläche trifft und dann austritt, aber in anderer Richtung wie der erste Strahl. (Natürlich wird auch Strahl 2 an der Vorderfläche reflektiert, doch interessiert uns dieser reflektierte Strahl hier nicht.)

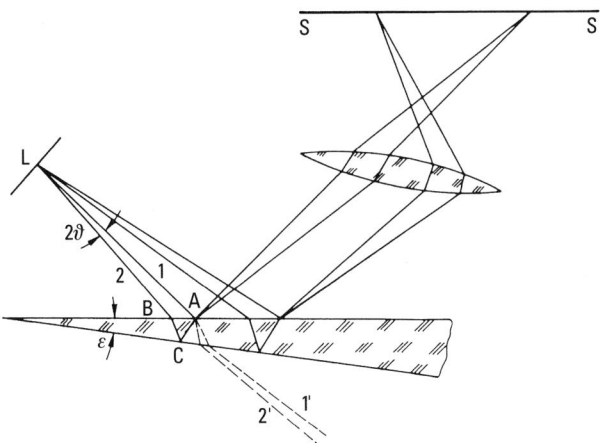

Abb. 3.15 Entstehung von Interferenzen an einer keilförmigen Platte.

Im Punkt A treffen die beiden Strahlen 1 und 2 wieder zusammen, interferieren dort, da sie kohärent sind, und erzeugen in A eine bestimmte resultierende Helligkeit; ihre Gangdifferenz Δ kann bei kleinem Keilwinkel ε nach der Gl. (3.17) bestimmt werden: ist n die Brechzahl des Keilmaterials, α der Einfallswinkel, so ist $\Delta = 2d\sqrt{n^2 - \sin^2\alpha} + \lambda/2$, da wieder nur einer der beiden Strahlen am dichteren Medium reflektiert wurde. Genau dasselbe gilt für die beiden anderen in Abb. 3.15 gezeichneten Strahlen, von denen wiederum der eine an der Vorderseite des Keiles direkt reflektiert, der andere nach Durchdringen des Keiles an dessen Rückseite so zurückgeworfen wird, dass er an der Vorderfläche des Keiles mit dem dort direkt reflektierten Strahl zusammentrifft. Infolge der größeren Keildicke an dieser Stelle ist die Gangdifferenz natürlich eine andere wie bei den in A zusammentreffenden Strahlen 1 und 2. Wegen des kleinen Keilwinkels kann man bei hinreichendem Abstand der Lichtquelle den Einfallswinkel α angenähert als konstant betrachten und entnimmt dann der Gl. (3.17), dass gleiches Δ gleicher Keildicke d entspricht: Die an der Vorder- und Rückseite reflektierten Strahlen erzeugen durch ihre Interferenz eine Helligkeitsverteilung, die bei gleichem d die gleiche ist; daher nennt man diese Interferenzkurven auch *Kurven gleicher Dicke*: Es sind offenbar gerade Linien parallel der Keilkante, die hier senkrecht zur Zeichenebene verlaufen. Das Interferenzphänomen ist hier an der Keiloberfläche lokalisiert; man kann es daher mit auf diese Fläche akkommodiertem Auge wahrnehmen bzw., wie Abb. 3.15 andeutet, mit einer Linse gleichzeitig mit der Keiloberfläche abbilden. Abbildung 3.16 gibt eine Fotografie der Interferenzerscheinung wieder; als keilförmige Platte diente ein Luftkeil zwischen zwei um den Winkel ε gegeneinander geneigten Glasplatten. Dass man es mit Kurven gleicher Dicke zu tun hat, äußert sich auch darin, dass die Interferenzstreifen sich beim Verschieben des Keiles mitverschieben, was bei den Kurven gleicher Neigung natürlich nicht der Fall ist. Da je zwei die Interferenz bedingende Strahlen nur einen kleinen Öffnungswinkel 2ϑ einschließen, kann die Lichtquelle einen entsprechend großen Durchmesser haben, bevor die Interferenzen verschwinden. Ist etwa die hintere Keilfläche nicht eben, sondern unregelmäßig gestaltet, so sind die Interferenzkurven natürlich keine Geraden mehr; jeder dunkle oder helle Streifen (genauer: jede Kurve gleicher Helligkeit, sog. *Isophote*) stellt aber immer noch den geometrischen Ort gleicher Dicke dar; das Interferenzphänomen liefert also die Topographie der betreffenden Keilfläche. Diese Erscheinung ist es gerade, die man bei dünnen Ölschichten usw. häufig beobachtet; wie später gezeigt werden wird, kann man die Kurven gleicher Dicke ganz systematisch zur Untersuchung der genauen Gestalt von Flächen benutzen (vgl. Abschn. 3.5).

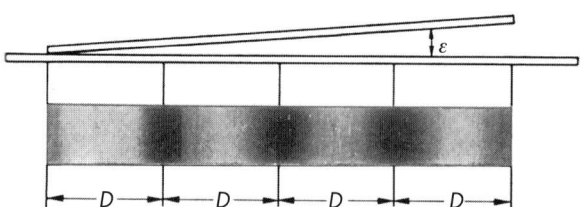

Abb. 3.16 An einem Luftkeil erhaltene Interferenzkurven gleicher Dicke.

Die Entstehung der Interferenzen soll an einem Keil vom Keilwinkel ε etwas genauer verfolgt werden: für den k-ten dunklen Interferenzstreifen muss die Gangdifferenz Δ_k nach Gl. (3.17) sein

$$\Delta_k = 2d_k\sqrt{n^2 - \sin^2\alpha} + \frac{\lambda}{2} = \frac{2k+1}{2}\lambda \quad \text{oder} \quad 2d_k\sqrt{n^2 - \sin^2\alpha} = k\lambda;$$

für den $(k+1)$-ten Streifen folgt entsprechend

$$2d_{k+1}\sqrt{n^2 - \sin^2\alpha} = (k+1)\lambda,$$

und durch Subtraktion

$$d_{k+1} - d_k = \frac{\lambda}{2\sqrt{n^2 - \sin^2\alpha}};$$

d_k und d_{k+1} sind die Keildicken beim k-ten und $(k+1)$-ten dunklen Streifen. Nennt man den Abstand zweier aufeinanderfolgender Streifen D, so ist offenbar die Dickenzunahme beim Fortschreiten um einen Streifen $d_{k+1} - d_k = D \tan \varepsilon$; folglich ist der Abstand D der Streifen:

$$D = \frac{\lambda}{2\tan\varepsilon\sqrt{n^2 - \sin^2\alpha}}. \tag{3.18}$$

Der erste Streifen ($k = 0$) tritt für $d_1 = 0$, d.h. an der Keilkante ein, wie es Abb. 3.16 zeigt.

Bisher ist die Erscheinung im reflektierten Licht betrachtet worden, aber natürlich existiert auch ein entsprechendes Phänomen im durchgehenden Licht. In Abb. 3.15 sind zwei durchgehende Strahlen gezeichnet (1' und 2'), die auch im Punkt A der Vorderfläche zusammentreffen, nachdem 2' in C an der Hinterfläche reflektiert worden ist; sie entstehen aus den Strahlen 1 und 2: Die Beziehung zur Interferenzerscheinung im reflektierten Licht ist dieselbe, wie bei den Kurven gleicher Neigung: erstens ist die Erscheinung hier komplementär zu der im reflektierten Licht (z.B. sind die dunklen Streifen um 1/2 Streifenbreite verschoben), zweitens ist sie hier weniger deutlich, weil die Amplituden von 1' und 2' zu sehr verschieden sind.

Die auf der Keiloberfläche lokalisierte Interferenzerscheinung ist nicht die einzig mögliche; sie ist in der Anordnung der Abb. 3.15 eigentlich durch die Abbildung des Keils mittels der Linse erzwungen. Im Allgemeinen wären noch Interferenzen anderer als der gezeichneten Strahlen zu berücksichtigen, die oberhalb oder unterhalb des Keils zur Interferenz gelangen.

Besonders einfach lassen sich die Kurven gleicher Dicke mit einer Anordnung beobachten, die zuerst von R. Hooke (1665) und dann von I. Newton (1676) angewendet worden ist. Man legt auf eine ebene Glasplatte eine sehr schwach gekrümmte Konvexlinse (Brillenglas mit einer Brennweite von 2 bis 4 m, d.h. 0.5 bis 0.25 Dioptrien); dann entsteht ein Luftkeil, dessen Vorderseite allerdings gekrümmt ist. Belichtet man senkrecht von oben mit parallelem Licht (von einer weit entfernen Lichtquelle), d.h. ist $\alpha = 0$, so entstehen auf gleiche Weise wie beim gewöhnlichen Keil sowohl in Reflexion wie in Durchsicht Interferenzkurven, die hier aus Symmetriegründen konzentrische Kreise um den Berührungspunkt der Kugelfläche mit der Ebene sind (sog. *Newton'sche Ringe*). Im Berührungspunkt selbst herrscht Dun-

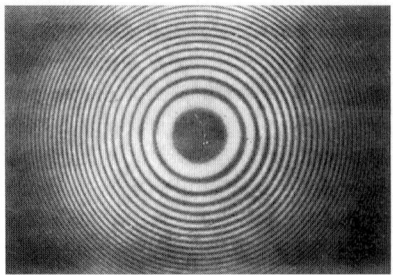

Abb. 3.17 Newton'sche Interferenzringe im reflektierten monochromatischen Licht.

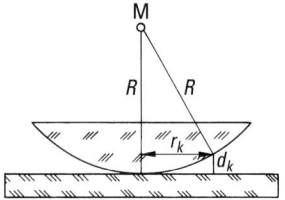

Abb. 3.18 Zur Deutung der Newton'schen Interferenzringe.

kelheit; Abb. 3.17 stellt eine fotografische Aufnahme der Erscheinung dar. Man erkennt, dass die Abstände der einzelnen (z.B. dunklen) Ringe voneinander nicht konstant sind, sondern von der Mitte nach außen abnehmen. Das ist dadurch bedingt (Abb. 3.18), dass die Dicke d der Luftschicht zwischen der ebenen Glasplattenoberfläche und der gekrümmten Linsenfläche nicht proportional dem Abstand vom Berührungspunkt sondern rascher ansteigt.

Nun ist allgemein nach Gl. (3.17) die Gangdifferenz der beiden interferierenden Wellen $\Delta = 2d\sqrt{n^2 - \sin^2\alpha} + \lambda/2$, was hier wegen $n = 1$ und $\alpha = 0$ in die einfachere Form $\Delta = 2d + \lambda/2$ übergeht. Dunkelheit herrscht also für die Werte der Dicke d_k, für die $2d_k + \lambda/2 = (2k+1)\lambda/2$, also $d_k = k\lambda/2$ ($k = 0, 1, 2, \ldots$) ist; d_k ist die Keildicke an der Stelle des k-ten dunklen Ringes, da dem Zentrum der Wert $d_0 = 0$, d.h. $k = 0$ zukommt. Andererseits ist nach Abb. 3.18, wenn r_k der Radius des k-ten Ringes und R der Krümmungsradius der Kugelfläche ist:

$$R^2 = (R - d_k) + r_k^2, \quad \text{d.h.} \quad r_k^2 = 2Rd_k - d_k^2, \tag{3.19}$$

oder einfacher, wegen der Kleinheit von d_k

$$r_k^2 = 2Rd_k = 2Rk\frac{\lambda}{2} = \text{const.}\,2k; \tag{3.19a}$$

die hellen Ringe liegen genau dazwischen, gehorchen also der Gleichung

$$r_k^2 = \frac{R(2k+1)\lambda}{2} = \text{const.}(2k+1). \tag{3.19b}$$

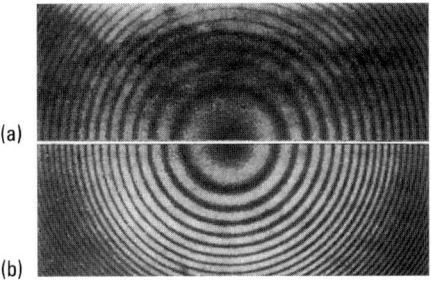

Abb. 3.19 Newton'sche Ringe in (a) rotem und (b) blauem Licht.

Es folgt daher aus den Gln. (3.19), dass die Quadrate der Radien der dunklen Ringe sich wie die geraden, die der hellen wie die ungeraden Zahlen verhalten.

Kennt man den Krümmungsradius R der Kugelfläche, so kann man durch Ausmessung der Radien der hellen oder dunklen Ringe die Wellenlänge λ des benutzten Lichtes bestimmen; zum ersten Male hat dies Th. Young aus den Messungen Newtons getan. Natürlich gilt auch hier wieder die Proportionalität der Ringradien r_k mit der Wellenlänge, wofür Abb. 3.19 ein Beispiel gibt. In der Durchsicht haben wir wieder das weniger deutliche komplementäre Phänomen.

Besonders schöne Newton'sche Ringe zeigt eine runde Seifenlamelle, die man in waagerechter Lage um eine vertikale Achse rotieren lässt (C. V. Boys, 1912). Durch die Zentrifugalkraft wird allmählich die Seifenlösung aus der Mitte nach dem Rande hin gedrängt, sodass die Lamelle in der Mitte dünner als am Rande wird. Man beobachtet dann mit weißem Licht, dass immer neue farbige Ringe aus der Mitte der Lamelle hervorquellen und nach dem Rand wandern (Abb. 1 und 2 auf Farbtafel II). Ist die Dicke der Lamelle in der Mitte verschwindend gegen die Wellenlänge des Lichtes, so tritt ein *schwarzer Fleck* auf (Abb. 3 und 4 auf Farbtafel II), der sich langsam immer mehr vergrößert, bis schließlich die Lamelle zerreißt.

Das Auftreten des schwarzen Flecks ist ein direkter Beweis dafür, dass das Licht bei der Reflexion am dichteren Medium einen Phasensprung um $\lambda/2$ erfährt. Denn da bei einer Dicke $\ll \lambda$ die Gangdifferenz – ohne den Phasensprung – gleich null wäre, müsste die Interferenz maximale Helligkeit statt Dunkelheit ergeben; erst die Hinzufügung von $\lambda/2$ kann das experimentelle Ergebnis erklären. Diese Erklärung für den schwarzen Fleck, der ja auch bei den Newton'schen Ringen im reflektierten Licht in der Mitte auftritt, wo die Interferenzschicht sehr dünn ist, gab zuerst Th. Young, von dem auch noch folgender schöner Versuch herrührt. Benutzt man zur Erzeugung Newton'scher Ringe eine Linse aus Kronglas auf einer Flintglasplatte mit Kassiaöl dazwischen, so erhält man im reflektierten Licht ein Ringsystem mit einem *hellen Fleck* in der Mitte. Da nämlich die Brechzahl des Öles zwischen der des Kron- und Flintglases liegt, findet an der oberen und unteren Grenze der Ölschicht stets Reflexion am dichteren Medium statt, sodass bei sehr dünner Schicht $\ll \lambda$ im reflektierten Licht ein Helligkeitsmaximum auftreten muss.

3.3.3 Vergütung, Entspiegelung

Interferenzerscheinungen an dünnen Schichten wendet man heute in der Optik zur Herstellung reflexmindernder Schichten auf Glasflächen an (G. Bauer, 1934). Bringt man auf eine Glasoberfläche eine sehr dünne Schicht eines durchsichtigen Stoffes mit kleiner Brechzahl, z.B. Kryolith (Na_3AlF_6, $n = 1.33$) oder Magnesiumfluorid (MgF_2, $n = 1.38$) auf und bemisst die Schichtdicke so, dass die an der Vorder- und Hinterseite reflektierten Strahlen gerade eine halbe Wellenlänge Gangunterschied haben, wozu bei senkrechter Inzidenz die optische Schichtdicke gerade $\lambda/4$ sein muss, so löschen sich diese beiden Strahlen aus, vorausgesetzt, dass ihre beiden Amplituden gleich sind; letzteres lässt sich durch eine geeignete Wahl der Brechzahl des Schichtmaterials erreichen.

Zu einer näherungsweisen Berechnung nimmt man an, dass die Amplituden der an den beiden Grenzflächen reflektierten Wellen jeweils proportional dem Reflexionsgrad der betreffenden Grenzfläche sind, und vernachlässigt, dass die in die Schicht eindringende Welle durch die Reflexion an der Vorderseite eine geringe Schwächung erfahren hat. Gleiche Amplituden der reflektierten Wellen bedeuten dann gleichen Reflexionsgrad der beiden Grenzflächen. Werden die Brechzahlen der Luft und der zu vergütenden Glasfläche mit n_1 und n_2 bezeichnet, so ergibt sich auf Grund der Fresnel'schen Formel (Kap. 4):

$$\left(\frac{n_1 - n}{n_1 + n}\right)^2 = \left(\frac{n - n_2}{n_2 + n}\right)^2.$$

Daraus folgt nach kurzer Rechnung, dass die Brechzahl der Schicht gleich dem geometrischen Mittel der beiden anderen Brechzahlen sein muss:

$$n = \sqrt{n_1 n_2}.$$

Eine genaue Rechnung, die berücksichtigt, dass die einfallende Welle nicht vollständig in die Schicht eindringt und dass in der Schicht Vielfachreflexionen stattfinden, liefert das gleiche Ergebnis.

Durch die destruktive Interferenz der an beiden Grenzflächen reflektierten Strahlen wird die Intensität des reflektierten Lichtes vermindert und die durchgelassene entsprechend vermehrt. Dies gelingt natürlich streng nur für eine Wellenlänge, doch ist in der Praxis der Bereich verhältnismäßig breit, sodass sich fast für das gesamte sichtbare Gebiet des Spektrums eine erhebliche Reflexionsverminderung erreichen lässt (Abb. 3.20). Infolge des nicht vollständig durch Interferenz ausgelöschten reflektierten roten und blauen Lichtes zeigt vergütete Optik je nach der Dicke der aufgebrachten Schicht einen violett- bis purpurfarbenen Reflex. Abb. 3.21a zeigt z.B. eine runde Glasplatte, die beiderseitig in der Mitte mit einem solchen „Tarnbelag" – daher auch der Name *T-Optik* – versehen ist und auf schwarzem Samt liegt. Die unbelegten Teile spiegeln ein helles Fenster, während die belegte Kreisfläche in der Mitte nur wenig spiegelt, sondern das Licht in verstärktem Maße hindurchlässt, wo es dann von Samt verschluckt wird. Noch deutlicher zeigt Abb. 3.21b die Erscheinung: Hier sind 4 in der Mitte beiderseitig mit einem reflexmindernden Belag versehene Platten so übereinander gelegt, dass zwischen ihnen ein kleiner Abstand bleibt. Dann kann man durch die Mitte der Glasplatten noch deutlich die darunter

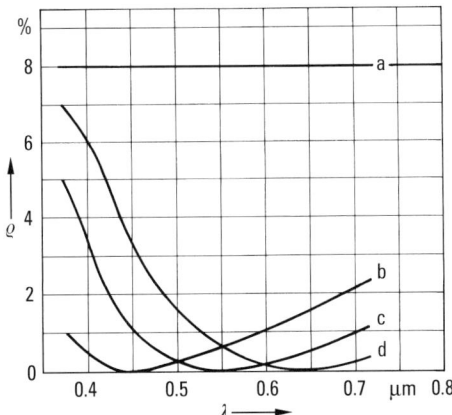

Abb. 3.20 Reflexionsgrad einer (a) nicht vergüteten und einer mit Kryolith-Schichten verschiedener Dicke vergüteten Flintglas-Oberfläche (b–d). Die optischen Dicken der Kryolith-Schichten sind

$\dfrac{0.45}{4}$ μm (b), $\dfrac{0.55}{4}$ μm (c) und $\dfrac{0.65}{4}$ μm (d).

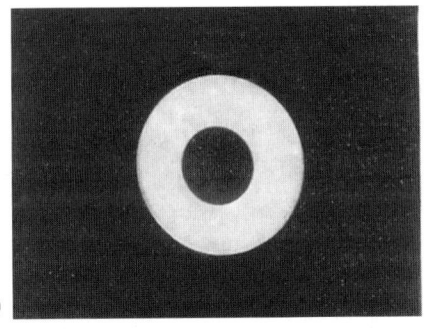
(a)

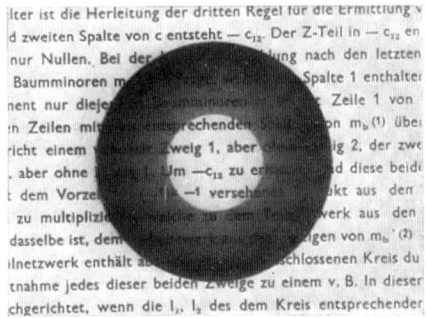
(b)

Abb. 3.21 Wirkung der Vergütung. (a) Eine beiderseitig in der Mitte vergütete runde Glasplatte liegt auf schwarzem Samt. Die unbelegten Teile spiegeln ein helles Fenster, während die belegte Mitte praktisch alles Licht durchlässt, sodass es vom Samt verschluckt wird. (b) Blick durch vier aufeinandergelegte, in der Mitte beiderseitig vergütete Glasplatten auf ein beleuchtetes Schriftstück. Sowohl das auffallende wie das vom Papier zurückgeworfene Licht kommt ohne Reflexionsverluste durch die vergütete Plattenmitte.

liegende Schrift lesen, während dies durch die unbelegten Teile der Platten nicht möglich ist. Die große Bedeutung der Vergütung liegt in der Steigerung der Lichtstärke fotografischer Objektive, die bis zu 30% erreichen kann, wenn man sämtliche freie Flächen der einzelnen Objektivlinsen in der geschilderten Weise präpariert. Außerdem lassen sich auf diese Weise die so häufig störenden Reflexe infolge mehrfacher Spiegelung des Lichtes an den Linsenoberflächen weitgehend vermindern (Abb. 3.22), wenn nicht ganz unterdrücken.

(a)   (b)

Abb. 3.22 Mehrfachspiegelung einer hellen Fläche an einem (a) unvergüteten und einem (b) vergüteten Projektionsobjektiv.

3.3.4 Dielektrische Vielschichtenspiegel

Durch Aufbringen dünner durchsichtiger Schichten (die oft auch dielektrische Schichten genannt werden, weil die Dielektrizitätskonstante bzw. die Brechzahl der wichtigste sie charakterisierende Parameter ist und die Absorption vernachlässigt wird) kann statt einer Reflexminderung auch eine Erhöhung des Reflexionsgrades der beschichteten Oberfläche stattfinden. Dies wird zur Herstellung verlustfreier Spiegel verwendet, die das nicht reflektierte Licht im Gegensatz zu den stark absorbierenden Metallspiegeln fast vollständig durchtreten lassen. Derartige Spiegel werden z. B. als Strahlteilerspiegel für Farbfernsehkameras und als Laserspiegel verwendet.

Bereits eine $\lambda/4$-Schicht (n) auf einer Glasunterlage (n_2) führt zu Erhöhung der Reflexion, wenn die Brechzahl n der Schicht größer ist als die der Unterlage und der Umgebung (Luft, n_1). Dies kommt dadurch zustande, dass in diesem Fall die an den beiden Grenzflächen reflektierten Wellen konstruktiv interferieren, da bei der Reflexion an der ersten Grenzfläche ein Phasensprung von 180° stattfindet (Reflexion am dichteren Medium). Die Reflexion an der zweiten Grenzfläche findet ohne Phasensprung statt (Reflexion am dünneren Medium). Da für die an der zweiten Grenzfläche reflektierten Welle der Gangunterschied von $\lambda/2$ jedoch ebenfalls einer Phasenverschiebung von 180° entspricht, kommt es zu einer Verstärkung der beiden Wellen und damit zu einer Erhöhung der Reflexion. Eine hochbrechende $\lambda/4$-Schicht aus ZnS ($n = 2.3$) erhöht z.B. den Reflexionsgrad einer Grenzfläche Luft ($n_1 = 1$), Glas ($n_2 = 1.5$) von 4% auf 31%.

Eine weitere Erhöhung des Reflexionsgrades ergibt sich für Schichtpakete aus abwechselnd hoch- und niedrigbrechenden $\lambda/4$-Schichten. Wegen des Phasensprungs bei der Reflexion am dichteren Medium haben alle Wellen, die an den Grenzflächen reflektiert werden, Phasenunterschiede von 360° oder ganze Vielfache davon, sodass es zu einer konstruktiven Interferenz und damit zu einer Erhöhung des Reflexionsgrades kommt.

$$R = \left[\frac{n^2(n/n')^{2m} - n_1 n_2}{n^2(n/n')^{2m} + n_1 n_2}\right]^2 \approx 1 - 4\frac{n_1 n_2}{n^2}\left(\frac{n'}{n}\right)^{2m}$$

Dabei sind n und n' die Brechzahlen der hoch- bzw. niedrigbrechenden Schichten und $(2m + 1)$ die gesamte Schichtzahl.

Mit Schichtpaketen aus etwa 20 Schichten können Reflexionsgrade bis über 99.9% bei einer sehr geringen Absorption von weniger als 0.1% hergestellt werden. Außerdem ist es möglich, durch Variation der Zahl und der Dicke der Schichten beliebige andere Werte des Reflexionsgrades zu erzeugen sowie die Spiegel für verschiedene Wellenlängenbereiche selektiv zu machen.

Eine genaue mathematische Behandlung der reflexmindernden und reflexerhöhenden Schichten erfordert die Berücksichtigung von Vielstrahlinterferenzen (Abschn. 3.5) und soll daher hier nicht vorgenommen werden.

3.4 Zweistrahlinterferometer

Auf der Erscheinung der Interferenz zweier Lichtwellen beruhen wichtige optische Geräte, die im Folgenden mit ihren Anwendungen besprochen werden sollen: Das Michelson-Interferometer, das Interferenzmikroskop sowie die Interferometeranordnungen von Jamin und Mach-Zehnder.

3.4.1 Michelson-Interferometer

Auf die im vorigen Abschnitt besprochenen Interferenzerscheinungen an einer planparallelen oder keilförmigen Platte lässt sich ein von A. Michelson (1882) angegebenes Interferometer zurückführen, das in der Optik eine große Rolle gespielt hat.

Sein Aufbau ist schematisch in Abb. 3.23 wiedergegeben. Von einer Lichtquelle L fällt das Licht auf eine unter 45° geneigte, halbdurchlässig verspiegelte Glasplatte P, durch die es in einen durchgehenden Strahl 1 und einen senkrecht dazu verlaufenden Strahl 2 zerlegt wird. Beide Strahlen werden an senkrecht gestellten ebenen Spiegeln S_1 und S_2 in sich selbst zurückgeworfen und treffen auf ihrem Rückweg erneut auf die Platte P, wo sie nochmals in je zwei Teile zerlegt werden. Von diesen betrachten wir nur die beiden Anteile, die miteinander koinzidierend ins Fernrohr F gelangen. Da hierbei der Strahl 1 die Platte P dreimal, Strahl 2 aber nur einmal durchlaufen hat, ist in den Weg des Strahles 2 zwischen P und S_2 eine zweite, gleich dicke, aber unverspiegelte Platte P' parallel zu P eingeschaltet. Auf diese Weise wird die bisherige Asymmetrie der beiden Strahlen 1 und 2 aufgehoben; die Lichtwege sind nunmehr vollkommen gleichwertig. Nehmen wir zunächst an, dass die beiden Spiegel S_1 und S_2 gleichweit vom Punkt A auf der Platte P entfernt sind, so treffen die Strahlen 1 und 2 ohne Gangunterschied in das Beobachtungsfernrohr F und verstärken sich. Eine solche Verstärkung tritt auch ein, wenn einer der beiden Spiegel um ein ganzes Vielfaches einer halben Wellenlänge verschoben wird. Dagegen löschen sich die beiden Strahlen im Fernrohr aus, wenn einer der beiden Spiegel um ein ungerades Vielfaches einer Viertelwellenlänge längs der Strahlrichtung verscho-

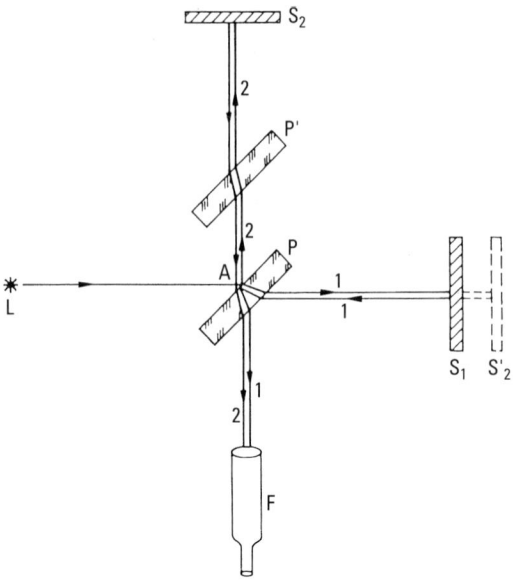

Abb. 3.23 Aufbau des Michelson-Interferometers.

ben wird; denn in diesem Fall beträgt der Gangunterschied zwischen den beiden Strahlen ein ungerades Vielfaches einer halben Wellenlänge. Indem man also den einen Spiegel mit Hilfe einer Mikrometerschraube messbar verschiebt und die Helligkeitswechsel im Fernrohr zählt, kann man die optischen Wellenlängen absolut messen. In Wirklichkeit ist das im Fernrohr erscheinende Gesichtsfeld nicht gleichmäßig hell oder dunkel, sondern zeigt bei ausgedehnter Lichtquelle konzentrische Interferenzringe, die sich bei einer Spiegelverschiebung erweitern oder zusammenziehen. Die ganze Anordnung kann man nämlich als äquivalent mit einer planparallelen Luftplatte ansehen. Denn das virtuelle Bild S'_2, das die spiegelnde Platte P von S_2 entwirft, liegt ebenso weit hinter P wie S_2 vor ihm, wobei S_1 und S'_2 einander parallel sind, wenn S_1 und S_2 senkrecht aufeinander stehen, was vorausgesetzt wurde. Man kann sich also S_2 einfach durch S'_2 ersetzt und dann den Spiegel S_2 unterdrückt denken. Die Gangdifferenz für den Mittelstrahl ist einfach gleich dem doppelten Abstand $S_1 S'_2$ des reellen Spiegels S_1 von dem virtuellen S'_2, die zusammen eine planparallele Luftplatte von variabler Dicke begrenzen, und wir beobachten Kurven gleicher Neigung.

Man kann natürlich die Spiegel S_1 und S_2 auch so justieren, dass sie einer keilförmigen Luftplatte $S_1 S'_2$ äquivalent sind; dann beobachtet man bei Beleuchtung mit parallelem Licht mit dem (jetzt allerdings nicht auf Unendlich, sondern auf den Keil eingestellten) Fernrohr gradlinige Streifen parallel der Keilkante (Kurven gleicher Dicke). Wählt man dabei den mittleren Abstand AS_1 und AS_2 gleich, dann schneiden sich die Flächen S_1 und S'_2 und man erhält den Interferenzstreifen 0-ter Ordnung in der Mitte des Gesichtsfeldes, den man bei Beleuchtung mit weißem

Licht als einzigen achromatischen Streifen leicht identifizieren kann. Damit kann die Gleichheit der Lichtwege 1 und 2 kontrolliert werden.

Mit dem nach ihm benannten Interferometer hat A. Michelson die Länge des Urmeters nach der eben beschriebenen Methode ausgewertet. Da es mit konventionellen Lichtquellen (Spektrallampen) nicht möglich ist, Interferenzen über einem Gangunterschied von 2 m zu erhalten, was bei einer Vermessung der gesamten Urmeterlänge notwendig wäre, wurden Hilfsnormale (sog. Etalons) von 1/2, 1/4, 1/8 bis 1/256 der Urmeterlänge hergestellt und diese interferometrisch ausgemessen. Diese und spätere Versuche lieferten z. B. für die Vakuumwellenlänge λ_0 der orangen Krypton-Linie (Isotop ^{86}Kr, Übergang $5d_5 \to 2p_{10}$) folgende Resultate:

$$1\,\mathrm{m} = 1\,650\,763.73\,\lambda_0\,;\quad \lambda_0 = 605.78021\,\mathrm{nm}\,.$$

Die Krypton-Linie eignet sich für derartige Untersuchungen besonders gut, weil sie eine geringe Breite besitzt und ihre Mittenfrequenz in geeigneten Spektrallampen gut reproduzierbar ist.

Da die Wellenlänge einer Spektrallinie eine naturgegebene, unveränderliche Größe ist, wurde früher die Wellenlänge des Kryptons zur Festlegung des Meterstandards verwendet.

Auf eine wichtige Anwendung des Michelson-Interferometers zur Untersuchung des Einflusses der Erdbewegung auf die Lichtgeschwindigkeit und damit zur Überprüfung der Relativitätstheorie wird im Kapitel 15 eingegangen.

3.4.2 Interferenzmikroskop

Ersetzt man in der Anordnung von Abb. 3.23 das Fernrohr durch ein Mikroskop, indem man je ein Objektiv vor S_1 und S_2 in den Strahlengang 1 und 2 bringt und an Stelle des Fernrohres das Mikroskopokular setzt, so kommt man zu einem Aufbau, mit dem man die Beschaffenheit von Oberflächen bis zu hohen Vergrößerungen untersuchen kann (Interferenzmikroskop). Durch Verschieben des Spiegels S_2 kann man die Referenzfläche S'_2 durch das zu beobachtende Objekt (S_1) hindurchbewegen und so z. B. Strukturen in einer Vertiefung untersuchen. Abbildung 3.24 zeigt als

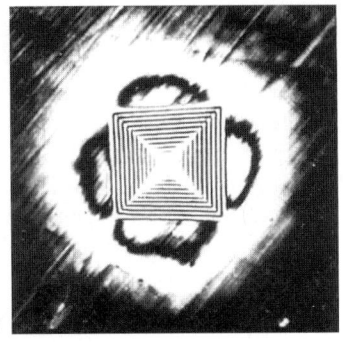
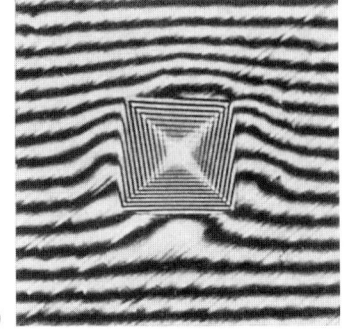

Abb. 3.24 Interferenzbild eines Diamanteindruckes in eine Metalloberfläche: (a) Referenzfläche parallel zur Oberfläche; (b) Referenzfläche schwach geneigt zur Oberfläche.

Beispiel den Eindruck einer Diamantpyramide in eine Metalloberfläche (Vergrößerung 1250-fach). In Bild (a) lag die Fläche S'_2 parallel zu S_1 (Metalloberfläche); die Interferenzstreifen entstehen als Höhenschichtlinien parallel zur Metalloberfläche. Die um den viereckigen Eindruck noch sichtbare Interferenzfigur zeigt die Aufwölbung der Metalloberfläche durch das vom Eindruck verdrängte Volumen. In Bild (b) war S'_2 gegen S_1 schwach geneigt; infolgedessen liegen die Höhenschichtlinien geneigt zur Metalloberfläche, und ihre Spuren werden auch in Interferenzstreifen über die ganze Metalloberfläche sichtbar.

3.4.3 Jamin'sches Interferometer

J.C. Jamin (1818–1886) benutzte zwei gleich dicke Platten P_1 und P_2, die in Abb. 3.25 parallel stehen. Auf P_1 fällt ein Lichtstrahl unter etwa 45° auf, teilt sich in bekannter Weise durch Reflexion an Vorder- und Rückseite in zwei Strahlen, die sich bei der weiteren Spiegelung an P_2 in vier spalten. Von diesen seien die zwei Strahlen ausgewählt, die eine verschwindende Gangdifferenz gegeneinander besitzen: mit 2 bezeichnen wir den Strahl, der an der Vorderseite von P_1 und an der Rückseite von P_2, mit 3 bezeichnen wir denjenigen, der an der Rückseite von P_1 und an der Vorderseite von P_2 zurückgeworfen wird; beide Strahlen fallen schließlich zusammen, wenn P_1 und P_2 streng parallel sind. Eine von 2 und 3 beleuchtete Fläche ist dann hell, und das gilt für jeden Einfallswinkel. Wenn man P_2 um eine vertikale (senkrecht zur Papierebene stehende) Achse gegen P_1 um einen kleinen Winkel dreht, so wächst die Gangdifferenz rasch an, und es genügen kleine Winkel (1° bis 2°), um Gangdifferenzen von einigen Tausend Wellenlängen zu erhalten; man erhält dann zwar Interferenzstreifen mit divergentem monochromatischen, aber nicht im weißen Licht; dazu darf die Drehung nur wenige Winkelminuten betragen. Haben die Platten eine Dicke von 1 cm – im Allgemeinen nimmt man Platten von 3 bis 5 cm Dicke – und die Brechzahl 1.5, so bekommt man bei einer Drehung um 1′ bereits eine Gangdifferenz von 4 Wellenlängen; damit kann man eben noch Interferenzen im weißen Licht beobachten. Die Streifen sind in diesem Falle vertikal, ebenso wie die Schnitt-

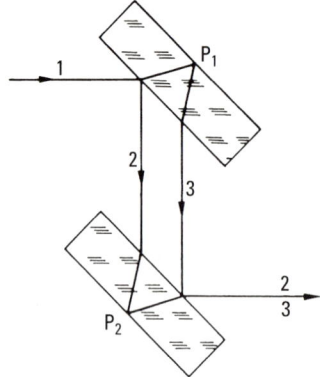

Abb. 3.25 Jamin'sches Interferometer.

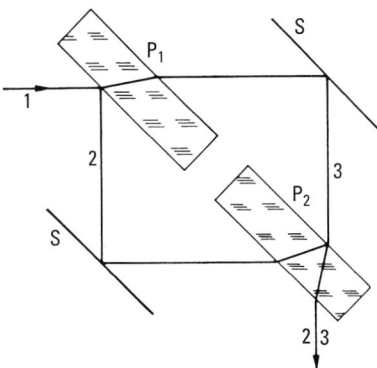

Abb. 3.26 Mach-Zehnder-Interferometer.

kante der Platten. Günstiger ist es, die Platte P_2 um die in der Papierebene liegende horizontale Achse zu kippen, sodass die Schnittkante nunmehr auch horizontal liegt. Dann bekommt man selbst bei größerer Drehung gut sichtbare horizontale Streifen auch im weißen Licht. Um möglichst große Intensität zu erhalten, verspiegelt man die Rückseite der Platten.

Zwischen beiden Platten verlaufen die Strahlen 2 und 3 weitgehend getrennt, am weitesten, wenn der Einfallswinkel an P_1 49° beträgt. In den Strahlengang kann man sowohl bei Strahl 2 wie 3 zwei identische Glasgefäße einführen, die z. B. mit Luft gefüllt werden können; wenn man dann aus dem einen Behälter die Luft allmählich evakuiert, wandern die Interferenzstreifen stetig am Fadenkreuz des Fernrohres vorbei. Beim Passieren eines Streifens hat sich die Gangdifferenz um eine halbe Wellenlänge geändert, weil die Dichte und damit die Brechzahl n des sich verdünnenden Gases abgenommen hat. Auf diese Weise kann man sehr kleine Änderungen von n mit sehr großer Genauigkeit bestimmen. Der Apparat wird als *Jamin'sches Interferenzialrefraktometer* bezeichnet. Diese Messung kann prinzipiell auch mit einem Michelson-Interferometer durchgeführt werden, jedoch ist das Jamin-Interferometer einfacher zu handhaben.

Für andere, ähnliche Anwendungen haben E. Mach und L. Zehnder (1891) eine andere Ausführungsform eines Interferometers mit weiterer Trennung der Strahlen 2 und 3 angegeben. Das Prinzip einer solchen Anordnung zeigt Abb. 3.26, die ohne nähere Erläuterung verständlich sein dürfte.

3.5 Vielstrahlinterferenz; Interferenzspektroskopie

Bisher wurden nur Interferenzen betrachtet, die entstehen, wenn *zwei* Wellen sich überlagern; deren Gesetzmäßigkeiten und Anwendungen wurden in Abschn. 3.1 bis 3.4 erörtert. Eine besonders interessante und wichtige Interferenzerscheinung erhält man aber, wenn man *viele* Wellen zur Erzeugung der Interferenzen benutzt. Wir wollen die Untersuchung in zwei Etappen durchführen, indem wir zunächst p ebene

Wellen von gleicher Amplitude A betrachten, die relativ zueinander die konstante Phasendifferenz δ besitzen mögen. Die Phasendifferenz kann z. B. durch einen konstanten Wegunterschied d zustande gekommen sein. Dann ist

$$\delta = 2\pi \frac{d}{\lambda}.$$

Am bequemsten werden die Wellen in komplexer Schreibweise dargestellt, indem die Beziehung $\cos \varphi = \mathrm{Re}\,\mathrm{e}^{\mathrm{i}\varphi}$ ausgenutzt wird (Re = Realteil). Die p Wellen sollen im Unterschied zu Abschn. 3.1, wo beliebige Ausbreitungsrichtungen möglich waren, alle in x-Richtung laufen:

$$E_1 = \mathrm{Re}\, A\mathrm{e}^{\mathrm{i}\left[2\pi\nu\left(t-\frac{x}{c}\right)\right]}$$

$$E_2 = \mathrm{Re}\, A\mathrm{e}^{\mathrm{i}\left[2\pi\nu\left(t-\frac{x}{c}\right)-\delta\right]}$$

$$E_3 = \mathrm{Re}\, A\mathrm{e}^{\mathrm{i}\left[2\pi\nu\left(t-\frac{x}{c}\right)-2\delta\right]}$$

$$\vdots$$

$$E_p = \mathrm{Re}\, A\mathrm{e}^{\mathrm{i}\left[2\pi\nu\left(t-\frac{x}{c}\right)-(p-1)\delta\right]}. \tag{3.20}$$

Die resultierende Feldstärke E der Welle hat den Wert:

$$E = E_1 + E_2 + \ldots E_p$$
$$= \mathrm{Re}\, A\mathrm{e}^{\mathrm{i}2\pi\nu\left(t-\frac{x}{c}\right)}\left[1 + \mathrm{e}^{-\mathrm{i}\delta} + \mathrm{e}^{-\mathrm{i}2\delta} + \ldots + \mathrm{e}^{-\mathrm{i}(p-1)\delta}\right]. \tag{3.21}$$

Die eckige Klammer stellt eine geometrische Reihe mit dem Quotienten $\mathrm{e}^{-\mathrm{i}\delta}$ dar, und ihre Summe ist bekanntlich

$$1 + \mathrm{e}^{-\mathrm{i}\delta} + \ldots + \mathrm{e}^{-\mathrm{i}(p-1)\delta} = \frac{1 - \mathrm{e}^{-\mathrm{i}p\delta}}{1 - \mathrm{e}^{-\mathrm{i}\delta}},$$

sodass aus Gl. (3.21) wird:

$$E = \mathrm{Re}\, A\mathrm{e}^{2\pi\nu\mathrm{i}\left(t-\frac{x}{c}\right)}\frac{1 - \mathrm{e}^{-\mathrm{i}p\delta}}{1 - \mathrm{e}^{-\mathrm{i}\delta}}. \tag{3.22}$$

Nach Bildung des Realteils ergibt sich:

$$E = A\frac{\sin p\,\delta/2}{\sin \delta/2}\cos\left[2\pi\nu\left(t-\frac{x}{c}\right) - \frac{(p-1)\delta}{2}\right]. \tag{3.23}$$

Die resultierende Intensität ist proportional dem zeitlichen Mittelwert des Feldstärkequadrates:

$$\overline{E^2} = \frac{A^2}{2}\frac{\sin^2 p\,\delta/2}{\sin^2 \delta/2}. \tag{3.24}$$

Die Minima der Intensität liegen da, wo der Zähler von Gl. (3.24) seine Minima hat. Dieser ist gleich 0, wenn $\delta = 2k\pi/p$ ($k = 0, 1, 2, \ldots$) ist, vorausgesetzt, dass nicht auch der Nenner gleich null wird; das ist jedesmal dann der Fall, wenn $k/p = k'$ eine ganze Zahl ist. Dann nimmt der Ausdruck $\dfrac{\sin^2 p\,\delta/2}{\sin \delta/2}$ den unbestimmten Wert $0:0$ an, und dieser ist gleich p^2. An diesen Nullstellen des Nenners liegen, wie eine weitere Diskussion zeigt, Maxima, die mit der Zahl p sehr stark anwachsen; sie werden *Hauptmaxima* genannt. Zwischen ihnen liegen noch $(p-2)$ *Nebenmaxima*, die durch die Maxima des Zählers entstehen. Die Nebenmaxima werden jedoch im Vergleich zu den Hauptmaxima um so unbedeutender, je größer p wird; bei einigermaßen großen Werten von p können sie völlig außer Acht bleiben. Abbildung 3.27 zeigt z.B. die Maxima für $p = 15$; die Hauptmaxima liegen an den Stellen $\delta = 0, 2\pi, 4\pi \ldots$ Die Breite der Hauptmaxima lässt sich folgendermaßen bestimmen: Gehen wir z.B. vom Wert $k = 0$, $\delta = 0$ aus und zu dem Wert $k = 1$ über, so kommt man zum benachbarten Minimum, dem also der Wert $\delta = 2\pi/p$ entspricht. Der Abstand von $\delta = 0$ bis zu $\delta = 2\pi/p$ entspricht der halben Breite des Hauptmaximums, die ganze Breite ist also $4\pi/p$. Daraus folgt, dass die Hauptmaxima mit wachsendem p nicht nur höher, sondern auch schmäler werden. Für $p = 2$ würden, wie wir schon wissen, die Maxima und Minima einen kosinusförmigen Verlauf zeigen, also im Gegensatz zu Abb. 3.27 sehr breit sein. Das Eigentümliche der Vielstrahlinterferenzen ist es also, dass man schmale Maxima auf breitem, dunklen Grund bzw. schmale Minima auf hellem, breiten Grund hat, statt, wie bisher, breite Maxima und Minima; die Bedeutung davon wird weiter unten erörtert.

In der Praxis wird es selten vorkommen, dass die Amplituden der mitwirkenden Wellen sämtlich den gleichen Wert haben; viel häufiger jedenfalls trifft es zu, dass die Amplituden abnehmen, z.B. durch mehrfache Reflexion. Man kommt den wirklichen Bedingungen nahe, wenn man die aufeinanderfolgenden Amplituden proportional dem Ausdruck r setzt, wobei $r < 1$ ist. Dann würden wir statt der Gl. (3.21) die folgende haben:

$$E = \mathrm{Re}\, A\mathrm{e}^{2\pi v \mathrm{i}\left(t-\frac{x}{c}\right)}\left[1 + r\mathrm{e}^{-\mathrm{i}\delta} + r^2 \mathrm{e}^{-\mathrm{i}\delta} + \ldots + r^{p-1}\mathrm{e}^{-\mathrm{i}(p-1)\delta}\right]. \tag{3.21a}$$

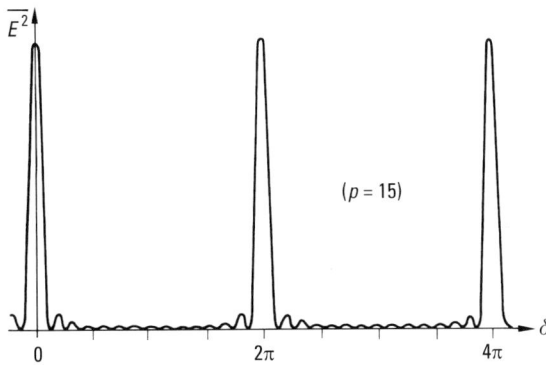

Abb. 3.27 Interferenzmaxima bei Überlagerung von 15 ebenen Wellen gleicher Amplitude, die jeweils um die Phasendifferenz δ voneinander abweichen.

Die Summe lässt sich wieder leicht ausrechnen und man erhält folgendes allgemeinere Ergebnis:

$$E = \operatorname{Re} A e^{2\pi v i \left(t - \frac{x}{c}\right)} \frac{1 - r^p e^{-i p \delta}}{1 - r e^{-i \delta}}. \tag{3.22a}$$

Dieser Ausdruck hängt von zwei variablen Parametern p und r ab, was die Diskussion erschwert; wir können aber der Einfachheit halber annehmen, dass wir unendlich viele Glieder haben. Da r^∞ verschwindet, vereinfacht sich Gl. (3.22a) zu

$$E_\infty = \operatorname{Re} A e^{2\pi v i \left(t - \frac{x}{c}\right)} \frac{1}{1 - r e^{-i\delta}}, \tag{3.25}$$

wobei E der Deutlichkeit halber den Index ∞ bekommt.

Für den Zeitmittelwert $\overline{E_\infty^2}$ ergibt sich der folgende Wert, den erstmals G. B. Airy (1833) angegeben hat:

$$\overline{E_\infty^2} = \frac{A^2/2}{1 + r^2 - 2r \cos \delta} = \frac{A^2/2}{(1-r)^2 + 4r \sin^2 \frac{\delta}{2}}. \tag{3.26}$$

Dieser Ausdruck soll nun für verschiedene Werte von r diskutiert werden. Wenn r sehr klein gegen 1 ist, kann man r^2 gegen 1 vernachlässigen, und der erste der in Gl. (3.26) angegebenen Ausdrücke geht dann über in:

$$\overline{E_\infty^2} = \frac{A^2/2}{1 - 2r \cos \delta} \approx \frac{A^2}{2}(1 + 2r \cos \delta).$$

Die Intensität schwankt also kosinusförmig zwischen den Grenzen $A^2(1 + 2r)$ und $A^2(1 - 2r)$ hin und her; das ist genau das gleiche Ergebnis, das bei der Interferenz zweier Wellen auftritt, wie in Abschn. 3.1 dargelegt wurde. Das ist verständlich, denn bei kleinem r können die Glieder mit r^2, r^3 usw. nicht mehr zur Geltung kommen. Das Bild ändert sich aber total, wenn r in die Nähe von 1 kommt, sodass $1 - r = \varepsilon$ eine gegen 1 kleine Zahl ist; das ist der Fall, der von besonderem Interesse sein wird. Dann geht Gl. (3.26) über in:

$$\overline{E_\infty^2} = \frac{A^2/2}{\varepsilon^2 + 4(1-\varepsilon) \sin^2 \delta/2} \approx \frac{A^2/2}{\varepsilon^2 + 4 \sin^2 \delta/2}.$$

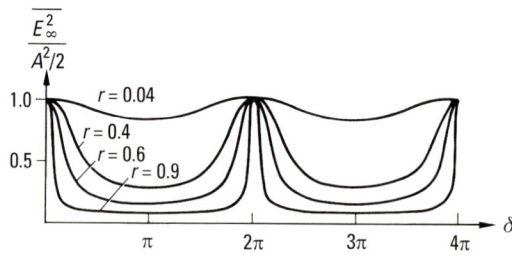

Abb. 3.28 Änderung der Interferenzmaxima bei Vielstrahlinterferenz mit der Größe r nach Gl. (3.26).

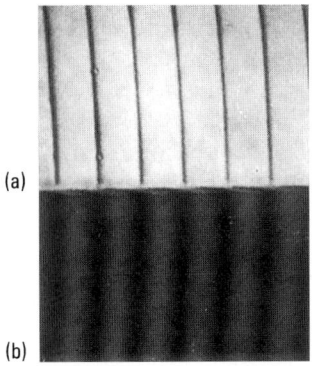

Abb. 3.29 An einem Luftkeil zwischen Glasplatten in Durchsicht erhaltene Interferenzstreifen: (a) Glasplatten versilbert (Vielstrahlinterferenz); (b) Glasplatten unversilbert (normale Interferenz).

Der Maximalwert ist gleich $A^2/2\varepsilon^2$, der Minimalwert ist gleich $A^2/8$; für $r = 0.9$, d.h. $\varepsilon = 0.1$, wäre z.B. das Maximum $50A^2$, das Minimum $A^2/8$. Die Abb. 3.28 gibt den Verlauf von $\overline{E_\infty^2}$ für die 4 Parameterwerte $r = 0.04$; 0.4; 0.6; 0.9 wieder. Man erkennt, dass für großes r die Maxima scharf werden.

Als Anwendung wählen wir der Einfachheit halber wieder die geradlinigen Interferenzstreifen an einem Luftkeil, der durch zwei gegeneinander geneigte Platten in der üblichen Weise gebildet ist; würde er so verwendet werden, so würden, weil der Reflexionsgrad r von Glas gegen Luft sehr klein ist, praktisch nur die beiden Strahlen zusammenwirken, die in Abb. 3.15 gezeichnet sind, und diese würden kosinusförmige, d.h. breite Maxima und Minima ergeben. Um die Vielstrahlinterferenzen zu erhalten, kann man die Glasplatten so verspiegeln, dass sie zwar noch gerade durchsichtig sind, aber doch einen hohen Reflexionsgrad (etwa 90%) besitzen. Die Abb. 3.29 stellt die Erscheinung in Durchsicht an einem Luftkeil dar, dessen Glasplatten nur in der oberen Hälfte verspiegelt sind, während die untere Hälfte freigelassen ist: so sieht man in dem oberen Teil die scharfen Minima im Gegensatz zu den breiten in der unteren Hälfte. Es ist klar, dass man die Genauigkeit bei Ausmessung der scharfen Streifen viel weiter treiben kann als bei den breiten. Mit anderen Worten: Man kann sich eine viel genauere Kenntnis der Topographie verschaffen, wie auch kleine Unregelmäßigkeiten des in Abb. 3.30 benutzten Keiles zeigen. Dieses an sich im Prinzip schon lange bekannte Verfahren hat S. Tolansky (1943) zu hoher Vollendung ausgebildet. Er hat unter anderem die Spaltungsflächen (oder natürlichen Flächen) von Kristallen untersucht, die als Netzebenen eben sein sollten; in Wirklichkeit zeigen sie – beim Spaltungsprozess entstandene – kleine Stufen, deren Ausmessung z.B. beim Glimmer ergab, dass ihre Höhe in jedem Falle ein Vielfaches von etwa 2 nm war; so groß ist aber der Abstand gleichartiger Netzebenen, die sog. Gitterkonstante, bei Glimmer [1].

Als Beispiel zeigt das linke Bild (a) in Abb. 3.30 eine nach dem **Tolansky-Verfahren** mit dem Licht der grünen Quecksilberlinie ($\lambda = 546$ nm) in 77facher Vergrößerung fotografisch aufgenommene Glimmerspaltungsfläche. Der Abstand zweier aufeinan-

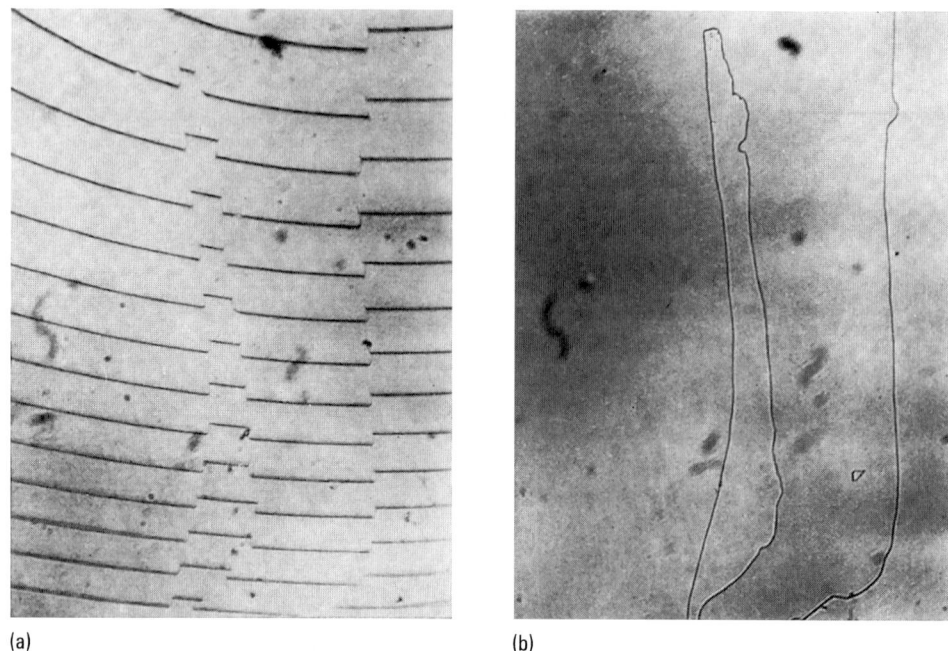

Abb. 3.30 (a) Nach dem Tolansky-Verfahren aufgenommenes Interferenzbild und (b) normale Mikroaufnahme einer Glimmerspaltungsfläche.

derfolgender Interferenzstreifen entspricht also einem Gangunterschied von $(\lambda/2) = 273.05$ nm. Aus der Versetzung der Streifen kann man bequem die Höhe der beim Spalten des Glimmers entstandenen Stufenschichten bestimmen. Zum Vergleich zeigt das rechte Bild (b) in Abb. 3.30 eine normale Mikroaufnahme derselben Glimmerspaltungsfläche, in der nur die Stufenränder erkennbar sind.

3.5.1 Interferenzfilter

Noch eine andere Anwendung der Vielstrahlinterferenz hat heute eine erhebliche Bedeutung gewonnen, nämlich die Herstellung von *Lichtfiltern*, die nur sehr schmale Spektralbereiche durchlassen. Wenn auf eine planparallele Luftplatte (die von 2 Glasflächen begrenzt wird, die zunächst als unverspiegelt angenommen werden sollen), von der Dicke d, der Brechzahl $n = 1$ unter dem Winkel α paralleles Licht einfällt, so ist nach Gl. (3.17) die Gangdifferenz $\Delta = 2d\sqrt{n^2 - \sin^2\alpha} = 2d\cos\alpha$ (wenn im durchgehenden Licht beobachtet wird, fällt die zusätzliche Differenz $\lambda/2$ fort). Wird außerdem noch senkrechter Einfall angenommen, so wird $\Delta = 2d$. Lässt man weißes Licht auffallen, so sondert die Platte durch Interferenz gewisse Wellenlängen λ_k aus, nämlich diejenigen, für die $2d = k\lambda$ ($k = 1, 2, \ldots$) ist. Zerlegt man das durchgehende Licht spektral, so sieht man das Spektrum von dunklen Interfe-

3.5 Vielstrahlinterferenz; Interferenzspektroskopie

renzstreifen durchzogen, die den Wellenlängen entsprechen, die durch Interferenz ausgelöscht sind, während die hellen Streifen gerade die Wellenlängen bezeichnen, die durch die Platte hindurchgelassen werden. Obwohl also das Spektrum erhebliche Lücken aufweist, wird die Mischung der nicht-ausgelöschten Teile des Spektrums doch vom Auge als Weiß empfunden, selbst wenn etwa nur 9 dunkle Streifen vorhanden sind, weil die übrigbleibenden Wellenlängen sich so über das ganze Spektrum verteilen, dass ihre Mischung den Weiß-Eindruck hervorruft. Dieses physikalisch modifizierte Weiß nennt man zum Unterschied von gewöhnlichem weißen Licht *Weiß höherer Ordnung*. Nehmen wir z. B. eine Luftplatte von einer Dicke $d = 2.5\,\mu\text{m}$; dann werden alle diejenigen Wellenlängen mit größter Intensität durchgelassen, für die $2d = 5.0\,\mu\text{m} = k\lambda_k$ ist. Folgende Wellenlängen entsprechen den Werten $k = 1$ bis $k = 12$:

$\lambda_1 = 5\,\mu\text{m};\quad \lambda_2 = 2.5\,\mu\text{m};\quad \lambda_3 = 1.66\,\mu\text{m};\quad \lambda_4 = 1.25\,\mu\text{m};$
$\lambda_5 = 1\,\mu\text{m};\quad \lambda_6 = 0.833\,\mu\text{m};\quad \lambda_7 = 0.714\,\mu\text{m};\quad \lambda_8 = 0.625\,\mu\text{m};$
$\lambda_9 = 0.555\,\mu\text{m};\quad \lambda_{10} = 0.5\,\mu\text{m};\quad \lambda_{11} = 0.455\,\mu\text{m};\quad \lambda_{12} = 0.385\,\mu\text{m}.$

Von diesen liegen die 5 Wellenlängen λ_7 bis λ_{11} im sichtbaren Gebiet; was also durch die Platte hindurchgeht, bildet eine *Mischfarbe* aus den genannten Wellenlängen. *Jede Planparallelplatte stellt also ein Lichtfilter dar.* Das Ziel ist natürlich, eine Platte zu bestimmen, die nur *eine* Wellenlänge im sichtbaren Gebiet hindurchtreten lässt. Das kann man offenbar dadurch erreichen, dass man die Dicke d der Platte verkleinert. Wenn z. B. $d = 0.8\,\mu\text{m}$ gewählt wird, so findet man für die Werte $k = 2, 3, 4$ die Wellenlängen:

$\lambda_2 = 0.8\,\mu\text{m};\quad \lambda_3 = 0.533\,\mu\text{m};\quad \lambda_4 = 0.400\,\mu\text{m}.$

Hier wird also tatsächlich nur die Wellenlänge $\lambda_3 = 0.533\,\mu\text{m}$ im Sichtbaren durchgelassen; die Wellen λ_2 und λ_4 liegen bereits im Infraroten bzw. Ultravioletten; in jedem Fall muss offenbar die Dicke d der Platte von der Größenordnung einer Wellenlänge sein, wenn man nur einen Streifen im Sichtbaren haben will. Bei einer unverspiegelten Planparallelplatte würden die Interferenzstreifen kosinusförmig sein, d. h. es würde neben der Wellenlänge $\lambda_3 = 0.533\,\mu\text{m}$ noch eine große Zahl benachbarter Frequenzen durchgelassen, d. h. die Halbwertsbreite der Wellenlänge $0.533\,\mu\text{m}$ würde sehr erheblich sein. Das lässt sich aber nun wieder verbessern, indem man die Glasplatten, die unsere Luftplatte begrenzen, durchlässig verspiegelt, sodass der Reflexionsgrad groß wird (≈ 0.9), und sehr viele Strahlen zur Mitwirkung kommen. So gewinnt man ein brauchbares **Interferenzfilter**, das recht homogene Strahlung von einer Halbwertsbreite von etwa $15\,\text{nm}$ liefert; die Durchlässigkeit eines guten Interferenzfilters beträgt ungefähr 50%.

Bisher war vorausgesetzt, dass die Strahlung senkrecht auf das Filter auffällt; dreht man das Filter, sodass der Einfallswinkel von null verschieden wird, so wird die Gangdifferenz kleiner, nämlich gleich $2d\cos\alpha$; daher verschiebt sich die durchgelassene Wellenlänge nach dem violetten Ende hin und der Farbton verschiebt sich nach Blau.

3.5.2 Interferenzspektroskopie

Eine weitere Anwendung der Vielstrahlinterferenz liegt in der Spektroskopie vor; sie beruht auf einer Beobachtung von H. Fizeau, die er schon im Jahre 1862 gemacht hat: Er entfernte beim Newton'schen Farbenglas (Abb. 3.18) die Konvexlinse allmählich von ihrer planen Unterlage, um systematisch die Keildicke zu vergrößern. Mit größerer Dicke rücken die Interferenzringe immer enger zusammen, ihre Zahl vergrößert sich also, indem vom Rand her immer neue Ringe nach dem Zentrum wandern. Markiert man auf der Linsenoberfläche einen bestimmten Punkt, so wandern die Ringe von außen nach innen an ihm vorbei, sodass sie leicht gezählt werden können. Fizeau machte den Versuch mit den gelben Natrium-Doppellinien und beobachtete folgendes bemerkenswerte Phänomen: Wenn die Keildicke von null an allmählich wächst, so kann man ohne Schwierigkeit 400 bis 450 vorbeiwandernde Ringe zählen; dann werden die Interferenzen schlechter und immer schlechter erkennbar, um nach Passieren von etwa 500 Ringen vollkommen zu verschwinden. Vergrößert man die Keildicke noch weiter, so werden die Ringe allmählich wieder sichtbar, um nach Passieren von weiteren 500 Ringen wieder ganz deutlich zu sein. Bei weiterer Veergrößerung der Keildicke spielt sich derselbe Vogang immer wieder ab: wenn 1500, 2500, 3500 ... Ringe vorbeigewandert sind, völliges Verschwinden der Interferenzen, bei 2000, 3000 ... wieder volle Deutlichkeit. Nachdem im Ganzen etwa 30 000 Ringe vorbeigewandert sind, verschwinden sie endgültig, nachdem die Erscheinung allmählich immer undeutlicher geworden ist. Sehen wir zunächst von dem endgültigen Verschwinden der Interferenzstreifen ab, so erklärt sich das periodische Auftreten und Verschwinden derselben, wie Fizeau sofort erkannte, aus der Struktur der Na-Linie, die bekanntlich ein enges Dublett mit den Wellenlängen $\lambda_1 = 589.5932$ nm (D_1-Linie) und $\lambda_2 = 588.9965$ nm (D_2-Linie) ist; die Differenz ist $\lambda_1 - \lambda_2 = \Delta\lambda \approx 0.60$ nm, die mittlere Wellenlänge $\lambda = 589.3$ nm, d.h. der Abstand der beiden D-Linien beträgt rund 1/1000 der mittleren Wellenlänge. Wir betrachten zur Vereinfachung die beiden Wellenlängen der Linien D_1 und D_2 als im strengen Sinne monochromatisch, d.h. als *unendlich scharfe Spektrallinien;* beide geben bei der gewöhnlichen Anordnung sinusförmige Interferenzstreifen, die bei der Keildicke und Gangdifferenz 0 exakt zusammenfallen. Da aber $\Delta\lambda$ hier rund 1/1000 der mittleren Wellenlänge beträgt, ist die kürzere Wellenlänge D_2 der längeren D_1 um 1/2 Wellenlänge voraus, wenn gerade $1/2 \times 1000 = 500$ Streifen vorbeigewandert sind, d.h. die Gangdifferenz beträgt einerseits 500 Wellenlängen von D_1 und 500.5 Wellenlängen von D_2. Mit anderen Worten: es fällt nach 500 Interferenzstreifen ein Maximum von D_1 auf ein Minimum von D_2, die sich überlagern und wegen der Sinusförmigkeit der Lichtverteilung auslöschen. Dies ist in Abb. 3.31 dargestellt. Sind aber 1000 Streifen vorbeigewandert, so entsteht die neue Gangdifferenz 1000 Wellenlängen D_1 = 1001 Wellenlängen D_2: nunmehr fallen die Maxima (wie die Minima) beider Wellen aufeinander. Die Interferenzstreifen sind wieder ausgeprägt. Dieses Verhalten wiederholt sich alle 500 bzw. 1000 Interferenzstreifen und würde bis zu beliebig hohen Gangunterschieden so weitergehen, wenn die beiden D-Linien wirklich im strengen Sinne monochromatisch wären. Sie sind dies natürlich nicht, sondern haben eine endliche spektrale Breite ($\Delta\lambda_1$ und $\Delta\lambda_2$), die für jede einzelne von ihnen, wie in Abschn. 3.2 dargelegt, bewirkt, dass nur eine begrenzte Zahl von Interferenzstreifen $\lambda_1/\Delta\lambda_1$ und $\lambda_2/\Delta\lambda_2$ auftreten kann. Daher wird bei jeder von

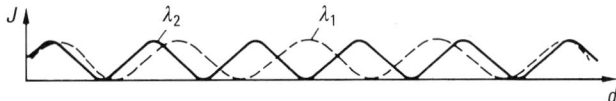

Abb. 3.31 Intensitäten J zweier Spektrallinien λ_1, λ_2 an einer beliebigen Stelle in einem System Newton'scher Ringe als Funktion der Keildicke d. In der Mitte der Abbildung wird in dem einen Ringsystem maximale, in dem anderen minimale Intensität beobachtet, sodass für die entsprechende Keildicke die Newton'schen Ringe verschwinden.

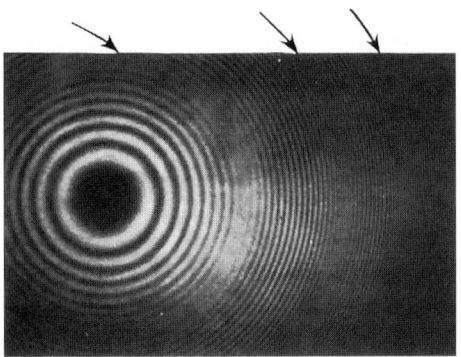

Abb. 3.32 Newton'sche Ringe aufgenommen mit dem Licht der beiden Quecksilberlinien 546.1 nm und 577.0 nm. An den mit Pfeilen bezeichneten Stellen erfolgt Auslöschung der Interferenzstreifen.

Fizeau festgestellten periodischen Wiederholung nach je 1000 Streifen die Erscheinung immer undeutlicher und hört schließlich auf.

Ein anderes Beispiel, nämlich Newton'sche Ringe mit den Quecksilber-Linien $\lambda_1 = 577.0$ nm und $\lambda_2 = 546.1$ nm, zeigt Abb. 3.32; da hier $\Delta\lambda = \lambda_1 - \lambda_2 = 31$ nm, die mittlere Wellenlänge $\lambda = 569$ nm ist, ist der Abstand $\Delta\lambda$ rund 1/18 der mittleren Wellenlänge: nach 9, 27, ... vorbeigewanderten Streifen erfolgt Auslöschung, nach 18, 36, ... wieder Erscheinen der Interferenzstreifen; die Auslöschungsstellen sind in der Abb. 3.32 deutlich zu erkennen. Wir wollen nun diesem Sachverhalt eine andere Wendung geben: Wenn man seinerzeit nicht bereits gewusst hätte, dass die Na-Linien ein enges Dublett bilden, hätte man aus dem periodischen Verschwinden und Wiederauftreten der Interferenzstreifen schließen müssen, dass hier zwei Linien mitwirken, deren spektraler Abstand rund 1/1000 der mittleren Wellenlänge betrug. *Man kann also aus der Beobachtung von Interferenzen Schlüsse auf die Struktur von Spektrallinien ziehen:* das ist der Grundgedanke der Interferenzspektroskopie. Das Verfahren findet Anwendung in der Fourierspektroskopie, wo durch ein Michelson-Interferometer erzeugte Zweistrahlinterferenzen analysiert werden (s. Kap. 2).

In der vorstehend erläuterten, ursprünglichen Form ist der Schluss auf die Struktur der die Interferenz erzeugenden Spektrallinien indirekt, und man erhält keine vollständige Trennung der spektralen Komponenten. Eine bessere Trennung ergibt sich, wenn man statt der bei den Newton'schen Ringen angewendeten Zweistrahlinterferenzen Vielstrahlinterferenzen ausnutzt.

3.5.3 Fabry-Pérot-Interferometer

Ein Interferenzspektroskop, das auf diesem Prinzip beruht, ist das von Ch. Fabry und A. Pérot (1897) angegebene. Von zwei ebenen Glasplatten P_1 und P_2 wird eine planparallele Luftschicht begrenzt. Zur Vermeidung störender Reflexionen an den äußeren Seiten der Glasplatten werden diese oft schwach keilförmig ausgeführt. Auf der Innenseite sind beide Platten durchlässig verspiegelt, sodass der Reflexionsgrad 0.90 bis 0.95 beträgt (Abb. 3.33). Die eine der beiden Platten (P_1) ist fest montiert, die andere (P_2) kann auf sehr genaue Weise der ersten parallel gestellt, außerdem in Richtung der gemeinsamen Normalen von P_1 und P_2 verschoben werden, sodass der Abstand beider Platten verändert werden kann. Für sehr kleine Abstände entspricht das Fabry-Pérot-Interferometer den oben beschriebenen Interferenzfiltern. Um das Auflösungsvermögen (s. unten) zu erhöhen, werden jedoch für interferometrische Zwecke Plattenabstände von 1 cm bis zu 10 cm und für Sonderanwendungen auch mehr verwendet. Der Apparat wird nur in Durchsicht verwendet. Ein von einem Punkt der Lichtquelle kommender Strahl wird, nachdem er die Spiegelschicht der ersten Platte durchdrungen hat, sehr oft hin- und herreflektiert; bei jeder Reflexion tritt ein Bruchteil der Energie nach unten aus; die vielfach reflektierten Strahlen werden in der Brennebene einer Linse vereinigt. Je nach Gangunterschied der Strahlen findet dabei infolge von Interferenz Verstärkung oder gegenseitige Auslöschung der Strahlen statt. Bei Beleuchtung mit divergentem Licht entstehen in der Brennebene Kreise um die Plattennormale als Kurven gleicher Neigung (Abb. 3.34).

Aus den Radien benachbarter Kreise bzw. aus den entsprechenden Winkeln α ergeben sich nach Gl. (3.17) für $\Delta = k\lambda$ (innerer Ring) und $\Delta = (k-1)\lambda$ (äußerer

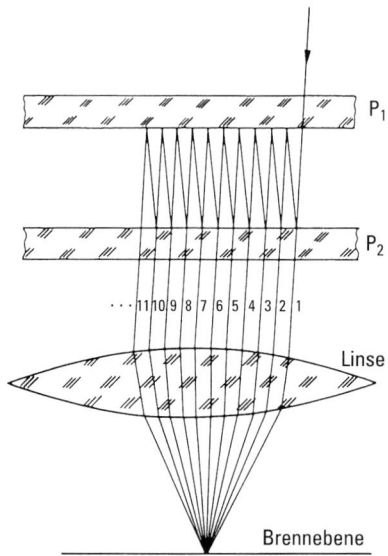

Abb. 3.33 Interferometer von Fabry und Pérot (Brechung der Strahlen durch die Platten vernachlässigt).

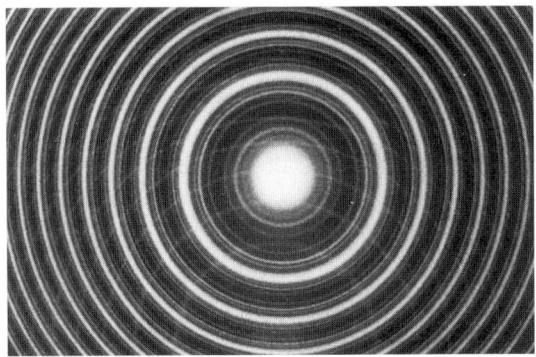

Abb. 3.34 Hyperfeinstruktur der grünen Hg-Linie (546 nm), aufgenommen mit dem Fabry-Pérot-Interferometer (nach Krebs und Kronfeldt, Optisches Institut der TU Berlin).

Ring) bei bekanntem d nach Elimination von k die Wellenlängen der Spektrallinien. Da hier in Durchsicht beobachtet wird, fällt auf der rechten Seite von Gl. (3.17) der Summand $\lambda/2$ fort. Anstatt die Ringdurchmesser bei festem d auszumessen, kann man auch d verändern und den Intensitätswechsel etwa im Ringzentrum ($\alpha = 0$) als Funktion des Plattenabstands messen. Mit wachsender Dicke aufeinanderfolgende Intensitätsmaxima für die Gangunterschiede $k\lambda$ und $(k+1)\lambda$ entsprechen dann einer Abstandsdifferenz von $\lambda/2n$, wie leicht aus Gl. (3.17), die hier einfach $\Delta = 2dn$ lautet, folgt. Schließlich kann man den Intensitätswechsel auch erreichen, indem man n ändert, etwa durch Variation des Drucks der Luft zwischen den beiden Interferometerplatten.

Wird das Fabry-Pérot-Interferometer derartig mit veränderlichem Plattenabstand betrieben, so ist es zweckmäßig, mit parallelem Licht zu arbeiten, das senkrecht auf die Platten eingestrahlt wird. Bei Veränderung des Plattenabstandes wird das Interferometer dann abwechselnd durchlässig ($2dn = k\lambda$) und undurchlässig ($2dn = \lambda(2k+1)/2$). Die genaue Abhängigkeit der durchtretenden Intensität I_{aus} als Funktion des Plattenabstandes kann mit Hilfe der Airy'schen Formel Gl. (3.26) berechnet werden. Dazu wird A als Amplitude der in das Interferometer eintretenden Lichtwelle bezeichnet. Wird der Transmissionsgrad der Spiegel mit τ und die von außen einfallende Intensität mit J_{ein} bezeichnet, so gilt (Z = Wellenwiderstand):

$$\tau J_{\text{ein}} = \frac{1}{Z} \frac{A^2}{2}.$$

Die einfallende Welle wird zwischen den Spiegeln mehrmals hin- und herreflektiert, sodass mehrere Teilwellen entstehen. Die Amplitude der in gleicher Richtung laufenden Teilwelle ist jeweils um den Faktor ϱ verschieden, wenn ϱ der Reflexionsgrad der Spiegel ist. Die Amplitude wird bei jeder Reflexion um den Faktor $\sqrt{\varrho}$ geschwächt. Da jedoch 2 Reflexionen stattfinden müssen, damit eine Teilwelle wieder die ursprüngliche Richtung hat, tritt insgesamt der Faktor ϱ auf. Der Phasenunterschied zwischen zwei Teilwellen ist gegeben durch $\delta = 4\pi nd/\lambda$. Durch Summie-

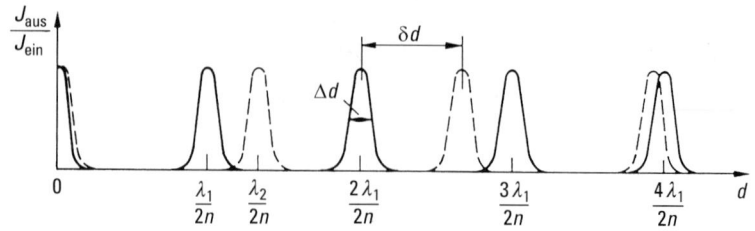

Abb. 3.35 Durchlässigkeit $J_{\text{aus}}/J_{\text{ein}}$ eines Fabry-Pérot-Interferometers als Funktion des Plattenabstandes d für zwei verschiedene Wellenlängen λ_1, λ_2 (im realen Betrieb ist die Dicke wesentlich größer als die dargestellten 2 Wellenlängen).

rung der Teilwellen wie in Gl. (3.21a) ergibt sich die Gesamtfeldstärke E_∞ der auf den Austrittsspiegel einfallenden Wellen. Die austretende Intensität ergibt sich daraus zu:

$$J_{\text{aus}} = \tau \frac{1}{Z} \frac{E_\infty^2}{2}.$$

Durch Kombination der vorstehenden Gleichungen mit Gl. (3.26) ergibt sich:

$$\frac{J_{\text{aus}}}{J_{\text{ein}}} = \frac{\tau^2}{(1-\varrho)^2 + 4\varrho \sin^2(2\pi n d/\lambda)}.$$

Die Abhängigkeit der durchtretenden Intensität von dem Plattenabstand ist in Abb. 3.35 für 2 verschiedene Wellenängen dargestellt. Sind die Spiegel nicht absorbierend ($\tau = 1 - \varrho$), so gilt in den Maxima:

$$J_{\text{aus}}^{\max} = J_{\text{ein}},$$

d.h. das Interferometer lässt Licht der betreffenden Wellenlänge ungeschwächt durchtreten. Die Minima sind gegeben durch:

$$J_{\text{aus}}^{\min} = J_{\text{ein}} \tau^2/(1+\varrho)^2 \approx J_{\text{ein}} \tau^2/4,$$

wenn Reflexionsgrade nahe bei 100% verwendet werden. Wird z.B. $\tau = 1 - \varrho = 1\%$ gewählt, so ergibt sich eine minimale Durchlässigkeit des Interferometers von $J_{\text{aus}}^{\min}/J_{\text{ein}} = 10^{-4}$. Die Halbwertsbreite Δd der Maxima ist gegeben durch ($\varrho \approx 1$):

$$\Delta d = \frac{\lambda}{\pi n} \arcsin \frac{1-\varrho}{2\sqrt{\varrho}} \approx \frac{(1-\varrho)\lambda}{2\pi n}.$$

Die Maxima für zwei verschiedene Wellenlängen λ_1, λ_2 liegen an den Stellen

$$d_1 = \frac{k\lambda_1}{2n}, \quad d_2 = \frac{k\lambda_2}{2n} \quad (k = 0, 1, 2 \ldots).$$

Zwei Maxima gleicher Ordnung k haben den Abstand δd:

$$\delta d = \frac{k(\lambda_1 - \lambda_2)}{2n} = k \frac{\delta \lambda}{2n}.$$

Zwei Lichtwellen mit dem Wellenlängenunterschied $\delta\lambda$ können nur dann vom Interferometer getrennt werden, wenn $\Delta d \leq \delta d$.

Mit $\delta\lambda \ll \lambda \approx \lambda_1 \approx \lambda_2$, $d \approx d_1 \approx d_2$ folgt daraus:

$$\delta\lambda \geqq \frac{(1-\varrho)\lambda 2n}{2\pi n k} = \frac{(1-\varrho)\lambda^2}{2\pi n d}.$$

Die Größe

$$\frac{\lambda}{\delta\lambda} = \frac{2\pi n d}{(1-\varrho)\lambda}$$

wird als **Auflösungsvermögen** bezeichnet. Mit $\varrho = 95\%$, $d = 1\,\text{cm}$, $n = 1$, $\lambda \approx 0.6\,\mu\text{m}$ ergibt sich ein Auflösungsvermögen von 4×10^6, was mit Prismen- oder Gitterspektrographen (Abschn. 3.9 und 3.10) nicht erreicht werden kann. Ein Nachteil der Fabry-Pérot-Interferometer ist, dass nur schmale Wellenlängenbereiche untersucht werden können, weil sich sonst, wie in Abb. 3.35 dargestellt, Maxima, die zu verschiedenen Wellenlängen gehören, überlagern können und damit nicht eindeutig einer bestimmten Wellenlänge zuzuordnen sind. Wird eine einzige Wellenlänge λ eingestrahlt, so ergibt sich z. B. für $2nd = k\lambda$ ein Maximum. Wird eine 2. Wellenlänge $\lambda + \delta\lambda$ eingestrahlt, so kann sich für den gleichen Plattenabstand d ein Maximum für diese Wellenlänge ergeben, wie in Abb. 3.35 angedeutet. Dann sind die beiden Wellenlängen nicht voneinander zu trennen. Um solche Fälle zu vermeiden, muss gelten $(k-1)(\lambda + \delta\lambda) = 2nd'$ mit $d' < d$. Diese Ungleichung ist erfüllt für $\delta\lambda < \lambda/(k-1) \approx \lambda^2/2dn$. Die maximal zulässige Breite eines Wellenlängenbereichs beträgt also

$$\Delta\lambda = \frac{\lambda^2}{2dn}.$$

Dieser Bereich wird *Dispersionsgebiet* genannt.

Das Pérot-Fabry-Interferometer ist also nur dann zur Interferenzspektroskopie zu benutzen, wenn die Strahlung nur auf einen schmalen Wellenlängenbereich beschränkt ist oder eine Vorzerlegung erfahren hat. Diese kann mit Interferenzfiltern, Prismen- oder Gitterspektralapparaten und auch mit einem zweiten Fabry-Pérot-Interferometer erfolgen, das kleineren Plattenabstand, damit ein größeres Dispersionsgebiet, aber kleine Auflösung hat. Abbildung 3.36 veranschaulicht diese Wirkung an der grünen Quecksilberlinie. Das obere Interferometer allein liefert großen Linienabstand, aber wenig ausgeprägte Hyperfeinstrukturlinien; das mittlere Interferometer allein liefert besser aufgelöste Satelliten, aber nicht deren volle Zahl, wegen des zu kleinen Dispersionsgebietes. Die Kombination ergibt volle Zahl gut aufgelöster Linien, wobei die Verdoppelung der Hauptlinie auf dem Vorliegen eines Isotopengemischs (^{200}Hg, ^{202}Hg) beruht. Man beachte übrigens die Überlegenheit dieser Interferometeraufnahme gegenüber der spektralen Zerlegung der gleichen Linie in Abb. 3.34.

Statt Planspiegeln werden in modernen Fabry-Pérot-Interferometern, insbesondere zur Untersuchung von Laserstrahlung, oft Hohlspiegel verwendet. Der Grund dafür ist, dass mit Hohlspiegel-Interferometern Lichtbündel mit kleinen Durchmessern besser analysiert werden können. Bei einem Planspiegel-Interferometer kann

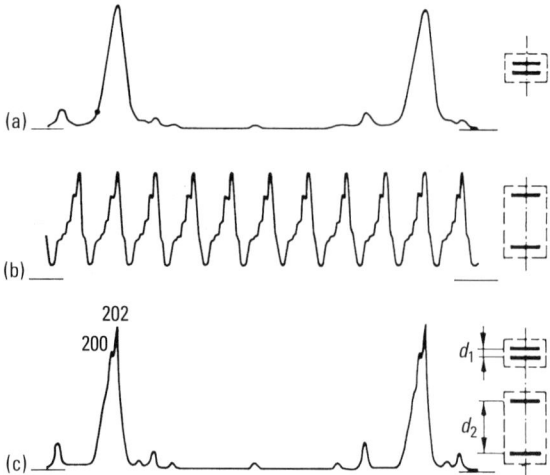

Abb. 3.36 Kombination von zwei Fabry-Pérot-Interferometern nach Krause und Krebs [2]. Die Dicken d_1 und d_2 stehen in ganzzahligem Verhältnis zueinander.

man, wie oben dargestellt, erreichen, dass bei Einfall einer ebenen Lichtwelle im Idealfall der Transmissionsgrad 1 realisiert wird. Eine ebene Lichtwelle setzt jedoch einen sehr großen Durchmesser des eingestrahlten Lichtbündels voraus. Ist das Lichtbündel begrenzt, so besitzt es wegen der Beugung (s. Abschn. 3.8) eine gewisse Divergenz, die beim Hin- und Herlauf des Lichtbündels in einem Planspiegel-Interferometer zu einer ständigen unerwünschten Strahlaufweitung führen würde. Diese durch Beugung erzeugte Strahlaufweitung kann jedoch durch Verwendung eines Hohlsammelspiegels wieder kompensiert werden, sodass auch nach mehrfachen Reflexionen keine Strahlaufweitung eintritt [3].

Die Funktion des Fabry-Pérot-Interferometers kann auch ohne den Begriff der Vielstrahlinterferenz verstanden werden. Dazu wird der Raum zwischen den Spiegeln als resonanzfähiges System aufgefasst, das zu elektromagnetischen Eigenschwingungen fähig ist; diese werden durch stehende Lichtwellen repräsentiert, die auf den Spiegeln Knoten besitzen. Ähnlich wie bei den Schwingungen einer Saite ergibt sich, dass die Wellenlänge λ der Eigenschwingungen mit dem optischen Spiegelabstand durch die Beziehung $nd = k\lambda/2$ (k = ganze Zahl) verknüpft ist. Diese Spiegelabstände entsprechen denjenigen Abständen, bei denen nach der Vielstrahlinterferenzvorstellung maximale Durchlässigkeit des Interferometers auftritt. Ein derartiger *optischer Resonator* kann durch von außen eingestrahltes Licht zu Schwingungen angeregt werden. Die Amplitude dieser Schwingungen ist maximal, wenn die Wellenlänge des eingestrahlten Lichtes mit der Wellenlänge einer Eigenschwingung übereinstimmt (Resonanz). In diesem Fall tritt auch wieder maximale Intensität aus dem Interferometer heraus.

Während das Interferometer von Fabry und Pérot dadurch viele Strahlen zur Interferenz bringt, dass die Platten durch Verspiegelung einen großen Reflexionsgrad bekommen, hat O. Lummer (1901) große Reflexionsgrade dadurch erhalten, dass

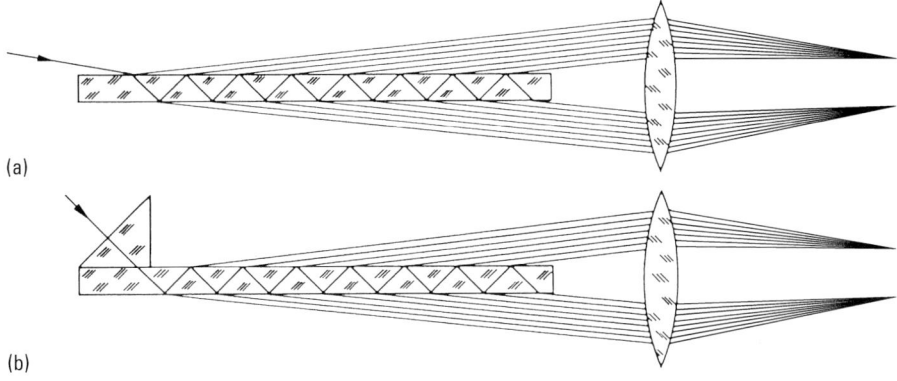

Abb. 3.37 (a) Interferometer nach Lummer und (b) nach Lummer und Gehrcke.

er sehr schräge Inzidenz (bis zu 88°) nimmt: bei einem solchen Einfallswinkel werden für Glas mit $n = 1.5$ ungefähr 95% der auffallenden Strahlung reflektiert. Lummer benutzt also eine unverspiegelte planparallele Platte (oder vielmehr einen aus einer solchen Platte herausgeschnittenen Streifen von etwa 2 cm Höhe, bis zu 3 cm Dicke und 20 bis 30 cm Länge), wie sie schon in Abb. 3.11 dargestellt wurde. Wenn man sehr schräge Inzidenz anwendet, wirken sehr viele Strahlen mit, sodass man eine Intensitätsverteilung gemäß Gl. (3.26) bekommt, die der Abb. 3.28 für $\varrho = 0.9$ entspricht. Den Strahlenverlauf im Interferenzspektroskop von Lummer zeigt Abb. 3.37a; sowohl die vielfach reflektierten wie auch die durchgelassenen Strahlen werden in einem auf Unendlich eingestellten Fernrohr betrachtet, wobei jeweils der untere oder der obere Teil der Linse abgeblendet werden muss. Wie schon früher auseinandergesetzt, ist die Erscheinung im reflektierten Licht komplementär zu der im durchgelassenen. Die Komplementarität beruht auf der Sonderstellung des ersten Strahles, der der einzige ist, der am dichteren Medium reflektiert wird. Wegen des großen Wertes von ϱ hat dieser Strahl eine große Intensität, während umgekehrt die in die Platte eindringende und austretende Energie klein ist. Es ist deshalb zweckmäßig, den ersten reflektierten Strahl zu beseitigen, was man nach E. Gehrcke (1902) durch Aufkitten eines gleichschenkligen, rechtwinkeligen Prismas erreichen kann. Abbildung 3.37b zeigt das **Lummer-Gehrcke'sche Interferenzspektroskop**: Da die primäre Strahlung nahezu senkrecht auf die Hypotenusefläche auffällt, ist der Reflexionsverlust sehr klein (4%), sodass 96% der Energie eindringen kann. Natürlich sind die Erscheinungen im reflektierten und durchgelassenen Licht jetzt nicht mehr komplementär, sondern identisch.

Wenn die Platte lang genug ist (20 bis 30 cm), hat man zahlreiche Reflexionen, d.h. Vielfachinterferenz. Die *Lummer-Platte* ist sehr bequem, braucht keinerlei Justierung, und das Auflösungsvermögen ist gleichfalls sehr groß. Von Nachteil ist ihre geringe Lichtstärke (kleine Eintrittsfläche) und die Unmöglichkeit, Auflösungsvermögen und Dispersionsgebiet zu variieren (festgelegte Dicke).

3.6 Stehende Lichtwellen; Farbenfotografie nach Lippmann

Eine der einfachsten Interferenzerscheinungen ist die durch zwei gegeneinander laufende ebene Wellen erzeugte. Dann bilden sich bekanntlich stehende Wellen aus. Mit den langen Hertz'schen Wellen bereitet die Durchführung dieses Versuches keinerlei Schwierigkeit, aber bei Lichtwellen erschwert deren kleine Wellenlänge die Ausführung der Versuche; denn es kommt ja darauf an, die Knoten und Bäuche der stehenden Wellen nachzuweisen. Zunächst sollen die theoretischen Grundlagen wiederholt werden, die bereits in Bd. 2 erörtert wurden; dabei soll hier die bequemere komplexe Schreibweise statt der reellen mit trigonometrischen Funktionen angewendet werden.

Es falle eine ebene elektrische Welle mit der elektrischen Feldstärke E_{1y} von der negativen Seite der x-Achse kommend, auf eine im Punkt $x = 0$ senkrecht zur x-Achse aufgestellte, vollkommen reflektierende Wand; von dieser läuft dann eine reflektierte Welle mit der elektrischen Feldstärke E_{2y} in umgekehrter Richtung zurück. Beide elektrischen Wellen sind von je einer magnetischen Welle mit den magnetischen Feldstärken H_{1z} und H_{2z} begleitet. Im Ganzen ergibt sich folgender Schwingungszustand:

$$E_y = E_{1y} + E_{2y} = \mathrm{Re}\left[A\mathrm{e}^{2\pi\nu\mathrm{i}\left(t-\frac{x}{c}\right)} - A\mathrm{e}^{2\pi\nu\mathrm{i}\left(t+\frac{x}{c}\right)}\right],$$

$$H_z = H_{1z} + H_{2z} = \frac{1}{Z}\mathrm{Re}\left[A\mathrm{e}^{2\pi\nu\mathrm{i}\left(t-\frac{x}{c}\right)} + A\mathrm{e}^{2\pi\nu\mathrm{i}\left(t+\frac{x}{c}\right)}\right]. \qquad (3.27)$$

Dabei bedeutet $Z = \sqrt{\mu\mu_0/\varepsilon\varepsilon_0}$ den Wellenwiderstand und Re den Realteil einer komplexen Größe. Außerdem ist zu berücksichtigen, dass Ausbreitungsrichtung, E-Vektor und H-Vektor für beide Wellen ein Rechtsdreibein bilden und bei der Reflexion beim E-Vektor ein Phasensprung von $180°$ auftritt.

Wir schreiben hier die magnetische Welle mit hinzu, weil es bei stehenden Wellen nicht dasselbe ist, ob man $\overline{E^2}$ oder $\overline{H^2}$ bestimmt, was bei fortschreitenden Wellen immer der Fall ist. Die Gl. (3.27) kann man vereinfachend schreiben:

$$E_y = -2\,\mathrm{Re}\,\mathrm{i}A\sin\frac{2\pi\nu x}{c}\mathrm{e}^{2\pi\nu\mathrm{i}t},$$

$$H_z = \frac{2}{Z}\mathrm{Re}\,A\cos\frac{2\pi\nu x}{c}\mathrm{e}^{2\pi\nu\mathrm{i}t}. \qquad (3.28)$$

Setzt man noch $\nu/c = 1/\lambda$, so folgt für die zeitlichen Mittelwerte:

$$\overline{E_y^2} = A^2\sin^2\frac{2\pi x}{\lambda}; \quad \overline{H_z^2} = \frac{A^2}{Z}\cos^2\frac{2\pi x}{\lambda}. \qquad (3.29)$$

An Gl. (3.29) erkennt man, dass $\overline{E_y^2}$ nicht proportional zu $\overline{H_z^2}$ ausfällt. Besonders zeigt sich das an der Lage der Knoten (und Bäuche) für $\overline{E_y^2}$ und $\overline{H_z^2}$. Die Knoten von $\overline{E_y^2}$ liegen an den Stellen, an denen $\sin 2\pi x/\lambda$ verschwindet, d.h. bei

$$\frac{2\pi x}{\lambda} = k\pi \quad \text{oder} \quad x = \frac{k\lambda}{2} \quad (k = 0, -1, -2\ldots).$$

3.6 Stehende Lichtwellen; Farbenfotografie nach Lippmann

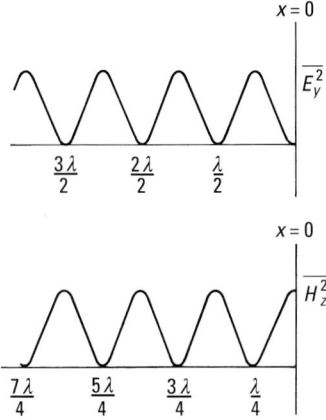

Abb. 3.38 Verlauf der Mittelwerte der Quadrate der elektrischen Feldstärke $\overline{E_y^2}$ und der magnetischen Feldstärke $\overline{H_z^2}$ in einer stehenden Lichtwelle. Die Abszisse entspricht der x-Achse.

Der erste Knoten der elektrischen Feldstärke liegt in der Oberfläche der reflektierenden Wand, die folgenden jeder um eine halbe Wellenlänge davon entfernt. Die Knoten der elektrischen Feldstärke fallen zusammen mit den Bäuchen der magnetischen und umgekehrt. Abbildung 3.38 stellt diese Verhältnisse dar.

Bei Hertz'schen Wellen können beide Fälle untersucht werden, da es Messinstrumente gibt, die $\overline{E^2}$, wie auch solche, die $\overline{H^2}$ anzeigen. Je nachdem findet man die Knoten entweder entsprechend dem oberen Teil der Abb. 3.38 oder dem unteren Teil. Was aber ergibt sich bei optischen Wellen? Sprechen die fotografische Platte, das Auge, die Fluoreszenzwirkung usw. auf E oder auf H an? Darauf kann nur der Versuch Antwort geben, wenn er uns gestattet, die Knotenlagen festzustellen. Das gelang O. Wiener (1890), und darin liegt die grundsätzliche Bedeutung seiner Versuche. Wiener überwand die in der Kleinheit der optischen Wellen liegende Schwierigkeit dadurch, dass er in das System der stehenden Lichtwellen, die sich vor einem Silberspiegel bildeten, ein dünnes (etwa ein dreißigstel-λ-dickes) lichtempfindliches Silberchlorid-Kollodiumhäutchen K (Abb. 3.39) brachte und sehr schräg ausspannte. Wie man aus der Abbildung sieht, wird dieses Häutchen von den Ebenen der

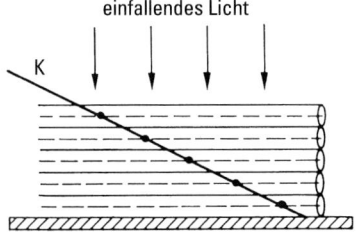

Abb. 3.39 Versuchsanordnung von Wiener zum Nachweis stehender Lichtwellen.

elektrischen Bäuche in Abständen geschnitten, die um so größer sind, je flacher das Häutchen zur Spiegelebene verläuft. Nach der fotografischen Entwicklung zeigt es eine regelmäßige Folge heller und dunkler (ungeschwärzter und geschwärzter) Streifen, und zwar ist das Häutchen an der Stelle, wo es den Spiegel berührt, d. h. dort, wo der Knoten der elektrischen Feldstärke liegt, ungeschwärzt, dagegen geschwärzt im Abstand $\lambda/4$ vor der Silberschicht, d. h. im ersten Schwingungsbauch; die übrigen Schwärzungsstellen – in der Abb. 3.39 gestrichelt hervorgehoben – liegen in Abständen von $\lambda/2$ davon entfernt. Daraus folgt, dass das Korn der fotografischen Platte ausschließlich auf den elektrischen Vektor anspricht. Ferner haben P. Drude und W. Nernst (1892) bei Wiederholung der Wiener'schen Versuche das lichtempfindliche Häutchen durch eine fluoreszierende Schicht ersetzt, die nur an den Stellen aufleuchtet, wo der E-Vektor Bäuche hat. Es ist kein Versuch bekannt, bei dem der H-Vektor des Lichts eine Rolle spielt. Deshalb beschränkt man sich bei der Untersuchung von Lichtwellen oft auf die elektrische Feldstärke.

Eine sehr interessante Anwendung der stehenden Lichtwellen zur **Fotografie in natürlichen Farben** hat G. Lippmann (1891) gemacht. Legt man eine viele Wellenlängen dicke Schicht einer lichtempfindlichen Substanz auf eine Quecksilberoberfläche als Spiegel und entwirft auf der Schicht ein Spektrum, so bilden sich durch die stehenden Lichtwellen bei der fotografischen Entwicklung der Schicht in dieser geschwärzte Flächen aus, die für das rote Ende des Spektrums weiter auseinanderliegen als für das violette Ende (Abb. 3.40). Die einzelnen geschwärzten Schichten enthalten z. B. Ablagerungen von reflektierenden Silberteilchen. Betrachtet man eine so behandelte Lippmann-Platte im weißen Licht, so reflektiert jede Stelle gerade die Wellenlänge, die doppelt so groß ist wie der Abstand der geschwärzten Schichten an dieser Stelle (weil gerade dann die reflektierten Teilwellen sich phasenrichtig überlagern), d. h. auf der rotbestrahlten Seite nur Rot, auf der violettbestrahlten Seite Violett, dazwischen die Farben Orange, Gelb, Grün, Blau. Das Spektrum erscheint also in natürlichen Farben fotografiert. In der Tat hat Lippmann mit dieser Methode sehr schöne Spektralaufnahmen sowie Aufnahmen farbiger Gegenstände hergestellt und dafür im Jahre 1908 den Nobelpreis erhalten. Abbildung 3.41 gibt eine starke Vergrößerung eines Schnittes durch eine *Lippmann-Schicht* wieder. Damit man bei der Betrachtung von Lippmann-Schichten die richtigen Farben sieht, muss das Licht bei der Betrachtung unter dem gleichen Winkel auf die Platte fallen wie bei der Aufnahme. Betrachtet man die Platte unter einem merklich flacheren Lichteinfall, so erscheinen alle Farben nach der Seite längerer Wellenlängen hin verschoben. Haucht man eine Lippmann-Fotografie an, sodass die Gelatineschicht quillt und

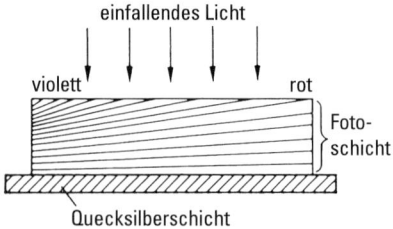

Abb. 3.40 Anordnung von Lippmann zur Fotografie in natürlichen Farben.

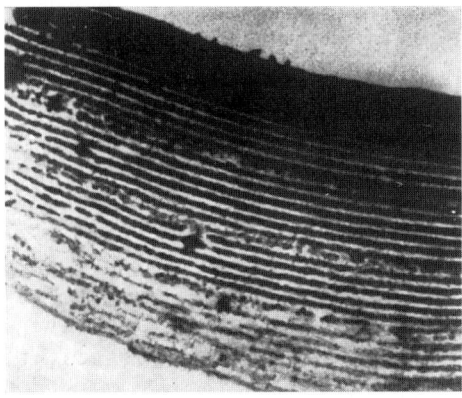

Abb. 3.41 Stark vergrößerter Schnitt durch eine Lippmann-Schicht.

die geschwärzten Schichten auseinanderrücken, so verändert das Bild seine Farben. Das Lippmann'sche Verfahren hat heute erneute Bedeutung in der Holographie erlangt (siehe Abschnitt 3.14.4).

3.7 Lichtschwebungen

Es bleibt noch der Fall von Interferenz zu besprechen, bei dem die Frequenzen der beiden sich überlagernden Wellen voneinander verschieden sind. In der Akustik entsteht dann das bekannte Phänomen der Schwebungen (vgl. z. B. Bd. 1). Gibt es das analoge Phänomen auch bei den Lichtwellen? Grundsätzlich gewiss, aber die hohen Schwingungszahlen und die Inkohärenz machen die Beobachtung von Schwebungen in der Optik schwierig. Seien die beiden Frequenzen v_1 und v_2, so ist für die beiden Wellen (der Einfachheit halber mit gleicher Amplitude) anzusetzen:

$$E_1 = \mathrm{Re}\, A \mathrm{e}^{2\pi v_1 \mathrm{i}\left(t-\frac{x}{c}\right)}; \quad E_2 = \mathrm{Re}\, A \mathrm{e}^{2\pi v_2 \mathrm{i}\left(t-\frac{x}{c}\right)}.$$

Die Überlagerung ergibt, wenn man noch $v_1 = v - \dfrac{\Delta v}{2}$, $v_2 = v + \dfrac{\Delta v}{2}$ setzt:

$$E = E_1 + E_2 = \mathrm{Re}\, A \mathrm{e}^{2\pi v \mathrm{i}\left(t-\frac{x}{c}\right)}\left\{\mathrm{e}^{-\mathrm{i}\pi\Delta v\left(t-\frac{x}{c}\right)} + \mathrm{e}^{\mathrm{i}\pi\Delta v\left(t-\frac{x}{c}\right)}\right\}. \tag{3.30}$$

Für die Intensität $\overline{E^2}$ folgt mit $\mathrm{e}^{\mathrm{i}\varphi} + \mathrm{e}^{-\mathrm{i}\varphi} = 2\cos\varphi$:

$$\overline{E^2} = 2A^2 \cos^2 \pi \Delta v \left(t - \frac{x}{c}\right). \tag{3.31}$$

Bei der zeitlichen Mittelung wurde $\Delta v \ll v$ vorausgesetzt, und über Zeiten gemittelt, die sehr viel größer als die Schwingungsdauer $1/v$, aber kleiner als die Schwingungsdauer $1/\Delta v$ der Schwebung sind.

Die Intensität erweist sich also in der Tat als periodisch, was im Prinzip ja die Erscheinung der Schwebung ist. Es fragt sich nur, ob man sie beobachten kann. Dazu darf die Frequenzdifferenz $\Delta v = v_2 - v_1$ nicht groß sein, für das Auge kaum größer als 10 Hz, da bei größerer Schwebungsfrequenz das Auge die aufeinanderfolgenden wechselnden Intensitäten wieder verschmilzt, d. h. von Gl. (3.31) das zeitliche Mittel bildet: $\overline{E^2} = A^2$. In diesem Fall beobachtet das Auge also einfach die Summe $A^2/2 + A^2/2$ der Einzelintensitäten: es liegt keine beobachtbare Interferenz vor. Das Gleiche gilt auch für andere Messinstrumente, z. B. Thermosäule + Galvanometer, die alle oberhalb einer bestimmten Maximalfrequenz wieder nur Mittelwerte anzeigen. Um mit dem Auge beobachtbare Schwebungen zu erzeugen, sind also zwei Lichtquellen (Spektrallinien) erforderlich, die einen Abstand von weniger als 10 Hz besitzen. Gleichzeitig muss die Breite der Linien klein gegen diesen Abstand sein. Die schärfsten Spektrallinien haben jedoch eine Breite von mehr als 10^7 Hz. Damit ist die Erzeugung von visuell beobachtbaren Schwebungen unmöglich. Dennoch gibt es Anordnungen, bei denen man optische Schwebungen mit dem Auge beobachten kann.

In Abschn. 3.5 ist z. B. im Absatz *Interferenzspektroskopie* die Beobachtung Fizeaus erwähnt worden, der beim Newton'schen Farbenglas (bei monochromatischem Licht) den Abstand der Linse von ihrer Unterlage (d. h. die Keildicke) vergrößerte. Dabei wandern an einem festen Beobachtungspunkt A die hellen und dunklen Interferenzstreifen vorbei: das Auge beobachtet also einen periodischen Wechsel von Hell und Dunkel – und das kann als eine Lichtschwebung gedeutet werden. Schwebung setzt aber eine Frequenzdifferenz Δv voraus, und es muss geklärt werden, wieso eine solche hier auftritt. Dazu werden die beiden Wellen betrachtet, die an der oberen und unteren Begrenzung des Keiles reflektiert werden (Abb. 3.42). Ist der Schwingungszustand der vom Lichtpunkt L ausgehenden und an der Oberseite reflektierten Welle im Punkt A durch $e^{i2\pi v_1 t}$ gegeben, so ist der Schwingungszustand der an der Unterseite zurückgeworfenen im gleichen Punkt $e^{i2\pi v_1(t-2d/c)+i\pi}$, wenn d die Dicke des Keiles an der Stelle A ist; das Glied $i\pi$ kommt daher, dass die zweite Welle am dichteren Medium reflektiert ist; die Amplituden sind (der Einfachheit halber) gleich 1 angenommen. Die Überlagerung ergibt unter Berücksichtigung von $e^{i\pi} = -1$:

$$e^{i2\pi v_1 t} + e^{i2\pi v_1\left(t - \frac{2d}{c}\right)+i\pi} = e^{i2\pi v_1 t} - e^{i2\pi v_1\left(t - \frac{2d}{c}\right)}. \tag{3.32}$$

Wenn nun die untere Begrenzung des Luftkeiles mit der konstanten Geschwindigkeit v nach unten bewegt wird, so wird der Abstand d eine Funktion der Zeit: $d = d_0 + vt$,

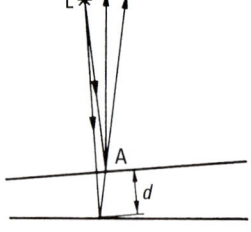

Abb. 3.42 Zur Erklärung von Lichtschwebungen.

wenn die Bewegung zur Zeit $t = 0$ anfängt und der Keil dann gerade die Dicke d_0 hat. Führen wir dies in Gl. (3.32) ein, so erhält man:

$$e^{i2\pi v_1 t} - e^{i2\pi v_1 \left(t - \frac{2d}{c}\right)} = e^{i2\pi v_1 t} - e^{i2\pi v_1 \left[\left(1 - \frac{2v}{c}\right)t - \frac{2d_0}{c}\right]}.$$

Wenn nun zur Abkürzung

$$v_1 \left(1 - \frac{2v}{c}\right) = v_2 \tag{3.33}$$

gesetzt wird, folgt schließlich:

$$e^{i2\pi v_1 t} - e^{i2\pi v_1 \left(t - \frac{2d}{c}\right)} = e^{i2\pi v_1 t} - e^{i\left(2\pi v_2 t - \frac{4\pi d_0}{\lambda_1}\right)}. \tag{3.34}$$

Die zweite Welle mit der Frequenz v_1 und der zeitlich variablen Phase $4\pi(d_0 + vt)/\lambda_1$ ist also formal identisch mit einer Welle der veränderten Frequenz $v_2 = v_1(1 - 2v/c)$ und der konstanten Phase $4\pi d_0/\lambda_1$. Die periodische Intensitätsmodulation, die durch Wanderung der Interferenzstreifen im Beobachtungspunkt A hervorgerufen wird, kann also wirklich als Schwebung gedeutet werden. Das gilt überhaupt für alle Interferenzanordnungen, bei denen infolge Bewegung eines Apparatteiles eine Verschiebung der Interferenzstreifen stattfindet.

Eine anschaulichere Begründung für die durchgeführte Umdeutung wird im Folgenden angegeben. In Abb. 3.43 ist der Keil noch einmal dargestellt. Zur reellen Lichtquelle gehören die beiden virtuellen Lichtquellen L' und L", die um so viel hinter der oberen und unteren Begrenzung des Keiles liegen, wie L über ihnen. Die beiden virtuellen Lichtquellen ersetzen bezüglich der Wellenausbreitung die reelle Lichtquelle und die beiden spiegelnden Flächen. Da L' von der festen, oberen Begrenzung aus konstruiert ist, ist L' ebenfalls im Raume fest. L" ist aber von der mit der Geschwindigkeit v nach unten bewegten unteren Begrenzung aus gewonnen, bewegt sich also mit der doppelten Geschwindigkeit $2v$ nach unten, wie die Abbildung andeutet. Man kann also sagen, dass die beiden Wellen von einer festen (L') und einer mit der Geschwindigkeit $2v$ bewegten Lichtquelle (L") ausgehen. Nach

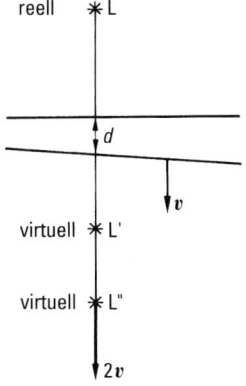

Abb. 3.43 Zur Erklärung von Lichtschwebungen.

dem Doppler-Prinzip aber ist für einen Beobachter, von dem die Quelle L″ sich entfernt, die Frequenz v_1 umgeändert in v_2 nach der Formel (vgl. Bd. 1)

$$v_2 = v_1 \left(1 - \frac{2v}{c}\right)$$

und das ist identisch mit Gl. (3.33). Auf diese Weise kann man in der Optik die notwendige kleine Frequenzdifferenz Δv erzeugen und somit Schwebungen erhalten.

Javan (1962) ist es gelungen, mit Laser-Lichtquellen (Kap. 8) Schwebungsfrequenzen im MHz-Bereich zu erhalten. Diese können natürlich nicht mit dem Auge beobachtet werden. Der Versuchsaufbau ist in Abb. 3.44 dargestellt. Die von zwei verschiedenen Lasern ausgestrahlten Lichtwellen werden durch zwei Spiegel so zur Überlagerung gebracht, dass ihre Strahlachsen und Ausbreitungsrichtungen übereinstimmen. Wenn die Intensitäten der beiden Laser gleich sind und sie jeweils eine einzige Frequenz v_1 bzw. v_2 emittieren, dann ist die Gesamtintensität im Überlagerungsbereich der Strahlen gegeben durch Gl. (3.31). Eine Änderung der Laserfrequenzen ist durch Änderung des Spiegelabstandes L möglich. Damit können beliebige Differenzfrequenzen Δv von 0 bis etwa 1 GHz eingestellt werden. Die maximale Differenzfrequenz ist durch die Breite des verwendeten Laserüberganges gegeben, innerhalb derer die Laserfrequenzen durch Änderung des Spiegelabstandes variiert werden kann. Die Gesamtintensität ist mit der Differenzfrequenz Δv moduliert. Schnelle Intensitätsmodulationen können mit einer geeigneten Photozelle, die die Intensitäten in eine entsprechend modulierte Spannung umsetzt, und einem Oszillographen, der den zeitlichen Spannungsverlauf anzeigt, registriert werden.

Es ist gelungen, bei sehr stabilen Lasern Differenzfrequenzen bis herunter zu 100 Hz nachzuweisen. Dies bedeutet, dass die spektrale Breite der verwendeten Laser kleiner als 100 Hz sein muss. Wäre sie größer, so würde man keine scharfe Differenzfrequenz beobachten, sondern ein ganzes Frequenzgemisch, da jede Frequenzkomponente des einen Lasers mit jeder Frequenzkomponente des zweiten Lasers eine verschiedene Differenzfrequenz erzeugt. Einer spektralen Breite von 100 Hz entspricht eine Kohärenzzeit von etwa 0.01 s und eine Kohärenzlänge von 3000 km.

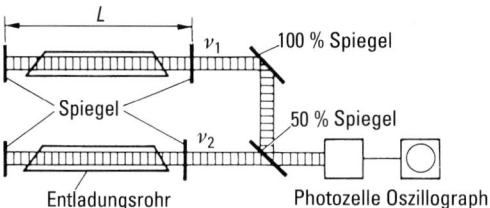

Abb. 3.44 Versuchsanordnung zur Beobachtung der Schwebungsfrequenz $v_2 - v_1$ zwischen zwei Gaslasern.

3.8 Grunderscheinungen der Beugung; Spalt, Lochblende

Unter der Beugung des Lichtes versteht man die Abweichungen der Lichtausbreitung von den Gesetzen der geometrischen Optik, die immer dann auftreten, wenn die freie Ausbreitung der Wellen durch irgendwelche Objekte (z. B. Schirme mit Blendenöffnungen im Strahlengang) geändert wird. Da dies bei allen optischen Versuchen der Fall ist, hat man es grundsätzlich immer mit Beugungserscheinungen zu tun. Man kann sie in manchen Fällen vernachlässigen, sie können aber unter geeigneten Umständen von entscheidender Bedeutung werden. Die Bezeichnung *Beugung* kommt daher, dass hinter Beugungsobjekten Lichtstrahlen auftreten, die in der Richtung von dem einfallenden Licht abweichen. Die Richtung des einfallenden Lichtes wird also ähnlich wie bei der Brechung geändert, das Licht wird von dem Objekt gebeugt.

Eng verwandt mit der Beugung ist die *Streuung*. Man spricht insbesondere von Beugung, falls die charakteristischen Dimensionen des Objektes (z. B. Blendendurchmesser, Gitterkonstante) größer als die Wellenlänge sind, andernfalls, bei kleineren Objektstrukturen, von Streuung. Die Verwendung dieser Begriffe ist jedoch nicht immer einheitlich. In den folgenden Abschnitten werden hauptsächlich Beugungserscheinungen besprochen. Auf die Streuung von Licht wird im Abschn. 3.13 eingegangen.

Bereits vor 1663 beobachtete F. Grimaldi, dass ein durch eine kleine Öffnung in ein verdunkeltes Zimmer einfallender Sonnenstrahl auf der gegenüberliegenden Wand einen Lichtfleck erzeugte, der bedeutend größer war, als er entsprechend der geradlinigen Ausbreitung des Lichtes hätte sein sollen. Außerdem zeigte der Lichtfleck keineswegs eine scharfe Begrenzung, sondern seine Ränder waren verwaschen und mit farbigen Ringen durchzogen. Man kann diese Erscheinungen subjektiv leicht beobachten, wenn man durch eine kleine Öffnung (mit einer Nähnadel in schwarzes Papier gestochenes Loch) nach einer entfernten punktförmigen weißen Lichtquelle blickt: Man sieht dann die Lichtquelle merklich größer als bei direkter Betrachtung und gleichzeitig umgeben von farbigen Ringen. Objektiv kann man eine derartige Beugungserscheinung erzeugen, indem man von einem schmalen ersten Spalt, den wir den *Beleuchtungsspalt* nennen wollen, da er als Lichtquelle dienen soll, durch ein langbrennweitiges Objektiv auf einem mehrere Meter entfernten Schirm ein scharfes reelles Bild erzeugt; dann stellt man vor das Objektiv, parallel dem ersten Spalt einen zweiten, den *Beugungsspalt*. Solange der Beugungsspalt hinreichend breit ist (was man durch Versuch feststellen muss), bleibt das Bild der Lichtquelle auf dem Schirm ebenfalls noch scharf: Hier spielt die Beugung noch keine merkliche Rolle; verkleinert man aber die Breite des Beugungsspaltes mehr und mehr, so ver-

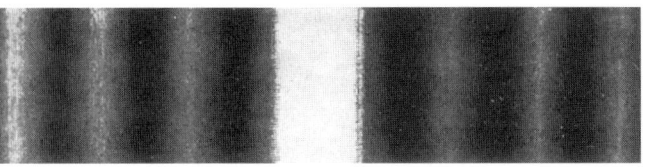

Abb. 3.45 Beugungsbild eines Spaltes in einfarbigem Licht.

breitet sich das Spaltbild und wird an den Rändern immer verwaschener, gleichzeitig treten zu beiden Seiten verschiedenfarbige Streifen auf, die durch dunkle Zwischenräume getrennt sind. Bei einfarbigem Licht erhält man die in Abb. 3.45 vergrößert wiedergegebene Beugungserscheinung, bei der links und rechts von dem zentralen, verbreiterten hellen Bild eine Anzahl dunkler und heller Streifen auftritt.

Je nachdem, ob Lichtquelle und *Aufpunkt*, d. h. der Punkt, an dem die Erscheinung beobachtet wird, in endlicher oder unendlicher Entfernung voneinander liegen, unterscheidet man **Fresnel'sche** und **Fraunhofer'sche Beugungserscheinungen**, die natürlich nicht grundsätzlich voneinander verschieden sind. Bei hinreichendem Abstand der Lichtquelle und des Aufpunkts von der beugenden Öffnung gehen die Fresnel'schen allmählich in die Fraunhofer'schen Erscheinungen über. Indem man die Lichtquelle in den Brennpunkt einer Konvexlinse O_1 bringt, verlegt man sozusagen die Lichtquelle ins Unendliche; indem man ferner die Beugungs-Erscheinung wieder in der Brennebene einer zweiten Linse O_2 (oder mit einem auf unendlich gestellten Fernrohr) beobachtet, verlegt man auch den Aufpunkt sozusagen ins Unendliche. In der Abb. 3.46 sind die beiden Fälle schematisch dargestellt. In beiden Abbildungen ist L die Lichtquelle, P der Aufpunkt auf dem Schirm S. Die gestrichelten Strahlen deuten den geometrisch-optischen Strahlengang an, die ausgezogenen dagegen die gebeugten Wellen, die im Aufpunkt P zur Wirkung kommen. Bei der Fraunhofer'schen Betrachtungsweise kommen also in P nur Strahlen zur Wirkung, die unter dem gleichen Beugungswinkel φ vom geradlinigen Verlauf abgebeugt sind, während bei der Fresnel'schen Beugung die in P wirksamen Strahlen unter ganz verschiedenen Winkeln abgebeugt sind. Zur quantitativen Diskussion der Beugungserscheinungen ist also die Fraunhofer'sche Beobachtungsweise wesentlich übersichtlicher.

Entsprechend Abb. 3.46 arbeitet man bei der Fresnel'schen Beugung mit divergenten Lichtbündeln, bei der Fraunhofer'schen Beugung mit parallelen Lichtbündeln. Man spricht daher auch von der *Beugung mit divergentem und parallelem Licht*.

Auch in der Anordnung nach Abb. 3.46b kann Fresnel'sche Beugung beobachtet werden, wenn der Schirm S sich nicht in der Brennebene von O_2 befindet. Bei vielen optischen Apparaten beobachtet man entsprechend Fraunhofer'sche Beugungser-

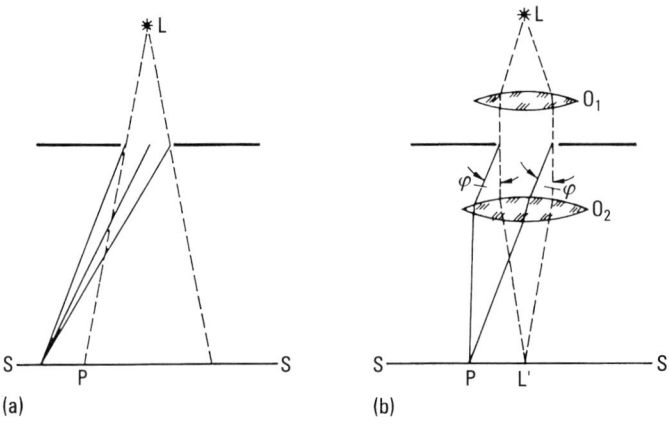

Abb. 3.46 (a) Fresnel'sche und (b) Fraunhofer'sche Lichtbeugung an einer engen Öffnung.

3.8 Grunderscheinungen der Beugung; Spalt, Lochblende   359

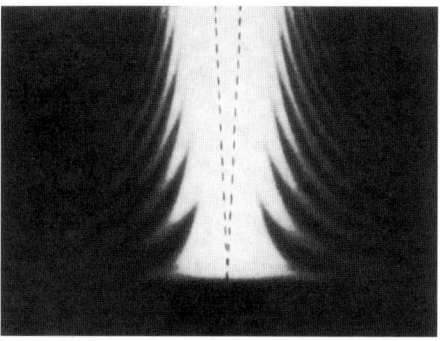

Abb. 3.47 Von einem keilförmigen Spalt mit monochromatischem Licht erzeugte Fresnel'sche Beugungserscheinung.

scheinungen in der Bildebene eines Objektivs, Fresnel'sche Beugungserscheinungen dagegen bei Defokussierung.

Abbildung 3.47 zeigt eine von einem keilförmigen Spalt mit monochromatischem Licht ($\lambda = 450$ nm) erzeugte Fresnel'sche Beugungserscheinung. Die bei geradliniger Ausbreitung zu erwartenden Schattengrenzen sind durch die gestrichelten Linien angedeutet. Man erkennt, wie mit abnehmender Spaltbreite die seitlichen Beugungsstreifen immer weiter auseinanderrücken. Ersetzt man den beugenden Spalt durch einen geraden Draht, so erhält man auf dem Schirm einen sehr verwaschenen Schatten desselben und sieht bei einfarbigem Licht mehrere, zu den Rändern parallele helle und dunkle Streifen. In Abb. 3.48 sind zwei Beugungsbilder an Drähten verschiedener Dicke wiedergegeben. Bei dem rechten Bild erkennt man auch, dass der mittlere Teil des Schattens, der bei geometrischem Strahlenverlauf vollkommen dunkel sein müsste, aufgehellt ist. Schließlich ist in Abb. 3.49 die Beugungserscheinung an der Kante eines undurchsichtigen Schirmes wiedergegeben. Dabei entstehen vor der geometrischen Schattengrenze im hell erleuchteten Gebiet mehrere helle und dunkle Streifen, die immer schmaler werden und einander näher rücken; unmittelbar

Abb. 3.48 Mit monochromatischem Licht an Drähten verschiedener Stärke erzeugte Fresnel'sche Beugungserscheinungen.

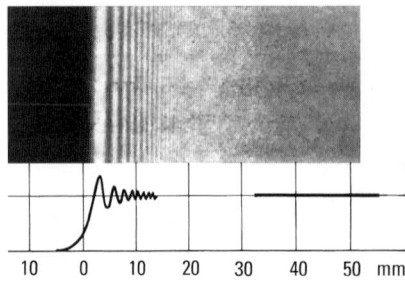

Abb. 3.49 Fresnel'sche Beugung an einer Kante.

an der geometrischen Schattengrenze (Nullpunkt der Abszisse) sind übrigens die hellen Streifen sogar heller, als diese Stellen bei Wegnahme des Beugungsschirmes sein würden. Im unteren Teil der Abb. 3.49 ist die Lichtverteilung grafisch angegeben, wie sie die Theorie ergibt; man erkennt, dass auch im geometrischen Schatten noch Helligkeit vorhanden ist.

Die richtige Deutung der Beugungserscheinungen gab A. Fresnel (1818) durch die Kombination des *Huygens'schen Prinzips der Elementarwellen* mit dem *Interferenzprinzip von Th. Young*. Das Huygens-Fresnel'sche Prinzip ist in Bd. 1 ausführlich behandelt worden. Es sagt aus, dass sich von jedem Punkt einer Wellenfläche eine kugelförmige Elementarwelle ausbreitet.

Im Folgenden soll auf die weniger wichtigen Fälle der Fresnel'schen Beugungserscheinungen nicht mehr eingegangen werden. Es sei aber darauf aufmerksam gemacht, dass die in der allgemeinen Wellenlehre üblicherweise behandelte Beugung an einer kreisrunden Scheibe bzw. kreisrunden Öffnung vom Typus Fresnel'scher Beugungserscheinungen sind. Mit Hilfe der geeignet modifizierten Fresnel'schen Zonenkonstruktion (vgl. Abschn. 10.2.4) lässt sich ohne Schwierigkeit die Fresnel'sche Beugung an einem Spalt, einem Faden oder einer Kante diskutieren.

3.8.1 Beugung an einem Spalt

Als Lichtquelle wird ein schmaler Beleuchtungsspalt parallel zum Beugungsspalt benutzt. Der Beleuchtungsspalt steht in der Brennebene einer Konvexlinse, wodurch er virtuell ins Unendliche verlegt wird. Theoretisch ist es am einfachsten, einen unendlich schmalen Beleuchtungsspalt zu betrachten, der auch als unendlich lang angenommen wird, was praktisch durch hinreichende Länge angenähert wird. Auch der Beugungsspalt wird als unendlich lang betrachtet. Wenn beide Spalte wirklich unendlich lang sind, so herrschen in jeder Ebene senkrecht zu beiden Spalten die gleichen Verhältnisse, sodass wir uns auf die Betrachtung einer dieser Ebenen, nämlich der Papierebene, beschränken könnten; angenähert ist dies schon bei hinreichend langen Spalten der Fall. Hinter den Beugungsspalt wird wieder eine Konvexlinse gesetzt, wodurch die Beugungspunkte ebenfalls ins Unendliche verlegt werden. Mit andern Worten: es liegt die Anordnung der Abb. 3.46b vor und es wird also die Fraunhofer'sche Beugungserscheinung eines Spaltes betrachtet.

Die maximal zulässige Breite des Beleuchtungsspaltes ergibt sich aus der Tatsache, dass in der Versuchsanordnung nach Abb. 3.46b der Beleuchtungsspalt auf dem Schirm abgebildet wird. Dieses Spaltbild muss kleiner sein als der Abstand der Interferenzstreifen des Beugungsspaltes.

Nach diesen Vorbemerkungen soll nun die Beugungserscheinung genauer untersucht werden; in Abb. 3.50 ist ein Schnitt durch die Öffnung AB = b des Beugungsspaltes gezeichnet. Hinter dem Spalt breitet sich das Licht nicht geradlinig in der ursprünglichen Einfallsrichtung senkrecht zum Spalt aus, sondern in *allen* Richtungen als Folge der Beugung: Nach dem Huygens-Fresnel'schen Prinzip gehen von jedem Punkt der Beugungsöffnung AB die Sekundärwellen aus. Um die Lichtintensität in der Richtung φ zu berechnen, teilen wir die Öffnung b in eine große Zahl p gleicher Teile von der Breite β, sodass $b = p\beta$ ist. Wir müssten natürlich, streng genommen, die Spaltbreite b in unendlich viele, unendlich schmale Teilstücke zerlegen; vorläufig aber nehmen wir p nur groß und β klein an; in der Abb. 3.50 ist z. B. b in 16 Teile ($p = 16$) geteilt, und entsprechend klein ist also $\beta = b/p = b/16$. Wir betrachten nun das Bündel paralleler Strahlen von der Gesamtbreite b, das in der Richtung φ abgebeugt wird. Dann besteht zwischen dem ersten Strahl (1) auf der rechten Seite und dem letzten Strahl (16) auf der linken Seite des Spaltes eine Gangdifferenz $d = \overline{BF}$, der eine Phasendifferenz des ersten und letzten Strahles $\Delta = 2\pi d/\lambda$ entspricht; je zwei benachbarte Teilbündel haben also relativ zueinander eine p-mal kleinere Phasendifferenz $\delta = 2\pi d/p\lambda$; die Gesamtphasendifferenz Δ ist gleich $p\delta$. Die Teilwellen interferieren miteinander in der Brennebene der Linse O_2 (Abb. 3.46b). Es handelt sich um eine Art „Vielstrahlinterferenz", wie sie in Abschn. 3.5 behandelt wurde. Da die Amplitude der einzelnen Wellen proportional der Breite β ist, kann der Schwingungszustand im Punkt A mit $\beta e^{i2\pi\nu t}$ bezeichnet

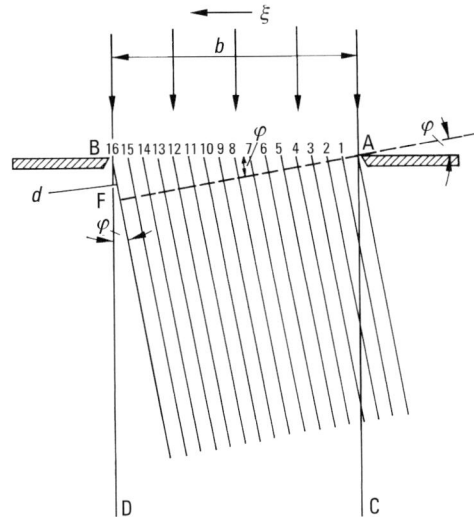

Abb. 3.50 Zur Erklärung der Lichtbeugung an einem Spalt. Die beiden Konvexlinsen aus Abb. 3.46a sind der Einfachheit wegen nicht gezeichnet. Es werden nur parallele Richtungen, sowohl im senkrecht auffallenden als auch im gebeugten Licht, betrachtet.

werden. Die elektrische Lichtfeldstärke E_φ in einem Punkt P, der einen großen Abstand l von A besitzt bzw. sich in der Brennebene einer Linse befindet (vgl. Abb. 3.46b), ergibt sich dann als folgende Summe von Wellen:

$$E_\varphi \sim \text{Re}\,\beta\,\text{e}^{\text{i}2\pi\left(vt-\frac{l}{\lambda}\right)}[1 + \text{e}^{-\text{i}\delta} + \text{e}^{-\text{i}2\delta} + \ldots + \text{e}^{-\text{i}(p-1)\delta}]. \tag{3.35}$$

Die vorstehende Summe stellt eine geometrische Reihe dar und hat den folgenden Wert:

$$E_\varphi \sim \text{Re}\,\beta\,\frac{\sin p\delta/2}{\sin \delta/2}\,\text{e}^{-\text{i}\frac{p-1}{2}\delta}\,\text{e}^{\text{i}2\pi\left(vt-\frac{l}{\lambda}\right)}. \tag{3.35a}$$

Nun ist aber $p\delta = \Delta$ fest vorgegeben; also kann die Feldstärke E_φ der in Richtung φ abgebeugten Welle auch so geschrieben werden:

$$E_\varphi \sim \text{Re}\,\beta\,\frac{\sin \Delta/2}{\sin (\Delta/2p)}\,\text{e}^{-\frac{\text{i}\Delta}{2}}\,\text{e}^{\frac{\text{i}\Delta}{2p}}\,\text{e}^{\text{i}2\pi\left(vt-\frac{l}{\lambda}\right)}.$$

Geht schließlich $p \to \infty$, so kann man im Nenner der rechten Seite der letzten Gleichung statt des Sinus sein Argument setzen und im Exponenten $1/p$ gegen 1 vernachlässigen. Dann lautet die Gleichung unter Berücksichtigung von $p\beta = b$

$$E_\varphi \sim \text{Re}\,\beta p\,\frac{\sin \Delta/2}{\Delta/2}\,\text{e}^{\text{i}\left[2\pi\left(vt-\frac{l}{\lambda}\right)-\frac{\Delta}{2}\right]} = b\,\frac{\sin \Delta/2}{\Delta/2}\cos\left[2\pi\left(vt-\frac{l}{\lambda}\right)-\frac{\Delta}{2}\right]. \tag{3.36}$$

Quadrieren und Mittelung über die Zeit liefert schließlich für die Intensität J_φ in der Richtung φ:

$$J_\varphi \sim b^2\,\frac{\sin^2(\Delta/2)}{(\Delta/2)^2}. \tag{3.37}$$

Mit dieser Gleichung ist das Problem gelöst, die Intensität J_φ in jeder beliebigen Richtung φ zu bestimmen. Die Gesamtgangdifferenz $d = \overline{BF}$ kann nun – je nach *dem Wert von φ* – alle Werte von 0 an bis zu Vielfachen der Wellenlänge annehmen. Es ergibt sich also schließlich die Gleichung:

$$J_\varphi \sim b^2\,\frac{\sin^2\left(\frac{\pi b}{\lambda}\sin\varphi\right)}{\left(\frac{\pi b}{\lambda}\sin\varphi\right)^2}. \tag{3.38}$$

Darin ist d durch $\sin \varphi$ ausgedrückt: $d = b \sin \varphi$; damit ist J_φ direkt als Funktion von $\sin \varphi$ bestimmt. Einige Spezialfälle mögen erörtert werden:

1. $\sin \varphi = 0$ (unabgelenkte Strahlen): $J_0 \sim b^2$, der größte Intensitätswert, der auftreten kann.

2. $\sin \varphi = \dfrac{\lambda}{2b}$; $J_{1/2} = \dfrac{4}{\pi^2} J_0 = 0.406 J_0$;

3. $\sin \varphi = \dfrac{\lambda}{b}$; $J_1 = 0$; hier liegt das erste Minimum, d.h. die Mitte eines dunklen Interferenzstreifens;

4. $\sin\varphi = \dfrac{3\lambda}{2b}$; $J_{3/2} = \dfrac{4}{9\pi^2} J_0 = 0.045 J_0$;

5. $\sin\varphi = \dfrac{2\lambda}{b}$; $J_2 = 0$; hier liegt der zweite dunkle Interferenzstreifen usw.

Man kann also das Gesamtergebnis folgendermaßen formulieren:

- Die Gesamtintensität aller Strahlen eines abgebeugten Strahlenbündels ist immer gleich null, wenn der Gangunterschied der Randstrahlen ein ganzes Vielfaches der Wellenlänge beträgt; ist dagegen der Gangunterschied der Randstrahlen ein ungerades Vielfaches einer halben Wellenlänge, so ist die Gesamtintensität um so schwächer, je stärker das Lichtbündel abgebeugt ist; die maximale Intensität entsteht für $\varphi = 0$, d.h. im unabgelenkten sog. Zentralbild.

Demnach gehören die Minima zu den Beugungswinkeln φ_k, für die gilt:

$$\sin\varphi_k = \frac{k\lambda}{b} \quad (k = 1, 2, 3 \ldots) \tag{3.39}$$

Das sind die Nullstellen des Zählers von Gl. (3.38), und diese geben die Lage der Minima exakt an (Abb. 3.51). Die Maxima der Helligkeit aber liegen nicht genau an den Stellen, wo der Zähler seine Maxima hat, weil die Variable ja auch im Nenner steht; immerhin weichen die Maxima des Zählers nicht stark von den Helligkeitsmaxima ab, sodass man angenähert für die entsprechenden Beugungswinkel φ'_k schreiben kann:

$$\sin\varphi'_k = \frac{2k+1}{2}\frac{\lambda}{b} \quad (k = 1, 2, 3 \ldots) \tag{3.40}$$

Eine Sonderstellung nimmt der in Gl. (3.39) ausgeschlossene Fall $k = 0$ ein; denn da dann Zähler und Nenner von Gl. (3.38) *gleichzeitig* verschwinden, ist dort kein Minimum, sondern im Gegenteil das *Hauptmaximum (Zentralbild)*; ebenso haben wir auch in Gl. (3.40) $k = 0$ ausgeschlossen, denn man hat dort zwar Helligkeit, aber kein Maximum.

Die Werte k eines Interferenzmaximums oder Minimums nennt man auch hier die Ordnung desselben; der Zentralstreifen hat also die Ordnung 0; bei nicht-mo-

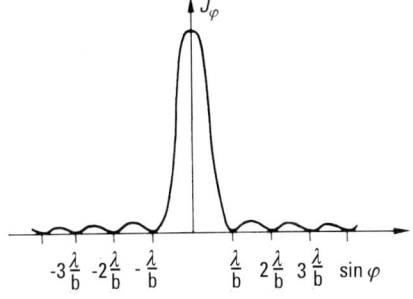

Abb. 3.51 Intensistätsverteilung J_φ bei der Beugung monochromatischen Lichtes an einem Spalt. Die Höhe der Maxima ist nicht maßstäblich.

nochromatischem Licht ist dies das „Zentrum" der Interferenzerscheinung, da es der einzige achromatische Interferenzstreifen ist.

Die aufeinanderfolgenden Minima haben nach Gl. (3.39) einen (in Einheiten von $\sin\varphi$) konstanten Abstand λ/b, ebenso die Maxima nach Gl. (3.40). Nur der Abstand der beiden Minima erster Ordnung links und rechts beträgt das Doppelte, nämlich $2\lambda/b$, weil eben das Minimum für $k=0$ ausfällt: das zentrale Intensitätsmaximum hat dementsprechend die doppelte Breite wie die übrigen Maxima. Abb. 3.51 stellt J_φ als Funktion von $\sin\varphi$ dar, woraus man alles eben Gesagte entnehmen kann. Aus Abb. 3.51 geht übrigens hervor, dass man es mit relativ breiten Maxima und Minima zu tun hat.

Man kann Gl. (3.38) noch in eine etwas andere Gestalt bringen. Wenn man die Beugungserscheinung auf einem Schirm auffängt, so entspricht dem Winkel $\varphi = 0$ an einer bestimmten Stelle desselben die maximale Intensität; diese Stelle soll für das Folgende als Anfangspunkt eines Koordinatensystems angenommen werden: die y-Achse desselben sei dem Spalt parallel, d.h. senkrecht zur Papierebene, die x-Achse senkrecht dazu in der Papierebene. Die Intensität, die einem endlichen Winkel φ entspricht, befindet sich dann an einer bestimmten Stelle x des Schirmes. Hat dieser von der Beugungsöffnung den Abstand f, so ist offenbar $x/f = \tan\varphi$; falls es sich um kleine Winkel handelt, hat man mit hinreichender Genauigkeit $x/f \approx \sin\varphi$, und diesen Wert kann man in Gl. (3.38) einführen. Im Allgemeinen vereinigt man durch Einschalten einer Konvexlinse die unter dem Winkel φ abgebeugten Parallelstrahlen in einem Punkt x der Brennebene dieser Linse f; der Abstand f ist dann gleich der Brennweite der Linse zu setzen. Damit erhält man aus Gl. (3.38):

$$J_x \sim b^2 \frac{\sin^2\left(\frac{\pi b x}{\lambda f}\right)}{\left(\frac{\pi b x}{\lambda f}\right)^2}, \quad \text{falls} \quad \frac{x}{f} \ll 1. \tag{3.41}$$

Diese Gleichung bringt klar zum Ausdruck, dass die Beugungserscheinung *transversal* zur Spaltrichtung (y-Achse!) vor sich geht, da nur in der x-Richtung eine Begrenzung der Wellenfläche durch den Spalt stattfindet. Hätte der Spalt auch nur eine endliche Höhe a in der y-Richtung, dann würde zu der durch Gl. (3.41) dargestellten Beugung in der x-Richtung die analoge in der y-Richtung hinzutreten. Bei Verwendung einer punktförmigen Lichtquelle (statt eines schmalen Spaltes) ergibt sich dann folgende Intensitätsverteilung in der Brennebene der Linse:

$$J_{x,y} \sim a^2 b^2 \frac{\sin^2\left(\frac{\pi b x}{\lambda f}\right)}{\left(\frac{\pi b x}{\lambda f}\right)^2} \cdot \frac{\sin^2\left(\frac{\pi a y}{\lambda f}\right)}{\left(\frac{\pi a y}{\lambda f}\right)^2}. \tag{3.42}$$

Dieses Beugungsbild lässt sich folgendermaßen beschreiben: Die dunklen Interferenzstreifen folgen sich in Richtung der x-Achse im Abstand $\lambda f/b$, in Richtung der y-Achse im Abstand $\lambda f/a$; sie schneiden sich also rechtwinklig und teilen die xy-Ebene in rechteckige Felder von der Größe $\lambda^2 f^2/ab$; nur im Zentralbild hat das Rechteck die Größe $4\lambda^2 f^2/ab$, da sowohl in der x- wie in der y-Richtung der dunkle Interferenzstreifen von der Ordnung 0 ausfällt.

Als allgemeines Ergebnis kann man also feststellen: Statt des schmalen Bildes der Lichtquelle bekommen wir durch die Beugung am Spalt ein stark verbreitertes Zentralbild, an das sich zu beiden Seiten abwechselnd dunkle und helle Streifen anschließen; im Fall der rechteckigen Beugungsöffnung erhält man statt des *Bildpunktes* der punktförmigen Lichtquelle eine *Fläche* als Zentralbild. Analoges gilt in allen Fällen. Insbesondere kann man aus den Gln. (3.41) und (3.42) entnehmen, dass der Abstand der Interferenzstreifen proportional der Wellenlänge, ferner umgekehrt proportional der Breite der beugenden Öffnung ist; wäre $\lambda = 0$ oder $b = a = \infty$, so würde keine Beugung stattfinden, d.h. die *geometrische Optik streng gelten*. Dass diese in vielen Fällen wenigstens annähernd gilt, verdankt man also der Kleinheit der optischen Wellenlängen; je weiter man aber zu langen (ultraroten und namentlich elektrischen) Wellen übergeht, um so stärker treten die Beugungserscheinungen hervor, um so stärker sind die Abweichungen von den Gesetzen der Strahlenoptik. Man kann direkt sagen, dass *die geometrische Optik dem Fall verschwindender Wellenlänge entspricht*. Bei endlicher Wellenlänge treten die Beugungseffekte um so mehr zurück, je größer die beugende Öffnung, d.h. je größer das zur Wirkung kommende Stück der Wellenfläche ist.

3.8.2 Beugung an einer kreisförmigen Lochblende

Diese Feststellungen gelten für beliebige Gestalt der beugenden Öffnungen, z.B. auch für die **Beugung an einer kreisförmigen Öffnung** vom Radius R, wie im Folgenden gezeigt werden soll. Als Lichtquelle sei ein leuchtender Punkt benutzt, im Übrigen die Anordnung nach Abb. 3.46b. Aus Symmetriegründen muss das Beugungsbild aus einem zentralen, hellen, kreisförmigen Scheibchen bestehen, das (monochromatisches Licht vorausgesetzt) abwechselnd von dunklen und hellen Ringen umgeben ist. Für senkrecht einfallendes Licht liefert die Theorie (Fourier-Transformation) folgende Abhängigkeit der gebeugten Intensität J_φ vom Richtungswinkel φ:

$$J_\varphi \sim \frac{J_1^2\left(\frac{2\pi}{\lambda} R \sin \varphi\right)}{\left(\frac{2\pi}{\lambda} R \sin \varphi\right)^2}. \tag{3.42a}$$

Dabei bedeutet $J_1(\ldots)$ die Bessel-Funktion 1. Ordnung. Die Winkel $\varphi_1, \varphi_2, \varphi_3 \ldots$, für die minimale Intensität auftritt, ergeben sich aus den tabellierten Nullstellen der Besselfunktion zu:

$$\sin \varphi_1 = 0.610 \frac{\lambda}{R}; \quad \sin \varphi_2 = 1.116 \frac{\lambda}{R}; \quad \sin \varphi_3 = 1.619 \frac{\lambda}{R} \ldots, \tag{3.43}$$

zwischen denen sich die Maxima (die hellen Ringe) bei den Winkeln

$$\sin \varphi'_1 = 0.819 \frac{\lambda}{R}; \quad \sin \varphi'_2 = 1.346 \frac{\lambda}{R}; \quad \sin \varphi'_3 = 1.850 \frac{\lambda}{R} \ldots \tag{3.44}$$

befinden; die Gln. (3.43) und (3.44) entsprechen genau den Gln. (3.39) und (3.40) für den Spalt und sind ganz analog gebaut. Bildet man wieder durch eine Linse der Brennweite f auf einen Schirm ab, so erhält man für die Radien der *dunklen* Ringe:

$$r_1 = 0.610 \frac{\lambda f}{R}; \quad r_2 = 1.116 \frac{\lambda f}{R}; \quad r_3 = 1.619 \frac{\lambda f}{R} \quad \text{usw.} \qquad (3.45)$$

Demgemäß sieht die Beugungserscheinung folgendermaßen aus: Statt eines *Lichtpunktes*, wie es die geometrische Abbildung fordern würde, erhält man eine helle Kreisfläche (sog. *Beugungsscheibchen*) vom Radius $r_1 = 0.61 \lambda f/R$, deren Intensität vom Maximum bei $r = 0$ bis zum Werte 0 bei $r = r_1$ abnimmt; dann folgt der erste dunkle Ring für $r = r_1$, dann ein heller Ring, der von den Radien r_1 und $r_2 = 1.116 \lambda f/R$ begrenzt wird; bei $r = r_2$ liegt der zweite dunkle Ring usw. Die Nebenmaxima sind hier allerdings noch schwächer als bei der rechteckigen Öffnung. Diese Beugungserscheinung beobachtet man z. B. regelmäßig, wenn man mit einem Fernrohr auf einen Fixstern blickt. Hier wirkt die Begrenzung des Objektivs als Beugungsöffnung. Auch hier erkennt man: Der Radius des zentralen Beugungsscheibchens ($r_1 = 0.61 \lambda f/R = 1.22 \lambda f/D$) ist proportional der Wellenlänge und umgekehrt proportional dem Durchmesser D der beugenden Öffnung, z. B. eines Fernrohrobjektivs. Je größer also D ist und je kleiner man die Wellenlänge wählt, um so mehr nähert man sich den Verhältnissen der geometrischen Optik.

Umgekehrt gilt natürlich, dass die Beugungserscheinungen um so stärker hervortreten, je größer die Wellenlänge im Verhältnis zu den Abmessungen der beugenden Öffnung ist. Nehmen wir den extremen Fall, dass die Breite b des Beugungsspaltes im vorhin behandelten Problem kleiner als die Wellenlänge, z. B. gleich $\lambda/4$ sei. Dann ist die Gangdifferenz der Randstrahlen (vgl. Abb. 3.50) selbst auch $\leq \lambda/4$, und es kann auf der Rückseite der Öffnung in keiner Richtung mehr Dunkelheit geben; die Beugungserscheinung reduziert sich dann auf das sehr stark verbreiterte Zentralbild, da auf beiden Seiten desselben keine Minima mehr auftreten können: das Licht breitet sich also diffus hinter der Öffnung aus. Natürlich gilt entsprechendes für alle Arten von Beugungsöffnungen.

3.8.3 Fraunhofer'sche Beugung und Fourier-Transformation

Das vorstehend behandelte Beispiel der Beugung am Spalt lässt sich mit etwas mehr mathematischem Aufwand wesentlich allgemeiner formulieren. Dazu wird in der Richtung AB (vgl. Abb. 3.50) eine Koordinate ξ eingeführt mit dem Nullpunkt in A und positiven ξ-Werten entlang des Spaltes. Im Punkt B gilt dann $\xi = b$. Die Spaltbreite wird wieder in schmale Teilstücke der Breite $d\xi = \beta$ zerlegt. Das an der Stelle ξ ausgehende Teilbündel hat dann gegenüber dem Teilbündel an der Stelle $\xi = 0$ einen Gangunterschied von $d\xi/b$ und eine Phasendifferenz $\dfrac{2\pi d}{\lambda} \dfrac{\xi}{b} = \dfrac{2\pi \sin\varphi}{\lambda} \xi$.

Die Summe in Gl. (3.35) kann damit durch ein Integral ersetzt werden:

$$E_\varphi \sim \operatorname{Re} e^{i2\pi\left(vt - \frac{l}{\lambda}\right)} \int_0^b e^{-i\frac{2\pi \sin\varphi}{\lambda}\xi} \, d\xi. \qquad (3.46)$$

Ausrechnung ergibt mit $d = b \sin \varphi$:

$$E_\varphi \sim \operatorname{Re} \frac{i\lambda}{2\pi \sin \varphi} e^{i2\pi\left(vt - \frac{l}{\lambda}\right)} e^{-\frac{i\pi d}{\lambda}} \left(e^{-\frac{i\pi d}{\lambda}} - e^{+\frac{i\pi d}{\lambda}}\right)$$

$$\sim \frac{\lambda \sin \frac{\pi d}{\lambda}}{\pi \sin \varphi} \cos\left[2\pi\left(vt - \frac{l}{\lambda} - \frac{d}{2\lambda}\right)\right],$$

$$J_\varphi \sim \overline{E_\varphi^2}$$

$$\sim b^2 \frac{\sin^2\left(\frac{\pi b \sin \varphi}{\lambda}\right)}{\left(\frac{\pi b \sin \varphi}{\lambda}\right)}. \tag{3.47}$$

Die Gl. (3.47) ist identisch mit Gl. (3.38), die das Beugungsbild eines Spaltes beschreibt.

Die Ausgangsgleichung (3.46) für die hier demonstrierte Rechnung soll noch verallgemeinert werden. Dazu wird zunächst wie im vorangegangenen Abschnitt statt des Beugungswinkels φ die Koordinate x auf dem Beobachtungsschirm durch $x/f = \sin \varphi$ eingeführt. Außerdem soll der zweidimensionale Fall, beschrieben durch die zusätzlichen Koordinaten η und y, betrachtet werden. Zur Elimination der Integrationsgrenzen wird eine Funktion $F(\xi, \eta)$ eingeführt, die im Fall einer rechteckigen Blende folgendermaßen definiert ist:

$$F(\xi, \eta) = 1 \quad \text{für} \quad 0 \leq \xi \leq b, \quad 0 \leq \eta \leq a;$$
$$F(\xi, \eta) = 0 \quad \text{sonst}. \tag{3.48}$$

Damit ergibt sich für die Beugung an einer rechteckigen Blende als Verallgemeinerung von Gl. (3.46):

$$E(x, y) \sim \operatorname{Re} e^{i2\pi\left(vt - \frac{l}{\lambda}\right)} \int\!\!\!\int_{-\infty}^{+\infty} F(\xi, \eta) e^{-\frac{2\pi i}{\lambda f}(x\xi + y\eta)} d\xi \, d\eta. \tag{3.49}$$

Die Berechnung des Beugungsbildes kann nun mit Hilfe von Gl. (3.49) nicht nur für rechteckige Blenden erfolgen, sondern auch für beliebige Blendenformen, wenn die Funktion analog Gl. (3.48) so definiert wird, dass sie innerhalb der Blendenöffnung den Wert 1 annimmt und außerhalb null ist. Außerdem kann mit Hilfe von Gl. (3.49) auch der Fall untersucht werden, dass $F(\xi, \eta)$ nicht konstant über die Blendenöffnung ist, sondern örtlich variiert. Dies kann z. B. dadurch hervorgerufen werden, dass sich in der Blendenöffnung eine absorbierende Schicht mit örtlich unterschiedlicher Absorption befindet.

Der durch Gl. (3.49) gegebene Zusammenhang entspricht einer sogenannten Fourier-Transformation, die einer Funktion $F(\xi, \eta)$ der ξ, η-Ebene eine Funktion $E(x, y)$ der x, y-Ebene zuordnet. Bei der Fraunhofer'schen Beugung ergibt sich also die Verteilung der elektrischen Feldstärke in der Beobachtungsebene durch Fourier-Transformation der Verteilung in der Ebene des beugenden Objekts. Da die Fourier-Transformation umkehrbar ist, kann die Objektverteilung durch Fourier-Transformation des Beugungsbildes bestimmt werden.

Die vorstehenden Aussagen müssen allerdings noch etwas eingeschränkt werden. Unter Fourier-Transformation versteht man die Integraltransformation in Gl. (3.49). Vor dem Integral steht jedoch noch ein Phasenfaktor. In diesem bedeutet $l = l(x, y)$ den optischen Abstand des Koordinatenursprungs der ξ, η-Ebene von dem jeweils betrachteten Punkt der x, y-Ebene. Nur wenn die ξ, η-Ebene mit der vorderen Brennebene der Linse O_2 (vgl. Abb. 3.46) zusammenfällt, ist der Abstand l für alle Punkte x, y gleich und Gl. (3.49) beschreibt bis auf einen konstanten Phasenfaktor tatsächlich eine Fourier-Transformation. Die Unabhängigkeit des Abstandes l für diesen Fall erkennt man am bequemsten, indem man den Koordinatenursprung, der beliebig gewählt werden kann, in den vorderen Brennpunkt der Linse legt. Alle vom vorderen Brennpunkt der Linse ausgehenden Strahlen haben dann in der hinteren Brennebene den gleichen Weg zurückgelegt, denn sonst würde sich in der hinteren Brennebene keine ebene Wellenfront ergeben. Da man beim Licht im Allgemeinen nur die Amplitude beobachtet, ist in vielen Fällen ein örtlich variierender Phasenfaktor jedoch vernachlässigbar.

Babinet'sches Theorem. Man denke sich zunächst in der Anordnung nach Abb. 3.46b den beugenden Spalt entfernt. Dann entsteht auf dem Schirm ein scharfes Bild der Lichtquelle, das als Zentralbild bezeichnet wird. Die Einfügung des Spaltes in den Strahlengang erzeugt die bekannte in Abb. 3.45 dargestellte Beugungserscheinung. Ersetzt man die beugende Öffnung eines Beugungsschirmes von der Breite b durch einen undurchlässigen Streifen der gleichen Breite (z. B. einen Draht vom Durchmesser b), so erhält man auf beiden Seiten des Zentralbildes (bzw. des Drahtschattens) sehr ähnliche, wenn nicht identische Beugungserscheinungen. Das muss in der Tat so sein und für beliebig gestaltete Öffnungen bzw. entsprechende Schirme gelten, wie folgende Überlegung am Beispiel der Spaltbeugung zeigt. Durch die Beugung am Spalt wird außerhalb des Zentralbildes eine bestimmte Amplitudenverteilung der Lichtwellen erzeugt. Ersetzt man den Schirm und Beugungsspalt durch einen Draht, dessen Durchmesser gleich der Spaltbreite ist, so liefert dieser eine Amplitudenverteilung, die außerhalb des Zentralbildes der im ersten Fall entstandenen gerade entgegengesetzt ist. Denn es müssen sich die beiden Beugungserscheinungen genau kompensieren, wenn man die beugende Öffnung bzw. den beugenden Draht ganz fortnimmt, d. h. ungestörte Lichtausbreitung hat: Dann herrscht mit Ausnahme des Zentralbildes auf dem Schirm Dunkelheit. Nun ist aber die Intensität des Lichtes proportional dem Quadrat der Amplitude; deren Vorzeichen ist also für die Intensität gleichgültig. Daher ist in beiden Fällen die Intensitätsverteilung außerhalb des Zentralbildes identisch. Man kann dies so ausdrücken:

- Komplementäre Schirme (d. h. Schirme, bei denen Öffnungen und undurchsichtige Partien vertauscht sind) liefern außerhalb des Bereiches der geometrisch-optischen Abbildung die gleichen Beugungserscheinungen.

Dieses von J. Babinet (1837) zuerst ausgesprochene und nach ihm benannte Theorem erweist sich für viele Beugungsprobleme als sehr fruchtbar. Abb. 3.52 gibt die Beugung an einem Spalt und dem komplementären Draht wieder (geometrisches Bild durch dünne Vertikalstriche angedeutet). Man erkennt, dass außerhalb des Zentrums, wo das geometrisch-optische Bild der Lichtquelle liegt, die Intensitätsverteilungen etwa gleich sind. Eine geringfügige Streifenversetzung kann durch unter-

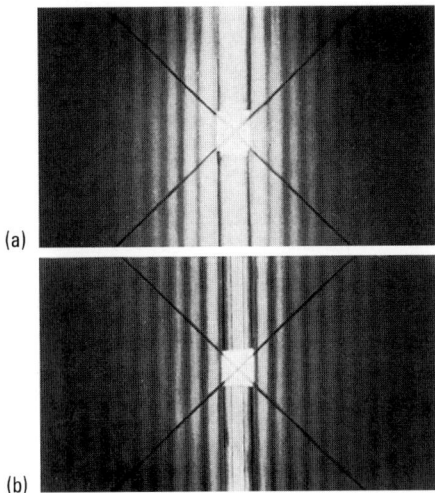

(a)

(b)

Abb. 3.52 Zum Babinet'schen Theorem: Fraunhofer'sche Beugung (a) an einem Spalt und (b) einem gleichdicken Draht.

schiedliche Dicke des Drahtes und Spaltes zustande kommen. Das Fadenkreuz in beiden Bildern hat keine Bedeutung.

3.9 Beugungsbegrenzung des Auflösungsvermögens optischer Instrumente

Die in den vorhergehenden Nummern geschilderten Erscheinungen der Beugung des Lichtes sind von grundlegender Bedeutung für die Beurteilung der Leistungsfähigkeit der optischen Instrumente.

3.9.1 Fernrohr

Schaut man durch ein Fernrohr nach einem fernen Lichtpunkt, etwa einem Fixstern, so erblickt man keinen idealen Lichtpunkt, sondern ein kleines Beugungsscheibchen endlicher Ausdehnung, das noch von einer Reihe dunkler und heller Ringe umgeben ist, wie im vorhergehenden Abschnitt gezeigt wurde. Dieses Phänomen kommt durch die Beugung des Lichtes an der kreisförmigen Begrenzung des Objektivs zustande. Wird sein Durchmesser mit $D = 2R$, seine Brennweite mit f bezeichnet, so beträgt nach Gl. (3.45) der Radius r des zentralen Beugungsscheibchens

$$r = 0.61 \frac{\lambda f}{R} = 1.22 \frac{\lambda f}{D}. \tag{3.50}$$

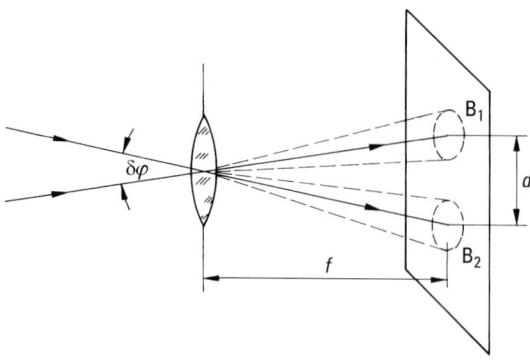

Abb. 3.53 Zur Erklärung der Auflösung zweier Objektpunkte im Bild.

Es ist unmittelbar klar, dass die Ausdehnung dieses Beugungsscheibchens die Leistung des Fernrohrs, d.h. seine brauchbare Vergrößerung begrenzen muss. Denn es ist seine Aufgabe, die Winkeldistanz zwischen zwei punktförmigen Objekten, z. B. zwei Fixsternen, so zu vergrößern, dass die beiden Objekte getrennt wahrgenommen werden können. Da man die Vergrößerung des Fernrohres an sich beliebig weit treiben kann, müsste eine derartige Auflösung zweier Objektpunkte im Bild bei einer punktweisen Abbildung im Sinne der geometrischen Optik immer möglich sein. Infolge der stets auftretenden Beugung kann sie aber nur gelingen, wenn die vom Fernrohr nach den Objekten laufenden Strahlen einen so großen Winkel $\delta\varphi$ miteinander bilden, dass die beiden kreisrunden Beugungsscheibchen in der Bildebene merklich auseinanderfallen, wie es Abb. 3.53 andeutet. Man nimmt an, dass diese Trennung mit Sicherheit gelingt, wenn das Intensitäts- bzw. Helligkeitsmaximum des einen Objektes auf das erste Helligkeitsminimum des andern zu liegen kommt, d.h. wenn die beiden Helligkeitsmaxima nach Gl. (3.50) keinen geringeren Abstand als $1.22(\lambda f/D)$ haben. Nun ist dieser Abstand (Abb. 3.53) gleich $f\delta\varphi$, sodass die Beziehung folgt:

$$\delta\varphi = \frac{1.22\,\lambda}{D}. \tag{3.50a}$$

Das ist die notwendige Winkeldistanz, damit zwei Objekte vom Fernrohr noch aufgelöst werden können. Den reziproken Wert von $\delta\varphi$ nennt man daher passend das *Auflösungsvermögen U* des Fernrohrs. Es ist also:

$$U = \frac{1}{\delta\varphi} = 0.82\frac{D}{\lambda}. \tag{3.50b}$$

Daraus ersieht man, dass das Auflösungsvermögen um so größer ist, je kleiner die Wellenlänge λ und je größer der Objektivdurchmesser D ist. Die Fernrohrvergrößerung kann man natürlich so hoch treiben, wie man will; aber sie verbessert nichts, weil sie keine bessere Trennung zur Folge hat, sondern die ausgedehnten zentralen Beugungsscheibchen mitvergrößert. Man kann aus Gl. (3.50a) berechnen, wie groß bei gegebener Wellenlänge der Objektivdurchmesser D sein muss, um z. B. zwei Sterne

3.9 Beugungsbegrenzung des Auflösungsvermögens optischer Instrumente

im Abstand einer Winkelsekunde ($\delta\varphi = 4.85 \times 10^{-6}$ rad) als doppelt zu erkennen. Dazu muss sein:

$$D = 1.22 \frac{\lambda}{\delta\varphi} = \frac{1.22 \times 5 \times 10^{-5}}{4.85 \times 10^{-6}} \text{ cm} = 12.6 \text{ cm}.$$

Als mittlere Wellenlänge ist hier $\lambda = 0.5\,\mu\text{m} = 5 \times 10^{-5}$ cm angenommen.

Wie man aus Gl. (3.50) sieht, wird der Durchmesser eines Beugungsscheibchens um so kleiner, d.h. der abgebildete Lichtpunkt um so schärfer, je größer der Objektivdurchmesser D ist. Das bedeutet hinsichtlich der Bildhelligkeit (Intensität, Strahlungsflussdichte), dass diese der vierten Potenz des Objektivdurchmessers proportional ist. Denn bei doppeltem Durchmesser steigt z.B. die eintretende Lichtmenge auf den vierfachen Wert, während die Fläche des Beugungsscheibchens gleichzeitig auf den vierten Teil absinkt: die Strahlungsflussdichte wird also im Bildpunkt 16-mal so groß. Schon aus diesem Grunde ist eine Vergrößerung des Objektivdurchmessers bei astronomischen Instrumenten sehr wertvoll.

Natürlich gelten die obigen Überlegungen auch für das Auge; die Blende, die hier den Strahlengang und damit das Auflösungsvermögen begrenzt, ist die Pupille, deren Durchmesser bei mittlerer Beleuchtung ungefähr 0.3 cm beträgt, demgemäß findet man für $\delta\varphi$ im Bogenmaß

$$\delta\varphi = \frac{1.22 \times 5 \times 10^{-5}}{3 \times 10^{-1}} = 2.03 \times 10^{-4} \text{ rad};$$

das entspricht einem Winkel von etwa 42″, während der physiologische Grenzwinkel rund 60″ beträgt. Es ist bemerkenswert, dass die durch den endlichen Abstand der zäpfchenförmigen Lichtempfänger auf der Netzhaut gegebene physiologische Auflösungsgrenze und die durch die Beugung an der Pupille bedingte annähernd zusammenfallen.

Es muss noch erwähnt werden, dass die obigen Erörterungen insofern mit einer gewissen Willkür behaftet sind, als definitionsgemäß festgesetzt wurde, dass zwei Lichtpunkte erst dann zu trennen seien, wenn das Zentrum des einen Beugungsscheibchens mit dem ersten dunklen Ring des anderen zusammenfalle. Es wird aber unter Umständen eine Trennung auch schon dann möglich sein, wenn der Abstand etwas kleiner ist; das hängt von physiologischen Faktoren ab. Daher können unsere Betrachtungen nur die richtige Größenordnung des Auflösungsvermögens ergeben, was auch die Erfahrung bestätigt. Man fügt daher in der Praxis auf der rechten Seite von Gl. (3.50b) noch einen „physiologischen Faktor" zu, der größer als 1 ist und nur im ungünstigsten Falle den Wert 1 selbst annimmt.

3.9.2 Mikroskop

Auch für das Mikroskop gelten hinsichtlich des Auflösungsvermögens und der dadurch begrenzten, sinnvollen Vergrößerung dieselben Überlegungen. Ein sphärisch und chromatisch vollkommen korrigiertes Objektiv liefert keineswegs eine ideale Abbildung: Es bildet einen Punkt nicht als Punkt ab, sondern infolge der Beugung des Lichtes an der Begrenzung der Objektivlinse als Lichtscheibchen. Sein Durchmesser ist näherungsweise durch Gl. (3.45) gegeben:

$$d' = 1.22 \frac{a\lambda}{R},$$

wobei a die Entfernung der Bildebene vom Objektiv und R dessen Radius bedeutet. Es ist üblich, sich den Durchmesser des Beugungsscheibchens ins Objekt zurückprojiziert zu denken, d.h. seine Größe in Einheiten des Objektdetails zu messen. Da die Objektebene in erster Annäherung in der vorderen Brennebene des Objektivs liegt, erhält man für den Durchmesser d des Beugungsscheibchens in dieser Ebene die Beziehung $d : d' = f : a$, oder mit Bezug auf die vorangehende Gleichung:

$$d = 1.22 \frac{f\lambda}{R};$$

R/f ist aber nichts anderes als die Apertur A des Objektivs, sodass

$$d = 1.22 \frac{\lambda}{A}. \tag{3.51}$$

Die Größe des so objektseitig gemessenen scheinbaren Beugungsscheibchens bestimmt offenbar das Auflösungsvermögen des Mikroskops. Denn wenn zwei Objektpunkte so nahe liegen, dass ihre Beugungsscheibchen sich gerade berühren, können die beiden Objekte sicher als deutlich voneinander getrennt beobachtet werden. Aber auch, wenn beide Beugungsscheibchen sich schon teilweise überdecken, wird man sie noch als getrennte Punkte ansprechen können. Wie weit dies in einem solchen Fall möglich ist, hängt wieder von physiologischen Eigentümlichkeiten ab, d.h. von der Fähigkeit unseres Auges, Unterschiede in Form und Helligkeit zu erkennen. Man führt daher wie oben einen physiologischen Faktor k ein. Das praktische Ergebnis ist das, dass zwei Teilchen noch als getrennt beobachtet werden können, wenn ihr Abstand ungefähr $\lambda/2$ beträgt, vorausgesetzt, dass die Apertur A etwa den Wert 1 besitzt. Definiert man hier entsprechend das Auflösungsvermögen U als den reziproken Wert von d in Gl. (3.51), so haben wir

$$U = 0.82 \, k \frac{A}{\lambda}, \tag{3.52}$$

wo jetzt $k \geq 1$ ist.

Die vorstehende Berechnung des Auflösungsvermögens eines Mikroskops ist zuerst von H. v. Helmholtz (1874) gegeben worden; sie ist wesentlich die gleiche, die man auch beim Fernrohr anwendet. Sie setzt also, was beim Fernrohr der normale Fall ist, *selbstleuchtende Objekte* voraus; freilich zeigt es sich, dass Nichtselbstleuchter, die das auffallende Licht diffus zerstreuen, was in vielen Fällen bei mikroskopischen Objekten der Fall ist, wie Selbstleuchter behandelt werden können. Im Gegensatz zur Helmholtz'schen Untersuchung steht die fast gleichzeitig von E. Abbe (1873) durchgeführte, die den Extremfall zugrunde legt: Abbe betrachtet nur die Abbildung von Nichtselbstleuchtern. Die Abbe'sche Theorie wird in Abschn. 3.12 erläutert; sie führt im Endergebnis wesentlich zum gleichen Ergebnis wie die Helmholtz'sche.

3.9.3 Prismenspektralapparat

Schließlich soll noch das Auflösungsvermögen eines Prismenspektralapparates bestimmt werden; denn auch dessen Leistungsfähigkeit wird durch die Beugung begrenzt. In Abb. 3.54 ist der Strahlenverlauf gezeichnet: Das vom Spalt Sp kommende Licht der Wellenlänge λ wird durch die Linse L_1 parallel gemacht, durchsetzt das Prisma und wird dann durch die zweite Linse L_2 in deren Brennebene auf dem Schirm S zu einem Bilde Q des Spaltes vereinigt. Läuft noch eine zweite Welle mit etwas verschiedener Wellenlänge durch den Spektralapparat, so wird deren Wellenebene, die vor der Brechung mit AB zusammenfällt, nach dem Durchgang durch das Prisma etwa CD' sein, d. h. mit der Wellenebene CD von λ einen kleinen Winkel φ bilden, weil die Brechzahl für die Wellenlänge $(\lambda + \delta\lambda)$ statt n den Wert $\left(n + \dfrac{dn}{d\lambda}\delta\lambda\right)$ besitzt. Das von dieser zweiten Welle herrührende Spaltbild möge auf dem Schirm an der Stelle Q' liegen. Wären nun die Bilder Q und Q' der zu den benachbarten Wellenlängen gehörenden Spalte unendlich schmal, so würden diese Wellenlängen in jedem Fall räumlich getrennt, und das Auflösungsvermögen des Prismas wäre unendlich groß. In Wirklichkeit liegen die Verhältnisse aber anders. Infolge seiner endlichen Abmessung schneidet nämlich das Prisma aus der Wellenfläche ein Stück von der Breite $\overline{CD} = b$ heraus, wirkt also wie eine spaltförmige Blende von dieser Breite. Man erhält daher in Q und Q' nicht ein scharfes Bild des Beleuchtungsspaltes Sp, sondern die durch die Abb. 3.51 dargestellte Beugungserscheinung. Eine Trennung der beiden Wellenlängen λ und $\lambda + \delta\lambda$ kann also nur dann erfolgen, wenn das Helligkeitsmaximum der Letzteren gerade in das erste Minimum fällt, das die Wellenlänge λ in der Umgebung von Q erzeugt. Es muss zu diesem Zweck nach Gl. (3.39), da wegen der Kleinheit von φ statt des Sinus das Argument gesetzt werden darf, $\varphi = \lambda/b$ sein; andererseits ist nach Abb. 3.54 auch $\varphi = \overline{DD'}/b$, woraus durch Vergleich folgt: $\overline{DD'} = \lambda$. Die Strecke $\overline{DD'}$ ist gleich dem Unterschied der optischen Weglängen für die beiden Strahlen mit den Wellenlängen λ und $\lambda + \delta\lambda$. Nun ist die

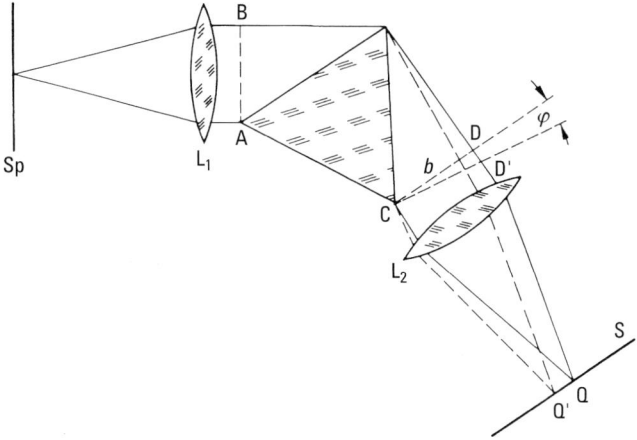

Abb. 3.54 Auflösungsvermögen eines Prismenspektralapparates.

optische Weglänge von $\overline{AC}$ gleich derjenigen von B (längs des ausgezogenen Strahles) nach D, da sowohl A und B wie C und D auf je einer Wellenfläche für die Wellenlänge λ liegen. $\overline{AC}$ ist aber gleich $n(\lambda)\,t$, wenn t die Basisdicke des Prismas ist. Ebenso besteht für die benachbarte Wellenlänge $\lambda + \delta\lambda$ Gleichheit der optischen Weglängen von $\overline{AC}$ und $\overline{BD'}$ (längs des gestrichelten Strahles gemessen); $\overline{AC}$ ist aber nun gleich

$$n(\lambda + \delta\lambda)\,t = n(\lambda)\,t + \frac{dn}{d\lambda}\delta\lambda\,t$$

zu setzen. Also ist die Differenz $\overline{DD'}$ der beiden optischen Wege, d.h. $\lambda = t\dfrac{dn}{d\lambda}\delta\lambda$ oder:

$$\frac{\lambda}{\delta\lambda} = t\frac{dn}{d\lambda}. \tag{3.53}$$

Auf der linken Seite steht die als Auflösungsvermögen bezeichnete Größe $\lambda/\delta\lambda$. *Das spektrale Auflösungsvermögen eines Prismas ist also gleich dem Produkt aus seiner Basislänge und der Dispersion* $dn/d\lambda$ *des Prismenmaterials.*

Dieses Ergebnis wurde zuerst von Lord Rayleigh (1879) gefunden. Für das Auflösungsvermögen eines Spektralapparates ist es nach Gl. (3.53) also gleichgültig, ob man ein Prisma oder deren mehrere verwendet, wenn nur die gesamte Basislänge die gleiche ist; dagegen hängt das Auflösungsvermögen *nicht* vom Prismenwinkel ab. Um einen Begriff von der Größe des Auflösungsvermögens zu geben, sei angeführt, dass die Größe $dn/d\lambda$ für schweres Flintglas $1730\,\text{cm}^{-1}$, für leichtes Flintglas $960\,\text{cm}^{-1}$ und für schweres Kronglas $530\,\text{cm}^{-1}$ beträgt. Damit ergibt sich das Auflösungsvermögen für Prismen von 1 cm Basislänge aus den genannten Stoffen zu 1730, 960 und 530. Man kann also mit einem solchen Prisma aus schwerem Flint die beiden D-Linien sicher auflösen, was mit einem Prisma aus leichtem Flint nur eben gelingt, während es mit schwerem Kronglas nicht mehr möglich ist. Leider lässt sich die Prismenbasis nicht beliebig vergrößern, da das Prisma zu groß würde oder bei Verwendung mehrerer Prismen es an Platz fehlt. Im nächsten Abschnitt wird das Beugungsgitter, ein besseres Hilfsmittel zur Erzielung hoher Auflösung, erläutert.

3.9.4 Kontrastübertragungsfunktion

Neben der eben besprochenen Beugung begrenzen auch die Linsenfehler das Auflösungsvermögen optischer Apparate. Eine umfassende theoretische Berechnung aller das Auflösungsvermögen bestimmender Faktoren ist aufwändig, und man führt experimentelle Untersuchungen zur Überprüfung durch. Dazu wird meist die Abbildung einfacher Testobjekte durch das zu untersuchende Objekt betrachtet. Die gebräuchlichen Testobjekte sind leuchtende Punkte oder Linien, die durch möglichst feine Kreis- oder Spaltblenden realisiert werden, sowie Gitter.

Die Abbildung eines Punkts liefert in der Bildebene des Objektivs eine nicht punktförmige Intensitätsverteilung, die oft als *Lichtgebirge* bezeichnet wird. Zum Beispiel entsteht bei Abbildung eines Punkts durch ein Mikroskopobjektiv, dessen Auflösung nur durch die Beugung begrenzt ist, das bereits diskutierte Lichtscheib-

3.9 Beugungsbegrenzung des Auflösungsvermögens optischer Instrumente

chen mit den umgebenden hellen und dunklen Ringen. Die Abbildung einer Linie würde in derselben Anordnung das bekannte Spaltbeugungsbild liefern. Die mittlere Breite des Lichtgebirges ist, wie bereits diskutiert, ein Maß für das Auflösungsvermögen.

Besonders in jüngster Zeit [4] wurden als Testobjekte häufig Gitter gewählt. Am übersichtlichsten sind die Verhältnisse, wenn Gitter mit einem sinusförmigen Verlauf der Transmission betrachtet werden. Die Intensität J in der Objektebene ist dann gegeben durch:

$$J = J_0 \left(\frac{1}{2} + \frac{1}{2} \sin \frac{2\pi x}{d} \right).$$

Dabei bedeutet J_0 die Maximalintensität, d die Gitterkonstante und x die Koordinate in der Objektebene senkrecht zu den Gitterstrichen.

Unter vereinfachenden Annahmen kann gezeigt werden, dass das Bild eines solchen Gitters wieder ein sinusförmiges Gitter ist, wobei die Gitterkonstante d' entsprechend dem geometrischen Abbildungsmaßstab vergrößert ist.

Gegenüber dem idealen Bild hat jedoch das reale Bild $J'(x')$ des Gitters eine veränderte Maximalintensität J_{max}. Außerdem tritt ein zusätzlicher Untergrund auf, d.h. in den Minima des Gitterbildes ist die Intensität J_{min} nicht null, wie beim Testobjekt:

$$J'(x') = \frac{J_{max} + J_{min}}{2} + \frac{J_{max} + J_{min}}{2} \sin \frac{2\pi x'}{d'}.$$

Zur quantitativen Beschreibung dieser Veränderung wird der sogenannte *Kontrast* K eingeführt:

$$K = \frac{J_{max} - J_{min}}{J_{max} + J_{min}}.$$

Der Kontrast kann zwischen dem Wert 1, bei einer idealen Abbildung mit $J_{min} = 0$, und dem Wert -1, gleichbedeutend mit Kontrastumkehr, variieren. Der Wert $K = 0$ bedeutet, dass die Intensität in der Bildebene gleichförmig ist, d.h. überhaupt keine Abbildung mehr stattfindet. Außerdem ist es möglich, dass z.B. bei einer Abbildung von nicht symmetrisch zur Achse liegenden Gittern die Maxima des realen Gitterbildes nicht mit den Maxima des idealen Bildes zusammenfallen, d.h. eine Art Phasenverschiebung bei der Abbildung auftritt. Das kann durch eine verallgemeinerte Definition eines komplexen Kontrastes beschrieben werden, worauf hier jedoch nicht weiter eingegangen werden soll.

Der Kontrast nimmt wegen der Begrenzung der Auflösung im Allgemeinen von großen zu kleinen Gitterkonstanten hin ab, da grobe Strukturen besser abgebildet werden als feine. Man erhält daher eine gute Darstellung der Leistungsfähigkeit eines Objektivs, wenn der Bildkontrast als Funktion der Gitterkonstanten eines sinusförmigen Testbildes dargestellt wird. Da nach Fourier eine beliebige Intensitätsverteilung in der Objektebene in sinusförmige Verteilung zerlegt werden kann, ist es mit Hilfe dieser *Kontrastübertragungsfunktion* möglich, auch die Abbildung beliebiger Objekte zu untersuchen.

Eine Analogie zur Nachrichtentechnik ergibt sich, wenn statt der Gitterkonstanten ihr reziproker Wert eingeführt wird, der als Ortsfrequenz bezeichnet wird. Ein Objektiv „überträgt" dann nur bis zu einem gewissen Maximalwert, der Auflösungsgrenze. Dieses Verhalten entspricht dem eines Tiefpasses für elektrische Wellen.

3.10 Beugung am Doppelspalt und Gitter

Von besonderer Bedeutung sind die Beugungserscheinungen, die durch mehrere in regelmäßigen Abständen nebeneinander liegende gleiche Öffnungen hervorgebracht werden. Zunächst soll die erstmalig von J. v. Fraunhofer (1821) an einer Reihe schmaler paralleler Spalte, einem sog. **Gitter** untersuchte Erscheinung betrachtet werden. Die optische Anordnung entspricht im Prinzip der Abb. 3.46b; das von einem Beleuchtungsspalt, der als Lichtquelle L dient, kommende Licht wird durch die Linse O_1 parallel gemacht und durchstrahlt dann das Beugungsgitter, dessen einzelne Spalte parallel zum Beleuchtungsspalt verlaufen. Eine zweite Linse O_2 vereinigt das Licht in ihrer Brennebene, in der sich der Auffangschirm S befindet; mit anderen Worten: die Linsenkombination O_1, O_2 bildet den Beleuchtungsspalt auf dem Schirm scharf ab. Es ist wichtig, sich klar zu machen, dass die Breite des Beleuchtungsspaltes so klein gemacht werden muss, dass die Kohärenzbedingung Gl. (3.11) für sämtliche beugenden Öffnungen, d.h. für die ganze Gitterbreite, erfüllt ist, damit zwischen allen von den verschiedenen Beugungsöffnungen ausgehenden Strahlen feste Phasenbeziehungen bestehen. Weiter unten wird die Notwendigkeit dieser Voraussetzung an einem speziellen Beispiel erhärtet werden.

Die Beugungserscheinung hinter dem Gitter kann durch Überlagerung der Beugungserscheinungen der einzelnen Spalte gefunden werden. Das Gitter besitzt p Öffnungen, sodass p interferierende parallele Strahlenbündel vorhanden sind. Die Spaltbreite sei wieder mit b bezeichnet, der Abstand zweier Spalte, von Mitte zu Mitte gemessen, sei s; s ist also die Periode des Gitters, die allgemein als *Gitterkonstante* bezeichnet wird.

In Abb. 3.55 werden zwei Strahlenbündel, die unter dem Winkel φ abgebeugt werden, herausgegriffen. Betrachtet sei zunächst das rechte Strahlenbündel; für dieses beträgt die Gangdifferenz der Randstrahlen $d_1 = b \sin \varphi$, was einer Phasendifferenz $\delta_1 = 2\pi d_1/\lambda = 2\pi b (\sin \varphi)/\lambda$ entspricht. Das ist genau so wie in Abschn. 3.8; für den linken Spalt (überhaupt für alle p Spalte des Gitters) gilt das Gleiche. Da auch Strahlen, die aus verschiedenen Spalten kommen, miteinander interferieren, muss auch noch die Gangdifferenz zwischen „homologen" Strahlen zweier aufeinanderfolgender Spalte in Betracht gezogen werden; diese ist nach Abb. 3.55 $d_2 = s \sin \varphi$, was einer Phasendifferenz $\delta_2 = 2\pi d_2/\lambda = 2\pi s (\sin \varphi)/\lambda$ entspricht. Wenn

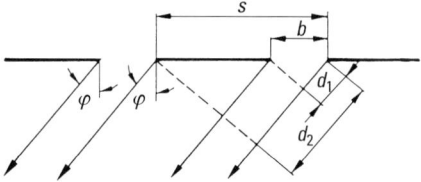

Abb. 3.55 Zur Lichtbeugung an zwei nebeneinanderliegenden Spalten.

die p Strahlenbündel, die unter dem Winkel φ abgebeugt sind, durch die Linse O_2 im Beugungspunkt P überlagert werden, so findet dort Interferenz, und zwar *Vielstrahlinterferenz*, statt, auf die Gl. (3.23) oder Gl. (3.35 a) sinngemäß anzuwenden ist. Wird die Amplitude eines abgebeugten Strahlenbündel E_φ genannt, so ergibt sich im Beugungspunkt P die Intensität

$$J_\varphi \sim \overline{E_\varphi^2} \frac{\sin^2 p\delta_2/2}{\sin^2 \delta_2/2}.$$

$\overline{E_\varphi^2}$ aber ist die Intensität der von einem einzelnen Spalt in der Richtung φ ausgesandten Strahlung. Sie ergibt sich nach Gl. (3.36) zu:

$$\overline{E_\varphi^2} \sim \frac{\sin^2 \delta_1/2}{(\delta_1/2)^2}.$$

Durch Kombination beider Gleichungen erhält man für die Beugungsintensität des gesamten Gitters im Beugungspunkt P

$$J_\varphi \sim \frac{\sin^2 \delta_1/2}{(\delta_1/2)^2} \cdot \frac{\sin^2 p\delta_2/2}{\sin^2 \delta_2/2} \sim \frac{\sin^2\left(\frac{\pi b}{\lambda}\sin\varphi\right)}{\left(\frac{\pi b}{\lambda}\sin\varphi\right)^2} \cdot \frac{\sin^2\left(\frac{p\pi}{\lambda}s\sin\varphi\right)}{\sin^2\left(\frac{\pi}{\lambda}s\sin\varphi\right)}. \quad (3.54)$$

Diese Gleichung gibt für jede abgebeugte Richtung φ die Intensität des Lichts im Beugungspunkt P der Brennebene an.

Zunächst eine allgemeine Bemerkung zu dieser Formel: J_φ ist ein *Produkt* zweier Ausdrücke, von denen der erste die Intensitätsverteilung beim Einzelspalt, der zweite das Resultat des Zusammenwirkens von p Spalten darstellt. Wenn nun die Richtungen φ ins Auge gefasst werden, in denen der Einzelspalt ein Minimum liefert, so ist der erste Faktor null, und damit auch das Produkt, d.h. $J_\varphi = 0$. Das heißt: *die Minima des Einzelspaltes bleiben in jedem Fall Minima;* durch das Hinzufügen der übrigen Beugungsöffnungen des Gitters kann dort niemals Helligkeit entstehen. Umgekehrt kann an den Stellen, an denen der Einzelspalt Helligkeit liefert, Dunkelheit entstehen, nämlich durch Verschwinden des zweiten Faktors in Gl. (3.54). Entsprechendes gilt für alle Fälle von Beugung durch gleichgestaltete Öffnungen, mögen sie – wie hier – in einer bestimmten Ordnung angebracht sein, mögen sie völlig willkürlich verteilt sein. Die Beugungserscheinung, die wir zu erwarten haben, geht aus der für einen Spalt dadurch hervor, dass die hellen Gebiete noch von dunklen Interferenzstreifen durchzogen werden. Der bequemeren Ausdrucksweise halber werden im Folgenden nach dem Vorgang von Fraunhofer die Maxima und Minima *einer* Öffnung als *Interferenzen I. Klasse* bezeichnet, während Maxima und Minima, die durch Zusammenwirken *mehrerer* Öffnungen entstehen, *Interferenzen II. Klasse* heißen sollen.

3.10.1 Beugung am Doppelspalt

Zunächst soll der auch historisch interessante Fall von 2 Spalten behandelt werden. Die Gl. (3.54) liefert dafür mit $p = 2$:

$$J_\varphi \sim \frac{\sin^2\left(\frac{\pi}{\lambda} b \sin\varphi\right)}{\left(\frac{\pi}{\lambda} b \sin\varphi\right)^2} \cdot \frac{\sin^2\left(\frac{2\pi}{\lambda} s \sin\varphi\right)}{\sin^2\left(\frac{\pi}{\lambda} s \sin\varphi\right)}. \tag{3.55}$$

Die Minima I. Klasse sind durch die Nullstellen des Zählers des ersten Faktors bestimmt: sie liegen bei den Beugungswinkeln $\sin\varphi_k = k\lambda/b$ ($k = 1, 2\ldots$), man hat also Minima bei

$$\sin\varphi_1 = \frac{\lambda}{b}; \quad \sin\varphi_2 = \frac{2\lambda}{b}; \quad \sin\varphi_3 = \frac{3\lambda}{b}\ldots;$$

sie folgen aufeinander in den gleichen Abständen λ/b. Für $k = 0$ ergibt sich das Zentralmaximum I. Klasse; die beiden Minima erster Ordnung links und rechts haben also den doppelten Abstand $2\lambda/b$, der der Breite des Zentralbildes entspricht; das alles ist in Abschn. 3.8 eingehend erörtert worden.

Der zweite Faktor lässt sich nach leichter Umformung schreiben als

$$\frac{\sin^2\left(\frac{2\pi}{\lambda} s \sin\varphi\right)}{\sin^2\left(\frac{\pi}{\lambda} s \sin\varphi\right)} = 4\cos^2\left(\frac{\pi}{\lambda} s \sin\varphi\right). \tag{3.56}$$

Dieser Ausdruck verschwindet, wenn $\frac{\pi s}{\lambda} \sin\varphi_h = \frac{2h+1}{2}\pi$ ($h = 0, 1, 2\ldots$) ist, d.h. wenn $\sin\varphi_h = \frac{2h+1}{2} \frac{\lambda}{s}$ oder die Gangdifferenz d_2 zwischen homologen Strahlen der benachbarten Bündel $d_2 = \frac{2h+1}{2}\lambda$ ist. Es entstehen also die neuen Minima II. Klasse an den Stellen

$$\sin\varphi_0 = \frac{\lambda}{2s}; \quad \sin\varphi_1 = \frac{3\lambda}{2s}; \quad \sin\varphi_2 = \frac{5\lambda}{2s}\ldots \sin\varphi_h = \frac{2h+1}{2s}\lambda; \tag{3.57}$$

mit dem Abstand λ/s, und dieser ist, da natürlich $s > b$ sein muss, kleiner als der Abstand der Minima I. Klasse. In dem zentralen Maximum I. Klasse von der Breite $2\lambda/b$ liegen offenbar $(2\lambda/b)/(\lambda/s) = 2s/b$ Minima der II. Klasse. Abbildung 3.56 stellt die Erscheinung an einem Doppelspalt dar, für den $b \approx 0.1$ mm, $s \approx 0.7$ mm war; daher hat der Ausdruck $2s/b$ ungefähr den Wert 14: Es müssen also in dem breiten zentralen Maximum erster Klasse 14 relativ schmale Minima II. Klasse liegen; das entspricht tatsächlich der Abb. 3.56. Man sieht ferner an der Abbildung, namentlich wenn man sie aus einiger Entfernung betrachtet, auf beiden Seiten des Zentralbildes je zwei breite Minima I. Klasse, in Übereinstimmung mit dem vorher Gesagten. Angedeutet sind auch noch auf beiden Seiten die Maxima zweiter Ordnung. – Es ist noch ein Wort über die Maxima II. Klasse, die vom zweiten Faktor

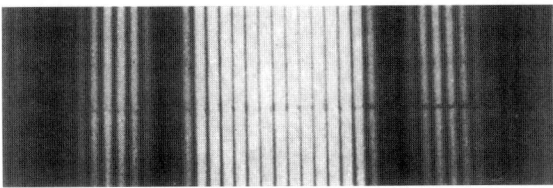

Abb. 3.56 Beugungsbild von einem Doppelspalt (Spaltbreite $b \approx 0.1$ mm, Spaltabstand $s \approx 0.7$ mm).

herrühren, zu sagen. Sie liegen an den Stellen, an denen gleichzeitig Zähler und Nenner verschwinden, und haben die vierfache Intensität (verglichen mit der Intensität der Beugung an einem Spalt), wie man am einfachsten aus Gl. (3.56) ersieht: die Maxima liegen danach an den Stellen, an denen $\cos\left(\dfrac{\pi}{\lambda} s \sin\varphi\right) = \pm 1$ ist, d.h. für $\sin\varphi_{h'} = \dfrac{h'\lambda}{s}$ ($h' = 0, 1, 2\ldots$):

$$\sin\varphi_0 = 0; \quad \sin\varphi_1 = \frac{\lambda}{s}; \quad \sin\varphi_2 = \frac{2\lambda}{s}\ldots \tag{3.58}$$

Sie liegen also gerade zwischen den Minima nach Gl. (3.57). Diese Maxima (die als *Hauptmaxima* bezeichnet werden sollen, da für größere Werte p noch kleinere Maxima vorhanden sind) werden in ihrer Intensität moduliert durch den ersten Faktor, der in Abb. 3.51 dargestellt ist. Demgemäß hat nur das Maximum der nullten Ordnung ($\varphi_0 = 0$) die volle Intensität, während die folgenden immer kleiner werden, wie Abb. 3.57 a zeigt; als Abszissen sind die Werte von $\sin\varphi$ in Einheiten von λ/s aufgetragen, und man überzeugt sich, dass Minima und Maxima an den durch Gl. (3.57) und Gl. (3.58) geforderten Stellen liegen.

Die hier beschriebene Anordnung rührt von Thomas Young (1802) her, der damit zum ersten Male die Wellenlängen des Lichtes maß. Außerdem stellt der Young'sche Versuch das erste Interferenzexperiment dar; denn wenn man von der überlagerten Beugung *eines* Spaltes absieht, hat man die reine Interferenzwirkung von Strahlen, die von den beiden Spalten ausgehen, vorausgesetzt, dass sie mit kohärentem Licht beleuchtet werden.

Um diesen letzteren Punkt ins richtige Licht zu setzen, soll untersucht werden, wie groß der Abstand s der beiden Beugungsspalte sein darf, wenn sie direkt von der Sonne mit dem Durchmesser a beleuchtet werden; die Fläche, die kohärent beleuchtet sein muss, ist eine Kreisfläche vom Durchmesser $(s+b)$. Der Abstand der Sonne vom Doppelspalt sei mit D bezeichnet (Abb. 3.58). Der Öffnungswinkel 2ϑ ist also durch die Breite $(s+b)$ und den Abstand D festgelegt, und wegen der Kleinheit des Winkels kann $\sin\vartheta = (s+b)/2D$ gesetzt werden. Nach der Kohärenzbedingung Gl. (3.11) muss nun hier sein $2a\sin\vartheta \leqq \lambda/2$, d.h.

$$s + b \leqq \frac{\lambda D}{2a}.$$

380   3 Interferenz, Beugung und Wellenleitung

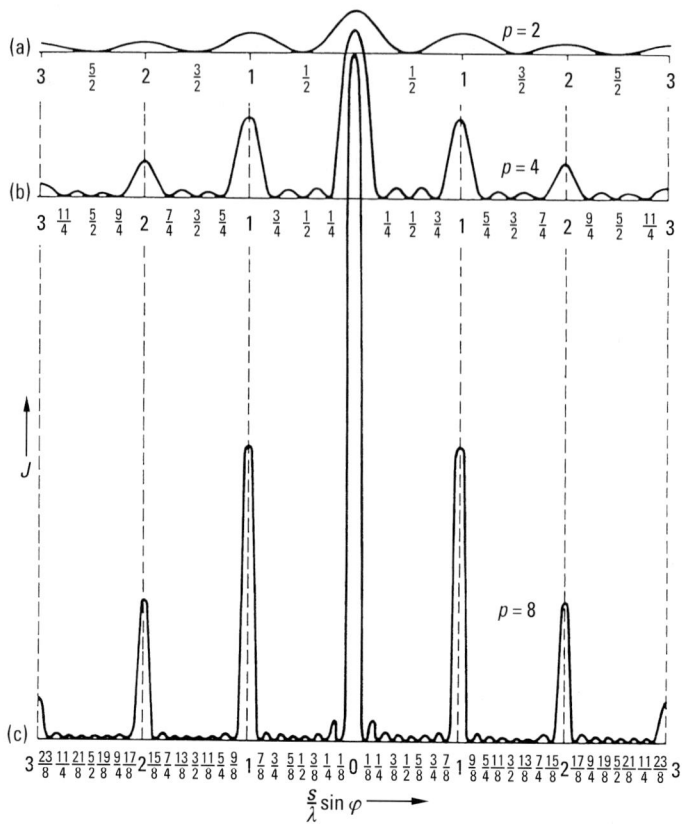

Abb. 3.57 Intensitätsverteilung (qualitativ) bei der Beugung durch (a) 2, (b) 4, und c) 8 Spalte. Die Abszisse ist in Einheiten von λ/s eingeteilt. Es gilt $s \gg b$.

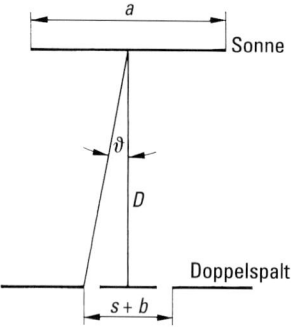

Abb. 3.58 Erfüllung der Kohärenzbedingung bei Ausleuchtung eines Doppelspaltes durch die Sonne.

a/D, die sog. scheinbare Größe der Sonne, d.h. der Winkel, unter dem sie von der Erde aus erscheint, ist gleich $32' = 0.0092\,\text{rad} \approx 10^{-2}\,\text{rad}$. Damit folgt für $s+b$ der Wert

$$s + b \leqq 500\,\lambda = 25\,\mu\text{m},$$

wenn die mittlere Wellenlänge zu 0.5 µm angenommen wird. Bei direkter Beleuchtung durch die Sonne müssten also die beiden Spalte eine Entfernung voneinander besitzen, die kleiner als 25 µm ist, damit sie kohärent beleuchtet werden! Wenn man aber z.B. durch eine Linse mit einer Brennweite $f = 5\,\text{mm}$ ein Sonnenbildchen erzeugt, so hat dies einen Durchmesser $a' = fa/D$, und das gibt mit den gegebenen Werten $a' = 0.05\,\text{mm} = 50\,\mu\text{m}$. Befindet sich der Doppelspalt in einer Entfernung von $D' = 1\,\text{m} = 1000\,\text{mm}$ vom Bild der Sonne, so verlangt die Kohärenzbedingung nunmehr:

$$s + b \leqq \frac{\lambda D'}{2a'};$$

daraus folgt: $s + b \leqq 5\,\text{mm}$, d.h. jetzt dürfen die Spalte einen Abstand von etwa 5 mm voneinander besitzen, ohne dass die kohärente Beleuchtung gestört wird.

Die nach Gl. (3.58) möglichen Maxima II. Klasse brauchen nicht immer alle aufzutreten, nämlich dann nicht, wenn eines oder mehrere derselben auf ein Minimum I. Klasse fallen; denn diese Minima bleiben ja unter allen Umständen erhalten. Dieser Fall liegt dann vor, wenn z.B. das k-te Minimum I. Klasse $\sin\varphi_k = k\lambda/b$ zusammenfällt mit dem h'-ten Maximum II. Klasse: $\sin\varphi_{h'} = h'\lambda/s$. Dann muss ja gelten:

$$\frac{k\lambda}{b} = \frac{h'\lambda}{s}, \quad \text{d.h.} \quad \frac{b}{s} = \frac{k}{h'};$$

mit anderen Worten: Dann ist das Verhältnis b/s *rational*, d.h. gleich dem Verhältnis ganzer (und zwar kleiner) Zahlen $k:h'$. Ist etwa $2b = s$, so ist $k/h' = \frac{1}{2}$; dann muss jedes zweite Maximum II. Klasse mit einem Minimum I. Klasse zusammenfallen. In diesem Fall treten nur die ungeradzahligen Ordnungen der Maxima II. Klasse auf. Wäre dieses Verhältnis von b/s zum Beispiel in Abb. 3.57a (und folgenden) erfüllt, so müsste das dort gezeichnete Maximum bei $\lambda/s = 2$ ausfallen.

3.10.2 Mehrfachspalte, Gitter

Nunmehr soll der Fall betrachtet werden, dass 4 bzw. 8 Spalte vorhanden sind. Im Prinzip bleibt alles beim Alten, nur treten die sog. *Hauptmaxima* (II. Klasse) immer stärker hervor: denn da diese Maxima durch gleichzeitiges Verschwinden von Zähler und Nenner des zweiten Faktors in Gl. (3.54) charakterisiert sind, werden die Intensitäten derselben proportional p^2; je mehr Spalte, desto höher und schmäler werden diese Maxima, wie wir bereits in Abschn. 3.5 auseinandergesetzt haben. Man erkennt dies deutlich an Abb. 3.57b und c, in denen die Intensitäten für $p = 4$ und $p = 8$ dargestellt sind; für $p = 2$ liefert der zweite Faktor Intensitäten der Hauptmaxima vom Werte 4; für $p = 4$ dagegen von $4^2 = 16$; für $p = 8$ endlich von $8^2 = 64$: dieses Wachstum der Intensitäten ist deutlich zu sehen. (Dass nur die Hauptmaxima nullter Ordnung die angegebenen Werte haben und die höherer Ordnungen allmählich abnehmen, liegt natürlich wieder an der Modulierung durch die Intensitätsverteilung des Einzelspaltes.) Man hat Gitter hergestellt, für die $p = 100000$ ist; man kann danach ermessen, wie hoch und scharf die Hauptmaxima sind. – In Abb. 3.57b und c erkennt man zwischen den Hauptmaxima noch sogenannte *Nebenmaxima*, die mit wachsendem p einerseits immer zahlreicher ($p - 2$), andererseits aber auch immer niedriger werden; schließlich braucht man sich bei großem p, was bei den optisch verwendeten Gittern praktisch immer der Fall ist, um die Nebenmaxima gar nicht mehr zu kümmern; es bleiben nur die Hauptmaxima übrig, in den Zwischenräumen herrscht Dunkelheit.

Zusammenfassend kann man das Ergebnis der durchgeführten Untersuchungen so formulieren (statt h' wird nun k als Index für die Hauptmaxima verwendet):

- Bei der Beugung des Lichtes an vielen, in gleichen Abständen nebeneinanderliegenden gleichen Öffnungen liegen die Hauptmaxima an den Stellen

$$\sin \varphi_k = \frac{k\lambda}{s} \quad (k = 0, 1, 2, 3, \ldots), \tag{3.59}$$

wobei die Gitterkonstante s den Abstand der Mitten (bzw. homologer Stellen) zweier benachbarter Öffnungen bedeutet; die Beugungsmaxima sind um so intensiver und schmäler, je größer die Zahl der beugenden Öffnungen ist.

Steht die Gitterkonstante s zur Breite b der Öffnungen in einem rationalen Verhältnis, so fallen gewisse der durch Gl. (3.59) gegebenen Maxima aus.

Wie bei allen Interferenzerscheinungen sind die Abstände der Maxima auch hier proportional der Wellenlänge. Daher ist im Prinzip jede Interferenzanordnung ein Spektroskop, d.h. zur Trennung verschiedener Wellenlängen brauchbar; die Gitter sind dadurch ausgezeichnet, dass man bei ihnen sehr große Trennung benachbarter Wellenlängen erreichen kann. Bei den gebräuchlichen Gittern, bei denen p von der Größenordnung 10^4 bis 10^5 ist, kann man selten höhere Ordnungen als die dritte ($k = 3$) benutzen; wegen der Gl. (3.59) $k\lambda = s \sin \varphi_k$ muss dann $s \geq 3\lambda$ sein, da sonst die dritte Ordnung gar nicht auftreten könnte. Weil die Wellenlängen des sichtbaren Gebietes zwischen 0.4 und 0.75 µm liegen, soll als Beispiel ein Gitter mit $s = 2.5$ µm betrachtet werden; dies gestattet dann, die roten Wellen von 0.75 µm noch in der dritten Ordnung zu erhalten. Wir wollen für die Ordnungen $k = 1$, 2 und 3 die Beugungswinkel φ_k für $\lambda_{\text{rot}} = 0.75$ µm und $\lambda_{\text{violett}} = 0.4$ µm ausrechnen. Man erhält so:

für $k = 1$: $\varphi_{\text{rot}} = 17.5°$; $\varphi_{\text{violett}} = 9.2°$; $\varphi_{\text{rot}} - \varphi_{\text{violett}} = 8.3°$,
für $k = 2$: $\varphi_{\text{rot}} = 36.9°$; $\varphi_{\text{violett}} = 18.7°$; $\varphi_{\text{rot}} - \varphi_{\text{violett}} = 18.2°$,
für $k = 3$: $\varphi_{\text{rot}} = 64.2°$; $\varphi_{\text{violett}} = 28.7°$; $\varphi_{\text{rot}} - \varphi_{\text{violett}} = 35.5°$. (3.60)

Man erkennt, dass man schon in der ersten Ordnung eine sehr erhebliche Trennung der extremen Wellenlängen erreichen kann, die sich in zweiter und dritter Ordnung noch etwa verdoppelt bzw. vervierfacht. Eben wegen dieser großen Trennungsmöglichkeit empfiehlt sich das Gitter als Spektroskop; dieser Punkt wird noch genauer erörtert werden. Hier sei nur noch bemerkt, dass in Gl. (3.59) die Zahl p der Spalte gar nicht auftritt; die in den Gl. (3.60) berechneten Winkel bzw. Winkeldifferenzen gelten also auch schon für ein aus 2 Spalten bestehendes Gitter, das aber wegen

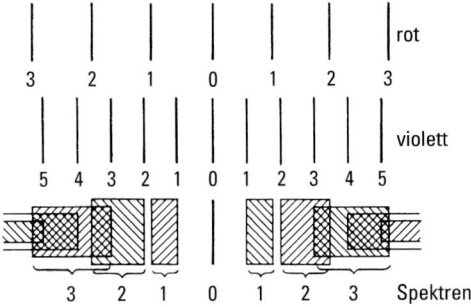

Abb. 3.59 Entstehung der Gitterspektren.

der breiten Maxima (Abb. 3.57a) dennoch kein leistungsfähiges Spektroskop darstellt.

In Abb. 3.59 sind für ein Gitter in der oberen Reihe die Beugungsbilder für rotes und darunter die für violettes Licht skizziert. Man sieht, dass langwelliges Licht stärker abgebeugt wird als kurzwelliges. Wegen der großen Differenzen der Beugungswinkel für verschiedene Wellenlängen liefert das Beugungsgitter ein hervorragendes Mittel zur genauen Bestimmung der Wellenlänge. Man stellt zu diesem Zweck das Gitter auf das Tischchen eines Spektrometers, sodass die Richtung der Gitterspalte parallel zu der des Spektrometerspaltes steht und misst mit dem drehbaren Fernrohr die Winkel φ_k der Beugungsbilder gegen das zentrale Spaltbild nullter Ordnung. Auf diese Weise hat z. B. H.A. Rowland (1883) die ersten Präzisionsmessungen an den Fraunhofer'schen Linien im Sonnenspektrum ausgeführt.

Bei Anwendung weißen Lichtes lagern sich links und rechts neben dem zentralen Spaltbild nullter Ordnung die Beugungsbilder der einzelnen Wellenlängen lückenlos aneinander, sodass in jeder Ordnung ein ganzes Spektrum entsteht, das von außen nach innen stets die Farbenfolge Rot, Orange, Gelb, Grün, Blau, Indigo, Violett zeigt. In der unteren Reihe von Abb. 3.59 ist die Lage der Beugungsspektren erster bis dritter Ordnung angedeutet. Während das Spektrum erster Ordnung von dem der 2. Ordnung noch durch einen dunklen Zwischenraum getrennt ist, überlagern sich die folgenden Spektren in der Weise, dass jedesmal das violette des folgenden auf das rote Ende des vorhergehenden Spektrums zu liegen kommt. Dadurch ergeben sich an diesen Stellen Mischfarben, die sich mit höherer Ordnung immer mehr dem Weiß nähern.

Bei einem Gitterspektrum ist die Reihenfolge der Farben die gleiche wie bei einem Prismenspektrum, abgesehen von der Richtung. Während aber im Letzteren die Verteilung der Farben im Spektrum von der Dispersion der Prismensubstanz abhängt, ist dies beim Gitterspektrum nicht der Fall; bei diesem werden vielmehr die einzelnen Farben stets proportional ihrer Wellenlänge abgelenkt. Man bezeichnet daher das Gitterspektrum als **Normalspektrum**. Bei Benutzung von Sonnenlicht treten natürlich auch im Gitterspektrum die Fraunhofer'schen Linien auf. In Abb. 14 auf Farbtafel I ist ein Gitterspektrum und darüber in Abb. 13 ein mit einem Flintglasprisma erzeugtes gleichlanges Spektrum wiedergegeben. Aus der Lage der Fraunhofer'schen Linien erkennt man, dass im Gitterspektrum der rote und gelbe Teil wesentlich stärker auseinandergezogen ist als bei einem prismatischen Spektrum.

Für Wellenlängenmessungen mit dem Gitter ist die Kenntnis des **Auflösungsvermögens des Gitters** wichtig. Wie bereits in Abschn. 3.5 bei der Diskussion des Fabry-Pérot-Interferometers und in Abschn. 3.9 beim Prismenspektralapparat angegeben, versteht man darunter die Größe $\lambda/\delta\lambda$, die angibt, welcher Wellenlängenunterschied $\delta\lambda$ sich bei einer Wellenlänge λ noch erkennen lässt. Da nach den Ausführungen zu Abb. 3.57 die Beugungsmaxima, d.h. die Linien im Spektrum, um so schärfer ausfallen, je größer die Zahl p der beugenden Öffnungen ist, und ferner aus den Werten Gl. (3.60) hervorgeht, dass die Länge des Beugungsspektrums mit der Ordnungszahl k wächst, ist das Auflösungsvermögen eines Beugungsgitters proportional dem Produkt kp. Die genaue Rechnung liefert:

$$\frac{\lambda}{\delta\lambda} = kp. \tag{3.61}$$

Zur Ableitung dieser Gl. (3.61) berechnet man aus Gl. (3.59) den Winkelabstand der Maxima für 2 Wellenlängen λ_1 und $\lambda_1 + \delta\lambda = \lambda_2$ zu:

$$\sin\varphi_{2k} - \sin\varphi_{1k} = \frac{k\delta\lambda}{s}.$$

Die beiden Hauptmaxima können noch getrennt werden, falls das Hauptmaximum von λ_2 auf das benachbarte Minimum („II. Klasse") von λ_1 fällt. Der Abstand dieses Minimums vom Hauptmaximum von λ_1 ist nach Gl. (3.54):

$$\sin\varphi_{1h} - \sin\varphi_{1k} = \frac{\lambda_1}{ps}.$$

Für $p = 2, 4, 8$ kann dieser Abstand auch Abb. 3.57 entnommen werden. Gleichsetzen der beiden vorhergehenden Gleichungen liefert mit $\lambda_1 = \lambda \approx \lambda_2$ die Gl. (3.61).

Bei den feinsten Gittern liegt p in der Größenordnung von 10^5; die Größe k ist, wie oben erläutert wurde, beschränkt auf Werte bis zu 3. Im Allgemeinen beobachtet man in der zweiten oder dritten Ordnung, sodass man für das Auflösungsvermögen eines guten Gitters etwa 200000 bis 300000 erhält.

Da für die beiden Na-D-Linien $\lambda/\Delta\lambda = 1000$ ist, können mit einem Gitter von dieser Leistungsfähigkeit noch Spektrallinien aufgelöst werden, deren Abstand nur der 200. bis 300. Teil des D-Linien-Abstandes ist. Je größer p, um so besser ist das Auflösungsvermögen des Gitters, obwohl bei allen Gittern mit gleichem s die Maxima nach Gl. (3.59), wie auch Abb. 3.57 deutlich zeigt, um den gleichen Winkel gebeugt sind. Danach ist das Auflösungsvermögen eines Gitters mit z. B. zwei Öffnungen minimal, weil die Maxima breit und verwaschen sind. Infolgedessen werden Maxima dicht beieinanderliegender Wellenlängen nicht getrennt, sondern sie überlagern sich. Ein Blick auf Abb. 3.57 zeigt, wieviel man an Schärfe gewinnt, wenn man p groß wählt. Daraus ergibt sich übrigens auch die Notwendigkeit, auf die *Erfüllung der Kohärenzbedingung* Gl. (3.11) *für das ganze Gitter* zu achten: würde z. B. infolge zu großer Breite des Beleuchtungsspaltes Gl. (3.11) nur für einen Teil des Gitters erfüllt sein, so hätte man auch nur das Auflösungsvermögen, das der Zahl der Öffnungen dieses Teiles entspricht.

Tab. 3.1 Spektrales Auflösungsvermögen

Anordnung	Ordnungszahl k	Zahl p der interferierenden Strahlen	Auflösungsvermögen
Flintglasprisma, $\frac{dn}{d\lambda} = 1730\,\text{cm}^{-1}$, Basis $t = 10\,\text{cm}$, $n_D = 1.7594$	–	–	17 300
Strichgitter, 16.5 cm breit, 600 Linien pro mm	3	99 000	297 000
Lummer-Gehrcke-Platte, 20 cm lang, 1 cm dick, $n = 1.5$	80 000	11	880 000
Fabry-Pérot-Platte, 1 cm dick	40 000	60	2 400 000
$\varrho = 95\%$ 10 cm dick	400 000	60	24 000 000

In Tab. 3.1 sind typische Werte für das Auflösungsvermögen der verschiedenen Spektralapparate zusammengestellt für eine mittlere Wellenlänge von 500 nm. Mit steigender Wellenlänge wird das Auflösungsvermögen der Prismenapparate schlechter, da $dn/d\lambda$ abnimmt, das der Interferenzspektroskope besser; für kleinere Wellenlängen kehren sich die Verhältnisse um.

Es kann gezeigt werden [5], dass das spektrale Auflösungsvermögen $\lambda/\delta\lambda = \nu/\delta\nu$ der verschiedenen Anordnungen auf das klassische Unschärfeprinzip

$$\delta\nu\,\delta\tau \geq 1$$

zurückgeführt werden kann. Das zu unterscheidende Licht stelle man sich dazu als eine Folge von Impulsen dar (vgl. Abschn. 3.1). Nach Durchlaufen des Spektralapparates tritt eine Verbreiterung des Pulses um $\delta\tau$ auf. Aus der Impulsverbreiterung ergibt sich die auflösbare Frequenzdifferenz aus dem Unschärfeprinzip. Umgekehrt gilt auch, dass ein Spektralapparat, der eine Frequenzdifferenz $\delta\nu$ auflösen kann, zu einer Impulsverbreiterung $\delta\tau \geq 1/\delta\nu$ führt.

Schräger Einfall. Lässt man Licht schräg durch ein Strichgitter hindurchtreten oder unter flachem Winkel von diesem reflektieren (Reflexionsgitter werden im Folgenden besprochen), so wirkt das Gitter mit einer kleineren Gitterkonstante als bei senkrechtem Lichtauffall. Nach Abb. 3.60 ist nämlich für einen Beugungswinkel φ der Gangunterschied zweier homologer Strahlen $d = \overline{AB} - \overline{DC}$, und es ist:

$$\overline{AB} = \overline{DA}\sin\alpha = s\sin\alpha; \quad \overline{DC} = \overline{DA}\sin(\alpha - \varphi) = s\sin(\alpha - \varphi),$$

folglich ist die Gangdifferenz

$$d = s\{\sin\alpha + \sin(\varphi - \alpha)\} = s\{\sin\alpha + \sin\varphi\cos\alpha - \cos\varphi\sin\alpha\}. \quad (3.62)$$

Für kleine Beugungswinkel φ kann man $\cos\varphi = 1$ setzen und erhält angenähert:

$$d = s\cos\alpha\sin\varphi = s'\sin\varphi.$$

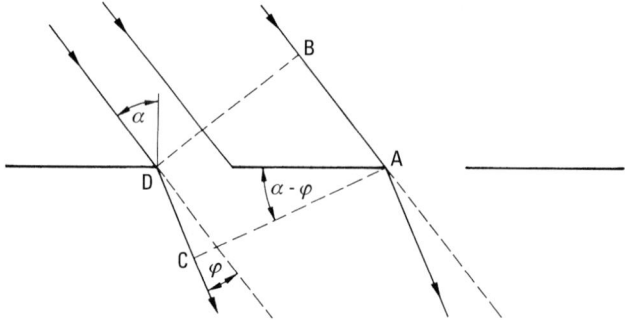

Abb. 3.60 Beugung am Gitter bei schrägem Lichteinfall.

An die Stelle von Gl. (3.59) tritt die Beziehung

$$\sin \varphi_k = \frac{k\lambda}{s'} = \frac{k\lambda}{s\cos\alpha}, \tag{3.63}$$

d.h. das Gitter wirkt so, als ob es eine Gitterkonstante $s' = s\cos\alpha$ besäße. Auf diese Weise ist es z.B. gelungen, bei fast streifendem Einfall unter Ausnutzung der Totalreflexion Beugungsspektren von Röntgenstrahlen mit gewöhnlichen Glasgittern im reflektierten Licht zu erhalten (A.H. Compton und C.L. Doan, 1925).

Oberflächen-Reflexionsgitter. Die im Vorhergehenden dargestellten Überlegungen gingen von einem Gitter aus, das aus abwechselnden dünnen durchlässigen Bereichen der Breite b und undurchlässigen Bereichen der Breite $s - b$ nach Abb. 3.55 besteht. Ein derartiges Gitter hat für $b = s/2$ einen maximalen Beugungswirkungsgrad von $(\pi)^{-2} \approx 10\%$ für die 1. Ordnung. Höhere Verhältnisse von eingestrahlter zu gebeugter Intensität erhält man mit Reflexionsgittern, die aus einer gefurchten, metallisierten Oberfläche bestehen. Wegen des hohen Beugungswirkungsgrades werden vorwiegend derartige Gitter in Spektrometern und anderen Geräten verwendet. Die im Vorhergehenden dargelegte Gittertheorie liefert auch für Reflexionsgitter die Lage der Maxima – Gl. (3.59) – und erklärt das hohe Auflösungsvermögen. Der Beugungswirkungsgrad kann Werte von nahezu 100% erreichen, wenn die in Abb. 3.61 dargestellte Furchenform gewählt wird.

Stellt E in Abb. 3.61 eine einfallende Welle dar, so kommt der größte Teil der Energie jener Beugungsordnung zugute, die in Richtung R (der regulär reflektierten

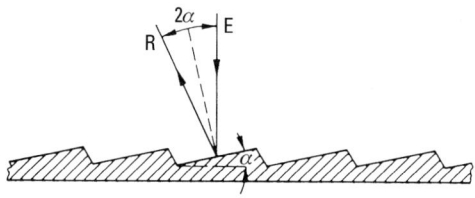

Abb. 3.61 Geblaztes Gitter (Blaze-Gitter, Echelette-Gitter) nach R.W. Wood (1910).

Welle) liegt. Inzwischen beherrscht man die Technik der Gitterherstellung derartig, dass man die Energie in jeder verlangten Ordnung durch Wahl der geeigneten Furchenform konzentrieren kann. Bei der in Abb. 3.61 dargestellten Anordnung steht der einfallende Strahl senkrecht zur mittleren Oberfläche (engl. „normal incidence"). Es sind auch andere Einfallsrichtungen möglich. Von besonderem Interesse ist die *Littrow-Anordnung*, bei der die einfallenden Strahlen senkrecht zu den Furchenoberflächen stehen. Damit die reflektierten Strahlen konstruktiv interferieren, muss die Furchenhöhe in Einfallsrichtung gemessen ein ganzzahliges Vielfaches der halben Wellenlänge, d. h. $m\lambda/2$ sein. Ein Gitter in Littrow-Anordnung wirkt somit wie ein wellenlängenselektiver Spiegel. Bei Abweichen von der senkrechten Einstrahlrichtung tritt maximale Reflexion für eine andere Wellenlänge auf. Gitter in Littrow-Anordnung werden daher in Lasern als Spiegel verwendet. Durch Drehung des Gitters kann eine Abstimmung des Lasers erreicht werden.

Herstellung von Beugungsgittern. Gröbere Gitter kann man nach Fraunhofer in der Weise anfertigen, dass man dünne Drähte in gleichmäßigen Abständen auf einen Metallrahmen aufspannt; die besondere Art der Herstellung bringt es mit sich, dass dabei $b = s/2$ ist, sodass die geradzahligen Ordnungen ausfallen. Drahtgitter der beschriebenen Art wurden z. B. zu Messungen im Infraroten benutzt. Feinere Gitter erhält man, indem man mit einem Diamanten auf Glasplatten in gleichmäßigen Abständen Striche einritzt, die die undurchlässigen Teile des Gitters bilden; man kommt so bis zu 400 Strichen pro Millimeter. **Reflexionsgitter** hat zuerst L. M. Rutherfurd und später H. A. Rowland (1882) durch Einritzen von Linien in eine spiegelnde Fläche ausgeführt. Die besten *Rowland-Gitter* enthalten bis zu 1700 Striche pro Millimeter und eine Gesamtzahl von 110000 Strichen. Ein weiterer Fortschritt gelang wieder Rowland, nämlich die Gitter auf einer sphärischen Fläche auszuführen. Da diese **Konkavgitter** parallel einfallende Strahlen in einem Brennpunkt vereinigen, machen sie die Benutzung eines Beobachtungsfernrohrs oder sonstiger Optik entbehrlich; das ist besonders wichtig für den Bau von Spektrographen für das ferne Ultraviolett, bei denen man zur Vermeidung von Absorption die Strahlung nur im Vakuum verlaufen lassen darf.

Lange Zeit waren Rowland-Gitter das unentbehrliche Instrument für die Spektroskopie, namentlich für die exakte Bestimmung der Wellenlänge der Spektrallinien der chemischen Elemente. Diese Messungen haben nicht nur die Spektralanalyse im 19. Jahrhundert ermöglicht, sondern auch im 20. Jahrhundert die Grundlagen für die Atomtheorie geliefert. Ein weiterer wesentlicher Fortschritt bei der Herstellung von Gitterteilungen gelang durch Verwendung von interferometrisch kontrollierten Teilmaschinen. Selbst bei Gittern von 25 cm Breite konnten Teilungsfehler fast vollkommen vermieden werden.

In jüngster Zeit werden vielfach **holographische Gitter** verwendet. Diese werden hergestellt, indem ein Laserstrahl aufgeweitet und in zwei Teilwellen aufgespalten wird. Diese werden unter einem geeigneten Winkel überlagert. Es ergeben sich parallele Interferenzstreifen, mit denen ein fotoempfindlicher Lack auf einer Trägerplatte belichtet wird. Durch Entwicklung und Ätzen werden Furchen geeigneter Form auf dem Träger, z. B. einer Glasplatte, erzeugt. Durch Metallisierung der Oberfläche wird die Reflexion des Gitters erhöht. Der Vorteil dieses holographischen Verfahrens ist, dass keine Teilungsfehler auftreten. Voraussetzungen für die Herstel-

Abb. 3.62 Ein Oberflächen-Reliefgitter stellt ein Phasengitter dar.

lung guter holographischer Gitter ist, dass die interferierenden Wellen möglichst ebene Phasenflächen bzw. Wellenfronten besitzen.

Von Oberflächengittern können durch Abdrücke in Kunststoff Kopien, sog. *Replikagitter*, hergestellt werden.

Amplituden- und Phasengitter. Bei den oben besprochenen Strichgittern nach Abb. 3.55 variierte die Lichtdurchlässigkeit unstetig zwischen 0 und 100%. Es gibt aber Gitter, bei denen sich die Lichtdurchlässigkeit stetig, aber periodisch ändert. Zum Beispiel stellt der Rand eines Tonfilmstreifens, auf den ein einzelner Ton mittels sog. *Dichteschrift* (Sprossenverfahren) kopiert ist, ein optisches Gitter dar, bei dem die Lichtdurchlässigkeit eine etwa sinusförmige Verteilung besitzt. Gitter mit periodisch variierender Durchlässigkeit (Transmission) werden als *Amplitudengitter* bezeichnet. Im Gegensatz dazu ist bei einem *Reflexionsgitter* die Amplitude der reflektierten Welle konstant. Es ändert sich hier die Phase sprungweise von Stufe zu Stufe. Ein Material mit periodischer Struktur, die auf die Phase von Lichtwellen wirkt, wird als *Phasengitter* bezeichnet. Phasengitter können nicht nur in Reflexion sondern auch in Durchstrahlung (Transmission) betrieben werden, z.B. das in Abb. 3.61 dargestellte Blaze-Gitter ohne Oberflächenverspiegelung. Eine durchsichtige Platte mit sinusförmiger Riffelung nach Abb. 3.62 stellt ein Phasengitter mit stetig variabler Phase dar.

3.10.3 Volumengitter

Die Holographie, die Lichtbeugung an Ultraschallwellen und andere optische Anordnungen beruhen auf sogenannten Volumengittern, die aus Materialien mit einer örtlich periodischen Modulation des Absorptionskoeffizienten a (Amplitudengitter) oder der Brechzahl n (Phasengitter) bestehen. Die oben besprochenen Gitter, die aus abwechselnd durchlässigen und undurchlässigen Bereichen bestehen, können z.B. durch eine dünne Schicht eines Materials realisiert werden, dessen Absorptionskoeffizient zwischen null und einem sehr großen Wert variiert. Im Allgemeinen können die Schichtdicken bei Volumengittern beliebig groß sein, und die Maxima und Minima der optischen Konstanten a und n können beliebig sein.

Bei der Beugung von Licht an Volumengittern ist zu unterscheiden, ob es sich um dünne oder dicke Gitter handelt. Die Beugung an dünnen Gittern kann mit beliebiger Einstrahlrichtung erfolgen. Es treten im Allgemeinen mehrere Beugungsordnungen auf (Abb. 3.63a). Bei der Beugung an dicken Gittern nach Abb. 3.63b tritt nur eine Beugungsordnung mit starker Intensität auf. Der Einfallswinkel ist nicht mehr beliebig, sondern muss gleich dem halben Beugungswinkel φ sein, d.h. $\alpha = \varphi/2$. Dies wird verständlich, wenn die Entstehung der gebeugten Welle als Reflexion der eingestrahlten Welle an den Gitterebenen aufgefasst wird. Unter Gitter-

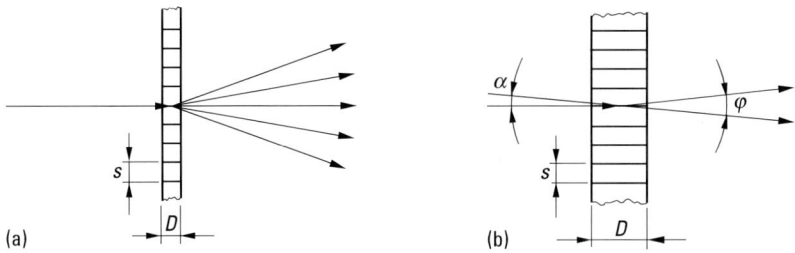

Abb. 3.63 Beugung am (a) dünnen und (b) dicken Volumen-Gitter in Transmissionsanordnung.

ebene wird hierbei eine Fläche mit konstantem Absorptionskoeffizienten bzw. konstanter Brechzahl verstanden. Die Beugung wird in diesem Fall auch als *Bragg'sche Reflexion* bezeichnet. Für den Beugungswinkel oder *Bragg-Winkel* gilt nach Gl. (3.62) mit $\alpha = \varphi/2$ und $d = \lambda$:

$$\sin\frac{\varphi}{2} = \frac{\lambda}{2s}.$$

Für $s = \lambda/2$ ergibt sich $\varphi/2 = 90°$. In diesem Fall fällt das Licht senkrecht auf die Gitterebene ein und wird in umgekehrter Richtung reflektiert (vgl. dielektrischer Vielschichtenspiegel). Das Gitter wird in diesem Fall als Reflexions-Volumengitter bezeichnet.

Für ein Volumengitter in senkrechter Reflexionsanordnung gilt

$$R_r = \mathrm{tgh}^2(\pi\Delta n d/\lambda).$$

Erst bei großem Phasenhub $\pi\Delta n d/\lambda \to \infty$ geht $R_r \to 100\%$.

Ein Gitter mit beliebiger Dicke D kann in dünne Elemente aufgeteilt werden (Abb. 3.64). Es wird zunächst eine senkrecht einfallende Welle betrachtet, die an den aufeinanderfolgenden Gitterelementen gebeugt wird (Abb. 3.64a). Die am ersten

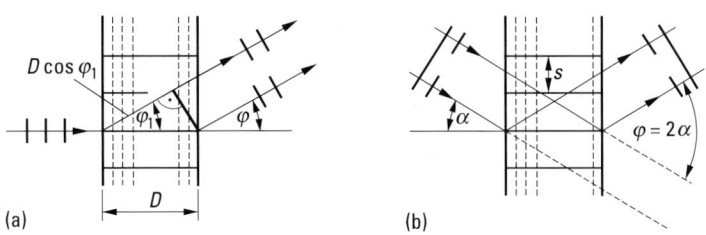

Abb. 3.64 Beschreibung der Beugung an einem dicken Volumen-Gitter in Transmission durch Zerlegung in dünne Gitterelemente (gestrichelte Begrenzungen); (a) senkrechter Einfall; (b) Bragg'sche Reflexion.

Tab. 3.2 Maximal mögliche Beugungswirkungsgrade sinusförmiger Transmissions-Gitter. Für Oberflächen-Reflexionsgitter gelten die gleichen Beugungswirkungsgrade wie für die entsprechenden Transmissionsgitter.

	dünn	dick
Amplitudengitter	6.25%	3.7%
Phasengitter	33.8 %	100 %

Gitterelement gebeugte Welle hat gegenüber der am letzten Gitterelement gebeugten Welle eine Phasenverschiebung von

$$P = \frac{2\pi n}{\lambda}(D - D\cos\varphi_1).$$

Hierbei ist n die mittlere Brechzahl und λ die Vakuumwellenlänge. Der Beugungswinkel im Material gemessen ist $\sin\varphi_1 = \lambda/sn$. Unter der Voraussetzung kleiner Winkel, d.h. $\varphi_1 \approx \sin\varphi_1$ ergibt sich

$$P = 4\pi \frac{D\lambda}{s^2 n}.$$

Falls die Phasendifferenz genügend klein ist, d.h. $P \ll 1$, interferieren die von den einzelnen Gitterelementen gebeugten Strahlen *konstruktiv*. Für $P \gg 1$ ergibt sich *destruktive Interferenz*, wodurch die gebeugte Intensität klein wird. Ein Gitter wird demnach als dünn bezeichnet, falls $P \ll 1$.

Im Falle der Bragg'schen Reflexion (Abb. 3.64b) haben die an den einzelnen Gitterlementen gebeugten Strahlen gleiche Phasen, sodass sich konstruktive Interferenz auch bei großer Gitterdicke ergibt. Da nur eine Beugungsordnung auftritt, kann der Beugungswirkungsgrad bei einem dicken Gitter wesentlich größer sein als bei einem dünnen Gitter (s. Tab. 3.2). Für ein dickes Phasengitter in Transmissionsanordnung ergibt sich die Reflexion R und Transmission T zu

$$R = \sin^2\frac{\pi\Delta n D}{\lambda \cos\alpha} \quad \text{und} \quad T = \cos^2\frac{\pi\Delta n D}{\lambda \cos\alpha}$$

wobei Δn die Amplitude der sinusförmigen Brechzahlmodulation ist. Der Beugungswirkungsgrad R kann 100% betragen bei einer Schichtdicke $D_{opt} = \lambda\cos\alpha/2\Delta n$.

3.10.4 Lichtbeugung an Ultraschallwellen

Ein Volumen-Phasengitter von großer Regelmäßigkeit stellt eine ebene *Ultraschallwelle* dar, insbesondere dann, wenn sie sich in einem festen Körper oder einer Flüssigkeit ausbreitet. Jede Schallwelle besteht ja aus einer regelmäßigen Aufeinanderfolge von Verdichtungen und Verdünnungen, wobei der Abstand zweier aufeinanderfolgender Verdichtungen und Verdünnungen durch die Schallwellenlänge gegeben ist. Eine Flüssigkeit, in der eine ebene Schallwelle läuft, stellt daher ein Medium

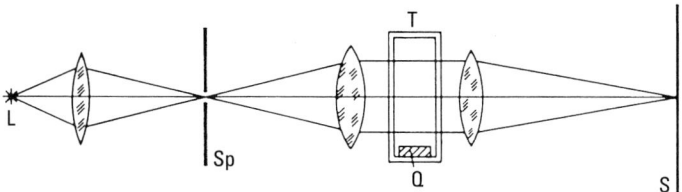

Abb. 3.65 Versuchsanordnung zur Lichtbeugung an Ultraschallwellen.

mit in Richtung der Schallwelle periodisch veränderlicher Dichte und damit auch periodisch veränderlicher Brechzahl dar. Bildet man nun senkrecht durch eine in einem Flüssigkeitstrog T mittels eines Piezoquarzes Q (siehe Bd. 1, Abschn. 25.6) erzeugte Ultraschallwelle einen Spalt Sp auf einem Schirm S so ab (Abb. 3.65), dass die Schallwellenfront parallel zur Spaltrichtung liegt, so erhält man praktisch dieselbe Beugungserscheinung wie bei einem Strichgitter. Rechts und links neben dem zentralen Spaltbild tritt bei monochromatischem Licht eine große Zahl von Beugungsbildern auf (Abb. 3.66); die Gitterkonstante ist gleich der Schallwellenlänge Λ. Erhöht man daher die Schallfrequenz N, indem man z. B. den Piezoquarz in einer höheren Oberschwingung erregt, so wird Λ entsprechend kleiner, und die Beugungsbilder rücken weiter auseinander (Abbn. 3.66 b und c). Diese Beugungserscheinung an Ultraschallwellen wurde zuerst von P. Debye und F. W. Sears (1932) und unabhängig davon fast gleichzeitig von R. Lucas und P. Biquard entdeckt. Ihre praktische Bedeutung besteht u. a. darin, dass man auf diesem Wege sehr bequem unter Verwendung sehr kleiner Flüssigkeitsmengen die Schallgeschwindigkeit v in Flüssigkeiten messen kann. Wie man sich leicht an Hand der Gl. (3.59), die hier die Gestalt $\sin \varphi_k = k\lambda/\Lambda$ annimmt, überlegt, ist die Schallgeschwindigkeit v durch die Beziehung

$$v = \frac{k\lambda N}{\sin \varphi_k} \tag{3.64}$$

gegeben. Die Frequenz N des Schallgebers lässt sich dabei mit einem elektrischen Frequenzmesser bestimmen.

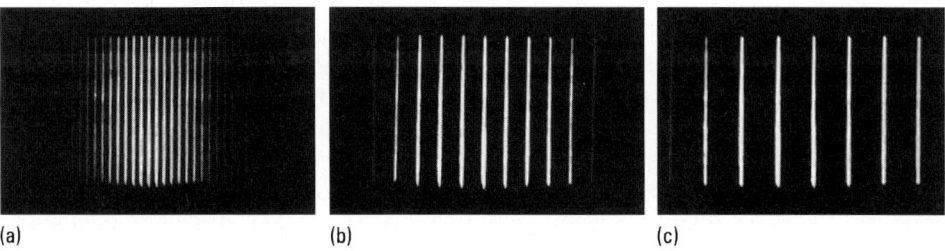

Abb. 3.66 An Ultraschallwellen in Xylol mit Natriumlicht aufgenommene Fraunhofer'sche Beugungsspektren. (a) Grundschwingung (3 MHz); (b) dritte und (c) fünfte Oberschwingung des Schallgebers; Schallwellenlänge bei der Grundschwingung 0.44 mm.

Lichtbeugung tritt sowohl an stehenden wie an fortschreitenden Schallwellen auf, weil die Fraunhofer'sche Beugungserscheinung unabhängig von der Lage des Gitters ist. Bei der Beugung am bewegten Gitter tritt infolge des Doppler-Effekts eine Frequenzverschiebung des gebeugten Lichtes auf. Zur Berechnung dieses Effektes wird angenommen, dass die Lichtwelle mit der Frequenz v_0 senkrecht auf die Schallwelle einfällt, die sich mit der Geschwindigkeit v bewegt. In einem System, das sich mit der Schallwelle mitbewegt, ist die Frequenz des Lichtes ebenfalls v_0, da die Geschwindigkeitskomponente des bewegten Systems in Lichtausbreitungsrichtung null ist und daher kein klassischer Doppler-Effekt stattfindet (vgl. Bd. 1). Im bewegten System kann die Beugung des Lichtes als Beugung an einem ruhenden Gitter untersucht werden. Es treten Beugungswinkel $\pm \varphi_k$ auf. Nunmehr müssen die gebeugten Lichtwellen in ruhende Laborsysteme zurücktransformiert werden. Dabei tritt eine Frequenzverschiebung auf, da das bewegte System gegenüber den Lichtausbreitungen der gebeugten Wellen die Geschwindigkeitskomponenten $\pm v \sin \varphi_k$ besitzt. Die Theorie des Doppler-Effektes (s. Bd. 1, Abschn. 29.3.3) liefert dann für die Frequenz v_k des in die k-te Ordnung abgebeugten Lichtes den Ausdruck:

$$v_k = v_0 \left(1 \pm \frac{v \sin \varphi_k}{c}\right).$$

Daraus folgt nach Gl. (3.64)

$$v_k = v_0 \pm k N. \tag{3.65}$$

Dabei gilt das Pluszeichen (Frequenzerhöhung), wenn der Winkel φ_k zwischen der Fortpflanzungsrichtung der Schallwelle und der des abgebeugten Lichtes spitz ist, während das Minuszeichen (Frequenzerniedrigung) gilt, wenn φ_k stumpf ist. Bei einer Schallfrequenz von $N = 10$ MHz bewirkt der im Beugungsbild erster Ordnung zu erwartende Dopplereffekt bei der grünen Quecksilberlinie ($\lambda = 546$ nm) nur eine Wellenlängenänderung von 10^{-5} nm; diese konnte trotz seiner Kleinheit experimentell nachgewiesen werden. Etwas anders liegen die Verhältnisse bei der Beugung des Lichtes an einer *stehenden Schallwelle*. Betrachtet man Letztere als eine Überlagerung zweier in entgegengesetzter Richtung laufender Wellen, so sieht man, dass in dem Beugungsbild k-ter Ordnung die beiden durch Gl. (3.65) angegebenen Lichtfrequenzen vorhanden sind, was in der Tat experimentell bestätigt werden konnte. Die beiden Frequenzen führen zu einer Schwebung und damit zu einer Amplitudenmodulation des gebeugten Lichtes. Dies kann auch folgendermaßen verstanden werden: Wie in Bd. 1, Abschn. 24.3, bei den stehenden Wellen auseinandergesetzt, entsteht und verschwindet eine stehende Welle in der Sekunde $2N$-mal, wenn N die Frequenz der Welle ist. Das hat zur Folge, dass die Intensität des von der Schallwelle gebeugten Lichtes mit der *doppelten Schallfrequenz* schwankt. Blendet man also das zentrale Bild aus und fasst alle abgebeugten Strahlen mit einer Linse wieder zusammmen, so erhält man eine für stroboskopische Zwecke geeignete, mit dem zweifachen Wert der Schallfrequenz intermittierende Lichtquelle. Man verwendet daher vielfach solche *Ultraschallzellen* an Stelle von *Kerr-Zellen* (vgl. Kap. 4). Lichtbeugung an Ultraschallwellen mit Frequenzen von 10 MHz bis 500 MHz in Quarzglas und anderen Materialien wird zur Ablenkung und Modulation von Laserstrahlen verwendet. Man arbeitet in der Bragg-Anordnung, um hohe Beugungswirkungsgrade zu erzielen.

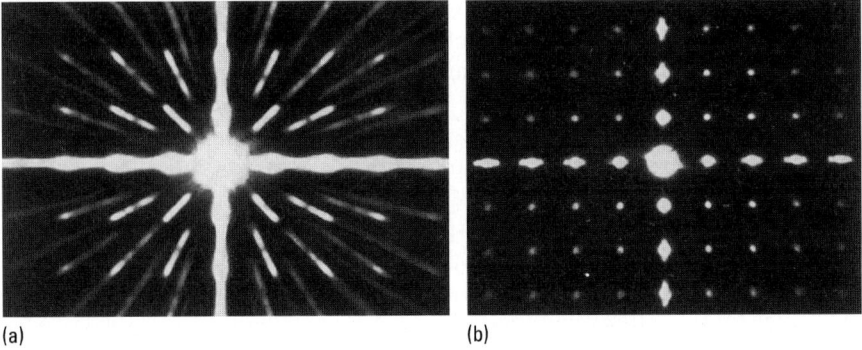

(a) (b)

Abb. 3.67 An einem Kreuzgitter mit (a) weißem und (b) monochromatischem Licht aufgenommene Fraunhofer'sche Beugungsspektren.

Stehende Ultraschallwellen ergeben eine Amplitudenmodulation des durchtretenden Lichtes mit der doppelten Schallfrequenz. Laufende Schallwellen werden zur Amplitudenmodulation mit beliebigen Signalformen eingesetzt. Dazu muss die Schallwelle selbst mit dem Modulationssignal moduliert werden. Die Amplitude des Bragg-Reflexes entspricht dann dem Modulationssignal.

3.11 Beugung an zwei- und dreidimensionalen Gittern; Röntgenstrahlbeugung

Die bisherigen Überlegungen bezogen sich auf eindimensionale Gitter, d.h. ihre Periodizität erstreckte sich nur in einer Richtung. Legt man zwei gleiche Strichgitter um 90° verdreht übereinander, so erhält man ein zweidimensionales *Kreuzgitter*. Projiziert man durch ein solches Gitter einen Lichtpunkt auf einen Schirm, so erhält man bei Benutzung von weißem Licht die in Abb. 3.67a wiedergegebene Beugungserscheinung, bei der sich um einen zentralen weißen Fleck in der Mitte eine große Zahl von farbigen Beugungsspektren in regelmäßiger Anordnung so gruppiert, dass ihre Längsrichtung nach der Mitte zeigt und das violette Ende innen liegt. In monochromatischem Licht geht die Erscheinung in die der Abb. 3.67b über, bei der die einzelnen Beugungspunkte in den Schnittpunkten eines geradlinigen quadratischen Netzes liegen[1]. Die Lage der Beugungspunkte und damit das Aussehen der Erscheinung ändert sich, wenn man die Richtung des einfallenden Lichtes zur Ebene des Kreuzgitters durch Verdrehen desselben etwas variiert. Dabei ändert sich nach Gl. (3.62) die Größe der Gitterkonstanten in den verschiedenen Richtungen.

---

[1] Das Netz ist nicht exakt geradlinig, sondern wird von Hyperbeln gebildet, die allerdings in niedrigen Ordnungen fast geradlinig verlaufen.

Solche und ähnliche Beugungserscheinungen beobachtet man z. B., wenn man durch ein feines Gewebe (Regenschirm) nach einer punktförmigen Lichtquelle (entfernte Straßenlaterne) blickt. Viele Farberscheinungen in der Natur, z. B. die Farbe gewisser Schmetterlingsflügel und anderer Insekten, die Farbe von Perlmutt und der Perlen erklären sich durch Beugung des Lichtes an einer feinen Riffelung oder gitterartigen Struktur der betreffenden Oberfläche.

Um die Beugung an zwei- und dreidimensionalen Gittern übersichtlich darstellen zu können, soll zunächst an Stelle eines Strichgitters eine längs der x-Achse aufgereihte Anzahl von kleinen kreisförmigen Öffnungen betrachtet werden, die im Abstand b_1 aufeinander folgen. Statt der Öffnungen in einem undurchlässigen Schirm können auch, was für das Folgende zweckmäßiger ist, nach dem *Babinet'schen Theorem* komplementäre und undurchlässige Teilchen als die beugenden Elemente ins Auge gefasst werden. Durch Verschieben der Punktreihe in der x,y-Ebene ergibt sich ein zweidimensionales Gitter. Aus diesem kann durch Verschieben in z-Richtung ein dreidimensionales Gitter erzeugt werden. In allen Fällen möge das Licht parallel der z-Richtung sowohl auf die lineare Punktreihe, das ebene Punktsystem und das dreidimensionale Raumgitter auffallen; der abgebeugte Strahl bilde mit den Koordinatenachsen die Winkel α, β, γ.

Betrachtet sei nun zuerst die längs der x-Achse aufgezogene Reihe von Teilchen, die im Abstande b_1 voneinander angeordnet sind (Abb. 3.68). Fällt Strahlung aus der z-Richtung senkrecht auf diese Reihe, so gehen von jedem Teilchen Kugelwellen aus (die man sich als eine physikalische Realisierung der Huygens'schen Elementarwellen denken kann), die miteinander interferieren. Man betrachte zwei parallele, homologe Strahlen 1 und 2, die mit der x-Achse den Winkel α bilden. Die Zeichenebene der Abb. 3.68 sei die Ebene, die durch die x-Achse und die beiden Strahlen 1 und 2 gelegt ist. Helligkeit herrscht in der durch α gekennzeichneten Richtung, wenn die Gangdifferenz $d_1 = b_1 \cos\alpha$ den Wert $h_1 \lambda$ ($h_1 = 0, 1, 2, \ldots$) besitzt, woraus für die Winkel α die Beziehung folgt:

$$\cos\alpha = \frac{h_1 \lambda}{b_1} \quad (h_1 = 0, \pm 1, \pm 2, \ldots). \tag{3.66}$$

Das ist wegen $\alpha = 90° - \varphi$, abgesehen von der etwas veränderten Bezeichnung, genau die Gl. (3.59). Während aber bei den Strichgittern nur ein *ebener* Schnitt durch das Gitter senkrecht zur Strichrichtung betrachtet zu werden braucht, liegt hier Rotationssymmetrie um die x-Achse vor. Das heißt, in allen durch die x-Achse gelegten Ebenen gelten die gleichen Verhältnisse wie in der Zeichenebene der Abb. 3.68. Geometrisch bedeutet die Gl. (3.66), d. h. $\alpha = $ const., eine Schar von Kreiskegeln mit

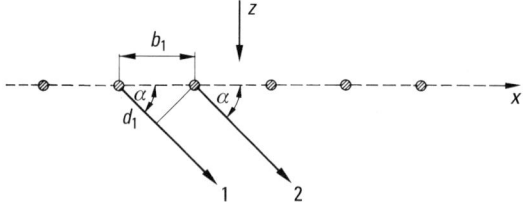

Abb. 3.68 Beugung an einer längs der x-Achse liegenden Reihe kleiner Teilchen ($z = 0$).

3.11 Beugung an zwei- und dreidimensionalen Gittern; Röntgenstrahlbeugung   395

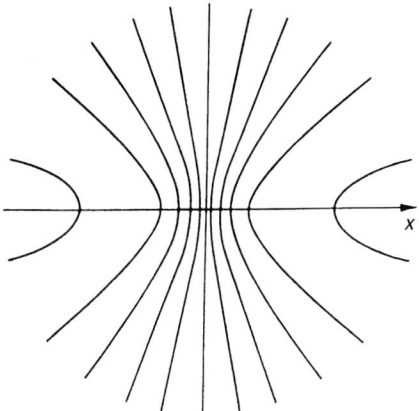

Abb. 3.69 Hyperbelschar als Ort der Interferenzmaxima in einer Ebene $z =$ const. bei der Beugung nach Abb. 3.68.

dem halben Öffnungswinkel α um die x-Achse. In den durch diese Kreiskegel bestimmten Richtungen ($\cos \alpha_0 = 0$; $\cos \alpha_1 = \lambda/b_1$; $\cos \alpha_2 = 2\lambda/b_1$; ...) herrscht also Helligkeit. Die Schnitte dieser Kegel mit einer senkrecht zur Richtung der auffallenden Strahlen, d.h. senkrecht zur z-Achse aufgestellten fotografischen Platte sind aber gleichseitige Hyperbeln, die die Orte der Interferenzmaxima im Raume darstellen (Abb. 3.69); sie entsprechen den geradlinigen Interferenzmaxima beim Strichgitter.

Zu einem ebenen Gitter kann übergegangen werden, indem parallel zur y-Achse in den Abständen b_2 zu jedem Gitterpunkt der x-Achse neue Gitterpunkte hinzugefügt werden, sodass sie in ihrer Gesamtheit ein ebenes Punktgitter bilden (Abb. 3.70); dieses Gitter liege in der Zeichenebene; von hinten fällt wieder parallel der z-Achse Strahlung senkrecht auf das Gitter auf, und von jedem Gitterpunkt gehen wieder die Huygens'schen Elementarwellen aus. Man fasse jetzt einen gebeugten

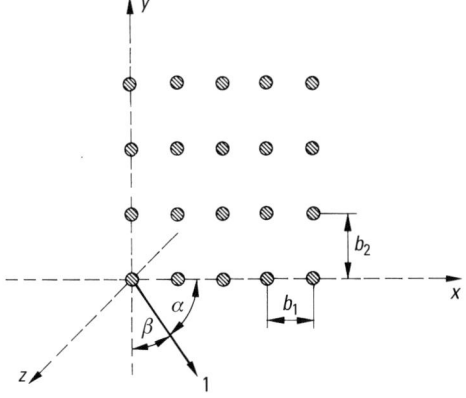

Abb. 3.70 Beugung an einem ebenen Punktgitter ($z =$ const.).

Strahl ins Auge, der mit der x-Achse den Winkel α, mit der y-Achse den Winkel β bildet; der in der Abb. 3.70 gezeichnete Strahl 1 tritt aus der Zeichenebene nach *vorn* heraus. Gefragt wird wieder nach den Richtungen (α, β), in denen maximale Helligkeit herrscht. Von vornherein ist klar (vgl. die Verhältnisse bei der Beugung am rechteckigen Spalt und am Gitter), dass die Hinzufügung der neuen Gitterpunkte zur linearen Punktreihe *keine neue Helligkeit, sondern nur neue Dunkelheit* bewirken kann: Von den Punkten der hellen Interferenzlinien der Gl. (3.66) und der Abb. 3.69 wird noch eine Auswahl getroffen, d. h. es entstehen in diesen alten Maxima neue Minima. Und zwar müssen nunmehr zwei Gleichungen nach Art von Gl. (3.66) erfüllt sein, nämlich

$$\cos \alpha = \frac{h_1 \lambda}{b_1},$$
$$\cos \beta = \frac{h_2 \lambda}{b_2}, \tag{3.67}$$

deren erste wieder die schon bekannte Schar von Kreiskegeln um die x-Achse, deren zweite eine Schar von Kreiskegeln um die y-Achse definiert. Es ergeben sich also in einer Ebene senkrecht zu z zwei Scharen gleichseitiger Hyperbeln, die in Abb. 3.71 dargestellt sind. Beide Gl. (3.67) sind aber nur in den Schnittpunkten beider Hyperbelsysteme erfüllt; nur in diesen Schnittpunkten erscheinen die Helligkeitsmaxima. Sie bilden ein Netz, das für kleine Werte von h_1 und h_2 nahezu geradlinig ist, wie es Abb. 3.67b angibt.

Beiden Fällen (Beugung an der linearen Punktreihe und am ebenen Punktgitter) ist es gemeinsam, dass die Wellenlänge λ der gebeugten Strahlung jeden Wert haben kann, sofern nur λ kleiner ist als die Gitterkonstante b_1 und b_2. Denn es gibt für Gl. (3.67) *immer* Winkel, für die die Gleichungen erfüllt werden können.

Das wird anders, wenn zum dreidimensionalen Punktgitter, dem *Raumgitter*, übergegangen wird, indem das in Abb. 3.70 gezeichnete ebene Gitter periodisch in der

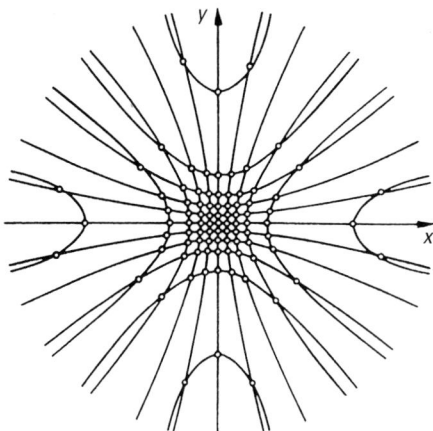

Abb. 3.71 Die Schnittpunkte zweier Hyperbelscharen bilden die Orte der Interferenzmaxima in einer Ebene $z > 0$ bei der Beugung an einem ebenen Punktgitter.

3.11 Beugung an zwei- und dreidimensionalen Gittern; Röntgenstrahlbeugung

z-Richtung in Abständen b_3 wiederholt wird. Wie ohne weiteres klar ist, müssen nun drei Bedingungen erfüllt sein, damit in der Richtung (α, β, γ) Helligkeit herrschen kann:

$$\cos \alpha = \frac{h_1 \lambda}{b_1},$$

$$\cos \beta = \frac{h_2 \lambda}{b_2},$$

$$\cos \gamma - 1 = \frac{h_3 \lambda}{b_3}. \tag{3.68}$$

Zur Ableitung der letzten Gleichung betrachte man eine Reihe längs der z-Achse liegender Teilchen mit dem Abstand b_3, d.h. man ersetze in Abb. 3.68 die x-Achse durch die z-Achse und b_1 durch b_3. Die Strahlung soll parallel zur z-Achse, also parallel zur Teilchenreihe einfallen im Unterschied zu Abb. 3.68. An den einzelnen Teilchen werden Strahlen um den Winkel γ gebeugt (statt α). Die Gangdifferenz von gebeugten Strahlen, die von in der z-Richtung benachbarten Gitterpunkten ausgehen, ist gleich $b_3 \cos\gamma - b_3$. Damit ein Beugungsmaximum auftritt, muss diese Gangdifferenz gleich $h_3 \lambda$, d.h. gleich einem ganzzahligen Vielfachen der Wellenlänge λ sein. Man beachte, dass die Gangdifferenz und h_3 negativ sind.

Die Gl. (3.68) ergeben Scharen von Kreiskegeln um die x-, y- und z-Achse; die Letzteren scheiden von den Helligkeitspunkten, die die beiden ersten ergeben, noch eine Anzahl aus. Die Schnittkurven der Kegel $\cos\gamma - 1 = h_3 \lambda/b_3$ mit der senkrecht zur z-Achse stehenden fotografischen Platte sind aber *Kreise*. Helligkeit herrscht also nur da, wo die beiden Hyperbelscharen und die ausgewählten Kreise sich in *einem* Punkt schneiden, und das ist im Allgemeinen *nicht* der Fall. Nur wenn die Wellenlänge λ richtig ausgesucht ist, kann dieses Ereignis eintreten; diese kann also – im Gegensatz zu vorher – nicht mehr beliebig gewählt werden. Im Gegenteil ist λ durch die drei Bedingungen Gl. (3.68) vollkommen bestimmt, da ja $\cos^2\alpha + \cos^2\beta + \cos^2\gamma = 1$ sein muss. Trägt man in diese Gleichung die Werte aus Gl. (3.68) ein, so folgt:

$$0 = \frac{2h_3}{b_3}\lambda + \lambda^2 \left(\frac{h_1^2}{b_1^2} + \frac{h_2^2}{b_2^2} + \frac{h_3^2}{b_3^2} \right)$$

oder

$$\lambda = \frac{2|h_3|/b_3}{\frac{h_1^2}{b_1^2} + \frac{h_2^2}{b_2^2} + \frac{h_3^2}{b_3^2}}. \tag{3.69}$$

Nur diese Wellenlänge kann bei der angenommenen Einfallsrichtung in den Strahl mit den Ordnungszahlen (h_1, h_2, h_3) abgebeugt werden. Für eine beliebige Wellenlänge wird im Allgemeinen in *kein* Ordnungszahltripel Licht gebeugt. Hat man weißes Licht, d.h. ein ganzes Wellenlängenkontinuum zur Verfügung, so sucht sich das Raumgitter aus dieser Gesamtheit gerade die Wellenlänge (oder die Wellenlängen) heraus, für die Gl. (3.69) erfüllt ist; in diesem Fall ist aber das in irgendein Ordnungszahltripel (h_1, h_2, h_3) gebeugte Licht nicht mehr weiß, sondern monochromatisch.

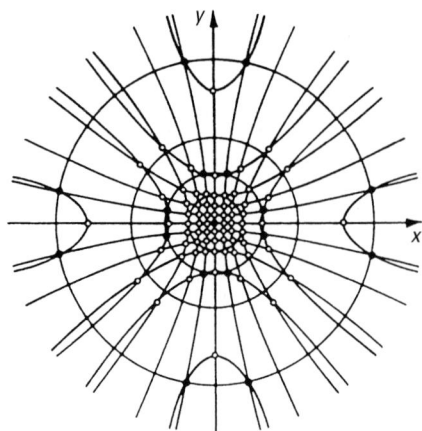

Abb. 3.72 Die gleichzeitigen Schnittpunkte zweier Hyperbelscharen und einer Anzahl ausgewählter Kreise (schwarze Punkte) bilden die Orte der Interferenzmaxima bei der Beugung an einem dreidimensionalen Punktgitter.

Für ein kubisches Gitter ($b_1 = b_2 = b_3 = b$) geht Gl. (3.69) in die einfachere Gleichung über:

$$\lambda = \frac{2|h_3|b}{h_1^2 + h_2^2 + h_3^2}. \tag{3.70}$$

Abbildung 3.72 zeigt in einem speziell ausgesuchten Fall, wie die dritte Bedingung der Gl. (3.68) aus den zahlreichen Punkten der Abb. 3.71 nur einige wenige übrig lässt.

3.11.1 Röntgenstrahlbeugung an Kristallgittern

Beugung an Raumgittern spielt in der Lichtoptik nur eine geringe Rolle. Um so größer ist die Bedeutung für das Gebiet der Röntgenstrahlen. Im Jahre 1912 wies M. v. Laue darauf hin, dass man in den Raumgittern der Kristalle möglicherweise ein Mittel habe, um Beugungserscheinungen sehr kurzer Wellen zu beobachten und damit sowohl die Frage nach der Wellen- oder Teilchennatur der Röntgenstrahlen zu entscheiden, als auch gegebenenfalls ihre Wellenlänge zu messen. Dazu hat M. v. Laue die oben dargestellte Theorie der Beugung an dreidimensionalen Gittern entwickelt. Auf seine Veranlassung hin stellten W. Friedrich und P. Knipping (1912) den folgenden Versuch an (Abb. 3.73): Aus der Strahlung einer Röntgenröhre R wurde mittels geeigneter Blenden B ein feiner Röntgenstrahl ausgeblendet. Dieser wurde durch einen Kristall K hindurchgeschickt und fiel auf eine fotografische Platte P. Abbildung 3.74a zeigt das Ergebnis dieses Versuches, das **Laue-Diagramm** eines Zinkblendekristalls (ZnS), der parallel zur Würfelkante, also in Richtung einer vierzähligen Symmetrieachse, durchstrahlt wurde. Infolgedessen ergeben die an den Zn- und S-Atomen des Kristalls gebeugten Strahlen ein Beugungsbild von vierzähliger

3.11 Beugung an zwei- und dreidimensionalen Gittern; Röntgenstrahlbeugung

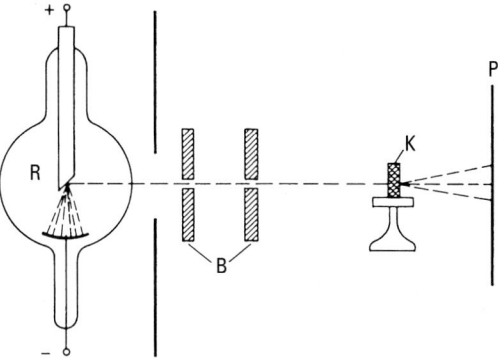

Abb. 3.73 Versuchsanordnung zum Nachweis der Beugung von Röntgenstrahlen an einem Kristall.

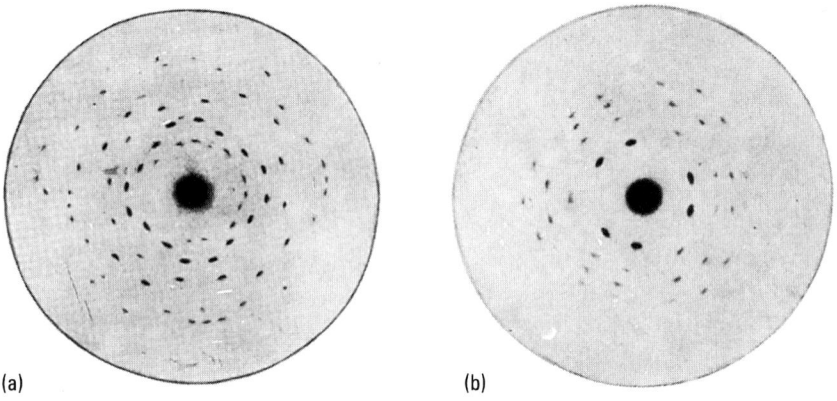

Abb. 3.74 Laue-Diagramm der Zinkblende. (a) Durchstrahlung parallel zur Würfelkante; (b) Durchstrahlung in Richtung einer Würfeldiagonale.

Symmetrie. Jede zusammengehörige Gruppe von Interferenzpunkten, die durch Drehung und Spiegelung auseinander hervorgehen, zeigt gleiche Intensität und wird durch die gleiche Wellenlänge erzeugt. Optisch gesprochen würde also jede solche Punktgruppe in einer reinen Farbe und verschiedene Punktgruppen im Allgemeinen in verschiedenen Farben auftreten.

Abbildung 3.74b zeigt die Beugung an einem Zinkblendekristall, der parallel zu einer Oktaederfläche geschnitten war und senkrecht zu dieser Fläche, also in Richtung einer Raumdiagonalen des Würfels, durchstrahlt wurde. Dementsprechend ist das Interferenzbild von dreizähliger Symmetrie.

Wichtig ist, dass nach dem Vorhergehenden zur Erzeugung der Laue-Diagramme ein *kontinuierliches Röntgenspektrum* (sog. *weißes Röntgenlicht*) erforderlich ist; aus diesem Kontinuum sucht sich dann der Kristall diejenigen Wellenlängen heraus, für die Gl. (3.69) erfüllt ist.

400   3 Interferenz, Beugung und Wellenleitung

Die eine große Leistung der Laue'schen Entdeckung war der dadurch erbrachte Beweis der Wellennatur der Röntgenstrahlen. Gleichzeitig bewiesen die Versuche aber auch die Richtigkeit der Vorstellung von der Raumgitterstruktur der Kristalle. Dass die Beugung der Röntgenstrahlen wirklich an den das Raumgitter bildenden Partikeln (Atomen, Ionen oder Molekülen) erfolgt, beweist unter anderem die Tatsache, dass bei Erhitzung des Kristalls infolge der Wärmebewegung die Beugungsmaxima unscharf werden. Heute sind die Laue-Diagramme ein wichtiges Hilfsmittel der Kristallographie zur Untersuchung von Kristallstrukturen geworden. Im Einzelnen können wir darauf nicht näher eingehen; dass es grundsätzlich möglich ist, aus der Struktur der Beugungsbilder Rückschlüsse auf das beugende Gitter zu ziehen, ist aber klar.

In diesem Zusammenhange sollen noch zwei weitere röntgenspektroskopische Verfahren erwähnt werden, die für die Praxis von großer Bedeutung geworden sind. Das eine rührt von Vater und Sohn W.H. Bragg und W.L. Bragg (1913) her. Sie erkannten, dass man die Abbeugung von Röntgenstrahlen, wie wir sie im Vorhergehenden geschildert haben, als eine *Reflexion* an gewissen Ebenen, den sog. *Netzebenen* des Kristalls deuten kann: So erhält man eine äußerst anschauliche Darstellung des immerhin komplizierten Beugungsvorgangs im Raumgitter. Netzebenen sind in Bd. 1 als Ebenen definiert worden, die mit den Teilchen, die die Raumgitter bilden, besetzt sind. Es gibt natürlich eine sehr große (im unendlich ausgedehnten Kristall unendlich große) Zahl von Netzebenen; wie man sie aber auch wählt, in ihrer Gesamtheit umfassen sie alle Punkte des Raumgitters; die Begrenzungsflächen eines Kristalls sind natürlich auch Netzebenen.

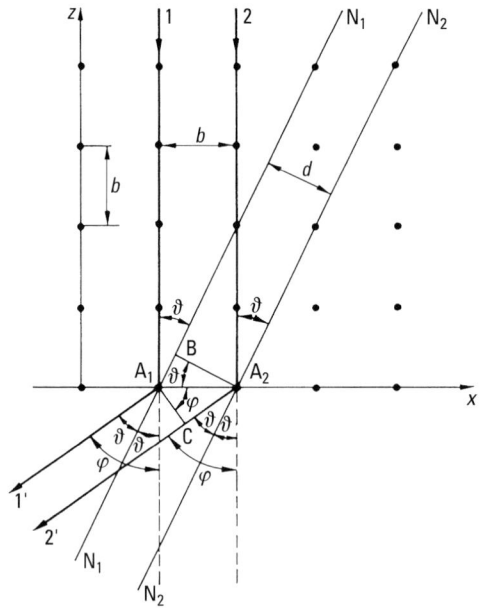

Abb. 3.75 Reflexion von Röntgenstrahlen an den Netzebenen eines Kristalls.

In Abb. 3.75 ist ein Schnitt (parallel der x,z-Ebene, der Zeichenebene) durch einen einatomigen kubischen Kristall mit der Gitterkonstanten b gezeichnet; parallel der z-Achse, also senkrecht zu einer Netzebene, treffe ein paralleles Röntgenstrahlbündel auf, von dem die Strahlen 1 und 2 gezeichnet sind, die von den Punkten A_1 und A_2 des Raumgitters unter dem Winkel φ abgebeugt seien. In der Zeichnung sind außerdem die Schnitte von zwei parallelen Netzebenen N_1 und N_2 eingetragen, und zwar so, dass sie sowohl mit den einfallenden Strahlen 1 und 2 wie mit den gebeugten Strahlen 1' und 2' den Winkel ϑ bilden. Man kann sich vorstellen, dass Strahl 1 an der Netzebene N_1, Strahl 2 an der Netzebene N_2 „gespiegelt" sei, ebenso die nicht gezeichneten Strahlen 3, 4, ... an weiteren parallelen Netzebenen N_3, N_4... Das war die Auffassung der Braggs. Es soll nun gezeigt werden, dass diese Darstellung, die ja keine Reflexion im Sinne der Optik ist, weil sie nicht an der Oberfläche, sondern an der ganzen Schar der geeigneten parallelen Netzebenen vor sich gehen soll, zu den Laue'schen Bedingungen (Gl. (3.68)) führt. Zur Vereinfachung sollen nur Strahlen betrachtet werden, die in der x,z-Ebene um einen Winkel φ abgebeugt werden. Dafür gelten hier nur zwei der Laue-Bedingungen Gl. (3.68), die hier in folgender Form zu schreiben sind:

$$\sin \varphi = \frac{h_1 \lambda}{b},$$

$$\cos \varphi - 1 = \frac{h_3 \lambda}{b}. \tag{3.68a}$$

Diese Beugung kann als Reflexion an einer Ebene aufgefasst werden, die um den Winkel ϑ gegen den einfallenden Strahl geneigt ist. Für ϑ ergibt sich wegen $\varphi = 2\vartheta$:

$$\tan \vartheta = \frac{2 \sin \vartheta \cos \vartheta}{2 \sin^2 \vartheta} = \frac{-\sin \varphi}{\cos \varphi - 1} = \frac{-h_1}{h_3}.$$

Die durch den Winkel ϑ festgelegte Ebene ist eine Netzebene des Kristalls, denn für diese ergibt sich der Winkel ϑ ebenfalls nach der vorstehenden Gleichung. Die Laue-Bedingung kann also tatsächlich als Reflexionsbedingung für eine Netzebenenschar interpretiert werden.

Diese Reflexionsbedingung soll jetzt noch einmal auf anderem Wege abgeleitet werden (Abb. 3.76). Es mögen zwei Strahlen auf eine Netzebene auffallen, sodass sie mit derselben den Winkel ϑ bilden; ϑ ist offenbar das Komplement des Einfallswinkels und wird allgemein als *Glanzwinkel* bezeichnet. Die beiden ins Auge gefassten Strahlen mögen die Netzebene in den Punkten C und D treffen, von denen dann die Huygens'schen Elementarwellen nach allen Seiten ausgehen; man fasse eine Richtung ϑ' ins Auge und denke sich die in dieser Richtung „reflektierten" Strahlen zur

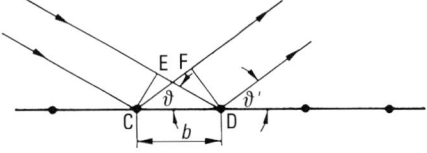

Abb. 3.76 Röntgenstrahlreflexion an einer einzelnen Netzebene.

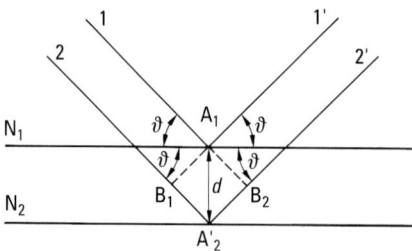

Abb. 3.77 Röntgenstrahlreflexion an zwei Netzebenen.

Interferenz gebracht. Es kommt also auf ihren Gangunterschied an. Nach Abb. 3.76 ist derselbe gleich $\overline{ED} - \overline{CF}$, d.h. gleich $b\cos\vartheta - b\cos\vartheta'$; dieser muss null sein, wenn in der Reflexionsrichtung eine merkliche Intensität herrschen soll, d.h. es muss $\vartheta' = \vartheta$ sein. Damit also überhaupt von einer Netzebene eine merkliche Intensität „reflektiert" wird, muss das gewöhnliche Reflexionsgesetz gelten. Wie aber, wenn eine ganze Schar paralleler Netzebenen sich an der „Reflexion" beteiligen soll, wie es die Auffassung der Braggs ist? Betrachten wir nun Abb. 3.77; hier sind zwei Netzebenen N_1 und N_2 gezeichnet, die mit den in Abb. 3.75 mit den gleichen Buchstaben gekennzeichneten identifiziert werden können. Die beiden Strahlen 1 und 2, die nun, der eine im Punkt A_1 an N_1, der andere in A'_2 an N_2 „reflektiert" werden sollen, wobei nach dem oben Gesagten $\vartheta' = \vartheta$ genommen ist, haben jetzt den Gangunterschied $\overline{B_1 A_2} + \overline{A'_2 B_2} = 2d\sin\vartheta$, und dieser muss, damit nun die „reflektierten" Strahlen 1 und 2 eine merkliche Intensität haben, gleich einem ganzzahligen Vielfachen von λ sein, d.h. es muss eine „Reflexion" an einer parallelen Schar von Netzebenen die Bedingung erfüllt sein (sog. **Bragg'sche Bedingung**):

$$2d\sin\vartheta = k\lambda \quad (k = 0, 1, 2, 3 \ldots). \tag{3.71}$$

Das bedeutet, dass bei einem gegebenen Netzebenenabstand d nur gewisse Wellenlängen unter dem Glanzwinkel ϑ „reflektiert" werden bzw. dass bei gegebener Wellenlänge λ und bestimmtem Netzebenenabstand d nur gewisse Glanzwinkel möglich sind. Andererseits folgt aus Betrachtung des Dreiecks $A_1 A_2 B$ in Abb. 3.75, dass der Netzebenenabstand $\overline{A_2 B} = d = b\cos\vartheta$ ist. Nach der Bragg'schen Bedingung Gl. (3.71) muss also sein

$$2b\cos\vartheta \sin\vartheta = k\lambda,$$

oder wegen $\vartheta = \varphi/2$

$$2b\cos\frac{\varphi}{2}\sin\frac{\varphi}{2} = k\lambda,$$

und das ist identisch mit $b\sin\varphi = k\lambda$, d.h. der ersten Laue-Bedingung nach Gl. (3.71). Die zweite Laue-Bedingung kann mit der Definition der Richtung einer Netzebene berechnet werden. Damit ist die Gleichwertigkeit der Bragg'schen und Laue'schen Betrachtungsweise (wenigstens für den hier betrachteten Spezialfall) bewiesen.

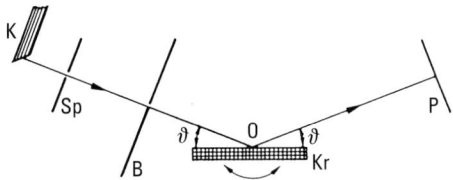

Abb. 3.78 Schema des Bragg'schen Röntgenspektrographen.

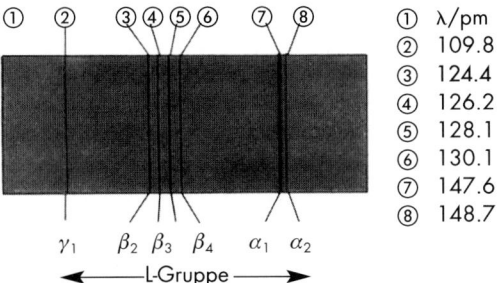

① λ/pm
② 109.8
③ 124.4
④ 126.2
⑤ 128.1
⑥ 130.1
⑦ 147.6
⑧ 148.7

Abb. 3.79 Linienspektrum der L-Röntgenstrahlung einer Wolfram-Antikathode, vereinfacht.

Abbildung 3.78 zeigt das Schema des *Bragg'schen Röntgenspektrographen*. Der von der Antikathode K einer Röntgenröhre ausgehende Röntgenstrahl durchsetzt einen Spalt Sp von etwa 0.1 mm Breite und trifft nach Durchgang durch eine weitere Schutzblende B auf die Oberfläche des Kristalls Kr, von wo er zur Fotoplatte P „reflektiert" wird. Dazu muss erwähnt werden, dass in der Röntgenstrahlung außer der sog. *Bremsstrahlung*, die das als *weißes Röntgenlicht* bezeichnete Wellenkontinuum liefert[2], auch bestimmte, dem Material eigentümliche Wellenlängen (sog. *charakteristische Eigenstrahlung*) mit großer Intensität vorhanden sind; sie sind durchaus analog den in der Optik auftretenden Spektrallinien. Um die Bestimmung dieser Linien handelt es sich bei dem Bragg'schen Spektrometer. Um den für diese Wellenlängen richtigen Glanzwinkel einzustellen, wird der Kristall durch ein Uhrwerk um eine in O befindliche, der Spaltrichtung parallele Achse langsam hin und her geschwenkt. Abbildung 3.79 zeigt als Beispiel ein nach diesem *Drehkristallverfahren* gewonnenes Linienspektrum der L-Röntgenstrahlung einer Wolfram-Antikathode.

Ein weiteres wichtiges Verfahren ist das *Kristallpulververfahren von P. Debye und P. Scherrer* (1916); es hat vor allem den großen Vorzug, dass kein großes, gut ausgebildetes Kristallstück benötigt wird, sondern das zu untersuchende Material in Pulverform verwendet werden kann. Das aus vielen einzelnen Kristalliten bestehende Pulver wird zu einem zylindrischen Stäbchen S zusammengepresst und dann von einem Bündel paralleler Röntgenstrahlen durchstrahlt (siehe Abb. 3.80). An den im

---

[2] Der Name Bremsstrahlung rührt davon her, dass dieses Spektrum durch Abbremsung von Elektronen in der Materie erzeugt wird. Die dabei verlorengehende kinetische Energie wird in Strahlungsenergie und Wärme umgesetzt.

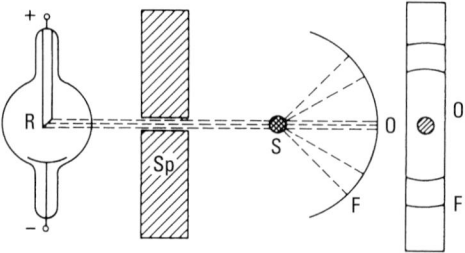

Abb. 3.80 Kristallpulververfahren von Debye und Scherrer.

Abb. 3.81 Debye-Scherrer-Diagramm, aufgenommen mit der K-Röntgenstrahlung einer Kupfer-Antikathode an Nickel-Pulver.

Stäbchen vorhandenen Netzebenen aller möglichen Orientierungen werden die Röntgenstrahlen jetzt in die durch ihre Wellenlängen bedingten Richtungen „reflektiert". Alle diese Richtungen liegen auf (verschiedenen) Kegelmänteln, deren Achse die Richtung der einfallenden Strahlen bildet. Umgibt man das beugende Stäbchen in einiger Entfernung konzentrisch mit einem kreisförmig gebogenen fotografischen Film, so entstehen auf diesem zum Auftreffpunkt O des direkten Strahles konzentrische Kreise (bzw. Stücke von solchen), wie dies Abb. 3.81 an einem Beispiel zeigt.

3.11.2 Elastogramme

Natürliche Raumgitter für sichtbares Licht gibt es nicht. 1933 ist es Cl. Schaefer und L. Bergmann gelungen, mittels Ultraschallwellen *künstliche Raumgitter* für die Beugung des sichtbaren Lichtes zu erzeugen. Lässt man z. B. in einer Flüssigkeit drei Ultraschallwellen sich in drei zueinander senkrechten Richtungen durchkreuzen, so bilden die Schnittpunkte der Ebenen stärkster Verdichtungen ein dreidimensionales Raumgitter. Durchstrahlt man ein solches Gebilde mit einem Lichtstrahl, so erhält man die in Abb. 3.82 wiedergegebene Beugungsfigur, die einer Laue-Aufnahme an einem regulären Kristall ähnlich sieht.

In Abb. 3.83 ist ein Beugungsbild wiedergegeben, das man bei Durchstrahlung eines Glaswürfels mit sichtbarem Licht erhält, wenn man diesen Würfel durch einen aufgekitteten Piezoquarz zu hochfrequenten elastischen Schwingungen anregt. Infolge der Querkontraktion gerät der Würfel auch in den beiden senkrecht zur Anregungsrichtung liegenden Richtungen in Schwingungen. Dadurch kommt es zur Ausbildung eines Systems sich kreuzender, stehender, elastischer Wellen und somit wieder zu einem Raumgitter von Verdichtungen, an dem das Licht in einzelne Beugungsmaxima auf zwei um die Durchstrahlungsrichtung konzentrisch angeordneten Kreisen abgebeugt wird. Wie man aus dem *Elastogramm* der Abb. 3.83 erkennt, ist

3.11 Beugung an zwei- und dreidimensionalen Gittern; Röntgenstrahlbeugung

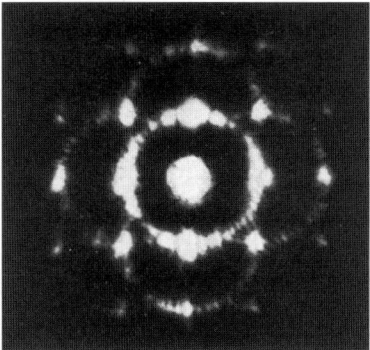

Abb. 3.82 An einem von Ultraschallwellen erzeugten dreidimensionalen Raumgitter mit monochromatischem Licht erzeugte Beugungsfigur.

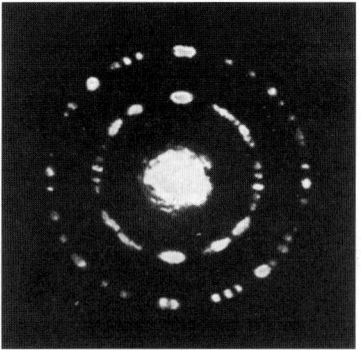

Abb. 3.83 Optisches Beugungsbild (Elastogramm) eines hochfrequent schwingenden Glaswürfels.

der Radius des äußeren Kreises nicht gleich dem doppelten Radius des inneren; er kann also nicht die zweite Beugungsordnung zum Letzteren darstellen. Es entsteht vielmehr der äußere Kreis durch die Beugung des Lichtes an einem elastischen Raumgitter, das von Transversalwellen erzeugt wird, während der innere Kreis einem Gitter von Longitudinalwellen zugeordnet ist. Nun ist die Fortpflanzungsgeschwindigkeit der longitudinalen Wellen durch den Elastizitätsmodul, die der Transversalwellen durch den Torsionsmodul bestimmt. Da Letzterer stets kleiner als der Elastizitätsmodul ist, ist die Fortpflanzungsgeschwindigkeit der Longitudinalwellen größer als die der Transversalwellen; das bedeutet aber, dass bei der gleichen Anregungsfequenz die Wellenlänge und damit Gitterkonstante der longitudinalen Wellen größer ist als die der transversalen Wellen. Infolgedessen wird das Licht an Letzteren unter einem größeren Winkel abgebeugt als an einem Gitter der Longitudinalwellen. Die beiden Ringe entsprechen sämtlichen Interferenzen erster Ordnung; man kann daher, wenn man die Radien der beiden Kreise ausmisst, aus einer einzigen solchen Aufnahme bei bekannter Wellenlänge des Lichtes und bekannter Anregungsfrequenz die elastischen Konstanten des Glases, nämlich den Elastizitätsmodul, den Torsionsmodul, den Querkontraktionskoeffizienten und den Kompressionsmodul ermitteln. Daher erscheint der Name „Elastogramm" für diese Beugungsbilder geeignet.

Beim Glas handelt es sich um einen elastisch isotropen Körper, dessen elastisches Verhalten durch zwei Moduln vollkommen bestimmt ist; daher lassen sich von den vier angegebenen Größen stets zwei durch die beiden anderen ausdrücken. Infolge der Isotropie zeigt die an dem schwingenden Glaswürfel erhaltene Beugungsfigur vollkommene Symmetrie um die Durchstrahlungsrichtung. Durchstrahlt man dagegen einen zu elastischen Schwingungen angeregten anisotropen Körper, z.B. einen Kristall, mit Licht, so erhält man wesentlich kompliziertere Elastogramme. Abbildung 3.84 zeigt hierfür zwei Beispiele. In der oberen Reihe ist ein Quarzwürfel in Richtung der optischen Z-Achse sowie in den beiden dazu senkrechten Richtungen der Y- und der polaren X-Achse durchstrahlt. Man erkennt sofort, dass man um die optische Achse eine sechszählige, um die beiden anderen Achsen aber eine zweizählige Symmetrie im Beugungsbild erhält. In der zweiten Reihe sind die analogen Aufnahmen für einen Kalkspatwürfel, der dem gleichen Kristallsystem angehört, zusammengestellt. Man sieht die große Ähnlichkeit mit den beim Quarz erhaltenen Figuren; insbesondere findet man bei Durchstrahlung in der X-Achse wieder eine schiefliegende Figur, wobei der Neigungswinkel gegen die Horizontale durch den kleinsten Elastizitätsmodul im Kristall bestimmt ist. Durch Ausmessen der drei Beugungsbilder lassen sich auch hier sämtliche elastischen Konstanten bestimmen. Der

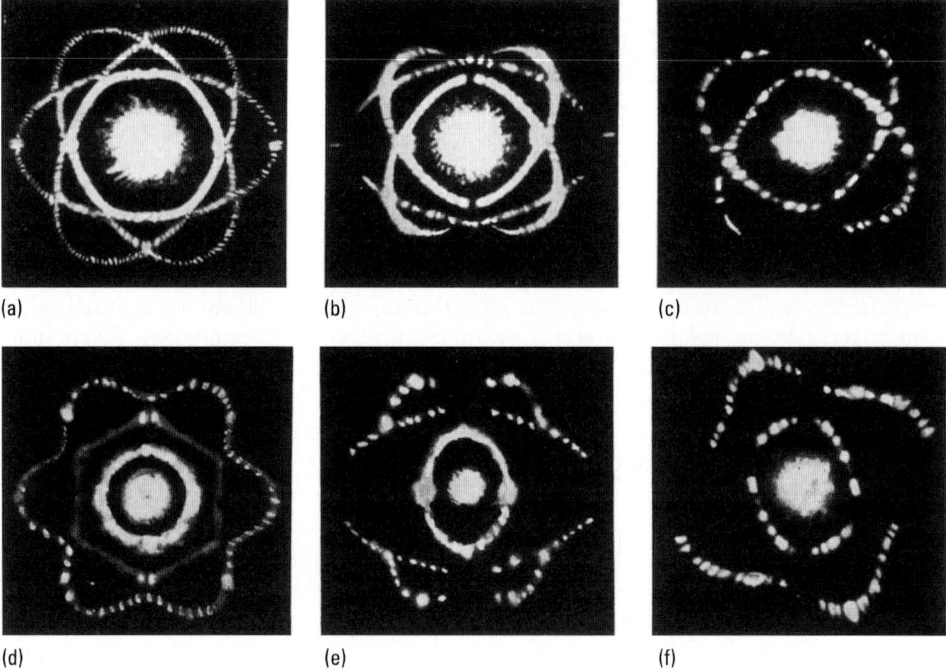

Abb. 3.84 Elastogramme von Quarz (obere Reihe) und Kalkspat (untere Reihe) bei Durchstrahlung in der Z-Achse (a und d), Y-Achse (b und e) und X-Achse (c und f).

Vorteil dieses Verfahrens liegt darin, dass der Kristall keine bestimmte Abmessung oder Gestalt haben muss; es genügt, dass er z. B. Würfelgestalt hat, wenn seine Kanten parallel zu den bekannten Kristallachsen verlaufen.

3.11.3 Photonische Kristalle

Materialien, deren Brechzahl mit einer Periode im Bereich der Lichtwellenlänge örtlich moduliert ist, werden seit etwa 1990 auch als photonische Kristalle bezeichnet. Ähnlich wie das periodische Potential der Kristallatome in einem Halbleiter zur Ausbildung einer Bandstruktur für Elektronen führt, entsteht durch die Mehrfachstreuung von Photonen an dielektrischen periodischen Strukturen eine photonische Bandstruktur, die sich fundamental auf die Ausbreitung und Emission von Lichtquanten auswirkt.

Anschaulich bewirkt die photonische Bandstruktur, dass sich elektromagnetische Wellen nur in erlaubten Frequenzbereichen – den Bändern – ausbreiten können, die durch verbotene Bereiche – so genannte *photonic band gaps* (PBG) – voneinander getrennt sind. Die physikalischen Auswirkungen dieser Bandstruktur wurden erstmals von S. John und E. Yablonovitch unabhängig voneinander beschrieben. Als Beispiel stelle man sich einen angeregten elektronischen Zustand einer Störstelle vor, dessen Übergangsfrequenz innerhalb des verbotenen Bandes liegt. Da keinerlei erlaubte Endzustände vorhanden sind, in die er übergehen könnte, wird der Zustand nicht zerfallen und damit metastabil.

Mit der einfachen Definition des Photonischen Kristalls als Struktur, die sowohl erlaubte als auch verbotene Wellenlängenbereiche aufweist, könnte auch ein dielektrischer Spiegel als Photonischer Kristall bezeichnet werden. Das Schichtsystem (oder auch die eindimensionale periodische Modulation der Brechzahl) weist für eine definierte Einfallsrichtung und Wellenlänge eine Bandlücke und damit eine hohe Reflektivität auf. Strukturen, die unabhängig von der Einfallsrichtung eine Bandlücke aufweisen, werden als Photonische Kristalle mit vollständiger Bandlücke bezeichnet.

Es fällt leicht, sich eine Vielzahl von Anwendungen für Photonische Kristalle vorzustellen. Es könnten ähnlich wie bei Halbleitern Fehlstellen in die Kristallstruktur eingebracht werden, sodass Energieniveaus innerhalb der Bandlücke erzeugt werden. Reiht man eine Vielzahl dieser Fehlstellen hintereinander, kann sich Licht der entsprechenden Wellenlänge nur entlang dieser Defekte ausbreiten. Damit wird es möglich, Licht entlang scharfer Biegungen zu leiten – hochintegrierte optische Schaltkreise würden damit erstmals möglich. Auch relativ einfache Anwendungen wie optische Filter oder extrem hochreflektierende Spiegel sind vorstellbar.

Die Tatsache, dass die Entdeckung photonischer Kristalle (zumindest unter dieser Bezeichnung) im Vergleich zu der Beschreibung der physikalischen Mechanismen in Halbleitern sehr spät erfolgte, mag mit der unterschiedlich starken Verbreitung der beiden Materialien in unserer natürlichen Umgebung erklärt werden. Nur bei Opalen und einigen Kristalliten auf Schmetterlingsflügeln kann das Schillern und Irisieren in allen Farben des sichtbaren Spektrums auf das Vorhandensein photonischer Kristalle zurückgeführt werden. Diese natürlich vorkommenden Photonischen Kristalle weisen jedoch keinen vollständigen, also dreidimensionalen PBG auf.

Bei der Herstellung Photonischer Kristalle mit einer vollständigen Bandlücke sind hohe Brechzahlsprünge (mehr als 1.6) bei einer Periodizität im Bereich der Lichtwellenlänge notwendig. Mittlerweile wurden viele Methoden für die Konstruktion künstlicher Photonischer Kristalle vorgeschlagen. Die erste dielektrische Struktur mit vollständiger Bandlücke wurde von Yablonovitch erfunden und ihm zu Ehren Yablonovite genannt. Die Herstellung, bei der eine Vielzahl dünner Kanäle in ein Dielektrikum gebohrt werden, ist technologisch sehr aufwändig und für Strukturen, die einen PBG im sichtbaren bis infraroten Spektralbereich aufweisen, schlicht nicht möglich. Andere Verfahren wie zum Beispiel die so genannte Lincoln-Log-Struktur, bei der schichtweise ein Gitter aus gekreuzten polykristallinen Siliziumstäben aufgebaut wird, ermöglichen einen PBG im nahen Infrarot, sind im Herstellungsprozess aber sehr komplex.

Aussichtsreich scheinen Verfahren zu sein, die auf den selbst organisierenden Eigenschaften einiger Materialien basieren [6]. Als Beispiel seien die so genannten Inverted Opals genannt. Bei der Herstellung wird ausgenutzt, dass sich Millionen von kleinen Silikat-Kügelchen selbst organisierend regelmäßig anordnen. Dies ist derselbe Prozess, der in der Natur bei der Bildung natürlicher Opale abläuft.

Auch interferenzoptische Verfahren ähnlich wie bei der Holographie werden verwendet, um dreidimensionale Brechzahlstrukturen zu erzeugen. Dazu bestrahlt man ein Photopolymer aus z. B. 4 Richtungen mit kohärentem Laserlicht. Die entstehende Interferenzstruktur führt an Stellen hoher Lichtintensität zu einer Vernetzung der Moleküle. Die nicht vernetzten Bereiche werden durch ein geeignetes Lösungsmittel ausgewaschen und mit hochbrechendem Material gefüllt, sodass ein photonischer Kristall entsteht.

3.12 Bildentstehung im Mikroskop

3.12.1 Auflösungsvermögen des Mikroskops nach Abbe

In Abschn. 3.9 sind die Helmholtz'schen Betrachtungen über die Leistungsfähigkeit und die Grenzen des Mikroskops dargestellt worden unter Betonung des Umstandes, dass die Objekte als *Selbstleuchter* betrachtet werden, d. h. die von verschiedenen Objektpunkten ausgehenden Lichtwellen inkohärent sind. Den anderen Extremfall des *kohärent beleuchteten Objektes* hat E. Abbe (1873) fast gleichzeitig mit H. v. Helmholtz untersucht. Den tatsächlichen Verhältnissen bei der praktischen Mikroskopie entsprechen die Überlegungen von Helmholtz mehr, da meist inkohärente Beleuchtung vorliegt.

Die durchleuchteten Objekte haben sehr feine Strukturen, die mit dem Mikroskop erkannt werden sollen; als Modell für ein solches strukturiertes Objekt kann man daher etwa ein Strichgitter nehmen. Denkt man sich ein solches Strichgitter G auf den Tisch des Mikroskops gelegt (Abb. 3.85), so wird an ihm das auffallende Lichtbündel gebeugt. Der Einfachheit halber soll eine punktförmige Lichtquelle L angenommen werden, die in sehr großer (praktisch als unendlich zu betrachtender) Entfernung auf der Achse des Mikroskop-Objektivs liegt; wäre das Objekt (mit seinem Gitter) nicht da, so würde in der Brennebene des Objektivs bei völliger Kor-

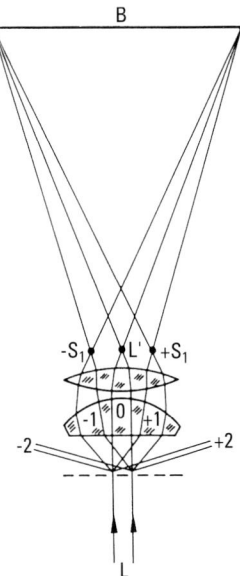

Abb. 3.85 Zur Bildentstehung im Mikroskop nach Abbe.

rektur desselben nur ein Lichtpunkt L′ erzeugt; da aber das Objekt durchleuchtet wird, entstehen neben diesem Lichtpunkt, der nun als Zentralbild einer Beugungserscheinung fungiert, auf beiden Seiten noch die abgebeugten, spektral zerlegten Bilder der Lichtquelle. Das ist bisher freilich nichts Neues. Aber diese *Bilder der Lichtquelle* interessieren uns beim Mikroskop ja gar nicht, wir wollen vielmehr ein *Bild des Objektes* haben. Man muss sich nun klar machen, dass die gleichen Strahlen, die die Beugungsbilder der Lichtquelle liefern, im weiteren Verlauf hinter der Brennebene in der zum Objekt konjugierten Bildebene das reelle Bild des Objektes liefern müssen. In Abb. 3.85 ist dieser Sachverhalt klar zu erkennen: von dem unendlich fernen Lichtpunkt L wird einerseits das Zentralbild L′ entworfen, an das sich links und rechts die mit 1, 2 ... bezeichneten abgebeugten Strahlen anschließen. In der Abb. 3.85 ist der Fall angenommen, dass die abgebeugten Strahlen erster Ordnung noch durch das Objektiv aufgenommen werden und die Beugungsbilder $+S_1$ und $-S_1$ der Lichtquelle bilden, während die Strahlen zweiter Ordnung vom Objektiv infolge zu kleiner Apertur nicht mehr aufgenommen werden. Jedenfalls sieht man, dass dieselben Strahlen, die $-S_1$, L′ und $+S_1$ erzeugen, auch in der Bildebene B das Objekt abbilden.

Das Beugungsbild der Lichtquelle nennt Abbe das *primäre Bild*, während das reelle Bild des Objektes von ihm das *sekundäre Bild* genannt wird. Man erkennt aus dieser Überlegung den innigen Zusammenhang zwischen der Beugungserscheinung (dem primären Bild) und dem Zustandekommen des reellen (des sekundären) Bildes. Ein strukturloses Objekt würde gar kein Beugungsbild der Lichtquelle erzeugen und eben deshalb auch ein strukturloses Bild ergeben; eine Abbildung der Objektstruktur im sekundären Bilde ist direkt an das Vorhandensein von Beugungsspektren der Lichtquelle geknüpft: Das ist die wichtige Erkenntnis, die man Abbe verdankt. Und da *alle* Beugungsbilder zum Aufbau des reellen Objektbildes mitwirken, ist es klar, dass im Prinzip auch *alle* notwendig sind, um ein vollkommen ähnliches Abbild des Objektes zu liefern. Jede Störung oder teilweise Beseitigung der Beugungsbilder in der Brennebene des Objektivs (des primären Bildes) bringt eine Störung des sekundären Bildes in der Bildebene hervor, was z. B. auch in der Abb. 3.85 der Fall ist, da nicht alle Beugungsordnungen ins Objektiv eintreten können. Da die Beugungsbilder in ihrer Intensität aber mit höherer Ordnung abnehmen, ist es klar, dass die Beugungsbilder erster Ordnung die wichtigsten für die Bildentstehung sind, und Abbe hat in der Tat gezeigt, dass es zum Erkennen der Gitterstruktur erforderlich ist, dass außer dem zentralen Lichtbündel mindestens noch ein Beugungsspektrum erster Ordnung von dem Objektiv durchgelassen wird. Kann durch das Objektiv nur das zentrale Lichtbündel durchtreten, so erkennt man im Mikroskop nur eine gleichmäßig helle Fläche ohne jede Andeutung einer Struktur. Das sekundäre Bild der Struktur wird um so getreuer, je mehr Strahlen von dem Objektiv erfasst und zur Abbildung verwertet werden.

Nach Gl. (3.59) ist nun der Winkel φ_1, unter dem das erste Beugungsmaximum auftritt, durch

$$\sin \varphi_1 = \frac{\lambda}{s}$$

gegeben, wenn s die Gitterkonstante und λ die Wellenlänge im Raum zwischen Objekt und Objektiv bedeuten. Ist dieses Gebiet mit Luft erfüllt, so ist λ praktisch gleich der Vakuumwellenlänge. Arbeiten wir aber zur Erreichung starker Vergrößerungen mit einer Flüssigkeits-Immersion, d.h. befindet sich zwischen Objekt und Objektiv ein Medium mit der Brechzahl n, so geht die Wellenlänge auf den n-ten Teil zurück, und es wird

$$\sin \varphi_1 = \frac{\lambda}{ns}.$$

Damit man also noch die Gitterstruktur s erkennen kann, darf der Beugungswinkel φ_1 den Öffnungswinkel α des Objektivs, d.h. den halben Winkel, unter dem das Objektiv vom Gegenstand aus erscheint, nicht übertreffen, sondern darf im Grenzfall diesem höchstens gleich sein. Der mit einem Mikroskop gerade noch auflösbare Abstand zweier Punkte s ist demnach durch

$$s = \frac{\lambda}{n \sin \alpha} = \frac{\lambda}{A} \qquad (3.72)$$

gegeben, wobei wir unter A nach Abbe die *numerische Apertur* des Objektivs verstehen. Je kleiner s ist, um so größer muss das Auflösungsvermögen des Mikroskops sein; deshalb bezeichnet man auch hier den reziproken Wert von s, nämlich $1/s = U$ als das *Auflösungsvermögen:*

$$U = \frac{A}{\lambda}. \qquad (3.73)$$

Gl. (3.73) stimmt mit Gl. (3.52) (Helmholtz) bis auf einen konstanten Faktor überein. Die Abbe'schen und Helmholtz'schen Überlegungen lassen sich jeweils auch auf

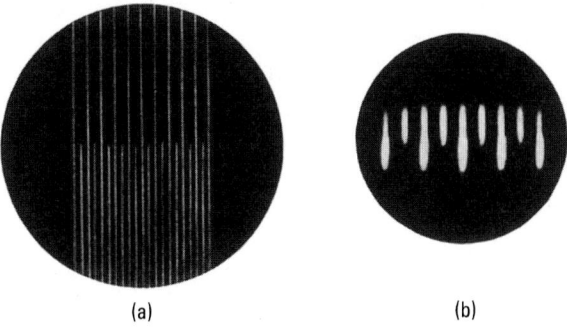

Abb. 3.86 (a) Abbe'sche Diffraktionsplatte und (b) Bild der von der Platte in der hinteren Brennebene des Mikroskopobjektes erzeugten Beugungsbilder.

den Fall inkohärent bzw. kohärent leuchtender Objekte verallgemeinern, sodass vom Standpunkt der modernen Optik kein prinzipieller Unterschied zwischen beiden Vorstellungen besteht (s. Kontrastübertragungsfunktion).

Die allgemeinen Überlegungen Abbes lassen sich sehr anschaulich in folgender Weise bestätigen: Als Objekt benutzt man ein Strichgitter nach Abb. 3.86a (sog. *Abbe'sche Diffraktionsplatte*), bei dem in einer undurchsichtigen Schicht zwei verschiedene Strichsysteme eingeritzt sind, von denen das eine doppelt soviel Striche auf den Millimeter enthält wie das andere. In die Beleuchtungsoptik schaltet man einen Spalt, dessen Richtung parallel zu der des Strichgitters liegt [7]. Nachdem man das Mikroskop auf das Strichgitter scharf eingestellt hat, entfernt man das Okular. Beim Hineinblicken in den Tubus sieht man dann in der (hinteren) Brennebene des Objektivs zwei Systeme von Beugungsspektren, wie sie die Abb. 3.86b zeigt (die in diesem Falle mit monochromatischem Licht aufgenommen wurde). Die weiter auseinander liegenden Spektren rühren von dem engen, die dichter beieinander liegenden von dem weiten Strichgitter her. Schiebt man in die Brennebene des Objektivs eine Blende, die nur das zentrale Bild durchlässt, die Spektren aber sämtlich abblendet (Abb. 3.87a), so sieht man nach Einsetzen des Okulars im sekundären Bilde anstelle des Gitters nur eine gleichmäßig helle Fläche ohne jede Struktur (Abb. 3.87b). Ersetzt man die Blende durch eine solche mit einem so weiten Spalt, dass dieser gerade das Zentralbild und die beiden Spektren erster Ordnung des weiten Gitters durchlässt (Abb. 3.87c), so sieht man das in Abb. 3.87d wiedergegebene Bild, in dem man nur in der einen Bildfeldhälfte die Andeutung des weiten Gitters erkennt, während die andere Hälfte keine Struktur zeigt, da kein Beugungsspektrum des engen Gitters durchgelassen wird. Macht man die Objektivblende so weit, dass von den Beugungsspektren des weiten Gitters die erste und zweite Ordnung, von denen des engen Gitters nur die erste Ordnung durchgelassen wird (Abb. 3.87e), so erscheint die weitere Gitterteilung scharf und deutlich, während die feinere Gitterstruktur zwar erkennbar, aber unscharf ist (Abb. 3.87f). Besonders eindrucksvoll ist schließlich der Versuch mit einer dreifachen Spaltblende, die von den Spektren des weiten Gitters nur die beiden zweiter Ordnung, von denen des engen Gitters die beiden erster Ordnung durchlässt (Abb. 3.87g). Man sieht dann das Gitter der

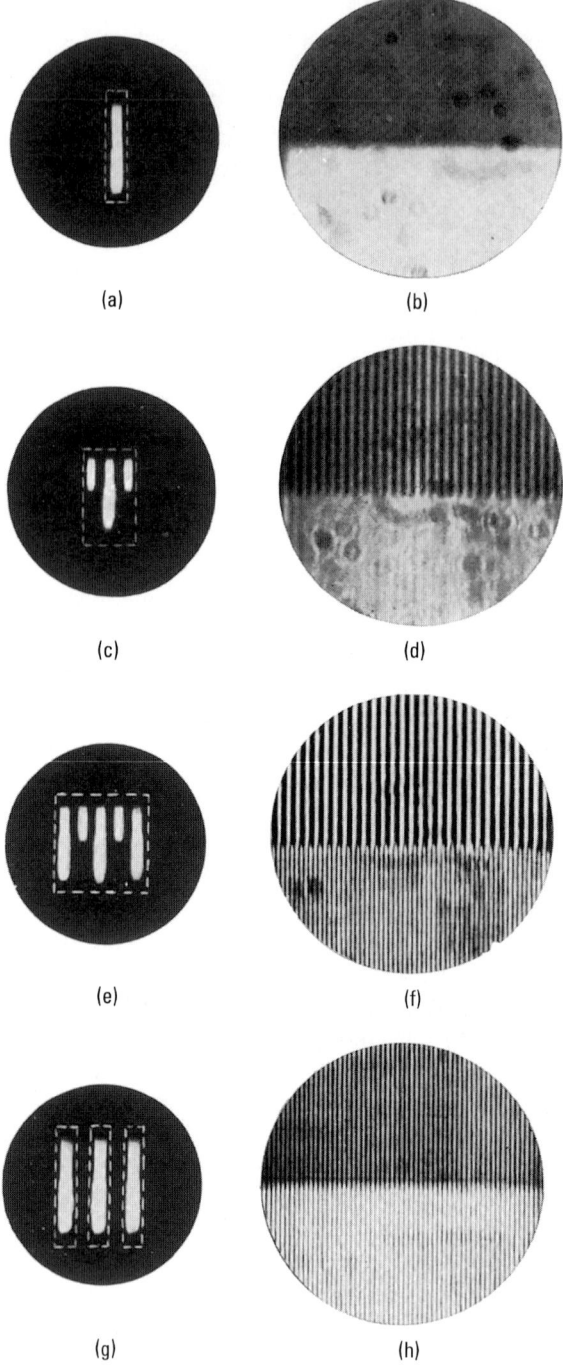

Abb. 3.87 Versuche zur Abbe'schen Theorie der Bildentstehung im Mikroskop.

Diffraktionsplatte im Bild überall gleich weit, und zwar mit der engen Struktur, obgleich das Objekt verschieden ist (Abb. 3.87h). Denn durch den Eingriff sind die zur Wirkung kommenden Beugungsspektren beider Gitter identisch gemacht worden.

Aus diesen Versuchen erkennt man also deutlich, dass bei der mikroskopischen Abbildung eine Struktur vom Objektiv nur dann richtig angedeutet wird, wenn seine Apertur mindestens ein Beugungsspektrum erster Ordnung durchlässt. Die Ähnlichkeit des Bildes mit seinem Gegenstand wird aber um so deutlicher, je mehr abgebeugten Spektren bei der Bilderzeugung mitwirken.

- Verschiedene Strukturen können dasselbe sekundäre Bild liefern, wenn die Verschiedenheit des mit ihnen verknüpften primären Bildes im Mikroskop künstlich beseitigt wird. Umgekehrt können gleiche Strukturen verschiedene sekundäre Bilder liefern, wenn ihr primäres Bild im Mikroskop auf irgendeine Weise ungleich gemacht wird.

Man kann die eben geschilderten Versuche zur Abbe'schen Theorie als Demonstrationsexperiment vorführen, wenn man von der Tatsache ausgeht, dass z. B. die Projektion eines Gegenstandes auch eine Abbildung eines durchstrahlten, aber nicht selbst leuchtenden Objektes ist. Man benutzt z. B. nach A. B. Porter (1906) einen der üblichen Projektionsapparate zur Abbildung eines feinen Kreuzgitters, z. B. aus

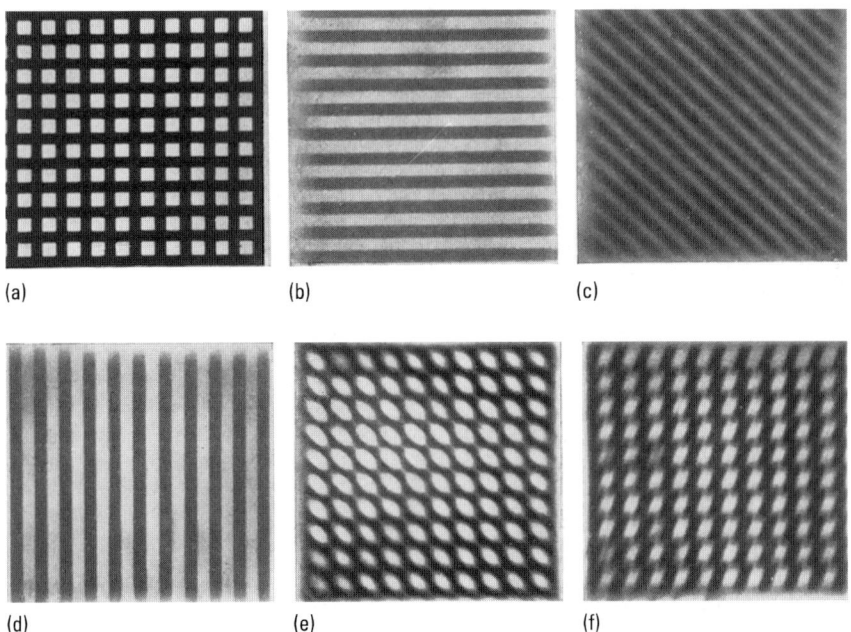

Abb. 3.88 Demonstrationsversuch zur Abbe'schen Theorie der Bildentstehung im Mikroskop. Abbildung eines Kreuzgitters durch einen am Ort des primären Bildes befindlichen Spalt, dessen Breite und Richtung geändert werden können: (a) weit geöffneter Spalt; (b) enger vertikaler Spalt; (c) enger, unter 45° geneigter Spalt; (d) horizontaler Spalt; (e, f) Spalt etwas weiter und unter 45° (e) bzw. 65° (f) geneigt.

414 3 Interferenz, Beugung und Wellenleitung

Drahtgeflecht. Auch hier entsteht bei der Projektion einerseits ein primäres Bild im Sinne Abbes, d.h. ein von Beugungsspektren umgebenes Zentralbild der punktförmigen Lichtquelle, und bei geeigneter Einstellung der Linse das scharfe sekundäre Bild des Kreuzgitters auf dem Projektionsschirm. An der Stelle des primären Bildes bringt man einen Spalt an, dessen Breite und Richtung geändert werden können: er kann vertikal, horizontal und gegen diese geneigt eingestellt werden. Stellen wir den Spalt zunächst vertikal und wählen seine Breite groß, so erhält man das vollkommen getreue Bild 3.88a des Kreuzgitters. Ziehen wir den Spalt immer enger zusammen, so schneidet er schließlich sämtliche horizontalen Beugungsspektren ab, während die vertikalen erhalten bleiben: es verschwindet die Struktur in horizontaler, es bleibt die in vertikaler Richtung, d.h. man erhält Bild 3.88b, das nur helle und dunkle horizontale Bänder zeigt, als ob das Objekt ein horizontal aufgestelltes Strichgitter wäre. Dreht man den Spalt um 45°, so schneidet er die zu seiner Längsrichtung senkrechten Spektren ab, das Resultat im sekundären Bilde ist darum eine Strichgitterstruktur, die senkrecht zur Längsrichtung des Spaltes orientiert ist (Abb. 3.88c) und noch stärker von dem wirklichen Objekt abweicht. Dreht man den Spalt, bis seine Längsrichtung horizontal ist, so erhält man das Bild 3.88d, das wohl ohne Erläuterung verständlich ist. Die Bilder 3.88e und f erhält man mit etwas weiterem Spalt, der unter 45° bzw. unter 65° gegen die Vertikale geneigt ist; hier wirken bereits gewisse Beugungsspektren mit, daher hier eine Andeutung von Kreuzgitterstruktur, die aber keineswegs getreu ist.

Aus den vorstehenden Überlegungen geht hervor, dass das Auflösungsvermögen eines Mikroskops sowohl von der Wellenlänge des Lichtes wie auch von der Apertur des benutzten Objektivs abhängt. Je kleiner die Wellenlänge ist, um so feiner darf

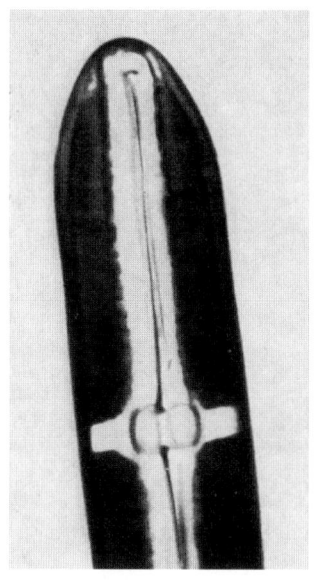 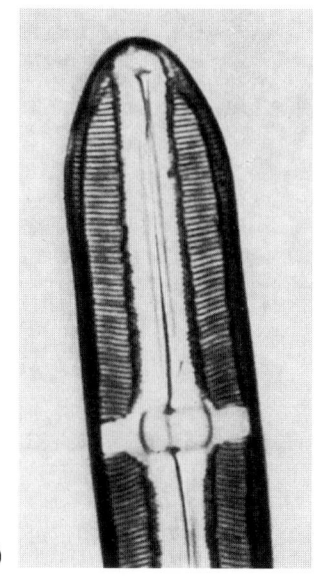

(a) (b)

Abb. 3.89 Mikroskopische Aufnahme einer Diatomee *(Pimularia opulenta)* in 100facher Vergrößerung: (a) mit rotem Licht ($\lambda = 680$ nm); (b) mit blauem Licht ($\lambda = 458$ nm).

die aufzulösende Struktur sein; dies geht deutlich aus den mit rotem und blauem Licht aufgenommenen Fotografien Abb. 3.89 hervor. Hinsichtlich der mit Objektiven verschiedener Apertur erreichbaren Auflösung gibt die folgende Tabelle eine Zusammenstellung der aus Gl. (3.51) sich ergebenden gerade noch erkennbaren Größen d, in Einheiten der Lichtwellenlänge.

Man sieht aus dieser Tabelle, dass man mit dem Mikroskop im besten Fall noch Strukturen auflösen kann, deren Größe ungefähr eine halbe Wellenlänge beträgt, falls das benutzte Objektiv die erforderliche Apertur besitzt. Hierauf hat man in jedem Fall zuerst zu achten. Nun erhebt sich noch die Frage, ob man die Gesamtvergrößerung eines Mikroskops entweder mit einem schwach vergrößernden Objektiv und einem stark vergrößernden Okular oder mit einem stärkeren Objektiv und einem schwachen Okular erreichen soll (s. Abschn. 1.9). Aufgabe des Okulars ist es, alles, was das Objektiv auflöst, dem Auge bequem erkennbar zu machen, d.h. es unter hinreichend großem Winkel erscheinen zu lassen. Das ist erfahrungsgemäß der Fall, wenn die Okularvergrößerung $V_{Ok.}$ zwischen $500\,A/V_{Obj.}$ und $1000\,A/V_{Obj.}$ gewählt wird. Okularvergrößerungen, die diese Grenze überschreiten, geben „leere" Vergrößerungen; Okularvergrößerungen dagegen, die diese Grenze nicht erreichen, nützen wiederum die Leistungsfähigkeit des Objektivs nicht aus. In der 6. Spalte der Tab. 3.3 sind Vergrößerungen angegeben, die zwischen der maximal zulässigen und der zur Ausnutzung der Objektivleistungsfähigkeit erforderlichen liegen. In der nächsten Spalte ist die damit erreichbare Gesamtvergrößerung $V_{Obj.} \cdot V_{Ok.}$ des Mikroskops angegeben. Man sieht daraus, dass bei kleiner Apertur die brauchbaren Vergrößerungen gar nicht sehr hoch sind.

Da das Auflösungsvermögen des Mikroskops mit abnehmender Wellenlänge des Lichtes zunimmt, kann man es durch Benutzung sehr kurzwelligen Lichts etwas steigern (Abb. 3.89). Eine merkbare Verbesserung erhält man aber im Allgemeinen erst, wenn man ultraviolettes Licht benutzt (A. Köhler 1904); man muss dann allerdings auf die subjektive Beobachtung verzichten und fotografische Aufnahmen machen. Ein viel größeres Auflösungsvermögen liefert jedoch das **Elektronenmik-**

Tab. 3.3 Auflösungsvermögen und Vergrößerung von Objektiven

Benutztes Objektiv	Objektiv-Apertur A	Objektiv-brennweite f in mm	Reziprokes Auflösungsvermögen (in λ-Einheit) $d = 0.61\,\lambda/A$	Objektiv-Vergrößerung $V_{Obj.}$	Okular-Vergrößerung $V_{Ok.} = \dfrac{750\,A}{V_{Obj.}}$	Gesamt-Vergrößerung $V_{Obj.}\,V_{Ok.}$
Trockensysteme	0.05	39	12.2	2.4	15	36
	0.1	32	6.1	3.5	20	70
	0.25	16	2.5	10	20	200
	0.65	6	0.95	30	16	480
	0.85	3	0.7	62	10	620
Wasser-Immersion	1.0	3.6	0.6	50	15	750
	1.2	2.1	0.5	90	10	900
Öl-Immersion	1.3	1.8	0.45	100	10	1000

roskop, bei dem an Stelle der Lichtstrahlen Elektronenstrahlen benutzt werden (vgl. auch Kap. 11).

Große Bedeutung haben aktuell optische Systeme mit hohem Auflösungsvermögen für die Herstellung integrierter, elektronischer Schaltungen, z.B. auf Silizium-Wafern. Um feine Strukturen, z.B. Stege mit 100 nm Breite, durch Photolithographie herstellen zu können, werden zur Belichtung ultraviolette Hg-Lampen mit etwa 250 nm Wellenlänge oder auch KrF-Excimerlaser verwendet. Um noch höheres Auflösungsvermögen und größere Packungsdichte für Transistoren und andere Bauelemente zu erhalten, ist der Einsatz von ArF-Lasern (193 nm), F_2-Lasern (156 nm) und schließlich EUV-Lichtquellen mit nur 13 nm Wellenlänge im so genannten Wasserfenster geplant. Die Abbildung der Photomasken auf die Silizium-Wafer mit bis zu 30 cm Durchmesser erfordert höchstauflösende Projektionsobjektive, die aus bis zu 20 Einzellinsen bestehen. Für kleinere Stückzahlen ist auch der Einsatz von Elektronenstrahlschreibern möglich, jedoch sind damit die Belichtungszeiten für die zur Lithographie verwendeten Photolacke relativ hoch.

Sehr kleine (submikroskopische) Teilchen, die man mit dem Mikroskop direkt nicht mehr erkennen kann, lassen sich dadurch sichtbar machen, dass man sie von der Seite her intensiv mit einem schmalen Lichtbündel beleuchtet (Abb. 3.90). Dann wird das Licht an den kleinen Teilchen seitwärts gebeugt, und man beobachtet im Mikroskop die beugenden Teilchen als helle kleine Lichtscheiben im „Dunkelfeld". Diese Scheibchen lassen aber nicht die Form der Teilchen erkennen, sondern verraten nur ihr Vorhandensein. Man kann mit dieser zuerst von H. Siedentopf und R. Zsigmondy (1903) angegebenen **Ultramikroskopie** z.B. das Vorhandensein von Bakterien oder kolloidalen Teilchen (Goldteilchen in Rubinglas) feststellen; die so erreichbare *Sichtbarkeitsgrenze* liegt bei etwa 4×10^{-6} mm ($\approx 1/100\,\lambda$).

Anstatt den zu betrachtenden Gegenstand von der Seite her mit einem Lichtkegel zu beleuchten, kann man zum gleichen Zweck besondere **Dunkelfeldkondensoren** benutzen. Setzt man z.B. vor einen normalen Mikroskopkondensor (Abb. 1.131) eine ringförmige Blende, so wird das durch die Blende einfallende Licht vom Kondensor so gebrochen, dass es durch den Brennpunkt des Kondensors geht, aber nicht in das darüber befindliche Mikroskopobjektiv gelangt (Abb. 3.91). In Abb. 3.92 ist ein speziell für Dunkelfeldbeleuchtung konstruierter *Spiegelkondensor* im Schnitt dargestellt, bei dem das von unten einfallende Licht an zwei Flächen so gespiegelt wird, dass es den oberhalb des Kondensors befindlichen Gegenstand schräg von unten her allseitig beleuchtet, ohne dass Strahlen direkt in das Objektiv gelangen. Der Objektträger T mit dem in einer Flüssigkeit darauf befindlichen Präparat muss dazu unter Zwischenschaltung von Wasser oder Zedernholzöl auf die obere Fläche des Kondensors aufgelegt werden. Die durch den Objektträger, das Präparat und das Deckglas D dringenden Strahlen werden an der Oberfläche des Deckglases total reflektiert und treten bei A und B wieder aus. Die an den beleuchteten Teilchen des Präparates abgebeugten Wellen fallen z.T. unter kleineren Winkeln als dem Grenzwinkel der Totalreflexion auf die Oberfläche des Deckglases und treten durch dieses in die umgebende Luft und dann in das Objektiv aus. (In Abb. 3.92 sind diese Strahlen gestrichelt gezeichnet.)

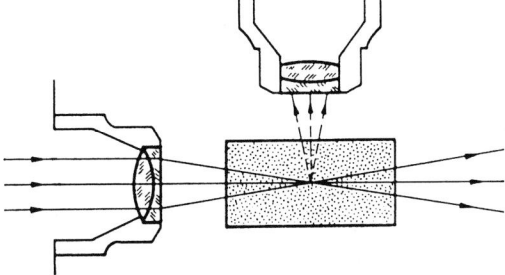

Abb. 3.90 Anordnung der Dunkelfeldbeleuchtung im Ultramikroskop.

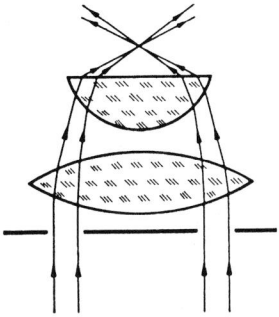

Abb. 3.91 Mikroskopkondensor mit Ringblende für Dunkelfeldbeleuchtung.

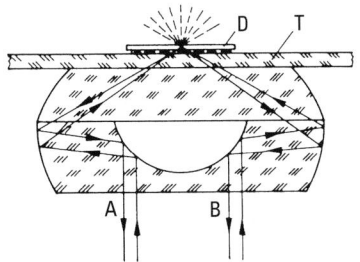

Abb. 3.92 Spiegelkondensor für Dunkelfeldbeleuchtung.

3.12.2 Phasenkontrastverfahren nach Zernike

Als Modell eines im Mikroskop zu betrachtenden Objekts ist bisher ein Gitter betrachtet worden, weil sich alles Wesentliche der Abbe'schen Theorie des Mikroskops daran erläutern ließ. Dieses Gitter bestand aus abwechselnd durchsichtigen und undurchsichtigen Teilen, die seine Struktur bildeten. Ein solches Gitter wird *Amp-*

litudengitter genannt, weil die Amplitude der hindurchtretenden Strahlung vom vollen Wert in den durchlässigen Teilen bis zum Wert null in den undurchlässigen variiert. Objekte, die ihre Struktur durch die Verschiedenheit der hindurchgelassenen Lichtamplituden offenbaren, nennt man entsprechend *Amplitudenobjekte*. Es gibt aber auch, wie schon in Abschn. 3.10 erwähnt, strukturierte Objekte, die an allen Stellen völlig durchlässig sind; ihre Struktur ist darin begründet, dass infolge von lokalen Variationen der Brechzahl die Phasen der hindurchtretenden Lichtwellen nicht konstant sind – daher der Name *Phasenobjekte*, wofür als Beispiel eine Ultraschallwelle dienen mag, die ein ausgezeichnetes Phasengitter liefert. Phasenobjekte erzeugen im primären Bilde genau wie Amplitudenobjekte die ihrer Natur entsprechenden Beugungsspektren, aber man kann ihre Struktur ebensowenig mit einem Mikroskop wie mit dem Auge sehen, da dieses nicht die Fähigkeit besitzt, Phasenunterschiede zu erkennen. Der praktische Mikroskopiker hat sich bisher in diesem Falle dadurch geholfen, dass er die Objekte geeignet färbte und sie – so gut wie möglich – in Amplitudenobjekte umwandelte. Solche Färbemethoden haben z.B. in der Bakteriologie eine große Rolle gespielt. Natürlich bedeutet Färbung immer einen Eingriff in das Präparat, dessen Tragweite schwer abzuschätzen ist. Deshalb stellt es einen großen Fortschritt dar, dass es F. Zernike (1932) gelungen ist, auf rein optischem Wege (sog. **Phasenkontrastverfahren**) Phasenstrukturen ohne den geringsten Eingriff in das Präparat sichtbar zu machen.

Zur Erläuterung des Phasenkontrastverfahrens soll an die Abbe'sche Theorie angeschlossen werden und die Verteilung der gebeugten Intensität in der hinteren Brennebene des Objektivs für ein Amplituden- und Phasenobjekt verglichen werden. Der Zusammenhang zwischen Objekt und Beugungsbild ist nach Gl. (3.49) durch eine Fourier-Transformation gegeben, die hier in folgender Form geschrieben werden soll:

$$E(x,y) \sim \mathrm{Re}\, e^{-\frac{2\pi i l}{\lambda}} \iint F(\xi,\eta)\, e^{2\pi i v t}\, e^{-\frac{2\pi i}{\lambda f}(x\xi + y\eta)}\, d\xi\, d\eta. \tag{3.74}$$

Dabei kann der Ausdruck $\mathrm{Re}\, F(\xi,\eta)\, e^{2\pi i v t}$ als elektrische Feldstärke unmittelbar hinter der Objektebene gedeutet werden. Bei einem Amplitudenobjekt ist $F(\xi,\eta)$ reell, und die Feldstärke besitzt in der Objektebene konstante Phase. Dies kommt dadurch zustande, dass die Beleuchtungswelle vor der Objektebene mit $e^{2\pi i v t}$ angesetzt wurde, also eine örtlich konstante Phase besitzt. Die Feldstärke unmittelbar hinter der Objektebene ergibt sich durch Multiplikation der Beleuchtungswelle mit dem Schwächungsfaktor $F(\xi,\eta)$. Bei einem Phasenobjekt wird dagegen die Phase der ebenen Beleuchtungswelle örtlich um eine Phasengröße $\vartheta(\xi,\eta)$ variiert, sodass die Feldstärke hinter der Objektebene gegeben ist durch $e^{i2\pi v t - i\vartheta}$. Die Beugung an einem Phasenobjekt kann demnach ebenfalls mit Hilfe von Gl. (3.74) behandelt werden, wenn angesetzt wird

$$F(\xi,\eta) = e^{-i\vartheta(\xi,\eta)}. \tag{3.75}$$

Bei der weiteren Betrachtung sollen schwache Phasenobjekte angenommen werden, d. h. $\vartheta \ll 1$. Dann gilt näherungsweise

$$F(\xi,\eta) = 1 - i\vartheta(\xi,\eta). \tag{3.76}$$

Einsetzen in Gl. (3.74) ergibt unter Ausnutzung von $-i = e^{-\frac{i\pi}{2}}$

$$E_p(x,y) \sim \mathrm{Re}\, e^{-\frac{2\pi i l}{\lambda}} \iint e^{2\pi i v t} e^{-\frac{2\pi i}{\lambda f}(x\xi+y\eta)} \,d\xi\,d\eta$$

$$+ \mathrm{Re}\, e^{-\frac{2\pi i l}{\lambda} - \frac{i\pi}{2}} \iint \vartheta(\xi,\eta) e^{2\pi i v t} e^{-\frac{2\pi i}{\lambda f}(x\xi+y\eta)} \,d\xi\,d\eta. \qquad (3.77)$$

Für die Beugung an einem schwachen Amplitudengitter mit $F(\xi,\eta) = e^{-k(\xi,\eta)} \approx 1 - k$, ergibt sich analog mit $-1 = e^{-i\pi}$:

$$E_A(x,y) \sim \mathrm{Re}\, e^{-\frac{2\pi i l}{\lambda}} \iint e^{2\pi i v t} e^{-\frac{2\pi i}{\lambda f}(x\xi+y\eta)} \,d\xi\,d\eta$$

$$+ \mathrm{Re}\, e^{-\frac{2\pi i l}{\lambda} - i\pi} \iint k(\xi,\eta) e^{2\pi i v t} e^{-\frac{2\pi i}{\lambda f}(x\xi+y\eta)} \,d\xi\,d\eta. \qquad (3.78)$$

Die gebeugte Feldstärke $E_p(x,y)$ besteht nach vorstehenden Gleichungen aus zwei Summanden. Der erste Summand beschreibt die Beugung an einem Objekt mit konstantem Transmissionsgrad 1. Dies ergibt gar keine Beugung, sondern eine ungeschwächt durch das Objekt tretende Welle. Der zweite Summand beschreibt die eigentliche Beugung. Er ist beim Amplitudengitter und Phasengitter ähnlich aufgebaut. Der einzige Unterschied ist, dass beim Phasengitter in der gebeugten Intensität gegenüber dem Amplitudengitter eine Phasenverschiebung von $\pi/2$ auftritt.

Dies macht tatsächlich den Unterschied in der mikroskopischen Abbildung von Amplituden- und Phasenstrukturen aus; man muss sich ja klar machen, dass das sekundäre Bild im Sinne Abbes, d.h. das Abbild des Objektes, eine *Interferenzerscheinung* ist, die von den Spektren des primären Bildes erzeugt wird: Dass dabei Phasendifferenzen die entscheidende Rolle spielen, ist also selbstverständlich. Damit aber hat man schon den Grundgedanken des Zernike-Verfahrens: Man hat nur die Phase im Zentralbild des Phasenobjektes um $\pi/2$ zu ändern, um den Unterschied zwischen Amplituden- und Phasenobjekten zum Verschwinden zu bringen, d.h. Phasenstrukturen genau wie Amplitudenstrukturen erkennbar zu machen.

Die Lösung dieser Aufgabe gelang Zernike dadurch, dass er in den Gang der Strahlen, die das Zentralbild erzeugen, in der Brennebene des Mikroskopobjektivs eine *Phasenplatte* einschaltete, die dem durchtretenden Licht eine Phasenverschiebung von $\pi/2$, also einem Gangunterschied von $\lambda/4$, aufprägt. In der Praxis wird diese Phasenplatte zweckmäßiger durch eine ringförmig auf eine Glasplatte aufgedampfte, $\lambda/4(n-1)$ dicke Schicht einer geeigneten Substanz hergestellt. Ein solcher Phasenring setzt voraus, dass das zur Beleuchtung dienende Licht von einer ringförmigen Lichtquelle herkommt. Man erreicht dies z.B. durch eine vor dem Mikroskopkondensor angebrachte ringförmige Blende, wie in Abb. 3.93 dargestellt. In Abb. 3.93 sind nur Strahlen gezeichnet, die dem Zentralbild entsprechen. Die das Objekt abbildenden, abgebeugten Strahlen sind weggelassen.

Da das beim Phasenkontrastverfahren in die höheren Ordnungen abgebeugte Licht schwächer ist als das ungebeugte, das durch die Phasenplatte geht, gibt man Letzterer eine kleine zusätzliche Absorption; denn man erhält bei einer Interferenzerscheinung besonders große Helligkeitsunterschiede und somit kontrastreichere

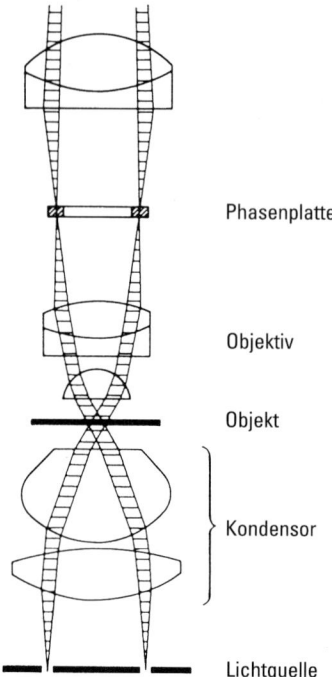

Abb. 3.93 Strahlenverlauf in einem Phasenkontrastmikroskop.

Bilder, wenn (neben der richtigen Phasenbeziehung) die miteinander interferierenden Lichtbündel gleiche Amplituden haben.

In Abb. 3.94 ist das 378fach vergrößerte Bild eines ungefärbten Schnittes durch eine Rattenniere im gewöhnlichen Hellfeld (a) und im Phasenkontrastverfahren (b) wiedergegeben. Wie man sofort sieht, kommen im letzteren Fall Zellmembran, Zellkern, Nukleoli und vieles andere, was im Hellfeld nur angedeutet ist, klar heraus.

Sowohl die Dunkelfeldanordnung als auch das Phasenkontrastverfahren kann man mit der gleichen Anordnung demonstrieren, mit der man die Abbe'sche Theorie der Abbildung von Nichtselbstleuchtern im Vorlesungsversuch vorführt (vgl. Ausführungen zu Abb. 3.88). Statt der spaltförmigen Öffnung in einem undurchsichtigen Schirm an der Stelle des primären Bildes bringt man eine (völlig durchsichtige) Glasplatte an. Blendet man das Zentralbild der Lichtquelle durch ein dunkles Scheibchen geeigneter Größe auf der Glasplatte ab, so beobachtet man eine vorhandene Struktur des Objektes im Dunkelfeld. Bringt man statt dieses undurchsichtigen Scheibchens aber eine Phasenplatte an, so erkennt man die Phasenstruktur des Objektes mit Hilfe des Phasenkontrastverfahrens; man kann z. B. auf diese Weise ein durch Ultraschall erzeugtes Phasengitter wie ein Amplitudengitter abbilden.

3.12 Bildentstehung im Mikroskop   421

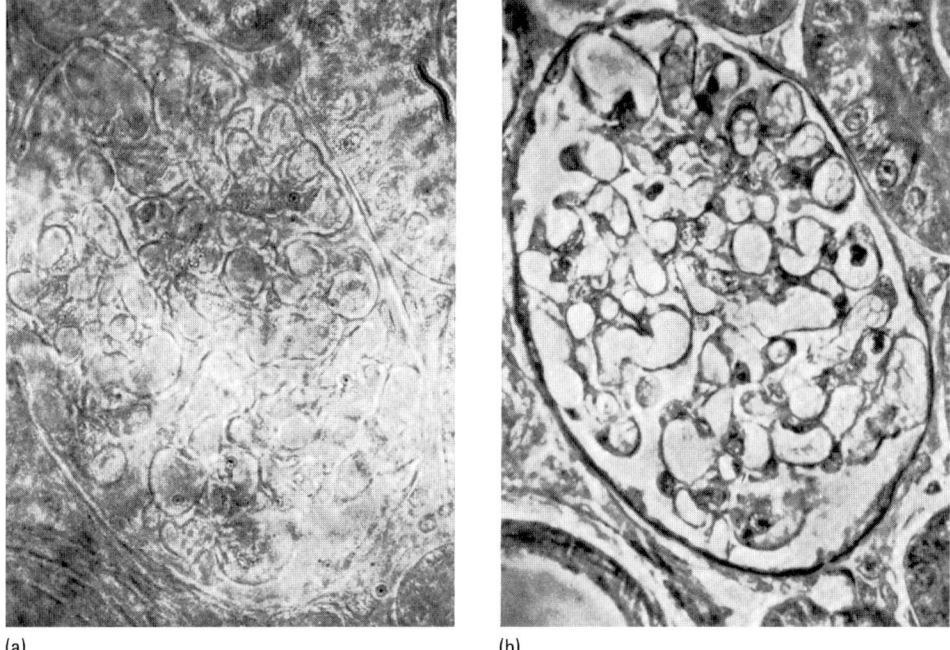

(a)   (b)

Abb. 3.94 (a) Hellfeld und (b) Phasenkontrast-Mikroaufnahme eines ungefärbten Schnittes durch eine Rattenniere; Vergrößerung 378fach.

3.12.3 Schatten- und Schlierenmethode

Die vorstehend geschilderten Methoden zur Sichtbarmachung von Phasenstrukturen haben eine nahe Beziehung zu älteren Verfahren, gröbere Phasenstrukturen, sog. *Schlieren*, sichtbar zu machen; diese Verfahren werden auch heute noch vielfach benutzt, weswegen hier auf sie hingewiesen sei.

Das einfachste Verfahren ist die sog. *Schattenmethode*, mit deren Hilfe man Schlieren objektiv sichtbar machen kann. Man benutzt eine möglichst punktförmige Lichtquelle (Krater einer Bogenlampe) zur direkten Beleuchtung eines Projektionsschirmes; dieser ist vollkommen gleichmäßig erleuchtet, wenn die Lichtquelle nur vollkommen homogene Medien durchstrahlt. Bringt man aber zwischen Lichtquelle und Schirm eine Inhomogenität, z. B. einen aufsteigenden warmen Luftstrom, so erkennt man deutlich sein Schattenbild auf dem Schirm. Denn die warmen Gase haben eine kleinere Brechzahl als die normale umgebende Luft, und beide Gasmassen vermischen sich unregelmäßig. Es resultiert also eine Störung des regulären Strahlenganges, der sich durch unregelmäßig wechselnde Helligkeit auf dem Schirm äußert.

Diese primitive Methode wurde bereits 1864 von Aug. Toepler durch die sogenannte **„Schlierenmethode"** verbessert. Eine der möglichen Versuchsanordnungen ist in Abb. 3.95 skizziert: Als Lichtwelle dient eine kleine kreisförmige, von hinten beleuchtete Blendenöffnung B, die in der Brennebene eines guten Objektivs L_1 an-

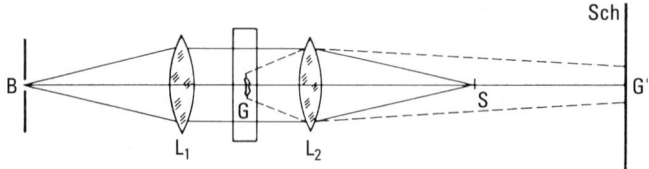

Abb. 3.95 Schlierenmethode nach Toepler.

gebracht ist, sodass die von der Öffnung B ausgehenden Strahlen parallel gemacht werden; das parallele Lichtbündel fällt dann in einigem Abstand auf ein zweites mit dem ersten identischen Objektiv L_2, das in seiner Brennebene am Ort S ein reelles Bild der Blendenöffnung B entwirft. Dieses Bild wird durch eine undurchsichtige kreisförmige Blende von der genauen Größe des Bildes vollkommen abgedeckt. Ist der Strahlengang, wie bisher angenommen, regulär, so ist ein hinter S in geeignetem Abstand angebrachter Projektionsschirm Sch dunkel. Wenn aber zwischen L_1 und L_2 der reguläre Strahlengang irgendwie an der Stelle G gestört wird (etwa durch Gase anderer Temperatur oder durch Schlierenbildung in einer Flüssigkeit, in der sich ein Salz auflöst), so gelangt von G aus Licht auf den Schirm, der im Übrigen dunkel ist, und erzeugt an der Stelle G′ ein reelles Bild von G (wenn der Schirm in der passenden Entfernung angebracht ist). Aus dieser Schlierenmethode hat sich die Dunkelfeldmethode entwickelt. Abb. 3.96 zeigt in (a) im gewöhnlichen Hellfeld die nur zart angedeuteten Schlieren in einem Glimmerblatt, die im Dunkelfeld (b) mit erstaunlicher Deutlichkeit hervortreten. Toepler ist es u.a. gelungen, auf diese Weise die Verdichtungen und Verdünnungen einer Schallwelle optisch nachzuweisen; in Bd. 1, Abschn. 23.7, findet sich ein auf diese Weise gewonnenes Bild der sog. *Kopfwelle* eines Geschosses.

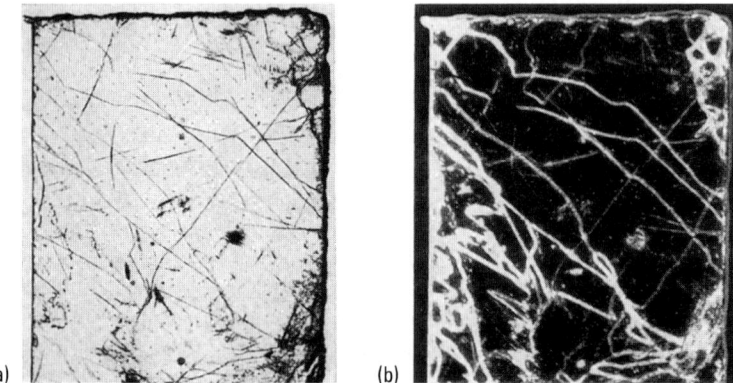

Abb. 3.96 (a) Im Hellfeld und (b) im Dunkelfeld fotografiertes Glimmerblatt (natürliche Größe).

3.13 Beugung an Teilchen, Lichtstreuung

Einzelteilchen. Die Beugung an undurchsichtigen Teilchen entspricht nach den Babinet'schen Theorien der Beugung entsprechend geformter Öffnungen. Zum Beispiel erzeugt ein kugelförmiges Teilchen ein ähnliches Beugungsbild wie eine kreisförmige Öffnung. Bisher ist vorwiegend die Beugung an Objekten besprochen worden, deren Abmessungen größer als die Wellenlängen sind. Teilchen können jedoch bedeutend kleiner sein. Die daran auftretenden Beugungserscheinungen können nicht mehr mit der bisher verwendeten Vorstellung skalarer Wellen beschrieben werden. Von Mie [8] wurde statt dessen eine strenge elektromagnetische Theorie entwickelt, ausgehend von den Maxwell'schen Gleichungen. Damit kann die Beugung einer ebenen Welle an einer Kugel mit beliebigen Brechzahlen und Absorptionskoeffizienten berechnet werden. In Abb. 3.97 sind berechnete Polardiagramme für die Streuung von polarisiertem Licht mit $\lambda = 550$ nm an Goldkugeln mit verschiedenen Radien a dargestellt. Die Länge des Radiusvektors ist jeweils proportional zur gestreuten Intensität in die entsprechende Richtung. Die Einheiten sind willkürlich und verschieden in jeder Figur.

Für kleinere Radien hat die gebeugte Intensität die gleiche Winkelverteilung wie die Strahlungscharakteristik eines Dipols. In Vorwärts- und Rückwärtsrichtung sind die gebeugten Intensitäten gleich groß. Mit zunehmender Partikelgröße wird mehr Licht in die Vorwärtsrichtung gebeugt als in die Rückwärtsrichtung. Diese Erscheinung wird oft als *Mie-Effekt* bezeichnet. Experimentell lässt sich der Mie-Effekt z. B. bei der Streuung eines Laserstrahls an Staubpartikeln (Aerosolen) in der Luft beobachten. Der Streustrahlung erscheint bei Beobachtung entgegengesetzt zur Ausbreitungsrichtung heller als in umgekehrter Richtung. Ähnliche Intensitätsverteilungen wie in Abb. 3.97 dargestellt, ergeben sich auch für Kugeln aus anderen Materialien.

Die Lichtbeugung an Teilchen wird auch oft als *Streuung* bezeichnet. Besonders häufig spricht man von Streuung, wenn der Teilchendurchmesser kleiner als die Wellenlänge ist. In ähnlicher Weise wird die Lichtablenkung durch periodische Struk-

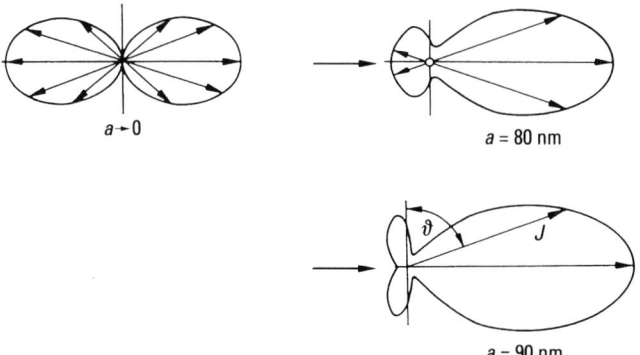

Abb. 3.97 Berechnete Polardiagramme für die Lichtstreuung an Kugeln mit dem Radius a. Intensität J als Funktion des Abstrahlwinkels ϑ. Die Polarisationsrichtung des eingestrahlten Lichtes mit einer Wellenlänge von 550 nm liegt in der Zeichenebene.

turen als *Beugung* bezeichnet, die Lichtablenkung an ungeordneten, statistischen Objekten als *Streuung*.

Die Lichtbeugung oder -streuung an Teilchen wird zur Bestimmung der Größe (particle diameter analysis PDA) und Konzentration von Staubteilchen z. B. in der Luft ausgenutzt. Eine weitere Anwendung sind Geschwindigkeitsmessungen von strömenden Gasen oder Flüssigkeiten durch Doppelbelichtungstechnik (particle image velocimetry) oder wie im Folgenden dargestellt durch Laser-Doppler-Anemometrie LDA.

3.13.1 Laser-Doppler-Geschwindigkeitsmessungen

Wird Licht an bewegten Teilchen gestreut, so tritt im gestreuten Licht wegen des Doppler-Effektes eine Frequenzverschiebung auf, die der Teilchengeschwindigkeit proportional ist. Die Frequenzverschiebung kann bei Verwendung von Laserlicht mit scharfer Frequenz bestimmt und zur Geschwindigkeitsmessung von Gasen und Flüssigkeiten ausgenutzt werden, wenn darin mitbewegte Streuteilchen enthalten sind [9]. Bei Messungen in der Atmosphäre, z.B. zur Bestimmung von Windgeschwindigkeiten, und anderen Anwendungen sind oft genügend Streuteilchen vorhanden. Sehr saubere und transparente Flüssigkeiten oder Gase können mit Fremdteilchen geimpft werden, um messbare Streusignale zu erhalten.

Die LDA-Messmethode ist berührungslos, besitzt hohe räumliche Auflösung und umfasst einen Geschwindigkeitsbereich von etwa $10^{-3} \ldots 10^5$ cm/s. Im Folgenden werden zwei Varianten beschrieben.

1. Referenzstrahlmethode. Ein Streuteilchen bewegt sich mit der Geschwindigkeit v. Es wird mit Laserlicht der Frequenz v bestrahlt, das durch Streuung abgelenkt wird. Es ergibt sich eine Doppler-Verschiebung (s. Abb. 3.98):

$$\Delta v_\beta = v \frac{v}{c}(\cos\alpha + \cos\beta).$$

Diese Frequenzverschiebung kann mit einem optischen Überlagerungsverfahren gemessen werden. Dazu wird das Licht eines Referenzstrahls mit dem gestreuten Licht

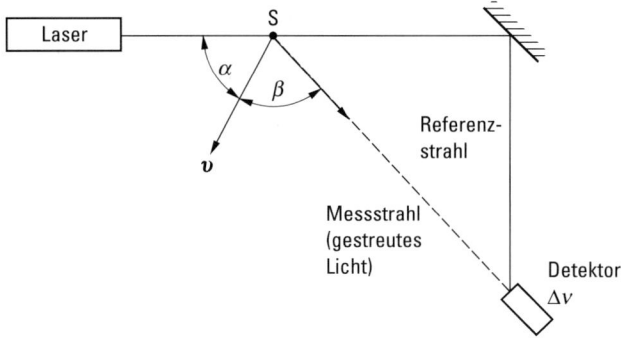

Abb. 3.98 Geschwindigkeitsmessung mit dem Laser-Doppler-Verfahren: Referenzstrahlmethode (S ist ein Streuteilchen mit der Geschwindigkeit v).

3.13 Beugung an Teilchen, Lichtstreuung 425

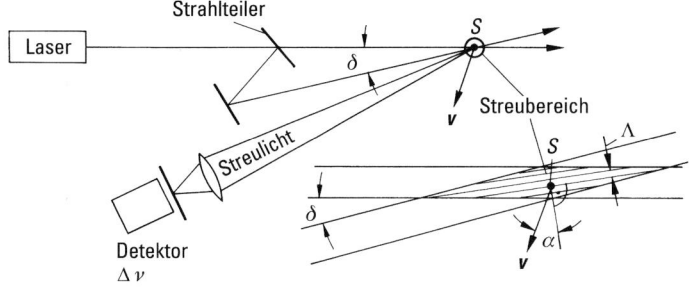

Abb. 3.99 Geschwindigkeitsmessung mit dem Laser-Doppler-Verfahren: Zweistrahlmethode.

auf einem Photodetektor überlagert. Wegen der sich ergebenden Lichtschwebung (s. Abschn. 3.7) ist der Photostrom mit $\Delta\nu$ amplitudenmoduliert. Damit die Dopplerfrequenz möglichst scharf gemessen wird, muss der Öffnungswinkel $\Delta\beta$, unter dem der Messbereich beobachtet wird, klein sein. Dies setzt voraus, dass eine hohe Dichte von Streuteilchen vorhanden ist, um ausreichend große Streusignale zu erhalten.

2. *Zweistrahlmethode.* Auch bei dieser Methode ist es möglich, die mit dem Detektor gemessene Frequenz mit dem Doppler-Effekt zu deuten. Eine gleichwertige Darstellung geht davon aus, dass die beiden Laserstrahlen, die sich unter dem Winkel δ im Messvolumen überlagern (Abb. 3.99), dort interferieren. Der Abstand der Interferenzstreifen ist

$$\Lambda = \frac{\lambda}{2}\sin\frac{\delta}{2}.$$

Die Streuteilchen durchlaufen das Interferenzfeld und streuen dabei mehr oder weniger Licht. Das von einem Teilchen gestreute Licht ist daher amplitudenmoduliert mit einer Frequenz

$$\Delta\nu = \frac{v}{\Lambda}\cos\alpha = v\frac{v}{c}2\cos\alpha\sin\frac{\delta}{2}.$$

Diese Frequenz hängt nicht von der Beobachtungsrichtung ab. Die Detektoröffnung kann daher groß sein, sodass auch bei vergleichsweise geringen Streuteilchendichten oder bei großen Entfernungen gemessen werden kann.

Zur Geschwindigkeitsmessung an Oberflächen (z. B. Blech in Walzstraße, fahrender PKW über Fahrbahn, Computer-Maus über Tisch) wird ein Streifensystem auf die Fläche projiziert. Durch Streuung an Rauigkeiten entsteht infolge der Bewegung eine Amplitudenmodulation des Streulichtes, deren Frequenz die Geschwindigkeit ergibt.

3.13.2 Beugung an unregelmäßig angeordneten Objekten

In Abschn. 3.10 sind die Erscheinungen besprochen worden, die bei der Beugung an *regelmäßigen* Anordnungen von identischen Öffnungen oder – nach dem Babinet'schen Theorem – Teilchen auftreten. Diese Untersuchungen sollen für den umgekehrten Fall ergänzt werden, dass die fraglichen Öffnungen oder Teilchen *völlig ungeordnet* angebracht sind, wenn also p Wellen, die etwa in Richtung der x-Achse fortschreiten, überlagert werden. Früher war bei der regelmäßigen Anordnung die Gangdifferenz zweier aufeinanderfolgender Wellen konstant, wie in Gl. (3.20) angesetzt. Hier muss aber angenommen werden, dass wegen der unregelmäßigen Anordnung die Gangdifferenzen ebenfalls völlig unregelmäßig variieren. Die von den Beugungspunkten ausgehenden Wellen werden angesetzt als:

$$E_1 = A \cos\left[2\pi\nu\left(t - \frac{x}{c}\right) - \delta_1\right],$$

$$E_2 = A \cos\left[2\pi\nu\left(t - \frac{x}{c}\right) - \delta_2\right],$$

$$\vdots$$

$$E_p = A \cos\left[2\pi\nu\left(t - \frac{x}{c}\right) - \delta_p\right]. \tag{3.79}$$

Die zu bildende Summe lautet also:

$$E = A \cos 2\pi\nu\left(t - \frac{x}{c}\right) \cos \delta_1 + A \sin 2\pi\nu\left(t - \frac{x}{c}\right) \sin \delta_1 +$$

$$\ldots$$

$$+ A \cos 2\pi\nu\left(t - \frac{x}{c}\right) \cos \delta_p + A \sin 2\pi\nu\left(t - \frac{x}{c}\right) \sin \delta_p$$

$$= A \cos 2\pi\nu\left(t - \frac{x}{c}\right) \sum_i^{1,p} \cos \delta_i + A \sin 2\pi\nu\left(t - \frac{x}{c}\right) \sum_i^{1,p} \sin \delta_i.$$

Durch Quadrieren erhält man:

$$E^2 = A^2 \cos^2 2\pi\nu\left(t - \frac{x}{c}\right) [\cos \delta_1 + \cos \delta_2 + \ldots \cos \delta_p]^2$$

$$+ A^2 \sin^2 2\pi\nu\left(t - \frac{x}{c}\right) [\sin \delta_1 + \sin \delta_2 + \ldots \sin \delta_p]^2$$

$$+ 2A \cos 2\pi\nu\left(t - \frac{x}{c}\right) [\cos \delta_1 + \cos \delta_2 + \ldots \cos \delta_p]$$

$$\cdot \sin 2\pi\nu\left(t - \frac{x}{c}\right) [\sin \delta_1 + \sin \delta_2 + \ldots \sin \delta_p].$$

Die Ausrechnung liefert nach zeitlicher Mittelwertbildung mit

$$\overline{\cos^2 2\pi\nu(t - x/c)} = \overline{\sin^2 2\pi\nu(t - x/c)} = 1/2$$

und
$$\overline{\cos 2\pi v(t-x/c)\sin 2\pi v(t-x/c)} = 0:$$

$$\overline{E^2} = \frac{p}{2}A^2 + \frac{A^2}{2}\sum_{\substack{i\\i\neq k}}^{1,p}\sum_{k}^{1,p}\cos\delta_i\cos\delta_k + \frac{A^2}{2}\sum_{\substack{i\\i\neq k}}^{1,p}\sum_{k}^{1,p}\sin\delta_i\sin\delta_k$$

$$= \frac{p}{2}A^2 + \frac{A^2}{2}\sum_{\substack{i\\i\neq k}}^{1,p}\sum_{k}^{1,p}\cos(\delta_i-\delta_k). \tag{3.80}$$

Abgesehen von einem irrelevanten Faktor ist dies die resultierende Intensität. Das erste Glied $pA^2/2$ kommt durch die p Quadrate $\cos^2\delta_i + \sin^2\delta_i$ zustande und ist deshalb aus der Summe herausgenommen. Der Wert des zweiten Gliedes ist *absolut unbestimmt*; denn wegen der völlig unregelmäßigen Anordnung der Öffnungen (oder Teilchen) kann über die Summe nichts Bestimmtes ausgesagt werden. Bei genügend großer Anzahl von Teilchen werden aber etwa gleich viel positive wie negative Glieder vorhanden sein. Daher kann man annehmen, dass im Mittel das zweite Glied verschwindet. Wir haben es hier mit einer Art von (räumlicher) Inkohärenz zu tun, die bewirkt, dass – abgesehen von kleinen Schwankungen – die resultierende Intensität

$$\overline{E^2} = \frac{p}{2}A^2 \tag{3.81}$$

wird, d.h. p-mal so groß wie die Intensität $A^2/2$ der Einzelöffnung. Hätte man z.B. kreisförmige Öffnungen mit dem Radius R als die Beugungsöffnungen gewählt, so wäre für A^2 der Wert aus Gl. (3.42a) einzusetzen, sodass man für p Öffnungen erhalten würde:

$$J(\varphi) \sim \frac{pJ_1^2\left(\frac{2\pi}{\lambda}R\sin\varphi\right)}{\left(\frac{2\pi}{\lambda}R\sin\varphi\right)^2}, \tag{3.82}$$

mit φ = Richtungswinkel. Das heißt, das Beugungsbild ist das gleiche wie für eine Öffnung, aber mit p-facher Intensität. Das passt gut zu der Auffassung, dass man es mit einer Art von Inkohärenz zu tun hat; denn dann addieren sich ja die Intensitäten. Entsprechendes gilt natürlich auch für kreisrunde Öffnungen usw.

Zur Demonstration dieser Beugungserscheinung bestäubt man eine Glasplatte mit Bärlappsamen (Lycopodium), der aus winzigen Kügelchen von etwa 30 µm Durchmesser besteht, und projiziert durch die bestäubte Platte eine hell beleuchtete Blendenöffnung von etwa 1 mm Durchmesser auf einen Schirm, indem man die Platte vor das abbildende Objektiv hält. Man bekommt dann die in Abb. 3.100 wiedergegebene Beugungsfigur, die in weißem Licht aus farbigen Ringen besteht, die Mischfarben zeigen, da die verschiedenen Ordnungen sich überlappen. Die Beugungsfigur ist nach dem Babinet'schen Theorem analog der Beugungsfigur eines kreisrunden Loches. Bei Natriumlicht ist der nach dem ersten hellen Ring hingebeugte Strahl nach Gl. (3.44) um einen Winkel von $1°50'$ (mit $\lambda = 0.6$ µm, $2R = 30$ µm) gegen

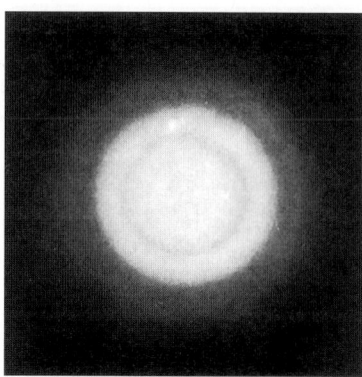

Abb. 3.100 Beugungsbild einer mit Lycopodium-Teilchen bestäubten Glasplatte im Natrium-Licht.

den zentralen Strahl geneigt. Auch an einer angehauchten, mit mikroskopisch kleinen Wassertröpfchen belegten Glasscheibe beobachtet man die gleiche Beugungserscheinung.

Ähnliche Beugungserscheinungen ergeben sich an räumlich ungeordnet verteilten kleinen Kügelchen, wie wir sie z. B. in kleinen Wassertröpfchen in Nebeln und Wolken finden. Blickt man im Nebel nach einer fernen Lichtquelle, so erscheint diese mit farbigen Ringen umgeben. Man kann diese Erscheinung leicht künstlich erzeugen, indem man in einer mit etwas Wasser gefüllten großen Glaskugel den Luftdruck mit einer Luftpumpe plötzlich verringert. Infolge der dabei eintretenden Abkühlung der Luft tritt wie in der Wilson-Kammer (Bd. 2, Abschn. 10.1.4) Übersättigung des Wasserdampfgehaltes und Kondensation ein. Durchstrahlt man die Kugel mit einem Lichtstrahlenbündel, so erhält man auf einem einige Meter entfernten Schirm prachtvolle farbige Beugungsringe. Dabei beobachtet man, dass der Durchmesser der Ringe kurz nach ihrem Entstehen kleiner wird. Die Ursache liegt in einer allmählichen Zunahme des Durchmessers der beugenden Nebeltröpfchen. Ihre Größe kann man aus dem Durchmesser der Beugungsringe bestimmen. In der gleichen Weise entstehen in der Natur die bekannten *Sonnen-* und *Mondhöfe* durch Beugung des Lichtes an den Wassertröpfchen der Wolkenschleier. Dass man Mondhöfe häufiger beobachtet als Sonnenhöfe, ist darin begründet, dass das Sonnenlicht so hell und blendend ist, dass man daneben die lichtschwachen Ringe nicht erkennen kann; dagegen sieht man sie leichter, wenn man das weniger helle Spiegelbild der Sonne auf einer Wasseroberfläche oder einer Glasplatte beobachtet. Auch hier kann man aus dem Durchmesser der Beugungsringe auf die Größe der Wassertropfen in den Wolken schließen, die im Winter erheblich größer als im Sommer sind; bei herannahendem Regenwetter vergrößern sich die Wassertropfen schnell, und der beobachtete Mondhof wird enger. Auf der Beugung des Lichtes an feinen Nebeltröpfchen beruht auch die als *Heiligenschein (Glorie)* bekannte Erscheinung.

3.13.3 Statistische Interferenzen, Speckle-Interferometrie

Eine glatte Fläche, die mit einem Laserstrahl beleuchtet wird, weist im reflektierten Licht eine körnige Struktur auf. Die hellen Bereiche oder Körner werden als *Speckles* (engl. für Flecken) bezeichnet. Die Struktur entsteht auf der fotoempfindlichen Netzhaut des Auges durch Interferenz der von der Fläche an verschiedenen Stellen rückgestreuten oder reflektierten Teilbündel, die statistische Phasen zueinander haben und deshalb auch ein statistisches Interferenzmuster, die Speckles ergeben.

Zur Messung von Verformungen in der Werkstoff- und Bauteilprüfung wird auf das Messobjekt ein Laserstrahl gerichtet, der diffus reflektiert und von einer Kamera aufgenommen wird. Gleichzeitig wird vom Laserstrahl eine Referenzwelle abgespalten und mit dem reflektierten Licht in der Kamera zur Interferenz gebracht. Es entsteht ein Speckle-Bild, das durch örtliche Phasendifferenzen zwischen der Welle vom Messobjekt und der Referenzwelle gegeben ist. Das Speckle-Bild ändert sich bei Verformungen (punktueller Verschiebungen) der Oberfläche des Messobjektes. Die Differenz dieser Interferenz-Speckle-Bilder enthält Informationen über die Verformung.

Führt man das nacheinander mit drei Lasern in unterschiedlichen Beleuchtungsrichtungen aus, dann kann man aus den drei entstandenen Interferenzbildern den räumlichen Verschiebungsvektor des betrachteten Punkts und seine drei, einem vorgegebenen Koordinatensystem zugeordneten Komponenten finden. Damit wird eine dreidimensionale Verformungsanalyse an Bauteiloberflächen möglich. Auflösungen von < 100 nm können dabei erreicht werden. Neben den ebenen Verschiebungen werden auch die senkrecht zur betrachteten Oberfläche auftretenden Verformungskomponenten erfasst.

3.13.4 Theorie des Himmelblaus nach Rayleigh

Die additive Überlagerung der Intensitäten gilt nicht nur bei der Beugung an statistisch verteilten Objekten mit Dimensionen größer als die Wellenlänge, sondern auch bei der Lichtstreuung an kleineren Teilchen, z. B. Molekülen. Ein weiteres Beispiel aus der meteorologischen Optik ist die Tatsache, dass uns an wolkenlosen Tagen der Himmel blau erscheint. Einen Hinweis auf die Entstehung des Himmelblaus gaben die Experimente von Tyndall (1869), der beobachtete, dass submikroskopische Schwebeteilchen in Flüssigkeiten zu einer Lichtstreuung führen können. Durchstrahlt man eine derartige „kolloide Lösung" mit einem Lichtbündel, so erscheint sie von der Seite gesehen blau.

Gut eignen sich für derartige Beobachtungen wässrige Lösungen von Mastix oder Kolophonium. Diese in Wasser unlöslichen Harze werden zunächst in Alkohol gelöst. Einige Tropfen dieser Lösung werden in Wasser gegeben, wobei sich der Alkohol mit dem Wasser vermischt und das Harz in Kügelchen mit submikroskopischem Durchmesser (d. h. kleiner als die Lichtwellenlänge) ausfällt.

Man kann den *Tyndall'schen Versuch* auch mit Wasser, in das einige Tropfen Milch pro Liter geträufelt werden, durchführen. Ein Glasrohr von einigen Zentimetern Durchmesser und etwa 1 Meter Länge wird mit einer frisch hergestellten Milchlösung gefüllt und mit dem parallel gemachten Licht einer Bogenlampe durchstrahlt. Dann leuchtet der vordere Teil des Rohres bläulich auf, während nach hinten die Färbung immer stärker rot wird. Ein hinter das Ende gehaltenes weißes Stück Papier erscheint Orange bis Rot.

Besonders deutlich kann man diesen Effekt machen, wenn man ein strenges Blaufilter in den Strahlengang vor dem Eintritt in die Röhre einschiebt: Dann leuchtet der vordere Teil der Röhre infolge der Streuung im blauen Licht auf, der hintere Teil aber ist dunkel, da alles blaue Licht schon in dem vorderen Teil gestreut wurde. Nimmt man aber ein Filter, das gleichzeitig Blau und Rot durchlässt, so leuchet der vordere Teil blau, wie bisher, während der hintere rötlich ist.

Die Erklärung für diese Erscheinung gab Lord Rayleigh (1871). Nach der klassischen Theorie der Dispersion (s. Kap. 2) schwingen im Feld der eingestrahlten Lichtwelle die positiven und negativen Bausteine der Moleküle gegeneinander, sodass jedes einzelne Molekül einem Hertz'schen Dipol (vgl. Bd. 2) entspricht. Die Dipole strahlen ihrerseits Licht mit der bekannten Strahlungscharakterstik ab; es tritt also eine Lichtstreuung auf. Die abgestrahlte Feldstärke ist proportional dem Quadrat der Schwingungsfrequenz, die gleich der Frequenz des einfallenden Lichtes ist. Die abgestrahlte Leistung, die sich aus dem Quadrat der Feldstärke ergibt, ist damit proportional der vierten Potenz der Frequenz oder reziproken Wellenlänge. Da der Durchmesser der Streukörper klein gegen die Lichtwellenlänge sein soll, können die Strahlungsanteile der einzelnen Moleküle ohne Phasenverschiebung addiert werden, sodass die Gesamtstrahlung eines Streukörpers ebenfalls der Strahlung eines Hertz'schen Dipols entspricht. Die Intensität des gestreuten Lichtes ist damit umgekehrt proportional der 4. Potenz der Wellenlänge. Da die blauvioletten Wellen (0.45 µm) etwa 0.7-mal so lang sind wie die roten (0.65 µm), wird das blaue Licht etwa $(1/0.7)^4 = 4$-mal stärker gestreut als das rote. Daher die Blaufärbung.

Das Himmelsblau beruht auf dem gleichen Mechanismus wie die Tyndallstreuung. Streukörper sind hier die Luftmoleküle selbst. Die gestreute Intensität soll hier auf Grund des vorstehend skizzierten Gedankenganges explizit berechnet werden.

Das durch das einfallende Sonnenlicht (Amplitude E_0, Kreisfrequenz ω) maximale induzierte Dipolmoment p eines Moleküls ergibt sich zu

$$p = \frac{P}{N} = \frac{\varepsilon_r - 1}{N} \varepsilon_0 E_0 .$$

Dabei ist P die Polarisation, d. h. das Gesamtdipolmoment geteilt durch das Volumen, N die Anzahldichte der Moleküle, ε_r die Permittivitätszahl des streuenden Gases.

Für die abgestrahlte Feldstärke E gilt in einem Abstande r bei einer Beobachtungsrichtung, die gegen die Polarisationsrichtung der einfallenden Welle um den Winkel ϑ geneigt ist (vgl. Bd. 2 unter Berücksichtigung, dass das Dipolmoment gleich der Dipollänge multipliziert mit der Ladungsamplitude ist):

$$E = \frac{\omega^2 p}{4\pi \varepsilon_0 c^2 r} \sin \vartheta .$$

Da die Intensitäten den Feldstärkequadraten proportional sind, ergibt sich für die von einem Volumen V, das NV streuende Moleküle enthält, gestreute Intensität J mit $n = \sqrt{\varepsilon_r}$:

$$\frac{J}{J_0} = \frac{NVE^2}{E_0^2} = \frac{\pi^2 V (n^2 - 1)^2 \sin^2 \vartheta}{N r^2 \lambda^4} . \tag{3.83}$$

Da die Gleichung auf der linken Seite ein maßsystemunabhängiges Verhältnis und auf der rechten Seite nur geometrische Größen enthält, gilt sie für alle Maßsysteme. Die Abhängigkeit der gestreuten Intensität von der 4. Potenz der reziproken Wellenlänge ergibt, wie bereits erläutert, die Erklärung der blauen Färbung des Himmels.

Die durch den Faktor $\sin^2 \vartheta$ gegebene Winkelabhängigkeit gilt nur für polarisiertes Licht. Wie bei einem Hertz'schen Dipol gilt dann, dass bei Beobachtung in Polarisationsrichtung des eingestrahlten Lichtes keine gestreute Intensität registriert wird. Bei Verwendung nicht polarisierten Lichtes ergibt sich, dass bei Beobachtung senkrecht zur Einstrahlungsrichtung das gestreute Licht linear polarisiert ist, und zwar senkrecht zur Einstrahlungs- und Beobachtungsrichtung. Dieses experimentelle Ergebnis wird verständlich, wenn das eingestrahlte Licht in einen senkrecht und einen parallel zur Beobachtungsrichtung polarisierten Anteil zerlegt wird.

Die zu Gl. (3.83) führende Überlagerung der Intensitäten der von den einzelnen Molekülen gestreuten Wellen ist deshalb richtig, weil die Streuwellen in der Beobachtungsrichtung statistische Phasen besitzen. Lediglich in Vorwärtsrichtung haben die Streuwellen gegeneinander und gegenüber der einfallenden Welle eine feste Phasenbeziehung. In Vorwärtsrichtung sind daher die Feldstärken der Streuwellen der einfallenden Welle phasenrichtig zu überlagern. Dadurch ergibt sich eine Phasen- und Amplitudenänderung der durchtretenden Welle gegenüber der einfallenden Welle, die durch Brechzahl und Absorptionskoeffizient beschrieben wird.

Durch die Streuung des Lichtes wird zusätzlich zur Absorption durch die Moleküle eine Schwächung des eingestrahlten Lichtes erzeugt. Daher kommt es, dass auch vollkommen farblose, durchsichtige Gase (z. B. Luft) in großen Schichtdicken Licht erheblich schwächen. Man kann die Schwächung der auffallenden Intensität J_0 einer bestimmten Wellenlänge λ nach Durchlaufen der Schichtdicke x durch die allgemeine Lambert'sche Gleichung darstellen.

$$J_x = J_0 \, e^{-hx},$$

wo J_x die übriggebliebene Intensität ist. In seiner ausführlichen Theorie hat Lord Rayleigh folgenden Wert für die *Schwächungskonstante h* angegeben:

$$h = \frac{8\pi^3}{3N\lambda^4}(n^2 - 1)^2.$$

Zur Ableitung dieser Gleichung muss man durch Integration von Gl. (3.83) über alle Streurichtungen die gesamte Streuleistung bestimmen. Daraus kann man dann h als längenbezogene relative Intensitätsabnahme berechnen.

Die eintretende Schwächung ist wellenlängenabhängig; es tritt also eine Färbung weißen Lichtes nach Durchlaufen einer großen Gasstrecke ein: Je weiter das weiße Licht in die Schicht eindringt, desto mehr nimmt es einen rötlichen Farbton an. Dies ist die Erklärung der Morgen- und Abendröte.

Nach der Theorie der Dispersion (s. Kap. 2) ist $(n^2 - 1)^2$ proportional dem Quadrat der Teilchenzahl N. Dann ist h proportional N, und dies ist die quantitative Grundlage dafür, dass man aus der Rayleigh-Streuung die Avogadro-Konstante bestimmen kann, was schon in Bd. 1 erwähnt wurde. Ausführliche Darstellung von Lichtstreuerscheinungen und ihre weiteren Anwendungen geben Fabelinskii und Kerker [10, 11].

3.14 Holographie

Holographie[3] ist ein zweistufiges Verfahren zur Aufzeichnung und Rekonstruktion von Bildern beliebiger Gegenstände. In der ersten Stufe wird das von einem Gegenstand ausgestrahlte Lichtwellenfeld in einer Ebene als Hologramm in einem fotoempfindlichen Material gespeichert. Die Speicherung ist vollständig, d.h. dass im Gegensatz zur konventionellen Fotografie neben der Amplitude des Lichtwellenfeldes nach einem im Folgenden zu beschreibenden Verfahren auch die Phase gespeichert wird. Das Hologramm besitzt im Gegensatz zu einer Fotografie im Allgemeinen keine Ähnlichkeit mit dem Gegenstand. Mit Hilfe des Hologramms kann aber in der zweiten Stufe des Verfahrens das ursprüngliche, vom untersuchten Gegenstand abgestrahlte Lichtwellenfeld wieder rekonstruiert werden. Da in dem Lichtwellenfeld alle optische Information über den Gegenstand enthalten ist, wird auf diese Art und Weise ein originalgetreues Bild des Gegenstandes erzeugt, das wie der Gegenstand selbst einen räumlichen Eindruck macht.

Möglich wird die Holographie dadurch, dass nach dem Huygens'schen Prinzip aus der gegebenen Verteilung der Feldstärke eines Wellenfeldes *in einer Ebene* das Lichtwellenfeld *im ganzen Raum* bestimmt werden kann. Zur Aufzeichnung eines räumlich verteilten Wellenfeldes genügt es also, das Lichtwellenfeld in einer einzigen Fläche zu speichern. Wird nachher das Lichtwellenfeld in dieser Fläche, das als Wellenfront bezeichnet wird, wieder rekonstruiert, so breiten sich von dieser Wellenfront die Huygens'schen Elementarwellen so aus, dass sich im gesamten Raum das vorher vorhandene Lichtwellenfeld ergibt. Die Holographie wird deshalb auch als Wellenfrontrekonstruktion bezeichnet.

Die Begriffe „Hologramm" und „Wellenfrontrekonstruktion" sind im Jahre 1948 von Gabor [12] eingeführt worden, der als erster Hologramme und Rekonstruktionen davon angefertigt hat. Eine bequem zugängliche Darstellung der Gabor'schen Arbeiten findet sich bei Born und Wolf [8]. Die Entwicklung der Holographie lässt sich jedoch noch über Gabor hinaus zurückverfolgen [13].

3.14.1 Das allgemeine Verfahren der Holographie

Wird eine Fotoplatte in ein Lichtwellenfeld gestellt, so wird die Platte entsprechend der Lichtintensität (Beleuchtungsstärke, Strahlungsflussdichte) oder dem Quadrat der Lichtfeldstärke geschwärzt. Da die Phase des Lichtes keinen Einfluss auf die Schwärzung hat, geht sie bei der Fotografie verloren. Bei der Holographie dagegen wird die Phase dadurch registriert, dass der zu registrierenden Objektwelle eine zweite Lichtwelle, die sogenannte Referenzwelle, überlagert wird (Abb. 3.101). Auf der Fotoplatte, dem späteren Hologramm, entsteht dann ein Interferenzstreifensystem. Der Abstand der Interferenzstreifen ist proportional der Phasendifferenz der beiden Wellen, d.h. bei bekannter Phasenverteilung der Referenzwelle in der Hologrammebene kann aus dem Abstand der Interferenzstreifen die Phasenverteilung der Objektwelle rekonstruiert werden. Gleichzeitig wird in dem Hologramm die Intensität beider

---

[3] Das Wort Holographie hat griechischen Ursprung, holos: vollständig und graphein: schreiben.

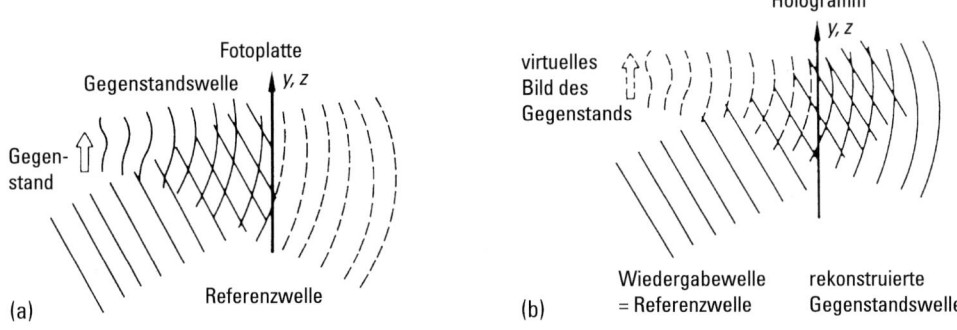

Abb. 3.101 (a) Schematische Darstellung der Aufnahme und (b) Rekonstruktion eines Hologramms. Die konjugierte Welle bei der Rekonstruktion wurde fortgelassen.

Wellen als Schwärzungsverteilung gespeichert, woraus wieder bei bekannter Intensitätsverteilung der Referenzwelle die Schwärzungsverteilung der Objektwelle rekonstruiert werden kann.

Bei der mathematischen Formulierung des holographischen Prozesses stellt man ein Lichtwellenfeld in der allgemeinen Form

$$E = A(x,y,z)\cos 2\pi(\nu t + \Phi(x,y,z))$$
$$= \tfrac{1}{2} A(x,y,z)\, e^{i2\pi(\nu t + \Phi(x,y,z))} + \text{c.c.} \tag{3.83}$$

dar. Dabei bedeutet „c.c." den konjugiert komplexen Wert der jeweils vorangegangenen Ausdrücke. $A(x,y,z)$ wird als Amplitude und $\Phi(x,y,z)$ als Phase des Wellenfeldes bezeichnet. Ist z.B. die Amplitude konstant und die Phase eine lineare Funktion von x,y,z, so stellt Gl. (3.83) eine ebene Welle dar. Wird die Amplitude der ebenen Welle als ortsabhängig angenommen und für die Phase ebenfalls eine allgemeine Ortsabhängigkeit angesetzt, so ergibt sich die in Gl. (3.83) angegebene, allgemeine Form eines Wellenfeldes.

Analog zu Gl. (3.83) lässt sich die Verteilung der elektrischen Feldstärke der Gegenstandswelle in der Hologrammebene ansetzen als:

$$E_G = \tfrac{1}{2} A_G(y,z)\, e^{i2\pi(\nu t + \Phi_G(y,z))} + \text{c.c.} \tag{3.84}$$

Für die Referenzwelle gilt entsprechend:

$$E_R = \tfrac{1}{2} A_R(y,z)\, e^{i2\pi(\nu t + \Phi_R(y,z))} + \text{c.c.} \tag{3.85}$$

Dabei sind y,z die Koordinaten eines Punktes in der Hologrammebene. Die Lichtintensität in der Hologrammebene ist gegeben durch:

$$\begin{aligned} J(y,z) &\sim \overline{(E_G + E_R)^2} \\ &\sim A_G^2 + A_R^2 + A_G A_R\, e^{2\pi i(\Phi_G - \Phi_R)} + A_G A_R\, e^{-2\pi i(\Phi_G - \Phi_R)} \\ &\sim A_G^2 + A_R^2 + 2 A_G A_R \cos 2\pi(\Phi_G - \Phi_R)\,. \end{aligned} \tag{3.86}$$

Die Größen A_G^2 und A_R^2 sind die Intensitäten der Objekt- und Referenzwelle allein, der Summand $A_G A_R \cos 2\pi(\Phi_G - \Phi_R)$ kommt durch Interferenz der beiden Wellen zustande und beschreibt ein Interferenzstreifensystem (Abschn. 3.1).

Die Intensität $J(y, z)$ schwärzt die in der Hologrammebene befindliche Fotoplatte und erzeugt eine Amplitudentransmission $t(y, z)$, die näherungsweise proportional zur eingestrahlten Intensität ist:

$$t(y, z) \sim J(y, z).$$

Wird nun die belichtete und entwickelte Fotoplatte, das Hologramm, wieder an seine ursprüngliche Stelle gestellt und mit einer Wiedergabewelle, die zunächst identisch mit der Referenzwelle sein soll, bestrahlt, so entsteht hinter dem Hologramm eine Lichtfeldstärke E, die proportional dem Produkt aus Amplitudentransmission und eingestrahlter Lichtfeldstärke ist:

$$\begin{aligned} E(y, z) &= t(y, z) E_R(y, z) \\ &\sim A_R (A_G^2 + A_R^2) \cos 2\pi(\nu t + \Phi_R) + A_G A_R^2 \cos 2\pi(\nu t + \Phi_G) \\ &\quad + A_G A_R^2 \cos 2\pi(\nu t - \Phi_G + 2\Phi_R). \end{aligned} \quad (3.87)$$

Die Summanden in dieser Gleichung haben folgende Bedeutung:

$A_R (A_G^2 + A_R^2) \cos 2\pi(\nu t + \Phi_R)$ ist die Lichtfeldstärke der Referenzwelle multipliziert mit einem Transmissionsfaktor, der zu einer mittleren Schwächung der Referenzwelle führt.

$A_G A_R^2 \cos 2\pi(\nu t + \Phi_G)$ ist die Lichtfeldstärke der ursprünglichen Gegenstandswelle, geschwächt um einen Faktor, der proportional zu A_R^2 ist.

$A_G A_R^2 \cos 2\pi(\nu t - \Phi_G + 2\Phi_R)$ ist die Lichtfeldstärke der sogenannten konjugierten Welle, die unter noch zu erläuternden Bedingungen ein sogenanntes Zwillingsbild („twin image") liefert.

Wesentlich ist der Anteil von E, der die Lichtfeldstärke der ursprünglichen Gegenstandswelle in der Hologrammebene wiedergibt. Da nach dem Huygens'schen Prinzip durch die Lichtfeldstärke in einer Ebene die Feldstärke im ganzen Raum gegeben ist, erzeugt dieser Anteil die ursprüngliche Lichtwelle im ganzen Halbraum hinter dem Hologramm. Damit kann auch das ursprüngliche Objekt an seiner ursprünglichen Stelle wieder beobachtet werden, wenn durch das Hologramm gesehen wird; denn hinter dem Hologramm ist die rekonstruierte Welle mit der Objektwelle bis auf den Faktor A_R^2 identisch.

Neben der rekonstruierten Objektwelle treten nach Gl. (3.87) hinter dem Hologramm jedoch noch zwei weitere Wellen auf, die sich mit der rekonstruierten Objektwelle überlagern und die Beobachtung des Objektes erschweren können. Durch eine geeignete Wahl der Referenzwelle ist es jedoch möglich, die beiden zusätzlich auftretenden Wellen räumlich von der rekonstruierten Objektwelle zu trennen und damit das Objekt ungestört zu beobachten. Dazu ist es notwendig, dass die mittleren Ausbreitungsrichtungen von Gegenstands- und Referenzwelle verschieden sind. Wie in den folgenden Abschnitten beschrieben wird, werden meist kugelförmige oder ebene Referenzwellen benutzt.

Zusammengefasst lässt sich sagen, dass das Hologramm durch *Interferenz* der Gegenstandswelle mit der Referenzwelle entsteht. Aus dem Hologramm wird dann durch *Beugung* der Wiedergabewelle (Huygens'sches Prinzip) die ursprüngliche Gegenstandswelle rekonstruiert.

3.14.2 Transmissionshologramme mit ebenen Referenzwellen

Eine Anordnung zur Aufnahme von Hologrammen mit ebener Referenzwelle, wie sie erstmalig von Leith und Upatnieks [14] verwendet wurde, ist in Abb. 3.102 dargestellt. Die Anordnung eignet sich besonders für durchsichtige Gegenstände. Bei undurchsichtigen Gegenständen werden nur die Umrisse aufgenommen. Es soll zunächst der einfachste Fall beschrieben werden, bei dem der Gegenstand eine konstante Transparenz über die gesamte Fläche besitzt. Die Gegenstandswelle ist dann wie die Beleuchtungswelle eine ebene Welle.

Die Wellenvektoren der beiden auf die Fotoplatte treffenden Wellen seien $k_R = \frac{2\pi}{\lambda} i$ und $k_G = \frac{2\pi}{\lambda}(i \cos \Theta - j \sin \Theta)$. Dann ist die elektrische Feldstärke der beiden als gleich polarisiert angenommenen Wellen gegeben durch:

$$E_G = A_G \cos(2\pi v t - k_G \cdot r) = A_G \cos 2\pi \left(v t - \frac{x}{\lambda} \cos \Theta + \frac{y}{\lambda} \sin \Theta \right),$$

$$E_R = A_R \cos(2\pi v t - k_R \cdot r) = A_R \cos 2\pi \left(v t - \frac{x}{\lambda} \right). \tag{3.88}$$

In der Ebene der Fotoplatte ergibt sich mit $x = 0$:

$$E_G(0, y, z) = A_G \cos 2\pi \left(v t + \frac{y}{\lambda} \sin \Theta \right),$$

$$E_R(0, y, z) = A_R \cos 2\pi v t. \tag{3.89}$$

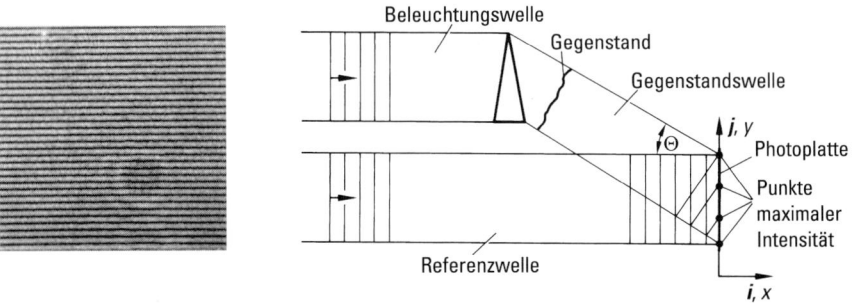

Abb. 3.102 Strahlengang zur Aufnahme von Hologrammen durchsichtiger Objekte mit ebener Referenzwelle. Bei einer ebenen Gegenstandswelle ist das Hologramm ein System paralleler Interferenzstreifen.

Die Phase der Referenzwelle ist nach Gl. (3.89) konstant über den gesamten Querschnitt. Die Phase der Objektwelle wächst linear über den Querschnitt an. Die Lichtintensität auf der Fotoplatte ist gegeben durch:

$$J(y,z) \sim \overline{(E_G(0,y,z) + E_R(0,y,z))^2}$$
$$\sim A_R^2 + A_G^2 + 2A_G A_R \cos\left(\frac{2\pi y}{\lambda}\sin\Theta\right). \tag{3.90}$$

Diese Intensität ist nicht konstant wie die Intensität der beiden einfallenden Lichtwellen, sondern örtlich in Form eines Interferenzstreifensystems moduliert mit einer Periode

$$\Lambda = \frac{\lambda}{\sin\Theta}. \tag{3.91}$$

Der Abstand Λ der Interferenzstreifen hängt von der Phasendifferenz der beiden Wellen ab. Bei bekannter Phase der Referenzwelle, die durch ihren Einfallswinkel gegeben und im vorliegenden Beispiel konstant ist, kann also auf die Phase der Objektwelle geschlossen werden. Die durch Gl. (3.90) gegebene Intensität erzeugt nach fotografischer Entwicklung eine Schwärzung der Fotoplatte und erzeugt damit eine Transmission $t(x)$, die aus hellen und dunklen Streifen besteht. Wird daher das fertige Hologramm wieder mit dem Referenzstrahl beleuchtet, so wirkt es wie ein Beugungsgitter, sodass hinter dem Hologramm neben der durchtretenden Welle zwei gebeugte Wellen ± 1. Ordnung auftreten (vgl. Abb. 3.103). Der Beugungswinkel Θ_B ist gegeben durch:

$$\sin\Theta_B = \frac{\lambda}{\Lambda}. \tag{3.92}$$

Einsetzen von Gl. (3.91) ergibt

$$\Theta_B = \pm\Theta. \tag{3.93}$$

Die gebeugten Wellen schließen also mit der Referenzwelle denselben Winkel ein, wie die Referenzwelle mit der Objektwelle bei der Aufnahme. Insbesondere ent-

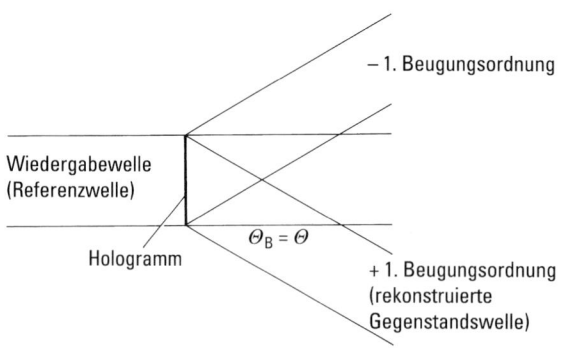

Abb. 3.103 Rekonstruktion eines Hologramms, das in der Anordnung nach Abb. 3.102 aufgenommen wurde.

3.14 Holographie   437

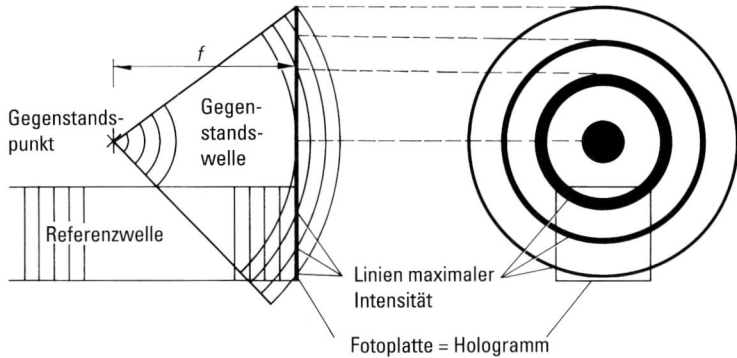

Abb. 3.104 Das Hologramm eines Gegenstandspunktes bei ebener Referenzwelle entspricht einer Fresnel'schen Zonenplatte.

spricht die +1. Beugungsordnung vollständig der ursprünglichen Objektwelle und kann als Rekonstruktion dieser Welle aufgefasst werden. Bei der Rekonstruktion des Hologramms können auch noch höhere Beugungsordnungen auftreten als die +1. Ordnung. Die höheren Ordnungen sind in der Intensität jedoch schwächer als die erste Ordnung und können daher meist vernachlässigt werden.

Als nächster Fall soll die Anwendung des holographischen Verfahrens auf ein Objekt untersucht werden, das nur aus einem einzigen leuchtenden Punkt besteht. In Abb. 3.102 kann solch ein Objekt durch Einbringen einer feinen Lochblende in den Beleuchtungsstrahlengang erzeugt werden.

Wie in Abb. 3.104 dargestellt, ist die Objektwelle in diesem Falle eine Kugelwelle. Durch Interferenz dieser Kugelwelle mit der Referenzwelle, deren Phasenflächen zunächst als unendlich ausgedehnt angesehen werden sollen, entstehen konzentrische Ringe maximaler Intensität. Da Referenzwelle und Fotoplatte nur begrenzte Ausdehnung besitzen, wird von diesem Ringsystem nur der angedeutete Ausschnitt als Hologramm aufgenommen. Wie im Folgenden (vgl. auch Abschn. 10.2.4) erläutert, entspricht das durch Überlagerung einer ebenen Welle mit einer Kugelwelle entstandene Interferenzstreifensystem einer Fresnel'schen Zonenplatte. Das Hologramm eines Objektpunktes stellt also einen Ausschnitt aus einer Zonenplatte dar.

Bei der Rekonstruktion (Abb. 3.105) wird die Wiedergabewelle, die hier wiederum als identisch mit der Referenzwelle angesehen wird, an dem Hologramm gebeugt. Dieses wirkt dabei wie eine Zerstreuungs- und gleichzeitig Sammellinse[4] der Brennweite $\pm f$, wobei f den Abstand des Objektpunktes zur Ebene der Fotoplatte bedeutet. Hinter dem Hologramm entstehen also neben der durchtretenden, ebenen Welle eine konvergente und eine divergente Kugelwelle, die zum vorderen Brennpunkt hinläuft bzw. aus dem hinteren Brennpunkt zu kommen scheint. Da der hintere Brennpunkt dieselbe Lage hat wie der ursprüngliche Objektpunkt, ist die divergente Kugelwelle eine Rekonstruktion der Objektwelle. Blickt ein Beobachter

---

[4] Der Brennpunkt B kann dabei als +1. Beugungsordnung der Zonenplatte angesehen werden. Entsprechend ergibt sich eine Zerstreuungslinsenwirkung als Folge der −1. Beugungsordnung.

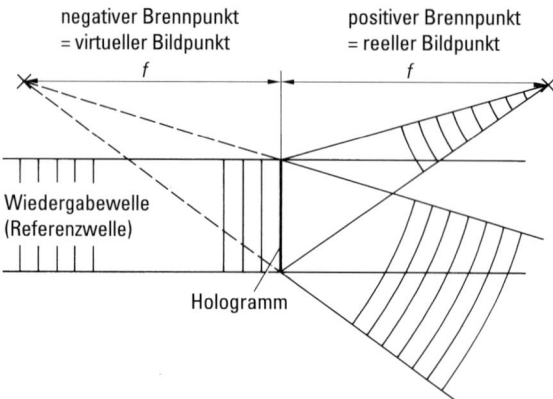

Abb. 3.105 Rekonstruktion eines Gegenstandspunktes aus einem Hologramm.

entgegengesetzt zur Ausbreitungsrichtung dieser Welle durch das Hologramm hindurch, so kann er ein virtuelles Bild des Objektpunktes beobachten.

Neben dem virtuellen Bild des Objektpunktes wird durch die konvergente Welle auch ein reelles Bild erzeugt. Da die hinter dem Hologramm auftretenden gebeugten Wellen in genügend großem Abstand räumlich getrennt sind, können der reelle und virtuelle Bildpunkt jeweils ungestört durch die anderen Wellen beobachtet werden.

Nachdem die Aufnahme und Rekonstruktion von Hologrammen an zwei einfachen Beispielen besprochen wurde, soll das Verfahren der Holographie für ein beliebiges Objekt in der Anordnung nach Abb. 3.102 erläutert werden.

Ein beliebiges Objekt kann als aus einzelnen, leuchtenden Punkten bestehend angesehen werden. Nach dem Huygens'schen Prinzip ist jeder Objektpunkt Ausgangspunkt einer Kugelwelle, die Objektwelle also eine Überlagerung von Kugelwellen. Jede dieser elementaren Kugelwellen erzeugt mit der Referenzwelle als Interferenzbild auf der Fotoplatte eine Fresnel'sche Zonenplatte oder einen Ausschnitt davon. Insgesamt kann das Hologramm also als Überlagerung Fresnel'scher Zonenplatten dargestellt werden[5]. Die Schwärzung der einzelnen Zonenplatten ist proportional der Intensität eines Bildpunktes. Wird eine solche Fresnel'sche Zonenplatte wieder mit der Referenzwelle beleuchtet, so entsteht hinter dem Hologramm als Beugungsbild ein reeller Bildpunkt und symmetrisch dazu scheinbar vor dem Hologramm als Beugungsbild ein virtueller Bildpunkt. Die Helligkeit der Bildpunkte ist durch

---

[5] Genau genommen muss nicht nur die Interferenz der Elementarwellen mit der Referenzwelle betrachtet werden, sondern es muss zusätzlich die Interferenz der Elementarwellen untereinander berücksichtigt werden. Da jedoch die Differenz zwischen den mittleren Einfallswinkeln zweier Elementarwellen auf der Fotoplatte klein ist gegenüber der Differenz zwischen dem mittleren Einfallswinkel einer Elementarwelle und der Referenzwelle, werden durch die Interferenz der Elementarwellen untereinander Interferenzstreifen erzeugt, die einen Abstand haben, der groß ist gegenüber dem Abstand der Interferenzstreifen einer Elementarwelle mit der Referenzwelle. Bei der Rekonstruktion führt die Beugung an jenen Interferenzstreifen daher nur zu kleinen Beugungswinkeln, die sich in einer Strahlaufweitung der durchtretenden Welle bemerkbar machen, wodurch die rekonstruierten Bilder nicht gestört werden.

die Schwärzung der Zonenplatte gegeben und ist daher proportional zur Intensität des Bildpunktes. Da das Hologramm zu jedem Objektpunkt eine Zonenplatte enthält, werden auf die gleiche Weise die anderen Objektpunkte rekonstruiert, sodass sich insgesamt ein relles und ein virtuelles Bild des Objektes ergeben.

3.14.3 Transmissionshologramme eines Bildpunktes bei kugelförmiger Referenzwelle

Neben der im vorigen Abschnitt beschriebenen Technik der Holographie mit ebener Referenzwelle können Hologramme genauso gut mit kugelförmiger Referenzwelle aufgenommen werden. Dies stellt den allgemeineren Fall dar, denn eine ebene Welle kann als Kugelwelle aufgefasst werden, deren Ursprung in unendlich großer Entfernung von dem Beobachtungspunkt liegt. Die Aufnahme und Rekonstruktion des Hologramms soll für diesen Fall wieder für einen Bildpunkt diskutiert werden. Das gesamte Hologramm kann dann, wie im vorigen Abschnitt erläutert, aus den Hologrammen einzelner Bildpunkte zusammengesetzt werden.

Die elektrischen Feldstärken der kugelförmigen Referenzwelle und der vom betrachteten Bildpunkt abgestrahlten Objektwelle sind gegeben durch

$$E_G = A_G \cos 2\pi \left(\nu t - \frac{r_G}{\lambda} - \delta_G \right), \tag{3.94}$$

$$E_R = A_R \cos 2\pi \left(\nu t - \frac{r_R}{\lambda} - \delta_R \right). \tag{3.95}$$

Dabei sind A_G und A_R die ortsabhängigen Amplituden der beiden Wellen, die allerdings in den betrachteten großen Abständen von den Zentren näherungsweise als konstant angesehen werden können. Die Abstände eines Hologrammpunktes P von den Zentren der Kugelwellen sind, wie in Abb. 3.106 dargestellt, mit r_G und r_R bezeichnet; δ_G und δ_R geben die Phasen der Wellen im Zentrum an. Die gesamte von der Fotoplatte registrierte Intensität ist:

$$J \sim \overline{(E_G + E_R)^2} \sim A_G^2 + A_R^2 + 2 A_R A_G \cos 2\pi \left(\frac{r_G - r_R}{\lambda} - \delta_G + \delta_R \right). \tag{3.96}$$

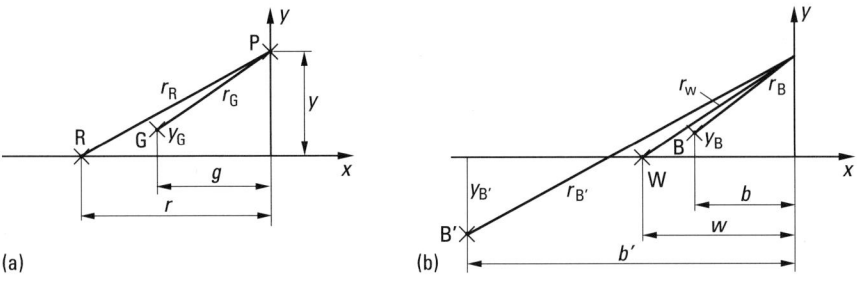

Abb. 3.106 (a) Geometrische Bezeichnungen bei der Aufnahme und (b) Rekonstruktion eines Gegenstandspunktes G.

Die Abstandsdifferenz $(r_G - r_R)$ nimmt für verschiedene Punkte auf der Fotoplatte verschiedene Werte an. Die durch Gl. (3.96) gegebene Intensitätsverteilung ist daher örtlich moduliert. Orte maximaler Intensität ergeben sich, wenn die cos-Funktion 1 wird, d.h. ihr Argument ein ganzzahliges Vielfaches von 2π ist:

$$\frac{r_G - r_R}{\lambda} + (\delta_G - \delta_R) = m \quad (m = 1, 2, 3 \ldots). \tag{3.97}$$

Zwischen den Orten maximaler Intensität liegen Orte minimaler Intensität. Die Orte maximaler Intensität zeichnen sich nach Gl. (3.97) dadurch aus, dass die Differenz der Abstände vom Beobachtungspunkt zu einer phasenrichtigen Überlagerung der beiden Wellen und damit zu einer Intensitätsverstärkung in diesem Punkte führt.

Da die Hyperbel der geometrische Ort aller Punkte ist, deren Abstandsdifferenz von zwei Punkten, den Brennpunkten, konstant ist, legt Gl. (3.97) eine Schar von Rotationshyperboloiden fest, die sich durch verschiedene Werte von m unterscheiden. In einer Ebene, die durch die Zentren der beiden Kugelwellen geht, ergeben sich, wie in Abb. 3.107 dargestellt, Hyperbeln als Linien maximaler Intensität. In dieses Interferenzfeld kann die Photoplatte auf verschiedene Art und Weise gestellt werden. In der Position H_1 ergeben sich auf der Fotoplatte kreisförmige Interferenzringe, in der Position H_2 Hyperbeln. Zwischen diesen beiden Extremfällen erhält man Ellipsen.

Die weitere Überlegung soll für den Fall durchgeführt werden, dass die Abstände aller betrachteten Punkte von der x-Achse klein sind. Dann gilt näherungsweise (Abb. 3.106):

$$r_G = \sqrt{(z - z_G)^2 + (y - y_G)^2 + g^2} \approx g + \frac{(z - z_G)^2 + (y - y_G)^2}{2g}, \tag{3.98}$$

$$r_R \approx r + \frac{z^2 + y^2}{2r}. \tag{3.99}$$

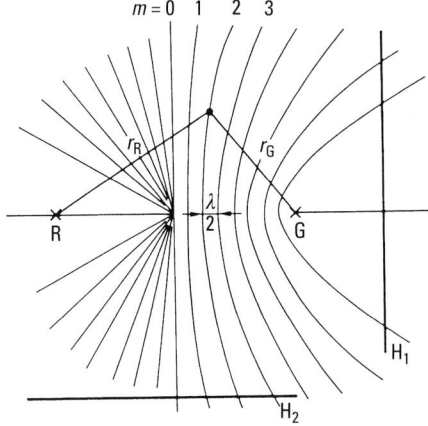

Abb. 3.107 Linien maximaler Intensität bei Aufnahme eines Hologramms eines Gegenstandspunktes G mit kugelförmiger Referenzwelle ($\delta_G - \delta_R = 0$; Wellenlänge λ stark vergrößert; im linken Teil des Bildes sind die Asymptoten der Hyperbelschar dargestellt).

Der wesentliche Anteil in Gl. (3.98) und Gl. (3.99) ist jeweils der zweite Summand; denn er gibt die Krümmung der Wellenfront wieder, die sich in einer über das Hologramm nicht konstanten Phase der Wellen E_G und E_R äußert. Die von y und z unabhängigen Summanden r und g sind unwichtig und könnten in die Phasenkonstanten δ_G und δ_R einbezogen werden.

Aus den vorstehenden Gleichungen ergibt sich:

$$r_G - r_R + (\delta_G - \delta_R)\lambda = \frac{1}{2f}[(y - y_M)^2 + (z - z_M)^2] + \lambda\delta. \tag{3.100}$$

Dabei ist die Größe δ von y und z unabhängig und es gilt ferner:

$$\frac{1}{f} = \frac{1}{g} - \frac{1}{r}, \tag{3.101}$$

$$y_M = y_G\frac{r}{r-g}; \quad z_M = z_G\frac{r}{r-g}. \tag{3.102}$$

Wird Gl. (3.100) in Gl. (3.96) eingesetzt, so ergeben sich Kreise als Linien maximaler Intensität in der y, z-Ebene. Der Mittelpunkt der Kreise liegt im Punkt mit den Koordinaten y_M, z_M. Dies ist der Durchstoßpunkt der Geraden RG durch die Ebene $x = 0$, also die Hologrammebene. Entsprechend der Intensitätsverteilung wird die in der y, z-Ebene befindliche Fotoplatte geschwärzt, sodass als Hologramm ein System konzentrischer Kreise entsteht. Wird die Phasenkonstante δ vernachlässigt, so ergibt sich für den Radius der Kreise:

$$\varrho_m^2 = 2\lambda fm \quad (m = 0, 1, 2, 3 \ldots). \tag{3.103}$$

In gleicher Weise verhalten sich bei einer Fresnel'schen Zonenplatte (vgl. Bd. 1) die Radien der Kreise, die die dunklen Zonen nach außen begrenzen. Das Hologramm eines punktförmigen Gegenstandes ist also ebenfalls eine Art Fresnel'scher Zonenplatte, mit dem Unterschied, dass die Durchlässigkeit in dem Hologramm cos-förmig moduliert ist, während die in Abschn. 10.2.4 beschriebene Zonenplatte aus abwechselnd durchlässigen und undurchlässigen Bereichen besteht (Amplitudenzonenplatte).

Bei der Rekonstruktion wird das Hologramm mit einer Kugelwelle E_W beleuchtet, die nicht identisch mit der Referenzwelle E_R zu sein braucht. Für die Wiedergabewelle E_W gilt in der üblichen Bezeichnungsweise:

$$E_W = \frac{A_W}{2}e^{i\left(2\pi vt - \frac{2\pi r_W}{\lambda} - \delta_W\right)} + \text{c.c.} \tag{3.104}$$

Es wird wieder angenommen, dass der Abstand w des Zentrums der Kugelwelle E_W vom Hologramm groß gegen die Ausdehnung y, z des Hologramms ist und dass das Zentrum von E_W auf der x-Achse liegt. Dann gilt näherungsweise:

$$r_W \approx w + \frac{y^2 + z^2}{2w}. \tag{3.105}$$

Die Lichtfeldstärke E unmittelbar hinter der Hologrammebene ergibt sich durch Multiplikation der Feldstärke E_W mit der Transmissionsfunktion des Hologramms, die proportional zur Intensität J nach Gl. (3.96) ist:

$$E \sim (A_G^2 + A_R^2) A_W \cos 2\pi \left(vt - \frac{r_W}{\lambda} - \delta_W \right) + E_B + E_{B'}. \qquad (3.106)$$

Der erste Summand in der vorstehenden Gleichung repräsentiert die durch das Hologramm geschwächt durchtretende Wiedergabewelle. Die Summanden E_B und $E_{B'}$ haben folgende Gestalt:

$$E_B \sim A_R A_W A_G \, e^{i 2\pi \left(vt + \frac{r_R - r_G - r_W}{\lambda} + \delta_R - \delta_G - \delta_W \right)} + \text{c. c.},$$

$$E_{B'} \sim A_R A_W A_G \, e^{i 2\pi \left(vt + \frac{r_G - r_R - r_W}{\lambda} + \delta_G - \delta_R - \delta_W \right)} + \text{c. c.} \qquad (3.107)$$

Die Ausdrücke E_B und $E_{B'}$ beschreiben Kugelwellen, denn ihre Phase ist als Summe bzw. Differenz von Gl. (3.105) und Gl. (3.100) eine quadratische Funktion von y, z und kann daher analog zu Gl. (3.98) näherungsweise als Phase einer Kugelwelle angesehen werden. Diese beiden Kugelwellen können als Rekonstruktionen der ursprünglichen Gegenstandswelle aufgefasst werden und ihre Zentren B, B′ als Bildpunkte des Gegenstandspunktes G. Als Kugelwelle müssen sich E_B, $E_{B'}$ in der folgenden Form schreiben lassen:

$$E_B = \frac{A_B}{2} e^{i 2\pi \left(vt - \frac{r_B}{\lambda} - \delta_B \right)} + \text{c. c.},$$

$$E_{B'} = \frac{A_{B'}}{2} e^{i 2\pi \left(vt - \frac{r_{B'}}{\lambda} - \delta_{B'} \right)} + \text{c. c.} \qquad (3.108)$$

Dabei ist nach Abb. 3.106:

$$r_B \approx b + \frac{(y - y_B)^2 + (z - z_B)^2}{2b},$$

$$r_{B'} \approx b' + \frac{(y - y_{B'})^2 + (z - z_{B'})^2}{2b'}.$$

Die Koordinaten b, y_B, z_B und $b', y_{B'}, z_{B'}$ der Bildpunkte ergeben sich durch Vergleich von Gl. (3.107) und Gl. (3.108). Wichtig ist es dabei lediglich, die von y und z abhängigen Glieder zu vergleichen, da durch sie die Krümmung der Wellen und damit auch das Zentrum der Kugelwellen festgelegt sind. Glieder, die von y und z unabhängig sind, können in die Phasenkonstanten δ_B, $\delta_{B'}$ mit einbezogen werden:

$$\frac{1}{b} = \frac{1}{f} + \frac{1}{w}, \qquad \frac{1}{b'} = -\frac{1}{f} + \frac{1}{w}, \qquad (3.109)$$

$$y_B = b \frac{y_M}{f} = \frac{b}{g} y_G, \qquad y_{B'} = -\frac{b}{g} y_G,$$

$$z_B = \frac{b}{g} z_G, \qquad z_{B'} = -\frac{b}{g} z_G. \qquad (3.110)$$

Die Rekonstruktion liefert also aus dem Hologramm für jeden Gegenstandspunkt G zwei Bildpunkte B und B', deren Koordinaten durch die Gl. (3.109) und Gl. (3.110) gegeben sind. Dabei ist zu beachten, dass gemäß Abb. 3.106 alle Punkte links von der Hologrammebene positive Abstände haben. Die Gl. (3.109) entsprechen daher der Abbildungsgleichung einer Linse mit der Brennweite $\pm f$. Bei der Rekonstruktion werden gemäß Gl. (3.110) die Abstände y_G, z_G des Gegenstandspunktes von der x-Achse im Verhältnis der Bildweite b zur Gegenstandsweite g vergrößert, was ebenfalls analog zur Abbildung durch eine Linse ist.

Alle Bildpunkte rechts vom Hologramm sind reell, da in ihnen Kugelwellen tatsächlich zusammenlaufen und die Bildpunkte direkt auf einem Schirm aufgefangen werden können. Dagegen sind die links vom Hologramm liegenden Bildpunkte virtuelle, da die zugehörigen Kugelwellen hier nur scheinbar konvergieren.

Zusammenfassend lässt sich die vorstehende Ableitung folgendermaßen formulieren: Durch Interferenz der Gegenstandswelle mit der Referenzwelle entsteht als Hologramm ein System konzentrischer Ringe, eine sog. *Fresnel'sche Zonenplatte*. Diese wirkt auf einfallendes Licht wie eine Linse, und zwar wie eine Sammellinse und eine Zerstreuungslinse. Deren Brennweiten sind gleich und durch Gl. (3.101) gegeben. Die Fresnel'sche Zonenplatte bildet die Wiedergabewelle in zwei Bildpunkte ab. Die Lage der Bildpunkte kann mit den Gl. (3.109) bestimmt werden, die den Abbildungsgleichungen einer Linse analog sind. Zwei Beispiele sollen das erläutern:

1. Ebene Referenzwelle: $r = \infty$.
   Gegenstandspunkt im Abstand g.
   Ebene Wiedergabewelle: $w = \infty$.
   Es ergibt sich nach Gl. (3.101): $f = g$.
   Damit ist nach Gl. (3.109): $b = g$, $b' = -g$,
   und nach Gl. (3.110): $y_B = y_G$; $y_{B'} = y_G$; $z_B = z_G$; $z_{B'} = z_G$.

Man erhält also in diesem Fall einen Bildpunkt B an derselben Stelle, an der der Gegenstandspunkt liegt. D.h. ein ausgedehnter Gegenstand wird in seiner ursprünglichen Position rekonstruiert. Es ergibt sich allerdings ein virtuelles Bild. Der zweite Bildpunkt B' ist reell und liegt genau spiegelbildlich zum Punkt B (vgl. Abb. 3.105). Dies ist ein gewisser Unterschied zur Abbildung mit einer Linse,

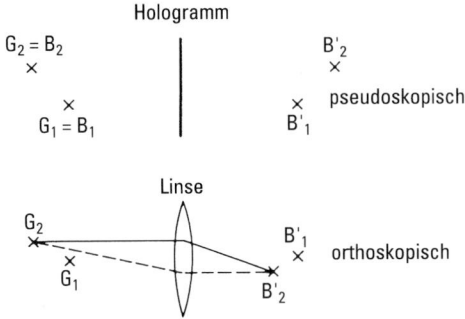

Abb. 3.108 Abbildung zweier Gegenstandspunkte G_1, G_2 durch ein Hologramm ($r = w = \infty$) und eine Linse.

444   3 Interferenz, Beugung und Wellenleitung

denn bei einer Linsenabbildung im Maßstab 1:1 würde sich ein seitenverkehrtes Bild ergeben. Ein weiterer Unterschied besteht darin, dass die Tiefendimensionen des Bildes gegenüber dem Gegenstand vertauscht sind. Da das Bild nämlich auch in der Tiefendimension (x-Koordinate) genau spiegelbildlich zum Gegenstand ist, sieht man, wenn man von der gleichen Richtung auf Bild und Gegenstand blickt, im Bild Vorder- und Hintergrund vertauscht. Diese allgemeine Eigenschaft reeller holographischer Bilder wird als *Pseudoskopie* bezeichnet. Im Gegensatz dazu ist die Abbildung durch Linse *orthoskopisch* (vgl. Abb. 3.108), d.h. der Vordergrund des Gegenstandsraumes liegt auch im Bildraum im Vordergrund.

2. Die Zentren der Referenz- und Wiedergabewelle sowie der Gegenstandspunkt haben den gleichen Abstand vom Hologramm: $r = g = w$.
   Es ergibt sich nach Gl. (3.101): $f = \infty$.
   Damit ist nach Gl. (3.109): $b = g$; $b' = g$,
   und nach Gl. (3.110): $y_B = y_G$; $y_{B'} = -y_G$.

Man erhält also auch in diesem Fall einen Bildpunkt B an derselben Stelle, an der der Gegenstandspunkt liegt. Dies ist immer der Fall, wenn Referenz- und Wiedergabewelle identisch sind, und folgt aus der allgemeinen Rechnung am Beginn dieses Abschnitts. Der zweite Bildpunkt ist ebenfalls virtuell und geht durch Drehung um 180° um die x-Achse aus dem ersten Bildpunkt hervor. Die x-Achse geht dabei durch das Zentrum der Referenzwelle (vgl. Abb. 3.109).

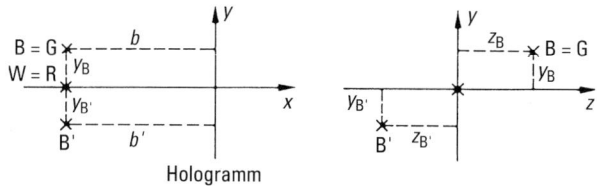

Abb. 3.109 Lage der Bildpunkte B und B' eines Hologramms mit $w = b = r$.

Die hier vorgestellten Überlegungen der Abbildungseigenschaften von Hologrammen lassen sich dahingehend verallgemeinern, dass auch Vergrößerungen und Verkleinerungen bei der Rekonstruktion sowie Bildfehler berücksichtigt werden.

3.14.4 Aufnahmetechnik für Transmissions- und Reflexionshologramme

Eine bisher nicht erwähnte Voraussetzung bei der Aufnahme von Hologrammen ist die Kohärenz von Gegenstands- und Referenzwelle. Denn nur unter dieser Voraussetzung ergeben die beiden Wellen ein zeitlich konstantes Interferenzmuster, in dem neben der Amplitude auch die Phase der Gegenstandswelle gespeichert ist. Intensive kohärente Lichtquellen stehen aber erst seit der Erfindung des Lasers im Jahre 1960 zur Verfügung. Nachdem dieser im Jahre 1962 von Leith und Upatnieks [14] in die Holographie eingeführt wurde, hat eine intensive Beschäftigung mit diesem Verfahren eingesetzt und es sind eine Fülle von Anwendungen vorgeschlagen worden [15].

Zunächst soll die *Erzeugung dreidimensionaler Bilder* besprochen werden. Die Abb. 3.110 zeigt eine Anordnung zur Aufnahme eines Hologramms eines beliebigen Gegenstandes in Transmissionsanordnung. Der Strahl eines Lasers, der normalerweise nur einen Durchmesser von etwa 2 mm hat, wird durch eine geeignete Linse zur Beleuchtung des Gegenstandes aufgeweitet. Ein Teil des aufgeweiteten Laserstrahls wird mit Hilfe des Spiegels umgelenkt und als Referenzwelle verwendet. Die Kohärenz von Gegenstands- und Referenzwelle ist damit gesichert. Die belichtete und entwickelte Fotoplatte stellt das Hologramm dar. Die Intensitäten von Gegenstands- und Referenzwelle sind etwa gleich einzustellen, damit die das Hologramm darstellenden Interferenzstreifen möglichst guten Kontrast besitzen (vgl. Kap. 3.1). Da sich die Intensitätsgleichheit im Allgemeinen schwer erfüllen lässt, arbeitet man mit Intensitätsverhältnissen von Referenz- und Objektwelle von etwa 3 bis 10. Bei der Rekonstruktion wird das Hologramm nur mit der Referenzwelle beleuchtet. Hinter dem Hologramm treten wie besprochen zwei gebeugte Wellen auf, von denen eine mit der ursprünglichen Gegenstandswelle identisch ist. Ein Beobachter, der in die rekonstruierte Gegenstandswelle hineinblickt, kann im Idealfall nicht unterscheiden, ob nun die echte Gegenstandswelle oder eine rekonstruierte Welle vorliegt. Er sieht daher ein naturgetreues, d. h. auch dreidimensionales Bild des Gegenstandes, das allerdings virtuell ist. Die andere gebeugte Welle liefert nach vorangegangenen Überlegungen ebenfalls ein Bild des Gegenstandes, das reell oder ebenfalls virtuell sein kann. Befindet sich das Auge des Beobachters im Überkreuzungsgebiet der Wellen, so werden beide Bilder gleichzeitig gesehen, wenn sie virtuell sind. Trifft auf das Auge des Beobachters nur die rekonstruierte Welle, wie in Abb. 3.110 dargestellt, so wird auch nur das eine virtuelle Bild beobachtet.

Mit Hilfe dieses Verfahrens können auch farbige Objekte aufgenommen und rekonstruiert werden. Dazu muss die Aufnahme des Hologramms mit drei verschiedenfarbigen Lasern oder mit einem Laser, der drei verschiedene Farben ausstrahlt,

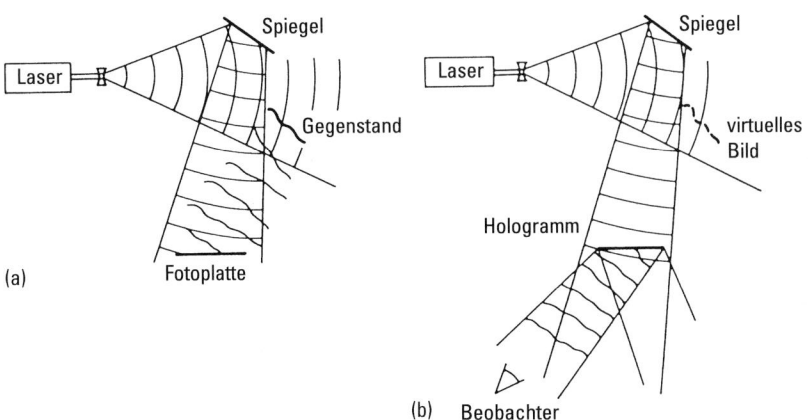

Abb. 3.110 (a) Einfache experimentelle Anordnung zur Aufnahme und (b) Rekonstruktion von Hologrammen beliebiger Objekte.

sodass die Summe Weiß ergibt, durchgeführt werden. Für jede Farbe wird dann in der Fotoplatte ein Hologramm unabhängig von den anderen Farben gespeichert. Diese Unabhängigkeit beruht darauf, dass nur Lichtwellen gleicher Farbe, d. h. gleicher Frequenz oder Wellenlänge, interferieren können. Die Fotoschicht braucht dabei nicht farbempfindlich zu sein, sondern es kann eine Schwarz-Weiß-Schicht verwendet werden. Die Rekonstruktion ebenfalls mit mehrfarbigem Licht liefert dann für jede Farbe ein rekonstruiertes Bild, das sich mit den anderen Bildern so überlagert, dass sich insgesamt ein farbiger Eindruck ergibt. Gewisse Störungen können allerdings dadurch auftreten, dass bei der Rekonstruktion z. B. das rote Licht nicht nur an dem vom roten Licht erzeugten Hologrammanteil, sondern auch an den von den anderen Farben erzeugten Hologrammanteilen gebeugt wird.

Mit gepulsten Lasern ist es auch möglich, Hologramme bewegter Gegenstände aufzunehmen.

Holographische Materialien. Für Transmissionshologramme können normale fotografische Schichten verwendet werden, die in Gelatine eingebettet sehr kleine lichtempfindliche Silber-Halogenid-Kristalle enthalten und daher ein genügend hohes Auflösungsvermögen besitzen. Die Silbersalz-Kristalle werden, sofern sie belichtet worden sind, in einem Entwickler zu schwarzem metallischen Silber reduziert; anschließend wird das unbelichtete Silbersalz aus der Fotoschicht in einem Fixierbad herausgelöst. Auf diese Weise wird also das Hologramm als Schwärzungsverteilung aufgezeichnet. Der Beugungswirkungsgrad von *Amplituden- oder Schwärzungsgittern* beträgt allerdings nur wenige Prozent, sodass die rekonstruierten Hologramm-Bilder recht dunkel sind. Durch „Bleichen" der Hologramme, d. h. durch chemische Umwandlung des metallischen Silbers in ein transparentes Silbersalz mit hoher Brechzahl, lassen sich deutlich hellere Hologramm-Bilder rekonstruieren. Aus den Schwärzungsgittern bilden sich *Phasengitter*, die einen höheren Beugungswirkungsgrad besitzen (vgl. Tab. 3.2).

In der Holographie werden gelegentlich auch *Photoresist-Schichten* verwendet, die in der Produktion von integrierten Halbleiter-Schaltungen Anwendung finden. In geeigneten polymeren Schicht-Materialien bilden sich in den mit UV-Licht belichteten Bereichen Vernetzungen und chemische Veränderungen, die die Löslichkeit wesentlich ändern. In anschließenden Bädern werden z. B. nur die unbelichteten Bereiche der Photoresist-Schicht abgelöst, sodass ein der Belichtung entsprechendes *Oberflächenprofil* zurückbleibt. Dieses bildet nach einer Hologramm-Aufnahme ein moduliertes Phasengitter, das einen hohen Beugungswirkungsgrad besitzt und ein helles räumliches Hologrammbild liefert.

Von einem Photoresist-Hologramm lässt sich durch Galvanisieren ein metallischer *Präge-Druckstock* herstellen, mit dem in eine erwärmte Plastikfolie das Hologramm-Profil übertragen und *vervielfältigt* werden kann. Wird auf diese Folien eine dünne Aluminium-Spiegelschicht aufgedampft, so entstehen besonders wirkungsvolle *Reflexions-Hologramme*, die bei Beleuchtung mit weißem Licht leuchtend bunte dreidimensionale Hologrammbilder liefern. Die Spektralfarbe im rekonstruierten Bild ändert sich wieder stark mit dem Beobachtungs- und Beleuchtungswinkel. Da sich von einem Hologramm-Druckstock sehr viele geprägte Hologramme herstellen lassen, sind diese relativ billig.

Digitale Holographie. In der Fotografie vollzieht sich gegenwärtig der Übergang vom klassischen fotografischen Film zum digitalen Medium. Moderne elektronische CCD- oder CMOS-Bildsensoren ermöglichen es inzwischen, Bilder mit verblüffender Qualität auf elektronischen Speicherkarten festzuhalten, um sie auf einem Bildschirm betrachten oder auf einem Farbdrucker ausdrucken zu können. Damit wird der aufwändige und langwierige nasschemische Entwicklungsprozess vermieden. Wir haben jedoch gelernt, dass die Holographie hinsichtlich Auflösungsvermögen an das Speichermedium weitaus höhere Anforderungen stellt als die Fotografie. Gängige elektronische Bildsensoren weisen ca. 2000×2000 lichtempfindliche Pixel auf, die eine Fläche von etwa einem Quadratzentimeter ausfüllen. Daraus können wir ein Auflösungsvermögen von 200 Linien pro Millimeter abschätzen. Das sieht auf den ersten Blick sehr bescheiden aus, da bei Hologrammen sonst mindestens 1000 Linien pro Millimeter gefordert werden. Mit Tricks gelingt es jedoch, ausgezeichnete Hologramme mit einer CCD-Kamera elektronisch aufzuzeichnen und im Rechner digital zu speichern.

Zur Rekonstruktion wird ein räumlicher Lichtmodulator, zum Beispiel auf Flüssigkristallbasis (LC-Modulator, *liquid crystal modulator*) verwendet. Diese sehr elegante und flexible Technik der holographischen Aufzeichnung und Rekonstruktion eröffnet schon heute eine Reihe von vielversprechenden holographischen Anwendungen z. B. in der Formprüfung. Allerdings sind die technischen Randbedingungen wie insbesondere das Auflösungsvermögen der elektronischen Sensorchips und Lichtmodulatoren entwicklungsbedürftig, um das Verfahren auch an ausgedehnten, dreidimensionalen Objekten einsetzen zu können.

Volumen-Reflexionshologramme nach Y. N. Denisyvk (1962). Mit Hilfe des Lippmann-Effektes ist es möglich, sogenannte *Weißlichthologramme* herzustellen. Referenz- und Objektwelle fallen von verschiedenen Seiten auf die fotografische Schicht (verwendet werden 5–10 µm dicke Dichromat-Gelatineschichten mit einer Auflösung bis zu 3000 Linien/mm und 90% Beugungswirkungsgrad) und bilden eine stehende Lichtwelle (vgl. Abschn. 3.6). Das Hologramm besteht dann aus Schichten mit konstantem Absorptionskoeffizienten oder konstanter Brechzahl, die etwa parallel zur Oberfläche der fotografischen Schicht liegen und einen Abstand $\lambda/2$ besitzen. An diesem Volumengitter (vgl. Abschn. 3.10.3) wird die Wiedergabewelle reflektiert und dadurch die Objektwelle rekonstruiert. Die Wiedergabewelle kann in diesem Fall auch von einer Glühlampe erzeugt werden, besonders geeignet sind Halogenlampen. Bei Betrachtung des Hologramms in weißem Licht wird vorwiegend die Wellenlänge der gespeicherten stehenden Welle reflektiert. Dies liegt daran, dass die Wiedergabewelle an den Schichten z. B. mit konstanter Brechzahl mehrfach reflektiert wird. Durch Interferenz verstärken sich die Teilwellen, die einen Gangunterschied von λ besitzen, das sind gerade die Wellen, die die gleiche Wellenlänge besitzen wie die bei der Aufnahme verwendete Welle. Bei Aufnahme mit He-Ne-Lasern würde man also ein rekonstruiertes, rotes Bild erwarten. Infolge leichter Schrumpfung der fotografischen Schicht beim Entwickeln wird die rekonstruierte Welle zu kurzen Wellenlängen hin verschoben. Das beobachtete, virtuelle Bild wird deswegen meist grün. Es gibt aber inzwischen fotoempfindliche Polymere fast ohne Schrumpfung, sodass ein Weißlichthologramm die gleiche Farbe ergibt wie das zur Aufnahme verwendete Laserlicht.

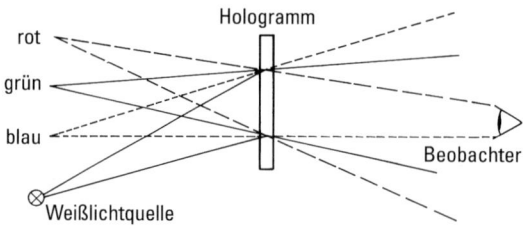

Abb. 3.111 Die Rekonstruktion eines Transmissionshologramms mit weißem Licht liefert ein verwaschenes farbiges Bild. In der Abbildung ist nur ein Bildpunkt dargestellt.

Bildebenenhologramme. Von einem Objekt wird zunächst ein Master-Transmissionshologramm H_m angefertigt. Daraus wird ein reelles Bild erzeugt. In oder nahe der Bildebene wird ein zweites Hologramm H_b aufgenommen. Bei der Rekonstruktion von H_b kann ein reelles Bild entstehen, das teilweise vor bzw. hinter der Hologrammplatte H_b zu stehen scheint. Bildebenenhologramme (siehe Abb. 3.112a) können hellere Bilder liefern als das ursprüngliche Master-Hologramm.

Regenbogenhologramme. Wird ein Transmissionshologramm mit weißem Licht rekonstruiert, so werden rekonstruierte Objektwellen verschiedener Wellenlängen in unterschiedliche Richtungen gebeugt (Abb. 3.111). Ist die Objektwelle hinreichend schmal und parallel, so wird das rekonstruierte Bild des Objektes hinter dem Hologramm unter verschiedenen Winkeln in verschiedenen Farben gesehen (Regenbogenhologramm). Allerdings kann dann das Objekt in Beugungsrichtung nicht mehr unter verschiedenen Richtungen gesehen werden. In der Richtung, die senkrecht zur Einfallsebene von Objekt- und Referenzwelle ist, bleibt jedoch der dreidimensionale Bildeindruck erhalten. Regenbogenhologramme nach Benton werden hergestellt, indem zunächst ein Master-Hologramm H_m aufgenommen wird. Aus H_m wird ein einzelner Streifen mit einem Laser beleuchtet und dadurch ein reelles Bild des Objektes erzeugt. Dieses wird als Bildebenenhologramm H_b registriert und zwar in Form eines reflektierenden Oberflächenreliefs. Bei der Rekonstruktion von H_b mit einfarbigem Licht wird das gebeugte Bündel auf die ursprüngliche Position des Streifens von H_m gerichtet (Abb. 3.112). Bei Rekonstruktion mit weißem Licht wird das Bild unter verschiedenen Winkeln in verschiedenen Farben sichtbar. Als Hologrammaterial wird oft Kunststofffolie verwendet, in die Phasenhologramme als Oberflächenrelief eingeprägt sind. Durch metallische Verspiegelung können diese in Reflexion rekonstruiert werden. Derartige Oberflächenreflexionshologramme können durch Prägetechnik wesentlich leichter als Volumenreflexionshologramme hergestellt werden. Da eine Rekonstruktion mit Weißlicht möglich ist, sind Oberflächenhologramme auf Titelseiten von Zeitschriften und Sicherung von Scheckkarten weit verbreitet.

Weitere Sonderformen. Holographische Stereogramme werden aus konventionellen, zweidimensionalen Fotografien eines Objektes (ausgedehnte Szenen, Lebewesen) synthetisiert, die aus verschiedenen Winkeln aufgenommen wurden. 360°-Hologramme werden auf zylindrischem Fotomaterial aufgenommen und erlauben eine volle

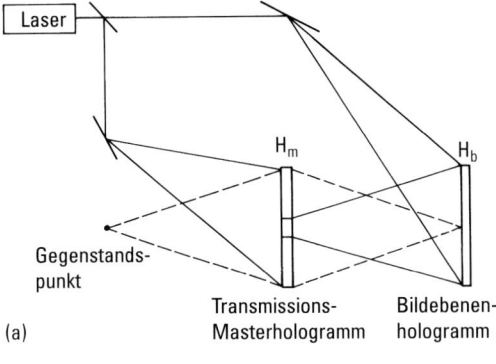

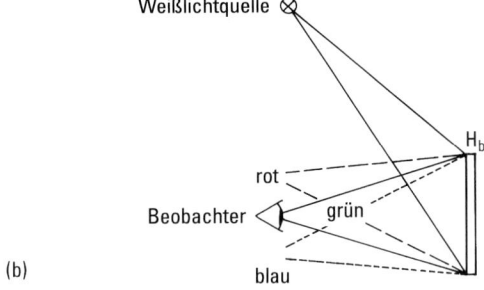

Abb. 3.112 (a) Aufnahme und (b) Rekonstruktion eines Regenbogenhologramms H_b als Oberflächenreflexionshologramm.

Rundumsicht von Objekten. Holographische optische Elemente (HOEs) können als Ersatz für Linsensysteme eingesetzt werden. Dafür eignen sich z. B. Fresnel'sche Zonenplatten. Prismen können durch holographisch hergestellte Gitter ersetzt werden. *Computererzeugte Hologramme* (auch synthetische Hologramme genannt aber nicht mit den o. a. digitalen Hologrammen zu verwechseln) werden nicht fotografisch aufgenommen, sondern berechnet und dann mit einem Plotter auf das holographische Material übertragen. Sie könnten sich zur dreidimensionalen Darstellung von Objekten an Stelle von Modellen, z. B. in der Architektur oder im Maschinenbau, eignen.

Holographische Speicher. Die Holographie bietet die Möglichkeit, große Mengen von Daten auf kleinstem Raum zu speichern. Konventionelle optische Datenspeicher wie die bekannte CD-ROM halten Informationen verschlüsselt als Bits auf der Oberfläche von Kunststoffscheiben. Moderne holographische Techniken sind jedoch in der Lage, viele Seiten von Daten als Hologramme im Volumen kleiner Kristalle zu speichern und versprechen dabei Kapazitäten von mehreren Terabyte (Tera = 10^{12}).

Die Idee der holographischen Datenspeicherung ist fast so alt wie die praktische Holographie selbst. Das Grundprinzip besteht darin, zweidimensionale Datenseiten, auf denen z. B. jeweils 10^8 bit als helle oder dunkle Bereiche dargestellt sind, unter verschiedenen Winkeln in ein dickes fotoempfindliches Material einzuschreiben. Un-

450   3 Interferenz, Beugung und Wellenleitung

ter Beachtung der Bragg-Bedingung (Abschn. 3.10.3) können die Datenseiten getrennt rekonstruiert werden und z. B. einen CCD-Array als Bitfolge ausgelesen werden. Statt dieses Winkel-Multiplexverfahrens kann auch ein Wellenlängen-Multiplexverfahren verwendet werden, bei dem die Datenseiten mit verschiedenen Wellenlängen eingelesen und unter Ausnutzung der Bragg-Bedingung auch wieder getrennt ausgegeben werden. Bei Verwendung von 10^4 Einschreibwinkeln bzw. -Wellenlängen ergibt sich eine Speicherkapazität von 10^{12} bit = 1 Terabit = 0.125 Terabyte.

Optische und materialtechnische Probleme haben bisher jedoch große praktische Probleme bereitet. Verwendet werden oft spezielle Kristalle mit etwa 1 cm^3 Volumen, so genannte fotorefraktive Kristalle [16] wie zum Beispiel Lithium-Niobat, die bei entsprechender Belichtung ihre Brechzahl ändern und folglich holographische Informationen speichern können. Diese Information kann durch eine geeignete Belichtung oder Erwärmung wieder gelöscht werden. Neben den fotorefraktiven Kristallen kommen auch 10–100 µm dicke Schichten aus fotoempfindlichen Polymeren zur Anwendung, deren Speichermechanismus auf einer Änderung der Struktur der Polymere (Vernetzung) bei Belichtung beruht.

3.14.5 Holographische Interferometrie

Befindet sich bei der Aufnahme eines Hologramms nach Abb. 3.110a der Gegenstand zunächst in der gezeichneten Position und wird er nach der Aufnahme etwas deformiert und nochmals auf dieselbe Hologrammplatte aufgenommen, so ergibt sich bei der Rekonstruktion ein holographisches Interferogramm. Darunter wird ein Bild des Objektes verstanden, das von Interferenzstreifen durchzogen ist, die Linien konstanten Abstands zwischen den beiden Zuständen des Objektes entsprechen. Zur Aufnahme des in Abb. 3.113 dargestellten Interferogramms einer schwingenden

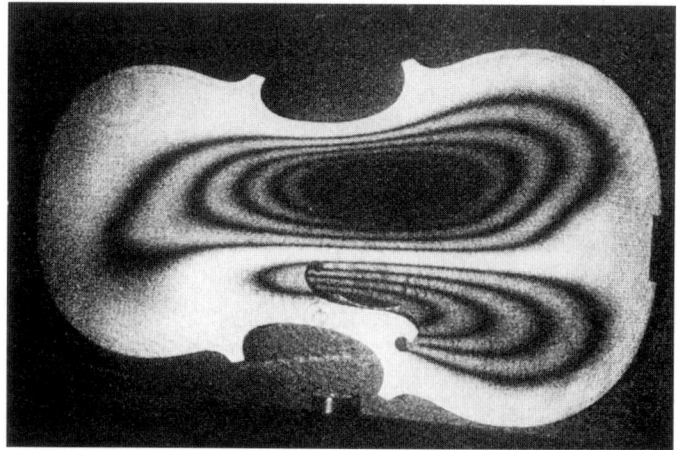

Abb. 3.113 Holographisches Interferogramm einer schwingenden Bratschendecke nach Reinicke und Cremer, TU Berlin.

Bratschendecke ist z. B. je ein Hologramm in den beiden Umkehrpunkten der Schwingung, an denen die Amplitude maximal ist, aufgenommen worden.

Auf der Hologrammplatte sind bei der Herstellung eines derartigen Interferogrammes zwei Hologramme gespeichert. Bei der Rekonstruktion entstehen je zwei Wellen, die das Objekt in seinen beiden Zuständen rekonstruieren. Diese Wellen interferieren miteinander gerade so, als ob sich der Gegenstand gleichzeitig in beiden Zuständen befinden und Licht abstrahlen würde. Das rekonstruierte Bild des Gegenstandes erscheint daher von hellen und dunklen Streifen durchzogen. Helle Streifen ergeben sich z. B., wenn der Gangunterschied zwischen den beiden Wellen, die das Objekt in seinen beiden Zuständen rekonstruieren, ein ganzes Vielfaches der Wellenlänge des zur Aufnahme und Rekonstruktion verwendeten Lichtes beträgt.

Die Gangunterschiede kommen durch die Verschiebung der Punkte der Objektoberfläche infolge der Deformation zwischen den beiden Aufnahmen zustande. Es spielen dabei nur die Komponenten der Verschiebung eine Rolle, die parallel zur Beobachtungs- oder Aufnahmerichtung liegt. Unter der Voraussetzung, dass das Objekt etwa in gleicher Richtung beleuchtet und aufgenommen wird, ist die Verschiebung eines Objektpunktes, der im rekonstruierten Bild auf einem hellen Streifen liegt, ein ganzzahliges Vielfaches der halben Wellenlänge. Benachbarte helle Streifen entsprechen also einer Abstandsdifferenz von einer halben Wellenlänge der auf diesen Streifen liegenden Objektpunkte. Aus dem Interferogramm kann daher direkt die Deformation des Objektes bestimmt werden, in dem Beispiel nach Abb. 3.113 die Schwingungsamplitude.

Außer zur Schwingungsanalyse wird die holographische Interferometrie auch in der Materialprüfung verwendet, z. B. zur Untersuchung der Gestaltsänderungen von Werkstücken, die Temperatur- oder Druckänderungen unterworfen sind.

3.14.6 Phasenkonjugation

Mit holographischen Verfahren können neuartige Reflektoren, Phasenkonjugatoren (engl. PCM – *phase conjugate mirror*) genannt, realisiert werden. Sie besitzen die interessante Eigenschaft, dass eine reflektierte Welle sich zur einfallenden Welle *zeitumgekehrt* verhält. Dies bedeutet, dass die Welle nicht dem Reflexionsgesetz normaler Spiegel gehorcht, sondern in sich selbst zurückläuft (Abb. 3.114). Daher können Phasenstörungen in optischen Systemen mit Hilfe von Phasenkonjugatoren kompensiert werden, indem das optische System zweifach in unterschiedlichen Richtungen durchlaufen wird. Bei einem phasenkonjugierenden Spiegel sind die Wellenfronten der einfallenden und der reflektierten Welle gleich, aber die Ausbreitungsrichtungen sind an jeder Stelle der Wellenfront umgekehrt.

Mathematisch ist die einfallende Welle gegeben durch

$$E(x, y, z, t) = \frac{1}{2} A(x, y, z) \exp i(2\pi \nu t + \Phi(x, y, z)) + \text{c.c.}, \quad (3.111)$$

wobei ν die Frequenz ist und die Amplitude A und Phase Φ zur komplexen Amplitude $\mathscr{A}$ zusammengefasst werden können.

$$\mathscr{A} = \frac{A}{2} \exp i \Phi. \quad (3.112)$$

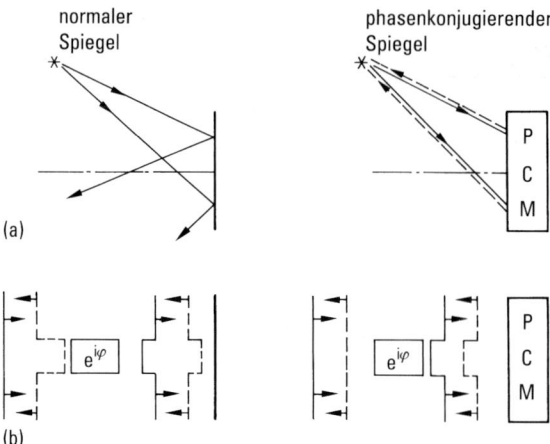

Abb. 3.114 Eigenschaften eines phasenkonjugierenden Spiegels (PCM) im Vergleich mit einem normalen Spiegel. (a) Reflexion einer Kugelwelle: beim normalen Spiegel divergiert die reflektierte Welle, beim phasenkonjugierenden Spiegel konvergiert die reflektierte Welle und breitet sich entgegengesetzt oder „zeitumgekehrt" zur einfallenden Welle aus. (b) Elimination von Phasenverschiebungen $e^{i\varphi}$ in einer Welle durch Reflektion am PCM und erneutem Durchlauf durch das phasenschiebende Element. Bei Verwendung eines normalen Spiegels wird die Phasenverschiebung verdoppelt.

Die phasenkonjugierte Welle E_{PC} hat die gleichen Wellenfronten oder Phasenflächen, allerdings ist die Ausbreitungsrichtung und damit das Vorzeichen der Phase $\Phi(x, y, z)$ umgekehrt.

$$E_{PC}(x, y, z, t) = \frac{1}{2} A(x, y, z) \exp i(2\pi v t - \Phi(x, y, z)) + \text{c.c.} \, . \tag{3.113}$$

Die komplexe Amplitude der phasenkonjugierten Welle, gegeben durch

$$\mathscr{A}_{PC} = \frac{A}{2} \exp(-i\Phi) = \mathscr{A}^*, \tag{3.114}$$

ist *konjugiert komplex* zur Amplitude $\mathscr{A}$ der einfallenden Welle, was den Begriff der *Phasenkonjugation* erklärt.

Die phasenkonjugierte Welle nach Gl. (3.113) läuft mit gleichen Wellenfronten in umgekehrter Richtung zur Welle nach Gl. (3.111). Dies kann leicht am Beispiel einer ebenen Welle eingesehen werden, welche die Phase $\Phi = -kz$ besitzt. Änderung des Vozeichens $z \to -z$ bedeutet eine Umkehr der Ausbreitungsrichtung.

Die phasenkonjugierte Welle ergibt sich aus der einfallenden Welle durch Zeitumkehr $t \to -t$. Man erhält nämlich aus Gl. (3.111) und (3.113)

$$E(x, y, z, -t) = \frac{1}{2} A \exp i(-2\pi v t + \Phi) + \frac{1}{2} A \exp i(2\pi v t - \Phi)$$

$$= E_{PC}(x, y, z, t) \, . \tag{3.115}$$

In Abb. 3.114 ist die Elimination einer Phasenstörung durch Phasenkonjugation dargestellt. Eine derartige Störung entsteht z. B. durch einen Brechzahlsprung in einem optischen Bauteil und wird in Abb. 3.114 durch den Ausdruck $e^{i\varphi}$ symbolisiert. Da die am phasenkonjugierenden Spiegel reflektierte Wellenfront identisch mit der einfallenden Welle ist, wird die Phasenstörung nach dem Zurücklaufen durch das phasenstörende Element vollständig kompensiert.

Phasenkonjugation kann durch Vierwellenmischung oder stimulierte Streuung, zwei nichtlineare optische Effekte, erzeugt werden. *Vierwellenmischung* kann auch als holographischer Prozess verstanden werden und soll daher hier erläutert werden.

Bei der Aufnahme eines Hologramms interferieren eine Gegenstands- und eine Referenzwelle miteinander, die hier als Signalstrahl A und Pumpstrahl P bezeichnet werden (Abb. 3.115). Die Aufnahme eines Hologramms ist der erste Schritt zur Phasenkonjugation.

Zur Erzeugung der phasenkonjugierten Welle wird das Hologramm im Gegensatz zur normalen Holographie mit einem zweiten Pumpstrahl P^* beleuchtet, der zu P gegenläufig ist. Statt eines reellen Bildpunktes wie bei der normalen Holographie (Abb. 3.105) entsteht bei der Phasenkonjugation eine rekonstruierte Welle, die genau gegenläufig zur ursprünglichen Signalwelle ist, die phasenkonjugierte Welle. Außer-

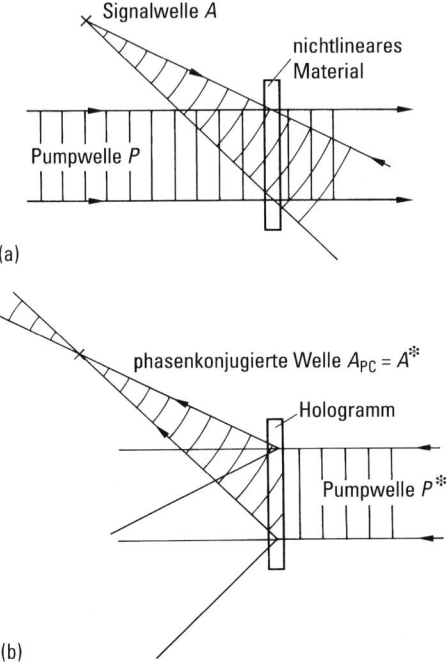

Abb. 3.115 Phasenkonjugation durch Vierwellenmischung. Die vier Wellen A, P, P^* und A_{PC} sind gleichzeitig vorhanden. Die Erzeugung der phasenkonjugierten Welle kann in folgende 2 Schritte zerlegt werden: (a) durch Interferenz der Signalwelle A mit der Pumpwelle P entsteht ein Hologramm; (b) das Hologramm wird mit der gegenläufigen Pumpwelle P^* ausgelesen und erzeugt die phasenkonjugierte Welle $A_{PC} = A^*$.

dem ergibt sich eine weitere gebeugte Welle, die jedoch hier nicht von Interesse ist und in dicken nichtlinearen Materialien durch Bragg-Beugung unterdrückt werden kann. Bei dieser Art der Phasenkonjugation sind vier Wellen beteiligt: A, P, P^*, A_{PC}, deshalb wird der Prozess als Vierwellenmischung bezeichnet.

Als nichtlineare Materialien können z.B. Halbleiter oder sogenannte fotorefraktive Materialien verwendet werden, in denen Hologramme mit einer Belichtungszeit von nur 10^{-9} s bis 10^{-3} s erzeugt werden, sodass die phasenkonjugierte Welle praktisch gleichzeitig zur einfallenden Signalwelle entsteht. Dazu ist es erforderlich, dass auch die beiden Pumpwellen P und P^* gleichzeitig vorhanden sind. Da Hologramme in den genannten Materialien zeitlichen Änderungen der Lichtintensität folgen können, kann die Phasenkonjugation mit zeitabhängigen Signalwellen durchgeführt werden.

Nachteilig bei der Phasenkonjugation durch Vierwellenmischung ist, dass zwei Pumpwellen für das reflektierende nichtlineare Material benötigt werden, die durch einen Laser erzeugt werden müssen. Einfacher ist der Aufbau eines selbstgepumpten phasenkonjugierenden Spiegels, welcher auf induzierter Streuung, besonders *stimulierter Brillouin-Streuung* in Festkörpern (z.B. SiO_2-Glasfasern), Flüssigkeiten (z.B. Aceton) oder Gasen (CH_4, SF_6, Xe) beruht. Ein phasenkonjugierender Spiegel besteht aus einer Flüssigkeitsküvette, in welche eine intensive Laserwelle eingestrahlt wird. Durch zunächst spontane Streuung entsteht eine rücklaufende Welle, die sich mit der einfallenden überlagert. Beide Wellen bilden in der Flüssigkeit Interferenzstreifen und induzieren ein Phasengitter. Dieses wirkt ähnlich wie Vielschichtenspiegel mit dem Unterschied, dass die Schichtebenen gekrümmt sind und eine phasenkonjugierte Welle reflektieren. Zusätzliche Pumpwellen sind bei diesem Prozess nicht erforderlich.

Die Phasenkonjugation wird z.B. in der *Lasertechnik für Oszillator-Verstärker-Systeme* benutzt. Ein Laserstrahl wird dabei zunächst von einem angeregten Material durch induzierte Emission verstärkt, dann von einem Phasenkonjugator in das Medium zurückreflektiert, nochmals verstärkt und dann aus dem Strahlengang gekoppelt. Die Phasenkonjugation führt zu einer Verdoppelung der effektiven Verstärkerlänge bei gleichzeitiger Elimination von Phasenstörungen im Verstärker, wie in Abb. 3.114 dargestellt. Außerdem können Phasenkonjugatoren für linsenlose Abbildungen benutzt werden.

3.15 Wellenleiter und Glasfasern

In den vorhergehenden Abschnitten ist die Ausbreitung von Lichtwellen im freien Raum bzw. in Materialien mit Abmessungen, die groß gegen die Wellenlänge sind, behandelt worden.

Zum Transport von Lichtstrahlung, insbesondere Laserstrahlen, werden jedoch in der Nachrichtentechnik, Materialbearbeitung und Medizin zunehmend optische Lichtleitfasern eingesetzt, deren Dicke in der Größenordnung der Wellenlänge liegt. Dadurch ergeben sich neuartige Effekte bei der Ausbreitung von Licht.

Abbildung 3.116 zeigt den prinzipiellen Aufbau einer solchen Faser. Typische Werte für eine Faser sind:

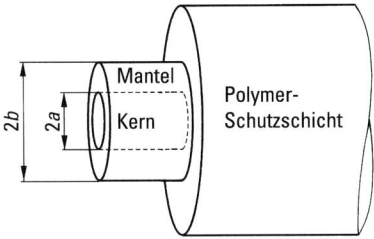

Abb. 3.116 Aufbau einer Glasfaser zur Lichtleitung.

Durchmesser des Faserkerns $2a = 3$ bis $500\,\mu\text{m}$
Manteldurchmesser $2b = 100$ bis $600\,\mu\text{m}$
Brechzahl des Faserkerns $n_1 = 1.47$ (SiO_2 dotiert mit GeO_2)
Brechzahl des Mantels $n_2 = 1.46$ (SiO_2)

3.15.1 Grundlagen der Lichtleitung

Die Wirkungsweise von Glasfasern und anderen Wellenleitern beruht auf der Totalreflexion. In Abb. 3.117 wird gezeigt, wie Lichtstrahlen, die unter dem Winkel $\varepsilon < \varepsilon_{max}$ in die Faser eingekoppelt werden, an der Grenzfläche zwischen Faserkern und Mantel total reflektiert werden und auf diese Art und Weise weiter durch die Faser geleitet werden. Der Sinus des maximalen Winkels ε_{max} bei dem noch Totalreflexion auftritt, wird numerische Apertur NA genannt. Er kann aus der geometrischen Optik hergeleitet werden:

$$NA = \sin\varepsilon_{max} = \sqrt{n_1^2 - n_2^2}. \tag{3.116}$$

Dabei ist vorausgesetzt, dass die Brechzahl des Außenraums, aus dem das Licht eingekoppelt ist, durch $n_0 = 1$ gegeben ist. Mit obigen Werten einer typischen Faser erhält man für $NA = 0.17$ und $\varepsilon_{max} = 9.9°$.

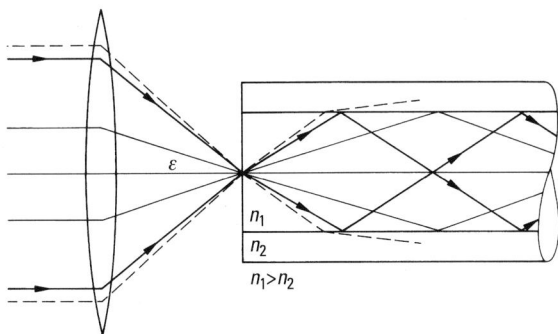

Abb. 3.117 Lichtleitung durch interne Totalreflexion.

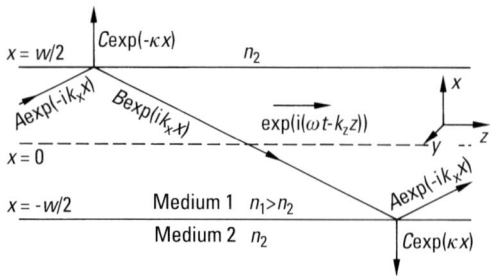

Abb. 3.118 Planarer Wellenleiter: Das resultierende elektrische Feld breitet sich in z-Richtung aus und setzt sich aus ebenen Wellen mit den Amplituden A und B zusammen. Zusätzlich breitet sich in z-Richtung im Mantelmaterial mit der Brechzahl n_2 eine exponentiell in Pfeilrichtung abfallende („evaneszente") Welle mit der Anfangsamplitude C aus.

Zum Erreichen eines hohen Wirkungsgrades der Einkopplung von Licht in eine Faser, darf, wie in Abb. 3.117 für die Einkopplung von Licht mit Hilfe einer Linse gezeigt wird, die Divergenz des eingekoppelten Lichts nicht größer als $\varepsilon_{\max}$ sein. Zudem muss der Strahldurchmesser des Lichts beim Eintritt in die Faser kleiner als der Durchmesser des Faserkerns sein.

Eine Berechnung der Lichtleitung nach den Prinzipien der geometrischen Optik ist für viele Effekte, die die Ausbreitung von Licht in Glasfasern begleiten, unzureichend. Dies gilt besonders dann, wenn der Kerndurchmesser der Faser in der Größenordnung der Wellenlänge liegt. Somit wird es notwendig, den Wellencharakter des Lichts zu berücksichtigen.

Zunächst soll der einfachste Fall eines planaren Wellenleiters diskutiert werden, der nur in eine Richtung begrenzt ist (Abb. 3.118). Wird in einen solchen Wellenleiter eine ebene Welle eingestrahlt, so bildet sich durch Totalreflexion im Wellenleiter eine Zickzackwelle aus.

Die Wellenfronten oder Phasenflächen sind in Abb. 3.119 dargestellt. Nur bei den dargestellten Einstrahlwinkeln γ_n tritt additive Interferenz der parallelen Komponenten einer Zickzackwelle auf. Dadurch entstehen in transversaler Richtung stationäre Feldverteilungen oder Moden. Die Zahl m gibt die Nullstellen dieser Moden an.

Unter Berücksichtigung der Randbedingungen, werden nun die Maxwell'schen Gleichungen zum Bestimmen der Feldverteilung im Wellenleiter gelöst. Die Ergebnisse stehen in guter Übereinstimmung mit obigem Ansatz.

Die Maxwell'schen Gleichungen in einem nicht-magnetischen, linearen und isotropen Medium ohne elektrische Leitfähigkeit und ohne freie Ladungsträger lauten (s. Einleitung Kap. E):

$$\text{rot}\,\boldsymbol{E} = -\mu_0\,\dot{\boldsymbol{H}} \qquad \text{rot}\,\boldsymbol{H} = \varepsilon\,\varepsilon_0\,\dot{\boldsymbol{E}} \qquad (3.117\text{a, b})$$

$$\text{div}\,\boldsymbol{D} = 0 \qquad \text{div}\,\boldsymbol{B} = 0 \qquad (3.117\text{c, d})$$

Da die Struktur in y-Richtung unendlich ist, kann $\partial/\partial y = 0$ gesetzt werden. Damit koppeln die Gln. (3.117a, b) zwei getrennte Gruppen von Feldkomponenten:

E_y, H_x und H_z sind verkoppelt und führen zu transversalen elektrischen Moden (TE-Gruppe).

H_y, E_x und E_z sind ebenso verkoppelt und führen zu transversalen magnetischen Moden (TM-Gruppe).

Die Wellengleichungen für das elektrische und magnetische Feld können aus den Gln. (3.117a–d) folgendermaßen hergeleitet werden:

$$\Delta A = \mu_0 \varepsilon \varepsilon_0 \ddot{A}, \tag{3.118}$$

wobei A für E beziehungsweise H steht.

Die allgemeine Lösung von Gl. (3.118) im Wellenleiter lautet

$$A = A_0 \exp\{i(k_z z - \omega t)\} \exp(\pm i k_x x)$$

mit

$$k_x = \sqrt{\mu_0 \varepsilon \varepsilon_0 \omega^2 - k_z^2} = \sqrt{n_1^2 k_0^2 - k_z^2}. \tag{3.119}$$

In Abb. 3.118 sind die Ausbreitungsrichtungen der Wellen für die verschiedenen Regionen des Wellenleiters aufgetragen. Im Stoff 1 bilden zwei ebene Wellen der Amplituden A und B die sich in z-Richtung ausbreitende Welle. Im Stoff 2 sind in Richtung x gedämpfte, so genannte evaneszente Wellen mit Amplituden C und einer Dämpfung $\kappa = \sqrt{k_z^2 - n_2^2 k_0^2}$ vorhanden.

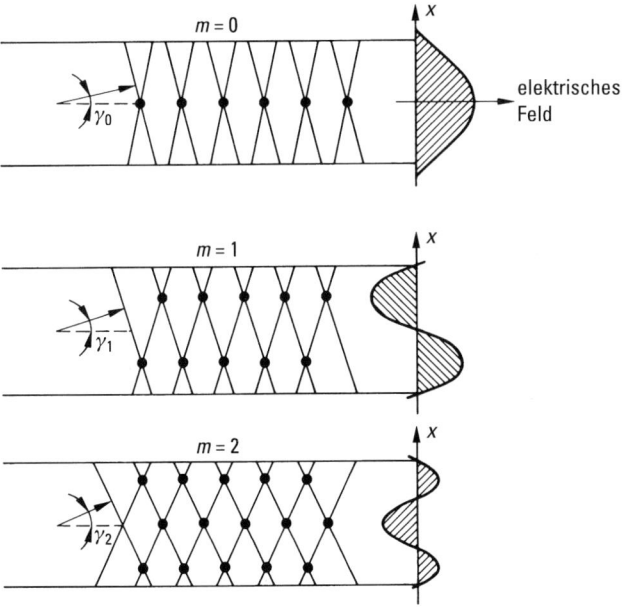

Abb. 3.119 Planarer Wellenleiter: Interferenz von ebenen Wellen, die sich unter verschiedenen Winkeln γ_0, γ_1, γ_2 ausbreiten, führt zu charakteristischen Feldverteilungen in x-Richtung, den so genannten „Moden". Bei großen Kernbrechzahlen $n_1 \gg n_2$ wird die Feldstärke an der Grenzfläche und damit die Amplitude der evaneszenten Welle klein.

Weiterhin müssen die Randbedingung an den zwei Grenzflächen, d.h. die Kontinuität der tangentialen Feldkomponenten und ihrer 1. Ableitungen, berücksichtigt werden:

$$A \exp(-ik_x w/2) + B \exp(ik_x w/2) = C \exp(-\kappa_2 w/2)$$
$$-ik_x A \exp(-ik_x w/2) + ik_x B \exp(ik_x w/2) = -\kappa_2 C \exp(-\kappa_2 w/2) \quad (3.120)$$

An der unteren Grenzfläche mit $x = -w/2$ gelten entsprechende Gleichungen. Für einen symmetrischen Wellenleiter folgt $A = B$. In Übereinstimmung mit den Ergebnissen des in Abb. 3.119 gemachten Ansatzes ist Lichtleitung nur für bestimmte Werte von k_z und k_x möglich. Für die TE-Gruppe erhält man so (vgl. z. B. [17]):

$$\frac{k_x w}{2} \pm \frac{m\pi}{2} = \arctan\left(\frac{\kappa}{k_x}\right), \quad m = 0, 1, 2, \ldots \quad (3.121)$$

Aus dieser Eigenwert-Gleichung ergibt sich die effektive Brechzahl und die Ausbreitungskonstante β wie im Folgenden für zylindrische Wellenleiter ausführlicher erläutert. m wird Modenindex genannt, wie schon in Abb. 3.119 gezeigt.

Das elektrische Feld im Medium 1 wird damit zu:

$$E_y = E_e \cos(k_x x) \quad \text{für gerade } m \text{ und} \quad (3.122\text{a})$$

$$E_y = E_0 \sin(k_x x) \quad \text{für ungerade } m, \quad (3.122\text{b})$$

und in Medium 2 zu:

$$E_y = E_e \exp(-|\kappa x|) \left[\frac{\cos(k_x w/2)}{\exp(-|\kappa w/2|)}\right] \quad \text{für gerade } m \text{ und} \quad (3.122\text{c})$$

$$E_y = E_0 \frac{x}{|x|} \exp(-|\kappa x|) \left[\frac{\sin(k_x w/2)}{\exp(-|\kappa w/2|)}\right] \quad \text{für ungerade } m. \quad (3.122\text{d})$$

Ausgehend von Gl. (3.117a, b) können nun H_x und H_z berechnet werden. Eine ähnliche Behandlung führt zu den Moden der TM-Gruppe. Abb. 3.120 zeigt die Ergebnisse für transversale elektrische Moden TE$_m$ geringer Ordnung.

Wird nun eine zusätzliche Begrenzung in y-Richtung eingeführt, was zu einem so genannten Rechteckwellenleiter führt, oder liegt eine zylindrische Symmetrie vor,

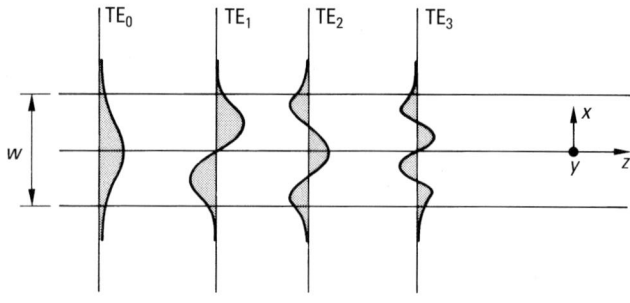

Abb. 3.120 Moden (elektrische Feldverteilungen) eines planaren Wellenleiters mit transversal elektrischer Polarisation.

wird die Analyse umfangreicher. Wiederum führt die Lösung der Maxwell'schen Gleichungen, unter Berücksichtigung der durch den Wellenleiter vorgegebenen Randbedingungen, zu einer endlichen Anzahl von Moden, die sich im Wellenleiter ausbreiten können. Eine Mode wird dabei durch die elektrischen und magnetischen Feldverteilungen und durch die Ausbreitungskonstante k_z beschrieben, die auch oft als β bezeichnet wird.

Im Folgenden werden nun die Ergebnisse für Fasern mit einer zylindrischen Symmetrie zusammengefasst. Die Ausbreitung von Licht verschiedener Vakuum-Wellenlängen $\lambda = 2\pi/k_0$ in Fasern mit unterschiedlichen Kerndurchmessern $2a$ und damit verschiedenen Brechzahlen n_1, n_2 kann durch das Einführen einer normalisierten Frequenz V einheitlich beschrieben werden:

$$V = a k_0 \sqrt{n_1^2 - n_2^2}. \tag{3.123}$$

Die effektive Bruchzahl $n_{\text{eff}} = \beta/k_0 = k_z/k_0$ ist in Abb. 3.121 für mehrere Feldverteilungen bzw. Moden dargestellt. n_{eff} liegt zwischen den Brechzahlen n_1 und n_2 für Kern- und Mantelmaterial.

Die normalisierte Frequenz bestimmt auch die maximal mögliche Anzahl von Moden M, die der Anzahl von Lösungen der Gl. (3.121) entspricht. Die maximale Anzahl von Moden M entspricht

$$M \approx \frac{V^2}{2} = \frac{1}{2} \frac{(\pi d \sin \varepsilon)^2}{\lambda^2} \tag{3.124}$$

wenn $M \gg 1$.

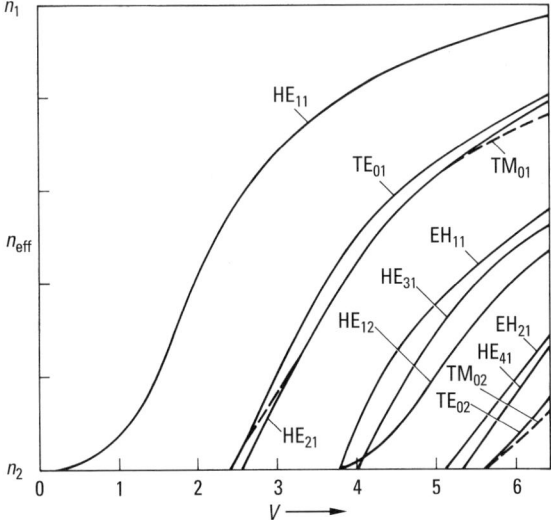

Abb. 3.121 Effektive Brechzahlen von Moden in einem zylindrischen Wellenleiter, z. B. einer Glasfaser. Modenbezeichnungen: TE (TM) elektrisches (magnetisches) Feld ist senkrecht zur Achse, HE (EH) elektrisches (magnetisches) Feld ist nur nahezu senkrecht zur Achse.

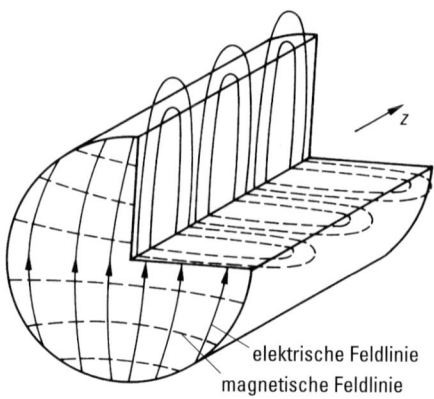

Abb. 3.122 Feldlinien des HE_{11} Grundmode in einer Glasfaser.

In Abb. 3.122 wird die Feldverteilung des elektrischen und magnetischen Feldes für den Mode bzw. Modus niedrigster Ordnung, HE_{11}, gezeigt. Dieser besitzt eine entartete Polarisation, d.h. es existieren zwei rechtwinklig zueinander polarisierte Moden mit demselben β. Im Faserquerschnitt bilden die elektrischen und magnetischen Feldlinien ein fast rechwinkliges Netz, ähnlich wie bei einer freien elektromagnetischen Welle. In der Ausbreitungsrichtung z ist die Feldstärke mit einer Periode $2\pi/\beta$ moduliert. Die Feldlinien dringen auch in den Mantel ein (evaneszentes Feld) und krümmen sich in den Kern zurück, sodass in größerem Abstand von der Kern-Mantel-Grenzfläche kein Feld mehr vorhanden ist. Auf der Faserachse stehen die Feldlinien senkrecht zur Ausbreitungsrichtung z, aber in Mantelnähe trifft dies nicht mehr zu. Dies ist ein Beispiel dafür, dass Lichtwellen nicht immer transversal polarisiert sind.

Der Typ einer angeregten Mode ist von der eingestrahlten Feldverteilung abhängig. Das einfallende Feld wird hierbei in Fasermodenverteilungen zerlegt, sodass die Summe der Moden dem einfallenden Feld am Eingang der Faser entspricht.

3.15.2 Faserarten

Die drei wichtigsten Arten von Fasern sind in Abb. 3.123 gezeigt. Die Moden, die sich innerhalb der Fasern ausbreiten können, sind durch Strahlen dargestellt, die unter unterschiedlichen Winkeln an der Kern-Mantel-Grenzschicht reflektiert werden.

In Einmodefasern kann sich nur die HE_{11}-Mode ausbreiten, deren Strahlung durch die Faser unter kleinen Winkeln geleitet wird. Aus Abb. 3.121 ergibt sich für Ein- oder auch Monomodefasern folgende Bedingung:

$$V < 2.405 \tag{3.125}$$

Dies wird durch eine Reduzierung des Kerndurchmessers auf typische $2a \leq 10\,\mu m$ für Wellenlängen im nahen Infrarot erreicht. Für einen Faserkernradius a und eine

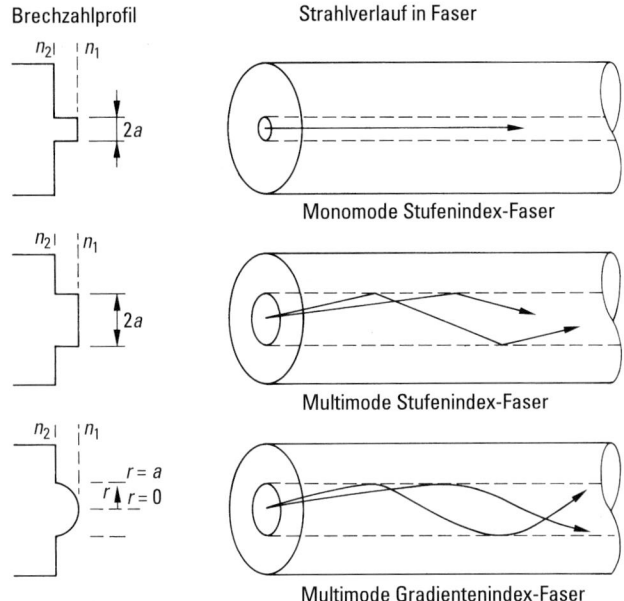

Abb. 3.123 Wichtige Fasertypen.

bekannte numerische Apertur $\sim \sqrt{n_1^2 - n_2^2}$ wird die zu $V = 2.405$ entsprechende Wellenlänge als Grenzwellenlänge λ_c bezeichnet. Oberhalb dieser Wellenlänge überträgt die Faser nur eine Mode.

Die Monomodefaser wird wegen ihrer sehr guten Dispersionscharakteristik – s. u. Abschnitt zur Dispersion – im Allgemeinen für die Telekommunikation über längere Entfernungen eingesetzt.

Nachteilig wirken sich für die Einmodefasern aber die Begrenzung der einzustrahlenden Leistung und die Schwierigkeit, Licht in den kleinen Kern einzukoppeln, aus.

Die Mehrmoden-Stufenindexfaser unterscheidet sich hauptsächlich durch einen etwas anderen Aufbau, d. h. einem größeren Kerndurchmesser, von der Monomodefaser. Dadurch können sich viele Moden gleichzeitig ausbreiten. Die Vorteile dieser Art von Faser liegen zum Einen darin, dass merklich höhere Leistungen übertragen werden können, und dass durch den größeren Kerndurchmesser die Lichteinkopplung leichter ist.

Mehrmodenfasern werden daher zum Durchleiten hoher Leistungen, z. B. in der Materialbearbeitung oder Medizin, sowie auch zur Nachrichtenübertragung über kurze Strecken eingesetzt, wo die unterschiedliche Laufzeit der Moden keine Rolle spielt.

Die Gradientenfaser wurde entwickelt, um die Vorteile der Stufenindexfaser mit einer Reduzierung der Laufzeitunterschiede der Moden (Dispersion) zu verbinden. Wenn Strahlen mit einem zunehmenden Winkel zur Faserachse in die Faser eingekoppelt werden, was Moden höherer Ordnung entspricht, wird der optische Weg größer und Laufzeitunterschiede nehmen zu. Wird nun die Brechzahl in den äußeren Regionen des Faserkerns verringert, nähern sich die optischen Wege der Moden bei unterschiedlichen geometrischen Wegen an. Damit können die Laufzeitunterschiede, die zwischen den Moden bei Stufenindexfasern auftreten, reduziert werden. Allerdings kann diese Verringerung der Dispersion nur für einen kleinen Wellenlängenbereich erreicht werden. Die Gradientenfasern wurden vor der Entwicklung der Einmodefasern zur Signalübertragung genutzt.

Faserherstellung. Glasfasern bestehen vorwiegend aus SiO_2. Andere Materialien werden später diskutiert. Um die Brechzahl von reinem Siliziumdioxid im Kern zu erhöhen oder sie im Mantel zu verringern, werden Dotierungsatome zugesetzt. Der Einfluss verschiedener Dotierungen wird in Abb. 3.124 gezeigt. Die Faser kann direkt aus einem Tiegel gezogen werden, was aber eine extreme Reinheit verhindert, die für geringe Dämpfungen strikt notwendig ist. Daher wird die Faserproduktion gewöhnlich in zwei Stufen durchgeführt. In der ersten Stufe wird eine Faser-Vorform hergestellt. Diese ist ein Modell der später herzustellenden Faser in einem größeren Maßstab. Das bedeutet, dass die Struktur dieses Modells schon der der endgültigen Faser entspricht, d.h. das Brechzahlprofil liegt schon vor und Kern und Mantel haben die richtigen Proportionen. Diese Vorform hat typischerweise einen Durchmesser von 20–30 mm. Aus diesem Modell wird dann im zweiten Produktionsschritt die endgültige Faser gezogen.

Zur Herstellung der Vorform werden verschiedene Aufdampftechniken benutzt: *Outside Vapor Deposition* (OVD), *Modified Chemical Vapor Deposition* (MCVD) oder *Vapor Axial Deposition* (VAD).

Abbildung 3.125 zeigt eine Prinzipskizze des MCVD-Prozesses. Durch die Mischung von $SiCl_4$ und O_2 bei einer Temperatur von 1800 °C wird SiO_2 in einer Röhre abgelagert. Dabei entspricht eine Schicht einem Durchgang des Brenners unterhalb der Röhre. Es werden ca. 50 Schichten mit der gewünschten Brechzahl, die durch den Fluss von $POCl_3$, $GeCl_4$ und BCl_3 geregelt wird, hergestellt.

Nach der Ablagerung der einzelnen Schichten wird die Brennertemperatur so erhöht, dass die Röhre sich zu einer Stange, der Vorform, formt. Mithilfe dieser Technik können Vorformen mit sehr hohen Reinheitsgraden erzeugt werden. Durch

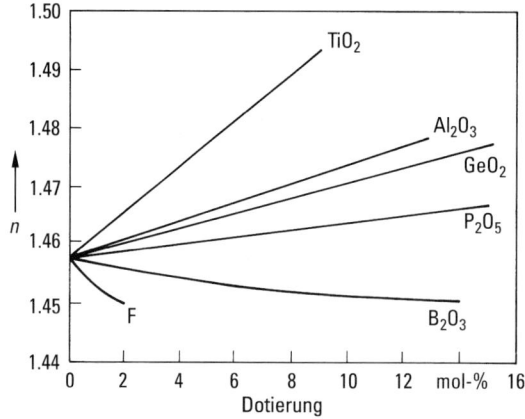

Abb. 3.124 Einfluss von Dotierungen GeO_2 usw. auf die Brechzahl von Quarzglas SiO_2.

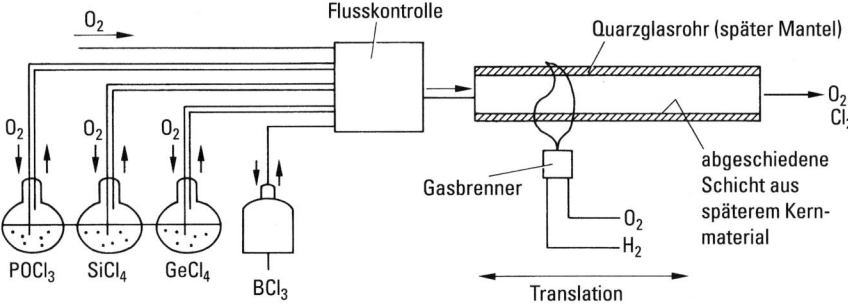

Abb. 3.125 Herstellung einer Faser-Vorform durch thermische Abscheidung von SiO_2, GeO_2 etc., die durch Oxidation von $SiCl_4$, $GeCl_4$ etc. entstehen.

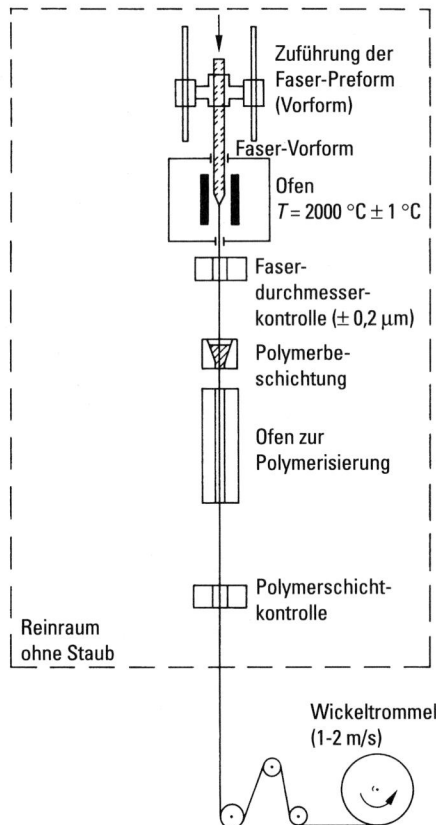

Abb. 3.126 Faserziehanlage.

den Gebrauch der VAD-Technik, bei der die Röhre am Ende beginnend vollständig gefüllt wird, kann verhindert werden, dass sich die Brechzahl während der Bildung der Vorform verändert.

Das Ziehen einer Faser, der zweite Schritt der Herstellung, ist in Abb. 3.126 skizziert. Aus einer Vorform können, abhängig vom Volumen, ca. 10 km Faser gezogen werden. Um Mikrorisse und den Bruch der Faser aufgrund von mechanischer Beanspruchung zu verhindern, wird die Faser nach dem Ziehen mit einer Polymer-Schutzhülle umgeben und zusätzlich von einer weiteren Schutzschicht aus Nylon, die Abrieb verhindern soll.

Anschließend wird noch ein dritter Schritt, die so genannte Faserverkabelung, durchgeführt. Sie verbessert die mechanischen Eigenschaften einer Faser und schützt die Faser vor starker mechanischer Beanspruchung und Deformation. Abhängig vom Einsatzfeld sind verschiedene Arten von Fasern in Gebrauch. Beispielsweise kann das oft in der Telekommunikation eingesetzte Sechs-Faser-Kabel einer Zugkraft von ca. 5 kN, Temperaturschwankungen von $-50\,°C$ bis $+60\,°C$ und Feuchtigkeit widerstehen.

3.15.3 Nachrichtenübertragung

Glasfasern werden zunehmend als Verbindungsleitungen in Kommunikationssystemen verlegt. Die zu übertragende Information wird dazu in Form einer Pulsfolge digital kodiert. Im einfachsten Fall entspricht einem Bit ein Puls von z. B. 100 ps Breite, zwei aufeinanderfolgende Pulse haben einen Abstand von 400 ps Breite, entsprechend einer Pulsfolgefrequenz von 2.5 GHz, bei einer logischen Null ist kein Puls vorhanden. Da das elektrische Eingangssignal und das übertragende optische Signal zwischen zwei aufeinanderfolgenden Pulsen oder Bits (null oder eins) immer auf null zurückgeht, wird diese Art von Informationskodierung „return to zero" oder RZ genannt. Dafür ist eine spektrale Breite von etwa 5 GHz erforderlich. Um Bandbreite zu sparen, werden auch andere Kodierungen z. B. „non return to zero" oder NRZ verwendet, wobei die Signalhöhe sich nur ändert, wenn in einer Bitfolge (z. B. 1101110..) die Eins auf Null springt oder umgekehrt.

Das zu übertragende elektrische Signal wird mit einem Halbleiterlaser oder auch mit einer Leuchtdiode LED in eine optische Pulsfolge umgesetzt, die in die Verbindungsfaser eingekoppelt und von dieser übertragen wird. Am Ende der Glasfaser tritt das Licht aus und wird von einer Photodiode wieder in ein elektrisches Signal umgesetzt. Der große Vorteil von Glasfasern gegenüber metallischen Drahtleitungen ist die hohe Übertragungsfrequenz von z. B. 2×10^{14} Hz = 200 TeraHz = 200 THz (bei 1.5 µm Wellenlänge), die eine große Übertragungsbreite und Übertragungsraten von mehreren 10 Tb/s ermöglicht, was mehr als 1000fach besser ist als bei Metallleitern.

Die Pulsspitzenleistungen liegen im Milliwattbereich und werden oft in einer logarithmischen Skala in dBm angegeben. Dabei entspricht

    0.1 mW: -10 dBm
      1 mW: 0 dBm
    10 mW: 10 dBm
  100 mW: 20 dBm   usw.

Das Telekom-Glasfasernetz in Deutschland besteht aus der Standard-Single-Mode-Faser SSMF mit 9 µm Kern- und 125 µm Mantel-Durchmesser. Die wichtigsten

Übertragungswellenlängen liegen im C-Band (*center*) von 1530 bis 1565 nm, daneben noch das L-Band (*long wavelength*) von 1565 bis 1610 nm und das S-Band (*short*) von 1485 bis 1530 nm. Die Bitraten pro Wellenlängenkanal betragen typisch 54 Mb/s, 622 Mb/s, 2.5 Gb/s und 10 Gb/s sowie neuerdings 40 Gb/s und 160 Gb/s.

Um die volle Übertragungsbandbreite der Glasfaser ausnutzen zu können, werden mehrere Wellenlängenkanäle gleichzeitig übertragen (WDM = *wavelength division multiplexing*). Ein WDM-System besteht z. B. aus 40 Kanälen in einem 100 GHz (0.8 nm) Raster mit einer Übertragungsrate von 40 Gb/s pro Kanal. Damit können 1.6 Tb/s übertragen werden auf einer Bandbreite von 32 nm. Die maximale Übertragungsrate pro Glasfaser wird zu etwa 100 Tb/s geschätzt. Dies entspricht etwa 1.5 Milliarden ISDN-Telefonleitungen zu 64 kb/s, was vermutlich größer ist als die Gesamtzahl der Telefone auf der Erde.

Dämpfung. In der Fasertechnologie wird statt des aus dem Lambert-Beer'schen-Gesetz bekannten Absorptionskoeffizienten α meist die Faserdämpfung $\bar{\alpha}$ verwendet:

$$\bar{\alpha} = \frac{10}{\ln 10} \alpha = \frac{10}{L} \log_{10} \frac{P_{\text{ein}}}{P_{\text{aus}}} \quad (3.126)$$

In Gl. (3.126) bezeichnet P_{ein} die in die Faser eingekoppelte Leistung und P_{aus} die nach einer bestimmten Faserlänge L noch vorhandene Leistung. $\bar{\alpha}$ wird normalerweise in dB/km = 1/km angegeben. Als minimale Dämpfung kann z. B. für $\bar{\alpha} = 0.2$ dB/km bei $\lambda = 1.55\,\mu$m erreicht werden; dies entspricht einem Intensitätsrückgang auf 1/100 bzw. -20 dB nach einer Faserlänge von 100 km oder einer Dämpfungskonstante $\alpha \approx 5 \times 10^{-7}$ cm^{-1}, ein extrem niedriger Wert im Vergleich zu den meisten anderen optischen Materialien. Damit hat die Wellenlänge 1.55 μm eine besondere Bedeutung für die Signalübertragung.

Ein Dämpfungsspektrum von Fasern zeigt Abb. 3.127. Es soll noch angemerkt werden, dass Multimodefasern höhere Verluste als Monomodefasern und dass Gradientenfasern höhere Verluste gegenüber Stufenindexfasern aufweisen.

Im Folgenden werden nun die Prozesse skizziert, die zur Dämpfung führen:

1. *Stoffabsorption*, auch intrinsische Absorption genannt:
   Elektronische Übergänge in Glas (s. auch Abb. 2.46) für UV-Licht und Schwingungsübergänge im IR führen zu einer Absorption im sichtbaren und im benachbarten IR-Bereich des Lichts und zu einer Umwandlung von Licht in Wärme.
2. *Rayleigh-Streuung*: Verluste aufgrund von Rayleigh-Streuung sind grundsätzlicher Art, da sie durch thermische Dichteschwankungen innerhalb der Faser und damit einhergehenden Schwankungen der Brechzahl verursacht sind (s. Abschnitt 3.13). Das gestreute Licht nimmt umgekehrt zur vierten Potenz der Wellenlänge ab. Die Streuung hängt zudem von den Dotierungsatomen ab, da durch Dotierung auch Inhomogenitäten in der Faser entstehen. Fasern mit einer geringen Brechzahldifferenz streuen weniger als Fasern mit einer hohen Brechzahldifferenz. Dies ist einer der Gründe für den Gebrauch von Fasern mit einer geringen Brechzahldifferenz in der Telekommunikation.

Abbildung 3.127 zeigt keine Absorption durch nichtlineare Streuprozesse. Diese Prozesse besitzen eine optische Leistungsschwelle und werden später kurz erläutert.

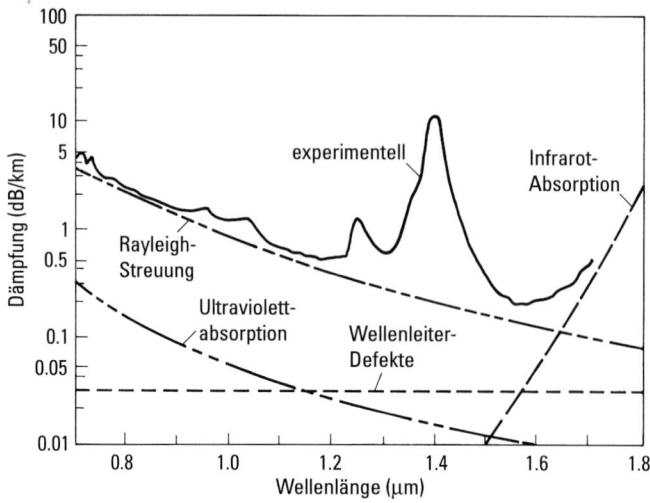

Abb. 3.127 Faserdämpfung entsteht vorwiegend durch Rayleigh-Streuung und Infrarot-Absorption. Ein Dämpfungsmaximum bei 1.4 µm entsteht durch OH-Verunreinigung, die inzwischen weitgehend unterdrückt werden kann.

3. *Geometrieverluste*: Diese können in zwei Klassen unterteilt werden: Zum einen Verluste durch mikroskopische Fehler in der Fasergeometrie, wie z. B. Unregelmäßigkeiten in der Kern-Mantel-Grenzschicht, Blasen, Schwankungen des Durchmessers und Krümmungen der Faserachse, die Mikrokrümmungsverluste genannt werden. Mikrokrümmungen können auch durch mechanische Beanspruchung der Faser entstehen. Die zweite Klasse, Makrokrümmungsverluste, werden durch große Krümmungen der Faser erzeugt. In einer Multimodefaser werden Moden nahe des kritischen Winkels so aus dem Kern der Faser hinausgebrochen. In Einmodefasern werden die äußeren Teile der Feldverteilung in Strahlungsmoden umgewandelt.
4. Verunreinigungen der Faser führen zu den starken Absorptionsmaxima in Abb. 3.127. Dieser Effekt wird auch *extrinsische Absorption* genannt. Die stärkste Verunreinigung, die zur extrinsischen Absorption führt, ist die Hydroxylgruppe OH^-. Sie entsteht durch Verunreinigungen des Produktionsprozesses durch Wasser. Durch die Anwendung diverser Trockenverfahren während der Herstellung wird versucht, diese Wasserverunreinigungen so gut wie möglich zu entfernen. Andere Verschmutzungen, die zu starken Verlusten in der Faser führen, sind Ionen der Übergangsmetalle, wie Kupfer, Eisen, Nickel, Chrom oder Mangan. Um einen Anstieg der Dämpfung zu verhindern, darf die Konzentration der Verunreinigungen nicht größer als 1 ppb ($= 10^{-9}$) sein.

Wie oben erwähnt wurde, ist die Dämpfung für $\lambda = 1.55$ µm extrem gering. Es ist trotzdem notwendig, das Signal für lange Übertragungswege zu verstärken. Dafür werden mit Erbium dotierte Faserverstärker (EDFA = *Erbium doped fiber amplifier*) oder neuerdings auch Ramanverstärker (Kap. 8, 9) verwendet. Der EDFA bietet für $\lambda = 1.55\,\mu$m eine breitbandige optische Verstärkung mit geringen Verzerrungen. Er besteht aus einer bis zu 30 m langen Quarzglasfaser dotiert mit einer Erbiumkonzentration von 10^{18}–10^{19} cm^{-3}. Der EDFA arbeitet ähnlich wie ein Laserverstärker mit einem Drei-Niveau-System, und wird mit einer Laserdiode mit etwa bis zu 1 Watt Leistung bei 980 nm gepumpt, alternativ auch bei 1480 nm. Es werden Verstärkungen von bis zu 30 dB oder 10^3 erreicht, der Verstärker hat eine Sättigungsleistung (maximale Ausgangsleistung) von einigen 100 mW bis 1 W.

In optischen Übertragungsstrecken, werden EFDAs typischerweise etwa alle 100 km eingesetzt. Dann tritt eine Faserdämpfung von 1/100 d.h. etwa -20 dB auf, die durch eine Verstärkung von 20 dB kompensiert wird. Wichtig ist dabei, dass im Gegensatz zu Kupferleitungen die Dämpfung bis zu sehr hohen Datenraten von mehreren 10 Tb/s konstant bleibt. Deshalb hat der Einsatz von optischen Fasern die Telekommunikation seit 1980 revolutioniert.

Für die Länge (engl. *reach*) von Glasfaserübertragungsstrecken wird folgende Klassifizierung verwendet

Short reach (SR)	bis 80 km
Metro	bis 300 km
Medium haul (MH)	bis 1000 km
Long haul (LH)	über 1000 km

Dispersion. Durch die Dispersion der Fasern werden Pulse zeitlich aufgeweitet; dies verringert die Datenrate, die über eine bestimmte Entfernung übertragen werden kann, falls keine Dispersionskompensation vorhanden ist. Drei Mechanismen sind für die Pulsaufweitung verantwortlich:

1. *Modendispersion:* Diese tritt nur in Multimodefasern auf und ist definiert als der Zeitunterschied, der sich aus der Übertragung der langsamsten und schnellsten Mode ergibt. Dieser wird durch die unterschiedlichen Ausbreitungskonstanten für diese Moden verursacht. Messungen zeigen, dass die Modendispersion für große Entfernungen eher mit der Quadratwurzel als linear mit der Länge der Faser zunimmt. Dies wird durch Energieaustausch, dem so genannten Modenkoppeln, zwischen verschiedenen Moden verursacht. Die Modenkopplung mittelt die Ausbreitungszeiten, sodass die Modendispersion weniger als linear mit der Länge der Faser ansteigt.
Breitbandige Datenübertragung über Multimodefasern ist aufgrund der Modendispersion für große Entfernungen, Pulse würden sich dabei stark verbreitern und überlagern, unmöglich. Monomodefasern eliminieren diese Art von Dispersion. Darüber hinaus bleiben aber noch zwei Arten von Dispersion bestehen.
2. *Materialdispersion* (Stoffdispersion): Diese beschreibt die Abhängigkeit der Brechzahl des Fasermaterials von der Wellenlänge. Als Folge durchqueren unterschiedliche spektrale Komponenten eines Pulses die Faser mit unterschiedlichen Geschwindigkeiten und die Pulse werden breiter. Pulse einer schmalen Linienbreite, z.B. von einer longitudinalen Monomodelaserdiode mit einem typischen $\Delta\lambda$ von 0.1 nm ausgestrahlt, zeigen eine geringere Verbreiterung als Pulse mit übertragenen größeren Linienbreiten, wie sie z.B. von einer typischen Leucht-Diode mit einem $\Delta\lambda$ von 50 nm emittiert werden.

3. *Wellenleiterdispersion:* Die Feldverteilungen der Fundamentalmode HE_{11} und jeder anderen Mode sind nicht auf den Faserkern begrenzt, sondern dringen auch in den Mantel ein. Die Ausbreitungsgeschwindigkeit $c_0/n_{\text{eff}} = \omega/\beta$ der Welle im Mantel ist größer als im Kern. Daher hängt die Ausbreitungsgeschwindigkeit der Mode von der Verteilung der Energie zwischen Kern und Mantel ab und damit von der Aufweitung der Mode. Für kurze Wellenlängen, die einer kleinen modalen Aufweitung entsprechen, ist die Ausbreitungsgeschwindigkeit fast identisch mit der im Kern; für lange Wellenlängen erreicht die Geschwindigkeit fast die Werte im Mantel wie in Abb. 3.121 dargestellt. Dieser Mechanismus führt auch zu einem Unterschied der Übertragungszeit der unterschiedlichen spektralen Komponenten eines Pulses.

Die Stoff- und Wellenleiterdispersion sind für Monomodefasern von großer Bedeutung. Sie ergeben zusammen die chromatische Dispersion. Ein Puls der spektralen Breite σ_λ, gemessen in Nanometern, unterliegt nach dem Durchqueren einer gewissen Länge L einer Faser einer zeitlichen Aufweitung τ in grober Abschätzung:

$$\tau = |D|\sigma_\lambda L. \tag{3.127}$$

Diese Aufweitung überlagert sich der ursprünglichen Pulsbreite τ_0. Dabei bezeichnet D den chromatischen Dispersionsparameter, der sich aus der Summe von Stoff- und Wellenleiterdispersion ergibt. Abbildung 3.128 zeigt D für drei verschiedene Monomodefasern.

Die Standardfaser (SSMF = *Standard single mode fiber*) ist eine Einmoden-Stufenindexfaser. Der Dispersionsparameter D hat eine Nullstelle bei $\lambda = 1.31\,\mu m$. Bei dieser Wellenlänge verändert sich der ursprüngliche Puls nicht, es sei denn, es treten Dispersionseffekte höherer Ordnung auf und der Puls, der immer einen bestimmten Spektralbereich umfasst, kann nicht näherungsweise durch eine einzige Wellenlänge beschrieben werden. Die Wellenlänge von $1.31\,\mu m$ ist für die Signalübertragung aufgrund der nicht vorhandenen Dispersion interessant, aber die optischen Pulse sollten

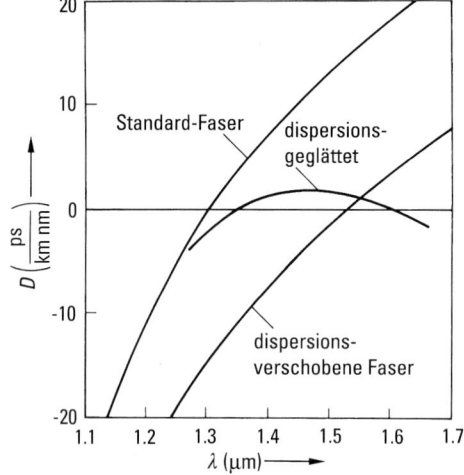

Abb. 3.128 Dispersionsparameter D für drei unterschiedliche Ein-Moden-Fasern.

spektral nicht breiter als etwa 0.1 nm sein. Zu beachten ist in diesem Zusammenhang auch die geringe Dämpfung (s. Abb. 3.127).

Bei einer Wellenlänge von 1.55 µm hat die Standardfaser SSMF einen $D = +17$ ps/nm/km. Ein optischer Puls von etwa 35 ps mit einer spektralen Breite von 0.1 nm, wie typischerweise bei einem 10 Gb/s-System mit einem Pulsabstand von 100 ps verwendet, würde nach 100 km eine Verbreiterung von 170 ps aufweisen, d. h. er wäre $(170 + 35)$ ps $\approx$ 200 ps breit, was größer als der Pulsabstand und daher ohne Dispersionskompensation nicht tragbar wäre. Ein entsprechendes System mit 135 ps Pulsdauer, 0.025 nm = 3 GHz spektraler Breite und 2.5 GHz oder 400 ps Pulsabstand ist aber sinnvoll, da die Pulsverbreiterung durch Dispersion in diesem Fall nur etwa 43 ps beträgt. Dispersion und Dispersionskompensation sind daher bei hochratigen Datenübertragungsstecken mit Bitraten von 10 Gb/s und mehr von großer Bedeutung.

Dafür wäre es effektiv, das Minimum der Dispersion nach 1.55 µm zu verschieben. Dies wird in dispersionsverschobenen Fasern erreicht, bei denen die Dispersion des Wellenleiters variiert wird. Dabei wird das Profil der Brechzahl so eingestellt, dass die Dispersion des Wellenleiters die Stoffdispersion bei $\lambda = 1.55$ µm aufhebt. Das Profil der Brechzahl der dispersionsgeglätteten Faser wird durch ein spezielles Design so modelliert, dass über den gesamten Wellenlängenbereich von 1.3 bis 1.6 µm nur eine geringe Dispersion besteht.

Ein Verfahren zur nachträglichen Dispersionskompensation von vorhandenen Standard-Glasfasernetzen bei 1.5 µm besteht im Einsatz von Zwischenstrecken mit starker negativer Dispersion z. B. -100 ps/nm km.

Polarisationsmoden-Dispersion, PMD. Der HE_{11}-Mode besitzt, wie schon oben erwähnt wurde, eine entartete Polarisation. Damit können sich in einer Monomodefaser zwei Moden ausbreiten, womit diese Faser nicht wirklich eine Einmodenfaser ist. Diese Entartung wird durch eine Doppelbrechung beseitigt, die z. B. durch eine nicht fehlerfreie Herstellung und durch mechanische Beanspruchung der Faser entsteht. Jetzt haben beide Moden verschiedene Ausbreitungskonstanten – eine langsame und eine schnelle optische Achse entstehen – was als modale Doppelbrechung bezeichnet wird. Der Grad der modalen Doppelbrechung nimmt linear mit der Differenz der Ausbreitungskonstanten zu und ist über die gesamte Länge der Faser nicht konstant. Er ändert sich, abhängig von seinen Ursachen, zufällig. Licht innerhalb einer Faser mit linearer Anfangs-Polarisation erreicht aufgrund von Modenkopplung zwischen den beiden Moden schnell einen Zustand zufälliger Polarisation. Ein optischer Impuls wird daher auch durch die unterschiedlichen Ausbreitungskonstanten entlang der langsamen und schnellen Achse aufgeweitet. Dieser Effekt wird Polarisationsmoden-Dispersion PMD genannt. Die Beherrschung der PMD ist von großer Bedeutung für die Entwicklung von 40 Gb/s- und 160 Gb/s-Systemen, sodass Verfahren zur PMD-Kompensation entwickelt wurden. Für polarisations-empfindliche Anwendungen, wie z. B. interferometrische Sensoren, werden polarisationserhaltende Fasern benutzt. Der Grad der Doppelbrechung wird dabei durch mechanische Spannung, die eine Azimutalasymmetrie erzeugt, sehr groß. Falls nun die ursprüngliche Polarisation mit der schnellen oder langsamen Achse zusammenfällt, wird Modenkopplung unterdrückt und die Richtung der Polarisation ändert sich dann nicht, d. h. es tritt keine Polarisationsmoden-Dispersion auf.

3.15.4 Faser-Nichtlinearitäten

Bei starken elektromagnetischen Feldern wird die Reaktion eines Dielektrikums nichtlinear (s. Kap. 9). Die Nichtlinearität 2. Ordnung $\chi^{(2)}$ in Quarzglas ist null wegen der Inversionssymmetrie. Damit dominieren nichtlineare Effekte 3. Ordnung, die durch eine nichtlineare Suszeptibilität $\chi^{(3)}$ beschrieben werden.

Für die Signalübertragung in Fasern ist unelastische stimulierte Streuung, die durch ein komplexes $\chi^{(3)}$ beschrieben werden kann, von besonderer Bedeutung. Stimulierte Raman-Streuung (SRS) vernichtet dabei ein Photon des einfallenden Feldes, um ein optisches Phonon und ein Photon der Stokes-Frequenz zu bilden. Stimulierte Brillouin-Streuung (SBS) verläuft ähnlich, dabei wird nicht ein optisches Phonon, sondern ein akustisches Phonon geringerer Frequenz gebildet. Das Verstärkungsspektrum von SBS ist wesentlich schmäler als das von SRS; SBS zeigt eine wesentlich höhere Verstärkung und tritt nur in rückwärts gerichteter Richtung auf. Sie ist somit der dominierende Prozess in Bezug auf schmalbandiges Licht.

Selbstphasenmodulation (SPM) und Kreuzphasenmodulation (XPM) sind wichtige Prozesse, die sich aus dem Realteil von $\chi^{(3)}$ ergeben. Beide Effekte führen zu einer Intensitätsabhängigkeit der Brechzahl. Für SPM führt das zu einer Beeinflussung der Brechzahl n durch das elektrische Feld der Welle, wie sie von der Welle selber gesehen wird:

$$n = n_{\text{eff}} + n_{\text{nl}} |E|^2 \quad \text{mit} \quad E = E_0 \cdot \exp\{i(\omega t - n k_0 z)\} + cc. \tag{3.128}$$

Dabei steht n_{eff} für die lineare Brechzahl ohne nichtlineare Effekte, n_{nl} für den nichtlinearen Teil der Brechzahl wie er sich aus SPM ergibt und cc für das konjugiert Komplexe des hervorgehenden Summanden. Nach dem Durchqueren einer Faserlänge L ergibt sich eine selbstinduzierte nichtlineare Phasenverschiebung ϕ_{nl}:

$$\phi_{\text{nl}} = -n_{\text{nl}} |E|^2 k_0 L. \tag{3.129}$$

Unter der Beachtung von

$$\Delta\omega(t) = \frac{\partial \phi}{\partial t} \tag{3.130}$$

führt dies zur Bildung neuer Frequenzen.

XPM hat auch eine nichtlineare Phasenverschiebung zur Folge. In diesem Fall beeinflusst eine Welle aber die Brechzahl, die von einer anderen Welle gesehen wird.

Ein weiterer nichtlinearer Effekt, der sich auch aus $\chi^{(3)}$ ergibt, ist die Vier-Wellen-Mischung FWM in der Faser. Wenn in einer Glasfaser z. B. zwei Wellen mit den Frequenzen f_1 und $f_2 = f_1 + \Delta f$ vorhanden sind, so führt FWM (engl. *four-wave mixing*) zur Erzeugung weiterer Wellen mit den Frequenzen

$$f_3 = 2f_1 - f_2 = f_1 - \Delta f \quad \text{und} \quad f_4 = 2f_2 - f_1 = f_2 + \Delta f.$$

Dies kann gezielt zur Wellenlängenumsetzung oder auch zur Regenerierung schwacher, verrauschter Pulse genutzt werden, da FWM-Zeitkonstanten im fs-Bereich liegen. Die Bildung neuer Frequenzen stört jedoch die Signalübertragung mit unterschiedlichen Wellenlängen in Multiplexsystemen, da es dadurch zum Übersprechen zwischen einzelnen Kanälen kommen kann.

Der Einfluss nichtlinearer Effekte sollte nicht unterschätzt werden. Die Leistungsschwellen für diese Effekte sind aufgrund geringer Kerndurchmesser, speziell für Monomodefasern, und einer geringen Dämpfung und einer infolgedessen langen effektiven Wechselwirkungslänge, überraschend gering. Zum Beispiel limitiert SBS die Leistung, die durch eine Monomodefaser in der Telekommunikation übertragen werden kann, auf einige 10 mW. Dies gilt für einen Wellenlängenkanal. Bei mehreren Kanälen liegt das Limit typischerweise bei 8 dBm. Wenn man Tricks wie „dithering" oder Phasenmodulation anwendet, kann man auch mehr einspeisen.

Nichtlineare Effekte können natürlich auch von Nutzen sein, unzählige Anwendungen machen davon Gebrauch. In diesem Zusammenhang sollten Raman- und Brillouin-Verstärker sowie Raman- und Brillouin-Laser erwähnt werden.

Optische Schalter für den Femtosekunden-Bereich, sogenannte Kerr-Effekt-Schalter, können auf der Basis von XPM mit Hilfe zweier Pulse verwirklicht werden. Für die Erzeugung ultrakurzer Laserpulse in Fasern wird im Bereich der Faser-Gitter-Kompression SPM benutzt.

Im nächsten Abschnitt wird kurz die Ausbreitung von *Solitonen*, einem weiteren nichtlinearen Phänomen, das sich aus der SPM ergibt, behandelt:

Die Frequenzverschiebungen aufgrund von Dispersion und SPM sind im anomalen Dispersionsbereich entgegengesetzt, mit $\lambda > 1.3\,\mu m$ für die Standard-Monomodefaser: Anomale Dispersion führt zu einer Blauverschiebung der führenden Pulsflanke, während SPM, wie in Gln. (3.128)–(3.130) zu sehen ist, zu einer Rotverschiebung der führenden Flanke führt. Die Kombination beider Effekte führt zu einer Welle mit einer besonderen Pulsform und Leistungsspitze, die ihre Form im Frequenz- und Zeitbereich nicht verändert. Dieser Puls wird Soliton genannt.

Die Pulsform eines Solitons kann mit Hilfe der Ausbreitungsgleichung hergeleitet werden. Diese Gleichung beschreibt, zur Veranschaulichung eines sich in einer Monomodefaser ausbreitenden Pulses, die langsam variierende Pulsamplitude $A(z,t)$ des elektrischen Feldes, wobei z die Ausbreitungs- und x die Polarisationsrichtung ist:

$$E_x(\mathbf{r},t) = \tfrac{1}{2} A(z,t) F(x,y) \exp\{i(\omega_0 t - \beta_0 z)\} + cc. \tag{3.131}$$

Dabei ist $F(x,y)$ die transversale Feldverteilung, cc das konjugiert Komplexe des vorhergehenden Summanden und β_0 die Ausbreitungskonstante für die Trägerfrequenz ω_0.

Mit der Annahme einer sich langsam verändernden Amplitude

$$\left|\frac{\partial^2 A}{\partial z^2}\right| \ll \left|\beta_0 \frac{\partial A}{\partial z}\right| \tag{3.132}$$

und $\Delta\omega \ll \omega$, wobei $\Delta\omega$ die Frequenzbreite des Pulses ist, und $\Delta\beta \ll \beta$, kann die Ausbreitungsgleichung, eine so genannte nichtlineare Schrödinger-Gleichung, aus den Maxwell'schen Gleichungen hergeleitet werden. Unter Berücksichtigung von Dispersion und SPM ergibt sie sich zu

$$i\frac{\partial A}{\partial z} = \frac{\beta_2}{2}\frac{\partial^2 A}{\partial T^2} - \hat{\gamma}|A|^2 A. \tag{3.133}$$

Der erste Term auf der rechten Seite von Gl. (3.133) beschreibt den Einfluss der Dispersion auf die langsam variierende Pulsamplitude. β_2 ist der Dispersionskoeffizient zweiter Ordnung aus der Taylorreihe von β an der Stelle ω_0

$$\beta(\omega) = \beta(\omega_0) + \beta_1(\omega - \omega_0) + \tfrac{1}{2}\beta_2(\omega - \omega_0)^2 + \ldots . \tag{3.134}$$

β_2 steht zum Dispersionsparameter D nach Gl. (3.127) in Beziehung durch

$$D = -\frac{2\pi c}{\lambda^2}\beta_2. \tag{3.135}$$

T ist die normalisierte Zeit in einem Bezugssystem, das sich mit der Gruppengeschwindigkeit $v_g = 1/\beta_1$ bewegt:

$$T = t - \beta_1 z. \tag{3.136}$$

Der zweite Term auf der rechten Seite von Gl. (3.133) beschreibt die SPM. Der nichtlineare Koeffizient $\hat{\gamma}$ steht mit der nichtlinearen Brechzahl n_{nl} nach Gl. (3.128) in Beziehung durch

$$\hat{\gamma} = f\frac{\omega}{c}n_{nl}. \tag{3.137}$$

f ist dabei ein numerischer Faktor, der von der transversalen Feldverteilung $F(x, y)$ abhängt und von der Größenordnung eins ist.

Die Lösung der Ausbreitungsgleichung (3.133), die ihre Form nicht ändert, wird als Fundamental-Soliton bezeichnet. Für $\beta_2 < 0$, d.h. den Bereich der anomalen Dispersion, hat es die Form:

$$A(z,t) = \sqrt{\frac{-\beta_2}{\hat{\gamma}}}\frac{1}{T_0}\operatorname{sech}\left(\frac{T}{T_0}\right)\exp\left(-\mathrm{i}\frac{z}{2}\frac{\beta_2}{T_0^2}\right), \tag{3.138}$$

wobei T_0 die 1/e-Halbwertsbreite des Pulses ist und der Sekans hyperbolicus gegeben ist durch:

$$\operatorname{sech}(x) = \frac{2}{\mathrm{e}^x + \mathrm{e}^{-x}}. \tag{1.139}$$

Dabei wurde aber in Gl. (3.134) Dispersion höherer Ordnung und im Speziellen die Dämpfung α in der Ausbreitungsgleichung vernachlässigt. Die Entfernung zwischen zwei Faserverstärkern muss klein im Vergleich zu $1/\alpha$ sein, um Dämpfungseffekte zu verhindern. Solitonen können nun für die Signalübertragung genutzt werden. Für eine vorgegebene Faserlänge wird die Bandbreite der Signalübertragung signifikant erhöht, weil weder Dispersion noch SPM die Pulsform verändern, sondern weil beide Effekte sogar einen unveränderten Puls liefern. Damit wird die Überlagerung der Pulse untereinander vermieden. Im Experiment wurde z. B. eine 5-Gbit/s-Einkanal-Solitonenübertragung über mehr als 15.000 km erfolgreich durchgeführt.

3.15.5 Materialien für Glas-Fasern

Das ausreichend vorhandene und günstigste Ausgangsmaterial für die Herstellung von verlustarmen Fasern ist Quarzglas, SiO_2. Es gibt aber auch Anwendungen, für die SiO_2 ungeeignet ist und andere Materialien zweckmäßiger sind.

Konventionelle Quarzglasfasern haben ihre minimale Dämpfung bei 1.55 µm mit 0.2 dB/km und haben im Wellenlängenbereich von 0.3 µm $< \lambda <$ 1.8 µm eine gute Durchlässigkeit. Oberhalb von 2 µm absorbieren diese Fasern stark. Damit können sie für den Bereich des mittleren IR nicht benutzt werden, so z. B. nicht für die vom CO_2-Laser ausgestrahlte Wellenlänge von 10.6 µm. Geeignete Materialien, durchlässig für diesen Bereich und mit guten Eigenschaften für eine industrielle Produktion, könnten Schwermetalloxide, Chalkogenide und die Schwermetallhalogenide sein. Fluoridglas aus der Gruppe der Schwermetallhalogenide ist z. B. für den Wellenlängenbereich von 2–5 µm geeignet. Der Laserstrahl eines 20 W cw CO_2-Lasers kann mit einer Thalliumbromid/iodid-Faser über eine Strecke von mehreren Metern übertragen werden.

IR-Laserstrahlen mit $P >$ 100 W werden auch mit Hohlkernfasern übertragen. Hier besteht der Kern aus Luft und der Mantel aus Spezialglas, z. B. aus mit PbO dotiertem Quarzglas, wobei der Realteil der Brechzahl kleiner als eins für die gewünschte Wellenlänge ist.

Vielversprechende, aus der Theorie abgeleitete Werte für die Dämpfung in einigen Materialien, z. B. 0.03–0.003 dB/km für Fluoridglas bei $\lambda \geq$ 3 µm, konnten bisher noch nicht realisiert werden. Dies liegt an der benutzten Flüssigphasentechnik zur Faserherstellung, die es zur Zeit nicht erlaubt, Reinheitsgrade wie bei der Herstellung von Quarzglas mit der Gasphasentechnik zu erreichen.

Es gibt Anwendungen in der Materialbearbeitung und Medizin, die andere Materialien als Quarzglas benutzen. Für diesen Gebrauch spielt die Dämpfung eine geringere Rolle, weil die Faserlänge im Bereich von nur einigen Metern liegt.

Für die Signalübertragung werden auch Kunststoff- oder Polymerfasern benutzt, die flexibler, billiger und leichter als konventionelle Fasern sind. Hohe Verluste für die optimale Übertragungswellenlänge im sichtbaren Bereich, i. A. größer als 100 dB/km, sind ein großer Nachteil dieser Kunststofffasern. Sie werden daher nur für Kommunikation über kurze Strecken eingesetzt. Der Gebrauch einer Quarzglasfaser mit Kunststoffmantel, wo ein aus Kunststoff hergestellter Mantel einen Kern aus Quarzglas umhüllt, kombiniert die Flexibilität einer Kunststofffaser mit geringer Dämpfung.

Fluoridglasfasern, so genannte ZBLAN-Glasfasern, die mit Erbium, Praseodym oder Thulium dotiert sind, können durch optisches Pumpen mit infraroten Laserdioden zu sichtbarer Lasertätigkeit durch Aufwärtskonversionsprozesse (engl. *up-conversion*) angeregt werden.

3.15.6 Anwendungen, integrierte Optik und Photonik

Zur Zeit liegt die Hauptanwendung von optischen Fasern in der *Übertragung von Information*. Telekommunikationsnetzwerke aus optischen Fasern sind in der ganzen Welt in Betrieb, eingeschlossen Unterseefaserverbindungen durch den Atlantik und Pazifik.

Datenübertragung mit mehr als einer Wellenlänge, d. h. der Gebrauch von Multiplexsystemen, erweitert die Kapazität solcher Systeme bis zu 50 Terabit/s.

Ein wichtiges Anwendungsfeld sind auch *Fasersensoren*. Während der Umgebungseinfluss auf die Signalübertragung so gering wie möglich sein sollte, gilt für Fasersensoren genau das Gegenteil: Der Einfluss der Umgebung auf den Durchgang des Lichts sollte so groß wie möglich sein. Dabei können im Speziellen die Intensität, die Phase, die Polarisation, die Frequenz oder die Wellenlängenverteilung, auch die Farbe genannt, beeinflusst werden. Gemessen werden können dadurch u.a. Temperatur, Druck, Zug, Vibration, Flüssigkeitsniveaus, Fluss, chemische Konzentrationen, magnetische Felder, Verschiebungen und diverse medizinische Parameter.

Die Vorteile der Fasersensoren liegen hauptsächlich in geringen Herstellungskosten, geringem Gewicht, einer hohen Informationsdichte und Unempfindlichkeit gegenüber elektromagnetischer Interferenz.

Dotierte Glasfasern werden auch als Laser und optische Verstärker eingesetzt. So lassen sich Neodym-dotierte SiO_2-Fasern mit Hochleistungs-Laserdioden z.B. bei 808 nm optisch pumpen, so dass sich Ausgangsleistungen bis in den Kilowattbereich bei 1.06 µm Wellenlänge ergeben. Erbium-dotierte Fasern, ebenfalls mit Laserdioden gepumpt, werden als optische Verstärker in der Telekommunikation verwendet. Fluoridglasfasern mit verschiedener Er-, Nd-, Pr- oder Th-Dotierung, die mit infraroten Dioden gepumpt werden, lassen den Bau von *Faserlasern* mit sichtbarer Emission zu.

Die Übertragung von *Leistung* ist auch von großem Interesse, z.B. das flexible Leiten eines Laserstrahls zum Ort der Handlung. Dies wird in Medizin und Materialbearbeitung angewendet.

Für die Übertragung von Leistung ist nicht nur die absolut übertragene Leistung wichtig, sondern auch die am Objekt ankommende Strahlqualität. Im Allgemeinen ist dafür die Leistungsdichte die entscheidende Größe. Um nun zum einen eine hohe übertragene Leistung und zum anderen einen kleinen Lichtfleck am Objekt zu erhalten, werden oft Stufenindex- oder Gradientenfasern mit einem Kerndurchmesser von 400–600 µm benutzt. Dies sind Multimodefasern, wo die Lichtausbreitung näherungsweise strahlenoptisch beschrieben wird. Fasern für Leistungsübertragung bis in den Kilowattbereich müssen eine extrem hohe Qualität besitzen. Besonders die Oberflächen der Fasern müssen sehr rein sein, damit sie bei Absorption des Lichts nicht beschädigt werden. Zur Übertragung des Lichts einer Blitzlampe oder eines Lasers für Beleuchtungszwecke, wie es z.B. für die Untersuchung von Einspritzvorgängen innerhalb von Verbrennungsmotoren notwendig ist, können Fasern auch zu Faserbündeln zusammengefasst werden.

Integrierte Optik wurde durch die Entwicklung von optischen Bauelementen auf ebenen Substraten sehr interessant. In solchen Bauelementen wird das Licht in flachen Wellenleitern über das Substrat geleitet, vorbei an Elementen zur Erzeugung, Manipulation und Nachweis von Licht: Es entstehen integrierte optische Schaltkreise (IOCs). Während gewöhnliche optische Bauelemente oft teuer und schwer in einem System zu integrieren sind, haben IOCs Vorteile wie sie auch schon die integrierten elektronischen Bauelemente haben. Sie sind zuverlässiger, haben eine höhere Leistungsfähigkeit und Vorteile aufgrund reduzierter Größe, Kosten, Gewicht und Stromversorgung.

Die Substrate, auf die gewöhnlicherweise die Schaltungen integriert werden, sind LiNbO$_3$ oder die Halbleiter Si, GaAs oder InP. Wellenleiter werden z. B. durch Diffusion oder Implantation von geeigneten Dotierungsatomen erzeugt. Diese Atome ändern die Brechzahl des Substrats. Während LiNbO$_3$ sehr gute piezoelektrische und elektrooptische Eigenschaften und sehr gute Eigenschaften der Wellenleitung besitzt, haben Halbleiter Vorteile bezüglich der Integration und Kompabiltät mit elektronischen Bauelementen, was wichtig für die Kombination von elektronischen und optischen Bauelementen auf einem Substrat ist. GaAs und InP eignen sich dabei besonders, da Elemente zur Erzeugung von Licht, wie z. B. Laserdioden, und auch Detektoren auf GaAs oder InP produziert werden.

Für die Entwicklung optischer Bauelemente sind keine neuen physikalischen Konzepte notwendig, eher muss an innovativem Design, der Herstellung und an der Werkstofftechnologie gearbeitet werden. Während viele verschiedene einzelne optische Komponenten schon vorgestellt werden konnten, muss deren breite Industrialisierung noch abgewartet werden.

Integrierte optische Schaltungen sind vor allem für die Nachrichtenübertragung mit Glasfasern von Interesse, wo sie auf der Sende- oder Empfangsseite zur Verarbeitung der optischen Signale eingesetzt werden können. Außerdem ist geplant, in optischen Schaltungen auch optische Schaltelemente, die auf nichtlinearen Effekten beruhen, einzusetzen, so dass dann die Verarbeitung und Vermittlung optischer Signale ohne Einsatz elektronischer Bauelemente möglich wird. Aus der Optik entwickelt sich damit die *Photonik*, die in Zukunft ähnliche Bedeutung erlangen könnte wie die Elektronik heute.

3.16 Nahfeld- und Nanooptik

Miniaturisierte Optik besitzt große praktische Bedeutung für die Glasfaser-Nachrichtentechnik, die optische Speichertechnik (CD- und DVD-Systeme) oder moderne optische Sensoren. Will man optische Strukturen weiter verkleinern, erhebt sich die prinzipielle Frage, ob die Miniaturisierung der Optik in den Subwellenlängenbereich – und damit die Entwicklung einer *Nanooptik* – möglich ist. Die Methoden der herkömmlichen Optik, bei der sich Lichtfelder frei im Raum ausbreiten und nur an bestimmten Stellen von Linsen, Spiegeln, Prismen usw. in ihrer Richtung geändert werden, unterliegen dem Abbe-Limit: Wegen der Beugung ist die Auflösung optischer Strukturen unmöglich, die wesentlich kleiner als die Lichtwellenlänge sind. Eine auf herkömmlichen optischen Konzepten beruhende Nanooptik ist daher nicht realisierbar. Lichtfelder mit einer Struktur wesentlich kleiner als die Lichtwellenlänge können aber sehr wohl existieren, nämlich in Form so genannter optischer Nahfelder, die an materielle Strukturen gebunden sind.

Betrachten wir zunächst ein konkretes Beispiel, das der Lichtleitung: Theoretische Überlegungen zeigen, dass sich Lichtfelder entlang eines metallischen Drahtes leiten lassen, analog zur Leitung eines Hochfrequenzstromes im MHz-Bereich in einem – bezogen auf die Wellenlänge – dünnen Metalldraht. Für diese Art der Lichtleitung in metallischen Nanodrähten ist das Abbe-Limit bedeutungslos. Jedoch ist die spezifische elektrische Leitfähigkeit von Metallen bei Lichtfrequenzen erheblich kleiner

476   3 Interferenz, Beugung und Wellenleitung

als zum Beispiel bei 100 MHz. Dadurch ist die Reichweite eines Lichtsignals in einem Silber-Nanodraht mit einem Durchmesser von 50 nm auf einige Mikrometer beschränkt. Dieser Wert ist aber möglicherweise groß genug, um Nanodrähten eine Reihe technologischer Anwendungen zu eröffnen. Denkbar ist ihr Einsatz zum gezielten Lichttransport zwischen Schaltelementen in nanoskopisch dimensionierten optischen Datenverarbeitungssystemen.

Auch kugel- oder scheibenförmige metallische Nanopartikel könnten als nanooptische Bausteine verwendet werden. In solchen metallischen Nanopartikeln trennt das einfallende lichtelektrische Feld die elektrischen Ladungen im Metall wie Abb. 3.129 dargestellt. Die entstehenden Aufladungen der Oberfläche führen zu rücktreibenden Kräften. Damit ist die gesamte Elektronenwolke des Metallpartikels ein schwingungsfähiges System, das eine (oder auch mehrere) Eigenfrequenzen besitzt. Infolge dieser so genannten Anregung von Oberflächenplasmonen (OP) kommt es zu einer dem Verlauf der Resonanzkurve entsprechenden schmalbandigen Lichtabsorption sowie einer spektral analog verlaufenden Lichtstreuung ins Fernfeld. Des Weiteren tritt ein verstärktes lokales Lichtfeld um das Teilchen auf, dessen spektraler Intensitätsverlauf ebenfalls der OP-Resonanzkurve entspricht. Die räumliche Ausdehnung dieses Nahfelds ist vergleichbar mit der Partikelabmessung, also typischerweise einige 10 nm. Für die Feldverstärkung, die z. B. für die *oberflächenver-*

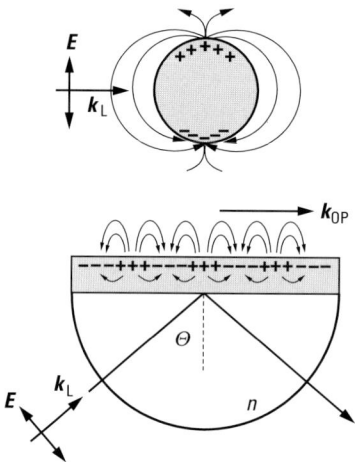

Abb. 3.129 Oberflächenplasmonen sind kollektive Schwingungen der Leitungselektronen an der Grenzfläche eines Metalls und eines Dielektriums. Die Stärke des mit einem OP verbundenen elektromagnetischen Feldes ist an der Grenzfläche maximal und fällt in die beiden Richtungen senkrecht zur Oberfläche exponentiell ab. Das in einer kleinen Kugel angeregte OP entspricht einer dipolaren Schwingung. Diese lässt sich durch direkt auf die Kugel auftretendes Licht passender Frequenz anregen und führt zu einer schmalbandigen Absorption und Lichtstreuung.

Im Gegensatz dazu treten OP an ausgedehnten, ebenen Grenzflächen als Elektronenschwingungen auf, die sich gerichtet mit einem Wellenvektor k_{op} ausbreiten. Zur Anregung eines derartigen OP wird die Projektion des einfallenden Wellenvektors k_1 durch Einstellung des Winkels an k_{op} angepasst. Dazu wird das Metall als dünner Film auf einen Glas-Halbzylinder aufgebracht. Die OP-Anregung ist minimal, wenn das reflektierte Licht ein Minimum aufweist.

stärkte Raman-Spektroskopie von Bedeutung ist, ergeben sich Werte bis 10^6. Die Absorptionsbandbreite und die Feldverstärkung werden durch die Dämpfung der Schwingung im Nanopartikel bestimmt: Je größer die Dämpfung, desto größer die Absorptionsbandbreite und umso kleiner die Nahfeldverstärkung. Die spektrale Lage der Resonanzfrequenz der Partikel-OP hängt von vielen Parametern ab: Von den elektronischen Eigenschaften des Metalls (repräsentiert durch die komplexe Dielektrizitätskonstante), der Partikelform, dem Abstand zu eventuellen Nachbarpartikeln und der Dielektrizitätskonstante des umgebenden Mediums. Bei den Edelmetallen Silber und Gold, die wegen ihrer geringen Dämpfung, ihrer chemischen Stabilität und ihrer guten Nanostrukturierbarkeit sehr interessant sind, liegen die Resonanzfrequenzen in sichtbaren und angrenzenden Spektralbereichen. Die genaue spektrale Lage der Resonanzfrequenzen lässt sich durch die Größe und Form der Silber- und Goldteilchen einstellen. Ein Werkzeug zur kontrollierten Herstellung spezifischer Teilchenformen ist die Elektronenstrahl-Lithographie (ESL, Abschn. 11.7). Diese Technik erlaubt es, Metallpartikel definierter Geometrie mit kleinsten Strukturgrößen von etwa 20 nm in zweidimensionalen Anordnungen auf unterschiedlichen Trägern zu erzeugen.

Abbildung 3.130 und Abb. 3.131 illustrieren dies anhand von Goldpartikelanordnungen; zu jeder elektronenmikroskopischen Aufnahme ist das zugehörige Extinktionsspektrum dargestellt [18]. Betrachten wir zunächst in Abb. 3.130 ein Raster aus scheibenförmigen Teilchen mit einem Durchmesser $d = 100$ nm und einer Höhe von 40 nm. Die Extinktion (Absorption plus Streuung) dieses Partikelgitters hat ein Maximum der OP-Resonanz bei einer Wellenlänge von etwa 700 nm. Vergrößert man nun die Teilchen bei konstant gehaltener Höhe, so verschiebt sich die OP-Resonananz zu größeren Wellenlängen. Da die Extinktion proportional dem Volumen der Partikel ist, nimmt sie bei gleicher Höhe mit größerem Durchmesser zu. Die länglichen Partikel in Abb. 3.131 weisen in der Filmebene zwei Resonanzen entlang

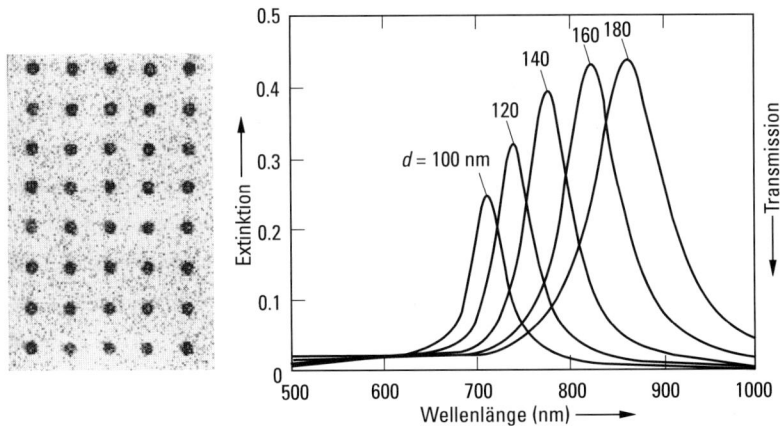

Abb. 3.130 Extinktionsspektren von scheibenförmigen Goldpartikeln mit Durchmesser von 100 bis 180 nm und 40 nm Höhe. Die Anordnung der Goldpartikel ist für $d = 100$ nm auf der elektromikroskopischen Aufnahme dargestellt.

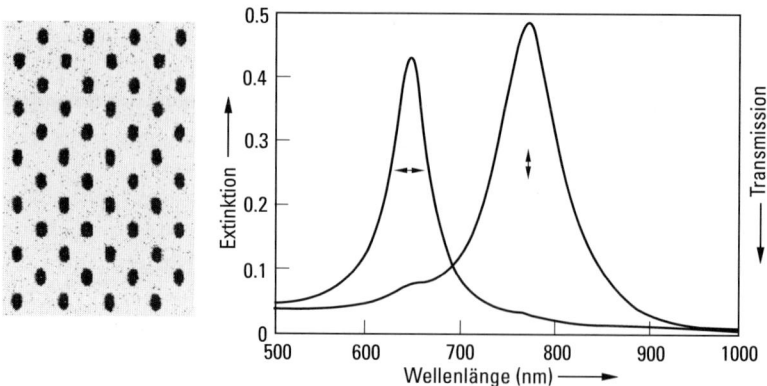

Abb. 3.131 Bei länglichen Goldpartikeln (z. B. 120 × 80 nm², Höhe 40 nm) ist die Extinktion polarisationsabhängig. Die Pfeile geben die Polarisationsrichtung des anregenden Lichts an, bezogen auf die Orientierung der links in der elektronenmikroskopischen Aufnahme gezeigten Partikel.

ihrer zwei Hauptachsen auf. Dies bedingt eine polarisationsabhängige Absorption (Dichroismus), wie in den Spektren zu sehen ist.

Nanopartikelfilme lassen sich als ultradünne Absorptions- bzw. Polarisationsfilter verwenden, etwa um einzelne Dioden eines Fotodiodenarrays mit individuellen Filterbelägen zu versehen. Mittels ESL lassen sich aber auch einzelne Metallpartikel auf wenige Nanometer genau positionieren, sodass metallische Nanoteilchen eine spektral selektive, lokale Lichtfeldverstärkung an einem definierten Ort bewirken. Solche spektral-selektiven „Lichtkonzentratoren" ließen sich als nanooptische Bauelemente analog einer Linse und eines Spektralfilters verwenden. Eine weitere mögliche Anwendung ist die Kapazitätserhöhung optischer Datenspeicher mit Hilfe metallischer Nanopartikel. Liest man gespeicherte Daten fernfeldoptisch aus, wie dies bei den herkömmlichen optischen Datenspeichern – z. B. bei CD oder DVD – geschieht, so ist die Abmessung der kleinstmöglichen Speichereinheit gleich der fernfeldoptisch gegebenen lateralen Auflösung, also etwa gleich der halben Wellenlänge. Innerhalb der Fläche eines Speicherpixels lässt sich jedoch mühelos eine ganze Gruppe individuell geformter metallischer Nanopartikel positionieren. Form und Orientierung der Partikel bestimmen dann das Streulichtspektrum des durch die Gruppe definierten Speicherelements. Diese „spektrale Codierung" könnte die Speicherkapazität einer konventionellen CD vervielfachen. Durch mehrere Laser bei verschiedenen Wellenlängen lässt sich die Information wieder auslesen.

Auch dielektrische Schichten mit nanostrukturierten Oberflächen werden mit verschiedenen Verfahren hergestellt und weisen spezielle Eigenschaften auf. Zum Beispiel lässt sich die effektive Brechzahl einer dünnen Schicht durch Ätzen gezielt beeinflussen. Die Schicht wird rau bzw. porös mit Strukturgrößen, die sehr viel kleiner als die Wellenlängen sind und deshalb nur geringe Lichtstreuung ergeben. Es ändert sich aber die mittlere Dichte und damit die effektive Brechzahl des Materials. Das Verfahren wird zur genauen Einstellung der Brechzahl $n = \sqrt{n_1 n_2}$ von Entspiegelungsschichten eingesetzt.

Mit der Verkleinerung optischer Elemente in den Subwellenlängenbereich wird es unmöglich, diese Strukturen mit herkömmlichen optischen Mikroskopen zu untersuchen, da auch deren räumliches Auflösungsvermögen durch das Abbe-Limit begrenzt ist. Abhilfe schafft hier das optische Rasternahfeld-Mikroskop oder SNOM, *Scanning Near-Field Optical Microscope*. Davon gibt es inzwischen verschiedene Bauformen, die in Kapitel 12 dargestellt werden. Aber auch die mehr konventionelle Fernfeldmikroskopie ist durch verbesserte Anordnungen (konfokale Mikroskopie), Bildauswertung und Einsatz nichtlinearer optischer Verfahren heute in der Lage, Strukturen deutlich unterhalb von 100 nm aufzulösen.

Literatur

Zitierte Publikationen

Abschnitt 3.5

[1] Tolansky, S., Multiple-beam Interferometry, Oxford University Press, New York, 1948
[2] Krause, H., Krebs, K., Optik **20**, 471 (1963)
[3] Koppelmann, G., Prog. Optics **VII**, 3 (1969)

Abschnitt 3.9

[4] Murata, K., Prog. Optics **V**, 201 (1966)

Abschnitt 3.10

[5] Bor, Z., Racz, B., Szabo, G., Optics Letters, 1990

Abschnitt 3.11

[6] Blanco, A., Nature **405**, 437 (2000)

Abschnitt 3.12

[7] Müller-Pouillet, Lehrbuch der Physik II (1), Kap. 14–16 (O. Lummer), F. Vieweg & Sohn, Braunschweig, 1926

Abschnitt 3.13

[8] Born, M., Wolf, E., Principles of Optics, Pergamon Press, London, 1964 (*auch zu Abschn. 3.14*)
[9] Albrecht, H. E., M. Borys, N. Damaschke, C. Tropea, Laser-Doppler- and Phase Doppler Measurement Techniques, Springer-Verlag Berlin 2002
[10] Fabelinskii, I. L., Molecular Scattering of Light, Plenum Press, New York, 1968
[11] Kerker, M., The Scattering of Light, Academic Press, New York, 1969

Abschnitt 3.14

[12] Gabor, G., Nature **161**, 777 (1948)
[13] Boersch, H., Phys Blätter **23**, 393 (1976)
[14] Leith, E. N., Upatnieks, J., J. Opt. Soc. Amer. **53**, 1377 (1963) (*auch zu Abschn. 3.14.4*)
[15] Harriharan, P., Optical holography, Cambridge University Press, Cambridge, 1984
[16] Eichler, H. J., Günter, P., Pohl, D., Laser-Induced Dynamic Gratings, Springer-Series in Optical Science, Vol. 50, Berlin, 1984

Abschnitt 3.15

[17] Flory, F., Thin Films for optical systems, Dekker, 1995

Abschnitt 3.16

[18] Krenn, J. R., Aussenegg, F. R., Physik-Journal **1**, Nr. 3, 39 (2002)

Weiterführende Literatur

Agrawal, G. P., Fiber Optic Communication Systems, Wiley-Interscience, 2nd edition, 1997
Bergmann, L., Der Ultraschall, S. Hirzel, Stuttgart, 1949
Champagne, E. B., J. Opt. Soc. Am. **57**, 51 (1967)
Duelk, M., Active and Hybrid Mode-locked Semiconductor Lasers with external Fiber Bragg Grating Cavities, Series in Quantum Electronics, Vol. 25, Hartung-Gorre Verlag, Konstanz, 2001, ISBN 3-89649-685-9
Handbuch der Physik (Flügge, S., Hrsg.) Band 24, Springer, Berlin, 1956; Artikel von: M. Francon, Interferences, Diffraction et Polarisation, und: H. Wolter, Optik dünner Schichten; Phasenkontrast- und Lichtschnittverfahren
Jöhnke, C., Osten, W., Rotermund, M., Das verführte Auge, Wege in die 3. Dimension, Bremen, 2001, ISBN 3-933762-06-5
Kashyap, R., Fiber Bragg Gratings, Academic Press, 1999
Othonos, A., Fiber Bragg Gratings: Fundamentals and Applications in Telecommunications, Artech House, 1999

4 Polarisation und Doppelbrechung des Lichtes

Kurt Weber

4.1 Polarisation des Lichtes durch Reflexion und gewöhnliche Brechung

Die im Kap. 3 behandelten Interferenz- und Beugungserscheinungen sind mit der Annahme einer wellenförmigen Ausbreitung des Lichtes widerspruchsfrei erklärbar. Wären uns indessen nur jene Erscheinungen bekannt, bliebe eine Reihe weiterer Fragen unbeantwortet. Denn Wellen können, wie in Abb. 4.1 skizziert ist, transversal oder longitudinal sein, aber Interferenz und Beugung zeigen alle Wellentypen gleichermaßen; außerdem können die Wellen physikalisch verschieden, z. B. elastischer oder elektromagnetischer Natur sein. Als Huygens, Young, Fresnel die Wellentheorie des Lichtes begründeten, kam für sie nur die Vorstellung elastischer Wellen in einem das Weltall erfüllenden Medium, dem so genannten Äther, in Frage. Dieser wurde als eine Art materieller Stoff gedacht, der so beschaffen sein musste, dass er den Körpern, die sich durch den Äther bewegen, keinen merklichen Widerstand entgegensetzte; denn ein Widerstand hätte sich z. B. bei der Bewegung der Himmelskörper bemerkbar machen müssen. Es könnte daher – so war die Folgerung – nur eine äußerst feine Flüssigkeit oder ein Gas sein, keinesfalls ein fester Körper. Im Innern von Gasen und Flüssigkeiten sind aber nur elastische Longitudinalwellen möglich, bei denen die Verrückungen in Richtung der Fortpflanzung vor sich gehen. Demgemäß fassten sowohl Huygens wie auch Young und Fresnel die Lichtwellen – genau wie die Schallwellen – als Longitudinalwellen auf. Bei elastischen Transversalwellen gehen die Verschiebungen senkrecht zur Fortpflanzungsrichtung vor sich, d. h. in einer die x-Richtung einschließenden Ebene, der **Schwingungsebene**. Dadurch ist bei Transversalwellen eine gewisse „Seitlichkeit" der Wellen gegeben, da ja diese eine Ebene ausgezeichnet ist, während bei Longitudinalwellen um die Fortpflanzungsrichtung herum vollkommene Symmetrie herrscht. Da man bei Licht, das von natürlichen Lichtquellen ausgeht, keinerlei Anzeichen von „Seitlichkeit" gefunden hatte, vielmehr dieses „natürliche" Licht sich völlig symmetrisch um die Fortpflanzungsrichtung verhielt, war die Annahme von Longitudinalwellen für das Licht logisch,

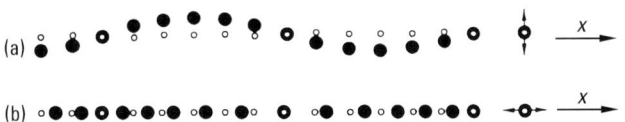

Abb. 4.1 Elastische Wellentypen in festen Medien. Fortpflanzungsrichtung x; (a) Transversalwelle, linear polarisiert; (b) Longitudinalwelle.

während die Annahme elastischer Transversalwellen auf eine große Schwierigkeit gestoßen wäre: elastische Transversalwellen sind nämlich in Gasen und Flüssigkeiten unmöglich, da diese keine rückstellenden Kräfte normal zur Wellenausbreitung, das heißt keinen Schubmodul, wie die festen Körper, besitzen. Mit der Annahme von Transversalwellen hätte man folgern müssen, dass der lichttragende Äther ein fester Körper wäre, und zwar wegen der enormen Größe der Lichtgeschwindigkeit c fester als etwa der beste Stahl – offenbar unverträglich mit der Tatsache, dass wir alle uns durch diesen festen Körper hindurch bewegen, ohne etwas von dieser Festigkeit zu spüren. So schien also die Annahme longitudinaler Lichtwellen aufs Beste begründet und mit allen Tatsachen in Übereinstimmung zu sein – bis im Jahre 1808 der französische Physiker E. L. Malus eine für die Optik folgenschwere Beobachtung machte, die tatsächlich eine „Seitlichkeit" oder, wie man damals zu sagen pflegte, **Polarisation** der Lichtwellen offenbarte. Die Malus'sche Beobachtung führte zu der Feststellung, dass Licht, welches an einem durchsichtigen Medium (z. B. Glas oder Wasser) reflektiert worden ist, seine Symmetrie um die Fortpflanzungsrichtung als Achse eingebüßt hat. Licht dieser Art verhält sich also anders als „natürliches" Licht.

Anstelle des ursprünglichen Versuches von Malus, der erst in Abschn. 4.5 verständlich wird und dort nachgeholt werden soll, sei hier ein einfacherer Versuch beschrieben, der zu derselben Folgerung führt. Abb. 4.2 zeigt als Erstes einen Vorversuch: Eine ebene Welle natürlichen Lichtes mit der Strahlrichtung AB falle unter einem beliebigen Einfallswinkel α auf eine Glasplatte P_1. An deren Vorderseite werde der Strahl in die Richtung BC reflektiert, wobei man störende Reflexion an der Plattenrückseite etwa dadurch ausschaltet, dass man die Platte P_1 aus schwarzem Glas wählt. Das Einfallslot n und der Strahl AB bestimmen die Einfallsebene ABC, die zunächst mit der Zeichenebene zusammenfällt. Dreht man jetzt die als Spiegel wirkende Platte P_1 und damit n um die Strahlrichtung AB, so verlässt BC die Papierebene und erreicht sie erst wieder nach einer Drehung von 180°, wobei P_1 in P_1', n in n' und BC in BC′ übergegangen sind. Nach Weiterdrehen des Spiegels um abermals 180° ist die Ausgangsstellung wieder erreicht. In jeder Lage des Spiegels wird der reflektierte Strahl stets unter dem gleichen Winkel gespiegelt; er beschreibt dann offenbar einen Kegelmantel. Wie man auch die Einfallsebene gegen die Papierebene dreht, immer wird der einfallende Strahl am Spiegel P_1 in gleicher Weise

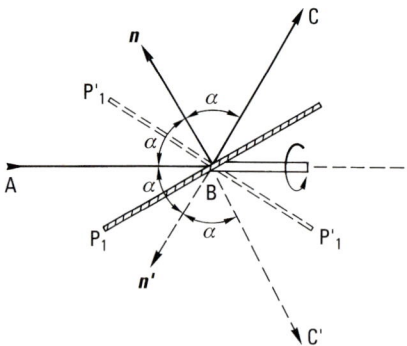

Abb. 4.2 Reflexion des Lichtes an einer Glasplatte P_1, die um die Einfallsrichtung AB des Lichtes gedreht werden kann.

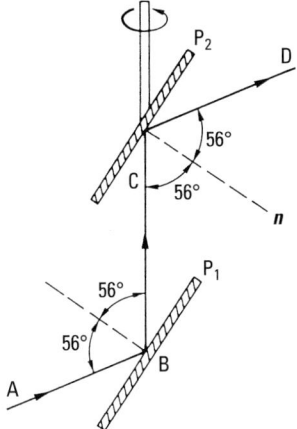

Abb. 4.3 Versuch zum Nachweis der Polarisation des Lichtes durch Reflexion.

reflektiert, nicht nur unter dem gleichen Reflexionswinkel α, sondern auch mit gleicher Intensität[1]. Der Vorversuch zeigt bis hierher die vollkommene Symmetrie des natürlichen Lichtes um die Fortpflanzungsrichtung. Nun setzt die Beobachtung von Malus ein. Um das Ergebnis recht deutlich zu gestalten, soll der bisher beliebige Winkel α durch einen bestimmten Winkel $α_p$ ersetzt werden, der später den Namen *Polarisationswinkel* erhalten soll und der für Glas annähernd 56° beträgt; der Vorversuch läuft zweifellos auch unter dem Winkel $α_p$ in der gleichen Weise ab. Nun aber wird der Vorversuch entsprechend der Abb. 4.3 durch Einfügen eines weiteren Glasspiegels P_2 in die eigentliche Versuchsanordnung abgewandelt. Wieder wechselt der Lichtstrahl AB – diesmal jedoch unter dem festen Einfallswinkel von 56° – nach Reflexion an P_1 in die Richtung BC über, wo er – ebenfalls unter 56° – auf den zweiten Spiegel trifft und in die Richtung CD weiterreflektiert wird. Solange die beiden Spiegel P_1 und P_2 parallel stehen, sind auch die Strahlen AB und CD zueinander parallel. Der Versuch beginnt mit einer Drehung des Spiegels P_2 um den Lichtstrahl BC als Achse, wobei der Strahl CD die Zeichenebene verlässt, die Strahlen AB und BC jedoch in der Zeichenebene verbleiben. Wäre der einmal reflektierte Strahl BC noch natürliches Licht mit seiner vollkommen axialen Symmetrie um BC, so müsste, wie man auch die Einfallsebene BCD des zweiten Spiegels gegen die des ersten verdreht, immer ein reflektierter Strahl CD mit gleicher Intensität auftreten. Dies ist jedoch nicht der Fall: vielmehr beobachtet man, dass die Intensität (Helligkeit) des von der Platte P_2 reflektierten Lichtstrahles sich bei der Drehung ändert. Maximale Intensität erhält man, wenn die beiden Platten P_1 und P_2 parallel zueinander stehen oder um 180° gegeneinander verdreht („antiparallel") sind: in beiden Positionen fallen die Einfallsebenen beider Spiegel zusammen. Wird dagegen

---

[1] „Intensität" bedeutet in diesem Abschnitt durchweg die von einer ebenen Lichtwelle transportierte Strahlungsleistungsdichte durch eine senkrecht zur Ausbreitungsrichtung stehende Fläche; ihr Zahlenwert ist der Betrag des Poynting-Vektors mit der SI-Einheit Wm^{-2}. Siehe auch die Erläuterung zum Begriff der „Strahlstärke" in Kap. 5, sowie auch Tab. 5.2.

der Spiegel P_2 um 90° oder 270° um die Richtung BC gegen den Spiegel P_1 verdreht, wobei die Einfallsebenen an beiden Spiegeln Winkel von 90° miteinander bilden, so findet gar keine Reflexion des Lichtes an der Platte P_2 statt. Dies gilt in dieser extremen Weise allerdings nur, wenn der Einfallswinkel richtig gewählt wird (bei Glas also rund 56°). Bei anderen Einfallswinkeln ist die Erscheinung zwar vorhanden, aber nicht so ausgeprägt: dreht man den Spiegel P_2 aus der parallelen (antiparallelen) Stellung allmählich heraus, so nimmt die Intensität des reflektierten Strahles dauernd ab, um in der „gekreuzten" Stellung ein Minimum, aber keine volle Dunkelheit zu erreichen; der ausgezeichnete Einfallswinkel α_p wird weiter unten noch näher betrachtet.

In jedem Falle zeigt der Versuch nach Abb. 4.3, dass das Licht nach der Reflexion an einer Glasplatte (P_1) seine anfänglich vollkommene Drehsymmetrie um die Laufrichtung (BC) eingebüßt hat. Mit der verbleibenden Symmetrie (vgl. dazu auch die Abb. 4.6) sind zwei durch die Fortpflanzungsrichtung (BC) gelegte Ebenen ausgezeichnet – je eine parallel und senkrecht zur Einfallsebene (BCD) –, die tatsächlich „seitliche" Eigenschaften des Lichtes offenbaren. Dies ist aber nur verständlich, wenn die Lichtschwingung transversalen Charakter hat. Man nennt derart durch eine bestimmte Schwingungsrichtung senkrecht zur Fortpflanzungsrichtung ausgezeichnetes Licht **linear polarisiert**. Die zu seiner Herstellung vorgenommene Veränderung heißt **Polarisierung**; die Vorrichtung, welche den neuen Zustand, die **Polarisation**, hervorruft, wird **Polarisator** genannt; diejenige, mit der die Polarisation nachgewiesen wird, heißt **Analysator**. In dem oben beschriebenen Versuch ist die Glasplatte P_1 der Polarisator und P_2 der Analysator. Polarisator und Analysator zusammen mit einer Beleuchtungsanordnung und einer Halterung für die zu untersuchenden Substanzen zwischen P_1 und P_2, eventuell auch mit einer Beobachtungslupe, bilden den einfachsten Polarisationsapparat, wie er ursprünglich von Nörremberg angegeben wurde. Den Schluss auf Transversalität der Lichtwellen zogen – widerstrebend wegen der Konsequenzen eines festen Äthers – Young und Fresnel, und dieser innere Widerspruch hat fast dreiviertel Jahrhundert auf der Optik gelastet, bis die Vorstellung elastischer Lichtwellen durch die Erkenntnis, dass es elektromagnetische Wellen sind, abgelöst wurde; denn elektromagnetische Transversalwellen sind in allen Aggregatzuständen möglich, und die fatale Folgerung eines festen Äthers entfällt. Damit ist ein Anschluss an die in Band 2 dargelegte elektromagnetische Lichttheorie hergestellt.

Es bleibt noch die Frage zu klären, warum „natürliches" Licht – trotz der Transversalität – vollkommene axiale Symmetrie aufweist. Das kann nur so gedeutet werden, dass diese Symmetrie statistischen Charakter hat, der durch die komplizierten Prozesse in den Lichtquellen verursacht ist. Auch wenn man das einzelne Molekül einer Lichtquelle mit einem Hertz'schen Oszillator vergleichen kann, so besteht die Lichtquelle doch aus einer ungeheuren Zahl solcher Oszillatoren, die völlig unabhängig voneinander schwingen und deren Schwingungsrichtungen sich im Mittel gleichmäßig auf alle Raumrichtungen verteilen. (Die komplexen Vorgänge in der Lichtquelle mussten ja schon zur Erklärung der Inkohärenz herangezogen werden.) Gelingt es, die gleichmäßige Verteilung aller Schwingungsrichtungen in einer Lichtquelle zu beseitigen, sendet sie „polarisiertes" Licht aus. Das kann man z. B. erreichen, indem man eine leuchtende Flamme in ein starkes Magnetfeld bringt; dann sendet sie tatsächlich polarisierte Strahlung aus (Zeeman-Effekt).

Während also bei natürlichem Licht der elektrische Feldvektor *E* in allen möglichen Richtungen senkrecht zur Fortpflanzungsrichtung schwingt, verlaufen bei linear polarisiertem Licht die Schwingungen des *E*-Vektors nur in einer ganz bestimmten Ebene; diese Ebene nennt man die **Schwingungsebene des Lichtes**. Ist das linear polarisierte Licht, wie vorher beschrieben, durch Reflexion erzeugt, muss die Schwingungsebene aus Symmetriegründen mit einer der beiden ausgezeichneten Ebenen zusammenfallen, die das Versuchsergebnis parallel und senkrecht zur Einfallsebene erkennen lässt. Welche der beiden Lagen die Schwingungsebene einnimmt, ist zwar nicht direkt feststellbar, kann aber z. B. durch einen Versuch nach Abb. 4.4 mit längeren Hertz'schen Wellen, die ja derselben Wellenfamilie angehören, entschieden werden.

In der Abb. 4.4 bezeichnet PP den Querschnitt einer etwa 2 cm dicken Glasplatte, die für diesen Versuch als Spiegel dient. In der Zeichenebene befindet sich im Brennpunkt eines Parabolspiegels ein *Hertz'scher Oszillator*, dessen Dipolachse und Schwingungsrichtung im Fall (a) senkrecht zur Zeichenebene steht im Fall (b) innerhalb der Zeichenebene verläuft. Für die linear polarisierte, ebene Welle, welche die Oszillatoranordnung abstrahlt, ist in beiden Fällen die Zeichenebene gleichzeitig auch Einfallsebene. Der Versuch zeigt nun zweifelsfrei, dass die Wellen, falls sie unter geeignetem Winkel α_p den Spiegel erreichen, nur dann reflektiert werden, wenn die Schwingungsebene *senkrecht* auf der Einfallsebene steht; gehen aber die Schwingungen in der Einfallsebene vor sich, so wird die auffallende Strahlung nicht reflektiert, sondern hindurch gelassen. Das bedeutet allgemein: *Bei dem durch Reflexion erzeugten linear polarisierten Licht liegt die Schwingungsebene senkrecht zur Einfalls- (Reflexions-) Ebene.* Diesem Ergebnis entspricht die in Abb. 4.5 dargestellte Situation. Für die zur Schwingungsebene senkrechte Ebene durch die Fortpflanzungsrichtung hat man seinerzeit allgemein den Namen *Polarisationsebene* einge-

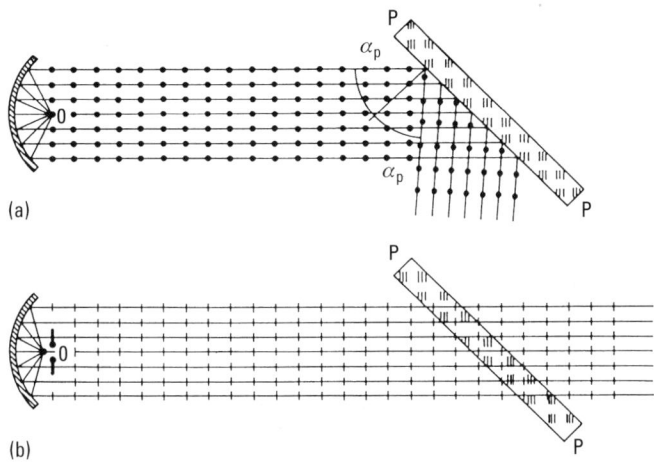

Abb. 4.4 Versuch zum Nachweis der Lage der Schwingungsebene des elektrischen Feldvektors in einer durch Reflexion linear polarisierten elektromagnetischen Welle: (a) Der elektrische Feldvektor schwingt senkrecht zur Einfallsebene, es tritt Reflexion auf. (b) Der elektrische Feldvektor liegt in der Einfallsebene, es findet keine Reflexion statt.

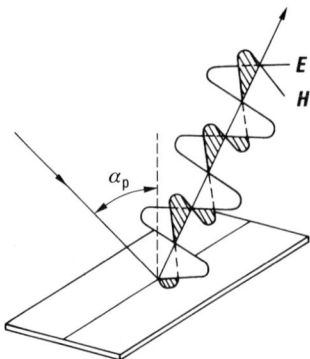

Abb. 4.5 Lage der Schwingungsebene linear polarisierten Lichtes nach Reflexion unter dem Polarisationswinkel α_p; der elektrische Feldvektor schwingt parallel, der magnetische Feldvektor senkrecht zur Schwingungsebene.

führt, der nunmehr überflüssig ist, da durch die Schwingungsebene die so genannte Polarisationsebene mitbestimmt ist; im Allgemeinen wird heute auch die Schwingungsebene als Polarisationsebene bezeichnet. Hier soll jedoch an der Unterscheidung beider Ebenen festgehalten werden.

Die Polarisationsversuche gelingen in der beschriebenen Form jedoch nur mit Spiegeln aus einem durchsichtigen Stoff[2], z. B. Glas, Quarz usw., dagegen nicht mit Metallspiegeln oder metallisierten Glasspiegeln. Im letzteren Fall findet bei einer Drehung des Spiegels zwar eine Änderung der Lichtintensität, aber keine vollständige Auslöschung bei gekreuzten Spiegelstellungen statt, wie auch immer man den Einfallswinkel wählt. In den Versuchen der Abb. 4.2 und 4.3 dienten drehbare Glasplatten als Analysatoren. Die geometrische Bedingung für das Gelingen der Versuche bestand darin, dass für alle Drehwinkel der Einfallsebene das in Frage gestellte Lichtbündel stets unter α_p reflektiert wurde. Diese Bedingung kann auch ein Kegel aus schwarzem Glas erfüllen, dessen halber Öffnungswinkel $90°-\alpha_p$, also etwa $34°$ beträgt. Fällt die Kegelachse nach Abb. 4.6a mit der Richtung des einfallenden Lichtbündels zusammen, so wird das Licht an jedem Punkt des Kegelmantels unter α_p reflektiert. Begrenzt man ferner den Querschnitt des Lichtbündels auf die Basisfläche des Kegels, so zeigt das reflektierte Licht auf einer weißen Fläche F die in den Abbildungen b und c wiedergegebenen Lichtverteilungen. Im Falle linear polarisierten Lichtes weist die Symmetrie der Figur deutlich die Spuren zweier ausgezeichneter Ebenen aus, darunter die der Schwingungsebene.

Der für eine maximale Polarisation des Lichtes durch Reflexion erforderliche so genannte **Polarisationswinkel** α_p ist nach D. Brewster (1813) durch die Brechzahl des benutzten Glases bestimmt. Das Brewster'sche Gesetz besagt: Der Polarisationswinkel α_p eines Stoffes ist durch die Bedingung gegeben, dass der an der Oberfläche

---

[2] Die oben erwähnte Schwarzfärbung des Glases, die störende Reflexion an der Plattenrückseite verhindern soll, ist nicht intensiv genug, diese Schwarzglasspiegel völlig undurchsichtig zu machen. Es ist also immer noch $n^2\kappa^2 \ll 1$ (vgl. Abschn. 2.6, 2.8 und 2.9).

4.1 Polarisation des Lichtes durch Reflexion und gewöhnliche Brechung

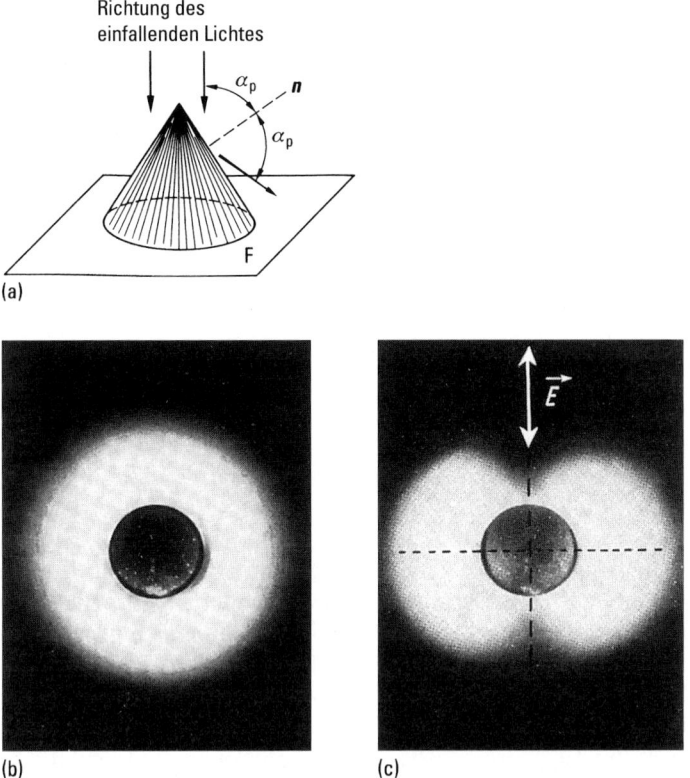

Abb. 4.6 (a) Glaskegel zur Untersuchung der Reflexion linear polarisierten Lichtes; (b) Reflexionsbild auf der Fläche F bei unpolarisiertem Licht; (c) Reflexionsbild bei linear polarisiertem Licht.

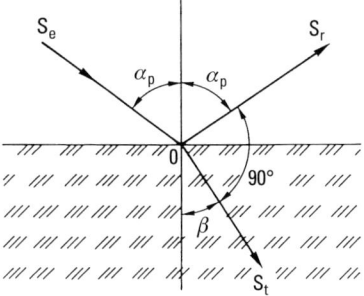

Abb. 4.7 Zum Brewster'schen Gesetz.

reflektierte Strahl S_r und der in den Stoff hinein gebrochene Strahl S_t aufeinander senkrecht stehen. Wie man der Abb. 4.7 entnimmt, ist dann $\alpha_p + \beta = 90°$ und $\sin\beta = \cos\alpha_p$; da nach dem Brechungsgesetz $\sin\alpha_p = n\sin\beta$ ist, folgt:

$$\tan\alpha_p = n.$$

Der Polarisationswinkel ist also derjenige Winkel, dessen Tangens gleich der Brechzahl des reflektierenden Stoffes ist (**Brewster'sches Gesetz**). α_p wird auch als Brewster'scher Winkel bezeichnet.

Die folgende Tab. 4.1 zeigt für einige Stoffe verschiedener Brechzahlen den Polarisationswinkel für Natriumlicht. Da die Brechzahl mit der Wellenlänge variiert, ist bei gegebener Substanz der Polarisationswinkel für Licht unterschiedlicher Wellenlängen verschieden; weißes Licht kann daher durch Reflexion niemals vollständig polarisiert werden.

Die Polarisation des Lichtes durch Reflexion hat zwei Nachteile: einmal wird der gradlinige Strahlengang durch die Reflexion geknickt, was für Messungen und Demonstrationen vielfach unbequem ist, und weiter ist die reflektierte Strahlungsleistung im Allgemeinen nur ein kleiner Bruchteil der einfallenden. Für das sichtbare Licht hat man bessere Polarisatoren, die später beschrieben werden (Abschn. 4.7). Im Infraroten jedoch sind zur Polarisation auch heute noch Spiegel im Gebrauch, vorzugsweise *Selenspiegel*, auch Schwefel kann verwendet werden. Beide Substanzen besitzen vorteilhafterweise im Wellenlängengebiet oberhalb 5 µm praktisch konstante Brechzahl und damit auch konstanten Polarisationswinkel (s. Tabelle 4.2).

Die hohe Brechzahl und der dadurch bedingte große Polarisationswinkel erhöhen den Bruchteil reflektierter Strahlung, wie in Abschn. 4.2 noch gezeigt wird.

Untersucht man das Licht, nachdem es eine durchsichtige Glasplatte durchsetzt und die Plattenrückseite wieder unter dem Einfallswinkel verlassen hat, auf seinen Polarisationszustand, so findet man auch dieses Licht polarisiert. Allerdings erhält man selbst dann, wenn das Licht die Glasplatte unter dem Brewster'schen Winkel erreicht, in keiner Richtung völlige Auslöschung, woraus folgt, dass das durchgelassene Licht aus einer Mischung unpolarisierten und polarisierten Lichtes besteht.

Tab. 4.1 Polarisationswinkel einiger Stoffe für Natriumlicht.

Stoff	Brechzahl für λ-Na-D	Polarisationswinkel α_p
Wasser	1.333	53° 7'
Quarzglas	1.4589	55° 35'
Borkronglas	1.5076	56° 28'
Schwerflint	1.7473	60° 33'

Tab. 4.2 Brechzahlen und Polarisationswinkel von Selen und Schwefel.

Stoff	Brechzahl für $\lambda > 5$ µm	Polarisationswinkel α_p
Selen	2.420	67°
Schwefel	2.008	63° 32'

Die Schwingungsrichtung des polarisierten Anteils dieses teilweise polarisierten Lichtes liegt dabei senkrecht zu der des reflektierten Lichtes. Man kann sich dies leicht klarmachen, wenn man davon ausgeht, dass bei dem einfallenden unpolarisierten Licht (wegen der axialen Symmetrie) keine Schwingungsebene bevorzugt ist. Wird nun durch Reflexion unter dem Polarisationswinkel eine bestimmte Schwingungsebene im reflektierten Strahl ausgesondert, so muss diese Schwingungsebene im Licht, das in die Glasplatte eindringt, fehlen: das eindringende Licht wird also in einer zu dieser Schwingungsrichtung senkrechten Ebene bevorzugt schwingen. Die bei Brechung des Lichtes an einem durchsichtigen Körper auftretende Polarisation ist eine Art Restwirkung. Dies lässt sich dadurch zeigen, dass man eine größere Anzahl von Glasplatten (etwa 15 bis 20) mit geringen Zwischenräumen aufeinander legt und diesen *Glasplattensatz* unter dem Polarisationswinkel beleuchtet. Die Abb. 4.8 zeigt die Verhältnisse in schematischer Darstellung. Während der *E*-Vektor des reflektierten Lichtes senkrecht zur Einfallsebene schwingt (durch Punkte angedeutet), schwingt das hindurchgehende Licht in der Einfallsebene (durch kurze Striche senkrecht zur Fortpflanzungsrichtung angedeutet); es wird deshalb von einem zweiten Glasplattensatz P_2 vollständig (ohne Reflexion!) durchgelassen, wenn dieser parallel zu P_1 steht. Im Infrarot benutzt man Sätze aus dünnen Se-Schichten.

Das Brewster'sche Gesetz wird sofort verständlich, wenn man die Vorstellung über Brechung und Fortpflanzung des Lichtes in materiellen Medien zugrunde legt, die in Kap. 2 (Dispersion) entwickelt wurden. Danach lassen sich Brechung und Fortpflanzung des Lichtes durch die vom elektrischen Vektor erzwungenen Schwingungen der Elektronen in den brechenden Medien erklären. Die Elektronen schwin-

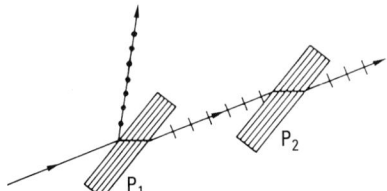

Abb. 4.8 Bei einem Glasplattensatz sind reflektierter und durchgehender Strahl senkrecht zueinander polarisiert.

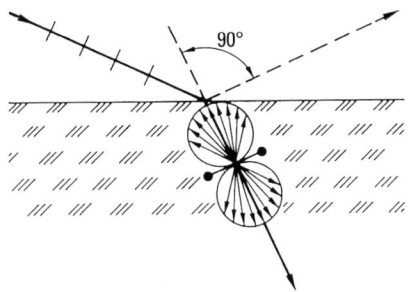

Abb. 4.9 Erklärung des Brewster'schen Gesetzes durch die Strahlungscharakteristik eines linear schwingenden Elektrons.

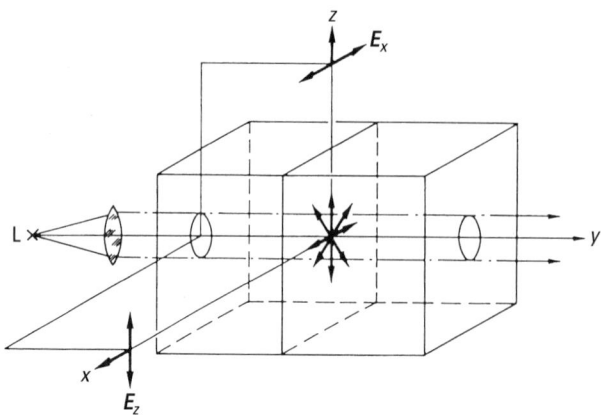

Abb. 4.10 Polarisation durch Streuung an einem trüben Medium. – Schwingungsrichtungen der *E*-Vektoren im Streulicht bei einem Streuwinkel von 90° in *x*- bzw. in *z*-Richtung.

gen dabei in Richtung des elektrischen Vektors der Lichtquelle. Jedes schwingende Elektron ist aber ein schwingender Dipol. Der Dipol strahlt maximal in Richtung senkrecht zu seiner Schwingungsrichtung, während er parallel zur Schwingungsrichtung überhaupt nicht strahlt (andernfalls müsste er longitudinale Wellen aussenden). Fällt nun Licht speziell unter dem Brewsterwinkel α_p auf das Medium, können die angeregten Medien-Dipole, entsprechend der Abb. 4.9 kein Licht in Richtung der regulären Reflexion abstrahlen, sofern ihre Schwingungsrichtung parallel der Richtung des reflektierten Strahles liegt, sofern also das ankommende Licht in der Einfallsebene schwingt; das ist der Inhalt des Brewster'schen Gesetzes. Liegt dagegen die Schwingungsebene des ankommenden Lichtes senkrecht zur Einfallsebene, so strahlen die Dipole sowohl in Richtung des reflektierten als auch in Richtung des gebrochenen Strahles.

Im Einklang damit steht auch die Tatsache, dass das an sehr kleinen kugelförmigen Teilchen gestreute Licht in allen Richtungen, die senkrecht zum einfallenden Strahl stehen, linear polarisiert ist (Abb. 4.10). Die Transversalität der Lichtschwingung und die Strahlungscharakteristik der streuenden Dipole bedingen, dass die Schwingungsrichtung jeweils senkrecht auf der durch Primärstrahl und Beobachtungsrichtung festgelegten Ebene steht. Denn der *E*-Vektor des einfallenden Strahles kann immer nur senkrecht zur Primärstrahlrichtung, der des gestreuten Strahles immer nur senkrecht zur Beobachtungsrichtung schwingen. Bei einem Streuwinkel von 90° und einer festen Beobachtungsrichtung ist die Lage der Schwingungsebene des Streulichtes für alle möglichen Orientierungen der streuenden Dipole dieselbe, nur die Schwingungsamplitude ändert sich. Entsprechende Versuche lassen sich an einem mit Wasser gefüllten Trog durchführen. Zur Erhöhung der Streuung[3] trübt man das Wasser mit einer kleinen Menge Seife, Milch oder einer alkoholischen Mastixlösung und beobachtet das gestreute Licht durch einen drehbaren Analysator. Oder

---

[3] Alle materiellen Medien sind „trüb", als Folge der molekularen Struktur, auch ohne die geringsten Verunreinigungen.

4.1 Polarisation des Lichtes durch Reflexion und gewöhnliche Brechung

man entfernt den Analysator und beleuchtet in einem zweiten Versuch bereits mit linear polarisiertem Licht. Während man die Polarisationsrichtung dreht, wird das unter 90° gestreute Licht jeweils in einem Drehabstand von 90° sichtbar oder unsichtbar (siehe dazu auch Abb. 4.61).

Wenn man in dem grundlegenden Versuch der Abb. 4.3, der in Abb. 4.11 noch einmal skizziert ist, die beiden Spiegel aus der parallelen oder antiparallelen Stellung, in der ihre Einfallsebenen zusammenfallen, gegeneinander verdreht, nimmt die Intensität, besser die Leistung, der bei C reflektierten Strahlung ab und erreicht schließlich den Wert null, wenn die Spiegel gekreuzt sind, d. h. die Einfallsebene einen Winkel von 90° miteinander bilden. (Da der Querschnitt des Lichtbündels bei der Reflexion erhalten bleibt, gilt die Betrachtung ebenso für die Leistung wie für die Intensität = Leistung/Querschnitt.) Es erhebt sich die Frage, welchen Betrag die Intensität des reflektierten Lichtes besitzt, wenn die beiden Einfallsebenen den Winkel φ miteinander bilden. Diese Frage hat Malus beantwortet: bezeichnet man die reflektierte Intensität im Falle $\varphi = 0$ mit J_0, diejenige beim Winkel φ mit J_φ, so ist (**Malus'sches Gesetz**):

$$J_\varphi = J_0 \cos^2 \varphi. \tag{4.1}$$

Es ist nicht schwierig, dieses Gesetz aus der Vorstellung der Transversalität des Lichtes zu erklären, wenn man von dem in Abb. 4.8 dargestellten Sachverhalt ausgeht: Da linear polarisiertes Licht nur dann vom Glasspiegel reflektiert wird, wenn die Schwingungsrichtung senkrecht zur Einfallsebene steht und nur dann reflexionsfrei hindurch gelassen wird, wenn die Schwingungsrichtung parallel der Einfallsebene liegt, genügt es, den elektrischen Vektor **E** des einfallenden Strahls BC der Abb. 4.11 in die beiden Anteile senkrecht und parallel zur zweiten Einfallsebene zu zerlegen, wie es der rechte Teil der Abb. 4.11 zeigt. Der reflexionsfähige Anteil $E_\perp$ ist demnach:

$$E_\perp = E \cos \varphi.$$

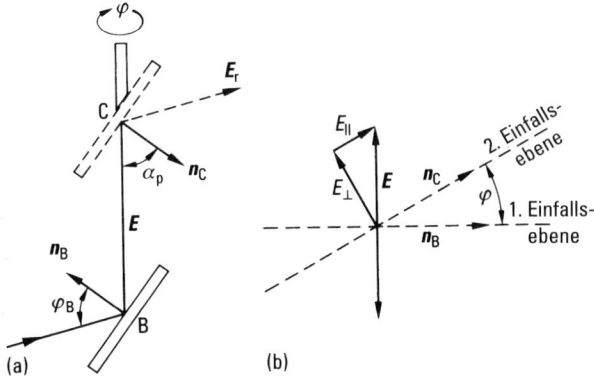

Abb. 4.11 Zum Malus'schen Gesetz. (a) Anordnung des festen (bei B) und des drehbaren Glasspiegels (bei C) für $\varphi = 0°$ entsprechend Abb. 4.3. n_B und n_C Spiegelnormalen. **E** steht senkrecht zur Zeichenebene. (b) Blickrichtung BC (zugleich Schnittgerade der 1. und 2. Einfallsebene) senkrecht zur Papierebene.

Da einerseits der Reflexionswinkel α_p für den Spiegel bei C unter allen Drehwinkeln konstant bleibt und damit das Reflexionsverhältnis $E_{r\perp}/E_\perp$ von φ unabhängig ist, andererseits die Intensitäten proportional den Amplitudenquadraten sind, folgt daraus das Malus'sche Gesetz:

$$J_\varphi = E_{r\perp}^2 = \text{const.} \cdot E_\perp^2 = \text{const.} \cdot E^2 \cos^2 \varphi \quad \text{und} \quad J_0 = \text{const.} \cdot E^2.$$

Genaue Messungen haben es vollständig bestätigt.

4.2 Theorie der Reflexion, Brechung und Polarisation; Fresnel'sche Formeln

Die im vorangehenden Abschnitt besprochenen Vorgänge der Reflexion und Brechung des Lichtes spielen sich offensichtlich jeweils in einer schmalen Schicht um die Trennfläche zweier aneinanderstoßender Medien – etwa Glas und Luft – ab, weshalb es im Folgenden genügt, allein diese Grenzschicht näher zu betrachten. Eine quantitative Beschreibung der Vorgänge gestattet die elektromagnetische Lichttheorie, da sie hinlänglich Aussagen über das Verhalten der Feldvektoren E und H in der Grenzschicht macht. Aus der Elektrizitätslehre (Band 2, vgl. auch Kap. E.5) ist bekannt, dass die tangential zu einer Trennfläche verlaufenden Komponenten von E und H diese Trennfläche stetig passieren. Es sei ferner daran erinnert, dass die mittlere räumliche Energiedichte eines elektromagnetischen Wellenfeldes gleich εE^2 ist, woraus sich die in der Zeiteinheit senkrecht durch die Einheitsfläche strömende Energiemenge zu $S = (c_0/n)\varepsilon E^2$ ergibt[4]. ε ist die Permittivität (Dielektrizitätskonstante), $c_0/n = 1/\sqrt{\varepsilon\mu}$ ist die Fortpflanzungsgeschwindigkeit der Welle im betrachteten Medium, dessen absolute Brechzahl n ist und c_0 bedeutet die Vakuumlichtgeschwindigkeit. Für die meisten Stoffe ist die Abweichung der Permeabilität μ vom Vakuumwert μ_0 (magnetische Feldkonstante) vernachlässigbar klein, sodass schließlich mit der üblichen Vereinfachung $\mu \approx \mu_0$ folgt

$$S = \sqrt{\frac{\varepsilon}{\mu_0}} E^2.$$

In Abb. 4.12 falle ein paralleles Lichtbündel der Strahlungsleistung Φ_e, unter dem Winkel α auf die ebene Trennfläche zweier Medien 1 und 2 und bestrahle dort den Querschnitt A der Trennfläche. Das Lichtbündel spaltet sich nach dem Brechungs- und Reflexionsgesetz in zwei Anteile auf, die ihren Weg unter den Winkeln β und $\pi - \alpha$ zur Trennflächennormale fortsetzen. Aus Gründen der Energieerhaltung muss die im einfallenden Lichtbündel vom Querschnitt $A\cos\alpha$ vorhandene Strahlungs-

---

[4] S entspricht dem Betrag des häufig benutzten **Poynting-Vektors** $S = E \times H$, dessen Pfeilspitze in die Energietransportrichtung, d.h. in die Strahlrichtung weist. Ferner gilt in einem normierten Orthogonalsystem x, y, z z.B.: $H_y = \sqrt{\varepsilon/\mu}\,E_x \approx (c_0/n)\varepsilon E_x$; damit folgt $S_z = E_x H_y = \sqrt{\varepsilon/\mu}\,E_x^2 \approx (c_0/n)\varepsilon E_x^2$. – S liefert den Zahlenwert für die in Abschn. 4.1 eingeführte Intensität J (vgl. Fußnote 1) eines parallelen Strahlenbündels.

4.2 Theorie der Reflexion, Brechung und Polarisation; Fresnel'sche Formeln

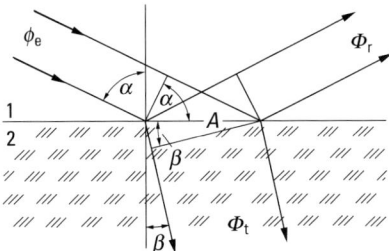

Abb. 4.12 Zur Ableitung der Fresnel'schen Formeln.

leistung $\Phi_e = S_e A \cos\alpha$ gleich der Summe der Strahlungsleistungen des reflektierten und des gebrochenen Strahls sein,

$$\Phi_e = \Phi_r + \Phi_t \quad \text{oder} \quad S_e A \cos\alpha = S_r A \cos\alpha + S_t A \cos\beta. \tag{4.2}$$

Nach Einsetzen der elektrischen Feldvektoren unter sinngemäßer Beibehaltung der Indizes e, r und t folgt daraus

$$\sqrt{\frac{\varepsilon_1}{\mu_0}} E_e^2 = \sqrt{\frac{\varepsilon_1}{\mu_0}} E_r^2 = \sqrt{\frac{\varepsilon_1}{\mu_0}} E_t^2 \frac{\cos\beta}{\cos\alpha}.$$

Die Indizes 1 und 2 an den Permittivitäten ε beziehen sich dabei auf die zugehörigen Medien. Über die Maxwell'sche Beziehung

$$\sqrt{\frac{\varepsilon_2 \mu_2}{\varepsilon_1 \mu_1}} = \frac{n_2}{n_1} = n_{\text{rel}}$$

lässt sich eine relative Brechzahl n_{rel} einführen und mit der Abkürzung f_α für den Quotienten der Bündelquerschnitte.

$$f_\alpha = \frac{\cos\beta}{\cos\alpha} = \frac{\sqrt{n_{\text{rel}}^2 - \sin^2\alpha}}{n_{\text{rel}} \cos\alpha} = \sqrt{1 + \left(1 - \frac{1}{n_{\text{rel}}^2}\right) \tan^2\alpha}, \tag{4.3}$$

aus der sich der Winkel β mit Hilfe des Snellius'schen Brechungsgesetzes eliminieren lässt, reduziert sich Gl. (4.2) schließlich auf die Form:

$$E_e^2 - E_r^2 = n_{\text{rel}} f_\alpha E_t^2. \tag{4.4}$$

Zur weiteren Behandlung sind die elektrischen Feldvektoren in ihre beiden Komponenten parallel ($_\parallel$) und senkrecht ($_\perp$) zur Einfallsebene zu zerlegen $\boldsymbol{E} = \{E_\parallel, E_\perp\}$.

Die Gl. (4.4) gilt für jede der beiden Komponenten einzeln, sodass die folgende Komponentenrechnung skalar ablaufen kann. Zuerst sei die Komponente $E_\perp$ betrachtet, die zugleich „Tangentialkomponente" zur Trennfläche ist und daher beiderseits die Trennfläche gleich groß sein muss; daraus gewinnt man die Bedingungsgleichung

$$E_{e\perp} + E_{r\perp} = E_{t\perp}, \tag{4.5}$$

494   4 Polarisation und Doppelbrechung des Lichtes

welche, als Teiler in Gl. (4.4) eingeführt, unmittelbar zu

$$E_{e\perp} - E_{r\perp} = n_{rel} f_\alpha E_{t\perp} \tag{4.6}$$

führt. Eliminiert man aus den beiden letzten Ausdrücken $E_{t\perp}$, so erhält man das Reflexionsverhältnis $q_{r\perp}$

$$q_{r\perp} = \frac{E_{r\perp}}{E_{e\perp}} = -\frac{n_{rel} f_\alpha - 1}{n_{rel} f_\alpha + 1} = -\frac{n_2 \cos\beta - n_1 \cos\alpha}{n_2 \cos\beta + n_1 \cos\alpha} = -\frac{\sin(\alpha - \beta)}{\sin(\alpha + \beta)}. \tag{4.7}$$

Eliminiert man andererseits die reflektierte Komponente $E_{r\perp}$, gelangt man zum Transmissionsverhältnis $q_{t\perp}$.

$$q_{t\perp} = \frac{E_{t\perp}}{E_{e\perp}} = \frac{2}{1 + n_{rel} f_\alpha} = \frac{2 n_1 \cos\alpha}{n_2 \cos\beta + n_1 \cos\alpha} = \frac{2 \cos\alpha \sin\beta}{\sin(\alpha + \beta)}. \tag{4.8}$$

Die verschiedenen Schreibweisen ergeben sich durch schrittweisen Abbau der eingeführten Abkürzungen.

Die Quadrate der Beträge der Größen q_r und q_t bezeichnet man als **Reflexionsgrad** ϱ und als **Transmissionsgrad** τ.

In völlig analoger Weise lassen sich Reflexion und Transmission für die Komponente $E_\parallel$ gewinnen, wenn man vorübergehend von der Substitutionsmöglichkeit $E_\parallel = \sqrt{\mu/\varepsilon}|H_\perp|$ Gebrauch macht und die Gln. (4.4) bis (4.8) für die Feldkomponente $H_\perp$ durchrechnet, deren Stetigkeit für die Grenzflächen ja gesichert ist. Ein zweiter, hier beschrittener Weg, benutzt die Tatsache, dass auch die Komponente $E_\parallel$ einen Tangentialanteil besitzt. Aus der Abb. 4.17, auf die sich insbesondere die Vorzeichen beziehen, entnimmt man

$$E_{e\parallel} \cos\alpha + E_{r\parallel} \cos(\pi - \alpha) = E_{t\parallel} \cos\beta$$

oder

$$E_{e\parallel} - E_{r\parallel} = f_\alpha E_{t\parallel}.$$

Die Division der Gl. (4.4) durch Gl. (4.9) – diesmal für die Komponente $E_\parallel$ geschrieben – liefert

$$E_{e\parallel} + E_{r\parallel} = n_{rel} E_{t\parallel}. \tag{4.10}$$

Eliminiert man wieder zuerst $E_{t\parallel}$, dann $E_{r\parallel}$, so folgt nacheinander

$$q_{r\parallel} = \frac{E_{r\parallel}}{E_{e\parallel}} = \frac{n_{rel} - f_\alpha}{n_{rel} + f_\alpha} = \frac{n_2 \cos\alpha - n_1 \cos\beta}{n_2 \cos\alpha + n_1 \cos\beta} = -\frac{\tan(\alpha - \beta)}{\tan(\alpha + \beta)}, \tag{4.11}$$

$$q_{t\parallel} = \frac{E_{t\parallel}}{E_{e\parallel}} = \frac{2}{n_{rel} + f_\alpha} = \frac{2 n_1 \cos\alpha}{n_2 \cos\alpha + n_1 \cos\beta} = \frac{2 \cos\alpha \sin\beta}{\sin(\alpha + \beta) \cos(\alpha - \beta)}. \tag{4.12}$$

Eine weitere, viel benutzte Gestalt der Gleichungen für q_r und q_t entsteht durch Elimination des Winkels β:

$$q_{r\perp} = \frac{E_{r\perp}}{E_{e\perp}} = -\frac{(\sqrt{n_{rel}^2 - \sin^2\alpha} - \cos\alpha)^2}{n_{rel}^2 - 1}, \tag{4.7a}$$

4.2 Theorie der Reflexion, Brechung und Polarisation; Fresnel'sche Formeln   495

$$q_{t\perp} = \frac{E_{t\perp}}{E_{e\perp}} = \frac{2\cos\alpha\sqrt{n_{rel}^2 - \sin^2\alpha} - 2\cos^2\alpha}{n_{rel}^2 - 1}, \tag{4.8a}$$

$$q_{r\|} = \frac{E_{r\|}}{E_{e\|}} = \frac{n_{rel}^2 \cos\alpha - \sqrt{n_{rel}^2 - \sin^2\alpha}}{n_{rel}^2 \cos\alpha + \sqrt{n_{rel}^2 - \sin^2\alpha}}, \tag{4.11a}$$

$$q_{t\|} = \frac{E_{t\|}}{E_{e\|}} = \frac{2 n_{rel} \cos\alpha}{n_{rel}^2 \cos\alpha + \sqrt{n_{rel}^2 - \sin^2\alpha}}. \tag{4.12a}$$

Die vier Gleichungen für q_r und q_t hat zuerst A. Fresnel (1821) aus seiner elastischen Lichttheorie abgeleitet, während sie heute aus der elektromagnetischen Theorie begründet werden. Die vier Fresnel'schen Formeln (4.7), (4.8), (4.11) und (4.12) enthalten die vollständige Theorie der Reflexion, Brechung und Polarisation bei isotropen Medien. Für vollkommen durchsichtige, also nicht absorbierende Medien, für welche die Formeln zunächst abgeleitet wurden, behalten die für die Grenzschicht gewonnenen Ergebnisse ihre Gültigkeit auch noch in beliebiger Entfernung beiderseits der Trennfläche, weshalb sich die Formeln experimentell bequem prüfen lassen. Den Absorptionsfall kann man formal durch eine Erweiterung auf komplexe Größen ε und n einschließen und es wird sich zeigen, dass die Fresnel'schen Formeln auch noch für die Optik der Metalle maßgebend sind (Abschn. 4.4).

Die Diskussion der Fresnel'schen Gleichungen muss sich in erster Linie am Verlauf des Querschnittsquotienten f_α – Gl. (4.3) – orientieren. Aus dessen graphischer Darstellung in Abb. 4.13 geht hervor, dass die Parameterwerte $n_{rel} > 1$ und $n_{rel} < 1$ zu zwei wesentlich unterschiedlichen Kurven führen. An dieser Stelle soll der Fall $n_2/n_1 = n_{rel} > 1$, entsprechend einer **Reflexion und Brechung am optisch dichteren Medium**, besprochen werden, wobei hier speziell das Medium 1 Vakuum oder Luft

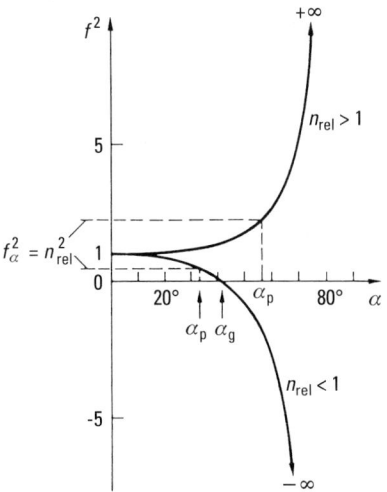

Abb. 4.13 Verlauf von f_α^2. Die Kurve strebt, von 1 ausgehend, für Parameterwerte $n_{rel} > 1$ nach oben, für $n_{rel} < 1$ dagegen nach unten; nur im letzten Fall schneidet die Kurve die Abszisse ($\alpha = \alpha_g$). An der Stelle $\alpha = \alpha_p$ gilt in beiden Fällen $f_\alpha = n_{rel}$.

496   4 Polarisation und Doppelbrechung des Lichtes

($n_1 \approx 1$) sein soll, das zweite eine Brechzahl $n_2 > 1$ besitzen möge. Dieser Situation soll dann in Abschn. 4.3 die umgekehrte ($n_{rel} < 1$) gegenübergestellt werden, wobei dann auch die Totalreflexion erfasst wird.

Experimentell kann man sich mit der Messung der reflektierten Strahlung begnügen, da der durchgelassene Anteil über das Energieprinzip Gl. (4.2) mitbestimmt ist. Man misst $q_{r\perp}^2$ bzw. $q_{r\|}^2$, d.h. das Verhältnis der Leistungen der reflektierten zur einfallenden Strahlung als Funktion des Einfallswinkels α. Das Wesentliche einer solchen Versuchsanordnung zeigt Abb. 4.14. Paralleles, monochromatisches Licht wird mittels eines Polarisators P linear polarisiert und fällt unter dem verstellbaren Einfallswinkel α auf die Oberfläche des Mediums 2. Die ebenfalls unter α reflektierte Strahlung trifft auf ein geeignetes Instrument zur Messung der Strahlungsleistung (etwa eine Thermosäule in Verbindung mit einem Galvanometer). Ferner misst man die einfallende Strahlungsleistung. Der Polarisator P ist drehbar und gestattet, die Schwingungsebene um die Einfallsrichtung als Achse beliebig zu drehen. Insbesondere erhält man die Komponente $q_{r\|}^2$ für das Azimut $\varphi_e = 0$ und $q_{r\perp}^2$ für $\varphi_e = \pi/2$.

Die Abb. 4.15 zeigt die Verhältnisse für Luft-Kronglas, $n_{rel} = 1.5$. Sie lassen sich parallel dazu an Hand der Fresnel'schen Formeln (4.7) und (4.11) mühelos verfolgen,

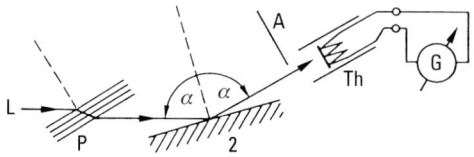

Abb. 4.14 Schematische Versuchsanordnung zur Messung des Reflexionsgrades ϱ. L: Monochromatische Lichtquelle, P: Polarisator, Th: Thermosäule, G: Galvanometer.

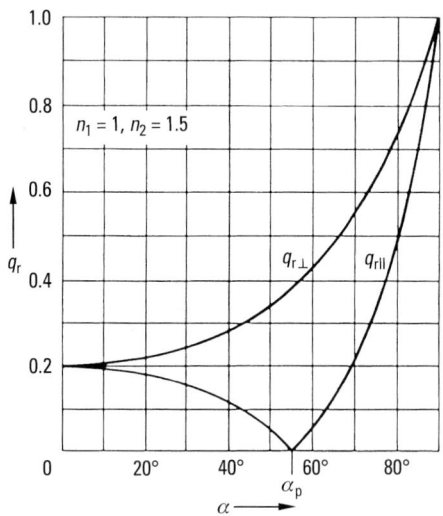

Abb. 4.15 Abhängigkeit der Reflexionsverhältnisse vom Einfallswinkel α für senkrecht ($q_{r\perp}$) und parallel ($q_{r\|}$) zur Einfallsebene polarisiertes Licht.

4.2 Theorie der Reflexion, Brechung und Polarisation; Fresnel'sche Formeln

wenn man beachtet, dass f_α im Bereich $0 \leq \alpha \leq \pi/2$ monoton von 1 bis ∞ ansteigt. Unter allen Einfallswinkeln α gilt $q_{r\perp} > q_{r\|}$; nur an den beiden Randpunkten senkrechten und streifenden Einfalls werden beide gleich. Während aber $q_{r\perp}$ mit α ständig ansteigt, sinkt $q_{r\|}$ zunächst und verschwindet für $f_\alpha = n_{rel}$ an der Stelle $\alpha = \alpha_p$; hier gilt nach Gl. (4.3)

$$n_{rel}^2 = 1 + \frac{n_{rel}^2 - 1}{n_{rel}^2} \tan^2 \alpha_p \quad \text{oder} \quad n_{rel}^2 = \tan^2 \alpha_p;$$

das aber ist das Brewster'sche Gesetz des Polarisationswinkels. An diesem Punkt der Kurve kann reflektiertes Licht nur senkrecht zur Einfallsebene schwingen. Dagegen zeigt das durchgehende Licht (Abb. 4.16) stets ein Gemisch beider Komponenten. Hier gilt $q_{t\|} < q_{t\perp}$. Die Kurven sind unter Benutzung der Gl. (4.2) aus den Reflexionsmessungen berechnet. Selbstverständlich gelten die Fresnel'schen Formeln für Licht aller Wellenlängen von den ultravioletten bis zu den Hertz'schen elektrischen Wellen; sie sind in den meisten Spektralbereichen wiederholt geprüft und immer bestätigt worden.

Der wichtige Spezialfall **senkrechter Strahleninzidenz** sei noch erörtert. Hier gilt $\alpha = 0$ und damit $f_\alpha = 1$ und man findet sofort:

$$q_{r\perp} = -\frac{n_{rel} - 1}{n_{rel} + 1}, \quad q_{r\|} = \frac{n_{rel} - 1}{n_{rel} + 1},$$

$$q_{t\perp} = \frac{2}{n_{rel} + 1}, \quad q_{t\|} = \frac{2}{n_{rel} + 1}. \tag{4.13}$$

Da für $\alpha = 0$ eine Unterscheidung der beiden Schwingungsrichtungen nicht mehr möglich ist, müssen die entsprechenden Formeln ineinander übergehen. Die Reflexionsverhältnisse in Gl. (4.13) weisen jedoch formal unterschiedliche Vorzeichen auf:

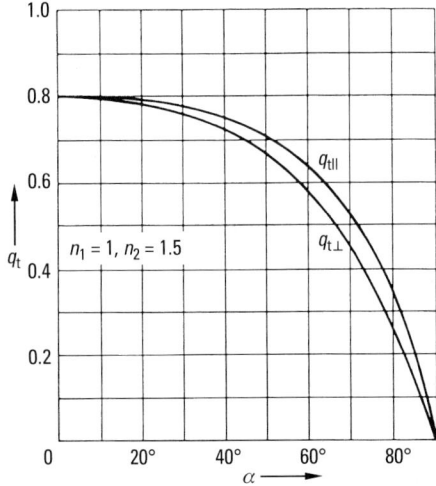

Abb. 4.16 Abhängigkeit der Transmissionsverhältnisse vom Einfallswinkel α für senkrecht ($q_{t\perp}$) und parallel ($q_{t\|}$) zur Einfallsebene polarisiertes Licht.

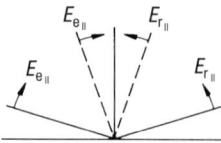

Abb. 4.17 Richtungen von $E_{e\|}$ und $E_{r\perp}$ bei verschiedenem Einfallswinkel (Reflexion am dichteren Medium).

Während das negative Vorzeichen in der ersten Formel anzeigt, dass $E_{e\perp}$ und $E_{r\perp}$ entgegengerichtet sind, bei der Reflexion also ein Phasensprung um π stattfindet, scheint dieser Phasensprung zwischen $E_{e\|}$ und $E_{r\|}$ zu fehlen. Für $q_{r\|}$ bedeutet jedoch die Beibehaltung der Richtung relativ zum Strahl gerade die Umkehrung der Richtung im festen Raumsystem, wie Abb. 4.17 klarstellt. Damit ist faktisch wieder Übereinstimmung mit $q_{r\perp}$ erreicht. Der empirisch beobachtete **Phasensprung** bei der Reflexion am optisch dichteren Medium bestätigt, dass der Grenzübergang für $q_{r\perp}$ richtig ist.

Für senkrechten Lichteinfall wird der **Reflexionsgrad**

$$\varrho = \frac{\Phi_r}{\Phi_e} = \frac{q_{r\perp}^2 E_{e\perp}^2 + q_{r\|}^2 E_{e\|}^2}{E_{e\perp}^2 + E_{e\|}^2} = \left(\frac{n_{rel}-1}{n_{rel}+1}\right)^2 \quad \text{für} \quad \alpha = 0. \tag{4.14a}$$

Der Reflexionsgrad durchsichtiger Stoffe ist im Allgemeinen klein, weil die Brechzahlen meist unterhalb von 2 liegen. Zum Beispiel ist für Kronglas ($n_2 = 1.5$) der Reflexionsgrad

$$\varrho = \left(\frac{1.5-1}{1.5+1}\right)^2 = \left(\frac{0.5}{2.5}\right)^2 = 0.04 \quad \text{oder} \quad 4\%.$$

Der reflektierte Betrag nimmt zwar mit wachsendem Einfallswinkel laufend zu, jedoch bleibt beispielsweise die Erzeugung linear polarisierten Lichtes durch Reflexion stets mit erheblichen Lichtverlusten verbunden. Glücklicherweise gibt es wesentlich wirksamere Polarisationsverfahren, die aber erst in Abschn. 4.7 besprochen werden. Günstiger sieht es im Infraroten aus, wo z. B. Selen die hohe Brechzahl $n = 2.420$ aufweist und man mit einem Selenspiegelpolarisator ($\alpha_p \approx 67°$) verhältnismäßig viel linear polarisiertes Licht gewinnen kann.

Analog dem Reflexionsgrad erhält man den **Transmissionsgrad** τ

$$\tau = \frac{\Phi_t}{\Phi_e} = n_{rel} \frac{q_{t\perp}^2 E_{e\perp}^2 + q_{t\|}^2 E_{e\|}^2}{E_{e\perp}^2 + E_{e\|}^2} = \frac{4n_{rel}}{(n_{rel}+1)^2} \quad \text{für} \quad \alpha = 0, \tag{4.14b}$$

wobei nach Gl. (4.2) berücksichtigt ist, dass

$$\frac{\Phi_t}{\Phi_e} = f_\alpha \frac{S_t}{S_e} = f_\alpha n_{rel} \frac{E_t^2}{E_e^2}$$

gilt. – Werden ϱ und τ addiert, so erhält man erwartungsgemäß den Betrag 1. Man kann die Fresnel'schen Formeln noch auf eine weitere, ergänzende Weise prüfen, wenn man gemäß Abb. 4.14 der Schwingungsebene des einfallenden Lichtes

4.2 Theorie der Reflexion, Brechung und Polarisation; Fresnel'sche Formeln 499

ein beliebiges Azimut φ_e gegen die Einfallsebene erteilt. Für diesen Fall ist zu beachten, dass die Komponentenzerlegung in $E_{e\|}$ und $E_{e\perp}$ phasengekoppelt ist:

$$\boldsymbol{E}_e = \{E_{e\|}, E_{e\perp}\}\,; \quad E_{e\|} = E_e \cos\varphi_e \text{ und } E_{e\perp} = E_e \sin\varphi_e \text{ bzw. } \frac{E_{e\perp}}{E_{e\|}} = \tan\varphi_e.$$

Nach der Reflexion unter dem Winkel α setzen sich die Komponenten wieder zu einer resultierenden Schwingung zusammen;

$$\boldsymbol{E}_r = \{E_{r\|}, E_{r\perp}\} = \{q_{r\|} E_e \cos\varphi_e,\, q_{r\perp} E_e \sin\varphi_e\}\,.$$

Das Azimut φ_r dieses Vektors $\boldsymbol{E}_r$ ist bestimmt durch

$$\tan\varphi_r = \frac{E_{r\perp}}{E_{r\|}} = K \tan\varphi_e \quad \text{mit} \quad K = \frac{q_{r\perp}}{q_{r\|}} = \frac{n_{\text{rel}} f_\alpha - 1}{n_{\text{rel}} f_\alpha + 1} \cdot \frac{n_{\text{rel}} + f_\alpha}{n_{\text{rel}} - f_\alpha}. \tag{4.15}$$

Eigentlich enthält Gl. (4.15) ein Minuszeichen. Da aber üblicherweise der Winkel φ_e mit Blick in Strahlrichtung, dagegen φ_r mit Blick entgegen der Strahlrichtung gemessen wird, muss φ_r negativ gezählt, also das Vorzeichen umgekehrt werden.

Für $\alpha \neq 0$ ist der Faktor K in Gl. (4.15) von 1 verschieden; folglich erscheint der Vektor $\boldsymbol{E}_r$ um den Winkel $\varphi_r - \varphi_e$ gegenüber $\boldsymbol{E}_e$ gedreht. Schaltet man in Abb. 4.14 an der bei A bezeichneten Stelle einen Polarisationsanalysator in den Strahlengang ein, so kann man die bei der Reflexion erzeugte Verdrehung $\varphi_r - \varphi_e$ der Schwingungsebene – gemäß Gl. (4.15) – als Funktion von α bestimmen. Abbildung 4.18 zeigt das Ergebnis in voller Übereinstimmung mit der Theorie. Mit zunehmendem

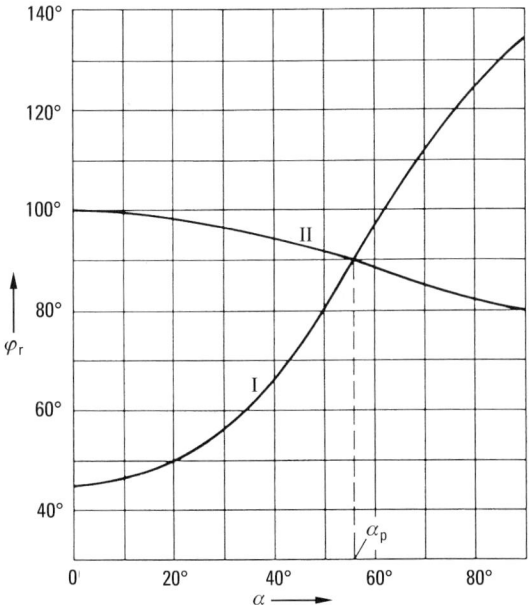

Abb. 4.18 Abhängigkeit des Azimutwinkels φ_r einer reflektierten, linear polarisierten Welle vom Einfallswinkel α: I: Azimutwinkel der einfallenden Welle 45°, II: Azimutwinkel der einfallenden Welle 100°.

Tab. 4.3 Wertebereiche der Parameter aus Gl. (4.15).

α	f_α	$K = q_{r\perp}/q_{r\parallel}$
$0 \leq \alpha \leq \alpha_p$	$1 \leq f_\alpha \leq n_{rel}$	$1 \leq K < \infty$
$\alpha_p \leq \alpha \leq \pi/2$	$n_{rel} \leq f_\alpha \leq \infty$	$-\infty < K \leq -1$
$\tan \varphi_r$	$\varphi_e < \pi/2$	$\varphi_e > \pi/2$
$\|\tan \varphi_e\| \leq \|\tan \varphi_r\| \leq \infty$	$\varphi_e \leq \varphi_r \leq \pi/2$	$\varphi_e \geq \varphi_r \geq \pi/2$
$\infty \geq \|\tan \varphi_r\| \geq \|\tan \varphi_e\|$	$\pi/2 \leq \varphi_r \leq \pi - \varphi_e$	$\pi/2 \geq \varphi_r \geq \pi - \varphi_e$

α bzw. f_α wächst auch K, das für $\alpha = \alpha_p$ ($f_\alpha = n_{rel}$) unendlich groß wird; an dieser Stelle ist $\varphi_r = \pi/2$, unabhängig vom Einfallsazimut φ_e. Für $\alpha > \alpha_p$ wird K negativ und nähert sich für streifenden Einfall ($f_\alpha \to \infty$) schließlich dem Wert -1; dort gilt dann $\tan \varphi_r = -\tan \varphi_e = \tan(\pi - \varphi_e)$. Eine Übersicht bietet die nachstehende Tabelle 4.3.

Zusammenfassend kann man sagen: Der Anfangswert φ_r ist gleich φ_e; er liegt um ebensoviel unter (über) $\pi/2$ wie der Endwert darüber (darunter) liegt. Sämtliche Kurven unterschiedlicher Parameter schneiden sich beim Polarisationswinkel $\alpha = \alpha_p$ der Stelle $\varphi_r = \pi/2$.

In gleicher Weise lässt sich auch die gebrochene Strahlung betrachten: an Stelle von Gl. (4.15) erhält man:

$$\tan \varphi_t = \frac{E_{t\perp}}{E_{t\parallel}} = \frac{n_{rel} + f_\alpha}{1 + n_{rel} f_\alpha} \tan \varphi_e. \tag{4.15a}$$

Der Faktor $(n_{rel} + f_\alpha)/(1 + n_{rel} f_\alpha)$ nimmt von 1 ($\alpha = 0, f_\alpha = 1$) monoton bis $1/n_{rel}$ ab ($\alpha = \pi/2, f_\alpha = \infty$); daher ist die Drehung der Schwingungsebene hier im Allgemeinen unbedeutend.

4.3 Totalreflexion, Erzeugung von elliptisch und zirkular polarisiertem Licht

In diesem Abschnitt sollen die Fresnel'schen Gleichungen (4.7), (4.8), (4.11) und (4.12) für relative Brechzahlen $n_2/n_1 = n_{rel} < 1$ betrachtet werden. Hier wird nun der untere Ast der f_α-Kurve wirksam (Abb. 4.13). Um das Medienpaar Luft-Kronglas des letzten Abschnittes beizubehalten, sind lediglich die Rollen der Medien 1 und 2 zu vertauschen: Im Medium mit der Brechzahl n_1 (jetzt Kronglas) läuft der Lichtstrahl auf die Grenzschicht zum optisch dünneren Medium mit der Brechzahl n_2 (Luft) zu. Es gilt: $n_{rel} = 1/1.5 = 2/3$. Ein Teil des Lichtes wird an der Trennfläche in das optisch dünnere Medium hinein gebrochen, der reflektierte Anteil verbleibt im Kronglas (vgl. etwa Abb. 1.21 und 1.22).

Solange $f_\alpha > 0$ ist, verlaufen die Reflexionskurven für $q_{r\parallel}$ und $q_{r\perp}$ (Abb. 4.19) analog dem Fall $n_{rel} > 1$; auch hier gilt $q_{r\parallel} < q_{r\perp}$. Insbesondere verschwindet wie-

4.3 Totalreflexion, Erzeugung von elliptisch und zirkular polarisiertem Licht 501

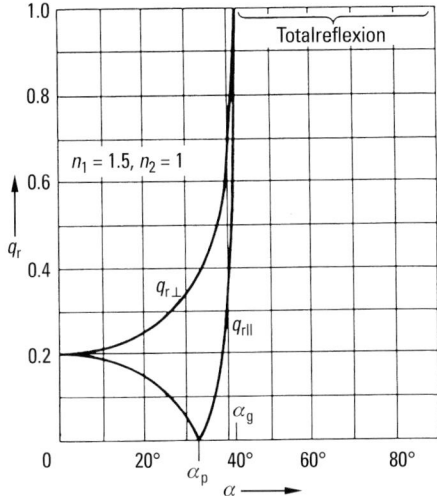

Abb. 4.19 Reflexionsverhältnisse für senkrecht ($q_{r\perp}$) und parallel ($q_{r\parallel}$) zur Einfallsebene polarisiertes Licht in Abhängigkeit vom Einfallswinkel α für den Fall der Reflexion am optisch dünneren Medium.

derum für den Brewsterwinkel $\alpha = \alpha_p$ (hier ist $f_\alpha = n_{\mathrm{rel}}$) die zur Einfallsebene parallele Komponente, um sich anschließend in steilem Anstieg wieder dem Wert $q_{r\perp}$ zu nähern. Wenn f_α verschwindet, d. h. wenn $\cos\beta = 0$, $\beta = \pi/2$ wird, erreichen beide Reflexionsverhältnisse den Betrag 1:

$$q_{r\parallel} = q_{r\perp} \quad \text{für} \quad \alpha = \alpha_g, \quad f_\alpha = 0, \quad \beta = \pi/2.$$

Für diesen **Grenzwinkel**, der in Abb. 4.13 mit α_g bezeichnet ist, tritt nach dem Snellius'schen Brechungsgesetz der gebrochene Strahl gerade noch streifend in das optisch dünnere Medium ein ($\beta = \pi/2$); es gilt daher $\sin\alpha_g = n_{\mathrm{rel}}$. Aus Abb. 4.13 liest man ab, dass der Grenzwinkel α_g stets größer als der Brewster-Winkel α_p sein muss:

$$\alpha_p < \alpha_g.$$

Auch die Relation $n_{\mathrm{rel}} = \sin\alpha_g = \tan\alpha_p$ drückt diese Ungleichung aus. Wächst α über α_g hinaus bis $\pi/2$ an, so gibt es keinen reellen Brechungswinkel β mehr; das äußert sich physikalisch in einem neuen Phänomen: *Ein gebrochener Strahl tritt nicht mehr auf, vielmehr findet sich die ganze einfallende Strahlungsleistung in der reflektierten wieder.* Dieses Phänomen wurde bereits in Abschn. 1.4 als **Totalreflexion** von einem rein experimentellen Standpunkt aus festgestellt. Es wird sich zeigen, dass die Fresnel'schen Formeln auch hier ihre Gültigkeit bewahren.

Zunächst aber soll der Fall $\alpha < \alpha_g$ abgehandelt werden. In Abschn. 4.2 wurde bereits festgestellt, dass bei senkrechter Inzidenz ($\alpha = 0$, $f_\alpha = 1$) die Einfallsebene nicht mehr definiert ist und nach Gl. (4.13) – unter Berücksichtigung der Vorzeichenfestsetzung – beide Reflexionsverhältnisse einander gleich werden:

$$q_r = -\frac{n_{\mathrm{rel}} - 1}{n_{\mathrm{rel}} + 1} \quad \text{für} \quad \alpha = 0.$$

Da aber jetzt $n_{rel} < 1$ ist, wird q_r positiv und die *E*-Vektoren der einfallenden und der reflektierten Lichtwelle besitzen gleiche Phasen

Bei der Reflexion am optisch dünneren Medium tritt demnach kein Phasensprung des *E*-Vektors auf. Weil jedoch die Vektoren *E* und *H* mit der Strahlrichtung *S* (Poyntingvektor) in der genannten Reihenfolge stets ein Rechtssystem bilden (Abb. 4.5), muss in diesem Falle nach der Reflexion gleichzeitig mit *S* auch der Vektor *H* sein Vorzeichen gewechselt haben. Bezüglich des Phasensprunges verhalten sich *H* und *E* bei der Reflexion stets gegensinnig, im gebrochenen Strahl jedoch gleichsinnig.

Dividiert man Zähler und Nenner der vorstehenden Gleichung für das Reflexionsverhältnis q_r durch n_{rel}, so entsteht daraus – bis auf das phasenbestimmende Vorzeichen – der entsprechende Ausdruck für vertauschte Medien ($n_{rel} \to 1/n_{rel}$). Der Reflexionsgrad ϱ nach Gl. (4.14a) gilt daher numerisch auch hier:

$$\varrho = \left(\frac{n_{rel}-1}{n_{rel}+1}\right)^2 = \left(\frac{1/n_{rel}-1}{1/n_{rel}+1}\right)^2 = \left(\frac{n_1-n_2}{n_1+n_2}\right)^2 \quad \text{für} \quad \alpha = 0.$$

ϱ ist unabhängig davon, ob der einfallende Strahl aus dem dünneren oder dem dichteren Medium kommt.

Wendet man sich den Durchlässigkeitskurven (Abb. 4.20) zu, so ist auf den ersten Blick überraschend, dass sie sich im ganzen Bereich $\alpha < \alpha_g$ oberhalb von 1 bewegen. Zwar gilt auch hier $q_{t\perp} < q_{t\|}$, aber im Gegensatz zur Abb. 4.16 steigen die q_t mit wachsendem α und im Allgemeinen auch zunehmender Reflexion stetig an. Ihre Höchstwerte erreichen sie beim Grenzwinkel α_g der Totalreflexion ($q_{t\perp} = 2$, $q_{t\|} = 3$).

Selbstverständlich widerspricht dieses Verhalten nicht dem Prinzip der Energieerhaltung, denn die durchgelassene Leistung – bezogen auf die einfallende – ist ja

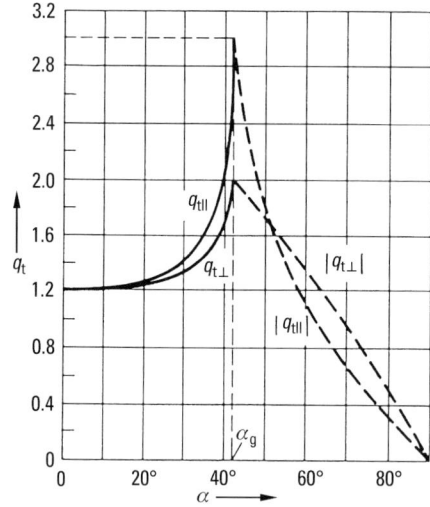

Abb. 4.20 Transmissionsverhältnisse für senkrecht ($q_{t\perp}$) und parallel ($q_{t\|}$) zur Einfallsebene polarisiertes Licht in Abhängigkeit vom Einfallswinkel α beim Übergang von einem dichteren in ein dünneres Medium.

4.3 Totalreflexion, Erzeugung von elliptisch und zirkular polarisiertem Licht

nicht durch q_t^2 gegeben, sondern, wie mehrfach betont, durch $f_\alpha n_{rel} q_t^2$, wobei der Faktor n_{rel} der veränderten Fortpflanzungsgeschwindigkeit und f_α der Querschnittsveränderung Rechnung trägt. Für den Grenzwinkel α_g ($f_\alpha = 0$) ist es demnach verständlich, dass keine Strahlungsleistung mehr ins dünnere Medium abgegeben wird, in völliger Übereinstimmung mit der vorher getroffenen Feststellung $q_{r\perp}^2 = q_{r\|}^2 = 1$. (Dass dem Vektor E_t an dieser Stelle dennoch eine Bedeutung zukommt, wird die weitere Behandlung zeigen.) Aber auch für andere Winkel α stimmt die Probe. Für $\alpha = 0$ ($f_\alpha = 1$) entnimmt man beispielsweise $q_{t\perp}^2 = q_{t\|}^2 = 1.2^2$ und $q_{r\perp}^2 = q_{r\|}^2 = 0.2^2$. Die Summe $\tau + \varrho$ ergibt $1.44 \cdot 2/3 + 0.04 = 0.96 + 0.04 = 1$.

Die uneingeschränkte Gültigkeit der Fresnel'schen Formeln in ihrer bisherigen Form ist somit auch für die Brechung und Reflexion am optisch dünneren Medium bis zum Grenzwinkel α_g der Totalreflexion erwiesen.

Überschreitet der Einfallswinkel α diesen Grenzwert, so zeigt das Experiment, dass das Licht an der Grenzschicht beider Medien stets totalreflektiert wird. Neben der Totalreflexion tritt aber noch eine neue Erscheinung auf, die im polarisierten Licht deutlich wird. Experimentiert man nämlich mit linear polarisiertem Licht, so kann man feststellen, dass das totalreflektierte Licht nicht mehr linear polarisiert ist, wie unter den Bedingungen der Gl. (4.15). Bei Prüfung des Polarisationszustandes ist keine Drehstellung des Analysators zu finden, bei dem das Licht vollständig ausgelöscht wird. Im Drehabstand von 90° erscheinen abwechselnd Stellungen maximaler und minimaler Helligkeit, aber völlige Dunkelheit wird nicht mehr erreicht. Das könnte dadurch hervorgerufen sein, dass das totalreflektierte Licht aus einer Mischung von linear polarisiertem und unpolarisiertem (natürlichem) Licht besteht, wie sie z. B. diejenige Strahlung besitzt, welche eine Glasplatte unter dem Polarisationswinkel durchlaufen hat (Abb. 4.8). Es lässt sich mit den nachfolgend beschriebenen Versuchen jedoch zeigen, dass diese Erklärung nicht zutrifft; vielmehr erweisen sich auch hier die beiden Komponenten $E_\|$ und $E_\perp$ als phasenstarr gekoppelt, jedoch ist ihre zeitliche Phasendifferenz Δ von null (bzw. π) verschieden.

Das entspricht dem allgemeinen Polarisationszustand, den man als **elliptisch polarisiert** bezeichnet. Eilt die Komponente $E_\|$ um den Phasenwinkel Δ voraus, so gilt in komplexer Darstellung, unter Einbeziehung des Zeitfaktors, $\exp i 2\pi\nu t$: $\mathscr{E}(t) = \mathscr{E} \exp i 2\pi\nu t$ mit $\mathscr{E} = \{\mathscr{E}_\|, E_\perp\}$ und $\mathscr{E}_\| = E\cos\varphi \exp i\Delta$, $E_\perp = E\sin\varphi$. Die Realteile der Komponenten von $\mathscr{E}(t)$,

$$x(t) = |\mathscr{E}_\||\cos(2\pi\nu t + \Delta) \quad \text{und} \quad y(t) = |E_\perp|\cos(2\pi\nu t),$$

setzen sich zu einer elliptischen Schwingung zusammen, d. h. der Endpunkt des Vektors $\mathscr{E}(t)$ beschreibt in der Ebene $z = $ const. während der Schwingungsdauer $1/\nu$ der Lichtwelle genau eine vollständige Ellipse um die Strahlrichtung S (wobei sich die Welle gleichzeitig um das Wegstück $\lambda = c_0/n\nu$ entlang S weiterschiebt). Die Form der Ellipse findet man nach Elimination des Parameters t zu

$$\frac{x^2}{|\mathscr{E}_\||^2} - 2\frac{x}{|\mathscr{E}_\||}\frac{y}{|E_\perp|}\cos\Delta + \frac{y^2}{|E_\perp|^2} = \sin^2\Delta.$$

Die Ellipse tangiert das Rechteck mit den Seiten $2|\mathscr{E}_\||$ und $2|E_\perp|$, im Übrigen hängen ihre Form, sowie die Orientierung ihrer Hauptachsen von der Phasendifferenz Δ ab, wie Abb. 4.21 zeigt. Die Gleichung schließt die beiden Fälle linear polarisierten

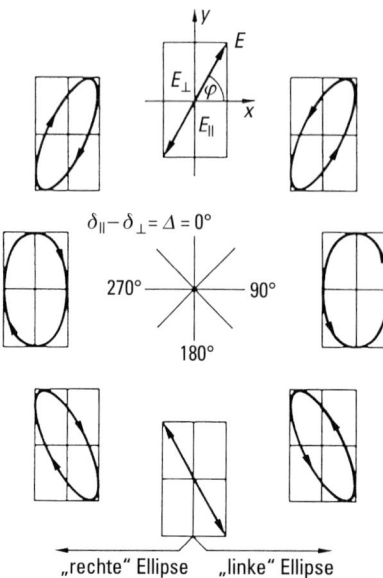

Abb. 4.21 Schwingungsformen elliptisch polarisierten Lichtes in Abhängigkeit vom Phasenwinkel Δ. Die Komponente $E_\parallel$ eilt der Komponente $E_\perp$ um Δ voraus. Die Lichtwelle läuft normal zur Papierebene auf den Beschauer zu (z-Richtung). Die Kurven werden vom Endpunkt des Vektors E innerhalb der Zeichenebene $z = $ const. genau einmal durchlaufen, während sich die Welle gleichzeitig um das Wegstück $\lambda = c_0/n\nu$ durch die Zeichenebene hindurchschiebt. Rechte Ellipsen gehören zu rechts-, linke Ellipsen zu linkselliptisch polarisiertem Licht.

Lichtes ein ($\Delta = 0, \pi$). Sind speziell die Beträge $|\mathscr{E}_\parallel|$ und $|E_\perp|$ gleich (Azimut $\varphi = \pi/4$), so geht für die Phasenlage $\Delta = \pm\pi/2$ die Ellipsengleichung in eine Kreisgleichung über und es entsteht **zirkular polarisiertes Licht**. – Zerlegt man umgekehrt elliptisch polarisiertes Licht in zwei orthogonale Komponenten beliebiger Orientierung, so muss das aus den Komponenten gebildete Rechteck aus Gründen der Erhaltung der Energie die Ellipse tangieren. **Rechte Ellipsen** gehören zu rechtselliptisch polarisiertem Licht, **linke Ellipsen** zu linkselliptisch polarisiertem Licht. (Weitere Einzelheiten über die verschiedenen Möglichkeiten der Zusammensetzung von Schwingungen sind ausführlich in Band 1 erörtert, wo der Leser nachschlagen möge.)

Ein Polarisationsanalysator im Strahlengang elliptisch polarisierten Lichtes kann demnach offensichtlich keine Dunkelstellung einnehmen, da für jede Drehstellung ein zwar unterschiedlich großer, aber niemals verschwindender Anteil des E-Vektors in die Durchlassrichtung des Analysators fällt (Abb. 4.22). In den Helligkeitsmaxima und -minima steht die Durchlassrichtung des Analysators parallel den Ellipsenachsen. Der elliptische Polarisationszustand ist daher im Gebiet der Totalreflexion $\alpha > \alpha_g$ mit der zuvor beschriebenen Beobachtung verträglich. Nach Gl. (4.3) wird der Quotient f_α, welcher in allen vier Fresnel'schen Formeln erscheint, in diesem Bereich rein imaginär, denn $\sin\alpha$ ist dort größer als n_{rel}. Da nunmehr alle vier Koeffizienten q_r und q_t und folglich auch die Komponenten $E_\parallel$ und $E_\perp$ des reflektierten und des gebrochenen E-Vektors komplex sind, lassen die Fresnel'schen Formeln

4.3 Totalreflexion, Erzeugung von elliptisch und zirkular polarisiertem Licht   505

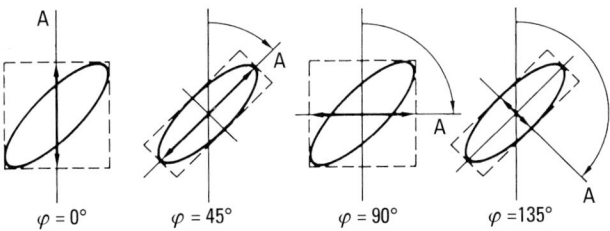

Abb. 4.22 Orthogonale Zerlegung einer elliptisch polarisierten Lichtwelle unter verschiedenen Drehwinkeln φ des Achsenkreuzes. A: Durchlassstellung des Analysators.

für das Gebiet der Totalreflexion im Allgemeinen elliptisch polarisiertes Licht erwarten.

Für die weitere Rechnung ist es angebracht, allen komplexen Ausdrücken $\mathscr{A}$ die einheitliche Form (4.16) zu geben.

$$\mathscr{A} = |\mathscr{A}|\exp\mathrm{i}\delta \quad \text{mit} \quad |\mathscr{A}|^2 = \mathscr{A}\mathscr{A}^* \quad \text{und} \quad \tan\delta = \mathrm{Im}\mathscr{A}/\mathrm{Re}\mathscr{A}. \quad (4.16)$$

Bezeichnet man den Imaginärteil von f_α mit f_α''

$$f_\alpha = \frac{\sqrt{(-1)(\sin^2\alpha - n_{\mathrm{rel}}^2)}}{n_{\mathrm{rel}}\cos\alpha} = -\mathrm{i}f_\alpha'' \quad \text{mit} \quad f_\alpha'' = \frac{\sqrt{\sin^2\alpha - n_{\mathrm{rel}}^2}}{n_{\mathrm{rel}}\cos\alpha} \quad \text{für} \quad \alpha > \alpha_g \quad (4.17)$$

– wobei für $\sqrt{-1}$ das negative Vorzeichen zu wählen ist, weil das positive Vorzeichen zu physikalisch unmöglichen Folgerungen führen würde (siehe auch Ausführungen zu Abb. 4.24) –, so erhält man zunächst für die beiden Reflexionsgrade

$$\mathscr{G}_{r\perp}\mathscr{G}_{r\perp}^* = \frac{1 + \mathrm{i}n_{\mathrm{rel}}f_\alpha''}{1 - \mathrm{i}n_{\mathrm{rel}}f_\alpha''} \cdot \frac{1 - \mathrm{i}n_{\mathrm{rel}}f_\alpha''}{1 + \mathrm{i}n_{\mathrm{rel}}f_\alpha''} = 1$$

und entsprechend

$$\mathscr{G}_{r\|}\mathscr{G}_{r\|}^* = 1.$$

Das bedeutet Totalreflexion für den ganzen Bereich $\alpha_g \leq \alpha \leq \pi/2$. Um den zu $|\mathscr{G}_{r\perp}|$ gehörenden Phasenwinkel $\delta_\perp$ zu finden, trennt man Real- und Imaginärteil (indem man $\mathscr{G}_{r\perp}$ mit dem konjugiert komplexen Nenner erweitert) und erhält:

$$\tan\delta_\perp = \frac{2n_{\mathrm{rel}}f_\alpha''}{1 - n_{\mathrm{rel}}^2 f_\alpha''^2} \quad \text{oder} \quad \tan\frac{\delta_\perp}{2} = n_{\mathrm{rel}}f_\alpha''.$$

In entsprechender Weise findet man

$$\tan\delta_\| = \frac{2n_{\mathrm{rel}}f_\alpha''}{n_{\mathrm{rel}}^2 - f_\alpha''^2} = \frac{2f_\alpha''/n_{\mathrm{rel}}}{1 - (f_\alpha''/n_{\mathrm{rel}})^2} \quad \text{oder} \quad \tan\frac{\delta_\|}{2} = \frac{f_\alpha''}{n_{\mathrm{rel}}}.$$

Die unterschiedliche Gestalt der beiden Ausdrücke für die Phasenwinkel zeigt an, dass tatsächlich eine Phasendifferenz $\Delta = \delta_\| - \delta_\perp$ zwischen den beiden Komponenten des reflektierten elektrischen Feldvektors existiert und somit das totalreflektierte Licht elliptisch polarisiert sein muss. Zusammenfassend liefern die Fresnel'schen Gleichungen für den **Bereich der Totalreflexion** ($\alpha_g \leq \alpha \leq \pi/2$)

$$q_{r\perp} = \exp i\delta_\perp \quad \text{mit} \quad \tan\frac{\delta_\perp}{2} = n_{\text{rel}} f_\alpha'', \tag{4.7b}$$

$$q_{r\|} = \exp i\delta_\| \quad \text{mit} \quad \tan\frac{\delta_\|}{2} = \frac{f_\alpha''}{n_{\text{rel}}}. \tag{4.11b}$$

Die Konsequenz dieser Gleichungen lässt sich noch weiter verfolgen, wenn man die Phasendifferenz $\Delta = \delta_\| - \delta_\perp$ berechnet. Aus

$$\tan\frac{\Delta}{2} = \tan\left(\frac{\delta_\|}{2} - \frac{\delta_\perp}{2}\right) = \frac{f_\alpha''/n_{\text{rel}} - f_\alpha'' n_{\text{rel}}}{1 + f_\alpha''^2} = \frac{f_\alpha''}{1 + f_\alpha''^2}\left(\frac{1 - n_{\text{rel}}^2}{n_{\text{rel}}}\right)$$

$$= \frac{\sqrt{(1 - \sin^2\alpha)(\sin^2\alpha - n_{\text{rel}}^2)}}{\sin^2\alpha} \tag{4.18}$$

folgt sofort, dass Δ überall positiv ist und nur für die Grenzwerte $\alpha = \alpha_g$ ($f_\alpha'' = 0$) und $\alpha = \pi/2$ ($f_\alpha'' = \infty$) verschwindet; für diese beiden Einfallswinkel α bleibt auch das totalreflektierte Licht linear polarisiert. Zwischen den Nullwerten von Δ an den Grenzen des Intervalls muss es daher eine Stelle α_m maximaler Phasendifferenz Δ_m geben. Man gewinnt sie durch Differentiation von (4.18) nach f_α'' und Nullsetzen der Gleichung. Nach Beseitigung der nicht verschwindenden Faktoren lautet die Bestimmungsgleichung

$$1 - f_\alpha''^2 = 0 \quad \text{oder} \quad f_\alpha'' = 1, \quad \text{bzw.} \quad \sin^2\alpha = \frac{2n_{\text{rel}}^2}{1 + n_{\text{rel}}^2} \quad \text{für} \quad \alpha = \alpha_m.$$

Da $f_\alpha'' \geq 0$ vorausgesetzt ist, interessiert nur die Lösung mit positivem Vorzeichen. Setzt man $f_\alpha'' = 1$ in Gl. (4.18) ein,

$$\tan\frac{\Delta_m}{2} = \frac{1 - n_{\text{rel}}^2}{2n_{\text{rel}}} \quad \text{für} \quad \alpha = \alpha_m, \tag{4.18a}$$

erkennt man, dass das Maximum um so höher ausfällt, je kleiner n_{rel} ist. Der Grenzfall $n_{\text{rel}} \to 0$, mit $\Delta_m \to \pi$ legt die Möglichkeit nahe, bei geeigneter Wahl von n_{rel} zirkular polarisiertes Licht ($\Delta = \pi/2$) mit einer einmaligen Totalreflexion herzustellen. Die Gleichheit der Komponenten erhält man mit linear polarisiertem Licht unter dem Einfallsazimut $\varphi = \pi/4$. Setzt man die Bedingung $\Delta = \pi/2$ und damit $\tan(\Delta/2) = 1$ in Gl. (4.18) ein, findet man

$$\frac{1 + f_\alpha''^2}{f_\alpha''} = \frac{1 - n_{\text{rel}}^2}{n_{\text{rel}}} \quad \text{oder} \quad \sin^4\alpha - \frac{1 + n_{\text{rel}}^2}{2}\sin^2\alpha + \frac{n_{\text{rel}}^2}{2} = 0, \tag{4.19}$$

woraus folgt

$$4\sin^2\alpha = (1 + n_{\text{rel}}^2) \pm \sqrt{(1 + n_{\text{rel}}^2)^2 - 8n_{\text{rel}}^2}.$$

4.3 Totalreflexion, Erzeugung von elliptisch und zirkular polarisiertem Licht   507

Die Gleichung liefert zunächst eine Aussage über die zulässigen Werte von n_{rel}; denn die Wurzel muss reell, der Radikand also positiv bleiben. Somit hat n_{rel} der Ungleichung zu genügen:

$$(1 + n_{rel}^2)^2 \geq 8 n_{rel}^2 \quad \text{oder} \quad (1 + n_{rel}^2) \geq n_{rel}\sqrt{8}.$$

Die Wurzeln der Gleichung $1 + n_{rel}^2 - n_{rel}\sqrt{8} = 0$ bestimmen die Randpunkte des Lösungsgebietes: Oberhalb $n_{rel} = \sqrt{2}+1 = 2.414$ und unterhalb $n_{rel} = \sqrt{2}-1 = 0.414$ ist die Ungleichung erfüllt. Da nur Werte $n_{rel} < 1$ in Frage kommen, muss die relative Brechzahl kleiner als 0.414 sein, um mit einmaliger Totalreflexion eine Phasendifferenz Δ von $\pi/2$ zu erzielen. Die Brechzahl des Materials, aus dessen Innerem der einfallende Strahl kommt, müsste einen Wert $n_1 \geq 1/0.414 = 2.415$ haben. So hohe Brechzahlen sind im sichtbaren Bereich leider recht selten. – Diamant ($n_1 = 2.4173$ für $\lambda_{Na\text{-}D}$) wäre ein Beispiel. – Dagegen stehen im Gebiet der so genannten Hertz'schen Wellen geeignete Substanzen mit hohen Permittivitäten ε bzw. hohen Brechzahlen $n_1 = \sqrt{\varepsilon/\varepsilon_0}$ zur Verfügung. L. Bergmann (1932) hat den Polarisationsversuch mit Wasser als Medium ($n_1 = 9$, $n_{rel} = 1/9 = 0.11$) erfolgreich ausgeführt. Nach Gl. (4.19) kann man die zugehörigen Einfallswinkel α berechnen; es gibt zwei Lösungen: $\alpha_1 = 6°15'$ und $\alpha_2 = 44°35'$.

Bedeutend einfacher ist es, im sichtbaren Bereich eine Phasendifferenz Δ von $\pi/4$ zu erreichen, sodass man wenigstens mit zweimaliger Totalreflexion zirkular polarisiertes Licht aus linear polarisiertem Licht herzustellen vermag. Für das Beispiel Luft-Kronglas mit $n_{rel} = 1/1.5 = 2/3$ gewinnt man aus Gl. (4.18), auf deren linker Seite jetzt die Bedingung $\tan(\pi/8) = 0.414$ einzusetzen ist, als Analogon zu Gl. (4.19):

$$0.414 \sin^2\alpha = \sqrt{(1 - \sin^2\alpha)[\sin^2\alpha - (2/3)^2]}.$$

Wiederum führt die Lösung zu zwei möglichen Einfallswinkeln α_1 und α_2. A. Fresnel (1823) hat dazu ein Parallelepiped aus Kronglas (Abb. 4.23) angegeben, mit dem

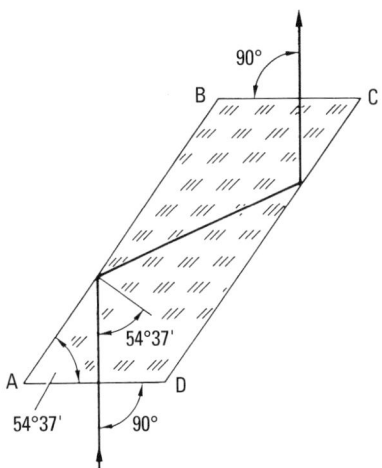

Abb. 4.23 Fresnel'sches Parallelepiped zur Herstellung von zirkular polarisiertem Licht aus linear polarisiertem Licht durch zweimalige Totalreflexion.

sich der Übergang von linear zu zirkular polarisiertem Licht realisieren lässt. Der Querschnitt des Kronglaskörpers bildet ein Parallelogramm, dessen spitzer Winkel bei A und C 54° 37′ beträgt; linear polarisiertes Licht, das senkrecht auf eine Stirnfläche AD trifft, wird zweimal unter dem Winkel 54° 37′ an den Seitenflächen AB und CD totalreflektiert und verlässt den Kronglaskörper wiederum senkrecht durch die gegenüberliegende Stirnfläche. Dieses Licht ist dann tatsächlich zirkular polarisiert, falls gleichzeitig die Schwingungsebene des einfallenden, linear polarisierten Lichtes mit der Einfallsebene im Parallelepiped einen Winkel von 45° bildet. Wegen der vollkommen axialen Symmetrie einer zirkular polarisierten Welle muss ein Analysator in allen Stellungen gleiche Helligkeit zeigen, was der Versuch tatsächlich ergibt. Um zu zeigen, dass das austretende Licht, das sich unter dem Polarisator ja durch nichts von natürlichem, unpolarisiertem Licht unterscheidet, wirklich zirkular polarisiert ist, hat Fresnel ein zweites, gleichartiges Parallelepiped in den Strahlengang eingeführt. Wird durch zweimalige Totalreflexion wirklich eine Phasenverschiebung $= \pi/2$ erreicht, so muss die viermalige Totalreflexion zur doppelten Phasenverschiebung $2\pi/2 = \pi$, d. h. wieder zu linear polarisiertem Licht führen. Liegen die Seitenflächen beider Parallelepipede parallel, beträgt das Azimut des viermal totalreflektierten, wieder linear polarisierten Lichtes $90° + 45° = 135°$; beim Drehen des Analysators findet man zwei Stellen völliger Dunkelheit. Tatsächlich lässt sich der Versuch mit dem geschilderten Ergebnis leicht durchführen. Wäre dagegen das aus dem ersten Fresnel'schen Parallelepiped austretende Licht nicht zirkular polarisiert, sondern natürliches unpolarisiertes Licht, so würde das zweite Parallelepiped keinerlei Wirkung haben, und aus ihm würde natürliches Licht austreten – entgegen der Beobachtung. Damit ist hier eindeutig gezeigt, dass die Behauptungen der Fresnel'schen Theorie zutreffen. Der tiefere Grund für das unterschiedliche Verhalten von zirkular polarisiertem und natürlichem Licht beim Durchgang durch das Fresnel'sche Parallelepiped liegt darin, dass eine zirkular polarisierte Schwingung eine echte axiale Symmetrie besitzt, natürliches Licht dagegen nur eine statistische.

Die hier durchgeführte Überlegung lässt sich sinngemäß auf den allgemeinen Fall elliptisch polarisierten Lichtes übertragen: Man muss nur die Phasendifferenz Δ durch geeignete Mittel entweder auf π vergrößern oder auf 0 reduzieren, um so das elliptisch polarisierte Licht in linear polarisiertes zu verwandeln. Letzteres geschieht mit Hilfe so genannter **Kompensatoren**, deren Konstruktion und Wirkungsweise in Abschn. 4.10 behandelt wird.

Nachdem nun sichergestellt ist, dass die Fresnel'schen Formeln auch das Verhalten totalreflektierten Lichtes richtig wiedergeben, gilt es den überraschenden Befund zu verstehen, dass gleichzeitig die Transmissionsverhältnisse q_t von Null verschieden sind und somit im zweiten Medium ebenfalls eine Strahlung vorhanden ist. Mathematisch liegt der Grund darin, dass notwendig die $q_t \neq 0$ sind, um die Grenzbedingungen der Maxwell'schen Theorie (Stetigkeit der Tangentialkomponenten) zu erfüllen. Setzt man nach Gl. (4.17) das im Bereich der Totalreflexion gültige imaginäre Verhältnis der Bündelquerschnitte $f_\alpha = -i f_\alpha''$ in die Gln. (4.8) und (4.12) ein, findet man, dass die Transmissionsverhältnisse mit Ausnahme streifender Inzidenz ($\alpha = \pi/2$, $f_\alpha'' = \infty$) nirgends verschwinden. Nach Umformung gemäß der Konvention (4.16) gilt für $\alpha_g \leq \alpha \leq \pi/2$, $n_{rel} < 1$

$$|q_{t\perp}| = \frac{2}{\sqrt{1 + n_{rel}^2 f_\alpha''^2}}, \quad \tan\delta_\perp = n_{rel} f_\alpha'', \qquad (4.8\,\text{b})$$

4.3 Totalreflexion, Erzeugung von elliptisch und zirkular polarisiertem Licht 509

$$|\mathscr{q}_{t\|}| = \frac{2}{\sqrt{n_{\text{rel}}^2 + f_\alpha''^2}}, \quad \tan\delta_\| = \frac{f_\alpha''}{n_{\text{rel}}}. \tag{4.12b}$$

Die Beträge der vorstehenden Transmissionsverhältnisse sind in der rechten Hälfte der Abb. 4.20 aufgetragen; sie schließen sich an die entsprechenden Werte des Bereiches $\alpha < \alpha_g$ an und verschwinden für $\alpha = \pi/2$. Auch hier besteht zwischen den beiden Komponenten $\mathscr{E}_{t\|}$ und $\mathscr{E}_{t\perp}$ des $\mathscr{E}_t$-Vektors eine Phasendifferenz $\Delta_t = \delta_\| - \delta_\perp$. Wie ein Blick auf die Gln. (4.7b) und (4.11b) lehrt, ist die Phasendifferenz hier genau halb so groß wie in der reflektierten Welle. Die dort berechneten Phasendifferenzen lassen sich daher mühelos übertragen. Insbesondere verschwindet Δ_t für $\alpha = \alpha$ ($f_\alpha'' = 0$) und $\alpha = \pi/2$ ($f_\alpha'' = \infty$). Da jedoch für $\alpha = \pi/2$ auch $|\mathscr{E}_t| = 0$ wird, ist die Strahlung nur für $\alpha = \alpha_g$ linear polarisiert.

Wie verträgt sich nun die Existenz einer Strahlung im zweiten Medium mit der Tatsache, dass sich die gesamte Energie der einfallenden Strahlung in der reflektierten wiederfindet (Totalreflexion)? Die Lösung des Rätsels soll nachstehend erläutert werden, so wie sie die mathematische Untersuchung ergibt, die im Einzelnen hier zu weit führen würde.

In Abb. 4.24 fällt eine seitlich begrenzte ebene Welle auf die Trennfläche TT zweier Medien unter einem Einfallswinkel $\alpha > \alpha_g$. Der Vorgang der Totalreflexion spielt sich also auf einem begrenzten Stück AB der Trennfläche TT ab. Im Medium 1 (n_1) sind die einfallende und die reflektierte Welle eingezeichnet. Unterhalb der Trennfläche im Medium 2 (n_2, $n_{\text{rel}} < 1$) läuft parallel zu TT die durch die Amplitude $E_{e\|}\mathscr{q}_{t\|}$ und $E_{e\perp}\mathscr{q}_{t\perp}$ bestimmte Strahlung; sie ist – wie es die Abbildung durch den allmählich abnehmenden Abstand der Strahlen andeutet – auf die nächste Nachbarschaft der Trennfläche beschränkt, stellt also eine echte **Oberflächenwelle** dar. Die Erfahrung zeigt, dass die Oberflächenwelle im Abstand von einigen (3 bis 4) Wellenlängen bereits unmerklich geworden ist[5]. Quer durch die Trennfläche zwischen A und B tritt – sofern man von den beiden Grenzpunkten selbst absieht – im Mittel keine Energie aus dem ersten ins zweite Medium ein, wie es bei der gewöhnlichen Brechung der Fall wäre; daher kann innerhalb A und B die Reflexion wirklich total sein. Wie aber kommt die Strahlung überhaupt ins zweite Medium? Die Antwort darauf ist folgende: Da die einfallende Welle begrenzt ist, findet an den Rändern,

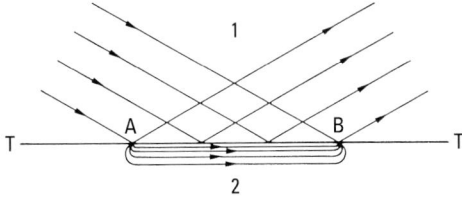

Abb. 4.24 Zur Erklärung der Totalreflexion.

---

[5] Dies ist der Grund, weswegen if_α'' in Gl. (4.17) mit negativem Vorzeichen zu versehen ist; positives Vorzeichen würde umgekehrt ergeben, dass die Intensität der Welle mit wachsendem Abstand von der Trennfläche zunähme.

d. h. in unmittelbarer Umgebung der mit A und B bezeichneten Punkte, **Beugung** statt, wie in Kap.3 ausführlich dargelegt wurde. Durch diesen Vorgang der Beugung tritt nun in der Umgebung von A etwas Energie aus der einfallenden Welle ins zweite Medium über, die in der Umgebung von B wieder ins erste Medium zurückgeliefert wird. (Bei unendlich ausgedehnten Wellen, wie man sie meistens in der Theorie zugrunde legt, verlagert sich dieser Beugungsvorgang beiderseits ins Unendliche; die so vereinfachte Theorie vermag daher keine Rechenschaft davon zu geben.) Dieser Sachverhalt führt übrigens zu einer interessanten Folgerung, die sich in dem weiter unten beschriebenen Versuch von Goos und Hänchen zeigt.

Schon I. Newton, G. Quincke (1868) und E. Hall (1902) haben experimentell eine Strahlung im dünneren Medium nachgewiesen, indem sie der Trennfläche von unten her ein drittes Medium näherten. Sobald Medium 3 der Trennfläche bis auf einen Abstand von etwa vier Wellenlängen genähert wird, fängt es einen Teil der Oberflächenwellen ab, um so mehr, je näher es der Trennfläche TT kommt. Das bedeutet eine Störung der Totalreflexion, die ja, wie oben erwähnt, der Oberflächenwelle im zweiten Medium bedarf. Bei hinreichend kleinem Abstand des Mediums 3, das übrigens die gleiche Brechzahl wie Medium 1 besitzen kann, gibt es keine Totalreflexion mehr. Der reflektierte Betrag wird um so kleiner, je kleiner der Abstand zwischen den Medien 3 und 1 wird. Darauf beruht der Grundgedanke der Versuche von Newton und Quincke nach Abb. 4.25. Gegen die Basis eines Glasprismas drückt im Punkt P ein schwach konvex geformter Glaskörper, sodass sich in einer kleinen Umgebung von P eine Berührungsfläche ausbildet. Die an der Prismenbasis beobachtete Totalreflexion erscheint nun nicht nur innerhalb der geometrischen Berührungsfläche von P gestört, sondern auch noch dort, wo die Glaskörper bereits durch eine dünne Luftschicht getrennt sind. Wie Quincke feststellen konnte, ist die Reflexion erst wieder total, wenn die Dicke der Luftschicht etwa vier Wellenlängen erreicht; bis zu solchen Entfernungen von der Trennschicht erstreckt sich demnach die Oberflächenwelle. E. Hall benutzte als Medium 2 statt Luft eine lichtempfindliche Gelatineschicht mit $n_2 < n_1$; die Gelatineschicht war auf eine Glasplatte aufgebracht. Ein kreisförmig begrenztes Lichtbündel, an der Trennfläche totalreflektiert, erzeugte beim Entwickeln der lichtempfindlichen Schicht eine elliptisch geformte Schwärzungsfläche, die jedoch nur eine geringe Tiefe der fotografischen Schicht erreichte, also offenbar durch Einwirkung der Oberflächenwelle entstanden sein musste. Schließlich haben Cl. Schaefer und G. Gross (1910) einen quantitativen Nachweis der Existenz der Welle im zweiten Medium mit Hertz'schen Wellen ($\lambda = 15$ cm) erbracht; zu diesem Versuch wurde ein großes Paraffinprisma von rechtwinkligem Querschnitt benutzt, wobei die Wellen senkrecht durch die Kathetenflächen ein-

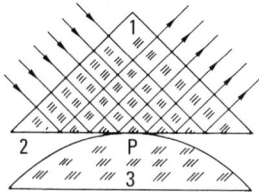

Abb. 4.25 Versuch zum Nachweis der bei Totalreflexion im dünneren Medium vorhandenen Strahlung.

4.3 Totalreflexion, Erzeugung von elliptisch und zirkular polarisiertem Licht   511

und austreten und unter 45° an der Basisfläche totalreflektiert wurden. Ein mit einem Galvanometer verbundener elektrischer Empfänger wurde dicht hinter der Basisfläche des Prismas aufgestellt. Mit zunehmender Entfernung vom Prisma nahm der Galvanometerausschlag des Empfängers genau mit dem theoretisch geforderten Exponentialfaktor ab. Durch die vorstehend aufgezählten Versuche ist die Existenz der Oberflächenwelle qualitativ und quantitativ nachgewiesen.

Allen diesen Versuchen ist gemeinsam, dass sie durch den Versuch selbst die Totalreflexion stören. Einen Nachweis, der frei von diesem Mangel ist, konnten F. Goos u. H. H. Hänchen [1] durch eine neue Beobachtung erbringen. Sie geht von der Überlegung aus, dass bei Totalreflexion nach Abb. 4.24 an der Auftreffstelle A der Trennschicht etwas Lichtenergie aus dem optisch dichteren in das dünnere Medium bis zur Tiefe einiger Wellenlängen einströmt, dort als Oberflächenwelle weiterläuft, um an anderer Stelle (B) wieder vollständig in das dichtere Medium zurückzukehren.

Das totalreflektierte Strahlenbündel scheint daher nicht genau von derjenigen Stelle auszugehen, wo das einfallende die Trennfläche trifft, sondern zeigt eine, wenn auch nur geringfügige, seitliche Versetzung. (Da man in der Theorie vorher stets unendlich ausgedehnte Wellen betrachtet und die Strahlenbegrenzung also beiderseits ins Unendliche gelegt hatte, war diese Verschiebung nicht erfasst worden.) Die **Strahlversetzung** ist um so besser zu erkennen, je schmaler das betrachtete Bündel ist. Sie lässt sich mit dem in Abb. 4.26 vereinfacht skizzierten Versuch nachweisen: Ein sehr schmales Lichtband fällt durch eine Seitenfläche in ein Glasprisma ein und wird an dessen Basis totalreflektiert. Würde das Lichtband unmittelbar an der Trennfläche reflektiert, so müsste der weitere Strahlengang entsprechend dem mit I bezeichneten Weg folgen. Dringt dagegen Strahlungsenergie vorübergehend in das zweite Medium ein, so wird das totalreflektierte Lichtband den Weg II nehmen. Der Strahlenweg I lässt sich nun in dem skizzierten Versuch dadurch realisieren, dass man einen Teil der Unterseite des Glasprismas metallisch verspiegelt, etwa durch Aufdampfen eines schmalen Silberstreifens Ag. Der hohe Absorptionskoeffizient von Silber bewirkt, dass das Licht, welches auf die Silberschicht auftrifft, nur wenige nm tief in diese einzudringen vermag; der reflektierte Lichtanteil kommt daher aus einem Tiefenbereich, der wenigstens zwei Größenordnungen schmaler ist als derjenige, in dem sich normalerweise die Totalreflexion abspielt. Die Abb. 4.27 zeigt noch einmal den Strahlenverlauf an der Trennfläche. In der linken Randzone A wird Energie ans zweite Medium abgegeben, in der Randzone ist die Reflexion also

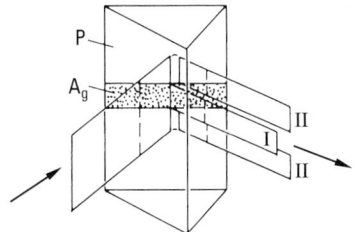

Abb. 4.26 Schematische Darstellung des Versuches von Goos u. Hänchen zur Totalreflexion. Auf die Basis des Glasprismas P ist ein schmaler Silberstreifen aufgedampft. Lichtstrahl I: metallisch reflektiert, II: an der Grenzschicht Glas/Luft totalreflektiert.

512   4 Polarisation und Doppelbrechung des Lichtes

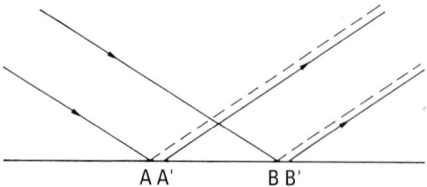

Abb. 4.27 Strahlversetzung bei der Totalreflexion.

nicht total, in der rechten wird die Energie dem ersten Medium wieder zurückerstattet, hier ist die Reflexion mehr als total. Das bedeutet eine Verkleinerung der Amplituden in der linken, eine Vergrößerung in der rechten Randzone und damit eine Schwerpunktverschiebung des ursprünglichen, gestrichelt gezeichneten Strahlenquerschnitts AB nach A'B'. Es handelt sich demnach nicht um eine rein geometrische Verschiebung des Strahlenbündels, vielmehr entsteht die Versetzung mit einem Energiefluss der im zweiten Medium laufenden Oberflächenwelle.

Die Theorie liefert für die **Streifenverschiebung** d, bei elektrischem Vektor der einfallenden Welle senkrecht zur Einfallsebene, den strengen Ausdruck [2]:

$$d = \frac{K\lambda}{\sqrt{\sin^2\alpha - n_{rel}^2}} \quad \text{mit} \quad K = \frac{\mu_r \sin\alpha \cos^3\alpha}{\pi(\mu_r^2 \cos^2\alpha + \sin^2\alpha - n_{rel}^2)}.$$

Darin ist α der Einfallswinkel, λ die Wellenlänge im Medium 1 (Abb. 4.24) mit $n_{rel} = n_2/n_1 < 1$; $\mu_r = \mu/\mu_0$ ist die Permeabilitätszahl (Band 2), für die man gewöhnlich $\mu_r \approx 1$ setzen darf. d wird senkrecht zur Strahlrichtung gemessen. In der Nähe beginnender Totalreflexion ($\alpha \approx \alpha_g$, $\sin\alpha \approx n_{rel}$), reduziert sich K auf $K = n_{rel}/\pi$ und man erhält

$$\frac{d}{\lambda} = \frac{n_{rel}}{\sqrt{\sin^2\alpha - n_{rel}^2}}.$$

Für $\alpha \to 90°$ verschwindet d. Die Größe K ergibt sich aus Messungen von Goos und Hänchen an Flintglas zu 0.19 bis 0.23, je nach Einfallswinkel α, während die Theorie für $n_{rel} = 2/3$ und $\alpha = 45°$ den Wert $K = 0.20$ liefert. Die Strahlverschiebungen liegen demnach, wie zu erwarten war, in der Größenordnung der Wellenlänge (0.5 μm). Um den Effekt zu vergrößern, wurde gemäß Abb. 4.28 die mehrmalige

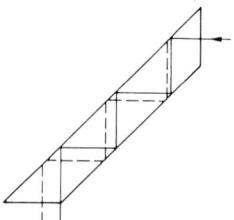

Abb. 4.28 Vervielfachung der Strahlverschiebung bei Totalreflexion. —— Bezugsstrahl (Reflexion an Metall), - - - verschobener Strahl (Reflexion am dünneren Medium).

Reflexion benutzt. Der Bezugsstrahl, gegen den die Verschiebung gemessen wird, kann durch gewöhnliche metallische Reflexion erhalten werden, wenn man die reflektierende Glasplatte in ihrer Längsrichtung auf halber Breite mit Silber belegt. – Wie gesagt, stören alle Methoden zum Nachweis der Strahlung im zweiten Medium die Totalreflexion, ausgenommen die von Goos und Hänchen.

4.4 Polarisation des reflektierten Lichtes bei absorbierenden Medien; Metallreflexion

Wie der vorangehende Abschn. 4.3 lehrt, bewähren sich die Fresnel'schen Formeln (4.7), (4.8), (4.11) und (4.12) auch noch, wenn Reflexions- und Transmissionsverhältnisse q_r und q_t komplex sind, im Falle der Totalreflexion an vollkommen durchsichtigen Medien. Nun ist aus Abschn. 2.8 bekannt, dass für die Optik absorbierender Medien eine komplexe Brechzahl $\mathfrak{n}$ charakteristisch ist, die formal die Stelle der reellen Brechzahl n einnimmt:

$$n \to \mathfrak{n} = n(1 - i\kappa) \quad \text{bzw.} \quad \mathfrak{n} = n - ik.$$

Ihr Imaginärteil $k = n\kappa$ enthält den in Abschn. 2.6 eingeführten **Absorptionsindex** κ, eine Materialkonstante, die ein Maß für die Dämpfung der Lichtwelle – d. h. der Feldvektoren E und H – im absorbierenden Medium darstellt.

$4\pi n\kappa/\lambda = a$ ist der Absorptionskoeffizient; seinen Kehrwert bezeichnet man als **Eindringtiefe** der Strahlung. (Nach Durchlaufen der Eindringtiefe $1/a$ ist die Intensität einer ebenen Lichtwelle, die senkrecht auf das Medium einfällt, auf $1/e$ abgeklungen.) Die Beschränkung auf senkrechte Inzidenz ist erforderlich, da nur in diesem Fall der Materialkonstante κ eine einfache physikalische Bedeutung zukommt. Analoges gilt jetzt auch für die Materialkonstante n, die Brechzahl, die nur noch bei senkrechter Inzidenz mit dem (reellen) Verhältnis c_0/v der Lichtgeschwindigkeiten übereinstimmt. Bei schiefer Inzidenz sind, wie in Abschn. 2.9 ausführlich dargelegt wird, sowohl das Verhältnis der Lichtgeschwindigkeiten, wie auch die Dämpfung winkelabhängig. Dem trägt man formal mit einer **komplexen Fortpflanzungsgeschwindigkeit** $c_0/\mathfrak{n}$ Rechnung; mit $\mathfrak{n}$ wird dann auch das Snellius'sche Brechungsgesetz komplex.

Da bei der mathematischen Ableitung der Fresnel'schen Formeln nur Bedingungen für die (unendlich dünne und damit absorptionsfreie) Trennfläche der beiden angrenzenden Medien eingeführt wurden, darf man erwarten, dass die Formeln ihre Gültigkeit im Komplexen auch für absorbierende Medien beibehalten, wenn man nur n durch $\mathfrak{n}$ ersetzt. Das ist tatsächlich der Fall. Selbstverständlich ist der Absorption im homogenen Medium Rechnung zu tragen, wenn man die Feldvektoren E an irgendeiner Stelle außerhalb der Trennfläche bestimmt. Die allgemeinen Formeln werden äußerst kompliziert. Indes kann man sich auf den vorwiegend interessierenden Fall der Reflexion am absorbierenden Medium 2 (n_2 = komplex) bei Beobachtung in Luft oder Vakuum (n_1 = reell) beschränken, setzt also

$$\mathfrak{n}_{\text{rel}} = \frac{n_2}{n_1} - i\frac{k_2}{n_1} = n_{\text{rel}}(1 - i\kappa).$$

Zu beachten ist, dass in den Reflexionsformeln (4.7) und (4.11) nicht nur n_{rel} komplex wird, sondern auch f_α bzw. β, die ja nach Gl. (4.3) gleichfalls die Brechzahlen enthalten. Der allgemeine Ansatz für die Komponente parallel ($\parallel$) und senkrecht ($\perp$) zur Einfallsebene lautet:

$$\mathscr{E}_{r\parallel} = E_{e\parallel}\, q_{r\parallel} = E_{e\parallel}\,|q_{r\parallel}|\exp i\delta_\parallel\,;\quad \mathscr{E}_{r\perp} = E_{e\perp}\, q_{r\perp} = E_{e\perp}\,|q_{r\perp}|\exp i\delta_\perp\,.$$

Wie im Folgenden gezeigt wird, können die beiden Materialkonstanten n_2 und k_2 allein aus Reflexionsmessungen bestimmt werden. Um die Anzahl der Parameter einzuschränken, benutzt man ausschließlich linear polarisiertes Licht

$$E_{e\parallel} = E_e \cos\varphi_e\,,\quad E_{e\perp} = E_e \sin\varphi_e\,,$$

dessen Schwingungsebene das spezielle Einfallsazimut $\varphi_e = 45°$ (bzw. $\varphi_e = 135°$) besitzt, weshalb $E_{e\parallel}/E_{e\perp} = \tan^{-1}\varphi_e = 1$ (bzw. -1) gilt. Das komplexe Reflexionsverhältnis vereinfacht sich damit zu

$$\frac{\mathscr{E}_{r\parallel}}{\mathscr{E}_{r\perp}} = \frac{q_{r\parallel}}{q_{r\perp}} = \frac{|q_{r\parallel}|}{|q_{r\perp}|}\exp i\Delta \quad \text{mit}\quad \Delta = \Delta_L = \delta_\parallel - \delta_\perp \quad (\text{bzw. } \Delta = \pi + \Delta_L)\,.$$

Bereits ohne Rechnung, allein aus der Tatsache, dass in den Fresnelschen Formeln komplexe Größen auftreten, kann man sagen, dass zwischen den Komponenten $\mathscr{E}_{r\parallel}$ und $\mathscr{E}_{r\perp}$ im Allgemeinen eine Phasendifferenz $\Delta \neq 0, \pi$ besteht und dass *das reflektierte Licht* daher (im Gegensatz zu den Verhältnissen bei nicht absorbierenden Stoffen) *elliptisch polarisiert ist*.

In den Fresnel'schen Formeln bezieht man durchweg den Lichtvektor ($E_{e\parallel}$, $E_{e\perp}$) der einfallenden Welle auf ein Rechtssystem x, y, z, dessen z-Richtung die Strahlrichtung bildet und dessen y-Richtung senkrecht zur Einfallsebene liegt, während der Vektor ($\mathscr{E}_{r\parallel}$, $\mathscr{E}_{r\perp}$) der reflektierten Welle auf ein zweites Rechtssystem x', y, z' bezogen wird, das mit z' in die Richtung des reflektierten Strahls weist. Unter dem Einfallswinkel α sind die beiden Rechtssysteme um ihre gemeinsame y-Achse gegeneinander um $\pi - 2\alpha$ gedreht. Dies hat zur Folge, dass für den Einfallswinkel $\alpha = 0$ der (tatsächlich vorhandene) Phasensprung π für $E_\parallel$ in der Formel nicht explizit auftritt, da die jeweils positiven Richtungen für x und x' einander entgegengesetzt liegen. Somit beginnt $\Delta_L = (\delta_\parallel - \delta_\perp)$ bei $\alpha = 0$ mit einer Phasendifferenz von π. – Mit wachsendem α nimmt Δ_L im Intervall $\pi \geq \Delta_L \geq 0$ ab; gemäß Abb. 4.21 entstehen dabei linke Schwingungsellipsen, was der Index L in Δ_L andeuten soll. Dagegen beginnt für $\varphi_e = 135°$ Δ bei 0; dies ist der Grund, weshalb man das Einfallsazimut $\varphi_e = 135°$ oft bevorzugt.

Anstatt des bisher gebrauchten Azimuts φ benutzt man hier meist den Komplementwinkel ψ:

$$\psi = \frac{\pi}{2} - \varphi\,,$$

misst also von der $\perp$-Komponente aus; φ und ψ lassen sich jeweils auf den ersten Quadranten reduzieren, wenn man die dazu nötige Phasenverschiebung $k\pi/2$ bei Δ berücksichtigt, wie es zuvor bereits für $\varphi_e = 135°$ geschehen ist. Das reduzierte Ausfallsazimut φ_r bzw. ψ_r, bestimmt durch

$$\tan\psi_r = \frac{|\mathscr{E}_{r\parallel}|}{|\mathscr{E}_{r\perp}|} = \frac{|q_{r\parallel}|}{|q_{r\perp}|}$$

4.4 Polarisation des reflektierten Lichtes bei absorbierenden Medien

und der Phasenwinkel Δ bilden zusammen mit dem Einfallswinkel α die Messgrößen zur Bestimmung von n_{rel} und κ.

Der mathematische Zusammenhang soll hier soweit skizziert werden, dass er ohne Schwierigkeiten zu verfolgen ist. Ausgehend von den Fresnel'schen Gln. (4.7) und (4.11) bildet man

$$\frac{\mathscr{E}_{r\|}}{\mathscr{E}_{r\perp}} = \frac{\cos(\alpha+\beta)}{\cos(\alpha-\beta)} = -\frac{1-\tan\alpha\tan\beta)}{1+\tan\alpha\tan\beta},$$

ersetzt $\mathscr{E}_{r\|}/\mathscr{E}_{r\perp}$ durch die Messgrößen $\tan\psi_r \exp i\Delta_L$ (bzw. $-\tan\psi_r \exp i(\pi+\Delta_L)$ für $\varphi_e = 135°$) und löst anschließend nach $\tan\alpha\tan\beta$ auf:

$$\tan\alpha\tan\beta = \frac{1+\tan\psi_r\exp i\Delta_L}{1-\tan\psi_r\exp i\Delta_L} = \frac{1+\tan\psi_r^2+\tan\psi_r 2\cos\Delta_L}{1-\tan\psi_r^2-\tan\psi_r 2i\sin\Delta_L}$$

$$= \frac{1+\sin 2\psi_r\cos\Delta_L}{\cos 2\psi_r - i\sin 2\psi_r\sin\Delta_L}.$$

Die Ausdrücke entstehen nacheinander durch Erweitern mit dem konjugiert komplexen Zähler und mit $\cos^2\psi_r$. Indem man mit Hilfe des Snellius'schen Brechungsgesetzes den Winkel β eliminiert

$$\tan\beta = \frac{\sin\alpha}{\sqrt{n_{rel}^2 - \sin^2\alpha}}$$

und zur reziproken Form der Gleichung übergeht (wobei $\alpha \neq 0$ sein muss)

$$\sqrt{n_{rel}^2(1-2i\kappa-\kappa^2) - \sin^2\alpha} = \sin\alpha\tan\alpha \frac{\cos 2\psi_r - i\sin 2\psi_r\sin\Delta_L}{1+\sin 2\psi_r\cos\Delta_L},$$

kann man nach Quadrieren Real- und Imaginärteil A und B trennen

$$A = n_{rel}^2(1-\kappa^2) = \tan^2\alpha\sin^2\alpha \frac{\cos^2 2\psi_r - \sin^2 2\psi_r \sin^2\Delta_L}{(1+\sin 2\psi_r\cos\Delta_L)^2} + \sin^2\alpha,$$

$$B = 2n_{rel}^2\kappa = \frac{\tan^2\alpha\sin^2\alpha\sin 4\psi_r\sin\Delta_L}{(1+\sin 2\psi_r\cos\Delta_L)^2}. \tag{4.20}$$

Es ist nicht sonderlich schwierig, diese Gleichungen für gegebene Messwerte α, ψ_r und Δ_L numerisch auszuwerten und daraus n_{rel} und κ zu bestimmen. Für $B \neq 0$ findet man[6]:

$$\kappa = -\frac{A}{B} + \sqrt{1+\left(\frac{A}{B}\right)^2} > 0; \quad n_{rel} = \begin{cases} \sqrt{A} & \text{für } \kappa = 0 \\ \sqrt{B/2} & \text{für } \kappa = 1^6 \\ \sqrt{A/(1-\kappa^2)} & \text{für } \kappa \neq 0 \text{ oder } 1. \end{cases} \tag{4.21}$$

---

[6] Es sei daran erinnert, dass nach den Maxwell'schen Gleichungen das unendlich stark absorbierende Metall durch $\kappa^2 \to 1$, $n \to \infty$ charakterisiert ist.

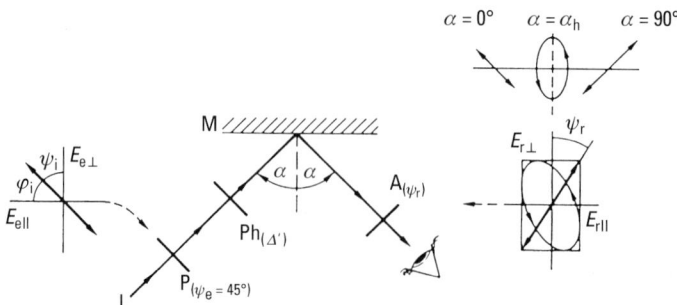

Abb. 4.29 Ellipsometer zur Messung der Phasenverschiebung zwischen den Schwingungskomponenten parallel ($E_{r\|}$) und senkrecht ($E_{r\perp}$) zur Einfallsebene im reflektierten Licht. L: monochromatische Lichtquelle, P: Polarisator, 45° gegen die Einfallsebene geneigt, Ph: Phasenschieber, A: Analysator, M: Probe (Medium 2). Die Zerlegung des Schwingungsvektors parallel und senkrecht zur Einfallsebene ist bei P in Strahlrichtung und bei A entgegen der Strahlrichtung zu sehen. (In jedem Fall bilden $E_\|$ und $E_\perp$ mit der Strahlrichtung in der genannten Reihenfolge ein Rechtssystem.)

Für $\varphi_e = 135°$ ist $q_{e\|}/q_{e\perp}$ durch $-\tan\psi_r \exp i(\pi + \Delta_L) = \tan\psi_r \exp i\Delta_L$ zu ersetzen, was die Gleichungen offensichtlich nicht beeinflusst. Man gewinnt daher diesen Fall einfach mit der Substitution $\Delta_L = \Delta - \pi$; dabei wechseln in den Gln. (4.20) die Vorzeichen aller betroffenen Winkelfunktionen. Die Ergebnisse gelten ebenso für schwach wie für stark absorbierende Medien, also auch für Metalle und enthalten den absorptionsfreien Fall ($B = 0$) als Sonderfall. Obwohl man n_{rel} und κ für schwach absorbierende Medien im Allgemeinen viel genauer im durchgehenden Licht misst, gibt es auch hier wichtige Anwendungen der Gl. (4.21). Ihre eigentliche Bedeutung liegt aber zweifellos bei den stark absorbierenden Medien, den „**Metallen**", die keine Untersuchung im durchgehenden Licht erlauben (das Wort „Metall" steht hier wie im Folgenden für alle Medien mit großem Imaginärteil $k = \kappa$).

Eine diesbezügliche Messanordnung, die man als **Ellipsometer** bezeichnet, zeigt schematisch Abb. 4.29. Das monochromatische parallele Licht gelangt durch den unter $\psi_e = 45°$ eingestellten Polarisator P auf die spiegelnde Oberfläche M des Untersuchungsmaterials (Medium 2). Zwischen P und M ist ein Phasenschieber Ph montiert, mit dem man den beiden Komponenten $E_{e\|}$ und $E_{e\perp}$ eine beliebig einstellbare Phasendifferenz Δ' erteilen kann, mit dem Ziel, die bei der Reflexion entstehende Phasenverschiebung gerade zu kompensieren, um auf der Beobachtungsseite linear polarisiertes Licht zu gewinnen. Die Auslöschungsstellung des Analysators A liefert dann den Winkel ψ_r. Die Genauigkeit, mit der sich die Messwinkel bei P, Ph und A einstellen lassen, beträgt jeweils etwa 10^{-2} Grad. Die untersuchte Oberfläche kann kleiner als $1\,\text{mm}^2$ sein. Geeignete Polarisatoren werden in Abschn. 4.7 und geeignete Phasenschieber in Abschn. 4.10 besprochen.

Eine interessante Anwendung, welche zugleich die hohe Empfindlichkeit der Anordnung deutlich macht, besteht in der *ellipsometrischen Messung der Dicke von Adsorptionsschichten*. Sind ψ_{r0} und Δ_0 die Messwerte an einer vollkommen sauberen Oberfläche und ist d die Dicke einer fremden Oberflächenschicht (z. B. Oxid- oder

Feuchtigkeitsfilm), so lässt sich die dadurch hervorgerufene Störung formal durch die linearen Ansätze

$$\Delta = \Delta_0 + \gamma_1 d + \ldots \quad \text{und} \quad \psi_r = \psi_{r0} + \gamma_2 d + \ldots$$

erfassen. Die Koeffizienten γ_1 und γ_2 sind Funktionen der beteiligten optischen Konstanten (Medium 1, Schicht und Medium 2), sowie des Einfallswinkels α. Ihre Werte können etwa 1 bis 10^{-2} Winkelgrad/nm erreichen. Unter günstigen Versuchsbedingungen ist es daher nicht nur möglich, die Dicke d monomolekularer Schichten zu messen (die in der Größenordnung von 0.1 nm liegen), sondern sogar Bedeckungsgrade von nur wenigen % der Oberfläche. In den theoretischen Ansätzen betrachtet man entweder eine (zweidimensionale) Verteilung Hertz'scher Oszillatoren auf der Oberfläche in Interferenz mit der reflektierten Strahlung, oder man geht von einer „dickeren" dreidimensionalen Störschicht aus, deren Brechzahl n_S ortsabhängig ist und sich mit n_1 auf der einen und n_2 auf der anderen Seite stetig an die beiden Medien anschließt. Dieser letzte Ansatz wurde bereits von P. Drude (1889) behandelt, um Beobachtungen zu deuten, die auf eine geringfügige Abweichung von den Fresnelschen Formeln hinwiesen. Bei nicht absorbierenden Medien hatte man nämlich festgestellt – und zwar besonders deutlich unter dem Brewsterwinkel α_p, wo die Komponente $E_{r\parallel}$ nach den Fresnel'schen Gleichungen völlig verschwinden sollte –, dass stets ein winziger Rest elliptisch polarisierter Strahlung zu finden war, deren Elliptizität zum Teil in wenig kontrollierbarer Weise von der Vorgeschichte des Materials abhing.

Unter dem Brewsterwinkel α_p (s. Abb. 4.30) wird $\Delta_0 = \pi/2$ und $\psi_{r0} = 0$, und der Ansatz vereinfacht sich zu:

$$\tan\psi_r \exp i\Delta = \tan(\gamma_2 d) \exp i\left(\frac{\pi}{2} + \gamma_1 d\right) \approx i\gamma_2 d,$$

d. h. es tritt elliptisch polarisiertes Licht auf und die Halbachsen der Schwingungsellipse liegen parallel (p) und senkrecht (s) zur Einfallsebene. γ_1 kann hier vernachlässigt werden, da es ersichtlicherweise erst zu einer quadratischen Korrektur beiträgt. Mit einer mittleren Brechzahl $n_s = \sqrt{n_1 n_2}$ für die Schicht berechnet Drude einen Koeffizienten

$$\gamma_2 = \left(\frac{\pi n_1}{\lambda}\right) \frac{n_{\text{rel}} - 1}{n_{\text{rel}} + 1} \sqrt{n_{\text{rel}}^2 + 1} \quad \text{für } \alpha = \alpha_p, \kappa = 0, n_{\text{rel}} = \frac{n_2}{n_1} > 1,$$

der eine untere Grenze $d = (\tan\psi_r)/\gamma_2$ für die **Schichtdicke** liefert. Wenn die Brechzahl n_S der Fremdschicht höher ist als die der Unterlage, ist das reflektierte Licht linkselliptisch polarisiert.

Bemerkenswert ist es, dass auch unter der Annahme eines stetigen Überganges von n_1 auf n_2 in der Grenzschicht eine Reflexion stattfindet. Analoge Untersuchungen, insbesondere der Wellenmechanik, bestätigen indes ganz allgemein, dass sich eine kontinuierliche Übergangsschicht bereits wesentlich wie eine unstetige Trennfläche verhält, wenn ihre Dicke d kleiner als etwa $\lambda/4$ ist. Umgekehrt verringert sich die Reflexion erheblich, sobald sich der Angleich von n_1 auf n_2 auf einer Strecke abspielt, die größer oder gleich der Lichtwellenlänge ist. Da sich der Reflexionsvorgang auch bei nicht absorbierenden Medien gewöhnlich auf eine Tiefe be-

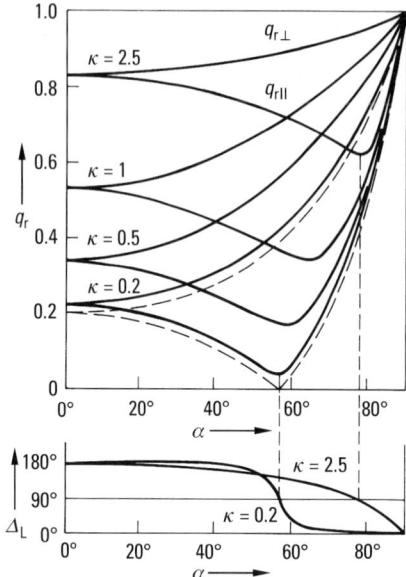

Abb. 4.30 Reflexionskurven für absorbierende Medien (berechnet) für $n = 1.5$ und verschiedene κ-Werte. Das obere Kurvenpaar entspricht etwa den Verhältnissen bei Stahl ($n = 0.9$; $\kappa = 2.5$), während das untere, gestrichelte Kurvenpaar den absorptionsfreien Fall zeigt (Kronglas $n = 1.5$; $\kappa = 0$). Die aufgetragenen Phasenwinkel Δ_L gehören zu $\varphi_e = 45°$ und entsprechen nach Abb. 4.21 linkselliptisch polarisiertem Licht. Bei $\varphi_e = 135°$ ergeben sich jeweils um $180°$ größere Phasen entsprechend rechtselliptisch polarisiertem Licht.

schränkt, die klein gegen die Wellenlänge des Lichtes ist, wird die Empfindlichkeit bezüglich der Oberflächenbeschaffenheit verständlich. Bei stark absorbierenden Medien setzt die Eindringtiefe $\lambda/4\pi n\kappa$ der Strahlung eine weitere Schranke.

Einen speziellen Fall, mit dem die Mehrzahl aller vorliegenden (n, κ)-Messungen gewonnen sind, hat P. Drude ausgearbeitet. Man sucht den sog. **Haupteinfallswinkel** α_h auf, für den die Phasenverschiebung $\Delta = \pm \pi/2$ beträgt. Das zugehörige Azimut ψ_r heißt **Hauptazimut** (selbstverständlich hat man hier, trotz $\Delta = \pm \pi/2$ kein zirkular polarisiertes Licht, da $|q_{r\parallel}| \neq |q_{r\perp}|$ ist). In der Messanordnung Abb. 4.29 kann man jetzt bei Ph die viel einfacher zu verwirklichende feste Phasenverschiebung $\Delta' = \mp \pi/2$ einführen und die Gleichungen (4.20) vereinfachen sich zu:

$$A = n_{rel}^2(1 - \kappa^2) = \tan^2\alpha_h \sin^2\alpha_h \cos 4\psi_r + \sin^2\alpha_h$$
$$B = 2n_{rel}^2\kappa = \tan^2\alpha_h \sin^2\alpha_h \sin 4\psi_r \quad \text{für} \quad \Delta_L = \pi/2 \,. \tag{4.20a}$$

Auch diese Gleichungen folgen streng aus den Fresnel'schen Formeln. Bildet man mit $\kappa = 0$ (und damit $B = 0$ sowie $4\psi_r = 0$) den Grenzfall des absorptionsfreien Mediums, so wird $\cos 4\psi_r = 1$ und A geht in das Brewstersche Gesetz über: Der Haupteinfallswinkel α_h wird zum Polarisationswinkel α_p. Da für absorbierende Medien $|q_{r\parallel}|$ nicht verschwinden kann, sondern bei α_h nur ein Minimum durchläuft, weil die Nullstelle komplex ist, gibt es für $\kappa \neq 0$ keinen Polarisationswinkel (Abb. 4.30).

4.4 Polarisation des reflektierten Lichtes bei absorbierenden Medien

Aus den Gln. (4.20a) lässt sich über den Quotienten A/B eine Näherung gewinnen, wenn man das auf der rechten Seite entstehende zweite Glied $\sin^2\alpha_h/B$ vernachlässigt. Nach kurzer Rechnung gelangt man zu den bereits von Cauchy (1849) angegebenen Näherungsgleichungen

$$\kappa = \tan 2\psi_r, \quad n_{\text{rel}} = \tan\alpha_h \sin\alpha_h \cos 2\psi_r.$$

Für schwach absorbierende Medien ($\kappa \ll 1$) ist die Voraussetzung leidlich erfüllt. Der Fall $\kappa \to 0$ liefert $2\psi_r = 0$ und $n_{\text{rel}} = \sin\alpha_h \tan\alpha_h$ anstatt des richtigen Wertes $n_{\text{rel}} = \tan\alpha_h$. Für Metalle ist die Näherung meist besser.

Reflexionsmessungen sind, wie betont, mit beträchtlichen Schwierigkeiten verknüpft. Da sich der Reflexionsvorgang in unmittelbarer Nähe der Oberfläche des Materials abspielt, ist deren Beschaffenheit von ausschlaggebender Bedeutung. Darauf ist bei der Materialvorbereitung (Politur, Ätzung) zu achten. Die besten, d. h. die am wenigsten gestörten Oberflächen zeigen – abgesehen von den Flüssigkeiten – die Spaltstücke guter Einkristalle[7]. Bereits spurenhafte Oxidationen an der Luft oder Feuchtigkeitsfilme können jedoch die Messungen beträchtlich verfälschen; zur Vermeidung von Fehlern nimmt man dann Spaltung und Messung der Kristalle im Hochvakuum, mitunter im Ultrahochvakuum vor. In einer weiteren Methode – mit der man die zuvor genannten Schwierigkeiten zum Teil dadurch umgeht, dass man die glasgeschützte Rückseite einer Aufdampfschicht untersucht – misst man nicht die Phasendifferenz $\delta_\parallel - \delta_\perp$ sondern die **absoluten Phasen** [3]. Hier liefert bereits der einfache Fall senkrechter Inzidenz ($\alpha = 0$) die erforderlichen Informationen. Messgrößen sind der Reflexionsgrad ϱ_m des Metalls, gemessen durch das Verhältnis der reflektierten zur einfallenden Strahlungsleistung und der Phasenwinkel δ. (Die Zeichen $\parallel$ und $\perp$ sind jetzt überflüssig und sollen unterdrückt werden, da für $\alpha = 0$ die Einfallsebene nicht mehr definiert ist.)

Aus den Formeln (4.13) folgt mit $\varkappa_{\text{rel}} = (n_2 - ik_2)/n_1$ anstatt n_{rel}, sowie nach Erweiterung mit n_1

$$\mathscr{q}_r = |\mathscr{q}_r|\exp i\delta = \frac{-(n_2 - ik_2 - n_1)}{n_2 - ik_2 + n_1} \quad \text{für } \alpha = 0.$$

Unter Beachtung der Rechenregeln für komplexe Größen (Gl. (4.16)) findet man:

$$\varrho_m = \mathscr{q}_r \mathscr{q}_r^* = \frac{(n_2 - n_1)^2 + k_2^2}{(n_2 + n_1)^2 + k_2^2} \tag{4.22a}$$

und

$$\tan\delta = \frac{2k_2 n_1}{-(n_2^2 - n_1^2 + k_2^2)} \tag{4.22b}$$

bzw.

$$\sqrt{\varrho_m}\cos\delta = \frac{-(n_2^2 - n_1^2 + k_2^2)}{(n_2 + n_1)^2 + k_2^2}, \quad \sqrt{\varrho_m}\sin\delta = \frac{2k_2 n_1}{(n_2 + n_1)^2 + k_2^2}. \tag{4.23}$$

---

[7] Kristalle kubischer Symmetrie verhalten sich optisch wie isotrope Substanzen und die Messergebnisse sind unabhängig von der Wahl der Kristallfläche. Bei Kristallen, die nicht dem kubischen System angehören, ergeben sich Komplikationen. Siehe dazu den Absatz über Erzmikroskopie am Ende von Abschn. 4.9.

520 4 Polarisation und Doppelbrechung des Lichtes

Eine etwas mühsame, aber elementare Rechnung liefert dann

$$n_2 = n_1 \frac{1 - \varrho_m}{1 + 2\sqrt{\varrho_m}\cos\delta + \varrho_m}, \quad \kappa_2 = \frac{k_2}{n_2} = \frac{2\sqrt{\varrho_m}\sin\delta}{1 - \varrho_m}. \tag{4.24}$$

Von der Richtigkeit dieser (streng gültigen) Beziehungen kann man sich rückwärts leicht überzeugen, wenn man die rechten Seiten der Gln. (4.22a) und (4.23) einsetzt.

Schließlich ist noch die *experimentelle Bestimmung von δ* zu schildern: man benutzt eine Interferenzmethode, z. B. die in Abschn. 3.10 besprochene Anordnung von Th. Young. In Abb. 4.31 bilden 1 und 2 die Zentralstrahlen der beiden kohärenten Strahlenbündel, die aus dem Young'schen Doppelspalt austreten und miteinander interferieren können; sie werden als 1' und 2' nach Reflexion an der Rückseite einer Glasplatte G (Brechzahl n_1) beobachtet. Damit die an der Vorderseite von G entstehende Reflexion nicht stört, ist G als Keil mit dem kleinen Keilwinkel ε ausgebildet. Die an der Vorderseite reflektierten Strahlen laufen daher in sich zurück, während die für den Versuch wesentlichen Strahlen unter dem Einfallswinkel ε an der Rückseite von G als 1' und 2' reflektiert werden, also mit den einfallenden den Winkel 2ε bilden. Bei dem in Abb. 4.31 gezeichneten Strahlengang werden 1' und 2' am optisch dünneren Medium (Luft), also ohne Phasensprung, reflektiert; das erzeugte Interferenzbild hält man auf einer fotografischen Platte fest. Anschließend verschiebt man G (in Abb. 4.31 nach unten), bis Strahl 1 nicht mehr an Luft sondern an der rückseitig aufgedampften dicken Metallschicht M (mit n_2, κ_2) reflektiert wird, während Strahl 2 nach wie vor an Luft gespiegelt wird. Da bei der Reflexion am Metall unter (nahezu) senkrechter Inzidenz der Phasensprung δ entsteht, tritt zwischen den reflektierten Strahlen 1' und 2' jetzt die Phasendifferenz δ auf; das neue, auf derselben fotografischen Platte festgehaltene Interferenzbild ist gegen das vorangehende verschoben. Die Verschiebung der Interferenzstreifen liefert dann δ: Eine Verschiebung um eine ganze Streifenbreite entspricht einer Phasendifferenz von π (bzw. λ/2); daher kommt nur eine Verschiebung um den Bruchteil einer Streifenbreite zustande. – Die Methode ist vergleichsweise einfach und genau. – Es ist kaum erforderlich hinzuzufügen, dass die wirkliche Ausführung der Messung nach Abb. 4.29 und 4.31 komplizierter ist, als hier dargestellt, wo es ja nur auf das Grundsätzliche ankommt.

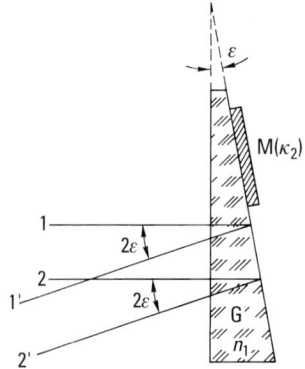

Abb. 4.31 Messung der Phasenverschiebung bei Metallreflexion.

Schaltbare Spiegel. Im Jahre 1996 entdeckte eine holländische Forschergruppe um R. Griessen [4], dass eine zunächst metallisch spiegelnde Schicht aus YH_2 (Dicke ca. 500 nm) mit steigendem Wasserstoffgehalt in eine optisch durchsichtige Phase, YH_{3-x} etwa bei $x \approx 0.2$ übergeht, mit typischen Halbleitereigenschaften. Zugleich mit der Transmission nimmt auch der elektrische Widerstand erheblich zu. Während für YH_2 der Widerstand sogar nur noch ein Fünftel desjenigen von reinem Yttrium beträgt, wächst er mit weiter steigendem Wasserstoffgehalt um mehr als 3 Zehnerpotenzen an. Der Übergang vollzieht sich relativ rasch, innerhalb einiger Sekunden, und ist reversibel. Dabei werden die optischen Zustände in der Reihenfolge metallisch-absorbierend-transparent durchlaufen. Die Y-Hydridschicht ist im Hochvakuum auf eine Quarzplatte aufgedampft und zum Schutz gegen Oxidation mit einer (H-durchlässigen) ca. 5 bis 20 nm dicken Pd-Schicht versehen. Diese Schicht haftet – trotz einer bis zu 14%-igen Volumenzunahme – fest auf dem Träger und ist monatelang haltbar. Sie kann viele Male mit Wasserstoff be- und entladen werden, ohne wesentliche Beeinträchtigungen ihres Verhaltens. Außer YH_x zeigen auch LaH_x, sowie alle dreiwertigen seltenen Erden und sogar Legierungen, wie GdMg, die beschriebenen Eigenschaften.

Ein wichtiger Fortschritt bei der Wasserstoffbeladung gelang mit festen Elektrolyten anstelle des Einpressens von gasförmigem Wasserstoff. Damit rücken auch großflächige Spiegel für technische Anwendungen in den Bereich der Möglichkeit, die mit wenigen Volt Spannung schaltbar sind. Diese Konstruktion setzt sich aus fünf Schichten zusammen, die auf einem durchsichtigen Trägermaterial sukzessive aufgebracht sind. Die unterste Schicht, aus Indium-Zinnoxid, dient als Elektrode. Die folgende Schicht, WO_3, bildet den Wasserstoffspeicher; sie ist normalerweise durchsichtig und färbt sich unter Wasserstoffbeladung, also bei Annäherung an den spiegelnden Zustand, blau. Darüber liegt eine poröse ZrO_2-Schicht mit dem Elektrolyten, einer 1 M KOH-Lösung. Als vierte Schicht folgt die eigentliche schaltbare Spiegelschicht aus GdMg, die zugleich die Gegenelektrode zur ersten Schicht ist. Den Abschluss bildet eine dichte ZrO_2-Schicht zur Vermeidung von Wasserstoffverlusten. Mit $+2$ V an der GdMg-Schicht wird diese spiegelnd, mit $+1$ V schwarz absorbierend und mit -2 V durchsichtig.

Dieses recht merkwürdige optische Verhalten bei der Hydridbildung ist auch von theoretischen Interesse. Die Seltenerdmetalle kristallisieren in sog. kubisch oder hexagonal dichten Kugelpackungen und lagern den Wasserstoff in die Kugelzwischenräume ein. Pro Kugel (Radius bei $R \sim 0.18$ nm) gibt es zwei tetraedrische ($\sim 0.225\,R$) und eine oktaedrische Lücke ($\sim 0.414\,R$), also Platz für maximal drei H pro Metallatom. Mindestens zum Teil wird der Wasserstoff als H^- eingebaut. H^- ist mit einem Radius von 0.154 nm wesentlich größer als das neutrale Atom, da sich das zweite Elektron in dem stark abgeschirmten Coulomb-Feld des ersten in entsprechend größeren Abstand bewegt; sein Ionisierungspotential liegt bei nur 0.7 eV, im Vergleich zu 13.6 eV fürs neutrale H. Der Grundzustand ist ein Singulett, beide Elektronen gehen sich aus dem Weg. Das zweite Elektron ist dem Leitfähigkeitsband entnommen. Der Übergang zum Halbleiter, verbunden mit aufkommender Durchsichtigkeit, findet mit der Entleerung etwa bei 2.8 H statt. Bei so hoher Dotierung sind übliche Halbleiter noch längst metallisch. Man vermutet, dass die restlichen Elektronen die noch unbesetzten Kugellücken füllen.

4.5 Doppelbrechung und Polarisation an optisch einachsigen Kristallen

Im Jahre 1669 fand Erasmus Bartholinus, dass ein Lichtstrahl, der auf einen Kristall aus isländischem Kalkspat trifft, gleichzeitig in zwei verschiedenen Richtungen gebrochen wird, sodass aus dem Kristall zwei getrennte Strahlen austreten. Man nennt diese Erscheinung, die bei allen Kristallen, die nicht dem kubischen System angehören, mehr oder minder ausgeprägt auftritt, die **Doppelbrechung** des Lichtes; Stoffe mit dieser Eigenschaft werden doppelbrechend genannt. Die Erscheinung der natürlichen Doppelbrechung ist eine Folge der **Anisotropie** der Kristalle, beruht also darauf, dass die verschiedenen, durch einen beliebigen Punkt des Kristalls gezogenen Richtungen physikalisch nicht gleichwertig sind. Auch an sich isotrope Stoffe, wie etwa Glas, können auf verschiedene Weise (durch Druck, Biegung, Temperaturverschiedenheit, elektrische Felder usw.) künstlich anisotrop gemacht werden; dann werden auch sie doppelbrechend (sog. künstliche oder erzwungene Doppelbrechung, auch als induzierte Doppelbrechung bezeichnet).

Die Erscheinung der Doppelbrechung soll an einem Kalkspatkristall, bei dem sie besonders ausgeprägt ist, genauer betrachtet werden. Der Kalkspat oder **Calcit** (chemisch $CaCO_3$) kristallisiert im trigonalen System (s. Tab. 4.14). Die farblosen, gut ausgebildeten Kristalle zeigen nach drei zueinander nahezu senkrechten Richtungen eine vollkommene Spaltbarkeit und es gelingt relativ leicht, Stücke in Rhomboedergestalt herauszuspalten; ein ideales **Rhomboeder** (Abb. 4.32) ist begrenzt von sechs Rhomben gleicher Kantenlänge, deren stumpfer Winkel 101°53′ beträgt. In zwei gegenüberliegenden Ecken (A und B) stoßen je drei Rhombenflächen zusammen, die dort miteinander gleiche stumpfe Flächenwinkel von 105°5′ bilden. Die Verbindungslinie von A nach B ist beim (ideal ausgebildeten) Rhomboeder die **kristallographische Hauptachse**; sie ist *dreizählig*, was besagt, dass nach einer Rotation von jeweils $2\pi/3$ um diese Achse der Kristall mit allen seinen physikalischen Eigenschaften eine deckungsgleiche Position einnimmt. Zwar zeigt Abb. 4.32 dies nur für die Spaltflächen (je drei bilden mit der Hauptachse den gleichen Winkel von 45°23′30″), jedoch müssen sich alle physikalischen Eigenschaften dieser Dreizähligkeit unterordnen. (Eine genauere Untersuchung des Calcits würde allerdings ergeben, dass seine dreizählige kristallographische Hauptachse eine sog. *Drehinversionsachse* ist;

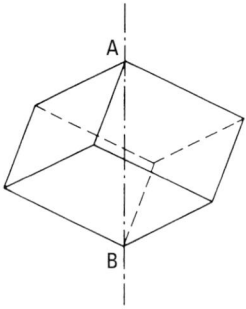

Abb. 4.32 Rhomboeder. In den beiden Ecken A und B bildet jedes der drei Kantenpaare einen stumpfen Winkel von 101°53′.

der Unterschied zur normalen *Drehachse*, der in Abschn. 4.9 beschrieben wird, spielt indes für alle hier behandelten optischen Erscheinungen keine Rolle und braucht deshalb in den folgenden Ausführungen nicht beachtet zu werden.)

Rein geometrisch kann man sich ein Rhomboeder aus einem Würfel entstanden denken: Beim Würfel sind die acht Ecken, in denen je drei quadratische Flächen unter Winkeln von 90° zusammenstoßen, gleichwertig, sämtliche Raumdiagonalen gleich lang und sämtlich dreizählig. Staucht man den Würfel längs einer Raumdiagonale, so verkürzt sie sich, gleichzeitig werden die Winkel zwischen den Flächen der nun zu Rhomben deformierten Quadrate an den Ecken dieser Raumdiagonale stumpf, an den anderen sechs Enden spitz; die verkürzte Raumdiagonale hat nun als einzige Achse ihre Dreizähligkeit behalten und damit eine Vorzugsstellung vor den übrigen Raumdiagonalen erreicht.

Mit ihrer Symmetrie legt die kristallographische Hauptachse im Kristall auch eine *optische Vorzugsrichtung* fest, die man aus später hervortretenden Gründen als **optische Achse** bezeichnet. Sie liegt der kristallographischen Hauptachse parallel. (Man muss sich dabei vor einem Missverständnis hüten: Mit „Achse" wird hier nicht eine materielle Gerade bezeichnet, wie es z. B. die Rotationsachse eines Rades ist, sondern *eine Richtung im Kristall*; alle zur Hauptachse parallelen Richtungen verdienen daher gleichermaßen die Namen *kristallographische Hauptachse* und *optische Achse*)

Für die einheitliche Beschreibung der Doppelbrechung ist der Begriff des *Hauptschnittes* wichtig. Allgemein versteht man unter dem **Hauptschnitt eines Kristalls** jede Ebene, die die kristallographische Achse enthält; im Besonderen nennt man **Hauptschnitt eines Strahls** denjenigen Kristallhauptschnitt, der außerdem das Einfallslot des Strahls enthält. Was zuvor von den Achsen gesagt wurde, gilt auch für die Ebenen des jeweiligen Strahlhauptschnittes; es ist damit keine materielle Ebene gemeint, sondern eine bestimmte *Ebenenstellung im Kristall*; alle zu einem Hauptschnitt parallelen Ebenen werden daher ebenfalls als Hauptschnitte bezeichnet.

Bei einem beliebigen Spaltstück von Calcit sind im Allgemeinen die begrenzenden Flächen keine Rhomben, sondern gewöhnliche Parallelogramme; in diesem Fall ist die Richtung der kürzesten Raumdiagonale nicht mehr Hauptachse oder optische

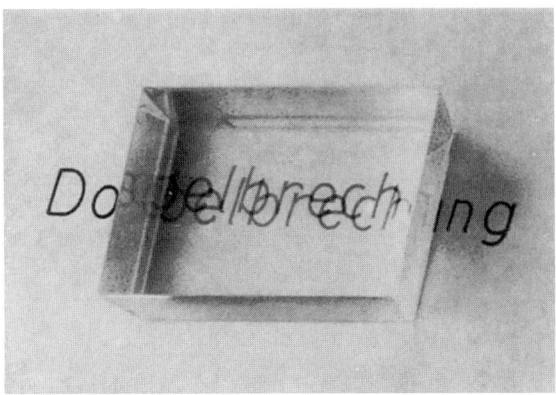

Abb. 4.33 Doppelbrechung des Lichtes durch ein Calcit-(= Kalkspat-)rhomboeder.

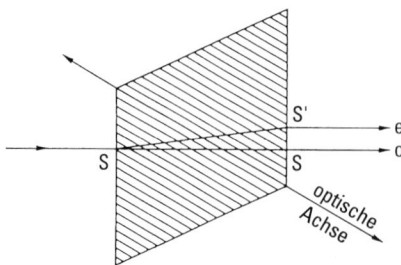

Abb. 4.34 Strahlenverlauf im Hauptschnitt eines Calcitrhomboeders.

Achse; deren Lage ist aber selbstverständlich auch dann definiert, und zwar durch den oben angegebenen Winkel von 45° 23′ 30″ mit den drei in der Ecke zusammenstoßenden Flächen. – Der Klarheit wegen werden im Folgenden insbesondere in den Abbildungen stets vollkommen regelmäßig ausgebildete Rhomboeder vorausgesetzt.

Ein Calcitrhomboeder, auf beschriebenes Papier gelegt, zeigt bei senkrechter Aufsicht die Schrift doppelt (Abb. 4.33); das eine Bild erscheint dort, wo es auch bei einem Rhomboeder aus isotroper Substanz erscheinen würde, nämlich wegen des senkrechten Einfalls unverschoben; das zweite Bild aber ist gegen das erste versetzt. Bereits dieser einfache Versuch zeigt, dass der zweite Strahl sicher nicht dem Snellius'schen Brechungsgesetz folgt, was im Einzelnen noch genauer zu untersuchen ist. Der erste Strahl hingegen verhält sich normal, er gehorcht dem Brechungsgesetz und wird dementsprechend **ordentlicher Strahl**[8], der zweite aber **außerordentlicher Strahl** genannt; sie tragen in allen folgenden Abbildungen die Bezeichnungen „o" und „e".

Zunächst soll in Abb. 4.34 ein einfacher Spezialfall betrachtet werden: Auf eine natürliche Fläche des Calcitrhomboeders falle senkrecht ein Strahl SS, der sich im Innern des Kristalls in zwei Strahlen verschiedener Richtung (o und e) teilt. Beim Austritt aus dem Kristall an der parallelen Gegenfläche findet die zweite Brechung statt und beide Strahlen laufen zwar getrennt aber parallel weiter. In der Abbildung ist die Richtung der optischen Achse eingetragen; sie bestimmt definitionsgemäß zusammen mit dem Einfallslot, das sich hier mit dem Strahl SS deckt, die Ebene eines Strahlhauptschnitts; der Strahlhauptschnitt liegt bei gegebenem Einfallslot im Kristall fest und macht daher z. B. eine Drehung um die Achse SS mit, sodass man ihn in die Papierebene einschwenken kann. Zusammen mit dem Strahlhauptschnitt fällt auch der Strahlengang SS′e in die Papierebene, wie sich herausstellen wird (vgl. auch Abb. 4.37). Es sei nun angenommen, der Hauptschnitt, dessen Schraffierung die Richtung der optischen Achse hervorhebt, liege in Abb. 4.34 in der Zeichenebene. In der Abbildung sind eine von links beleuchtete kreisförmige Lochblende, die als

---

[8] Dies sind schlechte Übersetzungen der französischen Bezeichnungen „rayon ordinaire" und „rayon extraordinaire"; eine bessere Übersetzung wäre „gewöhnlicher" und „ungewöhnlicher" Strahl, doch sind die im Text angeführten Bezeichnungen seit mehr als einem Jahrhundert eingebürgert.

Lichtquelle dient, und eine Abbildungslinse der Einfachheit halber fortgelassen; die Zweiteilung des Strahls SS lässt sich nun objektiv zeigen, indem man die Lochblende auf einem Schirm abbildet. Es entstehen zwei gleich helle Bilder nebeneinander; die einfallende Strahlungsleistung verteilt sich also je zur Hälfte auf den ordentlichen (o-) und den außerordentlichen (e-)Strahl. Der o-Strahl passiert, da er senkrecht auffällt, den Kristall ungebrochen und sein Blendenbild verharrt unbeweglich an derselben Stelle des Projektionsschirmes, wenn man den Kristall um SS dreht. Anders der e-Strahl SS'e: trotz senkrechten Einfalls wird er gebrochen und abgelenkt; für ihn gilt, wie schon betont, das Snellius'sche Brechungsgesetz nicht. Nach Abb. 4.34 wird der e-Strahl in der Ebene des Hauptschnitts nach oben oder unten abgelenkt. (Für Calcit bei der gezeichneten Lage der optischen Achse nach oben, sodass e mit der optischen Achse einen größeren Winkel bildet als o. In allen sog. *optisch negativen Kristallen* verhält sich der e-Strahl wie im Calcit, während er sich in *optisch positiven Kristallen* umgekehrt verhält: Bei Quarz z. B. würde unter gleichen Bedingungen der e-Strahl nach unten abgelenkt werden.) Wird jetzt der Hauptschnitt durch eine Rotation des Kristalls um SSo als Achse aus der Papierebene gedreht, so wandert der Strahl e mit: Das von e entworfene Lochblendenbild umkreist auf dem Projektionsschirm das unabgelenkte Bild des Strahls o. Der Abstand der beiden Bilder der Lichtquelle hängt offenbar mit der Kristalldicke in der Durchstrahlungsrichtung zusammen: *mit wachsender Dicke nimmt die Aufspaltung zu*, wie der Versuch in Abb. 4.44 bestätigen wird. – Abbildung 4.35 soll die Darstellung der Abb. 4.34 durch eine perspektivische Zeichnung der Kristallflächen, des Strahlenverlaufes und des Hauptschnittes ergänzen.

In Abb. 4.35 trifft der Strahl SS zufällig so auf die Kristallfläche, dass er auf der kurzen Rhombendiagonale liegt; demgemäß geht auch der zugehörige Strahlhauptschnitt durch die Diagonale und steht, da er das Einfallslot enthält, senkrecht auf der Kristallfläche. Bei anderer Wahl des Auftreffpunktes für den Strahl SS läge der zugehörige Hauptschnitt offenbar parallel zu dem zuvor bestimmten. Da nun allein die Ebenenstellung charakteristisch ist, darf man sagen, es sei der gleiche Hauptschnitt. Für das (ideale) Rhomboeder kann man also den Hauptschnitt zu einem beliebigen Strahl so definieren, dass er die Richtung der optischen Achse enthält, auf der betreffenden Kristallfläche senkrecht steht und durch deren kurze Diagonale hindurchgeht; von dieser Ausdrucksweise wird verschiedentlich Gebrauch gemacht.

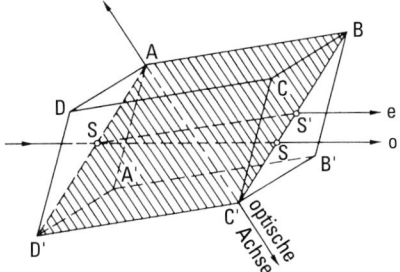

Abb. 4.35 Strahlenverlauf im Hauptschnitt eines Calcitrhomboeders (perspektivische Darstellung).

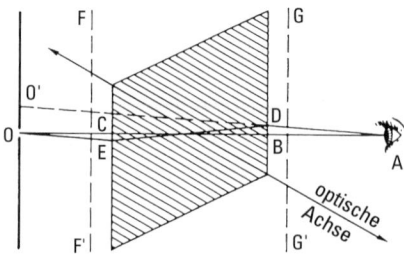

Abb. 4.36 Strahlenverlauf im Hauptschnitt eines Calcitrhomboeders bei subjektiver Beobachtung.

Der in Abb. 4.34 dargestellte Versuch lässt sich dahingehend abändern, dass man die Lichtquelle vor der Blende entfernt und die Blende mit dem Auge durch das Calcitrhomboeder hindurch betrachtet (Abb. 4.36). Man sieht wiederum nebeneinander zwei Blendenbilder, deren eines beim Drehen des Kristalls um die Verbindungslinie Auge-Lochblende seine Lage beibehält, während das andere Bild um das erste herumwandert. Abbildung 4.36 zeigt den zugehörigen Strahlenverlauf. Das Auge A sieht die Blendenöffnung O einmal längs des ordentlichen, geradlinig verlaufenden Strahles BC direkt und zum anderen längs des zweimal geknickten, von A über DE nach O laufenden, außerordentlichen Strahles *scheinbar* an der Stelle O', wohin die Verlängerung der Blickrichtung zielt. Die Lage von ED hängt von der Entfernung zwischen O und E ab. Beide Strahlenwege kreuzen sich dabei im Calcit. Letzteres kann man, worauf G. Monge (1807) zuerst hingewiesen hat, dadurch zeigen, dass man dicht hinter dem Kristall etwa in der Ebene FF' ein Stück schwarzen Kartons von F nach F' verschiebt. Dann verschwindet für das durch den Calcitkristall blickende Auge zuerst die direkt gesehene Öffnung O und dann erst das bei O' liegende Bild der Öffnung, obwohl man zunächst das umgekehrte erwartet, was z. B. eintritt, wenn man den Karton dicht vor dem Calcitkristall von G nach G' verschiebt.

In den Abb. 4.37a und b ist ein Calcitrhomboeder so auf ein Papier mit einem eingezeichneten Kreuz gelegt, dass die beiden Kreuzarme in Abb. 4.37a die Diagonalen der unteren Rhombenfläche bilden; in Abb. 4.37b ist bei gleicher Lage der Kreuzarme das Rhomboeder verdreht; in beiden Fällen ist die optische Achse eingezeichnet. Die Ebene des Hauptschnittes geht durch die optische Achse und steht senkrecht zur Papierebene; in beiden Fällen wird durch die Brechung des e-Strahls das zweite Bild des Kreuzes in Richtung des Hauptschnittes, d. h. parallel der kurzen Diagonale verschoben.

Alle in den Abbildungen 4.33 bis 4.37 beschriebenen Versuche lassen sich, bei qualitativ völlig gleich bleibendem Resultat, an jeder planparallelen, in beliebiger Orientierung aus einem Calcitkristall herausgeschnittenen Platte wiederholen. Die Beschreibungen bleiben daher auch dann noch gültig, wenn Strahleinfalls- und -austrittsfläche keine natürlichen Spaltflächen sind (und man sich nicht mehr einfach an den Rhombendiagonalen orientieren kann): Immer erhält man einen ordentlichen Strahl o, der dem Snellius'schen Brechungsgesetz folgt, und immer einen außerordentlichen Strahl e, der davon abweicht. Im Falle senkrechter Inzidenz wird der

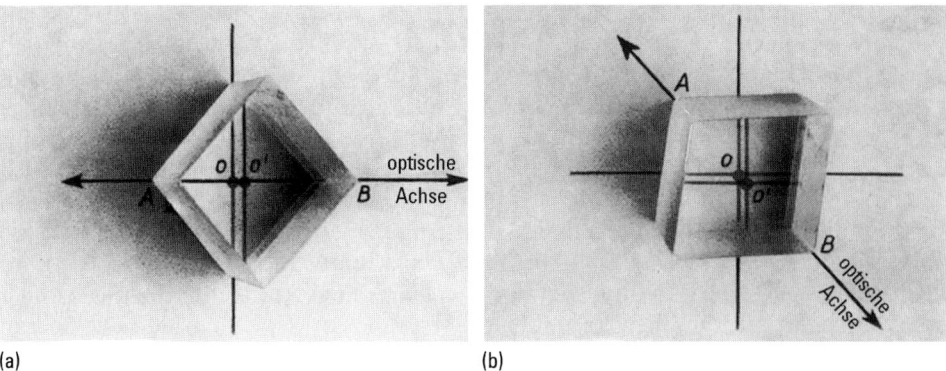

Abb. 4.37 Doppelbrechung des Lichtes durch ein Calcitrhomboeder. In Bild (b) ist der Kristall um 45° gegen seine Lage in (a) verdreht. In beiden Fällen wird das zweite Bild des auf der Unterlage befindlichen Kreuzes in Richtung des Hauptschnittes verschoben.

e-Strahl stets innerhalb der Ebene des Strahlhauptschnitts in Richtung eines größeren Winkels zur optischen Achse abgelenkt (optisch negativ! Siehe auch Tab. 4.4). Darüber hinaus liefern diese Versuche ein wichtiges neues Ergebnis: Der Winkel, unter dem sich e im Innern des Kristalls von dem (parallel zum Einfallslot laufenden) Strahl o entfernt, hängt nur ab vom Schnittwinkel der Kristallplatte zur optischen Achse, besser: zur kristallographischen Hauptachse. Das bedeutet, dass das optische Verhalten von e um diese Hauptachse herum Rotationssymmetrie aufweist. Das bestätigt sich ferner bei beliebig zu den Kristallplatten geneigten Strahlengängen und gilt deshalb ohne jede Einschränkung: *Die optische Erscheinung der Doppelbrechung ist rotationssymmetrisch um die kristallographische Hauptachse.*

Die gefundene optische Rotationssymmetrie um die Hauptachse schließt ferner ein, dass die Hauptachse, als Sitz dieser Symmetrie, selbst eine singuläre Stellung einnimmt. Das lässt sich an einer Kristallplatte bestätigen, die senkrecht zur optischen Achse geschnitten ist. Legt man eine derart geschnittene Platte etwa über das Kreuz der Abb. 4.37, so erscheint bei senkrechter Betrachtung das Bild nur einfach; bei zunehmend geneigter Betrachtungsweise zeigt sich zwar auch wieder Doppelbrechung, dieses Bild wandert jedoch nicht, wenn man die Kristallplatte über dem Kreuz hinwegdreht, im Gegensatz zu den Beobachtungen an allen anders geschnittenen Kristallen. Da in dieser besonderen Schnittlage der e-Strahl in keiner Weise azimutal beeinflusst ist, verbleibt er in der Einfallsebene[9] und seine Brechung zum Lot hin lässt sich messen; man stellt dabei fest, dass diese „Brechzahl" vom Einfallswinkel abhängig ist und bei senkrechter Inzidenz stetig in die (feste!) Brechzahl des o-Strahls übergeht. In Richtung der optischen Achse gibt es daher – wie in einem isotropen Medium – nur eine Brechzahl. Damit wird die Sonderstellung dieser Richtung deutlich: *Die optische Achse ist eine Richtung optischer Isotropie.* Calcit

---

[9] Mathematisch ist bei dieser Schnittlage der Strahlhauptschnitt nicht mehr definiert, da beide bestimmende Geraden (Lot und optische Achse) einander parallel sind. Jede Einfallsebene wird Strahlhauptschnitt.

und überhaupt alle Kristalle des trigonalen, tetragonalen und hexagonalen Systems besitzen genau eine Hauptachse und damit eine optische Achse, weshalb sie **optisch einachsig** heißen. In Richtung der optischen Achse gibt es keine Doppelbrechung.

Außer diesem Sonderfall gibt es noch einen zweiten, der mit einem Kristallschnitt verifiziert werden kann, welcher die optische Achse selbst enthält. Auch hier erkennt man bei senkrechter Inzidenz keine Aufspaltung mehr, jedoch unterscheidet sich der Fall grundsätzlich von dem zuvor besprochenen, was sich sofort beim Drehen der Kristallplatte unter geneigtem Strahlengang bemerkbar macht; hier hängt, wie üblich, die Doppelbrechung vom Azimut ab, das Bild wandert beim Drehen. Man kann sich diesen Grenzfall folgendermaßen erklären: Bei senkrechter Inzidenz bildet der Strahl o mit der optischen Achse den größtmöglichen Winkel von 90°. Die überall vorhandene eindeutige Tendenz von e, mit der optischen Achse einen größeren (bzw. bei optisch positiven Kristallen, Tab. 4.4: einen kleineren) Winkel als o zu bilden, lässt sich nur mit dem Kompromiss aufrechterhalten, dass auch e den Winkel 90° mit der optischen Achse beibehält. Da die optische Achse nicht polar ist, entsteht mit jedem stumpfen Winkel ein völlig gleichwertiger spitzer Komplementwinkel und umgekehrt. Beide Strahlen, o und e, verlaufen daher im Innern parallel, obgleich sie durchaus verschiedenes Verhalten zeigen können (und es auch tatsächlich zeigen).

Zusammenfassend kann man sagen: Beim optisch einachsigen Kristall wird jeder ankommende Strahl in zwei Anteile o und e zerlegt. Der ordentliche Strahl o gehorcht dem Snelliusschen Brechungsgesetz; ihm kann in der üblichen Weise eine Brechzahl n_o zugeordnet werden. Von dem außerordentlichen Strahl lässt sich im Augenblick nur so viel sagen, dass er sich rotationssymmetrisch um die Hauptachse verhält und in Richtung der optischen Achse dem ordentlichen Strahl gleich wird (Richtung der Isotropie). Abgesehen von dieser einen Richtung (mit der Brechzahl n_o) ist das Brechverhalten des außerordentlichen Strahls hier noch nicht verständlich.

Strahlenfläche und Huygens'sches Prinzip. Bis hierher waren die Betrachtungen der Doppelbrechung rein geometrisch optisch. Die Wellentheorie des Lichtes wurde bislang nicht benutzt. Zu einer vertieften Betrachtungsweise führt die Frage nach der Wellenfläche der o- und der e-Strahlen in einem einachsigen Kristall. Als „**Wellenfläche**" wurde in Band 1 diejenige Fläche bezeichnet, bis zu der sich von einem punktförmigen Erregungszentrum aus die Strahlung in einer bestimmten Zeit ausgebreitet hat. Die Geschwindigkeit, mit der sich die Strahlungsenergie ausbreitet, die **Strahlgeschwindigkeit**, soll mit V, (ihr Betrag mit V) bezeichnet werden, um sie begrifflich von einer später einzuführenden, anderen Geschwindigkeit v klar zu trennen. In einem isotropen Medium ist wegen der Konstanz der Lichtgeschwindigkeit in allen Richtungen die Wellenfläche selbstverständlich eine Kugelfläche und das muss auch für den o Strahl im Kristall gelten. Wie aber ist die Wellenfläche für den e-Strahl beschaffen? Berücksichtigt man, dass die Geschwindigkeit V des e-Strahls parallel der optischen Achse gleich der des o-Strahls sein muss, dass ferner unter festem Winkel ϑ zur optischen Achse die gleichen Verhältnisse beobachtet werden, d. h. axialsymmetrisch auch gleiche Strahlgeschwindigkeiten V für den außerordentlichen Strahl auftreten müssen, so ist klar, dass die Wellenfläche der e-Strahlen eine Rotationsfläche sein muss, die in Richtung der optischen Achse ($\vartheta = 0$) die Kugelfläche des o-Strahls berührt. Huygens hat daher die Hypothese aufgestellt, dass die Wellenfläche der e-Strahlen ein Rotationsellipsoid sei. Unter den gegebenen Bedingungen stellt sie die einfachste Annahme einer nur von ϑ abhängigen Strahlgeschwindigkeit V dar. Das Ellipsoid ist bestimmt durch seine Achsen, das sind die Extremwerte von V bei $\vartheta = 0°$, mit einer Strahlgeschwindigkeit V_o, und $\vartheta = 90°$ mit einer Strahlgeschwindigkeit V_e. Die beiden Extremalwerte V_o und V_e der Strahlgeschwindigkeit sind charakteristische Konstanten des Kristalls, die man als **Hauptlichtgeschwindigkeiten** bezeichnet; die zugehörigen Brechzahlen $n_o = c_0/V_o$ und $n_e = c_0/V_e$ heißen **Hauptbrechzahlen**. Zwei Fälle sind zu unterscheiden, die beide in der Natur vorkommen und die in Tab. 4.4 einander gegenübergestellt und in den Abbildungen 4.38 und 4.39 illustriert sind. Qualitativ unterscheidet man sie mit dem Vorzeichen von $(n_e - n_o)$, das man als „**optischen Charakter**" bezeichnet.

Tab. 4.4 Form der Wellenfläche und zugehöriger Parameterbereich.

Hauptlicht-geschwindig-keiten	Haupt-brechzahlen	optischer Charakter $(n_e - n_o)$	Form der Wellenfläche	Beispiel	Abb.
$V_e > V_o$	$n_e < n_o$	optisch negativ	abgeplattetes Rotationsellipsoid	Calcit	4.38
$V_e < V_o$	$n_e > n_o$	optisch positiv	verlängertes Rotationsellipsoid	Quarz	4.39

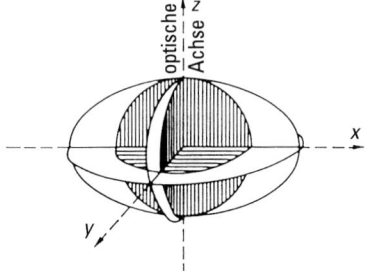

Abb. 4.38 Strahlenfläche eines optisch negativ einachsigen Kristalls.

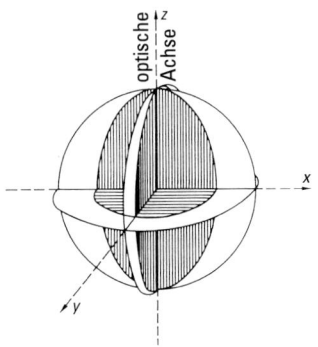

Abb. 4.39 Strahlenfläche eines optisch positiv einachsigen Kristalls.

In beiden Fällen berühren sich die Wellenflächen des ordentlichen und des außerordentlichen Strahls in den beiden Durchstoßpunkten der optischen Achse. Für die zweischaligen Flächen der Abb. 4.38 und 4.39 soll in Zukunft aus bald hervortretenden Gründen die Bezeichnung **Strahlenfläche** verwendet werden.

Analytisch kann man die Strahlenfläche wie folgt darstellen: Sei die optische Achse die z-Achse eines rechtwinkligen Koordinatensystems, so ist in Richtung der z-Achse die Strahlgeschwindigkeit gleich V_o, in der dazu senkrechten xy-Ebene aber V_e; das Strahlenellipsoid hat also die Halbachse V_o in der z-Richtung, dagegen die Halbachse V_e in der x- und y-Richtung. In einer beliebigen Richtung gibt der vom Mittelpunkt gezogene Radiusvektor r der Fläche die Strahlgeschwindigkeit V an. Man erhält also für beide Strahlen folgende Darstellung der zweischaligen Fläche:

$$\left(\frac{x^2+y^2+z^2}{V_o^2}-1\right)\left(\frac{x^2+y^2}{V_e^2}+\frac{z^2}{V_o^2}-1\right)=0. \tag{4.25}$$

Wenn man Polarkoordinaten $r\,(=V)$, φ, ϑ einführt (ϑ Zenitdistanz, φ Azimut in der xy-Ebene), so ist

$$x^2+y^2=V^2\sin^2\vartheta,\quad z^2=V^2\cos^2\vartheta.$$

Das Azimut φ spielt keine Rolle, weil um die z-Achse Rotationssymmetrie herrscht. Gleichung (4.25) geht damit über in

$$\left(\frac{V^2}{V_o^2}-1\right)\left(\frac{V^2}{V_e^2}\sin^2\vartheta+\frac{V^2}{V_o^2}\cos^2\vartheta-1\right)=0. \tag{4.25a}$$

Jeder *Schnitt parallel der optischen Achse*, der also die z-Achse enthält, z. B. die x,z-Ebene, liefert mit $y=0$ aus Gl. (4.25):

$$x^2+z^2=V_o^2,\quad \frac{x^2}{V_e^2}+\frac{z^2}{V_o^2}=1, \tag{4.26}$$

d. h. für die o-Strahlen einen Kreis mit dem Radius V_o, für die e-Strahlen eine Ellipse mit den Halbachsen V_e und V_o; die Kurven berühren sich in der z-Achse ($x=0$).

Wählt man andererseits einen *Schnitt senkrecht zur optischen Achse* durch den Mittelpunkt ($z=0$), so erhält man aus Gl. (4.25):

$$x^2+y^2=V_o^2,\quad x^2+y^2=V_e^2, \tag{4.27}$$

d. h. zwei konzentrische Kreise mit den Radien V_o für den o-Strahl, V_e für den e-Strahl. Die Abb. 4.38 und 4.39 zeigen diese Schnitte.

Strahlgeschwindigkeiten V, die gleiche Winkel ϑ mit der optischen Achse bilden, entnimmt man am besten Gl. (4.25a). Für $V \neq V_o$, also $\vartheta \neq 0$, muss die zweite Klammer verschwinden und es folgt

$$V^2=\frac{V_o^2\,V_e^2}{V_o^2\sin^2\vartheta+V_e^2\cos^2\vartheta}, \tag{4.28}$$

Für $V=V_o$ ist auch $\vartheta=0$. Beide Klammern verschwinden und Gl. (4.28) bleibt auch hier bestehen.

In Band 1 wurde gezeigt, wie man nach Huygens den Brechungsvorgang und das Brechungsgesetz ableiten kann. Der Grundgedanke ist dabei, dass jeder Punkt einer

4.5 Doppelbrechung und Polarisation an optisch einachsigen Kristallen

Strahlenfläche als selbstständiges Erregungszentrum betrachtet werden kann; jeder Flächenpunkt sendet zur gleichen Zeit Wellen (sog. **Elementarwellen**) aus, deren gemeinsame Tangentialebene die tatsächlich beobachteten Wellen liefert. Das Prinzip muss auch hier gelten; während aber in isotropen Medien die Elementarwellen den Innenraum einer Kugel erfüllen, hat man bei Kristallen zwei Typen von Elementarwellen zu unterscheiden: für den o-Strahl sind es wieder Kugelwellen, während die e-Strahlen durch das geschilderte Rotationsellipsoid begrenzt werden. Selbstverständlich müssen diese beiden Strahlenflächen im Kristall richtig orientiert sein, d. h. die Verbindungslinie der Berührungspunkte von Kugel und Rotationsellipsoid muss parallel der optischen Achse gerichtet sein.

Nach diesen Vorbemerkungen soll die Huygens'sche Hypothese zuerst an der einfachen, in Abb. 4.40 skizzierten Situation erprobt werden, welche den bisher noch ungeklärten Versuchen nach Abb. 4.35 entspricht: Ein paralleles Strahlenbündel, begrenzt durch die Strahlen A und B, fällt senkrecht auf eine Kristallfläche, die schräg zur optischen Achse (EA) geschnitten ist. Die Figur ist so weit um die Einfallsnormale gedreht, dass die optische Achse in die Zeichenebene zu liegen kommt. Nach Ablauf der Zeitspanne $t = 1$ sind die Elementarwellen, von ihren Ausgangspunkten A und B auf der Trennfläche ZZ, um die Abmessungen der Strahlenfläche ins Innere des Kristalls vorgerückt. Die gezeichnete Strahlenfläche gilt für einen optisch negativen Kristall; selbstverständlich kommen nur die im Innern des Kristalls liegenden, ausgezogenen Schalenhälften in Betracht. Bemerkenswert ist nun folgendes: Obwohl die Wellenfronten für die Strahlen o und e – gegeben durch die Tangentialebenen DC und GF – beide parallel zur Oberfläche verlaufen, weicht der e-Strahl in Richtung größerer Winkel zur optischen Achse aus, in Übereinstimmung mit der Beobachtung an optisch negativen Kristallen. Die Situation ist für den e-Strahl im rechten Teilbild noch einmal vereinfacht dargestellt: die horizontalen Striche bezeichnen die Orte gleicher Phasenlage im Abstand 2π (bzw. λ). Wellennormale und Strahlrichtung fallen nicht mehr zusammen. Die Zeichnung macht die Notwendigkeit deutlich, beim außerordentlichen Strahl e zu unterscheiden zwischen der

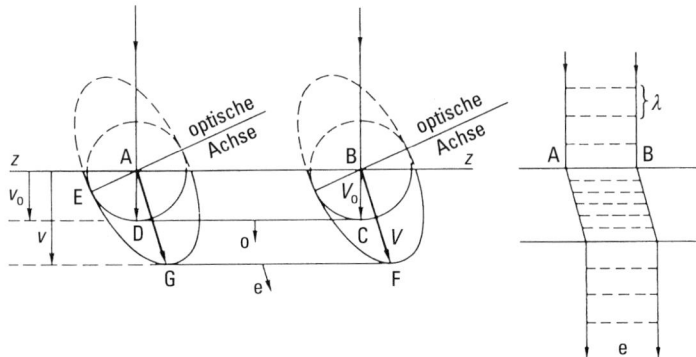

Abb. 4.40 Verlauf der Strahl- und Wellennormalengeschwindigkeiten für senkrechte Inzidenz bei schräger Schnittlage zur optischen Achse. Die Abweichung zwischen o- und e Richtung ist übertrieben gezeichnet; selbst für den sehr stark doppelbrechenden Calcit beträgt der Winkel zwischen o und e maximal nur wenig über 6°.

532   4 Polarisation und Doppelbrechung des Lichtes

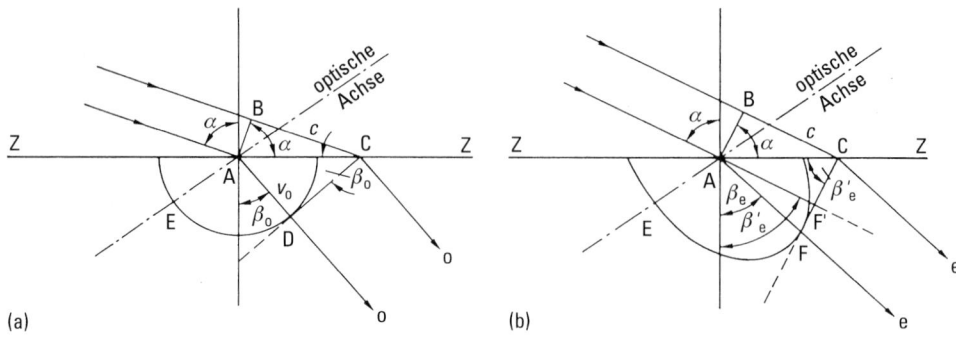

Abb. 4.41 Erklärung der Brechung beim Calcit mit dem Huygens'schen Prinzip, (a) für den ordentlichen Strahl, (b) für den außerordentlichen Strahl.

Strahlgeschwindigkeit V und der Geschwindigkeit v, mit der sich die Phase der Welle bzw. die Welle normal zur Wellenfront weiterbewegt. Man nennt v die **Wellennormalengeschwindigkeit** oder kurz die **Normalengeschwindigkeit**. Die Geschwindigkeiten sind in der Abb. 4.40 eingetragen. Beim ordentlichen Strahl o sind V_o und v_o offenbar nicht zu unterscheiden. Es liegt jetzt nahe, die Brechzahl durch das Verhältnis

$$n = \frac{\text{Vakuumlichtgeschwindigkeit } c_0}{\text{Normalengeschwindigkeit } v} \qquad (4.29)$$

zu definieren, um ein einfaches Brechungsgesetz zu erhalten; dies wird sich als richtig herausstellen, bedarf jedoch zu seiner Rechtfertigung einer nun folgenden allgemeineren Untersuchung (vgl. auch das in Abschn. 2.2 über die Brechzahl Gesagte).

Abbildung 4.41 zeigt, wiederum im Strahlhauptschnitt, den Fall schiefer Strahleninzidenz, jedoch der Übersichtlichkeit halber für o- und e-Strahl in getrennten Teilbildern (a) und (b). Eine Wellenebene AB treffe zum Zeitpunkt $t = 0$ in A auf die Trennfläche ZZ. A wird Ausgangspunkt je einer Elementarwelle für o und für e, wobei die Ausbreitung der e-Welle von der Orientierung der optischen Achse abhängt. Während die einfallende Welle mit der Geschwindigkeit c_0 im Vakuum (Luft) fortschreitet und der Punkt B nach Verstreichen der Zeitspanne $t = 1$ gerade bis zum Punkt C auf der Trennfläche vorgerückt sein möge, haben von A aus die beiden Elementarwellen gerade die Schalen der Strahlenfläche erreicht, sodass die Elementarwelle des o-Strahls auf einer Kugelfläche vom Radius $\overline{AD} = tV_o = 1 V_o$ oder kurz $\overline{AD} = V_o$ angekommen ist und die dem e-Strahl zukommende Elementarwelle das Rotationsellipsoid mit den Achsen V_o (parallel zur optischen Achse) und V_e (senkrecht zur optischen Achse) erfüllt. Die Ableitung des Brechungsgesetzes für den ordentlichen Strahl bei (a) bietet keine Schwierigkeiten: Zieht man die senkrecht zur Zeichenebene stehende Tangentialebene von C an die Kugel, so liegt der Berührungspunkt D wieder in der Zeichenebene und die Gerade CD stellt den Schnitt der Ebene der gebrochenen Welle dar. Die Richtung AD des o-Strahls im Kristall liegt nach Konstruktion in der Papierebene und damit in der Einfallsebene. Aus der Betrachtung der beiden rechtwinkligen Dreiecke ABC und ADC mit

4.5 Doppelbrechung und Polarisation an optisch einachsigen Kristallen 533

und
$$\sin(\sphericalangle\,\mathrm{BAC}) = \sin\alpha = \frac{\overline{BC}}{\overline{AC}} = \frac{c_0}{\overline{AC}}$$

$$\sin(\sphericalangle\,\mathrm{ACD}) = \sin\beta_\mathrm{o} = \frac{\overline{AD}}{\overline{AC}} = \frac{V_\mathrm{o}}{\overline{AC}}$$

folgt durch Division das Brechungsgesetz für isotrope Medien:

$$\frac{\sin\alpha}{\sin\beta_\mathrm{o}} = \frac{c_0}{V_\mathrm{o}} = \frac{c_0}{v_\mathrm{o}} = n_\mathrm{o}. \tag{4.29a}$$

Beim außerordentlichen Strahl, Teilbild (b), tritt an die Stelle des Elementarwellenkreises eine bestimmt gelagerte Ellipse. Der Schnitt CF der von C an die Ellipse bzw. das Ellipsoid gezogenen Tangentialebene liefert die Spur der Wellenebene des e-Strahls als geometrischen Ort aller zur gleichen Zeit (von der Wellenfront AB aus) ankommenden Strahlen. Die Verbindung von A mit dem Berührungspunkt F gibt Richtung und Größe der Geschwindigkeit des e-Strahlenbündels an. Der Brechungswinkel des e-Strahls sei β_e.

Der e-Strahl liegt in diesem Fall auch in der Einfallsebene, aber nur aus dem Grund, weil vorausgesetzt ist, dass die optische Achse in der Einfallsebene liegen soll, die deshalb hier mit dem Hauptschnitt in der Zeichenebene zusammenfällt. Würde jedoch die optische Achse nicht in der Einfallsebene liegen, wäre auch der Berührungspunkt F zwischen dem Strahlenellipsoid und der von C aus konstruierten (und zur Einfallsebene stets senkrechten) Tangentialebene außerhalb der Zeichenebene gelegen, während das Lot AF′ und damit F′ in jedem Fall in der Einfallsebene verbleiben. Im Hauptschnitt, definiert durch die optische Achse und den Strahl AF, liegt auch das in F auf die Tangentialebene errichtete Lot, denn dieses Lot muss die optische Achse schneiden; folglich gehört auch AF′ demselben Hauptschnitt an. Der e-Strahl AF kann deshalb immer nur innerhalb eines Hauptschnittes von der Normalenrichtung AF′ abweichen, wie bereits empirisch festgestellt wurde.

Die Normalengeschwindigkeit ist durch das Lot auf die Wellenfront gegeben: $v = \overline{AF'}$, der zugehörige Brechungswinkel ist β'_e. Auch dieser allgemeine Fall liefert für die Normalengeschwindigkeit v das bekannte Brechungsgesetz. In Analogie zum ordentlichen Strahl findet man:

$$\sin\alpha = \frac{\overline{BC}}{\overline{AC}} = \frac{c_0}{\overline{AC}} \quad \text{und} \quad \sin\beta'_\mathrm{e} = \frac{\overline{AF'}}{\overline{AC}} = \frac{v}{\overline{AC}},$$

womit sofort das Ergebnis folgt:

$$\frac{\sin\alpha}{\sin\beta'_\mathrm{e}} = \frac{c_0}{v} = n. \tag{4.29b}$$

Dagegen überzeugt man sich sofort, dass $\sin\alpha/\sin\beta_\mathrm{e} \neq c_0/V$ ist, denn der Winkel AFC, welcher dem Winkel ADC beim ordentlichen Strahl entspricht, ist kein rechter mehr. Es ist daher zweckmäßig, dass man die *variable Brechzahl n des e-Strahls* stets als das *Verhältnis der Normalengeschwindigkeiten* definiert, das dann auch mit dem zugehörigen *Sinusverhältnis* übereinstimmt. Wegen der Identität der beiden Gln. (4.29a) und (4.29b) kann man die gewöhnliche Methode zur Bestimmung der Brechzahlen anwenden, was indessen noch genauer untersucht werden soll.

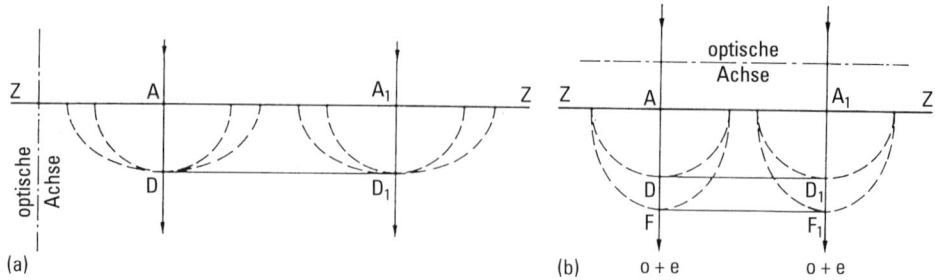

Abb. 4.42 Huygens'sche Konstruktion des Strahlenverlaufs bei Lichteinfall senkrecht auf eine Calcitfläche, (a) optische Achse senkrecht zur Kristallfläche, (b) optische Achse parallel zur Kristallfläche.

Die Notwendigkeit, bei der Fortpflanzung der e-Strahlen zwischen der Strahlgeschwindigkeit und der Normalengeschwindigkeit zu unterscheiden, ist auch der Grund, weswegen die „Wellenfläche" durch den genaueren Ausdruck *Strahlenfläche* ersetzt wurde. Nur in zwei Fällen stimmt bei einachsigen Kristallen für den e-Strahl die Strahlgeschwindigkeit mit der Normalengeschwindigkeit überein, nämlich für Strahlen, die parallel und senkrecht zur optischen Achse verlaufen; auch dieses empirisch bereits erwähnte Verhalten erklärt die Huygens'sche Konstruktion, worauf Abb. 4.42 noch einmal ausdrücklich hinweisen soll. Den beiden Teilbildern entnimmt man unmittelbar die beiden Hauptbrechzahlen

$$\overline{AD} = \overline{A_1 D_1} = V_o = v_o \quad \text{und} \quad n_o = \frac{c_0}{v_o},$$

$$\overline{AF} = \overline{A_1 F_1} = V_e = v_e \quad \text{und} \quad n_e = \frac{c_0}{v_e}.$$

In beiden Fällen verlaufen die Strahlen o und e im Kristall nicht getrennt. Während jedoch bei (a) beide Strahlen mit gleicher Geschwindigkeit weiterziehen, bildet sich im Fall (b) beim Fortschreiten durch den Kristall eine Phasendifferenz zwischen o und e aus, die beim Wiederaustritt aus dem Kristall proportional dem Unterschied ihrer optischen Weglängen $(n_o - n_e) d$ ist (d = durchlaufene Wegstrecke). Bei keinem Wert der Phasendifferenz wird aber Interferenz der beiden Strahlen beobachtet, was darauf hinweist, dass die bisherige Charakterisierung der beiden Strahlenarten noch einer ganz wesentlichen Ergänzung bedarf (vgl. Abschn. 4.10).

Es ist selbstverständlich, dass die *Normalengeschwindigkeitsfläche* (kurz *Normalenfläche*), d. h. die Fläche, deren vom Mittelpunkt aus gezogener Radiusvektor die Normalengeschwindigkeit angibt, von der Strahlenfläche für die e-Strahlen verschieden ist; für die o-Strahlen sind beide Flächen identisch. Man kann in der Tat aus der Strahlenfläche rein rechnerisch die Normalenfläche ableiten; ohne die Rechnung auszuführen, sei das Resultat hier angegeben. Mit der Abkürzung $r^2 = x^2 + y^2 + z^2$ folgt:

$$\left[\frac{r^2}{v_o^2} - 1\right] [v_e^2 (x^2 + y^2) + v_o^2 z^2 - r^4] = 0. \qquad (4.30)$$

4.5 Doppelbrechung und Polarisation an optisch einachsigen Kristallen

Diese Fläche ist gleichfalls eine zweischalige Rotationsfläche mit der z-Richtung als Achse. Wiederum auf Polarkoordinaten $r = v$, ϑ', φ umgeschrieben, wobei die Zenitdistanz ϑ' hier im Allgemeinen eine andere als in Gl. (4.25) ist, da Strahlgeschwindigkeit und Normalengeschwindigkeit verschiedene Richtungen haben, folgt

$$x^2 + y^2 = v^2 \sin^2 \vartheta', \quad z^2 = v^2 \cos^2 \vartheta'.$$

Damit entsteht aus Gl. (4.30) die übersichtliche Gleichung

$$\left(\frac{v^2}{v_o^2} - 1\right)(v_e^2 \sin^2 \vartheta' + v_o^2 \cos^2 \vartheta' - v^2) = 0. \tag{4.30a}$$

Jeder die z-Achse enthaltende Schnitt, z. B. die x, z-Ebene, liefert mit $y = 0$ aus Gl. (4.30)

$$x^2 + z^2 = v_o^2; \quad v_e^2 x^2 + v_o^2 z^2 = (x^2 + z^2)^2, \tag{4.31}$$

d. h. für die o-Strahlen einen Kreis mit dem Radius v_o, für die e-Strahlen aber keine Ellipse, sondern ein „Oval", das die Ellipse (4.26) der Strahlenfläche in den vier Endpunkten der großen und kleinen Halbachse von außen berührt, sonst aber außerhalb der Ellipse verläuft; das „Oval" ist „runder" als die Ellipse. Rotation des Ovals um die z-Achse liefert das „Rotationsovaloid" (nach Gl. (4.30)):

$$v_e^2 (x^2 + y^2) + v_o^2 z^2 = (x^2 + y^2 + z^2)^2,$$

wie es sein muss.

Nimmt man andererseits den Schnitt senkrecht zur optischen Achse durch den Mittelpunkt ($z = 0$), erhält man, wieder nach Gl. (4.30)

$$x^2 + y^2 = v_o^2; \quad v_e^2 (x^2 + y^2) = (x^2 + y^2)^2 \quad \text{d. h.} \quad x^2 + y^2 = v_e^2. \tag{4.32}$$

Beide Kurven sind Kreise mit den Radien v_o und v_e, in diesem Fall also genau wie in Gl. (4.27).

Für die Normalengeschwindigkeiten v, die gleiche Winkel ϑ' mit der optischen Achse bilden, zeigt am einfachsten Gl. (4.30a) die Abhängigkeit:

$$v^2 = v_e^2 \sin^2 \vartheta' + v_o^2 \cos^2 \vartheta'. \tag{4.33}$$

Diese Gleichung ist das Analogon zu Gl. (4.28) für die Strahlgeschwindigkeiten V in Abhängigkeit von ϑ.

Der Zusammenhang zwischen ϑ und ϑ' ist leicht zu durchschauen, wenn man von dem in Abb. 4.43 gezeichneten Schnitt durch die Strahlenfläche ausgeht; dieser Schnitt wird von den Gln. (4.26) und (4.28) beschrieben. Die Normalengeschwindigkeit v, die zu V gehört, steht senkrecht auf der Ellipsentangente durch den Endpunkt von V. Indem man in Gl. (4.26) $c_0/V_o = n_o$ und $c_0/V_e = n_e$ einsetzt und die Gleichung

$$n_e^2 x^2 + n_o^2 z^2 = c_0^2$$

nach x differenziert, findet man

$$2 n_e^2 x + 2 n_o^2 z z' = 0.$$

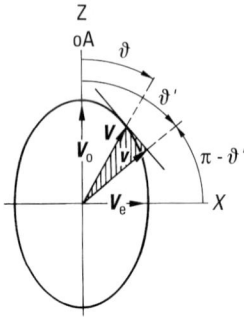

Abb. 4.43 Schnitt durch die Strahlenfläche der e-Welle eines optisch positiven einachsigen Kristalls parallel zur optischen Achse oA. *V*: Strahlgeschwindigkeit unter dem Winkel ϑ zu oA. *v* = die zu *V* gehörende Wellennormalengeschwindigkeit; sie steht senkrecht auf der Ellipsentangente am Endpunkt von *V*. Die Figur ist rotationssymmetrisch um oA. (s.a. Abb. 4.39). Der *E*-Vektor der e-Welle schwingt in der Zeichenebene. Dem schraffierten Dreieck entnimmt man: $V = v\cos(\vartheta' - \vartheta)$.

Mit $z' = \tan(\pi - \vartheta')$ und $x/z = \tan\vartheta$ folgt schließlich

$$\left(\frac{n_e}{n_o}\right)^2 \tan\vartheta = \tan\vartheta'. \qquad (4.34)$$

Außerdem liest man aus der Zeichnung ab:

$$v = V\cos(\vartheta - \vartheta'). \qquad (4.35)$$

Noch einmal verdeutlicht ein Vergleich von Gl. (4.26) bis (4.28) mit Gl. (4.31) bis (4.33) die Unterschiede im Verhalten von v und V.

Mit der Normalenfläche (4.30) ist zugleich eine weitere zweischalige Fläche gefunden, *deren Radiusvektor (vom Mittelpunkt aus gezogen) die Brechzahlen für beide Strahlen liefert*; diese Fläche wird als **Indexfläche** bezeichnet, weil man die Brechzahl, besonders in der älteren Literatur, häufig auch als **Brechungsindex** bezeichnet. Die Indexfläche ist am einfachsten aus Gl. (4.30a) zu gewinnen; indem man überflüssige Konstanten fortlässt und nach Definition (4.29b) statt v, v_o, v_e, resp. $1/n$, $1/n_o$, $1/n_e$ schreibt, folgt:

$$\left[\frac{n_o^2}{n^2} - 1\right]\left[\frac{n^2}{n_e^2}\sin^2\vartheta' + \frac{n^2}{n_o^2}\cos^2\vartheta' - 1\right] = 0. \qquad (4.30\,\text{b})$$

Da hier n gleich dem Radiusvektor sein soll, lautet Gl. (4.30b) in kartesischen Koordinaten:

$$[n_o^2 - (x^2 + y^2 + z^2)]\left[\frac{x^2 + y^2}{n_e^2} + \frac{z^2}{n_o^2} - 1\right] = 0. \qquad (4.30\,\text{c})$$

Der ersten eckigen Klammer entspricht eine Kugel vom Radius $r = n_o$, die das Verhalten der ordentlichen Brechzahl beschreibt; der zweiten Klammer entspricht ein Rotationsellipsoid mit den Halbachsen n_e und n_o. Da für optisch negative Kristalle (z. B. Calcit) $n_e < n_o$ ist, umhüllt hier die Kugel das verlängerte Rotationsellipsoid, im Gegensatz zur Strahlenfläche (Abb. 4.38); für optisch positive Kristalle ist es umgekehrt. Löst man in Gl. (4.30 b) die zweite, für die e-Welle gültige Klammer nach n^2 auf, gilt:

$$n^2 = \frac{n_o^2 n_e^2}{n_o^2 \sin^2 \vartheta' + n_e^2 \cos^2 \vartheta'}. \tag{4.33a}$$

An dieser Stelle ist festzuhalten: Alle Gln. (4.30) für Normalen- und Indexfläche sind abgeleitet von der Strahlenfläche in den Gln. (4.25) und (4.26). Die Strahlenfläche beruht aber auf der Hypothese Huygens, dass sie für den e- Strahl ein Rotationsellipsoid sei. Alle Ausführungen über die Normalenfläche und die Indexfläche hängen also von der Bestätigung dieser Hypothese ab. Deshalb liefert die Prüfung der Gl. (4.33a), nämlich die Bestimmung von n als Funktion von ϑ', eine Probe auf die Richtigkeit der Huygens'schen Hypothese und damit der gesamten Optik einachsiger Kristalle.

Bestimmung der Brechzahlen. Die Messung der Hauptbrechzahlen n_o und n_e bietet keine Schwierigkeiten, da sie z. B. mit der üblichen Prismenmethode vorgenommen werden kann. Speziell n_o kann mit Hilfe eines sogar beliebig aus dem Kristall geschnittenen Prismas nach der Minimumsmethode – vgl. Abschn. 1.4.5, Gl. (1.12) – anhand der Formel

$$n_o = \frac{\sin \dfrac{\delta_o + \varepsilon}{2}}{\sin \dfrac{\varepsilon}{2}}$$

gemessen werden (ε brechender Winkel, δ_o Ablenkwinkel des Strahls).

Auch bei beliebiger Achsenlage im Prisma bekommt man selbstverständlich einen e-Strahl mit einer Brechzahl n, deren Wert vom Winkel abhängt, den der e-Strahl mit der Achse bildet. Benutzt man jedoch ein Prisma, bei dem die optische Achse parallel der Basis gerichtet ist, tritt bei symmetrischem Durchgang im Minimum der Ablenkung überhaupt keine Doppelbrechung auf und man erhält allein n_o. (In dieser Weise benutzt man z. B. Quarzprismen zu Untersuchungen im Ultraviolett und Infrarot, bei denen Doppelbrechung stören würde.) Um n_e zu bestimmen, muss man erreichen, dass der e-Strahl senkrecht zur Achse verläuft. Das gelingt mit einem Prisma, bei dem die Achse parallel zur brechenden Kante liegt. Dann entsteht Doppelbrechung, und die Brechung des e-Strahls liefert unmittelbar n_e. Damit hat man die beiden charakteristischen optischen Konstanten festgestellt. Diese reichen jedoch nicht aus, um die Huygens'sche Hypothese zu bestätigen, wonach die Strahlenfläche der e-Strahlen ein Rotationsellipsoid ist; dazu bedarf es einer Untersuchung der Gl. (4.33) bzw. (4.33a). Doch zuvor soll die Benutzung des Pulfrich'schen **Totalrefraktometers** zur Bestimmung der Brechzahlen, sowohl in der ursprünglichen Gestalt (Abb. 1.39), als auch in der von Abbe modifizierten zweiten Ausführung als Kristallrefraktometer (Abb. 1.41), besprochen werden. Auf der Oberfläche des Würfels in Abb. 1.39 sei eine senkrecht zur optischen Achse geschnittene Kristallplatte angekittet. Die Kittsubstanz muss dabei eine höhere Brechzahl als der zu messende Kristall besitzen; oft genügt es schon, den Kristall mit einem Tropfen Monobromnaphthalin ($n = 1.658$) auf den Glaskörper aufzukleben. Streifend einfallendes Licht ($\alpha = 0$) ist senkrecht zur optischen Achse gerichtet und spaltet daher in einen o- und e-Strahl auf, die beide unter ihrem Grenzwinkel in den Würfel hinein gebrochen werden und nach nochmaliger Brechung in Luft austreten. Demnach erhält man zwei Grenzen zwischen Hell und Dunkel, die n_o und n_e liefern. Ist die Kristallplatte jedoch parallel der optischen Achse geschnitten, so kommt es auf deren Lage in der Platte an: Liegt die optische Achse in der Papierebene, die in Abb. 1.39 Einfallsebene ist, so ist der streifend einfallende Strahl parallel der Achse gerichtet; die Doppelbrechung verschwindet, eine einzige Grenze zwischen Hell und Dunkel tritt auf, die dem Wert von n_o entspricht. Dreht man die Kristallplatte aber so, dass die optische Achse senkrecht zur Papierebene (= Einfallsebene) steht, ist der einfallende Strahl senkrecht zur optischen Achse gerichtet und man beobachtet Doppelbrechung mit zwei Grenzen, die den Werten n_o und n_e entsprechen. Dreht man den Kristall so, dass die optische Achse den Winkel ϑ' mit der Richtung des einfallenden Strahls bildet, so zeigt er weiterhin Doppelbrechung mit zwei enger beieinander liegenden Grenzen, den Werten n_o (wie immer) und $n(\vartheta')$ entsprechend. Indem man die Platte systematisch weiterdreht, kann man für alle ϑ' zwischen 0 und 2π den zugehörigen n-Wert für den e-Strahl messen. Die Abbe'sche Modifikation, das so genannte **Kristallrefraktometer**, unterscheidet sich nur dadurch von dem ursprünglichen Pulfrich'schen Refraktometer, dass erstens der Würfel durch eine Glashalbkugel mit genau horizontaler Planfläche ersetzt ist und dass zweitens die Halbkugel um eine vertikale Achse (A in Abb. 1.40) gedreht werden kann. Kittet man auf die horizontale Planfläche z. B. eine parallel der optischen Achse geschnittene Kristallplatte, lässt sich die optische Achse in der Horizontalen beliebig einstellen und so, wie oben, $n(\vartheta')$ messen. Derartige Untersuchungen von G. G. Stokes (1872), R. T. Glazebrook (1879), W. u. F. Kohlrausch (1880) und Ch. S. Hastings (1888) haben die Richtigkeit der Gl. (4.33a) mit großer Genauigkeit bestätigt, und damit auch die Huygens'schen Annahme, dass die Strahlenfläche des e-Strahles ein Rotationsellipsoid sei. Die folgende Tabelle 4.5 enthält einige Messungen von n_o und n_e für die Wellenlänge der D-Linie (589.3 nm).

Tab. 4.5 Doppelbrechung optisch einachsiger Kristalle.

Kristallart	n_o	n_e	optischer Charakter
Calcit	1.6584	1.4864	
Korund	1.7682	1.6598	
Natronsalpeter	1.5874	1.5361	negativ
Turmalin	1.6425	1.6220	
Beryll	1.5740	1.5674	
Quarz	1.5442	1.5533	
Rutil	2.6158	2.9029	
Kaliumsulfat	1.4550	1.5153	positiv
Zinnober	2.854	3.201	
Eis	1.309	1.313	

4.5 Doppelbrechung und Polarisation an optisch einachsigen Kristallen   539

Bei der Bezeichnung „optisch negativ" und „optisch positiv" ist zu beachten, dass die Hauptbrechzahlen n_o und n_e Funktionen der Wellenlänge sind. Es kann daher wohl sein – und ist in Wirklichkeit immer der Fall –, dass z. B. die im UV oder im Infrarot geltenden Werte von n_o und n_e einen „optisch positiven" Kristall charakterisieren, während derselbe Kristall im Sichtbaren „optisch negativ" ist, und umgekehrt. *Die Angabe „negativ" und „positiv" hat also nur Sinn, wenn gleichzeitig die Wellenlänge (oder das Wellenlängenintervall) mitgeteilt wird, für die diese Angabe gelten soll.* Dass ein im Sichtbaren optisch negativer Kristall, wie der Calcit, etwa im Infrarot optisch positiv wird, liegt daran, dass die Dispersionskurven für n_o und n_e verschieden verlaufen und sich bei gewissen Wellenlängen schneiden; ist vor dem Schnittpunkt der optische Charakter $n_e - n_o$ negativ, dann ist er hinter dem Schnittpunkt positiv. *Für die Wellenlänge des Schnittpunktes selbst ist $n_e = n_o$, d. h. für diese Wellenlänge ist der Kristall dann optisch isotrop und überhaupt nicht doppelbrechend.* Solche Fälle sind z. B. bei den Carbonaten von Cl. Schaefer gefunden worden. – Selbstverständlich kann es auch passieren, dass der optische Charakter eines Kristalls innerhalb des sichtbaren Gebietes umschlägt; das ist z. B. seit langem für Apophyllit bekannt. Die Änderung des optischen Charakters ist aber nicht, wie in den mineralogischen und kristallographischen Lehrbüchern vielfach behauptet wird, eine Anomalie, sondern der Normalfall und stellt hier nur hinsichtlich der Lage des Umschlagpunktes eine Singularität dar. Man sieht, wie wichtig es ist, stets das Gesamtspektrum zu betrachten.

Das Kristallrefraktometer kann man nach C. Leiss (1904) für einen Demonstrationsversuch so abändern, dass von allen Seiten gleichzeitig Licht streifend auf die Kristallplatte K trifft (Abb. 4.44). K ist parallel der optischen Achse geschnitten

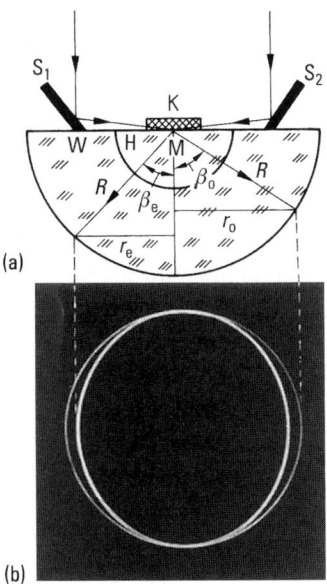

Abb. 4.44 Anordnung zur Demonstration der Grenzkurven der Totalreflexion. (a) Schnitt durch den optischen Aufbau, (b) Grenzkurven für Calcit (= Kalkspat).

und auf der Refraktometerhalbkugel H mit der Brechzahl N aufgekittet. (In Abb. 4.44a ist H aus nachher zu erörternden Gründen in eine größere Kronglaskugel W mit dem Radius R eingekittet.) Ein Kegelspiegel, dessen Spur $S_1 S_2$ ist, lenkt ein senkrecht von oben einfallendes Parallelstrahlbündel von allen Seiten streifend auf die zylindrisch ausgebildete Kristallplatte K; für alle Strahlen beträgt der Einfallswinkel $\alpha = 90°$, damit sie unter den Grenzwinkeln β_o für die o-Strahlen, β_e für die e-Strahlen in die Refraktometerhalbkugel hineingebrochen werden und dann geradlinig weiter bis zur mattierten Oberfläche der Kronglaskugel laufen. Die Gesamtheit sowohl der o-Strahlen wie auch der e-Strahlen bildet einen Kegel; für die o-Strahlen entsteht ein Kreiskegel mit dem konstanten halben Öffnungswinkel β_o, und für die e-Strahlen – wie vorweggenommen sei – ein elliptischer Kegel mit dem variablen halben Öffnungswinkel β_e. Die mattierte Oberfläche von W zeigt die Schnittkurven beider Kegel mit dieser Oberfläche, die so genannten **Grenzkurven der Totalreflexion**.

Der Abb. 4.44a entnimmt man $r_o = R \sin \beta_o$; ferner ist nach dem Brechungsgesetz $n_o \sin(\pi/2) = N \sin \beta_o$, woraus $\sin \beta_o = n_o/N$ und durch Kombination $r_o = R n_o/N$. Die Grenzkurve der o-Strahlen ist daher ein Kreis vom Radius $R n_o/N$. Setzt man der Bequemlichkeit halber $R/N = 1$, dann gilt direkt $r_o = n_o$. Ganz analog verläuft die Betrachtung für die e-Strahlen:

$$r_e = R \sin \beta_e \quad \sin \beta_e = n/N$$

nach dem Brechungsgesetz, sodass sich für den Radiusvektor (mit $R/N = 1$) ergibt:

$$r_e = n,$$

wobei n von ϑ', dem Winkel zwischen dem jeweils betrachteten e-Strahl und der optischen Achse, abhängt; setzt man $n(\vartheta')$ aus Gl. (4.33a) in die vorstehende Gleichung ein, so folgt

$$r_e^2 = n^2 = \frac{n_o^2 n_e^2}{n_o^2 \sin^2 \vartheta' + n_e^2 \cos^2 \vartheta'},$$

die bereits in Polarkoordinaten geschriebene Gleichung der Schnittkurve des e-Strahlenkegels. Zur Umrechnung in kartesische Koordinaten kann man

$$\sin \vartheta' = \frac{x}{n} = \frac{x}{r_e} \quad \text{und} \quad \cos \vartheta' = \frac{z}{n} = \frac{z}{r_e}$$

setzen – denn der betrachtete Kristallschnitt enthält ja die optische Achse ($=z$-Achse) und eine dazu senkrechte x-Achse – und man erhält sofort

$$\frac{x^2}{n_e^2} + \frac{z^2}{n_o^2} = 1.$$

Das ist die Gleichung einer Ellipse, womit die Behauptung, der e-Strahlenkegel sei elliptisch, bewiesen ist. Die hier erhaltenen Resultate lassen sich ebenso auch über die Indexfläche Gl. (4.30c) gewinnen. Der Schnitt $y = 0$ liefert:

$$n_o^2 = x^2 + z^2 \quad \text{und} \quad \frac{x^2}{n_e^2} + \frac{z^2}{n_o^2} = 1,$$

d.h. die Grenzkurven, die man auf der mattierten Kugelfläche beobachtet, stellen Schnittflächen der Indexfläche dar. Eine fotografische Aufnahme für Calcit zeigt

Abb. 4.44b. Der Kreis umgibt die Ellipse; für einen optisch positiven Kristall wäre es umgekehrt.

Es bleibt noch zu erklären, warum in dem Leiss-Apparat die Refraktometerkugel in eine große Kronglashalbkugel eingekittet ist. Ein Grund dafür ist sofort ersichtlich: Die Kurven blieben kleiner, wenn man allein die kleine Halbkugel H benutzen würde. Der zweite Grund ist geometrisch-optischer Natur: In Abb. 4.44a ist statt des streifend einfallenden Strahlen*bündels* nur ein Strahl gezeichnet, der vom Mittelpunkt M der Halbkugel ausgeht; Strahlen, die außerhalb M in H einfallen, werden an der kugeligen Oberfläche von H „fokussierend" gebrochen, sodass sie an der Oberfläche von W gerade die zentralen, durch M laufenden Strahlen schneiden. Die Kurven erscheinen dann auf der mattierten Oberfläche scharf; daher müssen die Radien und die Brechzahlen beider Halbkugeln aufeinander abgestimmt sein.

Polarisation des ordentlichen und des außerordentlichen Strahls. Einige Versuche mit zwei Calcitkristallen, die bereits Huygens anstellte, aber nicht zu deuten vermochte, zeigen die Abb. 4.45a bis d. In diesen Abbildungen sind die Strahlen fotografisch festgehalten, nachdem sie (z. B. durch Einblasen von Tabakrauch) sichtbar gemacht wurden. Der obere der beiden aus dem ersten Rhomboeder austretenden Strahlen ist der abgelenkte e-Strahl, der untere der unabgelenkte o-Strahl.

In Abb. 4.45a ist hinter dem ersten Calcitrhomboeder ein zweites gleiches parallel orientiert gesetzt, mit dem Ergebnis, dass der Abstand der beiden Strahlen hinter dem zweiten Kristall doppelt so groß ist wie hinter dem ersten Kristall. Dies ist plausibel, da man das gleiche Resultat mit einem einzigen, in Richtung der Durchstrahlung doppelt so dicken Calcitkristall hätte erreichen können, was z. B. auch aus Abb. 4.34 hervorgeht.

Im Fall der Abb. 4.45c ist der zweite Calcit, dessen Stellung ein aufgeklebter Pfeil sichtbar macht, aus seiner bisherigen Lage um 180° verdreht, mit dem ebenfalls plausiblen Ergebnis, dass nunmehr die im ersten Calcit hervorgerufene Zweiteilung des einfallenden Strahls, wobei der e-Strahl nach oben abgelenkt wurde, dadurch wieder rückgängig gemacht wird, dass im zweiten Kristall der e-Strahl um das gleiche Stück nach unten abgelenkt wird, sodass nach dem Austritt beide Strahlen zusammenfallen.

Eine Schwierigkeit bietet aber schon der Versuch Abb. 4.45b, bei dem der zweite Calcit um 90° gegen den ersten gedreht ist; auch jetzt gibt es zwei aus dem letzteren austretende Strahlen, die aber nicht mehr wie im Fall a vertikal übereinander liegen, sondern um 45° gegen die Vertikale geneigt sind.

Alle drei Ergebnisse stehen jedoch in einem gewissen Gegensatz zu dem Fall in Abb. 4.45d, bei dem der zweite Kristall aus seiner Ausgangslage um 45° (oder um 90° + 45° = 135°) heraus gedreht ist: dann tritt eine *Vierteilung* des Strahls auf, wobei jeder der vier Teilstrahlen 1/4 der Gesamthelligkeit erreicht. Zwar könnte man das so erklären, dass im zweiten Kristall die beiden aus dem ersten austretenden Strahlen wieder in je zwei Strahlen doppelt gebrochen werden, aber dann erhebt sich sofort die Frage, warum dies nicht auch in den Fällen a, b und c geschehen ist. Noch komplizierter wird der Tatbestand, wenn man den zweiten Kristall aus der Ausgangslage in a allmählich herausdreht; dann erscheinen – wie im Fall d – vier Strahlen, gleichzeitig aber tritt etwas wesentlich Neues auf: *Die vier Strahlen sind nicht mehr gleich hell,* wie sie es in der 45°- bzw. 135°-Stellung doch waren. Der Übergang

542   4 Polarisation und Doppelbrechung des Lichtes

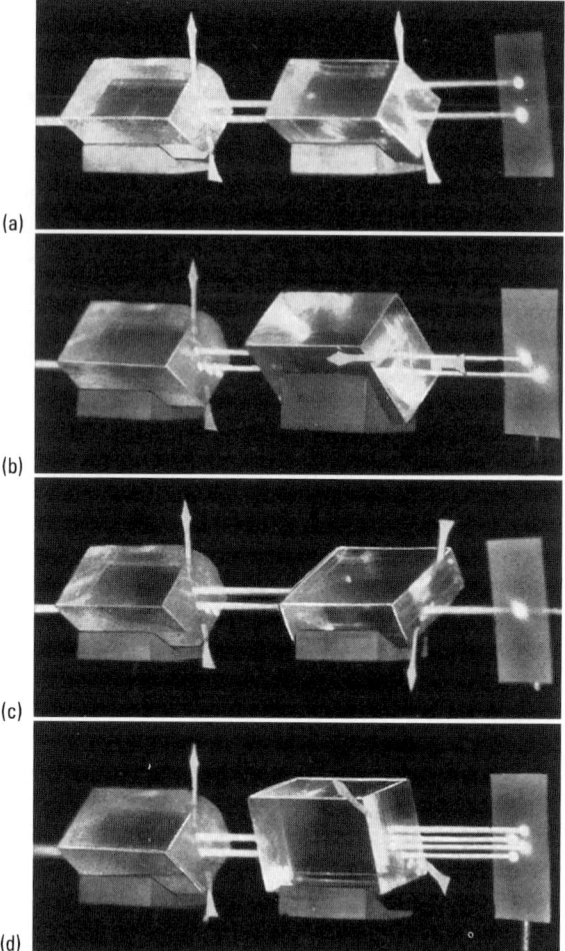

Abb. 4.45 Strahlenverlauf durch zwei hintereinander gestellte Calcit-(= Kalkspat)-rhomboeder, (a) beide Kristalle in Parallelstellung; (b) zweiter Kristall um 90° verdreht; (c) zweiter Kristall um 180° verdreht; (d) zweiter Kristall um 45° verdreht. Die angeklebten Pfeile zeigen die Verdrehung der Kristalle.

von Fall a nach d ist vollkommen stetig: Dreht man den zweiten Calcit zunächst um einen kleinen Winkel aus seiner Ausgangsstellung, so erscheinen sofort vier Strahlen (bzw. Lichtflecke) auf einem Auffangschirm. Die beiden ursprünglichen werden etwas dunkler; ein Teil ihrer Helligkeit wird offenbar an die beiden neuen Lichtflecke übergeben. Je weiter man dreht, desto heller werden die neuen und desto dunkler die alten Lichtflecke, bis sie bei 45° alle vier gleiche Helligkeit besitzen. Dies setzt sich weiter fort, bis der zweite Calcit um 90° gegen den ersten verdreht ist: dann haben die „neuen" Lichtflecke die volle Helligkeit von den „alten" übernommen, die jetzt verschwunden sind. Dreht man noch weiter, so folgt jetzt dieselbe

4.5 Doppelbrechung und Polarisation an optisch einachsigen Kristallen

Veränderung in umgekehrter Reihenfolge: die neuen Flecke nehmen jetzt an Helligkeit ab, die alten erscheinen wieder und werden heller, bis bei 135° alle vier Flecke wieder gleich hell geworden sind. Dreht man noch weiter bis 180°, so wandert allmählich die Helligkeit wieder in die alten Flecke, bis diese bei 180° die volle Helligkeit wieder erlangt haben, aber nunmehr in einen Fleck zusammenfallen, der die Helligkeit des ursprünglich einfallenden Strahls besitzt.

Huygens gelang die Aufklärung dieser Erscheinung nicht, obwohl er auf dem richtigen Wege war. Er nahm nämlich an, „dass die Lichtwellen nach dem Durchgang durch den ersten Kristall eine gewisse ‚Form' oder ‚Anlage' bekommen haben, mit deren Hilfe sie beim Auftreffen auf das Gefüge des zweiten Kristalls in bestimmten Lagen die zwei Arten von Materie anregen können, die die beiden Brechungsarten hervorrufen; dass sie dagegen nur eine dieser Arten von Materie anregen können, wenn sie den zweiten Kristall in einer anderen Lage antreffen. Aber wie dieses zugeht, dafür habe ich bis jetzt keine befriedigende Lösung gefunden" (C. Huygens: *Traité de la lumière*, vervollständigt 1678 und publiziert in Leyden 1690).

Die Erklärung setzt bei der Tatsache an, dass die vier auftretenden Strahlen im Allgemeinen verschiedene Helligkeiten haben. Da sie aus den o- und e-Strahlen entstanden sind, die aus dem ersten Kristall austreten, so ist mit Sicherheit zu sagen, dass o und e nicht mehr aus *natürlichem* Licht bestehen; denn zwei natürliche Lichtstrahlen würden im zweiten Kristall in vier gleich helle Strahlen zerlegt werden. Genau das wollte Huygens mit den Worten „Form" oder „Anlage" bezeichnen. Die volle Erkenntnis musste sich ihm jedoch verschließen, da er die Lichtwelle als longitudinal betrachtete. Die im vorhergehenden besprochenen Malus'schen Polarisationsversuche bewiesen aber dann, dass die Lichtwellen transversal sind. Man muss daher annehmen, dass die aus einem Calcit austretenden Strahlen o und e *beide* polarisiert sind. In der Tat ist dies des Rätsels Lösung, wie die exakte Polarisationsanalyse der beiden Strahlen, z. B. mit einem Glasplattensatz, bestätigt. Aus Abschn. 4.1 ist bekannt, dass ein solcher Plattensatz nur Wellen reflektiert, die senkrecht zur Einfallsebene schwingen, und umgekehrt nur in der Einfallsebene schwingende Wellen durchlässt. In Abb. 4.46 falle ein Lichtstrahl senkrecht auf eine Fläche eines Calcitkristalls K, dessen optische Achse in die Zeichenebene (um den einfallenden Strahl als Achse) eingedreht ist; der Strahlhauptschnitt fällt dann mit der Zeichenebene zusammen, und der e-Strahl wird ebenfalls in der Zeichenebene nach oben abgelenkt, während der ordentliche Strahl o ungebrochen den Kristall passiert. Beide Strahlen fallen unter dem Polarisationswinkel α_p auf den Plattensatz G; die Papierebene ist für beide Strahlen Einfallsebene. Der Versuch zeigt nun, dass unter

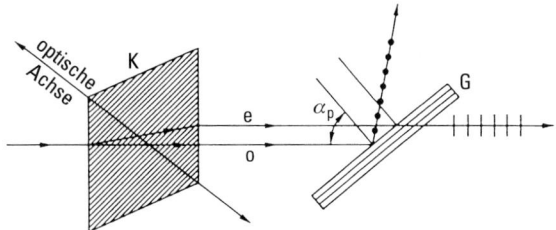

Abb. 4.46 Bestimmung der Lage der Schwingungsebene im ordentlichen und außerordentlichen Strahl.

diesen Umständen nur der o-Strahl reflektiert wird, während der e-Strahl durch den Plattensatz hindurch tritt; der reflektierte Strahl kann aber nur senkrecht zur Einfallsebene schwingen, was die Punkte andeuten sollen, der durchgelassene Strahl nur in der Einfallsebene, parallel der kleinen Striche.

Folglich schwingt der o-Strahl *senkrecht* zur Einfallsebene, d. h. senkrecht zum Hauptschnitt, der e-Strahl *in* der Einfallsebene, d. h. im Hauptschnitt. *Es ergibt sich demnach aus diesem Versuch, dass sowohl der o-Strahl wie der e-Strahl linear polarisiert sind, und zwar senkrecht zueinander.* – Der beschriebene Versuch lässt sich in mannigfacher Weise variieren, indem man z. B. den Kristall so dreht, dass der Hauptschnitt senkrecht zur Papierebene (Einfallsebene) gerichtet ist. Dann schwingt der o-Strahl in der Einfallsebene, wird also vom Plattensatz nicht reflektiert; entsprechend verhält sich der e-Strahl. Ebenso kann der Plattensatz um den o-Strahl als Achse gedreht werden. Das Ergebnis bleibt immer dasselbe. Das führt zu der folgenden Vorstellung:

- Grundsätzlich können sich im Innern eines optisch einachsigen Kristalls nur linear polarisierte Wellen fortpflanzen; sie müssen mit ihrer Schwingungsrichtung entweder senkrecht zum Hauptschnitt oder im Hauptschnitt liegen. Natürliches einfallendes Licht wird deshalb in zwei Strahlen aufgespalten, die in diesen beiden (im Kristall festliegenden) Richtungen schwingen, der o-Strahl senkrecht zum Hauptschnitt, der e-Strahl im Hauptschnitt.

Diese, für absorptionsfreie Kristalle gültige Vorstellung gestattet es, die unter den Abbildungen 4.45 geschilderten Versuche in allen Einzelheiten zu erklären. An dieser Stelle sei eine historische Bemerkung über die erste Beobachtung von Malus eingefügt, die zur Entdeckung der Polarisation überhaupt führte und die in Abschn. 4.1 noch nicht gebracht werden konnte, da die Doppelbrechung noch nicht erörtert war. Malus blickte durch einen Calcit (und vermutlich[10] durch eine kleine Lochblende unmittelbar hinter dem Kristall hindurch) nach einem von der Sonne beleuchteten Fenster des Palais Luxembourg in Paris; beim Drehen des Kristalls bemerkte er, dass die beiden entstehenden Bilder ihre Helligkeit änderten und dass unter Umständen ein Bild sogar ganz verschwand. Daraus schloss Malus, dass das vom Fenster reflektierte Sonnenlicht kein natürliches Licht mehr sein könne, und die weitere Untersuchung führte ihn folgerichtig zur Entdeckung der Polarisation von reflektiertem Licht, wie es in Abschn. 4.1 geschildert ist. Von da war es nur ein Schritt bis zu der weiteren Erkenntnis, dass auch die beiden aus einem Calcitkristall austretenden o- und e-Strahlen polarisiert sind.

Die folgenden Beispiele werden zeigen, dass sich alle vorstehend beschriebenen an zwei Calcitkristallen demonstrierten Erscheinungen erklären lassen. Trifft paralleles natürliches Licht der Amplitude 1 (und der Intensität[11] $1^2 = 1$) auf den ersten Kristall, ist bei der Zerlegung zu beachten, dass natürliches Licht um den Lichtstrahl herum (statistisch) axiale Symmetrie besitzt, d. h. dass die Schwingungen alle möglichen Richtungen haben. Man muss daher entsprechend Abb. 4.47a zunächst eine bestimmte Schwingungsrichtung herausgreifen und zum Schluss über alle Schwingungsrichtungen mitteln. Die herausgegriffene Schwingungsrichtung möge mit dem

---

[10] In der Originalarbeit steht darüber nichts. – Siehe auch Abb. 4.36.
[11] Zu dem Begriff der Intensität sei auf die Fußnote 1 im Abschnitt 4.1 verwiesen.

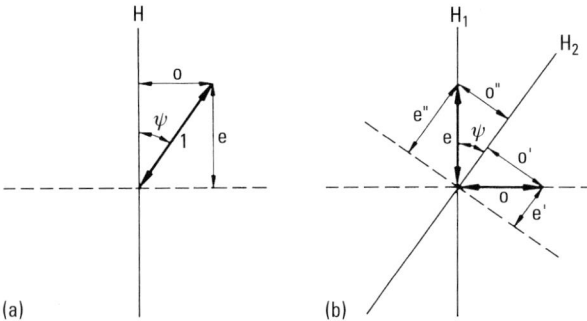

Abb. 4.47 Zerlegung der Amplitude eines linear polarisierten Lichtstrahles in die beiden parallel (e) und senkrecht (o) zum Hauptschnitt schwingenden Komponenten: (a) beim Durchgang durch einen Calcitkristall 1, (b) beim weiteren Durchgang durch einen Calcitkristall 2, dessen Hauptschnitt gegen den des ersten um den Winkel ψ verdreht ist.

Hauptschnitt H des Kristalls den Winkel ψ bilden; der einfallende Strahl wird dann zerlegt in eine Komponente parallel H, die als e-Strahl weiterläuft und eine Komponente senkrecht H, die den o-Strahl bildet. Die o-Komponente hat demnach die Amplitude $1 \times \sin\psi$ und die e-Komponente $1 \times \cos\psi$, die Intensitäten entsprechen den jeweiligen Amplitudenquadraten. Die durch natürliches Licht erzeugten Helligkeiten von o und e erhält man durch Mittelung über alle ψ:

$$\overline{\sin^2\psi} = \overline{\cos^2\psi} = 0.5,$$

d. h. natürliches Licht der Intensität 1 lässt sich in zwei zueinander senkrecht polarisierte Strahlen von gleicher Intensität 1/2 zerlegen, wie es der Beobachtung entspricht. Dagegen liefert linear polarisiertes Licht für den o-Strahl die Intensität $\sin^2\psi$, für den e-Strahl $\cos^2\psi$. Schwingt ein einfallender linear polarisierter Strahl speziell parallel dem Hauptschnitt ($\psi = 0$), so erhält man keinen o-Strahl und die gesamte Intensität 1 enthält der e-Strahl; für $\psi = \pi/2$ hat man umgekehrt nur einen o-Strahl der Intensität 1, während der e-Strahl verschwindet.

Die beiden Strahlen o und e, mit ihren jeweiligen Intensitäten 1/2 – also den Amplituden $1/\sqrt{2}$ –, wie sie im ersten Kristall aus natürlichem Licht entstehen, mögen jetzt auf den zweiten Kristall fallen. Die Hauptschnitte H_1 und H_2 beider Kristalle seien um den Winkel ψ gegeneinander verdreht (Abb. 4.47b). Jeder der beiden linear polarisierten, aus dem ersten Kristall austretenden Strahlen o und e wird senkrecht und parallel zu H_2 zerlegt, sodass insgesamt vier Strahlen entstehen. Durch Quadrieren ihrer Amplituden findet man die in der folgenden Tab. 4.6 zusammengestellten Intensitäten. Die Intensitäten aller vier Strahlen zusammen ergeben bei jedem Winkel ψ gleich 1, wie es sein muss.

Die Abb. 4.48 a bis f ergänzen die Tabellenangaben durch Richtung und Größe der Ablenkung aller Strahlen; zusammen mit Tab. 4.6 enthalten sie die vollständige Deutung der im Anschluss an Abb. 4.45 besprochenen Huygens'schen Versuche. In der Abb. 4.48 sind die beiden aus dem ersten Calcitrhomboeder ABCD austretenden Strahlen durch Punkte, ihre zugehörigen Schwingungsrichtungen durch Pfeile angedeutet. Die Strahlen treffen senkrecht von hinten auf die Papierebene. In allen

546 4 Polarisation und Doppelbrechung des Lichtes

Tab. 4.6 Teilung einer Lichtwelle beim Durchqueren zweier Calcitkristalle.

Natürliches Licht von der Intensität 1 wird im 1. Calcit zerlegt in:			
Strahl o, Intensität 1/2		Strahl e, Intensität 1/2	
diese Strahlen werden weiter zerlegt im 2. Calcit in:			
Strahl o', Intensität $1/2 \cos^2 \psi$	Strahl e', Intensität $1/2 \sin^2 \psi$	Strahl o'', Intensität $1/2 \sin^2 \psi$	Strahl e'', Intensität $1/2 \cos^2 \psi$

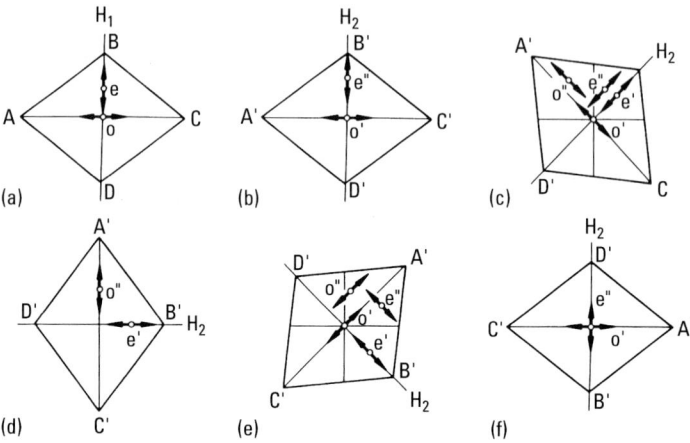

Abb. 4.48 Zerlegung eines Lichtstrahls, der zwei hintereinander gestellte Calcitkristalle durchsetzt, in die beiden parallel und senkrecht zum Hauptschnitt schwingenden Komponenten. (a) Strahlzerlegung im Calcit 1; (b–f) Strahlenzerlegung im Calcit 2 für die fünf Fälle, dass (b) H_2 parallel H_1, dass (c) H_2 gegen H_1 um 45°, (d) um 90°, (e) um 135° und (f) um 180° verdreht ist. (Die Lage der Durchstoßpunkte in (c) und (e) entspricht aus zeichnerischen Gründen nicht der wirklichen Lage.)

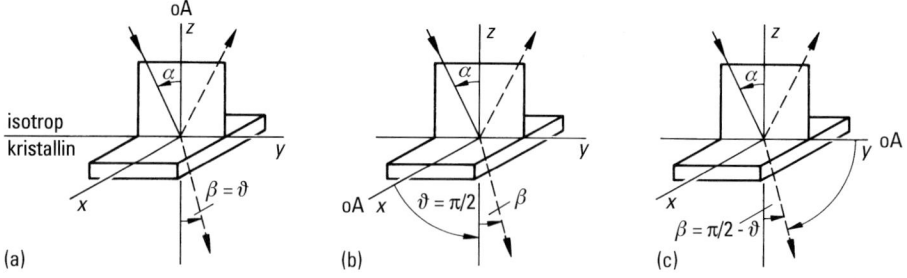

Abb. 4.49 Brechung und Reflexion an der Grenze zum optisch einachsigen Medium. Die drei Achsen X, Y, Z der Strahlenfläche liegen parallel x, y, z. Daher gilt: Einfallsebene = Ausfallsebene = y, z. (a) optische Achse oA $\| z$, (b) oA $\| x$, (c) oA $\| y$.

Figuren ist die Spur des Hauptschnitts mit BD (für H_1) bzw. B'D' (für H_2) bezeichnet. Der e-Strahl ist im Hauptschnitt verschoben und schwingt parallel zu ihm, der o-Strahl bleibt unverschoben und schwingt senkrecht zum maßgebenden Hauptschnitt. Die Abbildungen b bis f sind so zu verstehen, dass ein zweites Rhomboeder A'B'C'D' mit B'D' als Hauptschnitt über das erste Rhomboeder gelegt ist, sodass der von hinten ankommende Strahl es zuletzt durchsetzt. – Damit sind die Versuche von Huygens vollständig aufgeklärt.

Reflexionsverhalten an einer anisotropen Grenzfläche. Die Lichtausbreitung beim Passieren einer Grenzfläche vom optisch isotropen zum anisotropen Medium führt im Allgemeinen zu Strahlteilungen, die sich nicht mehr auf die Einfallsebene beschränken. Die Fresnel'schen Formeln werden daher im allgemeinen Fall ziemlich unübersichtlich. Um das Wesentliche der erforderlichen Formelerweiterungen zu erkennen genügt es jedoch, die in den Abb. 4.49a bis c skizzierten drei einfachen und am häufigsten gebrauchten Situationen zu betrachten.

Wie im optisch isotropen Fall des Abschn. 4.2 gründet sich die Ableitung auf die beiden Tatsachen, dass

1. sich die Energieströme Φ beiderseits der Grenzfläche verlustfrei fortsetzen und
2. die Tangentialkomponente von E und H die Grenzfläche stetig durchsetzen.

Anders als im isotropen Fall muss man nun berücksichtigen, dass

3. die Richtung des Energieflusses, die wieder der Poynting-Vektor S anzeigt und die daher mit der Richtung der Strahlgeschwindigkeit V übereinstimmt, im Allgemeinen von der Richtung der Wellennormale v abweicht. Entsprechend lautet jetzt der Betrag S des Poynting-Vektors (für nicht absorbierende, nicht magnetische Medien):

$$S = \frac{E^2 c_0^2}{V},$$

oder, unter Mitbenutzung von Gl. (4.35):

$$S = \frac{E^2 c_0^2}{v} \cos(\vartheta' - \vartheta). \tag{4.36}$$

Nach Einführen der Brechzahl $n = \sqrt{\varepsilon} = c_0/v$ erkennt man gegenüber Abschn. 4.2 als formale Verallgemeinerung von S den Kosinusfaktor. Die erweiterte Gleichung schließt selbstverständlich auch den isotropen Fall ein, für den $\vartheta \equiv \vartheta'$ gilt und für den V mit v zusammenfällt.

Die drei Teilbilder der Abb. 4.49 zeichnen sich dadurch aus, dass die Zerlegungsrichtungen x, y und z bezüglich der Grenzfläche den Achsen der Strahlenfläche des anisotropen Mediums parallel liegen; Einfallsebene ist die y, z-Ebene.

Die Brechzahl des isotropen Mediums sei im Folgenden n_1, die Hauptbrechzahlen des anisotropen Mediums seien n_o und n_e. Im Teilbild a fällt die optische Achse oA in die Einfallsnormale z. Gestützt auf Abb. 4.38 und 4.39, erkennt man die Rotationssymmetrie um z, und es gilt $\beta = \vartheta$. Schwingt der Vektor E senkrecht zur Einfallsebene, so entsteht unter allen Einfallswinkeln α stets der o-Strahl; daher gilt zusätzlich $\beta = \beta'$.

Die Situation ist somit analog derjenigen, bei der zwei optisch isotrope Medien mit den Brechwerten n_1 und n_o aneinander grenzen. Die Fresnel'sche Formel für das Reflexionsverhältnis q_r ist daher identisch mit Gl. (4.7):

$$q_{r\perp} = -\frac{n_o \cos\beta - n_1 \cos\alpha}{n_o \cos\beta + n_1 \cos\alpha}, \qquad (4.37a)$$

mit $\beta = \beta' = \vartheta$. Der Anteil $\boldsymbol{E}_\parallel$ von $\boldsymbol{E}$ führt zum außerordentlichen Strahl e. Die Zerlegungsrichtungen für $\boldsymbol{E}_\parallel$ sind x and z; im Innern des anisotropen Mediums gilt:

$$\boldsymbol{E}_\parallel = \{E_\parallel \sin\beta,\ 0,\ E_\parallel \cos\beta\}\,.$$

Die Brechung n und der Vektor $\boldsymbol{V}$ sind zwar nach wie vor rotationssymmetrisch um z, jetzt aber, gemäß Gl. (4.28), vom Winkel $\beta = \vartheta$ abhängig. Zur Aufstellung der Leistungsbilanz nach Gl. (4.2):

$$\Phi_e = \Phi_r + \Phi_t,$$

muss man für das Innere des anisotropen Mediums den Poynting-Vektor in der allgemeinen Form Gl. (4.36) ansetzen. Mit den Bezeichnungen in Abschn. 4.2 erhält man

$$E_{e\parallel}^2\, n_1\, A \cos\alpha = E_{r\parallel}^2\, n_1\, A \cos\alpha + E_{t\parallel}^2\, n\, A \cos\beta \cos(\vartheta' - \vartheta)$$

oder

$$E_{e\parallel}^2 - E_{r\parallel}^2 = E_{t\parallel}^2\, \frac{n}{n_1} f_\alpha \cos(\vartheta' - \vartheta)\,.$$

Der Unterschied zu Gl. (4.4) liegt allein im Faktor $\cos(\vartheta' - \vartheta)$, der von der Brechzahl n des anisotropen Mediums abhängt. Da die weitere Ableitung wörtlich unverändert der in Abschn. 4.2 folgt, liefert Gl. (4.11) das Ergebnis für $q_{r\parallel}$, wenn man dort formal die Brechung n_2, des zweiten Mediums durch $n \cos(\vartheta' - \vartheta)$ ersetzt:

$$q_{r\parallel} = \frac{n \cos\alpha \cos(\vartheta' - \vartheta) - n_1 \cos\beta}{n \cos\alpha \cos(\vartheta' - \vartheta) + n_1 \cos\beta},$$

wobei $\vartheta = \beta$ gilt. Die Gleichung ist in der vorstehenden Form jedoch unhandlich, denn sie enthält mehrere miteinander verknüpfte Parameter, deren Zahlenwerte allein vom Einfallswinkel α bestimmt werden. Über eine Reihe elementarer Umformungen gelangt man schließlich zu der unten stehenden Gl. (4.38a).

Um dem Rechengang zu folgen, geht man vom Snellius'schen Brechungsgesetz aus,

$$\frac{n}{n_1} = \frac{\sin\alpha}{\sin\beta'}\,.$$

Unter Berücksichtigung der Gleichheit von

$$\vartheta = \beta \quad \text{sowie} \quad \vartheta' = \beta',$$

kann man die oben stehende Gleichung für $q_{r\parallel}$ zunächst umschreiben in:

$$q_{r\parallel} = \frac{\sin\alpha \cos\alpha - \dfrac{\sin\beta' \cos\beta}{\cos(\beta' - \beta)}}{\sin\alpha \cos\alpha + \dfrac{\sin\beta' \cos\beta}{\cos(\beta' - \beta)}}\,.$$

4.5 Doppelbrechung und Polarisation an optisch einachsigen Kristallen

Der in Zähler und Nenner auftretende Faktor $\cos\beta/\cos(\beta' - \beta)$ enthält eine Abweichung X vom isotropen Verhalten, die man in der Form

$$\frac{\cos\beta}{\cos(\beta' - \beta)} = X\cos\beta'$$

einführt. Aus der zuletzt geschriebenen Gleichung gewinnt man durch einfache trigonometrische Umformungen

$$\frac{1}{X} = \frac{\cos\beta'}{\cos\beta}(\cos\beta'\cos\beta + \sin\beta'\sin\beta).$$

Mithilfe von Gl. (4.34) ersetzt man $\tan\beta$ durch $(n_o/n_e)^2 \tan\beta'$ und gelangt zu

$$\frac{1}{X} = \frac{n_e^2 \cos^2\beta' + n_o^2 \sin^2\beta'}{n_e^2} = 1 - \sin^2\beta'\left(\frac{n_e^2 - n_o^2}{n_e^2}\right).$$

Um daraus $\sin^2\beta'$ zu entfernen, greift man auf Gl. (4.33a) zurück, die in der Form

$$\left(\frac{n_o}{n}\right)^2 = \frac{n_e^2 \cos^2\beta' + n_o^2 \sin^2\beta'}{n_e^2}$$

dem Ausdruck für $1/X$ entspricht.

Führt man auf der linken Seite noch einmal das Snellius'sche Brechungsgesetz ein,

$$\left(\frac{\sin\beta'}{\sin\alpha}\right)^2 \left(\frac{n_o}{n_1}\right)^2 = \left(\frac{n_o}{n}\right)^2,$$

und löst nach $\sin^2\beta'$ auf,

$$\sin^2\beta' = \left(\frac{n_1}{n_o}\right)^2 \frac{\sin^2\alpha}{1 + \bar{K}\sin^2\alpha} \quad \text{mit} \quad \bar{K} = \frac{n_e^2 - n_o^2}{n_o^2 n_e^2} n_1^2,$$

so findet man nach kurzer Zwischenrechnung

$$X = 1 + \bar{K}\sin^2\alpha.$$

Damit ist der Anschluss an die nachstehende Gl. (4.38a) erreicht:

$$q_{r\parallel} = \frac{\sin 2\alpha - \sin 2\beta'(1 + \bar{K}\sin^2\alpha)}{\sin 2\alpha + \sin 2\beta'(1 + \bar{K}\sin^2\alpha)}, \tag{4.38a}$$

mit der zuvor erklärten Abkürzung $\bar{K}$ und der Brechwinkelbeziehung

$$\frac{\sin\alpha}{\sin\beta'} = \frac{n_o}{n_1}\sqrt{1 + \bar{K}\sin^2\alpha}.$$

Auf analoge Weise findet man für die Situation oA $\parallel y$ (Teilbild b):

$$q_{r\perp} = -\frac{n_e \cos\beta' - n_1 \cos\alpha}{n_e \cos\beta' + n_1 \cos\alpha}, \tag{4.37b}$$

$$q_{r\parallel} = \frac{n_o \cos\alpha - n_1 \cos\beta'}{n_o \cos\alpha + n_1 \cos\beta'}, \tag{4.38b}$$

und für oA $\parallel x$ (Teilbild c):

$$q_{r\perp} = -\frac{n_o \cos\beta' - n_1 \cos\alpha}{n_o \cos\beta' + n_1 \cos\alpha}, \tag{4.37c}$$

$$q_{r\parallel} = \frac{\sin 2\alpha - \sin 2\beta'(1 - \bar{K}\sin^2\alpha)}{\sin 2\alpha + \sin 2\beta'(1 - \bar{K}\sin^2\alpha)}. \tag{4.38c}$$

Mit q_r sind gleichzeitig auch die Transmissionsverhältnisse q_t festgelegt. Wie schon im isotropen Fall, lassen sich die vorstehenden Gleichungen durch Erweiterung ins Komplexe auch auf *absorbierende Medien* übertragen.

4.6 Optisch zweiachsige Kristalle

Die kristalloptischen Betrachtungen in Abschn. 4.5 gelten für Kristalle, die genau *eine* drei- oder höherzählige kristallographische Hauptachse besitzen. Diese Kristalle gehören dem trigonalen, dem hexagonalen oder dem tetragonalen System an. Ihre Hauptachse ist zugleich Achse optischer Isotropie und spielt als *optische Achse* eine ausgezeichnete Rolle.

In diesem Abschnitt soll nun die Optik solcher Kristalle betrachtet werden, die eine geringere Symmetrie aufweisen. Ist nämlich die kristallographische Hauptachse nur zweizählig, wie im orthorhombischen oder im monoklinen System, oder fehlt die Hauptachse, wie im triklinen System, so entfällt die Richtung optischer Isotropie und die optischen Verhältnisse werden wesentlich komplizierter. Nach den Feststellungen Fresnels gibt es hier *keinen o-Strahl*, mit fester, richtungsunabhängiger Brechzahl n_o, vielmehr treten jetzt *zwei e-Strahlen* auf; für beide ist der Wert der Brechzahl richtungsabhängig und keiner der beiden Strahlen befolgt das Snellius'sche Brechungsgesetz. Auch der Begriff der optischen Achse kann nur unter einer einschränkenden Definition beibehalten werden. Da – wie bei Abb. 4.52 erläutert wird – die geringere kristallographische und optische Symmetrie eine Aufspaltung in zwei optische Achsen hervorruft, nennt man die Kristalle des orthorhombischen monoklinen und triklinen Systems zusammenfassend **optisch zweiachsig**. Beispiele optisch zweiachsiger Kristalle enthält die Tab. 4.7 am Ende des Abschnitts. Die zweiachsigen Kristalle bilden eines der reizvollsten, aber auch schwierigsten Kapitel der Optik. Hier können nur ihre wichtigsten Eigenschaften behandelt werden.

An die Stelle der beiden Hauptlichtgeschwindigkeiten V_o und V_e der vorangehenden Nummer treten hier nunmehr *drei*, für den Kristall charakteristische (in ihrer Richtung durch die Kristallstruktur festgelegte) **Hauptlichtgeschwindigkeiten** V_α, V_β, V_γ, wobei konventionell

$$V_\alpha > V_\beta > V_\gamma$$

gilt; entsprechend gibt es drei Hauptbrechzahlen $n_\alpha = c_0/V_\alpha$, $n_\beta = c_0/V_\beta$, $n_\gamma = c_0/V_\gamma$, die also den Ungleichungen

$$n_\alpha < n_\beta < n_\gamma$$

4.6 Optisch zweiachsige Kristalle 551

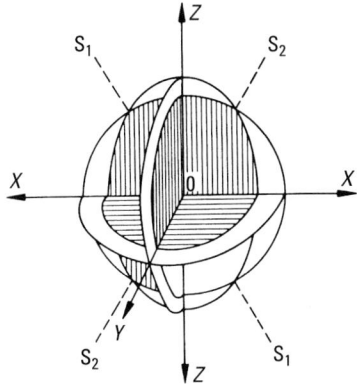

Abb. 4.50 Modell der Strahlenfläche eines zweiachsigen Kristalls.

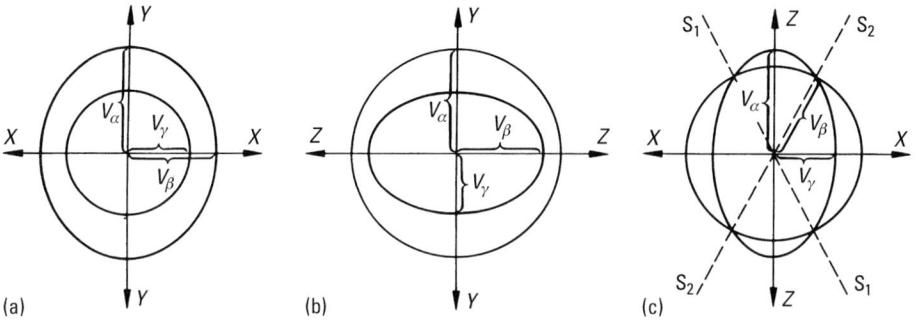

Abb. 4.51 Schnitte durch die in Abb. 4.50 dargestellte Strahlenfläche eines zweiachsigen Kristalls.

gehorchen. Schon daraus geht hervor, dass die Strahlenfläche sicher keine Rotationsfläche mehr sein kann. Sie ist von Fresnel in genialer Weise erraten worden, wie einst auch Huygens die Strahlenfläche der einachsigen Kristalle intuitiv erschaut hatte[12]. Die Abb. 4.50 bis 4.52 sollen die auch hier zweischaligen Strahlenflächen dem Verständnis näher bringen. Man erkennt zunächst in Abb. 4.50 das im Kristall festgelegte (stets orthogonale) Achsenkreuz X, Y, Z; ferner unterscheidet man eine innere, schraffiert gezeichnete Schale, die die äußere in vier Punkten an Stellen trichterähnlicher Vertiefungen berührt (sog. **Nabelpunkte**). Da der Radiusvektor zur Strahlenfläche Richtung und Betrag der Strahlgeschwindigkeit angibt, erkennt man aus der Zeichnung, dass in Richtung der Verbindungsgeraden S_1S_1 und S_2S_2 des Mittelpunktes O mit den Nabelpunkten jeweils nur eine Strahlgeschwindigkeit existiert. Man nennt diese beiden ausgezeichneten Richtungen die **Strahlenachsen** oder

---

[12] Das darf nicht dahin missverstanden werden, dass die beiden Schalen der Strahlenfläche etwa dreiachsige Ellipsoide wären, was durchaus nicht der Fall ist, wie insbesondere Abb. 4.52 zeigt.

die **Biradialen**; sie fallen bei optisch einachsigen Kristallen in deren optischer Achse zusammen. An dieser Stelle sei aber bereits vermerkt, dass die beiden in Richtung einer Strahlenachse fallenden Normalengeschwindigkeiten (die hier ebenso wie bei den einachsigen Kristallen eingeführt werden müssen) durchaus nicht gleich sind.

In den Teilbildern der Abb. 4.51 sind die drei wichtigsten Schnitte $X = 0$, $Y = 0$ und $Z = 0$ der Strahlenfläche aufgezeichnet. Jeder der orthogonal zueinander liegenden Schnitte enthält (auch bei triklinen Kristallen) alle drei Hauptlichtgeschwindigkeiten. Jeder Schnitt zerfällt in einen Kreis, dessen Radius die eine, und eine Ellipse, deren Achsen die beiden anderen Hauptlichtgeschwindigkeiten bilden. Im Teilbild a ($Z = 0$) zeigt der Kreis die kleinste Hauptlichtgeschwindigkeit V_γ, sodass er vollständig im Innern der Ellipse liegt, während im Teilbild b ($X = 0$) der Kreisradius V_α beträgt und der Kreis die Ellipse umschließt. Die beiden Kurven berühren sich nicht. Ein Strahl, der die Richtung der Y-Achse hat (Teilbild a oder b), spaltet in zwei Strahlen mit den Geschwindigkeiten V_α und V_γ auf; ein Strahl der X-Richtung spaltet in V_β und V_γ auf, ein Strahl in Z-Richtung entsprechend in V_α und V_β. Ein Strahl in beliebiger Richtung innerhalb der X,Y-Ebene (Teilbild a) wird immer zerlegt in einen Strahl mit der Geschwindigkeit V_γ und in einen zweiten, dessen Geschwindigkeit zwischen V_α und V_β liegt; entsprechend verhalten sich Strahlen der Y,Z-Ebene nach Teilbild b. Etwas anders liegen die Verhältnisse im X,Z-Schnitt (Teilbild c); hier wird der Kreis durch die mittlere Hauptlichtgeschwindigkeit V_β gebildet und die beiden Ellipsenachsen enden auf verschiedenen Seiten des Kreises, sodass vier Schnittpunkte zwischen Kreis und Ellipse entstehen: die bereits erwähnten vier Nabelpunkte. In den Verbindungsrichtungen des Mittelpunktes O mit den Nabelpunkten ($S_1 S_1$ und $S_2 S_2$) existiert jeweils nur *eine* Strahlgeschwindigkeit, und zwar ist dies gleich der mittleren Hauptlichtgeschwindigkeit V_β, wie aus der Figur ohne weiteres hervor geht. – Da V_α und V_γ die beiden Extremwerte aller im Kristall möglichen Strahlgeschwindigkeiten bedeuten, ist durch deren singuläre, in der Abb. 4.51 erläuterten Lage das Achsenkreuz X, Y, Z und damit die Strahlenfläche im Kristall fixiert.

In allen diesen Fällen handelt es sich immer um Strahlgeschwindigkeiten; zur Bestimmung z. B. der Brechzahlen hat man aber, wie bei den einachsigen Kristallen, die *Normalengeschwindigkeiten* einzuführen. Sie werden aus der *Normalenfläche* abgeleitet, die man – ebenfalls wie bei einachsigen Kristallen – rein mathematisch aus der Strahlenfläche gewinnen kann. Die Rechnung lässt sich umgehen, wenn man nur die Strahlenflächenschnitte der Abb. 4.51 untersucht. Beim Übergang vom Strahl zur Normale bleiben die Kreise bekanntlich unverändert; statt der Ellipsen treten die „Ovale" auf, welche die Ellipsen in den Endpunkten der Achsen berühren, im Übrigen jedoch außerhalb derselben verlaufen. In Abb. 4.52 ist noch einmal der X,Z-Schnitt der Strahlenfläche wiedergegeben; zusätzlich ist das zugehörige Oval gestrichelt eingezeichnet, dessen von O ausgehender Radiusvektor die Normalengeschwindigkeit darstellt. Die Abweichung des Ovals von der Ellipse ist hier aus zeichnerischen Gründen gewaltig übertrieben; man stoße sich daher nicht an seiner äußerst überraschenden Gestalt. Zunächst erkennt man, dass sich Kreis und Oval ebenfalls in vier Punkten schneiden, die wieder Nabelpunkte sind. Ihre Verbindungen mit dem Mittelpunkt O stellen diejenigen Richtungen her, in denen eine einheitliche Normalengeschwindigkeit herrscht: Sie heißen **optische Achsen** oder auch **Binormalen**. Die gemeinsame Tangente TT an Kreis und Ellipse trifft, wie Abb. 4.52 zeigt,

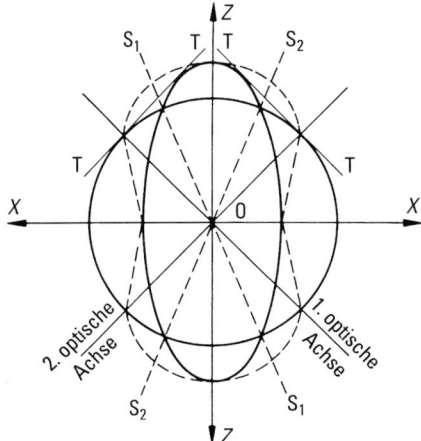

Abb. 4.52 X, Z-Schnitt der in Abb. 4.50 dargestellten Strahlenfläche.

den Schnittpunkt zwischen Kreis und Oval; die Länge des von O zu diesem Punkt gezogenen Radiusvektors liefert daher die einheitliche Normalengeschwindigkeit in dieser Richtung. Man erkennt, dass die Binormalen nicht mit den Biradialen identisch sind. Die Abweichung zwischen Biradiale und Binormale ist im Allgemeinen sehr klein, viel kleiner als die übertrieben gezeichnete Abb. 4.52 zeigt. Beide Paare, Binormalen und Biradialen, liegen in der X, Z-Ebene. Sowohl die Z- als auch die X-Achse stellen Winkelhalbierende der beiden optischen Achsen dar: Die in der Zeichnung 4.51c den spitzen Winkel halbierende Richtung ZZ heißt deshalb die **spitze Bisektrix** oder die **erste Mittellinie** während die Richtung XX sinngemäß als **stumpfe Bisektrix** oder **zweite Mittellinie** bezeichnet wird. Ist die Z-Achse spitze Bisektrix, so bezeichnet man den Kristall als *optisch zweiachsig positiv*, im anderen Fall (spitze Bisektrix parallel X) als *optisch zweiachsig negativ*; beträgt der Winkel zwischen beiden optischen Achsen genau $90°$, so nennt man den Kristall wenig bezeichnend *optisch zweiachsig neutral*. Schließlich entnimmt man aus den Abb. 4.51 und 4.52 noch die Tatsache, dass die drei Strahlgeschwindigkeiten V_α, V_β, V_γ (die *Hauptlichtgeschwindigkeiten*) entlang den Achsen X, Y, Z mit den Normalengeschwindigkeiten v_α, v_β, v_γ identisch sind, denn die Ovale berühren ja die Ellipsen an den Enden ihrer Halbachsen, wie es auch bei den optisch einachsigen Kristallen der Fall ist.

Bei einem stetigen Übergang vom optisch zweiachsigen zum einachsigen Kristall fallen die Binormalen und Biradialen in einer einzigen optischen Achse zusammen. Während also bei einachsigen Kristallen die optische Achse durch fehlende Doppelbrechung ausgezeichnet ist, liegen im optisch zweiachsigen Kristall die Verhältnisse weniger einfach. Aus Abb. 4.52 ist zu entnehmen, dass eine ebene Welle, die in Richtung einer Binormale läuft, in zwei Strahlen zerfällt, die definiert sind durch die Berührungspunkte von TT mit Kugel und Ellipsoid (in Wirklichkeit kommt ein ganzer Kegel solcher Strahlen zustande). Zu einem Strahl in Richtung der Biradialen (OS_1) gehören andererseits zwei verschiedene Normalenrichtungen, die Normalen

Tab. 4.7 Hauptbrechzahlen zweiachsiger Kristalle.

Kristallart	n_α	n_β	n_γ
Kaliumnitrat	1.3346	1.5056	1.5064
Natriumcarbonat	1.405	1.425	1.440
Gips	1.5208	1.5228	1.5298
Aragonit	1.5309	1.6810	1.6862
Rohrzucker	1.5382	1.5658	1.5710
Glimmer	1.5612	1.5944	1.5993
Topas	1.6293	1.6308	1.6379
Baryt	1.6361	1.6371	1.6480

zu den Tangenten an Kugel und an Ellipsoid in deren Schnittpunkt (im räumlichen Fall wieder ein ganzer Kegel solcher Richtungen). Das ist die Grundlage für die Erscheinung der *inneren und äußeren konischen Refraktion*. Die Beobachtungen sind jedoch nicht allein durch diese rein geometrischen Umstände erklärbar. Weitere Einzelheiten sollen hier nicht erörtert werden.

Bei allen in den nächsten Nummern zu besprechenden kristalloptischen Versuchen bleibt die Durchstrahlung auf solche Schnitte beschränkt, wie sie in Abb. 4.51 besprochen sind. Wenn beispielsweise ein Kristallschnitt parallel zur X, Z-Ebene senkrecht durchstrahlt wird, d. h. in Richtung der Y-Achse, so werden, nach Abb. 4.51a oder b, die beiden in dieser Richtung auftretenden Strahl- und Normalengeschwindigkeiten V_α und V_γ wirksam; die Schwingungen dieser senkrecht zur X, Z-Ebene fortschreitenden Strahlen sind dann parallel der X- und der Z-Richtung orientiert, d. h. die Schwingungen sind zueinander und zur Y-Achse orthogonal. In diesem Fall gehen also die Schwingungen parallel der spitzen und der stumpfen Bisektrix vor sich; solche Verhältnisse ergeben sich z. B. bei Glimmerplättchen. Analog liegen die Dinge bei Durchstrahlung senkrecht zur X, Y- und zur Y, Z-Ebene.

Den Abschluss bildet Tab. 4.7 mit einigen numerischen Daten über die Hauptbrechzahlen n_α, n_β, n_γ einiger ausgewählter zweiachsiger Kristalle.

4.7 Polarisatoren

Ein Polarisator, der natürliches in linear polarisiertes Licht bestimmter Schwingungsrichtung verwandelt, lässt sich aus einem Calcitrhomboeder herstellen, dessen o- oder e-Strahl auf irgendeine Weise ausgeblendet wird. Dies gelang, nach Vorarbeiten von D. Brewster (1819), auf rein optischem Wege zuerst dem englischen Physiker W. Nicol (1828) mit folgendem Kunstgriff: An einem länglichen Spaltrhomboeder eines Calcits (Abb. 4.53a) werden die Endflächen so weit abgeschliffen, bis die neuen Flächen A,B,D,C und A',B',C',D' mit den Längskanten nur noch einen Winkel von 68° statt 71° bilden. Sodann wird der Kristall durch eine Ebene (C,E,A',F in Abb. 4.53a), die senkrecht auf den neuen Endflächen und senkrecht auf der das Rhomboeder diagonal zerlegenden Hauptebene A,C,C',A' steht, in zwei Teile zer-

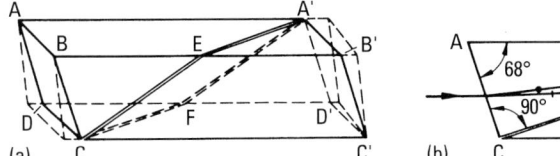

Abb. 4.53 Nicol'sches Prisma. (a) Aufbau; (b) Strahlenverlauf im Hauptschnitt senkrecht zur Kittfläche.

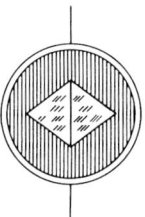

Abb. 4.54 Nicol'sches Prisma in Fassung.

schnitten. Nachdem die neuen Schnittflächen plan geschliffen und poliert sind, werden beide Teile in der ursprünglichen Lage mit Kanadabalsam (oder Leinöl) wieder zusammengekittet. In Abb. 4.53b ist der Diagonalschnitt durch das zusammengekittete Prisma noch einmal gezeichnet; A'C ist der Schnitt durch die Kittfläche. Ein in der Längsrichtung auffallendes Bündel natürlichen Lichtes spaltet in den o- und den e-Strahl auf, von denen der erste senkrecht und der zweite parallel zur Zeichenebene schwingt; dabei wird der o-Strahl stärker geknickt als der e-Strahl. Die Kittschicht (bei Kanadabalsam $n = 1.542$) bildet für den e-Strahl ($n_e = 1.486$) ein dichteres, für den o-Strahl ($n_o = 1.658$) ein dünneres Medium. Da bei den gewählten Abmessungen des Prismas der Einfallswinkel des o-Strahls den Grenzwinkel der Totalreflexion überschreitet, wird der o-Strahl an der Kittfläche totalreflektiert, zur Seite abgelenkt und fällt auf die geschwärzte Seitenfläche, wo er absorbiert wird. In Richtung des einfallenden Lichtes tritt der e-Strahl als linear polarisiertes Licht aus, dessen Leistung selbstverständlich nur die Hälfte der des einfallenden Lichtes ausmacht. Gewöhnlich wird dieses **Nicol'sche Prisma** in eine zylindrische Messinghülse eingekittet, wie es Abb. 4.54 in Aufsicht zeigt. Die in der Abbildung vertikal stehende kurze Diagonale der Rhombenfläche gibt die Richtung des Hauptschnitts an und damit die der austretenden Schwingung.

Da beim Nicol'schen Prisma Ein- und Austrittsfläche schräg zur Richtung des hindurchgehenden Lichtes stehen, wird der Strahlengang parallel verschoben, was sich beim Drehen des Prismas um die Lichtrichtung störend bemerkbar macht. Diesen Nachteil vermeidet das Polarisationsprisma von P. Glan (1877) und S. P. Thompson (1883) nach Abb. 4.55. Es hat senkrechte Endflächen und ist so aus einem Calcit geschnitten, dass die diagonal verlaufende Kittfläche senkrecht zu einer Seitenfläche steht. Deshalb kann der auch hier totalreflektierte o-Strahl über ein zusätzlich aufgekittetes Glasprisma (gestrichelt in Abb. 4.55) seitlich austreten; eine Absorption

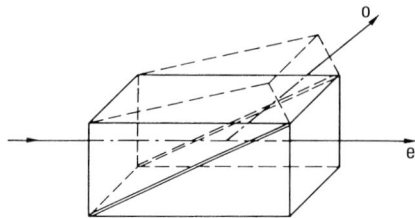

Abb. 4.55 Polarisationsprisma nach Glan-Thompson mit aufgekittetem Glasprisma.

an der Calcitfläche entfällt, weshalb bei starken Lichtquellen, wie sie die Projektion erfordert, die im Nicol'schen Prisma auftretenden schädlichen Erwärmungen (mit Flüssigwerden und Trübung des Kitts) vermieden werden. Wegen seiner gegenüber dem „Nicol" erheblich kürzeren Länge, seiner senkrechten Ein- und Austrittsflächen, der über den ganzen Querschnitt gleichmäßigen Polarisation (die das Nicol wegen des schiefen Strahlenganges für e nicht liefert) und wegen seines relativ großen Gesichtsfeldes (bis 30°), wird das **Glan-Thompson-Prisma** heute in den meisten Polarisationsapparaten benutzt.

Zwei in Richtung des durchgehenden Strahls hintereinander drehbar angeordnete Polarisatoren (Nicol oder Glan-Thompson) bilden einen einfachen und bequemen Polarisationsapparat, wie ohne weiteres klar ist. Stehen beide Nicols eines Polarisationsapparates parallel (d. h. sind ihre Hauptschnitte parallel), so geht das mit der Intensität J_0 den Polarisatornicol verlassende Licht praktisch ungeschwächt durch den Analysatornicol hindurch; sind die beiden Hauptschnitte aber um den Winkel ψ gegeneinander gedreht, vermindert sich die Intensität hinter dem Polarisator auf $J_0 \cos^2 \psi$; das entnimmt man sofort der Tab. 4.6 im Abschn. 4.5, indem man allein den e-Strahl verfolgt und den Strahl o'' streicht, denn o-Strahlen treten nicht auf. Das ist nichts anderes als das schon früher gefundene Malus'sche Gesetz. Sind die Nicols gekreuzt ($\psi = \pi/2$), lässt der Analysator kein Licht durch und das Gesichtsfeld ist vollkommen dunkel. Dieser Sachverhalt eröffnet die Möglichkeit, polarisiertes Licht in genau bekanntem Verhältnis abzuschwächen, was für verschiedene optische Geräte (z. B. Photometer) erwünscht ist.

Dichroismus. Die vorstehend genannten Polarisatoren, deren Anzahl leicht vermehrt werden könnte, sind durchweg aus Calcit hergestellt, einem farblosen, durchsichtigen Kristallmaterial. Die für die Dispersion verantwortlichen Eigenfrequenzen (Absorptionsstellen, s. Abschn. 2.8) des Calcits liegen daher nicht im Sichtbaren, sondern im Ultraviolett und im Infrarot. Liegen sie für ein Material im Sichtbaren, was selbstverständlich möglich ist, erscheint es gefärbt, in hinreichend dicken Schichten auch gänzlich undurchsichtig, da aus dem sichtbaren Spektrum des weißen Lichtes gewisse Bereiche durch selektive Absorption entfernt werden. Lage und Stärke der Absorptionsstellen bestimmen im Wesentlichen den Verlauf der Dispersion. Während aber bei optisch isotropen Medien die Absorption unabhängig von Strahl- und Polarisationsrichtung ist, werden bei doppelbrechenden Substanzen jeweils zwei verschiedene Dispersionskurven wirksam. Beim optisch einachsigen Kristall gibt es

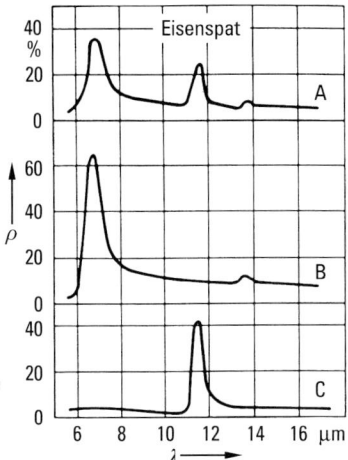

Abb. 4.56 Dichroismus von Siderit (Eisenspat); vgl. auch Abb. 2.47. Kurve A: Natürliche unpolarisierte Strahlung. Kurve B: Elektrischer Vektor senkrecht zur optischen Achse. Kurve C: Elektrischer Vektor parallel zur optischen Achse.

für den o- und den e-Strahl je eine charakteristische Dispersionskurve, mit Absorptionsgebieten an unterschiedlichen Stellen des Spektrums (während beim optisch zweiachsigen Kristall die Verhältnisse komplizierter liegen). Das Verhalten der optisch einachsigen Carbonate der Calcitreihe liefert dafür im Infrarot ein eindrucksvolles Beispiel. In Abb. 2.47 ist der Reflexionsgrad jener Carbonate für natürliches Licht wiedergegeben; die Kurve für Siderit (Eisenspat, $FeCO_3$) ist noch einmal in Abb. 4.56 aufgetragen (Kurve A). Wiederholt man die Messungen im polarisierten Licht, wobei die einfallende Strahlung einmal senkrecht (o-Strahl), ein zweites Mal parallel zur optischen Achse (e-Strahl) schwingt, so erhält man die charakteristischen Kurven B und C (nach Messungen von Cl. Schaefer (1922)). In Kurve B findet man nur noch die beiden Reflexionsmaxima bei 6.77 μm und bei 13.54 μm, die also dem o-Strahl angehören. Die dritte Kurve C gibt das Verhalten wieder, wenn die auffallende Strahlung parallel der optischen Achse schwingt; hier erscheint nur der in B verschwundene Reflexionsbereich bei 11.53 μm, der folglich dem e-Strahl zuzuordnen ist. Die unterschiedliche Lage der Eigenfrequenzen für o- und e-Strahlung bedingt letzten Endes die Doppelbrechung.

In dem angeführten Beispiel, das für doppelbrechende Stoffe typisch ist, liegen die Eigenfrequenzen im Infrarot, das Material bleibt daher farblos und durchsichtig. Liegen aber die Eigenfrequenzen im Sichtbaren bei verschiedenen Wellenlängen, etwa für den o-Strahl bei 650 nm (rot), für den e-Strahl bei 500 nm (blaugrün), so wird bei hinreichender Schichtdicke im durchgehenden Licht der Bereich um 650 nm bzw. um 500 nm fehlen, wenn die Schwingungsebene senkrecht bzw. parallel zur optischen Achse liegt. Das bedeutet, dass die Substanz (auch im natürlichen Licht!) farbig ist und dass die Farbe von der Schwingungsrichtung des eingestrahlten Lichtes abhängt. Daher nennt man diese Erscheinung **Dichroismus**, bei optisch zweiachsigen Kristallen **Trichroismus**.

Betrachtet man eine dichroitische Substanz im durchfallenden Licht durch einen Polarisator (Nicol) und dreht diesen um seine Achse, so treten die erwähnten Farben auf, wenn die vom Nicol durchgelassene Schwingungsrichtung parallel oder senkrecht zur optischen Achse der Substanz gerichtet ist. In jeder anderen Stellung des Nicols treten Mischfarben aus diesen beiden Extremfarben auf, weswegen man statt Dichroismus (oder Trichroismus) häufig und namentlich in der Mineralogie von **Pleochroismus** spricht. Diese letztere Bezeichnung ist gerechtfertigt, wenn es sich nur um die Beschreibung der tatsächlichen Beobachtung handelt; die Namen Di- und Trichroismus beruhen auf der theoretischen Interpretation der Erscheinung.

Aus dem Vorhergehenden folgt, dass bei Doppelbrechung grundsätzlich immer Dichroismus vorhanden ist, wenn man das gesamte Spektrum einbezieht, wie es der Physiker tun muss; nur wenn man sich auf das sichtbare Spektrum beschränkt, erscheint der Dichroismus als Ausnahme.

Zu den dichroitischen Substanzen im engeren Sinn gehört der (trigonale) *Turmalin*, ein strukturell kompliziertes Borosilicat mit unterschiedlichen Kationenarten, von dem hier zwei Varietäten in Betracht kommen; die rosafarbene und die grüne; die letztere verdient deshalb besonderes Interesse, weil sie den o-Strahl (Schwingungsrichtung senkrecht zur optischen Achse) bereits in einer Schichtdicke von nur 1 mm so stark absorbiert, dass bei Durchstrahlung mit natürlichem Licht praktisch nur der e-Strahl (Schwingungsrichtung parallel der optischen Achse) übrig bleibt. Eine parallel der kristallographischen Hauptachse geschnittene **Turmalinplatte** von 1 mm Dicke stellt also einen brauchbaren Polarisator dar, freilich mit der Eigentümlichkeit, dass das hindurchtretende Licht grün gefärbt ist, was indessen für viele Zwecke nicht stört. Zwei gegeneinander drehbare Turmalinplatten bilden demnach einen vollständigen Polarisationsapparat, der besonders früher viel benutzt worden ist (**Turmalinzange**).

Polarisationsfilter. Auch künstlich lassen sich plattenförmige Polarisatoren, sog. **Polarisationsfolien**, herstellen, deren Größe praktisch nicht mehr beschränkt ist. Bereits D. Brewster (1817) und W. Haidinger (1852) haben gezeigt, dass sich bestimmte Farbstoffe, z. B. Methylenblau, durch gerichtetes Ausstreichen ihrer ursprünglich regellos gelagerten anisotropen Kriställchen, auf einer Glasplatte parallel orientieren lassen, sodass sie einheitliche Doppelbrechung zeigen, bei stark verschiedener Absorption von o- und e-Strahl. Auch kleine Kristallnadeln von Herapathit (Jodchininsulfat), die einen ausgeprägten Dichroismus besitzen, lassen sich in einen Zellulosefilm orientiert einlagern. Eine weitere Möglichkeit besteht darin, in einer Zellulosehydratfolie durch Streckung gerichtete Spannungsdoppelbrechung (s. Abschn. 4.13) hervorzurufen und die Folie dann mit bestimmten Farbstoffen einzufärben. Solche Polarisationsfolien lassen in Parallelstellung etwa 25 % des einfallenden Lichtes hindurch; als Färbung ergibt sich ein helles Grau. Bei gekreuzter Stellung liegt der Transmissionsgrad unterhalb 0.01 %. Man verwendet diese Folien in der Fotografie, um reflektiertes, mehr oder weniger polarisiertes Störlicht von Glasscheiben (Fensterscheiben, Deckscheiben auf Bildern usw.) zu unterdrücken.

Weitere Polarisationsprismen. W. H. Wollaston (1820) hat ein Prisma angegeben, mit dem das einfallende Strahlenbündel in zwei zueinander senkrecht polarisierte Anteile zerlegt wird, die unter entgegengesetzt gleichen Winkeln die Einfallsrichtung ver-

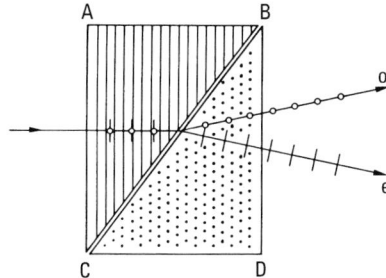

Abb. 4.57 Strahlenverlauf im Wollaston-Prisma. Die Buchstaben o und e gelten für das linke Prisma.

lassen (Abb. 4.57). Dieses **Wollaston-Prisma** besteht aus zwei mit ihren Basisflächen verkitteten rechtwinkligen Calcitprismen; beim Prisma ABC liegt die optische Achse in der Zeichenebene parallel AC, während sie bei dem Prisma BDC senkrecht zur Zeichenebene und parallel zur brechenden Kante verläuft. Das normal zur Fläche AC einfallende Licht spaltet im ersten Prisma in o- und e-Strahl auf, die sich bis zur Kittstelle BC in ursprünglicher Richtung, aber mit unterschiedlicher Geschwindigkeit fortpflanzen. Der senkrecht zur Papierebene schwingende o-Strahl wird nach Übertritt ins zweite Prisma BDC vom Einfallslot weg gebrochen, da er hier als e-Strahl mit größerer Geschwindigkeit läuft; das im ersten Prisma als e-Strahl laufende Licht wird dagegen im zweiten als o-Strahl mit kleinerer Geschwindigkeit weitergeleitet und zum Einfallslot hin gebrochen. Dadurch kommt bei dieser Prismenanordnung die große räumliche Trennung der beiden Strahlenbündel zustande. Ähnliche Anordnungen haben A. M. de Rochon (1801) und H. de Sénarmont (1857) angegeben.

Polarisationsphotometer. Bereits weiter oben wurde auf die Möglichkeit hingewiesen, Polarisatoren zur kontrollierten Helligkeitssteuerung in Photometern einzusetzen. Zwei Typen solcher Polarisationsphotometer sollen hier betrachtet werden. Als Erstes zeigt Abb. 4.58 einen Längsschnitt durch das Gerät nach F. F. Martens (1900). Die beiden miteinander zu vergleichenden Lichtquellen Q_1 und Q_2 beleuchten in der üblichen Weise Vorder- und Rückseite einer Gipsplatte G; das von G diffus verteilte Licht leuchtet über die beiden Spiegel S_1, S_2, und die beiden Prismen P_1, P_2 die runden Öffnungen O_1 und O_2 aus. Ein Biprisma B unterhalb der Linse L_1 lenkt mit seiner rechten Hälfte den ganzen Strahlengang nach links und mit seiner linken Hälfte nach rechts ab, sodass von jeder der beiden Öffnungen O_1 und O_2 zwei Bilder, im Ganzen also vier Bilder, entstehen. In Abb. 4.58b sind die vier Bilder mit O'_1, O'_2, O''_1 und O''_2 angedeutet, deren Reihenfolge zu beachten ist. Ein zwischen die Linse L_1 und das Biprisma B eingebautes Wollaston-Prisma W spaltet jedes der vier Teilbilder nochmals in zwei senkrecht zueinander polarisierte Bilder auf, wobei die in Abb. 4.58c skizzierten acht Teilbilder entstehen. Die eingezeichneten Pfeile geben die jeweilige Schwingungsrichtung des Lichtes an. Geeignet angeordnete Blenden sorgen dafür, dass nur Licht der beiden gestrichelt umrahmten Bilder $O''_{1,o}$ und $O'_{2,e}$ sichtbar wird. Wenn man vor A das Auge, mit L_2 als Lupe, auf das Biprisma

560 4 Polarisation und Doppelbrechung des Lichtes

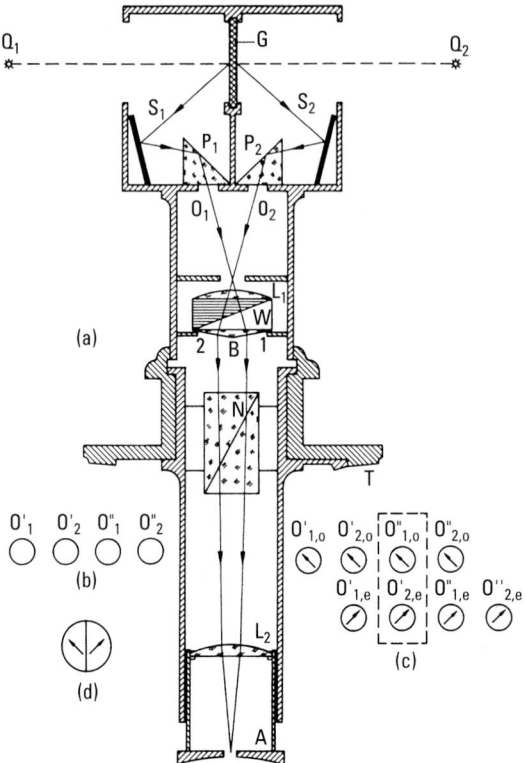

Abb. 4.58 Längsschnitt durch das Polarisationsphotometer nach Martens.

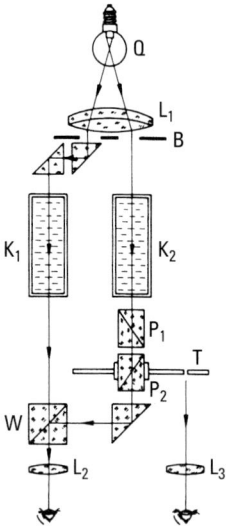

Abb. 4.59 Strahlengang im Kompensationsphotometer.

akkommodiert, wird ein rundes Gesichtsfeld deutlich, das durch die Kante des Biprismas in zwei Hälften geteilt wird (Abb. 4.58d). Jede Gesichtsfeldhälfte erhält ihre Helligkeit von einer Seite des Gipsschirmes G, entsprechend der Helligkeit der zu photometrierenden Lichtquellen Q_1 und Q_2. Da die Polarisationsrichtungen des Lichtes in den beiden Hälften orthogonal zueinander liegen, lassen sich die Helligkeiten einander anpassen, indem man das zwischen Biprisma B und Linse L_2 eingebaute Nicol'sche Prisma N dreht; der Drehwinkel von N kann an einem Teilkreis T abgelesen werden. Auf diese Weise ist z. B. das Photometrieren einer Lichtquelle Q_2 gegen eine Normallichtquelle Q_1 (die auch im Photometer eingebaut sein kann) möglich, ohne den Abstand der Lichtquelle Q_2 zu ändern. Bemerkt sei noch, dass man durch ein Prisma, das an geeigneter Stelle in den Strahlengang eingeschaltet wird, die Strahlung beider Lichtquellen spektral zerlegen kann; dann hat man ein sehr brauchbares **Spektralphotometer**.

Schließlich ist in Abb. 4.59 schematisch ein modernes **Kompensationsphotometer** dargestellt, das bei Extinktionsmessungen an Flüssigkeiten, Farblösungen usw. vielseitige Verwendung findet. Auch bei diesem Apparat wird das Licht im Vergleichsstrahlengang mit Hilfe zweier gegeneinander verdrehbarer Polarisationsprismen geschwächt. Das von der Lichtquelle Q ausgehende Strahlenbüschel wird durch die Kollimatorlinse L_1 parallel gemacht und durch die Blende B und zweier nachgeschalteter totalreflektierender Prismen in zwei Strahlen aufgeteilt. Die beiden Strahlenbündel durchsetzen in vollkommen symmetrischer Weise die gleichartigen Küvetten K_1 und K_2, von denen K_1 die zu untersuchende Lösung und K_2 das reine Lösungsmittel enthält. Der Vergleichsstrahlengang durchläuft anschließend zwei Polarisationsprismen P_1 und P_2, von denen P_2 drehbar ist. Endlich werden beide Strahlengänge im Photometerwürfel W (Abb. 4.59) vereinigt, bevor sie zum Beobachter gelangen. Man erblickt zwei halbkreisförmige Vergleichsfelder, deren vertikale Trennungslinie mit L_2 als Lupe scharf eingestellt wird. Durch Verdrehen des Polarisationsprismas P_2 kann man beide Felder auf gleiche Helligkeit einstellen und die Winkelstellung von P_2 an einem Teilkreis T mit der Lupe L_2 ablesen.

4.8 Drehung der Schwingungsebene polarisierten Lichtes (optische Aktivität)

Durchstrahlt man, wie in Abb. 4.60 skizziert, ein optisch isotropes (nicht absorbierendes) planparallel begrenztes Medium unter normaler Inzidenz mit linear polarisiertem, einfarbigem Licht, so erwartet man bei einer Polarisationsanalyse des austretenden Lichtes maximale Helligkeit, wenn Polarisator- und Analysatornicol parallel stehen, und Dunkelheit bei gekreuzten Nicols. Für viele Stoffe trifft diese Erwartung zu. Bei einer Reihe von Substanzen jedoch – so z. B. bei Rohrzuckerlösung – findet man jedoch die Hell- und Dunkelposition des Analysators gegenüber der des Polarisators verdreht. Diese Erscheinung kann nur als eine *Drehung der Schwingungsebene des polarisierten Lichtes* beim Durchgang durch das Medium gedeutet werden. Medien, die diese Eigenschaft besitzen, nennt man (nicht gerade charakteristisch) **optisch aktiv**, die Erscheinung selbst wird als **optische Aktivität** bezeichnet.

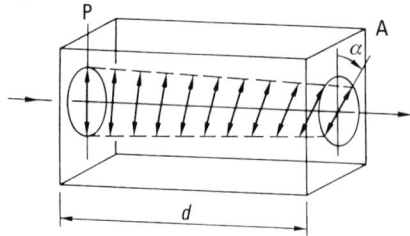

Abb. 4.60 Drehung der Schwingungsebene im optisch aktiven Medium. Rechtsdrehende Substanz; der Vektor *E* folgt einer Linksschraube.

Man stellt verhältnismäßig leicht fest, dass der Winkel α, um den die Schwingungsebene gedreht wird, proportional zur Länge d des Lichtweges im Medium ist, bei Lösungen außerdem proportional zur Konzentration c des optisch aktiven Stoffes:

$$\alpha = [\alpha]\,cd. \tag{4.39}$$

Der Proportionalitätsfaktor $[\alpha]$ wird als **spezifische Drehung** oder als optisches Drehvermögen einer Substanz bezeichnet; $[\alpha]$ ist stark wellenlängenabhängig (**Rotationsdispersion**). Das Vorzeichen von $[\alpha]$ gilt konventionell als positiv und die Substanz als *rechtsdrehend*, wenn sich die Schwingungsrichtung für einen Beobachter, der dem Lichtstrahl entgegenblickt, im Uhrzeigersinn dreht und demgemäß der Analysator vom Beobachter im Uhrzeigersinn nachgedreht werden muss, um die Dunkelstellung zu erreichen. Entsprechend wird $[\alpha]$ negativ gesetzt für *linksdrehende* Substanzen. Der Lichtvektor bewegt sich demnach in rechtsdrehenden Substanzen mit einer Linksschraube um seine Fortpflanzungsrichtung, in linksdrehenden mit einer Rechtsschraube.

Für beide Drehrichtungen gibt es natürliche Vertreter. Unter den Flüssigkeiten und Lösungen drehen z. B. nach rechts: deutsches Terpentinöl, Limonen (aus Kümmel), alkoholische Japankampferlösung, wässrige Lösungen von Rohrzucker, Traubenzucker, Mandelsäure, Weinsäure u. a., nach links: französisches Terpentinöl, Nicotin, wässrige Lösungen von Gummiarabicum, Chinin, Strychnin u. a. Genauere Untersuchungen zeigen, dass jede optisch aktive chemische Substanz sowohl in einer links- wie in einer rechtsdrehenden Modifikation möglich ist; die Moleküle solcher, in ihrem chemischen Bestand gleichen, isomeren Substanzpaare, die auch als **Antipoden** bezeichnet werden, unterscheiden sich, wie zuerst L. Pasteur (1859) vermutet hat, nur in der räumlichen Anordnung ihrer Atome, sie sind **enantiomorph**, d. h. „entgegengesetzt gestaltet", spiegelbildlich gebaut. Darin liegt letztlich die Bedeutung der optischen Aktivität für den Chemiker. Die spezifischen Drehungen enantiomorpher Substanzpaare sind dem Betrag nach gleich und unterscheiden sich nur im Vorzeichen der Drehung; Gemische beider verringern die Drehung α der Schwingungsebene des Lichtes, gleiche Mengen heben die Drehung auf (**razemisches Gemisch**). Drehwinkelmessungen kann man in sog. **Polarimetern** zur Konzentrationsbestimmung gelöster optisch aktiver Stoffe heranziehen. Diesem äußerst wichtigen Hilfsmittel ist ein eigener Passus in diesem Abschnitt gewidmet.

In der Praxis wird die Gl. (4.39) mit unterschiedlichen Einheiten benutzt: Bei *Flüssigkeiten* ($c = 1$) misst man d in Dezimeter und gibt demgemäß $[\alpha]$ in Winkelgrad/dm an. Bei *Lösungen* bezieht man außerdem die Konzentration c auf die Grammmenge gelöster aktiver Substanz pro cm^3 Lösungsmittel. Beispielsweise beträgt der Drehwinkel α einer wässrigen Rohrzuckerlösung (mit $[\alpha] = 66.5°$/dm für Natrium-D-Licht), die 1 g Rohrzucker in 100 cm^3 enthält, bei einer Schichtdicke von 20 cm

$$\alpha = 66.5 \times 2 \times 0.01 = 1.33°.$$

Für *feste Substanzen* schließlich misst man d in mm und benutzt dementsprechend für $[\alpha]$ die Einheit Winkelgrad/mm. Wegen der Wellenlängenabhängigkeit muss stets eine Bezugswellenlänge (meist $\lambda_{Na\text{-}D}$) angegeben werden.

In Tab. 4.8 und 4.9 sind die spezifischen Drehungen einiger optisch aktiver Substanzen aufgeführt.

Die optische Aktivität ist indes nicht auf optisch isotrope Substanzen beschränkt, vielmehr tritt sie auch unter den optisch anisotropen Medien in einigen Kristallklassen auf. Allerdings ist hier die Beobachtbarkeit auf die Richtung der optischen Achse beschränkt, wo die sonst störende Doppelbrechung ausgeschaltet ist; schon Richtungsabweichungen von wenigen Minuten bringen die Erscheinung zum Verschwinden. Die Verhältnisse in der Umgebung der optischen Achse sind sehr kompliziert. Hier soll nur so viel gesagt werden, dass sie stetig in die normalen Bedingungen übergehen, die bei nichtaktiven Kristallen existieren. Selbstverständlich sind auch die Strahlenflächen einachsiger aktiver Kristalle in der Nähe der Achse verändert.

Für den optisch einachsigen Kristall, auf den sich die Betrachtung zunächst beschränken soll, bedeutet die optische Achse bekanntlich eine Richtung optischer Isotropie, sodass – speziell für den Kristallschnitt senkrecht zur optischen Achse – die Abb. 4.60, sowie die anschließenden Ausführungen in analoger Weise gelten. Wichtigster Vertreter optischer Aktivität ist hier der **Quarz** (SiO_2), an dem F. Arago (1811) die Erscheinung der optischen Aktivität entdeckt hat. Erst einige Jahre danach wurde von J.B. Biot (1815) die optische Aktivität auch an Lösungen und später

Tab. 4.8 Spezifische Drehung $[\alpha]$ einiger Flüssigkeiten für λ_{Na-D}.

Flüssigkeit	Temperatur in °C	$[\alpha]$ in Grad/dm
Amylalkohol		− 5.7
Menthol	35.2	− 49.7
Japankampfer	204	+ 70.3
Nicotin	10–30	−162

Tab. 4.9 Spezifische Drehung $[\alpha]$ einiger optisch isotroper Kristalle für λ_{Na-D}.

Kristallart	$[\alpha]$ in Grad/mm
$NaBrO_3$	2.8
$NaClO_3$	3.13

von H. Marbach (1854) an kubischen, d. h. optisch isotropen Kristallen (Natriumchlorat und -bromat) entdeckt.

Auch die Kristalle selbst zeigen in ihrer natürlichen Gestalt sehr schön Enantiomorphie und entsprechend gekoppelt findet man Rechts- und Linksdrehung, jedoch ist die optische Aktivität bei Kristallen nicht allein auf enantiomorphe Kristallklassen beschränkt (siehe dazu Abschn. 4.9).

Eine wichtige Tatsache ist noch festzustellen: Wird Quarz geschmolzen (Quarzglas), d. h. wird sein Raumgitter zerstört, verschwindet jegliche Drehung; ein Beweis, dass bei Quarz und allen sich analog verhaltenden Kristallen die besondere Art der Gitterstruktur die Ursache der Drehung ist. Das Gleiche gilt auch für die kubischen Kristalle Natriumbromat und Natriumchlorat, die in Lösung absolut inaktiv sind. Andererseits zeigt die Tatsache, dass eine Zuckerlösung und viele andere flüssige organische Kohlenstoffverbindungen (bei denen von Gitterstruktur ja keine Rede sein kann) optisch aktiv sind, dass für diese Substanzen der Grund der Drehung bereits im Bau des einzelnen Moleküls liegen muss. Schließlich ist noch die Möglichkeit gegeben und beim kristallisierten Rohrzucker verwirklicht, dass beim Entstehen der Drehung beide Gründe, Kristallstruktur und Molekülbau, zusammenwirken. Tab. 4.10 gibt die spezifische Drehung einiger optisch einachsiger Kristalle an. Die Angaben beziehen sich, wie üblich, auf Na-D-Licht, mit Ausnahme von Zinnober (HgS), das aus messtechnischen Gründen mit der roten Li-Linie ($\lambda = 670.8$ nm) untersucht wurde.

Die Drehung der Schwingungsebene lässt sich an Quarzplatten sehr schön mit Hilfe des Tyndall-Effektes demonstrieren (Abb. 4.61). Wie an Hand der Abb. 4.10 erläutert wurde, trägt zur Lichtstreuung an einem trüben Medium nur diejenige elektrische Feldkomponente bei, die senkrecht zur Streurichtung liegt. In Abb. 4.61 fällt nun von rechts kommend ein linear polarisiertes einfarbiges Lichtbündel in einen Glastrog, der mit getrübtem Wasser gefüllt ist. (Zur Trübung ist dem Wasser Seife, Milch oder alkoholische Mastixlösung zugesetzt.) Die Schwingungsebene des einfallenden Lichtes liegt parallel der Papierebene, sodass der Beschauer das Streulicht sehen kann. Im Trog hängen, einige Zentimeter voneinander entfernt, zwei gleich dicke Quarzplatten im Strahlengang, deren Dicke so bemessen ist, dass sie die Schwingungsebene bei der benutzten Wellenlänge gerade um 90° drehen. Zwischen den beiden Platten steht deshalb die Schwingungsebene des Lichtes senkrecht zur Papierebene, weshalb das Streulicht in der Beobachtungsrichtung ausfallen muss. Hinter der zweiten Quarzplatte, nach einer Drehung von insgesamt 180°, entspricht der Schwingungszustand wieder dem des einfallendem Lichtes und die Streuung ist wiederum sichtbar. Fällt dagegen der Blick von oben in den Trog (was sich mit einem unter 45° geneigten Spiegel erreichen lässt), so liegen die Streuverhältnisse gerade umgekehrt: Während zwischen den beiden Platten Streulicht erscheint, herrscht vor und hinter dem Plattenpaar Dunkelheit.

Ein weiterer Versuch soll die kontinuierliche Drehung der Schwingungsebene im optisch aktiven Medium verdeutlichen. In Abb. 4.62a durchsetzt linear polarisiertes, monochromatisches Licht einen schwach trüben Quarz (Milchquarz) in Richtung der optischen Achse. Das Streulicht – wiederum senkrecht zur Ausbreitungsrichtung beobachtet – lässt einzelne, gleich weit voneinander entfernte helle Zonen erkennen. Von Zone zu Zone hat sich der Lichtvektor des einfallenden Lichtes jeweils um 180° weitergedreht; dazwischen liegen Stellen, an denen der Lichtvektor in Beobach-

Tab. 4.10 Spezifische Drehung [α] einachsiger Kristalle.

Kristallart	[α] in Grad/mm	Kristallart	[α] in Grad/mm
Zinnober	325	Guanidincarbonat	4.35
Benzil	24.92	Kaliumhyposulfat	8.39
Natriumperiodat	23.3	Calciumhyposulfit	2.09
Quarz	21.7		

Abb. 4.61 Versuch zum Nachweis der Drehung der Schwingungsebene polarisierten Lichtes in Quarzplatten.

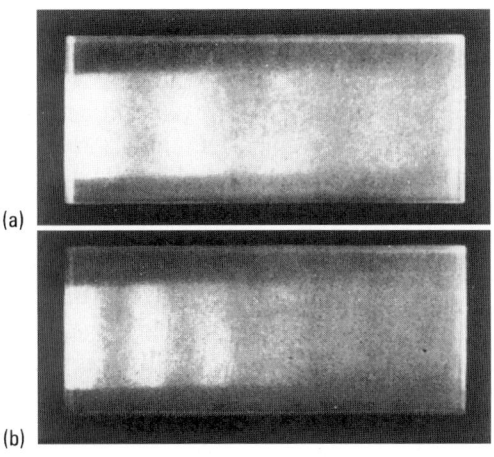

Abb. 4.62 Demonstration der Drehung der Schwingungsebene des Lichtes in einem schwach trüben Quarz (a) bei rotem Licht; (b) bei grünem Licht.

tungsrichtung schwingt und das Streulicht infolgedessen ausbleibt. In Wirklichkeit aber sind die hellen Zonen Stücke einer (hellen) Schraubenlinie, die sich durch den Quarz windet, als Zeichen kontinuierlicher Drehung der Schwingungsebene mit fortschreitendem Strahlenweg. In der Projektion ist gerade noch erkennbar, dass die Streifen nicht vertikal, sondern geneigt verlaufen, wie es der Ganghöhe einer Schraube entspricht.

Auch zur Demonstration der *Rotationsdispersion*, der Wellenlängenabhängigkeit der spezifischen Drehung, eignet sich der zuletzt beschriebene Versuch. Wechselt man von einer Durchstrahlung mit rotem Licht (Abb. 4.62a) auf grünes Licht über (Abb. 4.62b), so verkürzt sich deutlich die Ganghöhe der Schraubenlinie. Mit sinkender Wellenlänge steigt somit die spezifische Drehung an, was allgemein gilt. Quantitative Angaben für Quarz entnimmt man der Tabelle 4.11, mit [α]-Werten für einige Fraunhofersche Linien.

Tab. 4.11 Spezifische Drehung von Quarz in Abhängigkeit von der Wellenlänge.

λ in nm	A(760.8)	B(686.7)	C(656.3)	D(589.3)	E(527.0)	F(486.1)	G(430.8)	H(396.8)
$[\alpha]_{20°C}$	12.704	15.742	17.314	21.724	27.552	32.766	42.630	51.119

Die Rotationsdispersion zeigt ein weiterer Versuch: Verkittet man Glaswürfel aus schwach trübem Glas im Wechsel mit Quarzplatten, die senkrecht zur optischen Achse geschnitten sind, zu einer Säule und durchstrahlt diese Kombination mit linear polarisiertem weißen Licht, leuchten die einzelnen Glaswürfel in der Reihenfolge der „Drehungsfarben" auf. In dem in Abb. 12 der Farbtafel II festgehaltenen Versuchsergebnis ist die Dicke der ersten Quarzplatte so bemessen, dass sie die Polarisationsebene violetten Lichtes gerade um 90° dreht, die der zweiten, dass sie, zusammen mit der ersten, gerade blaues Licht um 90° dreht, entsprechend die weiteren Platten für steigende Wellenlängen. Bei seitlicher Betrachtung der Säule parallel der ursprünglichen Polarisationsrichtung sieht man vorwiegend die um 90° gedrehte Farbe, senkrecht dazu die Komplementärfarbe (unteres Teilbild).

Die Rotationsdispersion hat zur Folge, dass eine optisch aktive Substanz, die weißem polarisiertem Licht ausgesetzt ist, für keine Stellung des Analysatornicols Dunkelheit zeigen kann. Vielmehr ist das Gesichtsfeld, abhängig von der Analysatorstellung und auch von der Dicke der durchstrahlten Schicht, stets gefärbt. Diese Feststellung soll unter Benutzung von Tab. 4.11 durch ein numerisches Beispiel unterstützt werden: Eine Quarzplatte von 1 mm Dicke befinde sich zwischen parallel gestellten Nicols in weißem Licht. Wird die Schwingungsebene für die Wellenlänge λ um den Winkel α_λ gegenüber der Einfallsrichtung gedreht, so kann nur der Bruchteil $\cos^2\alpha_\lambda$ der einfallenden spektralen Intensität J_λ den Analysator passieren. Bei gekreuzten Nicols wird entsprechend der Anteil $\sin^2\alpha_\lambda$ durchgelassen. Mit dieser Abhängigkeit – die bereits aus der Erläuterung zur Abb. 4.47 verständlich ist und noch ausführlicher im Abschnitt 4.10 behandelt wird – lässt sich der Transmissionsgrad der Anordnung: Polarisator-Quarz-Analysator berechnen. Tab. 4.12 enthält die Ergebnisse für einige ausgewählte Wellenlängen λ. Nimmt man für das einfallende

Tab. 4.12 Transmissionsgrade der Anordnung Polarisator-Quarz-Analysator in Abhängigkeit von der Wellenlänge λ.

Fraunhofer-Linien	Transmissionsgrad (A = Analysator, P = Polarisator)			
			Schwingungsrichtung der Welle $\lambda_C \parallel P$	
	$A \parallel P$	$A \perp P$	$A \parallel P, \lambda_C$	$A \perp P, \lambda_C$
A	0.94	0.06	0.98	0.02
C	0.92	0.08	1.00	0.00
E	0.79	0.21	0.96	0.04
G	0.54	0.46	0.83	0.17
H	0.40	0.60	0.69	0.31

weiße Licht der Einfachheit halber eine spektrale Rechteckverteilung an (alle $J_\lambda = 1$), liefern die zweite und dritte Spalte der Tab. 4.12 direkt die Helligkeitswerte für das austretende Licht.

Demnach werden bei parallelen Nicols die langwelligen Linien A bis C relativ wenig geschwächt, da die Drehungen hier gering sind; die Linien G und H büßen unter den gegebenen Verhältnissen aber bereits die Hälfte ihrer ursprünglichen Intensitäten ein. Bei gekreuzten Nicols dagegen werden die rotgelben Farbtöne im Verhältnis zu den grün-blau-violetten stark geschwächt. In beiden Fällen sind Farbton der Mischung und Gesamthelligkeit zueinander komplementär (wie aus früheren allgemeineren Betrachtungen folgt). Dreht man den Analysator aus der Parallelstellung weiter auf maximalen Durchlass bzw. auf Auslöschung etwa der Spektrallinie C (Neigung $\approx 17{,}31°$), gelangt man zu Helligkeitsverteilungen, wie sie in den beiden letzten Spalten notiert sind. Die Tabelle zeigt: Mit der Analysatorposition verändert sich auch die Helligkeitsmodulation des durchgelassenen Spektrums und demgemäß wechselt die Färbung. Welche Farben auftreten, hängt unter sonst gleichen Umständen von der Dicke der Platte ab. Wenn man bei einem rechtsdrehenden Quarz den Analysator im Uhrzeigersinn dreht, so wird eine bestimmte Farbenfolge durchlaufen, die sich in identischer Weise auch beim linksdrehenden Quarz einstellt, wenn der Analysator entgegen dem Uhrzeigersinn gedreht wird. Man kann dies objektiv vorführen, indem man das Licht, welches den Polarisator verlässt, spektral zerlegt. Ausgehend von gekreuzten Nicols, wobei für eine 1 mm dicke Quarzplatte das rote Ende des Spektrums noch fast ausgelöscht ist, wird – falls man den Analysator im richtigen Umlaufsinn herausdreht – bei jeder Analysatorposition eine Wellenlänge völlig unterdrückt und im Spektrum „erscheint" dann an dieser Stelle ein schwarzer Streifen, der sich von rot nach violett durch das Spektrum hindurch schiebt. Die Färbung, die jeweils auftritt, ist stets die Komplementärfarbe zur ausgetilgten.

Die hier beschriebenen Verhältnisse komplizieren sich, wenn die Platten so dick werden, dass sehr große Drehungen auftreten. Beträgt die Dicke einer Quarzplatte beispielsweise 1 cm, so verzehnfachen sich alle Drehwinkel in dem zuvor behandelten Beispiel. Dann werden bei jeder Analysatorstellung mehrere Wellenlängen, aber sehr viel schmalere Spektralbereiche unterdrückt und das Licht erscheint schließlich wieder weiß; man bezeichnet es als **Weiß höherer Ordnung**. – Auch bei sehr dünnen

Tab. 4.13 Spezifische Drehung [α] zweiachsiger Kristalle.

Kristallart	spezifische Drehung [α] in Richtung der Binormalen in Grad/mm	
Rhamnose	+12.9	+5.4
Rohrzucker	+ 2.2	−6.4
Magnesiumsulfat	+ 2.6	+2.6
Natriumphosphat	− 4.45	−4.45
Seignettesalz	− 1.2	−1.2

Platten sehen die Farben weißlich aus; bei einer Plattendicke von 0.1 mm dreht Quarz die Linie A nur um 1.27°, die Linie H am anderen Ende des Spektrums aber nur um 4.19°. Bei sehr dünnen Platten (20 bis 30 µm), wie sie der Mineraloge in Gesteinsdünnschliffen verwendet, spielt die optische Aktivität praktisch keine Rolle mehr.

Zweiachsige Kristalle. Auch bei einigen zweiachsigen Kristallen hat man nach langem Suchen optische Aktivität in Richtung der beiden Binormalen feststellen können. Hier kompliziert jedoch die niedrige Symmetrie der Kristalle den Effekt erheblich. Die Beispiele der Tab. 4.13 lassen erkennen, dass die beiden Achsen sogar unterschiedlich spezifische Drehung und unter Umständen entgegengesetzten Drehsinn aufweisen können. Erst eine nähere Betrachtung der Kristallsymmetrie im nächsten Abschnitt kann hier wenigstens qualitativ Ordnung schaffen.

Polarimeter. Die Messung der Drehung der Schwingungsebene ist ein einfaches und wertvolles Mittel zur Bestimmung der Konzentration eines optisch aktiven Stoffes, z. B. von Zucker im Harn; dabei kann die Messung in Gegenwart anderer optisch nicht drehender Lösungspartner durchgeführt werden, sodass diese nicht abgetrennt werden müssen. Aus Gl. (4.39) folgt für die Konzentration c:

$$c = \frac{\alpha}{[\alpha] d}.$$

Zur Messung der Drehung α dienen *Polarimeter* (Abb. 4.63), die, falls sie allein der Zuckerbestimmung dienen sollen, auch **Saccharimeter** genannt werden. Das einfachste Polarimeter nach Mitscherlich (1844) besteht aus einer Lichtquelle mit Polarisator P und einem drehbaren, mit Teilkreis versehenen Analysator A; zwischen P und A befindet sich eine beiderseits planparallel abgeschlossene Glasröhre R mit der Messflüssigkeit. Den Drehwinkel α bestimmt man als Differenz der Dunkelpositionen des Analysators, mit und ohne Messflüssigkeit eingestellt. Da die Einstellung auf völlige Dunkelheit des Gesichtsfeldes recht unsicher ist, hat man die Polarimeter durch empfindliche Einstellhilfen verbessert. N. Soleil beschrieb eine **Doppelplatte**, die aus zwei senkrecht zur optischen Achse geschnittenen, nebeneinander auf einer Glasplatte aufgekitteten Quarzplatten besteht, eine rechts- und eine linksdrehend und beide 3.75 mm dick. Bei dieser Dicke wird gelbgrünes Licht etwa um 90° gedreht (wie man an Hand der Tab. 4.11 leicht bestätigt). Schaltet man die Doppelplatte D zwischen parallele Nicols, so wird im weißen Licht gerade der gelbgrüne Anteil des Spektrums unterdrückt und das Gesichtsfeld erscheint in der rötlich violetten Komplementärfarbe, der sog. „empfindlichen Farbe". Füllt man jetzt die aktive Flüssigkeit in die Messröhre R (zwischen den Nicols) ein, so addiert sich die Flüssigkeitsdrehung zu dem gleichsinnig drehenden Quarz der Doppelplatte D und verringert gleichzeitig die durch den zweiten Quarz bewirkte Drehung. Im Gesichtsfeld spaltet daher die vorher einheitliche Färbung auf, wobei die eine Hälfte nach rot, die andere Hälfte nach blau verschoben wird. Man braucht dann nur den Analysator so weit nachzudrehen, bis das ganze Gesichtsfeld wieder einheitlich die ursprüngliche empfindliche Farbe zeigt; selbst kleine Drehungen lassen sich auf diese Weise gut messen, da das Auge in hohem Maße die Fähigkeit besitzt, die Farbgleichheit zweier aneinander grenzender Felder zu beurteilen.

Statt den Analysator A zu verstellen, kann man die optische Drehung auch mit dem **Quarzkeilkompensator** von N. Soleil ausgleichen. In Abb. 4.63 befindet sich zu diesem Zweck eine Platte Q aus rechtsdrehendem Quarz und zwei gleiche aus linksdrehendem Quarz geschnittene Keile K, die mittels einer Mikrometerschraube gegeneinander verschoben werden können. Bei einer bestimmten Stellung bilden sie zusammen eine Quarzplatte, die ebenso dick wie Q ist und daher deren Rechtsdrehung aufheben. Durch Mikrometerverstellungen in die eine oder andere Richtung kann man in Kombination mit der Platte Q beliebige Drehungen der Schwingungsebene erzielen und daher auch die von der Lösung verursachte Drehung kompensieren. Das Verfahren ist relativ empfindlich, weil sich mit dem Mikrometer kleine Dickenänderungen des Doppelkeils leicht einstellen lassen.

Da eine Zuckerlösung, die auf 100 cm³ Lösung 16.35 g Zucker enthält, in einer 20 cm langen Röhre (mit einer Genauigkeit von 0.1%) die gleiche Drehung wie eine 1 mm dicke Quarzplatte hervorruft, braucht man die an der Mikrometerschraube (in mm) abgelesene Dickenänderung des Doppelkeils nur mit 16.35 zu multiplizieren, um die in 100 cm³ gelöste Zuckermasse zu ermitteln. – Die Verwendung von weißem Licht ist deshalb möglich, weil die Rotationsdispersionen von Quarz und von Zuckerlösung weitgehend gleich verlaufen. Filtert man das weiße Licht mit einer 15 mm dicken Schicht einer wässrigen 6%igen Kaliumdichromatlösung, so lassen sich auch noch die restlichen Abweichungen in der Dispersion ausschalten.

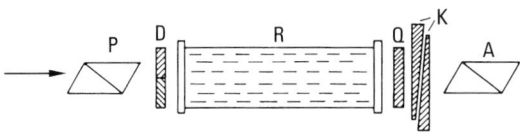

Abb. 4.63 Aufbau eines Polarimeters. P: Polarisator; A: Analysator; R: Messröhre; D: Solleil'sche Doppelplatte; Q, K: Quarzkeilkompensator.

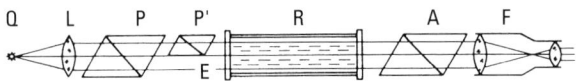

Abb. 4.64 Aufbau des Halbschattenpolarimeters nach Lippich.

570   4 Polarisation und Doppelbrechung des Lichtes

Ein weiteres genaues Verfahren zum Einmessen der Drehung einer aktiven Substanz wird bei dem Halbschattenpolarimeter von F. Lippich (1882) benutzt (Abb. 4.64). Das Charakteristische dieser Konstruktion ist der **Lippich-Polarisator**, der aus dem normalen Polarisationsprisma P und einem dahinter geschalteten zweiten Polarisator, dem „Halbprisma" P' besteht, dessen Größe so bemessen ist, dass es die Hälfte des Gesichtsfeldes einnimmt. Das Licht, von der Quelle Q kommend und durch die Linse L parallelisiert, durchsetzt auf der einen Gesichtsfeldhälfte nur das normale Polarisationsprisma P, auf der zweiten Hälfte auch noch das Halbprisma P', bevor es durch die Röhre R mit der Messflüssigkeit und den Analysator A in das kleine astronomische Fernrohr F gelangt. F ist auf die vordere Kante E des (etwas geneigten) Halbprismas P' scharf eingestellt; die Kante E ist in der Mitte des Gesichtsfeldes als scharfe Trennlinie zu sehen. Entscheidend für die Anordnung ist nun, dass die Hauptschnitte H des normalen Polarisationsprismas P und H' des Halbprismas P' um einen kleinen Winkel ε gegeneinander geneigt sind, wie Abb. 4.65 im Teilbild a zeigt. Kreuzt man nun den Analysator mit dem Hauptschnitt H von P, so ist die linke Hälfte des Gesichtsfeldes völlig dunkel, die rechte noch mäßig erhellt (Teilbild b). Dreht man den Analysator dagegen um den Winkel ε, sodass er nun mit dem Hauptschnitt H' von P' gekreuzt ist, entsteht Teilbild c. Dreht man den Analysator so, dass er senkrecht zur Winkelhalbierenden zwischen H und H' steht, erscheinen beide Felder gleich hell, was das Auge mit großer Genauigkeit feststellt (Abb. 4.65d). Die Halbschattenmethode ist um so empfindlicher, je kleiner man den Winkel ε macht; durch Drehung von P' gegen P kann der Halbschattenwinkel ε in kleinen Grenzen reguliert werden. Da das Feld mit abnehmendem ε immer dunkler wird, muss man einerseits helle (im Übrigen beliebige) Lichtquellen heranziehen, andererseits einen Kompromiss schließen zwischen der Verkleinerung von ε und der Helligkeitsverminderung des Gesichtsfeldes. Die Analysatorstellung lässt sich mit Hilfe von Nonien auf etwa 1' feststellen. Der wesentliche Vorteil der Halbschattenmethode liegt darin, dass Abweichungen von der Nullstellung (Teilbild d in Abb. 4.65) sich wegen der gegenläufigen Helligkeitsänderung beider Felder sehr scharf bemerkbar machen. Daher wird diese Methode auch in anderen photometrischen Instrumenten angewandt. Eine Einstellung auf größte Dunkelheit des ganzen Feldes wäre wesentlich unempfindlicher.

Kinematische Erklärung der Drehung der Schwingungsebene. Wie in Bd. 1 gezeigt ist, kann man sich jede gradlinige Schwingung zusammengesetzt denken aus zwei ent-

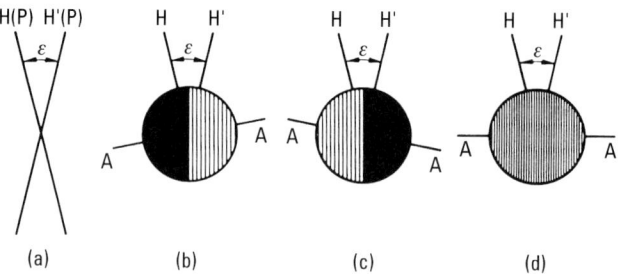

Abb. 4.65   Zur Wirkungsweise des Halbschattenpolarimeters nach Lippich.

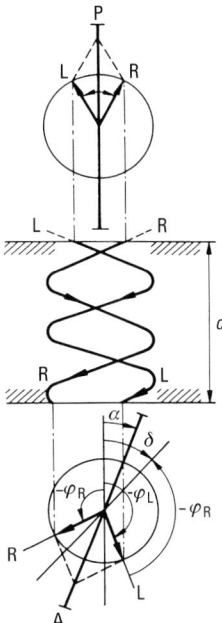

Abb. 4.66 Drehung der Schwingungsebene als Folge zirkularer Doppelbrechung. Die rechtszirkulare Welle hat die höhere Geschwindigkeit ($n_R < n_L$) und damit die größere Wellenlänge. Die Abbildung zeigt eine Momentaufnahme der beiden von oben nach unten laufenden Wellen. Oberes und unteres Zeigerdiagramm stellen den Phasenzustand der Wellen im selben Zeitpunkt für die Orte des Ein- und Austritts am Medium dar.

gegengesetzt umlaufenden Kreisschwingungen mit halber Amplitude und gleicher Schwingungszahl. Man kann daher auch jede linear polarisierte Lichtwelle zerlegen in zwei zirkular polarisierte, entgegengesetzt umlaufende Lichtwellen von halber Amplitude und gleicher Frequenz. Das ist eine rein mathematische Umformung, die zunächst mit Physik nichts zu tun hat. Fresnel aber konnte mit dieser Zerlegung für das Drehverhalten optisch aktiver Substanzen – schon bald nach deren Entdeckung – eine Erklärung liefern, wobei er für die beiden (nunmehr als real betrachteten) zirkular polarisierten Wellen im aktiven Medium unterschiedliche Fortpflanzungsgeschwindigkeiten annahm. Als deren Folge bildet sich zwischen beiden zirkularen Wellen im aktiven Medium eine Phasendifferenz $\delta = \varphi_L - \varphi_R$ aus, die proportional mit der Weglänge im Medium ansteigt. Setzt man die Wellen beim Verlassen des Mediums wieder zusammen, so entsteht eine linear polarisierte Welle mit einer um $\delta/2$ gedrehten Schwingungsebene; die Drehung ist, unter Beachtung früherer Konventionen, positiv (negativ), wenn die rechts (links) zirkulare Welle die größere Geschwindigkeit, d. h. die kleinere Brechzahl n_R (n_L) besitzt, wie man der Abb. 4.66 entnimmt.

Die Drehung α der Schwingungsebene ist demnach die Folge einer **zirkularen Doppelbrechung** $n_L - n_R$, mit der Beziehung

$$\delta = \varphi_L - \varphi_R = 2\pi(n_L - n_R)d/\lambda = 2\alpha.$$

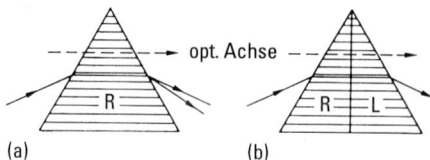

Abb. 4.67 Quarzprisma (a) mit und (b) ohne zirkulare Doppelbrechung in Richtung der optischen Achse. R,L = rechts-, linksdrehender Quarz

Die zirkulare Doppelbrechung ist allgemein sehr niedrig, wie man über die experimentell bestimmten Drehwinkel der Tab. 4.8, 4.9, 4.10 und 4.13 (unter Beachtung der benutzten Einheiten!) leicht nachrechnen kann. Quarz besitzt für die Wellenlänge des Na-D-Lichtes in Richtung seiner optischen Achse die zirkulare Doppelbrechung

$$n_L - n_R = (21.72/180) \times 589.3 \times 10^{-6} = 7.1 \times 10^{-5},$$

also weniger als ein Hundertstel seiner maximalen linearen Doppelbrechung (Tab. 4.5). Noch viel niedriger, nämlich bei 7×10^{-6}, liegt die (richtungsunabhängige) zirkulare Doppelbrechung des optisch isotropen Natriumbromats[13].

Die zirkulare Doppelbrechung des Quarzes in Richtung seiner optischen Achse macht sich bereits störend bemerkbar, wenn man ein Prisma aus kristallinem Quarz in einem Spektralapparat benutzen muss: Um die gewöhnliche Doppelbrechung zu vermeiden, muss das Licht parallel der optischen Achse laufen, wie bei jeder doppelbrechenden Substanz. Beim Quarz aber werden auch in Richtung der optischen Achse alle Spektrallinien in zwei eng benachbarte, entgegengesetzt polarisierte Linien aufgespalten (Abb. 4.67a). Man kann nach A. Cornu (1881) diese Doppelbrechung des Quarzes in Richtung der optischen Achse unschädlich machen, indem man die Prismen hälftig aus rechts- und linksdrehendem Quarz zusammensetzt (Cornu-Prisma, Abb. 4.67b).

Bereits Fresnel ist es gelungen, die von ihm zunächst nur formal eingeführte zirkulare Doppelbrechung durch eine Ablenkung am Prisma experimentell nachzuweisen. Wegen der Kleinheit des Effektes musste er eine besondere Prismenkonstruktion (Abb. 4.68) ersinnen, die zwei verkittete Prismen mit rechtwinkligem Querschnitt aber stark ungleichen Kantenlängen – einen Linksquarz BAC und einen Rechtsquarz BCD – enthält. Die Quarze sind so geschnitten, dass die optische Achse normal auf den Stirnflächen AB und DC steht und demgemäß die gemeinsame Fläche BC unter einem sehr kleinen Winkel schneidet. Das normal zur Stirnfläche AB, also parallel zur optischen Achse, einfallende linear polarisierte Licht wird beim Passieren der Kittfläche BC allein auf Grund der Unterschiede im zirkularen Verhalten gebrochen: n_R nimmt ab ($n_{rel} < 1$), n_L wird größer ($n_{rel} > 1$), wobei die Kombination von Links- und Rechtsquarz den Unterschied verstärkt. Die linkszirkulare Welle wird daher nach oben, in Richtung zum Lot, gelenkt, die rechtszirkulare vom Lot nach unten weg gebrochen. Schließlich findet eine weitere (im Wesentlichen gewöhnliche) Brechung an DC beim Austritt in Luft statt. Die Prüfung beider Strahlen

---

[13] Die Begriffe „Doppelbrechung" und „Isotropie" stehen hier nicht im Widerspruch, denn die zirkulare Doppelbrechung verhält sich in kubisch kristallisierenden Stoffen und Flüssigkeiten tatsächlich in allen Raumrichtungen gleich, d.h. isotrop.

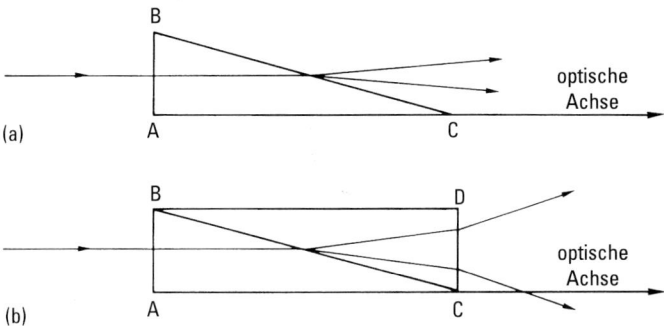

Abb. 4.68 Versuch von Fresnel zur Erklärung der Drehung der Polarisationsebene.

auf ihren Polarisationszustand, mit Analysator und Phasenschieber, bestätigte die Erwartung. Die Abbildung gibt das Doppelprisma in ungefähr natürlicher Größe wieder.

Auf einen Punkt sei noch besonders hingewiesen: Die Drehung erfolgt in einem bestimmten Stoff für den Beobachter, der dem Licht entgegenblickt, stets in ein und derselben Richtung; lässt man daher linear polarisiertes Licht in eine drehende Substanz eintreten und an der Rückseite wieder vollkommen reflektieren, sodass der Strahl das Medium zweimal in entgegengesetzter Richtung durchläuft, so ist die gesamte Drehung gleich null. Diese Eigenschaft der optisch aktiven Stoffe unterscheidet die sog. „natürliche optische Aktivität" von einer anderen künstlich durch ein Magnetfeld erzeugten Aktivität. Diese wird nicht rückgängig gemacht, wenn man den Lichtstrahl das magnetisierte Medium zweimal in entgegengesetzter Richtung durchlaufen lässt; vielmehr bekommt man auf diese Weise die doppelte Drehung. In Abschn. 4.14 wird diese Frage noch einmal angeschnitten.

Auch die zirkulare Doppelbrechung ($n_L - n_R$) ist wellenlängenabhängig, zeigt also *Dispersion*. Diese Dispersion ist u. a. (analog den Verhältnissen bei der linearen Doppelbrechung) durch *Absorptionsstellen* (Dipoleigenfrequenzen) bedingt, die bei durchsichtigen Substanzen entweder im IR oder im UV liegen. In der Nähe einer Absorptionsstelle ändert sich die Brechzahl $n_L(\lambda)$ bzw. $n_R(\lambda)$ beträchtlich; die entstehende S-förmige Dispersionsschleife bedingt, da die spezifische Drehung $[\alpha] = (n_L - n_R)\pi/\lambda$ nach einem raschen Anstieg zunächst ein Maximum, dann eine Nullstelle durchläuft und dabei ihr Vorzeichen wechselt. Wegen der unterschiedlichen Absorption von links- und rechtszirkular polarisiertem Licht ist das austretende Licht im Bereich der Dispersionsschleife elliptisch polarisiert (Cotton-Effekt).

Ultraviolett-Polarimeter, die gestatten eine vollständige Dispersionsschleife aufzunehmen, finden in der organischen Chemie bei strukturellen Fragen zunehmend Verwendung. Die Dispersionsschleife reagiert sehr empfindlich auf Änderungen der asymmetrischen Umgebung des Absorptionsdipols, weshalb sich an Hand von Vergleichssubstanzen wertvolle Informationen über die Stellung und Konfiguration von Substituenten neuer Verbindungen gewinnen lassen. Die Anwendungen waren besonders bei der Untersuchung von Steroiden und Proteinen erfolgreich. – Weitere Einzelheiten zur optischen Aktivität enthält Abschn. 4.12.

4.9 Optisches Verhalten und Symmetrie der Kristalle

Bestimmungen der optischen Symmetrie und der Form der Strahlenfläche gehören zu den Routineaufgaben bei der Diagnose und der Orientierung von Kristallen; oft ist es dabei bequemer, statt der zweischaligen Strahlenfläche die einschalige Indikatrix zu betrachten. Für optische Messungen an kleinen Kristallen, wie auch an beliebig begrenzten Kristallbruchstückchen, eignet sich hervorragend der im nächsten Abschnitt beschriebene *Spindeltisch*.

Die teilweise recht komplizierten optischen Erscheinungen, die in Abschn. 4.5 bis 4.8 beschrieben wurden, sind offensichtlich auf bestimmte Medien beschränkt, während viele andere Medien ein wesentlich einfacheres optisches Verhalten zeigen. Der Grad der Kompliziertheit erweist sich dabei als mehrfach abgestuft. Der Ansatzpunkt für die erwünschte Ordnung der Erscheinungen ist verhältnismäßig leicht in ihrer Richtungsabhängigkeit zu finden: Das einfachste optische Verhalten lassen die isotropen Medien erkennen, bei denen primär keine Orientierung vor einer anderen ausgezeichnet ist. Da aber auch die Kristalle des sog. kubischen oder regulären Systems, deren natürliche äußere Gestalt beweist, dass sie keineswegs isotrop sind, sich optisch wie isotrope Substanzen verhalten, ist es erforderlich, die Anisotropie etwas genauer zu betrachten.

In der Kristallographie hat man sich eingehend mit dem Problem der Richtungsanisotropie beschäftigt und als wesentlich einige wenige grundlegende Symmetrien erkannt (wie beispielsweise die Spiegelsymmetrie), die von einem bestimmten Ort aus, dem **Kristallmittelpunkt**, als **Symmetrieelemente** (im Beispiel als Spiegelebene) auf den Kristallraum wirken. Die Gesamtsymmetrie eines Kristalls lässt sich stets mit einer Kombination weniger Symmetrieelemente, dem **Symmetriegerüst**, vollständig erfassen. Das Symmetriegerüst bestimmt alle möglichen Deckoperationen, durch die der Kristall, genauer: die Kristallstruktur, mit sich selbst zur Deckung gebracht werden kann und damit gleichwertige Richtungen ineinander überführt werden. Entscheidend ist nun, dass der Kristall in dieser neuen Lage sich optisch genau so verhalten muss, wie in seiner Ausgangslage. Mit anderen Worten: *Das optische Erscheinungsbild muss sich dem Symmetriegerüst einfügen*. Diese Feststellung ist Teil eines allgemeinen auf F. Neumann (1798–1895) zurückgehenden Symmetrieprinzips, wonach die Symmetrie eines physikalischen Effektes das Ergebnis aus der Symmetrie der Einwirkung und der des Mediums ist und das P. Curie (1908) in die Worte kleidete: „C'est la dissymétrie qui crée le phénomène".

Es ist nun nicht erforderlich, eine vollständige Systematik der Erscheinungen anzustreben, vielmehr genügt es, nach einem kurzen Überblick über die Symmetrieelemente, ihren Einfluss isoliert zu diskutieren, sodass man an Hand des Symmetriegerüstes (s. Tab. 4.14), das die Kristallsystematik bereitstellt, das optische Verhalten eines Kristalls ableiten kann.

Als erstes Symmetrieelement sei die p-zählige **Drehachse** aufgeführt, die den Kristallraum nach einer Drehung um $360°/p$ in eine deckungsgleiche Position überführt, wobei (als Folge einer translationsperiodischen Struktur) neben dem trivialen Fall $p = 1$ nur die Fälle $p = 2, 3, 4$ und 6 möglich sind[14]. Als Symbol wird der Zahlenwert

---

[14] Der Fall $p = 5$ ist in den gewöhnlichen Kristallen, mit ihrem streng translationsperiodisch geordneten Gitterbau, nicht möglich, wohl aber wenn die Struktur eines Kristalls quasiperiodischen

Tab. 4.14 Symmetrie und optisches Verhalten der Kristalle. (Die Lage einer Spiegelebene m wird durch die Richtung ihrer Normale angegeben. Liegen zwei Symmetrieelemente einer Richtung parallel, so werden sie durch einen Schrägstrich getrennt, z. B.: $2/m$.)

Kristallsystem	Kristall-klasse	charakteristische Symmetrien				optisches Verhalten	
		i	Symmetrieelement parallel zu			optisch aktiv[1]	Strahlen-fläche
			a_1	a_2	a_3		
triklin $a_1 \neq a_2 \neq a_3$ $\alpha_1 \neq \alpha_2 \neq \alpha_3$	C_1 C_i	– i	– –	– –	– –	+ –	mit Lage-dispersion und optisch zweiachsig
monoklin $a_1 \neq a_2 \neq a_3$ $\alpha_2 \neq \alpha_1 = \alpha_3 = 90°$	C_2 C_s C_{2h}	– – i	– – –	2 m $2/m$	– – –	+ × –	
orthorhombisch $a_1 \neq a_2 \neq a_3$ $\alpha_1 = \alpha_2 = \alpha_3 = 90°$	D_2 D_{2v} D_{2h}	– – i	2 m $2/m$	2 m $2/m$	2 m $2/m$	+ × –	ohne Lage-dispersion optisch zweiachsig
trigonal[2] $a_1 = a_2 \neq a_3$ $\alpha_1 = \alpha_2 = 90°$ $\alpha_3 = 120°$	D_3	–	2	2	3	+	optisch einachsig
	4 weitere Klassen:	3 bzw. $\bar{3}$ parallel a_3					
und hexagonal	7 Klassen:	6 bzw. $\bar{6}$ parallel a_3					
tetragonal $a_1 = a_2 \neq a_3$ $\alpha_1 = \alpha_2 = \alpha_3 = 90°$	7 Klassen:	4 bzw. $\bar{4}$ parallel a_3					
kubisch $a_1 = a_2 = a_3$ $\alpha_1 = \alpha_2 = \alpha_3 = 90°$	5 Klassen:	3 bzw. $\bar{3}$ parallel zu den vier Raumdiagonalen des Würfels					optisch isotrop

[1] Erklärung zur Spalte optisch aktiv:
  + optisch aktiv,
  × optisch aktiv, links- und rechtsdrehende Richtungen sind symmetriegekoppelt,
  – optisch inaktiv.
[2] Zu den Kristallen mit trigonaler Symmetrie gehören auch diejenigen mit rhomoedrischem Gitter, wie z.B. Calcit. Ein rhomboedrisches Gitter ließe sich auch auf ein Achsenkreuz mit $a_1 = a_2 = a_3$, $\alpha_1 = \alpha_2 = \alpha_3 \neq 90°$ beziehen, dessen Zelle nur 1/3 des Volumens der trigonal-hexagonalen Zelle besitzt. Da die rhomboedrischen Kristalle jedoch nur einen Teil derjenigen mit trigonaler Symmetrie ausmachen, müsste man dann zwischen den Aufstellungen im trigonalen und im rhomboedrischen Achsenkreuz unterscheiden.

Gitterbau besitzt (Penrose-Muster); Letzterer ist jedoch die Ausnahme und erstmals 1984 durch Röntgenbeugungsbilder bestätigt.

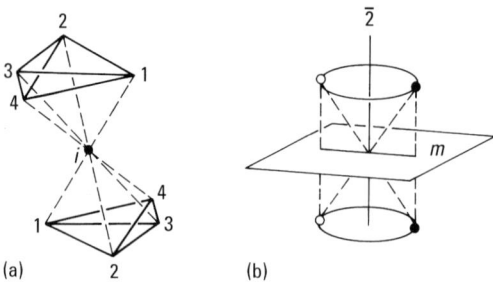

Abb. 4.69 Symmetrieelemente; (a) Inversionszentrum i; (b) Zusammenhang zwischen Drehinversionsachse $\bar{2}$ und Spiegelebene m.

von p (in arabischen Ziffern) benutzt. Ein weiteres Symmetrieelement ist das **Symmetrie-** oder **Inversionszentrum** (Symbol: i); die zugehörige Deckoperation (die physikalisch nicht ausführbar ist) ist die Spiegelung am Punkt (Abb. 4.69a). Schließlich kann i mit einer Drehachse p ein zusammengesetztes Symmetrieelement bilden, das man als **Drehinversionsachse** bezeichnet (Symbol: $\bar{p}$) und das so zu verstehen ist, dass weder p noch i allein eine Deckoperation bewirken und erst die gemeinsame Anwendung beider zu einer Deckoperation führt. Man stellt leicht fest, dass $\bar{1} = i$ gilt, dass $\bar{2}$ eine **Spiegelebene** (Symbol: m) beinhaltet, deren Normale in Richtung der Drehinversionsachse liegt, dass ferner $\bar{3}$ identisch ist mit dem Symmetriegerüst [3 und i] und dass $\bar{6}$ mit [3 und m] identisch ist, während $\bar{4}$ etwas Neues bedeutet. Dazu treten bei Berücksichtigung der Gitterstruktur noch die **Translationen** und als zusammengesetzte Symmetrieelemente **Schraubenachse** und **Gleitspiegelebene**. Sie führen zu einer weiteren Differenzierung, die jedoch für die optische Kontinuumsbetrachtung nicht gebraucht wird. Erwähnt sei noch, dass jeder Translationspunkt die Rolle des Kristallmittelpunkts übernehmen kann.

Die Symmetrieelemente lassen sich, wie eine gruppentheoretische Untersuchung ergibt, zu genau 32 unterschiedlichen Symmetriegerüsten (mathematischen Gruppen) kombinieren, nach denen man die Kristalle in 32 **Kristallklassen** eingeteilt hat. Ein zunächst beliebiges Parallelkoordinatensystem (Achsenbasis a_1, a_2, a_3, Achsenwinkel α_1, α_2, α_3, Ursprung im Kristallmittelpunkt), das man zur Beschreibung eines Kristalls in dessen Symmetriegerüst einpasst, führt bei den 32 Möglichkeiten zu insgesamt sieben in ihrer Symmetrie unterscheidbaren Fällen: den sieben **Kristallsystemen**, deren jedes mehrere Klassen umfasst.

Die Basis a_1, a_2, a_3 eines Kristalls kann aus Röntgenbeugungsbildern direkt bestimmt werden. Die Achsen des Koordinatensystems besitzen stets spezielle Lagen zu den Symmetrieelementen. Beispielsweise würde eine vierzählige Drehachse, die eine Koordinatenachse schräg schneidet, noch drei weitere, gleichwertige Koordinatenachsen erzeugen. Die Lösung kann nur so sein, wie es Tab. 4.14 für das tetragonale System angibt. Entsprechend liegt bei Anwesenheit einer Spiegelebene (von wenigen hochsymmetrischen Fällen abgesehen) eine Koordinatenachse in der Spiegelebene oder senkrecht dazu; so liegt im Monoklinen (konventionell) a_2 in Richtung der Spiegelebenennormale, während a_1 und a_3 in die Spiegelebene fallen und daher zwei der Achsenwinkel (α_1 und α_3) zu rechten Winkeln werden. Wie auch immer man die Koordinatenachsen einpassen würde, im Moniklinen ist über zwei der sechs ursprünglich vorhandenen Freiheitsgrade verfügt.

Zunächst soll nur die *lineare Doppelbrechung* zur Diskussion gestellt und die optische Aktivität ausgeklammert werden. Da sich die optische Aktivität aber nur in unmittelbarer Umgebung der optischen Achse bemerkbar macht, so bedarf die nun folgende Betrachtung – etwas umfassender ausgedrückt – nur noch einer anschließenden Ergänzung hinsichtlich der optischen Achsen. Der allgemeine Fall im monochromatischen Licht wird durch die Strahlenfläche des zweiachsigen Kristalls in Abb. 4.50 dargestellt. Zur Strahlenfläche gehört ein orthogonales Achsenkreuz X, Y, Z mit ungleichwertigen Achsen, in deren Richtungen die Hauptlichtgeschwindigkeiten abgetragen sind. Es besteht jetzt die Aufgabe, die Strahlenfläche der Kristallsymmetrie unterzuordnen. Im triklinen, dem niedrigst symmetrischen Fall, besteht keine Symmetrieeinschränkung; die Strahlenfläche kann in beliebiger Position zu den Kristallachsen angetroffen werden, die überdies mit der Wellenlänge λ des Lichtes variieren wird; die λ-Abhängigkeit der Lage bezeichnet man als **Lagedispersion** (gemeint: des Achsenkreuzes X, Y, Z). Da die Strahlenfläche bereits selbst ein Symmetriezentrum besitzt (Richtung und Gegenrichtung sind gleichwertig), verhalten sich beide trikline Klassen (C_1 und C_i) gleich, abgesehen von den optischen Achsen, die hier ja ausdrücklich ausgenommen sind. Entsprechendes gilt auch für andere Klassen, deren Symmetriegerüste sich voneinander nur durch ein Inversionszentrum unterscheiden; solche Klassen fasst man jeweils zu einer sog. **Laue-Klasse** zusammen; beispielsweise werden die drei orthorhombischen Klassen D_2, C_{2v}, D_{2h} in einer Laueklasse mit optisch gleicher Symmetrie vereint. – Interessanter als der trikline, ist der **monokline Fall**. Bringt man den monoklinen Kristall mit einer Symmetrieoperation (Drehen um $360°/2$ um a_2 oder Spiegeln an m) in eine deckungsgleiche Position, müssen sich auch die Strahlenflächen beider Positionen decken. Das ist nur der Fall, wenn eine der Achsen X, Y oder Z in Richtung der a_2-Achse fällt. Bezogen auf die spitze Bisektrix muss man drei Dispersionsfälle unterscheiden:

1. Fällt $Y \parallel a_2$, dann liegen die Binormalen in der Ebene senkrecht zu a_2, die sie dann aus Symmetriegründen (m oder 2) nicht verlassen können. Die Wellenlängenabhängigkeit äußert sich hier in einer sog. **geneigten Dispersion** (Abb. 4.70a).

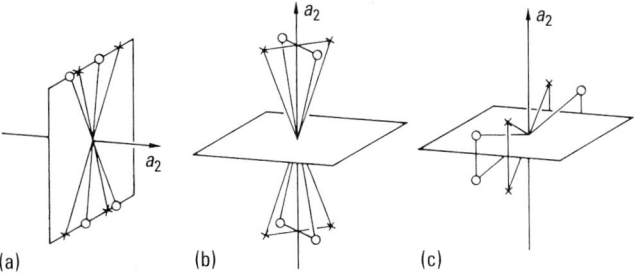

Abb. 4.70 Dispersionsverhalten im Monoklinen. o rotes Licht, x blaues Licht. Lage der Binormalen (a) bei geneigter Dispersion (Fall 1), (b) bei gekreuzter Dispersion (Fall 2), (c) bei horizontaler Dispersion (Fall 3).

2. Fällt die spitze Bisektrix (X oder Z) $\| a_2$, so halbiert a_2 den Winkel zwischen beiden optischen Achsen; die verbleibenden Freiheitsgrade für λ führen zur **gekreuzten Dispersion** (Abb. 4.70 b)
3. Liegt die stumpfe Bisektrix (X oder Z) $\| a_2$, so entsteht eine **horizontale Dispersion**, wie sie in Teilbild c skizziert ist.

Die Unterscheidung der drei Fälle hat vor allem messtechnische Gründe. Daher kann dieselbe Substanz in verschiedenen Spektralbereichen ihr Erscheinungsbild zwischen 1, 2 und 3 ändern. Ein eindrucksvolles Beispiel, mit einem Wechsel im sichtbaren Bereich, bietet die Substanz MgPt(CN)$_4$ · 5 H$_2$O · C$_3$H$_8$O$_3$: für Wellenlängen $\lambda > 630$ nm zeigt sie geneigte, für kürzere Wellenlängen gekreuzte Dispersion.

Bei **orthorhombischer Symmetrie** müssen (in allen drei Klassen) die Achsen X, Y, Z und damit die Richtungen der Hauptlichtgeschwindigkeiten mit den kristallographischen Achsen übereinstimmen, und zwar für alle Wellenlängen. Hier gibt es keine Lagedispersion mehr, wohl aber können die Hauptbrechzahlen n_α bis n_γ in unterschiedlicher Weise von λ abhängen. Im Orthorhombischen stimmt die Symmetrie der allgemeinen Strahlenfläche mit der kristallographischen Symmetrie überein; die Strahlenfläche besitzt keine Lagefreiheitsgrade mehr, sondern nur noch Formfreiheitsgrade. – Mit der Symmetrie des **rhomboedrischen, hexagonalen und tetragonalen Systems** ist die Strahlenfläche nur verträglich, wenn zwei ihrer Achsen gleich werden, d. h. wenn zwei der Hauptbrechzahlen übereinstimmen; das aber führt zur Strahlenfläche der optisch einachsigen Kristalle, wobei die Fälle $V_\alpha = V_\beta$ (optisch positiv) und $V_\beta = V_\gamma$ (optisch negativ) möglich sind (Abb. 4.38 und 4.39). – Endlich müssen im **kubischen System** alle drei Hauptlichtgeschwindigkeiten übereinstimmen: $V_\alpha = V_\beta = V_\gamma$, die Strahlenfläche wird zur einschaligen Kugelfläche wie im isotropen Medium. Der kubische Kristall verhält sich optisch isotrop[15].

Es bleibt noch der *Einfluss der Symmetrie auf die optische Aktivität* mit ihrer Auswirkung auf die optischen Achsen zu untersuchen. Die Drehung der Polarisationsebene bei optisch aktiven Substanzen beruht auf einer zirkularen Doppelbrechung. Damit sich eine Phasendifferenz zwischen links- und rechtszirkularer Welle ausbilden kann, müssen die Brechzahlen $n_{L,R}$ für beide Wellen (in Laufrichtung) symmetrieunabhängig sein. Diese Voraussetzung ist nicht erfüllt, wenn der Kristall ein Symmetriezentrum besitzt, da i eine Links- in eine äquivalente Rechtsschraube (gleicher Achsenrichtung) überführt und umgekehrt. *Alle zentrosymmetrischen Klassen müssen daher optisch inaktiv* sein. Die Voraussetzung ist auch dann noch nicht erfüllt, wenn die zirkular polarisierten Wellen innerhalb einer Spiegelebene m oder normal zu ihr laufen, denn auch dann gehen Rechts- und Linksschrauben durch Deckoperation ineinander über. Wohl aber kann schräg zur Spiegelebene eine zirkulare Doppelbrechung vorhanden sein, deren Spiegelbild dann eine zirkulare Doppelbrechung entgegengesetzten Vorzeichens (aber mit gleichem Betrag) verlangt (Abb. 4.71). Diese Möglichkeit ist im monoklinen System bei der Klasse C_s gegeben, wenn gekreuzte oder horizontale Dispersion vorliegt (Fall 2 oder 3), nicht aber bei geneigter Dispersion. Die beiden optischen Achsen drehen die Polarisationsebene

---

[15] Die orthorhombische Eigensymmetrie der Wellenfläche beruht letztlich auf der Dipolnatur der Huygens'schen Elementarwelle. Gelingt es, eine reine Quadrupolstrahlung anzuregen, so sind auch noch vierzählige Achsen optisch als solche zu erkennen und der kubische Kristall erscheint nicht mehr isotrop [5].

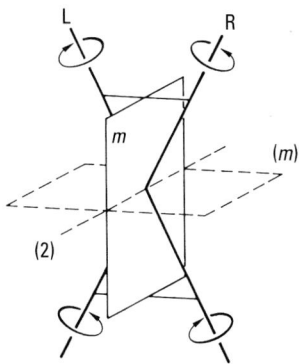

Abb. 4.71 Kopplung der optischen Aktivität durch eine Spiegelebene m.

in entgegengesetzter Richtung. Zum Unterschied dazu sind in der Klasse C_2 die Fälle 2 und 3 über eine zweizählige Achse gekoppelt, und die Polarisationsebene wird in beiden optischen Achsen gleichsinnig gedreht. – In entsprechender Weise lässt sich durch Inspektion der Symmetrien die optisch aktive Verhaltensweise anderer Klassen erkennen. Allgemein ist optische Aktivität parallel zu Achsen $\bar{p}$ mit $p > 2$ ausgeschlossen. Da Achsen mit $p > 2$ zugleich Achsen optischer Isotropie sind, optische Aktivität jedoch nur in Richtung verschwindender linearer Doppelbrechung (d. h. in Richtung optischer Isotropie) ohne größeren Aufwand experimentell beobachtbar ist, kann man die theoretisch mögliche optische Aktivität in den Klassen $\bar{4}$ und $\bar{4}2m$ bis heute nicht nachweisen. In der azentrischen Klasse $\bar{4}3m$ folgt bereits aus ihrer optischen Isotropie, dass sie optisch inaktiv sein muss; ähnliche Symmetrieüberlegungen zeigen, dass auch die Klassen $4mm$, $3mm$, $6mm$, $\bar{6}$ und $\bar{6}2m$ optisch inaktiv sind.

Optische Aktivität ist immer möglich, wenn das Symmetriegerüst weder Symmetriezentrum noch Spiegelebene besitzt. In jedem Kristallsystem gibt es ein bis zwei Klassen, die diese Forderung erfüllen. Die Kristalle dieser Klassen weisen die Besonderheit auf, dass sie in zwei *enantiomorphen* Individuen vorkommen, die zueinander spiegelbildlich gebaut sind. Während die eine Form die Polarisationsebene nach rechts dreht, dreht die andere nach links. Wie ein Blick auf Tabelle 4.14 bestätigt, zeigt auch die trigonal-rhomboedrische Klasse D_3 Enantiomorphie; ihr gehört der Quarz (Abb. 4.72) an, dessen zirkulare Doppelbrechung in Abschn. 4.8 ausführlich erörtert wurde. Die Strukturaufklärung des Quarzes bewies seinen schraubenförmigen Gitterbau entlang der a_3-Achse, wobei Rechts- und Linksform unterschiedlichen Drehsinn besitzen.

Das optische Drehvermögen lässt sich quantitativ berechnen, wenn die strukturelle Lage der für die Lichtausbreitung maßgebenden Dipoloszillatoren und deren Eigenfrequenzen bekannt sind. Die ersten numerischen Rechnungen haben C. Hermann (1923) für $NaClO_3$ und E. A. H. Hylleraas (1927) für (ein Strukturmodell der Symmetrie $P6_222$ von) Hochtemperaturquarz, sog. β-Quarz, durchgeführt. Speziell bei Quarz stehen die maßgebenden Oszillatoren an den Plätzen der Sauerstoffatome. Mit einem kristallographisch allgemeiner verwendbaren Modell hat G. N. Rama-

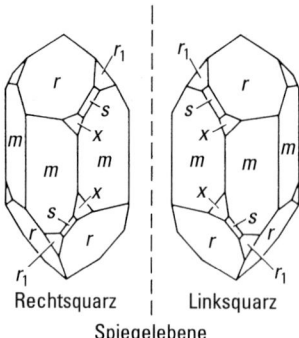

Abb. 4.72 Kristallform eines rechts- und eines linksdrehenden Quarzes. *r* Hauptrhomboederfläche (meist sehr glatt ausgebildet und daran leicht zu erkennen). Mit Blick auf das obere Hauptrhomboeder *r* liegt beim Rechtsquarz die Fläche *x* rechts vom Beschauer, beim Linksquarz links. Erscheint *x* sowohl rechts wie links, ist der Kristall verzwillingt (sog. Brasilianergesetz). – Miller'sche Indizes (*hkil*): $r = (10\bar{1}1)$, $r_1 = (01\bar{1}1)$, $m = (10\bar{1}0)$, $s = (11\bar{2}1)$ und Streifung parallel der Kante *rs*, $x = (51\bar{6}1)$.

chandran [6] die Berechnungen wiederholt und die Ergebnisse für die vorstehend genannten Substanzen bestätigt; darüber hinaus liefert dieses Modell aber auch das Drehvermögen senkrecht zur optischen Achse $[\alpha]_\perp$, das für β-Quarz einen Betrag ergibt, der ungefähr halb so groß wie parallel zur optischen Achse ausfällt, bei entgegengesetztem Vorzeichen: $[\alpha]_\perp/[\alpha]_\parallel \approx -0.5$. – Messdaten von $[\alpha]_\perp$ sind bislang allerdings nur für den strukturell sehr ähnlichen, gewöhnlichen Quarz ($[\alpha]_\perp$-Quarz, Tiefquarz) bekannt; sie stehen mit der Modellrechnung in Einklang. Eine direkte röntgenographische Prüfung des Schraubungssinnes von de Vries (1958) führte zu dem Ergebnis, dass α-Quarz mit *Linksschraubenstruktur die Schwingungsebene nach rechts dreht* (somit ein *Rechtsquarz* ist) und umgekehrt. Damit in Einklang steht auch die Darstellung in Abb. 4.88; den Ausführungen zu Abb. 4.88 liegen dispersionsfreie Medien zugrunde.

Symmetriediskussionen sind allgemein äußerst aufschlussreich und keineswegs auf Kristalle beschränkt. Einige nichtkristalline Beispiele werden in Abschn. 4.12 sowie bei der induzierten Doppelbrechung (Abschn. 4.13) zu erörtern sein. Auch die optische Aktivität von Flüssigkeiten und Lösungen ist hier zu nennen. Enthält beispielsweise die Eigensymmetrie eines Moleküls weder *i* noch *m*, so muss es noch in einer zweiten enantiomorphen Form existieren. Weiter muss eine Lösung, die nur eine Molekülform enthält, optisch aktiv sein, da die Richtungsmittelung über eine Links- oder über eine Rechtsschraubung diese nicht zum Verschwinden bringen kann. Nachdem bereits L. Pasteur (1848) die Vermutung ausgesprochen hatte, dass die optisch aktiven Moleküle einen asymmetrischen Bau haben müssten, entdeckten J. H. van't Hoff (1875) und J. A. Le Bel (1874), dass allgemein in optisch aktiven Verbindungen organischer Stoffe mindestens ein *asymmetrisches Kohlenstoffatom* vorkommt, d. h. ein C-Atom, das mit vier ungleichen Atomen oder Atomgruppen verbunden ist. Nach van't Hoff hat man sich das zentrale C-Atom in der Mitte eines Tetraeders zu denken, an dessen vier Ecken die verschiedenen Atome oder

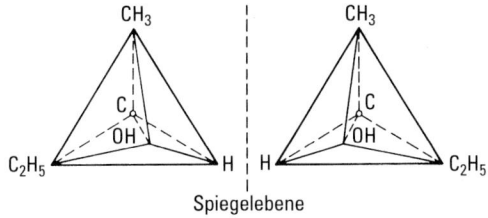

Abb. 4.73 Zwei spiegelbildliche Formen des Moleküls von optisch aktivem Butylalkohol $C_2H_5CH_3CHOH$.

Atomgruppen sitzen. In Abb. 4.73 sind zwei spiegelbildliche Formen des Moleküls des optisch aktiven Butylalkohols dargestellt. Der Drehsinn ist durch die Anordnung der Atomgruppen H, OH, CH_3, C_2H_5 um das zentrale C-Atom bedingt. Man bezeichnet solche Stoffe als **optische Antipoden** oder **Enantiostereoisomere** und unterscheidet sie häufig durch die Zeichen d (von „dexter" rechts) und l (von „laevus" links), im obigen Fall also d-Butylalkohol und l-Butylalkohol.

K. F. Lindeman hat (1920) ein optisch aktives Medium in der Weise nachgebildet, dass er in einen Kasten eine große Anzahl spiralförmiger Resonatoren mit gleichem Windungssinn einbrachte. Durch den Kasten wurden elektrische Wellen ($\lambda = 25$ cm) geschickt. Die Schwingungsebene der elektrischen Wellen erwies sich als gedreht und das Ergebnis stand auch quantitativ in der erwarteten Größenordnung.

Die Behandlung des *absorbierenden Kristalls* geschieht im Prinzip in der gleichen Weise wie beim nicht absorbierenden Kristall. Jedoch komplizieren sich die Verhältnisse wesentlich, da die Wellennormalen- und Strahlgeschwindigkeiten und damit auch die Strahlenflächen komplex sind. Unter Verzicht auf Einzelheiten sollen hier nur die wesentlichen Merkmale aufgeführt werden: Beim Eintritt einer Lichtwelle in den absorbierenden Kristall breiten sich *zwei* im Allgemeinen elliptisch polarisierte Wellen aus, deren Schwingungsellipsen gleiches Achsenverhältnis aufweisen und in ihrem Azimut um $90°$ differieren. Bei nicht zu hoher Symmetrie, d. h. bei allen optisch zweiachsigen Klassen, gibt es vier singuläre Richtungen, sog. **Windungsachsen**, in denen sich die Wellen zirkular polarisiert fortpflanzen. In den Windungsachsen durchkreuzen sich die Kurven für Brechzahlen und Absorptionskoeffizienten beider Wellen. Die Windungsachsen entsprechen etwa den optischen Achsen nicht absorbierender Medien; beim mathematischen Übergang zum nicht absorbierenden Medium vereinigen sich je zwei Windungsachsen zu einer optischen Achse. Mit Annäherung an eine Windungsachse werden die Schwingungsellipsen der beiden orthogonal zueinander elliptisch polarisierten Wellen immer kreisähnlicher, um sich schließlich in der Windungsachse als Schwingungskreise zu überdecken. In der Nähe der Windungsachse ändert sich das Achsenverhältnis der Schwingungsellipsen sehr stark.

Für die Praxis, insbesondere für die **Erzmikroskopie**, ist der Reflexionsfall wichtiger als das Studium des durchgehenden Lichtes. Man beobachtet bei senkrechter Beleuchtung mit linear polarisiertem Licht, wobei die Anisotropieeffekte unter Ölimmersion sehr an Deutlichkeit gewinnen. In absorbierenden Kristallen **orthorhombischer und höherer Symmetrie** ist die Lage der Strahlenfläche fixiert. Bei den nicht kubischen Fällen besitzt die Strahlenfläche im Allgemeinen eine wellenlängenabhängige Form, was zu richtungsabhängigen Farbeindrücken führt (*Reflexionsdichroismus* bzw. *-trichroismus* und allgemeiner, vornehmlich bei unbekannter Symmetrie, *Reflexionspleochroismus*[16] oder **Bireflexion**). Die Schwingungsrichtungen für die beiden jeweils wirksamen optischen Zerlegungsrichtungen (n_1, κ_1 und n_2, κ_2) des Lichtvektors lassen sich bei beliebiger Schnittlage daran erkennen, dass das reflektierte Licht wiederum linear polarisiert ist (Auslöschung unter gekreuzten Nicols). Der Phasensprung an der reflektierenden Oberfläche ist von n und κ abhängig und daher im Allgemeinen ebenfalls komplex. In Kristallen des **monoklinen und des triklinen Systems** verlangt die **Lagedispersion** der Strahlenfläche streng genommen ein Arbeiten bei monochromatischem Licht; gleichwohl darf man die Messungen nicht auf eine einzige Wellenlänge beschränken, selbst nicht bei höherer Symmetrie. (Beispielsweise durchläuft der Achsenwinkel des orthorhombischen Minerals Brookit (TiO_2) bei etwa 550 nm (gelbgrün) den Wert Null; Brookit ist dort also optisch einachsig. Im sichtbaren Bereich ist ein solches Verhalten allerdings recht selten.

Für diagnostische Zwecke benutzt man meist den Reflexionsgrad; seltener misst man die experimentell schwieriger zugänglichen Phasendifferenzen. Jedoch bietet schon ihre qualitative Einbeziehung, etwa mit Hilfe des Laves-Ernst-Kompensators, erhebliche diagnostische Vorteile; dieser Kompensator übersetzt, wie in Abschn. 4.13 beschrieben, Phasendifferenzen in Farbeffekte. Die beiden Farbtafelabbildungen II,5 und II,6 am Ende dieses Bandes demonstrieren den Kompensator an der Untersuchung ferroelastischer Domänen eines Hochtemperatursupraleiters [7]. Wie bereits in Abschn. 4.4 betont, sind genaue Messungen sehr schwierig.

4.10 Interferenzen an Kristallplatten im parallelen, polarisierten Strahlengang

Das Verhalten eines Mediums im polarisierten Licht wurde ausführlicher bisher nur für den speziellen Fall behandelt, dass dieses Medium optisch isotrop ist bzw. in einer Richtung optischer Isotropie durchstrahlt wird. Die Untersuchung führte zur optischen Aktivität, die auf zirkularer Doppelbrechung beruht und die sich wegen der Kleinheit des Effektes nur bei verschwindender linearer Doppelbrechung bemerkbar macht. In diesem Abschnitt sollen nun, allgemeiner, die optischen Erscheinungen behandelt werden, die eine senkrecht durchstrahlte doppelbrechende Kristallplatte zwischen zwei Polarisatoren bietet. Als besonders auffällig wird sich dabei die Wellenlängenabhängigkeit erweisen, die bei Benutzung weißer Lichtquellen mit zu den farbenprächtigsten Erscheinungen der gesamten Optik führt.

Die Ergebnisse dieses und des nächsten Abschnitts finden wichtige praktische Anwendung z. B. bei der Untersuchung von „Gesteinsdünnschliffen" mit dem **Po-**

---

[16] Pleochroismus ist selbstverständlich für Transmission und Reflexion immer gleichzeitig vorhanden, weshalb der Zusatz Reflexion auf den ersten Blick verwirren mag; damit soll jedoch eine meist nachfolgende Farbbeschreibung als Reflexionsspektrum gekennzeichnet werden. Dem Ausdruck „Bireflexion" sollte man den Vorzug geben. Bireflexion im engeren Sinn bedeutet unterschiedlichen Reflexionsgrad im monochromatischen Licht parallel den beiden Zerlegungsrichtungen. Diese Bireflexion verursacht im polychromatischen Licht den Di- und Trichroismus.

larisationsmikroskop, im Zusammenhang mit der Bestimmung der optischen Symmetrie, der Brechzahlen sowie der Orientierung von Kristallkörnern, wenn sie in weitgehend zufälligen Lagen angeschnitten sind. – Beim Polarisationsmikroskop ist zwischen Beleuchtungsspiegel und Mikroskopkondensor ein Polarisator, unterhalb des Okulars ein Analysator angebracht. Mit den leicht erhältlichen Polarisationsfolien, die man an passender Stelle einlegt, kann man ein Polarisationsmikroskop improvisieren, das für viele Zwecke ausreicht. Um die Bedingung des parallelen Strahlenganges einigermaßen einzuhalten, muss man mit möglichst kleiner Apertur arbeiten.

Fällt natürliches einfarbiges Licht senkrecht auf eine planparallele doppelbrechende Kristallplatte, so spaltet das Licht beim Eintritt in die Platte in zwei orthogonal zueinander polarisierte Anteile auf die sich mit unterschiedlichen Normalen- und Strahlgeschwindigkeiten durch die Kristallplatte bewegen. Im Folgenden sollen die beiden Anteile mit 1 und 2, ihre Normalengeschwindigkeiten mit v_1 und v_2 bezeichnet werden. Da senkrechte Strahleninzidenz vorausgesetzt ist, bleibt die Normalenrichtung der Lichtwellen auch im Innern der Platte bestehen, unabhängig davon, wie das Achsenkreuz X, Y, Z der Normalen- und Strahlenfläche (Abb. 4.50) zu dem betrachteten Kristallschnitt orientiert ist; Abb. 4.40 zeigt die Situation speziell für einen optisch einachsigen Kristall. Ganz allgemein findet man die beiden Normalengeschwindigkeiten v_1 und v_2 – und damit die beiden wirksamen Brechzahlen n_1 und n_2 – aus den Schnittpunkten der zweischaligen Normalenfläche mit dem Kristallplattenlot.

Da sich alle wichtigen Ergebnisse dieses Abschnitts an wenigen speziellen Orientierungen der Kristallplatten gewinnen lassen, erübrigt es sich, den allgemeinen Fall weiter zu betrachten. Ein wichtiger Fall liegt vor, wenn die Kristallplattennormale mit einer der drei Achsen X, Y oder Z der Strahlenfläche übereinstimmt; dann reduzieren sich Strahl- und Normalengeschwindigkeiten zu Hauptlichtgeschwindigkeiten $V_1 = v_1$ und $V_2 = v_2$, n_1 und n_2 werden zu Hauptbrechzahlen und die Schwingungsrichtungen beider Anteile 1 und 2 fallen in Achsenrichtungen des Koordinatensystems X, Y, Z. Dem vorangehenden Abschn. 4.9 zufolge ist diese Forderung sicher erfüllt, wenn die Plattennormale eine Symmetrierichtung des Kristalls (z. B. Drehachse oder Spiegelebenennormale) enthält. Als Beispiel sei das Spaltplättchen des (monoklinen) Gipses angeführt, dessen Normale (Spiegelebene und zweizählige Achse) mit Y zusammenfällt. Ähnlich liegen die Verhältnisse, wenn innerhalb der Plättchenebene eine Achse durch ein Symmetrieelement des Kristalls fixiert ist, eine zweite Achse aber ebenfalls in die Plättchenebene fällt; das gilt beispielsweise für die meisten der (ebenfalls monoklinen) Glimmer, deren Spaltfläche dann die Achsen Y, Z enthalten; es gilt ferner auch für alle optisch einachsigen Kristalle, sobald die optische Achse in der Plättchenebene liegt. In allen diesen Fällen genügt es, die Schnitte Abb. 4.51 der Strahlenfläche heranzuziehen.

Da die beiden senkrecht zueinander polarisierten Wellen mit unterschiedlichen Geschwindigkeiten durch die Kristallplatte laufen, besitzen sie beim Austritt aus der Platte einen durch die Wellenlänge λ und die Plattendicke d bedingten Phasenunterschied. Für den Gangunterschied D und die Phasendifferenz δ gilt

$$D = d(n_1 - n_2); \quad \delta = 2\pi \frac{D}{\lambda}.$$

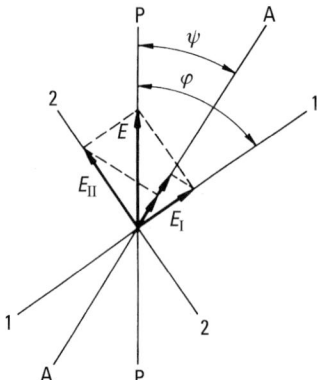

Abb. 4.74 Strahlenzerlegung in einem Gipsplättchen, das sich zwischen zwei Nicols A und P befindet.

Bei dem aus der Platte austretenden Licht beobachtet man keinerlei Interferenzen, worauf schon mehrfach aufmerksam gemacht wurde. Dies hatten bereits A. Fresnel und F. Arago (1817) durch gemeinschaftliche Versuche bewiesen. Auch beim Durchgang linear polarisierten Lichtes durch eine doppelbrechende Kristallplatte werden Interferenzen erst sichtbar, wenn man aus den Schwingungsrichtungen der beiden Strahlen nach ihrem Verlassen der Platte mit einem Analysator eine gemeinsame Schwingungsebene abtrennt. Für solche Interferenzversuche eignen sich nach X, Y, Z orientierte Dünnschliffe beliebiger Kristalle, besonders aber auch dünne Spaltplättchen aus Gips und aus Glimmer, die sich in fast jeder gewünschten Dicke leicht herstellen lassen.

Die Berechnung der Intensität für den Interferenzfall lässt sich an Hand der Abb. 4.74 nun ohne Schwierigkeiten durchführen, wenn man etwa die für ein Spaltplättchen von Gips geltende Symmetrielage ($Y\|$ Plättchennormale) zugrunde legt: Dann (und nur dann!) stimmen die Schwingungsrichtungen des Lichtes im Innern des Kristalls mit den Achsenrichtungen X, Y, Z überein.

Der Schwingungszustand der den Polarisator verlassenden, linear polarisierten Lichtwelle mit der Amplitude E werde beim Eintritt in das Kristallplättchen zur Zeit t durch

$$E \exp i\omega t$$

dargestellt, wobei, wie immer bei komplexer Schreibweise, der reelle Teil gemeint ist. Im Plättchen spaltet die Welle in die beiden Anteile 1 und 2 auf, mit definierten (ganz allgemein: durch die Kristallschnittlage bestimmten) orthogonalen Schwingungsrichtungen 1,1 und 2,2 und Normalengeschwindigkeiten $v_1 = V_1$ und $v_2 = V_2$ bzw. den Brechzahlen n_1 und n_2. Entsprechend wird E in die Komponenten $\mathscr{E}_\mathrm{I}$ und $\mathscr{E}_\mathrm{II}$ vektoriell zerlegt:

$$\mathscr{E}_\mathrm{I} = E \cos\varphi \exp i\omega t \quad \text{und} \quad \mathscr{E}_\mathrm{II} = E \sin\varphi \exp i\omega t \,.$$

4.10 Interferenzen an Kristallplatten im parallelen, polarisierten Strahlengang

Beim Verlassen des Plättchens besteht zwischen 1 und 2 die weiter oben berechnete Phasendifferenz δ, sodass die beiden Teilwellen mit folgenden *relativen* Schwingungszuständen austreten:

$$\mathscr{E}_\mathrm{I} = E\cos\varphi\,\mathrm{exp}\,\mathrm{i}\omega t \quad \text{und} \quad \mathscr{E}_\mathrm{II} = E\sin\varphi\,\mathrm{exp}\,\mathrm{i}(\omega t - \delta).$$

Von diesen beiden Wellen lässt der Analysator nur die zu seiner Schwingungsebene parallelen Komponenten passieren. Da die Schwingungsebene des Analysators mit der Richtung 1,1 den Winkel $(\varphi - \psi)$ bildet, beträgt die Summe der aus dem Analysator austretenden Wellenanteile:

$$E\exp(\mathrm{i}\omega t)[\cos\varphi\cos(\varphi - \psi) + \sin\varphi\sin(\varphi - \psi)\exp(-\mathrm{i}\delta)].$$

Die aus dem Analysator austretende Intensität J findet man, wie immer, durch Multiplikation dieses Ausdruckes mit seinem konjugiert komplexen Wert, also:

$$\begin{aligned}
J &= E^2[\cos\varphi\cos(\varphi - \psi) + \sin\varphi\sin(\varphi - \psi)\exp(-\mathrm{i}\delta)] \\
&\quad \cdot [\cos\varphi\cos(\varphi - \psi) + \sin\varphi\sin(\varphi - \psi)\exp\mathrm{i}\delta] \\
&= E^2[\cos^2\varphi\cos^2(\varphi - \psi) + \sin^2\varphi\sin^2(\varphi - \psi) \\
&\quad + 2\sin\varphi\cos\varphi\sin(\varphi - \psi)\cos(\varphi - \psi)\cos\delta],
\end{aligned}$$

oder, wenn man $\cos\delta$ durch $1 - 2\sin^2(\delta/2)$ ersetzt:

$$J = E^2\left[\cos^2\psi - \sin 2\varphi\sin 2(\varphi - \psi)\sin^2\frac{\delta}{2}\right].$$

Setzt man darin für die Intensität der Welle hinter dem Polarisator $E^2 = J_0$ und schreibt die Phasendifferenz wieder aus,

$$\delta = 2\pi d(n_1 - n_2)/\lambda,$$

so folgt endgültig:

$$J = J_0\left\{\cos^2\psi - \sin 2\varphi\sin 2(\varphi - \psi)\sin^2\left[\pi\frac{d}{\lambda}(n_1 - n_2)\right]\right\}. \tag{4.40}$$

Aus dieser Gleichung liest man sofort ab, dass die Lichtintensität nach dem Analysator von der Art der benutzten Kristallplatte (d, $n_1 - n_2$), von der durch den Winkel φ bestimmten Lage der Platte gegen den Hauptschnitt PP des Polarisators, ferner vom Neigungswinkel ψ zwischen den Hauptebenen von Analysator und Polarisator und schließlich von der Wellenlänge λ abhängt.

Gl. (4.40) umfasst auch den Fall, dass sich kein Plättchen oder ein isotropes Plättchen zwischen den Nicols befindet; man hat dazu nur $d = 0$ oder $(n_1 - n_2) = 0$ zu setzen. Dann folgt für die Intensität J hinter dem Analysator $J = J_0\cos^2\psi$, d. h. wieder das Malus'sche Gesetz, wie es sein muss. Im Folgenden sei immer $d(n_1 - n_2) \neq 0$ vorausgesetzt.

Die Diskussion soll mit dem Fall paralleler Nicols ($\psi = 0$) begonnen werden, womit Gl. (4.40) übergeht in:

$$J_\parallel = J_0[1 - \alpha^2\sin^2 2\varphi]$$

mit der Abkürzung

$$\alpha = \sin\left[\pi\frac{d}{\lambda}(n_1 - n_2)\right].\tag{4.40a}$$

α^2 bewegt sich zwischen den Grenzen

$$\alpha^2 = 0 \quad \text{für} \quad d(n_1 - n_2) = k\lambda \quad \text{und}$$

$$\alpha^2 = 1 \quad \text{für} \quad d(n_1 - n_2) = \frac{2k+1}{2}\lambda, \quad k = \text{ganzzahlig}.\tag{4.41}$$

Für ein festes α, d. h. für eine gegebene Kristallplatte im monochromatischen Licht, erkennt man zunächst, dass im Laufe einer vollen Drehung des Plättchens in seiner Ebene vier Stellungen erreicht werden, in denen $\sin^2 2\varphi$ verschwindet ($\varphi = 0°$, $90°$, $180°$, $270°$): In diesen Lagen, die man als **Normalstellungen** bezeichnet, ist das Plättchen einflusslos und die Intensität mit $J_\| = J_0$ am größten. Dreht das Plättchen über die Normalstellung hinaus, etwa von $\varphi = 0$ ausgehend, so nimmt $J_\|$ bis zu einem Minimalwert $J_0(1-\alpha^2)$ ab, der für $\varphi = 45°$ erreicht ist und der auch bei den Winkeln $\varphi = 135°$, $225°$ und $315°$ wiederkehrt; diese vier Positionen bezeichnet man als *Diagonalstellungen*. Setzt man die Drehung des Plättchens über $\varphi = 45°$ hinaus fort, so steigt $J_\|$ wieder an, um bei $\varphi = 90°$ erneut den Ausgangswert J_0 zu erreichen. In den übrigen Quadranten wiederholt sich dieses Spiel periodisch. Die Größe der Helligkeitsschwankung hängt von α ab, wie Abb. 4.75 zeigt, im monochromatischen Licht also von der Plattendicke d und der Höhe der Doppelbrechung $(n_1 - n_2)$.

Kreuzt man jetzt die Nicols ($\psi = 90°$), entsteht aus Gl. (4.40) die Gleichung

$$J_\perp = J_0\,\alpha^2 \sin^2 2\varphi,\tag{4.40b}$$

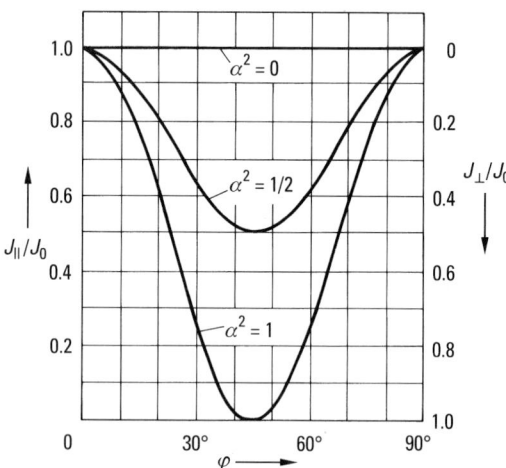

Abb. 4.75 Abhängigkeit der Lichtintensität hinter dem Analysator von der Stellung φ des Gipsplättchens. $J_\|/J_0$ für parallele Nicols; $J_\perp/J_0$ für gekreuzte Nicols.

die mit dem bisher betrachteten Fall paralleler Nicols über die leicht nachprüfbare Beziehung

$$\frac{J_\parallel}{J_0} + \frac{J_\perp}{J_0} = 1$$

verknüpft ist. *Die beiden Situationen paralleler und gekreuzter Nicols sind daher bezüglich ihrer Helligkeit komplementär*, wie es die beiden in Abb. 4.75 links und rechts abgetragenen Ordinaten anzeigen. Wo man etwa im *Hellfeld* ($\psi = 0°$) das Minimum von $J_\parallel$ antrifft, liegt im *Dunkelfeld* ($\psi = 90°$) das Maximum von $J_\perp$; das gilt für alle Werte von α^2. Zum Beispiel herrscht für $\alpha^2 = 0$ im Hellfeld volle Intensität, $J_\parallel = J_0$, im Dunkelfeld an dieser Stelle aber völlige Dunkelheit, $J_\perp = J_0$, usw.

Geht man nun auf *weißes Licht* über und beginnt wieder bei der Normalstellung ($\varphi = 0$), so bleibt zunächst, wie bereits gesagt, das Plättchen ohne Wirkung, und zwar für alle Wellenlängen: Das Gesichtsfeld bleibt im Hellfeld hell, im Dunkelfeld dunkel. Wächst nun φ allmählich an, so gewinnt der Parameter α, gemäß Abb. 4.75, bis zur Diagonalstellung ($\varphi = 45°$) zunehmend an Einfluss. Wegen der Wellenlängenabhängigkeit[17]

$$\alpha^2 = \sin^2(\text{const.}/\lambda) \quad \text{mit} \quad 0 \leq \alpha^2 \leq 1,$$

wird das Spektrum in seiner Helligkeit zwischen vollkommen ausgelöschten Spektrallinien ($\alpha^2 = 1$ für $\psi = 0$ bzw. $\alpha^2 = 0$ für $\psi = 90°$) und völlig unbehindert durchgelassenen Spektrallinien ($\alpha^2 = 0$ für $\psi = 0$ bzw. $\alpha^2 = 1$ für $\psi = 90°$) moduliert. Das Gesichtsfeld erscheint daher bei Verwendung einer weißen Lichtquelle sowohl unter parallelen wie unter gekreuzten Nicols gefärbt. *Die Farben im Hell- und Dunkelfeld verhalten sich komplementär*, denn gehört etwa zu einer Spektrallinie im Hellfeld die Intensität $J_\parallel(\lambda)$, so erscheint sie im Dunkelfeld mit der Intensität $J_0(\lambda) - J_\parallel(\lambda)$. Die Häufigkeit, mit der Auslöschungen im Spektrum aufeinander folgen, hängt von der Präparatdicke und der Höhe der Doppelbrechung ab, weshalb diese Größen auch wesentlich die Gesichtsfeldfärbung bestimmen. Die gesamte erreichbare Farbskala lässt sich sehr schön an einem einzigen flachen Keil aus Gips oder aus Quarz darstellen, den man an Stelle des Plättchens als Präparat benutzt. Beim Quarz liegt die optische Achse parallel der Keilkante, bei zweiachsigen Kristallen (Gips) eine Schwingungsrichtung parallel, die andere senkrecht zur Keilkante. Im monochromatischen Licht erhält man zwischen gekreuzten oder parallelen Nicols die in Abb. 4.76 wiedergegebenen Bilder. Bei a, b, c, d, e findet bei gekreuzten Nicols Auslöschung, bei parallelen Nicols Aufhellung statt. An diesen Stellen muss $\alpha^2 = 0$ sein, d. h. der Gangunterschied beträgt nach Gl. (4.36) ein ganzes Vielfaches der Wellenlänge ($= k\lambda$). An den dazwischen liegenden Stellen a′, b′, c′, d′, e′ gilt $\alpha^2 = 1$ und der Gangunterschied beträgt $(2k-1)\lambda/2$, also ein ungerades Vielfaches der halben Wellenlänge. Infolgedessen erscheinen diese Stellen zwischen gekreuzten Nicols hell, zwischen parallelen Nicols dunkel; die so erhaltenen Interferenzstreifen sind Kurven gleichen Gangunterschiedes. Der Abstand benachbarter Interferenzstreifen vergrößert sich mit wachsender Wellenlänge, wie Abb. 4.77 zeigt. Im weißen

---

[17] Die Dispersion der Doppelbrechung ($n_1 - n_2$) ist im Allgemeinen gering und darf an dieser Stelle der Betrachtung vernachlässigt werden, so dass man $d(n_1 - n_2) = $ const. setzen kann.

588   4 Polarisation und Doppelbrechung des Lichtes

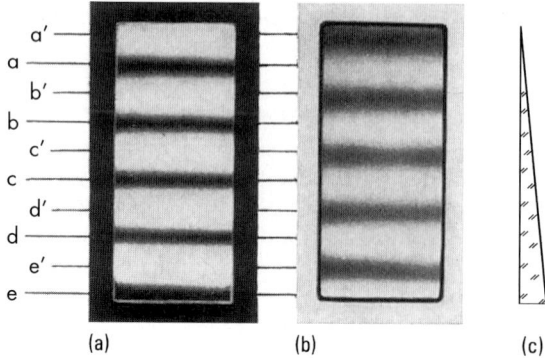

Abb. 4.76 Quarzkeil (Kante parallel zur optischen Achse), (a) zwischen gekreuzten Nicols, (b) zwischen parallelen Nicols; die Lage des Keils geht aus dem in übertriebenem Maß wiedergegebenen Querschnitt (c) hervor. Aufnahme in Na-Licht.

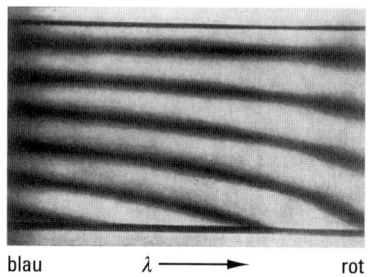

Abb. 4.77 Interferenzstreifen im kontinuierlichen Spektrum mit Quarzkeil erzeugt.

Licht erscheinen die Streifen als farbige Bänder. Die Farben kommen durch Überlagerung der verschiedenen Wellenlängen der Spektrums zustande. Man weist dies dadurch nach, dass man das Bild des farbig erscheinenden Keiles auf den Spalt eines Spektralapparates so projiziert, dass die Keillänge dem Spalt parallel liegt. Auf der Mattscheibe des Spektralapparates erhält man dann ein kontinuierliches Spektrum mit gekrümmten dunklen Streifen, die in Längsrichtung verlaufen und deren Abstand im kurzwelligen Teil des Spektrums kleiner als im langwelligen ist (**Müller'sche Streifen**). Auf diese Weise entstand die Abb. 4.77, sowie die Abb. 12 der Farbtafel I am Ende dieses Bandes.

In der Tabelle 4.15 sind die Interferenzfarben für den Fall gekreuzter und paralleler Nicols zusammengestellt, die man mit Tageslicht in Abhängigkeit vom Gangunterschied erhält. Die Abbildungen 10 und 11 der Farbtafel II zeigen die Interferenzfarben am Quarzkeil. Man teilt die Farben in **Ordnungen** ein. Für jede Ordnung wächst der Gangunterschied um einen Betrag, der konventionell 551 nm beträgt und der der Wellenlänge der hellsten Stelle des Sonnenspektrums sehr nahe kommt. Die erste Ordnung reicht demnach vom Gangunterschied null bis 551 nm, die zweite von 551 nm bis 1102 nm usw. In der ersten Ordnung treten zwischen gekreuzten

Tab. 4.15 Namen der Interferenzfarben im Tageslicht in Abhängigkeit vom Gangunterschied.

Gangunterschied in nm		Interferenzfarbe zwischen gekreuzten Nicols	zwischen parallelen Nicols
0		Schwarz	Hellweiß
40		Eisengrau	Weiß
97		Lavendelgrau	Gelblichweiß
158		Graublau	Bräunlichweiß
218		Grau	Braungelb
234		Grünlichweiß	Braun
259		Fastreinweiß	Hellrot
267	1. Ordnung	Gelblichweiß	Karminrot
275		Blassstrohgelb	Dunkelrotbraun
281		Strohgelb	Tiefviolett
306		Hellgelb	Indigo
332		Lebhaftgelb	Blau
430		Braungelb	Graublau
505		Rotorange	Bläulichgrün
536		Rot	Blassgrün
551		Tiefrot	Gelblichgrün
565		Purpur	Hellgrün
575		Violett	Grünlichgelb
589		Indigo	Goldgelb
664		Himmelblau	Orange
728		Grünlichblau	Bräunlichorange
747		Grün	Hellkarminrot
826	2. Ordnung	Hellergrün	Purpurrot
843		Gelblichgrün	Violettpurpur
866		Grünlichgelb	Violett
910		Reingelb	Indigo
948		Orange	Dunkelblau
998		Lebhaftorangerot	Grünlichblau
1101		Dunkelviolettrot	Grün
1128		Hellbläulichviolett	Gelblichgrün
1151		Indigo	Unreingelb
1258		Grünlichblau	Fleischfarben
1334		Meergrün	Braunrot
1376	3. Ordnung	Glänzendgrün	Violett
1426		Grünlichgelb	Graublau
1495		Fleischfarben	Meergrün
1534		Karminrot	Grün
1621		Mattpurpur	Mattmeergrün
1652		Violettgrau	Gelblichgrün
1682		Graublau	Grünlichgelb
1711		Mattmeergrün	Gelblichgrau
1744		Bläulichgrün	Lila
1811	4. Ordnung	Hellgrün	Karmin
1927		Hellgrünlichblau	Graurot
2007		Weißlichgrau	Blaugrau
2048		Fleischrot	Grün

Nicols vorzugsweise grauweiße Mischfarben auf. Dies liegt daran, dass bei Gangunterschieden, die erheblich unterhalb einer Wellenlänge liegen, keine Stelle des Spektrums völlig ausgelöscht wird. Das resultierende Lichtgemisch enthält dann noch alle Farben und wird daher mehr oder weniger weißlich erscheinen. Weißliche Farben stellen sich andererseits auch bei Plättchen mit hohen Gangunterschieden ein, Dann werden zwar mehrere Wellenlängen des sichtbaren Spektrums gleichzeitig ausgelöscht, aber die benachbarten, in ihrer Helligkeit stark mitgeschwächten Wellenlängenbereiche sind erheblich schmaler als etwa im Bereich der zweiten Ordnung, wo geschlossene Farbbänder ausfallen. Die Abwesenheit schmaler Bereiche im Spektrum fällt dem Auge weniger auf und so ist es erklärlich, dass Mischfarben beispielsweise der 6.Ordnung wieder weitgehend weißlich aussehen; Interferenzen noch höherer Ordnungen unterscheiden sich visuell nicht mehr von Weiß (*Weiß höherer Ordnung*). Bei mittleren Gangunterschieden herrschen ausgeprägt farbige Töne vor. Zum Beispiel wird bei einem Gangunterschied von 551 nm gerade die hellste Stelle im Sonnenspektrum ausgelöscht. Zwischen gekreuzten Nicols entsteht daher ein tiefroter bis purpurner Farbton, der nach kleineren Gangunterschieden hin schnell in Rot, nach größeren hin schnell in Violett umschlägt. Man nennt diese dem Gangunterschied von 551 nm entsprechende Farbe, die *empfindliche Farbe*, weil ihr Farbton äußerst empfindlich auf kleine Änderungen des Gangunterschiedes reagiert.

$\lambda/2$-Plättchen, $\lambda/4$-Plättchen und Kompensatoren. In Übereinstimmung mit der Rechnung zeigen die Interferenzversuche dieses Abschnitts, dass ein doppelbrechendes Plättchen geeigneter Dicke in Diagonalstellung zwischen parallelen Nicols Licht einer bestimmten Wellenlänge auszulöschen vermag. Kreuzt man die Nicols, so geht das betrachtete Licht ungeschwächt durch den Analysator, was zu dem Schluss führt, dass das Plättchen offenbar die Polarisationsebene um 90° (bzw. um −90°) gedreht hat. Die Situation wird durch die Bedingung $\alpha^2 = 1$ beschrieben, die nach Gl. (4.41)

$$d(n_1 - n_2) = \frac{2k+1}{2}\lambda$$

verlangt. Der Gangunterschied beträgt in diesem Fall $\lambda/2$ oder ein ungerades Vielfaches der halben Wellenlänge, die Phasendifferenz $\delta = 180°$. Die Diagonalstellung ($\varphi = 45°$) ist indessen nur ein Sonderfall. Selbstverständlich besteht die Phasendifferenz $\delta = 180°$ auch bei allen anderen Plättchenstellungen φ zum Polarisator. Da $\delta = 180°$ für die Komponente $\mathscr{E}_{II}$ (Kristallrichtung 2.2 in Abb. 4.74) nur ein Vorzeichenwechsel bedeutet, ist leicht einzusehen, dass die Polarisationsebene damit um den Winkel 2φ gedreht wird (Abb. 4.78a). Kristallplättchen mit dem Gangunterschied $\lambda/2$ eignen sich daher zur Einstellung beliebiger Schwingungsebenen linear polarisierten Lichtes.

Plättchen, die gerade diesen Gangunterschied besitzen, werden viel benutzt und heißen allgemein *Halbwellenlängenplättchen* oder *$\lambda/2$-Plättchen*; man stellt sie meist durch Spalten von Gips oder von Glimmer her, gegebenenfalls aber auch aus geeignet geschliffenem anderem Kristallmaterial. In der folgenden Tabelle sind die ungefähren kleinsten Dicken ($k = 0$) verschiedener $\lambda/2$-Plättchen verzeichnet.

Es ist klar, dass Plättchen der 3-, 5-, 7-... fachen Dicke die gleichen Dienste leisten. Die Halbierung der Tabellenwerte liefert die Dicken für die ebenfalls häufig ge-

4.10 Interferenzen an Kristallplatten im parallelen, polarisierten Strahlengang 591

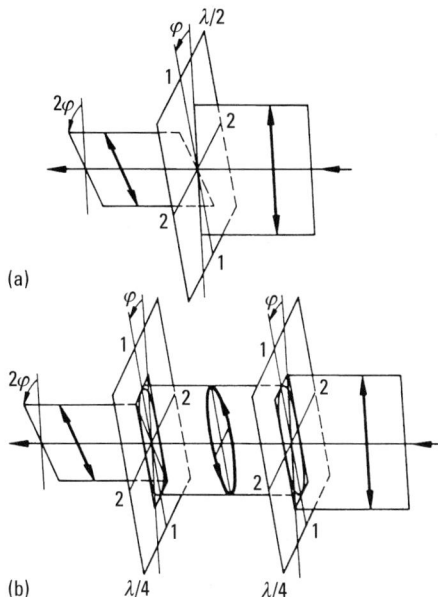

Abb. 4.78 Zerlegung linear polarisierten Lichtes (a) durch ein $\lambda/2$-Plättchen (b) durch zwei $\lambda/4$-Plättchen. 1,1 und 2,2 sind die optischen Zerlegungsrichtungen der Plättchen.

Tab. 4.16 Minimale Dicken von $\lambda/2$-Plättchen aus Gips und Glimmer.

Wellenlänge in nm	656	589	527	486	431
Dicke eines Gipsplättchens in mm	0.033	0.030	0.027	0.024	0.022
Dicke eines Glimmerplättchens in mm	0.077	0.070	0.062	0.057	0.051

brauchten **$\lambda/4$-Plättchen**, die demnach eine Phasendifferenz von $\delta = 90°$ zwischen den beiden Komponenten $\mathscr{E}_\mathrm{I}$ und $\mathscr{E}_\mathrm{II}$ (der Abb. 4.74) herstellen. Eine Phasendifferenz von 90° führt, wie in Abschn. 4.3 bereits dargelegt wurde, zu *elliptisch* polarisiertem Licht, bei gleichen Amplituden $\mathscr{E}_\mathrm{I}$ und $\mathscr{E}_\mathrm{II}$, d. h. in Diagonalstellung des $\lambda/4$-Plättchens, zu *zirkular* polarisiertem Licht. Auch beim $\lambda/4$-Plättchen bleibt $\delta = 90°$ unter beliebigen Plättchenstellungen φ zum Polarisator bestehen. In jedem Fall erhält man elliptisch polarisiertes Licht. Mit φ ändert sich jedoch die Form der Schwingungsellipse, deren Achsenverhältnis $a/b = \mathscr{E}_\mathrm{I}/E_\mathrm{II} = \tan\varphi$ ist. (Man kann dies der Abb. 4.21 in Abschn. 4.3 entnehmen, wobei für die Bezeichnungen gilt: $\mathscr{E}_\mathrm{I} = E_\parallel$, $\mathscr{E}_\mathrm{II} = E_\perp$, $\delta = \varDelta$.)

Legt man zwei $\lambda/4$-Plättchen in paralleler Orientierung übereinander, so müssen sie die Wirkung eines $\lambda/2$-Plättchens hervorrufen, d. h. sie drehen die Schwingungsebene linear polarisierten Lichtes (Abb. 4.78a). Trennt man die beiden $\lambda/4$-Plättchen, ohne sie gegeneinander zu verdrehen, so wird – wenn man die linke und die rechte

Hälfte der Zeichnung Abb. 4.78 b einzeln betrachtet – deutlich, dass *λ/4-Plättchen zur Erzeugung und Analyse zirkular und beliebig elliptisch polarisierten Lichtes dienen können*: Um elliptisch polarisiertes Licht zu analysieren, schiebt man ein λ/4-Plättchen in den Strahlengang und verdreht es so weit, bis seine Richtungen 1,1 und 2,2 mit den Ellipsenachsen zusammenfallen; dann entsteht wieder linear polarisiertes Licht, das man in üblicher Weise mit einem nachgesetzten Nicol'schen Prisma weiter untersucht. Auf diese Weise kann man auch zirkular polarisiertes Licht von unpolarisiertem Licht unterscheiden, die ja beide, wegen ihrer vollkommen axialen Symmetrie, für jede Drehstellung eines Analysators gleiche Helligkeit aufweisen: Liegt zirkular polarisiertes Licht vor, so erzeugt das (im Übrigen in beliebiger Drehlage) eingeschobene λ/4-Plättchen linear polarisiertes Licht, während es bei unpolarisiertem Licht wirkungslos bleibt.

Schließlich sei der Fall *beliebiger Plattendicke* noch einmal kurz gestreift: Hier unterliegt der Phasenwinkel keiner Einschränkung mehr. Jede von $0°$ und $180°$ verschiedene Phasendifferenz δ führt jedoch zu elliptisch polarisiertem Licht. Alle dabei vorkommenden charakteristischen Schwingungsformen sind in Abb. 4.21 zusammengestellt. (Will man die hier benutzten Bezeichnungen dort verwenden, so gilt: $E_I = E_\parallel$, $E_{II} = E_\perp$, $\delta = \Delta$.). Man darf daher sagen, dass linear polarisiertes Licht nach Durchqueren einer doppelbrechenden Platte im Allgemeinen elliptisch polarisiert ist.

Bei λ/2- und λ/4-Plättchen ist man selbstverständlich auf deren feste Gangdifferenz angewiesen, die, streng genommen, auch nur für eine Wellenlänge gilt. Es ist aber vielfach wünschenswert, Vorrichtungen zu besitzen, die beliebige Phasendifferenzen einzustellen und zu kompensieren gestatten. Diese Vorrichtungen bezeichnet man, der letztgenannten Funktion wegen, als **Kompensatoren**. Das Wesentliche einer derartigen Vorrichtung soll die nachstehende Beschreibung des von J. Babinet angegebenen und von N. Soleil modifizierten Kompensators (Abb. 4.79) zeigen. Er besteht aus zwei flachen, gegeneinander messbar verschieblichen Quarzkeilen A und A', deren optische Achsen parallel der Keilkante (senkrecht zur Papierebene) verlaufen und einer planparallelen Quarzplatte B, deren optische Achse parallel zur Plattenfläche B (in der Papierebene), aber senkrecht zur Keilkante gerichtet ist. Lässt man senkrecht auf diese Kombination linear polarisiertes Licht so auffallen, dass seine Schwingungsrichtung einen Winkel von $45°$ mit der Lage der optischen Achse bildet (d. h. „diagonal" im weiter oben gebrauchten Sinne), so läuft die eine Komponente (in der Papierebene) in den beiden Keilen A und A' als o-Strahl, in der Platte B aber als e-Strahl, während die andere Komponente (senkrecht zur Papierebene) gerade umgekehrt die beiden Keile als e-Strahl, die Platte aber als o-Strahl durchquert. Die beiden Keile bilden zusammen auch eine planparallele Platte von der variablen Dicke d', während die Platte B die Dicke d haben möge. Die Gangdifferenz der beiden Strahlen in dem Keilpaar ist $(n_e - n_o)d'$, in der Platte dagegen $(n_o - n_e)d$, also mit umgekehrtem Vorzeichen, sodass die gesamte Gangdifferenz, die bei be-

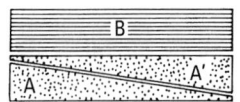

Abb. 4.79 Schnitt durch den Kompensator nach Babinet-Soleil.

4.10 Interferenzen an Kristallplatten im parallelen, polarisierten Strahlengang 593

liebiger Stellung der Keile auftritt, $(n_o - n_e)(d - d')$ ist. Die Gangdifferenz ist null, wenn die Keile so gegeneinander verschoben sind, dass ihre Dicke d' mit der Plattendicke d übereinstimmt (Nullstellung). Verschiebt man die Keile gegeneinander, so wird $d' > d$ oder $d' < d$, d. h. es entsteht zu beiden Seiten der Nullstellung eine entweder negative oder positive Phasendifferenz, die kontinuierlich veränderlich ist. Der Kompensator wirkt genau wie ein Gips- oder Glimmerplättchen veränderlicher Dicke; wie man mit ihm – innerhalb der Grenzen der Vorrichtung – beliebige Phasendifferenzen erzeugt oder kompensiert, bedarf daher keiner Erläuterung mehr. – Gelegentlich bezeichnet man den Kompensator auch als **Phasenschieber**. Die Wirkungsweise zweier weiterer Kompensatoren, des „Gips-Rot-I" und des „Laves-Ernst-Kompensators", werden in Abschn. 4.13 behandelt.

Der Spindeltisch. Bei nicht allzu hohen Brechzahlen ($n \leq 1.9$) ist das optische Brechverhalten einzelner kleiner Kristalle oder Kristallbruchstücke quantitativ gut auf dem Spindeltisch messbar. Diese schon weit über hundert Jahre bekannte, in letzter Zeit erheblich verbesserte Vorrichtung gewinnt ihre volle Leistungsfähigkeit auf dem Drehtisch eines Polarisationsmikroskopes; die Messfehler liegen dann in der vierten Dezimale der Brechwerte.

Der Spindeltisch besitzt nach Abb. 4.80 zwei voneinander unabhängige, mit A_1 und A_2 bezeichnete und mit Teilkreisen versehene Spindelachsen, die senkrecht zur Mikroskopachse A_3, aufgestellt sind. Durch A_1 läuft die Objektspindel mit dem Messkristall M. Die Refraktometerspindel durch A_2 trägt einen Vergleichskristall R, der zur Verbesserung der Brechzahlbestimmung benötigt wird. Die Achse A_1

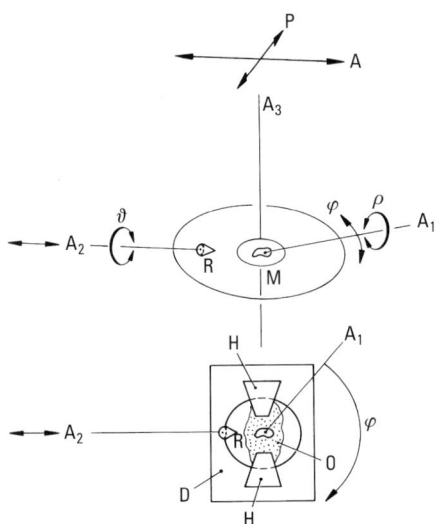

Abb. 4.80 Schematische Darstellung des Spindeltisches zur Messung der Strahlenfläche bzw. der Indikatrix eines Kristalls M. A_1: Objektspindel, A_2: Refraktometerspindel, beide senkrecht zur Mikroskopachse A_3; P: Polarisator, A: Analysator des Mikroskops, R: Refraktometerkristall. Unteres Teilbild: Die Immersionszelle; D: oberes und unteres Deckglas, H: Abstandshalter, O: Immersionsöltropfen.

der Objektspindel, die zunächst betrachtet werden soll, ist zusätzlich um A_3 drehbar; damit ist es möglich, M im Strahlengang des Mikroskops beliebig zu orientieren. Der Kristall taucht in eine mit einem flüssigen Medium gefüllte Immersionszelle ein (unteres Teilbild), deren Brechung der von M möglichst gut angeglichen ist. Dreht man nun M um A_3, erreicht man – nach den Ausführungen dieses Abschnitts – unter gekreuzten Polarisatoren (P$\perp$A) vier um 90° versetzte Auslöschungsstellungen φ. Bei geänderter Winkelstellung ϱ von A_1 erscheinen die Auslöschungen unter anderen Winkeln φ. Die Gesamtheit aller möglichen Auslöschungspositionen (ϱ, φ) erzeugt auf der Lagekugel zwei geschlossene Kurven, deren Verlauf die Orientierung und Symmetrie der Strahlenfläche von M liefert. Hat man so die Lage der Strahlenfläche ermittelt, stellt man der Reihe nach die Richtungen der Hauptlichtgeschwindigkeiten parallel A_3 und misst mit der Einbettungsmethode die jeweilige Hauptbrechzahl. Mit drei Brechzahlbestimmungen kennt man dann das vollständige Brechverhalten von M für eine Wellenlänge λ.

Mit der **Einbettungsmethode** wird die Brechung des umgebenden flüssigen Mediums der Brechung von M angepasst. Zur Erleichterung dieser Aufgabe ist die Immersionszelle heiz- und kühlbar. Da die Brechzahl der Flüssigkeiten generell stärker temperaturabhängig ist als die der Festkörper, lässt sich durch Temperaturvariation im Mittel ein Brechzahlbereich Δn von ungefähr ± 0.01 leicht überdecken. Wenn die Gleichheit der Brechzahlen erreicht ist, wird die Brechzahl der Flüssigkeit mit Hilfe des Vergleichskristalls R gemessen, den man jetzt mit der Refraktometerspindel parallel A_2 in den Strahlengang des Mikroskops und in die Immersionszelle schiebt. R ist ein (optisch einachsiger) Kristall hoher Doppelbrechung, der senkrecht zu seiner optischen Achse zum Kreiskegel geschliffen ist und der mit der Kegelachse genau parallel zur Spindelachse A_2 ausgerichtet ist. A_2 stimmt für diesen Fall mit der Y-Richtung von Abb. 4.38 überein, und gemäß Gl. (4.28) überstreicht man im Strahlengang des Mikroskops mit dem Drehwinkel ϑ um A_2 den vollständigen Bereich der Doppelbrechung von R. Zu diesem Zweck ist A_2 so unter dem Mikroskop ausgerichtet, dass der e-Strahl von R in der Ebene des Mikroskoppolarisators schwingt. Mit ϑ lässt sich dann die Brechzahl n von R kontinuierlich zwischen n_o und n_e einstellen. Für den Messbereich zwischen $n = 1.49$ und $n = 1.665$ eignet sich ein Calcitkristall (CaCO$_3$), für den Bereich zwischen $n = 1.63$ bis 1.84 ein Smithonitkristall (ZnCO$_3$). R wird nun um A_2 soweit gedreht, bis auch seine Brechzahl mit der der Immersionsflüssigkeit übereinstimmt. Die zur Winkelposition ϑ um A_2 gehörende Brechzahl von R entnimmt man einer Eichtabelle, in der auch die Temperatur- und die Wellenlängenabhängigkeit berücksichtigt sind. Wie schon erwähnt, muss R mit dem e-Strahl in „Dunkelstellung" stehen. Die Brechzahl für eine zweite Hauptlichtgeschwindigkeit erreicht man übrigens sehr einfach mit einer Drehung um A_3, in die nächste, um 90° versetzte Dunkelstellung.

Polarisationsinterferenzfilter (Lyot-Filter). Richtet man eine Kristallplatte K zwischen zwei parallel gestellten Polarisatoren P unter $\varphi = 45°$ aus, so wird das Spektrum des hindurchgehenden Lichtes nach Gl. (4.40a) proportional zu $\cos^2\gamma$ mit $\gamma = \pi d(n_1 - n_2)/\lambda$ in seiner Helligkeit moduliert; zwischen den Maxima bei $\gamma = k\pi$, entsprechend $\lambda = d(n_1 - n_2)/k$, liegen die dunklen Müllerschen Streifen mit Auslöschungen bei $\lambda = d(n_1 - n_2)2/(2k+1)$. Fügt man, nach B. Lyot (1933), dieser Kristall-Polarisatoranordnung der Reihenfolge P-K-P noch weitere Paare -K-P unter nämlicher Orientierung hinzu, so erhält man einen lichtstarken Monochromator, wenn die Dicken d aufeinanderfolgender Kristallplatten K im Verhältnis $1:2:4:8:\ldots$ ansteigen. Abgesehen von der Absorption in den Kristallen und in den Polarisatoren wird unter diesen Umständen die Helligkeit nur von dem Produkt $(\cos\gamma\;\cos 2\gamma\;\cos 4\gamma\ldots)^2$ bestimmt. Als Maxima des Cosinusproduktes bleiben allein die Bereiche um die Stellen $\gamma = k\pi$ erhalten, während sich die gleichmäßig über das Spektrum verteilten Nullstellen mit jeder weiteren Kristallplatte verdoppeln und die Maxima von beiden Seiten her zunehmend einengen, sodass diese steil aus dem Untergrund hervortreten. Unter Benutzung von vier in ihrer Dicke abgestuften und zwischen Polarisationsfolien verkitteten Quarzplatten konnte W. Y. Öhman (1937) ein Filter für die rote Wasserstofflinie H_α ($\lambda = 656.282$ nm) mit einer Durchlassbreite von rund 5 nm erzielen; dieses Filter diente ihm zu Beobachtungen und Aufnahmen der Sonnenkorona. Inzwischen gibt es für astronomische Zwecke Anordnungen, die bis zu neun Kristallplatten tragen und eine Durchlassbreite von nur noch 0.025 nm besitzen. Wegen der Temperaturabhängigkeit der Doppelbrechung $(n_1 - n_2)$ der Kristalle, müssen derartige Polarisationsinterferenzfilter sehr gut thermostatisiert sein.

Die Arbeitstemperatur kann als Parameter genutzt werden, beispielsweise um das Profil der H_α-Linie abzutasten. – Für manche Ansprüche genügen gelegentlich Filter mit einer einzigen Kristallplatte, welche sich ebenso gut zur Unterdrückung wie zur Hervorhebung einer bestimmten Wellenlänge eignen.

4.11 Interferenzen im konvergenten Licht

Untersucht man eine Kristallplatte im parallelen Licht, betrachtet man jeweils nur eine einzige Kristallrichtung. Die Bedeutung dieser Richtung für den gesamten Kristall ergibt sich indessen erst, wenn man weitere Beobachtungsrichtungen hinzunimmt bzw. die Kristallsymmetrie in die Betrachtung einbezieht. Eine wertvolle praktische Hilfe bietet dabei die Untersuchung der Kristallplatte im konvergenten Strahlengang. Man erfasst damit nicht nur das optische Verhalten in Richtung der Plattennormale, sondern gleichzeitig auch dasjenige ihrer (durch die Apertur begrenzten) Umgebung. Richtungen, die sich in der Symmetrie vor ihrer Umgebung auszeichnen, treten auf ihre Weise deutlich hervor.

Die erforderliche optische Anordnung, die man auch als **konoskopische** bezeichnet, ist in Abb. 4.81 skizziert: Von einer ausgedehnten Lichtquelle $L_1 L_2 L_3$, deren Strah-

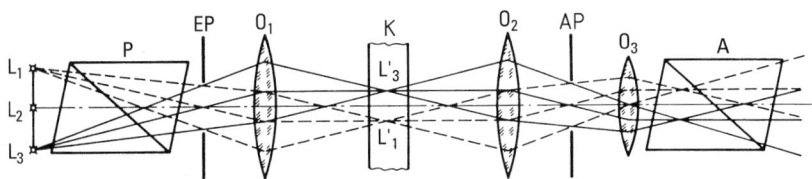

Abb. 4.81 Optische Anordnung zur Untersuchung von Kristallplatten im konvergenten polarisierten Licht.

len den Polarisator passiert haben, entwirft eine Linse O$_1$ von kurzer Brennweite bei L$'_1$ L$'_2$ ein verkleinertes Bild. Die Blende EP stellt die Eintrittspupille dar. Eine zweite Linse O$_2$ ebenfalls von kurzer Brennweite, bildet die Eintrittspupille EP in die Austrittspupille AP ab: Durch jeden Punkt in der Ebene der Pupillenöffnung EP tritt ein Strahlenbündel – begrenzt durch je einen gestrichelt gezeichneten, von L$_1$ kommenden und einen ausgezogenen, von L$_3$ kommenden Strahl der Lichtquelle –, das in der Ebene AP wieder vereinigt wird. Die weitere Linse O$_3$ macht die Strahlenbüschel schließlich parallel, sodass ein hinter dem Analysator befindliches Auge die Erscheinung in der Austrittspupille AP bei Akkommodation auf unendlich, deutlich sehen kann. (Selbstverständlich kann man mit der Linse O$_3$ die Austrittspupille auch auf einen Schirm abbilden.) Setzt man nun an die Stelle des Bildes L$'_1$ L$'_2$ der Lichtquelle eine Kristallplatte K ein, so wird diese von parallelen Strahlenbündeln verschiedener Neigung durchsetzt, wie man der Abb. 4.81 entnimmt. Auch konoskopische Beobachtungen lassen sich mit dem Polarisationsmikroskop durchführen; die einfachste Methode besteht darin, das Okular aus dem Mikroskoptubus zu entfernen und das vom Objektiv (O$_2$ in Abb. 4.81) in der hinteren Brennebene (AP) entworfene zwar kleine, aber scharfe Interferenzbild mit dem Auge zu betrachten. Selbstverständlich ist hier eine hohe Apertur erwünscht.

Die Wirkung von K soll zunächst an einer Kristallplatte untersucht werden, die aus einem optisch einachsigen Kristall senkrecht zur optischen Achse geschnitten ist. Dann erfährt das die Platte senkrecht durchsetzende Strahlenbündel keine Doppelbrechung; alle anderen Strahlenbündel geraten aber um so stärker unter den Einfluss der Doppelbrechung – erreichen also um so größere Gangunterschiede zwischen o- und e-Strahl – je schräger sie die Kristallplatte durchsetzen. Da im gleichen Winkelabstand rings um die optische Achse gleiche Verhältnisse herrschen, ist eine Schar von ringförmigen Interferenzen zu erwarten. Man erhält zwischen gekreuzten Nicols in der Tat das in Abb. 4.83a und zwischen parallelen Nicols das in Abb. 4.83b wiedergegebene Interferenzbild. Beide Aufnahmen sind in monochromatischem Licht gemacht. Im weißen Licht erhält man farbige Interferenzringe, wobei die Farben in Abb. 4.83b komplementär zu denen in Abb. 4.83a sind; auch bei Verwendung monochromatischen Lichtes sind die Helligkeiten in beiden Fällen komplementär. Das Interferenzbild Abb. 4.83a ist von einem schwarzen Kreuz, das von Abb. 4.83b von einem hellen Kreuz durchzogen. Das Erscheinen des Kreuzes soll Abb. 4.82 verständlichen. Es sei abcd ein Kristallschnitt senkrecht zur optischen Achse; die verschieden geneigten Strahlen mögen von dem Zentrum Z ausgehen; das von Z

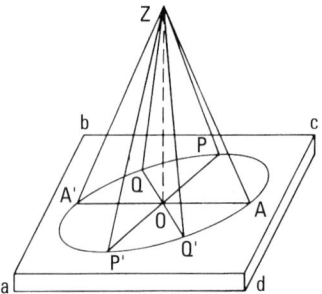

Abb. 4.82 Entstehung der Interferenzerscheinungen im konvergenten polarisierten Licht.

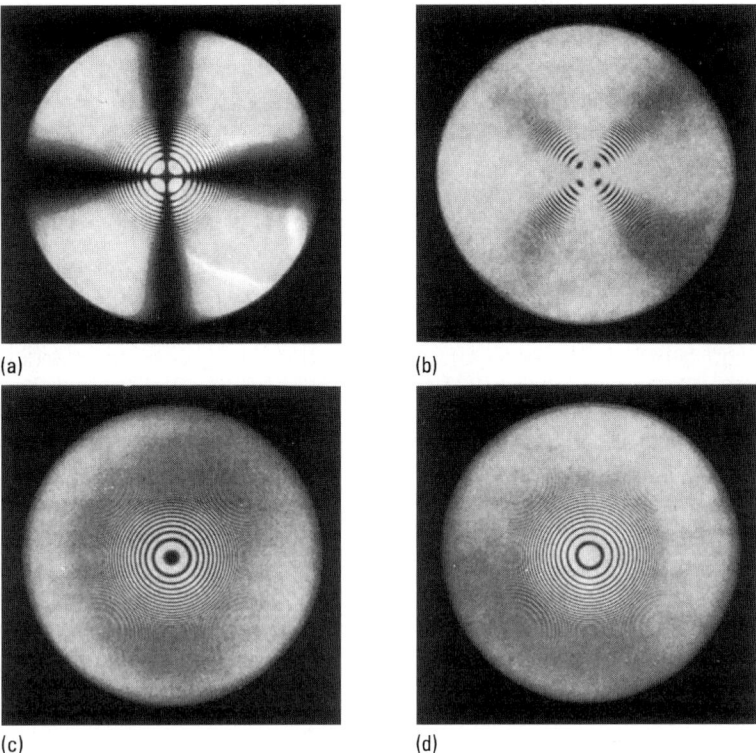

Abb. 4.83 Interferenzfiguren einachsiger Kristalle im konvergenten polarisierten Licht. (a) Calcitplatte, senkrecht zur optischen Achse geschnitten zwischen gekreuzten Nicols; (b) dieselbe Platte zwischen parallelen Nicols; (c) dieselbe Platte im zirkular polarisierten Licht zwischen gekreuzten Nicols; (d) dieselbe Platte im zirkular polarisierten Licht zwischen parallelen Nicols.

aus gefällte Lot ZO auf die Platte gibt die Richtung der optischen Achse an und ist gleichzeitig für jeden der von Z ausgehenden Strahlen Einfallslot. Auf einem Kreis um O, der die Punkte P, A, Q′, P′, A′, Q berühren möge, gilt das eben Gesagte für alle Strahlen, die nach dem Umfang des Kreises gezogen sind, z. B. für ZP, ZA, ZQ usw. Die Richtung PP′ ist die Schwingungsrichtung des aus dem Polarisator austretenden Lichtes, AA′ diejenige des Analysators. Um herauszufinden, wie ein Strahl, etwa ZQ, die Platte als e- und o-Strahl durchquert und wie dabei die Schwingungsrichtungen liegen, genügt es, die Lage zum Strahlhauptschnitt zu betrachten. Da ein beliebiger Strahl ZQ mit der optischen Achse und dem Einfallslot immer in eine gemeinsamen Ebene fällt, liegt ZQ stets in einem Strahlhauptschnitt. Nach Abb. 4.46 schwingt der o-Strahl senkrecht zum Strahlhauptschnitt, der e-Strahl aber im Strahlhauptschnitt[18], der einfallende Strahl ZQ mit seiner Schwingungsrichtung

---

[18] Außerdem wird der e-Strahl, abhängig vom optischen Charakter des Kristalls, in Richtung eines größeren oder kleineren Winkels zur optischen Achse abgelenkt, was hier jedoch unwichtig ist.

PP′ wird daher aufgespalten in einen e-Strahl, der parallel zum Radius OQ, und in einen o-Strahl, der senkrecht zu OQ schwingt; von diesen Schwingungen lässt der Analysator nur die Komponenten parallel seines eigenen Hauptschnittes AA′ durch. Dies gilt für alle Strahlen, mit Ausnahme der Strahlen ZP, ZP′ und ZA, ZA′, die einen Sonderfall bilden. Die in P und P′ einfallende Strahlung (parallel PP′) schwingt von vornherein im Hauptschnitt OP bzw. OP′, d. h. hier findet keine Komponentenzerlegung statt. Die Strahlen ZP und ZP′ gehen also als e-Strahlen durch den Kristall hindurch und werden, da sie parallel zu PP′ schwingen, vom Analysator nicht durchgelassen. Bei den Strahlen ZA und ZA′ liegen die Verhältnisse analog, nur schwingen diese Strahlen *senkrecht*, zu den Hauptschnitten OA und OA′, gehen dann, ebenfalls unzerlegt, als o-Strahlen durch die Platte und werden, da sie keine Komponente parallel AA′ besitzen, ebenfalls vom Analysator unterdrückt. In den Richtungen PP′ (Polarisator) und AA′ (Analysator) herrscht also stets Dunkelheit, unabhängig davon, wie groß der Radius des betrachteten Kreises gewählt wurde, d. h. für die ganze Kristallplatte. Das ist die Erklärung für das Auftreten des schwarzen Kreuzes bei gekreuzten Nicols.

In allen anderen Strahlrichtungen (ZQ, ZQ′) tritt aber im Allgemeinen Licht aus dem Analysator aus, wenn nicht der radiusabhängige, durch die Plattendicke hervorgerufene Gangunterschied zwischen o- und e-Strahlen dies durch Interferenz verhindert. Beträgt nämlich der Gangunterschied speziell $0, \lambda, 2\lambda \ldots$, so entsteht nach Gl. (4.40a) des vorangehenden Abschnitts Dunkelheit, da dann α^2 verschwindet. Dies gilt für alle Stellen des Kreisumfanges, denn sie führen alle zu gleichen Gangunterschieden; auf diese Weise entsteht ein dunkler Ring. Ist aber die Gangdifferenz $\lambda/2, 3\lambda/2 \ldots$, d. h. $\alpha^2 = 1$, so wird der Ring hell. Die Helligkeit ist jedoch trotz ringsum gleichbleibenden Gangunterschiedes nicht an allen Stellen des Ringes die gleiche, da die Schwingungsrichtungen zu den Nicols unterschiedlich orientiert sind. Am hellsten sind die Stellungen, die unter 45° gegen den Polarisator geneigt sind ($\psi = 45°$), auch hier in Übereinstimmung mit Gl. (4.40a).

Damit ist die Erscheinung für monochromatisches Licht und gekreuzte Nicols vollkommen aufgeklärt. Der Fall paralleler Nicols erledigt sich durch die Bemerkung, dass das Interferenzbild helligkeitskomplementär sein muss: Das schwarze Kreuz erscheint hell, dunkle und helle Ringe sind vertauscht. Bei Benutzung weißen Lichtes sind die Ringe gefärbt; auch die Färbung ist bei parallelen Nicols komplementär zu der bei gekreuzten Nicols.

Durchstrahlt man die Kristallplatte mit zirkular polarisiertem Licht, indem man zwischen Polarisator und Kristallplatte K ein $\lambda/4$-Plättchen in Diagonalstellung einschiebt (sog. *zirkularer Polarisator*), und benutzt ebenso einen *zirkularen Analysator*, so verschwindet das Achsenkreuz; man erhält an Stelle von Abb. 4.83a und b die Teilbilder c und d; die Erklärung kann dem Leser überlassen bleiben.

Optisch zweiachsige Kristalle, die senkrecht zur spitzen Bisektrix (erste Mittellinie) geschnitten sind, liefern bei Durchstrahlung im konvergenten Licht die in Abb. 4.84 wiedergegebenen Erscheinungen. Zwischen gekreuzten Nicols findet man zwei Ringsysteme, von denen jedes eine optische Achse umgibt (sog. *Cassini'sche Ovale*). Die Ringe höherer Ordnung verschmelzen zu lemniskatenförmigen Kurven, die beide optische Achsen umschließen. Bei gekreuzten Nicols ist das Bild wieder von einem schwarzen Kreuz, bei parallelen Nicols von einem hellen Kreuz durchsetzt (Abb. 4.84b). Dreht man die Kristallplatte aus der Normalstellung in die Diago-

4.11 Interferenzen im konvergenten Licht 599

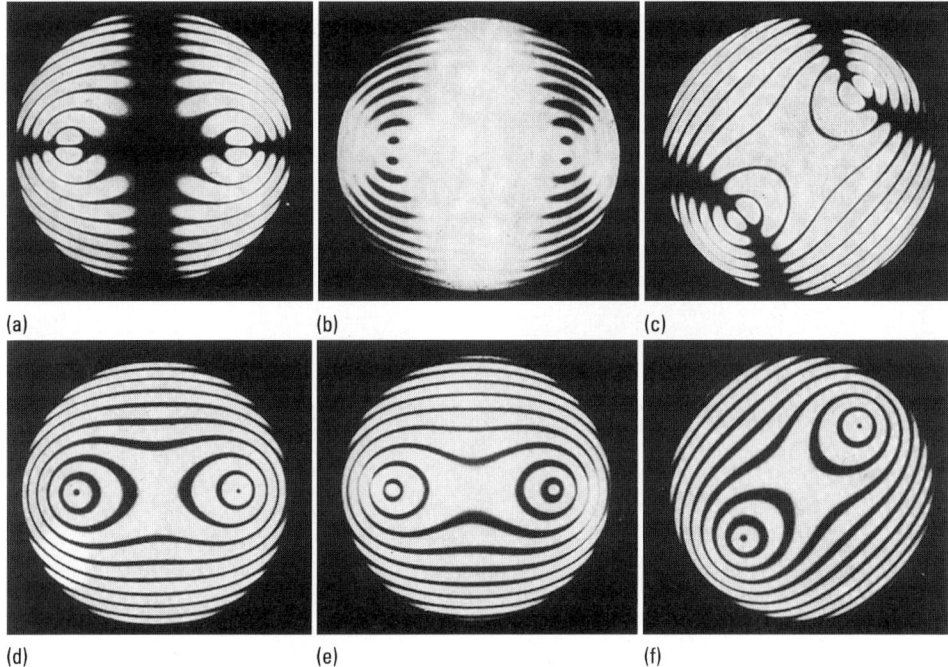

Abb. 4.84 Interferenzfiguren zweiachsiger Kristalle im konvergenten polarisierten Licht. (a) Glimmerplatte, senkrecht zur ersten Mittellinie in Normalstellung zwischen gekreuzten Nicols; (b) dieselbe Platte in Normalstellung zwischen parallelen Nicols; (c) dieselbe Platte in Diagonalstellung zwischen gekreuzten Nicols; (d) dieselbe Platte in Normalstellung im zirkular polarisierten Licht zwischen gekreuzten Nicols; (e) dieselbe Platte in Normalstellung im zirkular polarisierten Licht zwischen parallelen Nicols; (f) dieselbe Platte in Diagonalstellung im zirkular polarisierten Licht zwischen gekreuzten Nicols.

nalstellung, so löst sich das schwarze Kreuz in zwei hyperbolisch gekrümmte dunkle Büschel auf, welche die Interferenzstreifen senkrecht durchsetzen (Abb. 4.84c). – Im zirkular polarisierten Licht (siehe Abb. 4.84d bis f) verschwinden in Normalstellung das Achsenkreuz und in Diagonalstellung die beiden Büschel.

Die Interferenzbilder der Abb. 4.84 geben einen unmittelbaren Eindruck von der optischen Symmetrie eines Kristalls. Im weißen Licht kann man dabei aus der Art der Lagedispersion weitere Schlüsse ziehen (s. Abschn. 4.9). Der Winkel zwischen den Binormalen kann grundsätzlich bestimmt werden, indem man den Kristall drehbar anordnet und den Winkel misst, um den der Kristall gedreht werden muss, bis einmal das eine Ringsystem, dann das andere in die Mikroskopachse auf Fadenkreuzmitte fällt. An dem in Luft gemessenen Winkel muss noch mit der Brechzahl auf den Winkel im Kristall korrigiert werden. Für Messungen dieser Art eignet sich hervorragend der sog. *Universaldrehtisch* von E. v. Fedorow, eine auf dem Mikroskoptisch zu befestigende Vorrichtung ähnlich einer Cardanischen Aufhängung, in der die Kristallplatte (oder auch ein beliebig geformter Kristall) im Mittelpunkt mehrerer (aus praktischen Gründen meist vier) einzeln dreh- und schwenkbarer Teilkreise sitzt.

600 4 Polarisation und Doppelbrechung des Lichtes

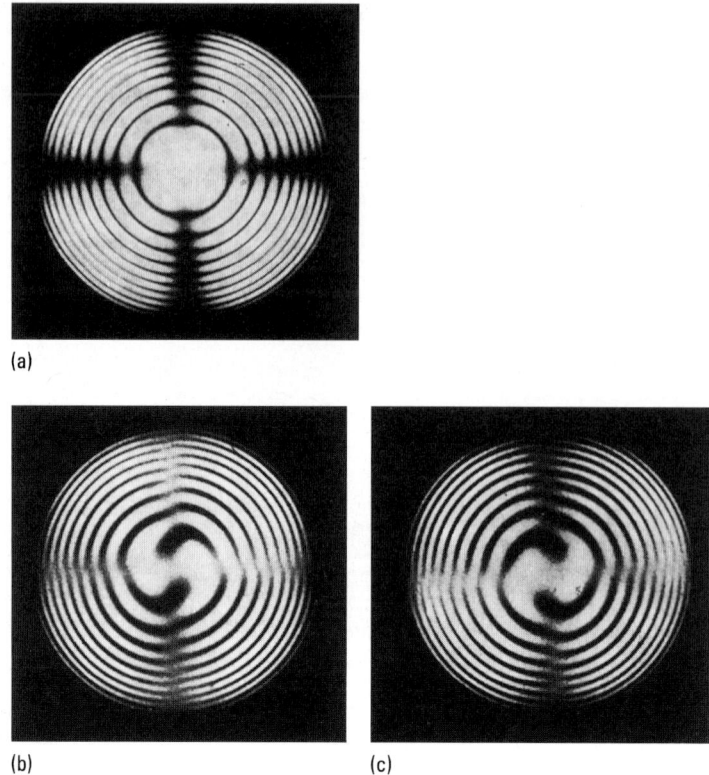

Abb. 4.85 Quarzplatte, senkrecht zur optischen Achse im konvergenten polarisierten Licht. (a) zwischen gekreuzten Nicols (linearem Polarisator und linearem Analysator). Zweifache Airy'sche Spiralen (optisch aktives Medium zwischen linearem Polarisator und zirkularem Analysator), (b) bei einem Rechtsquarz, (c) bei einem Linksquarz.

Auch die Deutung des Interferenzbildes eines *optisch aktiven Kristalls*, wie es Abb. 4.85a für einen senkrecht zur optischen Achse geschnittenen Quarz im weißen Licht zeigt, bietet keine Schwierigkeit. Alle Strahlen, die geneigt zur optischen Achse verlaufen, verhalten sich normal und bilden, wie bei nichtaktiven Substanzen, abwechselnd helle und dunkle Ringe. Nur der Ausstichpunkt der optischen Achse und dessen unmittelbare Umgebung, wo allein bzw. überwiegend die zirkulare Doppelbrechung wirkt, ist verändert: Die Drehung der Schwingungsebene verursacht hier eine Aufhellung, deren Färbung von der Plattendicke abhängt. Nur bei dickeren Platten (bei Quarz etwa in der Größenordnung mm) lassen auch noch die inneren Interferenzring eine leichte zum Quadrat hin tendierende Deformation erkennen. – Verwendet man zirkulare Polarisatoren und Analysatoren, so bleiben, wie beim inaktiven Kristall, nur die Ringe übrig. Deutlicher wird die Erscheinung, wenn man den linearen Polarisator mit dem zirkularen Analysator kombiniert, wie Abb. 4.85b und c zeigen. Diese Anordnung, von G.B. Airy (1831) theoretisch untersucht und gefunden, liefert für eine Platte aus Rechtsquarz eine im Uhrzeigersinn gewundene sog. *zweifache Airy'sche Spirale*, beim Linksquarz zeigen die Spiralen entgegengesetzten Windungssinn. Erwähnt sei noch, dass man vierfache Airy'sche Spiralen bekommt, wenn das konvergente Licht zwei gleich dicke, rechts- und linksdrehende Quarze hintereinander durchsetzt; der Windungssinn hängt dann davon ab, ob zuerst der rechts- oder der linksdrehende Quarz durchstrahlt wird. – Bei optisch zweiachsigen aktiven Kristallen findet man die entsprechenden Erscheinungen um beide optischen Achsen, insbesondere sind also bei gekreuzten Nicols die beiden Zentren aufgehellt.

4.12 Flüssigkristalle

In allen vorangehenden Betrachtungen dieses Kapitels war dem isotropen, d. h. dem molekular ungeordneten Medium das molekular vollständig geordnete, kristalline Medium mit seinen charakteristischen, die Anisotropie bestimmenden Symmetrien gegenübergestellt worden. Neben diesen beiden zweifellos häufigsten Ordnungszuständen[19] der Materie, existieren aber noch eine Reihe von Zwischenstufen mit zum Teil recht interessanten Eigenschaften. Eine wichtige Gruppe bilden die sog. **Flüssigkristalle**, die auch *flüssige Kristalle* oder *kristalline Flüssigkeiten*, genannt werden.

Eine derartige Substanz war erstmals dem Botaniker F. Reinitzer (1888) aufgefallen, der beobachtet hatte, dass Cholesteryl-Benzoat, welches bei 145 °C schmilzt, zunächst ein milchig trübes Aussehen behält, um erst bei 179 °C in eine klar durchsichtige Flüssigkeit überzugehen. Der Physiker O. Lehmann, darauf aufmerksam gemacht, kam nach eingehenden Studien (1889) zu dem Ergebnis, dass es sich hier, im Bereich zwischen 145–179 °C, um eine Art von „fließenden Kristallen" handeln müsse. Indessen blieb seine Deutung noch lange heftig umstritten. Da sich aber die Übergangstemperaturen als reproduzierbar erwiesen und alle physikalisch-chemischen Phänomene eindeutig den einzelnen Zuständen zugeordnet werden konnten, waren die Einwände, es lägen Kristallsuspensionen oder einfach verunreinigte Präparate vor, schließlich nicht mehr zu halten. Heute sind mehrere tausend Substanzen bekannt, die in bestimmten Temperaturbereichen die typischen Eigenschaften von Flüssigkristallen zeigen.

Wegen der leichten Verschiebbarkeit ihrer Moleküle sind diese Art von Medien zu den Flüssigkeiten zu rechnen, jedoch stehen die einzelnen Moleküle – wie man heute weiß – mit ihrer näheren und weiteren Umgebung immerhin so stark in Wechselwirkung, dass es zur Ausbildung größerer Bereiche (**Domänen**) kommt, in denen mindestens in einer Raumrichtung eine einheitliche Orientierung und somit ein erkennbarer Ordnungszustand besteht. Diese Ordnung bewirkt dann Anisotropieerscheinungen, die man gemeinhin nur bei Kristallen erwartet – eine Feststellung, die seinerzeit für die Namensgebung ausschlaggebend war. Die Ursachen solcher speziellen Ordnungen können z. B. elektrischer oder magnetischer Natur sein, sind aber stets an eine stark von der Kugelgestalt abweichende Molekülform gebunden; Flüssigkristalle trifft man daher unter den organischen Substanzen an.

---

[19] Von Abweichungen in Bereichen, die klein gegen die Lichtwellenlänge sind – etwa durch Nahordnung auf der einen, Fehlstellen auf der anderen Seite bedingt – kann hier, wie auch bisher, abgesehen werden.

Man muss demnach sehr wohl unterscheiden zwischen dem Übergang vom festen zum flüssigen Zustand, der sich mit zunehmender Wärmebewegung der Moleküle vollzieht, und der Änderung im Ordnungszustand eines Mediums. Ein **Ordnungszustand** ist durch die Dimension der Positions- und Orientierungsfernordnung der Moleküle bestimmt und kann sich prinzipiell auch innerhalb der festen (und – wie sich weiter unten herausstellen wird – auch innerhalb der flüssigen) Phase ändern. So hat man beispielsweise im Druck-Temperaturdiagramm des Siliciumdioxids außer dem gewöhnlichen (trigonalen) Quarz noch sieben weitere fest-kristalline Ordnungszustände gefunden. Allgemein sieht man ein Medium als fest an, solange die Schwerpunkte seiner Moleküle ortsgebunden sind; sind sie beweglich, d. h. besitzen sie Translationsfreiheitsgrade, so bezeichnet man die Substanz als flüssig (fluid). Flüssigisotrop ist eine Substanz nur dann, wenn die Beweglichkeit der Moleküle hinsichtlich Translation und Rotation dimensionell nicht eingeschränkt ist.

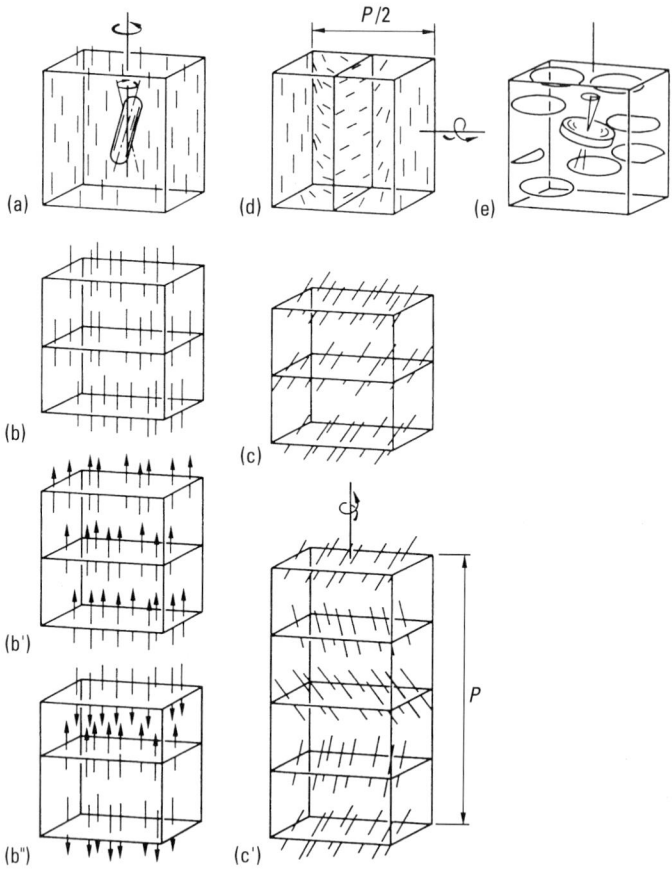

Abb. 4.86 Die geometrische Anordnung der Moleküle in den wichtigsten mesomorphen Phasen. (a) Nematisch (optisch einachsig positiv), (b) smektisch, (b′) smektisch polar, (b″) smektische Doppelschicht, alle optisch einachsig positiv, (c) smektisch geneigt (optisch zweiachsig positiv), (c′) smektisch geschraubt (optisch einachsig positiv, optisch aktiv), (d) cholesterisch (optisch einachsig negativ, optisch aktiv), (e) discotisch (optisch ein- und zweiachsig negativ).

Im Flüssigkristall manifestiert sich somit ein Übergangsstadium zwischen einer fest-kristallinen, dreidimensional geordneten Phase und der (nicht mehr ferngeordneten) isotropen Flüssigkeitsphase. Wegen dieser Zwischenstellung im Phasendiagramm bezeichnet man die flüssig-kristalline auch als **mesomorphe Phase** oder kurz als **Mesophase**; wenn ein Medium allein durch Temperaturänderung in die mesomorphe Phase eintreten kann, spricht man von **thermotropem** Verhalten, wenn dieser Fall dagegen durch geeignetes Verdünnen des Mediums mit Wasser oder einem anderen Lösungsmittel erreicht wird, von **lyotropem** Verhalten.

Man unterscheidet nach Abb. 4.86 a und b zunächst zwei Haupttypen: die vorzugsweise parallel einer Raumrichtung geordnete **nematische** und die zusätzlich in Ebenen geordnete **smektische Phase**. Die Bezeichnungen wurden von G. Friedel (1922) geprägt. Nematisch (gr.: nema, dt.: Faden) bezieht sich auf die für diese Phase charakteristische Beobachtung sehr auffälliger, fadenförmig verlaufender Konturen, die das mikroskopische Präparat durchziehen. Smektisch (gr.: smegma, dt.: Schmiere, Seife) weist darauf hin, dass viele Seifen zu diesem Typ gehören, darunter auch das Ammonium- und das Kaliumoleat als erste bekannt gewordene Vertreter smektischer Medien.

Die Darstellungen der Abb. 4.86 sind stark schematisiert. In Wirklichkeit muss man sich die Molekülachsen statistisch um kleine, mit der Temperatur ansteigende Winkelbereiche um die eingezeichneten Vorzugsrichtungen verteilt denken. – Beim Übergang vom kristallinen (dreidimensional ferngeordneten) zum flüssig-isotropen (nulldimensional ferngeordneten) Zustand kann eine Substanz in der Reihenfolge smektisch-nematisch auch mehrere mesomorphe Zustände durchlaufen, was – *molekular gesehen* – demnach einem stufenweisen Ordnungsabbau entspricht.

Da in den mesomorphen Phasen zweifellos anisotrope Zustände verwirklicht sind, müssen ihnen – entsprechend den Ausführungen in Abschn. 4.9 – charakteristische Symmetrien und damit bestimmte physikalische, insbesondere aber auch optische Verhaltensweisen zukommen. Das ist in der Tat der Fall. Aus rein geometrischen Überlegungen kam C. Hermann (1931) zu dem Ergebnis, dass es 18 Klassen, d. h. durch Symmetriegerüst unterscheidbare Zwischenstadien zwischen dem kristallinen und dem amorphen Zustand geben müsse, doch besitzen wir heute noch keinen Überblick darüber, wie viele dieser Klassen insgesamt realisiert sind. Man unterscheidet gewöhnlich die in Abb. 4.86 gezeigten Typen.

Die im strengen Sinne **nematische Phase** (Teilbild a) kann sich nur mit sog. kalamitischen, d. h. langgestreckten, etwa ellipsoidförmig gestalteten Molekülen ausbilden, wobei die Moleküle mit ihrer Längsachse annähernd parallel ausgerichtet sind. Dieser Ordnungszustand lässt sich angenähert dadurch beschreiben, dass man das Einzelmolekül in einem konstanten, von allen anderen Molekülen aufgebauten inneren (elektrischen) Feld betrachtet (W. Maier und A. Saupe). Das Feld darf aber nur über den Bereich einer Domäne als hinreichend konstant angenommen werden und ändert seine Richtung auf größere Distanz gesehen beträchtlich. Einige Forscher vertreten die Ansicht, dass diese Darstellung der für ferromagnetische Stoffe üblichen ähnelt, wobei sich gewisse Analogien ergeben (z. B. Weiß'sche Bezirke und Domänen). Die Vorgänge sind jedoch noch nicht vollständig geklärt. Die einzelne Domäne einer nematischen Phase besitzt eine (statistisch verursachte) Rotationssymmetrieachse, verhält sich also *optisch einachsig*. Die optische Achse liegt parallel der großen Molekülachse. Über den *optischen Charakter*, d. h. über das Vorzeichen von

$n_e - n_o$ lässt sich eine Aussage treffen, wenn man die elektrische Polarisierbarkeit der Moleküle qualitativ in Betracht zieht.

Das Licht, als elektromagnetische Erscheinung, übt auf die Ladungen eines Moleküls (in erster Linie auf dessen äußere Elektronen) Kräfte aus, die das Molekül im Takte der Lichtfrequenz elektrisch polarisieren. Dabei laden sich – bezüglich der Feldrichtung – entgegengesetzte Seiten des Moleküls jeweils entgegengesetzt auf. Bezeichnet man den Abstandsvektor zwischen den beiden influenzierten Ladungen $\pm e$ mit l, so erzeugt die elektrische Feldstärke E ein Dipolmoment der Größe $p = el = \alpha \varepsilon_0 E$ für alle Feldrichtungen in Bezug zum Molekülkoordinatensystem; l ist eine molekülspezifische Größe, α nennt man die *Polarisierbarkeit* des Moleküls, ε_0 ist die elektrische Feldkonstante. Dieser Ansatz ist nicht nur gültig bei kugelsymmetrisch gebauten Atomen, sondern auch noch bei kubischer Molekülsymmetrie (sofern keine höheren Momente als die der Dipole betrachtet werden). Weicht dagegen – wie im Falle einer mesomorphen Phase – die Molekülgestalt erheblich von der Kugelform ab, so ist der Betrag des Abstandsvektors l, den man einmal ganz roh durch die Molekülabmessung parallel zur Feldrichtung abschätzen kann, von der äußeren Feldrichtung abhängig; damit wird auch α eine anisotrope, genauer gesagt: eine tensorielle Größe. Im Allgemeinen wird man somit erwarten dürfen, dass p und damit die Amplitude des molekularen Hertz'schen Oszillators den größten Betrag erreicht, wenn der E-Vektor mit der Richtung größter Molekülerstreckung zusammenfällt. Schließlich entnimmt man noch dem Abschn. 2.8, dass im Bereich normaler Dispersion die Brechzahl um so höher ausfällt, je stärker die molekularen Oszillatoren eines Mediums mitschwingen.

Schwingt der Lichtvektor parallel zur optischen Achse, d. h. parallel der Längsachse der Moleküle, so ist zu erwarten, dass die Polarisierbarkeit und damit die Brechzahl am größten sind. Diese Schwingungsrichtung entspricht der des außerordentlichen Strahls, weshalb $n_e - n_o > 0$ folgt. In der nematischen Phase ist ein Medium daher im Allgemeinen *optisch positiv*, in voller Übereinstimmung mit der Beobachtung.

Da benachbarte Domänen gewöhnlich verschieden orientiert sind, herrschen zu beiden Seiten einer Domänengrenze unterschiedliche Brechzahlen. Durch wiederholte Brechung und Reflexion wird das Licht im Flüssigkristall stark gestreut, was dickeren Schichten ein milchig trübes Aussehen verleiht. Das Medium wird dagegen klar durchsichtig, sobald der flüssig-isotrope Zustand erreicht ist (*Klärpunkt*).

In der **smektischen Phase** (Teilbilder b, b' und b'' sowie c und c' der Abb. 4.86) sind die parallel ausgerichteten Moleküle zusätzlich in äquidistanten Ebenen geordnet. In dem einfachsten, in Teilbild b dargestellten Fall ist – aus den gleichen Gründen wie bei der zuvor behandelten nematischen Phase – zu erwarten, dass sich die Domäne *optisch einachsig positiv* verhält. Gleiches gilt für den Fall polarer Moleküle nach Teilbild b', oder polarer Doppelschichten nach Teilbild b'', die sich in ihrem optischen Verhalten qualitativ nicht unterscheiden. Allerdings zeigen Anordnungen nach b'', die oft lyotrope Phasen bilden, wie etwa die Seifen, vielfach ein sehr kompliziertes Verhalten. Abhängig vom Verdünnungsgrad finden sich die polaren Moleküle dann zu sphärischen oder röhrenförmigen Anordnungen zusammen und können schließlich auch wieder ebene Anordnungen bilden, wobei dann die Moleküllängsachse in der Ebene liegt und der optische Charakter entsprechend *negativ* ausfällt; lyotrope Medien spielen in der Biochemie eine bedeutende Rolle. Wenn die

Molekülvorzugsrichtung wie im Fall c geneigt zur Schichtnormale steht, geht die Rotationssymmetrieachse verloren und das Medium ist *optisch zweiachsig*. Der Fall c′ schließlich entsteht aus c, indem benachbarte Ebenen um einen festen Winkel $2\pi/m$ monoton gegeneinander verdreht werden; das bedingt einen Schraubungssinn um die optische Achse, welche hier wieder mit der Ebenennormale zusammenfällt. Das Medium c′ ist daher *optisch einachsig*, gleichzeitig aber auch *optisch aktiv*. Die optische Aktivität weist keinerlei Besonderheiten auf, da hier, wie bei den Kristallen und Einzelmolekülen, die Ganghöhe der Schraubenachse klein gegen die Lichtwellenlänge ist. Eine nähere Begründung dieses Zusammenhanges wird bei der cholesterischen Phase, die höchst bemerkenswerte Formen der optischen Aktivität zeigen kann, gegeben.

Eine weitere Art von Flüssigkristall kann mit Molekülen entstehen, die eine ausgeprägt scheibenförmige Gestalt besitzen, wie es schematisch Abb. 4.86e zeigt. Diese **discotischen Phasen** müssen aus dem zuvor erörterten Grund bei Feldrichtungen parallel der Scheibenebene wesentlich stärker polarisierbar sein als bei Feldrichtung parallel der Scheibenachse. Der optische Charakter dieser Phasen ist daher *negativ*, überwiegend optisch einachsig; aber auch in diesen Fällen ist selbstverständlich optische Aktivität möglich.

Als letzten, praktisch aber sehr wichtigen Fall zeigt Abb. 4.86d schematisch den Aufbau einer **cholesterischen Phase**. Die cholesterische Phase gehört, nach den Ergebnissen bisheriger Experimente, den nematischen Ordnungszuständen an, ist aber viel komplizierter gebaut als der Fall a. Geometrisch entsteht sie aus dem Fall a durch homogene Torsion um eine Achse senkrecht zur Molekülorientierung. Moleküle auf einer Ebene normal zur Torsionsachse weisen daher die gleiche mittlere Verdrehung φ gegenüber ihrer Ausgangslage auf. Wesentliches Element in der cholesterischen Phase ist daher die Schraubenachse, die sich unter Bedingungen ausbildet, die für viele Derivate des Cholesterins offenbar in charakteristischer Weise erfüllt sind. Diese chemischen Substanzen bestehen aus ziemlich flachen, langgestreckten Molekülen, die in asymmetrischen, teilweise aus der „Breitseite" des Moleküls austretenden Baugruppen enden. Allein schon aus sterischen Gründen können sich die oberhalb und unterhalb der Breitseite ansiedelnden Nachbarmoleküle nicht genau parallel zum Ausgangsmolekül stellen; sie weichen um geringe Winkelbeträge systematisch aus. Dadurch bildet sich, je nach Molekülart, entweder eine Rechts- oder eine Linksschraube aus. Durch Form und Lage der Moleküle bedingt, ist ihre elektrische Polarisierbarkeit in Richtung der Schraubenachse klein, senkrecht dazu groß, d. h. die Brechzahl n_e für den außerordentlichen Strahl zeigt kleinere Werte als für den ordentlichen, weshalb das cholesterische Medium im Allgemeinen *optisch einachsig negativ* sowie *optisch aktiv* ist.

Ein geeignetes Präparat zur Beobachtung der optischen Aktivität lässt sich gewinnen, indem man einen Flüssigkeitstropfen des cholesterischen Mediums in eine planparallele Mikroküvette von etwa 100 µm Dicke einfließen lässt. Mitunter genügt bereits die Strömungsorientierung, um die Domänen annähernd einheitlich mit der optischen Achse senkrecht zur Küvette auszurichten. Bei Durchstrahlung in normaler Richtung mit linear polarisiertem monochromatischem Licht fällt allgemein eine hohe spezifische Drehung auf, wie sie bei Kristallen (vgl. etwa Tab. 4.10 in Abschn. 4.8) nie beobachtet wurde und erreichen Höchstwerte bis zu 70 000 Grad/mm. Derart hohe Werte sind indessen auf einen schmalen, allerdings sehr interessanten Bereich um eine Wellenlänge λ_0 beschränkt, der nachstehend noch weiter untersucht werden soll. Weitab von λ_0, auf der langwelligen Seite, ändert sich die spezifische Drehung $[\alpha]$ zunächst etwa proportional λ^{-2}, um dann mit Annäherung an λ_0 zunehmend rascher anzusteigen. Gleichzeitig wird das durchgehende Licht mehr und mehr elliptisch polarisiert und geht bei λ_0 in zirkular polarisiertes Licht über. Hier sind dann Drehung und $[\alpha]$ offensichtlich unbestimmt. Verlässt man den Bereich der Zirkularpolarisation unter fortschreitend kürzeren Wellenlängen, so setzt die spezifische Drehung wiederum mit ihrem höchsten Wert, hier aber mit umgekehrtem Drehsinn, ein. Mit weiter sinkender Wellenlänge vermindert sich $[\alpha]$ stark und das elliptisch polarisierte Licht geht wieder stetig in linear polarisiertes Licht über. Parallel zum Auftreten elliptisch polarisierten Lichtes beobachtet man einen Anstieg im Reflexionsgrad mit einem Maximum bei λ_0. Dieses vermehrt reflektierte Licht erweist sich als zirkular polarisiert, wobei sein Drehsinn dem des durchgehenden, bei λ_0 gemessenen zirkularen Lichtes entgegengesetzt ist. Bei λ_0 hat man daher praktisch eine vollständige Zerlegung linear polarisierten Lichtes in zwei gegensinnig zirkular polarisierte Anteile. Dies bestätigen Versuche, bei denen man zirkular polarisiertes Licht einstrahlt: Während Licht mit dem „falschen" Drehsinn ohne weitere Behinderung das cholesterische Medium passiert, wird Licht mit dem „richtigen" Drehsinn (und der geeigneten Wellenlänge λ_0) *totalreflektiert*. Bemerkenswert ist die Tatsache, dass – im Gegensatz zur gewöhnlichen Reflexion – der Drehsinn des zirkular polarisierten Lichtes bei der hier beschriebenen Reflexion nicht umgekehrt wird. Bei schrägem Einfall zur optischen Achse verschiebt sich der Bereich der Totalreflexion annähernd nach einer Bragg'schen Gleichung (vgl. Abschn. 3.11) in Richtung kürzerer Wellen

$$\lambda_0/n = 2d\sin\theta,$$

wobei n die wirksame Brechzahl des Mediums, θ der „Glanzwinkel", d. h. das Komplement zum Strahleneinfallswinkel und $2d$ eine strukturabhängige Konstante von der Größenordnung einiger hundert nm bedeuten. Die Konstante $2d$ erweist sich als identisch mit der Ganghöhe p der Schraubenstruktur, also

$$p/2 = d.$$

Dies ist unschwer einzusehen, da die Bragg'sche Gleichung einen Beugungsfall beschreibt, für den eine Gitterperiode d in Tiefenrichtung – hier also in Richtung der optischen Achse – maßgebend ist. Ein periodischer Verlauf in dieser Richtung ist aber durch die Ganghöhe p der Schraubenachse des cholesterischen Mediums gegeben. Aus Symmetriegründen (vgl. Abb. 4.86d) muss $p/2$ die optische Periode d der Schraubenachse sein. p liegt demnach in der Größenordnung der Wellenlänge des sichtbaren Lichtes.

Mit der Bragg'schen Gleichung folgt, dass bei Totalreflexion unter senkrechter Inzidenz die Wellenlänge λ_0 gleich der optischen Weglänge np der Ganghöhe ist:

$$np = \lambda_0.$$

Die richtungsabhängige Totalreflexion ist auch bei Einstrahlung weißen, unpolarisierten Lichtes durch Verändern des Beobachtungsstandpunktes (d. h. des Glanzwinkels θ) als prächtiges Farbenspiel zu erkennen.

Das extrem unterschiedliche Verhalten von rechts- und linkszirkular polarisiertem Licht deutet auf eine Resonanz mit der Schraubenstruktur hin. Wenn man – wie schon in Abschn. 4.8 – der Fresnel'schen Idee folgt und das Licht in zwei gegensinnig zirkular polarisierte Wellen zerlegt und beachtet, dass in der Nähe einer Resonanzstelle λ_0 die Brechzahl (n_R für rechts- bzw. n_L für linkszirkulare Wellen) starke Dispersion zeigen muss, lassen sich Änderung und Vorzeichenwechsel der spezifischen Drehung [α] beim Durchschreiten des Totalreflexionsbereiches qualitativ verstehen. Außerdem ist zu erwarten, dass sich cholesterische Medien mit Links- und mit Rechtsschraubenstruktur optisch komplementär verhalten. Das ist auch tatsächlich der Fall. Die genaue Untersuchung zeigt, dass *Rechtsschraubenstrukturen rechtszirkular polarisiertes Licht totalreflektieren*; unterhalb λ_0 drehen sie nach rechts, oberhalb nach links. Entsprechend umgekehrt verhalten sich die Linksschraubenstrukturen, die linkszirkular polarisiertes Licht totalreflektieren.

Da die hier beschriebene Art optischer Aktivität jeweils auf die cholesterische Phase beschränkt ist und weder in der kristallinen noch in der flüssig-isotropen Phase desselben Materials auftritt, kann der Grund für das Verhalten nur in dem speziellen Ordnungszustand liegen und nicht unmittelbar und allein im Bau des Einzelmoleküls.

Einen tieferen Einblick in die Entstehung der optischen Aktivität, insbesondere der cholesterischen Medien, gewinnt man an Hand eines auf E. Reusch (1869) zurückgehenden Modells einer optisch aktiven Substanz. Dieses Modell, die *Reusch'*-

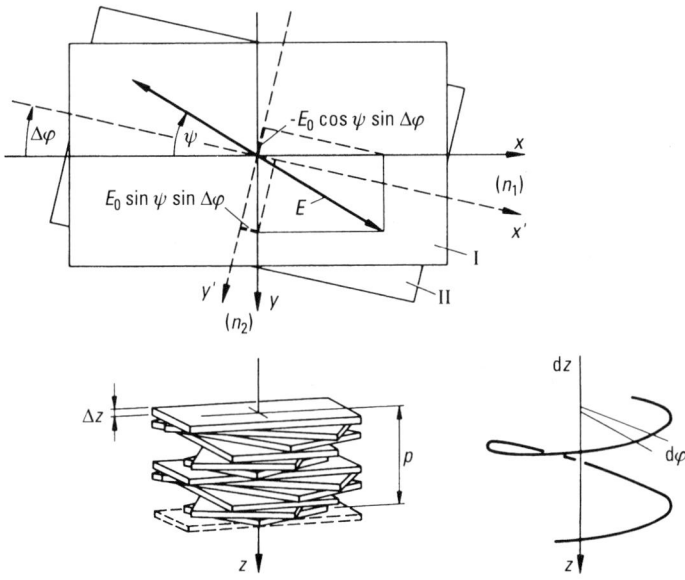

Abb. 4.87 Die Reusch'sche Glimmersäule (unten) und Lage der Hauptschwingungsrichtungen für das obere Plättchenpaar I und II, wonach der Lichtvektor (Einfallsazimut ψ) zerlegt wird; n_1, n_2: Hauptbrechzahlen; p: Ganghöhe der Säule. Die dick gestrichelten Anteile $E_0 \cos\psi \sin\Delta\varphi$ und $E_0 \sin\psi \sin\Delta\varphi$ geben Anlass zu der an der Grenzschicht I–II reflektierten Welle E_r, die in I selbstverständlich parallel x und y zu zerlegen ist.

sche Glimmersäule (Abb. 4.87) besteht aus einem Stapel doppelbrechender Plättchen (Glimmerplättchen), in dem jedes folgende Plättchen mit seinen optischen Hauptschwingungsrichtungen (x' und y') gegenüber dem vorhergehenden (x und y) um einen Winkel $\Delta\varphi < 90°$ monoton gedreht ist, wodurch ein Schraubungssinn eingeführt wird. Bei senkrechter Durchstrahlung der Säule (z-Richtung) beobachtet man eine Drehung des Azimuts der Schwingungsebene linear polarisierten Lichtes, obgleich das einzelne Plättchen optisch inaktiv ist. (Im Allgemeinen entsteht dabei elliptisch polarisiertes Licht; das Ausfallsazimut entspricht dann dem Winkel φ in Abb. 4.21)

Ursprünglich besteht die Reusch'sche Säule aus drei jeweils unter 60° verdrehten Plättchen. In einigen Lehrbüchern wird der Winkelabstand aber mit 120° angegeben, was lediglich den Schraubungssinn dreht (und damit verfälscht). Bilden z. B. drei aufeinander folgende Plättchen, im 60°-Abstand betrachtet, eine Rechtsschraube, so wird dieselbe Anordnung, im 120°-Abstand betrachtet, als Linksschraube gesehen und umgekehrt. Optisch ist jedoch ein Drehabstand größer als 90° nicht relevant, da in der Plättchenebene Richtung und Gegenrichtung nicht unterscheidbar sind.

Wie die mathematische Untersuchung ergibt, die hier nur gestreift werden kann, wirkt ein Paar verdreht übereinander liegender doppelbrechender Plättchen wie die Kombination eines doppelbrechenden mit einem optisch aktiven Medium. In jedem einzelnen Plättchen breiten sich zwei Wellen aus, die eine, mit der Brechzahl n_1, schwingt parallel x, die andere, mit der Brechzahl n_2 parallel y. Bereits ohne Berücksichtigung einer Reflexion (wobei man die Luft als Medium zwischen den einzelnen Platten selbstverständlich ausschaltet!), findet man eine Drehung als Ergebnis der sukzessiven Zerlegung des Schwingungsvektors und der entstehenden Wegdifferenzen. Bei Beschränkung auf kleine Winkel $\Delta\varphi$ erweist sich diese optische Drehung proportional zu $(\sin\Delta\varphi)/\lambda^2$, ändert ihre Richtung also mit dem Vorzeichen von $\Delta\varphi$, dem Schraubungssinn. Greift man bei gegebener fester Ganghöhe p der Schraube zu einer feineren Unterteilung in Plättchendicke Δz und Drehwinkel $\Delta\varphi$, wobei die Relation

$$\Delta\varphi = 2\pi\,\Delta z/p$$

erhalten bleibt, so ist leicht einzusehen, dass die spezifische Drehung $[\alpha]$, die sich nach Division der optischen Drehung durch Δz ergibt, hauptsächlich – und mit zunehmend feinerer Unterteilung schließlich allein – von p abhängt. Man kann daher ohne Schwierigkeiten den Übergang zur kontinuierlichen Schraubenachse vollziehen, wie sie beim cholesterischen Medium vorliegt.

Auch die reflektierte Welle lässt sich in die Betrachtung einbeziehen. Die Reflexion wird dadurch verursacht, dass wegen der Verdrehung benachbarter Plättchen die beiden Wellenkomponenten jeweils eine unstetige Grenzschicht passieren.

Eine ebenfalls für kleine Winkel $\Delta\varphi$ und gleichmäßige Teilungen gültige Näherungsbetrachtung sei hier, unabhängig von der zuvor beschriebenen Drehung, skizziert. Die Zerlegung des Vektors $\boldsymbol{E}$ nach dem Koordinatensystem x',y' der Abb. 4.87 an der Grenzschicht zwischen Plättchen I und II

$$\boldsymbol{E} = E_0\{\cos(\psi - \Delta\varphi),\ \sin(\psi - \Delta\varphi)\}$$

liefert die vier Anteile

$$\boldsymbol{E} = E_0\{\cos\psi\cos\Delta\varphi + \sin\psi\sin\Delta\varphi,\ \sin\psi\cos\Delta\varphi - \cos\psi\sin\Delta\varphi\},$$

wovon das jeweils erste Glied beider Vektorkomponenten einem Grenzdurchgang ohne Änderung der Wellengeschwindigkeit c_0/n_1 bzw. c_0/n_2 entspricht, während die zweiten Glieder beim Grenzdurchgang ihre Geschwindigkeiten vertauschen und daher Anlass zu einer reflektierten Welle E_r geben. Mit dem Reflexionsverhältnis $q_r = (n_1 - n_2)/(n_1 + n_2)$ der Fresnel'schen Formel (4.13) in Abschn. 4.2 findet man für $n_1 > n_2$:

$$E_r = q_r E_0 \{-\sin\psi \sin\Delta\varphi, -\cos\psi \sin\Delta\varphi\}$$
$$= -q_r \sin\Delta\varphi \{E_0 \sin\psi, E_0 \cos\psi\}.$$

Die Vorzeichenumkehr der ersten Komponente entsteht dadurch, dass hier eine Reflexion am optisch dichteren Medium (Übergang $n_2 \to n_1$) stattfindet, während die zweite Komponente (Übergang $n_1 \to n_2$) ihr Vorzeichen bewahrt. In diesem unterschiedlichen Verhalten beider Komponenten liegt der Grund für die bemerkenswerte Tatsache, dass zirkular polarisiertes Licht seinen Drehsinn bei der Reflexion beibehält. Die Näherung für E_r ist um so besser, je kleiner $\Delta\varphi$ ist. Die reflektierte Welle enthält x- und y-Komponente der einfallenden Welle

$$E = \{E_0 \cos\psi, E_0 \sin\psi\}$$

in vertauschter Weise. Das Azimut der reflektierten Welle – wie bisher von x aus gemessen – entspricht daher dem jeweiligen Komplementwinkel $\pi/2 - \psi$:

$$E_r = -q_r E_0 \sin\Delta\varphi \left\{\cos\left(\frac{\pi}{2} - \psi\right), \sin\left(\frac{\pi}{2} - \psi\right)\right\}.$$

Die Amplitude der reflektierten Welle bleibt sicher klein, solange die Säule nur aus wenigen Plättchen besteht. Zur Berechnung der Gesamtamplitude müssen die Phasendifferenzen zwischen den Teilwellen bekannt sein. Dazu ist wenigstens noch die nächstfolgende, am Ende des zweiten Plättchens entstehende Reflexion einzubeziehen. Für die Betrachtung sei rechtszirkular polarisiertes Licht, mit $\psi = -\omega t$ bei Blick in Laufrichtung z der Primärwelle, vorausgesetzt. Am Anfang des zweiten Plättchens gilt, unter Vernachlässigung des sehr geringen Reflexionsverlustes $E_0 q_r \sin\Delta\varphi$, näherungsweise wieder

$$E = E_0 \{\cos(\psi - \Delta\varphi), \sin(\psi - \Delta\varphi)\}.$$

Nach Durchlaufen des Plättchens II ist die Phasenlage durch

$$\psi_{x'} = \psi - \Delta\varphi + 2\pi \frac{\Delta z n_1}{\lambda} \quad \text{und} \quad \psi_{y'} = \psi - \Delta\varphi + 2\pi \frac{\Delta z n_2}{\lambda}$$

gekennzeichnet. Die Doppelbrechung bewirkt eine mit z wachsende Phasendifferenz $\psi_{y'} - \psi_x$ zwischen den beiden parallel x' und y' schwingenden Teilwellen, worauf die Indizes bei ψ hinweisen. Die ausgelöste reflektierte Welle

$$E_r^{(2)} = -q_r E_0 \sin\Delta\varphi \left\{\cos\left(\frac{\pi}{2} - \psi_{y'}\right), \sin\left(\frac{\pi}{2} - \psi_{x'}\right)\right\},$$

erreicht am Anfang des zweiten Plättchens die Phasenlage

$$\tilde\psi_{x'} = \frac{\pi}{2} - \psi_{y'} + 2\pi \frac{(-\Delta z) n_1}{\lambda} \quad \text{und} \quad \tilde\psi_{y'} = \frac{\pi}{2} - \psi_{x'} + 2\pi \frac{(-\Delta z) n_2}{\lambda}.$$

Nach Rückdrehung um $+\Delta\varphi$ auf das Koordinatensystem x, y und Einsetzen der Abkürzungen findet man für die x-Komponente von $\boldsymbol{E}_r^{(2)}$ die Phasenlage

$$\psi_x = \tilde{\psi}_{x'} + \Delta\varphi = \frac{\pi}{2} - \psi + \left[2\Delta\varphi - 2\pi\frac{\Delta z(n_1 + n_2)}{\lambda}\right],$$

sowie ein gleichlautendes Ergebnis für die y-Komponente. Die Phasendifferenz zwischen zwei sukzessiven Reflexionen enthält die eckige Klammer. Wenn diese Phasendifferenz verschwindet, überlagern sich alle an der Schraubenstruktur reflektierten Teilwellen phasengleich und die Amplitude kann beträchtliche Werte erreichen.

Substituiert man $\Delta\varphi$ durch $(2\pi/p)\Delta z$, so liefert das Verschwinden der Phasendifferenz nach kurzer Rechnung die Beziehung

$$\lambda = p\frac{n_1 + n_2}{2};$$

dies aber ist die Resonanzbedingung $\lambda_0 = pn$, die sich somit ebenfalls als unabhängig von der gewählten Unterteilung der Säule erweist. Bei Linksschrauben ($\Delta\varphi < 0$) und rechtszirkular polarisiertem Licht kann dagegen die eckige Klammer offensichtlich nicht verschwinden und die Resonanz bleibt aus. Fällt *linkszirkular* polarisiertes Licht auf die Glimmersäule, so ist $\psi = \omega t$ zu setzen und in allen Phasengliedern muss das Vorzeichen von Δz gewechselt werden. Hier führt offensichtlich nur die *Linksschraube* $\Delta\varphi < 0$ zum Verschwinden der eckigen Klammer und damit zur Resonanz. Da beim Reflexionsvorgang nicht nur das Vorzeichen von ψ ($\psi = \omega t \rightarrow \pi/2 - \omega t$), sondern auch die Laufrichtung der Welle ($z \rightarrow -z$) umgekehrt wird, bleibt die reflektierte Welle linkszirkular polarisiert.

Ausgehend von dieser Modellvorstellung konnten die wesentlichen Züge des optischen Verhaltens cholesterischer Medien geklärt werden (de Vries, 1951; Mauguin, 1911 u. a.). Mit der reduzierten Wellenlänge $\lambda' = \lambda/pn$ und $\varrho = q_r q_r^*$ als Abkürzung fand de Vries für die spezifische Drehung $[\alpha]$

$$[\alpha] = \frac{2\pi}{p}\frac{\varrho}{2\lambda'^2(1 - \lambda'^2)}.$$

Die Formel gibt den steilen Anstieg von $[\alpha]$ bei Annäherung an den Bereich der Totalreflexion ($\lambda' \rightarrow 1$), sowie die Vorzeichenumkehr des Drehsinns für $\lambda' > \lambda$ oder $\lambda' < \lambda$ richtig wieder. Die Totalreflexion erstreckt sich über den Bereich $\lambda' = 1 \pm q_r$; in diesem Bereich ist die oben stehende Gleichung außer Kraft gesetzt. Bei Linksschraubenstrukturen ist p mit dem negativen Vorzeichen einzusetzen. Ergänzend zeigt Abb. 4.88 in graphischer Darstellung die Reflexionsverhältnisse.

Anwendungen. Die bereits eingangs erwähnten schwachen Bindungskräfte, die den Ordnungszustand mesomorpher Phasen aufrechterhalten, sind durch vielerlei physikalische Einwirkungen leicht zu überwinden. Das macht ohne weiteres verständlich, dass die mesomorphen Phasen zum Teil überaus empfindlich reagieren, wobei das ausgeprägte optische Verhalten, insbesondere in der cholesterischen Phase, Reaktionsnachweise sehr einfach gestaltet. Mesomorphe Phasen besitzen als empfindliche Indikatoren z. B. für Temperatur- und für Ultraschallfelder, für magnetische und für elektrische Felder ein erhebliches, ständig wachsendes technisches Interesse.

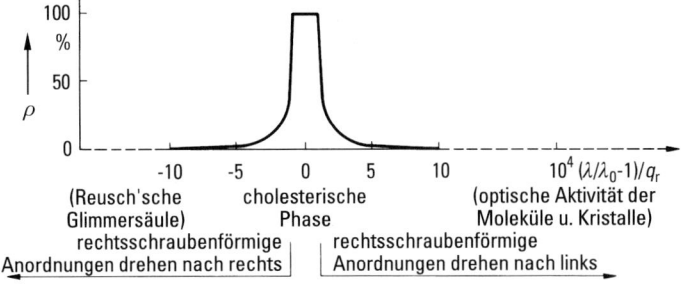

Abb. 4.88 Reflexionsgrad ϱ eines cholesterischen Mediums mit Rechtsschraubenstruktur für rechtszirkular polarisiertes Licht, $\lambda_0 = np$; $q_r = (n_1 - n_2)/(n_1 + n_2)$.

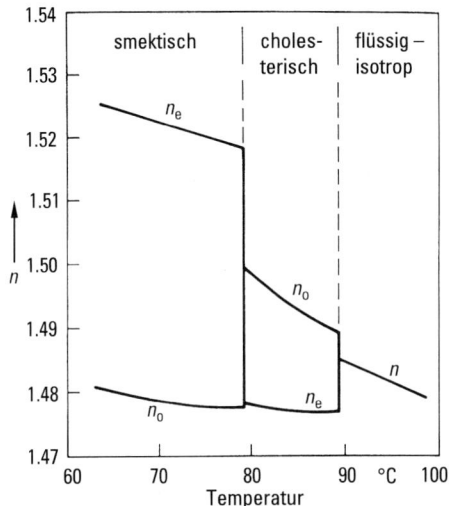

Abb. 4.89 Hauptbrechzahlen für Cholesterindecanoat in Abhängigkeit von der Temperatur (nach Messungen von Gross und Böttcher (1970)).

In Abb. 4.89 ist als Beispiel die Temperaturabhängigkeit der Brechzahlen von Cholesterindecanoat dargestellt. Die Messungen sind an einem thermostatisierten Refraktometer nach Abbe (siehe Abb. 1.41) durchgeführt. Die Kurven zeigen sehr schön die beiden Unstetigkeiten an den Phasenübergängen smektisch ↔ cholesterisch (bei 79 °C) und cholesterisch ↔ flüssig-isotrop (bei 89 °C), sowie das Umklappen des optischen Charakters (positiv in der smektischen, negativ in der cholesterischen Phase).

In der cholesterischen Phase wächst mit ansteigender Temperatur der mittlere Drehwinkel zwischen Nachbarmolekülen an. Als Folge davon verkürzt sich die Ganghöhe p der Schraubenachse und der Totalreflexionsbereich verschiebt sich nach kürzeren Wellenlängen λ_0, bis schließlich die Fernordnung abreißt und die isotrope Flüssigkeit entsteht. Man hat Substanzen gefunden, etwa Mischungen von Cholesterincaprylat mit Cholesterinoleat, die über ein Temperaturintervall von 1K reversibel die gesamte Skala sichtbarer Spektralfarben durchlaufen; je nach Mischungsverhältnis der beiden Partner lässt sich die sensible Temperaturstelle auf jeden beliebigen Punkt innerhalb eines breiten Temperaturintervalls einstellen; der heute mit einer großen Auswahl von Substanzen insgesamt erfassbare Bereich liegt etwa zwischen $-50\,°C$ und $+250\,°C$. Derart empfindliche *Temperaturindikatoren* erlauben noch Differenzen von 10^{-3} Grad zu erkennen. Cholesterische Temperaturindikatoren werden nicht nur in der zerstörungsfreien Werkstoffprüfung benutzt, sondern haben auch Eingang in die Medizin und in die Biologie gefunden. – In der nematischen Phase lässt sich technisch vor allem die an den Domänengrenzen auftretende *Lichtstreuung* verwerten, wobei die Orientierung der Domänen durch elektrische oder magnetische Felder – selbst großflächig – gesteuert werden kann. (Wirkungsweise: Die nematische Flüssigkeit befindet sich zwischen zwei planparallelen Glasplatten mit so geringem Abstand (etwa $20\,\mu m$), dass die Domänen durch Randwirkung einheitlich orientiert sind und die Flüssigkeit klar erscheint. Die Glasplatten besitzen auf ihren Innenseiten durchsichtige, leitende Beläge (z. B. SnO_2); legt man an zwei benachbarte Beläge eine Spannung (etwa $6-20\,V$) an, so fließt ein (Ionen-) Strom durch das Medium, der die Domänen dort so „verwirbelt", dass an ihren Grenzen die Lichtstreuung stark anwächst und das Medium dort undurchsichtig wird.)

Eine mehr wissenschaftliche Anwendung finden nematische Flüssigkeiten auf Grund ihrer Eigenschaft, anisotrope Moleküle auch in größerer Zahl orientiert einzulagern, sodass man an ihnen richtungsabhängige Eigenschaften messen kann, wie es sonst nur im Kristallzustand möglich wäre. Schließlich soll nicht vergessen werden, dass die mesomorphen Phasen als Studienobjekte für Phasenübergänge ein erhebliches, selbstständiges Interesse besitzen und dass sie geeignet sind, unsere Kenntnisse über die Ordnungszustände zu vertiefen. Unsere begründeten Vorstellungen über die Ordnungszustände basieren in erster Linie auf der Interpretation der Röntgenbeugungsbilder.

Wie für die optischen Eigenschaften, so hat man ein spezifisches Verhalten der mesomorphen Phasen auch für andere physikalische Eigenschaften, beispielsweise für die Viskosität, feststellen können.

In diesem Abschnitt konnten nur die derzeit wichtigsten flüssigkristallinen Phasen vorgestellt werden. Eine möglicherweise interessante Weiterentwicklung versprechen die in den siebziger Jahren gefundenen *flüssigkristallinen* festen *Polymere*. Es sind hochmolekulare Substanzen, in deren Seitenketten mehr oder weniger bewegliche mesogene (nematische, smektische, discotische, cholesterische) Molekülteile eingelagert sind. Mit äußeren Feldern bei höheren Temperaturen eingestellte Orientierungen lassen sich durch Unterschreiten der Glastemperatur bei diesen Substanzen problemlos einfrieren.

Vom theoretischen Standpunkt aus sind schließlich noch die sog. **Blauen Phasen** erwähnenswert, die sich mit einem sehr engen Existenzbereich von nur wenigen zehntel Kelvin aus dem cholesterischen Zustand, kurz unterhalb des Klärpunktes zur flüssig isotropen Phase, entwickeln können. Sie zeichnen sich durch eine plötzlich ansteigende Viskosität aus; bei extrem hoher optischer Aktivität sind sie optisch isotrop. Bisher sind drei natürlich auftretende Modifikationen bekannt geworden, die nach steigender Temperatur als BP-I, BP-II und BP-III bezeichnet werden. BP-I und BP-II sind dreidimensional geordnete Phasen mit kubischer Symmetrie, die sich sogar als *Einkristalle* züchten lassen [7]; man hat ihre Morphologie und Zwillingsbildung kristallographisch untersucht. Die BP-III, die der isotropen Flüssigkeit am nächsten steht, ist bereits amorph; wegen ihres optischen Erscheinungsbildes wird die BP-III auch als *Fogphase* bezeichnet.

Die Struktur flüssigkristalliner Ordnungszustände untersucht man in Beugungsexperimenten mit Röntgen- und Lichtwellen. Sofern die strukturellen Perioden vergleichbar mit der Lichtwellenlänge sind, lassen sich die klassischen Weitwinkel-Röntgenbeugungsmethoden (Abschn. 3.11) auf den sichtbaren Bereich übertragen. Erwähnt wurde schon die optische Bragg-Beugung an der Schraubenstruktur cholesterischer Medien. Man hat mit Laserlicht Debye-Scherrer-Aufnahmen an polyflüssigkristallinen Phasen hergestellt und konnte an Flüssig-Einkristallen sogar die nachstehend erklärten Kossel-Kegel erzeugen und untersuchen. An dreidimensional geordneten Phasen erlauben die optischen Beugungsmethoden damit Raumgruppenaussagen, das sind weitergehende Symmetrieaussagen, anhand erkannter Auslöschungsgesetze (s. Bd. 6, Kap. 2).

Optische Kossel-Kegel lassen sich nach Pieranski et al. (1986) mit einem umgebauten Auflichtmikroskop (Erz- oder Metallmikroskop) beobachten. Den Strahlengang zeigt schematisch das linke Teilbild der Abb. 4.90: Über einen halbdurchlässigen

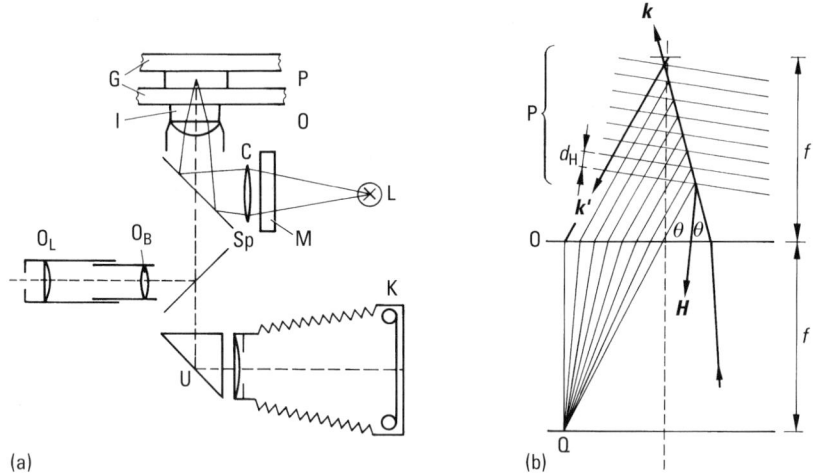

Abb. 4.90 Beobachtung optischer Kossel-Kegel in Flüssig-Einkristallen. (a): Strahlengang im Auflichtmikroskop; L: Lichtquelle, M: (Filter-)Monochromator, C: Beleuchtungskondensor, O: Objektivlinse, O_B: Amici-Bertrand-Linse, O_L: Okularlupe, Sp: halbdurchlässige Spiegel, U: Umlenkprisma zur photographischen Kamera K, G: planparallele Glasplatten, I: Immersionsöl, P: Flüssig-Einkristall-Präparat. Die Objektivlinse O erfüllt hier, im Auflicht, die Aufgabe der beiden Linsen O_1 und O_2 des Durchlichtmikroskops von Abb. 4.81.
(b) Entstehung des Interferenzbildes; k, k': Primärstrahl- und Sekundärstrahlrichtung, H: Normale und d_H: Abstandsperiode der beugenden Netzebenenschar, Θ: Beugungswinkel, f: Brennpunktsabstand von O; das parallele Sekundärstrahlenbündel der Richtung k' wird vom Objektiv O im Punkt Q der Brennebene fokussiert; k, k', H und Q liegen jeweils in einer gemeinsamen Ebene.

Spiegel Sp wird monochromatisches Licht in die Mikroskopachse eingeblendet und mit einem Objektiv O kurzer Brennweite im Flüssig-Einkristallpräparat P fokussiert. Die von P reflektierte Strahlung, deren Weg der zentrale, gestrichelt gezeichnete Strahl skizziert, verzweigt an einem zweiten halbdurchlässigen Spiegel in das Okular O_L und über das Umlenkprisma U in die fotografische Kamera K. Das Präparat P ist zwischen zwei planparallele Glasplatten in einen umgebenden Thermostaten eingebettet, mit dessen Hilfe die Kristalle an Ort und Stelle gezüchtet werden. Das rechte Teilbild zeigt die Entstehung der Interferenzfigur. Die Zeichenebene ist so gewählt, dass sie den gezeichneten Primärstrahl k und die Normale H eines Netzebenensatzes des Flüssig-Einkristalls enthält. H ist mit Betrag und Richtung durch die Miller'schen Indizes hkl des Netzebenensatzes festgelegt. $1/H = d_H$ ist die strukturelle Identitätsperiode des Netzebenensatzes, die im Fall kubischer Gitter besonders einfach aus der Gitterkonstanten a folgt (s. Bd. 6, Kap. 2):

$$d_H^2 = \frac{a^2}{h^2 + k^2 + l^2}.$$

Die einzelnen Netzebenen, deren Spuren eingetragen sind, senden nach dem Reflexionsgesetz Strahlung in Richtung k' aus, die in der Brennebene von O in einem Punkt Q interferiert. Dort entsteht ein Interferenzmaximum, wenn die Wegdifferenz zwischen benachbarten Strahlenwegen gleich λ (oder ein ganzzahliges Vielfaches von λ) ist. Unter Berücksichtigung der Brechzahl n von P gilt dann die Bragg'sche Gleichung:

$$\lambda/n = 2\, d_H \cos\theta,$$

d. h. nur unter einem ausgezeichneten, durch d_H und λ/n festgelegten Winkel θ entsteht ein Interferenzmaximum. Außer dem eingezeichneten Primärstrahl k erzeugen auch alle rotationssymmetrisch um H laufende Primärstrahlen Interferenzmaxima. Die so ausgezeichneten Primärstrahlen liegen auf einem Kegelmantel um H mit dem halben Öffnungswinkel θ. Auch die Richtungen k' der ausgelösten Sekundärstrahlen liegen auf diesem Kegelmantel. Der geometrische Ort der Interferenzpunkte Q ist die Schnittfigur des Kegelmantels mit der Brennebene; es ist eine Ellipse, deren Gestalt durch θ und die Orientierung von H zur Mikroskopachse bestimmt ist. Der beschriebene Kegel heißt *Kossel-Kegel*[20]. Die in der Brennebene von O erzeugte Interferenzfigur, die *Kossel-Linie*, wird von O_B (einer sog. Amici-Bertrand-Linse) abgebildet und das von ihr entworfene Zwischenbild mit der Okularlupe O_L betrachtet oder direkt mit der mit einem Teleobjektiv versehenen Kamera K fotografiert. Die Linien aus verschiedenen Vektoren H überlagern sich schließlich zum *Kossel-Diagramm*. Der Umfang des Diagramms wird durch die Apertur des Mikroskopobjektives O begrenzt.

---

[20] W. Kossel hat die Entstehung dieses Interferenzeffektes, bei dem die Strahlenquelle ins Präparatinnere gelegt ist, für die Röntgenfluoreszenz in Einkristallen vorausgesagt und 1935 gefunden.

4.13 Induzierte Doppelbrechung in isotropen Stoffen

Bisher war allein die natürliche Doppelbrechung an Kristallen betrachtet worden, deren Ursache in einer entsprechend niedrig symmetrischen Atomanordnung liegt. Wie aber schon in Abschn. 4.5 erwähnt, kann auch bei Stoffen, die sich normalerweise isotrop verhalten, wie etwa Glas, Doppelbrechung auftreten, wenn sie geeigneten äußeren, richtungsabhängigen (und damit symmetrievermindernden) Einflüssen ausgesetzt werden. Auch hier bedingt, wie bei den Kristallen, die Art der Symmetrieverringerung den Effekt. In entsprechender Weise kann die natürliche Symmetrie der Kristalle herabgesetzt werden, sodass etwa aus einem optisch isotropen Kristall ein optisch einachsiger, aus einem optisch einachsigen ein optisch zweiachsiger entstehen kann. Die Fülle der Möglichkeiten, worunter alle Arten von elastischer Deformation (Druck, Zug, Biegung, Torsion), Temperaturveränderung, elektrische und magnetische Felder usw. zu rechnen sind, ist groß. Hier soll nur ein kurzer Überblick über die Erscheinungen gegeben werden.

Als Beispiel einer elastischen Deformation sei die Biegung eines isotropen Glasstabes (Abb. 4.91) betrachtet. Bringt man den Stab – immer in Diagonalstellung – undeformiert zwischen gekreuzte Nicols, bleibt das Gesichtsfeld selbstverständlich dunkel. Sowie aber der Stab gebogen wird, hellt sich das Gesichtsfeld in charakteristischer Weise auf (Abb. 4.91a): Der Glasstab zeigt sowohl in der oberen Hälfte, in der er durch die Biegung gedehnt wird, wie auch in der unteren, in der er gestaucht wird, eine Aufhellung; zwischen beiden hellen Partien bleibt die mittlere Schicht dunkel; das ist die sog. **neutrale Faser**, in der weder Zug- noch Druckkräfte wirken. Sie allein bleibt isotrop, während die beanspruchten Partien nunmehr doppelbrechend sind (Näheres über den elastischen Zustand bei der Biegung eines Stabes vgl. Bd. 1, Abschn. 13.6).

Die Experimente zeigen, dass sich ein elastischer Körper bei *Dehnung* optisch einachsig negativ, bei *Kompression* optisch einachsig positiv verhält, wobei die Deformationsrichtung aus Symmetriegründen optische Achse wird. Die Spannungsdoppelbrechung ist niedrig; ihre Werte $n_e - n_o$ liegen um 0.002.

Man kann sich im molekularen Bild die Entstehung einer Spannungsdoppelbrechung leicht klarmachen. Da bei Dehnung der Molekülabstand vergrößert wird, muss in der Zugrichtung die Brechzahl n abnehmen; denn nach Abschn. 2.8 ist ja

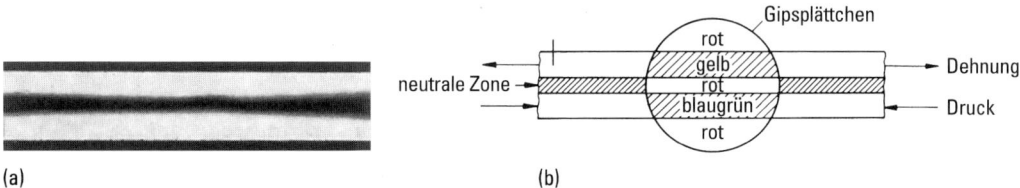

Abb. 4.91 Spannungsdoppelbrechung in einem auf Biegung beanspruchten Glasstab. (a) Glasstab in Diagonalstellung zwischen gekreuzten Nicols; (b) Unterscheidung von Dehnung und Kompression mittels Gipsplättchen (Rot I Ordnung). In den gelben Teilen ist der Gangunterschied gegenüber Rot I verringert (*Subtraktionsfarbe*), in den blaugrünen Teilen vergrößert (*Additionsfarbe*) (Farbtafel II, Abb. 8).

n eine mit der Teilchendichte N_h wachsende Funktion. Andererseits besteht senkrecht zu dieser Richtung Querkontraktion, was die Brechzahl n anhebt. Analoges gilt für die Kompression: in Richtung des Druckes Vergrößerung, senkrecht dazu Verringerung der Brechzahl. In beiden Fällen herrscht um die Richtung von Zug- und Druckkraft als Achse Drehsymmetrie.

Um festzustellen, welche Teile der aufgehellten deformierten Partien (siehe Abb. 4.91a) des Stabes auf Zug (opt−), welche auf Druck (opt+) beansprucht sind, verwendet man eine auch sonst viel benutzte Methode: Man verlegt den Gangunterschied, den die Doppelbrechung verursacht, in den Bereich der *empfindlichen Farbe*, indem man ein Gipsplättchen mit der Gangdifferenz 536 nm (oft auch 551 nm), sog. **Gips Rot I. Ordnung**, zusätzlich in Diagonalstellung zwischen die gekreuzten Nicols schiebt. Die Schwingungsrichtungen des Gipsplättchens liegen dann parallel und senkrecht zu den „optischen Achsen" des Glasstabes. In Abb. 4.91b fällt die Schwingungsrichtung der „langsameren Welle" des Gipsplättchens (das ist diejenige mit der größeren Brechzahl n_γ) mit der Stabrichtung zusammen, die gleichzeitig auch die Schwingungsrichtung des e-Strahls bei der Spannungsdoppelbrechung ist, denn der e-Strahl schwingt in Richtung der optischen Achse. Demnach wirken n_γ und n_e in derselben Schwingungsrichtung und der gesamte Gangunterschied D beträgt

$$D = d_{\text{Gips}}(n_\gamma - n_\alpha) + d_{\text{Glas}}(n_e - n_o).$$

Die optisch isotropen Partien – nämlich die neutrale Faser im Glasstab und das Gesichtsfeld außerhalb des Glasstabes – bringen keinen zusätzlichen Gangunterschied, hier gilt $n_e - n_o = 0$; sie zeigen die unverschobene rote Farbe. Im Bereich der Dehnung ist $n_e - n_o$ negativ (opt−) und der Gangunterschied verringert sich (hier: nach braungelb $\approx$ 430 nm), während er sich im Druckbereich (opt+) vergrößert (hier: nach blau $\approx$ 664 nm). Man vergleiche dazu die Tabelle 4.15 in Abschn. 4.10.

Der geschilderte Fall ist der Normalfall. Die Verhältnisse können sich jedoch umkehren, wenn der ausgeübte Zug oder Druck das elektrische Moment oder die Eigenfrequenz optischer Dipole beeinflussen. Dann kann eine entgegengesetzte dipolspezifische Änderung der Brechung die dichtebedingte kompensieren („Pockels'sche Gläser") oder sogar überkompensieren. Beispiele sind PbO- und BaO-haltige Gläser.

Ein anderes Beispiel ist in Abb. 4.92 dargestellt. Es zeigt die Spannungsdoppelbrechung in einem rechteckigen Glasstück, das in einer Presse zwischen den Punkten a und b gedrückt wird. Zwischen gekreuzten Nicols sieht man deutlich Aufhellung des Glases an den verspannten Stellen. Das schwarze Kreuz ist durch die Stellung von Polarisator und Analysator gegeben. Das Gipsplättchen kann dann weiteren Aufschluss über Größe und Vorzeichen der Deformationskräfte geben. Da es bekanntlich keine starren Körper gibt, sondern jedes Material, auch das festeste, elastisch ist, ist es sehr wichtig, die Verteilung der Beanspruchung genau zu kennen. Das Mittel dazu ist die optische Untersuchung, die man vielfach an verkleinerten Modellen (aus durchsichtigem Kunstharz) anstellt; dieser Zweig der angewandten Optik (sog. **Spannungsoptik**), der bis zur Gebirgsmechanik reicht, besitzt große Bedeutung.

Abbildung 4.93 zeigt ein besonders schönes Beispiel an einem Modell aus Phenolkunstharz von 10 mm Dicke, nämlich eine Zylinderpressung zwischen ebenen

4.13 Induzierte Doppelbrechung in isotropen Stoffen   617

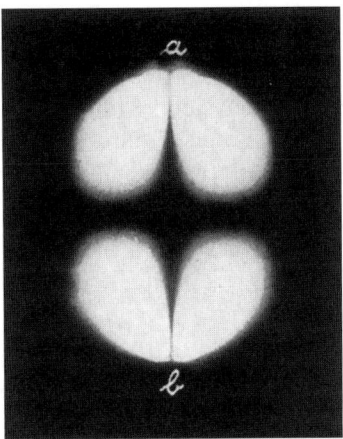

Abb. 4.92 Auf Druck beanspruchtes rechteckiges Glasstück zwischen gekreuzten Nicols.

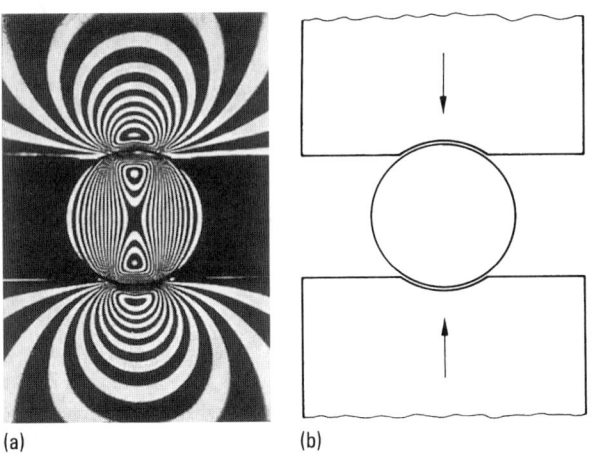

Abb. 4.93 Isochromaten (a) im Modell einer Zylinderpressung, (b) Modellteile aus Phenolkunstharz, 10 mm stark; Belastung 250 kp (≈ 2.5 kN) (Aufnahme W. Prigge, Physikalisch-Technische Bundesanstalt).

Backen, an denen entsprechend der plastischen Verformung zylindrisch gekrümmte Mulden auftreten; der angewandte Druck im Modell betrug 2500 N.

Einen einfachen Demonstrationsversuch zur Spannungsdoppelbrechung hat A. Kundt mitgeteilt: Ein Glasstab, in Diagonalstellung zwischen gekreuzten Nicols, wird sofort sichtbar, wenn man den Stab durch Reiben zu longitudinalen Schwingungen anregt. Die Dichteschwankungen der Schallwellen machen sich durch Doppelbrechung bemerkbar. Hierher gehört auch das in Bd. 1 demonstrierte Sichtbarmachen der Chladni'schen Klangfiguren von Glaszylindern, die zwischen gekreuzten

Nicols zu hochfrequenten Eigenschwingungen angeregt wurden. *Permanente Spannungsdoppelbrechung* trifft man in der Natur z. B. bei Kristallen an, die Gemengteile tektonisch stark gepresster Gesteine sind. Künstlich findet man sie bei rasch abgekühlten Gläsern (Farbtafel II, Abb. 7 u. 9); dabei bilden sich im Innern starke Spannungen durch rasches Zusammenziehen der Oberfläche aus. Optische Gläser müssen absolut spannungsfrei sein; auch deren Fassungen können in den Gläsern störende Spannungsdoppelbrechung (durch Einspannen, Verbiegen) hervorrufen.

Bei sehr schwacher Doppelbrechung lassen sich deutlichere Farbeffekte erzielen, wenn man die Schwingungsrichtungen des Gipsplättchens nicht diagonal, sondern subparallel zu den Schwingungsrichtungen der gekreuzten Nicols ausrichtet. Diese Möglichkeit bietet der **Laves-Ernst-Kompensator**, bei dem das Gipsplättchen um wenige Winkelgrade nach beiden Seiten über die Auslöschungsstellung hinweg beweglich ist. Das Präparat verbleibt dabei weiterhin in Diagonalstellung. Steht der Laves-Ernst-Kompensator streng parallel zu den Nicols, zeigt er keine Wirkung. Das schwach doppelbrechende Material erhellt kaum das Gesichtsfeld, denn die entstehenden Schwingungsellipsen sind sehr schmal, mit ihrer große Achse dem Polarisator parallel, weshalb der Hauptteil der Strahlung vom Analysator gesperrt wird. Durchfährt man mit dem Kompensator die Dunkelposition, werden Additions- und Subtraktionsbereich der Gangunterschiede vertauscht. Die dabei vertauschten, lichtschwachen, gut erkennbaren Interferenzfarben sind jedoch nur dann symmetrisch zur Dunkelstellung, wenn die Präparatesymmetrie eine Lagedispersion der Strahlenfläche ausschließt. Bei fehlender Symmetrie bewirken die wellenlängenabhängigen Dunkelstellungen des Präparates charakteristische, sehr eindrucksvolle Farbwechsel.

Ebenfalls sehr schmale Schwingungsellipsen liefert das Reflexionsbild anisotroper, stark absorbierender Medien unter dem Erzmikroskop. Hier ermöglicht der Laves-Ernst-Kompensator die qualitative *Bestimmung der Phasensprungdifferenz*, die bei der Reflexion entsteht. Die Farbspiele des Kompensators sind charakteristisch für das kristalline Medium und für die Orientierung seiner Reflexionsfläche zum Kristallachsenkreuz (Farbtafel II, Abb. 5 u. 6). Die empfindlichste Kompensatorstellung hängt von der Phasensprungdifferenz ab; hohe Werte können nach Gl. (4.22b) insbesondere dann entstehen, wenn die Brechung n_1 des Einbettungsmittels sehr nahe oder sogar zwischen den Brechzahlen $n_{2,1}$ und $n_{2,2}$ des Präparates liegt. Die Ellipsen werden dann breiter und die farbempfindliche Stellung nähert sich zunehmend der Diagonallage des Gips-Rot-I.

Elektrische Felder erzeugen in isotropen Stoffen, und zwar in allen Aggregatzuständen, Doppelbrechung; dieser Effekt wurde von J. Kerr (1875) entdeckt und wird nach ihm als **elektrooptischer Kerr-Effekt** bezeichnet. Er ist besonders stark bei Nitrobenzol und Nitrotoluol. Zum Nachweis der Erscheinung benutzt man einen Plattenkondensator, der bei Untersuchung von Flüssigkeiten und Gasen in ein kleines Glasgefäß eingebaut ist, das dann mit der betreffenden Substanz gefüllt wird; feste Stoffe bringt man in Plattenform unmittelbar zwischen die beiden Kondensatorplatten. Beim Anlegen eines elektrischen Feldes (Gleich- oder Wechselspannung) wird der Stoff doppelbrechend; man erkennt das wiederum an der Aufhellung des Gesichtsfeldes bei gekreuzten Nicols, zwischen denen sich die **Kerr-Zelle** in Diagonalstellung befindet. Aus Symmetriegründen ist die Doppelbrechung einachsig und die optische Achse liegt in Feldrichtung. Die normale Brechzahl des Stoffes wird für

4.13 Induzierte Doppelbrechung in isotropen Stoffen

die Schwingungsrichtung parallel zum Feld (e-Strahl) abgeändert in n_e, für Schwingungsrichtungen senkrecht dazu in n_o, wobei man experimentell die Beziehung

$$n_e - n_e = K \lambda E^2$$

findet; K ist die **Kerr-Konstante**, λ die Wellenlänge des benutzten Lichtes, E der Betrag der elektrischen Feldstärke. $n_e - n_e$ gibt die Doppelbrechung an, die positiv oder negativ sein kann. Die nachstehende Tab. 4.17 enthält einige Werte der Kerr-Konstante.

Tab. 4.17 Kerr-Konstante einiger Flüssigkeiten.

Flüssigkeit	Kerr-Konstante in mV^{-2} gemessen bei 20 °C mit der Wellenlänge $\lambda = 589$ nm
Benzol	0.67×10^{-14}
Kohlenstoffdisulfid	3.590×10^{-14}
Chloroform	-3.85×10^{-14}
Wasser	5.23×10^{-14}
Nitrotoluol	137×10^{-14}
Nitrobenzol	245×10^{-14}

Die Kerr-Konstante für feste Körper (Gläser) ist um rund eine Zehnerpotenz kleiner als für Flüssigkeiten, während die der Gase (unter Normalbedingungen) um rund drei Zehnerpotenzen niedriger liegt.

Zwei unterschiedliche Mechanismen sind bei der Entstehung des Kerr-Effektes möglich: Werden polare Moleküle (Tab. 4.17) entlang den Feldlinien ausgerichtet, so entsteht der *Orientierungs-Kerr-Effekt*. Werden nur die Orbitale der Elektronen beeinflusst, entsteht der *elektronische Kerr-Effekt*. Der Kerr-Effekt ist dadurch ausgezeichnet, dass er auch noch bei sehr rasch wechselnden Feldern praktisch trägheitslos eintritt. Da für $E = 0$ die Doppelbrechung verschwindet, sperrt die Kombination [Polarisator + Kerr-Zelle + gekreuzter Analysator] in jeder Halbperiode eines Hochfrequenzfeldes einmal den Lichtdurchgang. Die Kerr-Zelle eignet sich daher hervorragend als *hochauflösender Lichtverschluss*. Die untere Grenze der Verschlusszeit ist durch die Relaxationszeit τ der Moleküle gegeben, die man mit Laserpulsen über den Kerr-Effekt gemessen hat. (Nitrobenzol: $\tau = 4 \times 10^{-11}$ s; CS$_2$: $\tau = 2-5 \times 10^{-12}$ s).

Bemerkt sei noch, dass A. Cotton und H. Mouton (1907) eine dem Kerr-Effekt analoge, aber viel kleinere *magnetische Doppelbrechung* gefunden haben, für die

$$n_e - n_o = K' \lambda H^2$$

gilt; $H =$ Betrag der magnetischen Feldstärke, optische Achse parallel **H**.

Bereits im Jahre 1846 hat M. Faraday eine andere magnetische Einwirkung auf die Lichtfortpflanzung in isotropen Medien gefunden. Sie ruft eine *künstliche zirkulare Doppelbrechung* hervor und wird allgemein als *Faraday-Effekt* oder *Magnetorotation* bezeichnet: Bringt man ein durchsichtiges isotropes Material in ein starkes longitudinales Magnetfeld und schickt längs der Feldrichtung linear polarisiertes

Licht durch das Material, wird die Schwingungsebene des Lichtes gedreht. Der Winkel α, um den die Schwingungsebene gedreht wird, ist der magnetischen Feldstärke H und der Länge l des im Feld befindlichen durchstrahlten Materials proportional:

$$\alpha = \omega l H.$$

Die Stoffkonstante ω bezeichnet man vielfach als *Verdet-Konstante,* nach E. Verdet (1854), der neben G. Wiedemann (1851) die ersten exakten Bestimmungen von ω ausführte.

Auch dieser Effekt steht im Einklang mit dem Symmetrieprinzip: Da die magnetische Feldstärke **H** durch einen sog. axialen Vektor dargestellt wird, der mit seiner Richtung gleichzeitig auch einen Umlaufsinn beschreibt (etwa den eines elektrischen Stromes, der dieses Magnetfeld erzeugt), wird in einem isotropen Stoff durch **H** die Symmetrie in der Weise erniedrigt, dass mit der Feldrichtung eine Rechtsschraubung, *entgegen* der Feldrichtung eine Linksschraubung eingeführt wird. Ein Schraubungssinn (der bei den natürlich aktiven Stoffen materiell in deren Atomanordnung begründet ist und dann in Richtung und Gegenrichtung gleich ist!) kann sich optisch in einer Drehung der Schwingungsebene bemerkbar machen. Die physikalische Deutung findet man beim Zeeman-Effekt in Abschn. 4.14.

Der Faraday-Effekt zeigt sich sehr deutlich an Bleisilicat, das man in die Achse einer stromdurchflossenen Spule zwischen zwei gekreuzte Nicols bringt. Da α proportional H ist, hängt das Vorzeichen der Drehung von der Feldrichtung (in Bezug zur Lichtrichtung) ab: Polt man die Magnetspule und damit die Feldrichtung um, ändert sich unter sonst gleichen Bedingungen das Vorzeichen von α; d. h. die Schwingungsebene des Lichtes wird in die entgegengesetzte Richtung gedreht, was weiter bedeutet, dass der Schraubungssinn, mit dem sich die Schwingungsebene entlang der Feldrichtung windet, umgedreht ist. Das gleiche Resultat findet man, wenn man statt der Feldrichtung die Laufrichtung des Lichtes umkehrt. Zusammenfassend ergeben die Versuche: *Läuft das Licht in der Feldrichtung, so folgt seine Schwingungsebene (bei positivem ω) einer Rechtsschraubung, läuft es der Feldrichtung entgegen, folgt die Schwingungsebene einer Linksschraubung.* Lässt man daher das Licht nach einer Spiegelung noch einmal denselben Weg im magnetisierten Stoff zurück durchlaufen, so verdoppelt sich der Drehwinkel α; *die Drehung der Schwingungsebene folgt daher stets dem Stromverlauf in der Magnetspule.* So gelang es seinerzeit Faraday, durch mehrfache Spiegelung die Größe der Drehung zu vervielfachen. Das

Tab. 4.18 Verdet-Konstante einiger Stoffe für Na-D-Licht.

Stoff	Verdet-Konstante in Winkelminuten/Ampere	Stoff	Verdet-Konstante in Winkelminuten/Ampere
Bleisilicatglas	0.0711	m-Xylol	0.0312
Natriumchlorid	0.0467	Nitrobenzol	0.0271
Quarz	0.0209	Wasser	0.0163
Monobromnaphthalin	0.1029	Kohlendioxid	0.1083×10^{-4}
Kohlenstoffdisulfid	0.0529	Sauerstoff	0.0702×10^{-4}
Benzol	0.0380	Wasserstoff	0.0675×10^{-4}

ist bei der natürlichen Aktivität nicht möglich. Tab. 4.18 enthält die Verdet-Konstante einiger Stoffe, gemessen in Na-Licht als Drehwinkel/Stromstärke.

Auf der Tatsache, dass bei der magnetischen Drehung der Schwingungsebene des Lichtes der Drehsinn von der Feldrichtung abhängt, beruht folgender Versuch: Wählt man bei einem magnetisch drehenden Stoff die Magnetisierung so stark, dass eine Drehung der Schwingungsebene des Lichtes um 45° erfolgt (bei einer 1 cm dicken Schicht von Monobromnaphthalin sind dazu etwa 2.6×10^6 A/m erforderlich), findet durch einen um 45° gegen den Polarisator verdrehten Analysator eine vollkommene Auslöschung des Lichtes statt, wenn die Analysatordrehung und die magnetische Drehung entgegengesetztes Vorzeichen haben. Die betreffende Anordnung ist also in der gewählten Richtung für einfarbiges Licht undurchlässig. Schickt man aber das Licht in der umgekehrten Richtung hindurch, ohne dabei die Stellung von Analysator und Polarisator zu verändern, findet keine Auslöschung des Lichtes statt; die Anordnung ist vielmehr für diese Lichtrichtung durchsichtig. Das jetzt durch den Analysator polarisierte Licht wird nämlich wieder um 45° in dem magnetisierten Stoff gedreht, und zwar in derselben Richtung wie bei dem vorangehenden Versuch, sodass seine Schwingungsebene nach dem Durchgang durch das magnetisierte Medium parallel zur Durchlaufrichtung des jetzt als Analysator dienenden Polarisators liegt. Man hat damit eine Anordnung, die in der einen Richtung lichtdurchlässig, in der entgegengesetzten Richtung aber lichtundurchlässig ist (*Rayleigh'sche Lichtfalle*). Auf den ersten Blick scheint dieses Ergebnis im Widerspruch zu dem Satz von der Umkehrbarkeit des Lichtweges zu stehen. Dies ist jedoch nicht der Fall, da dieser Satz, wie H. v. Helmholtz gezeigt hat, nur gilt, wenn kein Magnetfeld vorhanden ist.

Die Rayleigh'sche Lichtfalle findet in der Lasertechnik praktische Verwendung, um unerwünschte Rückstreuung und Reflexion von Laserstrahlung zu verhindern. Obgleich die Methode im Prinzip recht einfach ist, gibt es nicht viele Stoffe, die die Anforderungen der Praxis erfüllen: Das Material darf keine Doppelbrechung besitzen (s. Abschn. 4.9), auch keine Spannungsdoppelbrechung, denn dabei entstünde elliptisch polarisiertes Licht, das mit keiner Polarisatorstellung auslöschbar ist. Auch darf das Material die Lichtstrahlung nicht wesentlich absorbieren, da dies bei den hohen Laserleistungen zu störenden, ja zerstörenden Aufheizungen führen würde. Die erwünschten kurzen Strahlenwege verlangen hohe Verdet-Konstanten. Letztere findet man vorwiegend bei para- und ferrimagnetischen Stoffen, die – im Gegensatz zu diamagnetischen Stoffen – starke Temperaturabhängigkeit ihrer Verdet-Konstanten zeigen. Um den Temperatureinfluss gering zu halten, muss das Material gute Wärmeleitfähigkeit besitzen. Eine gewisse Abhilfe schafft auch die kombinierte Verwendung von Materialien mit entgegengesetztem Temperaturverhalten, etwa das Paar Y-Fe-Granat (neg. TK) und Gd-Fe-Granat (pos. TK). Vornehmlich im Infrarotbereich (bis 1000 nm) bewährt sich Tb-Ga-Granat. Granate sind kubische, also optisch isotrope, Kristallstrukturen mit der allgemeinen Zusammensetzung $X_3Y_2Z_3O_{12}$, worin die Z-Positionen vorwiegend mit Si, teilweise aber auch mit Al oder P (einige Prozent) besetzt sind.

Besonders starke Magnetorotation zeigen nach A. Kundt (1884) durchsichtige Eisen-, Nickel- und Cobaltschichten, die man durch Kathodenzerstäubung auf Glas herstellen kann. Bei einer Schichtdicke von 10 µm dreht Eisen bei magnetischer Sättigung (etwa 1.5 Vs/m^{-2} entsprechend 1.5 Tesla) die Schwingungsebene von Natriumlicht um 195°, Nickel um 75°.

In diesem Zusammenhang mag erwähnt werden, dass nach J. Kerr (1877) die Schwingungsebene linear polarisierten Lichtes auch dann gedreht wird, wenn das Licht an der polierten Fläche eines starken Magneten reflektiert wird (*magnetooptischer Kerr-Effekt*).

4.14 Zeeman- und Stark-Effekt

M. Faraday hatte während der Mitte des letzten Jahrhunderts, zur Bekräftigung seiner schon damals gehegten Vermutung, dass Licht ein elektromagnetischer Vorgang sein müsse, Versuche angestellt, um einen Einfluss magnetischer und elektrischer Felder auf optische Erscheinungen zu finden. In der Tat beobachtete er 1846, dass ein magnetisierter Stoff die Schwingungsebene linear polarisierten Lichtes zu drehen vermag, wobei das Licht den Stoff parallel der Feldrichtung durchquert; dieser **Faraday-Effekt** wurde bereits im vorangehenden Abschnitt beschrieben und soll hier im Zusammenhang mit der nachstehend beschriebenen Erscheinung seine physikalische Erklärung finden.

Im Jahre 1896 entdeckte P. Zeeman, dass die Strahlung einer monochromatischen Lichtquelle durch ein Magnetfeld verändert wird (**Zeeman-Effekt**). Auch diesen Versuch hatte bereits Faraday angestellt, jedoch ohne Erfolg; wie wir heute wissen, musste Faradays Versuch deshalb negativ ausfallen, weil man damals weder über hinreichend starke Magnetfelder noch über Spektralapparate von genügendem Auflösungsvermögen verfügte. Zeeman arbeitete ursprünglich mit dem Licht der D-Linien einer leuchtenden Na-Flamme; er brachte die Flamme zwischen die Pole eines starken Elektromagneten und suchte sowohl parallel wie senkrecht zu den magnetischen Kraftlinien nach Frequenzänderungen und Polarisationserscheinungen der (normalerweise unpolarisierten) emittierten Strahlung. Bei seinen Beobachtungen entdeckte er sowohl Verbreiterungen der ausgesandten Spektrallinien als auch an ihren Rändern Polarisationseffekte. Damit war grundsätzlich das erreicht, was Faraday vergeblich angestrebt hatte. (Übrigens sind die Na-Linien für den Versuch weniger geeignet, schon deshalb, weil sie ein Dublett bilden; vgl. hierzu weiter unten.)

H. A. Lorentz, dem Zeeman von seinen vorläufigen Ergebnissen berichtet hatte, untersuchte nun theoretisch, was ein möglichst einfaches Modell der Lichtquelle unter diesen Bedingungen erwarten ließ. Er nahm an, dass in der Lichtquelle geladene Teilchen Schwingungen ausführen, analog dem Hertz'schen Oszillator (dessen Strahlung z. B. in Bd. 2 ausführlich untersucht wird). Ein derart schwingendes Teilchen (Masse m, Ladung e) sei aus der Lichtquelle herausgegriffen und im Folgenden näher betrachtet: Bei einer Verrückung r aus der Ruhelage werde es durch eine rücktreibende Kraft (Bd. 1) $-ar$ in diese zurückgezogen; es führt dann harmonische Schwingungen mit der Eigenfrequenz

$$v_0 = \frac{\alpha}{2\pi\sqrt{m}}$$

um seine Ruhelage aus. Die Ruhelage möge der Ursprung eines orthogonalen Koordinatensystems x, y, z bilden. Projiziert man die im Allgemeinen elliptische Bahn des Teilchens auf die Koordinatenachsen, so gilt in allen drei Richtungen die nämliche Schwingungsgleichung

$$\frac{d^2 x}{dt^2} + 4\pi^2 v_0^2 x = 0; \quad \frac{d^2 y}{dt^2} + 4\pi^2 v_0^2 y = 0; \quad \frac{d^2 z}{dt^2} + 4\pi^2 v_0^2 z = 0.$$

Alle drei Freiheitsgrade führen identische Schwingungen der Frequenz v_0 aus, und da die einzelnen Teilchen in der ausgedehnten Lichtquelle ganz unregelmäßig angeordnet sind, sendet die Lichtquelle nach allen Seiten unpolarisiertes („natürliches") Licht aus.

Nun werde ein homogenes Magnetfeld von der Flussdichte $\boldsymbol{B} = \mu_0 \boldsymbol{H}$ am Ort der Lichtquelle erzeugt, und zwar so, dass die Richtung von $\boldsymbol{B}$ mit der positiven z-Achse zusammenfällt; dann verläuft die z-Schwingung parallel zum Magnetfeld, die x- und die y-Schwingung senkrecht dazu. Da das Teilchen eine Ladung trägt, stellt es in Bewegung einen elektrischen Strom dar, auf den das Magnetfeld die Lorentz-Kraft

$$\boldsymbol{F} = e\boldsymbol{v} \times \boldsymbol{B}, \quad \text{mit} \quad \boldsymbol{B} = \{0, 0, B\} \quad \text{und} \quad \boldsymbol{v} = \left\{\frac{dx}{dt}, \frac{dy}{dt}, \frac{dz}{dt}\right\}$$

ausübt. Da die Kraft $\boldsymbol{F}$ normal auf $\boldsymbol{B}$ steht, kann sie nur die x- und y-Schwingung verändern und es gilt:

$$\frac{d^2 x}{dt^2} + 4\pi^2 v_0^2 x - \frac{e}{m}\frac{dy}{dt}B = 0; \quad \frac{d^2 y}{dt^2} + 4\pi^2 v_0^2 y + \frac{e}{m}\frac{dx}{dt}B = 0;$$

$$\frac{d^2 z}{dt^2} + 4\pi^2 v_0^2 z = 0.$$

Die beiden ersten Gleichungen sind durch das Magnetfeld miteinander gekoppelt; sie lassen sich vereinfachen, indem man die zweite mit $i = \sqrt{-1}$ multipliziert und einmal zur ersten addiert, einmal von ihr subtrahiert. Mit den neuen Größen

$$x + iy = \varrho, \quad x - iy = \sigma$$

entstehen die folgenden Gleichungen:

$$\frac{d^2 \varrho}{dt^2} + 4\pi^2 v_0^2 \varrho + i\frac{e}{m}B\frac{d\varrho}{dt} = 0, \quad \frac{d^2 \sigma}{dt^2} + 4\pi^2 v_0^2 \sigma - i\frac{e}{m}B\frac{d\sigma}{dt} = 0.$$

Setzt man zur Integration die nachstehenden (partikulären) Lösungen mit den drei (reellen) Konstanten A_1, A_2, und C an,

$$\varrho = A_1 \exp(i2\pi v_1 t); \quad \sigma = A_2 \exp(i2\pi v_2 t); \quad z = C \exp(i2\pi v_0 t),$$

so liefert ihr Einsetzen für die modifizierten Frequenzen v_1 und v_2 die quadratischen Bestimmungsgleichungen

$$v_1^2 + v_1 \frac{e}{2\pi m}B = v_0^2 \quad \text{und} \quad v_2^2 + v_2 \frac{e}{2\pi m}B = v_0^2.$$

Die Auflösung führt in Anbetracht dessen, dass $(eB/4\pi m)^2 \ll v_0^2$ ist, zu

$$v_1 = v_0 - \frac{e}{4\pi m}B; \quad v_2 = v_0 + \frac{e}{4\pi m}B.$$

Diese Gleichungen liefern die neuen, durch das Magnetfeld erzeugten Frequenzen der x- und der y-Komponente, wozu noch die unveränderte Frequenz v_0 der z-Komponente tritt.

Was wird nun beobachtet? Um ein festes Bild zu gewinnen, möge die x, y-Ebene mit der Papierebene zusammenfallen und die positive z-Achse, also die Feldrichtung, von hinten nach vorn auf den Beobachter zulaufen. Dann kann man zunächst feststellen – da von der Komponente $z = C \exp(\mathrm{i} 2\pi v_0 t)$ in der Feldrichtung keine Strahlung ausgesandt wird –, *dass bei ,,longitudinaler" Beobachtung eine Welle der Frequenz v_0, d. h. die ursprüngliche Spektrallinie, nicht beobachtet werden kann.* Dagegen senden die x- und y-Komponente parallel der z-Richtung Strahlung mit den Frequenzen v_1 und v_2 aus; während man ohne Feld die unveränderte Spektrallinie der Frequenz v_0 beobachtet, spaltet die Linie unter der Einwirkung des Magnetfeldes in zwei Linien auf, die eine mit der Frequenz v_1, die zweite mit v_2, was in einem Spektrometer hinreichender Auflösung (z. B. einem Gitterspektrometer) tatsächlich festgestellt wird. Die neu entstandenen Spektrallinien liegen zu beiden Seiten der ursprünglichen (nun nicht mehr sichtbaren) Linie in einem Frequenzabstand

$$\Delta v = \pm \frac{e}{4\pi m} B = \pm \frac{e\mu_0}{4\pi m} H.$$

Longitudinal beobachtet man also ein *Dublett*. – Auch über den Polarisationszustand liefert die Theorie eine Aussage: Trennt man in den Ansätzen für $x \pm \mathrm{i} y$ Real- und Imaginäranteile, so folgt:

bzw.
$$x = A_1 \cos 2\pi v_1 t, \quad y = A_1 \sin 2\pi v_1 t,$$
$$x = A_2 \cos 2\pi v_2 t, \quad y = -A_2 \sin 2\pi v_2 t.$$

Beide Gleichungen stellen Kreisbewegungen dar; die Schwingung der Frequenz v_1 bildet in einer in positiver z-Richtung laufenden Welle (d. h. wenn man der Feldrichtung entgegenblickt) eine Rechtsschraube. Von dem bewegten Teilchen geht also eine *rechtszirkular polarisierte Welle* aus. Entsprechend geht die Schwingung der Frequenz v_2 entgegen dem Uhrzeigersinn vor sich, d. h. die Welle mit der Frequenz v_2 ist eine *linkszirkular polarisierte Welle*. Der Polarisationszustand kann in der üblichen Weise ($\lambda/4$-Plättchen und Nicol vor dem Spektrometerspalt) festgestellt werden. Zusammenfassend ergibt sich: Die Frequenz $v_1 = v_0 - e\mu_0 H/4\pi m$ gehört zu einer rechtszirkular polarisierten, die Frequenz $v_2 = v_0 + e\mu_0 H/4\pi m$ zu einer linkszirkular polarisierten Welle. Ob $v_1 > v_0$ oder $v_2 > v_0$ ist, hängt vom Vorzeichen der Ladung e ab; der Versuch liefert für e eine negative Ladung. Aus dem beobachteten Wellenlängenunterschied $\Delta\lambda = -\lambda^2 \Delta v/c_0$ bei gegebener Feldstärke H ergibt sich schließlich das Verhältnis e/m zu:

$$\frac{e}{m} = \frac{4\pi c_0}{\lambda \mu_0 H} \frac{\Delta\lambda}{\lambda} \approx 1{,}77 \times 10^{11}\,\mathrm{C\,kg^{-1}}.$$

Das entspricht der *spezifischen Ladung e/m für Elektronen*, womit man zum ersten Mal die Natur der ,,schwingenden Teilchen" festgestellt hatte. (Man muss bedenken, dass Begriff und Eigenschaften des Elektrons erst 1897 mit J. J. Thomson und Ph. Lenard erkannt worden sind).

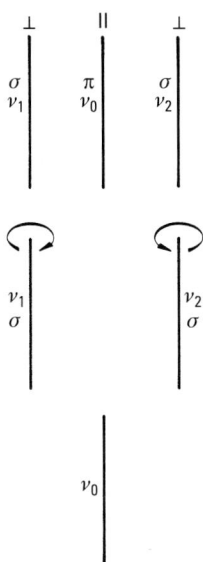

Abb. 4.94 Zeeman-Aufspaltung. Oben: transversal, Mitte: longitudinal.

Es bleibt noch zu erörtern, was „transversal", d. h. senkrecht zur Feldrichtung beobachtet wird, etwa wenn man parallel der y-Richtung blickt. Die Schwingung $C\cos 2\pi\nu_0 t$ sendet in die Beobachtungsrichtung eine Welle aus, die parallel zur Feldrichtung z linear polarisiert ist und die mit ihrer Frequenz ν_0 der ursprünglichen Spektrallinie entspricht. Ferner ist von den Schwingungen $x + iy = A_1 \exp i 2\pi\nu_1 t$ wegen des transversalen Charakters der Lichtwelle nur die x-Komponente $A_1 \cos 2\pi\nu_1 t$ beobachtbar, da die y-Komponente in y-Richtung nicht strahlt; das führt wiederum zu einer linear polarisierten, jedoch parallel der x-Richtung schwingenden Welle mit der Frequenz ν_1. Auch von der Schwingung $x - iy = A_2 \cos 2\pi\nu_2 t$ bleibt die x-Komponente sichtbar; auch sie ist parallel x linear polarisiert. Somit beobachtet man *transversal* ein *Triplett* mit den Frequenzen $\nu_1 > \nu_0 > \nu_2$ (Da die Ladung e negativ ist, gilt $n_1 = n_0 + \Delta\nu$ usw.). Abb. 4.94 gibt das Gesamtergebnis wieder.

Einige quantitative Angaben sind noch nachzuholen: Drückt man in der Gleichung $\Delta\nu = (e\mu_0 H/4\pi m)$ die Frequenzänderung durch die Wellenlängenänderung aus, kann man die Gleichung auf die „dimensionslose" Form $\Delta\lambda/\lambda = a\lambda H$, mit dem *Lorentz-Faktor* $a = e\mu_0/4\pi m c_0 = 5.866 \times 10^{-5} \mathrm{A}^{-1}$ als Abkürzung, umschreiben. – Die Größenordnung $\Delta\lambda/\lambda$, mit der man es beim Zeeman-Effekt zu tun hat, soll ein numerisches Beispiel zeigen: Mit dem bereits recht starken Feld von $H \approx 3.5 \times 10^6$ A/m (entsprechend etwa 4.5 Tesla) findet man bei der Wellenlänge der Wasserstoffspektrallinie H_γ von $\lambda = 434.1$ nm

$$\Delta\lambda/\lambda = 5.886 \times 10^{-5} \times 434.1 \times 10^{-9} \times 3.5 \times 10^6 \approx 0.9 \times 10^{-4}.$$

Das gibt bei der gewählten Wellenlänge einen Abstand von $\Delta\lambda = 0.04$ nm, also dem 11000. Teil der Wellenlänge. Das erforderliche Auflösungsvermögen des Spektralapparates muss demnach mindestens $\lambda/\Delta\lambda \approx 11\,000$ sein, also etwa 11 mal so hoch, wie es zur Trennung der beiden Na-D-Linien verlangt wird (vgl. Kap. 3). Daraus ersieht man, welche Anforderungen an den Spektralapparat zu stellen sind.

Die dargelegte Aufspaltung einer Spektrallinie in ein Triplett bzw. Dublett hat man als den *normalen Zeeman-Effekt* bezeichnet, obwohl die weitere Forschung gezeigt hat, dass er im Grunde eine Seltenheit ist; denn weitaus die meisten Spektrallinien spalten in viel komplizierterer Weise auf. Erst 1908 wurden bei gewissen He-Linien (*Parhelium*), später auch bei bestimmten Linien des Cd- und des Zn-Spektrums u.a., normale Tripletts festgestellt. Die komplizierteren Aufspaltungen bezeichnet man als *anomale Zeeman-Effekte*. Um diese aufzuklären, hat man sich im Rahmen der klassischen Wellentheorie ergebnislos bemüht; erst die Quantentheorie hat die vollständige Lösung erbracht, was an dieser Stelle nur am Rande vermerkt sei. In den Abbildungen der komplizierten Zeeman-Aufspaltungen beschränkt man sich auf die Darstellung des Ergebnisses bei transversaler Betrachtung, weil man bei dieser alle Linien beobachten kann; ihr Polarisationszustand wird allgemein durch die Buchstaben π ($\parallel$ zu H) und σ ($\perp$ zu H) angegeben. Die Abb. 4.95 gibt als Beispiel die anomale Aufspaltung für die Na-Linien D_1 und D_2 wieder, beide senkrecht zur Feldrichtung beobachtet; D_1 spaltet in vier, D_2 in sechs Linien auf (Cornu 1908). In beiden Bildern ist zusätzlich die normale Aufspaltung gestrichelt eingetragen; man sieht daraus, dass die anomalen Linien gesetzmäßig mit der normalen Aufspaltung, die gewissermaßen den Maßstab bildet, zusammenhängt.

Die Erforschung der anomalen Aufspaltung beim Zeeman-Effekt ist in erster Linie den Forschern Runge, Paschen und Back zu verdanken. Die beiden letztgenannten haben u.a. das wichtige Ergebnis gefunden, dass bei sehr starken Magnetfeldern ($\approx 10^7$ A/m) die kompliziertere Aufspaltung in das normale Triplett übergeht (*Paschen-Back-Effekt*).

Inverser Zeeman-Effekt. Ebenso wie die Elektronenbewegung in einer Lichtquelle nach Auffassung der klassischen Physik die Strahlungsemission verursacht, spielt die Schwingung von Elektronen auch bei der Dispersion und der Absorption in allen Medien eine entscheidende Rolle; das zeigen die Darlegungen der Dispersionstheorie in Abschn. 2.8. Will man den Einfluss eines Magnetfeldes auf Dispersion und Absorption untersuchen, so muss man – wie dort bemerkt wurde – auf der

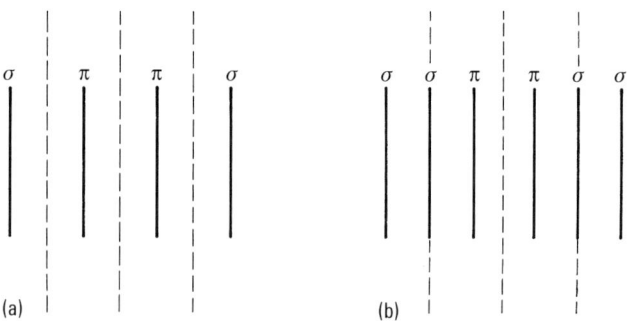

Abb. 4.95 Zeeman-Aufspaltung der Na-Linien: (a) D_1 und (b) D_2, --- normaler, —— beobachteter (anomaler) Effekt.

rechten Seite der Gl. (2.24) die Lorentz-Kraft berücksichtigen; dies geschieht in analoger Weise zur Lorentz'schen Theorie des Zeeman-Effektes. Das ist der Gedankengang von W. Voigt (1898) gewesen, von dessen Ergebnissen nur das Resultat für die longitudinale Beobachtung mitgeteilt sei. Das Medium, das ohne Feld bestimmte Dispersions- und Absorptionseigenschaften besitzt, verändert beide im Magnetfeld. Lässt man eine linear polarisierte Lichtwelle in das magnetisierte Medium eintreten, so spaltet sie in zwei entgegengesetzt zirkular polarisierte Wellen auf, die sich mit unterschiedlicher Geschwindigkeit fortpflanzen; es entsteht daher zirkulare Doppelbrechung, die bewirkt, dass die Welle beim Verlassen des (magnetisierten) Mediums in ihrer Schwingungsebene gegen die einfallende Welle gedreht ist (Abb. 4.66 in Abschn. 4.8). Das aber ist nichts anderes als der Faraday-Effekt (vgl. Abschn. 4.13).

Stark-Effekt. Nachdem Zeeman gezeigt hatte, dass ein Magnetfeld sehr charakteristische Änderungen der Lichtemission von Spektrallinien hervorruft, lag der Gedanke nahe, zu untersuchen, ob und wie ein elektrisches Feld sich in dieser Hinsicht verhält. Aber zunächst waren alle dahin gehenden Versuche ergebnislos verlaufen und wurden schließlich aufgegeben, nachdem W. Voigt nachgewiesen hatte, dass unter den Annahmen der klassischen Theorie über den Mechanismus der Lichtemission, die sich bei dem normalen Zeeman-Phänomen bewährt hatten, ein elektrisches Analogon dazu nicht existieren könne. Stark lehnte jedoch die Voraussetzungen der Voigtschen Beweisführung ab und erkannte überdies, dass die bisher angestellten Versuche allein schon wegen experimentell unzulänglicher Anordnung zum Scheitern verurteilt waren. Will man nämlich eine intensive Strahlungsquelle haben, sei es im Lichtbogen oder in einer Gasentladungsröhre, so müssen starke Ströme erzeugt werden, d. h. das leuchtende Gas muss stark ionisiert sein; das aber bedeutet relativ große elektrische Leitfähigkeit und diese wiederum macht es unmöglich, starke elektrische Felder aufrecht zu erhalten. Trotz dieser einander scheinbar widersprechenden Bedingungen gelang es Stark 1913 eine Anordnung zu finden, die eine Lichtquelle befriedigender Intensität in einem nur schwach ionisierten Gasvolumen liefert (Abb. 4.96). In dem gezeichneten Gasentladungsrohr herrscht bei hinreichend niedrigem Druck (≤ 0.7 kPa) bekanntlich (vgl. Bd. 2) folgender Zustand: Die von der Kathode K ausgehenden Kathodenstrahlen werden durch das zwischen K und A bestehende elektrische Feld zur Anode A geleitet; in unmittelbarer Nähe der Kathode, zwischen K und dem negativen Glimmlicht, werden die Kanalstrahlen erzeugt, die ihren Namen der Tatsache verdanken, dass sie bei durchlöcherter Kathode durch diese Kathoden-„Kanäle" hindurchtreten. So gelangen die Kanalstrahlen in einen Raum hinter der Kathode, der verhältnismäßig wenig Ionen enthält und daher eine sehr kleine elektrische Leitfähigkeit besitzt, sodass man dort ein starkes elektrisches Feld zwischen K und der Platte F aufrechterhalten kann. Stark benutzte die leuchtenden Kanalstrahlen als Lichtquelle und beobachtete ihre Strahlung senkrecht zur Feldrichtung FK. Zwischen Kathode K und der in dem geringen Abstand von 1 bis 3 mm angebrachten Feldplatte F wird eine Spannung von einigen kV angelegt, die am Elektrometer E abgelesen werden kann. Mit einer Spannung von 3000 V lässt sich bei einem Abstand von 1 mm eine Feldstärke von 3×10^6 V/m erzeugen; es gelingt, selbst Felder von 10^7 V/m und darüber zu erzielen. Das von den Kanalstrahlen (infolge ihrer Zusammenstöße mit den Gasmolekülen) ausge-

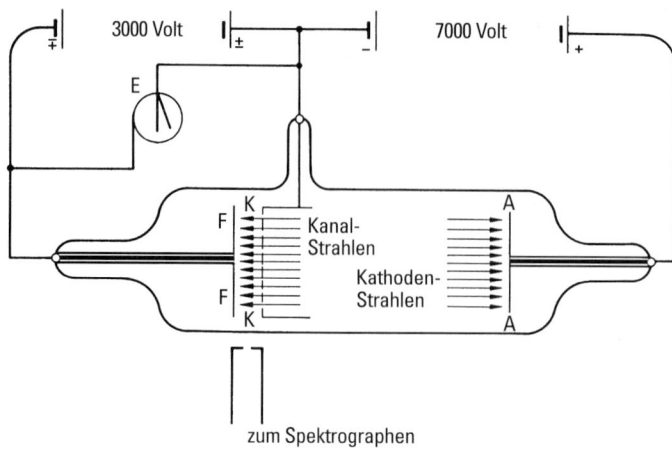

Abb. 4.96 Schema zur Beobachtung des Stark-Effektes an Kanalstrahlen.

strahlte Licht ist freilich schwach, sodass Stark, trotz lichtstarker Spektrographen, seine fotografischen Platten zuweilen 24 Stunden belichten musste. Auf diese Weise gelang es ihm jedoch, das elektrische Analogon zum Zeeman-Effekt, nämlich die Aufspaltung der Spektrallinien im elektrischen Feld, aufzufinden (**Stark-Effekt**). Seine ersten Beobachtungen machte Stark an Wasserstoff-Kanalstrahlen. Das war ein glücklicher Griff, denn es ergab sich, dass die Aufspaltung der Spektrallinien des Wasserstoffs für die Beobachtung und für die Deutung am günstigsten und einfachsten ist.

In Abb. 4.96 wird senkrecht zur Feldrichtung beobachtet. Stark hat jedoch außerdem mit einer modifizierten Apparatur gearbeitet, die Untersuchungen parallel zur Feldrichtung erlaubte. In beiden Fällen wird aber senkrecht zur Richtung der Kanalstrahlen beobachtet, da man in Richtung der Kanalstrahlen eine Störung durch den *Doppler-Effekt* zu befürchten hat.

Etwas später als Stark hat Lo Surdo (1914) eine einfachere Untersuchungsmethode zur Aufspaltung von Spektrallinien im elektrischen Feld angegeben. Sein Gedankengang ist dem Starks ganz ähnlich und stützt sich auf die in Bd. 2 angegebene Spannungsverteilung in der Glimmentladungsröhre: Man erkennt aus dieser Darstellung, dass zwischen der Kathode und dem ersten Kathodendunkelraum, dem sog. Hittorf'schen Dunkelraum, ein sehr starkes Feld herrscht. Durch geeignete Form der Kathode und eine zweckmäßige Wahl des Gasdruckes kann man die dort gegebene Spannungsverteilung noch akzentuieren; richtet man auf diesen Teil der Röhre ein Spektroskop, so sieht man direkt die Aufspaltung. Allerdings ist das Feld nicht homogen, und das ist der Nachteil gegenüber Starks Anordnung, aber die Erscheinung ist lichtstärker. Als Folge der Feldinhomogenität haben die aufgespaltenen Linien die merkwürdig gekrümmte Gestalt, wie sie Abb. 4.97 zeigt. Bei der Lo Surdoschen Methode kann man übrigens nur „transversal" (senkrecht zum elektrischen Feld) beobachten. Eine Überraschung war es, dass die Wasserstoffspektrallinien in eine sehr große Anzahl von Linien aufgespalten werden, die außerdem

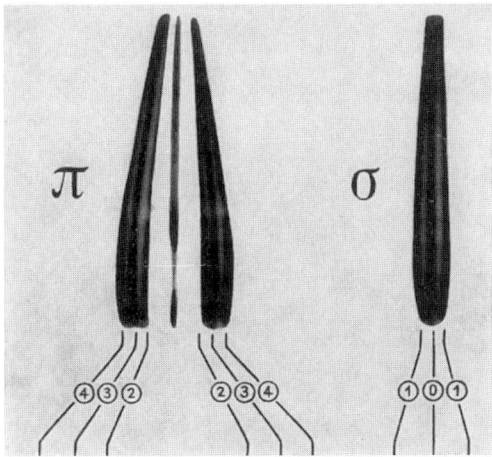

Abb. 4.97 Stark-Effekt der H_α-Linie nach der Lo-Surdo-Methode.

relativ weit von der ursprünglichen Linie getrennt sind, sodass die Erscheinung von anderer Größenordnung als beim Zeeman-Effekt ist. Eine Theorie gab es zur Zeit der Versuche Starks noch nicht. Erst später wurde gleichzeitig von Epstein und Schwarzschild der Stark-Effekt aus der Quantentheorie erklärt; bemerkenswert ist es, dass die Stark'schen Beobachtungen, obgleich nicht durch die Theorie geführt, vollkommen mit ihr übereinstimmen. – Um eine kürzere Darstellung zu erreichen, sollen hier umgekehrt die Aussagen der Theorie vorangestellt werden.

Vorher eine Bemerkung zur Nomenklatur: Statt der Frequenz $v = c_0/\lambda$ benutzt man meist die sog. Wellenzahl $\tilde{v} = 1/\lambda$; man spricht aber trotzdem oft von Frequenzen, wobei man sich stillschweigend den Faktor c_0 hinzudenkt. Die Wellenzahldifferenz $\Delta\tilde{v}$ gegenüber der unbeeinflussten Linie ist gegeben durch

$$\Delta\tilde{v} = \frac{\Delta\lambda}{\lambda^2} = 3\varepsilon_0 \frac{h}{2\pi m e c_0} E \frac{N}{Z}.$$

Dabei bedeutet E die elektrische Feldstärke, Z die Kernladungszahl, d.h. die Zahl der positiven Elementarladungen im Atomkern (für H ist also $Z = 1$, für He ist $Z = 2$ usw.); N bedeutet eine ganze Zahl, die ebensowohl positiv wie negativ sein kann, wobei jeder aufgespaltenen Komponente ein bestimmter Wert $\pm |N|$ zukommt; je größer N ist, desto größer ist der Frequenzabstand $\Delta\tilde{v}$ der betreffenden Komponente. Die Größe

$$R = 3\varepsilon_0 \frac{h}{2\pi m e c_0} E$$

(für H mit $Z = 1$) heißt **Aufspaltungsfaktor**. Für R ist charakteristisch, dass die Planck-Konstante $h = 6.626068 \times 10^{-34}$ Js auftritt; das bedeutet eben, dass hier der Bereich der klassischen Physik überschritten ist und die Quantentheorie eingegriffen hat. Nach Ersetzen der Werte für ε_0, h, m, e und c_0 erhält man den Zahlenwert des speziellen Aufspaltungsfaktors für Wasserstoff (mit $E = 1\text{ V/m}$):

$$R_H = 6.402 \times 10^{-5} \text{ V}^{-1}.$$

R_H wird als **Stark-Konstante** bezeichnet.

Welches sind nun die weiteren Aussagen der Theorie? Zunächst sieht man, da Z im Nenner steht, dass für H die Aufspaltung am größten sein muss; für He ($Z = 2$) erreicht sie nur die Hälfte. Ferner soll das Aufspaltungsbild, da positive und negative Werte N gleich möglich sind, *symmetrisch* zur ursprünglichen Spektrallinie (Mittellinie) sein. Die jeweiligen Aufspaltungsabstände $\Delta\tilde{\nu}$ von der Mittellinie sollen bei gegebenem Feld E ganzzahlige Vielfache des Aufspaltungsfaktors R sein.

Alle hier aufgezählten Forderungen der späteren Theorie hatte Stark bereits in seiner ersten Arbeit gefunden, auch schon einen ungefähren Wert für R_H angegeben, der nahezu mit dem theoretischen übereinstimmte; spätere Beobachter (Steubing) haben ihn genau bestätigt. Theorie und Experiment stimmen weiter darin überein, dass die Anzahl N der Aufspaltungen um so mehr wächst, zu je höheren Gliednummern man im Wasserstoffspektrum fortschreitet. Theoretisch wird H_α ($n = 3 \to 2$: $\lambda = 656.3\text{ nm}$) in 14 Linien, H_β ($n = 4 \to 2$: $\lambda = 486.1\text{ nm}$) in 20, H_γ ($n = 5 \to 2$: $\lambda = 434.1\text{ nm}$) in 26 Linien aufgespalten, sodass das Aufspaltungsdiagramm immer breiter wird. (Zählt man die Mittellinie $N = 0$ mit, erhöhen sich die genannten Gesamtzahlen um 1.) Bei H_γ entspricht die beobachtete maximale Aufspaltung einem Wert von $N = \pm 22$ und das bedeutet bei einem Feld $E = 7.4 \times 10^6 \text{ V/m}$ zwischen $N = -22$ und $N = +22$ eine Wellenlängendifferenz von ungefähr 3.9 nm; man erkennt daraus am besten, wie breit die Aufspaltungen beim Stark-Effekt im Vergleich zum Zeeman-Effekt sind.

Was beobachtet man „transversal" und „longitudinal", d. h. senkrecht und parallel zu den Feldlinien? Bei **transversaler Beobachtung** bekommt man *alle* Aufspaltungskomponenten – wie beim Zeeman-Effekt. Alle Linien sind ohne Ausnahme *linear polarisiert*. Bei einem Teil der Komponenten schwingt der elektrische Feldvektor parallel der Feldrichtung (π-*Komponente*), bei den anderen senkrecht zum Feld (σ-*Komponenten*). Bei **longitudinaler Betrachtung** fallen die π-Komponenten fort (aus dem gleichen Grunde wie beim Zeeman-Effekt) und es bleiben nur die σ-Komponenten übrig, die hier aber nicht zirkular polarisiert sind, wie beim Zeeman-Effekt, sondern *unpolarisiert*. (Diese Feststellung zeigt erneut deutlich den Unterschied zwischen dem elektrischen und dem magnetischen Feldvektor; letzterer hat „axialen", ersterer „polaren" Charakter, wie schon verschiedentlich erwähnt.) Auch hier hat die Beobachtung genau das geliefert, was die spätere Theorie forderte. – Es sei noch bemerkt, dass man sich auf die transversale Beobachtung beschränken kann, da diese sämtliche Komponenten liefert. Die π- und σ-Komponenten kann man durch Vorschalten eines Nicols vor den Spektrographen getrennt erhalten; noch einfacher ist die Benutzung eines Wollaston-Prismas (vgl. Abb. 4.57), das beide Arten von Komponenten gleichzeitig liefert. In Abb. 4.98 sei als Beispiel der Vergleich der Aufspaltungsbilder zwischen Beobachtung und Theorie für die Wasserstofflinie H_α dargestellt. Die Länge der Linien soll ihre Intensität andeuten, wie sie von Stark geschätzt bzw. nach der Theorie berechnet wurde. Bis auf gewisse theoretisch erwartete sehr schwache Linien, die in der Beobachtung fehlen, ist die Übereinstimmung vollkommen. Aus der Lo Surdo-Aufnahme von H_α (Abb. 4.97) entnimmt man

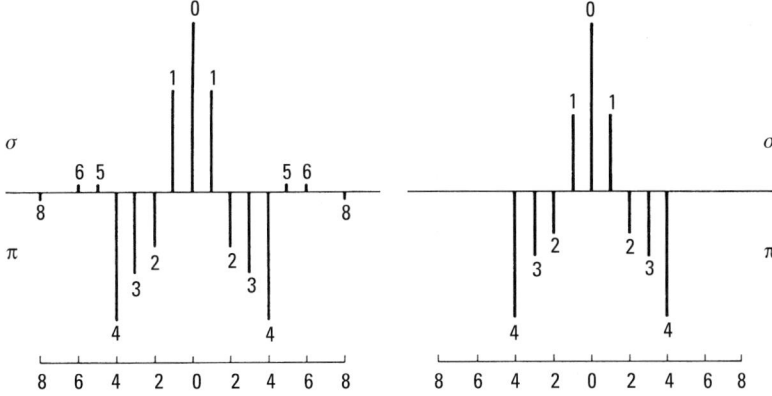

Abb. 4.98 Stark-Effekt der H_α-Linie, links Theorie, rechts Beobachtung.

überdies die Polarisationsrichtungen; die Zahlen geben die Werte von $\pm N$ an; die untere Hälfte der Aufnahme gibt die sechs π-Komponenten ($N = \pm 2, 3, 4$), die rechte die drei σ-Komponenten ($N = 0, \pm 1$) wieder.

Endlich sei noch bemerkt, dass es neben dem *linearen* normalen Stark-Effekt, wie schon Stark selbst bemerkt hat, bei Feldstärken über 10^7 V/m einen *quadratischen*, bei solchen über 10^8 V/m sogar einen *kubischen* Effekt gibt; auch davon vermag die Theorie Rechenschaft zu geben.

Stark-Effekt in Kristallen. Es gibt, wie H. Bethe (1929) erkannt hat, auch einen natürlichen Stark-Effekt: Ein Atom oder Ion, das in einen Kristall eingebaut wird, gerät unter den Einfluss der es umgebenden Ionen; deren elektrisches Feld, das sog. **Kristallfeld**, spaltet die Spektrallinien des eingebrachten Teilchens (Atom oder Ion) auf. Gegenüber der Betrachtungsweise nach Abb. 4.96 treten dabei zwei entscheidende Änderungen ein: Erstens wird das äußere elektrische Feld des Plattenkondensators mit seiner Zylindersymmetrie durch ein Kristallfeld mit unterschiedlichen Symmetriemöglichkeiten ersetzt und dadurch die Art der Linienaufspaltung modifiziert. Zweitens kann das Ein-Teilchenmodell, an dem die Spektrallinien bislang betrachtet wurden, nur für diejenigen Fälle auf den Kristallzustand übertragen werden, für die – im klassisch sehr vereinfachten Bild – der Oszillator in seinen Schwingungen durch Berührung mit den Nachbarn im Kristall nicht wesentlich behindert wird, solange also der Oszillator nicht allzu nahe an der Oberfläche des betrachteten Teilchens wirkt; entsprechende Oszillatorlagen sind nur bei den chemischen Elementen der Nebengruppen (in deren offenen Schalen) zu finden. Genaueres darüber bringt Bd. 6.

Die Aufspaltung im Kristallfeld kann einerseits Aufschluss geben über die Symmetrieverteilung der Oszillatoren in den offenen Schalen der Atome, andererseits lässt sich damit die Symmetrie des Kristallfeldes ausloten. Besonders eingehend sind die Aufspaltungseffekte an den Spektren der Ionen der Seltenerdmetalle im Kristallzustand untersucht. Während die Kristallfeldaufspaltung hier mit etwa 20 bis 200 cm^{-1} wegen der weitgehenden Abschirmung der Oszillatoren klein ist und die

Linien scharf bleiben, führt sie bei den Elementen der ersten Nebengruppe, deren offene Schale weitgehend ungeschützt ist, zu Frequenzverschiebungen, die um Größenordnungen höher sind. Es bilden sich breite Banden aus, die vielfach im sichtbaren Bereich (etwa 20 000 cm^{-1}) liegen.

Die intensiven Farben der Edelsteine Rubin und Smaragd beruhen beispielsweise auf einem Stark-Effekt an Cr^{3+}-Ionen; die Cr^{3+}-Ionen besetzen in geringer Menge (etwa zu 1%) die Plätze des Al^{3+}-Ions in der Korundstruktur (α-Al_2O_3 beim Rubin) bzw. in der Beryllstruktur ($[SiO_3]_6Al_2Be_3$ beim Smaragd). Auch die kräftigen Farben von Komplexionen der Übergangselemente in Lösungen (etwa $[Co(NH_3)_6]^{3+}$, $[Fe(CN)_6]^{4-}$ u.a.) entstehen durch Stark-Effekt am Zentralion, das sich im sog. **Ligandenfeld** befindet.

Literatur

Zitierte Publikationen

Abschnitt 4.3

[1] Goos, E. und Hänchen, H., Ann. Physik **1**, 333 (1974)
[2] Renard, R.H., J. Opt. Soc. Amer. **54**, 1191 (1964)

Abschnitt 4.4

[3] Fleischmann, R., Schopper, H., Z. Physik **129**, 285 (1951)
[4] Huiberts, N.J., Griessen, J. et.al., Nature **380**, 281 (1996); Nature **394**, 656 (1998)

Abschnitt 4.9

[5] Hellwege, K.H., Z. Physik **129**, 626 (1951) u. **131**, 98 (1951)
[6] Ramachandran, G.N., Ramaseshan, S., Crystal Optics in: Handbuch der Physik (S. Flügge) Band XXV/I, 76, Springer, Berlin, 1961
[7] Rabe, H. et al., Ferroelectrics **92**, 129 (1989)

Abschnitt 4.12

[8] Stegemeyer, H. et al., Liq. Cryst. **1**, 3 (1986)

Weiterführende Literatur

Bloss, F., Donald, The Spindle Stage, Principles and Practice, Cambridge University Press, 1981
Kelker, H., Hatz, R., Handbook of Liquid Crystals, Verlag Chemie, Weinheim, 1980
Kléman, M., Points, Lines and Walls in Liquid Crystals, Magnetic Systems and Various Ordered Media, Wiley, New York, 1983
König, W., Elektromagn. Lichttheorie, in: Handbuch der Physik (H. Geiger, K. Scheel, Hrsg.) Bd. 20, Springer, Berlin, 1928

5 Optische Strahlung und ihre Messung

Heinrich Kaase, Felix Serick

5.1 Größen, Bezeichnungen, Einheiten

5.1.1 Physikalische Grundlagen

Die in diesem Kapitel zu behandelnde optische Strahlung ist Teil der elektromagnetischen Strahlung, d. h. ihre Eigenschaften und Ausbreitung werden durch die Maxwell'schen Gleichungen für elektromagnetische Wellen beschrieben (vgl. Kap. E).

Optische Strahlung erstreckt sich über den Wellenlängenbereich von 1 nm (obere Grenzwellenlänge des Bereichs der Röntgenstrahlung) bis 1 mm (untere Grenzwellenlänge des Bereichs der Radiowellen). Die Strahlungsleistung Φ, die durch elektromagnetische Wellen transportiert wird, ist durch den Poynting-Vektor als Kreuzprodukt des elektrischen und magnetischen Feldvektors

$$\boldsymbol{S} = \boldsymbol{E} \times \boldsymbol{H}$$

festgelegt. Die Gesamtstrahlungsleistung einer Quelle wird dann durch das Integral über eine geschlossene Fläche A um die emittierende Quelle bestimmt:

$$\Phi = \int_A \boldsymbol{S} \, \mathrm{d}\boldsymbol{A} \, . \tag{5.1}$$

Dabei ist Φ die durch die Fläche A tretende Strahlungsleistung, $\boldsymbol{E}$ bzw. $\boldsymbol{H}$ bedeuten die elektrische bzw. die magnetische Feldstärke und $\mathrm{d}\boldsymbol{A}$ ist ein Flächenelement der die Quelle umschließenden Fläche A.

Die Verteilung optischer Strahlung über die Wellenlänge wird durch Spektren beschrieben; so ist die spektrale Strahlungsleistung Φ_λ diejenige Strahlungsleistung, die in einem infinitesimalen Wellenlängenintervall um die Wellenlänge λ enthalten ist:

$$\Phi_\lambda(\lambda) = \frac{\partial \Phi(\lambda)}{\partial \lambda} \, . \tag{5.2}$$

Die graphische Darstellung solcher spektralen Funktionen ist bei Strahlungsquellen, die sowohl Linien- als auch Kontinuumsstrahlung emittieren, mit Schwierigkeiten verbunden. In diesen Fällen wird oft eine histogrammähnliche Darstellung bevorzugt. Es wird dabei entweder die über ein Wellenlängenintervall $\Delta\lambda$ integrierte Strahlungsleistung in Abhängigkeit von der mittleren Wellenlänge λ_m des jeweils betrachteten Intervalls $\Delta\Phi$ aufgezeichnet

$$\Delta\Phi(\lambda_\mathrm{m}) = \int_{\lambda_\mathrm{m}-\frac{\Delta\lambda}{2}}^{\lambda_\mathrm{m}+\frac{\Delta\lambda}{2}} \frac{\partial \Phi(\lambda)}{\partial \lambda} \, \mathrm{d}\lambda \, , \tag{5.3}$$

oder es wird die über das Intervall $\Delta\lambda$ gemittelte spektrale Strahlungsleistung

$$\overline{\Phi}_\lambda(\lambda_m) = \frac{1}{\Delta\lambda} \int_{\lambda_m - \frac{\Delta\lambda}{2}}^{\lambda_m + \frac{\Delta\lambda}{2}} \frac{\partial \Phi(\lambda)}{\partial \lambda} \, d\lambda \tag{5.4}$$

in Abhängigkeit von der Wellenlänge λ dargestellt. Während man also $\Delta\Phi(\lambda_m)$ in der Einheit Watt (W) innerhalb der Intervallbreite $\Delta\lambda$ misst, wird die spektrale Strahlungsleistung $\Phi_\lambda(\lambda_m)$ in der Einheit $W\,nm^{-1}$ gemessen.

Die optische Strahlung wird in mehrere Spektralbereiche eingeteilt, deren Grenzwellenlängen durch unterschiedliche physikalische, chemische oder biologische Wirkungen der Strahlung bestimmt sind. Die Einteilung in Anlehnung an DIN 5031 Teil 7 ist in Tab. 5.1 wiedergegeben.

Tab. 5.1 Substrukturierung der optischen Strahlung (* gerundete Werte).

Symbol	Bezeichnung	Wellenlängen-bereich $[\lambda_1 - \lambda_2]$ in nm	Frequenzbereich $[\nu_1 - \nu_2]$ in THz	Photonenergie-bereich* $[E_1 - E_2]$ in eV
EUV	Extremes Vakuum Ultraviolett	1–100	3×10^5–3000	1.3×10^3–13
VUV	Vakuum Ultraviolett	100–200	3000–1500	13–6
UV-C	Fernes Ultraviolett	200–280	1500–1070	6–4.5
UV-B	Mittleres Ultraviolett	280–315	1070–952	4.5–4.0
UV-A	Nahes Ultraviolett	315–380	952–789	4.0–3.3
VIS	Sichtbarer Bereich	380–780	789–384	3.3–1.6
IR-A	Nahes Infrarot	780–1400	384–214	1.6–0.9
IR-B	Mittleres Infrarot	1400–3000	214–100	0.9–0.4
IR-C	Fernes Infrarot	3000–10^6	100–0.30	0.4–1.3×10^{-3}

Die Grenzen dieser Wellenlängenintervalle sind historisch entstanden und basieren auf Absorptionsvorgängen:

- Die Grenze bei 100 nm entspricht etwa dem Seriengrenzkontinuum von Wasserstoffatomen. Da diese Atome bei geringem Druck das Weltall füllen, wird UV-Strahlung mit Wellenlängen kleiner als etwa 100 nm im interstellaren Raum absorbiert, so dass der Weltraum zu kleinen Wellenlängen hin erst wieder Röntgenstrahlung passieren lässt. Astronomie ferner Sterne erfolgt deshalb vorzugsweise mit Röntgenteleskopen, wie sie z. B. im Röntgensatelliten ROSAT sehr erfolgreich verwendet werden.
- Die Grenze bei 200 nm orientiert sich an den Ionisierungsgrenzwellenlängen der Lufthauptbestandteile O_2 und N_2. UV-Strahlung mit Wellenlängen kleiner als 200 nm wird bei Normaldruck in Luft bereits nach wenigen mm absorbiert.
- Die Grenze bei 280 nm ist durch die Ozonabsorption bestimmt. Da in der oberen Erdatmosphäre Ozon angereichert vorkommt, bildet diese Schicht einen Schutz vor UV-Strahlung mit $\lambda \leq 280$ nm von extraterrestrischen Quellen.

- Die Grenzwellenlänge 315 nm wurde in den 30er-Jahren des zwanzigsten Jahrhunderts als DNS-Absorptionskante angesehen. Heute sind Forschungs- und Normierungsinstitute geneigt, diese Grenze längerwellig bei 320 nm festzulegen.
- Nach DIN wird der sichtbare Spektralbereich für das helladaptierte menschliche Auge zwischen 380 nm und 780 nm festgelegt. Diese Grenzwellenlängen sind in internationalen Normen z.T. auch auf gerundete Werte bei 400 nm und 800 nm angesetzt worden.
- Die Wellenlängengrenzen im IR-A-Bereich sind wiederum durch biologische Wirkungen bestimmt. Bei 1.4 µm liegt der Ψ-Übergang von Wasserdampf. Dies ist für die Eindringtiefe in menschliches Gewebe zu berücksichtigen: Nur IR-Strahlung mit Wellenlängen von 780 nm bis 1400 nm dringt tiefer (> 10 mm) in den menschlichen Körper ein.
- Die Wellenlängengrenze bei 3000 nm (3 µm) ist dagegen durch die Messtechnik bedingt. So ist der Einsatz von Glas- und Quarzoptiken aufgrund ihrer Absorp-

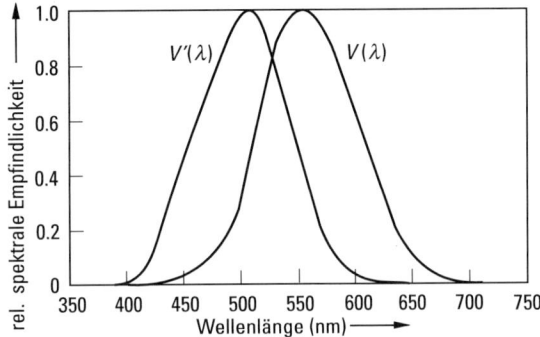

Abb. 5.1 Spektraler Empfindlichkeitsgrad des helladaptierten menschlichen Auges $V(\lambda)$ und des dunkeladaptierten Auges $V'(\lambda)$.

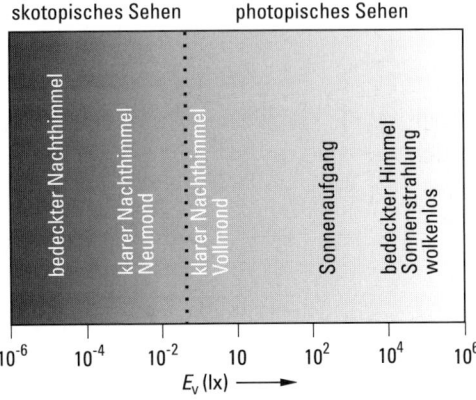

Abb. 5.2 Beleuchtungsstärke E_v auf der Erdoberfläche durch natürliche Strahlung.

tionseigenschaften im IR-C-Bereich nicht möglich. Da die Erdatmosphäre in diesem Spektralbnereich kaum transparent ist, kommt ihm eine besondere Bedeutung lediglich bei der Einstellung des Strahlungsgleichgewichtes der Erde gegenüber dem Weltall zu (Treibhauseffekt).

Für den Menschen ist vor allem der sichtbare Teil der optischen Strahlung von Interesse. Die mit der relativen spektralen Empfindlichkeitsfunktion des helladaptierten menschlichen Auges ($V(\lambda)$-Funktion für photopisches Sehen in Abb. 5.1) bewertete, sichtbare Strahlung wird als Licht bezeichnet. Strahlung, die vom menschlichen Auge nicht wahrgenommen werden kann, darf also nicht als Licht benannt werden. In Abb. 5.1 ist zusätzlich die spektrale Empfindlichkeit für das dunkeladaptierte Auge (skotopisches Sehen) eingezeichnet.

Abb. 5.2 gibt die allmählich ineinander übergehenden Bereiche des Hell- und Dunkelsehens in Abhängigkeit von der Beleuchtungsstärke bei natürlichen Beleuchtungsverhältnissen wieder.

5.1.2 Licht- und Strahlungsgrößen

Der Strahlungsübergang von einer Strahlerfläche dA_1 zu einer Empfängerfläche dA_2 im Abstand r wird durch geometrische Größen nach Abb. 5.3 beschrieben. Dabei sind ε_1 und ε_2 die Winkel zwischen den Flächennormalen n_1 bzw. n_2 der beiden Flächenelemente und dem Verbindungsstrahl.

Damit wird der Raumwinkel $d\Omega_1$ festgelegt, in dem die Strahlung des Flächenelements dA_1 einer Quelle vom Flächenelement dA_2 des Empfängers erfasst wird:

$$d\Omega_1 = \frac{\cos\varepsilon_2}{r^2} dA_2. \tag{5.5}$$

Daraus ist ersichtlich, dass die Bestimmung des Raumwinkels unabhängig vom Koordinatensystem ist.

Die Einheit des Raumwinkels ist Steradiant (sr), der volle Raumwinkel ist 4π sr. Für kleine ebene Flächen A und große Abstände r in Richtung der Flächennormalen gilt für den Raumwinkel näherungsweise

$$\Omega = \frac{A}{r^2}. \tag{5.6}$$

Die Definitionen der in DIN genormten physikalischen Strahlungsgrößen sind in Tab. 5.2 zusammengefasst; sie werden radiometrische Größen genannt.

Abb. 5.3 Strahlungstransport zwischen zwei Flächen dA_1 und dA_2.

Tab. 5.2 Radiometrische Größen (energetische Strahlungsgrößen).

Größe	Symbol	Definition	Einheit
Strahlungsenergie	Q	$Q = \int \Phi \, dt$	J
Strahlungsleistung	Φ	$\Phi = \int_A S \, dA$	W
spezifische Ausstrahlung	M	$M = \dfrac{\partial \Phi}{\partial A_1}$	W m^{-2}
Strahlstärke	I	$I = \dfrac{\partial \Phi}{\partial \Omega}$	W sr^{-1}
Strahldichte	L	$L = \dfrac{\partial^2 \Phi}{\partial \Omega \, \partial A_1 \cos \varepsilon_1}$	W m^{-2} sr^{-1}
Bestrahlungsstärke	E	$E = \dfrac{\partial \Phi}{\partial A_2}$	W m^{-2}
Bestrahlung	H	$H = \dfrac{\partial Q}{\partial A_2}$	J m^{-2}

Während die Größen Strahlungsenergie, Strahlungsleistung, spezifische Ausstrahlung, Strahlstärke und Strahldichte die Strahlungseigenschaften von Quellen (auf Flächenelemente dA_1 bezogen) beschreiben, beziehen sich die Größen Bestrahlungsstärke und Bestrahlung auf Strahlungsempfänger (Flächenelemente dA_2).

Die lichttechnischen (photometrischen) Größen beschreiben die mit der Empfindlichkeitsfunktion des helladaptierten menschlichen Auges (Tagessehen) bewerteten Strahlungsgrößen. Kommen photometrische und radiometrische Größen gleichzeitig vor, werden zur Unterscheidung die strahlungsphysikalischen Größen mit dem Index „e" und die photometrischen Größen mit dem Index „v" gekennzeichnet. Da photometrische Größen in speziell definierten Einheiten angegeben werden, geht in die Definitionsgleichung noch der Maximalwert des photometrischen Strahlungsäquivalents $K_m = 683$ lm W^{-1} ein. Der Übergang von der Strahlungsleistung Φ_e auf den Lichtstrom Φ_v, der in Lumen (lm) gemessen wird, ergibt sich danach zu:

$$\Phi_v = K_m \int_{380\,\text{nm}}^{780\,\text{nm}} V(\lambda) \frac{\partial \Phi_e(\lambda)}{\partial \lambda} d\lambda. \tag{5.7}$$

Analog zu Tab. 5.2 ergeben sich die in Tab. 5.3 zusammengestellten photometrischen Größen und Einheiten. Dabei ist berücksichtigt, dass durch den Übergang von der Strahlstärke I_e zur Lichtstärke I_v die SI-Basiseinheit Candela (cd) definiert ist. Die Beziehung zwischen dem Lichtstrom Φ_v und der Lichtstärke I_v legt die Einheit Lumen (lm) für den Lichtstrom fest: 1 lm = 1 cd sr. Die Einheit der Beleuchtungsstärke wird mit Lux (lx) bezeichnet; sie ist eine empfängerbezogene lichttechnische Größe: 1 Lux ist diejenige Beleuchtungsstärke, die vom Lichtstrom 1 lm auf der Fläche 1 m² erzeugt wird.

Von den in Tab. 5.3 definierten photometrischen Größen hat die Einheit der Lichtstärke, die Candela, eine herausragende Rolle: Sie ist eine der sieben SI-Basiseinheiten. Die letzte Definition wurde 1979 vom Büro für Maße und Gewichte in Paris

Tab. 5.3 Photometrische Größen.

Größe	Symbol	Definition	Einheit
Lichtmenge	Q_v	$Q_v = \int \Phi_v \, dt$	lm s
Lichtstrom	Φ_v	$\Phi_v = K_m \int_{380\,nm}^{780\,nm} V(\lambda) \frac{\partial \Phi_e(\lambda)}{\partial \lambda} d\lambda$	lm
spezifische Lichtausstrahlung	M_v	$M_v = \frac{\partial \Phi_v}{\partial A_1}$	lm m^{-2}
Lichtstärke	I_v	$I_v = \frac{\partial \Phi_v}{\partial \Omega}$	$\begin{cases} cd \\ lm\, sr^{-1} \end{cases}$
Leuchtdichte	L_v	$L_v = \frac{\partial^2 \Phi_v}{\partial \Omega\, \partial A_1 \cos\varepsilon_1}$	cd m^{-2}
Beleuchtungsstärke	E_v	$E_v = \int_{2\pi sr} L_v \cos\varepsilon_1 \, d\Omega$	$\begin{cases} lx \\ lm\, m^{-2} \end{cases}$
Belichtung	H_v	$H_v = \frac{\partial Q_v}{\partial A_2}$	lx s

formuliert: „Die Candela ist die Lichtstärke in einer gegebenen Richtung einer Strahlungsquelle, die monochromatische Strahlung der Frequenz 540×10^{12} Hertz aussendet und deren Strahlstärke I_e in dieser Richtung 1/683 W sr^{-1} beträgt."

5.1.3 Photonengrößen

Mit der Entdeckung der Photonen Anfang des zwanzigsten Jahrhunderts kann der Strahlungstransport auch als Photonenfluss betrachtet werden. Mit der Photonenenergie nach Planck:

$$E = h\nu \quad \text{(Planck'sche Konstante } h = 6.626\,068\,76 \times 10^{-34}\,\text{Js)} \tag{5.8}$$

lässt sich eine Strahlungsleistung durch Photonenzahlen pro Zeiteinheit beschreiben. Die Umrechnung ist über den Zusammenhang

$$\lambda \nu = \frac{c_0}{n} \tag{5.9}$$

gegeben. Dabei sind λ die Wellenlänge, ν die Frequenz der Strahlung, n die Brechzahl des Mediums und $c_0 = 2.997\,92 \times 10^8$ m s^{-1} die Lichtgeschwindigkeit im Vakuum.

Mit dieser Substitution ergibt sich durch Anwendung der Kettenregel die Umrechnungsformel für die Zahl der Photonen pro Zeiteinheit (Photonenfluss Φ_p) einer Strahlungsleistung Φ zu:

$$\Phi_p = \frac{1}{hc} \int \lambda \frac{\partial \Phi}{\partial \lambda} \, d\lambda. \tag{5.10}$$

Die Einheit von Φ_p ist also s^{-1}.

5.1.4 Wirkungsgrade

Licht- und Strahlungsquellen werden durch die Angabe von Wirkungsgraden für die Umwandlung elektrischer Leistung P in Strahlungsleistung Φ charakterisiert. Die physikalische Größe ist dabei die dimensionslose Strahlungsausbeute η_e

$$\eta_e = \frac{\Phi_e}{P}. \tag{5.11}$$

Die Umwandlung der elektrischen Leistung P in einen Lichtstrom Φ_v wird durch die Lichtausbeute η_v beschrieben:

$$\eta_v = \frac{\Phi_v}{P}. \tag{5.12}$$

Diese Größe ist allerdings nicht dimensionslos, sie wird vielmehr in lm/W gemessen. Das Verhältnis von Φ_v und Φ_e ergibt das photometrische Strahlungsäquivalent K:

$$K = \frac{\Phi_v}{\Phi_e}. \tag{5.13}$$

Es berücksichtigt also die Strahlung, die im sichtbaren Spektralbereich mit der Augenempfindlichkeitsfunktion $V(\lambda)$ bewertet wird. Der theoretische Maximalwert ist durch $K_m = 683$ lm/W für monochromatische Strahlung der Wellenlänge $\lambda = 555$ nm gegeben.

5.2 Lichterzeugung und Lampen

5.2.1 Strahlungsgesetze

Nachdem alle Versuche, die Glühemission fester Körper im Rahmen der klassischen Physik quantitativ korrekt zu beschreiben, gescheitert waren, wurde von Max Planck im Jahr 1900 mit der Einführung des Wirkungsquantums h die bahnbrechende Grundlage für die moderne Physik geschaffen.

Das **Planck'sche Strahlungsgesetz** [1] beschreibt die spektrale Strahldichte pro Raumwinkel 1 sr des ideal schwarzen Körpers (Index „S") als Funktion der Wellenlänge und der Temperatur:

$$L_{S,\lambda}(\lambda, T) = \frac{\partial L_s(\lambda, T)}{\partial \lambda} = \frac{c_1}{\pi n^2 \lambda^5} \left[\exp\left(\frac{c_2}{n \lambda T}\right) - 1 \right]^{-1} \tag{5.14}$$

mit $c_1 = 2\pi h c_0^2 = 3.7418 \times 10^{-16}$ W m^2, $c_2 = h c_0 k^{-1} = 1.4388 \times 10^{-2}$ m K und n als Brechzahl des Ausbreitungsmediums.

Mit steigender Temperatur verringert sich die Wellenlänge λ_{max} bei der die spektrale Strahldichte ihren jeweiligen Maximalwert erreicht. Entsprechend dem **Wien'schen Verschiebungsgesetz** gilt hierfür der Zusammenhang

$$\lambda_{max} T = 2.8978 \times 10^{-3} \text{ m K}. \tag{5.15}$$

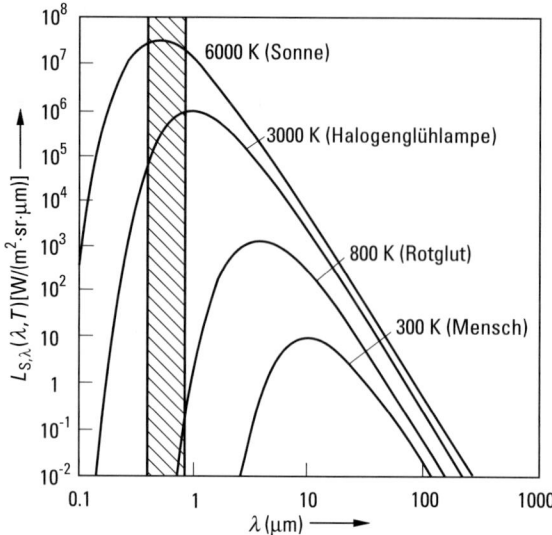

Abb. 5.4 Spektrale Strahldichte des ideal schwarzen Körpers (sichtbarer Teil schraffiert).

Außerdem ergibt sich für die Größe dieser Maximalwerte folgende Proportionalität

$$L_{S,\lambda}(\lambda_{\max} T) \sim T^5.$$

Für die Emission in den Raumwinkel 2π und $n = 1$ erhält man durch Integration der Gl. (5.14) über alle Wellenlängen die spezifische Ausstrahlung M_s nach der schon vor dem Planck'schen Strahlungsgesetz bekannten **Stefan-Boltzmann-Formel**

$$M_s(T) = \sigma T^4 \tag{5.16}$$

mit

$$\sigma = \frac{\pi^4 c_1}{15 c_2^4} = 5.6703 \times 10^{-8}\,\mathrm{W\,m^{-2}\,K^{-4}}.$$

Als Näherungsformel des Planck'schen Strahlungsgesetzes für $n = 1$ im Bereich $\lambda T \ll c_2$ gilt die **Wien'sche Strahlungsgleichung**

$$\frac{\partial L_s(\lambda, T)}{\partial \lambda} \approx \frac{c_1}{\pi \lambda^5}\,e^{-\frac{c_2}{\lambda T}}, \tag{5.17}$$

oder für $\lambda T \gg c_2$ die **Rayleigh-Jeans'sche Strahlungsgleichung**

$$\frac{\partial L_s(\lambda, T)}{\partial \lambda} \approx \frac{c_1}{\pi c_2 \lambda^4}\,T. \tag{5.18}$$

Für reale, also nicht ideal schwarze Körper, ist zur Berechnung der Emission nach den Gesetzen (5.14) bis (5.18) ein Korrekturfaktor < 1 erforderlich. Im Falle des Planck'schen Strahlungsgesetzes ist dies der Emissionsgrad $\varepsilon(\lambda, T)$, als von T und λ abhängige Materialkonstante. Beim Stefan-Boltzmann-Gesetz ist dagegen (wegen der Integration über alle Wellenlängen) ein nur noch von T abhängiger Korrekturfaktor, die Emissivität $\bar{\varepsilon}(T)$, zu verwenden. Die Emissivität ist also ein für die jeweilige Temperatur spektral gewichteter Mittelwert der Emissionsgrade $\varepsilon(\lambda, T)$:

$$\bar{\varepsilon}(T) = \frac{\int_0^\infty \varepsilon(\lambda, T)\, L_{S,\lambda}(\lambda, T)\, d\lambda}{\int_0^\infty L_{S,\lambda}(\lambda, T)\, d\lambda}. \qquad (5.19)$$

Zahlenwerte für $\varepsilon(\lambda, T)$ und $\bar{\varepsilon}(T)$ können für glatte Oberflächen verschiedener Materialien (z. B. Wolfram) aus der Literatur entnommen werden [2, 3].

Als Besonderheit ist hier der **Graue Strahler** anzuführen, dessen Emissionsgrad $\varepsilon(\lambda, T)$ wellenlängenunabhängig ist, weshalb sich seine spektrale Strahldichte durch Multiplikation von $L_{S,\lambda}(\lambda, T)$ mit einem einheitlichen Faktor ergibt. Dieses idealisierte Verhalten ist in der Praxis nur näherungsweise in eingeschränkten Spektralbereichen anzutreffen.

Generell gilt für die thermische Emission beliebiger Materialoberflächen das **Kirchhoff'sche Strahlungsgesetz**, wonach der Emissionsgrad gleich dem Absorptionsgrad ist

$$\varepsilon(\lambda, T) = \alpha(\lambda, T). \qquad (5.20)$$

Dieser Zusammenhang kann für die praktische Bestimmung von Emissionsgraden genutzt werden.

5.2.2 Praktische Lichterzeugung

Eine natürliche Wiedergabe von Körperfarben, wie sie bei Beleuchtung durch das kontinuierliche Sonnenspektrum erfolgt, setzt die gleichartige Ausfüllung des gesamten sichtbaren Bereiches voraus. Wegen der sehr unterschiedlichen Empfindlichkeit der Lichtsensoren des Auges für die verschiedenen Spektralfarben entsprechend der $V(\lambda)$-Funktion steht diese Forderung aber im Gegensatz zu einem hohen Lampenwirkungsgrad (Lichtausbeute). Die Farbwiedergabeeigenschaften künstlicher Lichtquellen reichen von „sehr gut" (z. B. Glühlampen oder de luxe Leuchtstofflampen) bis „extrem schlecht" (z. B. Natriumniederdruckentladungslampen). Ein weiterer wesentlicher Parameter ist die ähnlichste Farbtemperatur T_{cp}. Diese ähnlichste Farbtemperatur ergibt sich entsprechend dem Farbeindruck der Emission einer Lichtquelle durch Vergleich mit dem ihm für eine bestimmte Temperatur am nächsten kommenden Farbeindruck der spektralen Emissionsverteilung des idealen schwarzen Körpers.

Eine Art der künstlichen Lichterzeugung besteht in der Erhitzung fester Körper. Die zunächst ab 500 °C als Rotglut visuell wahrnehmbare Emission verlagert ihren Schwerpunkt mit steigenden Temperaturen zu kürzeren Wellenlängen (siehe Abb. 5.4). Dieser Effekt wird bei Glühlampen genutzt. Begrenzt durch die Belastbarkeit fester Werkstoffe kann die Temperatur allerdings nicht auf den günstigsten Wert von etwa 6 000 K angehoben werden. Das Metall mit dem höchsten Schmelzpunkt ist Wolfram ($T_S = 3\,695$ K). Der Einsatz nichtmetallischer Materialien wie z. B. Tantalkarbid ($T_S = 4\,150$ K) als Lampenglühdraht ist technisch nicht sinnvoll.

Ohne Bindung an die Temperaturgrenzen fester Werkstoffe können auch Gase zur Lichtemission angeregt werden, wenn man sie durch Energiezufuhr in den Plasmazustand (vgl. Bd. 5, Abschn. 2.8) überführt. Dabei steigt ihre elektrische Leitfähigkeit soweit, dass z. B. beim Anlegen einer elektrischen Spannung von 100 V an zwei Elektroden ein erheblicher Strom fließt. Die dadurch von den im Plasma vorhandenen freien Elektronen aufgenommene Energie wird durch Zusammenstöße z.T. auf Atome (bzw. Ionen oder Moleküle) übertragen und von diesen durch Photonenemission abgestrahlt. Im Gegensatz zur spektral kontinuierlichen Glühemission fester Körper erfolgt diese Emission überwiegend in Form einzelner Spektrallinien, die entweder direkt oder nach Umsetzung in Leuchtstoffen zur Licht- und Strahlungserzeugung in Entladungslampen ausgenutzt wird.

Weitere in ihrer Bedeutung zunehmende Möglichkeiten zur Lichterzeugung bietet die Elektrolumineszenz (vgl. Bd. 6, Kap. 7).

5.2.3 Elektrische Lichtquellen

Die wichtigsten Arten elektrischer Lichtquellen sind in folgender Übersicht zusammengestellt:

I. Glühlampen, Halogenglühlampen
II. Lumineszenzlichtquellen: Leuchtdioden, Leuchtkondensatoren
III. Plasmalichtquellen:
    III.1 Niederdruck: Leuchtstofflampen, Kompaktleuchtstofflampen
        (≈ 0.01 bar)   Natriumniederdrucklampen
                         Glimmlampen
                         Induktionslampen
                         Barriereentladungslampen
    III.2 Hochdruck: Quecksilberhochdrucklampen
        (≈ 1 bar)   Halogenmetalldampflampen
                         Natriumhochdrucklampen
                         Elektrodenlose Ausführungen
    III.3 Höchstdruck: Quecksilberhöchstdrucklampen
        (bis 200 bar)   Xenonhöchstdrucklampen
IV. Sonderformen: Blitzlampen
                         Spektrallampen
                         Strahlungsnormale
V. Laser: Gaslaser
                         Festkörperlaser
                         Halbleiterlaser

Nach der Erfindung des dynamoelektrischen Prinzips durch Werner von Siemens begann der Siegeszug der elektrischen Beleuchtung mit der Patentierung der Edison-Lampe [4] im Jahre 1880. Obwohl damals statt der Wolframglühwendel ein Kohlefaden eingesetzt wurde, arbeiten **Glühlampen** bis heute nach dem gleichen Grundprinzip: Zur Verhinderung einer Oxidation wird der Glühdraht in einem evakuierten oder mit Inertgas gefüllten lichtdurchlässigen Kolben untergebracht, in den die Stromzuführungen gasdicht eingelassen sind.

Die Arbeitstemperatur des Glühdrahtes sollte im Interesse einer hohen Lichtausbeute η möglichst hoch und im Interesse der durch Abdampfungsprozesse begrenzten Lebensdauer t_L möglichst niedrig sein. Als Kompromiss zwischen diesen beiden entgegengesetzten Forderungen wird die Arbeitstemperatur von Allgebrauchsglühlampen auf etwa 2 800 K eingestellt. Ihre Lebensdauer beträgt ca. 1 000 h, die Lichtausbeute liegt zwischen 6 lm/W (15 W Lampen) und 15.8 lm/W (200 W Lampen). Bei Niedervoltglühlampen ist die Lichtausbeute bei gleicher Lebensdauer z. T. erheblich höher.

Durch die Zugabe von Halogenverbindungen (z. B. Dibrommethan) zum Füllgas im Lampenkolben kann das von der Glühwendel abdampfende Wolfram vollständig daran gehindert werden, sich auf der Kolbenwand abzusetzen. Diese Ablagerungen bewirken bei normalen Glühlampen eine stetige Abnahme des Lichtstromes.

Die Kolben von **Halogenglühlampen** werden überwiegend aus Kieselglas (Quarz) gefertigt. Sie sind wesentlich kleiner als Glaskolben normaler Glühlampen gleicher Leistung und werden mit höherem Gasdruck betrieben, wodurch die Wolframabdampfung vom Glühkörper stark vermindert wird. Daher kann die Betriebstemperatur bei gleicher oder sogar doppelter Lebensdauer z. T. auf über 3 000 K angehoben werden, verbunden mit einer Steigerung der Lichtausbeute um etwa 15% und der ähnlichsten Farbtemperatur um etwa 200 K. Wegen der Verschiebung der spektralen Emission zu kürzeren Wellenlängen (siehe Abb. 5.4) ist auch der UV-Anteil etwas höher als bei normalen Glühlampen. Im Vergleich zum Sonnenspektrum liegt er jedoch um etwa eine Größenordnung niedriger, weshalb UV-Schädigungen der menschlichen Haut praktisch auszuschließen sind. Trotzdem wurden als Reaktion auf die zeitweilig entfachte diesbezügliche Hysterie Halogenglühlampen mit UV-Stop-Kolben entwickelt, deren Einsatz lediglich für die Anstrahlung empfindlicher Kunstobjekte zweckmäßig ist.

Da Glühlampen überwiegend im IR-Bereich emittieren, ist es sinnvoll, diese Strahlung durch eine **spektral selektive Verspiegelung** des Lampenkolbens auf den Glühkörper zurückzuführen.

In Abb. 5.5 sind das Wirkprinzip und der spektrale Verlauf der Transmission und Reflexion dargestellt. Diese zusätzliche „IR-Strahlungsheizung" des Glühkörpers senkt den zur Aufrechterhaltung einer bestimmten Arbeitstemperatur notwendigen elektrischen Leistungsumsatz und erhöht damit die Lichtausbeute. Für eine effektive

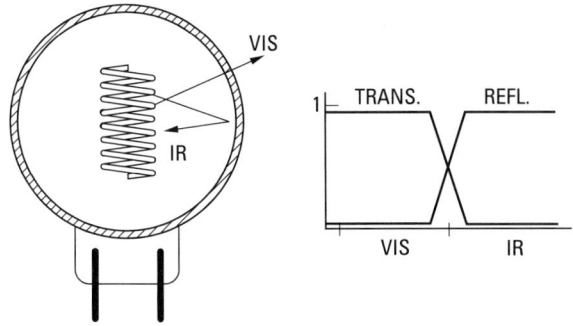

Abb. 5.5 Halogenglühlampe mit selektivem IR-Spiegel.

Strahlungsrückführung sind präzise Anforderungen an die Kolben- und Glühkörpergeometrie zu erfüllen. Außerdem waren erhebliche Probleme bezüglich der Schaffung geeigneter Reflektorschichten zu lösen, die neben der gewünschten spektralen Selektivität (hohe Transmission im VIS-Bereich und hoher Reflexionsgrad im anschließenden IR) auch die erforderliche Temperaturstabilität bis zu 800 °C über die gesamte Lampenlebensdauer erfüllen. Die technische Lösung beruht auf einer Interferenzbeschichtung des Lampenkolbens, die nach dem Sandwichprinzip abwechselnd mit Titandioxid und Siliziumdioxid erfolgt. Durch diese IR-Spiegel wird die Lichtausbeute um etwa 30 % angehoben.

Eine noch im Laborstadium befindliche Möglichkeit zur Verbesserung von Glühlampen bietet eine dünne Beschichtung der Wolframwendel mit dem hochtemperaturbeständigen Werkstoff Hafniumnitrid. HfN besitzt im Vergleich zu Wolfram im sichtbaren Spektralbereich einen höheren Emissionsgrad und im nahen IR einen niedrigeren. Daher steigt bei gleicher Oberflächentemperatur die Lichtausbeute um 10–15 %. Leider sind diese Schichten noch zu spröde, um über die gesamte Lampenlebensdauer den thermischen und mechanischen Beanspruchungen standzuhalten [5].

Mit der ersten **Leuchtdiode** (LED: light emitting diode) wurde 1968 eine Entwicklung in Gang gesetzt, die sich durch ständige Innovationen – unter Verdrängung herkömmlicher Lichtquellen – immer neue Anwendungsfelder erschließt. Neben geringer Baugröße, mechanischer Robustheit, extrem hoher Lebensdauer und laufend steigender Effektivität ist hier besonders die zunehmende spektrale Vielfalt hervorzuheben. Die heute verfügbaren Peakemissionswellenlängen beginnen im IR, überdecken den gesamten sichtbaren Bereich und haben mit einer Entwicklung auf der Basis von InGaN (Maximum bei 371 nm) sogar die UV-Grenze überschritten [5, 6]. Die höchsten Lichtausbeuten werden aktuell für eine Peakwellenlänge von 611 nm mit 100 lm/W erreicht [7], was bereits 30 % des theoretischen Höchstwertes entspricht.

Durch die Kombination dünner YAG-Leuchtstoffschichten mit blauen Hochleistungs-LEDs sind inzwischen auch weiße Lumineszenzdioden auf dem Markt, deren Emissionsspektrum den sichtbaren Spektralbereich füllt (Abb. 5.6). Bei Lichtausbeu-

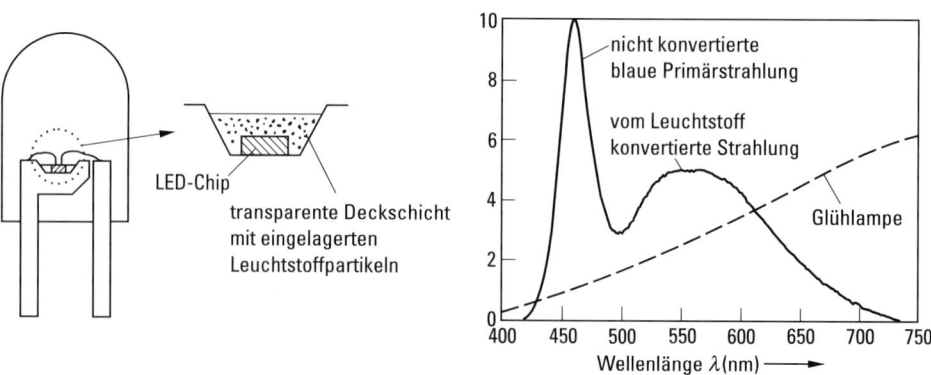

Abb. 5.6 Aufbau und Spektrum weißer LEDs.

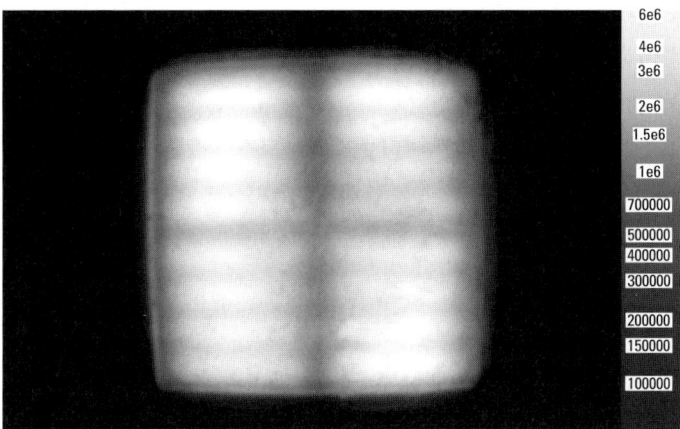

Abb. 5.7 Leuchtdichtebild einer Luxeon 5 W Power-LED (Abmessung der leuchtenden Fläche $3 \times 3\,\text{mm}^2$).

ten von 25 lm/W können durch Variation der Leuchtstoffmischung ähnlichste Farbtemperaturen von 3 000 K bis 10 000 K eingestellt werden.

Neben den klassischen Einsatzfeldern von Leuchtdioden, wie leuchtende Anzeigeelemente und hochfrequenzmodulierbare Strahlungsquellen in der optischen Datenübertragung, setzen sich gebündelte LEDs (Arrays) zunehmend auch in der Verkehrssignaltechnik, bei „full colour displays" und als Beleuchtungsmodule für höchste Ansprüche in der industriellen Bildverarbeitung durch [8, 9]. Weitere Anwendungsfelder sind die Leuchtreklame sowie die Kfz-Signal- und -Innen-Beleuchtung, wo auch organische Leuchtdioden (OLEDs) eingesetzt werden.

Der elektrische Leistungsumsatz von LEDs war zunächst auf den Bereich $\leq 0{,}1\,\text{W}$ beschränkt, verbunden mit einer entsprechenden Limitierung der Strahlungsleistung. Die Entwicklung von Power-LEDs mit elektrischen Leistungen von mehreren Watt ermöglicht zunehmend die Substituierung herkömmlicher Lampen – zunächst noch im unteren Leistungsbereich – durch einzelne dieser optoelektronischen Lichtquellen. In der Abb. 5.7 wird die räumlich strukturierte Emissionsverteilung, aufgenommen mit einer CCD-Leuchtdichtekamera, einer 5 Watt Power-LED wiedergegeben.

Die am rechten Bildrand erkennbare Zuordnung von Graustufen zu Leuchtdichten zeigt, dass in den Emissionszentren $6\,\text{Mcd/m}^2$ erreicht werden.

Leuchtstofflampen erzeugen heute mehr als 50% allen künstlichen Lichtes. Sie bestehen aus einem Glasrohr, an dessen Enden zwei Wolfram-Glühwendelelektroden mit Emitterbeschichtung eingeschmolzen sind. Als Arbeitsgas wird eine Mischung aus Edelgasen wie Argon oder Krypton ($p \approx 70\,\text{Pa}$) und Quecksilberdampf ($p \approx 1\,\text{Pa}$) verwendet. Durch den in der Lampe brennenden Lichtbogen werden fast nur die Quecksilberatome zur Emission von Linienstrahlung (überwiegend bei 185 und 254 nm) angeregt [10]. Auf den sichtbaren Spektralbereich entfallen weniger als 5% der Gesamtemission. Die UV-Strahlung wird durch eine dünne Leuchtstoffschicht auf der Innenseite des Entladungsgefäßes (Halogenphosphat- bzw. Mehrbandenleuchtstoffe) in den sichtbaren Spektralbereich transformiert. Durch die Wahl der Leuchtstoffkombination können die Emissionsverteilung im sichtbaren Bereich und damit die ähnlichste Farbtemperatur sowie die Farbwiedergabeeigenschaften in weiten Grenzen variiert werden [11].

Leuchtstofflampen werden auch mit farbig strahlenden Leuchtstoffen (rot, gelb, grün, blau) bzw. mit Emissionsmaxima in den drei UV-Bereichen A, B und C (Anwendung für therapeutische Zwecke bzw. Entkeimung) angeboten. Die UV-C-Varianten benutzen wegen der weiter ins UV reichenden spektralen Transmission ein Quarzentladungsgefäß ohne Leuchtstoff, aus dem überwiegend die starke Hg-Resonanzlinie bei 254 nm emittiert wird.

Leuchtstofflampen ohne spezielle Modifikationen eignen sich wegen der ausgeprägten Abhängigkeit ihres Lichtstromes von der Umgebungstemperatur nur bedingt für Anwendungen in der Außenbeleuchtung. So sinkt der Lichtstrom gegenüber seinem Normalwert bei etwa 20 °C auf ca. 60 % bei 0 °C bzw. auf ca. 25 % bei −10 °C.

Bei konventionellem Betrieb mit 50 Hz-Wechselstrom fällt ihr Lichtstrom im Stromnulldurchgang auf etwa 25 % des Wertes im Strommaximum (starke Lichtmodulation, Abb. 5.8). Neben einer Gefährdung durch stroboskopische Effekte (z. B. an Werkzeugmaschinen) ergeben sich durch Unterschreitung der Flimmerverschmelzungsgrenze auch Probleme für den menschlichen Sehapparat. Bei arbeitsmedizinischen Untersuchungen wurden gesundheitliche Beeinträchtigungen für sensible Personengruppen nachgewiesen. Diese Modulation kann z. B. durch Gruppenbetrieb an den drei Drehstromnetzphasen gemildert oder durch die Verwendung elektronischer Vorschaltgeräte (EVG) wegen der etwa tausendfachen Betriebsfrequenz fast völlig vermieden werden.

Trotz der hohen Lichtausbeute sind normale Leuchtstofflampen auf Grund ihrer großen Abmessungen für viele Beleuchtungsaufgaben ungünstig. Durch mehrfache Faltung oder schraubenförmige Biegung des Entladungsrohres ist es inzwischen möglich, **Kompaktleuchtstofflampen** auf die Größe von Glühlampen mit vergleichbaren Lichtströmen zu komprimieren. Das Wirkprinzip entspricht dem normaler Leuchtstofflampen. Ihre Lebensdauer beträgt heute bis zu 15 000 h. Eine spezielle

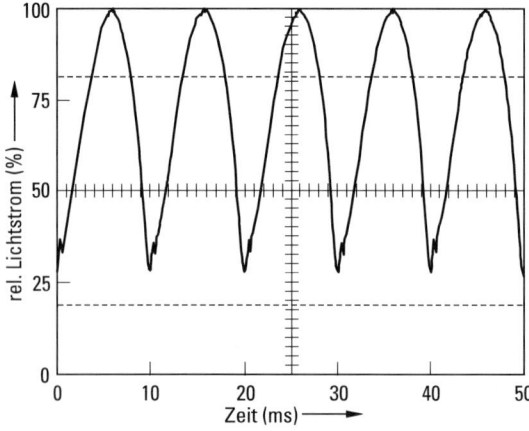

Abb. 5.8 Zeitliche Lichtstromvariation einer Leuchtstofflampe bei 50-Hz-Betrieb.

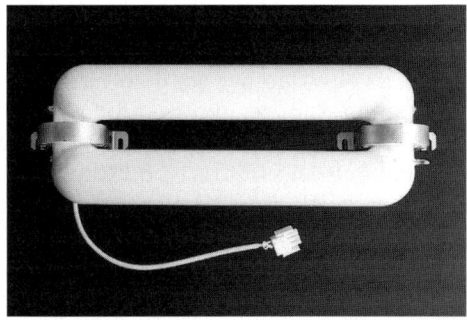

Abb. 5.9 Quecksilberniederdruck-Induktionslampe „Endura".

Ausführung ist die zur direkten Glühlampensubstitution entwickelte „Energiesparlampe". Sie besitzt ein integriertes Vorschaltgerät und einen Edison-Schraubsockel.

Die Lebensdauer herkömmlicher Gasentladungslampen wird im Wesentlichen begrenzt durch Emitterverluste der Elektroden, die die galvanische Verbindung zwischen dem äußeren Stromkreis und dem Entladungsplasma herstellen. Eine Alternative bietet der Einsatz hochfrequenter elektromagnetischer Felder, die durch die isolierende Glaswand hindurch elektrische Energie in das Lampenplasma einkoppeln. Die technische Umsetzung in **Niederdruck-Induktionslampen** erfolgt in zwei Varianten, entweder mit einer stabförmigen Antenne in der Achse eines birnenförmigen Lampenkolbens oder mit Hilfe zweier Koppeltransformatoren, die auf einem in sich geschlossenen Entladungsgefäß befestigt sind (siehe Abb. 5.9). Bei Betriebsfrequenzen von 2.65 MHz bzw. 250 kHz werden für Leistungseinheiten von 55 W bis 180 W Lichtausbeuten bis zu 80 lm/W erreicht. Die Lebensdauer beträgt 60 000 Stunden.

Hochdruckentladungslampen nutzen die intensive Strahlungsemission von Lichtbögen in verschiedenen Medien. Der höhere Brenndruck ermöglicht gegenüber Niederdrucklampen einen wesentlich konzentrierteren Energieumsatz und damit entsprechend kleinere Abmessungen. Sie bestehen aus einem Entladungsgefäß (Brenner) mit zwei Stromdurchführungen, an die die beiden Wolframstiftelektroden angeschlossen sind. Wegen der hohen thermischen (und chemischen) Belastung werden die Brenner aus Kieselglas oder Aluminiumoxidkeramik gefertigt. Zur thermischen Abschirmung sind diese Brenner meist von einem evakuierten oder mit Inertgas gefüllten Außenkolben umgeben.

Da sich der Brenndruck einiger Füllsubstanzen (z. B. Quecksilber) nach der Inbetriebnahme erst allmählich aufbaut, haben Hochdrucklampen Anlaufzeiten von mehreren Minuten. Eine Wiederzündung nach kurzer Versorgungsspannungsunterbrechung ist sofort nur mit Spannungen von über 10 kV (Sonderausführungen für Sportstättenbeleuchtungsanlagen) oder nach einer Abkühlungspause von etwa 3–10 Minuten möglich.

Die von **Quecksilberhochdrucklampen** emittierten Spektren zeigen nur wenige Quecksilberatomlinien, wobei sich der UV-Anteil gegenüber Niederdruckentladungen stark verringert. Bei der sehr lückenhaften Ausfüllung des sichtbaren Spektralbereiches stört insbesondere die mangelnde Rotemission.

Die lichttechnischen Eigenschaften von Quecksilberhochdruckentladungen konnten durch die Zugabe von Leuchtzusätzen (Halogenverbindungen verschiedener Elemente) zur Brennerfüllung wesentlich vervollkommnet werden. Hier kommen die Jodide oder Bromide von Natrium, Thallium, Indium und Scandium bzw. verschiedener Lanthanide wie Holmium, Dysprosium, Cerium usw. zum Einsatz. Die Emissionsspektren solcher **Halogenmetalldampflampen** sind durch die Spektrallinienvielfalt dieser Zusätze so variabel, dass der Farbtemperaturbereich von 3000 K bis über 6000 K mit z.T. hervorragender Farbwiedergabe problemlos abgedeckt werden kann.

Die Lichtausbeute dieser Lampen erreicht Werte bis über 100 lm/W. Besondere Probleme bereitet allerdings die Farbstabilität, die durch komplizierte chemisch-physikalische Prozesse im Zusammenspiel mit den Elektroden und der Entladungsgefäßwand beeinflusst wird. Deutliche Verbesserungen brachte hier die Umstellung des Brennermaterials von Kieselglas auf Aluminiumoxidkeramik.

Halogenmetalldampflampen werden im Leistungsbereich von 35 W bis 18 kW (Sondertypen auch darüber) in sehr unterschiedlichen Ausführungsformen angeboten.

Nach der Einführung elektrodenloser Niederdrucklampen und der mit Mikrowellen im GHz-Bereich betriebenen Schwefellampe wird inzwischen auch an der Entwicklung von Halogenmetalldampflampen mit induktiver Energieeinspeisung (ICMH) gearbeitet.

Unter den Bedingungen der Hochdruckbogenentladung erscheint das Emissionsprofil der gelben Natriumdoppellinien bei 589/590 nm in **Natriumhochdrucklampen** stark verbreitert und selbstumgekehrt. Es überdeckt einen großen Teil des sichtbaren Spektralbereiches (Abb. 5.10). Normale Natriumhochdrucklampen erreichen zwar nur eine mäßige Farbwiedergabe und eine Farbtemperatur von 2000 K, mit einer Lichtausbeute von bis zu 150 lm/W nehmen sie aber eine Spitzenstellung ein. Daher dominieren diese Lampen in der Straßenbeleuchtung.

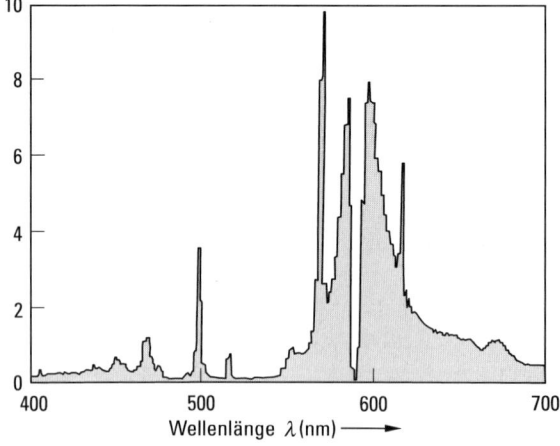

Abb. 5.10 Strahlungsfunktion der normalen Natriumhochdrucklampe (aus [10]).

In modernen Videoprojektoren werden über dichroitische Spiegel aus einer Lichtquelle die drei Grundfarben Rot/Grün/Blau extrahiert, durch je ein LCD-panel geleitet und anschließend wieder zusammengeführt. Da bei dieser Anwendung extreme Anforderungen an die von der Lichtquelle erzeugten Leuchtdichten für alle drei Farbkomponenten gestellt werden, kamen hier neben **Xenonhöchstdrucklampen** Halogenmetalldampf-Kurzbogenlampen zum Einsatz. **Quecksilberhöchstdrucklampen** gelten zwar als Leuchtdichtespitzenreiter, ihr von Atomlinien dominiertes Spektrum besitzt jedoch für die Farbbildwiedergabe einen zu geringen Rotanteil. Bei einer Steigerung des Brenndruckes auf etwa 200 bar wird diese Rotlücke durch die Emission von Hg_2-Molekülen geschlossen.

Das physikalische Grundprinzip von **Lampen mit kapazitiver Energieeinspeisung** ist die dielektrische Barriereentladung (siehe Abb. 5.11). Die streifenförmigen Elektroden sind durch eine Isolierschicht vom eigentlichen Entladungsraum getrennt, womit ein Elektrodenverschleiß im Laufe der Lampenlebensdauer völlig ausgeschlossen wird. Die Energieeinkopplung erfolgt durch elektrostatische Wechselfelder mit Frequenzen von etwa 30 kHz. Besonders vorteilhaft ist die Verwendung von Impulsen mit Spannungsspitzen von mehreren kV. Als Entladungsgas dient Xenon (bzw. Krypton). Durch Elektronenstoßprozesse werden angeregte Xe-Atome (Xe*) erzeugt, die sich zunächst zu Excimeren (angeregte Moleküle Xe_2^*) zusammenschließen. Beim anschließenden Zerfall dieser Eximere in zwei Atome wird die Anregungsenergie in Form kurzwelliger UV-Strahlung bei einer Wellenlänge von 172 nm abgegeben. Leuchtstoffe transformieren diese Primärstrahlung in den sichtbaren Spektralbereich.

Obwohl die Lichtausbeute derzeitig nur etwa 30 lm/W erreicht, lassen sich derartige flache Lichtquellen besonders vorteilhaft für die Hinterleuchtung von LC-Displays einsetzen. Mit Hilfe vieler dicht nebeneinander angeordneter Streifenelektroden abwechselnder Polarität können auch großflächige Baugrößen mit sehr homogener Abstrahlung realisiert werden.

Eine rohrförmige Variante dieses Entladungsprinzips eignet sich insbesondere als Abtastlichtquelle für Kopiergeräte.

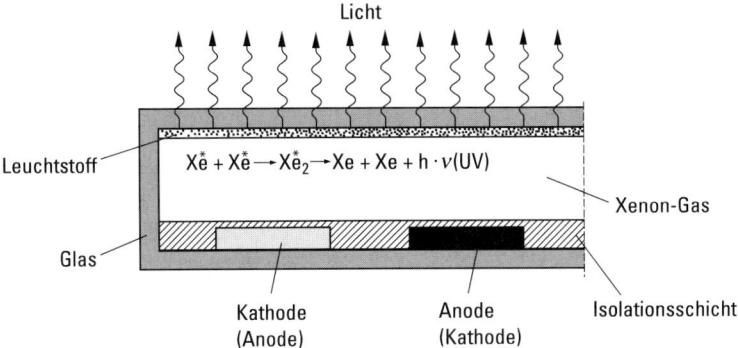

Abb. 5.11 Funktionsprinzip einer Barriereentladungslichtquelle.

5.2.4 Vorschaltgeräte und Netzrückwirkungen

Hoch- und Niederdruckentladungslampen lassen sich im Gegensatz zu Glühlampen wegen ihrer negativen Strom-Spannungscharakteristik an Festspannungsquellen nur mit Hilfe von Vorschaltgeräten betreiben.

Konventionelle Vorschaltgeräte (KVG) bestehen ausschließlich aus passiven Bauelementen. Bei einer 50 Hz-Netzwechselspannungsversorgung wird die erforderliche Strombegrenzung allein durch Drosselspulen bzw. durch zusätzliche Kondensatoren erreicht. Selbstinduktionsvorgänge in den Drosselspulen sorgen außerdem im Zusammenwirken mit geeigneten Starthilfen (z. B. Glimmstartern) für die zur Zündung erforderliche Spannungsüberhöhung. Durch den über den Starterkreis fließenden Strom werden zunächst die beiden Wendelelektroden in voller Länge etwa eine Sekunde lang auf ca. 600 °C vorgeheizt. Danach wird dieser Stromfluss scharf unterbrochen und an der Drossel entsteht eine Überspannung von ca. 800 V, die in der Leuchtstofflampe eine Gasentladung zündet.

Durch den Kupferdrahtwiderstand der Drossel und die laufende Ummagnetisierung ihres Eisenkerns ergeben sich in KVG Verluste, die bis zu 30 % des gesamten elektrischen Leistungsumsatzes betragen können. Die Verwendung verlustarmer Vorschaltgeräte (VVG) mit geringerem Wicklungswiderstand und höherer Eisenkernqualität ermöglicht eine Reduzierung dieser in Wärme umgesetzten Leistungsanteile auf etwa 20 %.

Negative Auswirkungen auf die Netzversorgung ergeben sich lediglich durch Phasenverschiebungen zwischen Stromfluss und Netzspannung. Eine weitgehende Kompensation erfolgt in Beleuchtungsanlagen mit Leuchtstoff- oder Hochdrucklampen durch zusätzliche Kondensatoren.

Die an die Entladungslampe abgegebene Betriebsfrequenz **elektronischer Vorschaltgeräte (EVG)** liegt im Allgemeinen knapp über der Hörfrequenzgrenze von 20 kHz. Durch diese Frequenzanhebung um fast drei Größenordnungen gegenüber der Netzfrequenz werden unmittelbar drei wesentliche Vorteile erreicht:

− Der Lampenwirkungsgrad steigt z. B. bei Leuchtstofflampen um etwa 10 %.
− Die zur Strombegrenzung erforderliche Induktivität der Drosselspule reduziert sich bei gleichem Blindwiderstand auf etwa ein Tausendstel.
− Eine Lichtstrommodulation wird fast vollständig unterdrückt.

Weitere Vorzüge von EVG gegenüber KVG:

− Die in Wärme umgesetzten Verluste im Vorschaltgerät sind nur etwa halb so groß.
− Wegen der kleineren Masse der Strombegrenzungsdrossel sind sie wesentlich leichter.
− Mit einer Zusatzregelschaltung sind sie in der Lage, Netzspannungsschwankungen auszugleichen.
− Die Lampenlebensdauer wird verbessert.
− Die Lampenzündung erfolgt definierter und flackerfrei.

Elektronische Vorschaltgeräte für Leuchtstofflampen sind nach dem in Abb. 5.12 dargestellten Blockschaltbild aufgebaut.

Auf der Netzseite befindet sich ein Entstörfilter, um die Ausbreitung der Arbeitsfrequenz in die Netzleitung zu verhindern. Anschließend folgt eine Zweiweggleich-

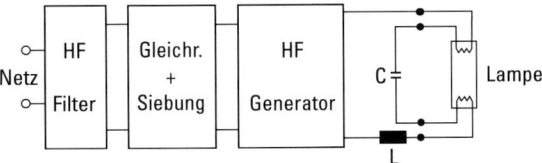

Abb. 5.12 EVG-Prinzipschaltung für Leuchtstofflampen.

richtung kombiniert mit einem Siebkondensator. Die so geglättete Gleichspannung speist den Frequenzgenerator, der über eine Ferritkern-Drossel an je einen Punkt der zwei Heizwendelelektroden angeschlossen ist. Die beiden anderen Heizwendelanschlüsse sind über einen Kondensator verbunden. Durch eine angehobene Generatorfrequenz erfolgt nach dem Einschalten zunächst ein erhöhter Stromfluss im kapazitiven Elektrodenheizkreis. Nach einer bestimmten Vorheizzeit wird die Generatorfrequenz abgesenkt, wodurch die für eine Lampenzündung notwendige Spannung bereitgestellt wird.

Ohne glättende Zusatzschaltung erfolgt die Netzstromaufnahme solcher Gleichrichterschaltungen mit Siebglied in Form kurzer Stromimpulse. Diese Zusatzschaltungen sind bei EVG für Leuchtstofflampen üblich, bei Energiesparlampen noch die Ausnahme. Abbildung 5.13 zeigt ein für Energiesparlampen typisches Oberschwingungsspektrum mit entsprechend negativen Auswirkungen bezüglich Belastung des Netzsinus und elektromagnetischer Abstrahlungen über die Zuleitung.

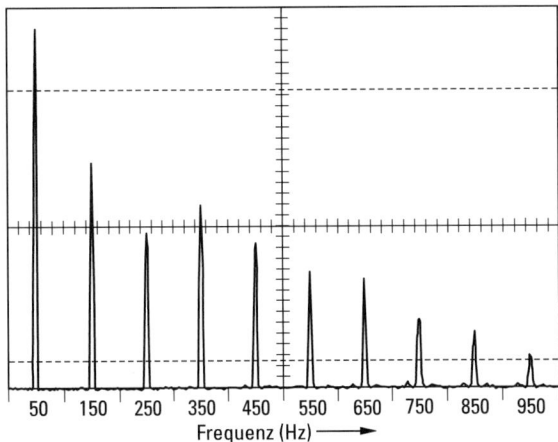

Abb. 5.13 Oberschwingungsspektrum des Netzstromes einer Energiesparlampe.

5.3 Solarstrahlung

Die **elektromagnetische Solarstrahlung** tritt nicht nur als Tageslicht, sondern auch als primäre Energiequelle im Energiehaushalt der Erdoberfläche und der Erdatmosphäre in Erscheinung. Dagegen sind aus energetischer Sicht korpuskulare Himmelsstrahlung und kosmische Strahlung ebenso zu vernachlässigen wie geothermische Wärmeströme aus dem Erdinnern oder die natürliche radioaktive Strahlung. Die für die Erde wichtigste natürliche Strahlungs- und Energiequelle ist also die Sonne mit dominantem Einfluss auf das Klima. Die jährliche Sonnenbestrahlung (Energie) auf der Erdoberfläche ist zur Zeit 10^4-mal größer als der Jahres-Weltenergieumsatz durch den Menschen.

Die Solarstrahlung wird bis zum Erreichen der Erdoberfläche durch Absorption und Streuung reduziert.

Die Verluste entstehen durch Atom- und Molekülabsorption in den Randzonen der Sonne, im interstellaren Raum und in der Lufthülle der Erde, in der auch Streuprozesse an Molekülen, Aerosolteilchen, Wassertropfen und Eiskristallen stattfinden.

Die Sonnenoberfläche nennt man die Schicht, die mit spektrometrischen Messmethoden erreichbar ist. Sie emittiert die optische Strahlung. Diese Schicht heißt Photospäre (Lichthülle); sie ist etwa 200 km dick und damit im Verhältnis zum Sonnenradius von ca. 7×10^8 m sehr klein.

Darüber liegt eine ca. 10^4 km dicke Wasserstoff-Schicht (Chromosphäre). Diese Schicht emittiert nur unwesentlich optische Strahlung.

Die **extraterrestrische Bestrahlungsstärke** E_{Ex} ist durch den Strahlungstransport von der Sonnenoberfläche zu einer Empfängerfläche im Abstand von 1 AU (Astronomical Unit: 149.6×10^6 km) definiert. Die Bestimmung des extraterrestrischen Sonnenspektrums erfolgte zunächst durch Abschätzungen der Strahlungsverluste in der Atmosphäre und Messungen des terrestrischen Spektrums. Insbesondere durch den fehlerhaften Korrekturfaktor für die Ozonabsorption führte dieses Verfahren zu falschen Werten von $\partial E_{Ex}/\partial \lambda$.

Neue Messungen – anfänglich von Flugzeugen, Ballons und Raketen, inzwischen von Satelliten aus – sind sehr zuverlässig und haben zu einem sogenannten WMO-Sonnenspektrum geführt (WMO: World Meteorological Organization).

Die WMO hat für die Solarkonstante (Gesamtstrahlung)

$$E_{Ex} = \int_0^\infty \frac{\partial E_{Ex}}{\partial \lambda} \, d\lambda \tag{5.21}$$

bei einem mittleren Abstand der Erde von der Sonne (1 AU) den Wert

$$E_{Ex} = (1367 \pm 7) \, \text{Wm}^{-2} \tag{5.22}$$

ermittelt. Dieser Wert basiert auf Messungen, die von Satelliten aus mit einer relativen Unsicherheit von weniger als 1 % durchgeführt wurden. Als Strahlungsempfänger bei Messungen vor 1970 dienten vorwiegend thermoelektrische Pyrheliometer, während später sogenannte Absolut-Radiometer mit hoher Genauigkeit benutzt wurden.

In Abb. 5.14 ist die spektrale Bestrahlungsstärke in Abhängigkeit von der Wellenlänge dargestellt.

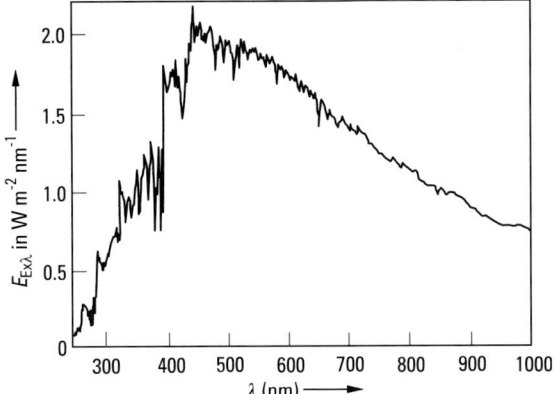

Abb. 5.14 Spektrale Bestrahlungsstärke der extraterrestrischen Solarstrahlung nach WMO.

Nur ein Teil der Solarstrahlung erreicht die Erdoberfläche direkt. Bei wolkenlosem Himmel ist die direkte spektrale Bestrahlungsstärke gegeben durch

$$\frac{\partial E_{\text{Dir}}(\lambda)}{\partial \lambda} = \frac{\partial E_{\text{Ex}}(\lambda)}{\partial \lambda} \cdot \tau_R(\lambda) \cdot \tau_D(\lambda) \cdot \tau_W(\lambda) \cdot \tau_{O_3}(\lambda) \cdot \tau_G(\lambda) \tag{5.23}$$

mit den spektralen Transmissionsgraden bezüglich

$\tau_R(\lambda)$: Rayleigh-Streuung an Luftmolekülen,
$\tau_D(\lambda)$: Dunstextinktion in Aerosolteilchen,
$\tau_W(\lambda)$: Wasserdampfabsorption,
$\tau_{O_3}(\lambda)$: Ozonabsorption,
$\tau_G(\lambda)$: Luftabsorption.

Dabei ist vorausgesetzt, dass die Mehrfachstreuung nicht zur direkten Sonnenbestrahlungsstärke beiträgt.

Der Strahlungstransport der Solarstrahlung aufgrund der Schwächung in der Erdatmosphäre lässt sich damit durch das Bouguer-Lambert-Gesetz beschreiben:

$$\frac{\partial E_{\text{Dir}}(\lambda)}{\partial \lambda} = \frac{\partial E_{\text{Ex}}(\lambda)}{\partial \lambda} \cdot \exp\left\{-m[\delta_R(\lambda) + \delta_D(\lambda) + \delta_W(\lambda) + \delta_{O_3}(\lambda) + \delta_G(\lambda)]\right\} \tag{5.24}$$

m: relative Luftmasse
$\delta_i(\lambda)$: vertikale optische Dicke der Atmosphäre für die einzelnen Effekte.

Die relative Luftmasse m (air mass AM) wird durch den Sonnenhöhenwinkel γ bestimmt: $m = 1/\sin\gamma$. Der senkrechte Sonnenstand wird also durch AM 1 beschrieben ($\gamma = 90°$); für die extraterrestrische Sonne gilt AM 0.

Zur Bewertung und Klassifizierung von Sonnenenergiewandlern haben die WMO und die IEC (Internationale Elektrotechnische Kommission) Standardwerte der spektralen Bestrahlungsstärke für die relativen Luftmassen AM 0 (extraterrestrisch) und AM 1.5 (Sonnenhöhenwinkel 41.8°) festgelegt.

Als Maß für die Gesamtextinktion wird oft der Linke-Trübungsfaktor $T_L(\lambda)$ benutzt. Dieser Faktor gibt die vertikale optische Dicke der Atmosphäre in Bezug auf die reine und trockene Luft (Rayleigh) wieder:

$$T_L(\lambda) = \sum_i \frac{\delta_i(\lambda)}{\delta_R(\lambda)} \quad \text{mit } i = R, D, W, O_3, G. \tag{5.25}$$

Damit folgt:

$$\frac{\partial E_{Dir}(\lambda)}{\partial \lambda} = \frac{\partial E_{Ex}(\lambda)}{\partial \lambda} \cdot \exp[-m\,\delta_R(\lambda)\,T_L(\lambda)]. \tag{5.26}$$

Die optische Dicke $\delta_i(\lambda)$ ist wiederum durch den Extinktionskoeffizienten σ_i bestimmt, der nicht nur eine Funktion der Wellenlänge λ ist, sondern aufgrund der inhomogenen Atmosphäre auch von der Höhe z abhängt:

$$\delta_i(\lambda) = \int_{h_1}^{h_2} \sigma_i(\lambda, z)\,dz. \tag{5.27}$$

Die klassischen Verfahren zur Bestimmung dieser einzelnen Integrale beruhen auf der Parametrisierung der Extinktion [12].

Für die Extinktionskoeffizienten sind Näherungen mit einfachen Modellen möglich. Exakte Strahlungsübertragungsberechnungen wurden in jüngster Zeit unter Berücksichtigung der Mehrfachstreuung in realistischen Atmosphären durchgeführt. Dies setzt jedoch umfangreiche Kenntnisse der Streutheorie voraus und soll hier nicht behandelt werden.

Ein Teil der Solarstrahlung, der in der Atmosphäre gestreut wird, erreicht die Erdoberfläche und erzeugt die diffuse Sonnenbestrahlungsstärke E_{Dif}, die zusammen mit der direkten Sonnenbestrahlungsstärke die sogenannte Globalbestrahlungsstärke E_G in einer horizontalen Ebene ergibt:

$$\frac{\partial E_G(\lambda)}{\partial \lambda} = \frac{\partial E_{Dir}(\lambda)}{\partial \lambda} \cdot \sin\gamma + \frac{\partial E_{Dif}(\lambda)}{\partial \lambda}. \tag{5.28}$$

Die spektrale Sonnenbestrahlungsstärke in einer horizontalen Ebene (Globalstrahlung) kann nach einem Modell von Bird berechnet werden. Dabei wird unter Berücksichtigung des Streuverhaltens der gesamten Atmosphäre die spektrale diffuse Sonnenbestrahlungsstärke bestimmt, unter der Annahme, dass die Himmelsstrahlung nur durch die drei folgenden Effekte entsteht: (1) Rayleigh-Streuung an Molekülen, (2) Mie-Streuung an Aeorosolen und (3) Mehrfach-Reflexion und -Streuung zwischen der Erdoberfläche und der Atmosphäre. Diese drei Strahlungsanteile lassen sich unabhängig voneinander berechnen.

In einer beliebig geneigten und beliebig orientierten Ebene setzt sich die verfügbare spektrale Bestrahlungsstärke wiederum aus drei Komponenten zusammen, die jeweils mit den entsprechenden geometrischen Beziehungen bestimmt werden können.

Benutzt man die bekannten Werte der WMO für die extraterrestrische spektrale Bestrahlungsstärke, so sind Werte für die spektrale Bestrahlungsstärke auf der Erdoberfläche berechenbar [12], wenn nur Folgendes angesetzt wird:

1. Benutzung der bekannten Absorptionskoeffizienten von Ozon und der Ozonschichtdicke d_{O_3}; mit einem Jahresgang in Mitteleuropa zwischen 0.24 und 0.40 cm STP (cm Weglänge bei Standardtemperatur und -druck).
2. Verwendung des Sonnenhöhenwinkels γ_S; dieser lässt sich mit Hilfe der astronomischen Zusammenhänge unter Berücksichtigung der geographischen Breite und Länge des betrachteten Ortes berechnen:

$$\gamma_S = \cos\varphi \cos\delta \cos\tau + \sin\varphi \sin\delta, \tag{5.29}$$

δ: Sonnendeklination
$\tau = (12 - \text{WOZ}) \cdot 15°$: Stundenwinkel der Sonne
WOZ: wahre Ortszeit
φ: geographische Breite
3. Bestimmung der Trübung der Atmosphäre; diese wird durch den Trübungskoeffizienten β nach Ångström, den Trübungsfaktor T_L nach Linke oder durch die Sichtweite V angegeben.
4. Verwendung des Absorptionskoeffizienten von Wasserdampf nach Tabellen.

Die Spektralverteilung der Globalstrahlung für den klaren Himmel ist beispielhaft in Abb. 5.15 dargestellt. Auffällig ist die Ozonabsorption im UV und die Wasserdampfabsorption im IR.

Zur Ermittlung der Spektralverteilung der Globalstrahlung bei vollständig bedecktem Himmel wird zusätzlich eine Wolkenkorrekturfunktion angewandt. Dabei wird von einem linearen Zusammenhang zwischen Klarheitsgrad und Transmissionsgrad bei festem Sonnenhöhenwinkel ausgegangen, so dass die spektrale Globalbe-

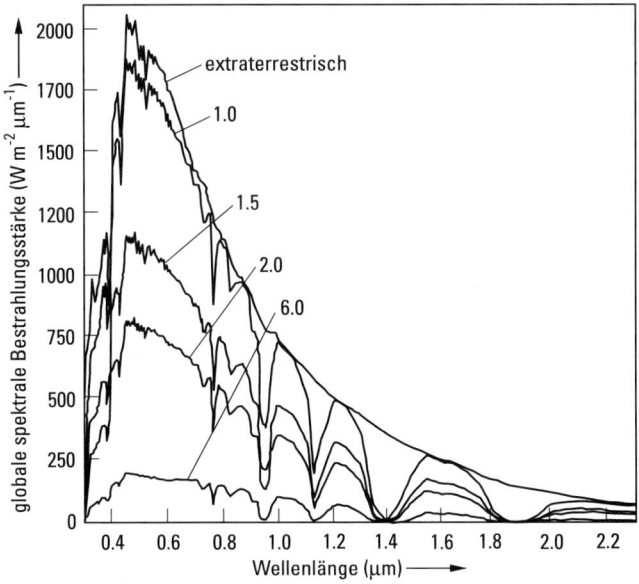

Abb. 5.15 Die Spektralverteilung der Globalstrahlung für verschiedene relative Luftmassen.

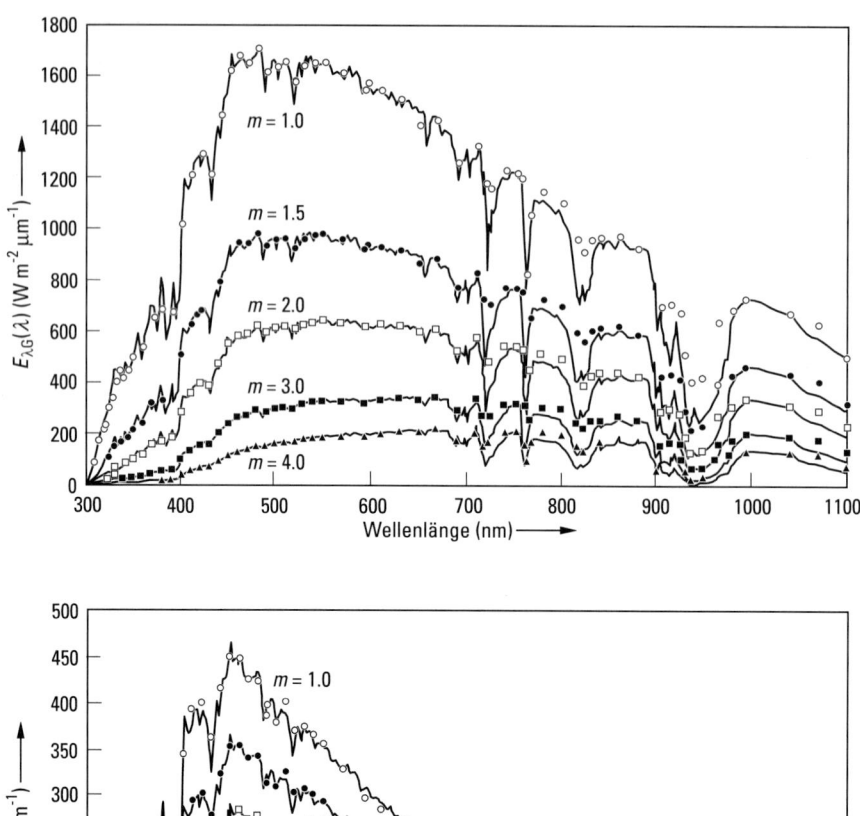

Abb. 5.16 Schematische Darstellung der Komponenten der Solarstrahlung: spektrale Globalbestrahlungsstärke E_G (oben), direkte spektrale Sonnenbestrahlungsstärke bei senkrechtem Strahlungseinfall E_S (unten); Parameter: relative Luftmasse.

strahlungsstärke bei bedecktem Himmel unter Berücksichtigung der gemessenen Globalstrahlung (Gesamtbestrahlungsstärke) berechnet werden kann.

Die Bestimmung der Spektralverteilung der Globalstrahlung bei teilweise bedecktem Himmel basiert auf der Berechnung für den klaren Himmel, die durch eine Wolken-Korrekturfunktion ergänzt wird. Dieses semi-empirische Rechenmodell enthält die folgenden Komponenten (s. Abb. 5.16), die sich zusammenfassend wie folgt beschreiben lassen [13, 14]:

$$\frac{\partial}{\partial \lambda} E_G(\lambda) = \frac{\partial}{\partial \lambda} E_{Dir}(\lambda) \cdot \sin\gamma_S \cdot \delta_S + (1-k) \cdot \frac{\partial}{\partial \lambda} E_{Hi}(\lambda) + k \cdot \frac{\partial}{\partial \lambda} E_{Wo}(\lambda) \quad (5.30)$$

k: Bedeckungsgrad;

$\frac{\partial}{\partial \lambda} E_G(\lambda)$: spektrale Bestrahlungsstärke der Globalstrahlung;

$\frac{\partial}{\partial \lambda} E_{Dir}(\lambda)$: spektrale Bestrahlungsstärke der Direktstrahlung;

$\frac{\partial}{\partial \lambda} E_{Hi}(\lambda)$: spektrale Bestrahlungsstärke aus dem klaren Himmelsanteil;

$\frac{\partial}{\partial \lambda} E_{Wo}(\lambda)$: spektrale Bestrahlungsstärke aus dem bedeckten Himmelsanteil;

δ_S: momentane Sonnenscheinkonstellation

mit $\delta_S = \begin{cases} 1 & \text{keine Wolken im Bereich der Sonne} \\ 0 & \text{Sonne ist von Wolken abgeschirmt} \end{cases}$.

5.4 Messtechnik

Für die Messpraxis sind zahlreiche Vorgaben einzuhalten, die insbesondere in einschlägigen Normen [15–20] festgelegt sind.

Strahlungsphysikalische und lichttechnische Messungen erfolgen heute mit Empfängern, die die einfallende Strahlung reproduzierbar in eine elektrische Größe umwandeln. Entsprechend ihrem Wirkprinzip unterscheidet man thermische und photoelektrische Empfänger.

Bei **thermischen Empfängern** wird die auftreffende Strahlung möglichst vollständig absorbiert und erwärmt die Empfängerfläche. Zur Umwandlung in ein elektrisches Signal werden zwei Effekte ausgenutzt:

– Proportional zur Bestrahlungsstärke E oder (bei kurzzeitiger Einwirkung) proportional zum Zeitintegral $\int E\,dt$ stellt sich eine Temperaturdifferenz ΔT ein. Diese Temperaturdifferenz wird durch Thermoelemente (Bd. 2, Abschn. 6.1 und 8.3) direkt in eine elektrische Spannung umgesetzt. Einschlägige Empfängertypen sind Strahlungsthermoelemente und Thermosäulen.

– Abhängig von der Bestrahlungsstärke E verändert sich die Dielektrizitätszahl ε_r eines pyroelektrischen Dielektrikums, das sich zwischen zwei Kondensatorelektroden befindet. Im äußeren Stromkreis des Kondensators kommt es damit proportional zu dE/dt zu einem Stromfluss (pyroelektrische Empfänger).

Bei **photoelektrischen Empfängern** bewirken auftreffende Photonen einen der folgenden drei Effekte, wozu eine minimale Photonenenergie ($\lambda \leq$ Grenzwellenlänge) erforderlich ist:

– Auslösung von Elektronen aus Festkörperoberflächen (äußerer Photoeffekt). Einschlägige Empfängertypen sind Photozellen und Sekundärelektronenvervielfacher.

- Ionisation von Störstellen im Festkörper (Photowiderstände [LDR = light dependent resistor]).
- Übergang von Valenzelektronen in das Leitungsband. Dieser Effekt wird in Photodioden, Photoelementen und CCD-Sensorzeilen oder -matrizen ausgenutzt.

5.4.1 Empfängeraufbau und -funktion

Die für die heutige Licht- und Strahlungsmesstechnik wichtigsten Empfängertypen sind Thermosäulen, Sekundärelektronenvervielfacher, Photoelemente und CCD-Arrays.

Moderne **Thermosäulen** werden in Dünnfilmtechnologie auf Si-Wafern gefertigt. Ihre Empfangsfläche wird durch Metalldämpfe oder Interferenzabsorptionsbeschichtungen so behandelt, dass sie in einem sehr breiten Spektralbereich (UV bis fernes IR) die auftreffende Strahlung möglichst gut absorbiert. Durch viele (z. B. 100) in Reihe geschaltete Thermoelementpaare, die einerseits mit der Empfangsfläche und andererseits mit einer nicht bestrahlten Referenzfläche im thermischen Kontakt sind, entsteht eine elektrische Thermospannung, der als Störpegel lediglich das Nyquist-Rauschen (Bd. 2, Abschn. 8.1) überlagert ist. Die Zeitkonstante liegt knapp unter 100 ms. Bei modulierter Bestrahlung erfolgt daher (außer im extremen Niederfrequenzbereich) eine zeitliche Mittelung.

Der in einem hermetisch abgeschlossenen Gehäuse in einer Inertgasatmosphäre untergebrachte Empfänger (Fläche etwa 1 mm²) wird durch ein Fenster bestrahlt. Als Fenstermaterialien kommen z. B. KRS-5 (geeignet für einen Wellenlängenbereich von 0.6...42 µm) oder Quarz (0.2...3 µm) zum Einsatz. Thermosäulen eignen sich insbesondere für Gesamtstrahlungsmessungen.

Sekundärelektronenvervielfacher (abgekürzt SEV, auch Photovervielfacher oder Photomultiplier genannt, vgl. Bd. 2, Abschn. 11.2.4) bestehen aus einer evakuierten zylindrischen Glashülle, an deren Stirnseite von innen eine Photokathodenschicht aufgedampft wurde (Abb. 5.17). Zur unmittelbaren mehrstufigen Verstärkung der durch auftreffende Photonen aus der Kathode freigesetzten Elektronen dienen bis zu 20 Hilfselektroden (Dynoden).

Die Dynoden sind über eine Widerstandskette mit einer stabilisierten Hochspannungsquelle (bis zu 3 kV) verbunden, so dass sich zwischen benachbarten Dynoden

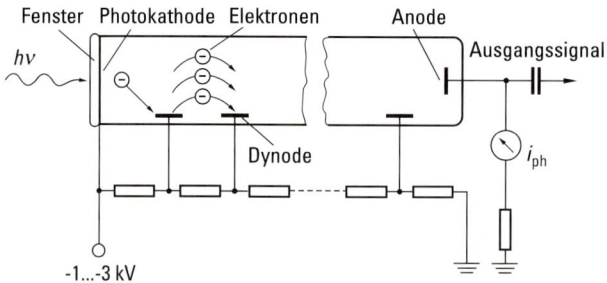

Abb. 5.17 Aufbau und Schaltung eines SEV aus [21].

eine Potentialdifferenz von ca. 100 V ergibt. Damit wird ein aus der Kathode bzw. den Dynoden austretendes Elektron beschleunigt und löst aus der nächsten Dynode mehrere Elektronen, die sich dann bis zur Anode schrittweise weiter vervielfachen. Bei einem typischen Elektronenvermehrungsfaktor von 3.5 und 12stufiger Verstärkung werden so z. B. aus einem von der Kathode emittierten Primärelektron bis zur Anode 3.37×10^6 Elektronen. Dieser Anodenstrom wird entweder an dem nach Masse geschalteten Widerstand als Spannungssignal abgegriffen oder einem Photostrommessverstärker zugeführt. Zur Rausch-/Dunkelstromunterdrückung werden häufig LockIn-Verstärker eingesetzt.

Die Stromverstärkung lässt sich durch Variation der Hochspannung in gewünschter Weise regulieren. Der SEV ist bis heute der Empfänger mit der höchsten Empfindlichkeit. Er wird daher für die Messung extrem schwacher Strahlungssignale z. B. in Spektralmessplätzen aber auch für höchstempfindliche Leuchtdichtemesskameras eingesetzt. Im Extremfall kann er sogar einzelne Photonen nachweisen. Je nach Kathoden- und Fenstermaterial werden SEV im Wellenlängenbereich von 120 nm bis 3 µm verwendet.

Photoelemente werden heute vorzugsweise in der Lichtmesstechnik eingesetzt. Sie bestehen aus einem n-dotierten Si-Einkristall, in den eine etwa 1.5 µm dicke p-Zone diffundiert wurde. Durch Bestrahlung erzeugte Elektron-Loch-Paare werden im Feld der Sperrschicht getrennt, so dass diesen Photoelementen ohne äußere Spannungsquelle ein der Bestrahlungsstärke proportionaler Photostrom entnommen werden kann. Bei Kurzschlussbetrieb gilt die strenge Proportionalität über 6 Zehnerpotenzen, was von keinem anderen Empfängertyp erreicht wird. Dieser Kurzschlussbetrieb wird durch eine Kombination mit Operationsverstärkern erreicht.

Zur erheblichen Verkürzung von Messzeiten und zur Erschließung neuer Messverfahren werden bisher gebräuchliche einkanalige Empfänger zunehmend durch Sensorzeilen oder -matrizen (**Bildempfänger**) abgelöst. Sie werden z. B. in Leuchtdichtemesskameras bzw. Spektralmessplätzen eingesetzt, die nun mit einer Aufnahme eine komplette Verteilung in einer Ebene bzw. ein gesamtes Spektrum liefern können.

Hierfür verwendet man vorzugsweise **CCD-Arrays** (charge-coupled devices). Diese bestehen aus einzelnen winzigen Sensorzellen (Abmessungen etwa $10 \times 10\,\mu m^2$), die als Matrix auf einem gemeinsamen Träger untergebracht sind. Die Anzahl der Sensorzellen (Pixel) pro Zeile bzw. der Zeilen pro Matrix richtet sich nach der gewünschten Auflösung. So sind heute Bildempfänger mit $2^{11} \times 2^{11} = 2048 \times 2048$ Einzelsensoren verfügbar.

Auftreffende Strahlung führt in diesen Zellen zur Ansammlung von Elektronen, wobei sich die akkumulierte Ladung proportional zum Zeitintegral der Bestrahlungsstärke $\int E\,dt$ über die Belichtungszeit ergibt. Zum Auslesen der einzelnen Zellenladungen wird die Schieberegistertechnik mit einer Taktfrequenz von etwa 20 MHz angewendet. Die so transportierten Ladungen werden einem Ladungs-Spannungswandler zugeführt, digitalisiert und anschließend in einem Computer aufbereitet. Wegen der sehr variablen Belichtungszeit von 10 ns bis 10 s kann mit solchen CCD-Arrays eine Messbereichsdynamik von 10^8 erreicht werden.

Als optische Signalverstärker werden unmittelbar vor die CCD-Matrix positionierte Multichannelplates (MCP) eingesetzt. Sie bestehen aus einem Bündel evakuierter Glaskapillaren mit Einzeldurchmessern von ca. 20 µm, deren Anzahl (z. B.

660   5 Optische Strahlung und ihre Messung

10^6) auf die Zahl der CCD-Pixel abgestimmt ist. An den Kapillarinnenwänden befindet sich eine hochohmige Beschichtung, die beim Anlegen einer Hochspannung an die Faserenden durch auftreffende einzelne Elektronen eine Vielzahl von Sekundärelektronen emittiert. Ähnlich wie beim Sekundärelektronenvervielfacher werden nun für jedes aus den Photokathoden (an den Faserstirnseiten) ausgelöste Primärelektron bis zum Erreichen des Leuchtstoffes am Ende der Kapillare durch Pendelbewegungen zwischen den Kapillarinnenwänden Millionen von Sekundärelektronen generiert. Die spektrale Verteilung der Empfindlichkeit des Gesamtsystems wird damit durch die Photokathoden des MCP bestimmt; das wirksame Belichtungszeitfenster richtet sich nach der Auftastzeit der angelegten Hochspannung.

5.4.2 Notwendige Anpassungen

Da kein technischer Empfänger die spektrale Empfindlichkeit des menschlichen Auges $V(\lambda)$ besitzt, ist es für photometrische Zwecke erforderlich, ihm diese Eigenschaft durch selektive Strahlungsfilterung aufzuprägen. Hierfür eignen sich Farbgläser, wie sie z. B. von der Firma Schott in einer großen Typenvielfalt angeboten werden.

Abbildung 5.18 zeigt als Beispiel die spektrale Empfindlichkeit eines Silizium-Photoelementes (Maximum bei 800 nm), die dem $V(\lambda)$-Verlauf angeglichen werden soll.

Für die möglichst genaue Anpassung werden nun mehrere Farbglassorten mit unterschiedlicher Schichtdicke zu einem Gesamtfilter zusammengefügt. Die praktische Ausführung erfolgt in zwei Varianten:

- Integral- oder Vollfilterung:
  Die Farbglaskombination bedeckt einheitlich die gesamte Empfängereintrittsfläche mit konstanter Schichtdicke.
- Partialfilterung:
  Vor der Empfängereintrittsfläche werden lokal unterschiedliche Filterschichten angebracht (Abb. 5.19).

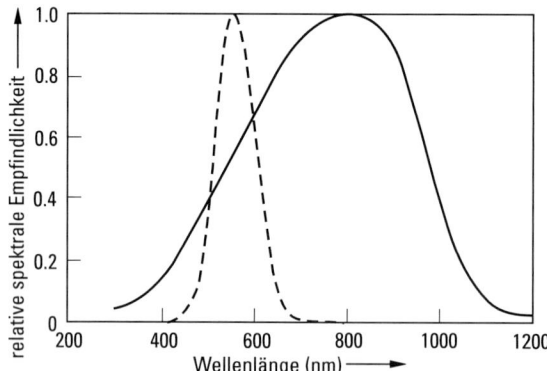

Abb. 5.18 Relative spektrale Empfindlichkeit eines Si-Photoelementes und $V(\lambda)$-Verlauf (gestrichelt).

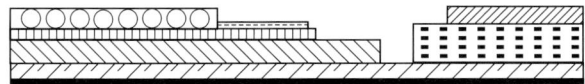

Abb. 5.19 Partialfilter (die einzelnen Schraffuren kennzeichnen verschiedene Farbgläser).

Die Partialfilterung ermöglicht bei lokal homogenem Lichteinfall eine noch feinere spektrale Anpassung. Die über den sichtbaren Spektralbereich gemittelte Güte der $V(\lambda)$-Anpassung wird entsprechend DIN 5032-6 [15] durch den f_1-Fehler gekennzeichnet.

5.4.3 Messgeräte für die Lichttechnik

Moderne Licht- und Farbmessgeräte bestehen entweder bei Einzelkanal-Technik aus einem Messkopf und einem Verstärker mit Anzeigesystem oder bei bildverarbeitender Technik aus einem Matrixsensor mit zugehörigem Computer. Sie müssen für genaue Messungen in vom Hersteller angegebenen Zeitabständen (z. B. alle zwei Jahre) nachkalibriert werden.

Bei der **Einzelkanal-Technik** sind im Messkopf Strahlungsempfänger mit Farbfilterkombinationen für den jeweiligen Spektralangleich sowie, falls nötig, optische Bauelemente (Streuscheiben, Linsensysteme) zur gewünschten räumlichen Bewertung der Strahlung und manchmal auch eine elektronische Thermostatisierung untergebracht. Das Anzeigesystem enthält zur Verstärkung bzw. Umwandlung des Messsignals üblicherweise einen entsprechend beschalteten Operationsverstärker, dessen Verstärkung durch den Gegenkopplungswiderstand bestimmt wird, und ein Digitalvoltmeter.

Durch im Verhältnis 1:10 gestufte Gegenkopplungswiderstände am Operationsverstärker können in Verbindung mit einem $V(\lambda)$-angepassten Silizium-Photoelement **Beleuchtungsstärkemessgeräte (Luxmeter)** mit umschaltbaren Messbereichen gefertigt werden, wobei diese Umschaltung entweder automatisch oder durch Handbetätigung erfolgt. Insbesondere bei automatischer Umschaltung können sich für pulsierende Lichtsignale mit Scheitelfaktoren >2 Probleme durch Übersteuerungseffekte ergeben.

Leuchtdichtemessgeräte müssen so konstruiert sein, dass auf dem Empfänger eine der Leuchtdichte proportionale Beleuchtungsstärke entsteht, was z. B. bei einer optischen Abbildung erreicht wird. Neben der Objektleuchtdichte hängt das Empfängersignal auch vom Aperturwinkel α der Abbildungsoptik und der Transmission des gesamten optischen Systems ab. Abbildung 5.20 zeigt den Strahlengang eines Leuchtdichtemessgerätes.

Einfache Leuchtdichtemesser kann man auch durch die Anbringung eines innen geschwärzten Tubus vor ein Luxmeter herstellen. Solche Geräte eignen sich allerdings nur für die Bestimmung mittlerer Leuchtdichten auf großen Flächen.

Durch die Kombination von drei Si-Photoelementen, deren spektrale Empfindlichkeiten an die Normspektralwertfunktionen $\bar{x}(\lambda)$, $\bar{y}(\lambda)$ und $\bar{z}(\lambda)$ (vgl. Abschn. 6.9) angeglichen sind, in einem Messkopf, lassen sich **Farbmessgeräte** aufbauen. Die drei

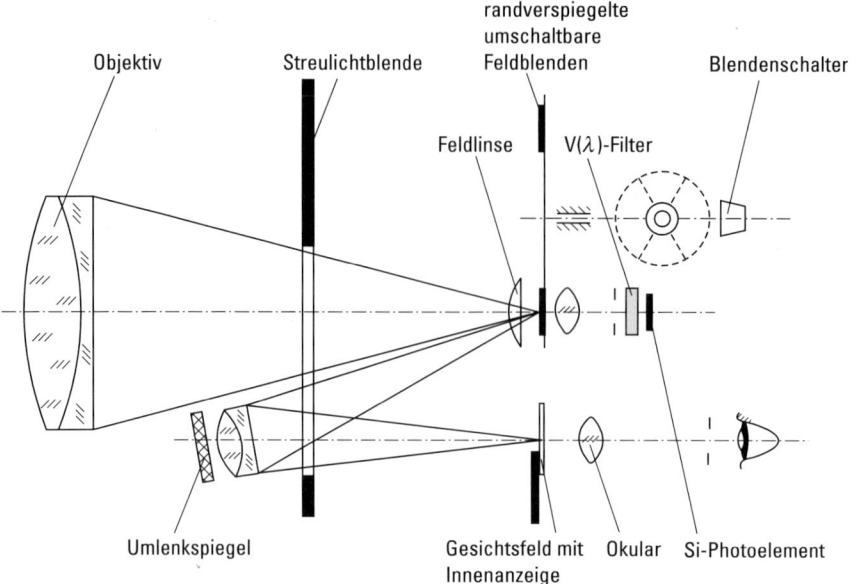

Abb. 5.20 Aufbau des Leuchtdichtemessgerätes L1000 (mit Genehmigung des Herstellers LMT Berlin).

Sensoren werden hier mit je einem Operationsverstärker kombiniert. Mit einem weiteren Operationsverstärker kann eine der Normfarbwertesumme X + Y + Z proportionale Spannung erhalten werden, die für die Berechnung der Normfarbwertanteile

$$x = \frac{X}{X+Y+Z}, \quad y = \frac{Y}{X+Y+Z}, \quad z = \frac{Z}{X+Y+Z} \tag{5.31}$$

benötigt wird. Durch zusätzlich eingebaute Mikrorechner eignen sich solche Farbmessgeräte auch für die Ermittlung der ähnlichsten Farbtemperatur T_{cp}. Obwohl die drei Farbsensoren in einem rohrförmigen Messkopf hinter einer gemeinsamen Streuscheibe angebracht sind, ist auf eine homogene Ausleuchtung dieser Lichteintrittsfläche zu achten.

Der von einer Lichtquelle emittierte **Gesamtlichtstrom** Φ kann entweder durch die Auswertung der Verteilung der Beleuchtungsstärke E bzw. der Lichtstärke I auf einer kompletten Hüllfläche um die Quelle oder mit Kugelphotometern ermittelt werden.

Die dafür bis heute dominierende Messeinrichtung ist die **Ulbricht'sche Kugel** (Abb. 5.21). Die Beschichtung der Kugelinnenwand und der anderen Einbauteile hat bezüglich ihrer Reflexionseigenschaften besondere Anforderungen zu erfüllen: Die Reflexion muss diffus, spektral aselektiv und über die gesamte Fläche homogen erfolgen. Außerdem darf die von Lampen emittierte UV-Strahlung nicht durch Lumineszenzprozesse in den sichtbaren Spektralbereich transformiert werden. In der Praxis wird als Beschichtungsmaterial überwiegend Bariumsulfat eingesetzt, dem

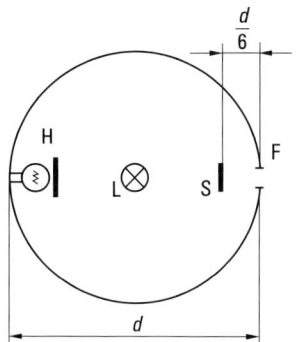

Abb. 5.21 Ulbricht-Kugel mit F: Fenster für die Anbringung des Messkopfes, L: Lampe, S: Schatter, H: Hilfslampe mit separatem Schatter.

zur Reduzierung des Reflexionsgrades ϱ auf etwa 0.8 Metalloxide zugemischt wurden. Auch Teflonbeschichtungen haben sich bewährt.

Im Zentrum der in Abb. 5.21 dargestellten Ulbricht-Kugel befindet sich das Messobjekt L, dessen Strahlung durch einen Schatter S nicht direkt auf den $V(\lambda)$-angepassten Messkopf F gelangen kann. Die sich durch Mehrfachreflexionen im Kugelinnenraum einstellende indirekte Beleuchtungsstärke E_ind, die vom Messkopf erfasst wird, ergibt sich entsprechend dem Lampenlichtstrom Φ und der Kugelinnenfläche A_K idealisiert zu

$$E_\text{ind} = \frac{\Phi}{A_\text{K}} \frac{\varrho}{1-\varrho}. \tag{5.32}$$

E_ind ist also umgekehrt proportional zur Kugelfläche A_K (große Kugeln liefern deshalb geringere Messsignale) und hängt entscheidend von der Differenz des Reflexionsgrades ϱ zu 1 ab.

Da die dieser Gleichung zugrunde liegenden idealen Bedingungen durch in der Kugel befindliche Körper (Schatter, Lampenhalterungen und die Lampen selbst) gestört werden, ist es für die Verbesserung der Messgenauigkeit vorteilhaft, zusätzliche Messungen mit einer Hilfslampe H auszuführen. Der zu ermittelnde Lichtstrom Φ des Messobjekts ergibt sich dann, bezogen auf den Lichtstrom Φ_N einer Normallampe, zu

$$\Phi = \Phi_\text{N} \frac{Y}{Y_\text{N}} \cdot \frac{Y_\text{NH}}{Y_\text{H}} \tag{5.33}$$

Y: Messwert für das Messobjekt,
Y_N: Messwert für die Normallampe,
Y_H: Messwert für die Hilfslampe mit eingebautem Messobjekt,
Y_HN: Messwert für die Hilfslampe mit eingebauter Normallampe.

Die **Lichtstärkeverteilung** dient zur quantitativen Charakterisierung von Lampen und Leuchten (z. B. als Informationsbasis für Lichtplanungsprogramme). Wegen der Winkelabhängigkeit der Abstrahlung ist zunächst ein mit der Lampe/Leuchte verbundenes Koordinatensystem festzulegen. In der Praxis wird hierfür überwiegend

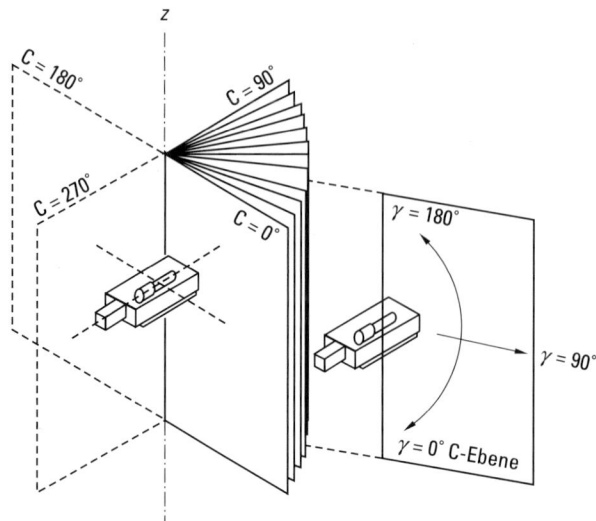

Abb. 5.22 C-Ebenensystem (mit Genehmigung aus DIN 5032 [15]).

das C-Ebenensystem verwendet (siehe DIN 5032-1 [15]). Abbildung 5.22 zeigt die Lage der einzelnen C-Halbebenen, die sich wie die Seiten eines aufgeschlagenen Buches um die vertikale z-Achse anordnen. Zur eindeutigen Festlegung einer beliebigen Abstrahlungsrichtung sind also zwei Winkelangaben erforderlich, nämlich die jeweilige C-Halbebene ($0° \leq x < 360°$) und γ innerhalb einer bestimmten C-Halbebene ($0° \leq \gamma \leq 180°$).

Für die Ermittlung der gesamten Lichtstärkeverteilung wird z. B. die ortsabhängige Beleuchtungsstärke auf der Oberfläche einer virtuellen Kugel gemessen, in deren Zentrum sich die Lampe/Leuchte befindet. Die Lichtstärke I ergibt sich aus der Beleuchtungsstärke E bei jeweils senkrechtem Lichteinfall mit Hilfe des photometrischen Entfernungsgesetzes zu

$$I = E r^2 \tag{5.34}$$

mit r = Abstand zwischen Lampe/Leuchte und Photometerkopf. Zur sinnvollen Messfehlerbegrenzung muss $r \geq r_G$ (photometrische Grenzentfernung) sein. In der Praxis ist es (außer bei eng gebündelter Abstrahlung) üblich, für r_G das 10fache der größten Ausdehnung der Strahlerfläche anzusetzen, womit sich Restfehler für die Bewertung der Randpartien von $\approx 0.5\%$ ergeben.

Die praktische Ausführung der Relativbewegung zwischen Messkopf und Lampe/Leuchte erfordert Drehungen um zwei zueinander senkrechte Achsen, bei denen entweder die Lampe/Leuchte oder der Messkopf bewegt werden. Hierbei ist darauf zu achten, dass insbesondere Entladungslampen ihre Brennlage gegenüber der Horizontalen beibehalten müssen. Entsprechend DIN 5032-1 werden für die Messung von Lichtstärkeverteilungen vier Arten von Goniophotometern eingesetzt, die entweder mit einkanaligen Messköpfen oder CCD-Leuchtdichtemesskameras ausgerüstet sind.

Für den Einsatz in der Photometrie bieten **Bildaufnahmekameras** – also Kombinationen von CCD-Matrixempfängern mit bis zu 4 Millionen Pixeln und einer Abbildungsoptik – gegenüber der konventionellen einkanaligen Messtechnik erhebliche Vorteile: Die von den einzelnen Pixeln registrierten Informationen lassen sich per Computer nach unterschiedlichen Kriterien transformieren bzw. korrigieren und zu Bildern mit hoher Ortsauflösung zusammenfügen. Da alle Messdaten gleichzeitig erfasst werden, entfallen Probleme die sich durch Modulationen oder Schwankungen der zu messenden Strahlung bei zeitversetzt abrasternder Einkanalmesstechnik ergeben können.

Diesen beträchtlichen Vorteilen stehen allerdings auch gewisse Nachteile gegenüber: Für die $V(\lambda)$-Anpassung ist nur eine Integralfilterung möglich. Wegen des schrägen Lichteinfalls in den Randbereichen kommt es gegenüber dem Sensorzentrum zu einem Strahlenversatz und zu Bildunschärfen durch Mehrfachreflexionen an den einzelnen Farbglasschichten. Außerdem ändert sich die spektrale Filterwirkung, was zu f_1-Fehlern von etwa 3.5% führt. Zusätzliche Probleme ergeben sich durch den $\cos^4$-proportionalen Randabfall der Bildhelligkeit einer optischen Abbildung (der z. B. bei 4° bereits 1% ausmacht) und ungleiche Empfindlichkeiten der einzelnen Pixel (Shading). Diese Effekte können allerdings durch Kalibriermessungen korrigiert werden.

Wegen der großen Pixelzahl ist es oft sinnvoll, N Einzelpixel zu Makropixeln zusammenzufassen. Damit verbessert sich das Signal/Rauschverhältnis um den Faktor $N^{0.5}$.

5.4.4 Strahlungsnormale

Die Kalibrierung von photometrischen bzw. Strahlungs-Messeinrichtungen erfolgt mit Normalstrahlungsquellen. Hierfür verwendete Normallampen verkörpern für genau festgelegte Betriebsbedingungen verschiedene photometrische bzw. radiometrische Größen wie:

– Lichtstärke / Strahlstärke
– Leuchtdichte / (spektrale) Strahldichte
– Gesamtlichtstrom / Gesamtstrahlungsfluss
– Strahlungsfunktion.

Derartige Normale, die z. T. eigens für diesen Zweck entwickelt wurden, zeichnen sich durch eine besondere Strahlungskonstanz und -reproduzierbarkeit aus. Sie sind in den Messlabors als Gebrauchsnormal verfügbar und müssen zunächst durch Anschluss an ein Bezugsnormal z. B. bei der Physikalisch-Technischen Bundesanstalt (PTB) geeicht bzw. kalibriert werden. Diese Überprüfung ist in regelmäßigen Abständen zu wiederholen.

Als Normale werden vor allem spezielle Glühlampen mit Gleichstrombetrieb aber auch Gasentladungslampen verwendet. Abbildung 5.23 zeigt eine Wolframbandlampe mit Planfenster als Normal für die spektrale Strahldichte und ein Lichtstärkenormal.

Das bekannteste Strahlungsnormal ist der **Hohlraumstrahler**. Die spektrale Strahldichte $\partial L/\partial \lambda$ ergibt sich durch die innere Wandtemperatur T und die Wellenlänge

666 5 Optische Strahlung und ihre Messung

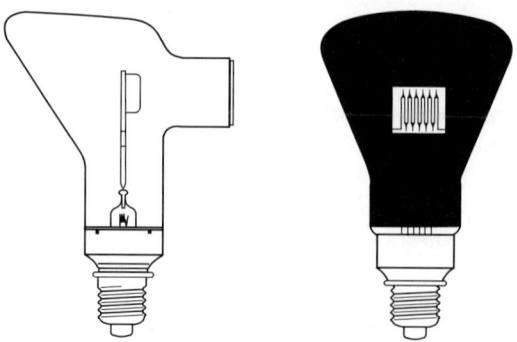

Abb. 5.23 Wolframbandlampe (links) und Lichtstärkenormallampe.

λ aus dem Planck'schen Strahlungsgesetz Gl. (5.14). Der in [22] beschriebene Strahler besteht aus einem Kammersystem mit einzelnen Zylindern und Blenden. Das Heizrohr ist aus Graphit gefertigt und wird mit einem 10-kHz-Generator induktiv bis auf ca. 3000 K erhitzt. Der Strahler befindet sich wahlweise im Vakuum oder in einer Argon-Schutzgas-Atmosphäre, wobei das Gehäuse mit einem Quarzfenster abgeschlossen ist.

Dieser Aufbau mit einer Strahlerfläche von 0.8 cm² ist zur Messung der spektralen Strahldichte und der spektralen Bestrahlungsstärke geeignet. Die Kalibrieranord-

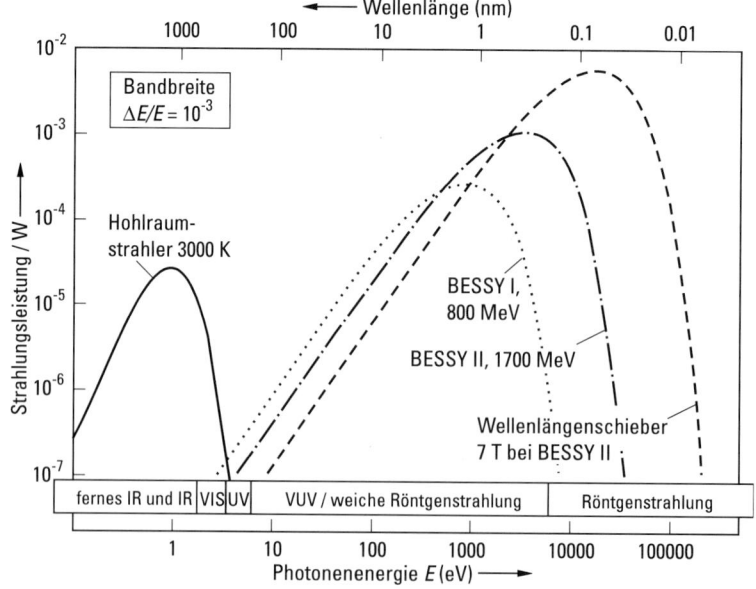

Abb. 5.24 Spektrale Verteilung der Strahlungsleistung verschiedener Synchrotronvarianten und des ideal schwarzen Körpers bei 3000 K (aus [23]).

nung ermöglicht Messungen an Sekundärnormalen. Sie kann als Basis zur Darstellung der Verteilungstemperaturskala sowie in modifizierter Form für photobiologische Untersuchungen und bei der Bestimmung des spektralen Strahldichtefaktors diffus reflektierender Proben verwendet werden. Sie liefert außerdem Grundlagen für die spektralradiometrische Korrektur bei der direkten Kalibrierung von Solarzellen.

Bereits 1956 ist das **Elektronensynchrotron** als Strahlungsnormal für den gesamten optischen Spektralbereich vorgeschlagen worden, da sämtliche Strahlungsparameter aus den Betriebsdaten berechnet werden können. In Abb. 5.24 ist die spektrale Verteilung der Synchrotronemission im Vergleich zu einem schwarzen Körper von 3000 K dargestellt. Als Besonderheit wird in dieser Darstellung die Strahlungsleistung in einem variablen Wellenlängenintervall $\Delta\lambda = 10^{-3}\,\lambda$ in der Einheit W verwendet, um dem sich über 8 Größenordnungen erstreckenden Abszissenbereich besser gerecht zu werden.

Aktuelle Untersuchungen zu diesem Thema im UV-Gebiet werden von der Physikalisch-Technischen Bundesanstalt (PTB) am Berliner Elektronenspeicherring BESSY durchgeführt. Die relative Unsicherheit der spektralen Bestrahlungsstärke in der Messebene wird mit 3×10^{-3} angegeben. Durch Kombination mit einem Spektralmessplatz können so beliebige Strahlungsquellen mit einer Unsicherheit von 0.8 % kalibriert werden.

Literatur

Abschnitt 5.2

[1] Planck, M.: Annalen d. Physik **4**, 553, 564, 1901
[2] de Vos, J.C., The Emissivity of Tungsten Ribbon, Diss. Univ. Amsterdam, 1953
[3] Espe, W., Werkstoffkunde der Hochvakuumtechnik, Bd. 1 (Metalle und metallisch leitende Werkstoffe), Deutscher Verlag der Wissenschaften, Berlin, 1959
[4] Edison, A., USA-Patent No. 223 898, „Electric-Lamp", 27. 1. 1880
[5] Serick, F., Internat. Sympos. Light Sources (LS-8), Z. Licht **50**, 1044, 1998
[6] Bando, K., Performance and Application of High-Brightness InGaN LED, Konferenzband Light Sources (LS-8), 80, Greifswald, 1998
[7] Begemann, S., LED Technology; Trends and Impact on Lighting, Konferenzband Lux Europa 2001, 169, Reykjavik, 2001
[8] Haitz, R., Another Semiconductor Revolution: This Time it's Lighting, Konferenzband Light Sources (LS-9), 319, Ithaka USA, 2001
[9] Narendran, N., Bullough, J.D., Light Emitting Diodes as Light Sources, Konferenzband Light Sources (LS-9), 329, Ithaka USA, 2001
[10] Rutscher, A. (Hrsg.), Wissensspeicher Plasmatechnik, Fachbuchverlag, Leipzig, 1983
[11] Prospekte verschiedener Lampenhersteller

Abschnitt 5.3

[12] Chen, M., Spektrale Sonnenbestrahlungsstärke: Messungen, Modellrechnungen, Aktinische Bewertung, Köster, Berlin, 1994
[13] Heusler, W., Experimentelle Untersuchung des Tageslichtangebotes und dessen Auswirkungen auf die Innenraumbeleuchtung, Diss. TU Berlin, 1991

668 5 Optische Strahlung und ihre Messung

[14] Kaase, H., Fundamentals and Limitations of Optical Radiation Measurements, Optical Sensors, Vol. 6, VCH, Weinheim, 1991

Abschnitt 5.4

[15] DIN 5032 Lichtmessung
Teil 1: Photometrische Verfahren
Teil 2: Betrieb elektrischer Lampen und Messung der zugehörigen Größen
Teil 4: Messungen an Leuchten
Teil 5: Messung der Beleuchtung
Teil 6: Photometer: Begriffe, Eigenschaften und deren Kennzeichnung
Teil 7: Klasseneinteilung von Beleuchtungsstärke- und Leuchtdichtemessgeräten
[16] DIN 5031 Strahlungsphysik im optischen Bereich und Lichttechnik
Teil 1: Größen, Formelzeichen und Einheiten der Strahlungsphysik
Teil 2: Strahlungsbewertung durch Empfänger
Teil 3: Größen, Formelzeichen und Einheiten der Lichttechnik
Teil 4: Wirkungsgrade
Teil 5: Temperaturbegriffe
[17] Lange, H. (Hrsg.), Handbuch für Beleuchtung (Loseblattsammlung mit laufender Aktualisierung), ecomed, Landsberg, 1999
[18] DIN 5033 Farbmessung
Teil 7: Messbedingungen für Körperfarben (Strahlungsfunktionen der Normlichtarten)
[19] DIN 5036 Strahlungsphysikalische und lichttechnische Eigenschaften von Materialien
Teil 3: Messverfahren für lichttechnische und spektrale strahlungsphysikalische Kennzahlen
[20] DIN EN 13032-1 Messung und Darstellung photometrischer Daten von Lampen und Leuchten
[21] Hentschel, H.-J. (Hrsg.), Licht und Beleuchtung, Hüthig, Heidelberg, 2002
[22] Kaase, H., Bischoff, K., Metzdorf, J., Licht-Forschung **6**, 29, 1984
[23] Klein, R., Physikalisch Technische Bundesanstalt Berlin, private Mitteilung, 2003

6 Farbmetrik

Heinwig Lang

6.1 Farbmetrik und Physik

Die Farbmetrik befasst sich mit der Messung von Farben. Sie ist ein Randgebiet der Physik. Ihre Gegenstände, die Farben, sind keine physikalischen Größen, sondern Sinnesempfindungen. Allerdings sind auch Wärme und Töne Sinnesempfindungen, und dennoch sind Wärmelehre und Akustik zentrale Gebiete der Physik. Die physikalische Wärmelehre befasst sich jedoch nicht mit der Wärmeempfindung, sondern mit einer bestimmten Energieform, die Wärmeempfindungen auslösen kann. Und die Akustik befasst sich nicht mit dem Gehörsinn, sondern mit den Schallwellen, die als physikalische Reize Hörempfindungen auslösen können.

Es gibt jedoch keine physikalische Größe, die mit der Farbempfindung in einem einfachen Zusammenhang steht. Es ist deshalb nützlich, etwas näher auf den Zusammenhang zwischen physikalischem Reiz und der durch ihn ausgelösten Farbempfindung einzugehen.

Die Farbmetrik wird manchmal nicht ganz korrekt als Kolorimetrie bezeichnet. Dieser Ausdruck ist aber in der deutschen Fachliteratur für ein physikalisch-chemisches Verfahren besetzt, bei dem die Messung der Lichtabsorption von Lösungen zur quantitativen Bestimmung von Substanzen benützt wird. In der internationalen Literatur ist dieser Ausdruck (z.B. engl. colorimetry) jedoch für Farbmetrik gebräuchlich.

Zur Terminologie sei noch angemerkt, dass in diesem Kapitel unter Farbe immer die Farbempfindung verstanden werden soll. Dieser Begriff schließt nicht nur die bunten Farben ein, die einen Farbton haben (Rot, Grün, Blau, Gelb, usw.), sondern auch die unbunten Farben Schwarz, Weiß und Grau.

Farbreiz. Abb. 6.1 zeigt grob schematisiert die physikalischen und physiologischen Vorgänge bei einer Farbwahrnehmung. Eine Lichtquelle beleuchtet eine Fläche, die von einem Betrachter wahrgenommen wird. Die Strahlung, die ins Auge des Betrachters fällt und eine Farbempfindung auslöst, bezeichnet man als *Farbreiz*. Im Auge, genauer in den Sehzellen der Netzhaut, wird der Farbreiz in eine neuronale Erregung umgewandelt, die über den Sehnerv zum Zentralnervensystem weitergeleitet wird. Das Auge selbst ist bei der Wahrnehmung ein wichtiger Teil, in dem der äußere Reiz in ein komplexes neuronales Erregungsmuster umgesetzt wird. Die Farbempfindung wird jedoch sehr wesentlich von Prozessen im Gehirn bestimmt.

Physikalisch wird die den Farbreiz bildende Strahlung beschrieben durch ihre spektrale Zusammensetzung innerhalb des sichtbaren Spektralbereichs. Dieser umfasst das Gebiet zwischen den Wellenlängen 380 und 780 Nanometer (nm). Andere

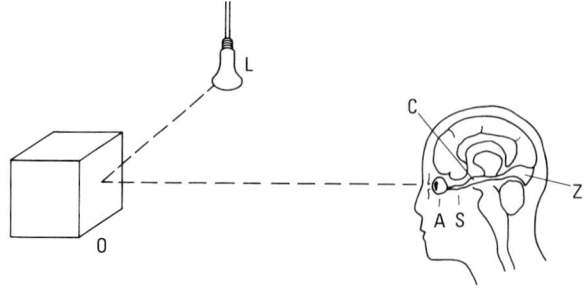

Abb. 6.1 Schema der physikalischen und physiologischen Vorgänge bei der Farbwahrnehmung. L: Lichtquelle, 0: Körperoberfläche, A: Auge, S: Sehnerv, C: Corpus geniculatum laterale, Z: Sehzentrum (primärer visueller Cortex).

physikalische Eigenschaften dieser Strahlung, wie ihre Polarisation oder Kohärenz, beeinflussen die Farbwahrnehmung nicht direkt. Der Farbreiz wird deshalb in der Farbmetrik durch eine skalare Funktion der Wellenlänge beschrieben, die so genannte *Farbreizfunktion* $\phi(\lambda)$. Als relative spektrale Strahlungsverteilung ist sie dimensionslos.

In der dargestellten Anordnung ist die Farbreizfunktion das Produkt aus der spektralen Strahlungsfunktion $S(\lambda)$ der Lichtquelle und dem spektralen Remissionsgrad $\beta(\lambda)$ der Oberfläche:

$$\phi(\lambda) = S(\lambda)\beta(\lambda).$$

In der Praxis setzt sich die Farbreizfunktion oft aus sehr viel mehr Komponenten zusammen, da die betrachtete Fläche nicht nur direkt von der Lichtquelle, sondern auch indirekt über andere teilweise farbige Flächen beleuchtet wird. Ebenso kann das Licht der Lichtquelle durch transparente Medien wie farbige Leuchten gefiltert sein.

Die Abhängigkeit der Farbreizfunktion von den Eigenschaften der Lichtquelle und von der Beschaffenheit der betreffenden Oberfläche ist Gegenstand der Optik als des Teilgebiets der Physik, das sich mit der Erzeugung und Ausbreitung der elektromagnetischen Strahlung befasst. Mit den für die Farbmetrik wichtigen physikalischen Eigenschaften von Lichtquellen, Filtern, Oberflächen und Empfängern befassen sich die Abschn. 6.2 bis 6.5 dieses Kapitels.

Farbreiz und Farbempfindung. Welche Farbempfindung ein physikalischer Reiz auslöst, lässt sich allein mit den Mitteln der physikalischen Optik nicht klären. Das Zustandekommen der Farbempfindung ist das Ergebnis einer komplexen Wechselwirkung zwischen dem Farbreiz und dem Gesichtssinn.

Der Zusammenhang zwischen Farbreiz und Farbempfindung ist keineswegs durch eine eindeutige Relation zu beschreiben. So können verschiedene Farbreize gleiche Farbempfindungen auslösen, aber ebenso kann derselbe Farbreiz zu sehr unterschiedlichen Farbempfindungen führen. Das sei an einigen Beispielen erläutert.

Betrachtet man auf einem Farbfernseh-Bildschirm die Wiedergabe eines weißen Papiers, so mag die dadurch ausgelöste Farbempfindung völlig übereinstimmen mit der Empfindung, die durch ein vor uns im Tageslicht liegendes weißes Papier ausgelöst wird. Misst man jedoch die Farbreizfunktion der betreffenden Fläche auf dem Bildschirm, so ist sie völlig verschieden von der des weißen Papiers bei Tageslichtbeleuchtung. Man nennt diese Erscheinung *Metamerie*, und sie wird in Abschn. 6.6 ausführlicher behandelt.

Farbkontrast, Farbstimmung und Farbkonstanz. Verschiedene Farbempfindungen bei gleichem Farbreiz erhält man z. B. beim so genannten *farbigen Simultankontrast*. Legt man zwei gleiche graue Papiere jeweils auf eine gelbe und auf eine blaue Unterlage, so werden sie etwas verschieden aussehen. Auf der gelben Unterlage erhält das Grau einen bläulichen, auf der blauen einen gelblichen Ton. Besonders deutlich wird dieser Effekt, wenn man das graue Feld und die Umgebung durch eine leicht streuende Folie abdeckt, die die Ränder etwas verwischt. In diesem Falle wird also die Farbempfindung offenbar nicht nur durch den Farbreiz der betrachteten Fläche bestimmt, sondern auch durch die Umgebung beeinflusst. Ein anderes eindrucksvolles Beispiel dafür ist der *Bezold-Effekt*, dargestellt auf der Farbtafel III/1.
   Auch im Falle der Farbe *Schwarz* ist der Zusammenhang zwischen Farbreiz und Farbempfindung nicht eindeutig. So sieht etwa ein abgeschalteter Fernsehbildschirm aufgrund des reflektierten Umgebungslichts keineswegs schwarz aus. Wird bei derselben Raumbeleuchtung auf dem eingeschalteten Bildschirm eine Person mit einem schwarzen Kleidungsstück wiedergegeben, erscheint dies jedoch schwarz, obwohl der Bildschirm an dieser Stelle nicht weniger, sondern aufgrund des in der Bildröhre entstehenden Streulichts sogar etwas mehr Licht abstrahlt als im abgeschalteten Zustand.
   Ein weiteres Beispiel dafür, dass ein und derselbe Farbreiz verschieden empfunden wird, ist die *Farbumstimmung*. Dabei ist das Auge selbst in unterschiedlichen Zuständen der *Farbstimmung* oder *chromatischen Adaptation* und reagiert deshalb verschieden auf denselben Farbreiz.
   Sehr eindrucksvoll lässt sich die Umstimmung mit einem einfachen Versuch demonstrieren, den M. Richter [1] beschrieben hat. Dabei wird die Tatsache benützt, dass sich die beiden Augen auch unabhängig voneinander umstimmen lassen. Man projiziert mit einem Kleinbildprojektor, in den man ein Farbfilter einsetzt, eine kräftige bunte Farbe (z. B. Grün) auf eine Projektionswand. Diese Farbfläche fixiert man 1 bis 2 Minuten lang mit einem Auge. Das andere Auge wird dabei mit der Hand abgedeckt. Betrachtet man unmittelbar anschließend ein Farbdiapositiv (z. B. eine Schneelandschaft), das man statt des Farbglases projiziert, abwechselnd mit dem umgestimmten und mit dem nicht umgestimmten Auge, so erhält man deutlich unterschiedliche Farbeindrücke durch die beiden Augen. Das Auge, das vorher dem grünen Farbreiz ausgesetzt war, gibt einen rötlicheren, wärmeren Farbeindruck von der Landschaft als das nicht umgestimmte Auge.
   Die Farbstimmung spielt für das Farbensehen ein sehr große Rolle und ihre Wirkung kann in vielen alltäglichen Situationen beobachtet werden, so beim Abnehmen einer Sonnenbrille oder beim unvermittelten Übergang von Tageslicht zu künstlicher Beleuchtung oder umgekehrt. Dabei ist jeweils im ersten Moment die Umstimmung noch nicht wirksam. Durch den Vorgang der Umstimmung wird erreicht, dass wir die Farben der Gegenstände weitgehend unabhängig von verschiedenen Beleuchtungen sehen und erkennen (*Farbkonstanz*).

Die Rolle der Psychophysik in Photometrie und Farbmetrik. Kehren wir zurück zu der Frage nach den Beziehungen zwischen Farbreiz und Farbempfindung. Die Wissenschaft, die sich allgemein mit den Zusammenhängen zwischen den Empfindungen und den sie auslösenden Reizen befasst, ist die *Psychophysik*. Sie wurde begründet von Gustav Theodor Fechner, der 1860 ein umfangreiches Werk veröffentlichte mit dem Titel „Elemente der Psychophysik" [2].

Empfindungen entziehen sich einer direkten Messung, oft auch einer größenmäßigen Schätzung. Dagegen lässt sich unter bestimmten Bedingungen sehr sicher beurteilen, ob zwei Empfindungen gleich sind. Deshalb untersucht die Psychophysik, welche Reize gleiche Empfindungen auslösen. Außer der *Empfindungsgleichheit* ist ein wichtiges Kriterium der Psychophysik die *Empfindungsschwelle*. Dabei wird gefragt, welche Größe ein Reiz haben muss, um überhaupt wahrgenommen zu werden (*Wahrnehmungsschwelle*), oder wie groß der Unterschied zweier Reize sein muss, um sie empfindungsmäßig unterscheiden zu können (*Unterschiedsschwelle*). Weitere psychophysische Kriterien sind gerade noch wahrnehmbare Unterschiede (just noticeable differences) oder gleichabständige Empfindungsstufen.

Die experimentellen Methoden und Begriffe der Psychophysik sind für die Farbmetrik, aber auch für die Lichttechnik, sehr wichtig. Als *psychophysische* Begriffe im engeren Sinne bezeichnet man die Größen, die allein nach dem Gleichheitskriterium abgeleitet sind. Dazu gehören z. B. die photometrischen Größen Lichtstrom, Leuchtdichte, Beleuchtungsstärke. Die Leuchtdichte L wird aus der physikalischen Größe spektrale Strahldichte $L(\lambda)$ durch Bewertung mit dem spektralen Hellempfindlichkeitsgrad $V(\lambda)$ und durch Multiplikation mit dem photometrischen Strahlungsäquivalent K_m gebildet (Abschn. 5.1.1 und 5.1.2, Abb. 5.1).

Die $V(\lambda)$-Funktion beschreibt die spektrale Helligkeitsempfindlichkeit des helladaptierten Auges. Zwei monochromatische Lichter der Wellenlängen λ_1 und λ_2 mit den Strahldichten L_1 und L_2 erscheinen dann gleich hell, wenn

$$L_1 V(\lambda_1) = L_2 V(\lambda_2).$$

Die Leuchtdichte sagt nichts aus über die Intensität der Helligkeitsempfindung, da gleiche Leuchtdichtestufen sehr unterschiedliche Stufen der Hellempfindung bilden. Zur Beschreibung gleicher Helligkeitsstufen ist eine *psychometrische* Helligkeitsfunktion (Abschn. 6.12) erforderlich.

Die Leuchtdichte muss einen bestimmten Mindestwert überschreiten, um überhaupt eine Helligkeitswahrnehmung auszulösen. Diese Wahrnehmungsschwelle hängt von dem Adaptationszustand des Auges ab. Bei längerem Aufenthalt in völliger Dunkelheit ist sie sehr niedrig. Bei so geringen Leuchtdichten ist jedoch die Wahrnehmung von Farben nicht möglich. Man kann bei diesem *skotopischen* oder *Dämmerungssehen* nur Helligkeiten unterscheiden. Für diesen Bereich gilt auch ein spezieller Hellempfindlichkeitsgrad $V'(\lambda)$, der ein Maximum bei 505 nm hat (Abb. 5.1).

Die Wahrnehmung von Farben beginnt bei sehr viel höheren Leuchtdichten. Erst ab etwa 30 cd/m^2 ist man im *photopischen* Bereich und im Zustand völliger *Helladaptation*. Nur bei vollständig helladaptiertem Auge ist der Farbensinn voll entwickelt. Dies ist im normalen Tageslicht gegeben, das deshalb für die Farbmetrik die wichtigste Beleuchtungsart bildet.

'Niedere' und 'höhere' Farbmetrik. Eine elementare Frage der Farbmetrik ist also, welche Bedingungen zwei Farbreize erfüllen müssen, um die gleiche Farbempfindung auszulösen. Diese Frage kann experimentell durch die Versuche zur *additiven Farbmischung* beantwortet werden. Die Versuche zeigen, dass jede Farbe durch Mischung aus anderen Farben nachgemischt werden kann. Das Urteil über Gleichheit oder Ungleichheit der vorgegebenen Farbe mit ihrer Nachmischung kann primär nur ein Beobachter vornehmen. Ein physikalisches Messgerät, das das Spektrum des Farbreizes misst, ist dazu aufgrund der erwähnten Metamerie nicht in der Lage.

Farbreize, die gleich aussehen, haben gleiche *Farbvalenz*. Zahlenmäßig kann man die Farbvalenz durch die Anteile dreier ausgewählter anderer Farben angeben, aus denen sie nachgemischt werden kann. Der Teil der Farbmetrik, der allein auf dem Begriff der Farbvalenz aufgebaut ist, wird *Farbvalenzmetrik* genannt oder auch *niedere Farbmetrik*. Sie bildet den Gegenstand der Abschn. 6.6 bis 6.10.

Abschn. 6.11 behandelt in der gebotenen Kürze einige Ergebnisse der Sinnesphysiologie des Farbensehens, durch die die Grundgesetze der Farbmetrik erst verständlich werden.

Für die Anwendungen der Farbmetrik ist es wichtig, außer der Kennzeichnung einer Farbe durch Zahlen auch Unterschiede zwischen Farben empfindungsgemäß angeben zu können. Deshalb untersucht die *höhere Farbmetrik* vor allem die *empfindungsgemäßen Farbabstände* quantitativ. Sie versucht die Farben durch so genannte *psychometrische Farbmaßzahlen* zu beschreiben und Koordinatensysteme zu finden, in denen die Farben empfindungsgemäß richtig angeordnet werden können. Solche Koordinatensysteme und Farbordnungen werden in den Abschn. 6.12 und 6.13 behandelt.

Der letzte Abschnitt wendet sich schließlich einigen wichtigen Anwendungen der Farbmetrik in dem Bereich der technischen Farbreproduktion zu.

6.2 Spektrale Eigenschaften von Lichtquellen

Lichtquellen und die in ihnen ablaufenden physikalischen Prozesse der Lichterzeugung sind in Kap. 5 behandelt worden. Hier soll lediglich die für die Farbmetrik wichtige räumliche bzw. spektrale Verteilung der Strahlung von einigen Lichtquellen behandelt werden. Die Messung der Spektren erfolgt mithilfe von Prismen- oder Gitterspektrometern, wie sie in den Kapiteln 2 und 3 behandelt worden sind.

Der Lambert-Strahler. Eine leuchtende Oberfläche wird durch ihre Leuchtdichte gekennzeichnet. Die Leuchtdichte L ist der abgestrahlte Lichtstrom, bezogen auf den Raumwinkel und die Fläche (Tab. 5.3). Ist die Leuchtdichte von der Beobachtungsrichtung unabhängig, so spricht man von einem *Lambert-Strahler*. Eine leuchtende Fläche, die ein Lambert-Strahler ist, sieht aus allen Richtungen gleich hell aus. Der Lichtstrom Φ, der in verschiedene Richtungen von einem Flächenelement dF eines Lambert-Strahlers abgegeben wird, ist zwar proportional zum Kosinus des Abstrahlungswinkels δ, da aber die Fläche für den Beobachter auch um den Kosinus des Abstrahlungswinkels verkleinert erscheint, ist der in diese Richtung fallende Lichtstrom proportional zur scheinbaren Flächengröße und damit erscheint

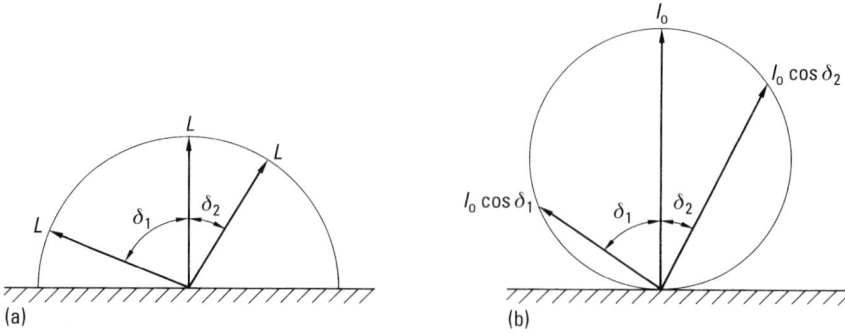

Abb. 6.2 Lambert-Strahler; (a) Richtungsverteilung der Leuchtdichte; (b) Richtungsverteilung der Lichtstärke.

die Fläche aus allen Richtungen gleich hell. Die Lichtstärke I (das ist der abgegebene Lichtstrom bezogen auf den Raumwinkel), die von dem betreffenden Flächenelement abgegeben wird, ist

$$dI = L\,dF\cos\delta$$

und damit proportional zum Kosinus des Abstrahlungswinkels δ. Abb. 6.2 zeigt die räumliche Verteilung der Leuchtdichte und der Lichtstärke einer als Lambert-Strahler leuchtenden Fläche.

Der Lambert-Strahler ist eine idealisierte Lichtquelle und die meisten realen Lichtquellen weichen beträchtlich von dem idealen Lambert-Strahler ab. So ist auch die Sonne, obwohl sie ungefähr gleich hell bis zum Rand erscheint, kein Lambert-Strahler. Ihre Leuchtdichte fällt zum Rand hin ab.

Temperaturstrahler und Normlichtart A. Von den künstlichen Lichtquellen ist an erster Stelle die *Glühlampe* zu nennen. Die Lichtemission erfolgt durch das Glühen eines durch elektrischen Strom erhitzten dünnen wendelförmigen Wolframdrahtes in einem evakuierten oder mit einem Edelgas gefüllten Glaskolben. Über den Zusammenhang zwischen der absoluten Temperatur und der Lichtemission von Körpern gibt Abschn. 5.2.1 Auskunft. Die spektrale Verteilung der Strahldichte eines schwarzen Körpers der Temperatur T wird durch das Planck'sche Strahlungsgesetz Gl. (5.14) beschrieben (Abb. 5.4). Für reale glühende Körper muss diese Funktion allerdings mit einem Korrekturfaktor <1 multipliziert werden, dem spektralen Emissionsgrad $\varepsilon(\lambda, T)$, der wie das Planck'sche Strahlungsgesetz von der Wellenlänge λ und der absoluten Temperatur T abhängt. Für eine Reihe von Materialien (wie z. B. Wolfram) hängt der Emissionsgrad im sichtbaren Spektralbereich nur geringfügig von der Wellenlänge ab, und die relative spektrale Strahlungsverteilung wird dort durch das Planck'sche Strahlungsgesetz ausreichend genau beschrieben. Man kann die (sichtbare) Lichtemission einer solchen Lichtquelle deshalb durch eine *Verteilungstemperatur* T_V beschreiben, wobei T_V die Temperatur des schwarzen Strahlers mit der betreffenden spektralen Strahlungsverteilung ist.

Lichtquellen, deren relative spektrale Strahlungsverteilung von der des Planck'schen Strahlers abweicht, kann man keine Verteilungstemperatur zuordnen. Sie können durch eine *Farbtemperatur* T_f gekennzeichnet werden, wenn ihre Farbart (gekennzeichnet z. B. durch die Normfarbwertanteile x, y, s. Abschn. 6.9) mit der des schwarzen Strahlers übereinstimmt. Eine bestimmte Lichtquelle hat also die Farbtemperatur T_f, wenn der schwarze Strahler dieser Temperatur mit ihr in der Farbart übereinstimmt (und dementsprechend denselben Farbort in der Farbtafel besitzt). Liegt der Farbort der Lichtquelle nur in der Nähe des Farborts eines schwarzen Strahlers, dann spricht man von einer *ähnlichsten Farbtemperatur*. Das ist die Temperatur des schwarzen Strahlers, dessen Farbort der zu kennzeichnenden Lichtquelle in einer gleichabständigen Farbtafel am nächsten liegt (s. Abschn. 6.12). Verteilungstemperatur und Farbtemperatur sagen also nichts über die tatsächliche Temperatur der Lichtquelle aus, sondern die erste sagt etwas über das Spektrum, die zweite etwas über die Farbe der Strahlung der Lichtquelle aus.

Die Verteilungstemperaturen der Glühlampen liegen zwischen 2800 K bei normalen und 3400 K bei Halogenglühlampen. Neben der höheren Verteilungs- bzw. Farbtemperatur ist bei den Halogenglühlampen auch die Lichtausbeute mit ca. 25–35 lm/W erheblich höher als der normaler Glühlampen mit nur 15–20 lm/W. Die Halogenglühlampen werden vor allem bei der Projektion und in Scheinwerfern eingesetzt.

Glühlampenlicht wird durch eine *Normlichtart* A repräsentiert. Deren spektrale Strahlungsverteilung ist durch einen Planck'schen Strahler der absoluten Temperatur 2856 K gegeben. Im sichtbaren Spektralbereich kann diese Strahlungsverteilung erzeugt werden durch eine gasgefüllte Wolfram-Glühlampe der Verteilungstemperatur 2856 K [3, 4].

Durch Vorsetzen eines genau spezifizierten Filters (Davis-Gibson-Filter) kann man aus der Normlichtart A die ältere tageslichtähnliche *Normlichtart* C erzeugen, die vor Einführung der Normlichtart D65 viel in Gebrauch war (Abb. 6.3).

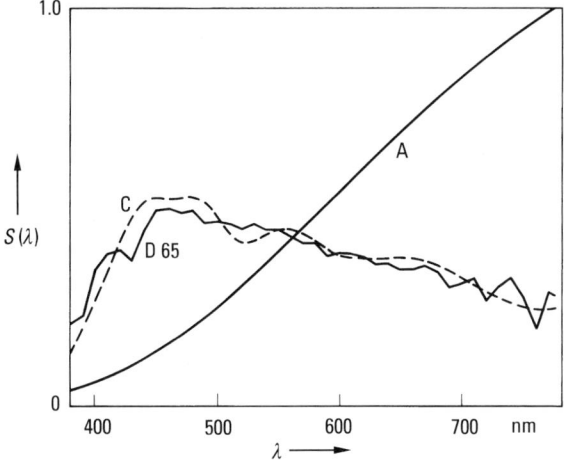

Abb. 6.3 Relative spektrale Strahlungsverteilungen $S(\lambda)$ der Normlichtarten A, D65 und C, normiert auf gleiche Leuchtdichte.

Tageslicht und Normlichtart D65. Die Sonne ist die Quelle des Tageslichts. Ihre Strahlung wird durch die Atmosphäre der Erde stark modifiziert. Die spektrale Verteilung des Tageslichts hängt deshalb von der Tageszeit und von der Beschaffenheit der Atmosphäre ab, d. h. damit von der Witterung, der Luftverschmutzung, sowie von der geographischen Lage. Bei klarem Himmel ist die Strahlung aus direkter Sonnenstrahlung und dem an den Partikeln der Atmosphäre gestreuten Anteil der Sonnenstrahlung zusammengesetzt. Nach der Rayleigh'schen Theorie der Lichtstreuung an Molekülen (Abschn. 3.13) wird der kurzwellige, blaue Anteil des Lichts wesentlich stärker gestreut als der langwellige, rote Anteil. Deshalb erscheint der klare Himmel blau und das direkte Sonnenlicht wegen des fehlenden Blauanteils leicht gelblich. Je dicker und dichter die Luftschicht ist, die die Strahlung auf ihrem Weg zur Erdoberfläche durchdringen muss (d. h. abends und morgens und bei Luftverunreinigung z. B. durch Rauch), desto rötlicher sieht die Sonne aus und desto mehr wird die auf die Erdoberfläche gelangende Strahlung geschwächt.

Bei bedecktem Himmel mischen sich die verschiedenen Spektralanteile wieder zu einer diffusen Einstrahlung, bei der die Strahlung aus allen Himmelsrichtungen in etwa dasselbe Spektrum hat. Auf ein solches diffuses Licht von einem bedecktem Himmel bezieht man sich, wenn man in der Farbmetrik von „Tageslichtbeleuchtung" spricht. Trotzdem kann die spektrale Verteilung dieses Tageslichts je nach Tageszeit und geographischer Lage noch erheblich schwanken. Obwohl die Sonne selbst ein Spektrum hat, das recht gut durch die Planck'sche Funktion bei einer absoluten Temperatur von 6000 K beschrieben wird (Abschn. 5.3), sind die Modifikationen durch die Atmosphäre beträchtlich.

Wegen der Wichtigkeit des Tageslichts für die Farbmetrik wurde eine repräsentative spektrale Strahlungsverteilung, eine mittlere Tageslichtart als *Normlichtart D65* standardisiert. Die Bezeichnung bezieht sich auf „Daylight" und die Farbtemperatur 6500 K. Definiert ist diese Normlichtart durch die *spektrale Strahlungsfunktion $S(\lambda)$* in Abb. 6.3 [3, 4].

Gasentladungslampen. Neben den Glühlampen haben für die Innenraumbeleuchtung die *Leuchtstofflampen* eine große Bedeutung (Abschn. 5.2.3). Ihr Spektrum unterscheidet sich grundsätzlich von dem eines Temperaturstrahlers. Es besteht aus einigen scharfen Spektrallinien, die sich auf einem breiten Kontinuum erheben. Die Spektrallinien stammen aus der Niederdruck-Gasentladung im Innern der Röhre und die stärksten gehören zum Spektrum des dort vorhandenen Quecksilbers. Der kurzwellige Anteil der bei dieser Gasentladung entstehenden Strahlung wird jedoch zur Anregung der Leuchtstoffe benützt, die an der Innenwand der Entladungsröhre aufgebracht sind. Die von diesen Leuchtpigmenten abgegebene Strahlung bildet den kontinuierlichen Anteil des Spektrums. Je nach der Zusammensetzung der Leuchtpigmente kann im Spektrum der langwellige Anteil überwiegen (Warmtonlampen) oder der kurzwellige Anteil (Tageslichtlampen).

Abbildung 6.4 zeigt einige Spektren von Leuchtstofflampen. Eine wichtige Eigenschaft von Lichtquellen ist ihre Farbwiedergabe. Damit ist gemeint, dass Körperfarben unter ihrer Beleuchtung möglichst so wie unter Beleuchtung mit natürlichen Lichtquellen, also etwa Tageslicht, aussehen sollen. Dazu ist im Allgemeinen ein kontinuierliches Spektrum Voraussetzung, in dem nicht einzelne Spektrallinien stark überwiegen. Die ersten Leuchtstofflampen hatten eine sehr schlechte Farbwieder-

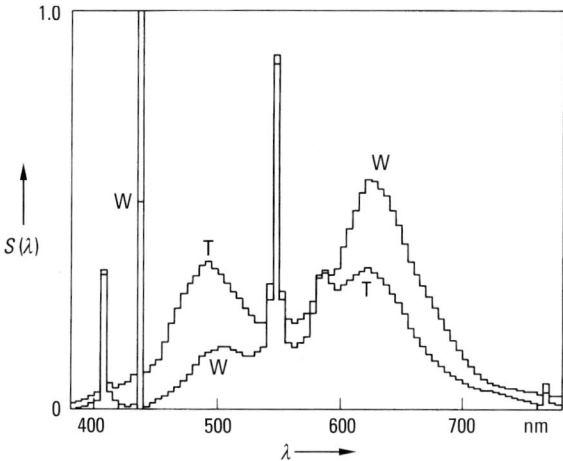

Abb. 6.4 Relative spektrale Strahlungsfunktionen $S(\lambda)$ von verschiedenen Leuchtstofflampen. T: Tageslicht de Luxe, W: Warmton de Luxe.

gabe und ließen etwa Gesichtsfarben fahl und unnatürlich erscheinen. Die modernen Leuchtstofflampen haben jedoch aufgrund sorgfältig ausgewählter Leuchtstoffkombinationen eine sehr gute Farbwiedergabe, die durch den allgemeinen Farbwiedergabe-Index beschrieben wird (Abschn. 6.12).

Während in den Leuchtstofflampen die Gasentladung unter sehr niedrigem Druck stattfindet, arbeiten die Xenonlampe und die Natriumdampflampe unter hohem Druck. In diesen *Hochdruck-Gasentladungslampen* bewirkt der hohe Druck eine Verbreiterung der Emissionslinien im Spektrum. Mit diesen Lampen werden extrem hohe Leuchtdichten und Lichtströme bei Lichtausbeuten um und über 100 lm/W erzielt. Wegen ihrer guten Farbwiedergabe-Eigenschaften haben unter diesen Lampen vor allem die *Halogen-Metalldampflampen* (Abschn. 5.2.3) bei der Ausleuchtung von Film- und Fernsehstudios Bedeutung.

Fluoreszenzschirme. Lichtquellen dienen nicht nur zur Beleuchtung, sondern auch zur direkten Darstellung von Information etwa auf Leuchtschirmen. Dabei macht man sich die unter dem Begriff *Lumineszenz* zusammenfassend bezeichnete Eigenschaften bestimmter Stoffe zunutze, bei Energiezufuhr durch Bestrahlung mit Röntgen-, UV- oder Kathoden- bzw. Elektronen-Strahlung diese wieder in Form von sichtbarer Strahlung abzugeben. Technisch ausgenützt wird dies in der *Kathodenstrahlröhre*, die zur Informationsdarstellung im Oszilloskop und zur Bilddarstellung im Farbfernsehempfänger und im Computer-Bildschirm verwendet wird.

Der auf der Innenseite der Bildröhre aufgebrachte Leuchtstoff (Phosphor) wird durch einen magnetisch fokussierten und zeilenförmig über das Bildformat geführten Elektronenstrahl angeregt und zum Leuchten gebracht. In einer *Farbfernseh-Bildröhre* werden gleichzeitig drei Elektronenstrahlen erzeugt und gemeinsam fokussiert und abgelenkt. Die Phosphorschicht besteht aus einem Mosaik rot, grün und blau leuchtender Phosphorpunkte. Durch eine siebförmige Maske hinter der Phosphor-

678   6 Farbmetrik

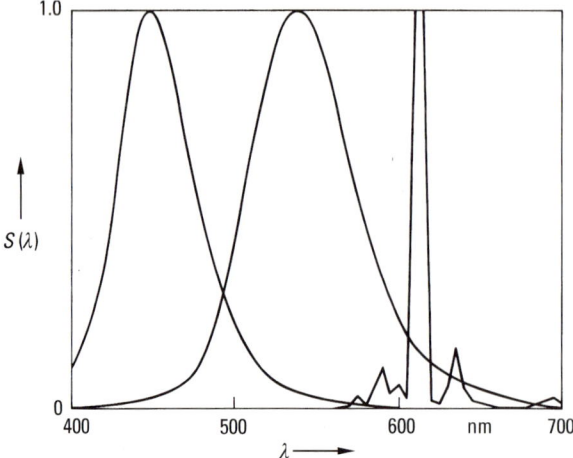

Abb. 6.5 Relative spektrale Strahlungsfunktionen $S(\lambda)$ der drei Leuchtstoffe einer Farbfernseh-Bildröhre. Blau- und Grünphosphor haben ein kontinuierliches Spektrum, der Rotphosphor hat ein Linienspektrum.

schicht wird dafür gesorgt, dass jeder der drei Elektronenstrahlen nur jeweils eine Art von Phosphorpunkten erreichen und anregen kann. Abb. 6.5 zeigt die spektralen Strahlungsfunktionen der Leuchtstoffe einer Farbfernseh-Bildröhre.

6.3 Optische Filter

Spektraler Transmissionsgrad. Beim Durchgang durch Materie wird Licht teilweise absorbiert, teilweise an den Grenzflächen reflektiert, teilweise gestreut und teilweise unbeeinflusst durchgelassen. Im Allgemeinen treten alle Prozesse gleichzeitig auf, jedoch mit unterschiedlichen Gewichtungen, die zudem von der Wellenlänge abhängen.

Stoffe wie Glas oder Flüssigkeiten, die einen Teil des Lichts ohne Streuung und Richtungsänderung durchlassen, nennt man (teilweise) *transparent* oder durchsichtig. Das Verhältnis des durchgelassenen zum auffallenden Lichtstrom heißt der Transmissionsgrad τ dieses Körpers. Bestimmt man den Transmissionsgrad für monochromatisches Licht der Wellenlänge λ, so spricht man vom spektralen Transmissionsgrad $\tau(\lambda)$. Entsprechend ist das Verhältnis des an einer Oberfläche reflektierten Lichtstroms zum auffallenden Lichtstrom der (spektrale) Reflexionsgrad $\varrho(\lambda)$. Transmissionsgrad und Reflexionsgrad können nicht größer als 1 werden (Abschn. 2.6).

Im Falle einer planparallelen Platte aus absorptionsfreiem Glas mit einer Brechzahl von $n = 1.5$ ist der Transmissionsgrad bei senkrechtem Licheinfall $\tau = 0.92$, d.h. 92 % des auffallenden Lichts werden durchgelassen. Je 4 % werden an den beiden Glas-Luft-Grenzflächen reflektiert (Fresnel-Reflexionen, Abschn. 4.2).

6.3 Optische Filter 679

Als optische Filter bezeichnet man Körper, die transparent sind und in mindestens einem Teil des Spektrums absorbieren oder reflektieren, also einen spektralen Transmissionsgrad kleiner als 1 haben. Wenn sich der spektrale Transmissionsgrad im sichtbaren Bereich ändert, spricht man von Farbfiltern. Filter mit wellenlängenunabhängigem Transmissionsgrad bezeichnet man als Graufilter.

Filterwirkungen spielen bei sehr vielen Farberscheinungen eine Rolle. Auch die Farben von Pigmenten und von den meisten farbigen Oberflächen beruhen auf Filterwirkungen, da das auffallende Licht in die Pigmentteilchen bzw. in die Oberfläche eindringt, dort gefiltert und gestreut wird und dann – teilweise – wieder an die Oberfläche gelangt.

Die wichtigsten technischen Farbfilter sind Massefilter und Interferenzfilter. Auf andere Filter wie z. B. Polarisationsfilter können wir hier nicht eingehen.

Massefilter. Massefilter sind absorbierende Filter. Bis auf die Fresnel'schen Grenzflächenreflexionen werden die nicht durchgelassenen Lichtanteile im Filtermaterial absorbiert. Häufig bestehen Massefilter aus einem vollständig transparenten Stoff wie Glas oder einer Flüssigkeit, dem bzw. der bestimmte färbende Substanzen zugefügt sind. Im Falle von Glasfiltern werden diese Substanzen der Schmelze beigemengt. Durch die Konzentration dieser Beimengungen kann man den spektralen Transmissionsgrad des Filters beeinflussen. Abb. 6.6 zeigt die spektralen Transmissionsgrade einer Reihe von Glasfiltern der Firma Schott.

Aufgrund des Lambert'schen Absorptionsgesetzes (Abschn. 2.6) ändert sich der spektrale Transmissionsgrad mit der Dicke des Filters. Nach diesem Gesetz gilt für absorbierendes Material der Dicke d bei monochromatischer Beleuchtung für den durchgelassenen Lichtstrom Φ:

$$\Phi = \Phi_0 e^{-\alpha d}.$$

Dabei ist Φ_0 der in das Material eindringende Lichtstrom und α der Absorptionskoeffizient des Materials bei der betreffenden Wellenlänge. Diese Beziehung gilt,

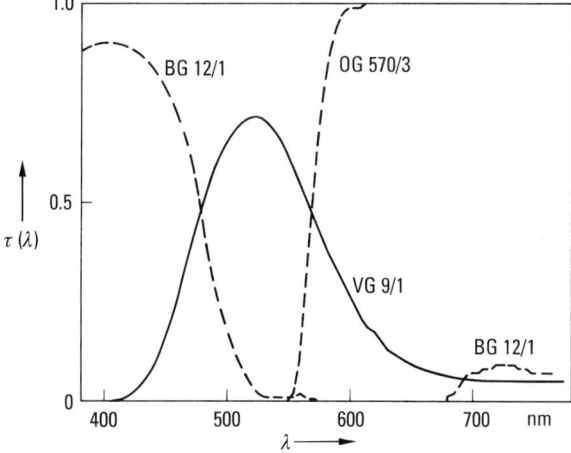

Abb. 6.6 Spektrale Transmissionsgrade $\tau(\lambda)$ verschiedener Schott-Glasfilter.

680 6 Farbmetrik

wenn man von den Grenzflächenreflexionen absieht. Bezeichnet man das Verhältnis des Lichtstroms vor der Austrittsfläche zu dem in den Körper eintretenden Lichtstrom als *inneren Transmissionsgrad* τ_i, so gilt für die Abhängigkeit dieses inneren spektralen Transmissionsgrades von der Dicke d:

$$\tau_i = \frac{\Phi}{\Phi_0} = e^{-\alpha d}. \qquad (6.1)$$

Die Abhängigkeit von der Wellenlänge ist nicht explizit mit angegeben. Es ist jedoch hervorzuheben, dass diese und die folgenden Beziehungen nur für monochromatisches Licht gelten. Zwei Filter unterschiedlicher Dicke d_1 und d_2 aus demselben Material haben die inneren Transmissionsgrade

$$\tau_1 = e^{-\alpha d_1} \quad \text{und} \quad \tau_2 = e^{-\alpha d_2}.$$

Daraus folgt:

$$\begin{aligned}\tau_2 &= e^{-\alpha d_2} = e^{-\alpha d_1 (d_2/d_1)}, \\ &= (e^{-\alpha d_1})^{(d_2/d_1)}, \\ &= \tau_1^{(d_2/d_1)}. \end{aligned} \qquad (6.2)$$

Man kann aus dem (inneren spektralen) Transmissionsgrad eines Filters einer bestimmten Dicke also den (inneren spektralen) Transmissionsgrad bei irgend einer anderen Dicke berechnen. Abb. 6.7 zeigt die spektralen Transmissionsgrade eines bestimmten Filtertyps für verschiedene Dicken.

Setzt man zwei Massefilter mit den inneren Transmissionsgraden τ_1 und τ_2 hintereinander, so gilt für die Lichtströme am ersten Filter

$$\Phi_1 = \tau_1 \Phi_0.$$

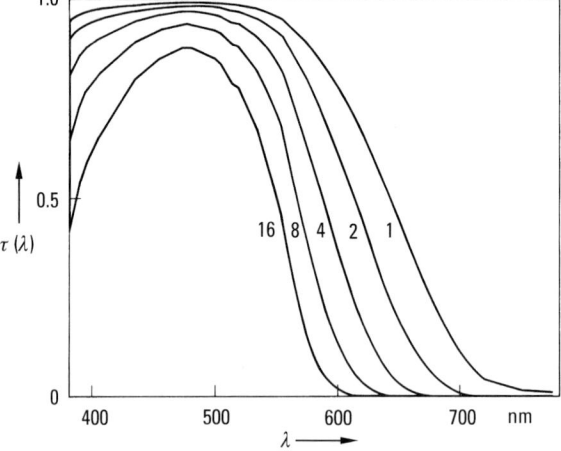

Abb. 6.7 Spektrale Transmissionsgrade $\tau(\lambda)$ eines Glasfilters Schott BG40 bei den Dicken 1, 2, 4, 8, 16 mm.

Der aus dem ersten Filter austretende Lichtstrom Φ_1 trete nun in das zweite Filter ein, an dessen Ausgang der Lichtstrom Φ_{12} übrig bleibt:

$$\Phi_{12} = \tau_2 \Phi_1.$$

Einsetzen von Φ_1 ergibt:

$$\Phi_{12} = \tau_2 \tau_1 \Phi_0 = \tau_{12} \Phi_0$$

und damit

$$\tau_{12} = \tau_1 \tau_2. \tag{6.3}$$

Das Hintereinandersetzen zweier Filter ergibt also ein kombiniertes Filter mit einem (inneren spektralen) Transmissionsgrad, der das Produkt aus den beiden (inneren spektralen) Transmissiongraden der beiden kombinierten Filter ist. Bei vielen Anwendungen in der Photometrie und in der Farbmetrik sind Filter mit einem ganz bestimmten spektralen Transmissionsverlauf erwünscht. Die Kombination von unterschiedlichen Massefiltern verschiedener Dicke erlaubt es in vielen Fällen, den gewünschten Verlauf wenigstens näherungsweise zu realisieren.

Werden die Filter nicht hintereinander, sondern nebeneinander im Strahlengang angeordnet, so spricht man von *Partialfilterung* (im Gegensatz zur Vollfilterung bei Hintereinanderschaltung). Sind die beiden inneren Transmissionsgrade der beiden Filter wieder τ_1 und τ_2 und bedecken sie im Strahlengang die relativen Flächenanteile σ und $1-\sigma$, so wird der eintretende Lichtstrom Φ_0 aufgeteilt in die Anteile $\sigma\Phi_0$ und $(1-\sigma)\Phi_0$ und die durchgelassenen Anteile sind:

$$\Phi_1 = \tau_1 \sigma \Phi_0 \quad \Phi_2 = \tau_2 (1-\sigma) \Phi_0.$$

Der aus beiden Filtern austretende Lichtstrom ist die Summe:

$$\begin{aligned}\Phi_{1+2} &= \Phi_1 + \Phi_2 \\ &= \{\tau_1 \sigma + \tau_2 (1-\sigma)\} \Phi_0 = \tau_{1+2} \Phi_0\end{aligned}$$

und damit

$$\tau_{1+2} = \tau_1 \sigma + \tau_2 (1-\sigma). \tag{6.4}$$

τ_{1+2} ist der Transmissionsgrad der Partial-Filterkombination. Damit hat man einen zusätzlichen Freiheitsgrad zur Variation des Transmissionsverlaufs. Allerdings muss man beachten, dass diese Methode der Filterung nur bei Beleuchtungs- oder reinen Messstrahlengängen Verwendung finden kann, nicht jedoch bei abbildenden Strahlengängen. Auch im ersteren Falle muss gewährleistet sein, dass die Ausleuchtung der Filterkombination immer gleichmäßig ist, da eine ungleichförmige Verteilung des Lichtstroms auf den kombinierten Filtern deren relative Wirkung verändert.

Interferenzfilter. Bei Interferenzfiltern wird im Gegensatz zu Massefiltern der nicht durchgelassene Anteil des Lichts nicht absorbiert, sondern reflektiert. Die Absorption eines solchen Filters ist im sichtbaren Spektralbereich vernachlässigbar, und deshalb gilt für die Interferenzfilter näherungsweise, dass sich spektraler Transmissionsgrad τ und spektraler Reflexionsgrad ϱ zu 1 ergänzen:

$$\tau + \varrho \cong 1.$$

682 6 Farbmetrik

Interferenzfilter bestehen aus einer Anzahl von sehr dünnen transparenten Einzelschichten von abwechselnd hoher und niedriger Brechzahl. Hergestellt werden die Interferenzfilter durch Aufdampfen solcher Schichten im Vakuum auf eine Glasplatte als Unterlage.

Ein auf die Oberfläche eines solchen Filters auffallender Lichtstrom dringt in das Schichtenpaket ein, wobei aufgrund der unterschiedlichen Brechungsindizes an jeder Grenzfläche bestimmte Anteile reflektiert werden. Wenn die Dicke der Schichten in der Größe einer Viertelwellenlänge ($\lambda/4$) liegt, dann ist der Gangunterschied zweier an benachbarten Grenzflächen reflektierter Anteile gleich einer Wellenlänge, nämlich der Wegdifferenz von einer halben Wellenlänge und dem an der Grenzfläche mit der Reflexion an der dichteren Schicht entstandenen Phasensprung von einer halben Wellenlänge (Abschn. 3.3). Die beiden Anteile sind also in Phase und die Amplituden addieren sich. Bei einer anderen Wellenlänge ist diese Bedingung nicht mehr erfüllt und die Amplituden der reflektierten Anteile addieren sich nicht mehr oder kompensieren sich sogar ganz oder teilweise.

Auf diese Weise ergibt sich bei einem bestimmten Schichtaufbau des Filters ein Verlauf des spektralen Transmissionsgrads, wie er z. B. in Abb. 6.8 dargestellt ist. Die Kurve des spektralen Reflexionsgrades $\varrho(\lambda)$ dieses Filters ist nach obiger Beziehung zu $\tau(\lambda)$ komplementär: $\varrho(\lambda) = 1 - \tau(\lambda)$.

Interferenzfilter können sehr unterschiedliche spektrale Transmissionsgrade haben. In Abschn. 3.3 war von Interferenz-Linienfiltern die Rede, die nur einen sehr schmalen Spektralbereich, eben möglichst nur eine „Linie" im Spektrum durchlassen. In der Farbmetrik haben vor allem Kantenfilter Bedeutung, die einen ausgedehnten Bereich des Spektrums möglichst vollständig reflektieren. Die *Langkanten-*

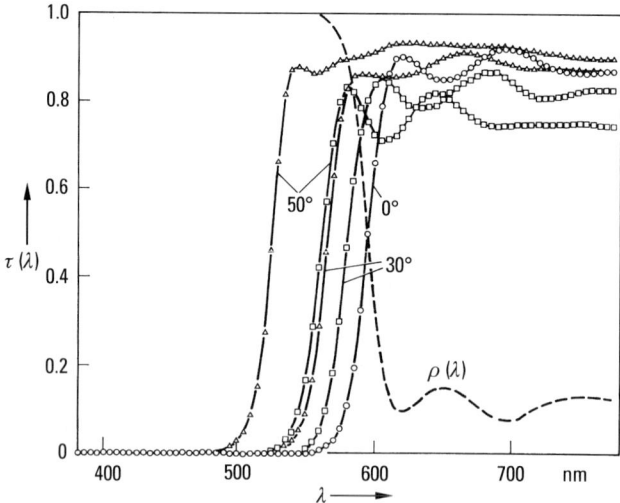

Abb. 6.8 Spektraler Transmissionsgrad $\tau(\lambda)$ eines Langkanten-Interferenzfilters bei den Einfallswinkeln 0°, 30° und 50° und bei unterschiedlicher Polarisation des einfallenden Lichts ($\triangle$ parallel bzw. $\square$ senkrecht zur Einfallsebene linear polarisiert). Der spektrale Reflexionsgrad $\varrho(\lambda)$ gilt für 0° Einfallswinkel.

filter sind im langwelligen Bereich transparent und reflektieren den kurzwelligen Bereich, bei den *Kurzkantenfiltern* verhält es sich umgekehrt.

Für die Interferenzfilter ist charakteristisch, dass sich der spektrale Transmissionsgrad mit dem Einfallswinkel ändert, und dass für größere Einfallswinkel der Transmissionsgrad von dem Polarisationszustand des Lichts abhängt. Abb. 6.8 macht dies an einem Beispiel deutlich.

Der Transmissionsgrad von mehreren hintereinander angeordneten Interferenzfiltern ist nur dann gleich dem Produkt der Transmissionsgrade der Einzelfilter, wenn dafür gesorgt ist, dass durch Schrägstellen der Filter die reflektierten Anteile aus dem Strahlengang herausreflektiert werden.

Sehr oft werden Massefilter und Interferenzfilter kombiniert, wenn man ein Filter mit einem bestimmten spektralen Transmissionsgrad realisieren will. Das Interferenzfilter kann dabei direkt auf das Massefilter aufgedampft werden, sodass man ein sehr kompaktes Filter erhält.

Ein Spezialfall des Interferenzfilters ist die Vergütung, die, wie in Abschn. 3.3 beschrieben, schon mit einer einfachen Schicht auf Glas erzeugt werden kann. Vergütet man z. B. ein Massefilter auf beiden Seiten, so kann man dadurch die Fresnel'schen Grenzflächenreflexionen weitgehend ausschalten und die Gesamttransmission wird praktisch gleich der inneren Transmission.

6.4 Spektrale Eigenschaften von Körperoberflächen

Matte und glänzende Oberflächen. Die Farbe einer Oberfläche, die nicht selbst leuchtet, hängt davon ab, welche spektralen Anteile des aus der Umgebung auf sie fallenden Lichts von ihr reflektiert werden. Dabei kann das Licht *glänzend* oder *matt* von der Oberfläche zurückgestrahlt werden. Von einem Glanz spricht man, wenn gerichtet auffallendes Licht nach dem Reflexionsgesetz gerichtet reflektiert wird. Matt nennt man eine Oberfläche, wenn das reflektierte Licht unabhängig von der Beleuchtungsrichtung in alle Richtungen verteilt wird.

Glatte Metalloberflächen haben einen starken Glanz und sind meist unbunt (Ausnahmen: Kupfer, Gold). Da Metalle eine sehr starke Absorption haben, kann kein Licht aus dem Metallinneren zurückkommen. Die typische Metallreflexion ist reine Oberflächenreflexion. In Abschn. 4.4 wird die Metallreflexion berechnet und gezeigt, dass der hohe Absorptionskoeffizient auch zu hoher Oberflächenreflexion führt. Die rötliche bzw. gelbe Eigenfarbe von Kupfer und Gold sind auf geringere Absorption im kurzwelligen Spektralbereich zurückzuführen [5].

Für nichtmetallische Stoffe mit Brechzahlen zwischen 1 und 2 liegt der auf die Fresnel'schen Reflexionen zurückzuführende Anteil nach Abschn. 4.2 bei wenigen Prozent. Da die Brechzahl sich bei diesen Stoffen innerhalb des sichtbaren Spektralbereiches meistens nur wenig ändert, ist dieser Anteil unbunt. Bei glatten Oberflächen führt diese Fresnel-Reflexion zum Glanz, der deshalb die Farbe der Lichtquelle hat. Wenn die Oberfläche nicht glatt ist, sondern rauh, dann verteilt sich dieser Anteil diffus über alle Richtungen. Ein anderer Teil des Lichts tritt jedoch in den Körper ein, wird dort in den oberflächennahen Schichten gestreut, gefiltert und tritt schließlich wieder in die Umgebung aus (Abb. 6.9). Dieser Anteil ist für

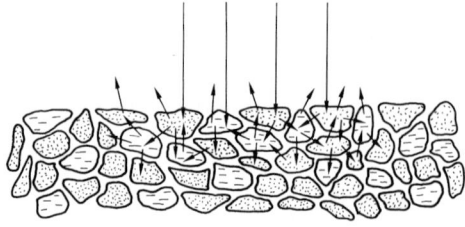

Abb. 6.9 Mehrfache Streuung von Licht an den Partikeln einer Schicht aus mehreren Pigmenten.

die Eigenfarbe der Oberfläche verantwortlich und wird aufgrund der mehrfachen Streuung diffus in alle Richtungen reflektiert. Er gibt der Oberfläche ein mattes Aussehen.

Pigmentschichten. Für die Berechnung der Wirkung einer Pigmentschicht auf einer bestimmten Oberfläche ist es wichtig zu wissen, in welcher Weise sich das in diese Schicht eindringende Licht fortpflanzt und ausbreitet. Da eine solche Schicht kein Kontinuum ist, sondern eine Ansammlung von Partikeln, lässt sich das Lambert'sche Gesetz der Absorption hier nicht anwenden. Außer der Absorption ist die Streuung des Lichts in der Schicht zu berücksichtigen, sowie die Dicke der Schicht und die Reflexionseigenschaften der Unterlage.

Die Theorie von Kubelka und Munk [6] greift in einer Pigmentschicht der endlichen Dicke X auf einer Unterlage mit dem Reflexionsgrad ϱ_g eine dünne Lage der Dicke dx heraus und betrachtet die durch diese Lage tretenden Strahlungsflüsse (Abb. 6.10). Da die Ausdehnung dieser Lage sehr groß gegen ihre Dicke sein soll, kann man die Betrachtung auf einen nach oben, zur Oberfläche hin gerichteten Anteil j, und einen nach unten zur Unterlage gerichteten Anteil i beschränken, da

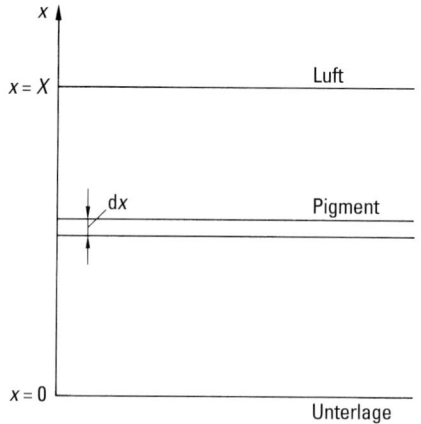

Abb. 6.10 Modell der Lichtstreuung zur Ableitung der Kubelka-Munk-Formel. Erläuterungen im Text.

6.4 Spektrale Eigenschaften von Körperoberflächen

sich die Anteile in Richtung der Schicht gegenseitig kompensieren. Die Änderungen, die diese beiden Anteile beim Durchgang durch die Lage der Dicke dx – in Bezug auf die $+x$-Richtung – erfahren, werden durch die beiden folgenden Gleichungen beschrieben:

$$\frac{dj}{dx} = -(S+K)j + Si,$$

$$-\frac{di}{dx} = -(S+K)i + Sj. \tag{6.5}$$

Dabei geben S und K die Größe von Streuung und Absorption an. Der erste Term beschreibt die Abnahme des Strahlungsflusses durch Absorption und Streuung in der Schicht, der zweite die Zunahme durch den vom entgegengerichteten Strahlungsfluss zurückgestreuten Anteil.

Bildet man das Verhältnis $h = j/i$ der beiden entgegengerichteten Strahlungsflüsse, so erhält man die differentielle Beziehung:

$$\frac{dh}{dx} = \left(i\frac{dj}{dx} - j\frac{di}{dx}\right)\frac{1}{i^2}. \tag{6.6}$$

Setzt man die beiden Ausdrücke von Gl. (6.5) in diese Gleichung ein, so erhält man eine Differentialgleichung erster Ordnung in h:

$$\frac{dh}{dx} = S - 2(K+S)h + Sh^2. \tag{6.7}$$

Diese Differentialgleichung kann man integrieren, wenn man die folgenden Randbedingungen berücksichtigt: Für $x = 0$, an der Unterlage, ist $h = \varrho_g$, d.h. das Verhältnis der aufwärts und abwärts gerichteten Strahlungsflüsse ist dort gleich dem Reflexionskoeffizienten der Unterlage. Für $x = X$, an der Oberfläche der Schicht, ist $h = \varrho$, d.h. gleich dem Reflexionskoeffizienten der Schicht.

Damit ergibt sich als Lösung der Differentialgleichung das bestimmte Integral

$$\int_0^X dx = \int_{\varrho_g}^{\varrho} \frac{dh}{S - 2(K+S)h + Sh^2}. \tag{6.8}$$

Führt man die Integration durch und löst das Ergebnis nach dem gesuchten ϱ auf, so findet man [7, S. 305]

$$\varrho = \frac{1 - \varrho_g(a - b\coth(bSX))}{a - \varrho_g + b\coth(bSX)}. \tag{6.9}$$

Dabei bedeutet $a = 1 + K/S$ und $b = \sqrt{(a^2 - 1)}$, $\coth(z)$ ist der hyperbolische Kotangens:

$$\coth(z) = \frac{e^{+z} + e^{-z}}{e^{+z} - e^{-z}}.$$

Gl. (6.9) ist die allgemeinste Form der *Kubelka-Munk-Formel*. Sie beschreibt die Reflexion einer Schicht als Funktion ihrer Dichte S, der Absorption K, der Streuung S sowie der Reflexion ϱ_g ihrer Unterlage.

Aus dieser Gleichung lassen sich verschiedene Grenzfälle ableiten. Im Fall eines verschwindenden Streukoeffizienten S erhält man $\varrho = \varrho_g e^{-2KX}$. Das ist das Lambert'sche Gesetz für eine transparente Schicht der Absorption K, wobei berücksichtigt ist, dass das Licht zweimal durch die Schicht der Dicke X läuft und an der Unterlage reflektiert wird.

Lässt man die Dicke X der Schicht anwachsen, so wird das Argument bSX der coth-Funktion sehr groß und coth (bSX) selbst geht gegen 1. In diesem Fall ist die Schicht so dick, dass kein Licht mehr von der Unterlage zurück kommt. Die Schicht ist dann *opak* und die Reflexion für diesen Fall wird:

$$\varrho_\infty = 1 + \frac{K}{S} - \sqrt{\left(\frac{K}{S}\right)^2 + 2\left(\frac{K}{S}\right)}. \tag{6.10}$$

Ein einfacherer Ausdruck ergibt sich bei Auflösung nach K/S:

$$\frac{K}{S} = \frac{(1-\varrho_\infty)^2}{2\varrho_\infty}. \tag{6.11}$$

Bemerkenswert ist, dass die Reflexion der opaken Schicht nur vom Verhältnis von Absorption zu Streuung abhängt. Wird die Absorption im Verhältnis zur Streuung sehr klein, so nähert sich die Reflexion dem Wert 1, d.h. alles Licht kommt aus der Schicht zurück an die Oberfläche. Den entgegengesetzten Fall überwiegender Absorption erhält man bei verschwindender Reflexion.

Große praktische Bedeutung hat die Mischung verschiedener Pigmente zur Erzielung eines gegebenen Farbtons. Um diesen Fall behandeln zu können, müssen verschiedene Absorptions- und evtl. auch Streukoeffizienten in die Kubelka-Munk-Gleichungen eingesetzt werden. Die Rechnungen werden dann recht kompliziert und können nur mithilfe von leistungsfähigen Rechnern durchgeführt werden.

Der Weißstandard. Die Messung des die Eigenfarbe bestimmenden diffus von einer Oberfläche reflektierten Lichts ist eine der wichtigen Aufgaben der Farbmesstechnik. Man geht dabei von einer idealisierten Oberfläche aus, der so genannten *vollkommen mattweißen Fläche*. Eine solche Fläche soll alles auffallende Licht im ganzen sichtbaren Spektrum wieder an die Umgebung zurückstrahlen, jedoch diffus, d.h. unabhängig vom Einfallswinkel gleichmäßig in alle Richtungen. Eine solche Fläche darf also keinen Glanz haben. Sie gibt das Licht wie ein Lambert-Strahler ab (Abschn. 6.2), hat also aus allen Richtungen betrachtet dieselbe Leuchtdichte.

Technisch kann man eine solche vollkommen mattweiße Fläche mit recht guter Näherung durch einen *Weißstandard* realisieren. Das ist eine aus weißem kristallinen Pulver gepresste Tablette (meist wird dazu $BaSO_4$-Pulver verwendet). Da die $BaSO_4$-Partikel im sichtbaren Spektralbereich praktisch absorptionsfrei sind, streuen sie das einfallende Licht nur mehrfach und geben es schließlich wieder an die Umgebung zurück. Die Herstellung eines Weißstandards ist in DIN 5033, Teil 9 [4] beschrieben.

Die Messung des spektralen Strahldichtefaktors. Misst man die Leuchtdichte einer realen matten Oberfläche bei einer bestimmten Beleuchtung und dividiert sie durch die Leuchtdichte der unter derselben Beleuchtung gemessenen vollkommen mattweißen Fläche, so erhält man den *Leuchtdichtefaktor β* der betreffenden Oberfläche. Der Leuchtdichtefaktor der vollkommen mattweißen Fläche selbst ist also 1. Der $BaSO_4$-Weißstandard hat einen Leuchtdichtefaktor von ca. 98–99%. Der Leuchtdichtefaktor ist jedoch immer dann von der beleuchtenden Lichtart abhängig, wenn die Reflexionseigenschaften der Oberfläche wellenlängenabhängig sind.

Für die Farbmetrik ist der *spektrale Strahldichtefaktor β(λ)* wichtig. Er wird bestimmt, indem man bei monochromatischer Beleuchtung die Strahldichte der zu bestimmenden Probe misst und mit der des ebenso beleuchteten Weißstandards vergleicht. Das Verhältnis der beiden gemessenen Strahldichten ist der spektrale Strahldichtefaktor der Oberfläche bei der betreffenden Wellenlänge. Er wird auch *spektraler Remissionsgrad* genannt.

Der Strahldichtefaktor 0 würde eine Oberfläche beschreiben, die alle auffallende Strahlung absorbiert und damit als ideal schwarz zu bezeichnen wäre. Wegen der unvermeidlichen Reflexionen an Grenzflächen reflektiert jedoch jede Oberfläche einen gewissen Anteil des auffallenden Lichts. Dabei sind glänzende Oberflächen schwärzer als matte, wenn man sie aus Richtungen betrachtet, in die kein Glanz fällt, da die matten Oberflächen die Grenzflächenreflexe in alle Richtungen verteilen. Eine nahezu ideal schwarze Fläche kann man nur durch eine Öffnung in einer Fläche erzeugen, durch die das Licht in einen Hohlraum mit schwarzen Wänden fällt, wo es nach wenigen Reflexionen restlos absorbiert ist.

Die Messung des spektralen Strahldichtefaktors erfolgt mithilfe eines Spektralphotometers und eines dazugehörigen Remissionsansatzes. Die im Monochromator erzeugte monochromatische Strahlung wird dabei aufgeteilt und fällt gleichzeitig oder abwechselnd hintereinander auf die Messprobe bzw. den Weißstandard. Das von der Messprobe und dem Weißstandard reflektierte Licht fällt jeweils auf einen lichtelektrischen Empfänger und wird gemessen. Das Verhältnis der Messwerte von Probe und Weißstandard ist der spektrale Strahldichtefaktor. Beim registrierenden Spektralphotometer wird die Wellenlänge des Monochromators schrittweise durch einen Motor geändert und die Messergebnisse bei den verschiedenen Wellenlängen entweder ausgedruckt oder graphisch registriert.

Messgeometrie. Wäre die Probe vollkommen matt, so wäre das Ergebnis unabhängig von der Beleuchtungsrichtung sowie von der Richtung, unter der gemessen wird. Da jedoch reale Oberflächen mehr oder weniger glänzen und auch außerhalb des Glanzwinkels die Strahldichte nicht völlig unabhängig von der Beleuchtungs- und Messrichtung ist, ergeben sich bei verschiedenen Messanordnungen (Messgeometrien) etwas unterschiedliche Ergebnisse. Vergleichbare Ergebnisse erhält man nur bei gleichen Messbedingungen. Im Folgenden werden einige gebräuchliche Messanordnungen beschrieben (s. DIN 5033, Teil 8 [4]). Bei der Angabe von spektralen Strahldichtefaktoren ist die zusätzliche Angabe der zu seiner Bestimmung angewendeten Messgeometrie unbedingt erforderlich.

45/0-Messgeometrie: In diesem Falle werden Probe und Standard unter 45° beleuchtet, während die Messung unter 0° erfolgt, d.h. senkrecht zur Probenoberfläche. Dadurch wird ein Glanz, falls einer vorhanden ist, bei der Messung nicht mit erfasst.

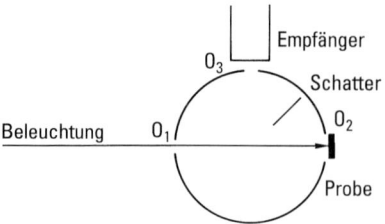

Abb. 6.11 Vertikaler Schnitt durch eine Ulbrichtsche Kugel für die Messung des spektralen Strahldichtefaktors bei der Messgeometrie 0/d. $O_1 \ldots O_3$: Öffnungen.

0/d-Messgeometrie bedeutet Beleuchtung unter 0° und Messung der diffus in alle Richtungen reflektierten Strahlung. Man benützt dazu eine *Ulbricht'sche Kugel* (Abb. 6.11). Das ist eine Hohlkugel, deren Inneres mit einem möglichst mattweißen Belag versehen ist. Durch eine Öffnung fällt das Licht aus dem Monochromator ein und gelangt senkrecht auf die von außen an eine gegenüberliegende Öffnung gelegte Probe bzw. den Weißstandard. An einer weiteren Öffnung befindet sich der lichtelektrische Empfänger. Durch eine Blende (Schatter) wird dafür gesorgt, dass kein Licht direkt von der Probe auf den Empfänger gelangt, sondern nur auf dem Umweg über eine oder mehrere Reflexionen an der Kugelwand. Da diese Reflexionen vollkommen diffus erfolgen, bildet der auf den Empfänger gelangende Lichtstrom ein Integral über das in alle Richtungen von der Probe abgegebene Licht.

Die *8/d-Messgeometrie* unterscheidet sich von der 0/d-Geometrie dadurch, dass die Probe unter 8° beleuchtet wird. Damit fällt der als Glanz reflektierte Lichtstrom nicht in die Beleuchtungsrichtung zurück und kann entweder mitgemessen oder durch eine so genannte *Glanzfalle* (das ist eine in Richtung des Glanzwinkels stehende schwarze Blende oder Kugelöffnung) ausgeblendet werden (Abb. 6.12).

d/0- bzw. d/8-Messgeometrien entstehen aus den ebenen behandelten Anordnungen durch Vertauschung von Beleuchtungs- und Messwinkel. Eine diffuse Beleuchtung wird realisiert, indem der Lichtstrom vom Monochromator nicht direkt auf die Probe bzw. den Weißstandard, sondern auf die Kugelwand trifft und dort in alle Richtungen diffus gestreut wird. Diffuse Beleuchtung ist deshalb von praktischer Bedeutung, weil sie der Situation einer unter freiem bedecktem Himmel betrachteten Oberfläche entspricht.

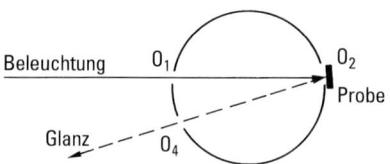

Abb. 6.12 Horizontaler Schnitt durch eine Ulbricht'sche Kugel bei der Messgeometrie 8/d. O_4: Öffnung für Glanzfalle.

6.4 Spektrale Eigenschaften von Körperoberflächen 689

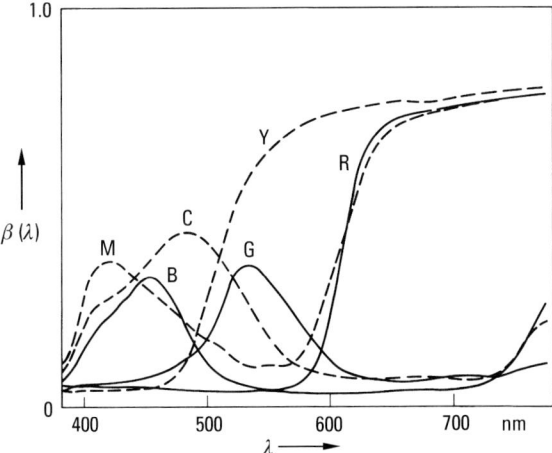

Abb. 6.13 Spektrale Strahldichtefaktoren $\beta(\lambda)$ verschiedener bunter Oberflächen: Blau (B), Grün (G), Rot (R), Magenta (M), Cyan (C), Gelb (Y).

Die Werte für den spektralen Strahldichtefaktor $\beta(\lambda)$ liegen für vollkommen matte Oberflächen, die nicht fluoreszieren, immer zwischen 0 und 1. Abb. 6.13 zeigt die $\beta(\lambda)$-Kurven für einige Oberflächen verschiedener Farben. Die Farbreizfunktion $\phi(\lambda)$ einer matten Oberfläche mit dem spektralen Strahldichtefaktor $\beta(\lambda)$, die von einer Lichtquelle mit der spektralen Strahlungsfunktion $S(\lambda)$ beleuchtet wird, ist:

$$\phi(\lambda) = S(\lambda)\beta(\lambda).$$

Misst man bei einer glänzenden Probe mit gerichteter Beleuchtung ohne Glanzfalle den Strahldichtefaktor in der Nähe des Glanzwinkels, so erhält man Werte über 1. Aus dieser Richtung betrachtet erscheint die Fläche also heller als eine vollkommen mattweiße Fläche. Aus Gründen der Energieerhaltung muss dann natürlich in anderen Richtungen der Strahldichtefaktor entsprechend kleiner als 1 sein. Diese Verstärkung der Remission in bestimmte Richtungen durch Glanzeffekte macht man sich z. B. bei gerichtet reflektierenden Projektionswänden zunutze.

Fluoreszenzfarben. Eine Besonderheit stellen die heute viel benützten Fluoreszenzfarben dar. Sie enthalten fluoreszierende Substanzen. Bei der Fluoreszenz (Abschn. 2.3) wird Strahlungsenergie in Form von kurzwelligem blauem oder ultraviolettem Licht absorbiert und in Form von längerwelliger (grüner oder roter) Strahlung wieder abgegeben. Durch diesen Effekt kann eine Oberfläche bei einer bestimmten sichtbaren Wellenlänge mehr Licht diffus abstrahlen als eine vollkommen mattweiße Fläche bei gleicher Beleuchtung. Daher rührt der Leuchteffekt dieser Farben. Voraussetzung ist allerdings, dass die Beleuchtung die zur Anregung der Fluoreszenz erforderliche kurzwellige Strahlung enthält.

Eine fluoreszierende Oberfläche kann nicht durch einen spektralen Strahldichtefaktor beschrieben werden, da ihre spektrale Strahldichte nicht allein von der bei dieser Wellenlänge auffallenden Strahlung abhängt. Will man die Wirkung der Fluoreszenz auf die Farbe dieser Probe messen, so darf man sie nicht mit monochromatischem Licht beleuchten, sondern mit einer breitbandig strahlenden Lichtquelle, die auch das Anregungsspektrum enthält. Das von der Probe reflektierte Licht wird dann durch einen Monochromator spektral zerlegt und auf diese Weise wird die spektrale Strahldichte gemessen und auf einen Weißstandard bei gleicher Beleuchtung bezogen. Allerdings ist das Ergebnis dieser Messung vom Spektrum der Lichtquelle abhängig [7].

6.5 Lichtelektrische Empfänger in Photometrie und Farbmetrik

Bedingungen für lichtelektrische Empfänger in der Farbmetrik. Lichtelektrische oder photoelektrische Empfänger werden in den Kapiteln 2 und 5 behandelt. Sie werden sowohl in der Photometrie zur Lichtmessung als auch in der Farbmetrik zur Farbmessung verwendet. In beiden Anwendungsbereichen müssen sie bestimmte spezifische Leistungen des menschlichen visuellen Systems übernehmen. Dazu müssen sie verschiedene Bedingungen erfüllen.

Die erste Bedingung ist, dass sie für Strahlung im gesamten sichtbaren Spektralbereich empfindlich sind. Eine Empfindlichkeit für Strahlung außerhalb dieses Bereichs muss durch geeignete Filter unterdrückt werden.

Das Auge hat die außerordentliche Fähigkeit der Adaptation an sehr hohe und auch sehr niedrige Leuchtdichten. Daher folgen als weitere Bedingungen hohe Empfindlichkeit und ein großer Linearitätsbereich, d. h. über einen großen Leuchtdichtebereich soll das elektrische Signal proportional zum einfallenden Lichtstrom sein.

In Licht- und Farbmessgeräten werden heute meist *Silicium-Photoelemente* verwendet, die nach dem inneren Photoeffekt arbeiten (Bd. 2, Abschn. 9.4). Sie haben eine sehr gute Linearität über mehrere Zehnerpotenzen, ebenso zeigen sie geringe Ermüdung. Da sie ohne Betriebsspannung zu benützen sind, eignen sie sich für kompakte transportable Geräte. Nur bei sehr kleinen Leuchtdichten oder Beleuchtungsstärken benützt man noch die hochempfindlichen *Photomultiplier* (Abschn. 2.5 u. 5.4.1; Bd. 2, Abschn. 11.2.4), die nach dem äußeren Photoeffekt arbeiten. Das ist eine Vakuumröhre mit Photokathode und Verstärkungselektroden (Dynoden), die eine aufwendige Spannungsversorgung brauchen.

Die spektrale Empfindlichkeit. Die für die genannten Anwendungen wichtigste Eigenschaft der photoelektrischen Empfänger ist ihre *spektrale Empfindlichkeit* $\gamma(\lambda)$. Das ist das Verhältnis des im Empfänger erzeugten Signalstroms i zu dem auf die empfindliche Fläche auffallenden monochromatischen Strahlungsfluss Φ bei der Wellenlänge λ. Er wird deshalb angegeben in Ampere durch Watt (A/W). Innerhalb des Linearitätsbereichs ist die spektrale Empfindlichkeit unabhängig von der auffallenden Strahlungsleistung.

Die spektrale Empfindlichkeit eines Silizium-Photoelements ist in Abb. 5.18 dargestellt. Sie erstreckt sich vom kurzwelligen Ende des sichtbaren Spektrums über den gesamten sichtbaren Bereich und bis etwa 1200 nm in den infraroten Teil des Spektrums. Für die Anwendung in der Farbmetrik und Photometrie muss die Empfindlichkeit jenseits der Grenzen des sichtbaren Spektralbereichs, also besonders oberhalb von 780 nm, durch Filter unterdrückt werden.

Beeinflussung der spektralen Empfindlichkeit durch Filter. Als Anwendungsbeispiel betrachten wir ein *Luxmeter*, das die Beleuchtungsstärke in einer bestimmten Ebene mithilfe eines Silizium-Photoelements misst. Dieser Empfänger muss die einfallende Strahlung gemäß dem spektralen Hellempfindlichkeitsgrad $V(\lambda)$ des normalsichtigen und helladaptierten Auges bewerten (Abschn. 5.1.1).

Der Zusammenhang zwischen spektralem Strahlungsfluss $\Phi(\lambda)$, der auf die Empfängerfläche F fällt, und der zu messenden Beleuchtungsstärke E ist:

$$E = \frac{\Phi_v}{F} = \frac{K_m}{F} \int_0^\infty \Phi(\lambda) V(\lambda) \, d\lambda . \tag{6.12}$$

Der Empfänger mit der spektralen Empfindlichkeit $\gamma(\lambda)$ erzeugt, wenn der spektrale Strahlungsfluss $\Phi(\lambda)$ auf seine empfindliche Fläche F fällt, den Photostrom

$$i = \int_0^\infty \Phi(\lambda) \tau(\lambda) \gamma(\lambda) \, d\lambda . \tag{6.13}$$

Dabei ist $\tau(\lambda)$ der Transmissionsgrad eines optisches Filters, das die spektrale Empfindlichkeit des Empfängers in geeigneter Weise beeinflusst. Im ersten Fall muss über den sichtbaren Teil des Spektrums, in dem die $V(\lambda)$-Funktion von Null verschieden ist, integriert werden, im zweiten Fall über den Bereich, in dem die spektrale Empfindlichkeit $\gamma(\lambda)$ dieses Empfängers von Null verschieden ist.

Der Photostrom i soll nun proportional sein zur Beleuchtungsstärke E_v, d. h. für alle möglichen spektralen Strahlungsflüsse $\Phi(\lambda)$ soll die folgende Beziehung gelten:

$$E_v = iC ,$$

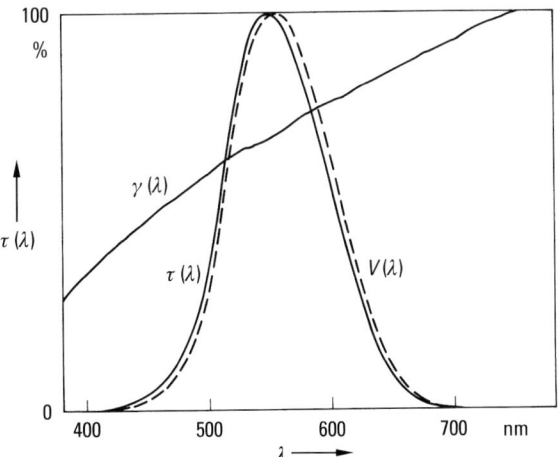

Abb. 6.14 Relative spektrale Empfindlichkeit $\gamma(\lambda)$ eines Silizium-Photoelements und spektraler Transmissionsgrad $\tau(\lambda)$ eines Filters zur spektralen Anpassung dieses Silizium-Photoelements an die $V(\lambda)$-Kurve.

wobei C eine Konstante ist, und zwar die Kalibrierungskonstante des Luxmeters, die angibt, mit welchem Faktor der Photostrom zu multiplizieren ist, um die Beleuchtungsstärke E_v zu erhalten.

Das bedeutet, dass für alle möglichen $\Phi(\lambda)$ die Beziehung gelten muss:

$$\frac{K_m}{F} \int_0^\infty \Phi(\lambda) V(\lambda) \, d\lambda = C \int_0^\infty \Phi(\lambda) \tau(\lambda) \gamma(\lambda) \, d\lambda.$$

Diese Beziehung ist nur dann für alle möglichen $\Phi(\lambda)$ erfüllt, wenn

$$\frac{K_m}{F} V(\lambda) = C \tau(\lambda) \gamma(\lambda)$$

oder

$$C\tau(\lambda) = \frac{K_m V(\lambda)}{F \gamma(\lambda)}. \tag{6.14}$$

Der spektrale Transmissionsgrad $\tau(\lambda)$ des Filters muss also proportional sein dem Quotienten aus $V(\lambda)$-Kurve und spektraler Empfindlichkeit $\gamma(\lambda)$ des lichtelektrischen Empfängers. In Abb. 6.14 ist für den Fall eines Silizium-Photoelements dieser Quotient dargestellt.

6.6 Additive Farbmischung und Graßmann'sche Gesetze

Was ist additive Farbmischung? Mithilfe der Farbmischung kann man aus einer sehr kleinen Anzahl von so genannten Grundfarben eine große Zahl von Mischfarben erzeugen, die von den Grundfarben sehr verschieden sein können. Alle Methoden der Farbbildwiedergabe – von der Malerei über den Mehrfarbendruck, die Farbfotografie bis zum Farbfernsehen – beruhen auf der einen oder anderen Art der Farbmischung. Verschiedene Arten der Farbmischung gehorchen im einzelnen jedoch durchaus unterschiedlichen Mischungsregeln und auch die jeweils verwendeten Grundfarben sind verschieden. Grundsätzlich ist zu unterscheiden zwischen der Mischung von Farbstoffen oder Farbpigmenten, die man als *subtraktive* oder *multiplikative Mischung* bezeichnet, und der *additiven Mischung* von farbigen Lichtern. Gemeinsam ist beiden Arten der Farbmischung, dass immer drei Grundfarben, die allerdings jeweils verschieden sind, genügen, um die anderen Farben zu ermischen.

Additive Mischung von Farben liegt dann vor, wenn sich die Farbreize $\phi_1(\lambda)$, $\phi_2(\lambda)$, ... der zu mischenden Farben in ihrer Wirkung auf das Sehorgan addieren. Die wirksame Farbreizfunktion $\phi(\lambda)$ ist dann die Summe der Farbreize der Mischungskomponenten:

$$\phi(\lambda) = \phi_1(\lambda) + \phi_2(\lambda) + \ldots$$

Praktisch kann dies auf verschiedene Weise realisiert werden:

a) Drei Lichtquellen, z.B. Projektoren mit vorgesetzten Farbfiltern, beleuchten eine vollkommen mattweiße Fläche mit der spektralen Remission $\beta(\lambda) = 1$ (Abb. 6.15). Die drei Lichtquellen mögen die spektralen Strahlungsfunktionen $S_1(\lambda)$,

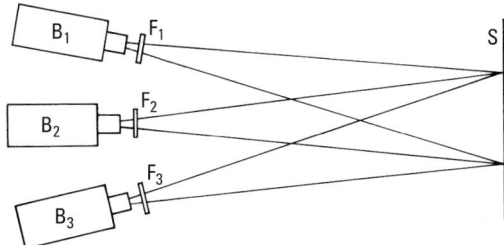

Abb. 6.15 Additive Mischung mithilfe von drei Projektoren mit Farbfiltern.

$S_2(\lambda)$ und $S_3(\lambda)$ haben. Einzeln haben die von ihnen auf dem Schirm beleuchteten Flächen die Farbreizfunktionen:

$$\phi_1(\lambda) = S_1(\lambda)\beta(\lambda),$$
$$\phi_2(\lambda) = S_2(\lambda)\beta(\lambda),$$
$$\phi_3(\lambda) = S_3(\lambda)\beta(\lambda).$$

Wegen der diffusen Streuung des auffallenden Lichts sieht der Betrachter die Summe der Farbreize (Farbtafel III/2):

$$\phi(\lambda) = [S_1(\lambda) + S_2(\lambda) + S_3(\lambda)]\beta(\lambda) = \phi_1(\lambda) + \phi_2(\lambda) + \phi_3(\lambda).$$

b) Ein Bild auf einem Farbfernsehbildschirm ist ein Mosaik aus leuchtenden Bildpunkten. Die Bildpunkte werden von drei verschiedenfarbig strahlenden Phosphor- oder Leuchtstoffen erzeugt, die drei ineinander verschachtelte feine Raster bilden (Farbtafel III/3). Die Farbreizfunktionen der roten, grünen bzw. blauen Phosphore in einer bestimmten Farbfläche des Bildschirms seien $\phi_R(\lambda)$, $\phi_G(\lambda)$ und $\phi_B(\lambda)$. Da das Auge aus der beim Fernsehen üblichen Betrachtungsentfernung die einzelnen Rasterpunkte nicht trennen kann, wirken auf jede Stelle der Netzhaut alle drei Strahlungen gemeinsam und wirksam wird die Summe der drei Farbreizfunktionen:

$$\phi(\lambda) = \phi_R(\lambda) + \phi_G(\lambda) + \phi_B(\lambda).$$

c) Lässt man eine Kreisscheibe mit drei verschiedenfarbigen Sektoren so schnell rotieren, dass das Auge die einzelnen Farben nicht mehr unterscheiden kann, so erhält man ebenfalls einen einheitlichen Farbeindruck. Sind die relativen Anteile der drei Sektoren am gesamten Kreisumfang (und damit an der gesamten Kreisfläche) w_1, w_2 und w_3, wobei $w_1 + w_2 + w_3 = 1$ ist, so ist die wirksame Farbreizfunktion

$$\phi(\lambda) = w_1\phi_1(\lambda) + w_2\phi_2(\lambda) + w_3\phi_3(\lambda).$$

Da die Farbreizfunktionen ϕ_1, ϕ_2 unds ϕ_3 nur mit den Flächenanteilen, die sie auf dem Kreis einnehmen, in die wirksame Farbreizfunktion $\phi(\lambda)$ eingehen, spricht man in diesem Falle auch manchmal von einer „anteiligen" Farbmischung. Lässt man jedoch die drei Sektoren einzeln rotieren, indem man den jeweiligen Rest der Kreisfläche schwarz macht, so sind ihre wirksamen (d.h. zeitlich gemittelten) Farbreizfunktionen die Produkte $w_1\phi_1(\lambda)$, $w_2\phi_2(\lambda)$, $w_3\phi_3(\lambda)$ und man kann auch diesen

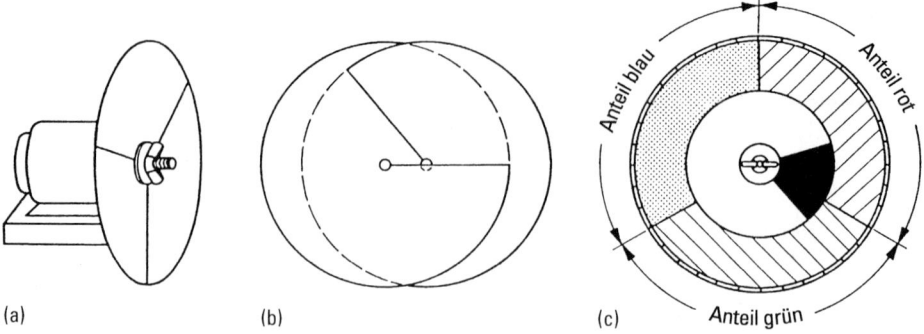

Abb. 6.16 Maxwell'scher Farbkreisel zur Durchführung von additiven Mischungen: (a) Motor mit Kreiselscheiben, deren Sektorgrößen nach Lösen der Flügelschrauben verstellbar sind, (b) Ineinanderstecken der radial geschlitzten Scheiben, (c) Beispiel einer Einstellung der Farbsektoren zur Nachmischung der inneren Kreiselscheibe (mit Schwarzsektor zum Helligkeitsabgleich).

Fall der Farbmischung als echte additive Mischung betrachten. Man bezeichnet einen solchen Farbkreisel auch als *Maxwell'sche Scheibe* (Abb. 6.16), da James Clerk Maxwell 1850–1860 mit ihr die ersten systematischen Messungen von Spektralfarbwerten durchgeführt hat [8].

Nach diesen Beispielen ist klar, dass alle Arten von Mischungen von Farbpigmenten (Farbstoffen) keine additiven Mischungen sind. Nach den Abschn. 6.3 und 6.4 wirken die Pigmentpartikel wie Filter auf das einfallende Licht und bei Pigmentmischungen setzen sich die Wirkungen der verschiedenen Pigmentanteile im Wesentlichen multiplikativ zusammen. Deshalb spricht man bei Pigmentmischungen von multiplikativer oder subtraktiver Farbmischung. Im Abschn. 6.14 kommen wir noch ausführlicher auf subtraktive Farbreproduktion zurück.

Additive Mischungen aus drei Grundfarben. Die Bilder 2 und 3 auf der Farbtafel III zeigen zwei Beispiele additiver Mischungen aus den drei Farben Rot, Grün und Blau. Im ersten Falle handelt es sich um drei Projektoren mit Farbfiltern, deren drei Strahlenbündel sich auf einem Projektionsschirm teilweise überlappen. Im zweiten Fall ist das Farbbalkentestbild auf einem Farbfernsehbildschirm dargestellt, das ebenfalls aus den drei durch die Phosphore gegebenen Farben Rot, Grün und Blau und deren Mischungen aufgebaut ist.

Aus beiden Bildern folgt, dass sich aus je zwei der drei Ausgangsfarben folgende Mischfarben herstellen lassen:

– Gelb aus Rot und Grün,
– Cyan (Blaugrün) aus Grün und Blau,
– Purpur (Rotviolett) aus Blau und Rot.

Schließlich ergibt sich in beiden Fällen:

– Weiß aus Rot und Grün und Blau.

Betrachten wir zuerst die Mischungen aus zwei Komponenten. Natürlich hängt das Aussehen des aus Rot und Grün additiv ermischten Gelb ab von dem Verhältnis, in dem Rot und Grün gemischt werden. Schwächt man etwa den grünen Beitrag in der Mischung, so wird das Gelb orangefarben, bei Schwächung des roten Beitrags wird das Gelb grünlich. Die Mischung aus den beiden Farben Rot und Grün bleibt jedoch, wie man die Komponenten auch in ihrem Verhältnis wählt, im Bereich Rot-Orange-Gelb-Grün. Unbunte oder bläuliche Farbtöne lassen sich mit diesen beiden Ausgangsfarben nicht ermischen.

Entsprechend kann man durch Änderung des Mischungsverhältnisses von Grün und Blau das Cyan in Richtung Blau bzw. Grün verschieben, und durch unterschiedliche Mischungsverhältnisse von Blau und Rot erhält man sämtliche Purpur- und Violettöne zwischen den beiden Ausgangsfarben. Bei diesen Mischungen ändert sich also im Wesentlichen der *Farbton* oder *Buntton* der Mischfarbe. Es ergibt sich dabei, dass man durch systematische Mischungen aus je zwei der drei Farben Rot, Grün und Blau alle im Farbkreis vorkommenden Bunttöne ermischen kann.

Eine andere Art der Farbveränderung findet man, wenn eine der drei Mischungskomponenten in dem aus allen drei Ausgangsfarben gemischten Weiß verändert wird. Schwächt man in der Mischung die blaue Komponente, so wird das Weiß gelblich, wobei die *Buntheit* bzw. *Farbsättigung* bei weiterer Schwächung des Blauanteils immer weiter zunimmt, bis das nur aus Rot und Grün gemischte Gelb übrigbleibt. Es ist hier gleich darauf hinzuweisen, dass die beiden Begriffe Buntheit und Sättigung nicht dieselbe Bedeutung haben. Auf den Unterschied kommen wir gleich noch zurück.

Ganz entsprechend kommt man durch Schwächung von Rot von Weiß nach Cyan und bei Schwächung von Grün von Weiß nach Purpur, wobei sich jeweils die Sättigung von Weiß bis zur Mischfarbe aus nur zwei Komponenten ohne wesentliche Änderung des Bunttons erhöht. Bei gleichzeitiger Schwächung zweier Komponenten, etwa Rot und Grün, kommt man von Weiß über ein blasses Himmelsblau bei zunehmender Sättigung schließlich zur dritten Ausgangsfarbe, in diesem Falle Blau.

Ändert man schließlich alle drei Mischungskomponenten im selben Verhältnis, so ändert sich weder der Buntton noch die Sättigung der Mischfarbe, sondern nur ihre *Helligkeit*. Die so genannte *Farbart* bleibt dabei erhalten. Im Falle von Weiß ist diese Farbart Unbunt und es ergeben sich also bei gleichzeitiger Schwächung von Rot, Grün und Blau die verschiedenen Stufen von Grau bis Schwarz als Endpunkt. Die Farbart ist offenbar durch das Verhältnis der drei Mischungskomponenten, nicht durch ihre absolute Größe, bestimmt.

Einer bestimmten Farbart ist eine bestimmte Sättigung fest zugeordnet, die im Falle von Unbunt verschwindet. Die Buntheit dagegen nimmt bei einer bunten Farbe zu, wenn sich deren Helligkeit (Leuchtdichte) bei konstanter Farbart erhöht.

Aus den bisher behandelten Mischungsversuchen lässt sich die folgende offenbar allgemein gültige Aussage ableiten:

- Ändert sich eine Komponente in einer Mischung stetig, so ändert sich auch die Mischfarbe stetig.

Dieses so genannte *dritte Graßmann'sche Gesetz* bestätigt sich ganz allgemein bei allen Versuchen mit additiven Mischungen.

Erstes Graßmann'sches Gesetz. Aus den bisher besprochenen Mischungsmöglichkeiten geht hervor, dass sich mit den drei gewählten Farben Rot, Grün und Blau im Wesentlichen alle anderen Farben durch additive Mischung erzeugen lassen. Zwei Ausgangsfarben genügen dazu offenbar nicht. Dass drei Farben tatsächlich genügen, ist im Aufbau unseres Sehorgans begründet (Abschn. 6.11). Eine anschauliche qualitative Bestätigung dieser These liefert der Farbfernsehbildschirm, auf dem sich aus drei durch die Phosphore gegebenen Grundfarben tatsächlich im Wesentlichen alle Farben von Gegenständen darstellen lassen.

Diese Aussage ist vorläufig rein qualitativ und soll in diesem und den beiden nächsten Abschnitten präzisiert und experimentell bestätigt werden. Sie bildet den Inhalt des für die Farbmetrik grundlegenden *ersten Graßmann'schen Gesetzes* [9]:

- Zwischen vier beliebig gegebenen Farben lässt sich durch Variation der Intensitäten von maximal drei Farben immer eine additive Mischungsbeziehung finden.

Zunächst soll die additive Mischung in einer quantitativen Form dargestellt werden. Wir beziehen uns dabei auf ein bestimmtes Tripel von Grundfarben, ohne diese vorläufig physikalisch zu definieren. Sie dürfen nur nicht selbst untereinander ermischbar sein, und für die abzuleitenden Beziehungen ist wichtig, dass man sich immer auf die gleichen Grundfarben bezieht. Man kann dabei z. B. an die Phosphorfarben eines Farbfernsehbildschirms als Grundfarben denken.

Farbwerte und Farbvalenz. Eine additive Mischung aus drei Grundfarben ist durch drei Zahlen bestimmt, die die relativen Leuchtdichten der drei Mischungskomponenten angeben. Man nennt diese Zahlen die drei *Farbwerte R, G, B* einer Mischfarbe. Sie beziehen sich auf die gewählten Grundfarben und sind als relative Leuchtdichten dimensionslos. Normiert werden diese Farbwerte, indem man festlegt, dass sie für ein Weiß bestimmter Leuchtdichte die Werte $R = G = B = 1$ annehmen. Die in den Bildern 2 und 3 auf der Farbtafel III dargestellten Mischungen aus den drei Grundfarben lassen sich damit – einschließlich der Grundfarben selbst sowie Schwarz – durch die in Tab. 6.1 gegebenen Farbwerte darstellen.

Die drei Farbwerte kennzeichnen eine *Farbvalenz*. Die Farbvalenz ist der Grundbegriff der Farbmetrik und er wird im nächsten Abschnitt noch eingehend erläutert werden. Wenn man die Farbwerte als Koordinaten eines Vektors in einem dreidi-

Tab. 6.1 Die Farbwerte der Grundfarben und ihrer Mischungen.

Farbe	Farbwert		
	R	G	B
Weiß	1	1	1
Gelb	1	1	0
Cyan	0	1	1
Grün	0	1	0
Purpur	1	0	1
Rot	1	0	0
Blau	0	0	1
Schwarz	0	0	0

mensionalen Vektorraum auffasst, kann man die Farbvalenzen auch als Vektoren darstellen. Die Grundfarben selbst nennt man *Primärvalenzen*. Sie sind in der Vektordarstellung die Einheitsvektoren eines dreidimensionalen Vektorraums:

$$\boldsymbol{R} = \begin{pmatrix} 1 \\ 0 \\ 0 \end{pmatrix}, \quad \boldsymbol{G} = \begin{pmatrix} 0 \\ 1 \\ 0 \end{pmatrix}, \quad \boldsymbol{B} = \begin{pmatrix} 0 \\ 0 \\ 1 \end{pmatrix}.$$

Die additive Mischung einer Farbvalenz mit den Farbwerten R, G und B aus den drei Primärvalenzen lässt sich folgendermaßen als Gleichung schreiben:

$$\boldsymbol{F} = R\boldsymbol{R} + G\boldsymbol{G} + B\boldsymbol{B} \tag{6.15}$$

oder in Vektorschreibweise:

$$\begin{pmatrix} R \\ G \\ B \end{pmatrix} = R\begin{pmatrix} 1 \\ 0 \\ 0 \end{pmatrix} + G\begin{pmatrix} 0 \\ 1 \\ 0 \end{pmatrix} + B\begin{pmatrix} 0 \\ 0 \\ 1 \end{pmatrix}.$$

Weiß ist gegeben durch die Farbwerte $R = G = B = 1$.

Metamerie und zweites Graßmann'sches Gesetz. Fasst man Gl. (6.15) als eine formale Beschreibung einer additiven Mischung aus drei Primärvalenzen mit den drei Farbwerten R, G und B auf, so enthält sie keine wesentliche farbmetrische Aussage. Man könnte die Größen $\boldsymbol{R}, \boldsymbol{G}, \boldsymbol{B}$ und $\boldsymbol{F}$ auch als Farbreizfunktionen auffassen und hätte mit der Gleichung lediglich die physikalische Tatsache zum Ausdruck gebracht, dass sich die Farbreizfunktionen bei der additiven Mischung addieren.

Sieht man jedoch in Gl. (6.15) einen Ausdruck des ersten Graßmann'schen Gesetzes, so enthält sie eine Aussage, die über die Physik wesentlich hinausgeht. Sie besagt dann, dass zwischen vier beliebigen Farbvalenzen, unabhängig von der spektralen Zusammensetzung ihrer Farbreize, eine lineare Beziehung besteht. Der vorgegebene Farbreiz und der durch die Nachmischung erzeugte können dabei physikalisch, d.h. spektral verschieden sein, aber sie sind für das Auge nicht zu unterscheiden, d.h. ihre Farbvalenzen sind gleich. Man nennt zwei Farben, die zu verschiedenen Farbreizen gehören, aber gleiche Farbvalenz haben, *bedingt gleich* oder *metamer*.

Die Ermischung einer vorgegebenen Farbvalenz aus drei gegebenen Primärvalenzen lässt sich dann auch auffassen als Konstruktion eines zu einem vorgegebenen Farbreiz metameren Farbreizes.

Für den Ausbau der Farbmetrik ist das *zweite Graßmann'sche Gesetz* wichtig, das sich auf metamere Farben bezieht:

- In einer additiven Mischung kann man eine Mischungskomponente ersetzen durch einen gleich aussehenden, aber spektral verschiedenen Farbreiz, ohne das Mischergebnis zu verändern.

Lassen sich etwa zwei beliebige Farbvalenzen $\boldsymbol{F}_1$ und $\boldsymbol{F}_2$ aus drei Primärvalenzen $\boldsymbol{R}, \boldsymbol{G}$ und $\boldsymbol{B}$ nachmischen:

$$\boldsymbol{F}_1 = R_1 \boldsymbol{R} + G_1 \boldsymbol{G} + B_1 \boldsymbol{B},$$
$$\boldsymbol{F}_2 = R_2 \boldsymbol{R} + G_2 \boldsymbol{G} + B_2 \boldsymbol{B},$$

so folgt daraus nach dem 2. Graßmann'schen Gesetz:

$$\boldsymbol{F}_1 + \boldsymbol{F}_2 = (R_1 + R_2)\boldsymbol{R} + (G_1 + G_2)\boldsymbol{G} + (B_1 + B_2)\boldsymbol{B}. \tag{6.16}$$

Die additive Mischung zweier Farbvalenzen bedeutet also Addition der Farbwerte der beiden Mischungskomponenten.

Ebenso wie das erste ist auch das zweite Graßmann'sche Gesetz eine Erfahrungstatsache, die durch zahlreiche Versuche erhärtet ist. Auf die experimentelle Bestätigung dieser Gesetze gehen die folgenden Abschnitte noch ausführlich ein.

Der dreidimensionale Farbraum und die äußere Mischung. Mit der Vektorschreibweise ist auch eine graphische Darstellung der additiven Mischung in einem dreidimensionalen *Farbraum* möglich. Dabei spielen die Primärvalenzen die Rolle der Basis- oder Einheitsvektoren in dem affinen Vektorraum und jede Farbvalenz wird dargestellt durch einen Ortsvektor, dessen Koordinaten die Farbwerte sind.

Die additive Mischung zweier beliebiger Farbvalenzen ergibt nach Gl. (6.16) eine Farbvalenz, deren Farbwerte die Summen der Farbwerte der Mischungskomponenten sind. Entsprechend findet man im Farbraum den Ort der Mischfarbe als Spitze des Ortsvektors, der sich durch die Addition der Vektoren $\boldsymbol{F}_1$ und $\boldsymbol{F}_2$ ergibt (Abb. 6.17). Der Vektor, der die ermischte Farbvalenz darstellt, liegt also in derselben Ebene wie die Vektoren der beiden Mischungskomponenten.

Umgekehrt kann man einen gegebenen Vektor aus zwei in derselben Ebene liegenden (Basis)-Vektoren additiv zusammensetzen. Dazu wird der Vektor parallel zu den Basisvektoren jeweils auf die durch diese gebildeten Achsen projiziert. Dadurch findet man die beiden Komponenten, die addiert den darzustellenden Vektor ergeben. Die beiden Farbwerte bezüglich der gegebenen Basisvektoren sind die Verhältnisse der Längen der Vektorkomponenten zu den Längen der Basisvektoren.

Wenn, wie Abb. 6.18 zeigt, der zu ermischende Vektor außerhalb des von den beiden Basisvektoren gebildeten Winkels liegt, ergibt sich eine Vektorkomponente, deren Richtung der des entsprechenden Basisvektors entgegengerichtet ist. Entsprechend ist der Farbwert, das Längenverhältnis zwischen Vektorkomponente und Basisvektor, negativ. Formal mathematisch stellt das kein Problem dar. Es ist jedoch zu überlegen, was dies bedeutet, wenn man die Vektoraddition als additive Mischung interpretieren will. Eine Subtraktion von Farbreizen ist physikalisch nicht möglich.

In der Vektorgleichung für diese Mischung kann man das negative Vorzeichen dadurch beseitigen, dass man das entsprechende Glied auf die andere Seite der Gleichung bringt:

$$\boldsymbol{F} = R\boldsymbol{R} - G\boldsymbol{G},$$
$$G\boldsymbol{G} + \boldsymbol{F} = R\boldsymbol{R}.$$

Entsprechend kann man bei der additiven Mischung verfahren: Es werden nicht die beiden Farbvalenzen $R\boldsymbol{R}$ und $G\boldsymbol{G}$ addiert und das Ergebnis mit der Farbvalenz $\boldsymbol{F}$ verglichen, sondern es wird $G\boldsymbol{G}$ zu $\boldsymbol{F}$ addiert und mit $R\boldsymbol{R}$ verglichen. Man nennt ein solches Vorgehen eine *äußere Mischung* im Gegensatz zu der inneren Mischung mit positiven Farbwerten. Damit ist gezeigt, dass man jeden Farbvektor aus zwei beliebigen anderen in derselben Ebene liegenden Vektoren zusammensetzen kann. Drei Farbvalenzen, deren Vektoren in einer Ebene liegen, sind also immer linear voneinander abhängig.

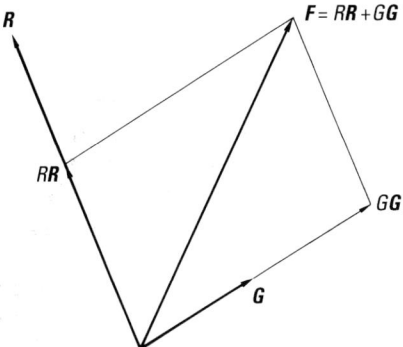

Abb. 6.17 Geometrische Darstellung einer inneren additiven Mischung durch die Addition zweier Vektoren.

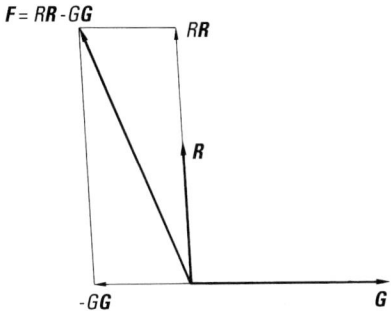

Abb. 6.18 Darstellung einer äußeren additiven Mischung durch Vektoraddition.

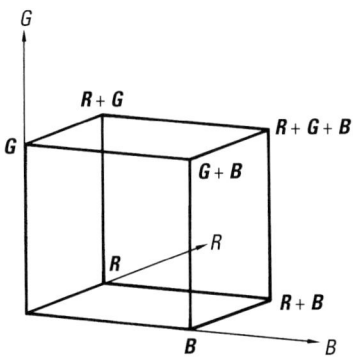

Abb. 6.19 Räumliche Darstellung der additiven Mischungen aus drei Grundfarben Rot, Grün und Blau in einem rechtwinkligen Koordinatensystem. Die Ecken des Würfels stellen die Grund- und Mischfarben der Farbtafeln III/2 und III/3 dar.

In Abb. 6.19 sind die drei Basisvektoren, die die Primärvalenzen darstellen, rechtwinklig und gleich lang dargestellt. Dies ist nicht zwingend, im Prinzip kann man die Gesetze der additiven Mischung ebenso bei beliebiger Richtung und Länge der Basisvektoren darstellen. Allerdings dürfen sie nicht in einer Ebene liegen. Das würde, wie eben gezeigt wurde, bedeuten, dass sie linear abhängig sind, d.h. dass man eine von ihnen aus den beiden anderen ermischen kann.

Durch Parallelen zu den Basisvektoren ist die Figur in Abb. 6.19 zu einem Würfel ergänzt. Die acht Ecken dieses Würfels stellen die acht Farbvalenzen der Tab. 6.1 dar. Der gemeinsame Ursprung der drei Basisvektoren bedeutet Schwarz, die Endpunkte der Basisvektoren die reinen Primärvalenzen Rot, Grün und Blau. Die übrigen Ecken des Würfels sind die Mischfarben Gelb, Cyan, Purpur und Weiß, das dem Schwarz gegenüberliegt. Auf der Diagonalen, die den Schwarzpunkt und den Weißpunkt verbindet, liegen die unbunten Farben.

Dieser Würfel bildet im Farbraum den Körper, der alle Vektoren enthält, die Farbvalenzen entsprechen, die man aus den drei gegebenen Primärvalenzen ermischen kann, wenn die drei Farbwerte R, G und B zwischen den Werten 0 und 1 liegen. Es gibt aber auch Farbvalenzen außerhalb dieses Würfels im Farbraum. Ihre Farbwerte bezüglich dieser drei Primärvalenzen können nicht durch innere, sondern nur durch äußere Mischung ermittelt werden. Es erhebt sich allerdings die Frage, welche Bereiche eines solchen Farbraums überhaupt durch physikalisch realisierbare Farben erfüllt sind, und welche leer sind, d.h. keinen realen Farben entsprechen. Diese Frage wird in den Abschn. 6.8 und 6.10 behandelt werden. Die Antwort ist unter anderem davon abhängig, ob es sich um Lichtfarben oder Körperfarben handelt.

Die Farbtafel und das Maxwell'sche Farbdreieck. Dreidimensionale Darstellungen des Farbenraums sind wichtig, um Beziehungen zwischen verschiedenen Farben sowie die Gesetze der additiven Mischung anschaulich zu machen. Sie sind jedoch für den praktischen Gebrauch nicht sehr handlich. Deshalb ist es schon seit der Zeit Newtons üblich, zweidimensionale Darstellungen, etwa in Form von Farbkreisen oder Farbdreiecken, zu verwenden. Da aber nach dem ersten Graßmann'schen

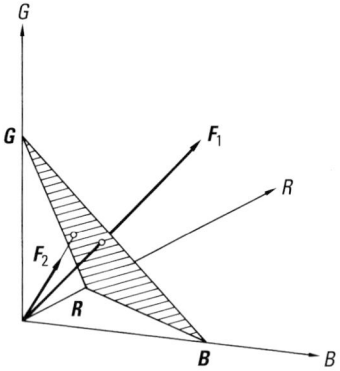

Abb. 6.20 Die Lage der Farbtafel in einem dreidimensionalen Farbraum. Die Spitzen der Vektoren der Grundfarben bilden die Ecken des Farbdreiecks.

Gesetz die Farbvalenzen eine dreidimensionale Mannigfaltigkeit bilden, geht bei einer zweidimensionalen Darstellung eine Kenngröße dieser Mannigfaltigkeit verloren.

Betrachten wir im Farbraum noch einmal die Darstellung der Farbvalenzen durch Vektoren. Jeder Vektor hat eine Richtung und eine Länge. Einer Längenänderung des Vektors – bei gleicher Richtung – entspricht eine Leuchtdichteänderung der betreffenden Farbvalenz. Die Farbart bleibt dabei erhalten.

Abb. 6.20 zeigt im Farbraum eine Ebene, die durch die Endpunkte der drei Basisvektoren gelegt ist, die die Primärvalenzen darstellen. Ein beliebiger Vektor im Farbraum (bzw. seine Verlängerung) wird diese Ebene in einem Punkt durchstoßen, und alle Vektoren gleicher Richtung und unterschiedlicher Länge durchstoßen diese Ebene im selben Punkt. Jeder Punkt dieser Ebene stellt also eine bestimmte Farbart dar. Man nennt eine solche Ebene eine *Farbtafel*. Einer bestimmten Farbart entspricht auf der Farbtafel ein bestimmter *Farbort*. Es seien R, G und B die Farbwerte einer beliebigen Farbvalenz, und r, g und b die Farbwerte der Farbvalenz gleicher Farbart, deren Vektor in dieser Ebene endet. Für diese Farbwerte gilt die Beziehung

$$r + g + b = 1.$$

Geht man von einer beliebigen Farbvalenz mit den Farbwerten R, G und B aus, so stellen die Größen

$$r = \frac{R}{R+G+B}, \quad g = \frac{G}{R+G+B}, \quad b = \frac{B}{R+G+B}, \tag{6.17}$$

also die Farbwerte der in der Farbtafel-Ebene liegenden Farbvalenz gleicher Farbart dar, wobei $r + g + b = 1$.

Man nennt die Größen r, g und b die *Farbwertanteile* einer Farbvalenz, und die Farbwertanteile bestimmen die Farbart der Farbvalenz. Da ihre Summe immer gleich 1 ist, genügt es, die beiden Werte r und g anzugeben, da $b = 1 - r - g$.

Die Farbtafel hat die bemerkenswerte Eigenschaft, dass die Farbörter der aus zwei Farbvalenzen additiv ermischten Farbvalenzen auf der Verbindungsgeraden der Farbörter der Mischungskomponenten liegen. Das ist unmittelbar einzusehen, da die Vektoren, die sich aus zwei gegebenen Vektoren durch Addition bilden lassen, in einer Ebene liegen. Ihre Durchstoßpunkte durch die Farbtafelebene liegen damit auch auf einer Geraden.

Wir berechnen jetzt die Lage des Farborts einer Farbvalenz F, die aus zwei Farbvalenzen F_1 und F_2 ermischt ist. Ihre Farbwerte seien R_1, G_1, B_1 bzw. R_2, G_2, B_2.

Wir konstruieren dazu die Farbvalenzen E_1 und E_2, deren Farbwerte gleich den Farbwertanteilen r_1, g_1, b_1 bzw. r_2, g_2, b_2 sind. Abb. 6.21 zeigt diese vier Vektoren. Die Längen der Vektoren E_1 und E_2 seien e_1 und e_2. Ihre Spitzen liegen in der Farbtafelebene, deren Spur in Abb. 6.21 die Gerade s ist. Der Schnittpunkt S dieser Geraden mit der Geraden, in der der Summenvektor F liegt, ist der gesuchte Farbort der Mischung. Er teilt die Mischungsgerade zwischen den Endpunkten der Vektoren E_1 und E_2 in die Teilstrecken u_1 und u_2. Durch den Endpunkt des Summenvektors F ist zu s eine Parallele gezogen, auf der zwischen den Schnittpunkten mit den Verlängerungen von F_1 und F_2 die Teilstrecken v_1 und v_2 entstehen, wobei $v_2 : v_1 = u_2 : u_1$ ist.

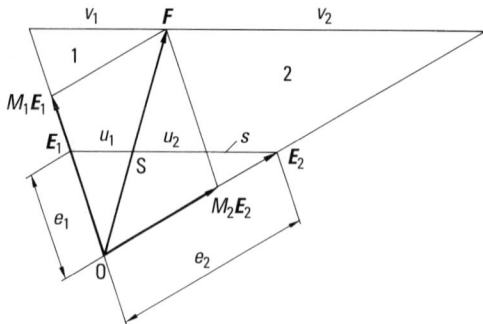

Abb. 6.21 Die Ableitung der Schwerpunktregel. Erläuterungen im Text.

Es gelten folgende Beziehungen:
$$\begin{aligned}F &= F_1 + F_2 \\ &= R_1 \boldsymbol{R}_1 + G_1 \boldsymbol{G}_1 + B_1 \boldsymbol{B}_1 \\ &\quad + R_2 \boldsymbol{R}_2 + G_2 \boldsymbol{G}_2 + B_2 \boldsymbol{B}_2 \\ &= (R_1 + G_1 + B_1)(r_1 \boldsymbol{R}_1 + g_1 \boldsymbol{G}_1 + b_1 \boldsymbol{B}_1) \\ &\quad + (R_2 + G_2 + B_2)(r_2 \boldsymbol{R}_2 + g_2 \boldsymbol{G}_2 + b_2 \boldsymbol{B}_2) \\ &= M_1 \boldsymbol{E}_1 + M_2 \boldsymbol{E}_2.\end{aligned}$$

Dabei ist $M_1 = R_1 + G_1 + B_1$ und $M_2 = R_2 + G_2 + B_2$. Wegen der Ähnlichkeit der Dreiecke 1 und 2 in Abb. 6.21 mit dem aus $\boldsymbol{E}_1$ und $\boldsymbol{E}_2$ gebildeten Dreieck gelten die Beziehungen:

$$\frac{v_2}{M_1 e_1} = \frac{u_1 + u_2}{e_1} \quad \text{und} \quad \frac{v_1}{M_2 e_2} = \frac{u_1 + u_2}{e_2}$$

oder

$$\frac{v_2}{M_1} = \frac{v_1}{M_2} = u_1 + u_2$$

und damit

$$\frac{u_1}{u_2} = \frac{v_1}{v_2} = \frac{M_2}{M_1} = \frac{R_2 + G_2 + B_2}{R_1 + G_1 + B_1}. \tag{6.18}$$

Dieses Ergebnis bedeutet, dass der Farbort der Mischfarbe die Strecke zwischen den Farbörtern der Mischungskomponenten im Verhältnis der Farbwerte der Mischungskomponenten unterteilt. Man kann das Ergebnis auch als *Schwerpunktregel* interpretieren:

- Man findet den Farbort einer additiven Mischung in der Farbtafel, indem man sich in den Farbörtern der Mischungskomponenten die Farbwerte als Gewichte vorstellt und den gemeinsamen Schwerpunkt bestimmt.

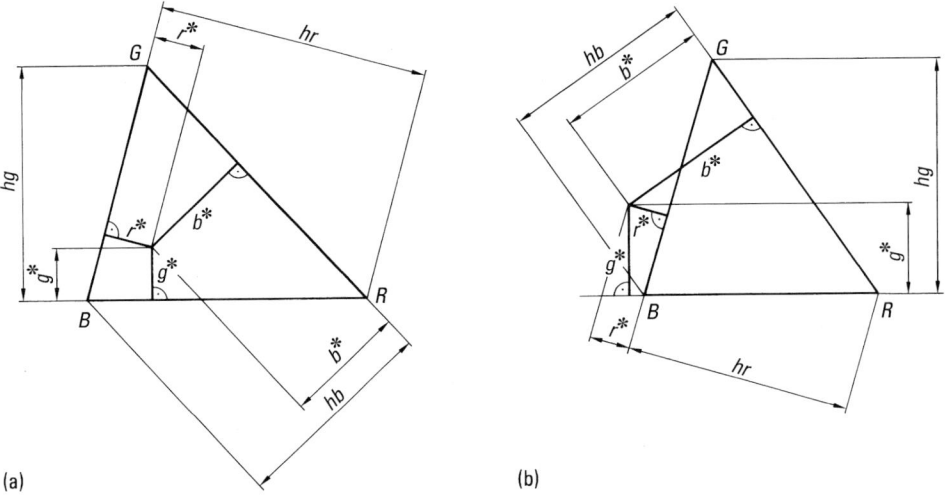

Abb. 6.22 Konstruktion eines Farborts in der Farbtafel aus den Farbwertanteilen r, g, b mithilfe der Schwerpunktregel; (a) innere Mischung, (b) äußere Mischung. Es gilt $r^* = r h_r$, $g^* = g h_g$, $b^* = b h_b$.

Im Falle der Mischung aus zwei Komponenten bilden die beiden Teilstrecken u_1 und u_2 auf der Mischungsgeraden die Hebelarme, an denen die Gewichte $(R_1 + G_1 + B_1)$ bzw. $(R_2 + G_2 + B_2)$ im Gleichgewicht stehen.

Die Verallgemeinerung der Regel für den Fall von drei und mehr Mischungskomponenten ergibt sich, wenn man erst den Schwerpunkt zweier Mischungskomponenten bildet und in diesem Farbort die Summe der Farbwerte als Gewichte vereinigt und dann die Schwerpunktregel auf diesen Farbort und den der nächsten Mischungskomponente anwendet.

Schließlich erlaubt diese Regel auch die Konstruktion des Farborts in der Farbtafel aus den Farbwerten bzw. Farbwertanteilen, wenn die Farbörter der Primärvalenzen als Dreieck gegeben sind. Abb. 6.22a zeigt diese Konstruktion für drei positive Farbwerte, Abb. 6.22b für den Fall eines negativen Farbwertes, d. h. einer äußeren Mischung.

6.7 Farbgleichheit und Farbvalenz

Bedingungen für den Farbvergleich. Nach dem ersten Graßmann'schen Gesetz kann man zu jeder Farbe eine additive Mischung aus drei Grundfarben oder Primärvalenzen finden, die dieser gleich ist. Wie kann man nun die Gleichheit zweier Farben, also zweier Empfindungen, prüfen? Das Kriterium dafür ist ihre Ununterscheidbarkeit für das Auge.

Nach Abschn. 6.1 hängt die Farbempfindung von einer Reihe von Umständen ab. Um ein reproduzierbares Urteil über die Gleichheit von Farben zu gewährleisten, müssen diese Umstände für die Beurteilung genau festgelegt werden. Ein Farbvergleich soll deshalb so vorgenommen werden, dass die beiden Farben

a) gleichzeitig,
b) aneinander angrenzend,
c) strukturlos,
d) mit einer Winkelgröße von 2°,
e) mit helladaptiertem Auge,
f) bei einäugiger Beobachtung mit ruhendem Auge,
g) von einem normalsichtigen Beobachter

gesehen werden. Da die Bedingungen mit wichtigen Eigenschaften des menschlichen Farbensinns zusammenhängen, sollen sie im Einzelnen begründet werden.

a) Ein sicherer Vergleich von Farben, die zu verschiedenen Zeiten gesehen werden, ist im Allgemeinen nicht möglich. Es fällt sehr schwer, eine Farbe exakt im Gedächtnis zu behalten. Man ist z. B. beim Einkauf von Textilien darauf angewiesen, eine Probe von einem Stoff mitzunehmen, wenn ein zweiter, genau dazu passender ausgesucht werden soll.

b) In Abschn. 6.1 wurde der farbige Simultankontrast als Beispiel dafür angeführt, wie das Aussehen einer Farbfläche durch die Umgebung beeinflusst wird. Deshalb ist man auch unwillkürlich bestrebt, beim Vergleich zweier Farben die Proben möglichst ohne Zwischenraum nebeneinander zu sehen. Durch die Umgebung kann zwar auch dann noch das Aussehen der Farben beeinflusst werden, aber es werden dann die zu vergleichenden Farben in der gleichen Weise beeinflusst.

c) Ist in einer Fläche eine Struktur wahrnehmbar, so ist sie nicht wirklich einfarbig. Ein Webmuster etwa einer Textiloberfläche ergibt bei jeder Beleuchtung eine sichtbare Struktur, die bei einem Vergleich stört. Wird die Fläche mit einem optischen Instrument betrachtet, so kann man diese Struktur z. B. durch Defokussieren unsichtbar machen.

d) Die Festlegung der Größe des Gesichtsfeldes für einen Vergleich ist erforderlich, weil die Farbwahrnehmung von großen Flächen etwas von der bei kleinen Flächen abweicht. Der Grund dafür liegt in der Gelbfärbung des zentralen Teils der Netzhaut, der Fovea centralis (gelber Fleck, macula lutea). Sie bewirkt, dass Farben etwas anders aussehen, wenn sie in dem zentralen Teil des Gesichtsfeldes mit wenigen Grad Ausdehnung erscheinen. Dieser Effekt wird unter normalen Sehbedingungen nicht bemerkt, wirkt sich jedoch bei genauen Farbvergleichen aus. Natürlich kann man auch Farbvergleiche mit größeren Gesichtsfeldern machen, wird dann aber etwas andere Ergebnisse erhalten. Es ist deshalb wichtig, solche abweichenden Bedingungen gegebenenfalls anzugeben (s. Abschn. 6.9, S. 723). Ein Gesichtsfeld mit 2° Winkelgröße entspricht einer Scheibe von 1 cm Durchmesser im Abstand von 30 cm vom Auge.

e) Es wurde ebenfalls in Abschn. 6.1 erwähnt, dass der Farbensinn nur bei helladaptiertem Auge – und entsprechender Leuchtdichte der zu vergleichenden Flächen – seine volle Leistungsfähigkeit hat. Bei sehr viel höheren Leuchtdichten ist das Auge durch Blendung beeinträchtigt, bei wesentlich geringeren Leuchtdichten gelangt man in den Bereich des mesopischen Sehens und schließlich, bei sehr geringen Leuchtdichten, in das Dämmerungssehen (skotopischer Bereich), in dem keine Farben mehr unterschieden werden können. Helladaptation tritt ein bei Leuchtdichten

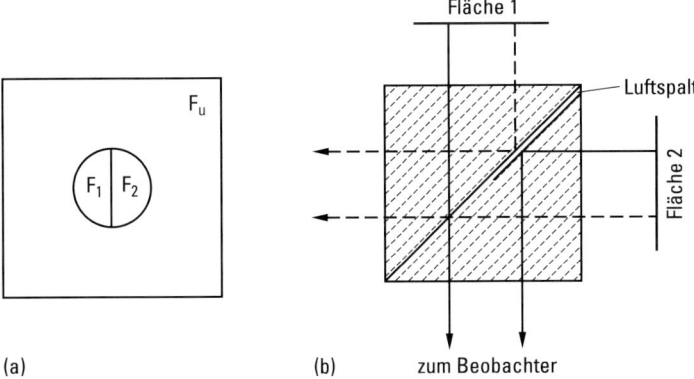

Abb. 6.23 (a) Gesichtsfeld für die Einstellung einer Farbgleichung. F_1, F_2: Vergleichsfelder, F_u: Umfeld. (b) Photometerwürfel nach Lummer-Brodhun.

über $30\,\text{cd}/\text{m}^2$. Sie kann z. B. durch ein Umfeld entsprechender Leuchtdichte bei dem Farbvergleich gewährleistet werden (Abb. 6.23(a)).

f) Ein einäugiger Vergleich wird gefordert, weil nicht wenige Menschen etwas unterschiedliche Augen haben. Auch dieser Unterschied wird im Allgemeinen nicht bemerkt und ist im Alltag nicht störend. Zudem ist bei vielen Oberflächen der Remissionsgrad vom Beobachtungswinkel abhängig. Die beiden Augen sehen eine nicht zu weit entfernte Fläche aber unter merklich verschiedenen Winkeln.

g) Die letzte Bedingung fordert, dass der Vergleich von einem normalsichtigen Beobachter durchgeführt werden soll. Nur dann ist gewährleistet, dass das Urteil auch von anderen (normalsichtigen) Beobachtern geteilt wird. Es gibt zwar auch zwischen normalsichtigen Personen kleine, aber merkliche Unterschiede. Etwa 8 % der männlichen und 0.5 % der weiblichen Bevölkerung sind jedoch farbfehlsichtig. Bei diesen Personen weicht der Farbensinn erheblich von dem der normalsichtigen ab (Abschn. 6.11).

Das visuelle Photometer. In der Praxis ist es oft schwierig, zwei Farbflächen aneinander angrenzend und strukturlos für den Vergleich darzubieten. In vielen Fällen kann dieses Problem mithilfe eines *visuellen Photometers* gelöst werden.

Kernstück eines solchen Photometers ist ein *Photometerwürfel*, auch *Lummer-Brodhun-Würfel* genannt. Er ermöglicht es, die beiden zu vergleichenden Flächen direkt nebeneinander zu sehen, auch wenn sie räumlich getrennt sind. Der Photometerwürfel ist aus zwei rechtwinkligen Glasprismen zusammengesetzt (Abb. 6.23(b)). Sie sind an ihren Hypothenusenflächen verkittet, wobei sich die Verkittung nur über die eine Hälfte der Fläche erstreckt, während die andere Hälfte unverkittet ist und einen Luftspalt bildet. Blickt man durch eine Endfläche des Würfels, so sieht man durch die verkittete Flächenhälfte hindurch auf die gegenüber stehende Fläche 1, während die unverkittete Hälfte aufgrund der Totalreflexion (Abschn. 1.4) wie ein Spiegel wirkt, über den man auf die im rechten Winkel stehende Fläche 2 sieht. Durch die Beobachtungsoptik (Maxwell'sche Beobachtung) wird dafür ge-

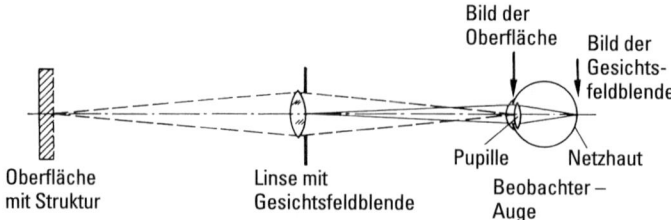

Abb. 6.24 Maxwell'sche Beobachtung. Die zu beobachtende Oberfläche wird in die Pupille abgebildet.

sorgt, dass das Auge des Beobachters dabei die Trennlinie des Photometerwürfels scharf sieht, die beiden zu vergleichenden Flächen aber unscharf (Abb. 6.24). Dadurch verschwinden störende Strukturen.

Der Persistenzsatz. Es mag verwundern, dass unter den Bedingungen für den Farbvergleich keine Festlegung der Farbstimmung vorkommt. Nach den Ausführungen in Abschn. 6.1 hat die Farbstimmung einen großen Einfluss auf die Farbempfindung, die ein Farbreiz auslöst. Sie hat allerdings keinen Einfluss auf das Gleichheitsurteil. Man kann dies prüfen, indem man in einem visuellen Photometer zwei metamere Farben mit zwei verschieden gestimmten Augen abwechselnd betrachtet. Diese Erfahrungstatsache, die für die Farbmetrik grundlegend ist, wurde von dem Physiologen J. von Kries 1878 als *Persistenzsatz* formuliert [10]:

- Verschieden zusammengesetzte Farbreize, die dem neutral gestimmten Auge gleich erscheinen (metamer sind), erscheinen auch dem irgendwie umgestimmten Auge gleich.

Es darf allerdings dieser Satz nicht so verstanden werden, dass zwei metamere Farben auch bei einem Wechsel der Beleuchtung wieder metamer sein müssten. Im Gegenteil erscheinen zwei Oberflächen, die unter einer bestimmten Beleuchtung metamer sind, unter einer anderen Beleuchtung im Allgemeinen verschiedenfarbig, d.h. die Metamerie bricht bei einem Wechsel der Beleuchtung im Allgemeinen zusammen.

Farbreiz und Farbvalenz. Werden die beschriebenen Regeln für die Durchführung eines Farbvergleichs eingehalten, so ist gewährleistet, dass das so gewonnene Urteil über die Gleichheit oder Ungleichheit zweier Farben

- reproduzierbar ist, also auch bei späterer Überprüfung wieder dasselbe Resultat liefert,
- unabhängig vom Beobachter ist bis auf die erwähnten geringen individuellen Unterschiede, also von jedem normalsichtigen Beobachter nachvollzogen werden kann,
- unabhängig ist auch von der Beeinflussung der Farbempfindung durch die Farbstimmung.

Damit ist die Voraussetzung gegeben für die Definition des für die Farbmetrik grundlegenden Begriffs der Farbvalenz:
- Zwei Farbreize haben genau dann gleiche Farbvalenz, wenn sie bei einem Farbvergleich ununterscheidbar sind.

Die Farbvalenz ist damit, wie das auch bei physikalischen Begriffen üblich ist, über eine Messmethode definiert. Allerdings ist diese Messung keine physikalische, sondern eine *psychophysische*. Sie erlaubt zugleich eine quantitative Bestimmung der Farbvalenz, und zwar durch die Angabe der drei Farbwerte, mit denen man diese Farbvalenz aus drei Primärvalenzen additiv ermischen kann. Da die Primärvalenzen durch physikalisch genau definierbare Farbreize gegeben sind, ist die Farbvalenz insofern eine objektive Größe, als sie unabhängig ist von der Farbempfindung, die der zugehörige Farbreiz auslöst.

Die Relation zwischen Farbreizen und Farbvalenzen ist nicht umkehrbar eindeutig. Vielmehr wird durch den Farbvergleich eine Methode definiert, mit der die Farbreize zu Klassen gleich aussehender Farbreize zusammengefasst werden können. Jede Klasse gleichaussehender Farbreize bildet eine Farbvalenz [11]. Die Farbvalenzen bilden eine dreidimensionale Mannigfaltigkeit, da sie drei unabhängig veränderliche Koordinaten haben, nämlich die drei Farbwerte. Die Farbreize bilden dagegen theoretisch einen Raum von sehr vielen Dimensionen, da sie so viele unabhängige Variablen haben, als es messbare Wellenlängen im sichtbaren Spektralbereich gibt.

6.8 Die Spektralwertkurven

Die Bedeutung der Spektralwerte. Gegenstand dieses Abschnitts ist die Ermittlung der Farbwerte der Spektralfarben durch additive Nachmischung. Die Farbwerte der Spektralfarben heißen *Spektralwerte*. Bestimmt man die Spektralwerte durch das ganze sichtbare Spektrum, so erhält man drei *Spektralwertfunktionen* oder *Spektralwertkurven*. Diese Spektralwertfunktionen sind aus verschiedenen Gründen theoretisch sehr wichtig:
- Wenn man die Farbwerte aller Spektralfarben bezüglich dreier Primärvalenzen kennt, dann kann man damit für jede beliebige Farbe aus deren Farbreizfunktion die Farbwerte berechnen.
- Wenn man die Farbwerte für jede gegebene Farbreizfunktion berechnen kann, dann lässt sich diese Farbe auch durch eine additive Mischungsgleichung aus diesen Primärvalenzen darstellen. Damit ist aber das erste Graßmann'sche Gesetz bewiesen.
- Die Spektralwertfunktionen geben wichtige Hinweise für das Verständnis der Physiologie des Farbensehens.
- Die Kenntnis der Spektralwertfunktionen erlaubt den Bau von Farbmessgeräten, mit deren Hilfe man die Farbwerte von Farbreizen ermitteln kann ohne visuellen Farbvergleich (Abschn. 6.10).

Die ersten Versuche zur Ermittlung der Spektralwerte wurden um 1855 von Helmholtz [12] und Maxwell [8] durchgeführt und stellen den Beginn der modernen

Farbmetrik dar. Die experimentellen Möglichkeiten sowohl zur Herstellung genügend intensiven monochromatischen Lichts sowie zur Darstellung additiver Mischungen (Farbkreisel) waren damals noch sehr unvollkommen und entsprechend ungenau waren die Ergebnisse. In der Folgezeit sind diese Messungen von verschiedenen Autoren wiederholt worden mit eigens dafür konstruierten, teilweise sehr aufwendigen Anordnungen (König, Dieterici [13], Wright [14], Stiles [15], Speranskaja [16]).

Für die heute zur Verfügung stehenden leistungsfähigen Lichtquellen und Monochromatoren ist die experimentelle Realisierung einer solchen Messung kein grundsätzliches Problem mehr und kann für die Demonstration im Rahmen einer Vorlesung realisiert werden [17].

Die Bestimmung der Spektralwerte. Zur Bestimmung der Farbwerte der Spektralfarben muss man Spektralfarben, also monochromatische Lichter verschiedener Wellenlängen, vergleichen mit additiven Mischungen dreier Primärvalenzen. Monochromatisches Licht kann man in einem Monochromator erzeugen. Es möge eine Hälfte eines Vergleichsfeldes eines visuellen Photometers beleuchten. Seine spektrale Bandbreite sei $\Delta\lambda$, d.h. es enthalten Strahlung im Wellenlängenbereich $\lambda - \frac{1}{2}\Delta\lambda$ bis $\lambda + \frac{1}{2}\Delta\lambda$. Der Wellenlängenbereich $\Delta\lambda$ soll dabei so klein sein, dass innerhalb dieses Spektralbereichs sich die Farbe nicht sichtbar ändert. Dies ist z.B. gegeben, wenn $\Delta\lambda$ nicht größer als 5 nm ist. Die relative Strahldichte dieses monochromatisch beleuchteten Photometerfeldes wird dabei durch die Funktion $\phi(\lambda)\Delta\lambda$ dargestellt. Da es sinnvoll ist, die Farbwerte immer auf einen spektralen Farbreiz gleicher Strahldichte zu beziehen, dividiert man die ermittelten Farbwerte jeweils durch $\phi(\lambda)\Delta\lambda$. Die so normierten spektralen Farbvalenzen seien mit $\boldsymbol{F}(\lambda)$ bezeichnet.

Als Primärvalenzen seien in diesem Falle ebenfalls monochromatische Lichter verwendet, und zwar jeweils

– eine rote Primärvalenz $\boldsymbol{R}$ der Wellenlänge 700.0 nm,
– eine grüne Primärvalenz $\boldsymbol{G}$ der Wellenlänge 546.1 nm,
– eine blaue Primärvalenz $\boldsymbol{B}$ der Wellenlänge 435.8 nm.

Die Primärvalenzen seien so normiert, dass ihre Summe Unbunt ergibt, und zwar die Farbart des unzerlegten energiegleichen Spektrums:

$$\boldsymbol{R} + \boldsymbol{G} + \boldsymbol{B} = \boldsymbol{U}.$$

Mischungen aus diesen Primärvalenzen sind in der einen Hälfte des Photometerfeldes darzustellen (Abb. 6.23(a)) und zu vergleichen mit den spektralen Farbvalenzen $\boldsymbol{F}(\lambda)$ in der anderen Hälfte. Bei Gleichheit der beiden Felder ist eine Farbgleichung eingestellt von der Form:

$$\boldsymbol{F}(\lambda) = \bar{r}(\lambda)\,\boldsymbol{R} + \bar{g}(\lambda)\,\boldsymbol{G} + \bar{b}(\lambda)\,\boldsymbol{B}. \tag{6.19}$$

$\bar{r}(\lambda)$, $\bar{g}(\lambda)$, $\bar{b}(\lambda)$ sind die Spektralwerte bei der Wellenlänge λ. Bei der Einstellung der Farbgleichungen stößt man sehr schnell auf eine Schwierigkeit, die sich bei fast allen Wellenlängen wiederholt. Versucht man etwa eine blaugrüne Spektralvalenz der Wellenlänge 500 nm durch eine Mischung aus der grünen und blauen Primärvalenz anzugleichen, so stellt man fest, dass man zwar ein Blaugrün mit dem richtigen Buntton ermischen kann, dass die Mischfarbe jedoch immer geringere Sättigung hat als die Spektralfarbe. Eine Zumischung von Anteilen der dritten Primärvalenz Rot kann die Sättigung der Mischfarbe nur erniedrigen, nicht erhöhen.

Eine Gleichheit der beiden Farbfelder ist nur durch äußere Mischung zu erreichen, d.h. wenn man einen bestimmten Anteil der roten Primärvalenz zu der nachzumischenden spektralen Farbvalenz addiert (Abschn. 6.6). Man stellt also eine Farbgleichung ein von der Form:

$$F(\lambda) + \bar{r}_n(\lambda)\,R = \bar{g}(\lambda)\,G + \bar{b}(\lambda)\,B. \tag{6.20}$$

Setzt man $\bar{r}(\lambda) = -\bar{r}_n(\lambda)$, so geht die Gl. (6.20) wieder in die ursprüngliche Form (6.19) über. Der Spektralwert $\bar{r}(500\,\text{nm})$ ist also negativ.

Spektralwertkurven und Spektralfarbenzug. In Abb. 6.25 sind die Spektralwerte als Kurven für die angegebenen spektralen Primärvalenzen und für ein energiegleiches Spektrum angegeben. Bei den Wellenlängen der Primärvalenzen (435.8 nm, 546.1 nm, 700 nm) sind jeweils zwei Farbwerte Null. Bei den meisten anderen Wellenlängen ist jedoch mindestens ein Spektralwert negativ. Eine Darstellung der Spektralfarben in der Farbtafel erhält man, wenn man die Farbwertanteile aus den Spektralwerten $\bar{r}(\lambda)$, $\bar{g}(\lambda)$ und $\bar{b}(\lambda)$ berechnet. Führt man die in Abb. 6.22 angegebene Konstruktion der Farbörter aus den Farbwertanteilen durch, so erhält man einen Linienzug, den so genannten *Spektralfarbenzug*. Er geht durch die Farbörter der drei Primärvalenzen (Abb. 6.26). Dass der Spektralfarbenzug außerhalb der Seiten des Farbdreiecks verläuft, das von den drei Primärvalenzen gebildet wird, hat seinen Grund darin, dass die Spektralfarben durch äußere Mischung aus den Primärvalenzen gebildet werden müssen, wenn ein Farbwert bzw. ein Farbwertanteil negativ ist.

Der Spektralfarbenzug ist nicht geschlossen, da kurzwelliges und langwelliges Ende nicht zusammenfallen. Die Mischungen aus den beiden Enden des Spektrums liegen auf der Verbindungsgeraden zwischen dem langwelligen und dem kurzwelligen

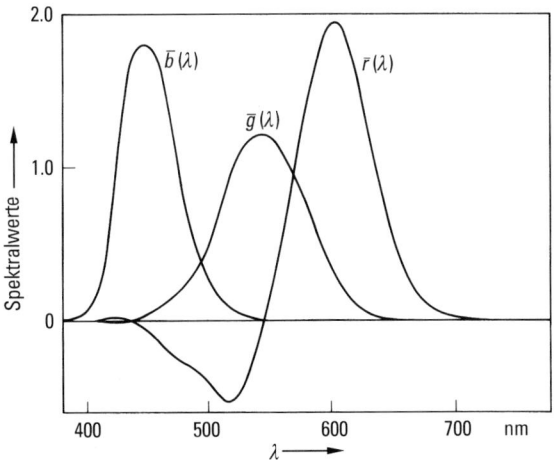

Abb. 6.25 Spektralwertkurven dreier spektraler Primärvalenzen (Rot 700.0 nm, Grün 546.1 nm, Blau 435.8 nm).

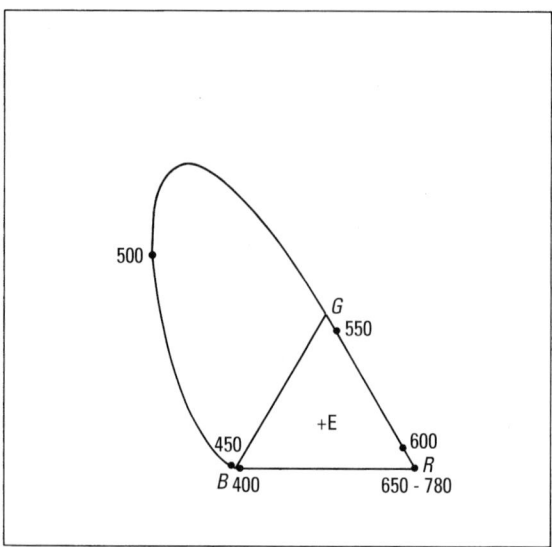

Abb. 6.26 Der Spektralfarbenzug in der Farbtafel.

Ende des Spektralfarbenzugs. Diese Gerade heißt die *Purpurgerade*, weil die auf ihr liegenden Mischfarben die Purpurtöne zwischen Violett und Rot enthalten. Innerhalb des von Spektralfarbenzug und Purpurgerade begrenzten Gebiets liegen alle möglichen Farbörter, die Mischfarben aus zwei oder mehr Spektralfarben darstellen.

Da der Spektralfarbenzug auf seinem ganzen Verlauf nirgends nach außen gekrümmt ist, sondern entweder nach innen oder – im langwelligen Bereich – gerade ist, liegen alle inneren Mischungen aus zwei Spektralfarben innerhalb des vom Spektralfarbenzug begrenzten Gebiets. Mischt man weitere Spektralfarben zu diesen Mischungen, so kommt man dadurch niemals in den Bereich außerhalb des Spektralfarbenzugs.

Da jede Farbreizfunktion eine Summe von spektralen Farbreizen ist, sind auch die dazugehörigen Farbvalenzen additive Mischungen der entsprechenden Spektralvalenzen. Da die Farbörter der Mischungen aus Spektralvalenzen immer innerhalb des von Spektralfarbenzug und Purpurgerade eingeschlossenen Gebiets liegen, liegen überhaupt alle zu physikalisch realen Farbreizen gehörenden Farbörter innerhalb dieses Bereichs.

Berechnung der Farbwerte aus den Spektralwerten. Mit den Spektralwertkurven ist die Möglichkeit gegeben, für eine vorgegebene Farbreizfunktion $\phi(\lambda)$ die Farbwerte zu berechnen. Zu dieser Farbreizfunktion gehöre die Farbvalenz:

$$\boldsymbol{F} = R\boldsymbol{R} + G\boldsymbol{G} + B\boldsymbol{B}. \tag{6.15}$$

R, G und B sind die gesuchten Farbwerte. Man zerlegt die durch die Farbreizfunktion gegebene spektrale Strahlungsverteilung in monochromatische Bestandteile $\phi(\lambda_i)\,\Delta\lambda$ der spektralen Bandbreite $\Delta\lambda$. Die zu einem monochromatischen Bestandteil gehörige Farbvalenz sei $\Delta \boldsymbol{F}_i$. Die additive Mischung aller monochromatischer Bestandteile ergibt demnach $\boldsymbol{F}$:

$$\boldsymbol{F} = \Sigma \Delta \boldsymbol{F}_i. \tag{6.21}$$

Die Summe ist über alle Wellenlängen λ_i im sichtbaren Spektralbereich mit einem Abstand von $\Delta\lambda$ zu bilden. Andererseits lässt sich jedes $\Delta \boldsymbol{F}_i$ als additive Mischung darstellen, wobei die Farbwerte gleich sind den Produkten aus Spektralwerten und Farbreizfunktionen bei der betreffenden Wellenlänge λ_i:

$$\Delta \boldsymbol{F}_i = \Delta R_i \boldsymbol{R} + \Delta G_i \boldsymbol{G} + \Delta B_i \boldsymbol{B} \tag{6.22}$$
$$\Delta R_i = \phi(\lambda_i)\,\bar{r}(\lambda_i)\,\Delta\lambda,$$
$$\Delta G_i = \phi(\lambda_i)\,\bar{g}(\lambda_i)\,\Delta\lambda,$$
$$\Delta B_i = \phi(\lambda_i)\,\bar{b}(\lambda_i)\,\Delta\lambda.$$

Nach dem zweiten Graßmann'schen Gesetz lassen sich in einer additiven Mischung die einzelnen Komponenten durch gleichaussehende Mischungen ersetzen. Man kann die einzelnen Spektralvalenzen $\Delta \boldsymbol{F}$ also ersetzen durch ihre Nachmischungen aus den spektralen Primärvalenzen:

$$\boldsymbol{F} = (\Sigma \Delta R_i)\,\boldsymbol{R} + (\Sigma \Delta G_i)\,\boldsymbol{G} + (\Sigma \Delta B_i)\,\boldsymbol{B}.$$

Damit errechnen sich die gesuchten Farbwerte:

$$R = \Sigma \Delta R_i = \Sigma(\phi(\lambda_i)\,\bar{r}(\lambda_i))\,\Delta\lambda,$$
$$G = \Sigma \Delta G_i = \Sigma(\phi(\lambda_i)\,\bar{g}(\lambda_i))\,\Delta\lambda,$$
$$B = \Sigma \Delta B_i = \Sigma(\phi(\lambda_i)\,\bar{b}(\lambda_i))\,\Delta\lambda. \tag{6.23}$$

Abbildung 6.27 zeigt, dass die Farbwerte geometrisch die Flächen unter den Kurven bedeuten, die sich als Produkt aus Farbreizfunktion und Spektralwertfunktion ergeben. Die Flächenanteile unter der Wellenlängenachse werden dabei negativ gerechnet. Schreibt man statt der Summen Integrale, dann erhält man für die Farbwerte die Ausdrücke:

$$R = \int_0^\infty \phi(\lambda)\,\bar{r}(\lambda)\,d\lambda,$$
$$G = \int_0^\infty \phi(\lambda)\,\bar{g}(\lambda)\,d\lambda,$$
$$B = \int_0^\infty \phi(\lambda)\,\bar{b}(\lambda)\,d\lambda. \tag{6.24}$$

Die Integrationsgrenzen sind praktisch durch die Grenzen des sichtbaren Spektralbereichs gegeben. Nur in diesem Bereich sind die Spektralwertkurven von Null verschieden.

Übergang zu anderen Primärvalenzen. Es sei eine Farbvalenz $\boldsymbol{F}$ gegeben durch drei Farbwerte R, G und B, die sich auf das System der spektralen Primärvalenzen $\boldsymbol{R}$, $\boldsymbol{G}$ und $\boldsymbol{B}$ beziehen. Dieselbe Farbvalenz soll jetzt erzeugt werden durch additive Mischung aus drei anderen Primärvalenzen $\boldsymbol{X}$, $\boldsymbol{Y}$ und $\boldsymbol{Z}$. Es soll also gelten:

$$\boldsymbol{F} = R\boldsymbol{R} + G\boldsymbol{G} + B\boldsymbol{B} = X\boldsymbol{X} + Y\boldsymbol{Y} + Z\boldsymbol{Z}. \tag{6.25}$$

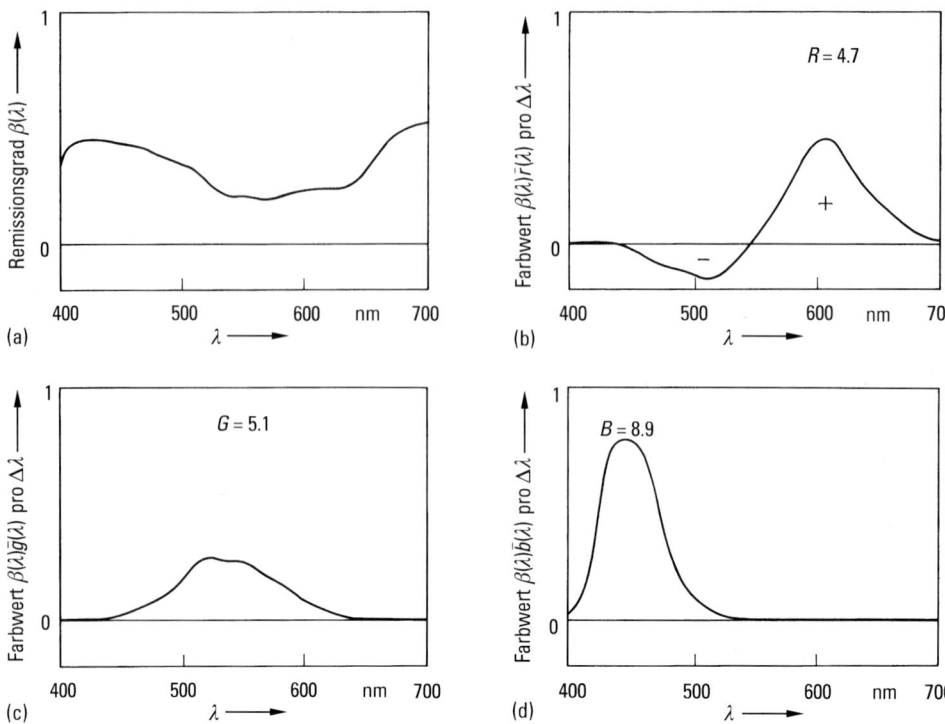

Abb. 6.27 Ermittlung der Farbwerte aus Farbreizfunktion und Spektralwertfunktion; (a) Farbreizfunktion (b), (c), (d) Produkte aus Farbreizfunktion und den drei Spektralwertkurven.

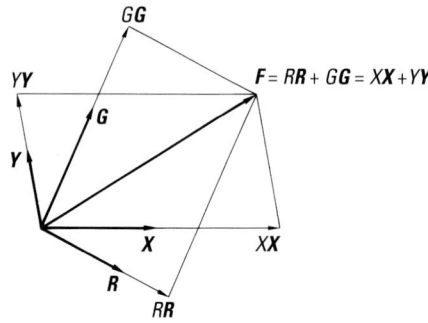

Abb. 6.28 Darstellung einer Farbvalenz F in zwei verschiedenen Primärvalenzsystemen mit den Primärvalenzen R und G bzw. X und Y. Die jeweils dritte Primärvalenz ist der besseren Übersichtlichkeit halber weggelassen worden.

Geometrisch bedeutet dies den Übergang zu einem anderen Koordinatensystem im Vektorraum. In Abb. 6.28 ist die Addition einer Farbvalenz (Vektor) aus zwei verschiedenen Paaren von Primärvalenzen (Basisvektoren) R und G bzw. X und Y

dargestellt. Der besseren Anschaulichkeit halber ist die dritte Primärvalenz jeweils weggelassen worden.

Für die Lösbarkeit dieser Aufgabe ist wichtig, dass die drei Primärvalenzen linear unabhängig sind, d.h. dass die Gleichung

$$X_0 \boldsymbol{X} + Y_0 \boldsymbol{Y} + Z_0 \boldsymbol{Z} = 0$$

nur erfüllt ist, wenn die drei Zahlen X_0, Y_0 und Z_0, alle gleich 0 sind. Gäbe es andere Werte für X_0, X_0 und Z_0, die die Gleichung erfüllen, so könnte man die Gleichung, wenn etwa $X_0 \neq 0$ ist, nach $\boldsymbol{X}$ auflösen:

$$\boldsymbol{X} = -\frac{Y_0}{X_0}\boldsymbol{Y} - \frac{Z_0}{X_0}\boldsymbol{Z}.$$

Eine dieser drei Primärvalenzen wäre also überflüssig und könnte durch Beiträge der anderen beiden Primärvalenzen ersetzt werden.

Die Umrechnung der Farbwerte von einem Primärvalenzsystem in ein anderes ist dann möglich, wenn man die Farbwerte der neuen Primärvalenzen im alten oder umgekehrt die der alten im neuen System kennt. Nehmen wir den letzteren Fall an, d.h. es mögen sich die alten Primärvalenzen durch additive Mischung im neuen System wie folgt darstellen lassen:

$$\boldsymbol{R} = X_R \boldsymbol{X} + Y_R \boldsymbol{Y} + Z_R \boldsymbol{Z},$$
$$\boldsymbol{G} = X_G \boldsymbol{X} + Y_G \boldsymbol{Y} + Z_G \boldsymbol{Z},$$
$$\boldsymbol{B} = X_B \boldsymbol{X} + Y_B \boldsymbol{Y} + Z_B \boldsymbol{Z}.$$

Wegen der Beziehung (6.25) gilt für $\boldsymbol{F}$:

$$\begin{aligned}\boldsymbol{F} = {} & R(X_R \boldsymbol{X} + Y_R \boldsymbol{Y} + Z_R \boldsymbol{Z}) \\ & + G(X_G \boldsymbol{X} + Y_G \boldsymbol{Y} + Z_G \boldsymbol{Z}) \\ & + B(X_B \boldsymbol{X} + Y_B \boldsymbol{Y} + Z_B \boldsymbol{Z})\end{aligned} \quad (6.26)$$

und nach Zusammenfassung der Glieder mit $\boldsymbol{X}$, $\boldsymbol{Y}$ bzw. $\boldsymbol{Z}$:

$$\begin{aligned}\boldsymbol{F} = {} & (RX_R + GX_G + BX_B)\boldsymbol{X} \\ & + (RY_R + GY_G + BY_B)\boldsymbol{Y} \\ & + (RZ_R + GZ_G + BZ_B)\boldsymbol{Z}.\end{aligned} \quad (6.27)$$

Für die Farbwerte X, Y und Z ergeben sich die Beziehungen:

$$X = RX_R + GX_G + BX_B,$$
$$Y = RY_R + GY_G + BY_B,$$
$$Z = RZ_R + GZ_G + BZ_B.$$

In Matrixform lauten diese Gleichungen:

$$\begin{pmatrix} X \\ Y \\ Z \end{pmatrix} = \begin{pmatrix} X_R & X_G & X_B \\ Y_R & Y_G & Y_B \\ Z_R & Z_G & Z_B \end{pmatrix} \begin{pmatrix} R \\ G \\ B \end{pmatrix}. \quad (6.28)$$

Diese Darstellung drückt denselben Sachverhalt etwas anders aus. Die drei Farbwerte R, G und B, hier als Komponenten eines Vektors im dreidimensionalen Farbraum geschrieben, werden durch die Matrix mit den Koeffizienten $X_R, \ldots, Z_B$ in den Vektor der Farbwerte X, Y, Z transformiert. Die Farbwerte R, G, B sind die Koordinaten des Vektors F im Farbraum mit den Basisvektoren R, G, B, während die Farbwerte X, Y, Z die Koordinaten in Bezug auf die Basisvektoren X, Y, Z darstellen. Die Koeffizienten $X_R, \ldots, Z_B$ der Transformationsmatrix sind die Koordinaten der Basisvektoren R, G, B im System der Basisvektoren X, Y, Z.

Geht man umgekehrt von den Farbwerten der Primärvalenzen X, Y, Z im alten System aus, also von

$$X = R_X R + G_X G + B_X B,$$
$$Y = R_Y R + G_Y G + B_Y B,$$
$$Z = R_Z R + G_Z G + B_Z B,$$

so kommt man für die Farbwerte R, G, B zu dem Gleichungssystem:

$$\begin{pmatrix} R \\ G \\ B \end{pmatrix} = \begin{pmatrix} R_X & R_Y & R_Z \\ G_X & G_Y & G_Z \\ B_X & B_Y & B_Z \end{pmatrix} \begin{pmatrix} X \\ Y \\ Z \end{pmatrix}. \tag{6.29}$$

Es geht aus dem Vergleich der beiden Gleichungssysteme (6.28) und (6.29) hervor, dass das eine jeweils die Umkehrung oder Inversion des anderen ist. Man erhält aus den Koeffizienten $R_X, \ldots, B_Z$ die Koeffizienten $X_R, \ldots, Z_B$ und umgekehrt jeweils durch Matrixinversion. Für den ersten Fall ist das Ergebnis:

$$X_R = (G_Y B_Z - G_Z B_Y) D^{-1},$$
$$X_G = (B_Y R_Z - B_Z R_Y) D^{-1},$$
$$X_B = (R_Y G_Z - R_Z G_Y) D^{-1},$$

$$Y_R = (G_Z B_X - G_X B_Z) D^{-1},$$
$$Y_G = (B_Z R_X - B_X R_Z) D^{-1},$$
$$Y_B = (R_Z G_X - R_X G_Z) D^{-1},$$

$$Z_R = (G_X B_Y - G_Y B_X) D^{-1},$$
$$Z_G = (B_X R_Y - B_Y R_X) D^{-1},$$
$$Z_B = (R_X G_Y - R_Y G_X) D^{-1},$$

$$D = R_X G_Y B_Z + R_Y G_Z B_X + R_Z G_X B_Y$$
$$\quad - R_Z G_Y B_X - R_Y G_X B_Z - R_X G_Z B_Y. \tag{6.30}$$

D ist die Determinante der Matrix $[R_X, \ldots, B_Z]$.

Damit ist die gestellte Aufgabe gelöst, zu einer Farbvalenz F die Farbwerte bezüglich irgend eines neuen Primärvalenzsystems zu finden.

Mit den gefundenen Umrechnungsbeziehungen lassen sich auch die Spektralwertfunktionen des neuen Primärvalenzsystems aus denen des alten Systems berechnen. Spektralwerte sind ja nichts anderes als die Farbwerte der Spektralfarben und transformieren sich dementsprechend wie die Farbwerte:

$$\bar{x}(\lambda) = X_R \bar{r}(\lambda) + X_G \bar{g}(\lambda) + X_B \bar{b}(\lambda),$$
$$\bar{y}(\lambda) = Y_R \bar{r}(\lambda) + Y_G \bar{g}(\lambda) + Y_B \bar{b}(\lambda),$$
$$\bar{z}(\lambda) = Z_R \bar{r}(\lambda) + Z_G \bar{g}(\lambda) + Z_B \bar{b}(\lambda).$$

Ein Beispiel für eine Transformation in ein anderes Primärvalenzsystem wird im nächsten Abschnitt behandelt.

6.9 Das Normvalenzsystem

Der farbmetrische 2°-Normalbeobachter. Die im letzten Abschnitt behandelten Spektralwertkurven sind aufgrund ihrer Bestimmung durch individuelle Einstellungen von Farbgleichungen bezogen auf diese individuellen Beobachter. Nach Abschn. 6.7 sind für die normalsichtigen Beobachter zwar individuelle Unterschiede nachweisbar, sie liegen aber nicht wesentlich über der Wiederholgenauigkeit solcher Einstellungen. Es ist deshalb sinnvoll, aus den an einer Reihe von Beobachtern gemessenen Spektralwertkurven einen Mittelwert zu bilden und diesen als repräsentativ für alle Farbnormalsichtigen zu betrachten. Aus Messungen, die in England von Guild [18] und Wright [14] an 17 verschiedenen Beobachtern durchgeführt worden sind, wurden solche Mittelwertkurven abgeleitet und international standardisiert. Sie beschreiben den so genannten farbmetrischen 2°-Normalbeobachter und dessen Fähigkeit, Farben zu unterscheiden.

Die Spektralwertkurven, die den farbmetrischen 2°-Normalbeobachter definieren, werden jedoch nicht in dem System der spektralen Primärvalenzen angegeben, sondern in einem davon verschiedenen Normvalenzsystem.

Das Normvalenzsystem ist ein Primärvalenzsystem, das 1931 zusammen mit den dazugehörigen Normspektralwertkurven von der Internationalen Beleuchtungskommission (Commission Internationale de l' Éclairage, abgek. CIE) als Standard für die Kennzeichnung von Farben empfohlen wurde. Es wird heute überall als Bezugssystem für die Farbmessung benützt [3, 4].

Virtuelle Primärvalenzen. Abbildung 6.29 zeigt die Farbtafel mit den spektralen Primärvalenzen *R*, *G*, *B* und mit dem Spektralfarbenzug. Zusätzlich sind die Farbörter

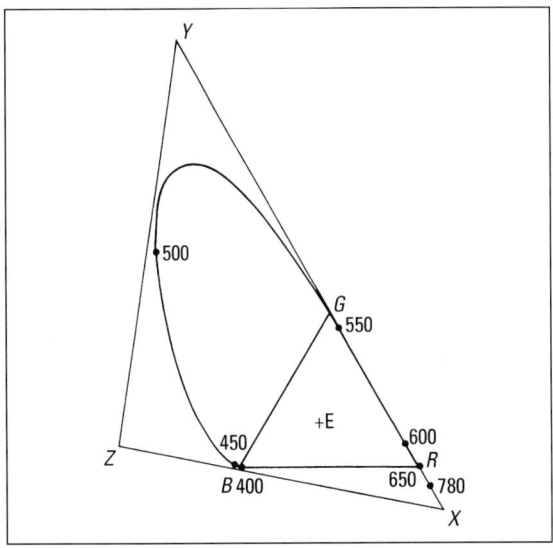

Abb. 6.29 Die Lage der Normvalenzen in der Farbtafel der drei spektralen Primärvalenzen aus Abb. 6.26.

der Normvalenzen *X*, *Y* und *Z* in diese Farbtafel eingetragen. Ihre Lage ist in mehrfacher Hinsicht bemerkenswert:

- Alle drei Primärvalenzen liegen außerhalb des Spektralfarbenzugs und entsprechen damit keinen reellen Farbreizen.
- Das von diesen Primärvalenzen gebildete Farbdreieck umschließt den Spektralfarbenzug, alle Spektralfarben liegen innerhalb des Farbdreiecks.

Die Bedeutung der zweiten Eigenschaft ist sofort einleuchtend. Wenn die Spektralfarben alle innerhalb des Farbdreiecks liegen, lassen sie sich alle durch innere Farbmischung, d.h. mit positiven Farbwerten ermischen. Die Spektralwertkurven dieses Primärvalenzsystems sind also überall positiv.

Die konvexe Krümmung des Spektralfarbenzugs bringt es aber auch mit sich, dass die Ecken eines Dreiecks, das diesen ganz umfasst, außerhalb des Spektralfarbenzugs liegen. Man spricht bei solchen nicht reellen, außerhalb des Spektralfarbenzugs liegenden Farbvalenzen von *virtuellen Farbvalenzen*. Sie können nicht durch physikalische Strahlungsverteilungen dargestellt werden, da deren Farbörter, wie in Abschn. 6.8 gezeigt wurde, immer innerhalb des Spektralfarbenzugs liegen müssen.

Rein mathematisch kann man mit virtuellen Primärvalenzen ebensogut rechnen wie mit reellen. Und man kann auch die zu solchen virtuellen Primärvalenzen gehörigen Farbwerte *X, Y, Z* berechnen, obwohl sie nicht als Farbwerte in einer additiven Mischung vorkommen können.

Solange man also ein Primärvalenzsystem nur verwendet, um Farbvalenzen durch ihre Farbwerte eindeutig zu kennzeichnen, ist die Verwendung von virtuellen Primärvalenzen sinnvoll. Wegen ihrer positiven Spektralwertkurven haben solche Primärvalenzsysteme für die Rechnung und vor allem für die Farbmessung Vorteile. Deshalb wurden für das Normvalenzsystem virtuelle Primärvalenzen gewählt.

Die Normvalenzen. Bei der Wahl der Normvalenzen hat man einige Besonderheiten des visuellen Systems berücksichtigt. Aus Abb. 6.29 geht hervor, dass der Spektralfarbenzug etwa von der Wellenlänge 580 nm ab geradlinig verläuft. Es liegt nahe, die virtuellen Primärvalenzen so zu wählen, dass eine Dreieckseite mit diesem geraden langwelligen Teil zusammenfällt. Das bedeutet, dass die auf diesem Teil des Spektralfarbenzugs liegenden Spektralfarben durch nur zwei *Normfarbwerte* (*X* und *Y*) vollständig gegeben sind, da der dritte Normfarbwert $Z = 0$ ist (Abb. 6.29). Ferner hat man eine Dreieckseite, und zwar die zwischen *X* und *Z*, so gewählt, dass die zugehörige Spektralwertkurve proportional ist zu dem spektralen Hellempfindungsgrad, also der $V(\lambda)$-Kurve. Dass die $V(\lambda)$-Kurve eine Kombination aus den drei Spektralwertkurven sein muss, wird weiter unten gezeigt werden.

Die dritte Dreieckseite, die die Farbörter der Primärvalenzen *Z* und *Y* verbindet, berührt den Spektralfarbenzug bei der Wellenlänge 504 nm beinahe. Das bedeutet, dass die Spektralwertkurve dort ein Minimum haben muss.

Die Normvalenzen sind im spektralen Primärvalenzsystem des vorangehenden Abschnitts durch folgende Gleichungen gegeben:

$$X = 2.365\,R - 0.515\,G + 0.005\,B,$$
$$Y = -0.897\,R + 1.426\,G - 0.014\,B,$$
$$Z = -0.468\,R + 0.089\,G + 1.009\,B.$$

Daraus errechnen sich nach den angegebenen Beziehungen folgende Transformationsgleichungen für die Normfarbwerte X, Y, Z:

$$\begin{pmatrix} R \\ G \\ B \end{pmatrix} = \begin{pmatrix} 2.365 & -0.897 & -0.468 \\ -0.515 & 1.426 & 0.089 \\ 0.005 & -0.014 & 1.009 \end{pmatrix} \begin{pmatrix} X \\ Y \\ Z \end{pmatrix} \quad (6.31)$$

und umgekehrt:

$$\begin{pmatrix} X \\ Y \\ Z \end{pmatrix} = \begin{pmatrix} 0.490 & 0.310 & 0.200 \\ 0.177 & 0.812 & 0.011 \\ 0.000 & 0.010 & 0.990 \end{pmatrix} \begin{pmatrix} R \\ G \\ B \end{pmatrix}. \quad (6.32)$$

Die Rolle der Leuchtdichte im Normvalenzsystem. Die Farbvalenz $\boldsymbol{F}$ sei im Primärvalenzsystem $\boldsymbol{R}$, $\boldsymbol{G}$, $\boldsymbol{B}$ durch die Farbwerte R, G, B gegeben:

$$\boldsymbol{F} = R\boldsymbol{R} + G\boldsymbol{G} + B\boldsymbol{B}.$$

Die Leuchtdichte von $\boldsymbol{F}$ sei L_F, die der Primärvalenzen seien L_R, L_G und L_B. L_F ist dann berechenbar nach der Beziehung:

$$L_F = RL_R + GL_G + BL_B. \quad (6.33)$$

Das ist das *Abney'sche Gesetz*, nachdem die Leuchtdichte einer additiven Mischung sich additiv aus den Leuchtdichten der Komponenten der Mischung zusammensetzt.

Berücksichtigt man, dass die Farbwerte so normiert sind, dass gleiche Farbwerte $R = G = B = 1$ Weiß ergeben, so kann man die Leuchtdichte der weißen Farbvalenz $\boldsymbol{F}_W = \boldsymbol{R} + \boldsymbol{G} + \boldsymbol{B}$ normieren, indem man setzt:

$$L_W = L_R + L_G + L_B = 1.$$

Für die Farbvalenzen der Spektralfarben gilt Gl. (6.19):

$$\boldsymbol{F}_\lambda = \bar{r}(\lambda)\,\boldsymbol{R} + \bar{g}(\lambda)\,\boldsymbol{G} + \bar{b}(\lambda)\,\boldsymbol{B}. \quad (6.19)$$

Die Anwendung des Abney'schen Gesetzes Gl. (6.33) auf diese Beziehung ergibt für die Leuchtdichten L_λ der Spektralfarben:

$$L_\lambda = \bar{r}(\lambda)\,L_R + \bar{g}(\lambda)\,L_G + \bar{b}(\lambda)\,L_B.$$

Die Größe L_λ beschreibt die auf Weiß normierten Leuchtdichten der Spektralfarben des energiegleichen Spektrums. Damit muss aber diese Funktion proportional sein zur $V(\lambda)$-Kurve. Denn diese beschreibt ebenfalls die relativen Leuchtdichten der spektralen Anteile des energiegleichen Spektrums, normiert auf den Maximalwert $V(555\,\text{nm}) = 1$.

Aus der Gültigkeit des Abney'schen Gesetzes, d.h. aus der Additivität der Leuchtdichten bei additiven Mischungen folgt also, dass die $V(\lambda)$-Funktion eine Kombination der drei Spektralwertkurven ist. Dabei sind die Faktoren, mit denen die drei Spektralwertfunktionen zur Bildung der $V(\lambda)$-Funktion multipliziert werden müssen, proportional zu den drei *Leuchtdichtebeiwerten* L_R, L_G, L_B der drei Primärvalenzen, zu denen die Spektralwertfunktionen gehören.

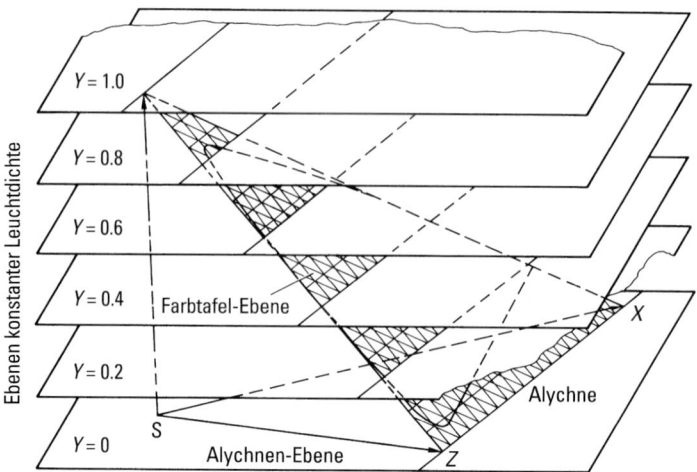

Abb. 6.30 Räumliche Lage der Ebenen gleicher Leuchtdichte im Normvalenzsystem. Die Ebene der Leuchtdichte 0 ($Y = 0$) ist die Alychne.

Im Normvalenzsystem ist die Normspektralwertkurve $\bar{y}(\lambda)$ der $V(\lambda)$-Kurve proportional. Das bedeutet, dass die Information über die relative Leuchtdichte allein in dem Normfarbwert Y enthalten ist. Die Leuchtdichtebeiwerte der beiden Normvalenzen X und Z verschwinden deshalb und der Leuchtdichtebeiwert der Normvalenz Y wird zu 1:

$$L_Y = 1, \quad L_X = L_Z = 0.$$

Damit wird die relative Leuchtdichte einer Farbvalenz F identisch mit ihrem Normfarbwert Y:

$$L_F = L_X X + L_Y Y + L_Z Z = Y.$$

In einer Darstellung des Farbraums mit den Koordinaten X, Y, Z liegen die Farbvalenzen gleicher Leuchtdichte L also alle auf einer Ebene $Y =$ konstant, die parallel ist zu der aus den beiden Koordinatenachsen X und Z aufgespannten Ebene (Abb. 6.30). Die Ebene $Y = 0$ entspricht der Leuchtdichte 0. Sie heißt *Alychne* (Lichtlose), und auf ihr liegen außer dem Schwarzpunkt keine reellen Farbvalenzen.

Die Normspektralwertkurven. Die Umrechnungsbeziehungen von Gl. (6.32) für die Farbwerte gelten auch für die Spektralwerte. Damit kann man auch die Spektralwertkurven in das Normvalenzsystem umrechnen. Diese *Normspektralwertkurven* sind in Abb. 6.31 dargestellt. Sie beziehen sich wie die Spektralwerte des vorangehenden Abschnitts auf ein energiegleiches Spektrum.

Die Normspektralwertkurven werden vor allem dazu gebraucht, aus der Farbreizfunktion die Normfarbwerte zu berechnen. Da die Normfarbwerte die Grundlage für die Farbmessung und für die gesamte Farbvalenzmetrik bilden, sind sie in dem Normblatt DIN 5033 [4] bzw. in der Publikation Nr. 15 der CIE [3] in Tabellenform angegeben. Sie werden dort für die Wellenlängen von 380 nm bis 780 nm im Abstand

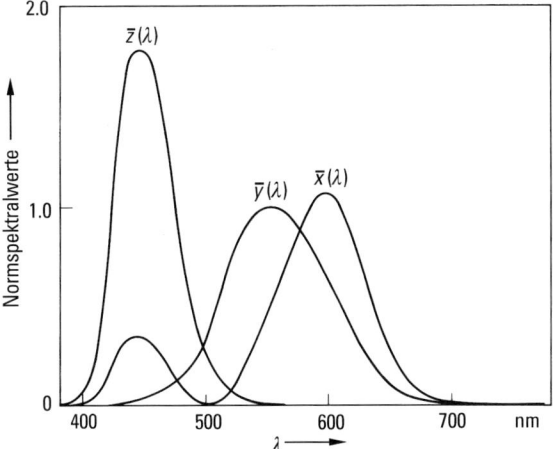

Abb. 6.31 Die Normspektralwertkurven. Die Flächennormierung der Kurven ist so gewählt, dass die Kurve $\bar{y}(\lambda)$ identisch wird mit der $V(\lambda)$-Kurve.

von 5 nm angegeben. Die Normierung ist so gewählt, dass die $\bar{y}(\lambda)$-Kurve identisch wird mit der $V(\lambda)$-Kurve, d.h. bei der Wellenlänge 555 nm den Wert 1.000 annimmt. Ferner sind die Summen der Normfarbwerte aller Wellenlängen für $\bar{x}(\lambda)$, $\bar{y}(\lambda)$ und $\bar{z}(\lambda)$ gleich.

Die Berechnung der Normfarbwerte. Die Berechnung der Normfarbwerte aus einer gegebenen Farbreizfunktion $\phi(\lambda)$ mithilfe der Normspektralwertfunktionen ist eine der häufigsten Aufgaben der Farbmetrik. Die Farbreizfunktion kann z.B. durch eine spektralphotometrische Messung bestimmt sein. Die Berechnung erfolgt wie in Abschn. 6.8 durch Bewertung mit den Spektralwertkurven.

Die Werte der Farbreizfunktion $\phi(\lambda)$ werden für alle Wellenlängen zwischen 380 nm und 780 nm im Abstand $\Delta \lambda$ mit den Normspektralwerten und dem Wellenlängenintervall $\Delta \lambda$ multipliziert und die Produkte werden addiert:

$$X = \sum_i (k\phi(\lambda_i)\bar{x}(\lambda_i)\Delta\lambda) = c\sum_i(\phi(\lambda_i)\bar{x}(\lambda_i)),$$
$$Y = \sum_i (k\phi(\lambda_i)\bar{y}(\lambda_i)\Delta\lambda) = c\sum_i(\phi(\lambda_i)\bar{y}(\lambda_i)),$$
$$Z = \sum_i (k\phi(\lambda_i)\bar{z}(\lambda_i)\Delta\lambda) = c\sum_i(\phi(\lambda_i)\bar{z}(\lambda_i)). \tag{6.34}$$

Die Normierungsfaktoren k, c werden folgendermaßen berechnet:

$$k = \frac{100}{\sum_i (\phi_u(\lambda_i)\bar{y}(\lambda_i)\Delta\lambda)}, \quad c = \frac{100}{\sum_i (\phi_u(\lambda_i)\bar{y}(\lambda_i))}.$$

ϕ_u ist die Farbreizfunktion des als Unbunt festgelegten Farbreizes. Bezieht man sich auf das energiegleiche Spektrum, so ist $\phi_u(\lambda)$ eine Konstante. Falls man sich auf Tageslicht beziehen will, kann man die spektrale Strahlungsfunktion der Normlichtart D65 einsetzen und im Falle von Glühlampenlicht die der Normlichtart A (Abschn. 6.2). Auf diese Weise ist gewährleistet, dass sich für diesen als Weiß erklärten Farbreiz der Normfarbwert $Y = 100$ ergibt. Im Falle des energiegleichen Spektrums erhält man $X = Y = Z = 100$ für Weiß.

Die Normspektralwerte, die man für die Rechnung braucht, kann man den angegebenen Tabellen der Normspektralwerte entnehmen. Je nach der erforderlichen Genauigkeit kann man mit einem von 10 nm, 5 nm oder 1 nm rechnen. Wenn man den Normierungsfaktor c benützt, kommt $\Delta\lambda$ in der Rechnung selbst nicht mehr vor. Mathematisch lassen sich die Summen in den Formeln zur Bestimmung der Normfarbwerte auch als Integrale schreiben:

$$X = k \int_0^\infty \phi(\lambda)\bar{x}(\lambda)\,d\lambda,$$

$$Y = k \int_0^\infty \phi(\lambda)\bar{y}(\lambda)\,d\lambda,$$

$$Z = k \int_0^\infty \phi(\lambda)\bar{z}(\lambda)\,d\lambda, \quad \text{mit} \quad k = 100\left(\int_0^\infty \phi_u(\lambda)\bar{y}(\lambda)\,d\lambda\right)^{-1}. \quad (6.35)$$

Dabei bedeuten diese Operationen anschaulich, dass die Farbreizfunktion $\phi(\lambda)$ mit den drei Normspektralwertfunktionen multipliziert oder gewichtet wird und die Integration oder Summenbildung entspricht der Bestimmung des Flächeninhaltes der Flächen unter diesen Produktkurven.

Die Normfarbtafel. Ebenso wie zu den Farbwerten R, G, B berechnet man die zu den Normfarbwerten X, Y, Z gehörigen *Normfarbwertanteile x, y, z*:

$$x = \frac{X}{X+Y+Z}, \quad y = \frac{Y}{X+Y+Z}, \quad z = \frac{Z}{X+Y+Z}. \quad (6.36)$$

Da die Summe der drei Normfarbwertanteile 1 ist, genügt es, die beiden Normfarbwertanteile x und y anzugeben. Der dritte lässt sich aus den anderen beiden berechnen, da $z = 1 - x - y$. Die beiden Normfarbwertanteile bestimmen die Farbvalenz nicht vollständig, sondern nur die Farbart. Da die relative Leuchtdichte in dem Farbwert Y enthalten ist, gibt man Farbvalenzen häufig durch die beiden Normfarbwertanteile x, y und den Normfarbwert Y (oder die absolute Leuchtdichte) an.

In der Normfarbtafel (Abb. 6.32 und Farbtafel IV) sind die beiden Normfarbwertanteile x und y als rechtwinklige Koordinaten aufgetragen. Das Farbdreieck der Normvalenzen X, Y, Z wird in dieser Darstellung rechtwinklig. Die Normvalenz Z fällt dabei in den Ursprung des Koordinatensystems.

Die unbunten Farbvalenzen, die zu der Farbart des energiegleichen Spektrums gehören, sind dadurch gekennzeichnet, dass ihre drei Normfarbwerte gleich sind. Ihre Normfarbwertanteile sind demnach $x = y = z = 1/3$. Der zugehörige Farbort ist in Abb. 6.32 als Punkt E eingezeichnet. Ebenso sind die Farbörter der Normlichtarten A, C und D65 angegeben. Ihre Normfarbwerte und Normfarbwertanteile sind in Tab. 6.2 angegeben.

Die Gerade $y = 0$, auf der die Farbörter der Normvalenzen X und Z liegen, ist die Spur der Ebene $Y = 0$, der Alychne. Auf ihr liegen die Farbvalenzen der Leuchtdichte 0.

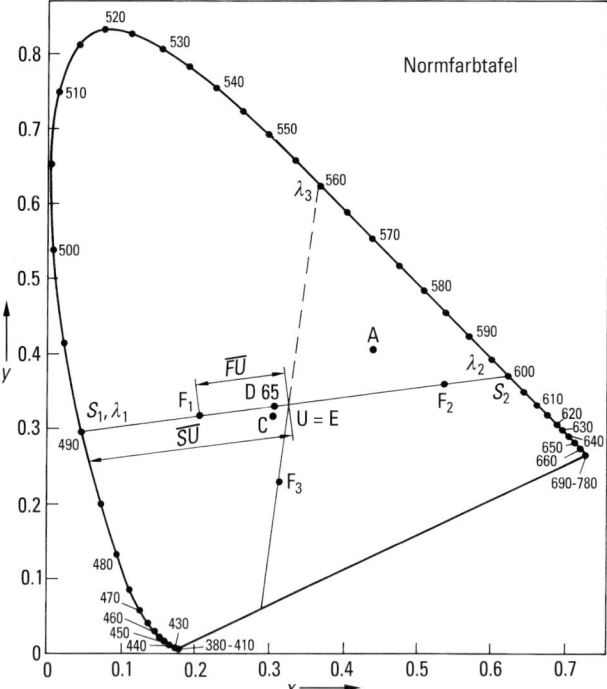

Abb. 6.32 Die Normfarbtafel mit der durch das energiegleiche Spektrum gegebenen Mittelpunktsvalenz E und den Farbörtern der Normlichtarten A, C und D65. S_1 und S_2: Kompensative Spektralfarben. λ_1 und λ_2 sind die farbtongleichen Wellenlängen der Farbörter F_1 und F_2, λ_3 ist die kompensative Wellenlänge des Farborts F_3.

Tab. 6.2 Normfarbwerte und Normfarbwertanteile der wichtigsten Lichtarten.

Lichtart	X	Y	Z	x	y
Energiegleiches Spektrum	100.00	100.00	100.00	0.3333	0.3333
Normlichtart A	109.87	100.00	35.59	0.4476	0.4074
Normlichtart C	98.07	100.00	118.22	0.3101	0.3162
Normlichtart D65	95.05	100.00	108.90	0.3127	0.3290

Auch in der Normfarbtafel gilt, dass der Farbort einer durch additive Mischung zweier Farbvalenzen entstandenen Farbvalenz auf der Verbindungsgeraden zwischen den Farbörtern dieser Farbvalenzen liegt. Ebenso gilt die in Abschn. 6.6 behandelte Schwerpunktregel.

Der Spektralfarbenzug. In Abb. 6.32 ist der Spektralfarbenzug in die Normfarbtafel eingezeichnet. Die Farbörter der Spektralfarben findet man, indem man ihre Normfarbwertanteile aus den Normspektralwerten berechnet. Der Spektralfarbenzug liegt innerhalb des aus den Farbörtern der drei Normvalenzen gebildeten rechtwinkligen Farbdreiecks. Das ist die Folge der Wahl virtueller Normvalenzen und der Normspektralwertkurven ohne negative Anteile. Die Krümmung des Spektralfarbenzugs ist auch in dieser Farbtafel bis etwa 570 nm konvex, d. h. nach außen gekrümmt, und von da ab gerade. In dem geraden Stück verschwindet der Normspektralwert $\bar{z}(\lambda)$ und Normfarbwertanteil z. In diesem Spektralbereich ist eine spektrale Farbvalenz durch benachbarte Spektralfarben ermischbar.

Bei der Wellenlänge 504 nm kommt der Spektralfarbenzug der Achse $x = 0$ sehr nahe. Dort hat die Normspektralwertkurve $\bar{x}(\lambda)$ ihr Minimum. Die Farbörter aller Spektralfarben zwischen 690 nm und dem langwelligen Ende des Spektrums fallen alle in einen Punkt zusammen. In diesem Wellenlängenbereich sind die Normspektralwerte $\bar{x}(\lambda)$ und $\bar{y}(\lambda)$ zueinander proportional.

Kompensative Spektralfarben und Helmholtz-Maßzahlen. Verbindet man einen Farbort auf dem Spektralfarbenzug mit dem Unbuntpunkt und verlängert die Verbindungsgrade über den Unbuntpunkt hinaus, so schneidet sie entweder den Spektralfarbenzug noch einmal auf der gegenüberliegenden Seite, oder die Purpurgerade (Abb. 6.32). Mit den auf den beiden gegenüberliegenden Schnittpunkten liegenden Farben lässt sich Unbunt ermischen, da dessen Farbort auf der Verbindungsgeraden zwischen den beiden Farben liegt. Man nennt Farben, aus denen man Unbunt additiv ermischen kann, *kompensative Farben*. Ob zwei Farben ein kompensatives Paar bilden, hängt also einmal von dem gewählten Unbunt ab, ist aber ansonsten allein vom Farbton dieser Farben bestimmt.

Man bezeichnet solche Farbenpaare in der angelsächsischen Literatur als komplementär. In der deutschen Fachliteratur ist der Ausdruck *Komplementärfarben* etwas anders festgelegt. Man bezeichnet zwei Farbreize als komplementär, wenn die Addition ihrer Farbreizfunktionen den Farbreiz der Unbunt-Lichtart ergibt. Beispiele dafür lassen sich mit den in Abschn. 6.3 angegebenen absorptionsfreien Interferenzfiltern erzeugen, deren Reflexions- und Transmissionsgrade komplementär sind. Wird der von einer unbunten Lichtquelle abgestrahlte Lichtstrom an einem solchen Filter in einen reflektierten und einen durchgelassenen Anteil aufgespalten, so ergeben die beiden Spektralverteilungen Komplementärfarben, deren Vereinigung wieder das Unbunt der Lichtquelle liefert. Komplementärfarben sind also immer auch kompensativ, nicht aber umgekehrt!

Es gibt also auf dem Spektralfarbenzug Paare von kompensativen Spektralfarben. Zwischen 494 nm und 570 nm, im grünen bis gelbgrünen Bereich, liegen die kompensativen Partner der Spektralfarben jedoch auf der Purpurgeraden.

Man kann, wie ein Blick auf Abb. 6.32 lehrt, jede beliebige Farbvalenz aus Unbunt und einer Spektralfarbe oder Purpurfarbe ermischen. Letztere findet man, indem man die Gerade, die den Farbort dieser Farbvalenz mit dem Unbuntpunkt verbindet, bis zum Spektralfarbenzug bzw. zur Purpurgeraden verlängert. Mithilfe dieser Konstruktion lässt sich die Farbart dieser Farbvalenz anschaulich kennzeichnen.

Liegt der Farbort zwischen dem Unbuntpunkt und einer Spektralfarbe, so nennt man die Wellenlänge dieser Spektralfarbe die *farbtongleiche Wellenlänge* λ_f der betreffenden Farbart. Wenn der Farbort im Gebiet der Purpurtöne liegt, wählt man die Wellenlänge des gegenüberliegenden Schnittpunktes und nennt sie *kompensative Wellenlänge* λ_k dieser Farbart.

Die Lage des Farborts auf der Verbindungsgeraden kann man geometrisch durch ihren Abstand von der Spektralfarbe bzw. von Unbunt kennzeichnen. Das Verhältnis der Abstände Farbort-Unbuntpunkt und Spektralfarbe-Unbuntpunkt ist der *spektrale Farbanteil* p_e, der zu dieser Farbart gehört. Nach dem Schwerpunktsatz gibt er den relativen Anteil der Spektralfarbe in der Mischung mit Unbunt an. Er lässt sich aus den Normfarbwertanteilen folgendermaßen berechnen:

$$p_e = \overline{FU}/\overline{SU} = \sqrt{\frac{(x_f - x_u)^2 + (y_f - y_u)^2}{(x_s - x_u)^2 + (y_s - y_u)^2}}. \tag{6.37}$$

Liegt der Farbort auf einer Geraden zwischen Unbuntpunkt und Purpurgerade, so berechnet man das Verhältnis des Abstands des Farborts vom Unbuntpunkt zu dem Abstand Unbuntpunkt-Purpurgerade $p_e = \overline{FU}/\overline{PU}$.

Die beiden *Helmholtz-Maßzahlen* farbtongleiche bzw. kompensative Wellenlänge und spektraler Farbanteil (λ_f, p_e bzw. λ_k, p_e) kennzeichnen ebenso wie die beiden Normfarbwertanteile eine Farbart. Will man eine Farbvalenz vollständig kennzeichnen, so muss man als dritte Größe die relative oder absolute Leuchtdichte angeben.

Das Großfeld-Normvalenzsystem. Die Einschränkung des Gesichtsfeldes für die Farbmessung auf 2°, wie sie beim 2°-Normvalenzsystem vorgenommen wurde, hat seinen Grund darin, dass nur im zentralen Teil der Netzhaut, der so genannten Fovea, ausschließlich Zapfen vorkommen, die das Farbensehen vermitteln, aber keine Stäbchen (Abschn. 6.11). In diesen zentralen Netzhautbereich ist ein Gelbpigment eingelagert, das wie ein Gelbfilter die spektrale Empfindlichkeit der dort vorhandenen Sehzellen etwas verändert (s. Abschn. 6.7, S. 704). Man spricht vom so genannten *gelben Fleck* (Macula lutea), der etwa 5° Durchmesser hat. Wenn man visuelle Farbvergleiche mit großen Flächen durchführt, muss man also mit einem Einfluss der Stäbchen auf das Resultat rechnen. Da die Stäbchen jedoch vor allem dem Dämmerungssehen bei geringen Leuchtdichten dienen, kann man ihren Einfluss unterdrücken, wenn man die Farbvergleiche mit großen Flächen bei entsprechend hohen Leuchtdichten durchführt. Andererseits wird eine mit großem Testfeld eingestellte Farbgleichung aufgrund des gelben Flecks etwas verschieden sein von einer mit kleinem Gesichtsfeld eingestellten Gleichung.

Aus diesen Gründen hat die Internationale Beleuchtungskommission 1964 dem farbmetrischen 2°-Beobachter einen 10°-Beobachter gegenübergestellt und ein *Großfeld-Normvalenzsystem* geschaffen. Die diesem System zugrundeliegenden Messungen wurden von Stiles [15] und Speranskaja [16] veröffentlicht.

Dieses Großfeld-Normvalenzsystem ist ebenfalls durch ein Tripel von Großfeld-Normspektralwertkurven $\bar{x}_{10}(\lambda)$, $\bar{y}_{10}(\lambda)$, $\bar{z}_{10}(\lambda)$ definiert (DIN 5033). Mit ihnen bestimmt man genau wie im Falle des 2°-Normvalenzsystems die Großfeld-Normfarbwerte X_{10}, Y_{10} und Z_{10}. Diese Großfeld-Normspektralwertkurven sind in Abb. 6.33 im Vergleich zu den 2°-Normspektralwertkurven dargestellt [4]. Die Unterschiede sind, wie man sieht, recht beträchtlich, und es scheint merkwürdig, dass sie bei normaler Farbwahrnehmung nicht stärker in Erscheinung treten. Tatsächlich werden die durch die Gelbfärbung der Macula verursachten Unterschiede in der Farbwahrnehmung nur bei sehr hoch gesättigten und gleichförmigen Farbflächen direkt sichtbar.

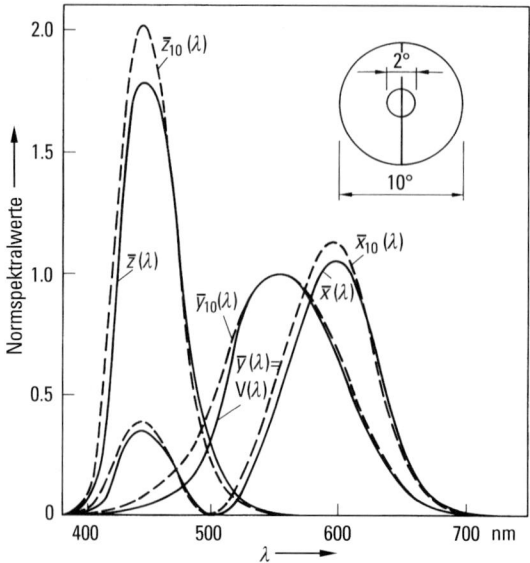

Abb. 6.33 Die Spektralwertkurven des Großfeld-Normvalenzsystems (gestrichelt) im Vergleich zu den 2°-Normspektralwertkurven.

Auf zwei Tatsachen sei im Zusammenhang mit dem Großfeld-Normvalenzsystem noch hingewiesen. Einmal sind weder die jeweiligen Normspektralwertkurven noch die Normfarbwerte beider Systeme ineinander umrechenbar. Lineare Transformationen wie zwischen den Farbwerten verschiedener Primärvalenzsysteme des 2°-Systems kann es nicht geben, da ja Farbvalenzen, die im einen System gleich sind, im anderen System unterscheidbar sein können.

Zum anderen gibt es im Großfeld-Normvalenzsystem keinen Farbwert, der proportional zur Leuchtdichte ist. Die $V(\lambda)$-Kurve lässt sich nicht als eine gewichtete Summe der 10°-Normspektralwertkurven darstellen. Das kann zu der etwas paradoxen Situation führen, dass man zwei Farbreizfunktionen hat, die im Großfeld-Normvalenzsystem gleiche Farbvalenzen besitzen, also metamer und damit ununterscheidbar sind, aber gleichzeitig etwas unterschiedliche Leuchtdichte haben!

6.10 Farbmessung

Unter einer Farbmessung versteht man die Bestimmung der Farbvalenz eines Farbreizes. Es ist dabei üblich, die Normfarbwerte X, Y und Z anzugeben oder die beiden Normfarbwertanteile x und y sowie die Leuchtdichte L. Das ist jedoch nicht zwingend, man kann ebensogut die Farbwerte R, G, B ermitteln. Kennt man die Lage der Primärvalenzen dieses Systems im Normvalenzsystem, dann ist es nach Abschn. 6.8 möglich, aus den Farbwerten R, G und B die Normfarbwerte X, Y und Z zu ermitteln.

Es gibt drei verschiedene Methoden der Farbmessung, die nun im Einzelnen behandelt werden sollen.

Gleichheitsverfahren. Dieses Verfahren liegt allen anderen Messverfahren und der ganzen Farbvalenzmetrik zugrunde. Es besteht darin, dass zu dem vorgegebenen Farbreiz ein anderer gleich aussehender gefunden wird, dessen Farbmaßzahlen bekannt sind. Man kann den vorgegebenen Farbreiz z. B. mit einer additiven Mischung aus drei bekannten Primärvalenzen vergleichen, bei der man die Farbwerte so lange variiert, bis die gemischte Farbvalenz gleich aussieht wie die zu bestimmende. Die Farbwerte der ermischten Farbvalenz sind dann die Farbwerte der zu messenden Farbvalenz. Bei dem Farbvergleich sind die in Abschn. 6.7 genannten Bedingungen zu berücksichtigen.

Die Einzelheiten einer solchen Bestimmung der Farbwerte durch Einstellung einer Farbgleichung wurden in Abschn. 6.8 behandelt. Dieses Verfahren erfordert ein Gerät, in dem die Erzeugung von additiven Mischungen mit drei geeigneten Primärvalenzen sowie ein Farbvergleich möglich ist. Wegen der grundsätzlichen Bedeutung solcher Messungen für die Farbmetrik wurden verschiedentlich solche *Dreifarben-Messgeräte* gebaut [19]. Dabei ist zu berücksichtigen, dass gegebenenfalls für die Nachmischung einer Farbvalenz hoher Sättigung eine äußere Farbmischung erforderlich ist.

Die mithilfe des Gleichheitsverfahrens direkt ermittelten Farbmaßzahlen beziehen sich auf ein reelles System von Primärvalenzen und nicht auf das Normvalenzsystem. Sie können im Prinzip in das Normvalenzsystem umgerechnet werden. Allerdings ist dabei zu bedenken, dass die nach diesem Messverfahren ermittelten Farbwerte die der Person sind, die die Farbmessung durchgeführt hat, und nicht die des farbmetrischen Normalbeobachters.

Farbmessungen nach dem Gleichheitsverfahren sollten natürlich immer von farbnormalsichtigen Personen vorgenommen werden. Andererseits ist ein Dreifarbenmessgerät besonders geeignet zur Untersuchung der verschiedenen Arten der Farbfehlsichtigkeit, die wiederum wichtige Aufschlüsse geben über den physiologischen Mechanismus des Farbensehens (Abschn. 6.11).

Sollen die Farbmaßzahlen einer Körperfarbe bestimmt werden und ist die Anforderung an die Genauigkeit der Messung nicht sehr hoch, so kann man auch versuchen, aus einer Farbmustersammlung ein gleichaussehendes Muster auszusuchen, dessen Farbmaßzahlen bekannt sind. Es gibt einige solcher systematischen Farbmustersammlungen (z. B. die DIN-Farbenkarte DIN 6164, s. Abschn. 6.13), bei denen zu jedem Muster die Farbmaßzahlen genau vermessen sind. Allerdings ist dabei zu berücksichtigen, dass diese Farbwerte für eine bestimmte beleuchtende Lichtart gelten und bei dieser Lichtart auch die Abmusterung vorgenommen werden muss. Findet man kein passendes Muster, so kann man durch Aussuchen möglichst ähnlicher Muster eine Farbbestimmung durch Interpolation durchführen.

Spektralverfahren. Beim Spektralverfahren wird nicht die Farbvalenz direkt bestimmt, sondern es wird die Farbreizfunktion gemessen und aus dieser werden mithilfe der Normspektralwertkurven die Normfarbwerte berechnet. Es handelt sich dabei also um eine rein physikalische Messung mit einer anschließenden *valenzmetrischen Auswertung*.

Bei der Messung der Farbreizfunktion ist zu unterscheiden, ob es sich um einen Selbstleuchter (z. B. Lichtquelle, Bildschirm, Leuchtanzeige) handelt oder um eine beleuchtete Oberfläche (Körperfarbe).

Im Falle eines Selbstleuchters muss die spektrale Verteilung der von der betreffenden Oberfläche ausgehenden Strahlung gemessen werden. Das ist eine Aufgabe der *Spektroradiometrie*, bei der die pro Wellenlängenintervall vorhandene Strahlungsleistung bestimmt wird. Da jedoch für die Farbmetrik die absolute Strahlungsleistung (bzw. Leistungsdichte) meist nicht gefragt ist, genügt die Bestimmung der relativen spektralen Strahlungsfunktion, eben der Farbreizfunktion. In Abschnitt 5 wurde die Messung von Strahlungsfunktionen mithilfe von Monochromatoren und lichtelektrischen Empfängern behandelt.

Im Falle von Körperfarben ist, wie in Abschn. 6.4 beschrieben, die Farbreizfunktion ein Produkt aus der Strahlungsfunktion $S(\lambda)$ der Lichtquelle und dem spektralen Strahldichtefaktor $\beta(\lambda)$ (Remissionsfunktion) der betreffenden Oberfläche.

$$\phi(\lambda) = S(\lambda)\beta(\lambda).$$

Die Messung des spektralen Strahldichtefaktors von Oberflächen wurde ebenfalls in Abschn. 6.4 behandelt. Zur Berechnung der Farbreizfunktion wird diese Funktion mit der Strahlungsfunktion der Lichtquelle multipliziert, für die man die Farbmaßzahlen der betreffenden Körperfarbe ermitteln will. Wenn nicht eine spezielle Beleuchtungsart vorliegt, nimmt man dafür im Allgemeinen die Strahlungsfunktion einer Normlichtart (D65 für Tageslicht bzw. A für Glühlicht).

Die valenzmetrische Auswertung der gemessenen oder aus Strahldichtefaktoren und Strahlungsfunktion berechneten Farbreizfunktionen besteht in der Berechnung der Integralausdrücke für die Normfarbwerte X, Y und Z. Sie erfolgt durch Summierung der Produkte aus Farbreizfunktion und den Normspektralwerten $\bar{x}(\lambda)$, $\bar{y}(\lambda)$, $\bar{z}(\lambda)$ im Abstand von 5 oder 10 nm (Abschn. 6.9, Gl. (6.34)).

Zur Berechnung des Normierungsfaktors k bzw. c wählt man im Falle von Körperfarben die Farbreizfunktion der vollkommen mattweißen Fläche, messtechnisch repräsentiert durch den Weißstandard. Da diese Fläche den spektralen Strahldichtefaktor $\beta(\lambda) = 1$ hat, wird die Farbreizfunktion, auf die man alle Farbvalenzen bezieht, gleich der Strahlungsfunktion der beleuchtenden Lichtart. Das bedeutet, dass bei dieser Festlegung die vollkommen mattweiße Fläche immer den Normfarbwert $Y = 100$ erhält.

Alle andern Körperfarben haben einen Normfarbwert Y – d. h. also eine relative Leuchtdichte – die kleiner ist als die der mattweißen Fläche bei derselben Beleuchtung. Man nennt bei Körperfarben den auf die vollkommen mattweiße Fläche bezogenen Normfarbwert Y auch den *Hellbezugswert* A. Als Farbmaßzahlen kann man bei Körperfarben folgende Wertetripel angeben:

– Normfarbwerte X, Y, Z;
– Normfarbwertanteile x, y und Hellbezugswert A.

Da diese Werte abhängig sind von der Beleuchtungsart, muss man diese mit den Farbmaßzahlen von Körperfarben immer angeben.

Für die Durchführung der Farbmessung nach dem Spektralverfahren bei Körperfarben werden eine Reihe von Messgeräten angeboten, die eine Lichtquelle, einen Monochromator und einen Sensor enthalten. Das im Monochromator erzeugte

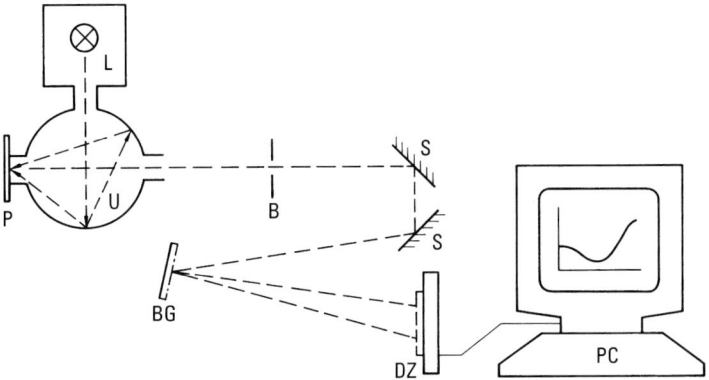

Abb. 6.34 Schema eines Farbmessgeräts nach dem Spektralverfahren für die Messgeometrie d/0. L: Lichtquelle, U: Ulbricht'sche Kugel, P: Messprobe, B: Blende, S: Umlenkspiegel, BG: Beugungsgitter, DZ: Diodenzeile, PC: Rechner mit Bildschirm für die Anzeige des Remissionsspektrums und die valenzmetrische Auswertung.

Spektrum fällt auf die Probe, wird dort reflektiert und fällt auf den Sensor, der das Spektrum der reflektierten Strahlung misst (Abb. 6.34). Dieses Spektrum wird in den Speicher eines Rechners eingelesen, der heute meist Bestandteil des Messgerätes ist. Man bestimmt das Spektrum einmal mit einem Weißstandard und dann mit der zu messenden Probe. Der Quotient aus beiden Messwerten ist gleich dem spektralen Strahldichtefaktor. Die valenzmetrische Auswertung kann dann in dem Rechner erfolgen. Dieser Rechner hat sowohl die Normspektralwertfunktionen als auch die Strahlungsfunktionen der wichtigsten Beleuchtungsarten (Normlichtarten) gespeichert und man kann deshalb sofort die Farbmaßzahlen für verschiedene Beleuchtungsarten abrufen.

Dreibereichsverfahren. Beim Dreibereichsverfahren wird die Bewertung der Farbreizfunktion mit den drei Normspektralwertfunktionen, also die valenzmetrische Auswertung, von drei lichtelektrischen Empfängern mit geeigneter spektraler Empfindlichkeit übernommen. Hat ein solcher Empfänger die spektrale Empfindlichkeit $\gamma(\lambda)$ und ist mit einem optischen Filter mit dem spektralen Transmissionsgrad $\tau(\lambda)$ versehen, so erzeugt ein auf ihn fallender Strahlungsfluss $\Phi(\lambda) = \Phi_0 \phi(\lambda)$ nach Abschn. 6.5 den Photostrom:

$$i = \int_0^\infty \Phi(\lambda)\tau(\lambda)\gamma(\lambda)\,d\lambda = \Phi_0 \int_0^\infty \phi(\lambda)\tau(\lambda)\gamma(\lambda)\,d\lambda. \tag{6.13}$$

Dabei ist $\phi(\lambda)$ die Farbreizfunktion und Φ_0 ein Faktor der Dimension Watt. Die Normspektralwerte sind nach Abschn. 6.9:

$$X = k\int_0^\infty \phi(\lambda)\bar{x}(\lambda)\,d\lambda, \qquad Y = k\int_0^\infty \phi(\lambda)\bar{y}(\lambda)\,d\lambda,$$

$$Z = k\int_0^\infty \phi(\lambda)\bar{z}(\lambda)\,d\lambda. \tag{6.35}$$

728   6 Farbmetrik

Setzt man wie in Abschn. 6.5 den Ausdruck (6.13) für den Photostrom i jeweils proportional dem Integralausdruck für einen Normfarbwert, so erhält man die Bedingungen dafür, dass die Signale der drei lichtelektrischen Empfänger proportional den Normspektralwerten sind:

$$\tau(\lambda)\gamma(\lambda) = c_n \bar{n}(\lambda) \quad \text{mit} \quad \bar{n}(\lambda) = \bar{x}(\lambda),\ \bar{y}(\lambda),\ \bar{z}(\lambda). \tag{6.38}$$

Bei vorgegebener Empfindlichkeit $\gamma(\lambda)$ des Empfängers selbst muss man also drei Filter (oder Filterkombinationen, Abschn. 6.3) finden, deren spektrale Transmissionsgrade diesen Bedingungen genügen. Ist dies gelungen, so ergibt die Messung einer beliebigen Farbreizfunktion mit diesen drei lichtelektrischen Empfängern Photoströme, die proportional zu den Normfarbwerten sind.

Die drei Werte c_n sind Konstanten, die den Umrechnungsfaktor zwischen den mit diesen Empfindlichkeiten gemessenen Photoströmen und dem Normfarbwert angeben. Man nennt die Beziehungen (6.38) *Luther-Bedingungen* [20].

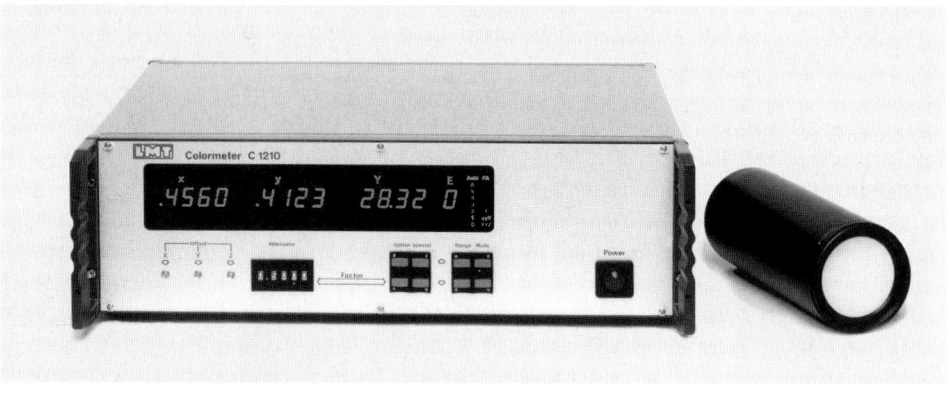

(a)

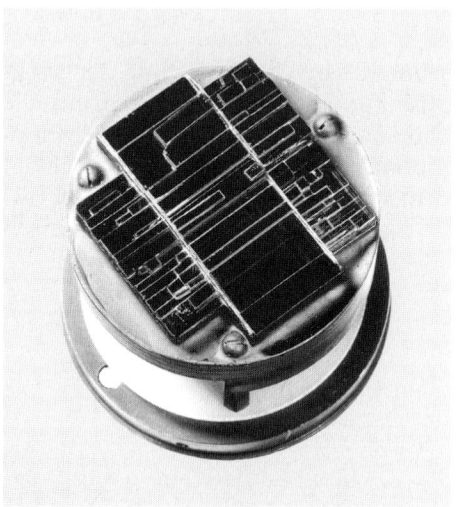

(b)

Abb. 6.35 Farbmessgerät der Firma Lichtmesstechnik Berlin (LMT) nach dem Dreibereichsverfahren; (a) Anzeigegerät mit Messkopf, (b) Filteranordnung für den Spektralangleich.

Ein Farbmessgerät, das nach dem Dreibereichsverfahren arbeitet, besitzt einen Messkopf, der drei Empfänger mit drei verschiedenen Filterkombinationen enthält (Abb. 6.35(a)). Bei der erforderlichen Genauigkeit ist jedoch eine ausreichende Anpassung durch so genannte Vollfilterung allein, d.h. durch Hintereinanderschalten der Filter, nicht zu erreichen. Besonders schwierig ist dabei die Anpassung an die $\bar{x}(\lambda)$-Kurve mit ihren beiden Maxima.

Abbildung 6.35(b) zeigt, wie in einem modernen Gerät einzelne Filter nach dem so genannten Partialfilter- oder Dresler-Prinzip [21] nur Teile der empfindlichen Fläche bedecken (Abschn. 6.3). Auf diese Weise erhält man einen weiteren Freiheitsgrad bei der Anpassung der Empfindlichkeit. Allerdings muss dabei beachtet werden, dass für die Partialfilterung eine gleichmäßige Ausleuchtung der Messfläche durch die zu messende Strahlung eine unabdingbare Voraussetzung ist. Vor dem Filterpaket müssen also Streuscheiben angebracht werden, die eine mögliche Ungleichförmigkeit der Beleuchtung korrigieren [22].

Ein solches Gerät zeigt direkt die Normfarbwerte oder, nach Umrechnung in einem internen Prozessor, die Normfarbwertanteile an. Es ist besonders geeignet für die Messung von Selbstleuchtern, also z.B. Lichtquellen oder Bildschirmen. Für die Messung von Körperfarben eignet es sich deshalb weniger, weil die Empfindlichkeit meist nicht ausreicht für das an dunklen und matten Oberflächen reflektierte Licht, und weil man die Farbmaßzahlen von Körperfarben meist für Beleuchtung mit Normlichtarten angeben will, die man nur im Labor mit beträchtlichem Aufwand realisieren kann.

6.11 Physiologie des Farbensehens

Die Beziehungen zwischen den Farbempfindungen und den sie auslösenden physikalischen Farbreizen, die bisher in diesem Kapitel behandelt wurden, sind im Wesentlichen mit den Methoden der Psychophysik ermittelt worden. Es waren dazu keine besonders genauen Kenntnisse der Anatomie und Physiologie des visuellen Systems erforderlich.

Für das naturwissenschaftliche Weltverständnis ist es jedoch selbstverständlich anzunehmen, dass die gefundenen Beziehungen mit Aufbau und Wirkungsweise des Auges und der nachgeschalteten visuellen Zentren im Gehirn zusammenhängen. Deshalb werden in diesem Abschnitt in der gebotenen Kürze einige für das Verständnis des Farbensehens grundlegende physiologische Zusammenhänge dargestellt.

Der anatomische Aufbau des Auges und der Netzhaut. Abb. 1.107 zeigt einen horizontalen Querschnitt durch den menschlichen Augapfel. Dort sind auch die abbildenden Eigenschaften des Auges beschrieben. Die gekrümmte Hornhaut sowie die durch die Akkomodation in ihrer Brechkraft veränderliche Linse sorgen dafür, dass die Gegenstände, die der Beobachter anblickt, scharf auf die *Netzhaut* (*Retina*) am Augenhintergrund abgebildet werden. Diese ist ein feines Geflecht aus Nervengewebe, das an der Außenseite die stäbchen- und zapfenförmigen Sinneszellen enthält, und an der Innenseite von den transparenten Nervensträngen bedeckt ist, die von

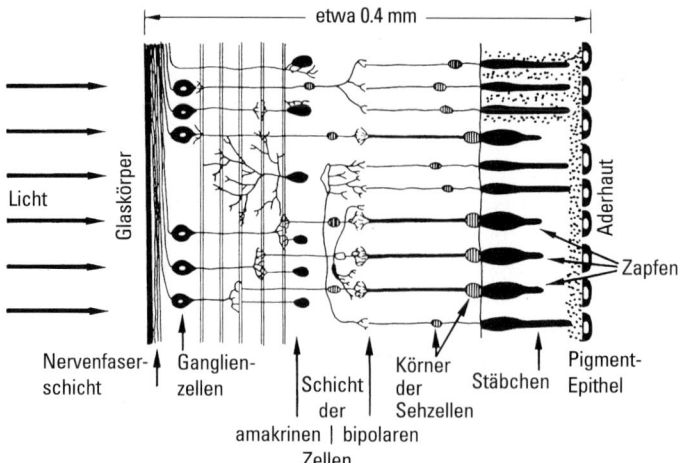

Abb. 6.36 Schematischer Querschnitt durch die menschliche Netzhaut.

den verschiedenen Netzhautbereichen kommend in einer Stelle zusammenlaufen, dem so genannten *blinden Fleck*. Dort treten die Sehnerven zu einem Strang vereinigt durch die Netzhaut hindurch und bilden den Sehnerv, der das Auge mit dem Gehirn verbindet. Abb. 6.36 zeigt einen vergrößerten und schematisierten Querschnitt durch die Netzhaut. Daraus geht hervor, dass zwischen den Sinneszellen und den Sehnerven noch andere Nervenzellen zwischengeschaltet sind, die Verbindungen zwischen Sinnes- und Nervenzellen, aber auch lateral zwischen verschiedenen Sinneszellen bzw. verschiedenen Nervenzellen herstellen.

Bei den *Sinneszellen* oder *Sehzellen* lassen sich anatomisch *Stäbchen* und *Zapfen* unterscheiden. Die insgesamt etwa 4–7 Millionen Zapfen sind am stärksten konzentriert in der *Fovea centralis*, der Stelle des deutlichsten Sehens. Dort gibt es keine Stäbchen. Diese überwiegen jedoch sehr stark in der gesamten übrigen Netzhaut und ihre Gesamtzahl beträgt 110–125 Millionen. Nur der blinde Fleck ist frei von Sehzellen.

Die Zapfen sind für das Tagessehen (photopisches Sehen) und damit für das Farbensehen verantwortlich. Die Stäbchen dagegen haben eine sehr viel höhere Empfindlichkeit und sind für das Dämmerungs- und Nachtsehen (skotopisches Sehen) zuständig (Abschn. 6.1). Sie können nur Hell-Dunkel-Empfindungen, aber keine Farbempfindungen vermitteln.

Die Young-Helmholtz'sche Dreikomponententheorie. Die Tatsache, dass unsere Farbempfindungen eine dreidimensionale Mannigfaltigkeit bilden, war schon im 18. Jahrhundert bekannt. Der englische Arzt und Physiker Thomas Young war jedoch der erste, der im Jahre 1801 die Hypothese aufstellte, dass diese Dreidimensionalität nicht in der Natur des Lichts, sondern im Aufbau des Sehorgans begründet ist. Er nahm an, dass es in der Netzhaut drei verschiedene Arten von Sehzellen gibt, die in unterschiedlichen Spektralbereichen empfindlich sind [23]. Diese Hypothese wurde nach 1850 vor allem von dem Physiologen und Physiker Hermann von Helmholtz zu der *Dreikomponententheorie* des Farbensehens ausgebaut [24]. Diese Theorie ist heute eine der Fundamente unseres Verständnisses des Farbensehens und durch viele Untersuchungen abgesichert. Sie erklärt die Graßmann'schen Gesetze der additiven Farbmischung, sowie die verschiedenen Arten der Farbfehlsichtigkeit. Sie kann jedoch andere wichtige Besonderheiten des Farbensehens nicht erklären und muss daher als ein Teilaspekt einer umfassenderen Theorie verstanden werden.

Der Dreikomponententheorie liegt ein bestimmtes Modell der Wirkungsweise der zapfenförmigen Sehzellen zugrunde, die das Farbensehen vermitteln. Danach gibt es drei verschiedene Arten von Zapfen mit unterschiedlicher spektraler Empfindlichkeit. Ein auf eine bestimmte Stelle der Netzhautmitte fallender Farbreiz der Spektralfunktion $\phi(\lambda)$ wird in den Zapfen absorbiert und erzeugt dort neuronale Erregungen, deren Stärke durch die Menge des in den betreffenden Sehzellen absorbierten Lichtes gegeben ist.

Dieser Vorgang entspricht der Bildung der elektrischen Signale in den drei lichtelektrischen Empfängern eines nach dem Dreibereichsverfahren arbeitenden Farbmessgerätes. Die drei Empfindlichkeitskurven der Zapfen müssen nicht identisch mit den Normspektralwertkurven sein, um die Gesetze der additiven Mischung erklären zu können. Aber sie müssen ein Tripel von Spektralwertkurven bilden, das zu einem Primärvalenzsystem gehört, das durch eine lineare Transformation in das Normvalenzsystem überführbar ist. Metamere Farbreize unterschiedlicher Spektralverteilung, die gleichen Farbvalenzen entsprechen, erzeugen dann in den Zapfen gleiche Erregungen und sind damit ununterscheidbar. Man nennt dieses Tripel der durch die Zapfenempfindlichkeiten gegebenen Spektralwertkurven *Grundspektralwertkurven*.

Abbildung 6.37 zeigt diese Grundspektralwertkurven. Sie sind aus folgenden Tatsachen und Messungen erschlossen worden:

– Man kann annehmen, dass die Empfindlichkeiten der Sehzellen einfache Funktionen mit nur einem Maximum und ohne negative Anteile sind.

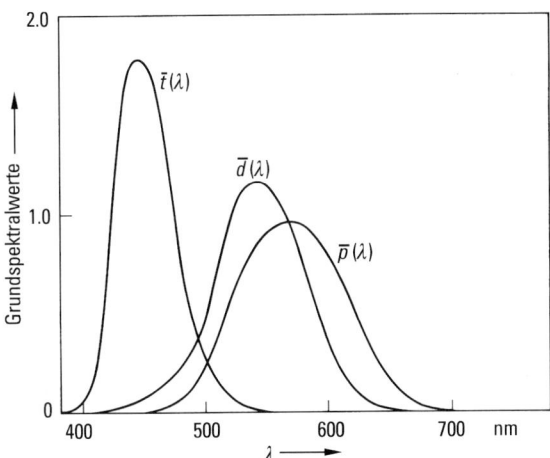

Abb. 6.37 Die so genannten Grundspektralwertkurven, die durch die spektralen Empfindlichkeiten der zapfenförmigen Sehzellen bestimmt sind.

- Die Untersuchung von Farbfehlsichtigkeit hat ergeben, dass ein Teil der Farbfehlsichtigen sich dadurch von Normalsichtigen unterscheidet, dass sie bestimmte Farben verwechseln, die für den Normalsichtigen verschieden sind. Farben, die für den Normalsichtigen metamer sind, kann auch dieser Farbfehlsichtige nicht unterscheiden. Dies erklärt man sich dadurch, dass eine der drei Zapfenarten des Normalsichtigen beim Farbfehlsichtigen fehlen oder nicht funktionsfähig sind. Man nennt diese Art der Farbfehlsichtigkeit deshalb *Dichromasie* im Unterschied zur *Trichromasie* des normalsichtigen Auges. Es gibt nun tatsächlich drei verschiedene Arten von Dichromasie, die sich in der Art der Farbverwechslungen unterscheiden und die man dem Fehlen der Erregungen aus je einer Zapfenart zuordnen kann. Aus der Lage der Verwechslungsfarben bei den verschiedenen Arten der Dichromasie kann man auf die Gestalt der spektralen Empfindlichkeiten schließen.
- Durch hochentwickelte mikro-spektralphotometrische Messmethoden ist es gelungen, die Absorptionsspektren einzelner Zapfen in operativ entfernten menschlichen Netzhäuten zu messen [25].

Neben der Erklärung der additiven Mischung und der verschiedenen Arten von Dichromasie kann die Dreikomponententheorie auch eine Reihe anderer Erscheinungen plausibel machen. So kann man etwa das Auftreten von komplementärfarbigen Nachbildern auf einem grauen Grund durch die Ermüdung einzelner Zapfen deuten. Fixiert man, wie in Abschn. 6.1 beschrieben, einen hellen roten Kreis auf dunklem Hintergrund eine Zeitlang, so werden während dieser Zeit vor allem die im roten Spektralbereich empfindlichen Zapfen beansprucht. Sie werden dadurch ermüdet und verlieren Empfindlichkeit. Blickt man anschließend auf eine graue Fläche, so werden durch sie alle drei Zapfenarten in gleicher Weise gereizt. An der Stelle der Netzhaut, wo vorher der rote Kreis abgebildet war, überwiegen jedoch die Erregungen der blau- und grünempfindlichen Zapfen gegenüber den von den ermüdeten Rotzapfen gebildeten Erregungen. Die Folge ist ein cyanfarbiges Nachbild. Allerdings kann die Dreikomponententheorie das Auftreten dieses Nachbilds bei geschlossenem Auge nicht ohne zusätzliche Annahmen erklären.

Auch für die Farbumstimmung (s. Abschn. 6.1) bietet sich im Rahmen der Dreikomponententheorie eine einfache Erklärung an. Die jeweilige *Farbstimmung* sorgt ja dafür, dass eine unbunte Fläche bei unterschiedlichen Beleuchtungsarten (z. B. Kerzenlicht, Glühlicht, Tageslicht) immer unbunt erscheint, obwohl sich die spektralen Strahlungsverteilungen des von den so unterschiedlich beleuchteten Oberflächen jeweils reflektierten Lichts erheblich unterscheiden.

Es liegt nun nahe, diese Beleuchtungsunabhängigkeit der Farbempfindung so zu erklären, dass sich zu jeder Beleuchtung die Empfindlichkeit der verschiedenen Zapfen so einstellt, dass diese Lichtart und damit auch die Oberflächen, die deren Farbart nicht verändern, als unbunt empfunden wird.

Diese Hypothese wurde zuerst von J. von Kries [10, 26] als so genannter *Koeffizientensatz* ausgesprochen. Danach müsste also die Wirkung der Farbumstimmung auf die Farbwahrnehmung sich durch drei Koeffizienten beschreiben lassen, die sich auf die Empfindlichkeitsänderungen der drei Zapfensysteme beziehen. Neuere Untersuchungen haben jedoch gezeigt, dass die Umstimmung sich quantitativ nicht befriedigend durch dieses einfache Modell beschreiben lässt [27].

Die Gegenfarbentheorie von E. Hering. Es gibt eine Reihe von Tatsachen, für die die Dreikomponententheorie keine Erklärung bietet.

- Die unbunten Farben sind in der Empfindung sehr deutlich durch das Fehlen einer bestimmten Qualität, nämlich der Buntheit, gekennzeichnet. Nach der Dreikomponententheorie sind die unbunten Farben jedoch nur quantitativ durch ein bestimmtes Verhältnis der drei Erregungsarten von den bunten Farben unterschieden.
- Von den bunten Farben erscheinen uns vier Farben als besonders rein und unvermischt, nämlich Rot, Gelb, Grün und Blau. Es gibt ein Rot, das weder bläulich noch gelblich, ein Gelb, das weder rötlich noch grünlich, ein Grün, das weder geblich noch bläulich und ein Blau, das weder rötlich noch grünlich ist. Diese vier Farben wurden von dem Physiologen Ewald Hering *Urfarben* genannt.
- Je zwei von ihnen, nämlich Rot und Grün bzw. Blau und Gelb bilden ein Paar von *Gegenfarben*, von denen Buntheitsanteile nie gleichzeitig in einer Zwischenfarbe enthalten sein können. So ist etwa ein Orange gleichzeitig rötlich und gelblich oder ein Cyan gleichzeitig bläulich und grünlich, aber keine Farbe kann gleichzeitig bläulich und gelblich oder rötlich und grünlich sein.
- Schließlich hat sich gezeigt, dass die Empfindlichkeit für Farbunterschiede durch ein Farbkoordinatensystem, wie es die Dreikomponenten nahelegt, nicht hinreichend beschrieben werden kann.

Vom Jahre 1864 an veröffentlichte Hering eine Reihe von Arbeiten zu einer Theorie des Farbensehens, die unter dem Namen Gegenfarbentheorie bekannt wurde [28]. Sie geht davon aus, dass man die Farben empfindungsgemäß in einem Koordinatensystem mit drei Achsen einordnen kann (Abb. 6.38). Es besteht aus einer Unbuntachse von Schwarz nach Weiß, einer Gegenfarbenachse von Rot nach Grün und einer weiteren Gegenfarbenachse Blau-Gelb. Eine unbunte Farbe ist dadurch ausgezeichnet, dass sie keinen der vier bunten Urfarbenanteile enthält und deshalb auf der Unbuntachse von Schwarz nach Weiß liegt. Ein Purpur enthält die Urfarbenanteile Rot und Blau und liegt demnach in dem Bereich zwischen der Rot- und der Blau-Halbachse, umso weiter von der Unbuntachse entfernt, je höher seine Buntheit ist. Seine Helligkeit bestimmt die Koordinate auf der Unbuntachse.

Herings Hypothese war nun, dass beim Sehen einer Farbe im visuellen System drei gegenläufige physiologische Prozesse gleichzeitig stattfinden, ein Hell-Dunkel-

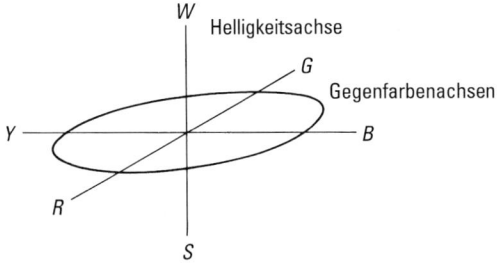

Abb. 6.38 Die Achsen des Gegenfarbensystems nach E. Hering. *S-W*: Unbuntachse Schwarz-Weiß; *R-G*: Gegenfarbenachse Rot-Grün; *B-Y*: Gegenfarbenachse Blau-Gelb.

Prozess, einen Rot-Grün und einen Blau-Gelb-Prozess. Er nahm dazu drei verschiedene Sehsubstanzen an, deren Auf- oder Abbau die Einordnung der Farbe in das Gegenfarbenschema bewirken. Den Nachweis solcher physiologischer Prozesse – oder ihre Widerlegung – konnte man allerdings damals nicht führen, ebenso wenig wie man die Existenz dreier verschiedener Zapfenarten in der Netzhaut nachweisen konnte.

Zwischen den Anhängern der Gegenfarbentheorie und der Dreikomponententheorie entspann sich bald eine sehr heftige Auseinandersetzung. Wir wissen heute, dass beide Theorien grundsätzlich richtig sind, aber verschiedene Ebenen im Prozess der visuellen Reizverarbeitung beschreiben.

Zonentheorie und Modelle des Farbensehens. Der Physiologe Johannes von Kries sprach 1905 die Vermutung aus, dass die Dreikomponententheorie die Prozesse beschreibt, die beim Farbensehen auf der Ebene der Sehzellen stattfinden, während die Gegenfarbentheorie die Reizverarbeitung in den nachgeordneten Stufen des visuellen Systems besser darstellt [26]. Diese Auffassung hat sich bestätigt. Betrachtet man den schematischen Schnitt durch die Netzhaut in Abb. 6.36, so sieht man, dass es schon in der Netzhaut zwischen den Nervenbahnen, auf denen die in den Sehzellen gebildeten Erregungen weitergeleitet werden, Querverbindungen gibt. Tatsächlich hat man gefunden, dass die in den Fasern des optischen Nervs transportierten Signale, die die Form von Impulsfolgen haben, nicht dieselbe Abhängigkeit von der Wellenlänge haben wie die in den Zapfen gebildeten Erregungen. Man findet im Sehnerv Zellen, bei denen die Zahl der Impulse pro Sekunde sich bei allen Farben mit zunehmender bzw. abnehmender Helligkeit erhöht bzw. erniedrigt. In ihnen wird offenbar die Helligkeitsinformation transportiert. Es gibt aber auch Zellen, deren Impulsrate sich bei bestimmten Wellenlängen erhöht, bei anderen Wellenlängen sich aber gegenüber der so genannten spontanen Rate, die sich ohne Reizung einstellt, erniedrigt. Man spricht bei solchen Zellen von Gegenfarbenzellen (opponent cells), weil ihr Verhalten genau den von Hering beschriebenen Eigenschaften seiner Gegenfarbenprozesse entspricht.

Abbildung 6.39 macht deutlich, wie man sich heute in etwa die Reizverarbeitung im visuellen System beim Farbensehen vorstellt. Es gibt eine Anzahl von solchen mathematischen Modellen, die auch komplexere Leistungen des visuellen Systems wie etwa die Farbumstimmung oder die Empfindlichkeit für Farbunterschiede beschreiben [29].

Danach werden durch die zapfenförmigen Sehzellen die Farbreize gemäß der Dreikomponententheorie in Erregungen umgewandelt, die den Farbwerten eines virtuellen Primärvalenzsystems entsprechen, dessen Spektralwertkurven durch die spektralen Empfindlichkeiten der Zapfen gegeben sind. Diese Erregungen durchlaufen Stufen, in denen sie nichtlinear verzerrt werden, wodurch der Erscheinung Rechnung getragen wird, dass unsere Helligkeitsempfindung nicht proportional zur Leuchtdichte (Abschn. 6.12) ist. Danach werden durch Summen- und Differenzbildungen der Erregungen Signale gebildet, die dem Gegenfarbensystem entsprechen. Durch Bildung einer Summe entsteht das Helligkeitssignal, durch unterschiedliche Differenzbildungen entstehen die Rot-Grün- und Blau-Gelb-Gegenfarbensignale.

Sieht man einmal von den nichtlinearen Stufen ab, so kann man vereinfachend auch die Gegenfarbensignale als Farbwerte eines besonderen Primärvalenzsystems

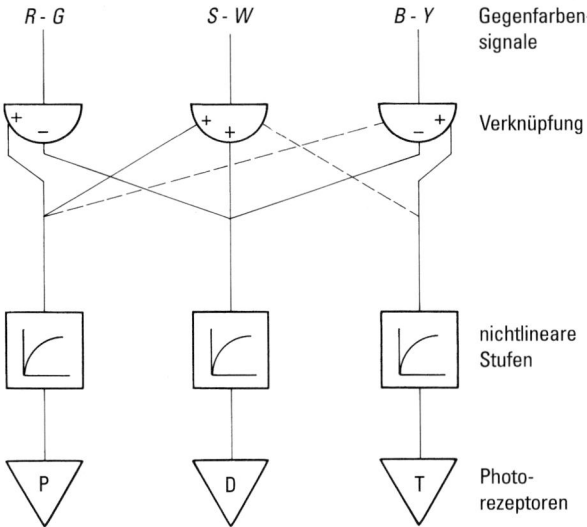

Abb. 6.39 Vereinfachtes mögliches Schema der Reizverarbeitung im visuellen System.

betrachten [29]. Die Bildung von Summen und Differenzen von Farbwerten stellt ja eine lineare Transformation dar und dementsprechend kann man auch Spektralwertkurven eines solchen Gegenfarben-Primärvalenzsystems errechnen (Abb. 6.40). Bei richtiger Wahl der Koeffizienten für die Summenbildung ergibt sich als Spektralwertkurve für die Helligkeitsempfindung die $V(\lambda)$-Kurve. Für die Gegenfarbensignale erhält man Kurven, die in bestimmten Bereichen des Spektrums positiv, in anderen negativ sind. Im Falle der Blau-Gelb-Kurve führen alle Spektralfarben im kurzwelligen Bereich zu einem positiven Signal (sie erscheinen bläulich), im lang-

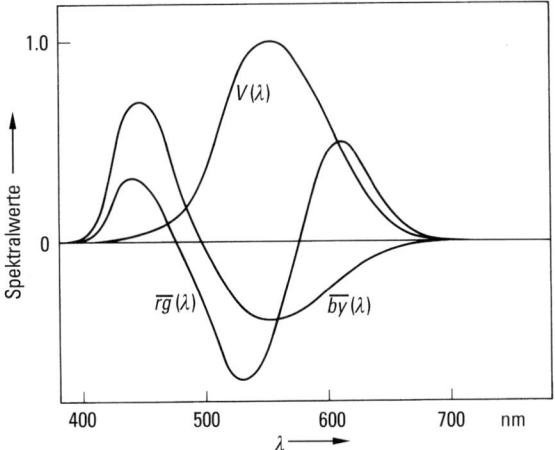

Abb. 6.40 Mögliche Spektralwertkurven des Gegenfarbensystems.

welligen Bereich zu enem negativen Signal (sie erscheinen gelblich). Dort wo diese Kurve durch 0 geht, liegt eine grüne Spektralfarbe, die weder bläulich noch gelblich ist. Sie entspricht dem Urfarbton Grün. Entsprechendes gilt für die Rot-Grün-Kurve. Die abgebildete Kurve gibt die Verhältnisse allerdings nur qualitativ wieder.

6.12 Empfindungsgemäße Farbsysteme und Farbabstände

Empfindungsgemäße Helligkeitsskala. Die Leuchtdichte erlaubt zu entscheiden, wann zwei Farbreize gleich hell sind (Abschn. 6.1). Sie berücksichtigt die unterschiedliche Hellempfindlichkeit des Auges für verschiedene Wellenlängen. Gleiche Leuchtdichteunterschiede werden jedoch nicht als gleiche Helligkeitsunterschiede empfunden. Die Leuchtdichte ist eine photometrische, aber keine psychometrische Größe (Abschn. 6.1). Eine Grautreppe, bei der die einzelnen Graustufen sich um gleiche Leuchtdichtedifferenzen unterscheiden, sieht für das Auge nicht gleichmäßig gestuft aus, vielmehr sind die Helligkeitsunterschiede bei geringen Leuchtdichten sehr viel größer als bei hohen Leuchtdichten.

Wie bei den meisten anderen Sinnen lässt sich der Zusammenhang zwischen Reiz und Empfindung auch im Falle von Licht näherungsweise durch das *Weber'sche Gesetz* beschreiben. Ein eben noch wahrnehmbarer Helligkeitsunterschied ΔL^* zwischen zwei Flächen ist danach proportional zu deren relativem Leuchtdichteunterschied $\Delta L/L$. Es gilt:

$$\Delta L^* \sim \frac{\Delta L}{L}.$$

Man kann dies qualitativ nachprüfen, wenn man bei bedecktem Himmel eine Wolkenpartie betrachtet, in der kleine Helligkeitsunterschiede wahrnehmbar sind. Diese Helligkeitsunterschiede bleiben sichtbar, auch wenn man sie durch neutrale Dämpfungsfilter (Graufilter) sieht mit Transmissionsgraden von 10% oder 1%. Man muss dabei allerdings darauf achten, dass man nicht durch direktes ungedämpftes Licht geblendet wird. Durch das Filter werden Leuchtdichteunterschiede im selben Maße gedämpft wie die Leuchtdichte selbst.

Das Weber'sche Gesetz wird genau dann erfüllt, wenn die Empfindungsgröße (die Helligkeitsempfindung L^*) selbst proportional ist zum Logarithmus der Reizgröße (der Leuchtdichte L):

$$L^* = \log(cL).$$

Dabei ist c eine Konstante. Diese Beziehung ist unter dem Namen *Weber-Fechner'sches Gesetz* oder *psychophysisches Grundgesetz* [2] bekannt. Sie folgt aus der Proportionalitätsbeziehung für die Unterschiedsschwellen durch Integration, und umgekehrt erhält man aus dem Weber-Fechner'schen Gesetz durch Differentiation das Weber'sche Gesetz.

Beide Beziehungen können streng genommen nicht als Gesetze bezeichnet werden, da sie nur in einem begrenzten Leuchtdichtebereich gelten. Dies folgt schon daraus, dass die Logarithmus-Funktion für beliebig kleine Argumentwerte immer weiter

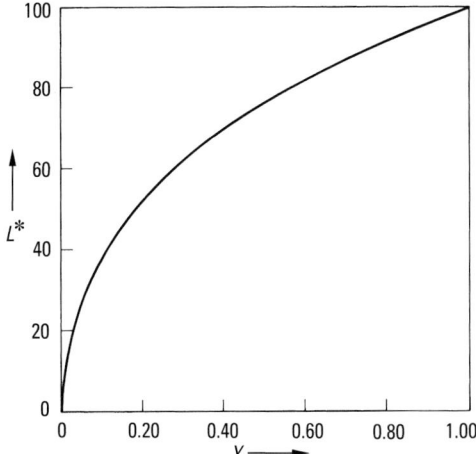

Abb. 6.41 Abhängigkeit der psychometrischen Helligkeitsfunktion L^* von der relativen Leuchtdichte Y.

ins Negative geht, die Empfindung aber durch die absolute Wahrnehmungsschwelle begrenzt ist.

Bei konstantem Adaptationszustand und für Körperfarben lässt sich der Zusammenhang zwischen Leuchtdichte und Helligkeitsempfindung besser durch eine Potenzfunktion beschreiben, wobei der Exponent den Wert 1/3 hat [3]:

$$L^* = 116 \sqrt[3]{\frac{Y}{Y_0}} - 16 \quad \text{für} \quad 0.008\,856 < \frac{Y}{Y_0} \leq 1,$$

$$L^* = 903.29 \frac{Y}{Y_0} \quad \text{für} \quad 0 < \frac{Y}{Y_0} \leq 0.008\,856. \quad (6.39)$$

Dabei ist Y der Normfarbwert, der proportional zur relativen Leuchtdichte ist, und Y_0 ist der Normfarbwert der Weißfläche, auf die man sich bezieht. Man nennt L^* die *psychometrische Helligkeitsfunktion* (Abb. 6.41). Für Weiß nimmt Y/Y_0 den Wert 1 und L^* den Wert 100 an. Für die Leuchtdichte 0 wird auch die Helligkeitsfunktion $L^* = 0$. Eine Grautreppe, deren Stufen sich um gleiche L^*-Werte unterscheiden, sieht näherungsweise gleichstufig aus.

MacAdam-Ellipsen und empfindungsgemäße Farbtafel. Die Untersuchung der Empfindlichkeit für Farbunterschiede ist erheblich schwieriger als im Falle der Helligkeit, da die Farben sich in drei Dimensionen verändern können, die Helligkeit nur in einer. Bahnbrechende Untersuchungen auf diesem Gebiet stammen von dem Amerikaner D. L. MacAdam [30], die er während des zweiten Weltkriegs bei Kodak durchgeführt hat. Er ging von dem Gedanken aus, dass bei mehrfacher Einstellung einer Farbgleichung durch Nachmischen einer vorgegebenen Farbvalenz die Unterschiede, die sich zwischen den einzelnen Einstellungen ergeben, im Mittel proportional zur Unterschiedsschwelle sein müssen.

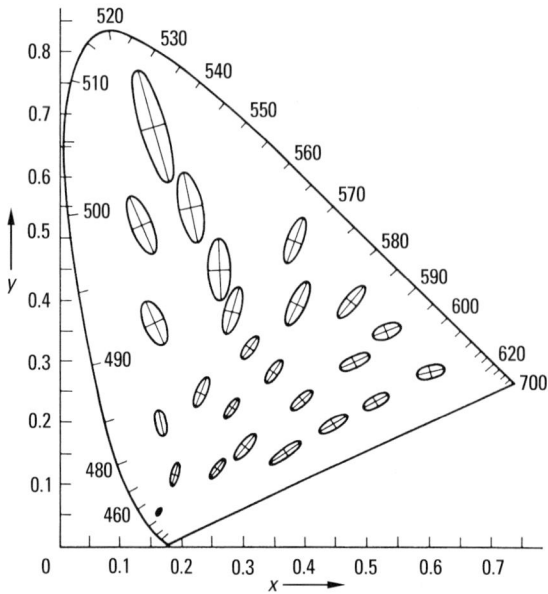

Abb. 6.42 Die Schwellenellipsen nach MacAdam in der Normfarbtafel. Die Ellipsen sind gegenüber dem Maßstab der Koordinaten x, y zehnfach vergrößert.

Er wählte 25 verschiedene Farbarten aus und stellte sie jeweils durch beleuchtete Filter in der einen Hälfte eines Photometerfeldes so dar, dass sie alle etwa gleiche Leuchtdichten hatten (ca. 50 cd/m^2). In der anderen Hälfte des Photometerfeldes konnte der Beobachter die vorgegebene Farbvalenz aus zwei anderen Farben nachmischen, die so gewählt waren, dass ihre Verbindungsgerade in der Farbtafel durch den Farbort der vorgegebenen Farbe ging, man diese also exakt nachmischen konnte. Die Nachmischung wurde von der Versuchsperson mehrfach wiederholt und daraus wurden die mittleren quadratischen Abweichungen (Standardabweichungen) der Einstellungen berechnet und auf der Geraden in der Farbtafel nach beiden Richtungen von der vorgegebenen Farbe aus eingetragen.

Dieses Verfahren hat MacAdam für verschiedene Richtungen in der Farbtafel durchgeführt, indem er jeweils unterschiedliche Mischungskomponenten vorgab, die auf verschiedenen Geraden durch den Farbort der gegebenen Farbe lagen. Durch Eintragen der Standardabweichungen auf den verschiedenen Geraden erhielt er Ellipsen, deren große und kleine Achsen und Orientierung sich für die verschiedenen Farben stark unterschieden. Diese *MacAdam-Ellipsen* sind in Abb. 6.42 in der Normtafel eingezeichnet, allerdings der Deutlichkeit halber in 10facher Größe. Sie geben an, wieweit man von einer bestimmten Farbe ausgehend die Farbart in einer bestimmten Richtung verändern kann, bis man einen Unterschied zu der Ausgangsfarbe sehen kann (Unterschiedsschwellen).

Die unterschiedliche Größe und Gestalt der MacAdam'schen Schwellen-Ellipsen in der Normfarbtafel beweist, dass diese Darstellung der Farbarten empfindungs-

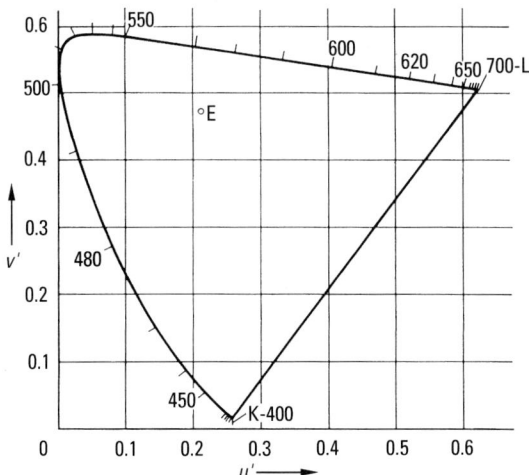

Abb. 6.43 Die CIE-UCS-Farbtafel 1976 mit der Mittelpunktsvalenz E.

gemäß stark verzerrt ist. In einer empfindungsgemäß gleichabständigen Farbtafel müssten diese Ellipsen alle gleich große Kreise sein.

Bekanntlich ist die Normfarbtafel mit ihren rechtwinklig angeordneten Primärvalenzen nur eine mögliche Darstellungsart der Farbarten. Die Frage ist nun, ob es eine empfindungsgemäße Darstellung der Farbarten in Form einer Farbtafel gibt, bei der die MacAdam-Ellipsen alle zu Kreisen werden.

Tatsächlich gibt es keine Farbtafel, die diese Forderung erfüllt. Dieses Ziel könnte man nur durch nichtlineare Diagramme erreichen, bei denen die Mischungslinien gekrümmt sind und keine Schwerpunktregel mehr gilt.

Einen Kompromiss stellt die von der CIE 1976 vorgeschlagene so genannte CIE-UCS-Farbtafel 1976 dar (UCS ist abgekürzt aus uniform chromaticity scale). Sie hat die rechtwinkligen Koordinaten u' und v', die sich folgendermaßen aus den Normfarbwertanteilen errechnen:

$$u' = \frac{4x}{-2x + 12y + 3},$$

$$v' = \frac{9y}{-2x + 12y + 3}. \qquad (6.40)$$

Abbildung 6.43 zeigt diese Farbtafel, die an Stelle der Normfarbtafel immer dann benützt werden sollte, wenn man Farbarten empfindungsgemäß darstellen will. Sie ist eine projektive Transformation der Normfarbtafel, und auch in ihr gilt deshalb, dass Mischungen aus zwei Komponenten auf der Verbindungsgeraden der Farbörter der Komponenten liegen.

Empfindungsgemäße Farbräume. In einer empfindungsgemäßen Farbtafel lassen sich nur Unterschiede gleichheller Farben beurteilen. Um die Unterschiede beliebiger

Farben beurteilen zu können, ist eine dreidimensionale gleichabständige Darstellung des Farbraums erforderlich. Sie lässt sich gewinnen durch eine Verknüpfung der gleichabständigen Helligkeitsskala mit der empfindungsgemäßen Farbtafel. Eine solche Darstellung mit den drei Koordinaten L^*, u^*, v^* wurde 1976 von der CIE unter der Bezeichnung *CIE-LUV-System* 1976 empfohlen und ist folgendermaßen definiert [3]:

$$L^* = 116 \sqrt[3]{\frac{Y}{Y_0}} - 16,$$
$$u^* = 13 L^*(u' - u'_0),$$
$$v^* = 13 L^*(v'_0 - v'_0). \tag{6.41}$$

L^* ist die psychometrische Helligkeitsfunktion, die beiden Größen u'_0 und v'_0 geben die Farbart der Beleuchtungsart (z. B. D65). Für die unbunten Farben werden damit die beiden Koordinaten u^* und v^* Null. Die beiden Gleichungen $u^* = 0$ und $v^* = 0$ repräsentieren Ebenen, deren Spuren in der UCS-Farbtafel (Abb. 6.43) zwei rechtwinklige Geraden ergeben, die sich im Unbuntpunkt schneiden. Aus den Schnittpunkten dieser Geraden mit dem Spektralfarbenzug kann man erkennen, dass die Achse u^* in etwa Richtung Grün-Rot und die Achse v^* etwa in Richtung Blau-Gelb verläuft. Aus den beiden Koordinaten u^* und v^* lässt sich also qualitativ ungefähr der Buntton ableiten. Er ist

rötlich, wenn $u^* > 0$,
grünlich, wenn $u^* < 0$,
gelblich, wenn $v^* > 0$,
bläulich, wenn $v^* < 0$.

Weiterhin kann man die Größe

$$C^*_{uv} = \sqrt{u^{*2} + v^{*2}}$$

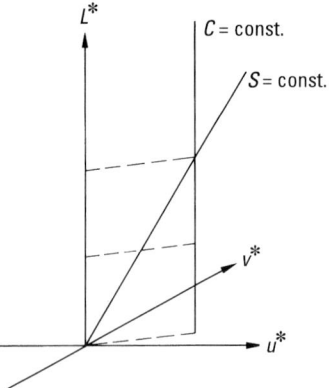

Abb. 6.44 Linien konstanter Buntheit (C = const.) und konstanter Sättigung (S = const.) im Farbraum.

bilden, die *psychometrische Buntheit*. Sie gibt den Abstand der Farbe von Unbunt an. Die Buntheit darf jedoch nicht verwechselt werden mit der Sättigung. Wird etwa die psychometrische Helligkeit einer Farbe verändert, aber die beiden Koordinaten $u*$ und $v*$ und damit auch die Größe C^*_{uv} festgehalten, so ändert sich die Farbart. Die Farbe bewegt sich dabei im Farbraum auf einer Geraden parallel zur Unbuntgeraden, nicht auf einer Geraden durch den Nullpunkt des Koordinatensystems, wie es bei konstanter Sättigung der Fall sein müsste (Abb. 6.44). Man kann jedoch leicht eine Größe ableiten, die ein Maß für die Sättigung ist, wenn man die Buntheit durch die psychometrische Helligkeit dividiert:

$$s_{uv} = \frac{C^*_{uv}}{L^*} = 13\sqrt{(u' - u'_0)^2 + (v' - v'_0)^2}.$$

Diese so genannte *psychometrische Sättigung* ist in der Tat proportional zur Entfernung des jeweiligen Farborts vom Farbort des Unbuntpunkts in der Farbtafel.

Schließlich lässt sich auch der Buntton in diesem Koordinatensystem durch einen *uv-Buntton-Winkel* h_{uv} angeben:

$$h_{uv} = \arctan \frac{v*}{u*} = \arctan \frac{v' - v'_0}{u' - u'_0}.$$

Damit ist auch im Rahmen dieses CIE-LUV-Koordinatensystems eine anschauliche Kennzeichnung einer Farbe nach Helligkeit, Buntton und Sättigung quantitativ möglich. Allerdings ist bei Angaben dieser Größen immer der Zusatz ‚CIE-LUV 1976' erforderlich, um eindeutig zu kennzeichnen, um welche Größen es sich handelt. Weil die empfindungsgemäße Gleichabständigkeit des CIE-LUV-Systems keineswegs vollkommen ist, hat die Internationale Beleuchtungskommission 1976 nämlich noch ein zweites Farbkoordinatensystem als näherungsweise gleichabständig empfohlen mit den Koordinaten $L*$, $a*$ und $b*$:

$$L* = 116\sqrt[3]{\frac{Y}{Y_0}} - 16,$$

$$a* = 500\left(\sqrt[3]{\frac{X}{X_0}} - \sqrt[3]{\frac{Y}{Y_0}}\right),$$

$$b* = 200\left(\sqrt[3]{\frac{Y}{Y_0}} - \sqrt[3]{\frac{Z}{Z_0}}\right).$$

Die Größen X_0, Y_0, Z_0 bezeichnen auch hier die Normfarbwerte der unbunten Bezugsfarbe, im Falle der Körperfarben Weiß. Die Helligkeitsfunktion ist in diesem *CIE-LAB-System 1976* identisch mit der des CIE-LUV-Systems. Die beiden Achsen $a*$ und $b*$ sind ebenfalls Rot-Grün- bzw. Blau-Gelb-Buntheitsachsen. Für unbunte Farben sind die Koordinaten $a*$ und $b*$ jeweils Null. Im Gegensatz zu dem CIE-LUV System besitzt das CIE-LAB-System keine Farbtafel, da sich aus den Koordinaten $L*$, $a*$, $b*$ wegen des Exponenten 1/3 keine leuchtdichteunabhängigen Quotienten bilden lassen.

Auch aus diesen Größen lassen sich jedoch entsprechend zum CIE-LUV-System eine psychometrische Buntheit und ein Farbtonwinkel ableiten, wobei diese jeweils durch den Zusatz ‚CIE-LAB 1976' zu kennzeichnen sind.

Farbabstandsformeln. In einem Farbraum, in dem die Anordnung der Farben empfindungsgemäß gleichabständig ist, sind die geometrischen Abstände direkt proportional zu den empfindungsgemäßen Farbabständen. Sind etwa zwei verschiedene, aber ähnliche Farben gegeben durch ihre CIE-LUV-Koordinaten

$$L_1^*, L_2^*, \Delta L^* = L_2^* - L_1^*,$$
$$u_1^*, u_2^*, \Delta u^* = u_2^* - u_1^*,$$
$$v_1^*, v_2^*, \Delta v^* = v_2^* - v_1^*,$$

so ist ihr Farbabstand im CIE-LUV-Farbraum gegeben durch den Ausdruck

$$\Delta E_{uv}^* = \sqrt{\Delta L^{*2} + \Delta u^{*2} + \Delta v^{*2}}.$$

Diesen Ausdruck bezeichnet man als Farbabstandsformel. Dabei bedeutet der Farbabstand $\Delta E_{uv}^* = 1$ einen gerade noch wahrnehmbaren Unterschied. Ganz entsprechend kann man auch eine Farbabstandsformel für das CIE-LAB-System angeben. Es gibt in der Literatur noch eine Reihe verschiedener Farbabstandsformeln, auf die wir hier nicht eingehen können.

Farbabstandsformeln benützt man, wenn es darum geht, die Qualität einer Farbreproduktion zu kennzeichnen. Dies kann eine einzelne Farbnachstellung in der Farbstoff-Industrie sein, bei der z.B. ein Lack nach einer Vorlage nachgemischt werden muss.

Statt des Farbabstands selbst wird gelegentlich auch der *Farbwiedergabe-Index R* angegeben. Er berechnet sich aus dem Farbabstand ΔE^* nach der Formel [31, 32]

$$R = 100 - 4.6 \Delta E^*.$$

Bei einer exakten Wiedergabe der Farbe mit verschwindendem Farbabstand ist der Farbwiedergabe-Index 100.

Die Angabe eines Farbwiedergabe-Index ist vor allem bei Lampen zur Kennzeichnung ihrer Farbwiedergabe-Eigenschaften gebräuchlich. Dabei werden 14 festgelegte Testfarben bei Beleuchtung mit dieser Lampe gemessen und verglichen mit den Farben, die sie unter einer Bezugslichtart, z.B. der Normlichtart D65 annehmen. Den über die ersten 8 Testfarben gemittelten Farbwiedergabe-Index nennt man den *allgemeinen Farbwiedergabe-Index* R_a dieser Lampe.

In der Farbfernsehtechnik sowie beim Farbdruck und bei farbfotografischen Reproduktionen ist es üblich, für eine Reihe von definierten Testfarben die reproduzierten Farben zu bestimmen und mit den Farben unter einer Bezugslichtart zu vergleichen. Die Farbabstände zwischen Bezugs- und Wiedergabefarben sowie die Farbwiedergabe-Indizes werden berechnet und aus ihnen wird ein Mittelwert gebildet, der die Abweichung zwischen Wiedergabefarben und Bezugsfarben kennzeichnet.

Die Ermittlung des Farbwiedergabe-Index für Lampen und für die verschiedenen Reproduktionstechniken wird beschrieben in der DIN-Norm 6169, Teil 1-8 [32].

6.13 Körperfarben und Farbordnungen

Die Optimalfarben. In Abschn. 6.6 wurde die Frage gestellt, welchen Bereich des Farbraums die realen Farben ausfüllen. Für die farbigen Lichter ist diese Frage in Abschn. 6.8 beantwortet worden: Nur die Farben innerhalb der von den Spektralfarben gebildeten Farbfläche sind physikalisch realisierbar. In der Farbtafel liegen ihre Farbörter innerhalb des von Spektralfarbenzug und Purpurgeraden begrenzten Bereichs.

Die möglichen Körperfarben erfüllen ebenfalls nur einen beschränkten Bereich im Farbraum. Man nennt einen solchen geschlossenen Bereich einen *Farbkörper*. Die Gestalt des Farbkörpers der Körperfarben hängt von der Beleuchtung ab. Bei dem Extremfall einer monochromatischen Beleuchtung etwa entartet der Farbkörper zu einer Linie, da alle Oberflächen bei dieser Beleuchtung dieselbe Farbart haben.

Wir nehmen in diesem Abschnitt jedoch eine Beleuchtung an, die alle sichtbaren Spektralanteile enthält, wie etwa die Normlichtart D65. Wie sieht bei dieser Beleuchtung der Farbkörper aller möglichen Körperfarben aus?

Die dunkelste Körperfarbe ist Schwarz, d.h. eine Oberfläche, die keinerlei Licht reflektiert. Im Gegensatz zu den farbigen Lichtern gibt es bei den Körperfarben auch eine hellste Farbe, die der vollkommen mattweißen Fläche unter der gegebenen Beleuchtung.

Es lässt sich leicht einsehen, dass bei einer endlichen relativen Leuchtdichte (Hellbezugswert > 0) eine Körperfarbe nicht die gleiche Farbart wie etwa eine grüne Spektralfarbe haben kann. Dazu dürfte die Oberfläche nämlich nur bei einer einzigen Wellenlänge Licht reflektieren und müsste im gesamten übrigen Spektralbereich alles Licht absorbieren. Ihr Hellbezugswert wäre also verschwindend gering. Wenn die

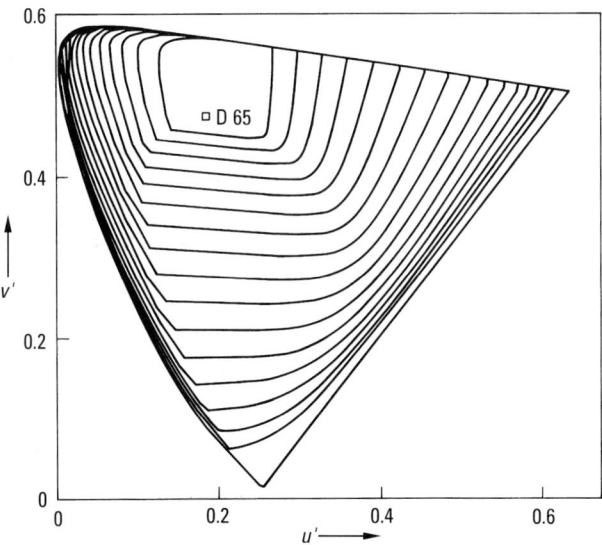

Abb. 6.45 Die Linien der Optimalfarben gleicher psychometrischer Helligkeit in der CIE-UCS-Farbtafel 1976. L^* nimmt von außen nach innen zu.

744 6 Farbmetrik

Oberfläche in einem ausgedehnteren Spektralbereich reflektiert, so mischen sich die verschiedenen Spektralanteile und wegen der Krümmung des Spektralfarbenzugs im Grünbereich (Abb. 6.32) liegt die Farbart der Mischung nicht mehr auf, sondern innerhalb des Spektralfarbenzugs. Die Körperfarbe hat also geringere Sättigung als die Spektralfarbe.

Es ist also sinnvoll zu fragen, welches die Körperfarbe größter Sättigung bei vorgegebenem Hellbezugswert und Buntton ist. Eine solche Körperfarbe optimaler Sättigung heißt *Optimalfarbe*. Abb. 6.45 zeigt die Linien in der u'-v'-Farbtafel 1976, auf der die Farbörter der Optimalfarben gleicher Hellbezugswerte liegen. Diese Linien gelten für Beleuchtung mit Normlichtart D65. Je höher der Hellbezugswert, desto geringer wird die maximal mögliche Sättigung der Körperfarben.

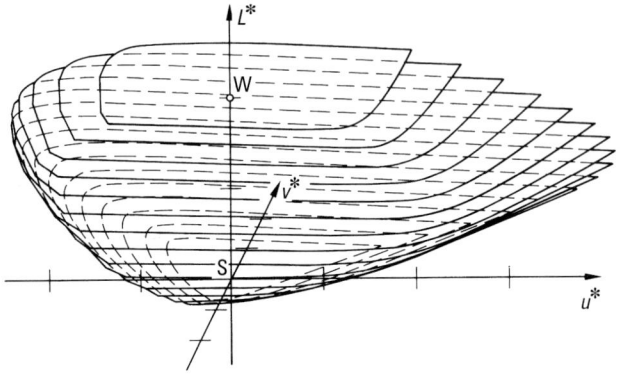

Abb. 6.46 Der Farbkörper der Optimalfarben im Farbraum des nahezu gleichabständigen CIE-LUV-Systems. Gezeichnet sind Schnitte $L^* = $ const.; W: Weißpunkt, S: Schwarzpunkt.

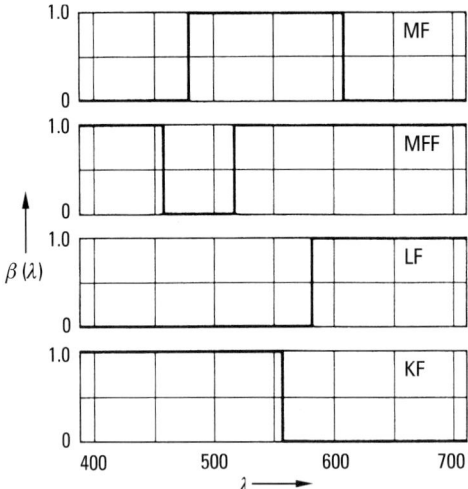

Abb. 6.47 Die vier verschiedenen Typen von Remissionsfunktionen der Optimalfarben. MF: Mittelfarbe, MFF: Mittelfehlfarbe, LF: Langendfarbe, KF: Kurzendfarbe.

Abbildung 6.46 gibt eine perspektivische Darstellung des Farbkörpers im Farbraum des CIE-LUV-Systems 1976. Man erkennt die spindelförmige Gestalt, die unten im Schwarzpunkt und oben im Weißpunkt zusammenläuft. Die Optimalfarben bilden die Oberfläche dieses Farbkörpers.

Die spektralen Remissionsfunktionen, die zu den Optimalfarben gehören, sind besonders einfach und für alle Beleuchtungen mit kontinuierlichem Spektrum gleich. Es sind Funktionen, die nur die Werte 0 und 1 annehmen (Abb. 6.47). Den Beweis dafür, dass gerade diese Remissionsfunktionen die gesuchte optimale Eigenschaft haben, hat 1920 der Physiker und spätere Mitbegründer der Quantenmechanik Erwin Schrödinger erbracht [33]. Er hat auch gezeigt, dass die Optimalfarben nicht nur höchste Sättigung bei gegebenem Hellbezugswert und Buntton haben, sondern bei gegebener Sättigung und gegebenem Buntton auch die Körperfarben mit dem größten Hellbezugswert sind.

Die Remissionsfunktionen der Optimalfarben sind theoretisch ermittelt worden und kommen exakt in dieser Form in der Natur und auch bei synthetisch erzeugten Farbstoffen nicht vor. Sie bilden jedoch die äußerste Grenze der überhaupt physikalisch möglichen Körperfarben.

Farbordnungen und Farbmustersammlungen. Es ist immer wieder versucht worden, systematische Farbordnungen zu finden, in denen alle möglichen Körperfarben anhand von Buntton, Sättigung oder Buntheit und Hellbezugswert eingeordnet werden können. Im 18. Jahrhundert schlugen solche Farbordnungen die Physiker Tobias Mayer und Johann Heinrich Lambert (in Form von Pyramiden) vor, im 19. Jahrhundert der Maler Philipp Otto Runge (die Farbenkugel) und der französische Chemiker Michel Eugène Chevreul und zu Beginn dieses Jahrhunderts befassten sich der amerikanische Maler A.H. Munsell [34] und der deutsche Physiker Wilhelm Ostwald [35] mit diesem Problem. Dabei entstand auch das Bedürfnis, eine solche Farbordnung durch möglichst viele Farbmuster konkret zu repräsentieren.

Heute ist eine große Anzahl von Farbmustersammlungen in Gebrauch [36]. Eine moderne Farbordnung, die wissenschaftlichen Ansprüchen genügt, sollte die folgenden Eigenschaften haben:

- Die Farben liegen als Muster vor, wobei jedes Muster eine eigene Kennzeichnung hat.
- Die Abweichungen der Muster gleicher Kennzeichnung voneinander, bedingt durch den Herstellungsprozess, wird in sehr kleinen Toleranzen gehalten.
- Die Muster sind farbmetrisch vermessen, sodass ihre Normfarbwerte bei spezifizierter Beleuchtung bekannt sind.
- Die Muster liegen in einer systematischen und möglichst empfindungsgemäßen Ordnung vor.

Zu den Farbordnungen, die diese Bedingungen erfüllen, gehören in den USA das Munsell Book of Color, in Deutschland das DIN-Farbensystem, und in Schweden wurde in den letzten 25 Jahren das Natural Color System (NCS) entwickelt.

In der Praxis sind solche Farbordnungen sehr wichtig, weil z.B. Architekten und Designer sich bei ihren Entwürfen auf bestimmte Farbmuster beziehen können und anschließend bei der Ausführung die zu realisierenden Farben eindeutig gekennzeichnet sind.

Das Munsell-System. Das Munsell-System ist in den USA entstanden und ist das am weitesten verbreitete System. Die Farbmuster sind in dem *Munsell Book of Color* [37] zusammengefasst. Sie sind nach den drei Parametern *Value V* (Helligkeit), *Hue H* (Buntton) und *Chroma C* (Buntheit) angeordnet. Der Helligkeitsparameter Value läuft von 0 für Schwarz bis 10 für Weiß und war im ursprünglichen Munsell-System mit dem Hellbezugswert A durch die Beziehung $V = 10\sqrt{A}$ verbunden. Genaue Messungen der Graustufen ergaben die folgende komplizierte Beziehung:

$$A = 1.2219\, V - 0.23111\, V^2 + 0.23951\, V^3 - 0.021009\, V^4 + 0.0008404\, V^5.$$

Aus dem Bunttonkreis wurden fünf Bunttöne ausgesucht, die empfindungsgemäß gleiche Bunttonwinkel einschließen: Rot (R), Gelb, (Y), Grün (G), Blau (B), Purpur (P). Durch einfache Unterteilung wurden fünf Zwischentöne (YR für Orange, RP, PB, BG, GY) geschaffen, und durch nochmalige zehnfache Unterteilung entstand ein Bunttonkreis von 100 verschiedenen Bunttönen, von denen allerdings nur 40 als Muster ausgeführt sind. Die Bunttonpaare R und BG, Y und PB, G und RP sowie B und YR sind kompensativ, man kann aus ihnen jeweils Unbunt ermischen. Allerdings sind die Linien konstanten Munsell-Bunttons H in der Normfarbtafel keine Geraden (Abb. 6.48), da die Linien empfindungsgemäß gleichen Bunttons in der Farbtafel gekrümmt sind (Bezold-Abney-Effekt).

Aus Abb. 6.48 geht auch hervor, dass die Linien konstanter Buntheit (Chroma *C*) keine Kreise bilden in der Normfarbtafel. Dies ist auch nicht zu erwarten, da gleiche Chroma-Werte bei gleicher Helligkeit und unterschiedlichen Bunttönen ebenfalls gleicher empfindungsgemäßen Buntheit (und im Falle gleicher Helligkeit auch gleicher Sättigung) entsprechen. Bemerkenswert ist ferner, dass in Richtung Gelb

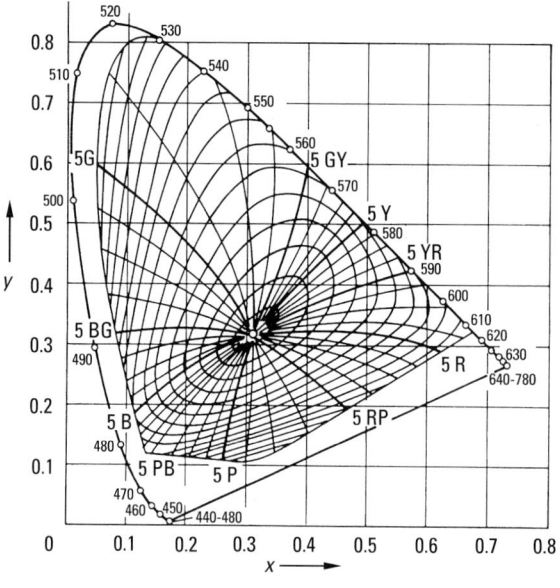

Abb. 6.48 Normfarbtafel mit Linien konstanter Buntheit (Chroma) und konstanten Bunttons (Hue) im Munsell-System in einer Ebene konstanter Helligkeit (Value = 5).

sehr viel weniger Chroma-Schritte genügen, um die Sättigung der Spektralfarben zu erreichen, während in Richtung Grün mehr als die doppelte Schrittzahl erforderlich ist bis zur Optimalfarbengrenze, die dort innerhalb des Spektralfarbenzugs liegt.

Das DIN-Farbsystem. Dieses Farbsystem ist als DIN 6164 Teil des DIN-Normensystems. Es wurde ab 1945 von Manfred Richter im Auftrag des Deutschen Normenausschusses entwickelt [38, 39]. Es liegt je in einer Ausführung als Mattfarben und Glanzfarben vor, wobei die Farbmuster in einer Größe von 20 × 25 mm ausgeführt sind. Sie sind durch die drei Parameter *Bunttonzahl T, Dunkelstufe D* und *Sättigungsstufe S* gekennzeichnet.

Der Bunttonkreis ist beim DIN-System in 24 Bunttöne eingeteilt, die gleichabständig sind (Abb. 6.49). Linien gleichen Bunttons sind in der Normfarbtafel strahlenförmig vom Unbuntpunkt ausgehende Geraden (der Bezold-Abney-Effekt wird hier nicht berücksichtigt). Die Linien gleicher Sättigungsstufe sind ähnlich wie im Munsell-System geformte geschlossene ovale Linien um den Unbuntpunkt.

Anders als beim Munsell-System ist in einer Fläche konstanter Dunkelstufe nicht der Hellbezugswert konstant, sondern die Relativhelligkeit h. Sie ist das Verhältnis des Hellbezugswerts A zum Hellbezugswert A_0 der farbartgleichen Optimalfarbe:

$$h = \frac{A}{A_0}.$$

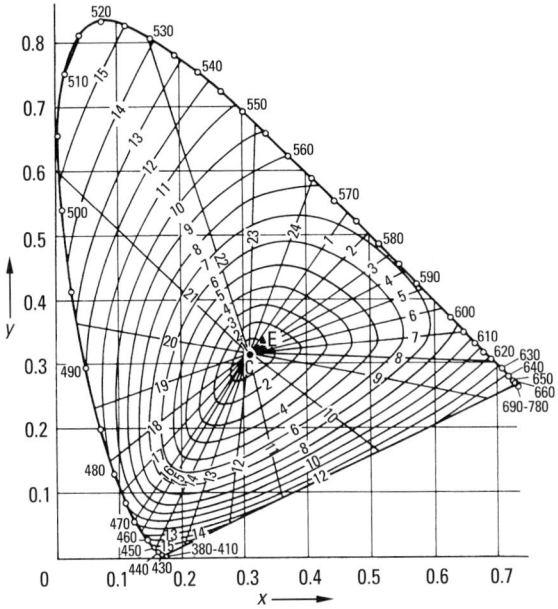

Abb. 6.49 Normfarbtafel mit Linien konstanter Bunttonzahl T und konstanter Sättigungsstufe S im DIN-Farbsystem.

Da die hellste Körperfarbe einer bestimmten Farbart immer eine Optimalfarbe ist, ist es sinnvoll, die Helligkeit der bunten Körperfarben nicht auf Weiß, sondern auf die Optimalfarbe dieser Farbart zu beziehen. Für die unbunten Farben ist $A_0 = 100$ (vollkommenes Weiß), für alle anderen Farben ist $A_0 < 100$. Die Dunkelstufe ist durch die folgende Beziehung definiert:

$$D = 10 - 6.1723 \log(40.7 h + 1).$$

Sie ergibt für die Relativhelligkeit $h = 1$ (hellste Körperfarbe der betreffenden Farbart) die Dunkelstufe $D = 0$ und für $h = 0$ (Schwarz) $D = 10$.

Die einzelnen Farbmuster des DIN-Systems werden durch das Wertetripel $T : S : D$ gekennzeichnet. In Tabellen kann man dann zu jedem Muster die Farbmaßzahlen, also die Normfarbwertanteile und den Hellbezugswert für eine bestimmte Normlichtart und für den 2°-Normalbeobachter nachschlagen. Farbtafel III/5 zeigt ein Blatt des DIN-Farbensystems mit den zu der Bunttonzahl $T = 8$ gehörigen Farbmustern.

Das NCS-Farbsystem. Das NCS-System (Natural Color System) ist in Schweden unter der Bezeichnung Swedish Standard for Color Notation (SS019100) genormt [40]. Es erhebt schon durch seinen Namen den Anspruch, sich durch seinen Aufbau der ‚natürlichen' Farbempfindung besonders gut anzupassen. Es geht dabei von den Heringschen Vorstellungen aus, nach denen für die Orientierung im Farbraum die sechs Urfarben Schwarz, Weiß, Rot, Gelb, Grün und Blau die wichtigsten Anhaltspunkte sind. Jede Farbe wird durch ihre Beziehung zu diesen Urfarben gekennzeichnet.

Für die Bestimmung des Bunttons sind die vier bunten Urfarben Rot (R), Gelb (Y), Grün (G) und Blau (B) die Orientierungspunkte. Sie teilen im NCS-System den Bunttonkreis in vier gleiche Teile. Jeder Buntton, der nicht selbst ein Urfarbton ist, liegt zwischen zwei Urfarben und wird durch seine beiden Urfarbenanteile beschrieben. So ist Y50R ein Orange, das je 50% Gelb und 50% Rot enthält.

Alle Farben eines bestimmten Bunttons werden im NCS-System in Form eines Dreiecks angeordnet (Abb. 6.50). Eine Seite dieses Dreiecks bildet die Unbuntachse die von Schwarz nach Weiß geht. Die dieser Seite gegenüberliegende Ecke C bezeichnet die Farbe höchster Buntheit (chromaticness c) dieses Bunttons. Ihr wird der Buntheitswert $c = 100$ zugeordnet. Die Verbindungen dieses Punktes mit Weiß bzw. mit Schwarz stellen die Linien dar, auf denen die verweißlichten bzw. verschwärzlichten Farben dieses Bunttons liegen. Zieht man innerhalb dieses Dreiecks Linien parallel zur Unbuntachse, so liegen auf ihnen Farben gleicher Buntheit c. Auf Linien, die parallel der Verbindungsgeraden zum Weißpunkt sind, liegen die Farben gleicher Schwärzlichkeit s. Im Schwarzpunkt selbst ist die Schwärzlichkeit $s = 100$, im Weißpunkt ist sie $s = 0$. Ebenso kann man die Weißlichkeit w definieren. Im Weißpunkt ist $w = 100$ und im Schwarzpunkt $w = 0$. Parallelen zur Verbindungsgeraden zwischen der Buntspitze des Dreiecks und dem Schwarzpunkt sind Linien gleicher Weißlichkeit. Aus diesen Definitionen und Abb. 6.50 folgt die Beziehung $s + w + c = 100$.

Neben der Angabe des Farbtons genügen also zwei der drei Größen Buntheit c, Schwärzlichkeit s und Weißlichkeit w. Man gibt die Schwärzlichkeit s und die Buntheit c an und schreibt z.B. 20 30 Y30R für ein Orange der Schwärzlichkeit $c = 20$,

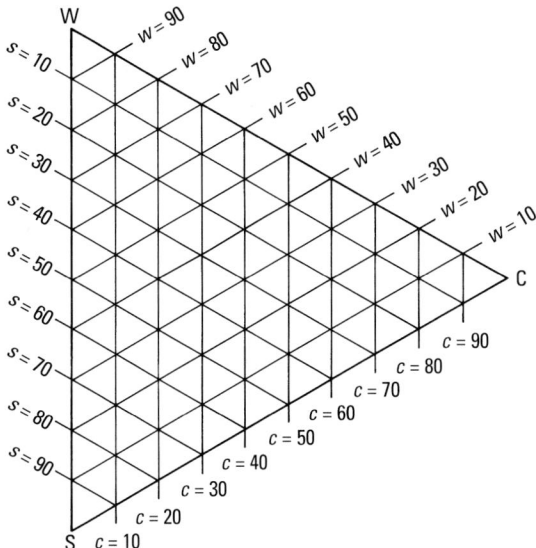

Abb. 6.50 Schnitt durch eine Ebene bestimmten Bunttons mit Unbuntachse SW (Schwarz-Weiß) im NCS-Farbsystem. Eingezeichnet sind Linien konstanter Buntheit (c), konstanter Schwärzlichkeit (s) und konstanter Weißlichkeit (w).

der Buntheit $c = 30$ und bei einem Bunttonwinkel, der den Viertelkreis zwischen Gelb und Rot im Verhältnis 30:70 teilt.

6.14 Verfahren der Farbreproduktion

Farbfernsehen. Das Farbfernsehen ist das einzige Reproduktionsverfahren, das mit additiver Mischung arbeitet. Von dem Zustandekommen des Farbbildes auf einem Farbfernsehbildschirm durch additive Mischung war in Abschn. 6.6 die Rede. Die Primärvalenzen oder Grundfarben bei dieser Mischung werden von den roten, grünen und blauen Phosphorpunkten gebildet.

Die Farbörter der Bildschirmphosphore bilden in der Farbtafel ein Primärvalenz-Dreieck, das vollständig innerhalb des Spektralfarbenzugs liegt (Abb. 6.51). Alle Farbvalenzen, deren Farbörter innerhalb dieses Farbdreiecks liegen, können auf dem betreffenden Bildschirm wiedergegeben werden, ihre Farbwerte sind positiv. Farbvalenzen, deren Farbörter außerhalb dieses Dreiecks liegen, wie die Spektralfarben selbst, können nicht wiedergeben werden, mindestens einer ihrer Farbwerte ist negativ.

Für die Reproduktion einer bestimmten Farbvalenz müssen demnach ihre Farbwerte bekannt sein. Die Farbwerte werden der Kathode der Bildröhre als *Farbwertsignale* zugeführt, die die Strahlströme der drei Elektronenstrahlen steuern. Diese bestimmen die relativen Leuchtdichten der roten, grünen und blauen Phosphorpunkte.

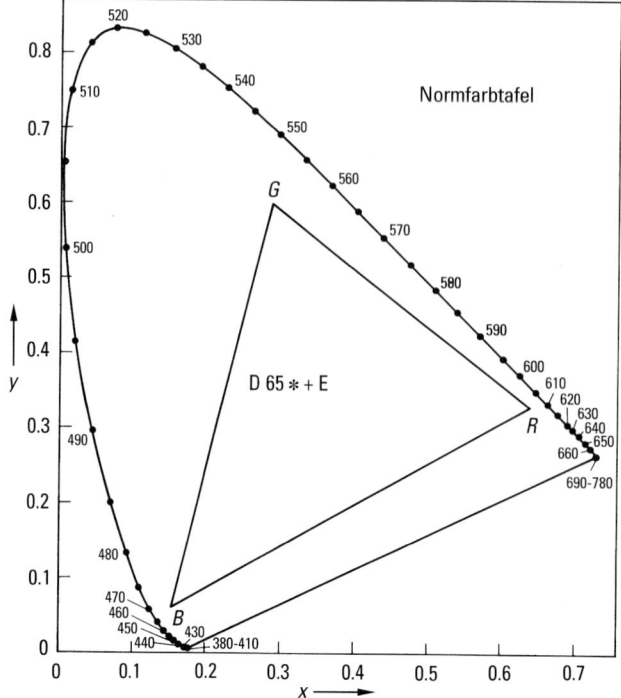

Abb. 6.51 Normfarbtafel mit dem Farbdreieck der standardisierten Bildschirm-Primärvalenzen R, G, B (EBU-Phosphore) und dem Farbort der Normlichtart D65.

Um die Erzeugung der Farbwertsignale in der Farbfernsehkamera verstehen zu können, betrachten wir erst eine Schwarz-Weiß-Fernsehübertragung. Das Objektiv der Schwarz-Weiß-Fernsehkamera bildet die zu übertragende Szene auf eine Aufnahmeröhre oder einen optoelektrischen Halbleitersensor ab. Die dort entstehende Beleuchtungsstärke-Verteilung, die ein Bild der Leuchtdichteverteilung in der Szene ist, wird in eine elektrische Ladungsverteilung umgewandelt und zeilenweise als Videosignal ausgelesen. Im Schwarz-Weiß-Empfänger steuert dieses Signal die Intensität des Elektronenstrahls der Bildröhre, der auf dem Bildschirm eine Leuchtdichteverteilung erzeugt, die der in der Originalszene gleicht.

In der Farbfernsehkamera müssen statt eines Leuchtdichtesignals drei Farbwertsignale erzeugt werden. Die Farbwerte werden nach Abschn. 6.8 aus der Farbreizfunktion ermittelt durch Bewertung mit den zu den betreffenden Primärvalenzen gehörenden Spektralwertkurven.

In der Farbfernsehkamera ist nach dem Objektiv ein *Lichtteiler* angeordnet, der das einfallenden Licht auf drei Wandler verteilt, die die drei Farbwertsignale erzeugen (Abb. 6.52). Nach Abschn. 6.8 und 6.10 müssen die spektralen Empfindlichkeiten der drei Wandler einschließlich der spektralen Transmissionen der drei Kanäle des Lichtteilers proportional zu den Spektralwertkurven sein (Luther-Bedingungen). Dann ist gewährleistet, dass die elektrischen Signale, die in diesen Wandlern erzeugt

6.14 Verfahren der Farbreproduktion   751

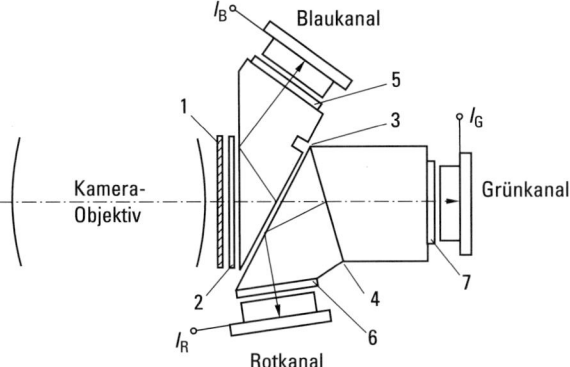

Abb. 6.52 Lichtteilung und Bildsignalerzeugung in einer Farbfernsehkamera. 1: Filterrad mit Konversions- und Graufiltern zur Anpassung an verschiedene Beleuchtungen, 2: Quarzplatte zur Depolarisation. Der Lichtteiler besteht aus drei Prismen, die durch je eine blaureflektierende (3) und eine rotreflektierende (4) Interferenzschicht getrennt sind. An den Austrittsflächen sind Korrekturfilter (5, 6, 7) aufgekittet, die die spektralen Transmissionsgrade anpassen. In den optoelektrischen Wandlern (OE) werden aus den drei verschiedenen Abbildungen der Szene die Farbwertsignale I_R, I_G, I_B gebildet. Die Wandler können Kameraröhren oder Flächensensoren sein.

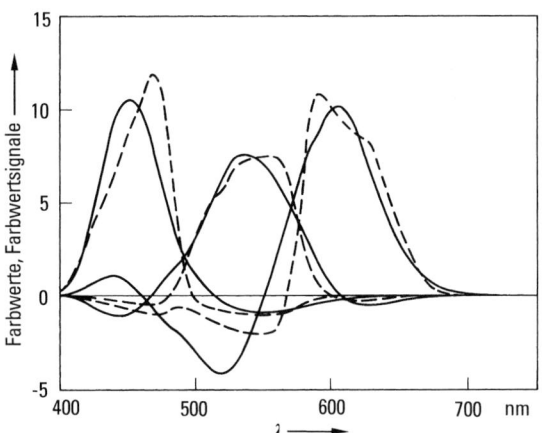

Abb. 6.53 Theoretische Spektralwertkurven und praktisch realisierte, normierte Empfindlichkeitskurven (gestrichelt) einer Farbfernsehkamera. Die negativen Anteile der Empfindlichkeitskurven werden durch die Matrix erzeugt.

werden, proportional sind zu den Farbwerten des betreffenden Farbreizes. Die Farbfernsehkamera entspricht also bezüglich der Erzeugung der Farbwertsignale im Prinzip einem Farbmeßgerät, das nach dem Dreibereichsverfahren arbeitet (Abschn. 6.10).

Abbildung 6.53 zeigt die Spektralwertkurven, die zu dem in Europa von der EBU (European Broadcasting Union) standardisierten Bildschirm-Primärvalenzsystem gehören. Aufgrund ihrer beträchtlichen negativen Anteile kann man sie nicht exakt als spektrale Empfindlichkeitskurven in der Kamera realisieren. Nach Abschn. 6.9 gibt es jedoch Primärvalenzsysteme mit rein positiven Spektralwertkurven, wie z. B. die Normspektralwertkurven oder die Grundspektralwertkurven aus Abschn. 6.11. In Abschn. 6.8 wurde gezeigt, wie man die Farbwerte von einem System in ein anderes transformieren kann. Deshalb werden in einer modernen Farbfernsehkamera die Signale nach ihrer Erzeugung in den optoelektrischen Wandlern und nach ihrer Verstärkung in einer elektronischen Matrix linear so miteinander verknüpft, wie es einer Transformation aus dem System der Kamera-Empfindlichkeitskurven in das Primärvalenzsystem der Bildröhrenphosphore entspricht. In Abb. 6.53 sind die in einer modernen Kamera realisierten spektralen Empfindlichkeitskurven, die so genannten *Farbmischkurven*, im Vergleich zu den theoretischen Spektralwertkurven dargestellt. Sie sind nach der elektronischen Transformationsmatrix gemessen und zeigen deshalb auch negative Anteile.

Tatsächlich entsteht in der Farbfernsehkamera nach der elektronischen Matrix nur dann ein negatives Farbwertsignal, wenn die Farbe in der Szene vor der Kamera so hoch gesättigt ist, dass ihr Farbort außerhalb des Farbdreiecks der Bildschirmphosphore liegt. Ein negatives Signal wird in der Kamera vor der Codierung begrenzt und zu Null gesetzt. Farben außerhalb des Phosphor-Farbdreiecks werden also bei der Wiedergabe so verschoben, dass ihre Farbörter auf einer Seite der Farbdreiecks liegen.

Diese wenigen Bemerkungen sollen das Prinzip der Farbsignalerzeugung in einer Farbfernsehkamera von der Farbmetrik her verstehbar machen. Für eine ausführlichere Darstellung muss auf die Fachliteratur verwiesen werden [41].

Zum Schluss sei noch darauf hingewiesen, dass bei der Bildung des sendefähigen Farbbildsignals (FBAS-Signal) aus den drei Farbwertsignalen durch eine weitere Transformation ein *Luminanzsignal* (Leuchtdichte- bzw. Helligkeitssignal) und zwei *Chrominanzsignale* oder *Farbdifferenzsignale* (Buntheits- oder Gegenfarbensignale) gewonnen werden. Die beiden Chrominanzsignale werden in ihrer Bandbreite beschnitten, nur das Luminanzsignal wird mit der vollen Bandbreite übertragen. Das bedeutet, dass feine Bilddetails nur als Helligkeitsmodulation übertragen werden. Da das räumliche und auch zeitliche Auflösungsvermögen des menschlichen visuellen Systems für Helligkeitsmodulation deutlich höher ist als für Buntheitsmodulation, ist dies ohne sichtbaren Verlust an Bildqualität möglich. Im Empfänger wird dann aus dem empfangenen demodulierten FBAS-Signal erst wieder ein Tripel von Luminanz- und Chrominanzsignalen gebildet und aus diesen werden durch eine elektronische Matrix die Farbwertsignale gewonnen, die an der Bildröhre die drei Elektronenstrahlen für die roten, grünen und blauen Phosphorpunkte steuern. Auch hier muss für weitere Einzelheiten auf die genannte Fachliteratur verwiesen werden.

Subtraktive Reproduktion in der Farbfotografie. Eine entwickelte fotografische Schicht besteht im Wesentlichen aus drei übereinanderliegenden Farbstoffschichten. Das Prinzip der Farbwiedergabe sei an einem Farbdiapositiv erläutert.

Die drei Farbstoffschichten enthalten einen Gelbfarbstoff, einen Cyan- bzw. einen Magentafarbstoff. Je nach Belichtung wird in einer bestimmten Stelle der Schicht mehr oder weniger dieser drei Farbstoffe ausentwickelt. Wenn kein Farbstoff in der Schicht entwickelt ist, ist ihr Transmissionsgrad maximal, sie ist klar. Bei hoher

6.14 Verfahren der Farbreproduktion   753

Farbstoffkonzentration bildet die Schicht ein Farbfilter, das einzeln in der Projektion mit weißem Licht ein hochgesättigtes Gelb, Cyan (Blaugrün) oder Magenta (Purpur) ergibt [42].

Es ist in der fotografischen Technik üblich, die Absorption einer Farbstoffschicht durch ihre spektrale Dichte $D(\lambda)$ zu kennzeichnen. Sie ist der negative Logarithmus des spektralen Transmissionsgrades $\tau(\lambda)$. Da nach dem Lambert-Beer'schen Absorptionsgesetz (Abschn. 2.6) die Transmission sich mit der Konzentration c exponentiell ändert, bedeutet eine Konzentrationsänderung für die Dichte eine Multiplikation mit einem Faktor:

$$-\log(\tau(\lambda)) = D(\lambda),$$
$$-\log(\tau^c(\lambda)) = -c\log(\tau(\lambda)) = cD(\lambda).$$

Abbildung 6.54 zeigt typische spektrale Transmissionsgrade der drei Farbstoffschichten eines Farbpositiv-Films bei verschiedenen Farbstoffkonzentrationen. Der Gelbfarbstoff absorbiert im blauen Spektralbereich, lässt aber den grünen und roten Spektralbereich durch. Bei Projektion mit weißem Licht entsteht durch Addition der durchgelassenen Spektralanteile die Farbe Gelb. Der Cyanfarbstoff absorbiert im Rotbereich und der Magentafarbstoff im Grünen.

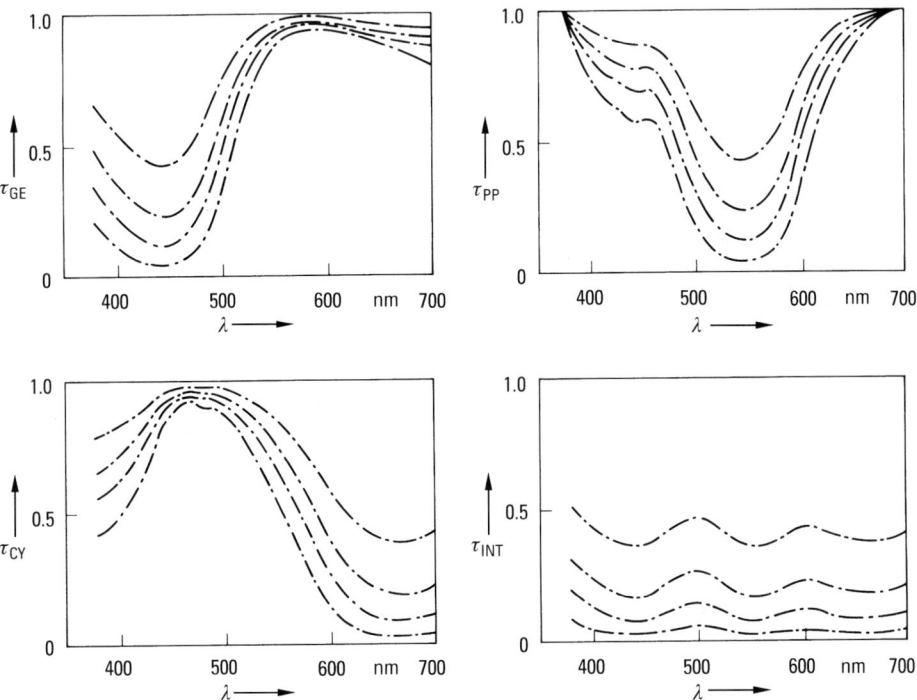

Abb. 6.54 Spektrale Transmissionskurven der Schichten eines Farbfilms bei verschiedenen Farbstoffkonzentrationen. GE: Gelbschicht, PP: Purpurschicht, CY: Cyanschicht, INT: Transmissionskurve der drei übereinandergelegten Schichten.

Nach Abschn. 6.3 ist der spektrale Transmissionsgrad einer Kombination aus mehreren hintereinandergeschalteten Filtern gleich dem Produkt aus den einzelnen Transmissionsgraden. Die spektralen Dichten der Filter addieren sich dabei.

Die Bildung der verschiedenen Farben bei der Projektion eines Farbdiapositivs kann man sich folgendermaßen klarmachen:

- Ist kein Farbstoff entwickelt, so ist der Film für alle Spektralbereiche transparent, in der Projektion erscheint Weiß.
- Ist jeweils nur ein Farbstoff entwickelt, dann erscheint Gelb, Blaugrün oder Purpur in der Projektion.
- Sind der Gelb- und der Cyanfarbstoff entwickelt, so wird der blaue sowie der rote Spektralbereich absorbiert, durchgelassen wird nur im grünen Bereich. In der Projektion erhält man eine grüne Farbe. Entsprechend ergibt sich bei entwickeltem Cyan- und Magentafarbstoff Blau und bei entwickeltem Magenta- und Gelbfarbstoff Rot in der Projektion.
- Sind alle drei Farbstoffe voll entwickelt, so werden alle Spektralbereiche absorbiert und die betreffende Stelle erscheint in der Projektion schwarz.

Man erhält also die Farben Rot, Grün und Blau durch Kombination von je zwei absorbierenden Schichten und Schwarz, wenn alle drei Schichten absorbieren. In der Farbtafel III/4 ist die Entstehung dieser Farben durch subtraktive Kombination von drei Filtern dargestellt.

Bezeichnet man die spektralen Dichten der drei einzelnen Farbstoffschichten mit $D_Y(\lambda)$, $D_C(\lambda)$ und $D_M(\lambda)$, wobei Y, C und M für Gelb, Cyan und Magenta stehen, so kann man die spektrale Dichte des Diapositivs an dieser Stelle durch die Summe beschreiben:

$$D(\lambda) = D_Y(\lambda) + D_C(\lambda) + D_M(\lambda).$$

Die Variation der Farbstoffkonzentration in den drei Schichten kann man durch drei positive Variable c_Y, c_C, c_M darstellen.

$$D(\lambda) = c_Y D_Y(\lambda) + c_C D_C(\lambda) + c_M D_M(\lambda).$$

Dieser Ausdruck erfasst alle möglichen spektralen Dichten, die mit den betreffenden Farbstoffen möglich sind. Legt man dabei die Funktionen $D_Y(\lambda)$, $D_C(\lambda)$ und $D_M(\lambda)$ so fest, dass sie die spektralen Dichten der Einzelschichten für den Fall wiedergeben, bei dem die Photoschicht insgesamt das Projektionslicht ohne Veränderung der Farbart um den Leuchtdichtefaktor 10 schwächt, so nennt man die Faktoren c_Y, c_C, c_M die *grauäquivalenten Dichten*. Sind sie alle drei gleich Null, so ist $D(\lambda) = 0$, die Photoschicht ist also absorptionsfrei und in der Projektion weiß. Sind alle drei grauäquivalenten Dichten $c_Y = c_C = c_M = 1$, so stellt die Photoschicht ein Graufilter der Dichte 1 dar. Jedes Tripel c_Y, c_C, c_M kennzeichnet also eine bestimmte spektrale Dichte $D(\lambda)$ und damit eine spektrale Transmission $\tau(\lambda)$ der Photoschicht, die wiederum mit der Strahlungsfunktion $S(\lambda)$ des Projektionslichts eine Farbreizfunktion $\phi(\lambda)$ auf dem Projektionsschirm definiert.

$$\phi(\lambda) = S(\lambda)\tau(\lambda) = S(\lambda) 10^{-D(\lambda)}.$$

Aus dieser Farbreizfunktion kann man nach Abschn. 6.9 die Normfarbwerte X, Y und Z der durch die Projektion des Films erzeugten Farbe berechnen. So ist eine eindeutige Zuordnung von drei grauäquivalenten Dichten zu drei Normfarbwerten möglich.

Vergleicht man die Entstehung der Farben bei der subtraktiven bzw. multiplikativen Reproduktion mit dem in Abschn. 6.6 angegebenen Schema der additiven Ermischung dieser acht Farben, so sieht man, dass die Verhältnisse in beiden Fällen genau komplementär sind. Grundfarben und abgeleitete Farben, Schwarz und Weiß haben ihre Rollen vertauscht. Allerdings kann man hier nicht eigentlich von einer Farbenmischung sprechen, da weder Lichter noch Pigmente gemischt, sondern lediglich Farbstoffe kombiniert werden. Als grundsätzlicher Unterschied zur additiven Reproduktion kann festgehalten werden, dass hier die Ausgangsfarbe das Weiß des Projektionslichts ist und alle anderen Farben durch Absorption, also Subtraktion gebildet werden, während bei der Addition Schwarz den Ausgangspunkt bildet.

Die subtraktive Farbreproduktion weist gegenüber dem additiven Verfahren einige grundlegende Unterschiede auf. So liegen die Farbörter der Farben, die man bei Variation von nur zwei Farbstoffdichten erhält, nicht auf einer Geraden, sondern auf einer gekrümmten Linie in der Farbtafel. Der Grund dafür liegt in den so genannten *Nebendichten* der Farbstoffe. Aus Abb. 6.54 geht hervor, dass die Durchlassbereiche der Farbstoffe (etwa der blaue und grüne Wellenlängenbereich beim Cyanfarbstoff) keineswegs völlig absorptionsfrei sind. Mit einer Konzentrationsänderung ist auch eine geringe Variation der Durchlässigkeit in diesen Teilen des Spektrums verbunden.

Ferner gibt es bei der subtraktiven Farbreproduktion keine Entsprechung zum 2. Graßmann'schen Gesetz. Ersetzt man in einer fotografischen Schicht einen Farbstoff durch einen mit anderem Absorptionsspektrum, der einzeln projiziert gleich aussieht, so verändert sich in der Kombination mit anderen Farbstoffen die resultierende Farbe.

Mit diesen beiden Eigenschaften hängt zusammen, dass man einem Tripel von Farbstoffen, das man zur subtraktiven Reproduktion benützen will, kein eindeutig festgelegtes Tripel von spektralen Empfindlichkeiten zuordnen kann, mit dem man die erforderlichen Farbdichten bei der Belichtung exakt ermitteln kann.

Auf die komplexen Zusammenhänge zwischen spektraler Empfindlichkeit, Farbstoffdichten, Gradationskurven, Entwicklung und resultierender Farbwiedergabe bei Umkehr- und Negativprozess können wir hier nicht eingehen und müssen auf die Fachliteratur verweisen [43]. Die Kennzeichnung der Farbwiedergabe in der Farbfotografie mithilfe des Farbwiedergabeindex (Abschn. 6.12) ist in DIN 6169, Teil 4 [32] beschrieben.

Autotypische und subtraktive Reproduktion beim Farbdruck. Je nach Druckverfahren werden beim Farbdruck unterschiedliche Farbmischungsprozesse wirksam. Beim *Buch*- oder *Offset-Druck* werden Punktraster mit den Druckfarben Gelb, Magenta und Cyan, im Falle des Vierfarbendrucks zusätzlich Schwarz, übereinandergedruckt. Als Variable zur Beeinflussung der Farbe benutzt man die Größe der Rasterpunkte. Die Rasterpunkte der verschiedenen Druckfarben können sich gegenseitig je nach ihrer Größe mehr oder weniger überlappen. Auf dem bedruckten Papier erhält man demnach ein feines Muster, in dem beim Dreifarbendruck folgende acht Farben vorkommen:

– Das Weiß des unbedruckten Papiers.

- Gelb, Magenta (Purpur) und Cyan an den Stellen, wo nur eine Druckfarbe das Papier bedeckt.
- Rot, Grün und Blau als subtraktive Mischfarben dort, wo je zwei Druckfarben übereinanderliegen.
- Das subtraktiv aus den drei Druckfarben entstehende Schwarz bei Übereinanderdruck aller drei Farben.

Je nachdem, in welchen Anteilen diese Farben ein bestimmtes Flächenstück bedecken, ergibt sich wegen der Feinheit des Druckrasters im Auge durch additive Mischung dieser acht Komponenten ein bestimmter Farbeindruck. Man spricht hier von autotypischer Mischung [44]. Beim Vierfarbendruck ist durch die zusätzliche Verwendung von Schwarz die Zahl der Komponenten entsprechend größer.

Noch komplizierter liegen die Verhältnisse beim *Tiefdruck*. Bei relativ hellen Farben sind die Rasterpunkte auch hier getrennt und der Flächendeckungsgrad ist gering. Man kann mit der autotypischen Mischung rechnen. Darüberhinaus werden jedoch beim Tiefdruck die Farben auch flächendeckend gedruckt und dabei wird durch den Farbauftrag die Farbdichte variiert. In diesem Falle hat man es mit einer subtraktiven Mischung der Farbstoffe zu tun, bei der noch zusätzlich die weiße Unterlage Einfluss hat, da die Druckfarben transparent und nicht opak sind.

Literatur

Zitierte Publikationen

Abschnitt 6.1

[1] Richter, M., Einführung in die Farbmetrik. 2. Aufl., de Gruyter, Berlin, New York, 1976, 1981
[2] Fechner, G.Th., Elemente der Psychophysik. 2 Bde, Leipzig, 1860, 1889 (*auch zu Abschn. 6.12*)

Abschnitt 6.2

[3] Commission Internationale de l'Eclairage, Colorimetry. Farbmessung. Publ. CIE Nr. 15 (1971) 2. Aufl. 1987 (*auch zu Abschn. 6.9, 6.12 u. 6.13*)
[4] Deutsche Normen. DIN 5033 Teil 1–9: Farbmessung (*auch zu Abschn. 6.4 u. 6.9*)

Abschnitt 6.4

[5] Nassau, K., The Physics and Chemistry of Color. The Fifteen Causes of Color. Wiley, New York, 1983
[6] Kubelka, P., Munk, F., Ein Beitrag zur Optik der Farbanstriche. Z. techn. Phys. **12**, 593–601 (1931) u. **13**, 101 (1932)
[7] Grum, F., Bartleson, C.J. (Hrsg.), Optical Radiation Measurements, Vol. 2. Color Measurement. Academic Press, New York, 1980

Abschnitt 6.6

[8] Maxwell, J.C., Experiments on Color, as Perceived by the Eye, with Remarks on Color Blindness. Trans. Roy. Soc. Edinburgh **21**, 275–297 (1855/57) (*auch zu Abschn. 6.8*)

[9] Graßmann, H., Zur Theorie der Farbenmischung. Poggendorffs Ann. Physik **89**, 69–84 (1853)

Abschnitt 6.7

[10] v. Kries, J., Theoretische Studien zur Umstimmung des Sehorgans. Festschrift Univ. Freiburg 144–158 (1902) (*auch zu Abschn. 6.11*)
[11] Scheibner, H., Über die Begriffe Farbvalenz, Farbart und Chrominanz in der Farbmetrik. Farbe **18**, 221–232 (1969)

Abschnitt 6.8

[12] v. Helmholtz, H., Über die Zusammensetzung von Spektralfarben. Poggendorffs Ann. Physik **94**, 1–28 (1855)
[13] König, A., Dieterici, C., Die Grundempfindungen in normalen und anomalen Farbensystemen und ihre Intensitätsverteilung im Spektrum. Z. Psychol. u. Physiol. d. Sinnesorgane **4**, 241–347 (1892)
[14] Wright, W.D., A Re-determination of the Trichromatic Coefficients of the Spectral Colours. Trans. Opt. Soc. London **30**, 144–164 (1928/29) (*auch zu Abschn. 6.9*)
[15] Stiles, W.S., The Basic Data of Colour-matching. Phys. Soc. London Yearbook 44–65 (1955) (*auch zu Abschn. 6.9*)
[16] Speranskaja, N.I., Determination of Spectrum Color Coordinates for Twenty-seven Normal Observers. Optics and Spectroscopy **7**, 424–428 (1959) (*auch zu Abschn. 6.9*)
[17] Richter, M., Terstiege, H., Demonstration der Entstehung der Spektralwertkurven. Farbe **17**, 209–223 (1968)

Abschnitt 6.9

[18] Guild, J., The colorimetric properties of the spectrum. Phil. Trans. Roy Soc. London **A 230**, 149–187 (1931)

Abschnitt 6.10

[19] Beck, H., Richter, M., Neukonstruktion des Dreifarben-Meßgeräts nach Guild-Bechstein. Farbe **7**, 141–152 (1958)
[20] Luther, R., Aus dem Gebiet der Farbreiz-Metrik. Z. techn. Phys. **8**, 540–558 (1927)
[21] Dresler, A., Frühling, H.G., Über ein photoelektrisches Dreifarbenmeßgerät. Licht **8**, 238–242 (1938)
[22] Geutler, G., Zur Herstellung und Verwendung lichtelektrischer Farbmeßgeräte nach dem Dresler-Prinzip. Farbe **7**, 153–162 (1958)

Abschnitt 6.11

[23] Young, Th., On the Theory of Light and Colours. Philos. Trans. Roy Soc. London **92**, 210–71 (1802)
[24] v. Helmholtz, H., Handbuch der physiologischen Optik. 2. Aufl., Voss, Hamburg, Leipzig, 1896
[25] Mollon, J.D., Colour Vision and Colour Blindness. In: Barlow, H.B., Mollon, J.D. (Hrsg.), The Senses. Cambridge Univ. Press, Cambridge, 1982
[26] v. Kries, J., Die Gesichtsempfindungen. In: Handbuch der Physiologie des Menschen, Bd. 3, Braunschweig, 1920

[27] Bartleson, C.J., On Chromatic Adaptation and Persistence. COLOR Res. and Appl. **6**, 153–160 (1981)
[28] Hering, E., Grundzüge zur Lehre vom Lichtsinn. In: Gräfe-Sämisch, Handbuch der Augenheilkunde I. Engelmann, Leipzig, 1905
[29] Scheibner, H., Psychophysik und Physiologie des Farbensehens. In: Bodmann, H.-W. (Hrsg.), Aspekte der Informationsverarbeitung. Springer, Berlin, 1985

Abschnitt 6.12

[30] MacAdam, D.L., Visual Sensitivities to Color Differences in Daylight. J. Opt. Soc. Amer. **32**, 247–274 (1942)
[31] Commission Internationale de l'Eclairage, Verfahren zur Messung und Kennzeichnung der Farbwiedergabe-Eigenschaften von Lichtquellen. Publ. CIE Nr. 13.2 (1974)
[32] Deutsche Normen. DIN 6169 Teil 1–8: Farbwiedergabe (*auch zu Abschn. 6.14*)

Abschnitt 6.13

[33] Schrödinger, E., Theorie der Pigmente von größter Leuchtkraft. Ann. Phys. (IV) **63**, 603–622 (1920)
[34] Munsell, A.H., A Color Notation. Boston, 1905
[35] Ostwald, W., Farbnormen-Atlas (Farbmuster in 4 Kästen), Unesma, Leipzig, 1923
[36] Wyszecki, G., Farbsysteme. Musterschmidt, Göttingen, 1960
[37] Munsell, A.H., Book of Colors. A Revision and Extension of the Atlas of the Munsell Color System. Baltimore, 1929
[38] Deutsche Normen. DIN 6164 Teil 1 u. 2: DIN-Farbenkarte. Mit Beibl. 1–25 Farbmuster für Farbton 1 bis 24 und unbunte Farben
[39] Richter, M., Untersuchungen zur Aufstellung eines empfindungsgemäß gleichabständigen Farbsystems. Z. wiss. Photogr. **43**, 139–162 (1950)
[40] Hård, A., Sivik, L., NCS – Natural Color System: A Swedish Standard for Color Notation. COLOR Res. and Appl. **6**, 129–138 (1981)

Abschnitt 6.14

[41] Lang, H., Farbmetrik und Farbfernsehen. Oldenbourg, München, Wien, 1978.
Lang, H., Farbwiedergabe in den Medien Fernsehen – Film – Druck. Muster-Schmidt Verlag, Göttingen, 1995
[42] Mutter, E., Farbfotografie, Theorie und Praxis. Die wissenschaftliche und angewandte Fotografie, Bd. 4, Springer, Berlin, 1967
[43] Vieth, G., Meßverfahren der Fotografie. Oldenbourg, München, Wien, 1974
[44] Neugebauer, H.E.J., Eine in gewissen Fällen vorteilhafte additive Darstellung der subtraktiven Mischung von Farben. Z. wiss. Photogr. **36,** 171–182 (1937)

Ergänzende Literatur

Commission Internationale de l'Eclairage. Internationales Wörterbuch der Lichttechnik. Publ. CIE Nr. 17 (1970)
Deutsche Normen. DIN 6174: Farbmetrische Bestimmung von Farbabständen
Hunt, R.W.G., Measuring Colour. Wiley, New York, 1987
Judd, D.B., Wyszecki, G., Colour in Business, Science and Industry, Wiley, New York, 1975
Schultze, W., Farbenlehre und Farbmessung. Springer, Berlin, 1975
Wyszecki, G., W. Stiles, Color Science. Wiley, New York, 1982

7 Quantenoptik

Matthias Freyberger, Florian Haug, Wolfgang P. Schleich, Karl Vogel

7.1 Einleitung

7.1.1 Eine kurze Geschichte der Quantenoptik

Das elektromagnetische Feld ist in der Physik allgegenwärtig. Historisch spielte die Beschreibung elektromagnetischer Wechselwirkungen eine entscheidende Rolle, um die Struktur physikalischer Gesetze zu verstehen. Im Jahr 1864 fand James Clerk Maxwell [1] die nach ihm benannten Gleichungen, die die gesamte klassische Welt des Zusammenspiels elektromagnetischer Felder mit Materie beschreiben. Max Planck hat dann zu Beginn des letzten Jahrhunderts die Entwicklung der Quantentheorie angestoßen [2, 3], als er die Fundamentalkonstante $h \equiv 2\pi\hbar$ im Gesetz für die spektrale Verteilung der Energie eines schwarzen Strahlers entdeckte. Mit der Hypothese eines Teilchens der Strahlung konnte Albert Einstein 1905 den photoelektrischen Effekt erklären [4]. Diese Idee benutzte er 1917 weiter, um die Wechselwirkung eines Atoms mit elektromagnetischer Strahlung durch Einführung der Koeffizienten für spontane und induzierte Emission zu beschreiben [5].

Keine dieser fundamentalen Entdeckungen basiert auf einer rigorosen Quantentheorie des elektromagnetischen Feldes. Ein solcher Formalismus entstand erst mit der Arbeit von Max Born und Pascual Jordan [6]. In dieser Publikation wiesen die Autoren schon darauf hin, dass Heisenbergs nicht kommutierenden Objekte Matrizen sind. Tiefere Einsichten wurden in der Folge durch die berühmte „Drei-Männer-Arbeit" von Born, Heisenberg und Jordan geschaffen [7].

Den eigentlichen Startpunkt der Quantenoptik kann man schließlich auf einen Artikel von Paul Adrian Maurice Dirac [8] aus dem Jahre 1927 zurückführen, in dem er die Quantentheorie der Emission und Absorption von Strahlung entwickelt hat. Unabhängig davon schlug Enrico Fermi einen äquivalenten Zugang vor. Eine sehr schöne Zusammenfassung der Quantentheorie der Strahlung mit einer Fülle von Anwendungen enthält sein Beitrag zur Ann Arbor Sommerschule [9]. Aus dieser Theorie ist auch die Quantenelektrodynamik (QED) hervorgegangen. Sie gilt als grundlegendes Beispiel für alle Eichtheorien der Teilchenphysik. In gewissem Sinne kann man die Quantenoptik als einen Grenzfall der QED betrachten, der das quantisierte elektromagnetische Feld an nichtrelativistisch beschriebene Atome koppelt.

Zu den ersten quantenoptischen Experimenten zählen die in den fünfziger Jahren von Robert Hanbury Brown und Richard Twiss durchgeführten Untersuchungen. Sie arbeiteten auf dem Gebiet der Radioastronomie und hatten damit begonnen, die Durchmesser von stellaren Radioquellen zu vermessen. Sie erkannten, dass in diesen Messungen Strahlungsfluktuation eine wichtige Rolle spielen. Um die damit verbundenen Begrenzungen zu umgehen, verwendeten sie einen neuen Typ von Intensitätsinterferometer [10]. Dieses Experiment wurde viele Jahre vor der Entdekkung des Lasers durchgeführt und bildet einen Startpunkt für die Theorie der Photondetektion und der Kohärenz, die dann im Detail von Roy J. Glauber in Harvard entwickelt wurde [11, 12].

Der Bau und das physikalische Verständnis des Lasers [13, 14] brachte neues Leben in die Quantentheorie der Strahlung. Viele Techniken der Quantenoptik entstanden im Zusammenhang mit der Theorie des Lasers. Die wichtigsten Beiträge kamen hier von Hermann Haken und seiner Schule in Stuttgart [15], von Willis E. Lamb und Marlan O. Scully in Yale [16] und von Melvin Lax [17] und William H. Louisell [18] in den Bell Laboratories. Leider zeigen normale Laser nicht viele Quanteneffekte. Deshalb erlangte das theoretische Rüstzeug, das schon in den frühen Tagen des Lasers entwickelt wurde, erst vor kurzem praktische Bedeutung. Pionierarbeiten dieser frühen Quantenoptik findet man in [19].

Die Ära der modernen Quantenoptik wurde durch den Nachweis des Photon-Antibunching [20, 21, 22] und des Mollow-Tripletts [23] in der Resonanz-Fluoreszenz eingeleitet. Endlich konnten reine Quanteneffekte des Strahlungsfeldes gemessen werden, und die theoretischen Techniken, die 20 Jahre früher entwickelt wurden, bewährten sich. Die Beobachtung von gequetschtem Licht [24], die Entwicklung des Ein-Atom-Masers [25] sowie die kontrollierte Herstellung von verschränkten Photonen mit Hilfe nichtlinearer Wechselwirkungen haben die Quantenoptik zu einem eigenständigen Forschungsgebiet gemacht. Heute umfasst es eine Vielzahl verschiedener Themen. Dazu gehören auch die Bose-Einstein-Kondensation, die Physik entarteter Fermi-Gase und die Quanteninformationsverarbeitung.

7.1.2 Überblick

Es ist unmöglich, in einem Kapitel einen vollständigen Überblick über die Quantenoptik zu geben. Deshalb wollen wir uns hier auf einige wichtige Phänomene beschränken. Hierzu ist es notwendig, zunächst die theoretischen Grundlagen der Quantenoptik zu legen. Wir beginnen deshalb im Abschn. 7.2 mit der Quantisierung des elekromagnetischen Feldes. Hierzu entwickeln wir zunächst das klassische elektromagnetische Feld nach Lösungen der Helmholtz-Gleichung. Diese Lösungen, oft Moden genannt, können laufende Wellen oder auch stehende Wellen, wie sie in einem Resonator auftreten, sein. Die Energie des elektromagnetischen Feldes ist dann die Summe der Energien aller Moden. Die Energie einer einzelnen Mode ist von der Form eines harmonischen Oszillators. Wenn wir diesen Feldoszillator in der bekannten Weise quantisieren, so werden aus den Amplituden des Feldes Operatoren. Wir erhalten den Operator des elektromagnetischen Feldes.

Operatoren sind ein grundlegender Bestandteil der Quantenmechanik, Zustände sind ein anderer. Auf sie wirken die Operatoren. Deshalb geben wir im Abschn. 7.3 einen Überblick über die wichtigsten Zustände des elektromagnetischen Feldes. Hierbei betonen wir insbesondere kohärente und gequetschte Zustände und Zustände, die eine Analogie zur Schrödinger'schen Katze haben.

Soweit wurde nur das freie elektromagnetische Feld diskutiert. Im Abschn. 7.4 wenden wir uns sodann der Wechselwirkung zwischen dem quantisierten Feld und einem quantenmechanischen Atom zu. Hierbei entwickeln wir ein elementares Modell für die Wechselwirkung zwischen Atom und Feld. Dieses sogenannte Jaynes-Cummings-Paul-Modell beschreibt die Wechselwirkung zwischen einer einzelnen Mode des Strahlungsfeldes und einem Zwei-Niveau-Atom. Das Modell ist auch experimentell relevant. Es kann durch moderne Resonatoren und Atomstrahlen, aber auch durch die Bewegung eines Ions in einer Paul-Falle realisiert werden. Das Jaynes-Cummings-Paul-Modell ist wegen seiner ungewöhnlichen Einfachheit, aber enormen Relevanz zur „Drosophila" der Quantenoptik geworden. Insbesondere konnte damit gezeigt werden, dass die Photonen eine granulare Natur aufweisen, d. h. dass es nur diskrete Photonenzahlen gibt. Darüber hinaus erlaubt es auch, Schrödinger-Katzen experimentell herzustellen.

Im Abschn. 7.5 legen wir dann die Voraussetzungen für eine quantenmechanische Beschreibung der Dämpfung und der Verstärkung eines elektromagnetischen Feldes. Diese Theorie ist auch wichtig, um das Phänomen der Dekohärenz zu erklären. Aufgrund der Wechselwirkung des elektromagnetischen Feldes mit einem Reservoir, d. h. durch die Kopplung an ein anderes System mit vielen Freiheitsgraden, kann der Zerfall der Interferenz in der Quantenmechanik beschrieben werden. Auch hierzu sind Experimente mit Ionenfallen und Resonatoren gemacht worden, die wir kurz diskutieren.

Der Ein-Atom-Maser ist Thema des Abschnitts 7.6. Dieser Maser zeigt ungewöhnliche Eigenschaften in seiner Strahlung, die sowohl theoretisch als auch experimentell ausgiebig untersucht wurden. Für unsere Diskussion haben wir einige wenige charakteristische Phänomene wie nichtklassische Photonenstatistik und Fangzustände ausgewählt.

Des Weiteren kann die Reservoirtheorie zur Beschreibung der Lamb-Verschiebung und des Weisskopf-Wigner-Zerfalls herangezogen werden, wie in Abschn. 7.7 diskutiert wird. Ein Atom ist immer an das elektromagnetische Feld, bestehend aus unendlich vielen Moden, gekoppelt. Selbst wenn diese Moden keine Anregung enthalten, d. h. im Vakuumzustand sind, wird das Atom von einem angeregten Zustand in einen tiefer liegenden Zustand zerfallen. Dies bezeichnet man nach seinen Entdeckern als Weisskopf-Wigner-Zerfall. Darüber hinaus gibt es eine Verschiebung der Energieniveaus, die so genannte Lamb-Verschiebung.

Wie schon in der Einleitung erwähnt, ist das Phänomen der Resonanzfluoreszenz, d. h. der Strahlung eines Atoms, das durch ein klassisches Feld angetrieben wird, ein wichtiger Eckstein der Quantenoptik. Deshalb widmen wir dieser Thematik den Abschn. 7.8 und diskutieren dabei auch insbesondere das Spektrum der ausgesandten Strahlung.

Die modernen Techniken der experimentellen Quantenoptik erlauben heute auch fundamentale Fragen der Quantenmechanik anzugehen, die bisher reinen Gedankenexperimenten vorbehalten waren. So konnte man experimentell die lange diskutierten Quantensprünge an einzelnen Atomen nachweisen. Auch haben wir neue Einblicke in den Welle-Teilchen-Dualismus erhalten. Es gibt neue quantenoptische Tests zum Komplementaritätsprinzip der Quantenmechanik und zu den Bell'schen Ungleichungen, die in Abschn. 7.9 zusammengefasst sind.

Diese mehr grundlagenorientierte Thematik führt hin zu dem neuen Arbeitsgebiet der Quanteninformationsverarbeitung mit Themen wie Quantenteleportation und

Quantenkryptographie. Diese neuesten Entwicklungen der Quantenoptik beschließen im Abschn. 7.10 unsere Einführung in die Quantenoptik.

Bei einem solchen Überblick ist es unmöglich, die diskutierte Physik in jedem Detail darzustellen. Wir versuchen jedoch, die wichtigsten Ideen herauszuarbeiten. Auf detaillierte Ableitungen muss hier jedoch verzichtet werden. Wir verweisen hierzu auf Lehrbücher wie z. B. [26–31].

7.2 Feldquantisierung in Coulomb-Eichung

In diesem Abschnitt quantisieren wir das freie elektromagnetische Feld, d. h. das elektromagnetische Feld in Abwesenheit von Ladungen und Strömen. Dazu entwickeln wir das Feld nach orthogonalen Moden. Diese Entwicklung reduziert die Feldquantisierung [26] auf die Quantisierung eines eindimensionalen harmonischen Oszillators für jede Mode.

7.2.1 Entwicklung nach Moden

Das klassische elektromagnetische Feld in Abwesenheit von Ladungen und Strömen erfüllt im SI-System die Maxwell-Gleichungen

$$\nabla \times \boldsymbol{E} + \frac{\partial \boldsymbol{B}}{\partial t} = 0, \quad \nabla \cdot \boldsymbol{B} = 0, \tag{7.1}$$

$$\nabla \times \boldsymbol{H} - \frac{\partial \boldsymbol{D}}{\partial t} = 0, \quad \nabla \cdot \boldsymbol{D} = 0, \tag{7.2}$$

wobei $\boldsymbol{B} = \mu_0 \boldsymbol{H}$ und $\boldsymbol{D} = \varepsilon_0 \boldsymbol{E}$ gilt. Die Permeabilität μ_0 und die Dielektrizitätskonstante ε_0 des Vakuums verknüpfen die magnetische Induktion $\boldsymbol{B}$ mit dem Magnetfeld $\boldsymbol{H}$ bzw. die dielektrische Verschiebung $\boldsymbol{D}$ mit dem elektrischen Feld $\boldsymbol{E}$.

Wie in der Elektrodynamik üblich, führen wir das Vektorpotential $\boldsymbol{A}$ und das skalare Potential ϕ ein. Die Felder $\boldsymbol{E}$ und $\boldsymbol{B}$ erhalten wir dann aus

$$\boldsymbol{B} = \nabla \times \boldsymbol{A}, \quad \boldsymbol{E} = -\frac{\partial \boldsymbol{A}}{\partial t} - \nabla \phi. \tag{7.3}$$

Für die weitere Rechnung verwenden wir die Coulomb-Eichung

$$\nabla \cdot \boldsymbol{A} = 0. \tag{7.4}$$

Obwohl diese Eichung nicht Lorentz-invariant ist, ist sie dennoch die bequemste Eichung für die Quantisierung des elektromagnetischen Feldes, da hier nur transversal polarisierte Photonen vorkommen. Für das freie elektromagnetische Feld können wir $\phi \equiv 0$ wählen, da in Coulomb-Eichung nur $\Delta \phi = 0$ gelten muss. Das Vektorpotential $\boldsymbol{A}$ muss in diesem Fall die Wellengleichung

$$\Delta \boldsymbol{A} - \frac{1}{c_0^2} \frac{\partial^2 \boldsymbol{A}}{\partial t^2} = 0 \tag{7.5}$$

erfüllen, damit die Felder **E** und **B** tatsächlich die Maxwell-Gleichungen erfüllen. In der Wellengleichung (7.5) taucht die Lichtgeschwindigkeit c_0 auf. Sie ist keine weitere unabhängige Konstante, sondern es gilt $\varepsilon_0 \mu_0 = 1/c_0^2$.

Da die Wellengleichung (7.5) linear ist, können wir das Vektorpotential nach Moden entwickeln und erhalten[1]

$$A(r,t) = \sum_\ell \left(\frac{\hbar}{2\Omega_\ell \varepsilon_0 V_\ell}\right)^{1/2} [u_\ell(r)\alpha_\ell(t) + \text{c.c.}], \tag{7.6}$$

wobei wir für jede einzelne Mode ℓ die komplexe Amplitude $\alpha_\ell(t)$ eingeführt haben. Für diese Amplitude gilt

$$\alpha_\ell(t) = \alpha_\ell(0)\,e^{-i\Omega_\ell t}. \tag{7.7}$$

Die Aufspaltung in Vorfaktor und Amplitude in Gl. (7.6) mag zunächst willkürlich erscheinen, insbesondere enthält der Vorfaktor die Konstante $\hbar$, die in einer klassischen Theorie eigentlich nicht vorkommen sollte. Wenn wir aber im Abschn. 7.2.1.3 die Feldenergie berechnen, zeigt es sich, dass die in Gl. (7.6) verwendete Aufspaltung genau die für die Quantisierung des Feldes notwendige Form hat.

Die Modenfunktionen $u_\ell(r)$ sind Lösungen der Helmholtz-Gleichung

$$\Delta u_\ell(r) + \frac{\Omega_\ell^2}{c_0^2} u_\ell(r) = 0, \tag{7.8}$$

wobei Ω_ℓ die Frequenz der Mode ℓ ist. Da das Vektorpotential A die Coulomb-Eichung (7.4) erfüllen muss, genügt es nicht, die Helmholtz-Gleichung (7.8) zu lösen. Für die Modenfunktionen $u_\ell(r)$ muss zusätzlich noch

$$\nabla \cdot u_\ell(r) = 0 \tag{7.9}$$

gelten. Für $\ell \neq \ell'$ sind die Moden u_ℓ und $u_{\ell'}$ aufgrund ihrer Konstruktion orthogonal zueinander. Wir wählen u_ℓ so, dass es dimensionslos ist und dass das Maximum von $|u_\ell|^2$ den Wert 1 hat. Dann können wir das effektive Modenvolumen V_ℓ der Mode ℓ durch die Orthogonalitätsrelation

$$\int dV\, u_\ell^*(r)\, u_{\ell'}(r) = \delta_{\ell,\ell'}\, V_\ell \tag{7.10}$$

definieren. Hier integrieren wir über den Bereich des Raumes, in dem das elektromagnetische Feld und daher u_ℓ von Null verschieden sind.

Die Frequenzen Ω_ℓ der Moden ℓ folgen aus den Randbedingungen für u_ℓ. In der Quantenoptik sind zwei Fälle besonders wichtig: laufende Wellen im freien Raum und stehende Wellen in einem idealen Resonator.

7.2.1.1 Laufende Wellen

Wir verwenden periodische Randbedingungen für die Modenfunktionen u_ℓ in einem Quader mit den Seitenlängen L_x, L_y und L_z. Das Quantisierungsvolumen ist daher

---

[1] Die Abkürzung „c.c." steht für das komplex Konjugierte des jeweiligen Ausdrucks davor.

$V = L_x L_y L_z$. Dann können wir die Helmholtz-Gleichung (7.8) durch ebene Wellen lösen und erhalten für das Vektorpotential

$$A(r,t) = \sum_{k} \sum_{\sigma=1}^{2} \left(\frac{\hbar}{2\Omega_k \varepsilon_0 V}\right)^{1/2} [\alpha_{k\sigma}(t) \boldsymbol{\epsilon}_{k\sigma} e^{i k \cdot r} + \text{c.c.}], \quad (7.11)$$

wobei das effektive Modenvolumen V_ℓ für jede Mode identisch mit dem Quantisierungsvolumen V ist. Die Fourier-Amplituden

$$\alpha_{k\sigma}(t) = \alpha_{k\sigma}(0) e^{-i\Omega_k t} \quad (7.12)$$

sind komplexe Zahlen, solange wir das elektromagnetische Feld nicht quantisieren.

Statt dem Index ℓ verwenden wir nun den Wellenvektor k und die beiden Polarisationsvektoren $\boldsymbol{\epsilon}_{k1}$ und $\boldsymbol{\epsilon}_{k2}$, um eine einzelne Mode zu charakterisieren. Aus der Eichbedingung $\nabla \cdot A = 0$ folgt, dass diese beiden Polarisationsvektoren orthogonal zum Wellenvektor k sein müssen, d. h. es muss für jeden Wellenvektor $\boldsymbol{\epsilon}_{k1} \cdot k = \boldsymbol{\epsilon}_{k2} \cdot k = 0$ gelten. Üblicherweise werden die Polarisationsvektoren so gewählt, dass sie orthogonal zueinander sind.

Der Zusammenhang zwischen der Frequenz Ω_k und dem Wellenvektor k wird durch die Dispersionsrelation

$$\Omega_k = c_0 |k| \quad (7.13)$$

beschrieben. Unsere periodischen Randbedingungen führen auf die diskreten Wellenvektoren

$$k = \left(\frac{2\pi}{L_x} n_x, \frac{2\pi}{L_y} n_y, \frac{2\pi}{L_z} n_z\right), \quad n_x, n_y, n_z = 0, \pm 1, \pm 2 \ldots . \quad (7.14)$$

Mit Hilfe von Gl. (7.3) schreiben wir das elektrische Feld E und die magnetische Induktion B als eine Überlagerung aus ebenen Wellen. Wir finden

$$E(r,t) = i \sum_{k} \sum_{\sigma=1}^{2} \left(\frac{\hbar \Omega_k}{2 \varepsilon_0 V}\right)^{1/2} [\alpha_{k\sigma}(t) \boldsymbol{\epsilon}_{k\sigma} e^{i k \cdot r} - \text{c.c.}] \quad (7.15)$$

und

$$B(r,t) = i \sum_{k} \sum_{\sigma=1}^{2} \left(\frac{\hbar}{2 \Omega_k \varepsilon_0 V}\right)^{1/2} [\alpha_{k\sigma}(t) (k \times \boldsymbol{\epsilon}_{k\sigma}) e^{i k \cdot r} - \text{c.c.}]. \quad (7.16)$$

7.2.1.2 Stehende Wellen

In einem idealen Resonator werden die Modenfunktionen u_ℓ durch die Helmholtz-Gleichung (7.8) und die Randbedingungen des elektromagnetischen Feldes an einem idealen Leiter bestimmt. Hier muss die Tangentialkomponente des elektrischen Feldes und die Normalkomponente der magnetischen Induktion verschwinden. Beide Bedingungen sind erfüllt, wenn die Tangentialkomponente jeder Modenfunktion u_ℓ am Rand des Resonators verschwindet. Für offene Resonatoren verlangen wir, dass das elektromagnetische Feld und daher u_ℓ im Unendlichen verschwinden. Durch diese Randbedingungen ist die Frequenz Ω_ℓ einer jeden Mode ℓ bestimmt. Außerdem ist es zweckmäßig, die Modenfunktionen u_ℓ reell zu wählen.

Für das Vektorpotential erhalten wir dann

$$A(r, t) = \sum_\ell \left(\frac{\hbar}{2\Omega_\ell \varepsilon_0 V_\ell}\right)^{1/2} u_\ell(r) [\alpha_\ell(t) + \text{c.c.}], \tag{7.17}$$

wobei nach wie vor $\alpha_\ell(t) = \alpha_\ell(0) e^{-i\Omega_\ell t}$ gilt. Mit Hilfe von Gl. (7.3) können wir wieder die Felder nach Moden entwickeln und erhalten für das elektrische Feld

$$E(r, t) = i \sum_\ell \left(\frac{\hbar \Omega_\ell}{2\varepsilon_0 V_\ell}\right)^{1/2} u_\ell(r) [\alpha_\ell(t) - \text{c.c.}], \tag{7.18}$$

während für die magnetische Induktion

$$B(r, t) = \sum_\ell \left(\frac{\hbar}{2\Omega_\ell \varepsilon_0 V_\ell}\right)^{1/2} [\nabla \times u_\ell(r)] [\alpha_\ell(t) + \text{c.c.}] \tag{7.19}$$

gilt.

7.2.1.3 Energie des elektromagnetischen Feldes

Die Energie des elektromagnetischen Feldes ist durch

$$H_F \equiv \frac{1}{2} \int dV [\varepsilon_0 E^2(r, t) + B^2(r, t)/\mu_0] \tag{7.20}$$

gegeben. Mit Hilfe von Gl. (7.18) und (7.19) können wir die Feldenergie durch die Modenamplituden $\alpha_\ell(t)$ und $\alpha_\ell^*(t)$ ausdrücken. Nach einer etwas länglichen Rechnung, auf die wir hier verzichten, erhalten wir

$$H_F = \sum_\ell \frac{\hbar \Omega_\ell}{2} [\alpha_\ell(t) \alpha_\ell^*(t) + \alpha_\ell^*(t) \alpha_\ell(t)]. \tag{7.21}$$

Bei unserer Rechnung haben wir bereits berücksichtigt, dass bei der Quantisierung des Feldes aus den Modenamplituden $\alpha_\ell(t)$ und $\alpha_\ell^*(t)$ Operatoren werden, die nicht miteinander vertauschen. Für laufende Wellen erhalten wir das gleiche Ergebnis. Hier gilt

$$H_F = \sum_k \sum_{\sigma=1}^{2} \frac{\hbar \Omega_k}{2} [\alpha_{k\sigma}(t) \alpha_{k\sigma}^*(t) + \alpha_{k\sigma}^*(t) \alpha_{k\sigma}(t)]. \tag{7.22}$$

7.2.2 Quantisierung des elektromagnetischen Feldes

Die Entwicklung des elektromagnetischen Feldes nach Moden erlaubt es uns auf einfache Weise, das elektromagnetische Feld zu quantisieren. Wenn wir das Vektorpotential A bzw. die Felder E und B nach Moden entwickeln, steckt die Ortsabhängigkeit in den Modenfunktionen $u_\ell(r)$, während die Zeitabhängigkeit in den Amplituden $\alpha_\ell(t)$ und $\alpha_\ell^*(t)$ steckt. Die Zeitabhängigkeit dieser Amplituden ist die gleiche, wie bei einem harmonischen Oszillator. Die Dynamik jeder einzelnen Mode ist daher die eines harmonischen Oszillators.

Wir quantisieren daher das elektromagnetische Feld im Schrödinger-Bild, indem wir, wie beim harmonischen Oszillator, die *zeitabhängigen* Amplituden $\alpha_\ell(t)$ durch die *zeitunabhängigen* Vernichtungsoperatoren $\hat{a}_\ell$ und die *zeitabhängigen* Amplituden $\alpha_\ell^*(t)$ durch die *zeitunabhängigen* Erzeugungsoperatoren $\hat{a}_\ell^\dagger$ ersetzen. Diese Operatoren erfüllen die Vertauschungsrelationen

$$[\hat{a}_\ell, \hat{a}_{\ell'}^\dagger] = \delta_{\ell\ell'}. \tag{7.23}$$

Die Operatoren für das Vektorpotential, das elektrische Feld und die magnetische Induktion folgen aus Gln. (7.11), (7.15) und (7.16) bzw. aus Gln. (7.17)–(7.19), indem wir die zeitabhängigen Amplituden durch Erzeugungs- und Vernichtungsoperatoren ersetzen. Für laufende Wellen erhalten wir

$$\hat{\boldsymbol{A}}(\boldsymbol{r}) = \sum_{\boldsymbol{k}} \sum_{\sigma=1}^{2} \left(\frac{\hbar}{2\varepsilon_0 \Omega_{\boldsymbol{k}} V}\right)^{1/2} (\hat{a}_{\boldsymbol{k}\sigma} \boldsymbol{\epsilon}_{\boldsymbol{k}} e^{i\boldsymbol{k}\cdot\boldsymbol{r}} + \text{h.c.}) \tag{7.24}$$

$$\hat{\boldsymbol{E}}(\boldsymbol{r}) = i \sum_{\boldsymbol{k}} \sum_{\sigma=1}^{2} \left(\frac{\hbar \Omega_{\boldsymbol{k}}}{2\varepsilon_0 V}\right)^{1/2} (\hat{a}_{\boldsymbol{k}\sigma} \boldsymbol{\epsilon}_{\boldsymbol{k}\sigma} e^{i\boldsymbol{k}\cdot\boldsymbol{r}} - \text{h.c.}) \equiv \hat{\boldsymbol{E}}^+(\boldsymbol{r}) + \hat{\boldsymbol{E}}^-(\boldsymbol{r}) \tag{7.25}$$

$$\hat{\boldsymbol{B}}(\boldsymbol{r}) = i \sum_{\boldsymbol{k}} \sum_{\sigma=1}^{2} \left(\frac{\hbar}{2\varepsilon_0 \Omega_{\boldsymbol{k}} V}\right)^{1/2} (\hat{a}_{\boldsymbol{k}\sigma} (\boldsymbol{k} \times \boldsymbol{\epsilon}_{\boldsymbol{k}}) e^{i\boldsymbol{k}\cdot\boldsymbol{r}} - \text{h.c.}), \tag{7.26}$$

während für stehende Wellen

$$\hat{\boldsymbol{A}}(\boldsymbol{r}) = \sum_{\ell} \left(\frac{\hbar}{2\varepsilon_0 \Omega_\ell V_\ell}\right)^{1/2} \boldsymbol{u}_\ell(\boldsymbol{r}) (\hat{a}_\ell + \hat{a}_\ell^\dagger) \tag{7.27}$$

$$\hat{\boldsymbol{E}}(\boldsymbol{r}) = i \sum_{\ell} \left(\frac{\hbar \Omega_\ell}{2\varepsilon_0 V_\ell}\right)^{1/2} \boldsymbol{u}_\ell(\boldsymbol{r}) (\hat{a}_\ell - \hat{a}_\ell^\dagger) \equiv \hat{\boldsymbol{E}}^+(\boldsymbol{r}) + \hat{\boldsymbol{E}}^-(\boldsymbol{r}) \tag{7.28}$$

$$\hat{\boldsymbol{B}}(\boldsymbol{r}) = \sum_{\ell} \left(\frac{\hbar}{2\varepsilon_0 \Omega_\ell V_\ell}\right)^{1/2} (\nabla \times \boldsymbol{u}_\ell(\boldsymbol{r})) (\hat{a}_\ell + \hat{a}_\ell^\dagger) \tag{7.29}$$

gilt. Dabei haben wir die in der Quantenoptik häufig verwendeten positiven und negativen Frequenzanteile $\hat{\boldsymbol{E}}^+(\boldsymbol{r})$ und $\hat{\boldsymbol{E}}^-(\boldsymbol{r})$ eingeführt[2].

Mit Hilfe von Gl. (7.21) für die Feldenergie und den Vertauschungsrelationen (7.23) können wir den Hamilton-Operator

$$\hat{H}_\text{F} = \sum_\ell \hbar \Omega_\ell (\hat{a}_\ell^\dagger \hat{a}_\ell + 1/2) \tag{7.30}$$

als Summe aus Beiträgen für einzelne harmonische Oszillatoren schreiben. Jetzt sehen wir auch, warum die Wahl der Vorfaktoren in in Gl. (7.6) „richtig" war: Unser quantisiertes Strahlungsfeld setzt sich aus Energiequanten der Größe $\hbar \Omega_\ell$ zusammen. Bei einer anderen Wahl des Vorfaktors hätten wir nicht einfach die Amplituden $\alpha_\ell(t)$ und $\alpha_\ell^*(t)$ durch die Operatoren $\hat{a}_\ell$ und $\hat{a}_\ell^\dagger$ ersetzen dürfen, sondern hätten bei der Quantisierung den „falsch" gewählten Vorfaktor kompensieren müssen.

---

[2] Die Abkürzung „h.c." bezeichnet das hermitesch konjugierte Gegenstück des jeweiligen Operators davor.

Zu jeder Mode ℓ gehört ein quantenmechanischer harmonischer Oszillator mit der Frequenz Ω_ℓ und den zugehörigen Vernichtungs- und Erzeugungsoperatoren $\hat{a}_\ell$ und $\hat{a}_\ell^\dagger$ – so einfach lässt sich unsere Quantisierungsvorschrift für das elektromagnetische Feld zusammenfassen.

Aus den Vertauschungsrelationen (7.23) für diese Operatoren folgen die Vertauschungsrelationen für die Felder. Es zeigt sich, dass die Komponenten des elektrischen Feldes nicht mit den Komponenten des Magnetfeldes vertauschen. Daher können diese auch nicht gleichzeitig mit beliebiger Genauigkeit gemessen werden. Die Unschärferelationen für das elektrische Feld und das Magnetfeld wurden zum ersten Mal von Niels Bohr und Léon Rosenfeld [32, 33] hergeleitet. Für eine ausführlichere Diskussion verweisen wir auf [18].

7.2.3 Reduktion auf eine Mode

Solange wir nur das freie Feld betrachten, koppeln die einzelnen Moden nicht aneinander und können als unabhängige Oszillatoren behandelt werden. Wir können uns bei der Diskussion von quantenmechanischen Zuständen des elektromagnetischen Feldes daher häufig auf eine einzige Mode beschränken. Dann können wir den Index ℓ weglassen. Der Hamilton-Operator lautet somit

$$\hat{H}_\mathrm{F} = \hbar\Omega\left(\hat{a}^\dagger\hat{a} + 1/2\right) = \hbar\Omega\left(\frac{1}{2}\hat{p}^2 + \frac{1}{2}\hat{x}^2\right), \tag{7.31}$$

wobei wir die Operatoren für die Quadraturen

$$\hat{x} \equiv \frac{1}{\sqrt{2}}(\hat{a} + \hat{a}^\dagger) \quad \text{und} \quad \hat{p} \equiv \frac{1}{\mathrm{i}\sqrt{2}}(\hat{a} - \hat{a}^\dagger) \tag{7.32}$$

eingeführt haben. Diese Operatoren sind nichts anderes als die skalierten Orts- und Impulsoperatoren $\hat{x}$ and $\hat{p}$ eines mechanischen Oszillators. Aus der Vertauschungsrelation (7.23) erhalten wir $[\hat{x}, \hat{p}] = \mathrm{i}$. Daher gilt für die Unschärfen $\Delta x \equiv \sqrt{\langle \hat{x}^2\rangle - \langle \hat{x}\rangle^2}$ und $\Delta p \equiv \sqrt{\langle \hat{p}^2\rangle - \langle \hat{p}\rangle^2}$ die Heisenberg'sche Unschärferelation $\Delta x \Delta p \geq 1/2$.

7.3 Feldzustände

Im letzten Abschnitt haben wir das elektromagnetische Feld quantisiert, indem wir die klassischen Amplituden durch Erzeugungs- und Vernichtungsoperatoren ersetzt haben. Das genügt jedoch noch nicht für eine vollständige quantenmechanische Beschreibung des elektromagnetischen Feldes. Dazu benötigen wir neben den Observablen, die wir durch Operatoren beschreiben, noch den Quantenzustand des elektromagnetischen Feldes.

In diesem Abschnitt diskutieren wir wichtige Eigenschaften einiger Quantenzustände. Wir beschränken uns dabei auf eine Mode des elektromagnetischen Feldes. In unserer Übersicht befassen wir uns mit Fock-Zuständen, kohärenten Zuständen, gequetschten Zuständen und thermischen Zuständen. Für eine detailliertere Diskussion verweisen wir den Leser auf die Literatur [28, 29, 31, 34, 35]. Etwas ungewöhnlichere Zustände, wie Phasenzustände, werden in [36, 37] beschrieben.

Bevor wir uns genauer mit den Quantenzuständen des elektromagnetischen Feldes beschäftigen, fassen wir kurz zusammen, was ein Quantenzustand ist und führen den Dichteoperator ein.

7.3.1 Reine und gemischte Zustände

In der Quantenmechanik beschreibt der Zustandsvektor $|\psi\rangle$ das komplette Quantensystem. Oft kennen wir aber gar nicht alle Details unseres Quantensystems. Beispiele, bei denen wir nicht die volle Information über den Zustand haben, sind Systeme mit sehr vielen Freiheitsgraden oder ein System, das an ein Reservoir gekoppelt ist. Ein gedämpfter Resonator (siehe Abschn. 7.5) oder ein Atom, das durch spontane Emission Energie abstrahlt (siehe Abschn. 7.7.2), sind solche Systeme. In diesen Fällen beschreiben wir das System nicht mehr durch einen Zustandsvektor, sondern durch einen Dichteoperator.

Der Dichteoperator $\hat{\varrho}$ für einen reinen Zustand $|\psi\rangle$ lautet

$$\hat{\varrho} \equiv |\psi\rangle\langle\psi|. \tag{7.33}$$

In diesem Fall enthält $\hat{\varrho}$ nach wie vor die volle Information über den Zustand.

Wenn wir nicht mehr sagen können, in welchem Zustand sich unser System befindet, sondern nur noch wissen, dass der Zustand $|\psi_n\rangle$ mit der Wahrscheinlichkeit W_n vorliegt, wird unser System durch den Dichteoperator

$$\hat{\varrho} = \sum_n W_n |\psi_n\rangle\langle\psi_n| \tag{7.34}$$

beschrieben. Dabei müssen die Zustände $|\psi_n\rangle$ normiert sein, können ansonsten aber beliebig sein. Für die Wahrscheinlichkeiten W_n muss $\sum_n W_n = 1$ gelten.

Der Erwartungswert $\langle\hat{O}\rangle$ der Observablen $\hat{O}$ enthält zwei Mittelungen: den quantenmechanischen Erwartungswert $\langle\psi_n|\hat{O}|\psi_n\rangle$ und die Mittelung über die Statistik W_n der Zustände $|\psi_n\rangle$. Es gilt

$$\langle\hat{O}\rangle = \sum_n W_n \langle\psi_n|\hat{O}|\psi_n\rangle. \tag{7.35}$$

Wir definieren nun durch

$$\text{Tr}\,\hat{A} \equiv \sum_i \langle i|\hat{A}|i\rangle \tag{7.36}$$

die Spur eines Operators $\hat{A}$, wobei wir über ein beliebiges vollständiges System von Zuständen $|i\rangle$ summieren. Damit können wir den Erwartungswert $\langle\hat{O}\rangle$ in der Form

$$\langle\hat{O}\rangle = \text{Tr}(\hat{O}\,\hat{\varrho}) \tag{7.37}$$

schreiben. Aus der Normierungsbedingung $\sum_n W_n = 1$ wird $\text{Tr}\,\hat{\varrho} = 1$. Außerdem gilt die Ungleichung

$$\text{Tr}\,\hat{\varrho}^2 \leq 1. \tag{7.38}$$

Da das Gleichheitszeichen nur für reine Zustände gilt, können mit Hilfe von Gl. (7.38) reine Zustände von gemischten Zuständen unterschieden werden.

7.3.2 Zustände mit wohldefinierter Photonenzahl

Wir beginnen unsere Diskussion der Ein-Moden-Zustände des elektromagnetischen Feldes mit den Eigenzuständen $|n\rangle$ des Anzahloperators $\hat{n} \equiv \hat{a}^\dagger \hat{a}$. Die Eigenwertgleichung für diese Zustände lautet

$$\hat{n}|n\rangle = \hat{a}^\dagger \hat{a}|n\rangle = n|n\rangle, \tag{7.39}$$

wobei $n = 0, 1, 2, \ldots$ für die Zahl der Anregungen oder die Zahl der Photonen in der Mode steht. Die Zustände $|n\rangle$ sind auch unter dem Namen Fock-Zustände bekannt. Aus ihrer Definition folgt, dass zum Zustand $|n\rangle$ die Energie $E_n = \hbar\Omega(\hat{a}^\dagger \hat{a} + 1/2)$ gehört.

Der Grundzustand $|0\rangle$ wird auch Vakuum-Zustand genannt und ist durch $\hat{a}|0\rangle = 0$ definiert. Die angeregten Zustände können daraus über die Relation

$$\hat{a}^\dagger|n\rangle = \sqrt{n+1}\,|n+1\rangle \tag{7.40}$$

durch Anwenden des Erzeugungsoperators $\hat{a}^\dagger$ auf einen Zustand mit weniger Anregungen konstruiert werden. Wenn wir den Vernichtungsoperator $\hat{a}$ auf einen Zustand $|n\rangle$ anwenden, erhalten wir einen Zustand, der eine Anregung weniger enthält. Hier gilt

$$\hat{a}|n\rangle = \sqrt{n}\,|n-1\rangle. \tag{7.41}$$

Die Fock-Zustände sind vollständig, normiert und orthogonal. Ein reiner Zustand $|\psi\rangle$ kann daher in der Form

$$|\psi\rangle = \sum_{n=0}^{\infty} \langle n|\psi\rangle |n\rangle \equiv \sum_{n=0}^{\infty} \psi_n |n\rangle \tag{7.42}$$

geschrieben werden, während für einen gemischten Zustand, der durch den Dichteoperator $\hat{\varrho}$ beschrieben wird,

$$\hat{\varrho} = \sum_{m,n=0}^{\infty} \langle m|\hat{\varrho}|n\rangle |m\rangle\langle n| \equiv \sum_{m,n=0}^{\infty} \varrho_{mn} |m\rangle\langle n| \tag{7.43}$$

gilt.

In Abschn. 7.4.3 beschreiben wir kurz ein Experiment, mit dem kontrolliert Fock-Zustände in einem Resonator erzeugt werden. Eine andere Methode produziert Photonenpaare mit Hilfe von Kristallen mit nichtlinearen optischen Eigenschaften [38]. Dieser Prozess wird im Zusammenhang mit gequetschten Zuständen in Abb. 7.4 diskutiert.

7.3.3 Kohärente Zustände

Bei dem Versuch zu zeigen, dass es in der Quantenmechanik Wellenpakete gibt, die nicht zerfließen, studierte Erwin Schrödinger [39] im Jahr 1926 die Zeitentwicklung des verschobenen Grundzustands eines harmonischen Oszillators. Er konnte zeigen, dass die gaußförmige Wahrscheinlichkeitsdichte des Wellenpakets tatsächlich seine Form beibehält. In den Schlussworten seiner Arbeit äußerte er sogar die Hoffnung, dass es solche Zustände auch im Wasserstoffatom geben könnte. Wie wir heute wissen, ist das nicht möglich, da das Wasserstoffspektrum im Gegensatz zum Spektrum des harmonischen Oszillators nicht äquidistant ist.

Solche Zustände sind denen der klassischen Mechanik am nächsten. Denn bei einem quantenmechanischen harmonischen Oszillator, der sich zur Zeit $t = 0$ in einem solchen Zustand befindet, folgen die Erwartungswerte von $\hat{x}$ und $\hat{p}$ den klassischen Trajektorien, ohne dass sich die Unschärfen in $\hat{x}$ und $\hat{p}$ ändern. Da solche Zustände Zustände minimaler Unschärfe sind, können wir vereinfacht sagen, dass sich ein Teilchen in einem solchen Zustand entlang seiner klassischen Trajektorie bewegt und dort mit der geringstmöglichen quantenmechanischen Unschärfe lokalisiert ist.

Fast 40 Jahre später wandte Roy J. Glauber [11, 12] diese Schrödinger'schen Zustände auf das elektromagnetische Feld an und gab ihnen den Namen „kohärente Zustände". Sie bilden die Grundlage für seine Theorie der Messung von Photonen. Ihre Bedeutung für die Quantenoptik ist enorm.

Wir folgen Glauber und definieren einen kohärenten Zustand $|\alpha\rangle$ als Eigenzustand

$$\hat{a}|\alpha\rangle = \alpha|\alpha\rangle \tag{7.44}$$

des Vernichtungsoperators $\hat{a}$ mit dem komplexen Eigenwert $\alpha \equiv |\alpha|e^{i\theta}$. Dass hier die Eigenwerte i. Allg. komplex sind, ist nicht weiter überraschend, da $\hat{a}$ kein hermitescher Operator ist.

Alternativ können wir die kohärenten Zustände durch Anwenden des Verschiebeoperators

$$\hat{D}(\alpha) \equiv e^{\alpha \hat{a}^\dagger - \alpha^* \hat{a}} \tag{7.45}$$

auf den Vakuum-Zustand $|0\rangle$ erzeugen. Wir definieren dann die kohärenten Zustände durch

$$|\alpha\rangle \equiv \hat{D}(\alpha)|0\rangle \tag{7.46}$$

und erhalten mit Hilfe des Baker-Hausdorff-Theorems

$$|\alpha\rangle = e^{-|\alpha|^2/2} \sum_{n=0}^{\infty} \frac{\alpha^n}{\sqrt{n!}} |n\rangle. \tag{7.47}$$

Wie sich leicht zeigen lässt, sind die so definierten kohärenten Zustände $|\alpha\rangle$ tatsächlich Eigenzustände des Vernichtungsoperators $\hat{a}$.

Aus Gl. (7.47) können wir unmittelbar die Photonenstatistik eines kohärenten Zustands ablesen. Sie wird durch die Poisson-Verteilung

$$W_n \equiv |\langle n|\alpha\rangle|^2 = \frac{|\alpha|^{2n} e^{-|\alpha|^2}}{n!} \tag{7.48}$$

beschrieben. Die mittlere Photonenzahl $\langle \hat{n} \rangle$ und die zugehörige Varianz $(\Delta n)^2$ sind durch

$$\langle \hat{n} \rangle = |\alpha|^2, \quad (\Delta n)^2 \equiv \langle \hat{n}^2 \rangle - \langle \hat{n} \rangle^2 = |\alpha|^2 \tag{7.49}$$

gegeben. Diesem Ergebnis entnehmen wir, dass die relativen Fluktuationen $(\Delta n)/\langle \hat{n} \rangle = \langle \hat{n} \rangle^{-1/2}$ für große Photonenzahlen verschwinden. Wenn wir die Unschärfen der beiden in Gl. (7.32) definierten Quadraturen $\hat{x}$ und $\hat{p}$ berechnen, stellen wir fest, dass ein kohärenter Zustand ein Zustand minimaler Unschärfe ist, der sich dadurch auszeichnet, dass beide Unschärfen gleich groß sind.

7.3.4 Schrödinger-Katzen-Zustände

Ein kohärenter Zustand ist ein Eigenzustand des Vernichtungsoperators $\hat{a}$. Überlagerungen von kohärenten Zuständen sind jedoch keine Eigenzustände von $\hat{a}$. Von besonderem Interesse sind Überlagerungen von zwei kohärenten Zuständen, wie z. B. der Zustand [40]

$$|\psi_{\text{cat}}\rangle \equiv \mathcal{N}\left[|\alpha e^{i\varphi}\rangle + |\alpha e^{-i\varphi}\rangle\right] \tag{7.50}$$

mit einem passend gewählten Normierungsfaktor $\mathcal{N}$. In diesem Beispiel haben die Zustände die gleiche Amplitude α aber verschiedene Phasen φ und $-\varphi$, siehe auch Abb. 7.1. In Anlehnung an Schrödingers Metapher [41] werden solche Zustände Schrödinger-Katzen-Zustände genannt.

In Abschn. 7.4.3 stellen wir zwei Experimente vor, die es ermöglichen, solche Zustände zu präparieren. Das eine Experiment kommt aus dem Bereich Resonator-QED, beim anderen werden Ionenfallen verwendet. In Abschn. 7.5.3 verwenden wir diese Zustände, um einen tieferen Einblick zu bekommen, wie die klassische Welt, wie wir sie kennen, aus der Quantenmechanik entsteht.

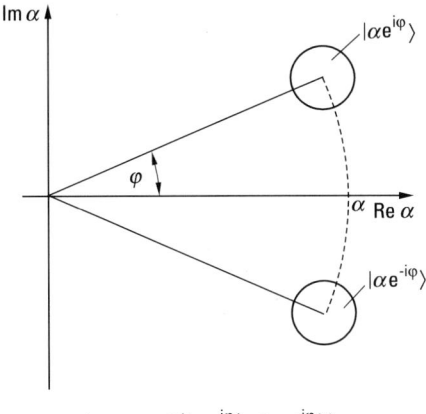

Abb. 7.1 Die quantenmechanische Überlagerung von zwei kohärenten Zuständen kann auf elementare Weise durch zwei Kreise mit dem Radius eins veranschaulicht werden. Die beiden Kreise sind um den Betrag α vom Ursprung verschoben und sind relativ zur reellen Achse um den Winkel $\pm\varphi$ gedreht.

7.3.5 Gequetschte Zustände

Im letzten Abschnitt haben wir die kohärenten Zustände durch Anwenden des Verschiebeoperators $\hat{D}(\alpha)$ auf den Vakuumzustand erzeugt. Wenn wir zuerst den unitären Quetschoperator

$$\hat{S}(\varepsilon) \equiv e^{\frac{1}{2}\varepsilon^*\hat{a}^2 - \frac{1}{2}\varepsilon\hat{a}^{\dagger 2}}, \quad \varepsilon = r\,e^{-2i\phi} \tag{7.51}$$

auf den Vakuumzustand anwenden und erst dann den Verschiebeoperator $\hat{D}(\alpha)$, erhalten wir die gequetschten Zustände. Diese Zustände lassen sich also durch

$$|\alpha,\varepsilon\rangle \equiv \hat{D}(\alpha)\,\hat{S}(\varepsilon)|0\rangle \tag{7.52}$$

definieren. Das Charakteristische an den gequetschten Zuständen sind die Unschärfen $\Delta X_1 \equiv \sqrt{\langle \hat{X}_1^2\rangle - \langle \hat{X}_1\rangle^2}$ und $\Delta X_2 \equiv \sqrt{\langle \hat{X}_2^2\rangle - \langle \hat{X}_2\rangle^2}$ der beiden gedrehten Quadraturen

$$\hat{X}_1 \equiv \hat{x}\cos\phi - \hat{p}\sin\phi, \quad \hat{X}_2 \equiv \hat{p}\cos\phi + \hat{x}\sin\phi, \tag{7.53}$$

wobei die Quadraturoperatoren $\hat{x}$ and $\hat{p}$ bereits in Gl. (7.32) definiert wurden. Mit Hilfe von Gl. (7.52) erhalten wir

$$\Delta X_1 = e^{-r}/\sqrt{2}, \quad \Delta X_2 = e^r/\sqrt{2}. \tag{7.54}$$

Gequetschte Zustände sind Zustände minimaler Unschärfe, denn wegen $\Delta X_1 \cdot \Delta X_2 = 1/2$ gilt in der Heisenberg'schen Unschärferelation das Gleichheitszeichen. Für $r = 0$ haben wir einen kohärenten Zustand. Bei diesem sind die beiden Unschärfen $\Delta X_1 = \Delta X_2 = 1/\sqrt{2}$ gleich groß. Für $r \neq 0$ sind die Fluktuationen einer Quadratur zu Lasten der anderen reduziert. Für $r > 0$ sind die Fluktuationen von X_1 kleiner als bei einem kohärenten Zustand, für $r < 0$ hat X_2 die kleineren Fluktuationen. Der Winkel ϕ beschreibt eine Drehung des Koordinatensystems. Für $\phi = 0$ ist der gequetschte Zustand $|\alpha,r\rangle$ ein Zustand minimaler Unschärfe für die beiden Quadraturen $\hat{x}$ und $\hat{p}$ mit $\Delta x = e^{-r}/\sqrt{2}$ und $\Delta p = e^r/\sqrt{2}$.

Die reduzierten Fluktuationen in einer Quadratur erklären auch den Namen „gequetschter Zustand": Wir „quetschen" die Fluktuationen aus einer Quadratur zu Lasten der anderen heraus, ohne dabei am Produkt der beiden Unschärfen etwas zu verändern. Dieses Umverteilen der Fluktuationen lässt sich am besten im Phasenraum darstellen, wie in Abb. 7.2 gezeigt.

Die mittlere Photonenzahl

$$\langle n\rangle = |\alpha|^2 + \sinh^2 r \tag{7.55}$$

und die zugehörige Varianz

$$(\Delta n)^2 = |\alpha\cosh r - \alpha^* e^{-2i\phi}\sinh r|^2 + 2\cosh^2 r\sinh^2 r \tag{7.56}$$

hängen sowohl von α als auch von $\varepsilon = r\,e^{-2i\phi}$ ab. Die Photonenstatistik $W_n \equiv |\langle \alpha,\varepsilon|n\rangle|^2$ eines gequetschten Zustands $|\alpha,\varepsilon\rangle$ kann kleinere oder größere Fluktuationen haben, als die Photonenstatistik eines kohärenten Zustands mit der gleichen Amplitude α. Die Photonenstatistik eines kohärenten Zustands wird durch eine Poisson-Verteilung beschrieben, siehe Gl. (7.48). Wenn die Photonenstatistik eines Zu-

7.3 Feldzustände 773

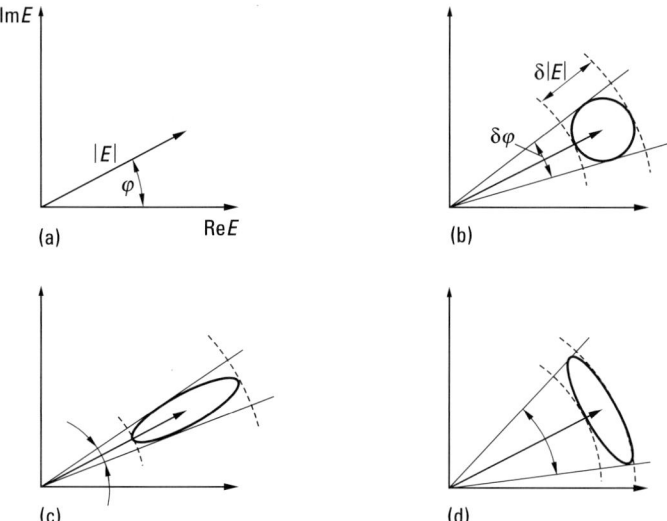

Abb. 7.2 Darstellung des elektromagnetischen Feldes in der komplexen Ebene, oder im Phasenraum, als Vektor (a). Aufgrund der quantenmechanischen Natur des Feldes kann der Endpunkt des Vektors an jedem Punkt liegen und muss eine Phasenraumregion von mindestens $2\pi\hbar$ einnehmen. Diese Region der Unschärfe kann kreisförmig sein (b), was eine symmetrische Verteilung der Fluktuationen beschreibt. Es kann aber auch eine Ellipse mit einer asymmetrischen Verteilung sein (c, d). In diesem Fall sind entweder die Fluktuationen in der Phase (c) oder in der Amplitude (d) gequetscht. Das elektromagnetische Feld ist in einem gequetschten Zustand.

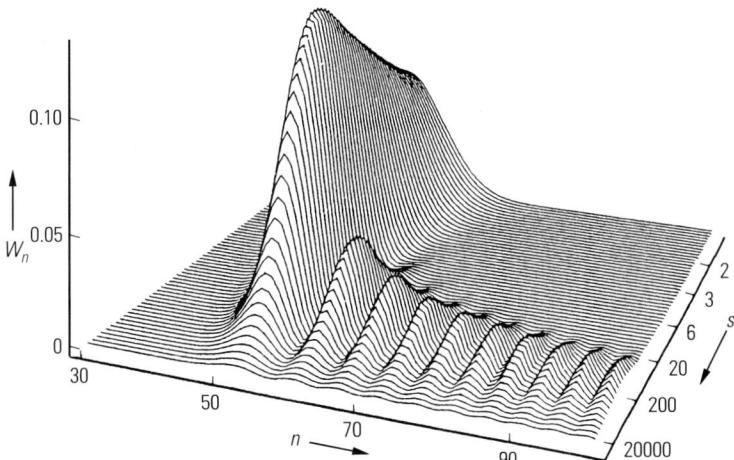

Abb. 7.3 Photonenstatistik W_n eines gequetschten Zustands für verschiedene Werte von $s \equiv e^r$. Für alle Kurven gilt $\alpha = 7$ und $\phi = 0$. Die hinterste Kurve zeigt die Photonenstatistik eines kohärenten Zustands ($r = 0$, $s = 1$). An den Kurven im Vordergrund erkennen wir für genügend große Werte von s eine oszillierende Photonenstatistik.

stands weniger Fluktuationen als die Photonenstatistik eines kohärenten Zustands hat, nennt man das eine sub-poissonische Photonenstatistik. Eine sub-poissonische Photonenstatistik ist eine der nichtklassischen Eigenschaften eines gequetschten Zustands. Wenn der Parameter r genügend groß ist, kann die Photonenstatistik W_n sogar oszillieren [42], wie in Abb. 7.3 gezeigt.

In mehreren Experimenten wurden mit Hilfe der nichtlinearen Optik gequetschte Zustände erzeugt. Abbildung 7.4 zeigt einen solchen experimentellen Aufbau zur

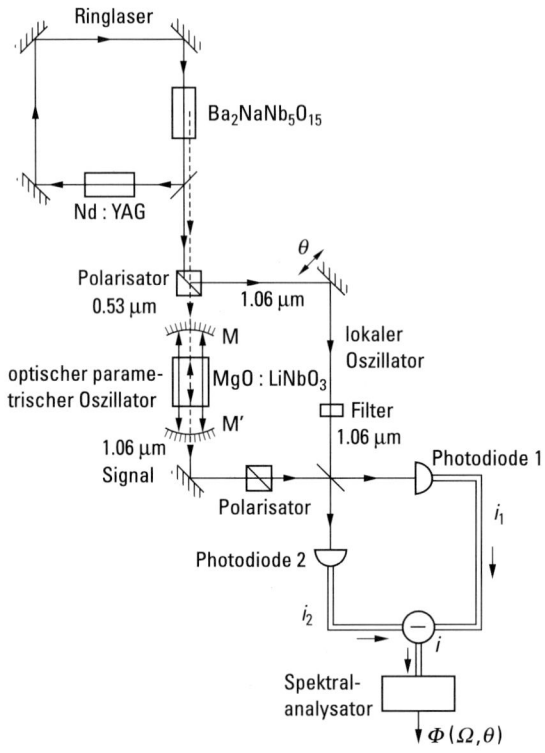

Abb. 7.4 Experimenteller Aufbau zur Erzeugung und Beobachtung von gequetschtem Licht. Ein Ringlaser (oben) erzeugt mit Hilfe eines nichtlinearen Kristalls Licht der Frequenzen ω (durchgezogene Linie) und 2ω (gestrichelte Linie). Ein frequenzsensitiver Strahlteiler (Polarisator) lässt Strahlung der Frequenz 2ω passieren, reflektiert aber solche mit ω. Das transmittierte Licht der Frequenz 2ω treibt einen Resonator mit einem nichtlinearen Kristall (Mitte), welcher wiederum Licht mit der Frequenz ω emittiert. Ein weiterer Strahlteiler kombiniert nun das so erzeugte Licht mit dem Referenzstrahl, der ebenfalls die Frequenz ω hat. Die relative Phase zwischen den beiden Strahlen kann durch einen beweglichen Spiegel modifiziert werden. An den beiden Ausgängen des Strahlteilers messen zwei Photodioden die Lichtintensitäten und transformieren diese in elektrische Ströme i_1 und i_2. Ein Spektralanalysator (unten) beobachtet die Fluktuationen in der Differenz $i = i_1 - i_2$ der beiden Ströme. Eine solche Detektoranordnung wird als Homodyndetektor bezeichnet. Charakteristisch für einen solchen Detektor sind zwei Signale gleicher Frequenz am Eingang eines Strahlteilers und eine Differenzmessung an den Ausgängen des Strahlteilers (aus Wu, L.A. *et al.*, J. Opt. Soc. Am. B **4**, 1465 (1987)).

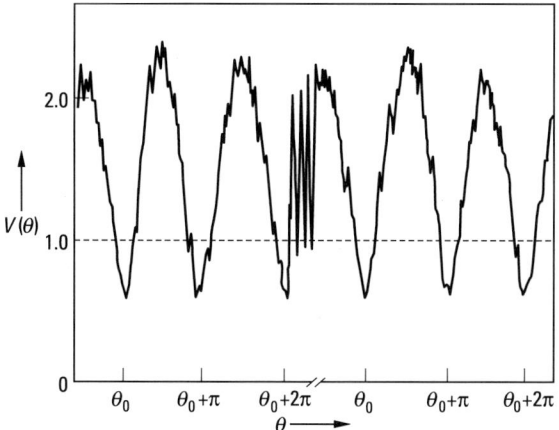

Abb. 7.5 Breite V der Photo-Stromverteilung als Funktion der Phasendifferenz θ zwischen dem Signal aus dem Resonator und dem Referenzstrahl (siehe Abb. 7.4). In seiner elementarsten Phasenraumdarstellung ist der Vakuumzustand ein Kreis und damit rotationssymmetrisch, d. h. er hat keine bevorzugte Phase. Wenn wir daher den Vakuumzustand mit einem lokalen Oszillator mischen, bleibt die Breite V unabhängig von θ. Im Gegensatz dazu wird ein gequetschter Vakuumzustand durch eine Ellipse repräsentiert und hat damit eine Vorzugsrichtung im Phasenraum. Daher hängt die Breite V vom Phasenwinkel ab. In den Gebieten um $\theta_0 + k\pi$, mit $k = 1, 2, \ldots$, fallen die Fluktuationen unter das Vakuumniveau. Das Licht ist gequetscht. In den Gebieten dazwischen sind die Fluktuationen größer als die Fluktuationen des Vakuums (aus Wu, L. A. et al., J. Opt. Soc. Am. B**4**, 1465 (1987)).

Erzeugung von gequetschtem Licht. Dieses Experiment lieferte den in Abb. 7.5 dargestellten Nachweis der Asymmetrie der Unschärfen, Gl. (7.54).

Weitere Informationen zum Thema gequetschte Zustände findet man in den Sonderheften von J. Opt. Soc. Am. B [43], J. Mod. Opt. [44] und Appl. Phys. B [45].

7.3.6 Thermische Zustände

Bisher wurden nur reine Zustände diskutiert. Dabei haben wir stillschweigend angenommen, dass unser System vom Rest der Welt isoliert ist. Wie schon in Abschn. 7.3.1 diskutiert, können wir unser System nicht mehr durch einen Zustandsvektor beschreiben, sobald wir es an ein Reservoir ankoppeln. In diesem Fall beschreiben wir unser System durch einen Dichteoperator.

Wir betrachten eine Feldmode (oder einen harmonischen Oszillator) mit der Frequenz Ω, die sich im thermischen Gleichgewicht mit einem Reservoir der Temperatur T befindet. In diesem Fall wird Photonenstatistik durch die Boltzmann-Verteilung

$$W_n = (1 - e^{-\frac{\hbar\Omega}{k_B T}}) e^{-\frac{\hbar\Omega}{k_B T} n} \tag{7.57}$$

beschrieben, wobei k_B die Boltzmann-Konstante ist. Der zugehörige Dichteoperator lautet

$$\hat{\varrho}_{\text{th}} \equiv \sum_{n=0}^{\infty} W_n |n\rangle\langle n| = (1 - e^{-\frac{\hbar\Omega}{k_B T}}) \sum_{n=0}^{\infty} e^{-\frac{\hbar\Omega}{k_B T}n} |n\rangle\langle n|. \tag{7.58}$$

Mit Hilfe von Gl. (7.57) oder (7.58) erhalten wir für die mittlere Zahl der thermischen Photonen

$$n_{\text{th}} = \text{Tr}(\hat{n}\,\hat{\varrho}_{\text{th}}) = \sum_{n=0}^{\infty} n\, W_n = \frac{e^{-\frac{\hbar\Omega}{k_B T}}}{1 - e^{-\frac{\hbar\Omega}{k_B T}}} = \frac{1}{e^{\frac{\hbar\Omega}{k_B T}} - 1}. \tag{7.59}$$

Damit können wir den Dichteoperator auch in der Form

$$\hat{\varrho}_{\text{th}} = \frac{1}{n_{\text{th}} + 1} \sum_{n=0}^{\infty} \left(\frac{n_{\text{th}}}{n_{\text{th}} + 1}\right)^n |n\rangle\langle n| \tag{7.60}$$

schreiben.

7.3.7 Maße für das nichtklassische Verhalten von Zuständen

Da die Quantenoptik sich mit Effekten beschäftigt, bei denen die Quanteneigenschaften des elektromagnetischen Feldes eine wesentliche Rolle spielen, wollen wir in diesem Abschnitt zwei Größen diskutieren, die es erlauben, die nichtklassischen Eigenschaften von Zuständen zu quantifizieren.

7.3.7.1 Der Mandel'sche Q-Parameter

Ein einfaches Maß für die nichtklassischen Eigenschaften des elektromagnetischen Feldes ist der Mandel'sche Q-Parameter [35]

$$Q \equiv \frac{(\Delta n)^2 - \langle \hat{n} \rangle}{\langle \hat{n} \rangle} \equiv \sigma^2 - 1, \tag{7.61}$$

der eng mit der normierten Varianz $\sigma^2 \equiv (\Delta n)^2/\langle \hat{n} \rangle$ der Photonenstatistik zusammenhängt.

Für einen kohärenten Zustand $|\alpha\rangle$ gilt $\langle \hat{n} \rangle = |\alpha|^2$ und $(\Delta n)^2 = |\alpha|^2$. Daraus erhalten wir für den Mandel'schen Q-Parameter den Wert $Q = 0$. Kohärente Zustände sind Zustände, die dem klassischen Verhalten des elektromagnetischen Feldes am nächsten kommen, siehe Abschn. 7.3.3. Der Wert $Q = 0$ bildet daher eine Grenze zwischen einem klassischen Feld und einem quantenmechanischen Feld. Für einen thermischen Zustand gilt $(\Delta n)^2 = n_{\text{th}}^2 + n_{\text{th}}$ und daher $Q = n_{\text{th}}$, d. h. die Photonenstatistik hat mehr Fluktuationen als ein kohärenter Zustand mit der gleichen mittleren Photonenzahl n_{th}.

Für $Q < 0$ ist die Photonenzahlverteilung schmaler als eine Poisson-Verteilung mit der gleichen mittleren Photonenzahl. Der zugehörige Zustand ist daher nicht klassisch. Die einfachsten Beispiele hierfür sind Fock-Zustände. Da sie Eigenzustände des Operators $\hat{n}$ sind, verschwinden die Fluktuationen in der Photonenzahl. Für den Mandel'schen Q-Parameter erhalten wir daher mit Ausnahme des Vakuumzustands $|0\rangle$ immer $Q = -1$.

Bei einem gequetschten Zustand kann die Photonenzahlverteilung breiter oder schmaler als die Photonenzahlverteilung einer Poisson-Verteilung mit gleicher mittlerer Photonenzahl sein. Der Mandel'sche Q-Parameter kann daher sowohl positive als auch negative Werte annehmen.

7.3.7.2 Die Glauber-Sudarshan-Verteilung

Eine weitere Größe, mit der klassische Felder von nichtklassischen Feldern unterschieden werden können, ist die P-Funktion von Glauber und Sudarshan. Diese Verteilungsfunktion nutzt aus, dass die kohärenten Zustände übervollständig sind. Glauber und Sudarshan [11, 12, 46] konnten zeigen, dass der Dichteoperator $\hat{\varrho}$ in der Diagonalform

$$\hat{\varrho} = \int d^2\alpha \, P(\alpha) |\alpha\rangle\langle\alpha| \tag{7.62}$$

geschrieben werden kann. Diese Gleichung definiert implizit die P-Funktion $P(\alpha)$ von Glauber und Sudarshan. Für einen kohärenten Zustand $|\alpha_0\rangle$ gilt offensichtlich

$$P_{|\alpha_0\rangle}(\alpha) = \delta(\alpha - \alpha_0). \tag{7.63}$$

Für einen thermischen Zustand mit der mittleren Photonenzahl n_{th} erhalten wir

$$P_{\text{th}}(\alpha) = (\pi n_{\text{th}})^{-1} \exp[-|\alpha|^2/n_{\text{th}}], \tag{7.64}$$

was im Gegensatz zu $P_{|\alpha_0\rangle}(\alpha)$ keine Singularität hat.

Die P-Funktionen für einen Fock-Zustand und einen gequetschten Zustand sind hoch singulär. Sie enthalten Ableitungen der Dirac'schen Deltafunktionen. Im Fall eines Fock-Zustands tauchen nur endliche Ableitungen auf, während im Fall eines gequetschten Zustands sogar unendlich hohe Ableitungen vorkommen.

Ähnlich wie der Wert $Q = 0$ für den Mandel'schen Q-Parameter definiert eine P-Funktion in Form einer Dirac'schen Deltafunktion eine Grenze zwischen den klassischen und den quantenmechanischen Feldern. Wir weisen jedoch darauf hin, dass diese beiden Maße für die nichtklassischen Eigenschaften von Feldern keineswegs äquivalent sind. So kann z. B. der Mandel'sche Q-Parameter für einen gequetschten Zustand positiv sein, wohingegen die P-Funktion eines gequetschten Zustands immer Ableitungen der Dirac'schen Deltafunktion enthält.

7.4 Atom-Feld-Wechselwirkung

Bis jetzt haben wir uns nur für die Eigenschaften des elektromagnetischen Feldes interessiert. In diesem Abschnitt koppeln wir das quantisierte elektromagnetische Feld an ein Atom. Unser System wird dadurch größer und hat mehr Freiheitsgrade. Neben den Moden des elektromagnetischen Feldes müssen wir zusätzlich die inneren Freiheitsgrade und die Schwerpunktsbewegung des Atoms in unseren Überlegungen berücksichtigen. Wir verzichten auf eine detaillierte Herleitung des Hamilton-Operators für die Wechselwirkung zwischen Feld und Atom, sondern geben das Ergebnis an und versuchen, es zu motivieren. Eine ausführliche Herleitung ist in [31] zu finden.

7.4.1 Wechselwirkung zwischen elektrischem Dipol und Feld

Wir betrachten zunächst die Wechselwirkung eines Atoms mit einem klassischen Feld. Dabei beschränken wir uns auf Atome, bei denen nur das äußere Leuchtelektron mit der Ladung e und der Masse m_e relevant ist. Alle anderen Elektronen werden mit dem positiv geladenen Kern zu einem Rumpfatom mit der Ladung $-e$ und der Masse m_p zusammengefasst. Außerdem wollen wir annehmen, dass sich das elektromagnetische Feld auf der Längenskala eines Atoms nicht signifikant ändert. Für optische Wellenlängen ist diese Annahme sehr gut erfüllt. Dann ist das elektrische Feld E am Ort r_e des Leuchtelektrons nahezu identisch mit dem Feld im Zentrum r_p des positiv geladenen Rumpfatoms oder mit dem Feld am Schwerpunkt R des gesamten Atoms. Wir machen daher die Dipolnäherung und erhalten für die Wechselwirkungsenergie zwischen Feld und Atom

$$H_{r \cdot E} \equiv - \wp \cdot E(R, t) = - e r \cdot E(R, t), \qquad (7.65)$$

wobei das Dipolmoment $\wp$ durch

$$\wp = e r = e (r_e - r_p) \qquad (7.66)$$

gegeben ist. Gleichung (7.65) beschreibt nichts anderes als die potentielle Energie eines elektrischen Dipols $\wp$ im elektrischen Feld $E(R, t)$.

Die gesamte Hamilton-Funktion

$$H = \underbrace{\frac{1}{2} \int dV [\varepsilon_0 E^2(r, t) + B^2(r, t)/\mu_0]}_{H_F} + \underbrace{\frac{P^2}{2M}}_{H_S} + \underbrace{\frac{p^2}{2\mu} + V(r)}_{H_{At}} \underbrace{- e r \cdot E(R, t)}_{H_{r \cdot E}} \qquad (7.67)$$

für ein Atom in einem elektromagnetischen Feld setzt sich dann aus vier Beiträgen zusammen, die sehr einfach zu interpretieren sind: H_F ist uns schon aus Abschn. 7.2.1.3 bekannt und beschreibt das freie elektromagnetische Feld. H_S beschreibt die Schwerpunktsbewegung des Atoms, wobei P der Impuls des Schwerpunkts und $M = m_e + m_p$ die Gesamtmasse des Atoms ist. H_{At} beschreibt die Relativbewegung zwischen Leuchtelektron und Rumpfatom. Dabei ist p der Impuls der Relativbewegung, während das Potential $V(r)$ die Wechselwirkung zwischen Leuchtelektron und Rumpfatom beschreibt. Die in diesem Anteil auftretende reduzierte Masse μ ist durch $\mu = m_e m_p/(m_e + m_p)$ gegeben. Da die Masse eines Elektrons sehr viel kleiner als die Gesamtmasse des Atoms ist, gilt $\mu \approx m_e$. Die Wechselwirkung zwischen Atom und Feld wird schließlich durch den Term $H_{r \cdot E}$ beschrieben. Wir betonen an dieser Stelle, dass dieser Term alle Freiheitsgrade des Systems, nämlich das elektromagnetische Feld, die Schwerpunktsbewegung des Atoms und die Relativbewegung zwischen Leuchtelektron und Rumpfatom, aneinander koppelt.

Wenn wir alle Freiheitsgrade unseres Systems durch die Quantenmechanik beschreiben wollen, müssen wir alle Observablen durch die zugehörigen Operatoren ersetzten. Die in H_F und $H_{r \cdot E}$ auftretenden Felder E und B wurden schon in Abschn. 7.2.2 quantisiert. Die Schwerpunktsbewegung des Atoms quantisieren wir, indem wir die konjugierten Variablen P und R durch die Operatoren $\hat{P}$ und $\hat{R}$ ersetzen. Bei der Quantisierung der Relativbewegung zwischen Leuchtelektron und Rumpfatom verfahren wir ebenso und ersetzten die konjugierten Variablen p und r durch die Operatoren $\hat{p}$ und $\hat{r}$. Dabei gelten die üblichen Vertauschungsrelationen

$$[\hat{P}_j, \hat{R}_k] = [\hat{p}_j, \hat{r}_k] = \frac{\hbar}{i} \delta_{jk} \tag{7.68}$$

zwischen Ort und Impuls.

Abschließend weisen wir darauf hin, dass der in diesem Abschnitt eingeführte Wechselwirkungsterm $H_{r \cdot E}$ für viele Anwendungen eine gute Näherung ist. Unsere Ad-hoc-Prozedur kann jedoch auch zu inkonsistenten Ergebnissen führen, wie in [47] gezeigt wird.

7.4.2 Ein elementares Modell

Das einfachste Modell, das die Wechselwirkung eines Atoms mit dem quantisierten Feld beschreibt, besteht aus einer einzelnen Mode in einem Resonator und einem Zwei-Niveau-Atom. Dieses Modell enthält noch genügend Physik, um die wichtigsten Effekte aus der Resonator-Quantenelektrodynamik und der Atomoptik zu beschreiben. Wenn wir zusätzlich noch die Schwerpunktsbewegung des Atoms vernachlässigen, erhalten wir das Jaynes-Cummings-Paul-Modell [48, 49]. Dieses Modell, das in Abb. 7.6 zusammengefasst ist, beschreibt die Wechselwirkung des quantisierten Feldes in einem Resonator mit einem Zwei-Niveau-Atom.

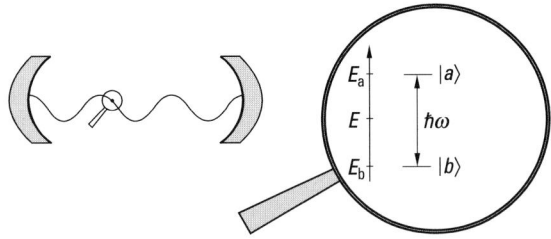

Abb. 7.6 Elementares Modell für die Atom-Feld-Wechselwirkung mit Berücksichtigung der Schwerpunktsbewegung. Ein Atom mit der Masse M und der kinetischen Energie $P^2/2M$ wechselwirkt am Ort R mit einer einzelnen Mode eines perfekten Resonators. Diese Mode wird durch die Modenfunktion $u(r)$ charakterisiert – hier in der einfachsten Form durch eine Sinusfunktion dargestellt. Wir betrachten nur zwei interne Freiheitsgrade, d. h. einen angeregten Zustand $|a\rangle$ und einen Grundzustand $|b\rangle$ mit den Energien E_a und E_b. Der einzig mögliche Übergang in diesem elementaren Modell hat dann die Übergangsfrequenz $\omega = (E_a - E_b)/\hbar$. Wir können dieses Modell weiter vereinfachen, indem wir die Schwerpunktsbewegung vernachlässigen und das Atom an einer Stelle festhalten. In diesem Fall wird das Modell auch als Jaynes-Cummings-Paul-Modell bezeichnet, bei dem die Wechselwirkung zwischen zwei internen Niveaus und einer einzelnen Mode des quantisierten Strahlungsfeldes betrachtet wird.

7.4.2.1 Hamilton-Operator

Wir reduzieren die inneren Freiheitsgrade unseres Atoms auf zwei Niveaus: den angeregten Zustand $|a\rangle$ mit der Energie E_a und den Grundzustand $|b\rangle$ mit der Energie E_b. Die Energiedifferenz zwischen den beiden Niveaus ist dann durch $E_a - E_b = \hbar\omega$ gegeben.

Da wir nur eine Mode des elektromagnetischen Feldes berücksichtigen, erhalten wir für die drei Beiträge $\hat{H}_F$, $\hat{H}_S$ und $\hat{H}_{At}$ aus der quantisierten Form von Gl. (7.67)

$$\hat{H}_S + \hat{H}_F + \hat{H}_{At} = \frac{\hat{P}^2}{2M} + \hbar\Omega\hat{a}^\dagger\hat{a} + \frac{\hbar\omega}{2}(|a\rangle\langle a| - |b\rangle\langle b|), \qquad (7.69)$$

wobei wir den Energienullpunkt verschoben haben. Aus Symmetriegründen können wir annehmen, dass das Atom kein permanentes elektrisches Dipolmoment hat, d. h. $\langle a|\hat{r}|a\rangle = \langle b|\hat{r}|b\rangle = 0$. Dann können wir den Dipoloperator $\hat{\wp} = e\hat{r}$ in der Form

$$\hat{\wp} = \wp|a\rangle\langle b| + \wp^*|b\rangle\langle a| \qquad (7.70)$$

schreiben, wobei $\wp$ durch $\wp = e\langle a|\hat{r}|b\rangle$ definiert ist. Wir berücksichtigen nur eine einzige Mode des elektromagnetischen Feldes in einem Resonator. Diese Mode wird durch die Modenfunktion $\boldsymbol{u}(\hat{\boldsymbol{R}})$, die Frequenz Ω und das Modenvolumen V beschrieben. In diesem Fall können wir das elektrische Feld in der Form

$$\hat{\boldsymbol{E}}(\hat{\boldsymbol{R}}) = i\mathscr{E}_0 \boldsymbol{u}(\hat{\boldsymbol{R}})(\hat{a} - \hat{a}^\dagger) \qquad (7.71)$$

schreiben, wobei $\mathscr{E}_0 \equiv \sqrt{\hbar\Omega/(2\varepsilon_0 V)}$ das elektrische Feld des Vakuums bzw. das elektrische Feld je Photon ist.

Wir führen nun die Pauli-Operatoren

$$\hat{\sigma} \equiv \frac{1}{2}(\hat{\sigma}_x - i\hat{\sigma}_y) \equiv |b\rangle\langle a|, \quad \hat{\sigma}^\dagger \equiv \frac{1}{2}(\hat{\sigma}_x + i\hat{\sigma}_y) \equiv |a\rangle\langle b|,$$

$$\hat{\sigma}_z \equiv |a\rangle\langle a| - |b\rangle\langle b| \qquad (7.72)$$

ein. Übergänge zwischen den Zuständen $|a\rangle$ und $|b\rangle$ werden dann durch $\hat{\sigma}|a\rangle = |b\rangle$ und $\hat{\sigma}^\dagger|b\rangle = |a\rangle$ beschrieben. Wie man leicht nachrechnet, erfüllen die in Gl. (7.72) definierten Operatoren die von den Pauli'schen Spinmatrizen her bekannten Vertauschungsrelationen, was unsere Notation plausibel macht. Mit dieser Notation erhalten wir aus Gl. (7.65) den Wechselwirkungsoperator

$$\hat{H}_{\boldsymbol{r}\cdot\boldsymbol{E}} = -i\hbar(g(\hat{\boldsymbol{R}})\hat{\sigma}^\dagger + g^\dagger(\hat{\boldsymbol{R}})\hat{\sigma})(\hat{a} - \hat{a}^\dagger)$$
$$= -i\hbar(g(\hat{\boldsymbol{R}})\hat{\sigma}^\dagger\hat{a} - g(\hat{\boldsymbol{R}})\hat{\sigma}^\dagger\hat{a}^\dagger + g^\dagger(\hat{\boldsymbol{R}})\hat{\sigma}\hat{a} - g^\dagger(\hat{\boldsymbol{R}})\hat{\sigma}\hat{a}^\dagger), \qquad (7.73)$$

wobei die Kopplung zwischen Feld und Atom durch den Operator

$$g(\hat{\boldsymbol{R}}) \equiv \frac{\wp \cdot \boldsymbol{u}(\hat{\boldsymbol{R}})}{\hbar}\mathscr{E}_0 \qquad (7.74)$$

beschrieben wird.

Dieser Wechselwirkungsoperator enthält die Operatorprodukte $\hat{\sigma}^\dagger\hat{a}$ und $\hat{\sigma}^\dagger\hat{a}^\dagger$. Den ersten Term können wir, wie Abb. 7.7 zeigt, als die Vernichtung eines Photons und

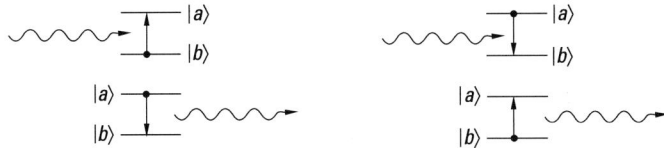

Abb. 7.7 Drehwellennäherung. Anregung eines Atoms durch Absorption eines Photons (oben links) und Abregung durch Emission eines Photons (unten links). Während die Prozesse auf der linken Seite die Energie erhalten, bleibt bei denen auf der rechten Seite die Energie nicht erhalten: Entweder wird ein Atom abgeregt und ein Photon absorbiert (oben rechts), oder es wird ein Atom bei gleichzeitiger Emission eines Photons angeregt (unten rechts).

den Übergang des Atoms vom angeregten Zustand in den Grundzustand interpretieren, während der zweite Term die Erzeugung eines Photons bei gleichzeitigem Übergang des Atoms vom Grundzustand in den angeregten Zustand beschreibt. Wenn wir die Schrödinger-Gleichung störungstheoretisch lösen, ergeben diese beiden Anteile Beiträge, die im Vergleich zu den anderen Beiträgen klein sind. Wenn wir im Wechselwirkungsoperator die beiden Terme $\hat{\sigma}\hat{a}$ und $\hat{\sigma}^\dagger \hat{a}^\dagger$ ganz weglassen, machen wir die sogenannte Drehwellennäherung. Im Rahmen dieser Näherung lautet der Hamilton-Operator für unser Gesamtsystem

$$\hat{H} = \frac{\hat{P}^2}{2M} + \hbar\Omega \hat{a}^\dagger \hat{a} + \frac{1}{2}\hbar\omega \hat{\sigma}_z - i\hbar \left(g(\hat{R}) \hat{\sigma}^\dagger \hat{a} - g^\dagger(\hat{R}) \hat{\sigma} \hat{a}^\dagger \right), \tag{7.75}$$

wobei wir – wie schon in Gl. (7.69) – im Vergleich zu unserer klassischen Hamilton-Funktion (7.67) den Energienullpunkt verschoben haben.

7.4.2.2 Dynamik des Jaynes-Cummings-Paul-Modells

Wir können unser einfaches Modell für die Wechselwirkung eines Atoms mit dem elektromagnetischen Feld noch weiter vereinfachen, indem wir die Schwerpunktsbewegung vernachlässigen und annehmen, dass sich das Atom an einem festen Ort $\boldsymbol{R}_0$ befindet. Dann ist $g(\boldsymbol{R}_0)$ im Gegensatz zu $g(\hat{\boldsymbol{R}})$ eine Zahl und wir können die Phase der Zustände $|a\rangle$ und $|b\rangle$ so wählen, dass $\wp \cdot \boldsymbol{u}(\boldsymbol{R}_0)$ rein imaginär ist. Mit der Vakuum-Rabi-Frequenz

$$g \equiv \frac{|\wp \cdot \boldsymbol{u}(\boldsymbol{R}_0)|}{\hbar} \mathscr{E}_0 \tag{7.76}$$

erhalten wir dann das Jaynes-Cummings-Paul-Modell [48, 49], das durch den Hamilton-Operator

$$\hat{H}_{\text{JCP}} \equiv \hbar\Omega \hat{a}^\dagger \hat{a} + \frac{1}{2}\hbar\omega \hat{\sigma}_z + \hbar g (\hat{\sigma}\hat{a}^\dagger + \hat{\sigma}^\dagger \hat{a}) \tag{7.77}$$

beschrieben wird. Eine sehr ausführliche Diskussion dieses Modellsystems findet der Leser in [50, 51]. Das Jaynes-Cummings-Paul-Modell hat den Vorteil, dass wir im Gegensatz zu unserem durch Gl. (7.75) beschriebenen Modell die zeitabhängige Schrödinger-Gleichung sehr einfach lösen können. Dazu nützen wir aus, dass im Jaynes-Cummings-Paul-Modell nur solche Übergänge möglich sind, bei denen die Zahl der Anregungen erhalten bleibt: Die Erzeugung eines Photons ist mit dem Übergang des Atoms vom angeregten Zustand in den Grundzustand verbunden, während die Vernichtung eines Atoms mit einem Übergang eines Atoms vom Grundzustand in den angeregten Zustand verbunden ist.

Um die zeitabhängige Schrödinger-Gleichung für den Hamilton-Operator (7.77) zu lösen, gehen wir in das durch

$$\hat{H}_0 \equiv \hbar\Omega\hat{a}^\dagger\hat{a} + \frac{1}{2}\hbar\omega\hat{\sigma}_z \tag{7.78}$$

definierte Wechselwirkungsbild und erhalten

$$\hat{H}_I = \hbar g(\hat{\sigma}\hat{a}^\dagger e^{i\Delta t} + \hat{\sigma}^\dagger\hat{a} e^{-i\Delta t}), \tag{7.79}$$

wobei $\Delta = \Omega - \omega$ die Verstimmung zwischen der Übergangsfrequenz ω unseres Zwei-Niveau-Atoms und der Frequenz Ω des elektromagnetischen Feldes ist. Da beim Jaynes-Cummings-Paul-Modell die Zahl der Anregungen erhalten bleibt, machen wir den Ansatz

$$|\Psi(t)\rangle = \sum_{n=0}^{\infty}[\Psi_{a,n}(t)|a,n\rangle + \Psi_{b,n+1}(t)|b,n+1\rangle] + \Psi_{b,0}(t)|b,0\rangle, \tag{7.80}$$

wobei wir die Notation $|a,n\rangle \equiv |a\rangle|n\rangle$ und $|b,n\rangle \equiv |b\rangle|n\rangle$ verwendet haben, und erhalten

$$\dot{\Psi}_{a,n}(t) = -ig\sqrt{n+1}\, e^{-i\Delta t}\, \Psi_{b,n+1}(t)$$
$$\dot{\Psi}_{b,n+1}(t) = -ig\sqrt{n+1}\, e^{i\Delta t}\, \Psi_{a,n}(t)$$
$$\dot{\Psi}_{b,0}(t) = 0. \tag{7.81}$$

Als Lösung dieses Differentialgleichungssystems finden wir

$$\Psi_{a,n}(t) = e^{-i\Delta t/2}\{[\cos(\lambda_n t) + i\delta_n \sin(\lambda_n t)]\Psi_{a,n}(0) - i\varepsilon_n \sin(\lambda_n t)\Psi_{b,n+1}(0)\}$$
$$\Psi_{b,n+1}(t) = e^{i\Delta t/2}\{[\cos(\lambda_n t) - i\delta_n \sin(\lambda_n t)]\Psi_{b,n+1}(0) - i\varepsilon_n \sin(\lambda_n t)\Psi_{a,n}(0)\}$$
$$\Psi_{b,0}(t) = \Psi_{b,0}(0). \tag{7.82}$$

Dabei haben wir die verallgemeinerte Rabi-Frequenz

$$\lambda_n \equiv \sqrt{g^2(n+1) + (\Delta/2)^2} \tag{7.83}$$

und die beiden Abkürzungen

$$\delta_n \equiv \frac{\Delta}{2\lambda_n}, \quad \varepsilon_n \equiv \frac{g\sqrt{n+1}}{\lambda_n} \tag{7.84}$$

eingeführt.

Das Wesentliche an der Lösung (7.82) sind die Rabi-Oszillationen zwischen den Zuständen $|a,n\rangle$ und $|b,n+1\rangle$ mit der Frequenz λ_n. Für $\Delta = 0$ sind die Übergänge von $|a,n\rangle$ nach $|b,n+1\rangle$ bzw. von $|b,n+1\rangle$ nach $|a,n\rangle$ wegen $\delta_n = 0$ und $\varepsilon_n = 1$ vollständig. Je größer die Verstimmung Δ ist, desto weniger ausgeprägt sind die Rabi-Oszillationen.

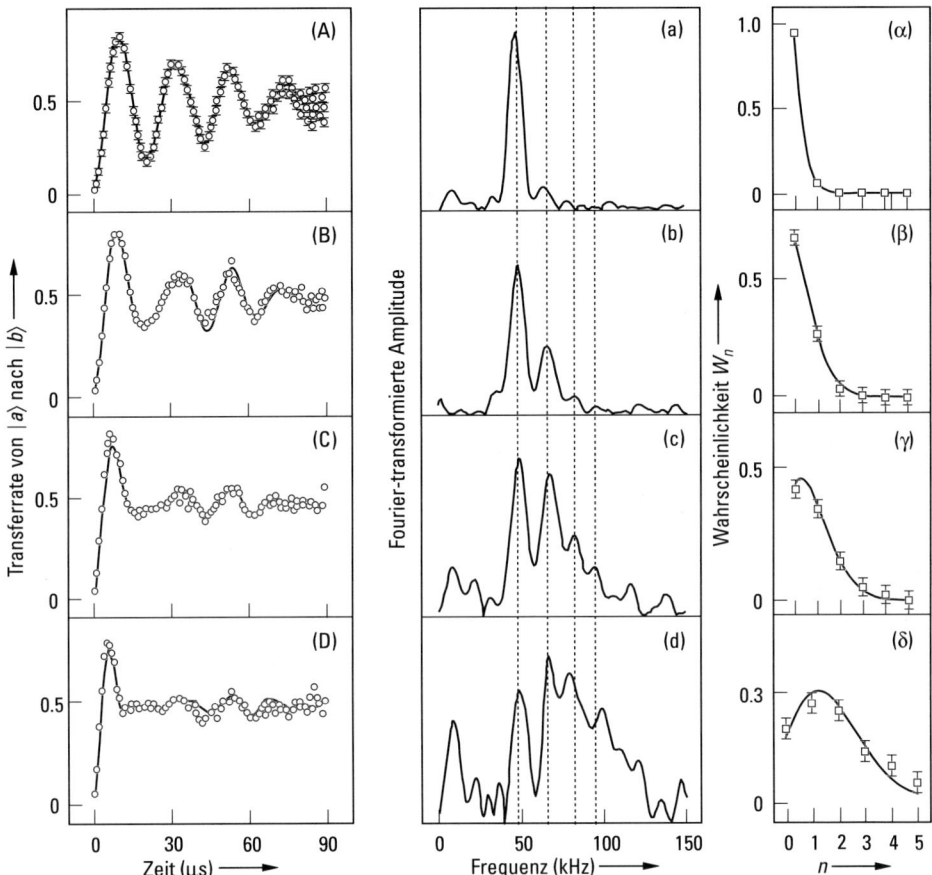

Abb. 7.8 Rabi-Oszillationen. Ein kohärenter Zustand wird in einen Mikrowellenresonator eingespeist, der ursprünglich im Vakuumzustand war. Ein Atom im angeregten Zustand durchläuft den Resonator und wechselwirkt eine gewisse Zeit ϑ mit dem Feld. Danach wird eine Messung am Atom durchgeführt. Die linke Spalte zeigt die Wahrscheinlichkeit, das Atom im Grundzustand zu finden, als Funktion der Wechselwirkungszeit für Felder mit verschiedenen Amplituden. (A) Vakuumzustand (genauer: thermischer Zustand mit einer mittleren Photonenzahl von 0.06 thermischen Photonen im Mittel); (B), (C) und (D) entsprechen kohärenten Feldern mit einer mittleren Photonenzahl von 0.5, 0.85 und 1.77. Die Punkte sind experimentelle Werte. Die durchgezogenen Linien entsprechen der Vorhersage der Theorie. Die mittlere Spalte zeigt die Fourier-Transformierte der Messdaten aus der linken Spalte. Die Frequenzen $\nu = 47$ kHz, $\nu\sqrt{2}$, $\nu\sqrt{3}$ und 2ν sind durch vertikal gepunktete Linien markiert. Die rechte Spalte zeigt die ebenfalls aus den experimentellen Daten berechnete Photonenstatistik. Die durchgezogenen Linien sind wieder theoretische Vorhersagen für einen thermischen (α) oder einen kohärenten Zustand (β), (γ) und (δ) (aus Brune, M. et al., Phys. Rev. Lett. **76**, 1800 (1996)).

Abbildung 7.8 zeigt die Rabi-Oszillationen eines resonanten Atoms, das mit einem Vakuumzustand und verschiedenen kohärenten Zuständen in einem Resonator wechselwirkt. Aus den diskreten Rabi-Frequenzen $\lambda_n = g\sqrt{n+1}$ kann man auf diskrete Photonenzahlen zurückschließen.

7.4.2.3 Quantenmechanik in einer Ionenfalle

Der Hamilton-Operator (7.77) des Jaynes-Cummings-Paul-Modells kann auch zur Beschreibung der Schwerpunktsbewegung [52, 53] eines Zwei-Niveau-Ions, das in einem harmonischen Potential gefangen ist und mit einem klassischen elektromagnetischen Feld wechselwirkt, verwendet werden. In diesem Fall sind $\hat{a}$ und $\hat{a}^\dagger$ die Vernichtungs- und Erzeugungsoperatoren für die Schwerpunktsbewegung des Ions in einem harmonischen Potential. Ein klassisches elektromagnetisches Feld, das durch eine Kopplungskonstante g charakterisiert ist, koppelt den inneren Freiheitsgrad des Ions an die Schwerpunktsbewegung. Beim Übergang des Ions vom Grundzustand in den angeregten Zustand wird die Energie der Schwerpunktsbewegung entnommen, während beim Übergang des Ions vom angeregten Zustand in den Grundzustand ein Energiequant an die Schwerpunktsbewegung abgegeben wird. Dieses mechanische Analogon zum ursprünglichen Jaynes-Cummings-Paul-Modell wurde sogar zu einem Anti-Jaynes-Cummings-Paul-Modell [54] und einem nichtlinearen Jaynes-Cummings-Paul-Model [55] verallgemeinert. Weiterhin konnte eine ganze Sammlung von nicht-klassischen Zuständen der Schwerpunktsbewegung eines Ions in einer Falle experimentell beobachtet werden [56]. Die gemessenen Rabi-Oszillationen sind in Abb. 7.9 gezeigt.

Abschließend weisen wir darauf hin, dass eine Paul-Falle [57] ein zeitabhängiges harmonisches Potential und damit auch eine zeitabhängige Frequenz Ω erzeugt. Trotzdem ist es möglich, die zeitabhängige Schrödinger-Gleichung für das nichtlineare Jaynes-Cummings-Paul-Modell zu lösen [58, 59].

7.4.3 Präparation von Quantenzuständen

Im letzten Abschnitt haben wir das Jaynes-Cummings-Paul-Modell für beliebige Verstimmungen Δ gelöst. In diesem Abschnitt untersuchen wir zwei Fälle genauer: keine Verstimmung und sehr große Verstimmung. Beide Fälle ermöglichen die Präparation von speziellen Feldzuständen.

7.4.3.1 Resonanz: Präparation von Photonenzahlzuständen

Wenn das elektromagnetische Feld resonant zur Übergangsfrequenz unseres Zwei-Niveau-Atoms ist, können wir Fock-Zustände $|N\rangle$ mit genau N Photonen in unserer Resonatormode präparieren. Wir nehmen an, dass das Resonatorfeld ursprünglich im Vakuumzustand $|0\rangle$ ist. Wir schicken nun N Atome im angeregten Zustand $|a\rangle$ durch den Resonator, und zwar so, dass zu jeder Zeit maximal ein Atom im Resonator ist. In diesem Fall wird die Wechselwirkung zwischen Feld und Atom durch

7.4 Atom-Feld-Wechselwirkung

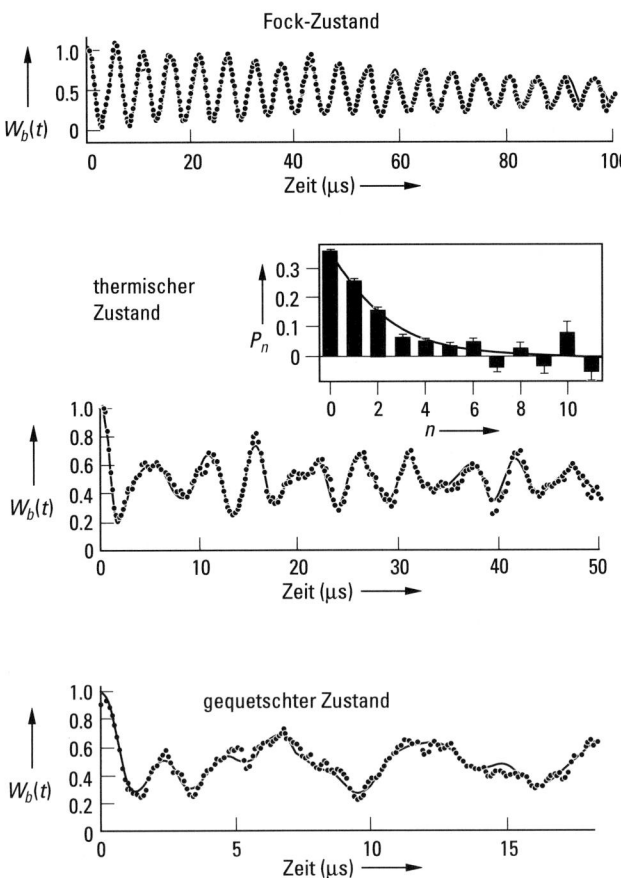

Abb. 7.9 Ion in der Paul-Falle. Ein Zwei-Niveau-Ion wird in einer Paul-Falle eingefangen und wechselwirkt mit einer klassischen stehenden Lichtwelle. Die Schwerpunktsbewegung dieses Ions wird quantenmechanisch beschrieben. Wenn die Schwerpunktsbewegung des Ions in einem Energieeigenzustand ist, zeigt die interne Dynamik des Ions gedämpfte Rabi-Oszillationen (oben). Wenn die Schwerpunktsbewegung von einem thermischen Zustand startet (Mitte), zeigt die interne Dynamik unregelmäßige Oszillationen, die auf die Boltzmann-Verteilung zurückschließen lassen. Im Falle eines gequetschten Zustands der Schwerpunktsbewegung (unten) zeigen sich sehr irreguläre Oszillationen (aus Meekhof, D.M. et al., Phys. Rev. Lett. **76**, 1796 (1996)).

das Jaynes-Cummings-Paul-Modell beschrieben. Für $\Delta = 0$ erhalten wir aus der zeitabhängigen Lösung (7.82)

$$|a,n\rangle \to \cos(g\sqrt{n+1}\,t)|a,n\rangle - \mathrm{i}\sin(g\sqrt{n+1}\,t)|b,n+1\rangle. \tag{7.85}$$

Wenn wir die Wechselwirkungszeit t so wählen, dass $\cos(g\sqrt{n+1}\,t)$ verschwindet, gibt das Atom ein Photon an das Resonatorfeld ab und verlässt den Resonator im

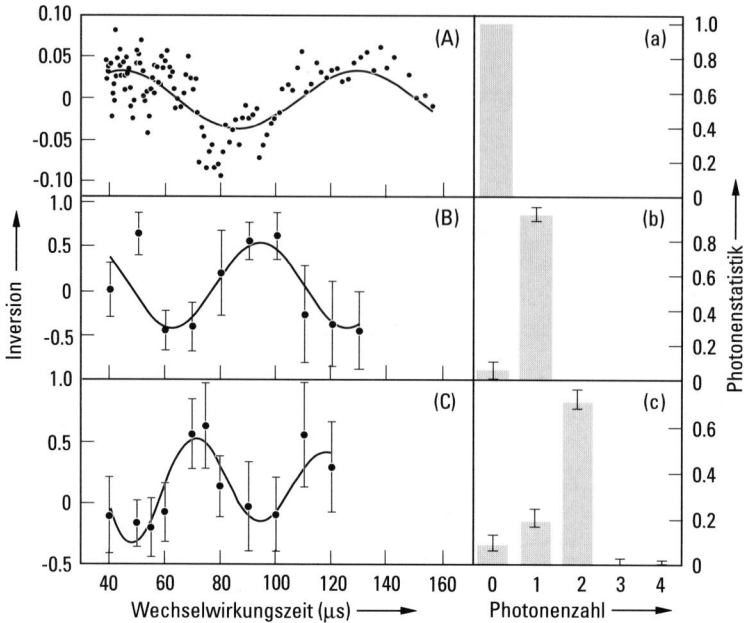

Abb. 7.10 Präparation und Nachweis von Fock-Zuständen. Das Feld in einem Mikrowellenresonator hoher Güte befindet sich ursprünglich im Grundzustand (a). Mit Hilfe einer Folge von angeregten Zwei-Niveau-Atomen können Fock-Zustände mit einem Photon (b) und mit zwei Photonen (c) präpariert und nachgewiesen werden. Bei der Präparation der Zustände geben Atome ihre Anregung an das Resonatorfeld ab. Der Nachweis der so präparierten Feldzustände erfolgt durch Messen der Inversion, d. h. der Differenz der Wahrscheinlichkeiten, ein weiteres Atom im oberen oder unteren Zustand zu finden (linke Spalte) (aus Varcoe, B.T.H. et al., Nature **403**, 743 (2000)).

Grundzustand $|b\rangle$. Da die Rabi-Frequenz von der Zahl der Photonen abhängt, muss die Wechselwirkungszeit für jedes Atom eine andere sein. Wenn alle N Atome ein Photon an das Resonatorfeld abgeben, haben wir einen Fock-Zustand $|N\rangle$ präpariert.

Ein solches Experiment wurde in Garching mit Hilfe eines Mikrowellenresonators durchgeführt [60]. Ausgehend vom Vakuumzustand wurden Zustände mit einem Photon und mit zwei Photonen erzeugt. Diese Zustände wurden mit einem zusätzlichen Atom nachgewiesen, indem die Rabi-Oszillationen dieses Atoms im präparierten Feld gemessen wurden, wie in Abb. 7.10 gezeigt.

7.4.3.2 Starke Verstimmung: Präparation von Schrödinger-Katzen-Zuständen

Bei starker Verstimmung verschwinden wegen $\delta_n \approx 1$ und $\varepsilon_n \approx 0$ die Rabi-Oszillationen, und wir erhalten aus der zeitabhängigen Lösung (7.82)

$$|a,n\rangle \to \exp\left(i\frac{g^2(n+1)}{\Delta}t\right)|a,n\rangle$$
$$|b,n\rangle \to \exp\left(-i\frac{g^2 n}{\Delta}t\right)|b,n\rangle, \tag{7.86}$$

wobei wir zusäzlich noch die verallgemeinerte Rabi-Frequenz λ_n für große Verstimmungen entwickelt haben. Die Zeitentwicklung der Zustände $|a,n\rangle$ und $|b,n\rangle$ wird im Grenzfall starker Verstimmung sehr einfach: Die Übergänge zwischen den Zuständen verschwinden, und es bleibt nur ein Phasenfaktor übrig, der von der Zahl der Photonen im Feld und dem internen Zustand des Atoms abhängt. Diese Dynamik können wir auch durch den effektiven Hamilton-Operator [31]

$$\hat{H}_{\text{eff}} \equiv -\frac{\hbar g^2}{\Delta}\left[\hat{\sigma}_z \hat{n} + \frac{1}{2}(\hat{\sigma}_z + 1)\right] \tag{7.87}$$

beschreiben.

Dieses Verhalten können wir ausnützen, um Schrödinger-Katzen-Zustände zu erzeugen [61]. Dazu lassen wir Zwei-Niveau-Atome mit zwei klassischen Feldern wechselwirken: mit dem ersten, bevor die Atome in den Resonator eintreten, und mit dem zweiten, nachdem die Atome den Resonator verlassen haben. Das erste Feld erzeugt eine Überlagerung der Zustände $|a\rangle$ und $|b\rangle$, während das zweite Feld letztendlich dafür sorgt, dass wir das Atom in einer Überlagerung der Zustände $|a\rangle$ und $|b\rangle$ nachweisen können. Eine solche Anordnung, die nach seinem Entdecker Ramsey-Anordnung genannt wird, ist in Abb. 7.11 gezeigt. Das Feld im Resonator ist ursprünglich in einem kohärenten Zustand $|\alpha\rangle$.

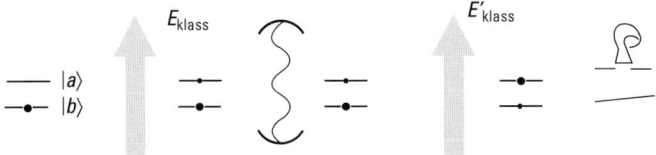

Abb. 7.11 Erzeugung eines Schrödinger-Katzen-Zustandes in einem Resonatorfeld. Ein klassisches Lichtfeld erzeugt aus einem Zwei-Niveau-Atom, das ursprünglich in seinem Grundzustand ist, eine kohärente Überlagerung $|\phi_{\text{At}}\rangle \equiv \phi_a|a\rangle + \phi_b|b\rangle$ aus Grundzustand und angeregtem Zustand. Das so präparierte Atom durchläuft das Resonatorfeld, das gegenüber der Übergangsfrequenz stark verstimmt ist. Diese dispersive Wechselwirkung wird durch den effektiven Hamilton-Operator, Gl. (7.87), beschrieben und produziert einen verschränkten Zustand zwischen Atom und Feld. Die Messung des atomaren Dipols $|\psi_{\text{At}}\rangle \equiv \psi_a|a\rangle + \psi_b|b\rangle$ erfolgt mit Hilfe eines weiteren klassischen Feldes und eines Ionisationsdetektors. Durch diese Messung wird die Verschränkung zwischen Feld und Atom aufgehoben, und wir haben einen reinen Feldzustand erzeugt. Diese Anordnung aus zwei klassischen Feldern erinnert an die Ramsey-Methode in der Radiofrequenzspektroskopie. Falls der Anfangszustand ein kohärenter Zustand war, so ist der so erzeugte Feldzustand $|\psi_{\text{cat}}\rangle = \mathcal{N}[\psi_a^* \phi_a e^{i\varphi}|\alpha e^{i\varphi}\rangle + \psi_b^* \phi_b |\alpha e^{-i\varphi}\rangle]$ eine Überlagerung aus zwei kohärenten Zuständen mit identischer Amplitude α, aber unterschiedlichen Phasen $+\varphi$ und $-\varphi$.

788 7 Quantenoptik

Aus Gl. (7.86) erhalten wir für die Zeitentwicklung von $|a,\alpha\rangle$ und $|b,\alpha\rangle$

$$|a,\alpha\rangle \to e^{i\varphi}|a,\alpha e^{i\varphi}\rangle$$
$$|b,\alpha\rangle \to |a,\alpha e^{-i\varphi}\rangle, \tag{7.88}$$

wobei die Phase φ durch $\varphi = g^2 t/\Delta$ gegeben ist. Wenn wir daher das Atom im Zustand $|\phi_{At}\rangle = \phi_a|a\rangle + \phi_b|b\rangle$ präparieren, bevor es mit dem Feld im Resonator wechselwirkt, haben wir den Gesamtzustand

$$|\Psi\rangle = \phi_a e^{i\varphi}|a,\alpha e^{i\varphi}\rangle + \phi_b|b,\alpha e^{-i\varphi}\rangle, \tag{7.89}$$

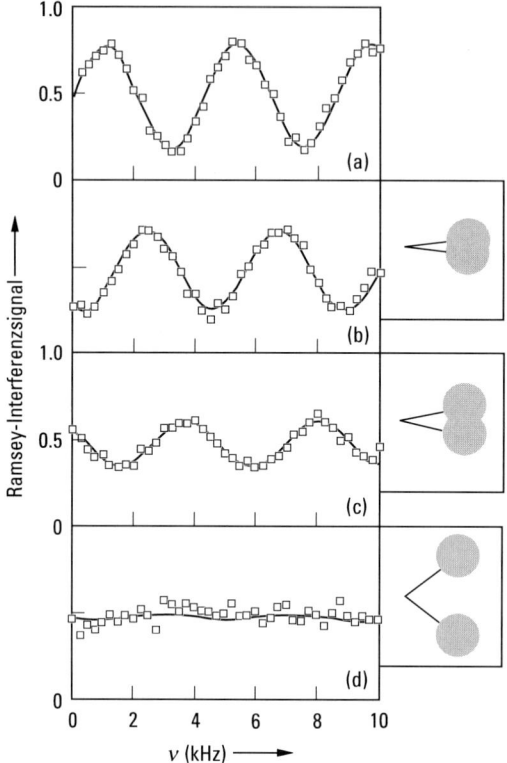

Abb. 7.12 Experimentelle Erzeugung eines Schrödinger-Katzen-Zustands. Ein Zwei-Niveau-Atom durchläuft die Ramsey-Apparatur der Abb. 7.11. Gemessen wird die Besetzungswahrscheinlichkeit im Grundzustand nach dem zweiten Ramsey-Feld als Funktion der Verstimmung zwischen den beiden Ramsey-Feldern. Während in Abbildung (a) das Resonatorfeld vor der Wechselwirkung mit dem Atom im Vakuumzustand ist, liegt in den Fällen (b) bis (d) ein ursprünglich kohärenter Zustand mit der Amplitude $|\alpha| = 3.1$ vor. Die Verstimmung zwischen dem Übergang im Zwei-Niveau-Atom und der Feldfrequenz ist in den Abbildungen (b) bis (d) verschieden. Daraus resultieren drei verschiedene Winkel φ zwischen den beiden kohärenten Zuständen, die den Schrödinger-Katzen-Zustand formen. Dies ist in den Phasenraumdarstellungen an den Seiten der Abbildungen dargestellt. Punkte sind experimentelle Werte, die durchgezogenen Linien entsprechen einer sinusförmigen Anpassung (aus Brune, M. et al., Phys. Rev. Lett. **77**, 4887 (1996)).

nachdem das Atom mit dem Feld gewechselwirkt hat. Wenn wir jetzt bei einer Messung am Atom den Zustand $|\psi_{At}\rangle = \psi_a|a\rangle + \psi_b|b\rangle$ finden, d. h. den Gesamtzustand $|\Psi\rangle$ auf den Zustand $|\psi_{At}\rangle$ projizieren, haben wir für das Resonatorfeld den Schrödinger-Katzen-Zustand

$$|\psi_{cat}\rangle = \mathcal{N}[\psi_a^* \phi_a e^{i\varphi}|\alpha e^{i\varphi}\rangle + \psi_b^* \phi_b|\alpha e^{-i\varphi}\rangle] \tag{7.90}$$

präpariert, wobei $\mathcal{N}$ ein Normierungsfaktor ist. Auf diese Weise ist es gelungen, für das Feld in einem Resonator den Schrödinger-Katzen-Zustand (7.90) zu präparieren [61]. Die Ergebnisse dieses Experiments sind in Abb. 7.12 dargestellt. Ein ähnlicher Zustand für die Schwerpunktsbewegung eines in einer harmonischen Falle eingefangenen Ions wurde ebenfalls nachgewiesen [62].

7.5 Reservoir-Theorie

Bisher haben wir uns auf reine Zustände für das elektromagnetische Feld und auf Zwei-Niveau-Atome konzentriert. Weiterhin haben wir angenommen, dass die Zeitentwicklung des Gesamtsystems unitär ist und von einen Hamilton-Operator bestimmt wird. Eine unitäre Zeitentwicklung kann jedoch Phänomene wie Dämpfung oder Verstärkung nicht beschreiben. Das elektromagnetische Feld in einem verlustbehafteten Resonator z. B. kann nicht durch einen reinen Zustand beschrieben werden. Dazu ist der bereits in Abschn. 7.3.1 eingeführte Dichteoperator nötig. Die Dynamik solcher Systeme wird nicht mehr durch die Schrödinger-Gleichung für den Zustandsvektor beschrieben, sondern durch eine Mastergleichung für den Dichteoperator [31].

7.5.1 Mastergleichung

Für eine quantenmechanische Beschreibung des gedämpften elektromagnetischen Feldes gibt es mehrere Modelle [29]. Das anschaulichste basiert auf einem Resonator, der mit einem Reservoir wechselwirkt, das durch einen Strom von resonanten Zwei-Niveau-Atomen modelliert wird. Dieses Modell ist in Abb. 7.13 dargestellt.

Diese Atome befinden sich entweder im angeregten Zustand oder im Grundzustand und können Energie mit dem Feld im Resonator austauschen. Wenn sich mehr Atome im Grundzustand als im angeregten Zustand befinden, werden die Atome im Mittel dem Feld Energie entziehen und so das Feld dämpfen. Unser Modell nimmt an, dass ein einzelnes Atom als kleine Störung behandelt werden kann. Daher benötigen wir viele Atome, um das Feld im Resonator signifikant zu ändern. Unser Gesamtsystem besteht daher aus sehr vielen Freiheitsgraden, die wir nicht alle unter Kontrolle haben, für die wir uns aber auch gar nicht weiter interessieren. Da wir uns nur für die Dynamik des elektromagnetischen Feldes im Resonator interessieren, bilden wir die Spur über die internen Freiheitsgrade der Atome und erhalten einen Dichteoperator, der nur noch die Eigenschaften des Resonatorfeldes beschreibt. Durch diese Spurbildung erhalten wir aus einer unitären und daher

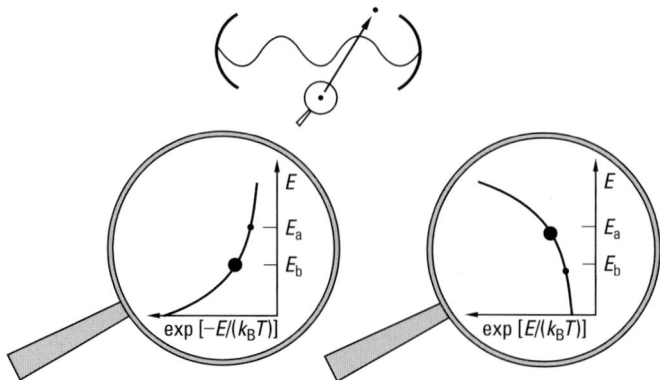

Abb. 7.13 Modell für die Dämpfung oder Verstärkung des Feldes einer einzelnen Resonatormode. Ein Strahl aus resonanten Zwei-Niveau-Atomen durchläuft einen Resonator (oben). Die Atome befinden sich in einer statistischen Mischung aus Gundzustand $|b\rangle$ und angeregtem Zustand $|a\rangle$. Wenn mehr Atome im Grundzustand als im angeregten Zustand sind (links), können wir diese beiden Zustände durch eine Boltzmann-Verteilung zur Temperatur T beschreiben. In diesem Fall werden im Mittel mehr Grundzustandsatome durch das Resonatorfeld angeregt und daher Feldanregungen, d. h. Photonen, aus dem Resonator entnommen. Im Mittel wird daher das Resonatorfeld Photonen verlieren, es wird durch ein Reservoir aus Zwei-Niveau-Atomen der Temperatur T gedämpft. Es ist hierbei wichtig zu bemerken, dass keine Messung an den internen Zuständen der Atome vorgenommen wird, nachdem sie das Feld verlassen haben. Wenn mehr Atome im angeregten Zustand als im Grundzustand sind (rechts), dann sprechen wir von einer Inversion. In diesem Fall transferieren die Atome Anregungen in das Feld, d. h. sie verstärken das Feld. Formal kann die Bevölkerung der Atome durch eine Boltzmann-Verteilung mit „negativer Temperatur" beschrieben werden.

reversiblen Zeitentwicklung des Gesamtsystems eine nichtunitäre und daher irreversible Zeitentwicklung für das Resonatorfeld.

7.5.1.1 Details des Modells

Wir nehmen an, dass zu jeder Zeit höchstens ein Atom im Resonator ist. Dann können wir die Wechselwirkung zwischen Feld und Atom durch das Jaynes-Cummings-Paul-Modell beschreiben. Die Dynamik für ein System aus Feld und einem einzelnen Atom wird durch den Hamilton-Operator Gl. (7.77) beschrieben. Wir machen folgende Vereinfachungen:

1. Vor der Wechselwirkung mit dem Feld ist das Atom mit der Wahrscheinlichkeit ϱ_{aa} im Zustand $|a\rangle$ und mit der Wahrscheinlichkeit ϱ_{bb} im Zustand $|b\rangle$. Der Dichteoperator für die Atome vor der Wechselwirkung mit dem Feld ist also $\hat{\varrho}_{At} = \varrho_{aa}|a\rangle\langle a| + \varrho_{bb}|b\rangle\langle b|$.
2. Die Frequenz unserer Resonatormode ist resonant zur Übergangsfrequenz des Zwei-Niveau-Atoms, d. h. $\Delta = 0$.

3. Der Einfluss eines einzelnen Atoms ist gering. Wir können daher in der Lösung (7.82) des Jaynes-Cummings-Paul-Modells die Sinus- und Kosinusterme bis zu zweiter Ordnung in der Wechselwirkungszeit entwickeln.

Wir nehmen nun an, dass zur Zeit t das Feld durch den Dichteoperator $\hat{\varrho}_F(t)$ beschrieben wird und in Wechselwirkung mit einem einzelnen Atom steht, dessen Zustand durch $\hat{\varrho}_{At}$ gegeben ist. Mit Hilfe der obigen Näherungen können wir aus Gl. (7.82) einen Ausdruck für den Dichteoperator des Gesamtsystems bestehend aus dem Feld und einem Atom herleiten. Da wir uns für das Atom nicht weiter interessieren, bilden wir die Spur über die inneren Freiheitsgrade des Atoms und erhalten den Dichteoperator $\hat{\varrho}_F(t+\tau)$ des Feldes nach der Wechselwirkungszeit τ. Bis zur Wechselwirkung mit dem nächsten Atom ändert sich $\hat{\varrho}_F$ nicht.

Bisher haben wir nur den Einfluss eines Atoms berücksichtigt. Den Einfluss von vielen Atomen auf $\hat{\varrho}_F$ berücksichtigen wir durch die sog. coarse-grained Näherung. Da ein Atom das Feld und damit auch $\hat{\varrho}_F$ nicht signifikant ändert, schreiben wir

$$\frac{d}{dt}\hat{\varrho}_F \approx \frac{\hat{\varrho}_F(t+\Delta t) - \hat{\varrho}_F(t)}{\Delta t} = \frac{\hat{\varrho}_F(t+\tau) - \hat{\varrho}_F(t)}{\Delta t}, \qquad (7.91)$$

wobei $\Delta t > \tau$ die mittlere Zeit zwischen zwei aufeinanderfolgenden Atomen ist. Wir interpretieren die daraus resultierende Differentialgleichung als eine Bewegungsgleichung für $\hat{\varrho}_F$, die für alle Zeiten t, also auch nach der Wechselwirkung des Feldes mit vielen Atomen, gelten soll.

Wenn wir all diese Näherungen und Annahmen berücksichtigen, erhalten wir nach einer etwas länglichen Rechnung die Mastergleichung

$$\frac{d}{dt}\hat{\varrho}_F(t) = \mathscr{L}(\hat{\varrho}_F) \equiv -\frac{1}{2}\mathscr{R}_a[\hat{a}\hat{a}^\dagger \hat{\varrho}_F(t) + \hat{\varrho}_F(t)\hat{a}\hat{a}^\dagger - 2\hat{a}^\dagger \hat{\varrho}_F(t)\hat{a}]$$

$$-\frac{1}{2}\mathscr{R}_b[\hat{a}^\dagger \hat{a}\hat{\varrho}_F(t) + \hat{\varrho}_F(t)\hat{a}^\dagger \hat{a} - 2\hat{a}\hat{\varrho}_F(t)\hat{a}^\dagger] \qquad (7.92)$$

für den Dichteoperator des Resonatorfeldes im Wechselwirkungsbild. Dabei haben wir $\mathscr{R}_a \equiv \varrho_{aa}(g\tau)^2/\Delta t$ und $\mathscr{R}_b \equiv \varrho_{bb}(g\tau)^2/\Delta t$ verwendet.

7.5.1.2 Lösungsmethoden

Mastergleichungen der Form (7.92) sind Operatorgleichungen, bei denen der Liouville-Operator $\mathscr{L}$ auf den Dichteoperator wirkt. Im vorliegenden Fall hängt der Liouville-Operator nur von den Feldoperatoren $\hat{a}$ und $\hat{a}^\dagger$ ab. Da es sich um eine Operatorgleichung handelt, müssen wir auf die Reihenfolge der Operatoren achten. Es ist daher nicht offensichtlich, wie Mastergleichungen der Form (7.92) gelöst werden können. In der Quantenoptik werden mehrere Methoden [63, 64, 65] verwendet, um solche Gleichungen zu lösen:

Matrixelemente [26, 28, 29, 31, 34, 66]. Wenn wir den Dichteoperator nach Fock-Zuständen $|m\rangle$ und $|n\rangle$ entwickeln, erhalten wir eine Bewegungsgleichung für die Matrixelemente $\langle m|\hat{\varrho}_F|n\rangle$. Dabei handelt es sich um ein gekoppeltes System von linearen Differentialgleichungen, das mit üblichen Methoden gelöst werden kann.

Phasenraumverteilungen [11, 12, 46, 67, 68]. Neben der in Abschn. 7.3.7.2 diskutierten P-Funktion werden in der Quantenoptik weitere Phasenraumverteilungen verwendet, wie z. B. die Q-Funktion oder die Wigner-Funktion. Diese Phasenraumverteilungen enthalten die komplette Information über den Dichteoperator des Systems. Aus der Mastergleichung für den Dichteoperator kann eine Bewegungsgleichung für die Phasenraumverteilungen hergeleitet werden. Diese Bewegungsgleichungen sind lineare partielle Differentialgleichungen.

Quantensprünge [69]. Bei dieser Methode wird eine stochastische Schrödinger-Gleichung numerisch gelöst. Dazu wird eine Wellenfunktion mit Hilfe eines nichthermiteschen Hamilton-Operators um ein kleines Zeitintervall propagiert. Auf jeden Integrationsschritt folgt ein stochastischer Sprung. Der nichthermitesche Anteil des Hamilton-Operators und die Eigenschaften der stochastischen Sprünge folgen aus dem Liouville-Operator $\mathscr{L}$. Durch Mittelung über alle Trajektorien erhält man schließlich eine numerische Lösung der Mastergleichung.

7.5.2 Dämpfung und Verstärkung

Das charakteristische Verhalten der Lösungen von Mastergleichungen der Form (7.92) können wir bereits an den Erwartungswerten $\langle \hat{a} \rangle$ und $\langle \hat{a}^\dagger \hat{a} \rangle$ erkennen. Um diese Erwartungswerte auszurechnen, müssen wir nicht die volle Mastergleichung lösen. Stattdessen stellen wir eine Bewegungsgleichung für die Erwartungswerte $\langle \hat{a} \rangle$ und $\langle \hat{a}^\dagger \hat{a} \rangle$ auf. Aus der Mastergleichung (7.92) erhalten wir

$$\frac{d}{dt}\langle \hat{a} \rangle = \frac{1}{2}(\mathscr{R}_a - \mathscr{R}_b)\langle \hat{a} \rangle \tag{7.93}$$

und

$$\frac{d}{dt}\langle \hat{a}^\dagger \hat{a} \rangle = (\mathscr{R}_a - \mathscr{R}_b)\langle \hat{a}^\dagger \hat{a} \rangle + \mathscr{R}_a . \tag{7.94}$$

Wenn mehr Atome im angeregten Zustand sind als im Grundzustand, d. h. $\varrho_{aa} > \varrho_{bb}$, wachsen wegen $\mathscr{R}_a > \mathscr{R}_b$ die Erwartungswerte $\langle \hat{a} \rangle$ und $\langle \hat{a}^\dagger \hat{a} \rangle$ exponentiell. Das Feld im Resonator wird verstärkt, da mehr Atome ein Energiequant an das Feld abgeben als Atome dem Feld Energie entziehen.

Wenn mehr Atome im Grundzustand als im angeregten Zustand sind, d. h. $\varrho_{bb} > \varrho_{aa}$, zerfällt wegen $\mathscr{R}_b > \mathscr{R}_a$ der Erwartungswert $\langle \hat{a} \rangle$ exponentiell, während sich $\langle \hat{a}^\dagger \hat{a} \rangle$ exponentiell dem Gleichgewichtswert

$$\langle \hat{a}^\dagger \hat{a} \rangle = \frac{\mathscr{R}_a}{\mathscr{R}_b - \mathscr{R}_a} = \frac{1}{\dfrac{\varrho_{bb}}{\varrho_{aa}} - 1} \tag{7.95}$$

nähert. Diese Ergebnisse folgen direkt aus der Mastergleichung (7.92).

Wir können aber auch die Atome als Wärmebad interpretieren und über

$$\frac{\varrho_{aa}}{\varrho_{bb}} = \exp\left(-\frac{\hbar\omega}{k_B T}\right) \tag{7.96}$$

die Temperatur T dieses Wärmebads definieren. Im thermischen Gleichgewicht hat das Feld keine Phase mehr, weshalb der Erwartungswert $\langle \hat{a} \rangle$ verschwindet. Die mittlere Zahl der Photonen in einer Mode der Frequenz ω, die mit einem Wärmebad der Temperatur T im Gleichgewicht ist, ist durch

$$\langle \hat{a}^\dagger \hat{a} \rangle = n_{\text{th}} \equiv \frac{1}{\exp\left(\dfrac{\hbar\omega}{k_B T}\right) - 1} = \frac{1}{\dfrac{\varrho_{bb}}{\varrho_{aa}} - 1} \tag{7.97}$$

gegeben. Dieses Ergebnis stimmt mit der stationären Lösung der Mastergleichung (7.95) überein.

Wenn wir nun statt der Parameter $\mathscr{R}_a$ und $\mathscr{R}_b$ die Dämpfungskonstante $\kappa \equiv \mathscr{R}_b - \mathscr{R}_a$ und die Zahl der thermischen Photonen n_{th} verwenden, erhalten wir mit

$$\mathscr{L}_D(\hat{\varrho}_F) \equiv -\frac{\kappa}{2}(n_{\text{th}} + 1)(\hat{a}^\dagger \hat{a}\, \hat{\varrho}_F + \hat{\varrho}_F\, \hat{a}^\dagger \hat{a} - 2\hat{a}\hat{\varrho}_F \hat{a}^\dagger)$$

$$-\frac{\kappa}{2} n_{\text{th}}(\hat{a}\hat{a}^\dagger \hat{\varrho}_F + \hat{\varrho}_F \hat{a}\hat{a}^\dagger - 2\hat{a}^\dagger \hat{\varrho}_F \hat{a}) \tag{7.98}$$

die übliche Form des Liouville-Operators zur Beschreibung einer gedämpften Resonatormode.

7.5.3 Dekohärenz

Das Superpositionsprinzip ist einer der Eckpfeiler der Quantenmechanik. Schon Paul A.M. Dirac brachte das in seinem berühmten Lehrbuch [70] zum Ausdruck indem er sagte „... any two or more states may be superposed to give a new state". Der Schrödinger-Katzen-Zustand (7.50) demonstriert die Mächtigkeit dieses Superpositionsprinzips. Die beiden kohärenten Zustände, aus denen sich der Schrödinger-Katzen-Zustand zusammensetzt, sind im Sinne von Abschn. 7.3.7 klassische Zustände, während die Überlagerung aus den beiden Zuständen ein hochgradig nichtklassischer Zustand ist [40].

Im Folgenden wollen wir den Zusammenhang zwischen dem Superpositionsprinzip, klassischen Zuständen und nichtklassischen Zuständen genauer untersuchen. Dazu betrachten wir einen Schrödinger-Katzen-Zustand, der sich aus zwei kohärenten Zuständen mit großer Amplitude zusammensetzt, die einen großen Winkel 2φ einschließen, siehe Abb. 7.1. Für diese Parameter können wir die beiden kohärenten Zustände aufgrund des großen Abstands voneinander unterscheiden, aber trotzdem Interferenz zwischen den beiden Zuständen beobachten.

Da in unserer klassischen Welt Interferenzterme zwischen zwei unterscheidbaren Zuständen nicht vorkommen, stellt sich die Frage, welcher Mechanismus die Interferenzterme auslöscht [71, 72], wenn wir die Grenze zwischen quantenmechanischer und klassischer Welt passieren. Niels Bohr hat immer darauf bestanden, dass eine Messapparatur klassisch beschrieben werden muss und eine „irreversible Verstärkung" [73] beinhaltet. Irreversibilität bedeutet letztendlich, dass viele Freiheitsgrade an dem Prozess beteiligt sind. Es sind genau diese vielen Freiheitsgrade, die die quantenmechanische Interferenz auslöschen.

Wir veranschaulichen dieses Konzept, indem wir eine Messung am elektromagnetischen Feld einer Resonatormode machen. Dazu koppeln wir die Resonatormode an die vielen Moden der Messapparatur. Da wir uns nicht für die Details der Messapparatur interessieren, sondern wissen wollen, wie sich das Feld im Resonator unter dem Einfluss der Messapparatur ändert, können wir die Spur über die Resonatormoden bilden und erhalten eine Mastergleichung für die Feldmode. Im einfachsten Fall ist der Liouville-Operator für dieses Modell identisch mit dem Liouville-Operator aus Gl. (7.98). Die Zahl n_{th} der thermischen Photonen wird durch den Zustand des Reservoirs bestimmt, während κ ein Maß dafür ist, wie stark wir das Resonatorfeld an unsere Messapparatur ankoppeln. Da die Messapparatur dem Resonatorfeld Energie entzieht, können wir κ auch als Dämpfungskonstante des Resonators auffassen.

Um zu sehen, wie sich ein nichtklassischer Zustand unter dem Einfluss eines Reservoirs bzw. einer Messapparatur entwickelt, lösen wir die Mastergleichung

$$\dot{\varrho}_F = -\frac{\kappa}{2}(n_{\text{th}}+1)(\hat{a}^\dagger\hat{a}\varrho_F + \varrho_F\hat{a}^\dagger\hat{a} - 2\hat{a}\varrho_F\hat{a}^\dagger)$$

$$-\frac{\kappa}{2}n_{\text{th}}(\hat{a}\hat{a}^\dagger\varrho_F + \varrho_F\hat{a}\hat{a}^\dagger - 2\hat{a}^\dagger\varrho_F\hat{a}) \qquad (7.99)$$

für den Fall, dass sich das Feld zur Zeit $t=0$ in dem Schrödinger-Katzen-Zustand

$$\hat{\varrho}_{\text{cat}} \equiv |\psi_{\text{cat}}\rangle\langle\psi_{\text{cat}}| = |\mathcal{N}|^2 [|\alpha e^{i\varphi}\rangle\langle\alpha e^{i\varphi}| + |\alpha e^{-i\varphi}\rangle\langle\alpha e^{-i\varphi}|$$
$$+ |\alpha e^{i\varphi}\rangle\langle\alpha e^{-i\varphi}| + |\alpha e^{-i\varphi}\rangle\langle\alpha e^{i\varphi}|] \qquad (7.100)$$

befindet. Wir können nun eine der in Abschn. 7.5.1.2 erwähnten Methoden verwenden, um diese Mastergleichung zu lösen. Als wesentliches Ergebnis finden wir, dass die Diagonalelemente $|\alpha e^{i\varphi}\rangle\langle\alpha e^{i\varphi}|$ und $|\alpha e^{-i\varphi}\rangle\langle\alpha e^{-i\varphi}|$ mit der Dämpfungskonstanten κ zerfallen. Die Interferenzterme, die durch die Nebendiagonalelemente $|\alpha e^{i\varphi}\rangle\langle\alpha e^{-i\varphi}|$ und $|\alpha e^{-i\varphi}\rangle\langle\alpha e^{i\varphi}|$ beschrieben werden, zerfallen jedoch viel schneller. Diese Terme zerfallen nicht mit κ, sondern mit $\kappa(2\alpha\sin\varphi)^2$, d. h. dem Produkt aus der Dämpfungskonstanten des Resonators und dem Quadrat des Abstands $\Delta\alpha = 2\alpha\sin\varphi$ der beiden kohärenten Zustände im Phasenraum, siehe Abb. 7.1. Wenn der Abstand zwischen diesen beiden kohärenten Zuständen groß ist und wir daher die beiden Zustände leicht unterscheiden können, zerfallen die Interferenzterme auf einer sehr viel schnelleren Zeitskala als die Diagonalterme. Nach kurzer Zeit haben wir dann näherungsweise den gemischten Zustand

$$\varrho_F \cong \tfrac{1}{2}[|\alpha e^{i\varphi}\rangle\langle\alpha e^{i\varphi}| + |\alpha e^{-i\varphi}\rangle\langle\alpha e^{-i\varphi}|] \qquad (7.101)$$

vorliegen, der nur Diagonalterme enthält und mit der Dämpfungskonstanten κ zerfällt.

Ein solcher Dekohärenzmechanismus tritt immer dann auf, wenn wir ein System an ein Reservoir koppeln, das aus sehr vielen Freiheitsgraden besteht. Er löscht die quantenmechanische Interferenz zwischen zwei makroskopisch unterscheidbaren Zuständen aus. Der verstärkte Zerfall des Interferenzterms wurde in mehreren Experimenten beobachtet. In einem Experiment wurde der Zerfall eines Schrödinger-

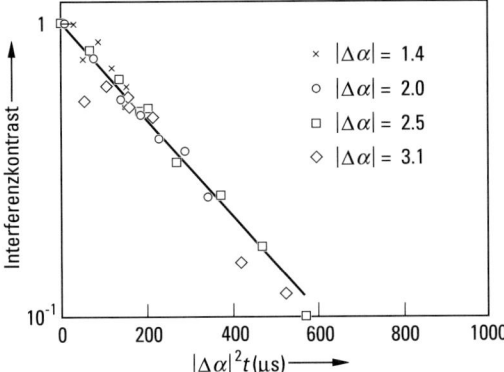

Abb. 7.14 Zerfall eines Schrödinger-Katzen-Zustands, der an ein thermisches Reservoir gekoppelt ist. Die Schwerpunktsbewegung eines Ions in einer Ionenfalle wurde zunächst in einem Schrödinger-Katzen-Zustand präpariert. Danach wurde der Kontrast des Interferenzmusters als Funktion der Zeit beobachtet. Man erkennt, wie dieser Kontrast mit der Zeit abnimmt. Die Zerfallskonstante hängt vom Quadrat des Abstands $|\Delta\alpha|$ der beteiligten kohärenten Zustände im Phasenraum ab. Die durchgezogene Kurve beschreibt einen an die Daten angepassten exponentiellen Zerfall (aus Myatt, C.J. et al., Nature **403**, 269 (2000)).

Katzen-Zustands in einem Resonator [61] gemessen, in einem anderen Experiment wurde der Zerfall eines solchen Zustands in einer Ionenfalle [62] nachgewiesen. Wie in Abb. 7.14 gezeigt, konnte insbesondere nachgewiesen werden, dass die Zerfallskonstante der Nebendiagonalelemente tatsächlich mit dem Quadrat des Abstands der beiden beteiligten kohärenten Zustände im Phasenraum zunimmt.

7.6 Ein-Atom-Maser

Die Kombination aus supraleitenden Resonatoren und Rydberg-Atomen hat eine neue Lichtquelle mit ungewöhnlichen quantenstatistischen Eigenschaften geschaffen: den Ein-Atom-Maser. In diesem Maser [74], der in Abb. 7.15 gezeigt ist, wird ein Strahl aus angeregten Zwei-Niveau-Atomen durch einen nahezu idealen Mikrowellenresonator geschickt. Die angeregten Atome wechselwirken resonant mit einer einzigen Resonatormode. Die Intensität des Atomstrahls soll dabei so gering sein, dass sich nie mehr als ein Atom im Resonator befindet. Außerdem nehmen wir an, dass alle Atome im Strahl die gleiche Geschwindigkeit haben und daher alle Atome gleich lang mit dem Resonatorfeld wechselwirken. Aus dem Jaynes-Cummings-Paul-Modell haben wir bereits gelernt, dass ein angeregtes Atom Energie an die Feldmode abgeben kann. Ein Atomstrahl aus angeregten Atomen kann daher das Feld in einem Resonator verstärken. Gleichzeitig können die Atome zur Prüfung des Feldes verwendet werden. Nachdem die Atome den Resonator verlassen haben, misst ein Detektor die internen Freiheitsgrade der Atome. In Abb. 7.16 zeigen wir die erste beobachtete Maser-Resonanz, d. h. die Verstärkung des Feldes aufgrund stimulierter

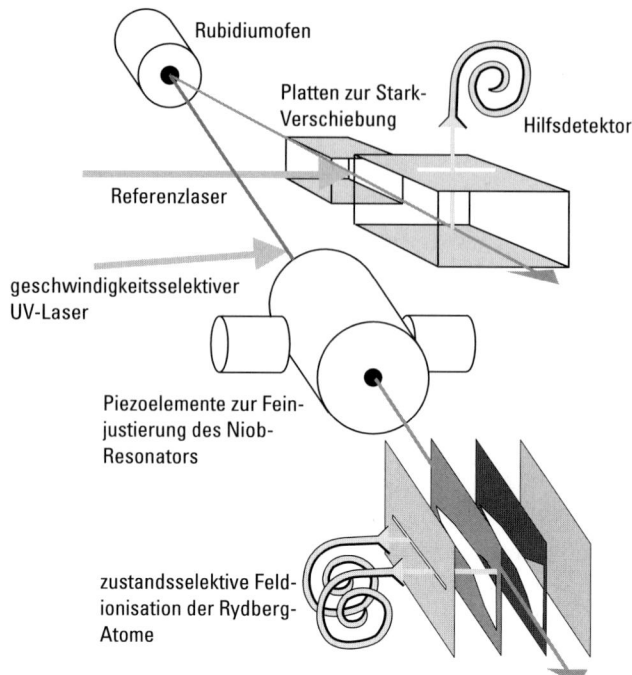

Abb. 7.15 Experimenteller Aufbau eines Ein-Atom-Masers. Atome verlassen den Rubidiumofen und werden mit Hilfe eines UV-Lasers in den Rydberg-Zustand $63\,p_{3/2}$ angeregt. Da der Laserstrahl unter einem Winkel zum Atomstrahl einfällt, werden Atome nur angeregt, wenn sie die richtige Geschwindigkeit haben. Die angeregten Atome durchlaufen anschließend einen Mikrowellenresonator. Da die angeregten Atome eine wohl definierte Geschwindigkeit haben, ist die Wechselwirkungszeit zwischen Feld und Atom wohl definiert. Nachdem die Atome den Mikrowellenresonator verlassen haben, werden sie durch Feldionisation zustandsselektiv nachgewiesen. Zwei Piezo-Verschieber erlauben es, den Resonator zu verstimmen. Ein Referenzstrahl (rechter Atomstrahl) wird benutzt, um die Laserfrequenz mit Hilfe einer stark verschobenen Atomresonanz zu stabilisieren. Dies erlaubt eine kontinuierliche Durchstimmbarkeit der Geschwindigkeit der Atome (aus Weidinger, M. *et al.*, Phys. Rev. Lett. **82**, 3795 (1999)).

Emission der Atome. Diese macht sich durch eine Abnahme der Zahl der Atome im angeregten Zustand bemerkbar.

7.6.1 Mastergleichung

Wir beschreiben die Wechselwirkung zwischen Feld und Atom durch den resonanten Jaynes-Cummings-Paul(JPC)-Hamilton-Operator im Wechselwirkungsbild. Bei der Herleitung der Mastergleichung für den Ein-Atom-Maser gehen wir ähnlich vor wie in Abschn. 7.5.1, nur dass wir jetzt annehmen, dass alle Atome im angeregten Zustand sind, bevor sie mit dem Feld wechselwirken. Außerdem lassen wir Wech-

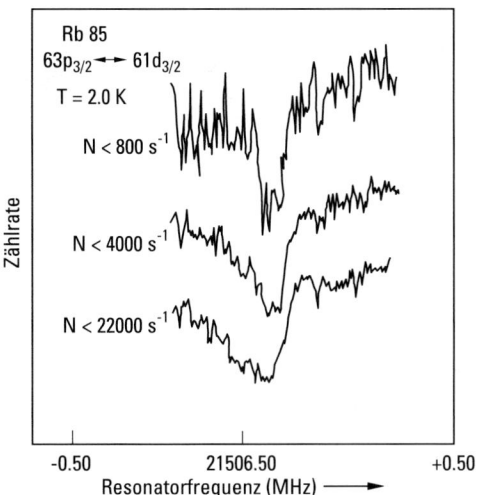

Abb. 7.16 Resonanzlinie des ersten Ein-Atom-Masers: Zahl der angeregten Atome als Funktion der Verstimmung des Resonators. Rubidiumatome im angeregten Zustand 63 p$_{3/2}$ durchlaufen einen Mikrowellenresonator und wechselwirken mit einem Resonatorfeld. Die Zahl der Atome, die in diesem Zustand verbleiben, wird am Ausgang des Resonators gemessen. In der Nähe der Resonanzfrequenz von 21 506.5 MHz des Übergangs 63 p$_{3/2}$ ↔ 61 d$_{3/2}$ nimmt die Zahl der angeregten Atome stark ab und eine komplizierte Resonanzlinie entsteht. Bei Reduzierung des Flusses N der Atome wird die Resonanz schärfer. Um die Zahl der thermischen Photonen klein zu halten, wurde der Resonator auf eine Temperatur von 2 K gekühlt (aus Meschede, D. *et al.*, Phys. Rev. Lett. **54**, 551 (1985)).

selwirkungszeiten zu, die mehrere Rabi-Zyklen der Atome erlauben, sodass wir im Gegensatz zu Abschn. 7.5.1 die Sinus- und Kosinusterme aus Gl. (7.82) nicht mehr nach der Wechselwirkungszeit entwickeln können. Nachdem die Atome den Resonator wieder verlassen haben, bilden wir die Spur über die inneren Freiheitsgrade der Atome. Wenn wir diese Prozedur für viele Atome durchführen, erhalten wir schließlich die coarse-grained Bewegungsgleichung [31]

$$\frac{\mathrm{d}}{\mathrm{d}t}\hat{\varrho}_F(t) \equiv \mathscr{L}_{JCP}(\hat{\varrho}_F) \equiv r[\hat{C}_n(\tau)\hat{\varrho}_F(t)\hat{C}_n(\tau) - \hat{\varrho}_F(t)]$$
$$+ r\frac{\hat{S}_{n-1}(\tau)}{\sqrt{\hat{n}}}\hat{a}^\dagger \hat{\varrho}_F(t) \hat{a}\frac{\hat{S}_{n-1}(\tau)}{\sqrt{\hat{n}}}, \qquad (7.102)$$

wobei wir die Abkürzungen $\hat{C}_n(\tau) \equiv \cos(g\tau\sqrt{\hat{n}+1})$ und $\hat{S}_n(\tau) \equiv \sin(g\tau\sqrt{\hat{n}+1})$ eingeführt haben. Dabei ist g die Kopplungskonstante zwischen Feld und Atom, während τ die Wechselwirkungszeit eines Atoms mit dem Feld ist. Die Rate r gibt an, wie viele Atome (im Mittel) pro Zeit durch den Resonator fliegen.

In Gl. (7.102) haben wir noch nicht berücksichtigt, dass der Resonator eine endliche Güte hat und daher nicht nur Energie aus den Atomen aufnimmt, sondern auch Energie an die Umgebung abgibt. Um unsere Beschreibung des Ein-Atom-Masers einfach zu halten, nehmen wir an, dass die Zeitdifferenz zwischen zwei aufeinanderfolgenden Atomen sehr viel größer ist als die Wechselwirkungszeit eines einzelnen Atoms mit dem Feld, d. h. die meiste Zeit befindet sich überhaupt kein Atom im Resonator. Wenn sich kein Atom im Resonator befindet, müssen wir nur das schon früher diskutierte gedämpfte elektromagnetische Feld in einem Resonator betrachten und wir können die Zeitentwicklung des Resonatorfeldes durch den in Gl. (7.98) definierten Liouville-Operator $\mathscr{L}_\mathrm{D}(\hat{\varrho}_\mathrm{F})$ beschreiben. Während das Feld mit dem Atom wechselwirkt, vernachlässigen wir die Dämpfung. Die vollständige Dynamik unseres Ein-Atom-Masers [75, 76] wird dann näherungsweise durch die Mastergleichung

$$\frac{\mathrm{d}}{\mathrm{d}t}\hat{\varrho}_\mathrm{F}(t) \equiv \mathscr{L}_\mathrm{JCP}(\hat{\varrho}_\mathrm{F}) + \mathscr{L}_\mathrm{D}(\hat{\varrho}_\mathrm{F}) \tag{7.103}$$

beschrieben. Wir weisen jedoch darauf hin, dass diese Mastergleichung eine Näherung ist, die gewisse Annahmen über die Pumpstatistik des Atomstrahls macht. Modifikationen dieser Mastergleichung aufgrund von verschiedenen Pumpstatistiken werden in [77] diskutiert.

7.6.2 Photonenstatistik im Gleichgewicht

Wenn wir lange genug warten, wird sich in unserem Ein-Atom-Maser ein Gleichgewicht einstellen, bei dem sich die Energiezufuhr durch den Pumpprozess und der Energieverlust durch die Dämpfung gegenseitig kompensieren. Aus Gl. (7.103) erhalten wir die Gleichgewichts-Photonenstatistik [75, 76]

$$W_n \equiv \langle n|\hat{\varrho}_\mathrm{F}|n\rangle = W_0 \prod_{l=1}^{n}\left[\frac{n_\mathrm{th}}{n_\mathrm{th}+1} + \frac{r\sin^2(g\,\tau\sqrt{l})}{\kappa\,(n_\mathrm{th}+1)\,l}\right] \tag{7.104}$$

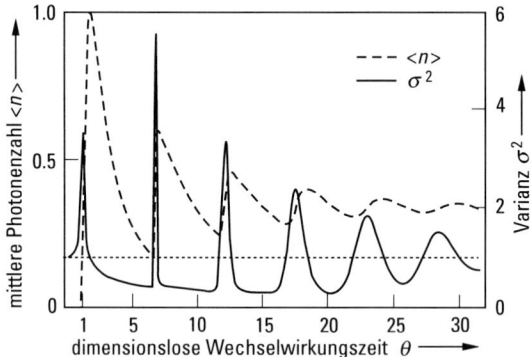

Abb. 7.17 Mittlere Photonenzahl $\langle \hat{n} \rangle$ und normierte Varianz σ^2 der Photonenstatistik eines Ein-Atom-Masers im Gleichgewicht als Funktion der dimensionslosen Wechselwirkungszeit $\theta \equiv \sqrt{r/\kappa}\,g\,\tau$. Die mittlere Photonenzahl ist auf den Wert an der Maserschwelle bei $\theta = 1$ normiert. Der Pumpparameter hat den Wert $r/\kappa = 200$. Die gepunktete Linie bei $\sigma^2 = 1$ repräsentiert die Varianz eines kohärenten Zustands, bei dem die Photonenstatistik durch eine Poisson-Verteilung beschrieben wird.

des Ein-Atom-Masers, die durch die Diagonalelemente $\langle n|\hat{\varrho}_F|n\rangle$ des Dichteoperators bestimmt wird. Dabei ist W_0 eine Normierungskonstante.

Abbildung 7.17 zeigt die mit Hilfe von Gl. (7.104) berechnete mittlere Photonenzahl $\langle \hat{n} \rangle$ und normierte Varianz $\sigma^2 = (\langle \hat{n}^2 \rangle - \langle \hat{n} \rangle^2)/\langle \hat{n} \rangle$ im Gleichgewicht als Funktion der dimensionslosen Wechselwirkungszeit $\theta \equiv \sqrt{r/\kappa}\, g\, \tau$. Wir erkennen einen steilen Anstieg der mittleren Photonenzahl in der Nähe der Maserschwelle bei $\theta = 1$, ein Phänomen, das bei jedem Laser auftritt. Wegen der Sinus-Funktion in Gl. (7.104) treten weitere Schwellen auf, die jedoch nicht so ausgeprägt sind, wie die Schwelle bei $\theta = 1$. Die normierte Varianz σ^2 aus Abb. 7.17 zeigt, dass die Photonenstatistik des Ein-Atom-Masers sowohl sub-poissonisch als auch super-poissonisch sein kann. Die verschiedenen Bereiche der Photonenstatistik konnten experimentell beobachtet werden [78], siehe Abb. 7.18.

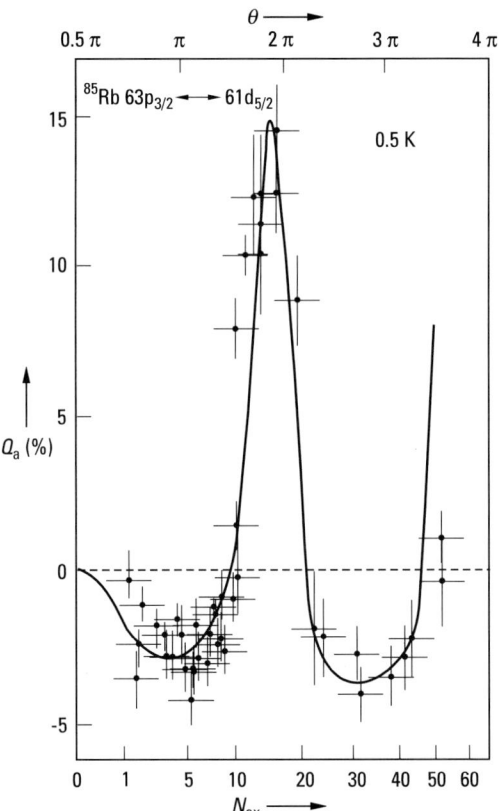

Abb. 7.18 Fluktuationen der Zahl N der Atome im Grundzustand in einem Messintervall. Aufgetragen ist die normierte Fluktuation $Q_a \equiv (\langle N^2 \rangle - \langle N \rangle^2 - \langle N \rangle)/\langle N \rangle$ als Funktion der Pumprate $N_{ex} \equiv r/\kappa$. Dieser Parameter Q_a hängt mit dem Mandel'schen Q-Parameter (siehe Abschn. 7.3.7.1) des Maserfeldes zusammen und spiegelt damit in den Bereichen $Q_a < 0$ das sub-poissonische Verhalten wider (aus Rempe, G. *et al.*, Phys. Rev. Lett. **64**, 2783 (1990)).

800   7 Quantenoptik

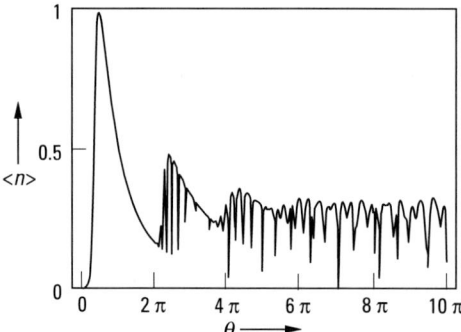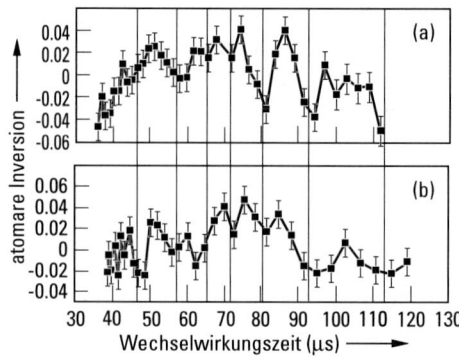

Abb. 7.19 Fangzustände im Ein-Atom-Maser. Für bestimmte Werte der dimensionslosen Wechselwirkungszeit $\theta \equiv \sqrt{r/\kappa}\, g\,\tau$ zeigt die berechnete mittlere Photonenzahl dramatische Einbrüche (links). Experimentelle Beobachtung (rechts). Atomare Inversion als Funktion der Wechselwirkungszeit für Pumpparameter $N_{ex} = 7\,(\alpha)$ und $N_{ex} = 10\,(\beta)$. Die vertikalen Linien kennzeichnen Fangzustände, die durch kleine Zahlen q und n_q charakterisiert werden können. Bei diesen Wechselwirkungszeiten sind Einbrüche in der atomaren Inversion erkennbar (aus Weidinger, M. et al., Phys. Rev. Lett. **82**, 3795 (1999)).

Besonders interessant wird die Photonenstatistik des Ein-Atom-Masers, wenn keine thermischen Photonen vorhanden sind, d. h. $n_{th} = 0$ oder $T = 0$. Wir wählen nun die Wechselwirkungszeit τ so, dass

$$g\,\tau\sqrt{n_q + 1} = q\,\pi \qquad (7.105)$$

gilt, wobei q und n_q positive ganze Zahlen sind. In diesem Fall verschwindet W_n für $n \geq n_q + 1$. Solche Zustände werden Fangzustände genannt [79].

Fangzustände lassen sich anschaulich verstehen. Ein Atom, das mit dem Feldzustand $|n_q\rangle$ wechselwirkt, kann keine Energie an das Feld abgeben, weil es wegen der speziellen Wahl der Wechselwirkungszeit einen oder mehrere Rabi-Zyklen durchläuft und den Resonator wieder im angeregten Zustand verlässt. In der Umgebung dieser Wechselwirkungszeiten zeigt die mittlere Photonenzahl, wie in Abb. 7.19 dargestellt, charakteristische Einbrüche. Diese durch Fangzustände erzeugten Einbrüche konnten im Ein-Atom-Maser experimentell beobachtet werden [80].

7.7 Atom-Reservoir-Wechselwirkung

In unseren bisherigen Ausführungen haben wir uns auf die Dynamik einer einzelnen Mode konzentriert, die an ein Reservoir gekoppelt ist. Dieses Reservoir haben wir durch eine Folge von Zwei-Niveau-Atomen modelliert. In diesem Abschnitt betrachten wir die Dynamik eines einzelnen Zwei-Niveau-Atoms unter dem Einfluss eines Reservoirs aus unendlich vielen Feldmoden. Wir denken dabei nicht in erster Linie an Moden in einem Resonator, sondern an ein Atom, das an die Moden des elektromagnetischen Feldes im freien Raum koppelt. Die Kopplung zwischen Atom und Feldreservoir führt auf das Phänomen der spontanen Emission und verschiebt gleichzeitig die atomaren Energieniveaus. Wir diskutieren kurz die Bewegungsgleichungen für den Dichteoperator $\hat{\varrho}_{At}$ des Atoms und analysieren die sich daraus ergebenden Konsequenzen.

7.7.1 Mastergleichung

Um die Wechselwirkung zwischen Atom und Reservoir zu beschreiben, betrachten wir den Hamilton-Operator

$$\hat{H}_{AR} \equiv \hat{H}_{At} + \hat{H}_F + \hat{H}_{WW}$$
$$\equiv \frac{1}{2}\hbar\omega\hat{\sigma}_z + \sum_\ell \hbar\Omega_\ell \hat{a}_\ell^\dagger \hat{a}_\ell + \sum_\ell \hbar g_\ell (\hat{\sigma}\hat{a}_\ell^\dagger + \hat{\sigma}^\dagger \hat{a}_\ell), \tag{7.106}$$

wobei Ω_ℓ die Frequenz der ℓ-ten Mode ist und g_ℓ die Stärke der Kopplung an die ℓ-te Mode beschreibt. Um aus diesem Hamilton-Operator eine einfache Mastergleichung für den Dichteoperator des Atoms zu erhalten, machen wir die sogenannte Born-Markov-Näherung, nachdem wir die Spur über die Freiheitsgrade des Feldes gebildet haben. Dazu nehmen wir an, dass das Atom nur schwach an das Reservoir koppelt, sodass wir diese Wechselwirkung störungstheoretisch behandeln können. Außerdem setzen wir voraus, dass die Korrelationszeiten des Reservoirs klein sind im Vergleich zu den Zeitskalen unseres Systems. Bei einem Reservoir mit kontinuierlichem Spektrum ist das normalerweise der Fall. Wenn wir diese Näherungen machen, erhalten wir nach einer längeren Rechnung im Wechselwirkungsbild die Mastergleichung

$$\frac{d}{dt}\hat{\varrho}_{At} = -\frac{i}{\hbar}[\Delta\hat{H}, \hat{\varrho}_{At}] - (\Gamma_r + G_r)[\hat{\sigma}^\dagger \hat{\sigma} \hat{\varrho}_{At} + \hat{\varrho}_{At} \hat{\sigma}^\dagger \hat{\sigma} - 2\hat{\sigma}\hat{\varrho}_{At}\hat{\sigma}^\dagger]$$
$$- \Gamma_r[\hat{\sigma}\hat{\sigma}^\dagger \hat{\varrho}_{At} + \hat{\varrho}_{At}\hat{\sigma}\hat{\sigma}^\dagger - 2\hat{\sigma}^\dagger \hat{\varrho}_{At}\hat{\sigma}]$$
$$+ 2\beta^* \hat{\sigma}\hat{\varrho}_{At}\hat{\sigma} + 2\beta\hat{\sigma}^\dagger \hat{\varrho}_{At}\hat{\sigma}^\dagger \tag{7.107}$$

für den atomaren Dichteoperator $\hat{\varrho}_{At}$ [18, 31]. Dabei haben wir den Hamilton-Operator

$$\Delta\hat{H} \equiv -\hbar\left(\Gamma_i + \frac{1}{2}G_i\right)\hat{\sigma}_z \tag{7.108}$$

eingeführt. Die expliziten Ausdrücke [31] für die komplexwertigen Größen $\Gamma \equiv \Gamma_r + i\Gamma_i$, $G \equiv G_r + iG_i$ und $\beta \equiv \beta_r + i\beta_i$ sind relativ kompliziert und können sogar unendliche Werte annehmen [18].

Die Parameter Γ und β werden vom Zustand des Reservoirs beinflusst. Γ hängt von der mittleren Zahl $\langle \hat{n}_\ell \rangle$ von Photonen in den individuellen Reservoirmoden und den Erwartungswerten $\langle \hat{a}_\ell^\dagger \rangle$ und $\langle \hat{a}_\ell \rangle$ ab. Da für ein thermisches Reservoir $\langle \hat{a}_\ell \rangle = \langle \hat{a}_\ell^\dagger \rangle = 0$ gilt, wird Γ in diesem Fall nur durch $\langle \hat{n}_\ell \rangle$ bestimmt. Der Parameter β hängt von den Erwartungswerten $\langle \hat{a}_\ell^2 \rangle$ und $\langle \hat{a}_\ell \rangle$ ab. Für einen thermischen Zustand verschwinden diese Erwartungswerte, sodass in diesem Fall $\beta = 0$ gilt. Für ein gequetschtes Vakuum finden wir jedoch $\langle \hat{a}_\ell^2 \rangle \neq 0$, was zu einem nichtverschwindenden β führt. Wie in [81] diskutiert wird, hat diese Tatsache wichtige Konsequenzen für den Zerfall einer atomaren Anregung in ein gequetschtes Vakuum.

Am Interessantesten jedoch ist der Term G, da er keinerlei Erwartungswerte des Reservoirs enthält. Sein Ursprung kann auf die Kommutatorrelation zwischen $\hat{a}_\ell$ und $\hat{a}_\ell^\dagger$ zurückgeführt werden [31]. Er ist somit eine Konsequenz der Quantisierung des Strahlungsfeldes.

7.7.2 Lamb-Verschiebung

Wir wenden uns nun dem Korrekturterm $\Delta\hat{H}$ zum Hamilton-Operator $\hat{H}_{At} = \frac{1}{2}\hbar\omega\hat{\sigma}_z$ des freien Atoms zu. Die Wechselwirkung des Atoms mit einem Reservoir von Feldmoden führt auf eine Verschiebung

$$\Delta\omega \equiv -2\left(\Gamma_i + \frac{1}{2}G_i\right) \tag{7.109}$$

der atomaren Niveaus und trägt den Namen Lamb-Verschiebung. Sie wurde im Jahre 1947 von Willis E. Lamb und seinem Doktoranden Robert C. Retherford in Wasserstoff entdeckt [82]. Die Dirac-Gleichung sagt vorher, dass die $2\,S_{1/2}$- und $2\,P_{1/2}$-Energieniveaus entartet sind. Das Experiment zeigt jedoch deutlich eine Aufhebung dieser Entartung. Die Lamb-Verschiebung ist eine Folge der Quantisierung des elektromagnetischen Feldes [31]. In der Tat erkennt man aus Gl. (7.109), dass sich zwei Verschiebungen ergeben: Die erste beruht auf dem Imaginärteil Γ_i von Γ. Da der Parameter Γ im Wesentlichen durch die mittlere Photonenzahl in den Reservoirmoden bestimmt ist, verhält sich dieser Beitrag zur Niveauverschiebung wie der bekannte Stark-Effekt zweiter Ordnung eines Atoms in einem statischen elektrischen Feld.

Im Gegensatz dazu stammt der Beitrag G_i aus den Vertauschungsrelationen zwischen den Feldoperatoren. Es handelt sich daher um einen rein quantenmechanischen Effekt des Feldes und ist sogar dann von null verschieden, wenn sich alle Moden des Reservoirs im Grundzustand befinden.

7.7.3 Weisskopf-Wigner-Zerfall

Neben der Niveauverschiebung verursacht das Reservoir einen anderen dramatischen Effekt: Es zwingt das Atom zum Zerfall, das heißt die Populationen $\varrho_{aa} \equiv \langle a|\hat{\varrho}_{At}|a\rangle$ und $\varrho_{bb} \equiv \langle b|\hat{\varrho}_{At}|b\rangle$ in den beiden Niveaus und die Polarisation $\varrho_{ab} \equiv \langle a|\hat{\varrho}_{At}|b\rangle$ verändern sich als Funktion der Zeit. Dieses Phänomen trägt den Namen Weisskopf-Wigner-Zerfall.

Wir nehmen an, dass sich alle Reservoirmoden im Vakuumzustand befinden. In diesem Fall verschwinden die Koeffizienten Γ und β. Wenn wir nun die Zerfallskonstante $\gamma \equiv 2G_r$ einführen und gleichzeitig den Term $[\Delta\hat{H}, \hat{\varrho}_{At}]$ der Lamb-Verschiebung in $\hat{H}_0$ absorbieren, vereinfacht sich Gl. (7.107) zur Mastergleichung

$$\frac{d}{dt}\hat{\varrho}_{At} = \mathscr{L}_{sp}(\hat{\varrho}_{At}) \equiv -\frac{1}{2}\gamma[\hat{\sigma}^\dagger\hat{\sigma}\hat{\varrho}_{At} + \hat{\varrho}_{At}\hat{\sigma}^\dagger\hat{\sigma} - 2\hat{\sigma}\hat{\varrho}_{At}\hat{\sigma}^\dagger] \tag{7.110}$$

der spontanen Emission.

Aus dieser Gleichung können wir eine Bewegungsgleichung für die Matrixelemente $\varrho_{aa} = \langle a|\hat{\varrho}_{At}|a\rangle$, $\varrho_{bb} = \langle b|\hat{\varrho}_{At}|b\rangle$ und $\varrho_{ab} = \langle a|\hat{\varrho}_{At}|b\rangle$ herleiten. Wir erhalten

$$\dot{\varrho}_{aa} = -\gamma \varrho_{aa}, \quad \dot{\varrho}_{bb} = +\gamma \varrho_{aa}, \quad \dot{\varrho}_{ab} = -\frac{\gamma}{2} \varrho_{ab}. \tag{7.111}$$

Daher zerfällt die Besetzung des angeregten Zustands exponentiell. Wegen $\varrho_{aa} + \varrho_{bb} = 1$ nimmt die Population im Grundzustand zu. Da auch die Polarisation ϱ_{ab} zerfällt – allerdings nur halb so schnell wie ϱ_{aa} – endet das Atom schließlich im Grundzustand.

7.8 Resonanzfluoreszenz

Im letzten Abschnitt haben wir den Weisskopf-Wigner-Zerfall diskutiert. Dabei wurde untersucht, wie sich ein Zwei-Niveau-Atom verhält, das an die Moden des elektromagnetischen Feldes angekoppelt ist. Wir erweitern diese Diskussion, indem das Atom zusätzlich durch ein klassisches Laserfeld resonant angetrieben wird. Die dabei vom Atom emittierte Strahlung heißt Fluoreszenzlicht, das gesamte Phänomen ist unter dem Namen Resonanzfluoreszenz bekannt. Von besonderem Interesse sind die quantenstatistischen Eigenschaften des Fluoreszenzlichts. Eine sehr detaillierte Darstellung der Resonanzfluoreszenz findet man in den Arbeiten [28, 34, 66, 69].

7.8.1 Modell

In der klassischen Physik ist das abgestrahlte elektromagnetische Feld in großer Entfernung von der Quelle proportional zu derem (retardierten) Dipolmoment. An dieser Aussage ändert sich nichts, wenn wir uns das quantisierte Strahlungsfeld in großer Entfernung von der Quelle ansehen. Daher ist das von einem Atom abgestrahlte elektromagnetische Feld in großer Entfernung proportional zum Dipolmoment des Atoms und kann durch die Pauli-Operatoren $\hat{\sigma}$ und $\hat{\sigma}^\dagger$ ausgedrückt werden [69]. Die Kenntnis der Zeitentwicklung dieser Operatoren reicht aus, um die Eigenschaften des abgestrahlten Lichts im Fernfeld zu beschreiben. Folglich reduzieren wir unser Modell auf ein Atom mit zwei Energiezuständen, das von einem klassischen Feld beleuchtet wird und zugleich an ein Reservoir gekoppelt ist, wie schon im Abschn. 7.7 beschrieben.

Der gesamte Hamilton-Operator für dieses Modell der Resonanzfluoreszenz lautet

$$\hat{H}_{Rf} \equiv \hat{H}_{AR} + \frac{1}{2}\hbar\Omega_R (\hat{\sigma} e^{i\omega t} + \hat{\sigma}^\dagger e^{-i\omega t}), \tag{7.112}$$

wobei wir einen resonanten Antriebsterm zum Hamilton-Operator $\hat{H}_{AR}$, Gl. (7.106), hinzugefügt haben, der die Atom-Reservoir-Wechselwirkung beschreibt. Die Amplitude des antreibenden Feldes steckt dabei in der Rabi-Frequenz Ω_R.

Die zugehörige Mastergleichung hat im Wechselwirkungsbild die Form

$$\frac{d}{dt}\hat{\varrho}_{At} = -\frac{i}{2}\Omega_R [\hat{\sigma} + \hat{\sigma}^\dagger, \hat{\varrho}_{At}] + \mathcal{L}_{sp}(\hat{\varrho}_{At}). \tag{7.113}$$

Wie schon beim Weisskopf-Wigner-Zerfall wurde hier angenommen, dass die Moden des thermischen Reservoirs alle im Vakuumzustand sind, vergleiche Gl. (7.110).

7.8.2 Spektrum und Anti-Bunching

Eine wichtige Größe ist das Spektrum des ausgestrahlten Lichts. Nach dem Wiener-Khintchine-Theorem [35] wird dieses Spektrum durch die Autokorrelationsfunktion des elektrischen Feldes bestimmt. Da das abgestrahlte elektrische Feld durch den atomaren Dipol ausgedrückt werden kann, müssen wir dessen Autokorrelation berechnen [28, 69]. Dazu leiten wir aus der Mastergleichung (7.113) eine Bewegungsgleichung für die Matrixelemente in der Energiedarstellung her und erhalten die so genannten Bloch-Gleichungen. Die Autokorrelationsfunktion ist dann der Erwartungswert des Operatorprodukts $\hat{\sigma}^\dagger(t)\hat{\sigma}(0)$ zu zwei verschiedenen Zeiten t und $t=0$. Solche Erwartungswerte lassen sich mit dem Quanten-Regressionstheorem bestimmen, das Korrelationen zu zwei Zeiten auf Erwartungswerte zu einer Zeit reduziert, siehe dazu auch [29]. Das Ergebnis dieser Rechnung zeigt ein stationäres Spektrum der Fluoreszenz mit einer charakteristischen zweiteiligen Struktur aus einem kohärenten Teil $S_{\text{koh}}(\nu)$ und einem inkohärenten Teil $S_{\text{ink}}(\nu)$. Der kohärente Teil

$$S_{\text{koh}}(\nu) \propto \frac{\Omega_R^2 \gamma^2}{(\gamma^2 + 2\Omega_R^2)^2} \delta(\nu - \omega) \tag{7.114}$$

enthält die Dirac'sche Deltafunktion. Das entspricht einem angetriebenen klassischen Dipol, der bei der Frequenz des treibenden Feldes abstrahlt.

Dagegen zeigt der inkohärente Teil des Fluoreszenzlichts abhängig von der Rabi-Frequenz zwei qualitativ verschiedene Spektren. Im Bereich $\Omega_R < \gamma/4$ ergibt sich ein einzelnes Maximum an der Stelle der atomaren Frequenz ω. Dagegen enthält das Spektrum für $\Omega_R > \gamma/4$ drei Maxima – das sogenannte Mollow-Triplett[3], siehe Abb. 7.20. Im Grenzfall $\Omega_R \gg \gamma/4$ erhalten wir für das Spektrum

$$S_{\text{ink}}(\nu) \propto \frac{1}{2\pi\gamma}\left[\mathscr{D}(\nu-\omega,\gamma/2) + \frac{1}{3}\mathscr{D}(\nu-\omega+\Omega_R, 3\gamma/4)\right.$$
$$\left. + \frac{1}{3}\mathscr{D}(\nu-\omega-\Omega_R, 3\gamma/4)\right] \tag{7.115}$$

eine Summe aus drei Lorentzkurven $\mathscr{D}(\xi,\Gamma) \equiv \Gamma^2/(\xi^2+\Gamma^2)$ zentriert bei den Frequenzen $\nu = \omega$ und $\nu = \omega \pm \Omega_R$ mit jeweils verschiedenen Breiten und Höhen. Das zentrale Maximum bei $\nu = \omega$ hat die Breite $\gamma/2$, die beiden Seitenmaxima bei den Frequenzen $\nu = \omega \pm \Omega_R$ eine Breite von $3\gamma/4$. Ihre Höhe beträgt ein Drittel des zentralen Maximums. Dieses Spektrum wurde 1969 von Benjamin R. Mollow vorhergesagt [23] und in verschiedenen Experimenten [83, 84, 85] bestätigt, vgl. Abb. 7.20.

Die Resonanzfluoreszenz zeigt noch einen weiteren interessanten Effekt. Wenn man die ausgesendeten Photonen detektiert, sind die einzelnen Detektionsereignisse

---

[3] Dieses „Mollow"-Triplett taucht erstmals in einer Arbeit von Anatoly I. Burshtein aus dem Jahr 1965 auf (J. Exptl. Theoret. Phys. (U.S.S.R.) **49**, 1362 (1965); Soviet. Physics JETP **22**, 939 (1966)).

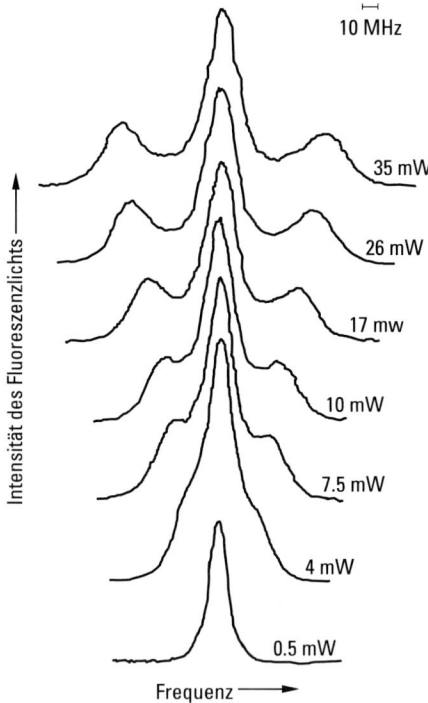

Abb. 7.20 Experimentell gemessenes Mollow-Triplett. Bei genügend großen Laserintensitäten sind zwei Seitenmaxima im inkohärent gestreuten Licht zu erkennen, die mit zunehmender Laserintensität immer ausgeprägter werden. Das Spektrum des kohärent gestreuten Lichts – im Idealfall eine Deltafunktion – ist nicht gezeigt (entnommen aus Hartig, W. *et al.*, Z. Phys. A **278**, 205 (1976)).

statistisch weiter voneinander getrennt, als das bei der Strahlung einer klassischen Quelle der Fall ist. Man bezeichnet das als Photonen-Antibunching [86, 87], das bald nach seiner Vorhersage auch experimentell bestätigt wurde [20, 21]. Das Phänomen selbst hat eigentlich eine einfache Erklärung: Wenn ein einzelnes Atom ein Photon emittiert hat, befindet es sich im Grundzustand und muss für die nächste Emission erst wieder angeregt werden, was eine gewisse Zeit dauert. Folglich haben die Experimente an einzelnen Ionen in einer Paul-Falle [88] oder an einzelnen Atomen in einer magneto-optischen Falle [89] zu besonders klaren Bestätigungen des Photonen-Antibunchings geführt.

Darüber hinaus soll noch erwähnt werden, dass in der Resonanzfluoreszenz auch gequetschtes Licht gefunden wurde [90] und der Effekt des Antibunching vor kurzem ebenfalls an freien Elektronen beobachtet werden konnte [91, 92].

7.9 Fundamentale Fragen der Quantenmechanik

Die Interpretation der Quantenmechanik war immer und ist immer noch ein Thema, das hitzige Diskussionen hervorruft. Viele Jahre lang beschränkte man sich auf rein theoretische Diskussionen verschiedener Gedankenexperimente. Der enorme Fortschritt der experimentellen Techniken der Quantenoptik hat diese inzwischen zu wirklichen Experimenten gemacht. In diesem Abschnitt wollen wir kurz die Experimente zu Quantensprüngen zusammenfassen, quantenoptische Tests des Komplementaritätsprinzips illustrieren und Verletzungen der Bell'schen Ungleichungen vorstellen. Darüber hinaus gehen wir kurz auf verschränkte Photonenpaare und Strahlteiler-Experimente mit korrelierten Photonen ein [93, 94].

7.9.1 Quantensprünge

Unser Verständnis der internen Dynamik von Atomen hat dramatische Veränderungen miterlebt: von Joseph J. Thomsons statischem Rosinenmodell [95] über das planetarische Konzept von Bohr und Sommerfeld bis hin zum Atom in der Quantenelektrodynamik [96]. Dennoch ist selbst das quantenmechanische Atom von Heisenberg und Schrödinger immer noch voller Überraschungen.

7.9.1.1 Kontinuierliche oder diskontinuierliche Dynamik?

Die Elektronen eines Atoms laufen nicht auf Kreisen oder Ellipsen um den Kern, sondern zeigen sich lediglich in den Übergängen von einer Energie zu einer anderen, d. h. in Quantensprüngen. Diese Quantensprünge sind die Bausteine für Heisenbergs Matrizenmechanik [97, 98]. In einem scheinbaren Gegensatz dazu steht die Wellenmechanik von Erwin Schrödinger. Er beschreibt das quantenmechanische System mit Hilfe einer Wellenfunktion, die sich kontinuierlich in der Zeit verändert. Diese Veränderung wird durch die bekannte Schrödinger-Gleichung beschrieben. Diese auf den ersten Blick widersprüchlichen Bilder der atomaren Dynamik haben den Vätern der Quantenmechanik keine Ruhe gelassen. Bei einem Besuch Schrödingers 1926 in Kopenhagen hat Niels Bohr mit ihm die Frage der Quantensprünge in einer solchen Eindringlichkeit diskutiert, dass Schrödinger krank wurde und im Bett bleiben musste. Selbst dort hat Bohr ihn weiter bedrängt. Schließlich rief Schrödinger: „Wenn es doch bei dieser verdammten Quantenspringerei bleiben soll, so bedaure ich, mich überhaupt jemals mit der Quantentheorie abgegeben zu haben." Bohrs Antwort war: „Aber wir anderen sind Ihnen so dankbar dafür, daß Sie es getan haben, denn Ihre Wellenmechanik stellt doch in ihrer mathematischen Klarheit und Einfachheit einen riesigen Fortschritt gegenüber der bisherigen Form der Quantenmechanik dar." [99].

Die Erklärung dieses Rätsels wurde schließlich von Schrödinger [100] selbst gegeben, als er zeigte, dass die beiden Zugänge zur Quantenmechanik mathematisch äquivalent sind. Wolfgang Pauli hatte dies in einem Brief an Pascual Jordan ebenfalls bemerkt aber nicht publiziert, da inzwischen Schrödingers Arbeit publiziert worden war [101]. Im Jahr 1926 hat dann Jordan die Matrizenmechanik benutzt, um die Quantentheorie der Quantensprünge zu formulieren [102].

7.9.1.2 Experimentelle Beobachtung

Im Jahr 1952 kehrte Schrödinger in einer Arbeit [103] mit dem Titel „Are there quantum jumps?" zur Frage der Quantensprünge zurück. Er fragte, ob diese Quantensprünge jemals in einem Experiment beobachtet werden könnten. Seine Antwort war „Nein!", da man sich damals keine Experimente mit einzelnen Atomen vorstellen

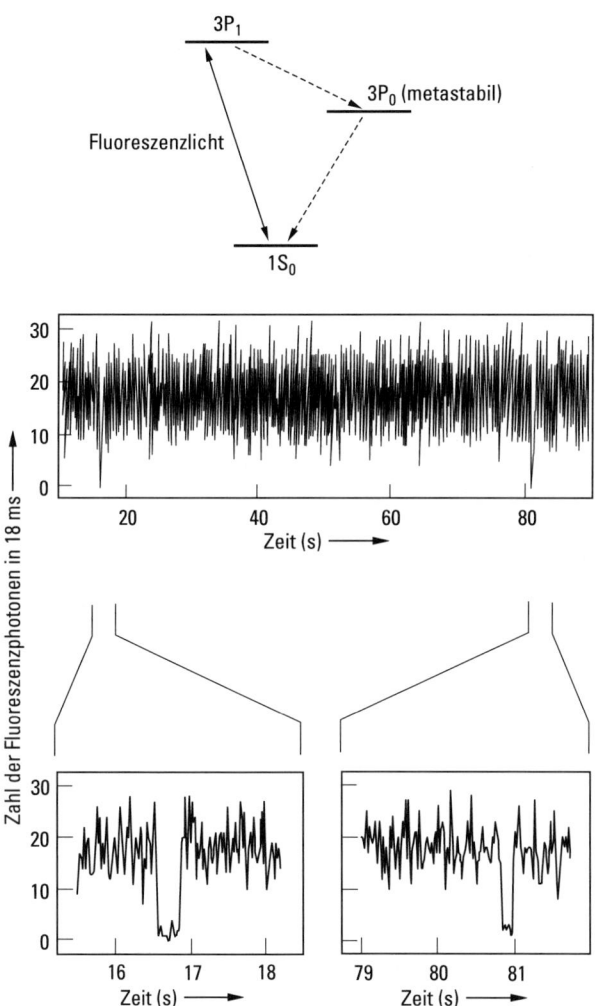

Abb. 7.21 Experimentelle Beobachtung von Quantensprüngen in In^+. Wir beobachten das Fluoreszenzlicht des Übergangs $1S_0-3P_1$, der von einem Laser angetrieben wird. Von Zeit zu Zeit springt das Atom spontan vom $3P_1$-Niveau auf das metastabile $3P_0$-Niveau. Während dieser Perioden wird keine Fluoreszenz beobachtet. Das sieht man an den Einbrüchen des Fluoreszenzlichtes, das in den Ausschnitten vergrößert dargestellt wird. (Dank an Joachim von Zanthier, Max-Planck-Institut für Quantenoptik, Garching.)

808   7 Quantenoptik

konnte. In seiner Arbeit [103] schreibt er sinngemäß: „... wir werden genausowenig mit einzelnen Teilchen experimentieren können, wie wir Ichthyosaurier im Zoo aufziehen können."

Aufgrund der Erfindung von Teilchen-Fallen ist dieses Argument heute nicht mehr korrekt. Hans G. Dehmelt hat schon 1975 gezeigt, dass man Quantensprünge eines einzelnen Ions, das in einer Paul-Falle gespeichert ist, beobachten kann [104]. Zu diesem Zweck untersuchte er ein Drei-Niveau-Atom mit zwei angeregten Zuständen und einem gemeinsamen Grundzustand. Die Übergänge zwischen Grundzustand und angeregten Zuständen werden durch zwei resonante Laserfelder angetrieben. Die Lebensdauern der zwei oberen Niveaus sind völlig verschieden, und wir beobachten die Fluoreszenz des schnelleren Übergangs von einem der angeregten Zustände zum Grundzustand.

Die experimentellen Daten in Abb. 7.21 zeigen dieses Fluoreszenzlicht von einem einzelnen Indium-Ion. Zu willkürlichen Zeiten findet man Dunkelperioden. Während dieser Zeit ist das Atom in den angeregten Zustand mit dem langsamen Zerfall gesprungen. Es gibt inzwischen viele Experimente, bei denen man solche Quantensprünge beobachtet hat [105, 106, 107]. Dieses Phänomen hat wichtige Anwendungen im Zusammenhang mit Frequenzmessungen [108] und bei der Entwicklung von Quantencomputern, die auf Ionen basieren.

7.9.2 Welle-Teilchen-Dualismus

Vor mehr als 200 Jahren zeigte Thomas Young in seinem berühmten Doppelspalt-Experiment [109] die Wellennatur des Lichtes. Zu Beginn des letzten Jahrhunderts stellte sich die Frage, ob sich diese Wellennatur auch noch bei sehr niedrigen Lichtintensitäten zeigt. Insbesondere ist der Grenzfall einzelner Photonen interessant. Aus diesem Grund wurden viele Experimente mit stark abgeschwächten Lichtquellen durchgeführt. Aber erst die sehr reinen Experimente der Quantenoptik konnten

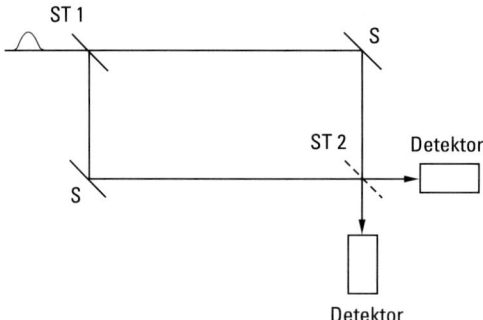

Abb. 7.22 Mach-Zehnder-Interferometer bestehend aus zwei Strahlteilern (ST) und zwei Spiegeln (S). Wir beobachten entweder „Interferenz" (Strahlteiler ST2 im Apparat) oder „Weginformation" (Strahlteiler ST2 herausgenommen). In der Nachwahlversion dieses Experiments wird der Strahlteiler ST2 erst in das Interferometer gebracht, nachdem das Photon schon den Strahlteiler ST1 passiert hat.

diese Frage klar beantworten. In einem typischen Experiment [110, 111] strahlt man antigebunchtes Licht, das von einem Atom ausgesendet wird, in ein Mach-Zehnder-Interferometer. Ein solches Interferometer ist in Abb. 7.22 dargestellt. Das antigebunchte Licht garantiert, dass immer nur ein Photon zur selben Zeit im Interferometer ist. Wenn man das Experiment sehr oft wiederholt, erhält man in der Tat das bekannte Interferenzmuster, falls beide Strahlteiler im Interferometer sind.

Auch im Bohr-Einstein Dialog [112] über den Welle-Teilchen-Dualismus spielte das Young'sche Doppelspalt-Experiment eine wesentliche Rolle. Die Diskussion konzentrierte sich auf die Frage: Ist es möglich einen experimentellen Aufbau zu entwickeln, der es erlaubt, Information über den Weg des Photons und zugleich Interferenz zu erhalten? Das Mach-Zehnder-Interferometer in Abb. 7.22 illustriert diese Problematik. Wir stellen uns eine Situation vor, in der der zweite Strahlteiler aus der Apparatur herausgenommen ist. Ein einzelnes Photon tritt in das Interferometer über den ersten Strahlteiler ein und wird nur einen der beiden Detektoren anregen. Auf diese Weise erhalten wir Informationen über den Weg des Photons. Detektoren, die solche Informationen liefern, werden deshalb auch „welcher Weg"-Detektoren genannt.

Die Tatsache, dass wir diesen Strahlteiler entweder hineinsetzen oder herausnehmen können, weist schon darauf hin, dass man mit einem Experiment keine vollständige welcher-Weg- und Interferenz-Informationen erhalten kann. Niels Bohr fühlte, dass diese Ausschließlichkeit der beiden Beobachtungen eine zentrale Eigenschaft der Quantenmechanik sein muss. Er nannte die sich gegenseitig ausschließenden Beobachtungsgrößen, wie z. B. welcher-Weg und Interferenz, „komplementäre Größen" [113]. Sein Prinzip der Komplementarität hängt mit dem Unschärfeprinzip zusammen. Die Frage jedoch, welches Prinzip fundamentaler ist, wird bis heute intensiv diskutiert [114–119].

Eine interessante Manifestation des Komplementaritätsprinzips und des Welle-Teilchen-Dualismus zeigt sich in der Resonanzfluoreszenz [120]. Die kohärent gestreute Strahlung zeigt eine feste Phasenbeziehung bezüglich des antreibenden Feldes und reflektiert damit die Wellennatur des Lichtes. Anderseits zeigt dieselbe Strahlung den Effekt des Photon-Antibunchings und damit eine Konsequenz der Quantennatur des Lichtes und der Materie. Es sind jedoch zwei völlig verschiedene, sich ausschließende experimentelle Anordnungen notwendig, um diese beiden komplementären Eigenschaften zu beobachten. Die erste beruht auf einem Homodyn-Experiment, während die zweite eine Korrelationsmessung darstellt.

7.9.2.1 Nachwahlverfahren

Eine ziemlich paradoxe Situation tritt auf, wenn wir aus dem Mach-Zehnder-Interferometer aus Abb. 7.22 zunächst den zweiten Strahlteiler ST 2 entfernen. Nachdem das Photon durch den ersten Strahlteiler gelaufen ist und schon auf dem Weg zu den Detektoren ist, bringen wir den zweiten Strahlteiler wieder in das Interferometer. Werden wir in einem solchen Experiment Interferenz beobachten [121, 122, 123]? Eigentlich musste sich das Photon schon am ersten Strahlteiler für einen der beiden Wege entscheiden. Durch den nachträglich eingefügten zweiten Strahlteiler ist es jetzt plötzlich gezwungen, sich als Welle zu verhalten. Dazu müsste es jetzt aber auf beiden Wegen gelaufen sein. Die klassische Vorstellung, dass die Zukunft des Photons durch dessen Vergangenheit bestimmt wird, würde folgendes Ergebnis liefern: Als das Photon das Interferometer betreten hat, war der zweite Strahlteiler nicht vorhanden, und das Photon musste sich für einen der beiden Wege entscheiden. Der nachträglich in das Interferometer gebrachte Strahlteiler kann daran nichts mehr ändern. Deshalb erwarten wir, dass keine Interferenz auftreten wird.

Inzwischen wurden viele Experimente mit Nachwahlverfahren durchgeführt. Sie zeigen alle Interferenz [124–127]. Dieses Resultat, das der klassischen Intuition widerspricht, ist klar in einem Satz von John Archibald Wheeler zusammengefasst: „Kein elementares Phänomen ist ein Phänomen, bis es nicht ein beobachtetes Phänomen ist" [121]. Es ist die Vorstellung, dass das Photon schon vor der Messung als reales Objekt existiert, die uns in diese paradoxe Situation mit möglichen Wirkungen in die Vergangenheit gebracht hat. Die Nachwahl-Experimente zeigen uns, dass „die Vergangenheit keine Existenzberechtigung hat, außer als Protokoll in der Gegenwart" [128].

7.9.2.2 Quantenoptische Tests der Komplementarität

Die Natur lässt es nicht zu, dass wir gleichzeitig eine vollständige Kenntnis von welcher-Weg-Information und Interferenz bekommen. Was aber sind die Mechanismen, die diese Information über eine der beiden komplementären Variablen auslöschen? Niels Bohr argumentierte in seiner Entgegnung auf Albert Einsteins geniale Vorschläge zu den beweglichen Spalten [129] damit, dass die physikalischen Positionen der Spalten nur innerhalb der Unschärferelation bekannt sind. Es sind diese Fluktuationen, die dem Photon eine willkürliche Phasenverschiebung aufprägen und dann die Interferenzfiguren auslöschen. Solche Phasenargumente haben etwas für sich, jedoch sind sie leider unvollständig. Sowohl vom prinzipiellen Standpunkt aus als auch in der Praxis ist es nämlich möglich, Experimente zu entwickeln [114], die einerseits die Detektion von welcher-Weg-Information erlauben, die aber andererseits das System in keiner irgendwie bemerkbaren Weise stören. Das Verschwinden der Kohärenz wird in diesem Fall durch Quantenkorrelationen verursacht.

Abbildung 7.23 zeigt einen solchen welcher-Weg-Detektor. Wir betrachten ein Doppelspalt-Experiment für Atome, bei dem hinter jedem Spalt ein Mikrowellenresonator mit hoher Güte angebracht ist. Die Felder sind resonant mit einem atomaren Übergang; die Wechselwirkungszeit wird so gewählt, dass die Atome einen Übergang machen können, wenn sie durch den Resonator fliegen. In diesem Fall wird der Feldzustand durch die Aufnahme eines einzelnen Photons modifiziert. Wenn sich immer nur ein Atom zur selben Zeit im Apparat befindet, kann nur ein solches Photon abgegeben werden. Dieses Photon kann entweder im oberen oder im unteren Resonator platziert werden. Wir bezeichnen die Wellenfunktion der Schwerpunktsbewegung für den Weg durch den oberen (unteren) Resonator mit $\phi_o^{(i)}(r)$ ($\phi_u^{(i)}(r)$) und den Feldzustand in den beiden Resonatoren mit $|\psi_o^{(i)}\rangle$ ($|\psi_u^{(i)}\rangle$). Somit lautet der ursprüngliche Gesamtzustand vor der Wechselwirkung

$$|\Psi^{(i)}(r)\rangle = [\phi_o^{(i)}(r) + \phi_u^{(i)}(r)]|\psi_o^{(i)}\rangle|\psi_u^{(i)}\rangle|a\rangle. \tag{7.116}$$

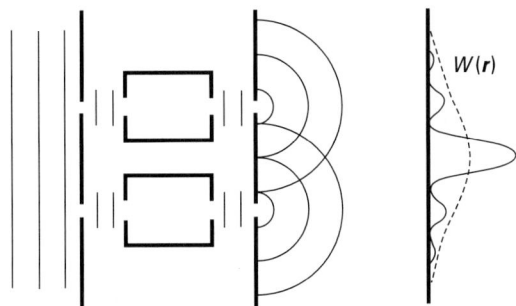

Abb. 7.23 Resonatorfelder als welcher-Weg-Detektoren in einem Doppelspalt-Experiment. Ein Atom im angeregten Zustand läuft durch den linken Doppelspalt und kann seine Anregung in einem der beiden Mikrowellenresonatoren abgeben. Der Kontrast der Interferenzstruktur auf dem Schirm hängt jetzt von dem Anfangsfeldzustand in den Resonatoren ab. Ein Fock-Zustand erlaubt eine welcher-Weg-Information, weshalb keine Interferenz entstehen kann (gestrichelte Linie). Für einen kohärenten Zustand kann man jedoch keine welcher-Weg-Information erhalten und wird deshalb auf dem Schirm ein Interferenzmuster finden (durchgezogene Linie).

Der Übergang des Atoms vom angeregten Zustand $|a\rangle$ in den Grundzustand $|b\rangle$ ändert das Feld in den einzelnen Resonatoren zu $|\psi_o^{(f)}\rangle$ oder $|\psi_u^{(f)}\rangle$. Deshalb lautet der Endzustand des Systems nach der Wechselwirkung

$$|\Psi^{(f)}(r)\rangle = [\phi_o^{(f)}(r)|\psi_o^{(f)}\rangle|\psi_u^{(i)}\rangle + \phi_u^{(f)}(r)|\psi_u^{(f)}\rangle|\psi_o^{(i)}\rangle]|b\rangle \qquad (7.117)$$

falls das Atom im Zustand $|b\rangle$ gefunden wird. Dabei bezeichnen $\phi_o^{(f)}(r)$ und $\phi_u^{(f)}(r)$ die Endwellenfunktionen der Schwerpunktsbewegung. Bei diesem Zustand ist die Schwerpunktsbewegung mit den Feldzuständen verschränkt. Die Wahrscheinlichkeit $W(r)$, das Atom unabhängig vom Resonatorzustand an der Stelle r zu finden, lautet dann

$$W(r) = |\phi_o^{(f)}(r)|^2 + |\phi_u^{(f)}(r)|^2$$
$$+ (\phi_o^{(f)*}(r)\,\phi_u^{(f)}(r)\,\langle\psi_o^{(f)}|\psi_o^{(i)}\rangle\langle\psi_u^{(i)}|\psi_u^{(f)}\rangle + \text{c.c.}). \qquad (7.118)$$

Die Größe des Interferenzterms ist durch das Skalarprodukt zwischen den Anfangs- und den Endquantenzuständen in den beiden Resonatoren bestimmt. Wenn wir von einem kohärenten Zustand mit großer mittlerer Photonenzahl ausgehen, wird das Hinzufügen eines Photons dieses Feld nicht wesentlich verändern. Das Skalarprodukt wird in guter Näherung 1 sein. In diesem Fall zeigt die Amplitude des Interferenzterms ein Maximum. Wenn wir jedoch mit einem Fock-Zustand in beiden Resonatoren starten, d. h. mit einem Zustand wohldefinierter Photonenzahl, dann wird das Hinzufügen eines einzelnen Photons einen anderen Fock-Zustand erzeugen. Dieser ist orthogonal zum ursprünglichen Zustand, weshalb der Interferenzterm verschwinden wird. Dieses Verhalten ist auch konsistent mit dem Prinzip der Komplementarität. Im Fall des Fock-Zustandes können wir nämlich den Weg des Atoms über das Photon, das im Resonator platziert wurde, nachweisen. Im Fall des kohärenten Zustandes erlaubt uns die breite Photonenstatistik des kohärenten Zustandes nicht, die Addition eines einzelnen Photons zu beobachten. Wir können deshalb keine welcher-Weg-Information erhalten. An keinem Punkt dieser Diskussion haben wir irgendwelche willkürlichen Phasenänderungen benutzt. Trotzdem hat sich eine lebhafte Diskussion [115] über diesen Punkt entwickelt und Experimente [119] haben gezeigt, dass in der Tat die Verschränkung zwischen den beiden Systemen die Ursache für das Auslöschen der Interferenz ist.

7.9.3 Verschränkung

Die Zustandsbeschreibung der klassischen Mechanik geht zurück auf unsere Alltagserfahrung in einer makroskopischen Welt. Der Zustand eines klassischen mechanischen Systems ist eindeutig festgelegt, wenn wir die Orte und Geschwindigkeiten aller beteiligten Massepunkte angeben oder messen. Damit beschreibt ein klassischer Zustand deterministisch alle Eigenschaften jedes einzelnen Teilchens des Gesamtsystems. Zudem hängt die Zustandsinformation über ein Subsystem nicht davon ab, was an anderen Teilen des Gesamtsystems gemessen wird. Das ist der fundamental lokale und realistische Charakter der klassischen Physik. Obwohl wir ihn hier für die klassische Mechanik beschrieben haben, gilt er genauso für die anderen klassischen Gebiete wie die Elektrodynamik oder die Thermodynamik. Es ändern sich jeweils nur die physikalischen Größen, die zusammen den Zustand definieren.

Die Quantenmechanik verändert dieses klassische Bild radikal. Der Zustand eines Quantensystems wird definiert durch einen Vektor $|\Psi\rangle$ im Hilbert-Raum. Dadurch können charakteristische Eigenschaften eines quantenmechanischen Systems zwischen seinen verschiedenen Bestandteilen verschränkt sein. Messungen an den Subsystemen allein reichen i. Allg. nicht mehr aus, um den Zustand des Gesamtsystems zu finden, da die jeweiligen Resultate davon abhängen, welche Messungen an anderen Subsystemen durchgeführt werden.

Albert Einstein, Boris Podolsky und Nathan Rosen (EPR) haben diese erstaunliche Eigenschaft der quantenmechanischen Zustandsbeschreibung im Jahr 1935 erstmalig analysiert und dann auch kritisiert [130]. Ihr Gedankenexperiment zeigte, dass die quantenmechanischen Vorhersagen für verschränkte Systeme ganz andere sind, als diejenigen einer lokalen und realistischen Theorie. Daraus schlossen sie, dass die Quantenmechanik nur eine unvollständige Beschreibung der Natur liefert und deshalb irgendwann durch eine vollständige Theorie mit zusätzlichen, so genannten versteckten Parametern ersetzt werden wird. Das Wort Verschränkung selbst stammt von Erwin Schrödinger, der im Jahre 1935, beunruhigt durch die EPR-Analysen, ebenfalls eine wichtige Arbeit zu dieser Thematik verfasst hat [41].

7.9.4 Bell'sche Ungleichung

Es dauerte bis zum Jahr 1964, bis John S. Bell im Detail die Konsequenzen einer lokal realistischen Theorie (LRT) untersuchte. Er erkannte [131], dass die Bedingungen an eine LRT zu starken Einschränkungen für die möglichen Korrelationen in einem Zwei-Teilchen System führen. Diese Einschränkungen konnte er elegant in einer fundamentalen Ungleichung formulieren, mit der wir uns in diesem Abschnitt beschäftigen wollen [132, 133, 134].

Als Beispiel betrachten wir das einfachste zusammengesetzte System aus zwei Teilchen, die jeweils nur zwei unterscheidbare Eigenschaften haben. Jedes der Teilchen kann also durch eine zweiwertige (dichotome) Variable beschrieben werden. Wir nehmen an, dass beide Teilchen in einer gemeinsamen Quelle Q präpariert werden und dann zu zwei Beobachtern A und B gesendet werden. Im Rahmen einer LRT werden die Messungen der beiden Beobachter vollständig durch die Observablen $a(\boldsymbol{\alpha}, \lambda)$ und $b(\boldsymbol{\beta}, \lambda)$ beschrieben. Beide hängen nur vom jeweils lokalen Messparameter $\boldsymbol{\alpha}$ respektive $\boldsymbol{\beta}$ ab sowie von den versteckten Parametern λ.

Der Wert dieser lokalen Observablen liegt fest, wenn wir die Größen $\boldsymbol{\alpha}$ oder $\boldsymbol{\beta}$ und λ einsetzen. Da wir nur dichotome Eigenschaften beschreiben wollen, können wir zudem diesen Wert mit ± 1 bezeichnen. Jeder Beobachter soll jetzt die Möglichkeit haben, mit je zwei verschiedenen Parametersätzen $\boldsymbol{\alpha}_i$ und $\boldsymbol{\beta}_i$ ($i = 1, 2$) Messungen auszuführen. Für die Messresultate an identisch von der Quelle Q präparierten Teilchenpaaren gilt dann die Identität

$$|(a_1 + a_2) b_1 + (a_1 - a_2) b_2| = 2 \tag{7.119}$$

mit den Abkürzungen $a_i \equiv a(\boldsymbol{\alpha}_i, \lambda)$ und $b_i \equiv b(\boldsymbol{\beta}_i, \lambda)$.

Die Gl. (7.119) gilt für jeden Satz versteckter Parameter λ. Im Allgemeinen wird die Quelle Q nicht nur Teilchenpaare mit genau einem Satz λ produzieren, sondern mit einer normierten Verteilung $\varrho(\lambda)$ über den gesamten Parameterraum Λ. In diesem allgemeineren Fall erhalten wir

$$\left| \int_\Lambda d\lambda \, \varrho(\lambda) [(a_1 + a_2) b_1 + (a_1 - a_2) b_2] \right| \leq 2, \tag{7.120}$$

was mit der LRT Korrelationsfunktion

$$\langle a_i b_j \rangle_{\text{LRT}} \equiv \int_\Lambda d\lambda \, \varrho(\lambda) \, a(\boldsymbol{\alpha}_i, \lambda) \, b(\boldsymbol{\beta}_j, \lambda) \tag{7.121}$$

auf die Standardform

$$|\langle a_1 b_1 \rangle_{\text{LRT}} + \langle a_2 b_1 \rangle_{\text{LRT}} + \langle a_1 b_2 \rangle_{\text{LRT}} - \langle a_2 b_2 \rangle_{\text{LRT}}| \leq 2 \tag{7.122}$$

der Bell-Ungleichung führt. Diese Ungleichung formuliert eine klare Grenze für Korrelationen, die mit Hilfe einer LRT beschreibbar sind. Zudem wird aus der Ableitung deutlich, dass sie nichts mit Quantenmechanik zu tun hat.

Trotzdem kann man jetzt fragen, welche Vorhersagen die Quantenmechanik für diese Korrelationen zwischen zwei Teilchen macht. Tatsächlich gibt es quantenmechanische Systeme, die vollkommen dichotom sind (z. B. Spin-$\frac{1}{2}$-Systeme oder auch die Polarisation eines Photons). Die dazugehörigen Observablen des Beobachters A (B) werden durch die hermiteschen Operatoren $\hat{a}(\boldsymbol{\alpha}) \equiv \boldsymbol{\alpha} \cdot \hat{\boldsymbol{\sigma}}$ ($\hat{b}(\boldsymbol{\beta}) \equiv \boldsymbol{\beta} \cdot \hat{\boldsymbol{\sigma}}$) beschrieben, wobei $\hat{\boldsymbol{\sigma}} \equiv (\hat{\sigma}_x, \hat{\sigma}_y, \hat{\sigma}_z)$, Gl. (7.72), der Pauli'sche Spinoperator ist. Der Einheitsvektor $\boldsymbol{\alpha}$ ($\boldsymbol{\beta}$) gibt die Messrichtung an. Quantenmechanisch werden die beiden durch Q präparierten Teilchen durch einen Zustand $|\Psi\rangle_{\text{AB}}$ definiert und die zugehörigen Korrelationen lauten

$$\langle \Psi | \hat{a}(\boldsymbol{\alpha}_i) \, \hat{b}(\boldsymbol{\beta}_j) | \Psi \rangle \equiv \langle \hat{a}_i \hat{b}_j \rangle_{\text{QM}}. \tag{7.123}$$

Damit können wir die gleiche Summe von Korrelationsfunktionen wie in Gl. (7.122) bilden und sie für den verschränkten Zustand

$$|\Psi\rangle_{AB} = \frac{1}{\sqrt{2}}(|\uparrow\rangle_A|\downarrow\rangle_B - |\downarrow\rangle_A|\uparrow\rangle_B) \qquad (7.124)$$

berechnen. Dabei bezeichnen $|\uparrow\rangle$ und $|\downarrow\rangle$ die Eigenvektoren von $\hat{\sigma}_z$ zum Eigenwert $+1$ und -1. Für die quantenmechanische Korrelationsfunktion erhalten wir damit

$$\langle \hat{a}_i \hat{b}_j \rangle_{QM} = -\boldsymbol{\alpha}_i \cdot \boldsymbol{\beta}_j, \qquad (7.125)$$

was sich noch vereinfacht zu

$$\langle \hat{a}_i \hat{b}_j \rangle_{QM} = -\cos(\alpha_i - \beta_j), \qquad (7.126)$$

wenn $\alpha_i - \beta_j$ die Winkeldifferenz zwischen den koplanaren Einheitsvektoren $\boldsymbol{\alpha}_i$ und $\boldsymbol{\beta}_j$ ist. Mit den speziellen Messwinkeln $\alpha_1 = 0$, $\alpha_2 = \pi/2$, $\beta_1 = \pi/4$ and $\beta_2 = -\pi/4$ ergibt sich der maximal mögliche Wert [134]

$$|\langle \hat{a}_1 \hat{b}_1 \rangle_{QM} + \langle \hat{a}_2 \hat{b}_1 \rangle_{QM} + \langle \hat{a}_1 \hat{b}_2 \rangle_{QM} - \langle \hat{a}_2 \hat{b}_2 \rangle_{QM}| = 2\sqrt{2}. \qquad (7.127)$$

Offensichtlich erlaubt die Quantenmechanik stärkere Korrelationen als jede denkbare LRT. Die entscheidende Frage ist dann, ob die in der Natur vorkommenden dichotomen Systeme im Experiment Korrelationen zeigen, die mit der Vorhersage (7.122) einer LRT oder mit derjenigen der Quantenmechanik, Gl. (7.127), übereinstimmen. Inzwischen wurden viele solcher Bell-Experimente mit immer zunehmender Genauigkeit ausgeführt [135–138]. Sie untermauern bis heute alle das quantenmechanische Resultat, Gl. (7.127), und führen daher zur Schlussfolgerung, dass die Quantenmechanik eine korrekte Beschreibung korrelierter Systeme liefert, die durch keine lokale und realistische Theorie im Einstein'schen Sinne ersetzt werden kann.

7.10 Quanteninformationsverarbeitung

Die nichtlokalen Korrelationen zwischen verschiedenen Teilen eines Quantensystems sind nicht nur eine faszinierende Erkenntnis über die mikroskopische Natur, sie bilden zugleich die Grundlage nichtklassischer Anwendungen wie die der Quantenteleportation [139] und der Quantenkryptographie. Diese beiden Anwendungen sind Themen dieses Abschnittes.

7.10.1 Quantenteleportation

Für Quantenteleportation und Quantenkryptographie werden effektive Quellen für verschränkte Teilchen benötigt, wie sie insbesondere die Quantenoptik zur Verfügung stellt. Dementsprechend wurden die ersten Experimente zur Teleportation mit Photonen ausgeführt, wobei deren Polarisation [140] oder Ausbreitungsrichtung [141] verschränkt war. Darüber hinaus wurde auch die Teleportation kontinuierlicher Variablen [142, 143] experimentell demonstriert [144]. Im Folgenden beschreiben wir die wesentlichen Elemente des zugrunde liegenden Protokolls.

Der Sender, genannt *Alice*, besitzt ein Teilchen 1 im Zustand

$$|\psi\rangle_1 = \alpha|0\rangle_1 + \beta|1\rangle_1, \tag{7.128}$$

in dem die orthogonalen Vektoren $|0\rangle_1$ und $|1\rangle_1$ einen zweidimensionalen Hilbert-Raum aufspannen. Die komplexen Amplituden α und β sind normiert, $|\alpha|^2 + |\beta|^2 = 1$. Im Unterschied zum vorhergehenden Abschnitt haben wir nun die typische Notation $|\uparrow\rangle \equiv |0\rangle$ und $|\downarrow\rangle \equiv |1\rangle$ der Quanteninformationsverarbeitung eingeführt.

Alice will den unbekannten Zustand $|\psi\rangle_1$ zu *Bob*, dem Empfänger, schicken, ohne dabei das Teilchen 1 selbst zu transportieren. Das kann mit der Quantenteleportation erreicht werden, indem zunächst ein Paar von Teilchen 2 und 3 im verschränkten Zustand

$$|\Psi^-\rangle_{23} = \frac{1}{\sqrt{2}}(|0\rangle_2|1\rangle_3 - |1\rangle_2|0\rangle_3) \tag{7.129}$$

präpariert wird. Dabei nehmen wir an, dass dieses Paar (siehe Abb. 7.24) von einer gemeinsamen Quelle stammt und von dort Teilchen 2 zu Alice gesendet wird, wogegen Bob Teilchen 3 erhält. Alle drei Teilchen werden jetzt durch den Gesamtzustand

$$|\Psi\rangle_{123} = |\psi\rangle_1 |\Psi^-\rangle_{23} \tag{7.130}$$

beschrieben, und Teilchen 1 ist offensichtlich weder mit Teilchen 2 noch mit Teilchen 3 korreliert. Formal können wir den Gesamtzustand aber umschreiben in

$$|\Psi\rangle_{123} = \frac{1}{2}\{|\Psi^-\rangle_{12}(-\alpha|0\rangle_3 - \beta|1\rangle_3) + |\Psi^+\rangle_{12}(-\alpha|0\rangle_3 + \beta|1\rangle_3)$$
$$+ |\Phi^-\rangle_{12}(\alpha|1\rangle_3 + \beta|0\rangle_3) + |\Phi^+\rangle_{12}(\alpha|1\rangle_3 - \beta|0\rangle_3)\}, \tag{7.131}$$

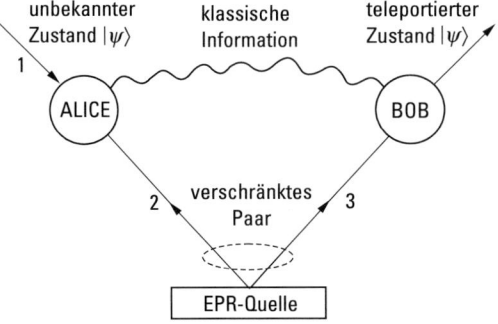

Abb. 7.24 Grundelemente der Quantenteleportation. Ausgehend von einer Quelle Q werden die verschränkten Teilchen 2 und 3 zwischen Alice und Bob verteilt. Alice führt an den Teilchen 1 und 2 eine Bell-Messung durch. Sobald Bob das Messresultat von Alice über einen klassischen Kanal erhält, kann er sein Teilchen 3 in den ursprünglichen Zustand $|\psi\rangle$ des Teilchens 1 versetzen.

wobei die Bell-Zustände

$$|\Psi^\pm\rangle_{12} = \frac{1}{\sqrt{2}}(|0\rangle_1|1\rangle_2 \pm |1\rangle_1|0\rangle_2),$$

$$|\Phi^\pm\rangle_{12} = \frac{1}{\sqrt{2}}(|0\rangle_1|0\rangle_2 \pm |1\rangle_1|1\rangle_2) \tag{7.132}$$

als eine vollständige Zwei-Teilchen-Basis für die Teilchen 1 und 2 verwendet wurden.

Alice kann jetzt an ihrem Teilchenpaar eine Bell-Messung ausführen, wodurch der Zustand $|\Psi\rangle_{123}$, Gl. (7.131), auf einen der vier Bell-Zustände, Gl. (7.132), projiziert wird. Das bedeutet aber, dass Bobs Teilchen 3 abhängig von Alices Messergebnis in einem der vier möglichen Zustände nach Gl. (7.131) präpariert wird. Wenn Alice beispielsweise das Ergebnis Φ^- findet, wird Bobs Teilchen im Zustand $\alpha|1\rangle_3 + \beta|0\rangle_3$ sein, der bis auf ein Vertauschen der Basiszustände dem Ursprungszustand, Gl. (7.128), entspricht. Bob kann mit der unitären Transformation $\hat{U}_{\Phi^-} = \hat{\sigma}_x = |0\rangle\langle 1| + |1\rangle\langle 0|$ diese Vertauschung reparieren. Für die anderen drei Messresultate funktioniert das Verfahren analog. Sobald Bob von Alice das Ergebnis ihrer Messung über einen klassischen Kanal erhalten hat, kann er aus drei weiteren unitären Transformationen $\hat{U}_{\Psi^-} = \mathbb{1}$, $\hat{U}_{\Psi^+} = \hat{\sigma}_z = |0\rangle\langle 0| - |1\rangle\langle 1|$ und $\hat{U}_{\Phi^+} = \hat{\sigma}_y = i(|1\rangle\langle 0| - |0\rangle\langle 1|)$ die richtige aussuchen und auf sein Teilchen 3 anwenden. Damit erhält er in jedem Fall den Zustand $|\psi\rangle_3 = \alpha|0\rangle_3 + \beta|1\rangle_3$ und die Teleportation ist beendet.

Das ist eines der besten Beispiele für eine Quanteninformationsübertragung mit Verschränkung. Darüber hinaus kann auch klassische Information mit verschränkten Zuständen übertragen werden. Das dazugehörige Protokoll des sogenannten dichten Quantenkodierens [145, 146] zeigt, dass dies sogar effektiver geschehen kann als mit jedem denkbaren klassischen Zugang. Das demonstriert die faszinierenden Eigenschaften und Möglichkeiten der Informationsverarbeitung mit quantenmechanischen Systemen, die mit quantenoptischen Methoden präpariert und kontrolliert werden. Im folgenden Kapitel diskutieren wir mit der Quantenkryptographie ein weiteres Beispiel für diese Aussage.

7.10.2 Quantenkryptographie

Geheime Botschaften sind nur so sicher wie die Schlüssel, die zu ihrer Kodierung verwendet werden. In der klassischen Kryptographie gibt es erstaunlich gute Verfahren, um eine Nachricht zu verschlüsseln. Es existiert aber keine prinzipiell sichere Methode, um den jeweiligen Schlüssel zu schützen. Die Quantenkryptographie schließt diese Lücke, indem sie mit quantenmechanischen Gesetzmäßigkeiten zeigt, wie ein sicherer Schlüssel generiert und zwischen den kommunizierenden Parteien ausgetauscht werden kann.

Die Grundidee dazu ist, dass in der Quantenmechanik jede Messung an einem System dessen Zustand verändert. Daher hinterlässt jeder Abhörvorgang bei der quantenmechanischen Übertragung eines Schlüssels eine Spur, die von Sender und Empfänger entdeckt werden kann.

Um das im Detail besser zu verstehen, beschreiben wir jetzt beispielhaft das sogenannte B92-Protokoll zur Quantenkryptographie [147], das wesentliche Elemente anderer Protokolle [148, 149] enthält. Die dabei verwendeten Quantenobjekte sind Zwei-Niveau-Systeme (z. B. Spin − 1/2 oder die Polarisation eines Photons) mit den Basiszuständen $|\uparrow\rangle$ und $|\downarrow\rangle$, definiert über die Eigenwertgleichungen

$$\hat{\sigma}_z|\uparrow\rangle = +|\uparrow\rangle, \quad \hat{\sigma}_z|\downarrow\rangle = -|\downarrow\rangle \qquad (7.133)$$

des Pauli'schen Spinoperators $\hat{\sigma}_z$ mit den Eigenwerten ± 1. Zusätzlich brauchen wir die Überlagerungszustände

$$|\rightarrow\rangle \equiv \frac{1}{\sqrt{2}}(|\uparrow\rangle + |\downarrow\rangle), \quad |\leftarrow\rangle \equiv \frac{1}{\sqrt{2}}(|\uparrow\rangle - |\downarrow\rangle), \qquad (7.134)$$

die die Eigenwertgleichungen

$$\hat{\sigma}_x|\rightarrow\rangle = +|\rightarrow\rangle, \quad \hat{\sigma}_x|\leftarrow\rangle = -|\leftarrow\rangle \qquad (7.135)$$

zum Pauli'schen Spinoperator $\hat{\sigma}_x$ erfüllen.

Das so genannte B92-Protokoll funktioniert damit jetzt folgendermaßen: Alice generiert zunächst eine zufällige Folge von Bits. Sie überträgt davon Bit für Bit, indem sie $|\uparrow\rangle$ sendet, wenn das Bit $a = 0$ ist und $|\rightarrow\rangle$, wenn es $a = 1$ ist. Ebenso generiert Bob eine zufällige Bitfolge. Entsprechend seiner Liste führt er nun Messungen an den von Alice gesendeten Quantensystemen durch. Er wählt die $\hat{\sigma}_z$-Basis, wenn sein Bit $b = 1$ ist und die $\hat{\sigma}_x$-Basis im Fall $b = 0$. Offensichtlich kann er den Eigenwert $+1$ für alle vier Bitkombinationen a und b finden. Den Wert -1 dagegen kann er nur für die beiden Fälle $a = b = 0$ und $a = b = 1$ messen. Bob wird nie -1 detektieren, wenn sein Bit sich von Alices unterscheidet. Es ist daher sichergestellt, dass die Bits beim Messwert -1 vollständig korreliert sind. Im letzten Schritt des B92-Protokolls überträgt Bob daher einfach eine Liste seiner *Messresultate* an Alice. Seine jeweilige Messbasis verrät er aber nicht. Alice und Bob behalten dann in ihren jeweiligen Bitlisten nur die Einträge, für die Bob das Resultat -1 erhalten hat. Diese selektierten Bits a und b ergeben dann für Alice und Bob zwei identische und zufällige Sequenzen von Bits, die sie als Schlüssel verwenden können.

Zudem können Alice und Bob einige ihrer Schlüsselbits opfern, um einen Lauscher, genannt Eve (von engl. *eavesdropper* = Lauscher), zu entdecken. Um das im Prinzip zu verstehen, nehmen wir an, dass Eve an den von Alice gesendeten Teilchen Messungen in der $\hat{\sigma}_x$- oder $\hat{\sigma}_z$-Basis macht. Damit sie nicht gleich entdeckt wird, muss sie, entsprechend dem gefundenen Messwert, ein Teilchen an Bob weiterschicken. Wenn also Alice zum Beispiel ein $|\uparrow\rangle$-Teilchen präpariert hat ($a = 0$), und Eve es fälschlich in der $\hat{\sigma}_x$-Basis misst, kann sie $|\rightarrow\rangle$ finden und an Bob weiterleiten. Eve hat also durch ihren Messprozess das originale Teilchen verändert. Wenn Bob an diesem veränderten Teilchen in der $\hat{\sigma}_z$-Basis ($b = 1$) misst, kann er den Wert -1 mit einer Wahrscheinlichkeit von 50% finden, obwohl die Bitkombination $a = 0$ und $b = 1$ war. Daher können Alice und Bob einen unerwünschten Zuhörer entdecken, wenn sie genügend viele ihrer Schlüsselbits opfern und auf eine $a = 0$ und $b = 1$ oder $a = 1$ und $b = 0$ Kombination hin untersuchen. Falls die Rate solcher Ereignisse bei einer Übertragung hoch ist, müssen sie die ganze Übertragung als unsicher deklarieren und verwerfen. Im Allgemeinen ist eine solche Sicherheitsanalyse der diversen Quantenkryptographie-Protokolle kompliziert [150–154] und noch nicht für alle Möglichkeiten durchgeführt. Dennoch ist die Technologie für einen quantenmechanischen Schlüsselaustausch sehr weit entwickelt [155–158], sodass man fast schon von einer Kommerzialisierung derselben sprechen kann.

Literatur

Zitierte Publikationen

Abschnitt 7.1

[1] Maxwell, J.C., A Treatise on Electricity and Magnetism, 2 Bde., Oxford, 1873
[2] Planck, M., Verh. Deutsch. Phys. Ges. **2**, 202 (1900)
[3] Planck, M., Ann. Phys. **4**, 553 (1901)
[4] Einstein, A., Ann. Phys. **17**, 32 (1905)
[5] Einstein, A., Phys. Z. **18**, 121 (1917)
[6] Born, M., Jordan, P., Z. Phys. **34**, 858 (1925)
[7] Born, M., Heisenberg, W., Jordan, P., Z. Phys. **35**, 557 (1925)
[8] Dirac, P.A.M., Proc. Roy. Soc. **A 114**, 243 (1927)
[9] Fermi, E., Rev. Mod. Phys. **4**, 87 (1932)
[10] Hanbury Brown, R., Twiss, R.Q., Nature **177**, 27 (1956)
[11] Glauber, R.J., Phys. Rev. **130**, 2529 (1963) (*auch zu Abschn. 7.3, 7.5*)
[12] Glauber, R.J., Phys. Rev. **131**, 2766 (1963) (*auch zu Abschn. 7.3, 7.5*)
[13] Bertolotti, M., Masers and Lasers. An Historical Approach, Adam Hilger, Bristol, 1983
[14] Lamb, W.E., Schleich, W.P., Scully, M.O., Townes, C.H., Rev. Mod. Phys. **71**, 263 (1999)
[15] Haken, H., Laser Theory, Springer, Heidelberg, 1984
[16] Sargent III, M., Scully, M.O., Lamb, W.E., Laser Theory, Addison-Wesley, Reading Mass., 1974
[17] Lax, M., in: Brandeis University Summer Institute Lectures (Chretin, M., Gross, E.P., Deser, S., Eds.), Vol. 2, Gordon and Breach, New York, 1966
[18] Louisell, W.H., Quantum Statistical Properties of Radiation, Wiley, New York, 1973 (*auch zu Abschn. 7.2.2, 7.7.1*)
[19] Mandel, L., Wolf, E. (Eds.), Selected Papers on Coherence and Fluctuations of Light, Vol. I and II, Dover Publications, New York, 1970
[20] Kimble, H.J., Dagenais, M., Mandel, L., Phys. Rev. Lett. **39**, 691 (1977) (*auch zu Abschn. 7.8*)
[21] Kimble, H.J., Dagenais, M., Mandel, L., Phys. Rev. **A 18**, 201 (1978) (*auch zu Abschn. 7.8*)
[22] Cresser, J.D., Häger, J., Leuchs, G., Rateike, M., Walther, H., in: Dissipative Systems in Quantum Optics (Bonifacio, R., Lugiato, L., Eds.), Topics in Current Physics **27**, Springer, Berlin, 1982
[23] Mollow, B.R., Phys. Rev. **188**, 1969 (1969) (*auch zu Abschn. 7.8*)
[24] Slusher, R.E., Hollberg, L.W., Yurke, B., Mertz, J.C., Valley, J.F., Phys. Rev. Lett. **55**, 2409 (1985)
[25] Meschede, D., Walther, H., Müller, G., Phys. Rev. Lett. **54**, 551 (1985)
[26] Cohen-Tannoudji, C., Dupont-Roc, J., Grynberg, G., Photons and Atoms. An Introduction to Quantum Electrodynamics, Wiley, New York, 1989 (*auch zu Abschn. 7.2, 7.5*)
[27] Loudon, R., The Quantum Theory of Light, 2nd ed., Clarendon Press, Oxford, 1991
[28] Meystre, P., Sargent III, M., Elements of Quantum Optics, Springer, Berlin, 1991 (*auch zu Abschn. 7.3, 7.5, 7.8*)

[29] Scully, M.O., Zubairy, M.S., Quantum Optics, Cambridge University Press, New York, 1996 (*auch zu Abschn. 7.3, 7.5, 7.8*)
[30] Paul, H., Photonen. Eine Einführung in die Quantenoptik, B.G. Teubner, Stuttgart, 1999
[31] Schleich, W.P., Quantum Optics in Phase Space, VCH-Wiley, Weinheim, 2001 (*auch zu Abschn. 7.3, 7.4, 7.5, 7.6, 7.7*)

Abschnitt 7.2

[32] Bohr, N., Rosenfeld, L., Mat. Fys. Medd. K. Dan. Vidensk. Selsk. **12**, No. 8 (1933)
[33] Bohr, N., Rosenfeld, L., Phys. Rev. **78**, 794 (1950)

Abschnitt 7.3

[34] Walls, D.F., Milburn, G.J., Quantum Optics, Springer, Berlin, 1994 (*auch zu Abschn. 7.5, 7.8*)
[35] Mandel, L., Wolf, E., Optical Coherence and Quantum Optics, Cambridge University Press, New York, 1995 (*auch zu Abschn. 7.3, 7.8*)
[36] Carruthers, P., Nieto, M.M., Rev. Mod. Phys. **40**, 411 (1968)
[37] Pegg, D.T., Barnett, S.M., Phys. Rev. **A 39**, 1665 (1989)
[38] Zeilinger, A., Rev. Mod. Phys. **71**, S288 (1999)
[39] Schrödinger, E., Naturwissenschaften **14**, 664 (1926) (*auch zu Abschn. 7.9*)
[40] Schleich, W.P., Pernigo, M., Fam Le Kien, Phys. Rev. **A 44**, 2172 (1991) (*auch zu Abschn. 7.5*)
[41] Schrödinger, E., Naturwissenschaften **23**, 807, 823, 844 (1935) (*auch zu Abschn. 7.9*)
[42] Schleich, W.P., Wheeler, J.A., J. Opt. Soc. Am. **B 4**, 1715 (1987)
[43] Kimble, H.J., Walls, D.F. (Eds.), J. Opt. Soc. Am. **B 4**, No. 10 (1987)
[44] Loudon, R., Knight, P.L. (Eds.), J. Mod. Opt. **34**, No. 6/7 (1987)
[45] Giacobino, E., Fabre, C. (Eds.), Appl. Phys. **B 55**, No. 3 (1992)
[46] Sudarshan, E.C.G., Phys. Rev. Lett. **10**, 277 (1963) (*auch zu Abschn. 7.5*)

Abschnitt 7.4

[47] Wilkens, M., Phys. Rev. **A 48**, 570 (1994)
[48] Jaynes, E.T., Cummings, F.W., Proc. IEEE **51**, 89 (1963)
[49] Paul, H., Ann. Phys. (Leipzig) **11**, 411 (1963)
[50] Shore, B.W., The Theory of Coherent Atomic Excitations, Wiley, New York, 1990
[51] Shore, B.W., Knight, P.L., J. Mod. Opt. **40**, 1195 (1993)
[52] Blockley, C.A., Walls, D.F., Risken, H., Europhys. Lett. **17**, 509 (1992)
[53] Cirac, J.I., Blatt, R., Parkins, A.S., Zoller, P., Phys. Rev. **A 49**, 1202 (1994)
[54] Buzek, V., Drobný, G., Kim, M.S., Adam, G., Knight, P.L., Phys. Rev. **A 56**, 2352 (1997)
[55] Vogel, W., de Matos Filho, R.L., Phys. Rev. **A 52**, 4214 (1995)
[56] Meekhof, D.M., Monroe, C., King, B.E., Itano, W.M., Wineland, D.J., Phys. Rev. Lett. **76**, 1796 (1996)
[57] Paul, W., Rev. Mod. Phys. **62**, 531 (1990)
[58] Schrade, G., Bardroff, P.J., Glauber, R.J., Leichtle, C., Yakovlev, V., Schleich, W.P., Appl. Phys. **B 64**, 181 (1997)
[59] Bardroff, P.J., Leichtle, C., Schrade, G., Schleich, W.P., Phys. Rev. Lett. **77**, 2198 (1996)
[60] Varcoe, B.T.H., Brattke, S., Weidinger, M., Walther, H., Nature **403**, 743 (2000)
[61] Brune, M., Hagley, E., Dreyer, J., Maitre, X., Maali, A., Wunderlich, C., Raimond J.M., Haroche, S., Phys. Rev. Lett. **77**, 4887 (1996) (*auch zu Abschn. 7.5*)

[62] Myatt, C.J., King, B.E., Turchette, Q.A., Sackett, C.A., Kielpinski, D., Itano, W.M., Monroe, C., Wineland, D.J., Nature **403**, 269 (2000) (*auch zu Abschn. 7.5*)

Abschnitt 7.5

[63] Gardiner, C.W., Handbook of Stochastic Methods, Springer, Berlin, 1985
[64] Gardiner, C.W., Quantum Noise, Springer, Berlin, 1991
[65] Risken, H., The Fokker-Planck Equation, Springer, Berlin 1989
[66] Cohen-Tannoudji, C., Dupont-Roc, J., Grynberg, G., Atom-Photon Interactions, Wiley, New York, 1992 (*auch zu Abschn. 7.8*)
[67] Cahill, K.E., Glauber, R.J., Phys. Rev. **177**, 1882 (1969)
[68] Hillery, M., O'Connell, R.F., Scully, M.O., Wigner, E.P., Phys. Rep. **106**, 121 (1984)
[69] Carmichael, H.J., An Open Systems Approach to Quantum Mechanics, Springer, Heidelberg, 1993 (*auch zu Abschn. 7.8*)
[70] Dirac, P.A.M., The Principles of Quantum Mechanics, Clarendon Press, Oxford, 1935
[71] Zurek, W.H., Physics Today **44**, 36 (1991)
[72] Joos, E., Zeh, H.D., Kiefer, C., Giulini, D., Kupsch, J., Stamatescu, I.-O., Decoherence and the Appearance of a Classical World in Quantum Theory, 2. Aufl., Springer, Berlin, 2003
[73] Bohr, N., Atomic Physics and Human Knowledge, Wiley, New York, 1958

Abschnitt 7.6

[74] Raithel, G., Wagner, C., Walther, H., Narducci, L., Scully, M.O., in: Cavity Quantum Electrodynamics, (Berman, P.R., Ed.) Adv. At. Mol. Opt. Phys., Supplement 2, Academic Press, Boston, 1994
[75] Filipowicz, P., Javanainen, J., Meystre, P., Phys. Rev. **A 34**, 3077 (1986)
[76] Lugiato, L.A., Scully, M.O., Walther, H., Phys. Rev. **A 36**, 740 (1987)
[77] Bergou, J., Hillery, M., Phys. Rev. **A 49**, 1214 (1994)
[78] Rempe, G., Schmidt-Kaler, F., Walther, H., Phys. Rev. Lett. **64**, 2783 (1990)
[79] Meystre, P., Rempe, G., Walther, H., Opt. Lett. **13**, 1078 (1988)
[80] Weidinger, M., Varcoe, B.T.H., Heerlein, R., Walther, H., Phys. Rev. Lett. **82**, 3795 (1999)

Abschnitt 7.7

[81] Gardiner, C.W., Phys. Rev. Lett. **56**, 1917 (1986)
[82] Lamb, W.E., Retherford, R.C., Phys. Rev. **72**, 241 (1947)

Abschnitt 7.8

[83] Schuda, F., Stroud Jr., C.R., Hercher, M., J. Phys. **B 7**, L198 (1974)
[84] Wu, F.Y., Grove, R.E., Ezekiel, S., Phys. Rev. Lett. **35**, 1426 (1975)
[85] Hartig, W., Rasmussen, W., Schieder, R., Walther, H., Z. Phys. **A 278**, 205 (1976)
[86] Carmichael, H.J., Walls, D.F., J. Phys. **B 9**, L43 (1976)
[87] Carmichael, H.J., Walls, D.F., J. Phys. **B 9**, 1199 (1976)
[88] Wineland, D.J., Monroe, C., Itano, W.M., Leibfried, D., King, B.E., Meekhof, D.M., J. Res. Natl. Inst. Stand. Technol. **103**, 259 (1998)
[89] Haubrich, D., Höpe, A., Meschede, D., Opt. Commun. **102**, 225 (1993)
[90] Lu, Z.H., Bali, S., Thomas, J.E., Phys. Rev. Lett. **81**, 3635 (1998)
[91] Kiesel, H., Renz, A., Hasselbach, F., Nature **418**, 392 (2002)
[92] Spence, J.C.H., Nature **418**, 377 (2002)

Abschnitt 7.9

[93] Brendel, J., Schütrumpf, S., Lange, R., Martienssen, W., Scully, M.O., Europhys. Lett. **5**, 223 (1988)
[94] Brendel, J., Lange, R., Mohler, E., Martienssen, W., Ann. Phys. **48**, 26 (1991)
[95] Thomson, J.J., Phil. Mag. **7**, 237 (1904)
[96] Kroll, N.M., Lamb, W.E., Phys. Rev. **75**, 388 (1949)
[97] Heisenberg, W., Z. Phys. **33**, 879 (1925)
[98] Born, M., Jordan, P., Elementare Quantenmechanik, Springer, Heidelberg, 1930
[99] Heisenberg, W., Der Teil und das Ganze. Gespräche im Umkreis der Atomphysik, Piper, München, 1969
[100] Schrödinger, E., Ann. Phys. **79**, 734 (1926)
[101] Pauli, W., in: Wissenschaftlicher Briefwechsel mit Bohr, Einstein, Heisenberg u.a., Vol. I (Hermann, A., von Meyenn, K., Weisskopf, V.F., Hrsg.), Springer, New York, 1979
[102] Jordan, P., Z. Phys. **40**, 661 (1927)
[103] Schrödinger, E., Brit. J. Philos. Sci. **3**, 109 u. 233 (1952)
[104] Dehmelt, H., Bull. Am. Phys. Soc. **20**, 60 (1975)
[105] Nagourney, W., Sandberg, J., Dehmelt, H., Phys. Rev. Lett. **56**, 2797 (1986)
[106] Sauter, Th., Neuhauser, W., Blatt, R., Toschek, P.E., Phys. Rev. Lett. **57**, 1696 (1986)
[107] Bergquist, J.C., Hulet, R.G., Itano, W.M., Wineland, D.J., Phys. Rev. Lett. **57**, 1699 (1986)
[108] von Zanthier, J., Becker, Th., Eichenseer, M., Nevsky, A.Yu., Schwedes, Ch., Peik, E., Walther, H., Holzwarth, R., Reichert, J., Udem, Th., Hänsch, T.W., Pokasov, P.V., Skvortsov, M.N., Bagayev, S.N., Opt. Lett. **25**, 1729 (2000)
[109] Young, Th., Phil. Trans. Roy. Soc. **92**, 12 (1802)
[110] Grangier, P., Roger, G., Aspect, A., Europhys. Lett. **1**, 173 (1986)
[111] Aspect, A., Grangier, P., Roger, G., J. Opt. **20**, 119 (1989)
[112] Wheeler, J.A., Zurek, W.H. (Eds.), Quantum Theory and Measurement, Princeton University Press, Princeton, 1983
[113] Bohr, N., Nature **121**, 580 (1928)
[114] Scully, M.O., Englert, B.-G., Walther, H., Nature **351**, 111 (1991)
[115] Storey, E.P., Tan, S.M., Collet, M.J., Walls, D.F., Nature **367**, 626 (1994)
[116] Englert, B.-G., Scully, M.O., Walther, H., Nature **375**, 367 (1995)
[117] Storey, E.P., Tan, S.M., Collet, M.J., Walls, D.F., Nature **375**, 368 (1995)
[118] Englert, B.-G., Phys. Rev. Lett. **77**, 2154 (1996)
[119] Dürr, S., Nonn, T., Rempe, G., Nature **395**, 33 (1998)
[120] Höffges, J.T., Baldauf, H.W., Eichler, T., Helmfrid, S.R., Walther, H., Opt. Comm. **133**, 170 (1997)
[121] Wheeler, J.A., in: Problems in the Foundations of Physics, International School of Physics „Enrico Fermi", Course LXXII, North-Holland, Amsterdam, 1979
[122] von Weizsäcker, C.F., Z. Phys. **70**, 114 (1931)
[123] von Weizsäcker, C.F., Z. Phys. **118**, 489 (1941)
[124] Hellmuth, T., Walther, H., Zajonc, A., Schleich, W.P., Phys. Rev. **A 35**, 2532 (1987)
[125] Alley, C.O., Jakubowicz, O.G., Wickes, W.C., in: Proceedings of the 2nd International Symposium on Foundations of Quantum Mechanics (Namiki, M., Ohnuki, Y., Murayama, Y., Nomura, S., Eds.) Physical Society of Japan, Tokyo, 1987
[126] Baldzuhn, J., Mohler, E., Martienssen, W., Z. Phys. **B 77**, 347 (1989)
[127] Herzog, T.J., Kwiat, P.G., Weinfurter, H., Zeilinger, A., Phys. Rev. Lett. **75**, 3034 (1995)
[128] Wheeler, J.A., in: Mathematical Foundations of Quantum Theory (Marlow, A.R., Ed.), Academic Press, New York, 1978
[129] Bohr, N., in: Albert Einstein: Philosopher-Scientist (Schilpp, P.A., Ed.), Library of Living Philosophers, Evanston, 1949

[130] Einstein, A., Podolsky, B., Rosen, N., Phys. Rev. **47**, 777 (1935)
[131] Bell, J.S., Physics **1**, 195 (1964)
[132] Clauser, J.F., Shimony, A., Rep. Prog. Phys. **41**, 1881 (1978)
[133] Mermin, N.D., Rev. Mod. Phys. **65**, 803 (1993)
[134] Werner, R.F., Wolf, M.M., Quant. Inf. Comp. **1** (3), 1 (2001)
[135] Aspect, A., Dalibard, J., Roger, G., Phys. Rev. Lett. **49**, 1804 (1982)
[136] Weihs, G., Jennewein, T., Simon, C., Weinfurter, H., Zeilinger, A., Phys. Rev. Lett. **81**, 5039 (1998)
[137] Rowe, M.A., Kielpinski, D., Meyer, V., Sackett, C.A., Itano, W.M., Monroe, C., Wineland, D.J., Nature **409**, 791 (2001)
[138] Brendel, J., Mohler, E., Martienssen, W., Europhys. Lett. **20**, 575 (1992)

Abschnitt 7.10

[139] Bennett, C.H., Brassard, G., Crèpeau, C., Jozsa, R., Peres, A., Wootters, W.K., Phys. Rev. Lett. **70**, 1895 (1993)
[140] Bouwmeester, D., Pan, J.-W., Mattle, K., Eibl, M., Weinfurter, H., Zeilinger, A., Nature **390**, 575 (1997)
[141] Boschi, D., Branca, S., De Martini, F., Hardy, L., Popescu, S., Phys. Rev. Lett. **80**, 1121 (1998)
[142] Vaidman, L., Phys. Rev. **A 49**, 1473 (1994)
[143] Braunstein, S.L., Kimble, H.J., Phys. Rev. Lett. **80**, 869 (1998)
[144] Furusawa, A., Sørensen, J.L., Braunstein, S.L., Fuchs, C.A., Kimble, H.J., Polzik, E.S., Science **282**, 706 (1998)
[145] Bennett, C.H., Wiesner, S.J., Phys. Rev. Lett. **69**, 2881 (1992)
[146] Mattle, K., Weinfurter, H., Kwiat, P.G., Zeilinger, A., Phys. Rev. Lett. **76**, 4656 (1996)
[147] Bennett, C.H., Phys. Rev. Lett. **68**, 3121 (1992)
[148] Bennett, C.H., Brassard, G., in: Proc. IEEE Int. Conference on Computers, Systems and Signal Processing, IEEE Press, Los Alamitos, 1984
[149] Ekert, A., Phys. Rev. Lett. **67**, 661 (1991)
[150] Mayers, D., Journal of the ACM **48**, 351 (2001)
[151] Biham, E., Boyer, M., Brassard, G., van de Graaf, J., Mor, T., quant-ph/9801022 auf dem Preprint Server http://arXiv.org/ der Cornell University
[152] Lo, H., Chan, H.F., Science **283**, 2050 (1999)
[153] Shor, P.W., Preskill, J., Phys. Rev. Lett. **85**, 441 (2000)
[154] Nielsen, M.A., Chuang, I.L., Quantum Computation and Quantum Information, Cambridge University Press, Cambridge, 2000
[155] Hughes, R.J., Alde, D.M., Dyer, P., Luther, G.G., Morgan, G.L., Schauer, M., Contemp. Phys. **36**, 149 (1995)
[156] Muller, A., Zbinden, H., Gisin, N., Europhys. Lett. **33**, 334 (1996)
[157] Stucki, D., Gisin, N., Guinnard, O., Ribordy, G., Zbinden, H., New J. Phys. **4**, 41 (2002)
[158] Hughes, R.J., Nordholt, J.E., Derkacs, D., Peterson, C.G., New J. Phys. **4**, 43 (2002)

8 Erzeugung von kohärentem Licht – LASER

Horst Weber

Im vorangehenden Kapitel wurde gezeigt, dass ein kohärentes elektromagnetisches Strahlungsfeld durch einen unendlich ausgedehnten Sinuswellenzug der elektrischen und magnetischen Feldstärke dargestellt werden kann. Amplitude und Phase der Welle sind hierbei so konstant, wie es die Unschärfe-Relation zulässt.

Die Erzeugung kohärenter elektromagnetischer Wellen im Hochfrequenzbereich ist ein Problem, welches vor etwa neunzig Jahren gelöst wurde. 1888 wies H. Hertz die Existenz elektromagnetischer Wellen nach, 1906 wurde von L. de Forest und R. v. Lieben die Verstärkerröhre erfunden, und 1913 entdeckte A. Meissner das *Rückkopplungsprinzip*, welches zum selbsterregten Oszillator, dem Hochfrequenzgenerator führte. Dieses Prinzip, auf welches bereits in Bd. 2 eingegangen wurde, ist als Blockschaltbild in Abb. 8.1a skizziert. Alle kohärenten Wellen vom Langwellenbereich bis in den optischen Bereich werden nach dem Meissner'schen Rückkopplungsprinzip erzeugt. Es bereitete jedoch große Schwierigkeiten, das Rückkopplungsprinzip im Zentimeter-Wellenbereich (Mikrowellen) oder gar im optischen Bereich zu realisieren. Der Grund war der, dass für die kurzen Wellenlängen kein geeigneter Verstärker zur Verfügung stand. Erst 1954/1955 gelang es Gordon, Zeiger und Townes [1], nach vorangehenden theoretischen Arbeiten von Weber [2], einen Generator zu entwickeln, der im Mikrowellenbereich bei einer Frequenz von $v_0 = 2.39 \times 10^{10}$ Hz arbeitete. Als verstärkendes Medium wurden angeregte Ammoniakmoleküle verwendet und dieser Generator nach seinem Verstärkungsprinzip **Maser** (*microwave amplification by stimulated emission of radiation*) genannt. Nahezu gleichzeitig befassten sich Basov und Prokhorov [3] mit diesen Problemen.

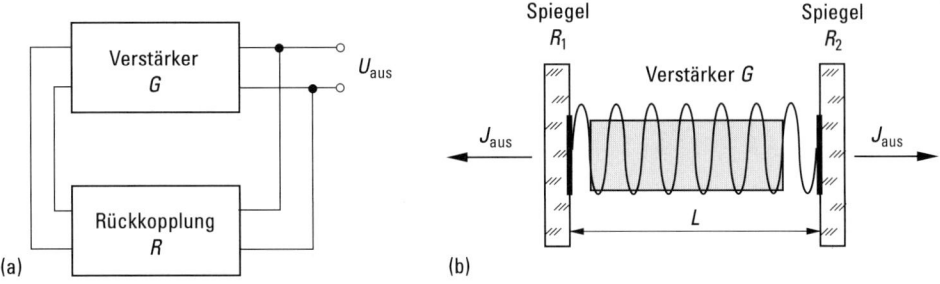

Abb. 8.1 Das Rückkopplungsprinzip nach A. Meissner; (a) Hochfrequenzgenerator, (b) Laser. In beiden Fällen ist G die Verstärkung des elektromagnetischen Feldes durch Röhre, Transistor oder angeregte Atome bzw Moleküle. R bzw. R_1, R_2 geben den Bruchteil des Strahlungsfeldes an, der in den Verstärker zurückgekoppelt wird.

In einer theoretischen Arbeit untersuchten Schawlow und Townes [4] die Möglichkeit, das Maserprinzip auf den optischen Bereich zu übertragen, und 1960 gelang es Maiman [5], den ersten selbsterregten Generator im sichtbaren Spektralbereich bei einer Frequenz von $v_0 = 4.32 \times 10^{14}$ Hz zu realisieren. Als verstärkendes Medium wurden Chrom-Ionen in Saphir (Rubin) benutzt. In Analogie zum Maser wurde dieser Lichtoszillator **Laser** (*light amplification by stimulated emission of radiation*) genannt.

8.1 Das Rückkopplungsprinzip und Verstärkung von Licht

Ein Verstärker für elektromagnetische Wellen besitzt die Eigenschaft, eine Eingangsintensität J_{ein} kohärent zu verstärken und eine Ausgangsintensität J_{aus} zu liefern. Bei kleinen Intensitäten, abhängig vom speziellen System, ist diese Verstärkung linear. Die Ausgangsintensität ist proportional der Eingangsintensität. Der Proportionalitätsfaktor wird Leerlaufverstärkungsfaktor genannt, und es gilt:

$$J_{aus} = G_0 J_{ein}, \quad J_{ein} \to 0.$$

Für hohe Eingangsintensitäten zeigen alle Verstärker ein Sättigungsverhalten, d. h. der Verstärkungsfaktor G wird jetzt abhängig von der Intensität und nimmt mit zunehmender Intensität ab. Es gilt allgemein:

$$J_{aus} = G(J_{ein}) J_{ein}, \quad G(J_{ein}) < G_0.$$

Bei einem rückgekoppelten Verstärker wird nun ein Bruchteil $R = \sqrt{R_1 R_2}$ der Ausgangsintensität über ein Rückkopplungsglied, z. B. einen Transformator bei niedrigen Frequenzen, bzw. einen teildurchlässigen Spiegel im optischen Bereich, wieder auf den Eingang des Verstärkers gegeben, nochmals verstärkt, usw. Wenn die Verstärkung für einen vollen Umlauf der Welle im System die Verluste kompensiert, tritt Selbsterregung auf. Es muss somit gelten:

$$G_0 \sqrt{R_1 R_2} \, V > 1, \tag{8.1}$$

wobei V ein Verlustfaktor ist, der die in den Leitungen auftretenden ohmschen Verluste oder beim Licht die Streuverluste und Absorption enthält. Dann erhöht sich die Intensität bei jedem Umlauf. Mit zunehmender Intensität wird jedoch der Verstärkungsfaktor kleiner, bis sich schließlich ein stationärer Zustand einstellt, gekennzeichnet durch

$$G(J_{ein}) R V = 1. \tag{8.2}$$

Die Gleichung (8.1) ist die Selbsterregungsbedingung, denn nur wenn die gesamte Verstärkung pro Umlauf größer als eins ist, kann sich durch fortgesetzte Verstärkung aus dem Rauschen ein Ausgangssignal entwickeln. Gleichung (8.2) ist die Stationaritätsbedingung. Im stationären Fall stellt sich die Intensität so ein, dass diese Gleichung erfüllt ist.

Da es sich um interferenzfähige Felder handelt, kommt noch eine weitere Bedingung hinzu. Das rückgekoppelte Feld muss sich dem am Eingang bereits vorhandenen Feld phasenrichtig überlagern, da sonst durch destruktive Überlagerung (Ge-

genkopplung) das Feld am Eingang des Verstärkers verringert wird. Die Phasenschiebung pro Umlauf muss also ein ganzes Vielfaches von 2π betragen:

$$\Delta\Phi = p\,2\pi \quad (p = 1, 2, \ldots). \tag{8.3}$$

Man bezeichnet diese Bedingung als Resonanzbedingung. Diese Überlegungen zum Rückkopplungsprinzip gelten sowohl im Hochfrequenzbereich, als auch für Licht. Es muss nun untersucht werden, wie ein Verstärker für Licht zu realisieren ist.

Verstärkung von Licht durch induzierte Emission. Die quantenmechanische Beschreibung der Wechselwirkung von Licht mit atomaren Systemen wurde in Kap. 7 behandelt. Zur Vereinfachung werden im Folgenden von den vielen Energieniveaus eines Atoms/Moleküls nur zwei betrachtet. Diese Reduzierung auf ein Zwei-Niveau-System ist zulässig, wenn die Frequenz v des Strahlungsfeldes etwa der Resonanzfrequenz v_0 des Zwei-Niveau-Systems entspricht.

Dann gilt für die Absorptions- bzw. induzierten Emissionsakte pro Zeiteinheit:

$$\text{Absorption:} \qquad \left.\frac{dn_1}{dt}\right|_{\text{Absorption}} = -n_1 \frac{J(v)}{hv} \sigma_{12}(v), \tag{8.4}$$

$$\text{Induzierte Emission:} \qquad \left.\frac{dn_2}{dt}\right|_{\substack{\text{induzierte}\\ \text{Emission}}} = -n_2 \frac{J(v)}{hv} \sigma_{21}(v). \tag{8.5}$$

Es bedeuten:

n_1, n_2: Anzahldichte der wechselwirkenden Atome/Moleküle, $[m^{-3}]$
$J(v)$: Intensität des monochromatischen Strahlungsfeldes, $[W\,m^{-2}]$
$\sigma_{ij}(v)$: frequenzabhängiger Wirkungsquerschnitt, $[m^2]$.

Für nicht entartete Systeme, wie sie zur Vereinfachung im Folgenden betrachtet werden, gilt $\sigma_{12} = \sigma_{21} = \sigma$. σ_{ij} ist proportional den Einsteinkoeffizienten B_{ij} der induzierten Emission (siehe Kap. 7).

Es ist zweckmäßig, statt der Besetzungsdichten n_1, n_2 die Gesamtdichte n_0 und die Differenz Δn zu verwenden:

$$n_0 = n_1 + n_2 \quad \Delta n = n_2 - n_1$$

Die Gln. (8.4/8.5) folgen aus der quantenmechanischen Behandlung der Wechselwirkung. Sie sind identisch mit den Gleichungen, die Einstein bereits 1917 [6] aus thermodynamischen Betrachtungen ableitete, wobei er die Wechselwirkung mit thermischem Licht untersuchte. Neben den induzierten Prozessen tritt noch ein spontaner Prozess auf. Atome, die sich in einem angeregten Zustand befinden, können

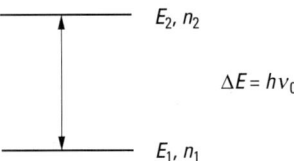

Abb. 8.2 Das Zwei-Niveau-System.

spontan, d. h. ohne äußere Einflüsse, in einen unteren Zustand unter Emission von Licht übergehen (spontane Emission), siehe Kap. 7. Ein angeregtes System ist aber auch stets statistischen äußeren Störungen ausgesetzt. So stoßen Gasatome mit anderen Atomen oder den Wänden des Entladungsgefäßes, die in einen Kristall eingebauten Atome wechselwirken mit den thermisch angeregten Gitterschwingungen u.s.w. Alle diese Effekte führen zu einer endlichen Lebensdauer des angeregten Zustands. Im einfachsten Fall gilt

$$\frac{dn_2}{dt}\bigg|_{\substack{\text{spontane}\\\text{Emission}}} = -\frac{n_2}{T_1}, \tag{8.6}$$

wobei T_1 als Lebensdauer des oberen Energieniveaus bezeichnet wird. Für den Fall, dass keine äußeren Störungen vorliegen, also nur spontane Emission auftritt, ist T_1 die spontane Lebensdauer

$$T_1 = 1/A_{21}, \tag{8.7}$$

wobei A_{21} der Einstein-Koeffizient der spontanen Emission ist. Für die Gesamtbilanz der Besetzungsdichtendifferenz folgt dann aus den Gln. (8.4, 8.5, 8.6):

$$\frac{d\Delta n}{dt} = -\Delta n \frac{J}{h\nu}\sigma - \frac{\Delta n + n_0}{2T_1}. \tag{8.8}$$

Bei der Absorption nach Gl. (8.4) wird Anregungsenergie aus dem Strahlungsfeld entnommen. Jeder Absorptionsakt bedeutet die Verringerung der Photonen im Strahlungsfeld um ein Photon $h\nu$. Wegen der Beziehung zwischen der Photonendichte q und der Intensität J

$$J = q c h\nu \tag{8.9}$$

q: Photonendichte [m^{-3}]
c: Lichtgeschwindigkeit im Medium

folgt für die Abnahme der Intensität

$$\frac{dJ}{dt}\bigg|_{\text{Absorption}} = -J\sigma c n_1. \tag{8.10}$$

Die induzierte Emission dagegen erhöht die Intensität, wobei das zusätzlich erzeugte Feld die gleiche Polarisation und Frequenz wie das induzierende Feld besitzt, eine wesentliche Eigenschaft der induzierten Emission.

$$\frac{dJ}{dt}\bigg|_{\text{Emission}} = +J\sigma c n_2.$$

Als Bilanz ergibt sich aus den beiden vorangehenden Gleichungen:

$$\frac{dJ}{dt} = J\sigma c \Delta n \tag{8.11}$$

oder umgerechnet auf die Ausbreitung der Welle in z-Richtung

$$\frac{dJ}{dt} = c\frac{dJ}{dz} = J\sigma c \Delta n. \tag{8.12}$$

Im Allgemeinen wird Δn wiederum von der Intensität der Welle abhängen. Bei geringen Intensitäten ist Δn jedoch konstant und Gl. (8.12) liefert sofort

$$J(z) = J(0)\exp[\Delta n\,\sigma\,z] = G_0 J(0), \tag{8.13}$$

wobei G_0 als Kleinsignal- oder Leerlaufverstärkungsfaktor bezeichnet wird. Im thermischen Gleichgewicht gilt für die Besetzungsdichten die Boltzmann-Verteilung. Diese besagt, dass stets $n_2 < n_1$, d. h. $\Delta n < 0$ ist. Dann wird $G_0 < 1$ und Gl. (8.13) ist das bekannte Lambert-Beer'sche Absorptionsgesetz (siehe Kap. 2), also die exponentielle Schwächung einer Lichtwelle beim Durchgang durch ein absorbierendes Medium. Damit eine Verstärkung der Lichtwelle bei der Wechselwirkung mit Atomen erfolgt, muss die Besetzungszahlendifferenz Δn positiv sein. Es müssen sich mehr Atome im angeregten Energiezustand als im Grundzustand befinden. Ein derartiger nicht thermischer Zustand wird *Inversionszustand* genannt.

$\Delta n < 0 \quad n_1 > n_2 \quad$ thermisches Gleichgewicht, Schwächung der Welle

$\Delta n > 0 \quad n_1 < n_2 \quad$ Inversionszustand, Verstärkung der Welle.

Damit die Verstärkung ausreicht, den in Abb. 8.1 skizzierten Oszillator zum Anschwingen zu bringen, muss Gl. (8.1) erfüllt sein. Daraus ergibt sich eine Bedingung für die notwendige Inversionsdichte, die Schwellinversion

$$\Delta n \geq \Delta n_{\text{Schw}} = -\frac{1}{\sigma\ell}\ln(RV) \cong \frac{1-RV}{\sigma\ell} \tag{8.14}$$

mit

ℓ: geometrische Länge des aktiven Mediums
R: mittlerer Reflexionsgrad der Oszillatorspiegel, $R = \sqrt{R_1 R_2}$.

Die Näherung gilt für $1 - RV \ll 1$, was bei sehr vielen Lasersystemen der Fall ist.

8.2 Herstellung eines Inversionszustandes

Bei einem Zwei-Niveau-System ist stationär kein Inversionszustand möglich; es müssen deshalb Mehr-Niveau-Systeme betrachtet werden. Alle realen Lasersysteme können durch ein Drei- oder Vier-Niveau-System angenähert werden. Im Folgenden sollen für diese beiden Systeme exemplarisch das Drei-Niveau-System des Rubin-Lasers und das Vier-Niveau-System des Neodym-Lasers vorgestellt werden.

Das Drei-Niveau-System. Der historisch erste Laser war der *Rubin-Laser* von T.H. Maiman (1960) [5]. Der Rubinkristall besteht aus Aluminiumoxid (Al_2O_3), welches in reiner, kristalliner Form auch als Saphir bekannt ist. Die rote Färbung des Rubins entsteht durch geringe Zusätze von Chrom-Atomen ($\approx 0.05\%$). Diese Chrom-Atome ersetzen zum Teil die Aluminium-Atome des Saphirs und liegen in dreifach ionisierter Form vor. Ein stark vereinfachtes Termschema der Chrom-Ionen zeigt Abb. 8.3. E_1 und E_2 bezeichnen den Grundzustand bzw. den ersten angeregten Zustand des Chrom-Ions. Außerdem treten zwei stark verbreiterte Energiezustände

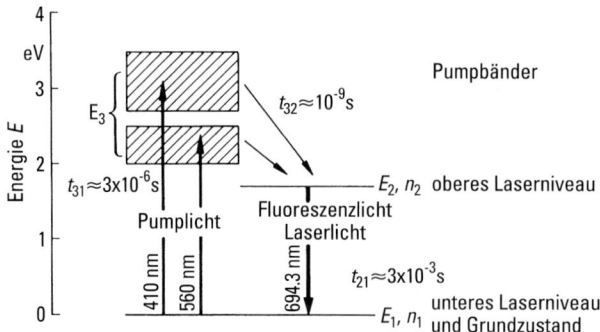

Abb. 8.3 Stark vereinfachtes Termschema der Chrom-Ionen im Rubin (Al_2O_3:Cr^{3+}) als Beispiel für ein Drei-Niveau-System. Die Lichtverstärkung erfolgt zwischen den Niveaus der Energien E_2 und E_1 für $\lambda_0 = 694.3$ nm.

auf, die gemeinsam mit E_3 bezeichnet werden. Weitere Energieniveaus, die bei höheren Energien liegen, sind hier nicht eingezeichnet, da sie für den Laser-Prozess keine Bedeutung haben. Wegen der drei Energieniveaus, die hier für die Herstellung des Inversionszustandes wichtig sind, wird dieses System *Drei-Niveau-System* genannt.

Wird der Rubinkristall z. B. mit dem blauen oder grünen Licht einer Gasentladungs-Lichtquelle bestrahlt ($\lambda = 410$ nm bzw. 560 nm), so absorbieren die Chrom-Ionen dieses Licht und gehen dabei vom Grundzustand E_1 in die beiden angeregten Zustände E_3. Von dort hat das Chrom-Ion die Möglichkeit, entweder direkt in den Grundzustand zurückzukehren und die absorbierte Energie wieder zu emittieren, oder es geht in den Energiezustand E_2 und von dort in den Grundzustand. Beide Übergänge sind zulässig, aber mit unterschiedlicher Wahrscheinlichkeit. Die Übergangszeit t_{31} direkt in den Grundzustand beträgt 3×10^{-6} s, die Übergangszeit t_{32} in den Zustand E_2 dagegen nur 10^{-9} s. Das heißt, von 3000 angeregten Chrom-Ionen kehrt ein Ion direkt in den Grundzustand zurück, und der Rest geht in den Zustand E_2, wobei die Energiedifferenz $E_3 - E_2$ als Wärme an den Kristall abgegeben wird.

Der Zustand E_2 hat eine für atomare Verhältnisse sehr lange Lebensdauer. Die Chrom-Ionen verweilen im Mittel 3×10^{-3} s in diesem Niveau und kehren erst dann in den Grundzustand zurück, wobei sie ihre Energie als rotes Fluoreszenzlicht emittieren (spontane Emission), daher das leuchtende Rot des Rubins. Ist das eingestrahlte blaue oder grüne Licht, welches als *Pumplicht* bezeichnet wird, hinreichend intensiv, so werden die Chrom-Ionen schneller in das E_2-Niveau befördert, als sie durch spontane Emission in den Grundzustand zurückkehren. Nach einer gewissen Zeit werden sich also mehr Chrom-Ionen im angeregten Zustand E_2 befinden als im Grundzustand E_1. Die Besetzungsdichte n_2 wird größer als n_1, d. h. Δn ist positiv und ein Inversionszustand liegt vor.

Damit ist der Rubinkristall in der Lage Licht der Frequenz $\nu_0 = (E_2 - E_1)/h$ durch induzierte Emission zu verstärken. Beim Rubin beträgt $\nu_0 = 4.32 \times 10^{14}$ Hz bzw. $\lambda_0 = 694.3$ nm. Besitzt der Kristall die Länge ℓ, so ergibt sich nach Gl. (8.13) der Verstärkungsfaktor G_0 für einen Durchgang des Lichts durch den Kristall zu:

$$G_0 = \exp[\Delta n\, \sigma(\nu)\, \ell] = \exp[g\,\ell]. \tag{8.15}$$

Der Rubinkristall verstärkt nicht nur Licht der Resonanzfrequenz v_0, sondern auch benachbarte Frequenzen innerhalb einer Bandbreite Δv, entsprechend dem Linienprofil des Übergangs, welches in diesem Fall annähernd durch ein Lorentz-Profil der Form

$$\sigma(v) = \sigma(v_0)\frac{(\Delta v/2)^2}{(v-v_0)^2 + (\Delta v/2)^2} \qquad (8.16)$$

beschrieben werden kann. Der spektrale Verlauf des Verstärkungsfaktors $G_0(v)$ für verschiedene Werte der Besetzungszahlendifferenz Δn am Beispiel des Rubinkristalls ist in Abb. 8.4 dargestellt.

Wird kein Pumplicht eingestrahlt, so befinden sich alle Chrom-Ionen im Grundzustand und die relative Besetzungszahlendifferenz ist $\Delta n/n_0 = -1$. In diesem Fall absorbiert der Kristall rotes Licht der Wellenlänge $\lambda_0 = 694.3$ nm ($G_0 < 1$). Bei Einstrahlung von Pumplicht werden Chrom-Ionen in den angeregten Zustand gehoben, die Besetzungszahlendifferenz nimmt ab und entsprechend verringert sich die Absorption. Bei einer gewissen Pumplichtintensität befinden sich gleich viel Chrom-Ionen im unteren und oberen Energieniveau. Es ist $\Delta n = 0$ und der Kristall ist für rotes Licht transparent ($G_0 = 1$). Wird die Pumplichtintensität noch weiter erhöht, so nimmt Δn positive Werte an und nach Gl. (8.15) verstärkt der Kristall ($G_0 > 1$) das rote Licht. Im Grenzfall für unendlich hohe Pumplichtintensitäten befinden sich alle Chrom-Ionen im angeregten Zustand. Die Besetzungszahlendifferenz wird $\Delta n/n_0 = +1$ und der Verstärkungsfaktor nimmt einen Maximalwert an.

Mit dieser Absorptionsänderung ist auch eine Brechzahländerung verknüpft. Wie in Kap. 2 gezeigt wird, geht die Besetzungszahlendifferenz Δn in die Dispersionsformel ein und führt bei Inversion zu der sogenannten negativen Dispersion. Experimentell wurde dieser Effekt bereits 1928 von H. Kopfermann und R. Ladenburg

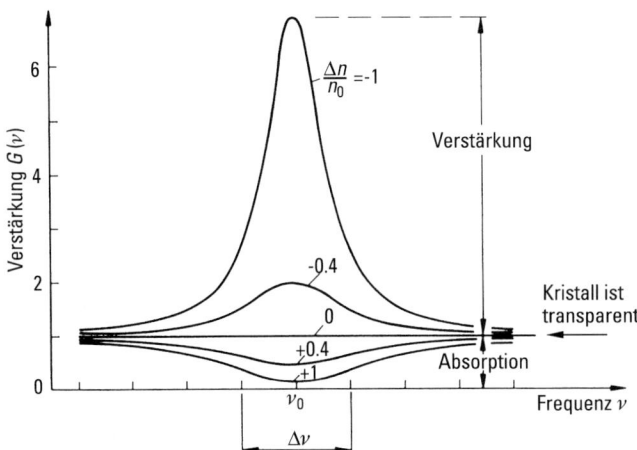

Abb. 8.4 Spektraler Verlauf des Verstärkungsfaktors $G_0(v)$ beim Rubinkristall für verschiedene Werte der relativen Besetzungszahlendifferenz $\Delta n/n_0$ (bzw. verschiedenen Pumplichtintensitäten). $n_0 = n_1 + n_2 \cong 1.6 \times 10^{19}$ cm^{-3} = totale Chromionendichte, $v_0 = 4.32 \times 10^{14}$ Hz, $\lambda_0 = 694.3$ nm, $\Delta v = 3 \times 10^{11}$ Hz [7].

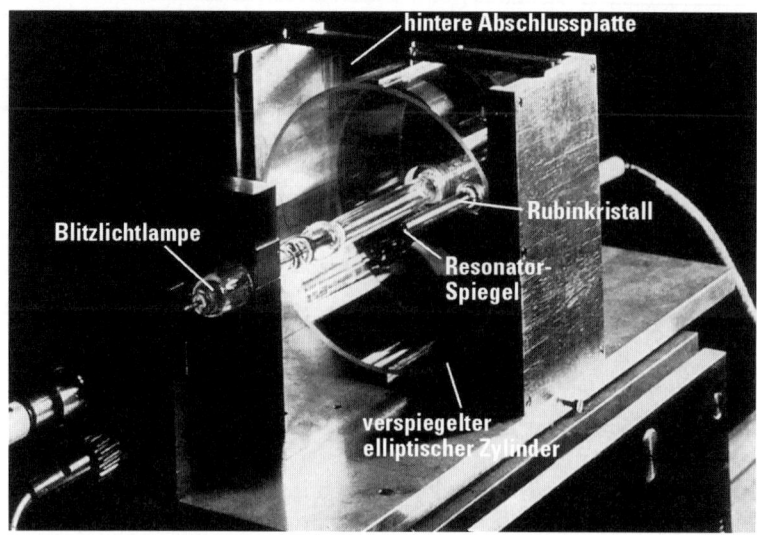

Abb. 8.5 Laborausführung eines Rubin-Lasers. Rubinstab-Länge $\ell = 5$ cm. Die vordere Abschlussplatte des elliptischen Zylinders (Pumplichtgehäuse) wurde entfernt (Foto: I.Phys. Inst. T.U. Berlin) [8].

[7] nachgewiesen. Sie beobachteten, dass die Brechzahl in der Nähe einer Emissionslinie von *Neon* abnimmt, wenn das Gas durch Energiezufuhr (in diesem Fall durch elektrischen Strom in einer Gasentladung, also durch Stoß von Elektronen) genügend stark angeregt wurde.

Um hohe Verstärkungsfaktoren zu erreichen, muss eine entsprechend hohe Pumplichtintensität zur Verfügung stehen. Zur Anregung des Rubins werden daher Xenon-Blitzlichtlampen verwendet. Abbildung 8.5 zeigt eine derartige Anordnung [8]. In dieser Betriebsart verstärkt der Rubin nicht kontinuierlich, sondern nur für kurze Zeit entsprechend der Entladungsdauer der Blitzlichtlampe, die bei einigen 10^{-3} s liegt. Es besteht auch die Möglichkeit, den Rubin kontinuierlich durch Quecksilber-Kapillarlampen anzuregen.

Die Kinetik eines idealisierten Drei-Niveau-Systems lässt sich einfach beschreiben. Die Verweilzeit der Atome im E_3-Zustand ist sehr kurz und alle durch das Pumplicht W angeregten Atome gehen über E_3 sofort in den E_2-Zustand. Solange keine induzierte Emission stattfindet, wird die Besetzungsdichte des oberen Laser-Niveaus nur durch die oben skizzierten Prozesse (siehe Gl. (8.6)) entleert und es gilt

$$\frac{dn_2}{dt} = Wn_1 - n_2/T_1, \tag{8.17}$$

wobei W die Pumprate ist, eine Größe, die proportional der anregenden Lichtleistung ist. Unter Benutzung der Gesamtdichte aktiver Atome $n_0 = n_1 + n_2$ und der Inversionsdichte $\Delta n = n_2 - n_1$ folgt aus Gl. (8.17):

$$\frac{d\Delta n}{dt} = n_0(W - T_1) - \Delta n(W + T_1), \tag{8.18}$$

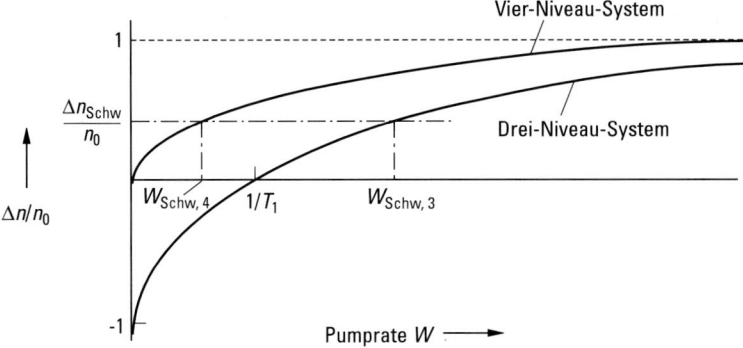

Abb. 8.6 Die stationäre Inversionsdichte als Funktion der Pumprate W für das Drei- und Vier-Niveau-System.

woraus sich die stationäre Inversionsdichte

$$\frac{\Delta n_{\text{stat},3}}{n_0} = \frac{W - 1/T_1}{W + 1/T_1} \quad \text{Drei-Niveau-System} \tag{8.19}$$

ergibt. Die Pumprate W, die stationär die Schwellinversion Δn_{Schw} erzeugt, wird Schwellpumprate $W_{\text{Schw},3}$ genannt und folgt aus Gl. (8.19) bzw. Gl. (8.14)

$$W_{\text{Schw},3} = \frac{1}{T_1}\left(\frac{n_0 + \Delta n_{\text{Schw}}}{n_0 - \Delta n_{\text{Schw}}}\right) \approx \frac{1}{T_1}\left(\frac{\sigma n_0 \ell + (1 - RV)}{\sigma n_0 \ell - (1 - RV)}\right). \tag{8.20}$$

Je höher die Verluste im Oszillator sind, um so größer wird die notwendige Schwellinversionsdichte nach Gl. (8.14) und um so größer auch die notwendige Pumprate $W_{\text{Schw},3}$ um die Rückkopplungsbedingung zu erfüllen. Die Abhängigkeit der Inversionsdichte von der Pumprate ist in Abb. 8.6 skizziert.

Das Vier-Niveau-System. Beim Drei-Niveau-System muss stets die Hälfte der Atome angeregt werden, um in den Verstärkungsbereich des Systems zu kommen. Die dafür benötigte Energie geht dem Verstärkungsprozess verloren. Günstiger in dieser Hinsicht ist das Vier-Niveau-System. Ein Beispiel hierfür ist das System Neodym:YAG

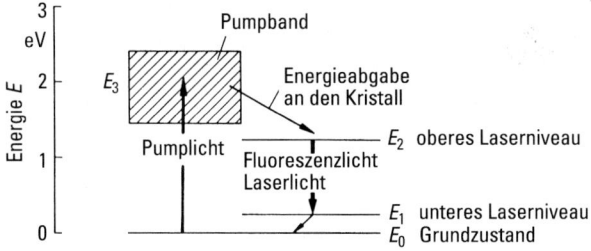

Abb. 8.7 Stark vereinfachtes Termschema von Neodym-Ionen in YAG als Beispiel für ein Vier-Niveau-System. Die Lichtverstärkung erfolgt zwischen E_2 und E_1 für $\lambda_0 = 1060$ nm.

(Yttrium-Aluminium-Granat $Y_3Al_5O_{12}$), welches in Abb. 8.7 skizziert ist. Der Laserübergang entspricht einer Wellenlänge $\lambda_0 = 1060$ nm. Das untere Laserniveau E_1 hat eine sehr kurze Lebensdauer und liegt hinreichend weit über dem Grundzustand E_0, sodass die thermische Besetzungsdichte gering ist, $\Delta n \cong n_2 - n_1 \cong n_2$. Die zu Gl. (8.18) äquivalente Pumpgleichung lautet dann beim Vier-Niveau-System:

$$\frac{d\Delta n}{dt} = (n_0 - \Delta n)W - \Delta n/T_1, \tag{8.21}$$

woraus sich der stationäre Wert zu

$$\frac{\Delta n_{stat,4}}{n_0} = \frac{W}{W + 1/T_1}, \quad \text{Vier-Niveau-System} \tag{8.22}$$

und die notwendige Schwellpumprate mit Gl. (8.14) zu

$$W_{Schw,4} = \frac{1}{T_1}\left(\frac{\Delta n_{Schw}/n_0}{1 - \Delta n_{Schw}/n_0}\right) \approx \frac{1}{T_1}\left(\frac{1 - RV}{n_0 \sigma \ell - (1 - RV)}\right) \tag{8.23}$$

ergeben. Beim Vier-Niveau-System wird mit minimaler Pumprate sofort eine Inversion erzeugt. Um eine vorgegebene Schwellinversion zu erreichen ist deshalb sehr viel weniger Pumpleistung erforderlich, wie in Abb. 8.6 dargestellt ist. Der Unterschied zwischen Drei- und Vier-Niveau-Systemen ist offensichtlich. Abbildung 8.8 zeigt einen kommerziellen Nd-YAG-Laser.

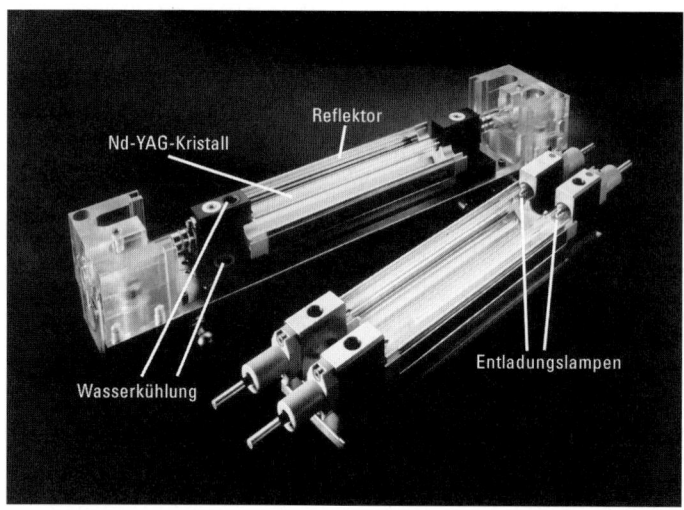

Abb. 8.8 Beispiel für einen kommerziellen Nd-YAG-Laser. Länge des Kristalls 15–20 cm. (Foto: Trumpf-Laser).

8.3 Ausgangsleistung eines Laser-Oszillators

Steht ein verstärkendes Medium zur Verfügung, kann dieses durch Rückkopplung zu einem selbsterregten Oszillator ausgebaut werden, sofern es gelingt, die Selbsterregungsbedingung Gl. (8.1) zu erfüllen. Dazu wird das Medium zwischen zwei ausgerichtete Spiegel gesetzt, wie in Abb. 8.9 dargestellt ist. Zunächst tritt nur spontane Emission auf. Von den emittierten Wellenzügen (Photonen) werden einige wenige nahezu senkrecht auf die Spiegel auftreffen, reflektiert, durchlaufen das Medium nochmals, werden dabei wieder verstärkt, wieder reflektiert usw. Es entsteht eine mit zunehmender Zahl der Durchläufe exponentiell wachsende Lichtlawine, die schließlich durch Sättigung der Verstärkung in einen stationären Zustand übergeht.

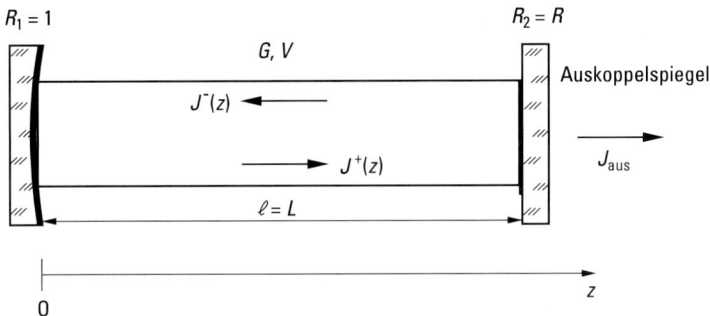

Abb. 8.9 Der selbsterregte Oszillator mit den beiden gegenläufigen Wellen J^+ und J^- zwischen den Spiegeln und der Ausgangsintensität J_{aus}. Zur Vereinfachung ist hier angenommen, dass das aktive Medium den Resonator ausfüllt. Zweckmäßigerweise wird ein Reflexionsgrad zu 100 % gewählt.

Am Beispiel des idealisierten Vier-Niveau-Systems ist es leicht möglich, aus einer Leistungsbilanz die wichtigsten Größen eines Lasers zu ermitteln [9]. Im stationären Zustand muss die Anregungspumprate ausreichen, um die Schwellinversion zu erhalten, welche nur von den Verlusten des Systems abhängt und sich aus Gl. (8.14) ergibt. Die notwendige minimale Pumprate $W_{Schw,4}$ folgt aus Gl. (8.23). Wird die Pumprate über den Schwellwert erhöht, steigt stationär die Inversionsdichte nicht weiter an, sondern die induzierte Emissionsrate nimmt zu und entsprechend die Ausgangsleistung. Es muss gelten:

- Verringerung der Inversion durch spontane und induzierte Emission ≡ Zunahme durch die Pumprate

Aus den Gl. (8.8/8.21) folgt damit für $\Delta n = \Delta n_{Schw}$ und unter Berücksichtigung des Vier-Niveau-Systems mit $n_1 = 0$:

$$\Delta n_{Schw} \frac{J}{h\nu} \sigma + \frac{\Delta n_{Schw}}{T_1} = (n_0 - \Delta n_{Schw}) W. \tag{8.24}$$

834   8 Erzeugung von kohärentem Licht – LASER

Tab. 8.1 Einige charakteristische Zahlenwerte zu Lasersystemen. Die Größen hängen teilweise stark von den Betriebsbedingungen ab wie Gasdruck, Temperatur, Dotierungsdichte.

Lasersystem	Wellenlänge λ_0 in nm	Bandbreite des Übergangs $\Delta\nu$ in Hz	Wirkungsquerschnitt σ in m^2	Lebensdauer des oberen Niveaus T_1 in s	Sättigungsintensität J_s in Wm^{-2}	Verstärkungskoeffizient g_0 in m^{-1}
He/Ne (Neon-Atom)	632.8	1.5×10^9	3×10^{-17}	10^{-8}	5.3×10^5	0.1
CO$_2$	10600	6×10^7	10^{-20}	10^{-5}	2×10^5	
Nd-YAG (Neodym-Ion)	1064	1.2×10^{11}	5×10^{-23}	2.3×10^{-4}	2×10^7	50
Ti-Saphir (Titan-Ion)	800	8.2×10^{14}	3×10^{-23}	3.2×10^{-6}		
Diodenlaser (GaAs)	925	3×10^{11}	–	10^{-9}		4×10^3

Diese Gleichung nach der Intensität J aufgelöst und die Schwellpumprate nach Gl. (8.23) eingeführt liefert für die stationäre Intensität im Resonator die sehr einfache Beziehung:

$$J = J_s \left[\frac{W}{W_{\text{Schw},4}} - 1 \right], \tag{8.25}$$

wobei J_s eine Zusammenfassung von Konstanten des speziellen Systems ist, die Sättigungsintensität:

$$J_s = h\nu/\sigma T_1. \tag{8.26}$$

Einige Zahlenwerte von J_s sind in Tab. 8.1 zusammengestellt. Man beachte, dass die auf das aktive Medium wirkende Intensität die Summe aus hin- und rücklaufender Intensität ist:

$$J = J^+ + J^-. \tag{8.27}$$

Üblicherweise wird man den Reflexionsgrad $R_1 = 1$ wählen, sodass die gesamte Ausgangsintensität am rechten Spiegel austritt, siehe hierzu Abb. 8.9. Es ist $J_{\text{aus}} = (1 - R_2) J^+$. Da bei geringen Gesamtverlusten die beiden gegenläufigen Wellen im Resonator annähernd die gleiche Intensität besitzen, gilt schließlich für die ausgekoppelte Intensität

$$J_{\text{aus}} = (1 - R_2) J^+ \cong (1 - R_2) \frac{J}{2},$$

d. h.

$$J_{\text{aus}} \cong J_s \frac{(1 - R_2)}{2} \left[\frac{W}{W_{\text{Schw},4}} - 1 \right]. \tag{8.28}$$

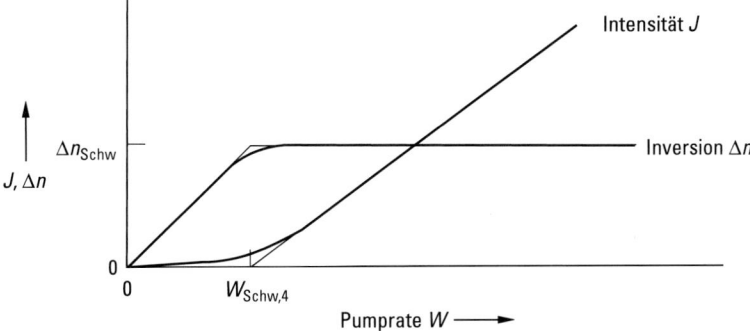

Abb. 8.10 Inversion Δn und Intensität J im stationären Betrieb als Funktion der Pumprate W bei einem Vier-Niveau-System.

Die Ausgangsintensität steigt oberhalb der Schwellpumprate linear mit der Pumprate an, wie in Abb. 8.10 skizziert ist.

Der Reflexionsgrad des Auskoppelspiegels kann zunächst frei gewählt werden. Für zwei Grenzfälle ist die Ausgangsintensität leicht zu ermitteln. Geht R_2 gegen eins, so kann kein Licht den Resonator verlassen, J_{aus} ist null. Wird dagegen R_2 zu klein gewählt, so steigt nach Gl. (8.23) die Schwellpumprate stark an, und schließlich ist die Selbsterregungsbedingung nicht mehr erfüllt, die Oszillation bricht ab und die Ausgangsintensität ist ebenfalls null. Dazwischen gibt es einen optimalen Reflexionsgrad, bei dem die Ausgangsleistung maximal wird [10]. Der prinzipielle Verlauf ist in Abb. 8.11 dargestellt.

Die hier für das Vier-Niveau-System skizzierten Zusammenhänge gelten qualitativ für alle Laser, hängen aber stark vom speziellen System ab. Das Vier-Niveau-System ist eine idealisierte Näherung.

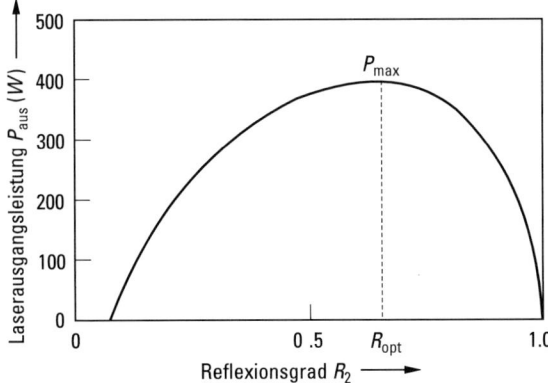

Abb. 8.11 Ausgangsleistung eines Vier-Niveau-Systems als Funktion des Reflexionsgrades R_2. Die Ausgangsleistung ist gleich der Ausgangsintensität, multipliziert mit dem Querschnitt des aktiven Mediums.

8.4 Beispiele für Laseroszillatoren

Es gibt viele Möglichkeiten, einen Inversionszustand herzustellen, und hunderte von verschiedenen Laseroszillatoren, die sich bezüglich aktivem Medium, Aufbau, Anregung, Betriebsart, Spektrum und Ausgangsleistung unterscheiden. Es ist üblich, die Laser-Systeme nach der Art des aktiven Mediums einzuteilen in: *Festkörper-*, *Gas-*, *Farbstoff-* und *Halbleiter-Laser*. Typische Eigenschaften dieser Laser-Systeme sind in Tab. 8.2 zusammengestellt. Der Wellenlängenbereich, der von den Laseroszillatoren überdeckt wird, reicht vom ultravioletten Spektralbereich bis in das ferne Infrarot, wo im Millimeter-Wellenbereich der Anschluss an die Hochfrequenzgeneratoren erreicht wird. Von den vielen Laser-Oszillatoren haben nur wenige praktische Bedeutung erlangt. Die wichtigsten Typen sind in Tab. 8.1 zusammengestellt. An einigen typischen Beispielen sollen im Folgenden die technischen Ausführungen diskutiert und weitere Möglichkeiten der Inversionserzeugung vorgeführt werden.

Tab. 8.2 Zusammenstellung verschiedener Lasersysteme mit typischen Zahlenwerten.

Lasersystem	aktives Medium	Anregung	Ausgangsenergie E_{aus} in J	Ausgangsleistung P in W kontin./mittlere	gepulst	Wellenlänge λ_0 in µm
Gaslaser	Edelgase Molekülgase Metalldämpfe	Gasentladung, chemische Anregung	10–100	10^{-3}–10^4	10^3–10^5	0.1–1000
Farbstofflaser	Organische Lösungsmittel	Blitzlampen Laserlicht	1–5	10^{-1}	10^5	0.3–1
Diodenlaser	p-n-Übergang	elektrischer Strom	–			
	Einzeldiode Dioden Stacks			10^{-2}–5 10^2–5×10^3	10^4	0.4–30 0.8–0.9
Festkörperlaser	Kristalle und Gläser mit Metallionen oder seltenen Erden dotiert	Gasentladungslampen, Diodenlaser,	10–50	10^{-2}–800	10^4–10^9	0.3–2.6
Farbzentrenlaser	Kristalle mit induzierten Fehlstellen	Laser	1	10^{-3}–1		0.8–3.6
Freie Elektronenlaser	freie Elektronen im periodischen Magnetfeld	Elektronenbeschleuniger		10^{-3} 10^3	10^9	0.1 3
Plasma-Superstrahlungslaser	expandierendes Plasma	Kurzpulslaser, elektrische Entladung	10^{-6}–10^{-5}	$\approx 10^{-4}$		0.004–0.08

8.4.1 Festkörperlaser

Die industrielle Ausführung eines Festkörperlasers für die Materialbearbeitung zeigt Abb. 8.8. Das aktive Medium ist in den meisten Fällen ein zylindrischer Kristall, in diesem Fall ein Neodym-dotierter Yttrium-Aluminium-Granat von 100–200 mm Länge und 5–8 mm Durchmesser. Die Endflächen des Kristalls sind sehr gut poliert und zur Verringerung von Verlusten entspiegelt. Der optische Resonator besteht aus zwei planparallelen Spiegeln im Abstand von ca. 500 mm. Der Kristall und die anregende Gasentladungslampe (kontinuierlich oder gepulst) befinden sich dicht nebeneinander in einer zylindrischen Kavität. Um möglichst viel der Anregungsleistung in den Kristall zu überführen ist die Innenwand der Kavität vergoldet oder mit einer hochreflektierenden Keramikschicht überzogen. Lampe und Kristall erfordern eine effektive Wasserkühlung, um die wegen des geringen Wirkungsgrades von einigen Prozent entstehende hohe Wärmeleistung abzuführen [10]. Ausgangsleistungen von bis zu 800 W pro Kavität werden erreicht, die durch Reihenschaltung vieler Kavitäten auf bis zu 10 kW gesteigert werden kann. Andere Geometrien wie Scheiben oder Plattenlaser zur besseren Wärmeabfuhr werden ebenfalls verwendet [10]. Es ist möglich, die Gasentladungslampen durch Laserdioden zu ersetzen, was den Gesamtwirkungsgrad beträchtlich heraufsetzt und die Wärmeentwicklung im Kristall reduziert [11].

8.4.2 Abstimmbare Festkörperlaser

Es gibt Festkörperlaser, bei denen die aktiven Atome sehr stark mit den Gitterschwingungen wechselwirken (vibronische Laser), was zu einer starken Aufspaltung der Niveaus führt, wie in Abb. 8.12 skizziert ist. Die zahlreichen vibronischen Zustände der beiden Laserniveaus liegen sehr dicht, d. h. praktisch handelt es sich um ein Kontinuum, wodurch die Wellenlänge über einen großen Bereich abgestimmt

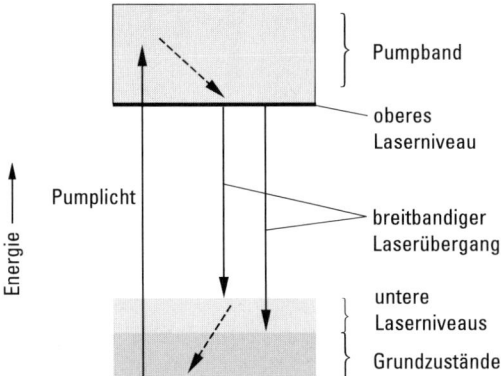

Abb. 8.12 Termschema eines breitbandigen, abstimmbaren, vibronischen Festkörperlasers. Die gestrichelten Pfeile deuten strahlungslose Übergänge an, d. h. die Energiedifferenz wird als Wärme an das Gitter abgegeben.

werden kann. Die vibronischen Zustände des E_1 Grundzustandes sind teilweise thermisch besetzt, gemäß der Boltzmann-Verteilung, was zu einer starken Temperaturabhängigkeit der Laseremission führt. Ein typischer Vertreter ist der Alexandrit-Laser, ein mit Cr^{3+}-dotierter $BeAl_2O_4$-Kristall mit einer Mittenwellenlänge von $\lambda_0 = 740$ nm und einer Bandbreite von $\Delta\lambda = 150$ nm bzw. $\Delta v = 8.2 \times 10^{13}$ Hz.

Von hohem Interesse ist der ebenfalls breitbandige Titan-Saphir-Laser mit einer Wellenlänge von $\lambda_0 \approx 800$ nm, der durch Gasentladungslampen oder durch andere Laser gepumpt werden kann. Seine Bedeutung liegt in der großen Bandbreite von $\Delta\lambda \approx 300$ nm bzw. $\Delta v \approx 1.4 \times 10^{14}$ Hz. Dadurch ist er hervorragend geeignet als abstimmbarer Laser für spektroskopische Anwendungen oder zur Erzeugung ultrakurzer Lichtimpulse im Bereich von einigen fs (10^{-15} s).

8.4.3 Gaslaser

Der kontinuierliche *Helium-Neon-Laser* (Abb. 8.13) hat als kohärente Lichtquelle einen breiten Anwendungsbereich in der Optik, Holographie und Messtechnik gefunden [8]. Typische Ausgangsleistungen liegen im Bereich von Milliwatt. Die Erzeugung des Inversionszustandes erfolgt in einer Gasentladung und ist typisch für Gas-Laser. Sie soll deswegen etwas eingehender diskutiert werden.

In einem Glasrohr von einigen Millimeter Durchmesser und 100 bis 500 mm Länge befindet sich ein Gemisch von Helium und Neon bei einem Totaldruck von etwa 100 Pa (1 mbar). Einen Ausschnitt aus dem Termschema dieser beiden Gase zeigt Abb. 8.14. Die freien Elektronen der Gasentladung regen durch Stoß die Helium-Atome an, die vom Grundzustand in den 2^3S- und 2^1S-Zustand übergehen. Wie man aus Abb. 8.14 entnimmt, sind die beiden angeregten Zustände 2^1S und 2^3S von Helium ungefähr auf der gleichen Höhe wie die Niveaus 3s bzw. 2s von Neon. Unter diesen Umständen wird die Anregungsenergie von He auf das Ne durch Stöße strahlungslos zu übertragen. Die Übergangszeiten zwischen den einzelnen Niveaus sind nun derart, dass sich eine Überbesetzung sowohl zwischen den 3s–2p- als auch den 2s–2p-Niveaus des Neons einstellt. Dadurch sind die angeregten Neon-Atome imstande, Licht der entsprechenden Wellenlänge von $\lambda_1 = 1150$ nm und $\lambda_2 = 632.8$ nm durch induzierte Emission zu verstärken.

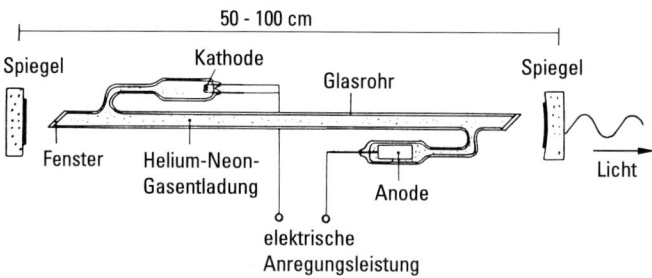

Abb. 8.13 Schematischer Aufbau eines Helium-Neon-Lasers. Häufig werden die Spiegel direkt auf das Glasrohr gesetzt [8].

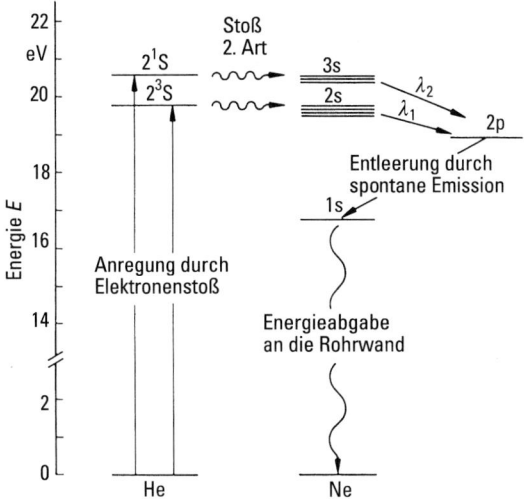

Abb. 8.14 Auszug aus dem Termschema von Helium und Neon. Die Lichtverstärkung erfolgt durch die angeregten Neon-Atome zwischen den 2s–2p-Niveaus ($\lambda_1 = 1150$ nm) und den 3s–2p-Niveaus ($\lambda_2 = 632.8$ nm) [8].

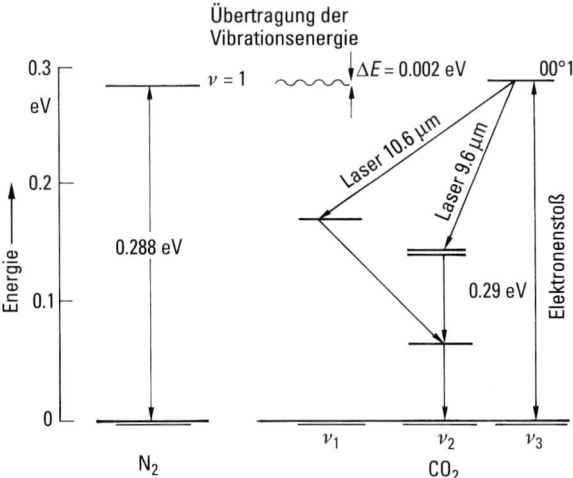

Abb. 8.15 Termschema des CO_2-Lasers. Die Anregung erfolgt durch direkten Elektronenstoß und durch Stoß mit angeregten Stickstoffmolekülen [8].

Einer der leistungstärksten Laser ist der *Kohlenstoffdioxid* (CO_2)-Laser, von großer Bedeutung in der Laser-Materialbearbeitung. Er kann ebenfalls elektrisch angeregt werden. Hierzu wird ein CO_2/N_2/He-Gemisch benutzt. Die Anregung erfolgt durch direkten Elektronenstoß und zusätzlich über das Stickstoff-Molekül, welches durch Stoß seine Anregungsenergie an das CO_2-Molekül weitergibt, wo Schwingungen und Rotationen angeregt werden (Abb. 8.15). Eine Inversion erfolgt zwischen den Schwingungsniveaus und im Laserbetrieb treten zwei Liniengruppen im Bereich von $\lambda = 10.6\,\mu$m und $\lambda = 9.6\,\mu$m auf.

Interessant beim CO_2-Laser ist die Möglichkeit, den Inversionszustand auf eine völlig andere Weise herzustellen. Das Prinzip dieses Verfahrens ist in Abb. 8.16 skizziert. Es lässt sich auch auf andere Gase und Plasmen übertragen. Das stark vereinfachte Termschema des CO_2-Moleküls ist nochmals in Abb. 8.16 dargestellt. E_1, E_2 sind die beiden Niveaus, zwischen denen die Laseremission stattfindet. Beide Niveaus befinden sich genügend weit oberhalb des Grundzustandes E_0, sodass bei Zimmertemperatur von $T = 300$ K sich praktisch alle Moleküle im Grundzustand befinden. Das Gas wird dann in einem Kessel auf eine Temperatur von etwa 2000 K aufgeheizt. Bei dieser Temperatur sind auch die oberen Niveaus der Moleküle merklich besetzt. Anschließend wird das Gas durch eine Düse entspannt und kühlt sich wieder auf Zimmertemperatur ab. Im Gleichgewicht befinden sich dann natürlich wieder alle Moleküle im Grundzustand, jedoch dauert es eine gewisse Zeit, bis sich dieser Gleichgewichtszustand eingestellt hat. Bei dem speziellen Termschema des CO_2-Lasers sind die Abklingzeiten für die einzelnen Laserniveaus unterschiedlich. Während das untere Niveau E_1 in 10^{-4} s entleert ist, benötigt das obere Niveau hierfür 3×10^{-3} s. Das heißt, nach einigen 10^{-4} s ist das untere Niveau praktisch leer, während das obere Niveau noch besetzt ist. Es liegt also kurzzeitig ein Inversionszustand vor, und Licht der entsprechenden Wellenlänge kann verstärkt werden.

Dieser sogenannte gasdynamische Laser hat den Vorteil, dass chemische Energie verwendet wird, die sehr gut in hoher Konzentration gespeichert werden kann (Treibstoffe). Wirkungsgrade und Strahlqualität sind jedoch mäßig, sodass alle kommerziellen CO_2-Laser elektrisch angeregt werden.

Edelgas-Ionenlaser liefern Wellenlängen im grünen und blauen Spektralbereich. Das Prinzip soll am *Argon-Laser* erläutert werden, dessen Termschema in Abb. 8.17 skizziert ist. Die Anregung erfolgt in zwei Stufen. In einer Gasentladung wird zunächst das Argon-Atom durch Elektronenstöße ionisiert, in der Abbildung durch einen Stern gekennzeichnet. In der zweiten Stufe wird dann durch einen weiteren Elekronenstoß das Laserniveau direkt vom Ionen-Grundzustand angeregt. Verschie-

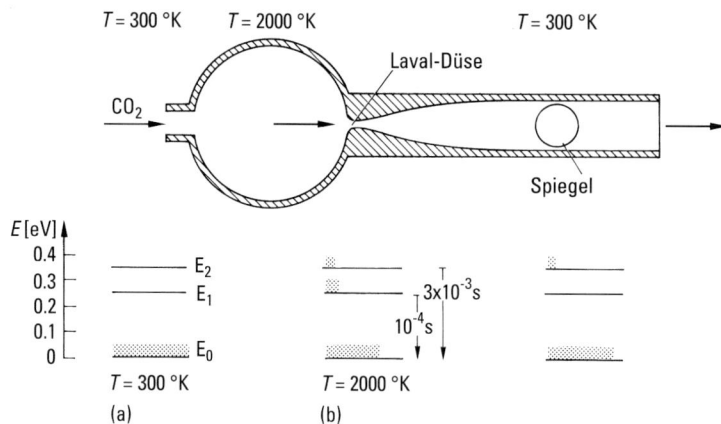

Abb. 8.16 Das Prinzip des gasdynamischen Lasers am Beispiel des CO_2-Lasers [8].

dene Wellenlängen wie 476.5 nm, 488.0 nm, 496.5 nm, 514.5 nm mit Leistungen bis zu einigen 10 W werden erzeugt. In gleicher Weise funktionieren Neon-, Krypton-, und Xenon-Laser mit Wellenlängen zwischen 241.3 nm und 871.6 nm. Die Wirkungsgrade dieser Edelgasionen-Laser sind sehr gering (<0.1 %). Die Ursache ist die hohe Ionisierungsenergie und die Energie, die zur Anregung des Argon-Ions erforderlich ist. Dieser Anregungsenergie von ca. 35 eV steht eine Energie des Laserphotons von nur 2 eV gegenüber.

Die *Excimer-Laser* sind Edelgasmolekül-Laser, deren Wellenlängen bis in das ferne Ultraviolett reichen. Edelgasmolekül scheint ein Widerspruch zu sein, da Edel-

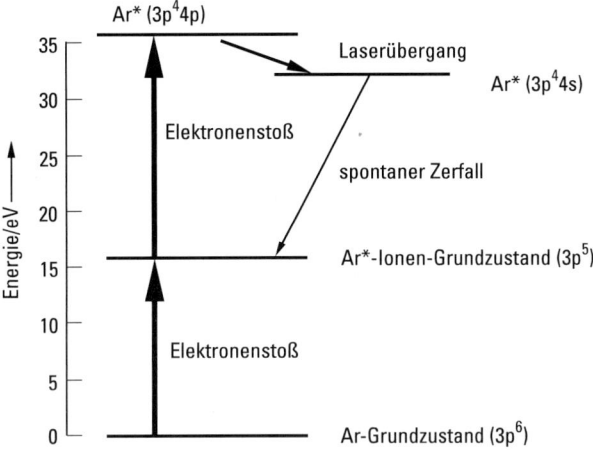

Abb. 8.17 Das stark vereinfachte Termschema des Argon-Ionenlasers. Ar* ist ionisiertes Argon.

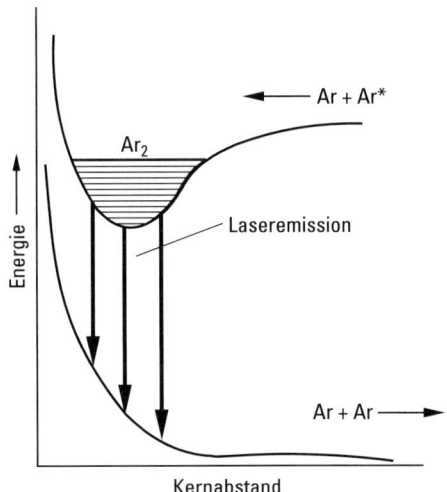

Abb. 8.18 Vereinfachtes Termschema des Ar-Excimer-Lasers.

Tab. 8.3 Einige Excimer-Moleküle und typische Wellenlängen.

Excimer-Molekül	Ar$_2$	Kr$_2$	Xe$_2$	ArF	KrF
Wellenlänge λ [nm]	126	146	172	193	249

gase im Grundzustand praktisch keine stabile Bindung eingehen. Werden die Atome jedoch angeregt, so sind kurzfristig Moleküle möglich. Das Termschema ist in Abb. 8.18 skizziert. Das Potential im Grundzustand ist sehr flach und bei Zimmertemperatur erfolgt keine Bindung. Durch Anregung eines Atoms kann dieses jedoch eine schwache Bindung mit einem nicht angeregten Atom eingehen. Das angeregte Molekül zerfällt unter spontaner Emission, wobei die Übergänge überwiegend in den abstoßenden Teil des Grundzustand-Potentials erfolgen. Die beiden Atome entfernen sich sofort voneinander. Dieser Übergang kann auch zur induzierten Emission ausgenutzt werden. Wegen des nicht stabilen Grundzustandes liegt ein Vier-Niveau-System vor. Einige Excimer-Atome sind in Tab. 8.3 zusammengestellt. Wegen der kurzen Wellenlängen werden die Excimer-Laser z. B. für die Lithographie eingesetzt.

8.4.4 Farbstoff-Laser

Bei *Farbstoff*- (oder *Dye*-) Lasern handelt es sich um Farbstoffmoleküle mit sehr großer Molekülmasse wie z. B. Rhodamin, die in Wasser, Alkohol oder ähnlichen Lösungsmitteln gelöst werden. Die Anregung erfolgt durch Blitzlampen wie bei den Festkörperlasern oder auch kontinuierlich durch andere Laser, wobei das Pumpschema einem Vier-Niveau-System entspricht. Infolge der zahlreichen Rotations- und Schwingungszustände, die diese Moleküle besitzen, sind die Laserniveaus zu breiten Bändern entartet. Dadurch kann dieser Rhodamin-Laser über einen Spektralbereich von fast 30 nm abgestimmt werden. Da es eine sehr große Anzahl von Farbstoffen gibt, die ebenfalls laserfähig [12, 13, 14] sind, ist es möglich, den gesamten sichtbaren Spektralbereich zu überdecken. Diese schmalbandigen, intensiven und abstimmbaren Lichtquellen werden für die Spektroskopie eingesetzt, sind aber wegen ihrer schwierigen Handhabung heute weitgehend durch die abstimmbaren Festkörperlaser und insbesondere durch die abstimmbaren parametrischen Oszillatoren (siehe Kap. 9) verdrängt worden.

8.4.5 Halbleiter-Laser

Die Halbleiter- oder Dioden-Laser gewinnen zunehmend an Bedeutung wegen ihres hohen Wirkungsgrades, der geringen Abmessungen, der direkten Anregung durch elektrischen Strom und der damit einfachen Modulierbarkeit bis in den Terahertz-Bereich [11]. Auf das tiefere Verständnis des Halbleiter-Lasers, welches gute Kenntnisse der Festkörper-Physik erfordert (siehe Bd. VI), muss hier verzichtet werden. Am Beispiel des GaAs-Lasers (Wellenlänge $\lambda_0 = 809$ nm) soll qualitativ die Funktion erläutert werden. Dieser Laser besteht aus einem p- und n-dotierten GaAs-Kristall. Im pn-Übergang rekombinieren Elektronen aus dem Leitungsband mit Löchern im

Valenzband. Die dabei frei werdende Energie, die dem Bandabstand entspricht, wird überwiegend als Licht emittiert. Ein prinzipielles Termschema ist in Abb. 8.19 dargestellt. Diese zunächst spontane Emission wird zur induzierten Emission, wenn eine Rückkopplung über geeignete Spiegel erfolgt, welche i. Allg. die Kristallendflächen sind. In Abb. 8.20 ist ein derartiger Laser skizziert. Die emittierende Fläche besitzt Abmessungen von ca. $2\,\mu\mathrm{m} \times 10\text{--}100\,\mu\mathrm{m}$. Als Folge der Beugung ist der Öffnungswinkel $\theta_{x,y} \approx \lambda/w_{x,y}$ entsprechend groß und unterschiedlich in x,y-Richtung, d. h. die Diode liefert einen astigmatischen Strahl. Es bedarf entsprechender optischer Systeme, um diesen Strahl für die weiteren Anwendungen nutzbar zu machen. Die Ausgangsleistung der Einzeldioden liegt im Bereich von 10–100 mW, was für die Nachrichtenübertragung mit Lichtleitfasern völlig ausreicht.

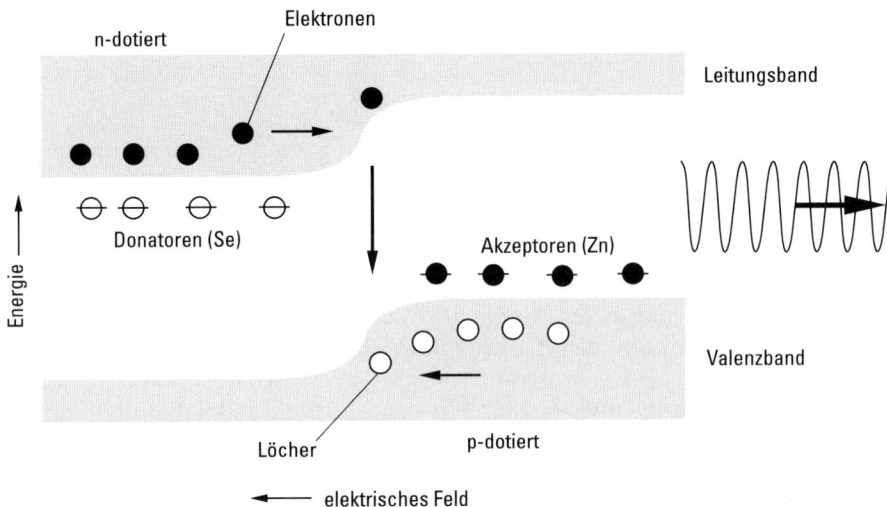

Abb. 8.19 Energieschema eines pn-Überganges am Beispiel des GaAs-Dioden-Lasers.

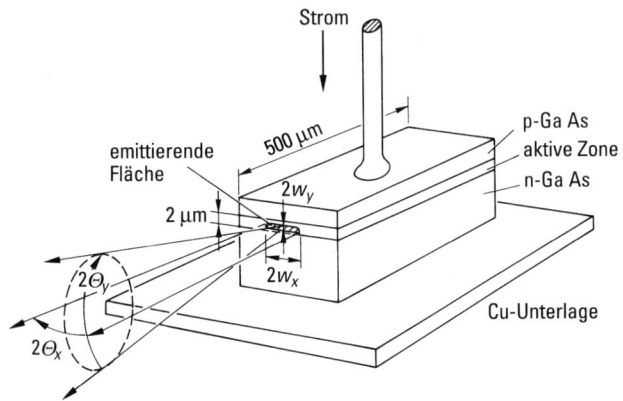

Abb. 8.20 Prinzipieller Aufbau einer Einzeldiode mit charakteristischen Abmessungen.

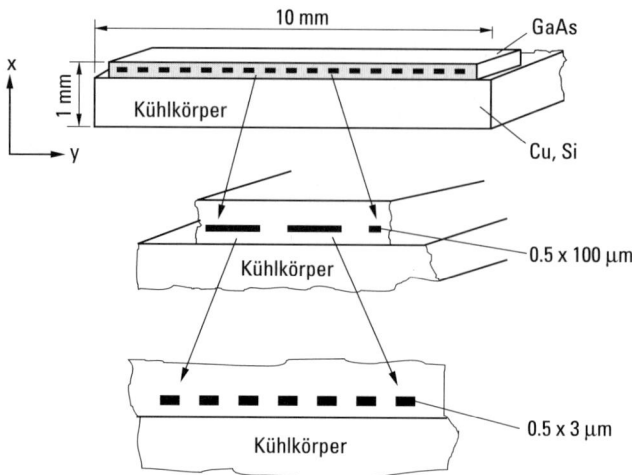

Abb. 8.21 Viele Einzeldioden werden zu einem Barren oder Streifen mit Ausgangsleistungen von einigen 10 W zusammengesetzt.

Die in Abb. 8.20 skizzierte Laser-Diode ist stark vereinfacht. Tatsächlich besteht eine solche Diode aus sehr vielen, dünnen Schichten, unterschiedlich dotiert um Strom und Licht zu führen und damit maximale Wirkungsgrade und optimale Strahlqualität zu erreichen [15].

Durch das Zusammenfügen vieler Einzeldioden zu Streifen (Barren) und Stapeln (Stack) gelingt es, Ausgangsleistungen bis zu einigen kW zu erreichen, jedoch mit schlechter Strahlqualität (siehe Abschn. 8.6). Beispiele derartiger Hochleistungsdioden-Laser zeigen Abb. 8.21 und Abb. 8.22. Die Diodenlaser überdecken z. Z. Wellenlängen vom blauen (420 nm) bis in den fernen Infrarotbereich (18 µm), wobei die langwelligen Systeme bei tiefen Temperaturen betrieben werden müssen.

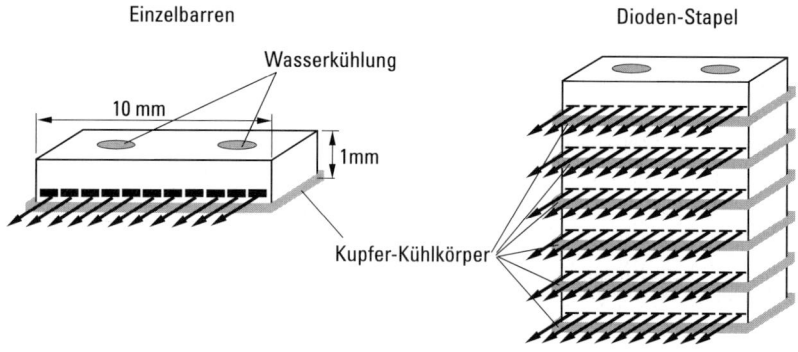

Abb. 8.22 Mehrere Barren werden zu einem Stapel mit Ausgangsleistungen von 100 bis 1000 W zusammengesetzt.

8.4.6 Plasma-Laser (Röntgen-Laser)

Ein Plasma ist hochionisierte Materie in einem gasförmigen Zustand. Es wird erzeugt durch gepulste Gasentladungen oder durch Fokussierung gepulster Laserstrahlung auf feste Targets. Dabei entsteht ein expandierendes Plasma von zunächst hoher Dichte, welches anfangs nicht im thermischen Gleichgewicht ist und bei dem Inversionszustände auftreten können, ähnlich wie beim gasdynamischen Laser. Ein Beispiel für einen Plasma-Laser im sichtbaren Spektralbereich zeigt Abb. 8.23 [16]. Ein sehr kurzer Laserpuls wird durch eine Zylinderlinse auf eine Beryllium-Scheibe fokussiert. Das Beryllium-Metall verdampft und ein heißes, zylinderförmiges Plasma entsteht, welches schnell expandiert. Dabei entsteht kurzzeitig ein Inversionszustand, welcher mit geeigneten Spiegeln zu einem Kurzpulslaser der Wellenlänge $\lambda_0 = 436$ nm führt. Im sichtbaren Spektralbereich sind diese Laser wegen ihres sehr geringen Wirkungsgrades ohne Bedeutung, aber dieses Konzept kann für Laser im Röntgenbereich verwendet werden.

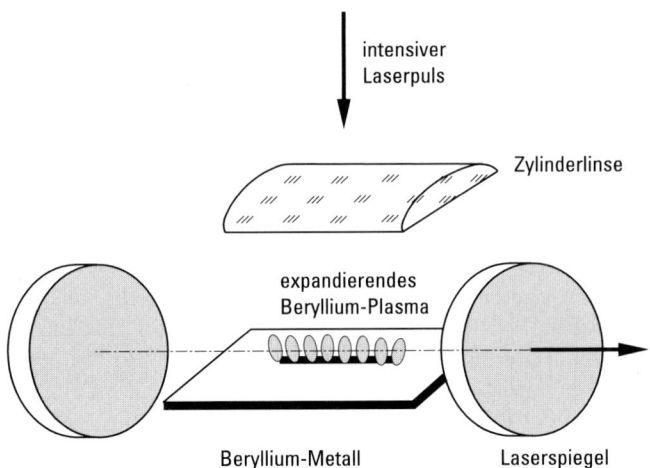

Abb. 8.23 Ein Kurzpuls-Plasma-Laser der Wellenlänge $\lambda_0 = 436$ nm nach [16].

Wird das Plasma mit extrem intensiven und kurzen Laserpulsen erzeugt (Pulsdauern $\sim 10^{-12}$ s, Leistungen $\sim 10^{12}$ W, Intensitäten $\sim 10^{14}$ W/cm², [17]), so können hochionisierte Plasmen entstehen.

Infolge der hohen Ionisierung treten die Inversionszustände bei den Innerschalenelektronen mit sehr hohen Energieabständen auf, deren Emissions-Wellenlängen im harten Ultraviolett- oder Röntgenbereich liegen. Den prinzipiellen Aufbau zeigt Abb. 8.24, ein Aufbau ähnlich wie beim Plasma-Laser in Abb. 8.23. Ein zylinderförmiges Medium, z. B. ein Metalldraht wird mit einem kurzen, intensiven Laserpuls bestrahlt. Das Metall wird stark aufgeheizt, mehrfach ionisiert und in dem expandierenden Plasma entstehen Inversionszustände, die zu einem Verstärkungsfaktor führen. Das spontan emittierte Licht durchläuft das Medium in allen Richtungen, wobei das Licht in Richtung der Längsachse höher verstärkt wird, als das dazu

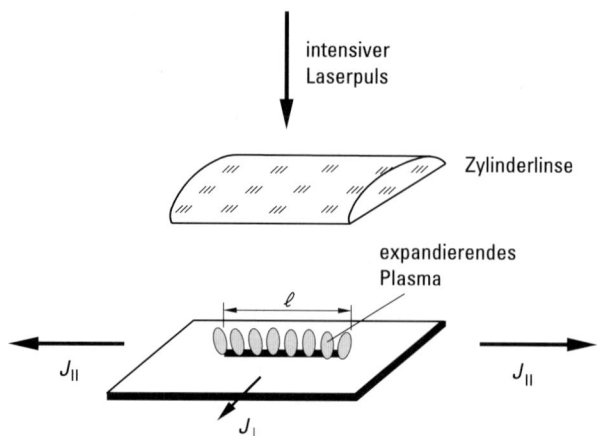

Abb. 8.24 Ein kurzer, intensiver Laserpuls wird fokussiert und erzeugt kurzzeitig ein zylinderförmiges Plasma, welches nicht im thermischen Gleichgewicht ist und bei der Expansion zu Inversionszuständen führt. Infolge der Zylindersymmetrie wird das Licht in Achsenrichtung höher verstärkt als senkrecht dazu.

senkrecht emittierte Licht. Diese Asymmetrie der Intensität ist messbar und liefert den Verstärkungsfaktor G_0

$$G_0 = \exp[g_0 \ell], \tag{8.29}$$

wobei g_0 der Verstärkungskoeffizient und ℓ die Länge der Plasmazone sind. Einige Zahlenwerte von g_0 sind in Tab. 8.4 zusammengestellt [18]. Da das Plasma schnell expandiert, verschwindet auch der Inversionszustand, und die Emission besteht aus einem Puls, kürzer als der anregende Laserpuls.

Das Licht in Richtung der Längsachse ist nicht nur intensiver, sondern infolge der schmalbandigen Verstärkung auch in der Bandbreite etwas eingeengt und seine Kohärenzlänge ist größer als die der nicht verstärkten Spontanemission, aber immer noch wesentlich kleiner als die eines selbsterregten Lasers. Die Divergenz ist im Wesentlichen durch die Geometrie der Anordnung gegeben, d. h. durch das Verhältnis von Durchmesser zu Länge des aktiven Plasma-Volumens, und liegt merklich

Tab. 8.4 Einige Beispiele für Röntgenlaser (Plasma-Superstrahlung) nach [18]. Lang/kurz bezieht sich auf die Energien des langen Vorpulses und des folgenden kurzen Pulses hoher Intensität.

Element	Ti	Ge	Pd	Ag
Wellenlänge λ_0 in nm	32.6	19.6	14.7	13.9
Pumpenergie in Ws (lang/kurz)	20/4.5	40/21	1.6/4.8	11/20
Verstärkungskoeffizient g_0 in cm^{-1}	35	30	65	33.5
Ausgangsenergie E_{aus} in µWs	32	13	10	2

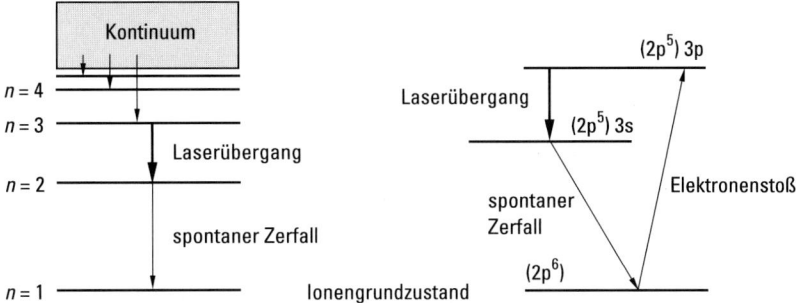

Abb. 8.25 Stark vereinfachtes Termschema des Rekombinationslasers und des Elektronenstoßlasers [18, 20]. Die Notierung in Klammern bezieht sich auf den Ionenzustand.

über dem möglichen beugungsbegrenzten Wert. Diese Art der Emission wird als *Superstrahlung* bezeichnet und unterscheidet sich von Laserstrahlung auch durch die Statistik der emittierten Photonen. Zu einem echten Laser würde das System erst durch eine echte Rückkopplung, die daran scheitert, dass die Plasmalebensdauer wesentlich kürzer als die Resonatorlaufzeit ist.

Der Inversionszustand kann durch Elektronen-Rekombination und durch Elektronenstoß entstehen. Der *Rekombinationslaser* soll am Beispiel des Kohlenstoffs erläutert werden [19]. Das vereinfachte Termschema ist in Abb. 8.25 dargestellt [18, 20]. Durch den Laserpuls wird Kohlenstoff mit 6 Elektronen fünffach ionisiert, es liegt also C VI vor (C I ist der nichtionisierte Kohlenstoff). Das Termschema entspricht dem des Wasserstoffs, nur dass wegen der sechsfachen Kernladungszahl die Energieabstände des verbleibenden Elektrons um den Faktor 36 größer sind. Die H_α-Linie des Wasserstoffs, der Übergang zwischen $n = 3$ und $n = 2$, besitzt eine Energie von $\Delta E = 1.89$ eV, was einer Wellenlänge von $\lambda = 656.4$ nm entspricht. Beim C VI erhöht sich der Energieabstand auf $\Delta E = 68.0$ eV, entsprechend reduziert sich die Wellenlänge auf 18.2 nm. In dem heißen C VI-Plasma sind die Energieniveaus zunächst gemäß der Boltzmann-Statistik besetzt, d. h. für die Besetzungsdichten der Niveaus gilt $n_1 > n_2 > n_3 \ldots$. Bei der weiteren Expansion kühlt sich das Plasma ab, und die Besetzungsdichten der unteren Niveaus nehmen zu; jedoch sind die Lebensdauern der einzelnen Niveaus unterschiedlich. Die des n_3-Zustandes ist etwas größer als die des n_2-Zustandes, sodass für einige 10^{-9} s ein Inversionszustand auftritt, der zu einem Superstrahlungspuls führt.

Eine andere Möglichkeit einen Inversionszustand zu erzeugen, bietet die Elektronenstoßanregung, welche am Beispiel des zwölffach geladenen Titan-Ions erläutert werden soll. Zunächst wird durch einen langen Laserpuls (einige 10^{-9} s) ein hinreichend ionosiertes Ti-Plasma erzeugt [21]. Ein intensiver ps-Puls heizt das Elektronengas des Plasmas weiter auf und die Elektronen bewirken durch Stoß mit den Ionen eine unterschiedliche Besetzung der symbolisch mit 3p-3s bezeichneten Niveaus in Abb. 8.25. Die Besetzung dieser Niveaus durch Elektronenstöße ist wegen der verschiedenen Stoßquerschnitte für das 3p-Niveau höher als für das 3s-Niveau.

8.4.7 Freie Elektronenlaser

Beschleunigte elektrische Ladungen erzeugen ein elektromagnetisches Feld. Das können die elastisch gebundenen Elektronen sein, aber auch freie Elektronen, die durch äußere Kräfte zur Oszillation gebracht werden. 1953 veröffentlichten Smith und Purcell [22] ein System, bei dem ein Elektronenstrahl dicht über ein metallisches Gitter geführt wurde. Die freien Elektronen verdrängen die Ladungsträger im Metall, es entsteht gegenüber dem Elektron ein Ladungsloch, d. h. eine scheinbar positive Ladung, die mit dem freien Elektron mitläuft. An den Gitterfurchen ist der Abstand Elektron-Loch größer als an den Gitterstegen. Es entsteht ein oszillierender Dipol, dessen Frequenz v sich aus der Ausbreitungsgeschwindigkeit v der Elektronen und dem Abstand d der Gitterstriche errechnet: $v \sim v/d$, solange $v \ll c_0$ ist. Die Smith-Purcell-Lichtquelle liefert Licht im infraroten Spektralbereich und ist über die Geschwindigkeit der Elektronen abstimmbar. Das Licht ist inkohärent, da die einzelnen Elektronen des Strahles unkorreliert abstrahlen.

Beim *Freie-Elektronenlaser* [23, 24] wird ein ähnlicher Effekt ausgenutzt. Um diesen Laser wenigsten qualitativ zu verstehen, soll zunächst kurz an den klassischen Dipol erinnert werden. Das einfachste Beispiel ist der Hertz'sche Dipol. Im Fernfeld, d. h. für Abstände r groß gegen die Wellenlänge und für Dipolabmessungen klein gegen die Wellenlänge, emittiert der Dipol ein Feld mit den Komponenten (siehe Bd. 2):

$$E_r = E_\varphi = 0$$

$$E_\vartheta = \frac{1}{4\pi\varepsilon_0} \frac{\omega^2 p_{el}}{c_0^2 r} \sin\vartheta \sin(\omega t - kr)$$

$$H_r = H_\vartheta = 0$$

$$H_\varphi = \frac{1}{4\pi} \frac{\omega^2 p_{el}}{c_0 r} \sin\vartheta \sin(\omega t - kr),$$

wobei p_{el} die Amplitude des mit der Frequenz ω schwingenden elektrischen Dipolmomentes ist. Die abgestrahlte Leistungsdichte ergibt sich aus dem Mittelwert des Poynting-Vektors zu:

$$J = |\mathbf{S}| = \frac{\omega^4 p_{el}^2}{32\pi^2 \varepsilon_0 c_0^3 r^2} \sin^2\vartheta,$$

mit einem Öffnungswinkel der vollen Halbwertsbreite von $\Delta\vartheta = 90° = \pi/2$. Die gesamte abgestrahlte Leistung folgt durch Integration über eine geschlossene Fläche um den Dipol zu:

$$P = \frac{1}{12\pi\varepsilon_0} \frac{\omega^4 p_{el}^2}{c_0^3}.$$

Die ϑ-abhängige Abstrahlcharakteristik ist in Abb. 8.26 für einen ruhenden, oszillierenden Dipol dargestellt. Bewegt sich der Dipol mit einer Geschwindigkeit v, die mit der Lichtgeschwindigkeit vergleichbar ist, so verschieben sich die Abstrahlkeulen in Richtung der Geschwindigkeit [25]. Bei einer Bewegung senkrecht zur Schwin-

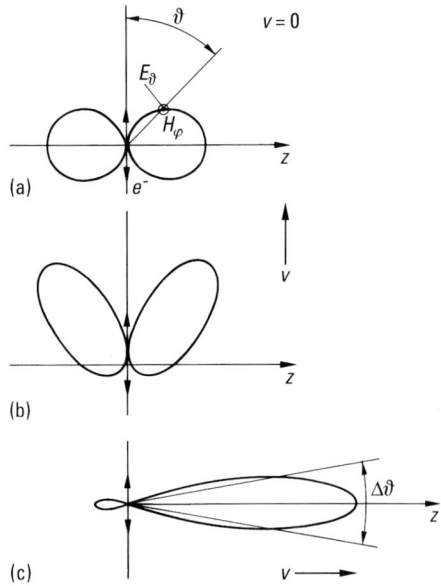

Abb. 8.26 Abstrahlcharakteristik eines oszillierenden Dipols: (a) Ruhender Dipol, (b) Dipol bewegt sich mit hoher Geschwindigkeit in Schwingungsrichtung [24], (c) Dipol bewegt sich mit hoher Geschwindigkeit senkrecht zur Schwingungsrichtung [23]. In den Fällen (a), (b) ist die Abstrahlcharakteristik rotationssymmetrisch bezüglich der Schwingungsrichtung.

gungsrichtung wird außerdem die Abstrahlkeule enger. Für den Öffnungswinkel gilt [23]:

$$\Delta\vartheta = \sqrt{1 - \left(\frac{v}{c}\right)^2} \quad v \approx c_0. \tag{8.30}$$

Ein bekanntes Beispiel ist hierfür ist das Elektronen-Synchrotron, in dem durch Magnetfelder Elektronen hoher kinetischer Energie auf eine Kreisbahn gezwungen werden und inkohärente Strahlung im UV-Bereich erzeugen (vgl. Abschn. 15.1).

Eine schematische Darstellung des Freie-Elektronen-Lasers zeigt Abb. 8.27. Die periodische Struktur wird durch ein entsprechendes Magnetfeld, den Undulator oder Wiggler erreicht. Kohärente Strahlung erhält man wie beim normalen Laser durch Rückkopplung. Ein Teil der Strahlung wird in den Elektronenstrahl zurückgeschickt, zwingt die Elektronen durch induzierte Emission zu einer korrelierten Abstrahlung und stellt damit die gewünschte Kohärenz her. Für die Frequenz des abgestrahlten Lichtes ergibt sich nach Marshall [23] und Brau [26]:

$$\nu = \frac{v}{d} \frac{1}{1 - v/c_0} \quad (v \ll c_0)$$

$$\nu = \frac{c_0}{d} \frac{1}{1 - (v/c_0)^2} \quad (v \approx c_0). \tag{8.31a, b}$$

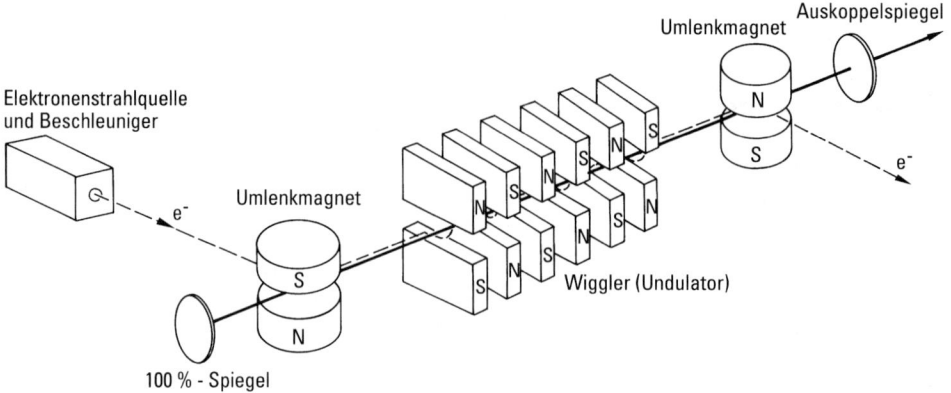

Abb. 8.27 Schematische Darstellung des Freie-Elektronen-Lasers.

Da die untere Grenze für die Periode d des Magnetfeldes aus technischen Gründen begrenzt ist, muss die kinetische Energie der Elektronen hinreichend groß sein. Gleichzeitig steigt natürlich die Ausgangsleistung an. Freie-Elektronen-Laser im sichtbaren Spektralbereich mit Ausgangsleistungen bis zu einigen hundert Watt sind realisiert worden. Diese Laser sind über die Geschwindigkeit der Elektronen abstimmbar. Ein Wellenlängenbereich von 0.3–100 µm wird z. Z. überdeckt. Durch Erhöhung der Elektronenenergie und Verringerung der Periode des Magnetfeldes gelingt es, die Emission in den weichen Röntgenbereich zu verschieben. Da hier jedoch z. Z. keine hinreichend reflektierenden Spiegel zur Verfügung stehen, ist wie beim Röntgenplasma-Laser nur Superstrahlungsbetrieb möglich mit den relativ großen Strahldivergenzen und Linienbreiten. Einige Zahlenwerte sind in Tab. 8.5 zusammengestellt. Die Emission des DESY-Lasers besteht aus Pulszügen im Abstand von einigen Hz, jeder Pulszug enthält ca. 60 Einzelpulse von 30–100 fs Dauer. Die Abmessungen dieser Systeme liegen im Bereich von einigen Metern. Ein Beispiel für einen Undulator zeigt Abb. 8.28.

Tab. 8.5 Zahlenwerte zum Freie-Elektronen-Laser.

System	Elektronen-energie in MeV	Wellen-länge in nm	Energie im Puls-zug in mJ	Dauer des Ein-zelpulses in fs	Energie im Ein-zelpuls in µJ	mittlere Leistung in W	Spitzen-leistung in GW
Jefferson Lab. [28] kont. Laser	38	3×10^3 bis 6×10^3				1.7×10^3	
DESY [27] gepulster Superstrahler (TESLA, 1 Hz)	220–270	85–125	5	30–100	30–100	5×10^{-3}	1

Abb. 8.28 Beispiel für einen Undulator, Länge 4.6 m (Foto: BESSY GmbH, Berlin).

8.5 Spektrale Eigenschaften der Laseremission

8.5.1 Die stehenden, longitudinalen Wellen

Selbsterregung verlangt auch die Erfüllung der Gl. (8.3). Die Phasenschiebung $\Delta\Phi$ der Welle muss nach einem Umlauf ein ganzes Vielfaches p von 2π betragen. Wenn L die optische Länge des Resonators ist, so beträgt die Phasenschiebung für einen vollen Umlauf

$$\Delta\Phi = 2 k_p L = p\, 2\pi \quad p = 1, 2, 3\ldots \quad . \tag{8.32}$$

Hierbei ist $k_p = 2\pi/\lambda_p$ die Vakuumwellenzahl. Daraus folgt für die Resonanzwellenlängen (im Vakuum):

$$\lambda_p = \frac{2L}{p} \tag{8.33}$$

bzw. auf die Frequenz umgeschrieben:

$$v_p = p\frac{c_0}{2L}. \tag{8.34}$$

Der Resonator legt die Wellenlänge fest; der Laserübergang gibt den Frequenzbereich vor, indem die Resonanzwellenlängen liegen müssen. Gleichung (8.33) bedeutet

852   8 Erzeugung von kohärentem Licht – LASER

anschaulich, dass nur die Wellen zur Selbsterregung kommen, von denen ein ganzes Vielfaches der halben Wellenlänge zwischen die Spiegel passt, d. h. es entsteht eine stehende Welle. Diese stehenden Wellen werden longitudinale Eigenschwingungen (Moden) genannt. Der Frequenzabstand Ω zweier aufeinanderfolgender Eigenschwingungen ergibt sich zu:

$$\Omega = v_{p+1} - v_p = \frac{c_0}{2L} = \frac{1}{T} \quad (T = \text{Resonatorumlaufzeit}) \tag{8.35}$$

und wird als Resonatorgrundfrequenz bezeichnet. Sie ist die niedrigste Eigenfrequenz des Resonators ($p = 1$). Die Frequenz v_p muss innerhalb der laserfähigen Breite der Atome liegen ($v_p \leq v_0 \pm \Delta v_L/2$), wodurch die Zahl p festgelegt wird.

In Abb. 8.29 sind diese Verhältnisse skizziert. Die waagerechten Striche auf der Frequenzskala kennzeichnen die zulässigen Frequenzen v_p nach Gl. (8.34). Von diesen können höchstens diejenigen zur Selbsterregung kommen, die die Bedingung

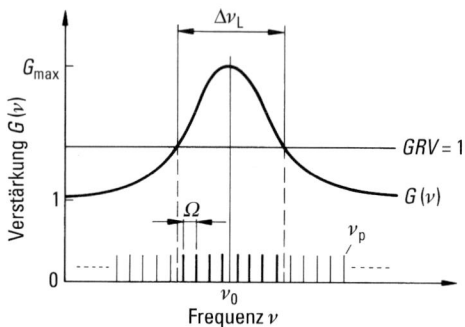

Abb. 8.29 Spektraler Verlauf des Leerlauf-Verstärkungsfaktors $G_0(v)$ eines Lasers mit den zulässigen Resonanzfrequenzen v_p des Resonators. Es kommen nur diejenigen Frequenzen zur Selbsterregung, für die $G_0 RV > 1$ ist. Δv_L ist die laserfähige Bandbreite.

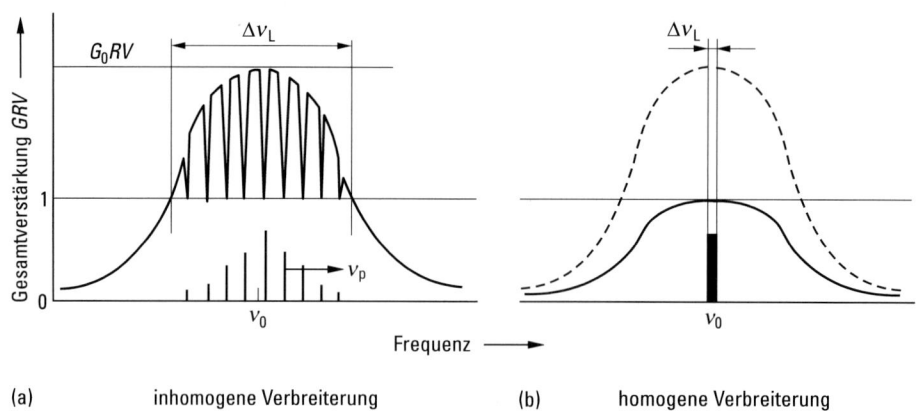

Abb. 8.30 Inhomogenes (a) und homogenes Linienprofil (b) eines laseraktiven Mediums.

Gl. (8.1) erfüllen, für die also die Verstärkung G_0 größer ist als die gesamten Verluste RV. Dieser Spektralbereich wird *laserfähige Bandbreite* Δv_L genannt. Man beachte, dass die stehenden Wellen innerhalb der laserfähigen Bandbreite zwar anschwingen, aber stationär nicht in jedem Fall Bestand haben. Der Grund ist die Abnahme des Verstärkungsfaktors mit zunehmender Intensität, eine Folge der Verringerung der Überbesetzung durch induzierte Emission. Die Zahl der stationär schwingenden Moden hängt von der Art der Sättigung ab [29, 30]. Zwei Grenzfälle sind in Abb. 8.30 skizziert.

Homogenes Verstärkungsprofil. Alle Atome, die an der Wechselwirkung beteiligt sind, besitzen die gleiche Resonanzfrequenz v_0. Ein solches Linienprofil wird homogen genannt. Beispiele hierfür sind die aktiven Atome in Laserkristallen oder in Hochdruckgaslasern. Mit zunehmender Intensität des Strahlungsfeldes wird die Inversion bei allen Atomen in gleicher Weise reduziert, d. h. das Verstärkungsprofil wird abgesenkt bis für die Mittenfrequenz der Verstärkungsfaktor den stationären Wert erreicht hat. Dann liegt die in Abb. 8.30b skizzierte Situation vor. Die Selbsterregungsbedingung ist gerade für die stehende Welle erfüllt, deren Frequenz in etwa mit der Mittenfrequenz übereinstimmt; es sollte nur eine Mode anschwingen. Die stehende Welle mit ihren Intensitätsmaxima längs der Resonatorachse sättigt jedoch nicht alle Atome gleichermaßen. So bleibt die Inversion in den Nulldurchgängen der Intensität stehen, was Moden anderer Frequenzen bevorzugt. Hinzu kommt, dass der Abstand Ω der Resonanzfrequenzen i. Allg. sehr klein gegen die laserfähige Linienbreite Δv_L ist, und das Verstärkungsprofil im Maximum sehr flach ist. Die immer vorhandenen thermischen und mechanischen Störungen bewirken dann stets eine Oszillation mehrerer, wenn auch weniger Moden.

Ein Zahlenbeispiel möge den Sachverhalt verdeutlichen. Ein typischer Spiegelabstand ist $L = 0.5\,\text{m}$. Aus Gl. (8.35) folgt dann für den Abstand zweier stehender Wellen $\Omega = 3 \times 10^8\,\text{Hz}$. Die Mittenfrequenz des Rubin-Verstärkers liegt bei $v_0 = 4.32 \times 10^{14}\,\text{Hz}$. Also muss nach Gl. (8.33) die Ordnungszahl der stehenden Welle im Bereich von $p = 1.4 \times 10^6$ liegen, der Resonator wird in der 10^6-ten Oberwelle angeregt. Die laserfähige Bandbreite Δv_L ist wegen der immer vorhandenen Reflexionsverluste R und Streuverluste V geringer als die Bandbreite Δv des Überganges. Sie beträgt etwa $\Delta v_L = 3 \times 10^{10}\,\text{Hz}$. Daraus ergeben sich $\Delta v_L / \Omega = 100$ stehende Wellen, von denen aber nur wenige stationär übrig bleiben. Beim Titan-Saphir-Laser können bis zu 10^5 Wellen anschwingen.

Inhomogenes Verstärkungsprofil. Im verstärkenden Medium gibt es verschiedene Gruppen von aktiven Atomen mit unterschiedlichen Resonanzfrequenzen. Ein Beispiel hierfür ist der He/Ne-Laser. Die Neon-Atome besitzen eine thermische Geschwindigkeitsverteilung, und ihre Resonanzfrequenz hängt infolge des Doppler-Effekts von der momentanen Geschwindigkeit ab. Eine stehende Welle wird also nur mit der Atomgruppe wechselwirken, deren dopplerverschobene Resonanzfrequenz mit ihrer Eigenfrequenz übereinstimmt und wird die Verstärkung dieser Gruppe sättigen. Im stationären Fall liegt dann ein Verstärkungsprofil vor wie es in Abb. 8.30a skizziert ist. Im Verstärkungsprofil entstehen „Löcher", was als Hole-Burning bezeichnet wird. Es können, abhängig von der Linienbreite und Resonatorlänge, viele stehende Wellen gleichzeitig stationär oszillieren.

In beiden Fällen, homogene und inhomogene Verbreiterung, ist es möglich die Zahl der oszillierenden Moden auf eine zu reduzieren; ein solcher Laser wird monofrequent genannt. Als frequenzselektierende Elemente werden Gitter, Etalons oder Prismen verwendet.

8.5.2 Linienbreite

Im Folgenden wird die Linienbreite eines monofrequenten Lasers abgeschätzt. Dazu wird zunächst die Linienbreite unterhalb der Schwelle betrachtet, wo das Lasersystem als rückgekoppelter Verstärker arbeitet.

Der rückgekoppelte Verstärker unter Schwelle. Im einfachsten Fall besteht das System aus den beiden planen Spiegeln im Abstand L (optische Länge) und dem aktiven Medium mit dem Verstärkungsfaktor G_0 (Abb. 8.31). Die Spiegeldurchmesser seien hinreichend groß, sodass alle Beugungseffekte vernachlässigt werden können. Wird von außen eine ebene Welle der Intensität J_e eingestrahlt, so gilt für die Ausgangsintensität J_a die bekannte Fabry-Perot-Formel (siehe Kap. 3):

$$T(v) = \frac{J_a}{J_e} = \frac{(1-R)^2 G_0 V}{(1-G_0 R V)^2 + 4 G_0 R V \sin^2(2\pi v L/c_0)}, \quad G_0 R V < 1. \quad (8.36)$$

Da sich im Resonator ein aktives Medium mit dem Verstärkungsfaktor G_0 befindet, ist der Verlustfaktor V des normalen Fabry-Perot-Interferometers durch $G_0 V$ ersetzt worden.

Der spektrale Verlauf der Transmission nach Gl. (8.36) ist in Abb. 8.32 skizziert. Maximale Transmission tritt in Resonanz auf, d. h. wenn Gl. (8.34) erfüllt ist, und ergibt sich zu:

$$T_{max} = \frac{(1-R)^2 G_0 V}{(1-G_0 R V)^2}, \quad G_0 R V < 1. \quad (8.37)$$

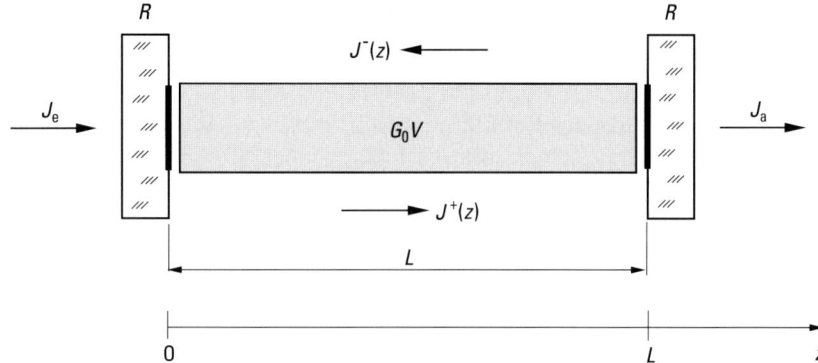

Abb. 8.31 Der rückgekoppelte Verstärker mit dem Verstärkungsfaktor G_0 und dem Verlustfaktor V.

Die volle Halbwertsbreite der Transmissionsmaxima beträgt:

$$\Delta \nu_R = (1 - G_0 R V) \frac{c_0}{2\pi L}, \quad G_0 R V < 1 \tag{8.38a}$$

und die passive Halbwertsbreite mit $G_0 = 1$

$$\Delta \nu_{0R} = (1 - R V) \frac{c_0}{2\pi L}. \tag{8.38b}$$

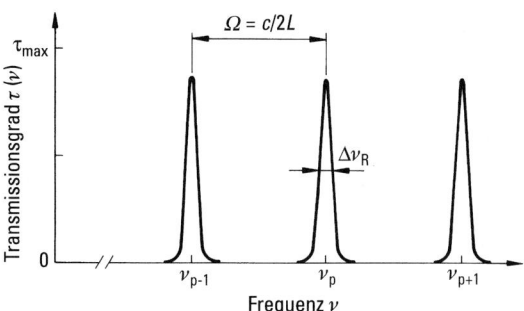

Abb. 8.32 Der spektrale Verlauf der Transmission eines rückgekoppelten Verstärkers.

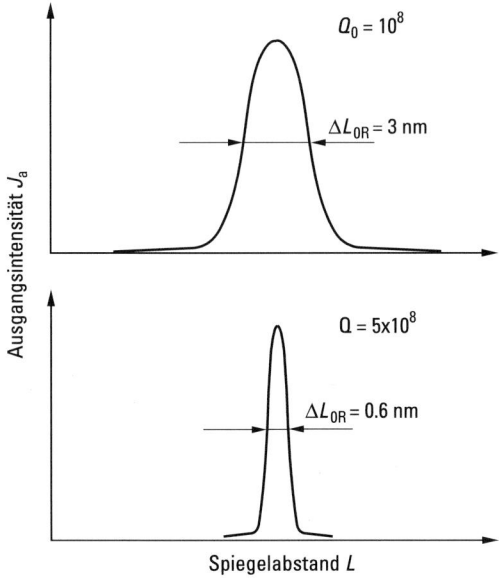

Abb. 8.33 Erhöhung der passiven Güte Q_0 eines Fabry-Perot Interferometers ($L = 0.3$ m) durch Entdämpfung. Oben das normale Interferometer, unter das entdämpfte System. Die Entdämpfung erfolgt durch eine verstärkende He/Ne-Entladung. Die Resonanzkurve wird durch eine Feinverstellung der Resonatorlänge abgefahren. Gemessen wurde die Ausgangsintensität über der Resonatorlänge bei Einstrahlung eines He/Ne-Laserstrahles der Wellenlänge $\lambda_0 = 632.8$ nm, nach [31]. $\Delta L_R = L \cdot \Delta \gamma_R / \gamma_P$

Die Transmission dieses Resonators kann in Resonanz größer als eins werden, wie man es von einem rückgekoppelten Verstärker erwartet. Gleichzeitig nimmt die Bandbreite ab. Es ist also möglich, die passive Güte Q_0, definiert als der Kehrwert der relativen Bandbreite $Q = v/\Delta v_R$, durch Entdämpfung zu erhöhen. Ein experimentelles Beispiel zeigt Abb. 8.33 [31].

In Resonanz tritt im Resonator eine erhebliche Intensitätsüberhöhung auf. Wie sich unschwer durch Addition der Teilwellen (Kap. 3) ermitteln lässt, gilt für die Intensität der nach rechts laufenden Welle am linken bzw. rechten Spiegel:

$$\frac{J^+(0)}{J_e} = \frac{(1-R)}{(1-G_0RV)^2} \quad \text{bzw.} \quad \frac{J^+(L)}{J_e} = \frac{(1-R)G_0V}{(1-G_0RV)^2},$$

was ausgenutzt werden kann, um schwache Laserausgangsintensitäten zu erhöhen. Diese Überhöhung findet auch, obwohl geringer, bei passiven Resonatoren ($G_0 = 1$) statt. Im Wesentlichen gehen Reflexionsgrad und Verluste ein. Es ist allgemein üblich, einen Resonator durch seine passive Güte $Q_0 = v_p/\Delta v_{0R}$ zu charakterisieren. Einige Beispiele sind in Tab. 8.6 zusammengestellt.

Tab. 8.6 Beispiele für Resonanzsysteme

Resonanzsystem	Resonanzfrequenz v_p in s^{-1}	passive Bandbreite Δv_{0R} in s^{-1}	Güte $Q_0 = v_p/\Delta v_{0R}$
Spiralfeder	2	0.1	20
Stimmgabel	4×10^2	4×10^{-2}	10^4
LC-Schwingkreis	10^5	10^3	10^2
Schwingquarz	10^6	1	10^6
Atomhülle (ungestört)	10^{14}	10^8	10^6
Interferenzfilter	10^{14}	10^{11}	10^3
optischer Resonator	10^{14}	10^6	10^8
stabilisierter Laser	10^{14}	1	10^{14}
Atomkern (Mößbauer-Effekt)	10^{19}	10^4	10^{15}

Die Entdämpfung und Reduktion der Linienbreite führt gleichzeitig zu einer Verringerung der Zeitauflösung des Systems, d. h. der Resonator reagiert nicht mehr auf schnelle Änderungen der Eingangsintensität, wie im Folgenden an der Resonatorabklingzeit gezeigt werden soll. Wird die eingestrahlte Intensität J_e (Abb. 8.31) hinreichend schnell abgeschaltet, so läuft die im Resonator gespeicherte Intensität J^+, J^- noch eine gewisse Zeit zwischen den beiden Spiegeln hin und her. Bei jedem Durchgang wird sie um den Faktor G_0RV geschwächt. Nach n Durchgängen gilt:

$$J^+(n) = J^+(0)(G_0RV)^n.$$

Die Zahl der Durchgänge kann auf die Zeit umgeschrieben werden mit

$$n = \frac{t}{L}c_0$$

8.5 Spektrale Eigenschaften der Laseremission

und die obige Gleichung liefert:

$$J^+(t) = J^+(0) \exp\left[\frac{-t}{-(L/c_0)\ln(G_0 RV)}\right] = J^+(0) \exp\left[-\frac{t}{\tau_R}\right],$$

woraus sich eine Abklingzeit definieren lässt:

$$\tau_R = \frac{-L/c_0}{\ln(G_0 RV)} \approx \frac{L/c_0}{1 - G_0 RV}, \quad G_0 RV < 1. \tag{8.39}$$

Die Abklingzeiten liegen im Bereich von 10^{-8} bis 10^{-6} s und können gemessen werden. Bei dieser Betrachtung wurde die diskrete Anzahl der Durchgänge durch eine stetige Zeitfunktion ersetzt, was bei Werten von $G_0 RV$ nahe eins eine gute Näherung ist. Aus den Gln. (8.38/8.39) folgt die allgemeingültige Beziehung

$$\Delta \nu_R \tau_R = \frac{1}{2\pi}, \tag{8.40}$$

wobei der genaue Zahlenwert auf der rechten Seite von der Definition der Bandbreite und Abklingzeit abhängt. Mit zunehmendem Verstärkungsfaktor werden die Bandbreite des Systems kleiner und die Abklingzeit größer.

Ausgangsleistung. Zum Abschluss soll noch die Ausgangsleistung des rückgekoppelten Verstärkers ohne Eingangssignal ($J_e = 0$) abgeschätzt werden, d. h. die verstärkte spontane Emission. Zur Vereinfachung wird nur eine stehende Welle betrachtet und Verlustfreiheit angenommen ($V = 1$). Wechselwirkt eine stehende Welle der Photonendichte q mit einem Zwei-Niveau-System der Besetzungsdichten n_1, n_2, so gilt im stationären Fall nach Kap. 7:

$$\underbrace{\sigma c_0 q \Delta n}_{\substack{\text{induzierte Emission} \\ \text{und Absorption}}} + \underbrace{\frac{\sigma c_0 n_2}{\mathcal{V}}}_{\substack{\text{spontane} \\ \text{Emission}}} = \underbrace{\frac{q}{\tau_0}}_{\text{Verlustrate}}. \tag{8.41}$$

$\mathcal{V}$ ist das Volumen des Strahlungsfeldes im Resonator und τ_0 die Abklingzeit des passiven Resonators, also nach Gl. (8.39):

$$\tau_0 = \frac{L/c_0}{1 - R}. \tag{8.42}$$

Es folgt für die stationäre Photonendichte aus Gl. (8.41):

$$q = \frac{\sigma c_0 n_2}{(1/\tau_0) - \sigma c_0 \Delta n},$$

oder mit den Gln. (8.39/8.14).

$$q \approx \frac{\sigma n_2 L}{1 - G_0 R}.$$

Da nur Reflexionsverluste auftreten ($V = 1$), entspricht die Photonenverlustrate der gesamten Ausgangsleistung des Systems. Sie ergibt sich aus Gl. (8.41) zu:

$$P_a = q \mathcal{V} \frac{h\nu}{\tau_0} \approx \frac{\sigma n_2 L}{1 - G_0 R} \frac{h\nu}{\tau_0}, \quad G_0 R < 1, \quad V = 1. \tag{8.43}$$

8 Erzeugung von kohärentem Licht – LASER

Diese verstärkte spontane Emission oder Rauschleistung steigt bei Annäherung an die Schwelle sehr stark an und überlagert sich dem verstärkten Eingangssignal J_a, wodurch die Empfindlichkeit (Signal-Rausch-Verhältnis) begrenzt wird. Die Ausgangsleistung kann mit der Bandbreite Δv_R nach Gl. (8.38a) verknüpft werden und liefert mit der Schwellinversion nach Gl. (8.14) die Beziehung:

$$\Delta v_R = 2\pi \frac{hv}{P_a} (\Delta v_{0R})^2 \frac{n_2}{\Delta n_{Schw}} \quad \text{unterhalb der Schwelle}. \tag{8.44}$$

Die Bandbreite der Ausgangsstrahlung nimmt mit der Ausgangsleistung ab und ist proportional dem Quadrat der passiven Bandbreite des Resonators. Bei einem Drei-Niveau-System ist $n_2 > \Delta n$; beim Vier-Niveau-System gilt $n_2 = \Delta n$ und dessen Rauschleistung ist geringer.

Bandbreite oberhalb der Schwelle. Die endliche Bandbreite eines selbsterregten Oszillators kann wie folgt verstanden werden. Dem idealen, unendlich ausgedehnten Sinuswellenzug mit der Bandbreite null überlagert sich die spontane Emission. Diese spontan emittierten Wellenzüge schwanken statistisch in Phase und Amplitude und führen zu einer endlichen Bandbreite (abgesehen von allen technischen Störungen). Im Bereich der Schwelle und darüber macht sich die Sättigung der Verstärkung

Tab. 8.7 Emissionsbandbreiten, Kohärenzlängen und M^2-Werte einiger Lichtquellen. M^2 ist nur für kleine Öffnungswinkel definiert.

Lichtquelle	Wellenlänge λ_0 in µm	Leistung P in W	Bandbreite Δv_R in Hz	Kohärenzlänge ℓ_C in m	M^2
Sonne	0.5	10^{26}	5×10^{14}	6×10^{-7}	–
Quecksilber-höchstdruck-Lampe	0.5	5	5×10^{14}	6×10^{-7}	–
Spektrallampe	0.59	$< 10^{-3}$	10^9	0.3	–
He/Ne-Laser frei laufend stabilisiert	0.63	10^{-2} 10^{-4}	10^8 1	3 3×10^8	$\cong 1-2$ 1
Argon-Laser	0.51	10^2	10^6	3×10^2	1–10
Nd-YAG-Laser	1.06	10^2 10^3	10^9-10^{10} 10^9-10^{10}	0.3–0.03 0.3–0.03	2–3 10–20
CO_2-Laser	10.6	10^3			2–3
Dioden-Laser (Einzelemitter, Multimode)	0.8	0.1	3×10^{11}	10^{-3}	$M_x^2 = 1.2$ $M_y^2 = 5$
Diodenlaser-Streifen	0.8	10			$M_x^2 = 1.2$ $M_y^2 = 500$

bemerkbar, die die Amplitudenschwankungen glättet, und es bleiben nur die Phasenschwankungen übrig. Es ergibt sich für die Bandbreite die erstmals von Schawlow/Townes abgeleitete Formel [4]:

$$\Delta\nu_R = \pi \frac{h\nu}{P_a} (\Delta\nu_{0R})^2 \frac{n_2}{\Delta n_{Schw}} \quad \text{oberhalb der Schwelle}. \tag{8.45}$$

Diese Formel ist fast identisch mit der oben abgeleiteten Beziehung für die Bandbreite unter der Schwelle, bis auf einen Faktor 2, eine Folge der Sättigung. Der Übergang im Gebiet der Schwelle hängt stark vom speziellen System ab [32, 33]. Durch Eliminierung der technischen Störungen und aufwändige Stabilisierung ist möglich im sichtbaren Spektralbereich Laser mit Bandbreiten unter 1 Hz kurzzeitig (Minuten) zu betreiben [34].

Zeitliche Kohärenz. Der Kehrwert der Bandbreite einer Lichtquelle gibt die Dauer der ungestörten Emission an und wird Kohärenzzeit $\Delta\tau_C \approx 1/\Delta\nu_R$ genannt. Der Zusammenhang beider Größen ergibt sich aus der Fourier-Transformation und hängt von der Form des Spektrums ab [35]. Die Länge dieser Wellenzüge ist die Kohärenzlänge $\ell_C \cong c_0 \Delta\tau_C = c_0/\Delta\nu_R$. Wellenzüge sind innerhalb der Kohärenzzeit interferenzfähig. Laser zeichnen sich durch eine besonders große Kohärenzlänge aus, weshalb alle Interferenzversuche sehr viel einfacher auszuführen sind als mit konventionellen Lichtquellen. Einige Zahlenwerte sind in Tab. 8.7 zusammengestellt.

8.6 Die transversalen Wellenformen

8.6.1 Der optische Resonator mit Beugung

Die beiden Spiegel des Lasers bilden einen optischen Resonator. Bisher wurden diese Spiegel als transversal unbegrenzte Planspiegel betrachtet. Tatsächlich werden jedoch weitgehend Hohlspiegel verwendet. Außerdem muss die an den begrenzten Abmessungen unvermeidliche Beugung berücksichtigt werden. Es ist deshalb notwendig, den Resonator etwas genauer zu untersuchen. Im Folgenden werden zur Vereinfachung nur leere Resonatoren betrachtet, sodass die optische Resonatorlänge gleich der geometrischen Länge ist.

Die charakteristische Größe der Beugung ist die Fresnel-Zahl eines Systems. Sie ist definiert durch (siehe Kap. E.6):

$$F = \frac{a^2}{\lambda_0 L}. \tag{8.46}$$

Hierbei ist a der Radius der transversalen Begrenzung des Strahlungsfeldes durch Aperturen oder das aktive Medium und L die Resonatorlänge. Es wird unterschieden

$$\begin{aligned}
&F \ll 1 &&\text{Fraunhofer-Beugung} \\
&0.1 < F \ll 20 &&\text{Fresnel-Beugung} \\
&F \gg 1 &&\text{geometrische Optik}.
\end{aligned} \tag{8.47}$$

Für typische Resonatorgeometrien mit $a = (0.002–0.01)$ m und $L = (0.5–1)$ m ergeben sich mit $\lambda = (500–1000)$ nm Werte der Fresnel-Zahl im Bereich von 10 und darunter. Die Beugung macht sich somit stark bemerkbar. Durch die Beugung wird die ebene Phasenfläche der Lichtwelle deformiert und es treten zusätzliche Verluste auf, denn das in die höheren Beugungsordnungen gebeugte Licht wird nicht mehr zwischen den beiden Spiegeln hin- und herreflektiert, sondern nach einigen Durchgängen aus dem Resonator herausreflektiert.

Die mathematische Behandlung dieses Problems ist sehr aufwändig und es sind auch nur Näherungslösungen für einige spezielle Resonatoranordnungen möglich. Erstmals wurden solche Lösungen von Fox und Li [36] für den planparallelen Resonator und von Boyd und Gordon [37] für den Resonator mit sphärischen Spiegeln angegeben. Ihr Gedankengang war der folgende: Auf dem Spiegel S_1 (Abb. 8.34) sei eine bestimmte Verteilung der Feldstärke $\mathscr{E}_1(x_1, y_1)$ des Strahlungsfeldes vorgegeben. Von jedem Punkt dieses Spiegels geht dann nach dem Huygens'schen Prinzip eine Kugelwelle aus. Die Feldverteilung $\mathscr{E}_2(x_2, y_2)$ auf dem Spiegel S_2 ergibt sich durch Summierung bzw. Integration über alle Kugelwellen. Wie in der Einführung gezeigt wurde, führt das nach Abschn. E.6.1 und E.6.2 auf das Fresnel'sche Beugungsintegral:

$$\mathscr{E}_2(x_2, y_2) = \frac{ik_0}{2\pi L} \exp(-ik_0 L) \iint_{S_1} \mathscr{E}_1(x_1, y_1) \exp[i\Phi(x_1, y_1, x_2, y_2)] \, dx_1 \, dy_1 \qquad (8.48)$$

und entsprechend erzeugt die Verteilung $\mathscr{E}_2$ nach Reflexion an S_2 auf dem Spiegel S_1 ein Feld $\mathscr{E}_1$:

$$\mathscr{E}_1(x_1, y_1) = \frac{ik_0}{2\pi L} \exp(-ik_0 L) \iint_{S_2} \mathscr{E}_2(x_2, y_2) \exp[i\Phi(x_2, y_2, x_1, y_1)] \, dx_2 \, dy_2, \qquad (8.49)$$

mit

$$\Phi = -\frac{ik_0}{2L}[(x_2 - x_1)^2 + (y_2 - y_1)^2] + i\varphi$$

φ = Phasenschiebung durch den gekrümmten Spiegel.

Das Beugungsintegral aus Abschn. E.6.1/E.6.2 gilt für die Ausbreitung des Feldes von einer Ebene 1 zu einer Ebene 2 im Abstand L. Bei nicht ebenen Spiegeln ist die zusätzliche Phasenschiebung φ zu berücksichtigen.

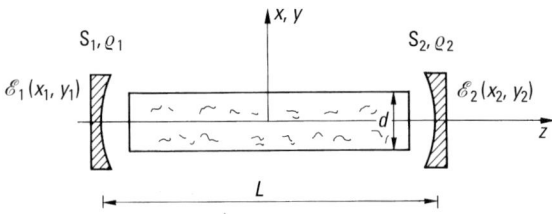

Abb. 8.34 Zur Berechnung der stationären Feldverteilungen in einem Laser-Oszillator.

Es gilt

$$\varphi = \begin{cases} 0 & \text{ebene Spiegel} \\ \dfrac{k_0}{2\varrho_1}(x_1^2+y_1^2) + \dfrac{k_0}{2\varrho_2}(x_2^2+y_2^2) & \text{parabolische Spiegel} \\ \dfrac{k_0}{2}\left(\dfrac{x_1^2}{\varrho_{1x}}+\dfrac{y_1^2}{\varrho_{1y}}\right) + \dfrac{k_0}{2}\left(\dfrac{x_2^2}{\varrho_{2x}}+\dfrac{y_2^2}{\varrho_{2y}}\right) & \text{zylindrische Spiegel}. \end{cases} \quad (8.50)$$

Im stationären Fall muss sich das Feld nach einem Umlauf reproduzieren. Falls Verluste auftreten, ist die Amplitude um einen Faktor κ, den Eigenwert, reduziert. Die zweimalige Anwendung des Beugungsintegrals muss wieder die Ausgangsverteilung liefern.

$$\kappa \cdot \mathscr{E}_1(x_1,y_1) = -\frac{k_0^2}{(2\pi L)^2}\exp(-2\mathrm{i}k_0 L)\iint_{S_2}\exp[\mathrm{i}\Phi(x_2,y_2,x_1,y_1)]\,\mathrm{d}x_2\,\mathrm{d}y_2$$
$$\cdot \iint_{S_1}\mathscr{E}_1(x_1',y_1')\exp[\mathrm{i}\Phi(x_1',y_1',x_2,y_2)]\,\mathrm{d}x_1'\,\mathrm{d}y_1'. \quad (8.51)$$

Das ist eine Integralgleichung zur Bestimmung der unbekannten Feldverteilung $\mathscr{E}_1$. Im Allgemeinen kann diese Gleichung nur numerisch gelöst werden, z. B. für begrenzte Planspiegel oder auch für begrenzte sphärische Spiegel [38, 39, 40]. In der Lasertechnik werden jedoch überwiegend Resonatoren verwendet, die mindestens aus einen sphärischen Spiegel bestehen (in guter Näherung bei den kleinen Aperturen gleichwertig einem parabolischen Spiegel). Wenn dann noch angenommen wird, dass die Durchmesser der Spiegel groß gegen die transversalen Abmessungen des Strahlungsfeldes sind, was noch verifiziert werden muss, gibt es analytische Lösungen der obigen Integralgleichung.

8.6.2 Der sphärische, stabile Resonator

Für sphärische (in paraxialer Näherung parabolische) Spiegel resultiert eine quadratische Phasenschiebung φ nach Gl. (8.50) und die Integralgleichung lässt sich exakt lösen. Nur ganz bestimmte Funktionen, die Eigenfunktionen $\mathscr{E}_{1,mnp}$ mit den Eigenwerten κ_{mnp} sind Lösung dieser Gleichung. Man nennt sie beim optischen Resonator die transversalen Wellenformen oder Moden. Die Funktionen hängen von der speziellen Symmetrie des Systems ab. Für Rechtecksymmetrie sind in Abb. 8.35 die Feldverteilungen niedriger Ordnungen dargestellt. Es handelt sich um die Gauß-Hermite-Polynome [40]. Die Indizes m, n durchlaufen alle ganzen positiven Zahlen einschließlich null. Die Feldamplitude auf dem Spiegel S_1 lautet:

$$\mathscr{E}_{1,mnp}(x_1,y_1) =$$
$$\mathscr{A}_{1,mnp}\exp\left[-\frac{x_1^2+y_1^2}{w_1^2}\right]H_n\left(\sqrt{2}\frac{x_1}{w_1}\right)H_m\left(\sqrt{2}\frac{y_1}{w_1}\right)\exp\left[\mathrm{i}\left(\omega_{mnp}t-\frac{k_0}{2\varrho_1}(x_1^2+y_1^2)\right)\right]$$
$$(8.52)$$

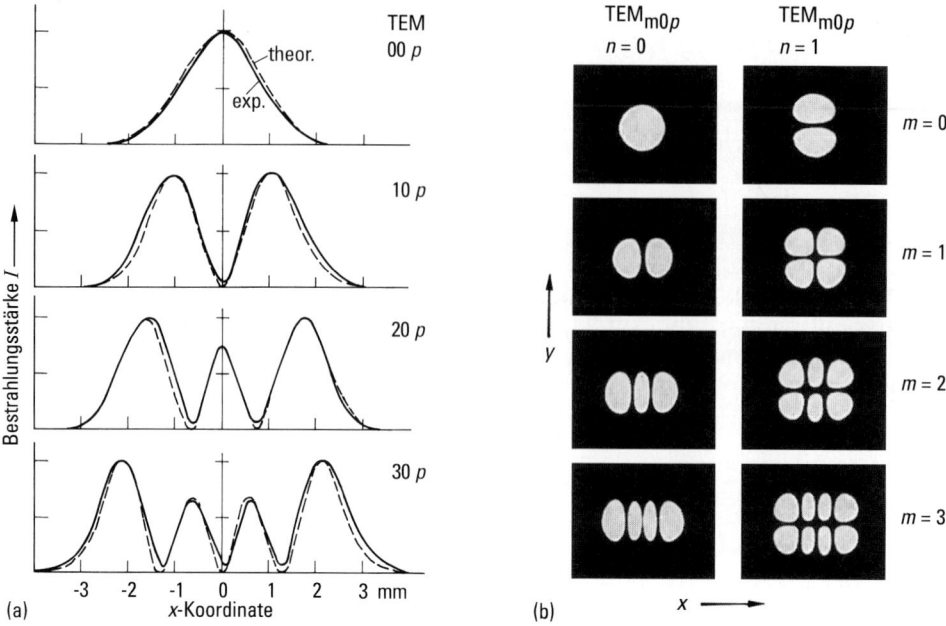

Abb. 8.35 Die Wellenformen (Eigenschwingungen oder Moden) eines sphärischen, optischen Resonators ($L = 1\,\text{m}$) mit rechteckiger Spiegelbegrenzung: (a) Vergleich der experimentell ermittelten Intensitätsverteilung mit den theoretischen Werten längs der x-Achse auf einem Spiegel, (b) Aufnahme der Verteilung in der x, y-Ebene eines Spiegels (nach G. Herziger u. H. Tillmann, Foto: I. Phys. Inst. TU. Berlin [8]).

mit

$$w_1 = \sqrt{\frac{2L}{k_0}} \sqrt{\frac{g_1}{g_2(1 - g_1 g_2)}} \tag{8.53}$$

$$g_{1,2} = 1 - \frac{L}{\varrho_{1,2}} \tag{8.54}$$

$$\kappa_{mnp} = \exp\left[-i\left(\frac{4\pi v_{mnp}}{c_0} L - 2(m + n + 1)\arccos\sqrt{g_1 g_2}\right)\right]. \tag{8.55}$$

Es bedeuten:

m, n: transversale Ordnung
p: longitudinale Ordnung nach Gl. (8.34)
$g_{1,2}$: G-Parameter des Resonators
$\varrho_{1,2}$: Krümmungsradius der Spiegel
H_m: Hermite-Polynom der Ordnung m
$\mathscr{A}_{1,2mnp}$: Feldamplitude
$w_{1,2}$: Strahlradius der Grundwelle für $m = n = 0$ auf dem Spiegel $S_{1,2}$
κ_{mnp}: Eigenwert
v_{mnp}: Eigenfrequenzen

Vertauschen der Indizes 1, 2 liefert die entsprechenden Werte auf dem Spiegel S_2. Die Hermite-Polynome sind tabelliert [41]. Einige Eigenfunktionen niedriger Ordnung lauten:

$$H_0 = 1, \quad H_1 = 2\sqrt{2}\frac{x}{w}, \quad H_2 = 8\frac{x^2}{w^2} - 1, \quad H_3 = 16\sqrt{2}\frac{x^3}{w^3} - 12\sqrt{2}\frac{x}{w}$$

wobei w der Wert nach Gl. (8.53) für den entsprechenden Spiegel ist. In diesem speziellen Beispiel gibt der Index m die Zahl der Nullstellen der Amplitude in x-Richtung und n die Zahl der Nullstellen in y-Richtung an. Das Koordinatensystem liegt hierbei parallel zu den Kanten der rechteckigen Blende. Hinzu kommt noch der Index p, der die Zahl der Knoten in Richtung der Resonatorachse angibt (axiale oder longitudinale Wellenform), sodass eine Wellenform des Resonators durch insgesamt drei Indizes m, n, p gekennzeichnet ist. Da sowohl der elektrische als auch der magnetische Feldvektor des Strahlungsfeldes senkrecht auf der Ausbreitungsrichtung stehen, werden diese Wellenformen als *transversal-elektromagnetisch* bezeichnet und mit TEM$_{mnp}$ abgekürzt. Entsprechend der großen Resonatorlänge liegt p in der Größenordnung von 10^6, während m und n alle ganzen Zahlen von null an durchlaufen. Diese Eigenlösungen der Integralgleichung sind natürlich auch Lösungen der reduzierten Wellengleichung (SVE-Näherung in Abschn. E.5/E.6).

Aus der Gl. (8.53) für den Strahlradius w_i ersieht man, dass dieser nur endlich bleibt, wenn die Parameter $g_{1,2}$ des betreffenden Resonators im Bereich

$$0 < g_1 g_2 < 1 \tag{8.56}$$

liegen. Man bezeichnet derartige Resonatoren als stabil. Abstand und Krümmungsradius der Spiegel müssen bestimmte Bedingungen erfüllen, damit ein Mode endlicher transversaler Ausdehnung existieren kann. Resonatoren, für die $g_1 g_2 < 0$ oder $g_1 g_2 > 1$ gilt, werden instabil genannt. Sie werden bei Hochleistungslasern eingesetzt und im Folgenden noch kurz diskutiert.

Damit der Mode sich nach einem Umlauf reproduziert, muss der Eigenwert κ_{mnp} gleich eins sein. Damit liefert Gl. (8.55) eine Bedingung für die Resonanzfrequenzen des Resonators:

$$v_{mnp} = \frac{c_0}{L}\left[p + 1 + \frac{m+n+1}{\pi}\arccos\sqrt{g_1 g_2}\right]. \tag{8.57}$$

Die Eigenfrequenzen hängen sowohl von der Resonatorgeometrie als auch von der Ordnung der Wellenform ab. Das bedeutet, dass die Phasengeschwindigkeit des Lichts im Resonator als Folge der transversalen Struktur nicht gleich der Vakuumlichtgeschwindigkeit ist.

Die gleichen Rechnungen können für Kreissymmetrie durchgeführt werden und liefern als Eigenfunktionen die Gauß-Laguerre-Polynome [39, 40].

Die Gauß-Hermite- und die Gauß-Laguerre-Polynome als Eigenlösungen des transversal unbegrenzten Fresnel'schen Beugungsintegrals ändern nicht ihre Struktur bei Ausbreitung im freien Raum, sondern nur ihre transversale Ausdehnung. Die Eigenlösungen sind orthogonal und vollständig. Jede kohärente Feldverteilung kann als unendliche Summe dieser Eigenfunktionen dargestellt werden.

8.6.2.1 Der TEM-Grundmode und die *ABCD*-Regel

Der Phasenfaktor $\mathrm{i}k_0(x_1^2 + y_1^2)/2\varrho_1$ in Gl. (8.52) bedeutet, dass das Feld auf dem Spiegel S_1 eine gekrümmte Phasenfläche besitzt, deren Krümmungsradius gleich dem des Spiegels ist. Nach der Reflexion wird das Feld durch den Spiegel fokussiert und erreicht einen minimalen Wert w_0, die Taille, im Abstand L_0 vom Spiegel. Dort ist die Phasenfläche eben (siehe Abb. 8.36). Es gilt [40]:

$$L_0 = L \frac{(1 - g_1)g_2}{g_1 + g_2 - 2g_1 g_2} \tag{8.59}$$

und

$$w_0 = \sqrt{\frac{2L}{k_0} \frac{\sqrt{g_1 g_2 (1 - g_1 g_2)}}{|g_1 + g_2 - 2g_1 g_2|}}. \tag{8.60}$$

Zur Berechnung der Werte L_0, w_0 kann die *ABCD*-Regel benutzt werden, welche im Folgenden behandelt wird.

Die Wellenform niedrigster Ordnung $m = n = 0$ am Ort der Taille ($z = 0$) lautet:

$$\mathscr{E}_{00p} = \mathscr{A}_0 \exp\left[-\frac{x^2 + y^2}{w_0^2}\right] \exp(\mathrm{i}\omega_{00p} t), \tag{8.61}$$

und stellt eine Gauß'sche Verteilung der Amplitude und damit auch der Intensität dar. Diese Verteilung wird als Grundmode, TEM 00-Mode oder auch kurz als Gauß-Strahl bezeichnet. Für die sich von dort in z-Richtung ausbreitende Welle folgt dann aus der Anwendung des Fresnel-Integrals (siehe Abschn. E.6.3):

$$\mathscr{E}(x, y, z) = \frac{w_0}{w} \mathscr{A}_p \exp\left[-\frac{x^2 + y^2}{w^2}\right]$$
$$\exp\left[\mathrm{i}\left(\omega_{mnp} t - k_0 z - \frac{k_0}{2R}(x^2 + y^2) - \arctan(z/z_r)\right)\right] \tag{8.62}$$

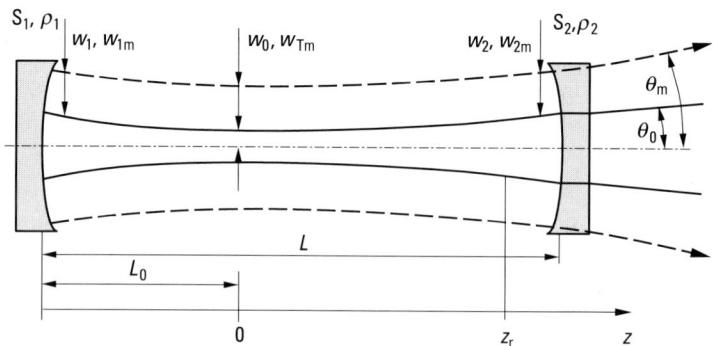

Abb. 8.36 Der TEM 00 Grundmode oder Gauß-Strahl und Moden höherer Ordnung in einem Resonator mit sphärischen Spiegeln.

mit dem Strahlradius w

$$w = w_0 \sqrt{1 + \left(\frac{z}{z_r}\right)^2}, \qquad (8.63)$$

dem Krümmungsradius R

$$R = z_r \left(\frac{z}{z_r} + \frac{z_r}{z}\right), \qquad (8.64)$$

und der Rayleigh-Länge z_r

$$z_r = k_0 \frac{w_0^2}{2}. \qquad (8.65)$$

Im Abstand der Rayleigh-Länge $z = z_r$ von der Taille hat sich der Strahlradius um den Faktor $\sqrt{2}$ vergrößert, die Fläche also um den Faktor 2, und damit ist die Intensität auf die Hälfte des ursprünglichen Wertes am Ort der Taille gesunken. Man bezeichnet deshalb die Größe z_r auch als Schärfentiefe. Der Öffnungswinkel θ_0 des Grundmodes im Fernfeld ergibt sich als Winkel zwischen der Asymptote und der z-Achse (Abb. 8.36) zu:

$$\theta_0 = \lim_{z \to \infty} \frac{z}{w} = \frac{2}{k_0 w_0} = \frac{\lambda_0}{\pi w_0}, \qquad (8.66)$$

und ist der prinzipiell kleinste Öffnungswinkel für eine Feldverteilung der Breite $2w_0$. Diese Feldverteilung lässt sich am besten fokussieren, d. h. bei einer Linse der Brennweite f ist der Fokusradius minimal für diese Feldverteilung und ergibt sich zu $r_f = f\theta_0$ (wichtig z. B. für die Materialbearbeitung). Der Grundmode ist auch am besten geeignet für die Nachrichtenübertragung z. B. im Weltall von Satellit zu Satellit, da sein Durchmesser im Fernfeld geringer ist als der aller anderen Feldverteilungen.

Der Krümmungsradius R der Phasenfläche ändert sich ebenfalls mit z gemäß Gl. (8.64). Er ist unendlich an der Stelle $z = 0$ (ebene Phasenfläche), nimmt einen minimalen Wert an für $z = z_r$ und vergrößert sich dann wieder. Der Gauß-Strahl nach Gl. (8.62) verhält sich für Werte $z \gg z_r$ (kleine Fresnel-Zahl) wie eine Kugelwelle und für $z \ll z_r$ (große Fresnel-Zahl) wie eine ebene Welle. Es ist üblich, den Gauß-Strahl durch den komplexen Strahlparameter q zu charakterisieren, wobei dieser definiert wird als:

$$q(z) = z + iz_r \quad \text{oder} \quad \frac{1}{q(z)} = \frac{1}{R(z)} - i\frac{\lambda_0}{\pi w^2(z)}. \qquad (8.67\text{a/b})$$

Die Äquivalenz beider Definitionen lässt sich durch Einsetzen der vorangehenden Gleichungen für Strahlradius w und Krümmungsradius R bzw. Rayleigh-Länge z_r zeigen. Der Gauß-Strahl kann dann sehr einfach formuliert werden. An einer Stelle z_1 gilt:

$$\mathscr{E}_1(x, y, z) = \frac{iz_r}{q_1} \mathscr{A}_0 \exp\left\{-i\frac{k_1(x^2 + y^2)}{2q_1}\right\} \cdot \exp\{i[\omega_{00p} t - k_1 z_1]\}. \qquad (8.68)$$

Strahlradius w_1 und Krümmungsradius R_1 an einer beliebigen Stelle z können dann aus den Gln. (8.67a/b) durch Auflösung nach den beiden Größen berechnet werden:

$$\frac{1}{R_2} = \text{Re}\left(\frac{1}{q_2}\right), \quad w_2^2 = -\frac{\lambda_0}{\pi n_2}\frac{1}{\text{Im}(1/q_2)}. \qquad (8.69\text{a/b})$$

Fokussierung und Abbildung Gauß'scher Strahlen. Die Taille des vom Laser erzeugten Gauß-Strahls liegt innerhalb oder außerhalb des Resonators, gegeben durch den Abstand L_0 vom Spiegel S_1 nach Gl. (8.59), siehe Abb. 8.36. In den meisten Fällen liegt die Taille auf dem planen Auskoppelspiegel des Lasers. Der q-Parameter an dieser Stelle beträgt nach Gl. (8.67a):

$$q_0 = i z_r.$$

Es soll jetzt untersucht werden, wie der Gauß-Strahl durch eine dünne Linse fokussiert wird und wo hinter der Linse die neue Taille w_T entsteht. Die Anordnung ist in Abb. 8.37 skizziert. Dünne Linse bedeutet, dass die Dicke der Linse klein gegen die Brennweite f ist. Vor der Linse, im Abstand s_0 hinter der Taille, lautet der q-Parameter nach Gl. (8.67a):

$$q_L = q_0 + s_0.$$

Beim Durchgang durch die Linse wird der Strahlradius praktisch nicht verändert, falls die Linse dünn ist, wohl aber der Krümmungsradius. Aus der geometrischen Optik (Kap. 2) ist die Relation $1/R_2 = 1/R_1 - 1/f$ bekannt. Damit ergibt sich aus Gl. (8.67b) für den q-Parameter direkt hinter der Linse:

$$\frac{1}{q'_L} = \frac{1}{q_L} - \frac{1}{f}.$$

Für die weitere Ausbreitung gilt dann wieder Gl. (8.67a) und der q-Parameter im Abstand s_1 hinter der Linse lautet:

$$q_1 = q'_L + s_1.$$

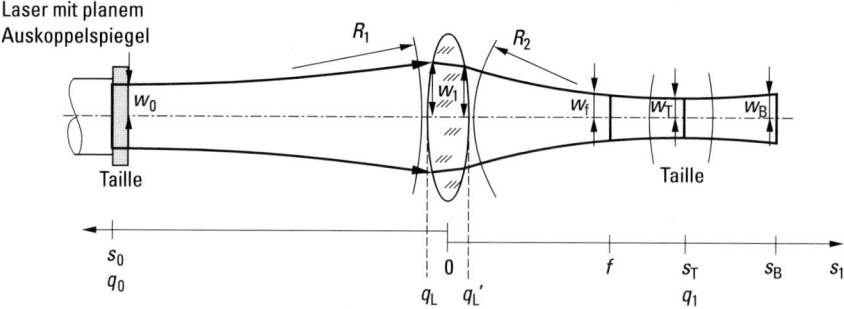

Abb. 8.37 Fokussierung und Abbildung eines Gauß-Strahls. Die Strecken s_0, s_1 zählen positiv von den Hauptebenen ($\approx$ Mitte) der Linse nach links bzw. rechts.

Werden die q-Werte ineinander eingesetzt, ergibt sich die folgende Relation zwischen q_0 und q_1:

$$q_1(s_1) = \frac{(1-s_1/f)q_0 + (s_0 + s_1 - s_0 s_1/f)}{(-1/f)q_0 + (1-s_0/f)} = \frac{A_0 q_0 + B_0}{c_0 q_0 + D_0}, \qquad (8.70)$$

aus der Strahlradius und Krümmungsradius unter Nutzung der Gln. (8.69a/b) an der Stelle s_1 berechnet werden können. Für den Ort der bildseitigen Taille $s_1 = s_T$ wird der Krümmungsradius unendlich und die Gln. (8.69a/b) lauten:

$$\frac{1}{R_T} = \mathrm{Re}\left(\frac{1}{q_2}\right) = 0, \quad w_T^2 = -\frac{\lambda_0}{\pi n_2}\frac{1}{\mathrm{Im}(1/q_1)}, \quad s_1 = s_T. \qquad (8.71)$$

Dieses sind die Bestimmungsgleichungen für s_T und w_T. Es folgt:

$$\frac{1}{s_T} = \frac{1}{f} - \frac{1}{s_0}\frac{1}{\sqrt{1 + \dfrac{z_r^2}{s_0(s_0-f)}}}, \qquad (8.72)$$

$$\frac{w_T}{w_0} = \frac{f}{\sqrt{z_r^2 + (s_0-f)^2}}. \qquad (8.73)$$

Die Gl. (8.72) erinnert an die bekannte Abbildungsgleichung der Optik, jedoch geht hier nicht nur der Objektabstand s_0 ein, sondern auch ein Objektparameter, die Rayleigh-Länge z_r, die mit dem Taillenradius w_0 verknüpft ist. Ändert sich dieser Parameter, so verschiebt sich die Lage der bildseitigen Taille w_T, auch wenn die Lage der objektseitigen Taille w_0 konstant bleibt.

Wird das Bild der Taille w_B definiert als der Ort, wo alle von w_0 ausgehenden Strahlen, unabhängig vom Winkel gegen die Achse, zusammengeführt werden, so gilt die Abbildungsgleichung der geometrischen Optik:

$$\frac{1}{s_B} = \frac{1}{f} - \frac{1}{s_0}.$$

Die Lage des Bildes ist unabhängig von der Größe der Taille w_0, aber an dieser Stelle sind die Phasenfläche nicht eben und der Strahlradius nicht minimal. Die Gl. (8.72) geht über in Abbildungsgleichung der geometrischen Optik, wenn die Rayleigh-Länge gegen null geht, also der Strahlradius w_0 sehr klein wird (siehe Gl. (8.65)). Der Abbildungsmaßstab ist durch Gl. (8.73) gegeben und immer endlich so lange $z_r \neq 0$. Von Bedeutung ist noch der Gauß-Strahl in der rechten Brennebene $s_1 = f$. Für diesen Fall ergeben sich der Strahlradius und Krümmungsradius aus den Gln. (8.66/8.69/8.70) zu:

$$w_f = f\theta_0 \qquad R_f = \frac{f}{1 - s_0/f}.$$

Dort entsteht die Fernfeldverteilung oder, bis auf einen Phasenfaktor, die Fourier-Transformierte des ursprünglichen Gauß-Strahls, was für alle Strahlungsfelder gilt.

Die *ABCD*-Regel. Die obige Gl. (8.70) beschreibt die Ausbreitung von Gauß-Strahlen in homogenen Medien und deren Brechung an parabolischen Grenzflächen (Spiegel, Linsen) und an parabolischen Brechzahlprofilen (GRIN-Linsen, Gradienten-Fasern). Sie kann verallgemeinert werden. Läuft der Gauß-Strahl durch ein zweites optisches System mit anderen Parametern, so gilt

$$q_2 = \frac{A_1 q_1 + B_1}{C_1 q_1 + D_1}, \tag{8.74}$$

oder wenn q_1 durch q_0 ersetzt wird

$$q_2 = \frac{A_2 q_0 + B_2}{C_2 q_0 + D_2}.$$

Durch Einsetzen lässt sich sofort zeigen, dass sich die neuen Koeffizienten aus einer Matrix-Multiplikation ergeben:

$$\begin{vmatrix} A_2 & B_2 \\ C_2 & D_2 \end{vmatrix} = \begin{vmatrix} A_1 & B_1 \\ C_1 & D_1 \end{vmatrix} \begin{vmatrix} A_0 & B_0 \\ C_0 & D_0 \end{vmatrix},$$

was auf beliebig viel Elemente erweitern werden kann. Wie zuerst Kogelnik [42] zeigte, sind diese Größen verknüpft mit den Elementen g_{ij} der Strahlmatrizen, die die Ausbreitung von Strahlen beschreiben und in Kap. 1 behandelt wurden. Es gilt die Beziehung:

$$\begin{aligned} A &= g_{11}, & B &= g_{12}/n_2 \\ C &= g_{21} n_1 & D &= g_{22} n_1/n_2. \end{aligned} \tag{8.75}$$

Damit steht ein elegantes Verfahren zur Verfügung, um die Ausbreitung von Gauß-Strahlen durch eine beliebige Folge von Elementen mit einem quadratischen Index-Profil (GRIN-Linsen, Gradienten-Fasern), einer quadratischen Oberfläche (Linsen, Spiegel) oder auch die Ausbreitung im homogenen Medium zu beschreiben. Durch ein quadratisches optisches Element bleibt die Struktur des Strahls erhalten, es ändern sich Strahlradius und Krümmungsradius. Ist am Eingang des optischen Ele-

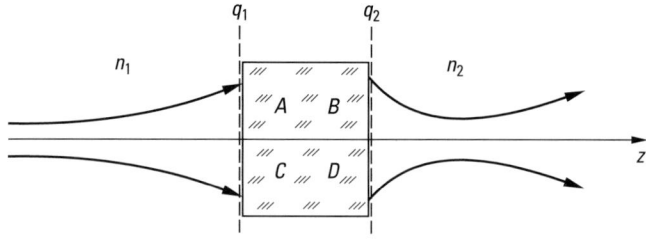

Abb. 8.38 Ein optisches Element, welches aus einer Folge parabolischer Flächen besteht, wird durch die Größen A, B, C, D, charakterisiert. Es transformiert einen von links einfallenden Gauß-Strahl $\mathscr{E}_1$ in einen rechts austretenden Gauß-Strahl $\mathscr{E}_2$. Der komplexe Strahlparameter q_2 des austretenden Strahles ist mit dem Parameter q_1 des einfallenden Strahles über die *ABCD*-Regel verknüpft.

ments ein Gauß-Strahl nach Gl. (8.68) gegeben, so lautet der neue Gauß-Strahl hinter dem Element [40]:

$$\mathcal{E}_2(x, y, z_2) = \frac{\mathrm{i} z_\mathrm{r}}{A q_1 + B} \mathcal{A}_0 \exp\left\{-\mathrm{i}\frac{k_2(x^2 + y^2)}{2 q_2}\right\} \cdot \exp\{\mathrm{i}[\omega_{00\mathrm{p}} t - k_2 z_2]\},$$

wobei q_2 mit q_1 über die *ABCD*-Regel nach Gl. (8.74) verknüpft ist. Hierbei sind $k_{1,2} = k_0 n_{1,2}$ die Wellenzahlen vor bzw. hinter dem optischen Element (Abb. 8.38). Dieser Formalismus kann in mehrfacher Hinsicht erweitert werden [40]:

– Die *ABCD*-Regel gilt für alle höheren Moden, wenn Strahlradius und Divergenz über die zweiten Momente definiert werden gemäß Gl. (8.77).
– Es gilt unter den gleichen Voraussetzungen für beliebige Strahlungsfelder in der paraxialen Näherung
– Es kann auf zwei Dimensionen erweitert werden.

8.6.2.2 Moden höherer Ordnung

Die transversalen Wellenformen höherer Ordnung besitzen ihren minimalen Strahlradius und die ebene Phasenfläche ebenfalls an der Stelle $z = 0$ (Abb. 8.37). Von dort breiten sie sich in z-Richtung unverändert in der Struktur aber mit zunehmendem Strahlradius $w_m(z)$ aus. Das Fresnel-Integral (Abschn. E.5) liefert für die freie Ausbreitung in diesem Fall:

$$\mathcal{E}_{mnp}(x, y, z) = \frac{w}{w_0} \mathcal{A}_{mnp} \exp\left[-\frac{x^2 + y^2}{w^2}\right] H_m\left(\sqrt{2}\frac{x}{w}\right) H_n\left(\sqrt{2}\frac{y}{w}\right)$$
$$\exp\left[\mathrm{i}\left(\omega_{mnp} t - k_0 z - \frac{k_0}{2R}(x^2 + y^2) - (m+n+1)\arctan(z/z_\mathrm{r})\right)\right]. \tag{8.76}$$
$$k_0 = \omega_{mnp}/c_0$$

Hierbei gilt für w und R die Abhängigkeit nach den Gln. (8.63/8.64). Es ist üblich den Strahlradius beliebiger Feldverteilungen über den quadratischen Mittelwert zu definieren, wobei die z-Achse durch den Schwerpunkt der Intensitätsverteilung gelegt wird, im Falle der höheren Moden also die Symmetrieachse ist [40]. Es gilt für den Radius des Feldes in x-Richtung:

$$w_{mx}^2 = 4 \frac{\iint x^2 \mathcal{E}\mathcal{E}^* \mathrm{d}x\,\mathrm{d}y}{\iint \mathcal{E}\mathcal{E}^* \mathrm{d}x\,\mathrm{d}y} \tag{8.77}$$

und entsprechend in y-Richtung. Wird die Feldverteilung $\mathcal{E}$ nach Gl. (8.76) eingesetzt, ergibt sich:

$$w_{mx} = \sqrt{2m+1}\, w_0 \sqrt{1 + \left(\frac{z}{z_\mathrm{r}}\right)^2}, \tag{8.78}$$

mit w_0 nach Gl. (8.60). Der Öffnungswinkel der höheren Moden wird wie beim Grundmode über den Grenzwert nach Gl. (8.66) definiert und folgt zu:

$$\theta_{mx} = \sqrt{2m+1}\, \theta_0. \tag{8.79}$$

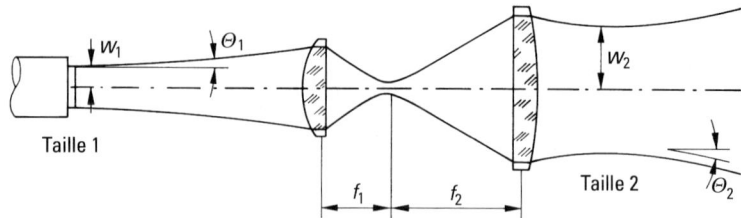

Abb. 8.39 Ein Teleskop transformiert Strahlradius und Öffnungswinkel; das Produkt der beiden Größen bleibt hierbei konstant.

Strahlradius und Öffnungswinkel nehmen mit der Ordnungszahl m zu. Für das Produkt von Taillenradius w_{Tm} und Öffnungswinkel θ_m folgt

$$w_{Tm}\theta_m = (2m+1)\frac{\lambda_0}{\pi}. \tag{8.80}$$

Dieses Produkt ist eine Konstante bei der Ausbreitung von Feldern in idealen parabolischen, optischen Systemen und kann ohne Leistungseinbuße nicht verbessert werden. Es kann unterschiedlich in x, y-Richtung sein, wie z. B. beim Diodenlaser mit astigmatischer Emission. Es entspricht der Abbe'schen Sinusbedingung in der paraxialen Näherung (siehe Kap. 1). Wohl ist es möglich, durch ein Teleskop den Öffnungswinkel zu verringern, aber dann wird der Strahlradius größer, wie in Abb. 8.39 am Beispiel des Teleskops skizziert ist:

$$\frac{w_1}{w_2} = \frac{f_1}{f_2}, \quad \frac{\theta_1}{\theta_2} = \frac{f_2}{f_1}, \quad w_1\theta_1 = w_2\theta_2. \tag{8.81}$$

Für beliebige kohärente und inkohärente Strahlungsfelder gilt für das Produkt von Taillenradius w_T und Öffnungswinkel θ, falls beide Werte über die quadratischen Mittelwerte nach Gl. (8.77) definiert werden:

$$w_T\theta \geq \frac{\lambda_0}{\pi}, \tag{8.82}$$

wobei das Gleichheitszeichen für den Gaußstrahl gilt [35]. Es ist üblich, das normierte Strahlparameter-Produkt M^2 zur Charakterisierung der Qualität von Strahlungsfeldern einzuführen:

$$M^2 = \frac{w_T\theta}{\lambda_0/\pi} \geq 1. \tag{8.83}$$

M^2 wird auch *Strahlausbreitungsfaktor* genannt. Einige Zahlenwerte sind in Tab. 8.7 zusammengestellt. Bei astigmatischen Lasern, wie z. B. dem Dioden-Laser, ist M^2 unterschiedlich in Richtung der beiden Hauptachsen. Für Moden höherer Ordnung folgt aus den Gln. (8.83/8.78/8.79)

$$M_x^2 = 2m+1, \quad M_y^2 = 2n+1. \tag{8.84}$$

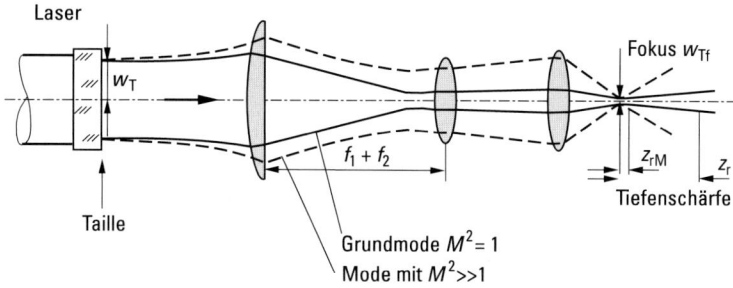

Abb. 8.40 Mehrstufige Fokussierung eines Laserstrahls. (—) Grundmode, (- - -) Mode höherer Ordnung. Diese spezielle Abbildung erzeugt für Grundmode und den höheren Mode den gleichen Fokusradius, wenn die ursprünglichen Radien im Laser gleich sind, aber die Schärfentiefen sind unterschiedlich.

Die Strahlqualität wirkt sich unmittelbar auf die Fokussierbarkeit aus, z. B. auf die Schärfentiefe oder Rayleigh-Länge, denn es gilt allgemein für beliebige Strahlungsfelder:

$$z_{rM} = \frac{k_0 w_T^2}{2M^2}. \tag{8.85}$$

Die Schärfentiefe ist bei Strahlungsfeldern geringerer Strahlqualität (größeres M^2) kleiner als bei einem Grundmode, was wichtig für alle Anwendungen ist. Der Unterschied in der Fokussierung wird deutlich an dem in Abb. 8.40 skizzierten Beispiel.

8.6.3 Instabile Resonatoren

Bei den stabilen Resonatoren, d. h. im Bereich der G-Parameter von $0 < g_1 g_2 < 1$, wird das Strahlungsfeld durch die fokussierenden Eigenschaften der Spiegel in der Taille auf den Wert w_0 nach Gl. (8.60) begrenzt, unabhängig von dem Spiegeldurchmesser. Für typische Resonatorparameter $g_1 = 1$, $g_2 = 0.5$, $L = 1$ m, $\lambda = 0.5$ μm, beträgt der Grundmode-Taillenradius $w_0 = 0.3$ mm. Ein sehr kleiner Wert, denn das

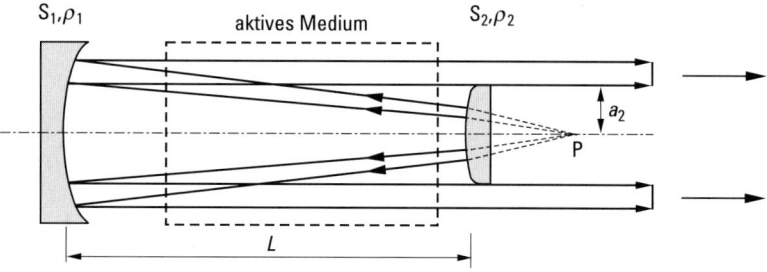

Abb. 8.41 Beispiel für einen instabilen, konfokalen Resonator.

aktive Medium, d. h. der Kristall oder die Gasentladung werden nur ungenügend genutzt und die Ausgangsleistung ist entsprechend gering.

Dieser Nachteil der stabilen Resonatoren wird durch die instabilen vermieden, also Resonatoren mit $g_1 g_2 \leq 0$ oder $g_1 g_2 \geq 1$. Ein Beispiel zeigt Abb. 8.41. Der Durchmesser der Moden im Resonator ist sehr viel größer als beim stabilen Resonator und die Wechselwirkung mit dem aktiven Medium entsprechend stärker. Die Fresnel-Zahl liegt im Bereich von 10 oder größer, sodass in Näherung dieses System geometrisch-optisch beschrieben werden kann. Häufig wird der in Abb. 8.41 dargestellte konfokale Resonator verwendet. Konfokal bedeutet, dass die Brennpunkte des konkaven und konvexen Spiegels zusammenfallen. Da beim Hohlspiegel die Brennweite f gleich dem halben Krümmungsradius ϱ ist, muss für den Spiegelabstand L gelten:

$$L = (\varrho_1 - \varrho_2)/2 \,. \tag{8.86}$$

Der Grundmode besteht aus einer Kugelwelle, die im virtuellen Brennpunkt P startet und durch den Spiegel S_1 kollimiert wird. Von dieser nach rechts laufenden Planwelle wird ein Bruchteil, entsprechend dem Durchmesser des Spiegels S_2 reflektiert, so als ob sie aus P käme. Auch hier bildet sich zwischen den beiden Spiegeln eine stehende Welle aus, mit einer Struktur, die in etwa einer Kugel- bzw. Planwelle entspricht. Der Anteil der Welle, der vom Spiegel S_2 nicht reflektiert wird, steht als ausgekoppeltes Strahlungsfeld zur Verfügung. Es besitzt eine ringförmige Struktur, was nicht unbedingt ein Nachteil sein muss. Die Strahlqualität wird durch die Beugung an den Spiegelbegrenzungen bestimmt. Sie ist schlechter als die des *TEM 00*-Grundmodes, aber sehr viel besser als die von Hochleistungslasern mit stabilen Resonatoren, die in Moden sehr hoher Ordnung schwingen. Der Nachteil sind die hohen Verluste, eine Folge der Auskopplung. Deshalb werden diese Resonatoren ausschließlich für Hochleistungslaser (z. B. CO_2) eingesetzt [40].

8.6.4 Mikroresonatoren

Die bisher betrachteten Resonatoren waren groß verglichen mit der Wellenlänge, was auf die meisten Lasersysteme zutrifft. Im Bereich der Halbleiterlaser gibt es jedoch optische Resonatoren, die vergleichbar mit der Wellenlänge des Lichts sind. Dadurch wird der Abstand zweier longitudinaler Resonanzfrequenzen nach Gl. (8.35) sehr groß, und es kann der Fall eintreten, dass keine Resonanzfrequenz innerhalb der verstärkungsfähigen Linienbreite liegt, wie in Abb. 8.42 b skizziert ist. In diesem Fall kann der Laser nicht oszillieren. Es tritt auch keine spontane Emission auf, denn diese kann nur in die Eigenschwingungen des Resonators erfolgen (siehe Kap. 7).

Einen solchen Mikrolaser (Quantenpunktlaser) zeigt Abb. 8.43 [43]. Der Resonator besteht aus einer GaAs-Scheibe von etwa 4 µm Durchmesser und 0.2 µm Höhe. Die aktiven Zentren sind InAs Punkte. Sie werden angeregt durch Fokussierung eines gepulsten Ti-Saphir-Lasers (Pumpwellenlänge $\lambda = 800$ nm) mittels eines Nahfeldmikroskops und emittieren bei einer Wellenlänge von $\lambda_0 = 890$ nm. Die spontan emittierten Photonen werden durch die bei streifendem Einfall hohe Reflexion längs des Zylinderumfangs geführt und partiell ausgekoppelt. Einen realen Mikroresonator zeigt Abb. 8.44 [44].

8.6 Die transversalen Wellenformen 873

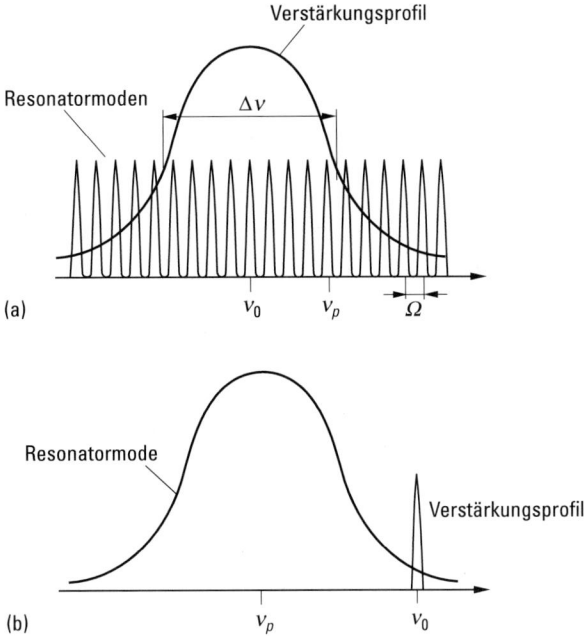

Abb. 8.42 (a) Üblicher Resonator. Es liegen viele Resonator-Eigenfrequenzen v_p innerhalb der verstärkungsfähigen Bandbreite des Laserübergangs. (b) Mikroresonator. Die Eigenfrequenz v_p der Resonatormode liegt außerhalb der des Verstärkungsprofils, die spontane Emission ist stark reduziert.

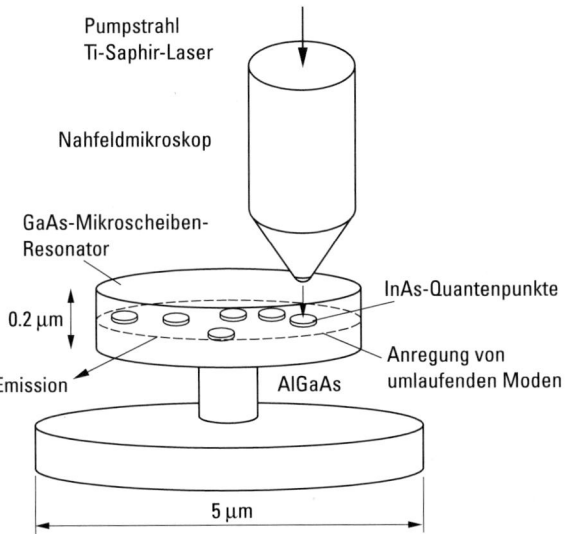

Abb. 8.43 Prinzipieller Aufbau eines Mikrolasers (Quantenpunkt-Laser) nach Michler [43].

874 8 Erzeugung von kohärentem Licht – LASER

Abb. 8.44 Rasterelektronenmikroskopische Aufnahme eines Mikrolasers, Durchmesser des Zylinders: 3 μm. Foto: Bayer [44].

Die Beeinflussung der spontanen Emission durch den Resonator ist in Abb. 8.45 dargestellt [45]. Das Verhältnis der spontanen Lebensdauer T_1 der freien Emission zur spontanen Lebensdauer T_R in dem Resonator ist über der Verstimmung aufgetragen. In Resonanz (Resonanzwellenlänge λ_p = Emissionswellenlänge λ_0) ist die spontane Lebensdauer im Resonator T_R um den Faktor 3 kürzer als die freie Zerfallszeit T_1. Bei Verstimmung wird die Zeit T_R um den Faktor 10 größer als T_1. Von Einfluss hierbei ist auch die Güte Q des Resonators. Ein verspiegelter Resonator verändert die Emissionsraten sehr viel stärker als ein unverspiegelter. Diesem Effekt ist überlagert die Begrenzung der Lebensdauer des oberen Niveaus durch nichtstrahlende Übergänge. Eine Übersicht hierzu findet man z. B. in [46].

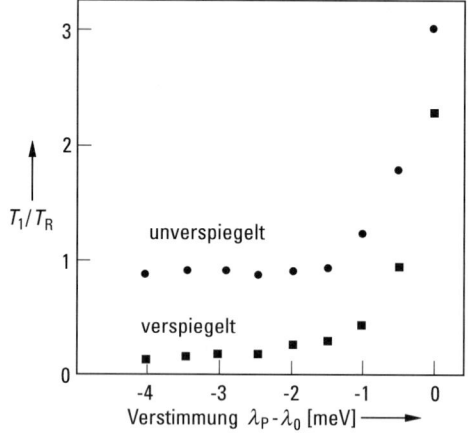

Abb. 8.45 Abklingzeit T_1 der freien spontanen Emission zu Abklingzeit T_R im Resonator in Abhängigkeit von der Verstimmung. λ_p: Resonanzwellenlänge des Resonators, λ_0 = Emissionswellenlänge = 890 nm für einen verspiegelten und unverspiegelten Resonator [45].

8.7 Erzeugung kurzer und ultrakurzer Lichtimpulse

Die Ausgangsleistung der kontinuierlichen Laser liegt zwischen einigen Milliwatt beim Helium-Neon-Laser und einigen Kilowatt beim Neodym- oder CO_2-Laser (Tab. 8.7). Im Pulsbetrieb ist es jedoch möglich, diese Ausgangsleistungen kurzzeitig um viele Größenordnungen zu steigern [47]. Speziell die Festkörper-Laser sind hierfür gut geeignet. Sie erreichen Ausgangsleistungen bis zu 10^{15} W. Diese hohe Leistung wird jedoch nur für wenige fs (10^{-15} s) erreicht.

Die hohen Leistungsdichten führen zu extremen Werten der Feldstärken, des Strahlungsdruckes und der Beschleunigung der Elektronen in einem solchen Feld, wie die Tab. 8.8 zeigt [48].

Tab. 8.8 Charakteristische Daten eines extremen Strahlungsfeldes [nach 48]. Angenommen wurde ein Puls mit einer Energie von 1 J.

Pulsdauer Δt_p	10^{-15} s	
Spitzenleistung P_{max}	10^{15} W	
Spitzenintensität J_{max}	$\sim 10^{24}$ W/m²	fokussiert auf einen Fleck von 30 µm Durchmesser
elektrische Feldstärkeamplitude $E_{0,max}$	$\sim 3 \times 10^{13}$ V/m	$E_{0,max} = \sqrt{2J_{max}/c_0 \varepsilon_0}$, Bindungsfeldstärke des Wasserstoff-Elektrons $E_B \cong 10^{11}$ V/m
magnetische Feldstärkeamplitude $H_{0,max}$	$\sim 8 \times 10^{10}$ A/m	$H_0 = c_0 \varepsilon_0 E_0$
Strahlungsdruck p_{max}	$\sim 3 \times 10^{13}$ Pa	$p_{max} = J_{max}/c_0$
Beschleunigung eines Elektrons b_{max}	$\sim 5 \times 10^{24}$ m/s²	$b_{max} = E_{max} e/m_e$, Erdbeschleunigung $b = 9.8$ m/s²

Zahlreiche neue und interessante Effekte bei der Wechselwirkung mit Materie, die theoretisch bekannt sind, können experimentell realisiert und technisch genutzt werden. Einige sind in Tab. 8.9 zusammengestellt.

Es gibt drei prinzipielle Verfahren, mit dem Laser kurze Lichtimpulse zu erzeugen: *Pulsbetrieb* (*Spiking*), *Gütemodulation* (*Q-switch*) und *Kopplung von Wellenformen* (*Mode-locking*). Im Folgenden soll kurz auf das Prinzip dieser Verfahren eingegangen werden [9, 47].

8.7.1 Spiking-Betrieb

Die einfachste Möglichkeit, kurze und intensive Lichtimpulse zu erzeugen, besteht darin, die Anregungsleistung des Lasers, also z. B. das Pumplicht, zu pulsen. Das bringt den Vorteil, dass die Anregungsleistung im Pulsbetrieb gegenüber dem stationären Wert um Größenordnungen erhöht werden kann. So können z. B. in einer Xenon-Blitzlichtlampe kurzzeitig 10^6 W elektrische Leistung umgesetzt werden, im stationären Betrieb dagegen nur etwa 10^3 W. Entsprechend steigt die Laserausgangsleistung an. Ein Beispiel hierfür ist der gepulste Nd-YAG-Laser. Den zeitlichen

Tab. 8.9 Physikalische und technische Prozesse, die hohe Leistungen oder kurze Pulse erfordern.

Prozess	Intensität J in W/m²	Pulsdauer Δt_p in s
Atomare Einschwingvorgänge (π-Pulse)	10^4–10^{12}	10^{-6}–10^{-12}
Einschwingen induzierter Streuprozesse		
Rayleigh		10^{-7}
Brillouin	10^{10}–10^{12}	10^{-9}
Raman	–	10^{-12}
Energierelaxation Leitungselektronen-Gitter	–	10^{-13}
Kinetik der gebundenen Elektronen	–	$<10^{-14}$
Kernfusion (Trägheitseinschluss)	10^{16}–10^{19}	10^{-9}–10^{-12}
Multiphotonenanregung	10^{14}–10^{18}	–
Nachrichtenübertragung (PCM)	10^4	10^{-10}–10^{-12}
Kurzzeitholographie	10^{11}	10^{-8}
Entfernungsmessung (Satelliten)	10^{12}	10^{-10}
Verschiebung atomarer Energieniveaus (Stark-Effekt)	10^{13}	–
Materialbearbeitung	10^{11}–10^{13}	10^{-6}–10^{-12}
Vakuumeffekte	10^{33}	–

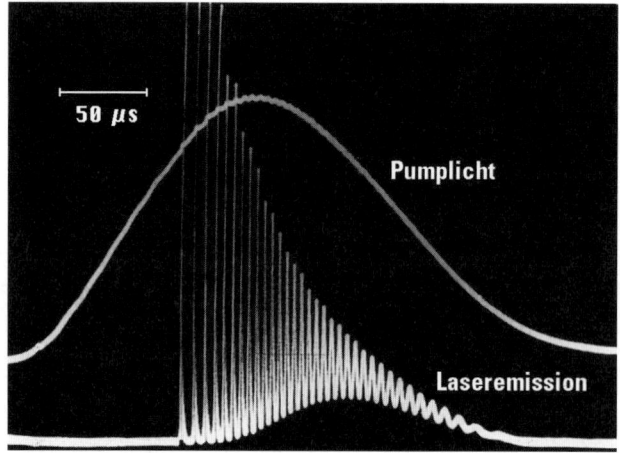

Abb. 8.46 Zeitlicher Verlauf von anregendem Pumplicht (Xenon-Entladungslampe) und der Laserausgangsleistung P bei einem Festkörper-Laser.

Verlauf von Pumplichtleistung und Laserleistung P zeigt Abb. 8.46. Nach dem Zünden der Blitzlichtlampe steigt deren Leistung schnell auf den Maximalwert und fällt dann mit einer Zeitkonstante von 1.5×10^{-3} s ab. Durch das anregende Blitzlicht werden die Nd-Ionen in das obere Laserniveau befördert, von wo aus sie durch spontane Emission in den Grundzustand zurückkehren. Da die Verweilzeit in diesem Niveau sehr groß ist (2.3×10^{-4} s), steigt die Besetzungsdichte mit zunehmender

Einwirkung des Pumplichts an. Ist die Dichte so weit angestiegen, dass die Selbsterregungsbedingung erfüllt ist, setzt Laser-Oszillation ein. Zu diesem Zeitpunkt steigt die Strahlungsleistung P über viele Größenordnungen an. Bemerkenswert ist die Tatsache, dass die Strahlungsleistung aus einer Folge sehr scharfer Intensitätsspitzen besteht (*Spikes*), die den stationären Wert um Größenordnungen übersteigen können. Ein derartiges Überschwingen kann bei vielen schwingungsfähigen Systemen direkt nach einem plötzlichen Einschaltvorgang beobachtet werden. Wenn keine weiteren Störungen auftreten, klingt dieser Einschwingvorgang ab, und die Laseremission geht in einen zeitlich konstanten Verlauf der Leistung über. Dieser Vorgang kann durch die zeitabhängigen Bilanzgleichungen (Abschn. 8.1, [9]) beschrieben werden und soll hier nur qualitativ diskutiert werden. Er beruht darauf, dass nach Einschalten des Pumplichts die Inversionsdichte Δn über den Gleichgewichtswert Δn_{Schw} steigt, weil die Leistung P im Strahlungsfeld zunächst noch sehr gering ist. Wenn $\Delta n > \Delta n_{Schw}$ ist, liegt ein Gesamtverstärkungsfaktor größer als eins vor. P steigt dann exponentiell über den Gleichgewichtswert an, baut die Inversion unter den Wert Δn_{Schw} ab, was zum Abbruch des Strahlungsfeldes führt, usw. Nicht alle Laser zeigen dieses oszillierende Einschwingverhalten, welches von den Abklingzeiten des oberen Laserniveaus T_1 und des Resonators τ_0 abhängen (Gl. (8.42)). Für $T_1/\tau_0 \gg 1$ tritt in den meisten Fällen ein periodischer Einschwingvorgang auf [9, 33].

8.7.2 Gütemodulation (*Q*-switch)

Das Prinzip der Gütemodulation besteht darin, im aktiven Medium Anregungsenergie zu speichern, und diese Energie dann schlagartig in Form eines kurzen, intensiven Lichtimpulses herauszuholen. Als Beispiel soll wieder der Nd-YAG-Laser betrachtet werden.

Der Vorgang ist in Abb. 8.47 skizziert. Durch das Pumplicht, welches zur Zeit $t = 0$ eingeschaltet wird, gelangen Neodym-Ionen vom Grundzustand in das obere Laserniveau. Entsprechend steigt die Verstärkung G an und erreicht schließlich den Wert G_0, der gerade die Verluste ausgleicht. Jetzt könnte Selbsterregung einsetzen und bei einem normalen Lasersystem würde sich der Gleichgewichtswert der Inversion Δn_{Schw} einstellen. Über diesen Wert kann die Besetzungsdichte im stationären Fall nicht ansteigen.

Bei der Gütemodulation wird nun einer der beiden Resonatorspiegel abgedeckt, z. B. durch einen elektrooptischen Kristall mit Polarisator, dessen Transmission T durch Anlegen einer elektrischen Spannung variiert werden kann (siehe Abb. 8.49). Dadurch ist die Rückkopplung unterbrochen und Selbsterregung kann nicht eintreten. Folglich kann sich auch im Resonator keine intensive Strahldichte aufbauen. Das Pumplicht kann also unbehindert durch induzierte Emission die Besetzungsdichte des oberen Laserniveaus weit über den Schwellwert Δn_{Schw} erhöhen, bis ein Gleichgewicht zwischen Erhöhung der Inversion durch die Anregung und Verringerung durch spontane Emission erreicht ist. Erst dann wird der Spiegel wieder freigegeben, d. h. die Transmission des optischen Schalters wird auf eins geschaltet. Infolge der jetzt vorliegenden großen Verstärkung baut sich im Resonator sehr schnell eine hohe Strahldichte auf. Innerhalb kürzester Zeit wird die im Kristall gespeicherte Anregungsenergie durch induzierte Emission in Strahlungsenergie um-

878   8 Erzeugung von kohärentem Licht – LASER

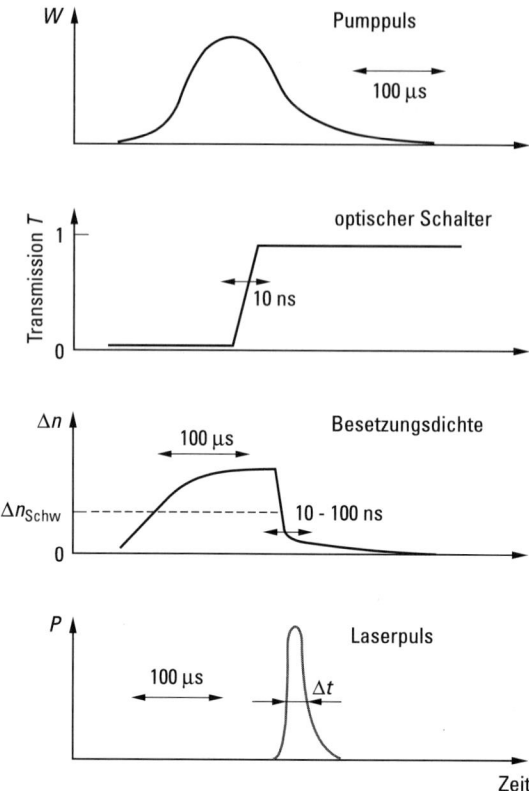

Abb. 8.47 Schematische Darstellung des zeitlichen Verlaufs von Pumplichtintensität W, Schaltertransmission T, Inversionsdichte Δn und Laserlichtleistung P beim Q-switch-Laser.

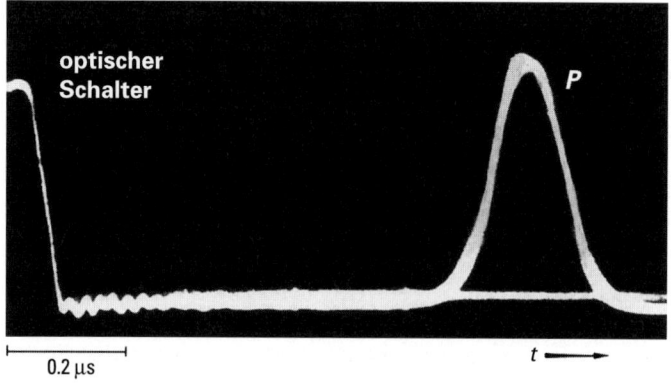

Abb. 8.48 Beispiel für die aktive Güteschaltung durch einen elektrooptischen Schalter. Nach Öffnen des Schalters baut sich aus der spontanen Emission das Strahlungsfeld exponentiell auf und führt nach einer Verzögerungszeit zu einem kurzen, intensiven Lichtpuls.

Tab. 8.10 Spitzenleistung P_{max} und Dauer Δt_p der nach verschiedenen Verfahren erzeugten Laserlichtpulse.

Verfahren	Spitzenleistung P_{max} in W	Pulsdauer Δt_p in s
gepulste Laser (Spiking)	10^3–10^5	10^{-5}–10^{-7}
Q-switch	10^6–10^8	10^{-7}–10^{-9}
Modenkopplung	10^7–10^{10}	10^{-9}–10^{-15}
Nachverstärkung	$\approx 10^{15}$	10^{-13}–3×10^{-15}

gewandelt. Das führt zu kurzen und intensiven Lichtimpulsen, wie Tab. 8.10 zeigt. Ein experimentelles Beispiel ist in Abb. 8.48 dargestellt.

8.7.2.1 Optische Schalter

Bei der Güteschaltung des Resonators wird seine Güte Q zeitlich geändert, daher die Bezeichnung Gütemodulation oder Q-switch. Wichtig für einen hohen Wirkungsgrad dieses Verfahrens ist ein verlustarmer, schneller optischer Schalter. Es gibt mechanische Schalter, wie z. B. rotierende Spiegel oder Prismen [49]. Diese sind jedoch nur begrenzt brauchbar und sollen nicht weiter diskutiert werden.

Aktive Schalter. Hierbei handelt es sich um extern gesteuerte optische Schalter. Im Wesentlichen werden elektrooptische oder akustooptische Schalter verwendet. Das Prinzip des elektrooptischen Schalters oder auch Modulators ist in Abb. 8.49 dargestellt. Rechts hinter dem Laserkristall befindet sich ein Linearpolarisator, der die unpolarisierte Strahlung der spontanen Emission linear polarisiert. Dann folgt ein elektrooptischer Kristall (z. B. KDP, siehe Kap. 9). Die an den Kristall angelegte Spannung ist derart, dass das linear polarisierte Licht in rechtszirkulares transformiert wird. Bei der Reflexion am Spiegel bleibt der Drehsinn des E-Vektors bezüglich

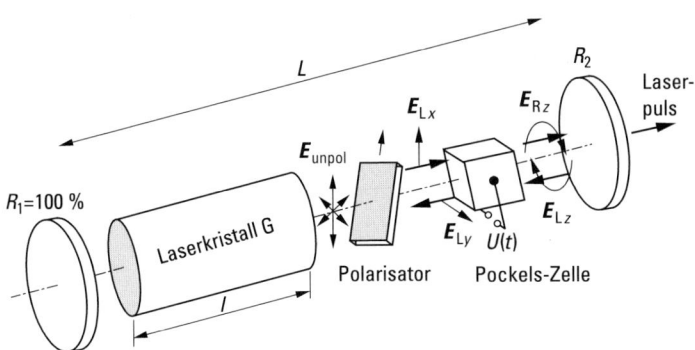

Abb. 8.49 Beispiel für einen elektrooptischen Schalter zur Gütemodulation.

des Laborsystems erhalten, ändert sich aber bezüglich der Ausbreitungsrichtung der Welle; es ist linkszirkulares Licht entstanden, welches jetzt durch den elektrooptischen Kristall in linear polarisiertes Licht parallel zur y-Achse transformiert und vom Polarisator gesperrt wird. Es liegt somit keine Rückkopplung vor. Hat die Inversion ihr Maximum erreicht, wird die Spannung am Kristall auf null geschaltet und der Laserpuls kann sich aufbauen. Diese Schalter erreichen Schaltzeiten im ns-Bereich, benötigen aber hohe Treiberspannungen von einigen hundert Volt.

Ein weiterer aktiver Schalter ist der akustooptische Modulator. In den Resonator wird ein Quarzkristall gebracht und in diesem mittels eines Piezokristalls eine Schallwelle angeregt. Die Schallwelle erzeugt ein periodisches Dichte- und damit Brechzahlgitter, welches Laserlicht aus dem Resonator herausbeugt. Sind diese Verluste hinreichend groß, kommt der Laser nicht zur Selbsterregung. Nach Abschalten der Piezospannung entsteht dann in gleicher Weise ein kurzer Lichtpuls. Die Sperrwirkung des akustooptischen Modulators ist nicht groß, sodass bei Hochleistungssystemen die Rückkopplung nicht unterdrückt wird oder mehrere Schalter verwendet werden müssen.

Passive Schalter. Besonders einfach und wirkungsvoll sind die passiven Schalter. Hierbei handelt es sich um ausbleichbare Absorber (Abschn. 9.6), die in den Resonator gesetzt werden. Ihre Transmission nimmt mit steigender Eingangsintensität zu. Der Laser startet wie üblich aus dem Rauschen und der Absorber wirkt zunächst wie ein zusätzlicher Verlust, erhöht also die Schwellinversion auf einen Wert $\Delta n_{\text{Schw,A}} > \Delta n_{\text{Schw}}$. Ist die erhöhte Schwelle erreicht, steigt die Intensität im Resonator stark an und bleicht den Absorber aus. Es steht damit die Inversion $\Delta n_{\text{Schw,A}}$ zur Verfügung, die durch einen kurzen, energiereichen Puls abgebaut

Tab. 8.11 Sättigbare Absorber für die passive Gütemodulation.

Absorber	Wellenlänge λ in µm	Sättigungsintensität J_s in W/m²	Sättigungsenergiedichte E_s in J/m²	Abklingzeit τ_a in s
Phtalocyanin		10^9	200	5×10^{-7}
Cryptocyanin (Methanol)	Rubin-Laser 0.694	2×10^{10}	20	10^{-9}
RG8 (Schott-Glas)		10^{10}	50	5×10^{-9}
Kodak-Farbstoff 9740		4×10^{11}	4	10^{-11}
Kodak-Farbstoff 14015 (Difluorchlormethan)	Neodym-Laser 1.06	10^9	4	4×10^{-9}
YAG mit Cr^{4+} dotiert		3×10^8	800	3×10^{-6}
Difluormethan	CO$_2$-Laser	3×10^5		
SF$_6$	10.6	2.5×10^5	100	4×10^{-4}

wird. Einige Beispiele sind in Tab. 8.11 zusammengestellt. Die charakteristischen Größen sind:

- Sättigungsintensität J_s: einfallende Intensität, bei der der Absorber seine Anfangstransmission T_0 auf den Wert $\sqrt{T_0}$ erhöht hat,
- Sättigungsenergiedichte E_s: Pulsenergiedichte, die den Absorber ausbleicht,
- Abklingzeit τ_a: Zeit, nach der wieder die Anfangstransmission vorliegt.

8.7.3 Kopplung von Wellenformen (Mode-Locking)

8.7.3.1 Charakterisierung von kurzen Pulsen

Am Beispiel des generalisierten Gauß-Pulses soll gezeigt werden, wie ein kurzer Puls charakterisiert werden kann. Diese Pulsform ist nur eine Näherung der realen Pulse, aber lässt sich mathematisch einfach behandeln. Das Feld bzw. die Intensität des allgemeinen Gauß-Pulses lauten

$$\mathscr{E} = \mathscr{E}_0 \exp[-at^2 + i(2\pi v_0 t - bt^2)], \quad J = J_0 \exp[-2at^2]. \tag{8.87}$$

Die Phase φ des Feldes, d. h. der imaginäre Anteil des Exponenten, lautet:

$$\varphi = 2\pi v_0 t - bt^2$$

und da die Frequenz die Ableitung der Phase nach der Zeit ist, folgt für die momentane Frequenz

$$2\pi v_m = d\varphi/dt = 2\pi v_0 - 2b.$$

Die Frequenz des Feldes ändert sich in diesem Beispiel linear mit der Zeit, was die Folge von Nichtlinearitäten sein kann, wie in Abschn. 9.6 diskutiert wird. Der Intensität ist diese Frequenzänderung nicht anzusehen. Die Größe b wird als Chirp (Zwitschern in Anlehnung an die Akustik) bezeichnet. Wird die Pulsbreite als der volle 1/e-Abfall der Intensität definiert, ergibt sich diese zu:

$$\Delta t = \sqrt{2/a}. \tag{8.88}$$

Die Fourier-Transformierte der Feldverteilung liefert das Amplituden- bzw. Intensitätsspektrum (siehe Kap. E):

$$\mathscr{E}(v) = \frac{\mathscr{E}_0}{\sqrt{2(a-ib)}} \exp\left[-\frac{\pi^2(v-v_0)^2}{(a-ib)}\right],$$

$$J(v) = \frac{J_0}{2\sqrt{a^2+b^2}} \exp\left[-\frac{2\pi^2(v-v_0)^2 a}{2(a^2+b^2)}\right]. \tag{8.89}$$

Ein gaußscher Zeitverlauf führt zu einem gaußschen Spektrum. Die volle 1/e-Breite des Intensitätsspektrums beträgt:

$$\Delta v = \Delta v_0 \sqrt{1 + \frac{b^2}{a^2}}, \quad \Delta v_0 = \frac{1}{\pi}\sqrt{2a}, \tag{8.90, 8.91}$$

wobei Δv_0 die Bandbreite des Spektrums ohne Chirp ($b = 0$) ist. Aus diesen Gleichungen ergibt sich für das Produkt aus spektraler und zeitlicher Breite eines generalisierten Gauß-Pulses:

$$\Delta v \Delta t = \frac{2}{\pi}\sqrt{1 + \frac{b^2}{a^2}} \geq \frac{2}{\pi}. \qquad (8.92)$$

Der Zahlenfaktor auf der rechten Seite ist von der Definition der Halbwertsbreiten und der speziellen Form des Pulses abhängig. Die Relation besagt, dass dieses Produkt minimal wird für einen chirpfreien Puls. Ein derartiger Puls wird bandbreitebegrenzt genannt. Im allgemeinen Fall, bei zeitlich veränderlicher Frequenz eines kurzen Pulses gilt

$$\Delta t \geq \frac{2}{\pi \Delta v}.$$

Es ist somit nicht möglich aus dem Spektrum eines Pulses auf seine zeitliche Breite zu schließen. Die spektrale Breite gibt nur die untere Grenze der Pulsdauer an, eine wichtige Konsequenz für die Messtechnik. Wird einem chirpfreien Puls durch Modulation oder durch nichtlineare Effekte ein Chirp aufgeprägt, vergrößert sich seine spektrale Breite gemäß Gl. (8.90).

8.7.3.2 Die Multimode-Emission

In einem Laser-Oszillator oszillieren stets mehrere stehende Wellen (axiale Wellenformen), die durch den Index p gekennzeichnet werden (Gl. (8.34)). Der zeitliche Verlauf der elektrischen Feldstärke einer stehenden Welle in der komplexen Schreibweise lautet:

$$\mathcal{E}_p(t) = \mathcal{E}_{0p} \exp[i(2\pi v_p t - k_p z + \varphi_p)],$$

wobei v_p die Resonanzfrequenz nach Gl. (8.34) und k_p die dazugehörige Wellenzahl sind. Amplitude und Phase φ_p dieser Welle sind zunächst beliebig. Es können die Mittenfrequenz v_0 und die entsprechende Wellenzahl k_0 in die obige Gleichung eingeführt werden:

$$v_p = v_0 + n\Omega, \quad k_p = k_0 + 2\pi n \frac{\Omega}{c_0}, \quad p = p_0 + n.$$

Der Index n kennzeichnet die stehenden Wellen innerhalb der laserfähigen Bandbreite und Ω die Differenzfrequenz zwei stehender Wellen (Gl. (8.35)). Damit wird die obige Gleichung zu:

$$\mathcal{E}_n(t) = \mathcal{E}_{0n} \exp[i(2\pi v_0 t - k_0 z)] \exp\left[i 2\pi n\left(\Omega t - \frac{z}{2L}\right) + i\varphi_p\right]. \qquad (8.93)$$

Bei einer laserfähigen Bandbreite Δv_L gelangen

$$N = \frac{\Delta v_L}{\Omega} \qquad (8.94)$$

solcher Wellen zur Selbsterregung, und die resultierende Feldstärke lautet:

$$\mathscr{E}(t) = \exp[i(2\pi\nu_0 - k_0 z)] \sum_{n=1}^{N} \mathscr{E}_{0n} \exp\left[i 2\pi n\left(\Omega t - \frac{z}{2L}\right) + i\varphi_n\right]. \quad (8.95)$$

Der zeitliche Verlauf der Gesamtfeldstärke hängt von den Amplituden und den Phasen ab. Es ist daher nicht möglich, im allgemeinen Fall eine Aussage über den Zeitverlauf zu machen. Zwei Sonderfälle können jedoch diskutiert werden.

Konstante Amplituden $\mathscr{E}_{0p} = \mathscr{E}_0$. Es kann das Verstärkungsprofil innerhalb der laserfähigen Bandbreite in Näherung durch ein Rechteckprofil ersetzt werden. Dann sind die Amplituden gleich, und aus Gl. (8.95) ergibt sich für die Strahlungsleistung, die proportional dem Betragsquadrat der Feldstärke ist:

$$P(t) = P_0 \left| \sum_{n=1}^{N} \exp\left[i 2\pi n \Omega \left(t - \frac{z}{c_0}\right) + i\varphi_n\right] \right|. \quad (8.96)$$

P_0 ist die Leistung einer stehenden Welle. Der zeitliche Verlauf hängt von den Phasenlagen φ_n der einzelnen Wellen ab. Drei Aussagen sind jedoch möglich:

a) die zeitlich gemittelte Leistung ergibt sich zu $\langle P \rangle_t = N P_0$ was selbstverständlich ist, da die N Wellen voneinander unabhängig sind,
b) der Zeitverlauf $P(t)$ ist periodisch, er wiederholt sich nach der Resonatorumlaufzeit Zeit $T = 1/\Omega = 2L/c_0$,
c) die höchste Frequenz, die in der über die Lichtperiode gemittelten Summe Gl. (8.96) auftritt, ist $N\Omega$. Folglich beträgt die Dauer der Intensitätsfluktuationen $\Delta t \approx 1/N\Omega$ oder mit Gl. (8.94):

$$\Delta t \approx 1/\Delta \nu_L. \quad (8.97)$$

Die Emission des freilaufenden Lasers besteht aus Fluktuationen oder Pulsen, deren Dauer gleich dem Kehrwert der Emissionsbandbreite ist, was übrigens auch für inkohärente Lichtquellen gilt. Beim Laser jedoch wiederholen sich diese Fluktuationen periodisch mit der Resonatorumlaufzeit T. Berechnet man die Summe in Gl. (8.96) numerisch und setzt für die Phase die Werte eines Zufallsgenerators ein, so ergibt sich der in Abb. 8.50 skizzierte Verlauf.

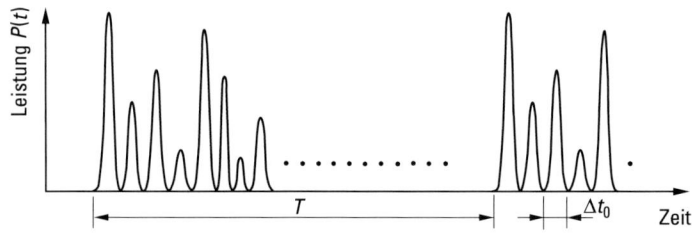

Abb. 8.50 Zeitlicher Verlauf eines frei laufenden Lasers mit $N = \Delta\nu_L/\Omega$ Wellenformen gleicher Amplitude aber mit statistischen Phasen. T ist die Resonatorumlaufzeit, $\Delta t_0 = T/N$ der Abstand zweier Nullstellen.

Konstante Amplituden und Phasen $\varphi_p = \text{const} = 0$. Dann ist Gl. (8.96) identisch mit der Summation bei der Vielstrahlinterferometrie oder der Beugung am Gitter (Kap. 3), nur dass dort als Variable ein Winkel auftritt und hier die Zeit. Diese endliche geometrische Reihe besitzt die Summe:

$$\mathscr{E}(t) = \mathscr{E}_0 \exp\left[i\left(2\pi\nu_0 - k_0 z + \pi(N-1)\Omega\left(t - \frac{z}{c_0}\right)\right)\right] \frac{\sin\left[\pi N\Omega\left(t - \frac{z}{c_0}\right)\right]}{\sin\left[\pi\Omega\left(t - \frac{z}{c_0}\right)\right]}. \quad (8.98)$$

Die resultierende Feldstärke besteht aus einem schnell oszillierenden Anteil, der die Lichtfrequenz ν_0 enthält, und einen Anteil, der mit der Resonatorgrundfrequenz Ω oszilliert. Die Lichtdetektoren (Multiplier, Fotodioden) zeigen die hohe Lichtfrequenz ν_0 nicht an, sondern registrieren nur die verhältnismäßig geringe Frequenz Ω. Aus Gl. (8.98) folgt daher für die Strahlungsleistung P, wenn über die hohen Frequenzen gemittelt wird:

$$P(t) = P_0 \left|\frac{\sin\left[\pi N\Omega\left(t - \frac{z}{c_0}\right)\right]}{\sin\left[\pi\Omega\left(t - \frac{z}{c_0}\right)\right]}\right|^2, \quad (8.99)$$

eine Formel, welche bereits ausführlich bei der Beugung am Gitter (Kap. 3) diskutiert wurde. Der zeitliche Verlauf $P(t)$ für vier Wellenformen ist in Abb. 8.51 dargestellt. Zum Zeitpunkt $t = 0$ überlagern sich die vier Wellenformen phasenrichtig und es ergibt sich der Maximalwert P_{max} für die Strahlungsleistung. Etwas später verschieben sich die Phasenlagen der einzelnen Wellen wegen ihrer unterschiedlichen Frequenzen gegeneinander und die Überlagerung führt zu einer teilweisen Auslöschung, sodass die resultierende Strahlungsleistung sehr klein wird. Erst nach einer Zeit $T = 2L/c_0$, der Laufzeit des Lichtes im Resonator, überlagern sich die Wellenformen wieder phasenrichtig und führen zu einem weiteren Maximum der Strahlungsleistung. Der zeitliche Verlauf der Laserleistung besteht also aus einer periodischen Folge sehr kurzer und intensiver Lichtimpulse. Eine genauere Diskussion der Gl. (8.99) liefert für die Halbwertsbreite der Pulse:

$$\Delta t_p \approx \frac{T}{N} \quad (8.100)$$

und deren Maximalleistung:

$$P_{\text{max}} = N^2 P_0. \quad (8.101)$$

Mit zunehmender Zahl N der phasenrichtig überlagerten Wellenformen steigt die Maximalleistung quadratisch an und die Pulshalbwertsbreite nimmt linear ab. Durch Kopplung von genügend vielen Wellenformen können also extrem intensive und kurze Lichtimpulse hergestellt werden, wie Tab. 8.10 zeigt. Aus den Gln. (8.100/8.94/8.34) folgt für die minimal mögliche Pulsbreite im Mode-Locking-Betrieb:

$$\Delta t_{\text{min}} \approx 1/\Delta\nu_L. \quad (8.102)$$

8.7 Erzeugung kurzer und ultrakurzer Lichtimpulse

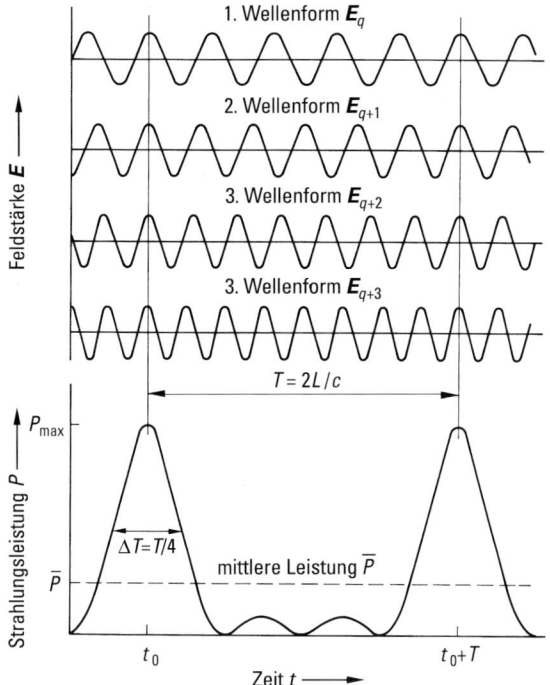

Abb. 8.51 Die phasenrichtige Überlagerung von vier longitudinalen Wellen, die sich jeweils um die gleiche Frequenz Ω unterscheiden. Bei dem zeitlichen Verlauf der Strahlungsleistung P wurde über die hohe Frequenz gemittelt.

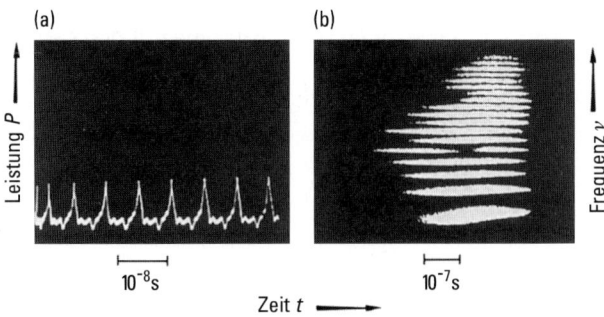

Abb. 8.52 Beispiel für die phasenrichtige Überlagerung von 18 Wellenformen beim Rubin-Laser. (a) Ausschnitt aus dem Zeitverlauf der Strahlungsleistung P. (b) Zeitverlauf des Spektrums. Der Abstand zweier diskreter Frequenzen beträgt jeweils $\Omega = 1.5 \times 10^8$. Als Folge des hier benutzten Interferometers ist die Frequenzskala nicht linear [8].

Mit einem Neodym-Laser, dessen Bandbreite 1.5×10^{11} Hz beträgt (Tab. 8.1), sollten Pulsdauern von einigen 10^{-12} s möglich sein. Beim realen Laser treten jedoch Abweichungen von dem hier diskutierten Idealfall auf, sodass tatsächlich nur Pulsdauern in der Größenordnung von 10^{-11} s erreicht werden. Ein Beispiel für die Kopplung von 18 Wellenformen zeigt die Abb. 8.52. Der Ti-Saphir-Laser mit einer Bandbreite von 8.2×10^{14} Hz liefert die derzeit kürzesten Pulse von einigen 10^{-15} s Dauer [50]. Noch kürzere Pulse im Bereich von Attosekunden werden angestrebt [51].

8.7.3.3 Realisierung der Modenkopplung

In der vorangehenden Diskussion wurde vorausgesetzt, dass alle Wellenformen gleiche Amplituden und Phasen besitzen. Zunächst ist das natürlich nicht der Fall. Wird ein Laser eingeschaltet, so startet die Emission mit der spontanen Emission, besteht aus einer Folge kurzer Pulse mit statistisch schwankenden Amplituden, wie in Abb. 8.50 dargestellt ist. Die zeitliche Dauer dieser Pulse ist zunächst durch den Kehrwert der Emissionsbandbreite gegeben. Diese Fluktuationen werden durch das aktive Medium verstärkt, und abhängig vom Verstärkungsfaktor baut sich das kohärente Strahlungsfeld in einigen 10^{-6} s auf. Schon nach wenigen Resonatordurchgängen macht sich die Periodizität bemerkbar. Da es sich um einen Schmalbandverstärker handelt, wird das Spektrum der verstärkten Spontanemission bei jedem Durchgang eingeengt, die Zahl der Moden nimmt ab, und die Pulsbreite nimmt zu. Schließlich bleibt im stationären Zustand bei einer homogen verbreiterten Linie eine stehende Welle übrig, etwas gestört durch die immer noch stattfindende spontane Emission (Abschn. 8.5). Sollen die ursprünglichen kurzen Pulse erhalten bleiben, muss in den Resonator ein Element eingeführt werden, welches die Pulse bei jedem Durchgang verkürzt. Dazu sind aktive oder passive Modulatoren geeignet [52].

Aktives Mode-Locking. Im Resonator befindet sich ein elektrooptischer oder akustooptischer Modulator (Abb. 8.53), wie bei der Güteschaltung diskutiert wurde. Die Transmission dieses Modulators wird mit der Resonatorgrundfrequenz $\Omega = 1/T$ moduliert. Von den vielen Rauschpulsen können nur diejenigen mit der Zahl der Durchgänge wachsen, die im Bereich des Transmissionsmaximums durch den Modulator laufen. Die anderen werden unterdrückt. Gleichzeitig wird der Puls durch die zeit-

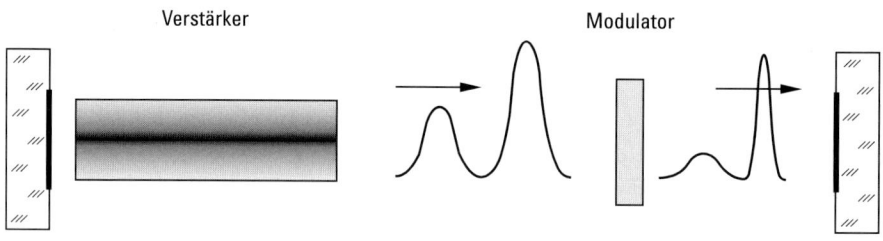

Abb. 8.53 Eine Folge von Pulsen läuft im Resonator hin und her. Bei jedem Durchgang durch den Modulator werden die Pulse verkürzt und die schwächeren Pulse unterdrückt. Beim aktiven Modulator wird derjenige Puls zur Selbsterregung kommen, der während des Transmissionsmaximum durch den Modulator läuft. Beim passiven Absorber gewinnt der intensivste Puls.

abhängige Transmission in seiner Breite reduziert. Der Modulator hat also zwei Aufgaben:

- Diskriminierung eines Pulses und Unterdrückung der anderen,
- Reduktion der Pulsbreite.

Aus dem Zusammenspiel von Pulsverbreiterung durch den Verstärker und Pulseinengung durch den Modulator ergibt sich eine resultierende Pulsbreite [32, 52], die umso geringer ist, je schmaler das Transmissionsfenster des Modulators ist. Dem sind Grenzen gesetzt durch die Elektronik, da es schwierig ist hohe Spannungen mit steilen Anstiegsflanken zu erzeugen. Außerdem muss die Modulationsfrequenz sehr genau auf die Resonatorlänge abgestimmt sein.

Passives Mode-Locking. Die sättigbaren Absorber (siehe Kap. 9) besitzen eine mit der Intensität zunehmende Transmission. Ein derartiger Absorber im Resonator bevorzugt den stärksten der Rauschpulse und er reduziert ebenfalls die Pulsbreite, da das Pulsmaximum eine höhere Transmission vorfindet als die Pulsflanken. Das setzt voraus, dass der Absorber hinreichend schnell auf Änderungen der Intensität reagiert. Wie Tab. 8.11 zeigt, beträgt die Abklingzeit dieser molekularen Absorber mindestens 10^{-11} s. Sie sind deshalb nicht geeignet, ultrakurze Pulse zu erzeugen. Es müssen die sehr viel schnelleren elektronischen Effekte ausgenutzt werden. Ein solcher ist der Kerr-Effekt (Selbstphasenmodulation), der eingehend in Kap. 9 diskutiert wird. Hierbei wird ausgenutzt, dass die Brechzahl n eines Dielektrikums von der Intensität J abhängt:

$$n = n_0 + \delta J. \tag{8.103}$$

δ ist eine Stoffkonstante (Tab. 9.7). Wird in ein solches Medium ein intensiver Gauß-Puls der Intensität J eingestrahlt,

$$J(r,t) = J_0 f(t) \exp[-2(r/w)^2], \tag{8.104}$$

so erzeugt er im Maximum $r = 0$ wegen der höheren Intensität eine größere Brechzahl als am Rand. Das Maximum des Gauß-Strahls läuft langsamer durch das Medium als die Flanken, der Strahl fokussiert sich selbst (siehe Selbstfokussierung Abschn. 9.6). Im Medium entsteht eine Linse, die Kerr-Linse. Dieser Effekt kann

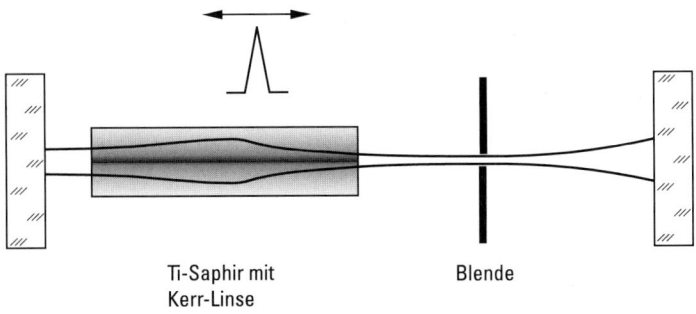

Abb. 8.54 Ausnutzung des Kerr-Effekts zum Mode-Locking (Kerr-Lensing).

zum Mode-Locking ausgenutzt werden. Dazu muss in den Resonator an geeigneter Stelle eine Blende angebracht werden. Der intensivste Puls in dem zunächst statistischen Ensemble fokussiert sich selbst und erleidet an der Blende weniger Verluste als alle anderen Pulse geringerer Intensität. Außerdem wird der Puls auch in seiner Breite verringert, da wegen der zeitlichen Struktur das Pulsmaximum die Blende mit geringeren Verlusten transmittiert als die Pulsflanken. Die Kerr-Linse wirkt wie ein nichtlinearer Absorber, aber mit einer sehr viel kürzeren Einstellzeit, wenn der elektronische Kerr-Effekt ausgenutzt wird. Dieser besitzt Einstellzeiten von 10^{-14} s und kürzer, der molekulare dagegen 10^{-9} s. Mit diesem Verfahren werden derzeit in kommerziellen Systemen Pulse von 10^{-13} s Dauer erzeugt. Ein schematischer Aufbau ist in Abb. 8.54 dargestellt. Der reale Aufbau ist weitaus komplizierter. Wegen der großen spektralen Breite der Pulse macht sich die unterschiedliche Brechzahl für die verschiedenen Spektralanteile bemerkbar. Infolge der Dispersion werden die Pulse durch die optischen Medien (Linsen, Spiegel) verbreitert. Es müssen Elemente eingebracht werden, die diese Dispersion kompensieren.

Pulsverkürzung durch Kompression. Um die Pulse weiter zu verkürzen, wird nochmals der eben diskutierte Kerr-Effekt nach Gl. (8.103) ausgenutzt, aber jetzt dessen Zeitabhängigkeit. Unter der Annahme, dass die Zeitabhängigkeit des Pulses ebenfalls gaußartig ist

$$f(t) = \exp[-2(t/\Delta t)^2],$$

moduliert sich der Gauß-Puls selbst in einem Kerr-Medium (Selbstphasenmodulation). Dabei bleibt seine Dauer Δt konstant, aber die spektrale Breite ist hinter dem Medium größer als vorher. Der Puls ist nicht mehr bandbreitebegrenzt, sondern es gilt jetzt Gl. (8.90), wobei der Chirp von der Nichtlinearität des Kerr-Mediums und der Intensität abhängt (Abschn. 9.6). Der Chirp bedeutet anschaulich bei $b < 0$, dass zunächst die roten Anteile des Pulses eintreffen und dann die blauen. Durch ein lineares Medium der entgegengesetzten Dispersion, optischer Weg für den roten Spektralanteil größer als für den blauen, kann dieser Chirp kompensiert werden. Bei einem linearen Medium bleibt dabei die Bandbreite konstant und die Pulsdauer wird einsprechend reduziert, sodass im Idealfall ein bandbreitebegrenzter Puls entstanden ist [53]. Diese Kompression kann z. B. durch Beugungsgitter erfolgen.

8.7.3.4 Nachverstärkung der Pulse

Der Femtosekunden-Einzelpuls des Ti-Saphir-Lasers besitzt eine Energie im Bereich von nJ und muss nachverstärkt werden. Dazu kann ebenfalls der Ti-Saphir-Laser eingesetzt werden, da er wegen seiner großen Bandbreite die Pulsbreite wenig vergrößert. Problematisch ist jedoch die hohe Intensität. Ein Puls mit einer Energiedichte von $1\,\mathrm{mJ/cm^2}$ führt bei einer Pulsdauer von 10^{-15} s zu einer Intensität von $10^{12}\,\mathrm{W/cm^2}$, bei der alle Materialien zerstört werden. Es muss deshalb die Pulsdauer künstlich vergrößert werden, was wegen der konstanten Energie zu einer geringeren Spitzenleistung führt. Der Puls kann gefahrlos verstärkt werden und muss dann wieder zeitlich komprimiert werden. Pulsverlängerung und Verkürzung können dispersive Medien, aber auch durch passend angeordnete Paare von Gittern erreicht

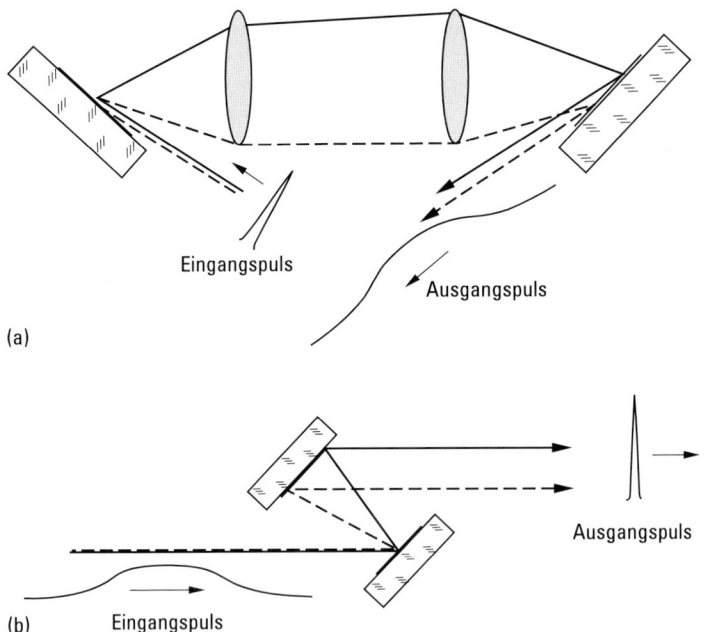

Abb. 8.55 Bei der Gitteranordnung (a) wird das blaue Licht gegenüber dem roten verzögert [55], der Puls wird gestreckt. Bei der Anordnung (b) ist es umgekehrt, der Puls wird komprimiert [54]. ---- rotes Licht, —— blaues Licht.

werden, wie in Abb. 8.55 dargestellt ist [54, 55]. Pulsdehnungen von 10^3–10^5 sind möglich.

8.7.4 Bestimmung der Pulsbreite

Ein spezielles Problem ist die Bestimmung der Pulsform und der Pulsbreite. Alle Echtzeit-Anordnungen, die den zeitlichen Verlauf der Pulsintensität liefern, sind auf einige 10^{-12} s in der Zeitauflösung begrenzt. Eine Übersicht gibt Tab. 8.12.

8.7.4.1 Echtzeitverfahren

Echtzeit-Oszillograph. Die Anstiegszeit einer Anordnung von schneller Pin-Diode, Koaxialleitung und Oszillograph liegt bei etwa 10^{-10} s und gestattet direkt den zeitlichen Verlauf von Einzelpulsen zu messen.

Sampling-Oszillograph. Die Zeitauflösung beträgt etwa 10^{-11} s, aber bei dieser Messmethode wird über Pulszüge gemittelt und nicht die Struktur der Einzelpulse registriert.

Tab. 8.12 Verfahren zur Bestimmung kleiner Pulsbreiten

Verfahren	Zeitauflösung in s
Echtzeitverfahren	
Echtzeit-Ozillograph mit Pin-Diode	10^{-10}
Sampling-Oszillograph	10^{-11}
Streak-Kamera	10^{-12}
Korrelationsverfahren	
Schneller optischer Verschluss	5×10^{-12}
Zweiphotonen-Fluoreszenz	10^{-13}
Autokorrelationsverfahren mit nichtlinearen Kristallen	10^{-15}

Streakkamera. Das Prinzip der Streakkamera ist in Abb. 8.56 skizziert. Der Lichtpuls löst aus der Photokathode einer Bildwandlerröhre Elektronen aus. Diese Photoelektronen werden durch ein elektronenoptisches System auf einen Leuchtschirm abgebildet und mittels zweier Ablenkplatten schnell über die Anode gezogen. Das Fluoreszenzlicht, eventuell noch verstärkt, kann von einer CCD-Kamera registriert werden und liefert den Intensitätsverlauf des Pulses. Die Zeitauflösung ist begrenzt durch die unterschiedliche Laufzeit der nicht monochromatischen Elektronen. Zur Eichung wird der Puls an einer planparallelen Glasplatte reflektiert. Dann entstehen zwei Pulse, die um eine definierte Zeit gegeneinander verschoben sind (Abb. 8.57).

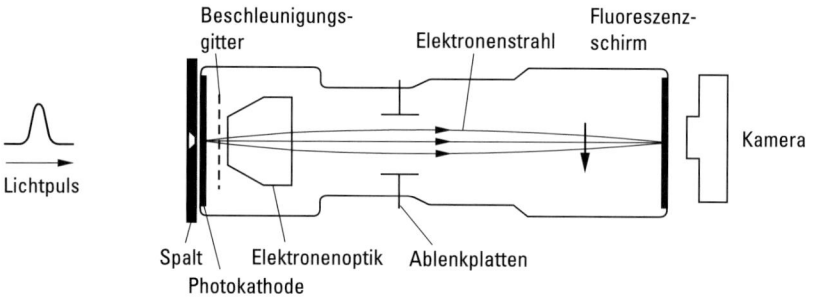

Abb. 8.56 Prinzip einer Streakkamera.

8.7.4.2 Autokorrelationsverfahren 2. Ordnung

Schneller optischer Verschluss [56]. Das Verfahren wird in Abschn. 9.6 erläutert. Hierbei wird der molekulare Kerr-Effekt ausgenutzt, wodurch die Zeitauflösung auf einige 10^{-12} s begrenzt ist. Es handelt sich um ein Autokorrelationsverfahren, bei dem der Puls mit sich selbst korreliert wird. Da zwei Pulsintensitäten korreliert werden, handelt es sich um ein Korrelationsverfahren zweiter Ordnung. Wie im Folgenden gezeigt wird, liefert dieses Verfahren die Pulsbreite, aber nicht die Pulsform.

8.7 Erzeugung kurzer und ultrakurzer Lichtimpulse 891

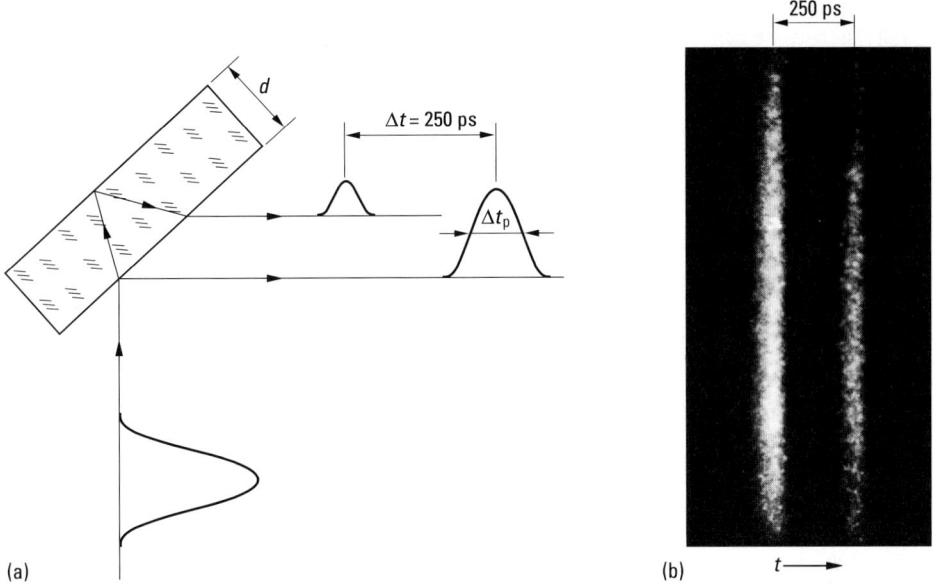

Abb. 8.57 (a) Eichung der Zeitskala durch Reflexion an einer Glasplatte, (b) Intensitätsverteilung auf dem Leuchtschirm der Streakkamera.

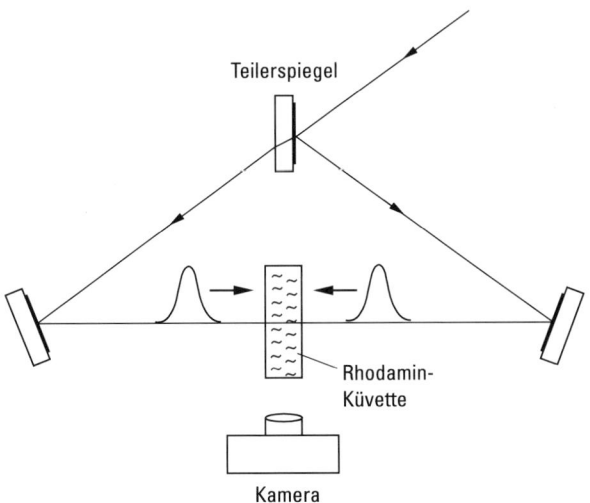

Abb. 8.58 Bestimmung der Pulsbreite mit der Zweiphotonen-Fluoreszenz.

Zwei-Photonen-Fluoreszenz [57]. Der Aufbau für diese Methode ist in Abb. 8.58 skizziert. Der zu vermessende Puls ($\lambda_L = 1.06\,\mu m$) wird durch einen Teilerspiegel in zwei Pulse der jeweils halben Intensität aufgespalten. Die Pulse werden dann über zwei

892   8 Erzeugung von kohärentem Licht – LASER

weitere Spiegel in eine Küvette mit einer Rhodamin-Farbstoff-Lösung gelenkt, sodass sie sich dort gegenläufig überlagern. Der Farbstoff besitzt ein breites Absorptionsmaximum bei der Wellenlänge $\lambda_0 = 0.53\,\mu\text{m}$ und würde das Laserlicht nicht absorbieren. Bei hinreichender Intensität kann jedoch ein Zweiphotonen-Übergang (Nichtlinearität 2. Ordnung) erfolgen (siehe Kap. 9), d. h. zwei Photonen der Wellenlänge 1.06 μm regen gemeinsam den Übergang an, wie im Termschema Abb. 8.59 angedeutet ist. Von diesem oberen Zustand fluoresziert dann das Molekül mit der

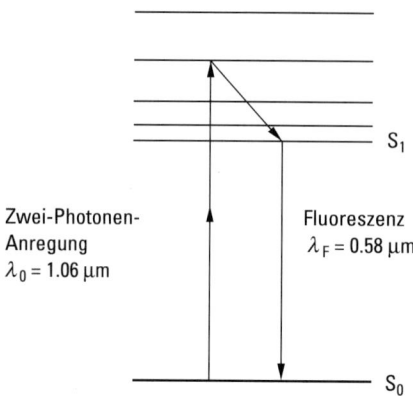

Abb. 8.59   Termschema des Rhodamin-Moleküls.

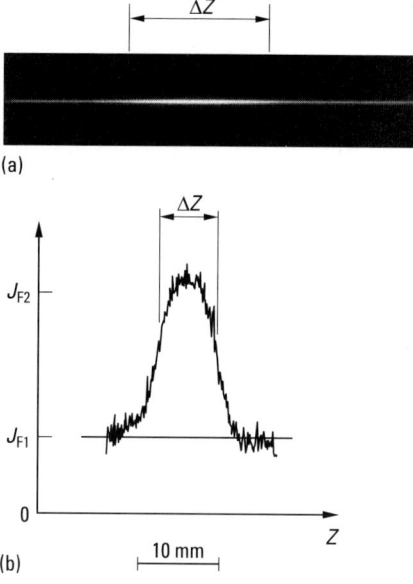

Abb. 8.60   Fluoreszenzspur eines 35-ps-Pulses. (a) Foto, (b) Densitogramm mit dem Untergrund J_{F1}.

Wellenlänge $\lambda_F = 0.58\,\mu$m. Das seitlich aus der Küvette austretende, grüne Fluoreszenzlicht wird zeitintegriert durch eine Kamera registriert. Im Zentrum, an der Stelle $z = 0$, überlagern sich die beiden Pulse, was wegen der Kohärenz zur doppelten Feldstärke und damit vierfachen Intensität des anregenden Lichts führt. Diese wiederum bedeutet wegen den Nichtlinearität zweiter Ordnung die sechzehnfache Fluoreszenzintensität. Außerhalb des durch die Pulsbreite bestimmten Überlappbereiches fällt die Fluoreszenzintensität entsprechend dem Pulsverlauf ab. Die Ortsabhängigkeit der Fluoreszenzintensität ist somit ein Maß für die Pulsintensität. Ein Beispiel zeigt Abb. 8.60.

Da die beiden Pulse außerhalb des Überlappungsbereiches ebenfalls Fluoreszenz anregen, muss dieser Untergrund sorgfältig vermessen werden, um die Pulsbreite korrekt zu erhalten.

Frequenzverdopplung. Dieses Verfahren entspricht der Zwei-Photonen Fluoreszenz. Der Farbstoff wird durch einen nichtlinearen Kristall ersetzt und die Oberwelle registriert. Einen sehr einfachen Aufbau hierfür zeigt Abb. 8.61 [58]. Bei sehr kurzen Pulsen macht sich die Dispersion der Kristalle durch eine Pulsverbreiterung bemerkbar. Es muss dann ein sehr dünner Kristall verwendet werden.

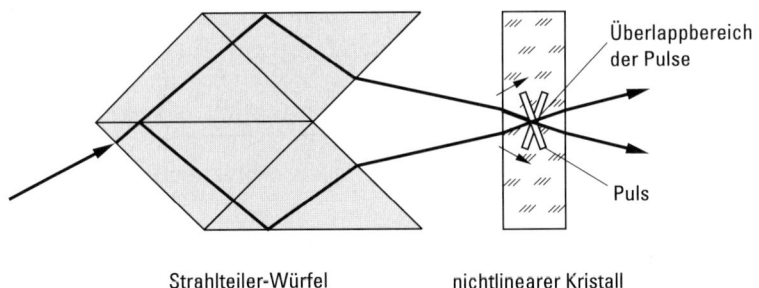

Abb. 8.61 Bestimmung der Pulsbreite aus der örtlichen Verteilung der Oberwellenintensität, die bei der Überlagerung der beiden Teilpulse in einem nichtlinearen Kristall entsteht [58]. Wird ADP als nichtlinearer Kristall verwendet, ergibt sich bei einer Wellenlänge von $\lambda = 530$ nm eine Zeitauflösung von 20 fs.

Grundlagen der Autokorrelation. Laufen zwei Pulse gleicher Amplitude in einer Farbstoff-Küvette oder einem nichtlinearen Kristall gegeneinander (Abb. 8.62), so lautet das resultierende Feld längs der z-Achse bezogen auf den Punkt $z = 0$:

$$E(z,t) = E_0\left(t - \frac{z}{c}\right)\sin(2\pi\nu t - kz) + E_0\left(t + \frac{z}{c}\right)\sin(2\pi\nu t + kz).$$

Wegen der nichtlinearen Wechselwirkung ist es zweckmäßig, die reelle Schreibweise zu benutzen. Zur Vereinfachung wurde der Vektorcharakter des Feldes nicht berücksichtigt. k und c sind die Werte im betreffenden Medium. Die Intensität der zu vermessenden Pulse ist gegeben durch $J_1 \sim E^2$. Wegen der Nichtlinearität der Wech-

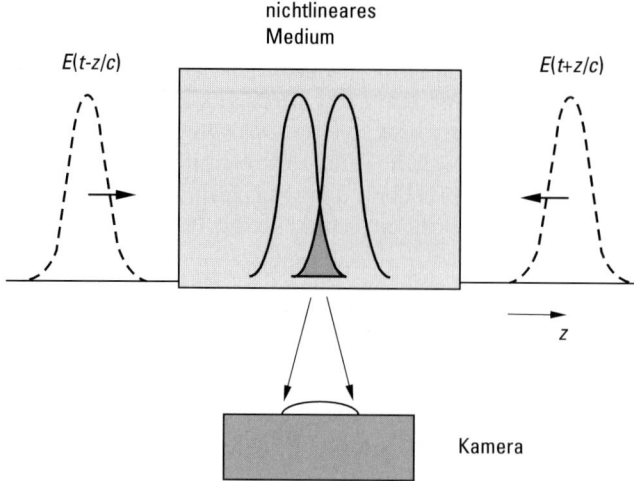

Abb. 8.62 Zur Autokorrelation zweiter Ordnung.

selwirkung (Zwei-Photonen-Anregung oder Oberwellenerzeugung) ist die Fluoreszenzintensität bzw. die Oberwellenintensität J_2 proportional dem Quadrat der anregenden Intensität und damit proportional der vierten Potenz der anregenden Feldstärke, $J_2 \sim J^2 \sim E^4$. Die Kamera, mit der die Intensität J_2 registriert wird, mittelt über die gesamte Pulsdauer und über die durch die Interferenz verursachte periodische Struktur der halben Wellenlänge. Damit verschwinden einige Terme und das Messsignal ergibt sich zu

$$F(z) \sim \int_{-\infty}^{+\infty} E^4(z,t)\,dt \sim \int_{-\infty}^{+\infty} E_0^4\,dt + 2\int_{-\infty}^{+\infty} E_0^2\left(t-\frac{z}{c}\right) E_0^2\left(t+\frac{z}{c}\right)dt.$$

Das Messsignal kann auf den ersten Term normiert werden

$$f(z) = 1 + 2\,G^{(2)}(z) \tag{8.105}$$

mit

$$G^{(2)}(z) = \frac{\int_{-\infty}^{+\infty} E_0^2\left(t-\frac{z}{c}\right) E_0^2\left(t+\frac{z}{c}\right)dt}{\int_{-\infty}^{+\infty} E_0^4(t,z)\,dt}. \tag{8.106}$$

Man bezeichnet $G^{(2)}(z)$ als die Korrelationsfunktion zweiter Ordnung und führt den Kontrast ein als

$$\kappa = \frac{f(0)}{f(\infty)} = \frac{1 + 2\,G^{(2)}(0)}{1 + 2\,G^{(2)}(\infty)}. \tag{8.107}$$

An der Überlappungsstelle $z = 0$ ergibt sich der Wert $G^{(2)}(0) = 1$. Weit außerhalb der Überlappung, d. h. wenn z sehr viel größer als die örtliche Pulsbreite ist, wird

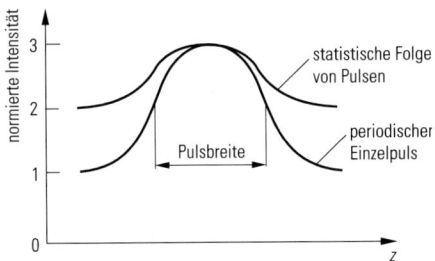

Abb. 8.63 Örtlicher Verlauf des normierten Fluoreszenzsignals bei der Zwei-Photonen-Fluoreszenz bzw. des Oberwellensignals bei der Frequenzverdopplung für kurze Pulse und thermisches Licht.

jeweils eine der beiden Intensitäten unter dem Integral Gl. (8.106) null, und damit $G^{(2)}(\infty) = 0$. Der Kontrast ergibt sich zu:

$$\kappa = 3$$

für einen kohärenten Einzelpuls.

Zwischen den beiden Grenzwerten erfolgt ein Übergang, aus dem die Pulsbreite ermittelt werden kann. Es ist leicht einzusehen, dass das Korrelationsintegral Gl. (8.106) immer symmetrisch ist, auch bei asymmetrischen Pulsformen. Aussagen über die Pulsform liefern die Korrelationsfunktionen höherer Ordnung.

Besteht die Laseremission aus verstärkter spontaner Emission, d. h. aus einer Folge statistischer Pulse, die nicht korreliert sind, so geht in den Kontrast die Statistik der Pulse ein. Für thermisches Licht ergibt sich der in Abb. 8.63 skizzierte Verlauf des Korrelationsintegrals mit dem Kontrast $\kappa = 3/2$ [59].

Tatsächlich wird bei der Modenkopplung immer ein statistischer Untergrund zwischen zwei aufeinander folgenden Pulsen vorliegen, sodass das tatsächliche Signal bei dieser Art der Pulsanalyse zwischen den beiden in Abb. 8.63 skizzierten Grenzfällen liegen wird. Auch kann infolge schlechter Diskriminierung durch den Modulator der intensive Hauptpuls von Satellitenpulsen begleitet sein. Um die Qualität der Modenkopplung zu bestimmen, muss deshalb der Kontrast sehr sorgfältig ausgemessen werden.

Literatur

Zitierte Publikationen

Abschnitt 8 Einführung

[1] Gordon, I.P, Zeiger, H.J., Townes, C.H., Phys. Rev. **99**, 1269 (1955), Phys. Rev. **95**, 282 (1954)
[2] Weber, J., Trans. IRE 3, I (1953)
[3] Basov, N.G., Prokhorov, A.M., Zh.Eks.Teo.Fiz. **28**, 249, (1954)
[4] Schawlow, A.L., Townes, C.H., Phys. Rev. **112**, 1940 (1958)
[5] Maiman, T.H., Nature **187**, 433 (1960) *(auch zu Abschn. 8.2)*

Abschnitt 8.1

[6] Einstein, A., Physikalische Zeitschrift **18**, 121, (1917)

Abschnitt 8.2

[7] Kopfermann, H., Ladenburg, R., Z.f.Physik **48**, 26 (1928); **48**, 51 (1928); **65**, 167 (1930)
[8] Weber, H., Herziger, G., Laser-Grundlagen und Anwendungen, Physik-Verlag, Weinheim 1972 (*auch zu Abschn. 8.4*)

Abschnitt 8.3

[9] Davis, C.C., Laser and Electro-Optics, Cambridge University Press, 2000 (*auch zu Abschn. 8.7*)
[10] Koechner, W., Solid State-Laser Engineering, Springer, Heidelberg, New York, 1999 (*auch zu Abschn. 8.4*)

Abschnitt 8.4

[11] Peuser, P., Schmitt, N.P., Diodengepumpte Festkörperlaser, Springer, Berlin, 1995
[12] Duarte, F.J., High Power Dye Lasers, Springer, 1991
[13] Maeda, M., Laser Dyes, Academic Press, Tokyo 1984
[14] Schäfer, F.P., Topics in Appl. Physics, Vol.1: Dye Lasers, Springer, 1973
[15] Burrus C.A., Miller, B.I., Opt. Comm. **4**, 307, (1971)
[16] Dunn, J., et al., IEEE J. of Selected Topics in Quantum Electronics, **5**, 1441, (1999)
[17] Boiko, V., et al., Sov. Techn. Phys. Lett. **9**, 459, (1983)
[18] Nickles, P.V., et al., Phys. Blätter, **56**, 43, (2000)
[19] Dewhurst, R.J., et al., Phys. Rev. Letters **17**, 1265, (1976)
[20] Fill, E.E., Phys. Blätter, **44**, 155, (1988)
[21] Nickles, P.V., et al., Phys. Rev. Lett. **78**, 2748, (1997)
[22] Smith, S.J., Purcell, E.M., Phys. Rev. **92**, 1069, (1953)
[23] Marshall, T.C., Free Electron Lasers, McMillan, London, 1984
[24] Freund, H.P., Neil, G.R., Free Electronlasers. Vacuum Electronic Generators of Coherent Radiation, Proc. IEEE **87**, No. 5, 782, (1999)
[25] Sommerfeld, A., Vorlesungen über Theoretische Physik III, Akad. Verlagsgesellschaft Geest & Portig, K.G., Leipzig 1964
[26] Brau, C.A., Laser Focus/Electro-Optics **23**, No. 2, 40, (1987)
[27] Ayvazyan, V., et al., Phys. Rev.Lett. **88**, 104802, (2002)
[28] Neil, G.R., et al., Phys. Rev. Lett. **84**, No. 4, 662, (2000)

Abschnitt 8.5

[29] Verdeyen, J.T., Laser Electronics, Prentice Hall, New Jersy, 1981
[30] Eastham, D., Atomic Physics of Lasers, Taylor & Francis, London, 1986
[31] Herziger, G., et al., Z. f. Angew. Physik **17**, 67, (1964)
[32] Yariv, A., Quantum Electronics, John Wiley, New York, 1989 (*auch zu Abschn. 8.7*)
[33] Siegman, A.E., Lasers, University Science Books, Mill Valley, CA 1989 (*auch zu Abschn. 8.7*)
[34] Becker, Th., Physik Journal, **1**, 47, (2002)
[35] Born, M., Wolf, E., Principles of Optics, Cambridge University Press, 1999 (*auch zu Abschn. 8.6*)

Abschnitt 8.6

[36] Fox, A.G., Li, T., Bell.Syst.Techn.J., **40**, 453, (1961)
[37] Boyd, G.D., Gordon, J.P., Bell.Syst.Techn.J., **40**, 489, (1961)
[38] McCumber, D.E., Bell.Syst.Techn.J. **44**, 333, (1965)
[39] Kogelnik, H., Li, T., Proc. IEEE **54**, 1312, (1966)
[40] Hodgson, N., Weber, H., Optical Resonators, Springer London/Berlin, 1997
[41] Abramowitz, M., Stegun, I.A., Handbook of Mathematical Functions, Dover Publ., New York, 1978
[42] Kogelnik, H., Appl.Optics **4**, 1562, (1965)
[43] Michler, P., Becher, Chr., Phys. Blätter **57**, 55, (2001)
[44] Bayer, M., Phys. Blätter **57**, 75, (2001)
[45] Bayer, M., et al., Phys. Rev.Lett. **86**, 3168, (2001)
[46] Haroche, S., Kleppner, D., Phys. Today **42**, 24, (1989)

Abschnitt 8.7

[47] Rullière, C., Femtosecond Laser Pulses, Springer, New York, 1998
[48] Mourou, G.C., et al., Phys. Today, **51**, Jan., 22, (1998)
[49] Marincek, M., Lukac, M., IEEE J. **QE-29**, 2405, (1993)
[50] Zhavoronkov, N., et al., Phys. Rev.Lett., June, (2002)
[51] Paul, et al., Science **292**, 1989, (2001)
[52] Kuizenga, D.J., Siegman, A.E., IEEE J. **QE-6**, 694 (1970)
[53] Brabec, Th., Krausz, F., Rev. Mod. Phys. **72**, 545, (2000)
[54] Treacy, E.B., Phys. IEEE J. **QE-5**, 454, (1969)
[55] Martinez, O.E., IEEE J. **QE-24**, 1385, (1987)
[56] Fischer, R., et al., Opt. Comm. **5**, 53, (1972)
[57] Klauder, J.R., et al., Appl. Phys. Lett., **13**, 174, (1968)
[58] Kolmeder, C., et al., Opt. Comm **30**, 453, (1979)
[59] Weber, H.P., J. Appl.Phys. **38**, 2231, (1967)

Weiterführende Literatur

Davis, C.C., Laser and Electro-Optics, Cambridge University Press, 2000
Hodgson, N., Weber, H., Optical Resonators, Springer, London, Berlin, 1997
Menzel, R., Photonics, Springer, Berlin, 2001
Numai, T., Fundamentals of Semiconductor Laser, Springer, Berlin, 2004
Siegman, A.E., Lasers, University Science Books, Mill Valley, CA 1989
Yariv, A., Quantum Electronics, John Wiley, New York, 1989

9 Nichtlineare Optik

Horst Weber

Die Ausbreitung von Licht in Materie wird durch die beiden frequenzabhängigen optischen Konstanten, die Brechzahl n und den Absorptionskoeffizienten α beschrieben. In der normalen, linearen Optik sind diese Größen unabhängig von der Feldstärke bzw. Intensität des einfallenden Lichts. Reflexion, Brechung, Ausbreitungsgeschwindigkeit und Schwächung (oder auch Verstärkung) des Lichts sind daher Konstanten des betreffenden Mediums und nur abhängig von der Frequenz des Lichts. Daraus folgen zwei wichtige Prinzipien, die überall in der linearen Optik benutzt werden: das Superpositionsprinzip und die Erhaltung der Frequenz.

Das **Superpositionsprinzip** oder die unabhängige Überlagerung von verschiedenen Lichtwellen ist z. B. die Voraussetzung für die Fourier-Zerlegung, also die Spektralanalyse des Lichts. Das Superpositionsprinzip besagt, dass sich Lichtwellen gegenseitig nicht beeinflussen und ungestört überlagert werden können. Eine Lichtwelle breitet sich in einem Medium aus, unabhängig davon, ob sich dort bereits eine zweite Lichtwelle befindet oder nicht.

Die **Erhaltung der Frequenz** bedeutet, dass bei der Wechselwirkung von Licht mit Materie keine neuen Lichtfrequenzen entstehen. Die Frequenz des Lichts ist innerhalb und außerhalb des Mediums die gleiche.

Diese beiden wichtigen Voraussetzungen gelten nur bei geringen Feldstärken des Strahlungsfeldes, wie es normale Lichtquellen liefern. Bei den hohen Feldstärken der Laser dagegen gilt weder das Superpositionsprinzip noch die Erhaltung der Frequenz.

Auch in der klassischen Optik gibt es Beispiele für die Ungültigkeit des Superpositionsprinzips. Es sei an den elektrischen Kerr-Effekt und den magnetischen Faraday-Effekt erinnert. Bei diesen Effekten wird das Licht durch hohe elektrische oder magnetische Felder beeinflusst. Jedoch handelt es sich hierbei um statische Felder oder um Felder niedriger Frequenzen. Diese Effekte sind seit langem bekannt, weil im niederfrequenten Bereich hinreichend leistungsstarke Generatoren zur Verfügung standen. Die nichtlinearen optischen Effekte sind bereits in den Jahren 1927/1931 eingehend untersucht worden [1, 2], die experimentellen Nachweise gelangen jedoch erst 1961 nach der Entdeckung des Lasers [3]. Seitdem ist eine Vielzahl nichtlinearer Effekte gefunden worden. Eine Übersicht zeigt Tab. 9.1.

Tab. 9.1 Beispiele für nichtlineare Effekte. In der rechten Spalte ist jeweils die Polarisation angegeben, als Argument die Frequenz, mit der die Polarisation bzw. die neu erzeugte Feldstärke oszilliert. $\boldsymbol{E}(0)$, $\boldsymbol{H}(0)$ sind Gleichfelder.

Quadratische Effekte	$\underline{\chi}'$	Polarisation $\boldsymbol{\mathscr{P}}^{(2)}$
Frequenzverdopplung (1961)	reell	$\boldsymbol{\mathscr{P}}^{(2)}(2\omega) = \varepsilon_0 \underline{\chi}' \boldsymbol{\mathscr{E}}(\omega) \boldsymbol{\mathscr{E}}(\omega)$
Linearer, elektrooptischer Effekt, Pockels-Effekt (1893)	reell	$\left.\begin{array}{l}\\ \\ \end{array}\right\} \boldsymbol{\mathscr{P}}^{(2)}(\omega) = \varepsilon_0 \underline{\chi}' \boldsymbol{\mathscr{E}}(\omega) \boldsymbol{E}(0)$
Linearer Stark-Effekt	imaginär	
Parametrische Verstärkung (1962)	reell	$\boldsymbol{\mathscr{P}}^{(2)}(\omega_1 \pm \omega_2) = \varepsilon_0 \underline{\chi}' \begin{cases} \boldsymbol{\mathscr{E}}_1(\omega_1) \boldsymbol{\mathscr{E}}_2(\omega_2) \\ \boldsymbol{\mathscr{E}}_1(\omega_1 \boldsymbol{\mathscr{E}}_2^*(\omega_2) \end{cases}$
Faraday-Effekt (1845)	komplex	$\boldsymbol{\mathscr{P}}^{(2)}(\omega) = \varepsilon_0 \underline{\chi}' \boldsymbol{\mathscr{E}}(\omega) \boldsymbol{H}(0)$
Optische Gleichrichtung (1962)	reell	$\boldsymbol{\mathscr{P}}^{(2)}(0) = \varepsilon_0 \underline{\chi}' \boldsymbol{\mathscr{E}}(\omega) \boldsymbol{\mathscr{E}}^*(\omega)$

Kubische Effekte	$\underline{\chi}''$	Polarisation $\boldsymbol{\mathscr{P}}^{(3)}$
Frequenzverdreifachung	reell	$\boldsymbol{\mathscr{P}}^{(3)}(3\omega) = \varepsilon_0 \underline{\chi}'' \boldsymbol{\mathscr{E}}(\omega) \boldsymbol{\mathscr{E}}(\omega) \boldsymbol{\mathscr{E}}(\omega)$
Selbstfokussierung (1964)	reell	
Selbstphasenmodulation	reell	$\left.\begin{array}{l}\\ \\ \\ \\ \end{array}\right\} \boldsymbol{\mathscr{P}}^{(3)}(\omega) = \varepsilon_0 \underline{\chi}'' \boldsymbol{\mathscr{E}}(\omega) \boldsymbol{\mathscr{E}}(\omega) \boldsymbol{\mathscr{E}}^*(\omega)$
Sättigbare Absorber	imaginär	
Sättigbare Verstärker	negativ	
Zwei-Photonen-Absorption	imaginär positiv	
Quadratischer Stark-Effekt	imaginär	$\left.\begin{array}{l}\\ \end{array}\right\} \boldsymbol{\mathscr{P}}^{(3)}(\omega) = \varepsilon_0 \underline{\chi}'' \boldsymbol{\mathscr{E}}(\omega) \boldsymbol{E}(0) \boldsymbol{E}(0)$
Elektrischer Kerr-Effekt (1875)	reell	
Frequenzverdopplung im äußeren Feld (1962)	reell	$\boldsymbol{\mathscr{P}}^{(3)}(2\omega) = \varepsilon_0 \underline{\chi}'' \boldsymbol{\mathscr{E}}(\omega) \boldsymbol{\mathscr{E}}(\omega) \begin{cases} \boldsymbol{E}(0) \\ \boldsymbol{H}(0) \end{cases}$
Cotton-Mouton-Effekt (1907)	reell	$\boldsymbol{\mathscr{P}}^{(3)}(\omega) = \varepsilon_0 \underline{\chi}'' \boldsymbol{\mathscr{E}}(\omega) \boldsymbol{H}(0) \boldsymbol{H}(0)$
Induzierte Streuung Raman, Brillouin, Rayleigh (1962/64)	imaginär negativ	$\boldsymbol{\mathscr{P}}^{(3)}(\omega \pm \Omega) = \varepsilon_0 \underline{\chi}'' \boldsymbol{\mathscr{E}}_1(\omega \pm \Omega) \boldsymbol{\mathscr{E}}_2(\omega) \boldsymbol{\mathscr{E}}_2^*(\omega)$
Entartete Vierwellenmischung, Phasenkonjugation, Echtzeitholographie	imaginär und reell	$\boldsymbol{\mathscr{P}}^{(3)}(\omega) = \varepsilon_0 \underline{\chi}'' \boldsymbol{\mathscr{E}}_1(\omega) \boldsymbol{\mathscr{E}}_2(\omega) \boldsymbol{\mathscr{E}}_3^*(\omega)$

Effekte höherer Ordnung		
Optische Bistabilität	Multiphotonen-Ionisierung	
Frequenzvervielfachung	Dielektrischer Breakdown	

9.1 Die allgemeine Beziehung zwischen der Polarisation des Mediums und der elektrischen Feldstärke

9.1.1 Ausbreitung von Licht in einem linearen Medium

Die Ausbreitung von Licht in einem Medium wurde am Beispiel des klassischen Oszillatormodells bereits in der Einführung E und ausführlich in Kap. 2.8 behandelt. Dieses Modell ist auch für die nichtlineare Wechselwirkung sehr nützlich, deshalb werden im Folgenden nochmals kurz die Ergebnisse wiederholt.

Die elektrische Feldstärke E der Lichtwelle übt auf die elastisch gebundenen Elektronen eine Kraft aus. Unter dem Einfluss dieser Kraft beginnen die leichten Elektronen gegen den schweren Kern mit der Lichtfrequenz zu oszillieren, es ist ein schwingender Dipol entstanden. Die Summe aller Dipolmomente in der Volumeneinheit des Mediums wird elektrische Polarisation P genannt. Diese ist im einfachsten Fall direkt proportional der angelegten elektrischen Feldstärke.

Die Polarisation, d. h. die oszillierenden elektrischen Dipole sind Ausgangspunkte einer neuen elektrischen Feldstärke (Hertz'scher Dipol), deren Frequenz mit der der anregenden Feldstärke übereinstimmt, aber deren Phase wegen der Trägheit der gebundenen Elektronen verschoben ist. Die anregende Feldstärke und die von den Dipolen abgestrahlte Feldstärke überlagern sich zu einer resultierenden Feldstärke, die ebenfalls in der Phase gegen die ursprüngliche Feldstärke verschoben ist. Diese Phasenverschiebung macht sich makroskopisch als veränderte Lichtgeschwindigkeit bemerkbar und wird durch die Brechzahl n beschrieben. Außerdem kann eine Schwächung der Lichtwelle auftreten, charakterisiert durch den Absorptionskoeffizienten α. Zusammenfassend lässt sich die Lichtausbreitung im Bereich der linearen Optik so beschreiben: Die Lichtwelle E läuft durch das Medium, induziert eine Polarisationswelle P gleicher Frequenz, die mit gleicher Phasengeschwindigkeit durch das Medium läuft und ihrerseits eine neue Lichtwelle derselben Frequenz abstrahlt.

Im Folgenden wird für Feldstärke E und Polarisation P häufig die komplexe Schreibweise verwendet, gekennzeichnet durch $\mathscr{E}$ bzw. $\mathscr{P}$ (s. Kap. E). Die reellen, physikalischen Größen ergeben sich daraus gemäß:

$$E = \frac{1}{2}(\mathscr{E} + \mathscr{E}^*) \quad \text{und} \quad P = \frac{1}{2}(\mathscr{P} + \mathscr{P}^*). \tag{9.1a, b}$$

Für E wird eine ebene, monochromatische, sich in z-Richtung ausbreitende Welle angesetzt, deren Amplitude A noch eine Funktion von z sein kann:

$$E = A(z)\cos(\omega t - kz + \varphi(z)) \quad \text{oder} \quad \mathscr{E} = \mathscr{A}(z)\exp[i(\omega t - kz)], \tag{9.2}$$

wobei k die Kreiswellenzahl im Medium ist:

$$k = \frac{\omega}{c} = \frac{n\omega}{c_0} = \frac{2\pi n}{\lambda_0}.$$

Es bedeuten λ_0 die Vakuumwellenlänge, n die Brechzahl und c, c_0 die Phasengeschwindigkeit im Medium bzw. im Vakuum. Im linearen Medium gilt für die Polarisation:

$$\mathscr{P}(\omega) = \varepsilon_0 \underline{\chi}(\omega) \mathscr{E}(\omega) \tag{9.3}$$

mit

ε_0: elektrische Feldkonstante $= 8.85 \times 10^{-12}$ As/Vm,
$\underline{\chi}$: elektrische Suszeptibilität (dimensionslose Stoffkonstante, frequenzabhängig).

Im verlustbehafteten Medium sind Kreiswellenzahl, Brechzahl und Suszeptibilität komplexe Größen, wobei die Suszeptibilität i. Allg. ein komplexer Tensor ist:

$$\underline{\chi} = \chi_1 + i\chi_2 = (\underline{\chi}_{ij}).$$

Hierbei soll $(\underline{\chi}_{ij})$ die Matrix des 3×3-Tensors darstellen. In anisotropen Medien sind die Vektoren $\mathscr{E}$ und $\mathscr{P}$ nicht kollinear. Die obige Gleichung in Komponenten geschrieben lautet:

$$\mathscr{P} = \varepsilon_0 \sum_j \underline{\chi}_{ij} \mathscr{E}_j, \quad i,j = x,y,z. \tag{9.4}$$

Für verlustfreie Medien ist der Suszeptibilitätstensor reell

$$\chi_2 = 0 \tag{9.5}$$

und der verbleibende Realteil stets symmetrisch [4]

$$\chi_{ij} = \chi_{ji}. \tag{9.6}$$

Dann kann der Tensor auf Hauptachsen transformiert werden und es gilt die folgende Relation zwischen den Diagonalelementen des Tensors und den Hauptbrechzahlen n_i:

$$n_i = \sqrt{1 + \chi_{ii}} \quad (i = x,y,z). \tag{9.7}$$

Zur Vereinfachung werden im Folgenden nur verlustfreie Medien betrachtet, und nur solche sind sinnvoll für eine effektive Frequenzkonversion.

9.1.2 Die Kennlinie des Elektrons

Eine Voraussetzung für die oben geschilderte Ausbreitung von Licht ist der lineare Zusammenhang zwischen Polarisation und Feldstärke. Die Polarisation ist die Dichte der induzierten Dipolmomente, d. h. $\boldsymbol{P}$ ist proportional der Auslenkung des Elektrons unter dem Einfluss der elektrischen Feldstärke $\boldsymbol{E}$. Linearität bedeutet somit, dass die Auslenkung $\boldsymbol{d}$ des Elektrons proportional der angreifenden Kraft ist, was voraussetzt, dass sich das Elektron in einem Parabelpotential befindet. Nur wenn das Potential $U \sim d^2$, gilt für die rücktreibende Kraft $\boldsymbol{F} \sim \boldsymbol{d}$, und das Elektron führt eine harmonische Schwingung aus, d. h. nur dann ist die Auslenkung proportional der angreifenden Kraft (bis auf eine Phasenverschiebung). Diese Tatsache wurde bereits ausführlich in Bd. 1 bei den mechanischen Schwingungen diskutiert und behält auch im atomaren Bereich ihre Gültigkeit.

Der Zusammenhang zwischen Auslenkung $\boldsymbol{d}$ des Elektrons und angreifender Feldstärke $\boldsymbol{E}$ kann durch die so genannte Kennlinie des Elektrons dargestellt werden (Abb. 9.1). Ein Kennzeichen des elastisch gebundenen Elektrons ist die lineare Kennlinie.

9.1 Beziehung zwischen der Polarisation des Mediums und der elektrischen Feldstärke

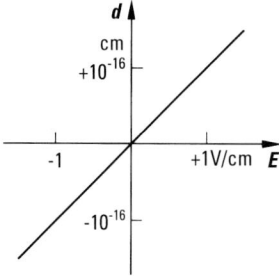

Abb. 9.1 Die Kennlinie des elastisch gebundenen Elektrons. Dargestellt ist die Auslenkung d über der anregenden Feldstärke E.

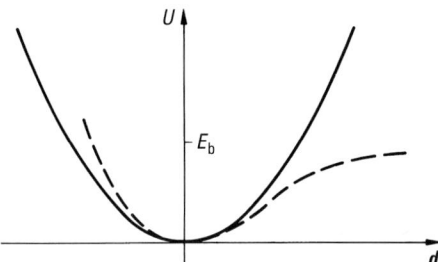

Abb. 9.2 Vergleich des idealen Parabelpotentials mit dem typischen Verlauf eines realen Potentials. E_b: Bindungsenergie.

Tatsächlich ist das Modell des elastisch gebundenen Elektrons nur eine Näherung für die realen Bindungszustände. In Abb. 9.2 ist das ideale Parabelpotential mit dem typischen Verlauf eines realen Potentials verglichen. Die Abweichungen machen sich bei hohen Schwingungsamplituden besonders stark bemerkbar. Überschreitet die Schwingungsenergie den Wert E_b der Bindungsenergie, so wird das Elektron sogar freigesetzt. Entsprechend ist die Kennlinie des realen Elektrons keine Gerade wie in Abb. 9.1, sondern wird mehr oder weniger stark davon abweichen. Der gleiche Effekt tritt auch in der Mechanik bei der Feder auf. Der elastische Bereich (Hooke'scher Bereich) ist begrenzt, und bei zu starker Auslenkung verhält sich die Feder nichtlinear, d. h. die rücktreibende Kraft ist nicht mehr proportional der Auslenkung. Mit normalen Lichtquellen können Feldstärken von typisch $|E| \approx 1$ V/m erreicht werden. Bei diesen Feldstärken treten Auslenkungen der Elektronen von $|d| \approx 10^{-18}$ m auf, ein Wert, der sehr klein gegen die Abmessungen der Atome von etwa 10^{-10} m ist. Für normales Licht ist daher die Kennlinie des Elektrons eine Gerade und das Modell des elastisch gebundenen Elektrons brauchbar. Bei den hohen Feldstärken der Laser können jedoch die Auslenkungen so groß werden, dass sich die Nichtlinearität der Kennlinie bemerkbar macht.

Die Polarisation bei hohen Feldstärken. Im nichtlinearen Teil der Kennlinie vollführt das Elektron unter dem Einfluss einer sinusförmigen Feldstärke anharmonische

Schwingungen, d. h. in der Auslenkung *d* bzw. in der Polarisation *P* treten Oberwellen auf. In diesem Fall ist die lineare Beziehung Gl. (9.3) zwischen Polarisation und Feldstärke nicht länger gültig. Die Polarisation ist jetzt eine Funktion der Feldstärke und enthält nicht nur den linearen Term in *E*, sondern auch höhere Ordnungen. Es kann *P* in eine Taylor-Reihe entwickelt werden. Da es sich um eine Vektor-Gleichung handelt, sind die Koeffizienten der Reihenentwicklung Tensoren.

$$P = \varepsilon_0 [\chi_t E + (\chi'_t E) E + ((\chi''_t E) E) E + \ldots]. \tag{9.8}$$

Zur Bedeutung von $\chi_t, \chi'_t, \chi''_t \ldots$ siehe Abschn. 9.2. Die obige Beziehung gilt in dieser Form zwar für einen beliebigen Zeitverlauf der elektrischen Feldstärke, aber nur für verlustfreie Medien. Andernfalls macht sich die Phasenschiebung zwischen *E* und *P* bemerkbar, und der Zeitverlauf von *P* ist ein anderer als der von *E*. Es ist dann zweckmäßiger, Gl. (9.8) in der komplexen Schreibweise zu formulieren, was in Abschn. 9.2 erfolgt. Es muss deshalb auch unterschieden werden zwischen χ_t und $\chi(\omega)$. Der Index *t* soll andeuten, dass der Wert der Suszeptibilität nicht nur vom Medium abhängt, sondern auch vom speziellen Zeitverlauf der elektrischen Feldstärke. $\chi(\omega)$ dagegen verknüpft monochromatische Felder nach Gl. (9.3), hängt von der Frequenz des Feldes ab und ist im verlustfreien Fall reell. Das Gleiche gilt für die Suszeptibilitäten höherer Ordnung, die aber nun von den Frequenzen aller beteiligten Felder abhängen (siehe Abschn. 9.2).

Im allgemeinen Fall können auch noch die magnetischen Felder die Polarisation beeinflussen (Faraday-Effekt), und in Gl. (9.8) treten entsprechende Glieder in *H* und Mischterme *EH* auf. Die magnetischen Effekte sollen im Folgenden nicht weiter diskutiert werden. Bei Festkörpern ergibt sich für die Größenordnung der Konstanten:

$$\chi_t \approx 1, \quad \chi'_t \approx 10^{-10}\,\text{m/V}, \quad \chi''_t \approx 10^{-17}\,\text{m}^2/\text{V}^2.$$

Die höheren Ordnungen der nichtlinearen Anteile werden sehr schnell kleiner, und es sind beträchtliche Feldstärken erforderlich, um eine spürbare Polarisation durch die nichtlinearen Glieder zu erreichen. Für den Fall, dass die Feldstärke *E* aus einer reinen Kosinuswelle

$$E = A\cos\omega t$$

besteht, ergibt sich die Polarisation unter Berücksichtigung nur der linearen und quadratischen Glieder bei einem verlustfreien Medium zu:

$$P = \varepsilon_0 [\chi A\cos\omega t + (\chi' A) A\cos^2\omega t].$$

Durch eine einfache trigonometrische Umformung folgt

$$P = \tfrac{1}{2}\varepsilon_0(\chi' A) + \varepsilon_0 \chi A\cos\omega t + \tfrac{1}{2}\varepsilon_0(\chi' A) A\cos(2\omega t), \tag{9.9}$$

oder

$$P = P^{(0)} + P^{(1)}(\omega) + P^{(2)}(2\omega), \tag{9.10}$$

wobei χ, χ' jetzt von den verschiedenen hier auftretenden Frequenzen abhängen. Die Polarisation enthält außer der Grundwelle $P^{(1)}(\omega)$, einen Gleichanteil $P^{(0)}(0)$ und einen Anteil mit der doppelten Frequenz $P^{(2)}(2\omega)$. In Abb. 9.3 sind diese Verhältnisse skizziert.

9.1 Beziehung zwischen der Polarisation des Mediums und der elektrischen Feldstärke   905

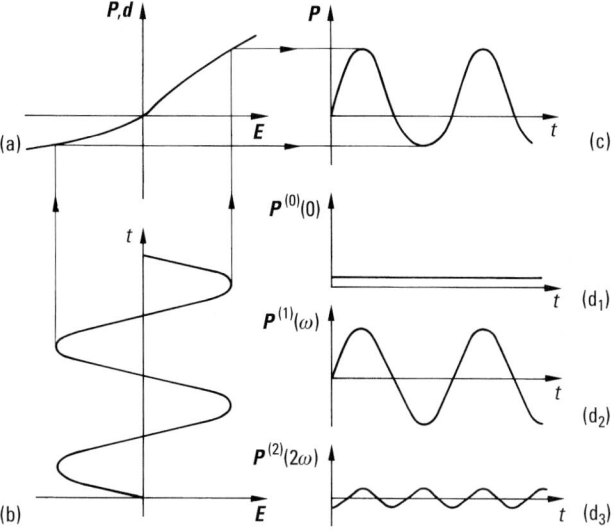

Abb. 9.3 Auf das Elektron mit der nichtlinearen Kennlinie (a) wirkt eine sinusförmige Feldstärke (b) der Frequenz ω. Das Elektron vollführt nichtharmonische Schwingungen (c) und entsprechend auch die Polarisation P des Mediums. Die Fourier-Zerlegung der nichtharmonischen Schwingung liefert (d_1) einen Gleichanteil $P^{(0)}(0)$, (d_2) einen linearen Anteil, die Grundwelle $P^{(1)}(\omega)$ und (d_3) einen Anteil $P^{(2)}(2\omega)$ der doppelten Frequenz.

Die Polarisationswellen der Frequenzen ω und 2ω strahlen wieder ein elektrisches Feld der jeweils gleichen Frequenzen ab, d. h. es tritt nicht nur das Licht der eingestrahlten Frequenz auf, sondern auch Licht der doppelten Frequenz. Infrarotes Licht ist in grünes verwandelt worden und rotes Licht in blaues. Ein Effekt, der im optischen Bereich erstmals von Franken, Hill, Peters und Weinreich [3] im Jahre 1961 nachgewiesen wurde, indem sie das intensive Licht eines Rubin-Q-switch-Lasers ($\lambda_1 = 694.3$ nm) auf Quarz fokussierten und die 1. Oberwelle des Laserlichts mit $\lambda_2 = 347.2$ nm beobachteten.

Die Gl. (9.8) stellt die allgemeine Beziehung zwischen der Feldstärke E und der Polarisation P dar. Effekte, die mit χ_t verknüpft sind, nennt man lineare Effekte; χ_t' charakterisiert Effekte zweiter Ordnung, χ_t'' Effekte dritter Ordnung. Auf die Eigenschaften dieser Parameter wird im Folgenden noch näher eingegangen. Die Feldstärke in Gl. (9.8) kann zunächst eine beliebige Zeitabhängigkeit besitzen. Im Folgenden werden jedoch nur monochromatische Felder betrachtet. $E(t)$ wird dann als Summe monochromatischer komplexer Felder $\mathscr{E}(\omega)$ dargestellt, und die Suszeptibilitäten werden frequenzabhängige, in den meisten Fällen reelle Größen $\chi(\omega)$, $\chi'(\omega)$, $\chi''(\omega)$. Bezüglich Real- bzw. Imaginärteil dieser Größen gilt jedoch auch das für χ Gesagte. Der Imaginärteil kennzeichnet Verluste oder Verstärkung, der Realteil Phasenschiebungen bzw. Frequenzänderungen.

9.1.3 Beispiele für einige nichtlineare Effekte

Frequenzverdopplung. Die in einen Kristall eingestrahlte Feldstärke erzeugt eine Auslenkung der Elektronen, die nicht harmonisch ist. Das heißt, die Schwingungsamplitude enthält höhere Frequenzanteile, entsprechend die Polarisation. Die erste Oberwelle (2ω) kann immer dann auftreten, wenn der Kristall kein Inversionszentrum besitzt (keine Spiegelsymmetrie bezüglich eines Punktes).

Linearer, elektrooptischer Effekt (Pockels-Effekt). Durch ein äußeres Gleichfeld wird die Brechzahl eines Mediums geändert. Ist diese Änderung proportional zur angelegten Feldstärke, so wird der Effekt als linear bezeichnet, obwohl er ein quadratischer ist.

Linearer Stark-Effekt. Ein äußeres Gleichfeld verschiebt die atomaren Energieniveaus. Das führt zu einer Änderung der Absorption und der Brechzahl. Bei überwiegender Absorptionsänderung ist $\underline{\chi}'$ imaginär.

Parametrische Verstärker. In einen Kristall werden die beiden Felder $E_1(\omega_1)$ und $E_2(\omega_2)$ eingestrahlt. Der quadratische Term der Polarisation enthält dann Glieder der Frequenzen $2\omega_1$, $2\omega_2$, $\omega_1 \pm \omega_2$. Bei geeigneter Wahl der Einstrahlungsbedingungen kann z. B. nur der Frequenzanteil $\omega_1 - \omega_2$ merklich zum Aufbau eines neuen Feldes beitragen, d. h. die Differenzfrequenz wird verstärkt.

Faraday-Effekt. Durch ein magnetisches Gleichfeld erfolgt eine Verschiebung der atomaren Energieniveaus, was dem linearen Stark-Effekt entspricht. Dadurch wird ein isotropes Medium zirkular doppelbrechend und dichroitisch. Letzteres bedeutet, dass die Absorption stark wellenlängenabhängig ist, was in Transmission zu Farberscheinungen führt. Falls die Absorption vernachlässigbar ist, wird χ' reell. Es kann aber auch komplex sein (z. B. Faraday-Effekt an dünnen Eisenschichten).

Optische Gleichrichtung. Bei der Frequenzverdopplung, die einem Quadrieren der Feldstärke entspricht und damit wie eine Gleichrichterdiode der HF-Technik wirkt, erzeugt das einfallende Licht ein statisches elektrisches Feld.

Frequenzverdreifachung. In den Kristall wird nur ein Feld eingestrahlt. Besitzt der Kristall ein Inversionszentrum, so kann die erste Oberwelle (2ω) nicht auftreten, wohl aber die zweite Oberwelle (3ω).

Selbstfokussierung, Selbstphasenmodulation und thermische Effekte. Die Brechzahl eines Mediums wird durch die Feldstärke des einfallenden Lichts verändert. Dabei machen sich die schnellen Oszillationen des Strahlungsfeldes nicht bemerkbar, d. h. die Brechzahl spricht auf den Mittelwert an. Hierbei unterscheidet man Selbstfokussierung, wenn die Brechzahl noch Änderungen im Zeitbereich von 10^{-12} s folgt, und thermische Effekte, wenn die Zeitkonstante der Brechzahländerung bei 10^{-6} s liegt. Der erste Effekt ist ein molekularer (Orientierung der permanenten Dipolmomente) oder elektronischer (Induzierung von Dipolen) Effekt, der zweite Effekt tritt auch bei Molekülen ohne permanentes Dipolmoment auf und wird durch die Wärmeleitung bestimmt.

Sättigbarer Absorber oder Verstärker. Bei hinreichend hoher Bestrahlungsstärke ändern sich die Besetzungszahlen der Energieniveaus und Absorption bzw. Verstärkung werden intensitätsabhängig. Dabei ist die Brechzahländerung vernachlässigbar (sie ist null im Resonanzfall) und χ'' wird imaginär. Imaginär negativ bedeutet, dass der Effekt mit der Bestrahlungsstärke abnimmt. Da die Zeitkonstanten (spontane Lebensdauern) der Niveaus bei 10^{-8} s bis 10^{-10} s liegen, wird über die schnellen Oszillationen des Strahlungsfeldes gemittelt.

Zwei-Photonen-Absorption. Ist die Frequenz ω des Strahlungsfeldes hinreichend weit von der Resonanzfrequenz ω_0 eines atomaren Überganges entfernt, so findet keine Absorption statt. Wenn jedoch $\omega \approx \omega_0/2$ und die Bestrahlungsstärke genügend hoch ist, können 2 Photonen des Strahlungsfeldes einen Übergang bewirken und werden beide gleichzeitig absorbiert. Dieser Effekt nimmt mit der Bestrahlungsstärke zu, deswegen ist χ'' imaginär positiv.

Quadratischer Stark-Effekt. Entspricht dem linearen Stark-Effekt, nur ist der Effekt jetzt proportional dem Quadrat der Feldstärke.

Kerr-Effekt. Ist physikalisch identisch mit der Selbstfokussierung. Es ist jedoch üblich, diese Nichtlinearität Kerr-Effekt zu nennen, wenn es sich um ein äußeres Feld handelt, und Selbstfokussierung, wenn es sich um das Strahlungsfeld des Lichts handelt, welches die Brechzahländerung bewirkt.

Frequenzverdopplung im äußeren Feld. Ein Kristall mit Inversionszentrum zeigt keine Frequenzverdopplung. Man kann jedoch durch ein äußeres Feld diese Symmetrieeigenschaft des Kristalls beseitigen und somit die erste Oberwelle erzeugen.

Induzierte Streuprozesse. Die induzierten Streuprozesse wie induzierte Raman- und Brillouin-Streuung gehören zu den kubischen Effekten der nichtlinearen Optik.

9.2 Die Suszeptibilität für Effekte 2. und 3. Ordnung

Bevor ausführlicher auf die Erzeugung von Oberwellen im optischen Bereich eingegangen wird, muss die Gl. (9.8) genauer betrachtet werden. Die Beziehungen zwischen Polarisation ***P*** und Feldstärke ***E*** sind nicht so einfach, wie es die Schreibweise dieser Gleichung vermuten lässt. Im Folgenden werden monochromatische Felder betrachtet. Die Suszeptibilitäten sind dann abhängig von den Frequenzen aller beteiligten Felder, d. h. sowohl von den erzeugenden Frequenzen als auch von der neu erzeugten Frequenz. Es ist üblich, als Argument der Suszeptibilität alle drei Frequenzen anzugeben in folgender Reihenfolge: – erzeugte Frequenz, erzeugende Frequenz, erzeugende Frequenz –, wie z. B.:

1. Oberwelle $\quad \chi_{ijk} = \chi_{ijk}(2\omega, \omega, \omega)$,
Gleichpolarisation $\quad \chi_{ijk} = \chi_{ijk}(0, \omega, -\omega)$,
Summenfrequenzbildung $\quad \chi_{ijk} = \chi_{ijk}(\omega_3, \omega_2, \omega_1)$.

Der χ'-Tensor stellt die allgemeine Beziehung zwischen dem nichtlinearen Anteil der Polarisation $\boldsymbol{P}_{\mathrm{NL}}$ und dem quadratischen Feldstärketerm $\boldsymbol{EE}$ dar:

$$\boldsymbol{P}_{\mathrm{NL}}^{(2)} = \varepsilon_0 (\chi' \boldsymbol{E}) \boldsymbol{E},$$

bzw. in Komponenten:

$$P_{i,\mathrm{NL}}^{(2)} = \varepsilon_0 \sum_{jk} \chi_{ijk} E_j(\omega_j) E_k(\omega_k).$$

χ_{ijk} ist ein Tensor dritter Stufe, d. h. eine $3 \times 3 \times 3$-Matrix, die die drei Komponenten der Polarisation mit den neun Gliedern des quadratischen Feldstärketerms verknüpft. Da das entsprechende Matrixelement komplex sein kann, besteht die χ'-Matrix aus 27 komplexen Komponenten. Die Reihenfolge der Feldstärkekomponenten ist physikalisch ohne Bedeutung und es muss gelten

$$\chi_{ijk} = \chi_{ikj}, \tag{9.11}$$

was die Zahl der unabhängigen χ'-Komponenten reduziert.

Einstrahlung einer monochromatischen Welle. Beschränken wir uns im Folgenden zunächst auf die Einstrahlung einer monochromatischen Welle. Dann folgt aus der obigen Gleichung mit Gl. (9.1a, b):

$$\mathscr{P}_{i,\mathrm{NL}}^{(2)} = \frac{\varepsilon_0}{2} \left\{ \sum_{j,k} \chi_{ijk}^{(a)} \mathscr{E}_j \mathscr{E}_k + \chi_{ijk}^{(b)} \mathscr{E}_j^* \mathscr{E}_k \right\} \tag{9.12}$$

bzw. mit Gl. (9.2)

$$\mathscr{P}_{i,\mathrm{NL}}^{(2)} = \frac{\varepsilon_0}{2} \left\{ \sum_{j,k} \chi_{ijk}^{(a)} \mathscr{A}_j \mathscr{A}_k \exp[\mathrm{i}(2\omega t - 2kz)] + \chi_{ijk}^{(b)} \mathscr{A}_j^* \mathscr{A}_k \right\}$$
$$= \mathscr{P}_i^{(2)}(2\omega) + \mathscr{P}_i^{(2)}(0). \tag{9.13}$$

Die Indizierung a, b soll andeuten, dass die beiden Koeffizienten unterschiedlich sind, denn $\chi^{(a)}$ beschreibt die Oberwellenerzeugung und $\chi^{(b)}$ die Gleichpolarisation. Da die Indizes i, j, k die Werte x, y, z durchlaufen, liefert Gl. (9.11) gerade 9 Nebenbedingungen, und die in Tab. 9.2 angegebene Schreibweise ist üblich. Die Zuordnung der d_{jk} Koeffizienten zu den χ_{ijk}-Werten ergibt sich aus dem Vergleich von Gl. (9.12) mit Tab. 9.2. In diesem Fall ist der Zahlenwert von d_{jk} halb so groß wie der entsprechende Zahlenwert des zugeordneten χ_{ijk}-Wertes.

Kleinmans Symmetrieregel und weitere Reduktionen des χ'-Tensors. Eine weitere Vereinfachung liefert Kleinmans Symmetrieregel [5]. Werden nur Kristalle betrachtet, die für die betreffenden Strahlungsfelder verlustfrei sind, so ist, wie bei der linearen Wechselwirkung, der χ'-Tensor symmetrisch. Der Beweis lässt sich leicht führen. Verlustfrei bedeutet, dass die pro Periode des Lichts geleistete elektrische Arbeit null ist

$$\oint \mathscr{P} \, \mathrm{d}\mathscr{E} = 0. \tag{9.14}$$

9.2 Die Suszeptibilität für Effekte 2. und 3. Ordnung

Tab. 9.2 Die Beziehung zwischen der Polarisation zweiter Ordnung und den Feldstärke-Komponenten bei Einstrahlung einer monochromatischen Welle. Oben die Polarisation der doppelten Frequenz, unten die Gleichpolarisation. Das Schema darunter gibt an, welche Koeffizienten bei verlustfreien Kristallen gleich sind.

Oberwellenerzeugung
Polarisation zweiter Ordnung der Frequenz 2ω

$$\begin{pmatrix} \mathscr{P}_x^{(2)}(2\omega) \\ \mathscr{P}_y^{(2)}(2\omega) \\ \mathscr{P}_z^{(2)}(2\omega) \end{pmatrix} = \varepsilon_0 \begin{pmatrix} d_{11} & d_{12} & d_{13} & d_{14} & d_{15} & d_{16} \\ d_{21} & d_{22} & d_{23} & d_{24} & d_{25} & d_{26} \\ d_{31} & d_{32} & d_{33} & d_{34} & d_{35} & d_{36} \end{pmatrix} \cdot \begin{pmatrix} \mathscr{E}_x^2 \\ \mathscr{E}_y^2 \\ \mathscr{E}_z^2 \\ 2\mathscr{E}_y\mathscr{E}_z \\ 2\mathscr{E}_x\mathscr{E}_z \\ 2\mathscr{E}_x\mathscr{E}_y \end{pmatrix}$$

Gleichpolarisation
Polarisation zweiter Ordnung der Frequenz 0. Die d_{ij}-Matrix besitzt andere Werte als die Matrix der Polarisation der Oberwelle, aber die gleiche Symmetrie.

$$\begin{pmatrix} \mathscr{P}_x^{(2)}(0) \\ \mathscr{P}_y^{(2)}(0) \\ \mathscr{P}_z^{(2)}(0) \end{pmatrix} = \varepsilon_0 \begin{pmatrix} d_{11} & d_{12} & d_{13} & d_{14} & d_{15} & d_{16} \\ d_{21} & d_{22} & d_{23} & d_{24} & d_{25} & d_{26} \\ d_{31} & d_{32} & d_{33} & d_{34} & d_{35} & d_{36} \end{pmatrix} \cdot \begin{pmatrix} \mathscr{E}_x\mathscr{E}_x^* \\ \mathscr{E}_y\mathscr{E}_y^* \\ \mathscr{E}_z\mathscr{E}_z^* \\ 2\mathscr{E}_y\mathscr{E}_z^* \\ 2\mathscr{E}_x\mathscr{E}_z^* \\ 2\mathscr{E}_x\mathscr{E}_y^* \end{pmatrix}$$

Die Symmetrie der d_{ij}-Matrix bei verlustfreien Kristallen

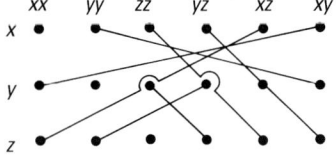

Dieses Umlaufintegral verschwindet, wenn die Rotation von $\boldsymbol{P}$ bezüglich $\boldsymbol{E}$ gebildet null wird, wenn also gilt:

$$\frac{\partial P_i}{\partial E_j} = \frac{\partial P_j}{\partial E_i}.$$

Da diese Bedingung für alle Frequenzen, die hier zur Diskussion stehen, gelten muss, folgt [4]:

$$\chi_{ijk} = \chi_{jik}. \tag{9.15}$$

Außerdem ist der Tensor reell. Man beachte den Unterschied zu Gl. (9.11). Diese gilt immer, während Gl. (9.15) nur für absorptionsfreie Medien gilt. Gl. (9.15) liefert 9 weitere Nebenbedingungen, die aber nicht unabhängig von den 9 Nebenbedingungen nach Gl. (9.11) sind. Da nach Gl. (9.11/9.15) die Elemente des χ'-Tensors symmetrisch in allen drei Indizes sind, gibt es genau 10 Möglichkeiten, drei verschiedene Zahlen in Dreiergruppen anzuordnen. Im allgemeinen verlustfreien Fall besitzt der χ'-Tensor also 10 verschiedene reelle Elemente. Entsprechend vereinfacht sich die d-Matrix, wie Tab. 9.2 zeigt.

Der χ'-Tensor muss natürlich auch die Symmetrieeigenschaften der betreffenden Kristalle widerspiegeln, was zu weiteren Reduktionen führt [4, 6]. Als einfachstes Beispiel soll ein Kristall mit Inversionszentrum betrachtet werden (Abb. 9.4). Dieser ist dadurch gekennzeichnet, dass er bei Spiegelung in sich selber übergeht. Die Gl. (9.8) im gespiegelten System lautet

$$-\boldsymbol{P} = \varepsilon_0 \left[-\chi_t \boldsymbol{E} + (\chi'_t \boldsymbol{E}) \boldsymbol{E} - ((\chi''_t \boldsymbol{E}) \boldsymbol{E}) \boldsymbol{E} \right]$$

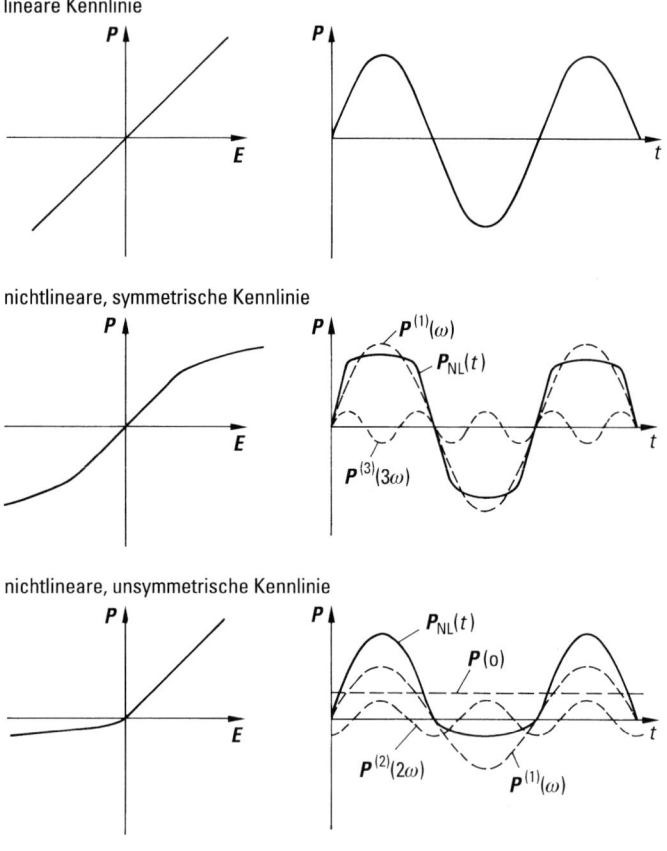

Abb. 9.4 Auslenkung bzw. Polarisation $\boldsymbol{P}$ in Abhängigkeit von der elektrischen Feldstärke $\boldsymbol{E}$. Im symmetrischen Fall treten nur die ungeraden Frequenzen auf (Mitte), im unsymmetrischen Fall alle Frequenzen (unten).

und soll in gleicher Weise gültig sein, wie die ursprüngliche Gleichung. Das ist nur möglich, wenn gilt:

$$\chi' = (\chi_{ijk}) = 0, \quad d_{i,j} = 0.$$

Frequenzverdopplung tritt bei Kristallen mit Inversionszentrum nicht auf, also auch nicht bei isotropen Medien wie z. B. Glas. Allerdings muss diese Aussage etwas abgeschwächt werden. Ein Kristall mit Oberfläche ist nicht mehr spiegelsymmetrisch bezüglich der Oberfläche, auch wenn der Kristall selbst ein Inversionszentrum besitzt. Diese Oberflächeneneffekte sind jedoch gering und sollen hier nicht weiter diskutiert werden. Für einige Kristalle sind in Tab. 9.3 die verbleibenden d_{jk}-Werte zusammengestellt.

Aus der *Miller'schen Regel* [7] kann die Größenordnung der nichtlinearen Suszeptibilität abgeschätzt werden. Es gilt grob die Regel:

$$d \cong \varepsilon_0 [n^2 - 1]^3 \Delta \quad \text{mit} \quad \Delta = 0.5 \, \text{m}^2 \, \text{A}^{-1} \, \text{s}^{-1}.$$

Hierbei wurden die Indizes j, k, d. h. die Kristallsymmetrie nicht berücksichtigt. Die obige Beziehung besagt nur, dass es sich lohnt, Kristalle mit einer großen Brechzahl n zu untersuchen, da diese auch eine große Nichtlinearität aufweisen können. Anschaulich lässt sich die Miller'sche Regel wie folgt verstehen. Große Brechzahl n bedeutet großes Dipolmoment, d. h. starke Auslenkung des Elektrons, sodass sich Abweichungen des Potentials vom Parabelpotential unter Umständen stärker bemerkbar machen und damit die nichtlineare Suszeptibilität groß wird.

Frequenzmischung. Besteht das eingestrahlte Feld aus zwei monochromatischen Feldern der Frequenzen ω_1, ω_2

$$\boldsymbol{E} = \boldsymbol{E}_1 + \boldsymbol{E}_2 = \boldsymbol{A}_1 \cos(\omega_1 t - k_1 z) + \boldsymbol{A}_2 \cos(\omega_2 t - k_2 z),$$

so liefert Gl. (9.8) für die Polarisation zweiter Ordnung neben den Oberwellen $2\omega_1$, $2\omega_2$ und dem Gleichanteil auch die Summen- und Differenzfrequenz $\omega_3 = \omega_1 \pm \omega_2$. Die Gl. (9.14b) in Tab. 9.2 ist entsprechend abzuändern und lautet jetzt für die Summenfrequenz:

$$\begin{pmatrix} \mathscr{P}_x^{(2)} + (\omega_3) \\ \mathscr{P}_y^{(2)} + (\omega_3) \\ \mathscr{P}_z^{(2)} + (\omega_3) \end{pmatrix} = 2\varepsilon_0 (d_{ij}) \begin{Bmatrix} \mathscr{E}_x(\omega_1)\mathscr{E}_x(\omega_2) \\ \mathscr{E}_y(\omega_1)\mathscr{E}_y(\omega_2) \\ \mathscr{E}_z(\omega_1)\mathscr{E}_z(\omega_2) \\ \mathscr{E}_y(\omega_1)\mathscr{E}_z(\omega_2) + \mathscr{E}_y(\omega_2)\mathscr{E}_z(\omega_1) \\ \mathscr{E}_x(\omega_1)\mathscr{E}_z(\omega_2) + \mathscr{E}_x(\omega_2)\mathscr{E}_z(\omega_1) \\ \mathscr{E}_x(\omega_1)\mathscr{E}_y(\omega_2) + \mathscr{E}_x(\omega_2)\mathscr{E}_y(\omega_1) \end{Bmatrix}.$$

Für die Differenzfrequenz sind die Terme mit ω_2 durch die konjugiert komplexen Werte zu ersetzen, (d_{ij}) repräsentiert wieder das Koeffizientenschema nach Tab. 9.2.

Effekte dritter Ordnung. Für die Polarisation dritter Ordnung gilt

$$\boldsymbol{P}_{\text{NL}}^{(3)} = \varepsilon_0 ((\chi'' \boldsymbol{E}) \boldsymbol{E}) \boldsymbol{E}.$$

Tab. 9.3 Beispiele für Kristalle, die zur Frequenzverdopplung eingesetzt werden. Die Kristallklassen werden in Kap. 4 behandelt. Die d_{jk} sind die nicht verschwindenden Koeffizienten der d-Matrix für die Grundwellenlänge λ_0. Die absoluten Werte sind schwer zu messen und teilweise mit erheblichen Fehlern behaftet. $\Delta\lambda$ ist der Bereich geringer Verluste. J_{max} ist die Zerstörschwelle für kurze Pulse (10 ns), und hängt stark von der Pulsdauer, der Wellenlänge und der Oberflächenbeschaffenheit ab. $\Delta\lambda$ gibt den Transparenzbereich an. Phasenanpassung ist nicht immer über den gesamten Bereich möglich. Weitere Angaben in [4, 7, 8, 9, 10, 11]. Quarz ist ein nichtlinearer Kristall, der Effekte zweiter Ordnung zeigt, jedoch ist Phasenanpassung nicht möglich.

Kristall	Symmetrie	d_{jk} 10^{-12} m/V	λ_0 µm	$\Delta\lambda$ µm	J_{max}(10 ns) GW/cm²
	$\bar{4}2m$	$d_{36} \approx d_{25} = d_{14}$ optisch einachsig			
KDP (KH$_2$PO$_4$)		0.6	1.06	0.2–1.7	14
KD*P (KD$_2$PO$_4$)		0.55	1.06	0.2–2.15	0.5
ADP (NH$_4$H$_2$PO$_4$)		0.76	1.06	0.19–1.5	6.4
CDA (CsH$_2$AsO$_4$)		0.32	0.69	0.26–1.4	0.5
	2mm	optisch zweiachsig			
Banana (Ba$_2$NaNb$_5$O$_5$)		$d_{15} = d_{31} = -13$ $d_{32} = d_{24} = 9.2$ $d_{33} = -18$	1.06	0.46–1.06	
KTP (KTiOPO$_4$)		$d_{15} = d_{31} = 6.5$ $d_{32} = d_{24} = 5$ $d_{33} = 14$	1.06	0.35–4.5	0.5
KTA		$d_{eff} = 1.6 \times d_{KTP}$	1.06	0.35–4	0.35 (2 ps)
Lithiumtriborat-LBO (LiB$_3$O$_5$)		$d_{32} = -1.0$ $d_{31} = 1$ $d_{33} = 0.05$	1.06	0.16–2.6	6
	3m	optisch einachsig			
Lithiumniobat (LiNbO$_3$)		$d_{15} = d_{24} = d_{32} = d_{31} = -6$ $-d_{21} = -d_{16} = d_{22} = 3.2$ $d_{33} = -34$	1.06	0.33–5.5	0.05
	3	optisch einachsig			
Bariumbetaborat BBO (β-BaB$_2$O$_4$)		$d_{11} = -d_{12} = -d_{26} = 9$ $d_{31} = d_{32} = d_{24} = d_{15} \ll d_{11}$ $d_{21} = d_{22} = d_{16} \ll d_{11}$	1.06	0.19–2.6	23
	32	optisch einachsig			
Quarz (SiO$_2$)		$d_{11} = -d_{12} = -d_{26} = 0.4$	1.06	0.18–4.5	
Selen (Se)		$d_{11} = -d_{12} = -d_{26} \approx 100$	10.6	0.8–20	
Tellur (Te)		$d_{11} = -d_{12} = -d_{26} = 650$	10.6	4–32	0.1
	$\bar{4}3$	optisch isotrop			
Galliumarsenid (GaAs)		$d_{36} = d_{25} = d_{14} \approx 336$ $d_{36} = d_{25} = d_{14} = 134$	1.06 10.6	0.9–17	

9.2 Die Suszeptibilität für Effekte 2. und 3. Ordnung

Von Interesse sind nur verlustfreie Kristalle. Dann gelten die gleichen Überlegungen wie bei den Effekten zweiter Ordnung. Der χ''-Tensor ist jetzt ein Tensor 4. Stufe. Die obige Gleichung in Komponenten geschrieben lautet in der komplexen Schreibweise

$$\mathcal{P}^{(3)}_{i,\mathrm{NL}} = \frac{\varepsilon_0}{4} \left\{ \sum_{j,k,l} \chi^{(a)}_{ijkl} \mathcal{E}_j \mathcal{E}_k \mathcal{E}_l + \chi^{(b)}_{ijkl} \mathcal{E}_j^* \mathcal{E}_k \mathcal{E}_l + \chi^{(c)}_{ijkl} \mathcal{E}_j \mathcal{E}_k^* \mathcal{E}_l + \chi^{(d)}_{ijkl} \mathcal{E}_j \mathcal{E}_k \mathcal{E}_l^* \right\}$$

$$(i,j,k,l) = (x,y,z). \tag{9.16}$$

Tab. 9.4 Die Beziehung zwischen der Polarisation dritter Ordnung und den Feldstärkekomponenten für verlustfreie Kristalle. Das Schema (a) berücksichtigt gleiche Komponenten. Bei Übergang zur komplexen Schreibweise nach Gl. (9.1) ist ε_0 durch $\varepsilon_0/4$ zu ersetzen, und es ist die Anzahl der wechselwirkenden Felder korrekt zu berücksichtigen. Das Diagramm (b) gibt die Koeffizienten an, die bei Verlustfreiheit gleich sind. Diagramm (c) gilt für verlustfreie kubische Kristalle ($e_{11} \neq e_{14}$) und für isotrope Medien mit $e_{11} = 3e_{14}$

(a)

$$\begin{pmatrix} P^{(3)}_x \\ P^{(3)}_y \\ P^{(3)}_z \end{pmatrix} = \varepsilon_0 \begin{pmatrix} e_{11} & e_{12} & e_{13} & e_{14} & e_{15} & e_{16} & e_{17} & e_{18} & e_{19} & e_{10} \\ e_{21} & e_{22} & e_{23} & e_{24} & e_{25} & e_{26} & e_{27} & e_{28} & e_{29} & e_{20} \\ e_{31} & e_{32} & e_{33} & e_{34} & e_{35} & e_{36} & e_{37} & e_{38} & e_{39} & e_{30} \end{pmatrix} \cdot \begin{Bmatrix} E_x^3 \\ E_y^3 \\ E_z^3 \\ 3E_x E_y^2 \\ 3E_x E_z^2 \\ 3E_y E_x^2 \\ 3E_y E_z^2 \\ 3E_z E_x^2 \\ 3E_z E_y^2 \\ 6E_x E_y E_z \end{Bmatrix}$$

(b)

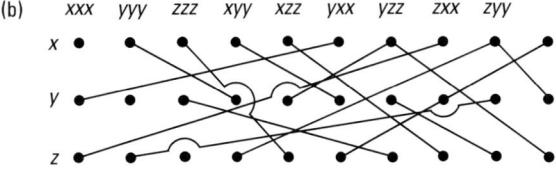

(c)

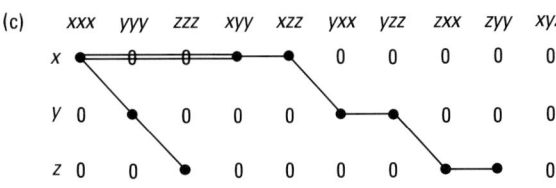

Der χ''-Tensor ist reell wegen der Verlustfreiheit. Da die Reihenfolge j, k, l ohne Bedeutung ist, reduziert sich die Zahl der ursprünglich 81 Komponenten auf 30. Wegen Kleinmans Symmetrieregel gilt außerdem

$$\chi_{ijkl} = \chi_{jikl},$$

sodass maximal 15 unabhängige Koeffizienten übrig bleiben, die zu einem Koeffizientenschema e_{ij} zusammengefasst werden (Tab. 9.4). Hinzu kommen die Kristallsymmetrien, die dann die Zahl der verschiedenen Komponenten und der Komponenten ungleich null weiter stark reduzieren. Bei kubischen Kristallen gibt es nur noch zwei verschiedene Koeffizienten, und bei isotropen Medien nur noch einen (Kap. 9.6). Es ist also möglich, durch Effekte dritter Ordnung kubische Kristalle und isotrope Medien in ihrem optischen Verhalten zu unterscheiden, die sich in linearen optischen Effekten nicht unterscheiden und keine Effekte zweiter Ordnung zeigen. Der χ''-Tensor für verlustfreie kubische Kristalle und isotrope Medien ist in Tab. 9.4c dargestellt. Die χ''-Tensoren für die verschiedenen Kristallklassen sind z. B. in [12] angegeben. Geht man von der reellen Darstellung in Tab. 9.4 zur komplexen Darstellung nach Gl. (9.16) über, so sind die unterschiedlichen Zahlenfaktoren zu beachten, die ähnlich wie bei den Effekten zweiter Ordnung auch vom eingestrahlten Feld abhängen (ein oder zwei monochromatische Felder usw.).

9.3 Quantitative Beschreibung der Oberwellenerzeugung

9.3.1 Wellengleichung der nichtlinearen Optik und Lösungen

Es wird die in Abb. 9.5 skizzierte Situation betrachtet. Auf einen Kristall, charakterisiert durch χ', fällt eine intensive Welle $\mathscr{E}_1(\omega_1)$ und erzeugt eine neue Welle $\mathscr{E}_2(\omega_2)$. Untersucht werden soll die Änderung der Amplituden beider Wellen. Hierzu wird von der Grundgleichung der nichtlinearen Optik ausgegangen. Sie folgt aus den Maxwell'schen Gleichungen (siehe Kap. E) zu:

$$\frac{\partial \mathscr{A}_n}{\partial z} = i \frac{\mu_0}{2k_n} \exp[-i(\omega_n t - k_n z)] \cdot \left.\frac{\partial^2 \mathscr{P}_{NL}(\mathscr{E}_n, \mathscr{E}_m)}{\partial t^2}\right|_{\boldsymbol{k}}. \tag{9.17}$$

wobei k_n die Kreiswellenzahl des durch die nichtlineare Polarisation $\mathscr{P}_{NL}$ neu erzeugten Feldes der Amplitude $\mathscr{A}_n$ ist. Bei anisotropen Medien wirkt wegen der Transversalität der Felder nur der Anteil von $\mathscr{P}_{NL}$, der senkrecht auf der Ausbreitungsrichtung $\boldsymbol{k}$ der neu erzeugten Welle steht, was der Index $\boldsymbol{k}$ andeuten soll. Für Grund- bzw. Oberwelle wird angesetzt:

$$\mathscr{E}_1(\omega_1) = \mathscr{A}_1(z) \exp[i(\omega_1 t - k_1 z)],$$
$$\mathscr{E}_2(\omega_2) = \mathscr{A}_2(z) \exp[i(\omega_2 t - k_2 z)] \quad (\omega_2 = 2\omega_1).$$

Für die Kreiswellenzahlen gilt:

$$k_1 = \frac{\omega_1}{c_1} = \frac{\omega_1 n_1}{c_0}, \quad k_2 = \frac{\omega_2}{c_2} = \frac{\omega_2 n_2}{c_0}.$$

9.3 Quantitative Beschreibung der Oberwellenerzeugung

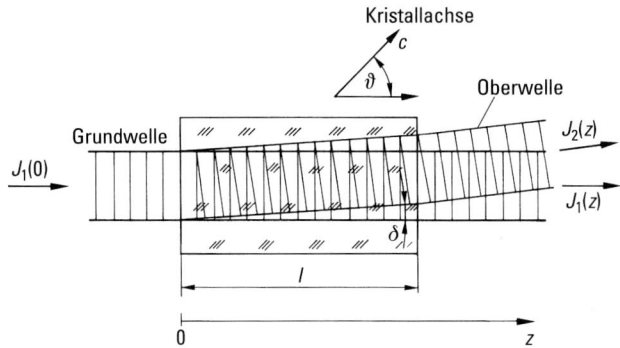

Abb. 9.5 Die Grundwelle $J_1(0)$ wird in den nichtlinearen Kristall eingestrahlt und erzeugt eine Oberwelle $J_2(z)$, die unter dem Winkel δ zur Grundwelle läuft. Die Kristallachse ist durch c gekennzeichnet.

n_1, n_2 sind die Brechzahlen bei den Frequenzen ω_1, ω_2; c_0 die Vakuumlichtgeschwindigkeit. Wegen der Dispersion ist die Kreiswellenzahl k_2 der Oberwelle nicht immer gleich der doppelten Kreiswellenzahl k_1 der Grundwelle, sondern es gilt:

$$\Delta k = 2k_1 - k_2 = 2\frac{\omega_1}{c_0}(n_1 - n_2). \tag{9.18}$$

Durch die Nichtlinearität entsteht eine Fülle neuer Frequenzen, neuer Felder und damit weiterer Frequenzen. Es wird angenommen, dass nur Grund- und Oberwelle mit merklicher Intensität vorhanden sind und alle anderen Felder vernachlässigt werden können. Eine Annahme, die zunächst nicht begründbar ist, die aber später gerechtfertigt wird. Die Polarisation der Oberwelle lautet nach Gl. (9.12):

$$\mathscr{P}^{(2)}(2\omega_1) = \frac{\varepsilon_0}{2}\chi'\mathscr{A}_1\mathscr{A}_1(z)\exp[i(2\omega_1 t - 2k_1 z)]. \tag{9.19}$$

Diese Polarisation wird in Gl. (9.17) eingesetzt und ergibt mit $\omega_n = 2\omega_1$, $k_n = k_2$ die Bestimmungsgleichung für die Amplitude $\mathscr{A}_2$ der Oberwelle.

$$\frac{\partial \mathscr{A}_2}{\partial z} = -i\frac{k_2}{n_2^2}\frac{\chi'}{4}\mathscr{A}_1\mathscr{A}_1(z)\exp(-i\Delta k z)\bigg|_{k_2}. \tag{9.20}$$

Die Änderung der Amplitude der Oberwelle muss wegen der Energieerhaltung eine entsprechende Änderung der Grundwellenamplitude zur Folge haben, d. h. die Summe von Grundwellenintensität und Oberwellenintensität muss konstant sein. Da bei $z = 0$ die Oberwellenamplitude null ist, gilt:

$$n_1|\mathscr{A}_1(0)|^2 = n_1|\mathscr{A}_1(z)|^2 + n_2|\mathscr{A}_2(z)|^2. \tag{9.21}$$

Hierbei wurde der Zusammenhang zwischen der Intensität J und der Amplitude $\mathscr{A}$ der Welle benutzt:

$$J_n = \frac{1}{2}\varepsilon_0 c_0 n_n |\mathscr{A}_n|^2.$$

Das Gleichungssystem (9.20) und (9.21) lässt sich allgemein lösen, was aber sehr aufwendig ist [13]. Im Folgenden sollen deshalb zwei Sonderfälle betrachtet werden.

Konstante Grundwellenintensität. Die Amplitude $\mathscr{A}_2(z)$ der Oberwelle sei für alle Werte von z klein gegen die Amplitude $\mathscr{A}_1(0)$ der Grundwelle. Dann kann diese als konstant betrachtet werden und Gl. (9.20) lässt sich sofort integrieren. Zur Vereinfachung wird der Vektorcharakter der Felder zunächst nicht berücksichtigt. Für einen Kristall der Länge ℓ ergibt sich

$$\mathscr{A}_2(\ell) = \frac{k_2}{n_2^2} \frac{\chi'}{4} \frac{\mathscr{A}_1^2(0)}{\Delta k}[\exp(-i\Delta k\ell) - 1], \qquad (9.22)$$

woraus die Oberwellenintensität folgt zu:

$$J_2(\ell) = 8\pi^2 J_1^2(0) \frac{M}{\varepsilon_0 c_0 \lambda_{01}^2} \left[\frac{\sin(\Delta k\ell/2)}{\Delta k/2}\right]^2 \quad (J_2 \ll J_1). \qquad (9.23)$$

Hierbei ist J_1 die Grundwellenintensität und λ_{01} deren Vakuumwellenlänge. Der Faktor

$$M = \frac{1}{n_1^2 n_2}\left(\frac{\chi'}{2}\right)^2 = \frac{d^2}{n_1^2 n_2} \qquad (9.24)$$

wird als Gütefaktor bezeichnet, d ist hierbei der d-Koeffizient aus der Darstellung der Tab. 9.2. Die Oberwellenintensität ist moduliert, mit zunehmender Kristalllänge ℓ nimmt die Intensität periodisch zu und ab, falls $\Delta k \neq 0$. Das Maximum ist erreicht nach

$$\ell_{\max} = \frac{\pi}{\Delta k} \qquad (9.25)$$

und ergibt die Oberwellenintensität:

$$J_{2,\max} = 32\pi^2 J_1^2(0) \frac{1}{\varepsilon_0 c_0} \frac{M}{(\Delta k \lambda_{01})^2}.$$

Der Grund für die Intensitätsmodulation ist die unterschiedliche Phasengeschwindigkeit c_1, c_2 von Grund- und Oberwelle. Nach einer gewissen Wegstrecke ist die Oberwelle nicht mehr in Phase mit den neu erzeugten Oberwellenanteilen der nichtlinearen Polarisation, da diese sich mit der Geschwindigkeit c_1 ausbreitet, die Oberwelle jedoch mit c_2. Je mehr die beiden Geschwindigkeiten differieren, um so schneller erfolgt die Auslöschung der Oberwelle. Danach kann der ganze Vorgang von neuem einsetzen.

Die Strecke, nach der die Oberwellenintensität wieder auf null gefallen ist, wird Kohärenzlänge ℓ_c genannt. Sie ergibt sich nach Gl. (9.18) und Gl. (9.23) zu

$$\ell_c = \frac{2\pi}{\Delta k} = \frac{\lambda_{01}}{2(n_2 - n_1)}. \qquad (9.26)$$

Falls also die Brechzahlen von Grund- und Oberwelle stark unterschiedlich sind, beträgt die Kohärenzlänge nur wenige Wellenlängen, und entsprechend gering ist die Oberwellenintensität.

9.3 Quantitative Beschreibung der Oberwellenerzeugung

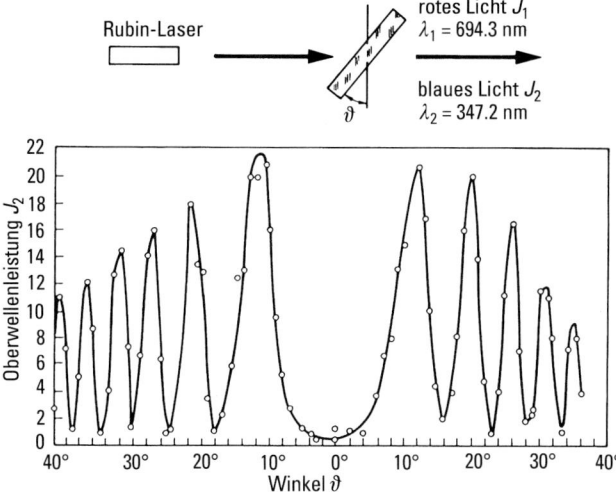

Abb. 9.6 Die Erzeugung der ersten Oberwelle in Quarz (nach [14]). Infolge der Fehlanpassung der Brechzahlen von Grund- und Oberwelle ist die Oberwellenleistung eine periodische Funktion der Quarzplattendicke bzw. des Winkels.

Hierzu führten Maker et al. [14] ein überzeugendes Experiment aus: In den intensiven, roten Lichtstrahl eines Rubin-Lasers wurde eine Quarzplatte gehalten, welche blaues Licht der doppelten Frequenz erzeugte. Bei Drehung der Quarzplatte um sehr kleine Winkel nahm die Strahlungsleistung des blauen Lichts periodisch zu und ab, weil sich hierbei die effektive Dicke der Quarzplatte änderte und der oben beschriebene Effekt der destruktiven Interferenz auftrat (Abb. 9.6). Dieses Experiment zeigt sehr deutlich, dass die unterschiedlichen Geschwindigkeiten der Grund- und Oberwelle sich störend bemerkbar machen und die effektive Erzeugung von intensivem Licht der doppelten Frequenz in einem nichtlinearen Kristall verhindern.

Anpassung der Brechzahlen, $\Delta k = 0$. In diesem Fall kann nicht mehr die Konstanz der Grundwellenintensität angenommen werden, aber für $\Delta k = 0$ lässt sich Gl. (9.20) mit Gl. (9.21) exakt integrieren. Dazu wird angenommen, dass die Amplitude der Grundwelle $\mathscr{A}_1$ bei Eintritt in das Medium reell ist, was keine Einschränkung ist. Es ergibt sich für die Oberwellenintensität

$$J_2(z) = J_1(0) \tanh^2(z/L). \tag{9.27}$$

L ist eine Länge, die angibt, nach welcher Strecke im Kristall 58 % der Grundwellenintensität in Oberwellenintensität umgesetzt worden ist:

$$L = \sqrt{\frac{\varepsilon_0 c_0 \lambda_{01}^2}{8\pi^2 J_1(0) M}}.$$

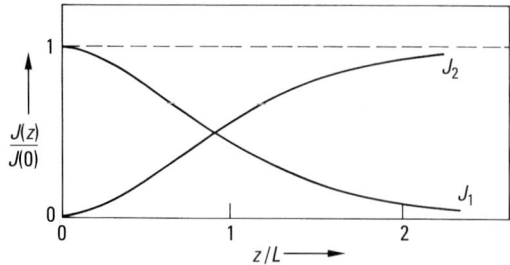

Abb. 9.7 Intensität von Grundwelle J_1 und Oberwelle J_2 im nichtlinearen Kristall. L ist die effektive Länge nach Gl. (9.27).

M ist wieder der Gütefaktor nach Gl. (9.24). Die Intensität der Grundwelle kann aus den Gl. (9.21)/(9.27) ermittelt werden:

$$J(z) = J_1(0)\left[1 - \tanh^2 \frac{z}{L}\right]. \tag{9.28}$$

Die z-Abhängigkeit beider Intensitäten ist in Abb. 9.7 dargestellt. Für den Fall $\Delta k = 0$ ist es also möglich, nahezu die gesamte Grundwellenintensität in Oberwellenintensität umzusetzen. Man nennt diesen Fall Anpassung der Brechzahlen, Phase- oder Indexmatching.

9.3.2 Realisierung der Phasenanpassung

Phasenanpassung bedeutet $n_1(\omega_1) = n_2(\omega_2)$. Grund- und Oberwelle müssen die gleiche Brechzahl besitzen, was normalerweise wegen der Dispersion im Medium nicht der Fall ist. Unter Ausnutzung der Doppelbrechung von anisotropen Kristallen ist es jedoch möglich, die Bedingung $\Delta k = 0$ zu erreichen. Am Beispiel des KDP-Kristalls soll das Verfahren näher erläutert werden.

KDP (Kaliumdihydrogenphosphat) oder KD*P (deuterierter KDP) sind häufig verwendete Kristalle für die Frequenzverdopplung. Es handelt sich um einen optisch einachsigen Kristall, gekennzeichnet durch eine optische Achse (c-Achse parallel zur z-Achse). Diese Kristalle besitzen zwei Hauptbrechzahlen $n_x = n_y = n_0$ und $n_z = n_e$. Zu jeder Ausbreitungsrichtung e eines Strahles, festgelegt durch den Winkel ϑ zur optischen Achse, gibt es zwei Vorzugsrichtungen der Polarisation. Der zur Ausbreitungsrichtung und zur c-Achse senkrechte Verschiebungsvektor $\mathscr{D}_0$ kennzeichnet den ordentlichen Strahl. Dessen elektrischer Feldvektor $\mathscr{E}_0$ ist parallel zum Verschiebungsvektor und für alle Winkel ϑ ist die Brechzahl gleich dem Wert der ordentlichen Brechzahl n_0:

$\mathscr{D}_0 \perp c$-Achse, $\quad \mathscr{D}_0 \perp e$
$\mathscr{E}_0 \parallel \mathscr{D}_0$ $\qquad\qquad\qquad\quad \to$ ordentlicher Strahl
$n_0 = n_x = n_y$.

9.3 Quantitative Beschreibung der Oberwellenerzeugung

Der zu $\mathscr{D}_0$ und zur Ausbreitungsrichtung senkrechte Verschiebungsvektor $\mathscr{D}_e$ wird als außerordentlicher Strahl bezeichnet. Der elektrische Feldvektor bildet einen Winkel δ mit der Verschiebungsdichte und die Brechzahl n ist winkelabhängig:

$$\mathscr{D}_e \perp \mathscr{D}_0$$
$$\mathscr{E}_e, \mathscr{D}_e \not\angle \delta \qquad \rightarrow \text{außerordentlicher Strahl}$$
$$\frac{1}{n^2(\omega, \vartheta)} = \frac{\cos^2 \vartheta}{n_0^2(\omega)} + \frac{\sin^2 \vartheta}{n_e^2(\omega)}. \tag{9.29}$$

Der Winkel δ zwischen Feldstärke und Verschiebung, der gleichzeitig auch der Winkel zwischen Energiestrom (Poyntingvektor) und Ausbreitungsvektor der Phasenflächen ist (s. Kap. 4.5), ergibt sich zu [4]:

$$\tan \delta = \frac{(n_0^2 - n_e^2) \tan \vartheta}{n_e^2 + n_0^2 \tan^2 \vartheta}. \tag{9.30}$$

Man beachte im Folgenden den Unterschied zwischen den beiden Hauptbrechzahlen n_o, n_e und der winkelabhängigen Brechzahl $n(\vartheta)$ nach Gl. (9.29) für den außerordentlichen Strahl.

Wegen der hohen Symmetrie des KDP-Kristalls bleiben von den 18 Koeffizienten der nichtlinearen Suszeptibilität d_{ij} nur sechs übrig (Tab. 9.3), die auch noch untereinander nahezu gleich sind. Mittels dieser Koeffizienten ist es im vorliegenden Fall recht einfach, die nichtlineare Polarisation $\boldsymbol{P}^{(2)}$ nach Tab. 9.2 zu berechnen. Es ergibt sich für die drei Komponenten:

$$\begin{aligned}
P_x^{(2)}(2\omega_1) &= 2\varepsilon_0 d_{14} E_y E_z, \\
P_y^{(2)}(2\omega_1) &= 2\varepsilon_0 d_{25} E_x E_z, \\
P_z^{(2)}(2\omega_1) &= 2\varepsilon_0 d_{36} E_x E_y, \\
d_{14} &= d_{25} \approx d_{36}.
\end{aligned} \tag{9.31}$$

Dieser Zusammenhang gilt nur in der Hauptachsendarstellung des Suszeptibilitätstensors, d. h. in einem Koordinatensystem, welches parallel zu den Hauptachsen des Kristalls liegt (Abb. 9.8 a). In den Kristall wird die Grundwelle $\mathscr{E}_1(\omega_1)$ unter dem Winkel ϑ zur optischen Achse (z-Achse) eingestrahlt. Der Feldstärkevektor soll senkrecht zur optischen Achse polarisiert sein und lautet dann

$$\mathscr{E} = \mathscr{A}_1(z')[\cos \varphi, \sin \varphi, 0] \exp[i(\omega_1 t - k_1 z')]$$

wobei z' die Ausbreitungsrichtung der Grundwelle ist. Der Winkel φ ist noch frei wählbar. Es handelt sich dann um den ordentlichen Strahl, dessen Brechzahl $n_0(\omega_1)$ unabhängig vom Winkel ϑ ist. Von der nichtlinearen Polarisation nach Gl. (9.31) bleibt wegen $\mathscr{E}_z = 0$ nur noch die z-Komponente übrig:

$$\mathscr{P}_z^{(2)}(2\omega_1) = 2\varepsilon_0 d_{36} \sin \varphi \cos \varphi \exp[i(2\omega_1 t - 2k_1 z')] \mathscr{A}_1^2.$$

Die nichtlineare Polarisation steht senkrecht auf der ordentlichen Grundwelle und erzeugt deshalb einen außerordentlichen Strahl, dessen Brechzahl vom Winkel ϑ abhängt. Das wichtige Ergebnis dieser Überlegungen für den KDP-Kristall:

– Grundwelle und Oberwelle sind senkrecht zueinander polarisiert,

– ein ordentlicher Lichtstrahl der Grundfrequenz ω_1 erzeugt einen außerordentlichen Strahl der doppelten Frequenz $2\omega_1$.

Bei der außerordentlichen Welle $\mathscr{E}_2$ muss zwischen der Ausbreitungsrichtung der Phasenflächen, gekennzeichnet durch den Ausbreitungsvektor $\boldsymbol{k}_2$, und der Ausbreitungsrichtung des Energieflusses, gekennzeichnet durch den Poynting-Vektor $\boldsymbol{S}_2$,

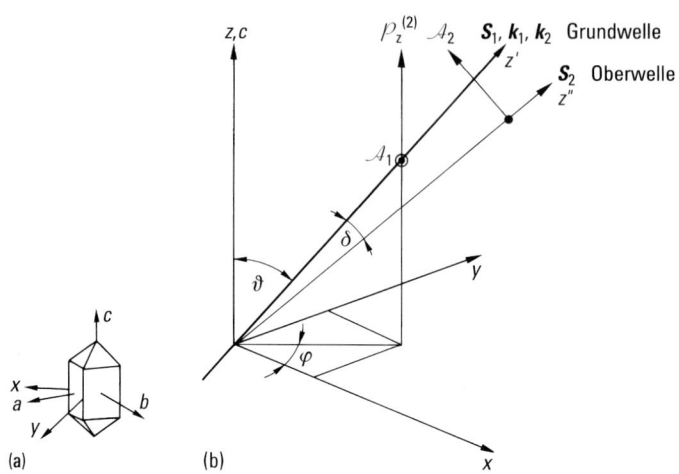

Abb. 9.8 (a) Die charakteristische Form des KDP-Kristalls mit seinen drei kristallographischen Achsen a, b, c, von denen die c-Achse gleichzeitig die optische Achse dieses einachsig doppelbrechenden Kristalls ist; (b) Die Einstrahlung der Grundwelle $\mathscr{A}_1(\omega_1)$ bezüglich der optischen Achse (Phasenanpassungs-Richtung) und die Orientierung der nichtlinearen Polarisation $\mathscr{P}^{(2)}(2\omega_1)$. ($\vartheta_o \approx 50°$, $\varphi = 45°$).

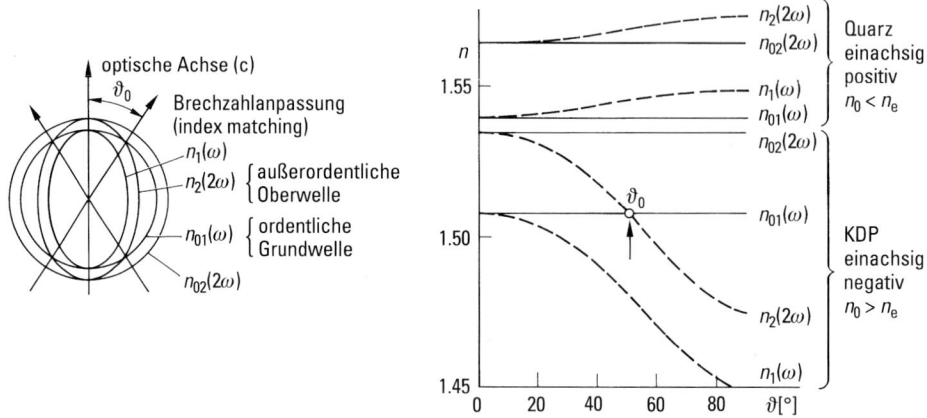

Abb. 9.9 Links die Winkelabhängigkeit der vier Brechzahlen für den ordentlichen und außerordentlichen Strahl bei einem einachsig, negativ doppelbrechenden Kristall. Die Exzentrizitäten der Ellipsen sind stark übertrieben. Zum Vergleich ist im rechten Bild zusätzlich der Verlauf der Brechzahlen für Quarz dargestellt. ϑ_0 ist der Phasenanpassungswinkel.

9.3 Quantitative Beschreibung der Oberwellenerzeugung

unterschieden werden. Während bei der ordentlichen Grundwelle $S_1 \parallel k_1$ ist, bilden S_2 und k_2 den Winkel δ nach Gl. (9.30). Energiefluss und Strahl laufen auseinander. Als nächstes sollen die Brechzahlen der beiden Strahlen betrachtet werden. Sowohl die Brechzahl $n_o(\omega_1)$ der ordentlichen Grundwelle als auch die Brechzahl $n(\omega_2, \vartheta)$ der außerordentlichen Oberwelle sind frequenzabhängig und nehmen mit der Frequenz zu, außerdem ist n winkelabhängig. Abbildung 9.9 zeigt diese Zusammenhänge. Dort ist die Abhängigkeit der Brechzahlen vom Winkel ϑ für ordentliche und außerordentliche Strahlen der Frequenzen ω_1 und $2\omega_1$ in einem Polardiagramm dargestellt. Die Länge des Radiusvektors unter einem bestimmten Winkel ϑ ist ein Maß für die Größe der Brechzahl (Index-Fläche). Es zeigt sich, dass es einen Winkel ϑ_0 zur optischen Achse gibt, für den die Brechzahl des ordentlichen Strahls der Grundwelle gleich der Brechzahl der außerordentlichen Oberwelle ist:

$$n_0(\omega_1) = n(\omega_2, \vartheta), \quad \vartheta = \vartheta_0.$$

Aus Gl. (9.29) folgt durch einfache Umrechnung

$$\sin^2 \vartheta_0 = \frac{\dfrac{1}{n_0^2(\omega_1)} - \dfrac{1}{n_0^2(\omega_2)}}{\dfrac{1}{n_e^2(\omega_2)} - \dfrac{1}{n_0^2(\omega_2)}}. \tag{9.32}$$

Die Brechzahlen sind angepasst (Index-matching, Phase-matching). Läuft der Lichtstrahl unter diesem Winkel ϑ_0 zur c-Achse durch den Kristall, so ist die Geschwindigkeit für Grundwelle, Polarisationswelle und Oberwelle die gleiche. Insbesondere kommen Polarisationswelle und Oberwelle nicht mehr außer Phase. Alle Oberwellenanteile überlagern sich phasenrichtig und die Leistung der Oberwelle steigt mit zunehmender Kristalldicke an. Die Größe des Winkels ϑ_0 hängt von der Wellenlänge ab, und liegt bei KDP im Bereich von $40°$ bis $50°$.

Da die Poynting-Vektoren S_1, S_2 von Grund- und Oberwelle einen Winkel δ bilden, laufen die Wellenfelder mit zunehmender Weglänge im Kristall auseinander (*walk-off*), und eine vollständige Umwandlung von Grundwellenleistung in Oberwellenleistung ist in diesem Fall nicht möglich. Hinzu kommen Störungen im Kristall und die Tatsache, dass das Laserlicht nicht immer der ideale Sinuswellenzug ist, der hier angenommen wurde.

Von der nichtlinearen Polarisation $\mathscr{P}_{z,\mathrm{eff}}^{(2)}$ trägt nur die Projektion auf die Feldstärkekomponente E_z zur Oberwellenerzeugung bei. Hierbei ist der oben erwähnte Walk-Off-Winkel δ nach Gl. (9.30) bzw. nach Abb. 9.5 zu berücksichtigen. Die somit effektiv wirksame nichtlineare Polarisation beträgt:

$$\mathscr{P}_{z,\mathrm{eff}}^{(2)} = 2\varepsilon_0 d_{36} \sin\varphi \cos\varphi \sin(\vartheta_0 + \delta) \exp[\mathrm{i}(2\omega_1 t - 2k_1 z')]\mathscr{A}_1^2.$$

Es ist üblich, die Winkelfunktionen, deren Werte vom speziellen Kristall abhängen, einschließlich d_{36} zur effektiven, nichtlinearen Suszeptibilität zusammenzufassen:

$$d_{\mathrm{eff}} = 2 d_{36} \sin\varphi \cos\varphi \sin(\vartheta_0 + \delta).$$

In dem hier diskutierten Fall wird d_{eff} maximal für $\varphi = 45°$. Phasenanpassung ist nicht immer möglich, wie das Beispiel des einachsig positiven Quarz-Kristalls in Abb. 9.9 zeigt.

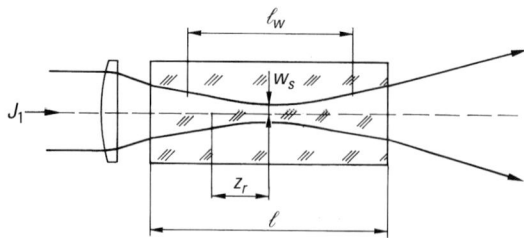

Abb. 9.10 Bei Fokussierung eines Gauß-Strahls in einen Kristall muss für maximale Konversion der Grundwellenintensität die Fokussierung an die Kristalllänge angepasst werden.

Erhöhung des Konversionsgrades. Der Wirkungsgrad der Frequenzumwandlung hängt wesentlich von der Intensität der Grundwelle ab. Es ist naheliegend, die Grundwelle in den Kristall zu fokussieren, was jedoch die Strahldivergenz erhöht und damit unter Umständen wegen schlechter Phasenanpassung die Oberwellenintensität wieder reduziert. Im besten Fall steht die Grundwelle als TEM00 Gauß-Strahl zur Verfügung, wie in Kap. 8 dargelegt. Wird ein solcher Gauß-Strahl fokussiert (Abb. 9.10), sodass der Strahlradius im Fokus w_0 beträgt, ergibt sich die Schärfentiefe zu $z_r = \pi w_0^2/\lambda_{01}$. Über diese Länge ist das Strahlungsfeld hinreichend kollimiert und man kann für eine grobe Abschätzung $\ell_w \cong 2z_r$ als Wechselwirkungslänge ansetzen. Fokussierung erhöht die Intensität, aber reduziert gleichzeitig die nutzbare Wechselwirkungslänge im Kristall. Es gibt eine optimale Fokussierung, bei der der maximale Wirkungsgrad erreicht wird. Diese ist abhängig von der zur Verfügung stehenden Kristalllänge und dem Strahldurchmesser [15]. Es gilt für den optimalen Strahldurchmesser w_{opt} bei vorgegebener Kristalllänge ℓ

$$\frac{\pi w_{opt}^2}{\lambda} = z_r \cong \frac{\ell}{5.6}.$$

Die experimentell erreichbaren Wirkungsgrade liegen bei 50 %–80 %. Wirkungsgrade bis nahezu 100 % werden durch Frequenzumwandlung im Laserresonator erreicht. Der nichtlineare Kristall wird hierzu im Resonator angebracht. Der Reflexionsgrad der Spiegel beträgt für die Grundwelle nahezu 100 % und muss für die zu nutzende Oberwelle an den Laser angepasst werden [16].

Um aktives Medium und Verdopplerkristall zu entkoppeln, kann die Konversion auch in einem angekoppelten Ringresonator erfolgen. In diesem Fall findet abhängig von der Güte der Spiegel ebenfalls eine Intensitätsüberhöhung statt, die zu erhöhter Frequenzkonversion führt [8]. Da nur eine Umlaufrichtung auftritt, werden stehende Wellen vermieden, was zu erhöhter Stabilität führt. Der Ring muss auf die Frequenz des Lasers abgestimmt werden. In der in Abb. 9.11 skizzierten Anordnung erfolgt die Abstimmung durch einen fein verschiebbaren Spiegel, der auf einem Piezoquarz befestigt ist.

Die Erhaltungssätze bei der Frequenzverdopplung. Im Photonenbild des Lichts besagt die Frequenzverdopplung, dass zwei Photonen der Frequenz ω_1 in ein Photon der doppelten Frequenz $2\omega_1$ umgewandelt werden. Eine ähnlich anschauliche Bedeu-

9.3 Quantitative Beschreibung der Oberwellenerzeugung

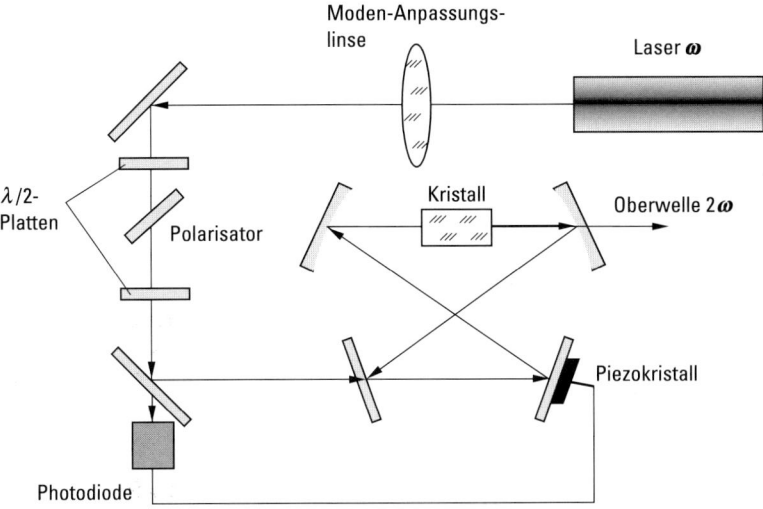

Abb. 9.11 Erhöhung der Konversionseffizienz durch Verdopplung in einem angekoppelten Ringresonator [8].

tung hat die Brechzahlanpassung. Die Bedingung $\Delta k = 0$ muss allgemein vektoriell geschrieben werden

$$\boldsymbol{k}_1 + \boldsymbol{k}_1 = \boldsymbol{k}_2.$$

Wird für den Ausbreitungsvektor der Impuls des Photons $\boldsymbol{p} = \hbar \boldsymbol{k}$ eingeführt, liefert die Phasenanpassungs-Bedingung

$$\boldsymbol{p}_1 + \boldsymbol{p}_1 = \boldsymbol{p}_2.$$

Diese Bedingung ist nichts anderes als die Impulserhaltung. Der Gesamtimpuls der beiden einfallenden Photonen $2\boldsymbol{p}_1$ ist gleich dem Impuls des resultierenden Photons $\boldsymbol{p}_2$. Damit sind die Bedingungen für die Frequenzverdopplung nichts anderes als zwei längst bekannte Erhaltungssätze der Physik, Energie- und Impulserhaltung. Dass auch bei Verletzung der Impulserhaltung, also bei $\Delta k \neq 0$, eine Oberwellenerzeugung auftritt, wenn auch mit geringem Wirkungsgrad, ist eine Folge der Unschärferelation. Die Umsetzung der Photonen erfolgt innerhalb der Kohärenzlänge ℓ_c nach Gl. (9.25). Damit liegt eine Ortsunschärfe $\Delta z \approx \ell_c$ vor, die eine entsprechende Impulsunschärfe Δp_z zur Folge hat. Innerhalb dieser Unschärfen ist eine Verletzung der Erhaltungssätze zulässig.

Andere Methoden der Phasenanpassung, Akzeptanz. Phasenanpassung erfolgt nur, wenn die Grundwelle unter dem Phasenanpassungswinkel in den Kristall eingestrahlt wird. Bei Abweichungen hiervon wird $\Delta k \neq 0$, und die Oberwellenintensität fällt nach Gl. (9.23) schnell ab. Bei $\Delta k \ell = \pi$ ist die Intensität etwa auf die Hälfte des

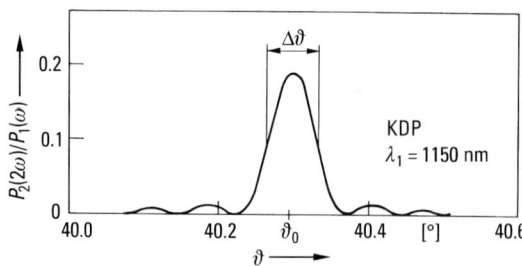

Abb. 9.12 Leistung der Oberwelle P_2 bezogen auf die Leistung der Grundwelle P_1 in Abhängigkeit vom Winkel ϑ zur optischen Achse für den KDP-Kristall bei einer Wellenlänge der Grundwelle von $\lambda_{01} = 1.15\,\mu\mathrm{m}$ [17]. ϑ_0 ist der Phasenanpassungswinkel.

Maximalwertes für $\Delta k = 0$ abgefallen. Aus den Gln. (9.23)/(9.29)/(9.32) folgt damit für die volle Winkelbreite:

$$\Delta\vartheta = \frac{\lambda_{01}/\ell}{n_0^2(\omega_1)\left[\dfrac{1}{n_e^2(\omega_2)} - \dfrac{1}{n_0^2(\omega_2)}\right]\sin\vartheta_0}. \qquad (9.33)$$

Ein experimentelles Beispiel für den Intensitätsabfall bei Abweichung vom Phasenanpassungswinkel ϑ_0 zeigt Abb. 9.12 [17]. Die Breite bezeichnet man als Winkelakzeptanz des betreffenden Kristalls. Sie liegt beim KDP-Kristall und der hier diskutierten Phasenanpassung bei knapp einem Zehntel Grad. Dieser geringe Wert erfordert nicht nur eine hohe Einstellgenauigkeit des Kristalls bezüglich des einfallenden Strahls, sondern begrenzt auch den zulässigen Öffnungswinkel des Strahls. In gleicher Weise macht sich die spektrale Breite der Grundwelle bemerkbar. Handelt es sich um einen kurzen Lichtpuls, so enthält dieser ein breites Frequenzspektrum und es ist nicht möglich, wegen der Dispersion die Phasenanpassung für alle Frequenzen zu erfüllen. Es gibt andere Methoden der Phasenanpassung. Die bisher diskutierte (Typ I) bestand darin, zwei Wellenvektoren k_{01} der ordentlichen Grundwelle zu einem Wellenvektor k_{e2} der außerordentlichen Oberwelle zusammenzuführen:

$$\text{Typ I} \quad \boldsymbol{k}_{01} + \boldsymbol{k}_{01} = \boldsymbol{k}_{e2}.$$

Eine andere Möglichkeit ist die Typ-II-Anpassung, bei der eine ordentliche und eine außerordentliche Grundwelle eine außerordentliche Oberwelle liefern

$$\text{Typ II} \quad \boldsymbol{k}_{01} + \boldsymbol{k}_{e1} = \boldsymbol{k}_{e2}.$$

In diesem Fall ist die Akzeptanz doppelt so groß wie bei der Typ-I-Anpassung. Beide Phasenanpassungen arbeiten mit kollinearen Wellenvektoren. Man könnte sich auch eine nichtkollineare Anpassung vorstellen. Jedoch laufen in diesem Fall die Wellenfelder zu schnell auseinander und der Wirkungsgrad ist gering.

Eine weitere Möglichkeit ist die Temperatur-Anpassung. Die Brechzahlen n_0, n_e sind verschieden stark abhängig von der Temperatur. Bei einigen Kristallen gelingt es, durch geeignete Wahl der Temperatur eine Phasenanpassung für $\vartheta_0 = 90°$ zu

9.3 Quantitative Beschreibung der Oberwellenerzeugung   925

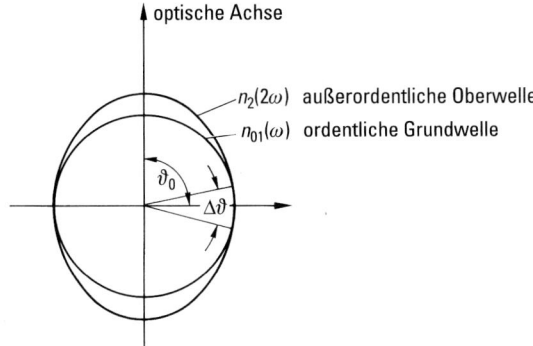

Abb. 9.13 Verlauf der Brechzahlen für die außerordentliche Oberwelle und die ordentliche Grundwelle bei 90°-Phasenanpassung ($\vartheta_0 = 90°$). $\Delta\vartheta$ ist die Akzeptanz.

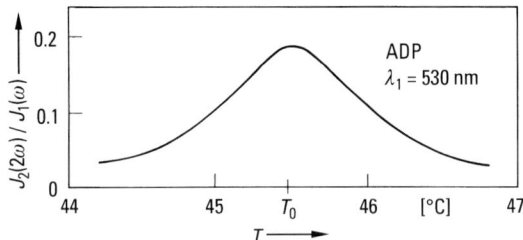

Abb. 9.14 Abhängigkeit der relativen Oberwellenintensität von der Temperatur bei 90°-Phasenanpassung (ADP, $\lambda_{01} = 0.53\,\mu m$) [18].

erreichen. Das Brechzahlellipsoid von n_2 und die Brechzahlkugel von n_{01} berühren sich (Abb. 9.13) und die Akzeptanz $\Delta\vartheta$ wird groß. Aus den Gln. (9.23)/(9.29) folgt für einachsige, negativ doppelbrechende Kristalle:

$$\Delta\vartheta = \sqrt{\frac{\lambda_{01}/\ell}{n_0^2(\omega_1)\left[\dfrac{1}{n_e^2(\omega_2)} - \dfrac{1}{n_0^2(\omega_2)}\right]}}. \quad (9.34)$$

Zwar ist jetzt die Winkeleinstellung unkritisch, aber die Kristalltemperatur muss sehr genau eingehalten werden, wie Abb. 9.14 zeigt [18].

9.3.2.1 Quasi-Phasenanpassung

Falls die Brechzahlen für Grund- und Oberwelle nicht angepasst sind, tritt mit zunehmender Kristalllänge ℓ eine wachsende Phasendifferenz zwischen der anfangs erzeugten Oberwelle bei $z = 0$ und der Oberwelle am Ort $z = \ell$ auf. Bis zur Länge ℓ_{max} nach Gl. (9.25) ist diese Phasendifferenz kleiner als π, und die Amplitude nimmt

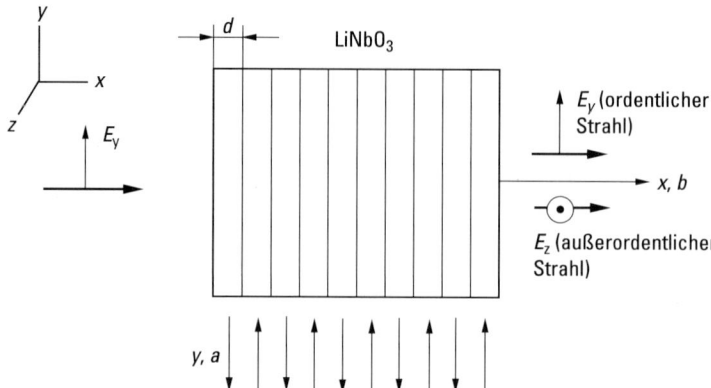

Abb. 9.15 Realisierung der Quasi-Phasenanpassung durch einen periodisch gepolten Kristall am Beispiel des Lithiumniobats.

zu. Danach verringert sich die Amplitude und erreicht den Wert null an der Stelle $z = 2\ell_{max}$. Diese Abnahme lässt sich verhindern, wenn nach der Strecke ℓ_{max} die Phase der Oberwelle um 180° gedreht wird. Der notwendige Phasensprung kann dadurch erzeugt werden, dass nach der Länge ℓ_{max} ein zweiter, um 180° gedrehter Kristall angebracht wird, wie in Abb. 9.15 am Beispiel des Lithiumniobat-Kristalls dargestellt ist. Bei Drehung um die $b(x)$-Achse des Kristalls werden die y,z-Komponenten von $\mathscr{P}^{(2)}$ und $\mathscr{E}$ durch ihre negativen Werte ersetzt. Aus der Beziehung zwischen $\mathscr{P}^{(2)}$ und $\mathscr{E}$ nach Tab. 9.2 folgt, dass die entsprechenden d-Koeffizienten dann ebenfalls ihr Vorzeichen ändern, was für $\mathscr{P}^{(2)}$ zu dem gewünschten Phasensprung führt. Durch derartig periodisch „gepolte" Kristalle kann die fehlende Phasenanpassung teilweise kompensiert werden wie Abb. 9.16 zeigt. Damit ist es möglich, Phasenanpassung für Wellenlängenbereiche zu erreichen, wo die vorher diskutierten Phasenanpassungen versagen.

Die Dicke der einzelnen Schichten ist durch Gl. (9.25) gegeben und liegt bei 5–50 μm. Diese Kristalle können durch gezieltes Aufwachsen hergestellt werden, was technisch sehr aufwendig ist. Üblich ist heute die Verwendung ferroelektrischer Kristalle, die eine permanente elektrische Polarisation besitzen. Diese wird durch ein-

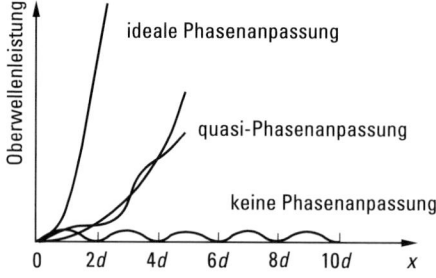

Abb. 9.16 Oberwellenleistung in Abhängigkeit von der Kristalllänge bei idealer Phasenanpassung, Quasi-Phasenanpassung und Fehlanpassung.

maliges Anlegen einer statischen elektrischen Feldstärke erzeugt. Ein periodisch gepoltes Feld führt dann zu einem entsprechend gepolten Kristall [13, 19].

9.3.2.2 Auswahl der Kristalle für Frequenzverdopplung.

Folgende Anforderungen werden an die Kristalle gestellt:

Nichtlinearität. Wichtigster Parameter bei der Auswahl des Kristalls ist die nichtlineare Suszeptibilität d_{ij} bzw. der Gütefaktor $M = d_{ij}^2/n^3$, der möglichst groß sein sollte. An erster Stelle stehen hier die organischen Kristalle, jedoch sind homogene organische Kristalle schwer zu ziehen. Deshalb werden insbesondere für hohe Laserleistungen die anorganischen Kristalle verwendet, die von hoher optischer Qualität und in großen Abmessungen herstellbar sind.

Möglichkeit der Phasenanpassung. Hierzu ist die genaue Kenntnis der Dispersion erforderlich. In weiten Bereichen kann die Sellmeier-Gleichung benutzt werden. Es gilt:

$$n^2 = A + \frac{B_1}{\lambda^2 - B_2} - \frac{C_1}{C_2 - \lambda^2}.$$

Die Konstanten für die wichtigsten Kristalle sind z. B. im Laserhandbuch von Stitch et al. [9] zusammengestellt.

Transmission. Der Kristall muss für Grund- und Oberwelle hinreichend transparent sein. Dadurch wird die Erzeugung von Oberwellen im UV-Bereich begrenzt. Bei Kristallen liegen die kürzesten Wellenlängen bei etwa 150 nm. Eine Übersicht gibt Abb. 9.17.

Zerstörschwelle. Die Zerstörschwelle muss genügend hoch sein, damit für die Intensität der Grundwelle große Werte zulässig sind. In Tab. 9.3 sind einige Werte zusammengestellt, weitere Angaben findet man z. B. bei Lin et al. [10].

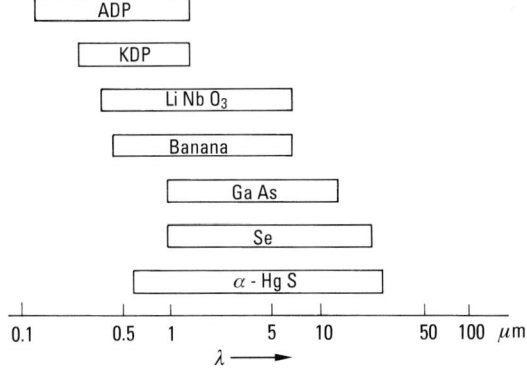

Abb. 9.17 Transparenzbereich einiger Kristalle.

9.4 Parametrische Systeme

Werden in einen nichtlinearen Kristall zwei Felder unterschiedlicher Frequenzen ω_1, ω_2 eingestrahlt, so entstehen durch den quadratischen Term der nichtlinearen Polarisation neben den doppelten Frequenzen $2\omega_1, 2\omega_2$ auch die Summen und Differenzfrequenzen $\omega_1 \pm \omega_2$. Durch Phasenanpassung kann man erreichen, dass nur eine der Frequenzen mit merklicher Intensität auftritt. An einem Sonderfall soll dieser Effekt diskutiert werden. In Anlehnung an ähnliche Prozesse im Mikrowellenbereich werden sie parametrisch genannt.

Parametrische Verstärker (OPA). In einen Lithiumniobat-Kristall (LiNbO$_3$) werden ein intensives Feld E_p und ein schwächeres Feld E_s eingestrahlt. Man bezeichnet diese Felder auch als Pump- bzw. Signalwelle. E_p besitze nur eine z-Komponente, E_s nur eine y-Komponente. Beide breiten sich in x-Richtung aus (siehe Abb. 9.18). Durch die Nichtlinearität entsteht eine Vielzahl neuer Frequenzen wie $2\omega_p, 2\omega_s$, $\omega_p \pm \omega_s$. Nun wird die Phasenanpassung derart gewählt, dass nur die Welle der Differenzfrequenz

$$\omega_h = \omega_p - \omega_s \tag{9.35}$$

zu merklicher Intensität anwächst. Man nennt diese Welle die Hilfswelle E_h. Phasenanpassung bedeutet jetzt für die Wellenzahlen

$$\boldsymbol{k}_h = \boldsymbol{k}_p - \boldsymbol{k}_s$$

und ist bei Lithiumniobat durch Temperaturphasenanpassung mit dem Einstrahlwinkel $\vartheta_0 = 90°$ zu erfüllen. Nun wird in gleicher Weise wie bei der Frequenzverdopplung vorgegangen. Die Ansätze für die Felder werden in die Grundgleichung der nichtlinearen Optik, Gl. (9.17) eingesetzt und die entsprechenden Koeffizienten aus Tab. 9.3 entnommen. Dann wird nach Frequenzen geordnet, was zu drei Gleichungen für die drei Amplituden E_p, E_s, E_h führt.

Es entsteht mit den in Abb. 9.18 skizzierten Feldern der Signal- und Pumpwelle eine Hilfswelle, bei der nur die y-Komponente ungleich null ist. Die Nichtlinearität erzeugt die neue Frequenz ω_h, d. h. die Hilfswellenleistung steigt mit zunehmender Wechselwirkungslänge im Kristall auf Kosten der Pumpwellenleistung an. Gleichzeitig nimmt die Signalwellenleistung zu, denn die Energieerhaltung nach Gl. (9.35)

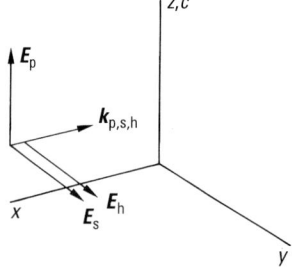

Abb. 9.18 Einstrahlung von Pump-, Signal- und Hilfswelle in einen Lithium-Niobat-Kristall.

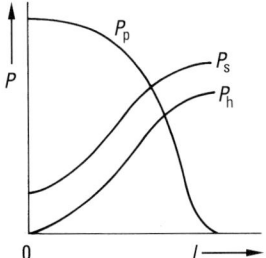

Abb. 9.19 Der parametrische Verstärker. Mit zunehmender Kristalldicke nimmt die Pumpleistung P_p ab, während die Signalleistung P_s ansteigt. Gleichzeitig entsteht eine neue Lichtwelle, die Hilfswelle P_h [20].

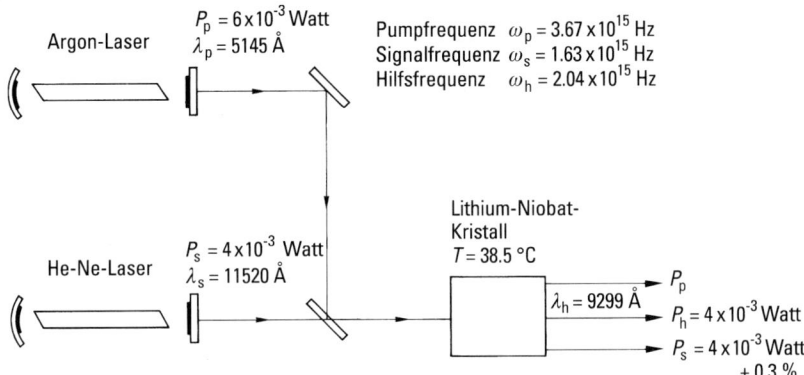

Abb. 9.20 Eines der ersten Experimente zum Nachweis der parametrischen Verstärkung von Licht [21]. Das Licht eines Argon-Lasers wird benutzt, um das Licht eines Helium-Neon-Lasers um etwa 0,3% zu verstärken. Zusätzlich entsteht Licht im infraroten Spektralbereich, die Hilfswelle.

besagt, dass ein „Pump-Photon" $\hbar\omega_p$ in ein „Signal-Photon" $\hbar\omega_s$, und ein „Hilfs-Photon" $\hbar\omega_h$ zerfällt. Der Verlauf der Leistung der drei Wellen ist in Abb. 9.19 skizziert [20].

Es ist mit einem solchen System möglich, schwache Signale auf Kosten eines intensiven Pumplichts zu verstärken. In gleicher Weise können neue Frequenzen durch Mischung intensiver Felder erzeugt werden. Ein experimentelles Beispiel [21] zeigt Abb. 9.20.

Manley-Rowe-Relationen. Im Photonenbild kann die parametrische Verstärkung beschrieben werden als die Aufspaltung eines Pump-Photons in ein Signal-Photon und ein Hilfs-Photon. Für die Zahl der zeitlich umgesetzten Photonen muss somit gelten:

$$q_p = q_s = q_h.$$

Da die entsprechenden Leistungen $P_j = q_j \hbar \omega_j$, $j = $ p, s, h sind, folgt die Relation:

$$\frac{P_p}{\omega_p} = \frac{P_s}{\omega_s} = \frac{P_h}{\omega_h}.$$

Diese Gleichungen zusammen mit dem Erhaltungssatz für die Leistung:

$$P_p = P_s + P_h$$

werden als *Manley-Rowe-Gleichungen* [22] bezeichnet.

Parametrischer Oszillator (OPO). Der parametrische Verstärker kann bei Einstrahlung von Pumplicht der Frequenz ω_p Licht einer anderen Frequenz ω_s verstärken, vorausgesetzt, die Phasenanpassungsbedingung ist erfüllt. Dabei ist es gleichgültig, wie groß die Signalamplitude ist. Wird kein Signal eingestrahlt, so kann sich bei genügend hoher Verstärkung aus dem Rauschen (in diesem Fall die Nullpunktsenergie) ein Signal aufbauen. Dabei stellt sich die Frequenz derart ein, dass die Phasenanpassungsbedingung erfüllt ist. Diese ist jedoch abhängig von der Temperatur des Kristalls. Es ist somit möglich, die Frequenz von Signal- und Hilfswelle durch Änderung der Temperatur stetig über breite Frequenzbereiche abzustimmen. Ein experimentelles Beispiel [23] zeigt Abb. 9.21. Um die notwendige Verstärkung zu erreichen, wird der Kristall auf beiden Seiten verspiegelt, d.h. man geht über zu einem rückgekoppelten Verstärker bzw. zum parametrischen Oszillator.

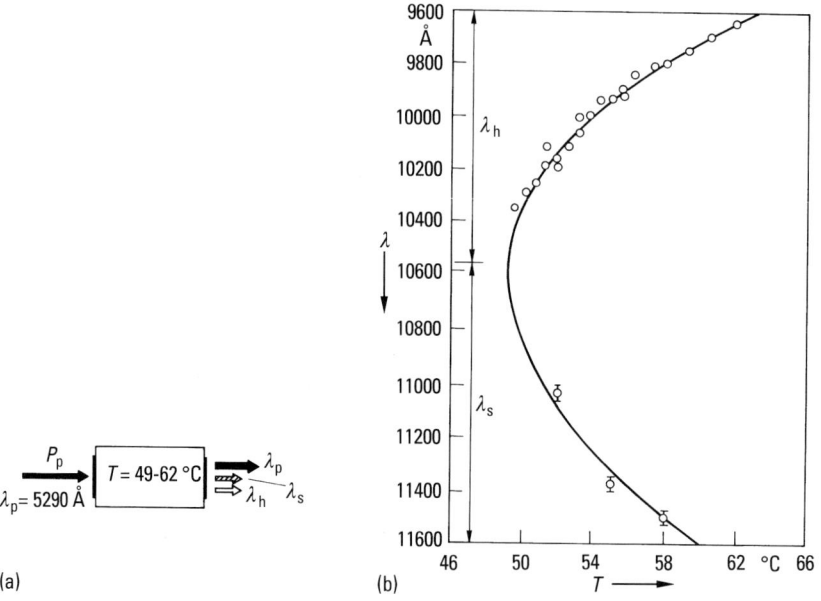

Abb. 9.21 (a) Der parametrische Oszillator, gepumpt durch einen Argon-Laser; (b) Wellenlänge von Signal- und Hilfswelle als Funktion der Temperatur [23].

Es gibt eine Vielzahl von Kristallen, die sich als parametrische Oszillatoren verwenden lassen (Tab. 9.5 [24, 25]). Diese abstimmbaren Laser-Oszillatoren werden in der Spektroskopie eingesetzt und haben die Farbstoff-Laser weitgehend verdrängt.

In gleicher Weise kann die Phasenanpassung auch über den Einstrahlwinkel erfolgen, wobei der Abstimmbereich vom Typ der Phasenanpassung und vom Kristall

Tab. 9.5 Beispiele für parametrische Oszillatoren [24, 25]. Zur Bedeutung der Abkürzungen siehe Tab. 9.3.

Pumplaser	Pumpwellenlänge $\lambda_p/\mu m$	Kristall	Abstimmbereich $\lambda_s, \lambda_h/\mu m$
Nd-YAG			
Grundwelle	1.06	LiNbO$_3$	1.4–4.4
1. Oberwelle	0.532	KDP	0.957–1.117
1. Oberwelle	0.532	BBO	0.7–2.5
2. Oberwelle	0.355	BBO	0.45–2.5
3. Oberwelle	0.266	ADP	0.42–0.73
3. Oberwelle	0.266	BBO	0.35–3.0
			0.96–1.116
Rubin			
Grundwelle	0.69	LiNbO$_3$	66–200
1. Oberwelle	0.347	LiIO$_3$	0.77–4
			1.1–1.9
			0.41–2.1
HF-Gaslaser	2.97	CdSe	4.3–4.5
			8.1–8.3
Nd-CaWO$_4$	1.065	Ag$_3$AsS$_3$	1.22–8.5
Ti-Saphir	0.7–0.9	KTP	1.09–1.21
Nd-YLF	1.053	KTA (KTiOAsO$_4$)	1.50–3.47

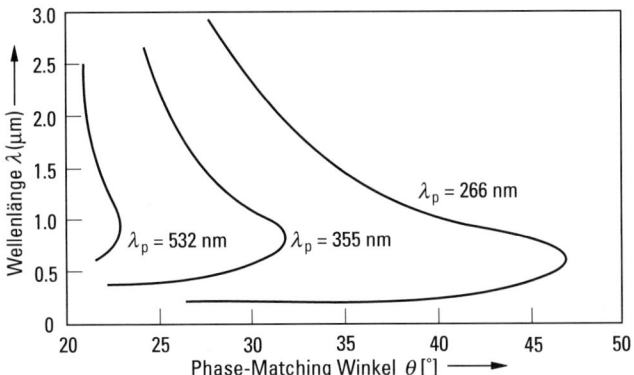

Abb. 9.22 Abstimmbereich von BBO bei einer Phasenanpassung vom Typ I [26]. Parameter ist die Pumpwellenlänge λ_p.

abhängt, denn der Kristall muss in dem Abstimmbereich auch transparent sein. Ein Beispiel zeigt Abb. 9.22 [26]. Effizienzerhöhung kann, wie bei der Frequenzverdopplung, durch Anordnung von Pumplaserkristall und dem nichtlinearen Kristall in einem Resonator erfolgen. Umwandlungswirkungsgrade bis 85 % werden erreicht [24].

9.5 Weitere quadratische Effekte

Im Folgenden sollen weitere quadratische Effekte diskutiert werden, ohne zu detailliert auf eine quantitative Beschreibung einzugehen.

9.5.1 Der Pockels-Effekt (linearer, elektrooptischer Effekt)

Von großer technischer Bedeutung ist die Beeinflussung von Wellenfeldern durch äußere elektrostatische Felder. Obwohl es sich um quadratische Effekte handelt, werden diese Effekte lineare elektrooptische Effekte genannt. Der Grund wird später ersichtlich. Beim parametrischen Verstärker wechselwirken zwei Felder der Frequenzen ω_1, ω_2 und erzeugen ein neues Feld der Summen- oder Differenzfrequenz $\omega_1 \pm \omega_2$. Es kann nun eine Frequenz null sein. Dann handelt es sich um ein statisches Feld. Es werden keine neuen Frequenzen erzeugt, aber das Strahlungsfeld der Frequenz ω wird durch das statische Feld beeinflusst. An einem Spezialfall, dem longitudinalen elektrooptischen Effekt, soll die Wechselwirkung von Licht mit einem statischen Feld diskutiert werden.

Ein KDP-Kristall (Abb. 9.23) wird in Richtung seiner optischen Achse, der c- oder z-Achse, mit linear polarisiertem Licht durchstrahlt:

$$\boldsymbol{\mathscr{E}}_1 = (\mathscr{E}_x, \mathscr{E}_y, 0) = (\mathscr{A}_x, \mathscr{A}_y, 0) \exp[\mathrm{i}(\omega t - kz)].$$

Da $\boldsymbol{\mathscr{E}}_1$ senkrecht auf der optischen Achse steht, handelt es sich um den ordentlichen Strahl, dessen Brechzahl n_0 unabhängig von der Richtung der Feldstärke ist. Außerdem wird an den Kristall ein statisches Feld $\boldsymbol{E}_s$ in Richtung der c-Achse gelegt:

$$\boldsymbol{E}_s = (0, 0, E_s).$$

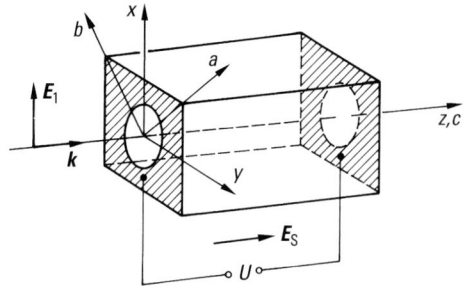

Abb. 9.23 Der longitudinale elektrooptische Effekt an KDP.

9.5 Weitere quadratische Effekte

Der quadratische Term der Polarisation enthält dann die Frequenzen ω, 2ω und einen Gleichanteil. Der Anteil der Frequenz ω ergibt sich unter Benutzung der Tab. 9.3 zu:

$$\mathscr{P}_x^{(2)}(\omega) = 2\varepsilon_0 d_{14}^{(0)} \mathscr{A}_y E_s \exp[\mathrm{i}(\omega t - kz)] \tag{9.36a}$$

$$\mathscr{P}_y^{(2)}(\omega) = 2\varepsilon_0 d_{14}^{(0)} \mathscr{A}_x E_s \exp[\mathrm{i}(\omega t - kz)]. \tag{9.36b}$$

Hierbei ist zu beachten, dass die Zahlenwerte d_{ij} in Tab. 9.3 nur für die Oberwellenerzeugung gelten, nicht für den hier vorliegenden Fall, was durch die hochgestellte 0 angedeutet werden soll. Wohl aber gilt auch hier, dass für KDP nur drei Koeffizienten übrig bleiben, die im verlustfreien Fall gleich sind:

$$d_{14}^{(0)} = d_{25}^{(0)} \approx d_{36}^{(0)}.$$

Aus Gl. (9.36) ergibt sich die komplexe Polarisation, die in Gl. (9.17) einzusetzen ist und für die Amplituden der Lichtwelle

$$\frac{\partial \mathscr{A}_x}{\partial z} = \frac{-\mathrm{i} k d_{14}^{(0)} E_s}{n^2} \mathscr{A}_y \tag{9.37a}$$

$$\frac{\partial \mathscr{A}_y}{\partial z} = \frac{-\mathrm{i} k d_{14}^{(0)} E_s}{n^2} \mathscr{A}_x \tag{9.37b}$$

liefert. Die beiden Gleichungen lassen sich leicht lösen. Wird eine Welle eingestrahlt, die bei $z=0$ nur eine x-Komponente enthält, so ergibt sich, wie man durch Einsetzen überprüfen kann,

$$\mathscr{A}_x(z) = \mathscr{A}_x(0) \cos\varphi \tag{9.38a}$$

$$\mathscr{A}_y(z) = -\mathrm{i}\mathscr{A}_x(0) \sin\varphi \tag{9.38b}$$

$$\varphi = \frac{k d_{14}^{(0)}}{n^2} E_s z. \tag{9.39}$$

Die Amplitude der neu entstehenden, parallel zur y-Achse polarisierten Welle, nimmt mit zunehmender Wegstrecke im Kristall zu. Der Faktor i bedeutet, dass die Phase um $90°$ verschoben ist gegen die ursprüngliche Welle $\mathscr{A}_x$. Für $\varphi = \pi/4$ sind die Amplituden beider Felder gleich groß und um $90°$ phasenverschoben, d. h. das Licht ist zirkular polarisiert. Der Kristall wirkt wie ein $\lambda/4$-Blättchen und in Analogie dazu wird die Spannung, die linear polarisiertes Licht in zirkulares umwandelt, Viertelwellen-Spannung genannt. Sie ergibt sich aus Gl. (9.39) zu:

$$U_{\lambda/4} = \frac{n \lambda_0}{8 d_{14}^{(0)}}. \tag{9.40}$$

Für $\varphi = \pi/2$ ist die Amplitude des ursprünglichen Feldes null, während das neu entstehende Feld den Maximalwert annimmt und parallel zu y-Achse linear polarisiert ist. Die dazu notwendige Spannung wird Halbwellenspannung genannt:

$$U_0 = \frac{n \lambda_0}{4 d_{14}^{(0)}}. \tag{9.41}$$

Der elektrooptische Effekt kann zur schnellen Lichtmodulation ausgenutzt werden. Dazu wird linear polarisiertes Licht, $\mathcal{E}_1$-Vektor parallel zur x-Achse des KDP-Kristalls, eingestrahlt. Hinter dem Kristall befindet sich ein Polarisator, Durchlassrichtung ebenfalls in x-Richtung. Für die transmittierte Intensität gilt dann nach den Gln. (9.38a)/(9.41):

$$J = J_0 \cos^2\left(\frac{\pi}{2}\frac{U}{U_0}\right).$$

Eine periodische Spannung $U(t)$ führt zu einer periodischen Intensitätsmodulation. Diese Modulation kann mit Frequenzen bis zu etwa 10^9 Hz erfolgen [27]. Ein derartiger elektrooptischer Kristall zwischen zwei parallelen oder gekreuzten Polarisatoren wirkt wie ein optischer Schalter. Das Anlegen oder Abschalten der Spannung U_0 führt zu einer Transmissionsänderung von 0 auf 1 oder umgekehrt. In der Lasertechnik wird ein solches Element, als Kombination Polarisator-elektrooptischer Kristall-Spiegel zur Güteschaltung von Laseroszillatoren verwendet (siehe Kap. 8).

Brechzahländerung des Kristalls. Der KDP-Kristall im elektrischen Feld wirkt wie ein Viertelwellenblättchen mit einer schnellen und langsamen Achse (Kap. 4). Man kann deshalb die Veränderung des Polarisationszustandes auch auf eine Brechzahländerung zurückführen. Der Feldstärkevektor $\mathcal{E}_1$ der einfallenden Welle kann in zwei Anteile parallel zur a- bzw. b-Achse des Kristalls zerlegt werden (Abb. 9.23). Die Änderung des Polarisationszustandes ist dann gleichbedeutend mit einer unterschiedlichen Ausbreitungsgeschwindigkeit der Vektoren $\mathcal{E}_a$, $\mathcal{E}_b$ d.h. die Brechzahlen n_a, n_b sind verschieden:

$$n_a = n - \Delta n \quad n_b = n + \Delta n.$$

Es gilt mit Gl. (9.38):

$$\mathcal{E}_a = \frac{1}{\sqrt{2}}(\mathcal{A}_x + \mathcal{A}_y) = \frac{\mathcal{A}_x(0)}{\sqrt{2}}\exp[\mathrm{i}(\omega t - kz - \varphi)]$$

$$\mathcal{E}_b = \frac{1}{\sqrt{2}}(\mathcal{A}_x - \mathcal{A}_y) = \frac{\mathcal{A}_x(0)}{\sqrt{2}}\exp[\mathrm{i}(\omega t - kz + \varphi)].$$

Zwischen den Feldern $\mathcal{E}_a$, $\mathcal{E}_b$ tritt eine Phasenschiebung von

$$\Delta\varphi = 2\varphi = \frac{k}{n^2}d_{14}^{(0)}E_s z$$

auf. Diese ist verknüpft mit der Brechzahländerung über

$$\Delta\varphi = 2\pi(n_b - n_a)\frac{\ell}{\lambda_0} = 4\pi\Delta n\frac{\ell}{\lambda_0},$$

wobei ℓ die Kristalllänge ist. Es folgt:

$$\Delta n = \frac{d_{14}^{(0)}}{2n}E_s. \qquad (9.42)$$

Der elektrooptische Effekt für zweiachsige Kristalle. Das optische Verhalten eines Kristalls wird durch das Brechzahlellipsoid charakterisiert. Dieses lautet in Hauptachsendarstellung (Kap. 4.5):

$$\frac{d_x^2}{n_1^2} + \frac{d_y^2}{n_2^2} + \frac{d_z^2}{n_3^2} = 1 \tag{9.43}$$

wobei $\boldsymbol{d} = (d_x, d_y, d_z)$ ein Einheitsvektor in Richtung der elektrischen Verschiebung $\boldsymbol{D}$ des Feldes im Kristall und n_i die Hauptbrechzahlen sind. Wird an diesen Kristall ein statisches oder mit geringer Frequenz moduliertes elektrisches Feld $\boldsymbol{E}_s = (E_x, E_y, E_z)$ gelegt, so treten Brechzahländerungen auf, die zu einem neuen, gedrehten Brechzahlellipsoid führen (Abb. 9.24):

$$\frac{d_x^2}{n_1'^2} + \frac{d_y^2}{n_2'^2} + \frac{d_z^2}{n_3'^2} + \frac{2d_y d_z}{n_4^2} + \frac{2d_x d_z}{n_5^2} + \frac{2d_x 2d_y}{n_6^2} = 1. \tag{9.44}$$

wobei für Feldstärke $\boldsymbol{E}_s$ gegen null n_1', n_2', n_3' die ursprünglichen Werte n_1, n_2, n_3 annehmen und die gemischten Terme n_4, n_5, n_6 verschwinden. Es werden die Brechzahländerungen eingeführt:

$$\Delta \frac{1}{n_i^2} = \begin{cases} \dfrac{1}{n_i^2} - \dfrac{1}{n_i'^2} & (i = 1, 2, 3), \\ \dfrac{1}{n_i^2} & (i = 4, 5, 6). \end{cases} \tag{9.45}$$

Wenn es sich um einen linearen elektrooptischen Kristall handelt, ist diese Änderung proportional dem angelegten Feld:

$$\Delta \frac{1}{n_j^2} = \sum_j r_{ij} E_j. \tag{9.46}$$

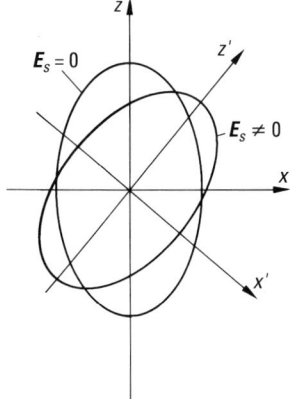

Abb. 9.24 Der elektrooptische Effekt an einem beliebigen Kristall bedeutet Drehung des Brechzahlellipsoides und Änderung der Hauptachsenabschnitte bei Anlegen einer Spannung. Beim linearen elektrooptischen Effekt sind die Änderungen proportional der Spannung.

Gl. (9.46) lässt sich wieder in Form einer Matrix-Gleichung schreiben:

$$\begin{pmatrix} \Delta \frac{1}{n_1^2} \\ \Delta \frac{1}{n_2^2} \\ \Delta \frac{1}{n_3^2} \\ \Delta \frac{1}{n_4^2} \\ \Delta \frac{1}{n_5^2} \\ \Delta \frac{1}{n_6^2} \end{pmatrix} = \begin{pmatrix} r_{11} & r_{12} & r_{13} \\ r_{21} & r_{22} & r_{23} \\ r_{31} & r_{32} & r_{33} \\ r_{41} & r_{42} & r_{43} \\ r_{51} & r_{52} & r_{53} \\ r_{61} & r_{62} & r_{63} \end{pmatrix} \cdot \begin{pmatrix} E_1 \\ E_2 \\ E_3 \end{pmatrix}. \tag{9.47}$$

Man bezeichnet diese Matrix als die elektrooptische Matrix. Für kleine Änderungen folgt aus Gl. (9.46):

$$\Delta n_i \approx -\frac{n^3}{2} \sum_j r_{ij} E_j \tag{9.48}$$

wobei n eine mittlere Brechzahl ist. Der Vergleich von Gl. (9.48) mit (9.42) zeigt, dass ein Zusammenhang zwischen der elektrooptischen Matrix und der d-Matrix für den linearen elektrooptischen Effekt bestehen muss. Eine genauere Betrachtung liefert [4]:

$$r_{ij} = -\frac{d_{ij}^{(0)}}{n^4}. \tag{9.49}$$

Die r_{ij}-Matrix besitzt die gleiche Symmetrieeigenschaft wie die d-Matrix. Der Zahlenwert der r_{ij}-Koeffizienten hängt sowohl von der Frequenz ω des Lichts, als auch von der Frequenz f des angelegten elektrischen Feldes ab, also in der in Abschn. 9.2 benutzten Schreibweise $r_{ij} = r_{ij}(\omega - f, f, \omega)$. Die in Tab. 9.6 angegebenen Werte [28] gelten für Gleichfelder, $f \to 0$.

Am Beispiel von KDP soll die Bedeutung der elektrooptischen Matrix kurz erläutert werden. Das ungestörte Brechzahlellipsoid lautet:

$$\frac{d_x^2}{n_0^2} + \frac{d_y^2}{n_0^2} + \frac{d_z^2}{n_e^2} = 1,$$

wobei x, y, z die in Abb. 9.24 angegebenen Achsen sind. Es wird ein Feld E_s in c-Richtung angelegt. Dann lautet das neue Brechzahlellipsoid nach Gl. (9.46)/(9.44):

$$\frac{d_x^2}{n_0^2} + \frac{d_y^2}{n_0^2} + 2 d_x d_y r_{63} E_s \frac{d_z^2}{n_e^2} = 1.$$

Das Ellipsoid mit Feld ist ein dreiachsiges geworden, dessen Hauptachsen in der x, y-Ebene um 45° gedreht sind. Führt man ein um 45° gedrehtes Koordinaten-

Tab. 9.6 Elektrooptische Koeffizienten einiger Kristalle [28]. Angegeben sind die nicht verschwindenden Koeffizienten r_{ij}. Diese hängen sowohl von der Wellenlänge λ_0 des Lichts, als auch von der Frequenz f des angelegten quasistatischen Feldes ab. Die Werte hier gelten für niedrige Frequenzen. Das Gleiche gilt für die Werte der statischen Dielektrizitätszahl (Permittivitätszahl) ε_i. n_0, n_e sind die Brechzahlen bei der entsprechenden Wellenlänge des Lichts.

Kristall	Symmetrie	$\lambda_0/\mu m$	$r_{ij}/10^{-12}\,\mathrm{mV}^{-1}$	n_0	n_e	$\varepsilon_1 = \varepsilon_2$	ε_3
KDP	$\bar{4}2m$	0.55	$r_{41} = r_{52} = 9.9$ $r_{63} = -10.3$	1.51	1.47	42	50
KD*P	$\bar{4}2m$	0.55	$r_{63} = -26.4$				
ADP	$\bar{4}2m$	0.63	$r_{41} = r_{52} = 23.4$ $r_{63} = -7.95$	1.52	1.49	56	15
KTP	$2mm$	0.55	$r_{13} = 9.5, r_{23} = 19$ $r_{33} = 36, r_{51} = 7$ $r_{42} = -9$	$n_x = 1.65$ $n_y = 1.79$ $n_z = 1.99$		$\varepsilon_{\mathrm{eff}} = 13$	
BaTiO$_3$	$4mm$	0.55	$r_{42} = r_{51} = 1640$ $r_{33} = 23, r_{23} = r_{13} = 9$	2.44	2.40	3600	135
LiNbO$_3$	$3m$	0.63	$-r_{12} = r_{22} = r_{61} = 6.9$ $r_{13} = r_{23} = 9.6$ $r_{33} = 31, r_{42} = r_{51} = 33$	2.29	2.20	79	32
BBO	3	1.06	$r_{11} = 2.7, \quad r_{22} = r_{31} = 0.3$	1.65	1.54	6.7	9.1
GaAs	$\bar{4}3m$	10.6 1.06	$r_{63} = r_{52} = r_{41} = 1.51$ $= 1.1$	3.3 3.43	– –	12.3	–
ZnSe	$\bar{4}3m$	10.6 0.55	$r_{63} = r_{52} = r_{41} = 2.2$ $= 2$	2.39 2.66	– –	9.1	–

system ein, welches jetzt mit den a,b-Achsen des KDP-Kristalls zusammenfällt, folgt mit

$$d_x = d_a \cos 45° - d_b \sin 45° \quad \text{und} \quad d_y = d_a \sin 45° + d_b \cos 45°$$

für das Brechzahl-Ellipsoid im a,b-Achsensystem:

$$\left(\frac{1}{n_0^2} + r_{63}E_s\right)d_a^2 + \left(\frac{1}{n_0^2} - r_{63}E_s\right)d_b^2 + \frac{d_z^2}{n_e^2} = 1.$$

Die neuen Hauptbrechzahlen in a,b-Richtung lauten:

$$n_a \approx n_0 - \frac{n_0^3}{2}r_{63}E_s, \quad n_b \approx n_0 + \frac{n_0^3}{2}r_{63}E_s. \tag{9.50}$$

Elektrooptische Ablenkung von Licht. Die bei Anlegen eines Feldes auftretende Brechzahländerung kann zur Strahlablenkung ausgenutzt werden. Dazu werden zwei KDP-Kristalle mit gegenläufiger Orientierung der c-Achsen zusammengekittet.

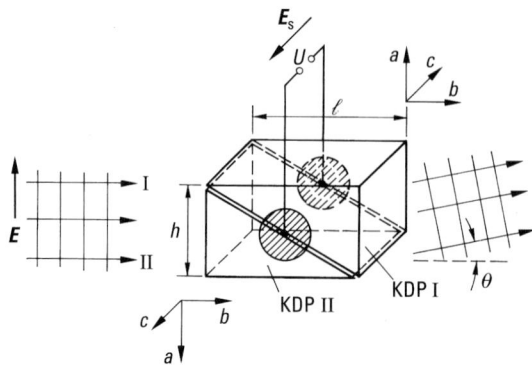

Abb. 9.25 Elektrooptische Strahlablenkung durch einen doppelten KDP-Kristall.

(Abb. 9.25). Für die beiden Kristallhälften ergeben sich die Brechzahlen nach Gl. (9.50):

$$n_\mathrm{I} \approx n_0\left(1 - \frac{n_0^2}{2} r_{63} E_\mathrm{s}\right) \quad n_\mathrm{II} \approx n_0\left(1 + \frac{n_0^2}{2} r_{63} E_\mathrm{s}\right).$$

Der obere Strahl I durchläuft den optischen Weg $n_\mathrm{I}\ell$, der mittlere Strahl den Weg $n_0\ell$, und der untere Strahl II den Weg $n_\mathrm{II}\ell$. Die Brechzahländerung quer zur Ausbreitungsrichtung beträgt

$$\Delta n = n_0^3 r_{63} E_\mathrm{s}.$$

Der planparallele Kristall wirkt infolge dieses Brechzahlgradienten wie ein Prisma und lenkt den Strahl ab. Für den Winkel ergibt sich:

$$\theta_\mathrm{A} = \frac{\ell}{h} \Delta n = \frac{\ell}{h} n_0^3 r_{63} E_\mathrm{s}, \tag{9.51}$$

wobei h die Kristallhöhe ist. Ein solches Element kann zur schnellen Ablenkung von Laserstrahlen eingesetzt werden (Abtasten von Bildern). Das Auflösungsvermögen A ergibt sich aus dem Verhältnis von Ablenkwinkel θ_A zu Öffnungswinkel θ des einfallenden Wellenfeldes. Handelt es sich um einen Gauß-Strahl, so ist der Öffnungswinkel minimal und lautet $\theta \cong 2\lambda_0/\pi h$. Das Auflösungsvermögen wird

$$A = \frac{\theta_\mathrm{A}}{\theta} \cong \frac{\pi}{2} \frac{\ell}{\lambda_0} n_0^3 r_{63} E_\mathrm{s}. \tag{9.52}$$

9.5.2 Optische Gleichrichtung

Bei der Frequenzverdopplung von Licht entsteht nach Gl. (9.9) oder Tab. 9.2 zusätzlich eine Gleichpolarisation, die zu einer Gleichspannung führt. Das Licht wird gleichgerichtet. Die Gleichrichtung von Licht ist auf den ersten Blick überraschend. Es bedeutet, dass aus einem Wechselfeld der Frequenz 10^{14} Hz ein Gleichfeld ent-

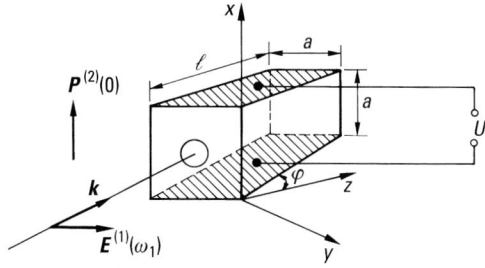

Abb. 9.26 Schematischer Aufbau zum Nachweis der Gleichrichtung von Licht nach Ward [29].

steht, was bisher nur in der Hochfrequenztechnik bekannt war. Zwar ist die optische Gleichrichtung technisch noch ohne Bedeutung, aber physikalisch interessant und soll deshalb genauer betrachtet werden.

Den schematischen, experimentellen Aufbau zeigt Abb. 9.26 [29]. In einen ADP-Kristall wird eine Lichtwelle der Frequenz ω eingestrahlt, deren Feldstärkevektor in der y, z-Ebene liegt, und die unter dem Winkel φ zur z-Achse läuft. Die beiden Flächen senkrecht zur x-Achse sind mit Elektroden versehen. Wird ein intensiver Lichtpuls hindurchgeschickt, kann man an den Elektroden einen Spannungspuls gleicher Dauer abgreifen. Das einfallende Wellenfeld lautet

$$\boldsymbol{E}(\omega) = A\cos(\omega t - k(y\sin\varphi + z\cos\varphi))\{0, \cos\varphi, \sin\varphi\}\,.$$

Der ADP-Kristall mit seinen beiden Elektroden stellt einen Kondensator dar mit der Kapazität

$$C = \varepsilon_0\varepsilon_\mathrm{s}\frac{a\ell}{a}\,,$$

wobei ε_s die statische Dielektrizitätszahl (Permittivitätszahl) ist. Die Polarisation erzeugt eine Ladung Q auf den Elektroden (siehe Bd. 2) von

$$Q = P_x^{(2)}(0)\,a\ell\,.$$

Aus $Q = CU$ ergibt sich dann die Kondensatorspannung. Wird die reelle Gleichpolarisation nach Gl. (9.1b) und Tab. 9.2

$$P_x^{(2)}(0) = d_{14}^{(0)} A^2 \cos\varphi \sin\varphi$$

eingesetzt und die Strahlleistung P eingeführt, so ergibt sich für einen Winkel von $\varphi = 45°$ die Spannung an den Elektroden zu:

$$U = \frac{d_{14}^{(0)}}{\varepsilon_0\varepsilon_\mathrm{s} c_0 n a} P\,.$$

Wie im vorangehenden Abschnitt gezeigt wurde, lässt sich $d_{14}^{(0)}$ durch den entsprechenden Koeffizienten r_{41} der elektrooptischen Matrix nach Gl. (9.49) ersetzen

$$U = \frac{-r_{41} n^3}{\varepsilon_0\varepsilon_\mathrm{s} c_0 a} P\,. \tag{9.53}$$

Erstmals nachgewiesen wurde der Effekt von Ward [29]. Er benutzte einen Q-switch Rubin-Laser mit einer Pulsausgangsleistung von $P = 10^6$ W und einer Pulsdauer von 25 ns. Die Daten des ADP-Kristalls betrugen $a = 1$ cm, $\ell = 2$ cm, $\varepsilon_s = 56$, $n = 1.52$, $r_{41} = 23 \times 10^{-12}$ m/V. Die daraus resultierende Spannungempfindlichkeit von 20×10^{-9} V/W konnte nur indirekt nachgewiesen werden, weil die Messanordnung die kurzen Pulsdauern nicht korrekt registrierte.

9.6 Kubische Effekte

Bei den kubischen Effekten ist die nichtlineare Polarisation durch Gl. (9.16) bzw. durch Tab. 9.4 gegeben. Ein verlustfreies Medium ist i. Allg. durch 15 Koeffizienten e_{ij} charakterisiert, entsprechend vielfältig sind die kubischen Effekte. Eine Zusammenstellung der e-Matrizen für die verschiedenen Kristallklassen befindet sich z. B. bei Brunner et al. [12]. Hier sollen nur einige einfache, aber in der Praxis wichtige Fälle diskutiert werden. Für verlustfreie kubische Kristalle lautet die Beziehung zwischen Feldstärke und nichtlinearer Polarisation (Tab. 9.4):

$$P_{\mathrm{NL},i}^{(3)} = \varepsilon_0 E_i [e_{11} E_i^2 + 3 e_{14}(E_j^2 + E_k^2)] \quad (i \neq j \neq k = x, y, z). \tag{9.54}$$

Bei isotropen Medien ist $e_{11} = 3 e_{14}$, und die obige Gleichung vereinfacht sich zu

$$P_{\mathrm{NL},i}^{(3)} = \varepsilon_0 e_{11} E_i \langle \boldsymbol{EE} \rangle. \tag{9.55}$$

Man erkennt, dass kubische Kristalle mit Inversionszentrum und isotrope Medien, die beide keine Effekte 2. Ordnung liefern, sich erst in den optischen Effekten 3. Ordnung unterscheiden.

9.6.1 Elektrooptische Effekte

Es wird ein Medium mit Inversionszentrum betrachtet, z. B. eine Flüssigkeit. Eine ebene, linear polarisierte Lichtwelle laufe in z-Richtung (Abb. 9.27):

$$\boldsymbol{\mathscr{E}}_1(\omega) = (\mathscr{E}_x, 0, 0) = (|\mathscr{E}_x|, 0, 0) \exp[\mathrm{i}(\omega t - kz)].$$

In y-Richtung wird ein statisches Feld $\boldsymbol{E}_s$ angelegt

$$\boldsymbol{E}_s = (0, E_s, 0).$$

Das gesamte elektrische Feld lautet dann $\boldsymbol{E} = \boldsymbol{E}_1 + \boldsymbol{E}_s$ mit $\boldsymbol{E}_1 = 1/2 \{\boldsymbol{\mathscr{E}}_1 + \boldsymbol{\mathscr{E}}_1^*\}$. Von den Termen dritter Ordnung $\boldsymbol{EEE}$ werden nur die Anteile der Frequenz ω betrachtet. Das liefert mit Gl. (9.55):

$$\mathscr{P}_x^{(3)}(\omega) = \varepsilon_0 e_{11} \mathscr{E}_x \left[\frac{3}{4} |\mathscr{E}_x|^2 + E_s^2 \right]$$

$$\mathscr{P}_y^{(3)}(\omega) = \mathscr{P}_z^{(3)}(\omega) = 0.$$

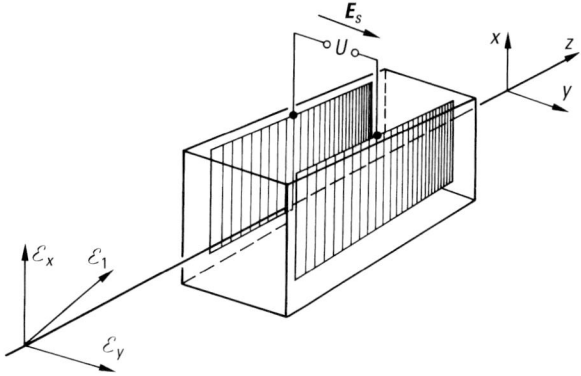

Abb. 9.27 Der quadratische elektrooptische Effekt (Kerr-Effekt) in einer Flüssigkeit.

Außerdem erzeugt das einfallende Strahlungsfeld die normale, lineare Polarisation, gekennzeichnet durch die lineare Suszeptibilität χ

$$\mathscr{P}_x^{(1)}(\omega) = \varepsilon_0 \chi \mathscr{E}_x.$$

Beides zusammen ergibt die gesamte Polarisation der Frequenz ω in dem Medium

$$\mathscr{P}_x(\omega) = \varepsilon_0 \left[\chi + \frac{3}{4} e_{11} |\mathscr{E}_x|^2 + e_{11} E_s^2 \right] \cdot \mathscr{E}_x = \varepsilon_0 \chi_{\mathrm{NL}} \mathscr{E}_x,$$

wobei χ_{NL} eine intensitätsabhängige, nichtlineare Suszeptibilität ist. Aus der Maxwell'schen Relation $n_0 = \sqrt{1 + \chi_{\mathrm{NL}}}$ ergibt sich für die Brechzahl unter dem Einfluss des statischen Feldes E_s:

$$n_0 = \sqrt{1 + \chi + \frac{3}{4} e_{11} |\mathscr{E}_x|^2 + e_{11} E_s^2} \quad (\mathscr{E} \perp E_s). \tag{9.56}$$

Man nennt n_0 in Analogie zu den doppelbrechenden Kristallen die ordentliche Brechzahl, weil der Feldstärkevektor senkrecht auf dem statischen Feld E_s steht, welches bei dem hier ursprünglichen isotropen Medium die „Kristallachse" darstellt. Die gleiche Rechnung kann für ein Strahlungsfeld durchgeführt werden, welches parallel zum statischen Feld polarisiert ist und liefert für die außerordentliche Brechzahl

$$n_e = \sqrt{1 + \chi + \frac{3}{4} e_{11} |\mathscr{E}_y|^2 + 3 e_{11} E_s^2} \quad (\mathscr{E} \parallel E_s). \tag{9.57}$$

Die Brechzahl wird sowohl durch das einfallende Licht, als auch durch das angelegte statische Feld geändert. Ein isotropes Medium wird einachsig doppelbrechend.

Der Kerr-Effekt (quadratischer elektrooptischer Effekt). Bei normalem Licht ist $|\mathscr{E}| \ll E_s$, außerdem sind die Änderungen der Brechzahl durch das statische Feld gering. Damit vereinfachen sich Gln. (9.56) und (9.57) zu

$$n_0 \approx n\left[1 + \frac{e_{11}}{2n^2}E_s^2\right]$$

$$n_e \approx n\left[1 + \frac{3e_{11}}{2n^2}E_s^2\right],$$

wobei $n = \sqrt{1+\chi}$ die Brechzahl des unbeeinflussten Mediums ist. Die Differenz der Brechzahlen ergibt sich dann zu:

$$\Delta n = n_e - n_0 = \frac{e_{11}}{n}E_s^2. \tag{9.58}$$

Da die Phasenschiebung der beiden Polarisationsrichtungen proportional der Wellenlänge λ_0 ist, wird Gl. (9.58) häufig

$$\Delta n = B\lambda_0 E_s^2 = \gamma E_s^2 \tag{9.59}$$

geschrieben. Zahlenwerte von B, γ sind in Tab. 9.7 zusammengestellt [30–34]. Weil die Brechzahländerung proportional dem Quadrat des statischen Feldes ist, wird dieser Effekt quadratischer elektrooptischer Effekt genannt, ist aber ein Effekt 3. Ordnung. Bei Kristallen wird, wie in Abschn. 9.5, vom Brechzahlellipsoid ausgegangen. Allgemein gilt:

$$\Delta\left(\frac{1}{n_i^2}\right) = \sum_j r_{ij}E_j + \sum_{jk} R_{ijk}E_jE_k,$$

wobei der lineare elektrooptische Effekt nach Gl. (9.46) hierin enthalten ist. Für Medien mit Inversionszentrum, also auch isotrope Medien, ist $r_{ij} = 0$. Dann bleiben nur noch die quadratischen Terme mit R_{ijk} übrig, die mit den χ_{ijk} verknüpft sind und die gleiche Symmetrie aufweisen.

Selbstfokussierung in isotropen Medien. In ein isotropes Medium wird linear polarisiertes Licht wie in Abb. 9.27 eingestrahlt; es sei $E_s = 0$. Dann gilt für die Brechzahl n_L bei geringen Änderungen nach Gl. (9.56):

$$n_L = n + \gamma_L|\mathscr{E}|^2 = n + \delta J \tag{9.60}$$

wobei J die Intensität des eingestrahlten Lichts ist und γ_L durch

$$\gamma_L = \frac{3}{8}\frac{e_{11}}{n} \tag{9.60a}$$

gegeben ist. Man beachte, dass Gl. (9.60) nur für linear polarisiertes Licht gilt. Bei zirkular polarisiertem Licht beträgt die Brechzahländerung 2/3 des obigen Wertes. Dieser Effekt wird als Selbstfokussierung bezeichnet. Selbstfokussierung und quadratischer elektrooptischer Effekt beruhen auf dem gleichen physikalischen Phänomen, nämlich der Orientierung von permanenten oder induzierten Dipolen. Einige

Tab. 9.7 Zahlenwerte zum quadratischen elektrooptischen Effekt (Kerr-Effekt, Selbstfokussierung). B, γ: Koeffizienten nach Gl. (9.59); δ, γ_L: Koeffizienten für kurze Lichtimpulse nach Gl. (9.60) (lineare Polarisation). P_k ist die kritische Leistung, oberhalb derer Selbstfokussierung auftritt. Die Werte hier sind nach Gl. (9.61) berechnet und nur als Richtwerte zu betrachten. Die Zahlenangaben für δ, γ_L schwanken stark in der Literatur, da es schwierig ist, definierte Versuchsbedingungen zu schaffen. Weitere Angaben [30, 31, 32, 33]. Bei den mit * markierten Medien handelt es sich um organische Substanzen [34]. Alle Angaben gelten für $\lambda_0 = 1\,\mu m$. Bei Nitrobenzol sind die Werte für kurze Pulse von 10^{-9} s (ns) und 10^{-12} s (ps) Dauer angegeben.

Medium	n	$B/10^{-15}$ mV^{-1}	$\gamma/10^{-20}$ m^{2}V^{-2}	$\gamma_L/10^{-22}$ m^{2}V^{-2}	$\delta/10^{-20}$ m^{2}W^{-1}	$P_k/10^3$ W
Nitrobenzol	1.55	3500	350	84 (ns)	410 (ns)	12 (ns)
				14 (ps)	68 (ps)	75 (ps)
Schwefelkohlenstoff	1.61	36	3.6	64	300	22
Wasser	1.33	52	5.2	0.5	5.4	1500
Benzol	1.49	7	0.7	14	35	71
Glas (BK 7)	1.52			0.66	3.3	1500
Quarzglas	1.49			0.54	2.7	1830
Aluminiumoxid	1.77 (n_o)			0.58	3.1	1700
Natriumchlorid	1.54			0.66	3.3	1500
POT*	1.7			4×10^4	9×10^4	
MNA*	1.8			5×10^3	1×10^4	
Luft 1 at[a)]	1.00			0.0014	0.01	8×10^5
100 at	1.03			0.14	0.97	8×10^3

[a)] 1 at = 98 kPa

Zahlenwerte sind in Tab. 9.7 zusammengestellt. Die Selbstfokussierung erfordert sehr hohe Lichtintensitäten, wie sie nur durch kurze Pulse erzeugt werden können. Bedingt durch die Trägheit der permanenten Dipole trägt deren Ausrichtung bei kurzen Lichtimpulsen nicht voll zur Brechzahländerung bei. Deshalb sind die Koeffizienten für γ und γ_L unterschiedlich. Außerdem ist es schwierig, bei kurzen Lichtimpulsen die Intensität hinreichend genau zu bestimmen. Die Messfehler von γ_L sind sehr groß.

Selbstfokussierung Gauß'scher Strahlen. Wird der Lichtstrahl eines intensiven Lasers mit der Intensitätsverteilung der TEM 00 Wellenform nach Abb. 9.28 in ein Medium eingestrahlt, so ist die Brechzahl über den Querschnitt des Strahls nicht mehr konstant. Infolge der höheren Intensität in der Strahlmitte ist dort die Brechzahl größer als am Rand. Das heißt aber, die Randstrahlen laufen schneller durch das Medium als der Mittelstrahl. Das Strahlungsfeld wird fokussiert; das Medium mit der jetzt inhomogenen Brechzahl wirkt wie eine Sammellinse. Durch die Fokussierung steigt die Feldstärke des Lichts an, dadurch wird der Brechzahlgradient noch größer, die Fokussierung wird stärker usw. Der Lichtstrahl wird schließlich so stark fokussiert, dass das Medium dann durch die hohen Felder zerstört wird. Aber schon vorher ist der Gültigkeitsbereich der Gl. (9.60) überschritten.

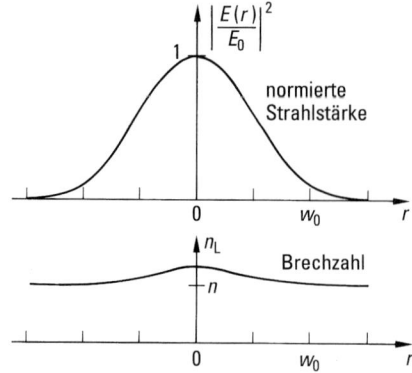

Abb. 9.28 Die rotationssymmetrische, glockenförmige Strahlstärkeverteilung eines Laserstrahls bewirkt in einem Medium eine geringfügige Brechzahländerung, die auf den Laserstrahl fokussierend wirkt.

Eine genaue quantitative Beschreibung dieser Strahlfokussierung ist sehr schwierig, da die Wellengleichung nichtlinear wird und analytische Lösungen nicht existieren. Es soll deshalb im Folgenden eine anschauliche qualitative Abschätzung gegeben werden. Betrachten wir hierzu Abb. 9.29. Der einfallende Lichtstrahl der Feldstärke $E(r)$ habe den Durchmesser $2w_0$

$$E(r, z = 0) = E_0 \exp\left(\frac{-r^2}{w_0^2}\right)$$

und damit eine Leistung von:

$$P = \frac{1}{2} n \varepsilon_0 c_0 \int_0^\infty |E_0|^2 2\pi r \, dr = \frac{\pi w_0^2}{4} n \varepsilon_0 c_0 |E_0|^2.$$

Zur Vereinfachung wird angenommen, dass die Taille des Gauß-Strahles auf der Eintrittsfläche des Mediums ($z = 0$) liegt. Am Rande des Lichtstrahls hat die Brechzahl infolge der dort geringen Strahlstärke den Wert

$$n_L \cong n, \quad r \gg w_0,$$

in der Mitte des Strahls den größeren Wert

$$n_L = n + \gamma_L |E_0|^2.$$

Es tritt ein Brechzahlsprung auf, der Lichtstrahl erzeugt in dem Medium eine Art Wellenleiter und breitet sich darin aus. Dabei wird der Lichtstrahl durch den Wellenleiter infolge Totalreflexion am optisch dünneren Medium geführt, solange der Öffnungswinkel θ des Lichtbündels kleiner ist als der Winkel der Totalreflexion

$$\cos\theta < \cos\theta_t = \frac{n}{n_L} = \frac{n}{n + \gamma_L |E_0|^2} \approx 1 - \frac{\gamma_L}{n} |E_0|^2.$$

9.6 Kubische Effekte

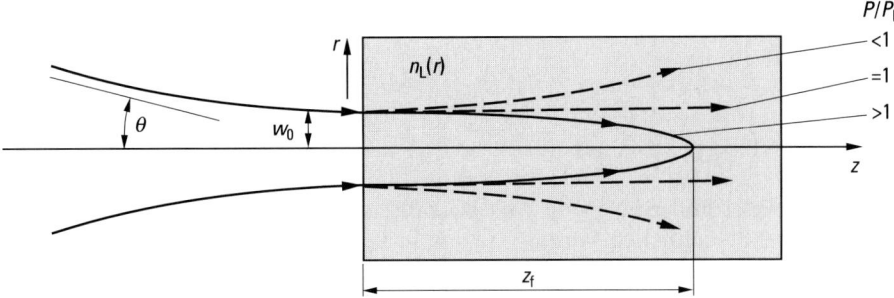

Abb. 9.29 Die durch den Laserstrahl hervorgerufene Brechzahländerung wirkt wie ein Wellenleiter. Falls die Leistung P im Strahl einen kritischen Wert P_k überschreitet, wird die Beugung des Strahls durch die Selbstfokussierung überkompensiert und der Strahl nach einer Strecke z_f im Medium fokussiert.

Man beachte, dass θ hier der Winkel ist, unter dem der Lichtstrahl gegen den Brechzahlübergang n, n_L auftritt. Da im Allgemeinen n sich nur wenig von n_L unterscheidet, ist θ ein sehr kleiner Winkel. Der Kosinus kann in einer Reihe entwickelt werden. Für den Strahlöffnungswinkel ergibt sich, damit der Strahl geführt wird, die Bedingung:

$$\frac{\theta^2}{2} < \frac{\gamma_L |E_0|^2}{n}.$$

Der minimale Öffnungswinkel eines Strahles vom Radius w_0 ist durch die Beugung gegeben und beträgt bei einem Gauß-Strahl (Kap. 8):

$$\theta = \lambda_0 / n\pi w_0.$$

Aus den beiden letzten Gleichungen folgt eine Bedingung für die Amplitude des Lichts damit Selbstfokussierung auftritt. In Lichtleistung umgerechnet ergibt sich:

$$P > P_k = \frac{\varepsilon_0 c_0 \lambda_0^2}{8\pi \gamma_L}. \tag{9.61}$$

Es bedeuten:

P_k: kritische Leistung,
ε_0: elektrische Feldkonstante,
c_0: Vakuumlichtgeschwindigkeit,
λ_0: Vakuumwellenlänge,
γ_L: Materialkonstante nach Tab. 9.7.

Wenn die Leistung im Lichtstrahl den Wert P_k überschreitet, tritt Selbstfokussierung auf. Das bedeutet jedoch nicht, dass der Lichtstrahl sofort nach Eintritt in das Medium sich einschnürt und das Medium zerstört. Das Medium wirkt vielmehr wie eine Sammellinse und der Selbstfokussierungspunkt tritt erst eine gewisse Strecke

z_f nach Eintritt in das Medium auf. Man bezeichnet z_f als *Selbstfokussierungslänge*. Diese ergibt sich (ohne Beweis) zu [35]:

$$z_f = \frac{\pi n w_0^2}{\lambda_0 \sqrt{\dfrac{P}{P_k} - 1}}, \quad P \geq P_k. \tag{9.62}$$

Die Gln. (9.61/9.62) sind eine grobe Abschätzung, da das hier benutzte Modell des Wellenleiters die tatsächlichen Verhältnisse nicht korrekt beschreibt. Eine genauere Analyse der Selbstfokussierung erfordert die Lösung der Wellengleichung (E.32), die jetzt nichtlinear wird, wobei die radiale Struktur des Strahlungsfeldes zu berücksichtigen ist. Eine ausführliche Darstellung findet man z. B. bei Akhmanov [36].

Die Überlegungen zeigen, dass es eine obere Grenze in der Leistung bei der Ausbreitung von Licht gibt. Man kann nicht beliebig hohe Leistungen übertragen, auch nicht durch Luft. Das ist von Bedeutung bei den Hochleistungslasern, wie sie z. B. für die Kernfusion entwickelt werden.

Der schnelle optische Verschluss. Der Kerr-Effekt kann ausgenutzt werden, um extrem schnelle optische Verschlüsse herzustellen. Das Prinzip ist in Abb. 9.30 dargestellt. Zwischen zwei gekreuzten Polarisatoren befindet sich eine Küvette mit Kohlenstoffdisulfid (CS_2), eine so genannte Kerr-Zelle. Wegen der gekreuzten Polarisatoren lässt diese Kerr-Zelle kein Licht hindurch. Wenn jedoch durch ein von außen angelegtes elektrisches Feld die CS_2-Moleküle ausgerichtet werden, wird Kohlenstoffdisulfid doppelbrechend. Die Polarisationsrichtung des in Abb. 9.30 von unten kommenden Lichts wird in der Flüssigkeit gedreht, und es kann wenigstens teilweise durch den Analysator hindurch. Wird das elektrische Feld abgeschaltet, verschwindet die Ausrichtung der Moleküle und die Kerr-Zelle sperrt wieder. Wie schnell die Zelle sperrt, hängt davon ab, wie schnell die Moleküle in ihren ungeordneten Zustand zurückkehren. Bei Kohlenstoffdisulfid dauert es etwa 10^{-12} s. Damit steht ein extrem schneller optischer Verschluss zur Verfügung, wenn das elektrische Feld hinreichend kurz ist. Wird nun statt des elektrischen Gleichfeldes ein Wechselfeld genommen,

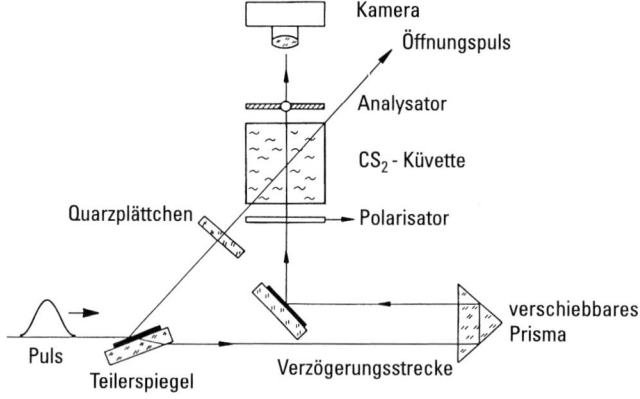

Abb. 9.30 Der schnelle optische Verschluss mit Verschlusszeiten im Bereich von 10^{-11} s.

z. B. ein kurzer Lichtpuls, so funktioniert die Kerr-Zelle in gleicher Weise. Für die Dauer des Lichtpulses, in der Abb. 9.30 mit Öffnungspuls bezeichnet, ist der Verschluss geöffnet.

Mit diesem Verschluss kann nun der gleiche Puls fotografiert werden. Dazu wird der Puls einmal zum Öffnen (Öffnungspuls) durch die Zelle geschickt und außerdem senkrecht dazu durch beide Polarisatoren und die Zelle. Dahinter wird er von einer Kamera registriert. Dieser Puls kann jedoch nur dann durch die Zelle hindurchlaufen, wenn sich beide Pulse in der Zelle treffen. Sind die Pulse um mehr als ihre Pulsdauer gegeneinander verschoben, fällt kein Licht auf den Detektor.

Die beiden Pulse werden nun in einer Verzögerungsleitung um die Zeit T gegeneinander verzögert. Für $T = 0$ gelangt maximale Intensität auf den Detektor. Ist T größer als die Pulsdauer Δt, kommt keine Intensität hindurch. Aus der Abhängigkeit der registrierten Intensität von der Verzögerungszeit T kann die Pulsdauer bestimmt werden. T kann durch einfaches Verschieben der Prismen der Verzögerungsleitung verändert werden. Die Zeitmessung ist auf eine Längenmessung zurückgeführt worden. Man beachte, dass der Detektor nur die integrale Intensität registriert, er muss nicht schnell sein.

Da der Puls bei diesem Verfahren durch einen Verschluss fotografiert wird, der vom Puls wiederum gesteuert wird, bezeichnet man die Methode auch als eine *Autokorrelationsmessung*.

Selbstphasenmodulation. Die transversale, örtliche Struktur des Strahlungsfeldes führt bei einer intensitätsabhängigen Brechzahl zu einer Änderung der örtlichen Amplitudenverteilung (Selbstfokussierung). Analog tritt eine zeitliche Änderung der Brechzahl auf, wenn das Strahlungsfeld eine zeitliche Struktur besitzt. Die Intensitätsabhängigkeit der Brechzahl nach Gl. (9.60) bedeutet, dass die Phasengeschwindigkeit des Lichts in einem Medium von der Intensität abhängt. Ein kurzer Lichtpuls wird somit zu einer zeitabhängigen Lichtgeschwindigkeit und damit zu einer zeitabhängigen Phase führen. Der Puls moduliert sich selbst. Als Beispiel soll ein Puls der Dauer Δt mit gaußförmigem Zeitverlauf der Amplitude betrachtet werden, der sich in z-Richtung ausbreitet.

$$\mathscr{E}(t,z) = \boldsymbol{E}_0 \exp\left[-\left(\frac{t - \frac{z n_\mathrm{L}}{c_0}}{\Delta t}\right)^2 + \mathrm{i}\omega_0\left(t - \frac{z n_\mathrm{L}}{c_0}\right)\right]$$

Der Intensitätsverlauf ist dann

$$J(t,z) = J_0 \exp\left[-2\left(\frac{t - \frac{z n_\mathrm{L}}{c_0}}{\Delta t}\right)^2\right].$$

Läuft dieser Puls durch ein Medium mit der Brechzahl n_L und der Länge ℓ, so lautet die Amplitude hinter dem Medium

$$\mathscr{E}(t,\ell) = \boldsymbol{E}_0 \exp\left[-\left(\frac{t - \frac{\ell n_\mathrm{L}}{c_0}}{\Delta t}\right)^2 + \mathrm{i}\varphi\right].$$

mit der Phase

$$\varphi = \omega_0 \left(t - \frac{\ell n_\mathrm{L}}{c_0} \right).$$

Die momentane Frequenz ω_m einer Lichtwelle ist gegeben durch:

$$\omega_\mathrm{m} = \frac{\mathrm{d}\varphi}{\mathrm{d}t} = \omega_0 \left(1 - \frac{\ell}{c_0} \frac{\mathrm{d}n_\mathrm{L}}{\mathrm{d}t} \right).$$

Daraus folgt für einen gaußförmigen Puls mit Gl. (9.60)

$$\omega_\mathrm{m} = \omega_0 \left\{ 1 + J_0 \frac{4\ell\delta}{c_0} \frac{\left(t - \frac{\ell n_\mathrm{L}}{c_0} \right)}{\Delta t^2} \exp\left[-2 \left(\frac{t - \frac{\ell n_\mathrm{L}}{c_0}}{\Delta t} \right)^2 \right] \right\}.$$

Die momentane Frequenz nimmt zunächst ab ($t < 0$) bis zu einem Minimum, steigt dann über ω_0 bis zu einem Maximum an, um schließlich wieder auf ω_0 abzufallen. Der Verlauf ist in Abb. 9.31a dargestellt. Der gesamte Frequenzhub errechnet sich zu

$$\frac{\Delta\omega_\mathrm{m}}{\omega_0} = \frac{4}{\sqrt{e}} \frac{\ell\delta}{c_0 \Delta t} J_0.$$

Die spektrale Breite des Pulses ist nach Durchlaufen eines Kerr-Mediums größer als vorher. Da zwischen Pulsdauer und spektraler Breite die Beziehung $\Delta\omega \geq 1/\Delta t$ besteht (Fourier-Transformation), könnte der Puls hinter dem Medium prinzipiell kürzer sein. Das Medium ändert jedoch nicht die Pulsbreite, sondern vergrößert die Bandbreite. Das heißt, wenn der Puls vorher bandbreitebegrenzt war, also $\Delta\omega = 1/\Delta t$ galt, so ist er hinter dem Medium nicht mehr bandbreitebegrenzt, $\Delta\omega > 1/\Delta t$. Seine Dauer entspricht nicht mehr dem minimal möglichen Wert, der sich aus der spektralen Breite errechnet. Der Grund ist die Phasenstörung durch das Medium. Wie in Abb. 9.31b skizziert ist, besitzt der Puls an der vorderen Flanke ($t < 0$) eine geringere Frequenz als an der hinteren Flanke ($t > 0$). Hinter dem Medium erscheinen zunächst die „roten" Anteile des Pulses und dann die „blauen" Anteile. Der Puls stellt sich dar als die Überlagerung vieler kürzerer Pulse verschiedener Mittenfrequenzen. Man kann diese Verschiebung durch geeignete Reflexion an einem Gitter derart korrigieren (s. Abschn. 8.7.3.3), dass die Laufzeit des roten Pulsanteils größer ist als die des blauen Pulsanteils. Damit erreicht man einen insgesamt kürzeren, nun bandbreitebegrenzten Puls. Auf diese Weise, nämlich

– spektrale Verbreiterung durch Selbstphasenmodulation,
– zeitliche Kompression durch Reflexion an einem Gitter,

können kurze Laserpulse, die nach dem Mode-Locking-Verfahren hergestellt wurden, weiter verkürzt werden, was dann in den Femtosekundenbereich (10^{-15} s) führt (Kap. 8).

Die vorangehenden Gleichungen setzten voraus, dass die Brechzahländerung sofort dem Intensitätsverlauf folgt. Das ist nicht der Fall, wenn der molekulare Kerr-Effekt den wesentlichen Beitrag liefert, und die Pulse bereits sehr kurz sind. Der Zahlenwert δ von Nitrobenzol in Tab. 9.7 macht das deutlich. Für Pulse von 10^{-9} s Dauer ist δ wesentlich größer als für Pulse von 10^{-12} s Dauer. Im Verlauf der mo-

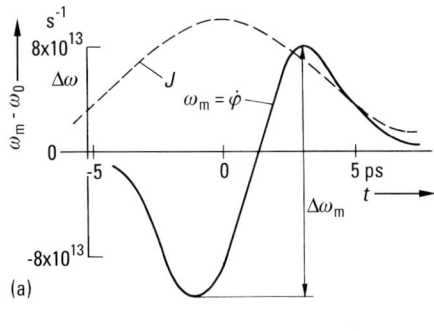

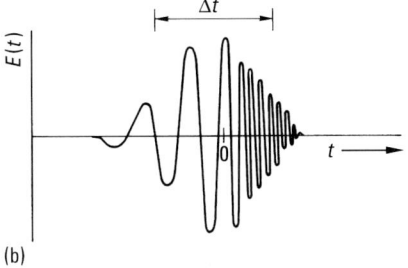

Abb. 9.31 (a) Zeitlicher Verlauf der Pulseinhüllenden J und der momentanen Frequenz ω_m beim Durchgang eines kurzen Pulses durch eine CS_2-Küvette von $\ell = 10$ cm Länge. Die Maximalintensität des Pulses beträgt $J_0 = 22$ GW/cm². Die Einstellzeit der Brechzahländerung von CS_2 wird hier mit 2 ps angenommen [37]; (b) Als Folge der Selbstphasenmodulation ändert sich die Frequenz des Pulses zeitlich (Chirp), wie hier nicht maßstabsgerecht dargestellt ist.

mentanen Frequenz macht sich diese Einstellzeit, die bei Nitrobenzol etwa 2×10^{-12} s beträgt, als Asymmetrie bemerkbar, wie in Abb. 9.31 angedeutet ist [37].

9.6.2 Entartete Vierwellen-Mischung

Die Effekte 3. Ordnung bedeuten eine Wechselwirkung von vier Wellen, denn ein Polarisationsterm 3. Ordnung erzeugt eine neue, die 4. Welle. Es soll nun der Sonderfall betrachtet werden, dass alle vier Wellen die gleiche Frequenz ω aber unterschiedliche Ausbreitungsvektoren k_m besitzen, d. h. die Wellen breiten sich in unterschiedlichen Richtungen aus:

$$\mathscr{E}_m(\omega) = \mathscr{A}_m \exp\mathrm{i}(\omega t - k_m r), \quad E_m(\omega) = \frac{1}{2}(\mathscr{E}_m + \mathscr{E}_m^*), \quad (m = 1, 2, 3, 4). \tag{9.63}$$

Die Felder sollen alle im gleichen Polarisationszustand sein. Der Index m kennzeichnet jetzt nicht die Komponente des Vektors, sondern eines der vier Felder. Die Beträge der Ausbreitungsvektoren in einem isotropen Medium sind gleich:

$$k_m = \frac{\omega}{c}.$$

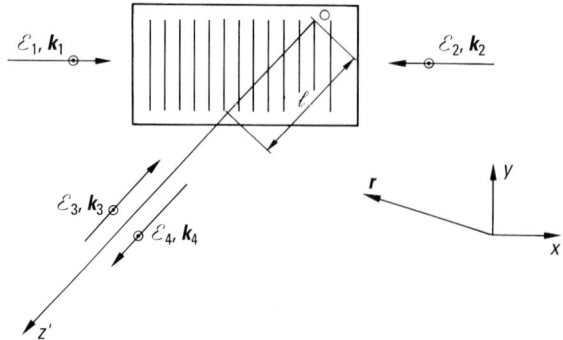

Abb. 9.32 Die entartete Vier-Wellenmischung. In einem isotropen Medium wechselwirken vier Wellen gleicher Frequenz. Die Amplituden der Wellen $\mathscr{E}_1$, $\mathscr{E}_2$ seien viel größer als die Amplituden $\mathscr{E}_3$, $\mathscr{E}_4$. Ein eingestrahltes Feld $\mathscr{E}_3$ wird dann als $\mathscr{E}_4$ mit konjugiert komplexer Amplitude reflektiert, r ist der Ortsvektor in einem beliebigen Koordinatensystem.

Im Folgenden soll zur Vereinfachung nur der Fall betrachtet werden, der von praktischer Bedeutung ist. Eine schwache Welle $\mathscr{E}_3$ soll mit zwei gegenläufigen intensiven Wellen $\mathscr{E}_1$, $\mathscr{E}_2$ (Pumpwellen) wechselwirken, wie in Abb. 9.32 dargestellt ist, d. h.

$$\boldsymbol{k}_1 = -\boldsymbol{k}_2.$$

Anschaulich kann man die Wechselwirkung als Streuung der Welle $\mathscr{E}_3$ an dem periodischen Brechzahl-Gitter betrachten, welches durch die Überlagerung der beiden Pumpwellen als Folge der Brechzahländerung nach Gl. (9.60) entsteht. Der Ausbreitungsvektor $\boldsymbol{k}_4$ der gestreuten Welle muss die Phasenanpassungsbedingung erfüllen:

$$\boldsymbol{k}_1 + \boldsymbol{k}_2 + \boldsymbol{k}_3 + \boldsymbol{k}_4 = 0. \tag{9.64}$$

Für den hier vorliegenden Fall mit $\boldsymbol{k}_1 = -\boldsymbol{k}_2$ ist das nur möglich für

$$\boldsymbol{k}_4 = -\boldsymbol{k}_3. \tag{9.65}$$

Die Welle $\mathscr{E}_4$ läuft der einfallenden Welle $\mathscr{E}_3$ entgegen. Die nichtlineare Polarisation folgt aus Gl. (9.55), wobei für E das gesamte eingestrahlte Feld einzusetzen ist

$$E = E_1 + E_2 + E_3,$$

bzw.

$$\mathscr{E} = \mathscr{E}_1 + \mathscr{E}_2 + \mathscr{E}_3.$$

Da nur Terme der Frequenz ω interessieren, ergibt sich

$$\mathscr{P}^{(3)}(\omega) = \frac{3}{4}\varepsilon_0 e_{11} \mathscr{E} \langle \mathscr{E}\mathscr{E}^* \rangle,$$

von diesen trägt nur der Anteil zur neuen Welle $\mathscr{E}_4$ bei, der die Phasenanpassungsbedingungen Gl. (9.64) und Gl. (9.65) erfüllt,

$$\mathscr{P}_4^{(3)}(\omega) = \frac{3}{2}\varepsilon_0 e_{11} \mathscr{E}_1 \langle \mathscr{E}_2 \mathscr{E}_3^* \rangle,$$

9.6 Kubische Effekte

oder mit Gl. (9.63)

$$\mathscr{P}_4^{(3)}(\omega) = \frac{3}{2}\varepsilon_0 e_{11} \mathscr{A}_1 \langle \mathscr{A}_2 \mathscr{A}_3^* \rangle \exp[\mathrm{i}(\omega t + \mathbf{k}_3 \mathbf{r})].$$

Dieses in die Grundgleichung der nichtlinearen Optik Gl. (9.17) eingesetzt, ergibt für die Amplitude der Welle $\mathscr{E}_4 = \varrho \mathscr{E}_3$:

$$\mathscr{E}_4 = \varrho \mathscr{A}_3^* \exp[\mathrm{i}(\omega t + \mathbf{k}_3 \mathbf{r})]. \tag{9.66}$$

Die Welle $\mathscr{E}_3$ wird von dem Brechzahl-Gitter der Pumpwellen $\mathscr{E}_1$, $\mathscr{E}_2$ in sich reflektiert. Es gilt also nicht mehr Einfallswinkel gleich Ausfallswinkel, wie man es von der normalen Reflexion gewohnt ist. Der Reflexionskoeffizient für die Amplituden beträgt

$$\varrho = -\mathrm{i}\frac{3\pi e_{11}}{2n\lambda_0}\mathscr{A}_1 \mathscr{A}_2 \ell \quad (\varrho \ll 1),$$

woraus der Reflexionsgrad für die Leistungsdichten $R = |\varrho|^2$ berechnet werden kann. Für gleiche Leistungsdichten $J_1 = J_2 = J$ der beiden Pumpwellen folgt:

$$R = \left[\frac{3\pi e_{11}}{n^2 \varepsilon_0 c_0 \lambda_0}\right]^2 [J\ell]^2. \tag{9.67}$$

Der Reflexionsgrad nimmt mit dem Quadrat der Intensität der Pumpwellen und mit dem Quadrat der Wechselwirkungslänge ℓ im Medium zu. Das gilt nur solange, wie die Intensität J_4 der Welle klein ist gegen die Pumpwellenintensität J, andernfalls ist die Abnahme der Pumpwellenintensität zu berücksichtigen.

Die wichtigste Eigenschaft ist jedoch die Tatsache, dass die Amplitude der reflektierten Welle proportional der konjugiert komplexen Amplitude der einfallenden Welle ist. Damit ist es möglich, Aberrationen optischer Systeme zu korrigieren, wichtig z. B. für Hochleistungslaser. Genauer wird hierauf in Kap. 3 eingegangen (*Phasenkonjugation*).

Zum Abschluss ein Zahlenbeispiel: Für MNA (Tab. 9.7) lautet der $e_{11} = \chi_{1111}$-Wert mit Gl. (9.60a) $\chi_{1111} = 1.2 \times 10^{-18}\,\mathrm{m}^2/\mathrm{V}^2$. Brechzahl $n = 1.8$, Intensität $J = 1\,\mathrm{MW/cm}^2$, Wechselwirkungsstrecke $\ell = 1\,\mathrm{cm}$ ergeben einen Reflexionsgrad von $R = 1.7\%$.

Die Vierwellenmischung wird auch als Echtzeit-Holographie bezeichnet, da hier die gleichen Vorgänge wie bei der Aufnahme und Wiedergabe eines Hologramms ablaufen, mit dem Unterschied, dass die Speicherung und Abfrage eines normalen Hologramms getrennte Vorgänge sind, während hier beides gleichzeitig abläuft.

Zur Vereinfachung wurde hier nur das Brechzahl-Gitter betrachtet, welches die beiden Pumpwellen erzeugen. In gleicher Weise erzeugen auch die Wellen $\mathscr{E}_3$, $\mathscr{E}_1$ oder $\mathscr{E}_4$, $\mathscr{E}_1$ usw. ein Gitter, an dem wiederum gestreut werden kann. Wegen der hier gemachten Voraussetzungen über die Amplituden der vier Wellen können jedoch die anderen Gitter vernachlässigt werden.

Bei dem hier erzeugten Gitter handelt es sich um ein reines Phasengitter, welches sich als Folge der bei hohen Intensitäten auftretenden Brechzahländerungen nach Gl. (9.60) ergibt. Im Allgemeinen kann jedoch die Suszeptibilität, d. h. der χ_{ijkl}-Tensor, komplex werden. Das bedeutet Absorption und die Pumpwellen erzeugen ein Absorptionsgitter, an dem in gleicher Weise Beugung stattfinden kann [38].

Die induzierte Brillouin-Streuung, die im Abschn. 9.7 behandelt wird, liefert ebenfalls ein phasenkonjugiertes, reflektiertes Strahlungsfeld [39]. Jedoch tritt im Gegensatz zur entarteten Vierwellen-Mischung eine Frequenzverschiebung auf.

9.6.3 Kerr-Effekt, thermische Effekte und Photorefraktion

Die atomaren oder molekularen Effekte, die zu einer Brechzahländerung führen, sind vielfältig.

Elektronischer Kerr-Effekt. Das Strahlungsfeld bewirkt mittlere Verschiebungen von positivem und negativem Ladungsschwerpunkt des Atoms als Folge des nichtparabolischen Potentials. Dieser Beitrag zur Brechzahländerung ist gering, aber die Änderung reagiert auf das Feld in Subpicosekunden. Beispiele sind Glas oder Luft.

Molekularer Kerr-Effekt. Das Strahlungsfeld oder auch das angelegte statische Feld bewirken eine teilweise Ausrichtung von molekularen Dipolmomenten. Dieser Beitrag zur Brechzahländerung ist sehr viel größer als der elektronische Kerr-Effekt, aber wegen der Viskosität der hierfür verwendeten Flüssigkeiten erfolgt die Ausrichtung vergleichsweise langsam. Ein Beispiel hierfür ist CS_2. Typische Zeiten liegen bei 10^{-9} s.

Thermische Effekte. In diesem Fall ist γ proportional dem Temperaturkoeffizienten der Brechzahl. Der Beitrag ist groß, aber die Einstellzeit liegt bei Millisekunden bis Sekunden, abhängig von den Abmessungen des Mediums. Verwendung findet die thermische Brechzahländerung bei den bistabilen optischen Elementen (Abschn. 9.10). Gegenläufige Wellen führen in diesem Fall nicht zu einem Brechzahl-Gitter, da der Temperaturausgleich zwischen benachbarten Interferenzmaxima wegen des geringen Abstands sehr schnell erfolgt.

Photorefraktion. Kristalle mit lokalisierten elektrischen Ladungen zeigen unter dem Einfluss eines Lichtfeldes ebenfalls Brechzahländerungen. Diese erfolgt auf folgende Weise. Das einfallende Licht bewirkt eine Anregung der lokalisierten Elektronen (*traps*) in das Leitungsband, wo sie sich bewegen können und an anderer Stelle wieder eingefangen werden. Auf diese Weise entstehen an den Maxima des Strahlungsfeldes positiv geladene „Löcher". Eine Interferenzstruktur zweier Pumpwellen E_1, E_2 erzeugt eine entsprechende Ladungsstruktur, welche eine periodische elektrische Feldstruktur verursacht. Über den linearen, elektrooptischen Effekt hat diese eine Brechzahländerung mit periodischem Verlauf zur Folge, woran die Welle E_3 gebeugt wird und zur Welle E_4 führt. Es liegt wieder eine Vierwellen-Mischung vor. Es gibt jedoch wesentliche Unterschiede zwischen der hier beschriebenen Photorefraktion und dem normalen Kerr-Effekt. Die Photorefraktion ist ein integraler Effekt und reagiert nicht auf die Amplitude des Feldes, sondern auf die Energie. Nach Einschalten des Strahlungsfeldes werden die Elektronen in das Leitungsband angehoben und es baut sich eine Feldverteilung im Kristall auf. Sind alle im Bereich eines Intensitätsmaximums des Lichts liegenden Elektronen freigesetzt, ist die Photorefraktion gesättigt. Weitere Einstrahlung erhöht den Effekt nicht mehr. Die Einstellzeit dagegen ist amplitudenabhängig. Bei einer hohen Amplitude des Lichts erfolgt die Einstellung sehr schnell.

Beim Kerr-Effekt ist das Interferenzfeld $\boldsymbol{E}_1 + \boldsymbol{E}_2$ phasenstarr mit dem entstehenden Brechzahlgitter verbunden. Dagegen besteht keine solche Phasenbeziehung bei der Photorefraktion. Die Freisetzung der Elektronen und anschließende Diffusion zerstört jede Kohärenz.

Ein angelegtes, statisches Feld kann die Photorefraktion noch verstärken. Ein häufig benutzter Kristall ist Bariumtitanat [40].

9.6.4 Vakuum-Doppelbrechung

Bei allen isotropen Medien ändert sich bei hohen Feldstärken die Brechzahl. Das gilt auch für das Vakuum, wie dessen quantenmechanische Behandlung zeigt [41]. Für die Brechzahlen parallel bzw. senkrecht zum elektrischen Feldstärkevektor gilt:

$$n_\| = 1 + \delta_\| J, \quad n_\perp = 1 + \delta_\perp J,$$

$$\delta_\| = \frac{2}{45} \frac{e^4 \hbar}{\pi^2 \varepsilon_0^2} \frac{1}{(m_e c^2)^4} = 8.7 \times 10^{-40} \frac{\mathrm{m}^2}{\mathrm{W}}, \quad \delta_\perp = \frac{7}{4} \delta_\| = 15.2 \times 10^{-40} \frac{\mathrm{m}^2}{\mathrm{W}},$$

wobei $m_e c^2$ die Elektronenruheenergie ist. Mit Lasern werden derzeit Spitzenintensitäten von $J = 10^{24}$ W/m^2 erreicht, was Brechzahländerungen von $\Delta n \cong 10^{-16}$ zur Folge hat, jenseits aller Messmöglichkeiten. Es ist auch zu beachten, dass ein exzellentes Vakuum zur Verfügung stehen muss, da sonst die Nichtlinearität der Restgase überwiegt.

9.6.5 Nichtlineare Absorption

Bisher wurde nur der Fall behandelt, dass die Brechzahl durch die hohe Feldstärke $\boldsymbol{E}$ des Lichts verändert wird. In gleicher Weise kann auch der Absorptionskoeffizient α sich ändern. Für isotrope Medien gilt in erster Näherung:

$$\alpha = \alpha_0 [1 - \beta |\boldsymbol{E}^2|]. \tag{9.68}$$

Es handelt sich also um einen kubischen Effekt. Im Folgenden soll nur ein einfaches Beispiel diskutiert werden, die Resonanzabsorption eines Moleküls. Als Modell dient ein Termschema, wie es in Abb. 9.33 skizziert ist.

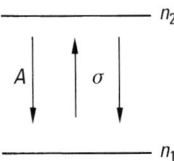

Abb. 9.33 Das Zwei-Niveau-System als einfachstes Beispiel für einen sättigbaren, nichtlinearen Absorber.

Im Normalfall befinden sich alle Moleküle im Grundzustand, es gilt $n_1 = n_0$

$n_1 + n_2 = n_0$ Gesamtdichte der Moleküle.

Durch Einstrahlung von Licht gelangen Moleküle in den oberen Zustand, von wo sie durch spontane oder induzierte Emission in den Grundzustand zurückkehren. Im Gleichgewicht gilt die Bilanz (siehe Kap. 8):

$$n_1 \sigma \frac{J}{\hbar\omega} = n_2 \sigma \frac{J}{\hbar\omega} + \frac{n_2}{T_1}. \tag{9.69}$$

Es bedeuten:

n_1, n_2: Dichte der Moleküle im Grund- bzw. angeregten Zustand,
J: Bestrahlungsstärke (Intensität),
$\hbar\omega$: Energie der Photonen,
$T_1 = 1/A$: Verweilzeit im oberen Niveau,
σ: Wirkungsquerschnitt.

Die Gl. (9.69) ist eine Energiebilanz, wie sie bei der Wechselwirkung mit Licht eingehend in Kap. 8 diskutiert wurde. Auf der linken Seite stehen die Absorptionsakte pro Zeit, auf der rechten Seite die Emissionsprozesse, und zwar die induzierten und spontanen Übergänge. Der Absorptionskoeffizient ergibt sich aus Gl. (9.69) zu:

$$\alpha = (n_1 - n_2)\sigma = \frac{\alpha_0}{1 + \dfrac{J}{J_s}}. \tag{9.70}$$

Hierbei ist

$\alpha_0 = n_0 \sigma$ Absorptionskoeffizient bei kleinen Intensitäten $J \ll J_s$,
$J_s = \hbar\omega/2\sigma T_1$ Sättigungsbestrahlungsstärke (Sättigungsintensität).

Kommt die Bestrahlungsstärke in den Bereich des Sättigungswertes, so ändert sich die Absorption merklich. Man erkennt, dass Gl. (9.68) eine Näherung der Gl. (9.70) für geringe Bestrahlungsstärken ist. Der Koeffizient β ergibt sich zu $\beta = nc_0\varepsilon_0/2J_s$. Die Leistungsdichte in dem Absorber nimmt ab gemäß

$$\frac{dJ}{dz} = -\alpha J = \frac{-\alpha_0}{1 + \dfrac{J}{J_s}} J.$$

und führt auf eine transzendente Gleichung für J:

$$\ln \frac{J}{J_0} + \frac{J - J_0}{J_s} = -\alpha_0 z. \tag{9.71}$$

Hierbei sind $J(z)$ die Bestrahlungsstärke an der Stelle z im Absorber und J_0 die eingestrahlte Bestrahlungsstärke. Führt man die von der Bestrahlungsstärke abhängige Transmission $T(J_0) = J(d)/J_0$ und die Transmission T_0 bei Bestrahlungsstärke null ein

$$T_0 = \exp(-\alpha_0 d), \quad (d \text{ Absorberdicke}),$$

so lässt sich obige Gleichung umformen zu

$$\ln \frac{T}{T_0} = (1-T)\frac{J_0}{J_s}.$$

Für $(1-T) \ll 1$ folgt hieraus die Näherung

$$T = T_0^{1/(1+J_0/J_s)}. \tag{9.72}$$

Eine merkliche Änderung des Transmissionsgrades tritt erst dann ein, wenn die Bestrahlungsstärke J in die Größenordnung der für die spezielle Molekülart charakteristischen Größe J_s, kommt. Typische Werte von J_s sind in Tab. 9.8 zusammengestellt. Im Grenzfall sehr hoher Bestrahlungsstärken $(J \gg J_s)$ nähert sich der Transmissionsgrad dem Wert Eins. Das bedeutet $n_1 = n_2$, d. h. es befinden sich gleichviel Moleküle im unteren und im oberen Energieniveau. Ein Beispiel zeigt Abb. 9.34 [42].

Tab. 9.8 Beispiele für Substanzen, die bei intensivem Lichteinfall ihren Transmissionsgrad verändern. Die Zeitkonstante T_1 gibt an, wie schnell sich nach Abschalten der Bestrahlungsstärke wieder der ursprüngliche Transmissionsgrad T_0 einstellt.

Absorber	Absorptions-wellenlänge λ_0 in μm	Sättigungs-intensität J_s in W/m²	Zeitkonstante T_1 in s
Cryptocyanin in Methanol gelöst	0.69	2×10^{10}	10^{-9}
Phthalocyanin	0.69	10^9	5×10^{-7}
RG-10-Farbglas	0.69	6×10^9	8×10^{-9}
Kodak-Farbstoff Nr. 9740	1	4×10^{11}	10^{-11}
Kodak-Farbstoff Nr. 14015	1	10^9	4×10^{-9}
SF$_6$	10	25×10^5	4×10^{-4}
Difluormethan	10	3×10^5	

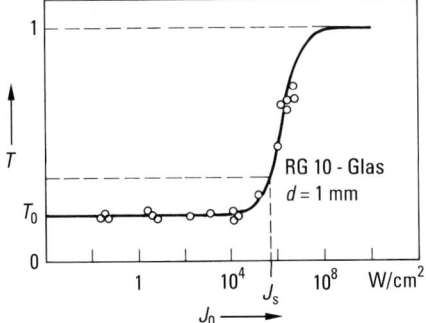

Abb. 9.34 Die Transmission eines Absorbers bei Einstrahlung hoher Bestrahlungsstärken. J_s: Sättigungsparameter. In diesem Beispiel handelt es sich um ein RG-10-Farbglas, dessen Absorption im roten Spektralbereich liegt (nach [42]).

9.7 Induzierte Streuung

9.7.1 Allgemeine Betrachtungen

Läuft eine ebene Lichtwelle durch ein Medium, welches statistisch verteilte Brechzahlinhomogenitäten enthält, so wird Licht aus der Welle herausgestreut. Handelt es sich um periodische Brechzahlstrukturen, so findet Beugung an diesen Strukturen statt (z. B. Bragg-Reflexion, siehe Kap. 3), d. h. eine kohärente Richtungsänderung des Lichts. Bei den Inhomogenitäten kann es sich um Atome, Moleküle, Metallcluster, Kolloide, Staubpartikel, Kristallite, Wassertröpfchen, aber auch um Dichte- oder Temperaturschwankungen im Medium handeln. Für die differentielle Abnahme der Intensität im Medium gilt im Bereich der linearen Optik und für eine ebene, sich in z-Richtung ausbreitende Welle:

$$dJ = -\sigma n_0 J \, dz \qquad (9.73)$$

mit

$$J = \frac{1}{2} c_0 n \varepsilon_0 |E_0|^2 .$$

Es bedeuten:

J: Intensität, Leistungsdichte,
c_0: Vakuumlichtgeschwindigkeit $= 2.998 \times 10^8$ m/s,
ε_0: elektrische Feldkonstante $= 8.854 \times 10^{-12}$ As/Vm,
E_0: Feldstärkeamplitude,
n_0: Anzahldichte der streuenden Teilchen,
σ: totaler Wirkungsquerschnitt,
n: Brechzahl des Mediums

σ ist der Wirkungsquerschnitt der Teilchen, also die wirksame Fläche, die sich dem einfallenden Licht bietet. Der Wirkungsquerschnitt ist stark abhängig von den Eigenschaften der Teilchen und der Frequenz des einfallenden Lichts; σ ist nicht identisch mit der geometrischen Fläche der Teilchen, wobei dieser Begriff im Bereich der atomaren Abmessungen sehr fragwürdig wird. Für den Fall, dass n_0 sich nicht mit der Intensität des Lichts ändert, lässt sich Gl. (9.73) integrieren und führt zu dem bekannten Lambert-Beer'schen Gesetz der exponentiellen Intensitätsabnahme in einem streuenden oder absorbierenden Medium:

$$J(z) = J_0 \exp[-\alpha z]$$

$$\alpha = \sigma n_0 = \text{Absorptionskoeffizient}.$$

Für das in den Raumwinkel $d\Omega$ gestreute Licht kann im linearen Bereich der Ansatz

$$d^2 J_s = n_0 J(z) \frac{\partial \sigma}{\partial \Omega} d\Omega \, dz \qquad (9.74)$$

gemacht werden, wobei $\partial \sigma / \partial \Omega$ der differentielle Wirkungsquerschnitt ist (siehe Tab. 9.12), welcher vom Streuwinkel ϑ abhängt. Die Frequenz des gestreuten Lichts kann gegenüber der Frequenz des einfallenden Lichts verschoben sein. Man unterscheidet deshalb:

- **elastische Streuung:** keine Frequenzänderung
- **unelastische Streuung:** Frequenzänderung.

Im Photonenbild ist die Frequenzänderung gleichbedeutend mit einer Energieänderung des Photons, daher in Analogie zum Stoß die Bezeichnung „unelastische" Streuung. Die Phasenbeziehung zwischen der einfallenden Welle und der gestreuten kann eine definierte sein, auch bei Frequenzverschiebungen zwischen den beiden Wellen, oder die Phasenbeziehung kann statistisch sein. Dementsprechend unterscheidet man:

- **kohärente Streuung:** definierte Phasenbeziehung
- **inkohärente Streuung:** statistische Phasenbeziehung

In Tab. 9.9 sind die wichtigsten Arten der Streuung zusammengestellt. In allen Fällen erfolgt die Streuung letztlich durch die gebundenen Elektronen. Daher hängt die Streuung auch wesentlich von zwei Parametern ab, der Resonanzfrequenz ω_R der

Tab. 9.9 Zusammenstellung der verschiedenen Streuarten von Licht, ω_0: Frequenz des eingestrahlten Lichts, ω_R: Resonanzfrequenz des Systems.

Bezeichnung	Streukörper	Frequenzbereich	Frequenzverschiebung $\Delta\omega/\omega$
elastische Streuung			
Mie-Streuung	Teilchen, die groß gegen die Wellenlänge sind (Staub, Ruß, Mastix, Metallcluster)		0
Resonanz-Streuung	Anregung atomarer Übergänge in Resonanz	$\omega_0 = \omega_R$	0
Rayleigh-Streuung	Teilchen, die klein gegen die Wellenlänge sind (Moleküle, statistische Dichteschwankungen)		0
Thomson-Streuung	quasifreie Elektronen	$m_e c_0^2 \gg \hbar\omega_0 \gg \hbar\omega_R$	0
unelastische Streuung			
Compton-Streuung	freie Elektronen	$\hbar\omega_0 \approx m_e c_0^2$	$-(10^{-3}$ bis $10^{-1})$
Raman-Streuung	Molekülschwingungen, optische Gitterschwingungen	$\omega_0 \gg \omega_R$	$\pm(10^{-3}$ bis $10^{-2})$
Brillouin-Streuung	akustische Schwingungen in Kristallen und Flüssigkeiten	$\omega_0 \gg \omega_R$	$\pm(10^{-6}$ bis $10^{-5})$

Elektronen und dem Verhältnis von Photonenenergie $\hbar\omega_0$ zu Elektronenruheenergie $m_e c_0^2$. Bei hohen Lichtfrequenzen spielt die Resonanzfrequenz der Elektronen praktisch keine Rolle mehr und diese können als frei betrachtet werden (Thomson-Streuung).

Bei genügend hohen Lichtintensitäten treten diese spontanen Streuprozesse auch induziert auf. Das bedeutet:

- starke Richtungsabhängigkeit
- nichtlineare Abhängigkeit von der eingestrahlten Intensität
- Schwellverhalten, ähnlich wie beim Laser
- feste Phasenbeziehung zwischen der einfallenden und der induziert gestreuten Welle.

Einige dieser induzierten Streuprozesse sollen im Folgenden eingehender diskutiert werden. Im einfachsten Fall handelt es sich um nichtlineare Prozesse dritter Ordnung, wie Tabelle 9.1 zeigt, es können aber auch Prozesse höherer Ordnung auftreten.

9.7.2 Raman-Streuung

9.7.2.1 Spontane Raman-Streuung

Neben der Emissions- und Absorptionsspektroskopie kann die *Raman-Streuung* erfolgreich bei der Strukturuntersuchung von Gasen, Flüssigkeiten und Kristallen eingesetzt werden [43]. Durch die Möglichkeit, die hohen Intensitäten des Lasers hierfür zu verwenden, hat diese in letzter Zeit wieder erheblich an Bedeutung gewonnen. Daher soll etwas ausführlicher hierauf eingegangen werden.
Der Raman-Effekt wurde von A. Smekal [44] vermutet und 1928 von C. V. Raman und Krishnan [45] nach dem die Erscheinung genannt wird, und fast gleichzeitig von G. Landsberg und L. Mandelstam [46] gefunden.

Experimentelle Ergebnisse. Den prinzipiellen Versuchsaufbau zeigt Abb. 9.35. Als Lichtquelle wird eine Quarz-Quecksilberlampe, eine Heliumlampe oder auch ein Laser verwendet. Die Lichtquelle wird in das zu untersuchende Medium fokussiert, welches fest, flüssig oder gasförmig sein kann. Die im Medium erzeugte Streustrahlung wird auf den Eingangsspalt eines Spektrographen abgebildet und das Spektrum registriert. Die in der Streustrahlung ebenfalls vorhandene Primärlinie wird durch geeignete Filter beseitigt. Zwei Beispiele zeigt Abb. 9.36.

In der unteren Hälfte der Abb. 9.36 ist zu erkennen, dass links und rechts der Primärlinie P neue Linien auftreten. Diese *Raman-Linien* verdanken ihre Entstehung dem Raman-Streuprozess; die zu geringeren Frequenzen verschobenen Linien werden *Stokes-Linien* genannt, die zu höheren Frequenzen verschobenen Linien *Anti-Stokes*-Linien. Die Ausmessung der Spektrogramme zeigt, dass die Raman-Linien eines Mediums gegenüber der Primär-Linie die gleiche Differenzfrequenz besitzen. Diese Differenzfrequenz $v_M = v_{P1} - v_{s1} = v_{P2} - v_{s2}$ ist unabhängig von der Primärfrequenz. Eine zweite Tatsache, die von Raman sofort erkannt wurde, ist die Identität der Frequenzdifferenzen v_M mit den Eigenschwingungen der Moleküle des Streukörpers bzw. mit der infraroten Eigenschwingungen des streuenden Kristalls. In

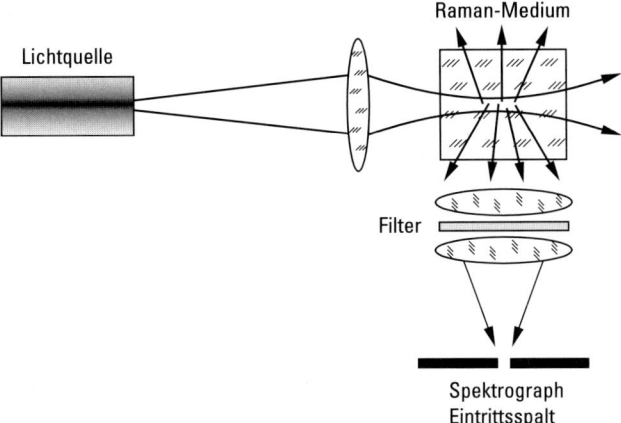

Abb. 9.35 Prinzipieller Aufbau zur Untersuchung der Raman-Streuung.

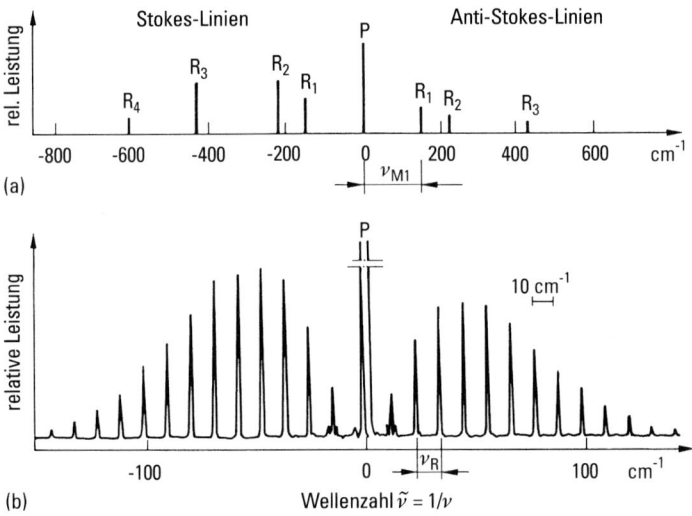

Abb. 9.36 (a) Raman-Spektrum von SiC$_4$. Die Höhe der Linien deutet die Leistung an. Die Zahlen an der Abszisse messen die Entfernung von der Hg-Primärlinie in cm^{-1} (b) Rotations-Raman-Spektrum von Sauerstoff (O$_2$), aufgenommen mit einem Argon-Laser der Wellenlänge $\lambda = 514.5$ nm und 1.4 W Leistung als Primär-Lichtquelle. Die Wellenzahlen zählen von der Argon-Laser-Primär-Linie P [43].

dieser Tatsache liegt die große praktische Bedeutung des Raman-Effekts, denn die Eigenfrequenzen sind lediglich durch die Struktur des betreffenden Moleküls bestimmt und können also durch Ausnutzung des Raman-Effekts untersucht werden, und zwar mit Messungen im sichtbaren Gebiet und im nahen Ultraviolett.

Nun gibt es auch andere Methoden, die ultraroten Eigenfrequenzen eines Materials zu bestimmen, nämlich durch Untersuchung seiner Absorption und Dispersion in diesem Spektralgebiet. Eine genaue Prüfung hat zu dem Ergebnis geführt, dass im Allgemeinen weder Raman-Effekt noch ultrarotes Spektrum für sich allein sämtliche Eigenfrequenzen liefern können. Manche Eigenfrequenzen, die im Raman-Effekt beobachtet werden, fehlen im Ultrarot und umgekehrt, so dass beide Methoden sich ergänzen. Welche Eigenfrequenzen als Linien im Ultrarot- oder im Raman-Spektrum oder in beiden gemeinsam auftreten, hängt eng mit der Symmetrie der streuenden Moleküle zusammen. Dies liefert eine viel benutzte Methode, Molekülsymmetrien spektroskopisch zu bestimmen. Mehr hierüber im Band 4.

Das schematische Raman-Spektrum von $SiCl_4$ in Abb. 9.36 zeigt nicht nur eine Linie, sondern deren Vier, entsprechend der Tatsache, dass Tetrachlorid-Moleküle vier verschiedene Eigenfrequenzen besitzen. Ferner zeigt die Abbildung, dass die gleichen Raman-Linien auf der kurzwelligen Seite der Primärlinie, die Anti-Stokes-Linien mit geringerer Intensität auftreten. Eine der Linien fehlt sogar auf dieser Seite des Spektrums. Die Ausmessung des Spektrums liefert die in Tab. 9.10 zusammengestellten Zahlenwerte.

Voraussetzung für die Aufnahme eines Raman-Spektrums ist eine genügend schmalbandige Primärlichtquelle, damit die oft nur um kleine Frequenzen gegen die Primärfrequenz verschobenen Raman-Linien nicht in der Primärlinie verschwinden. Wird die Bandbreite normaler Lichtquellen derartig eingeengt, so geht das stets auf Kosten der Strahlleistung. Für die Aufnahme eines Raman-Spektrums sind

Tab. 9.10 Raman-Spektrum von $SiCl_4$, Wellenlänge der Primärlinie $\lambda_p = 404.6$ nm, $\nu_p = 7.4147 \times 10^{14}$ Hz, ν_M: Frequenz der Moleküleigenschwingung.

Stokes-Frequenzen ν_S in 10^{14} Hz	Anti-Stokes-Frequenzen ν_{AS} in 10^{14} Hz	Molekülfrequenz ν_M in 10^{12} Hz
7.3764	7.4574	4.50
7.3479	7.4784	6.45
7.2852	7.5396	12.72
7.2912		18.12

Tab. 9.11 Moleküleigenschwingungen (nach Eckhardt et al. [47]). Angegeben sind die jeweils intensivsten Linien.

Substanz	Molekülfrequenzen ν_M in 10^{12} Hz
Kohlenstofftetrachlorid	13.77
Benzol C_6H_6	29.76; 91.92
C_6D_6	28.2; 68.79
Toluol	23.55; 30.12
Nitrobenzol	40.35; 30.12
Methan	87.42
Deuterium D_2	89.79
Wasserstoff H_2	124.8

daher oft Stunden erforderlich. Nach der Erfindung des Lasers, der eine intensive, kohärente und monochromatische Lichtquelle darstellt (Kap. 8), waren diese Schwierigkeiten behoben. Abb. 9.36b zeigt das Raman-Spektrum von Sauerstoff, aufgenommen mit der 514.5-nm-Linie eines Argon-Lasers von 1.4 W Ausgangsleistung. In diesem Fall handelt es sich um das Rotationsspektrum von O_2, d. h. die auftretenden Raman-Frequenzen entsprechen den Rotationsfrequenzen des O_2-Moleküls um eine Achse, die senkrecht auf der Verbindungsachse der beiden Sauerstoffatome steht. Einige Zahlenwerte für die Eigenschwingungen von Molekülen sind in Tab. 9.11 zusammengestellt [47]. Eine Winkelabhängigkeit der normalen Raman-Streuung, die auch **spontane Raman-Streuung** genannt wird, tritt weder bei den Stokes- noch bei den Anti-Stokes-Linien auf.

9.7.2.2 Induzierte Raman-Streuung

Völlig anders sieht die Raman-Streuung aus, wenn das Licht sehr intensiver Laser verwendet wird [48]. Den prinzipiellen Aufbau zeigt Abb. 9.37. Das intensive Licht eines Rubinlasers (Strahlstärke $J = 10^6$ bis 10^7 W/cm^2) wird in eine mit Benzol gefüllte Küvette fokussiert. Das gestreute Licht enthält wieder die um die Molekülfrequenzen $\tilde{\nu}_M = 992$ cm^{-1} von Benzol verschobenen Frequenzen, wobei sowohl die Stokes- als auch die Anti-Stokes-Linien mit erheblicher Strahlstärke auftreten. Wegen der hohen Strahlstärke des Laserlichts treten auch die um die doppelte oder dreifache Molekülfrequenz verschobenen Linien auf. Das heißt, die Raman-Linien im Anti-Stokes-Bereich sind deutlich sichtbar auch in der Farbe verändert. Bemerkenswert ist die Tatsache, dass die Raman-Streuung in relativ scharfen Kegeln um den einfallenden Lichtstrahl in Vorwärtsrichtung erfolgt:

Im Gegensatz zur spontanen Raman-Streuung bei geringen Bestrahlungsstärken wird diese Streuung bei hohen Bestrahlungsstärken **induzierte Raman-Streuung** genannt. Sie wurde von Eckhardt und Mitarbeitern [47] 1962 entdeckt. Es handelt sich hierbei um einen nichtlinearen Wechselwirkungsprozess, da die gestreute Intensität nicht mehr proportional der einfallenden Intensität ist, und es eine relativ scharfe Schwelle für den Einsatz der induzierten Streuung gibt, wie Abb. 9.42 zeigt.

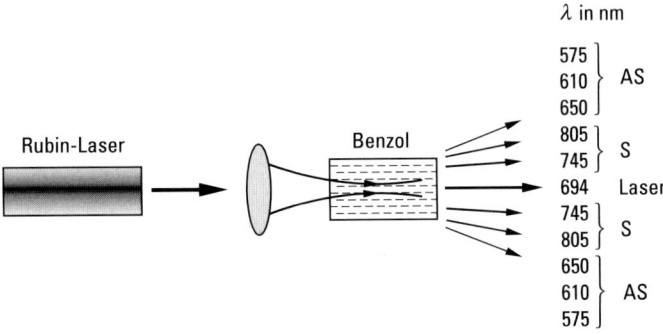

Abb. 9.37 Raman-Streuung bei extrem hohen Bestrahlungsstärken nach Terhune [48] (induzierte Raman-Strahlung).

9.7.2.3 Theoretische Deutung der Raman-Streuung

Klassische Vorstellung. Zunächst soll kurz auf die klassische Theorie eingegangen werden, da sie einige wesentliche Merkmale der Raman-Streuung sehr einfach erklären kann.

Eine Lichtwelle $E = E_0 \sin(2\pi v_0 t)$ falle auf ein Molekül. Unter dem Einfluss der Feldstärke beginnen die Elektronen des Moleküls gegen die sehr viel schwereren Kerne zu schwingen. Es entsteht ein oszillierendes, elektrisches Dipolmoment p_e, welches bei kleinen Schwingungsamplituden proportional der Feldstärke E ist:

$$p_e = \varepsilon_0 \alpha E_0 \sin(2\pi v_0 t).$$

α wird Polarisierbarkeit des Moleküls genannt und ist im einfachsten Fall eine skalare Größe. Die Polarisierbarkeit ist abhängig von der Frequenz des einfallenden Lichts, dem Bindungszustand und den Symmetrieeigenschaften der Moleküle. Treten nun interne Molekülschwingungen der Frequenz v_M auf, z. B. dadurch, dass die Molekülkerne gegeneinander schwingen, so kann sich abhängig von der Molekülsymmetrie auch die Polarisierbarkeit periodisch mit dieser Molekülfrequenz ändern:

$$\alpha = \alpha_0 + \alpha_1 \sin(2\pi v_M t).$$

Aus beiden Gleichungen folgt nach einer trigonometrischen Umformung:

$$p_e = \alpha_0 E_0 \sin(2\pi v_0) + \frac{\alpha_1 E_0}{2} \{\cos[2\pi(v_0 - v_M)t] - \cos[2\pi(v_0 + v_M)t]\}. \quad (9.75)$$

Das oszillierende Dipolmoment p_e des Moleküls enthält drei Frequenzen und strahlt auch diese drei Frequenzen ab. Die Frequenz v_0 ist die des einfallenden Lichts, d. h. das Molekül strahlt die gleiche Frequenz wieder ab. Dieser Fall entspricht offensichtlich der elastischen Rayleigh-Streuung. Daneben treten die neuen Frequenzen

$$v_S = v_0 - v_M \quad (9.76)$$

$$v_{AS} = v_0 + v_M \quad (9.77)$$

auf, die der Stokes- bzw. Anti-Stokes-Frequenz entsprechen. In diesem einfachen Bild der Raman-Streuung wird also das einfallende Licht durch das Molekül mit der Molekülfrequenz v_M moduliert und es entstehen zwei neue Lichtfrequenzen. Dieses Modell kann zwar grob die Raman-Streuung erklären, aber es reicht nicht aus, die Experimente quantitativ zu beschreiben. So sollten z. B. nach Gl. (9.75) die Stokes- und Anti-Stokes-Frequenzen immer mit der gleichen Intensität auftreten, was den experimentellen Erfahrungen widerspricht.

Diskussion der spontanen Raman-Streuung im Energieniveau-Schema. Bei geringen Bestrahlungsstärken, wie sie von normalen Lichtquellen geliefert werden, ist die korpuskulare Theorie besonders einfach. Dazu werden Gl. (9.76) und Gl. (9.77) mit h multipliziert und umgeordnet:

$$hv_0 = hv_S + hv_M \quad \text{(Stokes-Fall)}, \quad (9.78)$$

$$hv_0 = hv_{AS} - hv_M \quad \text{(Anti-Stokes-Fall)}. \quad (9.79)$$

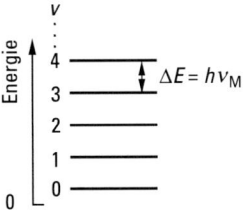

Abb. 9.38 Das Energieniveau-Schema des quantenmechanischen, harmonischen Oszillators.

Die neue Schreibweise der Gl. (9.76/9.77) stellt den Energiesatz dar. Ein Photon der Energie $h\nu_0$ trifft auf ein Molekül. Das Molekül streut das Photon, wobei ein Teil der Photonenenergie als Schwingungsenergie $h\nu_M$ im Molekül zurückbleibt (Gl. (9.78)). Um diesen Vorgang richtig zu verstehen, muss ein Ergebnis der Quantenmechanik benutzt werden, welches ausführlich erst im Bd. 4 behandelt werden kann. Es wurde jedoch bereits bei der Ableitung des Planck'schen Strahlungsgesetzes (Kap. 5) benötigt. Es handelt sich um die Tatsache, dass die Energie eines jeden harmonischen Oszillators, also auch die der elastischen Molekülschwingungen, gequantelt ist. Ebenso wie beim elektromagnetischen Feld (Kap. 7) sind nur die folgenden stationären Energiezustände möglich:

$$E_v = \left(v + \frac{1}{2}\right) h\nu_M, \quad (v = 0, 1, 2, 3 \ldots) \tag{9.80}$$

v: Schwingungsquantenzahl.

Das Energieniveau-Schema der Molekülschwingungen besteht aus einer Folge diskreter Energiestufen im Abstand $h\nu_M$ (Abb. 9.38). Im Gegensatz zu den atomaren Systemen sind die Abstände im unteren Energiebereich nahezu konstant und um den Faktor 10 bis 100 kleiner, das heißt die Einheiten der Schwingungsenergie liegen bei $h\nu_M = 0.1 \ldots 0.01$ eV, entsprechend einer Molekülfrequenz von $\nu_M = 10^{13} \ldots 10^{12} \text{s}^{-1}$.

Damit lässt sich die Streuung von Photonen an Molekülen wie folgt präzisieren. Ein Photon der Energie $h\nu_0$ trifft auf ein Molekül, welches sich im z. B. untersten Energiezustand ($v = 0$) befindet (Abb. 9.39). Das Molekül absorbiert das Photon kurzzeitig und befindet sich dabei in einem verbotenen Energiezustand, denn es besitzt kein für die Photonenenergie $h\nu_0$ passendes Energieniveau. Ein solcher verbotener Energiezustand wird als *virtueller Energiezustand* bezeichnet; er ist in Abb. 9.39 gestrichelt dargestellt. Von diesem virtuellen Zustand kehrt das Molekül sehr schnell in einen reellen Energiezustand zurück. Dabei hat es zwei Möglichkeiten:

1. Es kehrt in den Grundzustand ($v = 0$) zurück. In diesem Fall wird die volle Energie $h\nu_0$ wieder abgestrahlt. Das Photon hat nur seine Richtung geändert, aber keine Energie an das Molekül abgegeben. Dieser Fall entspricht der *Rayleigh-Streuung*.
2. Das Molekül kehrt in den ersten angeregten Schwingungszustand ($v = 1$) zurück. Dann kann nur ein Photon der Energie $h\nu_S = h(\nu_0 - \nu_M)$ emittiert werden. Die Differenzenergie bleibt als Schwingungsenergie im Molekül zurück. Dieser Fall entspricht der *spontanen Raman-Streuung*, und zwar dem *Stokes-Fall* (Gl. (9.78)).

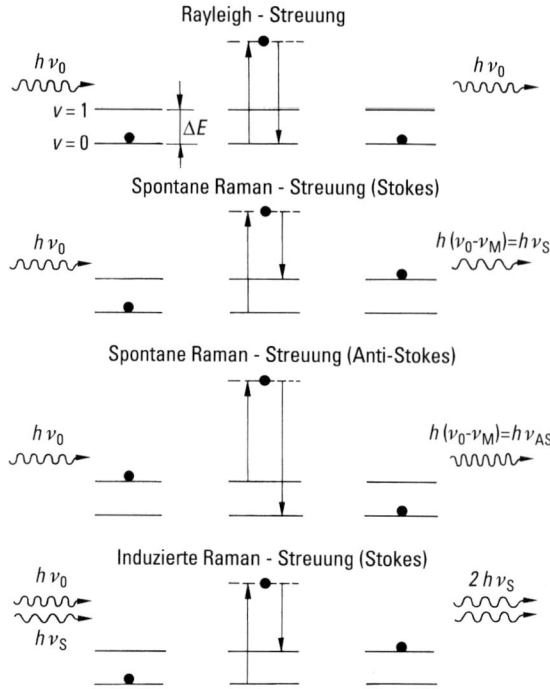

Abb. 9.39 Die Rayleigh-Streuung und die verschiedenen Raman-Streuungen im Energieniveau-Schema. $v = 0, 1$ unterster und erster angeregter Schwingungszustand des Moleküls. Molekülfrequenz v_M, - - - virtueller Energiezustand. Von den vielen Energiezuständen des Moleküls (Abb. 9.38) sind hier nur die beiden untersten eingezeichnet.

Das Molekül kann sich jedoch bereits vor der Wechselwirkung mit dem Licht in einem angeregten Zustand (z. B. $v = 1$) befinden. Wieder wird es durch das einfallende Photon hv_0 in einen virtuellen Zustand übergehen und hat jetzt drei Möglichkeiten, in einen reellen Energiezustand zurückzukehren. Es kann in den Ausgangszustand $v = 1$ oder in einen noch höheren Zustand $v = 2$ übergehen. Dann entsteht Rayleigh- bzw. Stokes-Strahlung. Es gibt jedoch noch die dritte Möglichkeit:

3. Das vorher angeregte Molekül ($v = 1$) kehrt in den Grundzustand ($v = 0$) zurück. Dann gibt es seine Schwingungsenergie dem Photon mit, und es wird ein Photon der Energie $hv_{AS} = h(v_0 + v_M)$ emittiert. Dieser Fall entspricht ebenfalls der *spontanen Raman-Streuung*, aber dem *Anti-Stokes-Fall* nach Gl. (9.79).

Auch im korpuskularen Bild lässt sich also die Raman-Streuung zwanglos durch die Anwendung des Energiesatzes erklären. Sie liefert jedoch noch mehr. Die Moleküle, an denen die Raman-Streuung erfolgt, mögen sich in einem hinreichend großen Hohlraum befinden. In diesem Hohlraum gibt es pro Frequenzintervall eine bestimmte Anzahl stehender Wellen, die sich aus der Rayleigh'schen Abzählformel berechnen lassen. Bei der spontanen Raman-Streuung werden die Stokes-Photonen gleichmäßig in alle Richtungen emittiert. Die Übergangsrate W_{SE} für die **spontane Emission eines Stokes-Photons** in **eine** der stehenden Wellen ist proportional der Zahl der pro Zeiteinheit eingestrahlten Photonen q_0 und proportional der Zahl n_0 der Moleküle im Grundzustand:

$$W_{SE}(h\nu_S) = Dq_0 n_0 \tag{9.81}$$

D: Proportionalitätsfaktor, charakteristisch für das Molekül,
n_0: Zahl der Moleküle im Grundzustand ($v = 0$),
q_0: Zahl der eingestrahlten Photonen pro Zeiteinheit mit der Frequenz ν_0, welche proportional der eingestrahlten Lichtleistung ist.

Da, abgesehen von Mikroresonatoren (Kap. 8), stets viele stehende Wellen vorhanden sind, steigt die spontane Emissionsrate entsprechend an. Gleiches gilt für die Übergangsrate der **spontanen Emission eines Anti-Stokes-Photons**:

$$W_{SE}(h\nu_{AS}) = Dq_0 n_1 \tag{9.82}$$

n_1: Zahl der Moleküle im angeregten Zustand ($v = 1$).

Die spontane Emission eines Anti-Stokes-Photons tritt nur dann mit messbarer Wahrscheinlichkeit auf, wenn genügend angeregte Moleküle n_1 vorhanden sind. Im thermischen Gleichgewicht gilt jedoch die Boltzmann-Verteilung für die Besetzungszahlen von atomaren oder molekularen Energieniveaus:

$$n_1 = n_0 \exp\left(-\frac{h\nu_M}{kT}\right) < n_0.$$

Bei Zimmertemperatur ($T = 300\,\text{K}$, $kT \approx 0.025\,\text{eV}$) liegt $h\nu_M/kT$ in der Größenordnung von 4 bis 0.4 und folglich ist die Anti-Stokes-Linie immer schwächer als die Stokes-Linie, solange sich die Moleküle im thermischen Gleichgewicht befinden. Mit der Temperatur nimmt jedoch die Intensität der Anti-Stokes-Linie zu.

Der Vorgang der spontanen Emission von Stokes-Photonen ist auch umkehrbar. Dazu braucht die Gl. (9.78) nur von rechts nach links gelesen zu werden und kann wie folgt gedeutet werden: Ein Stokes-Photon $h\nu_S$ trifft auf ein Molekül im angeregten Zustand und wird gestreut. Hierbei gibt das Molekül dem Stokes-Photon seine Schwingungsenergie mit, sodass nach der Streuung ein Photon der Frequenz $h\nu_0$ entstanden ist. Man könnte diesen Prozess spontane Absorption von Stokes-Photonen oder spontane Emission von Photonen der Energie $h\nu_0$ nennen. Die Übergangsrate W_{AS} für die **spontane Absorption von Stokes-Photonen** ist proportional der Zahl q_S der Stokes-Photonen und proportional der Zahl n_1 der angeregten Moleküle:

$$W_{SA}(h\nu_S) = Dq_s n_1. \tag{9.83}$$

Bei der normalen Raman-Streuung ist die Zahl der Stokes-Photonen und die Zahl der angeregten Moleküle gering, sodass praktisch keine Absorption von Stokes-Photonen auftritt.

Diskussion der induzierten Raman-Streuung. Im Folgenden wird eine qualitative Betrachtung der induzierten Raman-Streuung durchgeführt. Quantitative Rechnungen findet man in der Spezialliteratur [25, 49]. Bei hohen Bestrahlungsstärken tritt zunächst erhöhte spontane Raman-Streuung (Stokes-Fall) auf, wodurch entsprechend viele Moleküle in den angeregten Schwingungszustand ($v = 1$) übergehen. Viele angeregte Moleküle n_1 bedeutet jedoch nach Gl. (9.82), dass auch die Intensität der spontanen Raman-Streuung im Anti-Stokes-Bereich zunimmt.

Neben der erhöhten spontanen Raman-Streuung kann auch induzierte Raman-Streuung auftreten, analog zur induzierten Emission, die eingehend in Kap. 7 und 8 behandelt wurde. Ein einfallendes Photon $h\nu_0$ bewirkt zunächst wieder den Übergang eines Moleküls in einen virtuellen Zustand (Abb. 9.39). Wenn jetzt innerhalb der sehr kurzen Verweilzeit in diesem Zustand ein anderswo spontan erzeugtes Stokes-Photon $h\nu_S$ auf dieses Molekül trifft, so kann induzierte Emission vom virtuellen Niveau aus erfolgen. Das heißt, es entstehen zwei Stokes-Photonen $2h\nu_S$ die in Richtung Frequenz und Polarisation übereinstimmen. Die Energiebilanz für diesen Prozess lautet:

$$h\nu_0 + h\nu_S = 2h\nu_S + h\nu_M. \tag{9.84}$$

Die Übergangsrate W_{IE} für die **induzierte Emission eines Stokes-Photons** $h\nu_S$ ist proportional der Zahl q_0 der eingestrahlten Photonen $h\nu_0$, der Zahl q_s der Stokes-Photonen $h\nu_S$ und der Zahl n_0 der Moleküle im Grundzustand

$$W_{IE}(h\nu_S) = D q_0 q_s n_0. \tag{9.85}$$

Verglichen mit der Wahrscheinlichkeit für die normale induzierte Emission (Kap. 7 u. 8), die proportional der Zahl der Photonen ist, tritt hier das Produkt zweier Photonenzahlen auf. Ein solcher Prozess wird als *nichtlinear* bezeichnet. Aus den beiden Gln. (9.82) und (9.85) ergibt sich für die gesamte Emissionsrate eines Stokes-Photons

$$W_{emiss}(h\nu_S) = D q_0 n_0 (1 + q_s). \tag{9.86}$$

Wie bei der linearen Wechselwirkung Licht–Atome in Abschn. 7.4 treten wieder die beiden Terme der spontanen und induzierten Emission auf.

Ebenso kann auch ein Stokes-Photon induziert absorbiert werden, d. h. ein Stokes-Photon $h\nu_S$ und ein Photon $h\nu_0$ treffen auf ein Molekül im angeregten Zustand. Das Molekül gibt seine Schwingungsenergie dem Stokes-Photon mit und nach der Streuung sind zwei Photonen $h\nu_0$ vorhanden. Es ist also ein Stokes-Photon absorbiert worden. Die Energiebilanz für den Vorgang lautet:

$$h\nu_0 + h\nu_S + h\nu_M = 2h\nu_0. \tag{9.87}$$

Analog zu den vorangehenden Fällen ergibt sich die Rate W_{IA} für diese **induzierte Absorption von Stokes-Photonen zu**:

$$W_{IA} = D q_0 q_s n_1, \tag{9.88}$$

und die gesamte Wahrscheinlichkeit für die Absorption eines Stokes-Photons nach Gl. (9.83) und (9.88) zu:

$$W_{abs}(h\nu_S) = D q_s n_1 (1 + q_0). \tag{9.89}$$

Mit diesen einfachen Überlegungen ist es relativ leicht, die Raman-Experimente bei hohen Bestrahlungsstärken zu verstehen. Hohe Bestrahlungsstärke bedeutet großes q_0, d. h. nach Gl. (9.82) wird die Wahrscheinlichkeit für die Emission von Stokes-

Photonen groß. Hohe Stokes-Photonenzahl hat zur Folge, dass nach Gl. (9.85) die induzierte Emission von Stokes-Photonen zunimmt. Wenn sowohl die Zahl q_0 der eingestrahlten Photonen als auch die Zahl q_S der Stokes-Photonen groß gegen eins ist, folgt aus den Gln. (9.89) und (9.86):

$$W_{\text{emiss}}(h\nu_S) - W_{\text{abs}}(h\nu_S) = D q_s q_0 (n_0 - n_1). \tag{9.90}$$

Da unter Normalbedingungen $n_1 < n_0$ ist, also immer weniger Moleküle im angeregten Zustand als im Grundzustand sind, überwiegt nach Gl. (9.90) die Emission von Stokes-Photonen und kann beträchtliche Werte annehmen.

Man kann sich diesen Prozess folgendermaßen vorstellen. Beim Eindringen des intensiven Lichtstrahls der Frequenz ν_0 in die Flüssigkeitsküvette entstehen zunächst spontane Stokes-Photonen ν_S. Einige davon laufen in Richtung des Lichtstrahls und erzeugen auf ihrem weiteren Weg in der Küvette neue Stokes-Photonen durch induzierte Emission. Die Stokes-Photonen, die parallel zum einfallenden Lichtstrahl laufen, werden also durch induzierte Emission verstärkt, d.h. die Zahl der Stokes-Photonen nimmt auf Kosten der Zahl der eingestrahlten Photonen zu. Daher tritt in Richtung des Lichtstrahls eine viel höhere Raman-Stokes-Strahlungsleistung auf als in den anderen Richtungen, wie auch von Terhune beobachtet wurde (Abb. 9.37). Aus Gl. (9.90) ergibt sich für die Zahl der Stokes-Photonen dq_S, die pro Wegelement dz in der Küvette erzeugt werden:

$$\frac{dq_S}{dz} = \frac{D}{c} q_s q_0 (n_0 - n_1),$$

wobei c die Lichtgeschwindigkeit in dem Medium ist. Es ist üblich, die Photonenzahlen durch die entsprechenden Intensitäten J_s und J_0 der ebenen Welle zu ersetzen. Außerdem werden alle Konstanten zusammengefasst zu der Größe g. Dann folgt aus der obigen Gleichung:

$$\frac{dJ_S}{dz} = g J_S J_0.$$

Unter der Annahme konstanter eingestrahlter Intensität J_0 lässt sich diese Gleichung integrieren und liefert:

$$J_S(z) = J_S(0) \exp(g J_0 z). \tag{9.91}$$

Die Intensität des Stokes-Lichts wird in der Küvette exponentiell verstärkt. Hierbei ist $J_S(0)$ die Stokes-Intensität am Ort $z = 0$, also dort, wo der Lichtstrahl der Frequenz ν_0 in die Küvette eintritt. $J_S(0)$ wird im allgemeinen die spontan emittierte Stokes-Intensität sein, die durch den einfallenden Lichtstrahl J_0 am Anfang der Küvette erzeugt wird, und zwar der Anteil, der annähernd parallel zum einfallenden Lichtstrahl läuft. Der Faktor g im Exponenten der Gl. (9.91) hängt vom speziellen Medium ab. Einige Zahlenwerte sind in Tab. 9.12 zusammengestellt. Ein typischer Wert für Flüssigkeiten ist $g = 10^{-4}$ m/MW.

Er ist derartig klein, dass bei normalen Intensitäten von einigen kW pro m² keine nennenswerte Verstärkung des Stokes-Lichts auftreten kann, also dieser Effekt der induzierten Raman-Streuung mit normalen Lichtquellen nicht beobachtet werden kann. Dagegen ist es ohne Schwierigkeiten möglich, mit gepulsten Lasern Intensi-

Tab. 9.12 Zahlenwerte zur *Raman-* und *Brillouin-Streuung* (nach Kaiser und Maier [49]). Der Verstärkungskoeffizient gilt für eine Wellenlänge von $\lambda = 694.3$ nm. Die Linienbreite der Raman-Linie ist etwa gleich der inversen Lebensdauer (Dämpfung) dieser Schwingung.

Substanz	Molekülfrequenz u. Linienbreite		Streuquerschnitt (Gl. (9.74))	Verstärkungskoeffizient (Gl. (9.91))
	v_M [10^{12} Hz]	δv_M [10^9 Hz]	$n_0 \partial\sigma/\partial\Omega$ [10^{-9} cm^{-1} sr^{-1}]	g [10^{-5} m/MW]
Raman-Streuung				
Flüssiger Sauerstoff	45.6	3.5	5	15
Flüssiger Stickstoff	69.8	2.0	3	17
Benzol	29.8	65	30	3
Nitrobenzol $C_6H_5.NO_2$	40.4	200	65	2.1
Kohlenstoffdisulfid CS_2	20.0	15	76	24
Wasserstoffgas H_2	120		3800	1.5 ($p > 10$ atm)
Lithiumniobat $^7LiNbO_3$	7.68	690	2600	8.9
	7.74	210	2300	28.7
	19.1	600	2300	9.4
Lithiumtantalat $^7LiTaO_3$	6.03	660	1670	4.4
	6.45	360		10
Quarz SiO_2	14			0.8
Brillouin-Streuung	v_M [10^9 Hz]	δv_M [10^6 Hz]		
Kohlenstoffdisulfid	5.7	52		130
Aceton C_3H_6O	4.5	224		20
Benzol C_6H_6	6.6	289		18
Wasser H_2O	5.7	320		5
Methanol CH_3OH	4.2	250		13

täten von 10^{12} W/m² zu erzeugen. Bei derartigen Werten von J_0 erfolgt z. B. in einer Küvette von $z = 0.1$ m Länge eine Verstärkung des Stokes-Lichts nach Gl. (9.91) um den Faktor $c^{10} \approx 2.2 \times 10^4$. In der Nachrichtentechnik wird der induzierte Raman-Effekt für die Signalverstärkung in Lichtleitfasern eingesetzt.

Die exponentielle Verstärkung nach Gl. (9.91) gilt natürlich nicht für beliebige Werte von z. Bei der Integration wurde angenommen, dass die eingestrahlte Intensität J_0 längs der Küvette konstant sei. Das gilt jedoch nur für kleine Werte der Stokes-Intensität. Mit zunehmendem J_S und zunehmender Weglänge in dem Medium, werden immer mehr Photonen der eingestrahlten Intensität in Stokes-Photonen verwandelt. Dann nimmt die einfallende Intensität ab und Gl. (9.91) ist nicht länger gültig. In Abb. 9.40 ist der prinzipielle Verlauf der Stokes-Intensität J_S und der eingestrahlten Intensität J_0 längs der Küvette skizziert.

Die Primärwelle J_0 und die Stokes-Welle J_s unterscheiden sich um die Molekülfrequenz v_M. Die Überlagerung beider Wellen führt also zu einer Schwebungsfrequenz v_M, die gleich der Molekülfrequenz ist. Diese Schwebung läuft durch das

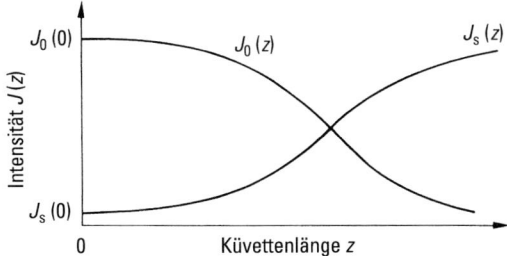

Abb. 9.40 Prinzipieller Verlauf der Stokes-Intensität J_s und der eingestrahlten Intensität J_0 als Funktion der Küvettenlänge z. Die Stokes-Intensität steigt für kleine Werte von J_0 exponentiell an.

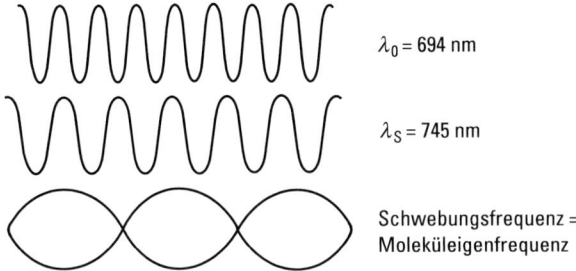

Abb. 9.41 Primärwelle und Stokes-Welle erzeugen eine Schwebung mit der Eigenfrequenz der Moleküle. Dadurch werden die Molekülschwingungen verstärkt, die ihrerseits die beiden Lichtwellen koppeln.

Raman-Medium und wirkt wie eine antreibende Kraft auf die Molekülschwingung (siehe Abb. 9.41). Die Molekülschwingung nimmt zu und koppelt ihrerseits die beiden Lichtwellen, d. h. Energie wird von einer Welle in die andere transportiert.

Ein experimentelles Beispiel zeigt die Abb. 9.42. Dort ist die Strahlungsleistung des Raman-Stokes-Streulichts in Abhängigkeit von der Intensität des eingestrahlten Laserlichts dargestellt [50]. Deutlich ist der Unterschied zwischen der spontanen Raman-Streuung bei geringen Intensitäten und der induzierten Raman-Streuung bei hohen Intensitäten zu erkennen. Typisch auch das schwellenartige Verhalten der Raman-Strahlung. Bei einer Laserintensität von etwa 800 MW/cm² steigt diese steil an.

Alle Überlegungen, die zur Emission und Absorption von Stokes-Photonen angestellt wurden, lassen sich auf die Anti-Stokes-Photonen übertragen. Von den zahlreichen möglichen Prozessen soll ein interessanter Spezialfall diskutiert werden. Wegen der hohen anregenden Lichtintensität entstehen zunächst sehr viele Stokes-Photonen durch spontane und induzierte Emission. Folglich bleibt entsprechend viel Schwingungsenergie $h v_M$ im Kristall oder in der Flüssigkeit zurück. Das heißt, es befinden sich viele Moleküle n_1 im angeregten Zustand ($v = 1$), die zu spontaner

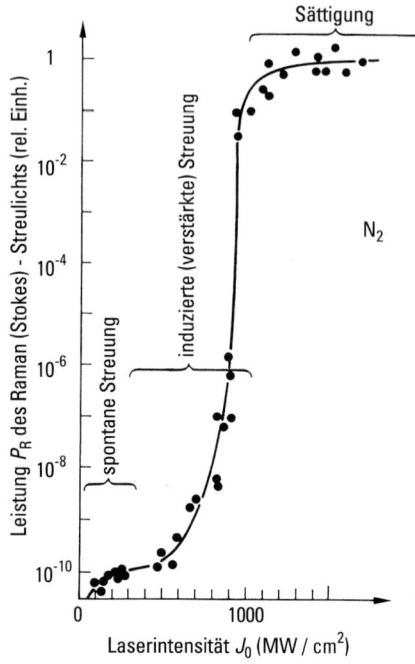

Abb. 9.42 Leistung P_R des Raman-Stokes-Streulichts als Funktion der eingestrahlten Laserintensität J_0. Als Raman-Medium wurde N_2 verwendet, der Laser war ein gepulster Rubin-Laser (nach Grun et al. [50]).

und induzierter Emission von Anti-Stokes-Photonen Anlass geben können. Ein derartiger Prozess kann in der Energiebilanz wie folgt formuliert werden:

$$h\nu_0 + h\nu_0 = h\nu_S + h\nu_{AS}. \tag{9.92}$$

Zwei Photonen $h\nu_0$ bilden ein Stokes- und ein Anti-Stokes-Photon. Die bei der Emission des Stokes-Photons angeregte Molekülschwingung wird sofort wieder zur Emission des Anti-Stokes-Photons verwendet. Das Molekül verändert insgesamt gar nicht seinen Zustand, sondern spielt nur die Rolle eines Vermittlers. Es handelt sich hierbei um einen Prozess dritter Ordnung oder eine Vierwellenmischung, da vier Photonen miteinander wechselwirken. Dieser nichtlineare Prozess wird in der Spektroskopie eingesetzt und ist unter dem Namen *CARS* (kohärente Anti-Stokes-Raman-Streuung) bekannt [51].

Impulssatz. Bisher wurde bei der Raman-Streuung nur der Energiesatz verwendet. Natürlich muss auch der Impulssatz erfüllt sein. Bei allen Streuprozessen nimmt das Molekül die Impulsdifferenz auf. Also gilt z. B. bei der spontanen Emission eines Stokes-Photons: Impuls des einfallenden Photons gleich dem Impuls des Stokes Photons plus Impuls des Moleküls:

$$\hbar\boldsymbol{k}_0 = \hbar\boldsymbol{k}_S + \boldsymbol{p}_M,$$

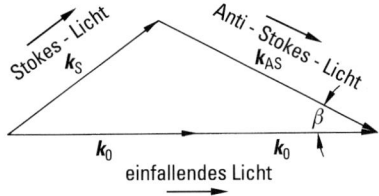

Abb. 9.43 Die Impulserhaltung beim Vier-Photonen-Prozess.

wobei k_0, k_S die Ausbreitungsvektoren von einfallendem und gestreutem Photon sind. p_M ist der Impuls, den das Molekül aufnimmt. Interessant ist der Fall, der durch Gl. (9.92) beschrieben wird. Hier findet keine Veränderung des Moleküls statt, d. h. die vier Photonen müssen für sich den Impulssatz erfüllen:

$$2k_0 = k_S + k_{AS}. \tag{9.93}$$

Für die Beträge der Ausbreitungsvektoren gilt:

$$|k_0| = \frac{2\pi}{\lambda_0}, \quad |k_S| = \frac{2\pi}{\lambda_S}, \quad |k_{AS}| = \frac{2\pi}{\lambda_{AS}},$$

wobei die Wellenlängen im Medium einzusetzen sind. Wenn auf Lichtfrequenzen umgerechnet wird, folgt daher:

$$|k_0| = \frac{2\pi \nu_0 \eta_0}{c_0}, \quad |k_S| = \frac{2\pi \nu_S \eta_S}{c_0}, \quad |k_{AS}| = \frac{2\pi \nu_{AS} \eta_{AS}}{c_0}.$$

Hierbei sind η_0, η_S, η_{AS} die Brechzahlen bei den entsprechenden Frequenzen. Da sich die drei Frequenzen nur um die im Allgemeinen geringe Molekülfrequenz ν_M unterscheiden, kann die Brechzahl in eine Reihe entwickelt werden und es gilt in Näherung:

$$\eta_S = \eta_0 - \nu_M \frac{\partial \eta}{\partial \nu}, \quad \eta_{AS} = \eta_0 + \nu_M \frac{\partial \eta}{\partial \nu}.$$

Unter Benutzung des Kosinussatzes folgt für kleine Streuwinkel β (siehe Abb. 9.43) in erster Näherung:

$$\beta \cong \frac{\nu_M}{\nu_0} \sqrt{\nu_0 \frac{\partial \eta_0(\nu)}{\partial \nu}\bigg|_{\nu = \nu_0}}. \tag{9.94}$$

Damit wird verständlich, warum bei dem Versuch von Terhune (Abb. 9.37) das Raman-Licht in einem Kegel um die Einfallsrichtung abgestrahlt wird.

Man sieht, dass diese Betrachtungen weitreichende Folgerungen zulassen, obwohl nur die Erhaltung von Energie und Impuls berücksichtigt wurde. Natürlich ist es nicht möglich, in dieser einfachen Betrachtung Aussagen über die Größe der Streustrahlung zu machen. Hierzu muss eine quantenmechanische Rechnung durchgeführt werden.

Raman-Linien höherer Ordnung. Bei dem Experiment von Terhune (Abb. 9.37) traten nicht nur die beiden Raman-Linien auf, die um die Benzol-Eigenfrequenz zu höheren oder niedrigeren Frequenzen verschoben waren, sondern es ergeben sich auch Vielfache dieser Frequenzverschiebung. Dieser Effekt tritt nur bei hohen Bestrahlungsstärken auf. Ein Stokes-Photon erfährt ein zweites Mal Raman-Streuung, was eine doppelte Verschiebung bedeutet usw.

Raman-Streuung an Kristallen. Die Raman-Streuung kann nicht nur an isolierten Molekülschwingungen erfolgen, sondern ebenso an den elastischen Schwingungen in Kristallen, und zwar an den optischen Schwingungen. Das sind die Schwingungsformen im Festkörper, bei denen benachbarte Atome gegenphasig schwingen (siehe Bd. 6). Bei den ionischen Kristallen ist diese Schwingung mit einem starken Dipolmoment verknüpft und wechselwirkt mit Licht über die normale Dipolwechselwirkung, deshalb optische Schwingung. Raman-Streuung tritt auf, wenn sich bei dieser optischen Schwingung die Polarisierbarkeit gemäß Gl. (9.75) ändert. Die Frequenz dieser Schwingungen liegt im Bereich von $v_M = 10^{12}-10^{13}\,\text{s}^{-1}$ und führt zu ähnlichen Raman-Verschiebungen wie die Molekülschwingungen. Durch die Raman-Streuung wird eine optische Schwingung angeregt, die die Impulsdifferenz aufnehmen muss. Maximaler Impuls wird an den Kristall bei der Rückwärtsstreuung aufgenommen, minimaler Impuls bei der Vorwärtsstreuung und die Anpassung der Wellenvektoren verlangt jetzt:

$$\boldsymbol{k}_0 + \boldsymbol{k}_s > \boldsymbol{K}_{\text{opt}} > \boldsymbol{k}_0 - \boldsymbol{k}_s.$$

Die Dispersionsrelation der optischen Schwingung ist in Abb. 9.44 für die lineare Kette, das einfachste Modell eines zweiatomigen Kristalls, dargestellt. Der Betrag des Wellenvektors der optischen Welle ist stets kleiner als π/a, wobei a die Gitterkonstante ist. Da a sehr viel kleiner als die Wellenlänge des Lichts ist, gilt $|k_0| \ll |K_{\text{opt}}|$ und K_{opt} ist im Bereich der Raman-Streuung nahezu unabhängig von der Frequenz v_{opt} der optischen Schwingung. Aus diesem Grund ist die Frequenz des spontan gestreuten Raman-Lichts unabhängig vom Streuwinkel und gleich der Frequenz v_{opt}. Das ist völlig anders bei Streuung an den akustischen Wellen, wie bei der Bril-

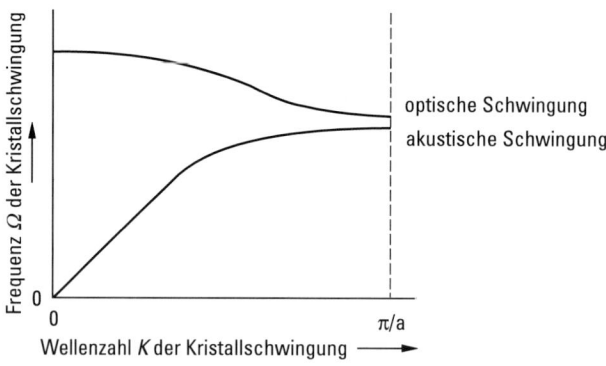

Abb. 9.44 Prinzipieller Verlauf der Dispersionsrelation der linearen zweiatomigen Kette, dem einfachsten Modell für einen Kristall.

louin-Streuung gezeigt wird. Die sich im Kristall ausbreitende optische Schwingung ist in gleicher Weise quantisiert wie die Molekülschwingungen. Die Elementaranregung wird Phonon genannt, ein Quasiteilchen. Die Impulsbilanz beim Raman-Effekt hat jetzt eine sehr anschauliche Bedeutung. Der Impuls des einfallenden Photons ist gleich dem Impuls des gestreuten Photons plus dem Impuls des zusätzlich erzeugten Phonons.

Bei sehr hohen Bestrahlungsstärken, also dann, wenn induzierte Raman-Streuung auftritt, erfolgt eine starke und kohärente Anregung der optischen Schwingungen. Durch den Kristall laufen die anregende Lichtwelle und die Stokes-Lichtwelle, die beide im gesamten Streubereich eine elastische Welle der Differenzfrequenz anregen, wie in Abb. 9.40 skizziert ist. Hieraus folgt noch eine weitere wichtige Eigenschaft der induzierten Raman-Streuung: Es ist eine *kohärente Streuung*. Zwischen anregender Lichtwelle und induzierter Stokeswelle besteht eine definierte Phasenbeziehung. Im Gegensatz dazu ist die spontane Raman-Streuung eine inkohärente Streuung, da die Phasenbeziehung zwischen einfallender und gestreuter Lichtwelle rein statistisch ist.

Raman-Laser. Die induzierte Raman-Streuung liefert einem Verstärkungsfaktor für das Raman-Licht gemäß Gl. (9.91) und führt in einer geeigneten Resonatoranordnung zum Raman-Laser. Ein Beispiel [52] zeigt Abb. 9.45. Damit ist es möglich, kohärenten Licht anderer Frequenzen zu erzeugen.

Die Frequenz der Raman-Laser ist i. Allg. durch die Frequenz der Primärwelle und die Frequenz der charakteristischen Kristallschwingungen festgelegt. Es gibt jedoch auch abstimmbare Raman-Laser. Als Beispiel soll der Spin-Flip-Raman-Laser [53] kurz diskutiert werden. Der Spin eines Elektrons in einem Magnetfeld B kann sich parallel und antiparallel zum Magnetfeld einstellen. Die Energiedifferenz der beiden Einstellungen beträgt (siehe Band 6)

$$\Delta E = g\mu_B B, \tag{9.95}$$

mit

g: Landé-Faktor = 2.0023 (Fundamentalkonstante)
μ_B: magnetisches Moment des Elektrons (Fundamentalkonstante)
    = 9.27×10^{-24} A m^2
B: magnetische Induktion (Vs m^{-2})

Bei der Wechselwirkung mit elektromagnetischen Feldern oszilliert das Elektron zwischen den beiden Energieniveaus mit einer Frequenz

$$\nu_{elek} = \Delta E/h$$

die von der magnetischen Induktion abhängt und somit kontinuierlich verändert werden kann. Die Raman-Streuung an diesen Elektronen führt ebenfalls zu Stokes- und anti-Stokes-Linien im Streulicht. Da jedoch die Dichte freier Elektronen wegen der abstoßenden Coulomb-Kraft sehr gering ist, werden für den Nachweis der Raman-Streuung die quasifreien Elektronen eines Halbleiters verwendet. Es gilt für den Energieabstand wieder Gl. (9.95), jedoch mit einem modifizierten g-Faktor g^*, der i. Allg. größer ist als der Wert für die freien Elektronen und vom speziellen Halbleiterkristall abhängt. Die induzierte Raman-Streuung kann dann ausgenutzt

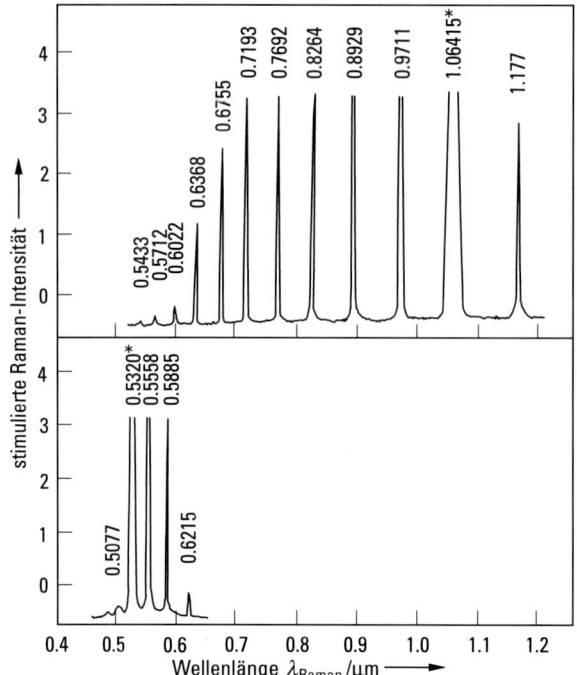

Abb. 9.45 Das Spektrum eines Raman-Lasers. Eingestrahlt wurde in einen Pb(WO$_4$)$_2$-Kristall oben das intensive Licht eines gepulsten Nd-YAG-Lasers ($\lambda = 1064$ nm) und unten das frequenzverdoppelte Licht dieses Lasers ($\lambda = 532$ nm). Es treten dann in Selbsterregung zahlreiche neue Linien auf, als Folge der angeregten optischen Schwingungen des Kristalls [52]. * Primärlinien.

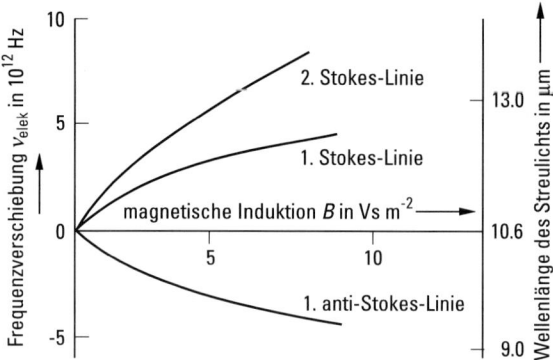

Abb. 9.46 Wellenlänge des Raman-Streulichts in Abhängigkeit vom Magnetfeld *B*. Licht eines CO$_2$-Lasers ($\lambda_p = 10.6$ μm) wird an den quasi-freien Elektronen eines Indium-Antimon-Halbleiter-Kristalles gestreut [54].

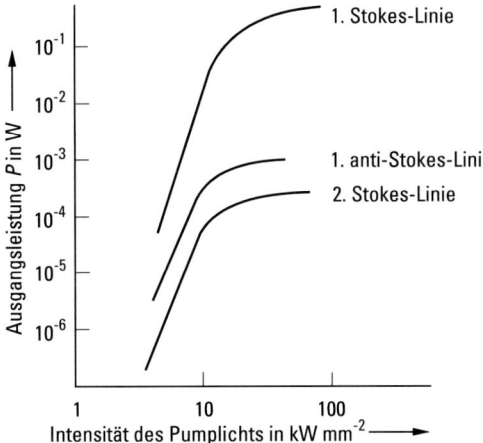

Abb. 9.47 Ausgangsleistung eines Indium-Antimon-Raman-Lasers als Funktion der Pumpleistung ($\lambda_p = 10.6\,\mu m$) für ein Magnetfeld von $B = 4.56\,\text{Vs m}^{-2}$ und eine Kristalllänge von 8 mm [55].

werden, um einen Laser zu betreiben, dessen Frequenz durch das Magnetfeld verändert werden kann. Ein Beispiel für die Abstimmbarkeit zeigt Abb. 9.46 [54], die Ausgangsleistung eines solchen Spin-Flip-Raman-Lasers Abb. 9.47 [55].

Brillouin-Streuung. Im Jahre 1922 untersuchte Brillouin theoretisch die spektrale Verteilung des Lichts, welches von statistischen Dichteschwankungen in Gasen, Flüssigkeiten oder Kristallen gestreut wird. Er fand, dass neben der Frequenz v_0 des einfallenden Lichts zwei neue Frequenzen auftreten, die um die Frequenz $\pm\Omega$ verschoben sind. Das Streulicht der Frequenz v_0 ist das bekannte Rayleigh-Streulicht, während das in der Frequenz verschobene Licht an die Raman-Streuung erinnert. Dieser Streuprozess unterscheidet sich jedoch wesentlich von der Raman-Streuung und wird *Brillouin-Streuung* genannt.

In einem Kristall (oder auch in einer Flüssigkeit) treten wegen der thermischen Bewegung der Gitterbausteine (oder Moleküle) ständig statistische Dichte- und damit Brechzahlschwankungen auf. Diese Schwankungen können nach Fourier in sinusförmige Anteile zerlegt werden. Man kann sich also vorstellen, dass durch den Kristall ständig sinusförmige Dichteschwankungen laufen, die nichts anderes darstellen als Schallwellen (akustische Schwingungen). Die Frequenz Ω und der Ausbreitungsvektor K dieser Schallwellen sind statistisch nach Betrag, Richtung und Phase. Die Geschwindigkeit dagegen ist in einem weiten Frequenzbereich unabhängig von der Frequenz und gleich der Schallgeschwindigkeit v, wie in Abb. 9.44 skizziert ist.

Eine beliebige Schallwelle im Kristall (Abb. 9.48) wird gekennzeichnet durch:

$$\left.\begin{array}{l}\text{Frequenz } \Omega\\ \text{Wellenlänge } \Lambda\\ \text{Geschwindigkeit } v,\ |v| = \Omega\Lambda\\ \text{Ausbreitungsvektor } K,\ |K| = 2\pi/\Lambda\end{array}\right\}\text{Schallwelle}.$$

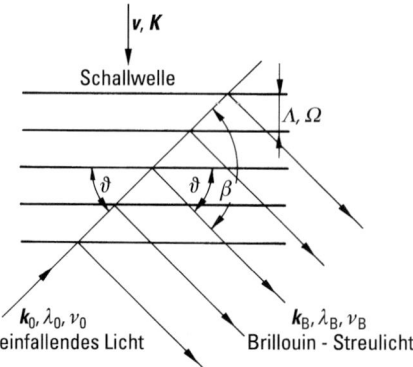

Abb. 9.48 Zur Entstehung der Brillouin-Streuung. Ω, Λ, v, K kennzeichnen Frequenz, Wellenlänge, Geschwindigkeit und Ausbreitungsvektor der Schallwelle; v_0, λ, c, k sind die entsprechenden Größen der Lichtwelle.

Auf diese Schallwelle treffe eine Lichtwelle unter dem Winkel ϑ auf. Sie wird charakterisiert durch:

$$\left.\begin{array}{l}\text{Frequenz } v_0 \\ \text{Wellenlänge } \lambda_0 \\ \text{Geschwindigkeit } c = v_0 \lambda_0 \\ \text{Ausbreitungsvektor } \boldsymbol{k}_0,\ |\boldsymbol{k}_0| = 2\pi/\lambda_0\end{array}\right\} \begin{array}{l}\text{einfallende Lichtwelle} \\ \text{im Medium.}\end{array}$$

Durch die periodischen Dichteschwankungen der Schallwelle wird das einfallende Licht gestreut. Die Streuwelle wird gekennzeichnet durch:

$$\left.\begin{array}{l}\text{Frequenz } v_B \\ \text{Wellenlänge } \lambda_B \\ \text{Geschwindigkeit } c = v_B \lambda_B \\ \text{Ausbreitungsvektor } \boldsymbol{k}_B,\ |\boldsymbol{k}_B| = 2\pi/\lambda_B\end{array}\right\} \begin{array}{l}\text{gestreute Lichtwelle} \\ \text{im Medium.}\end{array}$$

Maximale Streuung tritt auf, wenn das von den verschiedenen Dichtemaxima gestreute Licht sich phasenrichtig überlagert, wenn also die Bragg-Bedingung erfüllt ist. Diese lautet im vorliegenden Fall (Kap. 3):

$$2\Lambda \sin\vartheta = \lambda_0. \tag{9.96}$$

Diese Bedingung besagt, dass Licht, welches unter dem Winkel ϑ auf die Schallwelle auffällt, auch unter dem Winkel ϑ maximal gestreut wird, weswegen auch oft von Reflexion des Lichts gesprochen wird. Der Winkel ϑ ist über die Bragg-Bedingung einer bestimmten Schallwelle zugeordnet. Natürlich wird auch Licht in andere Richtungen gestreut, nur erfolgt diese Streuung an einer Schallwelle, die in eine andere Richtung läuft und eine andere Wellenlänge besitzt. Durch die vielen Schallwellen, die statistisch im Kristall hin- und herlaufen, wird somit Licht in alle Raumrichtungen gestreut, wie schematisch in Abb. 9.49 dargestellt ist.

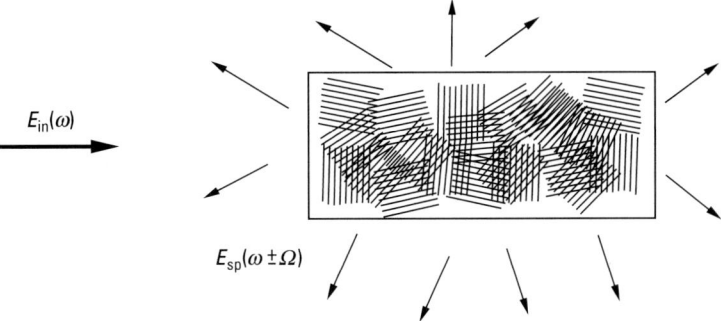

Abb. 9.49 Die Brillouin-Streuung erfolgt an den thermisch angeregten Schallwellen im Kristall, die statistisch verteilt sind.

Da sich die Schallwelle mit der Geschwindigkeit v bewegt, wird die Frequenz des gestreuten Lichts infolge Doppler-Effekt verschoben. Die Frequenz v_B des gestreuten Lichts beträgt daher:

$$\frac{v_B}{v_0} = 1 \pm 2\frac{v}{c}\sin\vartheta\,; \quad |\boldsymbol{v}| = v\,. \tag{9.97}$$

Das positive Vorzeichen gilt für eine Schallwelle, die der Lichtwelle entgegenläuft, das negative Vorzeichen für die entgegengesetzte Richtung der Schallwelle. Zusammen mit Gl. (9.96) ergibt sich:

$$\frac{v_B}{v_0} = 1 \pm 2\frac{v}{c}\frac{\lambda_0}{2\Lambda}\,,$$

woraus mit $v/\Lambda = v_{\text{akust}}$ und $c/\lambda_0 = v_0$ folgt:

$$v_B = v_0 \pm \Omega\,. \tag{9.98}$$

Die Frequenz v_B des Brillouin-Streulichts ist um die Schallfrequenz Ω vermindert oder erhöht worden. Genau wie bei der Raman-Streuung treten auch hier eine Brillouin-Stokes- und Brillouin-Anti-Stokes-Frequenz auf. Jedoch besteht ein wesentlicher Unterschied zur Raman-Streuung; die Frequenzverschiebung ist, wie Gl. (9.97) zeigt, abhängig vom Einfallswinkel ϑ. Wird ϑ durch den Streuwinkel β ersetzt, so folgt:

$$\frac{v_B}{v_0} = 1 \pm 2\frac{v}{c}\sin\frac{\beta}{2}\,. \tag{9.99}$$

Jedem Streuwinkel β ist nach dieser Relation eine andere Frequenz v_B des Streulichts zugeordnet, eine Folge der im unteren Frequenzbereich annähernd linearen Zunahme der Wellenzahl K der akustischen Welle mit der Frequenz, wie in Abb. 9.44 skizziert ist. Die maximale Frequenzverschiebung ergibt sich für $\beta = \pi$, also bei Rückwärts-Streuung. Da die Schallgeschwindigkeit im Bereich von $v = 10^5$ cm/s liegt, folgt für die relative Frequenzverschiebung

$$\frac{\delta v}{v_0} = \frac{v_0 - v_B}{v_0} \approx 10^{-5}\,.$$

Dieser Wert ist sehr viel kleiner als bei der Raman-Streuung, wo relative Frequenzverschiebungen von $\delta\nu/\nu_0 = 10^{-3}$–$10^{-2}$ auftreten. Entsprechend schwieriger ist der Nachweis der Brillouin-Streuung, der sehr monochromatische Lichtquellen erfordert. Ein Sonderfall der Brillouin-Streuung ist der *Debye-Sears-Effekt*, also die Beugung von Licht an Ultraschall. Hierbei handelt es sich jedoch um von außen angeregte, kohärente, monochromatische Schallwellen, während die in diesem Abschnitt behandelte Brillouin-Streuung an den thermisch erzeugten, statistischen und inkohärenten Schallwellen erfolgt.

Impulssatz. Der Impulssatz bei der Brillouin-Streuung lautet:

$$\hbar \boldsymbol{k}_0 + \hbar \boldsymbol{K} = \hbar \boldsymbol{k}_B . \tag{9.100}$$

Der Impuls $\hbar \boldsymbol{k}_0$ des einfallenden Photons (bzw. der Ausbreitungsvektor $\boldsymbol{k}_0$ des einfallenden Lichts) setzt sich mit dem Impuls $\hbar \boldsymbol{K}$ der akustischen Welle zum Impuls des $\hbar \boldsymbol{k}_B$ des gestreuten Lichts zusammen. Die Zerlegung der Vektor-Gleichung (9.100) in die Komponenten parallel und senkrecht zum Impuls der Schallwelle ergibt (Abb. 9.50):

$$\frac{2\pi}{\lambda_0}\sin\vartheta - \frac{2\pi}{\Lambda} = -\frac{2\pi}{\lambda_B}\sin(\beta - \vartheta),$$

$$\frac{2\pi}{\lambda_0}\cos\vartheta = \frac{2\pi}{\lambda_B}\cos(\beta - \vartheta).$$

Da die Frequenzverschiebung gering ist, gilt in Näherung $\lambda_0 \cong \lambda_B$. Damit folgt:

$$\beta = 2\vartheta \quad \text{und} \quad 2\Lambda\sin\vartheta = \lambda_0,$$

also wieder die Bragg-Bedingung Gl. (9.96). Der Impulserhaltungssatz Gl. (9.100) ist also die allgemeine Formulierung der Bragg-Bedingung.

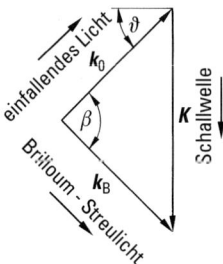

Abb. 9.50 Impulserhaltung bei der Brillouin-Streuung.

Induzierte Brillouin-Streuung. Bei hohen Intensitäten der einfallenden Welle tritt, wie bei der Raman-Streuung, auch hier induzierte Streuung auf. Die intensive einfallende Lichtwelle $\boldsymbol{E}_0$ erzeugt zunächst durch spontane Streuung frequenzverschobenes Brillouin-Licht, welches ungerichtet ist. Ein geringer Anteil läuft parallel bzw. antiparallel zur einfallenden Welle. Der mit der Welle laufende Anteil besitzt nach

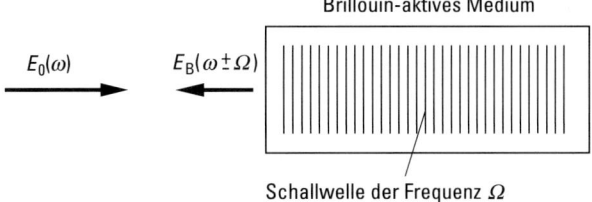

Abb. 9.51 Eine Lichtwelle der Amplitude E_0 wird bei hinreichender Intensität durch induzierte Brillouin-Streuung von der Flüssigkeit bzw. dem Gas reflektiert und in der Phase konjugiert.

Gl. (9.99) die Frequenzverschiebung null und ist damit ohne Interesse. Die der einfallenden Welle entgegenlaufende Streuwelle E_B dagegen besitzt die maximale Frequenzverschiebung. Sie wechselwirkt auch maximal mit der einfallenden Welle (Abb. 9.51). Die beiden Wellen E_0 und E_B erzeugen eine Schwebungsfrequenz $\Omega = \nu_0 - \nu_B$, ähnlich wie für die Raman-Streuung in Abb. 9.41. Diese Schwebung ist Ursprung einer akustischen Welle (Druckwelle), die als Folge der Elektrostriktion entsteht und wie folgt verstanden werden kann. Durch das elektrische Feld werden Dipole induziert oder ausgerichtet. Zwischen den Dipolen wirken anziehende Kräfte und das Volumen wird sich verändern, bis die elastischen Gegenkräfte den elektrischen Kräften das Gleichgewicht halten. Diese Volumenänderung ist unabhängig vom Vorzeichen der Feldstärke und führt auf einen Druck p

$$p = -\frac{1}{2}\gamma E^2.$$

Wird für E das resultierende Feld $E_0 + E_B$ eingesetzt, so tritt im Druck p eine Welle der Frequenz Ω auf, die sich im Medium ausbreitet. Diese Druckwelle moduliert die Brechzahl des Mediums und koppelt somit die beiden Lichtwellen. Es erfolgt ein Energietransfer von der Lichtwelle zur induziert gestreuten Welle, wobei im Gegensatz zur spontanen Streuung jetzt eine feste Phasenbeziehung zwischen den beiden Lichtwellen und der Druckwelle besteht.

Aus der zunächst spontanen Brillouin-Streuung entsteht durch Kopplung über die Druckwelle aus der eingestrahlten Welle E_0 eine gegenläufige Welle E_B. Die Zunahme der Intensität erfolgt exponentiell:

$$J_B(\ell) = J_B(0)\exp[gJ_0\ell],$$

wobei g der Wert nach Tab. 9.12 ist und von der Intensität die einlaufenden Welle abhängt. Es gibt für die induzierte Streuung keine scharfe Schwelle wie beim Laser. Als Faustformel gilt die Bedingung

$$gJ_0\ell > 10.$$

Das Medium wirkt für das einfallende Licht wie ein Spiegel mit Reflexionsgraden R von bis zu 80%, aber im Gegensatz zum normalen Spiegel tritt eine Frequenzverschiebung auf. Dieser Spiegel besitzt eine bemerkenswerte Eigenschaft: die Amplitude des reflektierten Lichts ist gleich der konjugiert komplexen Amplitude des einfallenden Lichts:

$$E_R = \sqrt{R} E_0^*,$$

wie bei der Vierwellen-Mischung (Abschn. 9.6.2) und kann für die Phasenkonjugation zur Kompensation von Aberrationen eingesetzt werden (siehe Kap. 3). Einige Beispiele für effiziente Brillouin-Medien sind in Tab. 9.12 zusammengestellt.

9.8 Nichtlineare Anregungsprozesse

In der Nähe einer Resonanzstelle wird die komplexe lineare Suszeptibilität maximal, wie in Kap. 2 am Beispiel des Lorentz-Modells der Wechselwirkung gezeigt wurde. Entsprechendes gilt für die nichtlinearen Prozesse, die ebenfalls resonanzartiges Verhalten zeigen. Hierbei überwiegt jetzt der Imaginärteil der Suszeptibilität. Es erfolgt eine Anregung atomarer oder molekularer Übergänge und die dazu notwendige Energie wird aus dem Strahlungsfeld entnommen.

Auch alle nichtlinearen Prozesse lassen sich sehr anschaulich im Photonenbild beschreiben. Die lineare Wechselwirkung ist ein Zwei-Photonen-Prozess, denn ein Photon, welches in das Medium einfällt, liefert ein Photon gleicher Frequenz, welches das Medium verlässt. Entsprechend ist die Frequenzverdopplung ein Drei-Photonen-Prozess, denn zwei Photonen der Frequenz ω liefern ein Photon der Frequenz 2ω usw.

Besonders einfach lässt sich die Anregung von atomaren Übergängen und die Ionisation von Atomen im Mehrphotonenbild qualitativ beschreiben. Zur Berechnung dieser Prozesse werden wieder die Komponenten der χ-Tensoren benötigt, die nur aus einer quantenmechanischen Rechnung folgen. Im Photonenbild ist es dann zweckmäßig, die Suszeptibilitäten durch die Wirkungsquerschnitte zu ersetzen. Zur Vereinfachung werden im Folgenden nur isotrope Medien betrachtet.

9.8.1 Zweiphotonen-Anregung

Wenn die Energie $h\nu_0$ eines Photons viel kleiner als der Energieabstand zweier Niveaus ist, findet bei geringen Intensitäten keine Anregung statt. Der Wirkungsquerschnitt, proportional Im(χ), geht fernab der Resonanz schnell gegen null. Wenn jedoch die Summe zweier Photonen $2h\nu_0$ ausreicht, um den Energieabstand zu überbrücken, kann wieder Anregung erfolgen. Der Absorptionskoeffizient α für einen Zweiphotonenübergang ist proportional dem Quadrat der elektrischen Feldstärke. Es gilt:

$$\alpha = \sigma^{(2)} \frac{n_0}{h\nu} J, \tag{9.101}$$

$\sigma^{(2)}$: Wirkungsquerschnitt für Zweiphotonenabsorption [m^4 s],
J: Bestrahlungsstärke der einfallenden Lichtwelle [W m^{-2}],
$h\nu$: Photonenenergie [Ws],
n_0: Dichte der Moleküle [m^{-3}].

Es handelt sich wieder um einen Prozess dritter Ordnung, mit dem Unterschied zur nichtlinearen Absorption, dass die Zweiphotonenabsorption mit der Intensität zunimmt. Für die Ausbreitung von Licht in einem Medium gilt jetzt:

$$\frac{dJ}{dz} = -\sigma^{(2)} \frac{n_0}{h\nu} J^2,$$

was integriert mit $J = J_0$ an der Stelle $z = 0$ für die Intensitätsabnahme die Relation

$$J = J_0 \frac{1}{1 + \frac{\sigma^{(2)} n_0 J_0 z}{h\nu}} \tag{9.102}$$

liefert. Die Intensität nimmt mit z hyperbolisch ab, nicht wie üblich exponentiell. Die induzierte (und spontane) Zweiphotonenemission tritt ebenfalls auf. Zahlenwerte für den Wirkungsquerschnitt sind in Tab. 9.13 zusammengestellt [56, 57].

Tab. 9.13 Wirkungsquerschnitte $\sigma^{(2)}$ für die Zwei-Photonen-Absorption von Farbstoff-Molekülen [56, 57].

Farbstoff	Lösungsmittel	$\sigma^{(2)}/10^{-42}\,m^4\,s$	λ_0/nm
Rhodamin 6G	Ethanol	5.5	1060
Rhodamin B	Dichlorethan	14	1060
Acridin rot	Ethanol	2.8	1060
Na-Fluorescein	Ethanol	0.18	1060
DODCI	Methanol	22	1060
Anthrazen	Chloroform	30	690
Stilben	Chloroform	400	690
Tolan	Dioxan	90	690
Dimethyl-POPOP	Dioxan	90	690

9.8.2 Multiphotonen-Ionisierung

Der in Kap. 7 diskutierte lichtelektrische Effekt ist ein linearer Prozess und gilt nur bei geringen Bestrahlungsstärken. Experimentelle Untersuchungen haben ergeben, dass bei hohen Bestrahlungsstärken der lichtelektrische Effekt in einer ganz anderen Form auftritt. Das bedeutet nicht, dass die Einstein'schen Überlegungen falsch sind, sondern dass die Materie sich bei hohen Bestrahlungsstärken völlig anders verhält.

Ein Zahlenbeispiel soll diese Tatsache veranschaulichen. Hierzu wird wieder die Glühlampe von 100 W elektrischer Leistung betrachtet, die in 1 m Abstand eine Bestrahlungsstärke von $0.7\,W/m^2$ erzeugt. Da ein Photon im grünen Spektralbereich eine Energie von rund $3 \times 10^{-19}\,Ws$ besitzt, entspricht dieser Bestrahlungsstärke ein Photonenstrom von etwa 2×10^{18} Photonen/$(s\,m^2)$. Ein Atom mit einer wirksamen Fläche von $\sigma = 10^{-20}\,m^2$ wird also im Mittel alle 50 Sekunden von einem

Photon getroffen und kann ionisiert werden, falls die Energie des Photons ausreicht. Bei der hohen Bestrahlungsstärke des Lasers von $10^{16}\,\text{W/m}^2$ dagegen ergibt sich ein Photonenstrom von etwa 10^{35} Photonen/$(\text{s}\,\text{m}^2)$ und auf ein Atom fallen im Mittel pro Sekunde 10^{15} Photonen ein. Es ist einzusehen, dass bei diesen hohen Photonendichten der Fotoeffekt anders verläuft als bei den niedrigen Photonendichten der konventionellen Lichtquellen.

Experimentelle Ergebnisse. Wird intensives Laserlicht mit einer Linse in Luft fokussiert, so entsteht bei Bestrahlungsstärken oberhalb von $10^{15}\,\text{W/m}^2$ im Fokus ein leuchtendes Plasma. Durch das intensive Licht ist der Stickstoff ionisiert worden, und, wie aus der Leuchterscheinung zu schließen ist, auf sehr hohe Temperaturen aufgeheizt worden. Diese Erscheinung wird Gas-Durchschlag genannt. Da die Ionisierungsenergie von Stickstoff, sie entspricht der Austrittsarbeit des lichtelektrischen Effekts, bei $E_i = 14.5\,\text{eV}$ (Tab. 9.14) liegt und die Photonenenergie des roten Laserlichtes ($\lambda_0 = 694.3\,\text{nm}$) nur 1.8 eV beträgt, sollte eine Ionisierung gar nicht möglich sein. Die Frequenz des ionisierenden Lichts liegt weit unterhalb der Grenzfrequenz ν_0 für den lichtelektrischen Effekt, wie sie sich aus $h\nu_0 = E_i$ ergibt. Sehr ausführliche experimentelle Untersuchungen dieses neuen lichtelektrischen Effektes wurden angestellt. Es ergab sich, dass die kritische Bestrahlungsstärke J_k, bei der Ionisierung erfolgt, stark abhängig von der Wellenlänge des Lichtes, dem Gasdruck, der Gasart, dem Fokusdurchmesser und der Pulsdauer des Laserlichtes ist. Einige typische Zahlenwerte sind in Tab. 9.14 zusammengestellt. Ein wesentliches Kennzeichen des normalen lichtelektrischen Effekts war die strenge Proportionalität zwischen Elektronenstrom und Bestrahlungsstärke. Diese Proportionalität ist bei hohen Bestrahlungsstärken nicht gewahrt, wie Untersuchungen zuerst von Voronov [58] zeigten.

Der prinzipielle Versuchsaufbau ist in Abb. 9.52 skizziert. Das Laserlicht ($\lambda_0 = 694.3\,\text{nm}$) wird in ein Gefäß fokussiert, welches mit Krypton von 0.1 Pa Druck gefüllt ist. Durch ein elektrisches Feld werden die entstehenden Ionen abgesaugt und der Ionenstrom mit einem Faraday-Käfig F gemessen. Da das intensive Laserlicht nicht kontinuierlich zur Verfügung steht, sondern nur in Form von kurzen,

Tab. 9.14 Ionisierungsenergien und kritische Bestrahlungsstärken einiger atomarer Gase. Die kritische Bestrahlungstärke hängt stark von den Versuchsbedingungen ab. Die hier angegebenen Werte gelten bei Normaldruck 1.013 bar (101.3 kPa), für eine Pulsdauer des Lichts von etwa $4 \times 10^{-8}\,\text{s}$ und einen Fokusdurchmesser von 0.1 mm.

Gas	Ionisierungsenergie E_i in eV	kritische Intensität J_k in W/m^2	
		$\lambda_0 = 694.3\,\text{m}$	$\lambda_0 = 1060\,\text{nm}$
Xenon	12.1	4×10^{14}	5×10^{14}
Wasserstoff	13.6	7×10^{15}	–
Krypton	14.0	7×10^{14}	8×10^{13}
Stickstoff	14.5	7×10^{15}	–
Argon	15.8	8×10^{14}	1×10^{14}
Neon	21.6	6×10^{14}	2×10^{15}
Helium	24.6	1×10^{17}	–

9.8 Nichtlineare Anregungsprozesse   983

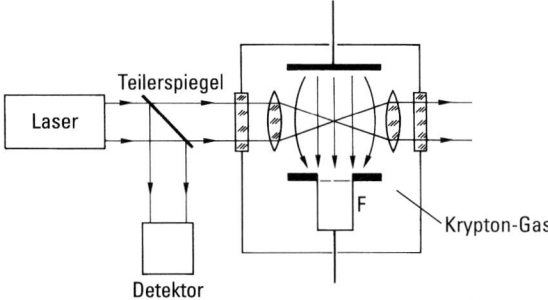

Abb. 9.52 Versuchsaufbau zur Bestimmung des Ionenstroms als Funktion der eingestrahlten Strahlungsenergie, F ist ein Faraday-Käfig.

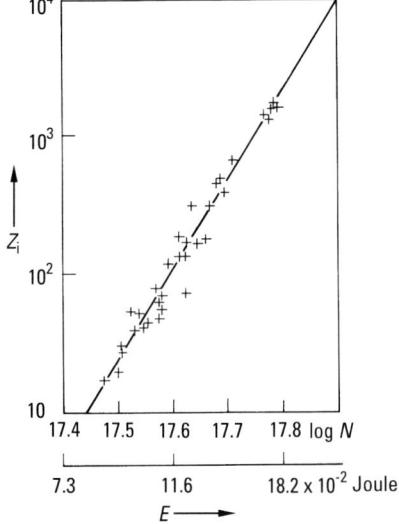

Abb. 9.53 Zahl der erzeugten Ionen Z_i als Funktion der eingestrahlten Strahlungsenergie für Krypton von 0.1 Pa (10^{-3} mbar) Druck. N ist die Zahl der eingestrahlten Photonen pro Puls (nach [58]).

intensiven Pulsen, wurden nicht Bestrahlungsstärke und Ionenstrom, sondern die integrierten Größen, also Strahlungsenergie und Zahl der Ionen gemessen, die beim normalen lichtelektrischen Effekt auch einander proportional sind. Die Ergebnisse sind in Abb. 9.53 in einer logarithmischen Darstellung wiedergegeben. Statt der Proportionalität zwischen Strahlungsenergie E und Ionenzahl Z_i ergibt sich eine exponentielle Abhängigkeit der Form:

$$Z_i = \text{const.} \, E^k \quad \text{mit} \quad k = 6.49 \text{ (für Krypton)}, \tag{9.103}$$

ein Ergebnis, das allen bisherigen Vorstellungen vom lichtelektrischen Effekt widerspricht.

Bevor auf eine theoretische, wenn auch nur qualitative, Erklärung der experimentellen Ergebnisse eingegangen wird, soll an die Beziehung zwischen Feldstärke E_0 des Strahlungsfeldes, Bestrahlungsstärke J und Photonenfluss q erinnert werden. Es gilt:

$$J = \frac{1}{2} c_0 \varepsilon_0 |E_0|^2 \quad \text{und} \quad q = J/h\nu.$$

In Tab. 9.15 sind einige Zahlenwerte von Feldstärke, Intensität und Photonenflussdichte zusammengestellt, wie sie mit Lasern erreichbar sind.

Tab. 9.15 Lichtintensität bzw. Bestrahlungsstärke J, elektrische Feldstärkeamplitude E_0 und Photonenstromdichte q (für $\lambda_0 = 694.3$ nm).

J in W m^{-2}	$|E_0|$ in V m^{-1}	q in s^{-1} m^{-2}
1	27	3.5×10^{18}
10^6	2.7×10^4	3.5×10^{24}
10^9	8.7×10^5	3.5×10^{27}
10^{12}	2.7×10^7	3.5×10^{30}

Die bei hohen Lichtintensitäten auftretenden Erscheinungen, die sich vom normalen lichtelektrischen Effekt unterscheiden, können vollständig im Rahmen der bestehenden Quantentheorie von Atom und Strahlungsfeld geklärt werden. Hier soll nicht weiter auf diese umfangreichen, theoretischen Untersuchungen eingegangen werden [54], sondern es soll versucht werden, eine qualitative, anschauliche Deutung zu geben.

Die Ionisierung eines Atoms im Strahlungsfeld einer intensiven Lichtquelle kann durch zwei Mechanismen erfolgen: die Mehrquantenionisierung und die Feldemission.

Mehrquantenionisierung. Beim normalen Photoeffekt, also z. B. bei der Ionisierung von Gasatomen durch Röntgenstrahlen, trifft ein Photon der Energie $h\nu$ auf das Atom. Ionisierung kann dann eintreten, wenn die Energie des Quants mindestens gleich der Bindungsenergie des Elektrons ist, also gleich der Ionisierungsenergie E_i.

$$h\nu \geq E_i. \tag{9.104}$$

Die Ionisierung durch ein Lichtquant kann in einem Energieniveauschema verdeutlicht werden (Abb. 9.54). Das gebundene Elektron befindet sich in einem Energiezustand $-E_i$. Hierbei kann es sich um ein Atomelektron handeln oder auch um ein Metallelektron. Bei letzterem entspricht der Ionisierungsenergie die Austrittsarbeit $e\Phi$. Bei der Ionisierung bringt das Photon diese Bindungsenergie auf und setzt das Elektron frei, wobei das Elektron mindestens den Energiezustand $E = 0$ erreichen muss. Ist die Quantenenergie kleiner als die Ionisierungsenergie, so kann das Elektron zwar kurzzeitig angeregt werden, aber es kann nicht freigesetzt werden.

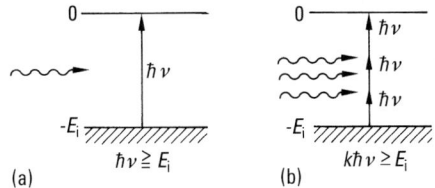

Abb. 9.54 Der lichtelektrische Effekt im Energieniveauschema: (a) normaler Photoeffekt, (b) Mehrquantenionisation.

Wenn jedoch genügend Photonen vorhanden sind, so kann die Ionisierung dadurch erfolgen, dass zwei oder mehr Quanten „gleichzeitig" auf das Atom treffen und gemeinsam die notwendige Energie aufbringen. In diesem Fall muss die Gl. (9.104) abgeändert werden zu:

$$kh\nu \geq E_i \,. \tag{9.105}$$

Diese Art der Ionisierung wird Mehrquantenionisierung genannt. Wenn die Energie eines Quants nicht zur Ionisierung ausreicht, also die Frequenz unterhalb der Grenzfrequenz liegt und nach dem einfachen Modell des lichtelektrischen Effektes keine Ionisierung auftreten sollte, kann diese trotzdem erfolgen, falls genügend Photonen zur Verfügung stehen. So kann z. B. Krypton, welches normalerweise Röntgenquanten mit 14 eV Energie zur Ionisierung benötigt, durch $k = 8$ Quanten der Energie 1.8 eV (Wellenlänge $\lambda = 694.3$ nm) ionisiert werden, allerdings sind die hierfür erforderlichen Photonendichten bzw. Bestrahlungsstärken beträchtlich, wie Tab. 9.14 zeigt.

Die exponentielle Abhängigkeit der Zahl der erzeugten Ionen von der Bestrahlungsstärke bzw. Strahlungsenergie nach Gl. (9.105) ist qualitativ leicht einzusehen. Die Wahrscheinlichkeit, dass ein Atom von einem Photon getroffen wird, ist proportional der Bestrahlungsstärke. Dann ist nach den Gesetzen der Wahrscheinlichkeitsrechnung die Wahrscheinlichkeit, dass das Atom sowohl von einem als auch von einem zweiten Photon getroffen wird, proportional dem Quadrat der Bestrahlungsstärke usw. Die Wahrscheinlichkeit, dass das Atom gleichzeitig von k Quanten getroffen wird, ist dann proportional J^k, ein Ergebnis, das etwa mit den experimentellen Werten übereinstimmt. Die Forderung nach gleichzeitigem Eintreffen von mehreren Photonen bedeutet, dass die Photonen innerhalb einer sehr kurzen Zeit von etwa 10^{-14} s auf das Atom einwirken müssen, damit eine Mehrquantenionisierung erfolgen kann. In einer genaueren, quantenmechanischen Rechnung [59] gehen die speziellen Eigenschaften der Atome ein, und es muss berücksichtigt werden, dass diese auch durch das starke elektrische Feld des Lichtes verändert werden.

Bei höheren Gasdrücken tragen noch andere Effekte zur Ionisierung bei. So können z. B. die ersten durch Mehrquantenionisation entstandenen Elektronen im Strahlungsfeld des Lichtes beschleunigt werden (inverse Bremsstrahlung) und ihrerseits wieder durch Stoß neue Atome ionisieren. Diese Effekte sind stark druckabhängig und überdecken dann die hier diskutierte Mehrquantenionisierung.

Feldemission. Neben Photoeffekt und Glühemission (Bd. 2) gibt es noch eine dritte Möglichkeit, freie Elektronen zu erzeugen: die Feldemission. Wirkt eine genügend große Feldstärke auf ein gebundenes Atomelektron oder auf ein Metallelektron, so kann dieses durch die dabei auftretenden Kräfte freigesetzt werden. Benutzt man hierfür statische Felder, so werden Feldstärken von etwa 10^9 V/m benötigt. Eine quantitative Erklärung der Feldemission kann nur durch die Quantenmechanik erfolgen. Da die Feldstärken des Laserlichtes in der gleichen Größenordnung liegen wie die für die Feldemission benötigten Feldstärken, kann man erwarten, dass auch hier Feldemission auftritt. Bei der Feldstärke des Lichtes handelt es sich um ein oszillierendes Feld, entsprechend wirkt auf das Elektron eine oszillierende Kraft $F = eE$, und die klassische Bewegungsgleichung eines freien Elektrons lautet

$$m_e \ddot{x} = eE_0 \sin(\omega t),$$

woraus sich durch einfache Integration die kinetische Energie des Elektrons ergibt

$$E_{\text{kin}} = \frac{m_e}{2} v^2 = \frac{1}{2m_e} \left[\frac{eE_0}{\omega} \cos(\omega t) \right]^2.$$

Die kinetische Energie oszilliert ebenfalls. Der Maximalwert, umgerechnet auf die Intensität, beträgt

$$E_{\text{kin,max}} = \frac{e^2}{4\pi^2 \varepsilon_0} \frac{\lambda^2}{m_e c_0^3} J. \tag{9.106}$$

Damit das Elektron durch das Lichtfeld freigesetzt werden kann, muss seine kinetische Energie mindestens so groß sein wie die Ionisierungsenergie, d. h. in einer Halbwelle des oszillierenden elektrischen Feldes muss das Elektron die notwendige Energiemenge aus dem Strahlungsfeld aufnehmen. Die Bedingung für Feldemission durch Licht lautet damit

$$E_{\text{kin,max}} > E_j.$$

Diese Abschätzung gibt natürlich nur die Größenordnung der benötigten Feldstärken an. Eine genauere Rechnung muss die Eigenschaften der Atome berücksichtigen [60, 61, 62]. In einer korrekten quantenmechanischen Rechnung werden Feldemission und Mehrphotonen-Ionisierung durch einen einheitlichen Ansatz beschrieben.

9.9 Erzeugung von ultraviolettem Licht durch Frequenzvervielfachung

9.9.1 Frequenzvervielfachung in mehreren Stufen

Bisher wurde die Frequenzverdopplung im sichtbaren Spektralbereich diskutiert. Wie sieht es in anderen Spektralbereichen aus? Man benötigt ja nicht nur Kristalle mit einer hinreichenden Nichtlinearität, sondern der Kristall muss die i. Allg. hohen Lichtintensitäten vertragen, er muss die Anpassung der Brechzahlen zulassen, und er muss transparent sein für Grund- und Oberwelle. Dadurch wird die Zahl der

9.9 Erzeugung von ultraviolettem Licht durch Frequenzvervielfachung

Kristalle stark eingeschränkt, insbesondere die letzte Forderung der Transparenz engt den ausnutzbaren Bereich eines Kristalls ein, wie aus Abb. 9.17 zu entnehmen ist. Wohl überdecken die Kristalle recht gut den infraroten Bereich und schließen an die Wellenlängen an, wo diskrete elektronische Elemente (wie z. B. Dioden) zur Frequenzvervielfachung eingesetzt werden können, aber im ultravioletten Bereich ist bei $\lambda_o = 120$ nm Schluss [63, 64].

Zunächst soll kurz die Frage diskutiert werden wie man von den leistungsstarken Lasern, deren Wellenlänge im roten bzw. infraroten Spektralbereich liegt, an die Grenze von 120 nm gelangt.

Wie bereits vorher gezeigt wurde, enthält die Polarisation auch höhere, nichtlineare Anteile. Je nach Symmetrie des Kristall treten kubische und Effekte 4., 5. Ordnung usw. auf. Es ist also zu erwarten, dass die dreifache und vierfache Frequenz auftreten. Tatsächlich gelingt auch die Erzeugung der dreifachen Frequenz, aber mit einem geringen Wirkungsgrad. Der Grund dafür ist der, dass die Konstante χ'', die den Anteil der dritten Oberwelle der Polarisation angibt, sehr klein ist. Um trotzdem noch einen merklichen Anteil von Licht der Frequenz 3ω zu erhalten, muss die Intensität der Grundwelle sehr hoch sein, was zu Zerstörungen des Kristalls führen kann.

Es gibt jedoch die Möglichkeit durch zwei passend geschnittene KDP-Kristalle die dreifache Frequenz in zwei Stufen mit hohem Wirkungsgrad zu erzeugen. Der experimentelle Aufbau ist stark vereinfacht in Abb. 9.55 dargestellt [65]. Ein Nd-Glas-Laser liefert einen intensiven, kurzen Puls der Wellenlänge $\lambda_1 = 1054$ nm. In einem ersten Kristall wird ein Teil der Pulsenergie benutzt, um die Oberwelle der halben Wellenlänge $\lambda_2 = 527$ nm zu erzeugen. Die beiden Strahlen, die Grundwelle der Frequenz ω und die Oberwelle der Frequenz 2ω werden in einem zweiten KDP-Kristall gemischt, wobei die Phasenanpassung für die Summenfrequenz 3ω eingestellt wird, d. h. es entsteht Licht der Wellenlänge $\lambda_3 = 351$ nm. Bei hohen Pulsintensitäten werden Wirkungsgrade von 80 % erreicht, was dem maximal möglichen Wirkungsgrad bei der hier vorgegebenen Geometrie entspricht. Interessant ist die Abnahme des Wirkungsgrades der 3. Harmonischen bei hohen Intensitäten, wie Abb. 9.56 zeigt [66]. Wenn die Grundwellenintensität infolge Konversion in die Oberwellen stark abgenommen hat und die Intensitäten der Oberwellen 2ω und 3ω über-

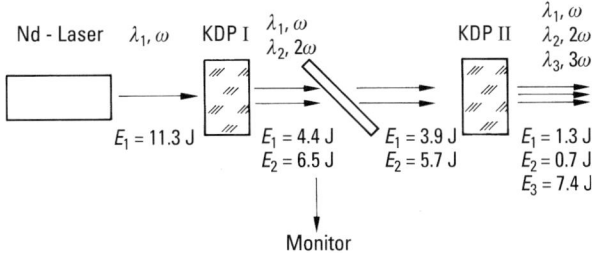

Abb. 9.55 Erzeugung der dreifachen Frequenz in einem zweistufigen Prozess [65]. Die Dauer der Ausgangspulse betrug 140 ps, der Strahldurchmesser 6 cm. E_1, E_2, E_3: Pulsenergien der Frequenzen ω, 2ω, 3ω. Die Kristalle besaßen einen Durchmesser von 7 cm bei einer Länge von jeweils 1.2 cm.

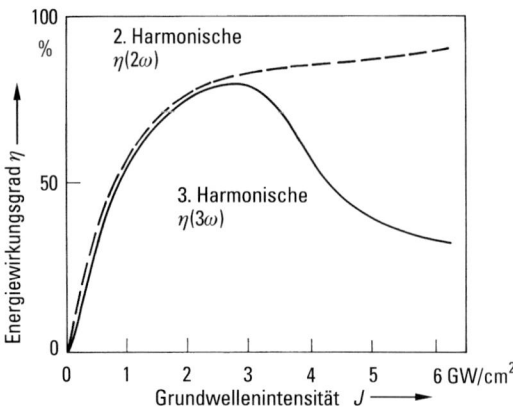

Abb. 9.56 Wirkungsgrad η für die Erzeugung der zweiten und dritten Harmonischen mit der Anordnung nach Abb. 9.55. Hierbei wurden die theoretisch möglichen Werte erreicht [66].

wiegen, erfolgt eine Rekonversion. Aus Licht der Frequenzen 2ω und 3ω entsteht wieder Grundwellenintensität der Frequenz ω, und die 3. Harmonische nimmt ab.

Eine andere Methode, höhere Frequenzen zu erzeugen, besteht darin, die Frequenz der Oberwelle nochmals zu verdoppeln. Dadurch kann aus Nd-Laser-Licht der Wellenlänge $\lambda_1 = 1064$ nm mit zwei KDP-Kristallen die Wellenlänge $\lambda_4 = 265$ nm hergestellt werden. Eine nochmalige Verdopplung durch KDP scheitert daran, dass der Kristall für die höheren Frequenzen nicht mehr transparent ist.

Man kann dann zu ADP übergehen und gelangt so an die Transmissionsgrenze der bisher bekannten Kristalle.

9.9.2 Frequenzvervielfachung in Metalldämpfen und Gasen

Es gibt genügend Substanzen, die im Bereich jenseits von $\lambda = 120$ nm noch transparent sind, und nichtlinear werden sie alle bei genügend hohen Intensitäten, wie z. B. Gase, Dämpfe und Flüssigkeiten. Auch organische Substanzen sind durchaus für die Frequenzvervielfachung geeignet [67, 68].

An einem speziellen Beispiel soll die Frequenzvervielfachung im ultravioletten Spektralbereich erläutert werden. Als nichtlineares Medium wird Rubidium-Dampf verwendet. Dieser wird in einem Ofen durch Verdampfen von Rubidium-Metall erzeugt. Hierbei handelt es sich um einen speziellen Ofen, eine sogenannte heat-pipe, die es gestattet, in einem zylindrischen Gefäß einem Dampfdruck von 130 Pa ($\cong$ 1 Torr) zu erzeugen. Dieser Ofen ist mit zwei Fenstern abgeschlossen und ermöglicht, von außen Licht einzustrahlen.

Rubidium-Dampf ist ein isotropes Medium, es besitzt ein Inversionszentrum und nach den Überlegungen in Abschn. 9.2 kann dann nicht die doppelte Frequenz, sondern nur die dreifache erzeugt werden. Ausgehend von der Wellenlänge des Nd-Lasers mit $\lambda_1 = 1064$ nm wird als Oberwelle die Wellenlänge $\lambda_3 = 350$ nm erzeugt werden, was tatsächlich beobachtet wurde [69]. Die Phasenanpassungsbedingung

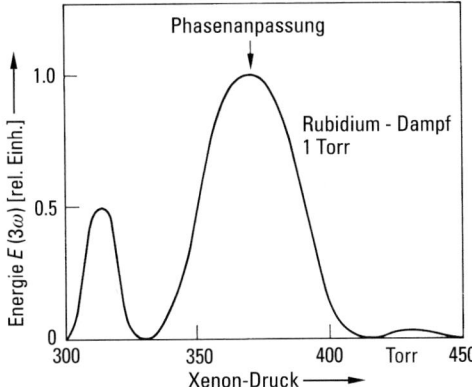

Abb. 9.57 Die Phasenanpassung bei der Frequenzverdreifachung in Rubidium-Dampf erfolgt durch Zusetzen von Xenon. Dargestellt ist hier die Energie des Oberwellenpulses als Funktion des Xenon-Drucks [69]. (1 Torr entspricht 133 Pa).

muss hier natürlich auch erfüllt sein. Das erfolgt in diesem Beispiel durch Zusetzen von Xenon. Während für Rubidium-Dampf die Brechzahl für die Oberwelle kleiner ist als für die Grundwelle, ist es beim Xenon gerade umgekehrt. Durch geeignete Wahl des Xenon-Druckes ist es dann möglich, die Phasenanpassungsbedingung zu erfüllen (Abb. 9.57).

Da die Suszeptibilität χ'', die für die Erzeugung der dreifachen Frequenz verantwortlich ist, sehr klein ist und bei einem Druck von 130 Pa die Zahl der Rubidiumatome, die zur Oberwelle beitragen, sehr viel kleiner ist als bei einem Kristall, muss man mit der Intensität der Grundwelle sehr hoch gehen, um zu vernünftigen Ausbeuten zu kommen. Typische Wirkungsgrade liegen im Bereich von einigen Prozent.

Das am Rubidium detailliert geschilderte Verfahren kann auf alle Gase und Metalldämpfe übertragen werden, vorausgesetzt Phasenanpassung ist erreichbar und die Nichtlinearität nicht zu klein. Eine hohe Nichtlinearität tritt stets in der Nähe einer Resonanzstelle auf, denn dort sind die Schwingungen des Elektrons besonders groß und infolgedessen auch der χ-Koeffizient. Andererseits nimmt die Absorption zu, was nicht wünschenswert ist. Man muss also einen Kompromiss suchen zwischen möglichst hoher Nichtlinearität und gerade noch zulässiger Absorption.

Ein weiteres Beispiel für die Frequenzvervielfachung zeigt Abb. 9.58. Die Frequenz eines Nd-YAG-Lasers wird zunächst durch KDP verdoppelt und dann durch ADP

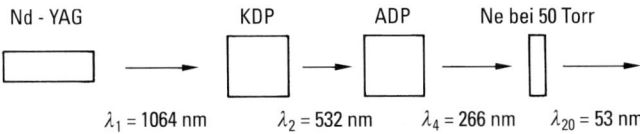

Abb. 9.58 Erzeugung der 20. Oberwelle eines Nd-YAG-Lasers durch Verdopplung mit KDP, dann Verdopplung mit ADP, und schließlich Verfünffachung in Neon (50 Torr entsprechen etwa 6.67 kPa).

nochmals verdoppelt, so dass man ausgehend von $\lambda_1 = 1064$ nm bei $\lambda_4 = 266$ nm angekommen ist. Durch Verfünffachung an Neon wird dann eine Wellenlänge von $\lambda_{20} = 53$ nm erzeugt, die zwanzigste Oberwelle der ursprünglichen Grundwelle. Der Wirkungsgrad lag unter 10^{-6}, obwohl hierbei die Nähe einer Resonanz des Neon-Atoms ausgenutzt wurde. Der Grund ist der, dass die Quantenenergie der Oberwelle von $h(20\nu_1) = 23.3$ eV ausreicht, um Neon-Atome zu ionisieren, was zur teilweisen Absorption dieser Quanten führt.

In einem anderen Experiment wurde die 7. Oberwelle eines Kryptonfluorid-Lasers ($\lambda = 248$ nm) durch Frequenzvervielfachung in Helium erzeugt, was eine Wellenlänge von 35.4 nm lieferte [70].

9.9.3 Frequenenzvervielfachung in Plasmen

Mit kurzen, intensiven Laserpulsen, wie sie in Abschn. 8.7 diskutiert wurden, können heiße dichte Plasmen erzeugt werden, wobei sowohl Festkörper als auch Gase verwendet werden. Die hohen elektrischen Feldstärken ionisieren die Atome und regen die Elektronen zu starken Oszillationen an. Infolge des nichtparabolischen Potentials, in dem sich die quasifreien Elektronen befinden, treten Oberwellen des Lichts von sehr hoher Ordnung auf [71, 72]. Eine quantenmechanische Rechnung ist sehr aufwendig [59], deswegen soll die einfache Abschätzung aus Abschn. 9.8 nochmals verwendet werden.

Die Photonenenergie der höchsten Oberwelle kann nicht größer sein als die maximale kinetische Energie der oszillierenden Elektronen; das ist die Energie, die ein Elektron in einer Halbwelle des Lichts aufnehmen kann. Diese Energie ergibt sich aus Gl. (9.106), wenn Zahlenwerte eingesetzt werden zu:

$$E_{\text{kin[eV]}} = 1.1 \times 10^{-17} J_{[\text{W/m}^2]}.$$

Bei Intensitäten von einigen 10^{19} W/m^2, die heute realisiert werden können, ergeben sich kinetische Energie der Elektronen von einigen 100 eV. Diese Energie kann als Oberwellenphotonenenergie abgegeben werden. Als Beispiel zeigt Abb. 9.59 ein der-

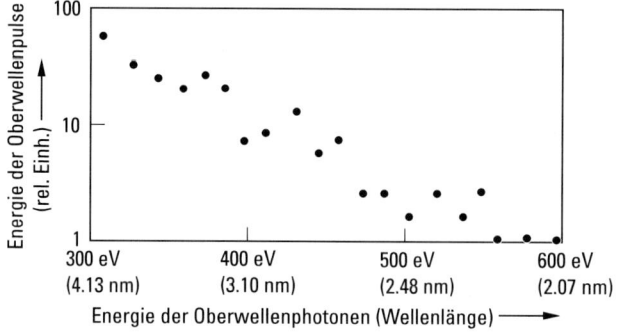

Abb. 9.59 Oberwellenspektrum, erzeugt in einem He-Plasma durch einen 7 fs-Puls mit einer Energie von 7 mJ nach Schnürer [71]. Dargestellt ist die relative Energie der Oberwellenpulse in Abhängigkeit von der Wellenlänge.

artiges Spektrum. Ein Ti-Saphir-Laserpuls, Wellenlänge 780 nm (1.58 eV) von 7 fs Dauer und einer Energie von 7 mJ wird in He-Gas bei einem Druck von 10^4–6×10^5 Pa (0.1–6 bar) fokussiert. Die Intensität beträgt 0.5–2×10^{19} W/m². Oberwellen bis zu einer Photonenenergie von 500 eV (Wellenlänge 2.48 nm) und darüber werden beobachtet. Bezogen auf die Photonenenergie der Grundwelle entspricht das einer Oberwelle der Ordnung 316.

Eine Phasenanpassung, wie sie in Abschn. 9.3 diskutiert wurde, ist auch hier für eine effiziente Oberwellenerzeugung erforderlich, aber nur begrenzt möglich. Deshalb sind die Energiewirkungsgrade sehr viel niedriger als bei der konventionellen Frequenzverdopplung in Kristallen und liegen bei 10^{-5}–10^{-11}.

9.10 Optische Instabilitäten

Die nichtlinearen Prozesse wurden in den vorangehenden Abschnitten weitgehend als stationäre Vorgänge ohne Rückkopplung betrachtet. Sehr viel interessanter sind die nichtlinearen, dynamischen Prozesse der Rückkopplung. Ein Beispiel ist der in Kap. 8 diskutierte Laser, der aber dort nur als stationäres System behandelt wurde. Rückkopplung und Nichtlinearität führen nur in Sonderfällen zu stabilen Systemen mit einem Gleichgewichtszustand. Liegen bei einem optischen Element mehrere stabile Zustände bei gleichem Eingangssignal vor, so bezeichnet man dieses Element als multistabil, ein Sonderfall sind die bistabilen optischen Elemente [73].

Nichtlineare dynamische Systeme können aber auch prinzipiell instabil sein, was z. B. zu periodischen Lichtpulsen oder aber auch zu einem chaotischen Verhalten führen kann [13, 74]. Im Folgenden sollen nur einige, einfache Systeme beschrieben werden.

Absorptive Bistabilität. Ein leicht zu verstehendes und auch zu berechnendes bistabiles Element zeigt Abb. 9.60. Es wurde zuerst von Szöke [75] vorgeschlagen. In einem Fabry-Perot-Interferometer befindet sich ein sättigbarer Absorber, wie er in Abschn. 9.6.4 beschrieben wurde. Für den Transmissionsgrad τ des Interferometers gilt nach Abschn. 8.5.2 im Resonanzfall:

$$\tau = \frac{J_2}{J_1} = \frac{(1-R)^2 T}{(1-RT)^2}. \tag{9.107}$$

Der Reflexionsgrad R der Spiegel und der Transmissionsgrad T des Absorbers seien nahe bei eins:

$$1 - R = \Delta \ll 1, \quad 1 - T = \frac{\alpha_0 d}{1 + J_i/J_s} \ll 1, \tag{9.108}$$

wobei für den Absorber das einfache Modell nach Abschn. 9.6.4 Gl. (9.70) benutzt wird. α_0 ist der Absorptionskoeffizient und d die Absorberdicke. Die charakteristische Größe des Absorbers ist die Sättigungsintensität J_s:

$$J_s = \frac{h\nu}{\sigma T_1}. \tag{9.109}$$

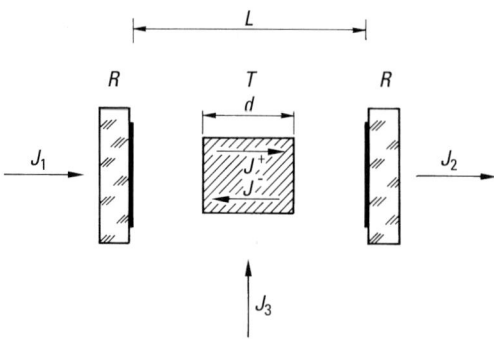

Abb. 9.60 Ein Fabry-Perot-Interferometer mit einem nichtlinearen Absorber T zeigt als Funktion der Eingangsintensität bistabiles Verhalten.

Es sind T_1 die Lebensdauer des oberen Absorberniveaus (Schaltzeit des Absorbers) und σ der Wirkungsquerschnitt der Absorbermoleküle. J_i ist die auf den Absorber wirkende Leistungsdichte im Resonator. Sie setzt sich zusammen aus der hin- und rücklaufenden Welle J^+, J^- im Resonator und ist verknüpft mit der transmittierten Intensität J_2:

$$J_i = J^+ + J^- \approx \frac{2J_2}{\Delta}. \tag{9.110}$$

Werden R, T und J_i in Gl. (9.107) eingesetzt und die quadratischen Glieder $\Delta \alpha_0 d$ vernachlässigt, so folgt:

$$\frac{J_2}{J_1} = \frac{1}{\left[1 + \dfrac{\alpha_0 d/\Delta}{1 + 2J_2/J_s}\right]^2}.$$

Die Gleichung wird übersichtlicher, wenn die normierten Größen

$$I_{1,2} = \frac{2J_{1,2}}{J_s \Delta} \tag{9.111}$$

eingeführt werden. Nach I_1 aufgelöst, folgt

$$I_1 = I_2 \left[1 + \frac{Q}{1+I_2}\right]^2, \quad Q = \frac{\alpha_0 d}{\Delta} = \frac{1-T_0}{1-R}. \tag{9.112}$$

T_0 ist die Transmission bei Bestrahlungsstärke null, R ist der Reflexionsgrad der Spiegel. Für verschiedene Parameter Q ist diese Beziehung in Abb. 9.61 dargestellt. Für kleine Werte von I_1 ist das Ausgangssignal I_2 zunächst gering. Mit zunehmender Intensität I_1 beginnt der Absorber auszubleichen und I_2 nimmt schneller zu als I_1. Es gibt einen kritischen Punkt, wo der Differentialkoeffizient $\delta I_2/\delta I_1$ sehr groß wird. Dieser Punkt ist instabil, wie sich leicht einsehen lässt. Bei Zunahme von I_1 nimmt zunächst die Leistungsdichte J_i, proportional zu. Dadurch wird der Absorber stärker ausgeblichen. Die nun geringeren Verluste bewirken ein weiteres Ansteigen von J_i

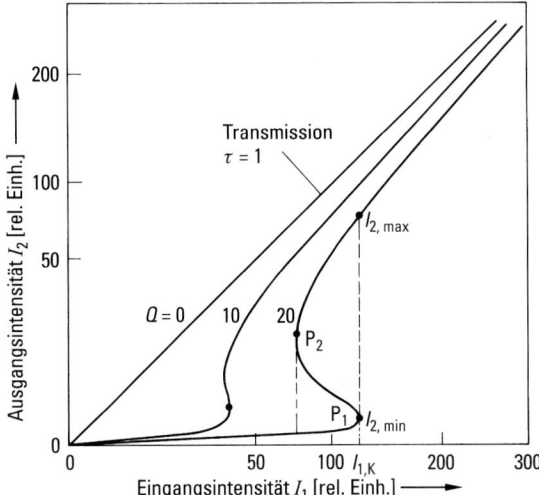

Abb. 9.61 Die Kennlinie einer absorptiven Bistabilität für verschiedene Werte des Parameters Q nach Gl. (9.112). I_1, I_2 sind normierte Intensitäten nach Gl. (9.111).

weiteres Ausbleichen usw. Wenn also einmal dieser kritische Punkt erreicht ist, springt die Ausgangsintensität von dem Wert $I_{2,\min}$ auf einen Wert $I_{2,\max}$. Zum gleichen Eingangswert von I_1 gibt es zwei Werte I_2. Wird I_1 wieder verringert, so folgt I_2 der Kennlinie bis zum kritischen Punkt P_2 und springt dann auf den unteren Bereich der Kennlinie zurück. Dieses optische Element zeigt Hysterese und besitzt zwei stabile Zustände (optische Bistabilität [73]). Die Zeit, die für das Springen von $I_{2,\min}$ nach $I_{2,\max}$ benötigt wird, hängt von der Resonatorumlaufzeit $2L/c$ und der Absorberschaltzeit T_1 ab und liegt bei einigen 10^{-8} s. Geht man jedoch zu bistabilen Halbleiterbauelementen über, so kann diese Schaltzeit bei wenigen 10^{-12} s und darunter liegen.

Dieses nichtlineare optische Element kann auch durch ein weiteres Signal J_3 von außen geschaltet werden. Liegt J_1 wenig unterhalb des kritischen Wertes $J_{1,k}$ so reicht ein geringes Signal J_3 aus, um das Element zu schalten. Anwendung werden solche Elemente für optische Computer finden, da die Schaltzeiten und Signallaufzeiten sehr viel kürzer sein können, als bei den konventionellen Rechnern [76]. Nachteilig sind bei dem absorptiven Element die hohen Schaltleistungen (siehe Tab. 9.8).

Dispersives multistabiles Element. Die Brechzahländerung durch intensive Strahlungsfelder (Kerr-Effekt) nach Gl. (9.60) kann ebenfalls für optische Schalter ausgenutzt werden. Der nichtlineare Absorber in Abb. 9.60 wird durch ein Medium ersetzt, welches einen starken Kerr-Effekt zeigt. Dann gilt für den Transmissionsgrad des jetzt nahezu absorptionsfreien Interferometers mit Gl. (9.60):

$$\tau = \frac{(1-R)^2}{(1-R)^2 + 4R\sin^2\left[2\pi\frac{L}{\lambda_0}(n+\gamma J_i)\right]} = \frac{J_2}{J_1}. \tag{9.113}$$

Hierbei wurde angenommen, dass das Kerr-Medium den gesamten Resonator ausfüllt ($L = d$). J_i ist wieder die auf das Medium wirkende Leistungsdichte nach Gl. (9.110). Bei geringer Einstrahlung sei die Resonatorlänge L auf Resonanz eingestellt, d. h.

$$2\pi n \frac{L}{\lambda_0} = p\pi, \quad (p = 1, 2, \ldots).$$

Dann liefert die obige Gleichung

$$I_2[1 + (F \sin I_2)^2] = I_1 \quad \text{mit} \quad F = \frac{\sqrt{4R}}{1 - R}. \tag{9.114}$$

Hierbei ist $I_{1,2}$ wieder eine normierte Intensität:

$$I_{1,2} = \frac{4\pi J_{1,2} \gamma L}{(1 - R)\lambda_0}. \tag{9.115}$$

Die Kennlinie dieses nichtlinearen, dispersiven Elements ist in Abb. 9.62 dargestellt. Sie zeigt ein ähnliches Verhalten wie das absorptive Element, aber oberhalb bestimmter Werte von I_1 gibt es jetzt mehrere stabile Betriebszustände I_2. Bei einem dispersiven Element treten fast keine Verluste auf, d. h. Reflexion und Transmission ergeben eins. Sinkt die Transmission, nimmt die Reflexion entsprechend zu.

Dieses Element wurde zuerst von Gibbs [77] realisiert. Ein experimentelles Beispiel zeigt Abb. 9.63a.

Diese Schaltelemente können nur dann als logische Bausteine in schnellen Rechnern eingesetzt werden, wenn die notwendigen Schaltleistungen gering und die Schaltzeiten klein sind. Diese Bedingungen lassen sich nicht gleichzeitig erfüllen, wie die Gl. (9.109) zeigt. Extrem geringe Leistungen (siehe Abb. 9.63b) werden bei Ausnutzung thermischer Effekte erreicht. In diesem Fall ist χ in Gl. (9.112) der Tem-

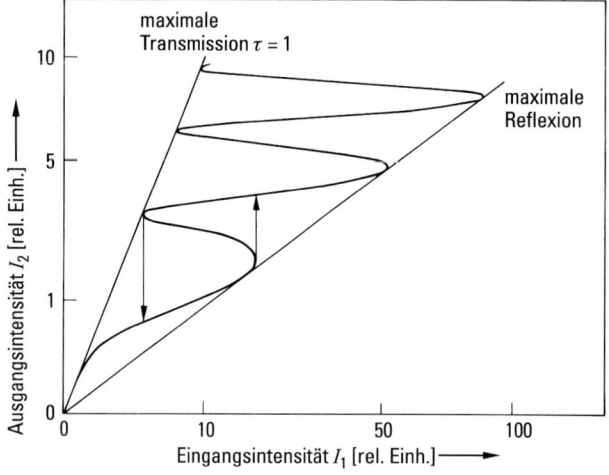

Abb. 9.62 Kennlinie einer dispersiven Multistabilität für $F = \sqrt{10}$. I_1, I_2 sind normierte Intensitäten nach Gl. (9.115).

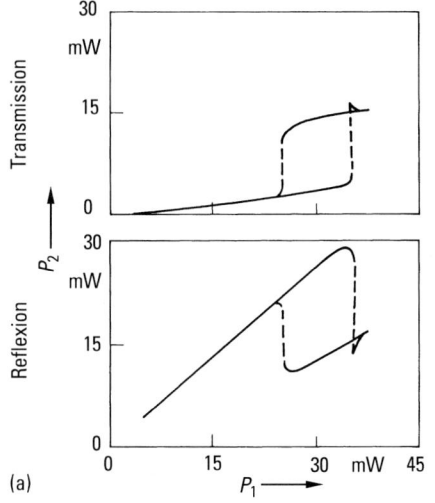
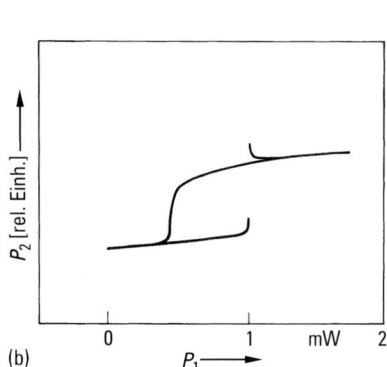

Abb. 9.63 Beispiele für die Hysterese einer dispersiven thermischen Instabilität nach [78]. (a) Reflektierte bzw. transmittierte Leistung P_2 als Funktion der einfallenden Leistung P_1 bei ZnSe und $\lambda_o = 630$ nm. (b) Transmittierte Leistung bei einer mit einem Diodenlaser gepumpten dispersiven thermischen Instabilität, $\lambda_o = 790$ nm (4-cyano-4'-pentylbiphenyl).

peraturkoeffizient der Brechzahl. Die Schaltzeit ist gegeben durch die Aufheizzeit des optischen Elements und dessen Wärmekapazität. Typische Werte liegen bei Mikrosekunden und darüber [78].

Literatur

Zitierte Publikationen

Abschnitt 9 Einführung

[1] Dirac, P.A.M., Proc. Roy. Soc. (London), **A 114**, 143 u. 710 (1927)
[2] Goeppert-Mayer, M., Ann. Phys. **9**, 273 (1931)
[3] Franken,P.A., Hill,A.E., Peters, C.W., Weinreich, G., Phys. Rev. Lett. **7**, 119 (1961)

Abschnitt 9.1

[4] Zernicke, R., Midwinter, I.E., Appl. Nonlinear Optics, J.Wiley, N.Y., 1973 (*auch zu Abschn. 9.2, 9.3, 9.5*)

Abschnitt 9.2

[5] Kleinman, D.A., Phys. Rev. **174**, 1027 (1969)
[6] Butcher, P., Cotter, D., The Elements of Nonlinear Optics, Cambridge Studies in Modern Optics, Vol. 9, Cambridge University Press, 1990
[7] Miller, R.C., Appl. Phys. Lett. 5, 17 (1964)

[8] Yang, S.T., et al., Opt. Lett. **16**, 1493 (1991) (*auch zu Abschn. 9.3*)
[9] Stitch, M.L., Bass, M. (Eds.), Laser Handbook Vol. **3**, North Holland Publishing Co., Amsterdam, 1979 (*auch zu Abschn. 9.3.2*)
[10] Lin, I.T., Chen, C., Laser & Optronics, **6**, 59 Nov. (1997) (*auch zu Abschn. 9.3*)
[11] Dmitriev, V.G., Gurzadyan, G.G., Nikosyan, D.N., Handbook of Nonlinear Optical Crystals, Springer Series in Optical Sciences Vol. 64, Springer, Berlin, 1991
[12] Brunner, W., Junge, K., Lasertechnik, Hüthig Verlag, Heidelberg, 1994 (*auch zu Abschn. 9.6*)

Abschnitt 9.3

[13] Armstrong, I.A., et al., Phys. Rev. **127**, 1918 (1962) (*auch zu Abschn. 9.10*)
[14] Maker, P.D., Terhune, R. W, Nisenhoff, M., Savage, C.M., Phys. Rev. Lett. **9**, 21 (1962)
[15] Boyd, G.D., Kleinman, P.A., J. Appl. Phys. **39**, 3597 (1969)
[16] Geusic, I.E., et al., IEEE J. Quant. Electr. **QE-4**, 352 (1969)
[17] Ashkin, A., et al., Phys. Rev. Lett. **11**, 14 (1963)
[18] Schinke, D.P., IEEE J. **QE-9**, 96 (1972)
[19] Fejer, M.M., IEEE JQE **29**, 2631 (1962)

Abschnitt 9.4

[20] Weber, H., Herziger, G., Laser, Physik Verlag, Weinheim, 1972
[21] Boyd, G.D., Ashkin.A., Phys. Rev. **146**, 197 (1966)
[22] Manley, I.M., Rowe, H.E., Proc. IRE 47, 2115 (1959)
[23] Giordmaine, I.A., Miller, R.C., Phys. Rev. Lett. **14**, 973 (1965)
[24] Schiller, S., Mlynek, J. (Eds.), Continuous-wave Optical Parametric Oscillators, Special issue Nr.25, Appl.Phys. **B 66**, Heft Nr. 6 (1998)
[25] Shen, Y.R., The Principles of Nonlinear Optics, J.Wiley & Sons, N.Y., 1994
[26] Castech Crystal Catalog 1999/2000, p.11, Fuzhou, Fujian 350002, VR China

Abschnitt 9.5

[27] Ghatak, A.K., Optical Electronics, Cambridge University Press, Cambridge, 1989
[28] Yariv, A., Optical Electronics, Holt, Rinehart, Winstin, Holt-Saunders, Japan, 1995
[29] Ward, I.F., Phys. Rev. **143**, 569 (1966)

Abschnitt 9.6

[30] Pailette, M., Ann. de Physique **4**, 671 (1969)
[31] Shapiro, S.L., Ultra Short Light Pulses, Springer, Heidelberg, 1977
[32] Brown, D.C., High Peak Power Nd-Glass Laser, Springer Series in Optical Sciences, Vol. 25, Springer, Berlin, 1993
[33] Weber, M.J., Optical Engineering, **17**, 463 (1979)
[34] Kobayashi, T. (Ed.), Nonlinear Optics of Organics and Semiconductors. Springer Proc in Physics, Springer, Berlin, 1999
[35] Yariv, A., Quantum Electronics, J.Wiley, N.Y., 1975
[36] Akhamow, S.A., et al., Laser Handbook Vol. 2, (Ed. Arecchi, F.L., Schultz-Dubois, E.O.), North Holland Publ. Comp. Amsterdam, 1972
[37] Fisher, R., et al., Appl. Phys. Lett. **14**, 140 (1969)
[38] Eichler, H.J., Günter, P, Pohl, D.W., Laser Induced Dynamic Gratings, Springer Series in Opt. Sciences, Springer, Berlin, 1996

[39] Zel'dovich, B.Ya., et al., JETP Letters **15**, 267 (1979)
[40] Günther, P., Nonlinear Optical Effects, Springer, Berlin, NY., 2000
[41] Aleksandrov, E.B., Ansel'm, A.A., Moskalev, A.N., Sov. Phys. JETP **62** (4), 690 (1995)
[42] Schmackpfeffer, A., Diss. D 93, TU Berlin, 1967

Abschnitt 9.7

[43] Brandmüller, J., Moser, H., Einführung in die Raman-Spektroskopie, Steinkopf, Darmstadt, 1962
[44] Smekal, A., Naturw. Bd. **11**, 873 (1923)
[45] Raman, C.V., Krishnan, K.S., Nature, London, Bd. **121**, 501 (1928)
[46] Landsberg, G., Mandelstam, L., Naturw. Bd. **16**, 557 u. 772 (1928)
[47] Eckhardt, G., Hellwarth, R.W., McClung, F., Schwarz, S.E., Weiner, D., Woodbury, E.J., Phys. Rev. Lett. **9**, 455 (1962)
[48] Terhune, R.W., Solid State Laser Design **4**, 38 (1963)
[49] Kaiser, W., Maier, M., Laser Handbook II, (Ed. Schulz-DuBois, F.T.), North Holland Publ. Comp., Amsterdam, 1972
[50] Grun, J.B., McQuillan, A.K., Stoicheff, B.P., Phys. Rev. **180**, 61 (1969)
[51] Demtröder, W., Laserspektroskopie, Springer, Berlin, 1991
[52] Kaminskii, A.A., et al., Optics Comm., **183**, 277 (2000)
[53] Smith, S.D., et al., Progr. Quantum Electronics **5**, 205 (1977)
[54] Aggarwal et al., Appl. Phys. Lett. **18**, 383 (1971) *(auch zu Abschn. 9.8.2)*
[55] Irslinger, C., Phys. Stat. Sol. (b), **48**, 797 (1971)

Abschnitt 9.8

[56] Kleinschmidt, J., Tottleben, W., Rentsch, S., Exp. Tech. d. Phys. **22**, 192 (1974)
[57] Kleinschmidt, J., Torpatschow, P., Exp. Tech. d. Phys. **23**, 191 (1975)
[58] Voronov, G.S., Delone.G.A., Delone.N.B., Sov. Phys. JEPT **24**, 1122 (1967)
[59] Kulander, K.C., Proc. of the Workshop on Super-Intense Laser Atom Physics (SILAP) III, Editor P.Piraux, Plenum Press, NY. (1993) *(auch zu Abschn. 9.9.3)*
[60] De Michelis, C., Laser Induced Gas Breakdown, IEEE J. **QE-5**, 199 (1969)
[61] Keldysh, L.V., Sov. Phys. JETP **20**, 1307 (1965)
[62] Gold, A., Bebb, H.B., Phys. Rev. Lett. **14**, 60 (1967)

Abschnitt 9.9

[63] Langhoff, H., Physik in unserer Zeit, **9**, 154 (1977)
[64] Wallenstein, R., Laser und Optoelektronik **14**, 29 (1992)
[65] Seka, W., et al., Opt. Com. **34**, 469 (1989)
[66] Craxton, R.S., Opt. Com. **34**, 474 (1990)
[67] Jain, K., et al., Optics and Laser Technology **13**, 297 (1991)
[68] Vidal, C.R., Four Wave Frequency Mixing in Gases, Topic in Appl. Phys. Vol. 59, (Eds. Mollenhauer, L.F., White, I.C.), Springer, Berlin, Heidelberg, 1997
[69] Puell, H.P., Vidal, C.R., IEEE J. Quantum Electronics **QE-14**, 364 (1979)
[70] Bucksbaum, P.H., et al., Opt. Lett. **9**, 217 (1993)
[71] Schnürer, M., et al., Phys. Rev. Lett. **80**, 3236 (1998)
[72] Chang, Z., et al., Phys. Rev. Lett. **79**, 2967 (1997)

Abschnitt 9.10

[73] Bowden, C.M., Ciftan, M., Robi, H. (Eds.), Optical Bistability, Plenum Press, N.Y, 1991

[74] Weiss, E.G., et al., Dynamics of Lasers, VHG Verlagsgesellschaft, Weinheim, 1991
[75] Szöke, A., Appl. Phys. Lett. **15**, 376 (1969)
[76] Dorsel, A., Meystre, P., Phys. Blätter **40**, 143 (1994)
[77] Gibbs, H.M., et al., Appl. Phys. Lett. **35**, 451 (1979)
[78] Wherrett, B.S., et al., Proc. SPIE Vol. 991, 2 (1999), Peyghambarian, N. (Ed.), Optical Computing and Nonlinear Materials

Weiterführende Literatur

Cho, S.K., Electromagnetic Scattering, Springer, N.Y., 1990
Fischer, R.E., Optical Scattering, McGraw Hill, N.Y., 1990
Mills, D.L., Nonlinear Optics, Springer, Berlin, 1998
Paul, H., Nichtlineare Optik Bd. I, II, Akademie Verlag, Berlin, 1973
Sauter, E.G., Nonlinear Optics, J. Wiley & Sons, N.Y., 1996
Shen, Y.R., The Principles of Nonlinear Optics, J.Wiley & Sons, N.Y., 1994
Yariv, A., Optical Electronics, Holt, Rinehart, Winstin, Holt-Saunders, Japan, 1995
Zernicke, F., Midwinter, I.E., Applied Nonlinear Optics, J.Wiley & Sons, N.Y., 1973.

10 Röntgenoptik

Günter Schmahl

Im elektromagnetischen Spektrum schließt sich an das kurzwellige Ultraviolett die weiche Röntgenstrahlung an mit Wellenlängen von etwa 10 nm bis 0.5 nm. Der Bereich der harten Röntgenstrahlung reicht herunter bis zu Wellenlängen von 0.01 nm, gefolgt von der γ-Strahlung mit noch kürzeren Wellenlängen.

Harte Röntgenstrahlung wird bereits seit vielen Jahrzehnten in Wissenschaft und Technik eingesetzt. Am bekanntesten ist die Röntgendiagnostik, die darauf beruht, dass Röntgenstrahlen auch Stoffe durchdringen, die für sichtbares Licht undurchlässig sind und darauf, dass Röntgenstrahlung in trüben, inhomogenen Stoffen, wie z. B. Fleisch, Knochen, Holz, keine Streureflexion erfährt. Wichtig geworden sind auch die Erzeugung von Röntgenstrahlinterferenzen zur Untersuchung der Kristallstruktur fester Körper sowie die Erforschung der Röntgenspektren, die wesentlich zur Aufklärung des Atombaus beigetragen haben.

Auf dem Gebiet der weichen Röntgenstrahlen haben sich durch die Entwicklung intensiver Strahlungsquellen und leistungsfähiger Röntgenoptiken folgende Schwerpunkte gebildet: Röntgenastronomie, Röntgenspektroskopie, Röntgenplasmadiagnostik, Röntgenlithographie und Röntgenmikroskopie.

Der Einsatz von Röntgenteleskopen, die in Satelliten die Erde umkreisen, ermöglicht es, kosmische Röntgenquellen zu erforschen. Diese Untersuchungen geben Einblick in kosmische Phänomene, die mit sehr hohen Temperaturen, Dichten oder Magnetfeldstärken verbunden sind. Beispiele sind die Untersuchung der Endstadien der Sternentwicklung, der Überreste von Supernova-Explosionen oder aktiver Galaxienkerne.

Der Bau von Elektronenspeicherringen als intensive Röntgenquellen sowie die Entwicklung lichtstarker Röntgenspektrometer ermöglicht Röntgenspektroskopie und Fotoelektronenspektroskopie mit hoher Auflösung für die Atom-, Festkörper- und Oberflächenphysik.

Heiße Plasmen mit Temperaturen von 10^6 K bis 10^7 K, die z. B. bei Experimenten zur kontrollierten Kernfusion auftreten, strahlen einen großen Teil ihrer Energie im weichen Röntgenbereich ab. Die Röntgendiagnostik mithilfe abbildender und dispersiver Röntgenoptiken ermöglicht die Messung physikalischer Parameter solcher Plasmen, wie z. B. Elektronentemperatur und Elektronendichte.

Für die Erzeugung und Übertragung von Mikrostrukturen, insbesondere für elektronische Bauelemente, werden lithographische Verfahren verwendet. Neben der Lithographie mit Elektronen (vgl. Abschn. 11.7) sowie mit sichtbarer oder ultravioletter Strahlung wird auch die Röntgenlithographie für die Übertragung von sub-Mikrometerstrukturen eingesetzt.

Abbildung mit Röntgenstrahlen im weitesten Sinn schließt die Röntgenstrahlinterferenzen von Kristallen, die Röntgentomographie sowie die medizinische Röntgendiagnostik mit harter Röntgenstrahlung ein. Dieses Kapitel soll sich jedoch weitgehend auf Abbildungen mit weicher Röntgenstrahlung beschränken. In den Abschnitten 10.1 bis 10.3 werden Röntgenquellen, Röntgenoptiken und Röntgendetektoren für weiche Röntgenstrahlung behandelt. In den Abschnitten 10.4 und 10.5 wird auf die Mikroskopie mit weichen Röntgenstrahlen und auf die Lithographie mit Röntgen- und EUV-Strahlen eingegangen.

10.1 Röntgenquellen

In klassischen Röntgenröhren wird Röntgenstrahlung dadurch erzeugt, dass hochenergetische Elektronen auf die Antikathode der Röhre treffen. Dabei werden Elektronen aus den K-, L-, M-, ... Schalen des Antikathodenmaterials entfernt und durch Elektronen aus höheren Schalen ersetzt. Das dabei emittierte Linienspektrum nennt man charakteristische Eigenstrahlung einer Röntgenröhre. Zusätzlich werden die auftreffenden Elektronen durch Coulomb-Wechselwirkung mit den Kernen des Antikathodenmaterials abgebremst und senden dabei ein kontinuierliches Spektrum (Bremsspektrum) aus (vgl. Abschn. 3.11). Die Emission der Röntgenstrahlung solcher Röntgenröhren erfolgt weitgehend isotrop, d. h. für röntgenoptische Abbildungen kann immer nur ein relativ kleiner Teil der emittierten Strahlung benutzt werden. Dazu ergibt sich für weiche Röntgenstrahlung eine weitere Schwierigkeit, die im folgenden Beispiel für das kontinuierliche Spektrum illustriert werden soll: Das Verhältnis der Leistung der emittierten Röntgenstrahlung zur Leistung der auf die Antikathode auftreffenden Röntgenstrahlen beträgt $\eta \approx 10^{-9} cZU$, wobei c ein Faktor der Dimension V^{-1}, Z die Ordnungszahl des Antikathodenmaterials und U die angelegte Spannung in Volt ist. Bereits für harte Röntgenstrahlung ist η klein. Für eine Wolfram-Antikathode, $Z = 74$, und eine Spannung von $U = 10^5$ Volt folgt $\eta = 7.4 \times 10^{-3}$. Für weiche Röntgenstrahlung ist η noch wesentlich kleiner. Für eine Kohlenstoff-Antikathode, $Z = 6$, und eine Spannung von $U = 10^3$ Volt folgt $\eta = 6 \times 10^{-6}$. Ähnlich sind die Bedingungen beim Linienspektrum klassischer Röntgenröhren.

Für röntgenoptische Abbildungen ist neben der gesamten emittierten Leistung die räumliche und spektrale Verteilung der emittierten Strahlung wichtig. Diese Eigenschaften werden in der Größe spektrale Brillanz B berücksichtigt. Darunter versteht man die Zahl N der emittierten Photonen geteilt durch die Zeit t, bezogen auf den Raumwinkel $d\Omega$, in den Strahlung emittiert wird, bezogen auf die Fläche dF der Quelle und bezogen auf die relative Bandbreite $d\lambda/\lambda$, d. h.

$$B = \frac{N/t}{d\Omega\, dF\, (d\lambda/\lambda)}.$$

Die größte spektrale Brillanz aller Röntgenquellen haben z. Zt. Synchrotronstrahlungsquellen, insbesondere Wiggler und Undulatoren. Die spektrale Brillanz dieser Quellen übersteigt die klassischer Röntgenröhren um viele Größenordnungen [1].

10.1.1 Synchrotronstrahlungsquellen

Wird ein elektrisch geladenes Teilchen beschleunigt, so sendet es elektromagnetische Strahlung aus. Diese Tatsache nutzt man, um in Speicherringen für Elektronen bzw. Positronen sehr intensive Strahlung vom Infraroten bis zum Röntgenbereich zu erzeugen (Abschn. 15.12).

Abbildung 10.1 zeigt schematisch den Berliner Elektronenspeicherring für Synchrotronstrahlung (BESSY II). Von einer Glühkathode werden Elektronen ausgelöst, die durch eine Anodenspannung von 100 kV beschleunigt werden. Die zweite Beschleunigungsstufe ist ein Mikrotron, das einen kleinen Hochfrequenz-Linearbeschleuniger enthält, dessen starkes elektrisches Hochfrequenzfeld die Elektronen zehnmal durchlaufen. Im Magnetfeld des Mikrotrons werden die Elektronen auf

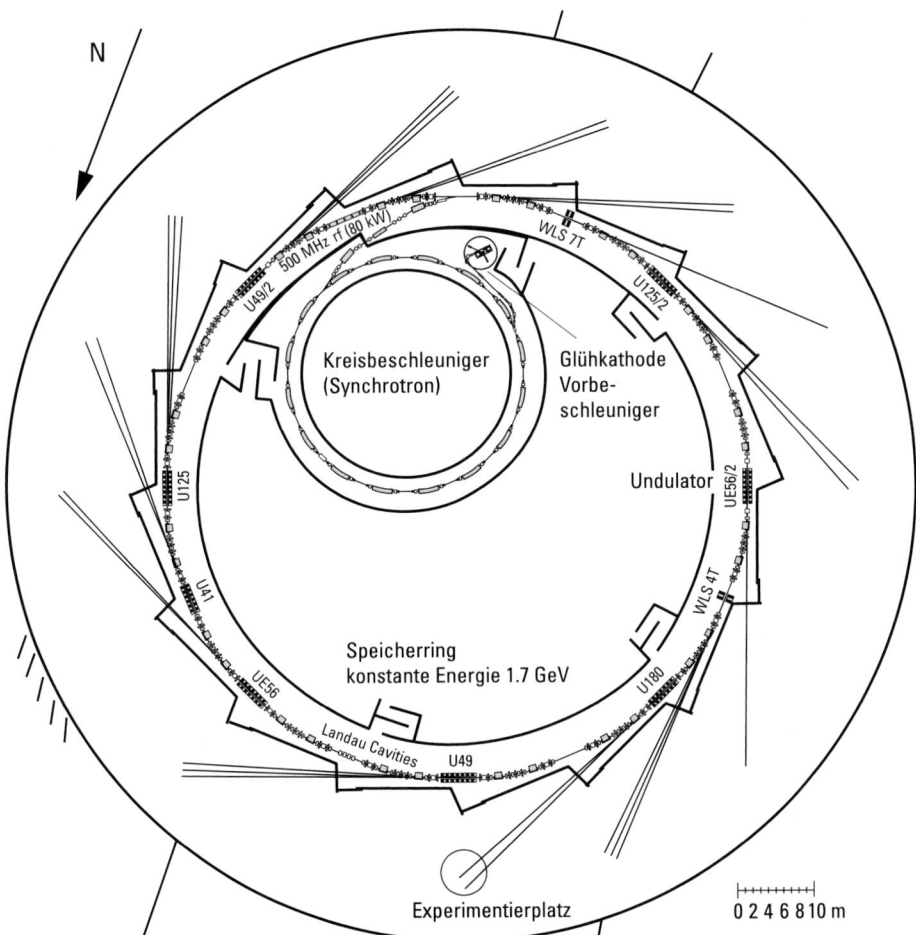

Abb. 10.1 Schematische Darstellung des Berliner Elektronenspeicherrings für Synchrotronstrahlung BESSY II (Quelle: Berliner Elektronenspeicherring-Gesellschaft für Synchrotronstrahlung).

Bahnen mit wachsendem Umfang gehalten, bis sie eine Energie von 50 MeV erreicht haben. Die Elektronen gelangen dann in die Vakuumkammer des Synchrotrons, werden dort durch starke Magnete auf einer Kreisbahn gehalten und durch Wechselfelder eines Hohlraumresonators auf die Endenergie von 1.7 GeV beschleunigt. Damit die Elektronen trotz der Energiezunahme auf ihrer Bahn bleiben, wächst das Magnetfeld synchron zur Energie an. Dieser Beschleunigungszyklus wiederholt sich bei BESSY mit 10 Hz, das heißt zehnmal pro Sekunde werden etwa 10 Milliarden Elektronen auf ihre Endenergie beschleunigt. Danach werden sie in den Elektronenspeicherring eingespeist. Dieser enthält sechzehn sogenannte Einheitszellen mit Ablenkmagneten, Quadrupol- und Sextupolmagneten, die dazu dienen, die Elektronen in der Vakuumkammer des Speicherrings zu halten. Die Anordnung der Magnete bestimmt die Dimension des umlaufenden Elektronenstrahls und damit die Quellgröße. Vierzehn der sechzehn geraden Strecken enthalten periodische Magnetstrukturen – Undulatoren und Wiggler –, eine gerade Strecke dient der Injektion, eine weitere enthält Hohlraumresonatoren, die dazu dienen, den Energieverlust des Elektronenstrahls durch Abstrahlung von Synchrotronstrahlung wieder auszugleichen.

Durch die Ablenkmagnete wird die Richtung der Geschwindigkeit der Elektronen geändert, d. h. die Elektronen werden beschleunigt und senden Strahlung aus. Da die Elektronen sich nahezu mit Lichtgeschwindigkeit bewegen, entspricht die Richtcharakteristik der Strahlung nicht der üblichen Dipolstrahlung. Die Elektronen emittieren vielmehr ein enges Strahlenbündel, das sich entlang der gekrümmten Bahnstücke mit den Elektronen mitbewegt (vgl. Abb. 2.35 in Abschn. 2.5).

Der halbe Öffnungswinkel Θ des Strahlungskegels beträgt $\Theta = \gamma^{-1} = mc_0^2/E$. Dabei ist $mc_0^2 = 0.511$ MeV die Ruheenergie des Elektrons und E die Energie des umlaufenden Elektrons. Für $E = 1.7$ GeV folgt $\Theta = 0.3$ mrad. Ein Beobachter außerhalb der Bahn sieht eine Folge kurzer Strahlungsimpulse im Abstand der Elektronenumlaufzeit, die beim BESSY 8×10^{-7} s beträgt. Jeder Impuls enthält ein breites Frequenzspektrum, d. h. man erhält ein kontinuierliches Spektrum. Da die Quellgrößen mit $dF \leq 0.1$ mm^2 und die Raumwinkel $d\Omega \leq 10^{-7}$ sr klein sind, ergibt sich eine hohe spektrale Brillanz, beim BESSY von $\geq 10^{14}$ Photonen/(s mm^2 10^{-7} sr) bei $\Delta\lambda/\lambda = 0.1\%$ für Photonenenergien im keV-Bereich. Bei Speicherringen mit höheren Elektronenenergien, wie z. B. beim Speicherring DORIS am Deutschen Elektronensynchrotron (DESY) in Hamburg oder beim Speicherring der European Synchrotron Radiation Facility (ESRF) in Grenoble mit $E = 6$ GeV verschiebt sich das Maximum der Emission zu höheren Photonenenergien bis in den Bereich harter Röntgenstrahlen (vgl. Abb. 5.24 in Abschn. 5.4.4).

Die Strahlung ist in der Ebene der Elektronenbahn linear, oberhalb und unterhalb der Ebene zirkular polarisiert. Gleichzeitig ist die Strahlung gepulst: Nur die Elektronen können über lange Zeit umlaufen, die vom Hochfrequenz-Resonator Energie übertragen bekommen, d. h., dass das Verhältnis der Frequenzen des Hochfrequenzsystems (z. B. $\nu = 500$ MHz) zur Umlauffrequenz – beim BESSY $\nu_{umlauf} = 1.25$ MHz – eine ganze Zahl sein muss. Damit ergibt sich, dass die Elektronen in Paketen (Bunchen) im Speicherring umlaufen. Beim BESSY beträgt die Zahl der Bunche 400, die Pulsbreite 18 ps und die Pulsabstände 2 ns. Der Speicherring kann auch so betrieben werden, dass nur ein Elektronenpaket umläuft (single-bunch-Betrieb). Damit können Experimente mit hoher Zeitauflösung durchgeführt werden. In moder-

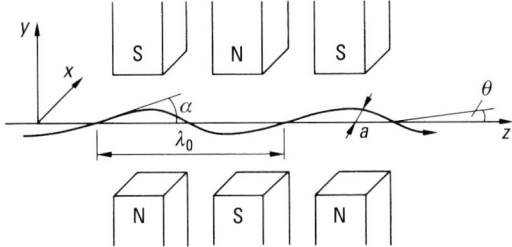

Abb. 10.2 Schema eines Wigglers/Undulators.

nen Speicherringen wird nicht nur die Synchrotronstrahlung aus Ablenkmagneten genutzt, sondern auch die aus Wigglern und Undulatoren. Dabei handelt es sich um Magnetstrukturen, die in ein gerades Stück des Speicherrings eingebaut werden und so aufgebaut sind, dass sie eine sinusförmige Elektronenbahn hervorrufen (Abb. 10.2). Die Synchrotronstrahlung von mehreren Ablenkbögen überlagert sich dabei in Vorwärtsrichtung. Bei einer Elektronenbahn mit n Bögen lässt sich mit einem Wiggler etwa die $2n$-fache Intensität erzielen, da sich die Strahlung von $2n$ Tangentialpunkten mit einem Abstand von $\lambda_0/2$ überlagert. Der Beobachter sieht ein quasikontinuierliches Spektrum.

Bei kleinen Auslenkungen a der Elektronen von der geraden Bahn überlagert sich die von den n Bögen ausgehende Strahlung so, dass je nach Wellenlänge und Beobachtungsrichtung θ konstruktive oder destruktive Interferenz auftritt. Man bezeichnet eine solche Magnetfeldanordnung als Undulator. Ein Beobachter nahe der z-Achse sieht ein Spektrum, das aus einzelnen Harmonischen der Wellenlänge

$$\lambda_i = \frac{\lambda_0}{2i\gamma^2}\left(1 + \frac{K^2}{2} + \gamma^2\Theta^2\right)$$

besteht. Dabei ist $K = \alpha\gamma$ der Wiggler- bzw. Undulatorparameter, $\gamma = E/mc_0^2$ und α der maximale Ablenkwinkel der Elektronenbahn, der von der magnetischen Feldstärke abhängt. λ_0 ist die Periode der Magnetfeldanordnung. Ist z. B. $E = 1.7\,\text{GeV}$, d. h. $\gamma = 3.3 \times 10^3$, $\lambda_0 = 40\,\text{mm}$ und $K = 1$, so folgt für die Wellenlänge der 1. Harmonischen in Richtung der z-Achse ($\theta = 0$), $\lambda_1 = 2.7\,\text{nm}$. Mit Undulatoren lässt sich Strahlung mit einer spektralen Brillanz erzeugen, die um drei bis vier Größenordnungen höher ist als die aus Ablenkmagneten. Moderne Elektronenspeicherringe werden daher so gebaut, dass mehrere Wiggler und Undulatoren installiert werden können.

10.1.2 Plasmaquellen

Ein Plasma ist ein ionisiertes Gas, besteht also aus positiv geladenen Ionen und Elektronen. Ein Plasma sendet Strahlung aus: Beim Übergang zwischen angeregten Niveaus der Ionen des Plasmas entsteht Linienstrahlung. Zusätzlich entsteht kontinuierliche Strahlung durch frei-frei-Übergänge der Elektronen (Bremsstrahlung) und frei-gebunden-Übergänge (Rekombinationsstrahlung), d. h. durch Einfang freier Elektronen durch die Ionen. Damit ein Plasma intensiv im Bereich weicher Röntgenstrahlung emittiert, müssen Temperaturen von $T \geq 10^6$ K und Elektronen- und Ionendichten von 10^{19}–10^{20} cm^{-3} vorhanden sein. Solche Zustände können mit verschiedenen Systemen erreicht werden, z. B. mit lasererzeugten Plasmen [2] oder Plasmafokus-Gasentladungen [3].

Laserplasmen entstehen bei der Fokussierung der Strahlung gepulster Hochleistungslaser auf ein Target. Bei Laserenergien pro Puls von einigen 100 Millijoule bis zu einigen Joule und Pulsdauern zwischen einigen 100 Picosekunden und einigen Nanosekunden werden Leistungsdichten auf dem Target von etwa 10^{12}–10^{14} Watt cm^{-2} erreicht. Solche Plasmen emittieren weiche Röntgenstrahlung. Besteht das Target aus Material mit hoher Kernladungszahl Z, so wird ein quasikontinuierliches Röntgenspektrum emittiert. Bei einem Material mit niedrigem Z dominiert Linienstrahlung. Die typische Ausdehnung des Röntgenstrahlung emittierenden Gebietes beträgt 20 µm bis 100 µm. Als Laser werden hauptsächlich Excimerlaser und Nd-YAG-Laser eingesetzt. Der Wirkungsgrad, d. h. das Verhältnis der Energien der emittierten Röntgenstrahlung zur fokussierten Laserstrahlung beträgt $\leq 10\%$.

Ein Plasmafokus besteht aus einem koaxialen Elektrodensystem, das mit einem Entladegas bei einigen mbar Druck gefüllt ist. Nach Anlegen einer Spannung findet eine Gasentladung statt, bei der die Plasmaschicht in Richtung des offenen Endes der Entladungsgeometrie läuft und dort radial kollabiert (vgl. Abb. 10.3). Die mit großen Entladungsströmen verknüpften Magnetfelder komprimieren das Plasma auf einen Zylinder von einigen Millimetern Länge und einem Durchmesser von 0.2–0.5 mm (Pincheffekt). Das Plasma im Fokusgebiet heizt sich dabei auf Temperaturen $T \geq 10^6$ K auf. Damit ist der Plasmafokus für eine Zeit $\tau \leq 10$ ns eine intensive Röntgenquelle. Benutzt man z. B. Stickstoff als Entladegas, so finden sich im Plasma des Fokusgebietes vorwiegend 6-fach ionisierte Stickstoff-Ionen, die – neben anderen schwächeren Linien und einem schwachen Kontinuum – eine starke Linie bei der Wellenlänge $\lambda = 2.48$ nm aussenden (1s–2p Übergang des 6-fach ionisierten Stickstoffs). Die in dieser Röntgenlinie abgegebene Energie pro Entladung beträgt einige hundert mJ.

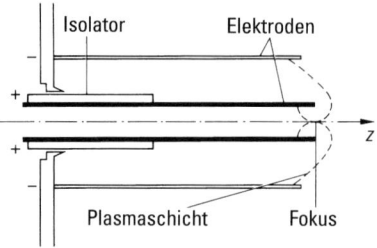

Abb. 10.3 Anordnung für eine Plasmafokus-Gasentladung.

10.2 Elemente der Röntgenoptik

10.2.1 Wechselwirkung weicher Röntgenstrahlen mit Materie

Die Wechselwirkung weicher Röntgenstrahlen mit Materie setzt sich zusammen aus elastischer Streuung und photoelektrischer Absorption. Im Wellenbild bedeutet das eine Phasenschiebung der Welle und eine Dämpfung ihrer Amplitude.

Wir betrachten eine Materieschicht der Dicke t mit der komplexen Brechzahl

$$n = n - \mathrm{i}\beta = 1 - \delta - \mathrm{i}\beta,$$

die von einer ebenen Welle mit der Amplitude $\mathscr{A}_0$ bestrahlt wird. Ist $\mathscr{A}_1$ die Amplitude der hindurchgehenden Welle, so ergibt sich für die Amplitudentransmission

$$\mathscr{T} = \frac{\mathscr{A}_1}{\mathscr{A}_0} = \mathrm{e}^{-\frac{2\pi}{\lambda}\beta t}\,\mathrm{e}^{\mathrm{i}\frac{2\pi}{\lambda}\delta t}\,\mathrm{e}^{-\mathrm{i}\frac{2\pi}{\lambda}t}. \tag{10.1}$$

Der erste Faktor beschreibt die Schwächung der Amplitude der einfallenden Welle, der zweite die Phasenschiebung der Welle relativ zu einer Welle im Vakuum. Mit $\mathscr{A}_0 \mathscr{A}_0^* = I_0$ und $\mathscr{A}_1 \mathscr{A}_1^* = I_1$ folgt für die Intensität

$$\frac{I_1}{I_0} = \mathrm{e}^{-\frac{4\pi}{\lambda}\beta t}. \tag{10.2}$$

Man nennt die Größe $\mu_1 = 4\pi\beta/\lambda$ den linearen Absorptionskoeffizienten. Teilt man μ_1 durch N, d. h. die Zahl der Atome pro Einheitsvolumen, so ergibt sich der atomare Wirkungsquerschnitt für photoelektrische Absorption $\sigma_\mathrm{a} = \mu_1/N$. Tabelliert ist häufig auch der Massenabsorptionskoeffizient $\mu = \mu_1/\varrho$.

Behandelt man Phasenschiebungen, so müssen die Amplituden und nicht die Intensitäten betrachtet werden. Entsprechend kann man einen Koeffizienten für die Phasenschiebung einführen, nämlich $\eta = 2\pi\delta/\lambda$.

Phasenschiebung und Absorption, beschrieben durch die komplexe Brechzahl n, können zurückgeführt werden auf die Streuung der Welle an den Atomen der Materieschicht, beschrieben durch den atomaren Streufaktor $f = f_1 + \mathrm{i}f_2$ [4]. Die an einem Atom gestreute Amplitude ist gegeben durch diesen Faktor f multipliziert mit der Amplitude, die gestreut würde, wenn das Atom durch ein freies Elektron ersetzt würde. Überlagert man die Amplituden der an den einzelnen Atomen der Materieschicht gestreuten Wellen, so erhält man eine resultierende Welle, deren Wechselwirkung mit dem Material also durch f_1 und f_2 beschrieben wird. Damit ergibt sich ein Zusammenhang zwischen der komplexen Brechzahl n und dem atomaren Streufaktor f in folgender Form [4]:

$$\delta = \frac{r_0 \lambda^2}{2\pi} N f_1$$

und

$$\beta = \frac{r_0 \lambda^2}{2\pi} N f_2. \tag{10.3}$$

$r_0 = 2{,}82 \times 10^{-15}$ m ist der klassische Elektronenradius, $N = N_\mathrm{A}\varrho/M$ ist die Anzahldichte der Atome, N_A die Avogadro-Konstante, M die molare Masse und ϱ die

1006 10 Röntgenoptik

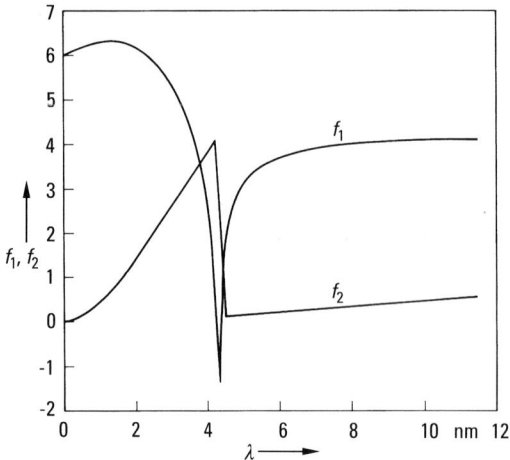

Abb. 10.4 f_1, f_2-Werte des atomaren Streufaktors $f = f_1 + \mathrm{i} f_2$ für Kohlenstoff [5].

Dichte des Materials. Zahlenwerte für den atomaren Streufaktor sind von Henke et al. [5] für den Wellenlängenbereich $0.04\,\mathrm{nm} \leq \lambda \leq 24.8\,\mathrm{nm}$ für 94 Elemente angegeben. Abbildung 10.4 zeigt als Beispiel f_1- und f_2-Werte für Kohlenstoff mit der ausgeprägten K-Absorptionskante bei der Wellenlänge $\lambda = 4.4\,\mathrm{nm}$. Aus Gl. (10.3) folgt, dass δ und β sehr viel kleiner als 1 sind. Zum Beispiel sind für Germanium bei der Wellenlänge $\lambda = 2.34\,\mathrm{nm}$ $\delta = 2.5 \times 10^{-3}$ und $\beta = 7.8 \times 10^{-4}$, d. h. der lineare Absorptionskoeffizient beträgt in diesem Fall $\mu_1 = 4.2\,\mu\mathrm{m}^{-1}$. Würde man versuchen, eine Sammellinse aus Germanium für weiche Röntgenstrahlen zu bauen, so müsste diese wegen der großen Absorption in diesem Spektralbereich extrem dünn und damit sehr klein sein. Da der Realteil der Brechzahl nahe bei 1 liegt, hätte eine Brechungslinse, wegen $n < 1$ als Plankonkav- oder Bikonkavlinse ausgeführt, eine relativ lange Brennweite und damit eine sehr kleine numerische Apertur. Brechungslinsen für weiche Röntgenstrahlen sind daher praktisch nicht verwendbar. Im harten Röntgenbereich oberhalb von etwa 6 keV ist es aber wegen der wesentlich geringeren Absorption im Vergleich zum weichen Röntgenbereich möglich, Brechungslinsen dadurch zu realisieren, dass viele bikonkave Einzellinsen hintereinander angeordnet werden (vgl. Abschn. 10.2.5).

Die andere, aus der Lichtoptik bekannte konventionelle Methode zur Abbildung benutzt Spiegel. Nach den Fresnel'schen Formeln ist der Reflexionsgrad, d. h. das Verhältnis aus reflektierter zu einfallender Intensität bei senkrechtem Einfall gegeben durch

$$\varrho = \left(\frac{n-1}{n+1}\right)^2.$$

Mit $n = 1 - \delta - \mathrm{i}\beta$ folgt

$$\varrho = \frac{\delta^2 + \beta^2}{(2-\beta)^2 + \beta^2} \approx \frac{1}{4}(\delta^2 + \beta^2). \tag{10.4}$$

Für das o. g. Beispiel, d. h. $\lambda = 2.34$ nm und Germanium als Spiegelmaterial folgt $\varrho = 1.7 \times 10^{-6}$, für einen Goldspiegel ergibt sich für die gleiche Wellenlänge $\varrho = 4 \times 10^{-5}$. Im Bereich der weichen Röntgenstrahlung ist der Reflexionsgrad bei senkrechtem Einfall für alle Materialien sehr klein. Konventionelle Spiegel können daher für Abbildungen nicht benutzt werden.

Der Reflexionsgrad von Spiegeln wird stark erhöht, wenn Röntgenstrahlen in streifendem Einfall auf die Spiegel auftreffen oder wenn Spiegel mit Vielfachschichten so belegt sind, dass die an den Schichten reflektierten Wellen konstruktiv interferieren.

10.2.2 Spiegel für Reflexion in streifendem Einfall

Für Röntgenstrahlen ist Materie optisch dünner als Vakuum oder Luft. Beim Eintritt eines Röntgenstrahls aus einem optisch dichteren Medium 1 mit $n_1 = 1$, z. B. Luft, in ein optisch dünneres Medium 2 mit $n_2 = n = 1 - \delta - i\beta$, z. B. Glas oder Metall, wird der Strahl vom Einfallslot weggebrochen (vgl. Abschn. 1.4). Wird der Einfallswinkel α im dichteren Medium, gemessen von der Spiegelnormalen, soweit erhöht, dass der gebrochene Strahl parallel zur Grenzfläche verläuft, so ergibt sich – ohne Berücksichtigung der Absorption –

$$\sin \alpha_g = 1 - \delta.$$

Für Einfallswinkel α, die größer sind als α_g, werden die Röntgenstrahlen an der Grenzfläche reflektiert (Totalreflexion). Mit $\Theta = 90° - \alpha$ folgt für den Grenzwinkel Θ_g der Totalreflexion:

$$\cos \Theta_g = 1 - \delta.$$

Da $\delta \ll 1$ folgt genähert

$$\sin \Theta_c = \sqrt{2\delta}, \tag{10.5}$$

für z. B. $\delta = 10^{-3}$ also $\Theta_g = 2.56°$. Man spricht daher von Totalreflexion bei streifendem Einfall, wobei die Vorsilbe total nur berechtigt ist, wenn die Absorption im Spiegelmaterial vernachlässigt wird. Für den genauen Verlauf des Reflexionsgrades als Funktion des Einfallswinkels muss die Absorption berücksichtigt werden. Für die Berechnung des Reflexionsgrades mithilfe der Fresnel'schen Formeln (vgl. Abschn. 4.2) muss demnach die komplexe Brechzahl benutzt werden. Abbildung 10.5 zeigt berechnete Werte des Reflexionsgrades ϱ für streifenden Einfall für einen Spiegel mit $\delta = 10^{-3}$ und verschiedene β-Werte.

Für $\beta \ll \delta$ ist der Reflexionsgrad groß für $\Theta < \Theta_g$. Für $\Theta > \Theta_g$ fällt der Reflexionsgrad stark ab. Für größere Werte von β fällt der Reflexionsgrad schon bei kleineren Winkeln mit wachsendem Θ ab.

Berechnet man den Reflexionsgrad nach den Fresnel'schen Formeln für senkrecht ($\varrho_\perp$) bzw. parallel ($\varrho_\parallel$) zur Einfallsebene polarisiertes Licht, so ergibt sich, dass $\varrho_\perp \approx \varrho_\parallel$ ist für kleine Winkel Θ.

Bisher war vorausgesetzt, dass die reflektierende Oberfläche ideal glatt ist. Man kann zeigen, dass der atomare Aufbau der Oberfläche den Reflexionsgrad für weiche Röntgenstrahlen nicht verringert, wohl aber eine raue Oberfläche. Die Höhenva-

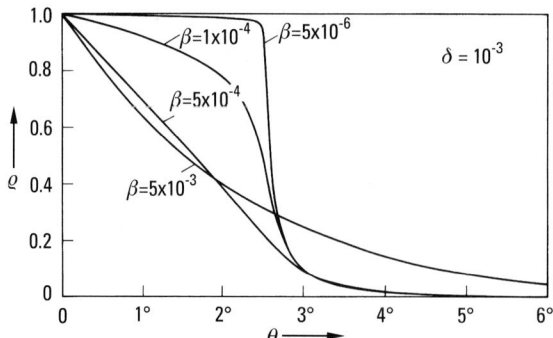

Abb. 10.5 Berechnete Werte des Reflexionsgrades ϱ bei streifendem Einfall.

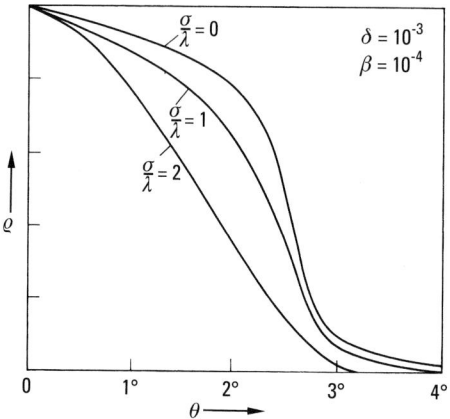

Abb. 10.6 Einfluss der Rauigkeit σ auf den Reflexionsgrad bei streifendem Einfall.

riationen einer rauen Oberfläche können gemessen und auf eine mittlere Ebene der Oberfläche bezogen werden. Den rms-Wert dieser Höhenvariationen bezeichnet man als Rauigkeit σ. Für den Reflexionsgrad ϱ_r einer rauen Oberfläche ergibt sich

$$\varrho_r = \varrho \exp\left[-\left(4\pi \sin\Theta \frac{\sigma}{\lambda}\right)^2\right]. \tag{10.6}$$

Dabei ist ϱ der Reflexionsgrad für eine ideal glatte Oberfläche. Abbildung 10.6 zeigt die Abnahme des Reflexionsgrades für verschiedene Werte von σ/λ. Um hohe Reflexionsgrade im streifenden Einfall zu erhalten, muss demnach $\sigma \leq \lambda$ sein, was in der Praxis erreichbar ist.

Im sichtbaren Spektralbereich können mit Spiegeln, die im senkrechten Einfall benutzt werden, Objekte auf der optischen Achse bzw. in der Nähe der optischen Achse fehlerfrei abgebildet werden. Mit zunehmendem Abstand von der optischen Achse treten bei der Abbildung rasch anwachsende Aberrationen auf, die besonders groß sind bei Abbildungen im streifenden Einfall. So zeigen z. B. sphärische Hohlspiegel bei Abbildungen im streifenden Einfall einen so großen Astigmatismus, dass sie für praktische Zwecke ungeeignet sind. Die im streifenden Einfall auftretenden Aberrationen können verringert werden, wenn einzelne asphärische Spiegel, wie z. B. toroidale Spiegel, Paare von Zylinderspiegeln oder rotations-symmetrische Zweispiegelsysteme zur Abbildung eingesetzt werden. Die verschiedenen Möglichkeiten wurden von A. G. Michette [6] zusammenfassend dargestellt. Hier soll lediglich eine von H. Wolter [7] angegebene Lösung diskutiert werden, mit der es gelungen ist, sehr leistungsfähige Röntgenteleskope zu bauen.

Wir betrachten zunächst einen Ausschnitt aus einem Rotationsparaboloid (Abb. 10.7), der in streifendem Einfall einen unendlich fernen Achsenpunkt stigmatisch in den Brennpunkt F abbildet. Jeder außeraxiale Punkt wird nicht in F, sondern in einen Kreis um F abgebildet. Bildet man auf diese Weise ein ausgedehntes Objekt ab, so hat das Bild in der Brennebene praktisch keine Ähnlichkeit mehr mit dem Objekt. Das Objekt wird nur dann in ein dem Objekt ähnliches Bild abgebildet, wenn die Abbe'sche Sinusbedingung erfüllt ist. Für die hier betrachtete Abbildung eines unendlich fernen Objektes lautet diese Bedingung (vgl. Abb. 10.8),

$$r = \frac{h}{\sin \alpha} = \text{const.},$$

d. h. die Knickfläche, nämlich der geometrische Ort der Schnittpunkte korrespondierender Strahlen, auf der sich also die verlängerten einfallenden achsenparallelen Strahlen mit den rückwärts verlängerten ausfallenden Strahlen schneiden, soll eine Kugel mit dem Radius r um den Brennpunkt F sein. Für das in Abb. 10.7 dargestellte Paraboloid ist nur für achsennahe Strahlen die Knickfläche eine Kugel. Dort wird aber Röntgenstrahlung wegen der zu steilen Auftreffwinkel nicht reflektiert. Für

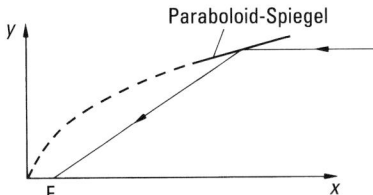

Abb. 10.7 Abbildung in streifendem Einfall durch ein Rotationsparaboloid, das durch Rotation des Parabelstücks um die x-Achse entsteht.

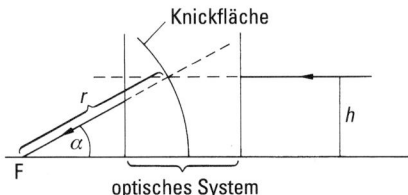

Abb. 10.8 Zur Erläuterung der Abbe'schen Sinusbedingung bei der Abbildung eines unendlich fernen Objektes.

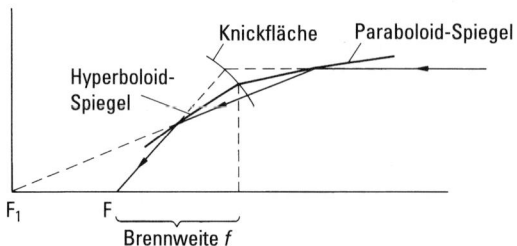

Abb. 10.9 Funktionsprinzip des Wolter-Teleskops.

die Außenzonen des Paraboloids, die für streifenden Einfall in Frage kommen, ist die Sinusbedingung stark verletzt, da die Knickfläche annähernd in Strahlrichtung verläuft und nicht senkrecht dazu. Ähnlich sind die Bedingungen, wenn das abzubildende Objekt endlich weit entfernt ist. Das Paraboloid muss dann durch ein Rotationsellipsoid ersetzt werden. Auch hier ist die Knickfläche die Spiegelfläche selbst, sodass für ausgedehnte Objekte starke Aberrationen bei der Abbildung auftreten. H. Wolter [7] hat Zweispiegelsysteme angegeben, für die die Abbe'sche Sinusbedingung annähernd erfüllt ist. Abbildung 10.9 zeigt ein solches System für die Abbildung eines unendlich fernen Objektes. Das Spiegelsystem besteht aus einem Rotationsparaboloid und einem Rotationshyperboloid, dessen rückseitiger Brennpunkt F_1 mit dem Paraboloidbrennpunkt zusammenfällt. Die Knickfläche, die so durch die Schnittkante der beiden Spiegel geht, wie in Abb. 10.9 angedeutet, ergibt sich als Paraboloid. Man kann daher für solche Systeme eine ähnliche Bildqualität erwarten, wie sie für den gewöhnlichen Paraboloidhohlspiegel bei Verwendung einer Zone nahe der Mitte bekannt ist.

Erfolgreich eingesetzt werden solche Spiegelsysteme als Röntgenteleskope. Abbildung 10.10 zeigt als Beispiel den Strahlengang im vierfach geschachtelten Wolter-Teleskop für den Röntgensatelliten ROSAT. Die vier Parabolspiegel mit einer maximalen Eintrittsöffnung von 83 cm haben, ebenso wie die vier Hyperboloidspiegel,

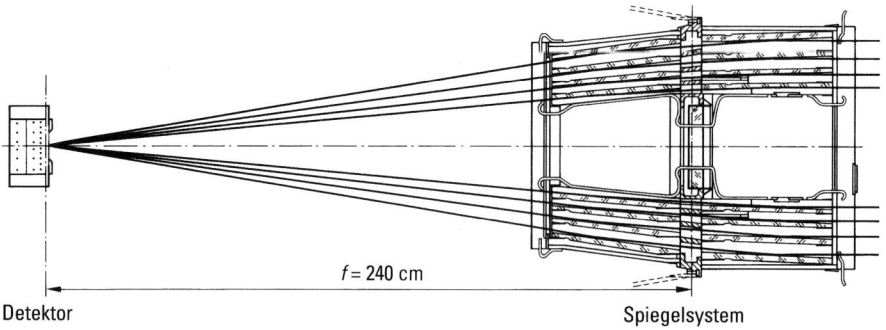

Abb. 10.10 Strahlengang im Spiegelsystem von ROSAT. Es sind vier Wolter-Doppelspiegel gleicher Brennweite ineinandergeschachtelt, um eine große Sammelfläche zu erhalten (Quelle: C. Zeiss, Oberkochen).

10.2 Elemente der Röntgenoptik 1011

Abb. 10.11 Montage des ROSAT-Wolter Teleskops (Werkfoto C. Zeiss, Oberkochen).

eine Länge von 50 cm. Die Spiegel bestehen aus Zerodur und sind zur Verbesserung der Reflektivität mit Gold belegt. Die Brennweite des Teleskops beträgt $f = 240$ cm, das Winkelauflösungsvermögen etwa fünf Bogensekunden. Abbildung 10.11 zeigt die Montage des ROSAT-Wolter-Teleskops.

Zur Abbildung eines endlich fernen Objektes mit Wolter-Zweispiegelsystemen muss der Paraboloidspiegel durch einen Ellipsoidspiegel ersetzt werden. Solche Optiken hat Wolter für die Röntgenmikroskopie zur Erzeugung hochaufgelöster, vergrößerter Röntgenbilder vorgeschlagen. Wegen der extremen Anforderungen an die Güte der Spiegel und wegen des begrenzten Objektfeldes haben sich solche Optiken für die Röntgenmikroskopie bisher nicht durchgesetzt.

10.2.3 Spiegel für Reflexion in senkrechtem Einfall – Spiegel aus Mehrfachschichten

Im Vergleich zu Spiegeln für streifenden Einfall haben Spiegel für senkrechten Einfall u.a. den Vorteil, dass wegen der geringeren Aberrationen größere Felder abgebildet werden können. Für weiche Röntgenstrahlen können solche Spiegel durch eine Anordnung von Mehrfachschichten erhalten werden, bei der also die Brechzahl mit der Tiefe periodisch variiert. Erzeugt werden diese Spiegel dadurch, dass abwechselnd Schichten der Dicke $t \cong \lambda/4$ mit relativ hoher Brechzahl, n_1, und solche mit relativ niedriger Brechzahl, n_2, auf einen Träger aufgedampft oder aufgesputtert werden [8]. Die schwache reflektierte Strahlung an den Grenzflächen dieser Schichtenfolge wird kohärent und phasengerecht überlagert und führt zu einer starken Erhöhung des Reflexionsgrades. Liegt z. B. der Reflexionsgrad einer Grenzfläche im Bereich 10^{-4} bis 10^{-6}, dann ist der Reflexionskoeffizient für die Amplitude der reflektierten Strahlung 10^{-2} bis 10^{-3}. Unter Vernachlässigung der Absorption würde die phasengerechte Überlagerung der an 10^2 bis 10^3 Grenzflächen reflektierten Strahlung also dazu führen, dass die gesamte einfallende Röntgenstrahlung mit der relativen Bandbreite $\Delta\lambda/\lambda = 1/N$, $N = $ Zahl der Perioden, reflektiert wird. Bei Berücksichtigung der Absorption ergeben sich theoretisch unter der Annahme ideal glatter Schichten für senkrechten Einfall Reflexionsgrade von 40% bis 80%. In der Praxis begrenzt die Rauigkeit der Schichten, die nach Gl. (10.6) für $\sin \Theta = 1$ sehr klein sein muss im Vergleich zur benutzten Wellenlänge, den erreichbaren Reflexionsgrad, insbesondere für kurze Wellenlängen. Für vergleichsweise lange Wellenlängen im Vakuumultravioletten werden hohe Reflexionsgrade erreicht, z. B. $\varrho > 60\%$ für $\lambda = 17$ nm [9], während die gemessenen Reflektivitäten im senkrechten Einfall für $\lambda = 2.5$ nm nur wenige Prozent betragen. Spiegel aus Mehrfachschichten werden auch eingesetzt, den Bereich der Totalreflexion auf größere Winkel auszudehnen und den Reflexionsgrad von Spiegeln in streifendem Einfall für härtere Röntgenstrahlen zu erhöhen. Anwendungen von Spiegeln aus Mehrfachschichten für weiche Röntgenstrahlen und kurzwellige ultraviolette Strahlung finden sich z. B. bei Attwood [1].

10.2.4 Zonenplatten

Eine weitere Möglichkeit, mit Röntgenstrahlen optische Abbildungen durchzuführen, besteht darin, die Beugung an Kreisgittern auszunutzen. Soret [10] hat bereits im Jahre 1875 optische Abbildungen mit Kreisgittern untersucht. Im sichtbaren Wellenlängenbereich, für die es Brechungslinsen gibt, haben Kreisgitter als abbildende Systeme praktisch keine Anwendung gefunden. Es ist aber sinnvoll – wie insbesondere in Abschnitt 10.4 gezeigt wird – geeignet dimensionierte Kreisgitter für kurzwellige Strahlung einzusetzen, für die es keine Brechungslinsen gibt. Solche Kreisgitter mit radial ansteigender Liniendichte werden auch als Fresnel'sche Zonenplatten bezeichnet, die direkt aus der Fresnel'schen Zonenkonstruktion abgeleitet werden können (vgl. Abschn. 3.14 u. 13.4, und Bd. 1, Abschn. 24.5. Huygens-Fresnel'sches Prinzip; Beugung).

Eine Zonenplatte kann auch als Hologramm eines endlich fernen Punktes aufgefasst werden, das durch Überlagerung einer Kugelwelle mit einer Kugel- oder Planwelle als Referenzwelle in einer lichtempfindlichen Schicht aufgezeichnet werden kann. Bei der Überlagerung zweier Kugelwellen, deren erste nach Abb. 10.12 von 0 ausgeht, und deren zweite in B konvergiert, entsteht in der Ebene ZP das Zonenplattenmuster. Man kann mit Abb. 10.12 sowohl die Erzeugung als auch die optische

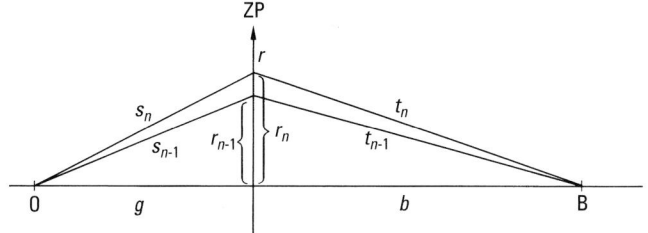

Abb. 10.12 Strahlengang zur Ableitung des Zonenplatten-Bildungsgesetzes.

Wirkung einer Zonenplatte erläutern. Im Folgenden sei angenommen, dass der Abstand OB gerade ein Vielfaches von λ sei. Man spricht dann von einer Soret-Zonenplatte. Die Weglängen von 0 nach B über jeweils aufeinanderfolgende Zonen mit den Zonenzahlen n und $n-1$ und den Radien r_n und r_{n-1} unterscheiden sich um $\lambda/2$. Daraus folgt nach Abb. 10.12:

$$g + b = s_n + t_n - \frac{n\lambda}{2} \quad \text{oder} \tag{10.7}$$

$$\sqrt{g^2 + r_n^2} + \sqrt{b^2 + r_n^2} = g + b + \frac{n\lambda}{2}. \tag{10.8}$$

Löst man Gl. (10.8) nach r_n auf, so folgt:

$$r_n^2 = \frac{n\lambda(g+b)gb + \frac{1}{4}n^2\lambda^2(3gb + g^2 + b^2) + \frac{1}{8}n^3\lambda^3(b+g) + \frac{1}{64}n^4\lambda^4}{(g+b+\frac{1}{2}n\lambda)^2}. \tag{10.9}$$

Es sollen zwei Spezialfälle betrachtet werden:

1. Das Zonenplattenmuster entsteht durch Überlagerung einer Plan- mit einer Kugelwelle. Dann folgt aus (10.9) mit $(b/g) \to \infty$

$$r_n^2 = gn\lambda + \frac{1}{4}(n\lambda)^2. \tag{10.10}$$

Eine nach dem Bildungsgesetz (10.10) hergestellte Zonenplatte ist das Hologramm eines Punktes im Abstand g mit einer ebenen Welle als Referenzwelle. Trifft eine ebene Welle mit der Wellenlänge λ auf eine solche Zonenplatte, so wird diese im Abstand g hinter der Zonenplatte fokussiert, g ist in diesem Fall also die Brennweite f der Zonenplatte. Für nicht zu große n folgt aus (10.10) genähert das bekannte quadratische Bildungsgesetz:

$$r_n^2 = n\lambda f. \tag{10.11}$$

Für $n = 1$ folgt:

$$f = \frac{r_1^2}{\lambda} \quad \text{und} \quad r_n = r_1\sqrt{n}. \tag{10.12}$$

Die Zonenplatte ist also eine Linse mit einem starken chromatischen Fehler. Für nicht zu kleine n ergibt sich durch Differenzieren des Ausdrucks (10.11) nach n die Breite $\mathrm{d}r_n$ der n-ten Zone zu

$$\mathrm{d}r_n = \frac{r_n}{2n}. \tag{10.13}$$

Ebenso wie andere Gitter besitzt auch die Zonenplatte mehrere Beugungsordnungen. Ersetzt man in (10.7) $\lambda/2$ durch $m\lambda/2$, so folgt:

$$r_n^2 = mn\lambda f_m \quad \text{bzw.} \quad f_m = \frac{1}{m}f. \tag{10.14}$$

Die mit einer Zonenplatte als Linse erreichbare Auflösung δ ergibt sich nach dem Rayleigh-Kriterium zu

$$\delta = 1.22 \frac{\lambda f}{D}. \tag{10.15}$$

Dabei ist $D = 2r_n$ der Durchmesser der Zonenplatte. Mit Gl. (10.13) und Gl. (10.14) folgt

$$\delta = 1.22 \frac{\mathrm{d}r_n}{m}. \tag{10.16}$$

Eine Zonenplatte löst also in der ersten Beugungsordnung Strukturen in der Größe der kleinsten Zonenbreite auf. Das setzt jedoch voraus, dass quasimonochromatische Strahlung mit einer relativen Bandbreite $(\Delta\lambda/\lambda) \leq (1/n)$ benutzt wird.

2. Entsteht das Zonenplattenmuster durch Überlagerung zweier Kugelwellen und liegt die Zonenplatte genau zwischen 0 und B, dann folgt aus Gl. (10.9) mit $g = b$:

$$r_n^2 = \frac{1}{2}gn\lambda + \frac{1}{16}(n\lambda)^2. \tag{10.17}$$

Diese Geometrie entspricht dem $4f$-Aufbau einer 1:1-Abbildung. Für nicht zu große Zonenzahl n folgt wieder das quadratische Bildungsgesetz:

$$r_n^2 = \frac{1}{2}gn\lambda = n\lambda f.$$

Beugungswirkungsgrad von Zonenplatten. Es wird angenommen, dass die Zonen ein Rechteckprofil aufweisen mit der Breite $\mathrm{d}r_n$ und der Dicke t (Laminargitter). Besteht jede zweite Zone einer Zonenplatte aus einem Material, das die einfallende Strahlung völlig absorbiert, so spricht man von einer Amplitudenzonenplatte. Die abbildende Wirkung einer solchen Zonenplatte beruht auf der Ausblendung der Elementarwellen, die mit entgegengesetzter Phase zur elektromagnetischen Erregung im Bildpunkt B beitragen. Verwendet man anstelle des absorbierenden Materials phasenschiebendes Material, so lässt sich die Phase der Elementarwellen so verschieben, dass auch sie konstruktiv zum Bildpunkt B beitragen und die Intensität in B erhöhen. Reine Amplituden- bzw. Phasenzonenplatten sind Grenzfälle. Im Allgemeinen müssen sowohl die Absorption als auch die Phasenschiebung berücksichtigt werden.

Der Beugungswirkungsgrad einer Zonenplatte der m-ten Beugungsordnung, η_m, ist das Verhältnis der Intensität im Fokus m-ter Ordnung zur Intensität der auf die Zonenplatte fallenden Strahlung. Kirz [11] hat den Beugungswirkungsgrad dünner Zonenplatten mit Rechteckprofilen der Zonen bestimmt. Angenommen wird dabei, dass die Beite benachbarter Zonen gleich ist. Beträgt die Phasenschiebung in einer Zone der Dicke t relativ zur Phasenschiebung in einer offenen Zone $\phi = (2\pi/\lambda)\delta t$, so folgt mit $k = \beta/\delta = f_2/f_1$:

$$\eta_m = \begin{cases} \dfrac{1}{\pi^2 m^2}(1 + e^{-2k\Phi}\cos\Phi) & (m = \pm 1, \pm 3, \ldots), \\ 0 & (m = \pm 2, \pm 4, \ldots), \\ \dfrac{1}{4}(1 + e^{-2k\Phi} - 2e^{-k\Phi}\cos\Phi), & (m = 0). \end{cases} \quad (10.18)$$

Abbildung 10.13 zeigt den Beugungswirkungsgrad einer Zonenplatte in der ersten Beugungsordnung als Funktion der Phasenschiebung Φ für verschiedene Werte von $k = \beta/\delta$. Für große k dominiert die Absorption des Zonenmaterials. Da die Zonenplattenstrukturen die Hälfte der Zonenplatte bedecken, wird 50 % der einfallenden Intensität absorbiert, 25 % geht in die nullte Beugungsordnung. Die übrigen 25 % verteilen sich auf die ungeraden Beugungsordnungen; für eine erste Beugungsordnung ergibt sich $\eta_1 = 10.1\%$. Für $k \to 0$ hat man es mit einer reinen Phasenzonenplatte zu tun. Der Wirkungsgrad für die erste Beugungsordnung beträgt $\eta_1 = 40.4\%$. Bei der Herstellung von Zonenplatten ist es also sinnvoll, Materialien zu verwenden, die für die gewünschte Wellenlänge einen möglichst kleinen k-Wert aufweisen. Für die Wellenlänge $\lambda = 2.4\,\text{nm}$ ist z. B. für Germanium $k = 0.32$, der maximale Beugungswirkungsgrad beträgt damit $\eta_1 = 20\%$, die Schichtdicke t_{opt}, die eine Phasenschiebung von $\Phi = \pi$ hervorruft, beträgt $t_{\text{opt}} = 0.4\,\mu\text{m}$. Für Nickel ergeben sich $k = 0.2$, $\eta_1 = 24\%$ und $t_{\text{opt}} = 0.24\,\mu\text{m}$, für Beryllium $k = 0.11$, $\eta_1 = 30\%$ und $t_{\text{opt}} = 0.85\,\mu\text{m}$. Für hochauflösende Zonenplatten, also solche mit sehr kleinen äußeren Zonenbreiten dr_n, ist es wichtig, dass t_{opt} nicht zu groß ist, da Zonen mit hohen Aspektverhältnissen t_{opt}/dr_n schwer zu erzeugen sind. Zonenplatten mit Zonen sehr geringer Breite und hohem Aspektverhältnis, wie z. B. Zonen aus Germanium mit $dr_n \leq 20\,\text{nm}$ und $t_{\text{opt}}/dr_n \geq 10$ für $\lambda \approx 2.5\,\text{nm}$ können nicht mehr als dünne Gitter

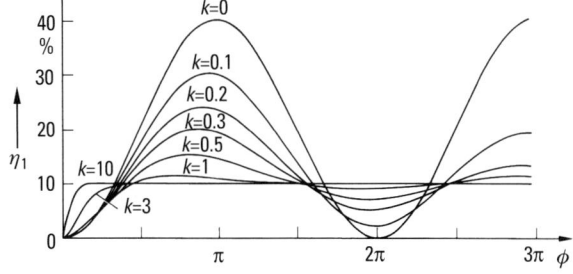

Abb. 10.13 Beugungswirkungsgrad einer Zonenplatte in der 1. Beugungsordnung als Funktion der Phasenschiebung Φ für verschiedene Werte von $k = \beta/\delta$.

behandelt werden. Zur Berechnung des Beugungswirkungsgrads wird eine dynamische Theorie, nämlich die Theorie gekoppelter Wellen eingesetzt [12, 13]. Diese Untersuchungen haben gezeigt, dass mit Zonenplatten, die Zonen mit sehr hohem Aspektverhältnis haben, wesentlich höhere Beugungswirkungsgrade als mit dünnen Zonenplatten erreicht werden können. Auch ist es möglich, die Zonen so zu strukturieren, dass Beugungswirkungsgrade im Bereich von 30% bis 50% in hohen Beugungsordnungen erzielt werden können [14]. Dies erlaubt nach Gl. (10.16) eine deutliche Steigerung der Auflösung, ohne Zonenplatten mit extrem kleinen Zonenbreiten erzeugen zu müssen.

Herstellung von Zonenplatten. Zonenplatten mit sehr hohen Zonenzahlen, z. B. Röntgenkondensoren für Röntgenmikroskope, lassen sich mit einem photolithographischen Verfahren erzeugen [15, 16]. Unter Benutzung hinreichend monochromatischer Strahlung überlagert man eine konvergente mit einer divergenten Welle zur Erzeugung des Zonenplattenmusters. Die Interferenzfigur wird in einem lichtempfindlichen Lack (Fotoresist) aufgenommen. Die Strukturen in der Lackschicht werden dann mit Methoden der Mikrostrukturtechnik in mehreren Präparationsschritten in Metall- oder Halbleiterschichten übertragen, die auf dünnen, für weiche Röntgenstrahlen hinreichend durchlässigen Trägerfolien aufgebracht sind. Die Zonenplatten werden nach dieser Methode mit sichtbarem oder ultraviolettem Licht gebaut und mit weicher Röntgenstrahlung benutzt, d. h. mit Wellenlängen, die etwa einhundertmal kürzer sind. Die dadurch auftretenden Aberrationen können korrigiert werden, wenn anstelle von Kugelwellen asphärische Wellen zur Erzeugung der Zonenplattenmuster überlagert werden: Es wird zunächst das Bildungsgesetz einer Zonenplatte berechnet, die für einen vorgegebenen Wellenlängenbereich und einen vorgegebenen Abbildungsmaßstab fehlerfrei abbildet. Dann werden asphärische Wellenfronten berechnet, deren Überlagerung eine Interferenzfigur nach dem berechneten Bildungsgesetz ergibt. Dazu wird ein optisches System für sichtbares oder ultraviolettes Licht entworfen und berechnet, das die beiden asphärischen Wellenfronten gleichzeitig erzeugt und geeignet überlagert. Als Beispiel zeigt Abb. 10.14 ein optisches System für die Erzeugung des Zonenplattenmusters einer Kondensorzonenplatte [17]. Eine sphärische Welle der Wellenlänge $\lambda = 257$ nm – erzeugt durch Frequenzverdopplung der 514 nm Ar^+-Laserlinie – trifft auf die sphärische Ein-

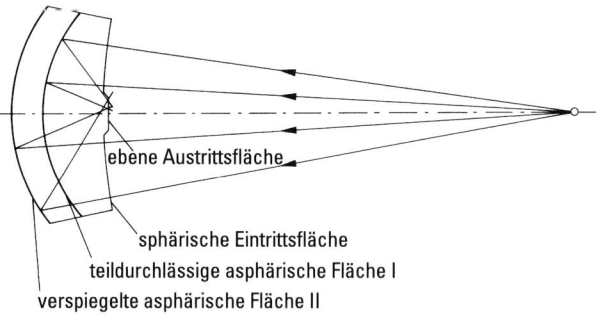

Abb. 10.14 Optisches System zur Erzeugung des Zonenplattenmusters einer Kondensor-Zonenplatte [17].

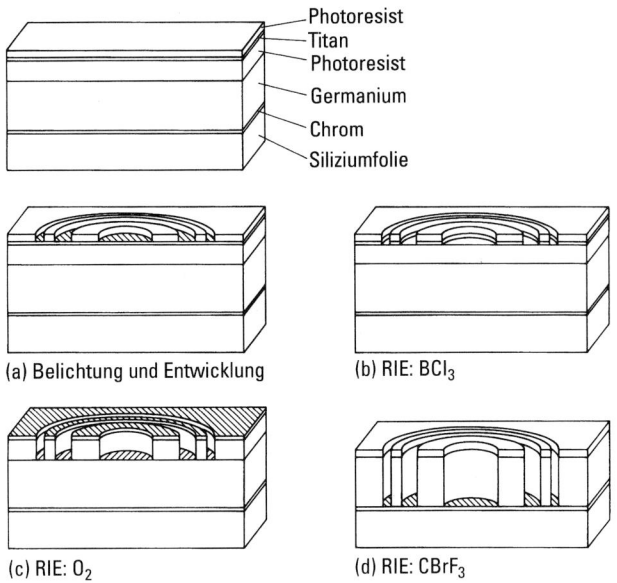

Abb. 10.15 Schema einer Strukturübertragung durch reaktives Ionenätzen mithilfe eines Dreilagen-Verfahrens.

trittsfläche des optischen Systems aus Quarz. Ein Teil dieser Welle wird durch die asphärische Fläche I reflektiert und mit der durch Reflexion an der asphärischen Fläche II erzeugten Welle überlagert. Die Interferenz dieser beiden Wellen ergibt das Zonenplattenmuster. Die Interferenzfigur wird in einer Fotoresistschicht aufgenommen, die mit einer Immersionsflüssigkeit mit der Brechzahl n an die plane Austrittsfläche gedrückt wird. Die effektive Wellenlänge, mit der die Interferenzfigur erzeugt wird, beträgt damit $\lambda_{eff} = 514\,\text{nm}/2n = 171\,\text{nm}$. Die Kondensorzonenplatte hat die Daten: Radius der Zonenplatte $r_n = 4.5\,\text{mm}$, Zonenzahl $n = 4.2 \times 10^4$, Breite der äußersten Zone $dr_n = 0.054\,\mu\text{m}$. Die Brennweite für Röntgenstrahlung der Wellenlänge $\lambda = 2.4\,\text{nm}$ beträgt $f = 200\,\text{mm}$. Abbildung 10.15 zeigt als Beispiel die Übertragung des Zonenplattenmusters aus Fotoresist in Germanium mithilfe eines Mehrlagenverfahrens und reaktivem Ionenätzen. Die Phasenzonenplatte aus Germanium wird durch eine dünne, für weiche Röntgenstrahlung hinreichend durchlässige Siliziumfolie gehalten.

Zonenplatten mit noch feineren Strukturen, die als hochauflösende Röntgenobjektive in der Röntgenmikroskopie eingesetzt werden, können mithilfe der Elektronenstrahl-Lithographie (Abschn. 11.7) erzeugt werden. Das Zonenplattenmuster wird dabei mit einem feinen Elektronenstrahl in eine Fotoresistschicht wie z. B. PMMA (Polymethacrylsäuremethylester, engl. polymethylmethacrylate) geschrieben [18]. Das Zonenplattenmuster wird dann, wie in Abb. 10.15 gezeigt, in Zonen aus Germanium mit hohem Aspektverhälnis übertragen. Eine andere Möglichkeit besteht darin, das Zonenplattenmuster mithilfe eines Mehrlagenverfahrens auf galvanischem Wege in Zonen aus Nickel zu übertragen [19]. Die kleinsten mit diesem Verfahren bisher erzeugten Zonen haben eine Breite von unter 20 nm [20]. Abbildung

Abb. 10.16 Rasterelektronenmikroskopische Aufnahme des zentralen Teils einer Zonenplatte aus Germanium.

10.16 zeigt eine rasterelektronenmikroskopische Aufnahme des inneren Teils einer Zonenplatte aus Germanium mit einem Durchmesser von 66 µm, einer Zonenzahl $n = 690$ und einer äußersten Zonenbreite von 24 nm.

10.2.5 Brechungslinsen für harte Röntgenstrahlen

Wie bereits in Abschnitt 10.2.1 erläutert, sind Brechungslinsen für weiche Röntgenstrahlung wegen der sehr kleinen numerischen Aperturen praktisch nicht verwendbar. Im harten Röntgenbereich oberhalb von etwa 6 keV ist es aber wegen der wesentlich geringeren Absorption der Röntgenstrahlung im Linsenmaterial möglich, viele bikonkave Einzellinsen zu einer brauchbaren refraktiven Röntgenlinse zusammenzusetzen [21].

Die Brennweite einer Brechungslinse ist proportional zum Krümmungsradius R und umgekehrt proportional zu δ. Da für harte Röntgenstrahlung δ im Bereich von 10^{-6} liegt, würde man für eine Plankonkav-Einzellinse einen Krümmungsradius von 1 µm benötigen, um eine Brennweite von 1 m zu erhalten. Dies wäre eine unbrauchbar kleine Linse. Schaltet man aber $N = 100$ Linsen hintereinander, so kann für die gleiche Brennweite $f = R/2\delta N$ von einem Meter R auf 100 µm erhöht werden.

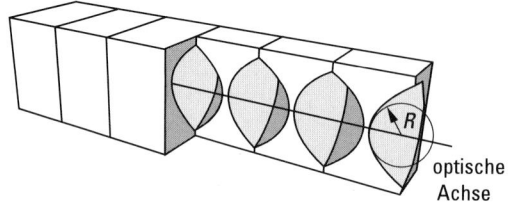

Abb. 10.17 Schematische Anordnung einer Brechungslinse, aufgebaut aus mehreren bikonkaven Einzellinsen (Quelle: B. Lengeler, C. Schroer, RWTH Aachen).

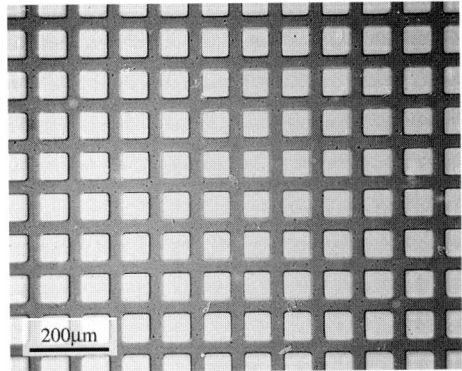

Abb. 10.18 Teststruktur aus Nickel, abgebildet mit einer Brechungslinse bei der Wellenlänge $\lambda = 0.1$ nm [22].

Abbildung 10.17 zeigt das Schema einer refraktiven Vielfachlinse aus mehreren bikonkaven Einzellinsen, die entlang einer gemeinsamen optischen Achse ausgerichtet sind. Die Einzellinsen haben rotationsparabolische Linsenflächen, um die sphärische Aberration zu korrigieren. Durch die Wahl der Linsenzahl N können in einem Energiebereich zwischen 6 keV und 100 keV Brennweiten im Dezimeter- bis Meterbereich erreicht werden. So hat z. B. eine Brechungslinse aus 91 parabolisch geformten Bikonkavlinsen aus Beryllium mit Durchmessern von 1 mm und Krümmungsradien von 200 µm im Zentrum der parabolischen Flächen eine Brennweite $f = 486$ mm für 12 keV-Strahlung. Abbildung 10.18 zeigt das Bild einer Teststruktur aus Nickel mit einer Gitterperiode von 12.7 µm, das mit einer solchen Linse 10fach vergrößert abgebildet wurde [22].

Brechungslinsen werden für Experimente an Synchrotronstrahlungsquellen eingesetzt, z. B. für Röntgenfluoreszenzuntersuchungen biologischer Proben, ebenso für röntgenmikroskopische und tomographische Untersuchungen mit harter Röntgenstrahlung. Eine Weiterentwicklung der Brechungslinsen lässt eine Verbesserung der Auflösung auf besser als 100 nm erwarten [23].

10.3 Röntgendetektoren

Für die Umwandlung weicher Röntgenstrahlung in eine nachweisbare Größe kommen folgende Umwandlungsprozesse in Frage:

a) Elektronen-Loch-Paarerzeugung in Halbleitern, z. B. in CCDs (*Charge Coupled Device*), Photodioden oder Mikrokanalplatten,
b) Elektronen-Ionen-Paarerzeugung in Edelgasen, z. B. in Proportionalzählrohren,
c) Fluoreszente Umwandlung in sichtbares Licht oder UV-Licht in Phosphoren oder Szintillatoren,
d) Schwärzung von fotografischen Emulsionen.

Röntgendetektoren sollten die einfallenden Röntgenstrahlen möglichst effektiv nachweisen, d. h. eine gute Quantenausbeute besitzen. Man charakterisiert Detektoren daher durch die *DQE* (*detective quantum efficiency*), die das Signal-Rausch-Verhältnis der nachzuweisenden Photonen mit dem der Aufzeichnung verknüpft:

$$DQE = \frac{(S/R)^2_{\text{Aufzeichnung}}}{(S/R)^2_{\text{Photonen}}}.$$

Dabei ist S das integrierte Signal, R das integrierte Rauschen. Von einem rauschfreien Detektor spricht man, wenn die $DQE = 1$ ist, was in der Praxis nie ganz zu erreichen ist. Wichtig sind weiterhin – je nach Anwendung –

a) eine hohe Ortsauflösung, möglichst zweidimensional,
b) ein großer dynamischer Bereich, d. h. ein möglichst großer Unterschied zwischen dem kleinsten und größten nachweisbaren Signal,
c) eine hohe Zeitauflösung,
d) eine gute Energieauflösung.

Aus der Vielzahl der für verschiedene Anwendungen eingesetzten Detektoren soll hier als Beispiel der Mikrokanalmultiplier beschrieben werden. Abbildung 10.19a zeigt ein Glasrohr, das im Inneren mit einer hochohmigen Halbleiterschicht belegt ist. Die von auftreffenden Photonen erzeugten Elektronen werden durch ein elektrisches Feld mit etwa $10^6\,\text{V}\,\text{m}^{-1}$ beschleunigt, sodass sie beim Auftreffen auf die Wand Sekundärelektronen auslösen. In einem Mikrokanalmultiplier sind 10^4 bis 10^7 Kanäle mit Durchmessern zwischen 10 und 100 Mikrometern parallel angeordnet (Abb. 10.19b). Die Länge der Kanäle beträgt etwa 1 mm. Bei einer angelegten Spannung von z. B. 1000 Volt ergibt sich eine Verstärkung von 10^3 bis 10^4. Hinter der Mikrokanalplatte kann eine Phosphorschicht angebracht werden, in der die auftreffenden Elektronen sichtbares Licht erzeugen. Ein Mikrokanalmultiplier kann somit ein Röntgenbild in Echtzeit in ein sichtbares Bild umwandeln.

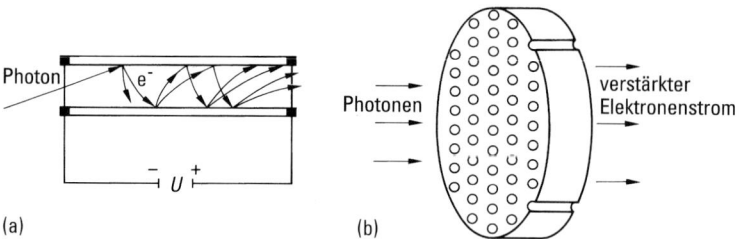

Abb. 10.19 Prinzip des Mikrokanalmultipliers. (a) Einzelner Mikrokanalmultiplier, (b) Mikrokanalplatte.

Für röntgenmikroskopische Aufnahmen ist eine CCD-Kamera mit gedünntem, rückseitig belichtetem CCD-Chip ein sehr geeigneter zweidimensionaler Detektor [24]. Ein solches System verbindet eine hohe räumliche Auflösung mit hoher *DQE* und hat den Vorteil, dass die Bildintensität elektronisch ausgelesen werden kann.

10.4 Röntgenmikroskopie

Bereits unmittelbar nach der Entdeckung der Röntgenstrahlung durch W.C. Röntgen im Jahre 1895 versuchte man, diese Strahlung zur Sichtbarmachung von Mikrostrukturen zu nutzen. Etwa zwei Jahrzehnte später erkannte man, dass Röntgenstrahlung elektromagnetische Strahlung kurzer Wellenlänge ist. Damit war klar, dass mit Röntgenstrahlen die durch die Wellenlänge des sichtbaren Lichtes gegebene Auflösungsgrenze überwunden werden kann. Hinsichtlich der erreichbaren Auflösung bewegt sich die Röntgenmikroskopie zwischen der Licht- und Elektronenmikroskopie. Mikroskopische Objekte sind für weiche Röntgenstrahlen sowohl Amplitudenobjekte als auch Phasenobjekte, und Röntgenmikroskopie kann im Amplituden- und Phasenkontrast betrieben werden. Bei Untersuchungen im Amplitudenkontrast wird der Kontrast im röntgenmikroskopischen Bild durch unterschiedlich starke photoelektrische Absorption der Röntgenstrahlung in den Objektstrukturen hervorgerufen.

Es ist eine Stärke der Röntgenmikroskopie, dass sich mit ihr auch Strukturen in einer fluiden Umgebung untersuchen lassen. Für biologische Anwendungen ist der Wellenlängenbereich zwischen 2.3 nm und 4.4 nm, den K-Absorptionskanten des Sauerstoffs bzw. des Kohlenstoffs, am besten geeignet. In Abbildung 10.20 ist der lineare Absorptionskoeffizient von Wasser und Protein der Zusammensetzung $C_{94}H_{139}N_{24}O_{31}S$ und der Dichte $\varrho = 1.35\,\mathrm{g\,cm^{-3}}$ dargestellt. Man sieht, dass in diesem Wellenlängenbereich Wasser sehr viel transparenter ist als organisches Material. Daraus ergibt sich für Zellen und Zellorganellen in natürlichem, wässerigem Zustand ein natürlicher Kontrast, Färben der Strukturen zur Kontrasterhöhung ist also nicht notwendig. Die hohe Transparenz des Wassers hat zur Folge, dass Schichtdicken von mehreren Mikrometern gut durchstrahlt werden können. Man bezeichnet den Wellenlängenbereich daher in der Röntgenmikroskopie auch als Wasserfenster. Wie in Abschnitten 10.4.1 und 10.4.2 diskutiert, wird die Röntgenmikroskopie nicht nur zur Untersuchung biologischer Proben eingesetzt. Weitere Anwendungsgebiete

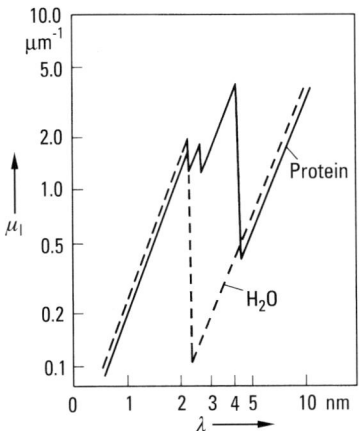

Abb. 10.20 Linearer Absorptionskoeffizient μ_l für Protein und Wasser als Funktion der Wellenlänge.

sind die Materialwissenschaften mit Untersuchungen zum Aufbau von Polymeren, zur Struktur magnetischer Domänen in magnetischen Speichern oder zur Elektromigration in integrierten Schaltkreisen sowie z. B. Kolloidphysik und Umweltforschung

Bisher ist versucht worden, mit Spiegeln im streifenden Einfall, mit Spiegeln aus Mehrfachschichten sowie mit Zonenplatten röntgenmikroskopische Abbildungen mit weicher Röntgenstrahlung durchzuführen [25–31]. Da es bisher nur mit Zonenplatten gelungen ist, Auflösungen zu erreichen, die deutlich besser sind als lichtoptische, sollen hier nur Röntgenmikroskope diskutiert werden, die Zonenplatten als hochauflösende Röntgenlinsen enthalten. Damit ist es z. B. gelungen, im o. g. Wellenlängenbereich im Amplitudenkontrast Strukturen von 20 nm [32] und mit 4 keV-Strahlung im Phasenkontrast Strukturen von 60 nm [33] darzustellen. Durch Weiterentwicklung der Röntgenoptik ist damit zu rechnen, dass Auflösungen von besser als 10 nm erreicht werden.

10.4.1 Röntgenmikroskope

Abbildung 10.21 zeigt den röntgenoptischen Strahlengang von Röntgenmikroskopen, die Synchrotronstrahlung aus Ablenkmagneten von Elektronenspeicherringen nutzen [34–37]. Die kontinuierliche Strahlung trifft auf eine Kondensorzonenplatte, die Strahlung der gewünschten Wellenlänge in eine Lochblende in der Objektebene fokussiert. Die Anordnung Kondensorzonenplatte und Lochblende dient als Linearmonochromator mit einem spektralen Auflösungsvermögen $\lambda/d\lambda \approx D/2d$. Dabei ist D der Durchmesser der Kondensorzonenplatte und d der Durchmesser der Lochblende. Typische Werte sind $D = 9$ mm und $d = 15\,\mu$m, d. h. $\lambda/d\lambda \approx 300$. Im weiteren Strahlengang haben wir es also mit quasimonochromatischer Strahlung zu tun, die notwendig ist, um beugungsbegrenzt abzubilden. Die zentrale Blende auf der Kondensorzonenplatte dient zur Abschattung der Strahlung nullter Ordnung und verhindert zusätzlich, dass Strahlung nullter Ordnung der Mikrozonenplatte das Bild-

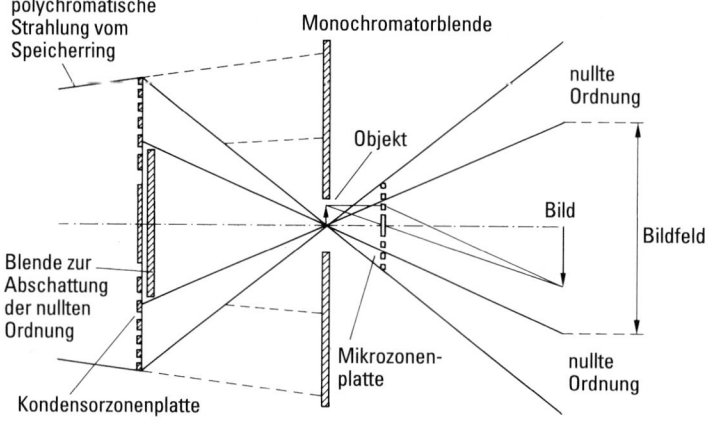

Abb. 10.21 Röntgenoptischer Strahlengang eines Röntgenmikroskops.

feld erreicht. Hinter dem Objekt befindet sich eine Mikrozonenplatte, die als hochauflösende Röntgenlinse das Objekt vergrößert abbildet. Dieses Röntgenbild wird mit einer CCD-Kamera aufgenommen. Zusätzlich kann das Bild zur Justierung des röntgenoptischen Aufbaus mithilfe eines Mikrokanalmultipliers in Echtzeit sichtbar gemacht werden.

Da Röntgenstrahlung aus Undulatoren in einen deutlich kleineren Raumwinkel abgestrahlt wird als aus Ablenkmagneten, könnten in Mikroskopen an Undulatorstrahlrohren nach Abb. 10.21 nur noch Kondensoren mit wenigen Millimetern Durchmesser eingesetzt werden. Weil das spektrale Auflösungsvermögen damit aber nicht mehr ausreicht, werden in solchen Mikroskopen aufwändigere Monochromator-Kondensorsysteme benutzt. So wird z. B. im Röntgenmikroskop am BESSY II ein Kondensor-Monochromator mit dynamischer Apertursynthese eingesetzt [38].

Für röntgenmikroskopische Untersuchungen im Phasenkontrast kann der optische Aufbau in Abb. 10.21 durch eine Ringblende vor dem Kondensor und eine ringförmige Phasenplatte in der hinteren Brennebene der Mikrozonenplatte ergänzt werden [39]. Ein solcher Aufbau entspricht einem Phasenkontrastmikroskop für sichtbares Licht (vgl. Abschn. 3.12).

Da die Reichweite weicher Röntgenstrahlung in Luft nur etwa einen Millimeter beträgt, verläuft der größte Teil des röntgenoptischen Strahlengangs im Vakuum, nämlich in zwei Vakuumkammern, die den Kondensor bzw. Röntgenobjektiv und Detektor enthalten. In dem Luftspalt zwischen den beiden Vakuumkammern befindet sich das Objekt unter Atmosphärendruck in Luft oder Wasser zwischen zwei dünnen Folienfenstern. Die Kondensor-Vakuumkammer kann herausgefahren werden, um Platz für das Einschwenken eines Lichtmikroskops zu gewinnen. Dies erlaubt die Justierung des Objekts sowie eine Vorfokussierung vor der röntgenmikroskopischen Aufnahme.

Im Folgenden werden einige Aufnahmen gezeigt, die mit Röntgenmikroskopen an Elektronenspeicherringen aufgenommen wurden:

Abbildung 10.22 zeigt ein röntgenmikroskopisches Bild des schockgefrorenen Wurms *Caenorhabditis elegans*, aufgenommen bei $\lambda = 2.4$ nm. Das Bild macht deutlich, dass in unkontrastierten ganzen biologischen Sytemen hohe Kontraste erzielt werden können. Man sieht z. B. sehr deutlich einzelne Zellen des Wurms. Die Vitrifizierung des Objekts stellt sicher, dass auf der Auflösungsskala des Röntgenmikroskops keine Strukturveränderungen auftreten [40]. Der Einsatz dieser Kryo-Röntgenmikroskopie macht insbesondere die dreidimensionale tomographische Darstellung von Zellen und Zellorganellen möglich [41].

Abbildung 10.23 zeigt eine röntgenmikroskopische Aufnahme von Flocken kolloidaler Bodenteilchen, deren Mikrostruktur wichtige Eigenschaften von Böden, wie z. B. Stofftransport und Speichervermögen beeinflusst. Die kolloidalen Teilchen aus anorganischen oder organischen Substanzen sind oberflächenaktiv und in ihren Reaktionen an das wässerige Medium gebunden. Die Röntgenmikroskopie erlaubt insbesondere Untersuchungen der Wechselwirkung kolloidaler Bodenteilchen mit z. B. Huminstoffen und Detergentien [42].

Der Ferromagnetismus ist ein aktuelles Teilgebiet der modernen Festkörperphysik. Mit dem Röntgenmikroskop ist es möglich, magnetische Domänen mit hoher Auflösung elementspezifisch darzustellen und deren Verhalten in Abhängigkeit von äußeren Magnetfeldern zu untersuchen. Dies geschieht mithilfe von zirkular pola-

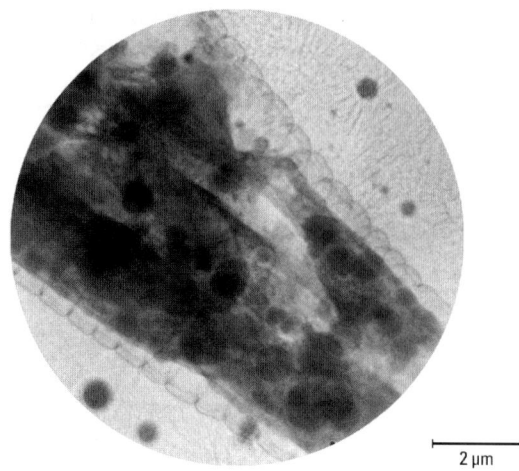

Abb. 10.22 Ausschnitt aus dem Wurm *Caenorhabditis elegans*, aufgenommen mit dem Röntgenmikroskop am BESSY I bei der Wellenlänge $\lambda = 2.4$ nm. (Das Bild wurde aufgenommen von G. Schneider, P. Guttmann, B. Niemann)

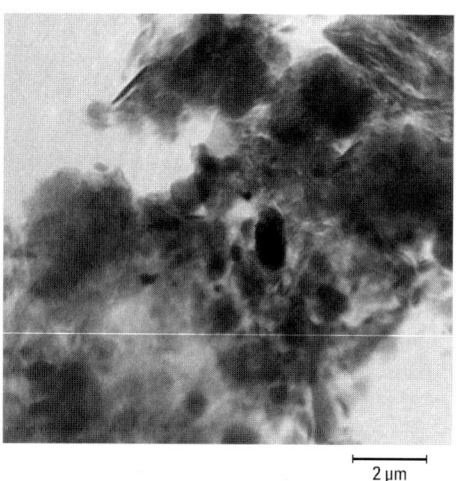

Abb. 10.23 Flocken kolloidaler Bodenteilchen im wässerigen Medium, aufgenommen mit dem Röntgenmikroskop am BESSY II bei der Wellenlänge $\lambda = 2.4$ nm. (Das Bild wurde aufgenommen von J. Thieme, P. Guttmann)

risierter Röntgenstrahlung unter Ausnutzung des zirkularen Dichroismus. Abbildung 10.24 zeigt magnetische Domänen von Eisen einer Eisen-Gadolinium-Mehrfachschicht, aufgenommen an der L_3-Absorptionskante des Eisens bei $\lambda = 1.7$ nm. Zwischen den Aufnahmen (a) und (b) wurde das an die Probe angelegte Magnetfeld variiert [43].

10.4 Röntgenmikroskopie 1025

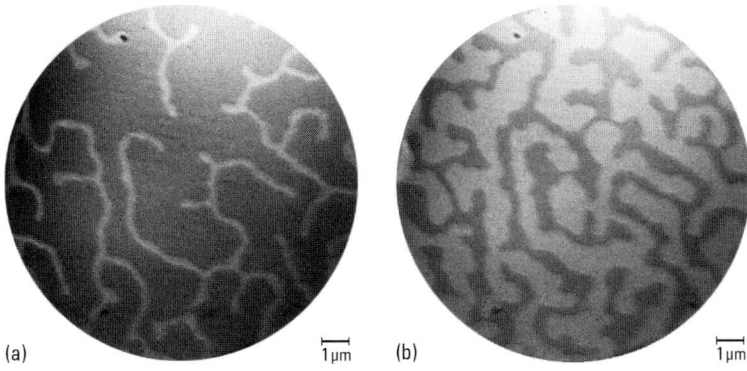

Abb. 10.24 Magnetische Domänen von Eisen einer Eisen-Gadolinium-Mehrfachschicht, aufgenommen mit dem Röntgenmikroskop am BESSY I mit zirkular polarisierter Strahlung der Wellenlänge $\lambda = 1.7$ nm. (Das Bild wurde aufgenommen von P. Guttmann, P. Fischer, G. Schmahl)

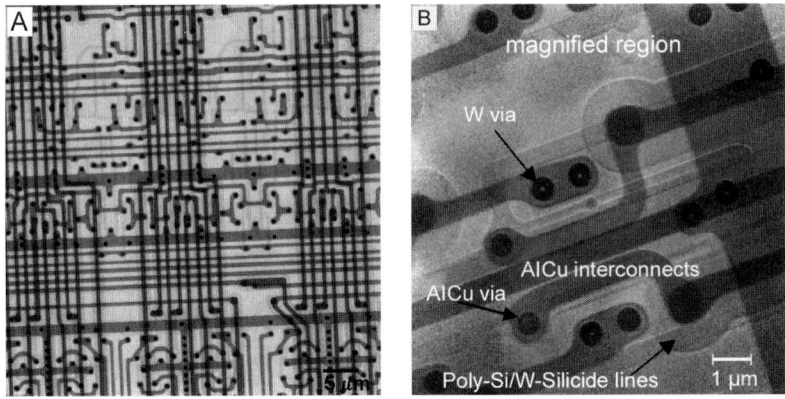

Abb. 10.25 (a) Übersicht eines integrierten Schaltkreises mit drei Metallisierungsebenen, (b) vergrößerte Region des Schaltkreises mit Details der Metallisierungsebenen, aufgenommen mit dem Röntgenmikroskop an der Advanced Light Source in Berkeley, USA, bei der Wellenlänge $\lambda = 0.69$ nm. (Das Bild wurde aufgenommen von G. Schneider)

Moderne integrierte Schaltkreise, wie z. B. Mikroprozessoren, enthalten viele Transistoren, die mit Leitungen elektrisch verbunden sind. Die kleinsten Leiterbahnen sind etw 0.5 μm breit und sind in mehreren, durch Dielektrika wie z. B. Siliziumdioxid voneinander getrennt. Neueste Mikroprozessoren enthalten bis zu sechs solcher Metallisierungsebenen aus Aluminium oder Kupfer. Abbildung 10.25 zeigt röntgenmikroskopische Aufnahmen eines integrierten Schaltkreises, aufgenommen mit 1.8 keV-Röntgenstrahlung. Die metallischen Leitungen werden durch das sie umgebende Dielektrikum gekühlt, sodass selbst Stromdichten von 10^6 A/cm^2 nicht zu einer übermäßigen Erwärmung führen. Hohe Stromdichten können aber zu Elektromigration führen, d. h. zu Transport von Metallatomen in stromdurchflossenen Leitern bis zur Unterbrechung der Leiterbahnen. Dieser Prozess kann in Röntgenmikroskopen direkt beobachtet werden [44].

Mit Synchrotronstrahlung von Elektronenspeicherringen lässt sich vor allem Grundlagenforschung auf dem Gebiet der Röntgenmikroskopie betreiben. Zusätzlich ist es wünschenswert, Röntgenmikroskope mit kleinen, kompakten Röntgenquellen zur Verfügung zu haben. B. Niemann et al. [45] und Hertz et al. [46] haben solche Systeme beschrieben, die einen Plasmafokus als bzw. ein lasererzeugtes Plasma als Röntgenquelle nutzen.

10.4.2 Rasterröntgenmikroskope

Die wichtigsten Komponenten eines Rasterröntgenmikroskops sind die den Rasterfleck erzeugende Optik, eine Piezo-Rastereinheit sowie ein CCD-Detektor. Abbildung 10.26 zeigt schematisch die Anordnung eines Rasterröntgenmikroskops, wie es an mehreren Elektronenspeicherringen aufgebaut ist, z. B. am Speicherring der National Synchrotron Light Source in Brookhaven, USA [47] und am Speicherring BESSY II in Berlin [48]. Der Rasterfleck wird durch Beleuchtung der Zonenplatte mit örtlich kohärenter, quasi-monochromatischer Röntgenstrahlung erzeugt. Die zentrale Blende auf der Zonenplatte sowie eine Ringblende zwischen Zonenplatte und Objekt dienen zur Abschattung der Strahlung nullter Ordnung. Zur Erzeugung des Bildes wird entweder das Objekt oder die Zonenplatte in zwei orthogonalen Richtungen gerastert. Die durch das Objekt hindurchgehende Strahlung wird Punkt für Punkt nacheinander vom CCD-Detektor registriert, das Röntgenbild des Objekts direkt auf einem Monitor dargestellt. Zum Erreichen eines kleinen Rasterflecks, d. h. einer hohen Auflösung, muss die Röntgenquelle bereits einen kleinen Durchmesser haben, da nur der örtlich kohärente Anteil der Quelle (vgl. Abschn. 3.1) für eine beugungsbegrenzte Abbildung der Quelle benutzt werden kann. Es müssen also Quellen hoher spektraler Brillanz, insbesondere Undulatoren an Elektronenspeicherringen, eingesetzt werden, um nicht zu lange Integrationszeiten bei der Erzeugung hochaufgelöster Röntgenbilder zu bekommen. Rasterröntgenmikroskope werden insbesondere für analytische Untersuchungen eingesetzt. Im weichen Röntgen-

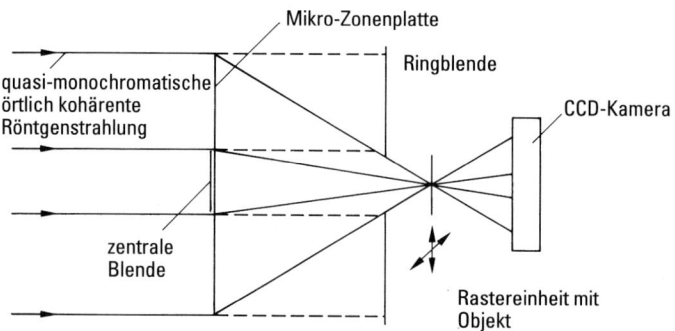

Abb. 10.26 Schematische Anordnung eines Rasterröntgenmikroskops.

bereich und mit keV-Strahlung können Elementanalysen und die Bestimmung chemischer Bindungen durch Messungen der Feinstruktur von Absorptionskanten mit hoher räumlicher Auflösung durchgeführt werden [47], erwähnt sei auch die Bestimmung von Spurenelementen mithilfe der Röntgenfluoreszenzanalyse.

10.5 Röntgen- und EUV-Lithographie

In Abschn. 11.7 sind lithographische Verfahren für die Erzeugung hochintegrierter elektronischer Schaltungen beschrieben. Dabei werden Strukturen auf einer Maske z. B. lichtoptisch verkleinert auf eine photoempfindliche Lackschicht abgebildet. Dieses Verfahren eignet sich gut für die Massenfertigung von Schaltkreisen. Um immer kleinere Strukturbreiten herstellen zu können, wird Strahlung mit immer kürzerer Wellenlänge für die Abbildung benutzt. So folgten auf die Verwendung von Quecksilberdampflampen mit Linienstrahlung bei 365 nm UV-Laser bei 248 nm und Excimerlaser bei 193 nm Wellenlänge. Der nächste Schritt ist die Verwendung von 157 nm-Strahlung, die es zulässt, Strukturen mit minimalen Breiten von 70–50 nm herzustellen. Um noch kleinere Strukturen zu erzeugen, werden Lithographietechniken entwickelt, die mit Strahlung noch kürzerer Wellenlänge arbeiten.

Ein Verfahren ist die Extrem-Ultraviolett-Lithographie, die Strahlung der Wellenlänge von etwa 13 nm benutzt. Abbildung 10.27 zeigt das Konzept der EUV-Lithographie, bei der die Strukturen auf einer Maske mithilfe von asphärischen Spiegeln aus Mehrfachschichten verkleinert auf die Lackschicht eines Wafers abge-

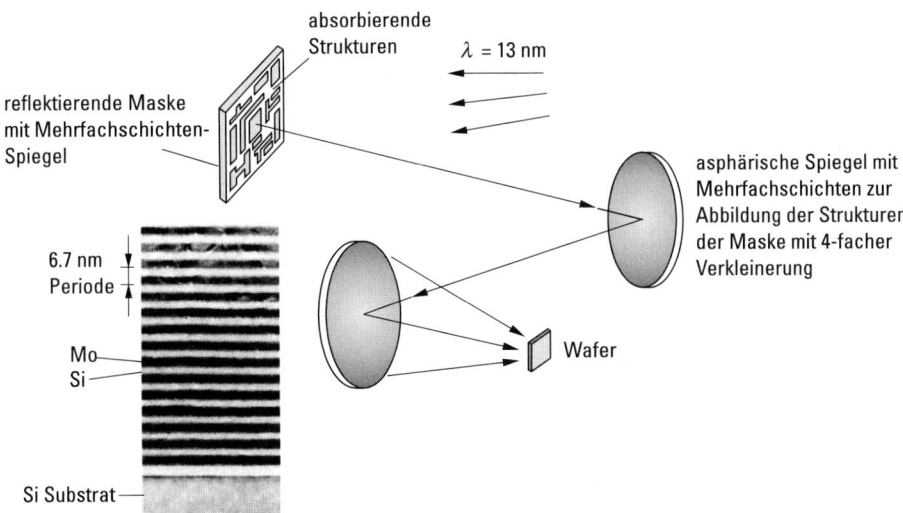

Abb. 10.27 Anordnung zur Strukturübertragung mithilfe der EUV-Lithographie. Zur Vereinfachung sind nur zwei asphärische Spiegel gezeigt. Das Teilbild zeigt eine elektronenmikroskopische Querschnitts-Aufnahme eines Spiegels aus Mehrfachschichten aus Molybdän-Silizium (Quelle: D. Attwood, University of California, Berkeley, USA).

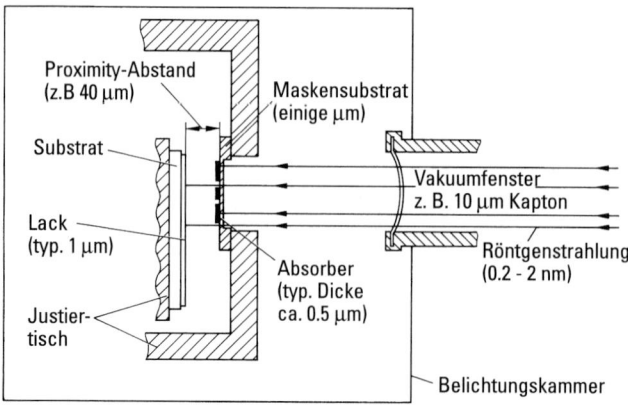

Abb. 10.28 Anordnung zur Strukturübertragung mithilfe der Röntgenlithographie (Quelle: Fraunhofer-Institut für Mikrostrukturtechnik, Berlin).

bildet werden [1]. Maske und Spiegel sind mit Molybdän-Silizium-Mehrfachschichten mit einer Periode von 6.7 nm beschichtet und haben Reflexionsgrade von etwa 70 %. Als EUV-Strahlungsquellen kommen Laser- und entladungserzeugte Plasmen in Frage.

Eine andere Möglichkeit besteht darin, Strukturen mithilfe weicher Röntgenstrahlung in einem Projektionsverfahren zu übertragen, wie es in Abb. 10.28 dargestellt ist [49, 50]. Synchrotronstrahlung im Wellenlängenbereich von 0.2–2 nm tritt durch ein Vakuumfenster, das das Strahlrohr eines Elektronenspeicherrings von der Belichtungskammer trennt. Die Strahlung durchdringt die Teile der Maske, die frei

Abb. 10.29 Lackstrukturen auf einer Aluminiumoberfläche, übertragen mithilfe der Röntgenlithographie (Quelle: Fraunhoferinstitut für Mikrostrukturtechnik, Berlin).

von Absorbern sind und belichtet den lichtempfindlichen Lack auf dem Substrat. Die folgenden Prozess-Schritte sind in Abschn. 11.7 beschrieben. Wegen der kürzeren Wellenlänge der Röntgenstrahlung kann der Abstand zwischen Maske und Substrat relativ groß gewählt werden, ohne dass störende Beugungseffekte an den Absorberstrukturen der Maske Unschärfen in den übertragenen Strukturen hervorrufen. Ein weiterer Vorteil ist, dass die den Lack durchdringende Röntgenstrahlung am Substrat nicht reflektiert wird, sich also keine störenden stehenden Wellen an der Substratoberfläche ausbilden können. Abbildung 10.29 zeigt Lackstrukturen im sub-Mikrometerbereich auf einem Aluminiumsubstrat, übertragen mit der Anordnung von Abb. 10.28. Bemerkenswert ist insbesondere das hohe Aspektverhältnis der Lackstrukturen, d. h. das Verhältnis aus Höhe zu Breite der Strukturen.

Literatur

Zitierte Publikationen

Abschnitt 10.1

[1] Attwood, D., Soft X-Rays and Extreme Ultraviolet Radiation, Cambridge University Press, Cambridge, 2000 (*auch zu Abschn. 10.2, 10.5*)
[2] Hertz, H. M., et al., in: X-Ray Microscopy and Spectromicroscopy, Springer, Berlin, 1998, V-3
[3] Eberle, J., et al., Physikalische Blätter **45**, Nr. 8, 333 (1989)

Abschnitt 10.2

[4] James, R. W., The Optical Principles of the Diffraction of X-Rays, Ox Bow Press, Woodbridge, Connecticut, 1982
[5] Henke, B. L., et al., Atomic Data and Nuclear Data Tables, Vol. **54**, 181 (1993)
[6] Michette, A. G., Optical Systems for Soft X-Rays, Plenum Press, New York, London, 1986
[7] Wolter, H., Ann. Physik. 6. Folge, Bd. 10, 94 (1952)
[8] Spiller, E., Appl. Phys. Letters **20**, 365 (1972)
[9] Barbee, T. W., in: Proc. SPIE Vol. **563**, 2 (1985)
[10] Soret, J. L., Ann. Phys. Chem. **156**, 99 (1875)
[11] Kirz, J., J. Opt. Soc. Am. **64** (3), 301 (1974)
[12] Solymar, L., Cooke, D. J., Volume Holography and Volume Gratings, Academic Press, London, 1981
[13] Maser, J., et al., Optics Communications **89**, 355 (1992)
[14] Schneider, G., Appl. Phys. Lett. **71**, 2242 (1997)
[15] Schmahl, G., et al., in: X-Ray Microscopy, Springer, 1984, 63
[16] Guttmann, P., et al., in: X-Ray Microscopy, Springer, 1984, 75
[17] Hettwer, M., et al., in: X-Ray Microscopy and Spectromicroscopy, Springer, 1998, IV-21
[18] David, C., et al., Optik 91, No. 3, 95 (1992)
[19] Weiß, D., et al., Appl. Phys. Lett. **72**, 1805 (1998)
[20] Schneider, G., et al., J. Vac. Sci. Technol. **B13** (6), 2809 (1995)
[21] Snigirev, A., et al., Nature **384**, 49 (1995); Lengeler, B., et al., J. Synchrotron Rad. **6**, 1153 (1999)

[22] Lengeler, B., et al., in: X-Ray Microscopy 2002, Journal des Physique IV, Vol. 104, 2003, 221
[23] Schroer, C., et al., in: X-Ray Microscopy 2002, Journal des Physique IV, Vol. 104, 2003, 271

Abschnitt 10.3

[24] Wilhein, T., et al., in: X-Ray Microscopy IV, Bogorodskii Pechatnik Publishing Company, Chernogolovka, 1994, 470

Abschnitt 10.4

[25] Schmahl, G., Rudolph, D. (Hrsg.), X-Ray Microscopy, Springer, Berlin, 1984
[26] Sayre, D., Howells, M., Kirz, J., Rarback, H. (Hrsg.), X-Ray Microscopy II, Springer, Berlin, 1988
[27] Michette, A.G., Morrison, G.R., Buckley, C.J. (Hrsg.), X-Ray Microscopy III, Springer, Berlin, 1992
[28] Aristov, V.V., Erko, A.I. (Hrsg.), X-Ray Microscopy IV, Bogorodskii Pechatnik Publishing Company, Chernogolovka, 1994
[29] Thieme, J., Schmahl, G., Rudolph, D., Umbach, E. (Hrsg.), X-Ray Microscopy and Spectromicroscopy, Springer, Berlin, 1998
[30] Meyer-Ilse, W., Warwick, T., Attwood, D. (Hrsg.), X-Ray Microscopy, AIP Conference Proceedings 507, 2000
[31] Susini, J., Joyeux, D., Polack, F., (Hrsg.), X-Ray Microscopy 2002, Journal de Physique IV, Vol. 104, 2003
[32] Guttmann, P., et al., in: X-Ray Microscopy 2002, Journal de Physique, IV, Vol. 104, 2003, 87
[33] Neuhäusler, U., et al., in: X-Ray Microscopy 2002, Journal de Physique, IV, Vol. 104, 2003, 567
[34] Schmahl, G., et al., Quaterly Rev. of Biophysics **13**, 3, 297 (1980)
[35] Rudolph, D. et al., in: X-Ray Microscopy, Springer, 1984, 192.(Zu Abschn. 10.4.1)
[36] Meyer-Ilse, W., et al., Synchrotron Radiation News **8**, 29 (1995)
[37] Medenwaldt, R., et al., in: X-Ray Microscopy IV, Bogorodskii Pechatnik Publishing Company, Chernogolovka, 1994, 323
[38] Niemann, B., et al., in: X-Ray Microscopy, AIP Conference Proceedings **507**, 2000, 440
[39] Schmahl, G., et al., Rev. Sci. Instrum. **66** (2), 1282 (1995)
[40] Schneider, G., Ultramicroscopy **75**, 85 (1998)
[41] Weiß, D., et al., Ultramicroscopy **84**, 185 (2000)
[42] Thieme, J., et al., Progr. Colloid. Polym. Sci. **111**, 193 (1998)
[43] Fischer, P., et al., Zeitschrift für Physik **B 101**, 313 (1996)
[44] Schneider, G., et al., Appl. Phys. Lett. **81**, No. 14, 2535 (2002)
[45] Niemann, B., et al., Optik **84**, No. 1, 35 (1990)
[46] Hertz, H.M., et al., in: X-Ray Microscopy 2002, Journal de Physique, Vol. 104, 2003, 115
[47] Kirz, J., et al., Quaterly Rev. of Biophysics **28**, 1, 33 (1995)
[48] Wiesemann, U., et al., in: X-Ray Microscopy 2002, Journal de Physique, Vol. 104, 2003, 95

Abschnitt 10.5

[49] Heuberger, A., Proc. SPIE Vol. **1089**, 140 (1989)
[50] Petzold, H.-C., in: Application of Synchrotron Radiation, Gordon and Breach Science Publishers, 1998, 277

11 Materiewellen, Elektronenoptik

Hannes Lichte, Heinz Niedrig

11.1 Materiewellen

Die Entdeckung der Beugung von Röntgenstrahlen an Kristallgittern (siehe Abschn. 3.11) zeigte deren Welleneigenschaften und führte zu der Erkenntnis, dass *Röntgenstrahlen* und *Lichtstrahlen* von gleicher Natur sind: In beiden Fällen handelt es sich um eine *elektromagnetische Wellenstrahlung*, nur die Wellenlängen unterscheiden sich. Andererseits zeigte sich, dass elektromagnetische Strahlung neben Welleneigenschaften auch *korpuskulare* Eigenschaften hat: In manchen Versuchen (z. B. beim Photoeffekt, s. Bd. 2, Abschn. 7.2.1, oder beim Compton-Effekt, s. Bd. 4, Abnschn. 5.5.1) reagiert elektromagnetische Strahlung so, als ob sie aus Licht-„Quanten" besteht. Diese Lichtquanten können als Korpuskeln der Energie $E = h\nu$ und des Impulses $p = h\nu/c = h/\lambda$ aufgefasst werden. Die beiden nach klassischer Vorstellung sich gegenseitig ausschließenden Eigenschaften sind Grenzfälle der das Licht vollständig beschreibenden *Quantenelektrodynamik*. Diese Eigenschaften einer nach klassischer Auffassung typischen *Wellenstrahlung* legen die Frage nahe, ob umgekehrt die nach klassischer Auffassung typischen *Korpuskeln*, aus denen die *Materie* aufgebaut ist (Atome, Elektronen usw.), neben ihren korpuskularen Eigenschaften auch *Wellen*eigenschaften besitzen?

Aus Gründen der Symmetrie in der Natur vermutete de Broglie 1924 [1], dass Materieteilchen mit einer sog. *Materiewelle* verknüpft seien, deren Wellenlänge sich aus der Umkehrung der entsprechenden Beziehung für das Licht ergeben sollte:

$$\lambda = \frac{h}{p}. \tag{11.1}$$

Hierin ist $p = mv$ der Impuls des Teilchens, m seine Masse und v seine Geschwindigkeit. Für elektrisch geladene Teilchen, die in elektrischen Feldern beschleunigt wurden, lässt sich die Geschwindigkeit aus dem Energiesatz

$$E_k = \frac{m}{2}v^2 = eU \tag{11.2}$$

berechnen, wobei hier einfach geladene, d. h. mit einer Elementarladung e versehene Teilchen vorausgesetzt wurden. U ist die vom Teilchen durchlaufene Potentialdifferenz. Für die Materiewellenlänge folgt damit die Beziehung

$$\lambda = \frac{h}{\sqrt{2mE_k}} = \frac{h}{\sqrt{2meU}}. \tag{11.3}$$

Tab. 11.1 de Broglie-Wellenlängen.

U [V]	Elektronen v/c	λ [nm]	Protonen v/c	λ [nm]**
0.01	2.0×10^{-4}	1.2×10^{1}	4.6×10^{-6}	2.9×10^{-1}
0.1	6.3×10^{-4}	3.9	1.4×10^{-5}	9.1×10^{-2}
1	2.0×10^{-3}	1.2	4.6×10^{-5}	2.9×10^{-2}
10	6.3×10^{-3}	3.9×10^{-1}	1.4×10^{-4}	9.1×10^{-3}
100	2.0×10^{-2}	1.2×10^{-1}	4.6×10^{-4}	2.9×10^{-3}
1 000	6.3×10^{-2}	3.9×10^{-2}	1.4×10^{-3}	9.1×10^{-4}
10 000	0.19*	1.2×10^{-2}	4.6×10^{-3}	2.9×10^{-4}
100 000	0.55*	3.7×10^{-3}*	1.4×10^{-2}	9.1×10^{-5}
1 000 000	0.94*	8.7×10^{-4}*	4.6×10^{-2}	2.9×10^{-5}
10 000 000	0.999*	1.2×10^{-4}*	1.4×10^{-1}	9.0×10^{-6}*

* relativistisch korrigiert
** 1 nm = 10^{-9} m = 10 Å (Angström: in der Elektronenmikroskopie früher häufig verwendete Längeneinheit)

In dieser einfachen Form gilt Gl. (11.3) nur für Geschwindigkeiten, bei denen die relativistische Abhängigkeit der Masse von der Geschwindigkeit (Kap. 15) noch nicht berücksichtigt werden muss, für Elektronen z. B. nur für Beschleunigungsspannungen U bis etwa 10 000 V. Tabelle 11.1 gibt einige nach Gl. (11.3) berechnete Wellenlängen von Materiewellen (den sog. *de Broglie-Wellen*) für Elektronen und Protonen (= Wasserstoff-Kerne) an.

Die Einführung der Materiewellen ermöglichte es de Broglie, physikalisch zu verstehen, wie *stationäre Energiezustände* in Atomen auftreten können. Das *Bohr'sche Atommodell*, das sehr erfolgreich die optischen Spektren insbesondere des Wasserstoffs quantitativ beschreiben konnte, enthielt ja zwei Prinzipien: 1. Die Bahnbewegung der Elektronen im Atom wurde nach den Gesetzen der klassischen Mechanik berechnet. 2. Zusätzlich mussten *Quantenbedingungen* eingeführt werden, um die „erlaubten" Energien und Drehimpulse zu bestimmen. Diese konnten *nicht klassisch erklärt* werden. Die Wellenvorstellung bot jedoch eine Möglichkeit hierfür:

Im Bohr'schen Modell des Wasserstoff-Atoms läuft das Elektron auf einer geschlossenen, z. B. kreisförmigen Bahn um den positiven Kern. Im Wellenbild entspricht dem eine Amplitudenverteilung der Materiewelle längs der klassischen Bahn,

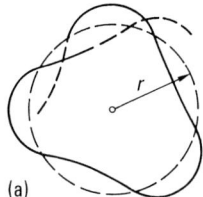
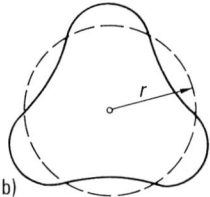

Abb. 11.1 Elektronen-„Welle" auf Kreisbahn (a) instationärer Fall, (b) stationärer Fall ($n = 3$).

wie sie z. B. in Abb. 11.1 für einen bestimmten Zeitpunkt symbolisiert ist. Dabei müssen zwei Fälle unterschieden werden. Abbildung 11.1a zeigt den instationären Fall, in dem der Kreisumfang $2\pi r$ nicht durch die Materiewellenlänge λ teilbar ist. Wird die Amplitudenverteilung über den gezeichneten Bereich hinaus verfolgt, so erkennt man, dass sich die Welle durch destruktive Interferenz selbst auslöscht. Ein *stationärer Fall* ist nur möglich, wenn der *Bahnumfang* gleich einem *ganzzahligen Vielfachen* der Wellenlänge ist (Abb. 11.1b).

$$2\pi r_n = n\lambda \quad (n = \text{ganze Zahl}). \tag{11.4}$$

Mit der de Broglie-Beziehung Gl. (11.1) folgt daraus sofort die Bohr'sche *Quantenbedingung* für den *Drehimpuls* pr_n:

$$pr_n = n\frac{h}{2\pi} = n\hbar. \tag{11.5}$$

Die zunächst unverständliche Quantenbedingung kann also mithilfe der Materiewellenvorstellung auf das Stationaritätsproblem eines schwingenden Systems mit „Randbedingungen" zurückgeführt werden: Ein stationärer Zustand der Welle auf der Kreisbahn ist nur bei konstruktiver Interferenz möglich. Die Randbedingung lautet daher: Die Welle muss in sich zurücklaufen. Denkt man sich den Bahnkreis an einem Knotenpunkt aufgeschnitten und zu einer linearen Saite gestreckt, so erkennt man die Analogie zum Problem einer schwingenden Saite mit eingespannten Enden. Die Weiterentwicklung dieser Überlegungen führte schließlich zur Schrödinger'schen *Wellenmechanik*.

Mit der Wellenvorstellung über die Elektronen im Atom lässt sich noch eine weitere Schwierigkeit beim Verständnis des Bohr'schen Atommodells beseitigen: die postulierte *Strahlungslosigkeit* der stationären Bohr'schen Bahnen. Das System eines um den positiv geladenen Atomkern kreisenden Elektrons stellt ja einen schwingenden elektrischen Dipol dar, der nach der Elektrodynamik elektromagnetische Wellen abstrahlen und somit kontinuierlich Energie verlieren sollte. Eine längs der klassischen Elektronenbahn schwingende Materiewelle bedeutet jedoch, dass das Elektron gewissermaßen über den Bahnumfang „verschmiert" ist. Man erkennt, dass in diesem Bild das System Atomkern/Elektron keinen schwingenden elektrischen Dipol darstellt und somit, wie von Bohr postuliert, die Strahlungsnotwendigkeit entfällt. Die später zu besprechende Unschärferelation (Abschn. 11.8) zeigt dies noch deutlicher.

Es zeigt sich also, dass die Einführung der Materiewellen außerordentlich erfolgreich ist bei der Deutung von Quanteneigenschaften des Atoms. Jedoch tritt nun das Problem der *Lokalisierbarkeit* eines Materieteilchens auf, wenn man die Materiewellenvorstellung auf ein sich frei bewegendes Teilchen überträgt. Im Atom sind die Elektronenwellen in sich geschlossen, sind also räumlich auf den Bereich des Atoms begrenzt. Ordnet man aber einem freien Teilchen eine monochromatische Welle zu, so ist diese – entsprechend dem Fourier-Theorem – unendlich ausgedehnt und füllt den ganzen Raum, sodass ein Widerspruch auftritt zu der Eigenschaft eines Teilchens, räumlich eng begrenzt, also lokalisierbar zu sein. Es liegt daher nahe, einem Teilchen – ähnlich wie dem Photon – nicht eine streng monochromatische Welle mit genau definierter Wellenlänge und Frequenz zuzuordnen, sondern

11 Materiewellen, Elektronenoptik

eine *Wellengruppe*, wie man sie aus der Überlagerung vieler Wellen mit je etwas verschiedenen Wellenlängen z. B. zwischen λ und $\lambda + \Delta\lambda$ erhält:

$$\psi = \int_{\lambda}^{\lambda+\Delta\lambda} A \cos\left\{\frac{2\pi}{\lambda}(x - v_\mathrm{p} t)\right\} \mathrm{d}\lambda. \tag{11.6}$$

Hierin ist v_p die Phasengeschwindigkeit der Materiewelle mit der Wellenlänge λ. Die dementsprechende Darstellung in Abb. 11.2 zeigt, dass eine solche Wellengruppe („Wellenpaket") ihre größten Amplituden ψ in einem räumlich begrenzten Bereich hat, was der Partikelvorstellung etwas näher kommt. Dennoch ist auch diese Wellengruppe räumlich ausgedehnt, man erhält eine *Ortsunschärfe* Δx des Teilchens, zu der sich noch eine *Wellenlängenungenauigkeit* $\Delta\lambda$ gesellt. Beides wird uns später (Abschn. 11.8) zur *Unschärferelation* von Heisenberg führen.

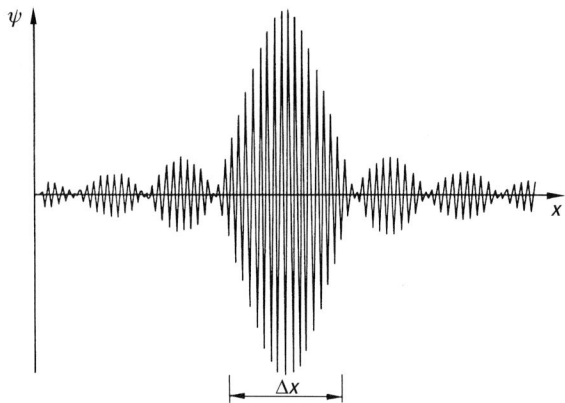

Abb. 11.2 Wellenpaket.

Über die Natur dieser Materiewellen, z. B. welche Quantität durch die „Wellenfunktion" ψ ausgedrückt wird, wurde bisher nichts ausgesagt. Auch die vollständige Theorie, die Wellenmechanik, macht hierüber keine Aussage. Lediglich das Quadrat der Amplitude $|\psi|^2$ wird anschaulich als Maß für die Aufenthaltswahrscheinlichkeit des Teilchens gedeutet. Von ψ wird daher manchmal als *Wahrscheinlichkeitswelle* gesprochen. Bei der Betrachtung sehr vieler Teilchen ist $|\psi|^2$ dann der mittleren Teilchenzahldichte proportional.

In Verfolgung der Analogie zum Licht lässt sich die Energie der bewegten Teilchen mit einer Frequenz ν verknüpfen. Nehmen wir ferner die Äquivalenz von Masse und Energie hinzu (Abschn. 15.1.1.1 und Bd. 1, Abschn. 4.1 u. 31.2.1), so erhalten wir aus

$$E = h\nu = mc_0^2 \tag{11.7}$$

für die Frequenz (hierbei handelt es sich nach dem Vorangegangenen um eine mittlere Frequenz) einer Materiewelle

$$\nu = \frac{mc_0^2}{h}. \tag{11.8}$$

Damit ergibt sich für die *Phasengeschwindigkeit einer Materiewelle* unter Berücksichtigung der de Broglie-Beziehung Gl. (11.1):

$$v_p = \nu\lambda = \frac{mc_0^2 \lambda}{h} = \frac{mc_0^2}{mv} = \frac{c_0^2}{v}. \tag{11.9}$$

Daraus folgt, da die Teilchengeschwindigkeit v die Lichtgeschwindigkeit c_0 nicht übersteigen kann (Kap. 15), dass die Phasengeschwindigkeit einer Materiewelle größer als die Lichtgeschwindigkeit ist. Der Leser beachte dazu aber die Anmerkung hinter Gl. (11.13).

Nach Gl. (11.9) ist die Phasengeschwindigkeit umgekehrt proportional zur Teilchengeschwindigkeit v und damit von der Wellenlänge λ abhängig, es liegt also *Dispersion* vor. Für diesen Fall bestimmt sich die *Gruppengeschwindigkeit* v_g, also die Fortpflanzungsgeschwindigkeit des dem Teilchen zugeordneten Wellenpaketes (Abb. 11.2), nach Abschn. 2.2 aus der Beziehung (Rayleigh)

$$v_g = v_p - \lambda \frac{dv_p}{d\lambda} = -\lambda^2 \frac{dv}{d\lambda} = \frac{dv}{d\left(\frac{1}{\lambda}\right)}. \tag{11.10}$$

Beschränken wir uns auf nichtrelativistische Teilchen ($v \ll c_0$), so ist

$$mc_0^2 = m_0 c_0^2 + \frac{1}{2} m_0 v^2 \quad \text{und} \quad \frac{1}{\lambda} = \frac{m_0 v}{h}. \tag{11.11}$$

Damit erhalten wir aus den Gln. (11.8), (11.10) und (11.11)

$$v_g = \frac{d\left(c_0^2 + \frac{1}{2}v^2\right)}{dv} = v, \tag{11.12}$$

d. h. die *Teilchengeschwindigkeit ist gleich der Gruppengeschwindigkeit der dem Teilchen zugeordneten Wellengruppe*, ein Ergebnis, das de Broglie ebenfalls bereits 1924 gefunden hatte [1] und das befriedigend zur Beschreibung eines Teilchens durch eine Wellengruppe passt. Aus den Gln. (11.9) und (11.12) ergibt sich für Materiewellen die Beziehung

$$v_g v_p = c_0^2, \tag{11.13}$$

die nicht generell auf Lichtwellen (Photonen) übertragen werden darf.

Anmerkung: Da die Energie mc_0^2 in Gl. (11.7) bzw. (11.8) nicht eindeutig ist, sondern durch eine potentielle Energie $E_p = eV$ (V: elektrostatisches Potential) mit frei wählbarem Nullpunkt ergänzt werden kann, ist die Phasengeschwindigkeit in Gl. (11.9) willkürbehaftet. Andere Rechnungen liefern z. B. $v_p = v_g/2$. Dies zeigt, dass die Phasengeschwindigkeit von Materiewellen unbestimmt und eine nicht direkt beobachtbare Größe ist. Beobachtet wird stets nur die Gruppengeschwindigkeit.

Wir sehen also, dass wie die elektromagnetische Strahlung auch die Materie „dualen" Charakter haben kann, was hier nur bedeuten soll, dass gewisse Eigenschaften der korpuskularen Bestandteile der Materie besser im Wellenbild gedeutet werden können. Es hat sich später gezeigt, dass sowohl Korpuskel- als auch Wellenbild Grenzfälle der die Teilcheneigenschaften vollständig beschreibenden *Quantenmecha-*

nik sind. Die elektronenoptische Abbildung (Abschn. 11.4: Elemente der Elektronenoptik) werden wir zunächst strahlenoptisch behandeln und dazu von der Teilchenvorstellung ausgehen, während in den Abschn. 11.2 (Elektronenbeugung), 11.3 (Elektroneninterferometrie), 11.5.1 (Transmissions-Elektronenmikroskop) und 11.5.2 (Elektronenholographie) das Wellenbild verwendet wird. Auf den darin liegenden Dualismus wird im Abschn. 11.8 eingegangen.

Ähnlich wie bei den Röntgenstrahlen müsste allerdings noch ein direkter Nachweis für die Welleneigenschaften von Materieteilchen – etwa durch Erzeugen von *Interferenzen* – erbracht werden.

11.2 Elektronenbeugung

Es liegt nahe, die vermuteten Welleneigenschaften von Elektronen dadurch zu prüfen, dass man – ähnlich wie bei den Röntgenstrahlen – Kristalle als Beugungsgitter von geeigneter Gitterkonstante benutzt, worauf Elsasser 1925 hinwies [2].

Tatsächlich gelang es Davisson und Germer 1927 [3, 4], solche Interferenzerscheinungen bei der Streuung von Elektronen an einem Kristall zu finden: Sie erzeugten mit einer Glühkathode im Vakuum freie Elektronen und erteilten ihnen durch eine Beschleunigungsspannung U eine bestimmte, einstellbare Geschwindigkeit, die sich aus Gl. (11.2) berechnen lässt:

$$v = \sqrt{2\frac{e}{m}U}. \tag{11.14}$$

Der durch eine Öffnung in der Anode tretende Elektronenstrahl traf senkrecht auf eine kristallographisch ausgezeichnete Oberfläche (dreizählige Symmetrie) eines Nickel-Einkristalls (Abb. 11.3).

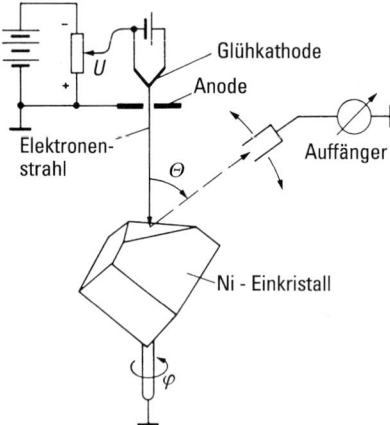

Abb. 11.3 Anordnung von Davisson und Germer zur Untersuchung der Elektronenbeugung an einem Nickel-Einkristall [3, 4].

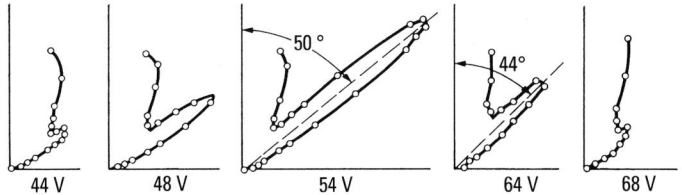

Abb. 11.4 Mit der Anordnung nach Abb. 11.3 erhaltene Polardiagramme der Streuintensitäten von Elektronen verschiedener Energien.

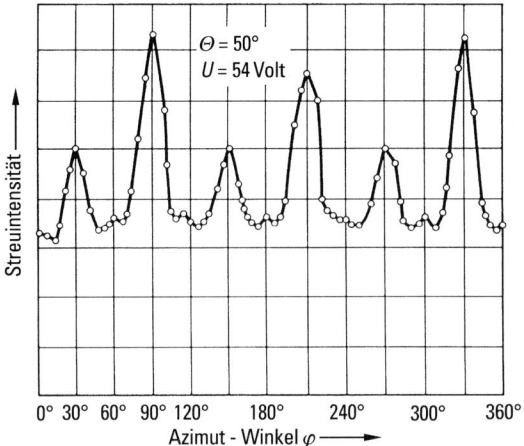

Abb. 11.5 Abhängigkeit der Elektronen-Streuintensität vom Azimutwinkel an einem Ni-Einkristall (vgl. Abb. 11.3).

Die Intensität der gestreuten Elektronen (Streuintensität[1]) wurde mit einem als Faraday-Becher (Bd. 2, Abschn. 11.1.6) ausgebildeten Auffänger mit angeschlossenem Messgerät als elektrischer Strom registriert. Durch Schwenken des Auffängers ließ sich die Streuintensität als Funktion des Streuwinkels Θ messen. Dabei ergaben sich keine „glatten" Kurven, sondern ausgeprägte Maxima bei ganz bestimmten Streuwinkeln Θ, deren Lage von der Elektronenenergie E_k, also von der von den Elektronen durchlaufenen Potentialdifferenz U abhing (Abb. 11.4).

Wurde der Streuwinkel auf ein solches Maximum eingestellt und konstant gelassen (z. B. $\Theta = 50°$ bei $U = 54$ V), der Kristall jedoch gedreht, so zeigten sich als Funktion des Azimutwinkels φ wiederum Maxima bei bestimmen Winkeln im Abstand von je 120°, die den Zusammenhang mit der erwähnten dreizähligen Symmetrie der Kristallstruktur deutlich zeigen (Abb. 11.5). Es traten also Streuintensitätsmaxima in bestimmten Raumrichtungen auf, ganz ähnlich wie bei der Erzeugung des *Laue*-

---

[1] Als Streu- oder Beugungsintensität wird hier und im Folgenden die vom Streuwinkel abhängige, mit einem geeigneten Detektor gemessene Teilchenzahl-Stromdichte der gestreuten oder gebeugten Elektronen, Atome, Neutronen usw. bezeichnet.

Diagramms eines Einkristalls mit Röntgenstrahlen (Abschn. 3.11) mit dem einzigen Unterschied, dass die Maxima hier in Reflexion statt in Durchstrahlung beobachtet wurden. Es war also zu vermuten, dass es sich hier tatsächlich – ähnlich wie bei der Röntgenstreuung – um eine Beugungserscheinung handelte, bei der die *Elektronen als Materiewelle* am Raumgitter des Kristalls *gebeugt* wurden und Interferenzerscheinungen hervorriefen.

Entscheidend für diese Auffassung spricht die Tatsache, dass die zu den beobachteten Maxima gehörenden Winkel fast genau mit denjenigen übereinstimmen, die man erhält, wenn man in die *Bragg'sche Gleichung* für das Auftreten von Röntgenreflexen (Abschn. 3.11)

$$2d \sin \frac{\vartheta}{2} = n\lambda \quad (n = 1, 2, 3, \ldots) \tag{11.15}$$

die Wellenlänge λ aus der Beziehung für die de Broglie-Wellenlänge (Gl. 11.3) einsetzt[2]. Damit war die Existenz der Materiewellen und gleichzeitig die Richtigkeit der de Broglie-Beziehung Gl. (11.1) nachgewiesen.

Bei genauer Ausmessung der Winkel ϑ für die Beugungsmaxima zeigt sich allerdings, dass eine geringe Abweichung gegenüber den aus Gl. (11.15) berechneten Beugungswinkeln auftritt, wenn dort als Wellenlänge λ die aus Gl. (11.3) gewonnenen Werte eingesetzt werden. Auch hierfür lässt sich eine Erklärung finden: Die Beziehung (11.3) war ja unter der stillschweigend gemachten Voraussetzung hergeleitet worden, dass die Elektronen sich im Vakuum bewegen. Treten sie nach der Beschleunigung jedoch in ein Medium ein, so sind sie darin zusätzlichen elektrostatischen Kräften ausgesetzt, die von den Atomkernen und Elektronen des Mediums ausgeübt werden. Setzen wir hierfür eine potentielle Energie E_p an, so gilt anstelle von Gl. (11.2) jetzt

$$eU = \frac{m}{2}v^2 + E_\text{p}. \tag{11.16}$$

$E_\text{p} = -eU_\text{i}$ ist i. Allg. von der Größenordnung einiger eV, das zugehörige Potential U_i wird *inneres Potential* genannt (Näheres dazu in Abschn. 11.3). Mit dem daraus bestimmten Wert des Impulses mv erhält man aus Gl. (11.1) die vollständigere Beziehung

$$\lambda = \frac{h}{\sqrt{2m(eU - E_\text{p})}}. \tag{11.17}$$

In Analogie zur Optik kann das Verhältnis der Wellenlängen im Vakuum und im Medium als „Brechzahl" (früher „Brechungsindex") definiert werden:

$$n = \frac{\lambda_\text{Vak}}{\lambda_\text{Med}} = \sqrt{1 - \frac{E_\text{p}}{eU}}. \tag{11.18}$$

Auch diese Gleichung gilt nur für $v \ll c_0$. Wir werden im Abschn. 11.4 (Elektronenoptik) auf diese sog. *elektronenoptische Brechzahl* noch zurückkommen. In einem

---

[2] ϑ gibt hierin den Winkel zwischen den Richtungen des Beugungsreflexes und des einfallenden Strahls an, also den Supplementwinkel zu Θ in den Abb. 11.3 bis 11.5: $\vartheta = \pi - \Theta$.

Medium ist E_p räumlich nicht konstant, sondern z. B. in einem Kristall in allen drei Raumrichtungen periodisch vom Ort abhängig. Die Angabe einer mittleren Brechzahl wird daher nicht immer voll ausreichen. Immerhin sind dadurch die Abweichungen bei den Messungen von Davisson und Germer deutbar. Mit zunehmender Beschleunigungsspannung U wird der Einfluss des mittleren Wertes von E_p immer geringer und schließlich vernachlässigbar.

Die Beugung von Elektronen mit relativ niedriger Energie, wie z. B. in den Versuchen von Davisson und Germer, hat heute wieder erheblich an Bedeutung gewonnen: Elektronen mit Energien von 10 bis 100 eV dringen nur wenige Atomlagen tief in einen Festkörper ein. Die entstehende Beugungsfigur, die ja von der kristallinen Struktur des Festkörpers bestimmt wird, lässt daher Aussagen insbesondere über die Festkörper-Oberflächenstruktur zu. Das sog. *LEED-Verfahren* (low energy electron diffraction) ist daher ein geeignetes Mittel zur Untersuchung von Oberflächenstrukturen und -reaktionen. Die gebeugten Elektronen werden bei diesem Verfahren elektrisch nachbeschleunigt und fotografisch registriert. Als Beispiel zeigt Abb. 11.6 Aufnahmen, die mit dieser Technik gewonnen wurden und durch die Veränderung des Beugungsbildes die zunehmende Bedeckung einer reinen Eisen-Einkristall-Oberfläche mit regelmäßig angeordneten Sauerstoffatomen erkennbar macht. (Der Schatten rührt von der Kristallhalterung her, die auch die 0. Ordnung verdeckt.)

Bei der Beugung von Elektronen höherer Energie (10^4–10^6 eV) spielt das innere Potential und damit die Brechzahl des beugenden Kristalls keine Rolle mehr. Das Durchdringungsvermögen solcher Elektronen ist wesentlich höher, sodass etwa sehr dünne Metallschichten (Dicke 10–1000 nm) noch durchstrahlt werden können. Über die ersten Beugungsversuche in Durchstrahlung wurde – ebenfalls im Jahre 1927 – von G. P. Thomson berichtet [5, 6, 7] (Abb. 11.7). Er verwendete Kathodenstrahlen der Energie 10 000–50 000 eV und durchstrahlte zunächst dünne Aluminium- und Gold-Schichten. Das entstehende Beugungsbild konnte er direkt auf einem Fluoreszenzschirm beobachten und fotografieren. Auch hier bestätigten sich die de Brog-

(a)   (b)   (c)

Abb. 11.6 Reflexionsbeugungsaufnahmen mit langsamen Elektronen (LEED-Verfahren) von einer Eisen-Einkristall-Oberfläche. (a) Reine (211)-Fläche von α-Fe, Elektronenenergie 145 eV. (b) Die gleiche Fläche mit geringer Sauerstoff-Bedeckung nach Behandlung mit 10^{-6} Pa O_2 während 100 s; Elektronenenergie 145 eV. (c) Nach Behandlung mit 10^{-5} Pa O_2 während 100 s; Elektronenenergie 192 eV (Aufnahmen: P. Meischner, Fritz-Haber-Institut der Max-Planck-Gesellschaft, Berlin-Dahlem, 1970).

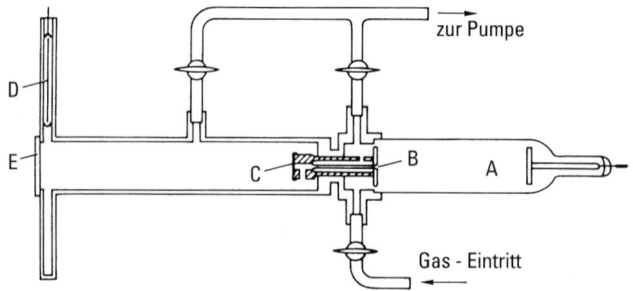

Abb. 11.7 Der von G. P. Thomson benutzte Apparat zur Elektronenbeugung [6]: A: Gasentladungsröhre; B: Anodenöffnung für Kathodenstrahlen; C: durchstrahlbare dünne Folie, an der die Elektronen gebeugt wurden; D: einschwenkbare Fotoplatte; E: Leuchtschirm aus Willemit (nach Contemp. Phys. **9**, 1, 1968).

lie'schen Annahmen auf das Genaueste. Thomson konnte auch den Einwand entkräften, dass die beobachteten Beugungsbilder gar nicht Elektronenwellen zuzuordnen seien, sondern den durch die Elektronen im Kristall ausgelösten und anschließend gebeugten Röntgenstrahlen, indem er zeigte, dass sich das Beugungsbild magnetisch ablenken lässt, was bei Röntgenstrahlen nicht möglich ist.

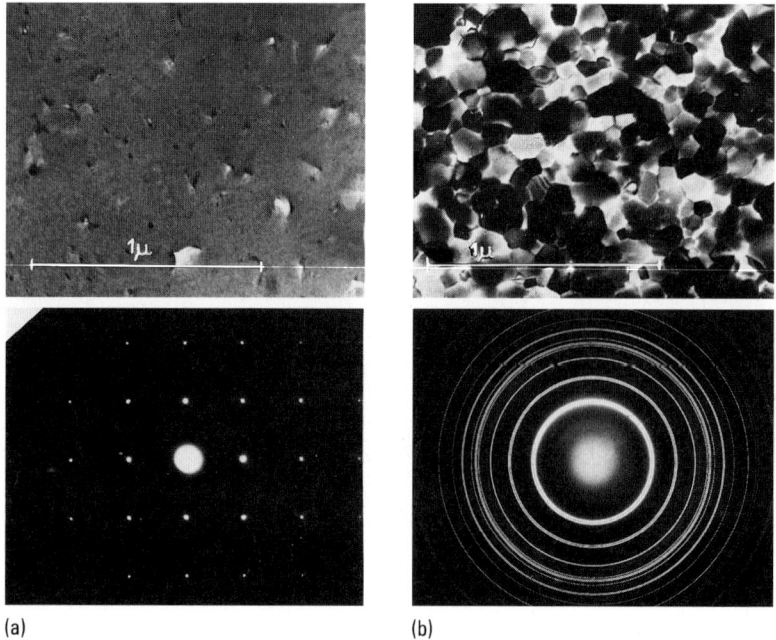

Abb. 11.8 Elektronenmikroskopische Abbildung (oben) und Elektronenbeugungsfigur (unten) einer Zinn-Schicht, Dicke: 80 nm, Elektronenenergie: 100 keV [8]. (a) Einkristalline Schicht, (b) polykristalline Schicht.

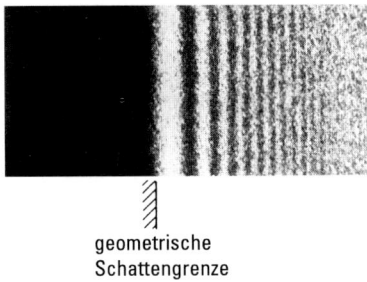

geometrische
Schattengrenze

Abb. 11.9 Fresnel'sche Beugung von Elektronen an einer makroskopischen Kante [9, 10].

Wird eine Einkristallschicht durchstrahlt, so erhält man ein Punktsystem als Beugungsbild (Abb. 11.8a), das dem Laue-Diagramm bei Röntgenstrahlbeugung entspricht (Abb. 3.74). Meistens bestehen solche dünnen Schichten jedoch aus vielen kleinen Kristallen mit statistischer Orientierung, sie sind polykristallin. Erfasst der Elektronenstrahl sehr viele dieser Kristallite, dann erhält man als Beugungsbild ein Ringsystem (Abb. 11.8b), das dem *Debye-Scherrer-Diagramm* bei Röntgenstrahlbeugung entspricht (Abb. 3.81).

Heute ist praktisch jedes Elektronenmikroskop (Abschn. 11.5) auch für Elektronenbeugungsaufnahmen eingerichtet, und die Elektronenbeugung hat ihren festen Platz als Methode zur Analyse unbekannter, insbesondere kristalliner Substanzen durch Bestimmung der Gitterkonstante d mithilfe der Bragg-Gleichung (11.15) und des Kristalltyps aus der geometrischen Anordnung der Beugungsreflexe.

Die bisher behandelten Experimente zum Nachweis der Welleneigenschaften von Partikeln wurden sämtlich als *Fraunhofer'sche Beugung* (Abschn. 3.8) an Mikrostrukturen (Atomgitter oder Moleküle als beugende Objekte) durchgeführt. Boersch gelang es 1940 erstmalig, die *Fresnel'sche Beugung* (Abschn. 3.8) von Elektronen an einer makroskopischen Kante einer Al_2O_3-Schicht nachzuweisen (Abb. 11.9) [9, 10]. Die dabei entstehende Beugungsfigur zeigt im Lichtraum helle und dunkle Interferenzstreifen parallel zur beugenden Kante, ganz analog zur Lichtbeugung an einer Kante (Abb. 3.49). „Die besondere Bedeutung der Fresnel'schen Beugungserscheinung der Kante ... besteht darin, dass der Abstand der Interferenzmaxima ... unabhängig von den geometrischen Dimensionen des Streukörpers ist, dass insbesondere submikroskopische Größen, wie z. B. die Atomabstände ... keine Rolle spielen. Infolgedessen wird die Bestimmung der Wellenlänge der Elektronen ... auf die unmittelbare Messung der Abstände der Elektronenquelle vom Objekt und der Interferenzmaxima untereinander zurückgeführt" [9][3].

Eine andere Möglichkeit zum Nachweis der Welleneigenschaften von Elektronen ist die Überlagerung zweier kohärenter Elektronenbündel ähnlich wie bei dem Fresnel'schen Biprisma für Licht (Abb. 3.8). Dies ist möglich mit dem elektrostatischen

---

[3] Es ist interessant zu bemerken, dass erst die Beobachtung der Fresnel'schen Beugung im Elektronenmikroskop Anlass gab, entsprechende Erscheinungen auch im Lichtmikroskop genauer zu untersuchen und die Bildentstehung weiter zu klären (vgl. Kinder und Recknagel [11]).

Biprisma für Elektronen nach Möllenstedt [12, 13], das im nächsten Abschnitt 11.3 (Elektroneninterferometrie) behandelt wird.

Die de Broglie-Beziehung Gl. (11.1) ist generell gültig, sie gibt die Materiewellenlänge nicht nur für Elektronen, sondern auch für andere Materieteilchen an, also z. B. für Atome, Moleküle oder auch für Neutronen. Dazu sei auf die Kap. 13 und 14 verwiesen.

11.3 Elektronen-Interferometrie

Elektronen-Biprisma-Interferenzen. Das klassische Experiment zur Untersuchung von Welleneigenschaften ist das Doppelspalt-Experiment (Young, 1803; vgl. Abschn. 3.10). Es hat jedoch generell den Nachteil, dass es sehr lichtschwach ist: Je enger die Einzelspalte sind, umso besser definiert ist die Interferenzgeometrie und umso kontrastreicher ist das Interferenzphänomen ausgeprägt, aber umso dunkler wird es. Deshalb stellte das Fresnel'sche Biprisma (1821, vgl. Abschn. 3.2) einen großen Fortschritt für die lichtoptische Interferometrie dar. Sein elektronenoptisches Analogon, das 1954 von Möllenstedt und Düker [12, 13] entwickelte *Elektronenbiprisma*, ist bis heute der leistungsfähigste Strahlteiler für die Interferometrie und Holographie mit Elektronen.

Das Elektronenbiprisma (Abb. 11.10) besteht aus einem etwa 0.5 μm dicken, leitfähigen Faden, an den eine Spannung U_f angelegt werden kann. Es wird aus einer Quelle im Abstand a kohärent, d. h. aus einer hinreichend schmalen Quelle mit hinreichend enger Energieverteilung, beleuchtet. Das sich um den Faden ausbildende elektrische Feld lenkt alle Elektronenbahnen um denselben Winkelbetrag (ohne Ableitung) $\gamma = \gamma_0 U_f$ mit $\gamma_0 \approx 0.2/U_b^*$ um; $U_b^* = U_b[1 + (eU_b/(2m_0 c_0^2)]$ ist die relativistisch korrigierte Beschleunigungsspannung. Da der Umlenkwinkel γ unabhängig von Abstand und Startwinkel der Bahnen ist, wird die zugehörige Elektronenwelle (Orthogonalfläche der Bahnen) bei der Umlenkung nicht deformiert. Im Abstand

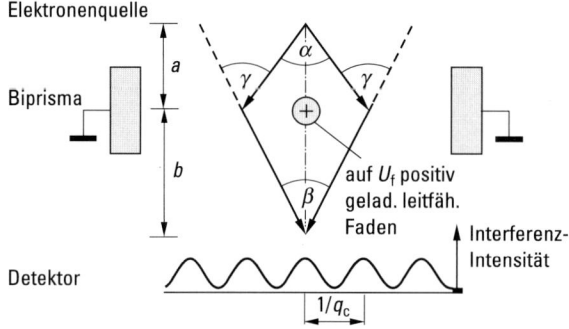

Abb. 11.10 Elektronenbiprisma nach Möllenstedt und Düker [12]. Über den Umlenkwinkel $\gamma = \gamma_0 U_f$ werden mittels der Biprismaspannung U_f der benutzte Kohärenzwinkel α und der Überlagerungswinkel β des Interferenzmusters eingestellt. Daraus ergeben sich Kontrast sowie Überlagerungsweite und Streifenabstand des Interferenzmusters.

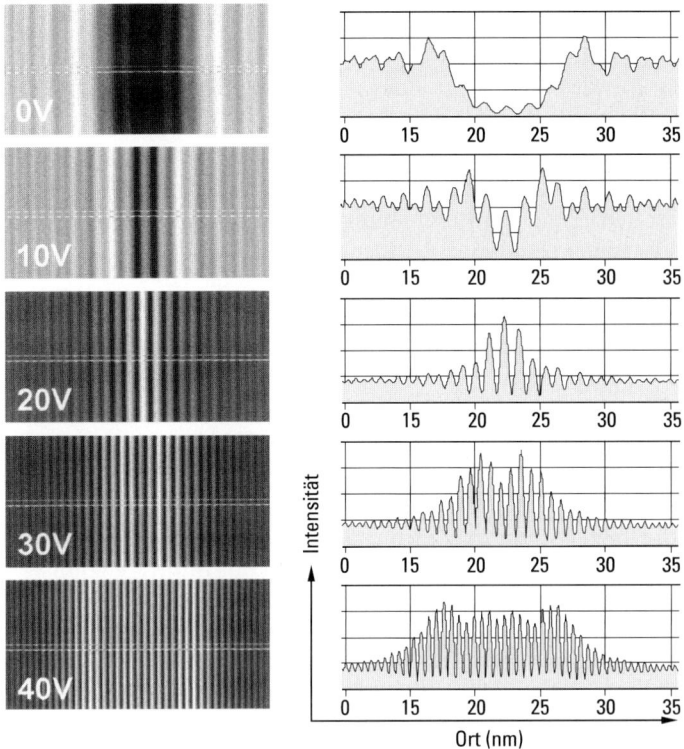

Abb. 11.11 Elektronen-Biprisma-Interferenzen. Die bei der Fadenspannung $U_f = 0\,\text{V}$ sichtbaren Streifen in den noch nicht überlagerten Wellen entstehen durch Fresnel-Beugung am Biprismafaden. Ab etwa 10 V entstehen die cosinusförmigen Streifen durch Überlagerung der beiden Wellen rechts und links des Schattens. Mit zunehmender Fadenspannung nehmen Überlagerungsweite und Raumfrequenz der feinen Interferenzstreifen zu.

b unterhalb des Fadens werden die beiden rechts und links den Faden passierenden Teilwellen

$$\psi_1 = a_1 \exp\left(+\mathrm{i}\, 2\pi \frac{q_c}{2} x + \varphi_1\right)$$

und

$$\psi_2 = a_2 \exp\left(-\mathrm{i}\, 2\pi \frac{q_c}{2} x + \varphi_2\right) \qquad (11.19)$$

mit der Wellenzahlkomponente[4] $q_c/2$ in x-Richtung unter dem Winkel β überlagert; der Faden sei in y-Richtung angeordnet. Damit resultiert das Interferenzmuster

---

[4] Unter Wellenzahl wird in diesem Kapitel die reziproke räumliche Periodenlänge verstanden, also z. B. $\kappa = 1/\lambda$, im Gegensatz zum Betrag des Wellenvektors $k = 2\pi/\lambda$ (auch Kreiswellenzahl genannt), die sonst in diesem Buch meist zur Wellenbeschreibung verwendet wird. Es gilt also $k = 2\pi\kappa$ bzw. $\kappa = k/2\pi$.

$$I_{\text{hol}} = |\psi_1 + \psi_2|^2 = a_1^2 + a_2^2 + 2a_1 a_2 |\mu| \cos(2\pi q_c x + \Delta\varphi + \varrho), \quad (11.20)$$

wobei $a_{1,2}$ die Amplituden und $\Delta\varphi = \varphi_1 - \varphi_2$ die Phasendifferenz der beiden Wellen sind (Abb. 11.11); ihr Kohärenzgrad $\mu = |\mu|\exp(i\varrho)$ wird später unter „Kohärenz" detailliert erläutert.

Die Raumfrequenz q_c ($:=$ reziproker Streifenabstand) ist für die auftretenden sehr kleinen Überlagerungswinkel β gegeben durch $q_c = \kappa_0 \beta$; $\kappa_0 = 1/\lambda = \sqrt{2em_0 U_b^*}$ ist die der relativistisch korrigierten Beschleunigungsspannung U_b^* entsprechende Wellenzahl mit der Vakuumwellenlänge λ_0. Der Kontrast (vgl. Abschn. 3.10) der Interferenzstreifen

$$K := \frac{I_{\max} - I_{\min}}{I_{\max} + I_{\min}} = \frac{2a_1 a_2}{a_1^2 + a_2^2} |\mu| \quad (11.21)$$

ist bei Amplitudenabgleich ($a_1 = a_2$) durch den Betrag des Kohärenzgrades μ gegeben.

Elektroneninterferenzen sind das Ergebnis der Einteilchen-Wellenfunktion, d. h. jedes Elektron interferiert mit sich selbst. Dies kann folgendermaßen experimentell gezeigt werden: Reduziert man den Strom derart, dass nur wenige Elektronen pro Sekunde auf dem Detektor auftreffen, so sieht man kein Interferenzmuster, sondern ein scheinbar stochastisch verteiltes Auftreffen der Elektronen; das einzelne Elektron produziert folglich kein sichtbares, ausgedehntes Interferenzmuster, sondern einen eng lokalisierbaren „Treffer" als Signal auf dem Detektor. Summiert man aber über einen längeren Zeitraum dieses Elektronenrauschen auf, so bildet sich das Interferenzmuster als Häufigkeitsverteilung aus; je länger die Belichtungszeit gewählt wird, umso besser wird die cosinusförmige Wahrscheinlichkeitsverteilung approximiert (Abb. 11.12). Da die Flugzeit durch das Interferometer nur etwa 1 μs, der zeitliche

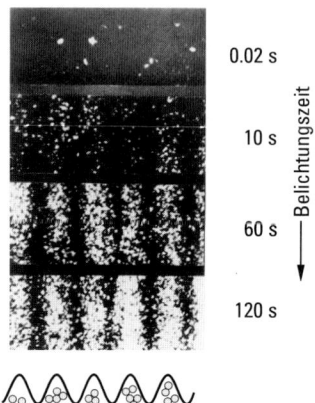

Abb. 11.12 Demonstration der Einteilchen-Interferenz. Jedes Elektron zeigt sich als lokalisiertes Ereignis im Detektor, nicht als Welle. Erst mit zunehmender Belichtungszeit wird das Interferenzmuster mit den einzeln durch das Interferometer gelaufenen Elektronen aufgefüllt. Die Flugzeit der Elektronen ist sehr viel kleiner als der zeitliche Abstand der Treffer. Das zeigt, dass das Interferenzmuster eine Eigenschaft von jedem der Elektronen ist und nicht durch Wechselwirkung der Elektronen miteinander entsteht.

Abstand der Treffer aber im Bereich von 1 ms liegt, sind die Elektronen völlig unabhängig voneinander: Während eines auf dem Detektor auftrifft, befindet sich das nachfolgende noch im Emitter, also etwa 1 m weit entfernt; die Elektronen interferieren nicht miteinander, sondern jedes interferiert mit sich selbst. Durch Aufsummieren dieser vielen Elektronen entsteht aber nur dann ein sichtbares Interferenzmuster, wenn es eine gemeinsame Eigenschaft aller Einzelelektronen ist. Bedingung dafür ist, dass alle (nicht sichtbaren) Einzel-Interferenzverteilungen hinreichend identisch sind bezüglich Streifenabstand und Position, d. h. dass die Elektronenstrahlung insgesamt hinreichend „kohärent" bezüglich Wellenlänge und Phasendifferenz ist. In diesem Sinn spricht man von „kohärenten Elektronen".

Kohärenz. Eine punktförmige, monochromatische Quelle emittiert perfekt kohärent; allerdings ist der emittierte Strom null, weil sonst die Stromdichte in der Quelle unendlich groß wäre. Eine reale, ausgedehnte Quelle wird in dem Sinn als inkohärente Quelle angenommen, dass Elektronen aus unterschiedlichen Quellpunkten und unterschiedlicher Wellenzahl unkorreliert emittiert werden. Jeder dieser Quellpunkte und jede Wellenzahl erzeugt je ein Interferenzmuster mit dem Kontrast $K = 1$, diese Interferenzmuster unterscheiden sich aber in Position und Raumfrequenz. Summiert man alle diese Interferenzmuster intensitätsmäßig d. h. inkohärent auf, resultiert ein um $|\mu|$ kontrastgeschwächtes und um ϱ verschobenes Interferenzmuster, das durch den oben eingeführten Kohärenzgrad $\mu = |\mu|\exp(i\varrho)$ beschrieben wird.

Der **Winkelkohärenzgrad** ist durch die seitliche Ausdehnung der Quelle $i_{\text{Quelle}}(\xi)$ gegeben. Es werde zunächst eine monochromatische Quelle betrachtet, die nur die Wellenzahl κ_0 emittiert; die Quelle sei mittels $\int_{-\infty}^{\infty} i_{\text{Quelle}}(\xi)\,d\xi = 1$ normiert. Dann liefert das Quellelement $(\xi, \xi + d\xi)$ zu dem Interferenzmuster den Beitrag

$$dI_{\text{hol}} = 2 i_{\text{Quelle}}(\xi)\{1 + \cos[2\pi q_c x + \varepsilon(\xi)]\}\,d\xi \tag{11.22}$$

mit der Raumfrequenz $q_c = \kappa_0 \beta$ und der seitlichen Position $\varepsilon(\xi) = 2\pi q_c (b/a)\xi$. Mit dem Additionstheorem

$$\cos[2\pi q_c x + \varepsilon(\xi)] = \cos(2\pi q_c x)\cos[\varepsilon(\xi)] - \sin(2\pi q_c x)\sin[\varepsilon(\xi)]$$

und mit

$$\varepsilon(\xi) = 2\pi q_c \frac{b}{a}\xi = 2\pi \kappa_0 \alpha \xi$$

ergibt sich durch Integration über die gesamte Quelle

$$I_{\text{hol}}(x) = 2 I_0 [1 + |\mu^{\text{WK}}(\alpha)|\cos(2\pi q_c x + \varrho^{\text{WK}})]. \tag{11.23}$$

Dabei ist

$$\mu^{\text{WK}}(\alpha) = |\mu^{\text{WK}}(\alpha)|\exp(i\varrho^{\text{WK}}) = \int i_{\text{Quelle}}(\xi)\exp(i\,2\pi\kappa_0 \alpha \xi)\,d\xi \tag{11.24}$$

der Winkelkohärenzgrad der Strahlung im Fernfeld der Quellverteilung (*van Cittert-Zernike-Theorem*). Der Kohärenzwinkel α ist der Winkelabstand, unter dem zwei Punkte der Interferenzebene von der Quelle aus erscheinen, bevor sie durch das Biprisma überlagert werden. In Abb. 11.13 ist die Abnahme des Winkelkohärenzgrades bei Erhöhung des Kohärenzwinkels gezeigt. Die Realisierung hinreichender

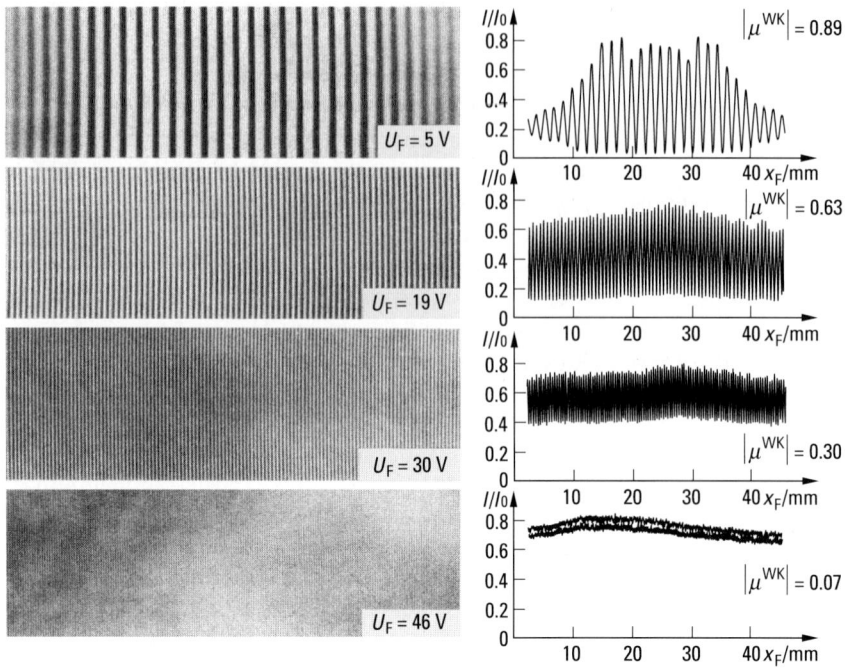

Abb. 11.13 Messung der Winkelkohärenz von Elektronen. Mit steigender Biprismaspannung U_f nimmt der Kohärenzwinkel α zu, der Interferenzkontrast wird wegen das abnehmenden Winkelhohärenzgrades $|\mu^{WK}|$ kleiner; da mit U_f auch der Überlagerungswinkel β zunimmt, werden gleichzeitig die Streifenabstände kleiner. Aus dem Verlauf des Kontrastes in Abhängigkeit von der Biprismaspannung U_f lässt sich durch inverse Fourier-Transformation (FT^{-1}) die Intensitätsverteilung der Quelle bestimmen (Speidel und Kurz [14]).

Winkelkohärenz stellt ein großes experimentelles Problem dar, weil zwangsläufig – als Folge der Abbe'schen Sinusbedingung (Abschn. 1.9.1.1 Gl. (1.109)) – bei Verbesserung des Winkelkohärenzgrades die Stromdichte in der Interferenzebene reduziert wird.

Der **Längenkohärenzgrad** ist durch die spektrale Verteilung der Quelle gegeben. Im Folgenden sei angenommen, dass jeder Punkt im Ortsraum das gleiche Wellenzahlspektrum $s_{\text{Quelle}}(\kappa - \kappa_0)$ um den Sollwert κ_0 emittiert; das Wellenzahlspektrum korrespondiert mit der Energieverteilung der Elektronenstrahlung. Da Beiträge unterschiedlicher Wellenzahlen inkohärent sind, müssen sie intensitätsmäßig aufsummiert werden. In Analogie zur Herleitung des Winkelkohärenzgrades ergibt sich als Folge von $s_{\text{Quelle}}(\kappa - \kappa_0)$ der Längenkohärenzgrad

$$\underline{\mu}^{LK}(x) = \int_{-\infty}^{+\infty} s_{\text{Quelle}}(\kappa - \kappa_0) \exp[i\,2\pi(\kappa - \kappa_0)\,\beta x]\,d\kappa\,. \qquad (11.25)$$

Hierbei ist die Normierung $\int_{-\infty}^{+\infty} s_{\text{Quelle}}(\kappa - \kappa_0)\,d\kappa = 1$ angenommen. Wie theoretisch folgt und experimentell bestätigt wurde (Abb. 11.14), lassen sich mit üblichen Elekt-

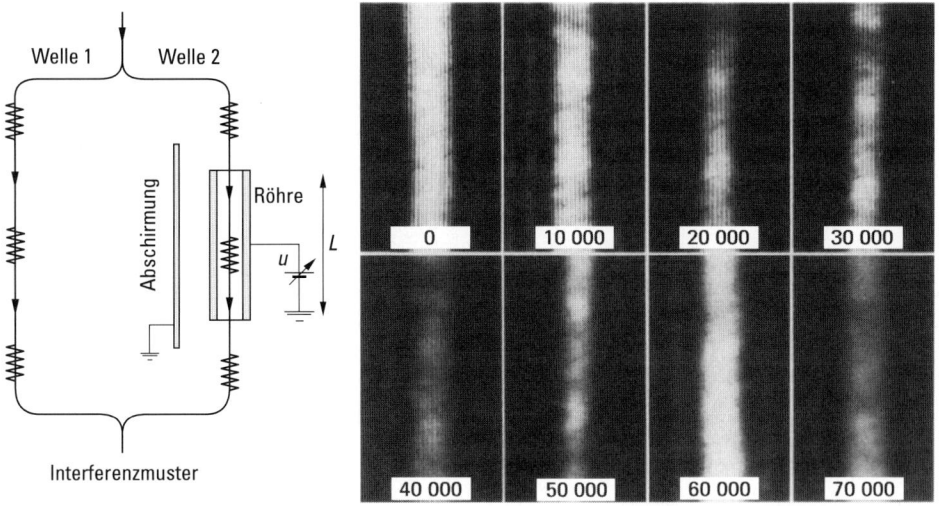

Abb. 11.14 Messung der Kohärenzlänge von Elektronen. Mittels des Röhrenpotentials U werden die beiden Elektronenwellen gegeneinander verschoben, also wird ihre Interferenzordnung erhöht. Der Kontrast in den Interferogrammen nimmt mit steigender Interferenzordnung ab. Die Kohärenzlänge (hier etwa 70 000 Wellenlängen) ist durch die Energieverteilung der Elektronenstrahlung gegeben (Schmid [15]).

ronenquellen der Energie-Halbwertsbreite $\Delta E_{1/2} \approx 1\,\mathrm{eV}$ Interferenzordnungen von bis zu $\kappa_0 \beta x_{\max} = q_c x_{\max} \approx 10^5$ beobachten. Für übliche Interferenzexperimente mit höchstens einigen 1000 Interferenzstreifen kann folglich $|\mu^{\mathrm{LK}}| = 1$ gesetzt werden. Elektroneninterferenz-Experimente sind also in der Praxis nicht durch mangelnde Längenkohärenz beeinträchtigt.

Mit der realistischen Annahme, dass jeder Quellpunkt das gleiche Wellenzahlspektrum emittiert, ergibt sich für den gesamten Kohärenzgrad

$$\mu(\alpha, x) = \mu^{\mathrm{WK}}(\alpha) \cdot \mu^{\mathrm{LK}}(x). \tag{11.26}$$

Das von der gesamten Quelle erzeugte Interferenzmuster lässt sich also durch Gl. (11.20) beschreiben. Wegen des geringen Einflusses des Längenkohärenzgrades wird im Folgenden nur der Winkelkohärenzgrad weiter in Betracht gezogen.

Kohärenter Gesamtstrom. Durch Anpassung der Quellgröße beispielsweise mittels verkleinernder Abbildung lässt sich jeder gewünschte Winkelkohärenzgrad einstellen. Die Frage ist, welche Intensität dann in der Interferenzebene vorhanden ist. Um diese Frage zu beantworten, ist es nötig, den bei vorgegebenem Kohärenzgrad vorhandenen Elektronenstrom zu bestimmen. Für eine Gauß-förmige Quellverteilung

$$i_{\mathrm{Quelle}}(\xi) = \frac{1}{\sqrt{\pi}\,\xi_G} \exp\left[-\left(\frac{\xi}{\xi_G}\right)^2\right] \tag{11.27}$$

ergibt sich durch Fourier-Transformation der ebenfalls Gauß-förmige Winkelkohärenzgrad

$$\mu^{\text{WK}}(\alpha) = \exp[-(\pi\kappa_0\alpha\xi_G)^2]. \tag{11.28}$$

Die hier wesentliche Eigenschaft der Quelle ist die Richtungsverteilung der Emission. Maß hierfür ist der axiale Richtstrahlwert (vgl. Abschn. 11.4, Gl. (11.57))

$$B = \frac{I}{A\Omega}, \tag{11.29}$$

der angibt, wie viel Strom aus der Quelle mit der Emissionsfläche A in den Raumwinkel Ω emittiert wird. B steigt proportional zur Beschleunigungsspannung U_b an (vgl. Abschn. 11.4, Gl. (11.61)), ist aber (wegen der Abbe'schen Sinusbedingung) optisch invariant, kann folglich durch optische Abbildung nicht vergrößert werden.

Mit der Quellfläche $A = \pi\xi_G^2$ und dem mit dem Kohärenzgrad $\mu^{\text{WK}}(\alpha)$ ausgeleuchteten Raumwinkel $\Omega = \pi\alpha^2$ ergibt sich der kohärente Gesamtstrom zu

$$I_{\text{coh}}(|\mu|) = \frac{-B}{\kappa_0^2}\ln|\mu|. \tag{11.30}$$

Er ist gegeben durch den *reduzierten Richtstrahlwert* B/κ_0^2, der wegen $\kappa_0^2 \propto U_b$ und $B \propto U_b$ unabhängig von der Beschleunigungsspannung U_b, folglich eine Eigenschaft des Elektronenemitters ist. Interessanterweise ergibt sich für perfekte Kohärenz ($|\mu| = 1$) der kohärente Gesamtstrom $I_{\text{coh}} = 0$. Entsprechend den experimentellen Anforderungen ist der kohärente Gesamtstrom durch die Wahl von $|\mu|$ jeweils so zu optimieren und in der Interferenzebene zu verteilen, dass im Interferogramm das bestmögliche Signal/Rausch-Verhältnis resultiert.

Interferometrische Messung von Phasenschiebungen der Elektronenwellen. Die Phasendifferenz $\Delta\varphi$ der beiden interferierenden Wellen kann aus der entsprechenden Verschiebung der Interferenzstreifen gemäß Gl. (11.20)

$$I_{\text{hol}} = a_1^2 + a_2^2 + 2a_1a_2|\mu|\cos(2\pi q_c x + \Delta\varphi + \varrho)$$

bestimmt werden. Die möglichen Ursachen für Phasenschiebungen werden im Folgenden skizziert.

Im Raum mit dem magnetischen Vektorpotential $A(r)$ und dem elektrischen Potential $V(r)$ lautet die *Schrödinger-Gleichung* des einzelnen Elektrons

$$\left[\frac{1}{2m}(-i\hbar\nabla + eA)^2 - eV\right]\psi = E\psi; \tag{11.31}$$

e ist der Betrag der Elektronenladung, $-eV$ die potentielle Energie und $E = eU_b^*$ die Gesamtenergie des Elektrons. Aus der Schrödinger-Gleichung kann die Brechzahl

$$n(r,s) = \frac{\kappa}{\kappa_0} = \sqrt{\frac{(U_b + V)^*}{U_b^*}} - \frac{e}{p_0}(A \cdot s) \tag{11.32}$$

mit dem Wellennormalen-Einheitsvektor s und dem kinetischen Impulsbetrag im Vakuum $p_0 = \sqrt{2em_0 U_b^*}$ abgeleitet werden. Wegen des magnetischen Vektorpotentials A ist die Brechzahl abhängig von der Ausbreitungsrichtung der Welle.

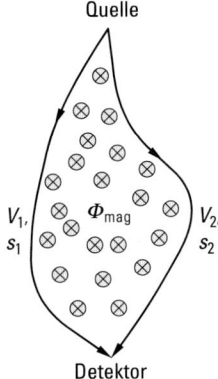

Abb. 11.15 Phasendifferenz im Elektroneninterferometer. Die auf den von den beiden Teilwellen zurückgelegten Wegen $s_{1,2}$ aufsummierten elektrischen Potentiale $V_{1,2}$ erzeugen eine elektrische Phasendifferenz; der von den beiden Wegen $s_{1,2}$ eingeschlossene magnetische Fluss Φ_{mag} ruft eine magnetische Phasendifferenz hervor, die unabhängig von der örtlichen Verteilung des Magnetfeldes ist.

Die Phase einer Welle ist gegeben durch

$$\varphi = k_0 \int n\,\mathrm{d}s = 2\pi\kappa_0 \int n\,\mathrm{d}s, \tag{11.33}$$

wobei entlang des Weges von der Quelle bis zur Interferenzebene integriert wird. In der Regel ergeben sich für die beiden Teilwellen im Biprisma-Interferometer unterschiedliche Phasen, sodass eine Phasendifferenz $\Delta\varphi$ auftritt.

Entsprechend den beiden Anteilen der Brechzahl Gl. (11.32) gibt es einen elektrischen und einen magnetischen Beitrag zur Phase (Abb. 11.15).

Die **elektrische Phasenschiebung** resultiert aus dem elektrischen Anteil der Brechzahl Gl. (11.32) (vgl. auch Abschn. 11.2, Gl. (11.18))

$$n(\boldsymbol{r}) = \sqrt{\frac{(U_{\mathrm{b}} + V)^*}{U_{\mathrm{b}}^*}}. \tag{11.34}$$

Üblicherweise ist das ortsabhängige Potential $V(\boldsymbol{r})$ betragsmäßig sehr viel kleiner als die Beschleunigungsspannung U_{b}. Wird die Brechzahl in eine Taylor-Reihe entwickelt, so folgt aus dem linearen Term in sehr guter Näherung

$$\varphi = \sigma \int V(\boldsymbol{r})\,\mathrm{d}s \tag{11.35}$$

mit dem Wechselwirkungsparameter

$$\sigma = 2\pi \frac{e}{h} \frac{1}{v}. \tag{11.36}$$

v ist die relativistisch korrigierte Elektronengeschwindigkeit. Beispielsweise beträgt $\sigma = 0{,}0073/(\mathrm{V\,nm})$ für 200 keV-Elektronen.

Streng genommen muss genau entlang der Elektronenbahn durch das Potentialfeld integriert werden. Bei dünnen Objekten mit langsam veränderlichen Potentialverteilungen kann jedoch in guter Näherung das entlang z integrierte, sog. projizierte Potential $V_{\text{proj}}(x, y)$ des Objekts

$$\int V(r)\, ds \approx \int V(r)\, dz := V_{\text{proj}}(x, y) \tag{11.37}$$

verwendet werden.

Bei Durchstrahlung eines Festkörpers stellt die Phasenschiebung durch ein einzelnes Atom den Elementarprozess dar. Zur Berechnung der atomaren Phasenschiebung muss über das Atompotential integriert werden; dies geschieht am einfachsten numerisch unter Verwendung des Wentzel-Potentials für leichte Atome oder mithilfe von Hartree-Byatt-Potentialen.

Das Wentzel-Potential eines Atoms ist gegeben durch

$$V(r) = \underbrace{\frac{Ze}{4\pi\varepsilon_0 r}}_{\text{Kern}} \underbrace{\exp\left(-\frac{r}{\varrho}\right)}_{\text{Abschirmung}}, \tag{11.38}$$

das wegen der Abschirmung durch die Elektronenhülle sehr schnell mit dem Abstand r abklingt. Hartree-Byatt-Potentiale werden durch eine Summe entsprechender Terme beschrieben (Byatt [16]).

Abbildung 11.16 zeigt die von einem Atom verursachte Phasenschiebung. Selbst wenn die laterale Auflösung nicht ausreichen sollte, die atomare Phasenschiebung aus dem Interferenzmuster zu bestimmen, wird bei Durchstrahlung eines Festkörpers eine gemittelte Phasenschiebung gemessen, die dem stets positiven Mittleren Inneren Potential *MIP* des Materials zugeordnet wird (Abbn. 11.17 u. 11.18). Das Mittlere Innere Potential ist definiert als

$$MIP = \frac{1}{vol} \int_{vol} V(x, y, z)\, dx\, dy\, dz \tag{11.39}$$

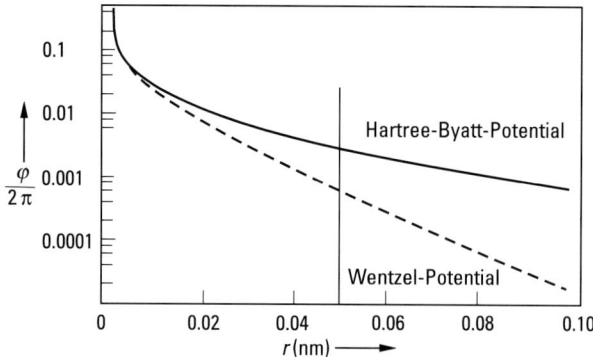

Abb. 11.16 Phasenschiebung einer 200-keV-Elektronenwelle durch ein Germanium-Atom in Abhängigkeit vom Abstand r zum Kern. Atome sind Punktstreuer, die nur in unmittelbarer Nähe zum Atomkern eine messbare Phasenschiebung hervorrufen. Im Abstand von 0.05 nm beträgt die Phasenschiebung nur etwa 3×10^{-3} rad bei Auswertung des Hartree-Byatt-Modells des atomaren Potentials.

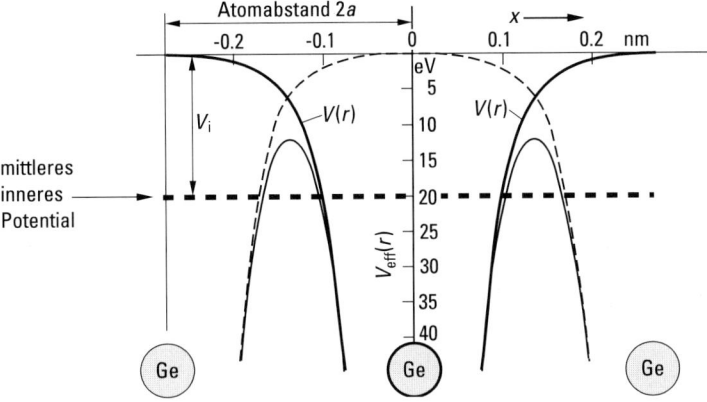

Abb. 11.17 Mittleres Inneres Potential am Beispiel von Germanium. Das stark ortsabhängige Coulomb-Potential (——) des einzelnen Ge-Atoms ruft Beugung bis in große Winkel hervor. Der Nullstrahl wird entsprechend dem Mittleren Inneren Potential (·····) in der Phase geschoben. Da das Mittlere Innere Potential immer positiv ist, sind die Strahlelektronen in einem Festkörper immer schneller als im Vakuum (nach Reimer [17]).

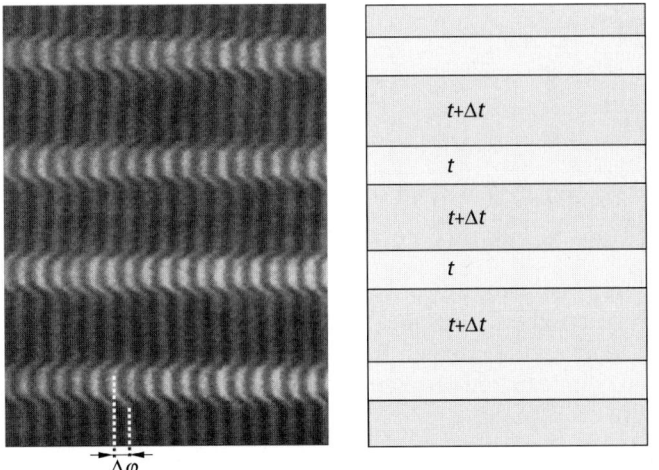

Abb. 11.18 Elektroneninterferometrische Messung des Mittleren Inneren Potentials. Die an bekannten Dickenstufen Δt auftretende Phasenschiebung $\Delta \varphi$ erlaubt die Bestimmung des Mittleren Inneren Potentials mittels $MIP = \Delta \varphi / (\sigma \Delta t)$ (Jönsson und Möllenstedt [18]).

gemittelt über das Volumen vol; beispielsweise ergibt sich bei Silicium $MIP = 12$ V. Folglich bewirkt eine 17 nm dicke Silicium-Schicht bei $U_b = 200$ kV eine Phasendifferenz von $\Delta \varphi = \pi/2$ bezüglich einer Vakuum-Referenzwelle.

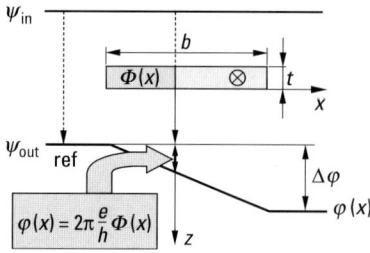

Abb. 11.19 Magnetische Phasenschiebung durch eine magnetisierte dünne Schicht. Bezogen auf den Referenzpunkt wird die Phase der Welle am Ort x durch den jeweils eingeschlossenen magnetischen Fluss Φ_{mag} geschoben. Ein Fluss von $\Phi_{\text{mag}} = h/e = 4.1357 \times 10^{-15}$ Vs schiebt die Phase um $\Delta\varphi = 2\pi$.

Magnetische Phasenschiebung. Für die magnetische Phasendifferenz zweier Wellen, die sich auf den Wegen s_1 und s_2 im Raum ausbreiten, folgt aus dem magnetischen Anteil der Brechzahl (Gln. (11.32) u. (11.33))

$$\Delta\varphi_{\text{mag}} = 2\pi \frac{e}{h} \left[\int_{s_1} \boldsymbol{A}\, d\boldsymbol{s} - \int_{s_2} \boldsymbol{A}\, d\boldsymbol{s} \right]$$

$$= 2\pi \frac{e}{h} \oint_{s_1 - s_2} \boldsymbol{A}\, d\boldsymbol{s} \tag{11.40}$$

$$= 2\pi \frac{e}{h} \Phi_{\text{mag}}.$$

Der letzte Schritt folgt wegen $\boldsymbol{B} = \text{rot}\, \boldsymbol{A}$ aus dem Gauß'schen Integralsatz $\oint_{\text{Rand}} \boldsymbol{A}\, d\boldsymbol{s}$ = $\oint_{\text{Fläche}} \boldsymbol{B}\, d\boldsymbol{A}$ ($d\boldsymbol{A}$ ist der Normalenvektor auf dem Flächenelement dA). Die magnetische Phasendifferenz ist proportional zu dem von den beiden Integrationswegen eingeschlossenen magnetischen Fluss Φ_{mag} (Abb. 11.19).

Eine interessante Anwendung zeigen die Messungen der *Fluss-Quantisierung* in supraleitenden Hohlzylindern, die tatsächlich eine Phasenschiebung von $\Delta\varphi_{\text{mag}} = \pi$ für jedes *magnetische Flussquant*

$$\Phi_0 = \frac{h}{2e} = 2.0678 \times 10^{-15} \text{ Vs} \tag{11.41}$$

ergeben, siehe weiter unten.

Ehrenberg-Siday-Aharonov-Bohm-Effekt. In Herleitung und Ergebnis der magnetischen Phasenschiebung geht nicht ein, wie das magnetische Feld $\boldsymbol{B} = \text{rot}\, \boldsymbol{A}$ im Raum verteilt ist. Insbesondere ist es für eine magnetische Phasenschiebung nicht erforderlich, dass die Elektronenbahnen durch das magnetische Feld $\boldsymbol{B}$ selbst laufen, die Elektronen also eine lokale magnetische Lorentz-Kraft erfahren. Diese Konsequenz wurde theoretisch 1948 von Ehrenberg und Siday [19] und 1958 von Aharonov und Bohm [20] gezogen. Von Möllenstedt und Bayh wurde dies mit dem in Abb. 11.20

dargestellten Experiment bestätigt [21, 22], ebenso mit einer etwas anderen Biprisma-Anordnung (eisenbedampfter Biprismafaden) von Boersch, Hamisch, Grohmann und Wohlleben [23, 24].

Der Ehrenberg-Siday-Aharonov-Bohm-Effekt wurde u. a. zur Messung sehr kleiner magnetischer Flüsse in supraleitenden Hohlzylindern (Bd. 2, Abschn. 8.4 und Bd. 6, Kap. 9) ausgenutzt, z. B. in einer Interferometer-Anordnung gemäß Abb. 11.10 (Boersch u. Lischke [25, 26], H. Wahl [26a]). Dabei wird der Biprismafaden mit einer Blei-Schicht bedampft. Bei Abkühlung auf Temperaturen unterhalb von 7.2 K mit flüssigem Helium (Bd. 5, Abschn. 4.1.2) wird Blei supraleitend, sodass der Biprisma-Faden zu einem supraleitenden Hohlzylinder wird. Daraus kann ein mittels eines vor dem Abkühlen angelegten äußeren magnetischen Feldes in Fadenrichtung erzeugter magnetischer Fluss Φ auch nach dem Abschalten des äußeren Feldes (= Einfrierfeldstärke) nicht entweichen, solange der Zylinder supraleitend ist (Bd. 2, Abschn. 8.4): Der magnetische Fluss ist „eingefroren".

Ist kein Fluss eingefroren, so muss das Interferenzstreifensystem symmetrisch sein und in der Mitte maximale Elektronen-Stromdichte zeigen. Da nach Gl. (11.40) die Phasenschiebung $\Delta\varphi$ proportional zu Φ steigt, verschiebt sich je nach Größe eines eingefrorenen Flusses Φ das Interferenzstreifensystem seitlich gegenüber seiner Lage bei $\Phi = 0$, vgl. Abb. 11.20. Der Verschiebung um eine Streifenbreite entspricht eine Phasenschiebung $\Delta\varphi = 2\pi$ und damit nach Gl. (11.40) ein eingefrorener Fluss $\Phi = h/e = 4.1 \times 10^{-15}$ Vs. Durch Messung der Streifenverschiebung lassen sich also außerordentlich kleine magnetische Flüsse bestimmen. Dabei zeigt sich, dass nicht beliebige Werte von Φ eingefroren werden können, sondern nur solche Werte, die eine Streifenverschiebung um ganze Vielfache einer *halben* Streifenbreite (entsprechend $\Delta\varphi = \pi$) hervorrufen. Mit steigender Einfrierfeldstärke beobachtet man ab-

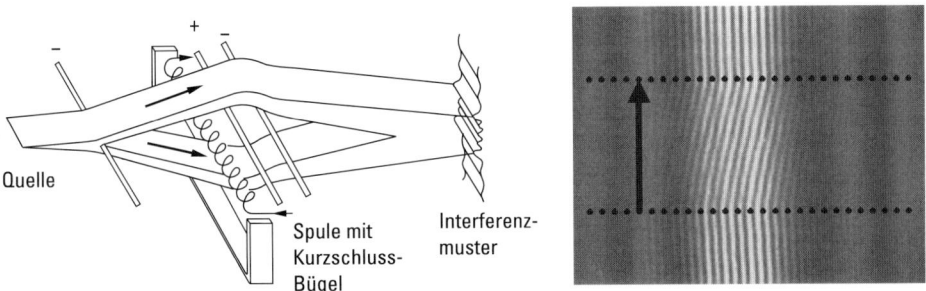

Abb. 11.20 Phasenschiebung von Elektronenwellen durch den eingeschlossenen Magnetfluss (Ehrenberg-Siday-Aharonov-Bohm-Effekt).
Links: Die Elektronen werden mittels dreier Biprismen so um eine Magnetspule geführt, dass sie nicht deren magnetisches Kraftfeld spüren. Dennoch tritt bei Änderung des Magnetflusses eine Änderung der Phasendifferenz ein, die aus der Verschiebung der feinen Interferenzstreifen zu messen ist. *Rechts*: Zeitliche Entwicklung des Interferenzmusters bei Veränderung des eingeschlossenen Magnetflusses. Der Pfeil entspricht der Zeitachse. Zwischen den gestrichelten Linien wurde der Magnetfluss verändert. Die geradlinig verlaufenden groben Beugungssäume zeigen, dass die Elektronen tatsächlich kein **B**-Feld gespürt haben (Möllenstedt und Bayh [21, 22]).

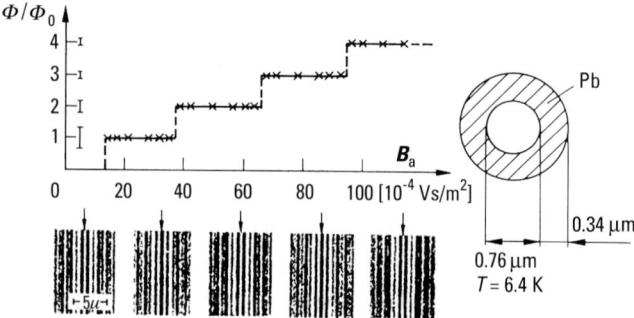

Abb. 11.21 Eingefrorener magnetischer Fluss als Funktion des äußeren Magnetfeldes B_a in einem supraleitenden Blei-Hohlzylinder gemessen mit einem Elektroneninterferometer (Prinzip nach Abb. 11.10). Mit steigendem Einfrierfeld ändern sich die Interferenzdiagramme diskontinuierlich und zeigen damit die Quantennatur des eingefrorenen Flusses an [25].

wechselnd helle und dunkle Interferenzstreifen im Symmetriezentrum der Interferenzfiguren (Abb. 11.21).

Der in Supraleitern eingefrorene Fluss kann also nur ganze Vielfache eines *magnetischen Flussquants* $\Phi_0 = h/2e = 2.07 \times 10^{-15}$ Vs annehmen. Dieses Ergebnis wurde auch mittels magnetischer Methoden erhalten [27, 28, 29] und ist eine wesentliche Stütze der Theorie der Supraleitung (Bd. 6, Abschn. 9.2.1.2).

Inelastische Wechselwirkung. Die bisher betrachteten Wechselwirkungen der Elektronenwelle mit einem Objekt sind rein elastisch, d. h. ohne verbleibenden Energieübertrag. Wechselwirkung unter Energieübertrag („Inelastische Wechselwirkung") größer als etwa $\Delta E \approx 10^{-15}$ eV führt zu Verlust der Kohärenz mit der Welle der elastisch gestreuten oder der ungestreuten Elektronen. Inelastisch gestreute Elektronen fallen also aus der kohärenten Statistik der elastisch gestreuten heraus, mit der Folge, dass die Amplitude der verbleibenden Welle gedämpft wird. Die inelastisch gestreuten Elektronen tragen nur zum Untergrund eines Interferenzmusters bei, sie reduzieren den Kontrast. Dessen ungeachtet können Elektronen, die denselben inelastischen Prozess erlebt haben, untereinander kohärent bleiben („Phasenkohärenz"). Diese Problematik wird in Abschn. 11.8 *Teilchen und Welle* detaillierter besprochen.

11.4 Elemente der Elektronenoptik

11.4.1 Elektronenoptische Brechzahl

Im Abschn. 11.2 wird eine Brechzahl

$$n = \frac{\lambda_{\text{Vak}}}{\lambda_{\text{Med}}} = \sqrt{1 - \frac{E_p}{eU}} \tag{11.42}$$

definiert, die für Elektronen der Energie eU beim Übergang vom Vakuum in ein Medium gilt, in dem die Elektronen eine potentielle Energie $E_p = eU_i$ besitzen. Das „Medium", von dem hier die Rede ist, muss nicht ein materielles Medium, etwa ein Kristall, sein. Jedes elektrische Feld oder auch ein Magnetfeld führt zu einer „Brechung", d. h. zu einer Ablenkung von Elektronenstrahlen. Dieser Umstand wird in der *Elektronenoptik* ausgenutzt, die im Folgenden besprochen wird. Wie in der Newton'schen Auffassung des Lichts und dessen Brechung ist die Brechung der Elektronen durch Kraftwirkungen auf diese Teilchen erklärbar (siehe weiter unten). Wir haben also eine Auferstehung der *Newton'schen Optik* in ganz anderer Gestalt vor uns, aber eben nur in Bezug auf die Ursache der Brechung, nicht in Bezug darauf, dass sogar auch diese materielle Strahlung Wellencharakter besitzt. Aus den Gln. (11.1) und (11.42) folgt, dass wie in der Newton'schen Optik die Brechzahl durch

$$n = \frac{v_{\text{Med}}}{v_{\text{Vak}}} \tag{11.43}$$

gegeben ist. Dabei handelt es sich um Teilchengeschwindigkeiten, also nach Gl. (11.12) um die Gruppengeschwindigkeiten der zugehörigen Materiewellengruppen. Unter Berücksichtigung der Beziehung (11.13) zwischen Phasen- und Gruppengeschwindigkeit einer Materiewelle geht daraus hervor, dass – genauso wie bei Lichtwellen – die Brechzahl gleich dem Verhältnis der Vakuum- zur Medium-Phasengeschwindigkeit zu definieren ist:

$$n = \frac{v_{p,\text{Vak}}}{v_{p,\text{Med}}}. \tag{11.44}$$

Bisher hatten wir zur Erklärung der Brechzahl für Elektronen die Materiewellenvorstellung benutzt. Wir wollen die Brechung von Elektronenstrahlen zum Vergleich auch einmal ganz klassisch von der Teilchenvorstellung her beschreiben. Dazu betrachten wir eine Potential-Doppelschicht, z. B. eine Anordnung aus zwei parallelen feinmaschigen Netzen N_1 und N_2, zwischen denen eine elektrische Spannung U, d. h. eine Feldstärke E herrschen möge. Der Raum oberhalb N_1 und unterhalb N_2 sei feldfrei (Abb. 11.22). Die unter dem Einfallswinkel α_1 auf das Netz N_1 treffenden Elektronen werden durch die elektrische Feldstärke E zwischen den Netzen beschleunigt, sodass die z-Komponente der Elektronengeschwindigkeit von v_{z1} auf v_{z2} steigt.

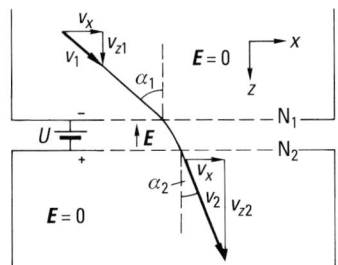

Abb. 11.22 „Brechung" von Elektronenstrahlen in einer felderfüllten Schicht der elektrischen Feldstärke E.

Die Tangentialkomponente ändert sich dabei nicht. Die Elektronenstrahlen werden also bei dieser Polung der Netze zum Einfallslot hin „gebrochen". Die Geschwindigkeiten der Elektronen vor und nach dem Durchtritt durch die Doppelschicht sind durch den Energiesatz miteinander verknüpft:

$$\frac{m}{2}v_1^2 + eU = \frac{m}{2}v_2^2. \tag{11.45}$$

Die einfallenden Elektronen seien durch die Spannung U_0 auf v_1 beschleunigt worden, sodass $mv_1^2/2 = eU_0$ ist. Dann folgt aus Gl. (11.45) für das Verhältnis der Teilchengeschwindigkeiten

$$\frac{v_2}{v_1} = \sqrt{1 + \frac{U}{U_0}}. \tag{11.46}$$

Aus Abb. 11.22 lässt sich entnehmen:

$$\frac{\sin\alpha_1}{\sin\alpha_2} = \frac{v_2}{v_1}. \tag{11.47}$$

Dieser Ausdruck entspricht wiederum dem Brechungsgesetz der Lichtoptik und lässt sich als Verhältnis der Brechzahlen n_1 und n_2 der „Medien" 1 und 2 auffassen:

$$\frac{n_2}{n_1} = \frac{v_2}{v_1} = \sqrt{1 + \frac{U}{U_0}}. \tag{11.48}$$

Diese Gleichung entspricht völlig den mittels der Materiewellenvorstellung gewonnenen Beziehungen (11.43) und (11.42).

11.4.2 Elektronenlinsen, Brennweite

Die Form der Brechzahl für Elektronenstrahlen legt die Frage nahe, ob man mit den Materiewellen eine zur Optik der Lichtwellen analoge Optik, eine „Elektronenoptik" aufbauen kann. Wie wir eben anhand der beiden Herleitungen der elektronenoptischen Brechzahl gesehen haben, ist zum Aufbau einer *geometrischen Elektronenoptik*, die der geometrischen Strahlenoptik des Lichts entspricht, die Bezugnahme auf die Welleneigenschaften gar nicht notwendig. Es ist nur zu klären, ob sich Felder herstellen lassen, die die Elektronen so ablenken, dass wie in der Lichtoptik Linsenwirkungen entstehen. Diese könnten dann in geometrisch-optisch konstruierten Instrumenten ausgenutzt werden. Erst wenn es sich um das Auflösungsvermögen solcher Instrumente handelt, kämen die Welleneigenschaften ins Spiel.

Tatsächlich hat schon vor der vollen Erkenntnis der dualen Natur der Materie Busch 1926 [30] die Möglichkeit einer Elektronenoptik in dem eben genannten Sinn erkannt. Aber erst die Erkenntnis, dass die sehr kleine Wellenlänge der Elektronenwellen einen Fortschritt gegenüber der Lichtoptik bezüglich des *Auflösungsvermögens* bringen könnte, hat die Entwicklung auf diesem Gebiet gefördert. Die an sich ja mögliche Verringerung der Wellenlänge elektromagnetischer Strahlung kann in lichtoptischen Instrumenten nicht ausgenutzt werden, da die Brechzahl zu nahe an 1 herankommt, sodass die Konstruktion von Linsen unmöglich wird, ganz abgesehen von Absorptionsverlusten und rein technischen Schwierigkeiten. Die Form der Brechzahl der Materiewellen lässt aber vermuten, dass geeignete Felder zu *Elektronenlinsen* führen könnten.

In Analogie zur Lichtoptik ist anzunehmen, dass eine rotationssymmetrische Geometrie des brechenden Mediums (hier: des elektrischen oder magnetischen Feldes) am besten für eine Abbildung geeignet ist. Daher werden wir uns im Folgenden auf solche rotationssymmetrischen elektrischen oder magnetischen Felder beschränken (die Symmetrieachse ist die optische Achse). In besonderen, hier nicht behandelten Fällen werden jedoch auch nichtrotationssymmetrische Felder, z. B. Quadrupolfelder (s. Bd. 2, Abschn. 11.1.8) als Elektronenlinsen eingesetzt.

Eine Abbildung im Gauß'schen Sinne der geometrischen Optik liegt dann vor, wenn Strahlen, die von einem Punkt ausgehen, in einem Punkt wieder vereinigt werden, und wenn verschiedene Punkte des ausgedehnten ebenen Gegenstandes in einer Ebene derart abgebildet werden, dass das Bild dem Gegenstand geometrisch ähnlich ist. Zunächst soll die Grundbedingung für die Erzeugung einer solchen Abbildung (licht- oder elektronenoptisch) angegeben werden. Danach wird zu klären sein, ob diese Bedingung bei elektrischen bzw. magnetischen Feldern erfüllbar ist, eine Abbildung also möglich ist.

Dazu betrachten wir Abb. 11.23. Das die Abbildung bewirkende System sei auf die Fläche S senkrecht zur optischen Achse konzentriert. Ein vom Punkt G unter dem Winkel α_1 gegen die optische Achse ausgehender Strahl möge in S so gebrochen werden, dass er die optische Achse hinter dem brechenden System S im Punkt B unter dem Winkel β_1 schneidet. Eine Abbildung von G nach B liegt nach dem oben Gesagten dann vor, wenn auch unter anderen Winkeln α_2 von G ausgehende Strahlen so gebrochen werden, dass sie durch B gehen. Dann gilt nach Abb. 11.23:

$$\tan\alpha = \frac{r}{g} \quad \text{und} \quad \tan\beta = \frac{r}{b}.$$

Beschränken wir uns auf achsennahe Strahlen, also auf kleine Winkel α und β, so ist $\tan\alpha \approx \alpha$ und $\tan\beta \approx \beta$. Die zur Abbildung notwendige Strahlenablenkung $(\alpha + \beta)$ ergibt sich dann zu

$$(\alpha + \beta) \approx r\left(\frac{1}{g} + \frac{1}{b}\right). \tag{11.49}$$

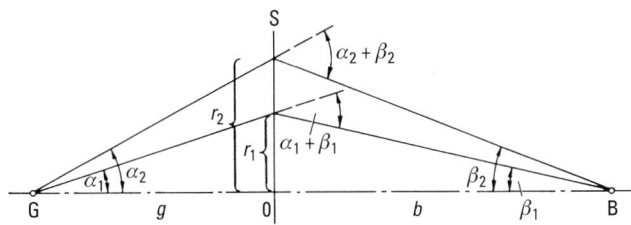

Abb. 11.23 Zur Herleitung der Abbildungsbedingung.

Bei gegebener Gegenstandsweite g muss b für alle von G ausgehenden Strahlen gleich sein, darf also nicht von r abhängen. Das ist nach Gl. (11.49) dann erfüllt, wenn die Ablenkung proportional zu r ist:

$$(\alpha + \beta) = \text{const.}\, r\,. \tag{11.50}$$

Wird hierin $1/g + 1/b = \text{const.} = 1/f$ gesetzt, so erhält man die bekannte *Linsengleichung*

$$\frac{1}{g} + \frac{1}{b} = \frac{1}{f} \tag{11.51}$$

(Abbildungsgleichung, Abschn. 1.5.3). f ist die von $(\alpha + \beta)$ unabhängige Brennweite des Abbildungssystems.

Eine ganz analoge Betrachtung (die wir hier nicht durchführen) für nicht auf der optischen Achse liegende, aber achsennahe Gegenstandspunkte führt zu derselben Beziehung. Ein optisches System mit Eigenschaften gemäß Gl. (11.51) bildet also achsennahe Punkte einer Gegenstandsebene G in Punkte der Bildebene B ab. Die geometrische Ähnlichkeit folgt ebenfalls aus Gl. (11.50): Für Strahlen, die durch den Mittelpunkt O des optischen Systems gehen, ist $r = 0$ und damit $(\alpha + \beta) = 0$, d. h. solche Strahlen werden nicht abgelenkt. Anhand solcher Strahlen lässt sich aber die geometrische Ähnlichkeit zwischen Bild und Gegenstand sofort einsehen. Damit ist Gl. (11.51) die gesuchte Bedingung, die zur Erzielung einer Abbildung erfüllt sein muss.

Angewandt auf Elektronenstrahlen bedeutet das, dass die im elektronenoptischen System auf die Elektronen wirkende Kraft

$$\boldsymbol{F}_r \sim -r \tag{11.52}$$

sein muss, um eine abstandsproportionale Ablenkung gemäß Gl. (11.50) und damit eine Abbildung zu bewirken.

Elektrische Linsen. In elektrischen Feldern ist die auf Elektronen wirkende Kraft der elektrischen Feldstärke $\boldsymbol{E}$ proportional. Für die Abbildung ist daher die Radialkomponente E_r der elektrischen Feldstärke von entscheidender Bedeutung. Zur Berechnung von E_r für ein beliebiges, radialsymmetrisches Feld benutzen wir den Gauß'schen Satz (Gl. (E.4a) und Bd. 2, Abschn. 2.2.5). Unter der Annahme, dass im betrachteten Volumenelement (Abb. 11.24) keine Ladungen vorhanden sind[5], lautet der Gauß'sche Satz:

$$\oint \varepsilon_0 \boldsymbol{E}\, d\boldsymbol{A} = 0\,. \tag{11.53}$$

Seine Anwendung auf die Oberfläche des Volumenelementes in Abb. 11.24 ergibt

$$2\pi r\, dz\, E_r + \pi r^2 E_z(z + dz) - \pi r^2 E_z(z) = 0\,. \tag{11.54}$$

Wir beschränken uns nach wie vor auf achsennahe Gebiete, sodass E_z in erster Näherung nicht von r abhängt.

---

[5] Genau genommen gilt diese Voraussetzung in der Elektronenoptik meist nicht, da die abzulenkenden Elektronenstrahlen ja Raumladungen darstellen, die die Felder verändern können. Dieser Einfluss wird hier in erster Näherung vernachlässigt.

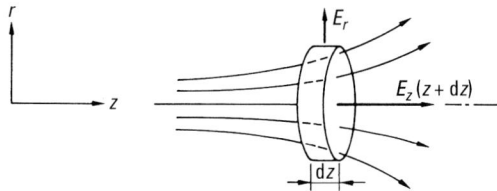

Abb. 11.24 Zur Berechnung der Radialkomponente E_r eines rotationssymmetrischen elektrischen Feldes.

Mit der Reihenentwicklung

$$E_z(z+\mathrm{d}z) \approx E_z(z) + \frac{\mathrm{d}E_z}{\mathrm{d}z}\mathrm{d}z$$

folgt weiter

$$E_r = -\frac{r}{2}\frac{\mathrm{d}E_z}{\mathrm{d}z}. \tag{11.55}$$

Diese Gleichung entspricht bereits der Bedingung (11.52), d. h. die ablenkende Kraft ist dem Achsenabstand r proportional. Sie zeigt also, dass eine elektronenoptische Abbildung mit einem rotationssymmetrischen elektrischen Feld möglich ist. Zur späteren Verwendung schreiben wir diese Beziehung noch mittels

$$E_z = -\frac{\mathrm{d}U(z)}{\mathrm{d}z}$$

um:

$$E_r = \frac{r}{2}\frac{\mathrm{d}^2 U(z)}{\mathrm{d}z^2}. \tag{11.56}$$

Hierin ist $U(z)$ das Potential auf der Achse.

Eine einfache Ausführungsform einer elektrischen Linse mit einem rotationssymmetrischen Feld ist die *Rohrlinse* (Abb. 11.25). Die nach links gewölbten Potential-

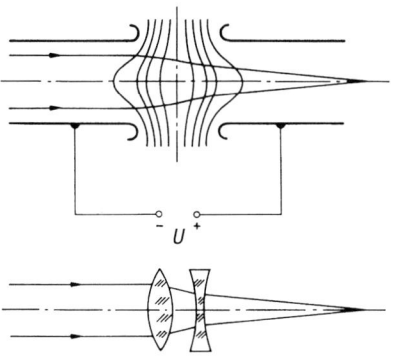

Abb. 11.25 Elektronenoptische Rohrlinse (mit Äquipotentiallinien und zwei Elektronenstrahl-Trajektorien) und ihr lichtoptisches Analogon (mit zwei Lichtstrahlen).

linien wirken sammelnd auf die von links einfallenden Elektronenstrahlen, während die nach rechts gewölbten Potentiallinien zerstreuend wirken. Da aber die Elektronen beim Durchgang durch die Rohrlinse beschleunigt werden, überwiegt die Sammelwirkung des Linsenbereiches, in dem die Elektronen langsamer sind. Die Rohrlinse wirkt also ähnlich wie die Kombination einer starken Sammellinse mit einer schwachen Zerstreuungslinse in der Lichtoptik (Abb. 11.25).

Bei der Rohrlinse sind die Außenräume links und rechts auf verschiedenem Potential, die Elektronen haben also vor und hinter der Linse verschiedene Geschwindigkeiten und damit verschiedene Materie-Wellenlängen. In Analogie zur Lichtoptik bezeichnet man solche Linsen als *Immersionslinsen* (vgl. Abschn. 1.9.2.2).

Auch die als *Elektronenstrahlerzeuger* benutzten Systeme aus Thermoemissionskathode, Wehnelt-Zylinder und durchbohrter Anode in der Oszillographenröhre (Bd. 2, Abschn. 11.2.3) stellen Immersionslinsen dar. Ähnliche Systeme werden in der Elektronenoptik verwendet (Abb. 11.26, vgl. Bd. 2, Abschn. 11.1.4). Als Elektronenquelle wird häufig ein haarnadelförmig gebogener, elektrisch geheizter Wolfram-Draht verwendet. Die durch Glüh-/Thermoemission (Bd. 2, Abschn. 8.2.2) frei werdenden Elektronen werden auf die lochblendenförmige Anode beschleunigt. Der gegenüber der Kathode negativ vorgespannte sog. *Wehnelt-Zylinder* (nach A. Wehnelt, 1909) begrenzt den Emissionsbereich der Kathode. Durch Änderung der *Wehnelt-Spannung* U_W kann die Elektronenstrahlintensität beeinflusst werden. Das ganze System Kathode/Wehnelt-Zylinder/Anode stellt praktisch eine spezielle Form einer Rohrlinse (bzw. zwei hintereinandergeschaltete Rohrlinsen) dar. Durch deren Linsenwirkung entsteht in der Nähe der Anodenöffnung ein engster Strahlquerschnitt (sog. *cross-over*), der als sekundäre Strahlquelle für den elektronenoptischen Strahlengang angesehen werden kann.

Anstelle der *thermischen* Elektronenemission aus einer Haarnadel-Kathode wird in speziellen Fällen (*Feldelektronenmikroskop* nach E.W. Müller, vgl. Bd. 6, Abschn. 3.5.1; *Transmissions-Rasterelektronenmikroskop*, vgl. Abschn. 11.5.3) die *Feldemission* von Elektronen aus sehr feinen Wolfram-Spitzen (Krümmungsradius $r = 0.1$–1 μm) ausgenutzt (vgl. Bd. 2, Abschn. 8.2.2). Die dazu notwendige hohe Feldstärke wird wegen des kleinen Krümmungsradius schon bei Spannungen von $U = 1$–5 kV zwischen Spitze und Umgebung erreicht (Spitzenfeldstärke $E = U/r$ ca. 10^{10} V/m). Für die Elektronenstrahlerzeugung wird der Spitze als Kathode eine durchbohrte Anode mit einem positiven Potential von 1–5 kV gegenübergestellt, der weitere Anoden zur Nachbeschleunigung auf 10–100 keV sowie zur Strahlbün-

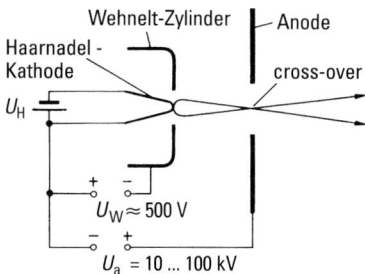

Abb. 11.26 Elektronenstrahl-Erzeugungssystem mit Haarnadel-Glühkathode.

delung mithilfe ihrer Linsenwirkung folgen. Diese Feldemissionsstrahler zeichnen sich durch eine hohe Elektronenstromdichte innerhalb eines kleinen Strahlwinkels aus, sie besitzen einen hohen *Richtstrahlwert* (siehe unten, vgl. auch Bd. 2, Abschn. 11.1.4). Ihr Betrieb erfordert ein sehr gutes Vakuum (Ultrahochvakuum, $p = 10^{-7}$–10^{-8} Pa), da sonst die feine Kathodenspitze sehr schnell durch positive Ionen aus dem Restgas zerstört werden würde. Eine weitere Möglichkeit zur Elektronenstrahlerzeugung besteht in der Ausnutzung des Photoeffekts (s. Bd. 2, Abschn. 7.2.1 u. 8.2.2) zur *Photoelektronenemission*, z. B. durch Bestrahlung der Kathodenspitze mit intensivem UV-Laserlicht (Abschn. 11.5.4).

Richtstrahlwert. Eine wichtige Größe für Elektronenstrahlerzeuger ist der Richtstrahlwert B, der als Quotient aus der Stromdichte $j = \Delta I/\Delta A$ und dem Raumwinkel $\Delta \Omega$ definiert ist:

$$B = \frac{\Delta I}{\Delta A \, \Delta \Omega} = \frac{j}{\pi \alpha^2}. \tag{11.57}$$

Hierin ist ΔI der Strom, der durch den Querschnitt ΔA in den Raumwinkel $\Delta \Omega$ mit dem halben Öffnungswinkel α (Aperturwinkel) gestrahlt wird. Für Thermoemission lässt sich der maximale Richtstrahlwert $B_{\max}$ in folgender Weise abschätzen ([31, 32]; wir folgen hier im Wesentlichen der Darstellung von Reimer in [17], S. 84):

Die Energien der von der geheizten Kathodenoberfläche durch Thermoemission startenden Elektronen gehorchen einer Maxwell-Boltzmann-Verteilung. Für die zur Emissionsfläche normalen und tangentialen Impulskomponenten p_n und p_t der Elektronen bzw. für deren quadratische Mittelwerte gilt dann (ohne Ableitung)

$$\frac{\overline{p_n^2}}{2m} = \frac{\overline{p_t^2}}{2m} = kT_k. \tag{11.58}$$

Hierin ist m die Elektronenmasse, k die Boltzmann-Konstante und T_k die Kathodentemperatur. Die an die Kathode angelegte Beschleunigungsspannung U erteilt den Elektronen zusätzlich einen Impuls in Normalenrichtung und eine kinetische Energie $E = eU$, sodass (für nichtrelativistische Geschwindigkeiten) folgt:

$$\overline{p_n^2} = 2mkT_k + 2mE. \tag{11.59}$$

Für den Aperturwinkel α eines von der Kathode emittierten und in Normalenrichtung beschleunigten Elektrons gilt dann

$$\alpha = \frac{p_t}{p_n} \quad \text{bzw.} \quad \overline{\alpha^2} = \frac{\overline{p_t^2}}{\overline{p_n^2}}. \tag{11.60}$$

Setzen wir die Gln. (11.58) bis (11.60) in Gl. (11.57) ein, so erhalten wir als maximal erreichbaren Richtstrahlwert $B_{\max}$ für Thermoemissionskathoden der Stromdichte j_k

$$B_{\max} = \frac{j_k}{\pi}\left(1 + \frac{E}{kT_k}\right) \approx \frac{j_k E}{\pi k T_k}, \tag{11.61}$$

da die Beschleunigungsenergie $E \gg kT_k$ ist. Der maximale Richtstrahlwert steigt also mit der Beschleunigungsspannung an. Praktische Werte, die u. a. von der Form

Tab. 11.2 Charakteristische Parameter von Elektronenstrahlerzeugern (Elektronenemitter, Kathoden) nach Reimer [17].

Parameter bei $E = 100\,\text{keV}$	Thermoemissionskathode		Spitzenkathoden	
	W-Haarnadel	LaB_6-Spitze	ZrO/W-Spitze Schottky-Emitter	W-Spitze Feld-Emitter
Kathodentemperatur T_k [K]	2500–3000	1400–2000	1800	300 oder $\approx$ 1500
Austrittsarbeit Φ_W [eV]	4.5	2.7	2.7	4.5
Kathodenstromdichte j_k [A/cm^2]	≈ 1–3	≈ 20–50	≈ 500	$\approx 10^5$–10^6
Richtstrahlwert B [A/(cm^2 sterad)]	$(1$–$5) \times 10^5$	$(1$–$5) \times 10^6$	1×10^8	2×10^8–2×10^9
Energiebreite ΔE [eV]	1.5–3	1–2	0.3–0.7	0.2–0.7
Quellendurchmesser r	20–50 µm	10–20 µm	≈ 15 nm	≈ 2.5 nm
Betriebsdruck p [Pa] (1 Pa = 10^{-5} bar)	$\leq 10^{-3}$	$\leq 10^{-4}$	$\leq 10^{-6}$	$\leq 10^{-8}$
Kathodenfeldstärke $|E|$ [V/cm]	$\approx 10^4$		$\approx 2 \times 10^6$	$\approx 5 \times 10^7$

des Wehnelt-Zylinders (vgl. Abb. 11.26) abhängen, liegen bei $(0.1$–$0.5)\,B_{\max}$. Richtstrahlwerte für Elektronenstrahler verschiedener Emissionsmechanismen zeigt Tab. 11.2.

Der axiale Richtstrahlwert B für Punkte auf der Achse eines elektronenoptischen Systems ist konstant für *alle* Punkte auf der Achse, in einem elektronenmikroskopischen Strahlengang also von der Kathodenspitze bis zum Endbild. Um diese *Invarianz des Richtstrahlwerts* auf der optischen Achse zu demonstrieren, betrachten wir die Abbildung mittels einer elektronenoptischen Linse, deren Apertur durch eine Blende beschränkt ist (Abb. 11.27), ein typischer Fall in einem elektronenoptischen Strahlengang.

ΔA_1 sei die Teilfläche eines Zwischenbildes der Elektronenquelle, durch die der Anteil ΔI_1 des gesamten Elektronenstromes in den Raumwinkel $\Delta \Omega_1 = \pi \alpha_1^2$ geht. Der Richtstrahlwert in dieser Ebene ist daher

$$B_1 = \frac{\Delta I_1}{\Delta A_1 \pi \alpha_1^2}. \tag{11.62}$$

Die Blende vor der Linse lässt nur einen Teil $\Delta I_2 = \Delta I_1 (\pi \alpha^2 / \pi \alpha_1^2)$ des Stromes ΔI_1 passieren. Dieser Strom ΔI_2 wird durch die Linse in die Bildfläche $\Delta A_2 = \Delta A_1 M^2$ projiziert, wobei $M = b/a$ der Abbildungsmaßstab ist (vgl. Abb. 11.27). Der Aperturwinkel reduziert sich dabei auf $\alpha_2 = \alpha/M$, da $\alpha \approx R/a$ und $\alpha_2 \approx R/b$ und damit $\alpha_2/\alpha \approx a/b = 1/M$ ist. In der Bildebene ist der Richtstrahlwert

$$B_2 = \frac{\Delta I_2}{\Delta A_2 \Delta \Omega_2}, \tag{11.63}$$

woraus nach Einsetzen der Größen mit dem Index 2 folgt:

$$B_2 = \frac{\Delta I_1}{\Delta A_1 \pi \alpha_1^2} = B_1. \tag{11.64}$$

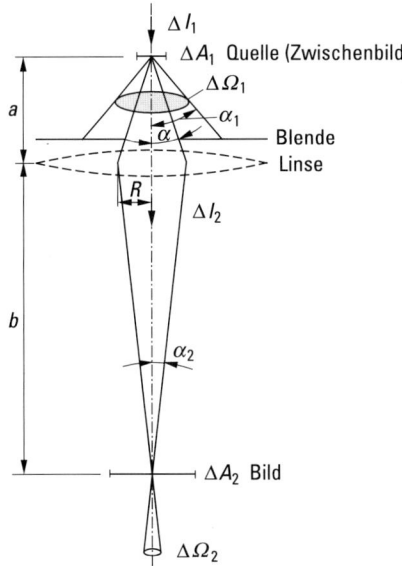

Abb. 11.27 Zur Erhaltung des Richtstrahlwertes auf der Achse einer elektronenoptischen Abbildung (nach Reimer [17]).

Damit ist die Invarianz des Richtstrahlwertes auf der optischen Achse für diesen Fall gezeigt. (Diese Invarianz ist letztlich auf die Abbe'sche Sinusbedingung (Gl. (1.109)) zurückzuführen.)

Einzellinsen. Ordnet man drei Lochblenden gemäß Abb. 11.28 an, wobei die äußeren Elektroden gleiches Potential erhalten, so erhält man eine so genannte Einzellinse. Sie unterscheidet sich von der Immersionslinse dadurch, dass die Elektronen vor und hinter einer solchen Einzellinse die gleiche Geschwindigkeit besitzen. Den Potentialverlauf zeigt Abb. 11.28; das zugehörige „Potentialgebirge" (Abb. 11.29) hat in der Mitte einen Sattelpunkt. Das Potentialgebirge, die Umdeutung von Linien gleichen elektrischen Potentials in Höhenlinien, erlaubt ein anschauliches mechanisches Bild der Verhältnisse in den elektrischen Linsen, indem man das Elektron als Kugel auffasst, die sich nach den Gesetzen der Mechanik im Schwerkraftfeld bewegt. Wegen der negativen Ladung des Elektrons ist in Abb. 11.29 das negative Potential nach oben als Höhe aufgetragen.

Wir wollen die Brennweite einer solchen Einzellinse berechnen [34]. Dazu schreiben wir die Bewegungsgleichung für die Radialkomponente der Elektronenbewegung im rotationssymmetrischen elektrischen Feld auf und berücksichtigen Gl. (11.64):

$$m\frac{d^2 r}{dt^2} = -eE_r = -e\frac{r}{2}\frac{d^2 U(z)}{dz^2}. \tag{11.65}$$

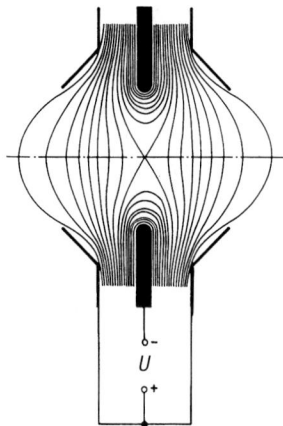

Abb. 11.28 Potentialfeld der Einzellinse mit Äquipotentiallinien.

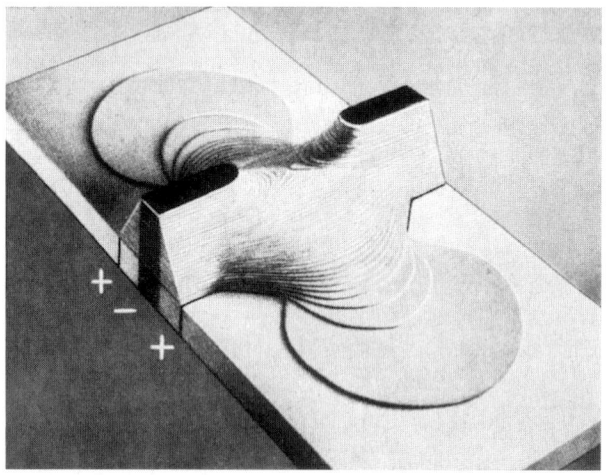

Abb. 11.29 Potentialgebirge der Einzellinse (nach [33]).

Mithilfe der Transformation

$$\frac{\mathrm{d}r}{\mathrm{d}t} = \frac{\mathrm{d}r}{\mathrm{d}z} v_z \tag{11.66}$$

bzw.

$$\frac{\mathrm{d}^2 r}{\mathrm{d}t^2} = \frac{\mathrm{d}}{\mathrm{d}t}\left(v_z \frac{\mathrm{d}r}{\mathrm{d}z}\right) = v_z \frac{\mathrm{d}}{\mathrm{d}z}\left(v_z \frac{\mathrm{d}r}{\mathrm{d}z}\right) \tag{11.67}$$

erhalten wir

$$m v_z \frac{\mathrm{d}}{\mathrm{d}z}\left(v_z \frac{\mathrm{d}r}{\mathrm{d}z}\right) = -e\frac{r}{2}\frac{\mathrm{d}^2 U(z)}{\mathrm{d}z^2}.$$

Nach Gl. (11.14) ist die Geschwindigkeit der Elektronen gegeben durch

$$v_z = \sqrt{2\frac{e}{m}U(z)}. \tag{11.68}$$

Damit folgt

$$\sqrt{U}\frac{d}{dz}\left(\sqrt{U}\frac{dr}{dz}\right) = -\frac{r}{4}\frac{d^2 U}{dz^2} \tag{11.69}$$

und nach Ausführung der Differentiation

$$\frac{d^2 r}{dz^2} + \frac{1}{2U}\frac{dU}{dz}\frac{dr}{dz} + \frac{1}{4U}\frac{d^2 U}{dz^2}r = 0. \tag{11.70}$$

Das ist die Bewegungsgleichung für achsennahe Elektronen in rotationssymmetrischen Feldern (*Busch-Gleichung* [30]). Zu ihrer Lösung wird nur die Kenntnis des Potentialverlaufs $U(z)$ auf der Achse des Systems benötigt, die man sich z. B. experimentell anhand eines Modellversuchs im elektrolytischen Trog verschaffen kann. Zwei wichtige Folgerungen kann man jedoch schon aus Gl. (11.70) entnehmen. Erstens bleibt die Form der Busch-Gleichung identisch erhalten, wenn man U durch $U' = aU$ (a = const.) ersetzt. Das bedeutet, dass die Bahnkurve $r = r(z)$ sich nicht ändert, wenn die Potentiale aller Elektroden im gleichen Verhältnis geändert werden, d. h. auch die Brennweite der elektrischen Linsen bleibt dann konstant. Versorgt man also alle Elektroden in einem elektronenoptischen Strahlengang aus der gleichen Spannungsquelle, so spielen Spannungsschwankungen der Quelle keine Rolle für die elektronenoptische Abbildung, ein wichtiger technischer Gesichtspunkt. Zweitens tritt in der Busch-Gleichung die spezifische Ladung e/m nicht auf. Daher haben elektrische Linsen mit gegebenen Elektrodenpotentialen für beliebige geladene Teilchen (z. B. Protonen) die gleichen Brennweiten wie für Elektronen, sofern die Teilchenenergien gleich sind.

Wir wollen nun die Busch-Gleichung in der Form

$$\frac{d}{dz}\left(\sqrt{U}\frac{dr}{dz}\right) = -\frac{1}{4}r\frac{d^2 U}{dz^2}\frac{1}{\sqrt{U}} \tag{11.71}$$

auf die Verhältnisse bei der Einzellinse anwenden, um deren Brennweite zu berechnen (Abb. 11.30). Der Linsenbereich befinde sich zwischen den Ebenen 1 und 2. Außerhalb dieses Bereiches sei das Potential konstant, die Feldstärke gleich null. Ein Elekt-

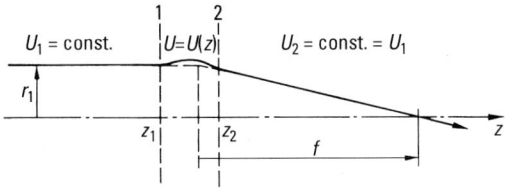

Abb. 11.30 Zur Berechnung der Brennweite einer elektrischen Linse.

ronenstrahl möge von links parallel zur optischen Achse (z-Achse) einfallen. Wir integrieren nun Gl. (11.71) über z im Linsenbereich, wobei wir zur Abkürzung

$$\frac{dU}{dz} = U' \quad \text{und} \quad \frac{d^2U}{dz^2} = U''$$

einführen:

$$\left(\sqrt{U}\frac{dr}{dz}\right)_{z_2} - \left(\sqrt{U}\frac{dr}{dz}\right)_{z_1} = -\frac{1}{4}\int_{z_1}^{z_2} r\frac{U''}{\sqrt{U}} dz. \tag{11.72}$$

Nun ist $(dr(z_1)/dz) = 0$, da bei z_1 der Strahl achsenparallel ist. Die Neigung der Bahn an der Stelle z_2 hängt mit der Brennweite f zusammen:

$$\frac{dr(z_1)}{dz} = -\frac{r_1}{f}.$$

Schließlich ist $U(z_1) = U(z_2) = U_a$ (Potential außerhalb der Linse). Damit folgt

$$\frac{1}{f} = \frac{1}{4r_1\sqrt{U_a}}\int_{z_1}^{z_2} r\frac{U''}{\sqrt{U}} dz. \tag{11.73}$$

Ist die Linse kurz, so wird sich der Achsabstand der Elektronen innerhalb der Linse nicht wesentlich ändern, d. h. $r \approx r_1$. Damit wird

$$\frac{1}{f} \approx \frac{1}{4\sqrt{U_a}}\int_{z_1}^{z_2} \frac{U''}{\sqrt{U}} dz.$$

Durch partielle Integration erhalten wir

$$\frac{1}{f} \approx \frac{1}{4\sqrt{U_a}}\frac{U'}{\sqrt{U}}\Big|_{z_1}^{z_2} + \frac{1}{8\sqrt{U_a}}\int_{z_1}^{z_2}\frac{(U')^2}{U^{3/2}} dz.$$

Das erste Glied fällt weg, da nach Voraussetzung $U'(z_1) = U'(z_2) = 0$ ist. Für die *Brennweite der Einzellinse* ergibt sich also

$$\frac{1}{f} \approx \frac{1}{8\sqrt{U_a}}\int\left(\frac{dU}{dz}\right)^2 U^{-3/2} dz. \tag{11.74}$$

Darin ist U_a das Potential der Außenelektroden gegenüber der Kathode und $U(z)$ das variable Potential auf der Systemachse. Die Brennweite ist immer positiv, unabhängig davon, ob die Mittelelektrode positiv oder negativ gegen die äußeren Elektroden aufgeladen ist. Die Einzellinse ist daher immer Sammellinse. Diesen Tatbestand wollen wir uns anhand von Abb. 11.29 anschaulich klarzumachen versuchen. In dieser Abbildung ist die Mittelelektrode negativ gegenüber den beiden äußeren gewählt. Das parallel zur Symmetrieachse ankommende Elektron verliert an dem aufsteigenden Grat an kinetischer Energie so viel, wie es nach Passieren des Sattels wieder gewinnt, da es auf der gleichen Grundebene landet. Seine Richtung wird jedoch geändert. In den Außenbezirken wird das Elektron bei An- und Abstieg nach außen abgelenkt, in der Umgebung des Sattels selbst dagegen nach innen. Welche Ablenkung überwiegt? Die Gesamtzahl aller nach außen oder nach innen ablenkenden Potentialstufen ist die gleiche, da beim Durchlaufen des Potentialfelds jede auf den Elektroden endende Falllinie (Kraftlinie) keinmal oder zweimal – und dann mit entgegengesetzter Ablenkungswirkung – von der Elektronenbahn geschnitten werden muss. Wegen der geringeren Geschwindigkeit auf dem Sattel wirken die dort herrschenden Sammelkräfte aber längere Zeit als die zerstreuenden Kräfte auf den Außengraten, sodass der transversale Impuls insgesamt nach innen gerichtet ist. Ist die Innenelektrode positiv, so durchläuft das Elektron die sammelnd wirkenden äußeren Potentialmulden langsamer als den zerstreuend wirkenden Grat im Zentrum. Diesmal überwiegt die Außenwirkung, und wir haben wieder eine Sammellinse vor uns.

Magnetische Linsen. Ein Magnetfeld wirkt auf Elektronen in ganz anderer Weise ein als ein elektrisches Feld. Ein Elektron, das sich mit der Geschwindigkeit v in einem Magnetfeld B bewegt, erfährt eine Kraft (Lorentz-Kraft):

$$\boldsymbol{F} = e\boldsymbol{v} \times \boldsymbol{B} \tag{11.75}$$

senkrecht zur Geschwindigkeits- und Magnetfeldrichtung. Im Gegensatz zum elektrischen Feld ruft das magnetische Feld daher nur eine Änderung der Geschwindigkeits*richtung* hervor. Aus diesem Grund werden Magnetfelder in der Elektronenoptik dann benutzt, wenn eine abbildende Wirkung ohne Beeinflussung des Geschwindigkeitsbetrages erzielt werden soll.

In Bd. 2, Abschn. 11.1.8 wird gezeigt, dass in einem homogenen Magnetfeld Elektronen infolge der Lorentz-Kraft schraubenförmige Bahnen beschreiben und dass von einem Punkt in verschiedene Richtungen mit gleicher Geschwindigkeit ausgehende Elektronen wieder in einem Punkt vereinigt werden. Bereits ein homogenes Magnetfeld ermöglicht also eine Art Abbildung. Trotzdem können wir dieses abbildende System nicht ohne weiteres als Linse bezeichnen, denn es hat hier keinen Sinn, von einer Brennweite zu reden, da zu B parallele Strahlen nach Gl. (11.75) durch das Feld überhaupt nicht vereinigt werden. Erst begrenzte inhomogene magnetische Felder ergeben eigentliche magnetische Linsen.

Wir betrachten daher kurze rotationssymmetrische magnetische Felder, die sich durch kurze Spulen, am besten eisengepanzert, realisieren lassen (s. Abb. 11.31). Le-

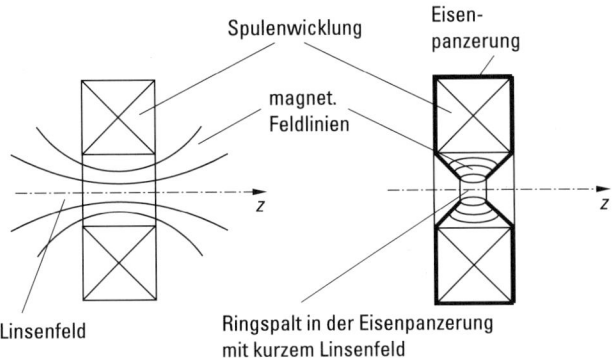

Abb. 11.31 Luftspule und eisengepanzerte Spule als magnetische Elektronenlinsen.

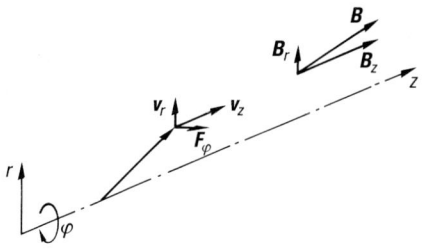

Abb. 11.32 Elektronengeschwindigkeitskomponenten und Feldkomponenten im rotationssymmetrischen Magnetfeld (z-Achse = Symmetrieachse).

gen wir die z-Achse in die Symmetrieachse (optische Achse), so hat das Magnetfeld B an jeder Stelle eine Radialkomponente B_r und eine Axialkomponente B_z (Abb. 11.32). Ein in das Feld eintretendes Elektron mit den Geschwindigkeitskomponenten v_r und v_z erfährt dadurch eine Lorentz-Kraft in φ-Richtung der Größe

$$F_\varphi = ev_r B_z - ev_z B_r, \tag{11.76}$$

sodass das Elektron im Magnetfeld eine Geschwindigkeitskomponente v_φ erhält. Es entsteht eine schraubenähnliche Bahn mit einer Winkelgeschwindigkeit $\omega = d\varphi/dt$ in φ-Richtung. Durch v_φ entsteht schließlich mit B_z eine Lorentz-Kraft $F_r = ev_\varphi B_z$, die auf die Achse hin gerichtet ist und eine sammelnde Wirkung auf die einfallenden Elektronenstrahlen hat.

Zur Berechnung der Brennweite einer kurzen magnetischen Linse wollen wir vereinfachend annehmen, dass das Linsenfeld in z-Richtung so kurz ist, dass der Abstand der Elektronenbahn von der Achse innerhalb des Linsenfeldes sich nur wenig mit z ändere. Dann vereinfacht sich Gl. (11.76) wegen $r \approx$ const. und damit $v_r \approx 0$ zu

$$F_\varphi = m\frac{dv_\varphi}{dt} \approx -ev_z B_r.$$

Mit $v_\varphi = \omega r$ erhalten wir

$$\frac{d\omega}{dt} = -\frac{ev_z}{mr}B_r. \tag{11.77}$$

Aus der Quellenfreiheit des magnetischen Feldes

$$\oint B\, dA = 0 \tag{11.78}$$

(s. Abschn. E.1) folgt

$$B_r = -\frac{r}{2}\frac{dB_z}{dz}. \tag{11.79}$$

Die Rechnung ist völlig analog zu derjenigen beim elektrischen Feld, Gl. (11.53) bis (11.55). Hierbei ist wie bei den elektrischen Linsen vorausgesetzt, dass nur achsennahe Gebiete (achsennahe Strahlen, kleine Neigungswinkel) betrachtet werden.

B_z ist dann in erster Näherung gleich der Achsenfeldstärke. Damit erhalten wir aus Gl. (11.77) und mit $v_z = \mathrm{d}z/\mathrm{d}t$

$$\frac{\mathrm{d}\omega}{\mathrm{d}t} = \frac{e}{2m} v_z \frac{\mathrm{d}B}{\mathrm{d}z} = \frac{e}{2m} \frac{\mathrm{d}B_z}{\mathrm{d}t}. \tag{11.80}$$

Vor Eintritt in das Linsenfeld sei $\omega = 0$. Dann ergibt die Integration der Gl. (11.80)

$$\omega = \frac{e}{2m} B_z. \tag{11.81}$$

Diese Beziehung lässt sich auch ohne die Einschränkung $r \approx$ const. herleiten.

Die die Sammelwirkung der magnetischen Linse verursachende Radialkraft setzt sich zusammen aus der schon erwähnten Komponente der Lorentz-Kraft $ev_\varphi B_z$ und der wegen ω zu berücksichtigenden Zentrifugalkraft $mr\omega^2$:

$$m \frac{\mathrm{d}^2 r}{\mathrm{d}t^2} = -ev_\varphi B_z + mr\omega^2.$$

Mit $v_\varphi = \omega r$ und Gl. (11.81) folgt

$$\frac{\mathrm{d}^2 r}{\mathrm{d}t^2} = -\frac{r}{4} \frac{e^2}{m^2} B_z^2 \sim -r. \tag{11.82}$$

Die ablenkende Kraft ist also bei den magnetischen Linsen ebenfalls proportional zum Abstand r von der optischen Achse, sodass nach dem allgemeinen Kriterium Gl. (11.52) auch hier eine Abbildung möglich sein muss.

Die bereits früher verwendete Transformation Gl. (11.66) bzw. (11.67) lässt sich hier vereinfachen, da bei der magnetischen Linse und den vorausgesetzten geringen Bahnneigungen $v_z =$ const. $= v = \sqrt{2eU_\mathrm{a}/m}$ ist (U_a: Beschleunigungsspannung der Elektronen):

$$\frac{\mathrm{d}^2 r}{\mathrm{d}t^2} = v^2 \frac{\mathrm{d}^2 r}{\mathrm{d}z^2} = 2\frac{e}{m} U_\mathrm{a} \frac{\mathrm{d}^2 r}{\mathrm{d}z^2}.$$

Damit erhalten wir aus Gl. (11.82) die Differentialgleichung der Elektronenbahn im Linsenfeld:

$$\frac{\mathrm{d}^2 r}{\mathrm{d}z^2} = -\frac{e}{m} \frac{B_z^2}{8U_\mathrm{a}} r. \tag{11.83}$$

Diese beschreibt nur den Achsenabstand $r(z)$ ohne Berücksichtigung der zusätzlich auftretenden Bahndrehung $\varphi(z)$.

Wir betrachten zur Berechnung der Brennweite wieder einen parallel zur optischen Achse einfallenden Elektronenstrahl (Abb. 11.33). Das Linsenfeld befinde sich zwischen den Ebenen 1 und 2. Im Linsenfeld selbst wird sich der Achsenabstand r nicht wesentlich ändern, sodass $r \approx r_1$. Dann liefert die Integration von Gl. (11.83) zwischen z_1 und z_2

$$\frac{\mathrm{d}r(z_2)}{\mathrm{d}z} - \frac{\mathrm{d}r(z_1)}{\mathrm{d}z} = -r_1 \frac{e}{8mU_\mathrm{a}} \int_{z_1}^{z_2} B_z^2 \, \mathrm{d}z.$$

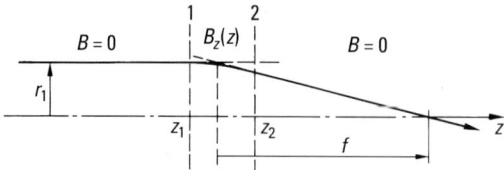

Abb. 11.33 Zur Berechnung der Brennweite einer magnetischen Linse.

Die Bahnneigung dr/dz an der Stelle z_1 ist voraussetzungsgemäß 0, während die Bahnneigung an der Stelle z_2 mit der Brennweite f verknüpft ist:

$$-\frac{r_1}{f} = \frac{dr(z_2)}{dz}.$$

Daraus ergibt sich für die *Brennweite der kurzen magnetischen Linse*:

$$\frac{1}{f} = \frac{e}{8mU_a} \int B_z^2 \, dz. \tag{11.84}$$

Zur Erzielung einer kurzen Brennweite muss zunächst die Länge des Linsenfeldes klein und nach Gl. (11.84) die Feldstärke B_z möglichst groß sein. Beides lässt sich mit eisengepanzerten Spulen nach Abb. 11.31 erreichen.

Wegen der schraubenähnlichen Bahnen im Magnetfeld ist das Bild gegenüber dem Gegenstand – zusätzlich zu der normalen Bildumkehr – um einen Azimutwinkel φ verdreht (Abb. 11.34). Diese Bilddrehung lässt sich aus Gl. (11.81) berechnen:

$$\omega = \frac{d\varphi}{dt} = \frac{d\varphi}{dz} v_z = \frac{e}{2m} B_z.$$

Die Integration längs z ergibt mit $v_z = \sqrt{2eU_a/m}$

$$\varphi = \sqrt{\frac{e}{8mU_a}} \int B_z \, dz. \tag{11.85}$$

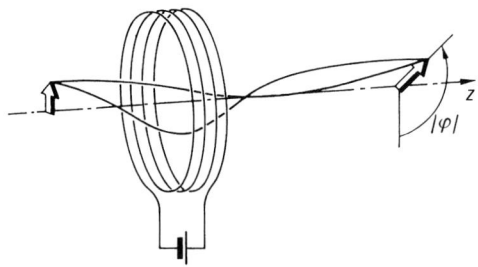

Abb. 11.34 Abbildung durch eine kurze magnetische Linse. Zu der normalen Bildumkehr kommt eine Bilddrehung um den Azimutwinkel φ.

Die elektronenoptischen Linsen haben gegenüber den üblichen lichtoptischen Glaslinsen einen großen praktischen Vorteil: Durch Änderung der Elektrodenspannung bei elektrischen Linsen bzw. des Spulenstromes bei magnetischen Linsen lässt sich die Brennweite in weiten Grenzen variieren (vgl. Gl. (11.74) bzw. (11.84)). Bei einer elektronenoptischen Abbildung kann daher die Scharfstellung ohne mechanische Bewegung der Abbildungselemente erfolgen. Da die elektronenoptische Abbildung im Vakuum erfolgen muss, ist dies von besonderer technischer Bedeutung.

Bei der Herleitung der Gln. (11.74), (11.84) und (11.85) war stets vorausgesetzt, dass die Brennweite groß gegenüber der axialen Ausdehnung des Linsenbereiches ist („dünne Linse"). Trifft dies bei höherer Linsenerregung nicht mehr zu, so sind die genannten Beziehungen zu modifizieren [35].

11.4.3 Bildfehler von Elektronenlinsen

Rotationssymmetrische elektrische und magnetische Linsen zeigen dieselben Abbildungsfehler wie lichtoptische Linsen (Abschn. 1.7, und Reimer [17]). Bei magnetischen Linsen gibt es zusätzlich drei weitere Bildfehler, die damit zusammenhängen, dass das Magnetfeld die Meridionalebenen der Strahlen dreht. Sie haben die Eigenschaft, dass eine Umkehrung des Magnetfeldes auch die Richtung der Abweichung von der idealen Abbildung umkehrt. Hier gilt daher der Satz von der Umkehr der Lichtwege nicht mehr. Der charakteristischste dieser magnetischen Bildfehler ist die *Bildzerdrehung* (*anisotrope Verzeichnung, Spiralverzeichnung*). Sie rührt daher, dass die Bilddrehung bei endlicher Abweichung von der Paraxialabbildung nicht mehr unabhängig vom Achsenabstand r des Objektpunktes ist, sondern mit wachsendem Abstand um einen zusätzlichen Drehwinkel $\Delta\varphi \propto r^2$ ansteigt, wie es deutlich in Abb. 11.35 sichtbar ist: Gerade Linien in der Objektebene werden als kubische Parabeln in der Bildebene abgebildet. Eine Umkehr des Linsenstromes ändert die Richtung dieser Verzeichnung [17]. In diesem Bild erkennt man gleichzeitig den Einfluss der Bildfeldwölbung: Nur die Mitte ist scharf abgebildet, das Bild des Randes liegt in einer anderen Ebene.

In der weiteren Behandlung werden nur die Bildfehler von Elektronenlinsen besprochen, die für die elektronenmikroskopische Hochauflösung von besonderer Be-

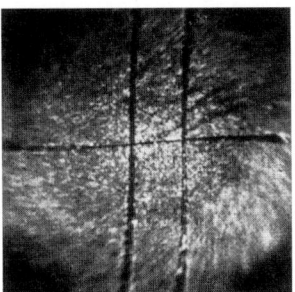

Abb. 11.35 Bildzerdrehung durch eine magnetische Linse bei Abbildung gerader Linien (nach [33]).

deutung sind: Öffnungsfehler (sphärische Aberration) und Farbfehler (chromatische Aberration), außerdem die Wirkung einer Abweichung von der durch die Linsengleichung gegebenen Abbildungsbedingung (Defokussierung), vgl. z. B. Reimer [17], sowie der Beugungsfehler. Den lichtoptischen Strahlen entsprechen dabei die Elektronenbahnen.

Öffnungsfehler (sphärische Aberration). Der Öffnungsfehler beschreibt die Tatsache, dass für außeraxiale Strahlen, d. h. für Strahlen, die bei großem Winkel α durch den Randbereich der Linse (Öffnungswinkel α_0) gehen, die Brennweite kürzer wird als bei achsennahen Strahlen (Abb. 11.36):

Elektronen, die im Objektpunkt G unter einem Winkel α gestreut werden, treffen nach Durchgang durch die Elektronenlinse im Abstand Δr_s von der optischen Achse auf die Gauß'sche Bildebene, in der der Bildpunkt B für achsennahe Strahlen liegt.

Für Δr_s gilt wie bei lichtoptischen Linsen (Abschn. 1.7, [36])

$$\Delta r_s = C_s \alpha^3 M, \tag{11.86}$$

mit dem Abbildungsmaßstab $M = b/g$. C_s ist die Öffnungsfehlerkonstante. Gleichung (11.86) lässt sich z. B. leicht für die 1:1-Abbildung in homogenen Magnetfeldern herleiten [17], sie gilt jedoch allgemein für Elektronenlinsen [34].

Die Gesamtheit der von G im Winkelbereich $\alpha = 0 \ldots \alpha_0$ ausgehenden Elektronenstrahlen ergibt das Öffnungsfehlerscheibchen in der Gauß'schen Bildebene als Abbildung des Objektpunktes G. Das Auftreten des Öffnungsfehlerscheibchens in der Bildebene bedeutet, dass aus dem Bild nur auf das Vorhandensein eines Gegenstandes geschlossen werden kann, dessen Radius kleiner oder etwa gleich dem mithilfe des Abbildungsmaßstabes M auf die Gegenstandsebene zurückgerechneten Radius des Öffnungsfehlerscheibchens ist:

$$r_s = C_s \alpha_0^3. \tag{11.87}$$

Die Öffnungsfehlerkonstante C_s hat bei magnetischen Linsen typische Werte um 0.5 bis 4 mm [17].

Zur Berechnung der Wellenaberration (siehe weiter unten) ist die Winkelabweichung δ_s infolge des Öffnungsfehlers von Interesse. Für große Bildweiten $b \gg r$ ergibt sich aus Abb. 11.36

$$\delta_s = \frac{\Delta r_s}{b} = \frac{C_s \alpha^3}{g}.$$

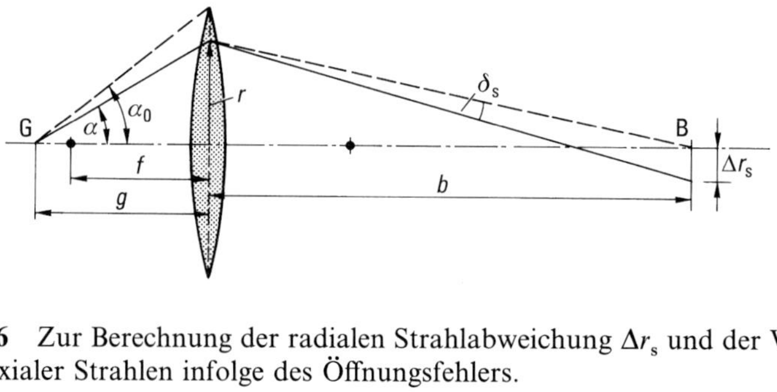

Abb. 11.36 Zur Berechnung der radialen Strahlabweichung Δr_s und der Winkelabweichung δ_s außeraxialer Strahlen infolge des Öffnungsfehlers.

Bei großen Bildweiten $b \gg g$ ist $g \approx f$ und (für nicht zu große Öffnungswinkel) $\alpha \approx r/g \approx r/f$ und damit die Winkelabweichung

$$\delta_s \approx C_s \frac{r^3}{f^4}. \tag{11.88}$$

Defokussierung. Als weiteren Fall einer Abweichung von der Gauß'schen Abbildung nehmen wir an, dass statt eines Öffnungsfehlers eine kleine Brennweitenänderung Δf vorliegt (Abb. 11.37).

In diesem Falle ändert sich die Bildweite um Δb, und die Linsengleichung lautet nach Entwicklung in eine Taylor-Reihe

$$\frac{1}{f}\left(1 - \frac{\Delta f}{f}\right) \approx \frac{1}{g} + \frac{1}{b}\left(1 - \frac{\Delta b}{b}\right).$$

Mit $1/f = 1/g + 1/b$ (Gl. (11.51)) folgt daraus

$$\Delta b \approx \Delta f \frac{b^2}{f^2} \tag{11.89}$$

und eine radiale Abweichung in der Gauß'schen Bildebene um

$$\Delta r_f \approx |\Delta b| \beta \approx |\Delta b| \frac{\alpha}{M}. \tag{11.90}$$

Nach Abb. 11.37 ist $\delta_f = -\Delta r_f / b$. Mit $\beta \approx r/b$ und mit der Gl. (11.89) ergibt sich für die Winkelabweichung infolge einer Defokussierung

$$\delta_f \approx -\Delta f \frac{r}{f^2}. \tag{11.91}$$

In ganz analoger Weise ergibt sich für die Winkelabweichung δ_g bei einer Gegenstandsverschiebung Δg

$$\delta_g \approx \Delta g \frac{r}{f^2}. \tag{11.92}$$

Brennweitenänderung und Gegenstandsverschiebung können zur *Defokussierung*

$$\Delta z = \Delta f - \Delta g \tag{11.93}$$

zusammengefasst werden. Für $\Delta z > 0$ wird sie *Unterfokussierung*, für $\Delta z < 0$ *Überfokussierung* genannt.

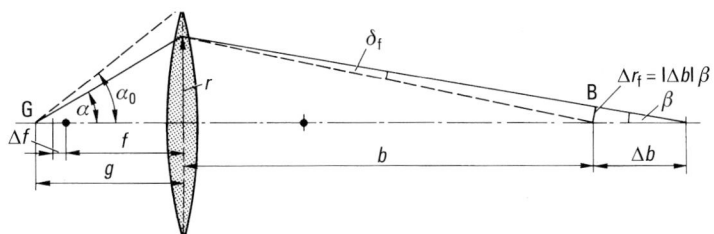

Abb. 11.37 Zur Berechnung der Winkelabweichung δ_f bei einer Brennweitenänderung Δf.

Anmerkung: Häufig wird die *Defokussierung* auch mit umgekehrtem Vorzeichen definiert und wird dann im Weiteren mit Dz bezeichnet werden:

$$Dz = -\Delta z = \Delta g - \Delta f. \tag{11.93a}$$

Dies ist z. B. im nächsten Abschnitt (Elektronenmikroskopie) der Fall. Dann liegt *Unterfokussierung* für $Dz < 0$ und *Überfokussierung* für $Dz > 0$ vor.

Die gesamte Winkelabweichung durch Öffnungsfehler und Defokussierung ergibt sich aus Gln. (11.88) bis (11.93) zu

$$\delta = \delta_s + \delta_f + \delta_g = C_s \frac{r^3}{f^4} - \Delta z \frac{r}{f^2}. \tag{11.94}$$

Farbfehler (chromatische Aberration). Die Brennweite f elektronenoptischer Linsen hängt von der Beschleunigungsspannung U_a und damit von der Energie E der Elektronen ab. Wir wollen den Farbfehler nur für magnetische Linsen berechnen. Nach Gl. (11.84) ist $f \propto U_a/B_z^2 \propto E/I^2$, da die magnetische Flussdichte B in einer Spule proportional zum Spulenstrom I ist. Schwankungen der Beschleunigungsspannung um ΔU_a (bzw. der Elektronenenergie um ΔE) oder des Linsenstromes um ΔI verursachen daher eine Brennweitenschwankung Δf:

$$\frac{\Delta f}{f} = \sqrt{\left(\frac{\Delta E}{E}\right)^2 + 2\left(\frac{\Delta I}{I}\right)^2}. \tag{11.95}$$

Wie für die Defokussierung berechnet (Gl. (11.90)), ergibt sich auch hier eine radiale Abweichung in der Gauß'schen Bildebene um

$$\Delta r_c \approx |\Delta b|\beta \approx |\Delta b|\frac{\alpha}{M}. \tag{11.96}$$

Bezogen auf die Gegenstandsseite erhalten wir daraus für den Radius des Farbfehlerscheibchens mit Gl. (11.89)

$$r_c = \alpha_0 \Delta f \frac{g^2}{f^2}.$$

Mit Gl. (11.95) und $g \approx f$ folgt schließlich

$$r_c = C_c \alpha_0 \sqrt{\left(\frac{\Delta E}{E}\right)^2 + 2\left(\frac{\Delta I}{I}\right)^2}, \tag{11.97}$$

worin $C_c \approx f$ die Farbfehlerkonstante ist. Bei sehr stark erregten Linsen ist $C_c \approx 0.6f$. Schwankungen der Beschleunigungsspannung und des Linsenstromes führen danach zu einer Aufweitung des Bildes eines Gegenstandspunktes gemäß Gl. (11.97). Der gleiche Effekt wird dadurch bewirkt, dass die abbildenden Elektronenstrahlen eine gewisse Energiebreite besitzen, einerseits durch die Erzeugung z. B. mit einer thermischen Kathode (Abb. 11.26), andererseits durch unterschiedliche Energieverluste der Elektronen in der Objektschicht (Abschn. 11.6).

Beugungsfehler. Durch die endliche Öffnung jeder Linse wird aufgrund von Beugung auch bei sonst idealer Linse ein Gegenstandspunkt nicht als Punkt, sondern als

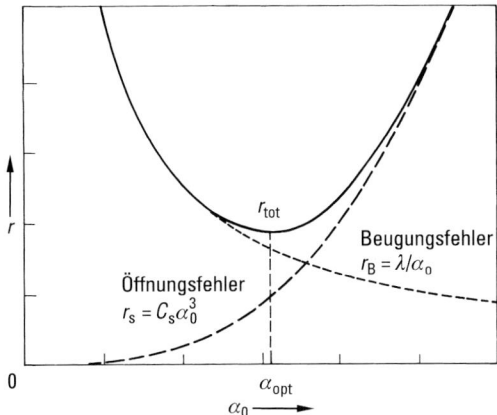

Abb. 11.38 Radien der Fehlerscheibchen durch Öffnungsfehler und Beugungsfehler.

Beugungsscheibchen abgebildet. Dieses besteht aus einem zentralen Intensitätsmaximum und ringförmigen, konzentrischen Nebenmaxima (Abschn. 3.8). Bezogen auf die Gegenstandsseite bei $g \approx f$ ist der Radius des zentralen Beugungsmaximums (= Radius des ersten dunklen Ringes), d. h. der Radius des Beugungsfehlerscheibchens nach Gl. (3.45) mit $\alpha_0 \approx R/f$ (R ist der Radius der Linsenöffnung)

$$r_B = 0.61 \frac{\lambda f}{R} \approx 0.61 \frac{\lambda}{\alpha_0}. \tag{11.98}$$

Öffnungsfehler und Farbfehler einerseits und Beugungsfehler andererseits sind daher gegensinnig vom Öffnungswinkel α_0 abhängig: Bei großen Linsenöffnungen ist der Öffnungsfehler groß, bei kleinen Linsenöffnungen der Beugungsfehler. Dazwischen wird es einen optimalen Öffnungswinkel α_{opt} geben, bei dem das Gesamtfehlerscheibchen am kleinsten ist (Abb. 11.38).

Bei Vernachlässigung des Farbfehlers und quadratischer Überlagerung der Radien der anderen Fehlerscheibchen

$$r_{tot} = \sqrt{r_B^2 + r_s^2} = \sqrt{\left(0.61 \frac{\lambda}{\alpha_0}\right)^2 + (C_s \alpha_0^3)^2}$$

erhält man aus der Bedingung $dr_{tot}/d\alpha_0 = 0$ den für das Minimum des Fehlerscheibchenradius optimalen Öffnungswinkel

$$\alpha_{opt} = 0.77 \sqrt[4]{\frac{\lambda}{C_s}}, \tag{11.99}$$

(vergleiche dazu auch Gl. (11.105)). Für $C_s = 1$ mm ergibt sich bei einer Elektronenenergie von $E = 100$ keV ($\lambda = 3.7$ pm) ein optimaler Öffnungswinkel von $\alpha_{opt} = 6 \times 10^{-3}$ rad.

Abbildungsfehler-Korrektur. Neben den oben behandelten Abbildungsfehlern gibt es auch solche durch Fertigungsungenauigkeiten bei der Herstellung von Elektronenlinsen sowie durch Materialinhomogenitäten. Zur (teilweisen) Korrektur solcher Abbildungsfehler werden elektrische oder magnetische Multipolfelder geeigneter, einstellbarer Stärke, sog. *Stigmatoren* [34], im Strahlengang eingesetzt.

Wellenaberration und Phasenkontrast. Unter Wellenaberration wird die hier durch Öffnungsfehler und Defokussierung verursachte achsenabstandsabhängige Entfernung Δ zwischen idealer und realer Wellenfläche verstanden (Abb. 11.39). Sie kann auch durch die Phasenschiebung $\chi = k\Delta = 2\pi\kappa\Delta = (2\pi/\lambda)\Delta$ der realen Wellenfläche ausgedrückt werden. λ ist die Wellenlänge, $k = 2\pi/\lambda$ die Kreiswellenzahl und $\kappa = 1/\lambda$ die Wellenzahl der Elektronenwelle.

Vom Objektpunkt G ausgehende Strahlen, die die brechende Linsenebene an benachbarten Stellen im Achsenabstand r und $r + \mathrm{d}r$ durchlaufen, weisen für $b \gg g$ eine zusätzliche Wegdifferenz $\mathrm{d}s = \delta\,\mathrm{d}r$ zwischen realer und idealer Wellenfläche auf (Abb. 11.40).

Der gesamte Abstand $\Delta = \Delta(\alpha)$ zwischen realer und idealer Wellenfläche im Achsenabstand r ergibt sich durch Integration von $\mathrm{d}s$ unter Beachtung von Gl. (11.94) und $r/f \approx \alpha$:

$$\Delta(\alpha) = \int_0^r \mathrm{d}s = \frac{1}{4}(C_s\alpha^4 - 2\Delta z\alpha^2). \tag{11.100}$$

Daraus erhalten wir die *Scherzer-Formel* für die als Phasenschiebung ausgedrückte *Wellenaberration* [37]:

$$\chi(\alpha) = k\Delta = 2\pi\kappa\Delta = \frac{\pi}{2\lambda}(C_s\alpha^4 - 2\Delta z\alpha^2). \tag{11.101}$$

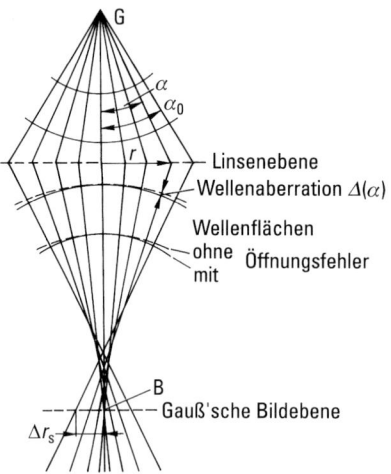

Abb. 11.39 Elektronenbahnen und Wellenflächen in einer Elektronenlinse mit Öffnungsfehler.

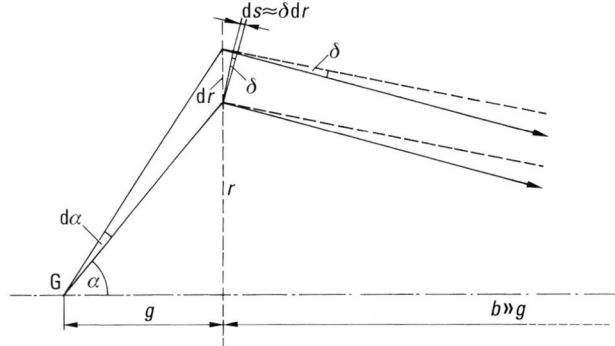

Abb. 11.40 Zur Berechnung der Wellenaberration.

Für eine allgemeinere Darstellung der Wellenaberration ist es zweckmäßig, zu normierten Größen von α und Δz überzugehen [38, 39]:

$$\alpha^* = \alpha \sqrt[4]{\frac{C_s}{\lambda}}, \quad \Delta z^* = \Delta z \frac{1}{\sqrt{C_s \lambda}}. \tag{11.102}$$

In diesen normierten Variablen lautet die Wellenaberration

$$\chi(\alpha^*) = \frac{\pi}{2}\alpha^{*4} - \pi \Delta z^* \alpha^{*2}. \tag{11.103}$$

Abbildung 11.41 zeigt den Verlauf der Wellenaberration für verschiedene normierte Defokussierungen $\Delta z^* = \sqrt{n}$ ($n = 0, 1, 2, \ldots$), für die sich Minima der Wellenaberrationen von $\chi(\alpha^*)_{\min} = -n\pi/2$ ergeben.

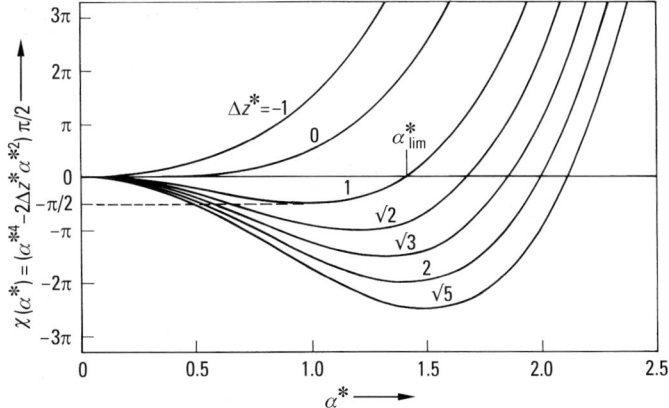

Abb. 11.41 Wellenaberration χ von Elektronenlinsen infolge des Öffnungsfehlers als Funktion des normierten Streuwinkels α^* (Parameter: normierte Defokussierung Δz^*).

Elektronenoptisch abzubildende Objekte bestehen meist aus sehr dünnen Schichten (Abschn. 11.5), die von Elektronen noch durchstrahlt werden können. Im Grenzfall sind solche Objekte reine Phasenobjekte (Abschn. 3.12), die bei scharfer idealer Abbildung keinen Bildkontrast liefern. Nach Zernike lassen sich jedoch Phasenstrukturen sichtbar machen (Phasenkontrast), wenn die vom Phasenobjekt um einen Winkel α gebeugten Wellen in ihrer Phase gegenüber der Phase der 0. Ordnung (also der ungebeugt durch das Objekt gehenden Welle) um $\pi/2$ verschoben werden (Abschn. 3.12). Bei der Abbildung mit Licht kann dies durch eine $\lambda/4$-Phasenplatte in der 0. Beugungsordnung in der hinteren Brennebene des Objektivs erreicht werden. Für Elektronenwellen sind Phasenplatten ohne gleichzeitige, störende Streuung der Elektronen leider nicht herstellbar.

Für die elektronenoptische Abbildung von Phasenobjekten analog zum Zernike-Verfahren kann jedoch die Phasenschiebung durch den Öffnungsfehler der Elektronenlinse in Verbindung mit einer geeignet gewählten Defokussierung wie eine Phasenplatte für die vom Objekt unter dem Winkel α gestreuten bzw. gebeugten Elektronen wirken. Dazu muss für einen möglichst großen Streuwinkelbereich $\alpha > 0$ die Phasenschiebung in der Nähe von $(-)\pi/2$ liegen. Das ist nach Abb. 11.41 für eine normierte Defokussierung $\Delta z^* = 1$ der Fall. Aus Gl. (11.102) ergibt sich dann der sog. *Scherzer-Fokus*[6]

$$\Delta z_S = \sqrt{C_s \lambda}, \tag{11.104}$$

und aus Gl. (11.103) der Grenzwert der Linsenöffnung für $\chi(\alpha^*_{\text{lim}}) = 0$:

$$\alpha^*_{\text{lim}} = 1.41 \quad \text{oder} \quad \alpha_{\text{lim}} = 1.41 \sqrt[4]{\frac{\lambda}{C_s}}, \tag{11.105}$$

der knapp doppelt so groß ist wie der Wert bei kleinstem Fehlerscheibchen (Gl. (11.99)). Zur Abbildung von Phasenobjekten mithilfe des Phasenkontrastes kann demnach die Phasenschiebung durch den Öffnungsfehler selbst ausgenutzt werden. Eine hierfür besonders günstige Einstellung liegt bei einer Defokussierung vor, wie sie durch den Scherzer-Fokus Gl. (11.104) angegeben wird, also bei einer etwas „unscharfen" Abbildung.

Anmerkung: Noch etwas günstiger ist eine normierte Defokussierung $\Delta z^{*\prime} = 1.2$ und damit

$$\Delta z'_S = 1.2\sqrt{C_s \lambda} = 1.2\sqrt{\frac{C_s}{\kappa}}, \tag{11.104a}$$

bei der die Wellenaberration in einem noch etwas breiteren Streuwinkel- bzw. Raumfrequenzbereich Werte nahe $-\pi/2$ besitzt. Dieser Fall wird in Abschn. 11.5.1.4 behandelt (Gl. (11.140)).

Nach dem Fourier-Theorem lässt sich jede Objektstruktur als Überlagerung periodischer Strukturen mit unterschiedlicher Periodenlänge Λ (Gitterkonstante) beschreiben. Demzufolge entspricht jedem Winkel α der vom Objekt ausgehenden

---

[6] In Bezug auf die Gln. (11.104) und (11.106) wurde vorgeschlagen [40], die Namen *Scherzer* (Sch) und *Glaser* (Gl) durch die Definitionen 1 Sch = $\sqrt{C_s \lambda}$ und 1 Gl = $\sqrt[4]{C_s \lambda^3}$ als Einheiten einzuführen.

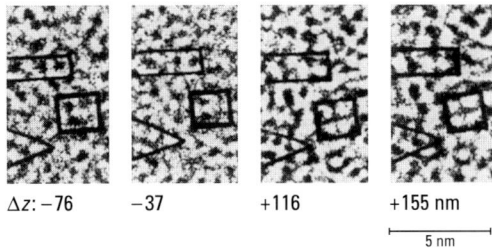

Δz: −76   −37   +116   +155 nm

5 nm

Abb. 11.42 Elektronenoptische Abbildung einer Kohlenstoff-Folie bei verschiedenen Defokussierungen: Kontrastumkehr von ≈ 1 nm-Strukturen (siehe Einrahmungen) (Aufnahmen: Thon [41]).

Elektronen eine Beugung von Elektronenwellen an einer periodischen Struktur der Periodenlänge $\Lambda \approx \lambda/\alpha$. Die Abszisse in Abb. 11.41 lässt sich daher auch in Periodenlängen Λ eichen, die mit steigendem α bzw. α^* kleiner werden. Verfolgen wir etwa die Kurve für $\Delta z^* = 1$, so finden wir im Bereich um $\alpha^* = 1$ den besten Phasenkontrast ($\chi = -\pi/2$). Bei $\alpha^* = \alpha^*_{\text{lim}}$ wird $\chi = 0$, der Phasenkontrast verschwindet. Hierzu gehört mit Gl. (11.105) eine Periodenlänge

$$\Lambda_{\text{lim}} \approx \frac{\lambda}{\alpha_{\text{lim}}} \approx 0.7 \sqrt[4]{C_s \lambda^3}. \tag{11.106}$$

Mit darüber hinaus steigendem α bzw. α^* wird die Phasenschiebung positiv und steigt monoton an: Bei $\chi = +\pi/2$ ist der Phasenkontrast maximal, fällt dann wieder auf null ab ($\chi = +\pi$), wird wieder negativ und so periodisch fort. Objektstrukturen mit $\Lambda < \Lambda_{\text{lim}}$ werden daher mit periodisch wechselndem Phasenkontrast wiedergegeben, was die Bildinterpretation schwierig macht [17].

Abbildung 11.42 zeigt die Kontrastumkehr bei der elektronenoptischen Abbildung von Phasenstrukturen [41] anhand einer sog. Fokussierungsreihe, d. h. einer Serie von Aufnahmen desselben Objektbereiches mit schrittweise veränderter Defokussierung. Die Daten der einzelnen Aufnahmen gehören zu Punkten auf einer vertikalen Linie in Abb. 11.41.

Die eingerahmten Objektdetails von etwa 1 nm Abstand werden bei Überfokussierung ($\Delta z < 0$) dunkel, bei Unterfokussierung ($\Delta z > 0$) hell und bei einer bestimmten Defokussierung ($\Delta z \approx 0$, in Abb. 11.42 nicht dargestellt) gar nicht abgebildet. Bei stärkeren Defokussierungen würde der Kontrast periodisch zu wechseln beginnen, wie aus Abb. 11.41 entnommen werden kann.

11.5 Elektronenmikroskopie

Elektronen einer Energie von z. B. 100 keV haben nach Gl. (11.3) eine Wellenlänge λ von 0.0037 nm, die damit gegenüber der Wellenlänge des sichtbaren Lichtes um etwa den Faktor 10^5 kleiner ist. Da der kleinste auflösbare Abstand d zweier Objektpunkte nach Abbe (Abschn. 1.9.1.2, Gl. (1.118) u. Abschn. 3.9 u. 3.12) durch

$$d = 0.61 \frac{\lambda}{\sin\alpha_0} \qquad (11.107)$$

gegeben ist (α_0: Aperturwinkel der Objektivlinse), müsste mit der Verwendung von Elektronenstrahlen dieser oder höherer Energie in einem „Elektronenmikroskop" eine beträchtliche Auflösungssteigerung gegenüber dem Lichtmikroskop erreichbar sein. Dem steht jedoch der gegenüber lichtoptischen Linsen vergleichsweise große Öffnungsfehler entgegen (Gl. (11.87)). Bei einem exzellenten Wert der Öffnungsfehlerkonstanten $C_s \approx 0.5$ mm folgt aus Gl. (11.99) für den optimalen Öffnungswinkel bei kleinstem Fehlerscheibchen $\alpha_{opt} = 7 \times 10^{-3}$ rad $\cong 0.4°$. Wegen des Öffnungsfehlers von Elektronenlinsen muss daher die Objektivapertur sehr klein gehalten werden. Das ergibt nach Gl. (11.107) eine Auflösungsgrenze von nur 0.32 nm, die damit aber immer noch um etwa 10^3 besser als diejenige des Lichtmikroskops (Abschn. 3.12) ist und in die Größenordnung atomarer Abstände kommt.

Insbesondere im Grenzbereich der Auflösung zeigt sich jedoch, dass die Abbildung vollständig nur wellenoptisch verstanden werden kann. Die elektronenoptische Abbildung wird daher im Weiteren als wellenoptischer Vorgang beschrieben, ausgehend von einer Elektronenwelle, die durch das Objekt in Amplitude und Phase moduliert wird (Objektaustrittswelle) und beim weiteren Durchgang durch das Elektronenmikroskop übertragungstheoretisch behandelt wird (Abschn. 11.5.1).

Das erste magnetische Elektronenmikroskop – so genannt nach den hierbei verwendeten magnetischen Linsen – wurde von Knoll und Ruska 1932 [42, 43] beschrieben (Nobel-Preis 1986). Kurz danach berichteten Brüche und Johannson [44] über ein elektrostatisches Elektronenmikroskop, das seinen Namen von der Verwendung elektrischer Elektronenlinsen erhielt. Bereits 1936 konnte die Auflösungsgrenze des Lichtmikroskops mit dem Elektronenmikroskop („Übermikroskop") unterschritten werden [45]. Ein frühes Beispiel für die Verbesserung des Auflösungsvermögens durch das Elektronenmikroskop zeigt die Gegenüberstellung in Abb. 11.43.

Je nachdem, wie das zu untersuchende Objekt mit den abbildenden Elektronen bestrahlt wird, unterscheidet man verschiedene Typen von Elektronenmikroskopen:

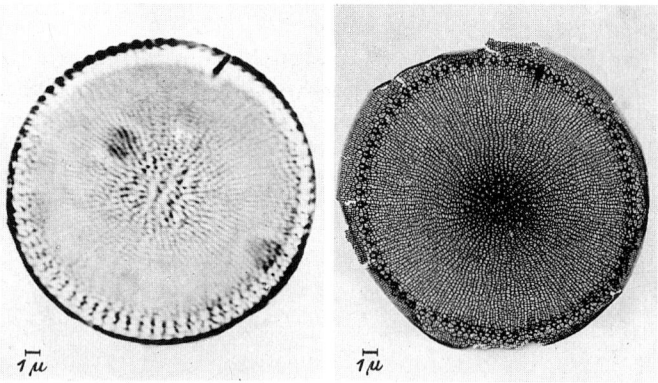

Abb. 11.43 Lichtmikroskopische und elektronenmikroskopische Aufnahme einer Diatomee (nach Gölz und Kolbe, AEG und Reichsanstalt für Wasser- und Luftgüte).

Durchstrahlungs- oder Transmissionsmikroskope, Spiegelmikroskope, Reflexionsmikroskope und Emissionsmikroskope. Im Letzteren emittiert das abzubildende Objekt selbst die abbildenden Elektronen [46, 47]. Eine spezielle Variante ist das Rastermikroskop. Im Folgenden werden wir nur das Transmissions-Elektronenmikroskop und das Raster-Elektronenmikroskop behandeln.

11.5.1 Transmissions-Elektronenmikroskopie (TEM)

Ziel jeder Charakterisierung eines Festkörpers ist die Bestimmung seiner Struktur-Eigenschaftsbeziehungen. Deshalb gehören zur umfassenden Strukturanalyse die Fragen: Welches Atom ist wo, welche Bindungsverhältnisse liegen vor, welche Felder und Potentiale gibt es? (Abb. 11.44).

Elektronenmikroskopie zielt genau auf die Beantwortung dieser Fragen bis in atomare Dimensionen ab. Es geht nicht nur darum, Bilder aufzunehmen und intuitiv zu interpretieren, sondern darum, sie als zweidimensionale Messdatenfelder quantitativ auszuwerten. Für die quantitative Interpretierbarkeit der Messdaten in Form von Objekteigenschaften müssen die Wechselwirkungsmechanismen der Elektronen mit dem Objekt verstanden sein. Eine grobe Einteilung lässt sich insofern vornehmen, als die inelastische Wechselwirkung Signale überwiegend für die Materialanalyse liefert, während die elastische Wechselwirkung hauptsächlich Signale für die Strukturbestimmung und die Bestimmung der elektromagnetischen Mikrofelder erzeugt. Für die Feinheiten der Wechselwirkung, insbesondere die Schwierigkeiten der dynamischen Wechselwirkung bei dickeren Kristallen, wird auf die umfangreiche Literatur verwiesen, z. B. Reimer [17]. Überwiegend aufgrund der elastischen Wechselwirkung der Elektronen mit den elektrischen und magnetischen Feldern des Objekts ist die Objektaustrittswelle $o(r) = a(r)\exp[i\varphi(r)]$ in Amplitude $a(r)$ und Phase $\varphi(r)$ moduliert. Diese Modulation ist so stark, dass – anders als bei Röntgen- oder Neutronenstrahlen – schon einzelne Atome einen deutlichen Kontrast im elektronenmikroskopischen Bild erwarten lassen.

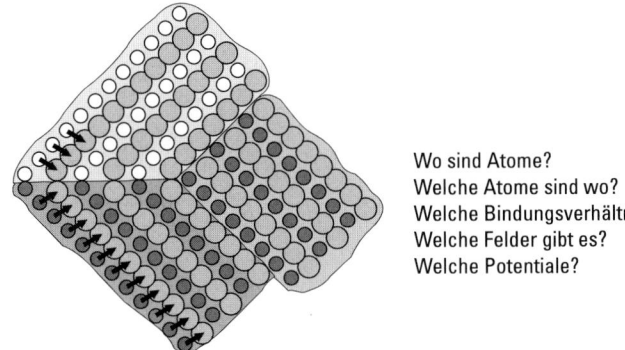

Abb. 11.44 Fragen an die umfassende Charakterisierung eines Festkörpers zum Verständnis von Struktur-Eigenschaftsbeziehungen.

Für die Interpretation eines TEM-Bildes muss auch genau verstanden werden, wie die Objektwelle in die Bildebene übertragen wird, und was die Kontraste bedeuten. Die elektronenmikroskopische Abbildung kann nur als wellenoptischer Prozess mit Beugung am Objekt und Interferenz der Beugungswellen in der Bildebene verstanden und mittels der Abbe-Theorie (Abschn. 3.12) richtig beschrieben werden. Die de Broglie-Wellenlänge $\lambda = 2$ pm von 300-keV-Elektronen lässt bei fehlerfreier Abbildung nach dem Abbe-Kriterium (s. Gl.(11.107), vgl. auch Abschn. 1.9.1.2, Gl.(1.118))

$$\delta = \frac{0.61\,\lambda}{n \sin\alpha_{obj}} \qquad (11.108)$$

mit einer numerischen Apertur von $n \sin\alpha_{obj} \approx 1$ sub-atomare Auflösung von wenigen Pikometern (1 pm = 10^{-15} m) erwarten.

Tatsächlich ist wegen der Abbildungsfehler der nutzbare Öffnungswinkel α_{obj} wesentlich kleiner und damit die Auflösung wesentlich schlechter. Aber selbst unter Berücksichtigung des bislang unvermeidlichen Öffnungsfehlers von Elektronenlinsen kann aus dem Abbe-Kriterium mit $\alpha_{obj} \approx 0.001$ bei modernen Objektivlinsen mit einem Öffnungsfehlerkoeffizienten von $C_s \approx 1$ mm schon in geometrisch-optischer Näherung die erreichbare Auflösung zu $\delta = 0.2$ nm–0.3 nm abgeschätzt werden. Diese äußerst günstigen Perspektiven beispielsweise für die Abbildung von Festkörpern bis hinab in atomare Dimensionen haben die Entwicklung der Elektronenmikroskopie von Beginn an außerordentlich beflügelt. Ein modernes Transmissions-Elektronenmikroskop ist in Abb. 11.45 zu sehen.

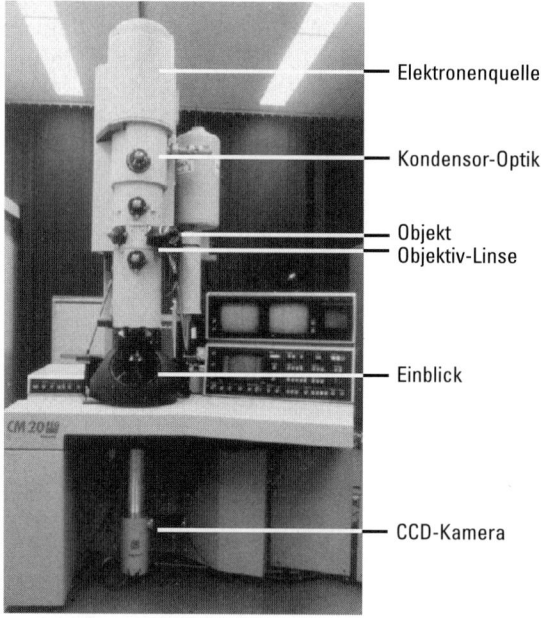

Abb. 11.45 Transmissions-Elektronenmikroskop Philips CM20 für eine Betriebsspannung bis 200 kV (mit freundlicher Genehmigung von Philips, Eindhoven).

11.5.1.1 Aufbau eines Transmissions-Elektronenmikroskops (TEM)

Nach 70-jähriger Entwicklung sind Transmissions-Elektronenmikroskope der oberen Leistungsklasse heute folgendermaßen aufgebaut (Abb. 11.46):

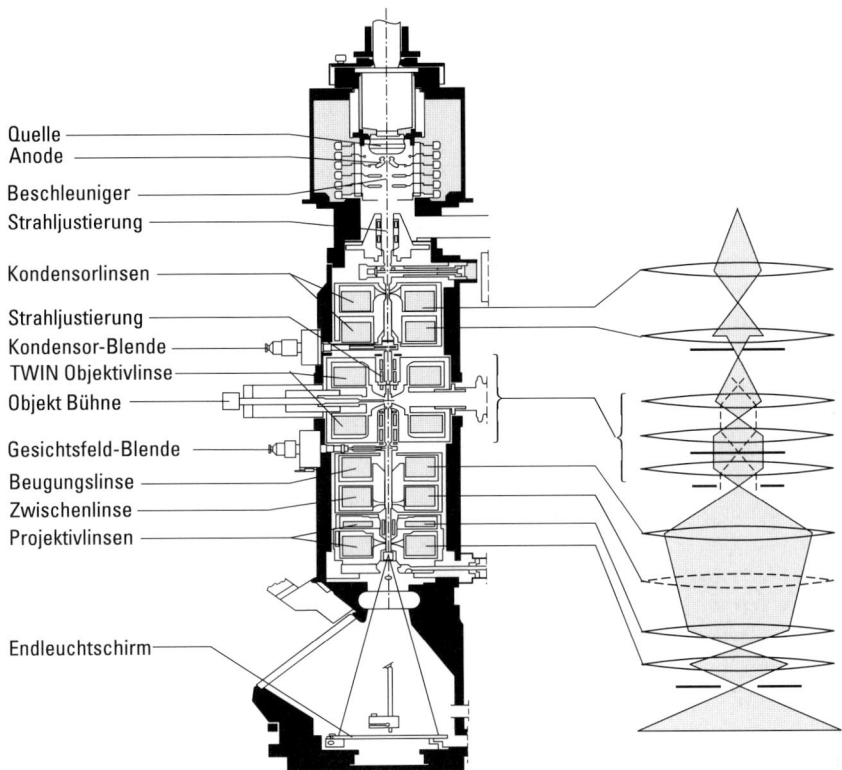

Abb. 11.46 Schematischer Aufbau eines 200-kV-Transmissions-Elektronenmikroskops vom Typ Philips CM200.

Beleuchtung. Die Elektronenquelle muss den für Wellenoptik unverzichtbaren hochkohärenten Strahl hoher Intensität liefern. Gebräuchlich sind Feldemissionsquellen mit einem Richtstrahlwert von $B = 2 \times 10^8$ A/(cm^2 sterad), und einer Energiehalbwertsbreite von etwa $\Delta E_{1/2} = 0.5$ eV bei einer Beschleunigungsspannung von $U_b = 200$ kV. Der im Vergleich zu thermischer Emission um mehrere Größenordnungen höhere Richtstrahlwert und die vergleichsweise kleine Energiebreite (vgl. Abschn. 11.4.2, Tab. 11.2) erlauben die nötige hohe Stromdichte bei kohärenter Beleuchtung. Mithilfe mehrerer Kondensorlinsen wird gleichmäßige Ausleuchtung des abzubildenden Objektbereichs, idealerweise als „Köhler'sche Beleuchtung" (Abschn. 1.9, Abb. 1.130), realisiert.

Abbildung. Die wichtigste weil auflösungsbestimmende Linse ist die Objektivlinse. Sie ist heute als magnetische Einfeld-Kondensor-Objektivlinse ausgeführt, bei der das Objekt zwischen den Polschuhen eingebracht wird. Der in Strahlrichtung vor dem Objekt liegende Feldteil wirkt als Kondensor, der dem Objekt nachfolgende Feldteil als Objektiv. Auf diese Weise lassen sich Brennweiten (und damit Öffnungsfehlerkoeffizienten) von < 1 mm erzielen. Allerdings herrscht am Objekt eine magnetische Induktion von etwa 2 Tesla; dies bedingt, dass Objekthalter und Objekt völlig unmagnetisch sein müssen, weil sonst das abbildende Feld deformiert wird und Astigmatismus auftritt; außerdem wird eine gegebenenfalls abzubildende magnetische Struktur des Objekts verändert. Speziell für die Abbildung magnetischer Strukturen wurden Spezialstrahlengänge beispielsweise mit der „Lorentz-Linse" entwickelt, bei denen sich das Objekt im feldfreien Raum befindet [48]. Diese Strahlengänge sind allerdings nicht höchstauflösungstauglich.

Der Objekthalter erlaubt Objektverschiebungen in allen Koordinatenachsen und Objektkippungen um alle Richtungen. Inzwischen werden zunehmend Spezialhalter als „Miniatur-Labors" entwickelt, mit denen in-situ-Experimente unter Variation von Temperatur, äußeren Feldern, mechanischen Kräften, chemischen Reaktionen, usw., durchgeführt werden können. In der hinteren Brennebene befindet sich eine (x, y)-verschiebbare Objektivaperturblende, mit deren Hilfe der für Hellfeld- oder Dunkelfeldabbildung benutzte Teil des Fourier-Spektrums (Beugungswelle) des Objekts ausgewählt werden kann. Die Objektivlinse entwirft ein erstes Zwischenbild des Objekts mit einer etwa 50fachen Vergrößerung.

Durch entsprechende Erregung der nachfolgenden ersten Zwischenlinse kann gewählt werden, ob das Zwischenbild oder das Beugungsmuster, d. h. die hintere Brennebene der Objektivlinse („Boersch'scher Strahlengang", Boersch [48a]) in das Endbild übertragen wird. Mittels einer Gesichtsfeldblende („*Selected Area Aperture*") können im Zwischenbild des Objekts besonders interessante Objektbereiche ausgewählt werden, um sie im Beugungsstrahlengang durch „Feinbereichsbeugung" zu analysieren.

Vergrößerung. Mithilfe der dem Objektiv nachfolgenden Linsen (Zwischenlinsen und Projektivlinsen) wird die Gesamtvergrößerung eingestellt. Der Vergrößerungsbereich liegt zwischen 40fach für Übersichtsaufnahmen und bis zu 4×10^6fach für die Abbildung atomarer Strukturen. Entsprechend kann für Beugungsuntersuchungen die Beugungslänge von einigen Millimetern bis Metern gewählt werden.

Bildaufzeichnung. Elektronenbilder wurden früher ausschließlich durch Direktbelichtung von Fotoplatten im Mikroskop aufgezeichnet. Zunehmend ersetzen jedoch CCD-Kameras („*Charge Coupled Device*") mit 1024×1024 oder 2048×2048 Pixeln die Fotoplatten: Zum einen sind sie bedeutend einfacher und reproduzierbarer zu handhaben, und sie übertragen das Bild praktisch in Echtzeit direkt in ein Bildverarbeitungssystem zur genauen quantitativen Bildanalyse; zum anderen sind die Detektoreigenschaften von CCD-Kameras denen der Fotoplatte weit überlegen, weil sie bis zu einer Dynamikgrenze von mehr als $1:10^4$ (anstatt etwa $1:10^2$ bei Fotoplatten) Kontrastunterschiede unverfälscht wiedergeben, die Intensität perfekt linear in ein Spannungssignal umsetzen und dem Bild nur einen deutlich geringeren Rauschanteil hinzufügen.

11.5.1.2 Abbildung im TEM

Ein Mikroskop kann als 2-Kanal-Übertragungssystem für die beiden Informationsträger *Amplitude* $a(x,y)$ und *Phase* $\varphi(x,y)$ der Objektaustrittswelle in Amplitude $A(x,y)$ und Phase $\Phi(x,y)$ der Bildwelle verstanden werden. Idealerweise wird die Objektamplitude in die Bildamplitude und die Objektphase in die Bildphase übertragen, sodass durch Auswertung der Bildwelle die Objektwelle perfekt bestimmt werden kann. Tatsächlich kann bei konventioneller Abbildung nur die Bildamplitude bestimmt werden, die Bildphase ist nur holographisch d. h. mittels Interferenz detektierbar (Abb. 11.47). Zusätzlich werden wegen der Abbildungsfehler die beiden Kanäle Amplitude und Phase nicht sauber getrennt übertragen, sondern in komplizierter Weise verfälscht und vermischt, was die eindeutige Interpretation erschwert. Dies wird am besten mittels der Abbe-Theorie unter Einbeziehung der Abbildungsfehler beschrieben. Im Folgenden wird angenommen, dass die Abbildungsfehler nicht vom Ort im Bild abhängen („isoplanatische Näherung").

Mittels der Abbe-Theorie wird der Abbildungsprozess in folgenden Schritten beschrieben:

1. Modulation der beleuchtenden Welle durch das Objekt. Die Objektaustrittswelle $obj(x,y) = a(x,y)\exp[i\varphi(x,y)]$ verlässt das Objekt und breitet sich in Form von Beugungswellen im Raum aus.
2. Propagation der Beugungswellen durch die Objektivlinse und Fokussierung in der hinteren Brennebene (Fourier-Raum) ergibt das Fourier-Spektrum $spec(\boldsymbol{q})$ = FT$[obj(x,y)]$ (Zerlegung in Raumfrequenzen $\boldsymbol{q}$, Fraunhofer-Beugung, vgl. Abschn. E.6.4).
3. Eingriff in das Fourier-Spektrum. Im Fourier-Raum kann mittels Blenden $B(\boldsymbol{q})$ zur Raumfrequenzfilterung und Phasenplatten $\exp[i\chi(\boldsymbol{q})]$ zur Kontrastoptimie-

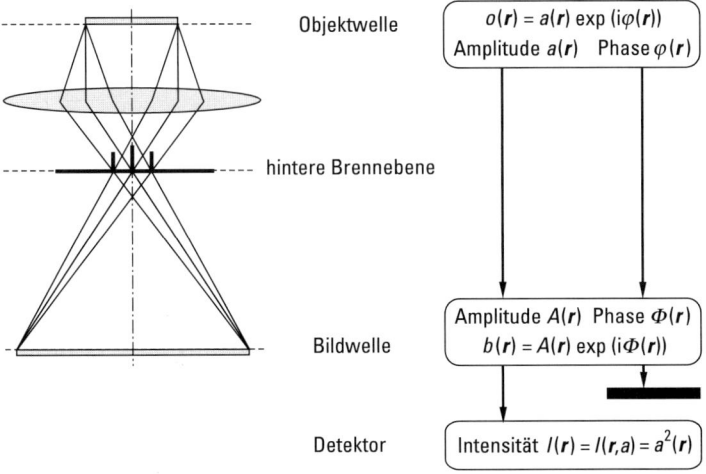

Abb. 11.47 Übertragungsschema durch eine ideale Objektivlinse. *Links*: Strahlengang, *rechts*: Übertragungskanäle für Amplitude und Phase der Objektwelle. Es wird nur die Intensität der Bildwelle registriert, ihre Phase geht verloren.

rung das Endbild verändert werden. Aberrationen werden ebenfalls durch Blenden und Phasenplatten beschrieben. Nach Multiplikation mit der entsprechenden Wellenübertragungsfunktion $WTF(\boldsymbol{q}) = B(\boldsymbol{q})\exp[i\chi(\boldsymbol{q})]$ resultiert das bildseitige Fourier-Spektrum $spec_{\mathrm{ima}}(\boldsymbol{q}) = spec_{\mathrm{obj}}(\boldsymbol{q})\, WTF(\boldsymbol{q})$.

4. Interferenz der derart modifizierten Beugungswellen (Inverse Fourier-Transformation) baut die Bildwelle $ima(x,y) = A(x,y)\exp[i\Phi(x,y)]$ in der Endbildebene auf.

Mathematisch wird die Bildwelle also durch

$$ima(x,y) = \mathrm{FT}^{-1}\{\mathrm{FT}[obj(x,y)] \cdot WTF(\boldsymbol{q})\} \tag{11.109}$$

beschrieben. Aufgrund des Faltungssatzes für Fourier-Transformationen kann dies auch als Faltungsprodukt ($\otimes$)

$$ima(x,y) = obj(x,y) \otimes PSF(x,y) = A(x,y)\exp[i\Phi(x,y)] \tag{11.110}$$

der Objektwelle $obj(x,y)$ mit der Punktverwaschungsfunktion (*Point Spread Function*)

$$PSF(x,y) = \mathrm{FT}^{-1}[WTF(\boldsymbol{q})] \tag{11.111}$$

geschrieben werden. Die *PSF* ist die Bildwelle eines idealen Objektpunktes (δ-peak), sie wird auch Punktbild genannt (vgl. Abschn. 1.9.1.2).

Das bekannteste Beispiel einer Punktverwaschungsfunktion ist die Airy-Verteilung, die sich als Fourier-Transformierte einer kreisförmigen Aperturblende mit dem Radius q_{Blende} ergibt. Sie ist gegeben durch

$$PSF(r) = \frac{J_1[2\pi q_{\mathrm{Blende}} r]}{2\pi q_{\mathrm{Blende}} r} \tag{11.112}$$

mit der Bessel-Funktion 1. Ordnung $J_1(z)$ (vgl. Abschn. 3.8). Die Auflösung ist definiert durch die erste Nullstelle bei einem Radius $r = 3.83/(2\pi q_{\mathrm{Blende}})$, was die Abbe'sche Auflösungsformel ergibt.

Im allgemeinen Fall der Wellentransferfunktion mit Phasenanteil ist die Darstellung mittels Faltung mit der Punktverwaschungsfunktion $PSF(x,y)$ im Ortsraum aber meist sehr schwierig – oft nur numerisch – zu handhaben. Deshalb wird vorzugsweise die Beschreibung mittels der Wellenübertragungsfunktion $WTF(\boldsymbol{q})$ im Fourier-Raum benutzt.

Intensität im Bild. Die Intensitätsverteilung im Bild ergibt das detektierbare Signal. Sie ist gegeben durch

$$Int(x,y) = ima(x,y) \cdot ima^*(x,y) = A^2(x,y). \tag{11.113}$$

Es wird also immer nur die Amplitude der Bildwelle registriert, die Bildphase bleibt unsichtbar. Deshalb muss man für die Interpretation der Objektstruktur aus dem Bild unbedingt wissen, welche Anteile der Objektwelle in die Amplitude der Bildwelle übertragen werden. Dies ist Gegenstand der im Folgenden skizzierten Übertragungstheorie.

11.5.1.3 Übertragungstheorie

Wegen der Linearität aller Einzelschritte der Übertragung der Welle vom Objekt in die Bildebene ist die Übertragung der Welle insgesamt linear.

Sind die Bildwellen ima_1 und ima_2 zweier Objektwellen obj_1 und obj_2 bekannt, so kann sofort die Bildwelle jeder Linearkombination $obj = c_1 obj_1 + c_2 obj_2$ (mit i. Allg. komplexen Zahlen $c_{1,2}$) zu $ima = c_1 ima_1 + c_2 ima_2$ angegeben werden. Da sich jede Objektfunktion durch Linearkombination von harmonischen Funktionen (Fourier-Synthese) darstellen lässt, genügt es, die Übertragung eines monofrequenten, cosinus-förmigen Elementargitters zu studieren und die Ergebnisse für beliebige Raumfrequenzen zu verallgemeinern.

Im Folgenden werde die Übertragung eines Elementargitters

$$g(x) = 1 + (t_0 + i\varphi_0)\cos(2\pi q_0 x + \varepsilon) \tag{11.114}$$

dargestellt. Die Raumfrequenz sei q_0, die seitliche Position bezüglich der optischen Achse sei durch die Lateralphase ε beschrieben. Für $t_0 < 0.1$ und $\varphi_0 \ll 2\pi$ können der Realteil als Amplitudentransparenz t_0 und der Imaginärteil als Phasenschiebung φ_0 direkt interpretiert werden.

Das Fourier-Spektrum ergibt sich zu

$$spec_{obj} = FT[g] = \delta(q) + (t_0 + i\varphi_0)[e^{i\varepsilon}\delta(q - q_0) + e^{-i\varepsilon}\delta(q + q_0)] \tag{11.115}$$

oder in Polarkoordinaten mit $t_0 + i\varphi_0 = \sqrt{t_0^2 + \varphi_0^2}\, e^{i\vartheta}$

$$spec_{obj} = FT[g] = \delta(q) + \sqrt{t_0^2 + \varphi_0^2}\, e^{i\vartheta}[e^{i\varepsilon}\delta(q - q_0) + e^{-i\varepsilon}\delta(q + q_0)]. \tag{11.116}$$

Es treten also drei Reflexe im Fourier-Spektrum auf:

Nullstrahl der Intensität 1 $\delta(q)$,

zwei Seitenreflexe $\sqrt{t_0^2 + \varphi_0^2}\, e^{i\vartheta} e^{i\varepsilon} \delta(q - q_0)$,

$$\sqrt{t_0^2 + \varphi_0^2}\, e^{i\vartheta} e^{-i\varepsilon} \delta(q + q_0) \tag{11.117}$$

mit der Intensität $t_0^2 + \varphi_0^2$. Die Seitenreflexe zeigen eine Phasenschiebung $\vartheta + \varepsilon$ bzw. $\vartheta - \varepsilon$ gegenüber dem Nullstrahl. Die Lateralphase ε tritt antisymmetrisch auf, die „Zernike-Phase"

$$\vartheta = \arctan\left(\frac{\varphi_0}{t_0}\right) \tag{11.118}$$

aber symmetrisch. ϑ gibt an, mit welchem Anteil Phase (bzw. Imaginärteil) und Amplitude (bzw. Realteil) zu dem jeweiligen Reflex beitragen.

Bei der idealen Abbildung (Wellenübertragungsfunktion $WTF \equiv 1$) wird das Fourier-Spektrum nicht verändert ($spec_{ima} = spec_{obj}$), sodass nach inverser Fourier-Transformation die Bildwelle

$$ima(x) = 1 + (t_0 + i\varphi_0)\cos(2\pi q_0 x + \varepsilon) \tag{11.119}$$

resultiert. Sie stimmt mit der Objektwelle völlig überein. Die Bildintensität

$$Int(x) = ima \cdot ima^*$$
$$= 1 + 2t_0 \cos(2\pi q_0 x + \varepsilon) + (t_0^2 + \varphi_0^2)\cos^2(2\pi q_0 x + \varepsilon) \quad (11.120)$$

enthält neben dem (erwünschten) linearen Term $1 + 2t_0\cos(2\pi q_0 x + \varepsilon)$ auch einen quadratischen Term $(t_0^2 + \varphi_0^2)\cos^2(2\pi q_0 x + \varepsilon)$. Der quadratische Term ist unerwünscht, weil er wegen $\cos^2\alpha = \frac{1}{2}[1 + \cos(2\alpha)]$ die doppelte Raumfrequenz $2q_0$ enthält, die im Objekt überhaupt nicht vorkommt; bei der angenommenen Kleinheit von t_0 und φ_0 kann der quadratische Term aber vernachlässigt werden, und es bleibt der Bildkontrast

$$K = \frac{Int_{max} - Int_{min}}{Int_{max} + Int_{min}} = 2t_0. \quad (11.121)$$

Bei idealer Abbildung gibt es folglich nur einen Kontrast von der Objektamplitude („Amplitudenkontrast"); die Phase der Objektaustrittswelle bleibt in der Bildintensität unsichtbar, d. h. es gibt keinen „Phasenkontrast".

Eingriff in das Fourier-Spektrum. Amplituden- und Phasenkontrast sowie Raumfrequenzinhalt von Bildwelle und -intensität können durch Eingriffe in das Fourier-Spektrum gezielt verändert werden. Diese Eingriffe werden durch die Wellenübertragungsfunktion (*Wave Transfer Function*) $WTF(\boldsymbol{q})$ beschrieben.

Blende $B(q_0)$. Eine Dämpfung der beiden Seitenreflexe durch eine (gegebenenfalls teildurchlässige) Blende $B(q_0)$ führt direkt zu einer Reduzierung des Kontrastes auf $K = 2B(q_0)t_0$. Ist die Blende an der Stelle der Reflexe undurchsichtig ($B(q_0) = 0$), so wird der entsprechende Raumfrequenzanteil, hier also das Gitter, völlig aus dem Bild herausgefiltert.

Phasenplatte $\exp(i\chi)$. Die Wirkung einer Phasenplatte $\exp(i\chi)$ mit

$$\chi(\boldsymbol{q}) = 0 \quad \text{für} \quad \boldsymbol{q} = \boldsymbol{0}$$
$$= \chi_0 \quad \text{für} \quad \boldsymbol{q} \neq \boldsymbol{0},$$

also mit einem Loch für den Nullstrahl, führt auf das Bildspektrum

$$spec_{ima} = \delta(q) + \sqrt{t_0^2 + \varphi_0^2}\,e^{i\chi_0}e^{i\vartheta}[e^{i\varepsilon}\delta(q-q_0) + e^{-i\varepsilon}\delta(q+q_0)], \quad (11.122)$$

folglich zur Bildwelle

$$ima(x) = 1 + (t_0 + i\varphi_0)e^{i\chi_0}\cos(2\pi q_0 x + \varepsilon). \quad (11.123)$$

Mit der Euler'schen Beziehung

$$e^{i\chi_0} = \cos\chi_0 + i\sin\chi_0 \quad (11.124)$$

folgt

$$ima(x) = 1 + [(t_0\cos\chi_0 - \varphi_0\sin\chi_0) + i(t_0\sin\chi_0 + \varphi_0\cos\chi_0)]\cos(2\pi q_0 x + \varepsilon) \quad (11.125)$$

und

$$ima(x) = 1 + [T_0 + i\Phi_0]\cos(2\pi q_0 x + \varepsilon) \quad (11.126)$$

mit der Bildamplitude (Realteil)

$$T_0 = t_0 \cos\chi_0 - \varphi_0 \sin\chi_0 \tag{11.127}$$

und der Bildphase (Imaginärteil)

$$\Phi_0 = t_0 \sin\chi_0 + \varphi_0 \cos\chi_0. \tag{11.128}$$

Das Ergebnis ist also ein Gitter mit derselben Raumfrequenz und derselben Position wie das Objektgitter, jedoch sind Amplitude und Phase gegebenenfalls deutlich verändert. Nach Maßgabe von $e^{i\chi_0} = \cos\chi_0 + i\sin\chi_0$ werden Amplitude und Phase der Bildwelle aus Amplitude und Phase der Objektwelle gemischt.

Also findet man in der Bildintensität den linearen Kontrast

$$K = 2(t_0 \cos\chi_0 - \varphi_0 \sin\chi_0). \tag{11.129}$$

Jetzt gibt es Amplituden- und Phasenkontrast, allerdings nach Maßgabe der Kontrast-Übertragungsfaktoren $\cos\chi_0$ bzw. $\sin\chi_0$. Da die beiden Kontraste ununterscheidbar miteinander vermischt sind, ist i. Allg. kein eindeutiger Rückschluss auf Amplitude und Phase des Objekts möglich. Dies gelingt nur für spezielle Werte der Phasenplatte χ:

$\chi_0 = 0$ $\quad\quad K = 2t_0$: $\quad$ reiner Amplitudenkontrast

$\chi_0 = +\pi/2$ $\quad K = -2\varphi_0$: $\quad$ reiner negativer Phasenkontrast

$\chi_0 = -\pi/2$ $\quad K = +2\varphi_0$: $\quad$ reiner positiver Phasenkontrast

Die Fälle $\chi_0 = \pm\pi/2$ beschreiben das von dem niederländischen Physiker Frits Zernike (Nobelpreis 1952) angegebene *Phasenkontrastverfahren*.

Eine antisymmetrische Phasenplatte $\exp(i\chi)$ mit

$\chi(\boldsymbol{q}) = 0 \quad$ für $\quad \boldsymbol{q} = \boldsymbol{0}$

$\phantom{\chi(\boldsymbol{q})} = +\chi_0 \quad$ für $\quad \boldsymbol{q} > \boldsymbol{0}$

$\phantom{\chi(\boldsymbol{q})} = -\chi_0 \quad$ für $\quad \boldsymbol{q} < \boldsymbol{0}$

ergibt das Bildspektrum

$$spec_{\text{ima}} = \delta(q) + \sqrt{t_0^2 + \varphi_0^2}\, e^{i\vartheta}[e^{i\chi_0}e^{i\varepsilon}\delta(q-q_0) + e^{-i\chi_0}e^{-i\varepsilon}\delta(q+q_0)], \tag{11.130}$$

folglich die Bildwelle

$$ima(x) = 1 + (t_0 + i\varphi_0)\cos(2\pi q_0 x + \chi_0 + \varepsilon). \tag{11.131}$$

Sie ist gegenüber der Objektwelle um die zusätzliche Lateralphase χ_0 seitlich verschoben.

Die Symmetrieeigenschaften der Phasenplatte im Fourier-Raum entscheiden also wesentlich über ihre Wirkung im Bildraum: Eine symmetrische Phasenplatte verändert die symmetrische Zernike-Phase, also die Verteilung von Amplitude zu Phase in der Bildwelle; eine antisymmetrische Phasenplatte verändert die antisymmetrische Lateralphase, also die Position des Gitters in der Bildebene.

11.5.1.4 Abbildung im fehlerbehafteten Mikroskop

Neben den hier nicht besprochenen Bildfehlern des Bildfeldes (Verzeichnung, Bildfeldkrümmung, usw.) sind vor allem die auflösungsbegrenzenden Bildfehler wichtig, die vom Beugungswinkel α, d. h. von der Raumfrequenz $q = \kappa\alpha$ abhängen. Wegen des bei höchster Vergrößerung erfassten äußerst kleinen Bildfeldes von wenigen 10 nm wird nur die isoplanatische Abbildung betrachtet, bei der die Bildfehler nicht vom Bildort abhängen.

Wellenaberration. Bei fehlerfreier Abbildung eines einzigen Objektpunktes verändert die Objektivlinse die vom Punkt ausgehende Kugelwelle in eine Kugelwelle im Bildraum so, dass sie in den Bildpunkt konvergiert (Abb. 11.48). Liegen Abbildungsfehler vor, ist die bildseitige Welle bezüglich der idealen Kugelwelle deformiert. Ihre Abweichung Δ von der idealen Kugelfläche in der hinteren Brennebene wird – als Phase gemessen – Wellenaberration $\chi(\boldsymbol{q}) = k\Delta(\boldsymbol{q}) = 2\pi\kappa\Delta(\boldsymbol{q})$ genannt. Folglich lässt sich der aberrationsbehaftete Abbildungsprozess durch Einwirkung einer Phasenplatte $e^{i\chi(\boldsymbol{q})}$ auf das Objektspektrum beschreiben. Die daraus resultierende Verschmierung der Bildwelle des idealen Bildpunktes wird durch die Punktverwaschungsfunktion (*Point Spread Function*)

$$PSF(x, y) = \text{FT}^{-1}[e^{i\chi(\boldsymbol{q})}] \tag{11.132}$$

beschrieben.

Raumfrequenzabhängigkeit. In Erweiterung der Abbe-Beschreibung mit Phasenplatte lässt sich die fehlerbehaftete Abbildung durch Einwirken einer raumfrequenzabhängigen Phasenplatte auf das Fourier-Spektrum des Objekts verstehen. Die wichtigsten Bildfehler eines Elektronenmikroskops ergeben die folgenden Wellenaberrationen:

$$\chi(\boldsymbol{q}) = 2\pi\kappa \begin{bmatrix} \dfrac{1}{4}C_s\left(\dfrac{q}{\kappa}\right)^4 \\[2mm] +\dfrac{1}{2}Dz\left(\dfrac{q}{\kappa}\right)^2 \\[2mm] +\dfrac{1}{2}A_2\left(\dfrac{q}{\kappa}\right)^2\cos[2(\alpha-\alpha_{A_2})] \\[2mm] +\dfrac{1}{3}A_3\left(\dfrac{q}{\kappa}\right)^3\cos[3(\alpha-\alpha_{A_3})] \\[2mm] +\dfrac{1}{3}B\left(\dfrac{q}{\kappa}\right)^3\cos(\alpha-\alpha_B) \end{bmatrix} \begin{array}{l} \bullet \text{ Öffnungsfehler} \\[2mm] \bullet \text{ Defokussierung} \\[2mm] \bullet \text{ 2-zähliger Astigmatismus} \\[2mm] \bullet \text{ 3-zähliger Astigmatismus} \\[2mm] \bullet \text{ axiale Koma} \end{array} \tag{11.133}$$

Diese Bildfehler werden „kohärente Bildfehler" genannt, weil sie selbst bei perfekt kohärenter Beleuchtung wirksam sind. Bei kohärenter Beleuchtung eines beliebigen Objekts ergibt sich also die Bildwelle

$$ima(x, y) = \text{FT}^{-1}[spec_{obj}(\boldsymbol{q}) \cdot e^{i\chi(\boldsymbol{q})}]. \tag{11.134}$$

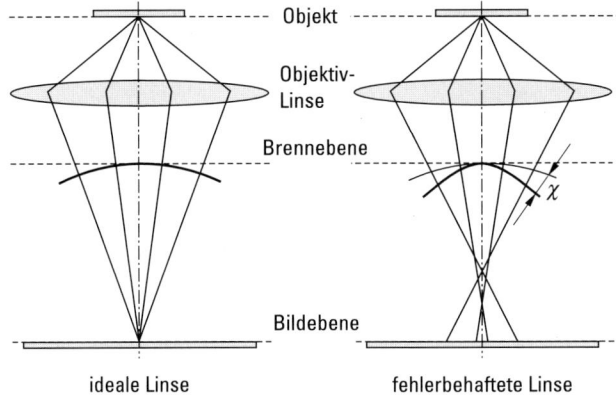

Abb. 11.48 Definition der Wellenaberration χ als Abstand der fehlerbehafteten Welle zur ideal sphärischen Welle in der hinteren Brennebene. Abbildungsfehler wirken wie eine komplizierte Phasenplatte.

Für das Verständnis der Übertragung genügt wieder das monofrequente, cosinusförmige Objekt. Wegen der unterschiedlichen Auswirkung symmetrischer und antisymmetrischer Phasenplatten werden der symmetrische Anteil

$$\chi_{\text{sym}}(\boldsymbol{q}) = \frac{1}{2}[\chi(\boldsymbol{q}) + \chi(-\boldsymbol{q})] \tag{11.135}$$

und der antisymmetrische Anteil

$$\chi_{\text{antisym}}(\boldsymbol{q}) = \frac{1}{2}[\chi(\boldsymbol{q}) - \chi(-\boldsymbol{q})] \tag{11.136}$$

der Wellenaberration eingeführt. Damit ergibt sich in Verallgemeinerung von Gl. (11.125) die Bildwelle

$$ima(x) = 1 + \{[t_0 \cos\chi_{\text{sym}}(q_0) - \varphi_0 \sin\chi_{\text{sym}}(q_0)] + i[t_0 \sin\chi_{\text{sym}}(q_0) + \varphi_0 \cos\chi_{\text{sym}}(q_0)]\}$$
$$\cdot \cos[2\pi q_0 x + \chi_{\text{antisym}}(q_0) + \varepsilon] \tag{11.137}$$

mit dem Bildkontrast

$$K = 2[t_0 \cos\chi_{\text{sym}}(q_0) - \varphi_0 \sin\chi_{\text{sym}}(q_0)]. \tag{11.138}$$

Bei Variation der Raumfrequenz q_0 variieren die Kontrastanteile aus der Objektamplitude t_0 bzw. der Objektphase φ_0 entsprechend der

Amplitudenkontrast-Übertragungsfunktion $ACTF(\boldsymbol{q}) = \cos\chi_{\text{sym}}(\boldsymbol{q})$

und der

Phasenkontrast-Übertragungsfunktion $PCTF(\boldsymbol{q}) = -\sin\chi_{\text{sym}}(\boldsymbol{q})$.

Der Bildkontrast ist also durch die symmetrischen Bildfehler bestimmt (Abb. 11.49). Die antisymmetrischen Bildfehler verändern die Lage der Elementargitter, was zu

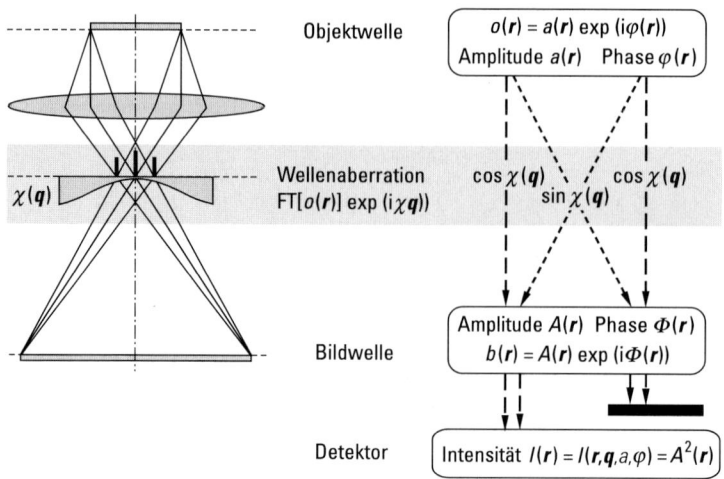

Abb. 11.49 Wellenaberration als Phasenplatte in der hinteren Brennebene und zugehöriges Übertragungsschema. Die Wellenaberration bewirkt eine Umverteilung der Amplituden- und Phaseninformation nach Maßgabe der Übertragungsfunktionen $\cos\chi(q)$ bzw. $\sin\chi(q)$.

einer erheblichen Verfälschung führen kann. In Abb. 11.50 sind die Übertragungsschemata für die unterschiedlichen Eingriffe mittels symmetrischer Phasenplatten dargestellt.

Optimierung der kohärenten Bildfehler. Einige der Bildfehler lassen sich korrigieren: Zur Korrektur der beiden Astigmatismen (zweizählig und dreizählig) stehen Stigmatoren zur Verfügung; die axiale Koma kann durch exakte Justierung des beleuchtenden Strahls auf die Achse der Objektivlinse („*coma-free alignment*") vermieden werden. Für einen Öffnungsfehler-Korrektor wurde vor kurzem ein funktionsfähiger Prototyp entwickelt, er steht aber noch nicht allgemein zur Verfügung. Deshalb muss die Elektronenmikroskopie noch mit dem Öffnungsfehler leben, indem die verbleibende Wellenaberration durch Kombination mit der Defokussierung optimiert wird. Diese Wellenaberration ist rotationssymmetrisch in $\boldsymbol{q}$, also genügt es, die Abhängigkeit von $q = |\boldsymbol{q}|$ zu betrachten (vgl. Gln. (11.93a) u. (11.101))

$$\chi(q) = 2\pi\kappa\left[\frac{1}{4}C_{\mathrm{s}}\left(\frac{q}{\kappa}\right)^4 + \frac{1}{2}Dz\left(\frac{q}{\kappa}\right)^2\right]. \tag{11.139}$$

C_{s} ist der Öffnungsfehler-Koeffizient, Dz die Defokussierung (vgl. Gl. (11.93a)) und κ die Wellenzahl (vgl. Abschn. 11.4.3). Da sich eine Parabel 4. Ordnung nicht durch eine Parabel 2. Ordnung kompensieren lässt, d. h. der Öffnungsfehler nicht durch

---

Abb. 11.50 Schema von Strahlengang und Übertragung bei (a) idealer Abbildung im Amplitudenkontrast; (b) idealer Abbildung im Phasenkontrast; (c) idealer Abbildung im gemischten Amplituden-/Phasenkontrast; (d) fehlerbehafteter Abbildung. Man beachte, dass die Bildphase in keinem der Fälle registrierbar ist. Der Phasenkanal ist blockiert. ▶

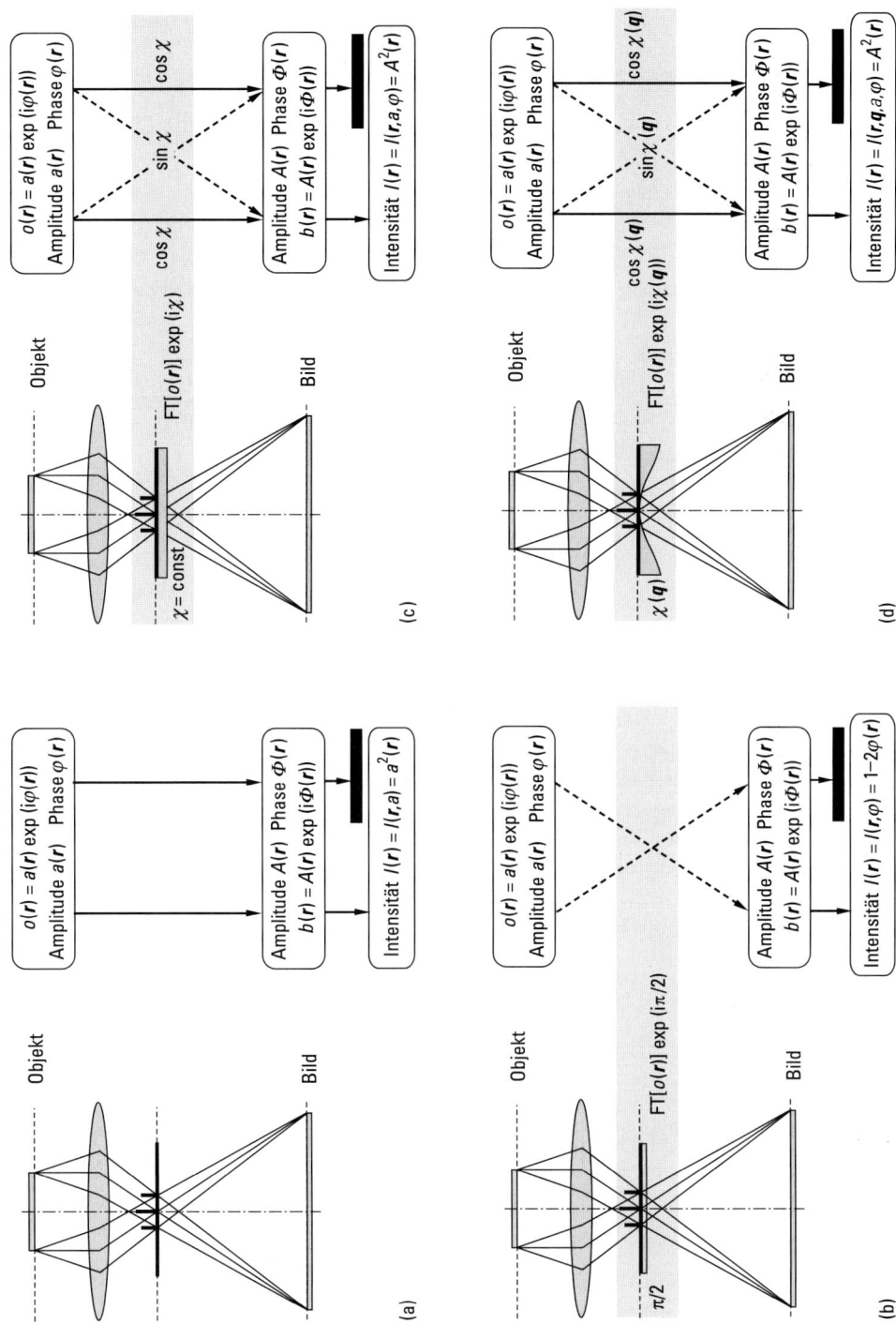

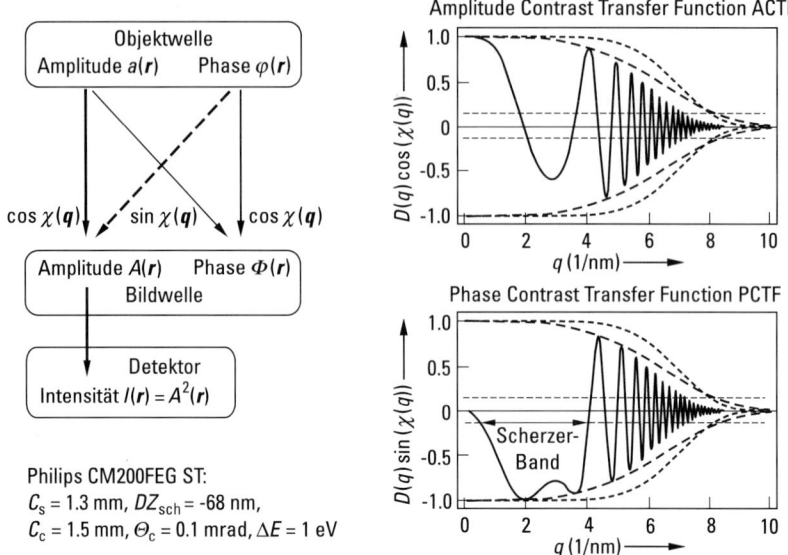

Abb. 11.51 Amplituden- und Phasenkontrast-Übertragungsfunktion im Scherzer-Fokus eines Elektronenmikroskops. Nur der Raumfrequenzbereich des Scherzer-Bandes wird richtig in Phasenkontrast übertragen. Die gestrichelten Linien markieren den angenommenen Rauschpegel. Ein Elektronenmikroskop hat eine Hochpass-Übertragungscharakteristik.

Defokussierung für alle Raumfrequenzen ausgeglichen werden kann, wird die Wellenaberration bereichsweise auf optimalen Phasenkontrast eingestellt; dies ist deshalb sinnvoll, weil die Objektstruktur hauptsächlich die Phase der Objektaustrittswelle moduliert, deren kontrastreiche Sichtbarkeit also erstrebenswert ist. Zur Optimierung wird eine spezielle Defokussierung gewählt, bei der über einen möglichst breiten Raumfrequenzbereich die Zernike-Phase $-\pi/2$ für optimalen Phasenkontrast angenähert wird. Dies gelingt im Scherzer-Fokus (vgl. Abschn. 11.4, Gl. (11.104a))

$$Dz_{\text{Scherzer}} = -1.2\sqrt{\frac{C_s}{\kappa}}. \tag{11.140}$$

Die resultierenden Kontrast-Übertragungsfunktionen sind in Abb. 11.51 dargestellt.
Insbesondere die Phasenkontrast-Übertragungsfunktion

$$PCTF(q) = -\sin\chi(q) \tag{11.141}$$

zeigt einen günstigen Verlauf: Das „Scherzer-Band" von $q_{\min} = 0.32 \sqrt[4]{\kappa^3/C_s}$ bis zur ersten Nullstelle bei $q_{\max} = 1.55 \sqrt[4]{\kappa^3/C_s}$ wird mit nahezu gleichem Phasenkontrast übertragen. $q_{\max}$ wird als *Punktauflösung* des Elektronenmikroskops bezeichnet. Mit den typischen Werten $C_s = (0.6\text{--}1.5)\,\text{mm}$ moderner $(220\text{--}300)\,\text{kV}$-Elektronenmikroskope werden Punktauflösungen $q_{\max} = (0.24\,\text{nm})^{-1}\text{--}(0.16\,\text{nm})^{-1}$ erzielt. Die

Punktauflösung begrenzt die Erkennbarkeit atomarer Details, ist also ein wichtiges Qualitätskriterium. Ebenso wichtig ist aber auch die Tatsache, dass Raumfrequenzen unterhalb von $q_{min} \approx 0.21\, q_{max}$ keinen Phasenkontrast erzeugen. Dies hat zur Folge, dass „Großflächen-Phasenstrukturen" wie mesoskopische elektrische und magnetische Felder unsichtbar bleiben. Ein Elektronenmikroskop ist ein Übertragungssystem mit Hochpass-Charakteristik.

Inkohärente Bildfehler. In den Übertragungsfunktionen in Abb. 11.51 sind bereits die inkohärenten Bildfehler berücksichtigt, die insbesondere hohe Raumfrequenzanteile dämpfen. Sie resultieren daraus, dass die Beleuchtung nicht perfekt kohärent ist, d. h. dass immer eine endliche Beleuchtungsapertur und eine endliche Energiebreite vorliegen:

1. *Winkelkohärenz oder Beleuchtungsapertur.*
Ist die Beleuchtung nicht achsenparallel, sondern um den Winkel ϑ gekippt, wird das Fourier-Spektrum um die Raumfrequenz $Q = \kappa\vartheta$ gegen die optische Achse verschoben, während die kohärente Phasenplatte um die optische Achse zentriert bleibt. Bei kleinen Kippwinkeln ist die nun wirksame Wellenaberration nach Taylor-Entwicklung und Abbruch nach dem linearen Glied gegeben durch

$$\chi(q+Q) = \chi(q) + Q\frac{\partial \chi(q)}{\partial q}. \tag{11.142}$$

Der neu auftretende Term $Q[\partial\chi(q)/\partial q]$ ist antisymmetrisch, verschiebt also das Elementargitter in der Bildebene entsprechend, sodass zusammen mit der symmetrischen Phasenschiebung die Bildwelle (für $t_0 = 0$)

$$ima_Q(x) = 1 + i\varphi_0 \exp[i\chi(q_0)] \cos\left(2\pi q_0 x + Q\frac{\partial \chi(q_0)}{\partial q} + \varepsilon\right) \tag{11.143}$$

resultiert; dies gibt Anlass zu der oben angesprochenen axialen Koma. Die Intensitätsverteilung bei gekippter Beleuchtung ergibt sich folglich zu

$$I_Q(x) = 1 - 2\sin\chi(q_0) \cdot \varphi_0 \cos\left(2\pi q_0 x + Q\frac{\partial \chi(q_0)}{\partial q} + \varepsilon\right). \tag{11.144}$$

Beleuchtung des Objektes mit einer Quelle der normierten Winkelverteilung $I_{Quelle}(Q)$ erzeugt eine entsprechende Vielfalt von Bildintensitäten $I_Q(x)$, aus denen sich die Gesamtintensität im Bild

$$I(x) = \int\limits_{Quelle} I_{Quelle}(Q) \cdot I_Q(x)\, dQ \tag{11.145}$$

aufsummiert. Dies führt auf

$$I(x) = 1 - 2\sin\chi(q_0) \cdot E_{coh}(q_0) \cdot \varphi_0 \cos(2\pi q_0 x + \varepsilon) \tag{11.146}$$

mit der Dämpfungsfunktion

$$E_{coh}(q) = \int\limits_{-\infty}^{+\infty} I_{Quelle}(Q) \exp\left(iQ\frac{\partial \chi(q)}{\partial q}\right) dQ. \tag{11.147}$$

Bei einer Gauß-förmigen Quelle mit der Beleuchtungsapertur ϑ_{coh} (halbe Halbwertsbreite der Winkelverteilung) erhält man

$$E_{\text{coh}}(q) = \exp\left\{-\pi^2 \frac{\kappa^2 \vartheta_{\text{coh}}^2}{\ln 2}\left[C_s\left(\frac{q}{\kappa}\right)^3 + Dz\left(\frac{q}{\kappa}\right)\right]^2\right\}. \quad (11.148)$$

Endliche Beleuchtungsapertur, d. h. mangelnde Winkelkohärenz der Beleuchtung, führt also zur Dämpfung insbesondere der hohen Raumfrequenzanteile.

2. *Längenkohärenz oder Energiebreite der beleuchtenden Elektronen.*
Elektronen unterschiedlicher Energie haben unterschiedliche Wellenlängen, sie zeigen unterschiedliche Wechselwirkung mit dem Objekt und werden wegen der chromatischen Aberration unterschiedlich fokussiert. Hier ist nur der letztgenannte Aspekt wichtig, zu dem auch Schwankungen des Objektivlinsenstroms I_{Linse} beitragen. Die Wellenaberration $\chi(q)$ ist zu ergänzen durch einen energieabhängigen Anteil

$$\chi_E(q) = \chi_{E,0}(q) \cdot E, \quad (11.149)$$

wobei E die Abweichung von der Sollenergie eU_b^* ist. Da $\chi_E(q)$ symmetrisch in q ist, ergibt sich jetzt die energieabhängige Bildintensität zu

$$I_E(x) = 1 - 2\sin[\chi(q_0) + \chi_E(q_0)] \cdot E_{\text{coh}}(q_0) \cdot \varphi_0 \cos(2\pi q_0 x + \varepsilon), \quad (11.150)$$

und, gemittelt über die normierte Energieverteilung $G(E)$, resultiert

$$I(x) = 1 - 2\sin\chi(q_0) \cdot E_{\text{chrom}}(q_0) \cdot E_{\text{coh}}(q_0) \cdot \varphi_0 \cos(2\pi q_0 x + \varepsilon). \quad (11.151)$$

$E_{\text{chrom}}(q)$ ist die chromatische Dämpfungsfunktion

$$E_{\text{chrom}}(q) = \int G(E) \exp[i\chi_{E,0}(q) E] \, dE. \quad (11.152)$$

Für eine Gauß-förmige Energieverteilung mit der Standardabweichung $\sigma(E) = \Delta E_{1/2}/(2\sqrt{2\ln 2})$ bzw. der vollen Halbwertsbreite $\Delta E_{1/2}$ ergibt dies

$$E_{\text{chrom}}(q) = \exp\left[-\frac{1}{2}\pi^2 \kappa^2 \Delta^2\left(\frac{q}{\kappa}\right)^4\right] \quad (11.153)$$

mit der Defokus-Schwankung

$$\Delta = C_c \sqrt{\frac{\sigma^2(E)}{U_b^{*2}}}. \quad (11.154)$$

C_c ist der Farbfehler-Koeffizient der Objektivlinse.

Die Erweiterung auf Schwankungen der Beschleunigungsspannung U_b und des Objektivlinsenstroms I_{Linse} führt auf die Defokus-Schwankung

$$\Delta = C_c \sqrt{\frac{\sigma^2(E)}{U_b^{*2}} + \frac{\sigma^2(U_b)}{U_b^{*2}} + 4\frac{\sigma^2(I_{\text{Linse}})}{I_{\text{Linse}}^2}}. \quad (11.155)$$

Zusammen mit einer gegebenenfalls vorhandenen materiellen Blende $B(q)$ lässt sich die raumfrequenzabhängige Dämpfung des bildseitigen Fourier-Spektrums durch die inkohärenten Bildfehler mittels der Dämpfungsfunktion

$$D(q) = B(q) \cdot E_{\text{coh}}(q) \cdot E_{\text{chrom}}(q) \quad (11.156)$$

beschreiben. Ihre Wirkung ist in Abb. 11.51 dargestellt. Raumfrequenzen mit $D(q) \leq e^{-2}$ gelten als verloren, weil sie unterhalb des angenommenen Rauschpegels von e^{-2} liegen. Dies definiert die Informationsübertragungsgrenze q_{lim}.

11.5.1.5 Zusammenfassung

Die aberrationsbehaftete Abbildung wird durch eine verallgemeinerte Wellenübertragungsfunktion

$$WTF(q) = B(q)\, E_{\text{coh}}(q)\, E_{\text{chrom}}(q) \cdot \exp[i\chi(q)] \qquad (11.157)$$

beschrieben. Die kohärenten Aberrationen deformieren die Bildwelle nach Maßgabe der Wellenaberration $\chi(q)$; durch sie wird die Information außerhalb des Scherzer-Bandes verfälscht, sie ist schwer zu interpretieren, bleibt aber erhalten. Die inkohärenten Aberrationen dämpfen die Übertragung insbesondere der hohen Raumfrequenzen, sie vernichten Information jenseits der Informationsübertragungsgrenze unwiederbringlich.

Der heutige Stand der Transmissions-Elektronenmikroskopie lässt sich folgendermaßen zusammenfassen: Kommerziell erhältliche Elektronenmikroskope erreichen mit einem Öffnungsfehler-Koeffizienten von $C_s = 0.6\,\text{mm}$ eine Punktauflösung von $(0.16\,\text{nm})^{-1}$, und mit der weit verbreiteten hochkohärenten Feldemissionsquelle ist eine Informationsübertragungsgrenze von etwa $(0.1\,\text{nm})^{-1}$ erreichbar. Bildbeispiele sind in den Abbn. 11.52 u. 11.53 zu sehen. Zur zuverlässigen Interpretation hochaufgelöster Bilder ist jedoch der Vergleich mit numerischer Bildsimulation unverzichtbar. Dann aber können unter günstigen Durchstrahlungsbedingungen des Objekts Atome lokalisiert und in Einzelfällen bereits quantitativ analysiert werden, d. h. Atomsorten können unterschieden werden. Das eigentliche Ziel der Beantwortung der Frage „*Welches Atom ist wo?*" ist also in greifbare Nähe gerückt.

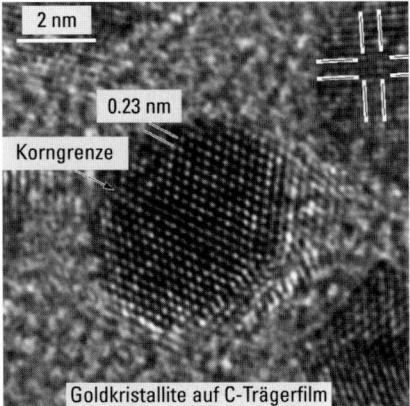

Abb. 11.52 TEM-Hochauflösungsaufnahme von Gold-Clustern. Die Punkte können als Gold-Atome interpretiert werden. Rechts oben ist die fcc-Einheitszelle in einem (100)-orientierten Kristallit zu erkennen (Aufnahme: H. Banzhof, TU Dresden).

Abb. 11.53 Hochauflösungsaufnahme eines Viellagensystems bestehend aus epitaktisch aufgewachsenen Schichten aus Lanthan-Strontium-Manganat (LSMO) und Strontium-Titanat (STO). Es wird deutlich, dass die Schichten atomar sauber aufeinander aufgewachsen sind (Aufnahme: K. Vogel, TU Dresden).

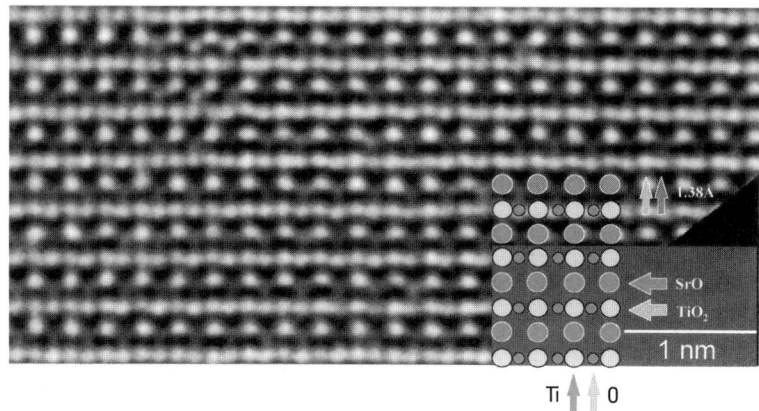

Abb. 11.54 Höchstauflösungsaufnahme von Strontium-Titanat in [110]-Orientierung im derzeit besten Elektronenmikroskop mit Öffnungsfehler-Korrektor aufgenommen (Jia et al. [50]); dieses Mikroskop wurde im Forschungszentrum Jülich aufgebaut. Die verbesserte Auflösung äußert sich darin, dass Feinheiten der atomaren Strukturen besser erkennbar sind. Beispielsweise sind die Sauerstoff-Atome deutlich zu lokalisieren. Durch quantitative Auswertung der Intensität lässt sich sogar die lokale Sauerstoffkonzentration bestimmen.

Der Bereich atomarer Auflösung ist trotz der Begrenzung durch den Öffnungsfehler nahezu erreicht. Entsprechend einem Theorem von Scherzer lässt sich der Öffnungsfehler bei gebräuchlichen Linsen (rund, raumladungsfrei und zeitlich konstant) nicht vermeiden. In jüngster Zeit ist es aber gelungen, mithilfe unrunder Abbildungselemente den Öffnungsfehler zu korrigieren (Rose [49]). Wie in Abb. 11.54 zu erkennen ist, eröffnet dies völlig neue Einblicke in atomare Dimensionen. Insbesondere werden jetzt auch die Atome mit kleiner Ordnungszahl sichtbar. Anders als in bisherigen Abbildungen zeigen sich auch Abweichungen von der Idealstruktur des Kristalls: Netzebenen erscheinen tatsächlich nicht exakt geradlinig, manchmal sind Atome auf Zwischengitterplätzen sichtbar, äquivalente Positionen im Gitter variieren im Kontrast. Die Analyse dieser feinsten Bildstrukturen im Sinn von Materialeigenschaften wird zum Verständnis der Struktur-Eigenschaftsbeziehung in der Festkörper- und Materialphysik entscheidend beitragen.

11.5.2 Elektronenholographie

Der Verlauf der Phasenkontrast-Übertragungsfunktion in Abb. 11.55 zeigt die Grenzen der konventionellen Abbildung im Transmissions-Elektronenmikroskop: Großflächige Phasenstrukturen mit Raumfrequenzen unterhalb des Scherzer-Bandes, d. h. mit $q < q_{min}$, erzeugen überhaupt keinen Kontrast, bleiben also unsichtbar; sehr hohe Raumfrequenzen oberhalb des Scherzer-Bandes, also mit $q_{max} < q < q_{lim}$, werden zwar übertragen, tragen aber mit unterschiedlichem Vorzeichen zum Kontrast bei, oder sind durch die antisymmetrischen Fehler verschoben; sie verfälschen das Bild und sind schwer zu interpretieren. Der tiefere Grund für diese Probleme liegt darin, dass mit der konventionell nicht detektierbaren Bildphase $\Phi(x, y)$ ein erheblicher Teil der Objektinformation nicht zugänglich ist. Dieser Informationsverlust wird durch die Elektronenholographie behoben, indem durch Interferenz mit einer

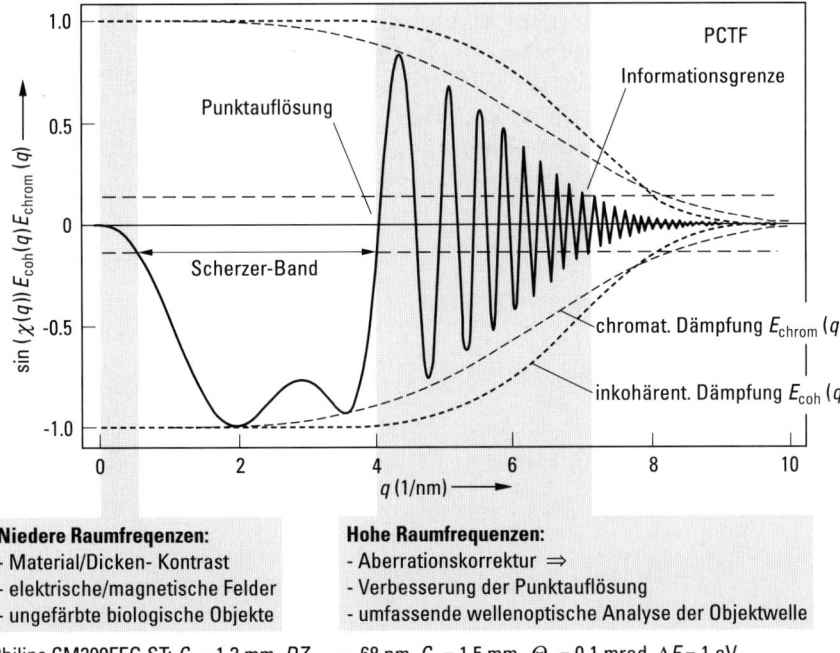

Philips CM200FEG ST: C_s = 1.3 mm, DZ_{sch} = -68 nm, C_c = 1.5 mm, Θ_c = 0,1 mrad, ΔE = 1 eV

Abb. 11.55 Verbesserung der Aussagefähigkeit der Elektronenmikroskopie durch Holographie. Elektronenholographie macht Großflächen-Phasenkontrast unterhalb des Scherzer-Bandes sichtbar und bringt durch Korrektur der Aberrationen die Oszillationen oberhalb des Scherzer-Bandes zum Verschwinden. Insgesamt wird die Übertragung bis zur Informationsübertragungsgrenze der inkohärenten Aberrationen optimiert.

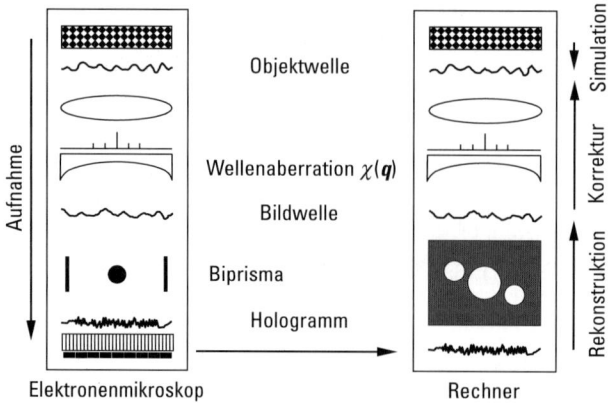

Abb. 11.56 Schema der Elektronenholographie. Mithilfe des Elektronenbiprismas wird im Elektronenmikroskop ein Bildebenen-off-axis-Hologramm aufgezeichnet und mittels einer CCD-Kamera in einen Bildverarbeitungsrechner übertragen. Dort wird die Elektronenwelle durch ein numerisch modelliertes Mikroskop bis zur Objektaustrittsebene zurückpropagiert.

Referenzwelle auch die Bildphasen detektiert werden (Gabor [51]). Die leistungsfähigste Variante ist heute die Bildebenen-Off-Axis-Holographie (Wahl [52]), wobei Bild- und Referenzwelle unter einem Winkel („*off-axis*") überlagert werden (Leith und Upatnieks [53]). Das Prinzip ist in Abb. 11.56 zu sehen: Mittels des Elektronenhologramms wird die komplette Bildwelle in einen Rechner kopiert, sodass sie mit allen denkbaren wellenoptischen Verfahren korrigiert und analysiert werden kann.

11.5.2.1 Methode der Bildebenen-Off-Axis-Holographie

Um die Bildphase zu detektieren, wird der Bildwelle $ima(x, y)$ mittels des Möllenstedt'schen Elektronenbiprismas eine kohärente, ebene Referenzwelle $ref = \exp(i2\pi q_c x)$ der Intensität 1 überlagert; sie ist gegen die Bildwelle um den Winkel $\beta = q_c/\kappa$ in x-Richtung verkippt. Es resultiert ein Bildebenenhologramm mit der Intensitätsverteilung

$$I_{\text{hol}}(x, y) = [ima(x, y) + ref][ima(x, y) + ref]^*$$
$$= 1 + A^2(x, y) + 2K \cdot A(x, y) \cos[2\pi q_c x + \Phi(x, y)]. \qquad (11.158)$$

K ist der Kontrast der Interferenzstreifen, der im Wesentlichen durch den Kohärenzgrad zwischen den beiden Wellen und durch Instabilitäten während der Aufnahme gegeben ist; $q_c = \kappa\beta$ ist ihre Trägerfrequenz. Im cosinusförmigen Interferenzterm findet sich (noch verschlüsselt) die vollständige Bildwelle wieder: Die Amplitude $A(x, y)$ moduliert den Kontrast, die Phase $\Phi(x, y)$ bestimmt die Position der Hologrammstreifen. Das Hologramm wird mittels einer CCD-Kamera in einen Rechner eingelesen, wo die Bildwelle mit Mitteln der numerischen Bildverarbeitung rekonstruiert und als Amplituden- und Phasenbild quantitativ dargestellt wird.

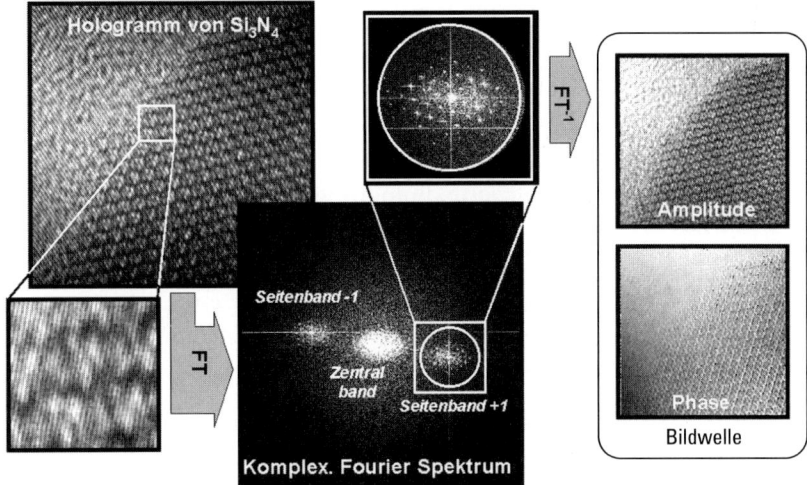

Abb. 11.57 Schema der Rekonstruktion der kompletten Bildwelle. Das Hologramm wird Fourier-transformiert, das Seitenband +1 wird ausgeschnitten, zentriert und invers Fourier-transformiert. Im Ortsraum findet man Amplituden- und Phasenbild der Bildwelle: Jetzt ist auch der Phasenkanal der Wellenabbildung im Elektronenmikroskop nutzbar (FT := Fourier-Transformation).

Die Rekonstruktion der Bildwelle aus dem Hologramm geschieht hauptsächlich im Fourier-Raum (Abb. 11.57). Das Fourier-Spektrum des Hologramms

$$\begin{aligned} spec_{\text{hol}}(q) = & \; \text{FT}[1 + A^2] \otimes \delta(q) & & \text{Zentralband} \\ & + K \cdot \text{FT}[A \exp(\mathrm{i}\Phi)] \otimes \delta(q - q_{\text{c}}) & & + \text{Seitenband} \\ & + K \cdot \text{FT}[A \exp(-\mathrm{i}\Phi)] \otimes \delta(q + q_{\text{c}}) & & - \text{Seitenband} \end{aligned} \quad (11.159)$$

besteht aus drei Bändern, die um den Ursprung bzw. um die beiden Reflexe in $\pm q_{\text{c}}$ gefaltet sind; nur die beiden Seitenbänder repräsentieren die vollständige Bildwelle mit Amplitude und Phase bzw. die konjugiert komplexe Bildwelle. Das + Seitenband um $+q_{\text{c}}$ wird mittels einer Rekonstruktionsblende $B_{\text{rec}}(q)$ ausgeschnitten, in den Ursprung zentriert und invers Fourier-transformiert. Die rekonstruierte Bildwelle ist also im Ortsraum gegeben durch

$$ima_{\text{rec}}(x, y) = K \cdot \text{FT}^{-1}\{\text{FT}[A \exp(\mathrm{i}\Phi)] \cdot B_{\text{rec}}(q)\}. \quad (11.160)$$

Sie ist gedämpft durch den Kontrast K der Hologrammstreifen, der das Signal/Rausch-Verhältnis bestimmt. Durch die Blende $B_{\text{rec}}(q)$ wird die Lateralauflösung bestimmt; sie sollte so groß gewählt werden, dass das rekonstruierte Seitenband nicht beschnitten wird. Dies ist jedoch nur möglich, wenn der Abstand zwischen Seitenband und Zentralband so groß ist, dass sie sich nicht überlappen. Das ist gewährleistet, wenn q_{c} größer als die dreifache Maximal-Raumfrequenz in der Bildwelle ist, d. h. wenn die Interferenzstreifen die Bildwelle hinreichend oft abtasten.

Unter der Bedingung hinreichenden Streifenkontrastes und ausreichend hoher Trägerfrequenz q_c des Hologramms stimmt die rekonstruierte Bildwelle

$$ima_{rec}(x, y) \equiv ima(x, y)$$

mit der Bildwelle im Elektronenmikroskop überein. Sie steht zur weiteren Analyse von Amplitude $A(x, y)$ und Phase $\Phi(x, y)$ quantitativ zur Verfügung.

Die (vergleichsweise komplizierte) holographische Methode bietet gegenüber dem konventionellen Abbildungsverfahren einige sehr wichtige Vorteile:

1. Der Phasenkanal wird geöffnet, also ist der Verlust der Bildphase überwunden.
2. Amplitude und Phase der Bildwelle werden sauber getrennt rekonstruiert.
3. Holographie ist linear, weil Wellen (im Gegensatz zu Intensitäten) immer linear übertragen werden.
4. Holographie ist rein elastisch, weil inelastische Wechselwirkung mit $\Delta E \geq 10^{-15}$ eV die Kohärenz zerstört, folglich nicht zu den Hologrammstreifen beiträgt.
5. Holographie ist quantitativ, weil die Kontrastmodulation durch die Bildamplitude und die Auslenkung der Interferenzstreifen durch die Bildphase beide mit hoher Genauigkeit messbar sind.
6. Holographie erlaubt die nachträgliche Anwendung aller denkbarer wellenoptischer Verfahren der numerischen Bildverarbeitung zur Extraktion und Darstellung der Objektinformation.

Umfangreichere Darstellung zu Methode und Anwendungen der Elektronenholographie finden sich z. B. bei Tonomura [54] oder Lichte und Lehmann [55].

11.5.2.2 Anwendungen

Mittlere Auflösung: Quantitative Darstellung elektrischer und magnetischer Mikrofelder. Elektrische und magnetische Felder sind im konventionellen Elektronenbild nicht zu sehen, da sie, verglichen mit atomaren Feinheiten, die Elektronenwelle großflächig in der Phase modulieren, folglich nach Ausweis der Phasenkontrast-Übertragungsfunktion nicht in Phasenkontrast übertragen werden.

Im Bereich $q < q_{min}$ unterhalb des Scherzer-Bandes kann die Abbildung durch die Objektivlinse als annähernd aberrationsfrei betrachtet werden. Deshalb stimmt in diesem Raumfrequenzbereich die rekonstruierte Bildwelle mit der Objektaustrittswelle überein, und im rekonstruierten Phasenbild der Bildwelle wird die Phase der Objektaustrittswelle quantitativ richtig dargestellt. Daher kann die Phase der Bildwelle direkt zu Messungen von elektrischen und magnetischen Feldern bis in den Nanometerbereich verwendet werden. Beispiele für die holographische Analyse von Magnetfeldern, ferroelektrischer Polarisation und elektrischer Potentialstrukturen in Halbleitern sind in den Abbn. 11.58 bis 11.60 gezeigt.

Atomare Auflösung: Korrektur der Aberrationen. Generell besteht das Ziel, eine resultierende Wellenübertragungsfunktion $WTF_{res} \equiv 1$ für alle Raumfrequenzen zu erhalten. Da die komplette Bildwelle zur Verfügung steht, kann dies durch numerische a-posteriori-Korrektur der Abbildungsfehler des Elektronenmikroskops erreicht

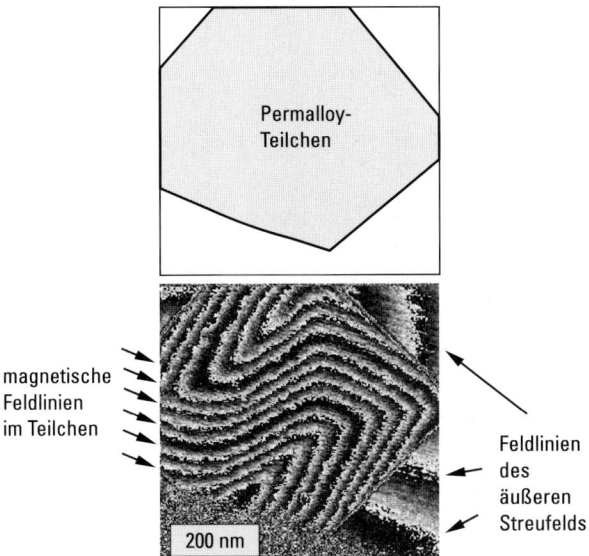

Abb. 11.58 Magnetische Struktur eines Permalloy-Teilchens. Oben: Lage des Teilchens im Hologramm. Unten: Rekonstruiertes Phasenbild. Die Linien gleicher Phase zeigen den Verlauf des Magnetfeldes im Innern und im Außenraum. Form und Orientierung der magnetischen Domänen sind gut zu erkennen.

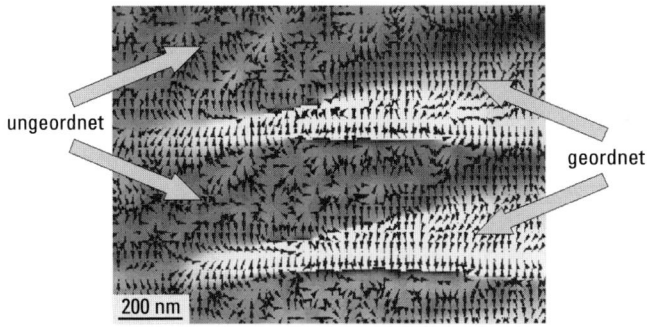

Abb. 11.59 Ferroelektrische Polarisation in einem $BaTiO_3$-Kristall. In dem Phasenbild sind ferroelektrische Domänen durch unterschiedliche Helligkeit zu erkennen. Die Pfeile geben die Richtung des Phasengradienten an, der die ferroelektrische Polarisierung sichtbar macht (aus Lichte et al. [56]).

werden. Allerdings ist dies nur bis zur Informationsgrenze möglich, weil darüber hinaus das Rauschen dominiert. Zur Korrektur wird der Abbildungsweg durch das Elektronenmikroskop im Rechner numerisch nachgebildet, und die rekonstruierte Elektronenwelle wird von der Bildebene in die Objektaustrittsebene zurückpropagiert, wobei die Abbildungsfehler korrigiert werden.

1104   11 Materiewellen, Elektronenoptik

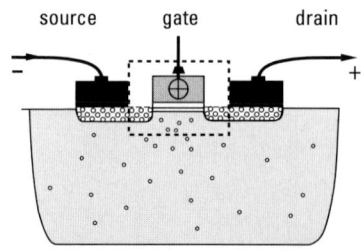

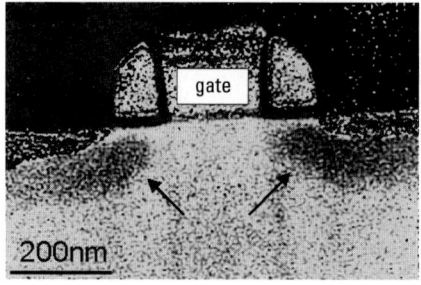

Abb. 11.60 Holographische Analyse der Dotierverteilung in Halbleitern, nach Rau et al. [57]. *Oben*: Schema eines p-MOSFET-Feldeffekt-Transistors mit den zur Kontaktierung implantierten Dotierwannen unterhalb von Drain und Source. Der eingerahmte Bereich ist in dem unteren Bild zu sehen. *Unten*: Das Phasenbild zeigt die Dotiergebiete (Pfeile), die aufgrund ihrer Potentialverteilung eine Phasendifferenz zur Umgebung aufweisen. Die p-Dotierung führt zu einem negativen Potential in den Dotierwannen, deshalb ist dort die Phasenschiebung schwächer (dunkler) als in der undotierten Umgebung. Dieser Transistor hat nicht funktioniert; der Grund für das Versagen wird deutlich: Die Dotierwannen reichen nicht bis an die Gate-Elektrode (Aufnahme: A. Lenk, TU Dresden).

Aus der rekonstruierten Bildwelle $ima_{rec}(x, y)$ bekommt man die rekonstruierte Objektaustrittswelle $obj_{rec}(x, y)$ durch Entfaltung der Punktverwaschungsfunktion *PSF*. Dies geschieht am besten im Fourier-Raum mittels

$$obj_{rec}(x, y) = FT^{-1} \left\{ \frac{FT[ima_{rec}(x, y)]}{WTF(q)} \right\}. \qquad (11.161)$$

Hier ist die große Herausforderung die hinreichend genaue Bestimmung der Aberrationsparameter des Elektronenmikroskops bei der Aufnahme des Hologramms. Tatsächlich lässt sich mittlerweile die in Amplitude und Phase interpretierbare Auflösung bis zur Informationsübertragungsgrenze $q_{lim} \approx (0.1\,\text{nm})^{-1}$ verbessern (Abb. 11.61). Erwartungsgemäß zeigt die von unterschiedlichen Atomsorten hervorgerufene Phasenschiebung deutliche Unterschiede, was atomare Materialanalytik erlaubt (Abb. 11.62). Damit weist die Elektronenholographie nach Korrektur der Aberrationen einen Weg zur Beantwortung der Frage: „*Welches Atom ist wo?*"

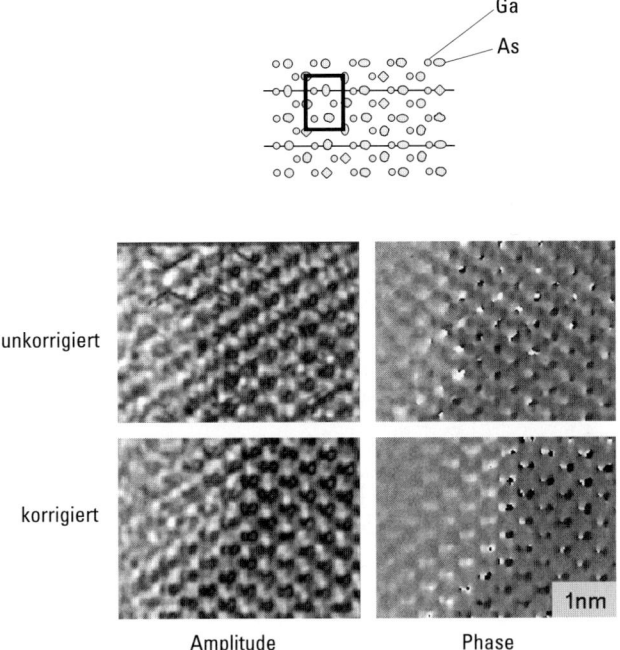

Abb. 11.61 Atomare Elektronenholographie. *Oben*: Schema eines GaAs-Kristalls in (110)-Orientierung mit Einheitszelle. Jeder Punkt repräsentiert eine Atomsäule senkrecht zur Zeichenebene. *Unten*: Holographisch rekonstruierte Bildwelle ohne Aberrationskorrektur (oben) und Objektaustrittswelle nach Korrektur (unten): Erst nach Aberrationskorrektur sind die Gallium- und Arsen-Atome mit dem Abstand von 0.14 nm sowohl in Amplitude als auch in Phase getrennt dargestellt (aus Lichte und Lehmann [55]).

11.5.3 Rasterelektronenmikroskopie

Das Prinzip des Rastermikroskops wurde bereits 1935 durch Knoll [58] und 1938 durch von Ardenne [59, 60] eingeführt, ist aber erst nach 1960 technisch bedeutsam geworden. Das erste kommerziell vertriebene Rasterelektronenmikroskop (Stereoscan/Cambridge Instruments Ltd.) wurde 1965 verfügbar und basierte auf den Arbeiten von McMullan, Smith, Oatley und Wells [61–63].

Im Gegensatz zum bisher besprochenen konventionellen Elektronenmikroskop, wo die gesamte Bildinformation gleichzeitig auf einem Leuchtschirm oder einer Fotoplatte registriert wird, werden beim Rastermikroskop die Objektpunkte durch eine feine Elektronensonde mit einem Durchmesser der Größenordnung 1 nm nacheinander rasterförmig abgetastet. Elektronenoptische Methoden werden hier hauptsächlich zur Erzeugung der feinen Elektronensonde benutzt. Dies geschieht mit einem üblichen Elektronenstrahl-Erzeugungssystem (Abb. 11.26) oder auch mit einer Feldemissionskathode (Abschn. 11.4.2) und meist drei magnetischen Linsen, die den

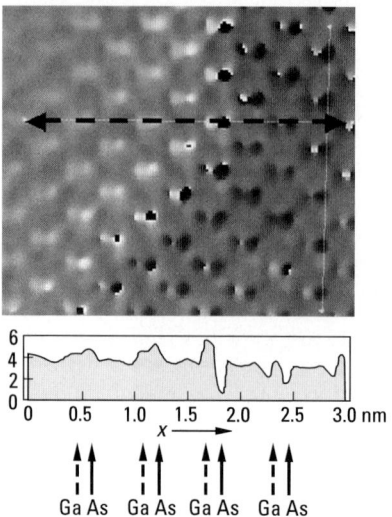

Abb. 11.62 Quantitative atomare Elektronenholographie. Der Linescan über das Phasenbild des GaAs-Kristalls zeigt deutliche Unterschiede in der Phasenschiebung zwischen Ga ($Z = 31$) und Arsen ($Z = 33$). Da die Phasenschiebung mit der Ordnungszahl in berechenbarer Weise ansteigt, bewirkt Arsen eine stärkere Phasenschiebung. Dies ist die Grundlage der atomaren Materialanalyse aus elektronenholographischen Phasenbildern (aus Lichte und Lehmann [55]).

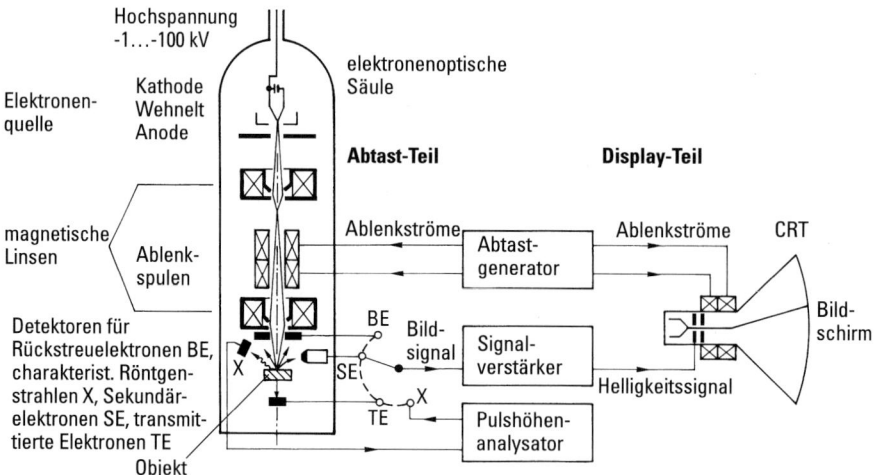

Abb. 11.63 Prinzipieller Aufbau eines Rasterelektronenmikroskops (vereinfacht). Schalterstellungen: SE und BE zur Abbildung von Oberflächen; TE zur Abbildung von dünnen Schichten in Durchstrahlung (Transmission); X zur Aufnahme von Elementverteilungen mit charakteristischen Röntgenquanten (Elektronenstrahl-Mikroanalyse), vgl. Abb. 11.75.

cross-over stark verkleinert auf dem zu untersuchenden Objekt abbilden (Abb. 11.63: Abtast-Teil). Zusätzlich angebrachte Ablenkspulen erlauben ein zeilenweises Abtasten des Objekts ähnlich wie bei der Fernsehtechnik. In der getroffenen Objektstelle werden Sekundärelektronen ausgelöst und Strahlelektronen rückgestreut. Sie gelangen zum Teil in einen seitlich oder über dem Objekt angebrachten Elektronendetektor (z. B. einen Everhart-Thornley-Detektor [64], Schalterstellung SE oder BE in Abb. 11.63). Das daraus entstehende elektrische Signal wird verstärkt und zur Helligkeitssteuerung einer Fernsehbildröhre CRT verwendet, deren Elektronenstrahl synchron mit dem Abtaststrahl im Rastermikroskop zeilenweise über den Leuchtschirm geführt wird (Display-Teil in Abb. 11.63). Auf diese Weise erhält man ein Bild der abgetasteten Objektfläche auf dem Leuchtschirm der Bildröhre.

Das Rasterelektronenmikroskop (Abb. 11.64) ist besonders zur Abbildung der Oberfläche massiver Proben geeignet, die im Durchstrahlungsmikroskop direkt überhaupt nicht abzubilden ist. Sowohl gegenüber diesem als auch gegenüber dem Lichtmikroskop zeichnet sich das Rasterelektronenmikroskop wegen der geringen Strahlaperturen durch große Schärfentiefe aus, die es besonders zum Studium dreidimensionaler Strukturen etwa von rauen und zerklüfteten Oberflächen geeignet macht (Abbn. 11.65 u. 11.66; vgl. auch Bd. 6, Abschn. 3.5.3).

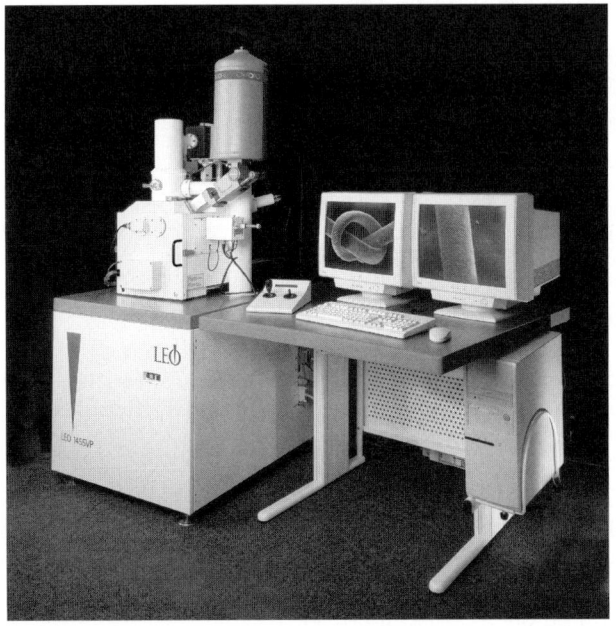

Abb. 11.64 Modernes Raster-Elektronenmikroskop für Elektronenenergien von 0.2 bis 30 keV bei einstellbarem Druck bis 400 Pa (LEO 1455 VP; mit freundlicher Genehmigung der LEO Elektronenmikroskopie GmbH, Oberkochen). Links die elektronenoptische Säule, rechts der Bildbeobachtungsteil. Seitlich an der elektronenoptischen Säule angeflanscht ist eine Kühlvorrichtung, z. B. für einen energiedispersiven Röntgendetektor zur Elektronenstrahl-Mikroanalyse (vgl. Abschn. 11.6).

1108 11 Materiewellen, Elektronenoptik

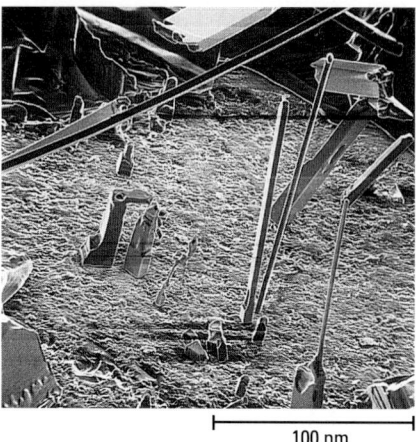

|—— 100 nm ——|

Abb. 11.65 Rasterelektronenmikroskopische Aufnahme von Alkalihalogenid-Whiskern [65].

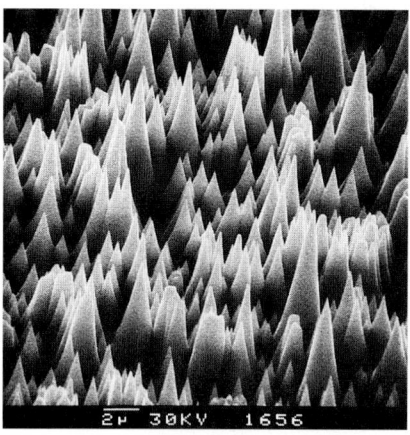

Abb. 11.66 Rasterelektronenmikroskopische Aufnahme einer Silber-(11,3,1)-Einkristalloberfläche nach Beschuss mit 24-keV-Ar-Ionen: Kegelbildung durch Ionenätzung (Aufnahme: J. Linders, Optisches Institut, TU Berlin, 1984).

Die Auflösungsgrenze bei der Abbildung von Oberflächen massiver Proben liegt bei den üblicherweise verwendeten Elektronenenergien von 20 bis 30 keV bei etwa 20 nm, da selbst bei einer Elektronensonde mit viel kleinerem Durchmesser infolge von Elektronendiffusion im Objekt Sekundärelektronen in der weiteren Umgebung ausgelöst werden. Wenn jedoch der Durchmesser des „Diffusionshofs" groß genug gegenüber dem abzubildenden Objektbereich ist, wie es z. B. bei höheren Elektronenenergien von 50 oder 100 keV der Fall ist, so haben die durch die diffus rückgestreuten Primärelektronen ausgelösten Sekundärelektronen nur den Effekt eines gleichmäßigen Hintergrund-Signals. Dieses stört das bildgebende Signal der von den Primärelektronen direkt ausgelösten Sekundärelektronen nicht mehr. Auf diese

Weise ist es möglich – auch durch zusätzliche Maßnahmen wie dem Einsatz von Feinfokus-Feldemissions-Kathoden und von speziellen Elektronendetektoren innerhalb der Objektivlinse (*in-the-lens-detector*) – Auflösungen unter 1 nm auf der Oberfläche massiver Objekte zu erreichen. Eine andere Möglichkeit, bessere Auflösungen bei massiven Objekten zu erzielen, ist die Verwendung niedriger Elektronenenergien von 0.2 bis 5 keV, bei denen der Durchmesser der Diffusionswolke klein ist.

Der Diffusionshof kann sich jedoch nicht in dünnen Schichten ausbilden. Bei der Untersuchung dünnster Objektschichten ist daher im Prinzip die gleiche hohe Auflösung von wenigen 0.1 nm zu erwarten wie beim konventionellen Durchstrahlungs-Elektronenmikroskop. Der Elektronendetektor wird dann zweckmäßigerweise unter der Objektschicht angebracht (Schalterstellung TE in Abb. 11.63). Ein solches *Durchstrahlungs-Rasterelektronenmikroskop* (STEM: *scanning transmission electron microscope*) hat gegenüber dem konventionellen Durchstrahlungs-Elektronenmikroskop wegen der zeitlich sequentiellen Abtastung die zusätzliche Möglichkeit, die Bildsignale in einfacher Weise elektronisch zu verarbeiten. Ein weiterer wesentlicher Vorteil besteht darin, dass Elektronen, die in der Objektschicht durch unelastische Stöße einen Teil ihrer Energie verloren haben, genauso wie Elektronen ohne Energieverlust zur Bildentstehung beitragen können, da nach Durchstrahlung des Objekts keine elektronenoptische Abbildung erfolgt und der Farbfehler der Elektronenlinsen sich nicht auswirken kann (im konventionellen Durchstrahlungsmikroskop wird infolge der Abhängigkeit der Elektronenlinsen-Brennweite von der Elektronenenergie – vgl. Gl. (11.74) und (11.84) – die Abbildung durch Elektronen mit unterschiedlichen Energieverlusten unscharf, was sich insbesondere bei dickeren Objektschichten bemerkbar macht). Bei Durchstrahlungs-Rasterelektronenmikroskopen höchster Auflösung werden heute Feldemissionskathoden verwendet (vgl. Abschn. 11.4.2), da sie es gestatten, einen Elektronenstrahl mit sehr geringer Energiebreite zu erzeugen, der sich mit Elektronenlinsen zu einer Sonde mit wenigen 0.1 nm Durchmesser auf dem Objekt fokussieren lässt. Mit einem solchen Gerät ist es Crewe [66] erstmals gelungen, einzelne Schweratome in DNS-Molekülen sichtbar zu machen (Abb. 11.67).

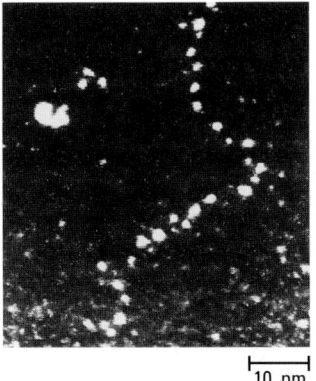

10 nm

Abb. 11.67 Rastertransmissionselektronenmikroskopische Aufnahme von Uran-Atomen, die in ein fadenförmiges DNS-Molekül zu dessen Kontrastierung bzw. *Staining* (= Anfärbung) eingebaut wurden [66].

Zusätzliche Detektoren, z. B. unterhalb der Objektschicht zur Registrierung insbesondere der in größere Winkel gestreuten transmittierten Elektronen, geben weitere, auch quantitative Informationen, im Beispiel über die Massendicke der elektronenbestrahlten Objektstelle bzw. über die Ordnungszahl Z der Atome an dieser Stelle (Z-Kontrast). Rasterelektronenmikroskope, die vor allem für die verschiedenen Transmissions-Betriebsmodi optimiert sind, werden dedizierte Rastertransmissions-Elektronenmikroskope genannt (*dedicated STEM*).

11.5.4 Puls-Elektronenmikroskopie

In Abschn. 11.4 wurde die Elektronenmikroskopie von Objekten besprochen, die sich zeitlich nicht ändern oder – z. B. unter äußeren Einflüssen wie Kräften, Temperaturänderungen, korrosiven Gasen, elektrischen und magnetischen Feldern etc. – nur so langsam, dass man die Veränderung des Objekts direkt im elektronenmikroskopischen Bild verfolgen (und gegebenenfalls als Film speichern) kann, um die Reaktion des Objektes auf solche Einflüsse zu studieren. Das Elektronenmikroskop wird dabei als Mikrolaboratorium benutzt, um die im Objekt ablaufenden mikroskopischen Vorgänge sichtbar zu machen.

Bei der Untersuchung von Vorgängen bei der Materialbearbeitung (Schmelzen, Verdampfen, Zersetzen, Erstarren) ist man auch interessiert, sehr schnelle Vorgänge sichtbar zu machen, die sich etwa im Zeitbereich von Nanosekunden (1 ns = 10^{-9} s) abspielen. Dazu müssen elektronenmikroskopische Momentaufnahmen mit Belichtungszeiten von ebenfalls nur Nanosekunden gemacht werden. Insbesondere die Vorgänge bei der Bearbeitung von harten Werkstoffen mit fokussierten Laserpulsen sind u.a. Gegenstand der Forschung. Durch Kombination von Elektronenoptik, gepulsten Lasern (vgl. Abschn. 8.5) und schneller Elektronik gelingt es, Elektronenmikroskope mit hoher Zeitauflösung zu konstruieren (Bostanjoglo et al. [67]).

Als Beispiel sei ein Hochgeschwindigkeits-Transmissions-Elektronenmikroskop (Abb. 11.68) beschrieben, in dem u.a. das Schmelzverhalten sehr dünner Metallschichten, hier von Chrom-Schichten von einigen 10 nm Dicke unter Laserpulsbeschuss, zeitlich aufgelöst abgebildet werden kann [68]. Wegen der notwendigerweise sehr kurzen Belichtungszeiten sind sehr hohe Elektronenstrahlströme erforderlich, um ausreichende Belichtungsintensitäten zu erzielen. Diese werden durch Photoelektronenemission von der Spitze einer Haarnadelkathode erreicht, indem kurze Ultraviolett-Laserpulse (z. B. Pulsdauer 7 ns bei $\lambda = 266$ nm) vom Kathodenlaser auf die Kathodenspitze fokussiert werden (1 in Abb. 11.68). Zur Erzielung einer hohen Photoelektronenemission sollte die Kathode eine niedrige Austrittsarbeit haben (vgl. Bd. 2, Abschn. 7.2.1). Deshalb wird eine Rhenium-Haarnadelkathode verwendet, deren Spitze mit Zirkonium/Zirkoniumkarbid beschichtet ist. Durch elektrische Heizung der Haarnadelkathode kann diese auch im normalen thermischen Emissionsbetrieb (vgl. Abb. 11.26) genutzt werden, um konventionelle elektronenmikroskopische Aufnahmen zu machen. Mehrere zeitlich aufeinander folgende Kurzzeit-Aufnahmen (minimaler Zeitabstand ca. 20 ns) lassen sich dadurch erreichen, dass der Kathodenlaser mehrere Laserpulse im entsprechenden zeitlichen Abstand emittiert. Die dazugehörigen, durch die Elektronenlinsen (6, 7, 10) vergrößerten Kurzzeitbilder werden durch das mithilfe eines Stufenspannungsgenerators

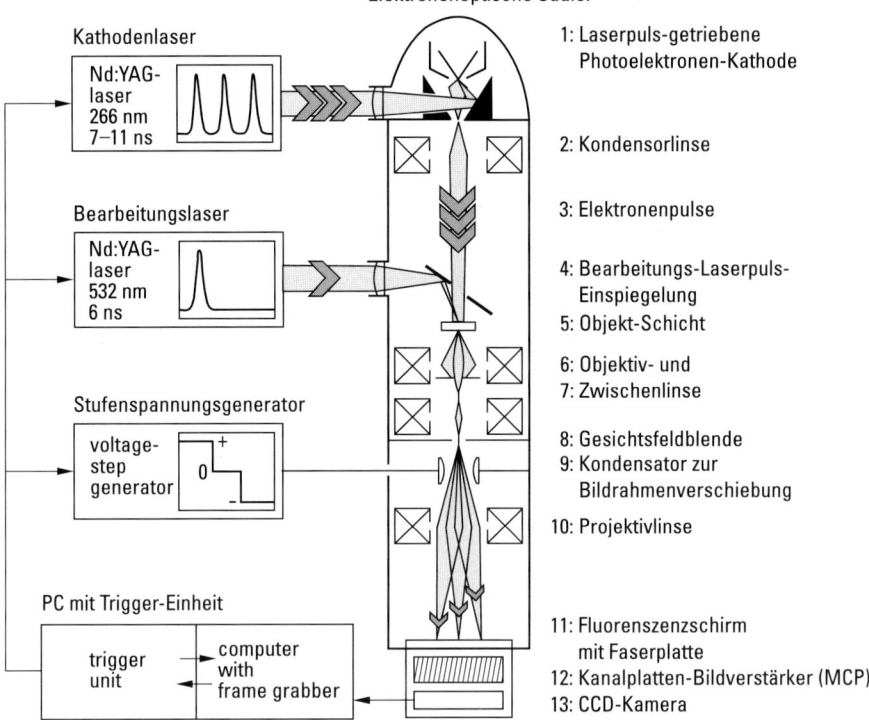

Abb. 11.68 Hochgeschwindigkeits-Transmissions-Elektronenmikroskop mit Lasern zur Bearbeitung der Objektschicht. Die vom Kathodenlaser eingespiegelten Laserpulse erzeugen an der Kathode kurze Photoelektronenpulse zur elektronenoptischen Objektabbildung. Der vom Bearbeitungslaser eingespiegelte Laserpuls bewirkt die zu untersuchende Materialveränderung in der Objektschicht (Dömer, Bostanjoglo [68]).

zeitveränderliche elektrische Feld eines Ablenkkondensators (9) auf verschiedene Bereiche des Bildschirms (11) projiziert und mittels Bildverstärker (MCP, 12) und CCD-Kamera (13) im Rechner (PC) elektronisch gespeichert.

Die zu untersuchenden Phasenumwandlungen, Schmelzvorgänge o. ä. in der Objektschicht werden durch einen auf die Objektschicht (5) fokussierten Laserpuls des Bearbeitungslasers (4) ausgelöst. Durch passende elektronische Triggerpulssteuerung werden dann im gewünschten zeitlichen Abstand die Abbildungs-Elektronenstrahlpulse durch den Kathodenlaser ausgelöst. Abbildung 11.69 zeigt verschiedene Stadien der Schmelzvorgänge einer 20 nm dicken monokristallinen Chrom-Schicht, die bei $t = 0$ mit einem Laserpuls ($\lambda = 532$ nm) der Energie 11 µJ und der Pulsdauer 6 ns beschossen wurde. Links ist die Ausgangsstruktur vor dem Beschuss dargestellt, weiter rechts drei Zwischenstrukturen nach $t = 280$, 400 und 490 ns, sowie ganz rechts die Endstruktur. Die Lochfläche (heller Bereich) ist klar zu sehen, ebenso die auf den Rand hin beschleunigten flüssigen Metalltropfen, die schließlich lange Rissfurchen in der verbleibenden Endstruktur (ganz rechts) erzeugt haben [68].

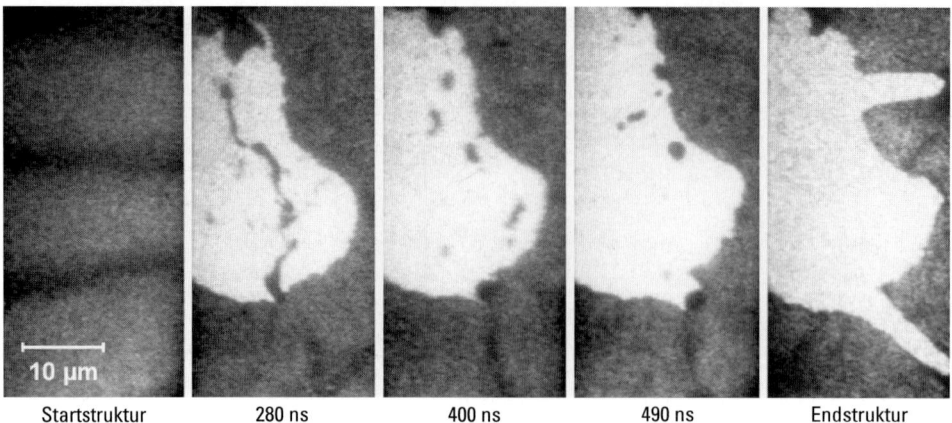

| Startstruktur | 280 ns | 400 ns | 490 ns | Endstruktur |

Abb. 11.69 Kurzzeit-transmissions-elektronenmikroskopische Aufnahmen der Schmelzvorgänge in einer monokristallinen Chrom-Schicht (Dicke 20 nm) nach Beschuss mit einem 6 ns Laserpuls mit 11 µJ Pulsenergie (Dömer, Bostanjoglo [68]). Es ist die Lochbildung (hell) mit zum Rand hin beschleunigten Metalltropfen zu erkennen, die lange Rissfurchen in der verbleibenden Schicht erzeugen. Angegeben sind die Zeitpunkte der Kurzzeit-Aufnahmen nach Einwirkung des Bearbeitungslaserpulses. TEM: 80 kV, 0.8 mA Elektronenstrom pro Puls. Kathodenlaser: Nd:YAG frequenzverdoppelt ($\lambda = 266$ nm, Puls-Halbwertsdauer = 11 ns). Bearbeitungslaser: Nd:YAG frequenzverdoppelt ($\lambda = 532$ nm, Puls-Halbwertsdauer = 6 ns).

Es sind auch *Kurzzeit-Photoemissions-Elektronenmikroskope* realisiert worden, in denen die mit Ultraviolettlicht bestrahlte Oberfläche eines zu untersuchenden massiven Objekts direkt als Photoelektronenquelle für die elektronenoptische Abbildung des auf diese Weise „selbstleuchtenden" Objekts dient. Für die kontinuierliche, zeitintegrierende elektronenmikroskopische Beobachtung ist dies ein seit langem bekanntes Verfahren (Möllenstedt u. Lenz [69]). Für Kurzzeit-Aufnahmen wird das Objekt mit einem UV-Nanosekunden-Laserpuls (z. B. von einem KrF-Laser mit $\lambda = 248$ nm, 4 ns Pulsdauer) beschossen und dadurch zu einer kurzzeitigen, intensiven Photoelektronenemission für die Abbildung der Oberfläche veranlasst. Wird die Objektoberfläche zuvor mit einem Bearbeitungslaserpuls hoher Energie (z. B. $\lambda = 532$ nm, 10 ns Pulsdauer, oder $\lambda = 620$ nm, 100 fs; Femtosekunde: 1 fs $= 10^{-15}$ s) beschossen, so lassen sich auf diese Weise extreme „Blitzlichtaufnahmen" von den nach dem ersten Laserpuls ablaufenden schnellen Materialveränderungen gewinnen [67].

11.6 Elektronenenergieverlust-Spektroskopie, energiefilternde Abbildung, Mikroanalyse

Die Anwendung der Elektronenoptik in der Elektronenmikroskopie hat der Forschung Objekte von Mikrodimensionen erschlossen, die der Lichtmikroskopie nicht mehr zugänglich sind. Es besteht jedoch eine weitgehende Analogie zwischen Licht- und Elektronenoptik. Diese Analogie betrifft nicht nur die Abbildung, sondern auch den Bereich der Spektroskopie. Die Emissions- und Absorptionsspektroskopie mit Licht ermöglicht aufgrund der Einstein'schen Beziehung $E = h\nu$ zwischen Energie und Frequenz eines Photons sowie der Bohr'schen Postulate über die Strahlungsemission und -absorption die Bestimmung von Energiezuständen in Atomen und Atomverbänden (Moleküle, Kristalle, usw.). Solche Messungen lassen sich auch mit Elektronenstrahlen durchführen. Bei der *Elektronenstoß-* oder *Elektronenenergieverlust-Spektroskopie* werden Elektronenstrahlen z. B. durch Gase oder dünne Festkörperschichten geschossen. Durch die dabei auftretenden Stoßprozesse zwischen Elektronen und Atomen können die verschiedenen Energiezustände der Atome angeregt werden, wobei die Elektronen von ihrer Anfangsenergie $E = mv^2/2$ die den Anregungsenergien entsprechenden Energiebeträge ΔE verlieren. Diese Energieverluste und damit die Anregungsenergien der Atome lassen sich experimentell bestimmen, indem man die Elektronen nach dem Durchgang durch die zu untersuchende Substanz z. B. ein *Wien-Filter* oder einen anderen Energieanalysator (z. B. ein *Omega-Filter*, siehe weiter unten) durchlaufen lässt.

Das Wien-Filter (Abb. 11.70) besteht aus einem elektrischen Feld $\boldsymbol{E}$ und einem dazu senkrechten magnetischen Feld $\boldsymbol{B}$, die gemeinsam als Energieanalysator für die das Filter passierenden Elektronen wirken: Auf ein senkrecht zu beiden Feldern

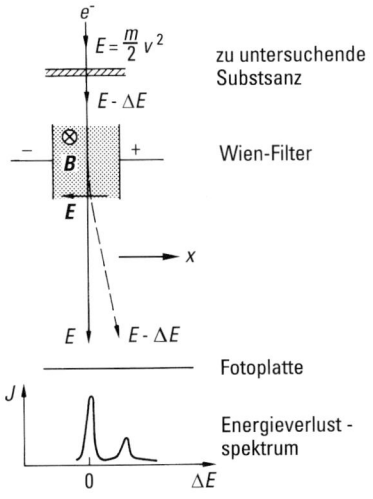

Abb. 11.70 Elektronenstoß- bzw. Elektronenenergieverlust-Spektroskopie mit gekreuzten elektrischen bzw. magnetischen Feldern (Wien-Filter).

mit der Geschwindigkeit v hindurchfliegendes Elektron wirken in x-Richtung die Kräfte

$$F_e = e|\boldsymbol{E}|$$

und

$$F_m = evB.$$

Die Feldstärken werden beim Wien-Filter so eingestellt, dass z. B. für Elektronen ohne Energieverlust die beiden ablenkenden Kräfte sich gerade kompensieren:

$$e|\boldsymbol{E}| = evB,$$

d. h.

$$\frac{|\boldsymbol{E}|}{B} = v. \tag{11.162}$$

Die energieverlustfreien Elektronen der Geschwindigkeit v durchqueren das Wien-Filter dann unabgelenkt. Elektronen mit einem Energieverlust ΔE haben jedoch eine kleinere Geschwindigkeit und werden abgelenkt. Das Wien-Filter entspricht somit einem lichtoptischen Geradsichtprisma (Abschn. 2.4). Auf einer Fotoplatte unterhalb des Wien-Filters (Abbn. 11.70 u. 11.71) lässt sich auf diese Weise ein Energieverlustspektrum registrieren, in dem die Anregungsenergien der durchstrahlten Substanz direkt ablesbar sind. Die Messgenauigkeit dieser Methode liegt heute bei einigen 10^{-3} eV (Anfangsenergie der Elektronen 3×10^4 eV) [70–75].

In Elektronenmikroskopen werden auch magnetische Sektorfelder allein oder in Kombination mit elektrostatischen Spiegeln (z. B. *Castaing-Henry-Filter* [77, 78]) als Energieanalysatoren verwendet, die mittels einer Energieblende nur Elektronen eines vorgegebenen Energieverlustes durchlassen. Abbildung 11.72 zeigt ein solches

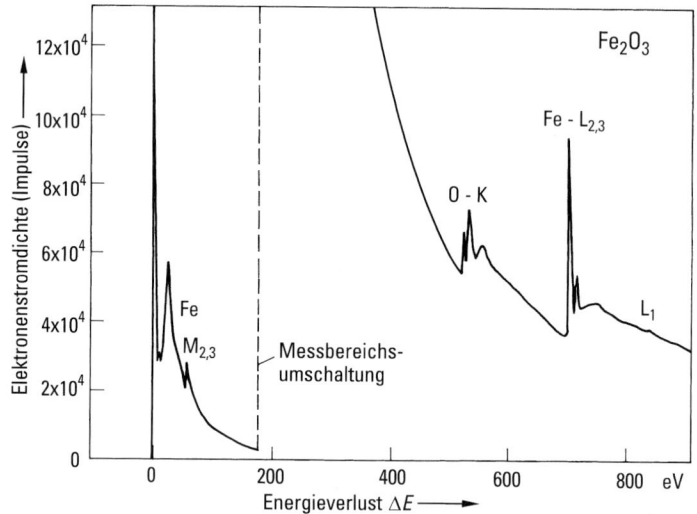

Abb. 11.71 Elektronenenergieverlust-Spektrum einer Fe_2O_3-Schicht, die mit 200-keV-Elektronen durchstrahlt wurde. Sehr gut zu erkennen sind die Eisen-L- und -M-Absorptionskanten sowie die Sauerstoff-K-Kante [76].

11.6 Elektronenenergieverlust-Spektroskopie, energiefilternde Abbildung   1115

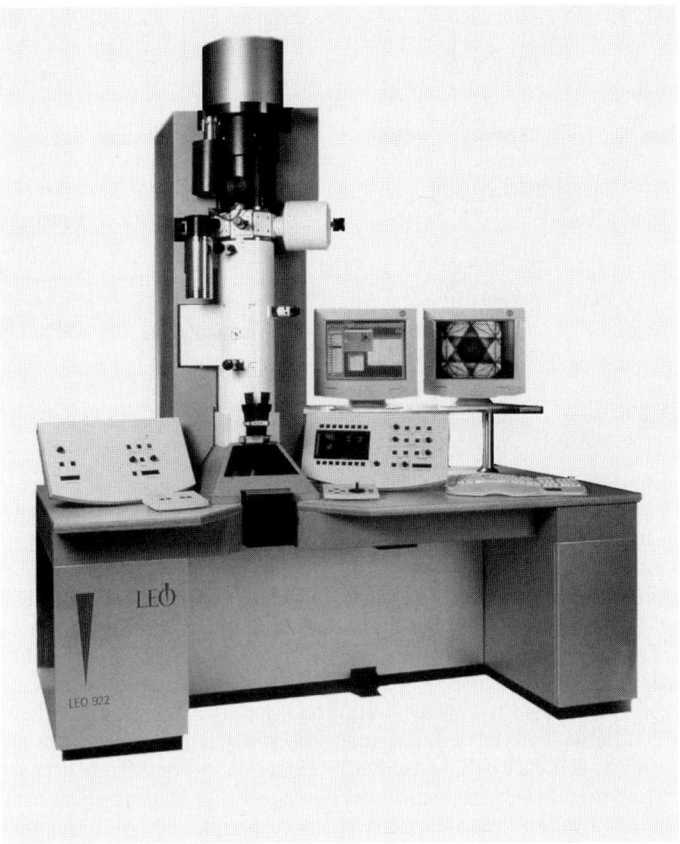

Abb. 11.72 Energiefilterndes Transmissions-Elektronenmikroskop für Elektronenenergien von 120–200 keV, Energieauflösung <1.5 eV (LEO 922 Omega; mit freundlicher Genehmigung der LEO Elektronenmikroskopie GmbH, Oberkochen). Das Omega-Filter ist in der Höhe des linken weißen Ansatzes der elektronenoptischen Säule untergebracht.

energiefilterndes Transmissions-Elektronenmikroskop (EFTEM [79]), das einen Energieanalysator vom Typ eines „*Omega*"-*Filters* enthält [80–82].

Die Strahlengänge in einem EFTEM sind in Abb. 11.73 dargestellt. Der die Objektschicht abbildende Elektronenstrahl durchläuft darin nach dem Objekt eine Ω-förmige Bahn, die durch vier aufeinanderfolgende magnetische Sektorfelder erzeugt wird. Die Magnetfeldstärke im Analysator legt die Energie fest, mit der Elektronen durch die Energieblende gelangen können. Registriert man nun die Elektronenstromdichten hinter der Energieblende als Funktion der eingestellten Magnetfeldstärke, so erhält man ein Energieverlustspektrum, wie es etwa in Abb. 11.71 für eine Eisenoxid-Schicht (Fe_2O_3) dargestellt ist. Anhand der Lage der Energieverlustkanten in einem solchen Spektrum lässt sich die durchstrahlte Schicht analysieren, d. h. es lassen sich die darin enthaltenen Atomsorten angeben.

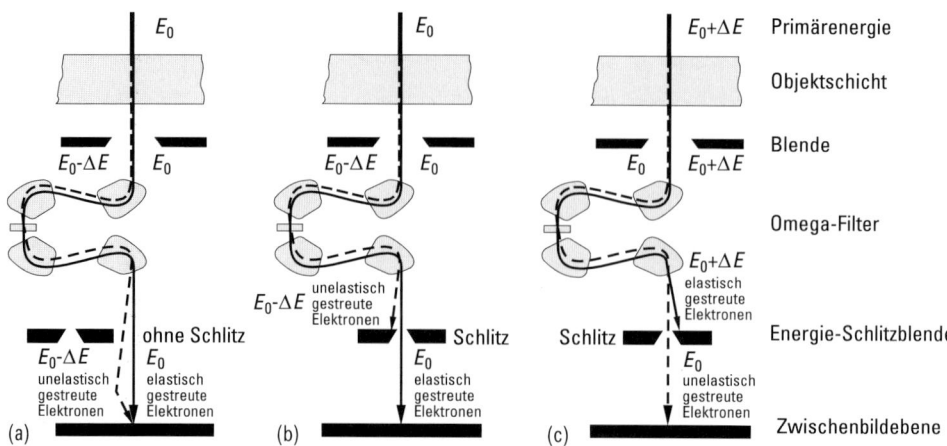

Abb. 11.73 Abbildungsprinzipien bei der energiefilternden Transmissions-Elektronenmikroskopie (EFTEM) mit Omega-Filter. Durchgezogener Strahlengang: Elastisch gestreute Elektronen. Gestrichelter Strahlengang: Unelastisch gestreute Elektronen (mit freundlicher Genehmigung der LEO Elektronenmikroskopie GmbH, Oberkochen). (a) Elektronen ohne Energieverlust in der Objektschicht (elastisch gestreute Elektronen der Energie E_0) und Elektronen mit Energieverlust ΔE in der Objektschicht (unelastisch gestreute Elektronen der Energie $E_0 - \Delta E$) durchlaufen das Omega-Filter ungehindert und werden im Zwischenbild durch eine Projektivlinse (nicht eingezeichnet) wieder vereinigt. Es ergibt sich ein Bild von der Qualität des konventionellen Transmissions-Elektronenmikroskops. (b) Die eingeschobene Energie-Schlitzblende blendet die stärker abgelenkten, unelastisch gestreuten Elektronen aus. Die Abbildung erfolgt allein mit den elastisch gestreuten Elektronen mit deutlich verbessertem Kontrast. (c) Bei unveränderter Magnetfeldstärke im Omega-Filter und ungeänderter Lage der Energie-Schlitzblende wird die Primärenergie der Elektronen um einen Energiebetrag ΔE erhöht. Dann werden die elastisch gestreuten Elektronen weniger abgelenkt und durch die Energie-Schlitzblende ausgeblendet. Die Abbildung erfolgt allein mit den unelastisch gestreuten Elektronen des Energieverlustes ΔE.

Es können jedoch auch Präparate mit Elektronen eines bestimmten Energieverlustes ΔE, z. B. entsprechend der Fe-L-Kante (Abb. 11.71) abgebildet werden. Dann erhält man Elementverteilungsbilder, in dem Beispiel die Verteilung von Eisen im Präparat. Ein anderes Beispiel zeigt Abb. 11.74 anhand von energiegefilterten transmissions-elektronenmikroskopischen Aufnahmen von einer Detailstruktur einer ionengedünnten Halbleiterprobe (DRAM). Neben der Abbildung mit elastisch gestreuten Elektronen (a) sind solche mit Elektronen mit Energieverlusten an den Absorptionskanten von Stickstoff (b), Titan (c) und Sauerstoff (d) zusammen mit den zugehörigen Energieverlust-Teilspektren wiedergegeben. Dementsprechend sind Probenbereiche, die Stickstoff- (b), Titan- (c) oder Sauerstoff-reich (d) sind, heller abgebildet. Man gewinnt also Informationen über die Elementverteilung. Der Kontrast im elastischen Bild (a) ist durch die Massenverteilung bestimmt.

Im Rasterelektronenmikroskop lassen sich anstelle der Elektronen mit K-, L- oder M-Kanten-Energieverlusten auch die entsprechenden charakteristischen Röntgenquanten, die nach der Elektronenstoßanregung von den Präparatatomen emit-

11.6 Elektronenenergieverlust-Spektroskopie, energiefilternde Abbildung 1117

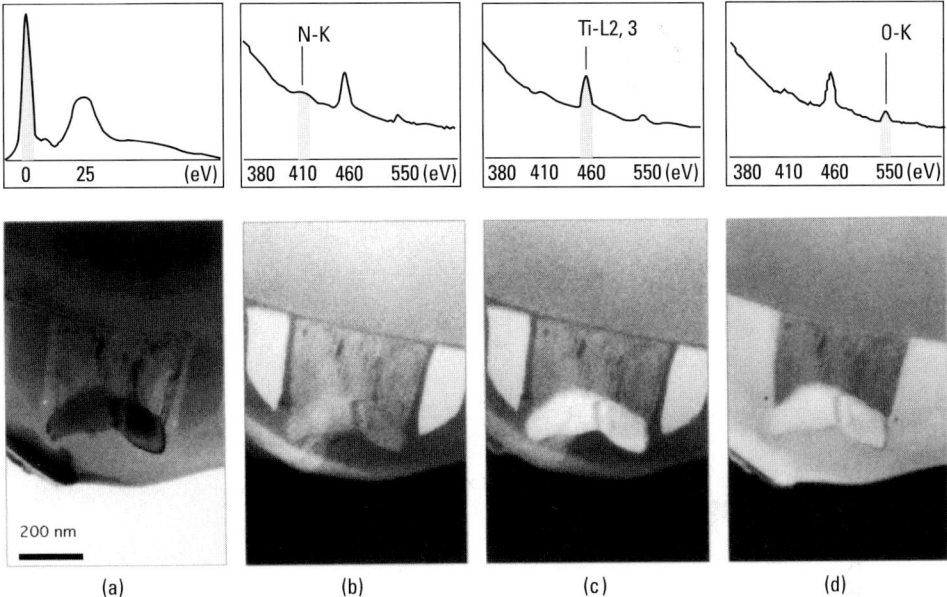

Abb. 11.74 Energiegefilterte transmissions-elektronenmikroskopische Aufnahmen eines Strukturdetails einer ionengedünnten Halbleiterprobe (DRAM). Darüber die zugehörigen Elektronenenergieverlust-Teilspektren mit den Energiefenstern der zur Abbildung verwendeten Elektronen (mit freundlicher Genehmigung der LEO Elektronenmikroskopie GmbH, Oberkochen). (a) Abbildung mit den elastisch gestreuten Elektronen ohne Energieverlust. (b) Abbildung mit den unelastisch gestreuten Elektronen mit Energieverlusten entsprechend der Stickstoff-Absorptionskante (N-K: 410 eV). (c) Dito entsprechend der Titan-Absorptionskante (Ti-$L_{2,3}$: 460 eV). (d) Dito entsprechend der Sauerstoff-Absorptionskante (O-K: 550 eV).

tiert werden, mit geeigneten Detektoren registrieren (Schalterstellung X in Abb. 11.63). Die Energie dieser Röntgenquanten entspricht dem Energieverlust der anregenden Elektronen, es ist also die gleiche Information über die Elemente im Präparat darin enthalten. Dabei ist die Höhe der durch die Röntgenquanten im Detektor (z. B. Halbleiterdetektor) erzeugten elektrischen Impulse direkt der Energie der Röntgenquanten proportional. Der Detektor stellt daher zusammen mit einem nachgeschalteten Impulshöhenanalysator (Abb. 11.63) ein *Röntgenspektrometer* dar. Mit dem hiervon gelieferten Signal lassen sich daher ebenfalls Energiespektren (*Röntgen-Mikroanalyse*) oder Elementverteilungen gewinnen.

Ein Beispiel für diese Art der Mikroanalyse zeigt Abb. 11.75a–c, in der rasterelektronenmikroskopische Bilder der Bruchfläche einer Glasfaser dargestellt sind, wie sie heute zur lichtoptischen Informationsübertragung verwendet wird. Eine solche Glasfaser von etwa 0.11 mm Durchmesser besteht aus einem Kern (etwa 0.05 mm Durchmesser) aus Glas mit etwas höherer Brechzahl (in diesem Fall erreicht durch Dotierung mit Germanium) und einem Glasmantel mit etwas niedrigerer Brechzahl (vgl. Abschn. 3.15). Die Lichtleitung erfolgt im Wesentlichen im Kern.

1118   11 Materiewellen, Elektronenoptik

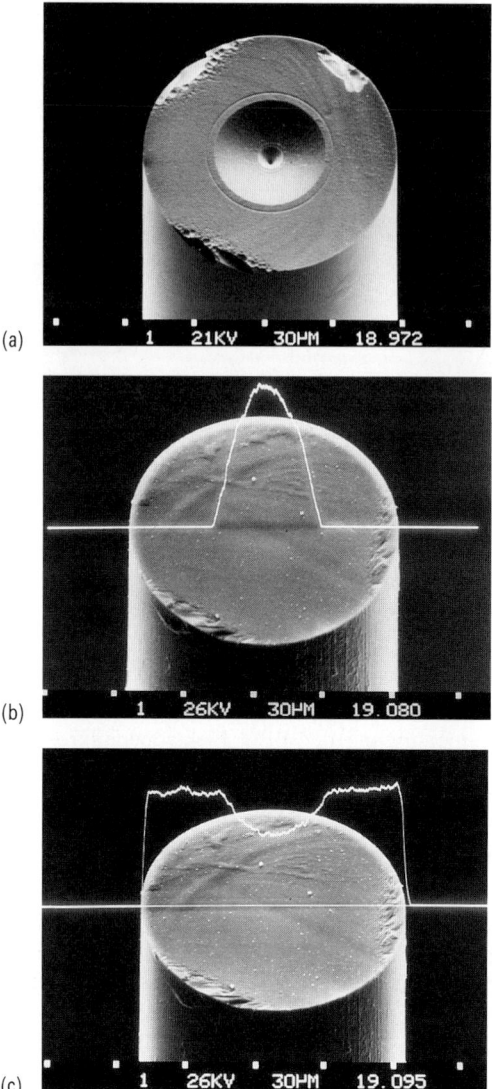

Abb. 11.75 Rasterelektronenmikroskopische Aufnahme der Bruchfläche einer Glasfaser mit optisch höherbrechendem Kern (Dotierung mit Germanium) zur lichtoptischen Informationsübertragung; (a) Chemische Anätzung: Der mit Ge dotierte Kern wird stärker angegriffen; (b) Mikroanalyse mit elektronenstrahlinduzierten charakteristischen Röntgenquanten: Die dem Bild überlagerte Kurve zeigt die Ge-Konzentration längs eines Durchmessers; (c) Wie (b), jedoch für die Silicium-Konzentration: Verminderung der Silicium-Konzentration im Kernbereich infolge der Ge-Dotierung (Aufnahmen: H. Brennenstuhl, Fachhochschule für Technik, Esslingen).

Die Dotierung des Kerns mit Germanium bewirkt auch eine Änderung der chemischen Eigenschaften des Glases, sodass bei geeigneter Anätzung dieser Bereich stärker angegriffen und auf diese Weise sichtbar wird (Abb. 11.75a). Genauere Aussagen erhält man jedoch durch eine Mikroanalyse etwa längs eines Faserdurchmessers. Wird z. B. der Impulshöhenanalysator des Röntgenspektrometers auf eine charakteristische Röntgenlinie des Germaniums eingestellt, so zeigt die der Abbildung überlagerte Kurve (Abb. 11.75b) die Ortsverteilung der Germanium-Dotierung in der Glasfaser. Wird dagegen auf eine Röntgenlinie des Siliciums eingestellt (eine der Grundsubstanzen des Glases), so zeigt sich deutlich im Kern der Glasfaser eine Verringerung der Si-Konzentration (Abb. 11.75c).

11.7 Elektronenstrahl-Lithographie

In der modernen Halbleitertechnologie werden elektronische Schaltungen nicht mehr aus Einzelbauelementen zusammengelötet, sondern mit besonderen Verfahren viele Bauelemente einschließlich der elektrischen Verbindungsleitungen auf einem Silicium-Einkristall-Trägerplättchen erzeugt, einem sog. *Chip*, wobei viele Chips auf einem *Wafer*, einer Silicium-Einkristall-Scheibe von bis zu 300 mm Durchmesser und mehr hergestellt werden. Je nach Zahl der elektronischen Funktionen spricht man von *hoch-* oder *höchst-integrierten Schaltungen* (engl. *large scale integrated – LSI-* oder *very large scale integrated – VLSI-circuits*). Es können umso mehr elektronische Funktionen auf einem solchen Chip untergebracht werden, je kleiner die Strukturabmessungen (etwa die Breite von Leiterbahnen) gemacht werden können. Heute werden in der industriellen Chip-Fertigung Strukturgrößen im Bereich kleiner als 0.5 µm hergestellt.

Derartig kleine Strukturen können nicht mehr mit mechanischen Werkzeugen erzeugt werden, sie werden stattdessen *photolithographisch* hergestellt. Dazu wird der Roh-Chip zunächst mit einer lichtempfindlichen Lackschicht überzogen. Die gewünschte Struktur wird dann von einer beleuchteten, entsprechend strukturierten *Maske* lichtoptisch verkleinert auf die Lackschicht abgebildet. An den belichteten Stellen kann der Lack anschließend durch geeignete Lösungsmittel herausgelöst werden, während die unbelichteten Lackbereiche auf dem Chip bleiben. Wird der Chip nun z. B. im Vakuum mit Aluminium bedampft und der restliche Lack samt der darauf haftenden Aluminium-Schicht mit einem anderen Lösungsmittel entfernt, so verbleibt eine Aluminium-Schicht an den ursprünglich belichteten Stellen. Auf diese Weise ergibt sich eine Chip-Oberfläche mit leitenden Aluminium-Strukturen. Je nach Kompliziertheit der zu erzeugenden Schaltung muss dieser Vorgang mit anderen Masken und anderen Behandlungen der durch den lithographischen Prozess freigelegten Oberflächenbereiche mehrfach wiederholt werden.

Wegen der Wellenlänge des Lichtes von etwa 0.5 µm sind einer weiteren Verkleinerung der Schaltungsstrukturen durch lichtoptische Lithographie Grenzen durch Beugungseffekte gesetzt. Strukturen im 0.1-µm-Bereich und darunter lassen sich jedoch durch Verwendung von Strahlung kleinerer Wellenlänge lithographisch herstellen: *Röntgenlithographie* (Abschn. 10.5) und *Elektronenstrahl-Lithographie*. Die Letztere sei hier kurz behandelt.

1120   11 Materiewellen, Elektronenoptik

Eine Möglichkeit der Elektronenstrahl-Lithographie besteht darin, ähnlich wie in der Photolithographie, eine Transmissionsmaske, die die gewünschten Strukturen als reale Löcher enthält, elektronenoptisch stark verkleinert auf die mit einer elektronenempfindlichen Lackschicht überzogenen Chip-Oberfläche abzubilden (Projektionsverfahren). Die weitere Verarbeitung geschieht wie oben geschildert. Eine andere Möglichkeit ist das Rasterverfahren, bei dem ohne Verwendung einer Maske die gewünschten Strukturen durch rechnergesteuerte Ablenkung eines feinen Elektronenstrahls direkt in den Lack auf der Chip-Oberfläche „geschrieben" werden.

Bei den normalerweise verwendeten Elektronenenergien von 5 bis 75 keV sind die Materiewellenlängen (vgl. Tab. 11.1) um mehrere Größenordnungen kleiner als die zu erzeugenden Strukturdimensionen von 0.1 µm oder weniger, sodass Beugungsprobleme hier nicht auftreten. Es gibt jedoch andere Störeffekte, die berücksichtigt werden müssen, z. B. durch Rückstreuung der Elektronen im Chip-Material (sog. *Proximity-Effekt*, von *proximity*, zu deutsch Nachbarschaft), oder durch elektrostatische Abstoßung der Strahlelektronen untereinander bei hohen Strahlstromdichten (*Boersch-Effekt* [83]). Da bei der Lithographie relativ große Bildfelder im cm-Bereich mit Genauigkeiten ≤ 0.1 µm verzerrungsfrei abgebildet bzw. geschrieben werden müssen, sind die Anforderungen an die Elektronenoptik sehr hoch. Unter anderem hat dies zur Folge, dass der elektronenoptische Aufbau im Vergleich zu Elektronenmikroskopen wie in den Abbn. 11.45, 11.64 u. 11.72 größer und massiver

Abb. 11.76 Elektronenstrahl-Lithographie-Maschine EL 1 zum direkten Schreiben von Strukturen auf VLSI-Halbleiter-Chips nach dem Rasterverfahren mit variablem Strahlquerschnitt nach Pfeiffer [84, 85]. Links die elektronenoptische Säule als Kopfstation einer automatischen Fertigungsstraße für VLSI-Chips, rechts der Rechner für die Steuerung der Elektronenstrahl-Ablenkung und -Stromstärke (Werkfoto IBM East-Fishkill, USA).

erfolgen muss. Eine solche Elektronenstrahl-Lithographie-Maschine für die automatische Fertigung von VLSI-Chips zeigt Abb. 11.76 (IBM Typ EL 1; inzwischen bis Typ EL 5 weiterentwickelt). Auch die Herstellung von Masken für die Röntgenlithographie erfolgt mit derartigen Maschinen.

Abbildung 11.77 zeigt als Beispiel rasterelektronenmikroskopische Aufnahmen von Elektronenstrahl-lithographisch erzeugten VLSI-Schaltungsausschnitten: Feld-

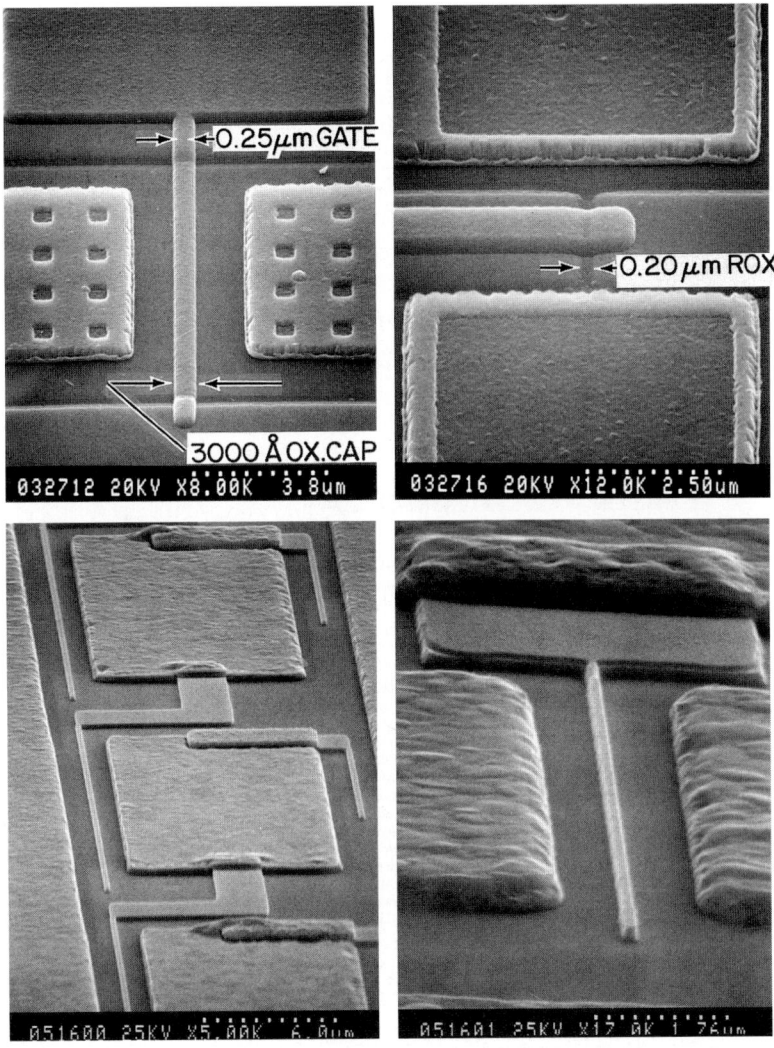

Abb. 11.77 Ausschnitte aus Elektronenstrahl-lithographisch erzeugten VLSI-Halbleiterschaltungen mit Minimalstrukturen (Gate-Längen) von 0.25 µm (oben) bzw. 0.15 µm (unten). Die Punktreihen unter den rasterelektronenmikroskopischen Aufnahmen kennzeichnen Längen von 3.8, 2.5, 6.0 und 1.76 µm. Es handelt sich um Feldeffekt-Transistoren in Silicium- (oben) bzw. Galliumarsenid-Technologie (unten) [86] (mit freundlicher Genehmigung von F. J. Hohn, IBM, Yorktown Heights, 1990).

1122   11 Materiewellen, Elektronenoptik

effekt-Transistoren (FET) in Si- bzw. GaAs-Technologie mit Minimalstrukturen von 0.25 μm bzw. 0.15 μm [86].

Es lassen sich jedoch nicht nur Mikroschaltkreise auf diese Weise erzeugen, sondern auch andere physikalisch interessante Strukturen, wie z. B. Fresnel'sche Zonenplatten (vgl. Abschn. 10.2.4) für weiche Röntgenstrahlen (Abb. 11.78). Diese werden als Linsen für *Röntgenmikroskope* (vgl. Kap. 10) verwendet. Normale Linsen

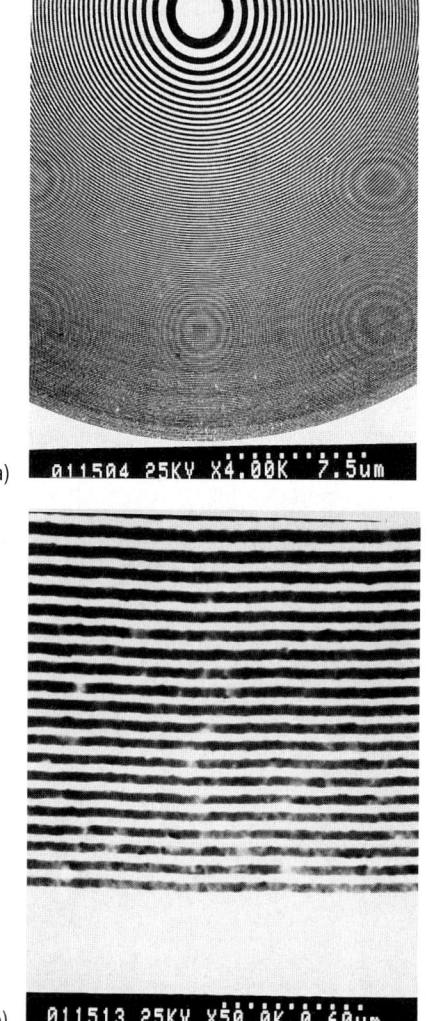

Abb. 11.78   Elektronenstrahl-lithographisch erzeugte Zonenplatten für Röntgenstrahlen: (a) ca. 300 Gold-Ringstrukturen (50 nm dick) auf einer 100 nm dicken Si_3N_4-Membran, (b) Ringbreite im Randbereich ca. 40 nm. Die im Beschriftungsfeld wiedergegebenen Punktreihen kennzeichnen Längen von 7.5 bzw. 0.6 μm (Aufnahmen: D. Kern, IBM, Yorktown Heights und E. Anderson, Lawrence Berkeley Laboratory, 1990).

können nur mit extrem geringer Brechkraft hergestellt werden, da für Röntgenstrahlen transparentes Material Brechzahlen hat, die bei Röntgenwellenlängen nur unwesentlich von 1 verschieden sind (vgl. aber Abschn. 10.2.5).

Bei der Chip-Fertigung kommt es auf einen hohen zeitlichen Wafer-Durchsatz an, d. h. es müssen möglichst viele Wafer pro Stunde belichtet werden. Bei der Elektronenstrahl-Lithographie ist das zeitaufwändige sequentielle Rasterverfahren im Nachteil gegenüber dem anfangs erwähnten Projektionsverfahren, das jedoch wiederum für große Strukturmasken aufgrund der stärkeren Abbildungsfehler im Randbereich nicht geeignet ist. Hier bilden kombinierte Raster- und Projektionsverfahren einen Ausweg, bei denen Teilbereiche der Maske verkleinert auf die Wafer-Oberfläche abgebildet werden, und die verschiedenen Teilbereiche sequentiell nebeneinander belichtet werden (sog. *Stepper*). Die außeraxialen Abbildungsfehler können hierbei durch Verwendung von Elektronenlinsen mit variabler optischer Achse (VAL = *variable axis lens* [87]) drastisch reduziert werden. Damit sind Belichtungsdurchsätze von mehr als 30 Wafern (200 mm Durchmesser) pro Stunde erreichbar: PREVAIL-System (*projection reduction exposure* with *variable axis lenses* [88]), s. Abb. 11.79. Abbildung 11.80 zeigt damit erzeugte 80-nm-Teststrukturen aus dem Mitten- und Randbereich (10 mm Auslenkung in der Maske, 2.5 mm Auslenkung auf dem Chip), die sich kaum unterscheiden, d. h. dass die Abbildungsfehler ausreichend klein sind.

Abb. 11.79 Elektronenstrahl-Lithographie-Maschine mit kombiniertem Projektions- und Raster-Abbildungssystem PREVAIL in Kumagaya/Japan [88] (Werkfoto IBM/Nikon, mit freundlicher Genehmigung von H. C. Pfeiffer, 2002).

1124   11 Materiewellen, Elektronenoptik

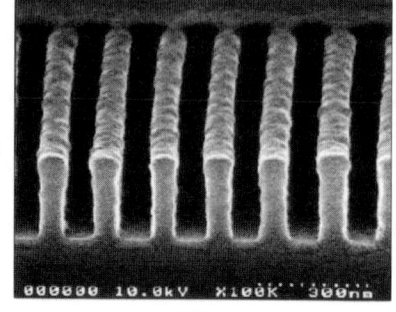
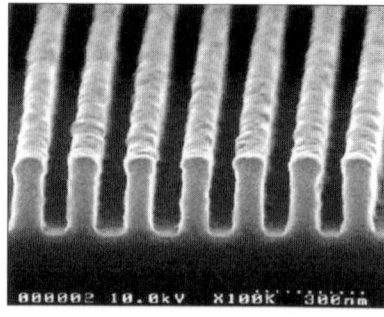

80 nm

undeflected   deflected

Abb. 11.80 Rasterelektronenmikroskopische Aufnahmen von Elektronenstrahl-lithographisch mit dem PREVAIL-System hergestellten 80-nm-Teststrukturen: Links aus dem Mittenbereich, rechts bei 10 mm Auslenkung in der Maske bzw. 2.5 mm Auslenkung auf dem Chip, wobei die Strukturqualität nahezu gleich bleibt [88] (Werkfoto IBM, mit freundlicher Genehmigung von H. C. Pfeiffer, 2002).

Hochintegrierte elektronische Mikroschaltungen wie etwa in Abb. 11.77 müssen natürlich auch elektrisch geprüft werden, d. h. es müssen z. B. elektrische Potentiale an Messpunkten mitten in einer solchen Schaltung gemessen werden. Bei den mikroskopischen Abmessungen der Leiterbahnen ist dies jedoch nicht mehr durch Aufsetzen von Kontaktspitzen möglich. Hier bietet wiederum das Rasterelektronenmikroskop eine Möglichkeit: Der Chip mit der Mikroschaltung wird im Rasterelektronenmikroskop elektrisch in Betrieb genommen, mit der Folge, dass die verschiedenen Punkte der Mikroschaltung unterschiedliche Potentiale aufweisen. Wird nun

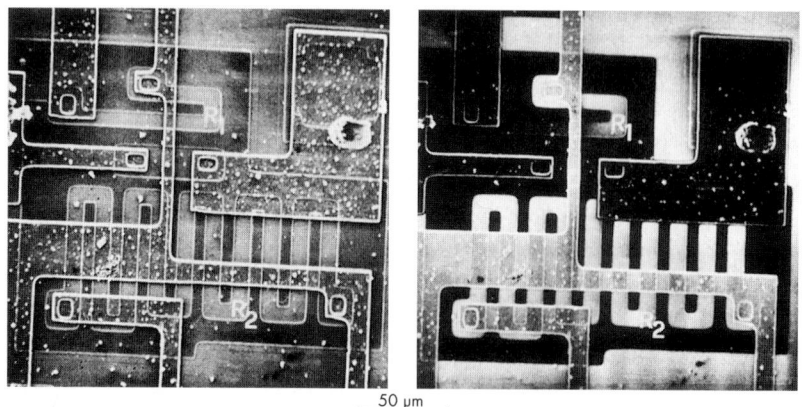

Abb. 11.81 Rasterelektronenmikroskopische Abbildung einer integrierten Schaltung (engl. *integrated circuit*, abgekürzt IC). Links ohne angelegte Spannung: reiner Material- und Topographiekontrast. Rechts mit angelegter Spannung von 10 V: Potentialkontrast. Man beachte z. B. den Helligkeitsverlauf der Widerstandsbahn R_1, der den Potentialabfall zwischen 10 und 0 V widerspiegelt [90].

die Chip-Oberfläche mit dem Elektronenstrahl abgetastet, so werden wie bei der normalen Rasterabbildung Sekundärelektronen an der Chip-Oberfläche ausgelöst. Diese haben jedoch entsprechend den unterschiedlichen Potentialen der Mikroschaltung unterschiedliche Startenergien, z. B. 0 oder 5 V (für binär 0 oder 1). Ein geeignet elektrisch vorgespanntes Gitter vor dem Sekundärelektronendetektor bewirkt dann unterschiedliche Signalstärken je nach Potential des abgetasteten Punktes auf dem Chip: *Potentialkontrast* [89]. Ein so erzeugtes rasterelektronenmikroskopisches Bild zeigt unterschiedliche Helligkeiten an Punkten unterschiedlichen Potentials (Abb. 11.81). Man hat damit eine Methode zum quasi berührungslosen elektrischen Testen hochintegrierter Mikroschaltungen [90].

11.8 Teilchen und Welle

In den vorangegangenen Abschnitten werden die Elektronen beispielsweise für die Berechnung der Bahnen in Linsen als Teilchen, für die Beugung, Interferenz und Bildentstehung aber als Wellen beschrieben. Die beiden Aspekte *Teilchen* und *Welle* für ein und dasselbe führen nicht nur auf den ersten Blick zu Widersprüchen.

Im Bereich der Klassischen Mechanik sind Teilchen definitionsgemäß lokalisiert und lokalisierbar. Für ein klassisches Teilchen sind Vorhersagen über die Raum-Zeit-Trajektorie beliebig genau möglich, wenn sowohl Startort als auch Startimpuls nach Betrag und Richtung hinreichend genau bekannt sind; in diesem Sinn sind klassische Teilchen beliebig lokalisierbar. Wellen hingegen sind prinzipiell nicht lokalisiert und nicht lokalisierbar, weil sie nach einer gewissen Zeit jeden Raum ausfüllen, in den sie eindringen können; daraus ergibt sich ihre Eigenschaft, dass Amplitude und Phase in jedem Raumpunkt durch Interferenzbeiträge aus dem gesamten Raum bestimmt werden (Huygens'sches Prinzip).

Elektronen sind nach allen experimentellen Befunden keine klassischen, sondern quantenmechanische Teilchen; sie werden zwar als Teilchen lokal registriert, ihre Propagation im Raum lässt sich aber nicht in beliebiger Feinheit durch eine Raum-Zeitkurve beschreiben. Elektronen lassen sich richtig nur durch Wellen beschreiben, deren Intensität (:= Amplitudenquadrat) die Wahrscheinlichkeit dafür angibt, ein Elektron zu einem gegebenen Zeitpunkt an einem vorgegebenem Ort zu finden. Über ein einzelnes Elektron kann gar nichts weiter darüber vorhergesagt werden, wo es auftreffen wird. Dies ist deshalb nicht möglich, weil die gesamte Welle eine Eigenschaft jedes einzelnen Elektrons ist (s. Abschn. 11.3, Abb. 11.12).

Aus dem Wellencharakter ergibt sich die Nichtlokalität der Elektronen: Die grundlegende Problematik wird am einfachen Doppelspaltexperiment deutlich, weil die in der Interferenzebene gemessene Verteilung des Elektronenstroms von beiden Spalten bestimmt wird. Wir wissen nicht, durch welchen Spalt ein Elektron fliegt, wir wissen aber, dass der jeweils andere Spalt das Ergebnis völlig gleichberechtigt mitbestimmt: Wenn wir einen Spalt schließen, werden auch die Elektronen verändert, die nicht durch diesen Spalt laufen. Da Elektronen immer nur als ganze Elektronen gefunden werden, verliert die Angabe von Elektronenbahnen durch das Doppelspalt-Interferometer seinen Sinn; Elektronenbahnen führen insbesondere nicht zur experimentell gefundenen Intensitätsverteilung

Die oben berechneten Bahnen sind aber nicht bedeutungslos oder gar unsinnig: In den Raumbereichen, in denen die Welle sich hinreichend langsam ändert, kann die Welle als Orthogonalfläche dieser möglichen Bahnen verstanden werden. Insofern lassen sich Teilchen- und Wellenbild im Groben miteinander versöhnen. Darum sind Bahnberechnungen insbesondere für die oben durchgeführten Bestimmungen der Linseneigenschaften wie Brennpunktlage, Brennweite oder Parameter der Abbildungsfehler sinnvoll. Sie gelten aber beispielsweise nicht für die Intensitätsverteilung in der Nähe von Kaustiken (vgl. Abschn. 1.7.2), weil dort die Welle durch Überlagerung benachbarter Wellenteile, also durch Interferenzphänomene, bestimmt wird. Ähnliches gilt an Blendenrändern und beim Durchlaufen durch ein fein strukturiertes, transparentes Objekt, weil dort – ebenfalls durch Überlagerung benachbarter Wellenteile – nur Beugung der Welle zu den beobachteten Ergebnissen führt; durch Ablenkung von Elektronenbahnen können sie nicht richtig beschrieben werden.

Die Frage ist, wie die beiden Bilder *Teilchen* und *Welle* ineinander übergehen. Diese Frage sei an zwei Beispielen näher betrachtet.

1. Im Wellenbild entsteht an einem Spalt ein Beugungsmuster mit Beugungswinkeln um die Einfallsrichtung. Übersetzt ins Teilchenbild bedeutet dies, dass die ursprüngliche Richtung einer Elektronentrajektorie zu einer Vielfalt möglicher Richtungen aufgefächert wird. Diese Winkelverteilung ist durch Fourier-Transformation der Blendenöffnung gegeben.

2. Der Übergang Teilchen – Welle wird durch den Kohärenzgrad beschrieben. Kohärenzgrad 0 bedeutet, die Welleneigenschaft ist nicht sichtbar, Kohärenzgrad 1 bedeutet, die Teilcheneigenschaft ist nicht sichtbar. Bei monoenergetischen Elektronen ist der Kohärenzgrad nur durch die Winkelkohärenz, also durch Fourier-Transformation der Intensitätsverteilung in der Quelle, gegeben.

In beiden Beispielen spielen Fourier-Transformationen die Rolle des Bindeglieds zwischen Teilchen und Welle. Besonders interessant ist hier die grundlegende Eigenschaft von Fourier-gepaarten Verteilungen, dass die eine breiter wird, wenn die andere eingeengt wird. Beispielsweise ist die Fourier-Transformierte eines Spalts mit der Breite b gegeben durch $\dfrac{\sin(\pi\kappa\alpha b)}{\pi\kappa\alpha b}$ ($\kappa = 1/\lambda$ Wellenzahl). Nimmt man als Maß für deren Breite die 1. Nullstelle bei $\kappa\alpha_0 b = 1$, so sieht man, dass das Produkt $\alpha_0 b = 1/\kappa$ der Breite im Ortsraum b und der Breite α_0 im Fourier-Raum, unabhängig von der konkret vorliegenden Spaltbreite, eine Konstante ist. Wird also b verkleinert, wächst α_0 entsprechend an. Dies ist die allgemeine Grundlage der Tatsache, dass über die Richtung der Trajektorie eines quantenmechanischen Teilchens mit dem Impuls $p = \hbar k = h\kappa$ keine Aussage innerhalb des Winkels α_0 gemacht werden kann, wenn der Ort durch die Spaltbreite b festgelegt wird; dies ist die aufregende Konsequenz der wellenoptisch nicht weiter aufregenden Spaltbeugung im Teilchenbild. Mit der Ortsunschärfe $\Delta x = b$ und der Impulsunschärfe $\Delta p_x = p\alpha_0$ ergibt sich die bekannte *Heisenberg'sche Unschärferelation*

$$\Delta x \cdot \Delta p_x \geq h\,. \tag{11.163}$$

Startort und -richtung im Sinn eines klassischen Teilchens lassen sich also prinzipiell nicht gleichzeitig beliebig genau angeben, folglich sind auch keine genaueren **Vor-**

hersagen über den weiteren Verlauf einer Trajektorie möglich. Es geht hier darum, dass die Möglichkeit von Vorhersagen begrenzt ist; rückblickend lassen sich Ort und Impuls eines Teilchens immer mit beliebiger Genauigkeit messen. Im Gegensatz zur klassischen Physik ist die Kontinuität zwischen Vergangenheit und Zukunft durch die Messung unterbrochen.

Winkelkohärenz und Heisenberg'sche Unschärferelation. Interessant ist die Interpretation von Kohärenz im Zusammenhang mit der Heisenberg-Relation: Zur Abschätzung des maximalen Kohärenzwinkels α_0 kann ebenfalls $\alpha_0 b = 1/\kappa$ verwendet werden, wenn man unter b die Quellbreite versteht. Da für den Winkel α_0 der Kohärenzgrad 0 ist, muss für die Sichtbarkeit von Welleneigenschaften die bekannte Winkelkohärenzbedingung $b\alpha \ll b\alpha_0 = 1/\kappa$ erfüllt werden. Andererseits kann man die Situation auch so verstehen, dass ein Teilchen in der Quelle mit der Unschärfe der Quellbreite b im Ortsraum lokalisierbar ist; entsprechend folgt die Unschärfebeziehung $b\alpha_0 \geq 1/\kappa$, d. h. α_0 ist der Heisenberg'sche Grenzwinkel für eine Vorhersage der Richtung im Teilchenbild. Die beiden gegensätzlichen Beziehungen lassen sich zusammen so interpretieren, dass Kohärenz nur innerhalb des Heisenberg'schen Unschärfebereiches vorliegt, also genau dort, wo es unmöglich ist, die Teilchenbahn vorherzusagen: Wellen können nur dann in Erscheinung treten, wenn auf die Bestimmung der Teilcheneigenschaften verzichtet wird.

Welchen Weg nimmt ein Teilchen in einem Interferometer? Dies wirft die interessante Frage auf, ob man feststellen kann, durch welchen Spalt ein Teilchen läuft, ohne dadurch sein Interferenzmuster zu zerstören. Von grundsätzlicher Bedeutung ist dabei, dass mit der Wegmessung immer ein Energieübertrag verbunden ist. Eine sehr einfache Anordnung zur Wegmessung könnte darin bestehen, dass jedem Elektron, das beispielsweise durch den rechten Spalt durchfliegt, eine kleine Energiedifferenz ΔE aufgeprägt wird, die später durch ein Spektrometer hinter der Interferenzebene detektiert werden soll.

In der Schrödinger-Gleichung taucht die Gesamtenergie in Form des zeitabhängigen Phasenfaktors $\exp[\mathrm{i}(E/\hbar)t]$ auf. Ist die Energie der beiden Teilwellen genau gleich, so hebt sich die Zeitabhängigkeit für das Interferenzmuster heraus, d. h. das Interferenzmuster ist zeitlich stationär. Eine Energiedifferenz ΔE zwischen kohärenten Wellen bewirkt aber immer eine Zeitabhängigkeit des Interferenzmusters gemäß

$$I(x,t) = 2\{1 + \cos[2\pi(\kappa x - \Delta v\, t)]\}$$

mit der „Schwebungsfrequenz" $\Delta v = \Delta E/h$; wegen der Kleinheit von $h = 4.135 \times 10^{-15}$ eVs ergibt bereits die äußerst kleine Energiedifferenz $\Delta E = 4.135 \times 10^{-15}$ eV eine Schwebungsfrequenz von 1 Hz. Dies ist experimentell abgesichert (Lichte [91]).

Bei einer Messzeit T resultiert also das mittlere Signal

$$\bar{I}(x) = \frac{1}{T}\int_{-T/2}^{T/2} I(x,t)\,\mathrm{d}t = 2\left[1 + \frac{\sin(\pi\Delta v\, T)}{\pi\Delta v\, T}\cos(2\pi\kappa x)\right]. \tag{11.164}$$

Zur Abschätzung ergibt sich aus der 1. Nullstelle von $\dfrac{\sin(\pi\Delta v\, T)}{\pi\Delta v\, T}$, dass $T < 1/\Delta v$ sein muss, damit die Interferenzstreifen ausreichend gut sichtbar sind.

Zur Wegbestimmung durch Energiemessung werde ein Spektrometer mit idealer apparativer Energieauflösung verwendet. Dann ist die tatsächlich erreichbare Energieauflösung δE durch die Messzeit T gegeben. Da Energie und Zeit wiederum konjugierte Fourier-Variable sind, ergibt sich der Zusammenhang $\delta E \cdot t \geq h$. Setzt man $\delta E = \Delta E$ als Bedingung dafür an, dass der zur Wegmessung aufgeprägte Energieübertrag ΔE aufgelöst wird, so erhält man die Forderung $T \geq 1/\Delta v$. Offensichtlich kann man entweder das Interferenzmuster ($T < 1/\Delta v$) oder den Weg ($T \geq 1/\Delta v$) bestimmen, aber nicht beides gleichzeitig. Ein Energieübertrag zerstört die Kohärenz, sobald er zur Bestimmung des Weges ausreicht, weil er die Phasen um mehr als 2π „verschmiert".

Messempfindlichkeit und Messgenauigkeit. Zum Abschluss sei die Frage diskutiert, ob Teilchen und Welle beispielsweise bei elektronenmikroskopischen Messungen von Objekteigenschaften zu gleichwertigen Ergebnissen führen, d. h. ob das experimentell äußerst anspruchsvolle Experimentieren mit Wellen wirklich Vorteile bringt. Betrachtet sei als Beispiel eine dünne magnetisierte Schicht, die von Elektronen durchstrahlt wird (Abb. 11.82). Im Teilchenbild werden die Trajektorien durch die Lorentz-Kraft um den Winkel Θ umgelenkt; unter der Annahme kleiner Ablenkwinkel ist $\Theta = p_x/p_z$ und $p_z \approx |\boldsymbol{p}|$. Im Wellenbild resultiert eine Phasenschiebung $\Delta\varphi$. Wegen der Orthogonalität von Wellenfront und Trajektorien gilt für den Impuls nach Verlassen des Objekts $\boldsymbol{p} = \hbar\nabla\varphi$. Also lässt sich für die x-Komponente schreiben

$$p_x = \hbar\frac{\partial\varphi}{\partial x},$$

und die über die volle Breite b des Magnetfilms erzeugte Phasendifferenz ergibt sich zu

$$\Delta\varphi = \frac{\partial\varphi}{\partial x}b = \frac{p_x}{\hbar}b.$$

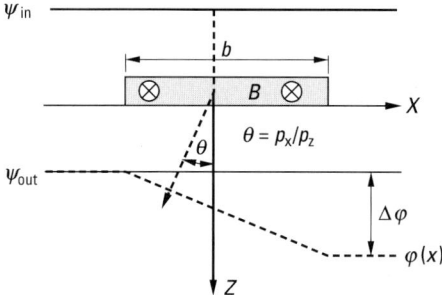

Abb. 11.82 Teilchenbild und Wellenbild: Ablenkung der Elektronenbahn und Phasenschiebung der Elektronenwelle durch einen magnetisierten Film der Breite b. Wegen der Orthogonalität von Bahnen und Wellenflächen scheinen Teilchen- und Wellenbild eine gleichwertige Beschreibung zu liefern. Allerdings gilt im Teilchenbild die Heisenberg'sche Unschärferelation, nicht aber im Wellenbild. Deshalb können im Teilchenbild nur Phasenstrukturen mit $\Delta\varphi \geq 2\pi$ erkannt werden.

Wegen der Heisenberg'schen Unschärferelation gilt $p_x b \geq h$ für die Impulsmessung an einem Teilchen an einem Objekt der Breite b, sodass

$$\Delta \varphi \geq 2\pi \tag{11.165}$$

folgt.

Bei dieser Herleitung dient das spezielle Beispiel nur zur Veranschaulichung, das Ergebnis ist allgemein gültig: Im Teilchenbild sind durch Messung der Ablenkwinkel und Integration des daraus bestimmten Phasengradienten prinzipiell nur solche Objekte erkennbar, die im Wellenbild eine Phasenschiebung größer als 2π hervorrufen. Im Wellenbild können aber – mittels Interferometrie – bei entsprechend niedrigem Rauschen leicht Phasenvariationen von Bruchteilen von 2π erkannt und bestimmt werden. Phasendetektierbarkeit von 2π markiert also – genauso wie Phasenunsicherheit von 2π – die Grenze zwischen der Teilchenwelt und der Wellenwelt. Ohne Elektronenwellen wären atomare Strukturen und nanoskalige elektromagnetische Felder im Elektronenmikroskop unsichtbar.

Literatur

Zitierte Publikationen

Abschnitt 11.1

[1] de Broglie, L., Diss., Masson, Paris; Phil. Mag. **47**, 446–458 (1924)

Abschnitt 11.2

[2] Elsasser, W.M., Naturwiss. **13**, 711 (1925)
[3] Davisson, C.J., Germer, L.H., Nature **119**, 558 (1927)
[4] Davisson, C.J., Germer, L.H., Phys. Rev. **30**, 705–740 (1927)
[5] Thomson, G.P., Reid, A., Nature **119**, 890 (1927)
[6] Thomson, G.P., Nature **120**, 802 (1927)
[7] Thomson, G.P., Proc. Roy. Soc. **A117**, 600–609 (1928)
[8] Jeschke, G., Diss., Technische Universität Berlin D83 (1970)
[9] Boersch, H., Naturwiss. **28**, 709–711 (1940)
[10] Boersch, H., Phys. Z. **44**, 202–211 (1943)
[11] Kinder, E., Recknagel, A., Optik **2**, 346–363 (1947)
[12] Möllenstedt, G., Düker, H., Naturwiss. **42**, 41 (1955) (*auch zu Abschn. 11.3, 11.5*)
[13] Möllenstedt, G., Düker, H., Z. Phys. **145**, 377 (1956) (*auch zu Abschn. 11.3, 11.5*)

Abschnitt 11.3

[14] Speidel, R., Kurz, D., Optik **49**, 173 (1977)
[15] Schmid, H., Diss. Universität Tübingen, 1985
[16] Byatt, W.J., Phys. Rev. **104**, 1298 (1956)
[17] Reimer, L., Transmission Electron Microscopy, 4. Aufl., Springer, Berlin, 1997 (*auch zu Abschn. 11.4*)
[18] Jönsson, C., Hoffmann, H., Möllenstedt, G., Phys. kondens. Materie **3**, 193 (1965)
[19] Ehrenberg, W., Siday, R.E., Proc. Phys. Soc. Lond. **B62**, 8–21 (1949)

[20] Aharonov, Y., Bohm, D., Phys. Rev. **115**, 485–491 (1959) u. **123**, 1511 (1961).
[21] Möllenstedt, G., Bayh, W., Naturwiss. **49**, 81–82 (1962)
[22] Bayh, W., Z. Phys. **169**, 492 (1962)
[23] Boersch, H., Hamisch, H.J., Grohmann, K., Wohlleben, D., Z. Phys. **165**, 79–93 (1961)
[24] Boersch, H., Hamisch, H.J., Grohmann, K., Z. Phys. **169**, 263 (1962)
[25] Boersch, H., Lischke, B., Z. Phys. **237**, 449–468 (1970)
[26] Lischke, H., Z. Phys. **237**, 469–474 (1970) u. **239**, 360–378 (1970)
[26a] Wahl, H., Optik **30**, 508 (1969/70) u. **30**, 577 (1970)
[27] Doll, R., Näbauer, M., Phys. Rev. Lett. **7**, 51–52 (1961)
[28] Doll, R., Näbauer, M., Z. Phys. **169**, 526–563 (1962)
[29] Deaver, B., Fairbank, W., Phys. Rev. Lett. **7**, 43–46 (1961)

Abschnitt 11.4

[30] Busch, H., Ann. Phys., 4. Folge, **81**, 974–993 (1926)
[31] Langmuir, D.B., Proc. IRE **25**, 977 (1937)
[32] Dosse, J., Z. Phys. **115**, 530 (1940)
[33] Brüche, E., Scherzer, O., Geometrische Elektronenoptik, Springer, Berlin, 1934
[34] Glaser, W., Grundlagen der Elektronenoptik, Springer, Wien, 1952
[35] Dosse, J., Z. Phys. **117**, 722–753 (1941)
[36] Born, M., Wolf, E., Principles of Optics, 5. Aufl., Pergamon Press, Oxford, New York, 1975
[37] Scherzer, O., J. Appl. Phys. **20**, 20–29 (1949)
[38] Hanszen, K.-J., Z. angew. Phys. **20**, 427–435 (1966)
[39] Hanszen, K.-J., The Optical Transfer Theory of the Electron Microscope. In: Advances in Optical and Electron Microscopy, Vol. 4, Barer, R., Cosslett, V.E. (Hrsg.), Academic Press, London, 1971
[40] Hawkes, P.W., Ultramicroscopy **5**, 67–70 (1980)
[41] Thon, F., Z. Naturforsch. **20a**, 154–155 (1965)

Abschnitt 11.5

[42] Knoll, M., Ruska, E., Ann. Phys. **12**, 607–640; 641–661 (1932)
[43] Knoll, M., Ruska, E., Z. Phys. **78**, 318–339 (1932)
[44] Brüche, E., Johannson, H., Naturwiss. **20**, 353–358 (1932)
[45] Krause, F., Z. Phys. **102**, 417–422 (1936)
[46] Düker, H., Acta Phys. Austr. **18**, 232, 1964
[47] Wegmann, L., Mikroskopie **26**, 99 (1970)
[48] Zweck, J., Bormans, B., Philips Electron Optics Bulletin **132**, 297–302 (1992)
[48a] Boersch, H., Ann. der Phys., 5. Folge, **26**, 631 (1936); **27**, 75 (1936)
[49] Rose, H., Optik **85**, 19 (1990);
Haider, M., Rose, H., Uhlemann, S., Schwan, E., Kabius, B., Urban, K., Ultramicroscopy **75**, 53 (1998)
[50] Jia, C.L., Lentzen, M., Urban, K., Science **299**, 870 (2003)
[51] Gabor, D., Nature **161**, 777 (1948)
[52] Wahl, H., Bildebenenholographie mit Elektronen, Habilitationsschrift, Tübingen, 1975
[53] Leith, E., Upatnieks, J., J. Opt. Soc. Am. **52**, 1123 (1962)
[54] Tonomura, A., The Quantum World Unveiled by Electron Waves, World Scientific Publishing, 1999
[55] Lichte, H., Lehmann, M., Advances in Imaging and Electron Physics **123**, 225–255 (2002)
[56] Lichte, H., Reibold, M., Brand, K., Lehmann, M., Ultramicroscopy **93**, 199–212 (2002)

[57] Rau, W.D., Schwander, P., Baumann, F.H., Hoeppner, F.H., Ourmazd, A., Phys. Rev. Lett. **82**, 2614 (1999)
[58] Knoll, M., Z. techn. Physik **16**, 467–475 (1935)
[59] Ardenne, M.v., Z. Physik **109**, 553–572 (1938)
[60] Ardenne, M.v., Z. techn. Physik **19**, 407–416 (1938)
[61] McMullan, D., Ph. D. Thesis, Cambridge (1952), und Proc. I.E.E. **B 100**, 245 (1953)
[62] Smith, K.C.A., Oatley, C.W., Brit. J. Appl. Phys. **6**, 391 (1955)
[63] Wells, O.C., Ph. D. Thesis, Cambridge (1957)
[64] Everhart, T.E., Thornley, R.F.M., J. Sci. Instrum. **37**, 246–248 (1960)
[65] Borchardt-Ott, W., Blaschke, R., Beitr. elektronenmikr. Direktabb. Oberfl. (BEDO) **2**, 239–248 (1969)
[66] Crewe, A.V., Wall, J., Langmore, J., Proc. VIIth Int. Congr. Electron Microscopy, Grenoble, **1**, 467–468 (1970)
[67] Bostanjoglo, O., Elschner, R., Mao, Z., Nink, T., Weingärtner, M., Ultramicroscopy **81**, 141–147 (2000)
[68] Dömer, H., Bostanjoglo, O., J. Appl. Phys. **91**, 5462–5467 (2002)
[69] Möllenstedt, G., Lenz, F., Adv. Electron Phys. **18**, 251 (1963)

Abschnitt 11.6

[70] Boersch, H., Geiger, J., Hellwig, H., Phys. Lett. **3**, 64–66 (1962)
[71] Boersch, H., Geiger, J., Stickel, W., Phys. Lett. **10**, 285–290 (1964)
[72] Geiger, J., Topschowsky, M., Z. Naturforsch. **21 a**, 626–634 (1966)
[73] Boersch, H., Mikroskopie **21**, 122–141 (1966)
[74] Geiger, J.: Unelastische Elektronenstreuung. In: Fachberichte der 31. Physikertagung München, Teubner, Stuttgart, 1961, S. 108–117
[75] Geiger, J., Elektronen und Festkörper: Anregungen, Energieverluste, dielektrische Theorie, Vieweg, Braunschweig, 1966
[76] Ahn. C.C., Krivanek, O.L., EELS Atlas, Arizona State University, 1983
[77] Castaing, R., Henry, L., Compt. rend. Acad. Sci. (Paris) B **255**, 76–78 (1962)
[78] Castaing, R., Hennequin, J., Henry, L., Slodzian, G., The Magnetic Prism as an Optical System. In: Focussing of Charged Particles, Septier, A. (Hrsg.), Academic Press, New York 1967, S. 265–293
[79] Reimer, L. (Hrsg.), Energy-Filtering Transmission Electron Microscopy, Springer Series in Optical Sciences, Vol. 71, Springer, Berlin, Heidelberg, 1995
[80] Rose, H., Plies, E., Optik **40**, 336 (1974)
[81] Lanio, S., Optik **73**, 99 (1986)
[82] Krahl, D., Rose, H., Electron Optics of Imaging Energy Filters, in: Energy-Filtering Transmission Electron Microscopy, Reimer, L. (Hrsg.), Springer Ser. in Opt. Sci., Vol. **71**, Springer, Berlin, Heidelberg, 1995, S. 43

Abschnitt 11.7

[83] Boersch, H., Naturwiss. **40**, 267–268 (1953); Z. Phys. **139**, 115–146 (1954)
[84] Pfeiffer, H.C., Loeffler, K.H., Proc. VIIth Int. Congr. Electron Microscopy, Grenoble 1970, S. 63
[85] Pfeiffer, H.C., Vac. Sci. Technol. **15**, 887–890 (1978)
[86] Bucchignano, J., Rosenfield, M., Pepper, G., Davari, B., Hohn, F., Viswanathan, R., IBM Research Report RC 14645 (65677) 5/26/89 (1989)
[87] Pfeiffer, H.C., Langner, G.O., J. Vac. Sci. Technol. **19**, 1058 (1981)

[88] Dhaliwal, R.S., Enichen, W.A., Golladay, S.D., Gordon, M.S., Kendall, R.A., Lieberman, J.E., Pfeiffer, H.C., Pinkney, D.J., Robinson, C.F., Rockrohr, J.D., Stickel, W., Tressler, E.V., IBM J. Res. & Dev. **45**, 605–638 (2001)
[89] Knoll, M., Naturwiss. **29**, 335–336 (1941)
[90] Feuerbaum, H.P., Kubalek, E., Beitr. elektronenmikroskop. Direktabb. Oberfl. (BEDO) **8**, 469–480 (1975)

Abschnitt 11.8

[91] Lichte, H., Phil. Trans. R. Soc. Lond. **A360**, 897–920 (2002)

Weiterführende Literatur

Bethge, H., Heydenreich, J., Electron Microscopy in Solid State Physics. Elsevier, Amsterdam, New York, 1987
Born, M., Wolf, E., Principles of Optics. Pergamon Press, Oxford, New York, 5th Ed., 1975 (oder spätere Auflagen)
Glaser, O.W., Grundlagen der Elektronenoptik, Springer, Wien, 1952
Good, R.H., Müller, E.W., Field Emission. In: Hdb. d. Physik, Flügge, S. (Hrsg.), XXI, 176, Springer, Berlin, 1956
Goodman, P. (Hrsg.), Fifty Years of Electron Diffraction, D. Reidel Publ. Comp., Dordrecht, Boston, London, 1981
Hawkes, P.W., Electron Optics and Electron Microscopy, Taylor & Francis Ltd., London, 1972
Hirsch, P.B., Howie, A., Nicholson, R.B., Pashley, D.W., Whelan, M.J., Electron Microscopy of Thin Crystals. Butterworths, London, 1965
Kyser, D.F., Niedrig, H., Newbury, D.E., Shimizu, R. (Hrsg.), Electron Beam Interaction with Solids. SEM Inc., AMF O'Hare, IL 60666/USA, 1982/84
Niedrig, H., Electron Backscattering from Thin Films, J. Appl. Phys. **53**(4), R15-R49 (1982)
Niedrig, H., Die Anfänge der Elektronenmikroskopie: Eine Berliner Entwicklung. Physik u. Didaktik **15**, 52–64 (1987)
Niedrig, H., the Early History of Electron Microscopy in Germany. In: Advances in Imaging and Electron Physics, Vol. 96, The Growth of Electron Microscopy, Mulvey, T. (Hrsg.), Academic Press, San Diego, 1996, S. 131–147
Reimer, L., Transmission Electron Microscopy, 4. Aufl., Springer, Berlin, 1997
Reimer, L., Scanning Electron Microscopy, 2. Aufl., Springer, Berlin, 1998
Reimer, L. (Hrsg.), Energy-Filtering Transmission Electron Microscopy, Springer, Berlin, Heidelberg, 1995
Ruska, E., Die frühe Entwicklung der Elektronenlinsen und der Elektronenmikroskopie, Acta Historica Leopoldina, Heft Nr. 42, Joh. Ambr. Barth, Leipzig, 1979
Schattschneider, P., Fundamentals of Inelastic Electron Scattering, Springer, Wien, New York, 1986
Stroke, G.W., An Introduction to Coherent Optics and Holography, Academic Press, New York, London, 1966
Thomson, G.P., The Early History of Electron Diffraction, Contemp. Physics **9**, 1–15 (1968)

12 Rastersondenmikroskopie

Harald Fuchs

12.1 Prinzip der oberflächensensitiven Rastersondenverfahren

Eine rasch wachsende Familie von oberflächensensitiven Analysetechniken bilden die Rastersondenmethoden. Sie beruhen darauf, dass mithilfe von geeigneten, meist nadelförmigen Sonden oberflächenspezifische physikalische Eigenschaften Punkt für Punkt zeilenweise vermessen und bildhaft dargestellt werden (Abb. 12.1). Ähnlich wie beim Rasterelektronenmikroskop (REM, Abschn. 11.5.3) ergibt sich auch hier die Vergrößerung aus dem Verhältnis der Bildgröße auf einem Computerbildschirm zu dem abgerasterten Bereich auf der Oberfläche. Die Oberflächensensitivität erreicht man durch die Nutzung von Nahfeldphänomenen, die schnell, d. h. mit hohen Potenzen oder sogar exponentiell mit dem Abstand z von der Oberfläche bzw. einer Grenzfläche abfallen. Durch die Verwendung von frei positionierbaren Nadelsonden gelingt es, gewünschte Messpunkte auf der x,y-Ebene parallel zur Oberfläche gezielt zu adressieren.

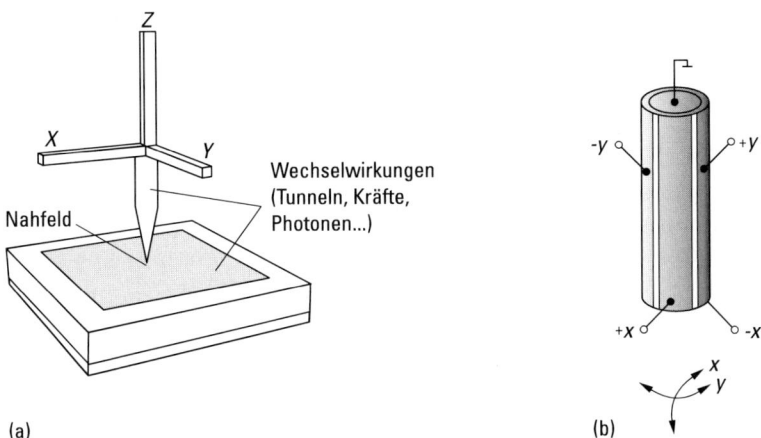

Abb. 12.1 Allgemeines Schema der Nahfeldsondenmikroskopie: Eine nadelförmige Sonde wird in das Nahfeld der Oberfläche gebracht, welches rasch mit der Entfernung von der Oberfläche abklingt. Piezostellglieder (Dreibein aus Piezostäbchen bzw. Röhrenscanner, rechts dargestellt) erlauben die gezielte Positionierung in allen drei Raumrichtungen; ein elektronischer Regelkreis kontrolliert die Stärke der Wechselwirkung beim x,y-Rastervorgang und hält sie konstant.

Die Art der Wechselwirkung kann dabei sehr unterschiedlich sein: Quantenmechanisches Elektronentunneln wird im Rastertunnelmikroskop (engl. *Scanning Tunneling Microscope*, STM), interatomare Kraftwechselwirkungen im Rasterkraftmikroskop (engl. *Atomic Force Microscope*, AFM oder *Scanning Force Microscope*, SFM) und Photonentunneln im rasternahfeldoptischen Mikroskop (engl. *Scanning Nearfield Optical Microscope*, SNOM) eingesetzt. Zu jeder dieser Methoden gibt es heute eine Reihe von Varianten, deren detaillierte Beschreibung den Rahmen dieses Kapitels sprengen würde. Daher soll im Folgenden nur auf einige wesentliche Aspekte beispielhaft eingegangen werden.

Die dreidimensionale Bewegung der Rastersonden erfolgt mit rechtwinkligen Dreibeinaufbauten aus piezokeramischen Stäbchen oder mit piezokeramischen Röhrchen (Abb. 12.1), deren Länge bzw. deren Form durch das Anlegen einer elektrischen Spannung aufgrund des inversen piezoelektrischen Effekts verändert werden kann. Mit den Piezoröhrchen lässt sich mit einem einzigen, mechanisch sehr steifen Element sowohl eine axiale Auslenkung (laterale x, y-Bewegung) als auch eine vertikale Feinpositionierung (z-Richtung) einer darauf montierten Nadelsonde bzw. Probe erreichen. Hierzu werden vier flächige und voneinander elektrisch isolierte Elektrodensegmente parallel zur Längsachse des Röhrchens auf der zylindrischen Außenseite angebracht. Über jede dieser Elektroden kann separat eine Potentialdifferenz gegen eine gemeinsame zylindrische Gegenelektrode (Masseelektrode) auf der Innenseite des Röhrchens angelegt werden. Mit derartigen Piezostellgliedern, auch 'Scanner' genannt, lassen sich Positioniergenauigkeiten weit unterhalb eines Atomdurchmessers erreichen. Mithilfe eines elektronischen Regelkreises wird der Spitze-Proben-Abstand so gesteuert, dass die genutzte Wechselwirkung beim x, y-Rasterprozess konstant bleibt. Das hierzu vom Regelkreis an den Scanner gegebene Korrektursignal wird parallel zur x, y-Bewegung der Sonde aufgezeichnet und synchron auf einem Bildschirm dargestellt. Die Vergrößerung ist im Falle atomarer Auflösung millionenfach. Die notwendige Unterdrückung von Schwingungen aus dem Labor, welche eine zufällige Bewegung der Spitze relativ zur Oberfläche verursachen könnte, wird je nach experimenteller Anforderung durch geeignete Dämpfungsmaßnahmen wie Wirbelstrombremsen und Luftfedern erreicht. Ein kompakter Aufbau des Mikroskops verringert zudem die Länge des mechanischen Weges zwischen Sonden- und Probenhalterung und erhöht so die mechanische Eigenresonanz und damit die Rastergeschwindigkeit des Mikroskops. In Abhängigkeit von der Auslegung der Scanner und der verfügbaren Steuerspannung können Bereiche von einigen Mikrometern (speziell geeignet für atomare Auflösung) bis zu einigen hundert Mikrometern (für technische und biologische Proben) erreicht werden. Daher haben Nahfeldrastersondenverfahren bezüglich ihrer Rasterweiten einen großen Überlapp mit den Abbildungsbereichen konventioneller Mikroskopieverfahren, beispielsweise der Rasterelektronen- und der Transmissionselektronenmikroskopie (vgl. Kap. 11), aber auch mit der Lichtmikroskopie (vgl. Abschn. 1.9.2.2 u. 3.12).

12.2 Rastertunnelmikroskopie

Materialoberflächen mit atomarer Auflösung hinsichtlich ihrer Topographie sowie ihrer elektronischen und mechanischen Eigenschaften untersuchen zu können, wurde erstmals im Jahre 1981 durch das von G. Binnig und H. Rohrer am IBM-Forschungslabor in Rüschlikon bei Zürich erfundene Rastertunnelmikroskop (engl. STM) möglich [1]. Hierbei wird eine elektrisch leitfähige nadelförmige Sonde im Abstand von wenigen Atomdurchmessern über eine leitfähige Oberfläche geführt (Abb. 12.2), sodass quantenmechanisches Elektronentunneln über eine endliche Barriere möglich wird (Abb. 12.3, vgl. Bd. 2, Abschn. 7.2.3).

Für den einfachen Grenzfall tiefer Temperaturen, planarer Elektroden und eines freien Elektronengases lässt sich leicht zeigen, dass beim Anlegen einer Potentialdifferenz ein Nettotunnelstrom zwischen Spitze und Probe fließt, der exponentiell vom Abstand zwischen Spitze und Oberfläche abhängt. Für die Stromdichte J_T ergibt sich:

$$J_T = \alpha \frac{U_T}{d} e^{-2\kappa d}. \tag{12.1}$$

Hierbei ist $\alpha = e^2\kappa/(4\pi^2\hbar)$ und $\kappa = \sqrt{2m_e\Phi}/\hbar$, wobei Φ die mittlere Austrittsarbeit von Spitze und Probenoberfläche, U_T die zwischen Spitze und Probe angelegte Tunnelspannung und m_e die Elektronenruhemasse ist. In dieser Näherung ergibt sich also ein rein Ohm'sches Verhalten des Tunnelstromes in Abhängigkeit von der angelegten Tunnelspannung. Für eine konstante Barrierenhöhe Φ ergibt die Arrhenius-Auftragung $\ln(I_T) \approx \sqrt{\Phi} \cdot d$ des Stroms gegen den Abstand d eine Gerade. Bei typischen Barrierenhöhen von $\Phi \approx 4\,\text{eV}$ verändert sich der Tunnelstrom um den Faktor 10 bei einer Abstandsänderung von 0.1 nm. Dies ist die Ursache für die hohe z-Auflösung, die mit dem STM erreichbar ist. Bei höheren Spannungen ($U_T > \Phi$)

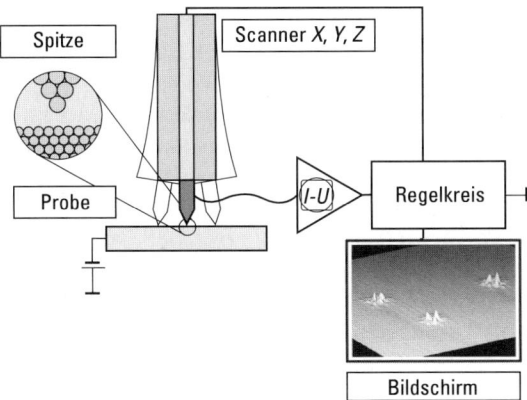

Abb 12.2 Schema eines Rastertunnelmikroskops. Zwischen Probe und Spitze wird eine elektrische Spannung angelegt. Der Tunnelstrom wird über einen Strom-Spannungswandler (*I-U*-Konverter) in eine ausreichend hohe Spannung für einen PID-Regler umgewandelt, der den Abstand zwischen Spitze und Probe so einstellt, dass der Tunnelstrom konstant bleibt. Auf einem Bildschirm wird das Regelsignal dargestellt.

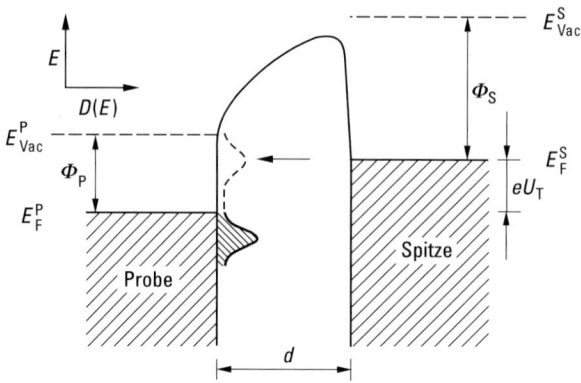

Abb. 12.3 Schema der Tunnelbarriere im Rastertunnelmikroskop. Schraffiert eingezeichnet sind die Energieniveaus von Probe (links) und Spitze (rechts) bis zum Fermi-Niveau. Spitze und Probe sind um den Abstand d voneinander getrennt. Das Fermi-Niveau der Spitze ist durch Anlegen einer negativen Spannung relativ zur Probe um die Energie eU_T relativ zu deren Fermi-Niveau verschoben. In diesem Fall tunneln die Elektronen aus der Spitze in unbesetzte Zustände der Probe. Bei Umpolung kehren sich die Verhältnisse um. E_F^S und E_F^P bezeichnen die Fermi-Niveaus von Spitze und Probe; E_{Vac}^S und E_{Vac}^P sind die entsprechenden Vakuumniveaus, Φ_S und Φ_P kennzeichnen die Austrittsarbeiten von Spitze bzw. Probe (vgl. Bd. 2, Abschn. 8.2).

gibt es Abweichungen vom Ohm'schen Gesetz – es tritt Fowler-Nordheim-Tunneln auf [2] (vgl. Bd. 2, Abschn. 8.2.2):

$$J_T = C_1 E^2 e^{-C_2/E} \tag{12.2}$$

(C_1, C_2 Konstanten), was zu einer nichtlinearen Strom-Spannungskurve führt. Wird die angelegte Spannung noch weiter erhöht, sodass das Fermi-Niveau der Elektrode 2 unter der Leitungsbandkante der Elektrode 1 liegt, tritt schließlich Feldemission auf [3].

Die exponentielle Abhängigkeit des Tunnelstroms vom Abstand zwischen der Messspitze und der Oberfläche (12.1) führt dazu, dass praktisch der gesamte Tunnelstrom durch dasjenige Atom auf der Spitze getragen wird, das der Oberfläche am nächsten kommt. Mit der Rastertunnelmikroskopie lässt sich eine laterale Auflösung in der Größenordnung von etwa 0.1–0.15 nm erreichen, wohingegen die vertikale Auflösung bei geeigneter Schwingungsdämpfung bis auf unter 10^{-4} nm gesteigert werden kann.

Es gibt zwei Messverfahren: zum einen die sog. Konstantstromtechnik (I_T = const.), bei der der Tunnelstrom durch einen elektronischen Regelkreis konstant gehalten wird. Diese historisch zuerst realisierte Methode erlaubt quantitative Messungen. Dabei wird bei einer lokalen Veränderung des Spitze-Oberflächenabstandes die Probe bzw. die Spitze durch den Piezoscanner so lange nachgeregelt, bis sich der vorgewählte Tunnelstrom von typisch einigen pA bis nA wieder einstellt. Daraus ergibt sich unmittelbar ein Profil der lokalen Ladungsdichte direkt über der Oberfläche.

Eine weitere Methode, die sich insbesondere für atomar flache Oberflächen eignet, ist die Konstanthöhenmethode, auch variable Strommethode genannt. Hierbei wird durch extrem schnelles Abrastern und Einstellen großer Regelzeitkonstanten der Tunnelstrom nicht nachgeregelt und die lokale Stromvariation beim Verfahren der Spitze parallel zur Oberfläche gemessen ($d =$ const.). Diese Methode ist auf flachen Oberflächen einsetzbar und erlaubt einen sehr schnellen Bildaufbau. Eine praktische Begrenzung hierbei ist meist die mechanische Eigenresonanz des Messkopfes, die jedoch durch weitere Miniaturisierung der mechanischen Bauelemente erhöht werden kann, sodass nahezu Videoabtastraten erreicht werden können.

12.2.1 Instrumentierung

Die Kontrolle des Spitze-Probe-Abstandes auf Bruchteile eines Atomdurchmessers erfordert wirksame Maßnahmen zur Unterdrückung von Schwingungen, die z. B. aus der Umgebung auf das Mikroskop einwirken. Die Schwingungsdämpfung wurde in den ersten STM-Prototypen mit aufwändigen magnetischen Kryotechniken (Meissner-Ochsenfeld-Effekt, vgl. Bd. 2, Abschn. 8.4.1) und später durch einfache, zum Teil mehrstufige, niederfrequent abgestimmte Federstufen realisiert [4]. Oft werden, vor allem in Ultrahochvakuummikroskopen, zur Schwingungsdämpfung Wirbelstrombremsen eingesetzt, soweit dies andere, in der gleichen Messkammer vorhandene Messtechniken zulassen [4]. Bei sehr kompakten Aufbauten kann auf die Federaufhängung vollständig verzichtet werden (Abb. 12.4) [5].

Die Grobannäherung der Probe an die Messspitze muss so erfolgen, dass der Arbeitsbereich des Piezoantriebes senkrecht zur Oberfläche von typisch einigen Mikrometern sicher eingestellt werden kann, ohne die Probe dabei mechanisch zu berühren. Dabei würde der zu untersuchende Probenbereich bzw. die Spitze zerstört. Dieses technische Problem wurde beim STM ursprünglich durch einen Piezoantrieb in Kombination mit elektrostatischen Klemmfüßen ('Laus') und später zum Teil

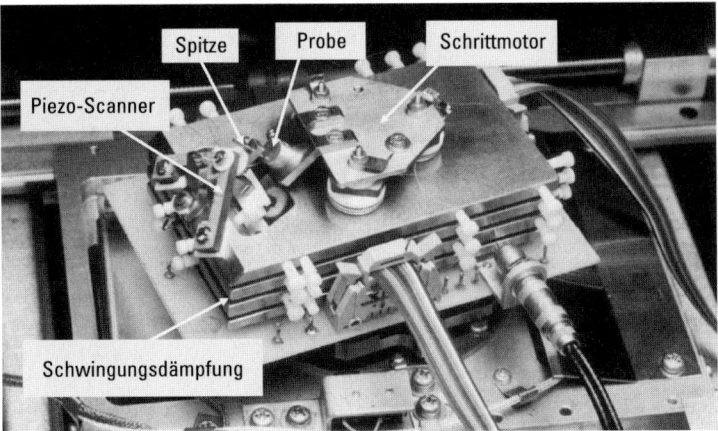

Abb. 12.4 Kompakt-STM mit Dreibein-Scanner und Schrittmotor für die Grobannäherung der Probe.

auch durch rein mechanische Untersetzungen erreicht. In den meisten Fällen verwendet man heute miniaturisierte Trägheitsantriebe, die auf elektromagnetischen und/oder elektrostatischen Verfahren beruhen.

Die elektrisch leitfähige Messspitze wird aus metallischen Drähten mit wenigen zehntel Millimetern Durchmessern durch chemisches Ätzen oder einfaches mechanisches Anschneiden gefertigt. Durch die Tunnelcharakteristik ist stets dafür gesorgt, dass am Ende selbst bei geometrisch relativ undefinierten Spitzen immer eine Miniaturspitze auftritt, die mechanisch ausreichend stabil ist und die eigentliche lokale Messspitze darstellt. Derartige Spitzen sind jedoch nur für sehr flache Oberflächen geeignet, da sie nicht reproduzierbar sind und raue Oberflächen mit hohem Aspektverhältnis nicht abbilden können. Hierzu sind Spitzen mit definiertem Aspektverhältnis erforderlich, die man durch chemische Ätzverfahren herstellt. Als Materialien eignen sich Wolfram, Platin, Iridium und andere Metalle sowie Legierungen aus diesen Materialien.

12.2.2 Tunnelspektroskopie

Die physikalische Grundlage des Bildkontrastes lässt sich anhand der Gln. (12.1) und (12.2) nicht erkennen. Detailliertere physikalische Informationen können erst durch streutheoretische und störungstheoretische Ansätze, z. B. nach dem Modell von Tersoff und Hamann (TH) [6], gewonnen werden. Der letztere Ansatz beruht auf Störungstheorie 1. Ordnung und geht von unabhängigen Wellenfunktionen in Spitze und Probe aus, die sich nur im Barrierenbereich schwach überlappen. Für tiefe Temperaturen erhält man in der TH-Näherung einen analytischen Ausdruck für den Tunnelstrom:

$$I_T = \frac{4\pi^2 e}{\hbar} \cdot \sum_{\mu,\nu} f(E_\mu)[1 - f(E_\nu - eU_T)] \cdot |M_{\mu\nu}|^2 \cdot \delta(E_\mu - E_\nu). \tag{12.3}$$

Das Übergangsmatrixelement $M_{\mu\nu} = \hbar^2/(8\pi^2 m) \cdot \int dS(\Psi_\mu^* \nabla \Psi_\nu^* - \Psi_\nu^* \nabla \Psi_\mu^*)$ beschreibt den Transfer eines Elektrons vom Eigenzustand $\Psi_\mu^*(r)$ in der ersten Elektrode zum Zustand $\Psi_\nu^*(r)$, der in der zweiten Elektrode lokalisiert ist. $f(E)$ ist die Fermi-Verteilung der Elektronen. Das Integral über die Wahrscheinlichkeitsstromdichte erstreckt sich über eine beliebige Fläche in der Region zwischen den beiden Elektroden. In diesem Modell wird der Tunnelstrom bestimmt durch die sich schwach überlappenden ungestörten Zustände $\Psi_{\mu,\nu}$ der beiden Elektroden. Für den idealisierten Fall von Rechteckbarrieren und außerhalb der Elektroden exponentiell abfallenden Wellenfunktionen sowie einer punktförmigen Spitze ergibt sich ein einfacher Ausdruck für den Tunnelstrom:

$$I_T = \sum_\nu |\Psi_\mu(r)|^2 \cdot \delta(E_\mu - E_\nu). \tag{12.4}$$

Diese Näherung zeigt, dass der Tunnelstrom in der Nähe der Fermi-Energie der Probe proportional zur Ladungsdichte $\sigma = |\Psi(r, E_F)|^2$ dicht oberhalb der Oberfläche ist. Im Gültigkeitsbereich dieser Näherung ergibt sich somit unmittelbar die Möglichkeit, das Rastertunnelmikroskop durch Variation der Energie eU_T der Tunnelelektronen als spektroskopisches Instrument zu nutzen (Abb. 12.3).

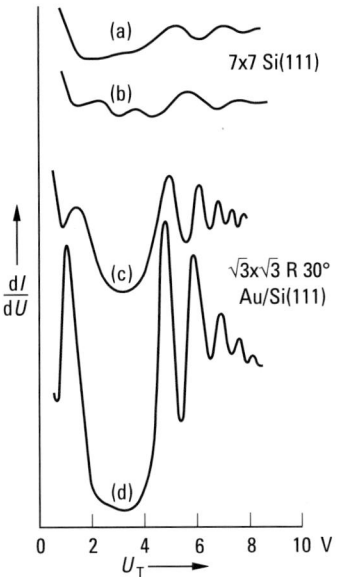

Abb. 12.5 Lokale Tunnelspektren (LTS), die auf Au- und Si-Oberflächen aufgenommen wurden. Die Messung elektronischer Zustände erfolgt entweder über phasensensitive Methoden ('Lock-in'-Technik) oder durch die Messung von sog. I-U-Kurven durch die Positionierung der Messspitze an einem vorgewählten Ort, Einstellung eines konstanten Abstandes d und Aufnahme des Stromspannungsverlaufes an dieser Position.

Durch Änderung der Tunnelspannung, d. h. durch Verschiebung des Fermi-Niveaus der Spitze relativ zur Oberfläche, wird die energieselektive Abtastung besetzter bzw. unbesetzter Zustände der Probe bzw. der Spitze mit atomarer Auflösung möglich (Abb. 12.5). Diese Eigenschaft des Tunnelmikroskops hat die hochauflösende Oberflächenspektroskopie wesentlich bereichert [7–12].

12.2.3 Anwendungen der Rastertunnelmikroskopie

Da nach Gl. (12.3) elastische Tunnelprozesse zwischen gebundenen elektronischen Zuständen gleicher Energie in Oberfläche und Spitze erfolgen, misst das Rastertunnelmikroskop primär nicht die Struktur der Oberfläche, sondern deren lokale elektronische Eigenschaft. Im Konstantstrommodus entsprechen die STM-Bilder den Konturen konstanter Zustandsdichte der Oberfläche am Ort der Spitze, genauer: im Mittelpunkt des Krümmungskreises des vordersten Teils der Spitze im Energiebereich von $E_F \pm eU_T$ (Gl. (12.4)). Bei metallischen Oberflächen mit einer hohen Zustandsdichte in der Nähe des Fermi-Niveaus repräsentieren die gemessenen Konturen im Wesentlichen die atomaren Positionen. In diesen Fällen kann man zumeist von einer strukturellen Abbildung sprechen. Dagegen tritt bei Halbleitern und Halbmetallen mit einer Bandlücke bzw. Pseudobandlücke am Fermi-Niveau in der Regel eine niedrige Zustandsdichte mit lokalisierten Oberflächenzuständen an bestimmten räumlichen Positionen auf, die sowohl vom lokalen Dotierungsgrad als auch von der Position der Oberflächenatome abhängen. Daher sind in diesen Fällen strukturelle und auch chemische Bildinformationen überlagert. Das Rastertunnelmikroskop erlaubt es, diese Zustände mit atomarer Auflösung zu messen und die zweidimensionale Verteilung elektronischer Zustände einer bestimmten Energie darzustellen.

Damit lässt sich auf einfache Weise zu jedem Oberflächenpunkt der Energiebereich $E_F \pm e U_T$ spektroskopisch auflösen und an jedem Messpunkt die im Energiefenster liegenden elektronischen Zustände mit fester Zuordnung zu den atomaren Positionen, beispielsweise innerhalb einer Einheitszelle, messen [5–7].

Die Möglichkeit der lokalen Tunnelspektroskopie ist die eigentliche Stärke der Rastertunnelmikroskopie, mit der es erstmals möglich wurde, elektronische Zustände mit atomarer Auflösung (Abb. 12.6a) und auch spin-sensitiv (Abb. 12.6b) in oberflächennahen Bereichen zu erfassen. Beispiele hierzu sind in vielfältiger Weise auf

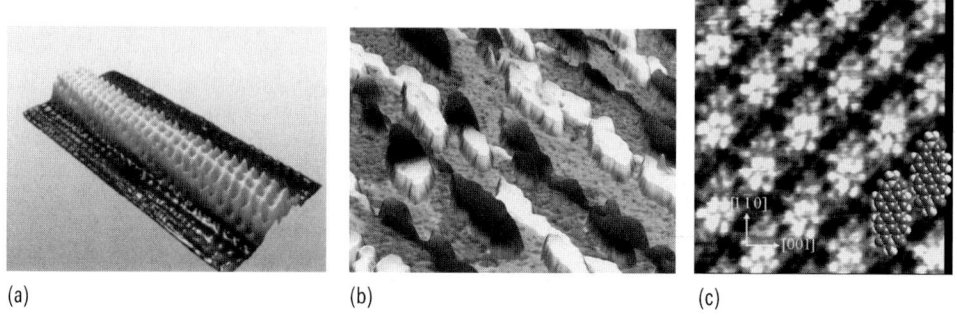

(a) (b) (c)

Abb. 12.6 Beispiele für STM-Messungen. STM-Aufnahmen unterschiedlicher Proben: (a) Atomar aufgelöste Kohlenstoff-Nanoröhre (C. Dekker, Univ. Delft), (b) Spin-polarisierte STM von Fe-Inseln auf W (M. Bode, Univ. Hamburg), (c) Organische Moleküle mit submolekularer Auflösung (C. Seidel, Univ. Münster).

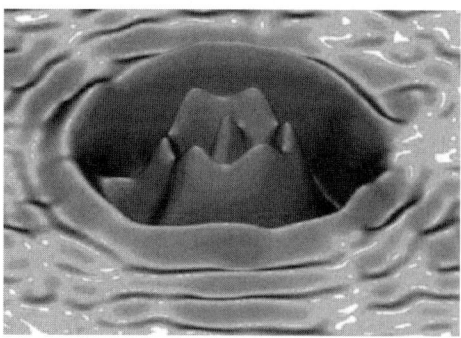

Abb. 12.7 Rastertunnelspektroskopie-Aufnahme von einer sechseckigen Silberinsel von 9 nm Durchmesser mit Oberflächenzuständen (Temperatur: 5 K). Die Silberschicht ist nur eine Atomlage dick (R. Berndt, Univ. Kiel).

Halbleiteroberflächen gezeigt worden. Neben der lokalen Tunnelspektroskopie (Abb. 12.5) gibt es die Möglichkeit, Rastertunnelspektroskopie zu betreiben und so die Verteilung bestimmter Oberflächenzustände energieabhängig darzustellen. Ein Beispiel hierfür ist in Abb. 12.7 gezeigt.

Auch der Einfluss von atomaren und molekularen Adsorbaten auf die Veränderung der lokalen elektronischen Zustandsdichte sowie spinabhängige Tunnelprozesse unter Verwendung von eindomänigen ferromagnetischen Spitzen konnten mithilfe des STMs atomar aufgelöst untersucht werden (Abb. 12.6 b). Die Empfindlichkeit des Rastertunnelmikroskops auf lokale elektronische Zustandsdichten erlaubt es darüber hinaus, auch sehr feine Effekte nachzuweisen, wie elektronische Phantombilder (Abb. 12.8), die über den Kondo-Effekt in künstlichen atomaren Strukturen sichtbar gemacht werden konnten. Diese Strukturen wurden zuvor mithilfe der Tunnelspitze als Werkzeug aus einzelnen magnetischen Co-Atomen hergestellt.

Das Rastertunnelmikroskop hat sich als sehr vielfältiges oberflächensensitives Instrument erwiesen. Es kann sowohl unter Ultrahochvakuumbedingungen für oberflächenspektroskopische Zwecke als auch unter normalen Umgebungsbedingungen und sogar mit gewissen Einschränkungen in Flüssigkeiten eingesetzt werden. Ein wichtiges Beispiel hierzu ist die Anwendung in der Elektrochemie, wo es gelingt, mithilfe des Rastertunnelmikroskops unter Verwendung von weitgehend elektrisch

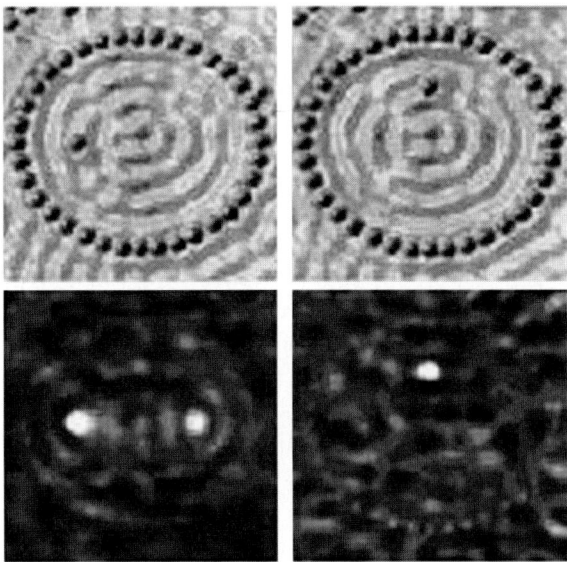

Abb. 12.8 Quanten-Fata-Morgana. Co-Atome wurden mit dem STM zu einer Ellipse gruppiert. Bringt man ein weiteres Co-Atom in einen Brennpunkt der Ellipse, so erscheint im zweiten Brennpunkt durch den Kondo-Effekt und die spezielle Geometrie die Signatur dieses Atoms (linkes unteres Bild), obwohl dort kein reales Atom vorhanden ist. Im Kontrollversuch auf der rechten Seite wurde das einzelne Co-Atom außerhalb der Brennpunkte angeordnet. Es entsteht kein Phantombild des Atoms auf der gegenüberliegenden Seite (D. Eigler, IBM). Die unteren Bilder sind tunnelspektroskopische Bilder (d. h. Aufnahme von dI/dU und nachfolgende Differenzbildung zur Kontrastverstärkung).

isolierten Spitzen das potentialgesteuerte Aufwachsen bzw. Desorbieren von atomaren Strukturen auf Oberflächen Atom für Atom zu untersuchen. Daraus ergeben sich neue Einblicke in die mikroskopischen Mechanismen elektrochemischer Reaktionen. In ähnlicher Weise werden auch atomare Reaktionen von CO_2 und anderen Gasen auf katalytisch reaktiven Oberflächen wie Platin mit höchster Auflösung darstellbar. Damit können auch chemische Reaktionen verfolgt werden. Es konnte beispielsweise die chemische Reaktion von Ammoniak auf Siliziumoberflächen mit atomarer Auflösung untersucht und gezeigt werden, welche der Oberflächenatome bzw. Atome der zweiten Atomlage am reaktivsten sind. Auch konnte inzwischen eine einfache chemische Reaktion, die sog. Ullmann-Reaktion, lokal mit einer Tunnelspitze induziert, Zwischenprodukte voneinander getrennt und die molekularen Endprodukte mit atomarer Auflösung untersucht werden. Derartige Versuche sind eine entscheidende Voraussetzung für den Aufbau von Superatomen und von neuen elektronischen Bauelementen aus einzelnen Atomen und Molekülen.

Die Eignung des Rastertunnelmikroskops als Werkzeug zur gezielten atomaren Oberflächenmodifikation konnte in zahlreichen Beispielen demonstriert werden. Trotz ihrer vielfältigen Möglichkeiten hat die Rastertunnelmikroskopie bisher kaum Eingang in industrielle Bereiche, beispielsweise in die Qualitätskontrolle, gefunden. Dies liegt zum Teil an der hohen Auflösung, die für Zwecke der industriellen Fertigung heute meist noch nicht benötigt wird. Ein noch weitaus wichtiger Grund ist aber die Beschränkung der Methode auf leitfähige, d. h. metallische oder halbleitende/halbmetallische Oberflächen. Viele technische Materialien sind jedoch elektrisch isolierend. Für diese Fälle eignet sich die Rasterkraftmikroskopie besser.

12.3 Rasterkraftmikroskopie

Bereits in einem sehr frühen Entwicklungsstadium der Rastertunnelmikroskopie konnte experimentell beobachtet werden, dass im Spitze-Probe-Kontakt nicht nur elektronische Wechselwirkungen auftreten, sondern aufgrund der räumlichen Nähe auch messbare Kräfte zwischen Messspitze und Probe wirksam werden.

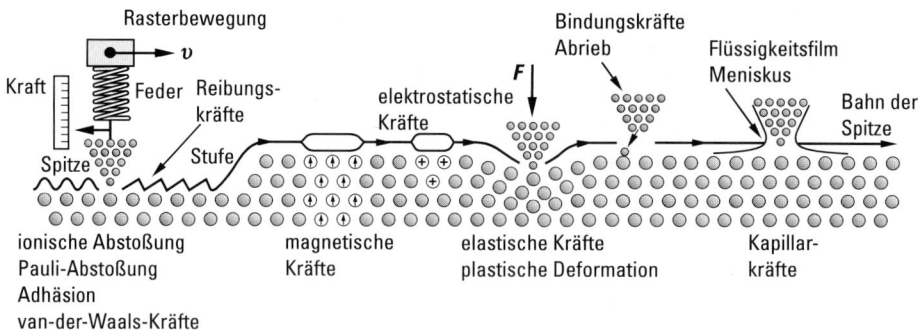

Abb. 12.9 Mögliche Kraftwechselwirkungen zwischen einer Messspitze und einer Oberfläche (U. Schwarz, Yale)

Bei Abständen von wenigen Nanometern treten repulsive und attraktive Kräfte auf. Zu Letzteren zählen z. B. van der Waals-, chemische und dispersive Kräfte. Bei atomaren Abständen treten aufgrund des Pauli-Prinzips repulsive Kräfte auf. Langreichweitigere elektrostatische und magnetische Felder, deren Stärke parallel zu einer Oberfläche im Nanometerbereich lokal variiert, können ebenfalls vorhanden sein und die Wechselwirkung zwischen Messspitze und Oberfläche bestimmen. Mit der so genannten Rasterkraftmikroskopie wurde es erstmals möglich, unterschiedlichste Kräfte lokal zu messen.

12.3.1 Kontakt-Kraftmikroskopie

Da ein Rasterkraftmikroskop (SFM) auf dem Konzept der Messung interatomarer Kräfte beruht, ist es im Gegensatz zum STM auch auf elektrisch nichtleitfähigen Oberflächen einsetzbar. Eine einfache Methode zur Messung dieser lokalen Kräfte ist die Verwendung empfindlicher mikromechanischer Federbalken (engl. *Cantilever*), die am freien Ende eine Tastspitze tragen (Abb. 12.10 b). Ein solcher Kraftsensor wird im konventionellen statischen Betrieb im repulsiven Kontakt bei konstant gehaltener Kraft zeilenweise über die Oberfläche geführt. Das Korrektursignal eines elektronischen Regelkreises, der die Kraft durch Variation des Spitze-Probe-Abstandes auf einem voreingestellten Wert hält, wird wie beim STM synchron auf einem Bildschirm dargestellt und liefert so ein topographisches Abbild des untersuchten Oberflächenbereiches. Im Gegensatz zum Rastertunnelmikroskop erfasst das Rasterkraftmikroskop bei kleinen Spitze-Probe-Abständen die gesamte Valenzzustandsdichte (d. h. auch elektronische Beiträge mit $k < k_{\text{Fermi}}$), die repräsentativ für die atomare Struktur einer Oberfläche ist. Das SFM liefert somit komplementäre In-

Abb. 12.10 (a) Schema eines Rasterkraftmikroskops. Die Messspitze ist auf einem Federbalken integriert, der durch die Wechselwirkung der Spitze mit der Oberfläche nach oben oder unten ausgelenkt wird. Die Auslenkung wird meist mit dem Lichtzeigerprinzip gemessen. Der von links oben kommende Lichtstrahl wird von der Oberfläche eines auf der Oberseite verspiegelten Sensors reflektiert und trifft auf einen positionsempfindlichen Detektor, der meist als Vierquadranten-Diode ausgebildet ist (vier weiße Felder). Damit können neben der vertikalen Bewegung auch axiale Torsionen zur Erfassung von Lateralkräften gemessen werden. (b) SEM-Bild eines Cantilevers mit integrierter Spitze.

formationen zum STM, das die lokale Zustandsdichte am Fermi-Niveau einer Oberfläche erfasst.

Im Kontaktmodus kann man die Auflagekraft über die einfache Hooke'sche Beziehung $F = -k_C z$ quantitativ bestimmen. Hierbei ist k_C die Federsteifigkeit der freien Blattfeder und z die Auslenkung der Blattfeder aus der Ruhelage. Um eine zerstörungsfreie Untersuchung der Oberfläche zu ermöglichen, muss die Auflagekraft und damit die Federkonstante ausreichend klein gewählt werden. Es lässt sich leicht abschätzen, dass Federsteifigkeiten von $1\,\text{Nm}^{-1}$ und darunter eine zerstörungsfreie Abbildung von Oberflächen erlauben. Für praktische Anwendungen ist eine hohe Empfindlichkeit, d. h. möglichst weiche Cantilever und gleichzeitig eine hohe Eigenfrequenz des Kraftsensors erforderlich. Für einen einseitig eingespannten Balken mit rechteckigem Querschnitt gilt z. B. für die Federsteifigkeit (Federkonstante) $k_C = (1/4)\,Eb d^3/l^3$, wobei E der Elastizitätsmodul des Materials des Balkens, b die Breite, d die Dicke und l seine Länge ist. Die sich scheinbar widersprechenden Anforderungen hoher Eigenfrequenzen bei gleichzeitig niedrigen Federkonstanten lassen sich durch die Reduktion der geometrischen Abmessungen erfüllen, da beide physikalischen Größen nichtlinear mit bd und der Länge l des Federbalkens skalieren. Aus diesem physikalischen Grund werden Kraftsensoren heute mikrosystemtechnisch hergestellt. Sensoren aus Si, SiO_2 sind mit Steifigkeiten im Bereich von $100\,\text{Nm}^{-1}$ bis $0.03\,\text{Nm}^{-1}$ und Eigenfrequenzen von $10\,\text{kHz}$ bis $1\,\text{MHz}$ kommerziell verfügbar. Im Labor können Eigenfrequenzen bis zu einigen hundert Megahertz erreicht werden.

Eine weitere wichtige technische Komponente eines Rasterkraftmikroskops ist ein geeigneter Sensor, der die Auslenkung der Blattfeder mit subatomarer Genauigkeit zu messen erlaubt. In der ursprünglichen Version des Rasterkraftmikroskops wurde die Auslenkung einer dünnen Blattfeder aus Gold durch ein nachgeschaltetes Rastertunnelmikroskop gemessen [13]. In späteren Entwicklungen ist man zu einfacher zu handhabenden Methoden übergegangen, beispielsweise zu optischen Interferometern oder, wie in den meisten heutigen kommerziellen Bauformen, zum Lichtzeigerprinzip [14] (Abb. 12.10a). Dabei wird ein Laserstrahl, der auf die verspiegelte Oberseite eines meist mit Gold bedampften Cantilevers fokussiert wird, durch die vertikale Bewegung des Sensors beim Rastern abgelenkt. Diese Auslenkung kann sehr empfindlich mittels einer ortsempfindlichen Zweisegment-Photodiode gemessen werden. Die zeilenweise Darstellung der Sensorauslenkung als Funktion des Ortes ergibt bei konstant gehaltener Kraft unmittelbar das topographische Bild der untersuchten Oberfläche. Die Mikrosystemtechnik erlaubt eine weitere, elegante Methode der Integration des Scanners und der Detektion der Auslenkung durch piezoelektrische Aktuatoren, die direkt auf geeignet geformten Cantilevern aufgebaut werden (Abb. 12.11). Derartige Strukturen sind wegen ihres kompakten Aufbaus leicht parallelisierbar.[1]

Die Federkonstante eines realen mikrosystemtechnisch hergestellten Cantilevers (Abb. 12.10b) lässt sich entweder direkt, d. h. durch mechanische Auslenkung mithilfe eines geeichten zweiten Kraftsensors unter einem Lichtmikroskop oder über die Aufnahme seines thermischen Rauschspektrums bestimmen.

---

[1] D. h. viele gleichartige Strukturen sind in einem einzigen Fertigungsschritt auf einem Chip integrierbar. So können viele Cantilever eine Oberfläche abtasten und deren Signale zeitlich parallel ausgelesen werden.

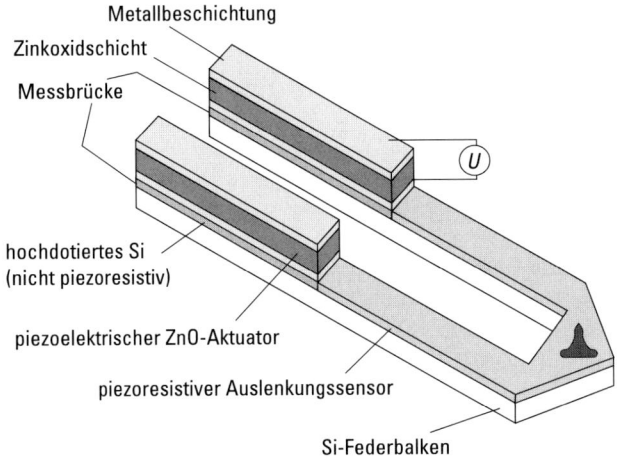

Abb. 12.11 SFM-Sensor mit integriertem Scanner und piezoresistivem Detektor. Alle Antriebs- und Sensorelemente sind auf einem Si-Chip integriert (C. Quate, Stanford).

Es gilt:

$$k_C = \frac{k_B T}{\langle x^2(t) \rangle}, \tag{12.5}$$

k_B: Boltzmann-Konstante, T: absolute Temperatur, $\langle x^2(t) \rangle$: mittlere quadratische Auslenkung. Ein Zusammenhang mit der gemessenen spektralen Dichte ergibt sich aus

$$\langle x^2(t) \rangle = \frac{1}{ENBW} \int_0^{v_N} |x(v)|^2 \, dv \tag{12.6}$$

wobei v_N die Nyquist-Frequenz und der Vorfaktor $ENBW$ die so genannte 'Equivalent-Noise-Bandwidth' ist.

Es gelingt heute, mit dem einfach zu handhabenden Lichtzeigerverfahren selbst atomare Strukturen mit dem SFM abzubilden. Dabei werden je nach Anwendung, ähnlich wie beim STM, unterschiedliche Methoden eingesetzt, die *Konstantkraft-* oder *Konstanthöhen*-Methode. Für quantitative Messungen wird die *Konstantkraft*-Methode gewählt. Bei hohen Rastergeschwindigkeiten und flachen Proben kann die *Konstanthöhen*-Methode eingesetzt werden, wobei hier die lokale Variation der Kräfte in Abhängigkeit vom Ort detektiert wird (daher auch der Name '*Variable Kraft-Methode*'). Die Unabhängigkeit von der elektrischen Leitfähigkeit der Oberfläche und der Messsonde, aber auch die Möglichkeit, unterschiedlichste Kräfte wie elektrostatische, magnetische und elektrodynamische Kräfte etc. unter normalen Umgebungsbedingungen zu vermessen, machten die Rasterkraftmikroskopie bald nach ihrer Erfindung im Jahre 1986 [13] zu einem robusten, sehr breit einsetzbaren Instrument. Es wird heute sowohl in der Grundlagenforschung als auch im Bereich der industriellen Qualitätskontrolle und in spezieller, parallelisierter Form auch in neuen Konzepten für mechanische Massenspeicher eingesetzt [15]. Neben der reinen

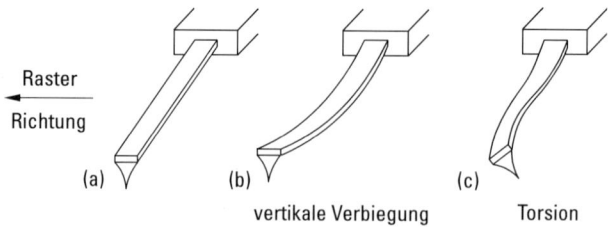

Abb 12.12 Bewegungsformen eines AFM-Sensors: (a) keine Deformation, d. h. keine Wechselwirkung mit der Oberfläche, (b) vertikale, nach oben gerichtete Bewegung durch repulsive Wechselwirkung (Topographie), (c) Torsion durch Lateralkräfte.

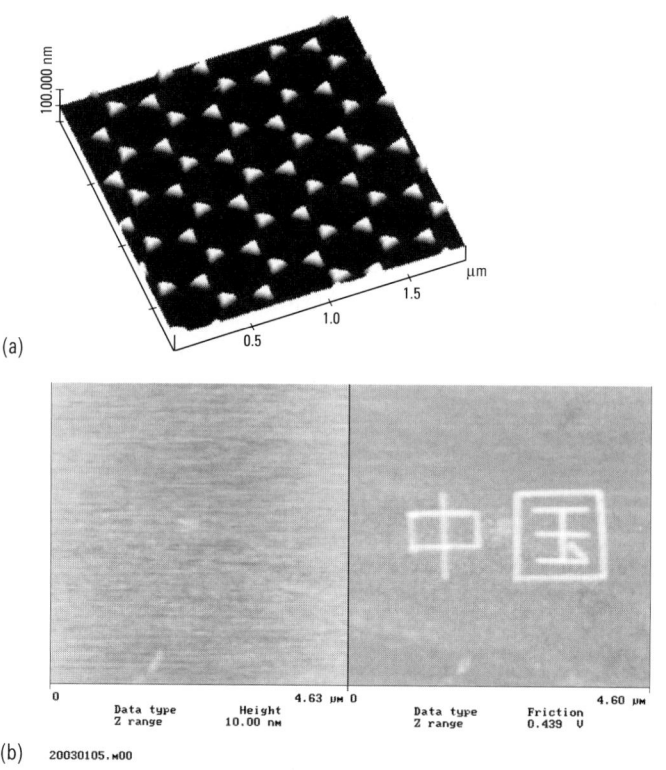

Abb. 12.13 (a) SFM-Bild einer mit periodischen Metallinseln bedeckten Oberfläche. (b) Topographie (linkes Teilbild) und gleichzeitig aufgenommenes Reibungsbild (rechtes Teilbild) einer organischen Monoschicht, deren Oberfläche mithilfe einer SFM-Spitze lokal chemisch verändert wurde. Da dies nicht die Höhe des Films, wohl aber seine chemische Affinität verändert, erscheint links kein Topographiekontrast, jedoch rechts auf der gleichen Probenstelle ein starker Reibungskontrast im Bereich der geschriebenen Zeichen (L. F. Chi, Univ. Münster).

Oberflächenprofilometrie interessieren viele weitere physikalische Eigenschaften einer Oberfläche, z. B. ihre mechanischen Parameter. Dabei ist z. B. die Frage von Interesse, ob die lokalen Eigenschaften von Oberflächen und dünnen Filmen andere sind als die des Volumenmaterials. Materialunterschiede lassen sich mit dem SFM auf sehr kleiner Skala messen. Im konventionellen Kontaktmodus tritt neben der vertikalen Ablenkung (Abb. 12.12b) bei der Bewegung senkrecht zur Längsachse auch eine durch Reibungskräfte verursachte Torsion des Federbalkens um seine Längsachse auf (Abb. 12.12c).

Diese Torsionsbewegung kann gleichzeitig mit der Topographiemessung in einem zweiten Detektionskanal gemessen werden. Hierzu verwendet man als positionsempfindlichen Detektor Vierquadranten-Dioden anstelle einer einfachen Doppel-Diode (Abb. 12.10a).

Mit Lateralkraftmessungen können unterschiedliche lokale Materialien bzw. Materialeigenschaften auf Oberflächen dargestellt werden, sofern sie sich in ihren Reibungseigenschaften unterscheiden. Dies kann bei unterschiedlichen Massedichten chemisch einphasiger Systeme oder bei chemisch unterschiedlichen Materialien auf Oberflächen auftreten (Abb. 12.13).

Neben der Reibung ist eine weitere wichtige physikalische Oberflächeneigenschaft die lokale mechanische Härte. Lokal variierende mechanische Steifigkeiten auf Oberflächen können mithilfe eines Modulationsverfahrens im Kontaktmodus (*dynamischer Kontaktmodus*) detektiert werden. Hierzu wird die Vertikalposition der Probe bzw. der Messspitze durch ein zusätzliches Wechselspannungssignal moduliert, dessen Frequenz größer als die Regelfrequenz des Regelkreises des Mikroskops gewählt wird. Je nach Härte der Probe wird diese Modulationsamplitude mehr oder weniger stark auf den Cantilever übertragen und phasensensitiv gemessen. Das phasensensitive Messsignal entspricht der Ableitung des Kraftsignals nach dem Probenabstand, und ergibt so ein Maß für die lokale Steifigkeit der Probe. Bei bekanntem Kontaktradius kann damit der lokale Elastizitätsmodul der Oberfläche quantitativ bestimmt werden.

12.3.2 Statische Kraftspektroskopie

Das Kraftmikroskop kann zur quantitativen Messung der interatomaren Wechselwirkungskräfte zwischen einzelnen Molekülen eingesetzt werden. Dazu bringt man die Messspitze zunächst in mechanischen Kontakt mit einem Molekül und misst dann die Abrisskraft quasistatisch in Abhängigkeit vom Abstand z. Dieses Verfahren wird kurz als Kraftspektroskopie bezeichnet (SFS). Hierbei wird das Kraftmikroskop nicht zur Oberflächenabbildung eingesetzt, sondern die Auslenkung des Cantilevers bei der Entfernung der Spitze von der Oberfläche an einem zuvor gewählten Ort aufgezeichnet. Die Spitze kann dabei entweder chemisch rein sein oder durch eine spezielle chemische Behandlung funktionalisiert sein, sodass sie eine spezifische chemische Wechselwirkung mit der Oberfläche, beispielsweise über Wasserstoffbrücken oder kovalente Bindungen, eingehen kann (Abb. 12.14). Mit dieser Methode gelang es erstmals, die mechanischen Eigenschaften einzelner Moleküle (intramolekulare Kraftspektroskopie), aber auch intermolekulare Wechselwirkungen zwischen unterschiedlichen Molekülen quantitativ zu messen. In Abhängigkeit von der

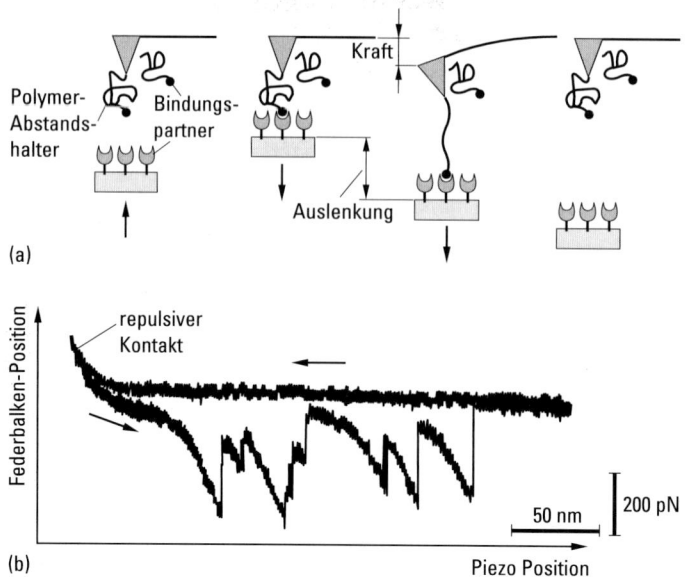

Abb. 12.14 Statische Kraftspektroskopie. (a) Schematische Darstellung von Annäherung und Abriss einer chemisch funktionalisierten Messspitze an eine Oberfläche, welche mit Molekülen versehen ist, die die Moleküle auf der Spitze spezifisch erkennen. (b) Kraft-Distanzkurven; obere Kurve: Annäherungskurve; untere Kurve: Abrisskurven. Bei jedem Abriss oder Relaxation eines Moleküls nimmt die Kraft auf die Spitze abrupt ab (H. Gaub, LMU München).

Zuggeschwindigkeit kann dabei auch die Kinetik des Abrissprozesses, d. h. die Abhängigkeit der Zugkraft von der Ziehgeschwindigkeit untersucht werden. Diese Methode ist von großem Interesse für Anwendungen der Polymer- und Biophysik sowie in der Biochemie.

12.3.3 Dynamische Kraftmikroskopie

Der Kontaktmodus des SFMs lässt sich im Falle von sehr weichen Proben wie Polymeren und biologischen Proben nicht immer zerstörungsfrei anwenden, da in diesen Fällen auch bei Verwendung von sehr weichen Sensoren irreversible Veränderungen der Oberfläche durch Adhäsions- und Lateralkräfte auftreten können. Auch eine echte atomare Auflösung gelingt im attraktiven Kontaktmodus nur in ganz speziellen Fällen, da er experimentell sehr schwer zu kontrollieren ist. Es liegt daher nahe, kontaktfreie Messungen durchzuführen, indem man versucht, die Spitze kontrolliert im attraktiven Bereich des Wechselwirkungspotentials der Oberfläche zu halten. Eine prinzipielle Schwierigkeit hierbei ist jedoch die Nichtlinearität des Potentials der Oberfläche (Abb. 12.15a), was zu einer Bistabilität führen kann. Bei der Annäherung an die Probe springt die Spitze durch anziehende Wechselwirkungen (van der Waals-Kräfte, Ausbildung chemischer Bindungen) spontan an die Oberfläche (engl. *snap on*, siehe nach links zeigender Pfeil A → B in Abb. 12.15a).

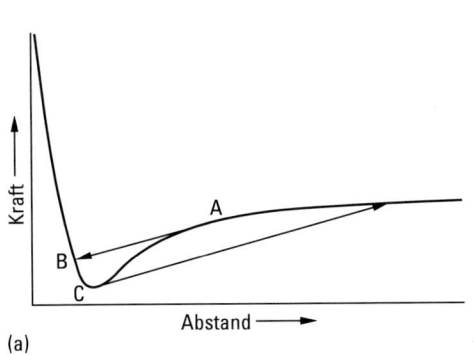
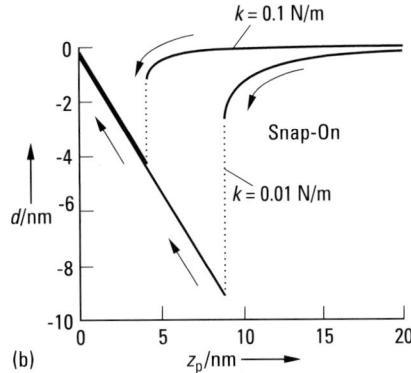

Abb. 12.15 (a) Kraft-Abstandskurve beim statischen Kraftmikroskop. Bei der Annäherung der Spitze an die Oberfläche tritt beim Punkt A eine Bistabilität auf, d. h. die Spitze springt abrupt an die Oberfläche (engl. *snap on*), ohne den Bereich A-C entlang der Kraftkurve zu durchlaufen. Beim Zurückziehen der Spitze von der Oberfläche erfährt sie zunächst eine adhäsive Wechselwirkung bis zum Punkt C und löst sich dort abrupt von der Oberfläche (engl. *snap off*). Dieser Punkt ergibt ein direktes Maß für die Adhäsionskraft an der untersuchten Stelle; (b) Messkurve, korrigiert auf die Relativbewegung zwischen Spitze und Probe.

Im quasistatischen Betrieb tritt diese mechanische Bistabilität auf, sobald bei einer Annäherung $k_C < |(\partial^2 V/\partial z^2)|$ erfüllt ist, wobei V das Wechselwirkungspotential ist. Ist die Spitze erst einmal im repulsiven Kontakt mit der Oberfläche, trennt sie sich aufgrund der adhäsiven Kräfte beim Zurückziehen des Cantilevers erst wieder abrupt am Minimum der Kraftkurve (Punkt C, Abb. 12.15a, *snap off*). Dieser Effekt verhindert, dass der kurzreichweitige attraktive Teil der Kraftkurve (Linie AC) statisch auf einfache Weise experimentell erfasst werden kann. Ein Ausweg ist die Verwendung steifer Cantilever in der dynamischen Kraftmikroskopie (engl. *Dynamic Force Microscopy*, DFM). Bei dieser Methode regt man den Cantilever mit einem kleinen Piezoantrieb auf seiner ersten Resonanz an. Bei großen Schwingungsamplituden A ergibt sich für das Produkt $k_C A > \max(F_{WW})$, wobei F_{WW} die Wechselwirkungskraft zwischen Spitze und Probe ist. Damit kann, bei ausreichend hohen Federsteifigkeiten, die mechanische Instabilität unterdrückt werden. Man verwendet daher steifere Cantilever als für die statische Kraftmikroskopie, um das Stabilitätskriterium sicher zu erfüllen. Ein praktischer Vorteil der DFM ist, dass im Gegensatz zur statischen Kontakt-Betriebsweise nur ein intermittierender Kontakt der Messspitze in der Nähe des unteren Umkehrpunkts der Spitze auftritt und unter bestimmten Umständen der repulsive Kontakt sogar vollständig vermieden werden kann. Damit kann das Auftreten von Lateralkräften weitgehend unterdrückt werden, sodass diese Methode vor allem zur Untersuchung sehr weicher Proben, z. B. polymerer oder biologischer Proben besonders geeignet ist. Auch die Vermessung von Gradienten elektrischer oder magnetischer Felder auf Oberflächen (Potentialkontrast (MMFM) bzw. Magnetische Kraftmikroskopie (MFM)) kann mit dieser Methode kontaktlos mit einer Auflösung im Nanometerbereich erfolgen.

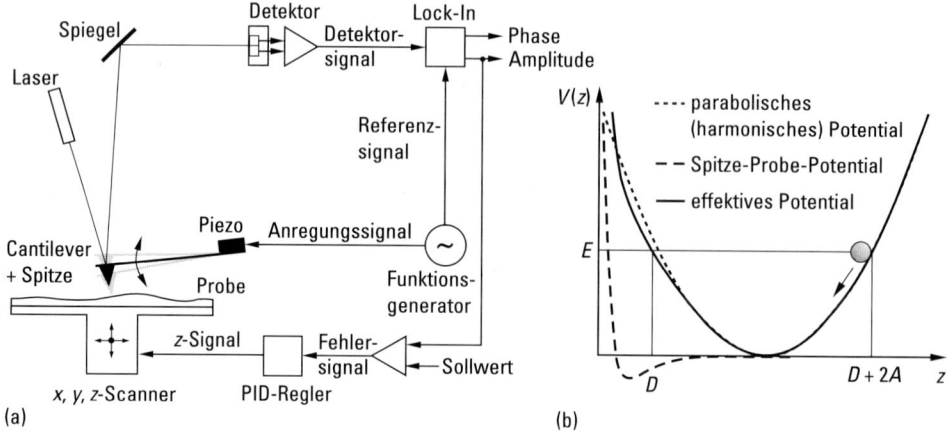

Abb. 12.16 (a) Prinzip des dynamischen Kraftmikroskops (engl. 'DFM'). (b) Gesamtpotential bei der Bewegung des Sensors im anharmonischen Potential der Oberfläche. Durch die Wechselwirkung der Spitze mit der Oberfläche wird der harmonische Potentialverlauf des Sensors modifiziert (linker, deformierter Kurvenast) (H. Hölscher, Univ. Münster).

Zum Verständnis eines DFMs betrachtet man einen schwingenden Kraftsensor, der sich ohne Wechselwirkung mit der Oberfläche wie ein harmonischer Oszillator verhält. Seine Resonanzeigenschaften, d. h. Amplitude, Phase oder Eigenfrequenz werden durch attraktive bzw. repulsive Wechselwirkungen verändert, wenn die schwingende Sonde an die Oberfläche angenähert wird (Abb. 12.16b). Jeder der drei physikalischen Parameter eignet sich als Regelgröße und zur Detektion bestimmter physikalischer Größen. Prinzipiell lässt sich das Verhalten der Sonde aus der Bewegungsgleichung des Systems bestimmen:

$$m_{\text{eff}} \ddot{z}(t) + \alpha \dot{z}(t) + k_c z(t) - F_{\text{WW}}(d_z + z(t)) = F_d \cos(\omega t), \quad (12.7)$$

wobei m_{eff} die effektive Masse des Systems Cantilever–Spitze, α die Dämpfungskonstante, k_c die Federsteifigkeit des freien Schwingers und F_d die Amplitude der anregenden harmonischen Kraft ist. Die Wechselwirkung zwischen Spitze und Probe wird durch $F_{\text{WW}}(d_z + z(t))$ beschrieben, wobei d_z der mittlere Abstand des Sensors und $z(t)$ die temporäre zeitabhängige Position der Spitze angibt. Da die Wechselwirkungskraft nichtlinear ist, ist eine analytische Lösung der Gleichung i. Allg. nicht möglich. Die Messung der Amplitudenänderung bei Annäherung an die Probe beim DFM gibt Aufschluss über die Qualität der Wechselwirkung (attraktiv oder repulsiv), während die gleichzeitige Messung der Phasendifferenz zwischen dem anregenden Piezotreiber und dem Cantilever Aussagen über die lokal dissipierte mechanische Leistung und viskoelastische Eigenschaften der Probe erlaubt. Unter Vakuumbedingungen setzt man zur Detektion die so genannte Frequenzmodulationsmethode ein. Bei hoher Schwingungsgüte $Q = f/\Delta f$ (f: Eigenfrequenz, Δf: Halbwertsbreite der Resonanzkurve des Cantilevers) unter Vakuumbedingungen (mit typischen Q-Werten von 10^4–10^5) lassen sich Änderungen der Resonanzbedingungen erheblich schneller über die Messung der Frequenzänderung messen als über Amplituden-

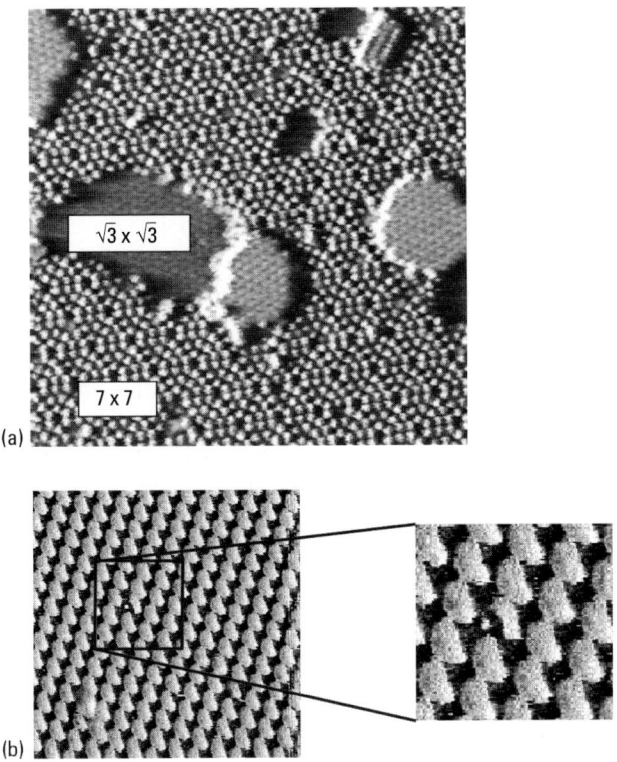

Abb. 12.17 (a) Hochauflösungs-DFM von partiell mit Ag bedeckter Si-Oberfläche (Morita, Osaka), (b) Molekular aufgelöste Abbildung geordneter organischer Moleküle. Die Ausschnittsvergrößerung ganz rechts zeigt einen lokalen Defekt (Universität Münster).

bzw. Phasenmessungen. Mit dieser Technik gelingt eine echte atomare und molekulare Auflösung mit dem Rasterkraftmikroskop (Abb. 12.17).

Der Einfluss der Spitzengeometrien, evtl. vorhandener Adsorbate und der lokalen Struktur der Oberflächen gehen als wesentliche Parameter in das Messsignal eines Kraftmikroskops ein. Diese Größen sind jedoch meist a priori nicht bekannt bzw. können sich während einer Messung spontan verändern. Dennoch kann unter bestimmten Voraussetzungen das vollständige Wechselwirkungspotential aus den gemessenen Frequenzänderungen eines selbst erregten Cantilevers, z. B. durch geeignete Näherung, analytisch modelliert werden [16]. Ein anderes Verfahren erlaubt eine parameterfreie Rekonstruktion des Wechselwirkungspotentials direkt aus den Messdaten mithilfe einer kombinierten Methode basierend auf experimentellen Messdaten und einer Computersimulation, die von Gl. (12.7) ausgeht [17]. Die Kenntnis der vollständigen und quantitativen Kraft-Abstandskurven erlaubt es, unterschiedliche Wechselwirkungen und damit auch Materialeigenschaften an jedem Ort (x, y) und in z-Richtung der Probenoberfläche zu bestimmen. Diese Technik wird auch als Dynamische Kraftspektroskopie (engl. *Dynamic Force Spectroscopy*, DFS) bezeichnet. Das detaillierte Verständnis der Wechselwirkung der schwingenden

Kraftsonde im anharmonischen Feld erlaubt quantitative Rückschlüsse auf die Kontrastmechanismen, welche für die atomare und molekulare Auflösung wichtig sind. Es hat sich gezeigt, dass die DFM genutzt werden kann, um Moleküle und Atome abzubilden und sogar subatomare Auflösung zu erreichen. Selbst chemische Kräfte, die von einer einzelnen atomaren Bindung ausgehen, können quantitativ gemessen werden.

12.4 Optische Rasternahfeldmikroskopie (SNOM)

Im Gegensatz zur konventionellen linearen Fernfeldoptik, die ausführlich in den Kapiteln 1–5 dieses Bandes behandelt wird, ermöglicht die rasternahfeldoptische Mikroskopie (SNOM) eine optische Auflösung weit unterhalb der Abbe'schen Beugungsgrenze, welche im Falle von kreisförmigen Eintrittsöffnungen durch $0.61\,\lambda/(n\sin\alpha)$ gegeben ist. Bei Verwendung von kurzwelligem Licht (400 nm) und einem Ölimmersionsobjektiv mit einer hohen numerischen Apertur von $n\sin\alpha \approx 1.33$ ergibt sich eine Auflösungsgrenze für die klassische fernfeldoptische Lichtmikroskopie von 183 nm; sie liegt also etwa bei der Hälfte der Wellenlänge des anregenden Lichtes. Diese Grenze gilt jedoch nur für propagierende elektromagnetische Wellen. Evaneszente, nicht propagierende Felder können dagegen bei gleicher Frequenz deutlich kleinere Wellenlängen enthalten, da sie nicht an die Dispersionsrelation propagierender Wellen $\omega = ck$ gebunden sind. Evaneszente Feldkomponenten treten allerdings nur in unmittelbarer Nähe einer Grenzfläche auf (vgl. Totalreflexion, Abschn. 1.4.2 u. 4.3). Diese Tatsache ist schon seit langem bekannt. Bereits 1928 schlug E. H. Synge [18] vor, durch Beleuchten eines winzigen submikroskopischen Loches in einem Metallfilm eine stark lokalisierte Lichtquelle zu erzeugen, indem man das evaneszente Feld nutzt, welches an der nicht bestrahlten Seite der Öffnung entsteht. Das elektromagnetische Nahfeld dieser Apertur verhält sich ähnlich wie ein Hertz'scher Dipol, dessen Feldstärke wie R^{-3} bzw. dessen Intensität wie R^{-6} mit dem Abstand R von der Apertur abfällt (zum Vergleich: im Fernfeld fällt der propagierende Feldanteil mit R^{-1} und die Intensität mit R^{-2} ab). Daher treten in unmittelbarer Nähe einer bestrahlten Apertur sehr hohe Intensitäten auf, die sehr schnell mit dem Abstand von der Apertur abfallen.

Eine analytische Beschreibung des Vorgangs kann durch eine Fourier-Analyse des optischen Feldes in einer Ebene erfolgen [19]: Bestrahlt man ein planares Objekt in der x,y-Ebene eines kartesischen Koordinatensystems mit einer ebenen Welle, so entsteht in unmittelbarer Nähe des Objekts ein in der x,y-Ebene moduliertes Wellenfeld $E(x,y,z \approx 0)$. Dieses Wellenfeld lässt sich durch eine zweidimensionale Überlagerung der spektralen Komponenten $A(f_x,f_y,z=0)$ mit den Ortsfrequenzen f_x,f_y beschreiben. Die Ausbreitung des Wellenfeldes in den Halbraum $z > 0$ lässt sich durch den Ansatz

$$E(x,y,z) = \int_{-\infty}^{\infty} \int_{-\infty}^{\infty} A(f_x,f_y,z) \cdot e^{i2\pi(f_x x + f_y y)} \, df_x \, df_y \tag{12.8}$$

beschreiben. Dieses Wellenfeld kann durch die lokal variierende Polarisation des Objekts spektrale Komponenten mit räumlichen Frequenzen $f_x > 1/\lambda$ und/oder

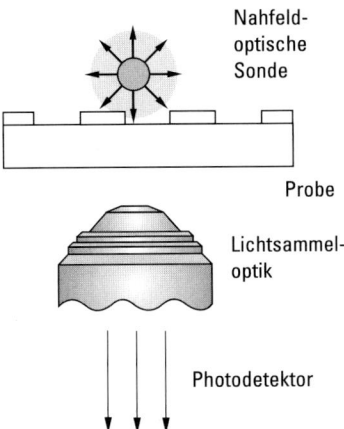

Abb. 12.18 Schema einer optischen Nahfeldsonde. Eine submikroskopische Lichtquelle (Durchmesser einige 10 nm) wird im Abstand von einigen Nanometern über die zu untersuchende Oberfläche geführt. Dabei wird durch die Wechselwirkung des evaneszenten Feldes der (nichtgerichteten) dipolartigen Quelle die optische Fernfeldinformation moduliert und mit einem konventionellen Mikroskopobjektiv (unten) einem Photodetektor zugeführt.

$f_y > 1/\lambda$ enthalten. Die spektralen Komponenten $A(f_x, f_y, z)$ erhält man durch Rücktransformation aus (12.8). Weil das Feld E die Wellengleichung erfüllen muss, gilt für die spektralen Komponenten:

$$A(f_x, f_y, z) = A(f_x, f_y, 0) \cdot e^{-2\pi z \sqrt{f_x^2 + f_y^2 - \frac{1}{\lambda^2}}}. \tag{12.9}$$

Besitzt also die sich im betrachteten Medium ausbreitende elektromagnetische Welle (Wellenlänge λ) spektrale Komponenten A mit $f_x^2 + f_y^2 > 1/\lambda^2$, so handelt es sich bei diesen um evaneszente spektrale Komponenten, die exponentiell in Richtung der z-Achse abklingen. Im nicht propagierenden optischen Nahfeld sind also oberflächennahe optische Strukturen mit hohen Raumfrequenzen $f_x, f_y \gg 1/\lambda$ vorhanden, die in der klassischen Fernfeldoptik nicht beobachtbar sind. Durch die Wechselwirkung des Objekts bzw. eines Streuers mit dem Nahfeld der Sonde tritt nun optisches Tunneln auf, d. h. es entstehen strahlende, propagierende Feldanteile, die hohe Raumfrequenzen weit unterhalb der klassischen Beugungsgrenze enthalten. Auf diese Weise können den propagierenden Feldern der Quelle Informationen über diese hohen Raumfrequenzen aufgeprägt und damit Überauflösung erreicht werden. Die strahlenden Anteile lassen sich schließlich auf einfache Weise, z. B. über ein Mikroskopobjektiv zur Vergrößerung des Raumwinkels und einen Photomultiplier messen.

Die Methode setzt aber voraus, dass die Probe Punkt für Punkt abgerastert, d. h. in das Nahfeld der Sonde gebracht wird. Es handelt sich also, ähnlich wie bei den bereits unter Abschn. 12.1 und 12.2 besprochenen Methoden, um eine nicht stigmatische optische Methode. Das Konzept der Nahfeldoptik ist weitaus älter als das der Rastertunnelmikroskopie; aber bedingt durch technische Schwierigkeiten bei der reproduzierbaren Herstellung sehr kleiner Öffnungen ist es jahrzehntelang in

Vergessenheit geraten. Erst 1982 wurde das Verfahren durch Ash und Nicholls [20] im Mikrowellenbereich erfolgreich demonstriert. Ab etwa 1982 wurde es durch Pohl [21], Lewis [22] und Fischer [23] erstmals erfolgreich im sichtbaren optischen Bereich eingesetzt. Betzig und Chichester [24] gelang es mit SNOM, erstmals Einzelmoleküle abzubilden.

Technisch setzt man in der optischen Nahfeldmikroskopie zumeist optische Wellenleiterstrukturen ein, die in einer submikroskopischen Lichtquelle in Form einer kreisförmigen Apertur mit einem Durchmesser von unter 100 nm enden. Solche Apertursonden können aus thermisch ausgezogenen oder chemisch geätzten, konisch spitz zulaufenden Glasfasern hergestellt werden, die mit einem dünnen Metallfilm, zumeist Aluminium, bedampft wurden. Je nach technischer Ausführung wird entweder die Lichtquelle oder die Probe gerastert. Dabei können Anregung und Detektion entweder mit getrennten optischen Elementen (Transmissionsanordnung, Abb. 12.18) oder durch die anregende Lichtquelle selbst erfolgen (interne Reflexion).

Die benötigten kleinen Aperturen der Glasfasersonden können auf unterschiedliche Weisen hergestellt werden. In Frage kommen z. B. Schräg-Rotationsbedampfungsverfahren oder kontrolliertes Anpressen einer vollständig bedampften Spitze auf eine glatte Oberfläche [21, 25]. Im letzteren Fall wird der vordere, metallische Überzug auf der spitzen Glasfaser mechanisch entfernt und damit eine ausreichend kleine unbedeckte Glasstelle freigelegt. Ähnliche Ergebnisse können auch mit elektrochemischen Verfahren erreicht werden. Die Entstehung der Apertur und die Steuerung des Aperturdurchmessers lassen sich während des Herstellungsvorganges jeweils optisch bzw. elektrisch verfolgen und bei Erreichen eines gewünschten Durchmessers gezielt stoppen. Eine hohe Präzision lässt sich mit fokussierten Ionenstrahlen (*Focused Ion Beam*-Methode, FIB) erreichen, was jedoch ein aufwändiges Gerät voraussetzt. Zur exakten Charakterisierung der Apertur kann die Abbildung

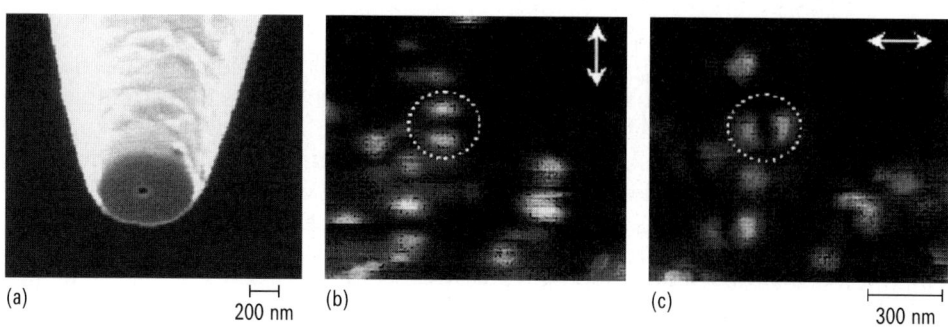

Abb. 12.19 (a) SEM-Aufnahme einer bedampften Aperturnahfeldsonde. Zu erkennen ist die planare Stirnseite sowie die eigentliche Apertur im Zentrum; (b, c) SNOM-Fluoreszenzaufnahmen von Einzelmolekülen mit einem Apertur-SNOM bei unterschiedlicher Polarisationsrichtung des anregenden Lichtes. Rechts oben ist jeweils in den Abbildungen die Polarisationsrichtung in der x, y-Ebene durch Doppelpfeile dargestellt. Bedingt durch die charakteristische Feldverteilung am metallischen Rand der Apertur erscheinen die Moleküle jeweils doppelt (s. unterbrochene Kreise). Tatsächlich bilden die viel kleineren Moleküle als Sonden die Apertur ab. Bei Rotation der Polarisation um 90° rotieren die Doppelbilder ebenfalls um den gleichen Winkel [26].

von einzelnen Molekülen (s. Abb. 12.19 [26]) oder fluoreszierenden Nanoteilchen (Abb. 12.20) dienen.

Für die Abstandskontrolle zwischen Nahfeldsonde und Probe eignet sich im Prinzip das optische Signal selbst. Allerdings muss dabei berücksichtigt werden, dass sich durch die mögliche Variation der lokalen optischen Eigenschaften, die bei heterogenen Materialoberflächen (Variation der Brechzahl oder der Absorption) auftreten, kein konstanter Spitze-Probe-Abstand durch rein optische Methoden einstellen lässt. Daher kombiniert man SNOM meist mit Verfahren, die eine vom optischen Signal unabhängige Abstandsregelung erlauben. Bei leitfähigen Proben eignet sich die Rastertunnelmikroskopie, wobei, zumindest bei chemisch inerten Metallen, der metallisierte Rand der Apertursonde als Tunnelkontakt dienen kann [21]. Die Methode ist jedoch auf elektrisch leitfähige Oberflächen beschränkt und kann daher z. B. bei isolierenden biologischen Proben nicht eingesetzt werden. Die Beschränkung auf leitfähige Oberflächen konnte durch die Verwendung von rasterkraftmikroskopischen Verfahren zur Abstandsregelung gelöst werden. Dies gelingt beispielsweise durch die Kombination des SNOMs mit einem Scherkraftverfahren [27] bzw. einem Trapping-mode-Verfahren [28]. Besonders einfach kann dies durch Stimmgabelquarze realisiert werden. Derartige Elemente werden z. B. als Frequenznormale in Quarz-Armbanduhren eingesetzt und sind daher als preiswerte Massenartikel leicht zu erhalten.

Mit derartigen kombinierten SFM-SNOM-Verfahren können gleichzeitig die Oberflächentopographie und die optischen Probeneigenschaften lokal gemessen werden (Abb. 12.20 [29]). Die höchsten, bisher in der Literatur berichteten reproduzierbaren optischen Auflösungen liegen in der Größenordnung von 20–30 nm.

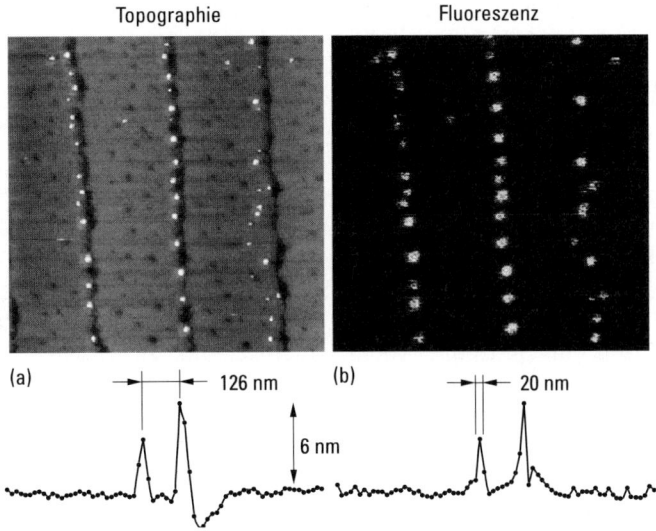

Abb. 12.20 (a) Fluoreszenzmarkierte Latex-Kugeln (Durchmesser 20 nm) in einer quasi eindimensionalen Anordnung gemessen mit dem SFM; (b) nahfeldoptische Fluoreszenzaufnahme, gleichzeitig mit einer nahfeldoptischen Sonde mit dreieckiger Apertur gemessen; optische Auflösung: 35 nm [29].

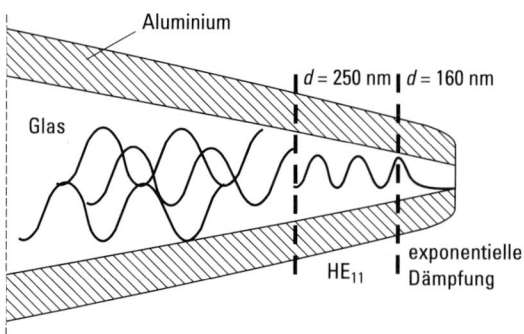

Abb. 12.21 Schnitt durch eine konventionelle Apertursonde und schematische Darstellung der Modenpropagation in einer metallbedampften Sonde bei einer Wellenlänge von 488 nm [30]. Unterhalb eines kritischen Durchmessers ('cut off' Durchmesser) wird die propagierende Lichtwelle exponentiell gedämpft.

Eine prinzipielle Begrenzung der bisher besprochenen Apertursonden entsteht durch die Verjüngung einer Fasersonde, wodurch die Wellenleitereigenschaften der Sonde verloren gehen. Es kommt zu einem Abschneideeffekt (engl. *cut off*), d. h. zu einer starken Dämpfung des in der Faser propagierenden Lichtes in der Nähe der Sondenspitze, sobald die Wellenlänge des verwendeten Lichtes größer als der Durchmesser der Sonde wird (Abb. 12.21 [30]).

Im sichtbaren Spektralbereich ist z. B. bei einem Aperturdurchmessser von 100 nm das typische Intensitätsverhältnis der in die Faser eingespeisten zu den aus der Apertur austretenden Photonen $10^6:1$. Diese starke Reduktion erschwert spektroskopische Anwendungen, beispielsweise Raman-Spektroskopie. Dieses Problem kann jedoch nicht einfach dadurch behoben werden, dass die Lichtintensität am Eingang der Faser erhöht wird, da sich die metallische Hülle am Ende der Sonde dabei stark erwärmt und bei Eingangsintensitäten von mehr als etwa 10 mW zerstört wird.

Es wird daher intensiv nach alternativen Möglichkeiten gesucht, die es gestatten, in einem optischen Nahfeldmikroskop eine hohe Transmission bei gleichzeitig hoher räumlicher Auflösung zu realisieren. Hierzu gibt es inzwischen eine Reihe von Ansätzen, die Wellenleitung ohne den '*cut off*'-Effekt umzusetzen. Derartige Konzepte, z. B. Koaxialleiter [31] und Lecher-Leitungen [32], sind aus der Elektrodynamik bekannt und werden seit langem in der Hochfrequenztechnik im Radio- und Mikrowellenbereich eingesetzt. Es wird daher versucht, diese Prinzipien auf den optischen Bereich zu übertragen. Ein anderer Ansatz besteht darin, ganz auf die Wellenleitung zu verzichten und Feldverstärkungseffekte an metallischen Spitzen bei externer Bestrahlung zu nutzen ('Streusonden') [33, 34].

Der besondere Reiz der optischen Nahfeldmikroskopie liegt in der Perspektive, viele ausgereifte Methoden der optischen Fernfeldmikroskopie und Spektroskopie auf eine molekulare Skala übertragen zu können, wobei außerdem der Betrieb in Flüssigkeiten möglich ist. Für die Praxis von besonderem Interesse sind z. B. Infrarot- [34] und Raman-Spektroskopie sowie die Charakterisierung von Halbleiterquantenstrukturen [35]. Bedenkt man die ungeheure Vielfalt an Erkenntnissen, die

die konventionelle Lichtmikroskopie in den Bereichen der Werkstoffforschung, der Biologie und der Medizin erbracht hat, lässt sich erahnen, welche Möglichkeiten in der Nahfeldoptik liegen.

12.5 Weitere Rastersondenverfahren und verwandte Methoden

Seit der Erfindung der Rastertunnelmikroskopie im Jahre 1981 durch Binnig und Rohrer wurde eine Vielzahl von Abkömmlingen und Weiterentwicklungen der Methode realisiert. Gemeinsam ist allen Techniken, dass sie mit geeigneten spitzenförmigen Sonden Nahfeldeffekte ausmessen, die in der Nähe von Oberflächen bzw. oberflächennahen Grenzflächen auftreten. Die Kraftmikroskopie kennt eine Vielzahl von Varianten, die im Einzelnen hier nicht besprochen werden konnten (vgl. weiterführende Literatur). Hierzu zählen z. B. die kapazitive SFM, mit der Dotierungsprofile in Halbleitern vermessen werden können, und Heterodynverfahren, mit denen sich dynamische Prozesse auf Halbleiterschaltkreisen darstellen lassen. Ultraschall-SFM, die bei höheren Harmonischen betrieben wird, liefert quantitative mechanische Daten von Oberflächen. Extrem weiche Cantilever wurden zur mechanischen Detektion von Spinresonanzen eingesetzt. Ionenströme können mit höchster Auflösung durch Verwendung von rasterbaren, elektrolytgefüllten Kapillaren, wie sie von der Patch-clamp-Technik aus der Medizin bekannt sind, genutzt werden, um Verteilungsbilder von lokalen Ionenströmen auf synthetischen oder biologischen Membranen darzustellen (Rasterionenleitungsmikroskopie, engl. 'SICM'). Durch den verhältnismäßig einfachen Aufbau der Rastersondentechniken können mit sehr geringem Aufwand bereits im Rahmen von Diplom- und Dissertationsprojekten, ja selbst in Schulen [36] mit verhältnismäßig geringem Aufwand Rastersondenmikroskopieverfahren entwickelt werden, die uns neue Einblicke in Oberflächen und dort ablaufende dynamische Prozesse vermitteln. Die Parallelisierung von kraftsensorischen Methoden hat über die mikroskopischen Anwendungen hinaus zur Entwicklung von neuen chemo-mechanischen Sensoren und Massenspeicherkonzepten geführt [15].

Literatur

Zitierte Publikationen

Abschnitt 12.2

[1] Binnig, G., Rohrer, H., Gerber, Ch., Weibel, E., Phys. Rev. Lett. **49**, 57–61 (1982)
[2] Fowler, R.H., Nordheim, L., Proc. Roy. Soc. **A 119**, 173–181 (1928)
[3] Simmons, J.G., J. Appl. Phys. **34**, 1793–1803 (1963)
[4] Binnig, G., Rohrer, H., Helv. Phys. Acta **55**, 726–735 (1982)
[5] Gerber, Ch., Binnig, G., Fuchs, H., Marti, O., Rohrer H., Rev. Sci. Instrum. **57**, 221–224 (1986)
[6] Tersoff, J., Hamann, D.R., Phys. Rev. Lett., **50** 1998–2001 (1983)

[7] Binnig, G., Rohrer, H., Gerber, Ch., Weibel, E., Phys. Rev. Lett. **50**, 120–123 (1983)
[8] Binnig, G., Frank, K.H., Fuchs, H., Garcia, N., Reihl, B., Rohrer, H., Salvan, F., Williams, A.R., Phys. Rev. Lett. **55**, 991–994 (1985)
[9] Baratoff, A., Binnig, G., Fuchs, H., Salvan, F., Stoll, E., Surf. Sci. **168**, 734–743 (1986)
[10] Baski, A.A., Whitman, L.J., Phys. Rev. Lett. **74**, 956–959 (1995)
[11] Schmeißer, D., Göpel, W., Fuchs, H., Graf, K., Erk, P., Physical Review **B 48**, 4891–4894 (1993)
[12] Grimm, B., Hövel, H., Pollmann, M., Reihl, B., Phys. Rev. Lett. **83**, 991–994 (1999)

Abschnitt 12.3

[13] Binnig, G., Quate, C.F., Gerber, Ch., Phys. Rev. Lett. **56**, 930–933 (1986)
[14] Meyer G., Amer, N.M., Appl. Phys. Lett. **53**, 1045–1047 (1988)
[15] Vettiger P., Cross, G., Despont, M., Drechsler, U., Dürig, U., Gotsmann, B., Häberle, W., Lantz, A.M., Rothuizen, H.E., Stutz, R., Binnig, G. in: IEEE Transactions on nanotechnology, **1**, 39–55 (2002) (*auch zu Abschn. 12.5*)
[16] Giessibl, F.J., Phys. Rev. **B 56**, 16010–16015 (1997)
[17] Gotsmann, B., Seidel, C., Anczykowski, B., Fuchs, H., Phys. Rev. **B 60**, No. 15, 11051–11061 (1999)

Abschnitt 12.4

[18] Synge, E.H., Phil. Mag. **6**, 356–362 (1928)
[19] Massey, G.A., Appl. Opt. **23** (5), 658–660 (1984)
[20] Ash, E.A., Nicholls, G., Nature **237**, 510–512 (1972)
[21] Pohl, D.W., Denk, W., Lanz, M., Appl. Phys. Lett. **44** (7), 651–653 (1984)
[22] Lewis, A., Isaacson, M., Murray, A, Harootunian, A., Ultramicroscopy **13** (3), 227–231 (1985)
[23] Fischer, U.Ch., J. Vac. Sci. Technol. **B3** (1), 386–390 (1985)
[24] Betzig, E., Chichester, R., Science **262**, 1422–1425 (1993)
[25] Höppener, C., Molenda, D., Fuchs, H., Naber, A., Appl. Phys. Lett. **80**, 1331–1333 (2002)
[26] Veerman, J.A., Garcia-Parajo, M.F., Kuipers, L., van Hulst, N.F., J. Microsc. **194**, 477–482 (1999)
[27] Betzig, E., Trautmann, J.K., Harris, T.D., Weiner, J.S., Kostelak, R.L., Science **251**, 1468–1470 (1991)
[28] Naber, A., Maas, H.J., Razavi, K., Fischer, U.C., Rev. Sci. Instrum. **70**, 3955–3961 (1999)
[29] Naber, A., Molenda, D., Fischer, U.C., Maas, H.-J., Höppener, C., Lu, N., Fuchs, H., Phys. Rev. Lett. **89**, 210801 (2002)
[30] Hecht, B., Sick, B., Wild, U., Deckert, V., Zenobi, R., Martin, O.J.F., Pohl, D., J. Chem. Phys., **112,** 7761–7774 (2000)
[31] Oesterschulze, E., Bodenstein, W., Büchel, D., Ewert, K., Heisig, S., Kurzenknabe, T., Leinhos, T., Malavè, A., Mihalcea, C., Müller-Wiegand, M., Neber, S., Rudow, O., Scholz, W., Steffens, W.M., Vollkopf, A., Kassing, R., in: Advances in Solid State Physics, Publ. Friedr. Vieweg & Sohn Verlagsgesellschaft, Vol. **39**, 519–529, 1999
[32] Koglin, J., Fischer, U.C., Fuchs, H., Phys. Rev. **B 55** (12), 7977–7984 (1997)
[33] Kawata S., in: Near-Field Optics and Surface Plasmon Polaritons, Springer, Topics in Applied Physics, Vol. **81**, 15–27 (2001)
[34] Knoll, B., Keilmann, F., Nature **399**, 134–137 (1999)
[35] Matsuda, K., Saiki, T., Nomura, S., Mihara, M., Aoyagi, Y., Appl. Phys. Lett. **81**, 2291–2293 (2002)

Abschnitt 12.5

[36] Schirmeisen, A., Panzer, O., Schäfer, M.M., Fuchs, H., http://www.sxm4.uni-muenster.de

Weiterführende Literatur

Bushan, B., Fuchs, H., Hosaka, S., Applied Scanning Probe Methods, ISBN 3-540-00527-7, Springer, Nanoscience and Technology, 2004

Friedbacher, G., Fuchs, H., Classification of Scanning Probe Microscopies (Technical Report), Pure Appl. Chem. **71**, No. 7, 1337–1357, 1999

Hamann, C., Hietschold, M., Raster-Tunnel-Mikroskopie, Akademie Verlag, Berlin 1991

Hgu, X., Ohtsu, M. (Hrsg.), Near Field Optics: Principles and Applications, World Scientific, Singapore, New Jersey, London, Hong Kong, 2000

Kawata, S., Ohtsu, M., Irie, M., Nano-Optics, Optical Sciences, Springer, 2002

Meyer, E., Hug, H.J., Lüthi, R., Stiefel, B., Güntherodt, H.-J., Forces in Scanning Probe Microscopy, in: Garcia, N. (Hrsg.), NATO ASI, Toledo, 1998

Nestle, N., Fuchs, H., Rastersondenmikroskopie, Lexikon der Physik, ISBN 3-86025-294-1, Spektrum Akademischer Verlag, Heidelberg, Bd. **4**, 414–416, 2000

Paesler, M.A., Moyer, P.J., Near-Field Optics, Theory, Instrumentation and Applications, John Wiley & Sons, New York, 1996

Wiesendanger, R., Scanning Probe Microscopy and Spectroscopy, Methods and Applications, Cambridge University Press, Cambridge, 1994

13 Neutronenoptik

Helmut Rauch

13.1 Einleitung und Grundgleichungen

Die Beugungsphänomene von Licht, von Röntgenstrahlen und von Elektronen wurden in den vorangegangenen Kapiteln behandelt. Hier wenden wir uns der Beugung von Neutronen zu und machen damit einen weiteren Schritt in Richtung Optik mit immer schwereren Teilchen. Bei den entsprechenden Experimenten wird daher der *Welle-Teilchen-Dualismus* der Quantenmechanik immer deutlicher zum Vorschein kommen. Neutronen sind Fermionen (Teilchen, die der Fermi-Statistik gehorchen; vergleiche auch Band 2, Abschn. 7.4 und Band 6, Abschn. 6.5.1 und 7.2.2) mit dem Spin $\hbar/2$ und besitzen nicht nur eine wohldefinierte Masse von $m_n = 1.67492716(13) \times 10^{-27}$ kg und ein wohldefiniertes magnetisches Moment ($\mu_n = -1.91304272(45)\,\mu_N$ mit $\mu_N = 5.05078317(20) \times 10^{-27}$ JT^{-1}, Kernmagneton), sondern sind außerdem aus zwei *down*- und einem *up*-Quark (vgl. Bd. 4) zusammengesetzt; sie stellen damit räumlich ausgedehnte Objekte mit einem *confinement*-(„Einschluss"-)Radius von 0.7 fm dar. Neutronen sind neben den Protonen die wichtigsten Bestandteile der Atomkerne und können durch verschiedene Kernreaktionen freigesetzt werden, wobei sie als freie Neutronen eine Lebensdauer von 885.8 ± 0.9 s besitzen und durch β-Zerfall in ein Proton, ein Elektron und in ein Antineutrino zerfallen. Für die im Folgenden zu beschreibenden Experimente wird der Zerfall der Neutronen ohne Bedeutung sein, weil die Verweilzeiten der Neutronen in der Apparatur in den meisten Fällen viel kürzer sind als die Lebensdauer.

Entsprechend den zuerst von de Broglie [1] entwickelten Vorstellungen können wir der Bewegung von Materieteilchen eine Wellenlänge zuordnen:

$$\lambda = \frac{h}{p}, \qquad (13.1)$$

wobei h das Plank'sche Wirkungsquantum und $p = mv$ den Impuls des sich mit der Geschwindigkeit v bewegenden Teilchens darstellt. Relativistische Effekte sind im Bereich der Neutronenoptik praktisch nicht zu berücksichtigen, da die entsprechenden Experimente mit thermischen oder kalten Neutronen durchgeführt werden, für die $v/c_0 < 10^{-5}$ gilt. Die Vorstellung über die Existenz sogenannter *Materiewellen* stimulierte die Entwicklung der Wellenmechanik, die schließlich zur Formulierung der für unser Naturverständnis fundamentalen Quantenmechanik führte. Demnach ist der Zustand eines Systems mit der *Schrödinger-Gleichung* beschreibbar [2]:

$$\left(-\frac{\hbar^2}{2m}\Delta + V(\boldsymbol{r},t)\right)\psi(\boldsymbol{r},t) = i\hbar\frac{\partial \psi(\boldsymbol{r},t)}{\partial t}, \qquad (13.2)$$

wobei das Quadrat der Wellenfunktion $|\psi|^2$ die Wahrscheinlichkeit angibt, das System im betreffenden Zustand (Ort, Zeit) vorzufinden. Sofern das Wechselwirkungspotential V von der Zeit unabhängig ist, befindet sich das System in einem Energieeigenzustand mit der Gesamtenergie $E_t = \hbar\omega$. Mit dem Lösungsansatz[1] $\psi(r,t) = \psi(r)\exp(i\omega t)$ erhalten wir die zeitunabhängige Schrödinger-Gleichung

$$\left[-\frac{\hbar^2}{2m}\Delta + V(r)\right]\psi(r) = E_t \psi(r) \tag{13.3}$$

und erkennen daraus die direkte Analogie zur Wellengleichung der klassischen Optik, wie sie im Kap. E dieses Buches ausführlich behandelt wurde. Die Brechzahl (früher Brechungsindex) ist auch in der Neutronenoptik als Verhältnis der Geschwindigkeiten innerhalb eines Mediums ($V \neq 0$) zur Geschwindigkeit im Vakuum definiert. Nachdem der erste Ausdruck in Gl. (13.3) den Operator für die kinetische Energie darstellt ($\hbar^2\Delta/2m \triangleq E = mv^2/2 = \hbar^2 k^2/2m$), erhalten wir die Brechzahl für ebene Wellen in der Form ($\psi(r) \sim \exp(i\mathbf{k}\mathbf{r})$):

$$n = \frac{v}{v_0} = \frac{k}{k_0} = \sqrt{1 - \frac{V}{E}}. \tag{13.4}$$

Als Geschwindigkeiten sind hier die *Gruppengeschwindigkeiten* zu verstehen. Definieren wir auch hier in Analogie zur Lichtoptik eine *Phasengeschwindigkeit* unter Beachtung der Tatsache, dass die Gesamtenergie eines Teilchensystems auch die Ruheenergie enthält ($E_t = \hbar\omega = m_0 c_0^2 + m_0 v^2/2$), so ergibt sich:

$$v_{\text{ph}} = \frac{\omega}{k} = \frac{c_0^2}{v}. \tag{13.5}$$

Die Phasengeschwindigkeit von Materiewellen ist daher immer größer als die Lichtgeschwindigkeit und außerdem ist sie umgekehrt proportional zur Teilchengeschwindigkeit, die im nichtrelativistischen Fall identisch ist mit der Gruppengeschwindigkeit der dem Teilchen zugeordneten Materiewelle und in Form eines Wellenpaketes darstellbar ist (vgl. Abschn. 11.1)

$$\psi(r,t) = (2\pi)^{-3/2} \int A(\mathbf{k}',t)\exp(i(\mathbf{k}'\mathbf{r} - \omega t))\,d^3 k'. \tag{13.6}$$

Jede Komponente entspricht einer unterschiedlichen Geschwindigkeit, wodurch es auch im kräftefreien Raum bereits zu einer Dispersion, das heißt zu einem Zerfließen des Wellenpaketes kommt. Für den Fall Gauß-förmiger Pakete, deren Kreiswellenzahlunschärfe Δk und Ortsunschärfe zur Zeit $t = 0$ die minimale Unschärferelation erfüllen ($\Delta k \Delta x = 1/2$), ergibt sich eine Verbreiterung [3, 4]

$$[\Delta x(t)]^2 = [\Delta x(0)]^2 + \left[\frac{(\hbar/2m)\,t}{\Delta x(0)}\right]^2. \tag{13.7}$$

Im Fall quasiklassischer Pakete ($\Delta k \Delta x \gg 1$), wie sie hinter einem rotierenden Chopper oder an gepulsten Quellen auftreten, erhält man ebenfalls eine Verbreiterung,

---

[1] Da die Wellenfunktion ψ in diesem Kapitel generell komplex angesetzt wird, wird hier (anders als in den anderen Kapiteln) auf eine besondere Kennzeichnung der komplexen Eigenschaft von ψ durch Unterstreichen ($\underline{\psi}$) verzichtet.

die sich klassisch aus der Breite δv der Geschwindigkeitsverteilung berechnen lässt und indem man in Gl. (13.7) $\hbar/2m\Delta x(0)$ durch δv ersetzt. Dieses Zerfließen ist allerdings nur bei zeitaufgelösten Experimenten von Relevanz. Bei zeitunabhängigen Untersuchungen erhalten wir aus Gl. (13.3) stationäre Wellenfelder mit einer von

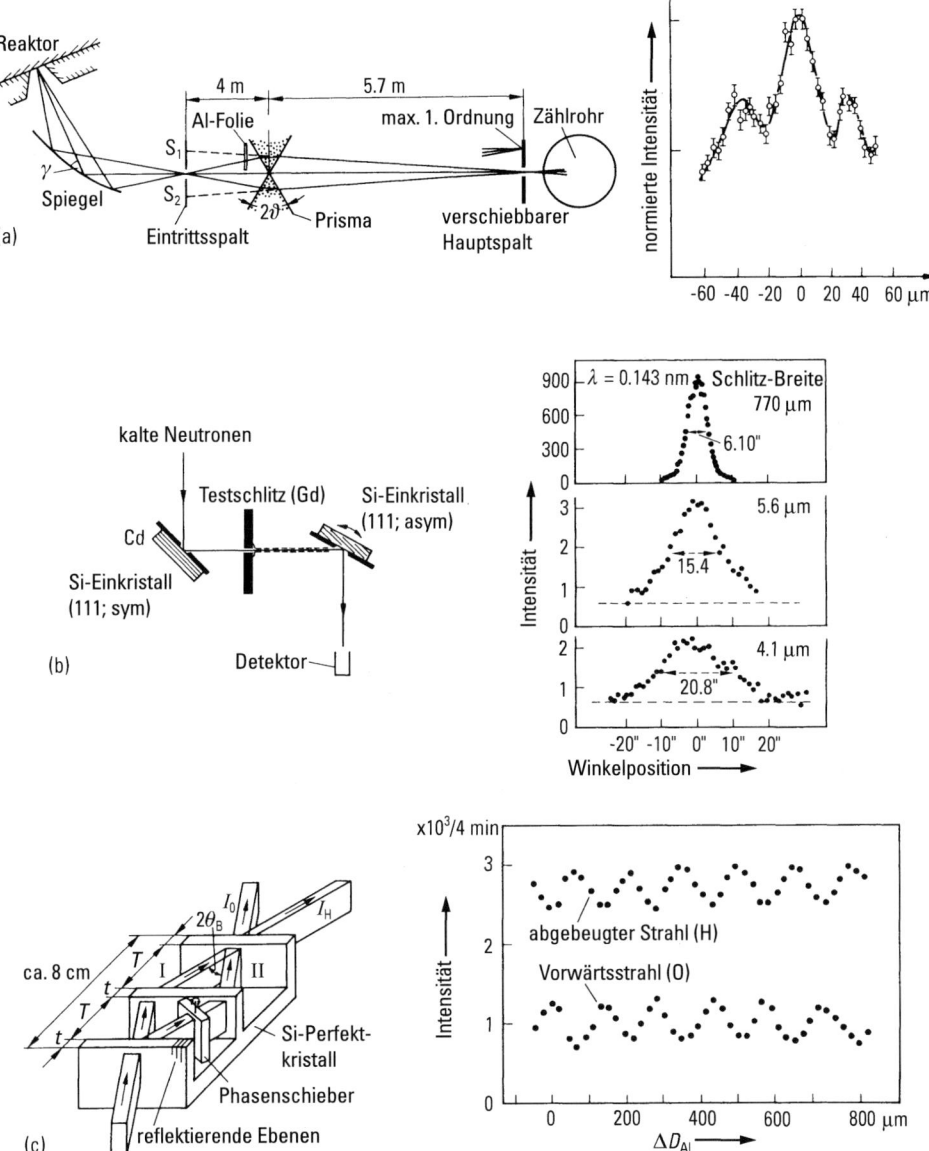

Abb. 13.1 Einige neutronenoptische Ergebnisse, die in den vergangenen Jahrzehnten die Entwicklung der Neutronenoptik stark beeinflusst haben. Schematische Darstellung (a) der Ergebnisse der Biprismen-Interferenz von Neutronen [7], (b) der Beugung an einem Einzelspalt [8] und (c) der Interferenz in einem Perfektkristall-Interferometer [9].

der experimentell verfügbaren Apparatur her bestimmten Impulsverteilung $|A(\mathbf{k})|^2$

$$\psi(\mathbf{r}) = (2\pi)^{-3/2} \int A(\mathbf{k}') \exp(\mathrm{i}\mathbf{k}'\mathbf{r}) \, \mathrm{d}^3 k'. \tag{13.8}$$

Mit diesen Definitionen lässt sich auch die Kohärenz eines Wellenfeldes als Selbstkorrelationsfunktion von überlagerten Wellenfeldern darstellen [5, 6].

$$\Gamma(\mathbf{r}, t) = \langle \psi(0,0) * \psi(\mathbf{r}, t) \rangle = \iint |A(\mathbf{k}', t)|^2 \exp(\mathrm{i}(\mathbf{k}'\mathbf{r} - \omega_\mathbf{k} t)) \, \mathrm{d}^3 k' \mathrm{d}\omega, \tag{13.9}$$

wobei $\Gamma(\mathbf{r}, 0)$ die räumliche und $\Gamma(0, t)$ die zeitliche Kohärenz des Feldes beschreibt. Die Selbstkorrelationsfunktion (Kohärenzfunktion) ist als Faltung einer Funktion mit sich selbst zu verstehen. Die charakteristische Breite der Kohärenzfunktion im Ortsraum ($t = 0$) wird als *Kohärenzlänge* Δx bezeichnet, und diese genügt für Gaußförmige Pakete der minimalen *Heisenberg'schen Unschärfe-Relation* ($\Delta x \Delta k = 1/2$).

Die zur Lichtoptik weitgehend analoge Formulierung der Ausgangsgleichungen lässt auch für Neutronen ähnliche optische Effekte erwarten wie für Photonen, Elektronen, Atome etc. Einige charakteristische Ergebnisse sind in Abb. 13.1 schematisch dargestellt [7–9]. Die wesentlichsten Unterschiede werden in den unterschiedlichen Dispersionsrelationen $E = c\hbar k$ für Photonen und $E = \hbar^2 k^2/2m$ für Materieteilchen und in der unterschiedlichen Wechselwirkung der Neutronen mit Materie und mit Feldern zu suchen sein. Neutronen unterliegen der *starken Wechselwirkung* mit den Atomkernen, der *elektromagnetischen Wechselwirkung* hauptsächlich aufgrund des magnetischen Dipolmoments, der *Gravitation* als Folge der endlichen Ruhemasse und der *schwachen Wechselwirkung*, welche die endliche Lebensdauer verursacht. Gerade diese Eigenschaften machen Neutronen zu geradezu idealen Probepartikeln für die Untersuchung der verschiedenen fundamentalen Wechselwirkungsphänomene und für Untersuchungen über den fundamentalen Welle-Teilchen-Dualismus der Quantenmechanik. Die starke **Kernwechselwirkung** kann in Form eines Fermi-Pseudopotentials beschrieben werden [10]

$$V_\mathrm{n}(\mathbf{r}) = \frac{2\pi\hbar^2}{m} b\delta(\mathbf{r}), \tag{13.10}$$

$\delta(\mathbf{r})$ ist die Dirac'sche Deltafunktion, die nur für $r \to 0$ von 0 verschieden ist. b wird als gebundene Streulänge bezeichnet und ist durch die Phasenverschiebung φ der bei der Streuung an einem Einzelkern auftretenden Kugelwelle im Vergleich zur einlaufenden Welle gegeben ($b \cong -\lim_{k\to 0}\varphi/k$). Die Verwendung eines δ-förmigen Potentials, das heißt einer Punktwechselwirkung, ist gerechtfertigt, weil die Reichweite der Kernkräfte ($\approx 10^{-15}$ m) wesentlich kleiner ist als die Wellenlänge thermischer oder kalter Neutronen ($\approx 10^{-10}$ m), was unter anderem auch zu einer im Schwerpunktsystem isotropen Streuung am Einzelatom führt. Optische Phänomene werden durch die gleichzeitige Wechselwirkung mit zahlreichen Streuzentren bestimmt, weswegen auch die dabei auftretende mittlere Phasenverschiebung $\langle\varphi\rangle$ eine entscheidende Rolle spielt und damit ihrerseits eine kohärente Streulänge b_c definiert. Damit lässt sich ein über das Volumen gemitteltes Potential angeben, $\bar{V}_\mathrm{n} = 2\pi\hbar^2 N b_\mathrm{c}/m$, womit wir mit Gl. (13.4) und (13.1) die *Brechzahl* angeben können als

$$n^2 = 1 - \frac{\bar{V}_\mathrm{n}}{E} = 1 - \frac{\lambda^2 N b_\mathrm{c}}{\pi} = 1 - \left[\frac{\lambda}{\lambda_\mathrm{c}}\right]^2, \tag{13.11}$$

wobei N die Anzahldichte der Streuzentren im Volumen angibt. Mit dieser Gleichung wird gleichzeitig eine Grenzwellenlänge $\lambda_c = (\pi/Nb_c)^{1/2}$ definiert, die eine Grenze angibt, ab der Neutronen – selbst bei senkrechtem Auftreffen auf eine Grenzfläche – nicht mehr in das Material eintreten können. Die Brechzahl wird dann imaginär. Die entsprechenden Zahlenwerte für λ_c liegen im Bereich von 100 nm, wobei Neutronen mit $\lambda > \lambda_c$ als *ultrakalte Neutronen* bezeichnet werden (s. Kap. 13.9). Die in diesem Zusammenhang angesprochene Mittelung über zahlreiche Streuzentren lässt sich auch mithilfe der Heisenberg'schen Unschärferelation $\Delta x \Delta k \geq 1/2$, verdeutlichen. Bei zahlreichen optischen Phänomenen ist der Impulsübertrag gering oder durch die Struktur des Objekts genau bekannt und somit Δk klein, weswegen der Neutronenstrahl über einen relativ großen Bereich Δx mittelt.

In vielen Fällen ist $\bar{V}/E \ll 1$ bzw. $\lambda \ll \lambda_c$ und Gl. (13.11) kann geschrieben werden als (s. auch Gl. (13.72))

$$n \approx 1 - \lambda^2 \frac{Nb_c}{2\pi}. \tag{13.12}$$

Absorptionseffekte können mit komplexen Wechselwirkungspotentialen und damit mit komplexen Streulängen beschrieben werden, was in der Folge auch zu einer komplexen Brechzahl n führt [11]

$$n \approx 1 - \lambda^2 \frac{N}{2\pi} \sqrt{b_c^2 - \left(\frac{\sigma_t}{2\lambda}\right)^2} + i \frac{\sigma_t N \lambda}{4\pi}, \tag{13.13}$$

wobei $\sigma_t = \sigma_a + \sigma_s$ sowohl den Absorptions- als auch den Streuwirkungsquerschnitt beinhaltet und das bekannte Schwächungsgesetz liefert $I = I_0 \exp[-(\sigma_a + \sigma_t)ND]$. Bei noch genauerer Behandlung sind Lokalfeldkorrekturen zu berücksichtigen, die durch das gegenseitige Hin- und Herreflektieren zwischen den einzelnen Streuzentren entstehen [12]. Dieser Effekt ist relativ klein und tritt bei den meisten neutronenoptischen Experimenten nicht zutage, spielt aber im Bereich der Neutronen-Holographie eine wichtige Rolle (s. Abschn. 13.8).

Die kohärente Streulänge b_c kann im Rahmen vieler neutronenoptischer Experimente gemessen werden und stellt eine tabellierte Kenngröße für jedes Material dar. Eine zufriedenstellende a priori Berechnung ist wegen des Fehlens einer vollständigen Theorie der starken Wechselwirkung nicht möglich. Bekannt ist, dass die starke Kernwechselwirkung von Isotop zu Isotop und von Element zu Element stark unterschiedlich ist und zudem bei Kernen mit Kernspin von der Relativstellung des Neutronenspins zum Kernspin abhängt. Deswegen gibt es unterschiedliche Streulängen für die mit der Häufigkeit $g_+ = (I+1)/(2I+1)$ auftretende Wechselwirkung mit Gesamtspin $I + 1/2$ und für die mit der Häufigkeit $g_- = I/(2I+1)$ auftretende Wechselwirkung mit Gesamtspin $I - 1/2$. Die kohärente Streulänge eines Elements mit j verschiedenen Isotopen der Häufigkeit n_j ergibt sich als Mittelwert über die verschiedenen statistisch auftretenden Wechselwirkungen

$$b_c = \sum_j n_j (g_{j+} b_{j+} + g_{j-} b_{j-}). \tag{13.14}$$

Zahlenwerte für die kohärente Streulänge, die sowohl positive als auch negative Werte annehmen kann, sind in Tabelle 13.1 angeführt. Weitere Werte können verschiedenen Tabellenwerken entnommen werden [13, 14].

1166 13 Neutronenoptik

Tab. 13.1 Kenngrößen von häufig in der Neutronenoptik verwendeten Substanzen.

	$N \times 10^{28}$ (m^{-3})	b_c (fm)	$V \times 10^{-7}$ (eV)	λ_c (nm)	für $\lambda = 0.18$ nm Neutronen Θ_c (°)	D_λ (μm)	$(1-n) \times 10^{-6}$	σ_a (b)	σ_i (b)
Be	12.362	7.79(1)	2.508	57.1	10.83	36.25	4.966	0.0076(8)	0.005(1)
Al	6.030	3.449(5)	0.5415	122.5	5.05	167.8	1.072	0.231(3)	0.0092(7)
Si	4.994	4.149(1)	0.5395	123.1	5.02	168.5	1.008	0.171(3)	0.015(2)
Ti	5.657	−3.438(2)	−0.5064			179.5	−1.003	6.09(13	2.67(4)
V	7.034	−0.3824(12)	−0.0700			1297	−0.139	5.08(2)	5.187(16)
Fe	8.475	9.54(6) ± 5.98	2.105 ± 1.32	62.3$^{-13.4}_{+39.7}$	9.92$^{+2.73}_{-3.86}$	43.17$^{-16.6}_{+72.8}$	4.197 ± 2.614	2.56(3)	0.39(3)
Co	8.901	2.53(5) ± 4.64	0.586 ± 1.076	118.1$^{+39.7}_{-47.9}$	5.23$^{+3.49}_{-3.49}$	155.0$^{-100}_{-100}$	1.161 ± 2.13	37.18(6)	4.8(3)
Ni	9.129	10.3(1) ± 1.62	2.448 ± 0.385	57.8$^{-4.1}_{+5.3}$	10.72$^{+0.80}_{-0.89}$	37.12$^{-5.04}_{+6.94}$	4.848 ± 0.764	4.49(16)	5.2(4)
^{58}Ni	9.251	15.0(5) ± 1.62	3.613 ± 0.390	47.6$^{+2.4}_{-2.8}$	13.00$^{+0.68}_{-0.72}$	25.15$^{-2.45}_{+3.05}$	7.155 ± 0.772	4.6(3)	0
Cu	8.453	7.718(4)	1.699	69.4	8.92	53.50	3.364	3.78(2)	0
Ge	4.438	8.185(20)	0.946	93.0	6.65	96.09	1.874	2.3(2)	0
Hg	4.081	12.66(2)	1.345	78.0	7.93	67.56	2.664	372.3 (4.0)	6.7(1)
Pb	3.297	9.4017(20)	0.807	100.7	6.15	112.6	1.598	0.171(2)	0.0030(7)
H$_2$O	3.343	−1.677(4)	−0.146			662.6	−0.289	0.6654(15)	159.80(5)
D$_2$O	3.322	19.153(7)	1.657	70.3	8.80	54.86	3.281	0.0012(1)	4.08(6)
SiO$_2$	2.641	15.759(5)	1.084	86.9	7.12	83.87	2.146	0.171(3)	0.030(5)

Handelt es sich um eine Wechselwirkung mit magnetischen Atomen oder Ionen, so kommt es zwischen dem magnetischen Moment des Neutrons $\boldsymbol{\mu}$ und dem magnetischen Feld dieser Atome oder Ionen zu einer **magnetischen Dipolwechselwirkung**, die – über das Volumen gemittelt – von einer zur Kernwechselwirkung vergleichbaren Stärke ist. Das zugehörige Potential V_m lautet:

$$V_\mathrm{m} = -\boldsymbol{\mu}\boldsymbol{B} = -\mu\boldsymbol{\sigma}\boldsymbol{B}(r). \tag{13.15}$$

$\boldsymbol{B}(r)$ bedeutet das von den ungepaarten Elektronen des magnetischen Atoms verursachte Magnetfeld und $\boldsymbol{\sigma}$ stellt die Pauli'schen Spinmatrizen dar. Die magnetische Streulänge p erhält man mithilfe der Fourier-Transformation [15]:

$$p(\boldsymbol{Q}) = \frac{m}{2\pi\hbar^2}\int V_\mathrm{m}(r)\,\mathrm{e}^{\mathrm{i}\boldsymbol{Q}r}\,\mathrm{d}r = -\left(\frac{\mu}{\mu_\mathrm{n}}\right)r_0 f_\mathrm{m}(\boldsymbol{Q})\langle\boldsymbol{S}\rangle(\boldsymbol{\sigma}\boldsymbol{q}), \tag{13.16}$$

wobei $\boldsymbol{Q} = \boldsymbol{k} - \boldsymbol{k}_0$ den übertragenen Impuls angibt, $r_0 = 2.81794 \times 10^{-15}$ m den klassischen Elektronenradius, $f_\mathrm{m}(\boldsymbol{Q})$ den magnetischen Atomformfaktor, der sich aus der Fourier-Transformation der Spindichte des Atoms oder Ions ergibt, $\langle\boldsymbol{S}\rangle$ die mittlere Magnetisierung und $\boldsymbol{q} = \hat{\boldsymbol{h}} - (\hat{\boldsymbol{h}}\hat{\boldsymbol{e}})\hat{\boldsymbol{e}}$ den magnetischen Wechselwirkungsvektor, der sich aus dem Einheitsvektor der Magnetisierung $\hat{\boldsymbol{h}}$ und dem Einheitsvektor $\hat{\boldsymbol{e}}$ in Richtung des übertragenen Impulses zusammensetzt. Die gesamte Streulänge eines derartigen Atoms setzt sich aus der Kern- und aus der magnetischen Streulänge zusammen ($b \pm p(\boldsymbol{Q})$), wobei die magnetische Streulänge deutlich vom übertragenen Impuls, das heißt von der Streurichtung, abhängt, was seine Ursache darin hat, dass die räumliche Ausdehnung der Magnetisierungsverteilung im magnetischen Atom vergleichbar ist mit der Wellenlänge der wechselwirkenden Neutronen. Die Brechzahl erhalten wir analog zu Gl. (13.11)

$$n_\pm^2 = \frac{k_\pm^2}{k_0^2} = 1 - \frac{\bar{V}_\mathrm{n} + \bar{V}_\mathrm{m}}{E} = 1 - \lambda^2 N\frac{b_\mathrm{c} \pm p(0)}{\pi}, \tag{13.17}$$

wobei die magnetische Vorwärtsstreulänge auch mithilfe der mittleren Magnetisierung B angegeben werden kann, $p(0) = \mp\,\mu m B/2\pi N\hbar^2$.

Die Bewegung eines magnetischen Dipols durch ein elektrisches Feld $\boldsymbol{E}$, zum Beispiel das Coulomb-Feld eines Atoms, verursacht im Rahmen der Elektrodynamik weitere Wechselwirkungsbeiträge, die als **Spin-Bahn-(Schwinger-)** und **Foldy**-Wechselwirkungen bezeichnet werden (siehe z. B. [12, 15, 16]).

$$V_\mathrm{e} = \frac{\hbar}{mc^2}\boldsymbol{\mu}(\boldsymbol{E}\times\boldsymbol{k}) - \frac{\hbar\mu}{2mc^2}\mathrm{div}\,\boldsymbol{E}. \tag{13.18}$$

Die entsprechenden Streulängen sind um einige Größenordnungen kleiner als die zuvor behandelten Kern- und magnetischen Streulängen und sind wegen der elektrischen Neutralität der Atome in Vorwärtsrichtung null, müssen daher im Bereich der Neutronenoptik nicht weiter behandelt werden.

Neutronen unterliegen aufgrund ihrer Ruhemasse der **Gravitationswechselwirkung**, welche in die Anziehungs- und Coriolis-Wechselwirkung separiert werden kann

$$V_\mathrm{g} = -m\boldsymbol{g}\boldsymbol{r} - \omega\boldsymbol{L}, \tag{13.19}$$

wobei g die Beschleunigung zum Erdmittelpunkt hin angibt, r den Abstand vom Erdmittelpunkt, ω die Winkelgeschwindigkeit der Erde ($\omega = 0.727 \times 10^{-4}$ rad/s) und $\boldsymbol{L} = \boldsymbol{r} \times \boldsymbol{p}$ den Drehimpuls des Neutrons in Bezug auf den Erdmittelpunkt. Dieser Effekt verursacht parabolische Flugbahnen mit leichten Ost-West-Versetzungen, was bei vielen neutronenoptischen Experimenten berücksichtigt werden muss und teilweise auch als Messeffekt Verwendung findet. Die Gravitation kann auch als kontinuierlich variable Brechzahl oder als entsprechender Phasenschub beschrieben werden (Abschn. 13.7f).

Um die drei wichtigsten Wechselwirkungen der Neutronen quantitativ zu vergleichen, ist es nützlich, sich zu vergegenwärtigen, dass etwa das mittlere Potential in Cu $1{,}65 \times 10^{-7}$ eV, das magnetische Potential in einem 1T-Magnetfeld $\pm 6.03 \times 10^{-8}$ eV und der Unterschied im Gravitationspotential bei 1 m Höhenunterschied 1.03×10^{-7} eV beträgt.

13.2 Neutronenquellen und Detektoren

Freie Neutronen, wie sie für die zu beschreibenden Experimente benötigt werden, können nur über Kernreaktionen hergestellt werden. Der erste Nachweis freier Neutronen erfolgte durch Chadwick 1932 [17] über die Reaktion

$$\alpha + {}^9\text{Be} \rightarrow {}^{12}\text{C} + \text{n} + 5.704 \,\text{MeV}\,.$$

Es gibt auch eine Reihe schwerer Kerne, die bei spontaner Spaltung Neutronen emittieren. Am bekanntesten ist ^{252}Cf, welches 2.34×10^{12} Neutronen pro Gramm und Sekunde emittiert. Für die Erzielung höherer Intensitäten stehen im Vordergrund:

a) $$D + T \rightarrow {}^4\text{He} + \text{n} + 17.59 \,\text{MeV}\,,$$

wobei Deuteronen in einem kleinen Beschleuniger auf etwa 0.3 MeV beschleunigt und auf ein Tritium-Target geschossen werden. Die Ausbeute liegt bei 10^{-4} Neutronen pro Deuteron.

b) Die Kernspaltung in Forschungsreaktoren

$$\text{n} + {}^{235}\text{U} \rightarrow A_1 + A_2 + \nu\text{n} + 200 \,\text{MeV}\,,$$

wobei die Kernspaltung bevorzugt von thermischen Neutronen eingeleitet wird und im Durchschnitt $\nu = 2.4$ Neutronen freigesetzt werden, die im Rahmen einer Kettenreaktion eine kontinuierliche Neutronenproduktion gestatten. A_1 und A_2 symbolisieren die Spaltprodukte.

c) Die Spallationsreaktion an Großbeschleunigern

$$\text{p} + {}^{238}\text{U} \rightarrow A_1 + A_2 + \ldots A_n + \nu_{\text{sp}}\text{n} + 2.5 \,\text{GeV}\,,$$

wobei durch hochenergetische Protonen (~ 1 GeV) schwere Atomkerne regelrecht zertrümmert werden und bis zu $\nu_{\text{sp}} = 50$ Neutronen pro Proton freigesetzt werden. Weitere Details über Neutronenquellen findet man in der Literatur (z. B. [18]).

Bei den besprochenen Kernreaktionen entstehen schnelle Neutronen mit Energien im MeV-Bereich. Durch – im Schwerpunktsystem – elastische Stöße an leichten Moderatorkernen können sie bis auf thermische Energien abgebremst werden. Der mittlere Energieverlust im Laborsystem bei Streuung an einem Atomkern der Massenzahl A beträgt gemäß der elementaren Gesetze der Mechanik

$$\Delta E = \frac{E}{2} \frac{4A}{(A+1)^2}. \tag{13.20}$$

Bei der Moderation an Wasserstoff sind zur Abbremsung etwa 18 Stöße und eine Zeit von etwa 10 µs erforderlich; bei der Abbremsung in Graphit betragen diese Werte 114 bzw. 150 µs. Bei Beschleunigeranlagen kann der Beschleunigerstrahl beliebig gepulst werden. Der sich dann im Moderator bildende thermische Neutronenimpuls hat jedoch eine zeitliche Breite Δt, die mindestens der Abbremszeit entspricht. Das begrenzt bei Laufzeitexperimenten das Auflösungsvermögen $\Delta t/t$, wobei t die Laufzeit zwischen gepulster Quelle und dem Detektor in der Entfernung L angibt ($t = L/v$).

Sobald die Neutronen bei der Bremsung Energien erreichen, die mit der thermischen Energie der Moderatoratome vergleichbar ist, werden die Neutronen teilweise auch wieder beschleunigt, und es stellt sich ein thermisches Gleichgewicht entsprechend der *Maxwell-Boltzmann'schen Energieverteilung* der Moderatoratome ein. Diese thermalisierten Neutronen werden aus dem Moderator mit Strahlrohren extrahiert, wobei die Energieverteilung des Neutronenflusses näherungsweise geschrieben werden kann als (s. z. B. [19])

$$\phi(E) = \phi_{\text{th}} \frac{E}{(k_{\text{B}}T)^2} e^{-E/k_{\text{B}}T}. \tag{13.21}$$

Damit werden Werte für die thermische Energie, die Geschwindigkeit, die Wellenlänge und die Kreiswellenzahl definiert:

$$E_{\text{th}} = k_{\text{B}}T = \frac{mv_{\text{th}}^2}{2} = \frac{h^2}{2m\lambda_{\text{th}}^2} = \frac{\hbar^2 k_{\text{th}}^2}{2m}. \tag{13.22}$$

Für ein bei Raumtemperatur voll moderiertes Spektrum betragen diese Werte ($T = 293.6$ K)

$$E_{\text{th}} = 0.0253 \text{ eV}, \quad v_{\text{th}} = 2.200 \text{ m/s}, \quad \lambda_{\text{th}} = 0.18 \text{ nm}.$$

Durch Moderation in gekühlten Moderatorsubstanzen (flüssiger Wasserstoff oder Deuterium, flüssiges Methan u. ä.) lässt sich das Spektrum begrenzt zu niedrigeren Energien bzw. zu größeren Wellenlängen verschieben. Die Begrenzung besteht darin, dass sich bei tiefgekühlten Moderatorsubstanzen wegen der Nullpunktschwingung der Moderatoratome kein Gleichgewicht zwischen Moderator- und Neutronentemperatur mehr einstellen kann. Für neutronenoptische Untersuchungen haben sich jedoch derartige „kalte Quellen" sehr bewährt, da damit die Intensität der langwelligen und damit für die Neutronenoptik besonders geeigneten Neutronen oft um mehr als das Zwanzigfache erhöht werden kann. Die Gesamtintensität thermischer Neutronen ist dabei auf Werte $\Phi < 10^{18}$ m^{-2} s^{-1} sr^{-1} begrenzt, was einem Gasstrahldruck von rund 10^{-5} Pa entspricht. Diese Begrenzung besteht wegen der Schwierigkeit, die bei höherer Kernreaktionsrate entstehende Wärme mit einem

Kühlmittel abführen zu können. Spallationsneutronenquellen bieten hier einen gewissen Vorteil, weil die produzierte Wärme pro erzeugtem Neutron geringer ist und weil ein gepulster Betrieb relativ einfach realisierbar ist.

Für optische und spektroskopische Untersuchungen ist die jeweilige **Phasenraumdichte** von Bedeutung. Diese ist im Fall einer vollständigen Moderation der Neutronen aus Gl. (13.21) zu berechnen [20]:

$$\frac{d^6 n}{dV_p} = \frac{\phi_{th}}{2\pi} \frac{m}{\hbar k_{th}^4} \exp\left(-\frac{k^2}{k_{th}^2}\right), \tag{13.23}$$

wobei das Phasenraumelement gegeben ist als $dV_p = dx\,dy\,dz\,dk_x\,dk_y\,dk_z$. Daraus ergibt sich die Zahl dJ der Neutronen, die in der Zeit $dt\,(dt = dz/v)$ senkrecht durch ein Flächenelement df senkrecht zur Flugrichtung (z) durchtreten

$$dJ = \frac{\phi_{th} k_z}{2\pi k_{th}^4} \exp\left(-\frac{k_z^2}{k_{th}^2}\right) df\,dk_x\,dk_y\,dk_z. \tag{13.24}$$

Dieser Ausdruck kann weiter umgeformt werden, indem wir dJ als Produkt von Leuchtdichte mal Fläche $df = dx\,dy$ mal Raumwinkel $d\Omega = dk_x\,dk_y/k_z^2$ bei einer relativen Geschwindigkeitsauflösung $dv/v = dk_z/k_z$, darstellen

$$dJ = \frac{\phi_{th}}{2\pi} \frac{k_z^4}{k_{th}^4} \exp\left(-\frac{k_z^2}{k_{th}^2}\right) \frac{dv^2}{v_z} df\,d\Omega. \tag{13.25}$$

Thermalisierte Neutronen in einem Moderator oder aus einem Moderator ausfließende Neutronen verhalten sich demnach wie ein ideales Gas, welches dem Liouville'schen Theorem gehorcht und dessen Phasenraumdichte durch keine wie immer geartete konservative Kraft geändert werden kann. Durch verschiedene neutronenoptische Komponenten kann jedoch die Gestalt des Phasenraumelements in weiteren Grenzen geändert werden. Methoden der Strahlkühlung, die mit einer Erhöhung der Phasenraumdichte verbunden sind und bei Beschleunigeranlagen für geladene Teilchen eingesetzt werden (Synchrotronstrahlungskühlung, Elektronenkühlung, stochastisches Kühlen), existieren bisher für Neutronen nicht. Auch die bei Atomen und Molekülen angewandte Laser-Kühlung lässt sich nicht direkt auf Neutronen übertragen. Die einzige verbleibende Möglichkeit ist die Abkühlung des Neutronenspektrums zu immer tieferen Temperaturen, da in diesem Fall die Phasenraumdichte für sehr langsame Neutronen mit $1/T^2$ zunimmt (s. Gl. (13.23)). Die Phasenraumdichte von Neutronen ist jedoch selbst bei den bestdimensionierten Quellen im Bereich 10^{-14}, während thermische Lichtquellen Phasenraumdichten von 10^{-3} und Laser solche von 10^{14} aufweisen. Aus dem Zahlenvergleich erkennt man sofort, dass Neutronenexperimente durch niedrige Intensitätsverhältnisse gekennzeichnet sind und dadurch die gegenseitige Beeinflussung bzw. nichtlineare Effekte keine Rolle spielen. Bei Interferenzeffekten, wie sie in den folgenden Kapiteln besprochen werden, befindet man sich somit immer im Bereich der reinen *Selbstinterferenz*, und in den meisten Fällen befindet sich zu einer gewissen Zeit im Mittel weniger als ein Neutron in der gesamten Apparatur. Der Intensitätsnachteil bei neutronenphysikalischen Experimenten muss durch größere Strahlquerschnitte, größere Strahldivergenz und geringere Monochromasie der Strahlen sowie durch raffinierte Messtechniken zumindest teilweise ausgeglichen werden.

Der Nachweis der Neutronen erfolgt ebenfalls über Kernreaktionen, wobei hauptsächlich folgende Reaktionen ausgenutzt werden (s. z. B. [21]):

$${}^3\text{He} + \text{n} \rightarrow \text{T} + \text{p} + 0.77\,\text{MeV},$$

$${}^6\text{Li} + \text{n} \rightarrow \text{T} + \alpha + 4.76\,\text{MeV},$$

$${}^{10}\text{B} + \text{n} \rightarrow {}^7\text{Li} + \alpha + 2.78\,\text{MeV}.$$

Die Wirkungsquerschnitte dieser drei Reaktionen betragen im thermischen Bereich: 5327 b, 953 b und 3837 b (1 b = 1 barn = $10^{-28}\,\text{m}^2$). Die Reaktionsenergie Q verteilt sich auf die beiden Reaktionsprodukte entsprechend den elementaren Stoßgesetzen $E_A = Q m_B / (m_A + m_B)$ und reicht aus, in einem Gasionisationsdetektor (meist ^{3}He oder BF$_3$-Gas) oder in einem Szintillator (Li- oder B-Glas) einen elektronisch messbaren Impuls auszulösen. Die Nachweiswahrscheinlichkeit erreicht nahe 100 %, was gerade für neutronenoptische Experimente einen beachtlichen Vorteil bedeutet. Der Neutronennachweis kann auch über Einfang-Gamma- und Konversionselektronen-Strahlung erfolgen, was beim Gadolinium-Detektor ausgenützt wird [22, 23]. Ortsauflösende Detektoren wurden auf der Basis der verschiedenen Nachweismethoden ebenfalls entwickelt.

Zum Abschluss dieses Abschnitts soll noch darauf hingewiesen werden, dass sowohl die Kernreaktionen zur Erzeugung als auch die zum Nachweis von Neutronen über die Bildung eines angeregten Compoundkerns erfolgt, in dem die Energie statistisch auf alle Nukleonen verteilt wird, sodass zwischen einlaufendem und auslaufendem Teilchen eine vollständige Phasenentkopplung existiert.

13.3 Brechung und Reflexion

Beachten wir bei der Lösung der Wellengleichung (Gl. (13.3)) die Randbedingungen der Quantenmechanik an einer Grenzfläche, das heißt die Stetigkeit der Wellenfunktion und deren Ableitung in Richtung der Grenzflächennormalen, so erhalten wir aus der Stetigkeit der Tangentialkomponente des Ausbreitungsvektors und der Änderung seines Betrages entsprechend der Brechzahl, das aus der Lichtoptik her bekannte *Snelliussche Brechungsgesetz*:

$$n = \frac{k}{k_0} = \frac{\cos\Theta_0}{\cos\Theta}, \tag{13.26}$$

wobei Θ_0 und Θ die Winkel des einfallenden und des in das Medium eintretenden Strahls zur Oberfläche angeben. Gleichzeitig tritt unter dem Winkel Θ_0 ein reflektierter Strahl auf, dessen Intensität gegeben ist durch $I_r = R I_0$ mit

$$R = \left| \frac{\sin\Theta_0 - n\sin\Theta}{\sin\Theta_0 + n\sin\Theta} \right|^2, \tag{13.27}$$

(vgl. Abschn. 2.6 und 4.2), wodurch bei vernachlässigter Absorption und inkohärenter Streuung auch die Intensität des transmittierten Strahls gegeben ist als $I_t = T I_0$ mit $R + T = 1$. Man erkennt, dass für $\Theta < \Theta_c$ Totalreflexion auftritt ($R = 1$; siehe

Gl. (13.11)). Berücksichtigt man die Absorptions- und inkohärenten Streuprozesse, so hat man ein komplexes Stufenpotential zur Lösung von Gl. (13.3) zu verwenden ($V \to V_0 - iV_1$ mit $V_1 = \hbar N(\sigma_a + \sigma_s)/2$, s. Gl. (13.13)), und man erhält in erster Ordnung von V_1/V_0 für den Reflexionsgrad

$$R = 1 - 2\frac{V_1}{V_0}\sqrt{\frac{\sin^2\Theta_0}{1 - n^2 - \sin^2\Theta_0}}. \tag{13.28}$$

Nachdem für fast alle Substanzen $V_1/V_0 \approx 10^{-4}$ ist, können wir die meisten Effekte für den schwächungsfreien Fall behandeln. Für den *Grenzwinkel für Totalreflexion* erhalten wir:

$$\Theta_c = \frac{\lambda}{\lambda_c} = \sqrt{1 - n^2}. \tag{13.29}$$

Für thermische Neutronen weicht n nur sehr wenig von 1 ab (Tab. 13.1) und die Gln. (13.27) und (13.29) können in der einfacheren Form geschrieben werden:

$$R = \left|\frac{1 - \sqrt{1 - (\Theta_c/\Theta_0)^2}}{1 + \sqrt{1 - (\Theta_c/\Theta_0)^2}}\right|^2, \tag{13.30}$$

$$\Theta_c = \lambda\sqrt{\frac{Nb_c}{\pi}}. \tag{13.31}$$

Da für Neutronen in der Regel die Brechzahl kleiner als 1 ist, tritt bei den meisten Substanzen Totalreflexion beim Eintritt in das Material auf. Berücksichtigen wir auch Absorptions- und inkohärente Streuprozesse, das heißt wir verwenden eine komplexe Brechzahl (Gl. (13.13)), so ergibt sich eine geringfügige Erniedrigung des Reflexionsgrades und eine Abrundung der Totalreflexionskurve.

Der Effekt der Brechung kann auch für Neutronen am einfachsten durch Prismenbrechung nachgewiesen werden (Abb. 13.2). Entsprechend den elementaren Gesetzen der Strahlenoptik (Kap. 1) ergibt sich der Ablenkwinkel zu

$$\delta = 2(1 - n)\left[\frac{\sin\varepsilon}{\cos\varepsilon + \cos 2\Delta}\right], \tag{13.32}$$

was sich im Fall des symmetrischen Strahlenganges vereinfacht zu

$$\delta = 2(1 - n)\tan\frac{\varepsilon}{2}, \tag{13.33}$$

wobei die im Allgemeinen sehr geringen Ablenkwinkel ($\approx$ Bogensekunden) relativ bequem und intensitätsgünstig mithilfe einer Doppel-Perfektkristallkamera nachgewiesen werden können [24], aber auch mit hochauflösenden Schlitzapparaturen kann dieser Effekt beobachtet und neutronenoptisch genutzt werden [7, 25]. Abbildung 13.2 zeigt als Beispiel die Prismenaufspaltung eines Strahls in Magnetfeldprismen. Die Ablenkung der beiden Spinkomponenten ist unterschiedlich ($\delta = \pm(\mu B/E_0)\tan(\varepsilon/2)$), was zu einer doppelhöckerigen Reflexionskurve des Perfektkristallspektrometers führt und zur Erzeugung polarisierter Neutronen verwendet werden kann [26]. Die Hintereinanderreihung mehrerer Prismen verstärkt den Ablenkungseffekt entsprechend.

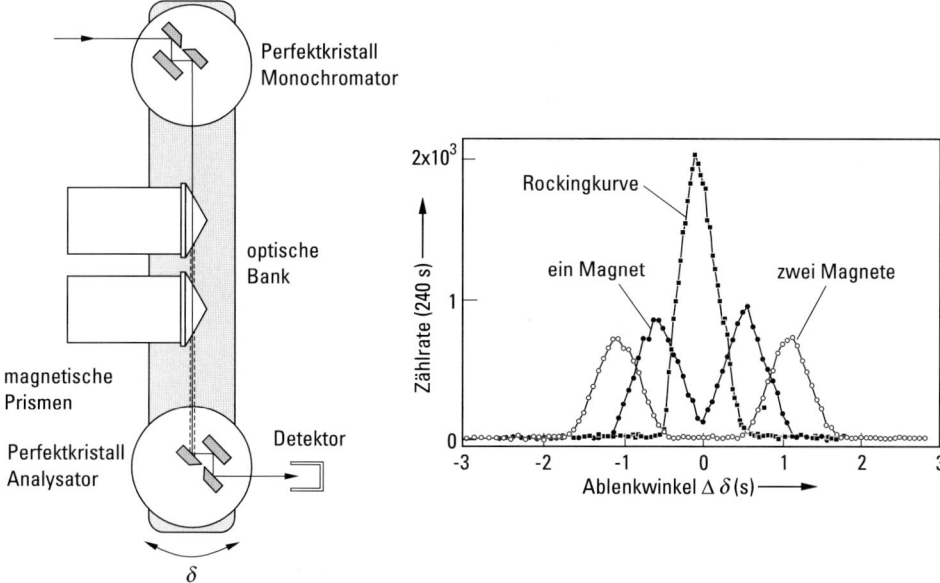

Abb. 13.2 Magnetische Prismenablenkung von Neutronen bei unsymmetrisch angeordnetem Prisma mit einem Prismenwinkel von 116° und einer Magnetfeldstärke von 0.9 T [26].

Die **Totalreflexion** von Neutronen bei flachem Einfall auf ebene Spiegel wurde bereits 1946 von Fermi und Zinn [27] beobachtet und später zu einer Standardmethode zur Messung von kohärenten Streulängen (b_c) weiterentwickelt (s. z. B. Koester [28]). Die Reflektivität eines flachen Spiegels als Funktion des Einfallswinkels ist in Gl. (13.30) angegeben. Die entsprechende *Eindringtiefe*, die sich aus der im Inneren existierenden und exponentiell abklingenden Wellenfunktion berechnen lässt, beträgt

$$\Delta = \frac{1}{k}\sqrt{\Theta_c^2 - \Theta^2}, \tag{13.34}$$

was Werte in der Größenordnung 10 bis 100 nm ergibt. Die Totalreflexionseigenschaften von magnetischen Materialien sind für die beiden Spinkomponenten unterschiedlich (Gl. (13.17)):

$$\Theta_c = \lambda\sqrt{\frac{N}{\pi}[b_c \pm p(0)]}. \tag{13.35}$$

Es ist daher möglich, dass überhaupt nur eine Spinkomponente reflektiert wird (z. B. an Co, s. Tab. 13.1), was zur Produktion und zur Analyse polarisierter Neutronen verwendet wird [29].

Eine sehr elegante Methode, die Totalreflexion zur genauen Messung von kohärenten Streulängen ausnutzt, besteht in der Form des *Schwerkraftrefraktometers*, welches von Maier-Leibnitz [30] vorgeschlagen und von Koester [31] realisiert wurde (Abb. 13.3). Gut kollimierte, horizontal aus einem Schlitzsystem austretende lang-

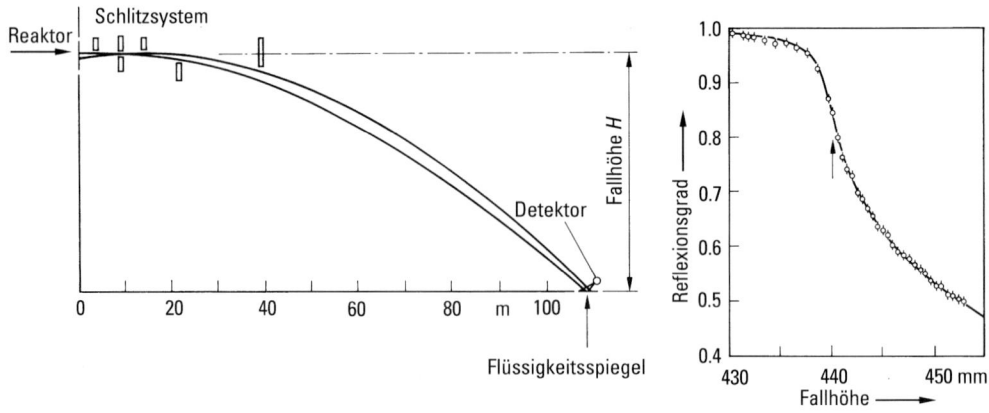

Abb. 13.3 Schema des Schwerkraftrefraktometers und ein charakteristisches Ergebnis an einem Fluorbenzol-Flüssigkeitsspiegel [31, 32].

wellige Neutronen gewinnen aufgrund der Gravitation gerade soviel Energie, dass sie an einem horizontal liegenden Spiegel – meistens eine Flüssigkeit – gerade totalreflektiert werden:

$$mgH_c = \bar{V} = \frac{2\pi\hbar^2}{m} N b_c. \qquad (13.36)$$

Der entsprechende Auftreffwinkel der Parabelbahn des Neutrons auf den Spiegel beträgt $\Theta = \sqrt{2gH}/v$, wobei H die erreichte Fallhöhe in einer Entfernung L angibt ($H = gL^2/2v^2$). Damit lässt sich Gl. (13.30) auch schreiben als:

$$R = \left|\frac{1 - \sqrt{1 - (H_c/H)}}{1 + \sqrt{1 - (H_c/H)}}\right|^2, \qquad (13.37)$$

woraus man erkennt, dass dieser Ausdruck unabhängig ist von der Wellenlänge der Neutronen. Deswegen kann mit einem breiten Geschwindigkeitsband gemessen werden, was in Bezug auf Intensität und Genauigkeit entscheidende Vorteile bietet. Ein typisches Beispiel einer derartigen Messung ist in Abb. 13.3 gezeigt. Bei einer genaueren Auswertung der Messkurven sind auch Zentrifugal- und Corioliterme sowie Absorptionseffekte (Gl. (13.28)) und eventuelle Oberflächenverunreinigungen zu berücksichtigen [32].

Das Gravitationsfeld kann mithilfe einer langsam variierenden Brechzahl (Gl. (13.4)) dargestellt werden, womit die mittlere Trajektorie der Neutronen in einem derartigen Feld berechnet werden kann (s. a. Abschn. 13.6f). Diese Trajektorien entsprechen den Flugbahnen der klassischen Mechanik. Erste Messungen dazu stammen von McReynolds [33]. Koester [34] hat das Schwerkraftrefraktometer dazu benutzt, das Galilei'sche Prinzip der Universalität der Fallbeschleunigung für alle Körper bis zu einer Genauigkeit von 3×10^{-4} für Neutronen zu verifizieren.

Neutronenleiter stellen eine andere wichtige Anwendung der Totalreflexion dar. Durch fortlaufende Totalreflexion an einem innen polierten Rohr gelingt es, die

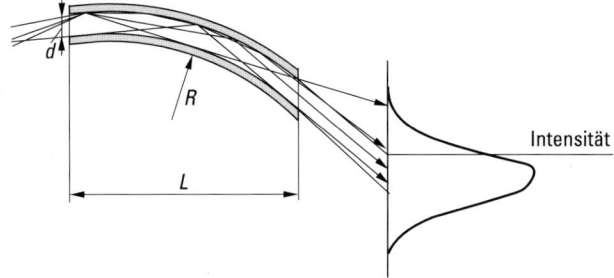

Abb. 13.4 Schema eines gekrümmten Neutronenleiters und schematische Angabe der Intensitätsverteilung.

innerhalb des Grenzwinkels am Moderatorrand existierende Leuchtstärke (Gl. (13.24)) ohne wesentliche Verluste bis zum Ende des Neutronenleiters zu führen. Diese Entwicklung wurde von Maier-Leibnitz und Springer [35] initiiert und stellt heute einen der wesentlichsten Fortschritte bei der Instrumentierung neuer Neutronenquellen dar. Besondere Bedeutung erlangten gekrümmte Neutronenleiter, die – falls die Dimension des Leiters der Bedingung $L^2 \geq 8\,Rd$ (Abb. 13.4) genügt – keine direkte Durchsicht ermöglichen, wodurch der Untergrund an schnellen Neutronen und von Gammastrahlen am Ende des Leiters deutlich reduziert wird (Abb. 13.4). Setzen wir den charakteristischen Auftreffwinkel $\Theta_{\text{eff}} = (2d/R)^{1/2}$ gleich dem Grenzwinkel für Totalreflexion, so lässt sich eine charakteristische, durch den Neutronenleiter transmittierte Wellenlänge definieren, die im Wesentlichen durch den Krümmungsradius bestimmt ist:

$$\lambda^* = \sqrt{\frac{2\pi d}{Nb_c R}}. \tag{13.38}$$

Besondere Anforderungen sind an die Oberfläche derartiger Neutronenleiter gestellt, wobei sowohl die mikroskopische Rauigkeit als auch die weitreichendere Welligkeit der Oberfläche zu Transmissionsverlusten führt. Häufig werden metallbedampfte (Ni, Cu) Glasplatten zu Neutronenleitern zusammengesetzt, deren Längen dann 10 bis 100 m und deren Krümmungsradien 10 bis 3000 m betragen. Die meisten Neutronen werden entlang der konkaven Seite des Neutronenleiters in Form von Girlandenreflexionen transmittiert, weswegen es am Ende des Leiters zu einer inhomogenen Intensitäts- und Wellenlängenverteilung kommt. Die Transmissionsverluste liegen üblicherweise unter 20 % und können bei besonderer Oberflächenbehandlung sowie optimaler Justierung weiter reduziert werden. An einer Hochfluss-Neutronenquelle kann am Ende eines Neutronenleiters mit einem Fluss von $10^{14}\,\text{m}^{-2}\,\text{s}^{-1}$ gerechnet werden. Die Effektivität nimmt zu langwelligen Neutronen hin zu. Für Sonderanwendungen kann durch eine Verengung in Form einer logarithmischen Spirale am Ende der Neutronenleiter eine Intensitätserhöhung auf Kosten der Strahldivergenz erreicht werden [36]. Entwickelt wurden auch gekrümmte totalreflektierende Soller-Systeme [37] sowie analoge Systeme zur gleichzeitigen Erzeugung polarisierter Neutronen [29, 38]. Hohe Polarisationsgrade wurden erzielt, indem dünne ferromagnetische Schichten auf einem geeigneten Substratmaterial aufgebracht wurden und in Feldern von etwa 0.1 T aufmagnetisiert wurden. Hohe Polarisationsgrade erhielten auch Rekveldt und Kraan [39], indem sie einen Stapel von geeigneten, mit magnetischen Substanzen bedampften Si-Plättchen zu einem Neutronenleitersystem zusammenpackten. Die Entwicklung von Mikro-Neutronenleitern, die sowohl zur Fokussierung als auch zur Polarisation geeignet sind, ist im Gange [40].

13.4 Beugung an makroskopischen Objekten

Während Brechungs- und Reflexionseffekte weitgehend von der Struktur der Objekte unabhängig sind, sind Beugungsphänomene deutlich abhängig von den Dimensionen der Objekte und auch von der relativen Anordnung von Quelle-Objekt-Detektor. Die theoretische Beschreibung erfolgt mithilfe der stationären Schrödinger-Gleichung (Gl. (13.3)), die der Helmholtz-Gleichung der Lichtoptik (Abschn. E4.1) äquivalent ist, weswegen wir die dort erhaltenen Ergebnisse im Wesentlichen übernehmen können. Betrachten wir die Situation an einem einfachen Spalt (Abb. 13.5), von

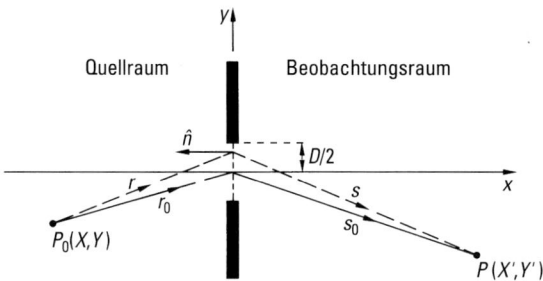

Abb. 13.5 Beugungsgeometrie.

dem wir annehmen, dass alle auf die Blende auffallenden Neutronen absorbiert werden und die Rückstreuung von den Blendenkanten gering ist, so können wir die Wellenfunktion in jedem Punkt P hinter dem Schlitz mithilfe der *Kirchhoff-Formel* anschreiben (Kap. E, Gl. (E.74))

$$\psi_P = \frac{i}{2\lambda} \int S(y,z) \frac{\exp[ik(r+s)]}{rs} [\cos(\hat{n}\hat{r}) + \cos(\hat{n}\hat{s})] \, dy \, dz , \qquad (13.39)$$

wobei vorausgesetzt wurde, dass $\lambda \ll r, s$ ist. Im Rahmen dieser Näherung haben wir das Integral nur über die Blendenöffnung zu berechnen, was wir durch das Einführen der Spalttransmissionsfunktion $S(y,z)$ berücksichtigen, die für einen Spalt in y-Richtung zu schreiben ist als $S(y,z) = 1$ für $|y| \leq D/2$ und $S(y,z) = 0$ für $|y| > D/2$. Den Nenner in Gl. (13.39) können wir ohne wesentlichen Fehler durch $r_0 s_0$ ersetzen, während im Phasenfaktor der Wegunterschied Δ zu berücksichtigen bleibt $(r+s) = (r_0 + s_0) + \Delta(y,z)$. In den meisten Fällen sind nur kleine Winkel von Relevanz $(\cos(\hat{n}\hat{r}) \approx \cos(rs) \approx -1)$, weswegen wir erhalten:

$$\psi_P = -\frac{i}{\lambda} \frac{\exp[ik(r_0 + s_0)]}{r_0 s_0} \int S(y,z) \, e^{ik\Delta(y,z)} \, dy \, dz. \tag{13.40}$$

Mithilfe moderner Rechenmethoden können wir damit die Intensität in jedem Punkt des Detektorbereichs P berechnen, die von einem Quellbereich P_0 herrührt und durch ein Objekt modifiziert wurde. Dabei ist nicht nur die Art des Objekts von Relevanz, sondern auch die Ausdehnung der Quelle sowie die Wellenlängenverteilung der emittierten Strahlung. Für eine Diskussion der Ergebnisse ist es dennoch nützlich, sich einige Grenzfälle zu vergegenwärtigen.

Aus der geometrischen Situation erhalten wir

$$\begin{aligned}\Delta(y) &= \sqrt{x^2 + (y+Y)^2} + \sqrt{x'^2 + (y+Y')^2} - (r_0 + s_0) \\ &\cong -y\left(\frac{Y}{r_0} + \frac{Y'}{s_0}\right) + \frac{y^2}{2}\left(\frac{1}{r_0} + \frac{1}{s_0}\right) + \ldots\end{aligned} \tag{13.41}$$

und einen analogen Ausdruck für die z-Richtung. Sofern der resultierende Phasenunterschied zwischen den Randstrahlen ($y = \pm D/2$) klein ist gegenüber 2π, das heißt:

$$k\Delta_{\max} = k\frac{D^2}{2}\left(\frac{1}{r_0} + \frac{1}{s_0}\right) \ll 2\pi, \tag{13.42}$$

sprechen wir von *Fraunhofer-Beugung* und sonst von *Fresnel-Beugung*. In letzterem Fall sind vor allem achsennahe Punkte von Relevanz, weswegen der zweite Term in der Entwicklung Gl. (13.41) dominiert, was zu den bekannten und tabellierten Fresnel-Integralen führt, die auch mithilfe der Cornu-Spirale dargestellt werden können (s. z. B. Born und Wolf [6]).

Im Fall der Fraunhofer-Beugung verbleibt somit nur der in y lineare Term, den wir durch die Einführung des effektiven Beugungswinkels $\sin\Theta \approx (Y/r_0) + (Y'/s_0)$ und des Impulsübertrags $|\mathbf{Q}| = |\mathbf{k}_0 - \mathbf{k}| = 2k\sin(\Theta/2) \approx k\Theta$ auch in folgender Form schreiben können:

$$e^{ik\Delta(y)} \cong e^{iky\sin\Theta} = e^{i\mathbf{Q}\mathbf{r}}, \tag{13.43}$$

wobei $\mathbf{r}$ nun einen Vektor in der Spaltöffnung angibt.

Man erkennt daraus, dass im Fall der Fraunhofer-Beugung das Beugungsbild $|\psi_P|^2$ durch die Fourier-Transformation der Spaltfunktion gegeben ist. Das gleiche Resultat lässt sich auch durch die Überlagerung gleichphasiger Kugelwellen mit ihrem Ursprung im Bereich $-D/2 \le y \le D/2$ ableiten (Huygens'sches Prinzip) sowie als erste Born'sche Näherung im Rahmen der allgemeinen Streutheorie (z. B. Cowley [41]). In diesem Rahmen können wir die Streuamplitude, das heißt die Veränderung der auslaufenden Kugelwelle im Vergleich zur einlaufenden ebenen Welle, schreiben als Fourier-Transformierte über die in einem gewissen Bereich existierende Wechselwirkungsstärke

$$f(\mathbf{Q}) = \frac{m}{2\pi\hbar^2} \int V(\mathbf{r}) \, e^{i\mathbf{Q}\mathbf{r}} \, d\mathbf{r}. \tag{13.44}$$

Wir können bei der Beugung an makroskopischen Objekten den in Gl. (13.40) neben den Kugelwellen auftretenden Faktor auch als Formfaktor des streuenden Objekts auffassen, der als Fourier-Transformierte des Objekts gegeben ist

$$f(\boldsymbol{Q}) = -\frac{\mathrm{i}}{\lambda} \int S(\boldsymbol{r})\, \mathrm{e}^{\mathrm{i}\boldsymbol{Q}\boldsymbol{r}} \,\mathrm{d}\boldsymbol{r}\,. \tag{13.45}$$

Der Faktor i/λ erscheint nur aus Normierungsgründen wegen der Annahme einer planaren Verteilung der Streufunktion. Die Streuwahrscheinlichkeit schreiben wir in Form eines Wirkungsquerschnitts ($\mathrm{d}\boldsymbol{Q} = k^2\,\mathrm{d}\Omega$)

$$\frac{\mathrm{d}\sigma}{\mathrm{d}\Omega} = |f(\boldsymbol{Q})|^2\,. \tag{13.46}$$

a) Für die Beugung am *Einzelspalt* erhält man

$$\frac{\mathrm{d}\sigma}{\mathrm{d}\Omega} = \left| D \frac{\sin\left(\frac{\pi D}{\lambda}\sin\Theta\right)}{\frac{\pi D}{\lambda}\sin\Theta} \right|^2. \tag{13.47}$$

Die volle Halbwertsbreite des zentralen Peaks beträgt demgemäß $\Theta_{1/2} = 0.88\,\lambda/D$. Diese Verbreiterung wurde von Shull [8] mit einer Perfektkristall-Anordnung für Neutronen mit einer Wellenlänge von $\lambda = 0.443$ nm nachgewiesen (Abb. 13.1). Später wurden derartige Untersuchungen mit einer 10 m langen optischen Bank und mit langwelligen Neutronen ($\lambda = 1.926 \pm 0.07$ nm) durchgeführt, wobei bei der Beugung an einem $92.1 \pm 0.3\,\mu$m breiten Spalt auch Nebenmaxima und gute Übereinstimmung mit der theoretischen Vorhersage beobachtet wurde (Abb. 13.6b, [42, 43]).

b) Das Beugungsbild eines *Doppelspalts* mit Spaltbreite D und Spaltabstand A ist im Idealfall der reinen Fraunhofer-Beugung gegeben als

$$\frac{\mathrm{d}\sigma}{\mathrm{d}\Omega} = \left| 2D \frac{\sin\left(\frac{\pi D}{\lambda}\sin\Theta\right)}{\frac{\pi D}{\lambda}\sin\Theta} \cos\left(\frac{\pi A}{\lambda}\sin\Theta\right) \right|^2, \tag{13.48}$$

das heißt, es tritt eine Modulation des Beugungsbildes von zwei Punktquellen mit dem Beugungsbild des Einzelspalts auf. Entsprechende Untersuchungen wurden von Zeilinger et al. [42, 43] durchgeführt und erbrachten nach Berücksichtigung der experimentellen Parameter eine gute Übereinstimmung zwischen Theorie und Experiment (Abb. 13.6c). Verwendet wurden Neutronen mit einer Wellenlänge von (1.845 ± 0.14) nm, der Schlitzabstand betrug $A = 126\,\mu$m und die Schlitzbreite $D = 22\,\mu$m. Die Verschmierung der Intensitätsverteilung bei höheren Ordnungen ist vor allem durch die relativ breite Wellenlängenverteilung verursacht worden, die verwendet werden musste, um die Messzeit in erträglichen Grenzen zu halten.

c) Mit der gleichen Apparatur erfolgte auch eine genaue Messung der *Beugung an einer Kante*, was als klassisches Beispiel einer Fresnel-Beugung anzusehen ist. Nach Berücksichtigung des instrumentellen Auflösungsvermögens, das heißt der Breite des Quell- und Detektorspalts sowie der Wellenverteilung ergab sich wiederum eine ausgezeichnete Übereinstimmung zwischen Theorie und Experiment (Abb. 13.6a [44]).

13.4 Beugung an makroskopischen Objekten

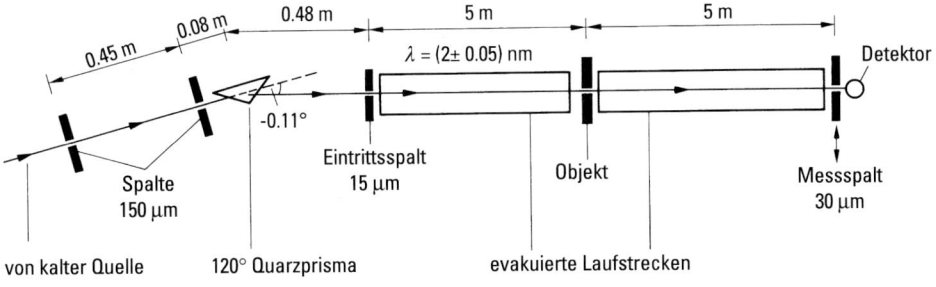

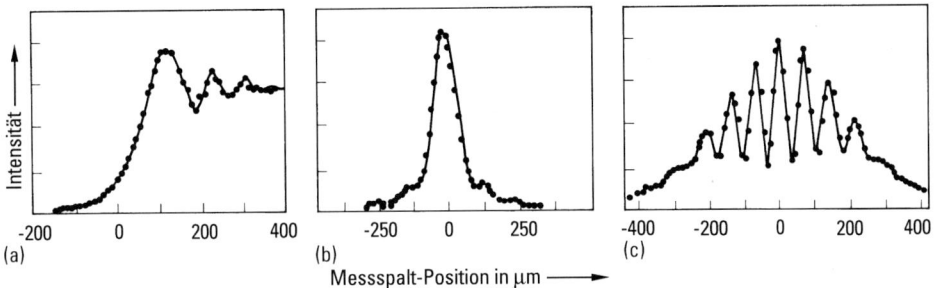

Abb. 13.6 Neutronenoptische Bank zur Messung (a) der Beugung an einer Kante [44], (b) der Beugung am Einzelspalt und (c) am Doppelspalt [42].

In diese Kategorie fällt auch die in der Einleitung angesprochene Untersuchung eines *Biprismeninterferometers* von Maier-Leibnitz und Springer [7], bei dem das Biprisma zwei virtuelle Quellspalte (S_1 und S_2) erzeugt, deren Wellenfunktion sich im Detektorbereich überlagern (Abb. 13.1). Diese Untersuchungen erfolgten mit Neutronen einer Wellenlänge von 0.44 ± 0.1 nm, die Schlitzbreite betrug 10 μm und die Distanz der virtuellen Quellen 126 μm. Damit konnte Landkammer [45] erste Anzeichen von Beugungsphänomenen an einer Kante beobachten.

d) Für den Grenzfall vieler im Abstand d angeordneter Spalte erhalten wir das Beugungsbild eines *Gitters*, dessen Maxima bei $\sin \Theta = m\lambda/d$ liegen, wobei deren Intensitäten der Ordnungen m durch die entsprechenden Fourier-Komponenten der Transmissionsfunktionen gegeben sind. Erste derartige Untersuchungen wurden von Kurz und Rauch [46] mit thermischen Neutronen und einem Nickel-Reflexionsgitter mit einem Gitterabstand $d = 18.5$ μm und einem Teilungsverhältnis $b/d = 2/3$ durchgeführt. Aufgrund der Überlagerung der von den Flächen ausgehenden Zylinderwellen ergeben sich Intensitätsmaxima durch konstruktive Interferenz, falls

$$\begin{aligned} \cos\psi_m - \cos\Theta &= \frac{m\lambda}{d}, \\ n\cos\xi_m - \cos\Theta &= \frac{m\lambda}{d}, \end{aligned} \qquad m = 0, \pm 1, \pm 2, \ldots, \qquad (13.49)$$

1180 13 Neutronenoptik

wobei m die Ordnung und n die Brechzahl angibt. Im Außenraum treten nur dann merkliche Intensitäten auf, wenn der Einfallswinkel kleiner ist als der Grenzwinkel für Totalreflexion (Gl. (13.31)). In diesem Fall werden sowohl innere ($m > 0$) als

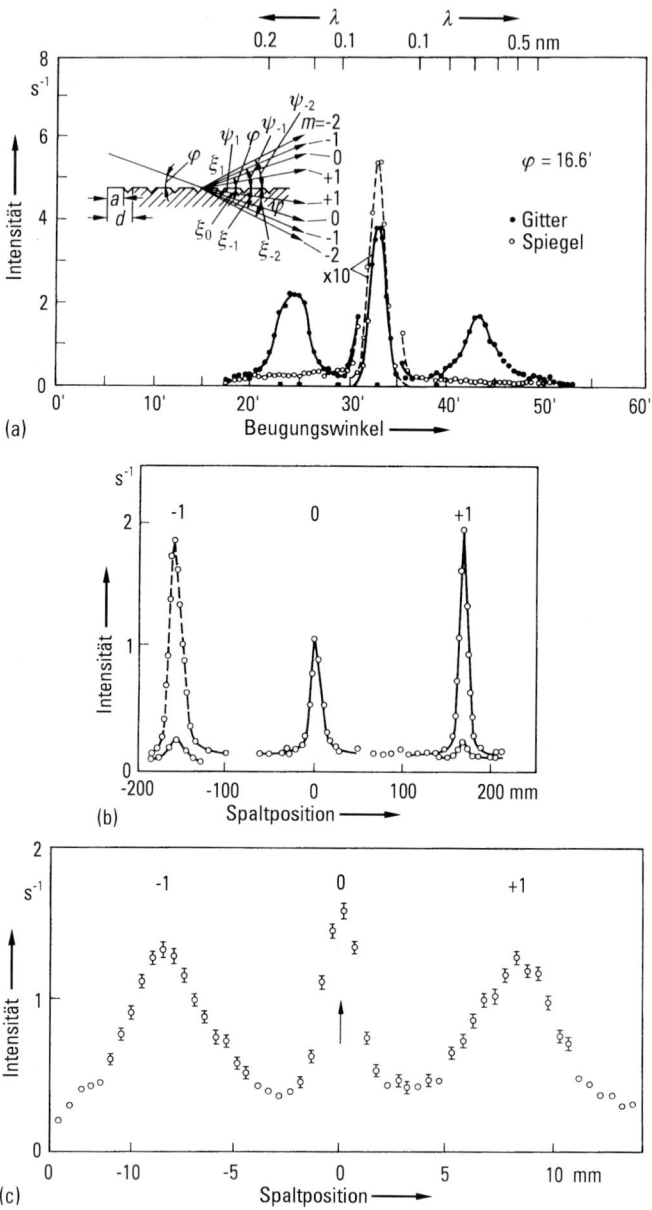

Abb. 13.7 Beugung von Neutronen an Strichgittern. Oben: Beugung thermischer Neutronen, $\lambda \approx 0.18$ nm [46]; Mitte: Beugung ultrakalter Neutronen, $\lambda \approx 150$ nm, an einem „blazed"-Gitter [48]; unten: Beugung sehr kalter Neutronen, $\lambda \approx 10.2$ nm, an einem Phasengitter [51].

auch äußere Ordnungen ($m < 0$) beobachtet. Weitere detailliertere Untersuchungen dieser Art wurden von Graf et al. [47] mit kalten Neutronen ($\lambda > 0.4$ nm) durchgeführt und von Scheckenhofer und Steyerl [48] mit ultrakalten Neutronen ($\lambda = 150 \pm 30$ nm). Letztere verwendeten ebenfalls ein Nickel-Gitter, jedoch mit einer Gitterkonstante von 8.3 µm und einem dreieckförmigen Profil, bei dem die 0. Ordnung stark zugunsten der 1. Ordnung unterdrückt ist (Abb. 13.7). Ein Absorptionsgitter in Transmissionsstellung wurde von Baumann et al. [49] für thermische Neutronen getestet und ergab die theoretisch erwarteten Beugungsbilder. Von den soeben skizzierten Überlegungen ausgehend, ist es nur ein kleiner Schritt zur Verwendung von reinen *Phasengittern*, bei denen durch eine unterschiedliche Dicke die Phase der an der vertieften Fläche zur Phase der an der erhobenen Fläche austretenden Wellen um einen bestimmten Betrag ($\chi = k(1-n)\Delta D = N b_c \lambda \Delta D$, meist $= \pi$) verschoben ist. Damit ist ebenfalls eine Unterdrückung der 0. Ordnung und eine gezielte Verstärkung bestimmter Beugungsordnungen möglich. Phasengitter mit einer Gitterkonstante $d = 21$ µm wurden von Ioffe et al. [50] für Neutronen mit einer Wellenlänge von $\lambda = 0.315 \pm 0.04$ nm in Reflexionsstellung verwendet, und π- und $\pi/2$-Phasengitter mit einer Gitterkonstante von $d = 2$ µm wurden für sehr langwellige Neutronen ($\lambda = 10.2 \pm 1.2$ nm) von Eder et al. [51] erprobt. Abbildung 13.7 zeigt im unteren Teil das gemessene Beugungsbild eines derartigen π-Phasengitters.

e) Neben der Beugung an linearen Gitterstrukturen wurde auch die Beugung an *planaren Strukturen* (*Multilayer*) beobachtet. Werden Materialien mit verschiedenen Brechungszahlen regelmäßig geschichtet übereinander aufgebracht, so entsteht ein Schichtgitter, dessen Beugungsmaxima wie bei der Bragg-Beugung an Einkristallen zu berechnen ist

$$m\lambda = 2d \sin \Theta_B, \quad m = 1, 2, 3, \ldots . \tag{13.50}$$

Die Intensität der Peaks ist auch hier gegeben durch die Fourier-Transformierte des unterschiedlichen Wechselwirkungspotentials V innerhalb der periodischen Schichten [12].

$$I_m \approx \left| (N_A b_A - N_B b_B) \frac{\sin(m\pi a/d)}{m\pi} \right|^2, \tag{13.51}$$

wobei $N_A b_A$ und $N_B b_B$ die jeweiligen Streulängendichten der beiden Materialien angibt (Tab. 13.1). Falls ein rechteckiges Profil vorliegt und $a/d = 1/2$, treten nur ungerade Ordnungen auf, und die optimale Zahl von Doppelschichten lässt sich ähnlich wie die primäre Extinktionsdistanz bei der Beugung an perfekten Einkristallen berechnen (Abschn. 13.6) und ergibt sich als

$$N \approx \frac{\pi}{d^2 |N_A b_A - N_B b_B|}, \tag{13.52}$$

was bei einer Gitterkonstante von 5 nm Werte von $N \approx 200$ liefert. Falls es durch geeignete Eindiffusion gelingt, ein sinusförmiges Wechselwirkungspotential zu erreichen, so tritt nur die erste Ordnung auf, deren Intensität bestimmt ist durch

$$I_1 \approx \left| \frac{N_A b_A - N_B b_B}{4} \right|^2. \tag{13.53}$$

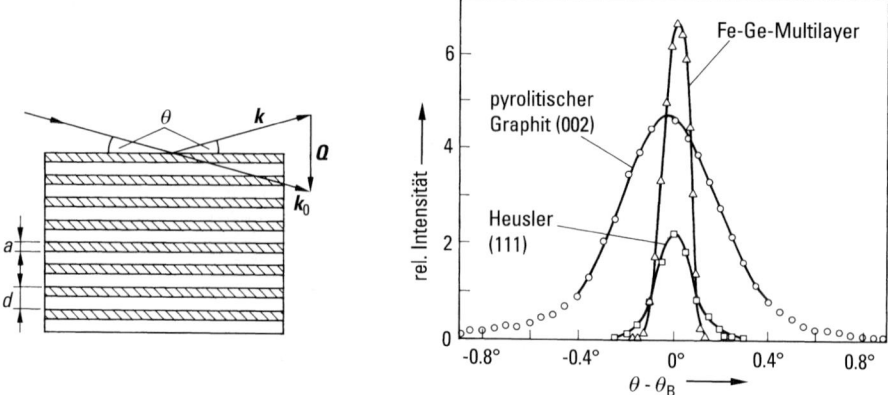

Abb. 13.8 Vergleich der Reflexionsgrade von einem Spinzustand an pyrolithischem Graphit, an einem Heusler-Kristall und an einer Ge-Fe-Schichtstruktur [53].

Erste derartige Untersuchungen wurden an Ge-Mn-Schichten von Schoenborn et al. [52] durchgeführt. Falls eine der beiden Substanzen ferromagnetisch ist, kann durch geeignete Zusammensetzung der Streudichteunterschied für eine Spinkomponente null werden, weswegen es dann zur Erzeugung polarisierter monochromatischer Neutronen geeignet ist. Abbildung 13.8 zeigt einen Vergleich der Reflektivität eines Schichtgitters, bestehend aus 1500 Fe-Ge-Schichten, mit einer Gitterkonstante von $d = 5.5$ nm, mit der Reflektivität eines pyrolitischen Graphitkristalls und mit der eines Heusler-Kristalls [53]. Dieser Vergleich wurde für Neutronen mit einer Wellenlänge von $\lambda = 0.24$ nm durchgeführt und erbrachte für das Schichtgitter einen Polarisationsgrad von über 98%.

f) Für die Behandlung der Beugung an *Fresnel-Strukturen* betrachten wir nochmals die vom Punkt P_0 (Abb. 13.5) auslaufenden Kugelwellen. Deren Phase variiert mit kr_0, und wir können Segmente mit annähernd gleicher Phase herausgreifen, indem wir diese Ausbreitungskugel mit einer Kugel mit ihrem Ursprung im Aufpunkt P zum Schnitt bringen. Die innere Zone mit einheitlicher Phase (zum Beispiel 0 bis π) hat einen Radius von

$$l_0 = \sqrt{\frac{\lambda r_0 s_0}{r_0 + s_0}}. \tag{13.54}$$

Die nächsten Phasenwechsel treten bei $\sqrt{m}\, l_0$ auf usw. (Abb. 13.9), wobei die Flächen der einzelnen Zonen gleich sind. Die innerhalb einer gewissen Apertur mit Radius R liegende Anzahl von derartigen Fresnel-Zonen beträgt somit $N = (R/l_0)^2$. Blendet man die geraden oder die ungeraden Zonen etwa durch Absorberschichten aus oder – noch besser – sorgt man durch unterschiedliche Dicke dafür, dass die Wellen in allen Zonen mit gleicher Phase austreten, so erhält man im Zentrum eine mit dem Quadrat der verfügbaren Zonen zunehmende Intensität. Dadurch sind Zonenplatten interessante Fokussierungselemente für Röntgen- und Neutronenstrahlen, zumal

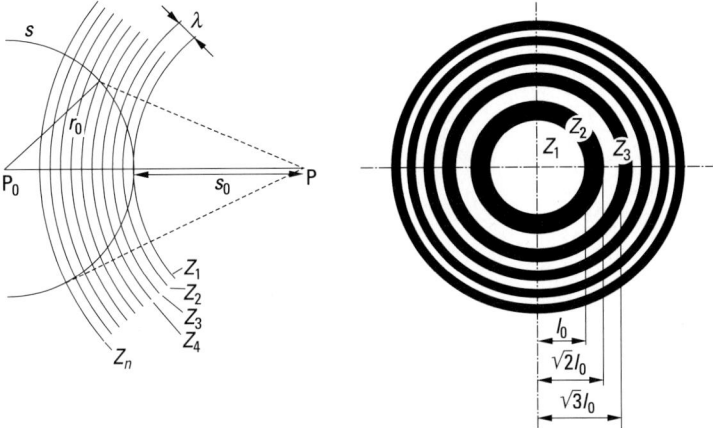

Abb. 13.9 Konstruktion der Fresnel-Zonen für den Fall der Kugelgeometrie.

ihre Effizienz nicht durch die nur wenig von 1 verschiedene Brechzahl begrenzt ist. Die Fokussierungslänge ergibt sich aus Gl. (13.54) zu

$$\frac{1}{f} = \frac{1}{r_0} + \frac{1}{s_0} = \frac{\lambda}{l_0^2} = \frac{N\lambda}{R^2}, \tag{13.55}$$

woraus man erkennt, dass die Fokussierungswirkung von Zonenplatten wellenlängenabhängig ist, weswegen die Einschränkung auf ein enges Wellenlängenband notwendig ist. Die Zahl der tatsächlich realisierbaren *Fresnel-Zonen* ist außerdem durch die Grenzen der Präparationstechnik der äußersten und damit engsten Zonen bestimmt (etwa 1 µm). Entsprechende Experimente wurden von Kearney et al. [54] mit einer runden Zonenplatte mit 200 Zonen mit einem Radius der innersten Fresnel-Zone von 70.7 µm durchgeführt. Die Messungen erfolgten mit Neutronen einer Wellenlänge von 2 nm, wodurch die Fokussierungslänge 2.5 m betrug. Sie erbrachten im Wesentlichen das erwartete Ergebnis. Die Verschmierung durch die endliche Breite des Eintrittsspaltes (50 µm) und die Wellenlängenbreite $\Delta\lambda/\lambda \sim 20\%$ begrenzen bisher den weiteren Einsatz dieser Technik. Für ultrakalte Neutronen gibt es durch Verwendung gekrümmter reflektierender Fresnel-Spiegel und unter Einbeziehung der Gravitationseffekte erfolgversprechende Untersuchungen, um auch achromatische Fokussierungssysteme zu realisieren [55].

Mit den hier angestellten Überlegungen lässt sich auch zeigen, dass der Grenzfall der Fraunhofer-Beugung nur dann gegeben ist, wenn nur die erste Fresnel-Zone zur Beugung beiträgt. Wir können daher Gl. (13.42) mithilfe von Gl. (13.56) in eine handhabarere Form umschreiben:

$$D \ll \sqrt{2}l_0 = \sqrt{\frac{2\lambda r_0 s_0}{r_0 + s_0}}. \tag{13.56}$$

Eine Beziehung, die nicht nur auf die Spaltbreite anzuwenden ist, sondern auch auf die Größe der Quelle und des Detektorspaltes.

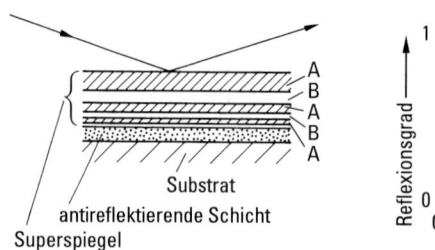 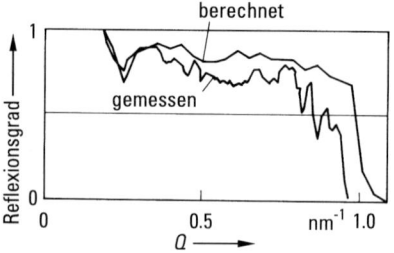

Abb. 13.10 Prinzip eines Superspiegels und Ergebnisse für ein 300-lagiges Ti-Ni-System [57].

Eine Art Kombination von Schichtgitter und Fresnel-Zonenplatten stellen die sogenannten *Superspiegel* dar [56]. Anstelle einer einheitlichen Gitterkonstante variiert man diese gemäß

$$d_j(m) = \frac{\lambda_c}{\sqrt{16\sqrt{\frac{m}{2}} - \left(\frac{\lambda_c}{\lambda_{cj}}\right)^2}} \quad m = 1, 2, 3, \ldots$$

mit (13.57)

$$\lambda_c = \frac{\lambda_{ci}\lambda_{cj}}{\sqrt{\lambda_{cj}^2 - \lambda_{ci}^2}},$$

wobei $\lambda_{ci,j}$ die Grenzwellenlängen der jeweiligen Materialien angeben (Gl. (13.11)). Damit gelingt es, den Bereich der Totalreflexion (Gl. (13.31)) etwa um den Faktor 3 zu erweitern. Die erreichten Reflektivitäten oberhalb des kritischen Winkels Θ_c liegen jedoch deutlich unter 1 und auch unterhalb der für ideale Geometrie berechneten Werte (Abb. 13.10 [57]). Besondere Bedeutung haben Superspiegel für die Erzeugung und Analyse polarisierter Neutronen. Als Schichtmaterialien eignen sich dafür besonders Co und Ti, oder Fe und Ag. Um die Rückreflexion der Neutronen mit der unerwünschten Spinkomponente von der Substratsubstanz zu verhindern, wird als unterste Schicht eine genügend dicke Absorberschicht (Gd) oder phaseninvertierende Schichten aufgebracht und, um im Bereich $\Theta < \Theta_c$ den hohen (Total-) Reflexionsgrad auszunutzen, wird die oberste (nullte) Deckschicht deutlich dicker als die Eindringtiefe gewählt (Gl. (13.34)). Superspiegel werden teilweise auch dazu verwendet, um die Effizienz von Neutronenleitern zu verbessern (s. Abschn. 13.3). Die Entwicklung geht hier relativ parallel zur Entwicklung ähnlicher Systeme im Bereich der Röntgenoptik (s. Abschn. 10.2).

g) In diesen Oberflächenstrukturen bilden sich innerhalb der Schichten parallel zur Oberfläche laufende Wellen aus, die die Realisierung von *Wellenleitern* gestatten [58, 59]. Verschiedene Einkopplungsmechanismen wurden erprobt, und die am Ende der dünnen Leiterschichten (5–10 nm) austretenden Wellen besitzen spezielle Divergenz- und Kohärenzeigenschaften. Abbildung 13.11 zeigt das Schema einer derartigen Schichtstruktur und ein typisches Bild eines Wellenfeldes in einer solchen Struktur. Ähnlich wie im Bereich der Röntgenoptik bieten derartige Submikrometerstrahlen, wegen der Konzentration der Intensität in den dünnen Schichtbereichen, neue Möglichkeiten im Bereich der Biochemie und der Nanowissenschaften.

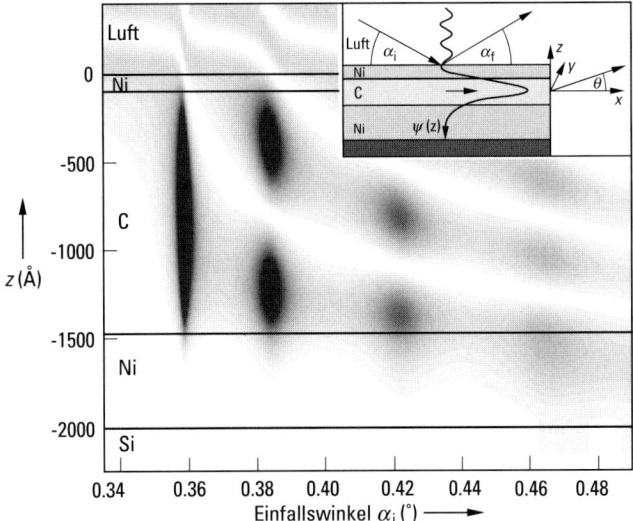

Abb. 13.11 Experimentelle Anordnung und das Quadrat der Neutronen-Wellenfunktion im Fall einer resonanten Einkopplung der einfallenden Neutronenstrahlung mit einer Wellenlänge von 0.44 nm in einen Wellenleiter [59].

h) Wir haben gesehen, dass unterschiedliche Strukturen verschiedene Beugungsbilder ergeben, das heißt, wir können auch aus gemessenen Beugungsbildern auf die Oberflächenstruktur rückschließen, was in das Gebiet der **Neutronen-Reflektometrie** führt.

Die im Abschn. 13.3 behandelte Totalreflexion (s. z. B. Abb. 13.3) kann als Wechselwirkung mit einem Stufenpotential der Höhe V verstanden werden. Ist diese Stufe verschmiert oder mit einer Oberflächenlage bedeckt, so erhalten wir das Beugungsbild als Fourier-Transformierte der Wechselwirkungsstärke dieses Oberflächenprofils, $N(z)\,b_c(z)$:

$$I \propto \frac{1}{Q^2} |\int N(z)\,b_c(z)\,e^{ikz}\,dz|^2 \,. \tag{13.58}$$

Im Fall definierter Schichtdicken kommt es oberhalb des Grenzwinkels für Totalreflexion zu einer Modulation der in diesem Bereich abfallenden Intensität, deren Periode umgekehrt proportional zur Dicke des Filmes ist. Abbildung 13.12 zeigt ein Beispiel einer derartigen Untersuchung mit einem 29-lagigen Langmuir-Blodgett Film $(C_{19}D_{39}CO_2)_2Cd$, der auf Glas aufgebracht war [60]. Die raschen Oszillationen beim Abfall der Reflexionskurven stammen von der Interferenz von Wellen, die an der Oberfläche des Films und an der Substratoberfläche reflektiert wurden. Bei $Q \approx 1.3\,\text{nm}^{-1}$ erkennt man Ansätze für die Ausbildung eines Bragg-Maximums aufgrund der internen Schichtstruktur des Films. Die Ergebnisse hängen nur vom übertragenen Impuls ab ($Q = 2k\sin\Theta/2 \cong k\Theta$) und können daher entweder bei konstanter Wellenlänge als Funktion des Streuwinkels erhalten werden oder bei konstantem Einfallswinkel als Funktion der Wellenlänge. Letztere Methode bietet sich

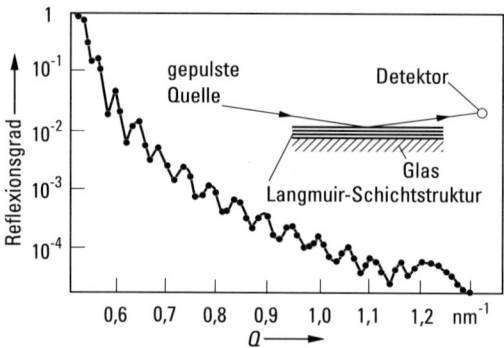

Abb. 13.12 Reflexionsgrad eines 29-lagigen Langmuir-Blodgett Films gemessen an einer gepulsten Quelle und mit Laufzeitanalyse [60].

vor allem bei gepulsten Quellen an, wo die Wellenlängenverteilung durch Laufzeitanalyse bestimmt werden kann. Damit eröffnet sich ein interessantes Gebiet der Oberflächen- und Grenzflächenforschung, dessen Empfindlichkeit bis zu Untersuchungen an Monolayern reicht.

Die Reflektivität einer Einzelschicht (1) der Dicke d_1 auf einem Substrat (2) berechnet man nach den Gesetzen der Optik (Abschn. 13.3, Gl. (13.27)) als

$$R = \left| \frac{r_{01} + r_{12}\,e^{iQ_1 d_1}}{1 + r_{01} r_{12}\,e^{iQ_1 d_1}} \right|^2 \tag{13.59}$$

mit den jeweiligen Fresnel-Koeffizienten

$$r_{ij} = \frac{Q_i - Q_j}{Q_i + Q_j} \tag{13.60}$$

und den Impulsüberträgen senkrecht zur Oberfläche

$$Q_i = \frac{4\pi \sin\Theta_i}{\lambda} n_i = \sqrt{\left(\frac{4\pi \sin\Theta_i}{\lambda}\right)^2 - 16\pi N_i b_{ci}}. \tag{13.61}$$

Diese Formeln können einfach auf Mehrschichtsysteme erweitert werden [6, 61]. Rauigkeiten und Interdiffusionseffekte können mit einem effektiven Debye-Waller-Faktor beschrieben werden

$$(r_{ij})_{\text{eff}} = r_{ij} \exp[-0.5 Q_i Q_j \langle u_{ij}^2 \rangle], \tag{13.62}$$

wobei $\langle u_{ij}^2 \rangle$ die mittlere Abweichung von der ebenen Geometrie und die Verschmierung des Stufenpotentials angibt. Besondere Bedeutung haben derartige Untersuchungen auch an magnetischen Substanzen, wo der magnetische Durchgriff der verschiedenen Lagen untersucht werden kann [62, 63]. Da das Reflexionsprofil vom Quadrat des Streulängendichteprofils abhängt (Gl. (13.8)), bleibt eine Mehrdeutigkeit bezüglich der Abfolge der Schichtstruktur *(Phasenproblem)*. Durch zusätzlich aufgebrachte Schichten kann man dieses Problem zum Teil in den Griff bekommen [64].

i) Beugungserscheinungen treten nicht nur an ein- und zweidimensionalen makroskopischen Objekten auf, sondern auch an dreidimensionalen, was in das Gebiet der **Neutronen-Kleinwinkelstreuung** führt. Sofern wir uns im Bereich der Fraunhofer-Beugung befinden (z. B. Gl. (13.57)) und der durch das Objekt der Dicke d verursachte Phasenschub $\chi = k(1-n)d \ll 2\pi$ ist, können wir den Wirkungsquerschnitt als Fourier-Transformierte der Wechselwirkungsstärke angeben (Gl. (13.44)). Beziehen wir den Wirkungsquerschnitt auf ein Atom und mitteln wir die Kernwechselwirkung über einen genügend großen Volumenbereich, so erhalten wir

$$\frac{d\sigma}{d\Omega} = \frac{1}{N} \left| \int_V N(r) b_c(r) e^{iQr} dr \right|^2, \tag{13.63}$$

wobei $N(r) b_c(r)$ die lokale Streulängendichte angibt. Sofern wir separierte Substanzen haben, z. B. Ausscheidungen in einer Matrix oder festes Material in einer Flüssigkeit (Christiansen-Filter, Abschn. 2.10), so ist die Streulängendichte innerhalb der jeweiligen Substanz konstant, und wir erhalten

$$\frac{d\sigma}{d\Omega} = \frac{1}{N} (N_A b_A - N_B b_B)^2 |\int S(r) e^{iQr} dr|^2, \tag{13.64}$$

wobei der Integralterm den Formfaktor der Ausscheidung angibt, deren Gestalt mit $S(r)$ beschrieben wird. Dieser ist für die verschiedensten Geometrien zu berechnen, was z. B. für unkorrelierte Kugeln mit dem Radius R ergibt:

$$|F(Q)|^2 = V^2 \left[3 \frac{\sin QR - QR \cos QR}{Q^3 R^3} \right]^2. \tag{13.65}$$

Guinier [65] hat im Rahmen einer Reihenentwicklung des Formfaktor gezeigt, dass für $QR \ll 2\pi$ das Quadrat des Formfaktors unabhängig ist von der jeweiligen Geometrie und folgendermaßen geschrieben werden kann:

$$|F(Q)|^2 = V^2 \exp\left[-\frac{Q^2 R_g^2}{3} \right], \tag{13.66}$$

wobei R_g den Trägheitsradius der Ausscheidung angibt (für Kugel $R_g^2 = 3R^2/5$). Für andere Bereiche des Impulsübertrags gibt es ebenfalls Näherungen und, falls es sich um korrelierte Ausscheidungen handelt oder die Phasengrenze verschmiert ist, ergeben sich wesentlich kompliziertere Ausdrücke (s. z. B. [66, 67]). Die Kleinwinkelstreuung mit Neutronen erfreut sich besonderer Beliebtheit, weil die Absorption auch für große Wellenlängen relativ gering ist, weil die Methode ebenso zur Untersuchung der magnetischen Domänenstruktur geeignet ist und weil damit auch biologische Makromoleküle hin bis zu Zellen und Viren untersucht werden können. Besonders wichtig ist dabei die Methode der Kontrastvariation, wobei durch unterschiedliche Isotopenzusammensetzung (z. B. leichtes und schweres Wasser) die Streulängendichte so variiert werden kann, dass verschiedene Teile im Beugungsbild hervorgehoben oder unterdrückt werden können. Die Messungen erfolgen in der Regel mit langwelligen Neutronen ($\lambda > 1$ nm), wobei die in der Probe unter kleinen Winkeln gestreute Intensität in großem Abstand mit einem ortsauflösenden Detektor nachgewiesen wird. Ein Beispiel einer derartigen Messung an Hämozyaninmolekülen von Weichtieren zeigt Abb. 13.13 [68].

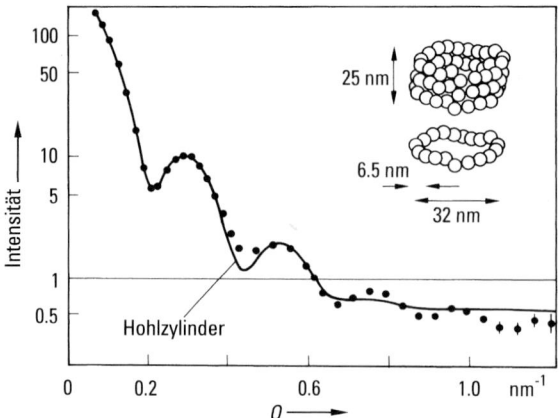

Abb. 13.13 Neutronen-Kleinwinkelstreuung an Hämozyanin-Molekülen von Weichtieren mit einer Darstellung der daraus extrahierten Form dieser Moleküle [68].

Für Messungen bei noch kleineren Q-Werten (bis $10^{-4}\,\text{nm}^{-1}$), das heißt noch kleineren Winkeln, wurde die von Bonse und Hart [69] für Röntgenstrahlen entwickelte Doppelkristallmethode auch auf Neutronen übertragen [70], was eine Weiterentwicklung der von Shull [8] zur Beobachtung der Beugung am Einzelspalt verwendeten Messtechnik darstellt (s. Abb. 13.1 b). Durch Mehrfachreflexionen in einem Nutenkristall und durch einen von Agamalian et al. [71] vorgeschlagenen Schnitt in jeweils eine der reflektierenden Perfektkristallplatten (siehe Abb. 13.2) können exzellente Signal-zu-Untergrund-Verhältnisse (besser als 10^5) erreicht werden [72].

j) Infolge der magnetischen Wechselwirkung der Neutronen kann auch deren Beugung an den *magnetischen Flusslinien* im Mischzustand von Typ-II-Supraleitern beobachtet werden (Bd. 2, Abschn. 8.4 und Bd. 6, Abschn. 9.5). In diesem Bereich tritt das Magnetfeld in Form von quantisierten Flussschläuchen ein und bildet ein regelmäßiges zweidimensionales Gitter, dessen Gitterkonstante durch das angelegte Magnetfeld variiert werden kann und an dem Bragg-Streuung im Kleinwinkelstreubereich beobachtet werden kann:

$$a = \sqrt{\frac{2\Phi_0}{\sqrt{3}\,B}}, \tag{13.67}$$

wobei $\Phi_0 = h/(2|e|) \equiv 2.07 \times 10^{-15}$ Wb das elementare Flussquantum angibt. Erste Messungen dieser Art stammen von Cribier et al. [73]. Abbildung 13.14 zeigt das Ergebnis einer späteren Untersuchung an Niob und das daraus mittels Fourier-Inversion erhaltene detaillierte Bild des Flussliniengitters [74]. Derartige Untersuchungen wurden auch an Hochtemperatur-Supraleitern durchgeführt, wozu zu bemerken ist, dass diese Messungen wegen der größeren Eindringtiefe des Magnetfeldes und der geringeren Größe verfügbarer Einkristalle wesentlich schwieriger sind [75].

Ein Beugungsgitter aufbauend auf Dichteschwankungen kann durch lichtinduzierte Polymerisation in stehenden Laser-Lichtwellen erzeugt werden. Neutronen-

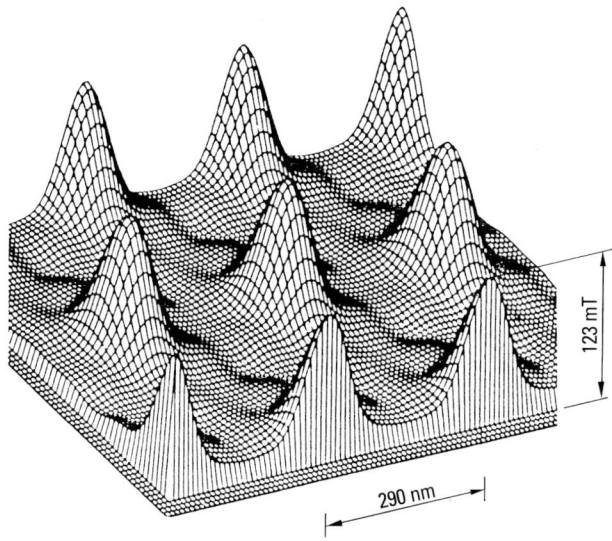

Abb. 13.14 Magnetisches Flussliniengitter in supraleitendem Niob im Mischzustand, wie es durch Neutronenbeugungsexperimente bestimmt wurde [74].

Beugungsuntersuchungen geben Auskunft über Form und Qualität derartiger Gitter sowie über den lichtinduzierten Polymerisationsvorgang [76]. Es handelt sich dabei um einen *Photo-Neutron-Refraktionseffekt*, mit dem Beugungseffizienzen bis 60 % beobachtet werden konnten [77].

13.5 Beugung in der Zeit

Die weitgehende Analogie zwischen der Orts- und Zeitvariablen in den Grundgleichungen (z. B. Gl. (13.6)) legt die Vermutung nahe, dass Beugungsphänomene auch in der Zeitdomäne stattfinden [78]. In diesem Fall wird eine physikalische Situation innerhalb kurzer Zeitintervalle Δt moduliert, sodass es zu einer charakteristischen Änderung des Energiespektrums kommt, die dem Beugungsmuster am Einzelspalt entspricht (Gl. (13.47) und Abb. 13.6b). Für eine rechteckförmige Modulation ergibt sich daher im Fall monochromatisch einfallender Neutronen

$$|\phi(E)|^2 \propto \left| \frac{\sin((E-E_0)\Delta t/\hbar)}{(E-E_0)\Delta t/\hbar} \right|^2. \tag{13.68}$$

Da der einfallende Strahl immer eine endliche Energiebreite δE aufweist, muss $\Delta t \leq \hbar/\delta E$ sein, damit die Beugungsstruktur in der Energie aufgelöst werden kann. Messungen an einer mit 2.22 MHz vibrierenden Oberfläche erbrachten die erwarteten Ergebnisse [79] (Abb. 13.15). Mit energieauflösenden und interferometrischen Methoden (Abschn. 13.7) wurde der Ein- und Vielfachphotonenaustausch zwischen Neutron und rasch variierendem Magnetfeld ebenfalls beobachtet [80, 81].

1190   13 Neutronenoptik

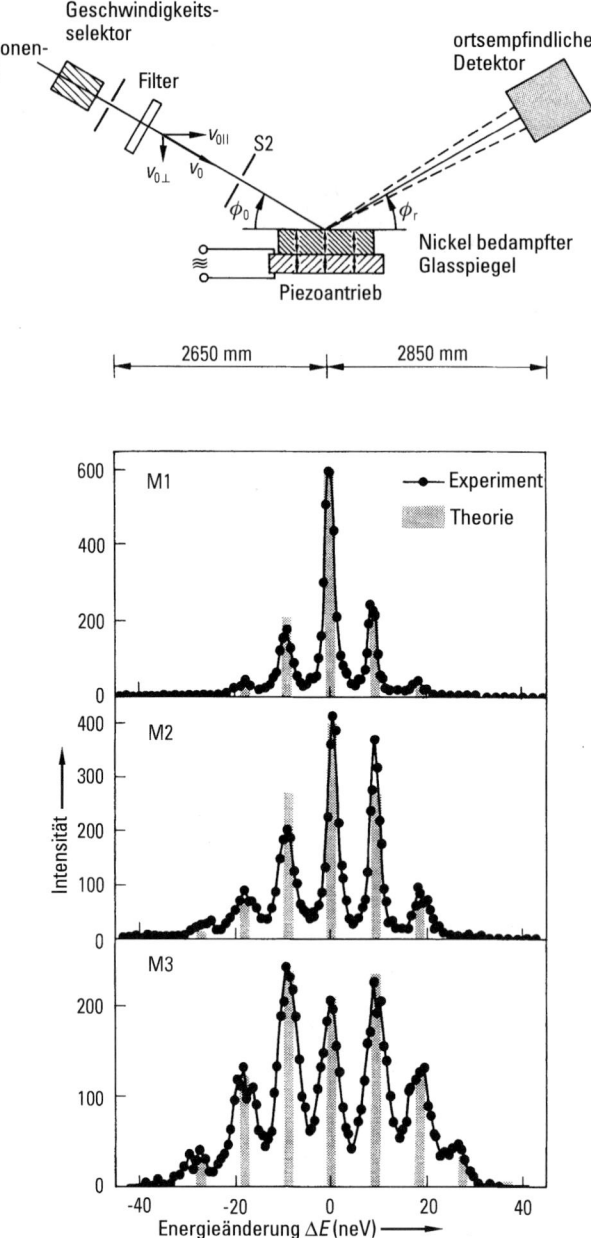

Abb. 13.15   Messung der Energieverteilung nach der Reflexion an einer mit 2.22 MHz vibrierenden Oberfläche, was als Beugung-in-der-Zeit-Effekt interpretiert werden kann [79].

13.6 Beugung an perfekten Kristallen (Dynamische Beugung)

Bei der Beugung an zahlreichen und sehr regelmäßig angeordneten Streuzentren darf nicht nur die Wechselwirkung des Systems mit der einlaufenden Welle berücksichtigt werden, sondern es muss auch die gegenseitige Wechselwirkung aller im System angeregten Wellen betrachtet werden. Dies führt zur sogenannten „*Dynamischen Beugungstheorie*", die schon sehr früh von Ewald [82] und von von Laue [83] für Röntgenstrahlen und kurz danach ebenfalls von von Laue [84] auch für Materiewellen entwickelt wurde. Die detaillierte Formulierung der Dynamischen Beugungstheorie für Neutronen findet man bei Rauch und Petrascheck [85] und bei Sears [12]. Hier werden nur einige grundsätzliche Zusammenhänge dargestellt, die für das weitere Verständnis kristalloptischer Effekte von Bedeutung sind.

Ausgangspunkt der theoretischen Behandlung ist die stationäre Schrödinger-Gleichung (Gl. (13.3)), die für ein streng periodisches Potential $V(r) = V(r + R)$ zu lösen ist. Die durch die regelmäßige Kristallstruktur vorgegebene Periodizität legt einen *Bloch-Wellen-Ansatz* nahe

$$\psi(r) = \mu(r) \exp(i K r) \,. \tag{13.69}$$

Ähnlich wie bei der Berechnung der Elektronenstruktur im Festkörper (vgl. Bd. 6, Kap. 1), kann man auch hier das Wechselwirkungspotential und die Amplitudenfunktion in Form einer Fourier-Reihe anschreiben:

$$V(r) = \sum_H V(H) \exp(i H r) \,,$$

$$\mu(r) = \sum_H \mu(H) \exp(i H r) \,, \tag{13.70}$$

wobei H einen reziproken Gittervektor (vgl. Bd. 6, Kap. 2) darstellt ($H = h h_1 + k h_2 + l h_3$, mit $h_i = 2\pi (a_j \times a_k)/v_c$; $v_c \ldots$ Volumen der Elementarzelle; h, k, l Miller-Indizes, ganzzahlig). Setzen wir nun obigen Ansatz in die Schrödinger-Gleichung (Gl. (13.3)) ein, so erhalten wir die Grundgleichungen der Dynamischen Beugungstheorie:

$$\left[\frac{\hbar^2}{2m} (K + H)^2 - E \right] \mu(H) = -\sum_{H'} V(H - H') \mu(H') \,. \tag{13.71}$$

Dabei handelt es sich um ein homogenes Gleichungssystem für die Amplitudenfunktion $\mu(H)$, welches nur für gewisse Werte des Ausbreitungsvektors K im Kristall nichttriviale Lösungen besitzt.

Betrachten wir ein einfaches und starres Bravais-Gitter (vgl. Bd. 6, Kap. 2) sowie reine Kernwechselwirkung in der Form des Fermi-Pseudopotentials (Gl. (13.10)), so erhalten wir durch Fourier-Inversion von Gl. (13.70)

$$V(0) = V(H) = \frac{2\pi \hbar^2}{m} \frac{b_c}{v_c} = \frac{2\pi \hbar^2}{m} N b_c \,, \tag{13.72}$$

was identisch ist mit dem früher bestimmten mittleren Potential V, Gl. (13.36)) und unabhängig vom reziproken Gittervektor H. Hätten wir mehrere Atome pro Elementarzelle angenommen, wäre dieser Ausdruck mit dem geometrischen Strukturfaktor der Zelle (Bd. 6, Abschn. 2.3) zu multiplizieren, und hätten wir die thermische

Bewegung der Atome um den jeweiligen Gitterpunkt mit berücksichtigt, so wäre b_c für $H \neq 0$ durch Einbeziehung des Debye-Waller-Faktors $b_c \exp(-H^2 u^2/3)$ zu modifizieren (u^2 ist die mittlere quadratische thermische Auslenkung).

Wegen der Kleinheit von $V(H)/E = \bar{V}/E \approx 10^{-5}$ sind verschiedene Näherungen möglich, wobei wir auch noch den experimentellen Befund einfließen lassen, dass eine merkliche Intensität nur dann zu beobachten ist, wenn

$$Q = k - k' \cong H, \tag{13.73}$$

was die vektorielle Schreibweise der *Bragg-Gleichung* darstellt (Abschn. 3.11 und Bd. 6, Abschn. 2.3). Daher können wir annehmen, dass auch im Kristallinneren Wellen mit Ausbreitungsvektoren K überwiegen, die nahe der Vorwärts-(0) bzw. nahe der Bragg-Richtung (H) liegen, sofern der Kristall in Bragg-Richtung gestellt wurde. Auch die Beträge dieser Vektoren werden sich nicht stark unterscheiden

$$K^2 = k^2(1 + 2\varepsilon), \tag{13.74}$$

wobei ε von von Laue als Anregungsfehler bezeichnet wurde.

Einstrahlnäherung. In diesem Fall wird keine Bragg-Reflexion angeregt, das heißt, es ist nur eine Welle nahe der Vorwärtsrichtung zu erwarten. Mit Gl. (13.71) erhalten wir

$$\left[\frac{\hbar^2}{2m} K_0^2 - E\right] \mu(0) = -V(0)\mu(0). \tag{13.75}$$

Mit $E = \hbar^2 k^2/2m$ können wir damit den bereits in Gl. (13.11) angegebenen Ausdruck für die *Brechzahl* bestätigen.

$$n^2 = \frac{K_0^2}{k^2} = 1 - \frac{V(0)}{E} = 1 - \frac{\lambda^2 N b_c}{2\pi}. \tag{13.76}$$

Zweistrahlnäherung. Hier werden sich die für die Kristallbeugung interessanten Effekte ergeben. Wir erwarten einen Strahl nahe der Vorwärts- und einen nahe der Bragg-Richtung (K und $K+H$).

$$\left[\frac{\hbar^2}{2m} K^2 - E\right] \mu(0) = -V(0)[\mu(0) + \mu(H)],$$

$$\left[\frac{\hbar^2}{2m} |K+H|^2 - E\right] \mu(H) = -V(0)[\mu(0) + \mu(H)]. \tag{13.77}$$

Berücksichtigen wir an der Eintrittsfläche die im Rahmen der Quantenmechanik geforderte Stetigkeit der Tangentialkomponente, so muss gelten

$$K = k + \frac{k\varepsilon}{\cos\gamma} n$$

$$|K+H|^2 = k^2\left(1 + \frac{2\varepsilon}{b} + \alpha\right) \tag{13.78}$$

mit
$$\alpha = \frac{H^2 + 2kH}{k^2} = 2(\Theta_B - \Theta)\sin 2\Theta_B$$
und
$$b = \frac{\cos\gamma}{\cos\gamma_H} = \frac{k\hat{n}}{k_H\hat{n}}.$$

Die Bedeutung dieser Größen ist aus Abb. 13.16 ersichtlich. Werden diese Größen nun in Gl. (13.77) eingesetzt, so erhält man

$$\begin{vmatrix} 2\varepsilon + \dfrac{V(0)}{E} & \dfrac{V(0)}{E} \\ \dfrac{V(0)}{E} & \dfrac{2\varepsilon}{b} + \alpha + \dfrac{V(0)}{E} \end{vmatrix} = 0, \tag{13.79}$$

was erkennen lässt, dass es zwei Werte für ε gibt ($\varepsilon_{1,2}$) und damit auch zwei Werte für K ($K_{1,2}$) sowie für die Amplituden $\mu_{1,2}(\mathbf{0})$ und $\mu_{1,2}(\mathbf{H})$. Die Endpunkte der K-Vektoren liegen auf der sogenannten Dispersionsfläche (1 und 2), die bei größeren Abweichungen von der Bragg-Position in die um die Brechungskorrektur verschobenen Ewald-Ausbreitungskugeln übergeht. Das gesamte im Kristallinneren bestehende Wellenfeld setzt sich somit aus zwei Wellen mit Wellenvektoren nahe der Vorwärtsrichtung und zwei Wellen mit Wellenvektoren nahe der Bragg-Richtung zusammen, wovon jeweils eine Welle zum Wellenfeld 1 und die zweite zum Wellenfeld 2 gehört.

$$\psi_{1,2} = \psi_{1,2}(\mathbf{0}) + \psi_{1,2}(\mathbf{H}). \tag{13.80}$$

Sofern man diese Wellen explizit anschreibt, erkennt man, dass ein Wellenfeld eine Wellenfunktion besitzt, deren Wellenbäuche an der Stelle der Gitterposition sind, während das zweite Wellenfeld diese gerade zwischen den Gitterpositionen hat (Abb. 13.16). Damit ist auch die leicht unterschiedliche Länge der jeweiligen K-Vektoren physikalisch zu verstehen, da eben ein Wellenfeld die Wechselwirkung mit den Atomkernen stärker spürt als das andere. Zieht man Absorption mit in Betracht, was mit einem komplexen Potential erfolgen kann, so versteht man auch, weswegen ein Wellenfeld anormal stark absorbiert wird, während das zweite Wellenfeld anormal stark transmittiert wird [86].

Führen wir für die weitere Behandlung einen neuen, aber durch ε bestimmten Parameter y ein, der im Wesentlichen die Abweichung des Strahls von der exakten Bragg-Lage in dimensionslosen Einheiten angibt

$$y = \frac{\alpha b - (1-b)V(0)/E}{2\sqrt{|b|}\,V(0)/E}, \tag{13.81}$$

so ergibt sich nach einigen Zwischenrechnungen für die Ausbreitungsvektoren im Kristallinneren

$$\mathbf{K}_{1,2} = \mathbf{k} - \left(\frac{kV(0)}{2E\cos\gamma} + \frac{\pi}{\Delta_0}\left(-y \pm \sqrt{y^2 + \text{sign}\,b}\right)\right)\hat{n}. \tag{13.82}$$

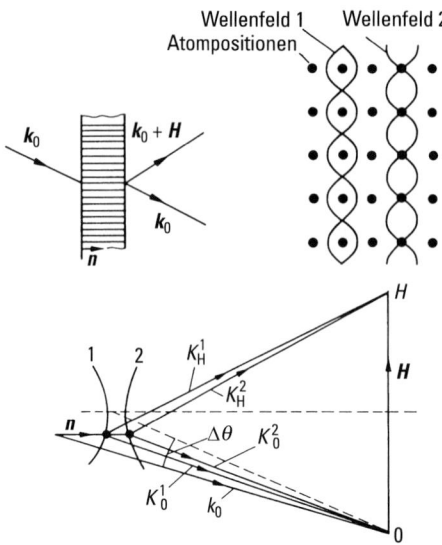

Abb. 13.16 Wellenfelder außerhalb und innerhalb eines perfekten Kristalls (oben) und die im Kristallinneren durch eine ebene Welle (k_0) angeregten Ausbreitungsvektoren.

Hier wurde die *Pendellösungslänge* Δ_0 eingeführt, die die Modulationslänge der in gleicher Richtung (**0** oder **H**) laufenden Wellenfelder 1 und 2 angibt

$$\Delta_0 = \frac{k\sqrt{\cos\gamma\cos\gamma_H}}{2Nb_c} \tag{13.83}$$

und womit auch eine reduzierte Kristalldicke definiert werden kann:

$$A = \frac{\pi t}{\Delta_0}. \tag{13.84}$$

Für 0.2-nm-Neutronen und (220)-Reflexion an Silicium beträgt $\Delta_0 = 65\,\mu\text{m}$. Um eine bessere Anschaulichkeit des Parameters y zu erhalten, geben wir diesen noch für die symmetrische Laue-Reflexion an ($\cos\gamma = \cos\gamma_H$, $b = 1$). Hier gilt $y = k^2(\Theta_B - \Theta)\sin 2\Theta_B/4\pi b_c N$, wobei $|y| = 1$ einer Abweichung von der exakten Bragg-Position von ungefähr einer Bogensekunde entspricht (*Darwin-Breite*).

Beschreiben wir weiter den Laue-Fall, bei dem der abgebeugte Strahl an der Rückseite einer ebenen Kristallplatte austritt, so ergibt sich für die entsprechenden Amplituden

$$\mu_{1,2}(0) = \frac{1}{2}\left(1 \pm \frac{y}{\sqrt{1+y^2}}\right),$$

$$\mu_{1,2}(H) = \mp \frac{\sqrt{b}}{2\sqrt{1+y^2}}, \tag{13.85}$$

und damit für die entsprechenden Intensitäten

$$P_H(y) = \frac{\sin^2 A \sqrt{1+y^2}}{\sqrt{1+y^2}},$$

$$P_0(y) = 1 - P_H(y). \tag{13.86}$$

Diese Funktion ist in Abb. 13.17 dargestellt und zeigt zahlreiche Pendellösungsoszillationen. Auch die integrale Intensität ($\int P_H(y)\,dy$) zeigt als Funktion der Kristalldicke ein oszillierendes Verhalten, welches in einer Messung von Sippel et al. [87] auch experimentell bestätigt wurde. Das Verhalten im Bragg-Fall, das heißt, wenn der abgebeugte Strahl auf der selben Seite austritt, auf der der einfallende Strahl auftrifft, zeigt für den Bereich $|y| \leq 1$ vollständige Reflexion ($R = 1$) und für $|y| \geq 1$ ein rasch abklingendes oszillatorisches Verhalten. Diese Aussage gilt mit Ausnahme des Rückstreubereiches, wo $\Delta\Theta$ Werte in der Größenordnung $1°$ annimmt, was die Grundlage für die hochauflösende *Rückstreuspektroskopie* bildet [88].

Mit den bekannten Wellenfunktionen kann man nun auch die Strahlrichtung im Kristallinneren berechnen

$$\boldsymbol{j}_{1,2} = \left(\frac{\hbar}{2im}\right)[\psi_{1,2}^* \nabla \psi_{1,2} - \psi_{1,2} \nabla \psi_{1,2}^*] = \frac{\hbar k}{m}\hat{\boldsymbol{k}}|\mu_{1,2}(\boldsymbol{0})|^2 + \hat{\boldsymbol{k}}_H|\mu_{1,2}(\boldsymbol{H})|^2], \tag{13.87}$$

wobei über rasche Richtungsoszillationen innerhalb einer Elementarzelle gemittelt wurde. Falls Strahlen unter verschiedenen Winkeln (verschiedenen y-Werten), aber einheitlicher Phase an einer Stelle der Kristalloberfläche auftreffen, erfolgt eine Auf-

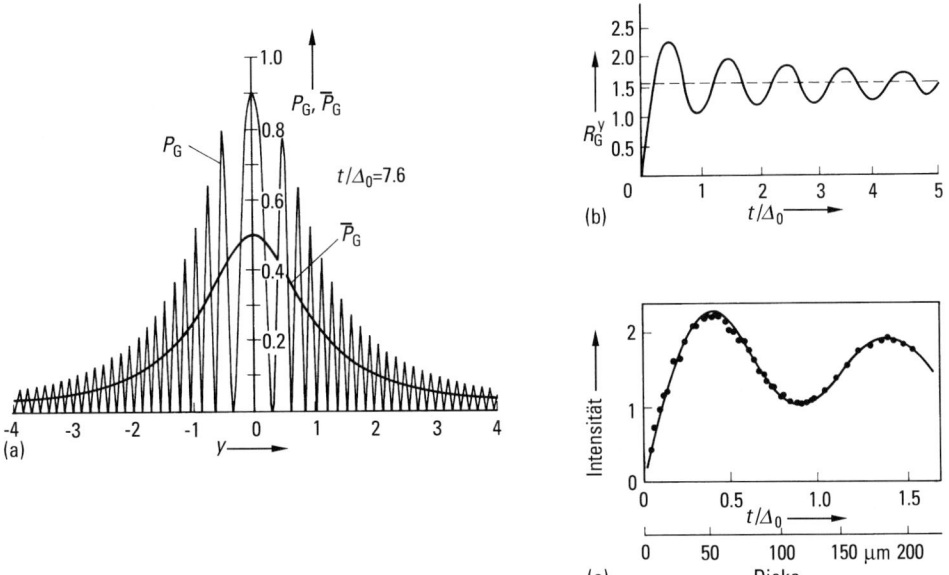

Abb. 13.17 (a) Berechnete Reflexionskurve für einen Perfektkristall in Laue-Stellung sowie (b) die berechnete und (c) die gemessene integrale Intensität als Funktion der Kristalldicke [87].

spaltung der Intensität in einen Winkelbereich $-\Theta_B \leq \Omega \leq \Theta_B$ (*Borrmann-Fächer*). Aus geometrischen Gründen interferieren hier nicht Wellenfelder mit gleichem y, sondern $\psi_1(y)$ und $\psi_2(-y)$, was bei einer Beschreibung mit Kugel- oder Zylinderwellen voll einsichtig wird. Die Intensität an der hinteren Austrittsfläche ergibt sich als

$$P_H(\Gamma) = \frac{\sin^2\left[A\sqrt{1-\Gamma^2} + \frac{\pi}{4}\right]}{\sqrt{1-\Gamma^2}}, \tag{13.88}$$

wobei Γ für symmetrische Laue-Reflexion zu schreiben ist als

$$\Gamma = \frac{y}{\sqrt{1+y^2}}. \tag{13.89}$$

Auch die Funktion $P_H(\Gamma)$ zeigt ausgeprägte Pendellösungsoszillationen, die für $|\Gamma| \to 1$ immer enger werden. Durch Ausblendung des inneren Bereiches des *Borrmann-Fächers* ($|\Gamma| \leq 0.05$) konnte Shull [89] diese Oszillation als Funktion von A nachweisen, indem er die Wellenlänge kontinuierlich variierte (Abb. 13.18). Das bestätigt eindrucksvoll die Gültigkeit der Dynamischen Beugungstheorie und deren Anwendbarkeit im Bereich der Neutronenoptik.

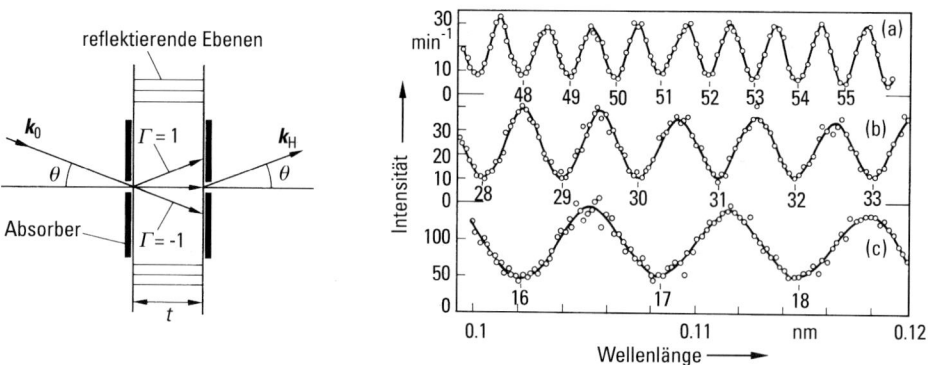

Abb. 13.18 Gemessene Pendellösungsoszillationen im Zentrum des Borrmann-Fächers als Funktion der Kristalldicke für drei verschieden dicke Silicium-Kristalle: (a) $t = 10$ mm; (b) $t = 5.94$ mm; (c) $t = 3.32$ mm [89].

Aus Gl. (13.89) lässt sich ein Winkelverstärkungsfaktor der Kristallablenkung in Relation zu einer Variation des Einfallswinkels (bzw. des y-Wertes) ableiten, der im Zentrum des Borrmann-Fächers in der Größenordnung 10^5 ist

$$\Omega = \frac{2E}{V(0)} \sin^2 \Theta_B \delta\Theta. \tag{13.90}$$

Dieser Effekt wurde zuerst von Kikuta et al. [90] nachgewiesen, indem sie geringe $\delta\Theta$-Ablenkungen zwischen zwei Perfektkristallplatten durch Prismenablenkung er-

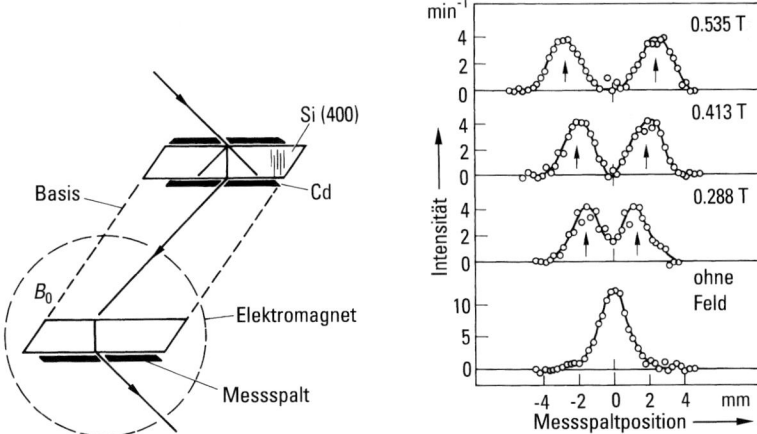

Abb. 13.19 Beobachtung des longitudinalen Zeeman-Effektes durch Aufspaltung der Strahlwege innerhalb des Borrmann-Fächers [91].

zeugten, und wurde von Zeilinger und Shull [91] benutzt, um die longitudinale Zeeman-Aufspaltung in einem Magnetfeld (Bd. 4, Abschn. 1.6) zu beobachten (Abb. 13.19). Auch der Effekt der Gravitation wird innerhalb des Kristalls entsprechend verstärkt [92].

Die hier besprochenen dynamischen Beugungseffekte sind praktisch nur für perfekte Einkristalle von Relevanz. Die meisten üblichen Einkristalle zerfallen wegen verschiedenster Versetzungen und Verzerrungen in einzelne Kristallite, die untereinander um mehr als die Darwin-Breite (s. o., nach Gl. (13.86)) verdreht sind, sodass es dann zu keiner Amplituden- sondern zu einer einfachen Intensitätsüberlagerung kommt, die mit der einfacheren kinematischen Beugungstheorie zu beschreiben ist, z. B. Sears [12].

13.7 Interferometrie

Die Untersuchung von Interferenzeffekten zählt bei allen Strahlungsarten zu den interessantesten Aufgaben, nicht zuletzt deswegen, weil dabei sowohl Grundlagenfragen unseres physikalischen Naturverständnisses berührt werden, als auch höchste Genauigkeit erreicht werden kann. Interferenzeffekte kommen zustande, wenn Strahlen mit bestimmtem Phasenunterschied überlagert werden (vgl. Kap. 3). Diese Phasendifferenz lässt sich mithilfe des Wegintegrals in allgemeiner Form angeben:

$$\chi = \oint \boldsymbol{k} \, \mathrm{d}\boldsymbol{s}, \tag{13.91}$$

wobei $\hbar \boldsymbol{k}$ den kanonischen Impuls entlang der kohärenten Strahlwege angibt. Die zur Erzielung eines geschlossenen Wegintegrals notwendige kohärente Strahlteilung kann durch Aufspaltung der *Wellenfront*- oder durch *Amplitudenaufteilung* erfolgen.

1198   13 Neutronenoptik

Erstere Methode ist dem *Young-Doppelspaltinterferometer* analog, die zweite Methode der *Michelson-Interferometrie* der Lichtoptik (Abschn. 3.4).

Verschiedene Arten der Interferometrie wurden auch für Neutronen realisiert und sind in Abb. 13.20 schematisch dargestellt. Maier-Leibnitz und Springer [7] nutzten die Biprismen-Ablenkung hinter einem engen Spalt, um Strahlen von zwei virtuellen Quellen zu überlagern (Abb. 13.1). Die Strahlteilung ($\approx 50\,\mu$m) war jedoch zu gering, um damit wesentliche Interferenzuntersuchungen durchführen zu können. Die Methode wurde später weiterentwickelt und verbessert [25], was dann die bekannten

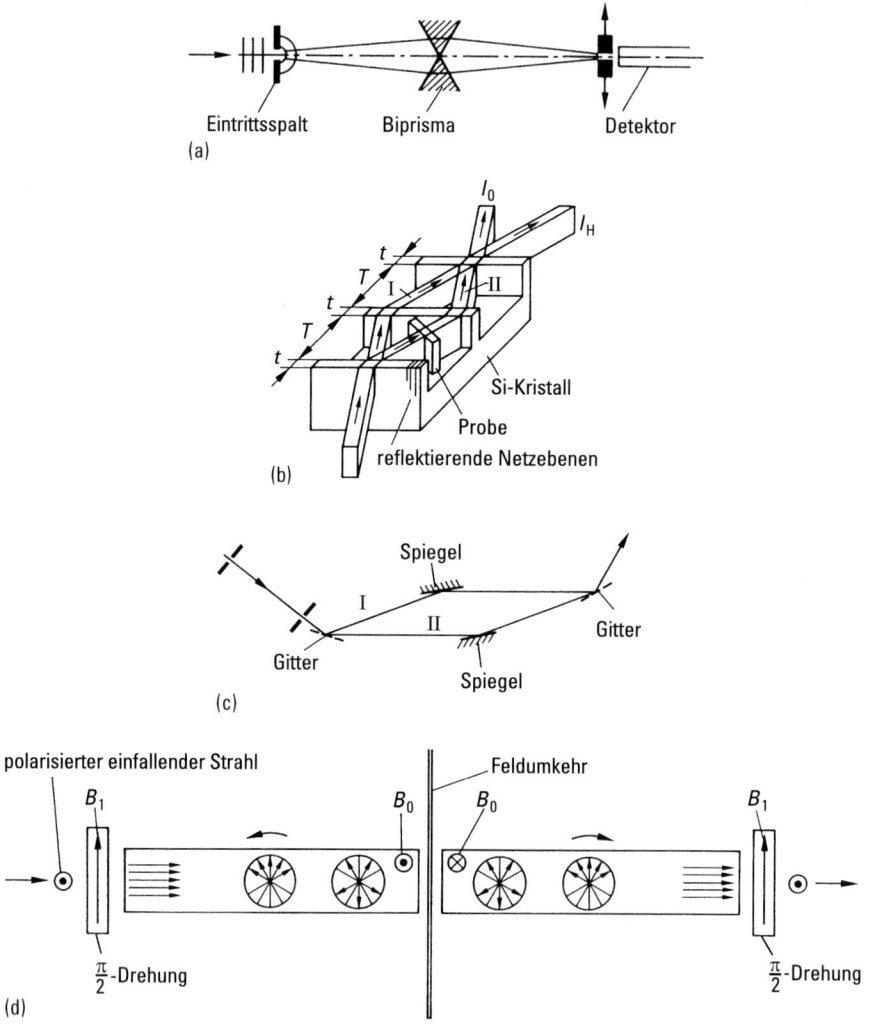

Abb. 13.20 Verschiedene Methoden der Neutroneninterferometrie. (a) Bi-Prismen-Interferometer nach Maier-Leibnitz und Springer [7]; (b) Perfektkristallinterferometer nach Rauch et al. [9], (c) Gitterinterferometer nach Ioffe et al. [50] und (d) Spin-Echo-Spektrometer [93].

Einzel- und Doppelspaltuntersuchungen von Zeilinger et al. [42] möglich machte (Abb. 13.6).

Die größte Strahlseparation (Amplitudentrennung) ist mithilfe der *Perfektkristall-Interferometrie* möglich, welche von Rauch, Treimer und Bonse [9] erstmals 1974 für Neutronen erprobt wurde. Diese Methode entspricht der Mach-Zehnder-Interferometrie der Lichtoptik (Abschn. 3.4) und der von Bonse und Hart [94] entwickelten Röntgeninterferometrie. Die Strahlteilung beruht auf den in Abschn. 11.6 behandelten dynamischen Beugungseffekten an perfekten Kristallen. Um die Phasenkohärenz über den gesamten Interferometerbereich aufrecht zu erhalten, müssen die reflektierenden Kristallebenen bis auf deren Gitterabstand parallel sein, was völlige Versetzungs- und Spannungsfreiheit des Kristalls voraussetzt und was mittels eines monolithischen Dreiplattensystems am leichtesten zu realisieren ist (Abb. 13.20b). Auch Vibrationen, die während der Flugzeit der Neutronen durch das Interferometer ($\approx 30\,\mu$s) die Netzebenen in der Größenordnung der Gitterkonstante verschieben, müssen unterdrückt werden. Die Ungenauigkeiten der Plattendicken und Plattenabstände müssen bei einer optimalen Funktionsweise des Interferometers kleiner sein als die in Gl. (13.83) definierte Pendellösungslänge. Sofern diese Anforderungen erfüllt sind, können die im Abschn. 13.6 (Gl. (13.85)) angegebenen Wellenfunktionen hinter der ersten Platte stufenweise weiterverfolgt werden, und hinter dem Interferometer können die Wellenfunktionen von beiden Strahlwegen überlagert werden. Für Details siehe auch das Buch Rauch und Werner [95]. Nach eher langwierigen Rechnungen erkennt man, dass die Wellenfunktionen über die Strahlwege I und II für die Vorwärtsrichtung (0) sowohl bezüglich Amplitude als auch Phase völlig gleich sind:

$$\psi_0^{\rm I} = \psi_0^{\rm II}, \tag{13.92}$$

was man aus einfachen Symmetriegründen auch sofort verstehen kann, weil beide Teilstrahlen transmittiert-reflektiert-reflektiert (TRR) bzw. reflektiert-reflektiert-transmittiert (RRT) wurden. Bringen wir einen Phasenschieber mit der Brechzahl n und der Dicke D in einen der Strahlgänge, so beträgt der Phasenunterschied zwischen beiden Teilstrahlen gemäß Gln. (13.91) und (13.12)

$$\chi = (n-1)kD = -Nb_c\lambda D = \Delta k \cdot D = \boldsymbol{\Delta} \cdot \boldsymbol{k}, \tag{13.93}$$

und die entsprechenden Wellenfunktionen unterscheiden sich um den Phasenfaktor $\psi_0^{\rm I}/\psi_0^{\rm II} = \exp(i\chi)$, und wir erhalten, sofern wir ebene (das heißt monochromatische) Wellen annehmen,

$$I_0 \propto |\psi_0^{\rm I} + \psi_0^{\rm II}|^2 = 2|\psi_0^{\rm I}|^2(1+\cos\chi), \tag{13.94}$$

das heißt eine vollständige Modulation der Strahlintensität als Funktion des Phasenschubes. In gut justierten Anordnungen wurden Modulationsgrade über 90% tatsächlich erreicht. Abbildung 13.21 zeigt ein derartiges Interferenzbild. Der restliche nicht interferierende Anteil ist auf verschiedenste geringste Imperfektionen des Kristalls, des für die Messung notwendigen Phasenschiebers (Absorption, Geometrie usw.) und des Neutronenstrahls zurückzuführen (z. B. Abweichungen von ebener Welle). Der große Vorteil der Perfektkristall-Interferometrie liegt nicht nur in der großen Strahlseparation von einigen Zentimetern, sondern auch in der relativ hohen verfügbaren Intensität, weil breite Spalte (cm) und relativ breite Wellenlängenver-

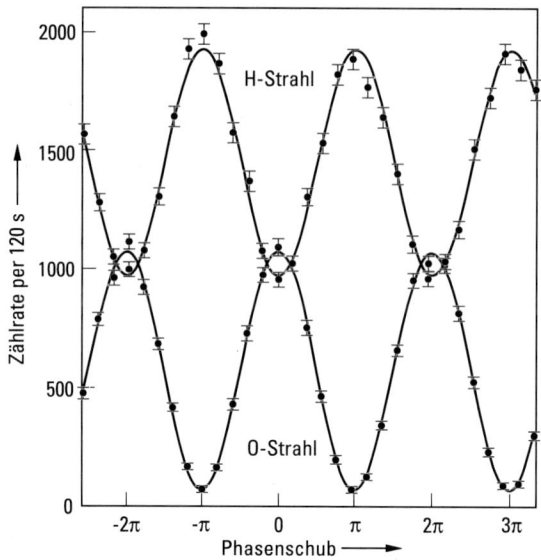

Abb. 13.21 Perfektkristall-Interferenzbild mit hohem Kontrast.

teilungen ($\Delta\lambda/\lambda \approx 2\%$) verwendet werden können, da die Anordnung nichtdispersiv ist und dem Strahl die makroskopischen Kohärenzeigenschaften durch den perfekten Kristall selbst aufgeprägt werden.

In den letzten Jahren wurde auch die auf der Beugung an künstlich erzeugten Gittern basierende Interferometrie entwickelt, wobei sowohl *Reflexions-* als auch *Phasengitter* erprobt wurden [50, 96]. Diese Interferometer werden vor allem nützlich sein für langwellige Neutronen, die an einem Kristallgitter nicht mehr Bragg-gebeugt werden, und für Untersuchungen schwacher Wechselwirkungseffekte, für deren Beobachtung vor allem eine lange Wechselwirkungszeit erforderlich ist.

Spin-Echo-Spektrometer, die im Bereich der Neutronenspektroskopie häufig eingesetzt werden (Abb. 13.20d), stellen Interferometer in der Longitudinalrichtung dar [93, 97]. Die Larmor-Präzession eines polarisierten Strahles in einem senkrechten Magnetfeld kann als Überlagerung von kohärenten „Spin-up" und „Spin-down" Teilstrahlen interpretiert werden, deren Gruppengeschwindigkeit entsprechend der unterschiedlichen Brechzahl verschieden ist (Gl. (13.17)).

Wie bereits im Abschn. 13.2 angeführt wurde, handelt es sich im gesamten Bereich der Neutronenoptik und insbesondere im Bereich der Neutroneninterferometrie um Selbstinterferenzphänomene, da sich im Mittel immer nur viel weniger als ein Neutron innerhalb der Apparatur befindet. Es sieht daher so aus, als hätte im Interferenzbereich jedes Neutron gleichzeitig Information über die physikalische Situation in beiden weit voneinander getrennten Strahlwegen.

Im Folgenden werden einige typische Interferenzexperimente behandelt. Auf einige andere Übersichtsartikel sei hier hingewiesen [12, 94–99].

Streulängenmessungen. Aus den Gleichungen (13.83) und (13.94) erkennt man, dass die kohärente Streulänge aus dem mit der Dicke variierenden Interferenzbild extrahiert werden kann. Berücksichtigt man noch den nicht interferierenden Untergrundanteil und eine eventuell vorhandene Nullphase, so ist das Interferenzbild in Parameterform anzugeben:

$$I = I_0 \left[1 + K \cos\left(2\pi \frac{D}{D_\lambda} + \phi_0 \right) \right], \quad (13.95)$$

wobei $D_\lambda = 2\pi/Nb_c\lambda$ die λ-Dicke des Phasenschiebers angibt und K den Kontrast beschreibt: $K = (I_{max} - I_{min})/(I_{max} + I_{min})$. Das Interferenzbild kann am einfachsten durch Dickevariation des Phasenschiebers erreicht werden, wobei dieser etwa in einem oder in beiden Strahlwegen gedreht wird. Bei Messungen mit gasförmigen Proben kann auch die Dichte variiert werden, weswegen dann D/D_λ durch N/N_λ zu ersetzen ist. Abb. 13.22 zeigt typische Interferogramme, die mit verschiedenen Gasen erhalten wurden [100].

Durch geeignete Anbringung von Phasenschiebern können Phasenschübe in beliebige Richtungen appliziert werden (Abb. 13.23), wobei für Streulängenmessungen speziell die Anordnung (b) von Interesse ist, weil in diesem Fall wegen $\lambda = 2d_{hkl}\sin\Theta_B$ und $D = D_0/\sin\Theta_B$ der Phasenschub unabhängig von der Wellenlänge ist (*nichtdispersiv*),

$$\chi = -2d_{hkl}Nb_c D_0, \quad (13.96)$$

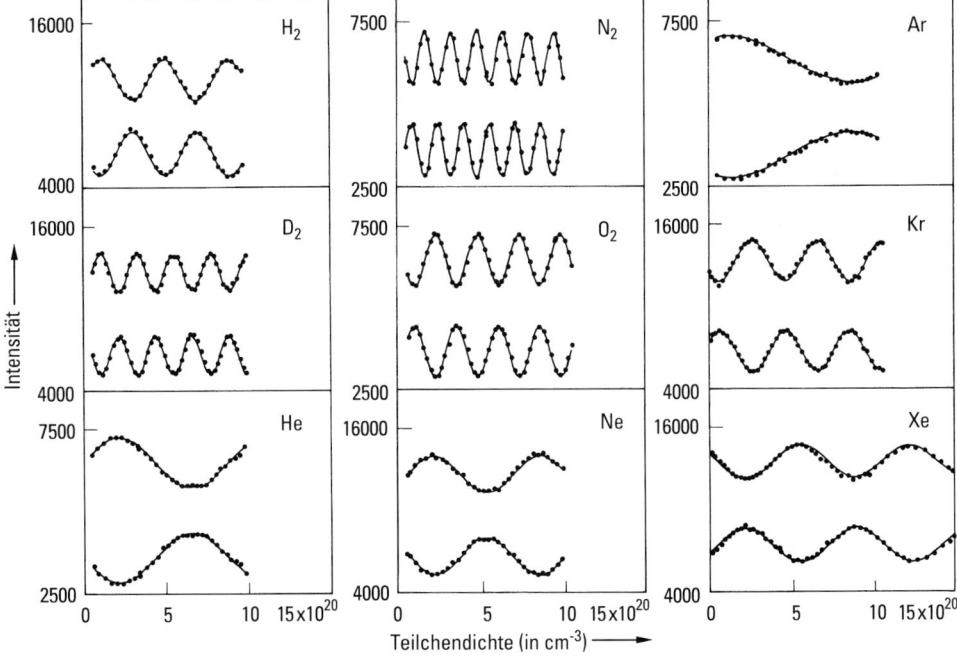

Abb. 13.22 Neutroneninterferometrische Messung der Streulänge verschiedener Gase [100].

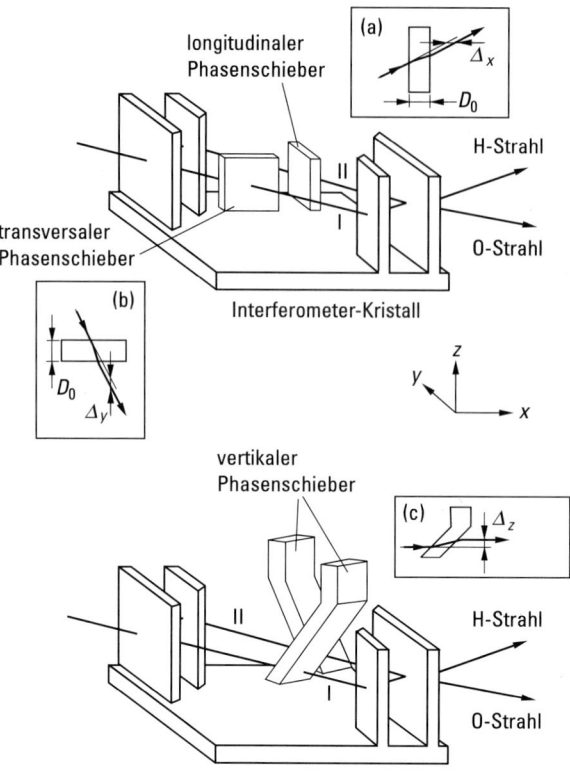

Abb. 13.23 Skizze eines schiefsymmetrischen Perfektkristallinterferometers mit verschiedenen Anordnungen von Phasenschiebern [107].

was eine genaue Wellenlängenmessung überflüssig macht [101]. Das bedeutet auch, dass die im nächsten Absatz besprochene Abnahme des Kontrastes durch die endliche Wellenlängenbreite des Strahls nicht auftritt und somit bis zu wesentlich höheren Interferenzordnungen gemessen werden kann (nichtdispersive Stellung).

Sofern man nur über Proben mit unregelmäßiger Form verfügt, kann die Christiansen-Filter-Methode (Abschn. 2.10) angewendet werden, bei der die Streulängendichte von Proben und umgebender – teilweise deuterierter – Flüssigkeit abgeglichen wird, wobei der höchste Kontrast im Abgleichpunkt ($N_A b_A = N_B b_B$) beobachtet wird [102]. Die erreichbare Genauigkeit wird weniger von der neutronenphysikalischen Seite her bestimmt als von der Genauigkeit der Reinheitsanalyse sowie von der Dichte und von der Dickenbestimmung. Bei Präzisionsmessungen ist die Streulängendichte der durch die Probe verdrängten Luft zu berücksichtigen. Über 40 Werte kohärenter Streulängen wurden bisher interferometrisch gemessen, ein Teil davon ist in Tab. 13.1 berücksichtigt. Wird eine inhomogene Probe in einen der kohärenten Teilstrahlen eingesetzt, so entsteht ein ortsabhängiger Phasenschub und damit ein ortsabhängiges Interferenzbild, welches mithilfe eines ortsauflösenden Detektors registriert werden kann. Dieser Effekt bildet die Grundlage für die *Phasen-*

Neutronenradiographie und Tomographie [103]. In diesem Fall ist es möglich, Proben zerstörungsfrei zu prüfen, ohne auf Absorptions- oder Streuungsprozesse angewiesen zu sein. Damit kann eine wesentlich höhere Empfindlichkeit und eine Art „berührungslose" Radiographie und Tomographie erreicht werden.

Bei absorbierenden Proben in einem der Teilstrahlen wird der Interferenzkontrast verringert, nicht zuletzt deshalb, weil mit der Absorption eine Detektion des Strahlweges verbunden ist, was gemäß der Quantenmechanik nicht gleichzeitig mit der Beobachtung der Interferenz erfolgen kann. Verwendet man zur Beschreibung dieses Phänomens die komplexe Brechzahl gemäß Gl. (13.13), so erkennt man, dass nun die Änderung der durch die Absorption betroffenen Wellenfunktion zu schreiben ist als $\psi^{II} \rightarrow \sqrt{\tau} \exp(i\chi) \psi^{II}$, wobei τ die Transmissionswahrscheinlichkeit durch die Probe angibt, $I/I_0 = \tau = \exp[-(\sigma_a + \sigma_s)ND]$. Man erhält somit eine Intensitätsmodulation

$$I \propto [(\tau + 1) + 2\sqrt{\tau} \cos\chi]. \tag{13.97}$$

Vergleicht man demgegenüber die Situation, bei der die Strahlschwächung durch Verengung des Spaltes oder durch ein bestimmtes offen/zu-Verhältnis erreicht wird, so erhält man

$$I \sim [(\tau + 1) + 2\tau \cos\chi], \tag{13.98}$$

was in der Modulationsamplitude gerade bei geringen Transmissionswahrscheinlichkeiten einen großen Unterschied bewirkt, obwohl in beiden Fällen gleich viele Neutronen absorbiert werden. Hier zeigt sich deutlich der Unterschied zwischen stochastischen und deterministischen Effekten in der Quantenmechanik. Dieser Sachverhalt wurde bei den Experimenten voll bestätigt [104] und zeigt, dass die Quantenmechanik einen effizienteren Transport von Information gestattet als die klassischen Gesetze der Physik. Bei sehr kleinen Transmissionswahrscheinlichkeiten spielt auch die Variation der Absorption eine Rolle, weswegen die entsprechenden Messwerte in diesem Bereich theoretisch vorhergesagt und experimentell bestätigt unter der $\sqrt{\tau}$-Kurve liegen [105, 106].

Kohärenzmessungen. Die Kohärenzeigenschaften sind durch die Selbstkorrelationsfunktion der Wellenfunktion (Gl. (13.9)) gegeben. Mit dem Neutroneninterferometer kann die räumliche Korrelationsfunktion $\Gamma(r)$ gemessen werden, aus deren Abfall als Funktion von r die Kohärenzlängen bestimmt werden können. Die räumliche Verschiebung der Wellenzüge erfolgt in Richtung der Normalen der Phasenschieberoberfläche ($r - r_0 = \chi/k$). Bei der Perfektkristall-Interferometrie ist das Kohärenzverhalten stark anisotrop, da die Impulsverteilung nur in Richtung senkrecht zur reflektierenden Ebene durch die Dynamische Beugung deutlich eingeschränkt wird ($|y| \leq 1$), während sie in longitudinaler (z) und vertikaler Richtung unbeeinflusst bleibt. Falls wir Gauß'sche Impulsverteilung annehmen können, ergibt sich eine Kontrastabnahme mit zunehmendem Phasenschub gemäß

$$K \rightarrow K_0 \exp[-(\Delta_i \delta k_i)^2/2] = K_0 |\Gamma(\Delta_i)|. \tag{13.99}$$

Dadurch ist auch die sehr unterschiedliche Kontrastabnahme bei höheren Ordnungen im dispersiven und nichtdispersiven Fall verständlich, da die Impulsunschärfen

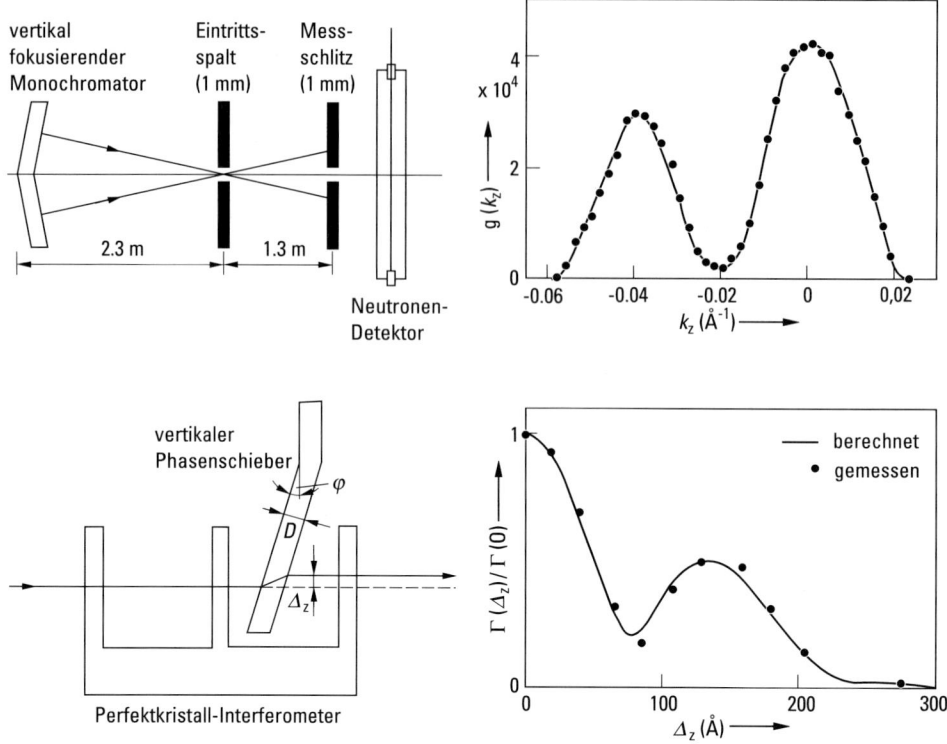

Abb. 13.24 Messung der vertikalen Impulsverteilung und der vertikalen Kohärenzfunktion [107].

δk_i sehr unterschiedlich sind. Die bei sehr hohen Ordnungen auch im nichtdispersiven Fall beobachtete Kontrastverminderung ist auf Absorptions- und inkohärente Streuprozesse zurückzuführen. Abbildung 13.24 zeigt eine in vertikaler Richtung gemessene Impulsverteilung, die wegen eines fokussierenden Vorkristalls doppelhöckrig ist, und den aus den Interferenzbildern als Funktion des Phasenschubes extrahierten Kontrast, das heißt die Kohärenzfunktion. Der in Gl. (13.9) angeführte Zusammenhang zwischen räumlicher Struktur der Wellenpakete und Impulsverteilung wird dadurch bestätigt.

Aus Messungen der Kontrastabnahme bei hohen Ordnungen lässt sich ein Kohärenzvolumen definieren, welches für Gauß'sche Verteilungsfunktionen dem Phasenraumelement (Gl. (13.23)) äquivalent ist, da dann zwischen den Kohärenzlängen und den Impulsunschärfen die Heisenberg'sche Unschärferelation gilt ($\Delta_i = 1/(2\delta k_i)$). Für die Perfektkristallinterferometrie sind typische Werte für das Kohärenzvolumen: Δ_x (longitudinal) $\approx$ 100 nm, Δ_y (horizontal) $\approx$ 10 μm und Δ_z (vertikal) $\approx$ 5 nm [107]. Die Kohärenzlängen und damit die Dimensionen der Wellenpakete sind um viele Größenordnungen kleiner als die Dimensionen des Strahls. Es werden somit Parallelexperimente mit örtlich und zeitlich versetzten kohärenten Wellenpaketen durchgeführt, die relativ zueinander jedoch nicht kohärent sind.

Es soll weiter betont werden, dass interferometrisch getrennte Wellenpakete auch dann kohärent zueinander bleiben, wenn sie infolge großer Phasenschübe ($\Delta > \Delta x$) nicht mehr überlappen und somit kein Interferenzkontrast mehr zu beobachten ist. Durch eine weitere spektrale Filterung – auch hinter dem Interferometer – können die Interferenzphänomene wieder zum Vorschein gebracht werden, was experimentell auch bestätigt wurde. Abbildung 13.25 zeigt derartige Ergebnisse [108]. Falls

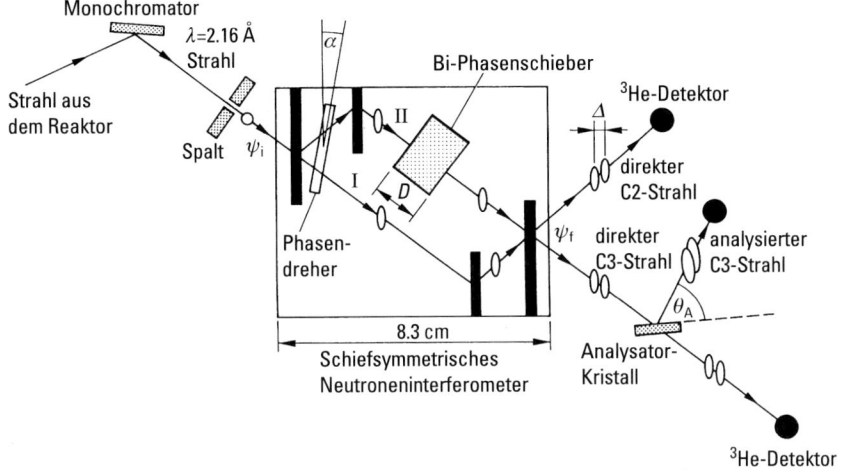

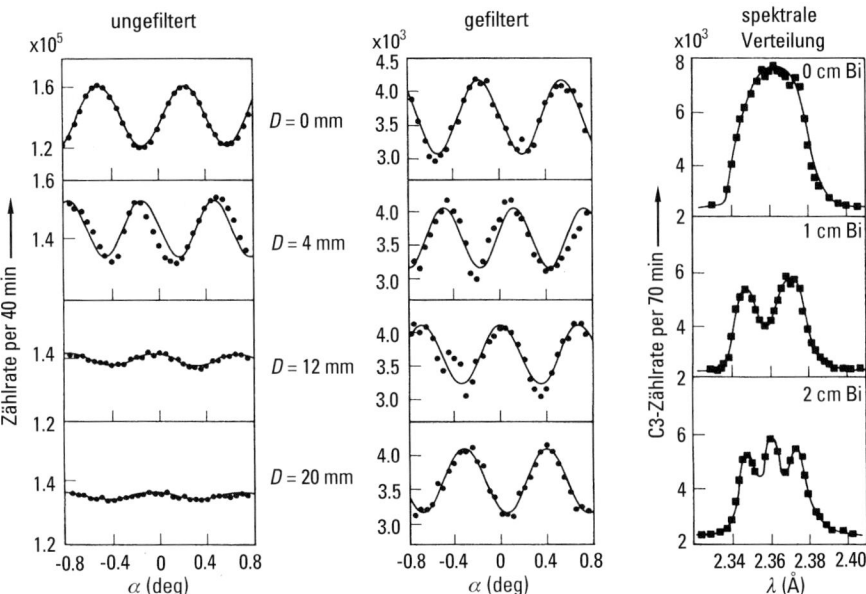

Abb. 13.25 Rückholung des Interferenzbildes durch Nachselektion (zusätzliche Monochromatisierung des Strahles) und Beobachtung der Impulsverteilungsmodulation [108].

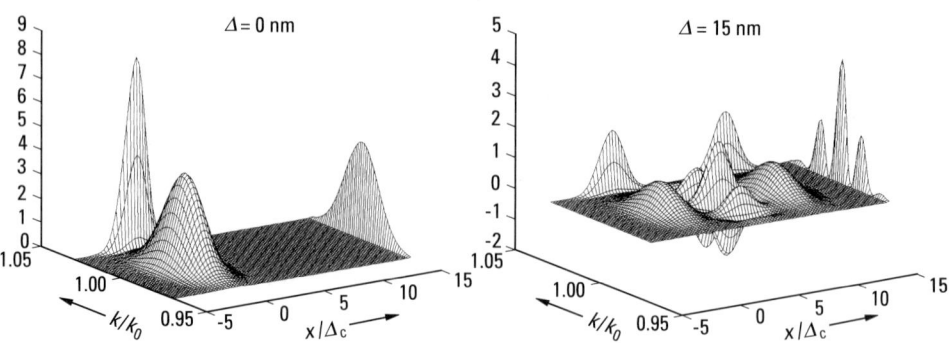

Abb. 13.26 Wigner-Funktionen inklusive deren Projektionen für Phasenschub null und Phasenschub $\Delta = 15$ nm [113].

das Interferenzbild im Ortsraum (links) verschwindet, erscheint eine Modulation im Impulsraum [109] ($g(k) = |A(k)|^2$)

$$I_0(k) \propto g(k)\left[1 - \cos\left(\chi_0 \frac{k}{k_0}\right)\right]. \tag{13.100}$$

Die bei großen Phasenschüben räumlich getrennten, aber im Impulsraum zusammenhängenden Pakete bedeuten nicht-klassische Zustände; im behandelten Fall sind es „*Schrödinger-Katzen*"-Zustände, deren Beschreibung mithilfe von *Wigner-Quasiverteilungsfunktionen* einen guten Einblick in die Kopplung von Orts- und Impulsraum gibt [110–112] (siehe Kap. 7). Die entsprechende *Wigner-Funktion* ist definiert als

$$W_S(k,x) = \frac{1}{2\pi}\int_{-\infty}^{+\infty} e^{ikx'}\psi_S^*\left(x + \frac{x'}{2}\right)\psi_S\left(x - \frac{x'}{2}\right)dx' \tag{13.101}$$

mit den interessanten Eigenschaften, dass die Integration über x die Impulsverteilung und die Integration über k die Ortsverteilung ergibt

$$\int W_S(x,k)\,dk = |\psi(x)|^2$$
$$\int W_S(x,k)\,dx = |\psi(k)|^2 = g(k). \tag{13.102}$$

Diese Funktionen wurden für den Strahl hinter dem Interferometer berechnet [113]

$$\psi_S(x) = \psi(x) + \psi(x + \Delta) \tag{13.103}$$

und sind in Abb. 13.26 für den Fall von Phasenschub null und für einen Phasenschub von $\Delta = 15$ nm gezeigt. Man erkennt die räumliche Separierung in Form der Schrödinger-Katzen-Zustände und das Auftreten eines rasch oszillierenden Teiles dazwischen, der speziell das Quantenverhalten dieses Zustandes signalisiert und der durch Fluktuation besonders beeinflusst wird, wodurch Untersuchungen zum Übergang eines Quantensystems in ein klassisches System ermöglicht werden.

Messung der 4π-Spinor-Symmetrie. Dabei handelt es sich um eines der meist diskutierten Experimente, die im Rahmen der Neutroneninterferometrie erstmals möglich wurden. Aufgrund der elementaren Gesetze der Quantenmechanik kann die Propagation einer Wellenfunktion mit einer durch den Hamilton-Operator gegebenen unitären Transformation beschrieben werden. Im Fall der magnetischen Wechselwirkung (Gl. (13.15)) kann die Entwicklung der zweikomponentigen Spinor-Wellenfunktion (Bd. 4, Abschn. 1.5.4), die das Neutron als Fermion beschreibt, wie folgt dargestellt werden:

$$\psi(t) = e^{iHt/\hbar}\psi(0) = e^{-i\mu B t/\hbar}\psi(0) = e^{-i\sigma\alpha/2}\psi(0) = \psi(\alpha), \qquad (13.104)$$

wobei α den Larmor-Drehwinkel um das Magnetfeld beschreibt:

$$\alpha = \frac{2|\mu|}{\hbar}\int B\,\mathrm{d}t = \frac{2|\mu|}{\hbar v}\int B\,\mathrm{d}s. \qquad (13.105)$$

Durch Einsetzen der Pauli-Spinmatrizen (Bd. 4, Abschn. 4.4) lässt sich leicht zeigen, dass $\psi(\alpha)$ eine 4π-Symmetrie besitzt und nicht die für Erwartungswerte oder im Bereich der klassischen Physik gewohnte 2π-Symmetrie

$$\begin{aligned}\psi(2\pi) &= -\psi(0),\\ \psi(4\pi) &= \psi(0).\end{aligned} \qquad (13.106)$$

Dieser Sachverhalt, der früher als nicht nachweisbar angesehen wurde, ist neutroneninterferometrisch einfach sichtbar zu machen, indem man die Intensitätsmodulation beobachtet, bei der ein kohärenter Teilstrahl ein Magnetfeld passiert.

$$I_0 = |\psi_0(0) + \psi_0(\alpha)|^2 \propto \left(1 + \cos\frac{\alpha}{2}\right). \qquad (13.107)$$

Diese Relation gilt sowohl für polarisierte als auch für unpolarisierte Neutronen, was auf eine innere Symmetrieeigenschaft der Fermionen hinweist. Aus den Gln. (13.106) und (13.107) erkennt man, dass erst bei $\alpha = 4\pi$ der ursprüngliche Zustand

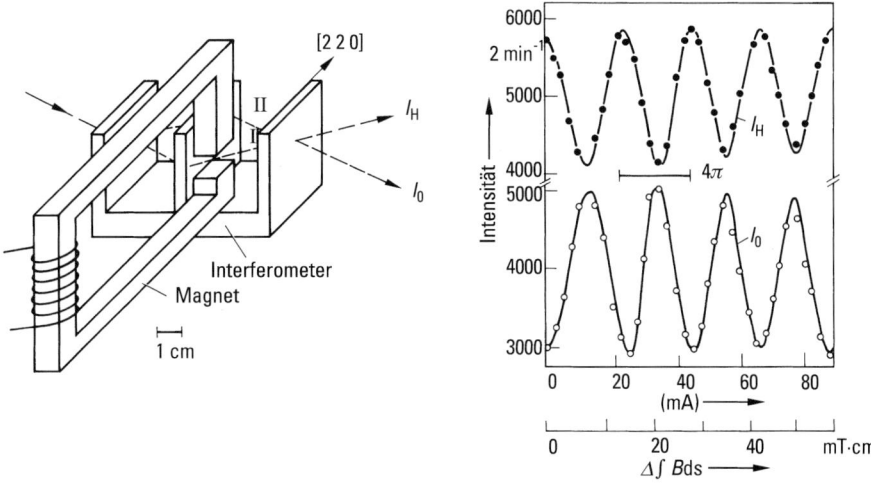

Abb. 13.27 Neutroneninterferometrische Messung der 4π-Symmetrie von Spinoren [114].

wieder reproduziert wird, was durch die von Rauch et al. [114] und von Werner et al. [115] fast gleichzeitig durchgeführten Messungen voll bestätigt wurde (siehe Abb. 13.27). Dieser Effekt wurde anschließend auch mit etlichen anderen Methoden und für eine Reihe anderer Fermion-Systeme nachgewiesen. Eine allgemein verständliche theoretische Diskussion dieses Effekts findet man bei Bernstein und Philips [116]. Bei diesen Experimenten zur 4π-Symmetrie von Spinor-Wellenfunktionen handelt es sich um *dynamische Phasen*, da diese direkt von der Stärke (Betrag) der Hamilton-Wechselwirkung abhängen. In Abschn. 13.7 i) lernen wir zusätzlich *geometrische (topologische) Phasen* kennen, die zeigen, dass ein physikalisches System nicht nur „weiß", um welchen Winkel es gedreht wurde, sondern auch, um welche Achse es gedreht wurde, um zu einem bestimmten Endpunkt zu gelangen.

Messung der Spin-Superposition. Hier handelt es sich ebenfalls um ein häufig verwendetes Prinzip in der Quantenmechanik, dessen Realisierung im makroskopischen Bereich des Interferometers dennoch Erstaunen auslöst. Die Wellenfunktion eines in $|z\rangle$-Richtung polarisierten Strahls wird in einem Teilstrahl nach $|-z\rangle$ invertiert und dann mit dem anderen unveränderten Teilstrahl überlagert. Die Spinumdrehung kann etwa durch eine Larmor-Präzession um ein Magnetfeld senkrecht zur z-Richtung erfolgen (vgl. Bd. 2, Abschn. 7.3), was eine Standardmethode der Physik polarisierter Neutronen darstellt. Das Ergebnis bei Superposition der Teilstrahlen ist mithilfe der Quantenmechanik zu erhalten, indem wir in einem Teilstrahl den Drehoperator (Gl. (13.104)) etwa für eine Drehung um $180°$ in y-(Strahl)-Richtung anwenden. Sofern wir auch einen skalaren (Kern-)Phasenschub mitberücksichtigen, erhalten wir

$$\psi(\chi, \pi) = e^{i\chi} e^{-i\sigma_y \pi/2} |+z\rangle = -i\sigma_y e^{i\chi} |+z\rangle = e^{i\chi} |-z\rangle . \tag{13.108}$$

Die Gesamtwellenfunktion bei der Überlagerung lautet somit

$$\psi = |+z\rangle + e^{i\chi} |-z\rangle , \tag{13.109}$$

was folgende Polarisation des auslaufenden Strahls bewirkt

$$\boldsymbol{P} = \frac{\psi^* \boldsymbol{\sigma} \psi}{\psi^* \psi} = \begin{pmatrix} \cos\chi \\ \sin\chi \\ 0 \end{pmatrix} . \tag{13.110}$$

Diese Polarisation liegt somit in der x,y-Ebene und ist senkrecht zur Polarisation der überlagerten Teilstrahlen. Damit wurde ein reiner Quantenzustand in $|+z\rangle$-Richtung, z. B. für $\chi = 0$, in einen Quantenzustand in $|+x\rangle$-Richtung transferiert, was im Sinn der sicher vorliegenden Selbstinterferenz den Anschein erweckt, als hätte jedes Neutron Information über die physikalische Situation in beiden weit voneinander getrennten Teilstrahlen. Das von Summhammer et al. [117] durchgeführte Experiment hat diesen Prozess voll bestätigt (Abb. 13.28). Intensitätsmodulationen treten nur auf, wenn die Polarisationsanalyse in der (x, y)-Ebene erfolgt.

Dieses Experiment wurde mit einem Rabi-Resonanzflipper wiederholt, welcher ebenfalls in der Physik polarisierter Neutronen routinemäßig zur Spinumkehr eingesetzt wird. Im Fall einer vollständigen Spinumkehr muss die Frequenz des oszillierenden Feldes der Larmor-Resonanzfrequenz der Neutronen im stationären Füh-

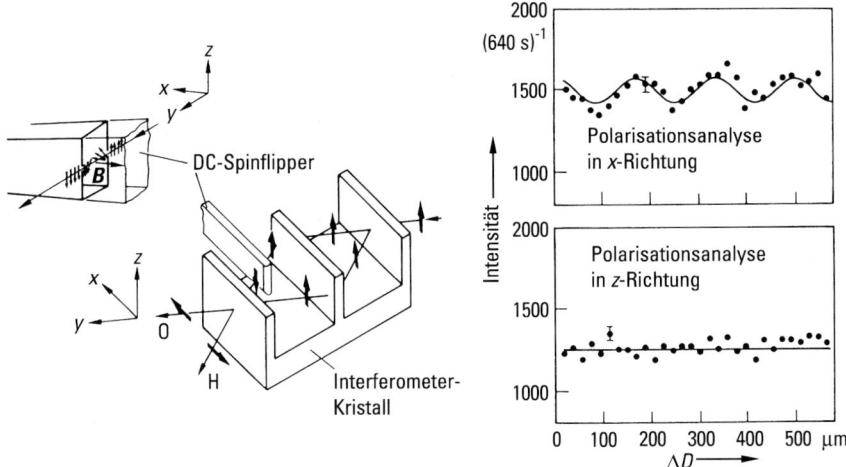

Abb. 13.28 Nachweis der kohärenten Spin-Superposition durch Überlagerung von Teilstrahlen mit Polarisationsrichtungen in $|z\rangle$ und $|-z\rangle$ [117].

rungsfeld entsprechen ($\hbar\omega_r = 2\mu B_0$) und die Amplitude B_1 der Bedingung $\mu B_1 l/\hbar t v = \pi$ genügen, wobei l die Länge der Spule und v die Geschwindigkeit der Neutronen angibt. Hier ist jedoch zu beachten, dass gleichzeitig mit der Spinumkehr ein Energieaustausch zwischen Resonator- und Neutronensystem erfolgt ($\Delta E = \hbar\omega_r = 2\mu B_0$, B_0 ... Stärke des Führungsfeldes). Zur Berechnung der entsprechenden Wellenfunktion hinter dem Flipper haben wir daher die zeitabhängige Schrödinger-Gleichung (Gl. (13.2)) zu verwenden und den Energieaustausch zu berücksichtigen:

$$\psi(\chi,\omega_r) = e^{i\chi} e^{-i(\omega - \omega_r)t} |-z\rangle, \tag{13.111}$$

was bei Überlagerung mit dem unveränderten anderen Teilstrahl $|z\rangle$ eine Polarisation ergibt:

$$\boldsymbol{P} = \begin{pmatrix} \cos(\chi - \omega_r t) \\ \sin(\chi - \omega_r t) \\ 0 \end{pmatrix}. \tag{13.112}$$

Die Polarisation liegt somit ebenfalls in der (x, y)-Ebene, rotiert jedoch mit der Resonanzfrequenz des Flip-Feldes. Dieser Effekt konnte mit einer stroboskopischen Messung, bei der die Polarisation in einer bestimmten Richtung synchron mit der Phase des Flip-Feldes gemessen wurde, ebenfalls nachgewiesen werden [118].

Im Zusammenhang mit diesen Ergebnissen wurde die Frage ventiliert, ob nicht durch Messung des Energieübertrags eine Bestimmung des Strahlweges ermöglicht wird. Es kann jedoch gezeigt werden, dass dies nicht möglich ist, weil im Fall einer messbaren Energieverschiebung (das heißt größer als die Energiebreite des Strahls) die Interferenz verschwindet, und weil die Messung der Energieänderung des Flip-Feldes um ein Quant wegen der Photonzahl-Phase-Unschärferelation ($\Delta N \Delta\Phi > 1$) prinzipiell unmöglich ist.

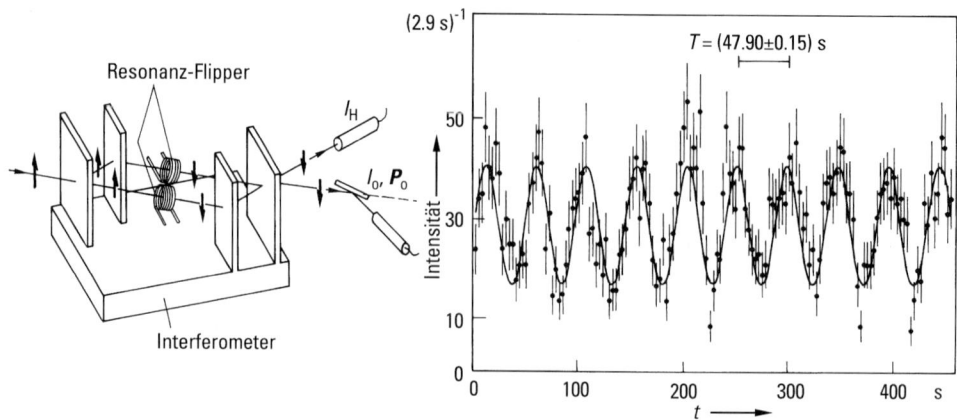

Abb. 13.29 Nachweis der zeitlichen Strahlmodulation bei geringfügig unterschiedlichem Energieübertrag in beiden Teilstrahlen (Neutronen-Josephson-Effekt) [119].

Neutronen-Josephson-Effekt. In diesem Fall wird die Polarisation in beiden Teilstrahlen mit Resonanz-Spin-Flipper umgedreht, weswegen die Endpolarisation in die $|-z\rangle$-Richtung zeigt. Obwohl in dieser Anordnung mit Sicherheit 1 ein Energieaustausch erfolgt, bleibt die Interferenzfähigkeit des Strahls erhalten. Das Interferenzbild hängt in diesem Fall von der Phasenlage der beiden Resonanzfelder ab. Ein besonders interessanter Fall ergibt sich, wenn die Frequenz der beiden Resonanzfelder leicht unterschiedlich ist:

$$\psi = e^{i(\omega - \omega_{r1})t}|-z\rangle + e^{i(\omega - \omega_{r2})t}|-z\rangle, \tag{13.113}$$

was eine zeitliche Intensitätsmodulation hervorruft, gemäß

$$I \sim 1 + \cos[\chi + \cos(\omega_{r1} - \omega_{r2})t]. \tag{13.114}$$

Der Frequenzunterschied und damit der Unterschied in der übertragenen Energie kann sehr klein gehalten werden, wodurch die zeitliche Oszillation sehr lang wird (Abb. 13.29) [119]). Der Energieunterschied entspricht in diesem Fall $\Delta E = 8.6 \times 10^{-17}$ eV und die Energieempfindlichkeit 2.7×10^{-19} eV. Wie durch das Experiment nachgewiesen werden konnte, kann dieser Effekt bei Neutronen zur Erzielung einer extrem hohen Energieauflösung verwendet werden.

Dieser Effekt kann als Neutronen-Josephson-Effekt gedeutet werden, da in diesem Fall die Phase variiert gemäß:

$$\frac{\partial}{\partial t}(\Delta_2 - \Delta_1) = \omega_{r2} - \omega_{r1} = 2\mu \Delta B_0/\hbar \tag{13.115}$$

und durch das Magnetfeld getrieben wird, während sie beim Josephson-Effekt bei supraleitenden Tunnelkontakten durch das elektrische Potential V getrieben wird (z. B. Weber und Hittmair [120] und Bd. 6, Abschn. 9.3):

$$\frac{\partial}{\partial t}(\phi_2 - \phi_1) = \frac{1}{\hbar}(E_2 - E_1) = 2eV/\hbar. \tag{13.116}$$

Gravitationseffekte. Wie in Abschn. 13.1 ausgeführt wurde, ist die Gravitationswechselwirkung unter üblichen Laborbedingungen von vergleichbarer Größenordnung wie die gemittelte Kern- und magnetische Wechselwirkung, weswegen bei interferometrischen Experimenten entsprechende Einflüsse zu erwarten sind. Mit Gl. (13.19) erhalten wir zunächst die Bewegungsgleichung eines Massepunktes im Gravitationsfeld der Erde

$$m\frac{\partial^2 \boldsymbol{r}}{\partial t^2} = m\boldsymbol{g} - m\boldsymbol{\omega} \times (\boldsymbol{\omega} \times \boldsymbol{r}) - 2m\boldsymbol{\omega} \times \frac{\partial \boldsymbol{r}}{\partial t}, \qquad (13.117)$$

wobei $\boldsymbol{g}$ die zum Erdmittelpunkt weisende Gravitationsbeschleunigung angibt, welche durch die Gravitationskonstante $G = 6.673(10) \times 10^{-11}\,\text{m}^3\,\text{s}^{-2}\,\text{kg}^{-1}$, durch den Erdradius und durch die Masse der Erde gegeben ist ($g = GM/R^2$). Aus obiger Beziehung folgt die Bahngleichung

$$\boldsymbol{r} = \boldsymbol{r}_0 + \boldsymbol{v}_0 t + \frac{1}{2}\boldsymbol{g}'t^2 + \frac{1}{3}t^3 \boldsymbol{\omega} \times \boldsymbol{g}', \qquad (13.118)$$

wobei die am Ort R wirksame effektive Gravitationsbeschleunigung zur Beschreibung verwendet wurde:

$$\boldsymbol{g}' = \boldsymbol{g} + \boldsymbol{\omega} \times (\boldsymbol{\omega} \times \boldsymbol{R}). \qquad (13.119)$$

Den Phasenschub im Interferometer berechnet man mithilfe des Wegintegrals aus Gl. (13.86), wobei der kanonische Impuls aus $\partial \boldsymbol{r}/\partial t = m(\partial H/\partial \boldsymbol{p})$ mit dem Wechselwirkungspotential aus Gl. (13.19) zu berechnen ist:

$$\boldsymbol{k} = \frac{m}{\hbar}\left[\frac{\partial \boldsymbol{r}}{\partial t} + \left(\boldsymbol{\omega} \times \frac{\partial \boldsymbol{r}}{\partial t}\right)\right]. \qquad (13.120)$$

Auf diese Weise erhält man nach einigen Zwischenrechnungen den *Gravitationsphasenschub*

$$\beta = \frac{m}{\hbar}\oint\frac{\partial \boldsymbol{r}}{\partial t}\mathrm{d}\boldsymbol{r} + \frac{m}{\hbar}\oint\left(\boldsymbol{\omega} \times \frac{\partial \boldsymbol{r}}{\partial t}\right)\mathrm{d}\boldsymbol{r}$$

$$= -\frac{m^2 g \lambda A \sin\Phi}{2\pi\hbar^2} + \frac{2m\omega A \sin\Phi_\mathrm{L} \sin\varepsilon}{\hbar}, \qquad (13.121)$$

wobei A die von den kohärenten Strahlen eingeschlossene Fläche darstellt, Φ den Winkel, um den das Interferometer aus der Horizontalebene herausgedreht wurde, Φ_L die geographische Breite des Ortes, wo die Messung stattfindet und ε den Drehwinkel um die vertikale Achse. Der erste Term in dieser Gleichung stellt den vertrauten Gravitationsterm dar und wurde von Colella, Overhauser und Werner [121] durch Drehen des Interferometers um eine horizontale Achse nachgewiesen. Dieser Phasenschub kann verstanden werden aus dem Unterschied des Gravitationspotentials, in dem der nun etwas höhere Strahl im Vergleich zum niedriger liegenden Strahl durch das Interferometer läuft. Bei üblichen Dimensionen von Perfektkristall-Interferometern ($A \approx 50\,\text{cm}^2$) und Drehwinkel $\pm 20°$ werden zirka 10 Interferenzordnungen überstrichen.

Der *Coriolis-Term* in Gl. (13.121) wurde von Werner et al. [122] erstmals interferometrisch beobachtet, indem sie einen Neutronenstrahl senkrecht nach oben rich-

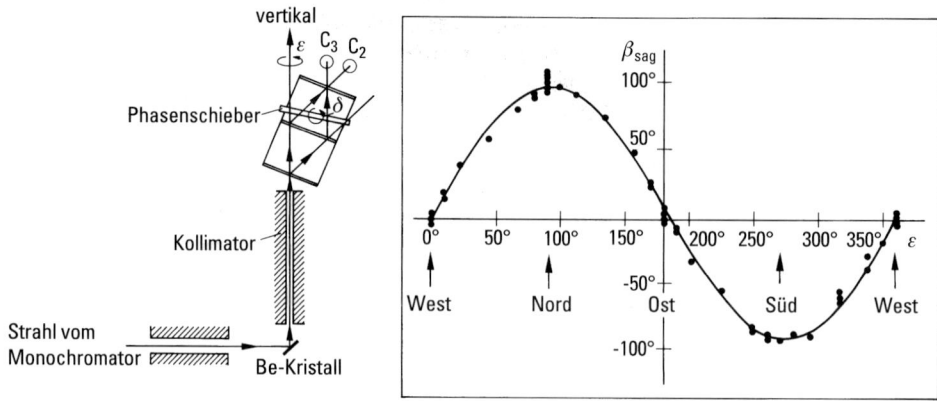

Abb. 13.30 Nachweis der Wirkung der Erdrotation auf den Phasenschub im Neutronen-Interferometer [122].

teten und ein Perfektkristall-Interferometer um diese nun senkrechte Achse drehten (Abb. 13.30). Das Ergebnis gibt einen Eindruck von der Empfindlichkeit der Messmethode. Vorstellen kann man sich diesen Effekt am ehesten, indem man sich die von den Teilstrahlen aufgespannte Fläche als Fahne auf der sich drehenden Erde denkt, die – wenn sie in verschiedene Himmelsrichtungen gedreht wird – verschiedenen Coriolis-Kräften ausgesetzt ist, was sich im Interferometerexperiment als Phasenschub bemerkbar macht. Eine eingehendere Diskussion dazu findet man bei Greenberger [98]. Die Wirkung der Erdrotation auf einzelne Kalzium-Atome wurde mittels eines Atominterferometers von Riehle et al. [123] beobachtet.

Eine zu den Gravitationsmessungen komplementäre Untersuchung wurde von Bonse und Wroblewski [124] durchgeführt, die das Interferometer leicht bewegt und ebenfalls eine der jeweiligen Beschleunigung der Interferometerplatten proportionale Phasenverschiebung beobachtet haben. Damit wurde die Gültigkeit der klassischen Transformationsgesetze für *nicht-inertiale Bezugssysteme* im Quanten-Grenzfall bestätigt.

Neutronen-Fizeau-Effekt. Sobald sich der Phasenschieber relativ zum Neutronenstrahl bewegt, ergibt sich ein zusätzlicher Phasenschub. Wegen der im Vergleich zur Lichtgeschwindigkeit geringen Geschwindigkeit der Neutronen, kann die Berechnung auf der Basis der Galilei-Transformation erfolgen, derzufolge der Impuls im mit der Geschwindigkeit w bewegten System gegeben ist als

$$\boldsymbol{K}' = \boldsymbol{K} - \frac{m}{\hbar}\boldsymbol{w}. \tag{13.122}$$

Die Brechzahl in diesem System erhält man als

$$n' = \frac{K'}{k'} = \sqrt{1 - \frac{\bar{V}}{E'}} \approx 1 - \frac{\bar{V}}{2E'} \tag{13.123}$$

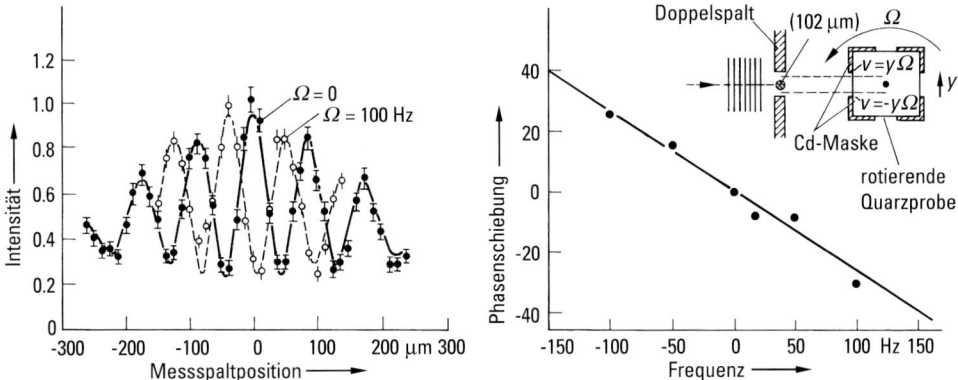

Abb. 13.31 Messung des Neutronen-Fizeau-Effektes mit einem Doppelspalt-Interferometer und einer rotierenden Quarz-Probe [126].

und den Fizeau-Phasenschub als Differenz des Phasenschubes der bewegten und ruhenden Probe:

$$\Delta\chi_F = (1-n')k'D - (1-n)kD = -\frac{\bar{V}Dm}{\hbar^2 k}\frac{w}{v-w}. \tag{13.124}$$

Aufgrund der Randbedingungen der Quantenmechanik sind bei den Geschwindigkeiten nur die Komponenten senkrecht (x) zur bewegten Fläche von Relevanz ($w \to w_x$, $v \to v_x$). Daraus erkennt man, dass ein Fizeau-Phasenschub nur auftritt, wenn sich die Oberfläche des Phasenschiebers relativ zum Neutronenstrahl bewegt [125]. Das stellt einen deutlichen Unterschied zum Licht-Fizeau-Effekt dar, wo der Bewegungszustand des brechenden Mediums für das Auftreten des Effekts entscheidend ist (s. Bd. 1, Abschn. 29.3). Der Neutronen-Fizeau-Effekt wurde zuerst von Klein et al. [126] mit einem Doppelspalt-Interferometer, wie es in Abb. 13.20c dargestellt ist, und einem drehenden Quarz-Phasenschieber nachgewiesen (Abb. 13.31). Zusätzliche Effekte treten auf, wenn das mittlere Potential $\bar{V}$ energieabhängig anzusetzen ist.

Aharonov-Casher-Effekt. Sofern sich ein magnetischer Dipol in einem elektrischen Feld bewegt, kommt es zur Spin-Bahn-Wechselwirkung (Gl. (13.18)). Diese verursacht ebenfalls einen (geringen) Phasenschub, der zuerst von Aharonov und Casher [127] angegeben und von Cimmino et al. [128] experimentell mit einem Perfektkristall-Interferometer nachgewiesen wurde. Gemäß Gl. (13.18) können wir ein im bewegten System des Neutrons wirkendes effektives Magnetfeld definieren:

$$\boldsymbol{B}_{\text{eff}} = -(\boldsymbol{v}\times\boldsymbol{E})/c, \tag{13.125}$$

womit wir mit den bekannten Ausdrücken für einen magnetischen Phasenschub (Gl. (13.105)) schreiben können:

$$\Delta_{\text{AC}} = \frac{\alpha}{2} = \frac{\mu}{\hbar v}\oint \boldsymbol{B}\,\mathrm{d}\boldsymbol{s} = \pm\frac{2\mu}{\hbar c}El, \tag{13.126}$$

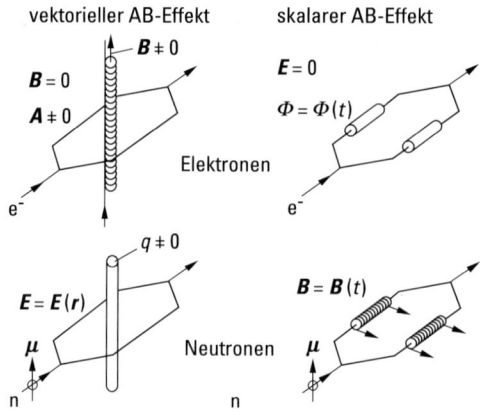

Abb. 13.32 Aharonov-Bohm-Situationen für Elektronen und Neutronen.

wobei l die Länge des wirksamen elektrischen Feldes angibt. Interessant ist, dass dieser Ausdruck nur von der von den kohärenten Teilstrahlen umschlossenen Ladung abhängig ist und damit einen gewissen topologischen Charakter besitzt, was Ähnlichkeiten zum bekannten *Aharonov-Bohm-Effekt* aufzeigt, bei dem im Elektroneninterferometer (Abschn. 11.3) ein Phasenschub entsteht, der nur vom umschlossenen magnetischen Fluss abhängt (s. Peshkin und Tonomura [129]). Es wirkt in diesem Fall keine klassische Kraft auf das Teilchen, und trotzdem kommt es zu einem messbaren Phasenschub. Die für geladene und neutrale Teilchen existierenden Aharonov-Bohm-Situationen sind in Abb. 13.32 zusammengestellt. Für Neutronen wurde sowohl der vektorielle [128] als auch der skalare [130, 131] Aharonov-Bohm-Effekt nachgewiesen.

Geometrische (topologische) Phasen. Die Wirkung eines Hamilton-Operators auf die Wellenfunktion kann in einen dynamischen (Gl. (13.105); $2\delta = \alpha \cos \Theta$; Θ ... Winkel zwischen Richtung der Polarisation und dem Magnetfeld) und in einen geometrischen Teil (γ) separiert werden, wobei erster von der Stärke und der zweite von der Geometrie der Wechselwirkung abhängt [132, 133]. Für den Phasenschub bedeutet das

$$\phi = -\frac{1}{\hbar} \int_0^T \langle \psi(t) | H | \psi(t) \rangle \, dt + i \int_0^T \langle \tilde{\psi}(t) | \frac{d}{dt} | \tilde{\psi}(t) \rangle \, dt = \delta + \gamma, \qquad (13.127)$$

$$|\tilde{\psi}(t)\rangle = e^{-i\phi} |\psi(t)\rangle.$$

Damit ergibt sich ein Interferenzbild

$$I(\chi, \alpha) = |\psi_0(0,0) + \psi_0(\chi, \alpha)|^2 \propto D + A \cos(\chi + \phi), \qquad (13.128)$$

mit

$$A = \sqrt{1 - \sin^2 \Theta \sin^2 \frac{\alpha}{2}}, \quad \cos \phi = \frac{\cos \frac{\alpha}{2}}{\sqrt{\cos^2 \frac{\alpha}{2} + \cos^2 \frac{\alpha}{2} \cos^2 \Theta}},$$

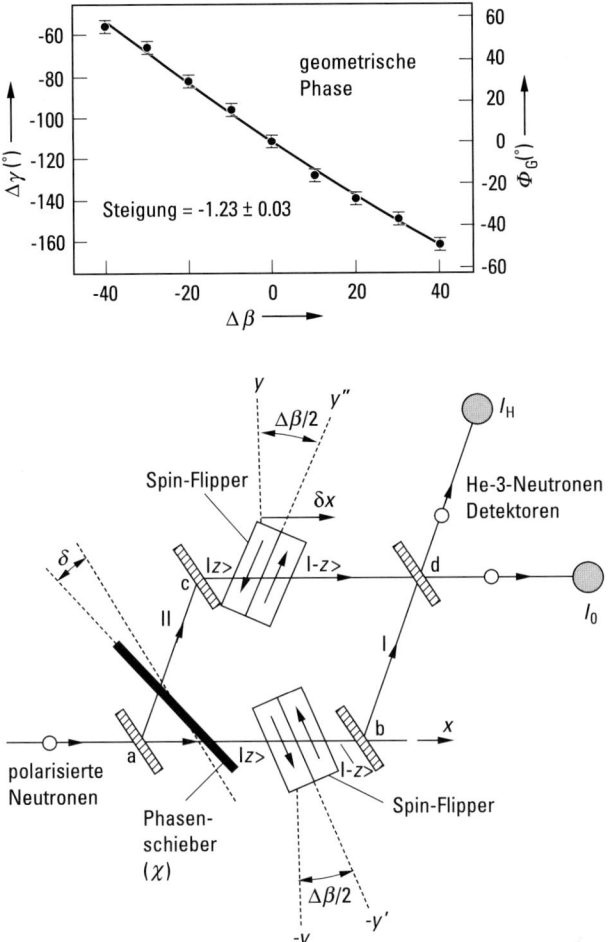

Abb. 13.33 Experimentelle Anordnung und typische Ergebnisse der Messung geometrischer Phasen von Neutronen [134]. $\Delta\gamma$ bedeutet die gemessene Phasendifferenz zwischen Spin-Flipper Ein und Aus.

welches von Wagh et al. [134] mit einer in Abb. 13.33 gezeigten Apparatur eindrucksvoll bestätigt werden konnte. Durch Drehen der Spin-Flipper in beiden Strahlen um den Winkel $\Delta\beta/2$ kann der dynamische Phasenschub kompensiert werden, und es verbleibt nur der geometrische Phasenschub, der angibt, um welche Achse der Zustand von $|+z\rangle$ nach $|-z\rangle$ gedreht wurde. Für den Fall von Nicht-180°-Drehungen konnten Hasegawa et al. [135] zusätzlich *nicht diagonale geometrische Phasen* identifizieren.

Einschlussphasen. Der Zerfall eines Atoms wird durch die räumliche Nähe zu einer Wand (*Casimir-Effekt*) oder durch ständige zeitliche Beobachtung (*Zenon-Effekt*)

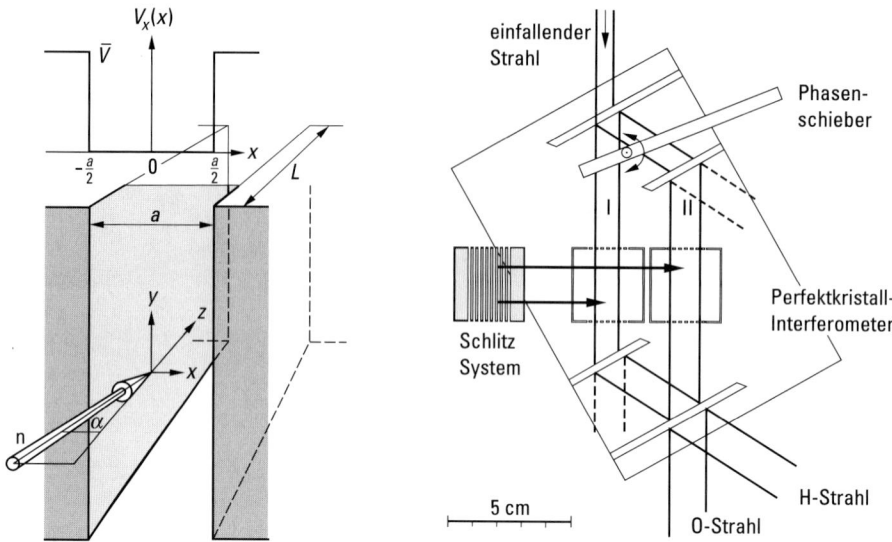

Abb. 13.34 Neutronen in engen Kanälen und Messmethode zur Messung des entstehenden Phasenschubs [139].

beeinflusst [136, 137]. In gewissem Sinn ist das durch die langreichweitige elektromagnetische Wechselwirkung und den Austausch virtueller Photonen erklärbar. Bei Neutronen ist diese Art der Erklärung wegen der kurzreichweitigen Wechselwirkung nicht anwendbar, und trotzdem kommt es im Fall einer räumlichen Begrenzung (enge Schlitze) zu einem Phasenschub infolge der transversalen Quantisierung der Wellenfunktion, was auch die longitudinale Komponente infolge der Energieerhaltung beeinflusst [138] (Abb. 13.34). Der Transversalimpuls unterliegt einer Quantelung $k_\perp = n\pi/a$, was im Fall von Schlitzbreiten $a \cong 20\,\mu$m Energieniveaus von rund 0.5 peV entspricht. In diesen Potentialtöpfen sind bis zu 200 Energieniveaus, aber nur die niedrigsten tragen zu einem messbaren Phasenschub bei, da die höheren durch Variationen der Schlitzbreiten verschmiert werden. Die niedrigsten Niveaus werden fast ausschließlich von den zu den Schlitzen parallelen Komponenten des Wellenpaketes angeregt, das heißt im klassischen Bild von Neutronen, die die Wand nicht berühren. Mit der in Abb. 13.34 gezeigten Messmethode konnte mit 22.1 μm breiten und 20 mm langen aus Silizium-Wafern bestehenden Kanälen ein Phasenschub von 2.8(4)° gemessen werden [139].

Die Vielzahl der durchgeführten Experimente zeigt, dass Neutronen nahezu ideale Probepartikel sind, um quantenmechanische Untersuchungen zum Welle-Teilchen-Dualismus und zur Verifikation fundamentaler Wechselwirkungsmechanismen durchzuführen. Der Wunsch, Interferometrie und Quantenoptik mit immer schwereren Teilchen durchführen zu können, führte zur Entwicklung der Atom-Molekül- und Cluster-Optik und -Interferometrie, die in Kap. 14 eingehend behandelt wird.

13.8 Holographie

Holographie mit Licht, Elektronen und Röntgenstrahlung wurde bereits 1948 von D. Gabor [140] vorgeschlagen und hat sich in der Zwischenzeit zu einer gut etablierten Technik entwickelt (s. Abschn. 3.14 und 11.5.2). Es handelt sich dabei um eine dreidimensionale Rekonstruktion atomarer Anordnungen aus zweidimensionalen Interferenzbildern (Hologramme). Mit Neutronen hat man zwei Möglichkeiten, Holographie zu realisieren:

a) die inkohärente Streuung von Neutronen dient als punktförmige Quelle von Kugelwellen,
b) man nutzt stark absorbierende Isotope als punktförmige Senken (Detektoren) der Strahlung.

Beide Methoden unterscheiden sich also durch das Vertauschen von Quelle und Detektor.

Beide Methoden konnten neuerdings realisiert werden [141, 142]. Konkret bedeutet das im Fall a), dass Neutronen an Wasserstoffkernen der Probe inkohärent gestreut werden, wobei die auslaufende Kugelwelle als Referenzstrahl dient und der Teil der Welle, der an den Nachbaratomen nochmals – aber nun kohärent – gestreut wird, als Signalstrahl wirkt. Damit konnten die den Wasserstoffkern umgebenden Sauerstoffatome in einkristallinem $Al_4Ta_3O_{13}(OH)$-Mineral mit einer Genauigkeit von etwa 7% gemessen werden [141]. Weitere Verbesserungen der Genauigkeit sind zu erwarten. Die Weiterführung dieser Experimente hat auch zum Nachweis von *Kossel-* und *Kikuchi-Beugungsphänomenen* geführt [143]. Im Fall b) durchquert ein einfallender Strahl einen Einkristall, in den stark absorbierende Kerne als Detektoren eingebaut sind. Der Strahl selbst dient als Referenzstrahl, und die gestreuten Neutronen entsprechen dem Signalstrahl. In diesem Fall verwendeten die Autoren [142] einen $Pb_{0.9974}Cd_{0.0026}$-Einkristall, in dem jedes Cd-Atom von 12 Pb-Atomen umgeben ist.

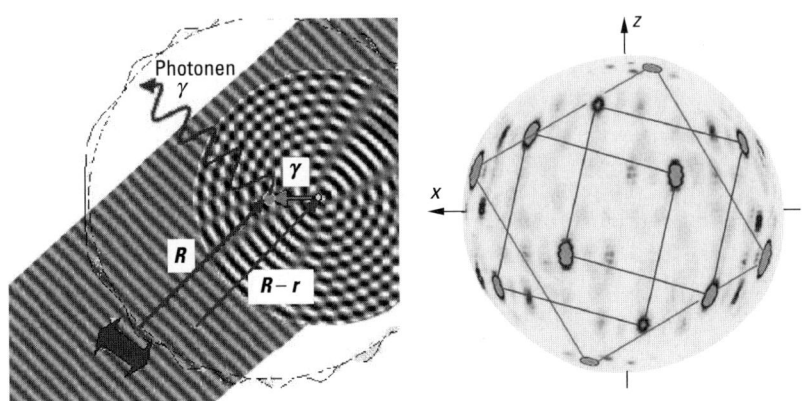

Abb. 13.35 Schema der holographischen Messmethode und rekonstruierte Anordnung der Pb-Atome um ein zentrales Cd-Atom [142].

Gemessen wurde die von den Cd-Kernen ausgehende prompte Einfang-Gammastrahlung. Abbildung 13.35 zeigt die schematische Anordnung und die Rekonstruktion der die Cd-Atome umgebenden 12 Pb-Atome. Derartige Untersuchungen werden speziell für biologische Substanzen stark an Interesse gewinnen.

13.9 Optik mit ultrakalten Neutronen

Neutronen mit einer Wellenlänge $\lambda > \lambda_c = (\pi/Nb_c)^{1/2}$ (s. Gl. (13.11) und Tab. 13.1) werden als ultrakalte Neutronen bezeichnet und selbst bei senkrechtem Einfall auf eine Grenzfläche totalreflektiert. Daher kann man beim Aufbau neutronenoptischer Apparaturen weitgehend konventionelle Komponenten verwenden, wie wir sie aus der Lichtoptik her kennen. Unterschiede entstehen jedoch durch den starken Einfluss der Gravitation auf die Bahnbewegung und wegen der unvergleichlich geringeren verfügbaren Intensität derartiger Neutronen. Der Anteil ultrakalter Neutronen im Spektrum eines Moderators ist gemäß Gl. (13.23) $f = (E_c/k_B T)^2/2$, was für gekühlte Moderatoren Werte von rund 10^{-10} ergibt. Außerdem ist zu beachten, dass sowohl der Absorptionswirkungsquerschnitt als auch der integrale inelastische Wirkungsquerschnitt für langsame Neutronen mit $1/v$ ansteigt, weswegen nur eine dünne Moderatorschicht als Quellvolumen in Frage kommt. Wegen der Brechungsgesetze folgt weiter, dass ultrakalte Neutronen aus einem Medium mit positiver Streulängendichte $Nb_c > 0$ überhaupt nicht austreten können. Innerhalb eines Neutronenleiters oder eines Behälters verhalten sich ultrakalte Neutronen eher wie ein *ideales Gas* als nach den Gesetzen der Strahloptik.

Es gibt verschiedene Versuche, intensivere *Quellen ultrakalter Neutronen* zu entwickeln (s. z. B. [144–147]). Hier seien einige Entwicklungen kurz erwähnt:

a) Durch dünne gekühlte Konverterfolien in einen Strahl thermischer Neutronen gebracht, kann durch einmalige inelastische Streuung erreicht werden, dass mehr Neutronen zu niedrigen Energien gestreut werden, als das im Fall eines thermodynamischen Gleichgewichtes der Fall ist. Als Konverterfolien kommen vor allem wasserstoffhaltige Substanzen wie Methan, para-Wasserstoff u. a. in Frage. Bei optimaler Dimensionierung erscheinen Gewinnfaktoren von 30 erreichbar. Besonders attraktiv scheint auch festes D_2 und CD_4 zu sein, da diese Substanzen gerade im festen Zustand viele tiefliegende Energiezustände aufweisen, die für die Kühlung wirksam sind [147, 148].

b) Weiter gibt es Versuche mit sogenannten „*Superquellen*" für ultrakalte Neutronen, bei denen Neutronen vorwiegend an den Rotor-Zuständen in reinem flüssigem He-4 (vgl. Bd. 5, Abschn. 4.2.4 und 4.2.10) zu sehr niedrigen Energien gestreut werden, wobei die entsprechende Aufwärtsstreuung kinematisch unterdrückt wird [146, 149, 150]. Damit können zumindest im Prinzip deutlich höhere Gewinnfaktoren erzielt werden, aber das Problem der Extraktion dieser Neutronen ist bis jetzt nicht zufriedenstellend gelöst.

c) Am weitesten entwickelt ist die Produktion ultrakalter Neutronen mithilfe der sogenannten *Neutronenturbine*. Kalte Neutronen aus einer kalten Quelle werden in einem nach oben gerichteten, aber stark gekrümmten Neutronenleiter durch

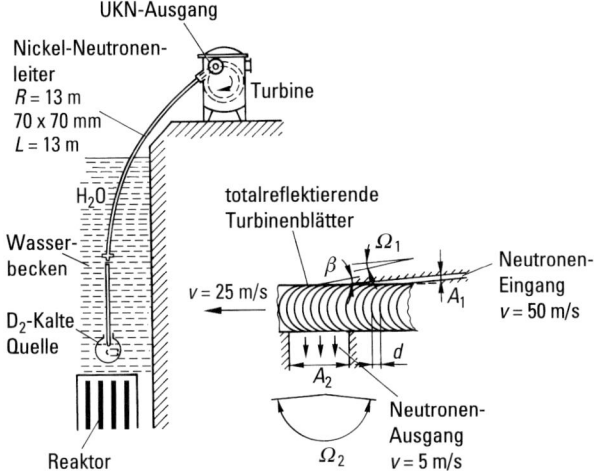

Abb. 13.36 Schema der Extraktion sehr kalter Neutronen aus einer kalten Quelle und deren Transformation zu ultrakalten Neutronen mithilfe einer Neutronen-Turbine [145].

die Gravitation gleichzeitig etwas abgebremst und entsprechend dem Krümmungsradius (Gl. (13.38)) vorgefiltert. Die am Ende eines derartigen Leiters austretenden Neutronen (z. B. $\lambda \approx 8$ nm, $v \approx 50$ m/s) treffen auf rasch bewegte ($v = 25$ m/s) totalreflektierende Turbinenblätter, wo sie entsprechend der Doppler-Verschiebung auf extrem langsame Geschwindigkeiten abgebremst werden (Abb. 13.36). Die Konstanz der Phasenraumdichte entsprechend dem Liouville'schen Theorem bewirkt eine Vergrößerung der Strahldivergenz und des Strahlquerschnitts. Mit einer am Hochflussreaktor in Grenoble installierten Turbine mit 690 gekrümmten Ni-Spiegeln und mit einem Durchmesser von 1.7 m wurde für Neutronen mit $v \leq 7$ m/s eine totale Strahlintensität von $4 \times 10^6\,\mathrm{s}^{-1}$ erzielt, was einer Dichte von etwa $6 \times 10^7\,\mathrm{m}^{-3}$ und etwa 8% der mit dieser Methode erzielbaren maximalen Dichte entspricht [145].

d) Bei Neutronen-Spallationsquellen ist es möglich, in einem separierten Target Neutronen zu erzeugen, in einem umgebenden gekühlten Moderator zu kühlen und in einem separaten Behälter zu speichern. Schließt man den Moderator gegenüber dem Speicherbehälter mit einer totalreflektierenden Schichte ab, so können hohe Speicherdichten erreicht werden (4×10^8–$8 \times 10^{10}\,\mathrm{m}^{-3}$) [147, 148, 150–152]. Bei gepulsten Quellen kann man durch synchrones Öffnen und Schließen einen deutlichen Pumpeffekt erzielen [152]. Da die Phasenraumdichte (Gl. (13.23)) aus gekühlten Moderatoren entsprechend zunimmt, kann ein derartiges gekühltes und eingeschlossenes Neutronengas mittels eines Phasenraumtransformators [153,154] – z. B. ein rotierender Einkristall – mit gleicher Phasenraumdichte zu höheren Energien transformiert werden. Dadurch ist ein Weg aufgezeigt, höhere Intensitäten monochromatischer Neutronenstrahlen zu erzielen. Eine derartige Vorrichtung wird in Abb. 13.37 dargestellt. Neutronen werden in einem gekühlten Moderator abgebremst und in einem festen D_2-Konverter

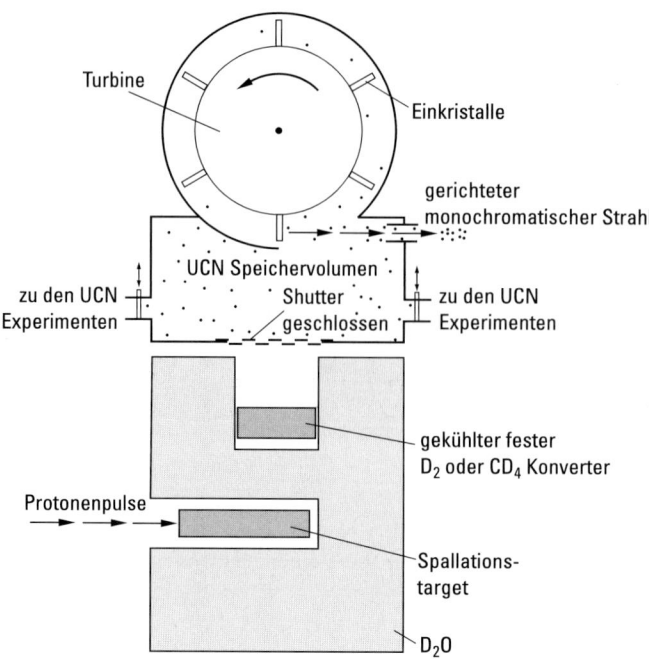

Abb. 13.37 Vorschlag zur effektiven Erzeugung ultrakalter Neutronen an einer gepulsten Spallationsquelle mit Phasentransformator in Form rotierender Einkristalle [154].

[147] zu noch niedrigerer Energie gekühlt. Diese Neutronen werden dann in einem Behälter gesammelt, dessen Öffnen und Schließen synchron mit dem gepulsten Strahl erfolgt, wodurch im Behälter eine Phasenraumdichte entsprechend der Pulsintensität der gepulsten Quelle erreicht wird. Im Fall der Realisierung derartiger Quellen würde sich ein neues Forschungsgebiet eröffnen.

Bei der Dimensionierung optischer Instrumente, die zur Abbildung von Objekten dienen sollen, muss vor allem versucht werden, die durch das Gravitationsfeld verursachte sphärische und chromatische Aberration gering zu halten. Zwei danach entwickelte Typen von Neutronen-Mikroskopen sind in Abb. 13.38 dargestellt [155, 156]. In diesem Bild ist auch die neutronenoptische Abbildung des gezeigten Objekts am ortsauflösenden Detektor der Anordnung (b) gezeigt. Bei dieser Anordnung tritt die Aberrationsminimierung ein, falls die Krümmungsradien (R) der Spiegel und deren Abstand (d) der Bedingung $R_1 + R_2 = 6d$ genügen. Für die Anordnung (a) ergibt sich die Fokussierungsbedingung aus dem Fermat'schen Prinzip als $R = 2vt_1t_1/(t_1 + t_2)$, wobei v die Vertikalgeschwindigkeit der Neutronen beim Auftreffen auf den Spiegel bedeutet, t_1 die Laufzeit der Neutronen zwischen Objekt und Spiegel angibt und t_2 die Laufzeit zwischen Spiegel und Bildebene. Mit diesen Anordnungen wurden Vergrößerungen ($\mu = t_2/t_1$) bis 243 beobachtet; allerdings musste wegen des Fehlens eines ortsauflösenden Registriersystems das Objekt durch die Fokalebene bewegt werden. Die Leuchtstärke der verfügbaren Neutronenmik-

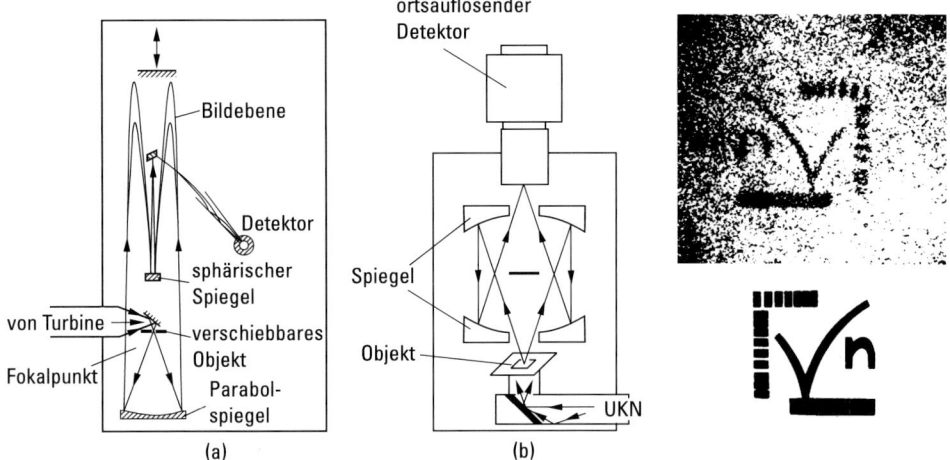

Abb. 13.38 Zwei verschiedene Typen von Neutronen-Mikroskopen und ein Beispiel einer neutronen-optischen Abbildung [155, 156].

roskopie ist wegen der geringen Phasenraumdichte sehr gering, aber dennoch eröffnen sich damit interessante Arbeitsgebiete, vor allem für die Untersuchung biologischer Objekte und magnetischer Strukturen.

Die Wirkung der Schwerkraft wird im Schwerkraftdiffraktometer zur Messung kleinster Impuls- oder Energieänderungen ausgenützt [157]. Horizontal in eine evakuierte Messkammer eintretende ultrakalte Neutronen werden vertikal beschleunigt und erreichen bei Rückreflexion eine andere als die Eintrittshöhe, sofern ihr Impuls oder ihre Energie beim Auftreffen auf eine strukturierte Wand (Probe) geändert wurde. Ein typisches Ergebnis ist in Abb. 13.7 (Mitte) gezeigt, wo die Beugung ultrakalter Neutronen an einem speziellen Strichgitter untersucht wurde. Werden planare Strukturen als Wechselwirkungsobjekte verwendet, so kann man damit Resonatorphänomene beobachten, bei denen Neutronen zwischen den einzelnen Schichten mehrfach hin- und herreflektiert werden [158]. Wird das Schwerkraftdiffraktometer im Energie-Mode betrieben, so können Energieänderungen im neV-Bereich beobachtet werden.

Mit einer hochauflösenden Anlage gelang es Nesvizhevsky et al. [159], die Quantisierung der Neutronenzustände im Gravitationsfeld oberhalb einer flachen Oberfläche nachzuweisen. Innerhalb des dreieckförmigen Potentials, welches durch Kombination des optischen Potentials der Oberfläche (Gl. (13.11)) und dem Graviationspotential (Gl. (13.19)) entsteht, existieren Energieniveaus bei $E_1 = 1.41\,\text{peV}$, $E_2 = 2.49\,\text{peV}$, $E_3 = 3.32\,\text{peV}$ etc. Das erste Energieniveau entspricht einer Fallhöhe von rund 15 μm. Durch Einengung des Energiebandes durch die Höhe der reflektierenden Oberfläche und eines justierbaren Absorbers konnte die Transmission durch den engen Spalt gemessen werden (Abb. 13.39). Das Bild zeigt sehr deutlich das Abweichen der Transmission vom klassischen Verhalten. Auf Analogien zu dem in Abschn. 13.7 j) behandelten Fall der Energiequantelung in einem rechteckförmigen Potential wird hingewiesen.

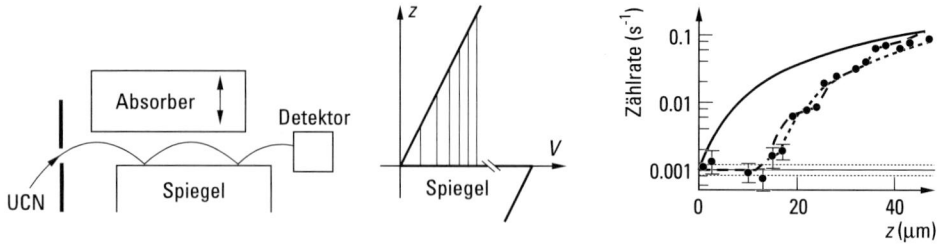

Abb. 13.39 Experimenteller Aufbau und Ergebnisse der Messung quantisierter Energieniveaus von Neutronen im Gravitationsfeld [159].

Die meisten bisher durchgeführten Untersuchungen mit ultrakalten Neutronen beschäftigten sich jedoch mit deren Speicherung in verschiedenen innen totalreflektierenden Behältern oder innerhalb gewisser Magnetfeldkonfigurationen. Die stärkste Motivation für diese Entwicklung ist vom Wunsch getragen, mit langzeitig gespeicherten Neutronen höchstempfindliche Untersuchungen bezüglich deren Lebensdauer, einer eventuell vorhandenen elektrischen Ladung oder eines elektrischen Dipolmoments durchführen zu können. Damit werden fundamentale Fragen der schwachen Wechselwirkung und der Zeitinvarianz im Rahmen verallgemeinerter Feldtheorien angesprochen (z. B. Dubbers [160]).

Wollen wir die erwarteten Speicherzeiten abschätzen, so müssen wir uns mit den Verlustmechanismen bei der Totalreflexion beschäftigen. Die Wellenfunktion tritt teilweise in das Wandmaterial ein, was zu Verlusten durch Absorption, durch inkohärente und inelastische Streuung führt und was durch ein komplexes Wechselwirkungspotential beschrieben werden kann. Mithilfe des in Gl. (13.28) erhaltenen Ausdrucks für den Reflexionsgrad R und dessen Integration über alle Auftreffwinkel erhält man den mittleren Verlustfaktor als [161]

$$\bar{\mu}(E) = 2\frac{V_1}{V_0}\left[\frac{V_0}{E}\arcsin\sqrt{\frac{E}{V_0}} - \sqrt{\frac{V_0}{E} - 1}\right] \tag{13.129}$$

und die mittlere Zahl der Wandstöße als $\bar{\nu}(E) = 1/\bar{\mu}(E)$. Die mittlere Wegstrecke zwischen zwei Wandstößen in einem Behälter mit Volumen V und Oberfläche S lässt sich für die meisten Geometrien schreiben als $\bar{l} = 4V/S$, weswegen man die Verlustrate erhält in der Form

$$W = \frac{1}{\tau_{\text{loss}}} + \frac{1}{\tau} = v\frac{\bar{\mu}}{l} + \frac{1}{\tau}, \tag{13.130}$$

wobei v die Geschwindigkeit der ultrakalten Neutronen angibt und der zweite Term die Verlustrate durch den β-Zerfall berücksichtigt. Für Kupfer beträgt $V_1/V_0 \approx 1.5 \times 10^{-4}$, und wir erhalten für $v = 5\,\text{ms}^{-1}$ für Zylinder- oder Kugelgeometrie eine Speicherzeit $\tau_{\text{loss}} \approx 130\,\text{s}$. Das Füllen und Entleeren des Behälters erfolgt in den meisten Fällen durch Öffnen und Schließen mechanischer Klappen, wobei die charakteristische Zeitkonstante für das Füllen und Entleeren gegeben ist als $\tau_f = 4V/Av$ ($A\ldots$ Apertur der Klappen). Die beobachteten Speicherzeiten waren in der Regel um den Faktor 20 bis 30 geringer als die berechneten Werte, was auf Rauigkeitseffekte, auf wasserstoffhaltige Oberflächenbelegungen und spezielle Oberflächenanregungen zurückgeführt wird. Verbesserungen ergaben sich, indem man als Wandmaterial einen Flüssigkeitsfilm (Perfluor-Polyether) verwendete und diesen auf polierte Glasplatten aufsprühte [162]. Durch gezielte Änderung des Volumens und damit des $1/\tau_{\text{loss}}$-Terms konnten diese Autoren einen relativ sehr genauen Wert für die Lebensdauer der Neutronen extrahieren ($\tau = 887.6 \pm 3.0\,\text{s}$).

Eine sehr elegante Methode zur Speicherung ultrakalter Neutronen besteht in deren Einschluss in geeignet geformten Magnetfeldern. Die besten Erfahrungen hat man diesbezüglich mit einem magnetischen Speicherring gemacht, in dem Neutronen durch ein Hextupolfeld in einem Ring gehalten werden (NESTOR, Abb. 13.40 [163]). Die Radialabhängigkeit des Magnetfelds ist dabei gegeben als $B = B_0(r/r_0)^2$, was für eine Spinkomponente eine rücktreibende Kraft $F = \mu\, \partial B/\partial r \sim r$ zur Folge hat. Um die Zentrifugalkraft zu kompensieren, sind in der tatsächlichen Anordnung die sechs supraleitenden Leiterschleifen an der Außenseite des Ringes angebracht. Die Grenzenergie der Neutronen, die in einem derartigen Ring gespeichert werden können, beträgt

$$E_{\max} = \mu B_0 \left[\frac{R}{R_0} + 1 \right], \tag{13.131}$$

was für ein Maximalfeld von 3.5 T einem Wert von $2 \times 10^{-6}\,\text{eV}$ ($\sim 20\,\text{m/s}$) entspricht. Die Einfütterung der Neutronen erfolgt über einen geeigneten Neutronenleiter von der Innenseite her. Der Füllstutzen wird dann zurückgezogen, um die Neutronen ungestört im Ring herumlaufen zu lassen. Damit gelang es, Neutronen weit über die Lebensdauer hinaus zu speichern, wie das aus Abb. 13.40 ersichtlich ist [164].

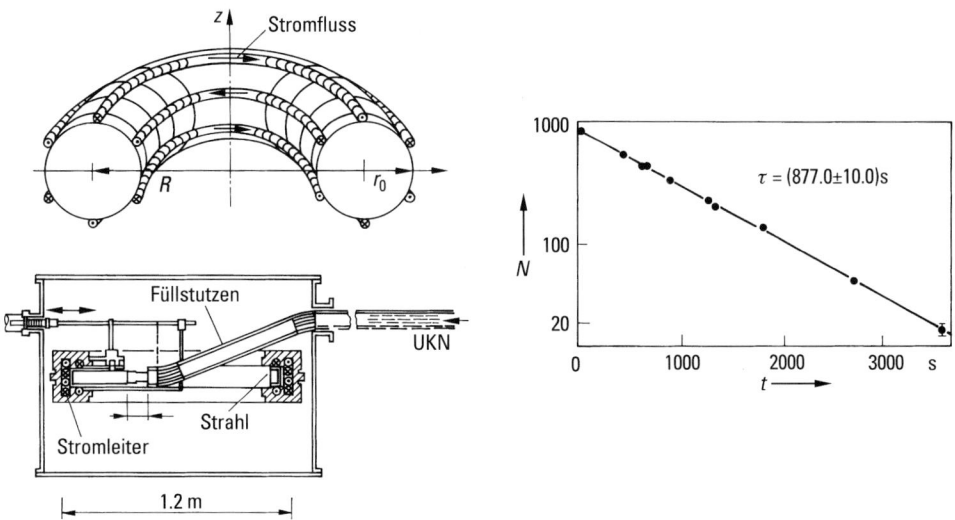

Abb. 13.40 Schematische Darstellung des Neutronenspeicherrings NESTOR und Ergebnisse eines Neutronen-Speicherexperiments [164]. N ist die Zahl der gespeicherten Neutronen.

Der soeben besprochene Speicherring konnte auch als eine Art Waage für Neutronen verwendet werden. Wegen der Balance von Gravitations- und magnetischer Kraft ($m\boldsymbol{g} = \mu \operatorname{grad} \boldsymbol{B}$) ist der Schwerpunkt der umlaufenden Neutronen etwas nach unten verschoben, was je nach Stromstärke in den Leitern eine Verschiebung von 2–5 mm ausmacht und zu einer Bestimmung der schweren Masse von Neutronen von $m = (1.67 \pm 0.06) \times 10^{-27}$ kg führte. Magnetische Speicherringe stellen ein Pendant zu den Paul'schen Ionenkäfigen dar [165]. Ebenfalls getestet wurden Ioffe-artige supraleitende Fallen, wobei die ultrakalten Neutronen innerhalb der Fallen in flüssigem He-4 durch inelastische Stöße erzeugt wurden [166].

Literatur

Abschnittt 13.1

[1] Broglie, L. de, Nature **112**, 540 (1923)
[2] Schrödinger, E., Ann. Phys. **79**, 361 und **81**, 109 (1926)
[3] Messiah, A., Quantum Mechanics, North Holland Publ. Comp., Amsterdam, 1965
[4] Hittmair, O., Lehrbuch der Quantentheorie, K. Thiemig, München, 1972
[5] Mandel, L., Wolf, E., Rev. Mod. Phys. **37**, 231 (1965)
[6] Born, M., Wolf, E., Principles of Optics, Pergamon Press, 1975 (auch zu Abschn. 13.4)
[7] Maier-Leibnitz, H., Springer, T., Z. Physik **167**, 386 (1962) (auch zu Abschn. 13.3, 13.4, 13.7)
[8] Shull, C.G., Phys, Rev. **179**, 752 (1969) (auch zu Abschn. 13.3, 13.4)
[9] Rauch, H., Treimer, W., Bonse, U., Phys. Lett. **A47**, 369 (1974) (auch zu Abschn. 13.7)
[10] Fermi, E., Ric. Sci. **1**, 13 (1936)
[11] Goldberger, M.L., Seitz, F., Phys. Rev. **71**, 194 (1947)
[12] Sears, V.L., Neutron Optics, Oxford Univ. Press, 1989 (auch zu Abschn. 13.4, 13.6, 13.7)
[13] Sears, V.L., Phys. Rep. **141**, 281 (1986)
[14] Koester, L., Rauch, H., Seymann, E., Atomic Data and Nuclear Data Tables **49**, 65 (1991)
[15] Marshall, W., Lovesey, S. W, Theory of Thermal Neutron Scattering, Clarendon Press, Oxford, 1971
[16] Byrne, J., Neutrons, Nuclei and Matter, Institute of Phys. Publ., Bristol, 1994

Abschnitt 13.2

[17] Chadwick, J., Proc. Roy. Soc. **A136**, 692 (1932)
[18] Cierjacks, S. (Ed.), Neutron Sources for Basic Physics and Applications, Pergamon Press, 1983
[19] Beckurts, K.H., Wirtz, K., Neutron Physics, Springer, Heidelberg, New York, 1964
[20] Maier-Leibnitz, H., Nukleonik **8**, 5 (1966)
[21] Schneider, W., Neutronenmesstechnik, Walter de Gruyter, Berlin, New York, 1973
[22] Feigl, B., Rauch, H., Nucl. Instr. Meth. **61**, 349 (1968)
[23] Bruckner, G., Cermak, A., Rauch, H., Weilhammer, P., Nucl. Instr. Meth. **A424**, 183 (1999)

Abschnitt 13.3

[24] Schneider, C.S., Shull, C.G., Phys. Rev. **B3**, 830 (1971)
[25] Gähler, R., Kalus, J., Mampe, W., J. Phys. **E13**, 546 (1980) (auch zu Abschn. 13.7)

[26] Badurek, G., Rauch, H., Wilfing, A., Bonse, U., Graeff, W, J. Appl. Cryst. **12**, 186 (1979)
[27] Fermi, E., Zinn, W.H., Phys. Rev. **70**, 103 (1946)
[28] Koester, L., Springer Tracts in Modern Physics **80**, (1977)
[29] Hayter, J.B. in: Neutron Diffraction, ed. H. Dachs, Topics in Current Physics **6**, 41; Springer, Heidelberg, New York, 1978
[30] Maier-Leibnitz, H., Z. Angew. Physik **14**, 738 (1962)
[31] Koester, L., Z. Physik **182**, 328 (1965)
[32] Koester, L., Nistler, W., Z. Physik **A272**, 189 (1975)
[33] McReynolds, A.W., Phys. Rev. **83**, 233 (1951)
[34] Koester, L., Phys. Rev. **D14**, 907 (1976)
[35] Maier-Leibnitz, H., Springer, T., J. Nucl. Energy **A/B 17**, 217 (1963)
[36] Maier-Leibnitz, H., Springer, T., Ann. Rev. Nucl. Sci. **16**, 207 (1966)
[37] Fiala, W., Rauch, H., Nucl. Instr. Meth. **52**, 15 (1967)
[38] Williams, W.G., Polarized Neutrons, Clarendon Press, 1988
[39] Rekveldt, M. Th., Kraan, W.H., Physica **B120**, 81 (1983)
[40] Alefeld, B., Fabian, H.J., Schwahn, D., Springer, T., Physica **B156&157**, 602 (1989)

Abschnitt 13.4

[41] Cowley, J.M., Diffraction Physics, North Holland, 1981
[42] Zeilinger, A., Gähler, R., Shull, C.G., Treimer, W., Symp. Neutron Scatt. Argonne, AIP-Conf. Proc. No. **89**, 93 (1981). (Auch zu Abschn. 13.7)
[43] Zeilinger, A., Gähler, R., Shull, C.G., Treimer, W., Mampe, W., Rev. Mod. Phys. **60**, 1067 (1988)
[44] Gähler, R., Klein, A.G., Zeilinger, A., Phys. Rev. **A23**, 1611 (1981)
[45] Landkammer, F.J., Z. Physik **189**, 113 (1966)
[46] Kurz, H., Rauch, H., Z. Physik **220**, 419 (1969)
[47] Graf, A., Rauch, H., Stern, T., Atomkernenergie **33**, 298 (1979)
[48] Scheckenhofer, H., Steyerl, A., Phys. Rev. Lett. **39**, 1310 (1977)
Steyerl, A., Drexel, W., Malik, S.S., Gutsmiedl, E., Physica **B151**, 36 (1988)
[49] Baumann, J., Kalus, J., Mampe, W., Nucl. Instr. Meth. **A284**, 184 (1989)
[50] Ioffe, A.I., Zabiyakan, V S., Drabkin, G.M., Phys. Lett. **111**, 373 (1985) (auch zu Abschn. 13.7)
[51] Eder, G., Gruber, M., Zeilinger, A., Gähler, R., Mampe, W., Drexel, W., Nucl. Instr. Meth. **A284**, 171 (1989)
[52] Schoenborn, B.P., Caspar, D.L. D., Kammerer, D.F., J. Appl. Cryst. **7**, 508 (1974)
[53] Majkrzak, C.F., Passel, L., Acta Cryst. **A41**, 41 (1985)
[54] Kearney, P.D., Klein, A.G., Opat, G.I., Gähler, R., Nature **287**, 313 (1980)
[55] Schütz, G., Steyerl, A., Mampe, W., Phys. Rev. Lett. **44**, 1400 (1980)
[56] Mezei, F., Dagleish, P.A., Comm. Phys. **2**, 41 (1977)
[57] Schärpf, O., Stuessner, N., Nucl. Instr. Meth. **A284**, 208 (1989)
[58] Pogossian, S.P., Menelle, A., Le Gall, H., Ben-Youssef, J., Desvignes, J.M., J. Appl. Phys. **83**, 1159 (1998)
[59] Pfeiffer, F., Leiner, V., Hoghoj, P., Anderson, I., Phys. Rev. Lett. **88**, 055507 (2002)
[60] Hughes-Davis, T.T., Lee, E.M., Willot, A.J., Thomas, R.K., Inst. Phys. Conf. Series **101**, 171 (1989)
[61] Parratt, L.G., Phys. Rev. **95**, 359 (1954)
[62] Zhou, X.-L., Chen, S.-H., Phys. Rep. **257**, 223 (1995)
[63] Schreyer, A., Ankner, J.F., Zeidler, Th., Zabel, H., Schäfer, M., Wolf, J.A., Grünberg, P., Majkrzak, C.F., Phys. Rev. **B52**, 16066 (1995)
[64] Lipperheide, R., Reiss, G., Leeb, H., Fiedeldey, H., Sofianos, S.A., Phys. Rev. **B51**, 11032 (1995)

[65] Guinier, A., Ann. Phys. (Paris) **12**, 161 (1939)
[66] Kostorz, G. in: Treatise on Materials Science and Technology, Vol. **15**, 227, Academic Press, 1979
[67] Glatter, O., Kratky, O., Small Angle X-Ray Scattering, Academic Press, 1982
[68] Triolo, R. et al., ISIS-1990, p. 23 (1990)
[69] Bonse, U., Hart, M., Appl. Phys. Lett. **7**, 238 (1965)
[70] Schwahn, D., Miksovsky, A., Rauch, H., Seidl, E., Zugarek, G., Nucl. Instr. Meth. **A239**, 229 (1985)
[71] Agamalian, M., Wignal, D.G., Triolo, R., J. Appl. Cryst. **30**, 345 (1997)
[72] Villa, M., Baron, M., Hainbuchner, M., Jericha, E., Leiner, V., Schwahn, D., Seidl, E., Stahn, J., Rauch, H., J. Appl. Cryst. **36**, 769 (2003)
[73] Cribier, D., Jacrot, B., Rao, L.M., Farnoux, B., Phys. Lett. **9**, 106 (1964)
[74] Weber, H.W., Schelten, J., Lippmann, G., Phys. Stat. Sol. **B57**, 515 (1973)
[75] Yethiraj, M., Paul, D. McK., Tomy, C.V., Forgan, E.M., Phys. Rev. Lett. **78**, 4849 (1997)
[76] Matull, R., Rupp, R.A., Hehmann, J., Ibel, K., Z. Physik **B81**, 365 (1990)
[77] Fally, M., Appl. Phys. **B75**, 405 (2002)

Abschnitt 13.5

[78] Moshinski, M., Phys. Rev. **88**, 625 (1952)
[79] Felber, J., Gähler, R., Rauch, C., Golub, R., Phys. Rev. **A53**, 316 (1996)
[80] Alefeld, B., Badurek, G., Rauch, H., Z. Physik **B41**, 231 (1981)
[81] Summhammer, J., Hamacher, K.A., Kaiser, H., Weinfurter, H., Jacobson, D.L., Werner, S.A., Phys. Rev. Lett. **75**, 3206 (1995)

Abschnitt 13.6

[82] Ewald, P.P., Ann. Physik **49**, 1 und **49**, 117 (1916)
[83] Laue, M. von, Erg. Exakt. Naturwiss. **10**, 133 (1931)
[84] Laue, M. von, Materiewellen und Interferenzen, Akad. Verlagsbuchhandlung Leipzig, 1948
[85] Rauch, H., Petrascheck, D. in: Neutron Diffraction, ed. H. Dachs, Topics in Current Physics **6**, 303; Springer, Heidelberg, New York, 1978
[86] Borrmann, G., Z. Physik **42**, 157 (1941) und Z. Physik **127**, 297 (1950)
[87] Sippel, D., Kleinstück, K., Schulze, G.E.R., Phys. Lett. **14**, 174 (1965)
[88] Alefeld, B., Birr, M., Heidemann, A., Naturwissenschaften **56**, 410 (1969)
[89] Shull, C.G., Phys. Rev. Lett. **21**, 1585 (1968)
[90] Kikuta, S., Ishikawa, I., Kohra, K., Hoshino, S., Phys. Soc. Japan **39**, 471 (1975)
[91] Zeilinger, A., Shull, C.G., Phys. Rev. **B19**, 3975 (1979)
[92] Werner, S.A., Phys. Rev. **B21**, 1774 (1980)

Abschnitt 13.7

[93] Mezei, F., Z. Physik **255**, 146 (1972)
[94] Bonse, U., Hart, M., Appl. Phys. Lett. **6**, 155 (1965)
[95] Rauch, H., Werner, S.A., Neutron Interferometry, Clarendon Press, Oxford, 2000
[96] Gruber, M., Eder, G., Zeilinger, A., Gähler, R., Mampe, W., Phys. Lett. **140**, 363 (1990)
[97] Mezei, F., Pappas, C., Gutberlet, T. (Eds.), Neutron Spin Echo Spectroscopy, Springer, Berlin, 2003
[98] Greenberger, D.M., Rev. Mod. Phys. **55**, 875 (1983)
[99] Klein, A.G., Werner, S.A., Rep. Progr. Phys. **46**, 259 (1983)
[100] Kaiser, H., Rauch, H., Badurek, G., Bauspieß, W, Bonse, U., Z. Physik **A291**, 231 (1979)
[101] Rauch, H., Seidl, E., Tuppinger, D., Petrascheck, D., Scherm, R., Z. Physik **B69**, (1987)

[102] Rauch, H., Tuppinger, D., Z. Physik **A322**, 427 (1985)
[103] Dubus, F., Bonse, U., Biermann, Th., Baron, M., Beckmann, F., Zawisky, M., SPIE **4503**, 359 (2002)
[104] Summhammer, J., Rauch, H., Tuppinger, D., Phys. Rev. **A36**, 4447 (1987)
[105] Namiki, M., Pascazio, S., Phys. Lett. **147A**, 430 (1990)
[106] Rauch, H., Summhammer, J., Phys. Rev. **A46**, 7284 (1992)
[107] Rauch, H., Wölwitsch, H., Kaiser, H., Clothier, R., Werner, S.A., Phys. Rev. **A53**, 902 (1996)
[108] Jacobson, D.L., Werner, S.A., Rauch, H., Phys. Rev. **A49**, 3196 (1994)
[109] Rauch, H., Phys. Lett. **A173**, 240 (1993)
[110] Wigner, E.P., Phys. Rev. **40**, 749 (1932)
[111] Mandel, L., Wolf, E., Optical Coherence and Quantum Optics, Cambridge Univ. Press, Cambridge, 1995
[112] Schleich, P.W., Quantum Optics in Phase Space, Wiley-VCH, Berlin, 2001
[113] Rauch, H., Suda, M., Appl. Phys. **B60**, 181 (1995)
[114] Rauch, H., Zeilinger, A., Badurek, G., Wilfing, A., Bauspieß, W., Bonse, U., Phys. Lett. **54A**, 425 (1975)
[115] Werner, S.A., Colella, R., Overhauser, A.W, Eagen, C.F., Phys. Rev. Lett. **35**, 1053 (1975)
[116] Bernstein, H.J., Phillips, A.V, Scientific American **245**, 121 (1981)
[117] Summhammer, J., Badurek, G., Rauch, H., Kischko, U., Zeilinger, A., Phys. Rev. **A27**, 2523 (1983)
[118] Badurek, G., Rauch, H., Summhammer, J., Phys. Rev. Lett. **51**, 1015 (1983)
[119] Badurek, G., Rauch, H., Tuppinger, D., Phys. Rev. **A34**, 2600 (1986)
[120] Weber, H.W, Hittmair, O., Supraleitung, K. Thiemig, München, 1979
[121] Colella, R., Overhauser, A.W, Werner, S.A., Phys. Rev. Lett. **34**, 1472 (1975)
[122] Werner, S.A., Staudenmann, J.L., Colella, R., Phys. Rev. Lett. **42**, 1103 (1979)
[123] Riehle, R., Kisters, Th., Witte, A., Helmcke, J., Phys. Rev. Lett. **67**, 177 (1991)
[124] Bonse, U., Wroblewski, T., Phys. Rev. Lett. **51**, 1401 (1983)
[125] Horne, M.A., Zeilinger, A., Klein, A.G., Opat, G.I., Phys. Rev. **A28**, 1 (1983)
[126] Klein, A.G., Opat, G.I., Cimmino, A., Zeilinger, A., Treimer, W., Gähler, R., Phys. Rev. Lett **46**, 1551 (1981)
[127] Aharonov, Y, Casher, A., Phys. Rev. Lett. **53**, 319 (1984)
[128] Cimmino, A., Opat, G.I., Klein, A.G., Kaiser, H., Werner, S.A., Arif, M., Clothier, R., Phys. Rev. Lett. **63**, 380 (1989)
[129] Peshkin, M., Tonomura, A., Lect. Notes in Physics 340, Springer, Heidelberg, New York, 1989
[130] Allman, B.E., Cimmino, A., Klein, A.G., Opat, G.I., Kaiser, H., Werner, S.A., Phys. Rev. Lett. **68**, 2409 (1992)
[131] Badurek, G., Weinfurter, H., Gähler, R., Kollmar, A., Wehinger, S., Zeilinger, A., Phys. Rev. Lett. **71**, 307 (1993)
[132] Pancharatnan, S., Proc. Indian Acad. Sci. **A44**, 247 (1956)
[133] Berry, M.V., Proc. R. Soc. London **A392**, 251 (1984)
[134] Wagh, A.G., Rakhecha, V.C., Summhammer, J., Badurek, G., Weinfurter, H., Allman, B.E., Kaiser, H., Hamacher, K., Jacobson, D.L., Werner, S.A., Phys. Rev. Lett. **78**, 755 (1997)
[135] Hasegawa, Y., Loidl, R., Badurek, G., Baron, M., Manini, N., Pistolesi, F., Rauch, H., Phys. Rev. **A65**, 052111 (2002)
[136] Casimir, H.B.G., Polder, D., Phys. Rev. **73**, 360 (1948)
[137] Misra, B., Sudarshan, E.C.G., J. Math. Phys. **18**, 756 (1977)
[138] Lévy-Leblond, J.-M., Phys. Lett. **A125**, 441 (1987)
[139] Rauch, H., Lemmel, H., Baron, M., Loidl, R., Nature **375**, 630 (2002)

Abschnitt 13.8

[140] Gabor, D., Nature **161**, 777 (1948)
[141] Sur, B., Rogge, R.B., Hammond, R.P., Angheb, V.N.P., Katsaras, J., Nature **414**, 525 (2001)
[142] Cser, L., Török, G., Krexner, G., Sharkov, I., Farago, B., Phys. Rev. Lett. **89**, 175504 (2002)
[143] Sur, B., Rogge, R.B., Hammond, R.P., Angheb, V.N.P., Katsaras, J., Phys. Rev. Lett. **88**, 65505 (2002)
[144] Steyerl, A. in: Neutron Physics, Springer Tracts in Modern Physics **80**, 57 (1977)
[145] Steyerl, A., Malik, A.A., Nucl. Instr. Meth. **A284**, 200 (1989)
[146] Golub, R., Richardson, D., Lamoreaux, S.K., Ultra-Cold Neutrons, Adam Hilger 1991
[147] Serebrov, A., Mityukhklyaev, V., Zakharov, A., Karitonov, A., Shustov, V., Kuz'minov, V., Lasakov, M., Tal'daev, R., Varlamov, V., Vasil'ev, A., Sazhin, M., Greene, G., Bowles, T., Hill, R., Geltenbort, P., Nucl. Instr. Meth. **A440**, 658 (2000)

Abschnitt 13.9

[148] Morris, C.L., Anaya, J.M., Bowles, T.J., Filippone, B.W., Geltenbort, P., Hill, R.E., Hino, M., Hoedl, S., Hogan, G.E., Ito, T.M., Kawai, T., Kirch, K., Lamoreaux, S.K., Liu, C.Y., Makela, M., Marek, L.J., Martin, J.W., Mortensen, R.N., Pichlmaier, A., Saunders, A., Seestrom, S.J., Smith, D., Taesdale, W., Tipton, B., Utsuro, M., Young, A.R., Yuan, J., Phys. Rev. Lett. **89**, 272501 (2002)
[149] Golub, R., Pendlebury, J.M., Phys. Lett. **A53**, 133 (1975)
[150] Masuda, Y., Kitagaki, T., Hatanaka, K., Higuchi, M., Ishimoto, S., Kiganagi, Y., Morimoto, K., Muto, S., Yoshimura, M., Phys. Rev. Lett. **89**, 284801 (2002)
[151] Pokotilovski, Y.N., Nucl. Instr. Meth. **A356**, 412 (1995)
[152] Rauch, H., Nucl. Instr. Meth. **A491**, 478 (2002)
[153] Alefeld B., Kollmar, A., ICANS-VIII, Vol. II, p. 385, Rutherford Lab. 1985
[154] Rauch, H., Jericha, E., ICANS XVI, Vol. III (Hrsg. Mank, G., Conrad, H.), Forschungszentrum Jülich, ISSN 1433-559X, S. 857 (2003)
[155] Herrmann, P., Steinhauser, K.-A., Gähler, R., Steyerl, A., Phys. Rev. Lett. **54**, 1969 (1985)
[156] Arzumanov, S.S., Masalovich, S.V., Strepetov, A.N., Frank, A.I., JETP Lett. **44**, 271 (1986)
[157] Scheckenhofer, H., Steyerl, A., Nucl. Instr. Meth. **179**, 393 (1981)
[158] Steyerl, A., Ebisawa, T., Steinhauser, K.-A., Atsuro, M., Z. Physik **B41**, 283 (1981)
[159] Nesvizhevsky, V.V., Börner, H.G., Petukhov, K., Abele, H., Baeßler, S., Rueß, F.J., Stöferle, T., Westphal, A., Gagarski, A.M., Petrov, G.A., Strelkov, A.V., Nature **415**, 297 (2002)
[160] Dubbers, D., Progr. Part. Nucl. Phys. **A26**, 173 (1991)
[161] Golub, R., Pendlebury, J.M., Rep. Prog. Phys. **42**, 439 (1979)
[162] Mampe, W., Ageron, P., Bates, J.C., Pendlebury, J.M., Steyerl, A., Nucl. Instr. Meth. **A284**, 111 (1989)
[163] Kügler, K.-J., Moritz, K., Paul, W., Trinks, V., Nucl. Instr. Meth. **228**, 240 (1985)
[164] Paul, W., Anton, F., Paul, L., Paul, S., Mampe, W., Z. Physik **C45**, 25 (1989)
[165] Paul, W., Physikal. Blätter **47**, 227 (1990)
[166] Brome, C.R., Butterworth, J.S., Dzhoryuk, S.N., Mattoni, C.E.H., McKinsey, D.N., Doyle, J.M., Huffman, P.R., Dewery, M.S., Wietfeldt, F.E., Golub, R., Habicht, K., Greene, G., Lamoreaux, S.K., Coakley, K.J., Phys. Rev. **C63**, 055502 (2001)

14 Optik mit Materiewellen: Atomoptik

Tilman Pfau

14.1 Einleitung

Die Kunst, die Bewegung von Atomen zu beeinflussen und zu kontrollieren, nennt man Atomoptik [1]. Dieser Begriff suggeriert eine tiefe Analogie zwischen der Manipulation von Licht, zum Beispiel durch materielle optische Elemente (Linsen, Spiegel, etc.) und von Materie (hier den Atomen). Wir werden sehen, dass diese Analogie sehr weit reicht. Zunächst werden Atome als Materiewellen beschrieben und die Wechselwirkung dieser Wellen mit umgebenden Feldern als Brechzahl aufgefasst. Anschließend werden Lichtfelder gezielt zur Manipulation der Atome eingesetzt. Atomoptische Elemente wie Spiegel, Linsen, etc. können also durch entsprechend geschneiderte Lichtfelder realisiert werden. Materiewellen werden kontrolliert an Lichtfeldern gebrochen oder reflektiert. Materie und Licht vertauschen die ihnen in der klassischen Optik zugeteilten Rollen, die Unterscheidung zwischen Wellen und Teilchen verliert ihre Bedeutung. Die Quantenmechanik ist hier gefragt, um die Analogie zwischen Atom und Lichtoptik aufzuzeigen:

Der quantenmechanische Zustand eines Atoms setzt sich aus zwei Anteilen zusammen: dem internen Zustand, der z. B. die elektronische Struktur beschreibt, und dem externen Bewegungszustand. Letzterer beschreibt nur die Bewegung des Schwerpunkts der Atome; die Ausdehnung bzw. Anregungen des Atoms stecken in den internen Zuständen.

Zur Darstellung eines allgemeinen Zustands wählen wir die Basis der stationären internen Zustände $|i\rangle$ ($i = 1, 2, \ldots$) und die dazugehörigen Schwerpunktswellenfunktionen $\psi_i(\mathbf{r}, t)$ in Ortsdarstellung. Ein allgemeiner Zustand lautet also

$$|\psi\rangle = \sum_{i=1}^{N} \psi_i(\mathbf{r}, t) |i\rangle. \tag{14.1}$$

Reduziert sich die interne Struktur auf zwei relevante Zustände (z. B. einen Grund- und einen angeregten Zustand $|g\rangle$ und $|e\rangle$), so lautet der Gesamtzustand in der Basis

$$\left\{|g\rangle = \begin{pmatrix} 0 \\ 1 \end{pmatrix}, |e\rangle = \begin{pmatrix} 1 \\ 0 \end{pmatrix}\right\}: \quad |\psi\rangle = \begin{pmatrix} \psi_e(\mathbf{r}, t) \\ \psi_g(\mathbf{r}, t) \end{pmatrix}. \tag{14.2}$$

Ganz ähnlich wie in der Elektronen- und Neutronenoptik kann man aus der Schrödinger-Gleichung für den Gesamtzustand eines Atoms Wellengleichungen für die Schwerpunktsbewegung ableiten. Der Hamilton-Operator $\hat{H} = \hat{H}_{\text{ext}} + \hat{H}_{\text{ww}}$ setzt sich zusammen aus einem Teil, der auf die Schwerpunktskoordinaten wirkt, $\hat{H}_{\text{ext}} = \hat{\mathbf{p}}^2/2m$ und einem, der die Wechselwirkung der internen Zustände mit äußeren

Feldern erfasst[1]. Zum Bespiel beschreibt $\hat{H}_{ww} = -\hat{d} \cdot E(r,t)$ die Wechselwirkung des atomaren Dipolmoments mit einem statischen elektrischen Feld oder einem Laserfeld. Sind die ungestörten Basiszustände $|i\rangle$ auch Eigenzustände zu $\hat{H}_{ww}$, so separiert die Schrödinger-Gleichung

$$i\hbar \frac{\partial}{\partial t} |\psi\rangle = \hat{H} |\psi\rangle \qquad (14.3)$$

in einen Satz von entkoppelten Gleichungen für jeden internen Zustand $|i\rangle$. Ein Beispiel dafür ist die Wechselwirkung mit einem statischen Magnetfeld ($\hat{H}_{ww} = \hat{\mu} \cdot B(r)$). Wählt man eine Basis interner Zustände entsprechend der durch das B-Feld vorgegebenen Quantisierungsachse, so erhält man bei konstanter Magnetfeldrichtung für jeden Zustand $|i\rangle$ eine eigene Schrödinger-Gleichung. Wählt man jedoch die Basis der internen Zustände bezüglich einer zur Magnetfeldrichtung senkrechten Quantisierungsachse, so enthält $\hat{H}_{ww}$ außerdiagonale Terme, die die Schrödinger-Gleichungen für die internen Zustände verkoppelt. Bekanntestes Beispiel dafür ist der Stern-Gerlach-Versuch (siehe Bd. 2, Abschn. 7.3). Das entsprechende Analogon bei der Wechselwirkung mit einem resonanten Lichtfeld – der so genannte optische Stern-Gerlach-Effekt – wird in Abschn. 14.2 besprochen.

In vielen Situationen kann man aber im Rahmen einer Born-Oppenheimer-Näherung[2] die interne Dynamik von der externen Bewegung separieren. Dazu wird zunächst $\hat{H}_{ww}$ diagonalisiert: $\hat{H}'_{ww} = U\hat{H}_{ww}U^+$, wobei U^+ z. B. für ein Zweiniveau-System eine Drehmatrix der Form

$$U^+ = \begin{pmatrix} \cos\frac{1}{2}\theta & -\sin\frac{1}{2}\theta \\ \sin\frac{1}{2}\theta & \cos\frac{1}{2}\theta \end{pmatrix} \qquad (14.4)$$

ist. Diese Drehmatrix angewandt auf den Gesamt-Hamilton-Operator $\hat{H}$ führt im Allgemeinen auf Außerdiagonalelemente im kinetischen Teil $\hat{H}_{ext}$. Für das Zweiniveau-Atom ergibt sich

$$U\hat{H}_{ex}U^+ = \frac{1}{2m} \left[\hat{p} - \frac{\hbar}{2}(\nabla\theta) \begin{pmatrix} 0 & -i \\ i & 0 \end{pmatrix} \right]^2. \qquad (14.5)$$

Die Born-Oppenheimer-Näherung besteht nun darin, dass $\hbar \hat{p}/2m(\nabla\theta)$ vernachlässigt wird gegen die Aufspaltung der Eigenzustände von $\hat{H}'_{ww}$, und ist dann erfüllt, wenn die internen Zustände der Eigenbasis von $\hat{H}'_{ww}$ adiabatisch folgen.

In diesem Fall entkoppelt die Schrödinger-Gleichung in einen Satz von unabhängigen skalaren Gleichungen für jeden Eigenzustand von $\hat{H}'_{ww}$:

$$\left[-\frac{\hbar^2}{2m} \nabla^2 + V_i(r,t) \right] \psi_i(r,t) = i\hbar \frac{\partial}{\partial t} \psi_i(r,t). \qquad (14.6)$$

---

[1] Trägt eine Variable ein „Dach", z. B. $\hat{H}$, so soll damit angedeutet werden, dass es sich um einen Operator handelt. Klassische Größen wie z. B. $E(r,t)$ tragen dagegen kein Dach, da es sich um $\mathbb{C}$-Zahlen handelt.
[2] Diese Näherung ist z. B. aus der Molekülphysik bekannt, wo die sich schnell bewegenden Elektronen annähernd trägheitsfrei der langsamen Ionenbewegung folgen.

Dabei ist $V_i = \langle i | \hat{H}'_{ww} | i \rangle$ das optische Potential für den sich adiabatisch verändernden internen Zustand $|i\rangle$.

Mit dem Ansatz $\psi_i(\boldsymbol{r}, t) = \psi_i(\boldsymbol{r}) e^{-iE_i t/\hbar}$ lässt sich daraus eine Helmholtz-Gleichung

$$[\nabla^2 + \boldsymbol{k}_i^2(\boldsymbol{r})] \psi_i(\boldsymbol{r}) = 0 \tag{14.7}$$

ableiten, in der der Betrag des Wellenvektors gegeben ist durch

$$|\boldsymbol{k}_i(\boldsymbol{r})| = \sqrt{\frac{2m}{\hbar}[E_i - V_i(\boldsymbol{r})]}. \tag{14.8}$$

Die Gesamtenergie $E_i = T_i + V_i$ ist dabei eine Erhaltungsgröße. Hierbei ist T_i die kinetische Energie des Atoms im Zustand $|i\rangle$. Über

$$n_i(\boldsymbol{r}) = \frac{k_i(\boldsymbol{r})}{k_{i0}} = \sqrt{1 - \frac{V_i(\boldsymbol{r})}{E_i}} \tag{14.9}$$

lässt sich eine Brechzahl $n_i(\boldsymbol{r})$ einführen. $k_{i0} = \sqrt{2mE_i}/\hbar$ ist hierbei der Betrag des Wellenvektors im wechselwirkungsfreien Raum.

So lässt sich formal die sehr weitreichende Analogie zur Fresnel-Kirchhoff'schen Beugung herstellen (vgl. Abschn. E.6 und 13.4.). Dabei ist z. B. der Grenzübergang $\hbar \to 0$, das heißt $\lambda_{dB} \to 0$ im Sinne des Übergangs von der Wellenoptik zur geometrischen Optik als Übergang der Wellenmechanik zur klassischen Mechanik zu verstehen ($\lambda_{dB} = 2\pi/k_i$: de Broglie-Wellenlänge). Wir haben also mit der Helmholtz-Gleichung und der Brechzahl eine scheinbar perfekte Analogie zur Lichtoptik erzielt. Wo aber liegen die Unterschiede?

Die Unterschiede zur Lichtoptik liegen z. B. in der Verallgemeinerung des Polarisationsbegriffs. Da für jeden internen Zustand eine im Allgemeinen unterschiedliche Brechzahl n_i gilt, können nicht nur Phänomene der Doppelbrechung sondern die verallgemeinerte Vielfachbrechung auftreten. Ein weiterer Unterschied liegt in der Dispersionsrelation des Vakuums. Im Gegensatz zu Licht zeigen Materiewellen eine quadratische Dispersion gemäß $E_{ges} = \hbar^2 k_0^2/2m$. Daraus ergibt sich als Phasengeschwindigkeit

$$v_P = \frac{E_{ges}/\hbar}{k} = \frac{\hbar k_0^2}{2mk} = \frac{1}{n}\sqrt{\frac{E_{ges}}{2m}} \tag{14.10}$$

bzw. als Gruppengeschwindigkeit

$$v_G = \frac{\partial}{\partial k} E_{ges}/\hbar = \frac{\hbar k}{m} = n\sqrt{\frac{2E_{ges}}{m}}. \tag{14.11}$$

Dies bedeutet z. B., dass im wechselwirkungsfreien Fall ($n = 1$) die Phasengeschwindigkeit nur halb so groß ist wie die Gruppengeschwindigkeit. Es gilt jedoch $v_P \cdot v_G = $ const. Das heißt, wird ein Atom beschleunigt, so nimmt seine Gruppengeschwindigkeit zu während die Phasengeschwindigkeit abnimmt. Dies ist eine Konsequenz der Erhaltung der Gesamtenergie.

14.2 Atom-Licht Wechselwirkung

Zur Manipulation der Bewegung von Atomen werden neben statischen elektrischen und magnetischen Feldern häufig Lichtfelder eingesetzt. Die Atom-Licht-Wechselwirkung hat zwei wichtige Funktionen. Einerseits kann die dissipative Natur der spontanen Emission zur Laserkühlung verwendet werden. Dies ist vor allem für atomoptische Quellen von Bedeutung, denn im Gegensatz z. B. zur Neutronenoptik steht ein Mechanismus zur Verfügung, mit dem die Quellenhelligkeit dramatisch erhöht werden kann. Andererseits werden viele atomoptische Elemente durch maßgeschneiderte konservative Potentiale realisiert, die die lichtinduzierte Dipolkraft zur Verfügung stellt.

Entsprechend der unterschiedlichen Natur dieser Prozesse ist auch die Beschreibung unterschiedlich.

Wir wollen zunächst den allgemeinen Ansatz wählen, bei dem sowohl das Lichtfeld als auch die interne Struktur der Atome quantisiert sind. Oft beschränken sich die an der Wechselwirkung beteiligten internen atomaren Zustände auf zwei ($|e\rangle, |g\rangle$). In zweiter Quantisierung lautet dann der Hamilton-Operator [2]:

$$\hat{H} = \frac{\hat{\boldsymbol{p}}^2}{2m} + \hbar\omega_0 b^+ b + \hbar\omega_L a^+ a - \hat{\boldsymbol{d}} \cdot \hat{\boldsymbol{E}}(\boldsymbol{r}, t). \qquad (14.12)$$

Das Lichtfeld sei hierbei auf eine räumliche Mode beschränkt, z. B. ein Gauß'scher Laserstrahl, in dem mit dem Operator a^+ Photonen erzeugt und mit a Photonen vernichtet werden. Hierbei entspricht $\hbar\omega_0$ der Energiedifferenz $E_e - E_g$ und ω_L der Laserfrequenz. Anregungen im Atom werden durch die Operatoren b vernichtet und b^+ erzeugt.

Mit

$$\hat{\boldsymbol{d}} = d_{ge}\boldsymbol{e}_z(b + b^+) \qquad (14.13)$$

und

$$\hat{\boldsymbol{E}} = \frac{1}{2}\boldsymbol{e}(\boldsymbol{r})\{a\varepsilon(\boldsymbol{r})\,\mathrm{e}^{i\Phi(\boldsymbol{r})} + h.c.\} \qquad (14.14)$$

ergibt sich

$$\hat{H}_{\mathrm{ww}} = -\frac{1}{2}d_{ge}\boldsymbol{e}_z \cdot \boldsymbol{e}(\boldsymbol{r})\{ab^+\varepsilon(\boldsymbol{r})\,\mathrm{e}^{i\Phi(\boldsymbol{r})} + h.c.\} + \ldots a^+b^+ + \ldots ab. \qquad (14.15)$$

Dabei sind die Terme $\ldots a^+b^+$ und $\ldots ab$ „Zwei-Photonen-Prozesse" und können im Rahmen der sog. Drehwellennäherung vernachlässigt werden.

Die Wechselwirkung bedeutet also einen Austausch von Energiequanten zwischen dem Atom und dem Lichtfeld. Die Eigenzustände des gekoppelten Systems sind die so genannten „dressed states"

$$|\pm, n\rangle = \frac{1}{\sqrt{2}}[c_g^\pm |g, n+1\rangle \pm c_e^\pm |e, n\rangle], \qquad (14.16)$$

wobei sich die Entwicklungskoeffizienten $c_g^\pm$, $c_e^\pm$ aus der Diagonalisierung von $\hat{H}$ ergeben. Bevor wir diese Eigenzustände und Eigenenergien angeben, ist es wichtig zu sehen, dass im Falle einer elastischen Wechselwirkung die Gesamtenergie des gekoppelten Systems aus Atom- und Lichtfeld erhalten bleibt.

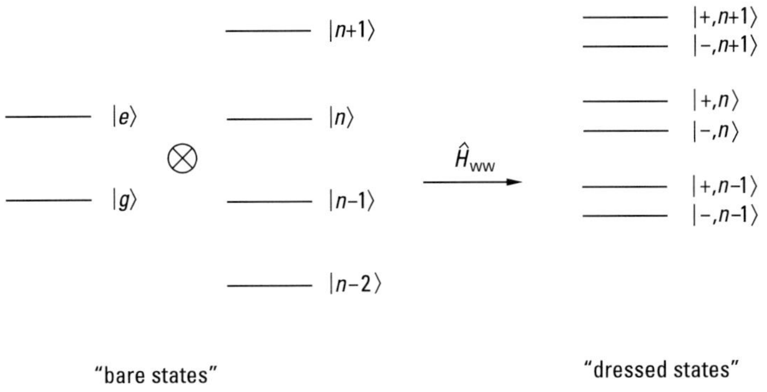

14.2 Atom-Licht Wechselwirkung

```
           |n+1⟩                          |+,n+1⟩
                                          |−,n+1⟩

  |e⟩      |n⟩          Ĥ_ww              |+,n⟩
     ⊗                  ──────▶           |−,n⟩
  |g⟩      |n−1⟩                          |+,n−1⟩
                                          |−,n−1⟩
           |n−2⟩

      "bare states"                  "dressed states"
```

Abb. 14.1 Durch die Kopplung der zwei internen Zustände des Atoms $|e\rangle$ und $|g\rangle$ mit den Photonenzahlzuständen einer Lichtmode ergeben sich als Eigenzustände des gekoppelten Systems die „dressed states".

Das heißt, $\hat{H}_{ww}$ koppelt das Paar $|e\rangle|n\rangle$ nur an $|g\rangle|n+1\rangle$ zu den gekoppelten Zuständen $|\pm,n\rangle$. Wie bei einem gekoppelten Pendel werden durch $\hat{H}_{ww}$ Energiequanten zwischen zwei Systemen ausgetauscht. Der Wechselwirkungsmechanismus kann als stimulierte Absorption und Emission identifiziert werden.

Wird ein Photon z. B. durch einen spontanen Emissionsprozess in eine andere räumliche Mode gestreut, so entspricht dieser Übergang einem Absteigen auf der „Photonenleiter" $|\pm,n\rangle \to |\pm,n-1\rangle$. Finden nur induzierte Absorptions- und Emissionsprozesse statt, so reduziert sich die Zahl der beteiligten Eigenzustände auf zwei, z. B. $|\pm,n\rangle$. Die Energie wird zwischen Lichtfeld und elektronischer Anregung ausgetauscht. Durch eine spontane Emission geht ein Energiequant in eine nicht beteiligte Mode verloren, sodass die neuen Eigenzustände $|\pm,n-1\rangle$ eine um eine Photonenenergie reduzierte Eigenenergie aufweisen. Die Zustandspaare liegen also energetisch gesehen auf einer äquidistanten Leiter und die spontane Emission entspricht einem Absteigen auf dieser Leiter. Dieser dissipative oder inelastische Prozess spielt bei der Laserkühlung eine wichtige Rolle und wird später ausführlich behandelt.

Für die Realisierung kohärenter atomoptischer Elemente mithilfe von maßgeschneiderten Lichtfeldern ist zunächst jedoch die elastische Wechselwirkung wichtig. Wir werden hierzu im Weiteren die Quantisierung des Lichtfelds wieder aufgeben, denn die durch die Vakuumfluktuationen induzierten spontanen Emissionsprozesse sollen keine Rolle spielen. Außerdem sollen die verwendeten Lichtfelder eine hohe mittlere Photonenzahl $\bar{n}$ enthalten. Die typischen kohärenten Lichtfelder, die eine Laserquelle emittiert, haben eine Poisson-verteilte Photonenzahlstatistik, sodass wir die Fluktuationen in der Photonenzahl ($\sim \sqrt{\bar{n}}$) ebenfalls vernachlässigen können. Unter diesen, bis auf wichtige Ausnahmen im Gebiet der Resonator-Quantenelektrodynamik (QED), meist gut erfüllten Annahmen kann also auf die Quantisierung des Lichtfelds verzichtet und in $\hat{H}_{int}$ das klassische Lichtfeld $\boldsymbol{E}(\boldsymbol{r},t) = E_0(\boldsymbol{r})\,\varepsilon\cos(\omega_L t)$ eingesetzt werden.

Für ein Zweiniveau-Atom lautet der Hamilton-Operator dann

$$\hat{H} = \frac{\hat{p}^2}{2m} + \frac{\hbar}{2}\omega_0(|e\rangle\langle e| - |g\rangle\langle g|) - \hat{d}\cdot E(r,t). \tag{14.17}$$

Stellt man den atomaren Zustand $|\psi\rangle = \psi_e(r)|e\rangle + \psi_g(r)|g\rangle$ als Vektor $\begin{pmatrix}\psi_e\\\psi_g\end{pmatrix}$ dar, so lautet

$$\hat{H} = \frac{\hat{p}^2}{2m} + \frac{\hbar}{2}\omega_0 \cdot \begin{pmatrix}1 & 0\\0 & -1\end{pmatrix} - \hbar\omega_R(r)\cos\omega_L t \begin{pmatrix}0 & 1\\1 & 0\end{pmatrix}, \tag{14.18}$$

wobei die Rabi-Frequenz $\omega_R(r) = |\langle g|\hat{d}\cdot\varepsilon|e\rangle| E_0(r)/\hbar$ die Kopplungsstärke an das Lichtfeld beschreibt.

Wie in einem gekoppelten Pendel beschreibt die Rabi-Frequenz die Zeitkonstante des Energieaustauschs zwischen den beiden Partnern Atom und Lichtfeld. Im Allgemeinen sind die Laser- und Übergangsfrequenzen nicht gleich. Man führt daher die Verstimmung des Lichtfelds $\delta = \omega_L - \omega_0$ ein. Dennoch oszillieren das Lichtfeld und der atomare Dipol bei optischen Frequenzen. Um diese schnelle Dynamik zu separieren, transformieren wir nun $\hat{H}$ in ein sich mit der Frequenz ω_L drehendes „Bezugssystem".

Dazu wird $\hat{H}$ zerlegt in

$$\hat{H}_0 = \frac{\hbar}{2}\omega_L\begin{pmatrix}1 & 0\\0 & -1\end{pmatrix} \tag{14.19}$$

und

$$\hat{H}' = \frac{\hat{p}^2}{2m} - \frac{\hbar}{2}\delta\begin{pmatrix}1 & 0\\0 & -1\end{pmatrix} - \frac{\hbar}{2}\omega_R(r)(e^{i\omega_L t} + e^{-i\omega_L t})\begin{pmatrix}0 & 1\\1 & 0\end{pmatrix}. \tag{14.20}$$

Im so genannten Wechselwirkungsbild, in dem die triviale Zeitentwicklung $e^{i\hat{H}_0 t/\hbar}$ von den Zuständen auf die Operatoren übertragen wird, ergibt sich

$$\hat{H}_I = e^{i\hat{H}_0 t/\hbar}\hat{H}'e^{-i\hat{H}_0 t/\hbar}$$
$$= \frac{\hat{p}^2}{2m} - \frac{\hbar}{2}\delta\begin{pmatrix}1 & 0\\0 & -1\end{pmatrix} - \frac{\hbar}{2}\omega_R(r)\left[\begin{pmatrix}0 & 1\\1 & 0\end{pmatrix} + \begin{pmatrix}0 & e^{i2\omega_L t}\\e^{-i2\omega_L t} & 0\end{pmatrix}\right]. \tag{14.21}$$

Die mit $2\omega_L$ rotierenden Terme werden wieder als „Zweiphotonen-Prozesse" identifiziert und können bei kleinen Verstimmungen ($\delta \ll \omega_0$) im Rahmen der so genannten Drehwellennäherung vernachlässigt werden. Es bleibt der zu diagonalisierende Hamilton-Operator

$$\hat{H}_I' \simeq \frac{\hat{p}^2}{2m} + \frac{\hbar}{2}\begin{pmatrix}-\delta & -\omega_R\\-\omega_R & \delta\end{pmatrix}. \tag{14.22}$$

Betrachtet man zunächst nur den zweiten Teil $\hat{H}_{ww} = \frac{\hbar}{2}\begin{pmatrix}-\delta & -\omega_R\\-\omega_R & \delta\end{pmatrix}$, so lässt sich dieser durch eine Drehmatrix

$$U^+ = \begin{pmatrix}\cos\frac{1}{2}\theta & -\sin\frac{1}{2}\theta\\\sin\frac{1}{2}\theta & \cos\frac{1}{2}\theta\end{pmatrix} \text{ mit dem Winkel } \theta(r) = \arctan\left(\frac{+\omega_R(r)}{\delta}\right) \tag{14.23}$$

diagonalisieren. Der diagonalisierte Hamilton-Operator lautet dann

$$H'_{ww} = U \hat{H}_{ww} U^+ = \text{sgn}(\delta) \begin{pmatrix} -E' & 0 \\ 0 & E' \end{pmatrix} \quad (14.24)$$

und hat die Energieeigenwerte $E' = \dfrac{\hbar}{2}\sqrt{\delta^2 + \omega_R^2(r)}$. Die Eigenzustände sind schließlich gegeben durch

$$\psi_+ = U\begin{pmatrix} 1 \\ 0 \end{pmatrix} = \begin{bmatrix} \cos\dfrac{1}{2}\theta \\ \sin\dfrac{1}{2}\theta \end{bmatrix}$$

$$\psi_- = U\begin{pmatrix} 0 \\ 1 \end{pmatrix} = \begin{bmatrix} -\sin\dfrac{1}{2}\theta \\ \cos\dfrac{1}{2}\theta \end{bmatrix}. \quad (14.25)$$

Wie lässt sich dieses Ergebnis nun interpretieren?

Zunächst entsprechen im kopplungsfreien Fall ($\omega_R = 0$) die Eigenzustände den ungestörten Zuständen $\psi_{+,-} = \psi_{e,g}$. Der Erwartungswert ihrer Dipolmomente verschwindet. Wird nun ein resonantes Lichtfeld eingestrahlt ($\delta = 0$), so sind die Eigenzustände $\psi_\pm = (1/\sqrt{2})(\psi_g \pm \psi_e)$ die Eigenzustände zum Dipoloperator. Ist ψ_g ein

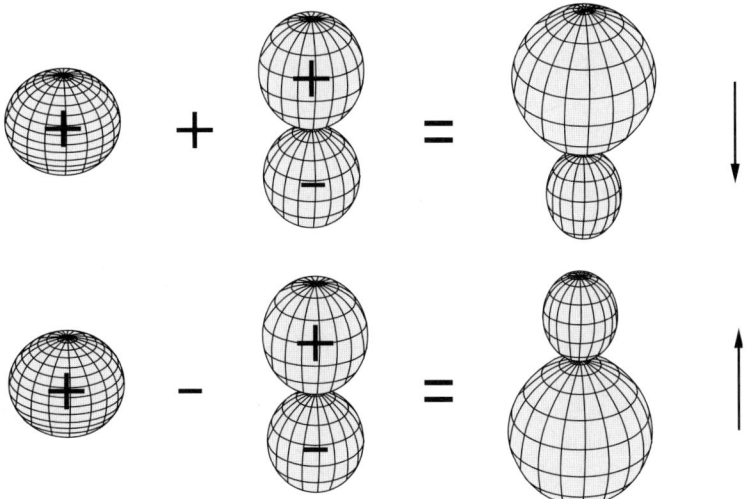

Abb. 14.2 Eigenzustände zum Dipoloperator sind Überlagerungszustände zwischen Grundzustand (s) und angeregtem Zustand (p). Der p-Zustand hat negative Parität, d. h. zwischen der oberen und der unteren „Keule" besteht ein Phasenunterschied von 180°. Ihr Dipolmoment zeigt je nach Vorzeichen in der Überlagerung entweder parallel oder antiparallel zum äußeren elektrischen Feld.

s-Zustand und ψ_e ein p-Zustand, so entsprechen ψ_+ und ψ_- den Übergangszuständen mit Dipolmomenten in Phase und 180° außer Phase mit dem treibenden Lichtfeld.

Entsprechend werden ihre Eigenenergien abgesenkt bzw. angehoben. In diesem resonanten Fall sind die Dipole maximal ausgelenkt. Die Eigenenergien verschieben sich wegen der $\hat{d} \cdot E$-Kopplung proportional zu $|E| \sim \sqrt{I}$ (I: Intensität).

Im verstimmten Fall ($\delta \neq 0$) ändert sich mit dem Winkel θ die Beimischung von ψ_e zu ψ_g (und umgekehrt) mit der eingestrahlten Feldstärke. Daher wird der angeregte Dipol mit zunehmender Feldstärke größer und die Energieverschiebung wächst mehr als linear mit der Feldstärke. Für kleine Feldstärken (d. h. $|\omega_R/\delta| \ll 1$) sind die Beimischungen wegen $\sin(\theta/2) \approx (1/2)\theta + \ldots$ zunächst linear und die entsprechenden Energieverschiebungen sind quadratisch in der Feldstärke – also proportional zur Intensität.

Im anderen Grenzfall $|\omega_R/\delta| \gg 1$ nähert man sich dem schon beschriebenen resonanten Fall an (siehe Abb. 14.3).

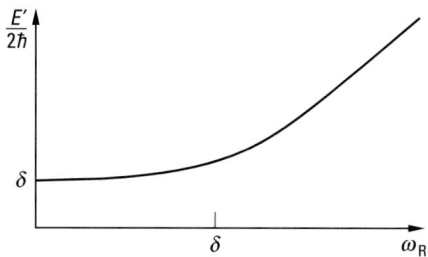

Abb. 14.3 Verlauf der Eigenenergien bei zunehmender Kopplung an das Lichtfeld.

Bewegt sich nun ein Atom in ein inhomogenes Lichtfeld (oder erfährt es eine zeitabhängige Kopplung), so kann der atomare Anfangszustand adiabatisch dem sich verändernden Eigenzustand folgen, oder er wird in die neuen Eigenzustände zerlegt.

Ist $p\hbar\nabla\theta/2m$ klein gegen E', so ist die Dynamik adiabatisch und im Fall von $\delta > 0$ entwickelt sich ψ_g in ψ_-. In diesem Zustand schwingt der atomare Dipol 180° außer Phase mit dem äußeren treibenden Lichtfeld und die Eigenenergie wird im Lichtfeld angehoben. Das Atom wird also vom Lichtfeld abgestoßen. Im Fall von $\delta < 0$ entwickelt sich ψ_g ebenfalls in ψ_-, da nun jedoch der angeregte Dipol in Phase mit dem treibenden Feld schwingt, wird die Eigenenergie abgesenkt (siehe Abb. 14.4). Das Atom wird also vom Lichtfeld angezogen.

Im resonanten Fall ($\delta = 0$) wird ein einlaufender Zustand ψ_g zerlegt in die Eigenzustände $\psi_g = (1/\sqrt{2})(\psi_+ + \psi_-)$. Entsprechend der Phasenlage der Dipole erfahren $\psi_\pm$ entgegengesetzte Potentiale. Das Lichtfeld entspricht dann einem doppelbrechenden Medium. Falls ψ_+ und ψ_- während dieser Dynamik räumlich überlappen, kommt es zur Interferenz zwischen diesen Zuständen. Ihre Zeitentwicklung liefert einen relativen Phasenunterschied von $\Delta\phi(t) = (\Delta E/\hbar)t = \omega_R t$. Betrachtet man also zu verschiedenen Zeiten die Populationen $|\psi_g|^2$ und $|\psi_e|^2$, so kommt es zur so genannten Rabi-Oszillation zwischen vollständiger Anregung ($|\psi_e|^2 = 1$) und Rückkehr in den Grundzustand ($|\psi_g|^2 = 1$).

Beispiel 1: Der optische Stern-Gerlach-Effekt [3]. Der Übergang von adiabatischen Folgen zur Aufteilung in zwei Eigenzustände konnte in einem Atomstrahlexperiment demonstriert werden. Dazu wurde zunächst ein thermischer Atomstrahl metastabiler

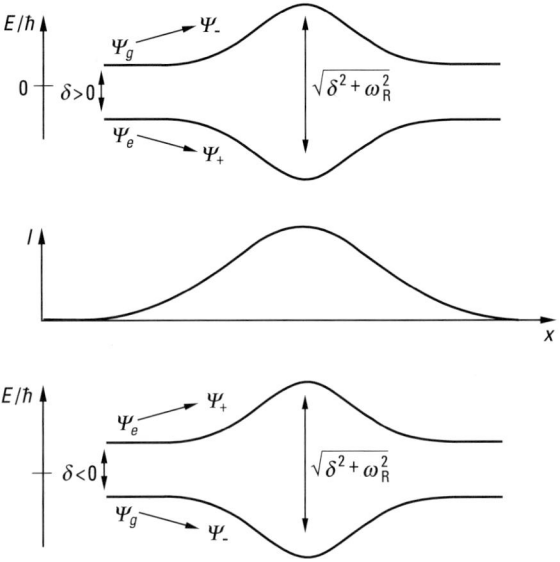

Abb. 14.4 Verschiebung der Eigenenergien beim Durchgang eines Atoms durch ein Gauß'sches Lichtfeld mit roter ($\delta < 0$) oder blauer ($\delta > 0$) Verstimmung.

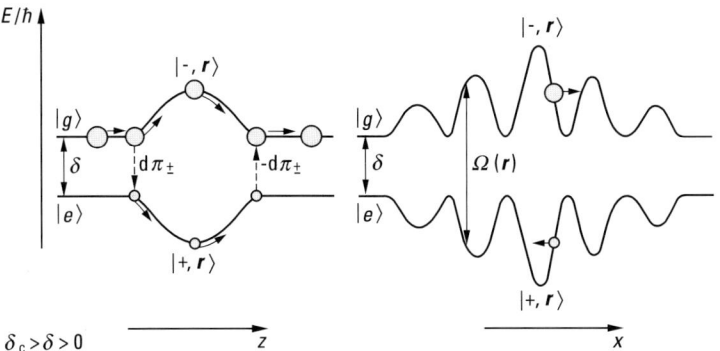

Abb. 14.5 Ortsabhängige Energieniveaus in einem Gauß'schen Strahlprofil (z-Richtung) sowie in einer stehenden Lichtwelle (x-Richtung). Die Größe der grauen Kreise deutet die Populationen dieser Niveaus an. Ein Populationstransfer durch die Bewegung in z-Richtung führt zu einer Spaltung der atomaren Wellenfunktion in x-Richtung.

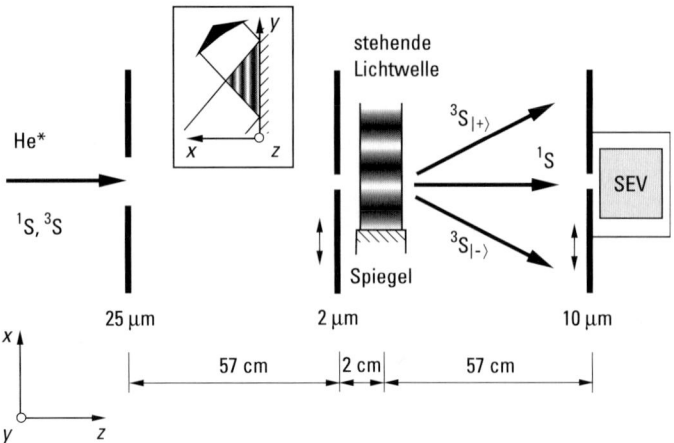

Abb. 14.6 Optischer Stern-Gerlach-Effekt: Experimenteller Aufbau – von oben gesehen.

Helium-Atome durch einen 2 μm breiten Spalt transversal lokalisiert. Dann wurde hinter diesem Spalt senkrecht zum Atomstrahl eine stehende Lichtwelle erzeugt. Durch den streifenden Einfall des Lichts auf eine Glasoberfläche betrug die Periode der stehenden Lichtwelle 14.5 μm. Der Atomstrahl konnte anschließend in den Bereich der stehenden Lichtwelle mit maximalem transversalen Gradienten in der Lichtintensität justiert werden (Abb. 14.5).

In der Detektorebene konnte schließlich die Ablenkung des Atomstrahls mithilfe eines Sekundärelektronenvervielfachers detektiert werden (Abb. 14.6). Das Laserlicht wurde resonant auf einen Übergang – ausgehend vom metastabilen ^{3}S-Zustand – eingestellt. Die Wechselwirkungszeit der Atome mit dem Lichtfeld betrug weniger als die Lebensdauer des angeregten Zustands, sodass spontane Emissionen in der Wechselwirkungszone vernachlässigt werden können. Die im Strahl befindlichen ^{1}S-Atome werden entsprechend vom Lichtfeld nicht beeinflusst und liefern einen starken zentralen Peak. Etwa um ± 200 μrad daneben erkennt man die abgelenkten Strahlen (Abb. 14.7).

Im Fall resonanten Lichts ($\delta = 0$) wird der Zustand des einlaufenden Atoms zu gleichen Teilen in ψ_+ und ψ_- aufgeteilt und entsprechend vom Lichtfeldgradienten nach rechts oder links abgelenkt. Das Verhältnis zwischen links und rechts verändert sich entsprechend der Verstimmung des Lichtfelds. Zum Beispiel überwiegt für $\delta/(2\pi) = +4$ MHz der Anteil, für den die Atome aus höheren Lichtintensitäten herausgedrückt werden. Da jedoch die Bedingung für adiabatisches Folgen noch nicht gut erfüllt ist, ist auch der andere Eigenzustand noch besetzt. Ein umgekehrtes Verhalten zeigt sich für negative Verstimmung $\delta/(2\pi) = -9$ MHz.

Der Effekt ist im Resonanzfall direkt zu vergleichen mit dem bekannten Stern-Gerlach-Experiment für statische magnetische Dipole, z. B. eines Spin-(1/2)-Atoms im Gradienten eines magnetischen Felds.

Wie für viele Experimente in der Atomoptik ist auch hier die Wechselwirkungszeit des Atomstrahls mit dem Lichtfeld so klein, dass die Bahnkurve der Atome innerhalb

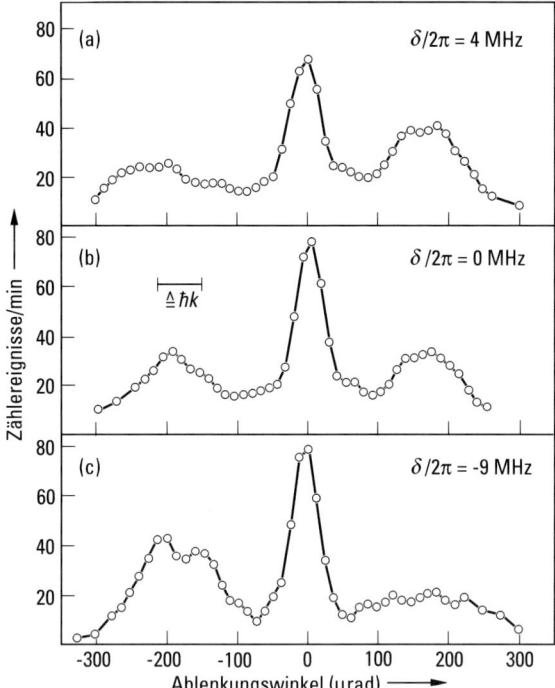

Abb. 14.7 Optischer Stern-Gerlach-Effekt. Atomare Intensitätsverteilung in der Detektorebene für drei verschiedene Resonanzverstimmungen $\Delta/2\pi$; der zentrale Peak repräsentiert die unbeeinflussten Singulett-Zustände.

des Lichtfelds nicht verändert wird. Der Impulsübertrag führt erst nach dem Lichtfeld zu einer signifikanten Ablenkung. Formal bedeutet das, dass die Wechselwirkung nur zu einer Phasenänderung $\phi(r)$ eines einlaufenden Wellenpakets führt $\psi_{out} = e^{i\phi(r)}\psi_{in}$, jedoch nicht zu einer Änderung des Betrags $|\psi_{in}(r)| = |\psi_{out}(r)|$.

Die Wechselwirkungszone entspricht also einer Phasenplatte für die Materiewellen. In der Lichtoptik spricht man häufig von der „Dünne Linse"-Näherung. In der Atomoptik nennt man diese Näherung oft die Raman-Nath-Näherung. In einem weiteren Beispiel kommt diese Näherung auch zum Einsatz:

Beispiel 2: Beugung am dünnen Phasengitter (Kapitza-Dirac-Effekt) [4]. Bewegt sich eine Materiewelle durch ein senkrecht dazu angeordnetes stehendes Lichtfeld, so ergibt sich bei adiabatischer Entwicklung für die Transmissionsfunktion dieser „Phasenplatte" in Raman-Nath-Näherung: $T(x) = e^{i\Phi(x)}$ mit

$$\Phi(x) = \frac{1}{\hbar}\int V(x,t)\,dt = \frac{1}{v_z \hbar}\int V(x,z)\,dz, \qquad (14.26)$$

wobei $v_z = $ const. angenommen werden kann, falls (wie meist der Fall in Experimenten mit thermischen Atomstrahlen) $mv_z \gg \Delta p$, wobei Δp die longitudinale Impulsänderung durch das Lichtfeld darstellt.

1240   14 Optik mit Materiewellen: Atomoptik

In der stehenden Lichtwelle lauten die Eigenenergien für $\delta \gg \omega_R(z)$

$$E'(x,z) \approx \frac{\hbar}{8\delta}\omega_R^2(z)\sin(2k_L x) + \text{const.}, \tag{14.27}$$

d. h. die Transmissionsfunktion hat die Form $\phi(x) = C\sin(2k_L x)$, wobei

$$C = \frac{1}{8V_z\delta}\int \omega_R^2(z)\,dz. \tag{14.28}$$

In Fraunhofer-Näherung ergibt sich das Beugungsmuster dieses Phasengitters als transversale Impulsverteilung

$$P(p_x) = |F[e^{i\Phi(x)}]|^2 = \sum_{n=-\infty}^{\infty} \delta(p_x - n2\hbar k_L)|J_n(C)|^2. \tag{14.29}$$

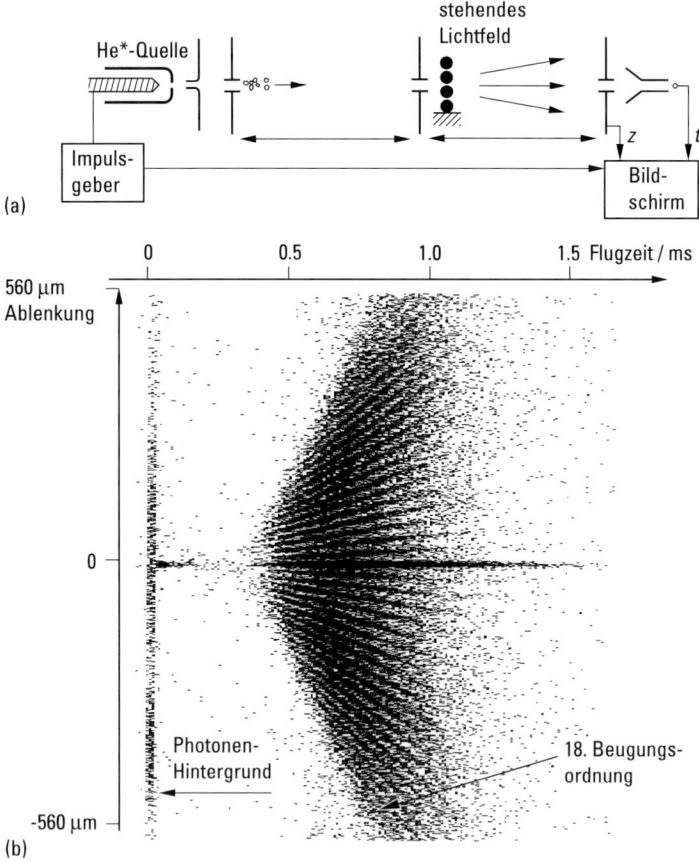

Abb. 14.8 Beugung eines metastabilen Helium-Strahls an einem dünnen Lichtgitter: Neben der räumlich aufgelösten Detektion im Fernfeld des Gitters erlaubt der Einsatz einer gepulsten Atomquelle gleichzeitig die Messung der Flugzeit der Atome (a). Zu sehen sind etwa 36 Beugungsordnungen (b).

Dabei gibt das Betragsquadrat der *n*-ten Bessel-Funktion das Gewicht einer Beugungsordnung an. Nachdem dieses Beugungsphänomen als erstes an einem Natrium-Atomstrahl demonstriert wurde, konnte das Experiment einige Jahre später mit einem gepulsten He*-Strahl wiederholt werden (Abb. 14.8). Dabei wurde der thermische Atomstrahl mittels einer gepulsten Gasentladungsquelle erzeugt und mit zwei 10 μm breiten Spalten soweit kollimiert, dass die transversale Kohärenzlänge einige Perioden des stehenden Lichtfelds (der Periode 541 nm) betrug. Im Fernfeld konnte dann das Beugungsmuster aufgenommen werden. Die zeitaufgelöste Detektion erlaubte es dabei, die Bewegungsbilder für verschiedene Flugzeiten und damit für verschiedene de Broglie-Wellenlängen aufzunehmen. Das Ergebnis zeigt Abb. 14.8(b). Man kann bis zu 36 Beugungsmaxima erkennen. Die Flugzeitverteilung entspricht der Geschwindigkeitsverteilung des Atomstrahls.

Soweit zunächst zur Einführung in die konservativen Lichtkräfte. Wir werden in den anschließenden Abschnitten noch zahlreiche Beispiele für die Anwendung von maßgeschneiderten optischen Potentialen mithilfe von Lichtfeldern kennenlernen. Mit ihnen lassen sich kohärente Strahlteiler für Interferometer, Spiegel oder Linsen für Atomstrahlen realisieren.

Die Beschreibung der Atom-Licht-Wechselwirkung wäre jedoch unvollständig ohne eine Behandlung der spontanen Emission. Kann bei der bisher betrachteten induzierten Dipolkraft der Impulsübertrag auf die Atome mittels der Umverteilung von Photonen durch stimulierte Absorption oder Emission erklärt werden, so kommt durch die spontane Emission ein neues Element hinzu.

Neben dem energieerhaltenden Austausch von Anregungen zwischen dem Atom und dem Lichtfeld kommen jetzt auch inelastische Prozesse vor, bei dem Energie in irreversibler Weise in eine große Zahl von Lichtmoden emittiert werden kann. Dadurch wird unser zunächst kohärent gekoppeltes System aus Atom und einer (oder weniger) Lichtmode(n) an ein Reservoir von vielen Lichtmoden gekoppelt. Dieser dissipative Prozess stört einerseits die Kohärenz von atomoptischen Elementen, wird jedoch auch sehr erfolgreich zur gezielten Kühlung der atomaren Schwerpunktbewegung eingesetzt. Daher wollen wir uns auch mit der Beschreibung dieses Aspekts der Atom-Licht-Wechselwirkung kurz beschäftigen.

14.3 Spontane Emission und Lichtkräfte

Betrachten wir zunächst noch einmal die zu Anfang dieses Kapitels entwickelten „dressed states" in Abb. 14.9 [2]:

Bisher haben wir ein geschlossenes System behandelt, in dem nur Energiequanten zwischen Atom und einer durch die Lasermode gegebenen Lichtmode ausgetauscht werden. Dabei bleibt die Gesamtenergie des gekoppelten Systems erhalten. Nun jedoch können Energiequanten dieses System verlassen und in ein Reservoir sehr vieler möglicher Lichtmoden abgegeben werden. Dabei geht dem gekoppelten System auf irreversible Art und Weise Energie verloren. Wie wir später sehen werden, wird dadurch auch eine mögliche räumliche Kohärenz des Bewegungszustands der Atome beeinträchtigt, weil die spontan emittierten Photonen der Umgebung die

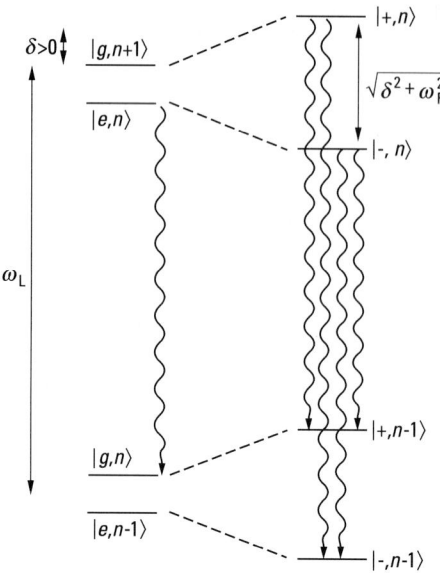

Abb. 14.9 Spontane Emissionsprozesse zwischen den Eigenzuständen der Atom-Licht-Wechselwirkung erniedrigen die Energie des gekoppelten Systems um ein Lichtquant. Bei starker Kopplung treten drei unterschiedliche Fluoreszenzlinien auf.

Information über den Ort des Atoms liefern können. Was bedeutet die spontane Emission aber für die auftretenden Lichtkräfte?

Zunächst ist mit jedem spontan emittierten Photon ein zufälliger Rückstoß ($\Delta p = \hbar k$) verbunden. Da die Richtung des Rückstoßes im Rahmen der Winkelverteilung des atomaren Übergangs zufällig ist, führt die spontane Emission zu einem „random walk" im Impulsraum. Der über viele Prozesse gemittelte Impulsübertrag verschwindet, das gemittelte Impulsquadrat steigt jedoch mit der Zeit linear an. Daher entspricht die spontane Emission effektiv einer Heizrate.

Betrachten wir Abb. 14.9 weiter, so wird klar, dass im Fall $\omega_R > \Gamma$ drei unterschiedliche Photonen emittiert werden können. Da beide Eigenzustände ($|+,n\rangle$ oder $|-,n\rangle$) eine Beimischung von $|e\rangle$ enthalten, können beide Eigenzustände zerfallen. Die Endzustände sind $|+,n-1\rangle$ und $|-,n-1\rangle$ entsprechend der jeweiligen Beimischung des atomaren Grundzustands $|g\rangle$. Es gibt also vier Zerfallsraten Γ_{++}, Γ_{--}, Γ_{-+}, Γ_{+-}, die diese vier möglichen Übergänge beschreiben, wobei z. B. $\Gamma_{+-} = \Gamma |\langle e|+\rangle|^2 \cdot |\langle g|-\rangle|^2$ beträgt.

Bei einem Wechsel des Eigenzustands muss das emittierte Fluoreszenzphoton die entsprechende Energiedifferenz aufnehmen und ist entsprechend rot oder blau verschoben. Das Fluoreszenzspektrum zeigt dann das so genannte „Mollow-Triplett" [5]. Für die Lichtkräfte bedeutet das, dass die Dipolkräfte aufgrund der räumlich abhängigen Eigenenergien bei den Übergängen $|+\rangle \to |-\rangle$ oder $|-\rangle \to |+\rangle$ ihr Vorzeichen ändern. Wenn die Wechselwirkung mit dem Lichtfeld lange genug andauert, wird sich die über die Ratengleichungen gemittelte Besetzung von $|+\rangle$ und $|-\rangle$

angeben lassen und damit eine mittlere Dipolkraft. Genauso lassen sich jedoch auch Fluktuationen in der Dipolkraft angeben. Zur Ableitung dieser Ausdrücke sei z. B. auf [2] verwiesen.

Benutzt man das Ehrenfest-Theorem

$$F = M\langle \ddot{R}\rangle = \langle \nabla(d \cdot E)\rangle \quad (14.30)$$

für ein atomares Wellenpaket, das besser lokalisiert ist als die Lichtwellenlänge λ, so ergibt sich für ein allgemeines Lichtfeld $E = \varepsilon E_0(r)\cos(\omega_L t - \phi(r))$

$$\bar{F} = \varepsilon \cdot d_{in}^{st}\nabla E_0 + \varepsilon \cdot d_{out}^{st} E_0 \nabla\phi(r). \quad (14.31)$$

Dabei ist d_{in}^{st} der Anteil des durch das Lichtfeld angeregten atomaren Dipols, der im Gleichgewicht („steady state") in Phase mit dem Lichtfeld schwingt, während d_{out}^{st} 90° außer Phase schwingt. $\bar{F}$ ist die über einen optischen Zyklus gemittelte Kraft F. Dieser zweite Term in Gl. (14.31) entspricht dem dissipativen Anteil der spontanen Lichtkraft $\bar{F}_{spont}$, der erste Term dem dispersiven Anteil der gemittelten Dipolkraft $\bar{F}_{dip}$.

Betrachten wir z. B. eine laufende ebene Welle

$$E(r,t) = \varepsilon E_0 \cos(\omega_L t - k_L \cdot r), \quad (14.32)$$

so verschwindet $\bar{F}_{dip}$ wegen $\nabla E_0 = 0$, da aber $\nabla \phi = -k_L$, ergibt sich für

$$\bar{F}_{spont} = \frac{\Gamma}{2}\frac{s}{s+1}\hbar k_L, \quad (14.33)$$

wobei der sogenannte Sättigungsparameter

$$s = \frac{\frac{\omega_R^2}{2}}{\delta_L^2 + \frac{\Gamma^2}{4}} \quad (14.34)$$

dafür sorgt, dass die maximale spontane Lichtkraft auf $\bar{F}_{spont}|_{max} = (\Gamma/2)\hbar k_L$ limitiert ist. Die Interpretation ist naheliegend: Selbst wenn durch zunehmende Laserleistung und damit ansteigendem ω_R die Anregung des Atoms immer schneller erfolgen kann, ist die spontane Emission in ihrer Rate immer die zeitlich begrenzende Rate für den Zyklus aus Absorption und spontaner Emission. In diesem Zyklus wird genau der Impuls des absorbierten Photons auf das Atom übertragen, während der Rückstoß des spontan emittierten Photons im Mittel verschwindet. Die Größenordnung der möglichen Beschleunigung beträgt $F/m \approx (10^4-10^6)g$.

Betrachten wir dagegen als typisches Beispiel für eine inhomogene Intensitätsverteilung eine stehende Lichtwelle

$$E(r,t) = \varepsilon E_0 \cos k_L z \cos \omega_L t, \quad (14.35)$$

so verschwindet hier $\bar{F}_{spont}$ mit $\nabla \phi = 0$; jedoch ergibt sich für

$$\bar{F}_{dip} = -\hbar\delta\frac{s}{s+1}\frac{\nabla\omega_R}{\omega_R} = +\hbar\delta\frac{s}{s+1}k_L \tan k_L z. \quad (14.36)$$

Es zeigt sich also, dass $\bar{F}_{dip}$ für $\delta = 0$ verschwindet, da hier $|+\rangle$ und $|-\rangle$ jeweils zu gleichen Teilen aus $|g\rangle$ und $|e\rangle$ bestehen und das Vorzeichen der Dipolkraft zu gleichen Anteilen positiv und negativ ist. Hier verschwindet also der Mittelwert der Dipolkraft, während die Fluktuationen maximal werden. Für jede Feldstärke E_0 gibt es jedoch ein δ, das $\bar{F}_{\text{dip}}$ maximiert. Für starke Laserfelder ($\omega_R \gg \Gamma$) ist dieses ideale $\delta \approx \omega_R$, womit gilt

$$\bar{F}_{\text{dip}}^{\text{max}} \simeq \hbar k_L \cdot \omega_R. \tag{14.37}$$

Im Gegensatz zu $\bar{F}_{\text{spont}}$ sättigt $\bar{F}_{\text{dip}}$ also nicht, sondern kann als Zyklus aus Absorption und stimulierter Emission bei wachsender Rabi-Frequenz ω_R im Prinzip beliebig hohe Werte annehmen.

14.4 Zusammenfassung Lichtkräfte

Nach dieser Behandlung der Lichtkräfte können wir also für die weiteren Betrachtungen zur Atomoptik folgendes festhalten:

1. Zur kohärenten Manipulation können inhomogene Lichtfelder optische Potentiale zur Verfügung stellen. Im Fall geringer Sättigung $s \ll 1$ reagieren Atome als polarisierbare Objekte mit einer linearen Polarisierbarkeit $\alpha(\omega)$.
   Die Frequenzabhängigkeit von α für ein Atom mit einem Dipolübergang bei der Frequenz ω_0 führt zu einer Frequenzabhängigkeit des optischen Potentials

$$V_{\text{opt}}(\omega) = \frac{1}{2}\alpha(\omega)\boldsymbol{E}^2.$$

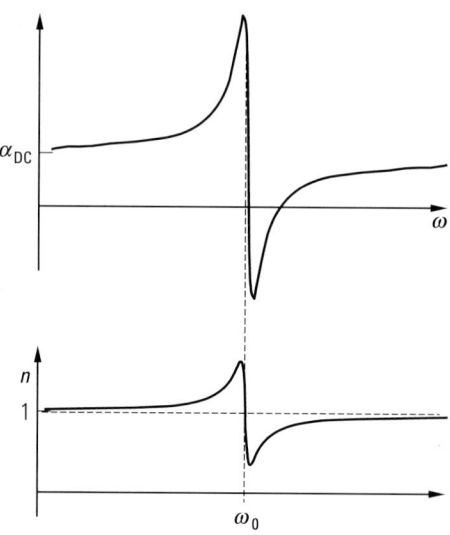

Abb. 14.10 Durch die Wechselwirkung eines atomaren Dipols mit einem elektromagnetischen Wechselfeld wird um die Resonanzfrequenz ω_0 herum die Polarisierbarkeit α resonant überhöht und wechselt ihr Vorzeichen für $\omega > \omega_0$. Entsprechend zeigt die Brechzahl n für die Bewegung der Materiewellen das typisch dispersive Verhalten.

Anders ausgedrückt, die Brechzahl $n(\omega) = \sqrt{1 - [V_{opt}(\omega)/E_{ges}]}$ für die Propagation von Atomen durch Licht hängt von der Frequenz des Lasers ab und wird um die Übergangsfrequenz resonant überhöht. Da α sein Vorzeichen oberhalb von ω_0 ändert, weil der Dipol weit über der Resonanzfrequenz 180° außer Phase mit dem treibenden Lichtfeld schwingt, springt auch n bei der Resonanz von Werten $n > 1$ auf $n < 1$ oberhalb von ω_0 (Abb. 14.10).

Hier zeigt sich beispielhaft die Analogie zwischen Atomoptik und Lichtoptik, denn die Dispersionstheorie für die Propagation von Licht durch Materie liefert völlig analoge Ergebnisse. In der Atomoptik werden die Rollen von Materie und Licht vertauscht. Da die zugrunde liegende Physik – die Wechselwirkung von Licht mit polarisierbarer Materie – identisch ist und die Quantenmechanik die Unterscheidung zwischen Wellen und Teilchen aufhebt, wird sich diese Analogie auch bei anderen Aspekten immer wieder zeigen.

2. Spontane Emission ermöglicht inelastische Prozesse, bei denen der Impuls der Atome und damit ihre de Broglie-Wellenlänge λ_{dB} verändert wird. Dieser Prozess kann zur Kühlung und zur Heizung von atomaren Ensembles eingesetzt werden und liefert damit zum Beispiel die Möglichkeit, die Helligkeit bzw. die Kohärenzeigenschaften atomarer Quellen dramatisch zu beeinflussen. Tritt spontane Emission jedoch in atomoptischen Elementen auf, so führt sie zu einem Verlust an Kohärenz und ist daher in atomoptischen Elementen vorzugsweise genauso zu vermeiden wie trübes oder milchiges Glas für die Herstellung von lichtoptischen Elementen.

14.5 Vom Ofen zum Atomlaser: Quellen für die Atomoptik

14.5.1 Thermische Quellen

Schon in der Anfangszeit der experimentellen Atomoptik wurden Öfen angebohrt und aus ihnen ein Atomstrahl ins Vakuum entlassen. So wurde in den Experimenten von Stern und Gerlach ein Silber-Atomstrahl benutzt, um die Aufspaltung in inhomogenen Magnetfeldern zu zeigen. In einem Experiment von Frisch wurde 1933 an einem Natrium-Atomstrahl der Strahlungsdruck des Lichts einer Natrium-Dampflampe nachgewiesen. Es war auch O. Stern, der 1929 zum ersten Mal die Beugung atomarer Materiewellen an einem Kristall beobachtete. Hierzu setzte er einen Helium-Strahl aus einer Gasdüse ein [6].

Während Effusionsöfen Atome mit einer breiten, der Maxwell-Boltzmann-Verteilung entsprechenden Geschwindigkeitsverteilung emittieren, können durch Gasdüsen sehr schmale Verteilungen und damit monochromatischere Materiewellen erzeugt werden. Bei dieser so genannten Überschalldüsenexpansion kann durch adiabatische Expansion des Gases eine Kühlung im mitbewegten Schwerpunktsystem des Atomstrahls auftreten. Dafür sind ein hoher Staudruck (typisch 10–100 bar) und eine feine Düse erforderlich [7]. Damit können Geschwindigkeitsbreiten von bis zu $\Delta v \approx (1/100) v$ erreicht werden. Die mittleren Geschwindigkeitsbreiten bei diesen thermischen Quellen hängen von der Temperatur des Reservoirs und der

Masse des Atoms ab ($v \sim \sqrt{T/m}$). Diese reichen von über 2000 m/s in metastabilen Helium-Strahlen aus einer Entladungsquelle bis hinunter zu ~ 200 m/s für das schwere, leicht zu verdampfende Cäsium [8].

14.5.2 Laserkühlverfahren

Durch den dissipativen Charakter der spontanen Emission angeregter Atome können in geeigneten Konfigurationen Atomstrahlen in ihrer Geschwindigkeitsverteilung in allen drei Raumrichtungen drastisch verändert werden. Jedoch sind nicht alle Atome gleich gut für die Methoden der Laserkühlung geeignet. Daher machen wir zunächst einen kurzen Ausflug in die Atomphysik, um zu verstehen, welche Voraussetzungen ein Atom mitbringen sollte, um ohne großen Aufwand lasergekühlt zu werden.

Bei der Behandlung der Lichtkräfte haben wir eine wichtige Einschränkung gemacht: Das Atom sollte zyklische Absorptions- und Emissionsprozesse erlauben, sodass es dem angenommenen Zweiniveau-Atom zumindest nahe kommt. Das wird insbesondere dann schwierig, wenn der elektronische Grundzustand aufgespalten oder entartet ist oder durch optische Pumpprozesse andere (z. B. metastabile) elektronische Zustände bevölkert werden, die nicht mit dem zur Verfügung stehenden Laserlicht wechselwirken.

Eine weitere Einschränkung ist technischer / finanzieller Natur: Atome, bei denen preisgünstige Laserquellen für die Anregung der Dipolübergänge verfügbar sind, werden von Experimentalphysikern verständlicherweise bevorzugt.

Diese letzte Einschränkung trifft z. B. beim einfachsten Atom – dem Wasserstoff – zu. Zwar ist die elektronische Struktur prinzipiell ideal geeignet, um ein Zweiniveau-System zu realisieren, jedoch liegt der Dipolübergang $^2S_{1/2} \to {}^2P_{3/2}$ bei einer Wellenlänge von 121.6 nm. Dort gibt es weltweit bis heute nur eine kontinuierliche Laserquelle mit Leistungen im Bereich einiger nW [9], sodass Wasserstoff mit diesem Licht noch nicht lasergekühlt wurde.

Im Helium ist der Dipolübergang ausgehend vom $^1S_0$-Grundzustand noch weiter im UV ($\lambda \approx 58$ nm), sodass hier ebenfalls keine Laserkühlung möglich ist. Dieses Zwei-Elektronensystem bietet jedoch einen metastabilen $^3S_1$-Zustand, der eine Lebensdauer von 7900 s hat. Atome können durch Elektronenstoß, z. B. in einer Gasentladung, in diesen Zustand gebracht werden. Für die Dauer der Experimente kann dieser Zustand als Grundzustand angesehen werden und bietet mehrere geschlossene Übergänge bei den Wellenlängen 1083 nm und 389 nm, die zur Laserkühlung eingesetzt werden können. In leicht abgewandelter Form findet man eine ähnliche Struktur auch in den anderen Edelgasen Ne, Ar, Kr, Xe, die allesamt in ihren metastabilen Zuständen gekühlt werden (s. Tab. 14.1).

Ein großer experimenteller Vorteil ist die hohe interne Anregungsenergie dieser Atome. Diese Energie kann beim Auftreffen der Atome auf eine metallische Oberfläche mit einer hohen Effizienz (z. B. bei Helium $>60\%$) ein Elektron auslösen, das mit Vervielfachern effizient und mit einer Zeitauflösung im ns-Bereich detektiert werden kann. Damit können z. B. zeitliche Korrelationsexperimente, analog zu den Hanbury-Brown- und Twiss-Experimenten für Photonen, durchgeführt werden.

Tab. 14.1 Geschlossene Dipolübergänge bei metastabilen Edelgasen und Lebensdauer im metastabilen Zustand.

	Dipolübergang λ in nm	Lebensdauer in s	Anregungsenergie in eV
He*	1083	7900	19.8
Ne*	640	20	16.6
Ar*	812	60	11.6
Kr*	812	85	9.9
Xe*	882	150	8.3

Allerdings sind metastabile Atome aufgrund ihrer hohen inneren Energie auch anfällig gegen inelastische Kollisionsprozesse bei höheren Dichten. Dennoch ist es zumindest für metastabiles Helium schon in zwei Experimenten geglückt, Bose-Einstein-Kondensation zu erreichen [10].

In der ersten Gruppe im Periodensystem der Elemente – den Alkaliatomen – befinden sich jedoch die eigentlichen Arbeitspferde der Atomoptik. Sie zeichnen sich durch ein Leuchtelektron aus, das ebenfalls geschlossene Dipolübergänge ermöglicht (z. B. $^2S_{1/2} \rightarrow {}^2P_{3/2}$). Allerdings taucht bei ihnen typischerweise ein nicht verschwindender Kernspin auf, der zu einer Hyperfeinaufspaltung der Zustände führt.

Am bekanntesten ist hier die Hyperfeinaufspaltung des Grundzustands in ^{133}Cs von 9.2 GHz, die in Atomuhren zur Definition der Sekunde herangezogen wird. Durch diese Hyperfeinstruktur kann mit einer Laserfrequenz typischerweise kein Zweiniveau-System realisiert werden, da die Atome über die angeregten Zustände

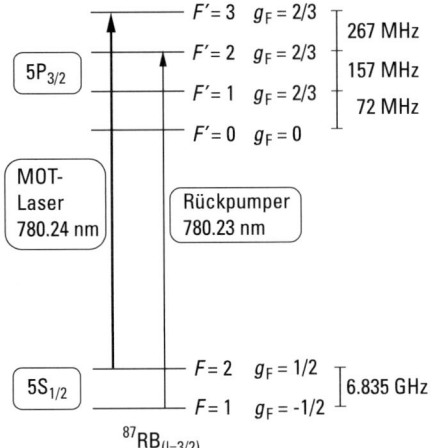

Abb. 14.11 Niveauschema der für die Laserkühlung relevanten Übergänge bei ^{87}Rb (D$_2$-Linie) inklusive Hyperfeinaufspaltung.

Tab. 14.2 Übersicht über wichtige Parameter des Elements ^{87}Rb.

Wellenlänge für Übergang ($5S_{1/2}$, $F = 2 \rightarrow 5P_{3/2}$, $F' = 3$)	780.24 nm
Linienbreite $\Gamma/2\pi$	5.98 MHz
Sättigungsintensität I_s	1.6 mW/cm^2
Dampfdruck bei Raumtemperatur	3×10^{-7} mbar
Dopplergeschwindigkeit	16.7 cm/s
Rückstoßgeschwindigkeit	5.88 mm/s
Dopplertemperatur	146 µK
Rückstoßtemperatur	361 nK
Kernspin	3/2
HFS-Aufspaltung (Grundniveau)	6.835 GHz
s-Wellen-Streulänge	109 a_0

von einem Hyperfeinzustand in den anderen gepumpt werden können. Um so verlorene Atome wieder dem Zyklus zuzuführen, müssen sie durch einen Rückpumplaser wieder in den gewünschten Grundzustand zurückgepumpt werden.

Abbildung 14.11 zeigt das für viele Alkaliatome typische relevante Niveauschema von Rubidium (^{87}Rb), und Tab. 14.2 gibt eine Übersicht über dessen wichtige Parameter.

Neben den kostengünstigen Laserquellen (Laserdioden) zeichnen sich Alkaliatome durch die niedrigen Schmelz- und Verdampfungstemperaturen aus, die den Aufbau von Atomstrahlquellen und Dampfzellen vereinfachen.

Eine weitere Klasse von laserkühlbaren Atomen sind die Erdalkaliatome Mg, Ca, Sr, Ba und Atome, die ebenfalls zwei Elektronen in der äußeren Schale besitzen. Diese Atome zeichnen sich durch starke Dipolübergänge typischerweise im blauen Spektralbereich aus, die zur Laserkühlung eingesetzt werden. Ausgehend von einem $^1S_0$-Grundzustand bieten sich aber auch wahlweise dipolverbotene und daher schwache Interkombinationsübergänge $^1S_0 \rightarrow {}^3P_1$ bei einer zweiten Wellenlänge an, die zusätzliche Variationsmöglichkeiten bei der Laserkühlung, aber auch Anwendungen

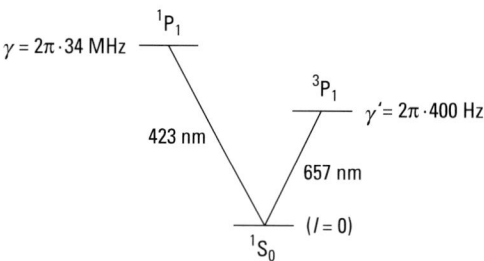

Abb. 14.12 Beispielhaftes Niveauschema für ein Erdalkaliatom – hier ^{40}Ca. Der schmalbandige Interkombinationsübergang $^1S_0 \rightarrow {}^3P_1$ wird als optischer Frequenzstandard diskutiert. γ und γ' entsprechen den inversen Lebensdauern der angeregten Zustände.

auf dem Gebiet der Präzisionsspektroskopie bieten. So wird z. B. der Übergang $^1S_0 \to {}^3P_1$ im ^{40}Ca bei $\lambda = 657$ nm als optischer Frequenzstandard diskutiert (Abb. 14.12).

Neben diesen Standardatomklassen gibt es nur wenige Ausnahmen, wie Chrom oder Silber, die sich für die Laserkühlung eignen. Bei den meisten anderen Elementen des Periodensystems steht der Laserkühlung eine ungünstige Wellenlänge des Dipolübergangs oder eine zu große Feinstruktur-Aufspaltung des Grundzustands entgegen.

Technisch relevante Materialien wie Indium und Aluminium bieten prinzipiell nahezu geschlossene Übergänge von einem teilweise thermisch besetzten Feinstrukturzustand, die zumindest für kurze Kühlzeiten wie z. B. bei der transversalen Strahlkollimation eingesetzt werden können.

14.5.2.1 Bremsen durch Lichtdruck

Als erste Anwendung spontaner Lichtkräfte diskutieren wir die Abbremsung eines thermischen Atomstrahls.

Betrachtet man die maximale spontane Lichtkraft $F = (\hbar k)\Gamma/2$, so entspricht sie für eine typische atomare Masse einer Beschleunigung von etwa 10^5 Erdbeschleunigungen. Das bedeutet, dass ein Atomstrahl von z. B. $v_{th} = 1000$ m/s in ca. 1 ms oder auf einer Strecke von ca. 0.5 m gestoppt werden kann.

Voraussetzung dafür ist allerdings, dass das Atom während des Abbremsvorgangs resonant mit dem gegenläufigen Lichtfeld bleibt. Da die typische Frequenzverschiebung aufgrund des Doppler-Effekts $kv_{th} \approx 2\pi \cdot 1.5$ GHz beträgt und damit viel größer als die Linienbreite ist, muss die Laserfrequenz während des Abbremsprozesses nachgefahren werden (*chirped slowing*) oder die atomare Resonanzfrequenz der Atome entlang der Abbremsstrecke räumlich variiert werden.

„Chirped slowing" kann durch schnelle Frequenzverstimmung, z. B. durch breitbandige elektrooptische Modulatoren realisiert werden [11]. Der Vorteil ist jedoch, dass keine statischen Felder benötigt werden, der Nachteil, dass der langsame Atomstrahl gepulst ist.

Daher wird in den meisten Experimenten die atomare Resonanz durch ein räumlich variables Magnetfeld der abgebremsten Geschwindigkeit

$$v(z) = v_a\sqrt{1 - \frac{2az}{v_0^2}} \tag{14.38}$$

angepasst. Wird ein zirkular polarisierter Laserstrahl (auf einem $F \to F+1$-Übergang) benutzt, so wird der zyklische Prozess zwischen den zwei extremen magnetischen Unterzuständen $m_F = F$ und $m_{F'} = F+1$ stattfinden, deren Zeeman-Aufspaltung durch das axiale Magnetfeld $B(z) - B_0 \sim v(z)$ gerade die Doppler-Verschiebung so kompensiert, dass das Lichtfeld während des gesamten Prozesses resonant mit diesen Niveaus bleibt [12].

Unter anderem für die erste Demonstration dieser heute zur Standardtechnik gewordenen Methode hat W. D. Phillips 1997 den Nobel-Preis verliehen bekommen.

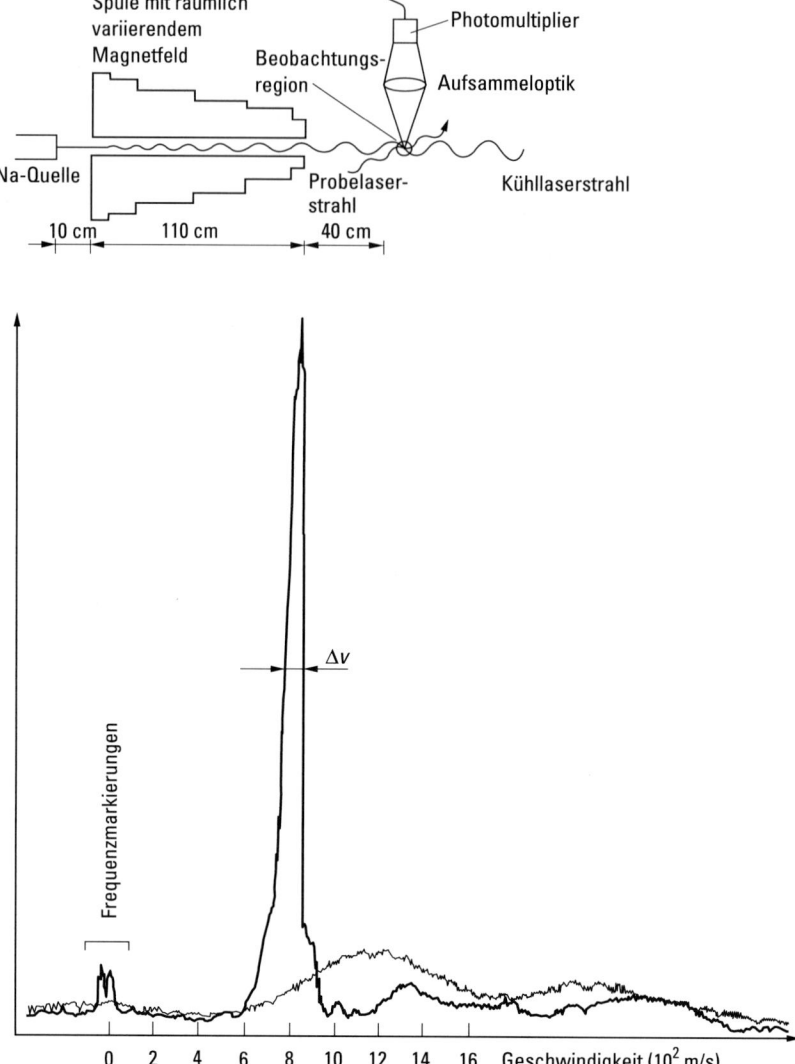

Abb. 14.13 Die Originaldaten der ersten Veröffentlichung zur Zeeman-Abbremsung [12] zeigen eine deutliche Veränderung des Doppler-Spektrums der Fluoreszenz als Funktion der Frequenz des Probelasers nach der Abbremsstrecke. Im oben gezeigten experimentellen Aufbau kann durch die Frequenz des Probelasers über die Doppler-Beziehung die Geschwindigkeitsverteilung vermessen werden. Man erkennt auch die deutliche Reduktion der mittleren Geschwindigkeit sowie der Geschwindigkeitsbreite Δv.

14.5.2.2 Doppler-Kühlung

Schon 1975 wurden die ersten Laserkühlverfahren von Hänsch und Schawlow und von Wineland und Dehmelt vorgeschlagen [13]. Schon damals war die Motivation die Präzisionsspektroskopie. Getrieben von dem Wunsch schmale Geschwindigkeitsverteilungen zu erzeugen, schlugen sie eine heute unverzichtbare Standardtechnik vor: die Doppler-Kühlung.

Hierzu werden zwei Laserstrahlen gleicher Frequenz gegenläufig auf ein Ensemble von Atomen eingestrahlt.

Im Fall kleiner Sättigung, d. h.

$$s(\delta) = \frac{\omega_R^2/2}{\delta^2 + \Gamma^2/4} \ll 1, \tag{14.39}$$

gilt für die Lichtkraft von links

$$F_{\text{spont}} = \frac{\Gamma}{2} \frac{s(\delta)}{s(\delta)+1} \hbar k \approx \frac{\Gamma}{2} s(\delta) \hbar k. \tag{14.40}$$

Dabei ist δ die Summe aus Laserverstimmung δ_L und Doppler-Verschiebung $-kv$.

Für die Summe der beiden Lichtkräfte von links und rechts gilt entsprechend

$$F_{\text{ges}} = \frac{\Gamma}{2} \hbar k \left[s(\delta_L - kv) - s(\delta_L + kv) \right]. \tag{14.41}$$

Es gilt daher, dass ein ruhendes Atom ($v = 0$) keine Kraft erfährt. Linearisiert man diesen Kraftausdruck um $v = 0$, so erhält man die Reibungskraft $F_{\text{ges}} \approx -\alpha v$ mit dem Reibungskoeffizienten

$$\alpha = \frac{-\hbar k^2 \delta \Gamma \omega_R^2}{(\delta^2 + \Gamma^2/4)^2}. \tag{14.42}$$

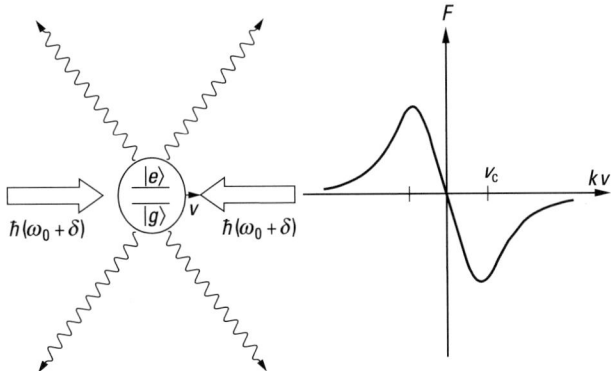

Abb. 14.14 Doppler-Kühlung: Die Summe der beiden spontanen Lichtkräfte von links und rechts ergeben einen dispersiven Kraftverlauf. Für $\delta < 0$ ergibt sich um $v = 0$ herum eine linearisierte Reibungskraft $F = -\alpha v$.

Hat also ein Atom eine Geschwindigkeit, die sich innerhalb des Einfangbereichs zwischen den beiden Extrema der Kraftkurve befindet (siehe Abb. 14.14), so wird seine Bewegung gedämpft. Diese Dämpfung ist der Effekt der gemittelten Spontankraft. Wir hatten aber schon im vorangehenden Abschnitt gesehen, dass die Spontankraft auch mit Fluktuationen verknüpft ist. Im Fall kleiner Sättigung rühren diese Fluktuationen von den zufälligen Rückstößen bei der spontanen Emission her. Dies führt zu einer Diffusion im Impulsraum und daher auch zu einer endlichen Grenztemperatur bei der Doppler-Kühlung. Die Diffusion beschreibt man am besten mit der zeitlichen Zunahme des mittleren quadratischen Impulses entlang der Ausbreitungsrichtung der Laserstrahlen (z-Achse)

$$\langle p_z^2(t) \rangle = (\hbar k)^2 (1+\zeta) \Gamma_{sc} t = 2 D_p t, \tag{14.43}$$

dabei ist $\Gamma_{sc} = (\Gamma/2) s/(s+1)$ die Streurate und D_p der Diffusionskoeffizient.

Bei jeder Emission und bei jeder Absorption wird für ein stehendes Atom ein Rückstoß der Größe $\hbar k$ aufgenommen. Bei der Absorption erfolgt der Rückstoß zufällig in positive oder negative z-Richtung. Bei der Emission zufällig emittierte Photonen haben eine Abstrahlcharakteristik, die an die Polarisation des anregenden Lasers geknüpft ist. Für die z-Richtung bedeutet das einen Rückstoß $\zeta \hbar k$, wobei ζ der zur Abstrahlcharakteristik gehörende Geometriefaktor zwischen 0 und 1 ist (z. B. für lineare Polarisation beträgt $\zeta = 2/5$, für zirkulare ist $\zeta = 3/10$).

Nach einer Zeit t haben sich $\Gamma_{sc} t$ Absorptions- und Emissionszyklen abgespielt. Gemäß den Gesetzen des „random walks" wächst der mittlere quadratische Impuls linear mit dieser Anzahl an. Entsprechend ist die Diffusionskonstante D_p definiert.

Im Gleichgewicht zwischen Reibung und Diffusion stellt sich eine Gleichgewichtstemperatur ein

$$k_B T = \frac{D_p}{\alpha} = \frac{1+\zeta}{8} \hbar \Gamma \left[\frac{2\delta_L}{\Gamma} + \frac{\Gamma}{2\delta_L} \left(1 + \frac{2I}{I_s} \right) \right]. \tag{14.44}$$

$I_s = \pi h c \Gamma / 3 \lambda^3$ bezeichnet hier die Sättigungsintensität, bei der sich beim Zweiniveau-Atom im Gleichgewicht gerade 25 % der Atome im angeregten Zustand befinden.

Um die Temperatur zu senken, arbeitet man daher zweckmäßigerweise bei einer Intensität $I \ll I_s$. Für eine rote Laserverstimmung von $\delta_L = -\Gamma/2$ ergibt sich dann als minimale erreichbare Temperatur die Doppler-Temperatur

$$T_D = \frac{\hbar \Gamma}{2 k_B} \left(\frac{1+\zeta}{2} \right). \tag{14.45}$$

Interessant ist, dass diese Temperatur weder von der Wellenlänge noch von der Masse des Atoms abhängt, sondern nur durch die Linienbreite Γ des atomaren Übergangs bestimmt ist. Daher ist es z. B. bei den Erdalkaliatomen möglich, nach einer Vorkühlung auf dem starken Dipolübergang die Temperatur durch Doppler-Kühlung auf dem schmalen Interkombinationsübergang weiter deutlich zu reduzieren. Typische Doppler-Temperaturen liegen im Bereich von 100 μK. Das erste Experiment in drei Dimensionen wurde 1985 von S. Chu [14] durchgeführt, zehn Jahre nach den ersten Vorschlägen.

14.5.2.3 Magnetooptische Falle

Um Atome in einer Falle zu fangen, benötigt man zunächst eine rücktreibende Kraft, die die Atome im Ortsraum wieder zum Fallenzentrum zurücktreibt. Die Doppler-Kühlung für Zweiniveau-Atome leistet so etwas Ähnliches im Geschwindigkeitsraum; um gleichzeitig einen solchen Effekt auch im Ortsraum zu erzeugen, müssen wir neue Freiheitsgrade einsetzen: die Polarisation im Wechselspiel mit der magnetischen Struktur der Atome.

Mithilfe eines Quadrupol-Magnetfeldes (Abb. 14.15) wird das Atom in die Lage versetzt, zwischen links und rechts zu unterscheiden [15]. Hat nämlich das Atom z. B. im angeregten Zustand drei Zeeman-Zustände ($J = 1$), so wird es rotverstimmtes σ^--Licht rechts vom Ursprung resonant absorbieren, während es σ^+-Licht vorzugsweise links davon absorbiert. Dort wird es durch den Strahlungsdruck dann jeweils zum Ursprung gedrückt. Im Ursprung verschwindet das Magnetfeld und die beiden Lichtkräfte heben sich im Mittel gerade auf. In einer linearisierten Beschreibung lässt sich diese Kraft mithilfe einer Federkonstanten $F = -\kappa z$ beschreiben, wobei

$$\kappa = \alpha \frac{g_e \mu_B \frac{\mathrm{d}B}{\mathrm{d}z}}{\hbar k}. \tag{14.46}$$

Durch eine entsprechende Anordnung in einem magnetischen Quadrupolfeld lässt sich so auch eine dreidimensionale Falle, die magnetooptische Falle (*magneto optical trap*, MOT) aufbauen [15]. Sie hat sich zum Arbeitspferd einer ganzen Forschungsrichtung entwickelt und kann heute als Kühltechnik getrost direkt mit kryogenen Kühltechniken verglichen werden. Zwar sind die absoluten Kühlleistungen gering, dafür können aber mit vergleichsweise geringem Aufwand bis zu 10^{10} Atome in ein paar Sekunden auf $100\,\mu\mathrm{K}$ und, wie wir sehen werden, auch darunter abgekühlt werden.

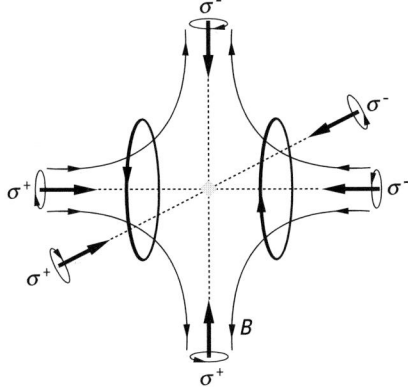

Abb. 14.15 Magnetfeld und Polarisationskonfiguration einer magnetooptischen Falle [15].

Die MOT kombiniert auf äußerst elegante Weise den räumlichen Einfang der Atome mit deren Kühlung. Zunächst erwartet man, die Doppler-Temperatur zu erreichen, was auch eine endliche Größe im harmonischen Potential der Falle zur Folge hat. Aber schon bei typischerweise 10^5–10^6 Atomen tritt ein neuer dichtelimitierender Prozess auf. Die Vielfachstreuung von absorbiertem Laserlicht führt zu einer repulsiven Kraft, die die Dichte in MOT's auf typischerweise 10^{11} Atome/cm^3 begrenzt [16]. Nur durch weitere Tricks, die optisches Pumpen in einen vom Lichtfeld nahezu entkoppelten Hyperfeinzustand ausnutzen, konnte diese Dichte noch weiter gesteigert werden [17].

14.5.2.4 Sub-Doppler-Kühlung

Die größte Überraschung lieferten diese kalten Gase, nachdem sie den ersten systematischen Temperaturmessungen unterzogen wurden. Sie waren deutlich kälter als die minimale Doppler-Temperatur! Erst nachdem die experimentellen Ergebnisse vorlagen, konnte der dafür verantwortliche Mechanismus identifiziert werden: der Sisyphus-Effekt. Nach der griechischen Sage wurde Sisyphus dafür bestraft, dass

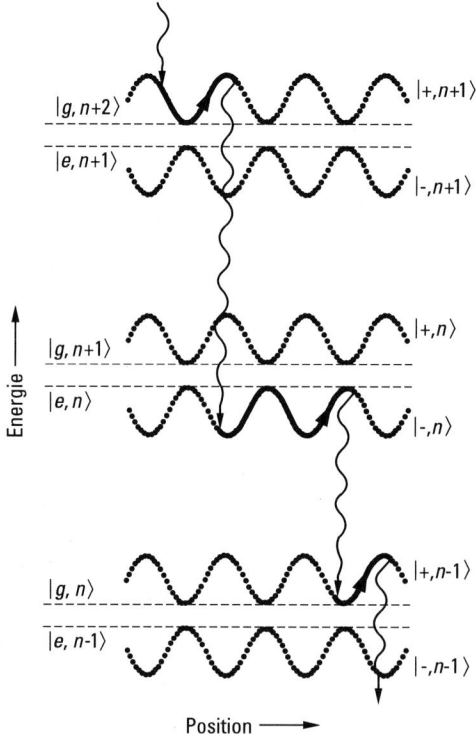

Abb. 14.16 Eigenenergien eines Zweiniveau-Atoms in einem intensiven stehenden Lichtfeld für den Fall blauer Verstimmung ($\delta > 0$). Gezeigt ist der Sisyphus-Mechanismus, der zum Energieverlust von sich bewegenden Atomen führt.

er versuchte, die Götter zu überlisten, indem er ihre Geheimnisse ausspionierte. Zur Strafe musste er einen Stein immer wieder einen Berg hinauf wälzen, der, oben angekommen, immer wieder ins Tal rollte. Um ein ähnliches Verhalten von Atomen zu erreichen, benötigen wir zunächst eine „Berg- und Tallandschaft". In Erweiterung des ersten Modells zur Doppler-Kühlung tritt eine solche Struktur durch die Dipolkraft in stehenden Lichtfeldern auf. Im einfachsten Fall betrachten wir ein Zweiniveau-Atom, das sich in einer intensiven stehenden Lichtwelle bewegt.

In Abb. 14.16 sind die Eigenenergien für den Fall blauer Verstimmung ($\delta > 0$) gezeigt. Besteht das Lichtfeld aus zwei gleich polarisierten gegenläufigen ebenen Wellen, so ist die Intensität sinusförmig moduliert. Entsprechend sind die Eigenenergien der Eigenzustände entgegengesetzt moduliert. Um in dieser Berg- und Tallandschaft für ein sich bewegendes Atom einen Sisyphus-Effekt zu erzielen, muss bevorzugt auf einem Berg ein Übergang in ein Tal erfolgen. Dies geschieht durch den spontanen Emissionsprozess; verfolgt man z. B. den oberen Eigenzustand, so ist er an den Knoten des Lichtfelds identisch mit dem Grundzustand, je höher die Intensität (im Tal) desto größer die Beimischung des angeregten Zustands zum Eigenzustand. Daher ist im Intensitätsmaximum die Wahrscheinlichkeit für eine spontane Emission am größten. Nach der spontanen Emission befindet sich das Atom im Grundzustand, d. h. entweder im gleichen Eigenzustand $|+,n\rangle$ oder im zum Ausgangszustand orthogonalen Zustand $|-,n\rangle$ (nur in einem um das Lichtquant reduzierten Lichtfeld). Ändert sich der Zustand auf einem Berg durch die spontane Emission, so findet sich das Atom in einem Tal wieder.

Die entsprechende Energie hat es an das spontan emittierte Photon abgegeben und ist entsprechend langsamer geworden. Beginnt man diese Argumentation im anderen Eigenzustand, kommt man zum selben Ergebnis: Die räumliche Modulation der potentiellen Energie zusammen mit der Modulation der spontanen Emissionsrate ergeben einen neuen Kühlmechanismus. Für das Zweiniveau-Atom ergibt sich aber nur eine echte Kühlung, wenn $\delta > 0$ und wenn die Intensität hoch ist ($I > I_s$). Für die Situation in der magneto-optischen Falle muss diese Argumentation also erweitert werden, die Grundidee ist jedoch ähnlich:

In der MOT liegen keine Intensitätsgradienten, sondern Polarisationsgradienten vor, da die gegenläufigen Laserstrahlen zueinander orthogonale Polarisationen besitzen. Die Intensität ist also homogen, aber dafür ist die lokale Polarisation periodisch moduliert. Betrachten wir als Beispiel zwei gegenläufige senkrecht zueinander linear polarisierte Lichtfelder (*lin* $\perp$ *lin*). Wie in Abb. 14.17 gezeigt, variiert hier die Polarisation kontinuierlich zwischen linear und zirkular.

Das Lichtfeld lässt sich zerlegen in eine rechts-zirkular polarisierte stehende Komponente und eine um $\lambda/4$ versetzte links-zirkular polarisierte stehende Komponente.

Bewegt sich ein Atom mit magnetischer Unterstruktur im Grundzustand (z. B. $J = 1/2$) in einem solchen Lichtfeld, in dem das Licht rot verstimmt ($\delta < 0$) bezüglich des Übergangs zum angeregten Zustand ist (z. B. $J' = J + 1 = 3/2$), so entsteht für die beiden Grundzustände eine „Berg- und Tallandschaft", da der $|m = -J\rangle$-Zustand stärker an die σ^--Komponente des Lichtfelds koppelt als der $|m = +J\rangle$-Zustand und umgekehrt. Statt der räumlich modulierten spontanen Emission wie beim Zweiniveau-System ist nun keine entsprechende Modulation der optischen Pumprate von $m = -J$ nach $m = +J$ erforderlich. Im Tal einer σ^+-polarisierten Stelle ist der Zustand $|m = +J\rangle$ und ändert sich durch spontane Prozesse nicht, während der

1256   14 Optik mit Materiewellen: Atomoptik

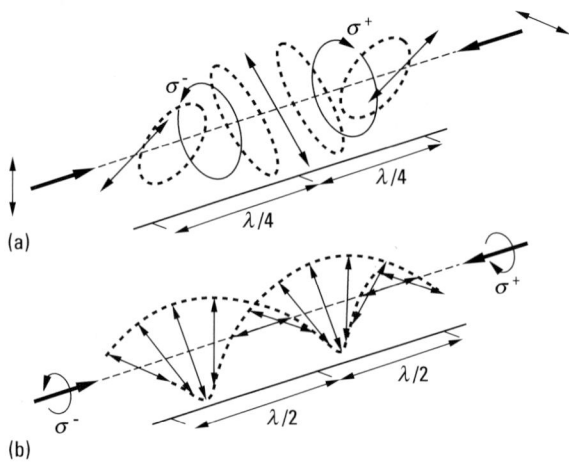

Abb. 14.17 Polarisationsgradientenfelder für (a) zwei gegenläufige orthogonal zueinander linear polarisierte ebene Wellen und (b) für zwei entgegengesetzt zirkular polarisierte Strahlen.

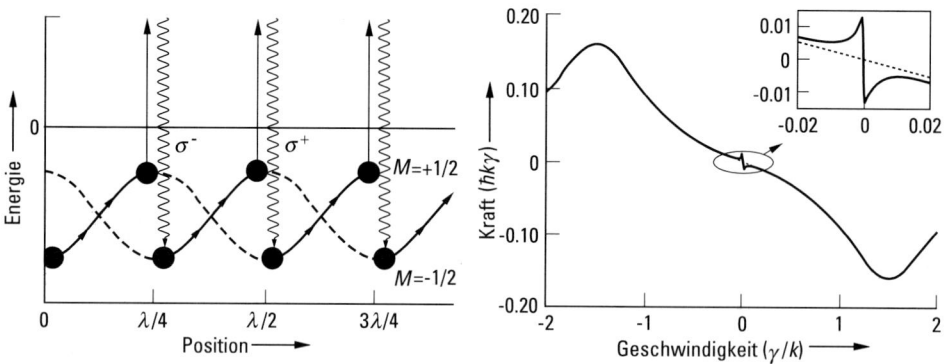

Abb. 14.18 Sisyphus-Mechanismus in Polarisationsgradientenfeldern. Rechts ist der entsprechende Kraftverlauf gezeigt. Zusätzlich zur Doppler-Kraft ergibt sich um $v=0$ herum eine deutlich stärkere Reibung, was zu einer niedrigeren Endtemperatur führt.

$|m=-J\rangle$-Zustand (Berg) von dieser Stelle spätestens nach einigen spontanen Emissionen optisch in den $|m=+J\rangle$-Zustand gepumpt wird.

Entsprechend verhält es sich an einer Stelle mit σ^--Polarisation. In Konsequenz erfahren die Atome durch diesen Sisyphus-Mechanismus im Wechselspiel zwischen lichtinduzierter Energieverschiebung in Polarisationsgradientenfeldern und optischem Pumpen zwischen magnetischen Unterzuständen des Grundzustands eine zusätzliche Reibungskraft bei roter Verstimmung der Lichtfrequenz. Ein typischer Kraftverlauf ist in Abb. 14.18 gezeigt. Zusätzlich zu der breiten Struktur aufgrund der Doppler-Theorie ergibt sich durch den Sisyphus-Mechanismus um $v=0$ herum eine zusätzliche Struktur, die zu einer Erhöhung des Reibungskoeffizienten bei $v=0$

führt. Ein höherer Reibungskoeffizient führt bei gleichbleibender Diffusionskonstante zu einer niedrigeren Gleichgewichtstemperatur. Die Grenztemperatur für diesen Mechanismus ist prinzipiell die Rückstoßtemperatur $T_{\text{rec}} = (\hbar k)^2/2mk_B$, da weiterhin zufällig gerichtete spontane Emissionsprozesse dem Kühlprozess zugrunde liegen. Außerdem erfordert das oben beschriebene Modell eine Lokalisierung der Atome als quasi punktförmige Teilchen in der Potentiallandschaft. Bei der Rückstoßtemperatur wird die de Broglie-Wellenlänge jedoch so groß wie die optische Wellenlänge, daher verschmiert sich die Aufenthaltswahrscheinlichkeit über Berg und Tal und der Sisyphus-Mechanismus kommt zum Erliegen. Tatsächlich ist die Theorie hierzu deutlich komplexer als hier kurz umrissen werden kann [18].

Durch eine Erweiterung der Doppler-Theorie von Zweiniveau-Atomen auf Mehrniveau-Atome in Polarisationsgradienten konnte die Doppler-Grenze deutlich unterschritten werden [19]. Im Gegensatz zur Doppler-Temperatur hängt die Rückstoßtemperatur von der Masse der Atome und der Wellenlänge der Photonen ab. Sie liegt typischerweise im Bereich von 1 µK. Aber auch diese Grenze kann unterschritten werden, indem man die Theorie um ein weiteres Element erweitert, nämlich die quantenmechanische Beschreibung der Bewegung der Atome.

14.5.2.5 Sub Recoil Cooling

Um trotz Photonenstreuung Temperaturen unterhalb der Rückstoßtemperatur zu erreichen, muss offensichtlich der „random walk" im Impulsraum durch die zufälligen Rückstöße der emittierten Photonen modifiziert werden. Ideal wäre, wenn Atome, die zufällig zum Stillstand kommen, nicht mehr angeregt werden können und ihre Geschwindigkeit nicht mehr verändern.

Ein solches Verhalten kann z. B. durch eine geschickte Abfolge von geschwindigkeitsselektiven Raman-Pulsen, bei denen durch Absorption und Emission von zwei entgegengesetzt laufenden Photonen Übergänge zwischen zwei Hyperfeinzuständen angeregt werden, erzeugt werden [20]. Beim so genannten Raman-Kühlen werden Atome mit endlicher Geschwindigkeit immer wieder in Richtung $v = 0$ gestoßen. Die zufällige und dissipative Komponente kommt durch den Rückpumplaser in dieses Kühlschema, der dafür sorgt, dass alle Atome nach einem Raman-Puls wieder im Ausgangshyperfeinzustand sind. Die Raman-Pulsfolge ist so gewählt, dass Atome bei $v = 0$ von den Raman-Pulsen dann nicht mehr erfasst werden und daher von den Lichtfeldern entkoppelt sind.

Ein verwandtes Verfahren, das so genannte *velocity selective coherent population trapping* (VSCPT) [21], soll hier kurz behandelt werden. Hier wird durch ein quantenmechanisches Interferenzphänomen ein Atom nur dann vom Lichtfeld entkoppelt, wenn es steht. Betrachten wir dazu einen $J = 1 \rightarrow J' = 1$-Übergang, wie er z. B. im metastabilen Helium auftritt (siehe Abb. 14.19).

In einem eindimensionalen Modell soll dieses Atom von links mit σ_+-Licht und von rechts mit σ_--Licht beleuchtet werden. Da der Übergang von $m_j = 0$ nach $m_{j'} = 0$ verboten ist, werden sich alle Atome nach einigen optischen Pumpzyklen in der Zustandsfamilie $\{|g_-, p - \hbar k\rangle, |e_0, p\rangle, |g_+, p + \hbar k\rangle\}$ befinden, die zusammengekoppelt ein so genanntes Λ-Schema darstellt. Dabei ist p der Impuls des Atoms. Wohlgemerkt müssen wir nun auch die Bewegung der Atome quantenmechanisch

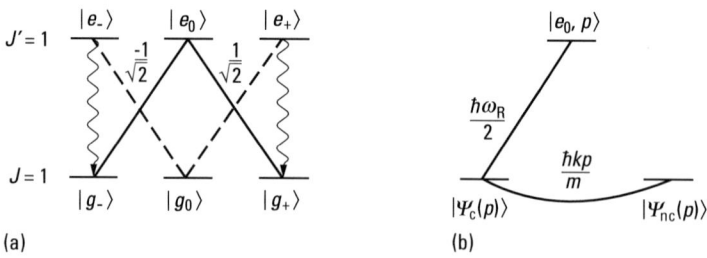

Abb. 14.19 $J = 1 \to J' = 1$-Übergang: (a) In einer σ^+-σ^--Konfiguration führt optisches Pumpen zu einer Besetzung eines Λ-Systems. (b) Bezüglich $\hat{H}_{ww}$ gibt es im Grundzustand einen gekoppelten ($|\psi_c(p)\rangle$) und einen ungekoppelten ($|\psi_{nc}(p)\rangle$) Eigenzustand. Nur für $p = 0$ ist $|\psi_{nc}(p)\rangle$ auch Eigenzustand zum kinetischen Energieoperator.

beschreiben, was hier mithilfe einer ebenen Wellen-Basis geschieht (Impulseigenzustände). Da die Anregung von $|g_-\rangle$ nach $|e_0\rangle$ mit einer Absorption eines σ^+-Photons von links gekoppelt ist und der Übergang von $|e_0\rangle$ nach $|g_+\rangle$ mit einem stimuliert emittierten σ^--Photon nach links erfolgt, sind die so kohärent aneinander gekoppelten Zustände mit den entsprechenden Rückstößen $\pm \hbar k$ zu versehen.

In dieser Basis einer „Impulsfamilie" $\{|g_-, p - \hbar k\rangle, |e_0, p\rangle, |g_+, p + \hbar k\rangle\}$ ergibt sich als Gesamt-Hamilton-Operator

$$\hat{H}_{ges} = \hat{H}_a + \hat{H}_{ww}$$

$$= \frac{1}{2m}\begin{pmatrix} (p-\hbar k)^2 & 0 & 0 \\ 0 & p^2 & 0 \\ 0 & 0 & (p-\hbar k)^2 \end{pmatrix} + \frac{\hbar\omega_R}{2}\begin{pmatrix} 0 & 1 & 0 \\ -1 & 0 & 1 \\ 0 & -1 & 0 \end{pmatrix}, \quad (14.47)$$

wobei $\hat{H}_a$ den Anteil der Schwerpunktsbewegung darstellt und $\hat{H}_{ww}$ die internen Zustände beschreibt. Diagonalisiert man nun $\hat{H}_{ww}$, so erhält man einen Eigenzustand

$$|\psi_{nc}(p)\rangle = \frac{1}{\sqrt{2}}\{|g_-, p - \hbar k\rangle + |g_+, p + \hbar k\rangle\} \quad (14.48)$$

zum Energieeigenwert 0, d. h. $\hat{H}_{ww}|\psi_{nc}(p)\rangle = 0$. Dieser Zustand entkoppelt also vom Lichtfeld wegen der destruktiven Interferenz der beiden Anregungsamplituden für σ^+- und σ^--Licht.

Dagegen koppelt der Zustand $|\psi_c(p)\rangle = (1/\sqrt{2})\{|g_-, p - \hbar \kappa\rangle - |g_+, p + \hbar \kappa\rangle\}$ durch die entsprechende konstruktive Interferenz maximal an den angeregten Zustand $|e_0, p\rangle$. Diese Zustände sind jedoch nicht notwendigerweise auch Eigenzustände zu $\hat{H}_a$. Bildet man also $\hat{H}_a|\psi_{nc}(p)\rangle$, so erhält man

$$\hat{H}_a|\psi_{nc}(p)\rangle = \left(\frac{p^2}{2m} + \frac{(\hbar k)^2}{2m}\right)|\psi_{nc}(p)\rangle - \frac{\hbar k p}{m}|\psi_c(p)\rangle. \quad (14.49)$$

Das heißt, nur für $p = 0$ ist $|\psi_{nc}(p)\rangle$ auch unter Berücksichtigung von $\hat{H}_a$ (also auch für $\hat{H}_{ges}$) ein vom Lichtfeld entkoppelter Eigenzustand.

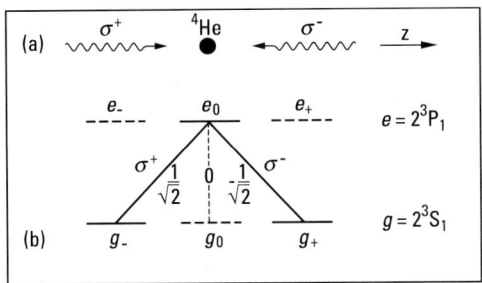

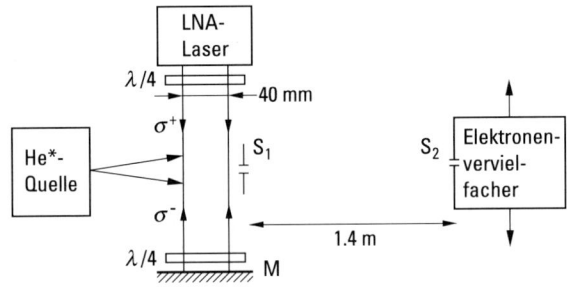

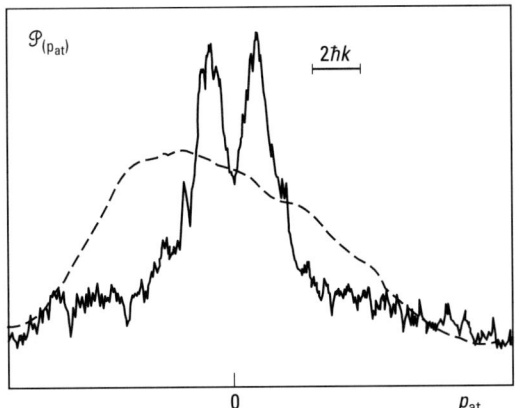

Abb. 14.20 Erste experimentelle Realisierung der Sub-Recoil-Kühlmethode an einem He*-Atomstrahl. Im He-Atom findet sich ein $J = 1 \to J' = 1$-Übergang ausgehend vom metastabilen Triplettzustand 2^3S_1. Wird einem metastabilen Strahl ein transversales $\sigma^+\sigma^-$-Lichtfeld überlagert, so kann in seiner transversalen Geschwindigkeitsverteilung der Effekt der VSCPT-Kühlung beobachtet werden. Hierzu wird die transversale räumliche Verteilung durch einen Elektronenvervielfacher und einen davor angebrachten Spalt abgerastert. Das transversale Strahlprofil zeigt deutlich die charakteristische Doppel-Peakstruktur.

Für $p \neq 0$ wird der Zustand mit der Kopplungsfrequenz kp/m wieder in den ans Lichtfeld gekoppelten Zustand $|\psi_c(p)\rangle$ verwandelt. Hiermit ist also die gewünschte Veränderung im „random walk" erreicht: Wird ein Atom durch eine spontane Emission in einen ruhenden Zustand versetzt, so ist der interne Zustand vom Lichtfeld ebenfalls entkoppelt. Anschaulich lässt sich dieser Sachverhalt so interpretieren:

Das Lichtfeld hat eine stehende Polarisationsstruktur: An jedem Ort herrscht eine lineare Polarisation vor, deren Orientierung sich dreht und sich mit der Periode $\lambda/2$ wiederholt. Für $p = 0$ entspricht $|\psi_{nc}\rangle$ gerade einer Überlagerung von zwei gegenläufigen Materiewellen mit entgegengesetzten „zirkularen" Zuständen g_- und g_+, die an jedem Ort ebenfalls zu einem linearen atomaren Zustand führen, der sich ebenfalls mit $\lambda/2$-Periode räumlich dreht. Versteht man die Kopplungsstärke als Skalarprodukt aus Lichtfeld und atomarer Polarisation, so stehen für $|\psi_{nc}\rangle$ diese beiden Größen immer senkrecht aufeinander und entkoppeln daher. Für $|\psi_c\rangle$ stehen sie überall parallel. In diesem Bild ist auch leicht verständlich, dass für $p \neq 0$ aus einem ungekoppelten Zustand zur Zeit $t = 0$ ein gekoppelter wird, da sich die beiden Polarisationsspiralen der stehenden Lichtwelle und der Materiewelle zueinander bewegen und nach $\lambda/4$ aus senkrechter Polarisation wieder parallele Polarisation geworden ist.

Das Prinzip dieses Laserkühlverfahrens ist 1988 in einem ersten Experiment an einem He*-Atomstrahl demonstriert worden (siehe Abb. 14.20) [21]. Auch in späteren Experimenten in zwei- und dreidimensionalen Anordnungen konnten Temperaturen deutlich unter der Rückstoßtemperatur erzielt werden. Jedoch konnte die Phasenraumdichte bei diesen Experimenten nie so dramatisch gesteigert werden, dass Bose-Einstein-Kondensation möglich wurde. Grund dafür ist unter anderem, dass das gestreute quasi-resonante Licht bei den erreichten räumlichen Dichten mehrfach gestreut wurde und somit die räumliche Dichte begrenzt blieb. Hier hat letztlich nur die Methode zum Erfolg geführt, die auf Lichtfelder nach der Vorkühlung ganz verzichtet, die Atome in konservativen Fallen einfängt und durch Verdampfungskühlung weiter kühlt.

14.5.3 Verdampfungskühlung

Neben der Kühlung von heißen Genussmitteln in flüssiger Form (Kaffee, Tee) ist die Verdampfungskühlung z. B. auch aus der Kernphysik bekannt, wo angeregte Neutronen aus einem Kern verdampfen.

Die Idee ist, durch Entfernung weniger hochenergetischer Teilchen aus einer thermischen Anfangsverteilung bei der Temperatur T_i die mittlere Energie der zurückbleibenden Teilchen zu senken. Nach einer Thermalisierung der zurückbleibenden Teilchen durch elastische Stöße erreicht man wieder eine thermische Verteilung, bei einer reduzierten Temperatur $T_f < T_i$. Die Zeit, die für einen solchen Zyklus notwendig ist, hängt von der Verdampfungsrate und der Thermalisierung ab. In gefangenen kalten Gasen kann die Verdampfung sehr schnell erfolgen. Dazu werden in Magnetfallen Mikrowellen eingestrahlt, die „heiße" Atome am oberen Rand der Falle durch einen induzierten Übergang in einen nicht gefangenen Spinzustand transferieren. Die limitierende Zeitkonstante ist daher die Thermalisierungsrate, die linear mit der elastischen Stoßrate $\Gamma_{coll} = n\sigma v$ zusammen hängt. In einem Fallenpotential der Form $U \sim r^{3/\delta}$ kann die mittlere Dichte $\langle n \rangle \sim NT^{-\delta}$ trotz Atomverlust durch die abnehmende Temperatur zunehmen. Für $\delta > 1/2$ kann sogar die Kollisionsrate $\Gamma_{\text{coll}} \sim n\sqrt{T} \sim NT^{1/2-\delta}$ trotz fallender Temperatur zunehmen. In einem harmonischen ($\delta = 3/2$) oder noch besser in einem linearen ($\delta = 3$) Fallenpotential kann sich daher die Kühlrate selbst beschleunigen. Nur dank dieses „run away"-Effekts kann die Verdampfungskühlung in typischerweise 10–30 s die Phasenraumdichte um typischerweise sieben Größenordnungen erhöhen und damit die Bose-Einstein-Kondensation ermöglichen [22].

14.5.4 Bose-Einstein-Kondensation

Bose-Einstein-Kondensation (BEC) ist zunächst ein Phänomen aus der Statistischen Physik. Was hat BEC mit Optik zu tun? Atome sind wie Photonen zu einem großen Teil Bosonen, d. h. Teilchen mit ganzzahligem Spin, welche der Bose-Einstein-Statistik gehorchen. Für beide kann es daher zur bosonischen Stimulation von Emissions- bzw. Kollisionsprozessen kommen. Daher ist es zunächst prinzipiell denkbar, einen Atomlaser für Materiewellen ähnlich dem Funktionsprinzip eines Photonenlasers aufzubauen. Was aber wäre in diesem Fall das verstärkende Medium? Atome können im relevanten Energiebereich im Gegensatz zu Photonen nicht aus anderen Energieformen erzeugt werden. Es ist daher auch nicht trivial, Begriffe wie Inversion auf die Situation von Materiewellen zu übertragen. Dort hat man es im Gegensatz zu den Photonen mit einer bestenfalls konstanten (oder aber durch Verlustprozesse meist abnehmenden) Atomzahl zu tun, die sich durch Kollisionsprozesse dem thermodynamischen Gleichgewicht annähern möchte. Auch hier zeigt sich ein Unterschied zum Photonenlaser, welcher typischerweise weit weg vom thermodynamischen Gleichgewicht betrieben wird. Was ist also BEC und wieso kann man damit dennoch einen Atomlaser realisieren?

Betrachten wir einen Behälter des Volumens V, der N Atome bei der Temperatur T enthält. Der mittlere Abstand zwischen den Atomen ist $d = n^{-1/3}$, wobei $n = N/V$ die Dichte des Gases bezeichnet. Die zweite Längenskala – die de Broglie-Wellenlänge – nimmt mit $T^{-1/2}$ beim Kühlprozess zu. Wird $\lambda_{\text{dB}} \approx d$, dann sind die Atome nicht mehr aufgrund ihres Ortes zu unterscheiden und bei ansonsten nicht unterscheidbaren Bosonen muss zur korrekten Beschreibung die Symmetrisierungsbedingung für Vielteilchenzustände beachtet werden. Dies führt zur bosonischen Stimulation von Stoßprozessen. Stoßen zwei Atome, so wird als Endzustand ein schon vorher durch andere Atome besetzter Zustand bevorzugt. Dies führt bei sinkender Temperatur unterhalb der durch $d \approx \lambda_{\text{dB}}$ gegebenen kritischen Temperatur T_c zu einer makroskopischen Besetzung des Grundzustands der Bewegung in diesem Behälter. Diese dem thermodynamischen Gleichgewicht entsprechende Besetzung lässt sich auch aus quantenstatistischen Überlegungen ableiten, bei denen der Mechanismus, der das thermodynamische Gleichgewicht herstellt, nicht weiter spezifiziert wird. Der dynamische Prozess, durch den ein BE-Kondensat durch Abkühlung entsteht, erfordert aber die Kollisionsprozesse.

In Analogie zum Photonenlaser wird ein Zustand des Behälters bzw. des Resonators makroskopisch besetzt, jedoch ist dieser Zustand für Photonen i. Allg. ein hoch angeregter Zustand, der nach der Auskopplung eine propagierende Mode des

1262   14 Optik mit Materiewellen: Atomoptik

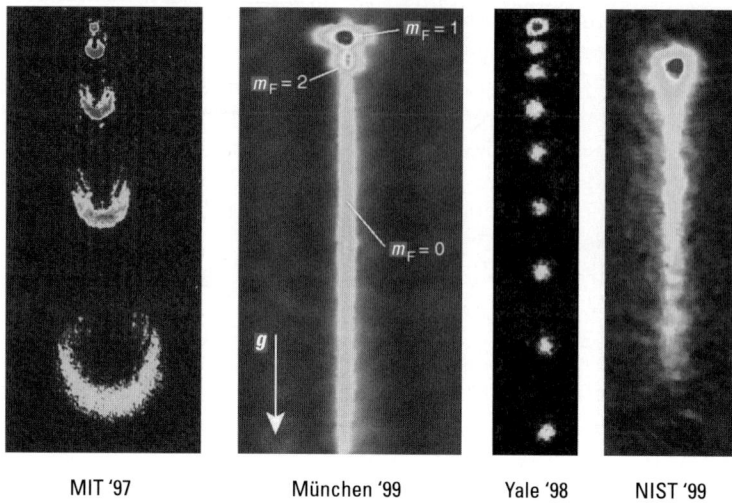

MIT '97   München '99   Yale '98   NIST '99

Abb. 14.21 Absorptionsbilder der ersten Atomlaser: Links wurde ein BEC durch eine Serie von RF-Pulsen entleert [23], daneben ist zum Vergleich eine kontinuierliche RF-Auskopplung zu sehen [24]. Das nächste Bild zeigt gepulste Auskopplung aus einem periodischen Potential (Bloch-Oszillationen) durch die Gravitation [25]. Ganz rechts ist eine Auskopplung durch eine schnelle Abfolge von Bragg-Pulsen zu sehen [26].

Strahlungsfeldes besetzt und so einen Laserstrahl formt. Für Bose-Einstein-Kondensate entspricht der makroskopisch besetzte Zustand dem Grundzustand des Resonators. Dennoch lässt sich ein Strahl formen, in dem der Behälter für Atome, d. h. die Falle an einer Stelle leicht durchlässig gemacht wird, und die dort freigesetzten Atome dann beschleunigt werden. In den gezeigten Beispielen (Abb. 14.21) erfolgt die Auskopplung z. B. durch RF-induzierte Spinflips in einen nicht magnetisch gefangenen Zustand und die Beschleunigung durch die Gravitation [23–26].

Diese Atomlaserstrahlen zeigen dabei unterhalb von T_c eine stark reduzierte Divergenz, so ähnlich wie beim Erreichen der Schwelle eines Lasers die zunächst divergente Fluoreszenz durch einen gerichteten Laserstrahl ersetzt wird. Das Experiment, das die Phasenkohärenz eines Bose-Einstein-Kondensats vielleicht am deutlichsten zeigt, ist das Analogon zu Youngs Doppelspaltversuch. Ein Kondensat aus mehreren Millionen Atomen wird durch das repulsive Potential eines weit blau verstimmten Laserstrahls in der Magnetfalle in zwei Teile geteilt und anschließend freigesetzt (Abb. 14.22). In dieser freien Expansion der beiden Wellenpakete kommt es im Fernfeld zum Überlapp der beiden und zu einer deutlich sichtbaren Interferenz [27].

Dadurch und durch andere spätere Experimente wurde bewiesen, dass ein Bose-Einstein-Kondensat einer makroskopisch besetzten effektiven Wellenfunktion entspricht, deren Phasenkohärenz sich über seine gesamte Ausdehnung erstreckt. Erst in extrem anisotropen Geometrien wurden kürzlich Phasenfluktuationen nachgewiesen und studiert [28].

Eine weitergehende Behandlung dieses explodierenden Forschungsgebiets [29] würde den Rahmen dieses Beitrags sprengen. Im Rahmen der Atomoptik bleibt

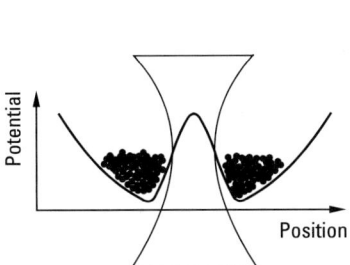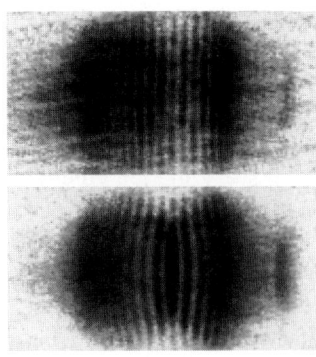

Abb. 14.22 Die Phasenkohärenz in einem Bose-Einstein-Kondensat wird besonders eindrücklich sichtbar in einem Young'schen Interferenzexperiment. Das Kondensat wird durch ein repulsives Lichtpotential geteilt und nach einer freien Expansionszeit zur Interferenz gebracht. Die entsprechenden Absorptionsbilder sind rechts gezeigt.

jedoch festzuhalten, dass mit dieser Entwicklung, anders als in anderen Gebieten der Materiewellenoptik, eine laserartige Quelle zur Verfügung steht und daher noch viele weiterreichende Anwendungen und grundlegende Experimente zu erwarten sind, die sich dieser Quelle bedienen.

14.6 Anwendungen der Atomoptik

14.6.1 Atomlithographie

14.6.1.1 Linsen für Atome

Das Ziel der meisten fokussierenden Geräte ist es, eine hohe Ortsauflösung zu erreichen. In der (Fernfeld-) optischen Mikroskopie ist dabei die Wellenlänge des verwendeten Lichts ein begrenzender Faktor. Da die de Broglie-Wellenlänge eines thermischen Atomstrahls weit unterhalb eines Nanometers liegt, gibt es ein großes Potential, diese Auflösung zu erhöhen. Dieser Vorteil wird z. B. in der Elektronenmikroskopie sehr erfolgreich genutzt (Kap. 11). Dort werden die Elektronen auf Geschwindigkeiten beschleunigt, bei denen die de Broglie-Wellenlänge nicht mehr die Hauptbeschränkung der Auflösung darstellt. Bei Atomen bieten sich diese kleinen de Broglie-Wellenlängen aufgrund der größeren Masse schon bei thermischen Energien an.

Es gibt jedoch wichtige Unterschiede zwischen Atom- und Elektronenstrahlen. Auf der einen Seite gibt es bei Atomstrahlen keine Raumladungseffekte, die bei hohen Flüssen in Elektronenstrahlen die Auflösung beschränken (Boersch-Effekt, Abschn. 11.7). Aufgrund ihrer Ladung können auf der anderen Seite Elektronenstrahlen mit extrem schmaler Geschwindigkeitsverteilung produziert werden. Wie wir später sehen werden, ist dies notwendig, um vor allem die chromatischen Linsenfehler zu reduzieren. Ein thermischer Atomstrahl kann aufgrund seiner Maxwell-Boltzmann-Geschwindigkeitsverteilung mit einer weißen Lichtquelle verglichen werden. Hier bietet zwar die longitudinale Laserkühlung und im Prinzip auch der Einsatz von Atomlasern eine Alternative an, diese sind aber experimentell noch nicht zur Verbesserung der Auflösung eingesetzt worden.

14.6.1.2 Fresnel-Zonenplatte

Die de Broglie-Wellenlänge eines typischen thermischen Atomstrahls ist vergleichbar mit der Wellenlänge von Röntgenstrahlen. Deshalb können die Fokussierungsmethoden, die auf Beugung und damit nur auf der Wellennatur beruhen, direkt auf atomare de Broglie-Wellen angewendet werden. Da es keine wirklich guten optisch transparenten und brechenden Materialien für Röntgenstrahlen gibt, werden in der Röntgenoptik gerne (z.T. freistehende) Transmissionsstrukturen benutzt. Zur Fokussierung werden Fresnel-Zonenplatten eingesetzt, die alternierend aus transmittierenden und absorbierenden, konzentrischen Ringen bestehen, deren Durchmesser mit der Wurzel der Ringordnung n zunehmen (vgl. Abschn. 10.2.4).

Das Prinzip der Fresnel-Zonenplatte basiert darauf, nur die Komponenten zu transmittieren, die in der Bildebene konstruktiv interferieren. Die Pfade, die destruktiv interferieren, werden durch eine Sequenz von undurchsichtigen Ringen blockiert. Der Radius des n-ten Rings ist

$$R_n = \sqrt{n}\, R_1 \,. \tag{14.50}$$

Die Brennweite der Zonenplatte für die m-te Beugungsordnung ist

$$f_m = \frac{R_1^2}{m\lambda_{\mathrm{dB}}} \propto v \,. \tag{14.51}$$

Da die Brennweite linear von der atomaren Geschwindigkeit v abhängt, ist die Auflösung auch durch chromatische Linsenfehler begrenzt. Die maximale beugungsbegrenzte Auflösung der Linse ist ungefähr von der Größe des äußersten Rings und somit durch den neuesten Stand der Mikrofabrikationsverfahren limitiert. Dieser liegt momentan etwa bei 100 nm für freistehende Platten. Ein Nachteil der Zonenplatte ist, dass nur 10% der Atome in die erste Ordnung gebeugt werden. Die F-Zahl ist gegeben durch $F = f_m/D = \mathrm{d}R/(m\lambda_{\mathrm{dB}})$, wobei D der Durchmesser der Zonenplatte und $\mathrm{d}R$ die Breite des äußersten Rings ist.

1991 wurde die Fokussierung von metastabilen Helium-Atomen mittels einer Fresnel-Zonenplatte erstmals demonstriert [30]. In Abb. 14.23 ist eine SEM-Fotografie der Zonenplatte dargestellt. Der mittlere Ring hatte einen Radius von $R_1 = 19\,\mu\mathrm{m}$, der gesamte Durchmesser betrug 220 µm. Die Brennweite für die Wellenlänge $\lambda_{\mathrm{dB}} = 2\,\text{Å}$ des metastabilen Heliums war 0.45 m. Das ergibt eine F-Zahl von 2000.

Abbildungen eines Einzel- und Doppelspalts mithilfe einer Fresnel-Zonenplatte werden in Abb. 14.24 gezeigt. Die Auflösung war durch chromatische Linsenfehler limitiert; der Atomstrahl hatte eine relative Geschwindigkeitsbreite von $\Delta v/v \approx 1/15$.

14.6 Anwendungen der Atomoptik 1265

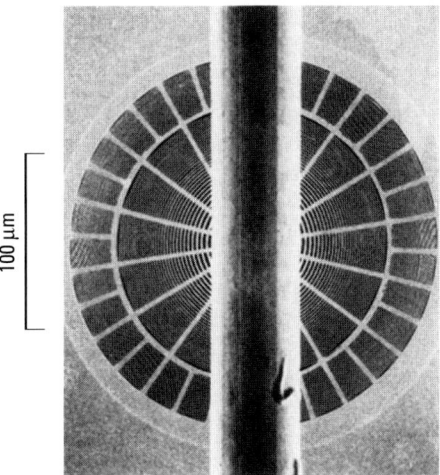

Abb. 14.23 Rasterelektronenmikroskopische Aufnahme einer Fresnel-Zonenplatte, die zur Fokussierung eines Atomstrahls benutzt wurde (zur Ausblendung der unfokussierten nullten Ordnung wurde ein Draht über die Zonenplatte gelegt).

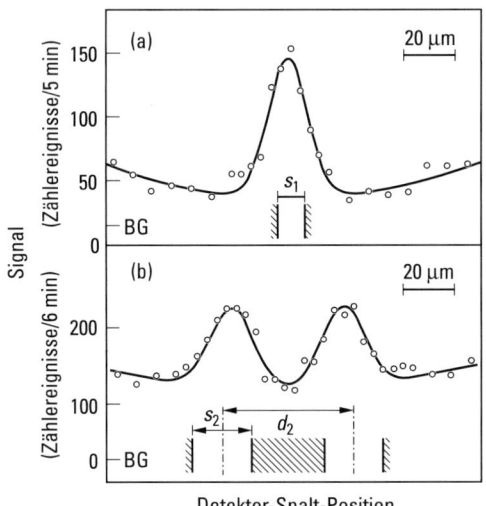

Abb. 14.24 Bild eines Einzel- und eines Doppelspalts, das durch Fokussierung eines metastabilen Helium-Strahls mittels einer Fresnel-Zonenplatte erhalten wurde. Die Spalte sind unten maßstäblich dargestellt; $s_1 = 10\,\mu m$, $s_2 = 22\,\mu m$, $d_2 = 49\,\mu m$. Das Verhältnis von Objekt- zu Bildabstand betrug 1.15. BG kennzeichnet den Detektorhintergrund. Die durchgezogenen Linien sind das Ergebnis der numerischen Integration des Beugungsintegrals.

Kürzlich ist über eine weitere eindrucksvolle Demonstration der Fokussierung durch eine Fresnel-Zonenplatte für einen Strahl von Grundzustand-Helium-Atomen berichtet worden [31].

14.6.1.3 Dicke und dünne Linsen für Atome

Indem man verschiedene Wechselwirkungen von Atomen mit räumlich inhomogenen Feldern benutzt, können parabolische Potentiale für ihre Schwerpunktbewegung erzielt werden. Sie sind direkt vergleichbar mit Glaslinsen für Licht und können in zwei Hauptklassen eingeteilt werden:

- Dünne Linsen: Hier ist die Wechselwirkungszeit der Atome mit den Feldern kurz genug, dass sich die radiale Dichteverteilung der Atome in der Linse nicht verändert. Die Brennweite einer dünnen Linse nimmt quadratisch mit der atomaren Geschwindigkeit zu, da einerseits der radiale Impulsübertrag durch die Linse von der Wechselwirkungszeit und damit von der inversen atomaren Geschwindigkeit abhängt, und andererseits bei gegebenem radialen Impulsübertrag der Ablenkungswinkel ebenfalls invers proportional mit der Geschwindigkeit der Atome skaliert.
- Dicke Linsen: Sie können am besten mit Linsen für Licht mit harmonischem Brechzahlprofil verglichen werden. Hier unterliegen die Atome einer harmonischen Oszillation im parabolischen Linsenpotential. Da sie alle dieselbe Oszillationsfrequenz haben, treffen sie sich alle nach der gleichen Zeit – genauer gesagt nach einem Viertel einer Oszillationsperiode – am Minimum des Potentials. Im realen Raum bedeutet das, dass die Brennweite proportional zur Geschwindigkeit ist.

Die durch Beugung limitierte Fleckgröße ist

$$w \approx \frac{2f\lambda_{\text{dB}}}{D} = 2\lambda_{\text{dB}}F. \tag{14.52}$$

Hierin sind f und D die Brennweite und der Durchmesser der Linse. Für thermische Atome, deren de Broglie-Wellenlänge kleiner als ihr Durchmesser ist, kann man sich eine Linse vorstellen, die einen Fokus kleiner als der Atomdurchmesser erzeugt. Dies ist kein Widerspruch, da die de Broglie-Wellenlänge nur die Schwerpunktbewegung des Atoms beschreibt, und es prinzipiell möglich ist, den Schwerpunkt eines Objekts besser zu kennen als seinen Durchmesser.

In der Praxis limitieren andere Faktoren wie z. B. die chromatischen Linsenfehler die minimale Fleckgröße. Bei der Fokussierung eines Atomstrahls mit einer relativen Geschwindigkeitsbreite $\Delta v/v$ mit einer dünnen Linse ist der zusätzliche Beitrag zur minimalen Fleckgröße

$$w \approx D\frac{\Delta v}{v}. \tag{14.53}$$

Damit die chromatischen Linsenfehler nicht über die Beugungsgrenze dominieren, benötigt man eine Geschwindigkeitsbreite von

$$\frac{\Delta v}{v} \ll \frac{2f\lambda_{\text{dB}}}{D^2}. \tag{14.54}$$

Folglich sind für einen kleinen Fokus eine Linse mit kleiner F-Zahl und ein Atomstrahl hoher Monochromasie nötig.

14.6.1.4 Fokussierung mittels statischer elektromagnetischer Felder

Schon 1951 demonstrierten Friedeburg und Paul die Fokussierung eines Atomstrahls mittels eines magnetischen Hexapolfeldes [32]. Das Hexapolfeld verursacht eine Zeeman-Verschiebung mit einer quadratischen Ortsabhängigkeit, die für Atome im richtigen magnetischen Unterzustand fokussierend wirkt. Dasselbe Prinzip, allerdings mit statischen elektrischen Feldern, wurde von Gordon dazu verwendet, angeregte Ammoniak-Moleküle im ersten Maser zu fokussieren [33].

Ein Nachteil der Fokussierung von Atomen mit statischen elektromagnetischen Feldern ist, dass die Wechselwirkung zu schwach ist, um damit kompakte Linsen für thermische Strahlen zu realisieren.

In einem neueren Experiment wurde ein Atomstrahl durch Lichtkräfte von einer Geschwindigkeit von 300 m/s auf 70 m/s abgebremst. Dadurch verkürzte sich die Brennweite von 1 m auf 5 cm [34]. Der innere Durchmesser der Linse aus permanent magnetischem Material betrug 1.5 cm. Dadurch konnte bei Abbremsung des Strahls die F-Zahl unter 10 reduziert werden, was für Atomstrahlen ein sehr guter Wert ist. Ein weiterer Vorteil dieses Verfahrens ist die Reduktion der Breite der Geschwindigkeitsverteilung, die nach dem Abbremsen auf $\Delta v/v \approx 100$ zusammengepresst ist. Dadurch wird der chromatische Beitrag zur Fleckgröße auf ungefähr 150 μm reduziert. Will man jedoch die Auflösung unter 100 nm drücken, muss die Öffnung um einen Faktor 1000 auf ungefähr 15 μm verkleinert werden; damit wird die F-Zahl auf mehrere Tausend ansteigen. Eine andere Verbesserungsmöglichkeit ist die weitere Reduktion der Geschwindigkeitsverteilung durch weiterentwickelte Laserkühlverfahren.

14.6.1.5 Fokussierung mittels Lichtkräften

Nah-resonante Lichtfelder sind gut dafür geeignet, Atomstrahlen zu fokussieren, da die Atom-Licht-Wechselwirkung relativ stark ist und da bei einer Vielzahl an Lichtfeldkonfigurationen näherungsweise parabolische optische Potentiale auftreten. Außerdem können durch interferierende Laserstrahlen Lichtmasken erzeugt werden, die die Atome großflächig in ein nanostrukturiertes Muster fokussieren.

Ein näherungsweise parabolisches Potential findet man z. B. in der Nähe von Wellenbäuchen in einer stehenden Lichtwelle. Durchquert ein Atomstrahl einen Wellenbauch eines rotverstimmten Wellenfelds, so erfährt ein einlaufendes Atom im Grundzustand im adiabatischen Grenzfall ein Potential

$$U(z) = -\frac{\hbar}{2}\sqrt{\delta^2 + \omega_R^2 \cos^2 k_L z} \approx \frac{\hbar k_L^2 \omega_R}{4} z^2 + \text{const.}. \tag{14.55}$$

Hier haben wir $\omega_R \gg \delta$ angenommen. Das Potential verhält sich für kurze Wechselwirkungszeiten wie eine zylindrische Sammellinse mit einer Brennweite von

$$f = \frac{1}{\pi \omega_R t_{\text{int}}} \frac{\lambda_L^2}{\lambda_{\text{dB}}}. \tag{14.56}$$

Die Brennweite ist umgekehrt proportional zur Amplitude des Laserfeldes und proportional zum Quadrat der atomaren Geschwindigkeit.

Diesem Prinzip folgend wurde zuerst die Fokussierung eines metastabilen Helium-Strahls durch Verwendung von Wellenbäuchen einer stehenden Welle mit großer Periode demonstriert [35]. Die Periode von 40 μm wurde durch Reflexion eines Laserstrahls an einer Glasoberfläche unter kleinem Winkel erzeugt (s. Abb. 14.25). Abbildung 14.26 zeigt atomoptische Abbildungen eines Einzelspalts durch das stehende Wellenfeld. Die drei Kurven veranschaulichen den Effekt, wenn die Brennweite variiert und somit das Bild in die Detektorebene durch Intensitätsänderung des Lichtfeldes scharf gestellt wird. Die Auflösung betrug 4 μm und war in Folge der hohen F-Zahl von 11000 im Wesentlichen durch Beugung beschränkt. Für Linsen mit sehr großen F-Zahlen ist der Effekt der chromatischen Linsenfehler relativ gering. Außerdem wurde die Linse dazu benutzt, ein Beugungsmuster mit einer Periode von 8 μm abzubilden. Dies war die erste Demonstration dieses Prinzips, das dann in vielen Experimenten mit stehenden Wellen unter normalen Einfallswinkeln und dadurch mit Perioden der halben optischen Wellenlänge ausgenutzt wurde.

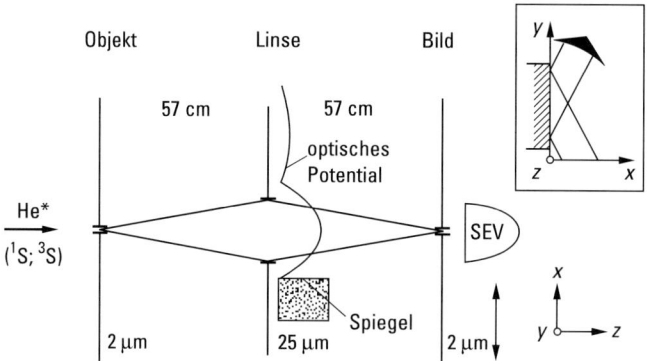

Abb. 14.25 Experimenteller Aufbau zur Fokussierung eines Atomstrahls durch Wellenbäuche mit großer Periode einer stehenden optischen Welle, die durch Reflexion eines rotverstimmten Laserstrahls an einer Glasoberfläche unter dem Glanzwinkel gebildet wurde.

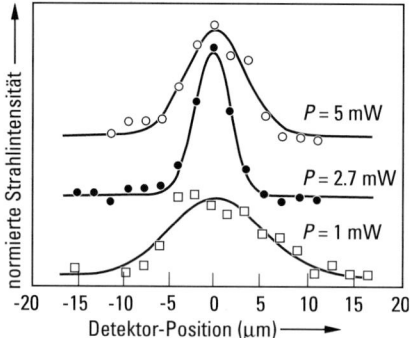

Abb. 14.26 Bild eines Einzelspaltes, der durch eine zylindrische Linse abgebildet wurde, die aus dem Wellenbauch eines stehenden Wellenfeldes bestand. Dargestellt ist der Effekt der variierenden Fokallänge, wenn die Laserleistung verändert wird.

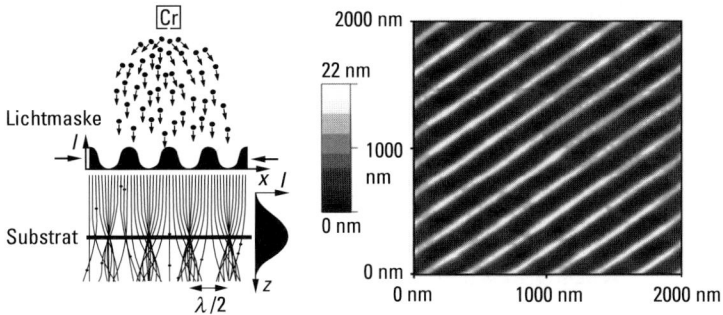

Abb. 14.27 Fokussierung eines Atomstrahls durch ein stehendes Laserwellenfeld. Die stehende Welle verhält sich wie eine Anordnung von zylindrischen Linsen, die zur Abscheidung einer Folge von Linien mit konstantem Abstand auf dem Substrat führt. Zu sehen ist rechts eine kraftmikroskopische Aufnahme dieser Struktur.

Wie in Abb. 14.27 schematisch gezeigt wird, kann eine Anordnung von zylindrischen Linsen, die durch ein stehendes Lichtfeld hervorgerufen wird, dazu benutzt werden, um eine Folge von Linien in regelmäßigem Abstand auf einem Substrat abzuscheiden. Timp und seine Mitarbeiter nutzten 1992 dieses Verfahren, um Natrium-Linien auf einem Silizium-Substrat abzuscheiden [36]. Die erwartete Periodizität auf der Oberfläche wurde zuerst durch optische Beugung und später durch ein Tunnelmikroskop nachgewiesen. Kurz darauf wurde von McClelland und seinen Mitarbeitern über direkte Messergebnisse mittels eines Kraftmikroskops berichtet [37]. In ihrem Experiment wurde durch ein rot verstimmtes stehendes Lichtwellenfeld eine Chromlinienstruktur auf ein Silizium-Substrat geschrieben. Das Substrat war im Zentrum des Laserstrahls positioniert. Die Chrom-Linien hatten nun eine Breite von 38 nm, einen Abstand von $\lambda/2 = 212{,}8$ nm und eine Höhe von ~ 34 nm bei 20 min Belichtungszeit. Ein ähnliches Experiment wurde auch mit Aluminium durchgeführt [38]. Prinzipiell ist das Verfahren für eine Vielzahl von Atomsorten möglich.

Die typischen F-Zahlen für diese Experimente liegen bei ein paar Hundert, da die Linsen nur ein paar Hundert nm groß und 10 bis 100 μm dick sind. Die Lichtfelder lassen sich als Lichtmasken verstehen, die aufgrund der Resonanzüberhöhung der Wechselwirkungsstärke in der Nähe eines Dipolübergangs selektiv auf eine atomare Spezies wirken und alle anderen Materialien (oft auch andere Isotope eines Materials) unbeeinflusst lassen. Die einfachste Struktur dieser Lichtmasken ist eine Kette von Zylinderlinsen, die durch die Interferenz zweier gegenläufiger ebenen Lichtwellen zustande kommt. Die Struktur der Lichtfelder über dem zu bedampfenden Substrat kann durch komplexere Interferenzmuster auch in zwei Dimensionen variiert werden. Zum Beispiel liefert die Interferenz von drei Lichtstrahlen unter 120 Grad ein hexagonales Interferenzmuster, das für rot verstimmte Lichtfelder direkt zu vergleichen ist mit einer hexagonalen Anordnung von Mikrolinsen für Atome. Entsprechende Ergebnisse sind in Abb. 14.28 zu sehen [39]. Dort ist auch gezeigt, was passiert, wenn sich das Vorzeichen der Verstimmung der Laserstrahlen verändert. Dann dreht sich auch das Vorzeichen in der Potentiallandschaft für die Atome um

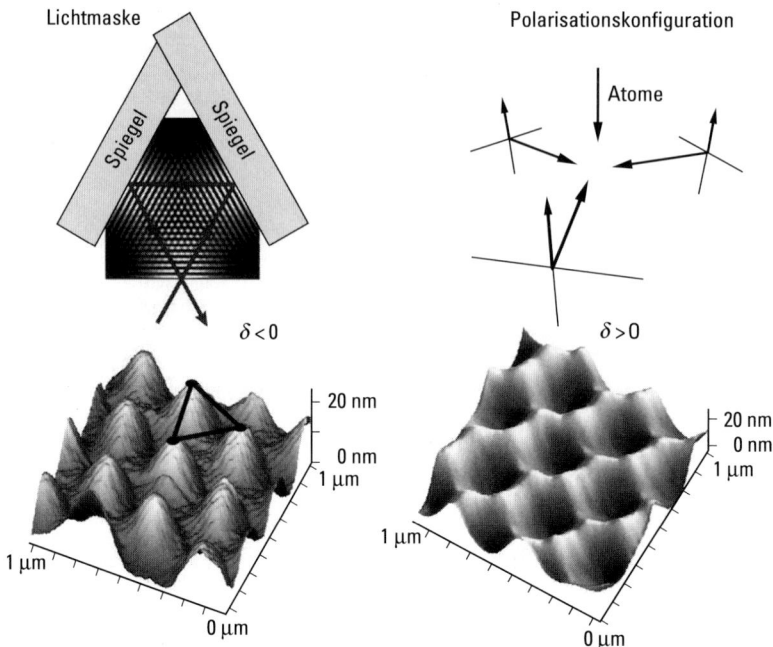

Abb. 14.28 Durch die Überlagerung von drei gleichgerichtet linear polarisierten Laserstrahlen entsteht ein Intensitätsmuster, das als Lichtmaske einer hexagonalen Anordnung von Sammellinsen ($\delta < 0$) oder Zerstreuungslinsen ($\delta > 0$) entspricht. Links oben ist die experimentelle Anordnung der Lichtmaske gezeigt. Unten die entsprechenden kraftmikroskopischen Aufnahmen der durch die Lichtmaske aufgedampften Chrom-Strukturen.

und aus Sammellinsen werden Zerstreuungslinsen. Das aufgedampfte Muster ist dann nicht mehr eine hexagonale Anordnung von Brennpunkten hinter jeder Mikrosammellinse, sondern eine Honigwabenstruktur, entsprechend dem Muster der dunklen Stellen im Lichtfeld. Interferiert man statt drei nun vier Laserstrahlen unter 90 Grad so erhält man eine kubische Struktur. Man kann also auch in zwei Dimensionen jedes Intensitätsmuster einer Lichtmaske durch diese Aufdampftechnik auf die Substratoberfläche übertragen. Die durch Linsenfehler begrenzten Strukturbreiten lagen bei den besten Experimenten bei etwa 10–20 nm. Dennoch bleibt die Frage, welche Vorteile diese Lithographietechnik gegenüber den Konkurrenten bietet. Sind nicht die kleinsten Abstände wieder durch die kleinsten Abstände in den Lichtmasken gegeben, die wiederum, wie in der optischen Lithographie, durch die halbe optische Wellenlänge limitiert sind? Welchen prinzipiellen Vorteil hat diese Technik gegenüber anderen Techniken?

Die Stärke der Atomlithographie liegt vor allem in den vielseitigen Eigenschaften, die die Atom-Licht-Wechselwirkung mitbringt. Erstens kann, wie schon diskutiert, durch einfache Änderung der Laserfrequenz das Vorzeichen der potentiellen Energie verändert werden und damit z. B. eine Linienstruktur, die zunächst durch Fokussierung in die Intensitätsmaxima einer stehenden Lichtwelle entstanden ist, um ein Viertel der Lichtwellenlänge verschoben werden. Durch eine Überlagerung von blau und rot verstimmten Lichtmasken konnten so Perioden von $\lambda/4$ erzielt werden. Zweitens ist die Polarisationsabhängigkeit der Atom-Licht-Wechselwirkung gewinnbringend einzusetzen. Im Zusammenspiel mit der reichhaltigen magnetischen Unterstruktur der verwendeten Atome konnten ein- [40] und zweidimensionale [41] Lichtmasken mit Strukturen bis hinunter zu $\lambda/8$ demonstriert werden, was bei den verwendeten Chromatomen einer Periode von 53 nm entspricht (Abb. 14.29).

Und drittens ist auch die Frequenzabhängigkeit durch die Resonanzüberhöhung in der Nähe eines Dipolübergangs für Anwendungen von Interesse, denn die resultierende Selektivität der Lichtmasken erlaubt es, gleichzeitig ein unstrukturiertes Matrixmaterial aufzudampfen, das mit dem durch die Lichtmaske fokussierten Material dotiert wird [42]. Die auf diese Weise in einem einfachen Verfahren hergestellten, strukturiert dotierten Proben können zusätzlich während des Wachstums in der dritten Richtung strukturiert werden, indem zum Beispiel der Fluss des Dotiermaterials oder die Lichtmaske während des Wachstums variiert wird. Dies ermöglicht also ein dreidimensionales Lithographieverfahren, das mit anderen Lithographietechniken zumindest nicht so elegant möglich ist. Abschließend bleibt also festzuhalten, dass die Atomlithographie periodische Strukturen im sub-100-nm-Bereich herstellen kann, und ihre Stärken vor allem in nichtkonventionellen Anwendungen liegen, die mit herkömmlichen Techniken nur aufwändig bewältigt werden können (Abb. 14.30).

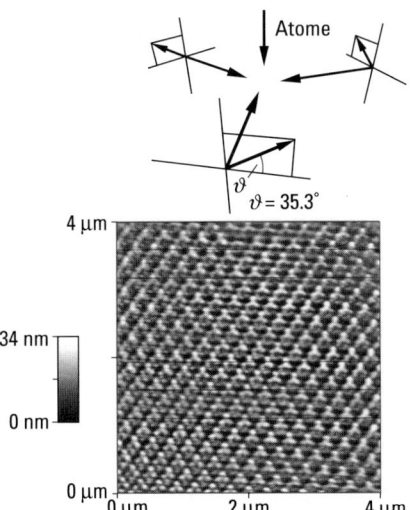

Abb. 14.29 Eine Überlagerung von drei orthogonal zueinander linear polarisierten Laserstrahlen zeigt kein Interferenzmuster in der Gesamtintensität. Eine solche Lichtmaske hat jedoch eine reichhaltige Polarisationsstruktur, die im Zusammenspiel mit der magnetischen Unterstruktur der hier verwendeten Chrom-Atome eine vorhersagbare räumliche Struktur in der Brennebene der Lichtmaske erzeugt. Gezeigt ist wieder die kraftmikroskopische Aufnahme einer mit dieser Lichtmaske erzeugten Struktur.

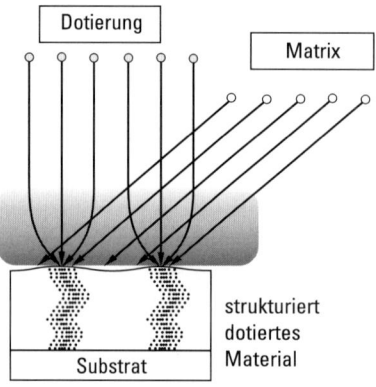

Abb. 14.30 Durch die Selektivität der Lichtmaske können gleichzeitig mit der Dotierung Matrixmaterialien aufgedampft werden. Während des Aufdampfens kann die Dotierung auch in der dritten Dimension strukturiert werden.

14.6.2 Atominterferometrie

Was für das prinzipielle Auflösungsvermögen in der Lithographie oder der Mikroskopie gilt, ist auch für die andere präzisionsoptische Anwendung, die Interferometrie wichtig. Die kleine de Broglie-Wellenlänge erhöht die Präzision! Gegenüber Elektronen und Ionen ist hier die Neutralität der Atome ein entscheidender Vorteil, denn sie reduziert die Anfälligkeit eines Interferometers gegenüber elektromagnetischen Streufeldern. Dass aber nicht nur die Wellenlänge wichtig ist, sondern auch die reduzierte Geschwindigkeit im Vergleich zur Lichtgeschwindigkeit, sei hier kurz am Beispiel des Sagnac-Interferometers zur Detektion von Rotationen diskutiert. Lasergyroskope, basierend auf dem Sagnac-Effekt, befinden sich in vielen Flugzeugen zur Navigation und beruhen auf folgendem Prinzip (s. Abb. 14.31):

Ein einlaufender Strahl wird zunächst in zwei Strahlen aufgespalten. Der obere Teil soll der Einfachheit halber auf einem Kreis oben herum und der untere untenherum laufen, bis sie sich schließlich wieder an einem Strahlteiler rekombinieren. Dort kommt es nun entsprechend der Phasendifferenz zwischen den beiden Armen

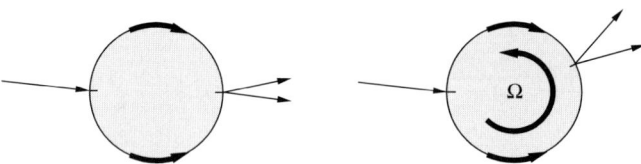

Abb. 14.31 Eine einlaufende Welle wird durch einen Strahlteiler aufgespalten und nach dem Durchgang durch die beiden Arme wieder an einem Strahlteiler rekombiniert. Versetzt man das Interferometer in Rotation, kommt es zu einem Laufzeitunterschied für den oberen und unteren Interferometerarm, der zu einer Phasenverschiebung führt.

zu konstruktiver oder destruktiver Interferenz. Versetzt man dieses Interferometer in Rotation (mit der Kreisfrequenz Ω), ergeben sich für die beiden Arme unterschiedliche Laufzeiten und damit eine messbare Phasenverschiebung. Für einen Kreis mit Radius r beträgt dieser Laufzeitunterschied $\Delta t = 2\Omega \pi r^2/(v^2 - \Omega^2 r^2)$, wobei v die Geschwindigkeit entweder des Lichts oder der Materiewelle ist.

Für den normalen Fall, dass $\Omega r \ll v$ ist, gilt $\Delta t = 2\Omega A/v^2$, wobei A die vom Interferometer eingeschlossene Fläche beschreibt. Das bedeutet aber für die Phasenverschiebung $\Delta \varphi = 4\pi \Omega A/(\lambda v)$. Das heißt, neben einer kleinen de Broglie-Wellenlänge hilft den Atomen auch eine im Vergleich zu Licht langsame Geschwindigkeit.

Vergleicht man zur Verdeutlichung die Phasenverschiebung bei gleicher eingeschlossener Fläche im Lichtinterferometer mit der im Atominterferometer, so ergibt sich ein Verhältnis von $\Delta \varphi_{atom}/\Delta \varphi_{licht} = mc^2/(\hbar \omega)$, was z. B. für Cs-Atome den dramatischen Faktor 6×10^{10} liefert. Gegen den Einsatz von Atomen in interferometrischen Sensoren spricht allerdings, dass die eingeschlossenen Flächen, wie wir sehen werden, beschränkt sind und insbesondere der Photonenfluss dem Atomfluss weit überlegen ist, was bei der Berechnung der Empfindlichkeit über das Signal-zu-Rauschverhältnis eingeht. Dennoch sind die heutigen Atominterferometer den besten Lichtinterferometern, z. B. als Rotationssensoren, überlegen. Bevor wir jedoch Atominterferometer weiter besprechen, wollen wir uns zunächst dem Schlüsselelement, dem Strahlteiler für Atome, widmen.

14.6.2.1 Strahlteiler

In der Atomoptik werden kohärente Atomstrahlteiler hauptsächlich durch die Beugung an Gitterstrukturen realisiert. Beispiele dafür sind kristalline Oberflächen, Mikrostrukturen oder lichtinduzierte Gitter. Im Idealfall sollte ein Strahlteiler zwei Atomstrahlen mit großem Aufspaltungswinkel erzeugen. Wie schon gesehen, ist ein großer Aufspaltungswinkel insbesondere für die Anwendung in der Interferometrie wichtig, da dort die zu vermessene Phasenverschiebung oft proportional zu der von den zwei Wegen eingeschlossenen Fläche ist.

Die erste Demonstration eines Atomstrahlteilers war der Stern-Gerlach-Versuch. Atome mit einem Spin-1/2-Grundzustand werden durch einen transversalen magnetischen Feldgradienten je nach Spinzustand in entgegengesetzte Richtungen abgelenkt. Die Wechselwirkung ist zustandsselektiv. In Analogie zur klassischen Optik könnte eine zustandsselektive Wechselwirkung mit einem polarisierenden Strahlteiler verglichen werden. Ein thermischer Atomstrahl besteht aus einem statistischen Gemisch der Spinzustände und ist daher unpolarisiert. In diesem Fall gibt es keine Phasenbeziehung zwischen den getrennten Strahlen, und die Wechselwirkung kann nicht zur Interferometrie benutzt werden. Um Interferenzen beobachten zu können, muss der Atomstrahl in eine kohärente Superposition innerer Zustände präpariert werden. Dies kann durch Polarisation des Atomstrahls vor der Aufspaltung erzielt werden. In der Praxis führen magnetische Streufelder zu komplexen Phasenverschiebungen, die die Anwendung des magnetischen Stern-Gerlach-Effekts in der Interferometrie schwierig machen.

14.6.2.2 Beugung an einer kristallinen Oberfläche

Ein einfallender Atomstrahl wird an einer kristallinen Oberfläche durch die Modulation im Atom-Oberflächenpotential in Reflexion gebeugt. Bei thermischen Atomstrahlen liegt die de Broglie-Wellenlänge nahe am Gitterabstand. Damit sind große Beugungswinkel möglich. In den ersten Experimenten von Estermann und Stern in den frühen 30er Jahren wurden für Helium- und Wasserstoff-Atome, die auf gespaltene LiF- und NaCl-Kristalle auftrafen, Beugungswinkel bis zu 20° beobachtet. Zusätzlich zur elastischen kann auch inelastische Streuung und Absorption auftreten. Außerdem führen Oberflächenunreinheiten zu unkontrollierten Effekten. Diese Schwierigkeiten haben die Entwicklung der auf Oberflächen basierenden Beugungsoptik für Atome verhindert.

14.6.2.3 Mikrostrukturen

Beugung von Atomen an einem Transmissionsgitter wurde erstmals 1988 von der Gruppe um D. Pritchard beobachtet. Das Gitter wurde aus einer 0.5 μm dicken Goldfolie mit einer Gitterperiode von 0.2 μm hergestellt. Der Aufspaltungswinkel zwischen der nullten und der ersten Beugungsordnung lag bei ungefähr 100 μrad.

Mikrostrukturen haben gegenüber anderen Verfahren einige offensichtliche Vorteile. Sie sind passive Elemente, benötigen wenig Wartung und können bei jeder Atomsorte verwendet werden. Der Nachteil liegt in der geringen Effizienz; die maximale Intensität der ersten Beugungsordnung liegt bei nur ungefähr 10 % der einfallenden Intensität. Außerdem sind für die Anwendungen in der Interferometrie qualitativ hochwertige Gitter mit langreichweitiger Ordnung notwendig. In einer Serie von Beugungsexperimenten konnte in eindrucksvoller Weise die Wechselwirkung der verschiedenen atomaren Spezies mit dem Beugungsgitter vermessen und quantitativ verstanden werden [43]. Abbildung 14.32 zeigt Resultate dieser Arbeit, in der die Beugungsordnungen bis zur siebten Ordnung verfolgt worden sind. Deutlich zu sehen ist, dass für größer werdende Atome (von He bis Kr) die effektiven Spaltbreiten abnehmen. Der Grund dafür liegt in der zunehmenden elektrischen Polarisierbarkeit, die linear in die Wechselwirkungsstärke der Atome mit dem materiellen Gitter eingeht.

14.6.2.4 Photonenrückstoß

Eine simple, aber effektive Methode, einen Atomstrahl zu teilen, nutzt den Rückstoß während der Absorption oder Emission von Licht aus. Ein $\pi/2$-Puls regt von einem Anfangszustand $|g,\boldsymbol{p}\rangle$ in einen Überlagerungszustand

$$\frac{1}{\sqrt{2}}\left(|g,\boldsymbol{p}\rangle - \mathrm{i}\,\mathrm{e}^{-\mathrm{i}\phi_\mathrm{L}}|e,\boldsymbol{p}+\hbar\boldsymbol{k}_\mathrm{L}\rangle\right) \qquad (14.57)$$

an, wobei ϕ_L die Phase des Lichtfeldes, $\boldsymbol{p}$ und $\boldsymbol{k}_\mathrm{L}$ den atomaren bzw. Lichtimpuls kennzeichnen. Da der angeregte Zustand den Photonenimpuls trägt, wirkt der An-

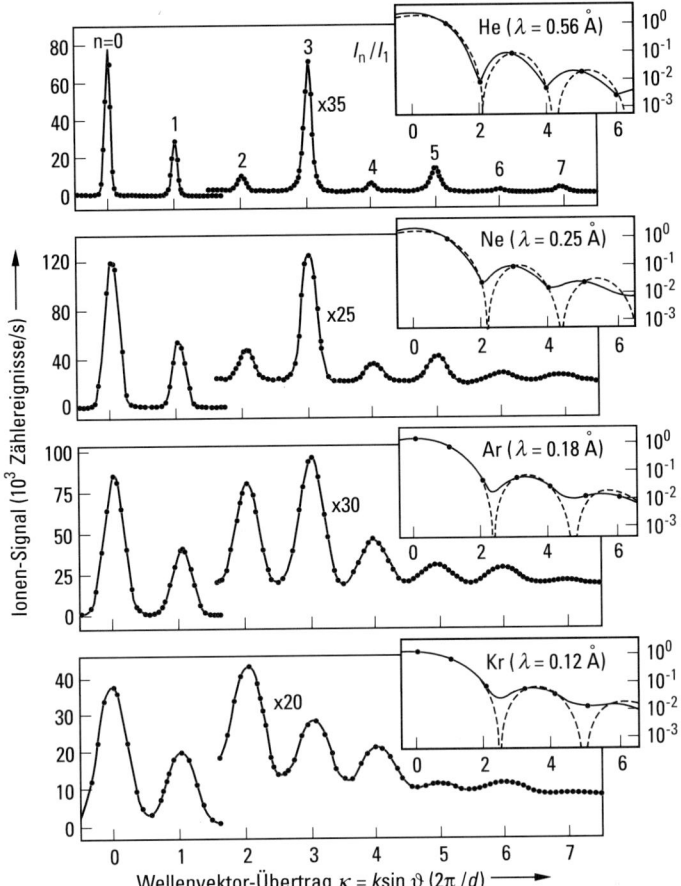

Abb. 14.32 Materiewellenbeugung an einem Transmissionsgitter (Gitterperiode 100 nm). Die eingeschobenen Diagramme jeweils rechts oben zeigen in halblogarithmischer Darstellung die Einhüllenden (Spaltbeugungsfunktion) der Gitterbeugungsmaxima in den Beugungsdiagrammen. Unterschiedliche Atomsorten zeigen unterschiedliche Einhüllende und Breiten der Beugungsordnungen, aus denen auf die Wechselwirkung der Atome mit dem Gitter geschlossen werden kann.

regungsprozess wie ein Strahlteiler. Bei Mehrniveau-Atomen kann ein stimulierter Raman-Puls aus gegenläufigen Laserstrahlen eine kohärente Superposition zweier Hyperfeinniveaus $|1, p\rangle$ und $|2, p + 2\hbar k_L\rangle$ des Grundzustandes anregen. Die Ausnutzung von stimulierten Raman-Pulsen hat den Vorteil, dass in den beiden getrennten Atomstrahlen die Atome im Grundzustand sind und somit nicht der spontanen Emission unterliegen. Nachdem der Überlagerungszustand einmal erzeugt wurde, kann der Aufteilwinkel durch eine Sequenz von π-Pulsen vergrößert werden.

14.6.2.5 Beugung an einem optischen Potential

Die Beugung von Atomen an einer stehenden optischen Welle als dünnes Phasengitter kann als ein kohärenter Strahlteiler angesehen werden. Für geringe Modulation findet eine effiziente Streuung in Zustände mit $\pm 2\hbar k_L$ statt. Bei großer Modulation werden jedoch viele Beugungsordnungen angeregt und Zustände mit großem Impuls sind nur schwach besetzt.

Ein Nachteil der Beugung an einer stehenden Welle für die Anwendung als Strahlteiler ist also die Anregung vieler Beugungsordnungen. Um die Besetzung nur auf zwei Ordnungen zu beschränken, müssen folgende Bedingungen eingehalten werden: Erstens müssen die Energien des einfallenden und reflektierten Strahls gleich sein. Zweitens muss der Energieunterschied zwischen allen anderen Beugungsordnungen ($\sim \omega_{rec}$) größer als die Atom-Lichtfeld-Wechselwirkung sein, z. B. $\omega_{rec} \gg \omega_R$ oder $\omega_{rec} \gg \omega_R^2/\delta$ bei großer Verstimmung. Die Gitterpotentiale sind in diesem Sinne also nur eine schwache Störung der Bewegung der Atome. Unter diesen Bedingungen unterliegt der Impulszustand des Atoms einer Oszillation (Pendellösung) zwischen den beiden im freien Raum entarteten Zuständen $|g, -m\hbar k_L\rangle$ und $|g, +m\hbar k_L\rangle$ (Abb. 14.33). Die Wechselwirkung ist der Bragg-Beugung von Licht an einem Kristall analog. Abbildung 14.34 gibt die berechnete Impulsverteilung als Funktion der Wechselwirkungszeit wieder, die bei der Beugung einer ebenen Atomwelle im Anfangszustand $|g, +2\hbar k_L\rangle$ an einer stehenden optischen Welle entsteht [44]. Die Oszillationen der Pendellösung werden ab Wechselwirkungszeiten von $t_{int} > 0.5/\omega_{rec}$ sichtbar. Die Pendellösungsfrequenz ist proportional zur Energieaufspaltung der neuen Eigenzustände der Bewegung (ω_R und ω_R^2/δ). Bei einem Viertel der Pendellösungsperiode stellt der Streuprozess einen symmetrischen Strahlteiler dar. Da für die meisten Übergänge $\omega_{rec} \ll \Gamma$ gilt, muss eine große Verstimmung angewendet werden, um eine Beeinträchtigung der Kohärenz des Beugungsprozesses durch spontane Emission zu vermeiden.

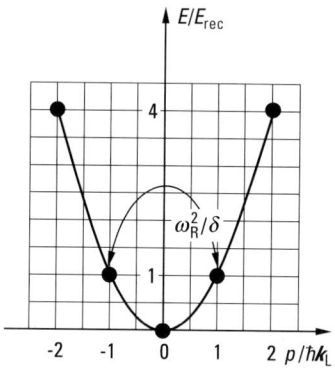

Abb. 14.33 Bei der Bragg-Beugung werden durch die Kopplung an das periodische Lichtfeld energetisch entartete Impulszustände miteinander gekoppelt. Die neuen Eigenzustände sind die symmetrischen und antisymmetrischen Überlagerungszustände der freien Impulseigenzustände. Ausgehend von einem einfallenden Impulseigenzustand $|g, -\hbar k_L\rangle$ ergibt sich eine Oszillation zwischen diesem und dem entarteten Zustand $|g, +\hbar k_L\rangle$ (Pendellösung).

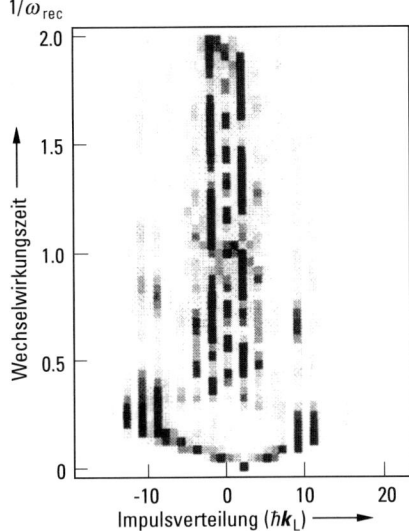

Abb. 14.34 Berechnete Impulsverteilung eines Atomstrahls, der an einer stehenden optischen Welle gebeugt wurde, als Funktion der Wechselwirkungszeit [44]. Die Wechselwirkungszeit ist in Einheiten von $1/\omega_{rec}$, der Impulsübertrag in Einheiten von $\hbar k_L$ aufgetragen. Der transversale Anfangsimpuls des Atomstrahls beträgt $2\hbar k_L$. Für $t_{int} > 1/\omega_{rec}$ oszilliert die atomare Besetzung zwischen den Beugungsordnungen $+2$ und -2.

Die erste und zweite Ordnung der Bragg-Beugung sowie die pendellösungsartigen Oszillationen wurden 1988 experimentell von der Gruppe von D. Pritchard demonstriert [45]. Inzwischen wurden mehrere Atominterferometer, die auf diesen Bragg-Strahlteilern basieren, realisiert [46].

14.6.2.6 Interferometertypen

Ein atomarer Zustand wird durch ein Produkt aus Wellenfunktionen für die interne und externe Entwicklung beschrieben. Davon ausgehend können zwei Klassen von Interferenzen unterschieden werden: Interferenz zwischen verschiedenen Komponenten der Schwerpunktswellenfunktion (skalare Interferenz) und Interferenz zwischen unterschiedlichen inneren Zuständen (Spinorinterferenz). Ein Beispiel für Spinorinterferenz ist das Ramsey-Verfahren, wie es in Atomuhren im Mikrowellenbereich angewendet wird: In einer ersten Wechselwirkungszone wird eine Superposition der inneren Zustände erzeugt, die unterschiedlichen Pfaden im Hilbert-Raum folgen und in der zweiten Wechselwirkungszone interferieren. Die Kenntnis der inneren Zustände zwischen den beiden Wechselwirkungsregionen zerstört die Interferenz, analog zur „welcher Weg"-Information im Doppelspaltexperiment. Während jedoch die Ramsey-Oszillationen klassisch als Präzession eines Dipolmomentes oder Spins interpretiert werden können, hat die Interferenz zwischen räumlich getrennten Pfaden kein klassisches Analogon. Bei der optischen Ramsey-Anregung ist die Grenze zwischen skalarer und Spinorinterferenz, wie wir sehen werden, nicht so klar definiert, da der Photonenrückstoß bei der Absorption zu einer räumlichen Auftrennung der Pfade führen kann. Wir möchten daher eine pragmatische Definition eines Interferometers benutzen: Jedes Gerät, das in der Lage ist, die Phasendifferenz zwischen zwei Pfaden unter Ausnutzung des Superpositionsprinzips zu bestimmen, nennen wir ein Interferometer.

Eine Wellenfunktion wird durch Amplitude und Phase charakterisiert. Während die meisten Experimente die Amplitude messen, bestimmt man in der Interferometrie die Phase. Zwei Faktoren bestimmen die Empfindlichkeit eines Interferometers: die Größenordnung der induzierten Phasenverschiebung und die Genauigkeit der Phasenmessung. Bei manchen Anwendungen, z. B. bei einem Atomgyroskop, kann die Empfindlichkeit durch Vergrößerung der vom Interferometer eingeschlossenen Fläche gesteigert werden. Die Detektion der Atome folgt der Poisson-Statistik. Verglichen mit der herkömmlichen Optik sind atomare Flüsse relativ klein. Folglich ist die Empfindlichkeit eines Atominterferometers häufig durch die Zählstatistik, also das Schrotrauschen begrenzt.

Die auftretenden Phasenverschiebungen zwischen zwei Interferometerarmen können entweder von klassischen Kräften oder aber von geometrischen bzw. topologischen Phasendifferenzen herrühren. Betrachten wir zunächst die klassischen Kräfte am Beispiel der Gravitation: In einem Materiewelleninterferometer „fallen" die Interferenzstreifen aufgrund der Gravitation nach unten. Betrachten wir als Beispiel ein vertikal orientiertes Doppelspaltinterferometer, wie es in Abb. 14.35 dargestellt ist. In der Detektorebene fallen die Streifen eine Strecke von

$$h = -g\left(\frac{L}{v}\right)^2, \qquad (14.58)$$

wobei v die longitudinale Teilchengeschwindigkeit bezeichnet. Der Versatz der Streifen kann als Phasenverschiebung $\varphi = 2\pi h/D$ geschrieben werden, wobei $D = \lambda_{dB}L/d$ der Streifenabstand ist. Folglich ist die Phasenverschiebung aufgrund der Gravitation

$$\varphi = \frac{2\pi g A}{\lambda_{dB} v^2} = \frac{gAm}{v\hbar}, \qquad (14.59)$$

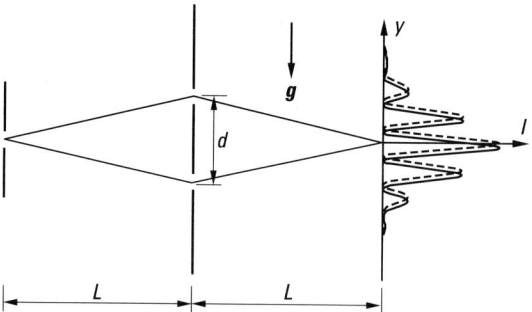

Abb. 14.35 Illustration des Gravitationseffektes in einem Atominterferometer. Die Streifen fallen zusammen mit der Einhüllenden um gL^2/v^2 nach unten, wobei v die atomare Geschwindigkeit kennzeichnet. Die gestrichelte Linie zeigt die Interferenz bei $g = 0$.

wobei $A = Ld$ die vom Interferometer eingeschlossene Fläche ist. Das Young'sche Doppelspalt-Interferometer ist ein Spezialfall in dem Sinne, dass die Aufspaltung der Arme und damit die eingeschlossene Fläche A nicht von dem atomaren Impuls abhängt. Deshalb stellt der Streifenabstand eine Referenzlänge für die Ablenkung dar. Bei Interferometern, die auf Strahlteilung im Impulsraum durch Beugung oder Photonenrückstoß beruhen, ist A näherungsweise $\lambda_{dB} L^2 / a$, wobei a die Gitterperiode bzw. die optische Wellenlänge bezeichnet. In diesem Fall wird obige Gleichung zu

$$\varphi = 2\pi \frac{g}{a} \left(\frac{L}{v} \right)^2 . \tag{14.60}$$

Hier ist die Phasenverschiebung also unabhängig von der Masse der Testteilchen. In jedem Fall führen aber klassische Kräfte in der Regel zu dispersiven, d. h. geschwindigkeitsabhängigen Phasenverschiebungen. Außerdem wird durch die klassische Kraft der Erwartungswert der Position der Atome am Schirm verändert, d. h. im Beispiel des Doppelspaltinterferometers wird die Einhüllende des Beugungsbildes um den selben Betrag wie die Interferenzstreifen verschoben.

Die Verschiebung von Interferenzstreifen aufgrund der Gravitation wurde erstmals in einem Neutroneninterferometer durch Colella, Overhauser und Werner beobachtet [47]. Dort betrug die Genauigkeit der Bestimmung der lokalen Erdbeschleunigung etwa $10^{-2} g$. Verglichen mit Neutronen bieten Atominterferometer bezüglich der Gravitation eine höhere Genauigkeit, da aufgrund der inneren Struktur der Atome und aufgrund des höheren Flusses deren Geschwindigkeit präziser gemessen werden kann.

Neben den klassischen Kräften können aber auch rein quantenmechanische Phasenverschiebungen in den Atom- oder Neutroneninterferometern sichtbar gemacht werden. Ein Paradebeispiel für eine solche Phasenverschiebung ist der Aharonov-Bohm-Effekt für Elektronen. Umlaufen Elektronen im feldfreien Raum eine isoliert gedachte magnetische Flusslinie, so wirkt auf das Elektron keine klassische Lorentz-Kraft. Die Wellenfunktion erfährt dennoch eine Phasenverschiebung gemäß $\Delta\varphi = (\oint A \, ds) e / (\hbar c)$, wobei A das Vektorpotential ist, das als Wirbelfeld azimutal gerichtet ist und im Betrag mit dem inversen Abstand zur Flusslinie abfällt. Die Phasenverschiebung ist daher nur vom eingeschlossenen Fluss, aber nicht vom Integrationsweg oder der Geschwindigkeit der Atome abhängig. Da keine klassische Kraft wirkt, würde in einem Doppelspaltinterferometer die Einhüllende des Beugungsbildes nicht beeinflusst werden, es würde nur die Position der Interferenzstreifen unterhalb der Einhüllenden wandern. Phasen von diesem Typ nennt man topologische Phasen, denn sie hängen nicht von der speziellen Geometrie, sondern nur von der Topologie der Situation ab. Wird die vom Interferometer eingeschlossene Fläche von einer Flusslinie „durchstochen", ergibt sich eine nichttriviale Topologie und damit eine Phasenverschiebung. Von diesem Typ Phasenverschiebung gibt es auch Varianten für neutrale Atome oder Neutronen wie den Aharonov-Casher-Effekt [48], bei dem nicht eine Ladung um eine Flusslinie bewegt wird, sondern eine Flusslinie in Form eines magnetischen Moments eines Atoms um eine Linienladung (Abschn. 13.7).

Das Young'sche Doppelspaltinterferometer. 1991 demonstrierten Carnal und Mlynek ein Atominterferometer, das auf der einfachen Young'schen Doppelspalt-Konfiguration beruht [49]. Der Aufbau war ähnlich dem des Doppelinterferometers, das

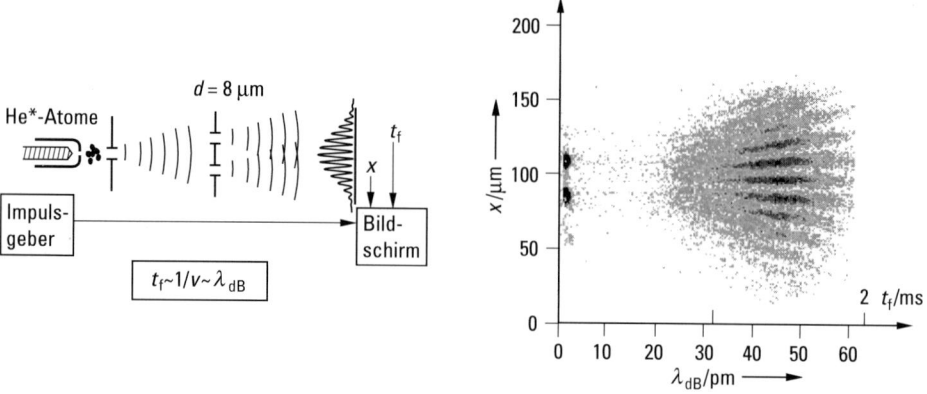

Abb. 14.36 Aufbau eines Doppelspaltinterferometers (links) und spektral aufgelöstes Atominterferenzmuster (rechts). Durch den Einsatz einer gepulsten Quelle und einer zeitaufgelösten Detektion kann zu jedem Ereignis auf dem Schirm die Flugzeit t_f und damit die de Broglie-Wellenlänge bestimmt werden. Für kurze Flugzeiten ist der geometrische Schatten des Doppelspalts zu sehen.

schematisch in Abb. 14.36 dargestellt ist. Ein Strahl von metastabilen Helium-Atomen wurde durch einen 2-μm-Eingangsspalt kollimiert, um eine kohärente Beleuchtung eines Doppelspalts (1 μm Spaltbreite und 8 μm Abstand) sicherzustellen. Ein experimentelles Ergebnis aus jüngster Zeit ist in Abb. 14.37 dargestellt. Das Interferenzmuster wurde mittels eines Detektors mit hoher Orts- und Zeitauflösung aufgenommen. Gleichzeitig mit der Aufnahme der räumlichen Verteilung gibt die Flugzeit von der gepulsten Quelle zum Detektor eine direkte Auskunft über die de Broglie-Wellenlänge der Atome. Der Beugungswinkel steigt linear mit der de Broglie-Wellenlänge an.

Die Vorteile eines Doppelspaltinterferometers liegen vor allem in der konzeptionellen Einfachheit. In Abb. 14.37 sieht man deutlich den Welle-Teilchen-Dualismus und den Unterschied zwischen Einzelereignis und Ensemblemittel. Für Präzisionsmessungen sind jedoch andere Interferometertypen besser geeignet.

Die oben schon erwähnte spektral aufgelöste Messmethode hat es erlaubt, eine aus der klassischen Optik bekannte Methode [50] zur Bestimmung des Quantenzustands der Materiewelle am Doppelspalt zu vermessen. Die Repräsentation eines im Allgemeinen gemischten Zustands erfolgt in der Quantenmechanik häufig durch die Dichtematrix. Für den Fall kontinuierlicher Variablen, wie hier bei der Beschreibung ebener Wellen, ist jedoch die Methode der Wigner-Funktion $W(x,p)$ eine sehr anschauliche Möglichkeit, gemischte Zustände darzustellen, denn die Wigner-Funktion geht für klassische Zustände direkt in eine Wahrscheinlichkeitsverteilung im Phasenraum über. Ihre Zeitentwicklung entspricht auch der einer klassischen Phasenraumverteilung. Für einen reinen Ortsraumzustand $\psi(x)$ lautet die Wigner-Funktion (mit $\hbar = 1$):

$$W(x,p) = (2\pi)^{-1} \int \psi^*(x+s/2)\,\psi(x-s/2)\,e^{-isp}\,ds\,. \qquad (14.61)$$

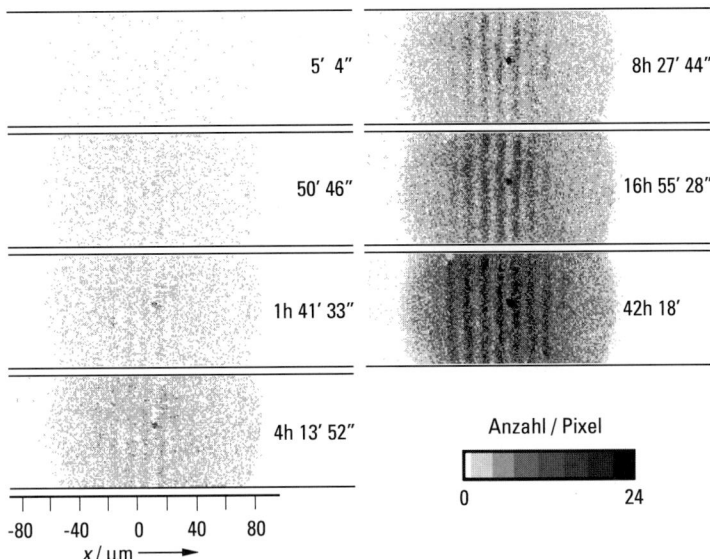

Abb. 14.37 Doppelspalt-Atominterferenzen mit einer Anordnung ähnlich der in Abb. 14.36. Filtert man ein bestimmtes Flugzeitfenster heraus, so zeigt das Signal auf dem Schirm zunächst scheinbar zufällig verteilte punktförmige Einzelereignisse. Nach einer längeren Integrationszeit wird die Wahrscheinlichkeitsverteilung für das Ensemble gleich präparierter Atome sichtbar und die Interferenzstreifen werden deutlich.

Für gemischte Zustände ergibt sich die entsprechend gewichtete Summe dieses Ausdrucks über die beteiligten Zustände. Im Gegensatz zur klassischen Wahrscheinlichkeitsverteilung kann die Wigner-Funktion auf der Skala des Planck'schen Wirkungsquantums auch lokal negative Werte annehmen und entspricht also noch nicht direkt einer Wahrscheinlichkeitsverteilung. Diese entsteht erst in Zusammenhang mit der Angabe einer Messvorschrift. Die Wigner-Funktion hat die Eigenschaft, dass ihre Projektion z. B. auf die Ortskoordinate x gerade der Wahrscheinlichkeitsverteilung für die Ortskoordinate entspricht. Aus einem Satz von Projektionen der Wigner-Funktion auf Achsen im Phasenraum lässt sich die Wigner-Funktion wie in einem tomographischen Verfahren rekonstruieren. Wie in Abb. 14.38 gezeigt, ist dies auch experimentell gelungen [51].

Dreigitter-Interferometer. Ein alternatives Schema für ein Interferometer, das auf Mikrostrukturen basiert, ist die Dreigitteranordnung, die zuerst am MIT demonstriert wurde [52]. Ein Dreigitter-Interferometer ist achromatisch und daher ideal für Atomstrahlen mit einer breiten Geschwindigkeitsverteilung geeignet.

In einem Experiment wurde durch eine Überschallexpansion mit einem Argon-Trägergas ein Natrium-Atomstrahl erzeugt ($\lambda = 16$ pm, $v/\Delta v \sim 9$). Der Strahl wurde durch zwei Spalte kollimiert (s. Abb. 14.39). Der Strahldurchmesser betrug ~ 20 μm. In jüngsten Arbeiten wurden Gitter mit einer Periode von $d = 100$ nm in Abständen von jeweils 0.6 m positioniert. Die transversale Positionierung der Gitter wurde

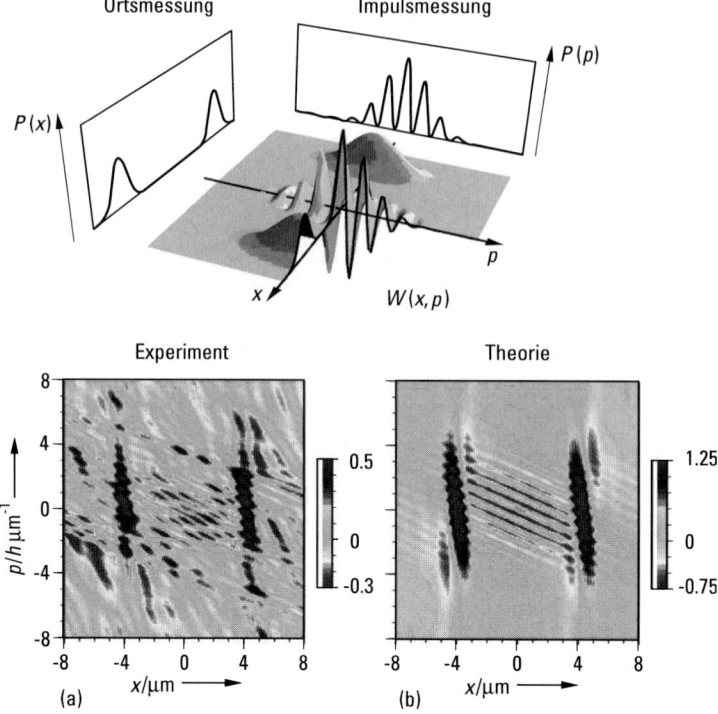

Abb. 14.38 Wigner-Funktion eines gemischten Materiewellenzustands nach dem Doppelspalt. Die negativen Werte der Quasiwahrscheinlichkeit geben den quantenmechanischen Charakter des Zustands an. Die Messung wurde an etwa einer halben Million gleich präparierter Atome vorgenommen.

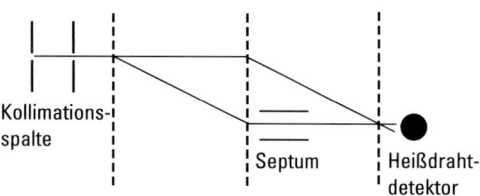

Abb. 14.39 Schema eines Dreigitterinterferometers. Das erste Gitter beugt den Atomstrahl (dargestellt sind die nullte und +1. Ordnung). Die Beugungsordnungen werden durch ein zweites Gitter nochmals gebeugt, was zu einem räumlichen Überlapp der Strahlen und Interferenz vor dem dritten Gitter führt. Ein drittes Gitter wird benötigt, um das Interferenzmuster aufzunehmen, da der Detektor in der Praxis größer als die Streifenperiode ist. Das Septum wird als Trennelement zwischen die beiden Interferometerarme eingebracht und erlaubt eine selektive Wechselwirkung mit einem Pfad. Zum Beispiel kann durch Anlegen eines elektrischen Feldes ein Phasenschieber in einem Interferometerarm realisiert werden.

durch ein optisches Interferometer aktiv stabilisiert. Die räumliche Aufspaltung der nullten von der ersten Beugungsordnung am mittleren Gitter betrug 55 μm, also mehr als der doppelte Strahldurchmesser. Zwischen den zwei Pfaden wurde eine Wechselwirkungszone, bestehend aus einer 10 μm dicken Kupfer-Folie (Septum) und einer Gegenelektrode, eingeführt. Durch Anlegen von elektrischen Feldern an diesen Elektroden bestimmten Pritchard und seine Mitarbeiter z. B. die Polarisierbarkeit von Natrium [53]. Zusätzlich konnten die Real- und Imaginärteile der Streuamplituden für einen Stoß von Natrium-Atomen mit einem Edelgas bestimmt werden, indem das Gas nur in den einen Arm eingelassen wurde [54]. Dies ist eine interessante Anwendung der Atominterferometrie, da sie zusätzliche Informationen liefert, die in einem herkömmlichen Streuexperiment nicht zugänglich sind. Bis heute sind dies

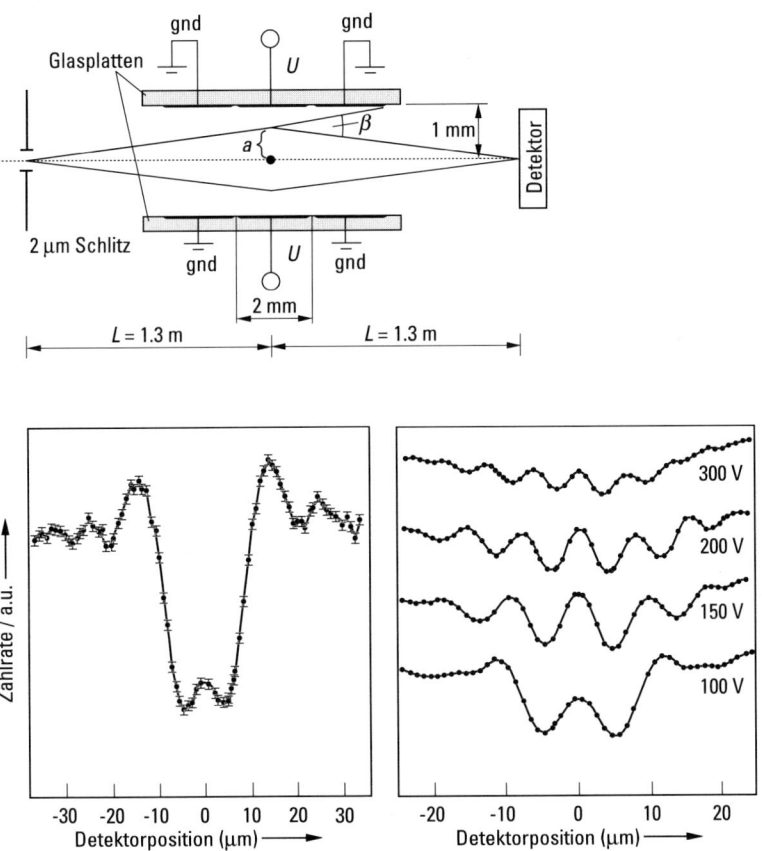

Abb. 14.40 Experimentelle Daten zur Beugung von Atomen am geladenen Draht. Oben ist der Aufbau der Wechselwirkungszone erkennbar (nicht maßstäblich). Links unten ist das Beugungsbild ohne angelegte Spannung zu sehen. Neben dem Schatten des Drahtes sind deutlich der Poisson-Fleck im Zentrum des Schattens und die Fresnel'schen Streifen zu erkennen. Rechts unten ist bei zunehmender Spannung das Ausbilden der Interferenzstreifen durch Ablenkung der Atome in den Schattenbereich zu sehen.

die einzigen Experimente in der Atominterferometrie, die die räumliche Auftrennung der Pfade wirklich ausnutzen. Eine Variante des Dreigitter-Interferometers ist die so genannte Talbot-Lau-Anordnung [55]. Hier werden die drei Gitter typischerweise im Abstand einer Talbot-Länge $2d^2/\lambda$ positioniert. Hier entfällt zwar die klare Aufspaltung in zwei Wege, jedoch benötigt man keine transversalen Kollimationsspalte mehr und kann damit mit deutlich höherem atomaren Fluss und damit mit höherer Empfindlichkeit rechnen. Allerdings ist die Anordnung nicht mehr achromatisch, sodass entweder eine schmale Geschwindigkeitsverteilung erzeugt oder herausgefiltert werden muss.

Drahtinterferometer. Das so genannte Drahtinterferometer kombiniert die Vorteile der Talbot-Lau-Anordnung mit einer nahezu achromatischen Funktionsweise [56]. Der Aufbau ist ähnlich dem eines Elektronenbiprismas (Abb. 14.40). Die attraktive Wechselwirkung der Atome mit dem Draht ist jedoch nicht die Coulomb-Wechselwirkung, sondern die induzierte Dipolwechselwirkung. Daher ist das atomoptische Analogon für die Wechselwirkungszone nicht ein Prisma, sondern ein dünner hyperbelförmiger Glaskörper. Die chromatischen Eigenschaften sind ebenfalls anders geartet. Die Abhängigkeit der Periodizität der Interferenzstreifen von der de Broglie-Wellenlänge folgt im Zentrum der Interferenzmuster nur dem schwachen Potenzgesetz $z_f \propto \lambda_{dB}^{1/3}$.

Optisches Ramsey-Bordé-Interferometer. Die Ramsey-Methode der getrennten Anregungszonen ist seit vielen Jahrzehnten ein wichtiges Werkzeug in der Atomphysik.

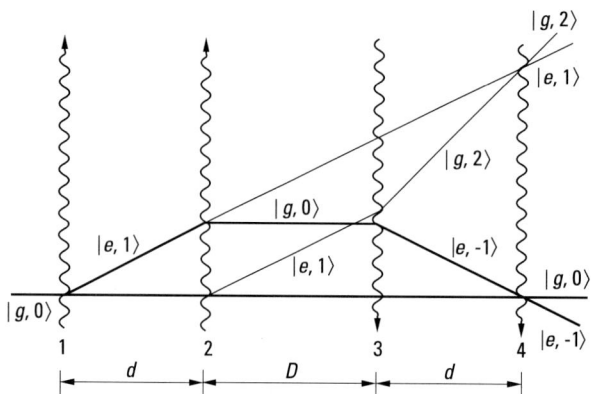

Abb. 14.41 Interferometrische Interpretation der optischen Ramsey-Anregung eines Atomstrahls durch vier laufende Laserfelder. Der atomare Zustand ist mit $|i,n\rangle$ gekennzeichnet, wobei i der innere Zustand und n der transversale Impuls in Einheiten von $\hbar k_L$ ist. Die erste Wechselwirkung regt den inneren Zustand $|g,0\rangle$ in eine Superposition aus $|g,0\rangle$ und $|e,1\rangle$ an. Drei weitere Wechselwirkungszonen führen zu einer Reihe von Aufspaltungen. Es gibt zwei Möglichkeiten für einen einfallenden Grundzustand, aufgespalten und bei der vierten Wechselwirkung rekombiniert zu werden. Diese durch dünne und dicke Linien dargestellten Pfade entsprechen den hoch- bzw. niederfrequenten Rückstoßkomponenten. Neben dem Einsatz dieser Interferometer zur Präzisionsspektroskopie [58] und der Realisierung von transportablen optischen Frequenzstandards [59] wurden damit z. B. Rotationen [63] vermessen.

Die Cs-Atomuhr basiert auf diesem Prinzip. Hier wird mit Mikrowellen gearbeitet, deren Photonenrückstoß auf die Atome vernachlässigbar ist. Bei einer Anregung im optischen Bereich ist der Photonenrückstoß jedoch hinreichend groß, um bei der Anregung durch einen $\pi/2$-Puls neben einer Überlagerung aus internen Zuständen auch eine Überlagerung aus Impulszuständen zu erzeugen (siehe Strahlteilung durch Photonenimpuls).

1989 wies Bordé darauf hin, dass die Ramsey-Streifen in einem optischen Ramsey-Aufbau als atomare Interferenz interpretiert werden können [57]. Eine schematische Illustration der interferometrischen Interpretation der Vier-Zonen-Ramsey-Anregung ist in Abb. 14.41 dargestellt. Es gibt zwei Möglichkeiten für einen einfallenden Grundzustand, durch die vierte Wechselwirkung kombiniert zu werden. Diese Pfade entsprechen den hoch- und niederfrequenten Rückstoßkomponenten und können als zwei verschiedene Mach-Zehnder-Interferometer interpretiert werden [58–60].

Atominterferometrie mithilfe von stimulierten Raman-Übergängen. Die Genauigkeit jeder Messung, die auf der Atom-Licht-Wechselwirkung beruht, wird durch die Linienbreite des benutzten Übergangs begrenzt. Um eine hohe Genauigkeit zu erreichen, benötigt man daher sehr schmale Übergänge und ultrastabile Laser. Mit stimulierten Raman-Übergängen kann man dieses Problem umgehen. Geschwindigkeitsselektive, stimulierte Raman-Übergänge können zwischen zwei Hyperfeinniveaus des Grundzustands durch gegenläufige Laserstrahlen betrieben werden (s. Abb. 14.42). Beide Laser sind gegenüber der optischen Übergangsfrequenz um den selben Betrag verstimmt. Der Vorteil liegt darin, dass nur der Frequenzunterschied, nicht jedoch die absolute Frequenz der Laserstrahlen stabil sein muss. Einen stabilen Frequenzunterschied kann man vergleichsweise einfach durch Modulatoren und einen RF-Oszillator erzeugen. Die Linienbreite des Übergangs ist extrem schmal, da sowohl der Ausgangs- als auch der Endzustand der Grundzustand ist. In der Praxis ist die Linienbreite des Raman-Übergangs ausschließlich durch die Pulsdauer begrenzt.

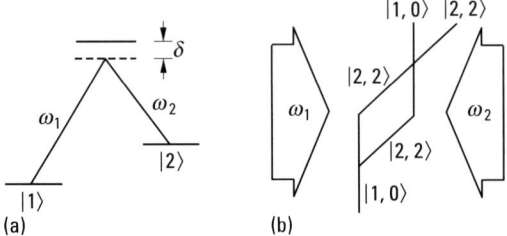

Abb. 14.42 Ein Atominterferometer basierend auf stimulierten Raman-Übergängen zwischen zwei Hyperfeinniveaus $|1\rangle$ und $|2\rangle$. (a) Der Raman-Übergang wird durch zwei gegenläufige Laser angeregt, die beide die gleiche Verstimmung Δ gegenüber der atomaren Resonanz aufweisen. (b) Das Interferometer wird durch eine $\pi/2$–π–$\pi/2$-Pulsfolge gebildet. Die atomaren Zustände sind mit $|i, n\rangle$ gekennzeichnet, wobei i der innere Zustand und n der transversale Impuls in Einheiten von $\hbar k_L$ ist.

In einem Atominterferometer sind die Vorteile der langen Lebensdauer und eines RF-Übergangs mit dem großen Photonenrückstoß eines optischen Übergangs verknüpft. Das Raman-Interferometer ist der Ramsey-Konfiguration ähnlich, die wir oben besprochen haben. Ein Unterschied besteht darin, dass hier eine Folge von drei Pulsen $\pi/2 - \pi - \pi/2$ ausreichend ist, um die transversale Geschwindigkeitsabhängigkeit zu eliminieren, da hier ein Zweiphotonen-Übergang angewendet wird (s. Abb. 14.42(b)).

Eine zweite wichtige Neuerung, die durch Kasevich und Chu realisiert wurde [61], ist die Nutzung einer „Atomfontäne". Die Fontänengeometrie[3], kombiniert mit einem extrem langlebigen Raman-Übergang, ermöglicht lange Wechselwirkungszeiten, womit eine um sechs Größenordnungen höhere Genauigkeit als bei herkömmlichen Atomstrahlexperimenten erreicht werden kann. Zusätzlich können die Raman-Strahlen senkrecht oder parallel zur Ausbreitungsrichtung der Atome angeordnet werden. Kasevich und Chu benutzten die parallele oder longitudinale Geometrie, um die durch Gravitation verursachte Phasenverschiebung in einer Natrium-Atomfontäne zu beobachten.

Die optische Ramsey-Anregung mittels stimulierten Raman-Übergängen kann auch in einer traditionellen Geometrie mit vier $\pi/2$-Pulsen betrieben werden (s. voriger Abschnitt). Weiss, Young und Chu nutzten diese Konfiguration, um die Frequenzaufspaltung zwischen den hoch- und niederfrequenten Rückstoßkomponenten bei Cäsium auszumessen [62]. Die Messung lieferte einen Wert für $\hbar/m_{Cs}$ mit einer Genauigkeit von 10^{-7}, wobei m_{Cs} die Masse eines Cäsium-Atoms ist. In Verbindung mit der Kenntnis der Rydberg-Konstanten und dem Elektron-Atom-Massenverhältnis liefert dieses Ergebnis eine Messmethode der Feinstrukturkonstanten α ohne Zuhilfenahme der QED.

14.6.2.7 Atominterferometer als Präzisionssensoren

Messung der lokalen Erdbeschleunigung. Präzisionsmessungen der Gravitation haben eine Reihe von kommerziellen und fundamentalen Anwendungen, wie z. B. geologische Untersuchungen, Messungen der seismischen Aktivität, Vorhersagen von Erdbeben, Überwachung des Meeresspiegels der Ozeane. Fundamentale Anwendungen umfassen Tests des schwachen Äquivalenzprinzips oder der lokalen Lorentz-Invarianz und die Messung der Raumzeit-Krümmung. Lokale Gravitationsfluktuationen werden durch die Gezeiten dominiert und besitzen eine Amplitude von $2 \times 10^{-7} g$. Die nächst größere Komponente stammt von den Druckschwankungen der Atmosphäre ($3 \times 10^{-10} g/\text{mbar}$). Beide Effekte haben ein charakteristisches Frequenzspektrum und können leicht von dem Signal abgezogen werden. Das übrige Signal ist empfindlich für die vertikale Bewegung der Erdkruste ($3 \times 10^{-9} g$ pro cm Höhenanstieg), die lokale Massenverteilung (sogar ein kleiner Physiker im Abstand von 1 m erzeugt eine Gravitationsverschiebung von $5 \times 10^{-10} g$), Oszillationen des inneren Erdkerns, Anregungen der Vibrationsmoden der Erde durch Gravitationswellen. Der beste Absolutgravimeter misst die Beschleunigung eines fallenden Kat-

---

[3] Hier werden Atome wie in einem Springbrunnen zunächst nach oben geworfen, bevor sie dann unter Einfluss der Gravitation nach unten fallen.

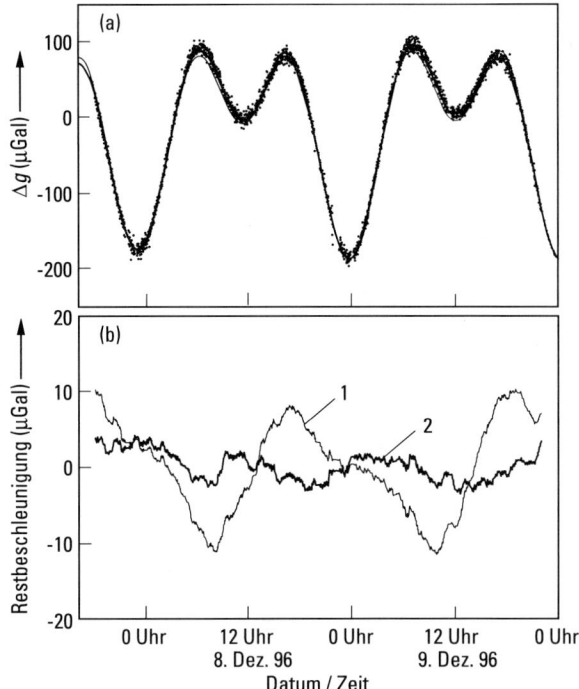

Abb. 14.43 Mittels eines Atominterferometers aufgenommene Veränderung der lokalen Erdbeschleunigung über mehr als zwei Tage. Das Signal zeigt deutlich den Effekt der Gezeiten in der Größenordnung von $100\,\mu\text{Gal} = 10^{-7}\,g$. Unten sind die Residuen im Vergleich mit einem geophysikalischen Modell mit (2) und ohne (1) den Effekt der Ozeanbewegung gezeigt. Mit diesen Daten lassen sich also deutlich die Wasserbewegungen während der Gezeiten nachweisen.

zenauges mithilfe der Laserinterferometrie. Es wurde eine Auflösung von Bruchteilen von 10^{-8} erreicht. Eine höhere Genauigkeit von weniger als $10^{-10}\,g$ wurde mittels eines supraleitenden Gravimeters demonstriert, wobei eine supraleitende Probemasse durch ein Magnetfeld in der Schwebe gehalten wurde. Heutige Atominterferometer erreichen eine Genauigkeit von $10^{-9}\,g$. Wenn Atominterferometer die geplante Genauigkeit von $<10^{-11}\,g$ erreichen, wird sich ein neues Gebiet der Gravitationsmessung eröffnen.

Ein auf Strahlteilern mittels stimulierter Raman-Übergänge basierendes Interferometer mit einer Genauigkeit von $3 \times 10^{-8}\,g$ wurde zunächst von Kasevich und Chu entwickelt [63]. In einer späteren Weiterentwicklung konnte eine Empfindlichkeit von $2 \times 10^{-9}\,g/\sqrt{\text{Hz}} = 2\,\mu\text{Gal}/\sqrt{\text{Hz}}$ erreicht werden [64]. In Abb. 14.43 ist eine Messung mit diesem Instrument über mehrere Tage gezeigt.

Atominterferometer als Gyroskope und Gradiometer. Wie schon eingangs erwähnt, stellen Atominterferometer schon heute, auch im Vergleich zu Lasergyroskopen, die präzisesten Rotationssensoren dar. Die beste publizierte Messung stammt aus

1288 14 Optik mit Materiewellen: Atomoptik

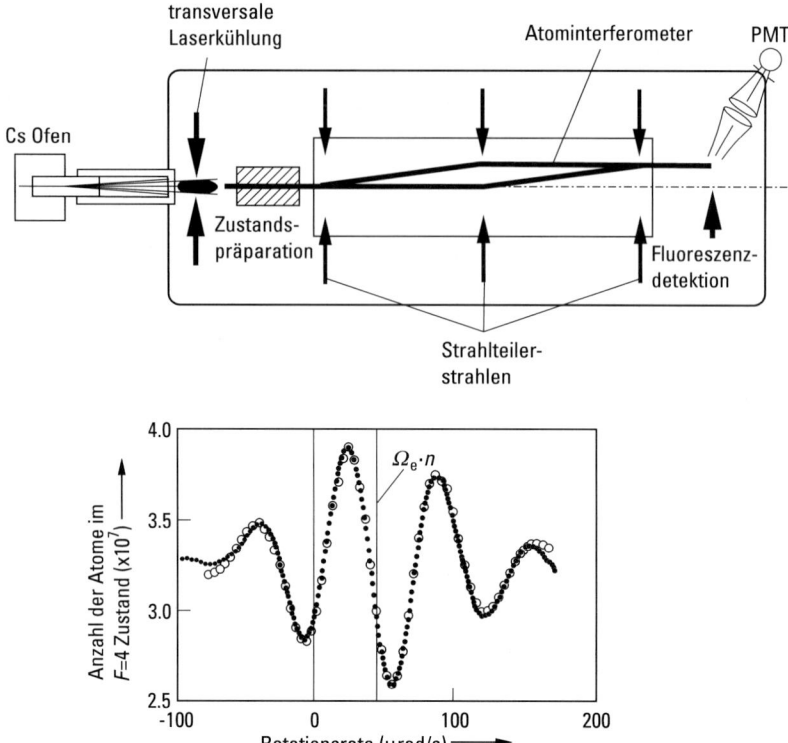

Abb. 14.44 Atominterferometrisches Gyroskop: An einem Cs-Atomstrahl wird durch Raman-Strahlen ein Interferometer realisiert, dessen Ausgang zur zustandsabhängigen Fluoreszenz ausgelesen wird. Versetzt man dieses Interferometer in Rotation, so erhält man das unten gezeigte Interferenzmuster. Der Offset der Einhüllenden von null entspricht der Projektion der Erdrotation auf die Interferometerfläche.

den Labors von M. Kasevich in Yale [65]. Die Empfindlichkeit dieses Raman-Interferometers beträgt 6×10^{-10} (rad/s)/$\sqrt{\text{Hz}} = 8 \times 10^{-6} \Omega_e/\sqrt{\text{Hz}}$, wobei Ω_e der Rotationsrate der Erde entspricht (Abb. 14.44).

In einem weiteren Experiment der gleichen Gruppe wurden zwei Raman-Interferometer mit kalten Atomen übereinander realisiert [66]. Beide Interferometer werden durch die gleichen Raman-Pulse als Strahlteiler betrieben, sodass sich systematische Fehler ausgleichen. Das Messsignal ist hierbei der Unterschied in der Erdbeschleunigung an den beiden Orten.

Solche Aufbauten werden aber auch diskutiert zur Erkundung lokaler Massenverteilungen. Die Empfindlichkeit könnte soweit gesteigert werden, um eine neue Art der Bestimmung der Gravitationskonstante G durchzuführen oder um als Navigationshilfe z. B. für U-Boote eingesetzt zu werden.

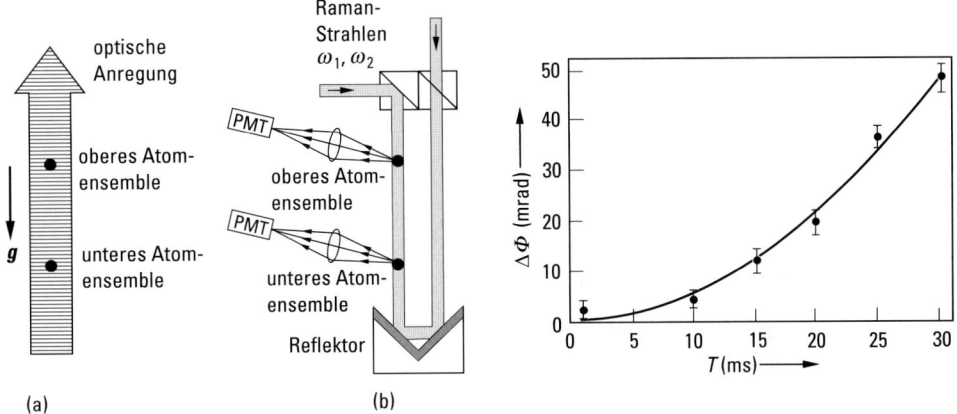

Abb. 14.45 In einem Gradiometer wird der Gradient der Erdbeschleunigung vermessen. Dieses Signal reagiert empfindlich auf die Höhenabhängigkeit der Erdbeschleunigung aber auch auf lokale Veränderungen der Massenverteilungen in der Umgebung.

14.6.3 Gedankenexperimente im Labor

Um sich mit der Begriffswelt der Quantentheorie vertraut zu machen, wurden in den frühen Tagen der Quantenmechanik Gedankenexperimente zum Teil sehr kontrovers diskutiert. Beispiele dafür sind das Einstein'sche *Recoiling-slit*-Experiment, oder das Heisenberg-Mikroskop, das wegen seiner Erwähnung in den Feynman Lectures oft auch Feynman-Mikroskop genannt wird. Diese Gedankenexperimente stellen idealisierte Messaufbauten dar, wie sie zur damaligen Zeit experimentell nicht umsetzbar waren. Einige dieser Gedankenexperimente konnten aber durch die Fortschritte in der Atomoptik zumindest teilweise realisiert werden. Beispielhaft soll hier als „welcher Weg"-Experiment die Streuung eines einzelnen Photons an einem delokalisierten Atom diskutiert werden. Dieser elementare Messprozess liegt dem Heisenberg-Mikroskop zugrunde, welches auf folgende Äußerung Heisenbergs zurückgeht: „Wenn man sich darüber klar werden will, was unter dem Worte „Ort des Gegenstands", z. B. des Elektrons, zu verstehen sei, so muss man bestimmte Experimente angeben, mit denen man den Ort des Elektrons zu messen gedenkt; z. B. man beleuchte es unter einem Mikroskop." Heisenberg [67] äußert sich hier zu dem scheinbaren Widerspruch, wie er z. B. beim Durchflug eines schnellen Elektrons durch eine Wilson'sche Nebelkammer auftritt. Obwohl das Elektron eigentlich ein quantenmechanisches Objekt ist, dessen Wellenfunktion zerfließt, hinterlässt es in dieser Kammer doch eine eindeutige klassische Bahn. Wie kommt es also im Rahmen der Quantenmechanik zur Lokalisierung einer zunächst delokalisierten Materiewelle? Wie wird aus einer quantenmechanischen Materiewelle ein klassisches Teilchen? In der Wilson'schen Nebelkammer ist die Antwort: Eine Abfolge von Streuprozessen lokalisiert das Elektron immer wieder, sodass ein Beobachter in Folge der Streuereignisse effektiv eine klassische Bahn beobachtet. Zwischen zwei sol-

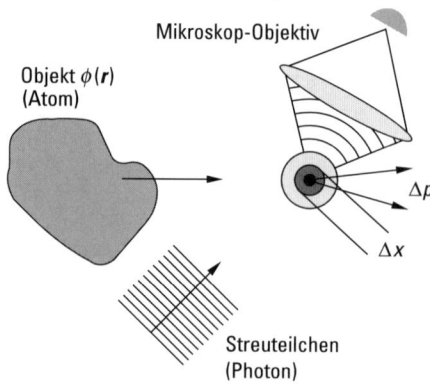

Abb. 14.46 Die Idee des Heisenberg-Mikroskops: Ein räumlich delokalisiertes Atom wird durch Streuung eines einzelnen Photons und dessen Beobachtung durch ein Mikroskop lokalisiert.

chen Elementarprozessen kann sich die Wellenfunktion zwar im Prinzip immer wieder ausdehnen, ist die Streurate jedoch zu hoch, werden sich dadurch verursachte Fluktuationen um die klassische Bahn nicht beobachten lassen. In der Atomoptik ist es nun möglich geworden, ein einzelnes Streuereignis zu isolieren und den damit verbundenen Kohärenzverlust nachzuweisen.

Die Position eines Teilchens wird durch die Wellenfunktion seiner Schwerpunktbewegung beschrieben, welche eine gewisse räumliche Ausdehnung besitzt (Abb. 14.46). Streut dieses i. Allg. delokalisierte Objekt z. B. ein Photon, so trägt dieses Information über die Position des Objekts. Nach der Streuung entsteht also zunächst ein verschränkter Quantenzustand aus Atom und Photon. Verschränkt deshalb, weil sich der Gesamtzustand nicht als Produktzustand schreiben lässt. Am Beispiel des Doppelspalts wird die Situation vielleicht am deutlichsten. Vor der Streuung befindet sich das Atom in einem Überlagerungszustand aus $|\xi_1\rangle_a$ und $|\xi_2\rangle_a$ wobei $\xi_{1,2}$ die beiden Spaltpositionen bezeichnet. Nach der Streuung lautet der Zustand für das Atom-Photon-Paar $(1/\sqrt{2})(|\xi_1\rangle_a|\xi_1\rangle_p + |\xi_2\rangle_a|\xi_2\rangle_p)$, wobei $|\xi\rangle_p$ den Zustand des Photons durch seinen Ursprung beschreibt. Die Unbestimmtheit Δx des messbaren Ursprungs der gestreuten Welle ist in der klassischen Optik durch die Wellenlänge λ_p des Photons gegeben. Das heißt, ist der Spaltabstand d größer als die Lichtwellenlänge, so ist es nach dem Streuprozess möglich, das Atom an einem der beiden Spalte eindeutig zu lokalisieren. Die Sichtbarkeit eines Interferenzmusters nach dem Doppelspalt ist durch den Streuprozess zerstört worden. Ist jedoch die Wellenlänge des Photons nicht klein genug, um die Lokalisierung zu gewährleisten, ist die Sichtbarkeit des Interferenzmusters nur leicht beeinträchtigt. Dieser Kohärenzverlust wird quantitativ durch die Kohärenzfunktion $g^{(1)}(z)$ beschrieben, die im Fall eines kollimierten Atomstrahls aufgrund des van-Zittert-Zernicke-Theorems direkt mit der Fourier-Transformation der transversalen Impulsverteilung $I(k_z)$ des Atoms zusammenhängt:

$$g^{(1)}(z) = F_z[I(k_z)]. \tag{14.62}$$

14.6 Anwendungen der Atomoptik   1291

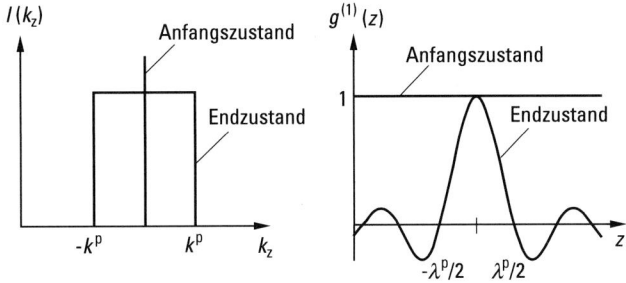

Abb. 14.47 Impulsverteilung $I(\hbar k_z)$ und Kohärenzfunktion $g^{(1)}(z)$ eines Atoms vor und nach der spontanen Emission ($\hbar = 1$).

Dieser Zusammenhang ist in Abb. 14.47 dargestellt. Durch die Messung der Sichtbarkeit der Beugung von Atomen an einer stehenden Lichtwelle variabler Periode konnte diese elementare Kohärenzverlustfunktion vermessen werden (Abb. 14.48) [68].

Neben dieser Vermessung eines elementaren Lokalisierungsereignisses sind noch eine ganze Reihe anderer Experimente zum Heisenberg-Mikroskop [69] und zur „welcher Weg"-Information [70] durchgeführt worden, deren Besprechung den Rahmen dieses Beitrags sprengen würde. Es bleibt jedoch festzuhalten, dass die Fortschritte in der Atomoptik nicht nur die Präzisionsmessungen vorangetrieben haben, sondern dass Experimente zum Welle-Teilchen-Dualismus ein vertieftes und nun auch anhand von erfolgreich durchgeführten Experimenten ein besser vermittelbares Verständnis der Quantenwelt ermöglichen.

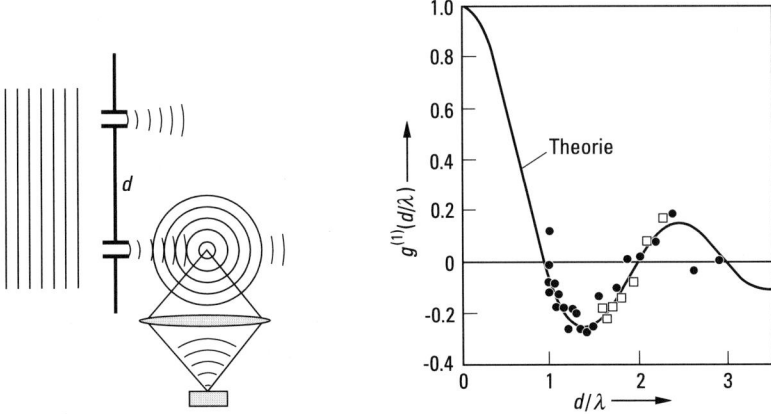

Abb. 14.48 Durch Messung des Verlusts der Sichtbarkeit im Fernfeld eines beugenden Objekts (z. B. Doppelspalt oder Gitter) lässt sich die Kohärenzverlustfunktion bei einem elementaren Streuprozess vermessen.

14.7 Ausblick

Die Atomoptik besitzt ein enormes Entwicklungspotenzial. Aktuelle Entwicklungen insbesondere nach der routinemäßigen Erzeugung von Bose-Einstein-Kondensaten finden sich in der nichtlinearen Optik, wo aufgrund der hohen Dichten die Wechselwirkung unter den Atomen eine wichtige Rolle spielt. Hier sind exemplarisch Experimente zur Vierwellenmischung [71] und zur Erzeugung von Materiewellensolitonen [72] erfolgreich durchgeführt worden. Materiewellen konnten auch kohärent verstärkt werden [73]. Auch zur Quantenatomoptik sind erste Experimente durchgeführt worden, bei denen die Fluktuationen in der Atomzahl eines klassischen kohärenten Zustands durch die Wechselwirkung drastisch reduziert und das Analogon eines nichtklassischen Fock-Zustands für Atome beobachtet wurde [74]. Weiterhin beginnen eine Serie von Experimenten mit entarteten fermionischen Atomen [75], die natürlich kein Analogon in den klassischen Optik-Lehrbüchern haben. Aber gerade deshalb kann hier vielleicht bald ein ganz neues Kapitel der Optik geschrieben werden.

Literatur

Abschnitt 14.1

[1] Adams, C.S., Sigel, M., Mlynek, J., Physics Reports **240**, 145 (1994)

Abschnitt 14.2

[2] Cohen-Tannoudji, C., Dupont-Roc, J., Grynberg, G., Atom Photon Interactions, Wiley, 1992 (*auch zu Abschn. 14.3*)
[3] Sleator, T. et al., Phys. Rev. Lett. **68**, 1996 (1992)
[4] Kapitza, P.L., Dirac, P.A.M., Proc. Cam. Philos. Soc. **29**, 297 (1933)
  Moskowitz, P.E., Gould, P.L., Atlas, S.R., Pritchard, D.E., Phys. Rev. Lett. **51**, 370 (1983)
  Kurtsiefer, Ch., Pfau, T., Ekstrom, C.R., Mlynek, J., Appl. Phys. B **60**, 229 (1995)

Abschnitt 14.3

[5] Mollow, B.R., Phys. Rev. A **5**, 1522–1527 (1972)

Abschnitt 14.5

[6] Stern, O., Naturwiss. **17**, 391 (1929)
  Knauer, F., Stern, O., Z. Phys. **53**, 779 (1929)
  Estermann, I., Stern, O., Z. Phys. **61**, 95 (1930)
[7] Anderson, J.B., in: Gasdynamics, Vol. 4, Wegener, P.P., Deckker, M. (Hrsg.), New York, 1974
[8] Zur Übersicht: Metcalf, H., van der Straten, P., Laser Cooling and Trapping, Springer, Heidelberg, New York, 1999
  Adams, C.S., Riis, E., Laser Cooling and Trapping of Neutral Atoms, Prog. Quant. Electr. **21**, 1 (1997)
  Adams, C.S., Sigel, M., Mlynek, J., Atom Optics, Physics Reports **240**, 145 (1994)

[9] Eikema, K.S.E., Walz, J., Hänsch, T.W., Phys. Rev. Lett. **86**, 5679 (2001)
[10] Pereira Dos Santos, F. et al., Phys. Rev. Lett. **86**, 3459 (2001)
Robert, A. et al., Science **292**, 461 (2001)
[11] Ertmer, W., Blatt, R., Hall, J.I., Zhu, M., Phys. Rev. Lett. **54**, 996 (1985)
[12] Aus: Prodan. J.V., Phillips, W.D., Metcalf, H., Phys. Rev. Lett. **49**, 1149–1153 (1982)
[13] Hänsch, T.W., Schawlow, A.L., Opt. Comm. **13**, 68 (1975)
Wineland, D., Dehmelt, H., Bull. Am. Phys. Soc. **20**, 637 (1975)
[14] Chu, S., Hollberg, L., Bjorkholm, J.E., Cable, A.E., Ashkin, A., Phys. Rev. Lett. **55**, 48 (1985)
[15] Dalibard, J., Private Kommunikation mit Pritchard, D.E., siehe Hinweis in: Raab, E.L., Prentiss, M., Cable, A., Chu, S., Pritchard, D.L., Phys. Rev. Lett. **59**, 2631 (1987)
[16] Steane, A.M. et al., J. Opt. Soc. Am. B **9**, 2142 (1992)
[17] Ketterle, W. et al., Phys. Rev. Lett. **70**, 2253 (1993)
[18] Es sei daher verwiesen auf Castin, Y., Dalibard, J., Cohen-Tanoudji, C., S. 5 in: Moi, L. et al. (Hrsg.), Light Induced Kinetic Effects on Atoms, Ions and Molecules, Pisa (1991) ETS Editrice
[19] Lett, P.D., Watts, R.N., Westbrook, C.I., Phillips, W.D., Gould, P.L., Metcalf, H.J., Phys. Rev. Lett. **61**, 169 (1988)
[20] Kasevich, M., Chu, S., Phys. Rev. Lett. **69**, 1741 (1992)
[21] Aspect, A., Arimondo, E., Kaiser, R., Vansteenkiste, N., Cohen-Tannoudji, C.N., Phys. Rev. Lett. **61**, 826 (1988)
[22] Siehe hierzu die interaktive Webpage zur Verdampfungskühlung und BEC http://www.colorado.edu/physics/2000
[23] Mewes, M.-O., Andrews, M.R., Kurn, D.M., Durfee, D.S., Townsend, C.G., Ketterle, W., Phys. Rev. Lett. **78**, 582–585 (1997)
[24] Bloch, I., Hänsch, T.W., Esslinger, T., Phys. Rev. Lett. **82**, 3008 (1999)
[25] Anderson, B.P., Kasevich, M.A., Science **282**, 1686 (1998)
[26] Kozuma, M., Deng, L., Hagley, E.W., Wen, J., Lutwak, R., Helmerson, K., Rolston, S.L., Phillips, W.D., Phys. Rev. Lett. **82**, 871–875 (1999)
[27] Andrews, M.R., Townsend, C.G., Miesner, H.-J., Durfee, D.S., Kurn, D.M., Ketterle, W., Science **275**, 637 (1997)
[28] Dettmer, S., Hellweg, D., Ryytty, P., Arlt, J.J., Ertmer, W., Sengstock, K., Petrov, D.S., Shlyapnikov, G.V., Kreutzmann, H., Santos, L., Lewenstein, M., Phys. Rev. Lett. **87**, 160406 (2001)
[29] weitere Infos/Literatur unter http://www.nobel.se

Abschnitt 14.6

[30] Carnal, O., Sigel, M., Sleator, T., Takuma, H., Mlynek, J., Phys. Rev. Lett. **67**, 3231 (1991)
[31] Doak, R.B., Grisenti, R.E., Rehbein, S., Schmahl, G., Toennies, J.P., Wöll, Ch., Phys. Rev. Lett. **83**, 4229, (1999)
[32] Friedeburg, H., Paul, W., Naturwiss. **38**, 159 (1951)
[33] Gordon, J.P., Phys. Rev. **99**, 1253 (1955)
[34] Kaenders, W.G., Lison, F., Richter, A., Wynands, R., Meschede, D., Nature **375**, 214–216 (1995)
[35] Sleator, T., Pfau, T., Balykin, V., Mlynek, J., Appl. Phys. B **54**, 375 (1992)
[36] Timp, G., Behringer, R.E., Tennant, D.M., Cunningham, J.E., Prentiss, M., Berggren, K.K., Phys. Rev. Lett. **69**, 1636–1639 (1992)
[37] McClelland, J.J., Scholten, R.E., Palm, E.C., Celotta, R.J., Science **262**, 877 (1993)
[38] McGowan, R.W., Giltner, D.M., Lee, S.A., Opt. Lett. **20**, 2535 (1995)
[39] Drodofsky, U., Stuhler, J., Schulze, Th., Drewsen, M., Brezger, B., Pfau, T., Mlynek, J., Appl. Phys. B **65**, 755 (1997)

[40] Gupta, R., McClelland, J.J., Celotta, R.J., Marte, P., Phys. Rev. Lett. **76**, 4689 (1996)
[41] Brezger, B., Schulze, Th., Schmidt, P.O., Mertens, R., Pfau, T., Mlynek, J., Europhys. Lett. **46**, 148 (1999)
[42] Schulze, Th., Müther, T., Jürgens, D., Brezger, B., Oberthaler, M.K., Pfau, T., Mlynek, J., Appl. Phys. Lett. **78**, 12 (2001)
[43] Grisenti, R.E., Schöllkopf, W., Toennies, J.P., Hegerfeldt, G.C., Köhler, T., Phys. Rev. Lett. **83**, 1755–1758 (1999)
[44] Janicke, U., Diplomarbeit, Universität Konstanz, 1993
[45] Martin, P.J., Oldaker, B.G., Miklich, A.H., Pritchard, D.E., Phys. Rev. Lett. **60**, 515–518 (1988)
[46] Giltner, D.M., McGowan, R.W., Lee, S.A., Phys. Rev. Lett. **75**, 2638–2641 (1995)
[47] Colella, R., Overhauser, A.W., Werner, S.A., Phys. Rev. Lett. **34**, 1472 (1975)
[48] Aharonov, Y., Casher, A., Phys. Rev. Lett. **53**, 319–321 (1984)
[49] Carnal, O., Mlynek, J., Phys. Rev. Lett. **66**, 2689–2692 (1991)
[50] Lohmann, A.W., J. Opt. Soc. Am. A **10**, 2181 (1993)
[51] Kurtsiefer, Ch., Pfau, T., Mlynek, J., Nature **386**, 150 (1997)
[52] Keith, D.W., Ekstrom, C.R., Turchette, Q.A., Pritchard, D.E., Phys. Rev. Lett. **66**, 2693–2696 (1991)
[53] Ekstrom, C.R., Schmiedmayer, J., Chapman, M.S., Hammond, T.D., Pritchard, D.E., Phys. Rev. A **51**, 3883–3888 (1995)
[54] Schmiedmayer, J., Chapman, M.S., Ekstrom, C.R., Hammond, T.D., Wehinger, S., Pritchard, D.E., Phys. Rev. Lett. **74**, 1043–1047 (1995)
[55] Clauser, J.F., Li, S., Phys. Rev. A **49**, R2213–R2216 (1994)
[56] Nowak, S., Stuhler, N., Pfau, T., Mlynek, J., Phys. Rev. Lett. **81**, 5792 (1998)
[57] Bordé, Ch., Phys. Lett. A **140**, 10 (1989)
[58] Ruschewitz, F., Peng, J.L., Hinderthür, H., Schaffrath, N., Sengstock, K., Ertmer, W., Phys. Rev. Lett. **80**, 3173–3176 (1998)
[59] Kersten, P., Mensing, F., Sterr, U., Riehle, F., Appl. Phys. B **68**, 27 (1999)
[60] Riehle, F., Kisters, Th., Witte, A., Helmcke, J., Bordé, Ch.J., Phys. Rev. Lett. **67**, 177–180 (1991)
[61] Kasevich, M., Chu, S., Phys. Rev. Lett. **67**, 181–184 (1991)
[62] Weiss, D.S., Young, B.C., Chu, S., Phys. Rev. Lett. **70**, 2706–2709 (1993)
[63] Kasevich, M., Chu, S., Phys. Rev. Lett. **67**, 181–184 (1991)
[64] Peters, A., Chung, K.Y., Chu, S., Nature **400**, 849–852 (1999)
[65] Gustavson, T.L., Bouyer, P., Kasevich, M.A., Phys. Rev. Lett. **78**, 2046–2049 (1997)
[66] Snadden, M.J., McGuirk, J.M., Bouyer, P., Haritos, K.G., Kasevich, M.A., Phys. Rev. Lett. **81**, 971–974 (1998)
[67] Heisenberg, W., Z. Phys. **43**, 172 (1927)
[68] Pfau, T., Spälter, S., Kurtsiefer, Ch., Ekstrom, C.R., Mlynek, J., Phys. Rev. Lett. **73**, 1223 (1994)
[69] Chapman, M.S., Hammond, T.L., Lenef, A., Schmiedmayer, J., Rubenstein, R.A., Smith, E., Pritchard, D.E., Phys. Rev. Lett. **75**, 3783–3787 (1995)
[70] Dürr, S., Nonn, T., Rempe, G., Phys. Rev. Lett. **81**, 5705–5709 (1998)

Abschnitt 14.7

[71] Deng, L., Hagley, E.W., Wen, J., Trippenbach, M., Band, Y., Julienne, P.S., Simsarian, J.E., Helmerson, K., Rolston, S.L., Phillips, W.D., Nature **398**, 218–220 (1999)
[72] Denschlag, J., Simsarian, J.E., Feder, D.L., Clark, C.W., Collins, L.A., Cubizolles, J., Deng, L., Hagley, E.W., Helmerson, K., Reinhardt, W.P., Rolston, S.L., Schneider, B.I., Phillips, W.D., Sci. **287**, 97–101 (2000)

Burger, S., Bongs, K., Dettmer, S., Ertmer, W., Sengstock, K., Sanpera, A., Shlyapnikov, G. V., Lewenstein, M., Phys. Rev. Lett. **83**, 5198–5201 (1999)
[73] Inouye, S., Pfau, T., Gupta, S., Chikkatur, A. P., Görlitz, A., Pritchard, D. E., Ketterle, W., Nature **402**, 641 (1999)
Kozuma, M., Suzuki, Y., Torii, Y., Sugiura, T., Kuga, T., Hagley, E. W., Deng, L., Science **286**, 2309–2312 (1999)
[74] Greiner, M., Mandel, O., Esslinger, T., Hänsch, T. W., Bloch, I., Nature **415**, 39–44 (2002)
[75] de Marco, B., Jin, D., Science **285**, 1703 (1999)

15 Strahlungsprozesse und Optik in der Relativitätstheorie

Erwin Sedlmayr

Lichtausbreitung und Strahlungsprozesse sind grundlegende Phänomene, welche sowohl in der Speziellen Relativitätstheorie als auch in der Allgemeinen Relativitätstheorie eine eigene Ausprägung und eine besondere Bedeutung besitzen.

Man kann mit Recht sagen, dass die erkannte Lorentz-Invarianz der Maxwell-Gleichungen Ausgangspunkt und Herzstück der Speziellen Relativitätstheorie ist, mit weitreichenden Konsequenzen für die Formulierung sowohl der Gesetze der Lichtausbreitung als auch der Strahlungsemission relativistisch bewegter Ladungen. Die hierbei maßgeblichen relativistischen Effekte dienen einerseits als Tests für den Beweis der Gültigkeit der Speziellen Relativitätstheorie, andererseits für die Konstruktion hochleistungsfähiger Strahlungsquellen (z. B. Zyklotron- und Synchrotronmaschinen), deren Lichtemission spezifische, in vielen Bereichen der physikalischen Forschung einsetzbare, einzigartige Eigenschaften hinsichtlich ihrer spektralen Quantität und Qualität besitzt. Darüber hinaus dienen relativistische Effekte zur Diagnose extremer Materiezustände, wie sie in der Astrophysik, z. B. in Pulsar-Magnetosphären, angetroffen werden.

Da die üblichen Effekte der Speziellen Relativitätstheorie (z. B. Längenkontraktion, Zeitdilation, Lichtkegelstruktur, Geschwindigkeitsaddition, relativistischer Doppler-Effekt, Aberration, Lichtmitführung, Informationsübertragung,...) bereits ausführlich in Bd. 1, Teil II behandelt werden, beschränken wir uns im ersten Abschnitt, neben einer kurzen formalen Darstellung der Grundprinzipien der Speziellen Relativitätstheorie, auf die Lorentz-Invarianz der elektromagnetischen Grundgleichungen und den daraus resultierenden Konsequenzen, sowie auf besonders wichtige relativistische Strahlungsprozesse, wie z. B. Synchrotron-Strahlung oder Röntgenemission durch Landau-Übergänge.

Im zweiten Abschnitt werden Effekte der Allgemeinen Relativitätstheorie behandelt. Nach einer anschaulichen Darlegung der maßgeblichen Grundgedanken und der auf diesen Vorstellungen basierenden Einstein'schen Feldgleichungen, wird der besonders wichtige Fall kugelsymmetrischer Massenverteilungen behandelt. Einen breiten Raum nehmen die sog. Tests der Allgemeinen Relativitätstheorie ein. Diese basieren vor allem auf der Messung von spezifischen Effekten der Lichtausbreitung in planetaren oder stellaren Gravitationsfeldern. Die Allgemeine Relativitätstheorie ist ihrem Wesen nach eine Theorie der Gravitation. Es ist deshalb natürlich, dass ihre Voraussagen an Beobachtungen astronomischer Objekte, deren Struktur und Dynamik wesenhaft von Gravitation bestimmt sind, überprüft werden. Hier sind besonders wichtig: Gravitationsrotverschiebung, Gravitationslinsen sowie Lichtlaufzeitverzögerung. Aus Gründen der Vollständigkeit werden aber auch genuin mechanische Effekte wie Periheldrehung und Perigäumdrehung angesprochen.

Ein besonders wichtiger Effekt – analog zur Generierung von elektromagnetischen Wellen durch Ladungsmultipole – ist die von der Allgemeinen Relativitätstheorie vorhergesagte Erzeugung von Gravitationswellen, welche in niedrigster Ordnung durch zeitlich veränderliche Massenquadrupolmomente, z. B. bei einem Doppelstern, verursacht werden sollen. Obwohl bisher nur starke indirekte Evidenzen für die Existenz von Gravitationswellen existieren, scheint ein direkter experimenteller Nachweis in naher Zukunft wahrscheinlich. Der letzte Abschnitt ist deshalb dem Problem der Gravitationswellen und ihrer Messung gewidmet.

15.1 Spezielle Relativitätstheorie

Die Elektrodynamik ist ein zentrales Element der Speziellen Relativitätstheorie. Die erkannte Lorentz-Invarianz der Maxwell'schen Gleichungen – und damit der Gesetze der Lichtausbreitung – und der dadurch induzierten Effekte, wie z. B. Lichtmitführung in bewegten Medien, Doppler-Effekt und Aberration, erlaubt deren endgültige Deutung und führte zu einem abschließenden Verständnis dieser Phänomene. Auch wurde das Problem der Informationsübertragung grundlegend neu beschrieben mit der Erkenntnis, dass der Betrag der Lichtgeschwindigkeit im Vakuum eine obere Schranke für alle in der Natur vorkommenden materiellen oder lichtartigen Signalausbreitungen bedeutet. Die Vakuumlichtgeschwindigkeit $c = 299\,792\,458$ m/s ist (per definitionem) eine universelle Konstante.

Die Spezielle Relativitätstheorie ist in ihren Grundlagen, dem daraus folgenden vierdimensionalen Raum-Zeit-Konzept und ihren klassischen Phänomenen hinsichtlich der relativistischen Dynamik bzw. deren grundlegenden Phänomenen der Lichtausbreitung bereits ausführlich in Bd. 1, Teil II entwickelt und dargestellt. Daher beschränken wir uns hier auf die noch ausstehende Formulierung der relativistischen Elektrodynamik, wobei neben ihrer Darstellung insbesondere auch ihre Konsequenzen für Optik und Strahlungsprozesse anhand wichtiger Beispiele diskutiert werden sollen. Dazu greifen wir auf wesentliche Erkenntnisse und Ausarbeitungen in Bd. 1, Teil II zurück und adaptieren sie für diese Zwecke. Wegen der formalen Geschlossenheit bevorzugen wir die sog. Viererschreibweise (Bd. 1, Teil II, Kap. 30) und – nicht zuletzt auch im Hinblick auf die Allgemeine Relativitätstheorie – den Tensorformalismus.

15.1.1 Die Viererschreibweise der relativistischen Mechanik und Elektrodynamik

15.1.1.1 Relativistische Mechanik

In Bd. 1, Teil II wurde bereits das Verhalten der mechanischen Grundgrößen: Geschwindigkeit, Impuls, Masse, Energie und Beschleunigung bei Lorentz-Transformationen diskutiert. Auf dieser Grundlage gelangen wir zur vierdimensionalen Lorentz-invarianten Formulierung der mechanischen Bewegungsgesetze, wenn wir die mechanischen Grundgrößen zu entsprechenden Vierergrößen im Minkowski-Raum zusammenfassen.

Zu diesem Zweck definieren wir die *Vierergeschwindigkeit*

$$U^\mu = \frac{dx^\mu}{d\tau}, \quad \mu = 0, 1, 2, 3, \tag{15.1}$$

die ein Tangentialvektor einer zeitartigen Weltlinie eines Massenpunktes mit den momentanen Koordinaten x^μ ist, der sich mit der Raumgeschwindigkeit $u \in \mathbb{R}^3$ bewegt. $d\tau$ ist das Differential der sog. *Eigenzeit* des Massenpunktes, das mit dem Zeitdifferential dt über die Beziehung

$$d\tau = \frac{1}{\gamma_u} dt \tag{15.2}$$

verknüpft ist. γ_u ist der Lorentz-Faktor bezüglich der Geschwindigkeit u,

$$\gamma_u = \frac{1}{\sqrt{1-\beta_u^2}} = \frac{1}{\sqrt{1-\frac{u^2}{c^2}}}. \tag{15.3}$$

Die Eigenzeit τ beschreibt also den Ablauf der Zeit t, wenn $\gamma_u = 1$ ist, d. h. in einem Koordinatensystem bezüglich dessen $u = 0$ ist, also in dem der Massenpunkt ruht.

Da, wie im Anh. 15B bemerkt, dx^μ ein kontravarianter zeitartiger Vierervektor ist[1], ist auch die Vierergeschwindigkeit

$$U^\mu = \frac{dx^\mu}{d\tau} = \frac{dt}{d\tau} \frac{dx^\mu}{dt} \tag{15.4}$$

ein kontravarianter, zeitartiger Vierervektor, dessen Bau vermöge Gl. (15.2) und Einsetzen der Koordinatendifferentiale durch

$$U^\mu = \gamma_u \begin{pmatrix} c \\ u \end{pmatrix} \tag{15.5}$$

gegeben ist. Diese Eigenschaft folgt auch daraus, dass ihr Betrag

$$U_\mu U^\mu = \eta_{\mu\nu} U^\nu U^\mu = \gamma_u^2 (c^2 - u^2) = \frac{c^2 - u^2}{1 - \frac{u^2}{c^2}} = c^2 > 0 \tag{15.6}$$

in allen Koordinatensystemen gleich c und somit konstant ist.

Mittels der Vierergeschwindigkeit (15.4) und der Ruhemasse m_0 des betrachteten Massenpunktes definieren wir den zugehörigen Viererimpuls

$$p^\mu = m_0 U^\mu, \tag{15.7}$$

---

[1] Für das Abstandsquadrat gilt $ds^2 = dx_\mu dx^\mu = \eta_{\mu\nu} dx^\nu dx^\mu > 0$ (vgl. Gl. (15.570)).

dessen räumliche Komponenten ($\mu = 1, 2, 3$) (s. Anh. 15 B) mit dem relativistischen Impuls (s. Bd. 1, Teil II)

$$\boldsymbol{p} = \gamma_u m_0 \boldsymbol{u} \tag{15.8}$$

identisch sind. Entsprechend ergibt sich dessen zeitliche Komponente ($\mu = 0$) zu

$$p^0 = \gamma_u m_0 c \,. \tag{15.9}$$

Fassen wir das Produkt $\gamma_u m_0$ zur *relativistischen Masse*

$$m(\boldsymbol{u}) = \gamma_u m_0 \tag{15.10}$$

zusammen, worin sich die Geschwindigkeitsabhängigkeit der Masse vom Betrag ihrer Raumgeschwindigkeit ausdrückt, erhalten wir endgültig

$$p^0 = m(\boldsymbol{u}) c \quad \text{und} \quad \boldsymbol{p} = m(\boldsymbol{u}) \boldsymbol{u} \,. \tag{15.11}$$

In Bd. 1, Teil II wird gezeigt, dass die Gesamtenergie (*Trägheitsenergie*) eines mit der Geschwindigkeit $\boldsymbol{u}$ bewegten Körpers stets die Größe

$$E = E(\boldsymbol{u}) = \gamma_u m_0 c^2 = m(\boldsymbol{u}) c^2 \tag{15.12}$$

besitzt, woraus vermöge Gl. (15.11) die universelle Beziehung

$$p^0 = \frac{E}{c} \tag{15.13}$$

abgelesen werden kann. Setzen wir in Gl. (15.12) $\boldsymbol{u} = 0$, d. h. $\gamma_u = 1$ ein, erhalten wir die sog. Ruheenergie eines Teilchens

$$E = E(0) = E_0 = m_0 c^2 \,, \tag{15.14}$$

eine Beziehung, die in vielen Anwendungen, z. B. in der Kernphysik oder der Astrophysik, von zentraler Bedeutung ist.

Die Viererbewegungsgleichung ergibt sich als Verallgemeinerung des Newton'schen Kraftgesetzes

$$\frac{\mathrm{d}p^\mu}{\mathrm{d}\tau} = F^\mu, \tag{15.15}$$

wobei F^μ eine geeignet definierte Viererkraft sein soll. Da die Newton'sche Bewegungsgleichung

$$\frac{\mathrm{d}\boldsymbol{p}}{\mathrm{d}t} = \boldsymbol{F}, \tag{15.16}$$

die den Zusammenhang zwischen der zeitlichen Änderung des Impulses $\boldsymbol{p}$ eines Körpers und der darauf einwirkenden Kraft $\boldsymbol{F}$ beschreibt, auch relativistisch gültig ist, ergeben sich nach Gl. (15.2) die Raumkomponenten der Viererkraft F^μ ($\mu = 1, 2, 3$) von Gl. (15.15) einfach durch Umrechnen von $\mathrm{d}t$ in Gl. (15.16) in die Eigenzeit $\mathrm{d}\tau$ mittels Multiplikation mit γ_u:

$$\gamma_u \frac{\mathrm{d}\boldsymbol{p}}{\mathrm{d}t} = \gamma_u \boldsymbol{F} = \frac{\mathrm{d}p^\mu}{\mathrm{d}\tau} = F^\mu, \quad \mu = 1, 2, 3 \,. \tag{15.17}$$

Damit ist die gewünschte Umschreibung der Kraft $\boldsymbol{F}$ in die Raumkomponenten der Viererkraft bereits geleistet.

Zur Identifikation der Gleichung für $\mu = 0$ gehen wir vom Energiezusammenhang Gl. (15.13) aus. Zerlegen wir die Energie

$$E = \gamma_u m_0 c^2 = m_0 c^2 + (\gamma_u - 1) m_0 c^2 \qquad (15.18)$$

in ihre Ruheenergie E_0 und ihren kinetischen Anteil

$$E_{\text{kin}} = (\gamma_u - 1) m_0 c^2, \qquad (15.19)$$

so folgt wegen der Zeitunabhängigkeit von E_0

$$\frac{dE}{dt} = \frac{dE_{\text{kin}}}{dt}. \qquad (15.20)$$

Da die Zeitableitung der kinetischen Energie per definitionem die Leistung der angreifenden Kraft darstellt, die in der Mechanik, wie durch Integration der Bewegungsgleichung gezeigt, das Skalarprodukt aus Geschwindigkeit $\boldsymbol{u}$ und der wirkenden Kraft $\boldsymbol{F}$ ist, gilt

$$\frac{dE_{\text{kin}}}{dt} = \boldsymbol{u} \cdot \boldsymbol{F}. \qquad (15.21)$$

Setzen wir in unseren Ansatz (15.15) für $\mu = 0$

$$\frac{dp^0}{d\tau} = F^0 \qquad (15.22)$$

die Beziehungen (15.13), (15.20) und (15.21) ein, ergibt sich

$$\frac{dp^0}{d\tau} = \frac{dt}{d\tau}\frac{dp^0}{dt} = \gamma_u \frac{dp^0}{dt} = \frac{1}{c}\gamma_u \frac{dE_{\text{kin}}}{dt} = \frac{1}{c}\gamma_u \boldsymbol{u} \cdot \boldsymbol{F}, \qquad (15.23)$$

woraus der Zusammenhang

$$F^0 = \frac{1}{c}\gamma_u \boldsymbol{u} \cdot \boldsymbol{F} \qquad (15.24)$$

resultiert. Die Viererbewegungsgleichung schreibt sich also endgültig als

$$\frac{dp^\mu}{d\tau} = F^\mu = \gamma_u \begin{pmatrix} \frac{1}{c}\boldsymbol{u} \cdot \boldsymbol{F} \\ \boldsymbol{F} \end{pmatrix}. \qquad (15.25)$$

Setzen wir in Gl. (15.25) als Beispiel für $\boldsymbol{F}$ die Lorentz-Kraft

$$\boldsymbol{F}_{\text{L}} = q(\boldsymbol{E} + \boldsymbol{u} \times \boldsymbol{B}) \qquad (15.26)$$

auf ein Teilchen mit Ladung q und Geschwindigkeit $\boldsymbol{u}$ im elektromagnetischen Feld ein, erhalten wir für dessen Bewegungsgleichung in Viererschreibweise

$$\frac{dp^\mu}{d\tau} = \gamma_u q \begin{pmatrix} \frac{1}{c}\boldsymbol{u} \cdot \boldsymbol{E} \\ \boldsymbol{E} + \boldsymbol{u} \times \boldsymbol{B} \end{pmatrix}, \qquad (15.27)$$

welche durch Einführen des elektromagnetischen Feldtensors (s. Gl. (15.102)) und der Vierergeschwindigkeit Gl. (15.5) zu einem geschlossenen vierdimensionalen Ausdruck

$$\frac{dp^\mu}{d\tau} = qF^\mu_\nu U^\nu = \frac{q}{m_0} F^\mu_\nu p^\nu \tag{15.28}$$

zusammengefasst werden kann.

Die hier eingeführten Gleichungen beschreiben nur die Bewegung materieller Teilchen, nicht aber von Teilchen mit Ruhemasse $m_0 = 0$, wie z. B. Photonen, die sich mit Lichtgeschwindigkeit bewegen. Für derartige Teilchen gilt stets $\beta_c = 1$, d. h. dass für sie das Element der Eigenzeit $d\tau$ in Gl. (15.2) identisch verschwindet, sodass die nach Gl. (15.1) eingeführte Vierergeschwindigkeit sinnlos ist. Man geht deshalb in diesem Fall unmittelbar von der physikalischen Bedeutung des Viererimpulses p^μ aus, dessen zeitliche Komponente nach Gl. (15.13) die Energie und dessen räumliche Komponenten nach Gl. (15.8) den Impuls des Teilchens ausdrücken

$$p^0 = \frac{E}{c}, \quad (p^1, p^2, p^3) = \boldsymbol{p}. \tag{15.29}$$

Der Impulsbetrag eines masselosen Teilchens ist eine direkte Konsequenz der Tatsache, dass p^μ ein Vierervektor und somit $p_\mu p^\mu$ eine relativistische Invariante ist. Deshalb gilt mit p_0^μ im Ruhesystem

$$p_\mu p^\mu = \frac{E^2}{c^2} - \boldsymbol{p}^2 = p_{0\mu} p_0^\mu = \frac{E_0^2}{c^2} = m_0^2 c^2, \tag{15.30}$$

woraus wir aus dem zweiten Term für $m_0 \to 0$

$$|\boldsymbol{p}| = \frac{E}{c} \tag{15.31}$$

ablesen. Daher lässt sich $\boldsymbol{p}$ durch

$$\boldsymbol{p} = \frac{E}{c} \hat{\boldsymbol{k}} \tag{15.32}$$

ausdrücken, worin $\hat{\boldsymbol{k}}$ der Einheitsvektor in Richtung des Impulses ist. Somit ist der Viererimpuls eines masselosen Teilchens durch die Richtung seines Impulses und durch seine Energie gegeben

$$p^\mu = \frac{E}{c} \begin{pmatrix} 1 \\ \hat{\boldsymbol{k}} \end{pmatrix}. \tag{15.33}$$

Masselose Teilchen sind verknüpft mit lichtartigen Vorgängen. Deshalb muss p^μ ein lichtartiger Vektor sein, für den nach Gl. (15.570) gilt

$$p_\mu p^\mu = \eta_{\mu\nu} p^\nu p^\mu = 0. \tag{15.34}$$

Dies ist die gesuchte *Bewegungsgleichung für kräftefreie masselose Teilchen.*

Nach der Quantentheorie bestehen zwischen dem Impuls $\boldsymbol{p}$ und der Energie E eines masselosen Teilchens einerseits und dem Wellenzahlvektor $\boldsymbol{k}$ und der Kreisfrequenz ω andererseits die Beziehungen

$$\boldsymbol{p} = \hbar \boldsymbol{k} \quad \text{und} \quad E = \hbar \omega, \tag{15.35}$$

worin $\hbar$ das Planck'sche Wirkungsquantum ist. Setzen wir diese Ausdrücke in Gl. (15.33) ein, erhalten wir für den Viererimpuls

$$p^\mu = \hbar \begin{pmatrix} \dfrac{\omega}{c} \\ \boldsymbol{k} \end{pmatrix}, \tag{15.36}$$

was mit dem *Viererwellenzahlvektor*

$$k^\mu = \begin{pmatrix} \dfrac{\omega}{c} \\ \boldsymbol{k} \end{pmatrix} \tag{15.37}$$

auch als

$$p^\mu = \hbar k^\mu \tag{15.38}$$

geschrieben werden kann. Die Bewegungsgleichung (15.34) für den Viererimpuls p^μ eines masselosen Teilchens ist also gleichbedeutend mit der *Dispersionsrelation*

$$\eta_{\mu\nu} k^\nu k^\mu = k_\mu k^\mu = \frac{\omega^2}{c^2} - \boldsymbol{k}^2 = 0 \tag{15.39}$$

für dessen Viererwellenzahlvektor k^μ.

Entsprechend der Definition der Vierergeschwindigkeit U^μ führen wir weiter die Viererbeschleunigung

$$a^\mu = \frac{\mathrm{d}U^\mu}{\mathrm{d}\tau} = \frac{\mathrm{d}^2 x^\mu}{\mathrm{d}\tau^2} \tag{15.40}$$

ein. Aus dem Skalarprodukt von U^μ und a^μ

$$U_\mu a^\mu = U_\mu \frac{\mathrm{d}U^\mu}{\mathrm{d}\tau} = \frac{1}{2} \frac{\mathrm{d}}{\mathrm{d}\tau}(U_\mu U^\mu) = \frac{1}{2} \frac{\mathrm{d}c^2}{\mathrm{d}\tau} = 0 \tag{15.41}$$

sehen wir, dass Vierergeschwindigkeit und Viererbeschleunigung im Minkowski-Raum stets zueinander orthogonal sind.

Bemerkung: Wie man durch den Grenzübergang zur nichtrelativistischen Mechanik ($\gamma_u \to 1$) feststellt, sind alle Vierergrößen so eingeführt, dass in diesem Limes deren räumliche Komponenten in die dort vertrauten Größen Geschwindigkeit, Kraft, Beschleunigung, Ruheenergie und Ruhemasse übergehen. Die Bewegungsgleichung wird also zur nichtrelativistischen Newton'schen Bewegungsgleichung

$$m_0 \frac{\mathrm{d}^2 \boldsymbol{x}}{\mathrm{d}t^2} = \boldsymbol{F}. \tag{15.42}$$

Wie man leicht für das Ruhesystem nachrechnet, ist das Betragsquadrat der Viererbeschleunigung stets negativ. Da diese Eigenschaft unabhängig von der Wahl des Bezugssystems gilt, ist a^μ in jedem System ein *raumartiger* Vierervektor (s. Bd. 1, Teil II, Abschn. 30.2.3).

15.1.1.2 Die Lorentz-Transformation von Vierergeschwindigkeit U^μ und Viererbeschleunigung a^μ

Da U^ν ein Vierervektor ist, transformiert er sich bei einem Lorentz-Schub[2] mit Geschwindigkeit v_{x^1} längs der x^1 — Achse gemäß

$$U'^\mu = L^\mu_\nu U^\nu, \tag{15.43}$$

woraus man durch Einsetzen von Gl. (15.5) und der Definition

$$U'^\mu = \gamma_{u'}\begin{pmatrix} c \\ u' \end{pmatrix} \tag{15.44}$$

die Transformationsgleichungen

(a) $\quad \gamma_{u'} = \gamma\gamma_u\left(1 - \beta\dfrac{u^1}{c}\right) = \gamma\gamma_u\left(1 - \dfrac{vu^1}{c^2}\right)$

(b) $\quad \gamma_{u'}u'^1 = \gamma\gamma_u(-\beta c + u^1) = \gamma\gamma_u(u^1 - v)$

(c) $\quad \gamma_{u'}u'^2 = \gamma_u u^2$

(d) $\quad \gamma_{u'}u'^3 = \gamma_u u^3 \tag{15.45}$

erhält. γ_u ist hierin der Lorentz-Faktor mit Geschwindigkeit u und γ der Lorentz-Faktor des Schubs mit Geschwindigkeit v_{x^1}.

Einsetzen von $\gamma_{u'}$ aus (15.45a) in die Gleichungen für die Geschwindigkeitskomponenten ergibt die bekannten Transformationsformeln (Bd. 1, Teil II):

(a) $\quad u'^1 = \dfrac{u^1 - v}{1 - \dfrac{vu^1}{c^2}}$

(b) $\quad u'^2 = \dfrac{u^2}{\gamma\left(1 - \dfrac{vu^1}{c^2}\right)}$

(c) $\quad u'^3 = \dfrac{u^3}{\gamma\left(1 - \dfrac{vu^1}{c^2}\right)}. \tag{15.46}$

Wie in Bd. 1, Teil II gezeigt, lassen sich diese Transformationen auf den Fall mit beliebiger konstanter Relativgeschwindigkeit v gleichförmig zueinander bewegter Koordinatensysteme gemäß

$$u'^\| = \dfrac{u^\| - v}{1 - \dfrac{v \cdot u^\|}{c^2}} \quad \text{und} \quad u'^\perp = \dfrac{u^\perp}{\gamma\left(1 - \dfrac{v \cdot u^\|}{c^2}\right)} \tag{15.47}$$

erweitern, worin $u^\|$ bzw. $u^\perp$ der Anteil von u parallel bzw. senkrecht zu v ist.

---

[2] Zum Lorentz-Schub s. Anh. 15 B.

Die Formeln für das ungestrichene Bezugssystem erhalten wir unmittelbar durch Vertauschen der ungestrichenen und gestrichenen Größen und Ersetzen von v durch $-v$ (vergl. Gl. (15.540) und (15.543)):

$$u^{\|} = \frac{u'^{\|} + v}{1 + \frac{v \cdot u'^{\|}}{c^2}} \quad \text{und} \quad u^{\perp} = \frac{u'^{\perp}}{\gamma\left(1 + \frac{v \cdot u'^{\|}}{c^2}\right)}. \tag{15.48}$$

Aus Gl. (15.48) folgt die *Aberrationsgleichung* (s. Gl. (28.34) in Bd. 1, Teil II) ausgedrückt durch die jeweiligen Winkel in den Bezugssystemen Σ und Σ':

$$\tan\varphi = \frac{u^{\perp}}{u^{\|}} = \frac{u' \sin\varphi'}{\gamma(u' \cos\varphi' + v)} \tag{15.49}$$

mit den jeweiligen Beträgen $u = |u|$, $u' = |u'|$, $u^{\perp} = |u^{\perp}|$, $u^{\|} = |u^{\|}|$ und $v = |v|$ sowie den Winkeln φ und φ', die vermöge

$$\begin{aligned} u^{\|} &= u\cos\varphi & u'^{\|} &= u'\cos\varphi' \\ u^{\perp} &= u\sin\varphi & u'^{\perp} &= u'\sin\varphi' \end{aligned} \tag{15.50}$$

festgelegt sind, wobei der Azimutwinkel $\psi' = \psi$ unverändert bleibt. Die Koordinatensysteme Σ und Σ' sind so gewählt, dass die (x, y)- und die (x', y')-Ebenen zusammenfallen, der Vektor v parallel zur x'-Achse ist und u' in der (x', y')-Ebene liegt. Wählen wir in Gln. (15.48) und (15.49) speziell $u' = c$, folgen wegen Gl. (15.50) die Beziehungen

$$\tan\varphi = \frac{\sin\varphi'}{\gamma(\cos\varphi' + \beta)} \tag{15.51}$$

und

$$\cos\varphi = \frac{\cos\varphi' + \beta}{1 + \beta\cos\varphi'}, \tag{15.52}$$

die die Aberration von Licht beim Übergang von Σ nach Σ' beschreiben.

Betrachten wir nun den Fall eines beliebig bewegten Teilchens mit der Geschwindigkeit $u(t)$ gemessen in einem Inertialsystem Σ (z. B. dem Laborsystem). Weiter wählen wir ein zweites Koordinatensystem Σ', das sich relativ zu Σ mit der konstanten Geschwindigkeit $u(t_0)$ bewegt. Dann kann für ein infinitesimales Zeitintervall dt mit $t = t_0$ das Teilchen als ruhend in Σ' angenommen werden. Σ' ist also für dieses Zeitintervall ein Ruhe-(Inertial-!)System. Die physikalischen Vierergrößen in Σ bzw. Σ' sind also durch Lorentz-Transformationen verknüpft. Bezüglich Σ' bewegt sich das System Σ also mit der Geschwindigkeit $v = -u(t_0)$. O.B.d.A. können wir die räumlichen Koordinatenachsen stets so wählen, dass die x^1-Achse in Σ parallel zur Bewegung $u(t_0)$ liegt. Um auszudrücken, dass Σ' ein Ruhesystem ist, bezeichnen wir es im Weiteren mit Σ_0.

In diesem Spezialfall, in dem wir stets nur das Ruhesystem Σ_0 und das bewegte System Σ miteinander vergleichen, gilt per definitionem $|v| = |u|$

$$\gamma = \left(1 - \frac{v^2}{c^2}\right)^{-1/2} = \left(1 - \frac{u^2}{c^2}\right)^{-1/2} \tag{15.53}$$

und, da das Teilchen in Σ_0 ruht,

$$\gamma_u = \gamma_{u'} = 1 \,. \tag{15.54}$$

Für das kurze Zeitintervall dt_0 um t_0 verschwindet in Σ_0 zwar die Geschwindigkeit des Teilchens $\boldsymbol{u}_0 = \boldsymbol{u}'(t_0)$, nicht aber dessen Beschleunigung $\boldsymbol{a}_0 = \boldsymbol{a}'(t_0)$. In Bd. 1, Teil II finden sich die allgemeinen Formeln für die Lorentz-Transformationen vom System Σ zum System Σ'. Da $\Sigma' = \Sigma_0$ ein Ruhesystem ist, werden die Zusammenhänge besonders einfach, wenn man die Beschleunigung

$$\boldsymbol{a} = \boldsymbol{a}^{\|} + \boldsymbol{a}^{\perp} \tag{15.55}$$

in ihre Komponenten parallel und senkrecht zu $\boldsymbol{u}(t_0)$ zerlegt:

$$\boldsymbol{a}_0^{\|} = \gamma^3 \boldsymbol{a}^{\|} \tag{15.56}$$

$$\boldsymbol{a}_0^{\perp} = \gamma^2 \boldsymbol{a}^{\perp} \tag{15.57}$$

mit $\gamma = (1 - \beta^2)^{-1/2}$ und $\beta = u(t_0)/c$.

15.1.2 Der Energie-Impuls-Tensor

In einer Kontinuumsbeschreibung werden die physikalischen Größen – wie Masse, Impuls, Kraft, Energie usw. – durch Volumenintegrale über die entsprechenden Dichten ausgedrückt. So geht z. B. das Newton'sche Kraftgesetz

$$\boldsymbol{F} = m\boldsymbol{a} \tag{15.58}$$

über in

$$\boldsymbol{f} = \varrho \boldsymbol{a}, \tag{15.59}$$

worin $\boldsymbol{f}$ die lokale *Kraftdichte* und ϱ die lokale *Massendichte* sind, aus denen durch Volumenintegration die Kraft

$$\boldsymbol{F} = \int \boldsymbol{f} \, dV \tag{15.60}$$

und die Masse

$$m = \int \varrho \, dV \tag{15.61}$$

berechnet werden. Im Gegensatz zu Gl. (15.58), die für einen Massenpunkt mit der Masse m gilt und die man deshalb als *Einteilchen-Formulierung* bezeichnet, beschreibt Gl. (15.59) die *Kontinuums*- bzw. die *Feldformulierung* der Bewegungsgleichung. Die Kraftdichte $\boldsymbol{f}$ muss nach dem zweiten Newton'schen Axiom der zeitlichen Änderung der zugehörigen *Impulsdichte*

$$\boldsymbol{w} = \varrho \boldsymbol{u} \tag{15.62}$$

entsprechen. Sie ist durch die *Kontinuitätsgleichung* für die Impulsdichte

$$\frac{\partial \boldsymbol{w}}{\partial t} + \text{div}(\boldsymbol{w}\boldsymbol{u}) = \boldsymbol{f} \tag{15.63}$$

gegeben, deren linke Seite unter Verwendung des Koordinatenvektors x^μ und der Vierergeschwindigkeit U^ν aus Gl. (15.5) formal als *Viererdivergenz* geschrieben werden kann

$$\frac{\partial(w\gamma_u^{-1} U^\nu)}{\partial x^\nu} = f. \tag{15.64}$$

Dieses Konzept des Übergangs von der Punkt- zur Kontinuums- bzw. Feldbeschreibung lässt sich unmittelbar auf die Vierergleichungen im Minkowski-Raum anwenden, wenn wir in der Bewegungsgleichung (15.15) p^μ (Gl. (15.7)) durch die entsprechende *Viererimpulsdichte*

$$w^\mu = \varrho \binom{c}{u} = \varrho_0 \gamma_u \binom{c}{u} = \varrho_0 U^\mu \tag{15.65}$$

und F^μ (Gl. (15.25)) durch die entsprechende *Viererkraftdichte* f^μ ersetzen und beachten, dass die linke Seite von Gl. (15.15) wie in Gl. (15.64) durch eine entsprechende Viererdivergenz

$$\frac{\partial w^\mu U^\nu}{\partial x^\nu} \tag{15.66}$$

ausgedrückt wird. Damit erhalten wir als *Viererkontinuumsbewegungsgleichung*

$$\frac{\partial(w^\mu U^\nu)}{\partial x^\nu} = f^\mu, \tag{15.67}$$

welche mit der Bewegungsgleichung

$$\frac{dp^\mu}{dt} = \frac{1}{\gamma_u} F^\mu, \tag{15.68}$$

die man unmittelbar durch Einsetzen von $d\tau$ (Gl. (15.2)) in Gl. (15.15) erhält, über die Bedingungen

$$p^\mu = \int_{x^0 = \text{const.}} w^\mu \, dV \tag{15.69}$$

und

$$F^\mu = \int_{x^0 = \text{const.}} f^\mu \, dV \tag{15.70}$$

zusammenhängt.

Die Integration $\int_{x^0 = \text{const.}} \ldots dV$ erstreckt sich hierbei über das Ortsvolumen, d. h. über die drei Komponenten des orientierten Flächenelements dV der raumartigen Hyperfläche $x^0 = ct = $ const. des Minkowski-Raums.

Per definitionem ist ϱ_0 die Massendichte im Ruhesystem der Materie, d. h. im Inertialsystem Σ_0 mit der Geschwindigkeit $u = 0$. ϱ_0 hängt mit der Massendichte ϱ im bewegten Inertialsystem Σ über die Beziehung

$$\varrho = \gamma_u \varrho_0 \tag{15.71}$$

zusammen. Diese Beziehung ergibt sich unmittelbar als Folge der relativistischen Längenkontraktion[3] und der Invarianzforderung $\varrho_0 \, dV_0 = \varrho \, dV$. In diesem Fall ($\Sigma_0$ und Σ) ist wegen der Gültigkeit von Gln. (15.53) und (15.54) in den Gln. (15.62) bis (15.71) lediglich γ_u durch γ zu ersetzen.

Setzen wir w^μ aus Gl. (15.65) in Gl. (15.67) ein, sieht man, dass sich die linke Seite als Viererdivergenz eines kontravarianten, symmetrischen Vierertensors zweiter Stufe

$$A^{\mu\nu} = \varrho_0 \, U^\mu U^\nu \tag{15.72}$$

schreiben lässt gemäß

$$\frac{\partial A^{\mu\nu}}{\partial x^\nu} = f^\nu. \tag{15.73}$$

Ohne es hier weiter auszuführen, bemerken wir, dass auch die Viererkraftdichte f^μ als (negative) Viererdivergenz eines entsprechenden Feldtensors zweiter Stufe $B^{\mu\nu}$ (Vierertensor) dargestellt werden kann

$$f^\mu = -\frac{\partial B^{\mu\nu}}{\partial x^\nu}, \tag{15.74}$$

sodass mit der Definition des *Energie-Impuls-Tensors*

$$T^{\mu\nu} = A^{\mu\nu} + B^{\mu\nu} \tag{15.75}$$

die Viererbewegungsgleichung (15.67) in der geschlossenen Form

$$\frac{\partial T^{\mu\nu}}{\partial x^\nu} = 0 \tag{15.76}$$

als Viererdivergenz von $T^{\mu\nu}$ folgt.

Die Gleichungen für $\mu = 1, 2, 3$ drücken die relativistische Bewegungsgleichung, die Gleichung für $\mu = 0$ drückt die relativistische Energiegleichung aus. Da die zeitliche Veränderung des *Viererdrehimpulses proportional zum antisymmetrischen Anteil des Energie-Impuls-Tensors* ist, folgt aus dem vierdimensionalen Drehimpulssatz, der die Erhaltung des Drehimpulses und der Schwerpunktbewegung umfasst, dass $T^{\mu\nu}$ *symmetrisch* konstruiert sein muss.

Der Energie-Impuls-Tensor, der zuerst von Minkowski zur geschlossenen vierdimensionalen Formulierung der Bewegungsgesetze in der Speziellen Relativitätstheorie eingeführt wurde, enthält die vollständige Information über das dynamische Verhalten eines betrachteten physikalischen Systems und spielt demzufolge eine zentrale Rolle in allen Feldtheorien, so z. B. in der *Allgemeinen Relativitätstheorie*.

Im Folgenden seien einige wichtige Beispiele für den „Feldanteil" $B^{\mu\nu}$ des Energie-Impuls-Tensors angeführt (siehe z. B. [1, 2]):

1. **Ideale Flüssigkeit:** $B^{\mu\nu} = p(U^\mu U^\nu/c^2 + \eta^{\mu\nu})$, worin p der lokale thermodynamische Druck der Materie ist.

---

[3] Diese bewirkt, dass das Volumenelement im Ruhesystem $dV_0 = dx^1 \, dx^2 \, dx^3$ auf das Volumenelement $dV = (dx^1/\gamma_u) \, dx^2 \, dx^3$ im bewegten Inertialsystem verkleinert wird.

2. **Inkohärente Materie:** $B^{\mu\nu} = 0$. Als *inkohärent* bezeichnet man Materie, deren thermodynamischer Druck p stets vernachlässigt werden kann.
3. **Elektromagnetisches Feld:** $B^{\mu\nu} = -(F^{\mu\varrho}F^{\nu}_{\varrho} - 1/4\,\eta^{\mu\nu}F^{\varrho\lambda}F_{\varrho\lambda})/\mu_0$. $F^{\mu\nu}$ ist der elektromagnetische Feldtensor, der in Gl. (15.102) eingeführt wird.

15.1.3 Lorentz-invariante Formulierung der Elektrodynamik

Die erkannte Lorentz-Invarianz der elektromagnetischen Grundgesetze, deren Herzstück die Maxwell-Gleichungen darstellen, spielte die zentrale Rolle bei Einsteins Formulierung der Speziellen Relativitätstheorie.

Die Maxwell-Gleichungen beschreiben einerseits den inneren Zusammenhang von elektrischem Feld $\boldsymbol{E}$ und magnetischer Induktion $\boldsymbol{B}$ gemäß dem Induktionsgesetz

$$\mathrm{rot}\,\boldsymbol{E} + \frac{\partial \boldsymbol{B}}{\partial t} = 0 \tag{15.77}$$

und der Bedingung

$$\mathrm{div}\,\boldsymbol{B} = 0\,, \tag{15.78}$$

welche die Nichtexistenz magnetischer Ladungsquellen ausdrückt, und andererseits die Felderregung durch elektrische Ströme

$$\mathrm{rot}\,\boldsymbol{H} - \frac{\partial \boldsymbol{D}}{\partial t} = \boldsymbol{j} \tag{15.79}$$

und elektrische Ladungen

$$\mathrm{div}\,\boldsymbol{D} = \hat{\varrho}\,, \tag{15.80}$$

wobei $\boldsymbol{H}$ die Magnetfeldstärke, $\boldsymbol{D}$ die Dichte des sog. Verschiebungsstroms, $\hat{\varrho}$ die aktuelle elektrische Ladungsdichte und

$$\boldsymbol{j} = \hat{\varrho}\,\boldsymbol{u} \tag{15.81}$$

die zugehörige elektrische Stromdichte sind. Im Vakuum sind die Feldgrößen ($\boldsymbol{D}$, $\boldsymbol{H}$) und ($\boldsymbol{E}$, $\boldsymbol{B}$) über die einfachen Beziehungen

$$\boldsymbol{D} = \varepsilon_0 \boldsymbol{E} \tag{15.82}$$

und

$$\boldsymbol{B} = \mu_0 \boldsymbol{H} \tag{15.83}$$

miteinander verknüpft, worin ε_0 die Dielektrizitätskonstante und μ_0 die Permeabilitätskonstante (Induktionskonstante) des Vakuums sind, deren Produkt $\varepsilon_0\,\mu_0 = 1/c^2$ gleich dem inversen Quadrat der Vakuumlichtgeschwindigkeit c ist. Die Gleichungen (15.77) bis (15.80) sind die so genannten Vakuum-Maxwell-Gleichungen. Da wir uns in den späteren Anwendungen nur auf derartige Situationen beschränken, betrachten wir lediglich diesen Sonderfall. Die allgemeinen Zusammenhänge für beliebige polarisierbare und magnetisierbare Medien sind in monographischen Darstellungen der Elektrodynamik, z. B. in [3], zu finden.

Durch Divergenzbildung in Gl. (15.79) ergibt sich

$$\frac{\partial}{\partial t}(\operatorname{div} \boldsymbol{D}) + \operatorname{div} \boldsymbol{j} = 0, \tag{15.84}$$

woraus durch Einsetzen von Gl. (15.80)

$$\frac{\partial \hat{\varrho}}{\partial t} + \operatorname{div} \boldsymbol{j} = 0 \tag{15.85}$$

folgt. Gl. (15.85) hat die Natur einer Kontinuitätsgleichung und drückt die Erhaltung der Ladungsmenge $\mathrm{d}q = \hat{\varrho}\,\mathrm{d}V$ in einem gegebenen Volumenelement $\mathrm{d}V$ aus.

Wir zeigen nun, dass sowohl das System der Maxwell-Gleichungen (15.77) bis (15.80) als auch die Kontinuitätsgleichung (15.85) Lorentz-invariant sind. Dazu definieren wir geeignete Vierergrößen: Gleichung (15.85) legt unmittelbar die Einführung eines sog. *Viererstroms*

$$j^\mu = \begin{pmatrix} c\hat{\varrho} \\ \boldsymbol{j} \end{pmatrix} \tag{15.86}$$

nahe, dessen kontravariante räumliche Komponenten durch den Vektor der Stromdichte $\boldsymbol{j}$ und dessen kontravariante Zeitkomponente durch c mal Ladungsdichte $\hat{\varrho}$ gegeben sind. Mit dieser Definition schreibt sich die Kontinuitätsgleichung (15.85) in einem Minkowski-Raum mit Koordinaten x^μ einfach als Viererdivergenz

$$\frac{\partial j^\mu}{\partial x^\mu} = 0, \tag{15.87}$$

welche die Erhaltung der Ladungsmenge $\mathrm{d}q$ ausdrückt, was man im wissenschaftlichen Sprachgebrauch häufig auch als *Ladungserhaltung* apostrophiert. Da dieser Erhaltungssatz in jedem beliebigen Koordinatensystem Σ gelten muss, ist $\partial j^\mu/\partial x^\mu$ ein Lorentz-Skalar, die Viererstromdichte j^μ also ein Vierervektor.

Das Betragsquadrat eines Vierervektors ist eine Lorentz-Invariante (Lorentz-Skalar, s. Anh. 15B). Somit gilt für jedes beliebige Inertialsystem

$$j_\mu j^\mu = \eta_{\mu\nu} j^\nu j^\mu = \hat{\varrho}^2(c^2 - u^2), \tag{15.88}$$

also insbesondere auch für das Ruhesystem Σ_0 (das sei das System, in dem die Geschwindigkeit der Ladungsbewegung $\boldsymbol{u} = 0$ ist)

$$j_\mu j^\mu = \hat{\varrho}_0^2 c^2. \tag{15.89}$$

Durch Vergleich der Gln. (15.88) und (15.89) folgt, dass die Ladungsdichte im mit $\boldsymbol{u}$ bewegten System Σ und die Ladungsdichte im Ruhesystem Σ_0 gemäß

$$\hat{\varrho} = \gamma_u \hat{\varrho}_0 \tag{15.90}$$

zusammenhängen. $\hat{\varrho}$ nimmt also – wie die Massendichte ϱ (s. Gl. (15.71)) – proportional zu γ_u zu. Der Grund liegt auch hier in der entsprechenden Volumenverkleinerung durch Lorentz-Kontraktion in Bewegungsrichtung.

Drücken wir die Viererstromdichte j^μ vermöge der Vierergeschwindigkeit U^μ gemäß Gln. (15.5) und (15.86) aus, erhält man wegen Gl. (15.90)

$$j^\mu = \hat{\varrho}\begin{pmatrix} c \\ \boldsymbol{u} \end{pmatrix} = \frac{1}{\gamma_u}\hat{\varrho}\,U^\mu = \hat{\varrho}_0 U^\mu \tag{15.91}$$

für jedes System Σ des Minkowski-Raums. Wenden wir hierauf den Lorentz-Schub (s. Gl. (15.546)) mit der Geschwindigkeit v an, erhalten wir das Transformationsverhalten

$$j'^\mu = L^\mu_\nu j^\nu = \varrho_0 L^\mu_\nu U^\nu = \varrho_0 U'^\mu \tag{15.92}$$

des Stromvektors von Σ nach Σ' gemäß den Transformationsformeln (15.45).

Bevor wir die linken Seiten der Maxwell-Gleichungen in eine geschlossene Viererform bringen, schreiben wir die Gleichungen (15.79) und (15.80) geringfügig um, indem wir, gemäß den Gleichungen (15.82) und (15.83), D und H durch E bzw. B ausdrücken, wobei wir die Beziehung $\varepsilon_0 \mu_0 = 1/c^2$ (s. Gl. (5.103) in Bd. 2, Abschn. 5.3) benutzen: Multiplikation der Gln. (15.79) und (15.80) mit μ_0 liefert die Erregungsgleichungen

$$\operatorname{rot} \boldsymbol{B} - \frac{1}{c^2} \frac{\partial \boldsymbol{E}}{\partial t} = \mu_0 \boldsymbol{j} \tag{15.93}$$

und

$$\frac{1}{c^2} \operatorname{div} \boldsymbol{E} = \mu_0 \varrho, \tag{15.94}$$

die zusammen mit den unveränderten inneren Maxwell-Gleichungen

$$\operatorname{rot} \boldsymbol{E} + \frac{\partial \boldsymbol{B}}{\partial t} = 0 \tag{15.95}$$

und

$$\operatorname{div} \boldsymbol{B} = 0, \tag{15.96}$$

sowie den Gleichungen für die Feldquellen ϱ und $\boldsymbol{j}$, einen geschlossenen Satz von gekoppelten Gleichungen bilden.

Zur Umschreibung der linken Seiten der Maxwell-Gleichungen (15.93)–(15.96) beachten wir, dass sie linear in den Feldern $\boldsymbol{E}$ und $\boldsymbol{B}$ sind und diese Größen nur durch Zeitableitungen und Vektoroperationen (Divergenz und Rotation) miteinander verknüpft sind. Wir versuchen also einen Vierertensor 2. Stufe (s. Anh. 15B) so zu konstruieren, dass daraus durch entsprechende erste Ableitungen die linken Seiten der Maxwell-Gleichungen folgen. Da $\boldsymbol{E}$ und $\boldsymbol{B}$ zusammen aus sechs unabhängigen Größen bestehen, bietet es sich an, einen antisymmetrischen Feldtensor $F_{\mu\nu} = -F_{\nu\mu}$, der ebenfalls sechs unabhängige Elemente besitzt, zu definieren:

$$F_{\mu\nu} = \begin{pmatrix} 0 & F_{01} & F_{02} & F_{03} \\ -F_{01} & 0 & F_{12} & F_{13} \\ -F_{02} & -F_{12} & 0 & F_{23} \\ -F_{03} & -F_{13} & -F_{23} & 0 \end{pmatrix}, \tag{15.97}$$

dessen Elemente aus den Komponenten von $\boldsymbol{E}$ und $\boldsymbol{B}$ bestehen. Da die magnetische Induktion $\boldsymbol{B}$ per definitionem ein axialer Vektor ist, ist $\boldsymbol{B}$ formal zu einem antisymmetrischen 3×3-Tensor äquivalent. Bezeichnen wir die drei Raumkomponenten von $\boldsymbol{B}$ mit lateinischen Indizes, lässt sich dieser Tensor $B_{ik} = -B_{ki}$ mithilfe der Beziehung

$$B_{ik} = \varepsilon_{ikl} B_l, \quad i, k, l = 1, 2, 3 \tag{15.98}$$

darstellen, wobei ε_{ikl} der total antisymmetrische Einheitstensor

$$\varepsilon_{ikl} = \begin{cases} 0 & \text{für mindestens zwei gleiche Indexpaare} \\ 1 & \text{für jede gerade Permutation von } i=1,\ k=2,\ l=3 \\ -1 & \text{für jede ungerade Permutation von } i=1,\ k=2,\ l=3 \end{cases} \quad . \tag{15.99}$$

ist. Da der dreidimensionale Ortsunterraum des Minkowski-Raums euklidisch ist, brauchen wir hier nicht zwischen oberen (kontravarianten) und unteren (kovarianten) Indizes zu unterscheiden.

Mit B_{ik} haben wir bereits bis auf das Vorzeichen den rein räumlichen Teil

$$F_{\mu\nu} = -B_{\mu\nu}, \quad \mu,\nu = 1,2,3 \tag{15.100}$$

des gesuchten Feldtensors gefunden. Das Minuszeichen in Gl. (15.100) wird eingeführt, weil nach unserer Konvention die Raumkomponenten des metrischen Tensors negative Signatur tragen sollen (s. Gl. (15.537)). Wegen der Linearität und der Form der Maxwell-Gleichungen bleibt nur noch die Möglichkeit, den elektrischen Feldvektor $\boldsymbol{E}$ in die erste Zeile ($\mu = 0$) von $F_{\mu\nu}$ gemäß

$$F_{0\nu} = \frac{1}{c}E_\nu = -F_{\nu 0}, \quad \mu = 1,2,3 \tag{15.101}$$

einzufügen. Damit ergibt sich der elektromagnetische Feldtensor (*Faraday-Tensor*) schließlich zu

$$(F_{\mu\nu}) = \begin{pmatrix} 0 & +\frac{1}{c}E_1 & +\frac{1}{c}E_2 & +\frac{1}{c}E_3 \\ -\frac{1}{c}E_1 & 0 & -B_3 & +B_2 \\ -\frac{1}{c}E_2 & +B_3 & 0 & -B_1 \\ -\frac{1}{c}E_3 & -B_2 & +B_1 & 0 \end{pmatrix}. \tag{15.102}$$

Wie man durch Einsetzen nachvollzieht, ist der vollständige Satz der Vakuum-Maxwell-Gleichungen (15.93) bis (15.96) identisch mit den Tensorgleichungen

$$\frac{\partial F_{\mu\nu}}{\partial x^\lambda} + \frac{\partial F_{\lambda\mu}}{\partial x^\nu} + \frac{\partial F_{\nu\lambda}}{\partial x^\mu} = 0 \tag{15.103}$$

und

$$\frac{\partial F_\mu^{\ \nu}}{\partial x^\nu} = -\mu_0 j_\mu, \tag{15.104}$$

worin in der linken Seite von Gl. (15.104) zur Divergenzbildung der entsprechende „gemischte" Tensor

$$F_\mu^{\ \nu} = \eta^{\nu\lambda} F_{\mu\lambda} \tag{15.105}$$

mit einem kontravarianten ν-Index stehen muss. Durch weitere Multiplikation mit $\eta^{\varrho\mu}$ erhalten wir daraus die voll kontravariante Darstellung

$$\frac{\partial F^{\varrho\nu}}{\partial x^\nu} = -\mu_0 j^\varrho, \tag{15.106}$$

woraus unter Berücksichtigung der Ladungserhaltung

$$\frac{\partial j^{\varrho}}{\partial x^{\varrho}} = 0 \qquad (15.107)$$

die Relationen

$$\frac{\partial F^{\varrho\nu}}{\partial x^{\varrho}\partial x^{\nu}} = \frac{\partial F^{\varrho\nu}}{\partial x^{\nu}\partial x^{\varrho}} = -\frac{\partial F^{\nu\varrho}}{\partial x^{\varrho}\partial x^{\nu}} = -\frac{\partial F^{\nu\varrho}}{\partial x^{\nu}\partial x^{\varrho}} = 0 \qquad (15.108)$$

folgen.

Wie man durch Einsetzen der Komponenten von $F_{\mu\nu}$ aus Gl. (15.97) nachvollzieht, liefern die Gleichungen (15.103) gerade die inneren Feldgleichungen

$$\operatorname{rot} \boldsymbol{E} + \frac{\partial \boldsymbol{B}}{\partial t} = 0, \quad \text{für } \mu = 0 \qquad (15.109)$$

$$\operatorname{div} \boldsymbol{B} = 0, \quad \text{für } \mu = 1, \nu = 2, \lambda = 3 \quad \text{und Permutationen} \qquad (15.110)$$

und die Gleichungen (15.104) die Erregungsgleichungen

$$\frac{1}{c^2} \operatorname{div} \boldsymbol{E} = \mu_0 \varrho, \quad \text{für } \mu = 0 \qquad (15.111)$$

$$\operatorname{rot} \boldsymbol{B} - \frac{1}{c^2} \frac{\partial \boldsymbol{E}}{\partial t} = \mu_0 \boldsymbol{j}, \quad \text{für } \mu = 1, 2, 3. \qquad (15.112)$$

Zuerst zeigen wir, dass $F_{\mu\nu}$ ein kovarianter *Vierertensor* zweiter Stufe ist, sich also bei Lorentz-Transformationen gemäß

$$F'_{\mu\nu} = \overline{L}^{\alpha}_{\mu} \overline{L}^{\beta}_{\nu} F_{\alpha\beta} \qquad (15.113)$$

transformiert: Die Gln. (15.103) bedeuten, dass der Feldstärketensor $F_{\mu\nu}$ vierdimensional rotationsfrei ist. Aus diesem Grund können diese, wie die Maxwell-Gleichungen, durch Einführen eines entsprechenden *Viererpotentials* A_μ formal integriert werden:

$$F_{\mu\nu} = \frac{\partial A_\nu}{\partial x^\mu} - \frac{\partial A_\mu}{\partial x^\nu}. \qquad (15.114)$$

Die $\mu = 0$-Komponente von A_μ ist dabei gegeben durch das skalare elektrische Potential φ und die drei Komponenten ($\mu = 1, 2, 3$) durch das Vektorpotential $\boldsymbol{A}$ des magnetischen Feldes

$$A_\mu = \begin{pmatrix} \dfrac{\varphi}{c} \\ -\boldsymbol{A} \end{pmatrix}. \qquad (15.115)$$

Wie üblich sind die Größen so eingeführt, dass sich für das skalare Potential

$$\boldsymbol{E} = -\frac{\partial \boldsymbol{A}}{\partial t} - \operatorname{grad} \varphi \qquad (15.116)$$

und für das Vektorpotential

$$\boldsymbol{B} = \operatorname{rot} \boldsymbol{A} \qquad (15.117)$$

ergibt.

Wie das dreidimensionale Vektorpotential A ist auch das Viererpotential A_μ nur bis auf die Addition eines beliebigen wirbelfreien Vektors festgelegt. Die Gleichungen (15.103) und (15.104) bleiben also invariant unter der *Eichtransformation*

$$\tilde{A}_\mu = A_\mu + \frac{\partial f}{\partial x^\mu}, \tag{15.118}$$

worin f eine beliebige skalare Funktion der Koordinaten x^μ ist.

Setzen wir den Ausdruck (15.114) für den Feldtensor in Gl. (15.104) ein, erhalten wir

$$\frac{\partial F_\mu^\nu}{\partial x^\nu} = \eta^{\nu\varrho}\frac{\partial F_{\mu\varrho}}{\partial x^\nu} = -\eta^{\nu\varrho}\frac{\partial^2 A_\mu}{\partial x^\nu \partial x^\varrho} + \frac{\partial^2 A^\nu}{\partial x^\mu \partial x^\nu} = -\mu_0 j_\mu. \tag{15.119}$$

Kürzen wir, wie üblich, den Differentialoperator

$$\Box = \eta^{\nu\varrho}\frac{\partial^2}{\partial x^\nu \partial x^\varrho} = +\left(\frac{\partial}{\partial x^0}\right)^2 - \left(\frac{\partial}{\partial x^1}\right)^2 - \left(\frac{\partial}{\partial x^2}\right)^2 - \left(\frac{\partial}{\partial x^3}\right)^2, \tag{15.120}$$

für den auch die Bezeichnung *d'Alembert-Operator* gebräuchlich ist, mit dem Symbol $\Box$ ab, erhalten wir aus Gl. (15.119) den Ausdruck

$$\Box A_\mu - \frac{\partial}{\partial x^\mu}\left(\frac{\partial A^\nu}{\partial x^\nu}\right) = \mu_0 j_\mu, \tag{15.121}$$

der mit der speziellen *Eichung*

$$\frac{\partial A^\nu}{\partial x^\nu} = \operatorname{div} A + \frac{1}{c^2}\frac{\partial \varphi}{\partial t} = 0, \tag{15.122}$$

welche man auch als *Lorentz-Eichung* bezeichnet, in die vierdimensionale Potentialgleichung

$$\Box A_\mu = \mu_0 j_\mu, \tag{15.123}$$

übergeht, die die Gestalt einer inhomogenen Wellengleichung besitzt.

Wir sind frei zu verlangen, dass die Eichung Gl. (15.122) in jedem Inertialsystem gilt. Dann ist Gl. (15.122) eine Invariante und somit ein Lorentz-Skalar, der sich aus dem Skalarprodukt von $\partial/\partial x^\nu$ und dem Viererpotential A^ν ergibt. Da $\partial/\partial x^\nu$ ein kovarianter Vierervektor ist, muss demnach also A^ν ein kontravarianter Vierervektor sein. Nach Gl. (15.114) ist $F_{\mu\nu}$ somit ein kovarianter Vierertensor, der sich unter Lorentz-Transformationen gemäß (15.113) transformiert. Setzen wir hierin die Komponentendarstellung (15.102) ein, erhalten wir die entsprechenden Transformationsformeln für die Feldkomponenten beim Übergang von Σ nach Σ' bei einem Lorentz-Schub:

$$\begin{aligned} E_1' &= E_1, & B_1' &= B_1, \\ E_2' &= \gamma(E_2 - c\beta B_3), & B_2' &= \gamma\left(B_2 + \frac{1}{c}\beta E_3\right), \\ E_3' &= \gamma(E_3 + c\beta B_2), & B_3' &= \gamma\left(B_3 - \frac{1}{c}\beta E_2\right). \end{aligned} \tag{15.124}$$

Durch die Lorentz-Transformation werden also die Komponenten des elektrischen Feldes E und des Magnetfeldes B miteinander verknüpft. Jedes Feld E oder B für sich ist also nicht Lorentz-invariant. Dies ist ein direkter Ausdruck der Tatsache, dass ein geladener Körper in seinem Ruhesystem nur ein elektrisches Feld, ein bewegter geladener Körper aber stets ein elektrisches und ein magnetisches Feld erzeugt. Erst in ihrer Zusammenfassung zum elektromagnetischen Feld offenbart sich die hier zugrunde liegende physikalische Wirklichkeit, wie sie durch Einführen des elektromagnetischen Feldtensors und dessen Transformationsverhalten erfasst wird.

Besonders einfach werden die Zusammenhänge, wenn wir Feldkomponenten parallel und senkrecht zur Bewegungsrichtung betrachten:

$$E = E^{\|} + E^{\perp}$$
$$B = B^{\|} + B^{\perp}. \tag{15.125}$$

Für einen Lorentz-Schub mit $v = (v_1, 0, 0)$ und $v_1 = c\beta$ gilt somit nach Gl. (15.124)

$$E'^{\|} = E^{\|}; \quad B'^{\|} = B^{\|} \tag{15.126}$$

und

$$E'^{\perp} = \gamma(E^{\perp} + v \times B); \quad B'^{\perp} = \gamma(B^{\perp} - v \times E). \tag{15.127}$$

Diese Darstellung der Feldtransformationen ist besonders vorteilhaft für die spätere Diskussion der Strahlung geladener Teilchen.

Wir beweisen nun die Lorentz-Transformation der Gln. (15.103) und (15.104). Dazu bemerken wir, dass der Gradient eines kovarianten Vierertensors zweiter Stufe $F_{\mu\nu}$ ein kovarianter Vierertensor 3. Stufe $A_{\mu\nu\lambda} = \partial F_{\mu\nu}/\partial x_\lambda$ ist. In dieser Darstellung kann also Gl. (15.103) als

$$A_{\mu\nu\lambda} + A_{\lambda\mu\nu} + A_{\nu\lambda\mu} = 0 \tag{15.128}$$

geschrieben werden. $A_{\mu\nu\lambda}$ ist antisymmetrisch in den beiden vorderen Indizes. Wenden wir hierauf die Vorschrift für Lorentz-Transformationen (15.580) an:

$$A'_{\mu\nu\lambda} = \overline{L}^\alpha_\mu \overline{L}^\beta_\nu \overline{L}^\gamma_\lambda A_{\alpha\beta\gamma}$$
$$A'_{\lambda\mu\nu} = \overline{L}^\gamma_\lambda \overline{L}^\alpha_\mu \overline{L}^\beta_\nu A_{\gamma\alpha\beta}$$
$$A'_{\nu\lambda\mu} = \overline{L}^\beta_\nu \overline{L}^\gamma_\lambda \overline{L}^\alpha_\mu A_{\beta\gamma\alpha} \tag{15.129}$$

sehen wir, dass das zyklische Vertauschen der Indizes bei $A_{\alpha\beta\gamma}$ stets den gleichen Vorfaktor erzeugt, sodass mit Gl. (15.128) auch stets

$$A'_{\mu\nu\lambda} + A'_{\lambda\mu\nu} + A'_{\nu\lambda\mu} = \overline{L}^\alpha_\mu \overline{L}^\beta_\nu \overline{L}^\gamma_\lambda (A_{\alpha\beta\gamma} + A_{\gamma\alpha\beta} + A_{\beta\gamma\alpha}) = 0 \tag{15.130}$$

gilt und somit die relativistische Invarianz von Gl. (15.103) folgt.

Die Invarianz der Gl. (15.104) ergibt sich sofort aus der Tatsache, dass ihre linke Seite die Viererdivergenz eines Vierertensors ist – also einen Vierervektor darstellt, und auch die rechte Seite ein Vierervektor ist.

15.1.4 Teilchen in Magnetfeldern

Hinsichtlich relativistischer Effekte sollen hier besonders zwei Aspekte angesprochen werden: a) die konkrete Darstellung der Teilchendynamik, durch die die in den vorherigen Abschnitten theoretisch eingeführten Begriffe und Verhaltensweisen anhand von zwei sehr einfachen Beispielen eine anschauliche Gestalt gewinnen, und b) die relativistische Auswirkung auf die Teilchenzustände selbst, wie sie in deren Quantisierung durch die Herausbildung der sog. *Landau-Niveaus* in superstarken Magnetfeldern einen völlig neuen Typ von Spektraluntersuchungen ermöglichen.

15.1.4.1 Teilchendynamik

Wir betrachten die Bewegung von Punktladungen und Punktmassen im elektromagnetischen Feld. Bei Abwesenheit von äußeren Kräften sind die Viererbewegungsgleichungen eines Teilchens mit Ladung q und Ruhemasse m_0 durch die Gl. (15.27) gegeben:

$$\frac{\mathrm{d}p^\mu}{\mathrm{d}\tau} = \gamma_u q \begin{pmatrix} \frac{1}{c} \boldsymbol{u} \cdot \boldsymbol{E} \\ \boldsymbol{E} + \boldsymbol{u} \times \boldsymbol{B} \end{pmatrix}$$

Hierin setzen wir gemäß Gl. (15.7) und (15.5)

$$\frac{\mathrm{d}p^\mu}{\mathrm{d}\tau} = \frac{\mathrm{d}(m_0 U^\mu)}{\mathrm{d}\tau} = \frac{\mathrm{d}\left[m_0 \gamma_u \begin{pmatrix} c \\ \boldsymbol{u} \end{pmatrix}\right]}{\mathrm{d}\tau} \tag{15.131}$$

in die Ableitung auf der linken Seite ein, sodass für die Raumkomponenten die Gleichungen

$$\frac{\mathrm{d}(\gamma_u m_0 \boldsymbol{u})}{\mathrm{d}\tau} = \gamma_u q (\boldsymbol{E} + \boldsymbol{u} \times \boldsymbol{B}) \tag{15.132}$$

folgen. Der dreidimensionale Ortsunterraum des Minkowski-Raums ist ein euklidischer Raum, dessen Koordinatenkomponenten wir mit lateinischen Indizes nummerieren. Wegen der Euklidizität müssen wir formal nicht zwischen kontravarianten und kovarianten Symbolen unterscheiden. Auch für lateinische Indizes soll die Summationskonvention gelten. Zwei identische lateinische Indizes implizieren somit stets eine Summation von 1 bis 3. Drücken wir in Gl. (15.132) das elektrische und das magnetische Feld gemäß den Gl. (15.116) und (15.117) durch deren Potentiale φ und $\boldsymbol{A}$, und das Eigenzeitdifferential $\mathrm{d}\tau$ durch die Zeit $\mathrm{d}t$ aus, folgt für die i-te Bewegungsgleichung

$$\frac{\mathrm{d}}{\mathrm{d}t}(\gamma_u m_0 u_i) = q\left[-\frac{\partial A_i}{\partial t} - \frac{\partial \varphi}{\partial x^i} + u_j\left(\frac{\partial A_j}{\partial x^i} - \frac{\partial A_i}{\partial x^j}\right)\right]. \tag{15.133}$$

Fassen wir in der eckigen Klammer den ersten und letzten Term zur substantiellen Ableitung (mitbewegtes System)

$$\frac{dA_i}{dt} = \frac{\partial A_i}{\partial t} + u_j \frac{\partial A_i}{\partial x^j} \tag{15.134}$$

zusammen, folgt

$$\frac{d}{dt}(\gamma_u m_0 u_i + q A_i) = q\left(-\frac{\partial \varphi}{\partial x^i} + u_j \frac{\partial A_j}{\partial x^i}\right). \tag{15.135}$$

Beachten wir weiter

$$\frac{\partial}{\partial u_i}\left(\frac{1}{\gamma_u}\right) = -\frac{\gamma_u u_i}{c^2} \tag{15.136}$$

und $\dot{x}^i = u^i = u_i$, erhalten wir schließlich für die i-te Bewegungsgleichung

$$\frac{d}{dt}\frac{\partial}{\partial \dot{x}^i}\left(-\frac{m_0 c^2}{\gamma_u} + q A_j u_j\right) = \frac{\partial}{\partial x^i}(-q\varphi + q u_j A_j). \tag{15.137}$$

Definieren wir durch

$$\mathscr{L} = -\frac{m_0 c^2}{\gamma_u} - q\varphi + q u_j A_j \tag{15.138}$$

die *Lagrange-Funktion* [4] für die Teilchenbewegung, schreibt sich die Bewegungsgleichung (15.137) in Form einer *Lagrange-Gleichung*

$$\frac{d}{dt}\left(\frac{\partial \mathscr{L}}{\partial \dot{x}^i}\right) - \frac{\partial \mathscr{L}}{\partial x^i} = 0. \tag{15.139}$$

Daraus folgt, dass

$$P_i = \gamma_u m_0 u_i + q A_i \tag{15.140}$$

der *verallgemeinerte Impuls* des geladenen Teilchens im elektrischen und magnetischen Feld ist. Die Hamilton-Funktion ist als

$$H = P_i u_i - \mathscr{L} \tag{15.141}$$

definiert, sodass mit $c\gamma_u = \sqrt{c^2 + \gamma_u^2 u_i u_i}$

$$H = [m_0^2 c^4 + c^2(P_i - q A_i)(P_i - q A_i)]^{1/2} + q\varphi \tag{15.142}$$

folgt (s. [5], §16).

Die Hamilton-Funktion H repräsentiert die Gesamtenergie E des Systems: Ruheenergie + kinetische Energie + potentielle Energie, ausgedrückt durch den verallgemeinerten Impuls **P**, woraus die Bewegungsgleichungen in Form der *Hamilton'schen Gleichungen*

$$\dot{P}_i = -\frac{\partial H}{\partial x^i} \quad \text{und} \quad \dot{x}^i = \frac{\partial H}{\partial P_i} \tag{15.143}$$

folgen. Allgemein gilt

$$\frac{dH}{dt} = \frac{\partial H}{\partial t},\tag{15.144}$$

d. h. die Gesamtenergie ist eine Konstante der Bewegung, wenn H nicht explizit von der Zeit abhängt.

15.1.4.2 Exakte Lösungen der Bewegungsgleichungen

Die Bewegungsgleichungen (15.27) sind nicht allgemein exakt analytisch lösbar. Hierfür sind besondere Symmetriebedingungen für die Feldgrößen erforderlich, die das gestellte Problem signifikant einschränken. Im Folgenden sollen einige wichtige Beispiele dargestellt werden.

Statisches homogenes Magnetfeld. Wir betrachten den einfachen Fall, dass das elektrische Feld E verschwindet und das magnetische Feld B räumlich und zeitlich konstant ist. Wir wählen das Koordinatensystem so, dass das Magnetfeld in x^3-Richtung (z-Richtung) weist:

$$E = \begin{pmatrix} 0 \\ 0 \\ 0 \end{pmatrix}, \quad B = \begin{pmatrix} 0 \\ 0 \\ B_z \end{pmatrix}.\tag{15.145}$$

Tragen wir Gl. (15.145) in Gl. (15.27) ein, erhalten wir

$$\frac{dp^\mu}{d\tau} = \gamma_u q \begin{pmatrix} \frac{1}{c} u \cdot E \\ u \times B \end{pmatrix} = \gamma_u q \begin{bmatrix} 0 \\ u_2 B_z \\ -u_1 B_z \\ 0 \end{bmatrix},\tag{15.146}$$

woraus wir für die Zeitkomponente ($\mu = 0$)

$$\frac{dp^0}{d\tau} = 0\tag{15.147}$$

ablesen. Einsetzen von $p^0 = \gamma_u m_0 c$ liefert direkt

$$\frac{d\gamma_u}{d\tau} = \gamma_u \frac{d\gamma_u}{dt} = 0\tag{15.148}$$

und damit

$$\gamma_u = \text{const}_t.\tag{15.149}$$

γ_u und damit p^0 sind also Konstanten der Bewegung. Damit ist auch die Energie $E = cp^0$ eine Konstante der Bewegung. Dies ist eine direkte Folge der Annahme $E = 0$ und der Tatsache, dass das Magnetfeld B wegen $F \sim u \times B$ keine Arbeit am System leisten kann.

Weiter folgt aus Gl. (15.146)

$$\frac{dp^3}{d\tau} = 0,\tag{15.150}$$

d. h., wie man durch Senken des Index 3 (vgl. Anh. 15A, Gl. (15.538)) sieht, ist $p_3 = \gamma_u m_0 u_3$ ebenfalls eine Konstante der Bewegung mit

$$u_3 = \text{const}_t.\tag{15.151}$$

Die Bewegung parallel zu **B** wird also durch das Magnetfeld nicht beeinflusst.

Multiplizieren wir die $\mu = 1$-Gleichung in (15.146) mit u_1 und entsprechend die $\mu = 2$-Gleichung mit u_2 und addieren beide Gleichungen, erhalten wir ($\gamma_u = \text{const}_t!$):

$$u_1 \frac{dp^1}{d\tau} + u_2 \frac{dp^2}{d\tau} = \frac{1}{2}\gamma_u m_0 \frac{d}{d\tau}(u_1^2 + u_2^2) = 0 \tag{15.152}$$

und damit

$$u^\perp = (u_1^2 + u_2^2)^{1/2} = \text{const}_t \tag{15.153}$$

ebenfalls als Konstante der Bewegung. Die $\mu = 1$- und $\mu = 2$-Gleichungen (15.146) liefern das einfache gekoppelte lineare Differentialgleichungssystem

$$\frac{du_1}{dt} = \frac{qB_z}{\gamma_u m_0} u_2 \tag{15.154}$$

$$\frac{du_2}{dt} = -\frac{qB_z}{\gamma_u m_0} u_1, \tag{15.155}$$

das durch nochmalige Zeitdifferentiation und gegenseitiges Einsetzen in die entkoppelte Form harmonischer Gleichungen

$$\frac{d^2 u_1}{dt^2} = -\left(\frac{qB_z}{\gamma_u m_0}\right)^2 u_1 \tag{15.156}$$

$$\frac{d^2 u_2}{dt^2} = -\left(\frac{qB_z}{\gamma_u m_0}\right)^2 u_2 \tag{15.157}$$

gebracht werden kann, deren Lösungen

$$u_1 = \pm u^\perp \sin(\omega_g t + \alpha) \tag{15.158}$$

$$u_2 = +u^\perp \cos(\omega_g t + \alpha) \tag{15.159}$$

sind, wobei das positive Vorzeichen in Gl. (15.158) den Fall $q > 0$, das negative den Fall $q < 0$ beschreibt. Die Integrationskonstante α ist ein Phasenwinkel, der beliebig gewählt werden kann.

Die vollständige Lösung ergibt also eine Schraubenbewegung mit konstanter Geschwindigkeit u_3 in x^3-Richtung, deren Projektion in die x^1-x^2-Ebene einer Kreisbewegung mit konstanter Bahngeschwindigkeit u entspricht. Die Frequenz

$$\nu_g = \frac{\omega_g}{2\pi} = \frac{|q||B_z|}{2\pi \gamma_u m_0} \tag{15.160}$$

1320   15 Strahlungsprozesse und Optik in der Relativitätstheorie

ist die reziproke Periode dieser Kreisbewegung, deshalb wird ω_g als *Gyrationsfrequenz* bezeichnet (s. auch Gl. (15.248)).

Homogenes elektrisches und magnetisches Feld. Betrachten wir nun zueinander parallele zeitlich und räumlich konstante Felder

$$\boldsymbol{E} = \begin{pmatrix} 0 \\ 0 \\ E_z \end{pmatrix} \quad \text{und} \quad \boldsymbol{B} = \begin{pmatrix} 0 \\ 0 \\ B_z \end{pmatrix}. \tag{15.161}$$

Da auch hier die x^1- und x^2-Komponenten der Felder verschwinden, erhalten wir, durch analoges Vorgehen wie im vorigen Fall, für die Vierergeschwindigkeit der Bewegung in der x^1-x^2-Ebene

$$U^\perp = (U_1^2 + U_2^2)^{1/2} = \gamma_u (u_1^2 + u_2^2)^{1/2} = \gamma_u u^\perp = \text{const}_t. \tag{15.162}$$

Wegen

$$\frac{\mathrm{d}p^0}{\mathrm{d}\tau} = \gamma_u \frac{q}{c} u_3 E_z \tag{15.163}$$

ist hier die Energie $E = cp^0$ aber keine Konstante der Bewegung, sondern verändert sich, wie die Gyrationsfrequenz ω_g, mit der Zeit, sodass wir in diesem Fall nicht $u^\perp = \text{const}_t$ (Gl. (15.153)) erhalten. Die Bewegung in x^3-Richtung folgt aus

$$\frac{\mathrm{d}p^3}{\mathrm{d}\tau} = \gamma_u q E_z \tag{15.164}$$

bzw. durch Einsetzen der U^3- (oder U_3-)Komponente der Vierergeschwindigkeit und der Zeitkoordinate t,

$$\frac{\mathrm{d}U_3}{\mathrm{d}t} = \frac{qE_z}{m_0}, \tag{15.165}$$

woraus durch Integration

$$U_3 = \frac{qE_z}{m_0}(t - t_0) + U_{3,0} \tag{15.166}$$

folgt. Die Integrationskonstante $U_{3,0}$ ist hierin der frei wählbare Anfangswert $U_{3,0} = U_3(t = t_0)$. Der Impuls des Teilchens in x^3-Richtung

$$p_3 = m_0 U_3 \tag{15.167}$$

nimmt also linear mit der Zeit zu. Daraus folgt: Das Teilchen beschreibt zwar wie im vorherigen Beispiel ($\boldsymbol{E} = 0$) eine Schraubenlinie, deren Projektion in die x^1-x^2-Ebene eine Kreisbahn mit festem Radius ist, die aber mit der (zunehmenden) Geschwindigkeit $u^\perp$ durchlaufen wird, wodurch auch ihre Steigung linear mit der Zeit, d. h. mit wachsender Teilchenenergie, zunimmt. Zur vollständigen Lösung bemerken wir, dass sich auch für die Komponenten U^1 und U^2 der Vierergeschwindigkeit wie im Falle des statischen, homogenen Magnetfelds harmonische Lösungen ergeben:

$$\begin{aligned} U_1 &= U^\perp \sin(\omega_0 \tau + \alpha) \\ U_2 &= U^\perp \cos(\omega_0 \tau + \alpha), \end{aligned} \tag{15.168}$$

wobei hier, anders als im Fall des statischen, homogenen Magnetfelds,

$$\omega_0 = \frac{qB_z}{m_0} \tag{15.169}$$

die so genannte Zyklotronfrequenz ist (s. auch Gl. (15.249)), die sich nach Gl. (15.160) aus ω_g für den Grenzfall $\gamma_u = 1$ ergibt. α ist wieder ein durch die Anfangsbedingung entsprechend wählbarer Phasenwinkel. Zur endgültigen Umrechnung auf die Zeitkoordinate t muss noch deren Zusammenhang mit τ angegeben werden. Dazu benutzen wir die Definitionsgleichung der Eigenzeit (Gl. (15.2)) und integrieren vom Anfangszeitpunkt t_0 bis zur Zeit t:

$$\tau = \int_{t_0}^{t} \frac{\mathrm{d}t}{\gamma_u}, \tag{15.170}$$

wobei wir in

$$\gamma_u = \frac{1}{\sqrt{1 - \frac{u^2}{c^2}}} \tag{15.171}$$

das Geschwindigkeitsquadrat u^2 durch die Raumkomponenten der entsprechenden Vierergeschwindigkeit ausdrücken:

$$U_i U_i = \gamma_u^2 u^2. \tag{15.172}$$

Tragen wir hieraus u^2 in Gl. (15.171) ein, erhalten wir

$$\gamma_u^2 = 1 + \frac{U_i U_i}{c^2} = 1 + \frac{1}{c^2}(U^{\perp 2} + U_3^2). \tag{15.173}$$

Auflösen nach γ_u und Einsetzen in Gl. (15.170) ergibt

$$\tau = \int_{t_0}^{t} \frac{c\,\mathrm{d}t}{[c^2 + U^{\perp 2} + U_3^2]^{1/2}}. \tag{15.174}$$

Da gemäß Gl. (15.162) $U^\perp$ eine zeitliche Konstante und U_3 eine lineare Funktion der Zeit (Gl. (15.166)) ist, kann die Integration nach U_3 problemlos ausgeführt werden. Wir erhalten

$$\tau = \frac{m_0}{qE} \ln\left[\frac{U_3 + (c^2 + U^{\perp 2} + U_3^2)^{1/2}}{U_{3,0} + (c^2 + U^{\perp 2} + U_{3,0}^2)^{1/2}} \right], \tag{15.175}$$

wodurch das Problem vollständig gelöst ist (s. z. B. [6]).

15.1.4.3 Teilchen in sehr starken Magnetfeldern (quantenmechanisch)

Die in Abschn. 15.1.4.2 angetroffene zyklische Bewegung der Teilchen in der x^1-x^2-Ebene eines homogenen Magnetfelds $\boldsymbol{B}_z$ in x^3-Richtung führt in extrem starken Magnetfeldern ($|\boldsymbol{B}| \simeq 10^8$ T) zu einem sehr interessanten Phänomen, das erstmals der russische Physiker L. Landau erkannt und beschrieben hat. Es besteht darin, dass die Energie der Teilchen in diesen superstarken Magnetfeldern durch quantenmechanische Effekte in diskrete Energiezustände, die sog. *Landau-Niveaus*, aufgespalten wird. Für schwere Teilchen wie Protonen und andere Ionen spielt diese Aufspaltung keine besondere Rolle. Deswegen werden im Folgenden nur Elektronen betrachtet.

Die Dirac-Gleichung. Beim betrachteten Problem geht es um die quantenmechanische Behandlung eines relativistischen Elektrons ($q = e$ und $m_0 = m_e$) in einem äußeren elektromagnetischen Feld, wie sie angemessen durch die Dirac-Gleichung beschrieben wird (s. z. B. [7]). Vernachlässigen wir in der Hamilton-Funktion Gl. (15.142) das elektrische Potential φ, ergibt sich der Dirac'sche Hamilton-Operator H_D als linearer Ausdruck

$$H_D = c\hat{\alpha}_k(P_k - qA_k) + \hat{\beta}m_0 c^2 , \tag{15.176}$$

woraus die Dirac-Gleichung (in Schrödinger-Form)

$$i\hbar\frac{\partial \psi}{\partial t} = H_D \psi \tag{15.177}$$

folgt. P_k ist hierin als der übliche Impulsoperator

$$P_k = -i\hbar\frac{\partial}{\partial x^k} \tag{15.178}$$

zu verstehen, und $i = \sqrt{-1}$ ist die imaginäre Einheit. Die Gl. (15.177) ist nur dann sinnvoll, wenn die Wellenfunktion ψ ein vierkomponentiger Vektor

$$\psi = \begin{bmatrix} \psi_1 \\ \psi_2 \\ \psi_3 \\ \psi_4 \end{bmatrix} \tag{15.179}$$

ist. Dies hat zur Folge, dass auch die Größen $\hat{\alpha}_k$ und $\hat{\beta}$ bestimmte 4×4-Matrizen sein müssen. Man bezeichnet sie als Dirac-Matrizen. Wir wählen hier deren übliche Darstellung

$$\hat{\alpha}_k = \begin{pmatrix} 0 & \sigma_k \\ \sigma_k & 0 \end{pmatrix} \quad \text{und} \quad \hat{\beta} = \begin{pmatrix} I & 0 \\ 0 & -I \end{pmatrix}, \tag{15.180}$$

worin σ_k die Pauli-Matrizen (s. z. B. [7])

$$\sigma_1 = \begin{pmatrix} 0 & 1 \\ 1 & 0 \end{pmatrix}, \quad \sigma_2 = \begin{pmatrix} 0 & -i \\ i & 0 \end{pmatrix}, \quad \sigma_3 = \begin{pmatrix} 1 & 0 \\ 0 & -1 \end{pmatrix} \tag{15.181}$$

und

$$I = \begin{pmatrix} 1 & 0 \\ 0 & 1 \end{pmatrix}, \quad 0 = \begin{pmatrix} 0 & 0 \\ 0 & 0 \end{pmatrix} \tag{15.182}$$

die 2×2-Einheitsmatrix und die entsprechende Nullmatrix sein sollen.

Wir suchen stationäre Zustände mit der Energie E. Diese haben die Lösung

$$\psi = \psi_0 e^{-\frac{i}{\hbar}Et}, \tag{15.183}$$

womit durch Einsetzen in Gl. (15.177) das stationäre Gleichungssystem

$$H_D \psi_0 = E \psi_0 \tag{15.184}$$

resultiert.

Lösung für Elektronen im homogenen Magnetfeld ($q = e$). Zur Lösung der Dirac-Gleichung setzen wir ψ_0 in der Form

$$\psi_0 = \begin{pmatrix} \xi \\ \chi \end{pmatrix} \tag{15.185}$$

an, wobei ξ und χ jeweils zweikomponentige zeitunabhängige Spaltenvektoren sind. Einsetzen von H_D aus Gl. (15.176) und ψ_0 aus Gl. (15.185) in (15.184) liefert das gekoppelte System von vier Differentialgleichungen 1. Ordnung:

$$(E - m_0 c^2)\xi = c\sigma_k (P_k - eA_k)\chi \tag{15.186}$$

$$(E + m_0 c^2)\chi = c\sigma_k (P_k - eA_k)\xi. \tag{15.187}$$

Einsetzen von χ aus Gl. (15.187) in (15.186) ergibt:

$$(E + m_0 c^2)(E - m_0 c^2)\xi = c^2 \sigma_k (P_k - eA_k)\sigma_l (P_l - eA_l)\xi. \tag{15.188}$$

Wir betrachten den speziellen Fall, dass nur ein Magnetfeld in x^3-Richtung vorhanden ist. Dann sind die Komponenten des Vektorpotentials

$$A_1 = 0, \quad A_2 = B_z x^1, \quad A_3 = 0, \tag{15.189}$$

sodass $\boldsymbol{A}$ mit dem Kronecker-Symbol δ_{kl} in Indexform

$$A_k = \delta_{k2} B_z x^1 \tag{15.190}$$

ausgedrückt werden kann.

Zur Auswertung der rechten Seite von Gl. (15.188) benutzen wir die Tatsache, dass für zwei beliebige, mit den Pauli-Matrizen vertauschbare 3-komponentige Operatorvektoren $\boldsymbol{a}$ und $\boldsymbol{b}$ die Operatoridentität (Summationskonvention beachten)

$$(\sigma_k a_k)(\sigma_l b_l) = I a_k b_k + i \sigma_k (\boldsymbol{a} \times \boldsymbol{b})_k \tag{15.191}$$

gilt.

Durch Einsetzen der Operatoren

$$P_k = -i\hbar \frac{\partial}{\partial x^k}, \quad A_k = \delta_{k2} B_z x^1 \tag{15.192}$$

erhält man

$$a_k b_k = (P_k - qA_k)(P_k - qA_k)$$
$$= -\hbar^2 \Delta + 2iq\hbar B_z x^1 \frac{\partial}{\partial x^2} + q^2 B_z^2 (x^1)^2 \tag{15.193}$$

und

$$i\sigma_k(\boldsymbol{a} \times \boldsymbol{b})_k = i\sigma_k[(\boldsymbol{P} - q\boldsymbol{A}) \times (\boldsymbol{P} - q\boldsymbol{A})]_k = i\hbar q B_z, \tag{15.194}$$

woraus als Gleichung für ξ

$$(E^2 - m_0^2 c^4)\xi = c^2 \left[-\hbar^2 \Delta + 2iq\hbar B_z x^1 \frac{\partial}{\partial x^2} + q^2 B_z^2 (x^1)^2 - \hbar\sigma_3 q B_z \right]\xi \tag{15.195}$$

folgt. Zur Lösung der Gleichung setzt man

$$\xi = \tilde{\xi}\, e^{-\frac{i}{\hbar} p_3 x^3} \quad \text{mit} \quad \tilde{\xi} = \begin{pmatrix} f_1 \\ f_2 \end{pmatrix} \tag{15.196}$$

an, wobei p_3 die Impulskomponente in x^3-Richtung ist. Da p_3 eine Zahl und kein Operator ist, sind die zugehörenden Bewegungszustände nicht gequantelt! Einsetzen in Gl. (15.195) liefert

$$(E^2 - m_0^2 c^4 - c^2 p_3^2) f_j = c^2 \left[-\hbar^2 \frac{\partial^2}{(\partial x^1)^2} + \left(qB_z + i\hbar \frac{\partial}{\partial x^2} \right)^2 \pm \hbar q B_z \right] f_j \tag{15.197}$$

mit $j = 1, 2$, wobei das obere Vorzeichen für $j = 1$, das untere Vorzeichen für $j = 2$ gilt. Mit dem weiteren Separationsansatz

$$f_j = g_j(x^1) e^{\frac{i}{\hbar} p_2 x^2} \tag{15.198}$$

erhalten wir schließlich als Differentialgleichung für g_j:

$$\frac{d^2 g_j}{(dx^1)^2} + \frac{1}{\hbar^2} \left[\frac{E^2 - m_0^2 c^4 - c^2 p_3^2 \pm \hbar\omega_0 m_0 c^2}{c^2} - m_0^2 \omega_0^2 \left(x^1 - \frac{p_2}{qB_z} \right)^2 \right] g_j = 0, \tag{15.199}$$

worin wir $qB_z = \omega_0 m_0$ durch die Zyklotronfrequenz ω_0 aus Gl. (15.169) ausgedrückt haben.

Gl. (15.199) ist die Differentialgleichung eines harmonischen Oszillators. Sie besitzt bekanntlich Lösungen, die im Unendlichen nur für bestimmte diskrete Werte der Energie E_n verschwinden, wenn diese beim harmonischen Oszillator, die Eigenwertgleichung

$$E_n^2 - m_0^2 c^4 - c^2 p_3^2 \pm \hbar\omega_0 m_0 c^2 = (2n+1)\hbar\omega_0 m_0 c^2 \tag{15.200}$$

erfüllen. Die Energieniveaus eines Elektrons im Magnetfeld sind dann

$$E_n = m_0 c^2 \left[1 + \left(\frac{p_3}{m_0 c} \right)^2 + (2n+1)\frac{\hbar\omega_0}{m_0 c^2} \pm \frac{\hbar\omega_0}{m_0 c^2} \right]^{1/2}, \quad n = 0, 1, 2, 3, \ldots. \tag{15.201}$$

Für einen gegebenen festen Wert von p_3 sind die Energiewerte der Elektronen im Magnetfeld bezüglich der x^1- und x^2-Komponenten quantisiert. Die entsprechenden Energieniveaus werden als *Landau-Niveaus* bezeichnet. Mit Ausnahme des nichtentarteten Grundzustands ($n = 0$ und $-$ Zeichen) sind alle anderen Zustände $n = 1, 2, \ldots$ zweifach entartet. Der relative Abstand der Energiequadrate ist konstant und beträgt

$$\frac{E_{n+1}^2 - E_n^2}{m_0 c^2} = 2\hbar\omega_0 . \tag{15.202}$$

Hieran erkennt man, dass für schwere Teilchen (Protonen, Ionen, etc.) die Aufspaltung sehr viel kleiner ist als für Elektronen oder Positronen. Sie spielt deshalb keine Rolle.

Landau-Niveaus bei Pulsaren. Pulsare sind Neutronensterne, deren typischer Radius etwa 10 km beträgt. Sie besitzen die größten im Weltall vorkommenden Magnetfeldstärken: $B \simeq 10^8$ T. Wir erwarten deshalb, dass hier Quanteneffekte auftreten können. Zur weiteren Diskussion definieren wir eine kritische Magnetfeldstärke B_{kr} gemäß

$$\hbar\omega_{0,\mathrm{kr}} = \hbar \frac{q B_{\mathrm{kr}}}{m_0} = m_0 c^2 , \tag{15.203}$$

woraus der nur von Naturkonstanten bestimmte Wert

$$B_{\mathrm{kr}} = \frac{m_0^2 c^2}{q\hbar} = 4.414 \times 10^9 \, \mathrm{T} \tag{15.204}$$

resultiert. Die Größen $\hbar\omega_0$ sind Energiequanten des Magnetfeldes. Die Energie $\hbar\omega_{0,\mathrm{kr}}$ ist gleich der Ruheenergie der Elektronen $m_0 c^2$. Das bedeutet, dass Energien größer als $2\hbar\omega_{0,\mathrm{kr}}$ zur Elektron-Positron-Paarerzeugung führen, wodurch Magnetfeldenergie in materielle Energie umgewandelt wird. In diesem Sinne stellt B_{kr} die größtmögliche in der Natur erreichbare Magnetfeldstärke dar. Alle realen Magnetfelder B sind also kleiner als B_{kr}.

Mit B_{kr} lassen sich die Energieniveaus der Gl. (15.201) in der Form

$$E_n = m_0 c^2 \left[1 + \left(\frac{p_3}{m_0 c}\right)^2 + 2n \frac{B_z}{B_{\mathrm{kr}}} \right]^{1/2} \tag{15.205}$$

schreiben. Für $B_z/B_{\mathrm{kr}} \ll 1$ folgt durch Entwicklung der Wurzel in Gl. (15.205) für die Energiedifferenz

$$E_{n+1} - E_n \simeq n m_0 c^2 \frac{B_z}{B_{\mathrm{kr}}} . \tag{15.206}$$

Die quantisierten Energieniveaus sind also äquidistant.

Die Quantisierung der Energiezustände wird wichtig, wenn

$$2n \frac{B_z}{B_{\mathrm{kr}}} \gtrsim \left(\frac{p_3}{m_0 c}\right)^2 \tag{15.207}$$

gilt.

Im nichtrelativistischen Grenzfall liegt näherungsweise Gleichverteilung der Energie für die drei Raumrichtungen der Bewegung vor. Es gilt also

$$\frac{p_3^2}{2m_0} \simeq \frac{1}{2}kT, \tag{15.208}$$

wobei T die lokale Temperatur des Plasmas ist. Wenn also

$$\frac{kT}{m_0 c^2} \lesssim \frac{B_z}{B_{\text{kr}}} \tag{15.209}$$

gilt, sind die Abstände zwischen den Landau-Niveaus größer als die Breite der Energieverteilung für die nicht quantisierte Komponente der Bewegung parallel zum Magnetfeld (x^3-Richtung). In diesem Fall führt die Quantisierung der Energiezustände der Elektronen (x^1-x^2-Ebene) zu beobachtbaren Effekten. Andernfalls überlappen sich die benachbarten Landau-Niveaus wegen der kontinuierlichen Verteilung der p_3-Impulse, sodass die Landau-Niveaus im Energiespektrum nicht erkennbar sind. Die Bedingung (15.209) für die Erkennbarkeit der Landau-Niveaus für Elektronen kann näherungsweise in der Form

$$T[\text{K}] \lesssim B_z[\text{T}] \tag{15.210}$$

geschrieben werden, wobei T in Kelvin und B_z in Tesla angegeben sind.

Bei Neutronensternen existieren in einer dünnen Oberflächenschicht freie Elektronen. Im extremen Magnetfeld eines Pulsars spaltet das Energiespektrum dieser Elektronen in Landau-Niveaus auf. Wie bereits bemerkt wurde, ist für Pulsare mit magnetischen Feldstärken von $B \simeq 10^8$ T zu rechnen, sodass nur für $T < 10^8$ K das Energiespektrum der Elektronen wirklich diskret ist. Die Oberflächentemperaturen der meisten Pulsare liegen sicher deutlich unter dieser Grenze von 10^8 K, andernfalls müssten sie ihre Energie hauptsächlich im Röntgenbereich abstrahlen, was den astronomischen Beobachtungen widerspricht. Die Energieabstände der Landau-Niveaus sind für $2nB_z \ll B_{\text{kr}}$ durch

$$\Delta E \simeq m_0 c^2 \frac{B_z}{B_{\text{kr}}} \tag{15.211}$$

gegeben. Für $B_z \simeq 10^8$ T erwartet man dann ein Linienspektrum im weichen Röntgenbereich. Eine solche Landau-Linie wurde zuerst zweifelsfrei 1979 von J. Trümper durch die Beobachtung einer 58 keV-Linie am Pulsar Hercules X1 verifiziert [8], woraus nach Gl. (15.211) eine lokale Magnetfeldstärke von $\simeq 5 \times 10^8$ T resultiert.

15.1.5 Die Strahlung eines beschleunigten geladenen Punktteilchens

Eine besonders interessante und wichtige Anwendung des bisher in Abschn. 15.1 dargestellten Formalismus ist die Untersuchung der Abstrahlung einer mit beliebiger Geschwindigkeit $|\boldsymbol{u}| < c$ bewegten beschleunigten Punktmasse m mit der Ladung q.

Als Ausgangspunkt für unsere Überlegungen betrachten wir die Abstrahlung des Teilchens zu einem bestimmten, aber beliebigen Zeitpunkt t_0. Zu diesem Zeitpunkt existiert ein Inertialsystem Σ_0, das sich mit der konstanten momentanen Teilchengeschwindigkeit $\boldsymbol{u} = \boldsymbol{u}(t_0)$ bewegt. Bei t_0 ruht also das Teilchen bezüglich Σ_0, sodass das Bezugssystem Σ_0 als ein momentanes Ruhesystem angesehen werden kann. Da das Teilchen beschleunigt ist, ist die Wahl eines solchen Ruhesystems Σ_0 stets nur für einen beliebig gewählten Zeitpunkt $t = t_0$ möglich! Wir bezeichnen im Folgenden alle das Teilchen charakterisierenden Größen, die sich auf dieses momentane Ruhesystem Σ_0 beziehen, mit einem Index $_0$.

Die Gesamtstrahlungsleistung Φ_0 im System Σ_0 ist unmittelbar durch die *Larmor'sche Formel für Dipolstrahlung*

$$\Phi_0 = \frac{q^2}{6\pi\varepsilon_0 c^3} |\boldsymbol{a}_0|^2 \tag{15.212}$$

gegeben (s. [5], §67), worin $\boldsymbol{a}_0$ die Beschleunigung des Teilchens zum Zeitpunkt t_0 im System Σ_0 bezeichnet.

Die im Zeitintervall $\mathrm{d}t_0$ ausgestrahlte Energie $\mathrm{d}\tilde{E}_0$ ist also gleich

$$\mathrm{d}\tilde{E}_0 = \Phi_0 \, \mathrm{d}t_0. \tag{15.213}$$

Da das Teilchen in Σ_0 ruht, entspricht nach den obigen Ausführungen das Zeitintervall $\mathrm{d}t_0$ gerade dem Intervall der Eigenzeit $\mathrm{d}\tau$, sodass gilt

$$\mathrm{d}\tilde{E}_0 = \Phi_0 \, \mathrm{d}\tau. \tag{15.214}$$

Wegen der Symmetrie der Dipolstrahlung ist der im System Σ_0 im Zeitintervall $\mathrm{d}\tau$ abgestrahlte Gesamtimpuls $\mathrm{d}\tilde{\boldsymbol{p}}_0$ (= Impulsstrom integriert über den gesamten Raumwinkel mal $\mathrm{d}\tau$) gleich null:

$$\mathrm{d}\tilde{\boldsymbol{p}}_0 = 0. \tag{15.215}$$

Betrachten wir nun die Größen

$$\mathrm{d}\tilde{\boldsymbol{p}}_0 = (\mathrm{d}\tilde{p}_0^1, \mathrm{d}\tilde{p}_0^2, \mathrm{d}\tilde{p}_0^3) \quad \text{und} \quad \frac{\mathrm{d}\tilde{E}_0}{c} = \mathrm{d}\tilde{p}_0^0 \tag{15.216}$$

als die entsprechenden Komponenten des in $\mathrm{d}\tau$ abgestrahlten Viererimpulses $\mathrm{d}\tilde{p}_0^\mu$, so können wir die Gln. (15.214) und (15.215) zum Gleichungssystem

$$\mathrm{d}\tilde{p}_\mu^0 = \frac{\Phi_0}{c} \cdot \begin{pmatrix} \mathrm{d}\tau \\ 0 \\ 0 \\ 0 \end{pmatrix} \tag{15.217}$$

zusammenfassen, das die Abstrahlung von Impuls und Energie im Ruhesystem Σ_0 angibt. Um die Abstrahlung dieser Größen bezüglich eines beliebig bewegten Inertialsystems Σ zu beschreiben, müssen wir Gl. (15.217) in relativistisch korrekter Form ausdrücken. Nach den Ausführungen in Abschn. 15.1 geschieht dies durch Einführen entsprechender Vierervektoren für die in die Formel eingehenden dynamischen Größen $|\boldsymbol{a}_0|^2$ und $\mathrm{d}\tau$: Im Ruhesystem Σ_0 nimmt die Viererbewegungsgleichung (15.15) wegen $\boldsymbol{u} = 0$ die einfache Form

$$\frac{\mathrm{d}p_0^\nu}{\mathrm{d}\tau} = F_0^\nu = \begin{pmatrix} 0 \\ \boldsymbol{F}_0 \end{pmatrix} = m_0 \begin{pmatrix} 0 \\ \boldsymbol{a}_0 \end{pmatrix} \tag{15.218}$$

an, die den Viererimpuls des Teilchens p_0^ν mit der Beschleunigung $\boldsymbol{a}_0$ verknüpft.
Durch Quadrieren von Gl. (15.218) folgt

$$\frac{dp_{0\nu}}{d\tau}\frac{dp_0^\nu}{d\tau} = \eta_{\nu\mu}\frac{dp_0^\mu}{d\tau}\frac{dp_0^\nu}{d\tau} = |\boldsymbol{F}_0|^2 = m_0^2|\boldsymbol{a}_0|^2. \tag{15.219}$$

Nach Gl. (15.15) ist $dp_0^\nu/d\tau$ ein kontravarianter Vierervektor. Da sich Vierervektoren unter Lorentz-Transformation per definitionem wie die Koordinaten x^ν transformieren (siehe dazu die Definition der Vierervektoren in Anh. 15B), ist ihr Betrag eine relativistische Invariante (s. Gl. (15.564)), d. h. es gilt stets

$$\frac{dp_\nu}{d\tau}\frac{dp^\nu}{d\tau} = \frac{dp_{0\nu}}{d\tau}\frac{dp_0^\nu}{d\tau} = m_0^2|\boldsymbol{a}_0|^2, \tag{15.220}$$

worin $dp^\nu/d\tau$ der entsprechende Vierervektor im beliebig bewegten Inertialsystem Σ ist.

Setzen wir Gln. (15.219) und (15.220) in den Ausdruck (15.212) für Φ_0 ein, erhalten wir die Beziehung

$$\Phi_0 = \frac{q^2}{6\pi\varepsilon_0 c^3 m_0^2}\frac{dp_{0\nu}}{d\tau}\frac{dp_0^\nu}{d\tau} = \frac{q^2}{6\pi\varepsilon_0 c^3 m_0^2}\frac{dp_\nu}{d\tau}\frac{dp^\nu}{d\tau} = \Phi, \tag{15.221}$$

die die Strahlungsleistung Φ in einem beliebigen Inertialsystem Σ angibt. Die Gesamtstrahlungsleistung Φ eines beschleunigten geladenen Teilchens ist somit unabhängig von der Geschwindigkeit und in *allen* Inertialsystemen gleich ihrem Wert Φ_0 im Ruhesystem Σ_0.

Im System Σ_0 gilt per definitionem Gl. (15.2)

$$dx_0^0 = c\,dt_0 = c\,d\tau. \tag{15.222}$$

Setzen wir Gln. (15.221) und (15.222) in Gl. (15.217) ein, folgt

$$d\tilde{p}_\mu^0 = \frac{\Phi}{c^2}\begin{Bmatrix}dx_0^0\\0\\0\\0\end{Bmatrix}. \tag{15.223}$$

Da der Faktor vor der Klammer in dieser Gleichung nach Gl. (15.221) relativistisch invariant ist, müssen wir, um die Ausstrahlung $d\tilde{p}^\mu$ in einem beliebigen Inertialsystem zu erhalten, den Ausdruck in der Klammer als Vierervektor schreiben. Da dieser im System Σ_0 die Gestalt $dx_0^\mu = (dx_0^0, 0, 0, 0)$ annehmen muss, kommt aus Dimensionsgründen nur noch der Vektor dx^μ in Frage. Somit ergibt sich als relativistisch korrekter Ausdruck für den abgestrahlten Viererimpuls im System Σ

$$d\tilde{p}^\mu = \frac{1}{c^2}\Phi\,dx^\mu, \tag{15.224}$$

woraus durch Einsetzen der Vierergeschwindigkeit (Gl. (15.1)) der Ausdruck

$$d\tilde{p}^\mu = \frac{1}{c^2}\Phi U^\mu d\tau \tag{15.225}$$

folgt.

Wählen wir für Σ speziell das System eines Beobachters, z. B. das Laborsystem Σ_L, das sich zum Zeitpunkt t_0 mit der Geschwindigkeit $-\boldsymbol{u}$ relativ zum System Σ_0 bewegt, so beschreibt Gl. (15.225) gerade die Abstrahlung von Impuls und Energie eines Teilchens, das relativ zu diesem Beobachter die Geschwindigkeit $\boldsymbol{u}$ besitzt.

In diesem Fall, wo wir nur zwei Systeme, das momentane Ruhesystem Σ_0 und das Laborsystem Σ betrachten, gilt $\gamma = (1 - u^2/c^2)^{-1/2}$ und $\gamma_u = \gamma_{u'} = 1$ (s. Gln. (15.53) und (15.54)), sodass der Ausdruck (15.225) mithilfe der Beziehung

$$\mathrm{d}\tau = \frac{1}{\gamma}\mathrm{d}t \tag{15.226}$$

sofort auf die Koordinaten im System Σ umgerechnet werden kann.

Für spätere Anwendungen ist es vorteilhaft, Gl. (15.225) unmittelbar durch die auf das Inertialsystem Σ bezogene Beschleunigung $\boldsymbol{a}$ des Teilchens auszudrücken. Dazu zerlegen wir den Beschleunigungsvektor $\boldsymbol{a}_0$ im System Σ_0 in seine Komponenten parallel und senkrecht zu $\boldsymbol{u}$:

$$\boldsymbol{a}_0 = \boldsymbol{a}_0^\| + \boldsymbol{a}_0^\perp \,. \tag{15.227}$$

Aus den Beziehungen (15.56) und (15.57) sehen wir, dass sich diese Komponenten beim Übergang vom ruhenden System Σ_0 zum bewegten System Σ gemäß

$$\boldsymbol{a}^\| = \gamma^{-3} \boldsymbol{a}_0^\| \tag{15.228}$$

bzw.

$$\boldsymbol{a}^\perp = \gamma^{-2} \boldsymbol{a}_0^\perp \tag{15.229}$$

transformieren. Bilden wir aus den Gln. (15.56) und (15.57) die Invariante $\boldsymbol{a}_0^2$

$$|\boldsymbol{a}_0|^2 = |\boldsymbol{a}_0^\||^2 + |\boldsymbol{a}_0^\perp|^2 = \gamma^6 |\boldsymbol{a}^\||^2 + \gamma^4 |\boldsymbol{a}^\perp|^2 \tag{15.230}$$

und setzen diese in Φ_0 ein, ergibt sich aus den Gln. (15.220) und (15.221) die Strahlungsleistung

$$\Phi = \frac{q^2}{6\pi\varepsilon_0 c^3}\gamma^4(\gamma^2 |\boldsymbol{a}^\||^2 + |\boldsymbol{a}^\perp|^2)\,, \tag{15.231}$$

ausgedrückt durch die Geschwindigkeit $\boldsymbol{u}$ und die Projektionen der Beschleunigung $\boldsymbol{a}$ des Teilchens im System Σ.

Setzen wir diesen Ausdruck und die Darstellung von U^μ aus Gl. (15.5) in Gl. (15.225) ein, erhalten wir als endgültige Formel für den im Zeitintervall $\mathrm{d}t$ abgestrahlten Viererimpuls

$$\mathrm{d}\tilde{p}^\mu = \frac{q^2}{6\pi\varepsilon_0 c^5}\gamma^4(\gamma^2 |\boldsymbol{a}^\||^2 + |\boldsymbol{a}^\perp|^2) \cdot \begin{pmatrix} c \\ \boldsymbol{u} \end{pmatrix} \mathrm{d}t\,. \tag{15.232}$$

Deren erste Gleichung ist die im Zeitintervall $\mathrm{d}t$ abgestrahlte Energie

$$\mathrm{d}\tilde{E} = c\,\mathrm{d}\tilde{p}^0 = \frac{q^2}{6\pi\varepsilon_0 c^3}\gamma^4(\gamma^2 |\boldsymbol{a}^\||^2 + |\boldsymbol{a}^\perp|^2)\,\mathrm{d}t\,, \tag{15.233}$$

und deren folgende drei Gleichungen geben den im Zeitintervall $\mathrm{d}t$ abgestrahlten Impuls

$$\mathrm{d}\tilde{\boldsymbol{p}} = \frac{q^2}{6\pi\varepsilon_0 c^5}\gamma^4(\gamma^2 |\boldsymbol{a}^\||^2 + |\boldsymbol{a}^\perp|^2)\,\boldsymbol{u}\,\mathrm{d}t \tag{15.234}$$

im System Σ an.

Im Fall einer elektromagnetischen Beschleunigung des Teilchens ist es vorteilhaft, seine Bewegungsgleichung (15.28) in die Formel für die Strahlungsleistung (15.221) einzusetzen:

$$\Phi = \frac{q^2}{6\pi\varepsilon_0 c^3 m_0^2} \frac{\mathrm{d}p_\nu}{\mathrm{d}\tau} \frac{\mathrm{d}p^\mu}{\mathrm{d}\tau} = \frac{q^4}{6\pi\varepsilon_0 c^3 m_0^2} \eta_{\nu\lambda} F^\nu_\varrho F^\lambda_\sigma U^\varrho U^\sigma, \qquad (15.235)$$

woraus für den abgestrahlten Viererimpuls nach Gl. (15.225) der allgemeine Feldausdruck

$$\mathrm{d}\tilde{p}^\mu = \frac{q^4}{6\pi\varepsilon_0 c^5 m_0^2} \eta_{\nu\lambda} F^\nu_\varrho F^\lambda_\sigma U^\varrho U^\sigma U^\mu \, \mathrm{d}\tau \qquad (15.236)$$

folgt. Setzen wir hierin die Darstellung des elektromagnetischen Feldtensors aus Gl. (15.102), die Vierergeschwindigkeit aus Gl. (15.1) und $\mathrm{d}\tau$ aus Gl. (15.226) ein, erhalten wir die endgültige Formel für den abgestrahlten Viererimpuls im System Σ ausgedrückt durch die elektromagnetischen Felder und die Geschwindigkeit des Teilchens.

Diesen Ausdruck erhalten wir aber auch unmittelbar aus Gl. (15.225), wenn wir dort Φ aus Gl. (15.221) explizit durch die Bewegungsgleichung (15.25) ausdrücken und die Beziehung

$$U^\mu \mathrm{d}\tau = \binom{c}{\boldsymbol{u}} \mathrm{d}t \qquad (15.237)$$

benutzen:

$$\mathrm{d}\tilde{p}^\mu = \frac{q^4}{6\pi\varepsilon_0 c^5 m_0^2} \gamma^2 \left[|\boldsymbol{E}|^2 + |\boldsymbol{u} \times \boldsymbol{B}|^2 - \frac{1}{c^2}(\boldsymbol{u} \cdot \boldsymbol{E})^2 \right] \binom{c}{\boldsymbol{u}} \mathrm{d}t, \qquad (15.238)$$

worin die erste Gleichung die in $\mathrm{d}t$ abgestrahlte Energie

$$\mathrm{d}\tilde{E} = c\,\mathrm{d}\tilde{p}^0 = \frac{q^4}{6\pi\varepsilon_0 c^3 m_0^2} \gamma^2 \left[|\boldsymbol{E}|^2 + |\boldsymbol{u} \times \boldsymbol{B}|^2 - \frac{1}{c^2}(\boldsymbol{u} \cdot \boldsymbol{E})^2 \right] \mathrm{d}t \qquad (15.239)$$

und die anderen drei Gleichungen den in $\mathrm{d}t$ abgestrahlten Impuls

$$\mathrm{d}\tilde{\boldsymbol{p}} = \frac{q^4}{6\pi\varepsilon_0 c^5 m_0^2} \gamma^2 \left[|\boldsymbol{E}|^2 + |\boldsymbol{u} \times \boldsymbol{B}|^2 - \frac{1}{c^2}(\boldsymbol{u} \cdot \boldsymbol{E})^2 \right] \boldsymbol{u}\, \mathrm{d}t \qquad (15.240)$$

darstellen.

Besonders einfache Verhältnisse liegen vor, wenn wir die Abstrahlung einer in einem konstanten Magnetfeld gyrierenden Ladung betrachten. In diesem Fall ($\boldsymbol{u} \perp \boldsymbol{E}$) reduzieren sich die Viererbewegungsgleichungen (15.27) auf die einfache Form

$$\frac{\mathrm{d}p^\mu}{\mathrm{d}\tau} = \gamma q \binom{0}{\boldsymbol{u} \times \boldsymbol{B}}, \qquad (15.241)$$

aus der wir für den Impuls $\boldsymbol{p}$ bzw. für die Beschleunigung $\boldsymbol{a}$ sofort die Beziehung

$$\frac{\mathrm{d}\boldsymbol{p}}{\mathrm{d}t} = \gamma m_0 \boldsymbol{a} = q(\boldsymbol{u} \times \boldsymbol{B}) \qquad (15.242)$$

ablesen. Zerlegen wir **a** in seine Anteile parallel und senkrecht zu **u**,

$$\boldsymbol{a} = \boldsymbol{a}^{\parallel} + \boldsymbol{a}^{\perp}, \tag{15.243}$$

erkennen wir aus Gl. (15.242) durch Vergleich

$$\boldsymbol{a}^{\parallel} = 0 \tag{15.244}$$

und

$$\boldsymbol{a}^{\perp} = \frac{q}{\gamma m_0}(\boldsymbol{u} \times \boldsymbol{B}). \tag{15.245}$$

Die Gln. (15.244) und (15.245) beschreiben die Bahn eines Teilchens, das sich mit konstanter Geschwindigkeit $\boldsymbol{u}^{\parallel}$ parallel zum Magnetfeld **B** bewegt und das in der Ebene senkrecht zu **B** mit dem konstanten Geschwindigkeitsbetrag

$$|\boldsymbol{u}^{\perp}| = u \sin\alpha = \frac{|\boldsymbol{a}^{\perp}|}{\omega_{\mathrm{g}}} \tag{15.246}$$

auf einer Kreisbahn umläuft (s. Abschn. 15.1.4.2), wobei $u = |\boldsymbol{u}|$ und α der so genannte *Pitchwinkel*, d. h. der Winkel zwischen der Richtung des Magnetfeldes **B** und der Richtung der Geschwindigkeit **u** ist:

$$\sin\alpha = \frac{|\boldsymbol{u} \times \boldsymbol{B}|}{|\boldsymbol{u}||\boldsymbol{B}|} = \frac{(\boldsymbol{u} \cdot \boldsymbol{u}^{\perp})}{|\boldsymbol{u}||\boldsymbol{u}^{\perp}|}. \tag{15.247}$$

Die Gyrationsfrequenz ω_{g} dieser periodischen Bewegung folgt unmittelbar durch Vergleich der Gln. (15.246) und (15.245), wenn dort **u** durch $\boldsymbol{u}^{\perp}$ ersetzt und der Betrag genommen wird:

$$\omega_{\mathrm{g}} = \frac{|q||\boldsymbol{B}|}{\gamma m_0}. \tag{15.248}$$

Für den Fall sehr kleiner Geschwindigkeiten ($\gamma \to 1$) geht ω_{g} in die so genannte *Zyklotronfrequenz*

$$\omega_0 = \frac{|q||\boldsymbol{B}|}{m_0} \tag{15.249}$$

über, die die Gyration eines Teilchens im Fall $|\boldsymbol{u}| \ll c$ beschreibt.

Setzen wir die Ausdrücke (15.244), (15.245) und (15.246) in den Ausdruck (15.231) für die Gesamtstrahlungsleistung Φ ein, erhalten wir

$$\Phi = \frac{\gamma^2 q^2}{6\pi\varepsilon_0 c^3} \cdot \frac{q^2 B^2}{m_0^2} \cdot u^2 \sin^2\alpha. \tag{15.250}$$

Drücken wir in Gl. (15.250) den zweiten Faktor gemäß Gl. (15.248) durch die Gyrationsfrequenz ω_{g} aus, erhalten wir schließlich für die abgestrahlte Gesamtleistung

$$\Phi = \frac{\gamma^4 q^2}{6\pi\varepsilon_0 c^3} \omega_{\mathrm{g}}^2 u^2 \sin^2\alpha, \tag{15.251}$$

woraus wir ersehen, dass Φ im Fall eines konstanten Magnetfeldes nur vom Betrag u der Geschwindigkeit, dem Pitchwinkel α und der Gyrationsfrequenz ω_{g} abhängt. Da die Ladung q des Teilchens quadratisch eingeht, ist das Ergebnis z. B. für Elektronen und Positronen gleich.

15.1.5.1 Die Winkelverteilung der emittierten Strahlung

Zur Ableitung der Winkelverteilung der von einem beschleunigten geladenen Teilchen emittierten Strahlung beschreiben wir die Situation zum Zeitpunkt t_0 sowohl im Ruhesystem Σ_0 des Teilchens als auch im dazu mit der Geschwindigkeit $-u$ längs der x-Richtung bewegten Koordinatensystem Σ. Fassen wir Σ als das Laborsystem Σ_L auf, bewegt sich das Teilchen bezüglich Σ gerade mit der Geschwindigkeit u längs der x-Achse. Die Koordinatenachsen der Inertialsysteme Σ_0 und Σ seien parallel.

Wir nehmen an, dass im System Σ_0 der Energiebetrag $d\tilde{E}_0(\hat{k}_0)$ in den Raumwinkel

$$d\Omega_0 = \sin\varphi_0\, d\varphi_0\, d\psi_0 = -d(\cos\varphi_0)\, d\psi_0 \tag{15.252}$$

um die Richtung $\hat{k}_0$ abgestrahlt wird; $\hat{k}_0$ sei der Einheitsvektor in Strahlrichtung.

Um besonders einfache geometrische Verhältnisse zu haben, betrachten wir die Ausstrahlung in der (x_0, y_0)-Ebene in Σ_0, die durch den Azimutwinkel $\psi_0 = 0$ festgelegt und deren positive x_0-Achse durch die Winkel $\varphi_0 = 0$ und $\psi_0 = 0$ gegeben sei (s. Abb. 15.1).

Den Zusammenhang zwischen den Winkeln φ, ψ im System Σ und φ_0, ψ_0 im System $\Sigma' \equiv \Sigma_0$ erhalten wir unmittelbar aus den Gln. (15.51) und (15.52) für die Aberration, wenn wir dort φ' durch φ_0 ersetzen. Der Azimutwinkel $\psi = \psi_0 = 0$ bleibt beim Übergang zum System Σ unverändert, da die x-Achsen in beiden Systemen parallel sind und der Winkel ψ senkrecht zur Bewegungsrichtung u gemessen wird. Somit erhalten wir den Zusammenhang (s. Aberrationsgleichung (15.52)):

$$\cos\varphi = \frac{\cos\varphi_0 + \beta}{1 + \beta\cos\varphi_0} \tag{15.253}$$

und

$$\psi = \psi_0. \tag{15.254}$$

Damit ergibt sich als Raumwinkelelement im System Σ

$$d\Omega = -d(\cos\varphi)\, d\psi = \frac{1-\beta^2}{(1+\beta\cos\varphi_0)^2}\, d\Omega_0. \tag{15.255}$$

Mit $d\tilde{p}_0^\mu(\hat{k}_0)$ bzw. $d\tilde{p}^\mu(\hat{k})$ bezeichnen wir den im Zeitintervall $d\tau$ bzw. dt in Richtung $\hat{k}_0$ bzw. $\hat{k}$ abgestrahlten Viererimpuls im System Σ_0 bzw. Σ. Da nach den obigen Ausführungen die Viererimpulse Vierervektoren sind, transformieren sich ihre Komponenten bei Lorentz-Transformation wie die Koordinaten x^μ. Betrachten wir speziell die nullte Komponente, welche sich wie die Zeitkoordinate ct transformiert, so folgt aus Gl. (15.543)

$$d\tilde{p}^0(\hat{k}) = \frac{d\tilde{p}_0^0(\hat{k}_0) + (u/c)\, d\tilde{p}_0^1(\hat{k}_0)}{\sqrt{1-\beta^2}}. \tag{15.256}$$

Nach Gl. (15.29) und (15.31) geben die räumlichen Komponenten des Viererimpulses den in Strahlrichtung emittierten Impuls und die nullte Komponente dessen Betrag an. Somit gilt für dessen x^1-Komponente nach Gl. (15.32)

$$d\tilde{p}_0^1(\hat{k}_0) = d\tilde{p}_0^0(\hat{k}_0)\cos\varphi_0. \tag{15.257}$$

15.1 Spezielle Relativitätstheorie

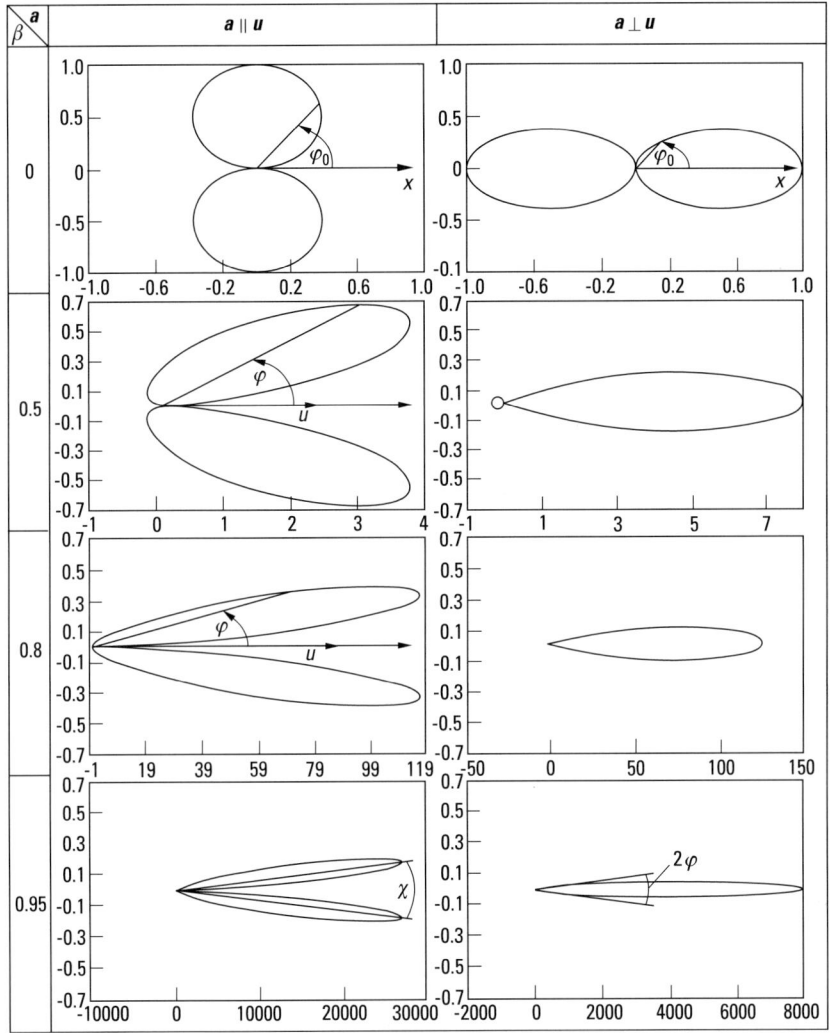

Abb. 15.1 Richtcharakteristiken der Strahlung beschleunigter Ladungen: Darstellung des Winkelanteils der Gln. (15.268) und (15.272). Die Ordinate ist auf den Maximalwert normiert. Man beachte die unterschiedliche Skalierung der Ordinate im Fall $\beta = 0$. Weiterhin ist der Öffnungswinkel χ der Emissionskeulen nach Gl. (15.288), sowie die Winkelausdehnung der Emissionskeule 2φ nach Gl. (15.289) für den extrem relativistischen Fall eingetragen.

Setzen wir diesen Zusammenhang in (15.256) ein und berücksichtigen $\beta = u/c$, folgt

$$d\tilde{p}^0(\hat{\boldsymbol{k}}) = \frac{1 + \beta \cos \varphi_0}{\sqrt{1 - \beta^2}} \, d\tilde{p}_0^0(\hat{\boldsymbol{k}}_0) \tag{15.258}$$

oder nach Gl. (15.29) ausgedrückt durch die entsprechenden Energien

$$d\tilde{E}(\hat{\boldsymbol{k}}) = \frac{1 + \beta\cos\varphi_0}{\sqrt{1-\beta^2}} d\tilde{E}(\hat{\boldsymbol{k}}_0).\tag{15.259}$$

Division durch $d\Omega$ aus Gl. (15.255) liefert die Winkelverteilung der emittierten Energien im System Σ.

$$\frac{d\tilde{E}(\hat{\boldsymbol{k}})}{d\Omega} = \frac{(1+\beta\cos\varphi_0)^3}{(1-\beta^2)^{3/2}} \frac{d\tilde{E}(\hat{\boldsymbol{k}}_0)}{d\Omega_0},\tag{15.260}$$

ausgedrückt durch die Größen im System Σ_0.

Für die weitere Diskussion ist es vorteilhaft, den Winkel φ_0 vermöge Gl. (15.253) durch den Winkel φ im System Σ auszudrücken. Setzen wir $\cos\varphi_0$ aus Gl. (15.253) in Gl. (15.260) ein, ergibt sich

$$\frac{d\tilde{E}(\hat{\boldsymbol{k}})}{d\Omega} = \frac{(1-\beta^2)^{3/2}}{(1-\beta\cos\varphi)^3} \frac{dE_0(\hat{\boldsymbol{k}}_0)}{d\Omega_0}.\tag{15.261}$$

Hieraus erhalten wir die Winkelabhängigkeit der im System Σ in Richtung $\hat{\boldsymbol{k}}$ in den Raumwinkel $d\Omega$ abgestrahlten Leistung

$$\frac{d\Phi(\hat{\boldsymbol{k}})}{d\Omega} = \frac{d}{d\Omega}\left(\frac{d\tilde{E}(\hat{\boldsymbol{k}})}{dt}\right)\tag{15.262}$$

durch Division mit $dt = d\tau/\sqrt{1-\beta^2}$:

$$\frac{d\Phi(\hat{\boldsymbol{k}})}{d\Omega} = \frac{(1-\beta^2)^2}{(1-\beta\cos\varphi)^3} \frac{d\Phi_0(\hat{\boldsymbol{k}}_0)}{d\Omega_0}.\tag{15.263}$$

Setzen wir hierin für die Winkelverteilung der Strahlungsleistung im Ruhesystem die *Larmor'sche Dipolformel* (s. z. B. [5], § 67)

$$\frac{d\Phi_0(\hat{\boldsymbol{k}}_0)}{d\Omega_0} = \frac{3}{8\pi}\Phi_0\sin^2\vartheta_0\tag{15.264}$$

ein, worin

$$\Phi_0 = \int\frac{d\Phi_0(\hat{\boldsymbol{k}}_0)}{d\Omega_0}d\Omega_0 = \Phi\tag{15.265}$$

die invariante winkelintegrierte Gesamtleistung aus Gl. (15.212) ist und ϑ_0 den Winkel zwischen der Strahlrichtung $\hat{\boldsymbol{k}}_0$ und dem Vektor der Beschleunigung $\boldsymbol{a}_0$ bezeichnet, erhalten wir den Ausdruck

$$\frac{d\Phi(\hat{\boldsymbol{k}})}{d\Omega} = \frac{3}{8\pi}\frac{(1-\beta^2)^2}{(1-\beta\cos\varphi)^3}\Phi\sin^2\vartheta_0.\tag{15.266}$$

Um die endgültige Formel für die Winkelverteilung der Strahlungsleistung im bewegten System Σ zu erhalten, muss noch der Winkel ϑ_0 durch die Größen im System Σ ausgedrückt werden. Da dies im allgemeinen Fall einer beliebigen Richtung der Beschleunigung $\boldsymbol{a}_0$ sehr aufwändig ist, beschränken wir uns im Folgenden auf zwei wichtige Sonderfälle:

1. Fall: $a_0 \parallel u$ **im System** Σ_0. In diesem Fall ist $\vartheta_0 = \varphi_0$, sodass nach Gl. (15.253) ϑ_0 unmittelbar durch den entsprechenden Winkel $\vartheta = \varphi$ in Σ ausgedrückt werden kann:

$$\sin^2 \vartheta_0 = \sin^2 \varphi_0 = \frac{(1-\beta^2)\sin^2\varphi}{(1-\beta\cos\varphi)^2}. \tag{15.267}$$

Nach Gl. (15.228) folgt aus $a_0 \parallel u$ auch $a \parallel u$, d. h. auch im System Σ besitzt die Beschleunigung nur die Parallelkomponente $a = a^{\parallel}$. Setzen wir den Ausdruck (15.231) für Φ mit $a^{\perp} = 0$ und die Winkeltransformation (15.267) in Gl. (15.266) ein, erhalten wir als endgültige Winkelverteilung im Fall $a \parallel u$:

$$\frac{d\Phi(\hat{k})}{d\Omega} = \frac{q^2}{16\pi^2 \varepsilon_0 c^3} |a^{\parallel}|^2 \frac{\sin^2\varphi}{(1-\beta\cos\varphi)^5}. \tag{15.268}$$

Gl. (15.268) beschreibt z. B. die Winkelverteilung der Strahlungsleistung eines Teilchens in einem *Linearbeschleuniger*.

2. Fall: $a_0 \perp u$ **im System** Σ_0. Auch in diesem Fall kann $\sin^2 \vartheta_0$ in einfacher Weise durch die Koordinatenwinkel φ_0 und ψ_0 dargestellt werden:

$$\cos\vartheta_0 = \sin\varphi_0 \cos\psi_0. \tag{15.269}$$

Drücken wir hierin $\sin\varphi_0$ mithilfe von Gl. (15.253) durch $\sin\varphi$ aus, folgt wegen $\psi = \psi_0$:

$$\sin^2\vartheta_0 = 1 - \frac{1-\beta^2}{(1-\beta\cos\varphi)^2}\sin^2\varphi\cos^2\psi. \tag{15.270}$$

Setzen wir Gl. (15.270) und Φ aus Gl. (15.231) mit $a^{\parallel} = 0$ in Gl. (15.266) ein, erhalten wir wegen Gl. (15.229) den endgültigen Zusammenhang für die Winkelverteilung der Strahlungsleistung im System Σ:

$$\frac{d\Phi(\hat{k})}{d\Omega} = \frac{q^2}{16\pi^2 \varepsilon_0 c^3} |a^{\perp}|^2 \frac{1}{(1-\beta\cos\varphi)^3}\left[1 - \frac{(1-\beta^2)\sin^2\varphi\cos^2\psi}{(1-\beta\cos\varphi)^2}\right], \tag{15.271}$$

der für den Spezialfall $a \parallel y$-Achse, d. h. $\psi = 0$ in die Gleichung

$$\frac{d\Phi(\hat{k})}{d\Omega} = \frac{q^2}{16\pi^2 \varepsilon_0 c^3} |a^{\perp}|^2 \frac{1}{(1-\beta\cos\varphi)^3}\left[1 - \frac{(1-\beta^2)\sin^2\varphi}{(1-\beta\cos\varphi)^2}\right] \tag{15.272}$$

übergeht.

Gl. (15.272) beschreibt die spezielle Winkelverteilung der abgestrahlten Leistung für die gleichförmige Bewegung eines Teilchens auf einer Kreisbahn, z. B. in einem *Zyklotron* bzw. einem *Synchrotron*.

Die abgeleiteten Gln. (15.266), (15.268) und (15.271) beschreiben die Winkelverteilung der *emittierten* Strahlungsleistung bezüglich des bewegten Systems Σ. Fassen wir nach dem oben gesagten Σ als das Laborsystem Σ_L auf, beschreiben diese Formeln gerade die Winkelverteilung der Emission eines geladenen Teilchens mit der Geschwindigkeit u. Im Laborsystem ist es für praktische Untersuchungen wichtig, anstelle der vom Teilchen emittierten Strahlungsleistung die in Σ_L *empfangene* Strahlungsleistung $d\Phi_L(\hat{k})/d\Omega$ zu wissen. Der diesbezügliche Ausdruck ergibt sich aus den Gln. (15.262) und (15.263), wenn wir dort gemäß der Doppler-Formel aus Bd. 1, Teil II, Gl. (29.16)

$$\omega' = \omega\gamma(1 - \beta\cos\varphi) \tag{15.273}$$

das retardierte Zeitintervall

$$dt_L = (1 - \beta\cos\varphi)\,dt \tag{15.274}$$

einsetzen:

$$\frac{d\Phi_L(\hat{\boldsymbol{k}})}{d\Omega} = \frac{d}{d\Omega}\left(\frac{d\tilde{E}(\hat{\boldsymbol{k}})}{dt_L}\right) = \frac{d}{d\Omega}\left(\frac{\Phi(\hat{\boldsymbol{k}})}{1 - \beta\cos\varphi}\right) = \frac{(1-\beta^2)^2}{(1-\beta\cos\varphi)^4}\,\frac{d\Phi_0(\hat{\boldsymbol{k}}_0)}{d\Omega_0}, \tag{15.275}$$

woraus in völlig analoger Weise der Ausdruck

$$\frac{d\Phi_L(\hat{\boldsymbol{k}})}{d\Omega} = \frac{3}{8\pi}\,\frac{(1-\beta^2)^2}{(1-\beta\cos\varphi)^4}\,\Phi\sin^2\vartheta_0, \tag{15.276}$$

bzw. für die Spezialfälle $\boldsymbol{a}_0 \parallel \boldsymbol{u}$ (Gl. (15.268)) und $\boldsymbol{a}_0 \perp \boldsymbol{u}$ (Gl. (15.271)) die Formeln

$$\frac{d\Phi_L(\hat{\boldsymbol{k}})}{d\Omega} = \frac{q^2}{4\pi c^3}|\boldsymbol{a}^{\parallel}|^2\,\frac{\sin^2\varphi}{(1-\beta\cos\varphi)^6} \tag{15.277}$$

und

$$\frac{d\Phi_L(\hat{\boldsymbol{k}})}{d\Omega} = \frac{q^2}{4\pi c^3}|\boldsymbol{a}^{\perp}|^2\,\frac{1}{(1-\beta\cos\varphi)^4}\left[1 - \frac{(1-\beta^2)\sin^2\varphi\cos^2\psi}{(1-\beta\cos\varphi)^2}\right] \tag{15.278}$$

folgen.

15.1.5.2 Der extrem relativistische Grenzfall

Aus Abb. 15.1 entnehmen wir, dass mit zunehmender Teilchengeschwindigkeit $\boldsymbol{u}$ die winkelabhängige Strahlungsleistung $d\Phi(\hat{\boldsymbol{k}})/d\Omega$ vorwiegend in Bewegungsrichtung abgestrahlt wird. Wir wollen dieses Verhalten im Grenzfall $\gamma \to \infty$, d. h. $\beta \to 1$, wo besonders einfache Verhältnisse vorliegen, genauer betrachten.

Dazu gehen wir von der allgemeinen Gleichung (15.263) aus. Der Einfachheit halber nehmen wir an, dass die Ausstrahlung im Ruhesystem Σ_0 isotrop sein soll[4]. Für isotrope Ausstrahlung gilt

$$\frac{d\Phi_0(\hat{\boldsymbol{k}}_0)}{d\Omega_0} = \frac{\Phi_0}{4\pi}, \tag{15.279}$$

sodass die Richtungsabhängigkeit der Abstrahlung im System Σ lediglich durch den Vorfaktor

$$A = \frac{(1-\beta^2)^2}{(1-\beta\cos\varphi)^3} \tag{15.280}$$

---

[4] Dieser Fall ist zwar nicht im Einklang mit der bei der Ableitung zugrunde gelegten Dipolformel und daher in gewisser Hinsicht artifiziell, erlaubt aber unmittelbar das Wesentliche zu erkennen.

gegeben ist. Diese Größe geht für $\cos\varphi \neq 1$ im Grenzfall $\beta \to 1$ gegen null, d.h. effektive Abstrahlung im System Σ ist nur innerhalb eines engen Winkelbereichs um $\varphi = 0$ zu erwarten. Deshalb approximieren wir für die weitere Rechnung $\cos\varphi$ durch die Reihenentwicklung

$$\cos\varphi \simeq 1 - \frac{\varphi^2}{2} \tag{15.281}$$

und entwickeln β um 1 nach dem *Lorentz-Faktor*

$$\gamma = \frac{1}{\sqrt{1-\beta^2}}, \tag{15.282}$$

für den im betrachteten Grenzfall $\gamma \gg 1$

$$\beta \simeq 1 - \frac{1}{2\gamma^2} \tag{15.283}$$

und somit

$$1 - \beta\cos\varphi \simeq \frac{1+(\varphi\gamma)^2}{2\gamma^2} \tag{15.284}$$

folgt.

Setzen wir Gln. (15.282) und (15.284) in Gl. (15.280) ein und berücksichtigen höchstens quadratische Glieder in $\varphi\gamma$, erhalten wir den Ausdruck

$$A \simeq \gamma^2 \left(\frac{2}{1+(\varphi\gamma)^2}\right)^3, \tag{15.285}$$

der für $\gamma \to \infty$ ein extrem spitzes Maximum bei $\varphi = 0$, also in Vorwärtsrichtung, besitzt.

Eine völlig analoge Rechnung für die Gln. (15.268) und (15.271) liefert für den Grenzfall $\gamma \to \infty$:

$$\frac{\mathrm{d}\Phi(\hat{\boldsymbol{k}})}{\mathrm{d}\Omega} \simeq \frac{2q^2}{\pi^2\varepsilon_0 c^3}|\boldsymbol{a}^\parallel|^2 \gamma^8 \left(\frac{1}{1+(\varphi\gamma)^2}\right)^5 (\varphi\gamma)^2 \tag{15.286}$$

bzw.

$$\frac{\mathrm{d}\Phi(\hat{\boldsymbol{k}})}{\mathrm{d}\Omega} \simeq \frac{q^2}{2\pi^2\varepsilon_0 c^3}|\boldsymbol{a}^\perp|^2 \gamma^6 \left(\frac{1}{1+(\varphi\gamma)^2}\right)^5 \cdot [1+(\varphi\gamma)^4+(\varphi\gamma)^2(2-4\cos^2\psi)]. \tag{15.287}$$

Der Ausdruck (15.286), der die Abstrahlung eines extrem relativistisch bewegten Teilchens für den Fall $\boldsymbol{a} \parallel \boldsymbol{u}$ beschreibt, liefert die maximale Emission für $|\varphi\gamma| = 1/2$, woraus für den Öffnungswinkel der Emissionskeulen χ (siehe Abb. 15.1) die Beziehung

$$\chi = 2\varphi = \frac{1}{\gamma} \tag{15.288}$$

folgt. Der Ausdruck (15.287) hingegen, der den Fall $\boldsymbol{a} \perp \boldsymbol{u}$ beschreibt, hat sein Maximum bei $\varphi = 0$, d.h. exakt in Bewegungsrichtung und fällt für $|\varphi\gamma| > 1$ steil ab. Die Winkelausdehnung der Emissionskeule (siehe Abb. 15.1) ist demzufolge etwa

$$2\varphi = \frac{2}{\gamma} = 2\sqrt{1-\beta^2}. \tag{15.289}$$

Diese hier angetroffene extreme Vorwärtsorientierung der Strahlung ist keine Eigenart ihres angenommenen Dipolcharakters im Ruhesystem, sondern ist eine unmittelbare Auswirkung der Aberration. Betrachten wir z. B. eine isotrope Ausstrahlung im Ruhesystem $\Sigma_0 \equiv \Sigma'$, so sehen wir aus den Gln. (15.51) und (15.52), dass z. B. ein in Σ' in Richtung $\varphi' = \pi/2$ emittiertes Photon in Σ unter dem Winkel φ mit

$$\tan\varphi = \frac{1}{\gamma\varphi} \tag{15.290}$$

und

$$\cos\varphi = \beta \tag{15.291}$$

d. h.

$$\sin\varphi = \frac{1}{\gamma} \tag{15.292}$$

emittiert wird. Für $\gamma \gg 1$ folgt daraus

$$\varphi \simeq \frac{1}{\gamma} \ll 1, \tag{15.293}$$

also in Σ eine extreme Vorwärtsorientierung des in Σ' senkrecht zur Bewegung ausgesandten Photons. Alle emittierten Photonen, die in dem in Richtung der Teilchengeschwindigkeit orientierten Halbraum liegen, müssen sich deshalb im System Σ innerhalb des Öffnungswinkels $-\gamma \leq \varphi \leq \gamma$ befinden.

15.1.5.3 Das Frequenzspektrum der emittierten Strahlung

Die Berechnung des Frequenzspektrums der Strahlung eines relativistisch bewegten Teilchens ist im Allgemeinen sehr aufwändig und soll deshalb hier nicht im Einzelnen durchgeführt werden. Eine ausführliche Darstellung dieses Problems ist z. B. in der Originalarbeit von Schwinger [9], sowie in den folgenden Monographien zu finden: [5, 10, 11, 12]. Wir beschränken uns daher hier auf einige qualitative Überlegungen, die die grundsätzlichen Eigenschaften der Strahlung einer in einem gegebenen konstanten Magnetfeld *B* gyrierenden Ladung betreffen. Ein derartiger Fall liegt z. B. für $B \perp u$ bei Zyklotron- oder Synchrotron-Strahlung vor.

Wir betrachten im Folgenden den Grenzfall eines relativistisch gyrierenden Teilchens ($\beta \to 1$), bei dem die Strahlung extrem in Vorwärtsrichtung emittiert wird. Seine Emissionskeule, deren Winkelausdehnung in Gl. (15.289) gegeben ist, überstreicht einen entfernten Beobachter in der Zeit

$$\Delta t = \frac{2\varphi}{\omega_g \sin\alpha}, \tag{15.294}$$

die durch Einsetzen von 2φ aus Gl. (15.289) in der Form

$$\Delta t = \frac{2\sqrt{1-\beta^2}}{\omega_g \sin\alpha} = \frac{2}{\omega_0 \sin\alpha} \tag{15.295}$$

geschrieben werden kann. Sei $\Delta t = t_2 - t_1$, wobei t_1 den „Beginn" und t_2 das „Ende" der Emission in Richtung des Beobachters bezeichnen soll. Ein zum Zeitpunkt t_1

ausgesandtes Lichtsignal erreicht den Beobachter in der Entfernung r zum Zeitpunkt $t_1^B = t_1 + r/c$. Da sich während der Zeit Δt das Teilchen um die Weglänge $u\,\Delta t$ auf den Beobachter zu bewegt, erreicht ein zum Zeitpunkt t_2 ausgesandtes Lichtsignal den Beobachter zum Zeitpunkt $t_2^B = t_2 + (r - u\,\Delta t)/c$, sodass sich für die Zeitdauer des *empfangenen* Signals die Beziehung

$$\Delta t^B = t_2^B - t_1^B = (1 - \beta)\,\Delta t \qquad (15.296)$$

ergibt. Im extrem relativistischen Grenzfall ($\beta \to 1$) gilt

$$(1 - \beta) \simeq \frac{(1 - \beta)(1 + \beta)}{2} = \frac{(1 - \beta^2)}{2}, \qquad (15.297)$$

sodass Gl. (15.296) in die Form

$$\Delta t^B = \frac{(1 - \beta^2)}{2}\,\Delta t \qquad (15.298)$$

umgeschrieben werden kann. Setzen wir hierin Δt aus Gl. (15.295) ein, folgt

$$\Delta t^B = \frac{(1 - \beta^2)^{3/2}}{\omega_g \sin\alpha} = \frac{1 - \beta^2}{\omega_0 \sin\alpha}. \qquad (15.299)$$

Da im betrachteten Fall $(1 - \beta^2)$ sehr klein ist, ist die Zeitdauer der von einem Beobachter empfangenen Strahlung extrem klein im Vergleich zur Gyrationsperiode des Teilchens

$$T = \frac{2\pi}{\omega_g}. \qquad (15.300)$$

Die beobachtete Strahlung entspricht also zeitlich einem sehr kurzen Puls. Gemäß den Gesetzen der Fourier-Transformation gehört zu einem derartigen Puls ein Spektrum mit der charakteristischen Breite

$$\omega_p = \frac{1}{\Delta t^B} = \frac{\omega_g \sin\alpha}{(1 - \beta^2)^{3/2}} \gg \omega_g, \qquad (15.301)$$

d. h. ein extrem breites Spektrum. Mittels

$$\sqrt{1 - \beta^2} = \frac{m_0 c^2}{E} \qquad (15.302)$$

können wir ω_p unmittelbar durch die Energie E des Teilchens ausdrücken:

$$\omega_p = \left(\frac{E}{m_0 c^2}\right)^3 \omega_g \sin\alpha. \qquad (15.303)$$

In exakteren Betrachtungen wird meistens anstelle der Frequenz ω_p die so genannte kritische Frequenz

$$\omega_c = \frac{3}{2}\omega_p \qquad (15.304)$$

verwendet (z. B. Gl. (2.16) in [13] und Gl. (4.68) in [11]). Um dem Leser den problemlosen Anschluss an diese theoretischen Darstellungen zu ermöglichen, beziehen wir uns in den folgenden Bemerkungen hinsichtlich der Form des Spektrums auf diese kritische Frequenz ω_c.

Eine detaillierte Analyse zeigt, dass das abgestrahlte Spektrum aus diskreten Beiträgen bei den charakteristischen Frequenzen

$$\omega_n = n\omega_g + \mathbf{k}^{\|} \cdot \mathbf{u}^{\|} \quad \text{mit} \quad n = 1, 2, \ldots \tag{15.305}$$

besteht, worin ω_g die Gyrationsfrequenz aus Gl. (15.248) und $\mathbf{k}^{\|}$ die Komponente des Wellenvektors der Strahlung parallel zum Magnetfeld $\mathbf{B}$ ist. Der erste Term auf der rechten Seite berücksichtigt die mit zunehmender Geschwindigkeit $\mathbf{u}$ wichtiger werdenden Beiträge der höheren Multipolmomente, der zweite Term die Doppler-Verschiebung durch eine eventuelle Bewegungskomponente des Teilchens parallel zum Magnetfeld. Im Fall einer reinen Kreisbewegung ($\mathbf{u} \perp \mathbf{B}$), wie sie z. B. in einem Zyklotron oder Synchrotron vorliegt, verschwindet dieser Beitrag, und wir erhalten

$$\omega_n = n\omega_g \quad n = 1, 2, \ldots . \tag{15.306}$$

Das Auftreten dieser diskreten Frequenzen kann man sich leicht folgendermaßen erklären: Für sehr kleine Geschwindigkeiten kann die Emission mit großer Näherung in Dipolnäherung beschrieben werden (s. [5], § 67). Ein Dipol strahlt aber gerade in der Grundfrequenz $\omega_g = \omega_0$. Mit zunehmender Geschwindigkeit weicht die Winkelverteilung immer mehr von der Dipolform ab (s. Abb. 15.1), sodass für eine Darstellung dieser Verteilungen zunehmend Beiträge höherer Multipolmomente erforderlich werden. Da das n-te Multipolmoment ($n = 1$ Dipol, $n = 2$ Quadrupol, ...) gerade die Eigenfrequenz $\omega_n = n\omega_g$ abstrahlt, treten im Spektrum mit zunehmender Geschwindigkeit Frequenzen ω_n mit immer größeren n auf. Im extrem relativistischen Grenzfall $\beta \to 1$ ist nach Gln. (15.301) und (15.304) $\omega_c \gg \omega_g$, d. h. für den relativen Linienabstand gilt

$$\frac{\omega_n - \omega_{n-1}}{\omega_c} = \frac{\omega_g}{\omega_c} \ll 1 . \tag{15.307}$$

Das Spektrum kann also näherungsweise als *kontinuierlich* betrachtet werden.

Fassen wir im Weiteren $\Phi_\omega \, d\omega$ als die im Frequenzintervall $d\omega$ in den gesamten Raumwinkel abgestrahlte Strahlungsleistung auf, welche durch die kontinuierliche *Spektralverteilung* $f(\omega)$ gemäß

$$\Phi_\omega \, d\omega = \Phi f(\omega) \, d\omega \tag{15.308}$$

gegeben sei. Per definitionem gilt

$$\Phi = \int_0^\infty \Phi_\omega \, d\omega = \Phi \int_0^\infty f(\omega) \, d\omega , \tag{15.309}$$

(s. Gl. (15.251)), woraus die Normierungsbedingung

$$\int_0^\infty f(\omega) \, d\omega = 1 \tag{15.310}$$

folgt.

Für reine Dipolstrahlung, wie sie im Ruhesystem Σ_0 vorliegt, ist die Spektralverteilung eine δ-Funktion

$$f(\omega) = \delta(\omega - \omega_0), \qquad (15.311)$$

sodass die Ausstrahlung bei der festen Frequenz $\omega = \omega_0$ stattfindet.

Im Fall einer relativistisch gyrierenden Ladung ist die Berechnung von $f(\omega)$ relativ aufwändig. Wir verzichten deshalb auf eine exakte Ableitung der diesbezüglichen Formeln, die in Lehrbüchern der Elektrodynamik zu finden sind (z. B. [10]) und geben die Form des Spektrums für die über einen vollständigen Umlauf gemittelte emittierte Strahlungsleistung $\bar{\Phi}_\omega$ unmittelbar an:

$$\bar{\Phi}_\omega \, d\omega = \Phi f(\omega) \, d\omega \qquad (15.312)$$

mit Φ aus Gl. (15.251) und der Spektralverteilung

$$f(\omega) = \frac{1}{\omega_c \Gamma(\frac{2}{3}) \Gamma(\frac{7}{3})} \cdot \frac{\omega}{\omega_c} \cdot \int_{\omega/\omega_c}^{\infty} K_{5/3}(y) \, dy, \qquad (15.313)$$

worin $K_{5/3}(y)$ die modifizierte Bessel-Funktion[5] mit Index 5/3 bedeutet und der Vorfaktor mit den Γ-Funktionen die Normierung von $f(\omega)$ gemäß Gl. (15.310) ausdrückt.

Zur Diskussion des Spektralverlaufs ist es üblich, die dimensionslose Frequenzvariable

$$x = \frac{\omega}{\omega_c} \qquad (15.314)$$

einzuführen und in Gl. (15.313) nur den frequenzabhängigen Teil

$$F(x) = x \int_x^{\infty} K_{5/3}(y) \, dy \qquad (15.315)$$

zu betrachten. $F(x)$ ist eine nichtelementare Funktion, deren vollständiger Ausdruck nur numerisch berechnet werden kann. Abbildung 15.2 zeigt den Graphen dieser

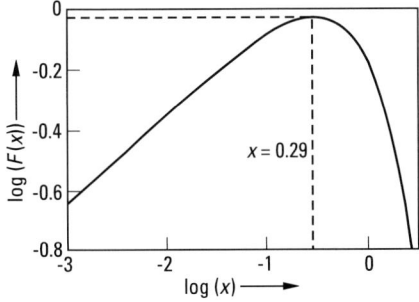

Abb. 15.2 Spektralverlauf der Strahlung beschleunigter Ladungen ($\boldsymbol{a} \perp \boldsymbol{u}$): doppelt logarithmische Darstellung der Funktion $F(x)$ aus Gl. (15.315), $x = \omega/\omega_c$.

---

[5] Zur Definition der Bessel-Funktionen $K_{n/m}$ siehe z. B. [14].

Funktion. Wir sehen daran, dass $F(x)$ für $x = 0.29$ ein ausgeprägtes Maximum besitzt und für $x \to 0$ bzw. für $x \to \infty$ monoton abfällt. Dieses Verhalten erkennen wir deutlich aus den asymptotischen Entwicklungen von $F(x)$, die für $x \ll 1$ bzw. $x \gg 1$ die genäherten Ausdrücke

$$F(x) \simeq \begin{cases} \dfrac{4\pi}{\sqrt{3}\Gamma\left(\dfrac{1}{3}\right)} \left(\dfrac{x}{2}\right)^{1/3} & \text{für } x \ll 1 \\[2ex] \left(\dfrac{\pi}{2}\right)^{1/2} x^{1/2} e^{-x} & \text{für } x \gg 1 \end{cases} \tag{15.316}$$

liefern. Vergleichen wir die Spektralverteilung (15.313) mit der Emission eines Schwarzen Körpers der Temperatur T in den Halbraum, die durch die *Planck'sche Strahlungsformel*

$$\pi B_\omega = \frac{\hbar}{4\pi^2 c^2} \frac{\omega^3}{e^{\hbar\omega/kT} - 1} \tag{15.317}$$

gegeben ist, so stellen wir erhebliche Abweichungen fest. Dies gilt insbesondere auch für das Grenzverhalten, das beim Schwarzen Körper durch die Entwicklungen

$$\pi B_\omega = \frac{1}{4\pi^2 c^2} \begin{cases} kT\omega^2 & \text{für } \hbar\omega/kT \ll 1 \quad \text{(Rayleigh-Jeans-Bereich)} \\ \hbar\omega^3 e^{-\hbar\omega/kT} & \text{für } \hbar\omega/kT \gg 1 \quad \text{(Wien-Bereich)} \end{cases} \tag{15.318}$$

gegeben ist. Das Spektrum einer relativistisch bewegten Ladung entspricht also einer *nichtthermischen* Strahlung.

15.1.5.4 Polarisation

Synchrotronstrahlung ist hochgradig linear polarisiert. Zerlegen wir die spektrale Abstrahlung eines Teilchens im Ruhesystem zu einem festen Zeitpunkt in ihre Beiträge parallel und senkrecht zur Bahn, gemäß

$$\Phi_\omega = \Phi_\omega^\| + \Phi_\omega^\perp, \tag{15.319}$$

und drücken die Abweichung von der Isotropie durch Einführen der Funktion $G(x)$ mithilfe von

$$\Phi_\omega^\| \, d\omega = \Phi C \frac{1}{2}(F(x) - G(x)) \, dx \tag{15.320}$$

bzw.

$$\Phi_\omega^\perp \, d\omega = \Phi C \frac{1}{2}(F(x) + G(x)) \, dx \tag{15.321}$$

mit der Konstanten

$$C = \frac{1}{\Gamma\left(\frac{2}{3}\right)\Gamma\left(\frac{7}{3}\right)} \qquad (15.322)$$

in Gl. (15.313) und $x = \omega/\omega_c$ (s. Gl. (15.314)) aus, folgt nach umfangreichen Rechnungen, für die auf die Literatur verwiesen wird (z. B. [11]), für den extrem relativistischen Grenzfall

$$G(x) = x K_{2/3}(x) \qquad (15.323)$$

mit der modifizierten Bessel-Funktion $K_{2/3}(x)$.

Der frequenzabhängige Polarisationsgrad für lineare Polarisation im hochrelativistischen Grenzfall

$$p(x) = \frac{|\Phi_\omega^\perp - \Phi_\omega^\||}{|\Phi_\omega^\perp + \Phi_\omega^\||} = \frac{G(x)}{F(x)} = \frac{K_{2/3}(x)}{\int_x^\infty K_{5/3}(y)\,dy}, \qquad (15.324)$$

ergibt sich unmittelbar durch Einsetzen von Gl. (15.315) und Gl. (15.323), woraus für die Grenzfälle $x \ll 1$ und $x \gg 1$ die Reihenentwicklungen

$$p(x) = \begin{cases} \dfrac{1}{2}\left[1 + \dfrac{1}{2}\Gamma\left(\dfrac{1}{3}\right)\left(\dfrac{x}{2}\right)^{2/3} + \ldots\right] & \text{für } x \ll 1 \\ 1 - \dfrac{2}{3x} + \ldots & \text{für } x \gg 1 \end{cases} \qquad (15.325)$$

folgen. Der Grad für lineare Polarisation der Synchrotronstrahlung geht für $\omega \ll \omega_c$ gegen 1/2, für $\omega \gg \omega_c$ gegen 1. Für das Maximum der Funktion $F(x)$ bei $x = 0.29$ wird $p(0.29) \simeq 0.65$. Die resultierenden Polarisationsgrade sind also sehr hoch.

In den letzten Jahrzehnten hat die Forschung mit Synchrotronstrahlung, insbesondere durch die Verfügbarkeit von Speicherring-Beschleunigern wie z. B. BESSY in Berlin oder DESY in Hamburg, weltweit einen extremen Aufschwung erfahren. Die Anwendung von Synchrotronstrahlung geht heute weit über den engeren Bereich der Physik hinaus. Sie umfasst z. B. auch vielfältige chemische, biologische und medizinische Fragestellungen, sowie verschiedenste Untersuchungen im Rahmen der Ingenieur- und Materialwissenschaften. Die Attraktivität der Synchrotronstrahlung liegt insbesondere im verfügbaren außerordentlich breiten Spektralbereich, der im Extremen vom langwelligen Infrarot (100 μm) bis zur γ-Strahlung im 10 pm-Wellenlängenregime reicht. Synchrotronstrahlung liegt in hoher Intensität und spektraler Reinheit vor und besitzt spezifische Polarisations- und Durchstimmbarkeitseigenschaften, wie sie so durch andere Laborquellen nicht realisiert werden können. Überdies hat die Synchrotronstrahlung noch weitere interessante Eigenschaften. Da in einem Synchrotron die Bahn der beschleunigten Teilchen vertikal auf nur wenige Mikrometer begrenzt ist, liegt die Emission, die praktisch tangential zur Kreisbahn erfolgt, nahezu exakt in der Bahnebene (Abb. 15.3). Die emittierende Strahlung ist deshalb in dieser Ebene fast vollständig linear polarisiert.

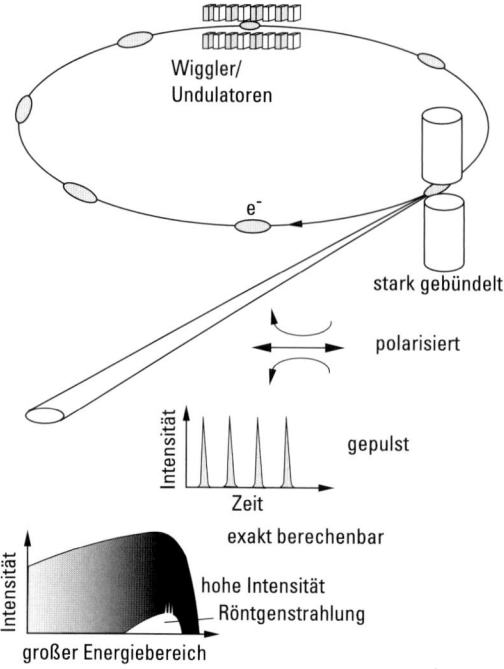

Abb. 15.3 Schematische Darstellung eines Synchrotrons und wichtiger Eigenschaften der Synchrotronstrahlung (mit freundlicher Genehmigung der BESSY GmbH, Berlin).

Das Qualitätsmaß für die emittierte Strahlung ist deren sog. *Brillanz*. Darunter versteht man die Zahl der pro Zeit innerhalb eines schmalen Frequenzbereichs pro Fläche und Raumwinkel emittierten Photonen. Im Vergleich zu einer Röntgenröhre ist die Brillanz der bei einem Ablenkungsmagneten des Synchrotrons ausgehenden Strahlung – wo die Bahn fast exakt kreisförmig verläuft – um bis zu einem Faktor 10^{12} größer.

Heute stehen sehr effiziente Synchrotronmaschinen, sog. Speicherringe, für die Strahlungsteilchen – Elektronen oder Positronen – zur Verfügung. In diesen Strahlungsquellen werden z. B. durch ein vorgeschaltetes Synchrotron vorbeschleunigte Elektronen auf einer exakt berechneten Kreisbahn eines Speicherrings (Mikrotron, ebenfalls ein Synchrotron) geführt, wobei die Krümmung der Elektronenbahn durch periodisch längs der Bahn angeordnete Dipolmagnete erfolgt (Abb. 15.4). Um höchste Präzision und Reproduzierbarkeit zu erreichen, müssen die Elektronen beim Einschießen in den Speicherring die gleiche Energie wie im Speicherring haben. Weitere Multipolmagnete sorgen für eine präzise Strahlführung und eine optimale Bündelung des Elektronenstrahls auf seiner Bahn. Die bei jedem Umlauf durch Abstrahlung verlorene Energie der Teilchen wird dabei durch elektrische Nachbeschleunigung kompensiert. Die Teilchen im Speicherring sind nicht gleichmäßig über die Kreisbahn verteilt, sondern werden in „Paketen" organisiert, deren zeitliche Ausdehnung bzw. deren zeitlicher Abstand durch die jeweilige Paketgröße bzw. die zeitliche Folge der einzelnen Pakete bestimmt ist. Die Emission erfolgt immer dann,

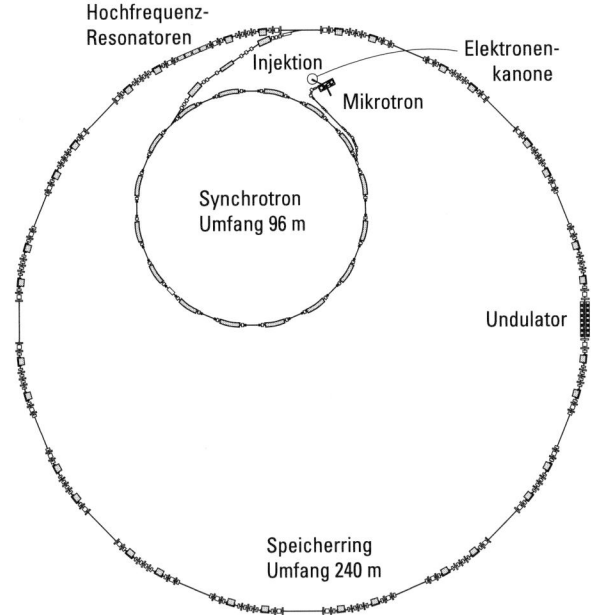

Abb. 15.4 Erzeugung von Synchrotronstrahlung mittels Elektronenquelle, Beschleuniger und Speicherring, wie sie bei BESSY II realisiert ist (mit freundlicher Genehmigung der BESSY GmbH, Berlin).

wenn gerade ein Elektronenpaket einen Ablenkmagneten passiert und hat deshalb eine exakt vorhersehbare Zeitstruktur mit deutlich getrennten Emissionsmaxima.

Wiggler und Undulatoren. Da Synchrotronstrahlung für viele Untersuchungen von überragender Bedeutung ist (s. oben), sucht man nach Verfahren zur Verbesserung der Strahlungsleistung und der Brillanz. Dies wird durch sog. *Wiggler* oder *Undulatoren* erreicht: Entlang eines geraden Stücks der Bahn wird der Elektronenstrahl durch eine periodische Anordnung alternierend gepolter Magnete wellenartig periodisch abgelenkt. An den jeweiligen Umkehrpunkten der Auslenkungen erfolgt eine effektive Synchrotronstrahlungsemission in Vorwärtsrichtung, deren einzelne Beiträge sich zu einer Gesamtintensität addieren (s. Kap. 8, Abb. 8.27).

Hier sind zwei Grenzfälle zu unterscheiden: Wiggler haben ein großes Magnetfeld, sodass der maximale Ablenkwinkel der Elektronenbahn groß ist gegenüber der Winkelausdehnung der Synchrotronemissionskeule $2\varphi = 2/\gamma$ (s. Gl. (15.289)). Daher addieren sich die einzelnen Strahlungsbeiträge inkohärent ohne feste Phasenbeziehung. Anders ist es bei Undulatoren. Hier ist das Magnetfeld relativ schwach, sodass die maximale Auslenkung der Elektronenbahn klein ist gegenüber der Keulenöffnung. Die Addition der Strahlung an den verschiedenen Umkehrpunkten erfolgt daher kohärent, d. h. es bleibt eine feste Phasenbeziehung erhalten, was sich im emittierten Spektrum eines Undulators durch auffällige Interferenzeffekte bemerkbar macht.

Wiggler und Undulatoren werden charakterisiert durch den sog. *Wiggler-Parameter*

$$K = \frac{e\lambda_0 B_0}{2\pi m_e c}, \tag{15.326}$$

der im Wesentlichen die Magnetfeldeigenschaften, ausgedrückt durch die Amplitude des periodischen Magnetfelds auf der Wiggler-/Undulatorachse und die Periodenlänge λ_0 des Magnetenarrays, sowie die Bestimmungsgrößen des Elektrons (Ladung und Ruhemasse) enthält. Da sich für den maximalen Ablenkwinkel eines Elektrons im Wiggler/Undulator

$$\Theta = \frac{K}{\gamma} \tag{15.327}$$

ergibt, folgt durch Vergleich mit dem Öffnungswinkel der Emissionskeule (s. Gl. (15.289))

$$\Theta = K\varphi, \tag{15.328}$$

wobei Wiggler durch $K >$ (bzw. $\gg$) 1 und Undulatoren durch $K \lesssim 1$ charakterisiert sind.

Eine Weiterentwicklung dieser Technik sind die sog. *Freien Elektronenlaser* (FEL), wie sie in Kap. 8 beschrieben sind.

15.2 Allgemeine Relativitätstheorie

15.2.1 Gravitation und Krümmung der Raumzeit

Die bisher betrachtete „spezielle" Relativitätstheorie hat sich sehr bald als umfassend gültige Theorie für fast alle Bereiche der *lokalen* Physik erwiesen und den ihr zugrunde liegenden Minkowski-Raum als grundlegende lokale Raum-Zeit-Struktur der Welt etabliert. Trotz dieser herausragenden Bedeutung empfand man sehr bald eine gewisse Unvollkommenheit und Unzulänglichkeit dieser Theorie, die in den zwei folgenden prinzipiellen Beschränkungen liegt.

1. Wie in Abschn. 15.1 dargelegt, ist die Gültigkeit der Speziellen Relativitätstheorie grundsätzlich eingeengt auf die Beschreibung der Physik in Bezug auf Inertialsysteme, d. h. auf gleichförmig bewegte Bezugssysteme (s. Bd. 1, Teil II, sowie Anh. 15B). Eine Verallgemeinerung auf Nicht-Inertialsysteme, z. B. beschleunigte Systeme, ist nicht ohne weiteres möglich.
2. Gravitative Vorgänge werden in der Speziellen Relativitätstheorie nicht erfasst. Nach der alltäglichen Erfahrung ist aber Gravitation ein Einfluss, dem, abgesehen von speziellen Ausnahmesituationen, alle Körper unterliegen.

Es war deshalb ein zentrales Anliegen Einsteins, diese grundsätzlichen Schranken zu überwinden und eine Theorie zu schaffen, die für *beliebig bewegte Bezugssysteme* gilt und es erlaubt, auch *gravitative Vorgänge* in relativistisch korrekter Form zu beschreiben. Dies leistet die von Einstein 1916 vollendete **Allgemeine Relativitäts-**

theorie (ART), in der, im Unterschied zu der in den vorigen Abschnitten behandelten Speziellen Relativitätstheorie, beliebige nicht-singuläre Koordinatentransformationen zugelassen sind, die auch *beschleunigte Systeme* einschließen.

Zunächst scheint der Versuch, allgemeine Transformationen zuzulassen, auf unüberwindliche Hindernisse zu stoßen, deren tiefster Grund im Charakter des *Kraftbegriffes* liegt. Dazu wird ein Inertialsystem betrachtet, in dem ein Körper eine *Trägheitsbewegung* (konstante Geschwindigkeit auf geradliniger Bahn) ausführt. Auf diesen Körper wirkt dann *keine* Kraft und mit dieser Aussage wird ein *objektiver Sinn* verbunden. Denn unter der auf einen Körper wirkenden „Kraft" werden nach Newton (vgl. Bd. 1) gewisse *objektive Bedingungen* verstanden, die in der „Relation" des Körpers zu seiner Umgebung (in der Mechanik also zu allen anderen Massen) begründet sind. Das bedeutet, dass unter „Kraft" eine *physikalische Realität* verstanden wird und dass es ein objektiv feststellbarer Sachverhalt ist, ob auf einen Körper eine Kraft wirkt oder nicht. Diese Vorstellung vom Kraftbegriff gilt auch in der Speziellen Relativitätstheorie; denn wenn eine Bewegung im System Σ eine Trägheitsbewegung ist, so ist sie es auch im System Σ', da der Übergang zwischen den Systemen durch die Lorentz-Transformation beschrieben wird. In *beiden* Systemen ist die *Bewegung* gleichförmig und geradlinig, also *kräftefrei*. Erfolgt aber der Übergang vom System Σ zu einem relativ dazu beliebig bewegten System, dann ist die kräftefreie Bewegung in Σ von dem neuen System aus gesehen weder geradlinig noch unbeschleunigt. Es müsste also erklärt werden, dass im neuen System die Bewegung unter dem Einfluss bestimmter Kräfte erfolgt. Auch das Umgekehrte lässt sich erzielen: Eine beliebig beschleunigte Bewegung in einem Inertialsystem Σ kann als unbeschleunigt angesehen werden, wenn die Beobachtung von einem System aus erfolgt, das genau so beschleunigt gegenüber Σ ist wie der bewegte Körper, denn in dem neuen System wäre eine kräftefreie Bewegung festzustellen. Es ist zu erkennen, dass der Begriff der Kraft, entgegen der bisher verwendeten Auffassung, jede objektive Bedeutung verlieren würde. Ob eine Bewegung als kräftefrei oder nicht als kräftefrei anzusprechen ist, hinge dann allein von der Wahl des Koordinatensystems ab.

Dennoch ist es Einstein gelungen, diese Schwierigkeit ins Positive zu wenden. Ausgangspunkt ist die Überlegung, dass im Allgemeinen in einem Inertialsystem die Beschleunigung beliebiger Massen unter der Wirkung von Kräften der trägen Masse der Körper umgekehrt proportional und damit für jede Masse verschieden ist. Durch Einführen eines *einzigen* beschleunigten Bezugssystems kann daher auch nur eine *einzige* dieser Beschleunigungen in eine Trägheitsbewegung transformiert werden. Die anderen Beschleunigungen werden zwar bei der Transformation geändert, aber im Allgemeinen *nicht* in eine Trägheitsbewegung umgeformt. Der Satz, dass die Beschleunigungen der trägen Masse umgekehrt proportional sind, besitzt jedoch eine wichtige Ausnahme, nämlich für den *Fall der Gravitation*. Wenn das Gravitationsfeld homogen ist, erteilt die Gravitation allen Massen die gleiche Beschleunigung, weil die Gravitationskräfte einerseits selbst der schweren Masse proportional sind und andererseits erfahrungsgemäß die schwere gleich der trägen Masse ist (vgl. Bd. 1). Somit kann die einheitliche, durch ein *homogenes Gravitationsfeld* sämtlichen Massen erteilte Beschleunigung durch Wahl eines geeignet beschleunigten Bezugssystems zum Verschwinden gebracht werden. Ein *homogenes Schwerefeld kann also „wegtransformiert werden"*. Diese Eigenschaft verleiht der Gravitation unter allen Kräften eine besondere Stellung. Es kann daher gefolgert werden, dass der Gravitationskraft keine objektive Bedeutung zukommt, da es nur vom Bezugssystem abhängt, ob ein Körper der Schwerkraft unterliegt oder ob dieser Körper sich kräftefrei nach dem Trägheitsgesetz bewegt. Wird diese Vorstellung nach Einstein als ein neues Prinzip angesehen, so besagt dieses:

- Es gibt keinerlei physikalische Möglichkeit zu unterscheiden, ob ein homogenes Schwerefeld (beurteilt von einem ruhenden oder gleichförmig bewegten Bezugssystem) oder eine Trägheitsbewegung (beurteilt von einem geeignet beschleunigten Bezugssystem) vorliegt: Das ist das Einstein'sche **Äquivalenzprinzip.**

Nach diesem Prinzip kann aber umgekehrt ein homogenes Schwerefeld „erzeugt" werden, indem eine Trägheitsbewegung von einem beschleunigten Bezugssystem aus beurteilt wird.

Es ist zu beachten, dass nur ein *homogenes* Schwerefeld wegtransformiert oder erzeugt werden kann. In hinreichend kleinen Dimensionen, die praktisch aber sehr groß sein können, ist das jedoch stets der Fall. Daher kann zwischen wegtransformierbaren und allgemeinen Schwerefeldern kein Unterschied im Wesen anerkannt werden. *Nach dem allgemeinen Äquivalenzprinzip müssen grundsätzlich die Trägheitserscheinungen mit den Gravitationserscheinungen für wesenhaft identisch erklärt werden.* Bei einem Übergang von einem Inertialsystem zu einem rotierenden System treten die Zentrifugal- und die Coriolis-Kraft auf. In der Newton'schen Mechanik wurden diese Kräfte als Schein- oder Trägheitskräfte gedeutet, die durch das „falsche", d. h. dem Bewegungsvorgang nicht angepasste Koordinatensystem „erzeugt" werden (vgl. Bd. 1). Werden grundsätzlich *alle* Koordinatensysteme als gleichberechtigt zugelassen, müssen auch diese Trägheitseffekte als eine spezielle Art der Gravitationskräfte angesehen werden. Es ist also deutlich zu erkennen, wie das Problem der allgemeinen Relativität auf das Engste mit dem Problem der Gravitation verknüpft ist. Einstein hat das als Erster erkannt und das Problem der allgemeinen Relativität aufgegriffen, mit dem Ziel, *alle* Bezugssysteme bzw. Koordinatentransformationen zuzulassen.

Um Einsteins Überlegungen kennenzulernen, gehen wir jetzt von der allgemeinen Koordinatentransformation Gl. (15.519) aus. In der Speziellen Relativitätstheorie werden nur Transformationen zwischen Inertialsystemen Σ und Σ' – also Lorentz-Transformationen – betrachtet, durch welche die Galilei-Koordinaten x^μ in Σ in die Galilei-Koordinaten x'^μ übergeführt werden. Die Metrik ds^2 aus Gl. (15.534) und der metrische Tensor $\eta_{\mu\nu}$ aus Gl. (15.537) bleiben dabei unverändert. Betrachten wir jetzt eine Koordinatentransformation von einem Inertialsystem Σ auf ein *beliebig bewegtes Bezugssystem* $\tilde\Sigma$, also von den Galilei-Koordinaten x^μ in Σ auf die *allgemeinen Koordinaten* $\tilde x^\mu$ in $\tilde\Sigma$, so bleibt zwar auch hier der *Skalar* ds^2 invariant, nicht dagegen der metrische Tensor, der wegen

$$ds^2 = \eta_{\mu\nu} dx^\mu dx^\nu = g_{\alpha\beta} d\tilde x^\alpha d\tilde x^\beta = d\tilde s^2 \qquad (15.329)$$

im System $\tilde\Sigma$ die Form

$$g_{\alpha\beta} = \eta_{\mu\nu} \frac{dx^\mu}{d\tilde x^\alpha} \frac{dx^\nu}{d\tilde x^\beta} \qquad (15.330)$$

annimmt. Wegen Gl. (15.329) ist der metrische Tensor $g_{\alpha\beta}$ im beliebig bewegten System $\tilde{\Sigma}$ zwar nach wie vor symmetrisch ($g_{\alpha\beta} = g_{\beta\alpha}$), hat aber wegen Gl. (15.330) i. Allg. nicht mehr die einfache pseudoeuklidische Form von $\eta_{\mu\nu}$ nach Gl. (15.537), sondern besitzt im Prinzip zehn unabhängige Komponenten, welche Funktionen von $\tilde{x}^\mu$ sind.

Hieraus ist zu erkennen, dass die Zulassung *beliebiger Transformationen dazu führt, dass die Weltmannigfaltigkeit (x^0, x^1, x^2, x^3) nicht mehr euklidisch, d. h. nicht mehr eben, sondern vielmehr gekrümmt ist.* Die Formeln (15.535) bis (15.539) aus Anh. 15A werden unmittelbar auf gekrümmte Räume übertragen, wenn dort $\eta_{\mu\nu}$ durch $g_{\mu\nu}$ (Umbenennung der Indizes von $g_{\alpha\beta}$!) ersetzt wird.

Die Koeffizienten $g_{\mu\nu}$ hängen natürlich mit den Gravitationsfeldern zusammen, die durch eine allgemeine Transformation auf (x^0, x^1, x^2, x^3) „erzeugt" werden. Das sind aber trotzdem *echte* Gravitationsfelder, wie bereits dargelegt wurde. Die Gleichungen, denen die Größen $g_{\mu\nu}$ zu genügen haben, sind von Einstein ebenfalls angegeben worden. Als Ergebnis all dieser Überlegungen kann folgender Gedankengang formuliert werden:

- Die Gravitationskräfte werden in Wirklichkeit durch die Massen bestimmt und in der Allgemeinen Relativitätstheorie durch die Koeffizienten $g_{\mu\nu}$ ausgedrückt. Diese Koeffizienten $g_{\mu\nu}$ hängen also von der Massenverteilung ab, die dadurch die „Krümmung" des Weltkontinuums bedingt.

Die Bewegung eines Körpers im Schwerefeld wird in der Einstein'schen Theorie somit zu einer Trägheitsbewegung in einem nichteuklidischen Kontinuum, dessen Linienelement nach Gl. (15.329) durch die Koeffizienten $g_{\mu\nu}$ bestimmt wird. Gravitative Wirkungen sind demnach nichts anderes als Effekte der Krümmung der Raumzeit auf die physikalischen Objekte.

Die mathematische Theorie zur Beschreibung krummliniger Räume – die Nichteuklidische Geometrie – wurde im vorigen Jahrhundert entwickelt. Ausgangspunkt war die von C. F. Gauß gefundene Geometrie krummer zweidimensionaler Flächen, die von B. Riemann auf krumme Räume beliebiger Dimensionen verallgemeinert wurde. Man nennt derartige Räume heute deshalb auch *Riemann'sche Räume*. Die Raumzeit der Allgemeinen Relativitätstheorie ist also, mathematisch ausgedrückt, ein spezieller vierdimensionaler Riemann'scher Raum mit der Eigenschaft, lokal, d. h. an jedem beliebigen vorgegebenen Punkt, näherungsweise „minkowskisch" zu sein.

15.2.2 Die Einstein'schen Feldgleichungen

In der von Einstein [15] in der Allgemeinen Relativitätstheorie entwickelten Beschreibung der Raumzeit-Struktur und der darin ablaufenden physikalischen Vorgänge offenbart sich die wesenhafte *gegenseitige Bedingtheit* von Raumzeit-Struktur und Materieverteilung:

a) Die Raumzeit-Struktur bestimmt die Bewegung und Lagerung der Materie.
b) Die Materieverteilung bestimmt die Raumzeit-Struktur.

Aus dieser „Symmetrie" folgt, dass bei der mathematischen Formulierung der Theorie die „geometrische Seite" und die „physikalische Seite" des Problems in gleicher

Weise eingehen müssen. Wir drücken diesen Zusammenhang symbolisch durch folgende „Gleichung" aus:

$$\begin{pmatrix} \textit{Größen, welche lokal die} \\ \textit{geometrische Struktur der} \\ \textit{gekrümmten vierdimensionalen} \\ \textit{Raumzeit bestimmen.} \end{pmatrix} = \kappa \cdot \begin{pmatrix} \textit{Größen, welche lokal die} \\ \textit{„Physik" (ohne Gravitation)} \\ \textit{vollständig bestimmen.} \end{pmatrix} \qquad (15.331)$$

Die hierin auftretende Kopplungskonstante κ, die die geometrischen Objekte auf der linken Seite mit den physikalischen Größen auf der rechten Seite verknüpft, heißt *Einstein'sche Gravitationskonstante* (s. Gl. (15.361)).

Der Zusammenhang (Gl. (15.331)) wird mathematisch durch die Einstein'schen Gleichungen für das Gravitationsfeld (Gl. (15.332)) gegeben, welche gewöhnlich als *Einstein'sche Feldgleichungen* bezeichnet werden.

Ohne auch nur eine heuristische Ableitung der Einstein'schen Feldgleichungen zu versuchen, möchten wir hier lediglich ihre Form angeben und den damit ausgedrückten Zusammenhang motivieren. (Zur ausführlichen physikalischen Begründung und mathematischen Herleitung der Einstein'schen Feldgleichungen sei auf die im Literaturverzeichnis aufgeführten Bücher über Allgemeine Relativitätstheorie verwiesen.)

Die lokale Physik, also die rechte Seite der Feldgleichungen, wird vollständig beschrieben durch den in Abschn. 15.1.2 eingeführten Energie-Impuls-Tensor $T_{\mu\nu}$. Da in der Allgemeinen Relativitätstheorie die Schwerefelder durch die Raumkrümmung, also durch die Geometrie ausgedrückt werden, darf $T_{\mu\nu}$ keine Anteile enthalten, die Gravitationsfeldern entsprechen. Der Energie-Impuls-Tensor ist ein symmetrischer Tensor zweiter Stufe. Da κ per definitionem ein Skalar ist, muss deshalb auch die linke Seite der Feldgleichungen, welche die Geometrie der Raumzeit beschreibt

$$G_{\mu\nu} = \kappa T_{\mu\nu}, \qquad (15.332)$$

ein symmetrischer Tensor zweiter Stufe sein. Man nennt $G_{\mu\nu}$ den *Einstein-Tensor*, der aus den aus der Differentialgeometrie bekannten Größen – dem *Ricci-Tensor* $R_{\mu\nu}$ und dem *Krümmungsskalar* R – aufgebaut wird:

$$G_{\mu\nu} = R_{\mu\nu} - \frac{1}{2} g_{\mu\nu} R. \qquad (15.333)$$

Die Größen $R_{\mu\nu}$ und R sind Funktionen des metrischen Tensors $g_{\mu\nu}$ und seiner Ableitungen. Ohne die Rechnungen explizit durchzuführen, geben wir diesen Zusammenhang unmittelbar an. Dazu definieren wir die *Christoffel-Symbole*

$$\Gamma^\lambda_{\mu\nu} = \frac{1}{2} g^{\lambda\varrho} \left(\frac{\partial g_{\mu\varrho}}{\partial x^\nu} + \frac{\partial g_{\nu\varrho}}{\partial x^\mu} - \frac{\partial g_{\mu\nu}}{\partial x^\varrho} \right) \qquad (15.334)$$

und den Riemann'schen *Krümmungstensor*

$$R^\varrho_{\mu\lambda\nu} = \frac{\partial \Gamma^\varrho_{\mu\nu}}{\partial x^\lambda} - \frac{\partial \Gamma^\varrho_{\mu\lambda}}{\partial x^\nu} + \Gamma^\varrho_{\sigma\lambda} \Gamma^\sigma_{\mu\nu} - \Gamma^\varrho_{\sigma\nu} \Gamma^\sigma_{\mu\lambda}, \qquad (15.335)$$

aus dem man durch Verjüngen den *Ricci-Tensor*

$$R_{\mu\nu} = R^{\lambda}_{\mu\lambda\nu} \tag{15.336}$$

und den *Krümmungsskalar*

$$R = R^{\mu}_{\mu} = g^{\mu\nu} R_{\mu\nu} \tag{15.337}$$

erhält.

Wegen der Gln. (15.334) bis (15.337) sind die Einstein'schen Feldgleichungen (15.332) zehn gekoppelte partielle Differentialgleichungen zweiter Ordnung, die in geschlossener Form sowohl die Struktur der vierdimensionalen Raumzeit als auch das Lagerungs- und Bewegungsverhalten der Materie und der Felder beschreiben. Im Einzelfall reduziert sich die Anzahl der unabhängigen Gleichungen z. B. durch die Symmetrie eines speziellen Problems.

Die durch $T_{\mu\nu}$ repräsentierte *Materie* – einschließlich dem Massenäquivalent der darin enthaltenen nicht gravitativen Felder – *ist die Quelle für die Gravitation und somit die Ursache für die Krümmung der Raumzeit*. Außerhalb der felderzeugenden Massen verschwindet der Energie-Impuls-Tensor $T_{\mu\nu}$, sodass dort

$$G_{\mu\nu} = R_{\mu\nu} - \frac{1}{2} g_{\mu\nu} R = 0 \tag{15.338}$$

gilt. Durch Multiplikation mit dem inversen metrischen Tensor $g^{\mu\nu}$ folgt hieraus sofort $R = 0$ und somit die *Vakuum-Feldgleichungen*

$$R_{\mu\nu} = 0. \tag{15.339}$$

Ein flacher Raum wird dadurch charakterisiert, dass an jeder Stelle der Krümmungstensor (Gl. (15.335)) verschwindet:

$$R^{\varrho}_{\mu\lambda\nu} = 0. \tag{15.340}$$

Das Verschwinden des Ricci-Tensors $R_{\mu\nu}$ nach Gl. (15.339) bedeutet daher *nicht*, dass dort der Raum notwendigerweise flach, also minkowskisch, ist, sondern nur, dass dort keine anderen Felder als Gravitationsfelder vorhanden sind. Lediglich im Fall eines *leeren* Raumes, welcher per definitionem flach ist, gelten nicht nur die Gln. (15.339), sondern auch (15.340).

15.2.3 Der Newton'sche Grenzfall

Der Grenzfall des Newton'schen Bewegungsgesetzes

$$\frac{d^2 x^i}{dt^2} = -\frac{\partial \Phi}{\partial x^i}, \quad i = 1, 2, 3 \tag{15.341}$$

und der Poisson-Gleichung

$$\frac{\partial^2 \Phi}{\partial x^i \partial x^i} = 4\pi G \varrho, \quad i = 1, 2, 3, \tag{15.342}$$

worin Φ das Newton'sche Gravitationspotential bezeichnet, ergibt sich aus den Einstein'schen Feldgleichungen (15.332) bzw. (15.333)

$$R_{\mu\nu} - \frac{1}{2} g_{\mu\nu} R = \kappa T_{\mu\nu}, \tag{15.343}$$

wenn wir folgende Annahmen einführen:

a) Die Massendichte ist die einzige Quelle des Gravitationsfeldes. In diesem Fall reduziert sich der Energie-Impuls-Tensor $T_{\mu\nu}$ auf eine einzige nicht verschwindende Komponente

$$T_{00} = \varrho_0 c^2, \tag{15.344}$$

worin ϱ_0 die Ruhemassendichte der Quelle ist.

b) Die Gravitationsfelder sind so langsam variabel, dass alle Ableitungen nach $x^0 = ct$ vernachlässigt werden dürfen.

c) Das Gravitationsfeld sei hinreichend schwach, sodass es sich nur als lineare Störung auf die Minkowski-Metrik auswirkt. Es gilt also

$$g_{\mu\nu} = \eta_{\mu\nu} + h_{\mu\nu}, \tag{15.345}$$

wobei quadratische und höhere Terme von $h_{\mu\nu}$ vernachlässigt werden können.

Ohne die Rechnungen explizit auszuführen, skizzieren wir den Lösungsweg:

1. Zuerst schreiben wir die Einstein'schen Feldgleichungen (15.343) um. Durch Multiplikation mit $g^{\mu\nu}$ erhalten wir

$$R = -\kappa g^{\mu\nu} T_{\mu\nu} = -\kappa T^\mu_\mu. \tag{15.346}$$

Einsetzen in Gl. (15.343) ergibt die äquivalente Form

$$R_{\mu\nu} = \kappa \left(T_{\mu\nu} - \frac{1}{2} g_{\mu\nu} T^\alpha_\alpha \right). \tag{15.347}$$

2. Betrachten wir hiervon die einzig interessierende Gleichung für $\mu = \nu = 0$:

$$R_{00} = \kappa \left(T_{00} - \frac{1}{2} g_{00} T^\alpha_\alpha \right) \tag{15.348}$$

und beachten (Annahme a))

$$T_{\mu\nu} = \begin{cases} T_{00} = \varrho_0 c^2 \\ T_{\mu\nu} = 0, \quad \text{für } \mu, \nu \neq 0, \end{cases} \tag{15.349}$$

woraus in linearer Näherung (Annahme c))

$$\frac{1}{2} g_{00} T^\alpha_\alpha = \frac{1}{2} \eta_{00} T^\alpha_\alpha = \frac{1}{2} \varrho_0 c^2 \tag{15.350}$$

und damit

$$R_{00} = \frac{1}{2} \kappa \varrho_0 c^2 \tag{15.351}$$

folgt.

3. Linearisieren wir die rechte Seite von Gl. (15.348) nach $h_{\mu\nu}$ und beachten, dass alle Zeitableitungen verschwinden (Annahme b)), erhalten wir für R_{00}

$$R_{00} = \frac{1}{2} \frac{\partial^2 h_{00}}{\partial x^i \partial x^i}, \quad i = 1, 2, 3, \tag{15.352}$$

oder mit dem Laplace-Operator

$$\Delta = \frac{\partial^2}{\partial x^i \partial x^i} \tag{15.353}$$

den Ausdruck

$$R_{00} = \frac{1}{2} \Delta h_{00}, \tag{15.354}$$

woraus durch Vergleich mit Gl. (15.351) die Gleichung

$$\Delta h_{00} = \kappa \varrho_0 c^2 \tag{15.355}$$

folgt, welche zur Poisson-Gleichung der Newton'schen Theorie

$$\Delta \Phi = 4\pi G \varrho_0 \tag{15.356}$$

äquivalent sein muss. Da Gl. (15.355) neben h_{00} noch die bisher unbestimmte Einstein'sche Gravitationskonstante κ enthält, können wir hieraus noch nicht auf die Äquivalenz von h_{00} und Φ schließen.

4. Um diesen Zusammenhang endgültig festzulegen, vergleichen wir die zugehörigen Bewegungsgleichungen. Diese ergeben sich einerseits durch Linearisierung der Geodätengleichung

$$\frac{d^2 x^i}{dt^2} + \frac{1}{2} c^2 \frac{\partial h_{00}}{\partial x^i} = 0, \quad i = 1, 2, 3 \tag{15.357}$$

oder in der Newton'schen Theorie gemäß

$$\frac{d^2 x^i}{dt^2} + \frac{\partial \Phi}{\partial x^i} = 0, \quad i = 1, 2, 3, \tag{15.358}$$

woraus durch Vergleich (abgesehen von einer physikalisch unbedeutenden additiven Konstanten) sofort auf

$$h_{00} = \frac{2\Phi}{c^2} \tag{15.359}$$

geschlossen werden darf. Die Störung h_{00} lässt sich also unmittelbar durch das Newton'sche Gravitationspotential Φ ausdrücken:

$$g_{00} = \eta_{00} + h_{00} = 1 + \frac{2\Phi}{c^2}. \tag{15.360}$$

5. Zur endgültigen Festlegung der Einstein'schen Gravitationskonstanten κ setzen wir Gl. (15.359) in Gl. (15.355) ein und lesen durch Vergleich mit Gl. (15.356)

$$\kappa = \frac{8\pi G}{c^4} \tag{15.361}$$

ab. Die Einstein'sche Gravitationskonstante κ setzt sich aus zwei Naturkonstanten, der Newton'schen Gravitationskonstante G und der Lichtgeschwindigkeit c zusammen, worin zum Ausdruck kommt, dass die Allgemeine Relativitätstheorie eine *relativistische Gravitationstheorie* ist.

15.2.4 Die Bewegung eines Massenpunktes in einem gegebenen Gravitationsfeld

Da in der Allgemeinen Relativitätstheorie Gravitationsfelder ihrer Natur nach „geometrisch", also durch die Krümmung der vierdimensionalen Raumzeit ausgedrückt sind, handelt es sich bei Bewegungen eines Teilchens in einem Gravitationsfeld um *kräftefreie* Bewegungen in der gekrümmten Raumzeit. Kräftefreie Bewegungen werden beschrieben durch eine Lagrange-Funktion (s. Abschn. 15.1.4.1, [1])

$$\mathscr{L} = T - V, \tag{15.362}$$

wobei das Potential V verschwindet. Da T die kinetische Energie des Teilchens

$$T = \frac{1}{2}mv^2 \tag{15.363}$$

mit Masse m und Geschwindigkeit v ist, nimmt $\mathscr{L}$ die einfache Form

$$\mathscr{L} = \frac{1}{2}mv^2 \tag{15.364}$$

an. Beschreiben wir die Metrik des gekrümmten dreidimensionalen Ortsraumes durch den Tensor

$$g_{ik}(\boldsymbol{x}, t), \quad i, k = 1, 2, 3, \tag{15.365}$$

dann gilt für den differentiellen Abstand

$$\mathrm{d}s^2 = g_{ik}\,\mathrm{d}x^i\,\mathrm{d}x^k \tag{15.366}$$

und damit für das Betragsquadrat der Geschwindigkeit

$$v^2 = \frac{\mathrm{d}s^2}{\mathrm{d}t^2} = g_{ik}\frac{\mathrm{d}x^i}{\mathrm{d}t}\frac{\mathrm{d}x^k}{\mathrm{d}t}. \tag{15.367}$$

Setzen wir diesen Ausdruck in Gl. (15.364) ein, folgt für die Lagrange-Funktion im kräftefreien Fall:

$$\mathscr{L} = \frac{1}{2}mg_{ik}\frac{\mathrm{d}x^i}{\mathrm{d}t}\frac{\mathrm{d}x^k}{\mathrm{d}t}. \tag{15.368}$$

Die zugehörige Bewegungsgleichung erhält man direkt aus der zugehörigen Lagrange-Gleichung (Gl. (15.139))

$$\frac{\mathrm{d}}{\mathrm{d}t}\left(\frac{\partial \mathscr{L}}{\partial \dot{x}^i}\right) - \frac{\partial \mathscr{L}}{\partial x^i} = 0, \quad i = 1, 2, 3 \tag{15.369}$$

zu

$$\frac{\mathrm{d}^2 x^i}{\mathrm{d}t^2} + \Gamma^i_{jk} \frac{\mathrm{d}x^j}{\mathrm{d}t} \frac{\mathrm{d}x^k}{\mathrm{d}t} = 0, \tag{15.370}$$

worin

$$\Gamma^i_{jk} = \frac{1}{2} g^{il} \left[\frac{\partial g_{lk}}{\partial x^j} + \frac{\partial g_{lj}}{\partial x^k} - \frac{\partial g_{jk}}{\partial x^l}\right] \tag{15.371}$$

das auf den Ortsraum (x^1, x^2, x^3) bezogene Christoffel-Symbol ist.

Die durch Gl. (15.370) beschriebene Bahnkurve eines Massenpunktes in einem Gravitationsfeld hängt, wie erwartet, nicht von dessen Masse m ab. Da die Lagrange-Gleichungen 2. Art (15.369) die Euler'schen Gleichungen des Variationsprinzips für die Lagrange-Funktion $\mathscr{L}$ sind (s. [4]), verschwindet die Variation der zugehörigen Wirkung zwischen zwei festen Zeitpunkten t_A und t_B

$$\delta \int_{t_A}^{t_B} \mathscr{L}(t)\,\mathrm{d}t = 0, \tag{15.372}$$

woraus auch auf

$$\delta \int_{t_A}^{t_B} \mathscr{L}^{1/2}(t)\,\mathrm{d}t = 0 \tag{15.373}$$

und damit im kräftefreien Fall auf

$$\delta \int_{t_A}^{t_B} \sqrt{\mathscr{L}(t)}\,\mathrm{d}t = \delta \int_{t_A}^{t_B} \sqrt{\frac{mv^2}{2}}\,\mathrm{d}t = \sqrt{\frac{m}{2}}\,\delta \int_{t_A}^{t_B} v\,\mathrm{d}t = \sqrt{\frac{m}{2}}\,\delta \int_{t_A}^{t_B} \mathrm{d}s = 0 \tag{15.374}$$

geschlossen werden kann. Die geometrische Länge der durch die Bewegungsgleichung (15.370) bestimmte Bahnkurve eines Massenpunktes zwischen zwei beliebig gewählten, festen Zeitpunkten ist also extremal. Genauer: sie stellt stets, wie man durch zweite Variation leicht zeigen kann, ein Minimum der den Anfangspunkt ($x(t_A)$) und den Endpunkt ($x(t_B)$) verbindenden Wegstrecke dar. Derartige Extremalkurven nennt man in der Differentialgeometrie *geodätische Linien* bzw. abgekürzt *Geodäten*. Die Bewegung eines Teilchens in einem gegebenen Gravitationsfeld erfolgt also stets längs einer Geodäte im gekrümmten Ortsraum. In einem gravitationsfreien Raum sind die Geodäten, also die Bahnkurven, Geraden.

15.2.5 Die Raumzeit-Metrik kugelförmiger Massenverteilungen

Da viele Himmelskörper (z. B. Sterne, Planeten) wesentlich kugelsymmetrische Gestalt besitzen und nur langsam rotieren, ist es eine gute Näherung anzunehmen, dass auch ihre Massenverteilung sphärisch symmetrisch ist. Aus diesem Grund sind sie ein besonders wichtiges und einfaches Beispiel für die Anwendung der Einstein'schen Feldgleichungen und für die Frage nach der allgemeinen Form von Lösungen für den Außenraum einer gravitierenden kugelförmigen Masse. Wegen der räumlichen Kugelsymmetrie folgt, dass das vierdimensionale Linienelement ds^2 ausschließlich aus im Ortsraum drehinvarianten Beiträgen aufgebaut werden muss.

Dies muss für jedes beliebig gewählte vierdimensionale Koordinatensystem gelten. Bezeichnen wir dessen Koordinaten willkürlich mit $(c\tilde{t}, \tilde{x})$. Mit $\tilde{x}$ als radialen Ortsvektor erhalten wir als Drehinvariante die Skalarprodukte $\tilde{x} \cdot \tilde{x}$, $\tilde{x} \cdot d\tilde{x}$ und $d\tilde{x} \cdot d\tilde{x}$, woraus für ds^2 der allgemeine Ansatz

$$ds^2 = a(|\tilde{x}|, c\tilde{t})(c\,d\tilde{t})^2 + b(|\tilde{x}|, c\tilde{t})\,d\tilde{x} \cdot d\tilde{x}$$
$$+ c(|\tilde{x}|, c\tilde{t})\,\tilde{x} \cdot d\tilde{x}\,c\,d\tilde{t} + d(|\tilde{x}|, c\tilde{t})\,(\tilde{x} \cdot d\tilde{x})^2 \tag{15.375}$$

folgt. Drücken wir hierin $\tilde{x}$ durch Kugelkoordinaten (r, ϑ, φ)

$$\tilde{x} = \tilde{r}\begin{pmatrix} \sin\vartheta\cos\varphi \\ \sin\vartheta\sin\varphi \\ \cos\vartheta \end{pmatrix} \quad \text{mit} \quad \tilde{r} = |\tilde{x}| \tag{15.376}$$

aus, nimmt ds^2 die Form

$$ds^2 = a(\tilde{r}, c\tilde{t})(c\,d\tilde{t})^2 + b(\tilde{r}, c\tilde{t})[d\tilde{r}^2 + \tilde{r}^2(d\vartheta^2 + \sin^2\vartheta\,d\varphi^2)]$$
$$+ c(\tilde{r}, c\tilde{t})\,\tilde{r}^2\,d\tilde{r}^2 + d(\tilde{r}, c\tilde{t})\,\tilde{r}\,d\tilde{r}\,c\,d\tilde{t} \tag{15.377}$$

an, woraus durch Vergleich mit der allgemeinen Form des Linienelements $ds^2 = \tilde{g}_{\mu\nu}\,d\tilde{x}^\mu\,d\tilde{x}^\nu$ sofort die reduzierte Form

$$\tilde{g}_{00}(\tilde{r}, c\tilde{t}) = a(\tilde{r}, c\tilde{t})$$
$$\tilde{g}_{11}(\tilde{r}, c\tilde{t}) = b(\tilde{r}, c\tilde{t}) + \tilde{r}^2 c(\tilde{r}, c\tilde{t})$$
$$\tilde{g}_{10}(\tilde{r}, c\tilde{t}) = \tilde{g}_{01}(\tilde{r}, c\tilde{t}) = \frac{1}{2}\tilde{r}\,d(\tilde{r}, c\tilde{t})$$
$$\tilde{g}_{22}(\tilde{r}, c\tilde{t}) = \tilde{r}^2 b(\tilde{r}, c\tilde{t})$$
$$\tilde{g}_{33}(\tilde{r}, c\tilde{t}) = \tilde{r}^2 \sin^2\vartheta\,b(\tilde{r}, c\tilde{t})$$
$$\tilde{g}_{\mu\nu} = 0 \quad \text{sonst.} \tag{15.378}$$

abgelesen werden kann. Die unbekannten Funktionen a, b, c und d, die nur von der radialen Koordinate $\tilde{r}$ und der Zeit $\tilde{t}$ abhängen, werden durch Einsetzen in die Vakuumfeldgleichungen (15.339) und deren Lösung bestimmt. Der Lösungsweg, der einige hilfreiche Koordinatentransformationen von $(\tilde{r}, \tilde{t})$ auf die schließlichen Koordinaten (r, t) enthält, ist ausführlich in einschlägigen Lehrbüchern (z. B. [1]) beschrieben. Ohne darauf weiter einzugehen, soll gleich das Ergebnis für die resultierende Metrik vorgestellt werden:

$$ds^2 = \left(1 - \frac{r_s}{r}\right)c^2\,dt^2 - \frac{1}{1 - \dfrac{r_s}{r}}\,dr^2 - r^2(d\vartheta^2 + \sin^2\vartheta\,d\varphi^2), \tag{15.379}$$

worin r_s eine nicht näher bestimmte Integrationskonstante (mit Dimension [Länge]) ist. Vergleichen wir diese Metrik mit der Metrik des Minkowski-Raumes, in Kugelkoordinaten $(ct, r, \vartheta, \varphi)$ geschrieben:

$$ds^2 = c^2\,dt^2 - dr^2 - r^2(d\vartheta^2 + \sin^2\vartheta\,d\varphi^2), \tag{15.380}$$

sehen wir, dass beim Übergang zu einem kugelsymmetrischen Gravitationsfeld lediglich die Zeitkoordinate t und die radiale Ortskoordinate r betroffen sind, während das zweidimensionale Winkelflächenelement $d\omega^2 = d\vartheta^2 + \sin^2\vartheta\, d\varphi^2$ unbeeinflusst bleibt. Sehr weit entfernt vom gravitierenden Zentralobjekt, d. h. für $r \gg r_s$ kann der Korrekturterm r_s/r in Gl. (15.379) gegen 1 vernachlässigt werden, sodass man dort die Raumzeit-Struktur eines Minkowski-Raumes erhält.

Zur Bestimmung der Integrationskonstanten r_s betrachtet man diesen Fall $r \gg r_s$, in dem r_s/r in erster Ordnung klein ist. Dies entspricht genau unserem Vorgehen beim Übergang zum Newton'schen Grenzfall schwacher Gravitationsfelder (s. Abschn. 15.2.3). In diesem Fall ist

$$g_{00} = 1 + \frac{2\Phi}{c^2}, \tag{15.381}$$

wobei

$$\Phi = -\frac{GM}{r} \tag{15.382}$$

das Newton'sche Gravitationspotential einer kugelsymmetrischen gravitierenden Masse M im Abstand r vom Massenmittelpunkt ist. Vergleichen wir dies mit dem Resultat aus Gl. (15.379)

$$g_{00} = 1 - \frac{r_s}{r}, \tag{15.383}$$

erhalten wir durch Vergleich

$$1 - \frac{r_s}{r} = 1 + \frac{2\Phi}{c^2} = 1 - \frac{2GM}{rc^2} \tag{15.384}$$

den Zusammenhang zwischen der durch ihre Gravitationswirkung im Fernfeld konstatierten gravitierenden Masse M und der Größe r_s

$$r_s = \frac{2GM}{c^2}. \tag{15.385}$$

M stellt also begrifflich nicht die eigentliche Masse des Zentralobjekts dar, sondern jene Masse, die man diesem nach der Newton'schen Gravitationstheorie durch Messungen im Fernfeld zuschreiben muss.

Die Außenraum-Vakuum-Lösung ($r_s \leq r < \infty$) für eine kugelsymmetrische Massenverteilung der Newton'schen Masse M wurde erstmals 1916 von dem Astrophysiker Karl Schwarzschild gefunden [16]:

$$ds^2 = \left(1 - \frac{2GM}{c^2 r}\right) c^2 dt^2 - \frac{1}{1 - \frac{2GM}{c^2 r}} dr^2 - r^2(d\vartheta^2 + \sin^2\vartheta\, d\varphi^2). \tag{15.386}$$

Zu Ehren von Karl Schwarzschild wird dieser Ausdruck als *Schwarzschild-Metrik* bezeichnet.

Die Größe r_s heißt *Schwarzschild-Radius*. Er hat die Bedeutung des charakteristischen Gravitationsradius der zentralen Massenquelle. Die Schwarzschild-Metrik bildet den Ausgangspunkt für die Untersuchung und Erklärung wichtiger Effekte der Allgemeinen Relativitätstheorie (s. Abschn. 15.3), sowie die Grundlage für das Konzept der sog. *Schwarzen Löcher* (s. [1]).

Lichtausbreitung in der Schwarzschild-Metrik. Photonen sind lichtartige Teilchen für die $ds^2 = 0$ gilt. Ihre Bahngleichung ist also nach Gl. (15.379) in differentieller Form durch

$$\left(1-\frac{r_s}{r}\right)c^2 dt^2 - \frac{1}{1-\frac{r_s}{r}} dr^2 - r^2(d\vartheta^2 + \sin^2\vartheta\, d\varphi^2) = 0 \quad (15.387)$$

oder als Geodätengleichung (nach der Bogenlänge λ parametrisiert) durch

$$\left(1-\frac{r_s}{r}\right)\left(c\frac{dt}{d\lambda}\right)^2 - \frac{1}{1-\frac{r_s}{r}}\left(\frac{dr}{d\lambda}\right)^2 - r^2\left[\left(\frac{d\vartheta}{d\lambda}\right)^2 + \sin^2\vartheta\left(\frac{d\varphi}{d\lambda}\right)^2\right] = 0 \quad (15.388)$$

gegeben. Sie bestimmt die Lichtausbreitung in der Nähe massiver kugelsymmetrischer Objekte. Im Fall radialer Lichtausbreitung gilt $d\vartheta = d\varphi = 0$, sodass hierfür die einfachen Bewegungsgleichungen

$$\frac{dr}{dt} = \pm\left(1-\frac{r_s}{r}\right)c, \quad (r > r_s) \quad (15.389)$$

folgen. Hierin bedeutet das +-Zeichen, dass sich das Photon vom Objekt weg, das −-Zeichen, dass es sich auf das Objekt zu bewegt. Gleichung (15.388) bildet den Ausgangspunkt für die theoretische Diskussion des Verhaltens von Photonen in Gravitationsfeldern von Sternen und Planeten (s. Abschn. 15.3).

15.3 Experimentelle Bestätigungen der Allgemeinen Relativitätstheorie

Die von Einstein in der Allgemeinen Relativitätstheorie vollzogene Verschmelzung von Physik und Raumzeit-Struktur machte die physikalische Theorie nicht nur logisch einheitlicher und einfacher, sondern führte auch zu neuen, im Kontext der *Newton'schen* Physik nicht erklärbaren bzw. nicht vorkommenden Effekten. So z. B. lieferte sie, neben der exakten Erklärung für die beobachtete Periheldrehung der Planetenbahnen, vor allem messbare optische Phänomene wie die postulierte *Wellenlängenänderung* des Lichts, die *Veränderung von Lichtlaufzeiten*, sowie die *Ablenkung* der Lichtstrahlen im Gravitationsfeld schwerer Massen. Darüber hinaus wird die Existenz von *Gravitationswellen*, die in mancher Hinsicht eine starke formale Analogie zu elektromagnetischen Wellen aufweisen, vorausgesagt. Dies sind wichtige Effekte, die heute bei der Diskussion der Bahnen bzw. der Lichtemission massereicher kompakter Objekte wie z. B. von Neutronensternen und Schwarzen Löchern bzw. im Zusammenhang mit sog. Gravitationslinsen in der Astronomie von Bedeutung sind. Im Folgenden gehen wir näher auf diese Effekte der Allgemeinen Relativitätstheorie ein.

15.3.1 Frequenzänderung von Spektrallinien

Die Ganggeschwindigkeit einer Uhr hängt vom Gravitationspotential des Ortes ab, an dem sie sich befindet. Als Uhr in diesem Sinn kann jedes sich periodisch verhaltende physikalische Gebilde verwendet werden, z. B. ein Atom, das eine Spektrallinie aussendet, wie im Fall einer Caesium-Atomuhr. Die Periodendauer $T = v^{-1}$ dieser Spektrallinie soll als Zeiteinheit benutzt werden. Dabei sollen z. B. die Frequenzen v einer auf der Sonne befindlichen Strahlungsquelle gemessen werden, indem sie auf die gleichfalls auf der Sonne gemessene, eben festgelegte Zeiteinheit bezogen werden. Werden ebenso die Frequenzen einer identischen Strahlungsquelle, die sich auf der Erde befindet, auf die nunmehr auf der Erde gemessene gewählte Zeiteinheit bezogen, so ergeben sich *identische Resultate* für die auf Sonne und Erde auf diese Weise gemessenen Frequenzen: Denn die Veränderungen der Ganggeschwindigkeit dieser Atomuhren durch das auf Sonne und Erde unterschiedliche Gravitationspotential sind genau gleich den Veränderungen der zu messenden Frequenzen der identischen Strahlungsquellen. Das ändert sich jedoch, wenn die Frequenzen der auf der Sonne befindlichen Strahlungsquelle nicht mehr auf die Zeiteinheit, die durch die auf der Sonne befindliche Atomuhr festgelegt ist, bezogen werden, sondern auf die Zeiteinheit der auf der Erde befindlichen Atomuhr. Dann macht sich die verschiedene Größe der Zeiteinheiten auf Sonne und Erde bemerkbar.

Wird z. B. die zu messende Frequenz der Strahlungsquelle in Bezug auf eine Uhr im Gravitationspotential der Sonne mit v_S, dagegen die Frequenz dieser Strahlungsquelle bei Bezug auf eine Atomuhr auf der Erde mit v_E bezeichnet, so muss sich $v_E \neq v_S$ ergeben. Werden die Gravitationspotentiale (Gl. (15.382)) auf der Oberfläche von Sonne und Erde mit Φ_S und Φ_E bezeichnet ($\Phi_S \neq \Phi_E$), so ergibt die Theorie allgemein (s. auch Gl. (15.412))

$$v_E = v_S \left(1 + \frac{\Phi_S - \Phi_E}{c^2}\right). \tag{15.390}$$

Die Gravitationspotentiale sind durch

$$\Phi_S = -G\frac{M_S}{R_S}, \quad \Phi_E = -G\frac{M_E}{R_E} \tag{15.391}$$

gegeben. Dabei bedeutet G die Gravitationskonstante, und M_S und R_S bzw. M_E und R_E stellen Masse und Radius von Sonne bzw. Erde dar. Aus Gl. (15.390) folgt damit nach einfachen Umformungen

$$v_E = v_S \left(1 - \frac{G}{c^2}\frac{M_S}{R_S}\left[1 - \frac{M_E}{M_S}\frac{R_S}{R_E}\right]\right). \tag{15.392}$$

Dabei ist

$$\frac{G}{c^2}M_S = \frac{1}{2}r_{s,S} \tag{15.393}$$

eine charakteristische Größe der Sonne mit der Dimension einer Länge, die nach Gl. (15.385) bis auf den Faktor 1/2 dem Schwarzschild-Radius der Sonne $r_{s,S}$ entspricht.

Die Länge r_s ist ein Maß für die Abweichungen der Geometrie eines kugelsymmetrischen Gravitationsfeldes von der Geometrie des ebenen Raumes, d.h. auch ein Maß für die Abweichung des metrischen Tensors $g_{\mu\nu}$ von $\eta_{\mu\nu}$. Ist der Abstand vom Zentrum des Gravitationsfeldes groß gegenüber r_s, so sind die Abweichungen von der Geometrie des ebenen Raumes sehr klein.

Da der zweite Summand in der eckigen Klammer von Gl. (15.392) näherungsweise vernachlässigt werden kann, folgt mit Gl. (15.393)

$$\nu_E = \nu_S \left(1 - \frac{1}{2} \frac{r_{s,S}}{R_S}\right) \tag{15.394}$$

oder bei Übergang auf Wellenlängen wegen $\lambda = c/\nu$

$$\lambda_E = \frac{\lambda_S}{1 - \frac{1}{2} \frac{r_{s,S}}{R_S}}, \tag{15.395}$$

sodass

$$\nu_E < \nu_S \quad \text{oder} \quad \lambda_E > \lambda_S \tag{15.396}$$

gilt. Für einen irdischen Beobachter werden die Spektrallinien auf der Sonne zu längeren Wellenlängen hin (d.h. zum roten Ende des Spektrums) verschoben: Man spricht deshalb auch von *gravitativer Rotverschiebung der Spektrallinien*.

Die Gravitationsrotverschiebung der Frequenzen ist eine direkte Folge der Tatsache, in welcher Weise die Eigenzeit τ, gemessen mittels Standard-Uhren an willkürlichen Stellen eines Gravitationsfeldes, jeweils mit der Koordinatenzeit t zusammenhängt. Die Eigenzeit gibt per definitionem den Ablauf der Zeit im Ruhesystem eines Objekts an. Da dort die Ortsveränderungen dx^i ($i = 1, 2, 3$) verschwinden, hängt das Eigenzeitdifferential $d\tau$ mit dem Differential der Koordinatenzeit dt über die Beziehung

$$d\tau = \sqrt{g_{00}} \, dt \tag{15.397}$$

zusammen. Geschieht ein Phänomen in einem gegebenen Intervall der Koordinatenzeit dt, geschieht es also für einen Beobachter z.B. am Punkt A im Eigenzeitintervall

$$d\tau(A) = \sqrt{g_{00}(A)} \, dt, \tag{15.398}$$

für einen Beobachter in B im Eigenzeitintervall

$$d\tau(B) = \sqrt{g_{00}(B)} \, dt, \tag{15.399}$$

woraus unmittelbar

$$\Delta\tau(B) = \sqrt{\frac{g_{00}(B)}{g_{00}(A)}} \Delta\tau(A) \tag{15.400}$$

folgt. Für $g_{00}(B)/g_{00}(A) > 1$ erscheint also das Intervall $\Delta\tau(B)$ länger, wenn es in Einheiten von $\Delta\tau(A)$ gemessen wird.

Wir können aus diesem Verhalten leicht die obige Formel für die Rotverschiebung Gl. (15.390) ableiten. Dazu nehmen wir an, dass am Ort des Beobachters B im Eigenzeitintervall $\Delta\tau(B)$ n Wellenzüge emittiert werden. Das zugehörige Koordinatenzeitintervall Δt ist also

$$\Delta t = \frac{\Delta\tau(B)}{\sqrt{g_{00}(B)}}. \tag{15.401}$$

Der Beobachter am Ort A empfängt also im Koordinatenzeitintervall Δt n Wellenzüge. Δt entspricht dort dem Eigenzeitintervall

$$\Delta\tau(A) = \sqrt{g_{00}(A)}\,\Delta t. \tag{15.402}$$

Mit der üblichen Frequenzdefinition

$$\nu = \frac{n}{\Delta t} \tag{15.403}$$

ergibt sich somit durch Einsetzen von Gl. (15.403) in die Gln. (15.401) und (15.402) und anschließender Quotientenbildung die allgemeine Umrechnungsformel für die in Rede stehenden Frequenzen

$$\frac{\nu_A}{\nu_B} = \frac{\lambda_B}{\lambda_A} = \left(\frac{g_{00}(B)}{g_{00}(A)}\right)^{1/2} = 1 - z, \tag{15.404}$$

wobei z die relative Frequenz- bzw. Wellenlängenverschiebung

$$z = \frac{\nu_B - \nu_A}{\nu_B} = \frac{\lambda_A - \lambda_B}{\lambda_A} \tag{15.405}$$

zwischen Emitter B und Empfänger A bezeichnet. z ist > 0 für die so genannte Rotverschiebung, z ist < 0 für die so genannte Blauverschiebung.

Im Weiteren betrachten wir die gravitative Frequenz- bzw. Wellenlängenverschiebung zwischen zwei sphärischen Objekten A und B (Sterne, Planeten, etc.). Die Metrik des Außenraums jedes Objekts ist deren jeweilige Schwarzschild-Metrik (Gl. (15.386)). Lesen wir hieraus

$$g_{00} = 1 - \frac{r_s}{r} \tag{15.406}$$

ab, folgt für das Frequenzverhältnis einer an der Oberfläche von B emittierten und an der Oberfläche von A beobachteten Spektrallinie:

$$\frac{\nu_A}{\nu_B} = \left(\frac{g_{00}(B)}{g_{00}(A)}\right)^{1/2} = \left(\frac{1 - \dfrac{r_{s,B}}{r_B}}{1 - \dfrac{r_{s,A}}{r_A}}\right)^{1/2}, \tag{15.407}$$

worin

$$r_{s,A} = \frac{2GM_A}{c^2}, \quad r_{s,B} = \frac{2GM_B}{c^2} \tag{15.408}$$

die zugehörigen Schwarzschild-Radien und r_A und r_B die entsprechenden Radien der Objekte sind. Da für Planeten und Sterne stets $r_s \ll r$ gilt, genügt es in Gl. (15.407) nur lineare Glieder in r_s/r zu berücksichtigen, woraus durch Reihenentwicklung des Nenners

$$\frac{v_A}{v_B} = \left[1 - \frac{r_{s,B}}{r_B} + \frac{r_{s,A}}{r_A}\right]^{1/2} \tag{15.409}$$

und durch Entwickeln der Wurzel

$$\frac{v_A}{v_B} = 1 - \frac{1}{2}\left(\frac{r_{s,B}}{r_B} - \frac{r_{s,A}}{r_A}\right) \tag{15.410}$$

folgt. Tragen wir hierin Gl. (15.408) ein, erhalten wir

$$\frac{v_A}{v_B} = 1 - \frac{1}{c^2}\left(\frac{GM_B}{r_B} - \frac{GM_A}{r_A}\right), \tag{15.411}$$

woraus wegen Gl. (15.382) die einfache Relation

$$\frac{v_A}{v_B} = 1 + \frac{\Phi_B - \Phi_A}{c^2} \tag{15.412}$$

resultiert. Die oben beschriebenen Verhältnisse zwischen Erde und Sonne (vgl. Gl. (15.390)) ersieht man direkt durch die Ersetzungen A = E und B = S.

Für die Sonne gilt $r_{s,S} = 2.9 \times 10^3$ m, $R_S = 6.95 \times 10^8$ m, also $r_{s,S}/R_S \approx 4.2 \times 10^{-6}$ und für die Erde $r_{s,E} = 9 \times 10^{-3}$ m, $R_E = 6 \times 10^6$ m, also $r_{s,E}/R_E \approx 1.5 \times 10^{-9}$. Damit ergibt sich für die Rotverschiebung aus Gl. (15.395)

$$\Delta\lambda = \lambda_E - \lambda_S \approx \lambda_S \frac{1}{2} \frac{r_{s,S}}{R_S} \tag{15.413}$$

und für die relative Rotverschiebung

$$z = \frac{\Delta\lambda}{\lambda_S} \approx \frac{1}{2} \frac{r_{s,S}}{R_S} = 2.1 \times 10^{-6}. \tag{15.414}$$

Dieser Effekt ist von Dicke (1964) über den gesamten Bereich der Sonnenkugel an der D_1-Linie des Natriumspektrums ($\lambda_S = 589.6$ nm) mit einer Genauigkeit von $\pm 5\%$ *bestätigt worden.* Davor war der Effekt der Rotverschiebung bereits für den Himmelskörper Sirius B von Adams (1925) an der Spektrallinie H_β ($\lambda_S = 486$ nm) mit geringerer Genauigkeit beobachtet worden. Für diesen Stern liefert Gl. (15.414) eine relative Rotverschiebung von $\Delta\lambda/\lambda_S \approx 6.5 \times 10^{-5}$, während Adams den Wert $\Delta\lambda/\lambda_S = 6.3 \times 10^{-5}$ beobachtete. Besonders erfreulich ist es, dass seit dem Jahre 1958 die Möglichkeit besteht, die gravitative Rotverschiebung auch auf der Erde zu beobachten. Relative Verschiebungen der Sonne oder des Sirius B, die der Größenordnung der Gl. (15.414) entsprechen, sind auf der Erde nicht zu erhalten; aber die Genauigkeit der Beobachtung kann um ein Vielfaches gesteigert werden. Mit den üblichen Spektrallinien ist dieser Versuch nicht durchzuführen, da ihre Halbwertsbreiten viel zu groß sind. Wenn extrem kleine Verschiebungen von Spektrallinien zu messen sind, darf die Linie selbst nicht wesentlich breiter als die zu messende Verschiebung sein. Sehr schmale Spektrallinien, allerdings nicht im sichtbaren Spektralbereich, sondern bei geeigneten γ-Spektren, werden durch den *Mößbauer-Effekt* geliefert (vgl. Bd. 4, Abschn. 2.5). Bei dieser rückstoßfreien Resonanzfluoreszenz

(Mößbauer 1958) ist die Breite der γ-Spektrallinie etwa gleich ihrer natürlichen Linienbreite und besitzt den relativen Wert $\Delta\lambda/\lambda \approx 10^{-16}$, der um den Faktor 10^{-8} kleiner als die relative Halbwertsbreite bei Spektrallinien im sichtbaren Bereich des Spektrums ist. Diese schmale Linienbreite ist sowohl bei Emission als auch bei Absorption der in Frage kommenden γ-Linien vorhanden. Werden zwei identische, γ-Strahlen emittierende und absorbierende Systeme betrachtet, so wird von dem Absorber die vom anderen System emittierte γ-Strahlung nahezu vollständig absorbiert: *Resonanz*. Würde aber der Absorber sich gegenüber dem Strahler mit einer sehr kleinen Relativgeschwindigkeit bewegen, ergäbe die resultierende Doppler-Verschiebung bereits eine so starke *Verstimmung* zwischen emittierendem und absorbierendem System, dass eine vollständige Resonanz nicht mehr eintreten kann. Der gleiche Effekt muss aber auch erscheinen, *wenn die Rotverschiebung nach der Allgemeinen Relativitätstheorie wirksam wird*. Dazu ist es notwendig, dass emittierendes und absorbierendes System *verschiedene Gravitationspotentiale* besitzen. Im Erdfeld reicht dazu bereits ein Höhenunterschied beider Systeme von etwa 10 m aus, um den Effekt beobachten zu können. Die Frequenzverschiebung ergibt sich im Schwerefeld der Erde analog zu Gl. (15.390). Werden die Gravitationspotentiale auf der Erdoberfläche und in der Höhe H darüber mit Φ_0 und Φ_1 bezeichnet, so gilt für $H \ll R_E$, entsprechend Gl. (15.391)

$$\Phi_0 = -G\frac{M_E}{R_E},$$
$$\Phi_1 = -G\frac{M_E}{R_E + H} \approx -G\frac{M_E}{R_E}\left(1 - \frac{H}{R_E}\right), \tag{15.415}$$
$$\Phi_0 - \Phi_1 = -G\frac{M_E}{R_E^2}H.$$

Wird dieser Wert in Gl. (15.390) eingesetzt, so folgt für eine Frequenz ν_0 auf der Erdoberfläche

$$\nu_1 = \nu_0\left(1 - \frac{GM_E}{R_E^2}\frac{H}{c^2}\right) \tag{15.416}$$

und wegen $\lambda = c/\nu$ für $H = 22$ m vermöge Gl. (15.405) eine relative Wellenlängenänderung von

$$\frac{\Delta\lambda}{\lambda_0} = 2.5 \times 10^{-15}. \tag{15.417}$$

Von Pound und Snider [17] wurde 1965 bei diesem Höhenunterschied eine relative Wellenlängenänderung der γ-Strahlung des ^{57}Fe (14.4 keV)[6] gemessen, die den theoretischen Wert der Gl. (15.417) mit der sehr guten Genauigkeit von $\pm 1\%$ bestätigte.

Zu diesen relativ guten Bestätigungen des Effektes der Rotverschiebung ist allerdings anzumerken, dass der Effekt *keinen* Test auf die gesamte ART darstellt, da zur Ableitung der Gl. (15.390) lediglich das Einstein'sche Äquivalenzprinzip benötigt wird. Die für die Theorie wesentlichen Feldgleichungen des Gravitationsfeldes wer-

---

[6] Dieser Energie der γ-Quanten entspricht eine Wellenlänge von $\lambda_0 = 8.6 \times 10^{-2}$ mm.

1364   15 Strahlungsprozesse und Optik in der Relativitätstheorie

den dazu jedoch *nicht* herangezogen und somit auch *nicht* durch die Experimente *bestätigt*.

Gleichung (15.416) liefert auch die Erklärung für den gravitativen, flughöhenabhängigen Anteil der Änderung der Ganggeschwindigkeit der Atomuhren im *Hafele-Keating-Experiment* zum Nachweis der von der speziellen Relativitätstheorie vorhergesagten Zeitdilation (s. Bd. 1, Teil II, Abschn. 28.6.2). Dies gelang Hafele und Keating (1971) in einem normalen Verkehrsflugzeug, das mit einer Caesium-Atomuhr an Bord einmal in westlicher und einmal in östlicher Richtung rund um die Erde flog. Allerdings tritt bei diesem Experiment nach der Allgemeinen Relativitätstheorie eine *zusätzliche* Änderung der Ganggeschwindigkeit der Atomuhr durch den Unterschied des Gravitationspotentials der Erde in Flughöhe gegenüber dem Gravitationspotential der Referenzuhr auf der Erdoberfläche auf. Da dieser Effekt aber von der Flughöhe abhängt, lässt sich durch deren Variation der Einfluss des Gravitationspotentials nach der Allgemeinen Relativitätstheorie von demjenigen der Zeitdilation im Rahmen der Speziellen Relativitätstheorie abtrennen. Mit $v = T^{-1}$ ergeben sich Zeitdifferenzen zwischen der Uhr im Flugzeug und der Referenzuhr auf der Erdoberfläche

$$T_1 = \frac{T_0}{\left(1 - \frac{GM_E}{R_E^2} \frac{H}{c^2}\right)} \approx T_0 \left(1 + \frac{GM_E}{R_E^2} \frac{H}{c^2}\right) \tag{15.418}$$

zu

$$T_1 - T_0 = T_0 \frac{GM_E}{R_E^2} \frac{H}{c^2}. \tag{15.419}$$

Die gravitative Rotverschiebung der Spektrallinien darf *nicht* mit der sog. *kosmologischen Verschiebung der Spektrallinien* verwechselt werden. Unter dieser wird die Beobachtung verstanden, dass das von allen *Galaxien* emittierte Licht eine Rotverschiebung der Spektrallinien gegenüber den Wellenlängen auf der Erde aufweist. Diese Rotverschiebung ist näherungsweise dem Abstand der Galaxien von der Erde proportional und wird als *radialer Doppler-Effekt* (s. Bd. 1, Teil II, Abschn. 29.3.3) interpretiert, der als Folge einer Radialbewegung der Galaxien auftritt, in der sich die Expansion des Universums manifestiert (s. Bd. 8).

15.3.2 Lichtablenkung im Gravitationsfeld

Die Allgemeine Relativitätstheorie behauptet, dass Lichtstrahlen in einem Gravitationsfeld abgelenkt werden. Dies ergibt sich unmittelbar theoretisch aus der Analyse der Lichtausbreitung in der Schwarzschild-Metrik (Gl. (15.387)). Wir verfolgen hier nicht die einzelnen diesbezüglichen mathematischen Schritte, sondern diskutieren das Problem aus einer mehr anschaulichen Perspektive.

Es werden parallele Lichtstrahlen von weit entfernten Lichtquellen betrachtet, die bei geradliniger Ausbreitung den kürzesten Abstand b vom Mittelpunkt Z eines kugelsymmetrischen Gravitationsfeldes besitzen würden[7] (s. Abb. 15.5). Diese Licht-

---

[7] Der Abstand b entspricht dem Stoßparameter bei *Streuproblemen* (vgl. Bd. 1, Teil I, Abschn. 7.6).

15.3 Experimentelle Bestätigungen der Allgemeinen Relativitätstheorie

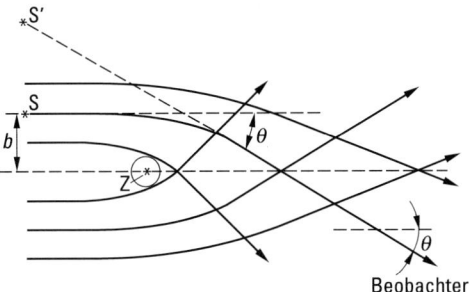

Abb. 15.5 Zur Lichtablenkung im Schwerefeld.

strahlen sollen im Gravitationsfeld um einen Winkel Θ abgelenkt werden. Eine Ablenkung der Lichtstrahlen kann qualitativ durch folgende Überlegung eingesehen werden. Die Strahlung besteht aus Photonen der Energie $E = h\nu$. Nach Abschn. 15.1.1.1 kommt jeder Energie E eine Masse $m = E/c^2$ zu. Wird diese Aussage auf die Strahlungsenergie übertragen, so folgt aus der Identität von träger und schwerer Masse, dass jede Masse m – also auch ein Photon – von jeder anderen Masse M, z. B. von derjenigen, die in Abb. 15.5 das Gravitationsfeld um Z erzeugt, angezogen wird.

Für den Ablenkwinkel Θ ergibt die Allgemeine Relativitätstheorie den Wert

$$\Theta = \frac{4GM}{bc^2} \,. \tag{15.420}$$

Da Θ umgekehrt proportional zu b ist, erfolgt die Ablenkung des Lichtstrahls umso stärker, je kleiner b ist. In Abb. 15.5 sind drei Lichtstrahlen mit verschiedenen Werten von b eingezeichnet.

Die Wirkung eines kugelsymmetrischen Gravitationsfeldes auf Lichtstrahlen entspricht daher der *Wirkung einer Linse*. Jedoch wird das Licht durch das Gravitationsfeld nicht fokussiert.

Die ältesten Messungen der *Lichtablenkung im Gravitationsfeld* (seit 1919) erfolgten an dem Licht weit entfernter Sterne, wenn sich dieses unmittelbar am Sonnenrand vorbei zur Erde hin ausbreitet. In Gl. (15.420) ist dann für M die Sonnenmasse M_S und für b ungefähr der Sonnenradius R_S einzusetzen. Mittels Gl. (15.393) folgt

$$\Theta = 2\frac{r_{s,S}}{R_S} = 1.75'' \,. \tag{15.421}$$

Die Ablenkung der Lichtstrahlen durch die Sonne hat die Konsequenz, dass diejenigen Sterne S, die ihr Licht dicht an der Sonne vorbei zur Erde senden, zu anderen Sternen *vergrößerte Winkelabstände* aufweisen. Ein Beobachter auf der Erde sieht nämlich den Stern nicht an seinem wahren Ort S, sondern in Richtung der Asymptoten des gekrümmten Lichtstrahls bei S'. Die Beobachtungen werden so vorgenommen, dass eine geeignete Gegend des Himmels zunächst fotografiert wird, wenn die Sonne weit von dieser Gegend entfernt ist. Eine zweite Aufnahme derselben Himmelsgegend wird dann durchgeführt, wenn die Sonne genau in der Beobachtungsrichtung von der Erde zu diesen Sternen steht. Das ist allerdings nur bei einer totalen Sonnenfinsternis durchführbar. Die bisher erfolgten Messungen dieses Effektes schwanken leider außerordentlich. Ihre Ergebnisse liefern für den Ablenkungswinkel Θ Werte zwischen $\Theta = 1.43''$ und $\Theta = 2.7''$. Der Mittelwert aller Messungen liegt bei etwa $\Theta = 1.79''$, ist also merklich größer als der theoretische Wert nach Gl. (15.421). Eine Lichtablenkung im Gravitationsfeld der Sonne wird also bei allen Beobachtungen festgestellt, jedoch kann von einer *quantitativen Bestätigung der Allgemeinen Relativitätstheorie nicht* gesprochen werden.

Bei Präzisionsexperimenten von Fomalont und Sramek [18, 19] wurde ein Radiointerferometer mit einer Basislänge von 35 km verwendet, das sehr genaue Winkelmessungen ermöglicht. Zur Kontrolle wurde bei zwei verschiedenen Radiofrequenzen (2695 und 8085 MHz) beobachtet. Mit diesem Interferometer wurde verfolgt, wie sich die gegenseitige Lage dreier auf einer Geraden liegenden Radioquellen ändert, wenn eine davon ihre Wellen nahe am Sonnenrand entlang sendet und danach verdeckt wird. Aus den Beobachtungen berechnete sich eine Ablenkung von $\Theta = 1.761''$ mit einer Unsicherheit von $\pm 0.016''$. Dies stellt eine sehr gute Bestätigung des theoretischen Wertes von Einstein, $\Theta = 1.75''$, nach Gl. (15.421) dar.

Die Ablenkung eines Lichtstrahls in einem kugelsymmetrischen Gravitationsfeld zeigt große Ähnlichkeiten mit der *Ausbreitung des Lichts in inhomogener Materie* (z. B. in Glas) im euklidischen Raum, wobei dieser Vorgang durch eine ortsabhängige, kugelsymmetrische *Brechzahl* (Brechungsindex) beschrieben wird. Daher kann der Effekt der Lichtablenkung im Schwerefeld ebenfalls durch eine „*Brechzahl des Vakuums*" n_0 beschrieben werden, die ein Maß für die Abweichung von der Geometrie des ebenen Raumes darstellt. Die Allgemeine Relativitätstheorie ergibt für das kugelsymmetrische Gravitationsfeld eines Himmelskörpers mit der Masse M im Abstand r in Bereichen, in denen $2GM/c^2 \ll r$ gilt, den Wert

$$n_0(r) = 1 + \frac{2GM}{c^2}\frac{1}{r}. \tag{15.422}$$

Für das Schwerefeld der Sonne folgt daraus mit dem Schwarzschild-Radius $r_{s,S}$ nach Gl. (15.393) und $r_{s,S} \ll r$ eine „Brechzahl des Vakuums"

$$n_0(r) = 1 + \frac{r_{s,S}}{r}. \tag{15.423}$$

Die *quantitative* Bestätigung der Lichtablenkung im Schwerefeld nach der Theorie von Einstein stellt, im Gegensatz zur Rotverschiebung der Spektrallinien, einen Test für die *Gültigkeit der gesamten Allgemeinen Relativitätstheorie* dar.

15.3.3 Gravitationslinsen

Lichtablenkungen in Gravitationsfeldern treten in weit größerem Maßstab in extragalaktischen Konfigurationen auf. So wird das 1979 im Sternbild Ursa major (Großer Bär) entdeckte Objekt 0957+561 als das erste beobachtete *Gravitationslinsen*system angesehen [20–22].

Das Prinzip einer Gravitationslinse kann man sich anhand der Abb. 15.5 veranschaulichen. Als Strahlungsquelle S wirkt ein weit entfernter Quasar oder eine Galaxie (s. Bd. 7). Die eigentliche „*Linse*" Z wird durch eine Galaxie oder einen Galaxienhaufen in geringerem Abstand zum Beobachter gebildet. Liegen Quelle S, Linse Z und der Beobachter exakt auf einer Geraden, so erscheint dem Beobachter die Quelle S als ein Kreis; die von S ausgehende Strahlung wird im Gravitationsfeld von Z gleichmäßig abgelenkt, und für den Beobachter ergibt sich ein Kreis als Bild von S. In der Tat wurden in letzter Zeit fast vollständige Ringe beobachtet (MG1131+0456), die man als Bild eines Quasars interpretiert, dessen Licht von einer elliptischen Vordergrundgalaxie abgelenkt wird. Dass Gravitationslinsen Ringstrukturen erzeugen können, wurde schon 1936 von Einstein vermutet. Sie werden deshalb heute als *Einstein-Ringe* bezeichnet.

Liegen die Quelle S, die Linse Z und der Beobachter nicht exakt auf einer Linie, so werden von der Linse mehrere Bilder des Objekts S erzeugt. Dies ist z. B. der Fall bei dem schon erwähnten Objekt 0957+561: Bei diesem „Doppel-Quasar" handelt es sich um *ein* und dasselbe Objekt, was man daran erkennen kann, dass beide Komponenten ein identisches Spektrum aufweisen.

Genau wie der Ablenkwinkel bei einer optischen Linse von der Eintrittsstelle des einfallenden Lichts abhängt, variiert die Ablenkung im Gravitationsfeld entsprechend der Stelle, an der die Strahlung durch das Gravitationsfeld hindurchgeht. Die Anzahl der Bilder und ihre Helligkeit hängen also von der Geometrie und der Massenverteilung in der „Linse" Z ab. Einen sehr eindrucksvollen Gravitationslinseneffekt zeigt der Quasar HE0435-1223, dessen Bild durch eine Vordergrundgalaxie in vier symmetrische Bilder aufgespalten wird [23] (s. Abb. 15.6).

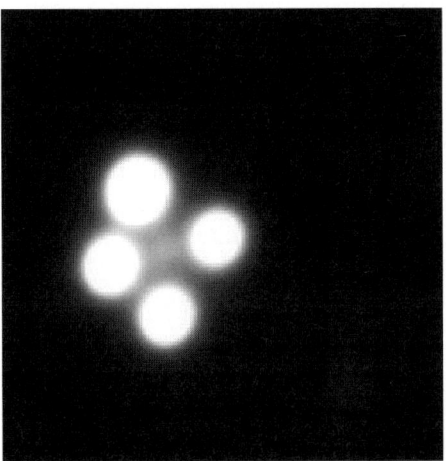

Abb. 15.6 Das Bild zeigt den Quasar HE0435-1223 aufgenommen mit dem 6.5 m Magellan-Teleskop auf dem Las Campanas-Observatorium in Chile. Der Quasar zeigt eine *kosmische Rotverschiebung* von $z = 1.69$ und eine visuelle Helligkeit von 18.0 Magnitudines (zur Definition der kosmischen Rotverschiebung und der visuellen Helligkeit s. Bd. 8.). Durch Einwirkung einer massereichen elliptischen Galaxie in genau der Sichtlinie ist das Licht des Quasars in vier nahezu identische, symmetrisch angeordnete Komponenten aufgespalten mit 2.6 Bogensekunden als längster diagonaler Verbindung zwischen den Quasarkomponenten. Die Linsengalaxie ist nahe dem geometrischen Zentrum zu finden (mit freundlicher Genehmigung: L. Wisotzki, AI Potsdam, [23]).

Mithilfe von Gravitationslinsen können z. B. großräumige Inhomogenitäten im Universum aufgedeckt werden, insbesondere kann eine Gravitationslinse die Bildquelle vergrößern und ermöglicht damit, Einzelheiten der Quelle zu untersuchen, die man normalerweise nicht auflösen könnte.

Ein besonders interessanter Linseneffekt tritt auf, wenn die Hintergrundquelle eine genügend kleine Emissionsregion besitzt, sodass sich einzelne Sterne der Vordergrundgalaxie als Linsen bemerkbar machen können. Dieses Phänomen nennt man *Microlensing*. Die resultierende Aufspaltung der Bilder ist sehr klein und durch optische Beobachtungen nicht direkt aufzulösen. Infolge der Relativbewegung von Strahlungsquelle, Linse und Beobachter durchläuft der Beobachter aber Bereiche sehr unterschiedlicher Verstärkung, die deutliche Helligkeitsschwankungen der Bilder zur Folge haben. Obwohl es schwierig ist, zwischen intrinsischen Helligkeitsvariationen der Primärquelle und den durch Microlensing beobachteten Effekten zu unterscheiden, scheint hier eine Methode verfügbar zu sein, mit der z. B. massive, aber lichtschwache Objekte indirekt erkannt werden können.

15.3.4 Laufzeitverzögerung von Radiowellen

Dieser Test zur Prüfung der Allgemeinen Relativitätstheorie wurde 1965 von Shapiro vorgeschlagen. Dabei soll abermals der Einfluss des Gravitationsfeldes der Sonne auf hochfrequente elektromagnetische Wellen untersucht werden. Im Gegensatz zu den Messungen der Ablenkung von Radiowellen, die von punktförmigen Quellen im Weltall ausgehen, z. B. bei den Experimenten von Fomalont und Sramek, verwendet Shapiro eine künstliche Quelle auf der Erde. Das von dieser irdischen Quelle emittierte Radarsignal läuft nahe an der Sonne vorbei, wird an einem hinter der Sonne stehenden Planeten reflektiert und nach abermaligem Passieren der Sonne auf der Erde empfangen. Dieser Vorgang wird als *Radarecho* bezeichnet. Dabei wird die Laufzeit für Hin- und Rückweg gemessen, die nach der Allgemeinen Relativitätstheorie um so größer wird, je näher die Radiowellen den Sonnenrand passieren. Eine Abschätzung der *Laufzeitänderung* lässt sich mithilfe der *Brechzahl des Vakuums* nach Gl. (15.423) durchführen. *Analog zum Brechungsgesetz der geometrischen Optik* (vgl. Abschn. 2.1 und Bd. 1, Teil I, Kap. 24) wird eine *effektive Lichtgeschwindigkeit im Vakuum*

$$c_{\text{eff}} = \frac{c}{n_0(r)} \tag{15.424}$$

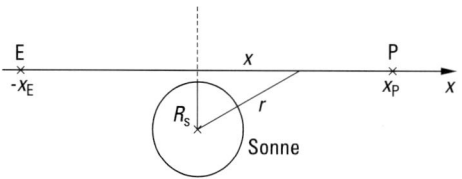

Abb. 15.7 Zum Shapiro-Effekt.

15.3 Experimentelle Bestätigungen der Allgemeinen Relativitätstheorie

eingeführt, woraus für das Schwerefeld der Sonne und für $r_{s,S} \ll r$ aus Gl. (15.423)

$$c_{\text{eff}} = \frac{c}{1 + \dfrac{r_{s,S}}{r}} < c \tag{15.425}$$

folgt. Wird der Lichtweg zwischen dem Planeten P und der Erde E durch eine Gerade angenähert (x-Achse in Abb. 15.7), beträgt die Laufzeit von E nach P und zurück nach der Allgemeinen Relativitätstheorie

$$t_R = 2 \int_{x=-x_E}^{x_P} \frac{dx}{c_{\text{eff}}} = \frac{2}{c} \left(\int_{-x_E}^{x_P} dx + r_{s,S} \int_{-x_E}^{x_P} \frac{dx}{r} \right), \tag{15.426}$$

wobei der Faktor 2 für Hin- und Rückweg steht. Das erste Integral auf der rechten Seite von Gl. (15.426) ist gerade die Laufzeit t_{NR} von E nach P gemäß der nichtrelativistischen Betrachtung, die dann die richtigen Werte ergibt, wenn der Lichtweg von E nach P weit von der Sonne entfernt verläuft. Die Differenz $\Delta t = t_R - t_{NR}$ ergibt daher nach Gl. (15.426) wegen $c_{\text{eff}} < c$ eine *Laufzeitverzögerung* (vgl. Abb. 15.7)

$$\Delta t = t_R - t_{NR} = 2 \frac{r_{s,S}}{c} \int_{-x_E}^{x_P} \frac{dx}{r} = 2 \frac{r_{s,S}}{c} \int_{-x_E}^{x_P} \frac{dx}{\sqrt{x^2 + R_S^2}}, \tag{15.427}$$

deren Integration auf

$$\Delta t = 2 \frac{r_{s,S}}{c} \ln \left(\frac{\sqrt{x_P^2 + R_S^2} + x_P}{\sqrt{x_E^2 + R_S^2} - x_E} \right) \tag{15.428}$$

führt. Da die Entfernungen der Planeten (einschließlich der Erde) von der Sonne wesentlich größer als der Sonnenradius R_S sind ($x_P, x_E \gg R_S$), werden die Wurzeln in Gl. (15.428) entwickelt, wodurch die Laufzeitverzögerung näherungsweise den Wert

$$\Delta t = 2 \frac{r_{s,S}}{c} \ln \left(\frac{4 x_P x_E}{R_S^2} \right) \tag{15.429}$$

bekommt.

Die ersten Laufzeitverzögerungen von Radiowellen (780 MHz) wurden von Shapiro (ab 1968) bei Reflexion an den Planeten Venus und Merkur gemessen [24, 25]. Dabei ergab sich für die Venus eine Laufzeitverzögerung von 200 µs mit einem Messfehler von zunächst noch ±20%. Da der aus Gl. (15.429) berechnete Wert $(\Delta t)_{\text{Th}} = 240$ µs beträgt, lieferten diese ersten Messungen noch keine quantitative Bestätigung der Allgemeinen Relativitätstheorie. Die Präzision der Messungen konnte jedoch später bis auf Messfehler von nur ±5% gesteigert werden.

Bedeutend bessere Ergebnisse zeigen die Messungen der Laufzeitverzögerung von Radiowellen, die an *künstlichen Satelliten* reflektiert werden. Dies erfolgte zuerst im Jahr 1970 an den *Mars-Sonden* Mariner 6 und Mariner 7. Die bisher präziseste Messung der Laufzeitverzögerung mit einer Genauigkeit von 2‰ konnte jedoch nach der Landung der beiden *Viking-Landefähren auf dem Mars* im Jahre 1976 durchgeführt werden. Dabei ergab sich für die Laufzeitverzögerung Δt mit 251 μs eine so gute Übereinstimmung mit dem theoretischen Wert nach Gl. (15.429), *dass kein Zweifel mehr an der Gültigkeit der Allgemeinen Relativitätstheorie bestehen kann.*

15.3.5 Periheldrehung der Planetenbahnen

Die hier beschriebene Periheldrehung von Planetenbahnen wie auch die ebenfalls angesprochene Perigäumdrehung von Satelliten durch den Thirring-Lense-Effekt (Abschn. 15.3.6), sind zwar nicht genuin optischer Natur, sollen aber aus Gründen der Vollständigkeit aufgeführt werden.

Die Allgemeine Relativitätstheorie liefert aus den von Einstein gefundenen Gleichungen für die Größen $g_{\mu\nu}$ in niedrigster Näherung das Newton'sche Gravitationsgesetz (s. Abschn. 15.2.3) und damit für die Planetenbewegung die Kepler'schen Gesetze. Jedoch fügt die zweite Näherung für die Lösung der Einstein'schen Gleichungen dem Newton'schen Gravitationsgesetz eine *Korrektur* hinzu, die auch die klassischen Gesetze der Planetenbewegung abändert. Diese Korrektur bewirkt, dass die Planetenbahnen keine im Sonnensystem festliegenden Ellipsen sind, sondern dass die Achsen der Ellipsen in diesem System eine langsame Drehung ausführen. Die Planetenbewegung wird daher schematisch durch Abb. 15.8 wiedergegeben. Dieser Effekt wird als Periheldrehung bezeichnet, da das Perihel[8] P sich auf einem Kreise bewegt, dessen Mittelpunkt in der Sonne S liegt (in Abb. 15.8 punktiert gezeichnet).

Diese Drehung überlagert sich der Perihelbewegung, die von den Störungen durch die Gravitationswirkungen der anderen Planeten herrührt. Durch das Newton'sche Gravitationsgesetz ist diese zusätzliche Periheldrehung quantitativ nicht zu erklären. Die Untersuchung der Planetenbahn als Zweikörperproblem (z. B. Sonne-Planet) mittels der Schwarzschild-Metrik (Gl. (15.379)) liefert für den Drehwinkel der großen Ellipsenachse pro Umlauf in erster Näherung den Wert

$$\Delta\varphi = 3\pi \frac{r_s}{a} \frac{1}{1-e^2}. \tag{15.430}$$

Darin bedeutet a die große Halbachse und e die Exzentrizität der Ellipsenbahn sowie r_s den Schwarzschild-Radius der Sonne (s. Gl. (15.385)). Nach Gl. (15.430) ist die *Periheldrehung für den sonnennächsten Planeten Merkur am größten*. Für diesen ist sie auch seit etwa 1860 aus astronomischen Beobachtungen der Merkurbahn bekannt. Nach den Auswertungen der astronomischen Daten beläuft sich der Anteil am Drehwinkel, der nicht von bekannten Störungen (z. B. durch die Gravitationswirkung anderer Planeten) herrührt, bei Merkur auf $\varphi_{Ex} = 43.11'' \pm 0.45''$ in einem Jahrhundert. Die Allgemeine Relativitätstheorie liefert ihrerseits für den Merkur nach Gl. (15.430) einen Drehwinkel pro Umlauf von $\Delta\varphi = 0.1038''$. Bei 415 Bahnumläufen pro Jahrhundert folgt daraus ein Drehwinkel von $\Delta\varphi_{Th} = 43.08''$ pro Jahrhundert, der mit dem beobachteten Wert φ_{Ex} *ausgezeichnet übereinstimmt*.

Da zur relativistischen Ableitung dieses Effektes das Feldgleichungssystem der Allgemeinen Relativitätstheorie in zweiter Näherung gelöst werden muss, kann diese

---

[8] Mit Perihel wird der sonnennächste Scheitelpunkt der Ellipsenbahn eines Planeten bezeichnet.

15.3 Experimentelle Bestätigungen der Allgemeinen Relativitätstheorie

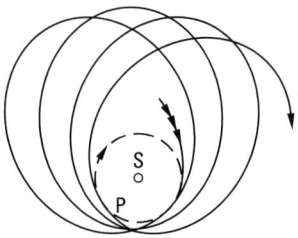

Abb. 15.8 Periheldrehung.

gute Übereinstimmung bei der Periheldrehung des Merkur zugleich als die *umfassendste Bestätigung der Allgemeinen Relativitätstheorie angesehen werden.*

Bei der Untersuchung der Periheldrehung des Merkur wurde aber vorausgesetzt, dass die Massenverteilung innerhalb der Sonne und damit auch deren Gravitationsfeld kugelsymmetrisch ist (Schwarzschild-Metrik). Wäre das nicht der Fall, würde bereits die Newton'sche Gravitationstheorie einen Einfluss der Abweichung von der Kugelsymmetrie auf die Ellipsenbahnen der Planeten fordern. Einerseits zeigen photoelektrische Messungen von Dicke und Goldenberg (1966) nun eindeutig eine *Abplattung der Sonne* an ihren Polen um etwa 5×10^{-5} gegenüber den äquatorialen Dimensionen. Diese Abweichung der Sonne von der Kugelgestalt sollte bereits nach der Newton'schen Gravitationstheorie eine Periheldrehung der Merkur-Bahnellipse von etwa $\varphi_Q \approx \pm 3.4''$ pro Jahrhundert bewirken. Dann sollte aber in dem beobachteten Wert φ_{Ex} der Periheldrehung nur ein Anteil von $43.11'' - 3.4'' = 39.71''$ als Folge der Relativitätstheorie zu finden sein, was mit der Rechnung nach Gl. (15.430) nicht gut übereinstimmt. Andererseits zeigen neuere Messungen von Hill (1974), dass die beobachtete Abplattung der Sonne ein vorgetäuschter Effekt ist, der durch sehr geringe Helligkeitsunterschiede zwischen dem Äquator und den Polen der Sonne hervorgerufen wird. Wegen dieser Unsicherheiten lassen möglicherweise die Messungen der Periheldrehung des Merkur *keinen* Schluss auf die Gültigkeit der Allgemeinen Relativitätstheorie zu.

Der erst 1949 entdeckte Kleinplanet Icarus besitzt eine elliptische Umlaufbahn, deren große Halbachse a zwar größer als diejenige der Erde ist, jedoch eine ungewöhnlich große Exzentrizität e aufweist, sodass in Gl. (15.430) der Faktor $1 - e^2$ im Nenner verhältnismäßig klein wird. Die aus Gl. (15.430) berechnete Periheldrehung pro Jahrhundert beträgt $\varphi_{Th} = 10.3''$, mit der die gemessenen Werte $\varphi_{Ex} = 9.8'' \pm 0.8''$ ebenfalls gut übereinstimmen.

In diesem Abschnitt sind bisher die drei *klassischen Tests der Allgemeinen Relativitätstheorie* behandelt worden: gravitative Rotverschiebung der Spektrallinien, Lichtablenkung im Gravitationsfeld der Sonne und Periheldrehung der Planetenbahnen.

Die nächsten beiden Testmöglichkeiten der Allgemeinen Relativitätstheorie beziehen sich auf die Umgebung unseres Sonnensystems. Da die dort auftretenden Gravitationsfelder relativ schwach sind und sich die Materie relativ langsam im Vergleich zur Lichtgeschwindigkeit bewegt, bieten diese Experimente die Möglichkeit, die Allgemeine Relativitätstheorie im Rahmen einer entsprechenden Näherung, der sog. *Post-Newton'schen Approximation* (s. z. B. [26]), zu überprüfen.

15.3.6 Perigäumsdrehung und Thirring-Lense-Effekt

Eine weitere Prüfungsmöglichkeit der Allgemeinen Relativitätstheorie besteht in der genauen *Vermessung der elliptischen Bahnen von Erdsatelliten*, deren erdnächster Scheitelpunkt (Perigäum) bei entsprechender Anwendung der Gl. (15.430) eine Drehung von etwa 1500″ pro Jahrhundert ausführen soll. Ein Nachweis dieses Effekts ist bis heute noch nicht einwandfrei gelungen, da mehrere Nebeneffekte (Reibung in der Erdatmosphäre, Abweichung des Erdkörpers von der Kugelgestalt, Einfluss der Gebirge) außerordentlich stören.

Zur Prüfung der Allgemeinen Relativitätstheorie könnte auch der *Thirring-Lense-Effekt* (1918) dienen, der bei rotierenden Körpern einen zusätzlichen Beitrag zum Gravitationsfeld darstellt und von der Rotationsenergie des Körpers herrührt. Dieser Anteil ist gegenüber dem statischen Gravitationsfeld sehr klein, nimmt mit dem Abstand vom Rotationszentrum schnell ab und ist von der Winkelgeschwindigkeit der Rotation abhängig. Daher ändert dieser Beitrag auch sein Vorzeichen, wenn die Richtung der Rotation umgekehrt wird, und die Wirkung auf einen starren Körper ähnelt derjenigen einer Coriolis-Kraft. Ein Kreisel im Gravitationsfeld eines rotierenden Körpers muss daher durch den zusätzlichen „Rotationsanteil" des Feldes ein Drehmoment erfahren, was eine *Präzession der Kreiselachse* zur Folge hat (vgl. Bd. 1). Für einen Kreisel in einem Erdsatelliten mit niedriger Umlaufbahn würde diese Präzession etwa 0.05″ pro Jahr ergeben.

15.4 Gravitationswellen

Eine der interessantesten Fragen in der Allgemeinen Relativitätstheorie betrifft die Existenz und die Beschreibung von *Gravitationswellen*. Schon Einstein suchte nach Lösungen der Feldgleichungen mit Wellencharakter und zeigte, dass sich diese Wellen im Vakuum mit Lichtgeschwindigkeit ausbreiten müssen [27, 28]. Im Gegensatz zu den „klassischen" Tests der Allgemeinen Relativitätstheorie im letzten Abschnitt stellt der Nachweis von Gravitationswellen nach wie vor eine Herausforderung für die moderne experimentelle Physik dar.

Während ruhende Massen von einem statischen Gravitationsfeld umgeben sind, erzeugen *beschleunigte Massen veränderliche Gravitationsfelder und somit zeitlich variable Störungen der lokalen Metrik* (s. Abschn. 15.2.2), die sich, analog zu elektromagnetischen Wellen, unabhängig von der sie erzeugenden „Ladung" – d. h. hier der *Masse* – ausbreiten.

Ausgangspunkt ist die lineare Störungsbehandlung der Einstein'schen Feldgleichungen (15.332) für schwache Gravitationsfelder gemäß

$$g_{\mu\nu} = \eta_{\mu\nu} + h_{\mu\nu}, \tag{15.431}$$

worin die Größen $|h_{..}| \ll 1$ sein sollen. In erster Ordnung genähert ist dann der Ricci-Tensor

$$R_{\mu\nu} \simeq R_{\mu\nu}^{(1)} = \frac{\partial}{\partial x^\nu}\Gamma_{\mu\nu}^{\lambda(1)} - \frac{\partial}{\partial x^\lambda}\Gamma_{\mu\nu}^{\lambda(2)} + O(h_{..}^2) \tag{15.432}$$

mit den linearisierten Christoffel-Symbolen (s. Gl. (15.334))

$$\Gamma^{\lambda(1)}_{\mu\nu} = \frac{1}{2}\eta^{\lambda\varrho}\left[\frac{\partial h_{\mu\varrho}}{\partial x^\nu} + \frac{\partial h_{\nu\varrho}}{\partial x^\mu} - \frac{\partial h_{\mu\nu}}{\partial x^\varrho}\right]. \tag{15.433}$$

In streng linearer Näherung gilt

$$h^\nu_\mu = g^{\nu\varrho}h_{\mu\varrho} = \eta^{\nu\varrho}h_{\mu\varrho} + O(h^2..), \tag{15.434}$$

sodass Indizes von $h..$ sowie von Ableitungen $\partial/\partial x^\mu$ mit dem entsprechenden Minkowski-Tensor $\eta^{\mu\nu}$ bzw. $\eta_{\mu\nu}$ gehoben bzw. gesenkt werden müssen:

$$h^\nu_\mu = \eta^{\nu\varrho}h_{\mu\varrho}, \quad h^{\mu\nu} = \eta^{\mu\lambda}\eta^{\nu\varrho}h_{\nu\varrho},$$
$$h^\nu_\mu = \eta_{\mu\varrho}h^{\nu\varrho}, \quad h_{\mu\nu} = \eta_{\nu\lambda}\eta_{\mu\varrho}h^{\lambda\varrho}. \tag{15.435}$$

Unter Beachtung dieser Regeln, erhalten wir aus den Gln. (15.432) und (15.433) den konsistent in erster Ordnung genäherten Ricci-Tensor

$$R^{(1)}_{\mu\nu} = \frac{1}{2}\left[\Box h_{\mu\nu} - \frac{\partial a_\nu}{\partial x^\mu} - \frac{\partial a_\mu}{\partial x^\nu}\right], \tag{15.436}$$

mit der Abkürzung

$$a_{\mu(\nu)} = \frac{\partial h^\varrho_{\mu(\nu)}}{\partial x^\varrho} - \frac{1}{2}\frac{\partial h^\varrho_\varrho}{\partial x^{\mu(\nu)}}, \tag{15.437}$$

worin $\Box$ der in Gl. (15.120) eingeführte d'Alembert-Operator

$$\Box = \eta^{\mu\nu}\frac{\partial^2}{\partial x^\mu \partial x^\nu} = \frac{\partial^2}{c^2\partial t^2} - \frac{\partial^2}{(\partial x^1)^2} - \frac{\partial^2}{(\partial x^2)^2} - \frac{\partial^2}{(\partial x^3)^2} \tag{15.438}$$

ist.

Durch Übergang zu einem geeigneten Koordinatensystem Σ', gemäß

$$x^\mu \to x'^\mu = x^\mu + f^\mu(x), \tag{15.439}$$

wobei $f^\mu(x)$ höchstens von der gleichen Größenordnung wie $h..$ sein darf, können wir stets erreichen, dass a'_μ bzw. a'_ν verschwindet. Die Metrik $g'_{\mu\nu}$ im System Σ' ergibt sich aus dem Transformationsgesetz (s. Gl. (15.524))

$$g'^{\mu\nu} = \frac{\partial x'^\mu}{\partial x^\lambda}\frac{\partial x'^\nu}{\partial x^\varrho}g^{\lambda\varrho}. \tag{15.440}$$

Setzen wir hierin Gl. (15.439) ein und beachten

$$g^{\mu\nu} = \eta^{\mu\nu} - h^{\mu\nu}, \tag{15.441}$$

(der kontravariante Tensor $g^{\mu\nu}$ ist invers zum kovarianten Tensor $g_{\mu\nu}$!) erhalten wir für $h'^{\mu\nu}$:

$$h'^{\mu\nu} = h^{\mu\nu} - \frac{\partial(\eta^{\lambda\nu}f^\mu)}{\partial x^\lambda} - \frac{\partial(\eta^{\lambda\mu}f^\nu)}{\partial x^\lambda}, \tag{15.442}$$

woraus durch Multiplikation mit $\eta_{\mu\alpha}\eta_{\nu\beta}$ die Gleichung

$$h'_{\alpha\beta} = h_{\alpha\beta} - \frac{\partial f_\alpha}{\partial x^\beta} - \frac{\partial f_\beta}{\partial x^\alpha} \tag{15.443}$$

folgt. Die Koordinatentransformation (15.439) entspricht also einer Eichtransformation (s. Gl. (15.118)) für die Potentiale $h_{\mu\nu}$.
Gleichung (15.443) impliziert

$$a'_\alpha = a_\alpha - \Box f_\alpha, \tag{15.444}$$

wobei durch geeignete Wahl der Eichfunktion f_α als Lösung von

$$\Box f_\alpha = a_\alpha \tag{15.445}$$

stets

$$a'_\alpha = 0 \tag{15.446}$$

erreicht werden kann. Dadurch ist es immer möglich, ein Koordinatensystem Σ' zu finden, in dem (s. Gl. (15.436))

$$R'^{(1)}_{\mu\nu} = \frac{1}{2} \Box h'_{\mu\nu} \tag{15.447}$$

gilt. In Σ' erfüllt $h'_{\mu\nu}$ die Gl. (15.437)

$$a'_\mu = \frac{\partial h'^\varrho_\mu}{\partial x^\varrho} - \frac{1}{2} \frac{\partial h'^\varrho_\varrho}{\partial x^\mu} = 0. \tag{15.448}$$

Im Weiteren beziehen wir uns auf dieses ausgezeichnete Koordinatensystem und lassen die ' weg.
Multiplikation von $R^{(1)}_{\mu\nu}$ mit $\eta^{\mu\nu}$ liefert den Krümmungsskalar

$$R^{(1)} = \eta^{\mu\nu} R^{(1)}_{\mu\nu} = R^{(1)\mu}_\mu = \frac{1}{2} \Box h^\mu_\mu, \tag{15.449}$$

woraus für den Einstein-Tensor (s. Gl. (15.338))

$$G_{\mu\nu} = R_{\mu\nu} - \frac{1}{2} g_{\mu\nu} R \tag{15.450}$$

die konsistent linearisierte Beziehung

$$G^{(1)}_{\mu\nu} = R^{(1)}_{\mu\nu} - \frac{1}{2} \eta_{\mu\nu} R^{(1)} \tag{15.451}$$

$$= \frac{1}{2} \Box h_{\mu\nu} - \frac{1}{4} \eta_{\mu\nu} \Box h^\alpha_\alpha = \frac{1}{2} \Box \tilde{h}_{\mu\nu} \tag{15.452}$$

mit

$$\tilde{h}_{\mu\nu} = h_{\mu\nu} - \frac{1}{2} \eta_{\mu\nu} h^\varrho_\varrho \tag{15.453}$$

folgt.
Die Einstein'schen Feldgleichungen

$$G_{\mu\nu} = \kappa T_{\mu\nu} \tag{15.454}$$

gehen also über in die Gleichungen für die Störgrößen $\tilde{h}_{\mu\nu}$

$$\Box \tilde{h}_{\mu\nu} = 2\kappa T_{\mu\nu}, \tag{15.455}$$

welche die Natur von inhomogenen Wellengleichungen mit dem Quellterm $T_{\mu\nu}$ besitzen. $\tilde{h}_{\mu\nu}$ beschreibt also wellenartige Störungen der vierdimensionalen Raumzeit, die man als *Gravitationswellen* bezeichnet.

Die Lösungen von Gl. (15.455) für ein gegebenes $T_{\mu\nu}(t, \boldsymbol{x})$ sind aus der Elektrodynamik bekannt (s. [10], Abschn. 6.6):

$$\tilde{h}_{\mu\nu}(t, \boldsymbol{x}) = \frac{\kappa}{2\pi} \int d^3 x' \frac{T_{\mu\nu}(ct - |\boldsymbol{x} - \boldsymbol{x}'|, \boldsymbol{x}')}{|\boldsymbol{x} - \boldsymbol{x}'|}. \tag{15.456}$$

Zur weiteren Vereinfachung nehmen wir an, dass $T_{\mu\nu}$ und somit die Struktur der Gravitationswelle, unabhängig von $h_{\mu\nu}$ ist, die Gravitationswelle also nicht auf die sie erzeugende Materieverteilung zurückwirkt. In diesem Fall verschwindet die Divergenz (s. Erhaltungsgleichungen (15.76))

$$\frac{\partial T_\mu^\nu}{\partial x^\nu} = 0, \tag{15.457}$$

woraus für die Impulsgleichungen ($\mu = 1, 2, 3$) die Beziehungen

$$\frac{\partial T_{i0}}{c\,\partial t} + \frac{\partial T_{ik}}{\partial x^k} = 0, \quad i, k = 1, 2, 3 \tag{15.458}$$

folgen. Integrieren wir die Identität

$$\frac{\partial (T_{ik} x^l)}{\partial x^k} = T_{il} + \frac{\partial T_{ik}}{\partial x^k} x^l \quad \text{(Produktregel)}$$

$$= T_{il} - \frac{\partial T_{i0}}{c\,\partial t} x^l \tag{15.459}$$

über den Raum

$$\int d^3 x \frac{\partial (T_{ik} x^l)}{\partial x^k} = \int d^3 x\, T_{il} - \frac{\partial}{c\,\partial t} \int d^3 x\, T_{i0} x^l, \tag{15.460}$$

erhalten wir für die linke Seite von Gl. (15.460), unter Verwendung des Gauß'schen Satzes, ein Oberflächenintegral, das außerhalb der Quelle verschwindet. Wegen der Symmetrie von $T_{ik} = T_{ki}$ gilt weiter für den zweiten Integranden auf der rechten Seite

$$T_{i0} x^l = \frac{1}{2}(T_{i0} x^l + T_{l0} x^i), \tag{15.461}$$

sodass aus Gl. (15.460)

$$\int d^3 x\, T_{il} = \frac{1}{2c} \frac{\partial}{\partial t} \int d^3 x (T_{i0} x^l + T_{l0} x^i) \tag{15.462}$$

geschlossen werden kann. Integriert man weiter die Identität

$$\frac{\partial (T_{i0} x^k x^l)}{\partial x^i} = \frac{\partial T_{i0}}{\partial x^i} x^k x^l + T_{k0} x^l + T_{l0} x^k \tag{15.463}$$

über den Raum, folgt analog

$$\int d^3x (T_{l0} x^k + T_{k0} x^l) = -\int d^3x \frac{\partial T_{i0}}{\partial x^i} x^k x^l, \qquad (15.464)$$

woraus wegen der Gln. (15.458) und (15.462) die Gleichung

$$\int d^3x \, T_{kl} = \frac{1}{2c^2} \frac{\partial^2}{\partial t^2} \int d^3x \, T_{00} x^k x^l \qquad (15.465)$$

resultiert. Dieser Zusammenhang, der aus Gl. (15.457) folgt, wird auch als Laue-Theorem bezeichnet.

Im Weiteren interessieren wir uns für die Lösung in der Wellenzone, d. h. im sog. Fernfeld. Dazu entwickeln wir formal T_{ik} im Integranden von Gl. (15.456) sowohl nach der Retardierung, als auch nach der kleinen Größe $|\mathbf{x}'|/|\mathbf{x}| \ll 1$. In niedrigster Näherung folgt daraus mit $r = |\mathbf{x}|$

$$\tilde{h}_{\mu\nu}(t, \mathbf{x}) = \frac{\kappa c^2}{2\pi} \cdot \frac{1}{r} \int d^3x' \, T_{\mu\nu}(ct - r, \mathbf{x}'), \qquad (15.466)$$

bzw. mit Gl. (15.465) für den Raumanteil ($\mu, \nu = 1, 2, 3$)

$$\tilde{h}_{kl}(t, \mathbf{x}) = \frac{\kappa}{4\pi} \cdot \frac{1}{r} \frac{\partial^2}{\partial t^2} \int dx' \, T_{00}(ct - r, \mathbf{x}') x'^k x'^l. \qquad (15.467)$$

Setzen wir hierin

$$T_{00}(t, \mathbf{x}) = \varrho(t, \mathbf{x}) c^2 \qquad (15.468)$$

in niedrigster Ordnung aus dem Ausdruck für den Energieimpulstensor (s. Gl. (15.344)) als Quellterm ein, erhalten wir schließlich den Zusammenhang zwischen der Massenverteilung ϱ und den dadurch erzeugten Störpotentialen $\tilde{h}_{kl}$[9]:

$$\tilde{h}_{kl}(t, \mathbf{x}) = \frac{\kappa c^2}{4\pi} \frac{1}{r} \frac{\partial^2}{\partial t^2} \int d^3x' \, \varrho^{\text{ret}} x'^k x'^l. \qquad (15.469)$$

Das Integral auf der rechten Seite von Gl. (15.469) stellt formal den Trägheitstensor

$$I_{kl} = \int d^3x \varrho(t, \mathbf{x}) x^k x^l \qquad (15.470)$$

dar. Dieser hängt mit dem spurlosen Quadrupoltensor der Massenverteilung

$$Q_{kl} = \int d^3x' \varrho \left(x'^k x'^l - \frac{1}{3} \delta_{kl} r'^2 \right) \quad \text{mit} \quad r' = |\mathbf{x}'| \qquad (15.471)$$

über die Beziehung

$$Q_{kl} = I_{kl} - \frac{1}{3} I \delta_{kl} \qquad (15.472)$$

zusammen, worin

$$I = I_{kk} \qquad (15.473)$$

---

[9] Der Index ^{ret} soll die auf $ct - r$ bezogenen retardierten Größen bezeichnen.

die Spur des Trägheitstensors I_{kl} ist. Um die Analogie zur Multipolentwicklung der Elektrodynamik herauszustellen, verwenden wir in der formalen Beschreibung der Gravitationsstrahlung im Weiteren den Quadrupoltensor Q_{kl}, der als irreduzibler Tensor 2. Stufe in einer Darstellung durch Kugelfunktionen Y_{lm} äquivalent zur speziellen Kugelfunktion Y_{2m} ist (s. [10]).

Durch Einsetzen von Gl. (15.471) in Gl. (15.469) erhalten wir die Beziehung

$$\tilde{h}_{kl}(t, \mathbf{x}) = \frac{\kappa c^2}{4\pi} \frac{1}{r} \left[\frac{\partial^2 Q_{kl}^{\text{ret}}}{\partial t^2} + \frac{1}{3} \delta_{kl} \frac{\partial^2}{\partial t^2} \int d^3 x' \varrho^{\text{ret}} r'^2 \right], \tag{15.474}$$

die wir benutzen, um den Energiefluss der durch die Massenverteilung ϱ generierten Gravitationswellen zu berechnen.

Dem Vorgehen von Landau-Lifschitz ([5], § 101) entsprechend, ist der zugehörige Viererstrom allgemein gegeben durch den Ausdruck

$$S^\mu = -c g t^{0\mu} \quad \text{mit} \quad g = \det(g_{\mu\nu}), \tag{15.475}$$

worin das Energieaggregat $t^{0\mu}$ ein recht komplizierter Ausdruck hauptsächlich aus Christoffel-Symbolen ist. Wir interessieren uns nur für schwache Felder ($|h_{..}| \ll 1$). In diesem Fall ist $t^{0\mu}$ in niedrigster Approximation klein von zweiter Ordnung in $h_{..}$. Nehmen wir weiter an, dass in großen Entfernungen von der Quelle eine in x^1-Richtung ausgesandte Gravitationswelle als eben und senkrecht zur Ausbreitungsrichtung angesehen werden kann, trägt nur die Größe t^{01} bei. Diese ergibt sich in niedrigster Ordnung zu

$$S^1 = -c \det(\eta_{\mu\nu}) t^{01} = c t^{01} = \frac{1}{2c^5 \kappa} \left[\dot{\tilde{h}}_{23}^2 + \frac{1}{4} (\dot{\tilde{h}}_{22} - \dot{\tilde{h}}_{33})^2 \right], \tag{15.476}$$

wobei der Punkt über dem Symbol die Zeitableitung nach $t = x^0/c$ bedeutet (s. [5], § 104).

Setzen wir hierin die Ausdrücke für $\tilde{h}_{23}$, $\tilde{h}_{22}$ und $\tilde{h}_{33}$ aus Gl. (15.474) ein, folgt die endgültige Strahlungsformel

$$\begin{aligned} S^1 &= \frac{\kappa}{32\pi^2 c} \cdot \frac{1}{r^2} \left[\dddot{Q}_{23}^{\text{ret}\,2} + \frac{1}{4} (\dddot{Q}_{22}^{\text{ret}} - \dddot{Q}_{33}^{\text{ret}})^2 \right] \\ &= \frac{G}{4\pi c^5} \cdot \frac{1}{r^2} \left[\dddot{Q}_{23}^{\text{ret}\,2} + \frac{1}{4} (\dddot{Q}_{22}^{\text{ret}} - \dddot{Q}_{33}^{\text{ret}})^2 \right]. \end{aligned} \tag{15.477}$$

Gravitationswellen breiten sich also gemäß Gl. (15.475) mit Lichtgeschwindigkeit c aus und werden in niedrigster Ordnung von der zeitlichen Änderung des Quadrupolmoments der Quelle erzeugt.

Mit dem Einheitsvektor $\mathbf{k} = (k_i, i = 1, 2, 3)$ in Ausbreitungsrichtung können wir, wegen $Q_{ii} = 0$, diese Formel auch allgemeiner ausdrücken:

$$S^i k_i = c t^{0i} k_i = \frac{G}{4\pi c^5} \cdot \frac{1}{r^2} \left[\frac{1}{2} \dddot{Q}_{il}^{\text{ret}} \dddot{Q}_{il}^{\text{ret}} - \dddot{Q}_{il}^{\text{ret}} \dddot{Q}_{im}^{\text{ret}} k_l k_m + \frac{1}{4} (\dddot{Q}_{il}^{\text{ret}} k_i k_l)^2 \right]. \tag{15.478}$$

Sie gibt den Energiestrom einer Gravitationswelle in das Raumwinkelelement $d^2 k$ um $\mathbf{k}$ an. Setzen wir hierin $\mathbf{k} = (1, 0, 0)$, geht dieser Ausdruck in Gl. (15.477) über.

15 Strahlungsprozesse und Optik in der Relativitätstheorie

Die gesamte abgestrahlte Energie durch eine vorgestellte Kugelfläche im Abstand r erhalten wir aus Gl. (15.478) mithilfe von

$$\frac{dE}{dt} = r^2 \int d^2k\, S^i k_i$$

$$= \frac{G}{4\pi c^5} \int d^2k \left[\frac{1}{2} \dddot{Q}_{il}^{\text{ret}} \dddot{Q}_{il}^{\text{ret}} - \dddot{Q}_{il}^{\text{ret}} \dddot{Q}_{im}^{\text{ret}} k_l k_m + \frac{1}{4} (\dddot{Q}_{il}^{\text{ret}} k_i k_l)^2 \right]. \quad (15.479)$$

Durch Ausführen der Integration $\int d^2k \ldots$ über den vollen Raumwinkel, wobei wir die Hilfsformeln

$$\int d^2k\, k_l k_m = \frac{4\pi}{3} \delta_{lm} \quad (15.480)$$

und

$$\int d^2k\, k_i k_l k_m k_r = \frac{4\pi}{15} (\delta_{il}\delta_{mr} + \delta_{im}\delta_{lr} + \delta_{ir}\delta_{lm}) \quad (15.481)$$

benutzen, erhalten wir in niedrigster Näherung die gesamte Energieabstrahlung der Quelle

$$\frac{dE}{dt} = \frac{G}{5c^5} \dddot{Q}_{il}^{\text{ret}} \dddot{Q}_{il}^{\text{ret}}, \quad (15.482)$$

bzw. deren *Energieverlust* pro Zeit

$$\frac{dE}{dt} = -\frac{G}{5c^5} \dddot{Q}_{il}^{\text{ret}} \dddot{Q}_{il}^{\text{ret}}. \quad (15.483)$$

In (15.482) tritt als niedrigster Multipol das retardierte Quadrupolmoment der Massenverteilung auf. Hinsichtlich einer konsequenten Multipolentwicklung handelt es sich dabei also in niedrigster Ordnung um Quadrupolstrahlung. Die Formel (15.482) wurde bereits 1916 von Einstein [27] für die Abstrahlung eines rotierenden Stabes abgeleitet.

15.4.1 Emission von Gravitationswellen durch ein Doppelsternsystem

Nach den Bewegungsgesetzen des gravitativen Zweikörperproblems bewegen sich zwei Sterne auf Kepler-Bahnen um ihren gemeinsamen Massenschwerpunkt, der gleichzeitig einen Brennpunkt der Bahnellipsen darstellt. Wir wählen diesen als Nullpunkt unseres lokalen Koordinatensystems. Die Sternbahnen liegen in einer Ebene, die wir als die (x^2, x^3)-Ebene festlegen. Die Sterne werden als Massenpunkte mit den Massen m_1 und m_2 angenommen. Wie in Abb. 15.9 illustriert, liegen die Sterne per definitionem stets auf einer Geraden durch den Ursprung mit $r = x(2) - x(1)$, ihr gegenseitiger Abstand ist r, ihr jeweiliger Abstand vom Ursprung $r_1 = |x(1)|$ und $r_2 = |x(2)|$, wobei $x(1)$ und $x(2)$ die aktuellen Koordinatenvektoren der Sterne sind. Nach dem Schwerpunktsatz (s. [4]) gilt

$$(m_1 + m_2) r = m_1 r_1 + m_2 r_2, \quad (15.484)$$

15.4 Gravitationswellen 1379

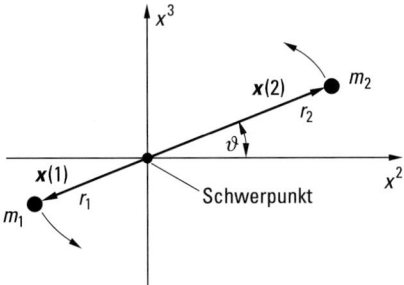

Abb. 15.9 Geometrie eines Doppelsternsystems.

woraus, wegen $r = r_1 + r_2$,

$$r_1 = \frac{m_2}{m_1 + m_2} r \qquad (15.485)$$

und

$$r_2 = \frac{m_1}{m_1 + m_2} r \qquad (15.486)$$

folgen. $x(1)$ und $x(2)$ ergeben sich also zu (s. Abb. 15.9)

$$x(1) = -\frac{m_2}{m_1 + m_2} \begin{pmatrix} 0 \\ \cos\vartheta \\ \sin\vartheta \end{pmatrix} r, \quad x(2) = \frac{m_1}{m_1 + m_2} \begin{pmatrix} 0 \\ \cos\vartheta \\ \sin\vartheta \end{pmatrix} r. \qquad (15.487)$$

Da die Sterne als Massenpunkte an den Stellen $x(1)$ und $x(2)$ aufgefasst werden, kann die Massendichte ϱ im Integranden von Q_{kl} (Gl. (15.471)) formal durch entsprechende Dirac'sche δ-Funktionen gemäß

$$\varrho(x) = m_1 \delta(x - x(1)) + m_2 \delta(x - x(2)) \qquad (15.488)$$

ausgedrückt werden. Unter Beachtung der Definitionen

$$\delta(x) = \delta(x^1)\,\delta(x^2)\,\delta(x^3) \qquad (15.489)$$

und

$$\int d^3x\, f(x)\, \delta(x - y) = f(y) \qquad (15.490)$$

können wir die Integration in Gl. (15.471) ausführen und erhalten nach Einsetzen von (15.487) als einzige von null verschiedene Terme aus

$$Q_{kl} = \int d^3x\, \varrho(x) \left(x^k x^l - \frac{1}{3}\delta_{kl} r^2 \right):$$

$$Q_{22} = \mu r^2 \left(\cos^2\vartheta - \frac{1}{3} \right),$$

$$Q_{33} = \mu r^2 \left(\sin^2\vartheta - \frac{1}{3} \right) \qquad (15.491)$$

und
$$Q_{23} = Q_{32} = \mu r^2 \sin\vartheta \cos\vartheta. \tag{15.492}$$

Im Schwerpunktsystem sind die Gesamtenergie
$$E = \frac{1}{2}\mu \dot{r}^2 - G\frac{m_1 m_2}{r} < 0 \tag{15.493}$$

und der Drehimpuls
$$\boldsymbol{L} = \mu(\boldsymbol{r} \times \dot{\boldsymbol{r}}), \tag{15.494}$$

mittels der sog. reduzierten Masse
$$\mu = \frac{m_1 m_2}{m_1 + m_2} \tag{15.495}$$

ausgedrückt (s. z. B. [4]). Beachte: In Folge der Aussendung von Gravitationsstrahlung sind sowohl E als auch der Betrag L von $\boldsymbol{L}$ keine Erhaltungsgrößen, sondern es gilt $dE/dt < 0$ und $dL/dt < 0$, da durch Gravitationswellen sowohl Energie als auch Drehimpuls abgeführt werden.

In Newton'scher Näherung legen E und L die große Halbachse a der Ellipsenbahn
$$r = \frac{a(1-e^2)}{1 + e\cos\vartheta} \tag{15.496}$$

gemäß
$$a = -\frac{1}{2}G\frac{m_1 m_2}{E}, \tag{15.497}$$

und deren Exzentrizität e mittels
$$e^2 = 1 + \frac{2EL^2}{\mu G^2 m_1^2 m_2^2} \tag{15.498}$$

fest. Die zeitlichen Veränderungen von a und e^2 durch Energie- und Drehimpulsverlust ergeben sich also zu
$$\frac{da}{dt} = \frac{1}{2}G\frac{m_1 m_2}{E^2}\frac{dE}{dt} \tag{15.499}$$

und
$$\frac{de^2}{dt} = \frac{de^2}{dE}\frac{dE}{dt} + \frac{de^2}{dL}\frac{dL}{dt} = \frac{2}{\mu G^2 m_1^2 m_2^2}\left(L^2 \frac{dE}{dt} + 2EL\frac{dL}{dt}\right). \tag{15.500}$$

Durch Einsetzen von
$$L = \mu r^2 \frac{d\vartheta}{dt} \tag{15.501}$$

und E aus Gl. (15.497) erhalten wir somit
$$\frac{d\vartheta}{dt} = \frac{[G(m_1 + m_2)a(1-e^2)]^{1/2}}{r^2} \tag{15.502}$$

15.4 Gravitationswellen

und daraus mit Berücksichtigung der Bahngleichung (15.496) die Hilfsformeln, um die benötigten dritten Zeitableitungen der Trägheitsmomente

$$I_{ik} = \sum_{\alpha=1}^{2} m_\alpha x^i(\alpha) x^k(\alpha)$$

zu berechnen. Wir geben gleich das Ergebnis an (s. [29]):

$$\dddot{I}_{22} = \beta(1 + e\cos\vartheta)^2 [2\sin(2\vartheta) + 3e\sin\vartheta\cos^2\vartheta]$$
$$\dddot{I}_{33} = -\beta(1 + e\cos\vartheta)^2 [2\sin(2\vartheta) + e\sin\vartheta(1 + 3\cos^2\vartheta)]$$
$$\dddot{I}_{23} = \dddot{I}_{32} = -\beta(1 + e\cos\vartheta)^2 [2\cos(2\vartheta) - e\cos\vartheta(1 - 3\cos^2\vartheta)] \quad (15.503)$$

sowie

$$\dddot{I} = \dddot{I}_{22} + \dddot{I}_{33} \tag{15.504}$$

mit der Abkürzung

$$\beta = \frac{4G^3 m_1^2 m_2^2 (m_1 + m_2)}{a^5(1 - e^2)^5}, \tag{15.505}$$

woraus durch Einsetzen in Gl. (15.478), unter Berücksichtigung von Gl. (15.472), die abgestrahlte Leistung in x^1-Richtung

$$\frac{dE}{dt} = -\frac{8}{15} \frac{G^4}{c^5} \frac{m_1^2 m_2^2 (m_1 + m_2)}{a^5(1 - e^2)^5} (1 + e\cos\vartheta)^4 [12(1 + e\cos\vartheta)^2 + e^2\sin^2\vartheta]$$

$$(15.506)$$

folgt. ϑ ist hierin der retardierte Winkel zum Zeitpunkt $t - r/c$. Nach dem dritten Kepler'schen Gesetz

$$\frac{T^2}{a^3} = \frac{4\pi^2}{G(m_1 + m_2)} \tag{15.507}$$

ist die Umlaufzeit durch

$$T = \frac{2\pi}{[G(m_1 + m_2)]^{1/2}} a^{3/2} \tag{15.508}$$

gegeben. Die über eine Umlaufperiode gemittelte Abstrahlung ergibt sich daraus durch Integration von Gl. (15.506)

$$\left\langle \frac{dE}{dt} \right\rangle = \frac{1}{T} \int_0^T \frac{dE}{dt} dt = \frac{1}{T} \int_0^{2\pi} \frac{dE}{dt} \left(\frac{d\vartheta}{dt} \right)^{-1} d\vartheta, \tag{15.509}$$

woraus durch Einsetzen von Gl. (15.502) und Berücksichtigung von (15.499) und (15.500) im Ergebnis

$$\left\langle \frac{dE}{dt} \right\rangle = -\frac{32}{5} \frac{G^4}{c^5} \frac{m_1^2 m_2^2 (m_1 + m_2)}{a^5} \chi(e) \tag{15.510}$$

folgt, wobei wir die e-abhängigen Terme in der Funktion

$$\chi(e) = \frac{1}{(1-e^2)^{7/2}} \left(1 + \frac{73}{24} e^2 + \frac{37}{96} e^4 \right) \qquad (15.511)$$

zusammengefasst haben. Wie man unmittelbar erkennt, wird bei der Abstrahlung von Objekten auf Kreisbahnen ($e = 0$) der Faktor

$$\chi(0) = 1 .$$

Der stete Energieverlust durch Abstrahlung von Gravitationswellen führt zu einer Verkleinerung der Bahnellipse, d. h. zu einer säkularen zeitlichen Abnahme ihrer Bahnhalbachsen (a, b) und ihrer Umlaufperiode T.

Einsetzen von E aus Gl. (15.497) in Gl. (15.499) ergibt bei Berücksichtigung von Gl. (15.506)

$$\left\langle \frac{\mathrm{d}a}{\mathrm{d}t} \right\rangle = \frac{2a^2}{Gm_1 m_2} \left\langle \frac{\mathrm{d}E}{\mathrm{d}t} \right\rangle = -\frac{64}{5} \frac{G^3}{c^5} \frac{m_1 m_2 (m_1 + m_2)}{a^3} \chi(e) . \qquad (15.512)$$

Nach dem dritten Kepler'schen Gesetz (15.508) erhält man durch Differentiation

$$\frac{\dot{T}}{T} = \frac{3}{2} \frac{\dot{a}}{a}, \qquad (15.513)$$

woraus durch Einsetzen von Gl. (15.512) die relative Änderung der Umlaufperiode (pro Zeiteinheit)

$$\frac{\dot{T}}{T} = -\frac{96}{5} \frac{G^3}{c^5} \frac{m_1 m_2 (m_1 + m_2)}{a^4} \chi(e) \qquad (15.514)$$

resultiert.

15.4.2 Experimenteller Nachweis von Gravitationswellen auf der Erde

Der Nachweis von Gravitationsstrahlung auf der Erde und die Untersuchung ihrer Eigenschaften ist ein wichtiges Ziel, das zum einen als experimentelle Stütze für die Einstein'sche Theorie der Gravitation dienen könnte, aber darüber hinaus auch andere konkurrierende Gravitationstheorien diskriminieren könnte.

Gravitationswellen bewirken periodische Störungen der Raumzeitstruktur, durch die etwa eine kreisförmige Materieanordnung in einer Ebene senkrecht zur Ausbreitungsrichtung, wie in Abb. 15.10 dargestellt, reagiert. Die indizierten Abweichungen

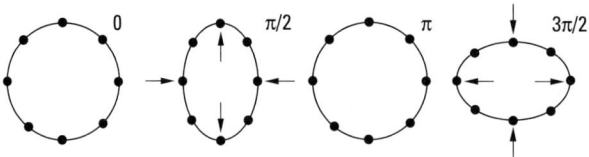

Abb. 15.10 Periodische Verformung einer ringförmigen Massenverteilung durch eine senkrecht einfallende Gravitationswelle. Dargestellt ist die Verformung bei den Phasen 0, $\pi/2$, π und $3\pi/2$.

$\delta l/l$ von der Sphärizität der Anordnung an der Messaparatur sind allerdings extrem klein, sodass bisher keine definitiven experimentellen Nachweise gelungen sind.

Ein indirekter Nachweis scheint allerdings bereits zweifelsfrei zu sein: 1974 entdeckten R. H. Hulse und J. H. Taylor das Doppelsternsystem PSR1913+16, das aus zwei nahen Neutronensternen der Massen $m_1 = 1.42 \pm 0.06\,M_\odot$ und $m_2 = 1.41 \pm 0.06\,M_\odot$ besteht, von denen die Komponente 1 Pulsarstrahlung mit einer mittleren Pulsfrequenz von 16.94 Pulsen/s aussendet. Die Inklination der Bahnebene des Systems ist ziemlich genau 45°, die Exzentrizität der Pulsarbahn $e = 0.617$ und ihre derzeitige große Halbachse etwa 3.1 Sonnenradien. Der Abstand zwischen den beiden Partnern variiert heute zwischen 1.1 und 4.8 Sonnenradien. Die Umlaufzeit beträgt etwa 7.75 Stunden.

Nach unseren obigen Ausführungen besitzt ein solches Doppelpulsarsystem ein großes, zeitlich variables Massenquadrupolmoment und sollte deshalb effektiv Gravitationswellen abstrahlen. Allerdings ist auch diese Abstrahlung viel zu schwach, um heute, auch mit den modernsten Techniken, direkt nachgewiesen werden zu können; sie sollte aber durch indirekte Methoden nachzuweisen sein.

Sehr detaillierte Langzeituntersuchungen haben ergeben, dass die Umlaufperiode des Pulsars $T_{\text{beob}} = 27906.980(2)\,\text{s}$ ist und pro Umlauf um $\Delta T_{\text{beob}} = -6.8 \times 10^{-8}\,\text{s}$ abnimmt. Das Doppelsternsystem verliert also mechanische Energie. Vergleicht man die relative Periodenabnahme $\Delta T_{\text{beob}}/T_{\text{beob}} = -(2.40 \pm 0.02) \times 10^{-12}$ mit der Vorhersage der theoretischen Formel (15.514) für die Periodenabnahme durch Gravitationsabstrahlung, so zeigt die überraschend gute Übereinstimmung mit $\Delta T_{\text{theor}}/T_{\text{theor}} = -(2.38 \pm 0.02) \times 10^{-12}$, dass als Ursache hierfür nur Gravitationsabstrahlung in Frage zu kommen scheint.

Bei den direkten Nachweismethoden für Gravitationsstrahlung kann man zwei Grundprinzipien unterscheiden: zum einen die Messung der *Verformung von elastischen Körpern* und zum anderen die Registrierung von *Laufzeitänderungen von elektromagnetischen Wellen* (interferometrische Methode).

Auf dem ersten Prinzip beruhen die Antennen, die Weber [30, 31] in seinen pionierhaften Arbeiten in den sechziger Jahren konstruiert hat. Er benutzte einen Aluminium-Zylinder mit einem Durchmesser von 0.6 mm, einer Länge von 1.5 m und einer Masse von 1.5×10^3 kg, der, von mechanischen und akustischen Störungen abgeschirmt, aufgehängt wurde.

Es zeigte sich, dass die Isolation so gut war, dass das thermische Rauschen bei Zimmertemperatur der dominierende Störfaktor auf die Grundschwingung des Zylinders war. Der Durchgang einer Gravitationswelle sollte sich in mechanischen Vibrationen äußern, die von an der Oberfläche des Zylinders angebrachten Piezo-Kristallen registriert werden sollten. Weiterhin wurden zwei identische Versuchsaufbauten 1000 km voneinander getrennt installiert. 1969 berichtete Weber, dass die Anzahl der koinzidenten Signale anstieg, wenn die Antennen auf das Zentrum der Galaxis gerichtet wurden. Dieses Ergebnis konnte jedoch von keiner Arbeitsgruppe, die ähnliche Experimente durchführte, bestätigt werden, sodass zwar nicht klar ist, woher die Koinzidenzen kommen, ein Nachweis von Gravitationswellen sind sie jedoch höchstwahrscheinlich nicht.

Die *interferometrische Methode* beruht auf dem Nachweis der durch die Gravitationswelle hervorgerufenen *Phasenverschiebung* zwischen den Lichtstrahlen im Interferometer.

1384   15 Strahlungsprozesse und Optik in der Relativitätstheorie

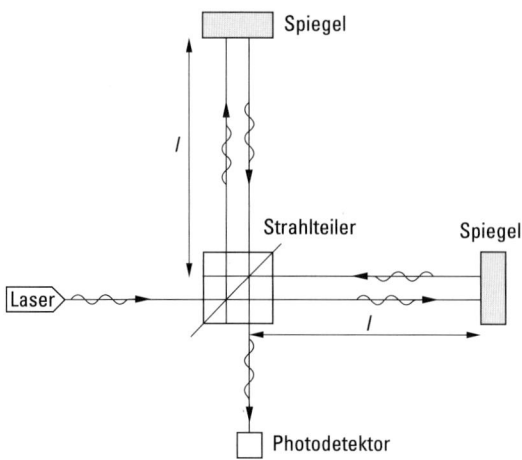

Abb. 15.11 Schematischer Aufbau eines Michelson-Interferometers (s. Abschn. 3.4 und Bd. 2, Abschn. 6.2.3) zur Messung von Gravitationsstrahlung.

Der Aufbau ist im Prinzip ein Michelson-Interferometer (s. Abb. 15.11). Um die geforderte Leistung zu erhalten, kann als Lichtquelle nur ein Laser verwendet werden. Eine Verlängerung des Lichtwegs wird dadurch erreicht, dass in den beiden Armen des Interferometers das Licht zwischen sphärischen Spiegeln hin- und herreflektiert wird (*optical delay line*) und nach einer Aufenthaltszeit τ eine Verstärkung des Ausgangssignals bewirkt. Störungen durch Schwankungen der Brechzahl werden dadurch vermieden, dass der gesamte Lichtweg im Vakuum geführt wird.

Ein vielversprechendes Gravitationswelleninterferometer ist hier die im Bau befindliche Anlage GEO 600 (südlich von Hannover) mit einer geometrischen Armlänge von 600 m, mittels der Störungen der Raumzeitstruktur bis zu einer Größenordnung von $\delta l/l = 10^{-22}$ in einem Frequenzbereich von 100 Hz bis zu einigen 100 kHz nachzuweisen sein sollen [32].

Nach der obigen Darstellung der Ausbreitung von Gravitationswellen kann gezeigt werden, dass in erster Näherung die Längenveränderung (s. z. B. [33])

$$\delta l = \frac{1}{2} l \tilde{h}.. \tag{15.515}$$

sind, worin $\tilde{h}..$ die Störungen des Gravitationsfeldes (s. Gl. (15.469) und Abb. 15.12) durch eine ebene Welle in der x^2-x^3-Ebene ($\tilde{h}.. = \tilde{h}_{22}$ bzw. $\tilde{h}_{33}$) sind [34]. Die Messgrößen δl wachsen also proportional zu l, sodass möglichst große Lichtwege im Interferometer realisiert werden müssen.

Da die Empfindlichkeit der geplanten Antenne mehrere Größenordnungen über derjenigen des (nur für die Resonanzfrequenz empfindlichen) Weber-Zylinders liegt, scheint der direkte Nachweis von Gravitationswellen in naher Zukunft möglich zu sein.

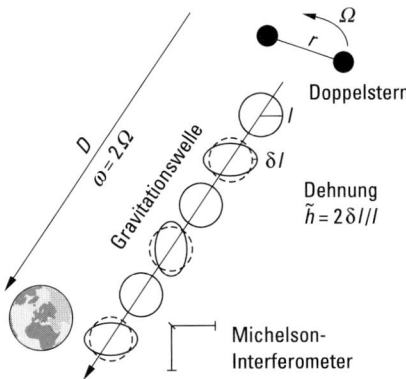

Abb. 15.12 Illustrative Darstellung der Verhältnisse, wenn eine von einem rotierenden Doppelstern emittierte Gravitationswelle auf die Erde trifft. Die Frequenz der Gravitationswelle ω ist doppelt so groß wie die Kreisfrequenz der Bahnbewegung des Doppelsternsystems (s. [34]).

Am Doppelpulsarsystem PSR1913+16 haben aber auch alle anderen von der Allgemeinen Relativitätstheorie vorausgesagten Effekte (s. Abschn. 15.3) eindrucksvolle quantitative Bestätigung gefunden, wie etwa

- eine *Gravitationsrotverschiebung* der Pulsperiode des Pulsars um ± 0.004 s durch die Veränderung des Gravitationsfeldes beim Umlauf („stärkste Verschiebung im Periastron", da dort die größte Gravitationsfeldstärke herrscht!) (s. Abschn. 15.3.1).
- eine periodische *Laufzeitverzögerung* durch den Shapiro-Effekt von 44 µs (s. Abschn. 15.3.4) und
- eine relativistische *Periastrondrehung* von $4.2°$ pro Jahr (s. Abschn. 15.3.5)

Schlussbemerkung. In diesem Beitrag sind, ausgehend von den wesentlichen Elementen und Gedankengängen, die der Speziellen und der Allgemeinen Relativitätstheorie zugrunde liegen, wichtige Strahlungsprozesse und optische Phänomene dargestellt. Dem Charakter und den Erfordernissen eines schwerpunktartig experimentell orientierten Optik-Lehrbuches entsprechend, nimmt die Diskussion von Licht- und Wellenphänomenen einen breiten Raum ein. Dies ist selbstverständlich für die Spezielle Relativitätstheorie, die ja genuin eine *elektromagnetische Theorie* ist, deren Herzstück die *Lorentz-Invarianz der Maxwell'schen Gleichungen* darstellt. Aber auch bei der Diskussion der Allgemeinen Relativitätstheorie spielt die Behandlung optischer Effekte, wie die klassischen Tests (*Gravitationsrotverschiebung* und *Lichtablenkung*), aber auch *Laufzeitmessungen* und *Gravitationswellen* zeigen, eine große Rolle. In allen angesprochenen Fällen hat sich die Allgemeine Relativitätstheorie in ausgezeichneter Weise bewährt. Auf die Darstellung weiterer interessanter Komplexe, bei deren Beschreibung die Allgemeine Relativitätstheorie von zentraler Bedeutung ist – wie *Kosmologie* bzw. *Schwarze Löcher* –, wird hier bewusst verzichtet, da sie an anderer Stelle dieses Werkes ausführlich behandelt werden (s. Bd. 8).

Anhang 15A: Kovariante und kontravariante Vektoren

Die wesenhafte Vierdimensionalität der physikalischen Raumzeit legt es nahe, die Grundgleichungen der Elektrodynamik und Mechanik in einer geschlossenen vierdimensionalen Form auszudrücken, in der ihr Verhalten gegenüber Lorentz-Transformation unmittelbar ersichtlich ist.

Der Minkowski-Raum ist nicht euklidisch. Aus diesem Grund muss man zwischen *kontravarianten* und *kovarianten* Vektoren und Tensoren unterscheiden. Wir gehen dabei von einem kartesischen Koordinatensystem Σ aus, dessen Koordinaten die mit der Vakuumlichtgeschwindigkeit c multiplizierte Zeit t und die Ortskoordinaten x, y, z sein sollen, die wir der Einfachheit halber umbenennen und durchnummerieren

$$ct, x, y, z \to x^0, x^1, x^2, x^3. \tag{15.516}$$

Die entsprechende Basis der Koordinatenvektoren bezeichnen wir mit $\{X_\mu\}$, $\mu = 0, 1, 2, 3$.

Ein beliebiger Vektor V wird bezüglich dieser Basis wie folgt dargestellt

$$V = \sum_{\mu=0}^{3} V^\mu X_\mu, \tag{15.517}$$

wobei seine Komponenten V^μ bezüglich der Basis $\{X_\mu\}$ Funktionen der Koordinaten sind

$$V^\mu = V^\mu(x^0, x^1, x^2, x^3). \tag{15.518}$$

Wir betrachten eine nicht entartete Koordinatentransformation von einem Koordinatensystem Σ in ein System Σ'

$$\{X_0, X_1, X_2, X_3\} \to \{X'_0, X'_1, X'_2, X'_3\}$$
$$(x^0, x^1, x^2, x^3) \to (x'^0, x'^1, x'^2, x'^3). \tag{15.519}$$

Da die Koordinatentransformation Gl. (15.519) nicht entartet sein soll, ist die zugehörige Funktionalmatrix

$$\frac{\partial x^\nu}{\partial x'^\mu} \tag{15.520}$$

nicht singulär. Die Basisvektoren X_μ sind die Tangentialableitungen entlang der Koordinaten x^μ. Somit ergibt sich für die Basisvektoren mithilfe der Kettenregel das Transformationsgesetz

$$X'_\mu = \sum_{\nu=0}^{3} \frac{\partial x^\nu}{\partial x'^\mu} X_\nu \quad \text{(a)} \qquad \text{bzw.} \qquad X_\mu = \sum_{\nu=0}^{3} \frac{\partial x'^\nu}{\partial x^\mu} X'_\nu \quad \text{(b)}. \tag{15.521}$$

Der Vergleich von Gl. (15.521a) mit Gl. (15.517) zeigt, dass die μ-te Zeile der Funktionalmatrix $\partial x^\nu / \partial x'^\mu$ gerade die Komponenten des transformierten Basisvektors X'_μ bezüglich der alten Basis $\{X_0, X_1, X_2, X_3\}$ enthält.

Der Vektor V lässt sich in beiden Basen darstellen

$$V = \sum_{\mu=0}^{3} V^\mu X_\mu = \sum_{\nu=0}^{3} V'^\nu X'_\nu. \tag{15.522}$$

Setzt man X_μ aus Gl. (15.521 b) in Gl. (15.522) ein, so folgt

$$\sum_{\mu=0}^{3} V^\mu X_\mu = \sum_{\nu=0}^{3} V'^\nu X'_\nu = \sum_{\mu=0}^{3}\sum_{\nu=0}^{3} V^\mu \frac{\partial x'^\nu}{\partial x^\mu} X'_\nu \qquad (15.523)$$

und durch Koeffizientenvergleich zwischen der zweiten und dritten Summe

$$V'^\nu = \sum_{\mu=0}^{3} \frac{\partial x'^\nu}{\partial x^\mu} V^\mu. \qquad (15.524)$$

Die Gln. (15.521a) und (15.524) besagen, dass sich die Basisvektoren X_μ bei einer Transformation gemäß Gl. (15.517) mit der Funktionalmatrix $\partial x^\nu/\partial x'^\mu$ transformieren, während sich die Komponenten der Vektoren V mit der *inversen* Funktionalmatrix $\partial x'^\nu/\partial x^\mu$ – also *entgegengesetzt* – transformieren. Die Größen V bezeichnet man deshalb als *kontravariante* Vektoren.

Betrachten wir anstelle des Vektors V eine Linearform $\Lambda(V)$, d. h. eine lineare Abbildung der Vektoren V auf die reellen Zahlen, so gilt nach Gl. (15.522)

$$\Lambda\left(\sum_{\mu=0}^{3} V^\mu X_\mu\right) = \Lambda\left(\sum_{\nu=0}^{3} V'^\nu X'_\nu\right). \qquad (15.525)$$

Betrachtet man die linke Seite von Gl. (15.525), so folgt

$$\Lambda\left(\sum_{\mu=0}^{3} V^\mu X_\mu\right) = \sum_{\mu=0}^{3} V^\mu \Lambda(X_\mu) = \sum_{\mu=0}^{3} V^\mu \Lambda_\mu, \qquad (15.526)$$

wobei Λ_μ das durch Λ erzeugte Bild des Basisvektors X_μ, also die μ-Komponente der Linearform Λ ist. Analog gilt für die rechte Seite von Gl. (15.525)

$$\Lambda\left(\sum_{\nu=0}^{3} V'^\nu X'_\nu\right) = \sum_{\mu=0}^{3} V'^\nu \Lambda'_\nu. \qquad (15.527)$$

Aus Gl. (15.527) folgt unter Verwendung von Gl. (15.524)

$$\sum_{\nu=0}^{3} V'^\nu \Lambda'_\nu = \sum_{\mu=0}^{3}\sum_{\nu=0}^{3} \frac{\partial x'^\nu}{\partial x^\mu} V^\mu \Lambda'_\nu = \sum_{\mu=0}^{3}\sum_{\nu=0}^{3} V^\mu \frac{\partial x'^\nu}{\partial x^\mu} \Lambda'_\nu. \qquad (15.528)$$

Aus den Gln. (15.525) bis (15.528) liest man direkt ab, dass die Komponenten der Linearformen sich gemäß

$$\Lambda_\mu = \sum_{\nu=0}^{3} \frac{\partial x'^\nu}{\partial x^\mu} \Lambda'_\nu \quad \text{(a)} \qquad \text{bzw.} \qquad \Lambda'_\mu = \sum_{\nu=0}^{3} \frac{\partial x^\nu}{\partial x'^\mu} \Lambda_\nu \quad \text{(b)}, \qquad (15.529)$$

also wie die Basisvektoren in Gl. (15.521) transformieren. Gl. (15.529b) folgt unmittelbar aus Gl. (15.529a) durch Multiplikation mit der Funktionalmatrix $\partial x^\mu/\partial x'^\mu$ und anschließender Umbenennung der Indizes. In der linearen Algebra wird gezeigt, dass die Gesamtheit der Linearformen $\{\Lambda\}$ einen Vektorraum bildet und daher die Größen Λ_μ Komponenten eines Vektors sind (s. z. B. [35]). Da diese sich gemäß Gl. (15.529b) wie die Basisvektoren X_μ transformieren (Gl. (15.521a)), nennt man die Größen Λ_μ *kovariante* Vektoren. Die Basen im Raum der kovarianten Vektoren erhalten obere Indizes.

Die Koordinaten-Differentiale dx^μ erfüllen nach der Kettenregel

$$dx'^\nu = \sum_{\mu=0}^{3} \frac{\partial x'^\nu}{\partial x^\mu} dx^\mu \tag{15.530}$$

das Transformationsgesetz (Gl. (15.524)) für kontravariante Vektoren. Sie bilden ein vollständiges Basensystem im Raum der kovarianten Vektoren und werden ihrer Einfachheit wegen in der Regel als Standardbasis gewählt.

Eine Grundforderung der Physik ist, dass die Form der Naturgesetze von dem verwendeten Koordinatensystem unabhängig ist. Dies wird nach den Gln. (15.524) und (15.529) dadurch erreicht, dass die in die physikalischen Gesetze eingehenden Grundgrößen (Vektoren, Tensoren, ...) in kovarianter Form dargestellt werden.

Im Weiteren vereinbaren wir, dass in allen Ausdrücken, in denen ein oberer und ein unterer Index gleich sind, jeweils über ein solches Indexpaar von 0 bis 3 summiert werden soll. Diese Vorschrift heißt *Einstein'sche Summationskonvention*. Wir schreiben deshalb z. B. Gl. (15.521a) abkürzend als

$$X'_\mu = \frac{\partial x^\nu}{\partial x'^\mu} X_\nu, \tag{15.531}$$

mit der Verabredung, dass hierin über das Indexpaar ν von 0 bis 3 zu summieren ist.

Ein wichtiges Beispiel für einen kovarianten Vektor ist der Gradient $\partial f/\partial x^\mu$ einer skalaren Funktion $f(x^\mu)$, welcher sich nach der Kettenregel gemäß

$$\frac{\partial f}{\partial x'^\mu} = \frac{\partial f}{\partial x^\nu} \cdot \frac{\partial x^\nu}{\partial x'^\mu}, \tag{15.532}$$

also mit der Transformationsmatrix wie in Gl. (15.529b) transformiert.

Diese Definitionen lassen sich unmittelbar auf *Tensoren beliebiger Stufe* verallgemeinern, wo $T^{\mu_1\mu_2...\mu_m}_{\nu_1\nu_2...\nu_n}$ einen Tensor $(m+n)$-ter Stufe mit m kontravarianten und n kovarianten Indizes bezeichnet.

Unter *Verjüngung* eines Tensors verstehen wir das Gleichsetzen jeweils eines oberen und unteren Indexes und Summation über dieses Indexpaar

$$T^{\mu_2...\mu_m}_{\nu_2...\nu_n} = T^{\mu_1\mu_2...\mu_m}_{\mu_1\nu_2...\nu_n}. \tag{15.533}$$

Verjüngung erzeugt also aus einem Tensor $(m+n)$-ter Stufe einen Tensor $(m+n-2)$-ter Stufe.

Durch Verjüngung des dyadischen Produkts $a_\mu b^\nu$, das durch das Produkt der Komponenten eines kovarianten Vektors a_μ und eines kontravarianten Vektors b^ν gebildet wird, erhält man das *Skalarprodukt* $a_\mu b^\mu$. Ein besonders wichtiges Beispiel für ein Skalarprodukt ist die Metrik des Minkowski-Raums

$$ds^2 = +(dx^0)^2 - (dx^1)^2 - (dx^2)^2 - (dx^3)^2, \tag{15.534}$$

ausgedrückt in den Koordinaten aus Gl. (15.516).

Allgemein ist die *Metrik einer Mannigfaltigkeit* das Skalarprodukt der Vektoren der Koordinatendifferentiale

$$ds^2 = dx_\mu dx^\mu, \tag{15.535}$$

das häufig auch als quadratische Form der Koordinatendifferentiale

$$ds^2 = \eta_{\mu\nu} dx^\nu dx^\mu \tag{15.536}$$

ausgedrückt wird, deren Koeffizientenmatrix der kovariante symmetrische Tensor zweiter Stufe $\eta_{\mu\nu}$ ist. Man nennt $\eta_{\mu\nu}$ den metrischen Tensor der Mannigfaltigkeit.

Koeffizientenvergleich von Gl. (15.536) mit der expliziten Form Gl. (15.534) ergibt unmittelbar für den metrischen Tensor des Minkowski-Raumes

$$\eta_{\mu\nu} = \begin{cases} +1 & \text{für } \mu = \nu = 0 \\ -1 & \text{für } \mu = \nu = 1, 2, 3 \\ 0 & \text{sonst.} \end{cases} \tag{15.537}$$

$\eta_{\mu\nu}$ ist also diagonal mit $\det(\eta_{\mu\nu}) = -1$ und $\text{Spur}(\eta_{\mu\nu}) = -2$.

Ein Vergleich der Ausdrücke (15.535) und (15.536) erlaubt unmittelbar eine Vorschrift abzulesen, wie man kontravariante in kovariante Koordinatendifferentiale umrechnet:

$$dx_\mu = \eta_{\mu\nu} dx^\nu. \tag{15.538}$$

Multiplizieren wir diesen Ausdruck mit $\eta^{\varrho\mu}$, dem zu $\eta_{\mu\nu}$ *inversen* Tensor, folgt der entsprechende Ausdruck

$$dx^\varrho = \eta^{\varrho\mu} dx_\mu \tag{15.539}$$

für die Umrechnung von kovarianten in kontravariante Komponenten.

Diese hier für den Koordinatenvektor angegebene Vorschrift zum *Senken* und *Heben* von Indizes gilt gleicherweise für alle Vektoren und Tensoren; z. B. $a_\mu = \eta_{\mu\nu} a^\nu$, $a^\mu = \eta^{\mu\nu} a_\nu$, $T_{\mu\nu} = \eta^{\mu\varrho} T_\nu^\varrho = \eta_{\mu\varrho} \eta_{\nu\sigma} T^{\varrho\sigma}$, etc.

Die Indefinitheit der Metrik des Minkowski-Raumes spiegelt sich auch im entsprechenden Verhalten des Skalarprodukts und speziell dem Betrag von Vektoren wider.

Anhang 15B: Lorentz-Transformationen

Lorentz-Transformationen sind spezielle Koordinatentransformationen, welche die Koordinaten und die physikalischen Größen in relativ zueinander gleichförmig bewegten Koordinatensystemen der vierdimensionalen Raumzeit des Minkowski-Raumes $\Sigma(x^0, x^1, x^2, x^3)$ und $\Sigma'(x'^0, x'^1, x'^2, x'^3)$ miteinander verknüpfen. Insbesondere werden durch Lorentz-Tranformationen Geraden auf Geraden abgebildet.

Betrachten wir den einfachen Fall einer gleichförmigen Bewegung parallel zur x^1-Achse mit der Geschwindigkeit v und wählen Σ und Σ' so, dass zum Zeitpunkt $t = 0$ beide Koordinatenursprünge koinzidieren. Dann ergibt sich, wie in Bd. 1, Teil II gezeigt, für diese spezielle Lorentz-Transformation L_{x^1} der funktionale Zusammenhang zwischen den Koordinaten in Σ und Σ':

$$\begin{aligned} x'^0 &= \gamma(x^0 - \beta x^1) \\ x'^1 &= \gamma(x^1 - \beta x^0) \\ x'^2 &= x^2 \\ x'^3 &= x^3 \end{aligned} \tag{15.540}$$

mit den gebräuchlichen Abkürzungen

$$\beta = \frac{v}{c} \tag{15.541}$$

und

$$\gamma = \frac{1}{\sqrt{1-\beta^2}} = \frac{1}{\sqrt{1-\dfrac{v^2}{c^2}}}; \tag{15.542}$$

γ bezeichnet man als Lorentz-Faktor.

In Bd. 1, Teil II wird auch die zugehörige inverse Verknüpfung

$$\begin{aligned} x^0 &= \gamma(x'^0 + \beta x'^1) \\ x^1 &= \gamma(x'^1 + \beta x'^0) \\ x^2 &= x'^2 \\ x^3 &= x'^3 \end{aligned} \tag{15.543}$$

angegeben. Durch Vergleich sehen wir, dass die Gleichungssysteme (15.540) und (15.543) ineinander übergehen, wenn man die gestrichenen und ungestrichenen Variablen vertauscht und v durch $-v$ ersetzt. Dieses Verhalten drückt unmittelbar die Relativität der Beschreibung aus, wonach es physikalisch gleichwertig sein muss, die Bewegung eines Körpers im System Σ bzw. Σ' zu betrachten.

Der eingeführte Spezialfall einer Bewegung längs der x^1-Achse und die spezielle Wahl der Koordinatensysteme Σ und Σ' bedeuten keine wesentliche Einschränkung, da ausgehend von der speziellen Lorentz-Transformation L_{x^1} aus Gl. (15.540) stets durch zwei zusätzliche räumliche Drehungen D_1 und D_2, gemäß

$$L_{\text{allg}} = D_2 L_{x^1} D_1, \tag{15.544}$$

auf jeden beliebigen allgemeinen Fall L_{allg} transformiert werden kann (s. z. B. [3]). Wir beschränken uns deshalb im Weiteren auf Lorentz-Transformationen der Form L_{x^1}, die wir ohne Verwechslungsgefahr mit L bezeichnen[10].

Für unsere späteren Betrachtungen ist es vorteilhaft, Tensorschreibweise und die Einstein'sche Summationskonvention zu benutzen. Damit erhalten wir aus Gl. (15.540) unmittelbar

$$x'^\mu = L^\mu_\nu x^\nu, \tag{15.545}$$

worin x^ν bzw. x'^μ die (kontravarianten) Ortsvektoren der Minkowski-Räume in Σ bzw. Σ' sind und

$$(L^\mu_\nu) = \begin{pmatrix} \gamma & -\beta\gamma & 0 & 0 \\ -\beta\gamma & \gamma & 0 & 0 \\ 0 & 0 & 1 & 0 \\ 0 & 0 & 0 & 1 \end{pmatrix} \tag{15.546}$$

---

[10] In der englischsprachigen Literatur nennt man L_{x^1} einen *Lorentz-boost* in Richtung der x^1-Achse, in der deutschen Sprechweise wurde in Bd. 1, Teil II dafür der Ausdruck *Lorentz-Schub* eingeführt.

der aus Gl. (15.540) abgelesene Transformationstensor des Lorentz-Schubs L ist, der wie man aus der Definition (15.545) sieht, jeweils einen kontravarianten (μ) und einen kovarianten (ν) Index tragen muss. Der Lorentz-Schub (15.545) ist eine lineare Transformation mit der Determinante

$$\det(L^\mu_\nu) = +1, \tag{15.547}$$

d. h. Lorentz-Transformationen induzieren Drehungen von Vierervektoren bezüglich der verknüpften Koordinatensysteme. Wie man aus Gl. (15.544) sieht, gilt dies völlig allgemein, da auch D_1 und D_2 Drehmatrizen sind (Determinanten-Multiplikationssatz).

Wegen der Gültigkeit von Gl. (15.547) werden Spiegelungen ausgeschlossen, sodass bei Lorentz-Transformationen stets die Orientierung (Händigkeit) der Koordinatensysteme bewahrt bleibt. Weiter gilt

$$L^0_0 = \gamma > 0, \tag{15.548}$$

was bedeutet, dass Lorentz-Transformationen stets *isochron* sind, und damit garantiert, dass sowohl die Zeitordnung als auch das „Verfließen der Zeit" in beiden Systemen Σ und Σ' gleichartig sind.

Das Heben und Senken von Indizes geschieht durch Multiplikation mit dem entsprechenden Minkowski-Tensor (s. Anh. 15A)

$$x_\mu = \eta_{\mu\nu} x^\nu \tag{15.549}$$

bzw.

$$x^\mu = \eta^{\mu\nu} x_\nu. \tag{15.550}$$

Da es sich sowohl bei Σ als auch bei Σ' stets um Minkowski-Räume handeln muss, ist der zugehörige metrische Tensor $\eta_{\mu\nu}$ in beiden Systemen identisch, d. h. es gilt auch stets

$$x'_\mu = \eta_{\mu\nu} x'^\nu \tag{15.551}$$

und

$$x'^\mu = \eta^{\mu\nu} x'_\nu. \tag{15.552}$$

$\eta_{\mu\nu}$ ist somit per definitionem eine Lorentz-Invariante.

Schreiben wir die Lorentz-Transformation der kovarianten Komponenten als

$$x'_\mu = \bar{L}^\nu_\mu x_\nu \tag{15.553}$$

mit einem entsprechenden Transformationstensor $\bar{L}^\nu_\mu$, folgt aus der Lorentz-Invarianz der Beträge der Viererkoordinatenvektoren (Drehungen!)

$$s'^2 = x'_\alpha x'^\alpha = x_\mu x^\mu = s^2 \tag{15.554}$$

sofort durch Einsetzen von Gl. (15.553), (15.549) und (15.545)

$$x'_\alpha x'^\alpha = \bar{L}^\beta_\alpha x_\beta x'^\alpha = \bar{L}^\beta_\alpha x_\beta L^\alpha_\mu x^\mu = \bar{L}^\beta_\alpha L^\alpha_\mu x_\beta x^\mu = x_\mu x^\mu. \tag{15.555}$$

Das Produkt der beiden Tensoren

$$\bar{L}^\beta_\alpha L^\alpha_\mu = \delta^\beta_\mu \tag{15.556}$$

muss also der Einheitstensor

$$\delta_\mu^\beta = \begin{cases} 1 & \mu = \beta \\ 0 & \mu \neq \beta \end{cases} \quad \text{(ohne Summation)} \tag{15.557}$$

sein, denn nur für diesen gilt die Identität

$$x_\mu = \delta_\mu^\beta x_\beta. \tag{15.558}$$

Lorentz-Transformationen von ko- bzw. kontravarianten Komponenten von Koordinatenvektoren sind also zueinander invers:

$$(\bar{L}_\mu^\alpha) = \begin{bmatrix} \gamma & \beta\gamma & 0 & 0 \\ \beta\gamma & \gamma & 0 & 0 \\ 0 & 0 & 1 & 0 \\ 0 & 0 & 0 & 1 \end{bmatrix}. \tag{15.559}$$

Multiplikation von Gl. (15.545) mit $\bar{L}_\beta^\alpha$ liefert also die Transformation vom gestrichenen System Σ' in das ungestrichene System Σ

$$\bar{L}_\mu^\alpha x'^\mu = \bar{L}_\mu^\alpha L_\nu^\mu x^\nu = \delta_\nu^\alpha x^\nu = x^\alpha, \tag{15.560}$$

woraus wir komponentenweise die Transformationen (15.543) ablesen.

Vierervektoren. Jede in den Koordinatensystemen Σ und Σ' vierkomponentige Größe $a = (a^0, a^1, a^2, a^3) = a^\mu$ heißt kontravarianter *Vierervektor*, wenn sie sich unter Lorentz-Transformationen wie der Ortsvektor $x = (ct, x^1, x^2, x^3) = x^\mu$ transformiert.

Das bisher nur für die Koordinatenvierervektoren dargestellte Transformationsverhalten gilt somit allgemein für jeden beliebigen kontravarianten bzw. kovarianten *Vierervektor* $a^\mu(x)$ bzw. $a_\mu(x)$:

$$a'^\mu(x') = L_\alpha^\mu a^\alpha(x) \tag{15.561}$$

bzw.

$$a'_\mu(x') = \bar{L}_\mu^\nu a_\nu(x), \tag{15.562}$$

wobei die Argumente ausdrücken sollen, dass die Vierervektoren selbstverständlich auch von den Koordinaten abhängig sein können.

Betrachten wir zwei beliebige Vierervektoren a^μ und b_μ, so gilt für deren Skalarprodukt in Σ und Σ' nach den Gln. (15.562), (15.561) und (15.556)

$$a'_\mu b'^\mu = \bar{L}_\mu^\nu a_\nu L_\alpha^\mu b^\alpha = \bar{L}_\mu^\nu L_\alpha^\mu a_\nu b^\alpha = \delta_\alpha^\nu a_\nu b^\alpha = a_\nu b^\nu, \tag{15.563}$$

d. h. das Skalarprodukt von Vierervektoren a und b

$$a \cdot b = a_\mu b^\mu = a'_\mu b'^\mu \tag{15.564}$$

ist eine *Lorentz-Invariante*, die man in der Literatur häufig auch als Lorentz-Skalar bezeichnet. Wählen wie speziell $b = a$, sieht man, dass damit auch der Betrag von Vierervektoren Lorentz-invariant ist. Dies ist eine unmittelbare Folge der Tatsache, dass Lorentz-Transformationen lediglich Drehungen von Vierervektoren im Minkowski-Raum bewirken, wobei selbstverständlich deren Betrag erhalten bleibt.

Wegen der Linearität der Lorentz-Transformationen (15.561) und (15.562) sind auch beliebige Linearkombinationen von Vierervektoren $\{a_1, a_2, \ldots, a_n\}$ stets auch wieder Vierervektoren. Mit

$$a = \sum_{i=1}^{n} c_i a_i, \tag{15.565}$$

worin a_i geeignete Vierervektoren und c_i beliebige reelle Skalare sind, gilt (z. B. für kontravariante Vektoren) $a_i'^{\mu} = L^{\mu}_{\nu} a_i^{\nu}$, woraus durch Einsetzen unmittelbar für die Lorentz-Transformation von

$$a'^{\mu} = L^{\mu}_{\nu} a^{\nu} = L^{\mu}_{\nu} \left(\sum_{i=1}^{n} c_i a_i^{\nu} \right) = \sum_{i=1}^{n} c_i L^{\mu}_{\nu} a_i^{\nu} = \sum_{i=1}^{n} c_i a_i'^{\mu} \tag{15.566}$$

eine identische Linearkombination der Vektoren a_i' resultiert. Da dies insbesondere auch für die Differenz zweier infinitesimal benachbarter Vierervektoren gilt, folgt daraus, dass auch deren infinitesimale Differenz da^{μ} – oder im Spezialfall der Orts-Vierervektoren x^{μ} deren Koordinatendifferentiale dx^{μ} – Vierervektoren sind.

Anders als die Metrik des vierdimensionalen euklidischen Raumes $\mathbb{E}_4$

$$ds^2 = (dx^0)^2 + (dx^1)^2 + (dx^2)^2 + (dx^3)^2 \tag{15.567}$$

ist die Metrik des Minkowski-Raumes

$$ds^2 = dx_{\mu} dx^{\mu} = \eta_{\mu\nu} dx^{\nu} dx^{\mu} = (dx^0)^2 - (dx^1)^2 - (dx^2)^2 - (dx^3)^2 \tag{15.568}$$

nicht positiv definit – da die Determinante des metrischen Tensors $\det(\eta_{\mu\nu}) = -1$, also negativ ist – mit der Folge, dass das Betragsquadrat eines Vierervektors

$$a^2 = a_{\mu} a^{\mu} = \eta_{\mu\nu} a^{\nu} a^{\mu} \tag{15.569}$$

positiv, null oder sogar negativ sein kann. Je nach dem bezeichnet man den Vektor a mit

$$a^2 \begin{cases} >0 & \text{als zeitartig,} \\ =0 & \text{als lichtartig (Nullvektor) oder} \\ <0 & \text{als raumartig.} \end{cases} \tag{15.570}$$

Wie in Bd. 1, Teil II gezeigt, sind nach der Relativitätstheorie reale Signalausbreitungen in der Physik stets mit zeitartigen oder lichtartigen Vierergrößen verknüpft. Die Eigenschaft eines Vierervektors zeitartig, lichtartig oder raumartig zu sein, ist ebenfalls eine relativistische Invariante.

Es ist naheliegend und im allgemeinen Sprachgebrauch üblich, die Nullkomponente a^0 eines Vierervektors des Minkowski-Raumes

$$a = \begin{pmatrix} a^0 \\ a^1 \\ a^2 \\ a^3 \end{pmatrix} \tag{15.571}$$

als seine „Zeitkomponente" und die drei anderen Komponenten

$$\boldsymbol{a} = \begin{pmatrix} a^1 \\ a^2 \\ a^3 \end{pmatrix} \tag{15.572}$$

als die räumlichen Komponenten eines Vektors im gewöhnlichen dreidimensionalen Ortsraum aufzufassen. Wenn wir diesen Sachverhalt betonen wollen, schreiben wir deshalb häufig auch

$$a = \begin{pmatrix} a^0 \\ \boldsymbol{a} \end{pmatrix}, \tag{15.573}$$

so z. B. für das Skalarprodukt zweier Vierervektoren a und b

$$a \cdot b = a_0 b^0 - \boldsymbol{a} \cdot \boldsymbol{b} = a_0 b^0 - a_i b^i, \quad i = 1, 2, 3. \tag{15.574}$$

Man beachte, dass eine derartige Aufspaltung in zeitliche und räumliche Komponenten nur für das jeweils gewählte Koordinatensystem gilt.

Aufgrund ihrer speziellen Invarianzeigenschaften bezüglich Lorentz-Transformationen spielen geeignet definierte Vierergrößen eine zentrale Rolle bei der Lorentz-invarianten Formulierung physikalischer Theorien, wie z. B. der Mechanik, der Elektrodynamik, der Quantenmechanik, etc.

Weiter geben wir die Transformationsgesetze für Vierertensoren beliebiger Stufe an, die in direkter Verallgemeinerung von Gl. (15.561) bzw. (15.562) folgen:

- n-fach kontravarianter Tensor n-ter Stufe:

$$T'(x')^{\mu_1,\mu_2,\ldots,\mu_n} = L^{\mu_1}_{\nu_1} L^{\mu_2}_{\nu_2} \ldots L^{\mu_n}_{\nu_n} T(x)^{\nu_1,\nu_2,\ldots,\nu_n}, \tag{15.575}$$

- n-fach kovarianter Tensor n-ter Stufe:

$$T'(x')_{\mu_1,\mu_2,\ldots,\mu_n} = \bar{L}^{\nu_1}_{\mu_1} \bar{L}^{\nu_2}_{\mu_2} \ldots \bar{L}^{\nu_n}_{\mu_n} T(x)_{\nu_1,\nu_2,\ldots,\nu_n}, \tag{15.576}$$

- m-fach kontravarianter und n-fach kovarianter Tensor $(m+n)$-ter Stufe:

$$T'(x')^{\mu_1,\mu_2,\ldots,\mu_m}_{\nu_1,\nu_2,\ldots,\nu_n} = \bar{L}^{\beta_1}_{\nu_1} \bar{L}^{\beta_2}_{\nu_2} \ldots \bar{L}^{\beta_n}_{\nu_n} L^{\mu_1}_{\alpha_1} L^{\mu_2}_{\alpha_2} \ldots L^{\mu_m}_{\alpha_m} T(x)^{\alpha_1,\alpha_2,\ldots,\alpha_m}_{\beta_1,\beta_2,\ldots,\beta_n}. \tag{15.577}$$

Wichtige Beispiele:

- Transformation des Vierergradienten eines Skalars: Der Vierergradient eines Skalars $\varphi(x)$ ist ein kovarianter Vierervektor $a_\mu(x) = \partial\varphi(x)/\partial x^\mu$. Daraus folgt mit Gl. (15.576)

$$\frac{\partial \varphi(x')}{\partial x'_\mu} = a'_\mu(x') = \bar{L}^\nu_\mu a_\nu(x) = \bar{L}^\nu_\mu \frac{\partial \varphi(x)}{\partial x^\nu}. \tag{15.578}$$

- Transformation des Elektromagnetischen Feldtensors $F_{\mu\nu}(x)$:

$$F'_{\alpha\beta}(x') = \bar{L}^\mu_\alpha \bar{L}^\nu_\beta F_{\mu\nu}(x). \tag{15.579}$$

- Transformation des Vierergradienten des kovarianten Elektromagnetischen Feldtensors $F_{\mu\nu}(x)$: Der Vierergradient eines kovarianten Vierertensors 2. Stufe entspricht einem kovarianten Tensor 3. Stufe):

$$\frac{\partial F'_{\mu\nu}(x')}{\partial x'^\lambda} = A'_{\mu\nu\lambda} = \bar{L}^\alpha_\mu \bar{L}^\beta_\nu \bar{L}^\gamma_\lambda A_{\alpha\beta\gamma}(x) = \bar{L}^\alpha_\mu \bar{L}^\beta_\nu \bar{L}^\gamma_\lambda \frac{\partial F_{\alpha\beta}(x)}{\partial x^\gamma}. \tag{15.580}$$

Literatur

Abschnitt 15.1

[1] Stephani, H., Allgemeine Relativitätstheorie, VEB Deutscher Verlag der Wissenschaften, Berlin, 1980 (auch zu Abschn. 15.2)
[2] Weinberg, S., Gravitation and Cosmology, John Wiley & Sons, New York, London, Sidney, Toronto, 1972
[3] Becker, R., Sauter, F., Theorie der Elektrizität, Band I, Teubner, Stuttgart, 1969 (auch zu Anh. 15B)
[4] Goldstein, H., Classical Mechanics, Addison-Wesley Publishing Company, Inc., Reading, Massachusetts, 1972 (auch zu Abschn. 15.2 u. 15.3)
[5] Landau, L.D., Lifschitz, E.M., Lehrbuch der Theoretischen Physik, Band II, Klassische Feldtheorie, 8. Aufl., Akademie-Verlag, Berlin, 1981 (auch zu Abschn. 15.3)
[6] Kegel, W.H., Plasmaphysik, Springer, Berlin, Heidelberg, New York, 1998
[7] Dawydow, A.S., Quantenmechanik, VEB Deutscher Verlag der Wissenschaften, Berlin, 1967
[8] Trümper, J., HER X-1 Cyclotron Lines. In: Baity, W.A., Peterson, L.E., X-ray Astronomy, Proceedings of the 21st Plenary Meeting of COSPAR 1978, Innsbruck, Austria, S. 239–248, Pergamon Press, Oxford, 1979
[9] Schwinger, J., On the Classical Radiation of Accelerated Electrons, Phys. Rev. **75**, 1912–1925 (1949)
[10] Jackson, J.D., Klassische Elektrodynamik, 3. Aufl., de Gruyter, Berlin, 2002 (auch zu Abschn. 15.3)
[11] Melrose, D.B., Plasma Astrophysics, Vol. I, Gordon and Breach, New York, 1980
[12] Rybicki, G.B., Lightman, A.P., Radiative Processes in Astrophysics, Wiley-Interscience, New York, 1979
[13] Ginzburg, V.L., Syrovatskii, S.I., Cosmic Magnetobremsstrahlung (Synchrotron Radiation), Ann. Rev. Astron. Astrophys. **3**, 297–350 (1965)
[14] Abramowitz, M., Stegun, I.A., Handbook of Mathematical Functions, Dover Publications, New York, 1972

Abschnitt 15.2

[15] Einstein, A., Die Grundlagen der Allgemeinen Relativitätstheorie, Annalen d. Physik **49**, 769–822 (1916)
[16] Schwarzschild, K., Über das Gravitationsfeld eines Massenpunktes nach der Einstein'schen Theorie, Sitzungsberichte d. Königl. Preuss. Akad. d. Wissensch. **I**, 189–196 (1916)

Abschnitt 15.3

[17] Pound, R.V., Snider. J.L., Effect of Gravity on Gamma Radiation, Phys. Rev. **B 140**, 788–803 (1965)
[18] Fomalont, E.B., Sramek, R.A., Measurements of the Solar Gravitational Deflection of Radio Waves in Agreement with General Relativity, Phys. Rev. Lett. **36**, 1475–1478 (1976)
[19] Fomalont, E.B., Sramek, R.A., The Deflection of Radio Waves by the Sun, Comments on Astrophysics **7**, 19–33 (1977)
[20] Burke, B.F., Gravitational Lenses – Observations. In: Swarup, G., Kapahi, V.K., Quasars, Proc. IAU Symp. No. 119, S. 517–526, Hrsg.: Reidel, D., Dordrecht, 1986

[21] Narayan, R., Gravitational Lensing – Models. In: Swarup, G., Kapahi, V.K., Quasars, Proc. IAU Symp. No. 119, S. 529–537, Hrsg.: Reidel, D., Dordrecht, 1986
[22] Turner, E.L., Gravitationslinsen, Spektrum d. Wissensch. **9**, 104–110 (1988)
[23] Wisotzki, L., Scheckter, P.L., Bradt, H.V., Heinmüller, J., Reimers, D., HE0435-1223: A Wide Separation Quadruple QSO and Gravitational Lens, A&A **395**, 17–23 (2002).
[24] Shapiro, I.I., Ash, M.E., Ingalls, R.P., Smith, W.B., Campbell, D.B., Dyce, R.B., Jurgens, R.F., Pettengill, G.H., Fourth Test of General Relativity: New Radar Result. Phys. Rev. Lett. **26**, 1132–1135 (1971)
[25] Shapiro, I.I., Pettengill, G.H., Ash, M.E., Stone, M.L., Smith, W.B., Ingalls, R.P., Brockelman, R.A., Fourth Test of General Relativity: Preliminary Results, Phys. Rev. Lett. **20**, 1265–1269 (1968)
[26] Misner, C., Thorne, K., Wheeler, A., Gravitation, Freeman, San Francisco, 1973
[27] Einstein, A., Näherungsweise Integration der Feldgleichungen der Gravitation, Sitzungsberichte d. Königl. Preuss. Akad. d. Wissensch. **I**, 688–696 (1916)
[28] Einstein, A., Über Gravitationswellen, Sitzungsberichte d. Königl. Preuss. Akad. d. Wissensch. **I**, 154–167 (1918)
[29] Peters, P.C., Mathews, J., Gravitational Radiation from Point Masses in Keplerian Orbit, Phys. Rev. **131**, 435–440 (1963)
[30] Weber, J., Evidence for Discovery of Gravitational Radiation, Phys. Rev. Lett. **22**, 1320–1324 (1969)
[31] Weber, J., Gravitational Radiation Experiments, Phys. Rev. Lett. **24**, 276–279 (1970)
[32] Danzmann, K., Rüdiger, A., Seeing the Universe in the Light of Gravitational Waves. In: Reviews in Modern Astronomy, Vol. 15, S. 93–112, Astronomische Gesellschaft, 2002
[33] Ciufolini, I., Wheeler, J.A., Gravitation and Inertia, Princeton Series in Physics, Princeton University Press, Princeton, New Jersey, 1995
[34] Sexl, R.U., Urbantke, H.K., Gravitation und Kosmologie. Eine Einführung in die allgemeine Relativitätstheorie, Bibliographisches Institut, Mannheim, 1975

Anhang 15A

[35] Greub, W., Linear Algebra, Vol. 23 of Grad. Texts in Mathematics, Springer, New York, Heidelberg, Berlin, 1975

Register

Abbe, E. 69, 71, 72, 159, 163, 212, 215, 217, 282, 316, 372, 408 ff.
– Beugungsgrenze 1082, 1152
– Regel 116
– (Mikroskop-)Theorie 163, 412f., 1085
– Sinusbedingung 151, 1046, 1048
– -Zahl 116, 212
Abbildung 38
– endliche 105
– energiefilternde 1113–1117
– optische 76
– paraxiale 61
– perfekte 153
– punktförmige, reelle 77
– im TEM 1085
Abbildungsbedingung 1057, 1058
Abbildungselemente, unrunde 1098
Abbildungsfehler (siehe auch Bildfehler) 62, 116, 123, 217, 1090, 1098
– primärer 126
– -Korrektur 1076
Abbildungsmaßstab 86, 92, 1072
– lateraler 86
Abbildungsqualität 180
ABCD-Regel 864, 868
Aberration
– bei Abbildung 62, 123,
– chromatische 116, 149, 217, 218, 1072
– des Lichts 191, 1298, 1305, 1332
– sphärische 1072
Aberrationsgleichung 1305, 1332
Aberrationswinkel 192
Abklingzeit 857
– spontane Emission 874
Ablenkung
– von Licht, elektrooptische 937
– Minimum der 67
Ablenkungsmagnet 1344
Abney'sches Gesetz 717
Abrisskraft 1147
Abschirmung durch Elektronenhülle 1050
Abschneideeffekt 1156
Absorber
– passive 880

– sättigbare 900, 907, 953, 955
absorbierende Medien, Reflexionskurven 518
Absorption 243, 246, 857
– induzierte 966
– infrarote 232
– des Lichtes 189 ff.
– von Metallen 271
– nichtlineare 953
– von Röntgenstrahlen 1005–1007
– schwach absorbierender Substanzen 255
– spektraler Verlauf der 260
– spontane 965
– der Strahlung 242
Absorptionsgesetz 243
– Lambert'sches 679
Absorptionsgitter 951
Absorptionsgrad 245, 641
– spektraler 245
Absorptionsindex 247, 258, 513
– von Al_2O_3-Kristall 263
– von Quarzglas 263
Absorptionskoeffizient 17, 18, 243, 258, 388, 956
– von Alkalihalogeniden 246
Absorptionsspektrum 281
Absorptionszelle 196
Abstandskontrolle 1155
Aceton 968
Achromat 120, 167, 218, 242
– Quarz-Flussspat- 242
– ultravioletter 242
achromatisches Prisma 213
Achse, optische 78
– eines Kristalls 523
Acridin 981
Adams, W.S. 1362
Adaptation 144
– chromatische 671
adaptive Optik 180
Adhäsionskräfte 1148
ADP 912, 937, 939, 989
Adsorptionsschichten, ellipsometrische Messung 516

AFM, Atomic Force Microscopy 1134
Aharonov-Bohm-Effekt, Ehrenberg-Siday-
    1052, 1214, 1279
Aharonov-Casher-Effekt 1213–1214, 1279
Airy, G.B. 338, 600
– Formel 345
– Spiralen 600
Akkommodation 141
Aktivität, optische 561, 563, 573
Akzeptanz 923, 925
Alexandrit-Laser 837
Alkaliatome 1247
Aluminiumoxid 943
Alychne 718
Amici, G.B. 75, 216
– -Bertrand-Linse 614
Amplitude
– harmonischer Oszillator 1150
– interferierender Lichtwellen 302
– komplexe 7
Amplitudengitter 388f., 417, 446
Amplitudenkontrast 1088, 1089
– -Übertragungsfunktion 1091
Amplitudenobjekt 418
Amplitudenspektrum, komplexes 6
Analysator 484
anisotrope Verzeichnung 1071
Anisotropie der Kristalle 522
anomale Dispersion bei Dämpfen 254
Anpassung (spektrale) 660
Anregungsfehler 1192
Anregungsprozesse, nichtlineare 980
Anthrazen 981
Antibunching 804, 809
Antipoden 562
– optische 581
Anti-Stokes-Linien 959
AP-Durchmesser, förderlicher 164
Aperturblende 106, 160
Apertursonden 1156
Aplanasie 178
aplanatisch 151
Apochromat 120, 167, 220
Arago, D.F. 193, 563, 584
Archimedes 1
Ardenne, M. von 1105
Ar-Excimerlaser 841
Argon 982
– -Laser 841
Astigmatismus 131
– 2-zähliger 1090
– 3-zähliger 1090

Asymmetriefehler 132
Äther 481, 482
Atom-Feld-Wechselwirkung 777–789
Atomfontäne 1286
Atomhülle 856
Atomic Force Microscope, AFM 1134
Atominterferometrie 1272, 1273, 1278,
    1286ff.
Atomkern 856
Atomlaser 1261
Atom-Licht-Wechselwirkung 1232–1241,
    1270, 1285
– Dipolkraft 1232, 1243, 1255
– dressed states 1231, 1241
– spontane Lichtkraft 1243, 1249
Atomlithographie 1263–1272
Atommodell, Bohr'sches 1032
Atom-Photon-Paar 1290
Atompotential 1050
Atom-Reservoir-Wechselwirkung 800–803
Atomspektrum 280
Auerstrumpf 225
Auflösung 1082
– atomare 1098
– Punkt- 1094
– subatomare 1152
Auflösungsgrenze
– des Elektronenmikroskops 1080
– bei Oberflächenabbildung 1108
Auflösungsvermögen 154, 174, 291, 1056
– des Fernrohrs 369
– des Gitters 384
– des Mikroskops 410, 414
– des Prismenspektralapparats 373f.
– spektrales 291
Aufspaltungsfaktor 629
Auge
– astigmatisches 143
– menschliches 139
Augendrehpunkt 141
Augenkammer, vordere 139
Ausbreitung, geradlinige 2
Ausbreitungsvektor 15
Ausgangsleistung 833
Außenraum-Vakuum-Lösung 1357
außerordentlicher Strahl 524, 528, 532
– Polarisation 541
Austrittsarbeit der Probe, der Spitze 1136
Austrittspupille 109
Autokorrelation 947
– Grundlagen 893
Autokorrelationsverfahren 890

Axiale Koma 1090, 1095
Azimutwinkel 1305

B92-Protokoll 817
Babinet, J. 368, 592
– Theorem 368, 394, 426
Back, E. 626
Bakteriologie 418
Banana 912
Bandbreite 834, 858
Bandenspektrum 280
Bariumbetaborat 912
Bärlappsamen 427
Barren-Laser 844
Barriereentladung 649
Bartholinus, E. 522
Basis des Prismas 65
Basov, N.G. 823
$BaTiO_3$ 937
Bauer, G. 328
BBO 912, 931, 937
bedingt gleich (metamer) 697
Beer, A. 243
– Formel 247
Beleuchtungsapertur 1095
Beleuchtungsstärke 635, 637, 638, 656, 664
– indirekte 663
– -Messgerät 661
Beleuchtungssystem, Köhler'sches 170
Belichtung 638
Bell'sche Ungleichung 812–814
Bell-Experiment 814
Bell-Zustände 816
Benton-Hologramm 448
Benzol 943, 968
Beobachtung, binokulare 169
Bergmann, L. 404, 507
Bessel-Funktion, modifizierte 1341, 1343
BESSY 1343
Bestrahlung 637
Bestrahlungsstärke 150, 303, 637, 652, 657, 659, 661, 662, 666, 667
Bethe, H. 631
Beugung 301, 357, 376
– am Doppelspalt 378f.
– am Draht 359
– an dreidimensionalen Gittern 393f.
– Fraunhofer'sche 358, 366
– Fresnel'sche 358
– am Gitter 376
– an der Kante 360
– an kreisförmiger Öffnung 365

– am Spalt 359, 360
– an Teilchen 423
– an ungeordneten Objekten 426
– an zweidimensionalen Gittern 393f.
Beugung von Neutronen 1176–1184
– am Doppelspalt 1178–1179
– am Einzelspalt 1178–1179
– an Flusslinien 1188–1189
– Fraunhofer'sche 1174–1179
– Fresnel'sche 1174, 1182–1184
– an perfekten Kristallen 1191–1197
– am Polymergitter 1189
– am Schichtgitter 1181–1182
– am Strichgitter 1179–1182
– am Superspiegel 1184
– in der Zeit-Domäne 1189–1190
Beugungsfehler 1072, 1074, 1075
– -scheibchen 1075
Beugungsgrenze, Abbe'sche 1082, 1152
Beugungsintegral 861
– Fraunhofer'sches 30
– Fresnel'sches 26
Beugungsprobleme 24
Beugungswirkungsgrad 390
– von Zonenplatten 1014, 1015
Bewegungsgesetze 1299
Bewegungsgleichung 1303, 1316
– relativistische 1308
Bezold-Abney-Effekt 746
Bezold-Effekt 671
Bild
– ähnliches 77
– dreidimensionales 445
– orthoskopisches 444
– primäres 409
– pseudoskopisches 444
– reelles 45, 438
– sekundäres 409
– virtuelles 44, 438
Bildaufnahmekamera 665
Bildaufzeichnung 1084
Bilddrehung 1070
Bildebenenhologramm 448f.
Bildebenen-Off-Axis-Holographie 1100–1102
Bildempfänger 659
Bild-Entstehung 44
Bildfehler 213
– von Elektronenlinsen 1071–1075
– inkohärente 1095
– kohärente 1090–1092
– kohärente, Optimierung 1092–1095
– -Korrektur 1092, 1098

Bildfeldwölbung 127, 1071
Bildkontrast 1088
Bildlage 81
Bildphase 1100
Bildpunkt 44
– meridionaler 131
– sagittaler 131
Bildschirm-Primärvalenzen 750
Bildverstärker (MCP) 1111
Bildwelle, Amplitude / Phase 1085
Bildzerdrehung 1071
Billet, M.F. 317
– Halblinsen 316
Binormale 552
biologische Wirkungen 635
Biot, J.B. 563
Biprisma 315
– f. Elektronen n. Möllenstedt 1042, 1100
Biquard, P. 391
Biradiale 552
Bireflexion 582
Bisektrix, spitze / stumpfe 553
Bistabilität 1148
– absorptive 991
– optische 900
Blaue Phasen 612
Blauverschiebung 1361
Blende 105
Blendenzahl 113
Blendung 145
Blickfeld 141
blinder Fleck 140, 730
Boersch, H. 1084
– -Effekt 1120
– Strahlengang 1084
Bogenlinie 285
Bohr, N.H.D.
– Bahnen, Strahlungslosigkeit 1033
– Atommodell 1032
– -Einstein-Dialog 809
Bolometer 225
Born, M. 432
– -Oppenheimer-Näherung 1230
Borrmann-Fächer 1196
Bose-Einstein Kondensation 1247, 1261
– Phasenfluktuationen 1262
– Young's Doppelspaltversuch 1262
Boys, C.V. 327
Bradley, J. 191
Bragg-Beugung 1276
– Pendellösung 1276
Bragg, W.H. 400

Bragg, W.L. 400
– Gleichung, Bedingung 402, 606, 614, 1038, 1041
– Reflexion 389, 400
– -Winkel 389
Breakdown, dielektrischer 900
Brechkraft 87
Brechung 50, 246
– beim Calcit 532
– von Neutronen 1171–1172
– am optisch dichteren Medium 495ff.
– Theorie der 492ff.
Brechungsgesetz 51, 198, 548
– komplexes 513
– für Metalle 271
Brechungsindex 38, 1366
Brechungslinsen für harte Röntgenstrahlen 1018, 1019
Brechungsmatrix 90
Brechzahl 15, 18, 38, 51, 189, 197, 211, 305, 488, 639, 1366, 1368
– -änderung von Kristallen 934
– Anpassung 917, 920
– außerordentliche 21
– elektronenoptische 1038, 1048, 1054–1056
– -ellipsoid 935
– komplexe 17, 257
– von Neutronen 1164–1166, 1192
– ordentliche 21
– reelle 17
– für verschiedene Wellenlängen 210
– verschiedener Stoffe 210
Bremsstrahlung 403
Brennpunkt, bildseitiger / objektseitiger 79
Brennpunkt-Schnittweite 79
Brennweite 80
– der (elektrischen) Einzellinse 1063, 1066
– der magnetischen Linse 1070
Brewster, D. 49, 486, 554, 558
– Gesetz 486, 487, 488, 489
– -Winkel 488, 501
Brillanz 1344
– spektrale 1000
Brillouin-Streuung 900, 957, 968, 975
– induzierte 978
Brodhun 144
Broglie, L. de 1031, 1035
Brüche, E. 1080
Bunsen, R.W. 280, 281
Buntheit 695, 740
– psychometrische 741

Buntton 695
– -zahl 747
Busch-Gleichung 1065

Caesium-133-Uhr 197
Calcit 522
– -rhomboeder 524
Candela 637, 638
Cantilever 1143
CARS 970
Cassegrain 177
Cassini'sche Ovale 598
Castaing-Henry-Filter 1114
Cauchy, A. 248
– Dispersionsformel 248, 261
C-Band 465
CCD, charged coupled device 1084
– -Array 658, 659
– -Kamera 297, 1084, 1111
– als Röntgendetektor 1019
CDA 912
C-Ebenensystem 664
Chaulness, Duc de 63, 64
Chemical Vapor Deposition (CVD) 462
Chemilumineszenz 288
Chirp 881, 949
chirped slowing 1249
Chladni'sche Klangfiguren von Glaszylindern 617
cholesterische Phase 605
cholesterische Temperaturindikatoren 612
cholesterischer Ordnungszustand 602
Chrétien, H.J. 178
Christiansen, Ch. 249
– -Filter 293, 1202
Christoffel-Symbol 1350, 1355, 1373
Chroma 116
chromatische Aberration 1072, 1074
chromatische Adaptation 671
Chrominanzsignal 752
Chrom-Ionen 828
CIE-LAB-System 1976 741
CIE-LUV-System 1976 740
CO_2-Laser 834, 839
Colladon, J.D. 58
Compton, A.H. 386
– -Streuung 957
Confinement-Phasen von Neutronen 1215–1216
Coriolis-Kraft 1348, 1372
Cornea (Hornhaut) 139

Cornu, A. 115, 572, 626
– -Prisma 242, 572
Cotton, A. 619
– -Effekt 573
– -Mouton-Effekt 900
Coulomb-Eichung 762
Coulomb-Kraft 3
Cross-over 1060
Cryptocyanin 955
CS_2 946
Curie, P. 574
CVD, Chemical Vapor Deposition 462
Czerny, M. 233, 284

d'Alembert-Operator 1314, 1373
Dämmerungssehen 672, 704
Dämpfung 18
– elektromagnetisches Feld 789–795
– Licht-, in der Faser 1156
– quantenmechanische Beschreibung 789–795
Darwin-Breite 1195
Davisson, C.J. 1036
de Broglie, L. 1031, 1035
– -Beziehung 1031, 1033, 1038, 1161
– -Wellenlänge 1038
– -Wellenlänge von Elektronen / Ionen 1032
de Forest, L. 823
Debye, P. 270, 391, 403
– -Scherrer-Diagramm 1041
Deckglas 165
Defokussierung 1072, 1073, 1090, 1092
– normierte 1077
Dekohärenz 793–795
Denisyvk, Y.N. 447
DESY 1343
Detektor 226
– Halbleiter 227
– piezoresistiver 1145
– pyroelektrischer 227
Deuterium 960
Deutsches Elektronen-Synchrotron (DESY) 239
DFS, Dynamic Force Spectroscopy 1151
Diatomee 414
dichotome Variable 813
Dichroismus 556, 557
dichroitische Spiegel 649
Dichromasie 732
Dichte, grauäquivalente 754
Dichte, spektrale 753, 1145
Dichteoperator 768
Dicke, R.H. 1362

dielektrischer Spiegel 330
Dielektrizitätskonstante 492, 1309
– atomistische Deutung 262
Dielektrizitätszahl 257
– komplexe / reelle 257
Differenz, astigmatische 131
Diffraktionsplatte 411, 413
Diffusionshof 1108, 1109
Difluormethan 955
digitale Holographie 447
Dimethyl-POPOP 981
DIN-Farbsystem 745, 747
Diodenlaser 834, 836, 842
Diopter 49
Dipol 423, 848
– -dichte 9
– elektrischer 4
– Hertz'scher 901, 1152
– induzierter 9
– magnetischer 4
– -moment 4, 9, 256, 430, 778
– -näherung 778, 1340
– -operator 780
– oszillierender 19, 490, 849
Dipolstrahlung 18
– Larmor-Formel 1327, 1334
– Symmetrie 1327
Dirac, P.A.M. 2
– -Funktion 1379
– -Gleichung 1322, 1323
– -Hamilton-Operator 1322
– -Matrizen 1322
discotische Phase 605
Discotischer Ordnungszustand 602
Dispersion 114, 202, 204, 211, 248, 249, 256
– anomale 248, 264
– der Doppelbrechung 587
– gekreuzte 577, 578
– geneigte 577
– horizontale 577, 578
– des Lichtes 189, 203 ff.
– von Materiewellen 1035
– von Metallen 271
– mittlere 212
– negative 828
– normale 115, 205, 249, 252, 577
– Oszillatormodell 256
– partielle 211
– relative 212
– Relaxations- 269
– schwach absorbierender Substanzen 255
– spezifische 211

Dispersionsformel 248, 255, 828
– Ableitung 257
– Ketteler-Helmholtzsche 269
Dispersionsgebiet 347
Dispersionskurve 209
Dispersionsrelation 14, 972, 1152, 1231, 1303
d-Matrix 936
Doan, C.L. 386
DODCI 981
Dollond, J. 218
Domänen in Flüssigkristallen 601
Doppelbrechung
– Dispersion der 587
– induzierte 615
– des Lichtes 522
– lineare 577
– magnetische 619
– optisch einachsiger Kristalle 522 ff., 538
– Spannungs- 615
– zirkulare 571, 572
Doppelplatte nach Soleil 568
Doppelpulsar 1383, 1385
Doppelschicht, smektische 602
Doppelspalt, Young'scher 520
Doppelsterne 290
– spektroskopische 290
– teleskopische 290
Doppelsternsystem 1383
Doppler, Ch. J.
– -Effekt 289, 392, 424, 628, 977, 1249, 1298, 1364
– -Effekt, relativistischer 1297
– -Kühlung 1251–1252
– -Temperatur 1252, 1254
– -Verschiebung 1340
Dove, H.W. 75
DQE (detective quantum efficiency)
– von Röntgendetektoren 1020
Drahtinterferometer 1284
Drehachse 523
– p-zählige 574
Drehimpuls-Quantenbedingung nach Bohr 1033
Drehinversionsachse 522, 576
Drehkristallverfahren 403
Drehung, spezifische 562, 563, 565, 568
Drehwellennäherung 781, 1234
Dreibereichsverfahren (der Farbmessung) 727
Dreifarbenmessgerät 725
Dreigitterinterferometer 1281
– Talbot-Lau-Anordnung 1284

Dreikomponententheorie (des Farbensehens) 730–732
Drei-Niveau-System 827, 828, 831
Drosselspule 650
Drude, P. 268, 352, 517
– Gleichung 278
Dunkelfeld 420
– -kondensor 416
Dunkelperioden 808
Dunkelraum, Hittorf'scher 628
Dunkelstufe 747
dünne Schichten 317
Durchlässigkeit, spektrale 230
Durchstrahlungs-Rasterelektronenmikroskop 1109
dyadisches Produkt 1388
Dynamic Force Spectroscopy, DFS 1151
dynamische Beugung 1191–1197
Dynode 658, 659

Eavesdropper 817
ebene Wellen 764
Echtzeitholographie 900
Echtzeit-Oszillograph 889
Echtzeitverfahren 889
Edelgas-Ionenlaser 841
Edison-Lampe 642
Effekt, lichtelektrischer 985
Effekte dritter Ordnung 911
Effekte, thermische 906, 952
EFTEM 1115
Ehrenberg-Siday-Aharonov-Bohm-Effekt 1052, 1214, 1279
Ehrenfest-Theorem 1243
Eichtransformation 1314
Eigenfrequenz 1150
– von Elektronen / Ionen 268
Eigenresonanz, mechanische 1134
Eigenschaften, viskoelastische 1150
Eigenschwingungen 862
Eigenzeit 1299, 1300, 1302, 1360
Eikonal 31
– -gleichung 30, 31
Ein-Atom-Maser 795–800
– Fangzustände 800
– Mastergleichung 796–798
– Photonenstatistik 798–800
Eindringtiefe in absorbierenden Medien 513
Einfallswinkel 44
Einfeld-Kondensor-Objektivlinse 1084
Einfrierfeldstärke 1053
Einheitstensor, antisymmetrischer 1312

Einmodefaser 460, 461
Einstein, A. 189, 825, 1309, 1346, 1347–1349, 1358, 1366, 1372
– Äquivalenzprinzip 1348, 1363
– Feldgleichung 1297, 1350–1352, 1356, 1372, 1374
– Gleichungen 1370
– Gravitationskonstante 1350, 1353, 1354
– -Koeffizient 826
– -Podolsky-Rosen-Gedankenexperiment 812
– -Ringe 1367
– Summationskonvention 1388
– -Tensor 1350, 1374
Einteilchen
– -Formulierung 1306
– -Interferenz 1044
– -Wellenfunktion 1044
Eintrittspupille 109
Einzellinse
– Brennweite 1063, 1066
– elektronenoptische 1063–1067
– Potentialfeld 1064
elastische Wechselwirkung 1054
Elastizitätsmodul, lokaler 1147
Elastogramm 404
elektrische Linsen 1058–1067
elektrische Phasenschiebung 1049
elektrisches Feld der Lichtwelle 350
Elektrochemie 1141
Elektrode 645, 647–651
Elektrodynamik 1298
– relativistische 1298
Elektrolumineszenz 642
elektromagnetische Transversalwellen 484
elektromagnetisches Feld
– Dämpfung 789–795
– Energie 765
– Mastergleichung 789–792
– Moden 763
– Quantenzustände 767–777
– Quantisierung 762–767
– Randbedingungen 764
– Verstärkung 792, 793, 795
Elektron 1344
– de Broglie-Wellenlänge 1032
– Energieniveaus 1324
– Feldemission 1060
– Kennlinie 902, 903
– Kohärenz 1045
– Kohärenzlänge 1047
– als Materiewelle 1038

- relativistisches 1322
- spezifische Ladung 624
Elektronenbeugung an der Kante 1041
Elektronenbiprisma, Möllenstedt'sches 1042, 1100
Elektronen-Biprisma-Interferenzen 1043
Elektronendiffusion 1108
Elektronenemission, thermische 1060
Elektronenenergieanalysator 1113
Elektronenenergieverlust-Spektroskopie 1113–1117
Elektronenholographie 1099–1102
Elektronenhülle, Abschirmung 1050
Elektroneninterferometer 1049
Elektroneninterferometrie 1042–1054
Elektronenlaser, Freier 224, 836, 848, 850, 1346
Elektronenlinsen 1056–1071
- Bildfehler 1071–1075
- magnetische 1067
- mit variabler optischer Achse 1123
Elektronenmikroskop 415, 1079–1112
- Hochgeschwindigkeits-Transmissions- 1110
- Kurzzeit-Photoemissions- 1112
- magnetisches 1080
- Transmissions- 1081–1084
Elektronenmikroskopie 1079–1112
- Puls- 1110
Elektronenoptik, Elemente 1054–1079
Elektronenoptik, geometrische 1056
elektronenoptische Brechzahl 1038, 1048, 1054–1056
Elektronenquelle 1060–1062, 1083
Elektronensonde 1105
Elektronenspeicherring 1001
- Undulatoren 1002–1003
- Wiggler 1002–1003
Elektronenstoßanregung 1116
Elektronenstoßlaser 847
Elektronenstoß-Spektroskopie 1113–1117
Elektronenstrahlerzeuger 1060–1062, 1083
- Parameter 1062
Elektronenstrahl-Lithographie 1119–1125
Elektronen-Synchrotron 667, 849
Elektronentunneln, quantenmechanisches 1134
Elektronenwellen, Phasenschiebung 1048
elektronischer Kerr-Effekt 619
Elektron-Positron-Paarerzeugung 1325
elektrooptische(r)
- Ablenkung von Licht 937

- Effekt(e) 940
- Effekt, linearer 900, 906, 932, 935
- Effekt, longitudinaler 932
- Effekt, quadratischer 941, 943
- Kerr-Effekt 618
- Matrix 936
Elektrostriktion 979
Elementarwelle 360, 532
Elementverteilung 1116
Ellipsometer 516
elliptisch polarisiertes Licht 500ff., 503, 504
elliptische Polarisation reflektierten Lichtes 514
Elsasser, W.M. 1036
Emission, induzierte 825, 826, 857, 966
Emission, spontane 826, 857, 965
Emissionsbandbreiten 858
Emissionsgrad 640, 641, 644
Emissionskeule, Öffnungswinkel 1337, 1346
Emissionsspektrum 239, 281
- Erzeugung 284
- von Wasserstoff und Edelgasen 239
Emissivität 641
Empfänger 240, 636, 661
- lichtelektrischer 690–692
- photoelektrischer 657
- pyroelektrischer 657
- selektiver 227
- thermischer 225, 657
- für ultraviolette Strahlung 240
Empfindlichkeit, spektrale 660, 691
Empfindlichkeitsschwelle, absolute 143
empfindungsgemäß (gleichabständig) 673, 739
Empfindungsschwelle 672
Enantiomorphie 562, 564, 579
Enantiostereoisomerie 581
ENBW 1145
Energie 1306
- kinetische 1301
Energieanalysator für Elektronen 1113
Energiebreite der beleuchtenden Elektronen 1083, 1096
Energiedichte 10
- elektrische 10
- elektromagnetische 16
- magnetische 10, 16
Energieeinspeisung, induktive 647, 648
Energieeinspeisung, kapazitive 649
Energieerhaltung 10
Energiefilter, Castaing-Henry- 1114
Energiefilter, Omega- 1116

energiefilternde Abbildung 1113–1117
energiefilterndes Transmissions-Elektronen-
 mikroskop 1115
Energiegleichung, relativistische 1308
Energiehalbwertsbreite 1083
Energie-Impuls-Tensor 1306, 1308, 1350
Energieverlustspektrum 1114
Energiezustände, stationäre – in Atomen
 1032
Entfernungsgesetz, photometrisches 664
Entladungslampe 239
Entspiegelung 328
EPR-Gedankenexperiment 812
Equivalent-Noise-Bandwidth (ENBW) 1145
Erbium doped fiber amplifier (EDFA) 466
Erdalkaliatome 1248
Erdatmosphäre 636, 652
Erde 1359, 1365
– Masse 1359
– Radius 1359
– Schwarzschild-Radius 1362
Erhaltung der Frequenz 899
Erhaltungssätze 922
Erregungsgleichung 1311, 1313
Erzeugungsoperator 766, 769
Erzmikroskopie 581, 613
Euler-Gleichung 1355
EUV-Lithographie 1027–1029
evaneszente Feldkomponenten 1152
Everhart-Thornley-Detektor 1107
Excimer 649
– -Atome 842
– -laser 224
Extinktion 243, 654

Fabry, C. 292, 344
– -Perot-Interferometer 292
Faraday, M. 619, 622
– -Effekt 619, 620, 622, 900, 906
– -Tensor 1312
Farbabstand 736, 742
Farbabweichung 218
Farbanteil, spektraler 723
Farbart 695
Farbdruck 755–756
Farbe 116
Farbeindruck 205
Farbempfindung 670–671
Farben dünner Plättchen 317
Farben, kompensative 722
Farbenfotografie nach Lippmann 350
Farbenlehre nach Goethe 206

Farbensehen 149, 729–736
Farben des Spektrums 204
Farbfehler 116, 217, 218, 1072, 1074, 1095–1096
– -konstante 1074
– -scheibchen 1074
Farbfehlsichtigkeit, farbfehlsichtig 705, 731, 732
Farbfernseh-Bildröhre 677, 678
Farbfernsehbildschirm 749
Farbfernsehen 749–752
Farbfernseh-Kamera 750
Farbfotografie 752–755
Farbkonstanz 671
Farbkontrast 671
Farbkörper 743
Farbkreisel (Maxwellsche Scheibe) 694
Farblängsfehler 118, 218
Farbmessgerät 661, 728, 729
Farbmessung 724–729
– Dreibereichsverfahren 727
– Gleichheitsverfahren 725
– Spektralverfahren 725–727
Farbmetrik 669–758
– niedere, höhere 673
Farbmischkurven 752
Farbmischung
– additive 673, 692–703
– anteilige 693
– äußere 698
– autotypische 756
– multiplikative 692
– subtraktive 692
Farbordnungen 588, 745
Farbort 701
Farbquerfehler 121
Farbraum 698
– empfindungsgemäßer 739
Farbreiz 669–671, 706
– -funktion 670
Farbreproduktion 749–756
Farbsättigung 695
Farbstimmung (chromat. Adaptation) 671, 706, 732
Farbstoff 206
– Fluoreszenz 206
– -laser 223, 224, 836, 842
Farbsystem, empfindungsgemäßes 736–742
Farbtafel 700–703
– empfindungsgemäße 737–739
Farbtemperatur 675
– ähnlichste 675, 641, 643, 645, 646, 648

Farbton (Buntton) 695
Farbumstimmung 671
Färbung 418
Farbvalenz 673, 696, 706, 707
- virtuelle 716
Farbvergleich 703–705
Farbwertanteile 701
Farbwerte 696, 710
- Berechnung 710–711
- negative 698
- virtuelle 715
Farbwertsignale 749
Farbwiedergabe 641, 646, 648
- -index 677, 742
- von Lichtquellen 676, 677
Farbzentrenlaser 836
Fasersensor 474
Federbalken, mikromechanischer, Cantilever 1143
Federsteifigkeit 1144
Fehlanpassung von Brechzahlen 917
Fehler, dispersiver 116
fehlsichtig 142
Feinbereichsbeugung 1084
Feld
- elektrisches 1309
- homogenes elektrisches 1320
- homogenes magnetisches 1320
Feldelektronenmikroskop 1060
Feldemission 986
- von Elektronen 1060
Feldemissionskathode, -quelle, -strahler 1061, 1083, 1097, 1109
Feldemitter 1062
Felder, monochromatische 6
Feldformulierung der Bewegungsgleichung 1306
Feldgleichungen 3
- innere 1313
Feldkomponenten, evaneszente 1152
Feldkonstante, elektrische 4
Feldkonstante, magnetische 4, 492
Feldquantisierung 762–767
Feldstärke, elektrische 3
Feldstärke, magnetische 3
Feldstärketensor 1313
Feldstecher 174
Feldtensor, elektromagnetischer 1302, 1312, 1315
Feldvektor, elektrischer 1312
Feldverteilung, stationäre 860
Feldwinkel 106

Feldzustände 767–777
- Fock- 769
- gequetschte 772–775
- kohärente 769–771
- minimaler Unschärfe 772
- Photonenzahl- 769
- Schrödinger-Katzen- 786–789
- thermische 775, 776
Femtosekunde 202
Fermat'sches Prinzip 32, 33
Fermi-Niveau 1136
Fernfeldoptik 1152
Fernpunkt 141
Fernrohr 172
- astronomisches 174
- Galilei- 174
- holländisches 174
- Kepler- 174
- -lupe 162
- -Objektive 177
- -Vergrösserung 173
Festkörperlaser 223, 225, 837
- abstimmbare 837
- vibronische 224, 838
Feynman R.P. 2
FIB, Focused Ion Beam-Methode 1154
Filter 241, 293
- Christiansen- 293
- Interferenz- 293
- Lyot- 293
- optische 678–683
Fizeau, H. 192, 342
- -Effekt von Neutronen 1212–1213
Fläche, spiegelnde 88
Flächenfolge 91
Flimmerverschmelzungsgrenze 646
Fluoreszenz 206, 237
- -farben 689
- -schirm 677
Fluoritsystem 167
Fluss, magnetischer 5
Flüssigkeit, ideale 1308
Flüssigkristalle 601
flüssigkristalline Polymere 612
Flüssigkristallmodulator 447
Flusslinien, Beugung von Neutronen 1188–1189
Flussquant, magnetisches 1054
Fluss-Quantisierung, magnetische 1052, 1053
Flussspat 249
Fock-Zustand 769

Focused Ion Beam-Methode, FIB 1154
Fogphase 613
Fokussierung eines Laserstrahls 871
Fokussierung von Lichtstrahlen 1
Fomalont, E.B. 1366, 1368
Fortpflanzungsgeschwindigkeit, komplexe 513
Fotografie 180–182
fotografische Platte 240
Foto-Objektiv 180–186
Foucault, J.B. L. 137, 193, 198
Fourier, J.-B.J.
– -Spektroskopie 234
– -Spektrum des Objekts 1090
– -Transformation 153, 366, 418, 1126
– -Transformation, zeitliche 5
– -Zerlegung 199
four-wave-mixing (FWM) 470
Fovea (centralis) 140, 704, 723, 730
Fowler-Nordheim-Tunneln 1136
Fraunhofer, J. von 67, 69, 207f., 358, 376
Fraunhofer'sche Beugung 152, 859
– von Elektronen 1041
Fraunhofer'sches Beugungsintegral 30
Fraunhofer'sche Linie 116, 208f., 287
Freie-Elektronenlaser 224, 836, 848, 850, 1346
Frequenz 205
– charakteristische 1340
– kritische 1339, 1340
– des Lichts 196
– -mischung 911
– -modulationsmethode 1150
– -verdopplung 900, 906, 911
– -verdopplung im äußeren Feld 900, 907
– -verdreifachung 900, 906
– -vervielfachung 900, 986
Fresnel, A.J. 311, 315, 358, 360, 481, 484, 495, 507, 508, 551, 572, 584
– Beugung von Elektronen a. d. Kante 1041
– Beugung 859
– Beugungsintegral 26
– Biprisma für Elektronen 1042
– Formeln 247, 492ff., 495, 500, 508, 513
– Gleichung 21
– -Kirchhoff-Beugung 1231
– Parallelepiped 507, 508
– -Reflexion 678, 683
– -Zahl 26, 27
– -Zonen 1182–1184
– Zonenkonstruktion 1012–1014
– Zonenplatte 437, 443, 1122, 1264, 1265
– Zonenplatte für Röntgenstrahlen 1012

Friedel, G. 603
Friedrich, W. 398
Fuchsin 264
– -Lösung 249
Funkenlinie 285
Funkenspektrum 285

GaAs 912, 937
– -Laser 842, 843
Gabor, D. 432
Galaxie 1364, 1367
– Radialbewegung 1364
Galaxienhaufen 1367
Galilei, G. 190
– -Koordinaten 1348
Galliumarsenid 912, 937
Gangunterschied 304
Gase, Frequenzvervielfachung 988
Gasentladungslampen 676, 677
Gaslaser 223, 225, 836, 838
Gauß, C.F. 1349
– Bildebene 1072, 1074
– -Hermite-Polynome 861
– -Laguerre-Polynome 863
– -Matrix 90
– -Optik 77
– -Puls, generalisierter 881
– -Strahlen 27, 28, 29, 866
– -Strahlen, Selbstfokussierung 943
– Verteilung 27
Gedankenexperimente 1289–1291
Gegenfarbentheorie (des Farbensehens) 733, 734
Gegenstandswelle 433
Gehrcke, E. 349
gelber Fleck (macula lutea) 723, 704
gemischter Zustand 768, 769
GEO 600 1384
Geodäte 1355
Geodätengleichung 1353, 1358
Geometrie, euklidische 1349, 1386
Geometrie, nicht-euklidische 1349
geometrische Elektronenoptik 1056
geometrische Phase 1214–1215
gequetschter Zustand 772–775
– minimaler Unschärfe 772
– Photonenstatistik 773
– Quadraturen 772
– Quetschoperator 772
Geradsichtprisma 216
Gerlach, W. 295
Germer, L.H. 1036

Gerson, L.B. 42
Gesamtdispersion 211
Gesamtenergie 1317
Gesamtleistung 1331
Gesamtlichtstrom 662, 665
Geschwindigkeitsaddition 1297
Gesichtsfeldblende 107, 160, 1084
Gitter 376, 381
- Amplituden- 388f.
- Beugungswirkungsgrad 390
- Blaze- 386
- dreidimensionales 396
- dünnes 390
- Echelette- 386
- -furche 386
- -herstellung 387
- holographisches 387
- Konkav- 387
- -konstante 376
- kubisches 398
- -periode 376
- Phasen- 388
- Reflexions- 387
- Replika- 388
- -spektrometer 284
- Volumen- 388f.
Glan, P. 555
- -Thompson-Prisma 556
Glanz 683, 687
- -falle 688
- -winkel 401, 606
Glas (BK7) 943
Glaser, W. 1078
Glasfaser 455
Glaskörper 140
Glauber-Sudarshan-Verteilung 777
Glazebrook, R.T. 538
Gleichheitsverfahren (der Farbmessung) 725
Gleichpolarisation 909, 938
Gleichrichtung von Licht 938, 939
Gleichrichtung, optische 900, 906, 938
Gleitspiegelebene 576
Glimmer 320
Glimmersäule, Reusch'sche 607, 608
Glimmstarter 650
Global-Bestrahlungsstärke 654–656
Global-Strahlung 654–657
Glühlampe 222, 641–643, 646, 647, 650, 665, 674–675
Golay-Detektor 226
Goos, F. 510, 511
- -Hänchen-Effekt 511

Gordon, I.P. 823
Gradientenfaser 461
Graßmann'sche Gesetze 692–703, 731
- drittes 695
- erstes 696
- zweites 697–698
grauäquivalente Dichte 754
grauer Strahler 222, 641
Gravitation 1297, 1346–1348, 1351, 1352
- homogenes Feld 1347
Gravitationsantenne 1383
Gravitationslinse 1358, 1366, 1368
- Ringstrukturen 1367
Gravitationsstrahlung 1382
Gravitationswechselwirkung von Neutronen 1165, 1174, 1211–1212, 1220–1222
Gravitationswellen 1298, 1358, 1372, 1375, 1377, 1378, 1382, 1384
- -interferometer 1384
Gregory, J. 177
Grenzbedingungen 23
- der Maxwell'schen Theorie 508
Grenzfläche 37
- Reflexion an anisotroper 547
Grenzfrequenz 155
Grenzschicht zweier optischer Medien 492
Grenzwellenlänge 231
Grenzwinkel der Totalreflexion 501, 502
Grimaldi, F. 357
Gross, G. 510
Grundfarben 692–694
Grundgleichung der nichtlinearen Optik 22
Grundpunkt 79
Grundspektralwertkurven 731
Grundwelle 915
Grundwellenintensität, konstante 916
Gruppenbrechzahl 201
Gruppengeschwindigkeit 197, 200, 1162, 1231
- von Materiewellen 1035
Guinier-Näherung 1187
Gullstrand, A. 140, 141
Güte, passive 855
Gütefaktor 916, 918
Gütemodulation 875, 877
Güteschaltung, aktive 878
Gyrationsfrequenz 1320, 1331, 1340

Haarnadelkathode 1060
- Rhenium- 1110
Hadley, J. 49

Hafele, J.C. 1364
– -Keating-Experiment 1364
Hagen, E. 279
Haidinger, W. 558
Halbapochromat 167
Halbleiter 225
– -Detektor 227
– -injektionslaser 223
– -laser 224, 842
– -quantenstrukturen 1156
Halbschatten 40
– -methode 570
– -polarimeter 569, 570
Halbwellen-Spannung 933
Hall, E. 510
Halogen-Glühlampe 238, 642, 643, 675
Halogen-Metalldampflampe 648, 649, 677
Hamilton-Funktion 1317, 1322
Hamilton-Gleichung 1317
Hamilton-Operator 1322
Hämoglobin 286
Hanbury-Brown- und Twiss-Experiment 1246
Hänchen, H.H. 510, 511
harmonischer Oszillator 766, 767, 1150
Härte, mechanische 1147
Hartmann-Verfahren 138
Hartree-Byatt-Potential 1050
Hastings, Ch. S. 538
Hauptabsorptionsindex von Metallen 275
Hauptachse, kristallographische 522, 523, 550
Hauptachsendarstellung 12
Hauptazimut 518
Hauptbrechzahl(en) 116, 529, 550, 919
– für Cholesterindecanoat 611
– Messung der 537
– von Metallen 275
– zweiachsiger Kristalle 554
Hauptdispersion 116
Haupteinfallswinkel 518
Hauptlichtgeschwindigkeiten 529, 550
Hauptpunkt 81
Hauptschnitt 65
– eines Kristalls 523
– eines Strahls 523
Hauptstrahl 106, 109
Hauptstrahlengang, telezentrischer 111
Heisenberg, W. 2, 1034
– -Mikroskop 1289
– -Mikroskop, Kohärenzverlust 1290
– Unschärferelation 1034, 1126, 1127, 1129

Helium 839, 982, 1246
Helladaptation 672, 704
Hellbezugswert 726
Hellempfindlichkeit 147
Hellempfindlichkeitsgrad, spektraler 672
Hellfeld 420
Helligkeitsfunktion, psychometrische 737
Helmholtz, H. von 63, 140, 372, 408, 621
– -Gleichung 13, 27
– -Maßzahlen 722–723
He-Ne-Gaslaser 195, 196, 834, 838
He-Plasma 990
Hercules X1 1326
Hering'sche Gegenfarbentheorie 733, 734
Hermite-Polynome 863
Herschel, F.W. 221
Hertz, H. 2, 823
– Dipol 430, 1152
– Oszillator 484, 485
hexagonales System 578
HF-Laser 931
Hilfs-Photon 929
Hilfswelle 928
Hill 1371
Himmelsblau 429
Himmelskörper, Geschwindigkeit 289
H-Invariante 111
Hittorf'scher Dunkelraum 628
Hochdruckentladungslampe 647, 650
Hochgeschwindigkeits-Transmissions-Elektronenmikroskop 1110
Hochpass-Übertragung 1095
Höchstdrucklampe 649
HOE, holographisches optisches Element 449
Hohlkathode 295
Hohlkathodenlampe 296
Hohlraumstrahler 665
Hohlzylinder, supraleitende 1052, 1053
Hole-Burning 853
Hologramm 446
– Benton- 448
– computererzeugtes 449
– farbiges 446
– Reflexions- 446
– Regenbogen- 448
– Transmissions- 439
– Weißlicht- 447
Holographie 432ff
– digitale 447
– mit Neutronen 1217
holographische Gitter 387

holographische Interferometrie 450
holographische Materialien 446
Holographisches opt. Element (HOE) 449
Hooke, R. 325
Hornhaut 139
Hubble, E. 290
Hulse, R.H. 1383
Huygens, Chr. 159, 481, 551
– -Helmholtz-Invariante 111
– Prinzip 26, 27, 360, 432, 528, 531, 532, 1125
Hyperfeinstruktur 345
– -aufspaltung 1247
– -spektroskopie 293
– -übergänge 196

Icarus 1371
ideal schwarzer Körper 639–641, 666
Immersion 58, 164
– homogene 165
Immersionslinsen, elektronenoptische 1060
Impuls 1306
-dichte 1306
-höhenanalysator 1117
-operator 1322
– -satz 923, 970, 978
– -unschärfe 1126
– verallgemeinerter 1317
Index-Ellipsoid 21
Indexfläche 536, 540
Indexmatching 918, 921
Indikatrix eines Kristalls 593
Indium-Antimon-Raman-Laser 975
Induktion, magnetische 3, 1309, 1311
Induktionsgesetz 1309
Induktionskonstante 1309
Induktionslampe 647
inelastische Wechselwirkung 1054
Informationsübertragung 473, 1297, 1298
Informationsübertragungsgrenze 1097
Infrarot (IR) 232, 634–636, 643, 644, 655, 658
– -Bildwandler 229
– -Fenster 232
– -Spiegel 643, 644
– -Strahlungsquelle 222
infrarote Strahlung 221
infraroter Leuchtstoff 229
inhomogene Welle 272
Inkohärenz 305, 484
inneres Potential 1038
– mittleres 1050

Instabilität, mechanische 1149
Instabilitäten, optische 991
Instrument, optisches 149
Integralfilter 660, 665
Intensität 10, 16
– einer Lichtwelle 303
Interferentialrefraktometer 335
Interferenz 301 ff.
– -Auslöschung 812
– an dünnen Schichten 317
– Einteilchen- 1044
– -farben am Quarzkeil 588
– -farben verschiedener Ordnungen 589
– -filter 237, 293, 340, 681–683, 856
– an keilförmiger Platte 323
– im konvergenten Licht 595
– an Kristallplatten 582
– -kurven gleicher Dicke 324
– -kurven gleicher Neigung 320
– -mikroskop 331, 333
– an planparalleler Platte 318
– -spektroskopie 342, 354
– -streifen, Kontrast 1044
– verschieden polarisierter Wellen 310
– Vielstrahl- 377
– Zweistrahl- 302
Interferometer 331, 348, 1127
– Fabry-Perot- 344
– Jamin'sches 334
– nach Lummer und Gehrcke 349
– Mach-Zehnder- 335
– Michelson- 201, 331
– optisches 1144
– Zweistrahl- 331
Interferometrie 1383
– mit Elektronen 1042–1054
– mit Neutronen 1197–1228
Inversion 835
Inversionszentrum 576, 911, 940
Inversionszustand 827
Ionen, de Broglie-Wellenlänge 1032
Ionenfalle 784, 785
Ionenstrahlen, fokussierte 1154
Ionisierung, Multiphotonen- 900
Ionisierungsenergien 982
Iris 139
Irreversibilität 793
Isophot 324
Isotropie, optische - 527

Jamin, J.C. 334
Javan, A. 356

Jaynes-Cummings-Paul-Modell 781–786
Josephson-Effekt von Neutronen 1210
Jupitermonde 190

Kaleidoskop 49
Kalibrierung 665
Kalkspat 522
Kamera-Objektiv 105
Kanadabalsam 555
Kanalstrahlen 627, 628
Kante, brechende 65
Kantenfilter 236
Kapitza-Dirac-Effekt 1239
Karolus, A. 195
Kathode, Feldmissions- 1097
Kathode, Haarnadel- 1060
Kathodenstrahlröhre 677
Kathodolumineszenz 288
Kaustik 123, 1126
Kayser, H. 295
KD*P 912, 937
KDP 912, 920, 924, 932, 937, 989
Keating, R.E. 1364
Kennlinie, lineare 910
Kennlinie, nichtlineare symmetrische 910
Kennlinie, nichtlineare unsymmetrische 910
Kepler-Gesetz 1370, 1381, 1382
Kernschatten 40
Kernwechselwirkung 1164
Kerr, J. 618, 622
Kerr-Effekt 887, 993
– elektrischer 900, 907, 941
– elektronischer 619, 952
– elektrooptischer 618
– molekularer 952
– Orientierungs- 619
– quadratischer elektrooptischer 942
Kerr-Konstante 619
– fester Körper 619
– von Flüssigkeiten 619
– von Gasen 619
Kerr-Zelle 195, 392, 618, 946
Ketteler, E. 276
– -Helmholtz'sche Gleichung / Dispersionsformel 263, 269
Kirchhoff, G.R. 25, 26, 280, 281, 287ff.
– Strahlungsgesetz 641
Klärpunkt 604
Kleinwinkelstreuung von Neutronen 1187–1189
Knipping, P. 398
Knoll, M. 1080, 1105

Koaxialleiter 1156
Kodak-Farbstoff Nr. 9740 u. 14015 955
Koeffizienten, d-Matrix- 912
Koeffizienten, elektrooptische 937
Koeffizientensatz bei Farbumstimmung 732
kohärent, örtlich / zeitlich 305
kohärente Streulänge 1165
kohärenter Gesamtstrom 1047
kohärenter Zustand 769–771
Kohärenz 305, 1045–1048
– von Elektronen 1045
– -funktion 1164, 1203–1205
– gegenseitige (partielle) 305
– -grad 1044, 1045, 1126
– -messungen 1203–1205
– örtliche 309
– -Verlust 1054
– vollständige 306
– -volumen 1204
– -zeit 305, 307, 308
– zeitliche 307, 859
Kohärenzlänge 306, 307, 315, 858, 916, 1164
– von Elektronen 1047
Kohlebogen 238
– -lampe 222
Kohlenstoffdioxid-Laser 840
Kohlenstoffdisulfid 968
Kohlenstofftetrachlorid 960
Köhler, A. 415
– Beleuchtung 1083
– Beleuchtungssystem 170
Kohlrausch, R. 190, 196
Kohlrausch, W. u. F. 538
Kollimator 103
kolloidale Teilchen 416
Kolophonium 429
Koma 132
– axiale 1090
Kompaktleuchtstofflampe 646
Kompensationsphotometer 561
kompensative Farben 722
Kompensator nach Babinet-Soleil 592
Kompensatoren 508, 590
komplementäre Größen 809
Komplementärfarben 206, 722
Komplementaritätsprinzip 809–812
– Tests 810, 812
Komponente, spektrale 1153
Kondo-Effekt 1141
konische Refraktion 554
konjugierte Welle 433
Konkavgitter 387

konoskopische Anordnung 595
Konstanthöhen-Methode 1137, 1145
Konstantkraft-Methode 1145
Konstantstromtechnik 1136
Kontakt, intermittierender 1149
Kontakt-Kraftmikroskopie 1143–1147
Kontaktmodus 1144
Kontinuitätsgleichung 1306, 1310
Kontinuumsbeschreibung 1306
Kontinuumsformulierung der Bewegungs-
  gleichung 1306
Kontinuumsstrahlung 633, 642
Kontrast 375
– Amplituden- 1088
– -empfindlichkeit 143
– von Interferenzstreifen 1044
– Phasen- 1088
Kontrast-Übertragungsfunktion 375, 1094
– Amplituden- 1091
– Phasen- 1091, 1094
Konversionsgrad 922
Kopfermann, H. 828
Kopplung von Wellenformen 875, 881
Körperfarben 743–745
– Farbmessung 726, 727
Korpuskulartheorie des Lichtes 198
Korrektion 143
– durch Kompensation 120
Korrektursignal 1134
Korrelationsfunktion 894
Kossel, W. 614
– -Diagramm 614
– -Kegel, optische 613, 614
– -Linie 614
Kraft 1301, 1306
– -Abstandskurve 1149
– -begriff 1347
– -dichte 1306
kräftefrei 1347
Kraftmikroskopie, dynamische 1148
Kraftmikroskopie, magnetische, MFM 1149
Kraftspektroskopie 1147
– dynamische 1151
– statische 1147, 1148
Kraftwechselwirkungen, interatomare 1134
Kreiswellenzahl 15
Kreuzgitter 393, 414
Kristalle
– doppelbrechende 20
– einachsig doppelbrechende 21
– flüssige 601
– kubische 519, 913, 940

– monokline 577
– optisch einachsige 528
– optisch negative 525, 529, 539
– optisch positive 525
– optisch zweiachsige 550, 598
– optisches Verhalten 575
– periodisch gepolte 926
– positiv einachsige 529
– Symmetrie 574, 575
– zweiachsige 568, 935
Kristallfeld 631
– -aufspaltung 631
Kristallklasse 575, 576
Kristallmittelpunkt 574
kristallographische Hauptachse 522, 523,
  550
Kristallpulververfahren 403
Kristallrefraktometer 538
Kristallsystem 575, 576
Kronglas, Reflexion 496, 507
Krümmung 1349
– der Raumzeit 1349, 1351
Krümmungsradius 865, 866
Krümmungsskalar 1350, 1351, 1374
Krümmungstensor 1351
– Riemann'scher 1350
Kryolith-Schicht 329
Krypton 982
KTA 912
KTP 912, 937
Kubelka-Munk-Theorie 684–686
kubische Effekte 900, 940
kubisches System 578
Kugelwelle 2, 18
Kundt, A. 250, 253, 617, 621
Kurze Pulse, Charakterisierung 881
kurzsichtig 143
Kurzzeit-Photoemissions-Elektronenmikro-
  skop 1112

Ladenburg, R. 828
Ladung, elektrische 1309
Ladungsdichte, elektrische 4, 1309
Ladungserhaltung 1310
Ladungsquellen, magnetische 1309
Lagedispersion 577, 582
Lagrange-Funktion, -Gleichung 1317, 1354,
  1355
Lambert-Beer'sches Gesetz 244
Lambert'sches (Absorptions)gesetz 243, 679
Lambert-Strahler 150, 673, 674
– Leuchtdichte, Lichtstärke 674

Lamb-Verschiebung 802
Lamellargitter 235
Landau, L. 1322
– -Linie 1326
– -Niveaus 1316, 1322, 1325, 1326
– -Übergänge 1297
Landolt-Ring 147
Längenkohärenz 1096
– -grad 1046
Längenkontraktion 1297, 1308
Längsaberration, chromatische 118
Längsabweichung, chromatische 218
Laplace-Operator 1353
Larmor-Drehwinkel 1207
Larmor-Formel der Dipolstrahlung 1327
Laser 224, 356, 823, 824
– abstimmbare 224
– freilaufender 883
– gasdynamischer 840
– für Oszillator-Verstärker-System 454
– stabilisierter 856
– vibronische 837
Laser-Doppler-Verfahren 424
Laseremission, spektrale Eigenschaften 851
Lasergyroskope 1272
Laserkühlung 1232–1241, 1246–1260
Laser-Oszillator 833, 836
Lateralkräfte 1148, 1149
Laue, M. von 398
– -Diagramm 398f., 1041
– -Klasse 577
– -Theorem 1376
laufende Wellen 763, 764
Laufzeitänderung 1368
Laufzeitverzögerung 1369, 1385
Laves-Ernst-Kompensator 582, 618
L-Band 465
LBO 912
LC-Schwingkreis 856
Le Bel, J.A. 580
Lebensdauer 643, 644, 646, 647, 649, 650
Lecher-Leitung 1156
Lederhaut 139
LEED-Verfahren 1039
Leerlaufverstärkungsfaktor 824, 852
Leeuwenhook, A. van 159
Lehmann, O. 601
Leiss, C 539
Leistung 1301
– kritische 945
Leitfähigkeit, elektrische 5
Leith, E. 435

Lenard, Ph. 624
Lenz, F. 1112
Leuchtdichte 638, 645, 649, 661, 665, 672
– -beiwerte 717
– -faktor 687
– -Messgerät 661, 662
Leuchtdiode 644, 645
Leuchte 663
Leuchtfeldblende 170
Leuchtstoff 229, 642, 644–646, 649, 677, 678
– -Lampe 641, 645, 646, 650, 651, 676
Leuchtzusatz 648
Licht 220, 237
– Ablenkung 1358, 1365
– Doppelbrechung 522
– elliptisch polarisiertes 500ff.
– gravitative Ablenkung 1365
– infrarotes 220
– kohärentes 823
– linear polarisiertes 484
– monochromatisches / monofrequentes 205
– Natur 2
– natürliches 484
– ultrarotes 220
– ultraviolettes 220, 237, 986
– Wellenlängenänderung 1358
– zirkular polarisiertes 500ff.
Lichtausbeute 639, 641, 643, 644, 646, 648, 649, 675, 677
Lichtausbreitung, geradlinige 37
Lichtbeugung an Ultraschallwellen 390
Lichtbündel 2
lichtelektrischer Empfänger 690–692
Lichtentstehung 306
Lichtfalle, Rayleigh'sche 621
Lichtfilter 340
Lichtgebirge 374
Lichtgeschwindigkeit 38, 189, 197, 1298
– in Stoffen 197
Lichtimpulse, kurze, ultrakurze 875
Lichtkegelstruktur 1297
Lichtkraft 1244
Lichtlaufzeit 1358
Lichtleitfaser 454
Lichtleitwert 150
Lichtmasken 1267, 1271
Lichtmenge 638
Lichtmitführung 1297, 1298
Lichtmodulation 934
Lichtquanten 1031
– Energie 221

Lichtquelle 306, 311, 673–678
– ausgedehnte 309
– punktförmige 305
– ultraviolette 238
– virtuelle 311
Lichtquellen, Farbwiedergabe 667
Lichtschwebung 353, 354
– bei Gaslasern 356
Lichtstärke 637, 638, 662, 665
– -Normallampe 665, 666
– -Verteilung 663, 664
Lichtstrahl 2
Lichtstreuung 423
– an Wassertröpfchen 428
Lichtstrom 637, 638, 646, 650, 663
Lichtteiler 750
Lichttheorie, elektromagnetische 484, 492
Lichtverschluss 619
Lichtwelle 302
– Amplitude / Phase 302
– Phasenkonstante 302
– Schwebung 353
– stehende 350
– Transversalität 484
Lichtzeigerprinzip 1144
Lidar 298
Lieben, R. 823
Ligandenfeld 632
$LiNbO_3$ 912, 926, 928, 937, 968
Lindemann, K.F. 581
Linearbeschleuniger 1335
Lineardispersion 291
Linearität 154
Linienbreite 854, 968
– des Lichtes 307
– natürliche 291
Linienprofil, homogenes / inhomogenes 852
Linienspektrum 280
Linienstrahlung 633, 642, 645
linksdrehende Substanzen 562
Linse
– achromatische 218
– bikonkave / bikonvexe 98
– elektrische 1058–1067
– magnetische 1067–1071
– plankonkave / plankonvexe 98
Linsenfehler bei Linsen für Atome 1266
Linsengleichung 1058
Liouville-Operator 793
Lippich, F. 570
– -Polarisator 570
Lippmann, G. 352

– -Schicht 352
liquid crystal modulator 447
Listing 140
– -Konstruktion 81
$LiTaO_3$ 968
Lithiumniobat 912, 926, 928, 937, 968
Lithiumtantalat 968
Lithiumtriborat 912
Lithographie
– Elektronen- 1119–1125
– EUV- 1027–1029
– Photo- 1119
– Röntgen- 1027–1029
Littrow-Anordnung 387
Lloyd, H. 317
– Spiegelversuch 316
Lo Surdo 628
Lochkamera 42
lokale Tunnelspektroskopie (LTS) 1139
lokal realistische Theorie 812, 813
– Korrelationsfunktion 813
Lokalisierbarkeit von Materieteilchen 1033
Lorentz, H.A. 8, 622
– -boost 1390
– -Eichung 1314
– -Faktor 1299, 1304, 1337, 1390
– -Invarianz 1297
– -Kontraktion 1310
– -Kraft 3, 1067, 1301
– -Linse 1084
– -Modell 8
– -Profil 829
– -Schub 1304, 1315, 1390, 1391
– -Skalar 1392
– -Transformation 1298, 1304, 1315, 1348, 1386, 1389, 1391, 1392
Low Energy Electron Diffraction (LEED) 1039
LRT 812–814
– Korrelationsfunktion 813
LTS, lokale Tunnelspektroskopie 1139
Lucas, R. 391
Luftmasse, relative 653, 655, 656
Lumen 637
Luminanzsignal 752
Lumineszenz 677
Lummer, O. 348
– -Brodhun-Würfel 705
– -Platte 349
Lupe 157
Luther-Bedingungen 728
Lux 637

Luxmeter 661, 691
Lycopodium 427
Lyot-Filter 293, 594
lyotropes Verhalten 603

M^2-Wert 858
Mac-Adam-Ellipsen 737–738
Mach, E. 335
– -Zehnder-Interferometer 808, 809
macula lutea (gelber Fleck) 704, 723
Magnetfeld, starkes 1322
Magnetfeld, statisches homogenes 1318
Magnetfeldstärke 1309
– kritische 1325, 1326
magnetische Kraftmikroskopie 1149
magnetische Linse 1067–1071
– Brennweite 1070
magnetische Phasenschiebung 1052
magnetische Wechselwirkung von Neutronen 1167
magnetisches Feld 256
– der Lichtwelle 350
magnetisches Flussquant 1054
magnetisches Vektorpotential 1048, 1313
magnetooptische Falle 1253–1254
Magnetorotation 619, 621
Maiman, T. 824, 827
Malus, E.L. 482, 491
– Satz von 32
– Gesetz 491, 556, 585
Mandel'scher Q-Parameter 776, 777
Manley-Rowe-Relationen 929
Martens, F.F. 559
Maser 823
Masse 1306, 1357
– effektive 1150
– Geschwindigkeitsabhängigkeit 1300
– reduzierte 1380
– relativistische 1300
Massefilter 679–681
Massenabsorptionskoeffizient von Röntgenstrahlen 1005
Massendichte 1306, 1307, 1352
Massenverteilung 1355, 1376
Mastergleichung
– Ein-Atom-Maser 796–798
– elektromagnetisches Feld 789–792, 794
– Lösungsmethoden 791, 792
– Resonanzfluoreszenz 803
– Zwei-Niveau-Atom 801, 802
Materialdispersion 467
Materialeigenschaften 1147

Materialgleichungen 4, 6
Materie, inkohärente 1309
Materieverteilung 1349
Materiewellen 1031–1036, 1229
– Dispersion 1035
– Elektronen 1038
– Gruppengeschwindigkeit 1035
– Phasengeschwindigkeit 1034, 1035
– Wellenlänge 1031
Materiewelleninterferometer 1272, 1273, 1278, 1286ff.
Matrizenmechanik 806
Maxwell, J.C. 196
– Beobachtung 705, 706
– -Boltzmann-Verteilung 1061
– Farbdreieck 700
– -Gleichungen 1–3, 762, 1297, 1298, 1309–1313
– Scheibe (Farbkreisel) 694
Maxwell'sche Theorie 275
– Grenzbedingungen 508
MCP, Multichannelplate 1111
Mechanik, nichtrelativistische 1303
Medium
– dielektrisches 8
– isotropes 13, 913
– ladungsfreies 13
– lineares 6, 8, 13, 901
– nichtleitendes 13
– nichtlineares dielektrisches 22
– optisch dichtes / dünnes 53, 318
– verlustfreies 11, 13
Mehrfachspalte 381
Mehrquantenionisierung 984, 985
Meissner, A. 823
Meniskus 99
– afokaler 98
– konzentrischer 99
Meridionalschnitt 129
Merkur 1369, 1370
mesomorphe Phase 602
Mesophase 603
Messgeometrie 687
Messkopf 661, 663, 664
Messungen, kontaktfreie 1148
Metalldämpfe, Frequenzvervielfachung 988
Metalle, Brechzahl 275
Metallmikroskop 613
Metalloptik 275, 495
Metallreflexion 513ff.
– Phasenschiebung 520
Metallspiegel 232

metamer (bedingt gleich) 697
Metamerie 671, 697, 706
Meteorologische Optik 429
Meter, Definition 197
Meterstandard 333
Methan 196, 960
Methanol 968
Methode der Reststrahlen 266
Metrik 1348, 1356, 1373
– Mannigfaltigkeit 1388
– des Minkowski-Raums 1356, 1388, 1389, 1393
– Schwarzschild- 1357, 1358, 1361, 1364, 1371
MFM, magnetische Kraftmikroskopie 1149
Michelson, A. 195, 197, 198, 331
– -Interferometer 1384
Microlensing 1368
Mie-Effekt 423
Mie-Streuung 957
Mikroanalyse 1113–1119
Mikrokanalplatten als Röntgendetektor 1019, 1020
Mikrolaser 873, 874
Mikroobjektive, Aufbau 167
Mikroresonatoren 872
Mikroskop 158, 371
– Auflösungsvermögen 371
– Bildentstehung 408 ff.
– fehlerbehaftetes 1090
Mikroskoptheorie, Abbe'sche 163, 412 f., 1085
Mikrotron 1344
Miller'sche Regel 911
Minimumsmethode 537
Minkowski, H. 1308
– -Raum 1299, 1303, 1307, 1310, 1312, 1316, 1346, 1386, 1389
– -Raummetrik 1356, 1388, 1389, 1393
– -Tensor 1373
Mischfarbe 312, 341
Mitscherlich, E. A. 568
Mittelstaedt, O. 195
mittleres Inneres Potential 1050
MNA 943, 951
Mode-Locking 875, 881
– aktives 886
– passives 887
Moden 862
– des elektromagnetischen Feldes 763
– höherer Ordnung 869
Modendispersion 467

Modenkopplung 879
– Realisierung 886
Modulation 156
Modulationsamplitude 1147
Moleküleigenschwingungen 960
Molekülfrequenzen 968
Moleküllaser 224
Molekülschwingung 280
Möllenstedt, G. 1052, 1112
– Elektronenbiprisma 1042, 1100
Mollow-Triplett 804, 805, 1242
Mondhof 428
Monge, G. 526
monochromatische Welle, Einstrahlung 908
monochromatisches / monofrequentes Licht 205
Monochromator 283, 293
monokliner Kristall 577
monoklines System 550
Monopol, magnetischer 4
Mößbauer-Effekt 856, 1362
Mouton, H. 619
Müller, E. W. 1060
– Streifen 313, 588
Multichannelplate (MCP) 659, 660
Multilayer 1181
Multimode-Emission 882
Multiphotonen-Ionisierung 981
Multiplier 240, 295
Multipolmagnete 1344
multistabiles Element, dispersives 993
Munsell Book of Color 745, 746

Nabelpunkte 551
Nachbilder 732
Nachleuchten 229
Nachselektion 1205
Nachtsehen (skotopisches Sehen) 148, 672, 730
Nachverstärkung 888
Nachwahlverfahren 809, 810
Na-Fluorescein 981
Nahfeld, elektromagnetisches 1152
Nahfeld, nicht propagierendes 1153
Nahfeldoptik 475
Nahfeldsonde 1155
Nahpunkt 141
Nanooptik 475
Nanoteilchen, fluoreszierende 1155
Natriumchlorid 943
Natriumdampf 254
Natrium-Hochdrucklampe 648

Natrium-Linie 288
Natrium-Niederdrucklampe 641, 642
NCS-Farbsystem 748
Nd-CaWO$_4$ 931
Nd-YAG, Neodym-YAG 831, 931
– -Laser 832, 837
Nd-YLF 931
Near-Field Optical Microscope (SNOM) 479
negativ einachsige Kristalle 529
nematische Phase 603
nematischer Ordnungszustand 602
Neon 839, 982, 989
Nernst, W. 222, 352
– -Brenner 222
Netzebene 400
– Reflexion 400
Netzhaut (Retina) 140, 729, 730
– -grube 140
Neumann, F. 574
Neutronen 1162–1228
– -Detektoren 1171
– -Fizeau-Effekt 1212–1213
– -holographie 1217
– -interferometer 1279
– -interferometrie 1197–1216
– -Josephson-Effekt 1210
– -Kleinwinkelstreuung 1187–1189
– -leiter 1174–1176
– -Mikroskop 1220–1221
– -quellen 1168–1170
– -Reflektometrie 1185–1188
– -Speicherring 1223–1224
– -stern 1325, 1326, 1358, 1383
– thermische 1169
– -turbine 1219
– ultrakalte 1165, 1218–1224
– -Wechselwirkungen 1164–1168
– -Wellenleiter 1184–1185
– -Wellenpaket 1162
Newton, I. 49, 177, 198, 203, 212, 325, 327, 510, 1347
– Axiom 1306
– Bewegungsgleichung / -gesetz 1300, 1303, 1306, 1351
– -Formeln 94
– Gravitationsgesetz 1370
– Gravitationspotential 1352, 1357
– Gravitationstheorie 1357
– Grenzfall 1351, 1357
– Kraftgesetz 1300, 1303, 1306, 1351
– Mechanik 1348
– Optik 1055

– Ringe 325, 343
nichtklassische Zustände 776, 777
– Bell-Zustände 816
– Fock-Zustände 769
– gequetschte Zustände 772–775
– Photonenzahlzustände 769
– Schrödinger-Katzen-Zustände 786–789
nichtlineare Optik 899 ff.
nichtlineare optische Effekte 302
Nicol, W. 554
– Prisma 555
Nitrobenzol 960, 968
Normalbeobachter, farbmetrischer 10° 723
Normalbeobachter, farbmetrischer 2° 715
Normalenfläche 534, 552
Normalengeschwindigkeit 532, 552
Normalengeschwindigkeitsfläche 534
Normalspektrum 383
Normalstrahlungsquelle 665
Normfarbtafel 720–721
Normfarbwertanteile 720
Normfarbwerte 717, 719
– Berechnung 719
Normlichtart A, C, D65 675, 676, 721
Normspektralwertfunktion 661
Normspektralwertkurven 718
Normvalenz 716
Normvalenzsystem 715–724
– Großfeld- 723
Numerische Apertur 410
Nyquist-Frequenz 1145

Oberfläche, Farbe 683–690
Oberfläche, glänzende / matte 683
Oberflächenwelle 272
– bei Totalreflexion 509
Oberflächenzustände 1140
Oberschwingungsspektrum 651
Oberwelle 915, 960
– Erzeugung 909, 914
– Intensität 916
Objekt 44
– kohärent beleuchtetes 408
– reelles / virtuelles 45
Objektaustrittswelle 1080
– Amplitude / Phase 1085
Objektiv 159, 172
– achromatisches 217
– Fernrohr- 177
– Kamera- 105
– Retrofokus- 102
– symmetrisches 101

1418   Register

- Tele- 102
- Vario- 102, 184
- Zoom- 102, 184
Objektivlinse, Einfeld-Kondensor- 1084
Objektlage 81
Objektpunkt 44
Objektträger 165
Öffnungsfehler 126, 1072, 1090
- -konstante 1072
- -Korrektur 1098
- -scheibchen 1072
Ohm'sches Gesetz 5
Okular 159, 172
OMA 297
Omega-Filter 1113
OPA 928
Operationsverstärker 659, 661, 662
Ophthalmometer 63
OPO 930
Optical Multichannel Analyser 297
Optik
- adaptive 180
- geometrische 1, 28, 30, 37, 859
- integrierte 473
- der Metalle 495
Optimalfarben 743–744
optisch aktive Moleküle 580
optisch aktiver Kristall, Interferenzbild 600
optisch einachsige Kristalle, Doppelbrechung 522ff., 528
optisch einachsige Kristalle, Polarisation 522ff.
optisch negative / positive Kristalle 525, 539
optisch zweiachsige Kristalle 550, 598
optische Achse 550, 552
- eines Kristalls 523
optische Aktivität 561, 563
- natürliche 573
optische Antipoden 581
optische Dicke 653
optische Gleichrichtung 938
optische Isotropie 527, 550
optische Konstanten von Metallen 275
optische Kossel-Kegel 613, 614
Optische Rasternahfeldmikroskopie, SNOM 1152–1157
optische Vorzugsrichtung 523
optischer Charakter von Kristallen 529
optischer Resonator 348
optischer Vielkanal-Analysator 297
optisches Tunneln 1153
Optoakustische Spektroskopie 297

Optogalvanische Spektroskopie 298
ordentlicher Strahl 524, 528, 532
- Polarisation 541
Ordnungszustand 602
- cholesterischer 602
- discotischer 602
- nematischer 602
- smektisch geneigter 602
- smektisch geschraubter 602
- smektisch polarer 602
- smektischer 602
Orientierungs-Kerr-Effekt 619
orthorhombische Symmetrie 578
orthorhombisches System 550
orthotomes Strahlenfeld 32
Ortsfrequenz 154
- -spektrum 155
Ortsunschärfe 1034
Oszillator, harmonischer 1150, 1324
- Amplitude / Phase 1150
- Eigenfrequenz 1150
Oszillator-Verstärker-System (Lasertechnik) 454
Oxyhämoglobin 286
Ozonabsorption 634, 652, 653, 655

Papille 140
Parabelpotential 903
Parabol-Spiegel 178
Paraffinprisma 510
parametrische Systeme 928
parametrische Verstärker 928
parametrische Verstärkung 900, 906
parametrischer Oszillator 930
Partialfilter 660, 661
Partialfilterung 681, 729
Paschen, F.L.C.H. 626
- -Back-Effekt 626
Pasteur, L. 580
Paul-Falle 784, 785, 808
Pauli-Matrizen 1322, 1323
Pauli-Operatoren 780, 813
$Pb(WO_4)_2$ 973
Pechan 175
Pendellösungslänge 1194
Penrose-Muster 575
perfekte Kristalle, Beugung von Neutronen 1191–1197
Periastrondrehung 1385
Perigäum 1372
Perigäumdrehung 1370
Periheldrehung 1358, 1370

periodische Randbedingungen 763
Permeabilität 492
Permeabilitätskonstante 1309
Permeabilitätszahl 7
Permittivität 492
Permittivitätszahl 7
Pérot, J.-B.G.G.A. 292, 344
– -Fabry-Interferometer 292
Perrotin, J.A. 193
Persistenzsatz 706
Petzval, J. 127
– -Krümmung 127
Pflüger, A. 250
Pfund, A. 64
P-Funktion 777
phase conjugate mirror (PCM) 451
Phase
– cholesterische 605
– discotische 605
– harmonischer Oszillator 1150
– der Lichtwelle 302
– mesomorphe 602, 603
– nematische 603
– smektische 603
Phasematching 918, 921
Phasen, blaue 612
Phasen, dynamische 1208
Phasen, geometrische 1208, 1214–1215
Phasen, topologische 1208, 1214–1215
Phasenanpassung 989
– 90° 925
– Methoden 923
– Realisierung 918
Phasenanpassungswinkel 920, 924
Phasenbrechzahl 201
Phasendifferenz 304, 1150
Phasenflächen, Gradient 32
Phasengeschwindigkeit 14, 22, 200, 1162, 1231
– von Materiewellen 1034, 1035
Phasengitter 388, 446, 951
– für Atombeugung 1276
– für Neutronenbeugung 1181, 1200
Phasenkonjugation 451, 900, 951, 980
Phasenkonstante 302
Phasenkontrast 1076–1079, 1088
– -mikroskop 420
– negativer / positiver 1089
– -Übertragungsfunktion 1091, 1094
– -verfahren 418, 1089
Phasenobjekt 418
– elektronenoptisches 1078

Phasenplatte 419, 1078, 1088, 1089
– antisymmetrische / symmetrische 1089
Phasenraumdichte 1170, 1219
Phasenraumtransformator 1219
Phasen(ver)schiebung 650, 1383
– atomare 1050
– elektrische 1049
– von Elektronenwellen 1048
– magnetische 1052
Phasenschub 1199–1202, 1211
– Gravitations- 1211
– nichtdispersiver 1201
Phasensprung
– bei Reflexion 318, 502
– Reflexion am optisch dichteren Medium 330, 498
– Reflexion am optisch dünneren Medium 330
Phosphore 677, 678
Phosphoreszenz 229
Photodiode 227
Photoeffekt, normaler 985
Photoelektronenemission 1110
Photoelement 658–661
Photoemissions-Elektronenmikroskop, Kurzzeit- 1112
Photoionisationsspektroskopie 298
Photolithographie 1119
Photometer, visuelles 705
Photometerwürfel 705
photometrische Größen 637, 638
Photonen 2, 5, 638, 657–659, 1302
– -dichte 826
– -Energie 638, 657
– -Fluss 638
– -rückstoß 1274, 1286
Photonenstatistik
– Ein-Atom-Maser 798–800
– gequetschter Zustand 773
– kohärenter Zustand 770
– thermischer Zustand 775, 776
Photonentunneln 1134
Photonenzahlzustand 769
Photo-Neutron-Refraktionseffekt 1189
photonic band gap (PBG) 407
Photonik 475
photopisch 636
photopisches Sehen (Tagessehen) 145, 148, 672, 730
Photorefraktion 952
Photoresist-Schicht 446
Photowiderstand 227

Photozelle mit Sekundärelektronenvervielfacher 240
Phthalocyanin 955
Piezoantrieb 1137
Piezoröhrchen 1134
Piezoscanner 1136
Piezostellglieder 1134
Pigmentschichten, Streuung von 684
Pitchwinkel 1331
Planachromat 167
planarer Wellenleiter 456
Planck'sches Strahlungsgesetz 639, 640, 666, 1342
Planplatte 62
Plasma, lasererzeugtes 1004
Plasmafokus-Gasentladung 1004
Plasma-Laser 836, 845
Plasmaquellen 1003–1004
Plasma-Superstrahlung 846
Plasmazustand 642
Plasmen, Frequenzvervielfachung 990
Plasmon 476
Pleochroismus 558
pneumatische Empfänger 226
Pockels-Effekt 900, 906, 932
Pockels'sche Gläser 616
Pohl, R.W. 321
Point Spread Function 1086, 1090
Poisson-Gleichung 1351, 1353
Poisson-Verteilung 770
Polarimeter 562, 563, 565, 568
– Ultraviolett- 573
Polarisation 901, 1342, 1343
– des außerordentlichen/ ordentlichen Strahls 541
– dritter Ordnung 913
– elektrische 4
– hohe Feldstärken 903
– des Lichtes 19ff., 482ff.
– des Lichtes durch gewöhnliche Brechung 481ff.
– des Lichtes durch Reflexion 481ff.
– lineare 20
– linkszirkulare 20
– magnetische 4
– nichtlineare 22
– an optisch einachsigen Kristallen 522ff.
– rechtszirkulare 20
– durch Streuung 431
– durch Streuung am trüben Medium 490
– Theorie 492ff.
– zweiter Ordnung 909

Polarisationsebene 485
Polarisationsfilter 558
Polarisationsfolien 558
Polarisationsgrad 1343
Polarisationsgradient 1255, 1256
Polarisationsinterferenzfilter 594
Polarisationsmikroskop 583
Polarisationsphotometer 559
Polarisationsprisma 555, 558
Polarisationswinkel 483, 486, 488
Polarisatoren 484, 554ff.
Polarisierbarkeit eines Moleküls 604
polarisiertes Licht
– elliptisch 500ff., 503, 504
– Reflexion 496, 498
– Transmission 502
– zirkular 500ff., 504
Polymere, flüssigkristalline 612
Polymergitter, Beugung von Neutronen 1189
Porro, J. 74, 75
– -Prisma 174
Porter, A.B. 413
positiv einachsige Kristalle 529
Positron 1344
Post-Newton-Approximation 1371
POT 943
Potential
– elektrisches 1313
– -gebirge der Einzellinse 1063, 1064
– inneres 1038
– -kontrast 1125
– mittleres inneres 1050, 1051
Pound, R.V. 1363
Poynting-Vektor 10, 16, 303, 483, 547, 633
Präzession 1372
Primärvalenz 697, 708
– monochromatische Lichter als 708
– virtuelle 716
Prinzip, Fermat'sches 32
Prinzip, Huygens'sches 26, 27
Prisma 65, 72, 203, 204, 213, 282
– nach Abbe 283
– achromatisches 213
– anomal dispergierendes 252
– Flintglas- 213
– geradsichtiges 213
– Kronglas- 213
– Nicol'sches 555
– Rutherfurd- 282
Prismenablenkung 1172
Prismenspektralapparat 373f.
Prokhorov, A.M. 823

Proximity-Effekt 1120
psychometrisch 673
Psychophysik, psychophysisch 672, 707
psychophysische Begriffe 672
psychophysisches Grundgesetz 736
Pulfrich, C. 70, 71
– Totalrefraktometer 537
Pulsar 1325, 1326
– Magnetosphäre 1297
– Oberflächentemperatur 1326
Pulsbetrieb 875
Pulsbreite, Bestimmung 889
Puls-Elektronenmikroskopie 1110
Pulskompression / -verkürzung 888
Pumplaser 931
Pumplicht 828
Pump-Photon 929
Pumprate 830, 833
Pumpwelle 928
Punktauflösung des Elektronenmikroskops 1094, 1097
Punktbild 153
Punkte, aplanatische 133
Punktgitter 395
Punktlichtgebirge 153
Punktverwaschungsfunktion 1086, 1090
Pupille, Austritts- / Eintritts- 109
Pupillenfunktion 152
Purpurgerade 710

Q-switch 875, 877, 879
quadratische Effekte 900
Quadraturen 767, 772
Quadrupolfelder 1057
Quantenbedingungen 1032
Quantenelektrodynamik 2, 1031
Quanteninformationsverarbeitung 814–818
Quantenkaskadenlaser 223, 224
Quantenkodieren 816
Quantenkorrelationen 810
Quantenkryptographie 816–818
Quantenpunkt-Laser 873
Quantensprünge 792, 806–808
Quantenteleportation 814–816
Quantisierung des elektromagnetischen Feldes 762–767
Quarz 563, 566, 912, 920,968
– -glas 201, 943
– -keilkompensator 569
– -linsenmethode 237, 268
Quasar 1366, 1367
Quasi-Phasenanpassung 925

Quecksilberdampflampe 238
Quecksilberhochdrucklampe 647
Quetschoperator 772
Quincke, G. 510

Rabi, I.I.
– -Frequenz 781, 782, 1234, 1237,1244
– -Oszillationen 782, 783
Radarecho 1368
Radiointerferometer 1366
radiometrische Größen 636, 637
Raman, C.V.
– -Laser 973
– -Linien höherer Ordnung 972
– -Nath-Näherung 1239
– -Spektroskopie 298, 1156
– -Spektroskopie, oberflächenverstärkte 476
– -Übergänge 1285
Raman-Streuung 900, 957, 958, 964, 968
– induzierte 961
– an Kristallen 972
– spontane 958, 961, 962
– theoretische Deutung 962, 965
Ramsey-Bordé-Interferometer 1284
Ramsey-Verfahren 1277, 1284
Randbedingungen, elektromagnetisches Feld 764
Randstrahl 106
Rasterelektronenmikroskop, REM 1133
– Durchstrahlungs- 1109
Rasterelektronenmikroskopie 1105–1110
Rastergeschwindigkeit 1134
Rasterionenleitungsmikroskopie, SICM 1157
Rasterkraftmikroskop 1134
Rasternahfeldmikroskopie, optische –, SNOM 1152–1157
Rasternahfeldoptisches Mikroskop 1134
Rasterröntgenmikroskope 1026
Rastersondenmikroskopie 1133–1159
Rastersondenverfahren, Prinzip 1133
Rastertunnelmikroskop 1134, 1135
Rastertunnelmikroskopie 1135–1143
Raumfrequenz 1044, 1153
Raumgitter 396
– der Kristalle 398
– künstliches 404
Raumwinkel 636, 639, 640
Raumzeit, vierdimensionale 1298
Raumzeit-Struktur 1346, 1349, 1358
Rauschäquivalentleistung 225
Rauschspektrum 1144

Rayleigh, J.M.S., Lord 25, 200, 374, 430
- -Beziehung 1035
- -Jeans'sches Strahlungsgesetz 640
- -Jeans-Bereich 1342
- -Länge 865, 867
- -Lichtfalle 621
- -Streuung 431, 465, 653, 900, 957, 964

razemisches Gemisch 562
Reaktionen, elektrochemische 1142
rechtsdrehende Substanzen 562
rechtsichtig 142
Reduktion des χ'-Tensors 908
reelles Bild 438
Referenzstrahlmethode 424
Referenzwelle 435, 1100
Reflektometrie mit Neutronen 1185–1188
Reflexion 43, 246
- an anisotroper Grenzfläche 547
- an der Netzebene 400
- am optisch dichteren Medium 495 ff.
- am optisch dünneren Medium 502
- Phasensprung 502
- polarisierten Lichtes an Kronglas 496, 498
- Theorie 492 ff.

Reflexionsdichroismus 582
Reflexionsgesetz 43
Reflexionsgitter 386, 387, 388
Reflexionsgrad 245, 247, 265, 494, 502
- eines cholesterischen Mediums 611
- optimaler 835
- bei senkrechtem Einfall 498
- spektraler 678
- verschiedener Carbonate 266

Reflexionshologramm 444, 446
Reflexionskurven absorbierender Medien 518
Reflexionspleochroismus 582
Reflexionstrichroismus 582
Reflexionsverhältnis 494
Reflexionsverminderung 328
Refraktion, konische äußere/innere 554
Refraktometer 70
- Kristall- 71

Regelkreis, elektronischer 1134
Regenbogenhaut 139
Regenbogenhologramm 448 f.
Reibungskräfte 1147
Reinabsorptionsgrad, spektraler 245
reiner Zustand 768
Reinitzer, F. 601
Reintransmissionsgrad, spektraler 245
Rekombinationslaser 847

Relativitätstheorie 189
- Allgemeine 1297, 1308, 1346, 1349, 1354, 1358, 1363, 1364, 1366, 1369
- Spezielle 1297, 1298, 1308, 1309, 1346

Relaxationsdispersion 269
REM, Rasterelektronenmikroskop 1133
Remissionsgrad, spektraler 687
Reproduktion, autotypische 755
Reproduktion, multiplikative / subtraktive 755
Resonanz 1363
- -bedingung 825

Resonanzfluoreszenz 803–805
- Hamilton-Operator 803
- Mastergleichung 803
- Mollow-Triplett 804, 805
- -Spektrum 804, 805

Resonanzstelle 18
Resonanzstreuung 957
Resonanzsysteme 856
Resonanzwellenlängen 851
Resonator
- instabiler 871
- optischer 856
- sphärischer stabiler 861
- -umlaufzeit 852

Reststrahlen 237
Reststrahlwellenlänge 267
Retardierung 1376
Retina (Netzhaut) 729, 730
Retrofokus-Objektiv 102
Reusch, E. 607
- Glimmersäule 606

RG-10-Glas 955
Rhenium-Haarnadelkathode 1110
Rhodamin 6G, B 981
Rhodamin-Laser 842
Rhodamin-Molekül 892
Rhomboeder 522
rhomboedrisches System 578
Ricci-Tensor 1350, 1351, 1372, 1373
Richtstrahlwert 1048, 1083
- von Elektronenstrahlerzeugern 1061–1063
- Invarianz 1062
- reduzierter 1048

Riemann, B. 1349
- -Raum 1349

Ringresonator 923
Röhrenscanner 1133
Rohrlinse, elektronenoptische 1059
Römer, O. 190

Röntgenbeugung, Debye-Scherrer-Diagramm 404, 1041
Röntgenbeugung, Laue-Diagramm 398, 1041
Röntgendetektoren 1019, 1020
– CCD's (charge coupled devices) 1019
– DQE 1020
– Mikrokanalplatten 1019, 1020
Röntgenemission 1297
Röntgenkondensoren 1016
Röntgen-Laser 845, 846
Röntgenlicht, weißes 399, 403
Röntgen-Lithographie 1119, 1027–1029
Röntgen-Mikroanalyse 1117, 1118
Röntgenmikroskopie 1021–1027
– im Amplituden-/Phasenkontrast 1021
Röntgenoptik 999–1029
röntgenoptischer Strahlengang 1022
Röntgenquellen 1000–1004
Röntgenreflexe 1038
Röntgenröhre 1344
Röntgenspektrograph 403
– Bragg'scher 403
Röntgenspektrometer 1117, 1118
Röntgenspektrum, kontinuierliches 399
Röntgenstrahlen
– Absorption 1005–1007
– Beugung 398–404, 1041
– Brechungslinsen für harte 1018, 1019
– Totalreflexion 1007
– Wellennatur 400
Röntgenstrahlung, charakteristische 403
Röntgenteleskop 634
– Spiegelsysteme 1010
ROSAT-Wolter-Teleskop 1010–1011
Rotationsdispersion 562, 566
Rotationsovaloid 535
Rotverschiebung 290, 1360–1363
– gravitative 1360, 1362, 1385
– kosmologische 1364
Rowland, H.A. 383, 387
Rubens, H. 236, 266, 268, 279
Rubidium-Dampf 989
Rubin 828, 829, 931
– -Laser 827, 828, 830
Rückkopplungsglied 824
Rückkopplungsprinzip 824
Rückpumplaser 1248
Ruheenergie 1300, 1301
Runge, C.D.T. 626
Ruska, E. 1080
Rutherfurd, L.M. 282, 387

Saccharimeter 568
Sagittalschnitt 129
Sagnac-Effekt 1272
Sammellinsen für Atome 1270
Sampling-Oszillograph 889
Sättigung 740
– psychometrische 741
Sättigungsintensität 834, 955, 1252
Sättigungsparameter 1243
Sättigungsverhalten 824
Sauerstoff, flüssiger 968
S-Band 465
Scanner 1134
Scanning Force Microscope, SFM 1134
Scanning Nearfield Optical Microscope, SNOM 1134
Scanning Tunneling Microscope, STM 1134
Schaefer, Cl. 404, 510, 539, 557
Schallfrequenz 977
Schallgeschwindigkeit 391
Schallwelle 392
schaltbare Spiegel 521
Schalter, aktive / passive 879, 880
Schalter, optische 879
Schattenmethode 421
Schattenwurf 40
Schawlow, A.L. 824
Scherkraftverfahren 1155
Scherrer, P. 403
Scherzer, O. 1078
– -Band 1094, 1099
– -Fokus 1078, 1094
– -Formel 1076
Schichtgitter, Beugung von Neutronen 1181–1182
Schieberegister 659
Schlierenmethode 421
Schmidt, B. 179
– -System 179
Schneidenprüfung 137
Schnittweite 61
Schott, G.A. 212
Schottky-Emitter 1062
Schraubenachse 576
Schreibweise, komplexe 901
Schrödinger, E. 2, 1033
– -Gleichung 1048, 1161
– -Gleichung, zeitabhängige 1161
– -Gleichung, zeitunabhängige 1162
Schrödinger-Katzen-Zustand 771, 793, 1205–1206
– Zerfall des Interferenzterms 794, 795

Schumann-Platte 240
Schwache Wechselwirkung 1164
Schwarze Löcher 1358
Schwarzer Körper 221, 1342
Schwarzschild, K. 178, 1357
– -Metrik 1357, 1358, 1361, 1364, 1371
– -Radius 1357, 1361
Schwärzungsgitter 446
Schwefelkohlenstoff 943
Schwerkraftrefraktometer 1173–1174
Schwerpunktregel 702
Schwerpunktsatz 1378
Schwinger J. 2
Schwingung, anharmonische 904, 905
Schwingungen, akustische 972
Schwingungen, monochromatische 5
Schwingungen, optische 972, 973
Schwingungsebene des Lichtes 481, 485
– Bestimmung 543
– Drehung 561
Sears, F.W. 391
Sehfeld 161
– -zahl 161
Sehleistung 143
Sehnerv 730
Sehschärfe 146
Seidel'sche Fehler 135
Seifenlamelle 327
Sekundärelektronen 1107
– -vervielfacher, SEV 240, 657, 658, 660
Sekunde, Definition 197
Selbsterregungsbedingung 824
Selbstfokussierung 900, 906, 942
– Gauß'scher Strahlen 943
Selbstfokussierungslänge 946
Selbstinterferenz 1170, 1200
Selbstleuchter 408
Selbstphasenmodulation 900, 906
Selektivstrahler 224
Selen 912, 947
– -spiegel 488
Sellmeier-Gleichung 927
Sensormatrix 659
SF_6 955
SFM, Scanning Force Microscopy 1134
– kapazitive 1157
– Ultraschall- 1157
Shapiro, I. 1368, 1369
– -Effekt 1385
Sichtbarkeitsgrenze 416
$SiCl_4$ 960
SICM 1157

Siemens, W. von 642
Signal/Rausch-Verhältnis 1101
Signalgeschwindigkeit 203
Signal-Photon 929
Signalwelle 928
Simultankontrast 671
Sinusbedingung 151, 1046, 1048
Sinusgitter 154
Sirius B 1362
Sisyphus-Effekt 1254, 1255
skotopisch 636
skotopisches Sehen (Nacht-, Dämmerungssehen) 672, 730
smektische Doppelschicht 602
smektische Phase 603, 604
smektischer Ordnungszustand 602
– geneigter 602
– geschraubter 602
– polarer 602
snap on / off 1149
Snellius'sches Brechungsgesetz für Neutronen 1171
Snider, J.L. 1363
SNOM 1134, 1152–1157
Solarkonstante 652
Solarstrahlung 652–654, 656
– direkte 653
Soleil, N. 568, 569, 592
– Doppelplatte 569
Soliton 471
Sommerfeld, A. 25
Sonderglas 120
Sonne 1359, 1365, 1368
– Abplattung 1371
– Masse 1359
– Radius 1359
– Schwarzschild-Radius 1359, 1362, 1370
Sonnenfinsternis 1366
Sonnenhof 428
Sonnen-Höhenwinkel 653, 655
Sonnenspektrum 287
– extraterrestrisches 652
Spallation 1168
Spannungsdoppelbrechung 20, 615
– permanente 618
Spannungsoptik 616
Speckles 429
Speicherringe 1344
Spektralanalyse 280f., 285
Spektralapparat 180, 282
– mit konstanter Ablenkung 282
Spektralbereich 634, 635, 644, 647

spektrale Brillianz 1000
spektrale Durchlässigkeit 230
spektraler Empfindlichkeitsgrad des Auges 635, 636
spektraler Hellempfindlichkeitsgrad 672
Spektralfarben 204, 707
– -zug 709–710, 721
Spektrallinie 209, 280, 307, 345
Spektralphotometer 244, 561
Spektralverfahren (der Farbmessung) 725–727
Spektralverteilung 1340–1342
Spektralwerte 707–709
Spektralwertfunktionen, -kurven 707–714
Spektrograph 208, 282
Spektrometer 69, 208, 232, 282
– Gitter- 284
– mit konstanter Ablenkung 233
Spektroskopie, Elektronenenergieverlust- 1113–1117
Spektroskopie, Elektronenstoß- 1113–1117
Spektrum 5, 204, 214, 280, 633, 644, 647, 648
– Absorptions- 281
– Banden- 280
– diskontinuierliches 280
– Emissions- 281
– kontinuierliches 280, 1340
– sekundäres 120, 214, 220
spezifische Ausstrahlung 637, 640
spezifische Drehung 562
– einachsiger Kristalle 565
– von Flüssigkeiten 563
– optisch isotroper Kristalle 563
– von Quarz 566
– zweiachsiger Kristalle 568
spezifische Ladung von Elektronen 624
spezifische Lichtausstrahlung 638
sphärische Aberration 1072
Spiegel
– ebene 43, 861
– -ebene 576
– elliptische 1
– -kondensor 416
– aus Mehrfachschichten 1011–1012
– parabolische 1
– schaltbare 521
– -sextant 49
– sphärische 1, 861
– -symmetrie 46
– -versuch, Fresnel'scher 311
– zylindrische 861
Spiking 875, 879

Spin-Echo-Spektrometer 1198, 1200
Spin-Flip-Raman-Laser 974
Spinor-Symmetrie 1206–1207
Spin-Superposition 1208–1210
Spiralfeder 856
Spiralverzeichnung 1071
Spitzengeometrie 1151
Spitzenkathoden 1062
Spitze-Probe-Abstand 1134
spontane Emission 1241
Spot-Diagramm 137
Sramek, R.A. 1366, 1368
Stäbchen (stäbchenförmige Sehzellen) 140, 144, 730
Stabilitätskriterium 1149
Stablinse 99
Stahlstärke 637, 638, 665
Standard single mode fiber (SSMF) 468
Stapel-Laser 844
Stark, J. 290, 627
Starke Wechselwirkung 1164
Stark-Effekt 621, 627, 628
– in Kristallen 631
– linearer 900, 906
– longitudinaler 630
– quadratischer 900, 907
– transversaler 630
Stark-Konstante 630
stationäre Energiezustände in Atomen 1032
Stationarität bei Abbildung durch optische Systeme 154
Stationaritätsbedingung bei Lichtverstärkung 824
Stefan-Boltzmann'sches (Strahlungs-)Gesetz 222, 640
stehende Wellen 764, 765
Stepper 1123
Steradiant 636
Stern-Gerlach-Experiment 1230, 1238, 1273
– optisches 1237–1238
Stickstoff 982
– flüssiger 968
Stigmatoren 1076
Stilben 981
Stimmgabel 856
– -quarz 1155
Stimulierte Brillouin-Streuung 454
STM Scanning Tunneling Microscopy 1134, 1137
– spin-polarisierte 1140
Stoffkonstanten, komplexe 17

Stokes, G.G. 538
– Gesetz 237
– -Linien 959
Strahl (Lichtausbreitung) 37
– außerordentlicher 524, 528, 532, 919
– Gauß'scher 27, 28, 29
– ordentlicher 524, 528, 532, 918
Strahlablenkung, elektrooptische 938
Strahlausbreitungsfaktor M^2 870
Strahldichte 150, 637, 665
– spektrale 639–641, 665, 666
Strahldichtefaktor 687
– spektraler 687, 727
Strahlen, achsennahe 1072
Strahlen, außeraxiale 1072
Strahlenachsen 551
Strahlenbegrenzung 105
Strahlenfläche 528, 530, 593
Strahlengang, röntgenoptischer 1022
Strahlengang, Boersch'scher 1084
Strahlengang, verketteter 114
Strahlengleichung 34
Strahlenoptik 40
Strahlenvereinigung 39
Strahler 636
– grauer / schwarzer 222
Strahlgeschwindigkeit 528
Strahlradius 865, 866
Strahlstärke 150
Strahlteiler 1273–1277
Strahlung
– elektromagnetische 633
– Frequenzspektrum 1338
– infrarote 220
– nichtthermische 1342
– optische 634
– Synchrotron- 1297, 1338, 1342, 1343
– ultraviolette 220
– Winkelverteilung 1332
– Zyklotron- 1338
Strahlungs-Äquivalent, photometrisches 637, 639
Strahlungs-Ausbeute 639
Strahlungscharakteristik eines schwingenden Elektrons 489
Strahlungs-Energie 637
Strahlungsformel für Gravitationswellen 1377
Strahlungs-Funktion 648, 665
Strahlungsgesetz
– Kirchhoff'sches 641
– Planck'sches 639, 640, 666
– Rayleigh-Jeans'sches 640
– Stefan-Boltzmann'sches 640
– Wien'sches 640
Strahlungsleistung(-fluss) 149, 303, 633, 637–639, 665–667, 1328, 1329
– spektrale 633, 634
– Winkelverteilung 1335
Strahlungsleistungsdichte 483
Strahlungslosigkeit Bohr'scher Bahnen 1033
Strahlungs-Normal 667
Strahlungs-Thermoelement 657
Strahlungs-Transport 636
Strahlversetzung bei Totalreflexion 511, 512
Streakkamera 890
Streifen-Laser 844
Streifenverschiebung 1053
Streuer 1153
Streulänge von Neutronen 1165, 1201
Streuquerschnitt 968
Streuung von Licht 490
Streuung 243, 357
– elastische 957
– induzierte 900, 907, 956
– inkohärente / kohärente 957
– unelastische 957
Strom, elektrischer 1309
Stromdichte, elektrische 3, 1309
Strommethode, variable 1137
Strom-Spannungskurve 1136
Stufenindexfaser 455, 461
Stundenwinkel 655
Sub-Doppler-Kühlung 1254
Sub-Doppler-Spektroskopie 298
submikroskopische Teilchen 416
Sub-Recoil-Kühlung 1257–1260
– VSCPT 1257
– Raman-Kühlung 1257
Subsysteme, quantenmechanische 812
Superatome 1142
Superpositionsprinzip 899
Superspiegel 1184
– Beugung von Neutronen 1184
Superstrahlungslaser 836
Supraleistungsbolometer 226
supraleitende Hohlzylinder 1052, 1053
Suszeptibilität, 2. u. 3. Ordnung 907
Suszeptibilität, elektrische 7, 9, 18, 902
Suszeptibilität, magnetische 7
Suszeptibilitätstensor 902
SVE-Näherung 25

Symmetrie
- der d_{ij}-Matrix 909
- -elemente 574
- -gerüst 574
- der Kristalle 574
- kubische 519
- orthorhombische 578
Symmetrien, charakteristische 575
Symmetrieregel, Kleinmans 908
Synchrotron 1335, 1340, 1343, 1344
- Emissionskeule 1345
- -strahlung 240, 1297, 1338, 1342, 1343
- -strahlungsquellen 1001–1003
System, afokales 173
System, rotationssymmetrisches 77
Szintillator 241

Tageslicht 676
Tagessehen (photopisches Sehen) 145, 148, 672, 730
Talbot'scher Streifen 313
Taschenspektroskop 284
Taylor, J.H. 1383
Teilchen, masselose 1302
Teilchenbild 1128
Teilchenzahldichte, mittlere 1034
Teildispersion, relative 116
Tele-Objektiv 102
Teleportation 814
Tellur 912
TEM-Grundmode 864
Temperatur-Anpassung 924
Temperaturindikatoren, cholesterische 612
Temperaturstrahler 221, 238, 674–675
Temperaturstrahlung 288
Tensor, kontravarianter / kovarianter 1386
Tensor, metrischer 1348
Tensor, Verjüngung 1388
tetragonales System 578
thermische Elektronenemission 1060
thermische Empfänger 225
thermische Instabilität, dispersive 995
thermischer Zustand 775, 776
- Dichteoperator 776
- Photonenstatistik 775, 776
Thermistor 225
Thermoelement 225
Thermoemissionskathode 1060, 1062
Thermosäule 657, 658
thermotropes Verhalten 603
Thirring-Lense-Effekt 1370, 1372
Thompson, S.P. 555

Thomson, G.P. 1039, 1040
Thomson, J.J. 624
- -Streuung 957
Tiefenvergrößerung 87
Ti-Saphir 931
- -Laser 834
Toepler, A. 421
Tolan 981
Tolansky, S. 339
Toluol 960
Topographie 1135
topologische Phase 1214–1215
T-Optik 328
Totalreflexion 55, 455, 500ff., 509
- Bereich 506, 606
- Grenzkurven 540
- Grenzwinkel 501, 502
- Oberflächenwelle 509
- Strahlversetzung 511, 512
- von Neutronen 1172–1176
- von Röntgenstrahlen, streifender Einfall 1007
Totalrefraktometer, Pulfrich'sches 537
Townes, C.H. 823, 824
Trägheitsenergie 1300
Trägheitsmomente 1381
Trägheitstensor 1376, 1377
Translation 576
Transmission polarisierten Lichtes 502
Transmissions-Elektronenmikroskop (TEM) 1081–1084
- energiefilterndes 1115
- Hochgeschwindigkeits- 1110
- Leistungsdaten 1097
Transmissionsgitter 1274
Transmissionsgrad 245, 494, 678, 680
- innerer 680
- bei senkrechtem Einfall 498
- spektraler 245, 653, 678
Transmissionshologramm 439, 444
Transmissionskoeffizient 245
Transmissions-Rasterelektronenmikroskop 1060
Transmissionsverhältnis 494
Transparenzbereich einiger Kristalle 927
Transversalität 15
- der Lichtwellen 484
Transversalwellen, elektromagnetische 484
Trapping-Mode-Verfahren 1155
Treibhauseffekt 636
Trichroismus 557
Trichromasie, trichromatisch 732

trigonales System 522
triklines System 550
Trockensystem 164
Trübungs-Faktor 654, 655
Trübungs-Koeffizient 655
Trümper, J. 1326
Tubuslänge 162
– mechanische 161
– optische 160
Tubuslinse 162, 169
Tunnelbarriere 1136
Tunnelcharakteristik 1138
Tunneln, Fowler-Nordheim- 1136
Tunneln, optisches 1153
Tunnelprozesse, spinabhängige 1141
Tunnelspannung 1139
Tunnelspektren, lokale (LTS) 1139
Tunnelspektroskopie 1138, 1139
Turmalin 558
– -platte 558
– -zange 558
Tyndall, J. 50, 429
– -Effekt, -Versuch 429, 564
Typ-I/II-Anpassung 924

Überauflösung 1153
Überfokussierung 1073, 1079
Übergangsmatrix 90
– -element 1138
Überlagerung zweier Wellensysteme 301
Überlagerung, phasenrichtige 885
Übermikroskop 1080
übersichtig 143
Übertragungsfunktion, optische 154
Übertragungstheorie im Elektronenmikroskop 1087
Uhr, Caesium-Atom- 1359, 1364
Uhr, Ganggeschwindigkeit 1359, 1364
Uhr, Referenz- 1364
Ulbricht'sche Kugel 662, 663, 688, 727
Ultrahochvakuum 1141
ultrakalte Neutronen 1165, 1218–1224
Ultramikroskopie 416
Ultraschallwelle 404
– Lichtbeugung 390
Ultraschallzelle 392
Ultraviolett (UV) 238, 634, 643–647, 649, 655
ultraviolette Lichtquelle 238
ultraviolette Strahlung, Empfänger 240
Ultraviolett-Polarimeter 573
Umkehrprisma 74, 169
Undulator 851, 1002–1003, 1345, 1346

Universaldrehtisch von Fedorow 599
Universum, Expansion 1364
Unschärferelation, Heisenberg'sche 1126, 1127, 1129, 1034
Unterfokussierung 1073, 1079
Unterschiedsempfindlichkeit 144
Unterschiedsschwelle 672, 737
Upatnieks, J. 435
Uppendahl 75

Vakuum-Doppelbrechung 953
Vakuumfeldgleichung 1351, 1356
Vakuumlichtgeschwindigkeit 1298
Valenzzustandsdichte 1143
van Cittert-Zernike-Theorem 1045
van der Waals-Kräfte 1148
van Zittert-Zernicke-Theorem 1290
van't Hoff, J.H. 580
Variationsprinzip 1355
Vario-Objektive 102, 184
Vektor, kontravarianter / kovarianter 1387
Vektorpotential, magnetisches 1048, 1313
Venus 1369
Verdampfungskühlung 1260, 1261
Verdet, E. 620
– -Konstante einiger Stoffe 620
Vergrößerung, förderliche 164, 176
Vergrößerung, leere 164
Vergrößerungsdifferenz, chromatische 121, 218
Vergütung von Oberflächen 328, 329
Verlustrate 857
Vernichtungsoperator 766, 769
Verschiebeoperator 770
Verschiebung, elektrische 3
Verschiebungsgesetz, Wien'sches 639
Verschiebungsstrom 1309
Verschluss, schneller optischer 890, 946
verschränkter Zustand 814
Verschränkung 812
Verspiegelung, spektral selektive 643
Verstärker, rückgekoppelter 854
Verstärker, sättigbare 900, 907
Verstärkung von Licht 824, 825
Verstärkung, elektromagnetisches Feld 792, 793, 795
Verstärkungsfaktor 824, 829
Verstärkungskoeffizient 834, 968
Verstärkungsprofil, homogenes / inhomogenes 853
versteckte Parameter 812
Verstimmung 1363
Verteilungstemperatur 674

Verwechslungsfarben 732
Verzeichnung 129
– kissenförmige / tonnenförmige 129
Videoprojektor 649
Vidicon 229
Vielschichtenspiegel 330
Vielstrahlinterferenz 335, 377
Viererbeschleunigung 1303, 1304
Viererbewegungsgleichung 1300, 1301, 1308, 1316, 1327
Viererdrehimpuls 1308
– -satz 1308
Vierergeschwindigkeit 1299, 1302–1304, 1310, 1320, 1321, 1330
Viererimpuls 1299, 1302, 1303, 1327–1330, 1332
– -dichte 1307
Viererkontinuumsbewegungsgleichung 1307
Viererkraftdichte 1307, 1308
Viererpotential 1313
Viererschreibweise 1298
Viererstrom 1310, 1377
– -dichte 1310
Vierervektoren 1392
– Drehung 1391
Viererwellenzahlvektor 1303
Vierniveau-System 827, 831, 832, 833, 835
Vier-Photonen-Prozess 971
Viertelwellen-Spannung 933
Vierwellenmischung 453
– entartete 900, 949
Vignettierung 108
virtuelles Bild 438
viskoelastische Eigenschaften 1150
Volumengitter 388f.
Volumen-Reflexionshologramm 447
von Ardenne, M. 1105
Vorschaltgerät 650
– elektronisches (EVG) 665, 666
– konventionelles (KVG) 655

Waals-Kräfte, van der 1148
Wadsworth-Einrichtung 233
Wahrnehmungsschwelle 672
Wahrscheinlichkeitswelle 1034
walk-off 921
Wärmestrahlen 221
Wärmestrahlung 288
Wasser 943, 968
Wasserstoff 960, 982, 1246
– -Atom, Bohr'sches Modell 1032

Wasserstoffgas 968
wave length division multiplexing (WDM) 465
Weber, J. 823, 1383
Weber, W.E. 190, 196
Weber'sches Gesetz 736
Weber-Fechner'sche(s) Regel / Gesetz 144, 736
Weber-Zylinder 1384
Wechselwirkung
– Atom – Feld 777–789
– Atom – Reservoir 800–803
– Dipol- 778, 779
– elastische 1054
– inelastische 1054
Wechselwirkungskräfte, interatomare 1147
Wegdifferenz 305
– geometrische / optische 318
Weglänge, optische 32
Wehnelt-Spannung 1060
Wehnelt-Zylinder 1060
Weiß höherer Ordnung 567
Weisskopf-Wigner-Zerfall 802, 803
Weißlichthologramm 447
Weißstandard 686, 687, 727
„welcher-Weg"-Information 1291
„welcher-Weg"-Detektor 809–811
– Doppelspalt-Experiment 811
Wellen
– -aberration 152, 1090, 1076–1079, 1090
– -bild 1128
– ebene 2, 13, 17, 764
– -feld 1152
– -fläche 528
– -form, transversale 859, 869
– -formen 862
– -funktion 1034
– laufende 763, 765
– stehende 764
Wellengleichung 12, 762
– der Kristalloptik 20
– der nichtlinearen Optik 914
– reduzierte 25
Wellengruppe 1034
Wellenlänge 205
– farbtongleiche 722
– kompensative 722
Wellenlängenungenauigkeit 1034
Wellenleiter 455
– -dispersion 468
– -eigenschaft 1156
– für Neutronen 1184–1185

Wellenmechanik 806, 1033
Wellennormalengeschwindigkeit 532
Wellenpaket 1034, 1162, 1204–1205
Wellentheorie des Lichtes 481
Wellenübertragungsfunktion 1086
– verallgemeinerte 1097
Wellenvektor 15, 1340
Wellenwiderstand 15, 303
– komplexer 17
Wellenzahl 1043
Welle-Teilchen-Dualismus 808–812, 1280, 1291
Weltkontinuum 1349
Weltlinie 1299
Weltmannigfaltigkeit 1349
Wentzel-Potential 1050
Wiedemann, G. 620
Wiedergabewelle 433
Wiener, O. 351
Wien, W.K.W.
– -Bereich 1342
– -Filter 1113
– Strahlungsgesetz 640
– Verschiebungsgesetz 222, 639
Wiggler 1002–1003, 1345, 1346
– -Parameter 1346
Wigner-Funktion 1206, 1280–1282
Wigner-Weisskopf-Zerfall 802, 803
Windungsachsen 581
Winkel, brechender 65
Winkelakzeptanz 924
Winkelkohärenz 1095, 1127
– -grad 1045
Winkelspiegel 46
Winkelvergrößerung 86, 95
Wirbelfeld, magnetisches 3
Wirbelstrombremse 1134

Wirkungsquerschnitt 825, 834
– differentieller 956
– totaler 956, 980, 981
Wolf, E. 432
Wolframbandlampe 222
Wolkenkorrekturfunktion 655
Wollaston, W.H. 207, 558
– -Prisma 559, 630
Wolter-Teleskop 1010, 1011
Wood, R.W. 250, 253, 268, 386

Xenon 982
– -Hochdrucklampe 222

Young, Th. 311, 327, 360, 379, 481, 484
– -Helmholtz'sche Dreikomponententheorie 730–732
– Doppelspaltinterferometer 1279
– Doppelspalt 520

Zapfen (zapfenförmige Sehzellen) 140, 144, 730
Zeeman, P. 622
– -Abbremsung 1250
– -Aufspaltung 625, 626
Zeeman-Effekt 256, 484, 620, 622ff.
– anomaler / normaler 626
– inverser 626
Zehnder, L. 335
Zeiger, H.J. 823
Zeitdilation 1297
Zeitkonstante, Absorber 955
Zentral-Projektion 43
Zentralspiegel 48
zentrosymmetrische Klassen 578
Zerstreuungslinsen für Atome 1270

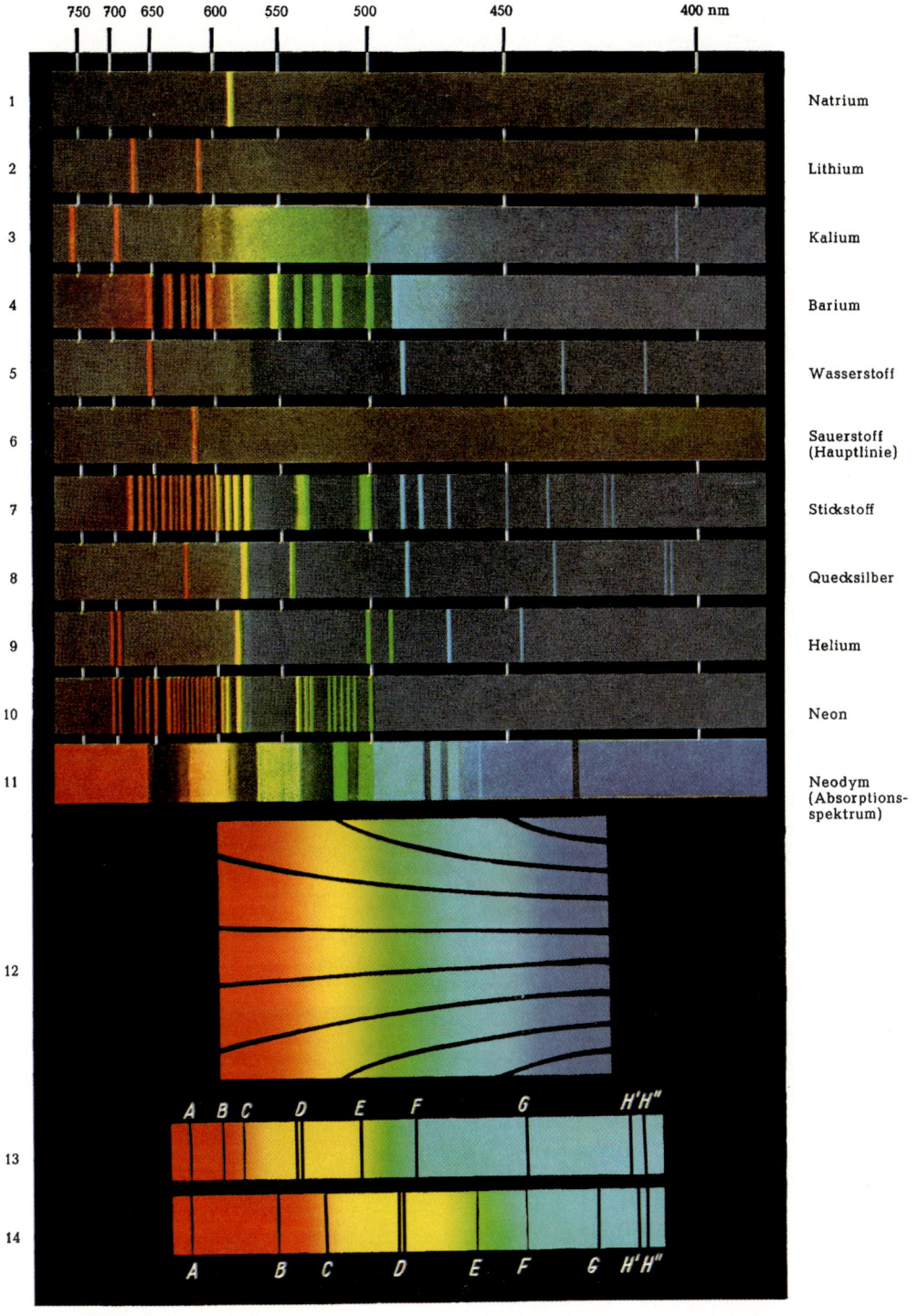

Farbtafel I

1–10: Emissionsspektren (zu S. 280).
11: Absorptionsspektrum (zu S. 281).
12: Interferenzstreifen im Spektrum (Müllersche Streifen) (zu S. 312 u. 588).
13: Fraunhofersche Linien im prismatischen Spektrum (zu S. 207, 208 u. 383).
14: Fraunhofersche Linien im Beugungsgitterspektrum (zu S. 383).

(Mit Genehmigung der B.G. Teubner Verlagsgesellschaft mbH, Stuttgart, nach Grimsehl, Lehrbuch der Physik.)

Farbtafel II

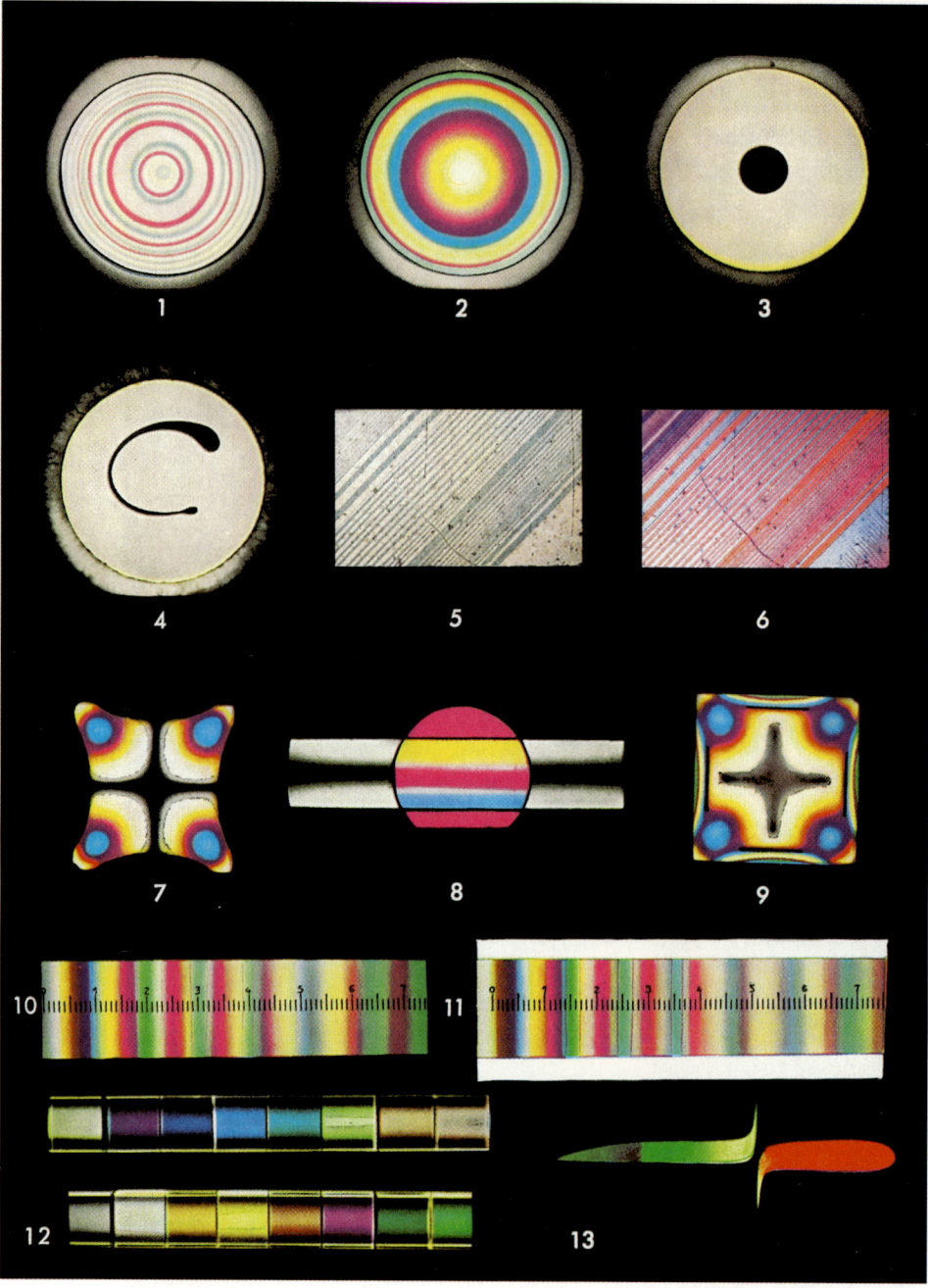

1 u. 2: Interferenzringe auf rotierender Seifenlamelle (zu S. 327).
3: Schwarzer Fleck auf rotierender Seifenlamelle (zu S. 327).
4: Schwarzer Fleck auf Seifenlamelle nach Abstellen der Rotation (zu S. 327).
5: Ferroelastische (110)-Domänen eines supraleitenden orthorhombischen $YBa_2Cu_3O_{7-\delta}$-Kristalls im reflektierten polarisierten Licht einer (001)-Fläche. – Objektiv 50 × 0.85, Ölimmersion; Bildabmessung horizontal 210 μm (nach H. Rabe et al. [7]) (zu S. 582 u. 618).
6: Kristallpräparat der Abb. 5 nach Zwischenschalten des Laves-Ernst-Kompensators bei gekreuzten Polarisatoren. Additionsfarbe (blau): Domänenachse: a_2 horizontal, Subtraktionsfarbe (orange): Domänenachse a_1 horizontal (zu S. 582 u. S. 618).
7: Schnell gekühltes Glas im linear polarisierten Licht zwischen gekreuzten Nicols (zu S. 618).
8: Auf Biegung beanspruchter Glasstab zwischen gekreuzten Nicols mit Gipsplättchen (rot I. Ord.) (zu S. 615).
9: Schnell gekühltes Glas im zirkular polarisierten Licht zwischen gekreuzten Nicols (zu S. 618).
10: Quarzkeil zwischen gekreuzten Nicols (zu S. 588).
11: Quarzkeil zwischen parallel gestellten Nicols (zu S. 588).
12: Sichtbarmachung der Rotationsdispersion bei der Drehung der Schwingungsebene im Quarz (zu S. 566).
13: Anomale Dispersion des Natriumdampfes; die Aufnahme ist um die Horizontale um 180° zu drehen, da sich die Brechzahl auf der kurzwelligen Seite der Absorptionsstelle erniedrigt (zu S. 255).

Farbtafel III

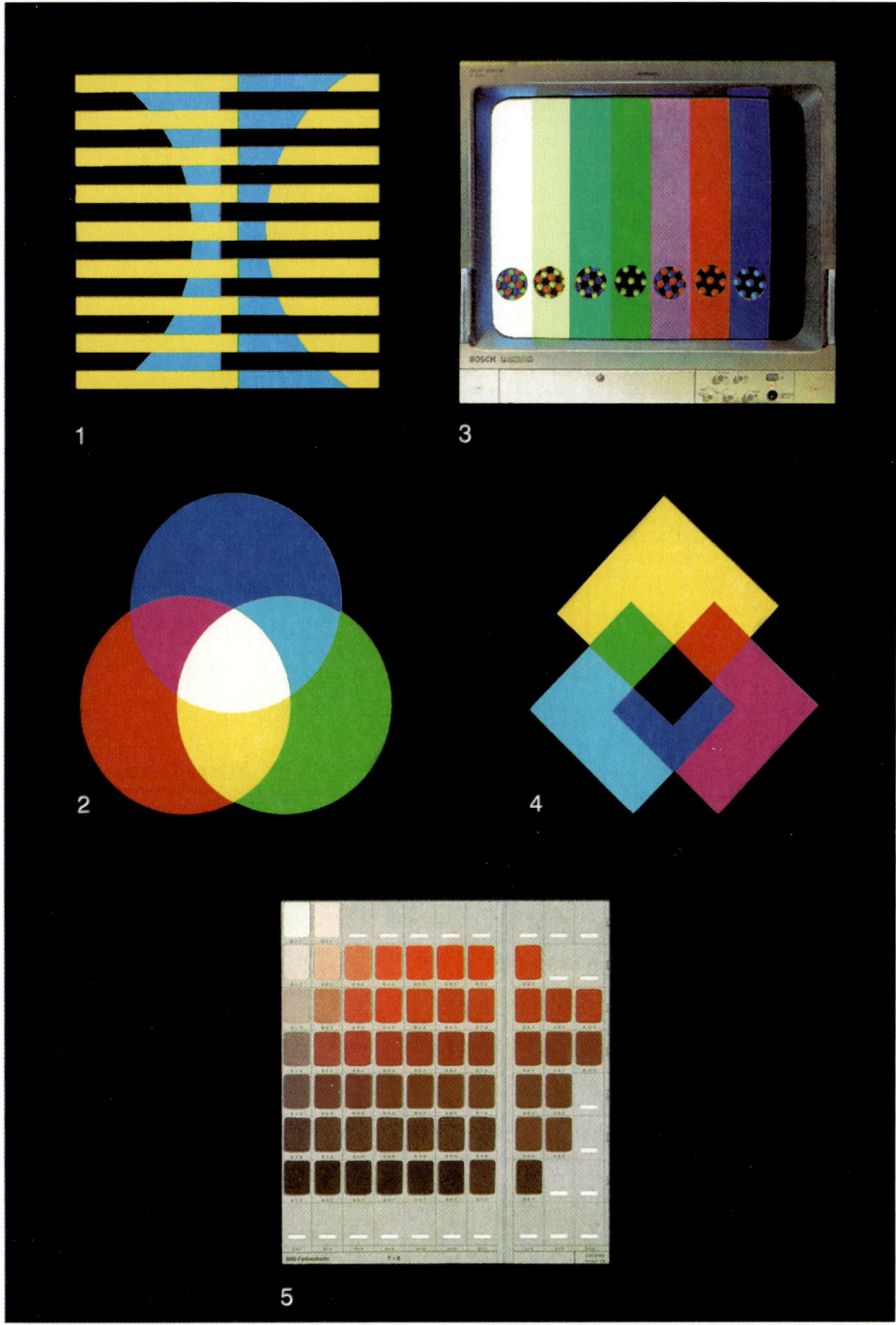

1: Der Bezold-Effekt. Die blauen Flächen auf beiden Bildhälften haben gleichen Farbreiz, erzeugen aber unterschiedliche Farbempfindungen [1] (zu Abschn. 6.1, S. 671).
2: Additive Farbmischung mithilfe dreier Projektoren aus den drei additiven Grundfarben (Primärvalenzen) Rot, Grün und Blau (zu Abschn. 6.6, S. 693, 694, 696, 699).
3: Additive Farbmischung auf dem Farbfernseh-Bildschirm. Die kreisförmigen Ausschnitte zeigen Vergrößerungen, in denen die Matrix der Phosphorpunkte sichtbar wird [41] (zu Abschn. 6.6, S. 693, 694, 696, 699).
4: Subtraktive bzw. multiplikative Farbmischung mit drei Farbfiltern mit den subtraktiven Grundfarben Gelb, Purpur, Cyan (Blaugrün) (zu Abschn. 6.14, S. 754).
5: Beiblatt Nr. 108 der DIN-Farbenkarte. Dargestellt sind die Farbmuster eines bestimmten Farbtons. Die Dunkelstufe wächst von oben nach unten, die Sättigungsstufe von links nach rechts (zu Abschn. 6.13, S. 748).

Farbtafel IV

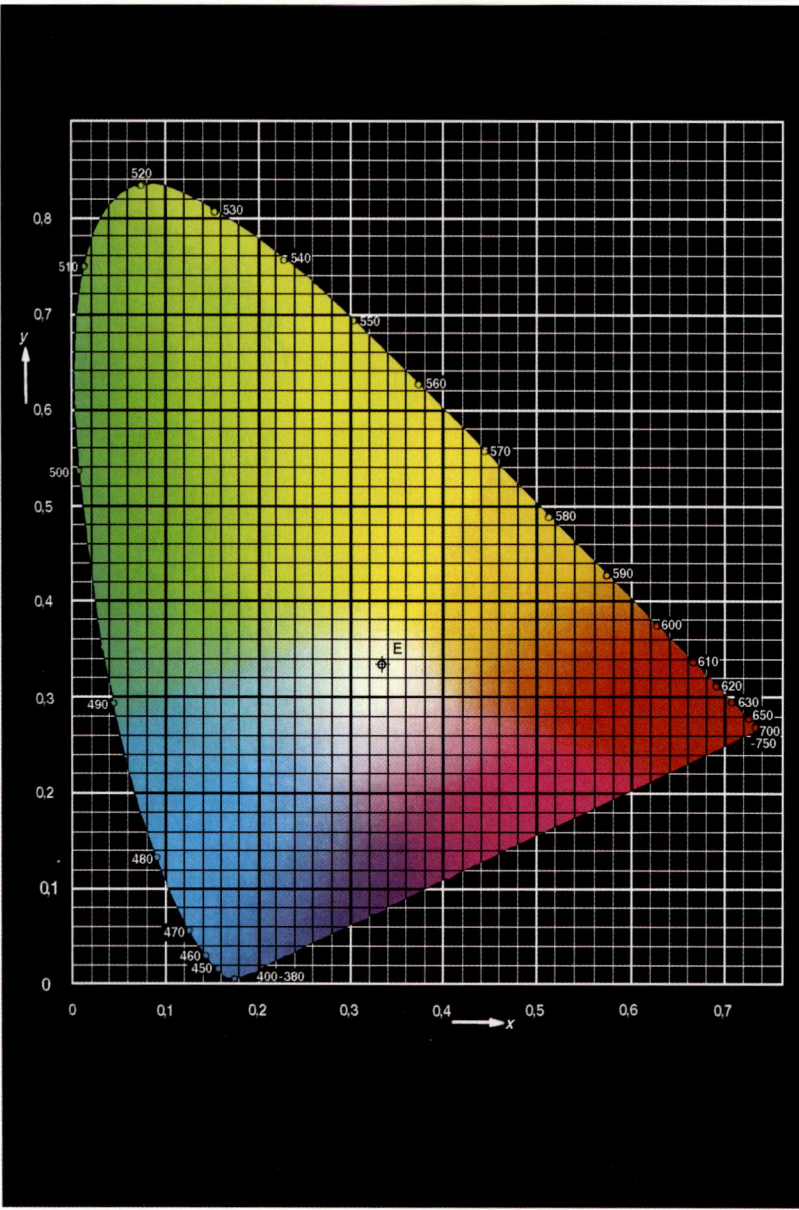

Normfarbtafel nach DIN 5033. Die ausgedruckten Farben dienen nur der ungefähren Veranschaulichung der Verteilung der Farbarten in der Farbtafel. Farbarten, die Farbörtern nahe dem Spektralfarbenzug entsprechen, können drucktechnisch nicht realisiert werden (zu Abschn. 6.9, S. 720).